Key: 11 — Atomic number; **Na** — Sodium; 22.99 — Atomic mass

1 1A	2 2A	3 3B	4 4B	5 5B	6 6B	7 7B	8 8B	9 8B	10 8B	11 1B	12 2B	13 3A	14 4A	15 5A	16 6A	17 7A	18 8A
1 **H** Hydrogen 1.008																	2 **He** Helium 4.003
3 **Li** Lithium 6.941	4 **Be** Beryllium 9.012											5 **B** Boron 10.81	6 **C** Carbon 12.01	7 **N** Nitrogen 14.01	8 **O** Oxygen 16.00	9 **F** Fluorine 19.00	10 **Ne** Neon 20.18
11 **Na** Sodium 22.99	12 **Mg** Magnesium 24.31											13 **Al** Aluminum 26.98	14 **Si** Silicon 28.09	15 **P** Phosphorus 30.97	16 **S** Sulfur 32.07	17 **Cl** Chlorine 35.45	18 **Ar** Argon 39.95
19 **K** Potassium 39.10	20 **Ca** Calcium 40.08	21 **Sc** Scandium 44.96	22 **Ti** Titanium 47.88	23 **V** Vanadium 50.94	24 **Cr** Chromium 52.00	25 **Mn** Manganese 54.94	26 **Fe** Iron 55.85	27 **Co** Cobalt 58.93	28 **Ni** Nickel 58.69	29 **Cu** Copper 63.55	30 **Zn** Zinc 65.39	31 **Ga** Gallium 69.72	32 **Ge** Germanium 72.59	33 **As** Arsenic 74.92	34 **Se** Selenium 78.96	35 **Br** Bromine 79.90	36 **Kr** Krypton 83.80
37 **Rb** Rubidium 85.47	38 **Sr** Strontium 87.62	39 **Y** Yttrium 88.91	40 **Zr** Zirconium 91.22	41 **Nb** Niobium 92.91	42 **Mo** Molybdenum 95.94	43 **Tc** Technetium (98)	44 **Ru** Ruthenium 101.1	45 **Rh** Rhodium 102.9	46 **Pd** Palladium 106.4	47 **Ag** Silver 107.9	48 **Cd** Cadmium 112.4	49 **In** Indium 114.8	50 **Sn** Tin 118.7	51 **Sb** Antimony 121.8	52 **Te** Tellurium 127.6	53 **I** Iodine 126.9	54 **Xe** Xenon 131.3
55 **Cs** Cesium 132.9	56 **Ba** Barium 137.3	57 **La** Lanthanum 138.9	72 **Hf** Hafnium 178.5	73 **Ta** Tantalum 180.9	74 **W** Tungsten 183.9	75 **Re** Rhenium 186.2	76 **Os** Osmium 190.2	77 **Ir** Iridium 192.2	78 **Pt** Platinum 195.1	79 **Au** Gold 197.0	80 **Hg** Mercury 200.6	81 **Tl** Thallium 204.4	82 **Pb** Lead 207.2	83 **Bi** Bismuth 209.0	84 **Po** Polonium (210)	85 **At** Astatine (210)	86 **Rn** Radon (222)
87 **Fr** Francium (223)	88 **Ra** Radium (226)	89 **Ac** Actinium (227)	104 **Rf** Rutherfordium (257)	105 **Db** Dubnium (260)	106 **Sg** Seaborgium (263)	107 **Bh** Bohrium (262)	108 **Hs** Hassium (265)	109 **Mt** Meitnerium (266)	110 **Ds** Darmstadtium (269)	111 **Rg** Roentgenium (272)	112 **Cn** Copernicium (285)	113	114 **Fl** Flerovium (289)	115	116 **Lv** Livermorium (293)	117	118

58 **Ce** Cerium 140.1	59 **Pr** Praseodymium 140.9	60 **Nd** Neodymium 144.2	61 **Pm** Promethium (147)	62 **Sm** Samarium 150.4	63 **Eu** Europium 152.0	64 **Gd** Gadolinium 157.3	65 **Tb** Terbium 158.9	66 **Dy** Dysprosium 162.5	67 **Ho** Holmium 164.9	68 **Er** Erbium 167.3	69 **Tm** Thulium 168.9	70 **Yb** Ytterbium 173.0	71 **Lu** Lutetium 175.0
90 **Th** Thorium 232.0	91 **Pa** Protactinium (231)	92 **U** Uranium 238.0	93 **Np** Neptunium (237)	94 **Pu** Plutonium (242)	95 **Am** Americium (243)	96 **Cm** Curium (247)	97 **Bk** Berkelium (247)	98 **Cf** Californium (249)	99 **Es** Einsteinium (254)	100 **Fm** Fermium (253)	101 **Md** Mendelevium (256)	102 **No** Nobelium (254)	103 **Lr** Lawrencium (257)

Metals

Metalloids

Nonmetals

The 1–18 group designation has been recommended by the International Union of Pure and Applied Chemistry (IUPAC) but is not yet in wide use. In this text we use the standard U.S. notation for group numbers (1A–8A and 1B–8B). No names have been assigned for elements 113, 115, 117, and 118. In 2011 IUPAC revised the atomic masses of some elements. The changes are minor and they are not adopted in the present edition of this text.

List of the Elements with Their Symbols and Atomic Masses*

Element	Symbol	Atomic Number	Atomic Mass†	Element	Symbol	Atomic Number	Atomic Mass†
Actinium	Ac	89	(227)	Manganese	Mn	25	54.94
Aluminum	Al	13	26.98	Meitnerium	Mt	109	(266)
Americium	Am	95	(243)	Mendelevium	Md	101	(256)
Antimony	Sb	51	121.8	Mercury	Hg	80	200.6
Argon	Ar	18	39.95	Molybdenum	Mo	42	95.94
Arsenic	As	33	74.92	Neodymium	Nd	60	144.2
Astatine	At	85	(210)	Neon	Ne	10	20.18
Barium	Ba	56	137.3	Neptunium	Np	93	(237)
Berkelium	Bk	97	(247)	Nickel	Ni	28	58.69
Beryllium	Be	4	9.012	Niobium	Nb	41	92.91
Bismuth	Bi	83	209.0	Nitrogen	N	7	14.01
Bohrium	Bh	107	(262)	Nobelium	No	102	(253)
Boron	B	5	10.81	Osmium	Os	76	190.2
Bromine	Br	35	79.90	Oxygen	O	8	16.00
Cadmium	Cd	48	112.4	Palladium	Pd	46	106.4
Calcium	Ca	20	40.08	Phosphorus	P	15	30.97
Californium	Cf	98	(249)	Platinum	Pt	78	195.1
Carbon	C	6	12.01	Plutonium	Pu	94	(242)
Cerium	Ce	58	140.1	Polonium	Po	84	(210)
Cesium	Cs	55	132.9	Potassium	K	19	39.10
Chlorine	Cl	17	35.45	Praseodymium	Pr	59	140.9
Chromium	Cr	24	52.00	Promethium	Pm	61	(147)
Cobalt	Co	27	58.93	Protactinium	Pa	91	(231)
Copernicium	Cn	112	(285)	Radium	Ra	88	(226)
Copper	Cu	29	63.55	Radon	Rn	86	(222)
Curium	Cm	96	(247)	Rhenium	Re	75	186.2
Darmstadtium	Ds	110	(269)	Rhodium	Rh	45	102.9
Dubnium	Db	105	(260)	Roentgenium	Rg	111	(272)
Dysprosium	Dy	66	162.5	Rubidium	Rb	37	85.47
Einsteinium	Es	99	(254)	Ruthenium	Ru	44	101.1
Erbium	Er	68	167.3	Rutherfordium	Rf	104	(257)
Europium	Eu	63	152.0	Samarium	Sm	62	150.4
Fermium	Fm	100	(253)	Scandium	Sc	21	44.96
Flerovium	Fl	114	(289)	Seaborgium	Sg	106	(263)
Fluorine	F	9	19.00	Selenium	Se	34	78.96
Francium	Fr	87	(223)	Silicon	Si	14	28.09
Gadolinium	Gd	64	157.3	Silver	Ag	47	107.9
Gallium	Ga	31	69.72	Sodium	Na	11	22.99
Germanium	Ge	32	72.59	Strontium	Sr	38	87.62
Gold	Au	79	197.0	Sulfur	S	16	32.07
Hafnium	Hf	72	178.5	Tantalum	Ta	73	180.9
Hassium	Hs	108	(265)	Technetium	Tc	43	(99)
Helium	He	2	4.003	Tellurium	Te	52	127.6
Holmium	Ho	67	164.9	Terbium	Tb	65	158.9
Hydrogen	H	1	1.008	Thallium	Tl	81	204.4
Indium	In	49	114.8	Thorium	Th	90	232.0
Iodine	I	53	126.9	Thulium	Tm	69	168.9
Iridium	Ir	77	192.2	Tin	Sn	50	118.7
Iron	Fe	26	55.85	Titanium	Ti	22	47.88
Krypton	Kr	36	83.80	Tungsten	W	74	183.9
Lanthanum	La	57	138.9	Uranium	U	92	238.0
Lawrencium	Lr	103	(257)	Vanadium	V	23	50.94
Lead	Pb	82	207.2	Xenon	Xe	54	131.3
Lithium	Li	3	6.941	Ytterbium	Yb	70	173.0
Livermorium	Lv	116	(293)	Yttrium	Y	39	88.91
Lutetium	Lu	71	175.0	Zinc	Zn	30	65.39
Magnesium	Mg	12	24.31	Zirconium	Zr	40	91.22

*All atomic masses have four significant figures. These values are recommended by the Committee on Teaching of Chemistry, International Union of Pure and Applied Chemistry.

†Approximate values of atomic masses for radioactive elements are given in parentheses.

레이먼드 창의

일반화학 제12판

화학교재연구회 옮김

Chemistry

12th Edition

Raymond Chang

Kenneth A. Goldsby

Chemistry, 12th Edition (Revised Edition)

3 4 5 6 7 8 9 10 Sciplus 20 22

Original: Chemistry, 12th Edition © 2016
By Raymond Chang, Kenneth Goldsby
ISBN 978-0-07802151-0

This authorized Korean translation edition is jointly published by McGraw-Hill Education Korea, Ltd. and Sciplus. This edition is authorized for sale in the Republic of Korea

This book is exclusively distributed by Sciplus

When ordering this title, please use ISBN 979-11-88731-11-4

Printed in Korea

옮긴이 머리말

Preface

인류는 역사를 통해 위대한 발전을 계속해 왔으며, 21세기 들어 과학은 인류가 이제껏 경험한 어느 시대보다도 훨씬 더 빠르게 발전하고 있다. 화학은 중심 과학으로서, 우리 생활과 매우 밀접하여 모든 사람의 삶의 일부가 되고 있다. 이로 인하여 화학 관련 도서가 많이 출간되고 있으며, 학생들에게도 많이 읽히고 있다.

이 책은 Raymond Chang 교수와 Ken Goldby 교수가 함께 쓴 *Chemistry 제12판*을 우리말로 번역한 것이다. 이 책은 지난 12판까지 많은 대학에서 이공계 1학년 학생들을 위한 교재로 꾸준히 사용되어 왔으며 최근 원서의 개정판이 출간된 바 있다. 이 책은 화학의 기본 개념으로 시작하여 원자, 분자, 이온, 화학 반응에서의 질량 관계, 수용액에서의 반응, 기체, 열화학, 양자론과 원자의 전자 구조, 주기율표, 화학 결합, 분자 사이의 힘과 액체 및 고체, 용액의 물리적 성질, 화학 반응 속도, 화학 평형, 산과 염기, 산-염기 평형과 용해도 평형, 엔트로피, 자유 에너지 및 평형, 전기화학, 핵화학, 대기 화학, 야금술과 금속, 비금속 원소와 화합물, 전이 금속의 화학과 배위 화합물, 유기 화학, 합성 및 천연 유기 고분자에 이르는 넓은 분야를 다루고 있다. 많은 자료 사진과 그림을 제공함으로써 학생들의 이해를 돕고 있으며, 또한 매 장 끝에 많은 연습 문제를 수록하여 복습할 수 있는 기회를 제공하고 있다.

옮긴이들은 이 책을 번역하면서 지은이들의 의도를 잘 전달하기 위해 노력하였지만, 여러 사람들이 함께 작업에 참여하면서 용어상의 불일치와 간혹 오역이나 불충분한 번역이 있으리라 생각된다. 이러한 부분에 대해서는 앞으로 많은 지적을 부탁드리며, 추후 개정판에 적극 반영을 약속 드린다.

이 책에 나오는 학술용어는 "대한화학회 화학술어집"을 참고하였다. 가능한 한 우리말 용어를 사용하였으며, 필요한 경우 원서의 표기를 괄호 안에 병기하여 이해를 돕도록 하였다. 화합물명도 가능한 한 우리말로 적고 괄호 안에 영어명을 함께 기록하였다.

이 책의 출판에 많은 조언과 충고를 해주신 여러분들께 감사드리며, 이 책을 출판하는 데 애쓴 사이플러스 박종성 대표와 편집부 직원들의 수고에 감사를 드린다.

2018년 2월 25일

옮긴이 적음

지은이 소개
About the Authors

레이먼드 창

레이먼드 창(Raymond Chang)은 홍콩에서 태어나 상하이와 홍콩에서 성장하였다. 영국 런던 대학교에서 화학 학사 학위를 받았으며, 예일 대학교에서 박사 학위를 받았다. 워싱턴 대학교에서 박사후 과정을 마치고 뉴욕 시립대학교 헌터 대학에서 1년간 강의하였으며, 윌리엄스 대학 화학과에서 가르치고 있다.

창 교수는 미국 화학회 시험 위원회, 미국 화학올림피아드 시험 위원, GRE 위원으로 활동하였다. 또한 《화학 교육자(*The Chemical Educator*)》의 편집인이다. 창 교수는 물리화학, 공업화학, 자연과학에 대한 여러 권의 책을 저술하였다. 또한 중국어로 된 책과 어린이 그림책, 젊은 독자를 위한 소설을 쓰기도 하였다.

여가 시간에 창 교수는 정원을 가꾸고, 하모니카를 연주하며, 피아노를 연습하기도 한다.

켄 골즈비

켄 골즈비(Ken Goldsby)는 미국 플로리다 주 펜사콜라에서 태어나 자랐다. 라이스 대학교에서 화학과 수리과학을 전공하여 학사 학위를 받았다. 채플 힐에 있는 노스캐롤라이나대학교에서 화학 박사 학위를 받은 후 오하이오 주립대학교에서 박사 후 연구과정을 수행했다.

1986년 플로리다 주립대학교 화학 및 생화학과에 부임한 이후 여러 차례 교육 우수상을 수상하였다. 1998년에는 플로리다 주립대학교의 뛰어난 강의교수로 선정되었다. 또한 과학 분야의 화학과 기술 프로그램의 협업을 시작하는 과제에 참여하여, 실험실 학생들과 함께 일하고 있다.

일하지 않을 때에는 가족들과 많은 시간을 보낸다. 특히 바닷가에서 함께 시간을 보내는 것을 좋아한다.

McGraw-Hill Education에서는 “레이먼드 창의 일반화학” 12판을 지원하는 여러 도구와 기술 제품을 제공한다.

McGraw-Hill ConnectPlus Chemistry에서는 온라인 프레젠테이션, 과제 및 평가 솔루션을 제공한다. 이를 통해 학생들은 필요한 도구와 리소스를 연결할 수 있다. ConnectPlus Chemistry를 사용하면 과제, 퀴즈 및 시험을 온라인으로 전달할 수 있다. 교과서의 학습 목표와 관련된 강력한 질문, 문제점, 상호 작용이 제시되고 있다. 화학 소프트웨어의 표준인 PerkinElmer의 ChemDraw를 사용하여 학생들이 온라인 숙제에서 정확한 화학 구조를 만들 수 있다. 강의자들은 기존 질문을 편집하고 완전히 새로운 문제를 만들 수 있다. 질문이나 과제 또는 학급 전체와 관련하여 자세한 등급 보고서로 개별 학생들의 성적을 추적할 수 있다.

WebCT 및 Blackboard와 같은 학습 관리 시스템(LMS)을 통해 등급 보고서를 손쉽게 통합할 수 있다. ConnectPlus Chemistry는 eBook을 통해 연중무휴로 온라인 접속을 할 수 있다. 이 미디어를 사용하여 본문, 미디어 및 평가를 원활하게 통합할 수 있다. 자세한 내용은 connect.mheducation.com을 방문하라.

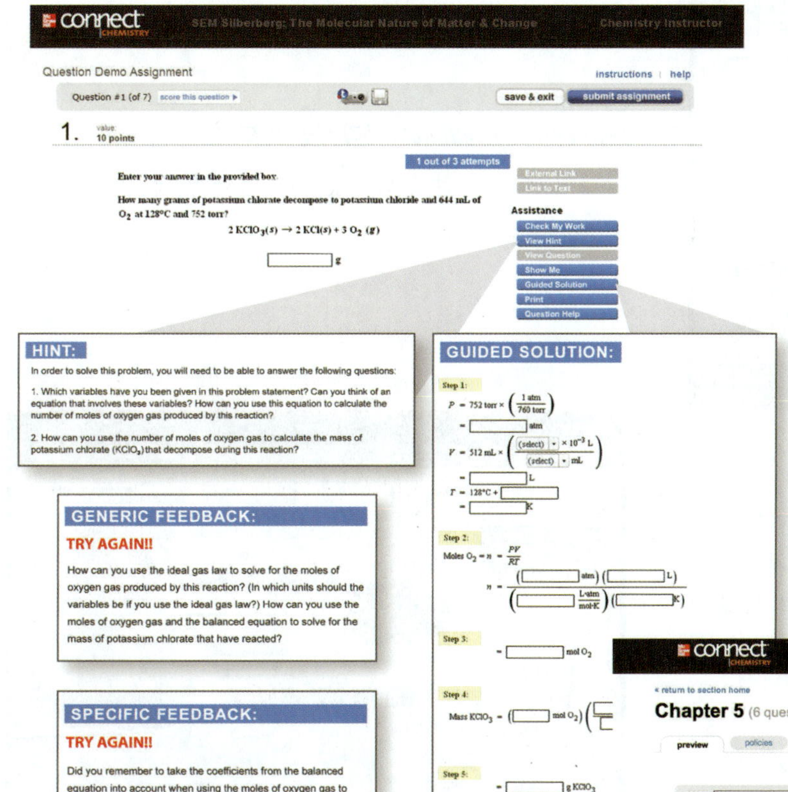

Connect Chemistry의 많은 질문을 통해 학생들은 숙제 안에서 직접 평가할 수 있는 *화학 구조 그리는* 연습을 할 수 있다.

SMARTBOOK™

SmartBook은 학생들이 읽고 학습하는 방법을 변화시키기 위해 고안된 최초의 유일한 적응형 독서 경험이다. 그 순간 바로 학습해야 할 가장 중요한 개념을 강조함으로써 개인 맞춤형 독서 경험이 되도록 한다. 학생이 SmartBook을 사용하면 학생들이 아는 것과 모르는 것에 따라 내용이 강조 표시되어 계속 독서 경험이 맞추어지게 된다. 이렇게 하면 자료를 오래 보관하는 것과 동시에 학습에 필요한 내용에 초점을 맞출 수 있다. SmartBook의 실시간 보고서를 사용하여 개별 학생 또는 전체 수업에서 더 많은 관심이 필요한 개념을 빠르게 파악할 수 있다.

최종 결과는? 학생들은 코스 내용에 더 적극적으로 참여하고 시간을 우선적으로 하며 수업 준비를 할 수 있다.

LEARNSMART®

McGraw-Hill LearnSmart는 독립형 제품 또는 McGraw-Hill Connect® Chemistry의 통합 기능으로 제공된다. 학생들이 더 빨리 배우고, 더 효율적으로 학습하며, 더 큰 성공을 위해 더 많은 지식을 보유하도록 돕기 위해 고안된 맞춤형 학습 시스템이다. LearnSmart는 일련의 맞춤형 질문을 통해 과정 내용에 대한 학생의 지식을 평가한다. 학생이 이해할 수 없는 개념을 정확하게 지적하고 성공하기 위한 맞춤 학습 계획을 세운다. 이 혁신적 학습 도구에는 강의자가 학생들이 수행한 내용과 채점된 과제를 위한 내장 평가 도구를 정확히 볼 수 있는 기능이 있다. 데모를 보려면 다음 사이트를 방문하라. www.mhlearnsmart.com

Adaptive Probes(맞춤형 조사)

일련의 질문을 통해 학생들의 지식을 지능적으로 조사한다. 이러한 질문들은 학생의 약하고 강한 영역을 기반으로 난이도와 내용면에서 동적으로 변화한다. 각 연습 절은 이전에 수행한 것을 기반으로 하며, LearnSmart는 정교한 모형을 사용하여 학생이 무엇을 잊어버릴지를 예측하고 잊혀진 자료를 강화하는 방법을 제공한다. 이를 통해 학생들은 공부 시간을 절약하고 개념을 실제로 숙달할 수 있다.

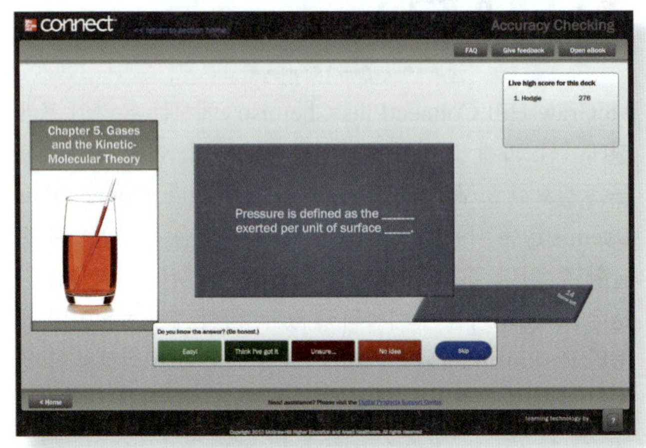

Immediate Feedback(즉각적인 피드백)

학생이 조사에 잘못 답하면 피드백과 함께 정답을 제공한다.

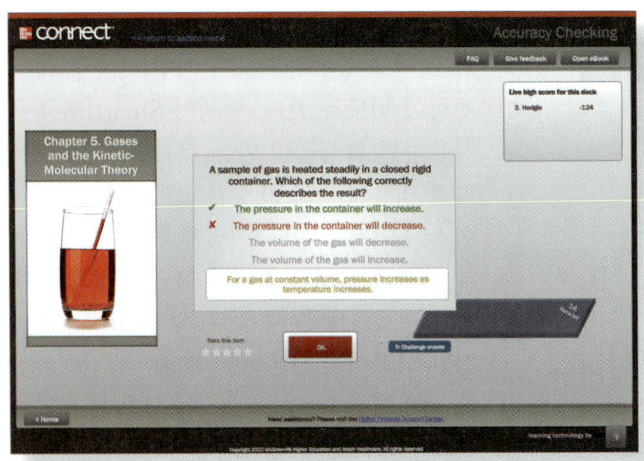

Time Out(타임 아웃)

LearnSmart가 학생이 어려움을 겪고 있는 특정 과목을 확인하면 "시간 초과"가 주어지며 교과서 섹션이나 치료 목표를 배우게 된다. ConnectPlus를 사용하면 eBook의 특정 페이지에 대한 링크가 제공되어 자료를 즉시 학습할 수 있다.

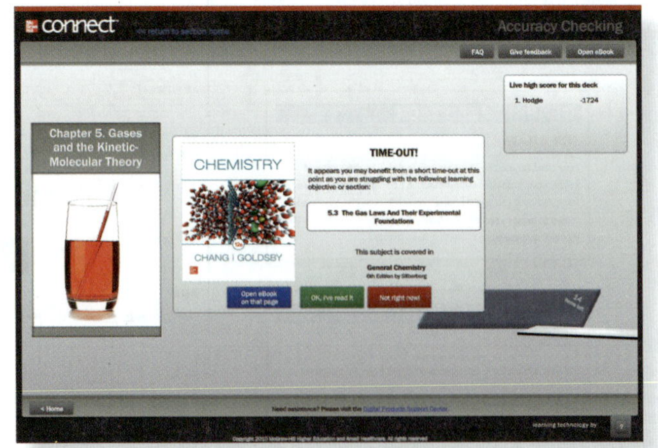

Reporting(보고)

역동적으로 생성된 보고서는 학생의 진도 및 추가 보강을 위한 영역을 문서화하여 강점과 약점을 한 눈에 볼 수 있다.

보고서 포함 사항:

- 가장 어려운 학습 목표
- 지혜의 나무
- 시험 결과
- 현재 학습 상태
- 메타인지 능력
- 누락된 질문
- 학습 계획

LearnSmart Labs for General Chemistry™

가상 랩 환경.

LearnSmart Labs는 필수적인 결과 기반의 실험실 시뮬레이션이다. 학생의 지식을 평가하고 결함을 맞춤형으로 교정하여 학생이 더 빨리 학습하고 더 많은 지식을 보유하도록 한다.

먼저, 핵심 학습 결과에 따라 한 학생의 지식을 맞춤형으로 수준화한다. 질문을 통해서 학생의 반응에 따라 조건적인 콘텐츠를 제공함으로써 해결되는 지식이 부족한 부분을 드러낸다. 그런 다음 시뮬레이션된 lab 환경으로 학생이 과학자처럼 생각하고 행동하도록 한다. Lab과 클리닉에서 찾은 시뮬레이션 장비를 사용하여 자료를 기록, 해석, 분석하는 것이다. 학생은 실수를 할 수도 있으며 이는 학습 경험에서 중요한 부분이다. 가상 코치는 필요할 때 절묘한 힌트를 제공하여, 학생의 선택에 대해 질문하고 학생이 실수를 알아 수정하도록 허용한다. 필요로 하는 것이 기존 lab의 물류 문제를 극복하는 것, 실험 준비를 개선하는 것, 학생의 성과를 향상시키는 것, 현실 세계에 필적하는 온라인 경험을 제공하는 것 중 어떤 것인지에 관계없이 LearnSmart Labs는 모든 것을 수행한다. 더 많은 것은 www.mhlearnsmart.com에서 볼 수 있다.

LEARNSMART PREP™

LearnSmart Prep은 학생들로 하여금 그들이 원하는 과정을 준비할 수 있도록 하는 맞춤형 도구이다. 각 학생이 모르거나 완전히 이해하지 못하고 있는 필수 지식을 확인하고 필수 개념을 가르치는 학습 자료를 제공함으로써 학생이 성공적으로 준비하고 교실에 들어갈 수 있도록 한다.

ALEKS®

ALEKS(Assessment and LEarning in Knowledge Spaces, 지식 공간에서 평가 및 학습)는 인터넷을 통해 연중 무휴로 이용할 수 있는 개인별 평가 학습을 위한 웹 기반 시스템이다. ALEKS는 인공 지능을 이용하여 학생의 지식을 정확하게 결정하고 배울 준비가 된 자료로 학생을 인도한다. ALEKS는 즉각적인 피드백을 제공하며 화학 주제에 대한 간략한 항목이 들어있는 대화식 텍스트인 ALEKSPedia에 접속할 수 있게 한다. ALEKS는 또한 강의자가 개인과 학급의 성과를 모니터링하고, 학생의 목표를 설정하며, 온라인 퀴즈를 할당/등급화하는 풍부한 보고 기능을 갖춘 전기능의 코스 관리 시스템이다. ALEKS는 강의자에게는 개념에 더 많은 시간을 할애하도록 하는 반면 학생들에게는 실질적인 문제 해결 기법을 가르친다. 또한 ALEKS 360을 사용하여 교재의 eBook에 접근할 수 있다. 자세한 내용은 **www.aleks.com/highered/science**에서 볼 수 있다.

McGraw-Hill Education create™

McGraw-Hill Create™은 McGround-Hill Education의 포괄적인 콘텐츠와 디지털 제품을 사용하여 맞춤형 수업 자료를 만들 수 있는 셀프 서비스 웹 사이트이다. 읽기, 기사, 사례, 비디오 등과 같은 타사 콘텐츠에 접속할 수도 있다. 코스의 범위와 순서에 맞게 선택한 콘텐츠를 정렬하시오. 표지 디자인을 사용하여 책을 맞춤 설정하고 학생들에게 eBook, 컬러 인쇄 또는 흑백 인쇄에 가장 적합한 형식을 선택하라. 작업이 완료되면 단 몇 분 만에 PDF 검토 사본을 받게 된다! **www.mcgrawhillcreate.com**

McGraw-Hill Education tegrity®

Tegrity Campus는 전통적인 강좌, 하이브리드 강좌, "거꾸로 교실(flipped class)", 온라인 코스에서 강의 및 기술을 기록하기 위해 사용되는 완전 자동화된 강의 캡처 솔루션이다. 맞춤형 학습 기능은 학습 시간을 매우 효율적으로 만들어 주며, 저렴한 가격으로 캠퍼스의 모든 학생들에게 이 혜택을 제공한다. 특허 출원된 검색 기술과 실시간 LMS 통합으로 Tegrity는 업계 최고의 솔루션과 서비스를 제공한다. Tegrity는 McGraw-Hill Connect® Chemistry의 통합형 및 독립형으로 제공된다.

프레젠테이션 도구

언제 어디서나 원하는 대로 교육 자료를 제작하자! 텍스트의 연결 웹 사이트에서 사용자 도구에 접속하여 맞춤식 강의, 시각적으로 향상된 시험 및 퀴즈, 매력적인 코스 웹 사이트 또는 매력적인 인쇄 자료를 만드는 데 사용할 수 있는 사진, 삽화, 애니메이션 및 기타 미디어를 찾을 수 있다. 모든 자산은 McGraw-Hill 고등 교육부의 저작권으로 보호되지만 강의자가 강의 목적으로 사용할 수 있다. 이 컬렉션의 시각 자료는 다음과 같다.

- **그림** 책의 모든 삽화를 담은 풀 컬러 디지털 파일.
- **사진** 본문에 있는 사진의 디지털 파일이 들어 있다.

- **표** 본문에 있는 모든 표를 전자 방식으로 사용할 수 있다.
- **애니메이션** 중요한 프로세스를 설명하는 다양한 풀 컬러 애니메이션도 제공된다.
- **PowerPoint 강좌 개요** 본문 각 장에 대해 준비된 프레젠테이션을 제공한다.
- **PowerPoint 슬라이드** 모든 그림, 사진, 표는 장별로 빈 PowerPoint 슬라이드에 미리 삽입되어 있다.

전산화된 문제 은행 온라인

종합 질문에 대한 포괄적 질문이 전산화된 문제 은행 내에서 출제되어 강의자들이 시험이나 퀴즈를 준비할 수 있게 한다. 강의자는 질문을 생성하거나 편집하거나 질문을 작성하여 시험을 빠르고 쉽게 준비할 수 있다. 시험은 온라인 코스에 게시하거나 지필고사 형태로 인쇄할 수 있다.

강의자용 풀이 설명서 (Instructor's Solution's Manual)

Raymond Chang과 Ken Goldsby가 작성한 Instructor's Solution's Manual에는 대부분의 각 장 끝에 나오는 문제에 대한 답을 제공한다. 또한 각 문제에 대한 난이도 및 카테고리 유형을 제공한다. 이 설명서는 텍스트 연결 라이브러리 탭에서 온라인으로 강의자에게 제공된다.

강의자용 설명서(Instructor's Manual)

Instructor's Manual은 각 장의 간략하게 요약한 내용을 학습 목표, 이전 장의 배경 개념, 교수법 요령과 함께 제공한다. 이 설명서는 텍스트 연결 라이브러리 탭의 강의자용 온라인에서 찾을 수 있다.

학생용

학생들은 http://shop.mheducation.com에서 온라인으로 보충 학습 자료를 주문할 수 있다.

학생용 풀이 설명서(Student Solutions Manual) ISBN 1-25-928622-3

Student Solutions Manual은 Raymond Chang과 Ken Goldsby가 쓴 것이다. 이 보충자료에는 본 책에 있는 짝수 번호 문제에 대한 자세한 풀이와 설명이 포함되어 있다. 이 설명서에는 문제의 여러 유형과 화학 문제를 해결하기 위한 접근법 및 본문 끝 부분의 많은 문제에 대한 자습용 풀이와 이를 해결하기 위한 전략을 자세히 설명하고 있다. 설명, 모형화 및 추정 문제에 대한 답은 제공되지 않는다.

학생용 학습 안내서(Student Study Guide) ISBN 1-25-928623-1

이 보조 자료는 학생들이 문제 해결 능력을 연습하는 데 도움이 되는 자료를 포함한다. 한 장의 각 절에 대해 연구 목표와 해당 내용의 요약을 제공한다. 이어서 상세한 풀이와 관련된 표본 문제들이 있다. 각 장에는 참/거짓 질문과 자습 문제를 각 장 끝에 정답과 함께 제공된다.

MP3/iPod용 애니메이션

Connect 웹사이트를 통해 MP3/iPod으로 여러 애니메이션을 다운로드할 수 있다.

일반화학은 일반적으로 다른 과목에 비해 어려운 과목으로 인식되고 있다. 여기에는 몇 가지 이유가 있다. 그 중 하나는 화학이 매우 특별한 용어를 사용한다는 것이다. 우선 화학을 공부하는 것은 새로운 언어를 배우는 것과 같다. 더욱이, 어떤 개념은 어렵다. 그럼에도 불구하고, 열심히 하면 이 과정을 성공적으로 마칠 수 있고, 심지어는 즐기기까지 할 수도 있다. 여러분이 좋은 학습 습관을 가지고 이 책에 나오는 자료를 터득하는 데 도움이 될 몇 가지 제안을 하고자 한다.

- 규칙적으로 수업에 출석하고, 세밀하게 필기하라.
- 가능하면, 항상 수업 시간에 배운 주제들을 그 날 복습하고, 이 책을 이용하여 필기한 것을 보충하라.
- 비판적으로 사고하라. 용어의 의미나 반응식의 사용을 정말로 이해하고 있는지 스스로 물어보라. 자신이 이해하고 있는지 시험하는 좋은 방법은 동료나 다른 사람에게 개념을 설명해 보는 것이다.
- 망설이지 말고 지도 교수나 조교에게 도움을 청하라.

레이먼드 창의 일반화학 제12판은 일반화학 과정을 잘 이수할 수 있도록 고안되어 있다. 다음 안내는 교재와 다른 도구의 사용법이다.

- 각 장을 공부하기 전에 이 장의 개요와 주요 개념을 읽어 중요한 주제를 파악한다. 개요를 사용하여 수업시간에 조직적으로 필기한다.
- 각 장의 끝에 '사실과 개념 요약하기', '주요 식 정리하기', '주요 용어 정리하기'가 있다. 모두 시험 준비에 도움이 될 것이다.
- 본문 각 장에 있는 '예제'를 주의 깊게 공부하면, 문제를 분석하고 그것을 풀 때 필요한 계산을 바르게 하는 도움을 받을 것이다. 또 예제 속의 '실전 연습'을 푸는 데 시간을 많이 가져 예제에 있는 유형의 문제를 푸는 방법을 이해하고 있는지 확인해야 한다. 실전 연습의 답은 각 장 끝에 있는 연습 문제 다음에 있다. 더 공부하려면 예제 옆에 있는 비슷한 문제를 풀어 보라.
- 뒷표지 안쪽에는 중요한 그림과 표가 나와 있다. 이 색인을 사용하여 문제를 풀거나 다른 장에서 관련된 주제를 공부할 때 정보를 빠르게 찾을 수 있다.

이 제안을 따라 열심히 한다면 화학은 도전할 만한 것이며, 예상한 것보다 덜 어렵고 더 흥미있는 것임을 알게 될 것이다.

—Raymond Chang / Ken Goldsby

실제 생활 관련

화학이 생활에 어떻게 적용되는지에 관한 재미있는 예들을 본문 전체에 걸쳐 사용하였다. 추상적 화학 개념에 대한 이해를 돕기 위해 적절한 비유를 사용하였다.

생활 속의 화학 CHEMISTRY *in Action*

음주 측정기

미국에서는 음주 운전으로 인하여 매년 약 2만 5천 명의 사망자와 50만 명의 부상자가 발생한다. 일반인에게 음주 상태의 운전의 위험성에 대한 교육을 하고 위반자에게 더 큰 범칙금을 부과하고 있지만 도로에서 음주 운전자를 추방하기 위한 교통당국의 더 많은 노력이 필요하다.

음주 운전이 의심되는 운전자를 검사하기 위하여 경찰은 음주 측정기를 사용한다. 이 기구의 화학적 원리는 산화-환원 반응이다. 측정기에 운전자의 숨을 불어넣은 후, 다이크로뮴산 포타슘의 산성 용액으로 처리한다. 숨에 포함된 알코올(에탄올)은 다음 반응과 같이 아세트산으로 변환된다.

$$\underset{\text{에탄올}}{3CH_3CH_2OH} + \underset{\text{다이크로뮴산 포타슘(주황색)}}{2K_2Cr_2O_7} + \underset{\text{황산}}{8H_2SO_4} \longrightarrow$$

$$\underset{\text{아세트산}}{3CH_3COOH} + \underset{\text{황산 크로뮴(III)}}{2Cr_2(SO_4)_3} + \underset{\text{황산 포타슘}}{2K_2SO_4} + 11H_2O$$

이 반응에서 에탄올은 아세트산으로 산화되고 주황색의 다이크로뮴산 이온에 포함된 크로뮴(VI)은 환원되어 녹색의 크로뮴(III) 이온이 된다(그림 4.22 참조). 운전자의 음주 정도는 이 색의 변화(기구의 검정된 계기를 읽는다)를 감지하여 알아낼 수 있다. 대부분의 주에서 허용되는 음주 허용치는 질량 백분율로 0.08%이다. 그 이상의 수치는 불법이다.

휴대용 음주 측정기를 가지고 운전자의 혈중 알코올 농도를 측정하고 있다.

음주 측정기의 개략도. 운전자의 입김에 포함된 알코올이 다이크로뮴산 포타슘 용액과 반응한다. 황산 크로뮴(III)의 형성으로 인한 빛의 흡광도의 변화를 측정하여 계기를 나타내며, 이 수치가 혈중 알코올 농도이다. 필터는 측정시의 빛의 특정 파장을 선택한다.

생활 속의 화학 상자가 여러 주제에 대해 각 장마다 나와 있다. 각각은 화학이 일상 생활에 어떻게 영향을 끼칠 수 있는지에 대한 이야기로 구성되어 있다. 학생들은 여러 재미있는 사례 중에서도 스쿠버 다이빙, 핵의학에서의 과학에 대해 배울 수 있다.

화학 세계의 미스터리는 학생들에게 수수께끼 같은 사례를 제공한다. 일련의 화학적 질문은 미스터리를 풀 수 있는 단서를 제공한다. 화학 세계의 미스터리는 본문을 통해 쌓인 기본적인 문제 풀이 단계를 사용한 비판적 사고의 수준이 향상되도록 도울 것이다.

시각화

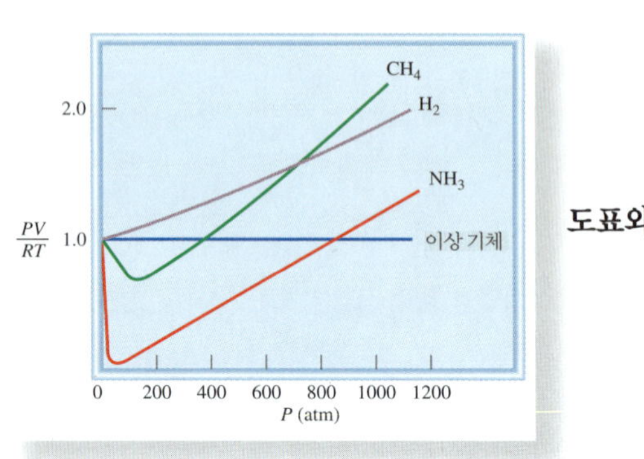

도표와 흐름도

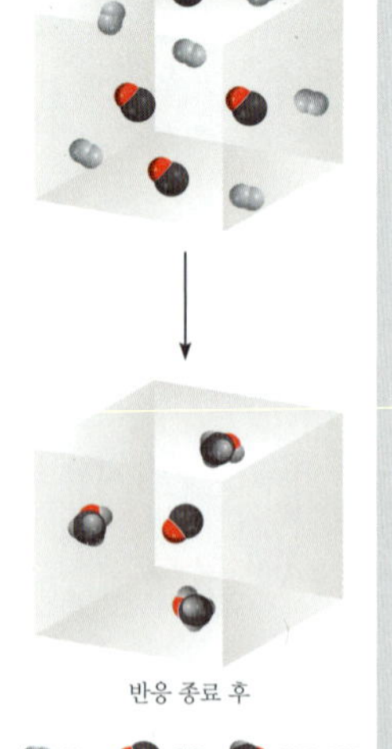

분자 기술

주요 식 정리하기 Key Equations

$\Delta U = q + w$ (6.1)	열역학 제1법칙의 수학적 표현.
$w = -P\Delta V$ (6.3)	기체의 팽창 또는 압축에 의한 일의 계산.
$H = U + PV$ (6.6)	엔탈피 정의.
$\Delta H = \Delta U + P\Delta V$ (6.8)	일정 압력 과정에 대한 엔탈피(에너지) 변화 계산.
$C = ms$ (6.11)	열용량 정의.
$q = ms\Delta t$ (6.12)	비열에 의한 열 변화 계산.
$q = C\Delta t$ (6.13)	열용량에 의한 열 변화 계산.
$\Delta H^\circ_{반응} = \Sigma n\Delta H^\circ_f(생성물) - \Sigma m\Delta H^\circ_f(반응물)$ (6.18)	표준 반응 엔탈피 계산.
$\Delta H_{용해} = U + \Delta H_{수화}$ (6.20)	용해열은 격자 에너지와 수화 에너지의 합.

사실과 개념 요약하기 Summary of Facts & Concepts

1. 에너지는 일을 할 수 있는 능력이다. 에너지는 서로 전환될 수 있는 많은 형태가 있다. 에너지 보존 법칙은 우주 전체의 에너지는 일정하다는 것이다.
2. 주위에 열을 방출하는 과정을 발열 과정이라 하고, 주위로부터 열을 흡수하는 과정을 흡열 과정이라고 한다.
3. 계의 상태는 조성, 부피, 온도, 압력과 같은 여러 가지 성질에 의하여 결정된다.
4. 계의 상태 함수의 변화는 계의 초기 상태와 최종 상태에 의해서만 결정되고, 그 변화가 일어난 경로와는 상관없다. 에너지는 상태 함수이고, 열과 일은 상태 함수가 아닌 경로 함수이다.
5. 에너지는 한 형태에서 다른 형태로 전환될 수 있지만, 새로 창조되거나 파괴되지 않는다(열역학 제1법칙). 화학에서는 주로 열 에너지, 전기 에너지, 역학 에너지에 관심이 있는데, 역학 에너지는 보통 압력-부피 일과 관련되어 있다.
6. 엔탈피는 상태 함수이다. 엔탈피 변화(ΔH)는 일정 압력 과정에서 $\Delta U + P\Delta V$와 같다.
7. 엔탈피 변화(ΔH)는 일정 압력하에서 측정한 반응(또는 어떤 다른 변화)의 열이며, 일반적으로 단위는 kJ을 사용한다.
8. 일정 압력 열량계와 일정 부피 열량계는 물리적, 화학적 변화의 열량 변화를 측정하는 데 사용된다.
9. 반응의 전체 엔탈피 변화는 각 단계에서의 엔탈피 변화의 전체 합과 같다는 것이 헤스 법칙이다.
10. 표준 반응 엔탈피는 반응물과 생성물의 표준 생성 엔탈피로부터 계산할 수 있다.
11. 이온 결합 화합물의 용해열은 격자 에너지와 수화열의 합이다. 이 두 양의 절대값의 상대적인 크기가 용해 과정이 발열 반응인지, 흡열 반응인지를 결정한다. 묽힘열은 용액을 묽힐 때 흡수 또는 방출하는 열이다.

▶ 학습 도우미

주요 식 정리하기
– *기억해야 할 자료*

사실과 개념 요약하기
– *주요 개념에 대한 빠른 복습*

주요 용어 정리하기
– *이해해야 할 중요한 용어*

주요 용어 정리하기 Key Words

격자 에너지(U)	비열	열 에너지	주위
계	상태 함수	열역학	퍼텐셜 에너지
계의 상태	수화열($\Delta H_{수화}$)	열역학 제1법칙	표준 반응 엔탈피($\Delta H^\circ_{반응}$)
고립계	에너지	열용량(C)	표준 상태
닫힌 계	에너지 보존 법칙	열화학	표준 생성 엔탈피(ΔH°_f)
묽힘열	엔탈피(H)	열화학 반응식	헤스 법칙
반응 엔탈피($\Delta H_{반응}$)	열	용해 엔탈피($\Delta H_{용해}$)	화학 에너지
발열 과정	열계량법	용해열($\Delta H_{용해}$)	흡열 과정
복사 에너지	열린 계	일	

 창 학습 시스템

필요한 지식에 대한 빠른 테스트를 통해 절 목차를 **복습**하라.

개념 복습하기

다음 그림은 물에 녹아 있는 세 종류의 화합물 (a) AB_2, (b) AC_2, (c) AD_2를 나타낸다. 이 중 어느 것이 강전해질이고 약전해질을 표현하고 있는가? (단순하게 하기 위해 물 분자는 표시하지 않았다.)

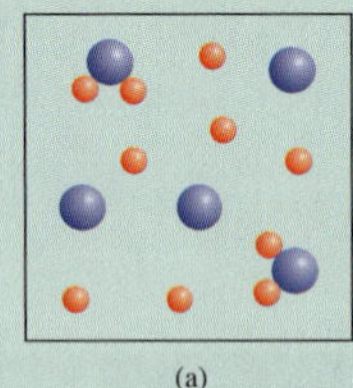

(a)

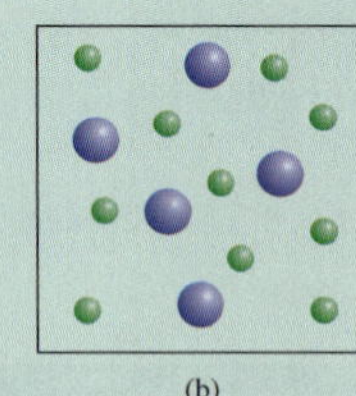

(b)

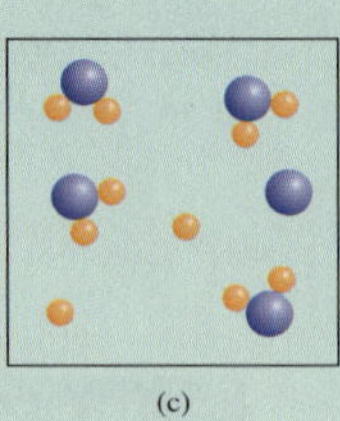

(c)

예제 4.6

다음 산화-환원 반응을 분류하고, 각 원소의 산화수 변화를 밝히시오.

(a) $2N_2O(g) \longrightarrow 2N_2(g) + O_2(g)$

(b) $6Li(s) + N_2(g) \longrightarrow 2Li_3N(s)$

(c) $Ni(s) + Pb(NO_3)_2(aq) \longrightarrow Pb(s) + Ni(NO_3)_2(aq)$

(d) $2NO_2(g) + H_2O(l) \longrightarrow HNO_2(aq) + HNO_3(aq)$

전략 결합 반응, 분해 반응, 치환 반응, 불균등화 반응의 정의를 복습하라.

풀이

(a) 한 반응물이 두 가지 서로 다른 생성물이 되므로 이 반응은 분해 반응이다. N의 산화수가 +1에서 0이 되고, O의 산화수는 −2에서 0이 된다.

(b) 이 반응은 결합 반응이다(두 반응물이 하나의 생성물을 만든다). Li의 산화수는 0에서 +1이 되고, N의 산화수는 0에서 −3으로 변한다.

(c) 이 반응은 금속 치환 반응이다. 금속 Ni가 Pb^{2+}를 치환(환원)한다. Ni의 산화수는 0에서 +2로 증가하고, Pb의 산화수는 +2에서 0으로 감소한다.

(d) NO_2에 포함된 N의 산화수는 +4이고, HNO_2의 N의 산화수는 +3, HNO_3에 포함된 N의 산화수는 +5이다. 한 원소의 산화수의 증가와 감소가 동시에 일어나므로, 이 반응은 불균등화 반응이다.

실전 연습 다음 산화-환원 반응을 분류하시오.

(a) $Fe + H_2SO_4 \longrightarrow FeSO_4 + H_2$

(b) $S + 3F_2 \longrightarrow SF_6$

(c) $2CuCl \longrightarrow Cu + CuCl_2$

(d) $2Ag + PtCl_2 \longrightarrow 2AgCl + Pt$

풀기 위해 **전략**을 세우고 풀고 점검하는 문제 풀이 과정을 학습하라.

실제 문제에 **문제 풀이 접근법을 이용**한다. 일반화학 제11판에서는 화학자처럼 문제를 푸는 기회를 학생에게 제공하는 설명, 모형화 및 추정 문제를 제공한다.

4.172 호흡 장치에 사용되는 유용한 산소원인 초과산화 포타슘(KO_2)은 물과 반응하여 수산화 포타슘, 과산화 수소, 산소를 형성한다. 또한 초과산화 포타슘은 이산화 탄소와도 반응하여 탄산 포타슘과 산소를 형성한다. (a) 이 두 반응의 반응식을 쓰고 이 적용에서 초과산화 포타슘의 효과에 대해 논의하시오. (b) KO_2와 CO_2의 반응에만 집중하여, 오염된 환경에서 30분간 일하는 사람이 생존하는 데 필요한 KO_2의 양을 추정하시오. (유용한 정보는 연습문제 1.69 참조.)

간추린 차례
Contents in Brief

차례
Contents

제 2 장 원자, 분자 및 이온 • 65
Atoms, Molecules, and Ions

제 3 장 화학 반응에서의 질량 관계 • 102
Mass Relationships in Chemical Reactions

제 4 장 수용액에서의 반응 • 141
Reactions in Aqueous Solutions

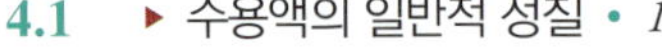

제 5 장 기체 • 190
Gases

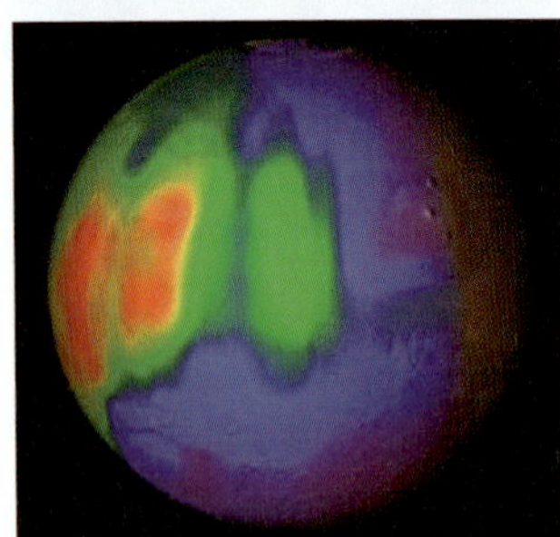

제 6 장 열화학 • 243

Thermochemistry

제 7 장 양자론과 원자의 전자 구조 • 285
Quantum Theory and the Electronic Structure of Atoms

제 8 장 원소의 주기성 • 334
Periodic Relationships Among the Elements

제 9 장 화학 결합 I: 기본 개념 • 373
Chemical Bonding I: Basic Concepts

제 10 장 화학 결합 II: 분자 기하 구조와 원자 궤도함수의 혼성화 • 413
Chemical Bonding II: Molecular Geometry and Hybridization of Atomic Orbitals

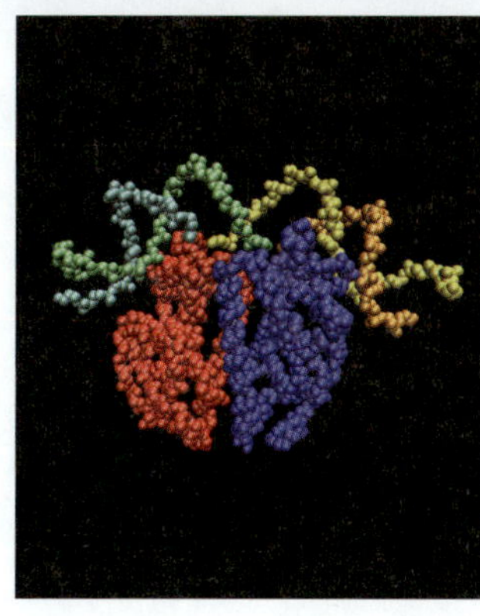

제 11 장 분자간 힘과 액체 및 고체 • 462
Intermolecular Forces and Liquids and Solids

제 12 장 용액의 물리적 성질 • 513
Physical Properties of Solutions

제 13 장 화학 반응 속도론 • *553*
Chemical Kinetics

제 14 장 화학 평형 • *607*
Chemical Equilibrium

제 15 장 산과 염기 • 647
Acids and Bases

제 16 장 산-염기 평형 및 용해도 평형 • 697
Acid-Base Equilibria and Solubility Equilibria

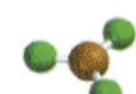

제 17 장 엔트로피, 자유 에너지 및 평형 • 748

Entropy, Free Energy, and Equilibrium

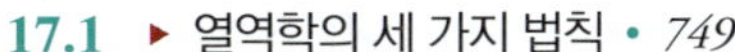

제 18 장 전기화학 • 782

Electrochemistry

제 19 장 핵 화학 • 829

Nuclear Chemistry

제 20 장

대기화학 • 866
Chemistry in the Atmosphere

제 21 장

야금술과 금속의 화학 • 895
Metallurgy and the Chemistry of Metals

제 22 장 비금속 원소와 화합물 • 918
Nonmetallic Elements and Their Compounds

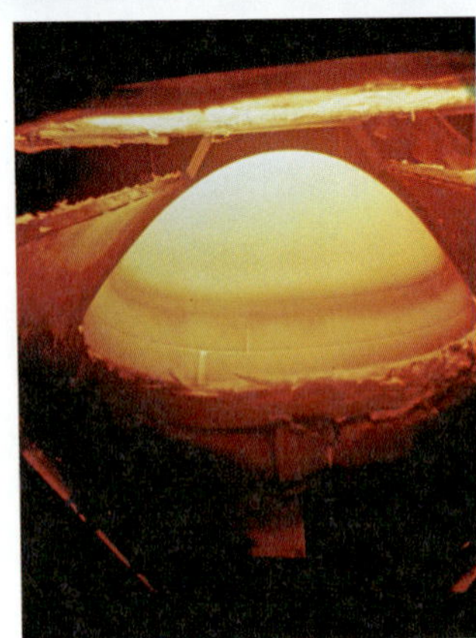

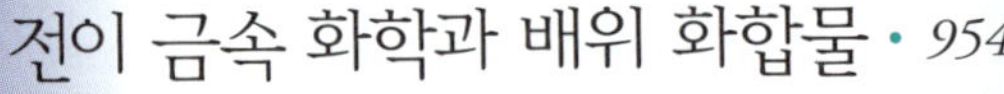

제 23 장 전이 금속 화학과 배위 화합물 • 954
Transition Metals Chemistry and Coordination Compounds

제 24 장 유기 화학 • 984
Organic Chemistry

제 25 장 합성 및 천연 유기 고분자 • 1016
Synthetic and Natural Organic Polymers

연습 문제의 해답은 본사의 홈페이지 www.sciplus.co.kr을 참조하기 바랍니다

제 1 장

화학: 변화에 대한 연구

Chemistry: The Study of Change

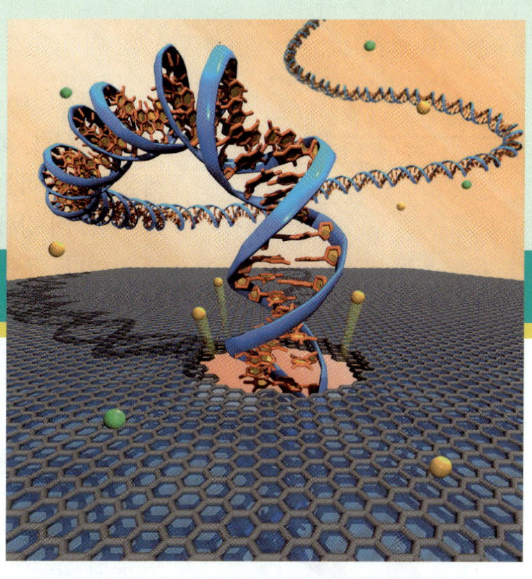

▲ 그래핀에 만들어진 구멍을 통해 DNA 분자를 밀어내기 위해 전기장을 적용함으로써 과학자들은 독특한 전기적 성질에 따라 네 개의 화학적 염기를 빠르게 배열하도록 하는 데 언젠가 사용될 수 있는 기술을 개발하였다.

이 장의 차례

들여다보기

- 화학의 연구에 대한 간단한 소개로 시작하여 현대 사회에서 화학의 역할을 설명한다(1.1절과 1.2절).
- 다음으로 모든 과학 분야의 연구에 체계적으로 접근할 수 있는 과학적 방법에 친숙해진다(1.3절).
- 물질을 정의하고 순물질은 원소나 화합물일 수 있다는 것을 안다. 균일 혼합물과 불균일 혼합물을 구분한다. 또한 원칙적으로 물질은 고체, 액체, 기체의 세 가지 상태로 존재할 수 있다는 것을 배운다(1.4절과 1.5절).
- 물질의 특성을 규정하기 위해 그 물질의 고유성을 변화시키지 않고 관찰할 수 있는 물리적 성질과 화학 변화에 의해서만 나타낼 수 있는 화학적 성질을 알아야 한다(1.6절).
- 화학은 실험 과학이므로 많은 측정을 한다. 기본적인 국제 단위계(SI)를 배우고 부피와 밀도같이 기본 SI에서 유도되는 유도 SI 단위들을 사용한다. 또한 섭씨, 화씨, 절대 온도 등 세 종류의 온도 단위에 익숙하게 될 것이다(1.7절).
- 화학 계산은 흔히 아주 크거나 작은 수를 포함하는데 이 경우 과학적 표기법을 이용하면 편리하다. 계산하거나 측정할 때 사용하는 양들은 의미 있는 자릿수인 유효 숫자를 사용하여야 한다(1.8절).
- 화학 계산에 유용한 차원 해석법을 배운다. 계산 순서에 따라 단위들을 사용할 때 마지막에 원하는 단위 외에는 모두 소거된다(1.9절).
- 현장 문제 풀이는 주로 가정 세우기와 단순화하기를 포함한다(1.10절).

화학은 자연과 인간 사회에서 모두 절대적으로 중요하며, 끊임없이 발전하고 있는 과학이다. 화학의 기원은 고대에서 출발하지만, 모든 면에서 화학은 첨단 과학이다. 세상을 구성하는 물질들을 보고 측정할 수 있는 거시적인 수준에서 화학 공부를 시작하기로 한다. 이 장에서는 화학뿐만 아니라 모든 과학의 토대를 이루는 과학적 방법에 대해 다룰 것이다. 그런 다음 과학자들이 물질을 어떻게 정의하고, 그 특성을 어떻게 기술하는지에 대해 다룬다. 그리고 실험실에서 이용되는 측정법에 대해 숙지할 것이다. 마지막으로 화학 측정의 수치들을 어떻게 다루고, 수치 문제를 어떻게 푸는지에 대해 공부할 것이다. 2장부터는 원자와 분자에 관한 미시 세계를 공부할 것이다.

1.1 화학: 21세기를 위한 과학

"변화에 대한 연구"를 의미하는 화학의 한자.

화학(chemistry)은 *물질과 그들의 변화에 대해 연구하는 학문*이다. 화학은 종종 모든 과학의 중심 학문이라고 부른다. 그것은 생물학, 물리학, 지질학, 생태학 등 대부분의 과학에서 화학의 기초 지식이 반드시 필요하기 때문이다. 실제로, 화학은 우리 삶에서 매우 중요하다. 화학이 없다면 자동차, 전기, 컴퓨터, CD 등 일상생활에서 꼭 필요한 것들이 없는 원시 상태에서 더 짧은 수명의 삶을 살고 있을 것이다.

화학은 오래된 과학이지만 현대적인 토대는 19세기에 와서야 이루어졌다. 이 시대의 지적 발달과 기술적 발달에 힘입어 과학자들은 물질을 좀 더 세밀하게 나눌 수 있게 되었고, 그들의 많은 물리적, 화학적 특성들을 설명할 수 있었다. 20세기 동안 극히 정교해진 기술의 발달은 눈으로 볼 수 없는 미시 세계의 연구를 가능케 하였다. 예를 들면, 컴퓨터와 특별한 현미경을 이용하여 화학자들은 화학의 근간을 이루는 원자와 분자들의 구조를 해석할 수 있었고, 의약품과 친환경 제품 같은 특성을 지닌 신물질들을 개발할 수 있었다.

21세기에 중심 과학이 어떤 역할을 할 것인가를 질문하는 것은 적절한 일이다. 화학이 과학 기술의 모든 영역에서 중추적 역할을 할 것이 거의 확실하다. 물질과 그 변화에 대해 공부하기 전에 먼저 화학자들이 연구하고 있는 첨단 과학에 대해 살펴보기로 하자(그림 1.1). 화학을 공부하는 이유가 무엇이든 화학에 대한 깊은 지식은 화학이 사회와 우리에게 미친 영향을 깨닫게 해 줄 것이다.

1.2 화학 공부

적어도 입문 단계에서는 다른 교과목에 비해 화학이 더 어려운 것으로 보통 알고 있다. 이러한 생각을 가지게 하는 몇 가지 원인을 생각할 수 있는데, 그 하나는 화학에서 사용하는 전문 용어 때문일 것이다. 아마도 화학에서 사용하는 생소한 용어들이 이러한 결과를 초래한 하나의 원인일 것이다. 하지만 이번 수업이 화학의 첫 시간이라 하더라도 여러분은 이미 자신이 생각하는 것보다도 훨씬 더 화학에 친숙해져 있다. 과학적으로 올바른 의미는 모르지만, 우리는 매일 화학과 관련된 단어들을 접하고 있다. "전자", "양자 도약", "평형", "촉매", "연쇄 반응", "임계 질량" 등을 예로 들 수 있다. 또한 요리를 한다는 것 자체가 숙련된 화학자임을 보여주는 것이다. 주방에서 얻은 경험으로부터 기름과 물은 서로 섞이지 않으며, 물을 끓이면 증발함을 알고 있다. 빵을 부풀리기 위해 베이킹 소다를 넣고, 밥을 빨리 하기 위해 압력 밥솥을 쓰며, 고기를 부드럽게 하기 위해 첨가제를 넣거나, 잘라 놓은 배에 레몬 주스를 부어 갈변하지 않게 하며, 생선 냄새를 없애거나 달걀을 삶을 때 물에다 식초를 넣는 것들은 화학적 원리와 물리적 원리를 이용하는 것이다. 매일 우리는 이들의 화학적 특성은 생각하지 않고 이러한 변화들을 관찰하고 있다. 이 강의의 목표는 이렇게 직접 보고 만지고 측정할 수 있는 *거시적 세계*(macroscopic world)를 보면서 현대적인 기

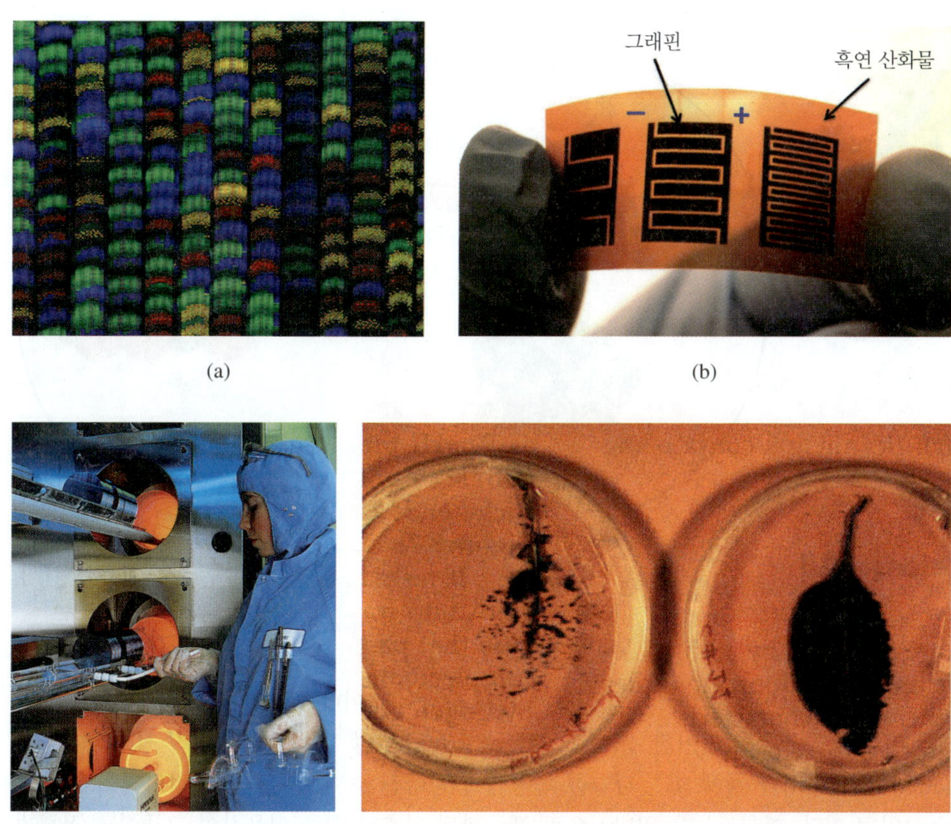

그림 1.1 (a) 자동 DNA 서열 측정기의 결과. 각 줄은 별개의 DNA 시료에서 얻어진 순서를 나타낸다(다른 색들로 표시됨). (b) 그래핀 초축전기. 이 물질은 알려진 가장 높은 에너지 대 부피 비와 응답 시간을 나타낸다. (c) 빛을 전류로 변환하는 광전지. (d) 왼쪽의 잎은 유전공학 처리를 하지 않고 담배뿔벌레에 노출된 담뱃잎이고, 오른쪽 잎은 유전공학적으로 처리하여 벌레의 손상을 거의 받지 않은 것이다. 같은 기술을 적용하여 다른 식물의 잎을 보호할 수 있다.

술이나 우리의 영감 없이는 경험할 수 없는 *미시적 세계*(microscopic world)의 입자들과 거기에서 일어나는 현상들을 가시화하는 화학자들처럼 생각할 수 있도록 하는 데 있다.

처음에는 일부 학생에게 아마도 이 책이 미시적 세계와 거시적 세계를 계속 반복적으로 기술하는 것처럼 보여 혼란스러움을 느낄 수도 있다. 화학 연구에 필요한 자료는 대부분 거시적 현상에서 관측한 것이지만, 그에 대한 설명은 빈번히 보이지 않고 부분적으로 상상 속에 있는 원자나 분자 세계에 함축되어 있다는 것을 명심하기 바란다. 다시 말하면, 화학자들은 거시적 세계를 *보고* 미시적 세계를 *생각한다.* 그림 1.2에 있는 녹슨 못을 볼 때에 화학자들은 철 원자의 기본 특성들을 생각하고, 이들이 다른 원자나 분자들과 어떻게 반응하여 그러한 변화가 일어났는지를 생각한다.

1.3 과학적 방법

사회 과학을 포함한 모든 과학은 *연구에 의한 체계적 접근법*인 **과학적 방법**(scientific method)을 사용한다. 예를 들면, 소음이 화학을 배우는 능력에 어떤 영향을 미치는지를 알고자 하는 심리학자와 수소 기체가 공기 중에서 탈 때 방출되는 열을 측정하는 데 관심이 있는 화학자는 그들의 탐구를 수행하는 데 대체로 같은 방법을 따른다. 첫 번째 단계는 문제를 신중하게 정의하는 것이다. 그 다음 단계는 실험을 수행하여 조심스러운 관찰을 하고, 관찰 대상인 계(system)에 대한 정보 즉, *자료*(data)를 수집한다. 여기서 계는 탐구 중에 있

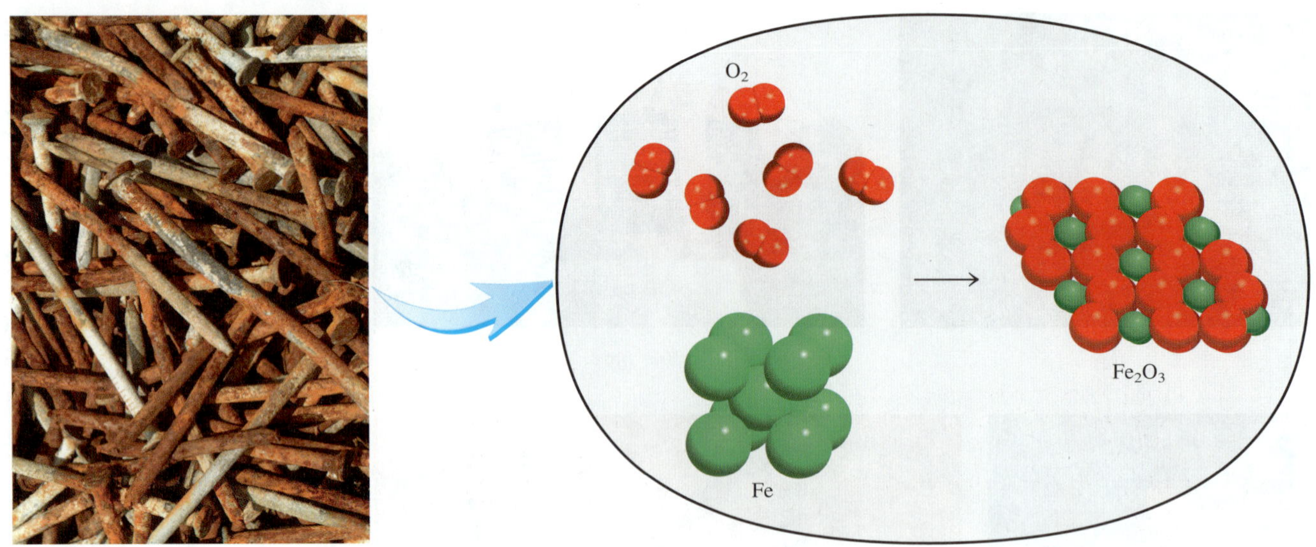

그림 1.2 철(Fe)과 산소(O_2)에 의해 형성된 녹(Fe_2O_3)의 간단한 분자 수준의 모습. 실제로는 이 과정에서 물이 필요하며, 녹에는 물 분자도 포함되어 있다.

는 우주의 한 부분을 뜻한다. 위의 예에서 계는 학생 집단이나 수소와 공기의 혼합물이다.

이러한 연구에서 얻어진 정보는 *계에 관한 일반적인 관찰로 이루어진* **정성적**(qualitative)인 것이거나 *계에 대한 다양한 측정에서 얻어진 숫자로 이루어진* **정량적**(quantitative)인 것이다. 화학자들은 일반적으로 표준화된 기호나 식을 이용하여 그들이 측정하거나 관찰한 것을 기록한다. 그러한 표현의 형태는 단순히 기록을 간편하게 할 뿐만 아니라 다른 화학자들과의 교류를 원활히 하는 공통된 토대를 마련해 준다.

실험이 완료되어 자료들이 축적되면 다음 단계는 그러한 현상을 설명하기 위한 해석이다. 수집된 자료에 근거하여 연구자들은 *일련의 관측 자료에 대한 임시적 설명*인 **가설**(hypothesis)을 만든다. 그러면 그러한 가설을 뒷받침하기 위하여 가능한 한 많은 방법으로 추가 실험들을 수행하여 계속해서 가설을 보완해 나간다. 그림 1.3은 이러한 연구 과정의 주요 단계들을 요약한 것이다.

아주 많은 자료들이 모아지면 법칙과 같은 방법으로 자료들을 간결하게 표현하는 것이 바람직하다. 과학에서 **법칙**(law)이란 *동일한 조건에서는 항상 일정하게 일어나는 현상들의 관계를 함축된 말이나 수학적 표현으로 나타내는 것*을 말한다. 예를 들어, 고등학교 과학에서 배운 아이작 뉴턴 경의 운동의 제2법칙은 힘은 질량과 가속도의 곱($F = ma$)이라는 것을 말하고 있다. 이 법칙이 의미하는 것은 물체의 질량이나 가속도의 증가에 비례하여 힘이 증가하며 질량이나 가속도가 감소하면 힘도 항상 감소한다는 것이다.

많은 실험에 의해 검증된 가설은 하나의 이론으로 정립되기도 한다. **이론**(theory)이란 *모든 실험적 사실들과 이에 바탕을 둔 법칙들을 설명할 수 있는 총괄적인 원리*이다. 이러

그림 1.3 화학을 연구하는 세 단계와 이들의 관계. 관찰은 거시 세계에서 일어나는 것들을 다룬다. 원자나 분자는 미시 세계를 이룬다. 표현은 실험을 서술하기 위해 기호나 화학 반응식으로 하는 과학적 단순 표현법이다. 화학자들은 그들이 가지고 있는 원자나 분자들에 관한 지식을 사용하여 관찰된 현상을 해석한다.

한 이론 역시 지속적인 검증을 거치게 된다. 만약 어떤 실험에 의해 이론의 잘못된 점이 발견될 때는 그 이론을 버리거나 새로운 실험 결과에 맞게 이론을 수정해야 한다. 이론의 검증은 검증할 수 있는 기술의 한계 때문에 수년 또는 수세기가 걸릴 수도 있다. 2장에서 학습하게 될 원자론이 그 예이다. 고대 그리스 철학자인 데모크리토스(Democritus)에 의해 제안된 화학의 근본 원리인 이 이론은 2000년의 세월을 거치면서 이루어지게 되었다. 최근의 예는 다음 페이지에 나와 있는 '힉스 입자의 연구'를 들 수 있다.

이런 단계를 엄격하게 순차적으로 하나씩 거치는 과학적 발전은 드물다. 때로는 법칙이 이론을 우선할 수도 있고 그 반대일 수도 있다. 똑같은 목적으로 같은 일을 시작한 두 과학자라고 할지라도 완전히 다른 접근 방법을 택할 수 있다. 과학자들도 결국 인간이기 때문에 그들이 생각하는 것이나 일하는 형태는 그들이 자란 환경, 교육, 개개인의 성격에 많은 영향을 받는다.

과학의 발전은 불규칙적이고, 때로는 비논리적이기도 했다. 비록 그 이론의 발견이나 법칙의 정립은 한 개인의 명예로 돌아가지만, 실제 이와 같은 위대한 발견들은 많은 연구자들의 축적된 공헌과 경험에 의한 결과이다. 물론 과학의 발견에서도 행운이란 것이 있지만, 이 또한 열심히 연구하는 연구자에게 그러한 행운도 따른다고 할 수 있다. 빈틈없고 잘 훈련된 사람만이 우연한 발견의 중요성을 인식할 수 있고, 그것을 최대한 활용할 수 있다. 일반인들은 대부분 거창하고 위대한 과학적 발견만 보게 된다. 그러나 성공한 모든 이야기 뒤에는 많은 경우 수년 동안의 연구가 결국 아무 소용이 없거나, 수많은 시행착오 끝에 올바른 결과를 얻는 것과 같은 발견의 지루한 과정 등은 알려지지 않는 경우가 많다. 그러한 쓸모없는 결과조차도 우주에 관한 지식을 넓히는 데 공헌하고 있다. 이러한 미지에 대한 탐구의 정열이 많은 과학자들을 실험실에 붙어 있게 한다.

개념 복습하기

다음 설명 중 옳은 것은?

(a) 가설은 언제나 법칙을 만든다.
(b) 과학적 방법은 문제 해결을 위한 엄격한 일련의 단계들이다.
(c) 법칙은 일련의 실험 관측을 요약하며 이론은 관측을 설명해 준다.

1.4 물질의 분류

1.1절에서 화학을 물질과 물질의 변화에 대한 연구로 정의하였다. **물질**(matter)은 *공간을 차지하며 질량을 가지는* 모든 것을 말한다. 물질에는 우리가 보고 만질 수 있는 것(물, 토양, 나무 등)뿐만 아니라 만질 수 없는 것(공기 등)이 있다. 그러므로 이 우주에 있는 모든 것들이 화학과 관련이 있다.

화학자들은 조성과 성질에 따라 물질을 여러 범주로 나눈다. 물질은 2장에서 다룰 원자와 분자뿐만 아니라 순물질, 혼합물, 원소, 화합물로 분류한다.

▶ 순물질과 혼합물

순물질(substance)은 *일정한 조성과 독특한 성질을 갖는 물질의 한 형태*이다. 예로 물, 암모니아, 설탕, 금, 산소 등이 있다. 순물질들은 조성이 서로 다르며 각각 독특한 외관, 냄새, 맛, 여러 가지 성질 등에 의하여 구분된다.

혼합물(mixture)은 *둘 이상의 순물질이 각각의 고유한 성질을 유지하면서 서로 섞여*

생활 속의 화학 CHEMISTRY in Action

힉스 입자(Higgs boson)의 연구

이 장에서 질량을 물질의 근본적인 특성으로 간주하지만, 다음과 같은 궁금한 점이 있지 않았는가? 물질에는 왜 질량이 있는가? "모든 것"에는 질량이 있는 것은 분명해 보이지만 그것이 자연의 요구 사항인가? 뒷부분에서 빛은 정지할 때 질량을 갖지 않는 입자들로 이루어져 있으며, 물리학에서 우주는 다른 상황에서 질량을 가진 *어떤 것*도 포함하지 않을 수 있다고 한다는 것을 알게 될 것이다. 그러나 우리는 우리 우주가 질량을 가지는 무수히 많은 입자로 이루어져 있으며, 이들 구성 요소는 사람을 구성하는 원소를 형성하는 데 필요하다는 것을 알고 있다. 이 질문에 대한 답을 찾는 것은 우리가 과학적 방법이라고 부르는 과정을 잘 보여준다.

최근 이론적 모형에 따르면 우주에 있는 모든 것이 두 종류의 기본 입자인 보손(boson)과 페르미온(fermion)에 기초하고 있다. 보손은 페르미온을 함께 붙잡는 힘과 관련된 입자인 반면, 페르미온으로 구성된 물질의 구성 요소를 고려함으로써 이들 입자의 역할을 구별할 수 있다. 1964년에 서로 다른 세 연구 팀이 에너지 장이 우주에 침투하며, 이 에너지 장과 물질의 상호 작용이 이 장과 관련된 특정 보손 때문이라는 메커니즘을 독립적으로 제안하였다. 이들 보손의 수가 더 많을수록 에너지 장과의 상호 작용이 더 커질 것이다. 이 상호 작용이 우리가 질량이라고 부르는 성질이며, 이 장과 관련된 보손은 이 메커니즘을 제안한 최초의 물리학자 중 하나인 피터 힉스(Peter Higgs)의 이름을 따서 명명되었다.

이 이론은 현대 과학에서 가장 잘 예고된 탐구 중 하나가 된 "힉스 입자(Higgs boson)"에 대한 폭발적 검색에 불을 붙였다. 스위스 제네바의 CERN에 있는 대형 강입자 충돌기(Large Hadron Collider, 19.4절에서 설명)는 힉스 입자에 대한 증거를 찾기 위해 고안된 실험을 수행하기 위해 제작되었다. 이 실험에서 17마일의 원형 터널에서 반대 방향으로 양성자를 거의 광속(빛의 속도)으로 가속한 후 충돌시켜 매우 높은 에너지에서 훨씬 더 기본적인 입자를 만든다. 힉스 입자에 대한 이론적 예측과 일치하는 에너지에서 과량의 입자에 대한 증거를 위해 이 자료를 조사하였다. 이론을 평가하고 궁극적으로 수정하는 데 사용되는 결과를 주는 실험을 제안하는 이론의 진행 과정이 과학적 방법의 본질이다.

2012년 7월 4일 CERN의 과학자들은 힉스 입자를 발견했다고 발표하였다. 힉스 입자를 만들기 위해서는 약 1조 개의 양성자-

CERN에 있는 대형 강입자 충돌기에서 8-TeV 충돌 후 힉스 입자가 다른 입자로 붕괴되어 얻은 자료 그림.

양성자 충돌이 필요하므로 결과를 확인하기 위해 2개의 독립적인 실험 기구로부터 엄청난 양의 자료가 필요하게 된다. 과학에서 답을 구하는 것은 결코 완전히 끝나지 않는다. 우리의 이해는 항상 향상되거나 개선될 수 있으며, 때로는 받아들인 과학의 전체 교리가 관측을 더 잘 설명하는 또 다른 이론으로 대체된다. 예를 들어, 힉스 입자가 물질에 질량을 전달하는 유일한 입자인지 또는 다른 이론들에서 예측된 여러 입자 중 하나인지 과학자들은 확신하지 못하고 있다.

그러나 장기적으로 과학적 방법이 물리적인 세계를 이해하는 가장 좋은 방법임이 증명되었다. 실험 과학으로 힉스 입자의 존재를 증명하는 데 50년이 걸렸다. 이 발견은 매우 환영받았으며, 이듬 해 피터 힉스(Peter Higgs)와 입자에 질량을 제공하는 통일장(universal field)의 존재를 처음 제안한 여섯 명의 과학자 중 하나인 프랑수아 엥글레르(François Englert)는 이 공로로 2013년 노벨 물리학 상을 받았다. 향후 50년 내에 과학이 우주에 대한 우리의 이해를 어디로 가져갈지 상상하는 것은 불가능하지만, 이러한 과학적 발견을 이끄는 많은 이론과 실험이 우리가 오늘날 사용하는 것들과 크게 다를 것임을 분명히 확신할 수 있다.

있는 것이다. 몇 가지 친근한 예로 공기, 음료수, 우유, 시멘트 등이 있다. 혼합물은 균일한 조성을 가지지 않는다. 따라서 서로 다른 도시에서 채취된 공기 시료들은 고도와 대기 오염 등의 차이 때문에 그 조성이 다를 것이다.

혼합물은 균일할 수도 있고 불균일할 수도 있다. 설탕 한 숟가락을 물에 녹이면 혼합

(a)

(b)

그림 1.4 (a) 철가루와 모래의 혼합물. (b) 자석이 혼합물로부터 철가루를 분리한다. 이러한 기술은 알루미늄, 유리, 플라스틱과 같은 비자기성 물질에서 철이나 강철을 대량으로 분리하는 데 이용된다.

물의 조성이 전체에 일정한 **균일 혼합물**(homogeneous mixture)을 얻는다. 그러나 모래와 철가루를 섞으면 모래알과 철가루는 분리된 채로 남아 있다(그림 1.4). 이러한 혼합물은 *조성이 일정하지 않기 때문에* **불균일 혼합물**(heterogeneous mixture)이라 한다.

균일 혼합물이든 불균일 혼합물이든 그 성분의 본질적 변화없이 물리적 방법을 통해 순물질로 분리할 수 있다. 따라서 설탕물을 가열하여 물을 증발시키면 물에서 설탕을 분리할 수 있다. 수증기를 응축시키면 물을 다시 얻을 수 있다. 모래와 철의 혼합물을 분리하려면 모래는 자석에 끌리지 않으므로 자석을 사용하여 모래로부터 철 가루를 제거할 수 있다[그림 1.4(b) 참조]. 분리된 후 혼합물의 각 성분들은 원래와 같은 조성과 성질을 갖는다.

원소와 화합물

순물질은 원소일 수도 있고 화합물일 수도 있다. **원소**(element)는 *화학적 방법으로 더 간단한 순물질로 분리할 수 없는 물질*이다. 지금까지 118개 원소가 확인되었다. 그 중 대부분은 지구에서 천연적으로 존재한다. 나머지 원소들은 이 책의 19장에서 배울 핵 변환을 통해 과학자들이 만들어낸 것이다.

편의상 화학자들은 원소를 표시하기 위해 1~2개의 문자로 이루어진 기호를 사용한다. 그 중 첫 글자는 항상 대문자를 사용하고, 나머지는 소문자를 이용한다. 예를 들면, Co는 원소 코발트의 기호인 반면 CO는 일산화 탄소 분자의 식이다. 표 1.1에는 일반적으로 많이 알려진 원소들의 이름과 기호들을 나열하였다. 완전한 목록은 이 책 표지 안쪽에 있다. 어떤 원소 기호는 라틴어에서 유래하였다. *aurum*(금)에서 Au, *ferrum*(철)에서 Fe, *natrium*(소듐)에서 Na 등을 예로 들 수 있다. 대부분의 이름은 영어명에서 유래하였다. 부록 1에는 이러한 이름들의 기원과 원소의 발견자를 나열해 놓았다.

대부분 원소의 원자는 서로 반응하여 화합물을 만든다. 예를 들어, 수소 기체는 산소 기체 중에서 연소하여 물을 형성하는데, 이 물은 반응 물질과는 전혀 다른 성질을 가진다. 물은 수소 2개와 산소 1개로 이루어져 있다. 이 조성은 미국의 수도에서 나온 물이든, 외몽고의 호수에서 나온 물이든, 화성의 만년설에서 온 물이든 변하지 않는다. 따라서 물은 *둘 이상의 원소의 원자들이 화학적으로 항상 일정한 비율로 결합하여 이루어진 순물질인* **화합물**(compound)이다. 혼합물과는 달리 화합물은 화학적 방법에 의해서만 순물질들로 분리할 수 있다.

표 1.1 몇 가지 일반적인 원소와 기호

이름	기호	이름	기호	이름	기호
구리(Copper)	Cu	비스무트(Bismuth)	Bi	주석(Tin)	Sn
규소(Silicon)	Si	산소(Oxygen)	O	질소(Nitrogen)	N
금(Gold)	Au	소듐/나트륨(Sodium)	Na	철(Iron)	Fe
납(Lead)	Pb	수소(Hydrogen)	H	칼슘(Calcium)	Ca
니켈(Nickel)	Ni	수은(Mercury)	Hg	코발트(Cobalt)	Co
마그네슘(Magnesium)	Mg	아연(Zinc)	Zn	크로뮴(Chromium)	Cr
망가니즈(Manganese)	Mn	아이오딘(Iodine)	I	탄소(Carbon)	C
바륨(Barium)	Ba	알루미늄(Aluminum)	Al	텅스텐(Tungsten)	W
백금(Platinum)	Pt	염소(Chlorine)	Cl	포타슘/칼륨(Potassium)	K
브로민(Bromine)	Br	은(Silver)	Ag	플루오린(Fluorine)	F
비소(Arsenic)	As	인(Phosphorus)	P	황(Sulfur)	S

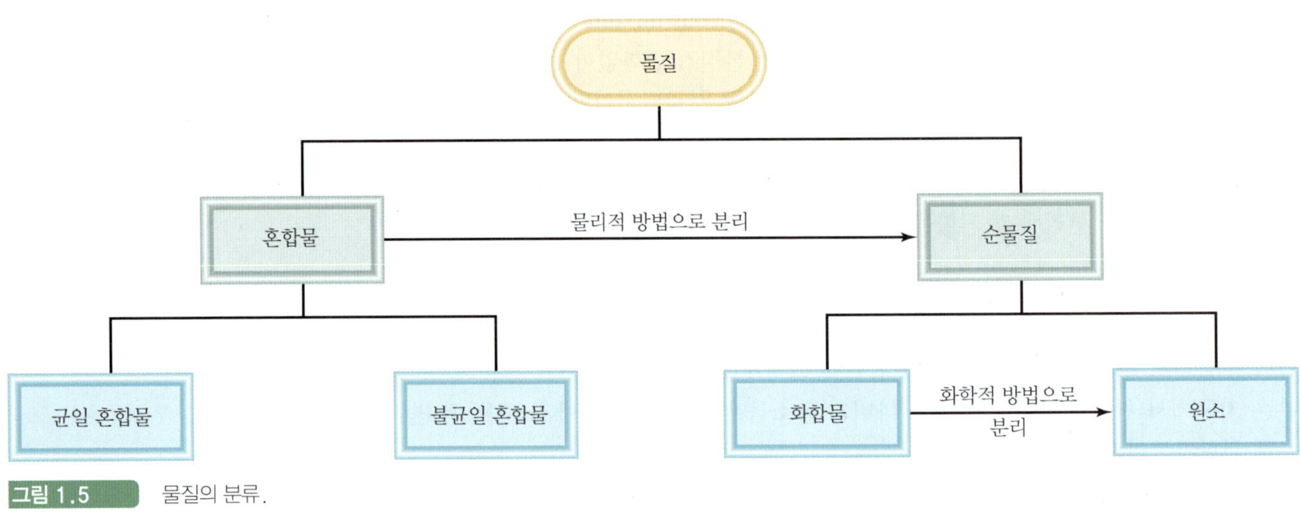

그림 1.5 물질의 분류.

원소, 화합물, 물질의 다른 몇 가지 범주 사이의 관계를 그림 1.5에 요약해 놓았다.

개념 복습하기

다음 그림 중 원소를 나타내는 것과 화합물을 나타내는 것은 어느 것인가? 각 색깔의 공은 원자를 나타낸다. 다른 색깔의 원자는 다른 원소를 나타낸다.

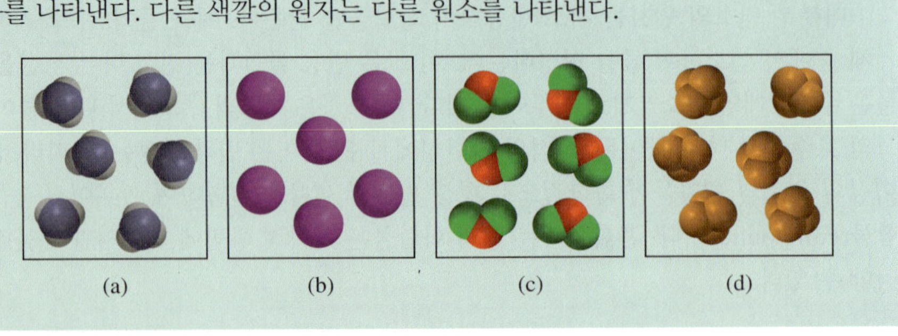

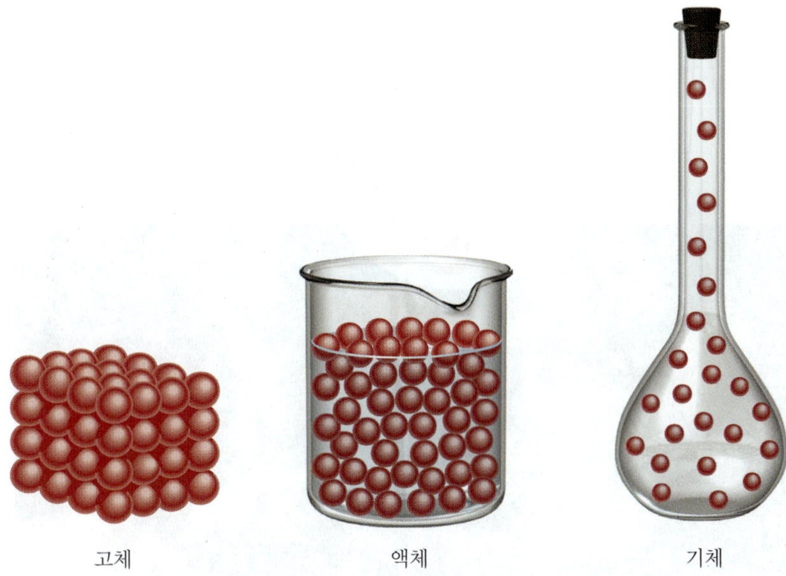

그림 1.6 미시적 관점에서 본 고체, 액체, 기체.

1.5 물질의 세 가지 상태

모든 순물질들은 적어도 이론상으로는 고체, 액체, 기체의 세 가지 상태로 존재할 수 있다. 그림 1.6에서 보는 것과 같이 기체에서 분자들 간의 거리는 액체나 고체에서와 다르다. 고체 상태에서 분자들은 거의 움직이지 못하는 정렬된 상태로 서로 붙어 있다. 액체 상태의 분자들은 서로 가깝게 있지만 강하게 붙잡혀 있지 않아서 서로 움직일 수 있다. 기체 상태의 분자들은 분자의 크기보다 훨씬 멀리 서로 떨어져 있다.

물질의 세 가지 상태는 물질 조성의 변화 없이 상호 변환이 가능하다. 열을 가하면 고체(예, 얼음)는 녹아 액체(물)로 변환된다. [이러한 변환이 일어나는 온도를 *녹는점*(melting point)이라 한다.] 열을 더 가하면 액체는 기체로 변한다. [이 변환은 액체의 *끓는점*(boiling point)에서 일어난다.] 반면에 기체를 냉각하면 액체로 응축된다. 액체의 온도를 더욱 낮추면 고체 형태로 얼게 된다. 그림 1.7은 물의 세 가지 상태를 보여준다. 물은 다른 일반적인 물질과는 다르게 분자들이 고체에서보다 액체 상태에서 더 조밀한 독특한 분자임을 주목하라.

개념 복습하기

밀폐된 상자 안에 얼음이 있다. 열을 가하면 처음에는 녹고, 그런 다음 물이 끓어서 수증기가 된다. 다음 설명 중 옳은 것은?

(a) 물의 물리적인 모습은 각 변화의 단계마다 다르다.
(b) 물의 질량은 얼음 상태에서 가장 크고 수증기 상태에서 가장 작다.

1.6 물질의 물리적 성질과 화학적 성질

순물질은 조성뿐만 아니라 그들의 성질에 의해서도 구분된다. 색깔, 녹는점, 끓는점 등은 성질이다. **물리적 성질**(physical property)은 *순물질의 조성이나 본질은 변화시키지 않고 측정하고 관측될 수 있다.* 예를 들어, 얼음 조각을 가열하면서 얼음이 물로 변하는 온도를 측정하면 얼음의 녹는점을 측정할 수 있다. 물이 얼음과 다른 점은 그 외관이지 조성이 아

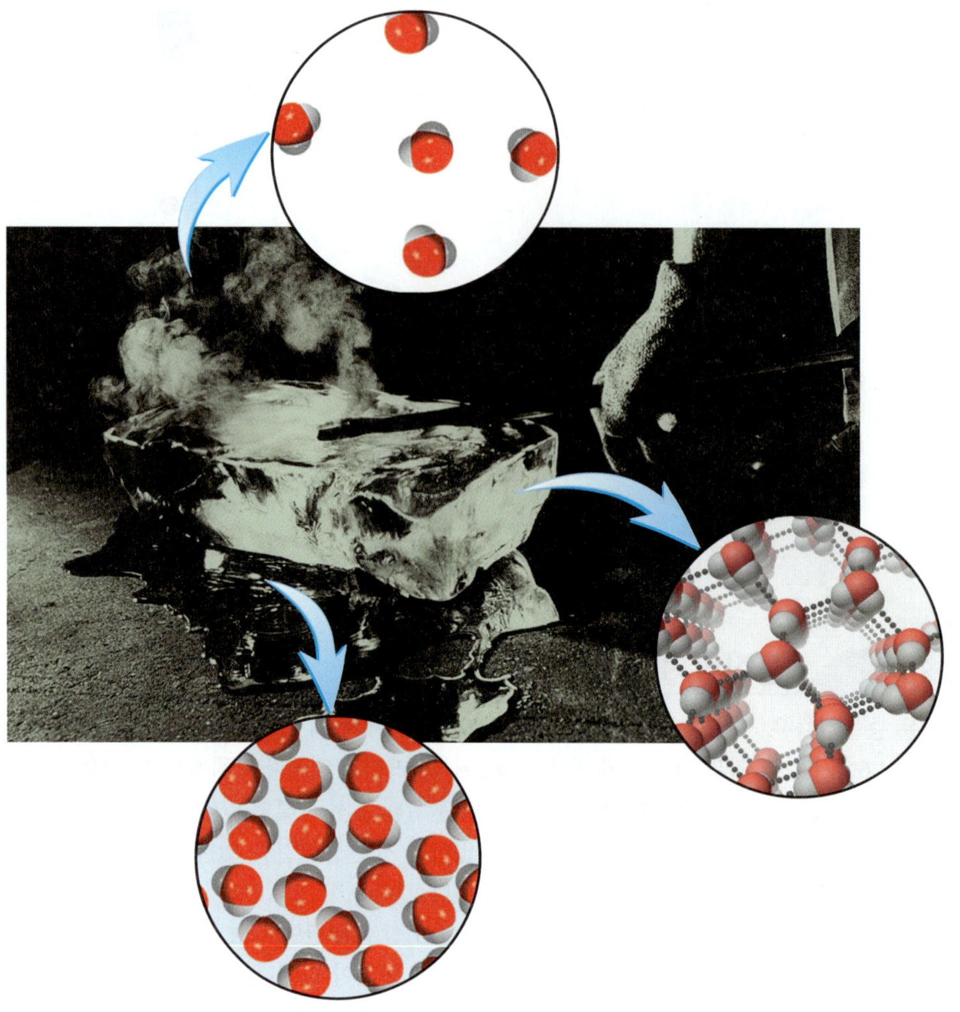

그림 1.7 물의 세 가지 상태. 뜨거운 막대가 얼음을 물과 수증기로 변화시킨다.

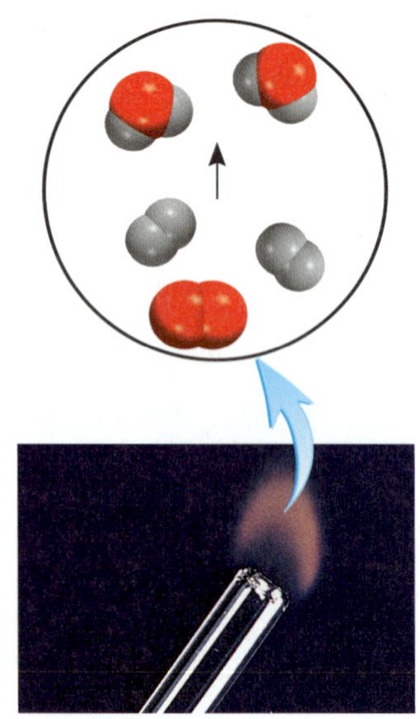

공기 중에서 수소의 연소로 물 형성.

니다. 따라서 이것은 물리적 변화이며, 물을 얼리면 다시 얼음을 얻을 수 있다. 그러므로 녹는점은 물리적 성질이다. 마찬가지로 헬륨이 공기보다 가볍다는 말은 그 물리적 성질을 일컫는 것이다.

반면에 "수소 기체가 산소 기체 중에서 연소해서 물을 형성한다"는 말은 수소의 **화학적 성질**(chemical property)을 일컫는데, 이 성질을 *관측하기 위해서*는 *화학적 변화*(이 경우에는 연소)를 *수반*하기 때문이다. 이러한 변화 후에 수소 기체의 화학적 성질은 없어지고, 물이라는 새로운 물질이 생성된다. 끓임이나 응고와 같은 물리적 변화로 물로부터 수소를 다시 얻어낼 수는 *없다*.

달걀을 삶을 때는 화학적 변화가 일어난다. 100°C 정도로 온도를 높이면 달걀의 흰자와 노른자는 단순히 물리적 외관만 변하는 것이 아니라 화학적 조직도 변한다. 이것을 섭취하면 우리 몸 속에 있는 효소에 의해 다시 한 번 변화하게 된다. 이러한 소화 과정은 화학적 변화의 또 다른 예이다. 소화 과정에서 일어나는 변화는 효소와 음식의 종류에 따라 달라진다.

모든 물질의 측정 가능한 성질들은 크기 성질과 세기 성질로 다시 구분한다. **크기 성질**(extensive property)의 측정값은 *고려되는 물질의 양에 따라 달라진다*. **질량**(mass)은 *주어진 시료 안에 있는 물질의 양*을 의미하는 크기 성질이다. 더 많은 양의 물질은 더 많은 질량을 의미한다. 크기 성질의 값들은 서로 더할 수 있다. 즉, 십 원짜리 동전 두 개의 질량은 각 동전 질량의 합과 같고, 테니스장 두 개의 길이는 각 테니스장의 길이의 합과 같다. *길이의 세제곱*으로 정의되는 **부피**(volume)도 크기 성질이다. 크기 성질의 값은 물질의 양에 의존한다.

세기 성질(intensive property)의 측정값은 *고려되는 물질의 양에는 상관이 없는 값*이다. *질량 나누기 부피*로 정의되는 **밀도**(density)는 세기 성질이다. 온도 역시 세기 성질이다. 같은 온도의 물이 담겨 있는 두 비커가 있다고 하자. 두 비커의 물을 더 큰 비커에 함께 담았을 때 물의 온도는 처음 온도와 같다. 질량, 길이, 부피 등과는 달리 온도와 같은 세기 성질은 더할 수 없다.

개념 복습하기

다음 그림 (a)는 두 종류의 원소로 이루어진 액체 상태의 화합물이다(녹색과 빨간색 공으로 원소를 나타내었다). (b)~(d)의 그림 중 어떤 것이 물리적 변화를 나타내며, 어떤 것이 화학적 변화를 나타내는가?

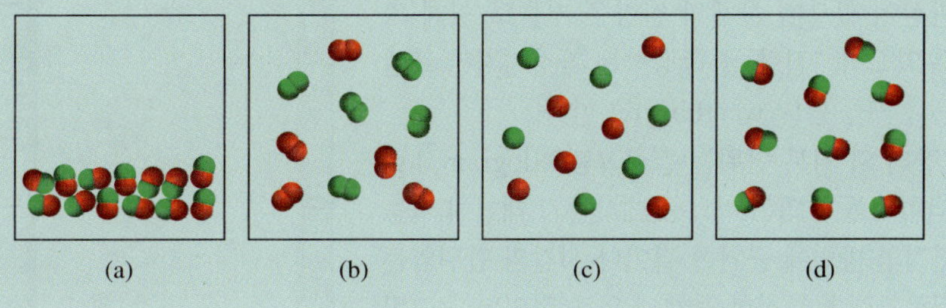

1.7 측정

화학자들이 행하는 측정은 다른 관련된 양을 얻기 위한 계산에 종종 사용한다. 여러 측정 기구로 물질의 성질을 측정할 수 있다. 길이를 잴 때는 자를 사용한다. 뷰렛, 피펫, 눈금 실린더, 용량 플라스크는 부피를 측정하는 데 사용한다(그림 1.8 참조). 저울로는 질량을 측정하고, 온도계로는 온도를 측정한다. 이러한 측정 기구들은 *직접 측정할 수 있는* **거시적 성질**(macroscopic property)의 측정을 가능하게 한다. *원자나 분자 크기*인 **미시적 성질**(microscopic property)은 2장에서 볼 수 있듯이 *간접적인 방법으로 측정*하여야 한다.

측정한 양은 보통 적절한 단위로 나타낸다. 특정 도로를 따라 자동차로 간 뉴욕과 샌프란시스코 간의 거리가 5166이라는 것은 무의미하다. 이 거리는 5166 km라고 명시되어야 한다. 화학에서도 똑같은 논리가 적용된다. 측정을 정확하게 표현하려면 단위가 필수적이다.

국제 단위계

오랫동안 과학자들은 측정값을 10의 거듭제곱과 관련된 10진법의 *미터 단위*(metric unit)로 기록하였다. 그러나 단위에 관한 국제 기구인 국제 도량형 총연맹(General Conference of Weights and Measures)은 1960년에 **국제 단위계**(International System of Unit, 프랑스어 *S*ystème *I*nternationale d'Unites로부터 약자 *SI*로 표기)라고 하는 개량형의 미터법을 제안하였다. 표 1.2에 7개의 SI 기본 단위들을 나타내었다. 이들 기본 단위로부터 측정에 사용되는 모든 다른 단위를 유도할 수 있다. 미터 단위와 같이 SI 단위는 표 1.3에 제시된 일련의 접두사를 사용하여 10진법 방식으로 변형할 수 있다. 이 책에서는 미터 단위와 SI 단위를 모두 사용할 것이다.

우리가 화학 공부에서 자주 사용할 측정은 시간, 질량, 부피, 밀도, 온도이다.

질량과 무게

"질량"과 "무게"라는 용어는 엄밀하게 말하면 다른 양이지만 종종 혼용된다. 질량은 물체 내 물질의 양에 대한 척도인 반면, **무게**(weight)는 전문적으로 말하면 *물체에 중력이 가하는 힘*을 의미한다. 나무로부터 떨어지는 사과는 지구의 중력에 의해 끌어당겨진다. 사과의 질량은 일정하며 위치에 무관하지만, 그 무게는 위치에 따라 다르다. 예를 들어, 달의 중력은 지구 중력의 6분의 1이기 때문에 달 표면에서 사과의 무게는 지구에서 무게의 6분의 1에 불과하다. 우주 비행사들이 덩치가 큰 옷과 장비에도 불구하고 달 표면에서 지구보다 자유롭게 뛰어다닐 수 있는 것은 이 때문이다. 화학자들은 주로 질량에 관심이 있으며 물체의 질량은 저울로 쉽게 측정할 수 있으며, "질량"을 측정하는 과정이지만 표현할 때는 *무게를 단다*(weighing)고 한다.

질량의 SI 기본 단위는 *킬로그램*(kilogram, kg)이다. 과학자들에 의해 어느 곳에서든지 재현이 가능한 자연적인 방법에 근거한 길이나 시간의 단위와는 달리 킬로그램은 특정한 물체에 의해 정의된다(그림 1.9). 화학에서는 더 작은 단위인 *그램*(gram, g)이 더 편리하다.

$$1 \text{ kg} = 1000 \text{ g} = 1 \times 10^3 \text{ g}$$

그림 1.8 화학 실험실에서 볼 수 있는 몇 가지 측정 기구들. 이 기구들의 축척은 서로 같지 않다. 이들의 사용법은 4장에서 설명한다.

부피 플라스크

눈금 실린더

피펫

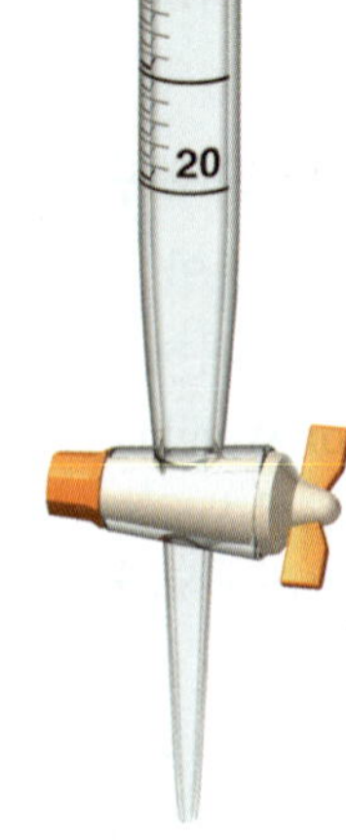
뷰렛

표 1.2 SI 기본 단위

기본량	단위 이름	기호
길이(Length)	미터(meter)	m
질량(Mass)	킬로그램(kilogram)	kg
시간(Time)	초(second)	s
전류(Electrical current)	암페어(ampere)	A
온도(Temperature)	켈빈(kelvin)	K
물질의 양(Amount of substance)	몰(mole)	mol
빛의 세기(Luminous intensity)	칸델라(candela)	cd

미터법 접두사는 단순히 수를 나타낸다는 것을 기억하라.

$1\ mm = 1 \times 10^{-3}\ m$

달 표면에서 뛰어오르는 우주인.

표 1.3 SI 단위에서 사용되는 접두사

접두사	기호	의미	예
테라(tera-)	T	1,000,000,000,000 즉, 10^{12}	1 테라미터(Tm) = 1×10^{12} m
기가(giga-)	G	1,000,000,000 즉, 10^9	1 기가미터(Gm) = 1×10^9 m
메가(mega-)	M	1,000,000 즉, 10^6	1 메가미터(Mm) = 1×10^6 m
킬로(kilo-)	k	1,000 즉, 10^3	1 킬로미터(km) = 1×10^3 m
데시(deci-)	d	1/10 즉, 10^{-1}	1 데시미터(dm) = 0.1 m
센티(centi-)	c	1/100 즉, 10^{-2}	1 센티미터(cm) = 0.01 m
밀리(milli-)	m	1/1,000 즉, 10^{-3}	1 밀리미터(mm) = 0.001 m
마이크로(micro-)	μ	1/1,000,000 즉, 10^{-6}	1 마이크로미터(μm)= 1×10^{-6} m
나노(nano-)	n	1/1,000,000,000 즉, 10^{-9}	1 나노미터(nm) = 1×10^{-9} m
피코(pico-)	p	1/1,000,000,000,000 즉, 10^{-12}	1 피코미터(pm) = 1×10^{-12} m
펨토(femto-)	f	1/1,000,000,000,000,000 즉, 10^{-15}	1 펨토미터(fm) = 1×10^{-15} m
아토(atto-)	a	1/1,000,000,000,000,000,000 즉, 10^{-18}	1 아토미터(am) = 1×10^{-18} m

부피

길이의 SI 단위는 *미터*(meter, m)이며, 이것으로부터 유도된 부피의 단위는 *입방미터*(cubic meter, m^3)이다. 그러나 일반적으로 화학자들은 입방센티미터(cm^3)나 입방데시미터(dm^3) 같은 훨씬 작은 부피 단위를 이용한다.

$$1\ cm^3 = (1 \times 10^{-2}\ m)^3 = 1 \times 10^{-6}\ m^3$$
$$1\ dm^3 = (1 \times 10^{-1}\ m)^3 = 1 \times 10^{-3}\ m^3$$

부피의 또 다른 주로 쓰는 단위는 *리터*(L)이다. 1 **리터**(liter)는 *1 입방데시미터가 차지하는 부피*이다. 1 리터의 부피는 1000 밀리리터(mL) 또는 1000 cm^3와 같다.

$$\begin{aligned} 1\ L &= 1000\ mL \\ &= 1000\ cm^3 \\ &= 1\ dm^3 \end{aligned}$$

1 밀리리터는 1 입방센티미터와 같다.

$$1\ mL = 1\ cm^3$$

그림 1.10은 두 부피의 상대적인 크기를 비교한 것이다. 리터는 SI 단위가 아니지만 액체의 부피는 보통 리터와 밀리리터로 표현한다.

그림 1.9 킬로그램 원기는 백금-이리듐의 합금으로 만들어졌다. 이것은 프랑스 세부르에 있는 국제 무게 및 측정국에 보관되어 있다. 2007년에 신기하게도 이 합금의 무게가 50 μg 줄어든 것을 알게 되었다.

표 1.4

25°C에서 몇몇 물질의 밀도

물질	밀도(g/cm^3)
공기*	0.001
에탄올	0.79
물	1.00
흑연	2.2
식용 소금	2.2
알루미늄	2.70
다이아몬드	3.5
철	7.9
납	11.3
수은	13.6
금	19.3
오스뮴†	22.6

*1 기압에서 측정.
† 오스뮴(Os)은 밀도가 가장 큰 원소이다.

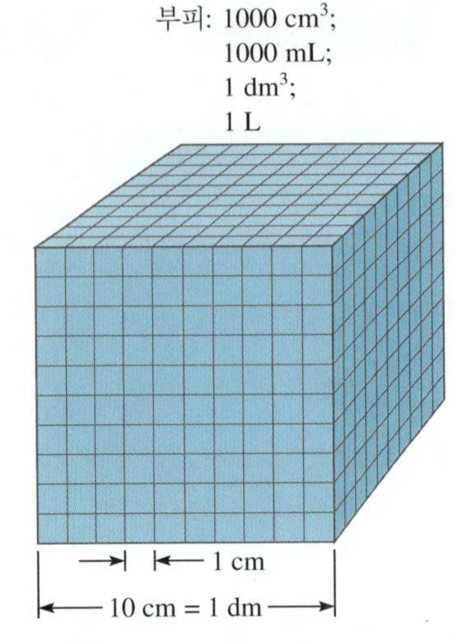

그림 1.10 1 mL와 1000 mL의 부피 비교.

밀도

밀도의 식은 다음과 같다.

$$\text{밀도} = \frac{\text{질량}}{\text{부피}}$$

즉,

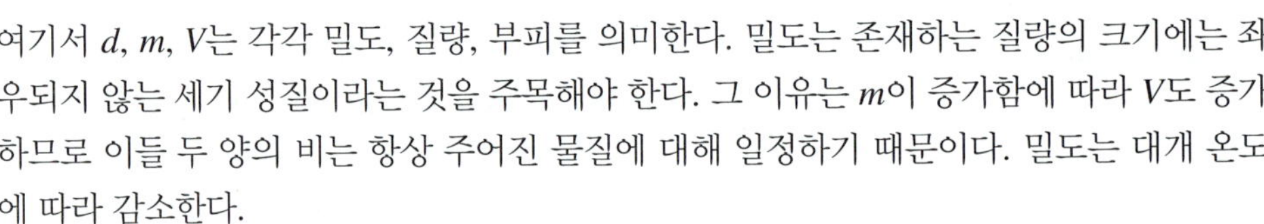

$$d = \frac{m}{V} \tag{1.1}$$

여기서 d, m, V는 각각 밀도, 질량, 부피를 의미한다. 밀도는 존재하는 질량의 크기에는 좌우되지 않는 세기 성질이라는 것을 주목해야 한다. 그 이유는 m이 증가함에 따라 V도 증가하므로 이들 두 양의 비는 항상 주어진 물질에 대해 일정하기 때문이다. 밀도는 대개 온도에 따라 감소한다.

밀도에 대한 SI 유도 단위는 입방미터 당 킬로그램(kg/m^3)이다. 이 단위는 대부분의 화학적 응용에는 너무 크다. 따라서 입방센티미터 당 그램(g/cm^3)이나 밀리리터 당 그램(g/mL)을 고체와 액체 밀도에 더 자주 사용하고 있다. 기체 밀도는 대개 매우 낮기 때문에 리터 당 그램(g/L) 단위로 나타낸다.

$$1\ g/cm^3 = 1\ g/mL = 1000\ kg/m^3$$
$$1\ g/L = 0.001\ g/mL$$

표 1.4는 몇 가지 물질의 밀도를 나열한 것이다.

예제 1.1과 1.2는 밀도 계산에 관한 것이다.

금괴와 고체 상태에서 금 원자의 배열.

예제 1.1

금은 화학적으로 반응성이 없는 귀금속으로 보석, 치과, 전자 부품에 주로 사용된다. 금괴 301 g의 부피는 15.6 cm^3이다. 금의 밀도를 계산하시오.

풀이 질량과 부피가 주어진 상태에서 밀도를 계산하는 것이다. 그러므로 식 (1.1)에 따라 다음과 같이 쓸 수 있다.

(계속)

$$d = \frac{m}{V} = \frac{301\text{ g}}{15.6\text{ cm}^3} = 19.3\text{ g/cm}^3$$

비슷한 문제: 1.21, 1.22.

실전 연습 밀도가 21.5 g/cm^3인 백금 조각의 부피가 4.49 cm^3이다. 이 백금의 질량은 얼마인가?

예제 1.2

금속으로 상온에서 유일하게 액체인 수은의 밀도는 13.6 g/mL이다. 이 액체 5.50 mL의 질량을 계산하시오.

풀이 액체의 밀도와 부피가 주어지고 질량을 계산하는 것이다. 식 (1.1)을 변형시키면 다음과 같이 쓸 수 있다.

$$m = d \times V = 13.6 \frac{\text{g}}{\cancel{\text{mL}}} \times 5.50\ \cancel{\text{mL}} = 74.8\text{ g}$$

실전 연습 자동차 축전지에 있는 황산의 밀도는 1.41 g/mL이다. 이 액체 242 mL의 질량을 계산하시오.

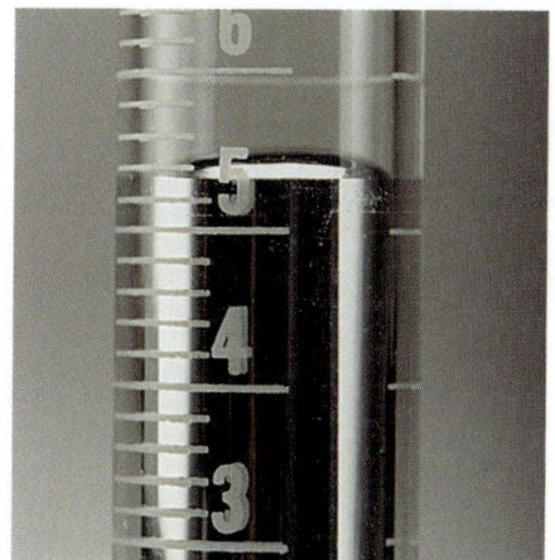

수은.

비슷한 문제: 1.21, 1.22.

온도 척도

현재 세 가지 온도 척도가 사용되고 있다. 이들의 단위는 °C(섭씨 온도), °F(화씨 온도), K(절대 온도)이다. 미국에서 가장 흔히 사용하는 화씨 척도(Fahrenheit scale)는 물의 정상 어는점과 끓는점을 각각 32°F와 212°F로 정의한다. 섭씨 척도(Celsius scale)는 물의 어는점(0°C)과 끓는점(100°C)을 100등분한다. 표 1.2에 나타낸 바와 같이 **켈빈**(kelvin)은 *온도의 SI 기본 단위*이다. 이것은 *절대* 온도 척도이다. 여기서 절대 온도의 의미는 0 K로 표기되는 켈빈 척도 0이 이론적으로 얻을 수 있는 가장 낮은 온도라는 것이다. 반면 0°C나 0°F는 임의로 선택된 물질인 물의 거동에 기초한 온도인 것이다. 그림 1.11은 세 종류의 온도 눈금을 비교한 것이다.

켈빈 척도는 도(°)를 표시하지 않는다는 것을 유의하라. 또한 켈빈 단위로 나타낸 온도는 음의 값을 가질 수 없다.

화씨 척도에서 1도의 크기는 섭씨 척도에서의 100/180 즉, 5/9에 불과하다. 화씨 온도를 섭씨 온도로 변화하기 위해서는 다음 식을 이용한다.

$$?°\text{C} = (°\text{F} - 32°\text{F}) \times \frac{5°\text{C}}{9°\text{F}} \tag{1.2}$$

섭씨 온도를 화씨 온도로 변환하기 위해서는 다음 식을 사용한다.

$$?°\text{F} = \frac{9°\text{F}}{5°\text{C}} \times (°\text{C}) + 32°\text{F} \tag{1.3}$$

섭씨 척도와 켈빈 척도는 단위가 같은 크기이다. 다시 말하면 섭씨 온도의 한 눈금은 켈빈 온도의 한 눈금과 같다. 실험을 통해 켈빈 척도로 0도는 섭씨 척도에서 −273.15°C와 같음을 알게 되었다. 따라서 다음 식을 사용하면 섭씨 온도를 켈빈 온도로 바꿀 수 있다.

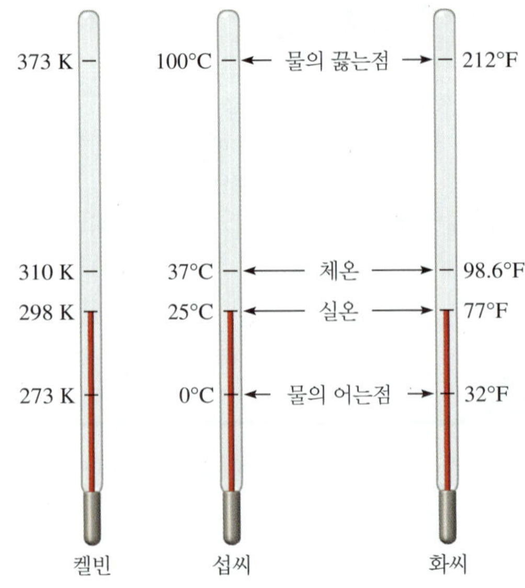

그림 1.11 세 종류의 온도 척도 비교: 섭씨, 화씨, 절대(켈빈) 척도. 섭씨 온도 척도에서는 물의 어는점과 끓는점을 100등분하였고, 화씨 온도 척도에서는 180등분하였다.

$$? \text{K} = (°\text{C} + 273.15°\text{C})\frac{1\text{ K}}{1°\text{C}} \qquad (1.4)$$

종종 섭씨에서 화씨로 또는 섭씨에서 켈빈 온도로 변환해야 할 일이 자주 생긴다. 예제 1.3은 이런 변환에 대한 것이다.

이 장의 뒷부분에 나오는 "생활 속의 화학"은 과학에서 단위의 중요성에 대하여 언급하고 있다.

예제 1.3

액체 질소에 의해 전이 온도 아래로 냉각된 초전도체 위에 떠 있는 자석

(a) −141°C의 전이 온도 아래에서 어떤 물질은 저항이 없이 전기를 통할 수 있는 초전도체가 된다. 이 전이 온도를 화씨로 표시하면 얼마가 되는가?
(b) 헬륨은 모든 원소 중에서 끓는점이 가장 낮아 −452°F이다. 이 값을 섭씨로 표현하시오.
(c) 수은은 상온에서 액체로 존재하는 유일한 금속으로 녹는점은 −38.9°C이다. 이 값을 절대 온도 단위로 표시하시오.

풀이 온도 변환을 위해 식 (1.2), (1.3), (1.4)를 이용한다. 켈빈 척도에서 가장 낮은 온도는 0 K이므로 절대 온도는 음의 값을 가질 수 없다.
(a) 이 변환은 다음과 같이 할 수 있다.

$$\frac{9°\text{F}}{5°\text{C}} \times (224°\text{C}) + 32°\text{F} = 435°\text{F}$$

(b) 또한

$$(-452°\text{F} - 32°\text{F}) \times \frac{5°\text{C}}{9°\text{F}} = -269°\text{C}$$

(c) 수은의 녹는점을 절대 온도로 표시하면

$$(-38.9°\text{C} + 273.15°\text{C}) \times \frac{1\text{ K}}{1°\text{C}} = 234.3\text{ K}$$

실전 연습 (a) 327.5°C(납의 녹는점)를 화씨로, (b) 172.9°F(에탄올의 끓는점)을 섭씨로, (c) 77 K(액체 질소의 끓는점)를 섭씨로 표시하시오.

비슷한 문제: 1.24, 1.25, 1.26.

생활 속의 화학 CHEMISTRY *in Action*

단위의 중요성

1998년 12월 NASA는 1억 2천 5백만 달러 상당의 화성 기상 위성(Mars Climate Orbiter)을 쏘아 보냈다. 4억 1천 6백만 마일을 날아간 우주선은 1999년 9월 23일 화성의 궤도에 진입하게 되어 있었다. 그러나 계획보다 100 km 더 낮게 화성의 대기에 진입한 우주선은 열에 의해 파괴되어 버렸다. 미국의 우주 항공국은 운항 프로그램에서 영국 단위 체계를 미터 단위로 변환하는 데 실패해서 일어난 결과라고 발표하였다.

우주선을 제작한 록히드 마틴 사(Lockheed Martin Corporation)의 기술자들은 우주선의 추진력을 영국 단위계인 파운드 단위로 표시하였다. 그러나 NASA 제트 추진 연구소(Jet Propulsion Laboratory)의 과학자들은 그 값이 뉴턴과 같은 미터 단위로 표시한 것이라고 생각하였다. 일반적으로 파운드는 질량의 단위이다. 그러나 힘의 단위로 나타낼 때 1 파운드(lb)는 그 질량의 물체에 미치는 중력에 의한 힘이다. 파운드와 뉴턴 사이의 변환을 위해서 1 lb = 0.4536 kg과 뉴턴의 제2법칙을 사용하면 1 뉴턴(N) = 1 kg m/s^{2}이기 때문에 다음과 같이 쓸 수 있다.

$$
\begin{aligned}
\text{힘} &= \text{질량} \times \text{가속도} \\
&= 0.4536\ \text{kg} \times 9.81\ \text{m/s}^2 \\
&= 4.45\ \text{kg m/s}^2 \\
&= 4.45\ \text{N}
\end{aligned}
$$

따라서 1 파운드를 4.45 N으로 바꾸는 대신 과학자들은 그냥 그대로 1 N이라고 간주하였다.

뉴턴으로 표시한 훨씬 더 작은 엔진 추진력 때문에 우주선이 실제 원하는 위치보다 더 낮은 고도로 진입하여 파괴된 것이다. 이 화성 계획의 실패를 두고 한 과학자는 다음과 같이 말한다. "이 실패를 초등학교나 중 · 고등학교 또는 대학교 과학 수업에서 미터 단위계를 가르칠 때 들려주면 영원히 교훈적 이야기가 될 것이다."

화성 기상 위성의 상상도.

개념 복습하기

구리의 밀도는 20°C에서 8.94 g/cm^{3}이고, 60°C에서는 8.91 g/cm^{3}이다. 이러한 밀도의 감소는 다음의 어떤 결과 때문인가?

(a) 금속의 팽창.
(b) 금속의 수축.
(c) 금속의 질량 증가.
(d) 금속의 질량 감소.

1.8 숫자 다루기

화학에서 사용하는 단위들에 대해 알아보았으니, 이제 측정과 관련된 숫자를 다루는 기술인 과학적 표기법과 유효 숫자에 대하여 살펴보기로 하자.

과학적 표기법

화학에서는 종종 매우 크거나 매우 작은 수를 다룬다. 예를 들면, 수소 원소 1 g에는 대략

$$602{,}200{,}000{,}000{,}000{,}000{,}000{,}000$$

개의 수소 원자가 있다. 각 수소 원자는 질량이 불과

$$0.00000000000000000000000166 \text{ g}$$

이다. 이 수들은 다루기 힘들며, 이들을 수치 계산에 사용할 때 실수하기 쉽다. 다음 곱셈을 생각해 보자.

$$0.0000000056 \times 0.00000000048 = 0.000000000000000002688$$

소수점 이하의 0 하나를 생략하거나 0 하나를 더하는 실수를 하기 쉬울 것이다. 따라서 이러한 매우 크거나 작은 수를 처리하기 위해서 *과학적 표기법*(scientific notation)이라는 방법을 사용한다. 수의 크기에 관계없이 모든 수들은

$$N \times 10^n$$

으로 표현할 수 있는데, 여기서 N은 1과 10 사이의 수이며, n은 지수로 양이나 음의 정수이다. 이러한 식의 표시된 수는 과학적 표기법으로 쓰였다고 한다.

어떤 수를 과학적 표기법으로 표현한다고 가정해 보자. 기본적으로 이는 n을 찾아내는 것이다. 10 미만의 자연수 N을 얻기 위해서 소수점을 이동해야 하는 수를 센다. 소수점을 왼쪽으로 움직여야 한다면 n은 양의 정수이다. 소수점을 오른쪽으로 움직여야 한다면 n은 음의 정수이다. 다음은 과학적 표기법의 예를 보여준다.

(1) 568.762를 과학적 표기법으로 나타내시오.

$$568.762 = 5.68762 \times 10^2$$

소수점이 왼쪽으로 두 자리 옮겨졌으므로, $n = 2$이다.

(2) 0.00000772를 과학적 표기법으로 나타내시오.

$$0.00000772 = 7.72 \times 10^{-6}$$

소수점이 오른쪽을 여섯 자리 이동하였으므로, $n = -6$이다.

어떤 수의 0제곱은 1이다.

다음 두 가지 사항을 명심하라. 첫째, $n = 0$은 과학적 표기법으로 표기되지 않은 수에 사용한다. 예를 들면, 74.6×10^0 ($n = 0$)은 74.6과 같다. 둘째로, $n = 1$일 때 위첨자 1은 대개 표시하지 않는다. 즉, 74.6은 과학적 표기법으로 7.46×10으로 쓰며, 7.46×10^1로는 표기하지 않는다.

다음으로, 이러한 과학적 표기법들이 산술 연산 시에는 어떻게 다루어지는지를 생각해 보자.

덧셈과 뺄셈

과학적 표기법을 사용하여 덧셈과 뺄셈을 하기 위해서는 먼저 두 수 N_1과 N_2의 지수가 같은 수 n이 되도록 표기해야 한다. 그 다음, 수의 N 부분을 더하거나 뺀다. 지수 부분은 그대로 남는다. 다음 예를 보자.

$$(7.4 \times 10^3) + (2.1 \times 10^3) = 9.5 \times 10^3$$

$$\begin{aligned}(4.31 \times 10^4) + (3.9 \times 10^3) &= (4.31 \times 10^4) + (0.39 \times 10^4) \\ &= 4.70 \times 10^4\end{aligned}$$

$$\begin{aligned}(2.22 \times 10^{-2}) - (4.10 \times 10^{-3}) &= (2.22 \times 10^{-2}) - (0.41 \times 10^{-2}) \\ &= 1.81 \times 10^{-2}\end{aligned}$$

곱셈과 나눗셈

과학적 표기법으로 표현한 수들을 곱하기 위해서는 수의 N 부분을 보통처럼 곱하지만 지수 n은 함께 *더한다*. 과학적 표기법을 사용한 나눗셈을 하기 위해서는 수들의 N 부분을 보통처럼 나누고 지수 n은 뺀다. 다음 예들은 이들 연산이 어떻게 수행되는가를 잘 보여준다.

$$
\begin{aligned}
(8.0 \times 10^4) \times (5.0 \times 10^2) &= (8.0 \times 5.0)(10^{4+2}) \\
&= 40 \times 10^6 \\
&= 4.0 \times 10^7 \\
(4.0 \times 10^{-5}) \times (7.0 \times 10^3) &= (4.0 \times 7.0)(10^{-5+3}) \\
&= 28 \times 10^{-2} \\
&= 2.8 \times 10^{-1} \\
\frac{6.9 \times 10^7}{3.0 \times 10^{-5}} &= \frac{6.9}{3.0} \times 10^{7-(-5)} \\
&= 2.3 \times 10^{12} \\
\frac{8.5 \times 10^4}{5.0 \times 10^9} &= \frac{8.5}{5.0} \times 10^{4-9} \\
&= 1.7 \times 10^{-5}
\end{aligned}
$$

유효 숫자

계산에 포함된 모든 숫자가 정수일 때(예를 들어, 한 학급의 학생 수를 셀 때)를 제외하고는 측정 중인 양을 완벽하고 정확하게 얻는 것이 대개 불가능하다. 이러한 이유로 *측정값이나 계산 값의 의미 있는 자릿수*인 **유효 숫자**(significant figure)로 측정값을 나타내어 오차의 범위를 정확히 표시하는 것이 중요하다. 유효 숫자들을 이용할 때 마지막 자릿수는 불확실한 수임을 알아야 한다. 예를 들어, 눈금 실린더를 써서 액체 일정량의 부피를 1 mL의 오차 범위로 측정할 때가 있을 것이다. 만약 부피가 6 mL로 표시된다면 실제 부피는 5~7 mL의 범위에 있게 된다. 따라서 이 액체의 부피를 (6 ± 1) mL로 나타낸다. 이 경우 유효 숫자(6)는 단 하나로 플러스 또는 마이너스 1 mL의 오차 범위를 가진다. 좀 더 큰 정확도를 위해서는 측정 부피가 0.1 mL의 오차 범위를 갖는 더 정교한 눈금 실린더를 사용해야 한다. 이 정교한 실린더를 이용하면 측정값이 6.0 mL로 표시된다. 이 양은 (6.0 ± 0.1) mL로 나타낼 수 있으며 실제 값은 5.9~6.1 mL의 값이 될 것이다. 이런 식으로 측정 장비를 좀 더 개선시키면 더 많은 유효 숫자를 얻을 수 있지만, 모든 경우에서 마지막 자리는 항상 불확실함을 명심해야 된다. 이 불확실성의 정도는 사용하는 특정 측정 장비에 의해 결정된다.

그림 1.12는 최신 저울을 보여주고 있다. 이러한 저울은 일반화학 실험실에 많이 비치되어 있다. 이 저울은 물체의 질량을 소수점 아래 넷째 자리까지 측정할 수 있다. 이는 측정된 질량이 일반적으로 4개의 유효 숫자(예를 들어, 0.8642 g), 또는 더 많은 값(예를 들어, 3.9745 g)을 가짐을 의미한다. 질량의 측정과 같은 정밀한 측정에서 얻어진 많은 유효 숫자를 이용하면 그 값을 이용한 다른 계산 정밀도도 역시 높아질 것이다.

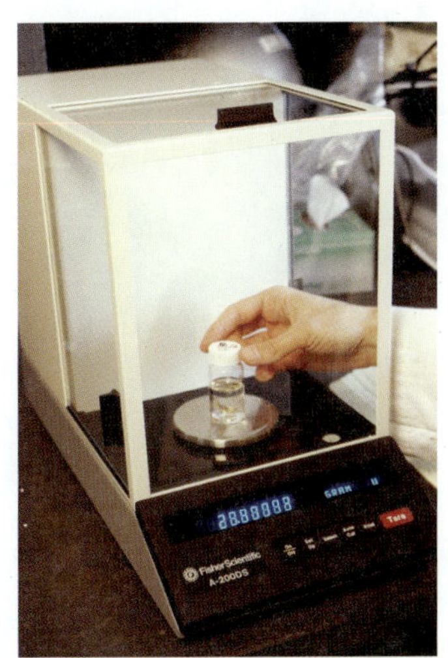

그림 1.12 피셔 과학 A-200DS 디지털 레코더 정밀 저울.

유효 숫자 사용 지침

과학적 조작에서 적절한 개수의 유효 숫자를 사용하도록 항상 주의하여야 한다. 일반적으로 다음 규칙을 따르면 어떤 수에 유효 숫자가 몇 개 존재하는가를 결정짓는 것은 매우 쉽다.

1. 0이 아닌 모든 숫자는 유효하다. 따라서 845 cm는 유효 숫자가 3개이고, 1.234 kg은 유효 숫자가 4개이다.
2. 0이 아닌 숫자 사이의 0은 유효하다. 따라서 606 m는 유효 숫자가 3개이며, 40,501

kg은 유효 숫자가 5개이다.

3. 0이 아닌 처음 숫자 왼쪽에 있는 0은 모두 유효하지 않다. 이 0의 목적은 소수점 위치를 표시하는 것이다. 따라서 0.08 L는 유효 숫자가 1개이며, 0.0000349 g은 유효 숫자가 3개이다.

4. 어떤 수가 1보다 크면 소수점 오른쪽에 쓰인 모든 0은 유효 숫자로 간주된다. 따라서 2.0 mg은 유효 숫자가 2개이고, 40.062 mL는 유효 숫자가 5개이며, 3.040 dm는 유효 숫자가 4개이다. 어떤 수가 1보다 작다면 그 수 다음에 있는 모든 0과 0이 아닌 수 사이의 모든 0만이 유효하다. 따라서 0.090 kg은 유효 숫자가 2개이며, 0.3005 L은 유효 숫자가 4개이고, 0.00420 min은 유효 숫자가 3개이다.

5. 소수점이 없는 수에 대해서는 마지막 0이 아닌 숫자 다음의 0은 유효할 수도 있고, 아닐 수도 있다. 따라서 400 cm는 유효 숫자가 하나(4), 2개(40) 또는 3개(400)일 수 있다. 다른 정보 없이는 어느 것이 정확한지 알 수 없다. 그러나 과학적 표기법을 사용하면 이러한 모호함을 피할 수 있다. 이 경우 400을 유효 숫자가 1개이면 4×10^2, 2개이면 4.0×10^2, 3개이면 4.00×10^2과 같이 표현하면 된다.

   예제 1.4는 유효 숫자를 결정하는 문제이다.

예제 1.4

다음 측정값들의 유효 숫자 개수를 결정하시오. (a) 394 cm, (b) 5.03 g, (c) 0.714 m, (d) 0.052 kg, (e) 원자 2.720×10^{22}개, (f) 3000 mL.

풀이 (a) 3개, 모든 수가 0이 아니므로, (b) 3개, 0이 아닌 숫자 사이의 0은 유효하므로, (c) 3개, 0이 아닌 처음 숫자 왼쪽에 있는 0들은 유효하지 않으므로, (d) 2개, (c)와 같은 이유, (e) 4개, 1보다 큰 수인 경우에 소수점 오른쪽에 있는 모든 0들은 유효하므로, (f) 모호한 경우이다. 유효 숫자는 4개(3.000×10^3), 3개(3.00×10^3), 2개(3.0×10^3), 1개(3×10^3)일 수 있다.

비슷한 문제 : 1.33, 1.34.

실전 연습 다음 측정값들의 유효 숫자 개수를 결정하시오. (a) 35 mL, (b) 2008 g, (c) 0.0580 m^3 (d) 분자 7.2×10^4개, (e) 830 kg.

다음 규칙들은 계산할 때 유효 숫자를 다루는 방법을 나타낸다.

1. 덧셈과 뺄셈에서 마지막 합이나 차의 소수점 오른쪽 유효 숫자의 개수는 덧셈이나 뺄셈에 사용한 원래 숫자 중 가장 왼쪽에 위치한 유효 숫자의 자리로 결정한다. 다음 예를 보자.

$$\begin{array}{rl} 89.332 & \\ +\ 1.1 & \longleftarrow \text{소수점 다음에 한 자리} \\ \hline 90.432 & \longleftarrow \text{반올림하여 } 90.4 \end{array}$$

$$\begin{array}{rl} 2.097 & \\ -\ 0.12 & \longleftarrow \text{소수점 다음에 두 자리} \\ \hline 1.977 & \longleftarrow \text{반올림하여 } 1.98 \end{array}$$

   반올림 방법은 다음과 같다. 특정 위치에서 수를 반올림하기 위해서 그 다음 첫 번째 수가 5 미만이면 버린다. 따라서 8.724가 소수점 둘째 자리까지만 필요하면 8.72로 반올림한다. 반올림하는 수가 5 이상이면 앞자리 수에 1을 더한다. 따라서 8.727은 8.73으로, 0.425는 0.43으로 반올림한다.

2. 곱셈과 나눗셈에서 최종 곱과 몫의 유효 숫자의 개수는 *가장 적*은 원래의 개수에 의해

결정된다. 다음 예들은 이 규칙을 잘 보여 주고 있다.

$$2.8 \times 4.5039 = 12.61092 \longleftarrow \text{반올림하여 } 13$$

$$\frac{6.85}{112.04} = 0.0611388789 \longleftarrow \text{반올림하여 } 0.0611$$

3. 정의나 물체를 세어서 얻은 *정확한* 수는 유효 숫자를 무한 개로 고려한다는 것을 명심하라. 예를 들어, 1인치는 2.54 cm로 정의된다. 즉,

$$1 \text{ in} = 2.54 \text{ cm}$$

따라서 이 식에 있는 2.54는 유효 숫자 3개인 측정값이 아니다. 인치와 센티미터를 상호변환할 때 "1"과 "2.54"는 유효 숫자가 무한 개이다. 마찬가지로 한 개의 질량이 5.0 g인 물체 9개의 질량은 다음과 같다.

$$5.0 \text{ g} \times 9 = 45 \text{ g}$$

여기서 답은 2개의 유효 숫자를 가진다. 5.0 g은 유효 숫자가 2개이며, 9는 정확한 수이므로 유효 숫자를 정할 수 없기 때문이다.

예제 1.5는 산술 연산에서 유효 숫자를 어떻게 다루는지 설명하고 있다.

예제 1.5

올바른 유효 숫자를 이용하여 다음 계산을 하시오. (a) 12,343.2 g + 0.1893 g, (b) 55.67 L − 2.386 L, (c) 7.52 m × 6.9232, (d) 0.0239 kg ÷ 46.5 mL, (e) 5.21×10^3 cm + 2.92×10^2 cm.

풀이 덧셈과 뺄셈에서 답의 소수점 이하 유효 숫자는 가장 작은 소수점 이하에서 개수가 가장 작은 수에 의해 결정한다. 곱셈과 나눗셈에서 답의 유효 숫자 개수는 가장 적은 유효 숫자 개수를 가지는 수에 의해 결정한다.

(a)
$$\begin{array}{r} 12{,}343.2 \text{ g} \\ +\quad 0.1893 \text{ g} \\ \hline 12{,}343.3893 \text{ g} \end{array} \longleftarrow \text{반올림하여 } 12{,}343.4 \text{ g}$$

(b)
$$\begin{array}{r} 55.67 \text{ L} \\ -\ 2.386 \text{ L} \\ \hline 53.284 \text{ L} \end{array} \longleftarrow \text{반올림하여 } 53.28 \text{ L}$$

(c) $7.52 \text{ m} \times 6.9232 = 52.06246 \text{ m} \longleftarrow$ 반올림하여 52.1 m

(d) $\dfrac{0.0239 \text{ kg}}{46.5 \text{ mL}} = 0.0005139784946 \text{ kg/mL} \longleftarrow$ 반올림하여 0.000514 kg/mL
또는 5.14×10^{-4} kg/mL

(e) 우선 2.92×10^2 cm를 0.292×10^3 cm로 바꾼 다음 (5.21 cm + 0.292 cm) × 10^3으로 덧셈을 한다. (a)에서와 같이 값은 5.50×10^3 cm 가 된다.

비슷한 문제: 1.35, 1.36.

실전 연습 다음 계산을 하고, 유효 숫자가 맞도록 결과를 적절히 처리하시오. (a) 26.5862 L + 0.17 L, (b) 9.1 g − 4.682 g, (c) 7.1×10^4 dm × 2.2654×10^2 dm, (d) 6.54 g ÷ 86.5542 mL, (e) (7.55×10^4 m) − (8.62×10^3 m).

앞에서의 반올림 방법은 한 단계 계산에 적용하는 것이다. 두 단계 이상을 포함하는 계산인 연속 *계산*(chain calculation)에서는 어떻게 반올림하는가에 따라 다른 값이 나오게 된다. 다음 두 단계 계산을 생각해 보자.

첫째 단계: A × B = C
둘째 단계: C × D = E

A = 3.66, B = 8.45, D = 2.11이라고 하자. C를 유효 숫자 3개 또는 4개로 반올림하는 여부에 따라 E 값이 다르게 얻어진다.

방법 1	방법 2
3.66 × 8.45 = 30.9	3.66 × 8.45 = 30.93
30.9 × 2.11 = 65.2	30.93 × 2.11 = 65.3

그러나 이 계산을 중간 결과의 반올림 없이 계산기로 3.66 × 8.45 × 2.11을 계산했다면, E의 값으로 65.3을 얻었을 것이다. 중간 단계에서 유효 숫자의 개수보다 더 많이 자리수를 유지하는 것이 반올림에서 오는 오차를 줄일 수는 있지만 대부분의 경우 그 차이가 크지 않기 때문에 그렇게 할 필요가 없다. 따라서 중간 결과가 있는 대부분의 예제와 연습 문제에서는 모든 중간 단계와 마지막 답을 반올림하기로 한다.

정확도와 정밀도

측정과 유효 숫자를 논의할 때 *정확도*와 *정밀도*를 구분하는 것이 유용하다. **정확도**(accuracy)는 *측정값이 측정된 양의 실제 값에 얼마나 근접한가*를 말해 준다. 과학자는 정확도와 정밀도를 구분한다. **정밀도**(precision)는 *같은 양을 두 번 이상 측정할 때 그 측정값이 서로 얼마나 가까운가*를 말한다(그림 1.13).

정확도와 정밀도의 차이는 미묘하지만 중요한 것이다. 예를 들어, 세 명의 학생이 구리선의 질량을 측정한다고 하자. 각 학생이 두 번 연속 측정한 결과는 다음과 같다.

	학생 A	학생 B	학생 C
	1.964 g	1.972 g	2.000 g
	1.978 g	1.968 g	2.002 g
평균값	1.971 g	1.970 g	2.001 g

구리선의 실제 질량은 2.000 g이다. 따라서 학생 B의 결과가 학생 A의 결과보다 더 *정밀*하다(1.970 g으로부터 1.972 g과 1.968 g의 편차가 1.971 g으로부터 1.964 g과 1.978 g의 편차보다 적다). 그러나 어느 결과도 *정확*하지는 않다. 학생 C의 결과는 가장 *정밀*할 뿐만 아니라 평균값이 실제 값에 아주 근접하기 때문에 가장 정확하기도 하다. 아주 정확한 실험은 대개 정밀하기도 하다. 반면 매우 정밀한 측정이라고 해서 항상 정확한 결과를 준다고는 할 수 없다. 예를 들어, 눈금이 잘못된 자를 이용하거나 고장난 저울을 이용한다면 측정이 정밀할 수는 있으나, 정확할 수는 없다.

그림 1.13 과녁 판의 다트의 분포가 정확도와 정밀도의 차이를 보여 준다. (a) 좋은 정확도와 좋은 정밀도. (b) 나쁜 정확도와 좋은 정밀도. (c) 나쁜 정확도와 나쁜 정밀도.

개념 복습하기

측정에 사용하는 자에 따라 적절한 유효 숫자로 연필의 길이를 나타내시오.

1.9 차원 해석을 이용한 문제 풀이

세심한 측정과 적절한 유효 숫자의 사용으로 올바른 계산을 통해 정확한 실험 수치를 결정할 수 있다. 그러나 결과가 의미를 가지려면 그 값이 올바른 단위로 표시되어야 한다. 화학에서 여러 문제들을 풀 때 사용하는 단위 변환법을 *차원 해석*[dimensional analysis, 또는 *인자 표시법*(factor-label method)]이라 한다. 차원 해석은 같은 물리량을 표시하는 서로 다른 단위들 간의 관계를 말한다. 예를 들면, 정의에 의해 1 in = 2.54 cm(정확히)이다. 이러한 관계로부터 다음과 같은 변환 인자로 나타낼 수 있다.

$$\frac{1\ \text{in}}{2.54\ \text{cm}}$$

분모와 분자 모두 같은 길이의 단위이므로 그 비는 1이다. 이 변환 인자를 다음과 같이 나타낼 수도 있다.

$$\frac{2.54\ \text{cm}}{1\ \text{in}}$$

이것도 그 비는 1이다. 변환 인자는 단위를 바꾸는 데 유용하다. 따라서 길이를 인치에서 센티미터로 변환시키려면 적절한 변환 인자를 곱해 주면 된다.

$$12.00\ \cancel{\text{in}} \times \frac{2.54\ \text{cm}}{1\ \cancel{\text{in}}} = 30.48\ \text{cm}$$

이처럼 인치를 지우고 센티미터로 나타낼 수 있는 변환 인자를 선택하면 된다. 여기서 2.54는 정확한 값이므로 유효 숫자 4개로 나타낸다.

다음으로 57.8미터를 센티미터로 변환하는 것을 생각해 보자. 이 문제는 다음과 같이 표시할 수 있다.

$$?\ \text{cm} = 57.8\ \text{m}$$

정의에 의해

$$1\ \text{cm} = 1 \times 10^{-2}\ \text{m}$$

"m"에서 "cm"로 바꾸는 것이므로 변환 인자 중 미터가 분모로 가는 것을 선택한다.

$$\frac{1\ \text{cm}}{1 \times 10^{-2}\ \text{m}}$$

그리고 다음과 같이 변환한다.

$$? \text{ cm} = 57.8 \cancel{\text{m}} \times \frac{1 \text{ cm}}{1 \times 10^{-2} \cancel{\text{m}}}$$
$$= 5780 \text{ cm}$$
$$= 5.78 \times 10^3 \text{ cm}$$

유효 숫자가 세 개라는 것을 나타내기 위해 과학적 표시법으로 표기했음을 주목하라. 변환 인자 1 cm/1 $\times$ 10^{-2} m는 정확한 수이므로 유효 숫자에는 영향을 주지 않는다.

일반적으로 차원 해석을 적용하기 위해 다음 관계를 사용한다.

$$\text{주어진 양} \times \text{변환 인자} = \text{구하는 양}$$

그리고 단위는 다음과 같이 상쇄된다.

분자에 나타내고 싶은 단위와 분모에서 지워지는 단위를 기억하라.

$$\cancel{\text{주어진 단위}} \times \frac{\text{구하는 단위}}{\cancel{\text{주어진 단위}}} = \text{구하는 단위}$$

차원 해석에서는 전체 계산 과정에서 단위를 계속 표시하여야 한다. 따라서 식이 올바로 쓰였으면 결과적으로 구하는 단위를 제외한 모든 단위는 상쇄된다. 만약 그렇지 않으면 어딘가에 잘못이 있을 것이므로 풀이 과정을 다시 한 번 확인해야 한다.

문제 풀이 과정에서의 유의사항

지금까지 수와 관계된 문제를 푸는 데 도움이 되는 과학적 표기법, 유효 숫자, 차원 해석을 소개하였다. 화학은 실험 과학이며, 많은 문제들이 양과 관계가 있다. 문제를 성공적으로 푸는 열쇠는 연습이다. 마라톤 선수가 달리기에 관한 책만 읽는다든지, 피아노 연주자가 악보만 암기해서는 성공할 수 없듯이 문제를 풀어보지 않고는 화학을 제대로 이해할 수 없다. 다음 몇 단계가 수에 관한 문제를 해결하는 기술을 향상시켜 줄 것이다.

1. 문제를 주의 깊게 읽는다. 주어진 정보와 풀어야 할 것이 무엇인지를 이해하라. 상황을 시각화하기 위해 그림을 그리는 것도 종종 도움이 된다.
2. 주어진 정보와 미지의 양에 관련된 적절한 식을 찾는다. 때로는 문제 풀이 과정이 두 단계 이상이며, 문제에서 주어지지 않은 값을 표에서 찾아내야 할 때도 있을 것이다. 변환을 위해서 차원 해석이 종종 필요하다.
3. 답의 부호, 단위, 유효 숫자 등을 확인한다.
4. 문제 풀이 과정에서 매우 중요한 것은 그 답이 적절한지를 확인하는 것이다. 부호나 단위가 잘못된 것은 비교적 쉽게 찾아낼 수 있다. 그러나 어떤 수가 분모나 분자에 잘못 들어가면 부호도 맞고 계산된 값의 단위도 맞더라도 그 답이 맞을 가능성은 거의 없다.
5. 답을 빠르게 확인하는 방법은 반올림한 수치를 이용하여 간략한 계산을 해 보는 것이다. 얻어진 답은 정확하지는 않지만 대략 근사한 값이 얻어진다.

예제 1.7과 1.8에 나타난 바와 같이 차원 해석에서 변환 인자는 제곱하거나 세제곱할 수 있다.

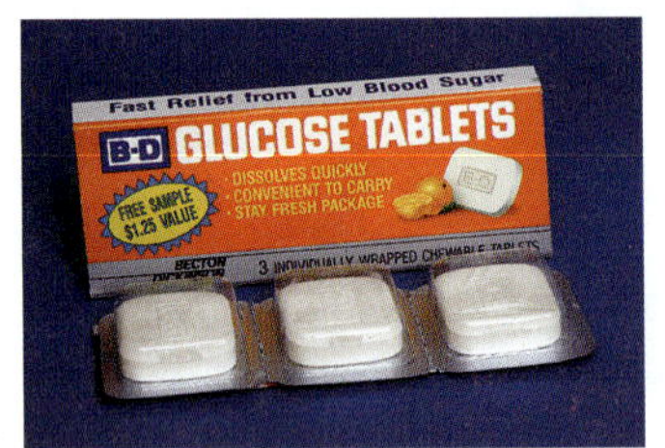

포도당(글루코스) 정제는 당뇨병 환자들에게 혈당 수치를 올리는 빠른 방법이 될 수 있다.

예제 1.6

성인 1인의 하루 당분 섭취량은 0.0833파운드(lb)이다. 이 값을 밀리그램(mg)으로 나타내면 얼마가 되겠는가? (1 lb = 453.6 g)

전략 이 문제는 다음과 같이 나타낼 수 있다.

$$? \text{ mg} = 0.0833 \text{ lb}$$

(계속)

파운드와 그램의 관계는 문제에 주어졌다. 이 관계를 이용하여 파운드를 그램으로 바꿀 수 있다. 그 다음 그램을 밀리그램으로 환산해야 한다($1\ mg = 1 \times 10^{-3}\ g$). 변환 인자를 적절하게 사용하여 파운드와 그램을 지우고 밀리그램 단위를 얻으면 된다.

풀이 변환 순서를 그림으로 나타내면 다음과 같다.

$$\text{파운드} \longrightarrow \text{그램} \longrightarrow \text{밀리그램}$$

사용되는 변환 인자는 다음과 같다.

$$\frac{453.6\ g}{1\ lb} \quad \text{과} \quad \frac{1\ mg}{1 \times 10^{-3}\ g}$$

답은 다음과 같이 한 단계로 얻을 수 있다.

$$?\ mg = 0.0833\ \cancel{lb} \times \frac{453.6\ \cancel{g}}{1\ \cancel{lb}} \times \frac{1\ mg}{1 \times 10^{-3}\ \cancel{g}} = 3.78 \times 10^4\ mg$$

검산 대략 추정해 보면 1 lb는 약 500 g이고, 1 g은 1000 mg이므로 1 lb는 약 5×10^5 mg이다. 0.0833 lb를 반올림하여 0.1 lb라고 하면 5×10^4 mg이 되는데, 이것은 위의 답에 가깝다.

실전 연습 알루미늄 포일 한 두루마리는 1.07 kg이다. 이 값을 파운드로 표시하시오.

파운드나 인치와 같이 미국에서 비과학적 측정에 쓰이는 영국식 단위들의 환산표가 이 책의 뒤 표지 안쪽에 있다.

비슷한 문제: 1.45

예제 1.7

액체 헬륨 저장 탱크의 부피가 275 L이다. 이 부피를 m^3로 나타내면 얼마가 되겠는가?

전략 이 문제는 다음과 같이 나타낼 수 있다.

$$?\ m^3 = 275\ L$$

몇 개의 변환 인자가 필요할까? $1\ L = 1000\ cm^3$와 $1\ cm = 1 \times 10^{-2}\ m$임을 기억하자.

풀이 여기서 두 개의 변환 인자가 필요하다. 하나는 L를 cm^3로, 다른 하나는 cm를 m로 변환해야 한다.

$$\frac{1000\ cm^3}{1\ L} \quad \text{와} \quad \frac{1 \times 10^{-2}\ m}{1\ cm}$$

두 번째 인자는 길이의 단위(cm와 m)이고, 여기서 원하는 것은 부피이므로 다음과 같이 세제곱하여야 한다.

$$\frac{1 \times 10^{-2}\ m}{1\ cm} \times \frac{1 \times 10^{-2}\ m}{1\ cm} \times \frac{1 \times 10^{-2}\ m}{1\ cm} = \left(\frac{1 \times 10^{-2}\ m}{1\ cm}\right)^3$$

이것은 $1\ cm^3 = 1 \times 10^{-6}\ m^3$임을 의미한다. 이제 다음과 같이 쓸 수 있다.

$$?\ m^3 = 275\ \cancel{L} \times \frac{1000\ cm^3}{1\ \cancel{L}} \times \left(\frac{1 \times 10^{-2}\ m}{1\ cm}\right)^3 = 0.275\ m^3$$

검산 위의 변환 인자로부터 $1\ L = 1 \times 10^{-3}\ m^3$임을 볼 수 있다. 따라서 275 L의 저장 탱크는 $275 \times 10^{-3}\ m^3$, 즉 $0.275\ m^3$과 같으며, 이것은 위의 답에 가깝다.

실전 연습 어떤 방의 부피는 $1.08 \times 10^8\ dm^3$이다. 이 부피를 m^3로 나타내면 얼마가 되겠는가?

액체 헬륨용 극저온 저장 탱크.

단위를 거듭 제곱 형태로 바꾸면 변환 인자도 거듭 제곱해 주어야 한다.

비슷한 문제: 1.50(d)

예제 1.8

액체 질소는 액화 공기에서 얻어지며, 냉동 물품 준비나 저온 실험에 이용된다. 액체 질소는 끓는점(−196°C 또는 77 K)에서 밀도가 $0.808\ g/cm^3$이다. 이 밀도 값을 kg/m^3 단위로 나타내시오.

(계속)

액체 질소는 냉동 식품과 저온 연구에 사용된다.

비슷한 문제: 1.51

전략 이 문제는 다음과 같이 나타낼 수 있다.

$$? \text{ kg/m}^3 = 0.808 \text{ g/cm}^3$$

두 번의 변환이 필요한데, g $\longrightarrow$ kg과 $\text{cm}^3 \longrightarrow \text{m}^3$이다. 1 kg = 1000 g이고 1 cm = 1×10^{-2} m임을 상기하자.

풀이 예제 1.7에서 $1 \text{ cm}^3 = 1 \times 10^{-6} \text{ m}^3$임을 보았다. 변환 인자는 다음과 같다.

$$\frac{1 \text{ kg}}{1000 \text{ g}} \text{ 과 } \frac{1 \text{ cm}^3}{1 \times 10^{-6} \text{ m}^3}$$

따라서

$$? \text{ kg/m}^3 = \frac{0.808 \text{ g}}{1 \text{ cm}^3} \times \frac{1 \text{ kg}}{1000 \text{ g}} \times \frac{1 \text{ cm}^3}{1 \times 10^{-6} \text{ m}^3} = 808 \text{ kg/m}^3$$

검산 $1 \text{ m}^3 = 1 \times 10^6 \text{ cm}^3$이므로 1 m^3의 질량이 1 cm^3의 질량보다 더 큰 값이 될 것임을 예측할 수 있다. 따라서 이 답은 타당하다.

실전 연습 가장 가벼운 금속인 리튬의 밀도는 $5.34 \times 10^2 \text{ kg/m}^3$이다. 이 값을 g/cm^3 단위로 나타내시오.

개념 복습하기

미국 식품의약품안전청(FDA)에서는 하루에 65 g 미만의 지방 섭취를 권고한다. 이 질량은 몇 파운드인가? (1 lb = 453.6 g)

1.10 현장 문제 풀이: 정보, 가정 및 단순화

다른 과학 교과에서와 마찬가지로 화학에서도 숫자로 된 문제를 정확하게 푸는 것이 항상 가능한 것은 아니다. 왜 그러한가에 대해서는 많은 이유가 있다. 예를 들어, 어떤 상황에 대한 이해가 부족하거나 자료가 충분하지 않아서일 수도 있다. 이러한 경우에 현명하게 예측하기를 배워야 한다. 이러한 접근법을 때로 "추정하기(ball-park estimate)"라고 하는데, 이는 쉽게 산출할 수 있는 간단하고 빠른 계산법이다. 상상할 수 있는 것처럼 많은 경우에 해결책은 자릿수 추정이다.†

이 장과 이어지는 장 끝에 있는 문제뿐만 아니라 지금까지 보아온 예제 문제의 대부분에서 필요한 정보가 제공되어 있다. 하지만 의약, 에너지, 농업과 관련된 중요한 현장 문제를 풀기 위해서는 필요한 정보가 어떤 것이며 어디서 그것을 찾을 수 있는지를 결정할 줄 알아야 한다. 필요한 많은 정보들은 이 책에 있는 여러 표에서 찾을 수 있으며, 표와 중요한 그림에 대한 목록이 뒤표지 안쪽에 있다. 하지만 많은 경우 필요한 정보를 얻기 위해 외부 자료를 찾아야 할 것이다. 인터넷은 자료를 찾는 빠른 방법이지만 그 출처가 믿을 만하며 잘 인용되어 있는지 주의를 기울여야 한다. 좋은 정보원 중 하나는 미국 국립 표준기술연구소(NIST)이다.

필요한 정보가 무엇인가를 알기 위해서는 먼저 문제 해결을 위한 계획을 수립해야 한다. 과학에서 사용되는 이론의 한계뿐만 아니라 이들 이론을 기초로 문제를 설정하고 일반적인 가정을 세워 문제를 푼다. 하지만 이러한 가정은 예제 1.9에서 보인 바와 같이 문제를 단순화할수록 답의 정확도를 감소시킨다는 부담이 있다.

† 자릿수 하나는 10배이다.

예제 1.9

연필심은 탄소의 한 형태인 흑연으로 이루어져 있다. 깎기 전 표준 2호 연필의 흑연심의 질량을 추정하시오.

전략 연필에 있는 흑연이 원통형이라고 가정하자. 일반적으로 깎지 않은 연필의 길이는 약 18 cm이고(지우개 부분의 길이 제외) 연필심의 지름은 약 2 mm이다. 원통의 부피는 $V = \pi r^2 l$로 주어지는데, 여기서 r은 반지름, l은 길이이다. 연필심이 순수한 흑연이라고 가정하면 표 1.4에 주어진 흑연의 밀도를 이용하여 부피로부터 연필심의 질량을 계산할 수 있다.

풀이 연필심의 반지름을 cm 단위로 전환하면 다음과 같이 쓸 수 있다.

$$2\text{ mm} \times \frac{1\text{ cm}}{10\text{ mm}} = 0.2\text{ cm}$$

연필심의 길이를 가지고 계산하면

$$\begin{aligned} V &= \pi\left(\frac{0.2\text{ cm}}{2}\right)^2 \times 18\text{ cm} \\ &= 0.57\text{ cm}^3 \end{aligned}$$

식 (1.1)을 재배열하면

$$\begin{aligned} m &= d \times V \\ &= 2.2\frac{\text{g}}{\text{cm}^3} \times 0.57\text{ cm}^3 \\ &= 1\text{ g} \end{aligned}$$

검산 연필심의 부피를 계산하는 데 사용된 값들을 반올림하면 $3 \times (0.1\text{ cm})^2 \times 20\text{ cm} = 0.6\text{ cm}^3$이 된다. 이 부피에 대략 2 g/cm^{3}을 곱하면 약 1 g이 되며, 이는 계산된 값과 일치한다.

실전 연습 탁구공 안에 들어 있는 공기의 질량을 추정하시오.

비슷한 문제: 1.105, 1.106, 1.114

예제 1.9를 보면 연필심의 치수를 더 정밀하게 측정한다고 하더라도 최종 답의 정확도는 이 문제를 설계할 때 만든 가정에 의해 제한될 것이다. 이 연필심은 실제로는 흑연과 점토의 혼합물로, 이 두 물질의 상대적 양에 따라 연필심의 무르기가 결정되는 것이다. 따라서 이 물질의 밀도는 2.2 g/cm^{3}와는 다를 것이다. 2호 연필을 만드는 데 사용되는 물질의 밀도에 대한 더 좋은 값을 얻을 수 있겠지만 이 경우에는 그렇게 할 필요가 없다.

주요 식 정리하기 *Key Equations*

식	설명
$d = \frac{m}{V}$ (1.1)	밀도 식
$?°\text{C} = (°\text{F} - 32°\text{F}) \times \frac{5°\text{C}}{9°\text{F}}$ (1.2)	°F를 °C로 변환
$?°\text{F} = \frac{9°\text{F}}{5°\text{C}} \times (°\text{C}) + 32°\text{F}$ (1.3)	°C를 °F로 변환
$?\text{ K} = (°\text{C} + 273.15°\text{C})\frac{1\text{ K}}{1°\text{C}}$ (1.4)	°C를 K로 변환

사실과 개념 요약하기 *Summary of Facts & Concepts*

1. 화학 연구는 세 가지 기본 단계인 관찰, 표현, 해석을 포함한다. 관찰은 거시적 세계에서의 측정을 뜻한다. 표현은 전달을 위한 약식 표기 기호와 식의 사용과 관련이 있다. 해석은 미시적인 세계에 속하는 원자와 분자들에 기초를 두고 있다.
2. 과학적 방법은 관찰과 측정을 통한 정보의 수집과 함께 시작하는 연구에서 체계적인 접근법이다. 이 과정에서 가설, 법칙, 이론이 제안되고 시험된다.
3. 화학자는 물질과 이들의 변화를 연구한다. 순물질은 본질적 변화 없이 관찰할 수 있는 물리적 성질과 본질적 특성의 변화가 일어나는 화학적 성질을 갖는다. 혼합물은 균일하든지 불균일하든지 물리적 방법에 의해 순수한 성분으로 나눌 수 있다.
4. 화학에서 가장 간단한 순물질은 원소이다. 화합물은 다른 원소의 원자들이 일정 비율로 화학적으로 결합하여 생성된다.
5. 모든 순물질들은 원칙적으로 고체, 액체, 기체의 세 가지 상태로 존재한다. 이들 상태 간의 상호 변환은 온도 변화에 의해 가능하다.
6. SI 단위는 화학을 포함한 모든 과학에서 물리적인 양을 표현하는 데 사용한다.
7. 과학적 표기법으로 나타내는 숫자는 $N \times 10^n$형으로 나타내는데, 여기서 N은 1 이상 10 미만의 수이며, n은 양이나 음의 정수이다. 과학적 표기법은 매우 크거나 작은 양을 다루는 데 도움을 준다.

주요 용어 정리하기 *Key Words*

가설	물질	원소	켈빈
거시적 성질	미시적 성질	유효 숫자	크기 성질
과학적 방법	밀도	이론	혼합물
국제 단위 체계(SI)	법칙	정량적	화학
균일 혼합물	부피	정밀도	화학적 성질
리터	불균일 혼합물	정성적	화합물
무게	세기 성질	정확도	
물리적 성질	순물질	질량	

연습 문제 *Questions & Problems*

● *표시는 Connect Plus에서 유용한 문제,*
붉은색 번호의 문제는 학생용 문제풀이집에 풀어 놓았다.

과학적 방법

▶ 복습 질문

1.1 과학적 방법의 의미를 설명하시오.

1.2 정량적 자료와 정성적 자료의 차이는 무엇인가?

▶ 문제

1.3 다음 진술들을 정량적 진술과 정성적 진술로 분류하고, 그 이유를 말하시오. (a) 태양은 지구로부터 약 9천 3백만 마일 떨어져 있다. (b) 미켈란젤로보다 레오나르도 다빈치가 더 좋은 화가이다. (c) 얼음이 물보다 덜 조밀하다. (d) 마가린보다 버터가 더 맛있다. (e) 제때의 한 바늘이 뒤의 아홉 바늘을 던다(문제가 있거든 그 때 해결하라는 속담).

● **1.4** 다음 각 진술들을 가설, 법칙, 이론으로 구분하시오. (a) 베토벤이 결혼을 했더라면 음악에 대한 그의 공헌이 더 컸을 것이다. (b) 낙엽과 지구 사이의 인력이 작용하여 땅으로 떨어진다. (c) 모든 물질은 원자라고 하는 아주 작은 알갱이들로 이루어져 있다.

물질의 분류와 성질

▶ 복습 질문

1.5 다음 각 용어에 해당되는 예를 드시오. (a) 물질, (b) 순물질, (c) 혼합물.

● 1.6 균일 혼합물과 불균일 혼합물의 예를 각각 드시오.

1.7 물리적 성질과 화학적 성질의 차이를 예를 들어 설명하시오.

1.8 세기 성질이 크기 성질과 어떻게 다른가? 다음 중 어떤 것이 세기 성질이고, 또 어떤 것이 크기 성질인가? (a) 길이, (b) 부피, (c) 온도, (d) 질량.

1.9 원소와 화합물의 예를 들고, 그 차이점을 설명하시오.

1.10 알려진 원소의 개수는 몇 개인가?

▶ *문제*

• 1.11 다음 각각은 화학적 성질을 기술한 것인가, 물리적 성질을 기술한 것인가? (a) 산소 기체는 연소를 돕는다. (b) 비료는 농산물 수확을 증가시킨다. (c) 산 정상에서 물은 100°C 아래에서 끓는다. (d) 납이 알루미늄보다 밀도가 더 크다. (e) 우라늄은 방사성 원소이다.

• **1.12** 다음 각각은 물리적 변화를 기술한 것인가, 화학적 변화를 기술한 것인가? (a) 풍선 속 헬륨 기체는 몇 시간 후 밖으로 새어나오는 경향이 있다. (b) 번개의 빛은 서서히 어두워져 결국 사라진다. (c) 얼린 오렌지 주스에 물을 첨가하면 원상태로 복원된다. (d) 식물의 성장은 광합성이란 과정으로 태양 에너지에 의존한다. (e) 소금 한 숟가락이 국 한 그릇에 녹는다.

• 1.13 다음 화학 기호로 나타내는 원소의 이름을 쓰시오. Li, F, P, Cu, As, Zn, Cl, Pt, Mg, U, Al, Si, Ne. (표 1.1과 앞표지 안쪽 참조.)

1.14 다음 원소의 화학 기호를 쓰시오. (a) 세슘, (b) 저마늄, (c) 갈륨, (d) 스트론튬, (e) 우라늄, (f) 셀레늄, (g) 네온, (h) 카드뮴. (표 1.1과 앞표지 안쪽 참조.)

1.15 다음 각 물질을 원소와 화합물로 구분하시오. (a) 수소, (b) 물, (c) 금, (d) 설탕.

• **1.16** 다음 각각을 원소, 화합물, 균일 혼합물, 불균일 혼합물로 구분하시오. (a) 우물 물, (b) 아르곤 기체, (c) 수크로스, (d) 붉은 포도주 한 병, (e) 닭국수 국, (f) 모세관 속에 든 혈액, (g) 오존.

측정

▶ 복습 질문

1.17 화학에서 중요한 SI 기본 단위들을 말하시오. 다음이 나타내는 SI 단위를 쓰시오. (a) 길이, (b) 부피, (c) 질량, (d) 시간, (e) 에너지, (f) 온도.

• 1.18 다음 접두사가 나타내는 수를 쓰시오. (a) 메가(mega-), (b) 킬로(kilo-), (c) 데시(deci-), (d) 센티(centi-), (e) 밀리(milli-), (f) 마이크로(micro-), (g) 나노(nano-), (h) 피코(pico-).

1.19 화학자들이 액체와 고체의 밀도에 주로 사용하는 단위는 무엇인가? 기체의 밀도에 사용하는 단위는 무엇인가? 그 차이를 설명하시오.

1.20 실험실과 일상 생활에서 사용되는 온도 척도인 화씨, 섭씨, 켈빈 척도를 설명하시오.

▶ *문제*

1.21 브로민은 적갈색 액체이다. 브로민 586 g이 188 mL를 차지한다면 g/mL 단위로 밀도를 계산하시오.

• **1.22** 무색 액체인 에탄올의 밀도는 0.7918 g/mL이다. 이 액체 89.9 mL의 질량을 계산하시오.

• 1.23 다음 온도를 섭씨 또는 화씨 단위로 변환하시오. (a) 무더운 여름날의 기온인 95°F, (b) 추운 겨울날의 기온인 12°F, (c) 102°F의 고열, (d) 1852°F에서 작동하는 로, (e) 이론적으로 얻을 수 있는 가장 낮은 온도인 −273.15°C.

• **1.24** (a) 일반적으로 인체는 105°F 온도에서 뇌나 필수 신체 장기에 영구적인 손상 없이는 아주 짧은 시간 밖에 견딜 수 없다. 이 온도를 섭씨로 나타내면 얼마가 되는가? (b) 에틸렌 글라이콜은 자동차 부동액에 사용되는 액체 유기 물질이다. 이 물질은 −11.5°C에서 언다. 이 어는점을 화씨로 표시하시오. (c) 태양 표면 온도는 약 6300°C이다. 이 값을 화씨로 나타내면 얼마가 되겠는가? (d) 종이가 타는 온도는 451°F이다. 섭씨로는 얼마인가?

• 1.25 다음 온도를 켈빈 온도로 변환하시오. (a) 황의 녹는점인 113°C, (b) 정상 체온인 37°C, (c) 수은의 끓는점인 357°C.

1.26 다음 온도를 섭씨 온도로 변환하시오. (a) 액체 질소의 끓는점인 77 K, (b) 액체 헬륨의 끓는점인 4.2 K, (c) 납의 녹는점인 601 K.

숫자 다루기

▶ 복습 질문

1.27 소수점 표시법에 비해 과학적 표기법의 장점이 무엇인가?

1.28 유효 숫자를 정의하시오. 측정이나 계산에서 적절한 유효 숫자를 사용해야 하는 이유를 논하시오.

▶ *문제*

• 1.29 다음 수를 화학적 표기법으로 나타내시오.
(a) 0.000000027, (b) 356, (c) 47,764, (d) 0.096.

1.30 다음 수를 소수점을 이용하여 나타내시오.
(a) 1.52×10^{-2}, (b) 7.78×10^{-8}

• 1.31 다음 연산 결과를 과학적 표기법으로 나타내시오.
(a) $145.75 + (2.3 \times 10^{-1})$
(b) $79,500 \div (2.5 \times 10^{2})$
(c) $(7.0 \times 10^{-3}) - (8.0 \times 10^{-4})$
(d) $(1.0 \times 10^{4}) \times (9.9 \times 10^{6})$

1.32 다음 연산 결과를 과학적 표기법으로 나타내시오.
(a) $0.0095 + (8.5 \times 10^{-3})$
(b) $653 \div (5.75 \times 10^{-8})$
(c) $850,000 - (9.0 \times 10^{5})$
(d) $(3.6 \times 10^{-4}) \times (3.6 \times 10^{6})$

• 1.33 다음 숫자에서 유효 숫자는 각각 몇 개인가?
(a) 4867 mi

(b) 56 mL
(c) 60,104 ton
(d) 2900 g
(e) 40.2 g/cm^3
(f) 0.0000003 cm
(g) 0.7 min
(h) 4.6×10^{19} 원자

1.34 다음 숫자에서 유효 숫자는 각각 몇 개인가? (a) 0.006 L, (b) 0.0605 dm, (c) 60.5 mg, (d) 605.5 cm^2, (e) 960 $\times 10^{-3}$ g, (f) 6 kg, (g) 60 m.

● 1.35 실험 결과의 계산이라고 생각하고, 다음 연산을 하여 적절한 유효 숫자와 단위를 표시하시오.
(a) 5.6792 m + 0.6 m + 4.33 m
(b) 3.70 g − 2.9133 g
(c) 4.51 cm × 3.6666 cm
(d) $(3 \times 10^4$ g + 6.827 g$)/(0.043$ cm^3 − 0.021 $cm^3)$

● **1.36** 실험 결과의 계산이라 생각하고 다음 연산을 하여 적절한 유효 숫자와 단위를 표시하시오.
(a) 7.310 km ÷ 5.70 km
(b) $(3.26 \times 10^{-3}$ mg$) - (7.88 \times 10^{-5}$ mg$)$
(c) $(4.02 \times 10^6$ dm$) + (7.74 \times 10^7$ dm$)$
(d) (7.8 m − 0.34 m)/(1.15 s + 0.82 s)

1.37 세 학생 A, B, C에게 에탄올 시료의 부피를 결정하라는 질문이 주어졌다. 각 학생들은 눈금 실린더로 세 번씩 부피를 측정하였다. 그 결과는 다음과 같다(단위: mm). A(87.1, 88.2, 87.6); B(86.9, 87.1, 87.2); C(87.6, 87.8, 87.9). 이 시료의 정확한 부피는 87.0 mL이다. 각 학생들의 결과에 대해서 정밀도와 정확도를 설명하시오.

● **1.38** 수습 재단사 세 명(X, Y, Z)에게 바지의 봉합선을 측정하는 일이 주어졌다. 각각 세 번씩 측정하였다. 그 결과는 다음과 같다(단위: in). X(31.5, 31.6, 31.4); Y(32.8, 32.3, 32.7), Z(31.9, 32.2, 32.1). 실제 길이는 32.0인치이다. 각 재단사들의 결과에 대해서 정밀도와 정확도를 설명하시오.

차원 해석

▶ *문제*

● 1.39 다음 변환을 하시오.(a) 22.6 m를 dm로, (b) 25.4 mg를 kg으로, (c) 556 mL를 L로, (d) 10.6 kg/m^3을 g/cm^3로.

1.40 다음 변환을 하시오. (a) 242 lb를 mg으로, (b) 68.3 cm^3를 m^3로, (c) 7.2 m^3를 L로, (d) 28.3 μg을 lb로.

● 1.41 25°C에서 헬륨의 평균 속도는 1255 m/s이다. 이 속도를 시간 당 마일(mile per hour, mph)로 변환하시오.

1.42 태양력 1년은 초로 바꾸면 얼마가 되는가? (1년은 365.24일)

1.43 빛이 태양에서 지구까지 도달하는 데 몇 분 걸리는가? (태양에서 지구까지의 거리는 9천 3백만 마일이고, 빛의 속도는 3.00×10^8 m/s이다)

● **1.44** 어떤 사람이 8.92분에 1마일을 달린다. 이 속도를 다음 단위로 나타내시오. (a) in/s, (b) m/min, (c) km/h (1 mi = 1609 m; 1 in = 2.54 cm. mi는 mile의 약자)

● 1.45 키가 6.0피트이고, 몸무게는 168파운드인 사람이 있다. 이 사람의 키와 몸무게를 각각 미터와 킬로그램으로 나타내시오. (1 lb = 453.6 g; 1 m = 3.28 ft)

1.46 독일 아우토반 일부에서는 자동차의 제한 속도가 시속 286 km(286 km/h)이다. 이 제한 속도를 시간 당 마일(mile per hour, mph)로 계산하시오.

1.47 전투기가 이륙하기 위해서는 62 m/s의 속도에 이르러야 한다. 이 속도를 시간 당 마일(mile per hour, mph)로 계산하시오.

● **1.48** 사람의 혈액 속 '정상' 납 함량은 0.40 ppm이다(혈액 백만 그램 속에 납 0.40 g 존재). 이것이 0.80 ppm이 되면 위험 수치이다. 만약 0.62 ppm의 납이 존재한다면 혈액 6.0×10^3 g(성인의 평균 혈액량)에는 몇 그램의 납이 존재하는가?

● 1.49 다음 단위 변환을 하시오. (a) 1.42광년을 마일로(1광년은 빛이 1년 즉, 365일 동안 여행하는 거리, 빛의 속도는 3.00×10^8 m/s), (b) 32.4야드를 센티미터로, (c) 3.0×10^{10} cm/s를 ft/s로.

1.50 다음 단위 변환을 하시오. (a) 성인 남성의 평균 체중인 70 kg을 파운드로, (b) 140억 년(대략 우주의 나이)을 초로(1년은 365일로 계산), (c) 농구 선수 야오 밍의 키인 7피트 6인치를 미터로, (d) 88.6 m^3를 L로.

● 1.51 비행기 제작, 고압 전선, 음료수 캔, 포일에 사용되는 알루미늄은 경금속(밀도 2.70 g/cm^3)이다. 이 밀도는 kg/m^3 단위로 얼마인가?

● **1.52** 암모니아는 대형 냉각 시스템에 냉매로 사용된다. 어떤 조건에서 암모니아 기체의 밀도는 0.625 g/L이다. 이 밀도를 g/cm^3로 계산하시오.

추가 문제

1.53 다음 각각에 대해 정량적 표현과 정성적 표현을 하나씩 제시하시오. (a) 물, (b) 탄소, (c) 철, (d) 수소 기체, (e) 수크로스(설탕), (f) 소금(염화 소듐), (g) 수은, (h) 금, (i) 공기.

● **1.54** 다음 진술 중 어느 것이 물리적 성질을 설명하고, 어떤 것이 화학적 성질을 설명하는지 구분하시오. (a) 철은 녹슬기 쉽다. (b) 공업 지역의 비는 산성을 띠는 경향이 있다. (c) 헤모글로빈 분자는 붉은 색을 띤다. (d) 햇빛이 비치는 데 물 한 컵을 두면 물이 점점 없어진다. (e) 공기 중 이산화 탄소는 식물의 광합성에 의해 더욱 복잡한 분자로 변한다.

1.55 2008년 한 해 동안 미국에서 950억 파운드의 황산이 생산되었다. 이 양을 ton으로 변환하시오.

● **1.56** 직육면체 금속 막대의 밀도를 구하기 위해 한 학생이 다

음과 같은 측정을 했다. 길이 8.53 cm, 폭 2.4 cm, 높이 1.0 cm, 질량 52.7064 g. 올바른 유효 숫자로 금속의 밀도를 계산하시오.

• 1.57 다음 각 질량을 구하시오. (a) 반지름이 10.0 cm인 금으로 된 구(반지름 r인 구의 부피 $V = (4/3)\pi r^3$, 금의 밀도 = 19.3 g/cm^3) (b) 한 변의 길이가 0.040 mm인 정육면체 백금(백금의 밀도 = 21.4 g/cm^3) (c) 에탄올 50.0 mL(에탄올의 밀도 = 0.798 g/mL).

• **1.58** 길이 21.5 cm인 원통 유리병에 밀도 0.953 g/mL인 식용유가 차 있다. 이 병을 채우는 데 필요한 식용유의 질량은 1360 g이다. 이 병의 내부 지름을 계산하시오.

• 1.59 다음은 플라스크의 부피를 측정하는 과정이다. 빈 플라스크와 물로 채운 플라스크의 질량이 각각 56.12 g과 87.39 g이고, 물의 밀도는 0.9976 g/cm^{3}이다. 이 플라스크의 부피를 cm^3 단위로 계산하시오.

1.60 상온에서 공기 중 음속은 343 m/s이다. 이 값을 시간 당 마일(mi/h)로 계산하시오(1 mi = 1609 m).

• 1.61 은(Ag) 조각 194.3 g을 물 242.0 mL가 들어 있는 눈금 실린더에 넣었더니 눈금이 260.5 mL를 나타내었다. 이 자료로부터 은의 밀도를 계산하시오.

1.62 연습 문제 1.61에서 설명한 방법으로 정확하지는 않지만 고체의 대략적인 밀도를 결정할 수 있다. 얼음의 밀도를 계산할 수 있는 이와 비슷한 실험을 고안하시오. 특히 이 실험에서 쓰이게 될 액체의 조건들은 어떤 것들인가?

• 1.63 지름 48.6 cm인 납으로 된 구의 질량은 6.852×10^5 g이다. 납의 밀도는 얼마인가?

• **1.64** 리튬은 알려진 금속 중 밀도가 가장 밀도가 작다(밀도: 0.53 g/cm^3). 리튬 1.20×10^3 g이 차지하는 부피는 얼마인가?

• 1.65 가정에서 흔히 사용되는 체온계는 ±0.1°F까지 읽을 수 있고 병원용 체온계는 정밀도가 ±0.1°C이다. 이들 체온계를 사용하여 어떤 사람의 체온을 38.9°C로 측정했을 때 예상되는 오차 백분율(percent error)은 각각 얼마인가?

• **1.66** 바닐린(바닐라 아이스크림 등 음식에 첨가)은 최소량으로 인간의 후각이 감지할 수 있는 향을 가진 물질이다. 공기 1 L당 임계 질량은 2.0×10^{-11} g이다. 바닐린 50 g이 약 112달러라면, 부피 5.0×10^7 ft^{3}인 커다란 비행기 안에서 바닐린을 감지할 수 있는 충분한 양의 가격은 얼마인가?

• 1.67 섭씨 온도계와 화씨 온도계의 숫자가 같아지는 온도는 몇 도인가?

• **1.68** 에탄올의 녹는점(−117.3°C)과 끓는점(78.3°C)을 각각 0°S와 100°S로 하는 새로운 온도계를 고안하였고 하자. S는 새로운 온도 척도의 기호이다. 이 눈금 척도와 섭씨 척도와의 관계식을 구하시오. 25°C는 몇 °S인가?

• 1.69 휴식 중인 성인은 분당 약 240 mL의 순수한 산소를 필요로 하며, 보통 분당 약 12회 호흡한다. 들숨은 부피로 20%가 산소이고, 날숨은 16%가 산소라고 하면, 이 사람이 매 호흡마다 쉬어야 할 공기의 양은 얼마인가? (들숨과 날숨의 부피는 같다고 가정한다.)

• **1.70** (a) 연습 문제 1.69를 참조하여 성인이 하루 섭취하는 공기의 부피(L)를 계산하시오. (b) 교통이 복잡한 시내의 공기에는 1 L당 2.1×10^{-6} L의 일산화 탄소(독성 기체)가 존재한다. 성인 1인이 하루 섭취하는 일산화 탄소의 부피(L)를 계산하시오.

• 1.71 질량이 25.0 g인 다른 고체 조각 시료 세 개를 세 개의 다른 눈금 실린더에 있는 물 20.0 mL에 넣었다.결과는 다음과 같다. 사용된 세 금속의 밀도는 A 2.9 g/cm^3, B 8.3 g/cm^3, C 3.3 g/cm^{3}이다. 각 시료가 들어 있는 실린더를 확인하시오.

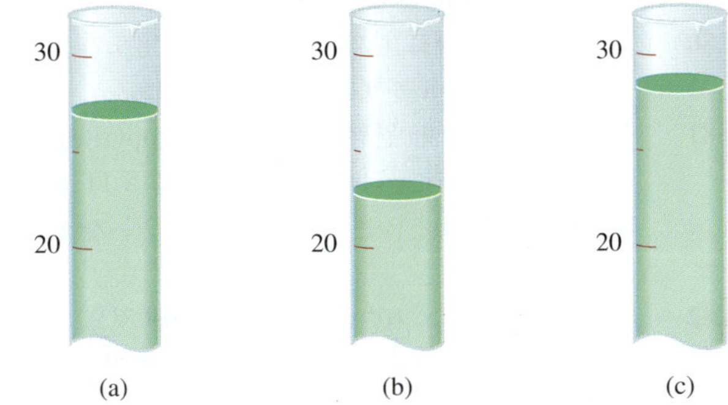

1.72 NBA 공식 농구공의 둘레는 29.6 in이다. 지구의 반지름이 약 6400 km라고 하고 농구공을 서로 맞닿게 하여 적도를 따라 원을 만들려면 농구공 몇 개가 필요할까? 답은 유효 숫자 3개로 하여 정수가 되도록 반올림하시오.

• 1.73 한 학생에게 도가니가 주어지고 이것이 순수한 백금으로 제작되었음을 증명하라는 질문이 주어졌다. 이 학생은 먼저 공기 중에서 이 도가니의 질량을 측정하고 이어서 물(밀도 = 0.9986 g/mL) 속에 도가니를 매달고 질량을 측정하였다. 이 때 각각 860.2 g과 820.2 g이었다. 실험 결과와 백금의 밀도가 21.45 g/cm^{3}라는 사실로부터 이 학생이 얻은 결과는 무엇인가? (힌트: 액체 안에 매달린 물체는 그 물체가 대체한 액체의 질량에 의해 뜨게 된다. 공기의 부력은 무시한다.)

• **1.74** 태평양의 표면적과 평균 깊이는 각각 1.8×10^8 km^{2}와 3.9×10^3 m이다. 이 바다의 부피를 L로 나타내시오.

• 1.75 트로이 온스(troy ounce)라는 단위는 금(Au)이나 백금(Pt) 같은 귀금속에 종종 사용된다(1 트로이 온스 = 31.103 g). (a) 2.41 트로이 온스의 금화를 그램(g)으로 계산하면 얼마인가? (b) 1 트로이 온스는 1 온스보다 무거운가, 가벼운가? (1 lb = 16 oz; 1 lb = 453.6 g)

• **1.76** 오스뮴(Os)은 알려진 원소 중 밀도가 가장 크다(밀도 = 22.57 g/cm^3). 지름 15 cm인 Os 구의 질량을 파운드와 kg으로 나타내시오(구의 부피는 연습 문제 1.57 참조).

• 1.77 오차 백분율은 다음과 같이 참값과 실험값의 차이의 절

대값을 참값으로 나눈 것이다.

$$\text{오차 백분율} = \frac{|\text{참값} - \text{실험값}|}{|\text{참값}|} \times 100\%$$

수직선은 절대값을 나타낸다. 다음 측정에 대한 오차 백분율을 구하시오. (a) 에탄올의 밀도를 0.802 g/mL로 측정하였다(참값: 0.798 g/mL). (b) 귀고리에 포함된 금의 질량을 0.837 g으로 분석하였다(참값: 0.864 g).

● **1.78** 질량 백분율로 나타낸 인체의 원소비는 산소(O) 65%, 탄소(C) 18%, 수소(H) 10%, 질소(N) 3%, 칼슘(Ca) 1.6%, 인(P) 1.2%, 기타 원소 1.2%이다. 62 kg인 사람의 체내에 있는 이들 원소의 질량을 g으로 나타내시오.

● 1.79 남성 실외 1마일 달리기 세계 기록은 1999년에 3분 43.13초이다. 이 속도로 1500 m를 달린다면 기록은 얼마이겠는가? (1 mi = 1609 m)

● **1.80** 태양에서 두 번째로 가까운 금성은 표면 온도가 7.3×10^2 K이다. 이 온도를 °C와 °F로 나타내시오.

● 1.81 구리(Cu)의 주요한 원광인 황동석(chalcopyrite)은 질량으로 34.63%의 구리를 포함한다. 원광 5.11×10^3 kg으로부터 얼마나 많은 구리를 얻을 수 있는가(g 단위로)?

1.82 지금까지 약 8.0×10^4 t의 금(Au)을 캐낸 것으로 추정된다. 금의 가치가 1온스당 948달러라면 앞에서 말한 양의 전체 가치는 얼마인가?

● 1.83 바닷물 1.0 mL에는 금 4.0×10^{-12} g이 들어 있다. 바닷물의 총 부피는 1.5×10^{21} L이다. 바닷물 전체에 들어 있는 금의 양은 얼마이며, 그 가치는 몇 달러인가? (연습 문제 1.82 참조) 바다에 금이 그렇게 많은데 바다에서 금을 채굴하여 부자가 된 사람이 왜 없을까?

1.84 측정을 통해 철(Fe) 1.0 g에는 철 원자 1.1×10^{22}개가 들어 있다. 그렇다면 철 4.9 g(성인의 몸 속에 존재하는 모든 철의 양)에는 몇 개의 원자가 있겠는가?

● 1.85 지각이라는 지구의 얇은 껍질은 지구 전체 질량의 0.50%밖에 안 되지만, 거의 모든 원소들의 원천이다(산소, 질소와 몇 가지 기체 원소들은 대기권에서 제공된다). 규소(Si)는 지각에 두 번째로 많이 존재하는 원소이다(질량비로 27.2%). 지각에 존재하는 규소의 양을 킬로그램으로 계산하시오(지구의 질량은 5.9×10^{21} ton, 1 ton = 2000 lb; 1 lb = 453.6 g).

● **1.86** 구리(Cu) 원자의 지름은 약 1.3×10^{-10} m이다. 10 cm 구리선을 계속 이등분으로 구리 원자로 될 때까지 자른다면 몇 번이나 잘라야 되는가? (이 과정에 적절한 도구가 있어 일직선상에 구리 원자들이 서로 맞대고 있다고 가정한다. 답을 반올림하여 정수로 만든다.)

● 1.87 자동차 엔진에서 휘발유 1갤런은 지구 온난화를 야기하는 온실 기체인 이산화 탄소 9.5 kg을 발생한다. 미국에 2천 5백만 대의 자동차가 있고, 1년에 평균 5,000마일씩 달리고 갤런 당 20마일을 주행한다고 할 때, 미국에서 1년에 발생되는 이산화 탄소의 양을 킬로그램으로 계산하시오.

● **1.88** 한 알루미늄(Al) 포일의 전체 면적은 1.000 ft^2이고, 질량은 3.636 g이다. 이 포일의 두께를 mm로 표시하면 얼마가 되는가? (알루미늄의 밀도는 2.699 g/cm^3)

● 1.89 다음을 균일 혼합물과 불균일 혼합물로 구분하시오. (a) 밀폐된 병 속에 있는 공기, (b) 뉴욕시 전역에 있는 공기.

● **1.90** 염소는 수영장을 소독하는 데 사용한다. 이러한 용도로 허용된 염소의 농도는 1 ppm 즉, 물 100만 그램당 염소 1 g이다. 수영장의 물이 2.0×10^4갤런이라면 질량비로 6.0%의 염소를 포함하는 용액 몇 mL를 수영장에 넣어야 하는지 계산하시오(1갤런 = 3.79 L; 용액의 밀도 = 1.0 g/mL).

● 1.91 길이가 10 cm이고 반지름 0.25 cm인 알루미늄 원통이 있다. Al 원자 하나의 질량은 4.48×10^{-23} g이라면 원통에 존재하는 Al 원자의 개수를 계산하시오. 알루미늄의 밀도는 2.70 g/cm^3이다.

● **1.92** 비중병(pycnometer)은 액체의 밀도를 측정하는 기구이다. 비중병은 모세관 구멍이 나 있는 간 유리마개가 있는 유리 플라스크이다. (a) 비중병의 부피는 20°C에서 알려진 밀도가 0.99820 g/mL인 증류수를 이용하여 결정한다. 먼저 테두리까지 물을 채운다. 마개를 막아 작은 구멍을 통해 여분의 액체가 나오도록 한다. 그리고 비중병을 거름종이를 써서 조심하여 말린다. 빈 비중병과 물로 채운 비중병의 질량이 각각 32.0764 g과 43.1195 g으로 주어졌을 때 비중병의 부피를 계산하시오. (b) 20°C에서 에탄올로 채운 비중병의 질량이 40.8051 g이라면 에탄올의 밀도를 계산하시오. (c) 비중병은 고체의 밀도 측정에도 사용된다. 먼저 무게가 22.8476 g인 작은 아연 조각을 비중병에 넣고 물로 채운다. 비중병에 아연 조각과 물을 넣은 전체 질량이 62.7728 g이라면 아연의 밀도는 얼마인가?

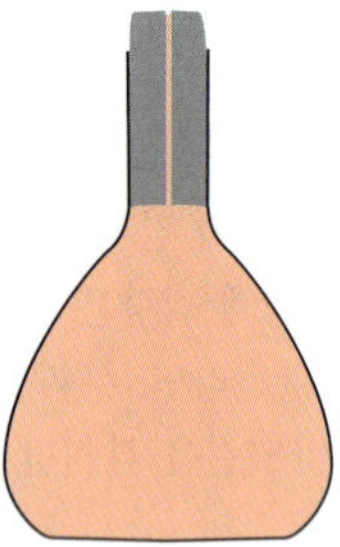

● 1.93 1849년 미국 캘리포니아의 한 금 시굴자가 금덩이와 모래를 한 자루 모았다. 금과 밀도의 밀도가 각각 19.3 g/cm^3와 2.95 g/cm^3이고 혼합물의 밀도가 4.17 g/cm^3라면 혼합물에 있는 금의 질량 백분율을 계산하시오.

● **1.94** 어떤 분자가 x cm 거리만큼 확산하는 데 걸리는 평균 시간은 다음과 같다.

$$t = \frac{x^2}{2D}$$

여기서 t는 시간(sec)이고 D는 확산 계수이다. 포도당의 확산계수가 5.7×10^{-7} cm^2/s일 때, 포도당이 대략 세포 1개의 크기인 10 μm를 확산하는 데 걸리는 시간을 계산하시오.

● 1.95 사람의 뇌는 약 1 kg이고 그 안에 약 10^{11}개의 세포가 있다. 각 세포가 물(밀도 = 1 g/mL)로 가득 차 있다고 가정하고, 세포가 정육면체라면 이 상태에서의 세포 한 변의 길이는 얼마인가? 만약 세포 하나의 두께로 얇게 펴져 있다면 그 표면적(m^2)은 얼마인가?

● **1.96** (a) 일산화 탄소(CO)는 혈액 속의 산소 운반체인 헤모글로빈과 강하게 결합하기 때문에 독성을 띠는 기체이다. 일산화 탄소의 농도가 부피로 8.00×10^2 ppm이면 사람에게 치명적이다. 길이 17.6 m, 너비 8.80 m, 높이 2.64 m인 방 안에 이 농도로 일산화 탄소가 차지하는 부피(L)를 계산하시오. (b) 수은(Hg) 증기에 오래 노출되면 신경계의 이상과 호흡기에 문제를 야기할 수 있다. 안전을 위해서는 수은 증기의 농도를 0.050 mg/m^3 미만으로 조절해야 한다. 이 수치를 g/L로 변환하시오. (c) II형 당뇨병의 확인은 혈액 중 포도당의 양이 120 mg/dL 미만이어야 한다. 이 값을 밀리리터 당 마이크로그램(μg/mL)으로 변환하시오.

1.97 어떤 고객이 은행원에게 동전으로 구성된 '1달러' 세트를 요구했다. 이 세트는 쿼터 3개, 니켈 1개, 다임 2개의 동전으로 구성된다. 이 동전들의 질량은 각각 쿼터 5.645 g, 니켈 4.967 g, 다임 2.316 g이다. 쿼터 33.871 kg, 니켈 10.432 kg, 다임 7.990 kg으로 최대 몇 개의 세트를 만들 수 있겠는가? 이 세트들을 구성한 동전의 총 질량(g)은 얼마인가?

● **1.98** 눈금 실린더에 미네랄 오일을 40.00 mL까지 채웠다. 미네랄 오일을 채우기 전후 실린더의 질량은 각각 124.966 g과 159.446 g이다. 또 다른 실험으로 질량 18.713 g인 금속 공 베어링을 넣고 미네랄 오일을 40.00 mL까지 채웠다. 베어링과 미네랄 오일을 합한 질량은 50.952 g이다. 이 베어링의 밀도와 반지름을 구하시오. [반지름 r인 구의 부피는 $(4/3)\pi r^3$이다.]

1.99 19세기 한 화학자가 알려지지 않은 물질을 만들었다. 일반적으로 이것이 원소인지 화합물인지 증명하는 것이 그 때가 더 어려웠을 것이라고 생각하는가? 설명해 보시오.

● **1.100** 청동은 구리(Cu)와 주석(Sn)의 합금이다. 반지름이 6.44 cm이고 길이가 44.37 cm인 청동 실린더의 질량을 계산하시오. 청동은 구리 79.42%와 주석 20.58%로 구성되어 있으며 구리와 주석의 밀도는 각각 8.94 g/cm^{3}와 7.31 g/cm^{3}이다. 이 계산을 하기 위해 어떤 가정을 하여야 하는가?

1.101 한 액체가 주어졌다. 그것이 순물질인지 균일 혼합물인지 어떤 과정을 통해 알아낼 수 있는지 간략히 설명하시오.

1.102 한 화학자가 두 액체 A, B를 혼합하여 균일 혼합물을 만들었다. 액체 A의 밀도는 2.0514 g/mL이고 액체 B의 밀도는 2.6678 g/mL이다 이 혼합 용액에 어떤 작은 물체 하나를 떨어뜨리면 가라앉지도 않고 뜨지도 않으며 떠 있는 상태가 되는 것을 알았다. 이 혼합 용액이 A 41.37%, B 58.63%로 구성되었다면 이 금속의 밀도는 얼마인가? 이 방법으로 고체의 밀도를 일반적으로 결정할 수 있겠는가? 이 방법을 적용하기 위해서는 어떤 가정들이 필요한가?

● 1.103 텀스(Tums)는 널리 알려진 제산제이다. 전형적인 텀스 알약에는 탄산 칼슘과 약간의 안정한 물질들이 들어 있다. 이 약을 섭취하면 위 속에서 위산(염산)과 반응하여 이산화 탄소를 방출한다. 1.328 g인 알약은 염산(밀도: 1.140 g/mL) 40.00 mL와 반응하여 이산화 탄소를 방출하고 46.699 g의 용액이 된다. 이 용액의 밀도가 1.81 g/L라면 이 때 방출되는 이산화 탄소의 리터 수를 계산하시오.

1.104 250-mL 들이 유리병에 20°C인 물 242 mL를 채우고 마개를 꼭 막았다. 이것을 하룻밤 동안 밖에 방치해 두었는데 평균 온도는 −5°C이었다. 어떤 일이 일어났겠는가? 20°C 물의 밀도는 0.998 g/cm^{3}이고 −5°C 얼음의 밀도는 0.916 g/cm^{3}이다.

설명, 모형화 및 추정 문제 *Interpreting, Modeling & Estimating*

1.105 개미 1 mol의 질량은 얼마인가? (*유용한 정보*: mol은 원자나 아원자 입자에 사용되는 단위로 약 6×10^{23}이다. 길이 1 cm인 개미는 무게가 약 3 mg이다.)

1.106 80세인 사람이 일생동안 잠자는 데 소모한 시간은 몇 년이나 될까?

1.107 미국에서 네 명의 가족이 실내에서 매일 쓰는 물의 양(갤런으로)을 추정하시오.

1.108 공용 볼링장에는 질량이 정수로 표기된 8~16파운드의 볼링 공이 있다. 정규 볼링 공의 지름이 8.6인치라면 이들 볼링 공 중 물에 뜨는 것은 어느 것이라 예상되는가?

1.109 지름이 100~300 nm인 나노 섬유를 용접하면 분자 몇 개 만이 관여된 반응을 연구할 수 있게 하는 매우 작은 부피를 가지는 접점을 만들게 된다. 내부 지름이 200 nm인 이들 두 섬유 사이에 형성된 접점의 부피를 리터 단위로 추정하시오. 눈금은 1 μm를 읽는다.

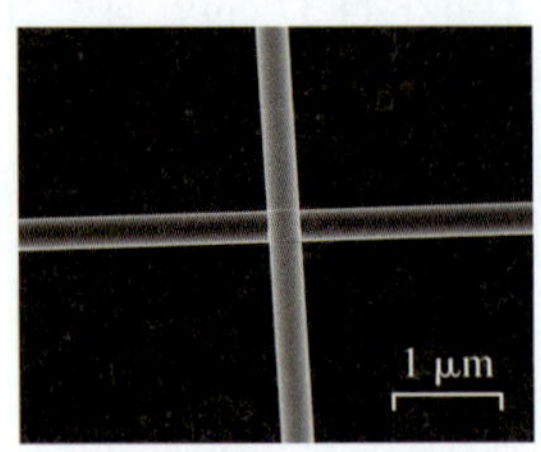

1.110 미국에서 승용차에 의한 연간 휘발유 소모량을 추정하시오.

1.111 바닷물의 전체 양을 리터로 추정하시오.

1.112 성인 한 사람의 혈액의 부피를 리터로 추정하시오.

1.113 빛이 1나노초에 가는 거리는 피트 단위로 얼마인가?

1.114 NBA 선수들이 프로 농구 경기에서 뛰는 거리를 마일로 추정하시오.

1.115 물 보전으로 저수지의 물의 증발 속도를 줄이기 위해 화학자들은 물 표면에 특정 비활성 물질의 얇은 필름을 펼쳤다. 이 기술은 3세기 전에 벤저민 프랭클린이 개척하였다. 프랭클린은 기름 0.01 mL가 약 40 m^2 면적의 물 표면에 펴질 수 있다는 것을 발견하였다. 기름이 *단일층*(monolayer) 즉, 한 분자 두께의 층을 형성한다고 가정하고 각 기름 분자의 길이를 나노미터로 추정하시오. (1 nm = 1×10^{-9} m)

실전 연습의 답 *Answers to Practice Exercises*

1.1 96.5 g. **1.2** 341 g. **1.3** (a) 621.5°F, (b) 78.3°C, (c) −196°C. **1.4** (a) 2, (b) 4, (c) 3, (d) 2, (e) 3 또는 2. **1.5** (a) 26.76 L, (b) 4.4 g, (c) 1.6×10^7 dm^2, (d) 0.0756 g/mL, (e) 6.69×10^4 m. **1.6** 2.36 lb. **1.7** 1.08×10^5 m^3. **1.8** 0.534 g/cm^3. **1.9** 0.03 g.

화학 세계의 미스테리

공룡의 실종

공룡은 수백만 년간 지구에 살다가 갑자기 사라져 버렸다. 이 미스테리를 풀기 위해 고생물학자들은 지각의 여러 층의 암석에서 발견되는 화석과 뼈를 연구한다. 이들의 발견을 통해 특정 지질 시대에 지구상에 존재했던 종에 대해서 알 수 있게 된다. 고생물학자들은 약 6500만 년 전인 백악기 직후에 형성된 바위에서는 공룡의 뼈가 전혀 발견되지 않는다는 것을 알았다. 따라서 공룡은 약 6500만 년 전에 멸종되었다고 추정된다.

(계속)

화학 세계의 미스터리 CHEMICAL MYSTERY

공룡의 멸종을 설명하기 위해서 제안된 많은 가설 중에는 맹렬한 화산 분출에 의해 먹이사슬이 끊어지고, 기후 변화가 급격히 일어났기 때문이라는 것이 있다. 하지만 1977년까지는 이 가설에 대한 어떤 확실한 증거도 없었다. 그러다가 이탈리아 구비오 인근 지역에서 고생물학자들은 매우 수수께끼 같은 자료를 얻었다. 백악기에 형성된 침전물 위의 진흙층(백악기 후에 일어난 사건을 기록한 층)에 대한 화학 분석 결과 이리듐 원소가 놀라울 정도로 많이 포함되어 있는 것을 발견한 것이다. 이리듐은 지각에서는 매우 희귀하지만, 상대적으로 운석에는 풍부하다.

이 조사로부터 다음과 같은 공룡 멸종 가설을 만들었다. 발견된 이리듐 함량을 설명하기 위해서 지름이 수 킬로미터인 대형 운석이 공룡들이 사라진 때와 비슷한 시기에 지구와 충돌하였다고 과학자들은 제안한다. 지구 표면에 대한 운석의 충격은 매우 컸을 것이고, 말 그대로 주변의 바위, 흙, 다른 것들을 모두 증기화시켰을 것이다. 그 결과 형성된 먼지와 찌꺼기들은 대기 중을 떠돌면서 수개월에서 수년 동안 햇빛을 차단했으리라 추측된다. 충분한 햇빛이 없다면 대부분의 식물들은 성장할 수 없으며, 화석을 통해 많은 종류의 식물이 이 시기에 죽었음을 확인할 수 있다. 그 결과 많은 초식 동물들이 점차 사라져 갔고, 그 결과 육식 동물들도 굶주리게 되었을 것이다. 음식 공급이 차단되면 많은 양의 음식을 먹어야 하는 거대 동물들이 작은 동물들보다 더 빨리 그리고 심각하게 영향을 받는다. 따라서 가장 큰 공룡의 무게가 30 t이나 되는 거대한 공룡들은 음식 부족으로 사라진 것이다.

화학적인 단서

1. 공룡 멸종에 대한 연구에서 과학적인 방법이 어떻게 나타나는가?
2. 운석 충돌 가설을 시험해 볼 두 가지 방법을 제시하시오.
3. 운석설이 공룡 멸종을 설명하는 데 적절하다고 생각되는가?
4. 유용한 증거에 따르면 운석 질량의 약 20%가 먼지로 바뀌어 지구 상층부에 머무르며 골고루 퍼졌다고 한다. 이 먼지의 양은 지표에서 약 0.02 g/cm^2이다. 운석의 질량을 kg과 t으로 계산하고, 운석의 모양이 구형이라고 가정했을 때 반지름을 미터로 계산하시오. (지표 면적은 5.1×10^{14} m^2; 1 lb = 453.6 g). (출처: *Consider a Spherical Cow−A Course in Environmental Problem Solving,* J. Harte 지음, University Science Books, Mill Valley, CA 1988에서 허가를 받고 사용함.)

제 2 장

원자, 분자 및 이온
Atoms, Molecules, and Ions

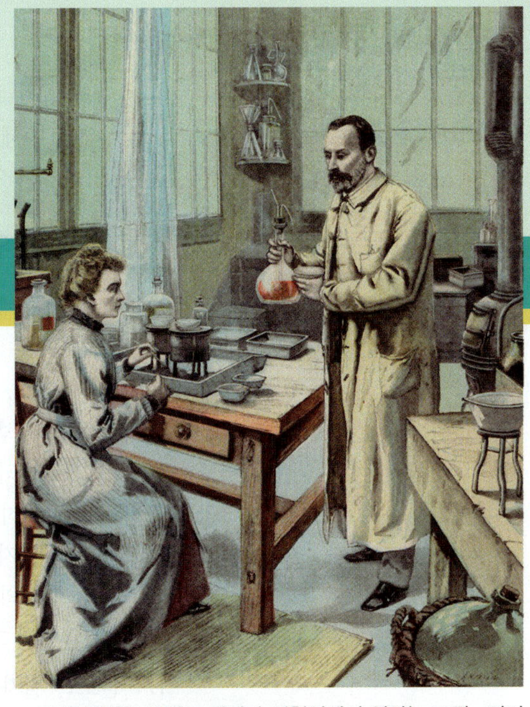

▲ 마리 퀴리와 피에르 퀴리가 실험실에서 일하는 그림. 퀴리 부부는 여러 방사성 원소를 연구하고 밝혀내었다.

이 장의 차례

들여다보기

- 물질을 구성하는 기본 단위를 찾기 위한 역사적 사실로부터 시작한다. 근대 원자론은 19세기 존 돌턴이 주장하였는데, 원소들은 원자라고 하는 매우 작은 입자로 구성되었다고 가정하였다. 어떤 주어진 원소의 모든 원자는 동일하나 다른 원소의 원자와는 다르다(2.1절).
- 실험을 통해 과학자들은 원자는 양성자, 중성자, 전자의 세 가지 기본 입자로 이루어져 있음을 알았다. 양성자는 양전하를 가지고, 전자는 음전하를 가지며, 중성자는 전하가 없다. 양성자와 중성자는 핵이라고 하는 원자 중심의 작은 영역에 위치하고, 전자는 핵으로부터 어느 정도 거리를 두고서 핵 주위에 펼쳐져 있다(2.2절).
- 원자를 확인하는 다음 방법을 배울 것이다. 원자 번호는 핵에 있는 양성자수이다. 다른 원소의 원자들은 원자 번호가 다르다. 동위원소는 같은 원소의 원자이지만 중성자수가 다르다. 질량수는 원자에 있는 양성자수와 중성자수를 합한 것이다. 원자는 전기적으로 중성이므로 양성자수와 전자수는 같다(2.3절).
- 다음으로 주기율표라는 표에서 원소의 화학적 성질과 물리적 성질에 따라 원소를 어떻게 구분하는가를 배울 것이다. 주기율표를 통해 원소들을 금속, 준금속, 비금속으로 분류할 수 있으며, 체계적으로 원소들의 성질을 연관시킬 수 있다(2.4절).
- 대부분 원소의 원자들은 상호작용하여 화합물을 형성하는데, 이들은 분자나 이온 결합 화합물로 분류된다. 이온 결합 화합물은 양이온과 음이온으로 구성된다(2.5절).
- 화학식(분자식과 실험식)을 써서 분자 또는 이온 결합 화합물을 나타내는 것과 모형으로 분자를 나타내는 것을 배운다(2.6절).
- 무기 화합물을 명명하는 일련의 규칙을 배운다(2.7절).
- 끝으로 다음 장에 나올 유기 화합물의 세계를 간단히 탐험해 본다(2.8절).

고대로부터 인류는 물질의 본질을 생각해 왔다. 그러나 물질의 구조에 대한 현대적 생각은 19세기 초 돌턴의 원자론으로부터 시작되었다. 지금 우리는 모든 물질은 원자, 분자, 이온으로 이루어졌음을 안다. 모든 화학은 어떻게든 이들과 관련이 있다.

2.1 원자론

기원 전 5세기에 그리스의 철학자 데모크리토스(Democritus)는 모든 물질은 나누어지지 않는 매우 작은 입자로 구성되어 있다고 믿고, 이 입자를 *atomos*(쪼개거나 나눌 수 없다는 의미)라 하였다. 이러한 데모크리토스의 생각은 당시 많은 사람들(특히 플라톤과 아리스토텔레스)로부터 받아들여지지 않았지만, 어느 정도는 인정되었다. 과학적 연구에서 얻은 실험적 증거로부터 "원자론(atomism)"의 개념이 뒷받침되었으며, 원소와 화합물을 점점 근대적으로 정의하게 되었다. 그리고 마침내 1808년 영국의 과학자이자 교사였던 돌턴(John Dalton)[†]은 원자라고 부르는, 나누어지지 않는 물질의 구성 단위를 정확히 정의하였다.

현대 화학의 시대는 돌턴의 연구로부터 시작되었다. 돌턴 원자론의 바탕이 되는 물질의 본질에 대한 가설은 다음과 같이 요약할 수 있다.

1. 원소는 원자라고 하는 매우 작은 입자로 구성되어 있다.
2. 한 원소의 원자들은 모두 동일하며, 크기, 질량, 화학적 성질이 모두 같다. 한 원소의 원자들은 다른 모든 원소의 원자와는 서로 다르다.
3. 화합물은 두 가지 이상 원소의 원자로 이루어져 있다. 어떤 화합물이든지 존재하는 어느 두 원소의 원자수의 비는 정수 즉, 간단한 분수이다.
4. 화학 반응은 원자의 분리, 결합, 재배열만을 포함한다. 다시 말해, 원자는 화학 반응에 의해서 생성되거나 없어지지 않는다.

그림 2.1은 가설 2~4를 도식적으로 표현한 것이다.

원자에 대한 돌턴의 개념은 데모크리토스의 개념보다 훨씬 더 자세하고 구체적이다. 두 번째 가설에서 한 원소의 원자들은 다른 모든 원소의 원자들과 다르다고 하였다. 돌턴은 원자의 구조 또는 조성을 기술하기 위한 시도를 하지 않았으며, 실제로 원자가 어떻게 생겼는지 알지 못했다. 그러나 수소와 산소 원소의 서로 다른 성질이 수소 원자가 산소 원자와 같지 않다고 하는 가정을 함으로써 설명될 수 있다는 것을 그는 깨달았다.

세 번째 가설은 어떤 화합물을 만들기 위해서는 원소의 원자가 맞는 종류일 뿐만 아니라 이들 원자의 일정한 개수가 필요하다는 것을 제시하고 있다. 이러한 생각은 1799년 프

[†]돌턴(John Dalton, 1766~1844)은 영국의 화학자, 수학자 및 철학자로, 원자설 외에 그가 경험한 것으로부터 몇 가지 기체 법칙과 색맹에 대하여 자세히 기술하였다. 돌턴은 평범한 실험학자로, 예증에 대한 언어나 힘이 특히 부족한 것으로 알려져 있다. 그의 유일한 오락은 화요일 오후에 즐기는 잔디 위에서 하는 볼링이었다. 아마 나무로 된 그 볼링 공이 원자설의 아이디어를 제공했을 것이다.

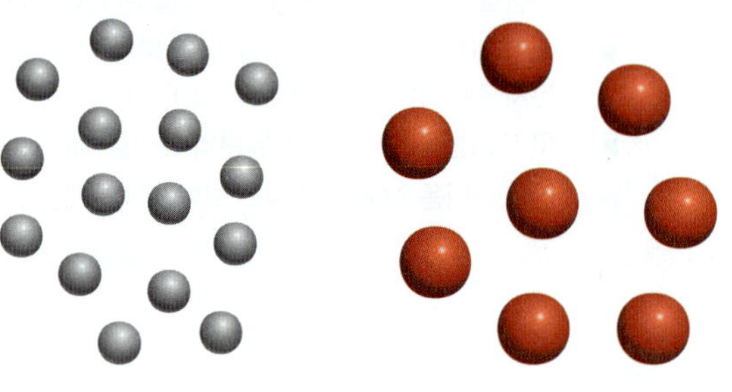

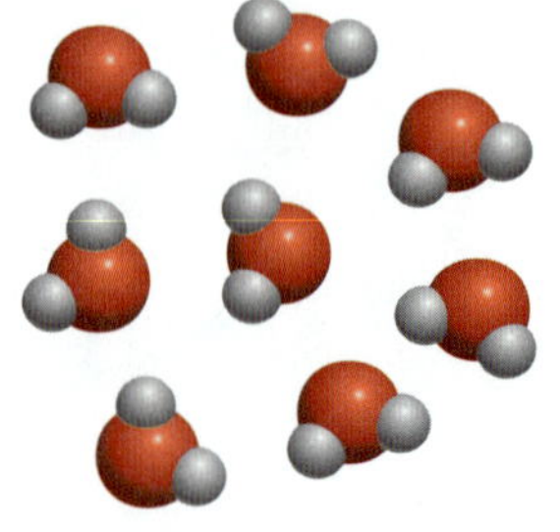

원소 X의 원자 원소 Y의 원자 (a) 원소 X와 Y의 화합물 (b)

그림 2.1 (a) 돌턴의 원자론에 따르면 같은 원소의 원자들은 똑같지만, 한 원소의 원자는 다른 원소의 원자와 다르다. (b) 원소 X와 Y의 원자로부터 만들어진 화합물. 이 경우 원소 X의 원자 대 원소 Y의 원자의 비는 2:1이다. 화학 반응에서는 원자의 재배열만 일어나지 소멸이나 창조는 일어나지 않는다.

랑스의 화학자 프루스트(Joseph Proust)[†]가 발표한 법칙을 확장한 것이었다. 프루스트의 **일정 성분비 법칙**(law of definite proportions)에 따르면 *같은 화합물에서는 시료가 다를지라도 포함하고 있는 구성 원소의 질량비가 항상 똑같다*. 그러므로 만일 다른 출처에서 얻은 이산화 탄소 시료를 분석하면 각 시료에서 탄소 대 산소의 질량비가 같음을 발견할 것이다. 따라서 주어진 화합물에 들어 있는 서로 다른 원소의 질량비가 일정하다면 그 화합물에 있는 원소의 원자 비 또한 일정하다는 것은 이치에 맞는다.

돌턴의 세 번째 가설은 또한 다른 중요한 법칙인 **배수 비례 법칙**(law of multiple proportions)을 뒷받침해 준다. 이 법칙에 따르면 *두 원소가 결합하여 둘 이상의 화합물을 만들 때 한 원소의 일정한 질량과 결합하는 다른 원소의 질량 사이에는 간단한 정수비가 성립한다*. 돌턴의 이론은 배수 비례 법칙을 매우 간단히 설명하고 있다. 즉, 화합물에서 결합하고 있는 각 원소의 원자의 수가 다르다. 예를 들어, 탄소는 산소와 결합하여 두 개의 안정된 화합물인 일산화 탄소와 이산화 탄소를 만든다. 현대적인 측정 기술에 의하면 일산화 탄소는 탄소 원자 한 개와 산소 원자 한 개가 결합하고, 이산화 탄소는 탄소 원자 한 개에 산소 원자 두 개가 결합하여 만들어진다. 따라서 일산화 탄소에 있는 산소와 이산화 탄소에 있는 산소의 비율은 1 : 2이다. 이 결과는 화합물에서 한 원소의 질량은 그 원소의 원자수에 비례하기 때문에 배수 비례 법칙과 일치한다(그림 2.2).

일산화 탄소

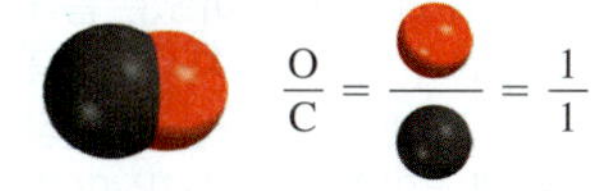

이산화 탄소

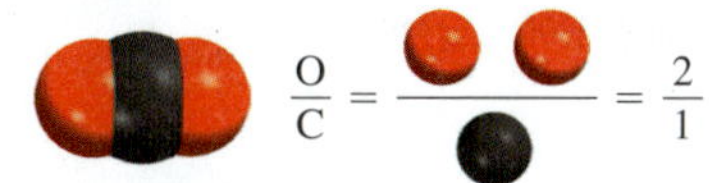

일산화 탄소 중 산소와 이산화 탄소 중 산소의 비는 1 : 2이다.

그림 2.2 배수 비례 법칙의 예.

돌턴의 네 번째 가설은 물질은 생성되거나 없어지지 않는다는 **질량 보존 법칙**(law of conservation of mass)[‡]을 달리 표현하고 있는 것이다. 물질은 화학 반응에서 변하지 않는 원자로 되어 있기 때문에 질량은 잘 보전되어야 한다. 물질의 본질에 대한 돌턴의 뛰어난 통찰력은 19세기 화학의 급속한 발전에 주요한 자극제가 되었다.

개념 복습하기

원소 A(푸른색)과 B(주황색)가 두 가지 화합물을 형성한다. 이들 화합물이 배수 비례 법칙을 따르고 있는가?

2.2 원자의 구조

돌턴의 원자론에 근거하여, **원자**(atom)는 *화학 결합을 할 수 있는 원소의 기본 단위*로 정의할 수 있다. 돌턴은 원자를 매우 작고 더 이상 나누어지지 않는 것으로 생각했다. 그러나 1850년대부터 20세기까지 계속된 일련의 연구를 통해 원자가 실제로 내부 구조를 가짐이 밝혀졌다. 다시 말해, 원자는 *아원자 입자*(subatomic particle)라는 훨씬 더 작은 입자로 이루어져 있으며, 이 연구를 통해서 전자, 양성자, 중성자의 세 가지 입자가 발견되었다.

➤ 전자

1890년대 많은 과학자들은 *파장의 형태로 공간을 통해 에너지를 방출하고 투과하는* **방사**

[†] 프루스트(Joseph Louis Proust, 1754~1826)는 프랑스 화학자로 포도에서 당을 처음 분리하였다.

[‡] 아인슈타인(Albert Einstein)에 의하면 질량과 에너지는 *질량-에너지*(mass-energy)라고 하는 하나의 실체에 대한 서로 다른 표현이다. 일반적으로 화학 반응을 통해서 열이나 다른 형태의 에너지를 얻거나 잃는다. 따라서 한 반응에서 에너지를 잃는다면 질량 또한 잃게 되는 것이다. 그러나 핵 반응(19장)을 제외하면 화학 반응에서 질량의 변화는 너무 작아 감지할 수 없다. 따라서 실제로는 질량은 보존된다.

그림 2.3 음극선의 방향과 수직인 전기장과 외부 자기장이 있는 음극선관. 기호 N과 S는 각각 자석의 북극과 남극을 나타낸다. 음극선은 자기장이 있으면 관 끝의 점 A에, 전기장이 있으면 점 C에, 그리고 전기장과 자기장이 없거나 그 효과가 서로 상쇄되었을 때 점 B에 도달한다.

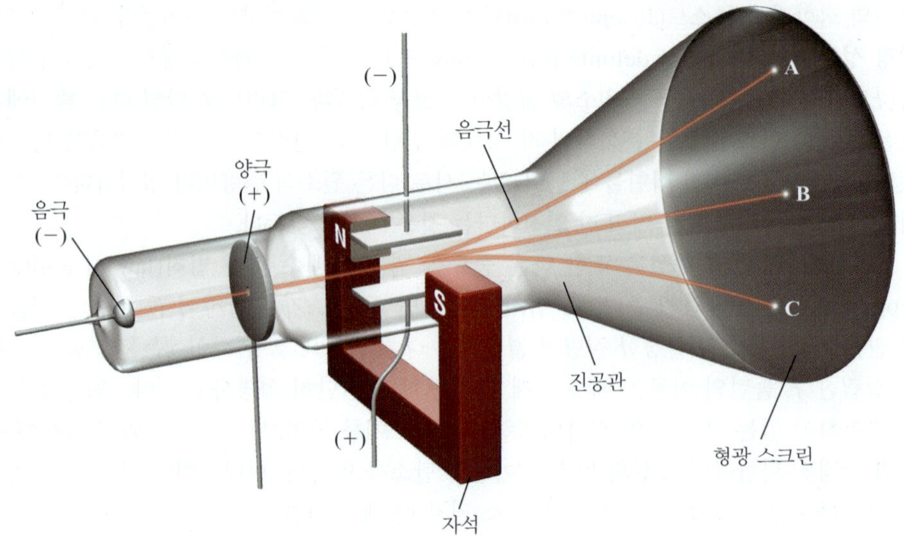

선(radiation)을 연구하기 시작하였다. 이러한 연구로 얻은 정보는 원자의 구조를 이해하는 데 많은 도움이 되었으며, 이와 같은 현상을 조사하기 위해 이용된 장치가 텔레비전관의 전신인 음극선관(그림 2.3)이다. 이것은 공기를 대부분 빼어버린 진공 유리관으로, 두 개의 금속판을 높은 전압에 연결시키면 음으로 하전된 판인 *음극*(cathode)에서 보이지 않는 복사선을 방출하며, 이 음극선은 양으로 하전된 판인 *양극*(anode)에 이끌리게 된다. 음극선은 구멍을 통과하여 관의 반대쪽 끝까지 계속 이동한다. 음극선은 특수하게 코팅된 표면에 부딪칠 때 강한 형광 즉, 밝은 빛을 낸다.

동영상 자료
▶ 음극선관.

다른 실험에서는 전하를 띤 두 개의 판과 자석을 음극선관의 *외부*(outside)에 부착하였다(그림 2.3 참조). 자기장을 켜고 전기장을 끄면 음극선은 점 A에, 전기장만이 켜졌을 때는 점 C에 도달한다. 자기장과 전기장이 모두 꺼졌거나 모두 켜졌을 때는 서로의 영향력이 상쇄되어 균형을 이루며, 음극선은 점 B에 도달한다. 전자기 이론에 의하면 움직이는 하전체는 자석처럼 작용하며, 그것이 통과하는 전기장 및 자기장과 상호작용을 할 수 있다. 음극선은 양전하를 띠는 판에 이끌리고, 음전하를 띤 판에는 밀려나기 때문에 음으로 하전된 입자임이 틀림없다. 이 *음으로 하전된 입자*를 **전자**(electron)라 한다. 그림 2.4는 음극선에 대한 막대 자석의 영향을 나타내고 있다.

전자는 일반적으로 원자에 붙어 있지만 독립적으로 연구할 수도 있다.

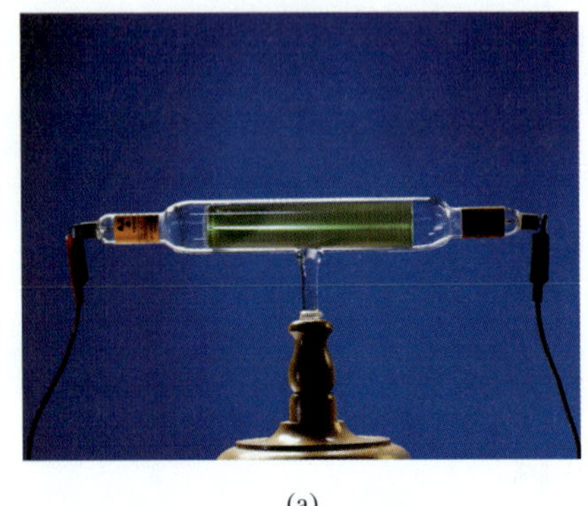
(a)

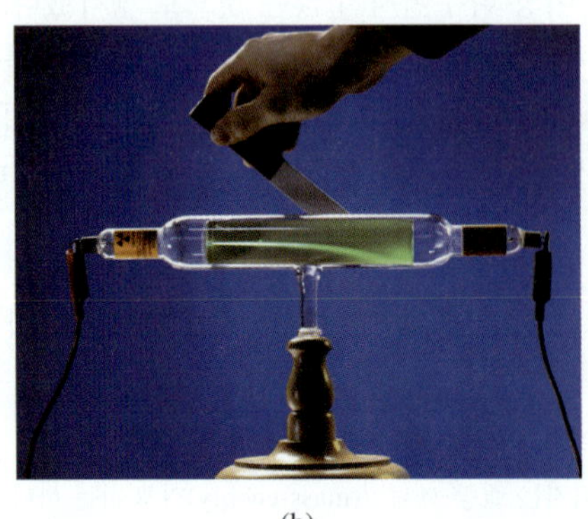
(b)

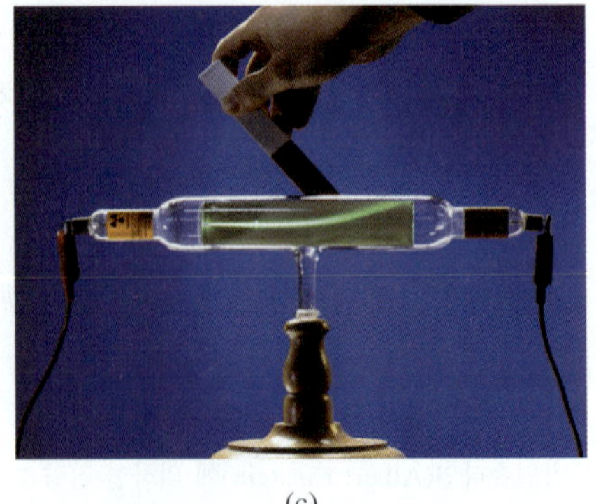
(c)

그림 2.4 (a) 방전관에서 음극(왼쪽)에서 양극(오른쪽)으로 이동하는 음극선. 음극선 자체는 보이지 않지만 유리에 코팅된 황화 아연의 형광이 녹색을 띠게 한다. (b) 막대 자석의 N극이 다가오면 음극선은 아래로 휘어진다. (c) 자석의 극이 바뀌면 음극선도 반대 방향으로 휜다.

그림 2.5 밀리컨의 기름 방울 실험 장치도.

영국의 물리학자 톰슨(J. J. Thomson)[†]은 음극선관과 그가 알고 있는 전자기 이론을 이용하여 전자 1개의 질량 대 전하 비를 결정하였다. 그가 알아낸 수치는 -1.76×10^8 C/g으로, 여기서 C는 전하의 단위인 *쿨롱*(coulomb)을 뜻한다. 그 후, 1908~1917년에 실행된 일련의 실험에서 미국의 물리학자 밀리컨(R. A. Millikan)[‡]은 전자의 전하를 정밀하게 측정하는 데 성공하였다. 그는 각 전자의 전하가 정확히 같다는 것을 증명하였다. 실험에서 밀리컨은 공기 중에서 이온으로부터 정전하를 얻은 작은 기름 방울 하나의 움직임을 조사하였다. 그는 공기 중에서 그 전하를 띠고 있는 기름 방울에 전기장을 가하여 띄운 다음 현미경으로 이들의 움직임을 관찰하였다(그림 2.5). 정전기학의 지식을 이용하여 밀리컨은 전자 한 개의 전하가 -1.6022×10^{-19} C임을 알아냈다. 이 자료로부터 전자 한 개의 질량을 다음과 같이 계산하였다.

▶▶▶ 동영상 자료
▶ 밀리컨의 기름 방울.

$$\begin{aligned}\text{전자의 질량} &= \frac{\text{전하}}{\text{전하/질량}} \\ &= \frac{-1.6022 \times 10^{-19}\ \text{C}}{-1.76 \times 10^{8}\ \text{C/g}} \\ &= 9.10 \times 10^{-28}\ \text{g}\end{aligned}$$

이로부터 전자의 질량이 매우 작음을 알 수 있다.

▶ 방사능

1895년 독일 물리학자인 뢴트겐(Wilhelm Röntgen)[§]은 음극선으로 인해 유리와 금속이 매우 특이한 빛을 방출한다는 것을 알았다. 이 활동성이 큰 방사선은 물질을 통과하고, 가

[†] 톰슨(Joseph John Thomson, 1856~1940)은 영국 물리학자로, 전자의 발견으로 1906년 노벨 물리학상을 수상하였다.

[‡] 밀리컨(Robert Andrews Millikan, 1868~1953)은 미국 물리학자로, 전자의 전하를 결정하여 1923년 노벨 물리학상을 수상하였다.

[§] 뢴트겐(Wilhelm Konrad Röntgen, 1845~1923)은 독일 물리학자로, X선을 발견하여 1901년 노벨 물리학상을 수상하였다.

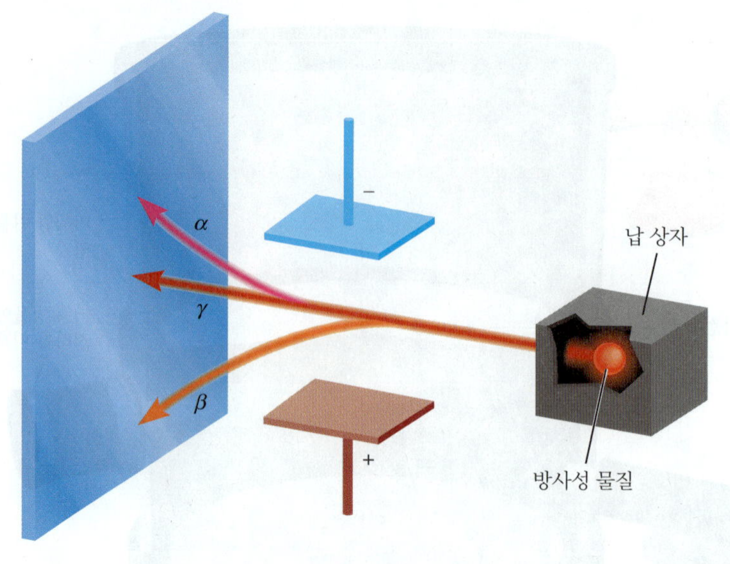

그림 2.6 방사성 원소에 의해 방출된 세 종류의 방사선. β선은 음으로 하전된 입자(전자)로 구성되어 있고, 양으로 하전된 판에 끌린다. 반대로 α선은 양으로 하전되어 있고, 음으로 하전된 판에 이끌린다. γ선은 전하가 없기 때문에 외부 전기장에 의해 진로가 영향을 받지 않는다.

려진 사진판을 검게 만들었으며, 여러 물질이 형광을 발하게 했다. 이 방사선은 자석에 의해 휘어지지 않기 때문에 음극선과는 달리 하전된 입자를 포함하지 않았다. 뢴트겐은 당시에 이 빛에 대해 잘 알지 못했기 때문에 이 빛을 X선이라 하였다.

뢴트겐의 발견 후 얼마되지 않아 파리의 물리학 교수인 베크렐(Antoine Becquerel)[†]은 물질의 형광성에 관한 연구를 시작하였는데, 아주 우연히, 두껍게 덮은 사진판을 어떤 우라늄 화합물에 노출시키면 음극선의 자극 없이도 사진판이 검게 된다는 사실을 발견했다. 우라늄 화합물에서 나오는 이 복사선은 X선처럼 매우 활동적이며, 자석에 의해 휘어지지 않지만, 자발적으로 발생하기 때문에 X선과는 달랐다. 베크렐의 제자 중의 한 사람이었던 마리 퀴리(Marie Curie)[‡]는 이와 같이 *자발적으로 입자나 복사선을 방출하는 것*을 나타내기 위하여 **방사능**(radioactivity)이란 말을 제안하였다. 따라서 자발적으로 방사선을 방출하는 모든 원소를 *방사성 원소*(radioactive element)라고 한다.

▶▶▶ 동영상 자료
▶ 알파, 베타, 감마선.

우라늄과 같은 방사성 물질은 *붕괴*(decay) 즉, 파괴되어 세 종류의 방사선이 발생된다는 것을 알게 되었다. 그 중 두 가지의 방사선은 반대로 하전된 금속판 사이를 통과할 때 휘어진다(그림 2.6). **알파($\boldsymbol{\alpha}$)선**(alpha ray)은 **$\boldsymbol{\alpha}$ 입자**(α particle)라고 하는 *양전하를 띤 입자*로 구성되어 있어 양전하를 띠고 있는 판에 의해 휘어진다. **베타($\boldsymbol{\beta}$)선**(beta ray) 즉, **$\boldsymbol{\beta}$ 입자**(β particle)는 전자이며, 음전하를 띠는 판에 의해 휘어진다. 방사선의 세 번째 형태는 **감마($\boldsymbol{\gamma}$)선**(gamma ray)이라고 하는 높은 에너지의 복사선으로 이루어져 있다. X선과 같이 γ선은 전하를 갖지 않으며, 외부 자기장이나 전기장의 영향을 받지 않는다.

▶ 양성자와 핵

1900년대 초까지 원자에 대한 두 가지 특성이 분명하게 드러났는데, 원자는 전자를 포함하

[†] 베크렐(Antoine Henri Becquerel, 1852~1908)은 프랑스 물리학자로, 우라늄의 방사성을 발견하여 1903년 노벨 물리학상을 수상하였다.

[‡] 마리 퀴리[Marie (Marya Sklodowska) Curie, 1867~1934]는 폴란드 태생의 화학자이자 물리학자이다. 방사능에 관한 연구로 1903년 프랑스인 남편인 피에르 퀴리(Pierre Curie)와 함께 노벨 물리학상을 수상하였다. 1911년에는 방사성 원소인 라듐과 폴로늄에 대한 연구로 이번에는 노벨 화학상을 수상하였다. 과학 분야에서 노벨상을 두 번 받은 사람은 세 사람뿐이다. 과학에 대한 그녀의 위대한 공헌에도 불구하고 프랑스 과학 아카데미는 1911년 한 표 차로 그녀의 지명을 거부하였는데 그녀가 여자이었기 때문이었다. 그녀의 딸인 이렌(Irene)과 사위 프레드릭(Frederic Joliot-Curie)은 1935년에 노벨 화학상을 공동 수상하였다.

고 있다는 것이며, 전기적으로는 중성이라는 것이다. 전기적으로 중성을 유지하기 위해 원자는 같은 수의 양전하와 음전하를 포함해야 한다. 이와 같은 사실을 바탕으로 톰슨은 원자는 균일하게 양전하를 띤 구에 전자가 박혀 있는 것과 같은 물질로 생각할 수 있다고 제안했다(그림 2.7). 이러한 톰슨의 소위 "건포도 푸딩" 모형은 여러 해 동안 인정을 받았다.

케임브리지 대학교에서 톰슨과 함께 공부했던 뉴질랜드의 물리학자 러더퍼드(Ernest Rutherford)[†]는 1910년 α 입자를 이용하여 원자의 구조를 밝히고자 하였다. 러더퍼드는 그의 조수인 가이거(Hans Geiger)[‡]와 학부생인 마스덴(Ernest Marsden)[§]과 함께 방사성원(radioactive resource)에서 나오는 입자의 표적으로 매우 얇은 금박과 다른 금속박을 이용하여 일련의 실험을 수행하였다(그림 2.8). 이 실험에서 그들은 대부분의 입자가 휘어지지 않거나 또는 단지 조금 휘어지면서 금박을 통과하는 것을 관찰했다. 때로 α 입자가 큰 각도로 산란되는(또는 휘어지는) 것도 알았다. 몇몇 경우에는 α 입자가 진행하던 방향으로부터 실제로 다시 튕겨 되돌아왔다. 이것은 매우 놀라운 발견이었다. 왜냐하면 톰슨의 모형에 의하면 원자의 양전하가 매우 넓게 퍼져 있기 때문에 양전하를 가진 α 입자는 거의 휘어지지 않고 통과할 것으로 예측했기 때문이었다. 이러한 발견에 대하여 언급할 때 러더퍼드의 첫 반응을 인용하면 다음과 같다. "이는 화장지 한 조각에 15인치 포탄을 쏘았을 때 그 포탄이 되돌아와 당신을 맞추는 것처럼 믿을 수 없는 것이었다."

러더퍼드는 α 입자 산란 실험의 결과를 원자 구조에 대한 새로운 모형으로 설명할 수 있었다. 러더퍼드에 따르면, 원자의 대부분은 빈 공간으로 되어 있어야 한다. 이것은 대부분의 입자가 거의 또는 전혀 휘어지지 않고 금박을 통과한 것을 설명할 수 있다. 원자의 양전하는 *원자 내의 조밀한 중심부*인 **핵**(nucleus)에 모두 집중되어 있다고 러더퍼드는 제안하였다. 산란 실험에서 α 입자는 핵에 가까이 갈 때마다 큰 반발력을 받아 크게 휘어진다. 더욱이 핵을 향해 정면으로 이동하는 α 입자는 움직이는 입자의 방향을 완전히 반대로 바꿀 수 있는 막대한 반발 작용을 겪게 된다.

*핵에서 양으로 하전된 입자*를 **양성자**(proton)라 한다. 별도의 실험에서 양성자 한 개의 전하는 전자 한 개의 전하와 *크기*가 같으며, 양성자의 질량은 1.67262×10^{-24} g으로, 이는 반대로 하전된 전자 질량의 약 1840배에 달한다는 것을 발견하였다.

이 단계에서 과학자들은 원자를 다음과 같이 인식하였다. 핵의 질량은 전체 원자의 질량을 이루고 있지만, 원자 부피의 약 $1/10^{13}$ 정도만을 차지한다. 원자(그리고 분자)의 크기

양전하는 구 전체에 퍼져 있다

그림 2.7 톰슨의 원자 모형. 때때로 건포도를 함유한 영국의 전통 후식에서 유래되어 "건포도 푸딩" 모형이라고도 한다. 전자들은 양으로 하전된 구에 균일하게 박혀 있다.

동영상 자료
▶ α 입자 산란.

동영상 자료
▶ 러더퍼드의 실험.

[†] 러더퍼드(Ernest Rutherford, 1871~1937)는 뉴질랜드의 물리학자로, 대부분의 연구를 영국에서 하였다(맨체스터 대학과 케임브리지 대학). 원자핵에 대한 연구 공로로 1908년에 노벨 화학상을 수상하였다. 그는 학생들에게 자주 다음과 같은 말을 하였다. "모든 과학은 물리 아니면 우표 수집이다."

[‡] 가이거(Johannes Hans Wilhelm Geiger, 1882~1945)는 독일의 물리학자로, 주로 원자핵의 구조와 방사능에 관한 연구를 하였다. 가이거 계측기라고 하는 방사선 측정 장치를 발명하였다.

[§] 마스덴(Ernest Marsden, 1889~1970)은 영국의 물리학자로, 뉴질랜드의 과학 발전에 지대한 공헌을 하였다. 노벨상을 수상하게 한 연구에 대학생도 도움을 줄 수 있다는 사실은 매우 반가운 일이다.

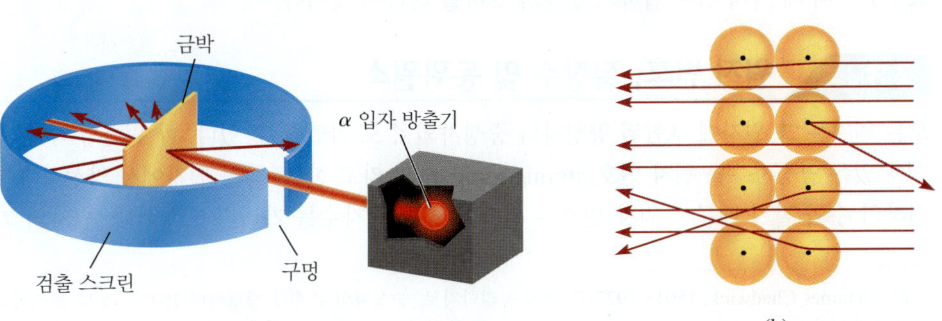

그림 2.8 (a) 금박에 의한 α 입자의 산란을 측정하기 위한 러더퍼드의 실험 장치. 대부분의 입자는 거의 또는 전혀 휘어지지 않고 금박을 통과했다. 이따금 하나의 α 입자가 되돌아왔다. (b) 핵을 통과하거나 핵에 의해 휘어지는 α 입자의 확대된 그림.

원자의 크기를 스포츠 경기장만큼 확대한다면 핵의 크기는 공깃돌 크기 정도일 것이다.

원자 길이에 대한 비SI 단위는 옹스트롬(angstrom)이다(1 Å = 100 pm).

표 2.1 아원자 입자의 질량과 전하

입자	질량(g)	전하	
		쿨롱	전하 단위
전자*	9.10938×10^{-28}	-1.6022×10^{-19}	-1
양성자	1.67262×10^{-24}	$+1.6022 \times 10^{-19}$	$+1$
중성자	1.67493×10^{-24}	0	0

*보다 정교한 실험을 통해 밀리컨의 값보다 더 정확한 전자의 질량값을 나타내었다.

는 *피코미터*(pm)라고 하는 SI 단위로 나타내며,

$$1 \text{ pm} = 1 \times 10^{-12} \text{ m}$$

이다. 일반적으로 원자의 반지름은 약 100 pm인 반면 원자핵의 반지름은 겨우 5×10^{-3} pm 정도이다. 원자를 스포츠 경기장이라 했을 때 그 원자핵의 크기를 작은 공깃돌에 비유하면 원자와 핵의 상대적인 크기를 짐작할 수 있다. 양성자는 원자의 핵에 국한되어 있지만, 전자는 핵으로부터 어느 정도의 거리만큼 떨어져 핵 주위에 퍼져 있는 것으로 생각된다.

원자 반지름의 개념은 실험적으로는 유용하지만 원자는 잘 정의된 경계나 표면을 가지지 않는다. 원자의 바깥 영역은 상대적으로 분명하지 않다는 것을 뒤에서 배울 것이다.

중성자

원자의 구조에 대한 러더퍼드의 모형은 한 가지 풀지 못한 주요한 문제를 남겼다. 가장 간단한 원자인 수소는 양성자 1개만을 가지며, 헬륨 원자는 양성자 두 개를 가진다. 따라서 헬륨 원자의 질량과 수소 원자의 질량의 비율은 2 : 1이어야 한다(전자는 양성자보다 훨씬 가볍기 때문에 전자는 무시할 수 있다). 그런데 실제 그 비율은 4 : 1이다. 러더퍼드와 다른 사람들은 원자핵 속에 다른 형태의 아원자 입자(subatomic particle)가 있어야 한다고 가정하였다. 그것에 대한 증명은 1932년 영국 물리학자인 채드윅(James Chadwick)† 에 의해 이루어졌다. 채드윅이 한 장의 얇은 베릴륨 판에 α 입자로 충격을 주었을 때 γ선과 비슷한 매우 높은 에너지를 가지는 방사선이 금속에서 방출되었다. 후에 실험을 통해서 그 방사선이 실제로 세 번째 형태의 아원자 입자로 되어 있음을 알았다. 이 입자는 *양성자의 질량보다 약간 큰 질량을 가지며 전기적으로 중성인 입자*로 되어 있음이 밝혀졌기 때문에 채드윅은 이를 **중성자**(neutron)라 하였다. 이제 질량비에 대한 의문을 설명할 수 있게 되었다. 헬륨의 핵에는 양성자 두 개와 중성자 두 개가 있으나 수소의 핵에는 중성자는 없고, 양성자 한 개만 있으므로 그 비율은 4 : 1이 된다.

그림 2.9는 원자내 기본 입자들(양성자, 중성자, 전자)의 위치를 나타낸다. 다른 아원자 입자들도 있지만 전자, 양성자, 중성자는 화학에서 중요한 세 가지 원자 기본 성분이다. 표 2.1은 이 세 가지 기본 입자의 질량과 전하를 나타낸 것이다.

2.3 원자 번호, 질량수 및 동위원소

모든 원자는 그 원자에 포함된 양성자와 중성자의 수로 확인할 수 있다. *한 원소의 각 원자핵에 있는 양성자수*를 **원자 번호**(atomic number, *Z*)라고 한다. 중성 원자에서 양성자수는 전자의 수와 같기 때문에 원자 번호는 원자에 있는 전자수를 가리키기도 한다. 원자의 화

† 채드윅(James Chadwick, 1891~1972)은 영국 물리학자로, 중성자의 존재를 증명하여 1935년 노벨 물리학상을 수상하였다.

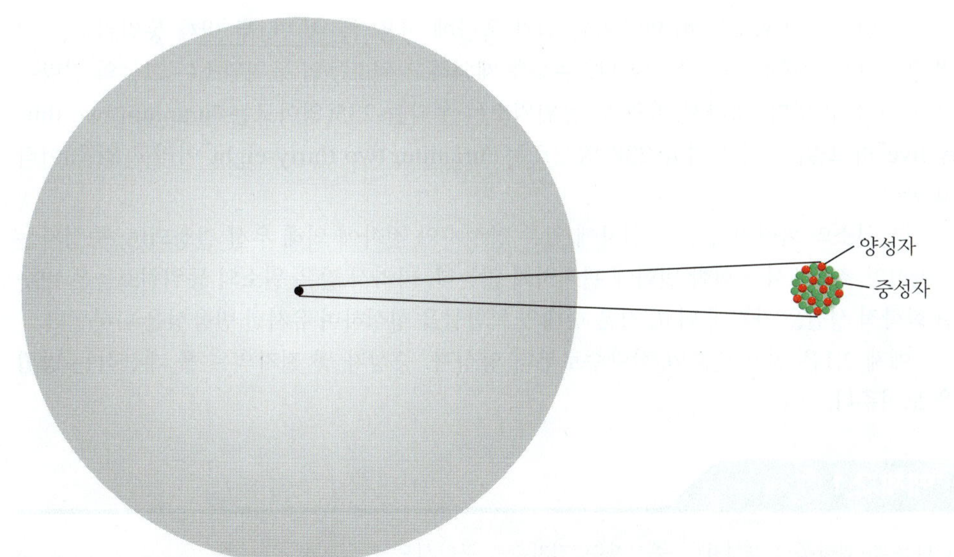

그림 2.9 한 원자의 양성자와 중성자들이 극히 작은 핵 속에 채워져 있다. 전자들은 핵 주위에 "구름"처럼 보인다.

학적 본성(identity)은 거의 원자 번호에 의해 결정된다. 예를 들면, 플루오린의 원자 번호는 9이며, 이는 각 플루오린 원자는 양성자 9개와 전자 9개가 있다는 뜻이다. 달리 말하면, 우주에서 양성자 9개를 포함하는 모든 원자는 "플루오린"이라고 명명한다.

질량수(mass number, A)는 *한 원소의 원자핵에 있는 중성자수와 양성자수를 합한 수*이다. 중성자 없이 1개의 양성자만 있는 일반적인 수소를 제외하고 모든 원자핵은 양성자와 중성자를 포함하며, 일반적으로 질량수는 다음과 같이 주어진다.

양성자와 중성자는 집합적으로 핵자(nucleon)라고 부른다.

$$\begin{aligned} \text{질량수} &= \text{양성자수} + \text{중성자수} \\ &= \text{원자 번호} + \text{중성자수} \end{aligned} \tag{2.1}$$

원자에 있는 중성자수는 질량수와 원자 번호와의 차이인 $(A - Z)$와 같다. 예를 들어, 붕소-12(boron-12)의 질량수는 12이고, 원자 번호는 5(핵에 있는 5개의 양성자)이다. 따라서 붕소 원자 하나에 있는 중성자수는 $12 - 5 = 7$이다. 여기서 세 가지 양(원자 번호, 중성자수, 질량수)은 모두 양의 정수 즉, 자연수이어야 한다.

주어진 원소의 원자가 모두 같은 질량을 가지는 것은 아니다. 대부분의 원소는 *원자 번호는 같지만 질량수가 다른 원자*인 **동위원소**(isotope)를 가진다. 예를 들면, 수소에는 세 가지 동위원소가 있다. 중성자가 없이 양성자 한 개만을 가지는 단순히 수소로 알려져 있는 것이 그 하나이다. *중수소*(deuterium)는 양성자 한 개와 중성자 한 개를 가지며, *삼중수소*(tritium)는 양성자 한 개와 두 개의 중성자를 가지고 있다. 원소 X의 원자에 대하여 원자 번호와 질량수는 다음과 같이 나타낸다.

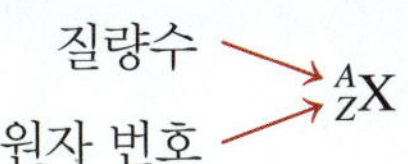

따라서 수소의 동위원소는 다음과 같이 나타낼 수 있다.

$^{1}_{1}H$ $^{2}_{1}H$ $^{3}_{1}H$

수소 중수소 삼중수소

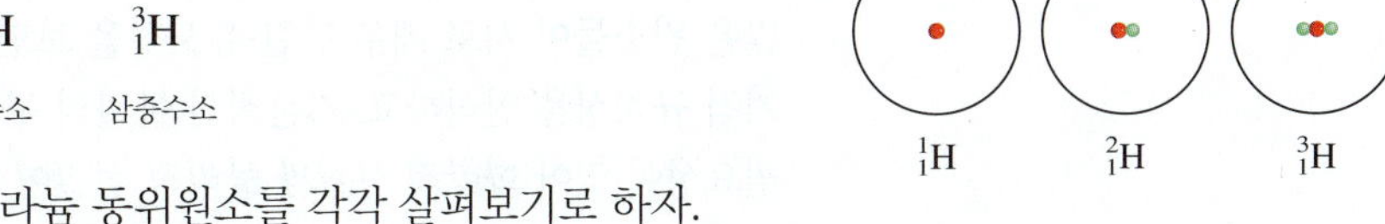

다른 예로, 질량수 235와 238인 2개의 우라늄 동위원소를 각각 살펴보기로 하자.

$^{235}_{92}U$ $^{238}_{92}U$

첫 번째 동위원소는 핵 반응기와 원자 폭탄에 이용되는 반면, 두 번째 동위원소는 이런 용도로는 부족한 성질을 갖는다. 수소를 제외하고 원소들의 동위원소는 그들의 질량수로 확인할 수 있다. 따라서 위의 두 동위원소는 우라늄-235(영어로는 "uranium two thirty-five"라고 읽음)와 우라늄-238(영어로는 "uranium two thirty-eight"이라고 읽음)이라고 한다.

한 원소의 화학적 성질은 원자에 있는 양성자와 전자에 의해 우선 결정되며, 중성자는 일반적인 조건에서는 화학 변화에 관여하지 않는다. 따라서 같은 원소의 동위원소들은 비슷한 화학적 성질을 가지게 되고, 같은 형태의 화합물을 형성하며 유사한 반응성을 나타낸다.

예제 2.1은 원자 번호와 질량수로부터 양성자, 중성자 및 전자의 수를 계산하는 방법을 보여준다.

예제 2.1

다음 각 화학종의 양성자수, 중성자수, 전자수를 구하시오.
(a) $^{20}_{11}Na$, (b) $^{22}_{11}Na$, (c) ^{17}O, (d) 탄소-14.

전략 위첨자는 질량수(A), 아래첨자는 원자 번호(Z)를 표시한다. 질량수는 언제나 원자 번호보다 크다. (단 하나의 예외는 질량수와 원자 번호가 같은 $^{1}_{1}H$이다.) (c)나 (d)처럼 아래첨자가 없는 경우에는 원소 기호나 이름으로부터 원자 번호를 추론할 수 있다. 전자수를 결정하려면 원자는 전기적으로 중성이므로 전자수는 양성자수와 같다는 것을 기억하라.

풀이 (a) 원자 번호가 11이므로 양성자수는 11이다. 질량수가 20이므로 중성자수는 20 − 11 = 9이며, 전자수는 양성자수와 같으므로 11이다.

(b) (a)에서와 같이 원자 번호는 11이다. 질량수가 22이므로 중성자수는 22 − 11 = 11이다. (a)와 (b)의 종들은 화학적으로 비슷한 소듐의 동위원소들이다.

(c) O(산소)의 원자 번호는 8이므로 양성자가 8개 있다. 질량수가 17이므로 중성자수는 17 − 8 = 9이다. 전자는 8개이다.

(d) 탄소-14는 ^{14}C로도 쓸 수 있다. 탄소의 원자 번호는 6이므로 중성자수는 14 − 6 = 8이다. 전자수는 6이다.

비슷한 문제: 2.15, 2.16

실전 연습 구리의 동위원소 중 하나인 ^{63}Cu의 양성자수, 중성자수, 전자수를 구하시오.

개념 복습하기

(a) 동위 원소 중 하나가 중성자 117개가 있고 질량수 195인 원소의 원자 번호는 얼마인가?
(b) ^{17}O와 $_8O$ 중 더 많은 정보를 제공하는 것은 어느 것인가?

2.4 주기율표

오늘날 알려진 원소의 절반 이상이 1800~1900년에 발견되었다. 이 기간 동안 화학자들은 많은 원소들이 서로 매우 강한 유사성을 보인다는 것을 알았다. 물리적, 화학적 거동에서 주기적 규칙성을 인식하고, 기본적인 물질의 구조와 성질에 대한 많은 유용한 정보를 조직화할 필요성이 있어 *화학적 성질과 물리적 성질이 비슷한 원소를 하나의 무리로 배열한 도표*인 **주기율표**(periodic table)를 개발하게 되었다. 그림 2.10은 현대적 주기율표로, 모든 원소가 화학적 성질의 유사성에 따라 **주기**(period)라고 부르는 *수평인 열*과 **족**(group 또는 family)이

1 1A	2 2A	3 3B	4 4B	5 5B	6 6B	7 7B	8 8B	9 8B	10 8B	11 1B	12 2B	13 3A	14 4A	15 5A	16 6A	17 7A	18 8A
1 **H**																	2 **He**
3 **Li**	4 **Be**											5 **B**	6 **C**	7 **N**	8 **O**	9 **F**	10 **Ne**
11 **Na**	12 **Mg**											13 **Al**	14 **Si**	15 **P**	16 **S**	17 **Cl**	18 **Ar**
19 **K**	20 **Ca**	21 **Sc**	22 **Ti**	23 **V**	24 **Cr**	25 **Mn**	26 **Fe**	27 **Co**	28 **Ni**	29 **Cu**	30 **Zn**	31 **Ga**	32 **Ge**	33 **As**	34 **Se**	35 **Br**	36 **Kr**
37 **Rb**	38 **Sr**	39 **Y**	40 **Zr**	41 **Nb**	42 **Mo**	43 **Tc**	44 **Ru**	45 **Rh**	46 **Pd**	47 **Ag**	48 **Cd**	49 **In**	50 **Sn**	51 **Sb**	52 **Te**	53 **I**	54 **Xe**
55 **Cs**	56 **Ba**	57 **La**	72 **Hf**	73 **Ta**	74 **W**	75 **Re**	76 **Os**	77 **Ir**	78 **Pt**	79 **Au**	80 **Hg**	81 **Tl**	82 **Pb**	83 **Bi**	84 **Po**	85 **At**	86 **Rn**
87 **Fr**	88 **Ra**	89 **Ac**	104 **Rf**	105 **Db**	106 **Sg**	107 **Bh**	108 **Hs**	109 **Mt**	110 **Ds**	111 **Rg**	112 **Cn**	113	114 **Fl**	115	116 **Lv**	117	118

58 **Ce**	59 **Pr**	60 **Nd**	61 **Pm**	62 **Sm**	63 **Eu**	64 **Gd**	65 **Tb**	66 **Dy**	67 **Ho**	68 **Er**	69 **Tm**	70 **Yb**	71 **Lu**
90 **Th**	91 **Pa**	92 **U**	93 **Np**	94 **Pu**	95 **Am**	96 **Cm**	97 **Bk**	98 **Cf**	99 **Es**	100 **Fm**	101 **Md**	102 **No**	103 **Lr**

금속 / 준금속 / 비금속

그림 2.10 현대 주기율표. 원소들이 원소 기호 위에 있는 원자 번호에 따라 배열되어 있다. 수소(H)를 제외하고 비금속은 주기율표의 맨 오른쪽에 위치한다. 주기율표 본체 밑에 있는 두 줄의 금속은 주기율표가 너무 넓어지지 않도록 편리하게 떼어놓은 것이다. 실제로, 세륨(Ce)은 란타넘(La) 다음에 있어야 하고, 토륨(Th)은 악티늄(Ac) 바로 뒤에 나와야 한다. 1~18족 표시는 IUPAC(International Union of Pure and Applied Chemistry)에 의해 추천되고 있으나, 아직 널리 사용되지 않는다. 이 책에서는 족 번호로 표준 U.S 표시법(1A~8A와 1B~8B)을 사용한다. 원소 113, 115, 117, 118번은 아직 명명되지 않았다.

라고 부르는 *수직인 행*으로 원자 번호(원소 기호 위에 나타나 있음) 순서로 배열되어 있다. 이름이 아직 부여되지는 않았지만, 원자 번호 113~118번 원소가 최근 합성되었다.

원소는 금속, 비금속, 준금속의 세 부류로 나눌 수 있다. **금속**(metal)은 *열과 전기를 잘 전달하는 좋은 전도체*인 반면, **비금속**(nonmetal)은 일반적으로 *열과 전기를 잘 전달하지 못하는 나쁜 전도체*이며, **준금속**(metalloid)은 *금속과 비금속의 중간 성질*을 갖는다. 그림 2.10을 보면 알려진 대부분의 원소들이 금속이고, 17개 원소만이 비금속이며, 8개의 원소가 준금속이다. 어느 주기든지 왼쪽에서 오른쪽으로 갈수록 원소들의 물리적, 화학적 성질은 점점 금속에서 비금속으로 변한다.

원소들은 대개 주기율표에 있는 족 번호(1A족, 2A족 등)에 의해 집단으로 속하게 된다. 그러나 편의상 어떤 원소족은 특별한 이름을 갖는다. *1A족 원소*(Li, Na, K, Rb, Cs, Fr)는 **알칼리 금속**(alkali metal)이라 하고, *2A족 원소*(Be, Mg, Ca, Sr, Ba, Ra)는 **알칼리 토금속**(alkaline earth metal)이라 부른다. *7A족 원소*(F, Cl, Br, I, At)는 **할로젠**(halogen)으로 알려져 있고, *8A족 원소*(He, Ne, Ar, Kr, Xe, Rn)는 **영족 기체**(noble gas) 또는 *희유 기체*(rare gas)라고 한다.

주기율표는 원소들의 성질을 체계적인 방법으로 서로 관련시키는 편리한 도구이며, 화학적 거동을 예측할 수 있도록 해준다. 8장에서 이와 같은 화학의 요점을 좀 더 자세히 살펴볼 것이다.

생활 속의 화학 CHEMISTRY in Action

지구와 생명체에서의 원소 분포

대부분의 원소는 천연에 존재한다. 이들 원소는 지구상에 어떻게 분포되었고, 또 어떤 것들이 생명체들에 절대적으로 필요한 것인가?

지각은 지표면에서 약 40 km(약 25 마일) 깊이까지이다. 기술적인 어려움 때문에 과학자들은 지구 내부를 지각 연구처럼 쉽게 연구할 수 없다. 그럼에도 불구하고 지구 내부에는 대부분이 철로 이루어진 고체 핵이 있다고 믿고 있다. 핵은 *맨틀*(mantle)이라는 층으로 둘러싸여 있는데, 이 맨틀 층은 철, 탄소, 규소, 황을 포함하는 뜨거운 유체로 이루어져 있다.

자연에서 발견되는 83개의 원소 중 12개가 지각 질량의 99.7%를 차지한다. 이들에 대한 자연 존재비를 크기 순으로 나열해 보면, 산소(O), 규소(Si), 알루미늄(Al), 철(Fe), 칼슘(Ca), 마그네슘(Mg), 소듐(Na), 포타슘(K), 타이타늄(Ti), 수소(H), 인(P), 망가니즈(Mn) 순이다. 원소들의 자연 존재비를 논의할 때 알아야 할 것은 다음과 같다. (1) 원소들이 지각에 골고루 분포되어 있지 않다는 것과 (2) 대부분의 원소들은 결합된 형태로 존재한다는 것을 알아두어야 한다. 이 사실은 뒷장에서 볼 수 있듯이 화합물로부터 순수한 원소를 얻는 대부분의 방법들에 대한 기본 원리를 제공한다.

아래 표에는 인체 내 필수 원소들이 나와 있다. 특별히 관심을 끄는 것은 모두 합쳐서 몸무게의 0.1% 정도밖에 되지 않는 철(Fe), 구리(Cu), 아연(Zn), 아이오딘(I), 코발트(Co)와 같은 *미량 원소*(trace element)들이다. 이 원소들은 성장, 신진 대사를 위한 산소 운반, 그리고 질병 예방과 같은 생물학적 작용에 필수적이다. 우리 체내에는 이 원소들의 양에 대한 정교한 균형이 있는데, 장기간에 걸쳐 너무 많거나 너무 적으면 심각한 질병이나 무기력, 심지어는 죽음까지 가져올 수 있다.

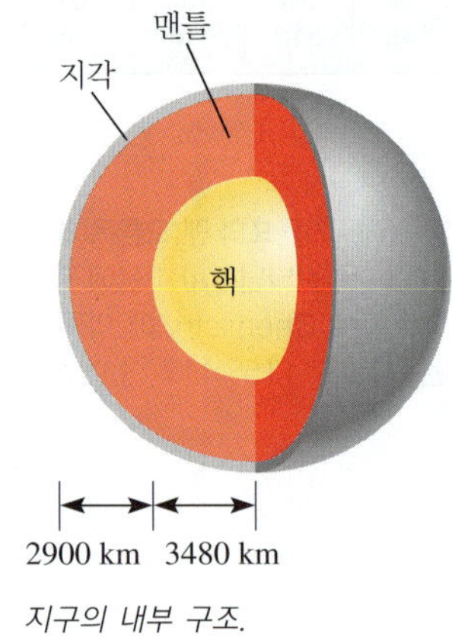

지구의 내부 구조.

인체 내 필수 원소

원소	질량 백분율*	원소	질량 백분율*
산소(Oxygen)	65	소듐(Sodium)	0.1
탄소(Carbon)	18	마그네슘(Magnesium)	0.05
수소(Hydrogen)	10	철(Iron)	< 0.05
질소(Nitrogen)	3	코발트(Cobalt)	< 0.05
칼슘(Calcium)	1.6	구리(Copper)	< 0.05
인(Phosphorus)	1.2	아연(Zinc)	< 0.05
포타슘(Potassium)	0.2	아이오딘(Iodine)	< 0.05
황(Sulfur)	0.2	셀레늄(Selenium)	< 0.01
염소(Chlorine)	0.2	플루오린(Fluorine)	< 0.01

*질량 백분율은 시료 100 g 중에 존재하는 원소의 질량이다.

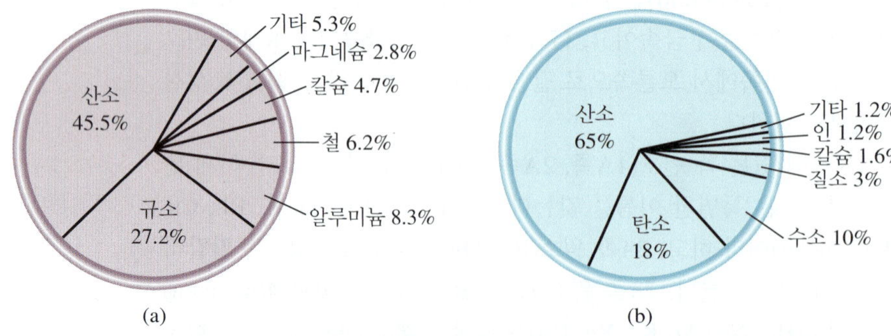

(a) 천연에 있는 원소의 질량 백분율, 예를 들어 산소의 존재비는 45.5%. 이것은 지구의 지각에 있는 100 g의 시료에 평균하여 45.5 g이 산소 원소임을 의미한다. (b) 질량 백분율로 인체에 들어 있는 원소의 질량 백분율.

앞 페이지에 있는 "생활 속의 화학"에서는 지구상에 있는 원소와 인체 내에 있는 원소의 분포를 설명하고 있다.

개념 복습하기

주기율표에서 주기의 오른쪽으로 갈 때와 족의 아래로 갈 때 중에서 화학적 성질이 더 크게 변화하는 것은?

2.5 분자와 이온

모든 원소 중에서 주기율표의 8A족에 있는 6개의 영족 기체(He, Ne, Ar, Kr, Xe, Rn)만이 단일 원자로 천연에 존재한다. 이러한 이유로 그들을 *단원자*(monatomic, 단일 원자를 의미함) 기체라 한다. 대부분의 물질은 원자에 의해 형성된 분자 또는 이온으로 되어 있다.

분자

분자(molecule)는 *화학적 힘*(*화학 결합*이라고도 함)*에 의해 일정한 배열을 유지하는 두 개 이상 원자의 응집체*이다. 한 분자는 같은 원소의 원자를 포함하고 있거나, 2.1절에서 언급한 일정 성분비 법칙에 따라 일정한 비율로 결합된 두 가지 이상의 원소의 원자를 포함하고 있다. 따라서 분자는 반드시 화합물일 필요는 없으며, 화합물은 두 가지 이상의 원소로 구성된 것으로 정의한다(1.4절 참조). 예를 들어, 수소 기체는 순수한 원소이지만, 기체를 이루고 있는 각 분자는 두 개의 H 원자로 되어 있다. 반면에, 물은 H 원자 두 개와 O 원자 한 개의 비율로 수소와 산소를 포함한 분자 화합물이다. 원자와 마찬가지로 분자도 전기적으로 중성이다.

화학 결합의 특성은 9장과 10장에서 논할 것이다.

H_2로 표시되는 수소 분자는 *두 개의 원자만을 포함*하고 있기 때문에 **이원자 분자**(diatomic molecule)라고 한다. 보통 이원자 분자로 존재하는 또 다른 원소로는 7A족 원소인 플루오린(F_2), 염소(Cl_2), 브로민(Br_2), 아이오딘(I_2)뿐만 아니라 질소(N_2)와 산소(O_2)가 있다. 물론 어떤 이원자 분자는 다른 원소의 원자를 포함할 수 있다. 예로는 염화 수소(HCl)와 일산화 탄소(CO)가 있다.

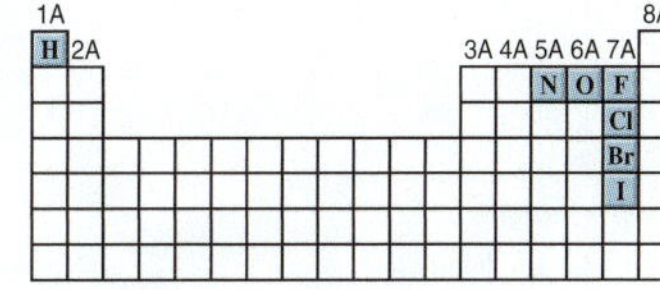

이원자 분자로 존재하는 원소들.

대부분의 분자는 세 개 이상의 원자를 포함한다. 세 개의 산소 원자로 이루어진 오존(O_3)처럼 같은 원소의 원자로 이루어지거나 두 가지 이상의 다른 원소의 결합으로 이루어질 수도 있다. *세 개 이상의 원자를 포함하는 분자*를 **다원자 분자**(polyatomic molecule)라고 한다. 오존처럼 물(H_2O)과 암모니아(NH_3)는 다원자 분자이다.

이온

이온(ion)은 *알짜 양전하나 알짜 음전하를 가진 원자 또는 원자단*이다. 원자핵에 양으로 하전된 양성자수는 보통 화학 변화(화학 반응)가 일어나는 동안 똑같이 유지된다. 그러나 음으로 하전된 전자는 잃을 수도 있고, 얻을 수도 있다. 중성 원자가 하나 이상의 전자를 잃으면 *알짜 양전하를 갖는 이온*이 생기는데, 이를 **양이온**(cation)이라고 한다. 예를 들면, 소듐 원자(Na)는 전자 한 개를 쉽게 잃어 Na^+로 표시되는 소듐 양이온이 된다.

8장에서 다른 원소의 원자들이 특정 개수의 전자를 얻거나 잃는 이유를 배울 것이다.

Na 원자	Na^+ 이온
양성자 11개	양성자 11개
전자 11개	전자 10개

한편, 전자수가 증가됨으로써 *알짜 전하가 음이 되는 이온*을 **음이온**(anion)이라고 한다. 예를 들면, 염소 원자(Cl)는 전자 한 개를 얻어 염화 이온(Cl^-)이 된다.

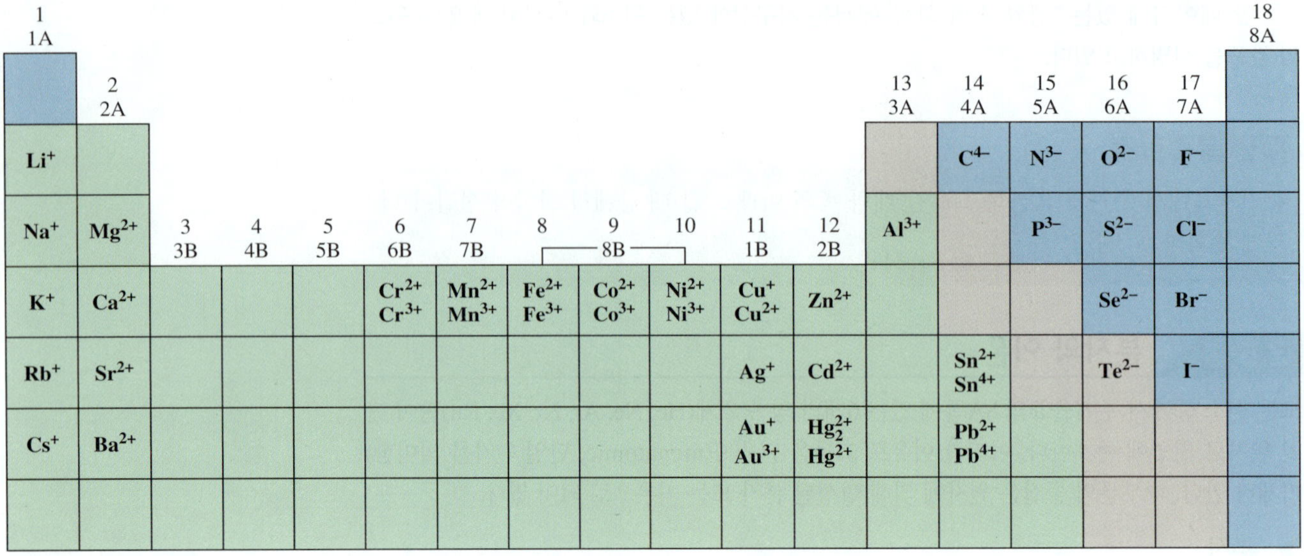

1 1A	2 2A	3 3B	4 4B	5 5B	6 6B	7 7B	8 8B	9 8B	10 8B	11 1B	12 2B	13 3A	14 4A	15 5A	16 6A	17 7A	18 8A
Li^+													C^{4-}	N^{3-}	O^{2-}	F^-	
Na^+	Mg^{2+}											Al^{3+}		P^{3-}	S^{2-}	Cl^-	
K^+	Ca^{2+}				Cr^{2+} Cr^{3+}	Mn^{2+} Mn^{3+}	Fe^{2+} Fe^{3+}	Co^{2+} Co^{3+}	Ni^{2+} Ni^{3+}	Cu^+ Cu^{2+}	Zn^{2+}				Se^{2-}	Br^-	
Rb^+	Sr^{2+}									Ag^+	Cd^{2+}		Sn^{2+} Sn^{4+}		Te^{2-}	I^-	
Cs^+	Ba^{2+}									Au^+ Au^{3+}	Hg_2^{2+} Hg^{2+}		Pb^{2+} Pb^{4+}				

그림 2.11 주기율표의 원소 위치에 따라 배열된 일반적인 단원자 이온. Hg_2^{2+} 이온은 두 개의 원자를 포함한다.

Cl 원자	Cl^- 이온
양성자 17개	양성자 17개
전자 17개	전자 18개

보통 식용 소금인 염화 소듐(NaCl)은 *양이온과 음이온으로부터 형성*되므로 **이온 결합 화합물**(ionic compound)이라고 한다.

한 원자가 두 개 이상의 전자를 잃거나 얻을 수 있다. 둘 이상의 전자를 잃거나 얻어서 만들어진 이온의 예는 Mg^{2+}, Fe^{3+}, S^{2-}, N^{3-} 등이 있다. Na^+과 Cl^-뿐만 아니라 이 이온들은 *단 하나의 원자만을 포함*하고 있기 때문에 **단원자 이온**(monatomic ion)이라고 한다. 몇 가지 단원자 이온의 전하를 그림 2.11에 나타내었다. 거의 예외 없이 금속은 양이온을, 비금속은 음이온을 만드는 경향이 있다.

또한 두 개 이상의 원자가 결합하여 알짜 양전하나 알짜 음전하를 가진 이온을 만들기도 한다. OH^-(수산화 이온), CN^-(사이안화 이온), NH_4^+(암모늄 이온)과 같은 **다원자 이온**(polyatomic ion)은 *둘 이상의 원자에 의해 만들어진 이온*이다.

개념 복습하기

(a) S_8은 무엇을 뜻하는가? 8S와는 어떻게 다른가?
(b) P^{3-}와 Ti^{4+} 이온의 양성자수와 전자수를 결정하시오.

2.6 화학식

화학자들은 **화학식**(chemical formula)을 사용하여 *분자와 이온 결합 화합물의 조성을 화학 기호로 나타낸다.* 조성이라는 것은 존재하는 원소뿐만 아니라 집합된 원자의 비율을 말한다. 여기서는 분자식과 실험식의 두 가지 형태 화학식에 대하여 살펴보고자 한다.

▶ 분자식

분자식(molecular formula)은 *한 물질의 가장 작은 단위에 있는 각 원소의 원자 개수를 정*

확히 나타낸다. 분자를 논할 때, 각 예에 대하여 괄호 안에 분자식을 적었다. 따라서 H_2는 수소의 분자식이며, O_2는 산소, O_3는 오존, H_2O는 물의 분자식이다. 아래첨자는 해당 원소의 원자들의 개수를 나타낸다. H_2O의 O에는 아래첨자가 없는데, 이는 물 한 분자에는 단 한 개의 산소 원자가 있으며, 숫자 "1"은 분자식에서 생략하기 때문이다. 산소(O_2)와 오존(O_3)은 산소의 동소체이다. **동소체**(allotrope)란 *두 가지 이상의 다른 형태를 가지는 원소*를 말한다. 탄소 원소의 두 동소체인 다이아몬드와 흑연은 성질뿐만 아니라 가격에서도 현격한 차이가 난다.

분자 모형

분자는 우리가 직접 관찰하기에 너무 작다. 이들을 볼 수 있게 하는 효과적인 방법으로 분자 모형을 사용한다. 현재 사용되고 있는 분자 모형의 두 가지 표준 형태는 *공-막대 모형*(ball-and-stick model)과 *공간채움 모형*(space-filling model)이다(그림 2.12). 공-막대 모형에서 원자는 구멍이 뚫린 나무나 플라스틱 공이다. 막대나 스프링은 화학 결합을 나타내는 데 사용된다. 원자들 사이에서 막대나 스프링이 이루는 각도는 실제 분자의 결합각에 가깝다. 수소 원자를 제외하고 모든 공은 같은 크기이며, 각종 원자는 특정 색으로 나타낸다. 공간채움 모형에서 원자는 끝이 잘린 공으로 표시되고, 이들은 서로 똑딱단추로 연결되며, 따라서 결합은 보이지 않는다. 공은 원자의 크기에 비례한다. 분자 모형을 꾸미기 위한 첫 번째 단계는 *분자 내에서 각 원자들이 서로 어떻게 결합하고 있는가를 나타내는* **구조식**(structural formula)을 쓰는 것이다. 예를 들어, 물 분자에서 두 개의 H 원자 각각은 하나의 O 원자와 결합한다. 그러므로 물의 구조식은 H−O−H이다. 두 원자 기호를 연결한 선은 화학 결합을 나타낸다.

원자의 색 코드는 이 책 뒤표지 안쪽 참조.

공-막대 모형은 원자들의 삼차원 배열을 분명하게 보여주며, 만들기도 매우 간단하다. 그러나 공은 실제 원자 크기에 비례하지 않는다. 더구나 막대는 분자 내 원자들의 공간을 지나치게 과장하고 있다. 공간채움 모형은 다양한 원자 크기를 표현함으로써 보다 정확하다. 이것의 결점은 조립하는 데 많은 시간이 걸린다는 점과 원자의 삼차원 위치가 썩 잘 나

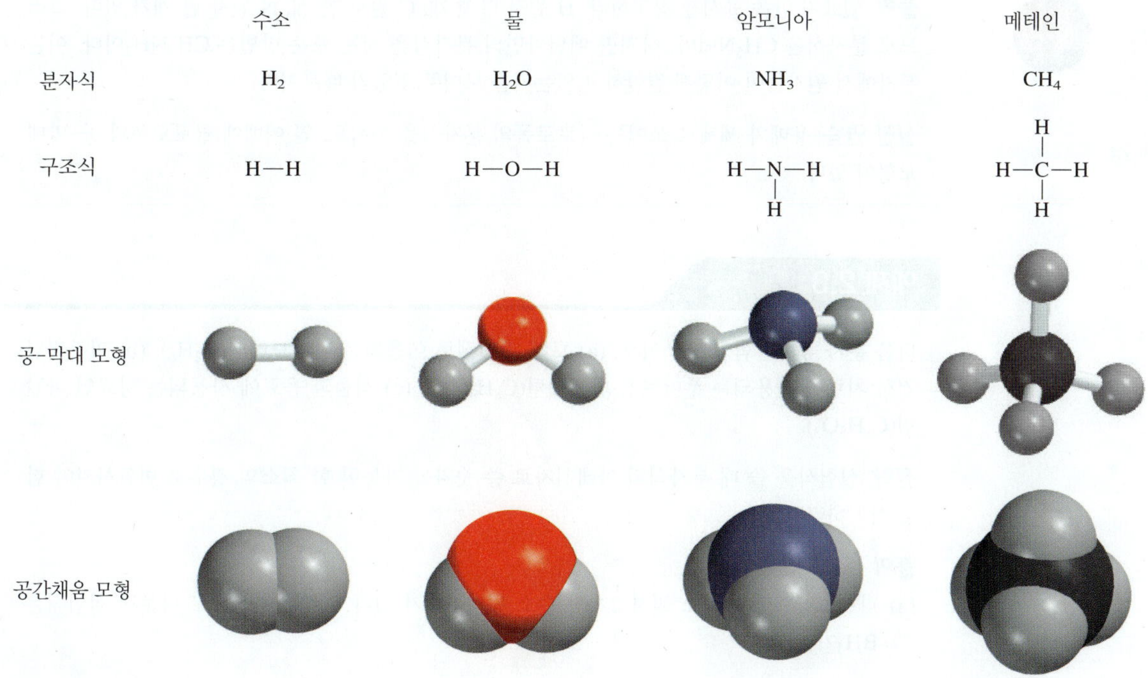

그림 2.12 네 가지 분자의 분자식, 구조식 및 분자 모형.

타나지 못한다는 것이다. 공-막대 모형이나 공간채움 모형을 만들기 위해 분자 모형 소프트웨어도 사용된다. 이 책에서는 이 두 모형을 함께 사용할 것이다.

▶ 실험식

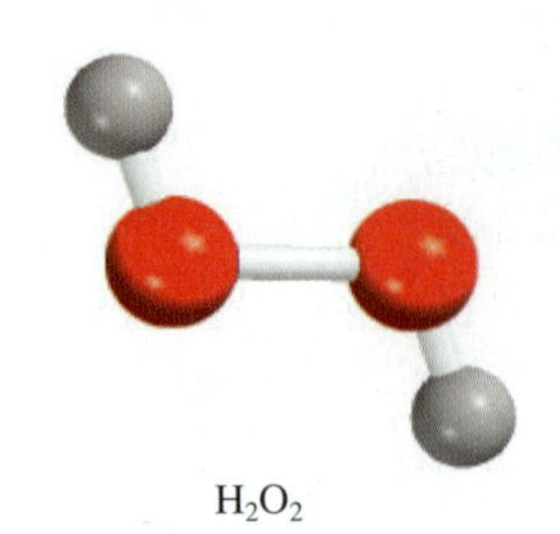

H_2O_2

"empirical"이라는 말은 "실험을 통해 얻은"이란 뜻이다. 3장에서 보게 되겠지만, 실험식은 실험적으로 얻어진다.

방부제 및 직물과 털의 표백제로 이용되는 과산화 수소(hydrogen peroxide)의 분자식은 H_2O_2이다. 이 화학식은 각 과산화 수소 분자가 수소 원자 두 개와 산소 원자 두 개로 되어 있음을 나타낸다. 이 분자에서 수소 대 산소의 비는 2 : 2, 즉 1 : 1이다. 과산화 수소의 실험식은 HO이다. 따라서 **실험식**(empirical formula)은 *존재하는 원소들의 종류와 그 원자들의 가장 간단한 정수비를 나타낸다.* 하지만 분자에 있는 원자의 실제적인 개수를 나타낼 필요는 없다. 다른 예로, 로켓의 연료로 이용되는 화합물 하이드라진(hydrazine, N_2H_4)을 보자. 하이드라진의 실험식은 NH_2이다. 분자식(N_2H_4)이나 실험식(NH_2) 모두 질소 대 수소의 비가 1 : 2이지만, 분자식만이 하이드라진 한 분자에 있는 N 원자의 실질적인 개수(2)와 H 원자의 실질적인 개수(4)를 알려 준다.

실험식은 *가장 간단한* 화학식이다. 분자식의 아래에 쓴 숫자를 가능한 한 가장 작은 정수가 되도록 적는다. 분자식은 분자의 *실질적인* 화학식이다. 분자식을 알면 실험식도 알게 되지만, 그 역은 성립하지 않는다. 그렇다면 왜 화학자들은 실험식을 구하려고 애를 쓰는가? 3장에서 살펴보겠지만 화학자들은 모르는 화합물을 분석할 때, 첫 단계는 보통 그 화합물의 실험식을 결정하는 것이다. 추가 정보가 주어지면 분자식 유도가 가능해진다.

분자식과 실험식이 같은 분자들이 많이 있다. 몇 가지 예로 물(H_2O), 암모니아(NH_3), 이산화 탄소(CO_2), 메테인(CH_4)을 들 수 있다.

예제 2.2와 2.3은 분자 모형으로부터 분자식을 쓰고 분자식으로부터 실험식을 쓰는 것이다.

메틸아민

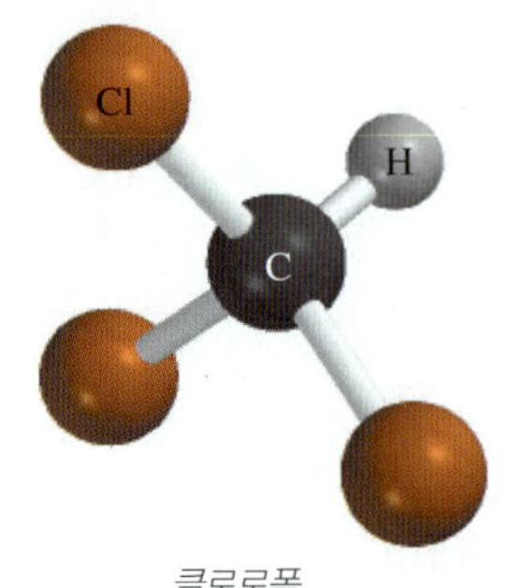

클로로폼

비슷한 문제: 2.47, 2.48.

예제 2.2

의약품과 살충제의 합성에 사용되는 무색 기체인 메틸아민의 분자식을 쓰시오. 옆 여백에 메틸아민의 공-막대 모형을 나타내었다.

풀이 뒷표지 안쪽 표시를 참고하라. H 원자 다섯 개, C 원자 한 개, N 원자 한 개가 있다. 그러므로 분자식은 CH_5N이다. 하지만 메틸아민의 분자식을 적는 표준 방법은 CH_3NH_2이다. 이는 분자에서 원자들이 어떻게 결합하고 있는지를 보여주고 있기 때문이다.

실전 연습 용매와 세제로 쓰이는 클로로폼의 분자식을 쓰시오. 옆 여백에 클로로폼의 공-막대 모형이 있다.

예제 2.3

다음 분자들의 실험식을 쓰시오. (a) 로켓 추진제로 이용되는 다이보레인(B_2H_6), (b) 피부병인 건선 치료에 사용되는 푸마르산 다이메틸($C_6H_{12}O_4$), (c) 식품과 음료에 사용되는 향료인 바닐린($C_8H_8O_3$).

전략 실험식을 쓸 때 분자식의 아래첨자로 쓴 숫자를 가능한 한 최소의 정수로 변환시켜야 함을 상기하라.

풀이

(a) 다이보레인에는 붕소 원자 2개와 수소 원자 6개가 있다. 아래첨자를 2로 나누면 실험식은 BH_3가 된다.

(계속)

(b) 푸마르산 다이메틸에는 탄소 원자 8개, 수소 원자 12개, 산소 원자 4개가 들어 있다. 아래 첨자를 4로 나누면 실험식은 C_2H_3O가 된다. 만일 아래첨자를 2로 나누면 화학식은 $C_4H_6O_2$가 된다. $C_4H_6O_2$에서 탄소 대 수소 대 산소 원자의 비는 2 : 3 : 1로 C_2H_3O에서와 같지만, $C_4H_6O_2$는 아래 첨자들이 가장 작은 정수비로 되어있지 않으므로 가장 간단한 화학식이 아니다.

(c) $C_8H_8O_3$에서 아래 첨자가 이미 가장 작은 정수로 되어 있기 때문에, 바닐린의 실험식은 분자식과 같다.

실전 연습 차와 커피에 들어 있는 흥분제인 카페인($C_8H_{10}N_4O_2$)의 실험식을 쓰시오.

비슷한 문제: 2.45, 2.46.

이온 결합 화합물의 화학식

이온 결합 화합물은 분리된 분자 단위로 되어 있지 않기 때문에 이온 결합 화합물의 화학식은 일반적으로 그 화합물의 실험식과 같다. 예를 들어, 염화 소듐(NaCl)의 고체 시료는 삼차원 구조로 배열된 같은 수의 Na^+과 Cl^- 이온으로 이루어져 있다(그림 2.13). 이러한 화합물에서 화합물이 전기적으로 중성이기 위해 양이온과 음이온의 비는 1 : 1이다. 그림 2.13에서 보듯이 NaCl에 있는 어느 Na^+ 이온도 특정 Cl^-과 결합되어 있지 않다. 실제로, 각 Na^+ 이온은 이를 둘러싸고 있는 Cl^- 이온 6개에 균등하게 연결되어 있고, Cl^- 이온도 Na^+ 이온 6개에 연결되어 있다. 따라서 NaCl은 염화 소듐의 실험식이다. 다른 이온 결합 화합물에 있어서 실제 구조는 다를지 모르지만, 양이온과 음이온의 배열은 위와 같아 화합물이 모두 전기적으로 중성이다. 이온 결합 화합물의 화학식에는 양이온과 음이온에 대한 전하를 나타내지 않는다는 것에 주의하라.

소듐 금속이 염소 기체와 반응하여 염화 소듐을 형성한다.

이온 결합 화합물이 전기적으로 중성을 유지하기 위해 각 화학식 단위에 있는 양이온과 음이온의 전하의 합은 0이어야 한다. 만일 양이온과 음이온의 전하가 수치적으로 다르다면, 다음 규칙을 적용하여 화학식을 전기적으로 중성이 되게 한다. *양이온의 아래에 쓴 숫자는 음이온의 전하와 같고, 음이온의 아래에 쓴 숫자는 양이온의 전하와 같다.* 만일 전하가 수치적으로 같다면 아래첨자는 필요하지 않다. 이 규칙은 이온 결합 화합물의 화학식이 실험식이기 때문에 아래첨자는 항상 가장 작은 정수비가 되어야 한다는 사실로부터 온다. 몇 가지 예를 살펴보자.

- **브로민화 포타슘**. 포타슘 양이온(K^+)과 브로민 음이온(Br^-)이 결합하여 이온 결합 화합물 브로민화 포타슘을 형성한다. 전하의 합은 $+1 + (-1) = 0$. 따라서 아래첨자는 필요하지 않다. 화학식은 KBr이다.

양이온과 음이온의 전하는 그림 2.11에 나타내었다.

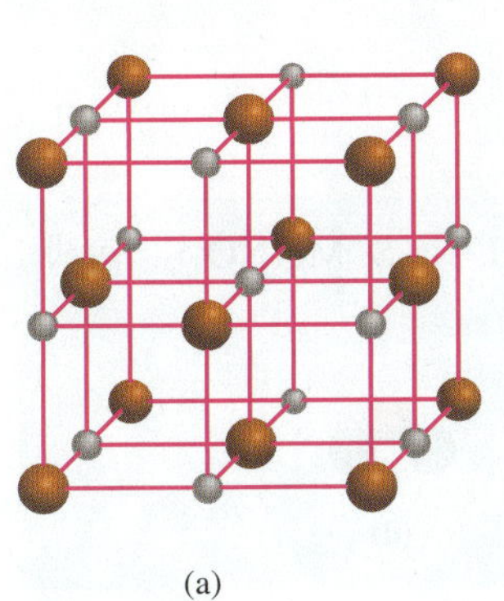

(a)

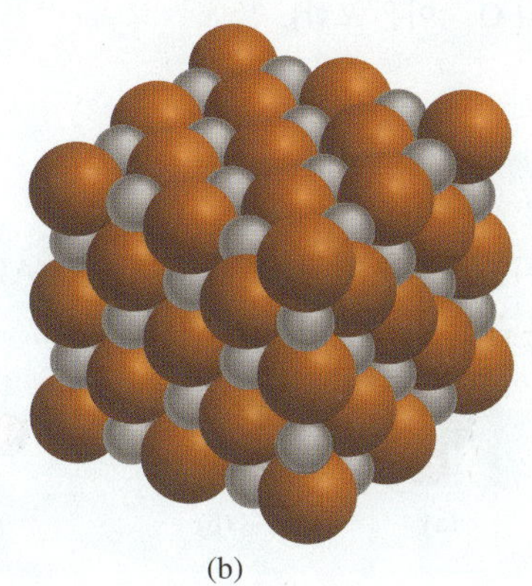

(b)

(c)

그림 2.13 (a) 고체 NaCl의 구조. (b) 실제로 양이온과 음이온이 접촉되어 있다. (a)와 (b)에서 작은 공은 Na^+ 이온을 나타내며, 큰 공은 Cl^- 이온을 나타낸다. (c) NaCl 결정.

- **아이오딘화 아연**. 아연 양이온(Zn^{2+})과 아이오딘 음이온(I^-)이 결합하여 아이오딘화 아연을 만든다. 전하의 합은 $+2 + (-1) = +1$이고, 전하의 합이 0이 되기 위해서 음이온의 전하 -1에 2를 곱하며, 아이오딘 기호의 아래에 숫자 "2"를 쓴다. 따라서 아이오딘화 아연의 화학식은 ZnI_2가 된다.
- **산화 알루미늄**. 양이온은 Al^{3+}이며, 산소 음이온은 O^{2-}이다. 다음 도식은 양이온과 음이온에 의해 만들어진 화합물의 아래에 쓴 숫자를 결정하는 데 도움을 준다.

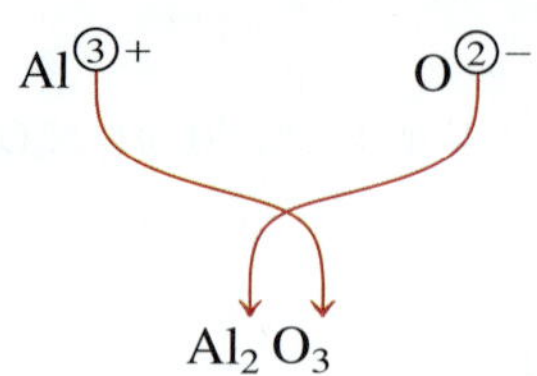

세 예에서 아래첨자가 가장 작은 비임을 주의하라.

전하의 합은 $2(+3) + 3(-2) = 0$이다. 따라서 산화 알루미늄의 화학식은 Al_2O_3이다.

예제 2.4

질소화 마그네슘(magnesium nitride)은 절삭 공구와 기계 부품으로 사용되는 매우 단단한 화합물인 보라존(Borazon)을 만드는 데 사용된다. Mg^{2+}와 N^{3-} 이온을 포함하는 질소화 마그네슘의 식을 쓰시오.

마그네슘이 공기 중에서 타면 산화 마그네슘과 질소화 마그네슘이 모두 얻어진다.

전략 이온 결합 화합물에서 화학식을 쓰는 방법은 전기적 중성을 유지해야 한다는 것이다. 즉, 양이온의 전체 전하가 음이온의 전체 전하와 같아야 한다. Mg^{2+}와 N^{3-} 이온의 전하가 같지 않기 때문에 식이 MgN이라고 할 수 없다. 대신에 x와 y가 결정된 아래첨자일 때 Mg_xN_y로 쓴다.

풀이 전기적 중성을 만족하기 위하여 다음 식을 따른다.

$$(+2)x + (-3)y = 0$$

풀면 $x/y = 3/2$이다. $x = 3$과 $y = 2$를 넣으면 다음과 같이 쓸 수 있다.

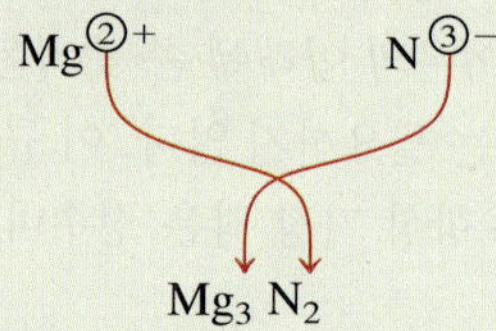

검산 이온 화합물의 화학식은 대개 실험식이므로 원자의 가장 작은 정수비로 아래첨자를 써야 한다.

비슷한 문제: 2.43, 2.44.

실전 연습 다음 이온 화합물의 식을 쓰시오. (a) 황산 크로뮴(Cr^{3+}와 SO_4^{2-} 이온 포함), (b) 산화 타이타늄(Ti^{4+}와 O^{2-} 이온 포함).

개념 복습하기

다음 이온 화합물과 그림을 각각 짝지어 보시오. Al_2O_3, LiH, Na_2S, $Mg(NO_3)_2$. (녹색 구는 양이온, 붉은 구는 음이온을 나타낸다.)

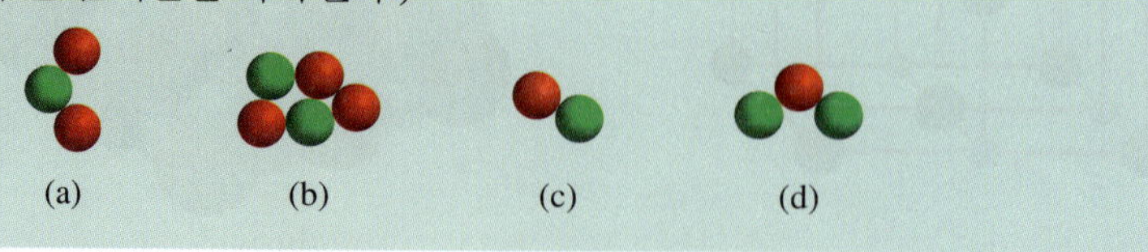

2.7 화합물의 명명

화학의 역사가 오래되지 않았을 때에는 알려진 화합물의 수가 적었고 그 이름을 기억하는 것이 가능했다. 많은 이름이 물리적 형상, 성질, 출처, 사용처 등으로부터 붙여졌다. 예를 들어, 마그네시아유, 웃음 기체, 석회석, 가성 소다, 잿물, 세탁용 소다, 베이킹 소다 등이 있다.

오늘날 알려진 화합물의 수는 6천6백만 개 이상이다. 다행히도 이들의 이름을 모두 기억할 필요는 없다. 수년 간 화학자들은 화학 물질을 명명하는 명쾌한 방법을 고안하였다. 이 규칙은 전 세계적으로 받아들여져 화학자들 간의 교류가 촉진되고 다양한 물질을 나타내는 유용한 방법을 제공하였다. 이 규칙들을 지금 공부하면 화학 공부를 계속하는 데 유익할 것이다.

화학적 *명명법*에 대한 논의를 시작하기 위해 먼저 유기 화합물과 무기 화합물을 구분해야 한다. **유기 화합물**(organic compound)은 *탄소를 포함하며, 주로 수소, 산소, 질소, 황 등의 원소와 결합한다.* 다른 화합물은 모두 **무기 화합물**(inorganic compound)로 분류한다. 편의상 일산화 탄소(CO), 이산화 탄소(CO_2), 이황화 탄소(CS_2)와 사이안화기(CN^-), 탄산기(CO_3^{2-}), 중탄산기(HCO_3^-)를 포함하는 화합물은 무기 화합물로 간주한다. 2.8절에 유기 화합물에 대한 간단한 소개를 하였다.

화합물 명명법을 체계화하고 단순화하기 위해 무기 화합물을 이온 결합 화합물, 분자 화합물, 산과 염기, 수화물의 네 영역으로 나눌 수 있다.

원소의 이름과 기호는 이 책의 앞표지 안쪽에 주어져 있다.

이온 결합 화합물

2.5절에서 이온 결합 화합물이 양이온과 음이온으로 되어 있다는 것을 알았다. 특별히 암모늄 이온(NH_4^+)을 제외하면 관심있는 모든 양이온은 금속 원자로부터 만들어진다. 금속의 양이온의 이름은 그 원소의 이름과 같다. 다음 예를 보자.

원소		양이온의 이름	
Na	소듐	Na^+	소듐 이온(또는 소듐 양이온)
K	포타슘	K^+	포타슘 이온(또는 포타슘 양이온)
Mg	마그네슘	Mg^{2+}	마그네슘 이온(또는 마그네슘 양이온)
Al	알루미늄	Al^{3+}	알루미늄 이온(또는 알루미늄 양이온)

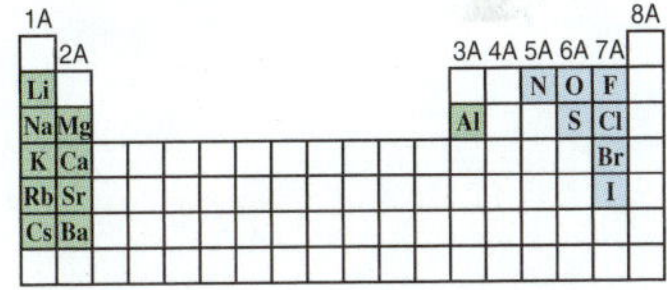

가장 반응성이 큰 금속(초록색)과 가장 반응성이 큰 비금속(푸른색)이 결합하여 이온 결합 화합물을 형성한다.

많은 이온 결합 화합물은 *두 가지 원소로만 이루어진 화합물*인 **이성분 화합물**(binary compound)이다. 이성분 이온 결합 화합물에서 비금속 음이온의 이름을 먼저 쓰고 금속 양이온의 이름을 나중에 쓴다(영문 표기에서는 금속 양이온을 먼저 쓰고 비금속 음이온을 나중에 쓴다). 따라서 NaCl은 염화 소듐(sodium chloride)이 된다. 음이온은 그 원소 이름(염소, chlorine)의 첫 부분(어간)에 "-화(-ide)"를 붙여 염화(chloride)라 부른다. 브로민화 포타슘(KBr), 아이오딘화 아연(ZnI_2), 산화 알루미늄(Al_2O_3)도 이성분 화합물이다. 표 2.2는 주기율표의 각자 위치에 따라 "-화(-ide)"로 명명하는 몇몇 단원자 음이온들을 나타낸 것이다.

동영상 자료
▶ 이온 결합 화합물의 형성.

"-화(-ide)"를 붙이는 명명법은 수산화 이온(OH^-), 사이안화 이온(CN^-)처럼 다른 원소를 포함하는 몇몇 음이온에도 사용된다. 따라서 화합물 LiOH와 KCN은 각각 수산화 리튬과 사이안화 포타슘으로 부른다. 이와 같은 이온 결합 화합물은 *세 가지 원소로 이루어진 화합물*이라는 뜻으로 **삼성분 화합물**(ternary compound)이라고 한다. 표 2.3은 몇 가지 일반적인 양이온과 음이온의 이름을 한글 자모에 따라 나열한 것이다.

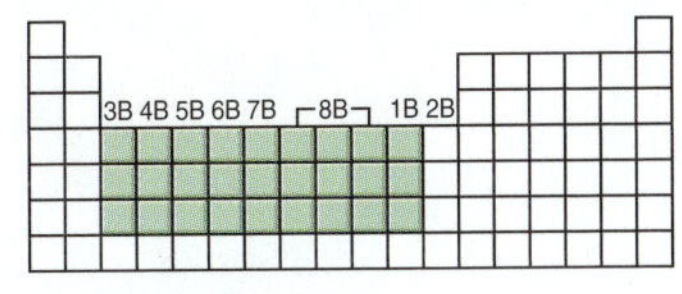

전이 금속은 1B와 3B~8B족에 있는 원소들이다(그림 2.10 참조).

몇 가지 금속, 특히 *전이 금속*(transition metal)은 두 가지 형태 이상의 양이온을 만들 수 있다. 한 가지 예로 철을 살펴보자. 철은 두 가지 양이온 Fe^{2+}와 Fe^{3+}을 만들 수 있다.

표 2.2 주기율표의 위치에 따라 "-화"로 명명하는 몇 가지 단원자 음이온

4A족	5A족	6A족	7A족
C 탄소화 이온 (C^{4-})*	N 질소화 이온 (N^{3-})	O 산화 이온 (O^{2-})	F 플루오린화 이온 (F^-)
Si 규소화 이온 (Si^{4-})	P 인화 이온 (P^{3-})	S 황화 이온 (S^{2-})	Cl 염화 이온 (Cl^-)
		Se 셀레늄화 이온 (Se^{2-})	Br 브로민화 이온 (Br^-)
		Te 텔루륨화 이온 (Te^{2-})	I 아이오딘화 이온 (I^-)

*C_2^{2-}에 대해서는 "이탄소화 이온"이라 함.

표 2.3 몇 가지 일반적인 무기 양이온과 음이온의 이름과 화학식

양이온	음이온
구리(I) 이온 또는 제일구리 이온(Cu^+)	과망가니즈산 이온(MnO_4^-)
구리(II) 이온 또는 제이구리 이온(Cu^{2+})	과산화 이온(O_2^{2-})
소듐 이온(Na^+)	다이크로뮴산 이온($Cr_2O_7^{2-}$)
납(II) 이온 또는 제이납 이온(Pb^{2+})	브로민화 이온(Br^-)
루비듐(Rb^+)	사이안화 이온(CN^-)
리튬 이온(Li^+)	산화 이온(O^{2-})
마그네슘 이온(Mg^{2+})	수산화 이온(OH^-)
망가니즈(II) 이온 또는 제일망가니즈 이온(Mn^{2+})	수소화 이온(H^-)
바륨 이온(Ba^{2+})	싸이오사이안산 이온(SCN^-)
세슘 이온(Cs^+)	아이오딘화 이온(I^-)
수소 이온(H^+)	아질산 이온(NO_2^-)
수은(I) 이온 또는 제일수은 이온(Hg_2^{2+})*	아황산 이온(SO_3^{2-})
수은(II) 이온 또는 제이수은 이온(Hg^{2+})	염소산 이온(ClO_3^-)
스트론튬 이온(Sr^{2+})	염화 이온(Cl^-)
아연 이온(Zn^{2+})	인산 수소 이온(HPO_4^{2-})
알루미늄 이온(Al^{3+})	인산 이수소 이온($H_2PO_4^-$)
암모늄 이온(NH_4^+)	인산 이온(PO_4^{3-})
은 이온(Ag^+)	질산 이온(NO_3^-)
주석(II) 이온 또는 제일주석 이온(Sn^{2+})	질소화 이온(N^{3-})
철(II) 이온 또는 제일철 이온(Fe^{2+})	크로뮴산 이온(CrO_4^{2-})
철(III) 이온 또는 제이철 이온(Fe^{3+})	탄산 수소 이온 또는 중탄산 이온 (HCO_3^-)
카드뮴 이온(Cd^{2+})	탄산 이온(CO_3^{2-})
포타슘 이온(K^+)	플루오린화 이온(F^-)
칼슘 이온(Ca^{2+})	황산 수소 이온(HSO_4^-)
코발트(II) 이온 또는 제일코발트 이온(Co^{2+})	황산 이온(SO_4^{2-})
크로뮴(III) 이온 또는 제이크로뮴 이온(Cr^{3+})	황화 이온(S^{2-})

*수은(I)은 표시된 대로 한 쌍으로 존재한다.

지금도 제한적으로 사용되는 이전의 명명법에서는 양전하가 더 적은 양이온에는 "제일", 양전하가 더 많은 양이온에는 "제이"라는 접두사를 사용한다(영어명에서는 양전하가 더 적은 양이온에는 "-ous", 양전하가 더 많은 양이온에는 "-ic"라는 접미사를 사용한다).

Fe^{2+}	제일철 이온(ferrous ion)
Fe^{3+}	제이철 이온(ferric ion)

따라서 이들 철 이온이 염소와 형성하는 화합물의 이름은 다음과 같다.

$FeCl_2$	염화 제일철(ferrous chloride)
$FeCl_3$	염화 제이철(ferric chloride)

$FeCl_2$(왼쪽)와 $FeCl_3$(오른쪽).

이 방법에 의한 이온의 명명은 약간 한계가 있다. 첫째로 "제일(영어로 -ous)"이나 "제이(영어로 -ic)"는 두 양이온의 실제 전하에 대한 아무런 정보도 주지 않는다. 제이철(ferric) 이온은 Fe^{3+}이며, 제이구리(cupric) 이온은 Cu^{2+}이다. 뿐만 아니라 이 명명은 두 가지 양이온에 대해서만 이름 붙일 수 있다. 어떤 금속 원소들은 화합물에서 3개 이상의 양전하를 가질 수 있다. 따라서 로마 숫자로 다른 양이온을 나타내는 것이 점차 일반화되고 있다. 이를 슈토크[†] 체계(Stock system)라고 한다. 이 체계에서는 로마 숫자 I은 하나의 양전하, 로마 숫자 II는 두 개의 양전하를 나타낸다. 예를 들어, 망가니즈(Mn) 원자에 대하여 여러 개의 다른 양전하를 생각해 볼 수 있다.

로마 숫자는 금속 양이온의 전하를 의미한다는 것을 기억하라.

Mn^{2+}: MnO	산화 망가니즈(II) [manganese(II) oxide]
Mn^{3+}: Mn_2O_3	산화 망가니즈(III) [manganese(III) oxide]
Mn^{4+}: MnO_2	산화 망가니즈(IV) [manganese(IV) oxide]

이들 화합물의 이름은 각각 "산화 망가니즈-이", "산화 망가니즈-삼", "산화 망가니즈-사"로 읽는다. 슈토크 체계를 이용하여 제일철 이온과 제이철 이온을 각각 철(II) 이온과 철(III) 이온으로 쓸 수 있다. 염화 제일철은 염화 철(II), 염화 제이철은 염화 철(III)이 된다. 현대적인 방식으로 이 책에서는 화합물 명명에 슈토크 체계를 더 사용할 것이다.

주석(Sn)이나 납(Pb)과 같은 비전이 금속도 두 가지 형태 이상의 양이온을 형성할 수 있다.

예제 2.5와 2.6은 그림 2.11과 표 2.2 및 2.3에서 주어진 정보를 기초로 하여 이온 결합 화합물의 명명과 식 표기를 설명한다.

예제 2.5

다음 화합물을 명명하시오. (a) $Fe(NO_3)_2$, (b) Na_2HPO_4, (c) $(NH_4)_2SO_3$.

전략 양이온과 음이온의 이름은 표 2.3을 참고한다. 금속이 다른 전하의 양이온을 형성할 수 있다면(그림 2.11) 슈토크 체계를 사용해야 한다.

풀이

(a) 질산 이온(NO_3^-)은 한 개의 음전하를 가지고 있으므로 철 이온은 두 개의 양전하를 가져야 한다. 철은 Fe^{2+}와 Fe^{3+}의 두 이온을 형성하므로 슈토크 체계를 이용하여 이 화합물을 질산 철(II)[iron(II) nitrate]라 부른다.

(b) 양이온은 Na^+이고, 음이온은 HPO_4^{2-}(인산 수소 이온)이다. 소듐은 한 가지 형태의 이온(Na^+)만을 만들기 때문에 이름에 소듐(I)이라는 표현은 필요하지 않다. 화합물은 인산 수소 소듐(sodium hydrogen phosphate)이다.

(계속)

[†] 슈토크(Alfred E. Stock, 1876~1946)는 독일 화학자로, 그의 주 연구는 붕소, 베릴륨, 규소 화합물의 합성과 특성에 대한 것이었다. 그는 수은의 독성에 대해 연구한 최초의 과학자였다.

비슷한 문제: 2.57(b), (e), (f).

(c) 양이온은 NH_4^+(암모늄 이온)이고, 음이온은 SO_3^{2-}(아황산 이온)이다. 화합물은 아황산 암모늄(ammonium sulfite)이다.

실전 연습 다음 화합물을 명명하시오. (a) PbO, (b) $LiClO_3$.

예제 2.6

다음 화합물의 화학식을 쓰시오. (a) 질산 수은(I)[mercury(I) nitrite], (b) 산화 세슘(cesium oxide), (c) 질소화 스트론튬(strontium nitride)

전략 양이온과 음이온의 이름에 대하여 표 2.3을 참고한다. 슈토크 체계에서 로마 숫자는 양이온의 전하에 대한 중요한 정보를 제공한다는 것을 상기하라.

풀이

Hg(I) 이온은 한 쌍 즉, 이합체로 존재하므로 이 이온 결합 화합물의 아래첨자는 가장 작은 비로 줄이지 않는다는 점에 주의하라.

(a) 로마 숫자로부터 수은 이온의 전하가 +1임을 알 수 있다. 그러나 표 2.3에 따라 수은(I) 이온은 이원자 이온(즉, Hg_2^{2+})이고, 질산 이온은 NO_3^-이다. 따라서 화학식은 $Hg_2(NO_3)_2$이다.

(b) 산화 이온은 −2의 음전하를 갖고, 세슘 이온은 +1의 양전하를 갖는다(세슘은 소듐처럼 1A족 원소이다). 따라서 화학식은 Cs_2O이다.

(c) 스트론튬 이온(Sr^{2+})은 +2의 양전하를 가지고 있으며, 질소화 이온(N^{3-})은 −3의 음전하를 가지고 있다. 전하의 합이 0이 되도록 하기 위해서는 양이온과 음이온의 수를 조절해야 한다.

$$3(+2) + 2(-3) = 0$$

따라서 화학식은 Sr_3N_2이다.

비슷한 문제: 2.59(a), (b), (d), (h), (i).

실전 연습 다음 이온 결합 화합물의 화학식을 쓰시오. (a) 황산 루비듐(rubidium sulfate), (b) 수소화 바륨(barium hydride).

분자 화합물

이온 결합 화합물과는 달리 분자 화합물은 분리된 분자 단위를 갖고 있으며, 주로 비금속 원소들로 구성되어 있다(그림 2.10 참조). 많은 분자 화합물은 이성분 화합물이다. 이성분 분자 화합물에 대한 명명법은 이성분 이온 결합 화합물 명명법과 유사하다. 먼저 두 번째 원소 이름의 어간에 "-화"를 붙이고 난 후, 첫 번째 원소 이름을 더해서 부른다(영문 표기에서는 화합물의 첫 번째 원소 이름을 먼저 쓰고 두 번째 원소 이름의 어간에 "-ide"를 붙인다). 몇 가지 예를 들면 다음과 같다.

HCl	염화 수소(hydrogen chloride)
HBr	브로민화 수소(hydrogen bromide)
SiC	탄화 규소(silicon carbide)

한 쌍의 원소로 여러 가지 다른 화합물을 만드는 것은 매우 흔하다. 이러한 경우는 화합물을 명명할 때 혼동을 피하기 위해 화합물을 구성하고 있는 각 원소의 원자의 수를 나타내는 접두사를 사용한다(표 2.4 참조). 다음 예를 생각해 보자.

CO	일산화 탄소(carbon monoxide)
CO_2	이산화 탄소(carbon dioxide)
SO_2	이산화 황(sulfur dioxide)
SO_3	삼산화 황(sulfur trioxide)
NO_2	이산화 질소(nitrogen dioxide)
N_2O_4	사산화 이질소(dinitrogen tetroxide)

표 2.4

분자 화합물 명명에 사용되는 접두사

뜻하는 숫자	우리말 접두사	그리스어 접두사
1	일	모노(mono-)
2	이	다이(di-)
3	삼	트라이(tri-)
4	사	테트라(tetra-)
5	오	펜타(penta-)
6	육	헥사(hexa-)
7	칠	헵타(hepta-)
8	팔	옥타(octa-)
9	구	노나(nona-)
10	십	데카(deca-)

다음 지침은 접두사를 가지는 화합물 명명에 도움이 될 것이다.

- 접두사 "일(mono)-"은 화학식의 첫 번째 원소에 대해서는 생략한다. 예를 들면, PCl_3는 삼염화 인(phosphorus trichloride)이라 명명하며, 삼염화 일인이라고 하지 않는다. 따라서 화학식의 첫 번째 원소에 대하여 접두사가 없는 것은 일반적으로 그 분자에는 그 원소의 원자가 한 개만 있음을 뜻한다.
- 산화물의 영문 표기에서 접두사 끝의 "a"는 때로 생략된다. 예를 들어, N_2O_4는 사산화 이질소로 부르며, 영어로는 dinitrogen tetraoxide가 아니라 dinitrogen tetroxide로 부른다.

예외로, 수소를 포함하는 분자 화합물의 명명에는 그리스어 접두사를 쓰지 않는다. 이들 중 많은 화합물들이 전통적으로 비체계적인 관용명으로 불리거나, 존재하고 있는 H 원자의 수를 명확히 나타내지 않는 이름으로 부른다.

B_2H_6	다이보레인(diborane)
CH_4	메테인(methane)
SiH_4	실레인(silane)
NH_3	암모니아(ammonia)
PH_3	포스핀(phosphine)
H_2O	물(water)
H_2S	황화 수소(hydrogen sulfide)

탄소와 수소를 포함하는 이성분 화합물은 유기 화합물이다. 유기 화합물은 분자 화합물과 동일한 명명법 규칙을 따르지 않는다. 유기 화합물의 명명법은 24장에서 논의한다.

화학식에서 원소를 쓰는 순서도 비규칙적임을 알아야 한다. 위의 예로부터 물과 황화 수소는 H를 처음에 쓰는 반면에, 다른 화합물에서는 마지막에 쓰고 있음을 볼 수 있다.

분자 화합물의 화학식은 보통 간단하다. 삼플루오린화 비소(arsenic trifluoride)는 각 분자 내에 한 개의 As 원자와 세 개의 F 원자가 들어 있으며, 분자식은 AsF_3가 된다. 화학식에서 원소의 순서는 이름에 있어서는 반대가 되는 것에 주의하라(영문 표기에서는 화학식에서 원소의 순서는 이름에 있어서 원소의 순서와 같다).

예제 2.7

다음 분자 화합물을 명명하시오. (a) PBr_5, (b) As_2O_5.

전략 분자 화합물의 명명에 사용하는 접두사는 표 2.4를 참조한다.

풀이

(a) 브로민 원자가 5개 있으므로 화합물은 오브로민화 황(phosphorus pentabromide)이다.

(b) 비소 원자 2개와 산소 원자 5개가 있으므로 화합물은 오산화 이비소(diarsenic pentoxide)이다. 영문 표기에서 penta의 "a"가 생략된다.

실전 연습 다음 분자 화합물을 명명하시오. (a) NF_3, (b) Cl_2O_7.

비슷한 문제: 2.57(c), (i), (j).

예제 2.8

다음 분자 화합물의 화학식을 쓰시오. (a) 삼플루오린화 브로민(bromine trifluoride), (b) 삼산화 이붕소(diboron trioxide).

전략 분자 화합물의 명명에 사용하는 접두사는 표 2.4를 참조한다.

풀이 (a) 플루오린 원자 세 개와 브로민 원자 한 개가 있으므로 화학식은 BrF_3이다.

(계속)

비슷한 문제: 2.59(g), (i).

(b) 붕소 원자 두 개와 산소 원자 세 개가 있으므로 화학식은 B_2O_3이다.

실전 연습 다음 분자 화합물의 화학식을 쓰시오. (a) 사플루오린화 황(sulfur tetrafluoride), (b) 오산화 이질소(dinitrogen pentoxide).

그림 2.14는 이온 결합 화합물과 분자 화합물을 명명하는 단계를 요약한 것이다.

개념 복습하기

$SeCl_2$의 이름인 이염화 셀레늄(selenium dichloride)은 접두어를 사용하지만 염화 스트론튬($SrCl_2$)은 그렇지 않다. 왜 그런가?

산과 염기

산의 명명

산(acid)은 *물에 용해되었을 때 수소 이온(H^+)을 내어놓는 물질*이다(H^+는 양성자 하나와 같으며 종종 이렇게 부른다). 산의 화학식은 음이온 군뿐만 아니라 하나 이상의 수소 원자를 포함하고 있다. 이름이 "-화(-ide)"로 끝나는 음이온은 표 2.5에 나타낸 바와 같이 "-수소산"(영문 표시에서는 접두사 "hydro-"와 끝이 "-ic"인 산)을 형성한다. 어떤 경우에는 같은 화학식에 두 가지 이름으로 명명하는 경우가 있다.

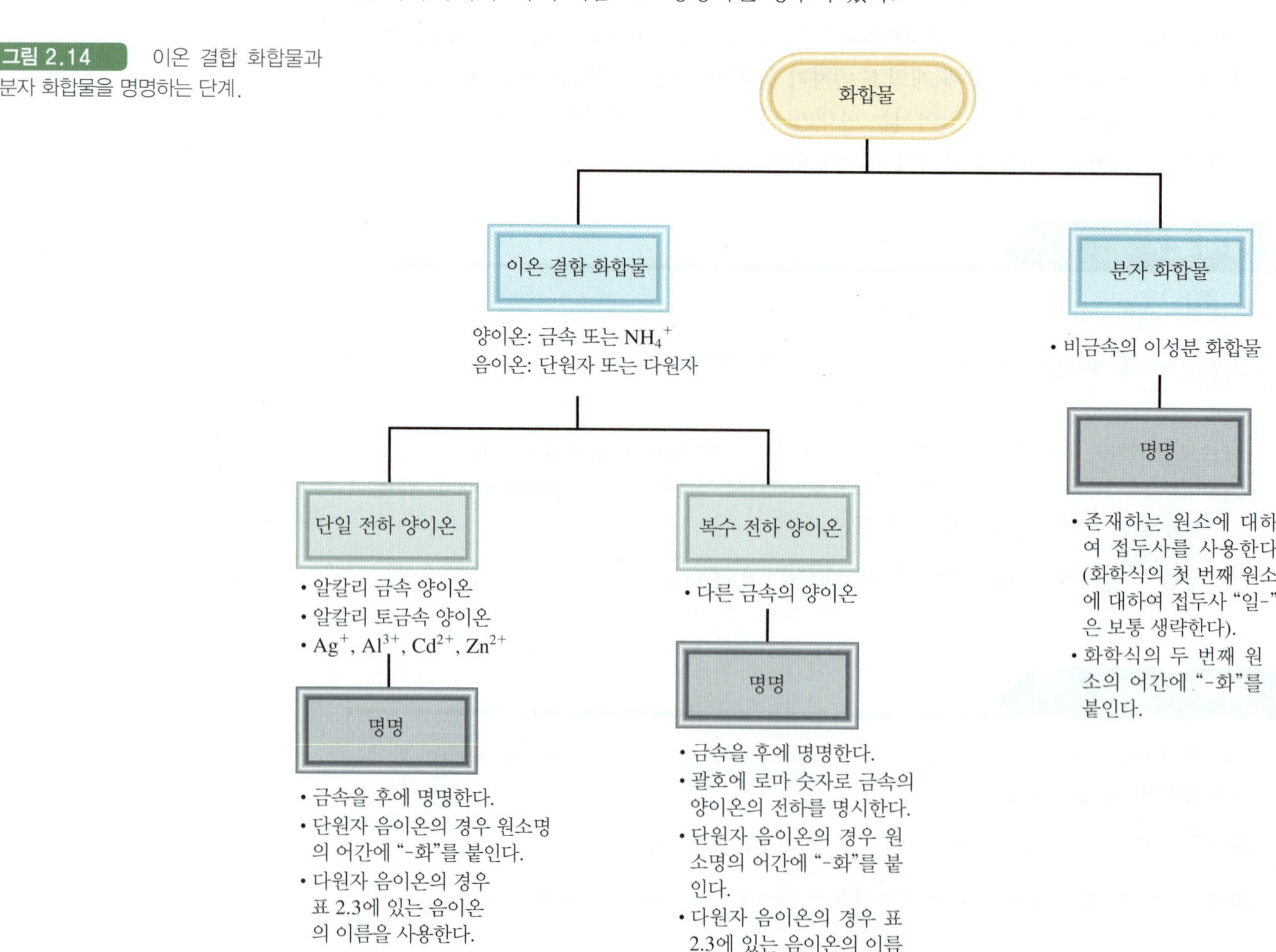

그림 2.14 이온 결합 화합물과 분자 화합물을 명명하는 단계.

HCl	염화 수소(hydrogen chloride)
HCl	염화 수소산(염산: hydrochloric acid)

이 화합물은 그 물리적 상태에 따라 이름을 달리 사용한다. 기체나 순수한 액체 상태에서 HCl은 분자 화합물이며, 염화 수소(hydrogen chloride)라 부른다. 물에 용해되었을 때는 분자가 H^+ 이온과 Cl^- 이온으로 분리되며, 이 상태에서는 염화 수소산(염산, hydrochloric acid)이라 부른다.

물에 용해될 때 HCl 분자는 H^+와 Cl^-로 전환된다. H^+ 이온은 하나 이상의 물 분자와 결합하여 보통 H_3O^+로 표시한다.

*수소, 산소 및 다른 원소(중심 원소)를 포함하는 산*을 **산소산**(oxoacid)이라 한다. 산소산의 화학식은 보통 처음에 H를, 다음에 중심 원소를, 끝에 O를 써서 나타낸다.

H_2CO_3	탄산(carbonic acid)
$HClO_3$	염소산(chloric acid)
HNO_3	질산(nitric acid)
H_3PO_4	인산(phosphoric acid)
H_2SO_4	황산(sulfuric acid)

중심 원자는 같지만 산소 원자의 수가 다른 두 개 이상의 산소산이 종종 존재한다. "-산(-ic acid)"으로 끝나는 산소산부터 다음 규칙을 사용하여 명명한다.

1. "-산(-ic acid)"에 산소 원자 한 개를 첨가할 때: 그 산을 "과...산(per... -ic acid)"이라 부른다. 따라서 염소산(chloric acid, $HClO_3$)에 산소 원자 한 개를 첨가하면 과염소산(perchloric acid, $HClO_4$)이 된다.
2. "-산(-ic acid)"으로부터 산소 원자 한 개를 제거할 때: 그 산을 "아...산(-ous acid)"이라 부른다. 따라서 질산(nitric acid, HNO_3)은 아질산(nitrous acid, HNO_2)이 된다.
3. "-산(-ic acid)"으로부터 산소 원자 두 개를 제거할 때: 그 산을 "하이포아...산(hypo...-ous acid)"이라 부른다. $HBrO_3$이 HBrO로 될 때 이 산을 하이포아브로민산(hypobromous acid)이라 한다.

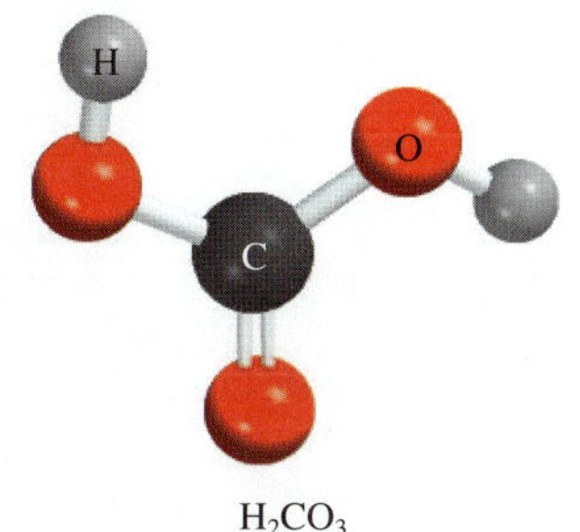

HNO_3

산소산 음이온(oxoanion)이라 부르는, *산소산의 음이온*을 명명하는 규칙은 다음과 같다.

1. "-산(-ic acid)"에서 모든 수소 이온을 제거하면, 음이온의 끝은 "-산 이온(-ate)"이 된다. 예를 들면, H_2CO_3에서 파생한 음이온 CO_3^{2-}은 탄산 이온(carbonate)이라 부른다.
2. "아...산(-ous acid)"에서 모든 수소 이온을 제거하면, 음이온의 끝은 "아...산 이온(-ite)"이 된다. 따라서 $HClO_2$에서 파생한 음이온 ClO_2^-은 아염소산 이온(chlorite)이라 부른다.
3. 음이온에서 전부가 아닌 일부 수소 이온이 제거되었다면 남아 있는 수소 이온의 수를 그 음이온의 이름에 나타내야 한다. 예를 들어, 인산에서 파생된 음이온들을 살펴보자.

표 2.5 몇 가지 간단한 산

산	대응되는 음이온
HF(플루오린화 수소산, hydrofluoric acid)	F^-(플루오린화 이온, fluoride)
HCl(염화 수소산 또는 염산, hydrochloric acid)	Cl^-(염화 이온, chloride)
HBr(브로민화 수소산, hydrobromic acid)	Br^-(브로민화 이온, bromide)
HI(아이오딘화 수소산, hydroiodic acid)	I^-(아이오딘화 이온, iodide)
HCN(사이안화 수소산, hydrocyanic acid)	CN^-(사이안화 이온, cyanide)
H_2S(황화 수소산, hydrosulfuric acid)	S^{2-}(황화 이온, sulfide)

이 산들은 기체 상태에서는 분자 화합물로 존재한다.

그림 2.15 산소산과 산소산 음이온의 명명.

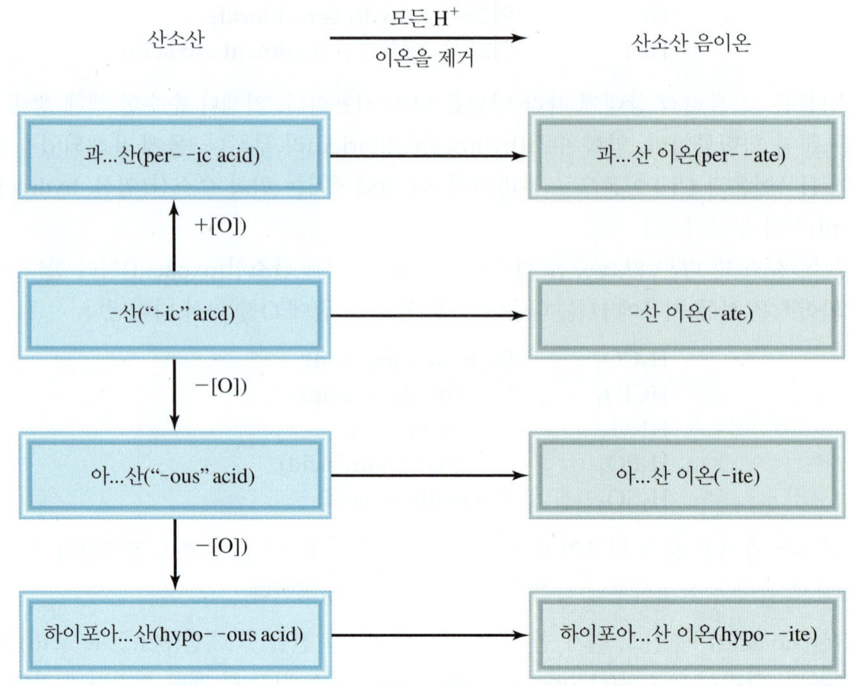

표 2.6 염소를 함유하는 산소산과 음이온의 명명

산	음이온
$HClO_4$(과염소산, perchloric acid)	ClO_4^-(과염소산 이온, perchlorate)
$HClO_3$(염소산, chloric acid)	ClO_3^-(염소산 이온, chlorate)
$HClO_2$(아염소산, chlorous acid)	ClO_2^-(아염소산 이온, chlorite)
HClO(하이포아염소산, hypochlorous acid)	ClO^-(하이포아염소산 이온, hypochlorite)

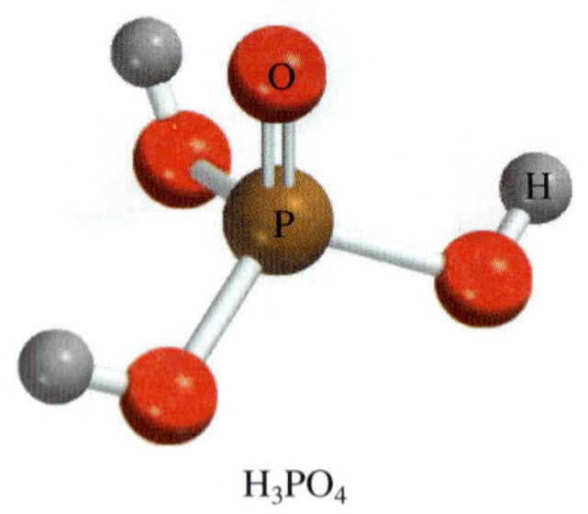

H_3PO_4

H_3PO_4	인산(phosphoric acid)
$H_2PO_4^-$	인산 이수소 이온(dihydrogen phosphate)
HPO_4^{2-}	인산 수소 이온(hydrogen phosphate)
PO_4^{3-}	인산 이온(phosphate)

음이온에 H가 한 개만 있을 때 접두사 "일-(mono-)"은 일반적으로 생략된다. 그림 2.15에 산소산과 산소산 음이온의 명명법을 요약하였으며, 표 2.6에 염소를 포함하는 산소산과 산소산 음이온들의 이름을 나타내었다.

예제 2.9는 산소산과 산소산 음이온의 명명법을 다룬다.

예제 2.9

다음 산소산과 산소산 음이온을 명명하시오. (a) $SO_2(g)$가 물과 반응할 때 형성되는 매우 불안정한 산인 H_3SO_3, (b) 가축에 있는 진드기와 이 구제에 사용된 적이 있는 $H_2AsO_4^-$, (c) 무색 유리 제조에 사용되는 SeO_3^{2-}. H_3AsO_4는 비산(arsenic acid)이고 H_2SeO_4는 셀레늄산(selenic acid)이다.

전략 산소산과 산소산 이온을 명명하기 위해 그림 2.15와 표 2.6을 참고한다.

(계속)

풀이

(a) 황산(H_2SO_4)을 기준이 되는 산으로 한다. H_2SO_3는 기준 산보다 O 원자를 하나 적게 가지고 있으므로, 아황산(sulfurous acid)이라고 한다.

(b) H_3AsO_4는 비산(arsenic acid)이므로 AsO_4^{3-}는 비산 이온(arsenate)이라고 명명한다. $H_2AsO_4^-$ 음이온은 AsO_4^{3-}에 H^+ 이온 두 개를 더해 형성되므로 $H_2AsO_4^-$는 비산 이수소 이온(dihydrogen arsenate)이라고 부른다.

(c) 모체가 되는 산은 H_2SeO_3이다. 산이 셀레늄산(H_2SeO_4)보다 O 원자 하나가 적으므로 아셀레늄산(selenous acid)라고 부른다. 따라서 H_2SeO_3에서 파생된 SeO_3^{2-} 음이온은 아셀레늄 이온(selenite)이라고 부른다.

비슷한 문제: 2.58(f).

실전 연습 다음 산소산과 산소산 음이온을 명명하시오. (a) HBrO, (b) HSO_4^-.

염기의 명명

염기(base)는 *물에 용해되었을 때 수산화 이온(OH^-)을 내어놓는 물질*이다. 몇 가지 예를 들면 다음과 같다.

NaOH	수산화 소듐(sodium hydroxide)
KOH	수산화 포타슘(potassium hydroxide)
$Ba(OH)_2$	수산화 바륨(barium hydroxide)

암모니아(NH_3)는 기체나 순수한 액체 상태에서 분자 화합물인데, 보통 염기로 분류한다. 언뜻 보아서 NH_3는 염기의 정의에 대하여 예외인 것처럼 보인다. 하지만 어떤 물질을 물에 녹였을 때 수산화 이온을 *내어놓는* 한, 그 물질을 염기로 간주하기 위해 화학 구조에 수산화 이온이 반드시 들어 있을 필요는 없다는 것에 주의하라. 사실, 암모니아를 물에 녹이면 NH_3가 부분적으로 물과 반응하여 NH_4^+ 이온과 OH^- 이온을 내어 놓는다. 따라서 암모니아를 염기로 분류하는 것은 적절하다.

개념 복습하기

다음 질문은 왜 애매모호한가? HF의 이름은 무엇인가? 이 질문에 답하기 위해 어떠한 정보가 더 필요한가?

수화물

수화물(hydrate)은 *특정 개수의 물 분자가 결합되어 있는 화합물*이다. 예를 들어, 보통 상태에서 황산 구리(II)의 단위체에는 물 분자 다섯 개가 결합되어 있다. 이 화합물에 대한 체계적인 이름은 황산 구리(II) 오수화물이고, 화학식은 $CuSO_4 \cdot 5H_2O$로 쓴다. 물 분자는 가열함으로써 떼어낼 수 있으며, 이때 얻어지는 화합물은 종종 *무수* 황산 구리(II)라고 하는 $CuSO_4$이다. "무수(anhydrous)"란 화합물에 물 분자가 더 이상 결합되어 있지 않다는 것을 의미한다(그림 2.16). 몇 가지 다른 수화물은 다음과 같다.

$BaCl_2 \cdot 2H_2O$	염화 바륨 이수화물(barium chloride dihydrate)
$LiCl \cdot H_2O$	염화 리튬 일수화물(lithium chloride monohydrate)
$MgSO_4 \cdot 7H_2O$	황산 마그네슘 칠수화물(magnesium sulfate heptahydrate)
$Sr(NO_3)_2 \cdot 4H_2O$	질산 스트론튬 사수화물(strontium nitrate tetrahydrate)

그림 2.16 $CuSO_4 \cdot 5H_2O$(왼쪽)은 푸른색이고, $CuSO_4$(오른쪽)는 흰색이다.

표 2.7 몇몇 화합물의 일반명과 체계적 이름

식	일반명	체계적 이름
H_2O	물	일산화 이수소 (dihydrogen monoxide)
NH_3	암모니아	질소화 삼수소 (trihydrogen nitride)
CO_2	드라이 아이스	고체 이산화 탄소 (solid carbon dioxide)
NaCl	소금	염화 소듐 (sodium chloride)
N_2O	웃음 가스	일산화 이질소 (dinitrogen monoxide)
$CaCO_3$	대리석, 분필, 석회암	탄산 칼슘 (calcium carbonate)
CaO	생석회	산화 칼슘 (calcium oxide)
$Ca(OH)_2$	소석회	수산화 칼슘 (calcium hydroxide)
$NaHCO_3$	베이킹 소다	탄산 수소 소듐 (sodium hydrogen carbonate)
$Na_2CO_3 \cdot 10H_2O$	세탁용 소다	탄산 소듐 십수화물 (sodium carbonate decahydrate)
$MgSO_4 \cdot 7H_2O$	사리 염	황산 마그네슘 칠수화물 (magnesium sulfate heptahydrate)
$Mg(OH)_2$	마그네시아 유	수산화 마그네슘 (magnesium hydroxide)
$CaSO_4 \cdot 2H_2O$	석고(깁스)	황산 칼슘 이수화물 (calcium sulfate dihydrate)

많이 알려진 무기 화합물

어떤 화합물들은 체계적인 화학명보다 관용명으로 더 많이 알려져 있다. 표 2.7은 많이 알려진 예이다.

2.8 유기 화합물의 소개

가장 간단한 형태의 유기 화합물은 탄소와 수소만을 함유하는 *탄화수소*(hydrocabon)이다. 탄화수소는 가정과 산업체의 가열 연료로, 내연 기관 엔진의 동력과 전기를 발생하는

표 2.8 처음 열 개의 곧은 사슬 알케인

이름	구조	분자 모형
메테인(Methane)	CH_4	
에테인(Ethane)	C_2H_6	
프로페인(Propane)	C_3H_8	
뷰테인(Butane)	C_4H_{10}	
펜테인(Pentane)	C_5H_{12}	
헥세인(Hexane)	C_6H_{14}	
헵테인(Heptane)	C_7H_{16}	
옥테인(Octane)	C_8H_{18}	
노네인(Nonane)	C_9H_{20}	
데케인(Decane)	$C_{10}H_{22}$	

연료로, 그리고 화학 산업의 출발 물질로 사용된다. 탄화수소의 한 부류를 *알케인*(alkane)이라고 부른다. 표 2.8은 탄소에 가지가 붙지 않은 처음 열 개의 *곧은 사슬*(straight-chain) 알케인의 이름과 구조 및 분자 모형을 보여 준다. 모든 이름의 끝은 '*에인(-ane)*'이다. C_5H_{12}부터는 표 2.4의 그리스어가 탄소의 숫자를 나타낸다.

유기 화합물을 다루는 화학은 하나 또는 몇 개의 원자가 특별한 방식으로 결합된 여러 *작용기*(functional group)를 밝혀내었다. 예를 들어, 메테인의 수소 하나를 하이드록실기(−OH), 아미노기(−NH_2), 카복실기(−COOH)로 치환하면 다음 분자들이 생성된다.

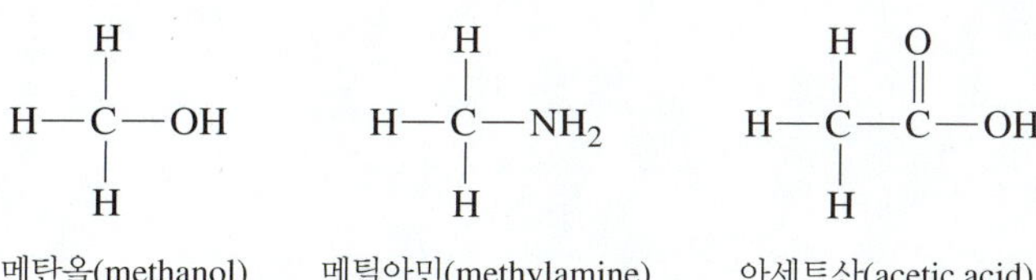

메탄올(methanol) 메틸아민(methylamine) 아세트산(acetic acid)

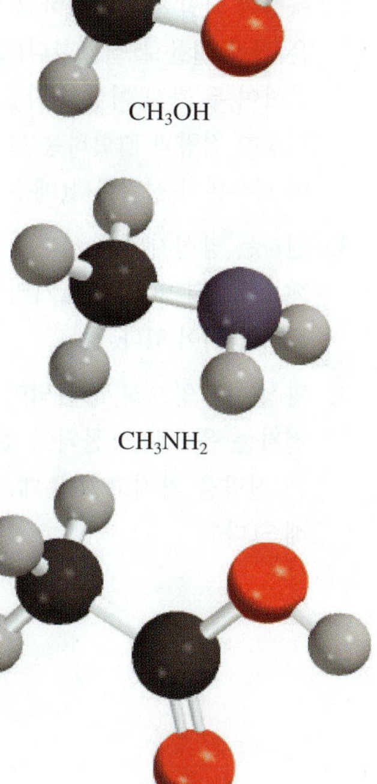
CH_3OH

CH_3NH_2

CH_3COOH

이들 분자들의 화학적 성질은 작용기의 반응성으로부터 예측할 수 있다. 유기 화합물의 주요 부류의 명명법과 작용기에 따르는 성질은 24장에서 논의할 것이지만, 이 책 전체에서 화학 결합, 산-염기 반응 및 다른 성질들을 설명하는 예로 유기 화합물을 흔히 사용할 것이다.

개념 복습하기

뷰테인에 있는 H 원자 하나를 하이드록실기(−OH)로 치환할 때 몇 가지 다른 분자를 만들 수 있을까? (표 2.8 참조)

주요 식 정리하기 *Key Equation*

질량수 = 양성자수 + 중성자수
　　　= 원자 번호 + 중성자수 (2.1)

사실과 개념 요약하기 *Summary of Facts & Concepts*

1. 근대 화학은 돌턴의 원자론과 함께 시작되었으며, 다음과 같이 설명된다. 모든 물질은 원자라고 하는 작고 더 이상 나누어지지 않는 작은 입자로 되어 있으며, 같은 원소의 모든 원자들은 동일하고, 화합물에 포함된 서로 다른 원소들의 원자들은 정수비로 결합되어 있으며, 원자들은 화학 반응에 의해 새롭게 생성되거나 파괴되지 않는다(질량 보존 법칙).
2. 특정한 화합물을 구성하고 있는 원소들의 원자들은 항상 같은 질량 비율로 결합한다(일정 성분비 법칙). 두 원소가 결합하여 두 가지 이상의 화합물을 만들 수 있을 때, 한 원소의 일정한 질량과 결합하는 다른 원소의 질량들 사이에는 간단한 정수비가 성립한다(배수 비례 법칙).
3. 원자는 양성자와 중성자로 이루어진 매우 조밀한 중심핵과 핵으로부터 비교적 먼 거리에서 핵의 주위를 돌고 있는 전자로 구성되어 있다.
4. 양성자는 양으로 하전되어 있고, 중성자는 전하가 없으며, 전자는 음으로 하전되어 있다. 양성자와 중성자는 거의 같은 질량을 가지고 있는데, 이는 전자의 질량보다 약 1840배 크다.
5. 한 원소의 원자 번호는 그 원소의 원자핵 속에 있는 양성자수이며, 원소의 동일성을 결정한다. 질량수는 핵에 있는 양성자수와 중성자수를 합한 수이다.
6. 동위원소란, 양성자수는 같고 중성자수가 다른 같은 원소의 원자들을 말한다.
7. 화학식은 구성 원소의 기호와 정수의 아래첨자를 결합시켜 한 화합물의 가장 작은 단위에 포함된 원자의 종류와 수를 보여 준다.
8. 분자식은 한 화합물의 각 분자에서 서로 결합하고 있는 원자들의 수와 종류를 나타낸다. 실험식은 한 분자에 있는 원자들의 가장 간단한 정수비를 보여 준다.
9. 화합물은 분자 화합물(가장 작은 단위는 개별적으로 분리될 수 있는 분자이다)이거나 양이온과 음이온으로 되어 있는 이온 결합 화합물이다.
10. 많은 무기 화합물은 간단한 규칙에 따라서 명명할 수 있다. 화학식은 그 화합물의 이름으로부터 적을 수 있다.
11. 유기 화합물은 탄소와 수소, 산소, 질소 같은 원소들을 포함한다. 탄화수소는 가장 간단한 형태의 유기 화합물이다.

주요 용어 정리하기 Key Words

감마(γ) 선
구조식
금속
다원자 분자
다원자 이온
단원자 이온
동소체
동위원소
방사능
방사선
배수 비례 법칙
베타(β) 선
베타(β) 입자
분자
분자식
비금속
산
산소산
산소산 음이온
삼성분 화합물
수화물
실험식
알칼리 금속
알칼리 토금속
알파(α) 선
알파(α) 입자
양성자
양이온
염기
영족 기체
원자
원자 번호(Z)
유기 화합물
음이온
이성분 화합물
이온
이온 결합 화합물
이원자 분자
일정 성분비 법칙
전자
족
주기
주기율표
준금속
중성자
질량 보존 법칙
질량수(A)
할로젠
핵
화학식

연습 문제 Questions & Problems

● 표시는 *Connect Plus*에서 유용한 문제,
붉은색 번호의 문제는 학생용 문제풀이집에 풀어 놓았다.

원자의 구조

▶ 복습 질문

2.1 다음 용어를 정의하시오. (a) α 입자, (b) β 입자, (c) γ 선, (d) X 선.

2.2 방사능 원소에 의해 방출된 것으로 알려진 방사선의 형태를 열거하시오.

2.3 다음 성질을 서로 비교하시오. α 입자, 음극선, 양성자, 중성자, 전자.

2.4 용어 "기본 입자"란 무엇을 뜻하는가?

2.5 다음 과학자들이 우리가 알고 있는 원자의 구조에 공헌한 바를 쓰시오. 톰슨(J. J. Thomson), 밀리컨(R. A. Millikan), 러더퍼드(Ernest Rutherford), 채드윅(James Chadwick).

2.6 핵은 원자의 부피의 매우 작은 부분을 차지하고 있다는 것을 믿도록 하는 실험적 기초를 서술하시오.

▶ 문제

● 2.7 중성 헬륨 원자의 지름은 약 1×10^2 pm이다. 만일 헬륨 원자를 서로 닿게 하여 나란히 일렬로 세울 때, 한쪽 끝에서 다른 쪽 끝까지의 거리가 1 cm가 되려면 대략 몇 개의 원자가 필요하겠는가?

2.8 대략적으로 원자의 반지름은 그 원자핵의 반지름의 약 10,000배 더 크다. 핵의 반지름이 2.0 cm인 원자의 반지름은 몇 마일(mile)이 되겠는가? (1 mi = 1609 m)

원자 번호, 질량수 및 동위원소

▶ 복습 질문

2.9 헬륨-4 동위원소를 이용하여 원자 번호와 질량수를 정의하시오. 원자 번호를 알면 원자 내에 존재하는 전자수를 추정할 수 있는 이유는 무엇인가?

2.10 원소의 모든 원자는 질량수는 다를 수 있지만, 원자 번호가 같은 이유는 무엇인가?

2.11 질량수가 다른 같은 원소의 원자를 무엇이라고 하는가?

2.12 표현 ${}^{A}_{Z}X$에서 각 기호가 나타내는 바를 설명하시오.

▶ 문제

● 2.13 중성자가 28개인 철 원자의 질량수를 구하시오.

● **2.14** ${}^{239}Pu$의 중성자수를 계산하시오.

● 2.15 다음 각 화학종의 핵에 있는 양성자수와 중성자수를 각각 결정하시오.

$${}^{3}_{2}He, {}^{4}_{2}He, {}^{24}_{12}Mg, {}^{25}_{12}Mg, {}^{48}_{22}Ti, {}^{79}_{35}Br, {}^{195}_{78}Pt$$

● **2.16** 다음 각 화학종에 대하여 양성자수, 중성자수, 전자수를 나타내시오.

$${}^{15}_{7}N, {}^{33}_{16}S, {}^{63}_{29}Cu, {}^{84}_{38}Sr, {}^{130}_{56}Ba, {}^{186}_{74}W, {}^{202}_{80}Hg$$

● 2.17 다음 각 동위원소에 대하여 적당한 기호를 쓰시오. (a) $Z = 11, A = 23$, (b) $Z = 28, A = 64$.

● **2.18** 다음 각 동위원소에 대하여 적당한 기호를 쓰시오. (a) $Z = 74, A = 186$, (b) $Z = 80, A = 201$.

주기율표

▶ 복습 질문

2.19 주기율표란 무엇이며, 화학 공부에서 주기율표가 왜 중요한가?

2.20 금속과 비금속의 차이점 두 가지를 쓰시오.

2.21 다음 범주에 속하는 원소의 이름과 기호를 4개씩 쓰시오. (a) 비금속, (b) 금속, (c) 준금속.

2.22 다음 용어를 설명하고, 예를 각각 두 가지씩 드시오. (a) 알칼리 금속, (b) 알칼리 토금속, (c) 할로젠, (d) 영족 기체.

▶ 문제

2.23 sodium(소듐)의 경우처럼 영문 이름 끝에 "*-ium*"이 있는 원소는 일반적으로 금속이다. 이름이 "*-ium*"으로 끝나는 비금속을 쓰시오.

2.24 다음과 같이 움직일 때 나타나는 성질의 변화(금속에서 비금속으로 또는 비금속에서 금속으로)를 설명하시오. (a) 주기율표의 족을 따라 아래로 내려갈 때, (b) 주기율표를 횡단하여 갈 때.

2.25 화학과 물리 자료 편람(handbook of chemical and physical data)을 이용하여 다음을 알아보시오. (a) 물보다 밀도가 낮은 두 가지 금속, (b) 수은보다 밀도가 큰 두 가지 금속, (c) 가장 밀도가 큰 것으로 알려진 고체 금속 원소, (d) 가장 밀도가 큰 것으로 알려진 고체 비금속 원소.

2.26 다음 원소 중 비슷한 화학적 성질을 나타낼 것으로 예상되는 것끼리 쌍으로 묶으시오. K, F, P, Na, Cl, N.

분자와 이온

▶ 복습 질문

2.27 원자와 분자의 차이는 무엇인가?

2.28 동소체는 무엇인가? 예를 드시오. 동소체와 동위원소는 어떻게 다른가?

2.29 흔히 사용되는 두 가지 분자 모형을 설명하시오.

2.30 다음 각각의 예를 드시오. (a) 단원자 양이온, (b) 단원자 음이온, (c) 다원자 양이온, (d) 다원자 음이온.

▶ 문제

2.31 다음 그림 중 어느 것이 이원자 분자, 다원자 분자, 화합물이 아닌 분자, 화합물인 분자 또는 원자 형태의 물질을 나타내겠는가?

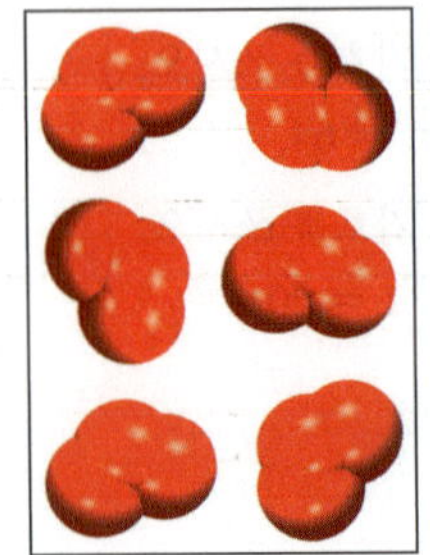
(a)

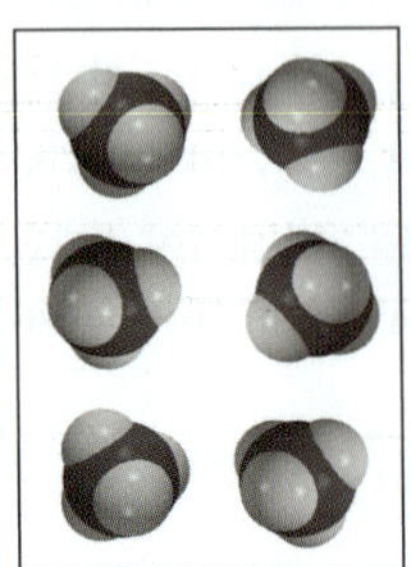
(b)

(c)

2.32 다음 그림 중 어느 것이 이원자 분자, 다원자 분자, 화합물이 아닌 분자, 화합물인 분자 또는 원자 형태의 물질을 나타내겠는가?

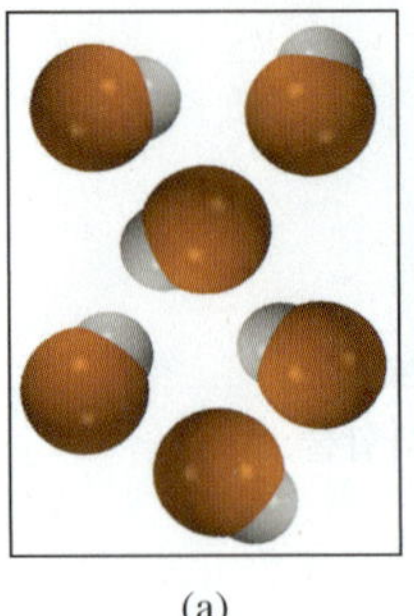
(a)

(b)

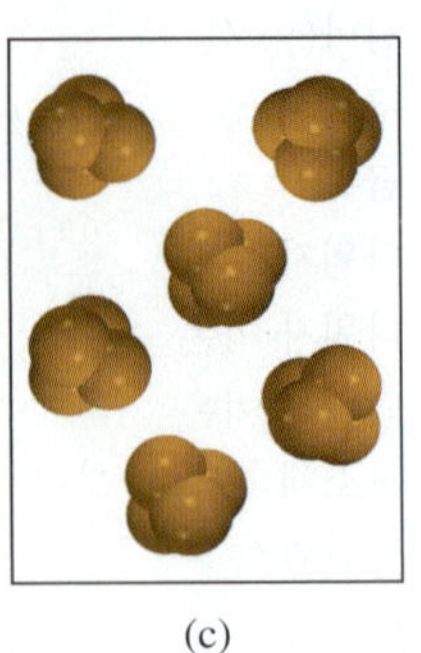
(c)

2.33 다음을 원소와 화합물로 구분하시오. NH_3, N_2, S_8, NO, CO, CO_2, H_2, SO_2.

2.34 다음 각 경우에 대해 두 가지씩 예를 드시오. (a) 같은 원소의 원자를 포함하는 이원자 분자. (b) 다른 원소의 원자를 포함하는 이원자 분자. (c) 같은 원소의 원자를 포함하는 다원자 분자. (d) 다른 원소의 원자를 포함하는 다원자 분자.

2.35 다음 각 이온에 대하여 양성자수와 전자수를 쓰시오. Na^+, Ca^{2+}, Al^{3+}, Fe^{2+}, I^-, F^-, S^{2-}, O^{2-}, N^{3-}.

2.36 다음 각 이온에 대하여 양성자수와 전자수를 쓰시오. K^+, Mg^{2+}, Fe^{3+}, Br^-, Mn^{2+}, C^{4-}, Cu^{2+}.

화학식

▶ 복습 질문

2.37 화학식은 무엇을 나타내는가? 다음 각 분자식에서 원자의 비를 구하시오. (a) NO, (b) NCl_3, (c) N_2O_4, (d) P_4O_6.

2.38 분자식과 실험식을 정의하시오. 한 화합물에서 실험식과 분자식 사이에서 유사점과 차이점은 무엇인가?

2.39 두 분자가 분자식은 다르지만 실험식이 같은 경우의 예를 하나 드시오.

2.40 P_4는 무엇을 의미하는가? 4P와 어떻게 다른가?

2.41 이온 결합 화합물은 무엇인가? 이온 결합 화합물에서 전기적 중성을 어떻게 유지하는가?

2.42 이온 결합 화합물의 화학식은 보통 그들의 실험식과 같다. 그 이유를 쓰시오.

▶ 문제

2.43 다음 이온 결합 화합물의 식을 쓰시오. (a) 산화 소듐(sodium oxide), (b) 황화 철(iron sulfide, Fe^{2+} 이온 포함), (c) 황산 코발트(cobalt sulfate, Co^{3+}와 SO_4^{2-} 이온 포함), (d) 플루오린화 바륨(barium fluoride). (힌트: 그림 2.11 참조).

2.44 다음 이온 결합 화합물의 식을 쓰시오. (a) 브로민화 구리(copper bromide, Cu^+ 이온 포함), (b) 산화 망가니즈(manganese oxide, Mn^{3+} 포함), (c) 아이오딘화 수은

(mercury iodide, Hg_2^{2+} 이온 포함), (d) 인산 마그네슘 (magnesium phosphate, PO_4^{3-} 이온 포함). (*힌트*: 그림 2.11 참조)

• 2.45 다음 화합물의 실험식을 쓰시오. (a) C_2N_2, (b)C_6H_6, (c) C_9H_{20}, (d) P_4O_{10}, (e) B_2H_6.

• **2.46** 다음 화합물의 실험식을 쓰시오. (a) Al_2Br_6, (b) $Na_2S_2O_4$, (c) N_2O_5, (d) $K_2Cr_2O_7$.

• 2.47 단백질에 존재하는 아미노산 중 하나인 글라이신의 분자식을 쓰시오. 색 코드는 검은색(탄소), 파란색(질소), 빨간색(산소), 회색(수소)이다.

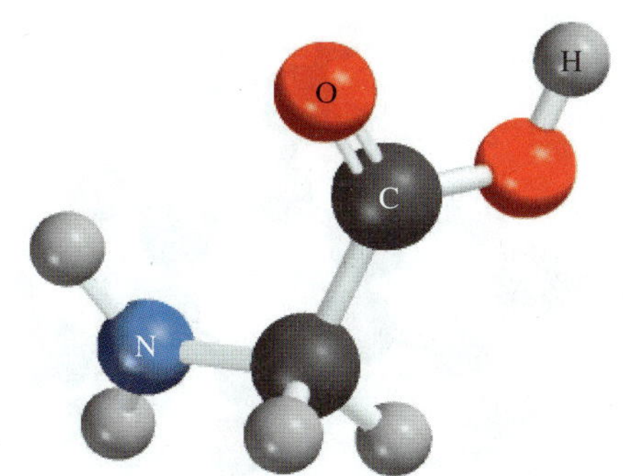

• **2.48** 에탄올의 분자식을 쓰시오. 색 코드는 검은색(탄소), 빨간색(산소), 회색(수소)이다.

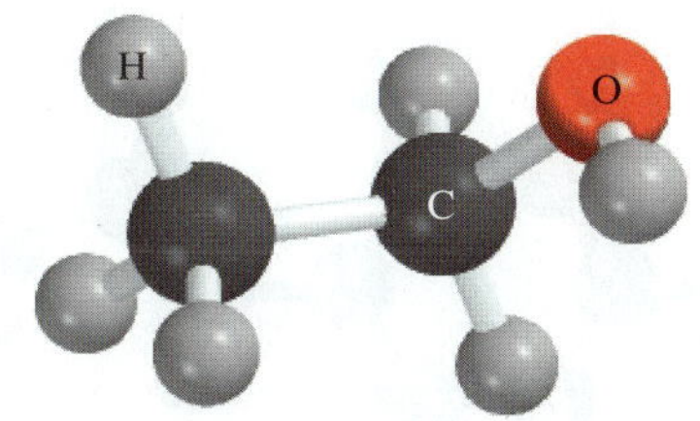

• 2.49 다음 화합물 중 어느 것이 이온 결합 화합물인가? 어느 것이 분자 화합물인가? $SiCl_4$, LiF, $BaCl_2$, B_2H_6, KCl, C_2H_4.

• **2.50** 다음 화합물 중 어느 것이 이온 결합 화합물인가? 어느 것이 분자 화합물인가? CH_4, NaBr, BaF_2, CCl_4, ICl, CsCl, NF_3.

화합물의 명명

▶ 복습 질문

2.51 무기 화합물과 유기 화합물의 차이는 무엇인가?

2.52 무기 화합물의 네 가지 주요 영역은 무엇인가?

2.53 이성분 화합물과 삼성분 화합물의 예를 각각 하나씩 드시오.

2.54 슈토크 체계란 무엇인가? 양이온 명명에서 이전 체계보다 나은 점은 무엇인가?

2.55 왜 HCl이라는 식은 두 다른 화학계를 나타낼 수 있는가?

2.56 다음 용어를 정의하시오. 산, 염기, 산소산, 산소산 음이온, 수화물.

▶ *문제*

• 2.57 다음 화합물을 명명하시오. (a) Na_2CrO_4, (b) K_2HPO_4, (c) HBr(기체), (d) HBr(수용액), (e) Li_2CO_3, (f) $K_2Cr_2O_7$, (g) NH_4NO_2, (h) PF_3, (i) PF_5, (j) P_4O_6, (k) CdI_2, (l) $SrSO_4$, (m) $Al(OH)_3$, (n) $Na_2CO_3 \cdot 10H_2O$.

• **2.58** 다음 화합물을 명명하시오. (a) KClO, (b) Ag_2CO_3, (c) $FeCl_2$, (d) $KMnO_4$, (e) $CsClO_3$, (f) HIO, (g) FeO, (h) Fe_2O_3, (i) $TiCl_4$, (j) NaH, (k) Li_3N, (l) Na_2O, (m) Na_2O_2, (n) $FeCl_3 \cdot 6H_2O$.

• 2.59 다음 화합물의 화학식을 쓰시오. (a) 아질산 루비듐, (b) 황화 포타슘, (c) 황화 수소 소듐, (d) 인산 마그네슘, (e) 인산 수소 칼슘, (f) 인산 이수소 포타슘, (g) 칠플루오린화 아이오딘, (h) 황산 암모늄, (i) 과염소산 은, (j) 삼염화 붕소.

• **2.60** 다음 화합물의 화학식을 쓰시오. (a) 사이안화 구리(I), (b) 아염소산 스트론튬, (c) 과브로민산, (d) 아이오딘화 수소산, (e) 인산 암모늄 이소듐, (f) 탄산 납(II), (g) 플루오린화 주석(II), (h) 십황화 사인, (i) 산화 수은(II), (j) 아이오딘화 수은(I), (k) 육플루오린화 셀레늄.

2.61 황(S)과 플루오린(F)은 여러 다른 화합물을 형성한다. 그 중 하나인 SF_6는 S 1 g 당 F 3.55 g을 포함한다. 배수 비례 법칙을 이용하여 S 1 g 당 F 2.37 g을 포함하는 화합물 SF_n의 F 원자수를 나타내는 n을 결정하시오.

2.62 다음 화합물을 명명하시오.

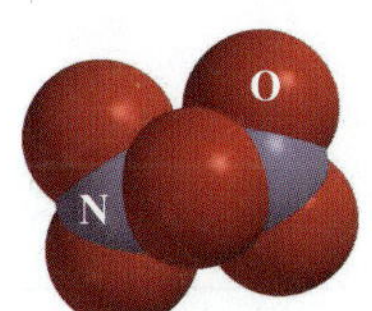

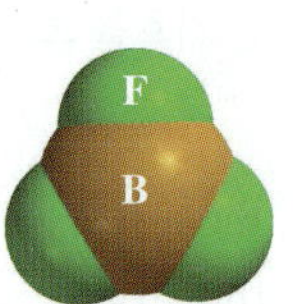

2.63 다음 종들을 같은 전자수를 포함하는 쌍으로 나타내시오. Ar, Sn^{4+}, F^-, Fe^{3+}, P^{3-}, V, Ag^+, N^{3-}.

2.64 다음을 포함하는 원자의 화학 기호를 쓰시오. (a) 양성자 25개, 전자 25개, 중성자 27개, (b) 양성자 10개, 전자 10개, 중성자 12개, (c) 양성자 47개, 전자 47개, 중성자 60개, (d) 양성자 53개, 전자 53개, 중성자 74개, (e) 양성자 94개, 전자 94개, 중성자 145개.

추가 문제

2.65 어떤 우라늄 화합물 시료의 질량이 점점 줄어들고 있음을 발견하였다. 그 시료에 어떤 일이 일어났는지 설명하시오.

• **2.66** 다음 중 화학적 성질이 서로 가장 가까운 화학종으로 된 쌍을 고르시오. (a) ^1_1H와 $^1_1H^+$, (b) $^{14}_7N$와 $^{14}_7N^{3-}$, (c) $^{12}_6C$와 $^{13}_6C$.

• 2.67 어떤 금속 원소의 한 동위원소는 질량수가 65이고, 핵속에 중성자 35개가 있다. 이 동위원소에서 파생된 양이온은 전자 28개를 가지고 있다. 이 양이온의 기호를 쓰시오.

2.68 어떤 비금속 원소의 한 동위원소는 질량수가 127이고, 핵 속에 중성자 74개가 있다. 이 동위원소에서 파생된 음이온은 전자 54개를 가지고 있다. 이 음이온의 기호를 쓰시오.

● 2.69 다음 화합물의 분자식과 실험식을 결정하시오(검은 공은 탄소이고 회색 공은 수소이다).

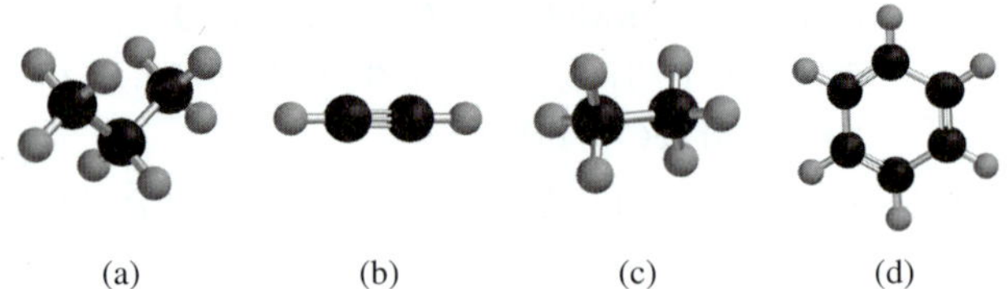

(a) (b) (c) (d)

2.70 "NaCl 4 분자"라는 말은 무엇이 옳지 않거나 애매모호한가?

2.71 황화 인은 P_4S_3, P_4S_7, P_4S_{10}이 알려져 있다. 이들 화합물은 배수 비례 법칙에 따르는가?

2.72 다음 중 원소는 어느 것인가? 분자이지만 화합물이 아닌 것은? 화합물이지만 분자가 아닌 것은? 화합물이면서 분자인 것은? (a) SO_2, (b) S_8, (c) Cs, (d) N_2O_5, (e) O, (f) O_2, (g) O_3, (h) CH_4, (i) KBr, (j) S, (k) P_4, (l) LiF.

● 2.73 다음 표는 몇 가지 원소의 원자 또는 이온이 가지고 있는 전자수, 양성자수, 중성자수를 나타낸 것이다. 다음 물음에 답하시오. (a) 중성인 화학종은 어느 것인가? (b) 음으로 하전된 것은? (c) 양으로 하전된 것은? (d) 각 화학종에 해당되는 편리한 기호를 쓰시오.

원소의 원자 또는 이온	A	B	C	D	E	F	G
전자수	5	10	18	28	36	5	9
양성자수	5	7	19	30	35	5	9
중성자수	5	7	20	36	46	6	10

2.74 다음 기호로 나타내는 원소를 확인하고 각각의 양성자수와 중성자수를 쓰시오. (a) ${}^{20}_{10}X$, (b) ${}^{63}_{29}X$, (c) ${}^{107}_{47}X$, (d) ${}^{182}_{74}X$, (e) ${}^{203}_{84}X$, (f) ${}^{234}_{94}X$.

2.75 다음 원소의 각 쌍은 반응하여 이온 결합 화합물을 형성한다. 이들 화합물의 식을 쓰고 명명하시오. (a) 바륨과 산소, (b) 칼슘과 인, (c) 알루미늄과 황, (d) 리튬과 질소.

2.76 설명 (a)~(h)를 다음 각 원소와 연결하시오. P, Cu, Kr, Sb, Cs, Al, Sr, Cl. (a) 전이 금속, (b) −3가 이온을 형성하는 비금속, (c) 비활성 기체, (d) 알칼리 금속, (e) 13가 이온을 형성하는 금속, (f) 준금속, (g) 이원자 기체 분자로 존재하는 원소, (h) 알칼리 토금속.

2.77 양이온은 그 이온의 원자보다 항상 작은 반면, 음이온은 항상 그 이온의 원자보다 더 큰 이유를 설명하시오(*힌트*: 양성자와 전자 사이의 정전기적 인력을 고려하시오).

2.78 (a) 러더퍼드의 실험을 기술하고, 이 실험으로부터 원자의 구조를 어떻게 이끌어냈는지 설명하시오. 그는 입자의 산란으로부터 핵에 있는 양성자수를 어떻게 산정할 수 있었는가? (b) ${}^{23}Na$ 원자를 생각해 보자. 핵의 반지름과 질량이 각각 3.04×10^{-15} m 및 3.82×10^{-23} g일 때 핵의 밀도를 g/cm^3의 단위로 계산하시오. ${}^{23}Na$ 원자의 반지름은 186 pm이다. 소듐 원자에서 전자가 차지한 공간의 밀도를 계산하시오. 계산 결과가 러더퍼드의 원자 모형을 뒷받침하는가? [반지름 r인 구의 부피는 $(4/3)\pi r^3$이다.]

2.79 여기 나타낸 카페인은 항정신성 각성제이다. 이 화합물의 분자식과 실험식을 쓰시오.

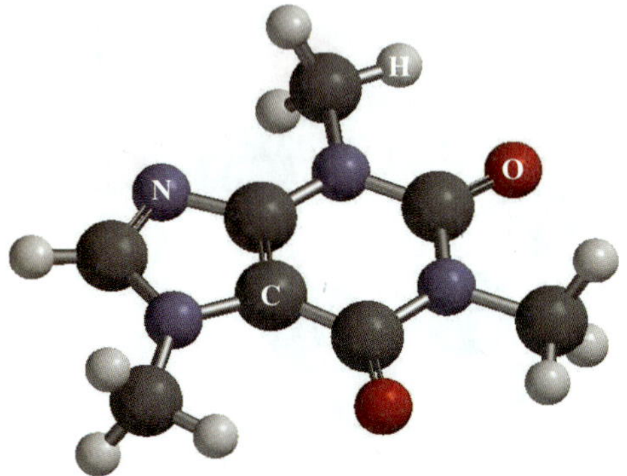

2.80 여기 나타낸 아세트아미노펜은 타이레놀의 활성 성분이다. 이 화합물의 분자식과 실험식을 쓰시오.

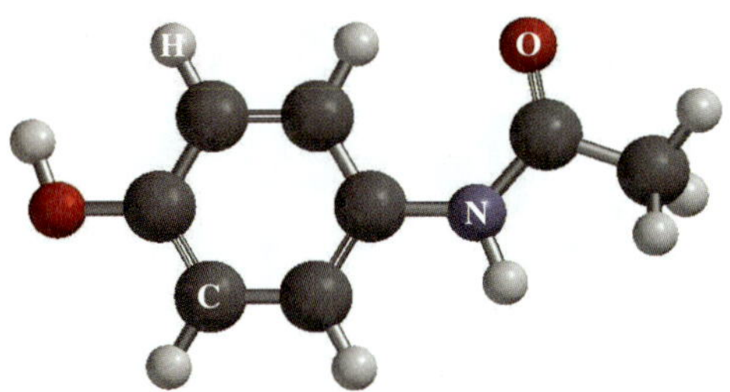

2.81 다음 각 화합물의 화학식은 무엇이 잘못되었는가? (a) 아이오딘산 마그네슘[magnesium iodate, $Mg(IO_4)_2$], (b) 인산(phosphoric acid, H_3PO_3), (c) 아황산 바륨(barium sulfite, BaS), (d) 중탄산 암모늄(NH_3HCO_3).

2.82 다음 각 화합물의 이름(괄호 안)은 무엇이 잘못되었는가? (a) $SnCl_4$(염화 주석, tin chloride), (b) Cu_2O[산화 구리(II), copper(II) oxide), (c) $Co(NO_3)_2$(질산 코발트, cobalt nitrate), (d) $Na_2Cr_2O_7$(크로뮴산 소듐, sodium chromate).

● 2.83 다음 표를 완성하시오.

기호		${}^{54}_{26}Fe^{2+}$			
양성자	5			79	86
중성자	6		16	117	136
전자	5		18	79	
알짜 전하			−3		0

2.84 (a) 이온 결합 화합물을 형성하기 가장 쉬운 원소들은 어느 것인가? (b) 전하가 다른 양이온을 만들기 가장 쉬운 금속 원소들은 어느 것인가?

• 2.85 다음 각각으로부터 파생되는 일반적인 이온의 식을 쓰시오. (a) Li, (b) S, (c) I, (d) N, (e) Al, (f) Cs, (g) Mg.

2.86 다음 기호 ^{23}Na와 $_{11}Na$ 중 원자에 대하여 더 많은 정보를 주는 것은 어느 것인가? 그 이유를 설명하시오.

• 2.87 7A족 원소를 포함하는 산의 이름과 화학식을 쓰시오. 3A족, 4A족, 5A족, 6A족 원소를 포함하는 산의 이름과 화학식을 쓰시오.

2.88 알려진 118개의 원소 중 두 개만이 상온(25°C)에서 액체이다. 이들의 이름을 쓰시오(*힌트*: 한 원소는 잘 알려진 금속이고, 다른 하나는 7A족에 있다).

• 2.89 비활성 기체(8A족 원소)인 $^{4}_{2}He$, $^{20}_{10}Ne$, $^{40}_{18}Ar$, $^{84}_{36}Kr$, $^{132}_{54}Xe$에 대하여 (a) 각 원자의 핵에 있는 양성자수와 중성자수를 결정하시오. (b) 각 원자의 핵에 있는 중성자 대 양성자 비를 결정하시오. 원자 번호가 증가함에 따라 이 비의 변화로부터 찾을 수 있는 일반적인 경향성을 설명하시오.

• **2.90** 실온에서 기체로 존재하는 원소의 이름을 열거하시오. (*힌트*: 대부분은 5A족, 6A족, 7A족, 8A족에서 찾을 수 있다.)

2.91 1B족 금속인 Cu, Ag, Au는 주화 금속(coinage metal)이라고 부른다. 특히 어떠한 화학적 성질 때문에 이들 금속이 동전과 장신구를 만드는 데 적당한가?

2.92 주기율표의 8A족에 있는 원소는 비활성 기체(noble gas)라고 한다. 이 문맥에서 "비활성(noble)"의 의미를 추측할 수 있는가?

• 2.93 산화 칼슘의 화학식은 CaO이다. 산화 마그네슘과 산화 스트론튬의 화학식을 쓰시오.

• **2.94** 바륨의 일반적인 광물은 황산 바륨($BaSO_4$)인 중정석이다. 주기율표에서 같은 족에 있는 원소들은 화학적 성질이 비슷하기 때문에, 라듐이 2A족의 맨 끝에 있는 원소이므로, 중정석과 혼합된 약간의 황산 라듐($RaSO_4$)을 발견하리라고 예상할 수 있다. 그러나 자연에 있는 라듐 화합물의 유일한 출처는 우라늄 광물이다. 그 이유를 쓰시오.

2.95 다음에 해당하는 원소를 5개씩 쓰시오. (a) 지명에서 유래한 원소, (b) 인명에서 유래한 원소, (c) 색에서 유래한 원소. (*힌트*: 부록 1 참조)

2.96 어떤 비금속 원소의 한 동위원소의 질량수는 77이며 핵에 중성자 43개가 있다. 이 동위원소에서 유래한 음이온은 전자 36개를 가진다. 이 음이온의 기호를 쓰시오.

2.97 플루오린은 수소(H) 및 중수소(D)와 반응하여 플루오린화 수소(HF) 및 플루오린화 중수소(DF)를 각각 형성한다[중수소($^{2}_{1}H$)는 수소의 동위원소]. 플루오린 일정량이 수소의 두 동위원소의 다른 양과 반응하겠는가? 이것은 일정 성분비 법칙에 위배되는가? 설명하시오.

• **2.98** 다음 원소로부터 형성되는 이성분 화합물의 화학식과 이름을 예측하시오.(a) Na와 H, (b) B와 O, (c) Na와 S, (d) Al과 F, (e) F와 O, (f) Sr과 Cl.

• 2.99 다음 원소를 각각 확인하시오.(a) 음이온이 전자 36개를 포함하는 할로젠, (b) 양성자 86개를 가진 방사성 비활성 기체. (c) 음이온이 전자 36개를 포함하는 6A족 원소, (d) 전자 36개를 포함하는 알칼리 금속 양이온, (e) 전자 80개를 포함하는 4A족 양이온.

• **2.100** 다음 화합물의 분자식과 이름을 쓰시오.

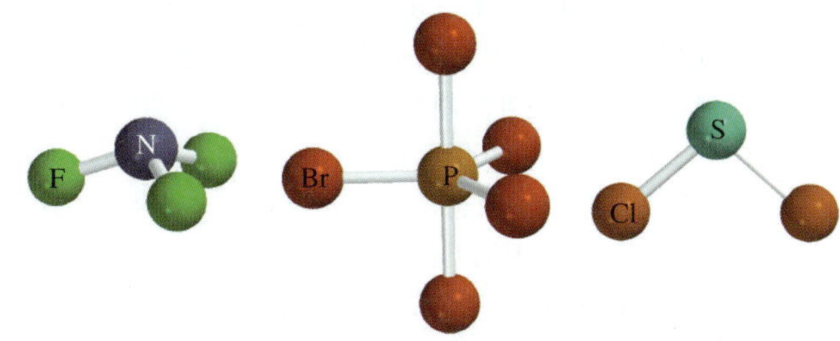

2.101 주기율표에서 다음의 위치를 나타내시오. (a) 알칼리 금속, (b) 알칼리 토금속, (c) 할로젠과 (d) 비활성 기체. 금속과 준금속, 준금속과 비금속을 나누는 선을 그리시오.

1A 2A 3A 4A 5A 6A 7A 8A

• **2.102** 다음 표의 빈 곳을 채우시오.

양이온	음이온	화학식	이름
			중탄산 마그네슘(magnesium bicarbonate)
		$SrCl_2$	
Fe^{3+}	NO_2^-		
			염소산 망가니즈(II)[manganese(II) chlorate]
		$SnBr_4$	
Co^{2+}	PO_4^{3-}		
Hg_2^{2+}	I^-		
		Cu_2CO_3	
			질소화 리튬(lithium nitride)
Al^{3+}	S^{2-}		

• 2.103 몇몇 화합물은 체계적인 화학적 이름보다는 관용명(common name)으로 더 잘 알려져 있다. 다음 물질의 화학식을 쓰시오. (a) 드라이 아이스, (b) 소금, (c) 웃음 가스, (d) 대리석(분필, 석회석), (e) 생석회(quick lime),

(f) 소석회(slaked lime), (g) 베이킹 소다, (h) 마그네시아유(milk of magnesia).

● **2.104** 2.1절에서 질량과 에너지의 관계를 *질량-에너지*(mass-energy)라 부르는 단일 표현으로 표시했다. 이 두 물리량 사이의 관계식은 아인슈타인의 유명한 방정식 $E = mc^2$이다. 여기서 E는 에너지, m은 질량, c는 빛의 속도이다. 연소 실험에서 수소 분자 12.096 g은 산소 분자 96.000 g과 결합하여 물을 만들고 1.715×10^3 kJ의 열을 방출한다. 이 과정에서의 질량 변화를 계산하고, 일반적인 화학 변화에서 질량 보존 법칙이 성립하는지 여부를 밝히시오. (*힌트*: 아인슈타인의 방정식은 에너지 변화에 따른 질량 변화를 계산하는 데 사용할 수 있다. $1\ \text{J} = 1\ \text{kg m}^2/\text{s}^2$, $c = 3.00 \times 10^8$ m/s.)

● 2.105 다음 탄화수소의 가능한 모든 구조식을 그리시오. CH_4, C_2H_6, C_3H_8, C_4H_{10}, C_5H_{12}.

2.106 (a) 핵이 구 모양이라고 가정하고 반지름 r이 질량수(A)의 세제곱근에 비례함을 보이시오. (b) 일반적으로 핵의 반지름은 $r = r_0A^{1/3}$으로 주어진다. 여기서 r_0는 1.2×10^{-15} m인 비례 상수이다. ${}^7_3Li$ 핵의 부피를 계산하시오. (c) Li 원자의 반지름이 152 pm일 때 핵이 차지하는 원자 부피의 분율을 계산하시오. 계산 결과가 러더퍼드의 원자 모형을 지지하는가?

● 2.107 분자식이 C_2H_6O인 두 개의 다른 구조식을 그리시오. 같은 분자식을 가지는 둘 이상의 화합물이 있다는 사실이 돌턴의 원자 모형과 일치하는가?

● **2.108** 에테인과 아세틸렌은 기체상 탄화수소이다. 화학 분석에서 에테인은 탄소 2.65 g이 수소 0.665 g과 결합되어 있고, 아세틸렌은 탄소 4.56 g이 수소 0.383 g과 결합되어 있음을 알았다. (a) 이 결과로 배수 비례 법칙을 설명할 수 있는가? (b) 이 화합물들의 적절한 분자식을 쓰시오.

● 2.109 백금(Pt)으로 된 정육면체의 모서리 길이가 1.0 cm이다. (a) 정육면체 안의 Pt 원자의 수를 계산하시오. (b) 원자들은 구 모양이다. 따라서 정육면체 안의 Pt 원자들은 그 공간을 모두 채울 수 없다. 정육면체 내부 74%만을 Pt 원자가 채운다면 Pt 원자의 반지름을 pm 단위로 계산하시오. Pt의 밀도는 21.45 g/cm^{3}이고 Pt 원자 한 개의 질량은 3.240×10^{-22} g이다. 반지름 r인 구의 부피는 $(4/3)\pi r^3$이다.

● **2.110** 한 단원자 이온이 +2의 전하를 갖는다. 원래 원자의 질량수는 55이다. 중성자수가 양성자수의 1.2배라면 이 원소의 이름과 기호는 무엇인가?

● 2.111 다음 2×2 낱말 맞추기에서 각 글자가 가로, 세로, 대각선, 자신이 맞아야 한다. 퍼즐을 완성하였을 때 네 공간이 10개 원소의 기호가 겹쳐질 것이다. 각 네모칸에 대문자를 쓰시오. 맞는 답은 하나뿐이다.*

1	2
3	4

▶ *가로*

1~2: 고대에 사용된 금속의 두 글자 기호

3~4: 공기 중에서 타는 금속의 두 글자 기호. 5A족

▶ *세로*

1~3: 준금속의 두 글자 기호

2~4: 미국 동전에 사용되는 금속의 두 글자 기호

▶ *하나의 네모*

1: 색이 있는 비금속

2: 무색의 기체 비금속

3: 녹색 불꽃을 만드는 원소

4: 약으로 쓰이는 원소

▶ *대각선*

1~4: 전자 제품에 사용되는 원소의 두 글자 기호

2~3: 초전도 자석 선을 만드는 데 Zr과 함께 사용되는 금속의 두 글자 기호

● **2.112** 다음 산의 이름을 쓰시오.

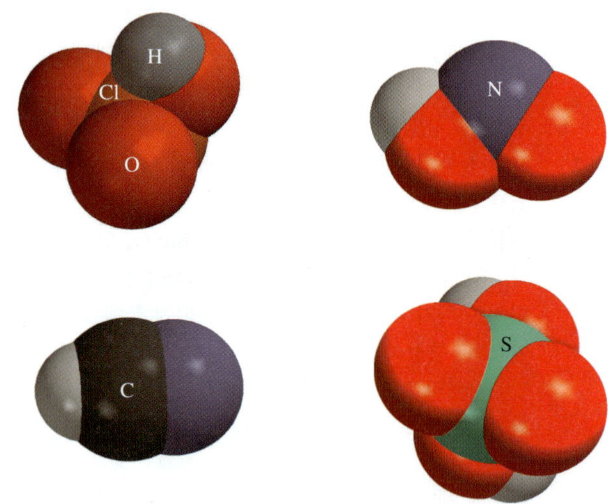

2.113 핵 질량이 9.229×10^{-23} g인 ${}^{56}_{26}Fe$ 원자핵의 밀도를 계산하시오. 계산 결과로부터 두 개 이상의 양성자를 포함하는 핵은 중성자도 가져야 한다는 사실을 지적해 보시오.(*힌트*: 연습 문제 2.106 참조)

2.114 원소 X는 원소 Y와 결합하여 X^{4+}와 Y^{2-} 이온을 포함하는 이온 결합 화합물을 형성한다. 화합물의 식을 쓰고 이

*노르웨이 트론트하임 대학교의 사이빈(S. J. Cyvin) 교수의 허락 하에 사용하였음. 이 퍼즐은 *Chemical & Engineering News*(1987년 12월 14일, p. 86) 및 *Chem Matters*(1988년 10월호)에 있음.

원소들이 주기율표에서 어디에 위치할지 말해 보시오. 대표적인 화합물의 이름을 제시하시오.

2.115 표 2.8에 메테인, 에테인, 프로페인을 나타내었다. 다음 자료가 배수 비례 법칙과 일치함을 보이시오.

	시료 1 g 중 탄소 질량	시료 1 g 중 수소 질량
메테인	0.749 g	0.251 g
에테인	0.799 g	0.201 g
프로페인	0.817 g	0.183 g

설명, 모형화 및 추정 문제 *Interpreting, Modeling & Estimating*

2.116 러더퍼드 산란 실험에서 알파 입자 하나가 금 원자핵을 향해 바로 나아가고 있다. 그 운동 에너지가 완전히 전기적 퍼텐셜 에너지로 변환되었을 때 그 입자는 서게 될 것이다. 이렇게 될 때 운동 에너지가 6.0×10^{-14} J인 알파 입자는 핵에서 얼마나 가까이에 있게 되겠는가? [쿨롱 법칙에 따르면 전하를 띤 두 입자 사이의 전기적 퍼텐셜 에너지는 $E = kQ_1Q_2/r$이다. 여기서 Q_1과 Q_2는 알파 입자와 금 원자핵의 전하(쿨롱 단위)이고 r은 둘 사이의 거리(미터 단위)이며, k는 9.0×10^9 kg · m^3/s^{2}인 상수이다. 줄(J)은 에너지의 단위로 1 J = 1 kg · m^2/s^{2}이다.]

2.117 다음 화학종들의 상대적 크기를 추정하시오. Li, Li^+, Li^-.

2.118 마그네슘의 두 동위원소인 ^{24}Mg와 ^{26}Mg의 원자 크기를 비교하시오.

2.119 가시광선을 사용하여 우리 인간은 육안으로 2×10^{-5} cm 보다 작은 물체를 볼 수 없다. 우리가 원자를 보기 위해서는 은 원자 몇 개를 나란히 늘어놓아야 하는가?

2.120 원자핵의 크기가 완두콩만하다면 전자들은 핵으로부터 (평균적으로) 얼마나 멀리 떨어져 있겠는가(미터 단위)?

2.121 소듐과 포타슘은 지각에서 천연 존재비가 비슷하며 이들의 화합물은 대부분 녹는다. 하지만 바닷물의 구성은 포타슘보다 소듐이 훨씬 더 높다. 그 이유를 설명하시오.

2.122 비닐 봉지를 재생할 수 있는 한 가지 기술은 고압과 700°C로 가열하여 여러 곳에 쓰일 수 있는 탄소 미세구체로 만드는 것이다. 이러한 방법으로 얻어진 전형적인 탄소 미세구체를 전자 현미경으로 본 것이다. 그림 아래 오른쪽에 척도가 주어져 있다. 일반적인 탄소 미세구체에 있는 탄소 원자의 개수를 결정하시오.

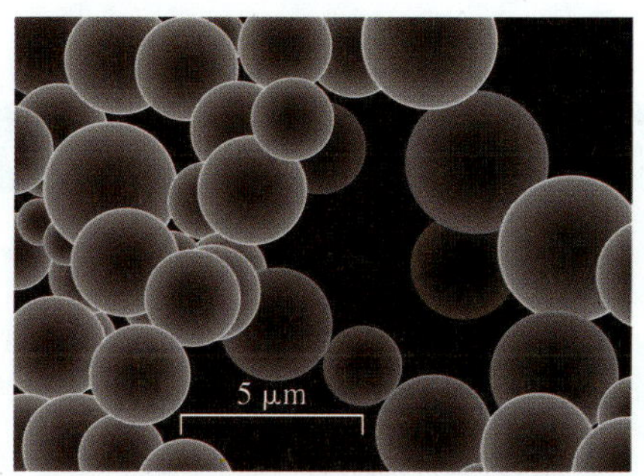

실전 연습의 답 *Answers to Practice Exercises*

2.1 양성자 29개, 중성자 34개, 전자 29개. **2.2** $CHCl_3$.

2.3 $C_4H_5N_2O$. **2.4** (a) $Cr_2(SO_4)_3$, (b) TiO_2.

2.5 (a) 산화 납(II)[lead(II) oxide], (b) 염소산 리튬(lithium chlorate). **2.6** (a) Rb_2SO_4, (b) BaH_2.

2.7 (a) 삼플루오린화 질소(nitrogen trifluoride), (b) 칠산화 이염소(dichlorine heptoxide). **2.8** (a) SF_4, (b) N_2O_5.

2.9 (a) 하이포아브로민산(hypobromous acid), (b) 황산 수소 이온(hydrogen sulfate ion).

제 3 장

화학 반응에서의 질량 관계

Mass Relationships in Chemical Reactions

▲ 불꽃놀이는 그 자체에서 만들어내는 유용한 물질이나 에너지보다 화려한 색에 주목하는 화학 반응이다.

이 장의 차례

들여다보기

- 탄소-12 동위원소 척도를 기본으로 하여 원자의 질량에 대하여 공부한다. 탄소-12 원자 1개의 질량은 정확히 12 원자 질량 단위(atomic mass unit, amu)이다. 더 편리한 그램 척도를 사용하기 위해 몰질량을 사용한다. 탄소-12의 몰질량은 정확히 12 g이며, 이 양은 아보가드로 수(6.022×10^{23})의 원자를 포함한다. 다른 원소의 몰질량도 그램으로 나타내며 같은 수의 원자를 포함한다(3.1절과 3.2절).
- 원자 질량의 논의로부터 존재하는 구성 원자의 질량의 합인 분자 질량을 이끌어 낼 수 있다. 질량 분석기(mass spectrometer)를 이용하여 직접 원자 질량 및 분자 질량을 결정하는 방법을 배운다(3.3절과 3.4절).
- 분자 및 이온 화합물의 공부를 계속하며, 각 화학 구조식으로부터 어떻게 각 원소들의 백분율을 측정하는지 배운다(3.5절).
- 한 화합물의 실험식 및 분자식이 실험적으로 어떻게 결정되는지를 배운다(3.6절).
- 다음으로 화학 반응을 화학 반응식으로 어떻게 표시하는지 배운다. 반응물과 생성물의 원자 종류와 그 개수가 동일하도록 반응식의 균형을 맞추는 과정을 공부한다(3.7절).
- 화학 반응식을 만들기 위해서는 화학 반응에서 질량 관계를 알아야 한다. 화학 반응식에서 몰 개념을 통해 형성된 생성물의 양을 예상하여 얼마나 많은 양의 반응물이 사용되는지 알 수 있다. 그리고 한계 시약(먼저 소모된 반응물)의 양을 통해 반응의 수득률을 예측할 수 있다(3.8절과 3.9절).
- 반응의 실제 수득량은 반응식에서 예상되는 양인 이론적 수득량보다 언제나 적게 생성되는데 이에는 여러 복합적인 요인이 작용한다(3.10절).

이 장에서는 원자와 분자의 질량과 화학 변화가 일어날 때 이들이 어떻게 변하는지에 대하여 생각해 본다. 이 논의를 위해 질량 보존 법칙을 보자.

3.1 원자 질량

이 장에서 원자와 분자의 질량 관계를 공부하기 위해 앞서 배운 화학 구조와 식을 이용한다. 이들 관계는 화합물의 조성과 그 변화 양상을 설명하는 데 도움을 줄 것이다.

한 원자의 질량은 그 원자에 포함된 전자, 양성자, 중성자에 의해 결정된다. 실험에서 원자의 질량을 아는 일은 중요하다. 그러나 원자는 매우 작은 입자로 되어 있다(육안으로 볼 수 있는 가장 작은 먼지 입자도 1×10^{16}개나 되는 원자들을 포함하고 있다). 따라서 원자 하나의 질량을 측정하는 일은 분명 불가능하지만, 한 원자의 다른 원자에 대한 상대적인 질량을 실험적으로 정하는 일은 가능하다. 즉, 어떤 정해진 원소의 한 원자의 질량을 특정 값으로 지정함으로써 이 값을 표준으로 사용할 수 있다.

3.4절에서 원자 질량을 결정하는 방법을 서술하였다.

국제 협약에 의해 **원자 질량**(atomic mass, 또는 *원자량*)이란 *원자 질량 단위로 나타낸 원자의 질량*이다. **원자 질량 단위**(atomic mass unit, amu)는 *탄소-12 원자 한 개의 질량의 12분의 1과 정확히 같은 질량*으로 정의한다. 탄소-12는 양성자 여섯 개와 중성자 여섯 개를 갖는 탄소의 동위원소이다. 탄소-12의 원자 질량을 12 amu로 정의함으로써 다른 원소의 원자 질량을 측정하는 표준을 제시하였다. 예를 들어, 실험 결과 수소 원자 하나는 탄소 원자 질량의 8.400%에 해당하는 질량을 갖는 것으로 알려졌다. 그러므로 탄소-12 원자 하나가 정확히 12 amu라면, 수소 원자의 원자 질량은 0.08400 × 12 amu 즉, 1.008 amu일 것이다. 마찬가지로 계산하면 산소의 원자 질량은 16.00 amu, 철의 원자 질량은 55.85 amu이다. 따라서 철 원자의 평균 질량이 대략적으로 수소 원자의 56배쯤 된다는 것을 알 수 있다.

1 원자 질량 단위(amu)를 1 돌턴(dalton)이라고도 한다.

평균 원자 질량

탄소의 원자 질량을 책 표지 안쪽에 있는 표에서 찾아보면, 그 값은 12.00 amu가 아니라 12.01 amu라는 것을 발견하게 된다. 그 이유는 자연계에 주로 존재하는 원소(탄소를 포함하여)에는 둘 이상의 동위원소가 있기 때문이다. 즉, 어떤 원소의 원자 질량을 측정할 때, 반드시 자연계에 존재하는 동위원소 혼합물의 *평균* 질량으로 계산해야 한다. 예를 들어, 자연계에는 탄소-12 98.90%와 탄소-13 1.10%가 각각 존재한다. 탄소-13의 원자 질량은 13.00335 amu이므로 탄소의 평균 원자 질량은 다음과 같이 계산된다.

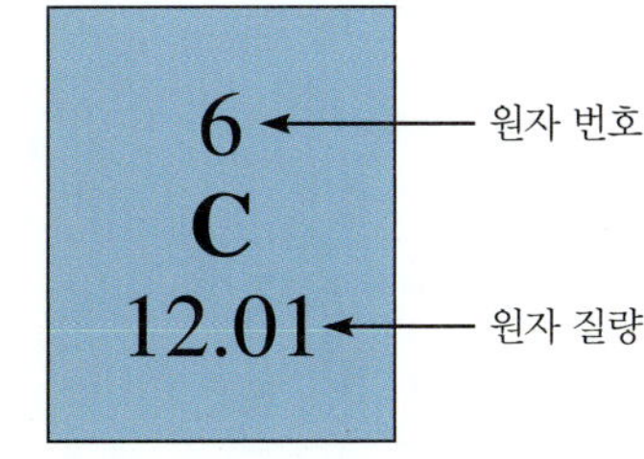

$$\text{탄소의 평균 원자 질량} = (0.9890)(12\ \text{amu}) + (0.0110)(13.00335\ \text{amu}) = 12.01\ \text{amu}$$

계산에 백분율 값이 사용됨을 주목하라. 따라서 백분율을 분수로 전환해서 사용해야 한다. 예를 들어, 98.90%는 98.90/100 즉, 0.9890이 된다. 천연에는 탄소-13에 비해 훨씬 더 많은 양의 탄소-12가 존재하므로 평균 원자 질량은 13 amu보다 12 amu에 훨씬 가깝다.

탄소의 원자 질량이 12.01 amu라고 할 때, 이 값이 평균값을 의미한다는 사실을 아는 것이 중요한다. 탄소 원자 하나하나의 원자 질량을 개별적으로 측정하면, 정확히 12 amu나 13.00335 amu가 될 수 있지만, 12.01 amu는 절대 아니라는 사실을 알게 될 것이다. 원소의 평균 원자 질량을 계산하는 방법을 예제 3.1을 통해서 알아보도록 하자.

대부분 원소의 원자 질량은 5~6 자리 유효 숫자까지 정확히 계산되었다. 그러나 일반적으로 네 자리 유효 숫자를 사용한다(앞표지 안쪽의 원자 질량 표 참조). 편의상 원소의 원자 질량을 논의할 때 “평균”이라는 단어는 생략하기로 한다.

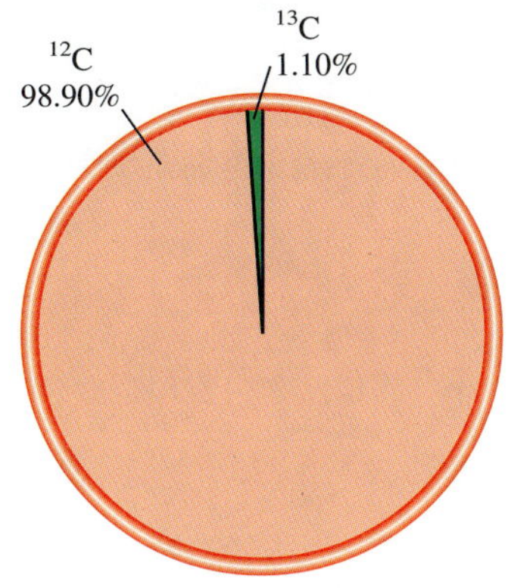

C-12와 C-13의 천연 존재 비.

구리 금속과 구리 고체 상태의 구조.

비슷한 문제: 3.5, 3.6

예제 3.1

붕소(B)는 세라믹이나 방탄유리와 같은 고분자 제조에 사용된다. 안정한 붕소의 두 동위원소 $^{10}_{5}B$ (19.80%)와 $^{11}_{5}B$ (80.20%)의 원자 질량은 각각 10.0129 amu와 11.0093 amu이다. 붕소-10 동위원소는 핵 반응로에서 중성자 포획제로서도 중요하다. 평균 원자 질량을 계산하시오.

전략 각 동위원소는 각각의 상대 존재 비만큼 평균 원자 질량에 기여한다. 한 동위원소의 질량에 존재 비율(%가 아닌)을 곱하면 그 동위원소의 평균 질량에 대한 기여도를 계산할 수 있다.

풀이 우선 백분율을 분수로 바꾼다. 19.80%를 19.80/100 = 0.1980, 80.20%를 80.20/100 = 0.8020으로 바꾼다. 각 동위원소의 평균 질량에 대한 기여도를 계산하고, 각 기여도를 합하여 평균 원자 질량을 계산한다.

$$(0.1980)(10.0129\text{ amu}) + (0.8020)(11.0093\text{ amu}) = 10.8129\text{ amu}$$

검산 평균 원자 질량은 두 동위원소의 질량 사이의 값이어야 하며, 따라서 답은 타당하다. $^{11}_{5}B$이 $^{10}_{5}B$보다 더 많이 존재하므로 평균 원자 질량은 10.0129 amu보다 11.0093 amu에 더 가깝다는 것을 주목하라.

실전 연습 구리의 두 안정한 동위원소인 $^{63}_{29}Cu$ (69.17%)와 $^{65}_{29}Cu$ (30.83%)의 원자 질량은 각각 62.9296 amu와 64.9278 amu이다. 구리의 평균 원자 질량을 구하시오.

개념 복습하기

이리듐의 안정한 두 동위원소 ^{191}Ir (190.96 amu)와 ^{193}Ir (192.96 amu)가 있다. 이리듐 원자가 많이 있는 곳에서 이리듐 원자 하나를 무작위로 고른다면 어떤 동위원소가 더 많이 선택되겠는가?

3.2 아보가드로 수와 원소의 몰질량

원자 질량 단위는 원소의 질량에 대한 상대적 척도를 제시한다. 하지만 원자는 질량이 대단히 작으므로 원자 질량 단위를 측정할 수 있을 만한 계측기는 실제로 존재하지 않는다. 실제 상황에서는 많은 수의 원자를 포함하고 있는 거시적인 시료를 사용한다. 따라서 이렇게 큰 수의 원자를 나타낼 만한 어떤 특정 단위를 사용하는 것이 편리하다. 물체의 특정한 수를 나타내는 단위는 그렇게 새로운 아이디어가 아니다. 예를 들어, 쌍(2개), 다스(12개), 그로스(gross: 144개)와 같은 단위들은 흔히 쓰이고 있다. 화학자들은 원자와 분자를 몰 단위로 측정한다.

명사 "mole"의 형용사형은 "molar"이다.

SI 계에서 **몰**(mole, mol)이란 *정확히 12 g(0.012 kg)의 탄소-12 동위원소에 포함되어 있는 원자수와 동일한 양의 원소 구성물(원자, 분자 또는 다른 입자)을 포함하는 물질의 양*을 의미한다. 탄소 12 g에 들어 있는 원자의 실제 수는 실험적으로 측정되었다. 이 수를 이탈리아의 과학자 아보가드로(Amedeo Avogadro)[†]의 이름을 따서 **아보가드로 수**(N_A)라 부르며, 이 값은 다음과 같다.

[†]아보가드로(Lorenzo Romano Amedeo Carlo Avogadro di Quaregua e di Cerreto, 1776~1856)는 이탈리아의 수학자 겸 물리학자로, 과학에 흥미를 갖기 전에 여러 해 동안 법률을 공부하였다. 아보가드로 법칙(5장 참조)으로 알려진 그의 가장 유명한 업적은 19세기에 원자 질량을 측정하는 기초가 되었음에도 불구하고, 그의 일생 동안 거의 무시되었다.

그림 3.1 여러 가지 일반적인 원소 1 mol. 탄소(검정색 숯가루), 황(노란색 가루), 철(못 형태), 구리선, 수은(빛나는 액체 금속).

$$N_A = 6.0221413 \times 10^{23}$$

일반적으로 아보가드로 수는 6.022×10^{23}로 간단히 나타낸다. 따라서 오렌지 한 다스가 12개를 말하는 것과 마찬가지로, 수소 원자 1 mol은 이 원자 6.022×10^{23}개를 포함한다. 그림 3.1은 몇 가지 일반적인 원소 각 1 mol을 포함하는 시료를 보여준다.

아보가드로 수의 크기는 쉽게 상상하기 어려운데 예를 들어, 오렌지 6.022×10^{23}개가 있다면 이는 지구 전체를 덮고도 우주로 약 9마일 정도의 높이로 쌓여 있는 숫자이다. 원자(그리고 분자)가 매우 작기 때문에 그것을 다루기 쉽게 이만큼의 큰 숫자가 필요한 것이다.

탄소-12 원자 1 mol은 정확히 12 g이며, 6.022×10^{23}개의 원자로 이루어져 있다는 것을 알았다. 이 때 탄소-12의 질량을 **몰질량**(molar mass, $\mathcal{M}$)이라 하며, *단위 물질(원자나 분자 같은) 1 mol의 질량(그램 또는 킬로그램)*으로 정의한다. 탄소-12의 몰질량(g 단위)이 amu로 나타낸 원자 질량과 숫자가 정확히 같음을 주목하라. 마찬가지로 소듐(Na)의 원자 질량은 22.99 amu이며, 몰질량은 22.99 g이다. 인(P)의 원자 질량은 30.97 amu이고, 몰질량은 30.97 g이다. 한 원소의 원자 질량을 알면 그 몰질량도 알 수 있다.

일반적인 계산에서 몰질량의 단위는 g/mol이나 kg/mol이다.

몰질량과 아보가드로 수를 알면, 탄소-12 원자 하나의 질량을 g 단위로 계산할 수 있다. 탄소-12의 몰질량은 12 g이고, 이 물질 1 mol은 6.022×10^{23}개의 탄소-12 원자를 포함하고 있으므로 다음 계산을 통해 탄소-12 원자 한 개의 질량을 구할 수 있다.

원소들의 몰질량은 이 책의 앞표지 안쪽 참조.

$$\frac{\text{탄소-12 원자 } 12\text{ g}}{\text{탄소-12 원자 } 6.022 \times 10^{23}\text{개}} = 1.993 \times 10^{-23}\text{ g}$$

이 결과를 사용하여 원자 질량 단위(amu)와 그램 사이의 관계를 정의할 수 있다. 모든 탄소-12 원자의 질량은 정확히 12 amu이므로, 1 g에 대한 amu 단위의 수는 다음과 같다.

$$\frac{\text{amu}}{\text{그램}} = \frac{12\text{ amu}}{\cancel{\text{탄소-12 원자 1개}}} \times \frac{\cancel{\text{탄소-12 원자 1개}}}{1.993 \times 10^{-23}\text{ g}}$$
$$= 6.022 \times 10^{23}\text{ amu/g}$$

따라서

$$1\text{ g} = 6.022 \times 10^{23}\text{ amu}$$ 이며

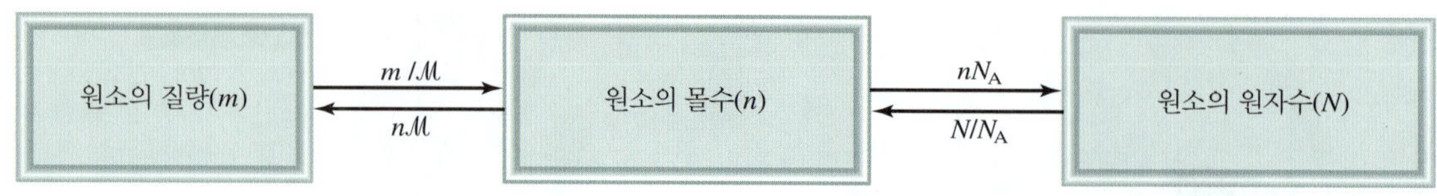

그림 3.2 한 원소의 질량(m, g 단위)과 몰수(n) 사이의 관계와 원소의 몰수와 원자수(N) 사이의 관계 $\mathcal{M}$은 원소의 몰질량(g/mol)이며 N_A는 아보가드로 수이다.

$$1\ \text{amu} = 1.661 \times 10^{-24}\ \text{g}$$ 이다.

이 예는 아보가드로 수가 원자 질량 단위를 g 단위 질량으로 또는 그 반대로 변환시키는 데 사용할 수 있음을 보여준다.

아보가드로 수와 몰질량의 개념을 이용하여 원자의 질량과 몰 사이의 전환, 원자수와 질량 사이의 전환과 원자의 질량 계산이 가능하다(그림 3.2). 다음 변환 인자를 계산에 적용할 수 있다.

몇 번의 연습 후에 그림 3.2의 식을 $n = m/\mathcal{M}$과 $N = nN_A$로 계산에 사용할 수 있다.

$$\frac{1\ \text{mol X}}{\text{X의 몰질량}} \quad \text{그리고} \quad \frac{1\ \text{mol X}}{\text{X 원자 } 6.022 \times 10^{23}\text{개}}$$

여기서 X는 원소 기호이다. 예제 3.2~3.4에서 보는 바와 같이 적절한 변환 인자를 사용하여 어느 하나의 양을 다른 단위의 양으로 전환할 수 있다.

예제 3.2

과학 연구용 헬륨 풍선.

헬륨(He)은 공업, 저온 연구, 심해 잠수용 탱크, 풍선 등에 이용되는 중요한 기체이다. He 6.46 g에는 He 원자 몇 mol이 존재하는가?

전략 헬륨의 그램수를 주고 헬륨의 몰수를 구하는 문제이다. 몰수와 그램수 사이의 변환을 위하여 필요한 변환 인자는 무엇인가? 적당한 변환 인자를 이용하여 g을 소거하고, mol 단위로 하는 답을 구한다.

풀이 몰수와 그램수 사이의 변환에 필요한 변환 인자는 몰질량이다. 주기율표(앞표지 안쪽 참조)에서 He의 몰질량이 4.003 g임을 알 수 있다. 이것은 다음과 같이 표현된다.

$$1\ \text{mol He} = 4.003\ \text{g He}$$

이 관계식으로부터 다음 두 변환 인자를 구할 수 있다.

$$\frac{1\ \text{mol He}}{4.003\ \text{g He}} \quad \text{그리고} \quad \frac{4.003\ \text{g He}}{1\ \text{mol He}}$$

왼쪽 변환 인자를 사용하면, g 단위가 소거되고, mol 단위만 남는다.

$$6.46\ \cancel{\text{g He}} \times \frac{1\ \text{mol He}}{4.003\ \cancel{\text{g He}}} = 1.61\ \text{mol He}$$

따라서 He 6.46 g에는 He 1.61 mol이 존재한다.

검산 주어진 질량(6.46 g)이 He의 몰질량보다 크므로, 1 mol He보다 더 많은 양이어야 한다.

비슷한 문제: 3.15

실전 연습 Mg 87.3 g에는 마그네슘 몇 mol이 존재하는가?

예제 3.3

아연(Zn)은 구리와 함께 황동을 만들고 철의 부식을 방지하는 데 사용되는 은색 금속이다. Zn 0.356 mol에는 Zn 몇 g이 존재하는가?

(계속)

전략 Zn의 그램수를 구하는 문제이다. 몰수와 그램수 사이의 변환을 위하여 필요한 변환 인자는 무엇인가? 적당한 변환 인자를 이용하여 몰수를 소거하고 g을 단위로 하는 답을 구한다.

풀이 몰수와 그램수 사이의 변화에 필요한 변환 인자는 몰질량이다. 주기율표(앞표지 안쪽 참조)에서 Zn의 몰질량이 65.39 g임을 알 수 있다. 이것은 다음과 같이 표현된다.

$$1 \text{ mol Zn} = 65.39 \text{ g Zn}$$

이 관계식으로부터 다음 두 변환 인자를 구할 수 있다.

$$\frac{1 \text{ mol Zn}}{65.39 \text{ g Zn}} \quad \text{그리고} \quad \frac{65.39 \text{ g Zn}}{1 \text{ mol Zn}}$$

오른쪽 변환 인자가 옳은 것이다. mol 단위가 소거되고 g 단위만 남는다. Zn의 그램수는 다음과 같다.

$$0.356 \text{ mol Zn} \times \frac{65.39 \text{ g Zn}}{1 \text{ mol Zn}} = 23.3 \text{ g Zn}$$

따라서 Zn 0.356 mol에는 Zn 23.3 g이 존재한다.

검산 Zn 0.356 mol에 대한 23.3 g의 질량은 적당한가? Zn 1 mol의 질량은 얼마인가?

실전 연습 납(Pb) 12.4 mol에 들어 있는 납의 그램수를 구하시오.

아연.

비슷한 문제: 3.16.

예제 3.4

C_{60} 분자는 예지력 있는 건축가인 버크민스터 풀러(R. Buckminster Fuller)가 설계한 지오데식 돔과 그 모양이 닮았다고 해서 버크민스터풀러렌(buckminsterfullerene)이라고 부른다. C_{60} 분자 하나의 질량은 몇 그램인가?

전략 C_{60} 분자의 질량을 구하는 문제이다. C_{60} 분자 하나에 있는 탄소 원자의 몰수를 결정하고 C의 몰질량을 사용하여 분자 하나의 질량을 그램 단위로 계산한다.

풀이 C_{60} 분자 하나에는 C 원자 60개가 있고, C 1 mol은 6.022×10^{23}개의 C 원자를 포함하며, 그 질량이 12.011 g이므로 C_{60} 분자 하나의 질량을 다음과 같이 계산할 수 있다.

$$C_{60} \text{ 분자 1개} \times \frac{60 \text{ C 원자}}{C_{60} \text{ 분자 1개}} \times \frac{1 \text{ mol C}}{6.022 \times 10^{23} \text{ C 원자}} \times \frac{12.01 \text{ g}}{1 \text{ mol C}} = 1.197 \times 10^{-21} \text{ g}$$

검산 C 원자 6.022×10^{23}개의 질량이 12.01 g이므로 탄소 원자 60개만을 포함하는 분자 하나는 이보다 질량이 훨씬 작아야 한다.

실전 연습 금(Au) 원자들은 일정한 수의 원자를 포함하는 작은 클러스터를 형성한다. Au_{31} 클러스터 하나의 질량은 몇 그램인가?

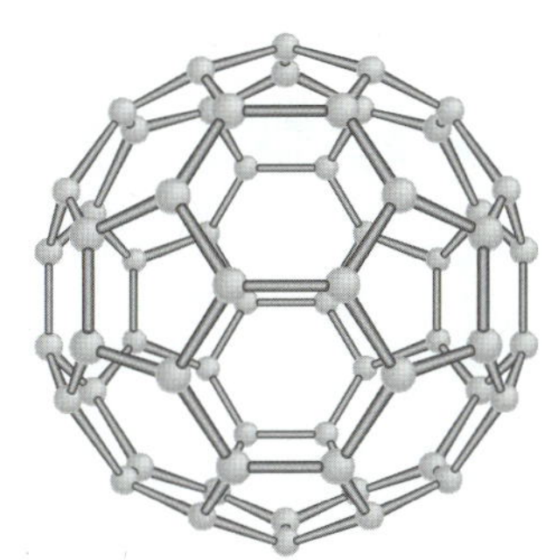

버크민스터풀러렌 (C_{60}) 또는 "버키볼".

비슷한 문제: 3.20, 3.21.

개념 복습하기

이 책 앞표지 안쪽의 주기율표와 그림 3.2를 이용하여 다음 예 중 원자수가 가장 큰 것은 어느 것인지 결정하시오. (a) He 7.68 g, (b) Fe 112 g, (C) Hg 389 g.

3.3 분자 질량

구성 원자의 원자 질량을 알면 분자의 질량도 구할 수 있다. **분자 질량**(molecular mass, 또는 *분자량*)은 *분자에 있는 원자 질량(amu 단위)의* 합이다. 예를 들어, H_2O의 분자 질량은 다음과 같이 나타낼 수 있다.

$$2(\text{수소의 원자 질량}) + \text{산소의 원자 질량}$$

즉,

$$2(1.008 \text{ amu}) + 16.00 \text{ amu} = 18.02 \text{ amu}$$

일반적으로 분자 내에 존재하는 해당 원소의 원자 개수와 각 원소의 원자 질량을 곱하여 이들을 전부 합하면 분자 질량이 된다. 이 방법이 예제 3.5에 나타나 있다.

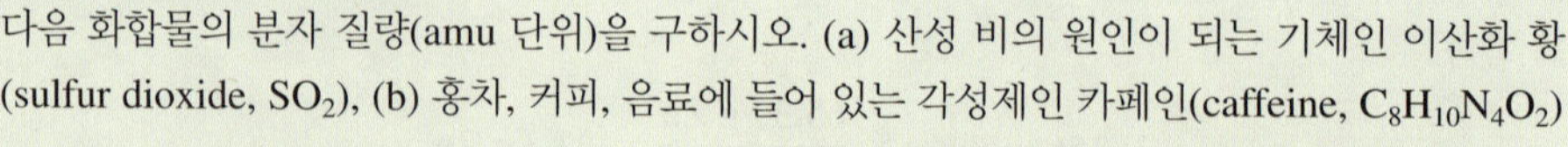

예제 3.5

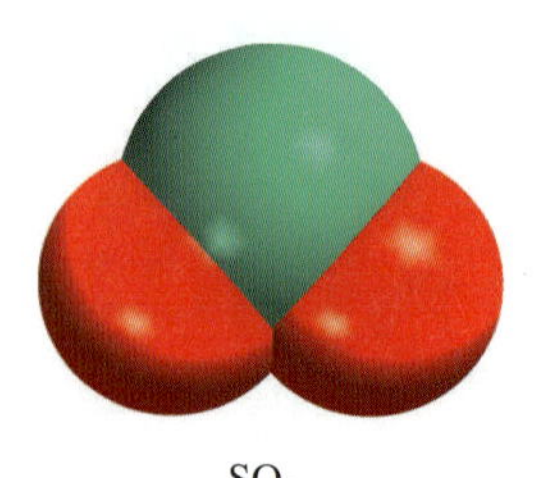

SO_2

다음 화합물의 분자 질량(amu 단위)을 구하시오. (a) 산성 비의 원인이 되는 기체인 이산화 황(sulfur dioxide, SO_2), (b) 홍차, 커피, 음료에 들어 있는 각성제인 카페인(caffeine, $C_8H_{10}N_4O_2$)

전략 어떤 방법으로 서로 다른 원소들의 원자 질량을 합하여 화합물의 분자 질량을 얻는가?

풀이 분자 질량을 계산하기 위하여 분자 내 모든 원자 질량을 구해야 한다. 각 원소에 대하여 그 원소의 원자 질량과 분자 내에 존재하는 그 원소의 원자수를 곱한다. 원자 질량은 주기율표(표지 안쪽)에서 구할 수 있다.

(a) SO_2에는 O 원자 두 개와 S 원자 한 개가 있다. 따라서

$$SO_2\text{의 분자 질량} = 32.07 \text{ amu} + 2(16.00 \text{ amu}) = 64.07 \text{ amu}$$

(b) 카페인에는 C 원자 여덟 개, H 원자 열 개, N 원자 네 개, O 원자 두 개가 있다. 따라서 $C_8H_{10}N_4O_2$의 분자 질량은 다음과 같다.

$$8(12.01 \text{ amu}) + 10(1.008 \text{ amu}) + 4(14.01 \text{ amu}) + 2(16.00 \text{ amu}) = 194.20 \text{ amu}$$

비슷한 문제: 3.23, 3.24.

실전 연습 메탄올(CH_4O)의 분자 질량은 얼마인가?

분자 질량으로부터 분자나 화합물의 몰질량을 얻을 수 있다. 화합물의 몰질량(그램 단위)은 그 화합물의 분자 질량(amu 단위)과 숫자상으로 같은 값이다. 예를 들어, 물의 분자 질량은 18.02 amu이고, 몰질량은 18.02 g이다. 물 1 mol은 18.02 g이며, 물 *분자* 6.022×10^{23}개를 포함하고 있음을 주의하라. 이는 탄소 1 mol이 탄소 *원자* 6.022×10^{23}개를 포함하고 있는 것과 같다.

다음 예제 3.6과 3.7에서 보는 바와 같이 어떤 화합물의 몰질량을 알면 주어진 양의 화합물의 몰수와 각 원자의 개수를 계산할 수 있다.

예제 3.6

CH_4

메테인(CH_4)은 천연 가스의 주성분이다. CH_4 6.07 g 중에는 CH_4 몇 mol이 있는가?

전략 CH_4의 질량으로부터 몰수를 구하는 문제이다. 질량과 몰수 사이의 변환을 위하여 필요한 변환 인자는 무엇인가? g 단위가 소거되고 답에 mol 단위가 남는 적당한 변환 인자를 이용한다.

풀이 그램수와 몰수 사이의 계산을 위해 필요한 변환 인자는 몰질량이다. 우선 CH_4의 몰질량을 계산하고, 예제 3.5에서와 같은 방법을 이용한다.

$$\begin{aligned} CH_4\text{의 몰질량} &= 12.01 \text{ g} + 4(1.008 \text{ g}) \\ &= 16.04 \text{ g} \end{aligned}$$

$$CH_4 \ 1 \text{ mol} = 16.04 \text{ g } CH_4$$

주방용 렌지에서 사용되는 메테인 기체.

필요한 변환 인자는 분모에 g 단위가 포함되어 g 단위를 소거하고 분자에 mol 단위를 남게 하여야 한다.

(계속)

$$\frac{1\ \text{mol CH}_4}{16.04\ \text{g CH}_4}$$

계산하면,

$$6.07\ \text{g CH}_4 \times \frac{1\ \text{mol CH}_4}{16.04\ \text{g CH}_4} = 0.378\ \text{mol CH}_4$$

따라서 CH_4 6.07 g에는 CH_4 0.378 mol이 포함되어 있다.

검산 CH_4 6.07 g은 1 mol보다 적은 것이 맞는가? CH_4 1 mol의 질량은 얼마인가?

실전 연습 클로로폼($CHCl_3$) 198 g에 포함된 클로로폼의 몰수를 계산하시오.

비슷한 문제: 3.26.

예제 3.7

동물 사료, 비료나 고분자 제조에 사용되는 요소[$(NH_2)_2CO$] 25.6 g에 포함된 수소 원자의 수를 구하시오. 요소의 몰질량은 60.06 g이다.

요소.

전략 요소 25.6 g에 포함된 수소 원자의 수를 구하는 문제이다. 요소의 그램수를 수소 원자수로 직접 변환하는 것은 불가능하다. 원자수를 구하기 전에 먼저 얻어야 하는 단위는 무엇인가? 아보가드로 수가 어떻게 이용되는가? 요소 분자 한 개에는 H 원자 몇 개가 존재하는가?

풀이 H 원자의 개수를 계산하기 위하여 요소의 질량을 분자수로 변환해야 한다. 이것은 예제 3.2와 비슷하다. 요소의 분자식에서 요소 한 분자에 H 원자 네 개가 포함되어 있음을 안다. 따라서 몰비는 4:1이다. 마지막으로 H 원자의 몰수를 알면 아보가드로 수를 이용하여 H 원자의 수를 계산할 수 있다. 요소의 몰질량, 아보가드로 수의 두 가지 변환 인자가 필요하다.

$$\text{요소의 그램수} \longrightarrow \text{요소의 몰수} \longrightarrow \text{H의 몰수} \longrightarrow \text{H 원자수}$$

이들 변환 인자를 결합하면 다음과 같다.

$$25.6\ \text{g (NH}_2)_2\text{CO} \times \frac{1\ \text{mol (NH}_2)_2\text{CO}}{60.06\ \text{g (NH}_2)_2\text{CO}} \times \frac{4\ \text{mol H}}{1\ \text{mol (NH}_2)_2\text{CO}} \times \frac{6.022 \times 10^{23}\ \text{H 원자}}{1\ \text{mol H}}$$
$$= 1.03 \times 10^{24}\ \text{H 원자}$$

검산 답이 합리적이라고 생각되는가? 요소 60.06 g에는 H 원자 몇 개가 포함되어 있는가?

실전 연습 소독용 알코올인 아이소프로판올(C_3H_8O) 72.5 g에는 H 원자 몇 개가 포함되어 있는가?

비슷한 문제: 3.27, 3.28.

끝으로 NaCl과 MgO와 같은 이온 화합물은 분자 단위로 각각 분리하여 얻을 수 없기 때문에 *화학식 질량*(formula mass)을 쓴다는 점을 기억하라. NaCl을 구성하는 단위는 Na^+ 이온과 Cl^- 이온이다. 이와 같은 NaCl의 화학식 질량은 화학식 한 단위의 질량이다.

$$\begin{aligned}\text{NaCl의 화학식 질량} &= 22.99\ \text{amu} + 35.45\ \text{amu}\\ &= 58.44\ \text{amu}\end{aligned}$$

이며, 몰질량은 58.44 g이다.

Na^+ 이온과 Cl^- 이온의 질량의 합은 Na 원자와 Cl 원자의 질량의 합과 같다.

개념 복습하기

시트르산(구연산, $H_3C_6H_5O_7$)의 분자 질량과 몰질량을 결정하시오.

3.4 질량 분석기

원자나 분자의 질량을 측정하는 가장 직접적이면서 정확한 방법은 그림 3.3과 같은 질량 분석기를 이용하는 방법이다. *질량 분석기*(mass spectrometer)에서는 높은 에너지를 가진 전자를 기체 상태의 시료에 쪼여 충격을 가한다. 전자와 기체 상태의 원자(또는 분자)가 충돌할 때 각 원자나 분자로부터 전자 하나가 떨어져 나가 양이온이 형성된다. 이 양이온들(질량 *m*, 전하 *e*를 가짐)은 반대 전하로 하전된 두 판 사이를 통과하면서 가속된다. 판을 통과한 이온들은 자석에 의해 편향되어 원을 그리며 돌게 된다. 이 경로의 지름은 이온의 전하 대 질량비(*e/m*)에 의존한다. *e/m* 값이 작은 이온들은 큰 *e/m* 값을 갖는 이온들보다 훨씬 넓은 원을 그리면서 돌고, 같은 전하를 가진 이온일지라도 질량이 다르면 다른 경로를 따라 돌게 된다. 각 이온의 질량(원래 원자 또는 분자의 질량)은 편향 정도로부터 결정한다. 결국 이온이 측정기에 도달하게 되면 각 이온이 갖는 전류를 기록하게 된다. 이때 발생하는 전류의 양은 이온의 개수에 정확히 비례하며, 그로부터 동위원소의 상대적 존재비를 측정할 수 있다.

1920년대 영국의 물리학자 애스턴(F. W. Astone)[†]에 의해 처음으로 만들어진 질량 분석기는 오늘날 발전된 기기와 비교하면 매우 조잡한 것이었다. 그럼에도 불구하고 네온-20(원자 질량 19.9924 amu, 천연 존재비 90.92%)과 네온-22(원자 질량 21.9914 amu, 천연 존재비 8.82%)와 같은 동위원소의 존재를 명백하게 증명해 낼 수 있었다. 보다 정교하고 감도가 높은 질량 분석기가 개발되고 나서, 과학자들은 놀랍게도 원자 질량 20.9940 amu, 천연 존재비 0.257%인 네온의 세 번째 안정한 동위원소를 발견하게 되었다(그림 3.4). 이 예는 화학과 같은 정량적인 과학 분야에 있어서 실험적 정확성이 얼마나 중요한지를 보여준다. 초기 실험에서는 네온-21의 천연 존재비가 겨우 0.257%밖에 되지 않았기 때문에 이 원소를 측정하는 데 실패했던 것이다. 다시 말하면, 10,000개의 Ne 원자 중 26개만이 Ne-21이다. 질량 분석기를 이용하여 분자의 질량을 측정할 수 있다.

화학식을 몰라도 화합물의 분자 질량을 결정할 수 있다는 것을 유념하라.

[†] 애스턴(Francis William Astone, 1877~1945)은 영국의 화학자이며 물리학자로, 질량 분석기를 개발한 공로로 1922년 노벨 화학상을 수상하였다.

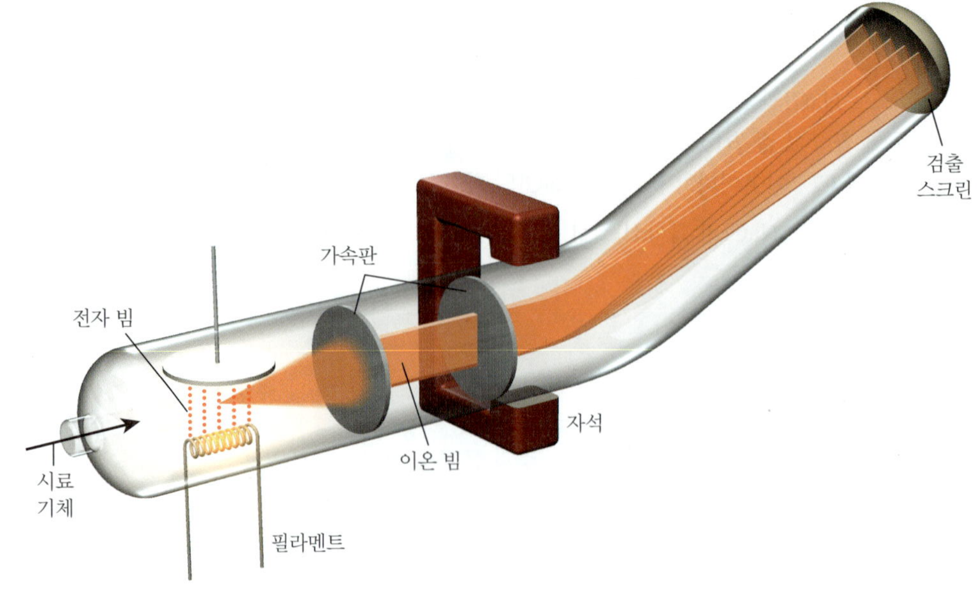

그림 3.3 질량 분석기의 모형도.

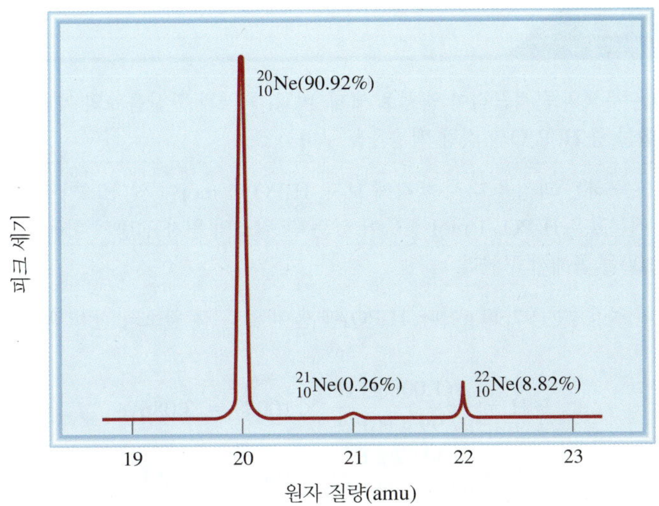

그림 3.4 네온의 세 동위원소의 질량 스펙트럼.

개념 복습하기

화학자들이 어떻게 두 안정한 동위원소(^{35}Cl과 ^{37}Cl)를 가지는 염소의 평균 원자 질량을 질량 분석기로 결정할 수 있는지 설명하시오.

3.5 화합물의 조성 백분율

이제까지 본 바와 같이 화합물의 화학식은 화합물 단위당 들어 있는 각 원소의 원자수를 알려준다. 하지만 실험실에서 어떤 화합물을 사용하기 위해 실험을 통해 순도를 측정해야 한다고 가정해 보자. 화학식으로부터 각 원소가 전체 화합물의 질량에 몇 %씩 포함되어 있는지를 계산할 수 있다. 그리고 이 결과를 실험을 통해 얻은 결과와 비교함으로써 주어진 시료의 순도를 측정할 수 있다.

질량 조성 백분율(percent composition by mass)이란 *한 화합물 내 각 원소의 질량을 백분율로 나타낸 것*이다. 조성 백분율은 각 원소의 질량을 화합물의 몰질량으로 나누어 100을 곱하여 얻는다. 수학적으로 화합물 속 원소의 조성 백분율은 다음과 같이 표현된다.

$$\text{원소의 조성 백분율} = \frac{n \times \text{원소의 몰질량}}{\text{화합물의 몰질량}} \times 100\% \qquad (3.1)$$

여기서 n은 화합물 1 mol에 함유되어 있는 원소의 몰수이다. 예를 들어, 과산화 수소(H_2O_2) 1 mol에는 수소 원자 2 mol과 산소 원자 2 mol이 포함되어 있다. H_2O_2와 수소, 산소의 몰질량은 각각 34.02 g, 1.008 g, 16.00 g이다. 따라서 H_2O_2의 조성 백분율은 다음과 같이 계산할 수 있다.

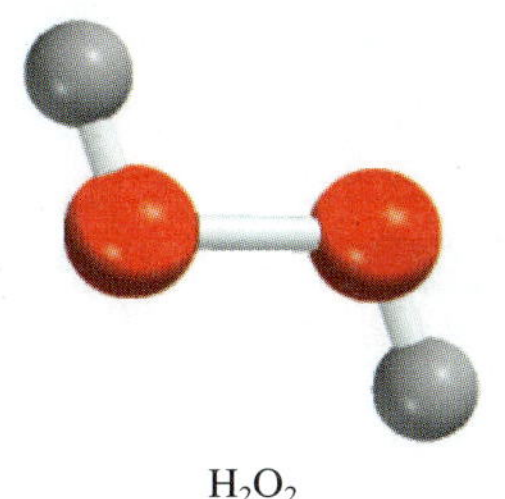

H_2O_2

$$\%\text{H} = \frac{2 \times 1.008\ \text{g H}}{34.02\ \text{g H}_2\text{O}_2} \times 100\% = 5.926\%$$

$$\%\text{O} = \frac{2 \times 16.00\ \text{g O}}{34.02\ \text{g H}_2\text{O}_2} \times 100\% = 94.06\%$$

조성 백분율의 합은 5.926% + 94.06% = 99.99%이다. 합이 100%에서 약간 모자라는 이유는 각 원소의 몰질량에 근사값을 사용했기 때문이다. 만약 계산에 실험식인 HO를 사용했을 경우에도 분자식과 실험식 모두로부터 화합물의 조성을 알 수 있기 때문에 같은 조성 백분율이 얻어진다.

예제 3.8

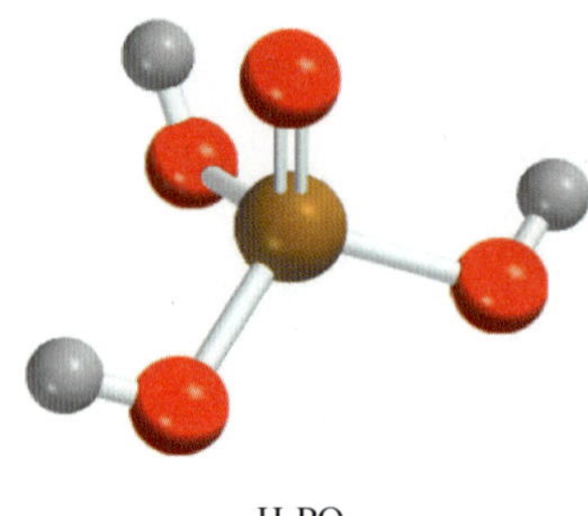

H_3PO_4

인산(H_3PO_4)은 무색의 끈적끈적한 액체로 세제, 비료, 치약과 탄산음료의 톡 쏘는 맛을 내는 데 사용된다. 화합물 중 H, P, O의 질량 백분율을 구하시오.

전략 백분율을 구하는 과정을 다시 생각해 보자. H_3PO_4 1 mol이 있다고 가정하고, 각 원소(H, P, O)의 질량 백분율은 H_3PO_4 1 mol에 들어 있는 각 원소의 원자 질량의 합을 H_3PO_4의 몰질량으로 나누고 100을 곱해서 구한다.

풀이 H_3PO_4의 몰질량은 97.99 g이다. H_3PO_4에 들어 있는 각 원소의 질량 백분율은 다음과 같이 계산된다.

$$\%H = \frac{3(1.008\ g)\ H}{97.99\ g\ H_3PO_4} \times 100\% = 3.086\%$$

$$\%P = \frac{30.97\ g\ P}{97.99\ g\ H_3PO_4} \times 100\% = 31.61\%$$

$$\%O = \frac{4(16.00\ g)\ O}{97.99\ g\ H_3PO_4} \times 100\% = 65.31\%$$

검산 백분율의 합이 100%가 되는가? 백분율의 합은 (3.086% + 31.61% + 65.31%) = 100.01%이다. 100%에서 약간 차이가 나는 것은 반올림을 했기 때문이다.

실전 연습 황산(H_2SO_4)에 포함된 각 원소의 조성 백분율을 구하시오.

비슷한 문제: 3.40.

필요할 경우 이 예제의 계산법을 역으로 이용할 수도 있다. 조성 백분율을 알면 그 화합물의 실험식을 구할 수 있다(그림 3.5). 계산에 백분율이 쓰이고, 전체 조성의 합은 100%이므로 예제 3.9처럼 화합물 100 g을 가정하고 계산을 시작하면 편리하다.

질량 백분율

↓ 그램 단위로 변환하고 몰질량으로 나눔

각 원소의 몰수

↓ 가장 작은 몰수로 나눔

원소들의 몰비

↓ 정수 아래첨자로 변환

실험식

그림 3.5 조성 백분율로부터 화합물의 실험식을 구하는 과정.

예제 3.9

아스코브산(비타민 C)은 괴혈병 치료제이다. 이 화합물은 질량으로 탄소(C) 40.92%, 수소(H) 4.58%, 산소(O) 54.50%로 구성되어 있다. 실험식을 구하시오.

전략 화학식에서 아래첨자는 화합물 1 mol 형성을 위해 결합하는 각 원소의 몰비이다. 질량 백분율을 어떻게 몰수로 바꿀 수 있는가? 정확히 화합물 시료 100 g이 있다고 가정하면, 화합물 중 각 원소의 질량을 구할 수 있는가? 질량을 몰수로 바꾸는 방법은 무엇인가?

풀이 아스코브산 100 g이 있다고 가정하면, 각 백분율을 간단히 그램수로 바꿀 수 있다. 이 시료 중에는 C 40.92 g, H 4.58 g, O 54.50 g이 존재한다. 화학식 중 아래첨자는 몰비를 나타내므로 질량을 각 원소의 몰수로 변환해야 한다. 이 때 필요한 인자는 각 원소의 몰질량이다. 각 원소의 몰수를 n으로 표시하면 다음과 같이 계산할 수 있다.

$$n_C = 40.92\ \cancel{g\ C} \times \frac{1\ mol\ C}{12.01\ \cancel{g\ C}} = 3.407\ mol\ C$$

$$n_H = 4.58\ \cancel{g\ H} \times \frac{1\ mol\ H}{1.008\ \cancel{g\ H}} = 4.54\ mol\ H$$

$$n_O = 54.50\ \cancel{g\ O} \times \frac{1\ mol\ O}{16.00\ \cancel{g\ O}} = 3.406\ mol\ O$$

따라서 $C_{3.407}H_{4.54}O_{3.406}$ 이라는 화학식을 얻게 되는데, 이는 존재하는 원자의 몰비와 화학적 정체를 알려준다. 그러나 화학식은 정수로 나타내므로 이 때 필요한 정수는 가장 작은 아래첨자로 각각의 아래첨자를 나누어 얻는다.

(계속)

$$\text{C: } \frac{3.407}{3.406} \approx 1 \quad \text{H: } \frac{4.54}{3.406} = 1.33 \quad \text{O: } \frac{3.406}{3.406} = 1$$

≈ 표시는 "거의 같다"는 의미이다. 이제 아스코브산의 화학식은 $CH_{1.33}O$가 된다. H의 아래첨자 1.33을 정수로 만들기 위하여 다음의 시행착오 과정을 이용한다.

$$1.33 \times 1 = 1.33$$
$$1.33 \times 2 = 2.66$$
$$1.33 \times 3 = 3.99 \approx 4$$

1.33 × 3이 정수(4)가 되므로 모든 아래첨자에 3을 곱하면 아스코브산의 실험식으로 $C_3H_4O_3$을 얻게 된다.

검산 $C_3H_4O_3$의 아래첨자는 가장 작은 정수비인가?

실전 연습 질량 조성 백분율이 K 24.75%, Mn 34.77%, O 40.51%인 화합물의 실험식을 구하시오.

아스코브산의 분자식은 $C_6H_8O_6$이다.

비슷한 문제: 3.49, 3.50.

화학자들은 종종 어떤 질량을 갖는 특정 화합물에서 한 원소의 실제 질량만을 알고자 할 때가 있다. 예를 들어, 채광 산업에서는 이 정보를 통해 원광석의 품질을 알 수 있다. 물질에 함유된 원소의 질량 조성 백분율은 쉽게 계산할 수 있으므로 이런 문제는 오히려 직접적인 방법으로 풀 수 있다.

예제 3.10

황동광(chalcopyrite, $CuFeS_2$)은 가장 중요한 구리 광석이다. 황동광 3.71×10^3 kg에서 얻을 수 있는 구리는 몇 kg인가?

전략 황동광은 Cu, Fe, S로 이루어져 있다. Cu의 질량은 화합물 중 Cu의 질량 백분율로 구할 수 있다. 한 원소의 질량 백분율은 어떻게 구하는가?

풀이 Cu와 $CuFeS_2$의 몰질량은 각각 63.55 g과 183.5 g이다. Cu의 질량 백분율은 다음과 같다.

$$\%\text{Cu} = \frac{\text{Cu의 몰질량}}{\text{CuFeS}_2\text{의 몰질량}} \times 100\%$$
$$= \frac{63.55 \text{ g}}{183.5 \text{ g}} \times 100\% = 34.63\%$$

$CuFeS_2$ 시료 3.71×10^3 kg 중 Cu의 질량을 계산하기 위하여 백분율을 분수로 바꾸고(34.63%를 34.63/100 즉, 0.3463) 계산한다.

$$\text{CuFeS}_2 \text{ 중 Cu의 질량} = 0.3463 \times (3.71 \times 10^3 \text{ kg}) = 1.28 \times 10^3 \text{ kg}$$

검산 대략적인 계산으로 Cu의 질량 백분율이 대략 33% 정도이므로 전체 질량의 $\frac{1}{3}$이 Cu의 질량이다. 즉, $\frac{1}{3} \times 3.71 \times 10^3 \text{ kg} \approx 1.24 \times 10^3$ kg이다. 이 양은 답과 매우 비슷하다.

실전 연습 Al_2O_3 371 g 중 Al의 그램수를 구하시오.

황동광.

비슷한 문제: 3.45.

개념 복습하기

자세한 계산을 하지 말고 질산 스트론튬[$Sr(NO_3)_2$]에서 Sr과 O의 질량 조성 백분율 중 어느 것이 큰지 추정해 보시오.

3.6 실험식 결정법

어떤 화합물의 조성 백분율로부터 실험식을 구할 수 있다는 사실은 실험으로 어떤 화합물을 확인할 수 있음을 뜻한다. 그 과정은 다음과 같다. 첫째 화학적 분석을 통해 주어진 화합물 내에 존재하는 각 원소의 그램수를 알 수 있다. 그 다음 각 원소의 그램수를 몰수로 변환한다. 마지막으로 예제 3.9와 같은 방법을 통해 화합물의 실험식을 구할 수 있다.

에탄올을 예로 들어 살펴보도록 하자. 그림 3.6과 같은 장치 내에서 에탄올을 연소할 때 이산화 탄소(CO_2)와 물(H_2O)이 생성된다. 이 장치 내로 탄소나 수소가 들어갈 수 없으므로 생성된 탄소와 수소가 에탄올에 함유되어 있으며, 산소 또한 함유되어 있을 것으로 추측할 수 있다(산소 분자가 연소 과정 중에 첨가되기는 하지만 산소의 일부는 원래 에탄올 시료로부터 생길 수도 있다).

각 흡수체의 질량 증가분을 측정하면 생성된 이산화 탄소와 물의 질량을 알 수 있다. 에탄올 11.5 g을 연소해서 이산화 탄소 22.0 g과 물 13.5 g이 생성되었다고 하자. 에탄올 11.5 g에 포함된 탄소와 수소의 질량은 다음과 같이 계산할 수 있다.

$$\text{C의 질량} = 22.0\ \text{g}\ \cancel{\text{CO}_2} \times \frac{1\ \cancel{\text{mol CO}_2}}{44.01\ \cancel{\text{g CO}_2}} \times \frac{1\ \cancel{\text{mol C}}}{1\ \cancel{\text{mol CO}_2}} \times \frac{12.01\ \text{g C}}{1\ \cancel{\text{mol C}}}$$
$$= 6.00\ \text{g C}$$

$$\text{H의 질량} = 13.5\ \text{g}\ \cancel{\text{H}_2\text{O}} \times \frac{1\ \cancel{\text{mol H}_2\text{O}}}{18.02\ \cancel{\text{g H}_2\text{O}}} \times \frac{2\ \cancel{\text{mol H}}}{1\ \cancel{\text{mol H}_2\text{O}}} \times \frac{1.008\ \text{g H}}{1\ \cancel{\text{mol H}}}$$
$$= 1.51\ \text{g H}$$

따라서 에탄올 11.5 g은 탄소 6.00 g과 수소 1.51 g을 함유하고 있다. 나머지 원소인 산소의 질량은 다음과 같다.

$$\begin{aligned}\text{O의 질량} &= \text{시료의 질량} - (\text{C의 질량} + \text{H의 질량})\\ &= 11.5\ \text{g} - (6.00\ \text{g} + 1.51\ \text{g})\\ &= 4.0\ \text{g}\end{aligned}$$

에탄올 11.5 g에 함유되어 있는 각 원소의 몰수는 다음과 같다.

$$\text{C의 몰수} = 6.00\ \cancel{\text{g C}} \times \frac{1\ \text{mol C}}{12.01\ \cancel{\text{g C}}} = 0.500\ \text{mol C}$$

$$\text{H의 몰수} = 1.51\ \cancel{\text{g H}} \times \frac{1\ \text{mol H}}{1.008\ \cancel{\text{g H}}} = 1.50\ \text{mol H}$$

$$\text{O의 몰수} = 4.0\ \cancel{\text{g O}} \times \frac{1\ \text{mol O}}{16.00\ \cancel{\text{g O}}} = 0.25\ \text{mol O}$$

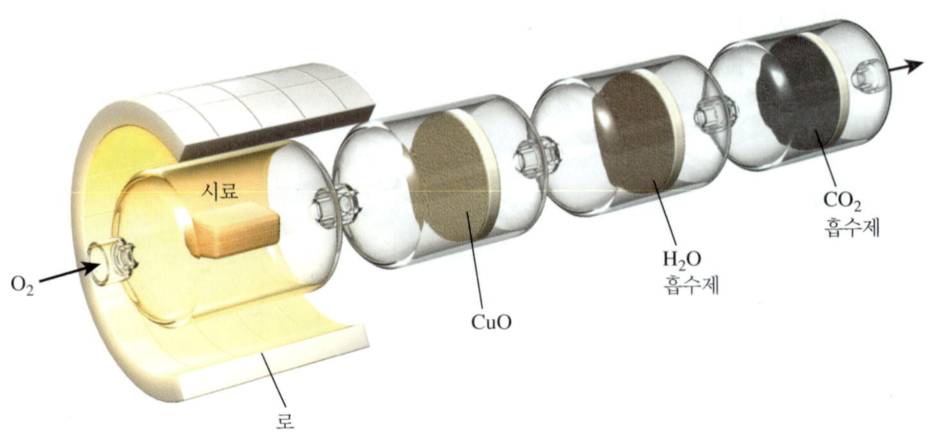

그림 3.6 에탄올의 실험식 결정 장치. 발생되는 이산화 탄소와 물을 흡수하는 흡수제를 사용한다.

따라서 에탄올의 식은 $C_{0.50}H_{1.5}O_{0.25}$이다(몰수를 유효 숫자 두 자리까지 계산한다). 원자의 수는 반드시 정수여야 하므로 각 첨자를 0.25로 나누면 실험식 C_2H_6O를 얻을 수 있다.

이제 "실험(empirical)"이라는 단어가 말 그대로 "관찰과 측정에 입각한"이라는 의미를 가진다는 것을 확실히 알 수 있다. 에탄올의 실험식은 화합물의 구성 원소를 분석함으로써 구할 수 있다. 여기서 화합물 내 원자들이 어떻게 결합하는지는 알 필요가 없다.

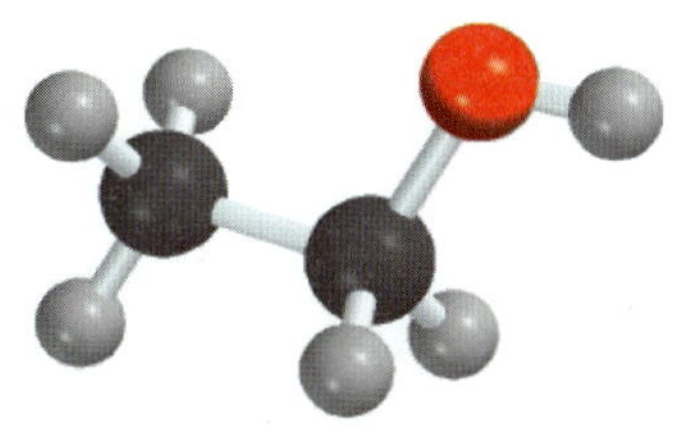
에탄올의 분자식은 실험식과 동일하다.

분자식 결정

질량 조성 백분율로부터 계산한 각 원자의 수(아래첨자로 나타낸 수)는 언제나 가장 작은 수로 약분하여 표현되므로 이렇게 얻은 식은 실험식일 수밖에 없다. 실제 분자식을 구하기 위해서는 실험식뿐만 아니라 화합물의 *대략적인* 분자 질량을 알아야 한다. 화합물의 몰질량은 언제나 그 실험식의 몰질량의 정수배이다. 따라서 예제 3.11과 같이 몰질량을 이용하여 분자식을 구할 수 있다.

예제 3.11

어떤 화합물 시료를 질량 분석기로 측정한 결과 질량으로 질소 30.46%와 산소 69.54%가 포함되어 있었다. 다른 실험을 통해 이 화합물의 몰질량이 90~95 g인 것을 알았다. 이 화합물의 분자식과 정확한 몰질량을 구하시오.

전략 분자식을 구하려면 먼저 실험식을 얻어야 한다. 실험식의 몰질량과 실험으로 결정된 몰질량을 비교하여 화학식과 분자식 사이의 관계를 얻는다.

풀이 화합물 100 g이 있다는 가정으로 출발한다. 각각의 %는 직접 g으로 바꿀 수 있다. 즉, N 30.46 g과 O 69.54 g이다. 각 원소의 몰수를 n으로 쓰면 다음과 같이 계산할 수 있다.

$$n_N = 30.46\ \cancel{g\ N} \times \frac{1\ mol\ N}{14.01\ \cancel{g\ N}} = 2.174\ mol\ N$$

$$n_O = 69.54\ \cancel{g\ O} \times \frac{1\ mol\ O}{16.00\ \cancel{g\ O}} = 4.346\ mol\ O$$

따라서 $N_{2.174}O_{4.346}$의 식을 얻는데, 이는 원자의 존재비와 화학적 성분을 나타낸다. 그러나 화학식은 정수비로 표시하여야 하므로 아래첨자 중 가장 작은 아래첨자(2.174)로 나누어 정수비를 얻는다. 반올림하면 화학식 NO_2를 얻게 된다.

분자식은 실험식과 같을 수도 있고 실험식의 정수배(실험식의 2, 3, 4 등)일 수도 있다. 실험식 몰질량과 몰질량의 비를 계산하면 실험식과 분자식 사이의 정수 관계를 얻을 수 있다. 실험식 NO_2인 물질의 몰질량은 다음과 같다.

$$\text{실험식 몰질량} = 14.01\ g + 2(16.00) = 46.01\ g$$

이제, 실험식 몰질량과 몰질량 사이의 비를 계산해보자.

$$\frac{\text{몰질량}}{\text{실험식 몰질량}} = \frac{90\ g}{46.01\ g} \approx 2$$

몰질량은 실험식 몰질량의 약 두 배이다. 이는 화합물 한 분자에는 두 개의 NO_2 단위가 존재함을 의미한다. 따라서 분자식은 $(NO_2)_2$ 즉, N_2O_4이다.

정확한 몰질량은 실험식 몰질량의 두 배인 92.02 g으로 90~95 g 사이의 값이다.

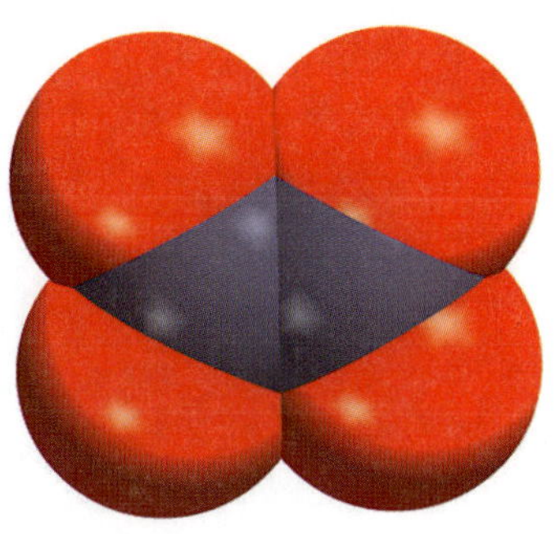
N_2O_4

검산 실험식으로부터 분자식을 얻을 때 화합물의 *대략적인* 몰질량만 알면 된다. 그 이유는 실제의 몰질량은 실험식 몰질량의 정수배(1×, 2×, 3×, ...)이기 때문이다. 따라서 계산된 비율(몰질량/실험식 몰질량)은 항상 정수에 거의 가까운 값이다.

비슷한 문제: 3.52, 3.53, 3.54

실전 연습 어떤 화합물 시료가 B 6.444 g과 H 1.803 g을 포함하고 있다. 이 화합물의 몰질량은 약 30 g이다. 분자식을 계산하시오.

개념 복습하기

어떤 화합물 1.05 g을 연소하여 CO_2 3.30 g과 H_2O 1.35 g을 얻었다. 이 화합물의 몰질량은 대략 70 g이다. 탄소와 수소만을 포함하는 이 화합물의 분자식은 무엇인가?

3.7 화학 반응과 화학 반응식

이제 원자와 분자의 질량에 관한 내용은 정리하고 **화학 반응**(chemical reaction) 즉, *한 물질(또는 여러 물질)이 하나 이상의 새로운 물질로 변하는 과정*에서 원자와 분자는 어떻게 변하는지에 대해 알아보도록 하자. 화학 반응을 표현하고 널리 이해하기 위해서 화학자들은 화학 반응식을 사용하여 나타내는 것을 표준으로 정하였다. **화학 반응식**(chemical equation)은 *화학 기호들을 사용하여 화학 반응 동안 어떤 일이 일어나는지를 보여준다.* 이 절에서는 화학 반응식을 쓰고, 화학 반응식의 균형을 맞추는 방법에 대해 배워보도록 한다.

화학 반응식 표기

수소 기체(H_2)가 공기(산소, O_2를 포함) 중에서 연소되어 물(H_2O)을 생성할 때 어떤 일이 일어나는지 생각해 보자. 이 반응은 다음과 같은 화학 반응식으로 나타낼 수 있다.

$$H_2 + O_2 \longrightarrow H_2O \tag{3.2}$$

"더하기" 기호는 "함께 반응함"을 의미하며, 화살표는 "반응 결과 생성됨"을 의미한다. 그러므로 이 기호의 의미는 다음과 같다. "수소 분자와 산소 분자가 반응하여 물이 생성된다." 화살표의 방향과 같이 이 반응은 왼쪽에서 오른쪽으로 진행된다.

질량 보존 법칙을 기초로 화학 반응식의 계수를 맞춘다.

화살표의 오른쪽보다 왼쪽에 산소가 두 배 더 많이 존재하기 때문에 반응식 (3.2)는 아직 불완전하다. 질량 보존 법칙을 만족하기 위해서는 반응 전후의 원자수가 정확히 일치해야 한다. 수소 기체와 물 앞에 적절한 반응 계수(이 경우에는 2)를 붙여줌으로써 식 (3.2)의 반응이 *균형*을 맞출 수 있다.

O_2의 경우와 같이 계수가 1인 경우 표시하지 않는다.

$$2H_2 + O_2 \longrightarrow 2H_2O$$

이 *균형 화학 반응식*(balanced chemical equation)은 "수소 분자 두 개와 산소 분자 한 개가 반응하여 물 분자 두 개가 생성된다"는 사실을 보여준다(그림 3.7). 분자 수의 비는 몰수의 비와 같으므로, 이 반응식은 다음과 같이 해석될 수 있다. "수소 분자 2 mol이 산소 분자 1 mol과 반응하여 물 분자 2 mol을 생성한다." 각 물질의 몰질량을 알면 위 반응식을 다음과 같이 해석할 수도 있다. "수소 기체 4.04 g이 산소 기체 32.00 g과 반응하여 물

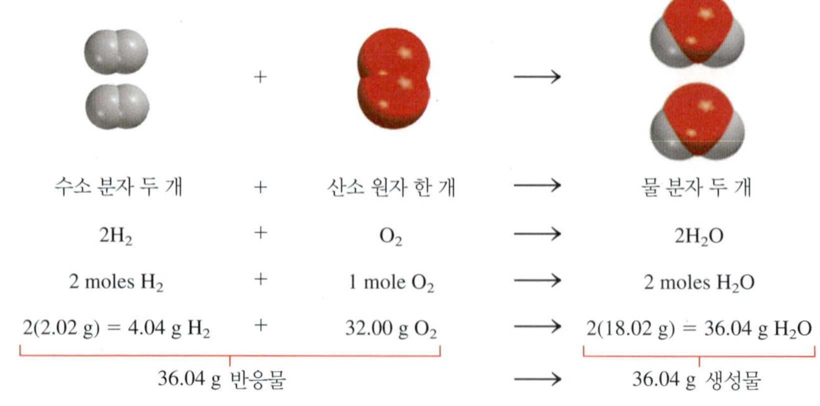

그림 3.7 수소의 연소를 표현하는 세 가지 방법. 질량 보존 법칙에 따라 각 원자수는 반응식의 양변에서 같아야 한다.

36.04 g을 얻는다.” 이와 같은 세 가지 해석 방법을 그림 3.7에 정리하였다.

식 (3.2)에서 수소와 산소를 **반응물**(reactant)이라 하는데, 이는 *화학 반응의 출발 물질*을 말한다. 물은 *화학 반응의 결과로 생성된 물질*인 **생성물**(product)이다. 이렇게 함으로써 화학자들은 화학 반응식 하나로 간단하게 반응을 나타낼 수 있다. 화학 반응식에서 반응물은 화살표 왼쪽에 생성물은 화살표 오른쪽에 표시한다.

$$\text{반응물} \longrightarrow \text{생성물}$$

기체, 액체, 고체를 의미하는 *g*, *l*, *s*와 같은 문자를 덧붙임으로써 반응물과 생성물의 물리적 상태를 나타내어 더 많은 정보를 알릴 수도 있다. 다음 예와 같이 나타낼 수 있다.

$$2CO(g) + O_2(g) \longrightarrow 2CO_2(g)$$
$$2HgO(s) \longrightarrow 2Hg(l) + O_2(g)$$

다음 단락에 화학 반응식의 반응 계수 맞추는 과정이 제시된다.

염화 소듐(NaCl)을 물에 녹이면 어떻게 되는지는 다음과 같이 표현한다.

$$NaCl(s) \xrightarrow{H_2O} NaCl(aq)$$

이 식에서 *aq*는 수용액(aqueous, 물) 환경을 뜻한다. 종종 생략하기도 하지만, 화살표 위에 H_2O를 표시하여 물질이 물 속에 녹는 과정을 나타낼 수 있다.

실험실에서 반응물과 생성물의 상태를 아는 것이 특히 매우 유용하다. 예를 들어, 브로민화 포타슘(KBr)과 질산 은($AgNO_3$)이 용액 중에서 반응하면 브로민화 은(AgBr)이 생성된다. 이 반응은 다음 반응식으로 나타낼 수 있다.

$$KBr(aq) + AgNO_3(aq) \longrightarrow KNO_3(aq) + AgBr(s)$$

반응물과 생성물의 물리적 상태를 나타내지 않으면, 이 반응에 대해 잘 모르는 사람은 고체 KBr과 고체 $AgNO_3$을 섞기만 하면 반응이 일어날 것이라고 생각할 수 있다. 이들 고체는 매우 느리거나 전혀 반응이 일어나지 않는다. 미시적 관점에서 반응 과정을 생각하면, 브로민화 은이 생성되기 위해서는 Ag^+와 Br^- 이온이 서로 접촉해야 한다. 이 예를 통해 1.2절에서 논의한 것처럼 어떤 현상에 있어서 무엇이 일어나는가를 분자 수준에서 설명할 수 있다는 것을 알 수 있다.

➤ 화학 반응식의 반응 계수 맞추기

실험실에서 직접 반응을 수행하여 화학 반응을 나타내는 식을 생각해 보자. 어떻게 하여야 할까? 반응물이 무엇인지 알고 있으므로 화학식을 쓸 수 있다. 생성물을 알아내는 것은 좀 더 어렵다. 단순한 반응에서는 생성물을 추측할 수 있지만, 세 종류 이상의 반응물이 반응하는 복잡한 반응에서는 어떤 화합물이 생성되는지를 밝혀내기 위해 더 많은 실험을 해야 한다.

일단 모든 반응물과 생성물을 밝혀낸 다음, 각각의 화학식을 쓰고 일반적인 방법을 통해 조합한다. 화살표 왼쪽에 반응물, 오른쪽에 생성물을 적는다. 이렇게 얻은 반응식은 아직 계수가 *맞춰지지 않은* 상태이다. 다음 과정을 따라 화학식의 계수를 맞춘다.

1. 모든 반응물과 생성물을 확인하여 각각의 정확한 화학식을 반응식의 왼쪽과 오른쪽에 적는다.
2. 서로 다른 반응 계수를 붙여가면서 반응식 양쪽에 있는 각 원소의 개수를 같게 맞춘다. 반응 계수(각 식 앞에 오는 숫자)를 바꿀 수는 있지만 첨자(화학식 내에 있는 숫자)를 바꾸어서는 안 된다. 그렇게 하면 화합물 자체가 달라지기 때문이다. 예를 들어, $2NO_2$는 “산화 질소(nitrogen oxide) 두 분자”를 뜻하지만, 계수를 두 배한 N_2O_4는 NO_2와는 완전히 다른 화합물인 사산화 이질소(dinitrogen tetroxide)가 된다.

3. 먼저 반응식 양쪽에서 각각 같은 수이며 한 번씩만 나오는 원소를 찾는다. 이 원소를 포함한 식은 반드시 같은 반응 계수를 가져야 하므로 이런 원소들은 반응 계수를 맞출 필요가 없다. 다음 양쪽에서 각각 한 번씩 등장하지만 개수가 다른 원소를 찾는다. 이 원소들의 반응 계수를 맞춘다. 마지막으로 양쪽에 두 번 이상 나오는 화학식의 반응 계수를 맞춘다.
4. 화살표 양쪽에 있는 각 원소들의 전체 개수가 같은지 확인한다.

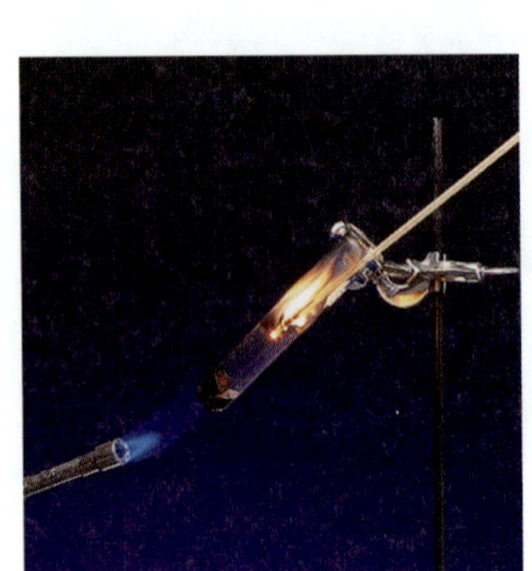
염소산 포타슘을 가열하면 나무 조각의 연소를 도와주는 산소가 생성된다.

한 예를 살펴보자. 실험실에서 염소산 포타슘($KClO_3$)에 열을 가하여 소량의 산소 기체(O_2)를 발생시킨다. 이 때 생성물은 산소 기체(O_2)와 염화 포타슘(KCl)이다. 따라서 다음과 같은 반응식을 쓸 수 있다.

$$KClO_3 \longrightarrow KCl + O_2$$

(반응식을 간단히 나타내기 위해 반응물과 생성물의 물리적 상태는 생략하였다.) 이 세 원소(K, Cl, O)는 반응식 양쪽에서 각각 한 번씩만 등장하지만 K와 Cl만 양쪽에 같은 숫자만큼 존재한다. 따라서 $KClO_3$와 KCl은 반응 계수가 같아야 한다. 다음 단계는 반응식 양쪽의 산소 원자의 개수를 같게 해야 한다. 왼쪽에는 산소 세 개, 오른쪽에는 산소 두 개가 존재하므로 $KClO_3$ 앞에는 2, O_2 앞에는 3을 붙여준다.

$$2KClO_3 \longrightarrow KCl + 3O_2$$

끝으로 KCl 앞에 2를 붙여주면 K와 Cl의 반응 계수를 맞출 수 있다.

$$2KClO_3 \longrightarrow 2KCl + 3O_2 \qquad (3.3)$$

반응물과 생성물의 원소들에 대하여 아래와 같은 표를 만들어 마지막으로 확인할 수 있다. 괄호 안은 각 원소의 원자수를 뜻한다.

반응물	**생성물**
K (2)	K (2)
Cl (2)	Cl (2)
O (6)	O (6)

이 반응식의 반응 계수에 모두 두 배를 해도 양쪽 계수를 맞출 수는 있다.

$$4KClO_3 \longrightarrow 4KCl + 6O_2$$

그러나 전체 반응식에는 식 (3.3)과 같이 가능한 *가장 간단한* 조합을 사용하도록 하는 것이 일반적이다.

이제 천연 가스의 구성 물질 중 하나인 에테인(C_2H_6)을 공기 중에서 연소하여 이산화탄소와 물을 생성하는 과정에 대해 생각해보자. 반응 계수를 맞추기 전 식은 다음과 같다.

$$C_2H_6 + O_2 \longrightarrow CO_2 + H_2O$$

반응식 양변에 있는 각 원소들의 원자수가 서로 다르며, C와 H는 양변에서 각각 한 번씩만 나온다. O는 오른쪽 두 물질(CO_2와 H_2O)에 있다. CO_2 앞에 숫자 2를 붙여 C 원자의 반응 계수를 맞춘다.

$$C_2H_6 + O_2 \longrightarrow 2CO_2 + H_2O$$

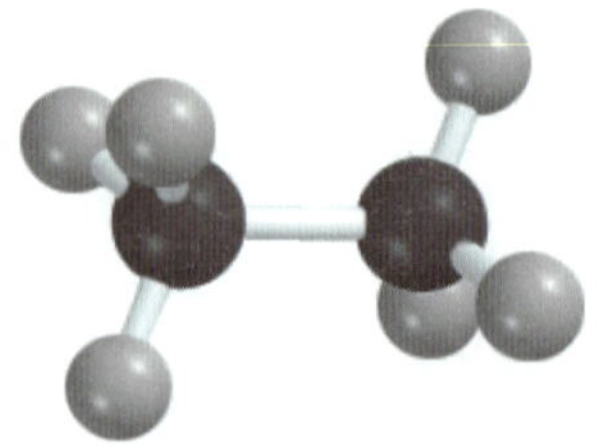
C_2H_6

H_2O 앞에 3을 붙여 H 원자의 반응 계수를 맞춘다.

$$C_2H_6 + O_2 \longrightarrow 2CO_2 + 3H_2O$$

이제 C와 H의 반응 계수를 맞추었다. 그러나 O 원자는 반응식의 오른쪽에 일곱 개가 있지만 왼쪽에는 두 개밖에 없다. 왼쪽에 있는 O_2 앞에 $\frac{7}{2}$을 붙여주면 O 원자의 반응 계수도 맞출 수 있다.

$$C_2H_6 + \frac{7}{2}O_2 \longrightarrow 2CO_2 + 3H_2O$$

계수로 $\frac{7}{2}$을 사용한 이유는 오른쪽에는 일곱 개의 산소 원자, 왼쪽에는 단 한 쌍의 산소 원자가 있기 때문에 얻어진 값이다. 일곱 개의 산소 원자를 얻기 위해 몇 쌍의 산소 원자가 필요한지 생각해 보라. 신발 일곱 짝은 3.5켤레와 같은 것과 마찬가지로 $\frac{7}{2}O_2$는 산소 원자 일곱 개와 같다. 아래 표를 보면 반응식의 반응 계수가 완전히 맞추어졌음을 알 수 있다.

반응물	생성물
C (2)	C (2)
H (6)	H (6)
O (7)	O (7)

그러나 반응식을 나타낼 때는 분수보다는 정수로 표시하는 것이 좋다. 그러므로 전체 반응식에 2를 곱하여 $\frac{7}{2}$을 7로 바꾸어 준다.

$$2C_2H_6 + 7O_2 \longrightarrow 4CO_2 + 6H_2O$$

최종 계산 결과는 다음과 같다.

반응물	생성물
C (4)	C (4)
H (12)	H (12)
O (14)	O (14)

반응 계수는 가능한 가장 작은 수로 나타내는 것에 주의하라.

예제 3.12를 통해 계수 맞추기 연습을 계속하도록 하자.

예제 3.12

알루미늄 금속이 공기에 노출되면 표면에 산화 알루미늄(Al_2O_3) 층이 생성된다. 이 층은 알루미늄과 산소와의 반응을 방지하며, 캔 음료로 사용되는 알루미늄의 부식을 방지한다. [철의 경우 산화 철(III)으로 알려진 녹이 너무 다공질이어서 그 밑에 있는 철을 보호하지 못하고 부식이 진행된다.] Al_2O_3가 생성되는 균형 반응식을 쓰시오.

전략 화학 반응식의 균형을 맞출 때 원소나 화합물의 화학식이 변하지 않는다는 것을 명심하라. 반응식은 화학식 앞에 적당한 계수를 맞추어서 완성한다. 앞에서 설명한 내용에 따라 진행한다.

풀이 불균형 반응식은 다음과 같다.

$$Al + O_2 \longrightarrow Al_2O_3$$

균형 반응식에는 양변의 각 원자의 종류와 수가 일치해야 한다. 주어진 식에서 반응물 쪽 Al 원자는 한 개이고, 생성물 쪽은 두 개이다. 따라서 반응물 쪽 Al의 계수를 2로 맞추어 Al의 균형을 맞출 수 있다.

$$2Al + O_2 \longrightarrow Al_2O_3$$

반응물 쪽 O는 두 개이고, 생성물 쪽 O는 세 개이다. 따라서 반응물 쪽 O_2의 계수를 $\frac{3}{2}$으로 맞추어 O의 균형을 맞출 수 있다.

$$2Al + \frac{3}{2}O_2 \longrightarrow Al_2O_3$$

이 식은 균형 반응식이다. 그러나 반응식은 가장 작은 정수들로 균형을 맞춰야 하므로 양변에 2를 곱하여 계수를 정수로 만들어 준다.

$$2(2Al + \frac{3}{2}O_2 \longrightarrow Al_2O_3)$$

$$4Al + 3O_2 \longrightarrow 2Al_2O_3$$

(계속)

검산 균형 반응식에는 양쪽의 원자의 종류와 수가 일치한다. 검산해 보면 다음과 같다.

반응물	생성물
Al (4)	Al (4)
O (6)	O (6)

이 식은 균형 잡혀 있다. 또한 계수는 모두 가장 간단한 정수들로 되어 있다.

비슷한 문제 : 3.59, 3.60.

실전 연습 산화 철(III)(Fe_2O_3)과 일산화 탄소(CO)가 반응하여 철(Fe)과 이산화 탄소(CO_2)를 생성하는 반응의 균형 화학 반응식을 완성하시오.

개념 복습하기

다음 반응의 어느 부분이 반응 계수 맞추는 데 중요하고 어느 부분이 실험실에서 실험할 경우 도움이 되는가?

$$BaH_2(s) + 2H_2O(l) \longrightarrow Ba(OH)_2\,(aq) + 2H_2(g)$$

3.8 반응물과 생성물의 양

화학 실험실과 화학 산업에서 기본적인 질문은 당연히 "정해진 양의 출발 물질(반응물)을 사용하여 얼마나 많은 생성물을 얻을 수 있겠는가?"라는 것이다. 또 어떤 경우에는 그 반대의 질문을 던질 수가 있다. "정해진 양의 생성물을 얻기 위해서는 얼마만큼의 출발 물질을 사용해야 하는가?" 어떤 반응을 정량적으로 해석하기 위해서는 몰질량과 몰에 관한 개념을 적용시켜야 할 필요가 있다. **화학량론**(stoichiometry)이란 *화학 반응에서의 반응물과 생성물에 대한 정량적 연구*를 뜻한다.

반응물이나 생성물 단위가 몰이든, 그램이든, 리터(기체인 경우)든 아니면 다른 어떤 단위든지 반응에서 생성되는 생성물의 양은 몰수로 나타낼 수 있다. 이와 같은 접근 방법을 **몰 방법**(mole method)이라 하며, 간단히 말해 *화학 반응에서의 화학량론적 계수들은 각 물질의 몰수로 해석한다*는 의미이다. 예를 들어, 공장에서 수소와 질소를 가지고 공업적으로 암모니아를 만드는 반응식은 다음과 같다.

$$N_2(g) + 3H_2(g) \longrightarrow 2NH_3(g)$$

화학량론적 계수에 의하면 N_2 한 분자가 H_2 세 분자와 반응하여 NH_3 두 분자를 생성한다. 상대적 몰비는 상대적 분자비와 일치한다.

$N_2(g)$	+	$3H_2(g)$	$\longrightarrow$	$2NH_3(g)$
1분자		3분자		2분자
6.022×10^{23} 분자		$3(6.022 \times 10^{23}$ 분자)		$2(6.022 \times 10^{23}$ 분자)
1 mol		3 mol		2 mol

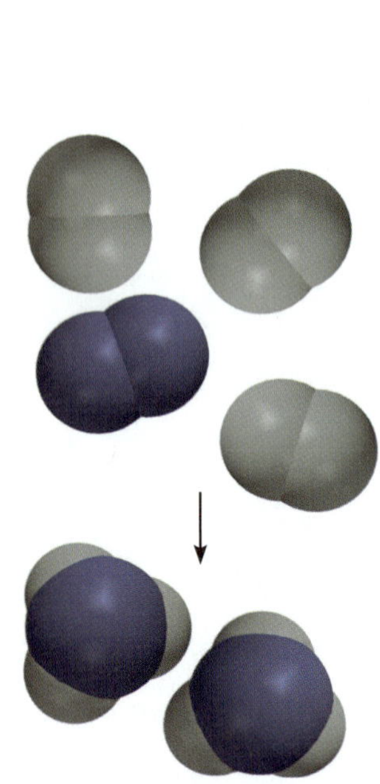
H_2와 N_2로부터 NH_3의 합성.

따라서 위 반응식은 "질소 기체 1 mol과 수소 기체 3 mol이 반응하여 암모니아 기체 2 mol이 생성되었다."라고 해석할 수 있다. 화학량론적 계산에서 H_2 3 mol은 NH_3 2 mol과 동등하다. 즉,

$$3 \text{ mol } H_2 \simeq 2 \text{ mol } NH_3$$

화학량론에서 기호 ≃는 "화학량론적으로 동등" 또는 그냥 간단히 "동등"하다는 의미이다. 이 관계로부터 다음 변환 인자를 얻을 수 있다.

$$\frac{3 \text{ mol } H_2}{2 \text{ mol } NH_3} \quad \text{그리고} \quad \frac{2 \text{ mol } NH_3}{3 \text{ mol } H_2}$$

그러므로 1 mol $N_2 \bumpeq$ 2 mol NH_3이고, 1 mol $N_2 \bumpeq$ 3 mol H_2의 관계를 얻을 수 있다.

H_2 6.0 mol이 N_2와 완전히 반응하여 NH_3를 생성하는 간단한 예를 생각해 보자. 생성되는 NH_3의 몰수를 계산하기 위하여 H_2가 분모에 있는 변환 인자를 사용하면, 다음과 같이 계산할 수 있다.

$$\begin{aligned}\text{생성되는 NH}_3\text{의 몰수} &= 6.0\ \cancel{\text{mol H}_2} \times \frac{2\ \text{mol NH}_3}{3\ \cancel{\text{mol H}_2}} \\ &= 4.0\ \text{mol NH}_3\end{aligned}$$

이제 H_2 16.0 g이 N_2와 완전히 반응하여 NH_3를 생성하는 반응을 생각해보자. NH_3 몇 g이 생성되는가? 이 계산을 위하여 균형 반응식으로부터 얻는 H_2와 NH_3의 몰비를 이용한다. 따라서 NH_3의 그램수를 계산한다. 변환 단계는 다음과 같다.

$$\text{H}_2\text{의 그램수} \longrightarrow \text{H}_2\text{의 몰수} \longrightarrow \text{NH}_3\text{의 몰수} \longrightarrow \text{NH}_3\text{의 그램수}$$

우선 H_2 16.0 g의 몰질량을 변환 인자로 사용하여 H_2의 몰수로 바꾸어 보자.

$$\begin{aligned}\text{H}_2\text{의 몰수} &= 16.0\ \cancel{\text{g H}_2} \times \frac{1\ \text{mol H}_2}{2.016\ \cancel{\text{g H}_2}} \\ &= 7.94\ \text{mol H}_2\end{aligned}$$

이제 생성되는 NH_3의 몰수를 계산해 보자.

$$\begin{aligned}\text{NH}_3\text{의 몰수} &= 7.94\ \cancel{\text{mol H}_2} \times \frac{2\ \text{mol NH}_3}{3\ \cancel{\text{mol H}_2}} \\ &= 5.29\ \text{mol NH}_3\end{aligned}$$

마지막으로 NH_3의 몰질량을 이용하여 생성되는 NH_3의 그램수를 계산한다.

$$\begin{aligned}\text{NH}_3\text{의 그램수} &= 5.29\ \cancel{\text{mol NH}_3} \times \frac{17.03\ \text{g NH}_3}{1\ \cancel{\text{mol NH}_3}} \\ &= 90.1\ \text{g NH}_3\end{aligned}$$

이 세 단계의 계산을 모두 결합하면, 다음과 같은 한 단계의 식으로 나타낼 수 있다.

$$\begin{aligned}\text{NH}_3\text{의 그램수} &= 16.0\ \cancel{\text{g H}_2} \times \frac{1\ \cancel{\text{mol H}_2}}{2.016\ \cancel{\text{g H}_2}} \times \frac{2\ \cancel{\text{mol NH}_3}}{3\ \cancel{\text{mol H}_2}} \times \frac{17.03\ \text{g NH}_3}{1\ \cancel{\text{mol NH}_3}} \\ &= 90.1\ \text{g NH}_3\end{aligned}$$

비슷한 방법으로 이 반응에서 사용되는 N_2의 질량을 계산할 수 있다. 그 전환 과정은 다음과 같다.

$$\text{H}_2\text{의 그램수} \longrightarrow \text{H}_2\text{의 몰수} \longrightarrow \text{N}_2\text{의 몰수} \longrightarrow \text{N}_2\text{의 그램수}$$

1 mol $N_2 \bumpeq$ 3 mol H_2의 관계를 이용하여 다음과 같이 계산할 수 있다.

$$\begin{aligned}\text{N}_2\text{의 그램수} &= 16.0\ \cancel{\text{g H}_2} \times \frac{1\ \cancel{\text{mol H}_2}}{2.016\ \cancel{\text{g H}_2}} \times \frac{1\ \cancel{\text{mol N}_2}}{3\ \cancel{\text{mol H}_2}} \times \frac{28.02\ \text{g N}_2}{1\ \cancel{\text{mol N}_2}} \\ &= 74.1\ \text{g N}_2\end{aligned}$$

화학량론 문제를 풀기 위한 일반적인 과정은 다음과 같이 요약할 수 있다.

1. 먼저 반응에 대한 균형 화학 반응식을 적는다.
2. 반응물의 주어진 양을 몰수로 전환한다.
3. 균형 화학 반응식에서 주어진 몰비를 이용하여 생성물의 몰수를 계산한다.
4. 이 생성물의 몰수를 생성물의 그램수(또는 다른 단위)로 전환한다.

그림 3.8은 위의 화학량론적 계산 과정을 보여준다. 때로 생성물의 양으로부터 필요한 반

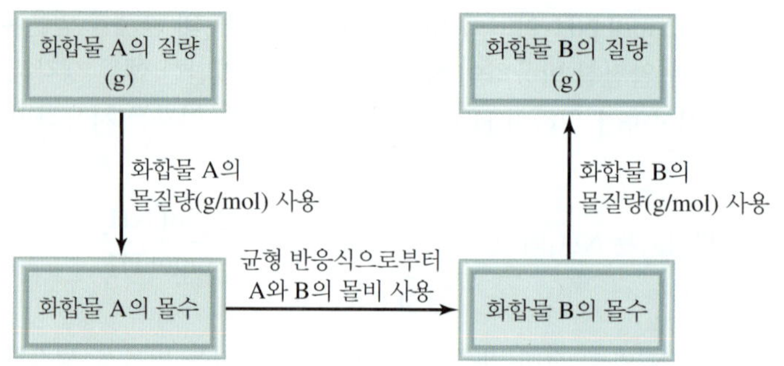

그림 3.8 몰 방법을 이용하여 화학 반응에서 반응물이나 생성물의 양을 계산하는 과정.

응물의 양을 구하는 경우도 있다. 이런 경우는 그림 3.8의 과정을 역으로 수행하면 된다.

예제 3.13과 3.14는 이와 같은 계산 과정을 보여주고 있다.

예제 3.13

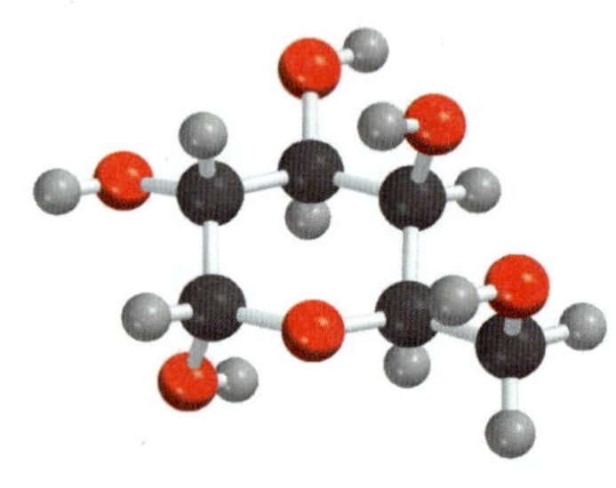

$C_6H_{12}O_6$

우리가 먹는 음식은 몸 안에서 잘게 잘리고 분해되어 성장과 활동을 하는 에너지를 공급한다. 이 매우 복잡한 과정을 대표하는 반응은 포도당(글루코스, $C_6H_{12}O_6$)이 이산화 탄소(CO_2)와 물(H_2O)로 분해되는 반응이다.

$$C_6H_{12}O_6 + 6O_2 \longrightarrow 6CO_2 + 6H_2O$$

일정 기간 동안 어떤 사람이 $C_6H_{12}O_6$ 856 g을 소모한다면, 생성되는 CO_2의 질량은 얼마인가?

전략 균형 반응식에서 $C_6H_{12}O_6$와 CO_2의 몰비를 이용하여 두 물질의 양을 비교해 보자. 어떤 방법으로 $C_6H_{12}O_6$의 질량을 몰수로 변환할 수 있는가? 균형 반응식의 몰비를 이용하여 CO_2의 몰수를 결정한 후, 어떻게 CO_2의 그램수로 변환할 수 있는가?

풀이 그림 3.8에 주어진 과정을 따라 푼다.

단계 1: 균형 반응식은 문제에 주어졌다.

단계 2: $C_6H_{12}O_6$의 질량을 몰수로 바꾼다.

$$856\ \text{g}\ C_6H_{12}O_6 \times \frac{1\ \text{mol}\ C_6H_{12}O_6}{180.2\ \text{g}\ C_6H_{12}O_6} = 4.750\ \text{mol}\ C_6H_{12}O_6$$

단계 3: $C_6H_{12}O_6$와 CO_2의 몰비는 1:6이다. 그러므로 CO_2의 생성 몰수는

$$4.750\ \text{mol}\ C_6H_{12}O_6 \times \frac{6\ \text{mol}\ CO_2}{1\ \text{mol}\ C_6H_{12}O_6} = 28.50\ \text{mol}\ CO_2$$

단계 4: 마지막으로 CO_2의 생성되는 양을 계산한다.

$$28.50\ \text{mol}\ CO_2 \times \frac{44.01\ \text{g}\ CO_2}{1\ \text{mol}\ CO_2} = 1.25 \times 10^3\ \text{g}\ CO_2$$

이 과정을 요약하면 다음과 같다.

$C_6H_{12}O_6$의 그램수 $\longrightarrow$ $C_6H_{12}O_6$의 몰수 $\longrightarrow$ CO_2의 몰수 $\longrightarrow$ CO_2의 그램수

전 과정을 요약하여 하나의 식으로 나타내면 다음과 같다.

$$CO_2\text{의 질량} = 856\ \text{g}\ C_6H_{12}O_6 \times \frac{1\ \text{mol}\ C_6H_{12}O_6}{180.2\ \text{g}\ C_6H_{12}O_6} \times \frac{6\ \text{mol}\ CO_2}{1\ \text{mol}\ C_6H_{12}O_6} \times \frac{44.01\ \text{g}\ CO_2}{1\ \text{mol}\ CO_2}$$
$$= 1.25 \times 10^3\ \text{g}\ CO_2$$

검산 답은 타당한가? CO_2의 몰질량이 $C_6H_{12}O_6$의 몰질량보다 매우 작음에도 불구하고 생성되는 CO_2의 질량이 반응하는 $C_6H_{12}O_6$보다 커야 하는가? $C_6H_{12}O_6$와 CO_2의 몰비는 얼마인가?

비슷한 문제: 3.72.

실전 연습 메탄올(CH_3OH)은 다음 반응식에 따라 공기 중에서 연소한다.

$$2CH_3OH + 3O_2 \longrightarrow 2CO_2 + 4H_2O$$

메탄올 209 g이 모두 연소된다면, 생성되는 H_2O의 질량은 얼마인가?

예제 3.14

모든 알칼리 금속은 물과 반응하여 수소 기체와 알칼리 금속의 수산화물을 만든다. 리튬과 물 사이의 전형적인 반응은 다음과 같다.

$$2Li(s) + 2H_2O(l) \longrightarrow 2LiOH(aq) + H_2(g)$$

H_2 9.89 g을 얻기 위해 Li 몇 그램이 필요한가?

리튬이 물과 반응하여 수소 기체를 생성한다.

전략 일정량의 생성물(H_2)을 만드는 데 필요한 반응물(Li)의 양을 구하는 문제이다. 그러므로 그림 3.8의 과정을 역으로 하면 된다. 균형 반응식에서 2 mol Li ≏ 1 mol H_2이다.

풀이 변환 과정은 아래와 같다.

이 과정을 요약하면 다음과 같다.

$$H_2\text{의 그램수} \longrightarrow H_2\text{의 몰수} \longrightarrow \text{Li의 몰수} \longrightarrow \text{Li의 그램수}$$

이 과정을 하나로 정리하면 아래와 같이 쓸 수 있다.

$$9.89\ \cancel{g\ H_2} \times \frac{1\ \cancel{mol\ H_2}}{2.016\ \cancel{g\ H_2}} \times \frac{2\ \cancel{mol\ Li}}{1\ \cancel{mol\ H_2}} \times \frac{6.941\ g\ Li}{1\ \cancel{mol\ Li}} = 68.1\ g\ Li$$

검산 대략적으로 H_2 9.89 g은 H_2 5 mol에 해당되므로 Li 10 mol이 필요하다. Li의 몰질량을 7 g으로 생각하면 답은 타당한가?

실전 연습 일산화 질소(NO)와 산소가 반응하여 이산화 질소(NO_2)를 만드는 반응은 광화학적 스모그를 형성하는 데 있어서 중요한 단계이다.

$$2NO(g) + O_2(g) \longrightarrow 2NO_2(g)$$

NO_2 2.21 g을 생성하는 데 O_2 몇 그램이 필요한가?

비슷한 문제: 3.66.

개념 복습하기

다음 반응식에 대한 서술 중 맞는 것은 어느 것인가?

$$4NH_3(g) + 5O_2(g) \longrightarrow 4NO(g) + 6H_2O(g)$$

(a) NH_3 4 g이 반응하면 H_2O 6 g이 생성됨.
(b) NH_3 1 mol이 반응하면 NO 1 mol이 생성됨.
(c) O_2 3 mol이 반응하면 NO 2 mol이 생성됨.

3.9 한계 시약

화학자가 반응을 수행할 때 반응물들이 정확히 **화학량론적 양**(stoichiometric amount) 즉, *균형 반응식에 나타난 비율*대로 존재하지 않는다. 반응의 목적은 출발 물질로부터 유용한 물질을 최대한 얻는 것이기 때문에, 일반적으로 고가의 반응물이 원하는 생성물로 완전히 바뀌도록 한 반응물을 과량으로 가한다. 결과적으로 어떤 반응물은 반응이 완결되어도 남아 있게 된다. *반응에서 먼저 소모되는 반응물을* **한계 시약**(limiting reagent)이라 하는데, 이는 이 물질의 양이 처음에 얼마나 있었는지가 생성물의 양을 결정짓기 때문이다. 이 반응물이 완전히 소모되면 생성물은 더 이상 만들어지지 않는다. **초과 시약**(excess reagent)이란 *한계 시약과 반응할 때 필요한 양보다 훨씬 더 많은 양이 존재하는 반응물*을 뜻한다.

▶▶▶ 동영상 자료
▶ 한계 시약.

한계 시약의 개념은 클럽에서 남자와 여자가 댄스 경연 대회를 할 때의 관계와 비슷하다. 남자가 14명 있고 여자가 9명 있다면 남녀 아홉 쌍만이 대회에 참여할 수 있다. 남자 다섯 명은 파트너 없이 남아 있을 것이다. 따라서 여자의 숫자가 경연 대회에 참여할 수 있

반응 시작 전

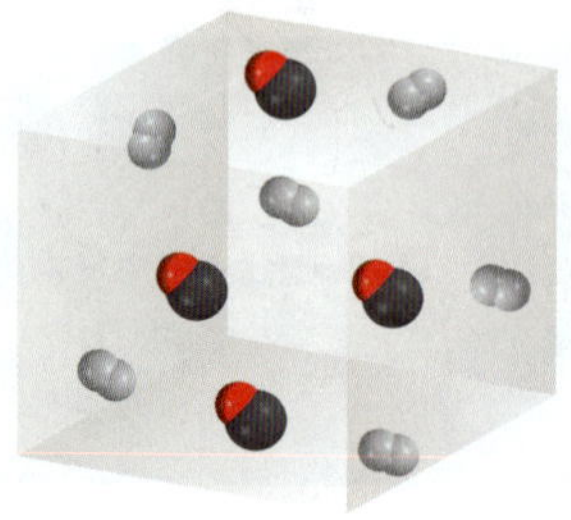

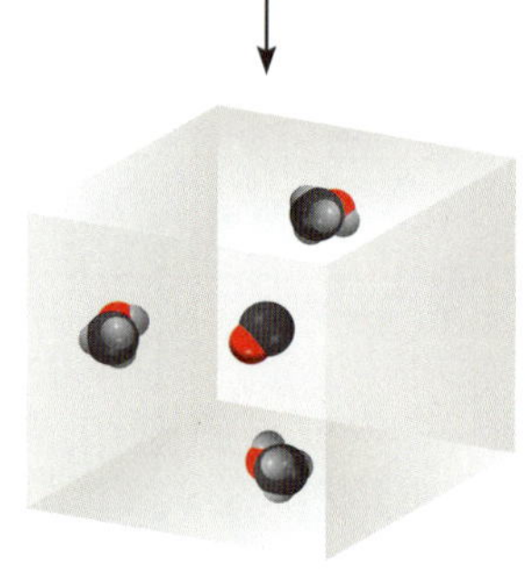

반응 종료 후

H_2 CO CH_3OH

그림 3.9 반응이 시작될 때 H_2 분자 6개와 CO 분자 4개가 있었다. 반응이 완결되면 H_2 분자는 모두 사라지고 CO 분자 하나만이 남는다. 따라서 H_2 분자가 한계 시약이고 CO는 초과 시약이다. 이 반응에서 각 분자를 1 mol로 취급할 수도 있다.

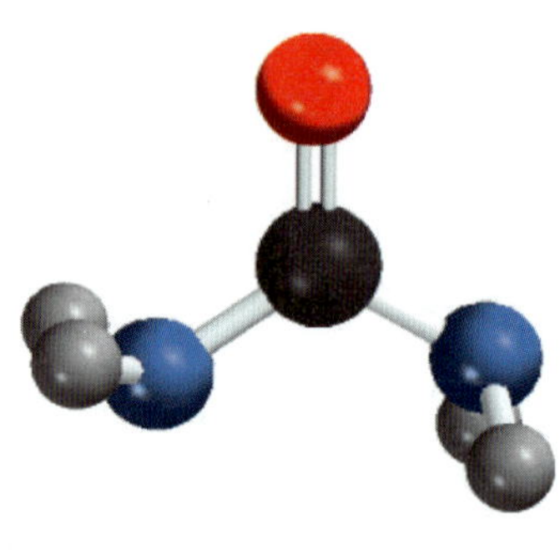

$(NH_2)_2CO$

는 남자의 숫자를 제한하게 되고, 남자 중 일부는 그냥 남아 있어야 하는 것이다.

고온에서 일산화 탄소와 수소로부터 메탄올(CH_3OH)을 형성하는 반응을 생각해 보자

$$CO(g) + 2H_2(g) \longrightarrow CH_3OH(g)$$

처음에 CO 4 mol과 H_2 6 mol이 있는 경우를 가정해 보자(그림 3.9). 두 반응물 중 한계 시약을 가려내는 방법은 초기 CO와 H_2의 양을 기준으로 생성되는 CH_3OH의 양을 계산하는 것이다. 앞에서의 정의에 따라 더 적은 양의 생성물을 만드는 것이 한계 시약이다. CO 4 mol을 초기 값으로 하여 생성되는 CH_3OH의 몰수를 계산하면 다음과 같다.

$$4 \text{ mol CO} \times \frac{1 \text{ mol } CH_3OH}{1 \text{ mol CO}} = 4 \text{ mol } CH_3OH$$

H_2 6 mol을 이용하여 계산하면, 다음과 같다

$$6 \text{ mol } H_2 \times \frac{1 \text{ mol } CH_3OH}{2 \text{ mol } H_2} = 3 \text{ mol } CH_3OH$$

따라서 H_2가 더 적은 양의 CH_3OH를 형성하므로 한계 시약이고, CO는 초과 시약이다.

한계 시약이 포함된 화학량론적 양을 계산할 때 첫 단계는 한계 시약을 결정하는 것이다. 한계 시약이 결정되면 나머지는 3.8절에 요약된 순서대로 풀면 된다. 예제 3.15에서 이를 확인해 보자.

예제 3.15

요소$[(NH_2)_2CO]$의 합성은 비생물학적 반응물로부터 생물학적 화합물을 제조한 최초의 예로 알려져 있다. 오늘날 요소는 공업적으로 암모니아와 이산화 탄소로부터 만든다.

$$2NH_3(g) + CO_2(g) \longrightarrow (NH_2)_2CO(aq) + H_2O(l)$$

어떤 반응에서 NH_3 637.2 g과 CO_2 1142 g을 반응시켰다. (a) 두 반응물 중 한계 시약은 어느 것인가? (b) 생성되는 $(NH_2)_2CO$의 질량을 계산하시오. (c) 반응이 완결되면 초과 시약이 몇 그램 남아 있겠는가?

(a) 전략 만들 수 있는 생성물의 양을 제한하므로 더 적은 몰수의 생성물을 만드는 반응물이 한계 시약이다. 어떻게 반응물의 양을 생성물의 양으로 변환할 수 있는가? 주어진 각 반응물(NH_3, CO_2)의 양을 이용하여 이 계산을 수행하고, 생성물 $(NH_2)_2CO$의 양을 비교하라.

풀이 두 계산을 수행한다. 먼저, NH_3 637.2 g을 이용하여 생성되는 $(NH_2)_2CO$의 몰수를 계산한다. 모든 NH_3가 반응한다고 가정하고 다음 순서를 이용한다.

$$NH_3\text{의 그램수} \longrightarrow NH_3\text{의 몰수} \longrightarrow (NH_2)_2CO\text{의 몰수}$$

이 모든 과정을 하나로 묶으면 다음과 같다.

$$\begin{aligned}(NH_2)_2CO\text{의 몰수} &= 637.2 \text{ g } NH_3 \times \frac{1 \text{ mol } NH_3}{17.03 \text{ g } NH_3} \times \frac{1 \text{ mol } (NH_2)_2CO}{2 \text{ mol } NH_3} \\ &= 18.71 \text{ mol } (NH_2)_2CO\end{aligned}$$

이제, CO_2 1142 g을 이용하여 다음 순서대로 푼다.

$$CO_2\text{의 그램수} \longrightarrow CO_2\text{의 몰수} \longrightarrow (NH_2)_2CO\text{의 몰수}$$

모든 CO_2가 반응한다는 가정 하에 생성되는 $(NH_2)_2CO$의 몰수를 구하면 다음과 같다.

$$\begin{aligned}(NH_2)_2CO\text{의 몰수} &= 1142 \text{ g } CO_2 \times \frac{1 \text{ mol } CO_2}{44.01 \text{ g } CO_2} \times \frac{1 \text{ mol } (NH_2)_2CO}{1 \text{ mol } CO_2} \\ &= 25.95 \text{ mol } (NH_2)_2CO\end{aligned}$$

따라서 NH_3가 더 적은 양의 $(NH_2)_2CO$을 생산하므로 NH_3가 한계 시약이다.

(계속)

(b) 전략 위에서 NH_3를 한계 시약으로 하여 생성되는 $(NH_2)_2CO$의 몰수를 결정하였다. 이제 몰수를 그램수로 변환해 보자.

풀이 $(NH_2)_2CO$의 몰질량은 60.06 g이다. 이것을 변환 인자로 이용하여 $(NH_2)_2CO$의 몰수를 그램수로 변환해 보자.

$$(NH_2)_2CO\text{의 질량} = 18.71 \cancel{\text{mol } (NH_2)_2CO} \times \frac{60.06 \text{ g } (NH_2)_2CO}{1 \cancel{\text{mol } (NH_2)_2CO}}$$
$$= 1124 \text{ g } (NH_2)_2CO$$

검산 답이 타당해 보이는가? 생성물 18.71 mol이 만들어졌다. $(NH_2)_2CO$의 몰질량은 얼마인가?

(c) 전략 $(NH_2)_2CO$ 18.71 mol을 생성하기 위하여 필요한 CO_2의 양을 계산할 수 있다. 남은 CO_2의 양은 초기의 양과 반응한 양의 차이다.

풀이 18.71 mol로 시작해서 균형 반응식의 몰비와 CO_2의 몰질량을 이용하여 반응한 CO_2의 질량을 계산할 수 있다. 요약하면 다음과 같다.

$$(NH_2)_2CO\text{의 몰수} \longrightarrow CO_2\text{의 몰수} \longrightarrow CO_2\text{의 그램수}$$

따라서

$$\text{반응한 } CO_2\text{의 질량} = 18.71 \cancel{\text{mol } (NH_2)_2CO} \times \frac{1 \cancel{\text{mol } CO_2}}{1 \cancel{\text{mol } (NH_2)_2CO}} \times \frac{44.01 \text{ g } CO_2}{1 \text{ mol } CO_2}$$
$$= 823.4 \text{ g } CO_2$$

남은 CO_2의 양은 처음의 양(1142 g)과 반응한 양(823.4 g)의 차이다.

$$\text{남은 } CO_2\text{의 질량} = 1142 \text{ g} - 823.4 \text{ g} = 319 \text{ g}$$

비슷한 문제: 3.86.

실전 연습 알루미늄이 산화 철(III)과 반응하면 고열이 발생하여 온도가 3000°C에 이르러 이 반응을 용접에 이용할 수 있다.

$$2Al + Fe_2O_3 \longrightarrow Al_2O_3 + 2Fe$$

어떤 반응에서 Al 124 g과 Fe_2O_3 601 g이 반응하였다. (a) 생성되는 Al_2O_3의 그램수를 구하시오. (b) 반응이 완결되면 초과 시약이 몇 g 남는가?

예제 3.15는 중요한 점을 하나 알려주고 있다. 실제로 화학자들은 값비싼 시약을 한계 시약으로 하여 남김없이 반응에 쓰일 수 있도록 한다. 요소를 합성하는 과정의 경우 NH_3는 CO_2보다 훨씬 비싸기 때문에 NH_3가 언제나 한계 시약으로 쓰인다. 어떤 때에는 한 시약을 과량 사용하여 반응이 완결되도록 하거나 그 시약을 소모하는 부반응을 보상하도록 한다. 합성 화학자들은 예제 3.16에 나타낸 것처럼 이러한 필요에 기초하여 종종 하나 이상의 성분을 초과로 사용되도록 사용할 시약의 양을 계산하여야 한다.

예제 3.16

알코올과 할로젠 화합물을 반응하여 에터를 만드는 것이 유기 화학에서는 중요하다. 여기 메탄올(CH_3OH)과 브로민화 메틸(CH_3Br)이 반응하여 다른 유기 화합물의 유용한 선구체나 에어로솔 추진체로 사용되는 다이메틸 에터(CH_3OCH_3)를 형성하는 것을 나타내었다.

$$CH_3OH + CH_3Br + LiC_4H_9 \longrightarrow CH_3OCH_3 + LiBr + C_4H_{10}$$

이 반응은 건조한(물기가 없는) 유기 용매 중에서 이루어지는데, 뷰틸 리튬(LiC_4H_9)이 CH_3OH로부터 수소 이온을 제거하게 된다. 또한 뷰틸 리튬은 용매 중에 남아 있는 물과도 반응하므로 이 시약은 일반적으로 반응에서 2.5 당량 사용된다. CH_3OH 10.0 g으로 위 반응을 진행시키는데 필요한 CH_3Br과 LiC_4H_9은 각각 몇 g인가?

(계속)

풀이 CH_3OH와 CH_3Br이 화학량론적 양만큼 존재하고 LiC_4H_9이 초과 시약이라고 하는 정보에서 시작한다. 필요한 CH_3Br과 LiC_4H_9의 양을 계산하기 위해 예제 3.14에서 보인 것과 같은 방식으로 진행한다.

$$CH_3Br의\ g수 = 10.0\ \text{g}\ CH_3OH \times \frac{1\ \text{mol}\ CH_3OH}{32.04\ \text{g}\ CH_3OH} \times \frac{1\ \text{mol}\ CH_3Br}{1\ \text{mol}\ CH_3OH} \times \frac{94.93\ \text{g}\ CH_3Br}{1\ \text{mol}\ CH_3Br}$$
$$= 29.6\ \text{g}\ CH_3Br$$

$$LiC_4H_9의\ g수 = 10.0\ \text{g}\ CH_3OH \times \frac{1\ \text{mol}\ CH_3OH}{32.04\ \text{g}\ CH_3OH} \times \frac{2.5\ \text{mol}\ LiC_4H_9}{1\ \text{mol}\ CH_3OH} \times \frac{64.05\ \text{g}\ LiC_4H_9}{1\ \text{mol}\ LiC_4H_9}$$
$$= 50.0\ \text{g}\ LiC_4H_9$$

비슷한 문제: 3.137, 3.138.

실전 연습 벤조산(C_6H_5COOH)과 옥탄올($C_8H_{17}OH$)이 반응하면 벤조산 옥틸($C_6H_5COOC_8H_{17}$)과 물이 얻어진다.

$$C_6H_5COOH + C_8H_{17}OH \longrightarrow C_6H_5COOC_8H_{17} + H_2O$$

이 반응을 과량의 $C_8H_{17}OH$을 넣어 반응이 완결되고 생성물이 최대의 수득률을 내도록 하였다. 한 유기 화학자가 $C_8H_{17}OH$ 1.5당량을 사용하려 한다면 C_6H_5COOH 15.7 g과 반응하기 위해 $C_8H_{17}OH$ 몇 그램이 필요할까?

개념 복습하기

다음 반응을 생각해 보자.

$$2NO(g) + O_2(g) \longrightarrow 2NO_2(g)$$

(a)에 나타낸 반응물에서 시작하여 한계 시약이 완전히 반응한 다음 상황을 가장 잘 나타낸 것은 (b)~(d) 중 어느 것인가?

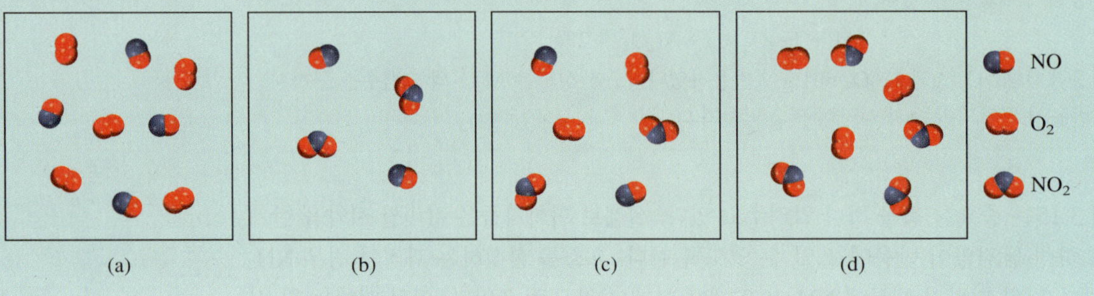

3.10 반응 수득률

이론적 수득량은 균형 반응식에서 얻고 실제 수득량은 반응 결과로 얻는다는 것을 기억하시오.

반응 초기에 존재하는 한계 시약의 양이 *모든 한계 시약이 완전히 반응했을 때 얻을 수 있는 생성물의 양*인 **이론적 수득량**(theoretical yield)을 결정한다. 그러므로 이론적 수득량은 반응식을 통해 예측할 수 있는 *최대* 수득량이 되는 것이다. *실제 반응을 통해서 얻은 생성물의 양*인 **실제 수득량**(actual yield)은 언제나 이론적 수득량보다 작다. 실제 수득량과 이론적 수득량 간의 차이가 생기는 이유는 여러 가지가 있다. 예를 들어, 많은 반응이 가역적으로 일어난다. 그러므로 이 반응은 왼쪽에서 오른쪽으로 100% 반응이 진행되지 않는다. 반응이 100% 진행된 경우라 하더라도 생성물을 완전히 반응 매질(예를 들면, 수용액)로부터 회수하는 것도 어렵다. 어떤 반응의 경우 생성물들끼리 반응을 하거나 생성물이 반응물과 계속 반응을 하기 때문에 더 복잡해지기도 한다. 이런 반응들 때문에 첫 번째 반응의 수득률이 낮아지게 된다.

화학자들은 반응이 얼마나 효율적인지 판단하기 위해서 **수득 백분율**(percent yield)을 사용한다. 수득 백분율은 *이론적 수득량에 대한 실제 수득량의 비*를 나타내며 아래와 같이 계산한다.

$$\text{수득 백분율} = \frac{\text{실제 수득량}}{\text{이론적 수득량}} \times 100\% \tag{3.4}$$

수득 백분율은 1~100% 범위의 값을 가질 수 있다. 화학자들은 반응에서 최고의 수득률을 얻기 위해 노력한다. 온도나 압력도 반응에 영향을 미칠 수 있다. 여기에 대해서는 나중에 공부하도록 하자.

예제 3.17에서 산업 공정 반응에서의 수득률을 계산해 보자.

예제 3.17

타이타늄은 강하고 가벼우며 부식에 강해서 로켓이나 항공기, 제트 엔진, 자전거의 몸체 등에 사용되는 금속이다. 이 금속은 950~1150°C의 온도에서 타이타늄(IV)와 용융 마그네슘과의 반응을 통해서 얻는다.

$$TiCl_4(g) + 2Mg(l) \longrightarrow Ti(s) + 2MgCl_2(l)$$

어떤 산업 공정에서 $TiCl_4$ 3.54×10^7 g이 Mg 1.13×10^7 g과 반응하였다. (a) Ti의 이론적 수득량을 g 단위로 계산하시오. (b) 실제로 얻은 Ti가 7.91×10^6 g일 때 수득 백분율은 얼마인가?

(a) 전략 두 종류의 반응물이 있으므로 한계 시약 문제이다. 더 적은 양의 생성물을 만드는 반응물이 한계 시약이다. 반응물의 양으로부터 생성물의 양을 어떻게 계산하는가? 이 계산을 두 종류의 반응물에 대하여 수행하고, 생성되는 Ti의 양을 비교한다.

풀이 두 반응물 중 어느 것이 한계 시약인지 결정하기 위하여 두 번의 계산을 수행하자. 우선 $TiCl_4$ 3.54×10^7 g이 모두 반응했을 때 생성되는 Ti의 몰수를 계산한다.

$$TiCl_4\text{의 그램수} \longrightarrow TiCl_4\text{의 몰수} \longrightarrow Ti\text{의 몰수}$$

따라서

$$\begin{aligned} Ti\text{의 몰수} &= 3.54 \times 10^7 \text{ g } TiCl_4 \times \frac{1 \text{ mol } TiCl_4}{189.7 \text{ g } TiCl_4} \times \frac{1 \text{ mol Ti}}{1 \text{ mol } TiCl_4} \\ &= 1.87 \times 10^5 \text{ mol Ti} \end{aligned}$$

다음으로, Mg 1.13×10^7 g으로부터 생성되는 Ti의 몰수를 계산해 보자. 변환 단계는 다음과 같다.

$$Mg\text{의 그램수} \longrightarrow Mg\text{의 몰수} \longrightarrow Ti\text{의 몰수}$$

계산을 하면

$$\begin{aligned} Ti\text{의 몰수} &= 1.13 \times 10^7 \text{ g Mg} \times \frac{1 \text{ mol Mg}}{24.31 \text{ g Mg}} \times \frac{1 \text{ mol Ti}}{2 \text{ mol Mg}} \\ &= 2.32 \times 10^5 \text{ mol Ti} \end{aligned}$$

따라서 $TiCl_4$가 더 적은 양의 Ti를 생성하므로 $TiCl_4$가 한계 시약이다. 생성되는 Ti의 질량은 다음과 같다.

$$1.87 \times 10^5 \text{ mol Ti} \times \frac{47.88 \text{ g Ti}}{1 \text{ mol Ti}} = 8.95 \times 10^6 \text{ g Ti}$$

(b) 전략 앞에서 결정된 Ti의 질량은 이론적 수득량이다. (b)에서 주어진 양이 반응의 실제 수득량이다.

풀이 수득 백분율은 다음과 같이 계산된다.

(계속)

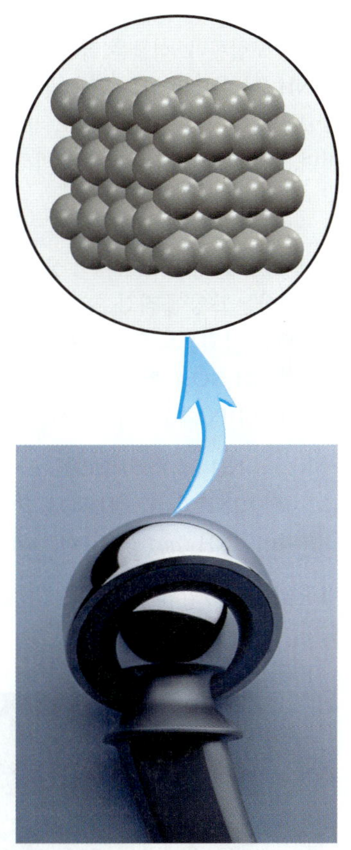
타이타늄으로 만든 인공 고관절과 고체 타이타늄의 구조.

생활 속의 화학 CHEMISTRY in Action

화학 비료

빠르 속도로 증가하는 세계의 인구를 먹이기 위해서는 농부들이 더 많고 더 건강에 이로운 작물을 생산해야 한다. 농부들은 더 좋고 더 많은 작물을 수확하기 위하여 매년 수백만 톤의 비료를 사용한다. 식물은 충분한 성장을 위하여 이산화 탄소 및 물과 더불어 N, P, K, Ca, S, Mg 등의 6가지 원소를 필요로 한다. 질소나 인을 포함하는 비료를 합성하고 그 성질을 연구하다 보면 이 장에서 배운 이론을 응용하게 된다.

질소 비료는 질산(NO_3^-) 염, 암모늄(NH_4^+) 염 등 몇 가지 화합물을 포함한다. 식물은 질산염을 직접 흡수할 수 있으나 암모니아(NH_3)나 암모늄 염은 토양 박테리아의 작용에 의하여 질산염으로 변환시킨 후 흡수한다. 질소 비료의 주된 원료 물질은 암모니아이며, 수소와 질소와의 반응에 의하여 합성한다.

$$3H_2(g) + N_2(g) \longrightarrow 2NH_3(g)$$

(이 반응은 13장과 14장에서 상세히 다룰 것이다.) 용액 상태에서 암모니아는 토양에 직접 흡수된다.

다른 방법으로 암모니아는 다음 산-염기 반응에 의해 질산 암모늄(NH_4NO_3), 황산 암모늄[$(NH_4)_2SO_4$] 또는 인산 수소 암모늄[$(NH_4)_2HPO_4$] 등으로 변환될 수 있다.

$$NH_3(aq) + HNO_3(aq) \longrightarrow NH_4NO_3(aq)$$
$$2NH_3(aq) + H_2SO_4(aq) \longrightarrow (NH_4)_2SO_4(aq)$$
$$2NH_3(aq) + H_3PO_4(aq) \longrightarrow (NH_4)_2HPO_4(aq)$$

황산 암모늄을 만드는 또 다른 방법은 다음 두 단계를 이용한 반응이다.

작물을 심기 전에 토양에 액체 암모니아를 뿌린다.

$$2NH_3(aq) + CO_2(aq) + H_2O(l) \longrightarrow (NH_4)_2CO_3(aq) \quad (1)$$
$$(NH_4)_2CO_3(aq) + CaSO_4(aq) \longrightarrow (NH_4)_2SO_4(aq) + CaCO_3(s) \quad (2)$$

이 방법은 출발 물질인 이산화 탄소와 황산 칼슘이 황산보다 더 저렴하다는 관점에서 매우 유용한 방법이다. 수득률을 높이기 위하여 첫 번째 반응에서는 암모니아, 두 번째 반응에서는 탄산 암모늄을 한계 시약으로 한다.

다음 표에는 몇몇 일반 비료에 들어 있는 질소의 질량 조성 백분율을 나타내었다. 요소의 합성에 대해서는 예제 3.15에서 논의하였다.

여러 비료 중에서 한 가지 비료를 선택하는 데 여러 인자에 의하여 영향을 받는다. 이들 영향 인자들은 (1) 비료를 만드는 데 필요한 기초 물질의 원가, (2) 보관과 운반의 용이성과 사용의 편리성, (3) 필요한 원소의 질량 조성 백분율, (4) 식물에 의한 섭취가 용이한지 또는 물에 잘 녹는지 등의 적합성 등이다. 모든 인자를 종합해 보면 암모니아가 가장 높은 질소 함유량을 보이지만 NH_4NO_3가 가장 중요한 질소 비료로 인정된다.

인 비료는 *플루오로아파타이트*[fluorapatite, $Ca_5(PO_4)_3F$]라는 인산 암석에서 얻는다. 인산 암석은 물에 녹지 않으므로 물에 녹는 인산 이수소 칼슘[$Ca(H_2PO_4)_2$]으로 변환해야 한다.

$$2Ca_5(PO_4)_3F(s) + 7H_2SO_4(aq) \longrightarrow 3Ca(H_2PO_4)_2(aq) + 7CaSO_4(aq) + 2HF(g)$$

수득률을 최대로 얻기 위하여 인산 암석이 한계 시약인 조건을 이용한다.

지금까지 설명한 비료의 합성법들은 상대적으로 간단해 보이나 수득률을 증가시키기 위하여 온도, 압력 등의 조건을 바꾸는 등 많은 노력이 경주되었다. 산업 분야의 화학자들은 가능성 있는 반응을 먼저 실험실에서 수행하고 대량 생산을 하기 전에 공정 시설에서 시험 생산을 한다.

다섯 가지 일반적인 비료에 들어 있는 질소의 질량 조성 백분율

비료	N의 질량%
NH_3	82.4
NH_4NO_3	35.0
$(NH_4)_2SO_4$	21.2
$(NH_4)_2HPO_4$	21.2
$(NH_2)_2CO$	46.7

$$\text{수득 백분율} = \frac{\text{실제 수득량}}{\text{이론적 수득량}} \times 100\%$$
$$= \frac{7.91 \times 10^6 \text{ g}}{8.95 \times 10^6 \text{ g}} \times 100\%$$
$$= 88.4\%$$

검산 수득 백분율은 100%보다 작게 얻어졌는가?

비슷한 문제: 3.89, 3.90.

실전 연습 합금강을 만드는 데 사용되는 바나듐은 산업적으로 산화 바나듐(V)를 고온에서 칼슘과 반응시켜 얻는다.

$$5Ca + V_2O_5 \longrightarrow 5CaO + 2V$$

어떤 공정에서 V_2O_5 1.54×10^3 g을 Ca 1.96×10^3 g과 반응시켰다. (a) V의 이론적 수득량을 구하시오. (b) V 803 g을 얻었다면 수득 백분율은 얼마인가?

산업 공정에서는 대개 엄청난 양(수천~수백만 톤)의 생성물을 처리하고 있다. 그러므로 아주 조금이라도 수득률을 높이게 되면 생산 비용을 크게 절감할 수 있게 된다. 이와 같은 실례가 바로 화학 비료이다. 앞서 나오는 "생활 속의 화학"에서 이 화학 비료에 대해 다루었다.

개념 복습하기

수득 백분율이 어떤 반응의 이론적 수득량을 초과할 수 있는가?

주요 식 정리하기 *Key Equations*

화합물 중 특정 원소의 조성 백분율 =

$$\frac{n \times \text{원소의 몰질량}}{\text{화합물의 몰질량}} \times 100\% \quad (3.1)$$

$$\text{수득 백분율} = \frac{\text{실제 수득량}}{\text{이론적 수득량}} \times 100\% \quad (3.4)$$

사실과 개념 요약하기 *Summary of Facts & Concepts*

1. 원자 질량은 원자 질량 단위(amu)로 측정된다. 이 단위는 C-12 동위원소에 대해 정확히 12라고 정의하고 구한 상대적 단위이다. 특정 원소의 원자에 대해 주어지는 원자 질량은 자연계에 존재하는 해당 원소의 모든 동위원소가 가지는 값의 평균이다. 분자 질량은 분자 내에 존재하는 원자 질량의 합이다. 원자 질량과 분자 질량은 질량 분석기를 이용하여 정확히 측정할 수 있다.
2. 1 mol이란 아보가드로 수(6.022×10^{23})만큼의 원자, 분자 또는 다른 입자를 뜻한다. 원소나 화합물의 몰질량(g)은 원자 질량 단위(amu)로 나타낸 질량과 일치하며, 아보가드로 수만큼의 원자(원소인 경우), 분자 또는 가장 단순한 단위(이온 화합물의 경우)를 포함하고 있다,
3. 화합물의 질량 조성 백분율이란 각 원소가 화합물 내에 존재하는 질량의 백분율을 뜻한다. 만일 어떤 화합물의 질량 조성 백분율을 알고 있으면, 화합물의 실험식을 추측해낼 수 있다. 또한 대략적인 몰질량을 알면 화합물의 분자식도 알 수 있다.

4. 화학 반응이라는 화학적 변화는 화학 반응식으로 나타낼 수 있다. 변화하는 물질(반응물)은 화살표 왼쪽, 생성되는 물질(생성물)은 화살표 오른쪽에 표시한다. 화학 반응식은 질량 보존 법칙에 따라 반드시 반응 계수를 맞춰주어야 한다. 반응물 내 각 원소의 원자수는 생성물의 원자수와 같아야 한다.
5. 화학량론이란 화학 반응에 있어서 반응물과 생성물에 대한 정량적인 연구를 뜻한다. 화학량론적 계산에서 가장 좋은 방법은 주어진 또는 미지의 양을 몰수로 바꾸고 다시 이를 다른 필요한 단위로 변환하는 것이다. 한계 시약이란 화학량론적으로 가장 작은 양이 존재하는 반응물을 뜻한다. 한계 시약은 반응 후 생성되는 생성물의 양을 결정한다. 반응에서 얻어지는 생성물의 양(실제 수득량)은 가능한 최대량(이론적 수득량)보다 적다. 이 두 값의 비율은 수득 백분율로 표현한다.

주요 용어 정리하기 *Key Words*

몰	생성물	원자 질량 단위	화학 반응
몰 방법	수득 백분율	이론적 수득량	화학 반응식
몰질량	실제 수득량	질량 조성 백분율	화학량론
반응물	아보가드로 수	초과 시약	화학량론적 양
분자 질량	원자 질량	한계 시약	

연습 문제 *Questions & Problems*

● *표시는 Connect Plus에서 유용한 문제, 붉은색 번호의 문제는 학생용 문제풀이집에 풀어 놓았다.*

원자 질량

▶ 복습 질문

3.1 원자 질량 단위란 무엇이며, 왜 필요한가?

3.2 탄소-12 원자의 질량은(amu 단위로)? 이 책 표지 안쪽 표에 탄소의 원자 질량이 12.01 amu로 되어 있는 이유는 무엇인가?

3.3 "금의 원자 질량은 197.0 amu이다"란 정확한 의미를 설명하시오.

3.4 원소의 평균 원자 질량을 계산하기 위하여 필요한 정보는 무엇인가?

▶ 문제

● 3.5 염소 동위원소 $^{35}_{17}Cl$ (75.53%)와 $^{37}_{17}Cl$ (24.47%)의 원자 질량은 각각 34.968 amu와 36.956 amu이다. 염소의 평균 원자 질량을 구하시오. 괄호 안의 백분율은 상대 존재비이다.

3.6 $^{6}_{3}Li$와 $^{7}_{3}Li$의 원자 질량은 각각 6.0151 amu와 7.0160 amu이다. Li의 평균 원자 질량이 6.941 amu일 때, Li의 두 동위원소의 자연 존재 비를 구하시오.

● 3.7 13.2 amu는 몇 g인가?

● **3.8** 8.4 g은 몇 amu인가?

아보가드로 수와 몰질량

▶ 복습 질문

3.9 "몰(mole)"을 정의하시오. 계산에서 몰의 단위는 무엇인가? 몰과 쌍, 다스, 집합 등의 유사점은 무엇인가? 아보가드로 수가 나타내는 것은 무엇인가?

3.10 원자의 몰질량이란 무엇인가? 몰질량의 단위로 보통 무엇이 사용되는가?

▶ 문제

● 3.11 지구상의 총 인구수는 약 72억 명이다. 이 모든 사람이 초당 2개씩 세는 속도로 입자를 세는 과정을 가정해 보자. 입자 6.0×10^{23}개를 세는 데 몇 년이 걸리겠는가? 일 년은 365일로 가정한다.

3.12 종이의 두께가 0.0036인치라고 하자. 어떤 책의 쪽수가 아보가드로 수라고 할 때, 이 책의 두께는 광년 단위로 얼마인가? (힌트: 연습 문제 1.49에서 광년의 정의 참조)

● 3.13 황(S) 5.10 mol은 몇 개의 원자에 해당하는가?

● **3.14** 코발트(Co) 원자 6.00×10^{9} (60억) 개는 Co 원자 몇 mol에 해당하는가?

● 3.15 칼슘(Ca) 77.4 g은 몇 mol인가?

● **3.16** 금(Au) 15.3 mol은 몇 그램인가?

● 3.17 다음 각 원소의 한 원자의 g 단위 질량은 얼마인가? (a) Hg, (b) Ne.

● **3.18** 다음 원소에서 원자 하나의 질량은 몇 그램인가?

(a) As, (b) Ni.

3.19 납(Pb) 원자 1.00×10^{12}개의 질량은 얼마인가(g 단위로)?

3.20 미국 페니 동전은 2.5 g이지만 구리(Cu)는 0.063 g만을 포함하고 있다. 페니 동전 하나에는 구리 원자 몇 개가 있을까?

3.21 수소(H) 원자 1.10 g과 크로뮴(Cr) 원자 14.7 g 중 어느 것이 더 많은 원자를 포함하고 있는가?

3.22 납 원자 두 개와 He 5.1×10^{-23} mol 중 질량이 더 큰 것은 무엇인가?

분자 질량

▶ *문제*

3.23 다음 각 물질의 몰질량 또는 화학식 질량을 amu 단위로 구하시오. (a) CH_4, (b) NO_2, (c) SO_3, (d) C_6H_6, (e) NaI, (f) K_2SO_4, (g) $Ca_3(PO_4)_2$.

3.24 다음 물질의 몰질량을 계산하시오. (a) Li_2CO_3, (b) CS_2, (c) $CHCl_3$(클로로폼), (d) $C_6H_8O_6$(아스코브산, 비타민 C), (e) KNO_3, (f) Mg_3N_2.

3.25 어떤 물질 0.372 mol의 질량이 152 g이라면 이 물질의 몰질량은 얼마인가?

3.26 에테인(C_2H_6) 0.344 g에는 C_2H_6 분자 몇 개가 있는가?

3.27 포도당(글루코스, $C_6H_{12}O_6$) 1.50 g에 포함된 C, H, O의 개수를 구하시오

3.28 다이메틸 설폭사이드[$(CH_3)_2SO$, dimethylsulfoxide, DMSO]는 피부를 관통하는 중요한 용매이며, 국부 약물전달제로 사용될 수 있다. DMSO 7.14×10^3 g에 존재하는 C, S, H, O 의 원자의 개수를 계산하시오.

3.29 페로몬은 많은 종류의 곤충에서 암컷이 짝짓기 상대인 수컷을 유혹할 때 분비되는 화합물이다. 어떤 페로몬의 분자식이 $C_{19}H_{38}O$이다. 일반적으로 암컷 한 마리가 분비하는 페로몬은 약 1.0×10^{-12} g이다. 이 양에 포함된 페로몬 분자는 몇 개인가?

3.30 4°C 물의 밀도는 1.00 g/mL이다. 이 온도에서 물 2.56 mL에는 물 분자 몇 개가 존재하는가?

질량 분석기

▶ 복습 질문

3.31 질량 분석기의 작동 원리를 설명하시오.

3.32 질량 분석 스펙트럼으로부터 어떻게 동위원소의 존재비를 구할 수 있는지 쓰시오.

▶ *문제*

3.33 탄소는 $^{12}_{6}C$와 $^{13}_{6}C$의 두 가지 안정한 동위원소가 있으며, 플루오린에는 $^{19}_{9}F$ 하나의 안정한 동위원소가 있다. 양이온 CF_4^+의 질량 스펙트럼에서 몇 개의 피크를 관찰할 수 있는가? 이 이온은 더 작은 조각으로 분해되지 않는다고 가정한다.

3.34 수소에는 두 개의 안정한 동위원소 $^{1}_{1}H$와 $^{2}_{1}H$가 있고, 황에는 네 개의 안정한 동위원소 $^{32}_{16}S$, $^{33}_{16}S$, $^{34}_{16}S$, $^{36}_{16}S$가 있다. H_2S^+의 질량 분석 스펙트럼에는 몇 개의 피크가 있을지 예측하시오. 이온이 더 이상 쪼개어지지 않는다고 가정한다.

조성 백분율과 화학식

▶ 복습 질문

3.35 암모니아(NH_3)를 이용하여 화합물의 질량 조성 백분율이 무엇인지 설명하시오.

3.36 미지 시료의 질량 조성 백분율로부터 시료가 무엇인지 알아낼 수 있는 방법을 기술하시오.

3.37 실험식(empirical formula)에서 "실험(empirical)"이란 단어의 의미는 무엇인가?

3.38 어떤 시료의 실험식을 알고 있을 때 분자식을 구하기 위하여 어떠한 정보가 더 필요한가?

▶ *문제*

3.39 주석(Sn)은 지각에서 SnO_2 형태로 존재한다. SnO_2 중 Sn과 O의 질량 조성 백분율을 구하시오.

3.40 $CHCl_3$는 간, 신장, 심장에 심각한 손상을 입힐 수 있는 독성 물질임에도 불구하고 오랫동안 흡입 마취제로 사용되어 왔다. 이 물질의 질량 조성 백분율을 구하시오.

3.41 신남산 알코올(cinnamic alcohol)은 주로 비누나 화장품의 향료로 사용되며, 분자식은 $C_9H_{10}O$이다. (a) C, H, O의 질량 조성 백분율을 구하시오. (b) 시료 0.469 g에 포함된 신남산 알코올 분자는 몇 개인가?

3.42 다음에 기술한 물질들은 토양에 질소를 공급하는 비료들이다. 이 중 질량 백분율로 보아서 질소의 가장 풍부한 공급원은 어느 것인가?
(a) 요소[$(NH_2)_2CO$]
(b) 질산 암모늄(NH_4NO_3)
(c) 구아니딘[$HNC(NH_2)_2$]
(d) 암모니아(NH_3)

3.43 알리신(allicin)은 마늘의 특이한 냄새의 원인 물질이다. 이 화합물을 분석한 결과 질량 백분율은 C 44.4%, H 6.21%, S 39.5%, O 9.86%이었다. 실험식을 구하시오. 몰질량이 162 g이라면 분자식은 무엇인가?

3.44 질산 과산화아실(peroxyacylnitrate, PAN)는 C, H, N, O로 이루어진 화합물로 스모그의 한 성분이다. C, N, H의 질량 조성 백분율이 C 19.8%, H 2.50%, N 11.6%일 때 O의 질량 백분율과 실험식을 구하시오. 몰질량이 120 g일 때 분자식은 무엇인가?

3.45 녹 성분은 Fe_2O_3로 표시할 수 있다. 이 화합물 24.6 g에는 Fe가 몇 mol 존재하는가?

3.46 황(S)은 수은(Hg)과 반응하여 HgS를 만든다. 수은(Hg) 246 g과 반응하기 위해 S 몇 g이 필요한가?

3.47 알루미늄(Al) 20.4 g과 완전히 반응하여 아이오딘화 알

루미늄(AlI_3)을 형성하는 아이오딘(I_2)의 질량을 구하시오(g 단위로).

3.48 SnF_2는 충치 예방을 위하여 치약의 성분으로 쓰인다. SnF_2 24.6 g에는 몇 g의 F가 있는가?

3.49 다음 조성을 가지는 물질의 실험식을 구하시오. (a) H 2.1%, O 65.3%, S 32.6%, (b) Al 20.2%, Cl 79.8%.

3.50 다음 조성을 가지는 화합물의 실험식은 무엇인가? (a) C 40.1%, H 6.6%, O 53.3%, (b) C 18.4%, N 21.5%, K 60.1%

3.51 $CaSiO_3$는 질량의 2.5배까지의 물을 흡수하고, 유동성을 유지할 수 있는 분말 화합물이다. 이 화합물의 조성 백분율을 구하시오.

3.52 어떤 화합물의 실험식이 CH이다. 이 화합물의 몰질량이 78 g이면 분자식은 무엇인가?

3.53 카페인의 몰질량은 194.19 g이다. 카페인의 분자식은 $C_4H_5N_2O$와 $C_8H_{10}N_4O_2$ 중 어느 것인가?

3.54 글루탐산 소듐(monosodium glutamate, MSG)은 조미료의 주성분으로 두통과 가슴 통증을 유발하는 것으로 알려져 있다. MSG의 질량 조성 백분율은 C 35.51%, H 4.77%, O 37.85%, N 8.29%, Na 13.60%이다. 분자 질량이 169 g이라고 할 때 분자식은?

화학 반응과 화학 반응식

▶ 복습 질문

3.55 수소와 산소로부터 물이 형성되는 과정을 이용하여 화학 반응과 반응물, 생성물을 설명하시오.

3.56 화학 반응과 화학 반응식의 차이는 무엇인가?

3.57 화학식의 균형을 맞추어야 하는 이유가 무엇인가? 균형 반응식에 적용되는 법칙은 무엇인가?

3.58 화학 반응식에서 기체, 액체, 고체 및 수용액 상태를 나타내는 기호를 쓰시오.

▶ 문제

3.59 3.7절에 요약된 방법을 이용하여 다음 식의 균형을 맞추시오.

(a) $C + O_2 \longrightarrow CO$
(b) $CO + O_2 \longrightarrow CO_2$
(c) $H_2 + Br_2 \longrightarrow HBr$
(d) $K + H_2O \longrightarrow KOH + H_2$
(e) $Mg + O_2 \longrightarrow MgO$
(f) $O_3 \longrightarrow O_2$
(g) $H_2O_2 \longrightarrow H_2O + O_2$
(h) $N_2 + H_2 \longrightarrow NH_3$
(i) $Zn + AgCl \longrightarrow ZnCl_2 + Ag$
(j) $S_8 + O_2 \longrightarrow SO_2$
(k) $NaOH + H_2SO_4 \longrightarrow Na_2SO_4 + H_2O$
(l) $Cl_2 + NaI \longrightarrow NaCl + I_2$
(m) $KOH + H_3PO_4 \longrightarrow K_3PO_4 + H_2O$
(n) $CH_4 + Br_2 \longrightarrow CBr_4 + HBr$

3.60 3.7절에 요약된 방법을 이용하여 다음 식의 균형을 맞추시오.

(a) $N_2O_5 \longrightarrow N_2O_4 + O_2$
(b) $KNO_3 \longrightarrow KNO_2 + O_2$
(c) $NH_4NO_3 \longrightarrow N_2O + H_2O$
(d) $NH_4NO_2 \longrightarrow N_2 + H_2O$
(e) $NaHCO_3 \longrightarrow Na_2CO_3 + H_2O + CO_2$
(f) $P_4O_{10} + H_2O \longrightarrow H_3PO_4$
(g) $HCl + CaCO_3 \longrightarrow CaCl_2 + H_2O + CO_2$
(h) $Al + H_2SO_4 \longrightarrow Al_2(SO_4)_3 + H_2$
(i) $CO_2 + KOH \longrightarrow K_2CO_3 + H_2O$
(j) $CH_4 + O_2 \longrightarrow CO_2 + H_2O$
(k) $Be_2C + H_2O \longrightarrow Be(OH)_2 + CH_4$
(l) $Cu + HNO_3 \longrightarrow Cu(NO_3)_2 + NO + H_2O$
(m) $S + HNO_3 \longrightarrow H_2SO_4 + NO_2 + H_2O$
(n) $NH_3 + CuO \longrightarrow Cu + N_2 + H_2O$

반응물과 생성물의 양

▶ 복습 질문

3.61 화학량론의 기초가 되는 법칙은 무엇인가? 화학량론에 관한 문제를 푸는 데 균형 반응식을 이용해야 하는 이유는 무엇인가?

3.62 몰 방법에 포함된 각 단계를 서술하시오.

▶ 문제

3.63 다음 중 그림의 반응을 가장 잘 표현하는 반응식은 무엇인가?

(a) $8A + 4B \longrightarrow C + D$
(b) $4A + 8B \longrightarrow 4C + 4D$
(c) $2A + B \longrightarrow C + D$
(d) $4A + 2B \longrightarrow 4C + 4D$
(e) $2A + 4B \longrightarrow C + D$

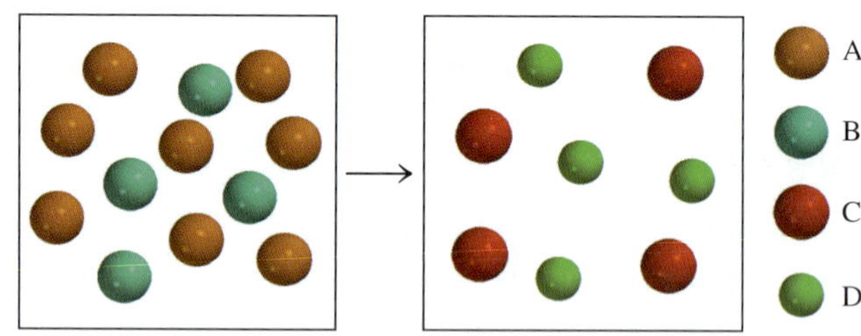

3.64 다음 중 그림의 반응을 가장 잘 표현하는 반응식은 무엇인가?

(a) $A + B \longrightarrow C + D$
(b) $6A + 4B \longrightarrow C + D$
(c) $A + 2B \longrightarrow 2C + D$
(d) $3A + 2B \longrightarrow 2C + 4D$
(e) $3A + 2B \longrightarrow 4C + 2D$

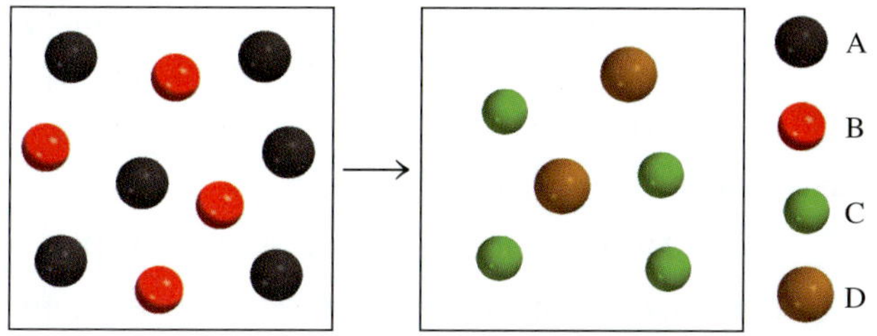

3.65 산소 조건 하에서 일산화 탄소(CO)의 연소 과정을 생각해보자.

$$2CO(g) + O_2(g) \longrightarrow 2CO_2(g)$$

산소가 과량 존재한다면 CO 3.60 mol을 연소시켜 얻을 수 있는 CO_2의 몰수를 구하시오.

3.66 사염화 규소($SiCl_4$)는 염소 기체 중에서 Si를 가열하여 만들 수 있다.

$$Si(s) + 2Cl_2(g) \longrightarrow SiCl_4(l)$$

이 반응에서 $SiCl_4$ 0.507 mol이 생겼다고 할 때, 염소 몇 mol이 사용되었을까?

3.67 암모니아는 질소 비료의 주성분으로 수소와 질소의 반응을 이용하여 만든다.

$$3H_2(g) + N_2(g) \longrightarrow 2NH_3(g)$$

어떤 반응에서 NH_3 6.0 mol이 생성되었다. 이 양의 NH_3를 생성하기 위하여 필요한 H_2와 N_2의 몰수를 각각 구하시오.

3.68 어떤 경주용 자동차는 연료로 메탄올(CH_3OH, 목정이라고도 함)을 사용한다. 메탄올의 연소는 다음과 같이 쓸 수 있다.

$$2CH_3OH(l) + 3O_2(g) \longrightarrow 2CO_2(g) + 4H_2O(l)$$

어떤 특정 반응에서 CH_3OH 9.8 mol이 과량의 산소와 반응하였다. 생성되는 H_2O의 몰수를 계산하시오.

3.69 석탄이나 화석 연료, 자동차 배기가스, 기타 공정을 통하여 연간 약 2600만 톤의 이산화 황이 만들어진다. 반응식은 다음과 같다.

$$S(s) + O_2(g) \longrightarrow SO_2(g)$$

이 양의 SO_2를 만드는 데 필요한 원 물질에 포함된 황의 양(톤)은 얼마인가?

3.70 베이킹 소다(sodium bicarbonate 또는 sodium hydrogen carbonate, $NaHCO_3$)를 가열하면 이산화 탄소가 방출되어 과자, 도넛, 빵 등을 부풀게 한다. (a) $NaHCO_3$는 분해하여 Na_2CO_3를 만든다. 균형 반응식을 쓰시오. (b) CO_2 20.5 g을 생성하는 데 필요한 $NaHCO_3$의 질량은 얼마인가?

3.71 염소 표백제를 암모니아가 들어 있는 다른 세정제와 혼합하면 다음 반응식에 따라 독성 기체인 $NCl_3(g)$을 형성할 수 있다.

$$3NaClO(aq) + NH_3(aq) \longrightarrow 3NaOH(aq) + NCl_3(g)$$

위의 반응에 따라 NH_3 2.94 g이 과량의 NaClO와 반응할 때 NCl_3 몇 g이 형성되겠는가?

3.72 발효는 술의 제조 과정에서 일어나는 복잡한 화학 반응이다. 이 과정 중에 포도당이 에탄올로 바뀐다.

$$\underset{\text{포도당}}{C_6H_{12}O_6} \longrightarrow \underset{\text{에탄올}}{2C_2H_5OH} + 2CO_2$$

이 과정을 통해 포도당 500.4 g으로부터 만들 수 있는 에탄올의 최대 양은 g과 L로 얼마인가? (에탄올의 밀도 = 0.789 g/mL).

3.73 황산 구리(II) 오수화물 결정($CuSO_4 \cdot 5H_2O$)에는 황산 구리(II) 단위체 하나당 물 분자 5개가 포함되어 있다. 이 화합물을 대기 중에서 100°C 이상으로 가열하면 물 분자를 잃고 특유의 푸른색도 사라진다.

$$CuSO_4 \cdot 5H_2O \longrightarrow CuSO_4 + 5H_2O$$

푸른 화합물 15.01 g을 가열하여 $CuSO_4$ 9.60 g이 남았다면, 원래 화합물에 들어 있던 물의 몰수를 계산하시오.

3.74 오랜 기간 동안 금을 추출(금을 다른 물질과 분리)하기 위하여 KCN을 사용하여 왔다.

$$4Au + 8KCN + O_2 + 2H_2O \longrightarrow 4KAu(CN)_2 + 4KOH$$

금 29.0 g(약 1온스)을 추출하기 위하여 필요한 KCN의 최소 몰수는 얼마인가?

3.75 석회석($CaCO_3$)을 가열하면 생석회(CaO)와 이산화 탄소가 생성된다. 석회석 1.0 kg으로부터 생성되는 생석회는 몇 g인가?

3.76 아산화 질소(nitrous oxide, N_2O)는 "웃음가스"라고도 하는데, 질산 암모늄(NH_4NO_3)을 열분해하여 얻을 수 있다. NH_4NO_3를 열분해하면 N_2O 이외에 H_2O도 생성된다. (a) 균형 반응식을 쓰시오. (b) NH_4NO_3 0.46 mol을 사용하였을 때 N_2O 몇 g이 생성되는가?

3.77 비료 성분인 황산 암모늄[$(NH_4)_2SO_4$]은 암모니아(NH_3)와 황산의 반응으로 생산한다.

$$2NH_3(g) + H_2SO_4(aq) \longrightarrow (NH_4)_2SO_4(aq)$$

$(NH_4)_2SO_4$ 1.00×10^5 kg을 생산하려면 NH_3는 몇 kg이 필요한가?

3.78 산소 기체를 실험실에서 일반적으로 얻는 방법은 $KClO_3$를 열분해하는 것이다. $KClO_3$ 46.0 g이 완전히 분해될 때 생성되는 O_2 기체는 몇 g인가? (생성물은 KCl과 O_2이다.)

한계 시약

▶ 복습 질문

3.79 한계 시약과 초과 시약을 정의하시오. 반응에서 얻어지는 생성물의 양을 예측할 때, 한계 시약의 중요성은 무엇인가? 반응물이 한 가지인 경우 한계 시약은 존재하는가?

3.80 일상생활에서 한계 시약의 개념을 설명할 수 있는 예를 드시오.

▶ 문제

● 3.81 다음 반응을 생각해 보자.

$$2A + B \longrightarrow C$$

(a) 다음 모형이 위의 반응을 나타낸다면 A와 B 중 어느 것이 한계 시약인가? (b) 반응 후에 남은 반응물과 생성물의 양을 나타내는 분자 모형을 그리시오. C의 원자 배열은 ABA이다.

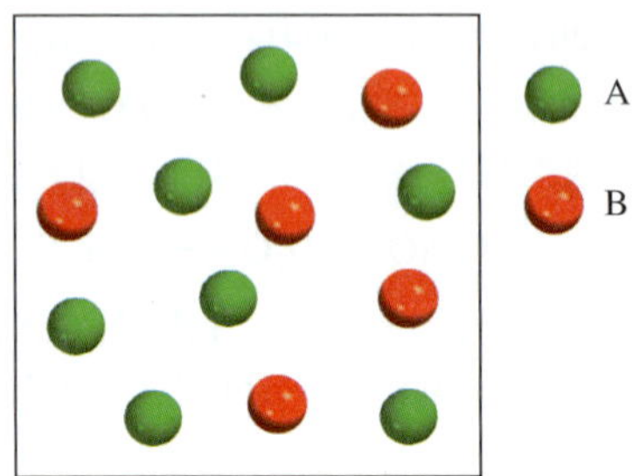

3.82 다음 반응을 생각해 보자.

$$N_2 + 3H_2 \longrightarrow 2NH_3$$

각 모형이 물질 1 mol을 나타낸다고 가정하고, 반응이 완결된 후 생성물과 남은 초과 시약의 몰수를 각각 구하시오.

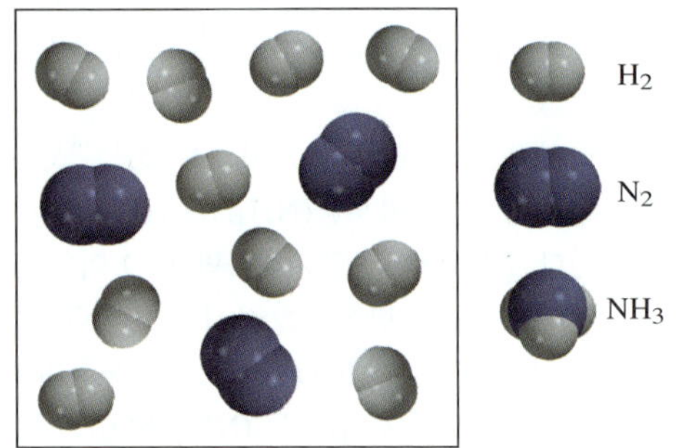

● 3.83 산화 질소(NO)는 산소 기체와 반응하여 진한 갈색 기체인 이산화 질소(NO_2)를 만든다.

$$2NO(g) + O_2(g) \longrightarrow 2NO_2(g)$$

어떤 실험에서 NO 0.886 mol을 O_2 0.503 mol과 혼합하였다. 두 반응물 중 한계 시약은 어느 것인가? 생성되는 NO_2의 몰수를 또한 계산하시오.

● **3.84** 암모니아와 황산이 반응하면 황산 암모늄을 형성한다. (a) 반응식을 쓰시오. (b) 황산 암모늄 20.3 g을 합성하고 황산 5.89 g이 반응하지 않고 남아 있다면 각 반응물의 처음 질량을 g 단위로 결정하시오.

● 3.85 프로페인(C_3H_8) 기체는 집에서 요리할 때나 난방용으로 사용되는 천연 가스의 성분이다. (a) 프로페인이 대기 중에서 연소하는 반응에 대한 다음 식의 계수를 맞추시오

$$C_3H_8 + O_2 \longrightarrow CO_2 + H_2O$$

(b) 프로페인 3.65 mol을 연소시켜 얻을 수 있는 이산화탄소는 몇 g인가? 이 반응에서 산소가 초과 시약이라고 가정한다.

● **3.86** 다음 반응을 생각해보자

$$MnO_2 + 4HCl \longrightarrow MnCl_2 + Cl_2 + 2H_2O$$

MnO_2 0.86 mol과 HCl 48.2 g이 반응할 때 어느 시약이 먼저 없어지겠는가? Cl_2는 몇 g이 생성되는가?

반응 수득률

▶ 복습 질문

3.87 수득률을 계산할 때 한계 시약을 이용하는 이유는 무엇인가?

3.88 실제 수득량은 이론적 수득량에 비해 항상 적다. 그 이유는 무엇인가?

▶ 문제

● 3.89 플루오린화 수소는 프레온(성층권에서 오존을 파괴) 제조와 알루미늄 금속 생산에 사용되며, 다음 반응으로 만든다.

$$CaF_2 + H_2SO_4 \longrightarrow CaSO_4 + 2HF$$

CaF_2 6.00 kg을 과량의 황산과 반응시켜서 HF 2.86 kg을 얻었다. HF의 수득 백분율을 계산하시오

● **3.90** 나이트로글리세린($C_3H_5N_3O_9$)은 강력한 폭발물이다. 그 분해 과정은 다음과 같다.

$$4C_3H_5N_3O_9 \longrightarrow 6N_2 + 12CO_2 + 10H_2O + O_2$$

이 반응은 많은 열과 기체를 발생시킨다. 갑작스러운 기체의 형성과 열에 의한 기체의 팽창으로 인하여 폭발을 야기한다. (a) 나이트로글리세린 2.00×10^2 g으로부터 얻을 수 있는 최대 O_2는 몇 g인가? (b) 이 반응에서 발생한 O_2의 양이 6.55 g이라면 수득 백분율을 계산하시오.

● 3.91 산화 타이타늄(IV)(TiO_2)는 흰색 물질로 다음 반응을 통하여 얻는다.

$$FeTiO_3 + H_2SO_4 \longrightarrow TiO_2 + FeSO_4 + H_2O$$

산화 타이타늄(IV)는 독성이 없고 불투명해서 플라스틱이나 페인트의 안료로 사용된다. 어떤 공정에서 $FeTiO_3$ 8.00×10^3 kg을 반응시켜 TiO_2 3.67×10^3 kg을 얻었다. 이 반응의 수득 백분율은 얼마인가?

3.92 중요한 공업 유기 화합물인 에틸렌(C_2H_4)은 헥세인(C_6H_{14})을 800°C로 가열하여 얻는다.

$$C_6H_{14} \longrightarrow C_2H_4 + \text{다른 생성물}$$

이 반응에서 에틸렌의 수득률이 42.5%라면 에틸렌 481 g을 생산하기 위하여 필요한 헥세인의 질량은 얼마인가?

● 3.93 리튬은 질소와 반응하여 질화 리튬을 만든다.

$$6Li(s) + N_2(g) \longrightarrow 2Li_3N(s)$$

Li 12.3 g과 N_2 33.6 g이 반응할 때, Li_3N의 이론적 수득량은 몇 g인가? 실제로 얻은 Li_3N 이 5.89 g이라면 이 반응의 수득 백분율은 얼마인가?

3.94 이염화 이황(S_2Cl_2)은 고무를 당겼을 때 한 고무 분자가 다른 고무 분자를 뛰어넘는 것을 방지하는 가황 고무를 만드는 데 사용된다. 이 화합물은 황과 Cl_2의 반응으로 만든다.

$$S_8(l) + 4Cl_2(g) \longrightarrow 4S_2Cl_2(l)$$

S_8 4.06 g과 Cl_2 6.24 g을 가열하여 반응시켰을 때, S_2Cl_2의 이론적 수득량(g 단위)은 얼마인가? 만일 S_2Cl_2의 실제 수득량이 6.55 g이면, 수득 백분율은 얼마인가?

추가 문제

3.95 $^{69}_{31}Ga$(68.9256 amu)와 $^{71}_{31}Ga$ (70.9247 amu)의 평균 원자 질량은 69.72 amu이다. 갈륨 동소체의 천연 존재비를 계산하시오.

3.96 $^{85}_{37}Rb$(84.912 amu)와 $^{87}_{37}Rb$ (86.909 amu)의 평균 원자 질량은 85.47 amu이다. 루비듐 동소체의 천연 존재비를 계산하시오.

• 3.97 다음 그림은 탄화 수소(C와 H로만 구성된 화합물)를 연소시켜 얻은 생성물(CO_2와 H_2O)을 나타낸 것이다. 이 반응식을 쓰시오. (*힌트:* 이 탄화 수소의 몰질량은 약 30 g이다.)

• **3.98** 수소와 산소의 반응을 생각해 보자.

$$2H_2(g) + O_2(g) \longrightarrow 2H_2O(g)$$

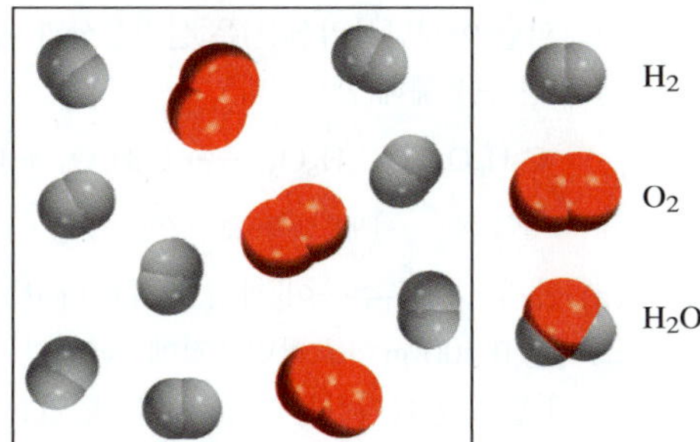

반응이 완결된다고 가정하고, 다음 그림 중 어느 것이 반응 종료 후 반응물과 생성물의 양을 나타내는가?

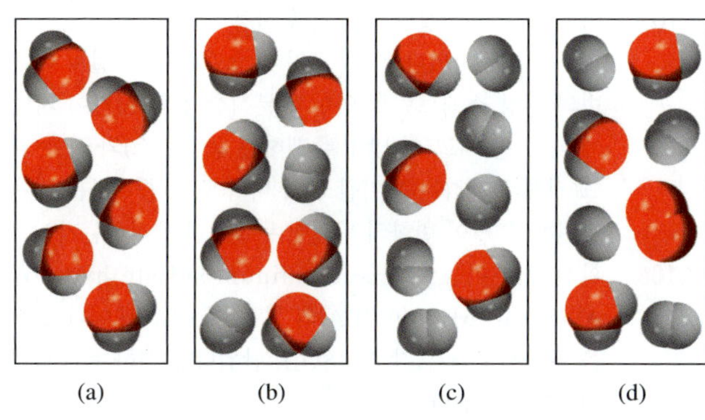

3.99 에틸렌은 염화 수소와 반응하여 염화 에틸을 형성한다.

$$C_2H_4(g) + HCl(g) \longrightarrow C_2H_5Cl(g)$$

에틸렌 4.66 g이 반응하여 수득률이 89.4%일 때 형성된 염화 에틸의 질량을 계산하시오.

3.100 글로 설명하는 다음 반응의 균형 반응식을 쓰시오.

(a) 펜테인이 산소 중에서 연소하여 이산화 탄소와 물을 형성한다.

(b) 중탄산 소듐이 염산과 반응하여 이산화 탄소, 염화 소듐, 물을 형성한다.

(c) 리튬을 질소 대기 중에서 가열하면 질화 리튬이 형성된다.

(d) 삼염화 인이 물과 반응하여 인산과 염화 수소를 형성한다.

(e) 산화 구리(II)를 암모니아와 함께 가열하면 구리, 질소 기체, 물이 얻어진다.

• 3.101 질산은 산업적으로 다음에 나타낸 오스트발트(Ostwald) 공정으로 생산한다.

$$4NH_3(g) + 5O_2(g) \longrightarrow 4NO(g) + 6H_2O(l)$$
$$2NO(g) + O_2(g) \longrightarrow 2NO_2(g)$$
$$2NO_2(g) + H_2O(l) \longrightarrow HNO_3(aq) + HNO_2(aq)$$

위 공정을 이용하여 HNO_3 1.00 t을 생산하려면 NH_3 몇 g이 필요한가? 각 과정에서 80%의 수득률을 가정하시오(1 ton = 2000 lb, 1 lb = 453.6 g)

3.102 Cl와 O로 이루어진 시료가 과량의 H_2와 반응하여 HCl 0.233 g과 H_2O 0.403 g을 생산하였다. 이 시료의 실험식은?

3.103 뷰테인(C_4H_{10}) 26.7 g을 완전히 연소할 때 얻어지는 H_2O는 몇 그램인가?

3.104 옥살산 수화물($H_2C_2O_4 \cdot 2H_2O$) 시료 26.2 g을 물이 모두 날아갈 때까지 건조기에서 가열하였다. 무수 산 얼마가 남아 있겠는가?

• 3.105 원소 X의 원자 질량은 33.42 amu이다. X 시료 27.22 g이 다른 원소 Y 84.10 g과 결합하여 화합물 XY를 만들었다. Y의 원자 질량을 계산하시오.

• **3.106** C 0.212 mol과 반응하여 다음 화합물을 형성하는 데 필요한 O의 몰수는? (a) CO, (b) CO_2.

3.107 어떤 화학자가 질량 분석기를 사용하여 한 원소의 동위원소를 연구하였다. 이 연구자가 오랜 시간에 걸쳐 여러 번의 질량 스펙트럼을 얻어서 분석한 결과 시간이 지남에 따라 큰 피크(더 많이 존재하는 동위원소)와 작은 피크(적게 존재하는 동위원소)의 비가 점차 증가하는 것을 발견하였다. 이 변화의 원인이 무엇이라 생각하는가?

3.108 황산 알루미늄 수화물[aluminum sulfate hydrate, $Al_2(SO_4)_3 \cdot xH_2O$]에서 Al의 질량비는 8.10%이다. x 값을 구하시오. x는 각 $Al_2(SO_4)_3$ 단위당 존재하는 H_2O의 개수를 나타낸다.

3.109 폭발성인 나이트로글리세린($C_3H_5N_3O_9$)은 또한 심장병 환자의 통증(협심증)을 완화하는 약품으로 사용된다. 나이트로글리세린은 산화 질소(NO)를 내어 근육을 이완시킴으로써 동맥을 확장시킨다. 각 나이트로글리세린 분자가 N 원자 당 NO 하나를 방출한다면 나이트로글리세린으로부터 얻을 수 있는 NO의 질량 백분율을 계산하시오.

3.110 캐럿(carat)은 보석의 질량 단위로 사용한다. 1캐럿은 정확히 200 mg이다. 24캐럿 다이아몬드에는 탄소 원자가 몇 개 있겠는가?

• 3.111 질량 664 g인 철봉이 있다. 이 철봉을 진흙에 한 달간 방치하였더니, 정확히 $\frac{1}{8}$이 녹(Fe_2O_3)으로 변하였다. 최종적인 철봉과 녹의 질량을 구하시오.

• **3.112** 어떤 금속 산화물의 조성식이 MO이다. M은 금속을 나타낸다. 화합물을 수소 기체 하에서 가열하여 이 화합물 39.46 g에 포함되어 있는 산소를 물 분자 형태로 제거하였다. 가열 후 금속의 질량을 재어보니 31.70 g이었다. O의 원자 질량이 16.00 amu이라면, 금속의 원자 질량을 계산하고, 어떤 원소인지 밝히시오.

• 3.113 불순물이 섞인 아연(Zn) 시료를 과량의 황산(H_2SO_4)으로 처리하여 황산 아연($ZnSO_4$)과 수소 분자(H_2)를 만들었다. (a) 이 반응의 균형 반응식을 쓰시오. (b) 시료 3.86 g을 반응시켜 H_2 0.0764 g을 얻었다면 시료의 % 순도를 계산하시오. (c) (b)에서 세워야 할 가정은 무엇이었는가?

• **3.114** 철광석(iron ore)을 주철(cast iron)로 바꾸는 용광로에서 일어나는 반응 중 하나는 다음과 같다.

$$Fe_2O_3 + 3CO \longrightarrow 2Fe + 3CO_2$$

Fe_2O_3 2.62×10^3 kg으로부터 Fe 1.64×10^3 kg을 얻었다고 하자. 반응이 완전히 일어났다고 할 때 처음 시료에서 Fe_2O_3의 순도는 몇 %인가?

• 3.115 이산화 탄소(CO_2)는 지구 온난화의 주 원인이 되는 기체이다. 화석 연료의 사용이 대기 중 CO_2 농도를 증가시키는 주원인이다. CO_2는 신진 대사의 최종 생성물이기도 하다(예제 3.13 참조). 포도당을 대표 음식으로 가정하고, 인류에 의하여 생성되는 CO_2의 질량(g 단위)을 구하시오. 인간은 하루에 포도당 5.0×10^2 g을 사용하며, 세계 인구는 72억 명, 1년은 365일로 가정한다.

3.116 탄수화물은 C, H, O를 포함하는 화합물로 H대 O의 비가 2 : 1이다. 어떤 탄수화물에서 C의 질량 백분율이 40.0%이었다. 이 화합물의 분자 질량이 대략 178 g일 때 실험식과 분자식을 구하시오.

3.117 O_2 0.72 g과 엽록소($C_{55}H_{72}MgN_4O_5$) 0.0011 mol 중 질량이 더 큰 것은 어느 것인가?

• **3.118** 어떤 금속 염화물(XCl_3)을 분석하였더니 Cl의 질량 백분율이 67.2%였다. X의 몰질량을 구하고, X가 어떤 원소인지 밝히시오.

3.119 헤모글로빈($C_{2952}H_{4664}N_{812}O_{832}S_8Fe_4$)은 혈액 중 산소 운반체이다. (a) 몰질량을 계산하시오. (b) 보통 성인은 약 5.0 L의 혈액을 가지고 있다. 혈액 1 mL 당 약 5.0×10^9개의 적혈구가 있으며, 적혈구 하나에는 약 2.8×10^8개의 헤모글로빈 분자가 있다. 보통 성인 한 명에 있는 헤모글로빈 분자의 질량(g 단위)을 계산하시오.

3.120 미오글로빈(myoglobin)은 근육의 대사 과정에서 산소를 보관하는 역할을 한다. 화학 분석에 의하면 미오글로빈에는 질량비로 보았을 때 Fe가 0.34% 포함되어 있다. 미오글로빈의 몰질량은 얼마인가? 미오글로빈 한 분자에는 Fe 원자 하나가 있다.

• 3.121 다음 각 화합물에 존재하는 양이온과 음이온의 수를 밝히시오. (a) CsI 0.764 g, (b) $K_2Cr_2O_7$ 72.8 g, (c) $Hg_2(NO_3)_2$ 6.54 g.

3.122 NaBr과 Na_2SO_4의 혼합물이 질량비로 29.96%의 Na을 함유하고 있다면 이 혼합물에 각 화합물의 질량 백분율을 계산하시오.

3.123 다음 반응을 생각해 보자. 3A + 2B → 3C. 한 학생이 A 4.0 mol과 B 4.0 mol을 섞어 C 2.8 mol을 얻었다. 반응의 수득 백분율은 얼마인가?

3.124 다음 분자 모형이 나타낸 식의 균형을 맞추시오.

• 3.125 아스피린(아세틸살리실산)은 살리실산과 아세트산 무수물의 반응을 통해 합성된다.

$$\underset{\text{살리실산}}{C_7H_6O_3} + \underset{\text{아세트산 무수물}}{C_4H_6O_3} \longrightarrow \underset{\text{아스피린}}{C_9H_8O_4} + \underset{\text{아세트산}}{C_2H_4O_2}$$

(a) 아세트산 무수물이 과량 존재한다고 가정하고, 아스피린 0.400 g(아스피린 1정에 들어 있는 양)을 만드는 데 필요한 살리실산의 양은 얼마인가? (b) 살리실산의 74.9%만이 아스피린으로 전환되었다면 위와 같은 양의 아스피린을 만드는 데 필요한 살리실산의 양을 계산하시오. (c) 살리실산 9.26 g이 아세트산 무수물 8.54 g과 반응하였다면 아스피린의 이론적 수득량과 아스피린 10.9 g만이 만들어진 경우 수득 백분율을 계산하시오.

3.126 뼈의 주성분인 $Ca_3(PO_4)_2$(인산 칼슘)에 있는 모든 원소의 질량 백분율을 계산하시오.

3.127 인체에 매우 중요한 아미노산인 라이신은 C, H, O, N으로 이루어져 있다. 어떤 실험에서 라이신 2.175 g을 연소시켜 CO_2 3.94 g과 H_2O 1.89 g을 얻었다. 다른 실험에서 라이신 1.873 g으로부터 NH_3 0.436 g을 얻었다. (a) 라이신의 실험식을 구하시오. (b) 라이신의 몰질량은 대략 150 g이다. 이 화합물의 분자식은 무엇인가?

3.128 수소 분자 1 g에 있는 수소 원자의 수는 수소 원자 1 g에 있는 수소 원자의 수와 같은가?

3.129 아보가드로 수는 원자 질량 단위(amu)와 g 단위 사이의 변환 인자로 사용된다. 플루오린 원자(19.00 amu)를 사용하여 원자 질량 단위와 g 단위의 상관 관계를 설명하시오.

3.130 수소의 두 안정한 동위원소(수소와 중수소)의 자연 존재비는 ^1_1H 99.985%와 ^2_1H 0.015%이다. 물이 H_2O나 D_2O의 형태로 존재한다면 물 400 mL에는 H_2O 분자 몇 개가 있을까? (물의 밀도 = 1.00 g/mL)

3.131 C, H, Cl로 이루어진 어떤 화합물을 질량 분석기를 이용하여 분석하였다. 가장 큰 질량에 해당하는 피크는 52 amu 이었으며, 가장 강한 피크는 질량 50 amu에 해당하는 것으로 질량 52 amu에 해당하는 피크보다 약 3배 정도 더 강한 피크였다. 이 화합물에 대하여 가능한 분자식을 구하고, 앞에서 설명한 피크의 위치와 세기에 대하여 설명하시오(*힌트*: 염소는 동위원소를 갖는 유일한 원소로 상대비는 $^{35}_{17}Cl$ 75.5%, $^{37}_{17}Cl$ 24.5%로 가정하며 수소는 ^1_1H, 탄소는 $^{12}_{6}C$를 사용한다).

3.132 C 2.445 g이 O 3.257 g과 결합되어 일산화 탄소(CO)를 형성하였다. 탄소의 원자 질량이 12.01 amu라면 산소의 원자 질량은 얼마일까?

3.133 화합물 Cl_2O_7이 성분 원소로 분해될 때 예상되는 염소 분자(Cl_2)와 산소 분자(O_2)의 몰비는 얼마인가?

3.134 다음 물질 중 Cl의 질량이 가장 큰 것은? (a) Cl_2 5.0 g, (b) $NaClO_3$ 60.0 g, (c) KCl 0.10 mol, (d) $MgCl_2$ 30.0 g, (e) Cl_2 0.50 mol.

3.135 C, H, Cl로 이루어진 화합물은 질량비로 55.0%의 Cl을 함유하고 있다. 이 화합물 9.00 g에 H 원자 4.19×10^{23}개가 있다면 화합물의 실험식은 무엇인가?

3.136 백금은 염소가 반응하여 두 종류의 화합물을 만든다. 그 중 한 화합물에서 Cl의 질량 백분율은 26.7%이고 다른 화합물에서는 42.1%이다. 두 화합물의 실험식을 결정하시오.

3.137 다음 반응은 화학량론적으로 쓴 것이다.

$$C_4H_9Cl + NaOC_2H_5 \longrightarrow C_4H_8 + C_2H_5OH + NaCl$$

하지만 반응 혼합물 중에 존재하는 물이 수득률을 감소시킬 수 있으므로 이와 반응하도록 과량의 $NaOC_2H_5$로 반응을 한다. C_4H_9Cl 6.83 g으로 이 반응을 수행한다면 몰비로 반응물의 50% 초과량을 사용한다고 할 때 필요한 $NaOC_2H_5$은 몇 그램인가?

3.138 루테늄(II)와 바이피리딘($C_{10}H_8N_2$)을 포함하는 화합물이 태양 에너지를 전기로 변환하는 계에서의 역할 때문에 큰 관심을 끌고 있다. 화합물 $[Ru(C_{10}H_8N_2)_3]Cl_2$는 $RuCl_3 \cdot 3H_2O(s)$와 3당량의 $C_{10}H_8N_2(s)$과 반응시키고 루테늄(III)을 루테늄(II)로 변환하기 위해 과량의 트라이에틸아민[$N(C_2H_5)_3(l)$]과 반응하여 합성한다. 트라이에틸아민의 밀도는 0.73 g/mL이며, 합성에서는 8당량을 사용한다. (a) $RuCl_3 \cdot 3H_2O$ 6.5 g을 가지고 반응한다면 $C_{10}H_8N_2$ 몇 그램과 $N(C_2H_5)_3$ 얼마(부피)를 사용하여야 하겠는가? (b) 이 반응의 수득률이 91%라면 $[Ru(C_{10}H_8N_2)_3]Cl_2$ 몇 그램이 얻어지겠는가?

3.139 금속 X(몰질량 55.9 g/mol)의 산화물 2.40 g을 일산화 탄소(CO) 분위기에서 가열하여 순수한 금속 1.68 g과 이산화 탄소를 만들었다. 위 사실로부터 화합물의 실험식은 X_2O_3임을 밝히고, 반응에 대한 균형 반응식을 쓰시오.

3.140 어떤 화합물 X에는 Mn 63.3%, O 36.7%(질량 백분율)가 포함되어 있다. X를 가열하면 산소 기체가 발생하면서 새로운 화합물 Y가 생긴다. Y에는 Mn 72.0%, O 28.0%가 포함되어 있다. (a) X와 Y의 실험식을 결정하시오. (b) X에서 Y로 바뀌는 화학 반응의 균형 반응식을 쓰시오.

3.141 염화 바륨 수화물의 식은 $BaCl_2 \cdot xH_2O$이다. 이 화합물 1.936 g을 황산으로 처리하여 $BaSO_4$ 무수물 1.864 g을 얻었다면 x 값을 구하시오.

3.142 세인트 헬렌(St. Helens) 화산이 분화하였던 날(1980년 5월 18일)에 약 4.0×10^5 t 정도의 SO_2가 화산으로부터 대기 중으로 분출한 것으로 추정된다. 모든 SO_2가 최종적으로 H_2SO_4가 되었다면 몇 t의 H_2SO_4가 생겼을까?

3.143 다음에 보인 시스테인은 사람의 단백질에서 발견되는 20가지 아미노산 중의 하나이다. 그 분자식을 적고 구성 원소들의 질량 조성 백분율을 계산하시오.

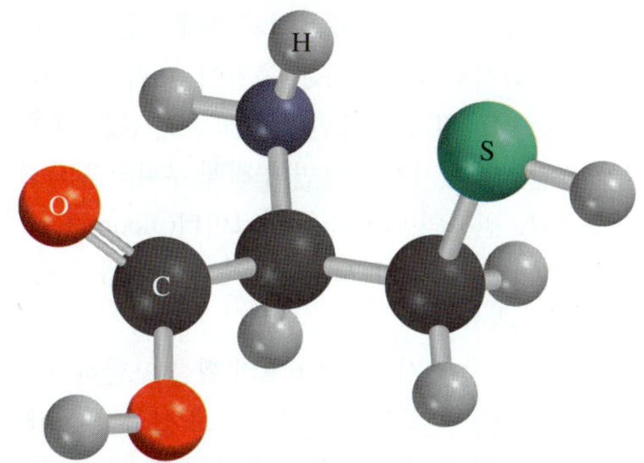

3.144 다음에 보인 아이소플루레인(isoflurane)은 흡입 마취제로 사용된다. 그 분자식을 적고 구성 원소들의 질량 조성 백분율을 계산하시오.

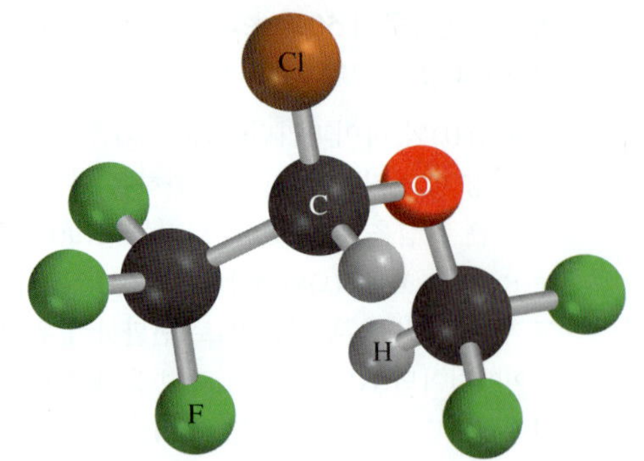

● 3.145 $CuSO_4 \cdot 5H_2O$와 $MgSO_4 \cdot 7H_2O$ 혼합물을 가열하여 물을 제거하였다. 혼합물 5.020 g으로부터 무수물 2.988 g을 얻었다면, 이 혼합물에서 $CuSO_4 \cdot 5H_2O$의 질량 백분율은 얼마인가?

● **3.146** 질소(N_2) 중에서 Mg 0.273 g을 강하게 가열하였더니 어떤 화학 반응이 일어났다. 반응 생성물의 질량을 재어보니 0.378 g이었다. Mg와 N을 포함하고 있는 이 화합물의 실험식을 구하고 명명하시오.

● 3.147 메테인(CH_4)과 에테인(C_2H_6) 혼합 기체 13.43 g을 산소 중에서 연소하였다. 생성된 CO_2와 H_2O의 총 질량이 64.84 g일 때 메테인의 분율을 구하시오.

● **3.148** 유연 휘발유에는 엔진의 노킹(knocking)을 방지하기 위한 첨가제가 들어 있다. 이 첨가제를 분석해 보면 탄소, 수소, 납이 들어 있음을 알 수 있다. 이 첨가제 51.36 g을 그림 3.6의 장치에서 태우니 CO_2 55.90 g과 H_2O 28.61 g이 발생하였다. 첨가제의 실험식을 결정하시오.

3.149 환경에 유해한 성질 때문에 연습 문제 3.148에서 언급한 납 화합물 대신에 최근에는 가솔린 성능 향상을 위하여 메틸 *t*-뷰틸 에터[methyl *t*-butyl ether, C, H, O로 이루어진 화합물)]를 사용한다(1999년을 기점으로 이 화합물도 음료수를 오염시킨다는 이유로 사용하지 않는다). 이 화합물 12.1 g을 그림 3.6의 기구에서 연소시켜 CO_2 30.2 g과 H_2O 14.8 g을 얻었다. 이 화합물의 실험식은 무엇인가?

● **3.150** 한 변의 길이가 1.0 cm인 Mg 금속으로 된 정육면체가 있다고 하자. (a) 정육면체 속에 있는 Mg 원자의 수를 계산하시오. (b) 원자는 구형이다. 따라서 육면체 안에 있는 Mg 원자는 육면체의 모든 공간을 채울 수 없다. 만일 Mg 원자가 정육면체 전체 부피의 74%를 차지한다면 Mg 원자의 반지름은 피코미터(picometer)로 얼마인가? Mg의 밀도는 1.74 g/cm^{3}이고, 반지름이 r인 구의 부피는 $\frac{4}{3}\pi r^3$이다.

● 3.151 어떤 석탄 시료가 1.6%의 황을 포함하고 있다. 이 석탄을 태우면 황은 이산화 황으로 산화된다. 대기 오염을 방지하기 위하여 이산화 황을 산화 칼슘(CaO)으로 처리하여 아황산 칼슘($CaSO_3$)으로 만든다. 어떤 발전소에서 석탄의 일일 사용량이 6.60×10^6 kg라면, 매일 필요한 CaO는 몇 kg인가?

● **3.152** 공기는 많은 기체들의 혼합물이다. 그러나 공기의 몰질량을 계산하기 위해서는 세 가지 주요 성분인 질소, 산소, 아르곤만 고려하면 충분하다. 해수면 높이에서 1 mol의 공기가 질소 78.08%, 산소 20.95%, 아르곤 0.97%로 이루어져 있다면 공기의 몰질량은?

3.153 (a) 아연 금속 89.6 g과 같은 몰수를 포함하는 칼슘 금속의 질량을 결정하시오. (b) 아르곤 36.9 mol과 같은 질량인 플루오린 분자의 몰수를 계산하시오. (c) 산소 원자 0.56 mol을 포함하는 황산의 질량은 얼마인가? (d) 수소 원자 2.12 g을 포함하는 인산의 몰수를 결정하시오.

3.154 염산의 주된 공업적 용도는 금속의 산 세척이다. 이 과정은 금속 표면으로부터 금속 산화물 층을 제거하여 코팅할 수 있도록 한다. (a) 철 표면에 녹으로 된 층인 산화철(III)과 HCl이 반응하여 염화 철(III)과 물을 형성하는 반응식을 쓰시오. (b) Fe_2O_3 1.22 mol과 HCl 289.2 g이 반응하면 $FeCl_3$ 몇 그램이 얻어지겠는가?

3.155 옥테인(C_8H_{18})은 휘발유의 성분이다. 옥테인이 완전 연소하면 H_2O와 CO_2가 발생한다. 불완전 연소하면 H_2O와 CO가 발생하는데, 이것은 연료를 사용하고 있는 엔진의 효율을 떨어뜨리며 독성이 있다. 어떤 시험 운전에서 옥테인 1000갤런이 엔진에서 연소될 때, H_2O, CO, CO_2의 총 생산량은 11.53 kg이다. 이 과정의 효율을 계산하시오. 즉, CO_2로 바뀌는 옥테인의 분율을 계산하시오. 옥테인의 밀도는 2.650 kg/갤런이다.

● **3.156** 수소 기체는 공업적으로 프로페인(C_3H_8) 기체를 400°C의 수증기와 반응시켜 만드는데, 이 때 생성물은 일산화탄소(CO)와 수소(H_2) 기체이다. (a) 이 반응의 균형 반응식을 쓰시오. (b) 프로페인 기체 2.84×10^3 kg으로부터 H_2 기체 몇 kg을 얻을 수 있는가?

● 3.157 천연물 합성에서 한 화학자가 완전히 생물학적인 물질이 아닌 물질로부터 복잡한 생물학적 분자를 합성하였다. 이 목표 분자는 종종 치료제로 사용될 수 있을 것으로 알려져 있으며 이 방법으로 개발된 유기 반응은 모든 화학자들에게 유용한 것이다. 하지만 전합성에는 여러 단계가 필요하므로 각 단계에서 가능한 최대의 수득률을 내는 것이 중요하다. 각 단계의 수득 백분율이 80%이며 모두 24단계로 되어 있는 이러한 합성의 전체 수득 백분율은 얼마인가?

3.158 다음 서술에서 틀렸거나 모호한 점은 무엇인가?

(a) 다음 반응에서 NH_4NO_2가 한계 시약이다.

$$NH_4NO_2(s) \longrightarrow N_2(g) + 2H_2O(l)$$

(b) 다음 반응의 한계 시약은 NH_3와 NaCl이다.

$$NH_3(aq) + NaCl(aq) + H_2CO_3(aq) \longrightarrow NaHCO_3(aq) + NH_4Cl(aq)$$

3.159 (a) 분자 질량이 작은 분자들은 질량 분석기를 이용하여 그 화학식을 결정할 수 있다. 질량 스펙트럼 상에서 16 amu, 17 amu, 18 amu, 64 amu에서 피크를 나타낼

수 있는 분자의 예를 드시오. (b) 여러 화합물 중 C_3H_8과 CO_2는 44 amu에서 피크를 만들 수 있는 후보 화합물이다. 이런 경우 화학자들은 분자가 질량 분석기 안에서 분해되어 만드는 다른 피크를 찾게 된다. 예를 들어, 어떤 화학자가 44 amu와 동시에 15 amu에서도 피크를 관찰하였다면 44 amu 피크는 어떤 분자에서 나온 것인가? 그 이유는 무엇인가? (c) 관련된 분자를 이루는 여러 가지 원소의 정확한 원자 질량은 ^1H(1.00797 amu), ^{12}C(12.00000 amu), ^{16}O(15.99491 amu) 등이다. 두 화합물 C_3H_8와 CO_2를 구분하기 위하여 얼마만큼 정확한 질량을 측정해야 하는가?

3.160 잿물(potash)은 포타슘 무기물로서 포타슘의 공급원으로 사용된다. 미국에서 생산되는 거의 대부분의 잿물은 비료로 사용되는데, 주공급원은 염화 포타슘(KCl)과 황산 포타슘(K_2SO_4)이다. 잿물 생산량은 그 양으로부터 만들 수 있는 산화 포타슘(K_2O)의 양 즉, 산화 포타슘 당량으로 보고된다. (a) KCl의 원가가 kg 당 0.55달러일 때, 달러당 같은 양의 포타슘을 공급하기 위한 K_2SO_4의 원가($/kg)는 얼마인가? (b) KCl 1.00 kg에 포함된 K 원자와 같은 몰수를 포함하는 K_2O의 질량(kg)은 얼마인가?

3.161 마그네슘 시료 21.496 g이 공기 중에서 반응하여 산화 마그네슘과 질소화 마그네슘을 생성한다. 이 생성물들을 물과 반응시키면 암모니아 기체 2.813 g이 생성된다. 형성된 산화 마그네슘과 질소화 마그네슘의 양을 계산하시오.

3.162 금속 M은 Br이 질량비로 53.79% 함유된 브로민화물을 만든다. 이 화합물의 화학식은 무엇인가?

3.163 철 시료 15.0 g을 빈 용기에서 염소산 포타슘($KClO_3$)과 함께 가열하였다. $KClO_3$가 분해되어 발생된 산소는 Fe를 Fe_2O_3로 변화시킨다. 반응 이후에 Fe를 Fe_2O_3의 합친 질량이 17.9 g이라면 형성된 Fe_2O_3와 분해된 $KClO_3$의 질량을 계산하시오.

3.164 NaCl, Na_2SO_4, $NaNO_3$를 포함하는 시료가 있다. 이 시료를 원소 분석하였더니 질량비가 Na 32.08%, O 36.01%, Cl 19.51%로 주어졌다. 시료 중 각 화합물의 질량 백분율을 구하시오.

3.165 소듐 10.00 g이 산소와 반응하여 산화 소듐(Na_2O)과 과산화 소듐(Na_2O_2) 13.83 g을 생성하였다. 이 혼합물의 조성 백분율을 계산하시오.

설명, 모형화 및 추정 문제 *Interpreting, Modeling & Estimating*

3.166 산소나 인과 같은 가벼운 원소의 동위원소들은 대부분 양성자 수와 중성자 수가 같은 반면, 최근 연구에서 중성자가 더 많이 들어 있는 새로운 부류의 동위원소들을 만들 수 있다는 결과가 있다. 중성자 수가 많아져 중성자 적하선(neutron drip line)에 접근함에 따라 이러한 중성자가 많은 동위원소는 핵 안정도에 영향을 미친다. 이들은 별에서의 핵반응에서 중요한 역할을 하는 것으로 여겨진다. 알루미늄에서 드물게 무거운 동위원소($^{43}_{13}Al$)가 보고되었다. 이 원자는 평균적인 알루미늄 원자와 비교하여 얼마나 더 많은 중성자를 포함하고 있는가?

3.167 대략 계산하여 다음 물질을 몰수가 증가하는 순서로 나열하시오. Cl 20.0 g, Br 35.0 g, I 94.0 g.

3.168 대략 계산하여 다음 각 화합물 중 질량 조성 백분율이 가장 큰 원소가 어떤 것인지 추정하시오.
(a) $Hg(NO_3)_2$,
(b) NF_3,
(c) $K_2Cr_2O_7$,
(d) $C_{2952}H_{4664}N_{812}O_{832}S_8Fe_4$.

3.169 다음 반응을 생각해 보자.

$$6Li(s) + N_2(g) \longrightarrow 2Li_3N(s)$$

대략 계산하여 질소가 한계 시약인 조합을 고르시오.
(a) Li 44 g과 N_2 38 g,
(b) Li 1380 g과 N_2 842 g,
(c) Li 1.1 g과 N_2 0.81 g.

3.170 아보가드로 수의 오렌지로 지구 전체를 덮어 쌓을 때 오렌지의 높이가 얼마인지 마일 단위로 추정해 보시오.

3.171 다음은 스테아르산($C_{18}H_{36}O_2$)를 사용하여 아보가드로 수의 자릿수를 추정하는 대략적이지만 효과적인 방법이다. 아래 나타낸 스테아르산을 물에 가하면 표면에 분자가 모여 분자 하나의 두께로만 된 층인 단층막을 형성한다. 각 스테아르산 분자의 단면적은 0.21 nm^2으로 측정되었다. 한 실험에서 지름이 20 cm인 접시에 담긴 물 위에 단층막을 형성하는 데 스테아르산 1.4×10^{-4} g이라는 것이 밝혀졌다. 이 측정을 기초로 하면 아보가드로 수는 어떻게 되는가?

H_3C CH_2 CH_2 CH_2 CH_2 CH_2 CH_2 CH_2 CH_2 OH
CH_2 CH_2 CH_2 CH_2 CH_2 CH_2 CH_2 CH_2 C
O

실전 연습의 답 Answers to Practice Exercises

3.1 63.55 amu. **3.2** 3.59 mol. **3.3** 2.57×10^3 g. **3.4** 1.0×10^{20} g. **3.5** 32.04 amu. **3.6** 1.66 mol. **3.7** 5.81×10^{24} H 원자. **3.8** H: 2.055%; S: 32.69%; O: 65.25%. **3.9** $KMnO_4$(과망가니즈산 포타슘). **3.10** 196 g. **3.11** B_2H_6. **3.12** $Fe_2O_3 + 3CO \rightarrow 2Fe + 3CO_2$. **3.13** 235 g. **3.14** 0.769 g. **3.15** (a) 234 g, (b) 234 g. **3.16** 25.1 g. **3.17** (a) 863 g, (b) 93.0%.

제 4 장

수용액에서의 반응

Reactions in Aqueous Solutions

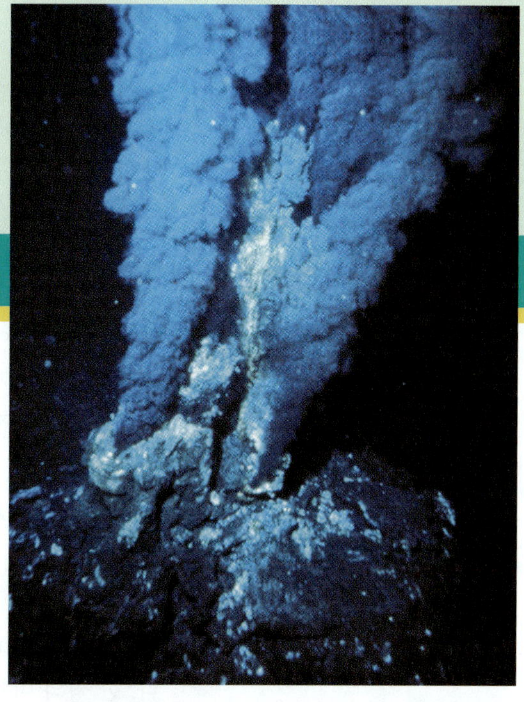

▲ 대양 화산에서 용암을 뚫고 무기물이 풍부한 과열된 수증기가 분출되며 검은 연기가 피어오르고 있다. 황화 수소가 금속 이온과 결합하여 불용성 금속 황화물로 변환된다.

이 장의 차례

들여다보기

- 먼저 용질을 물에 녹여 만든 용액인 수용액의 성질을 공부한다. 수용액은 전기 전도 능력에 따라 비전해질과 전해질로 구분된다(4.1절).
- 불용성 물질이 생성되는 침전 반응에 대해 공부한다. 이온 반응식과 알짜 이온 반응식을 이용한 침전 반응 표현법을 배운다(4.2절).
- 산에서 염기로 양성자(H^+)가 전달되는 산-염기 반응을 공부한다(4.3절).
- 반응물 간에 전자들이 옮겨가는 산화-환원 반응을 공부한다. 몇 가지 유형의 산화-환원 반응을 살펴본다(4.4절).
- 용액의 양적 관계를 살펴보기 위해 용액의 농도를 몰농도로 표현하는 방법을 공부한다(4.5절).
- 마지막으로 3장에서 공부한 몰 개념을 위의 3가지 반응 유형에 적용한다. 침전 반응에서 무게 분석을 어떻게 이용하는지, 산-염기 적정과 산화-환원 적정을 어떻게 활용하는지 공부한다(4.6절, 4.7절, 4.8절).

많은 화학 반응과 대부분의 생물학적 과정이 물 속에서 일어난다. 이 장에서는 수용액에서 일어나는 세 가지 중요한 반응인 침전 반응, 산-염기 반응, 산화-환원 반응에 대하여 공부한다. 이후의 여러 장에서 물(가장 *보편적인 용매*)과 수용액 성질 및 구조적 특성에 대하여 공부하게 될 것이다.

4.1 수용액의 일반적 성질

용액(solution)이란 *두 가지 이상 물질의 균일 혼합물*이다. **용질**(solute)은 *더 적은 양이 들어있는 물질*이며, **용매**(solvent)는 *더 많이 포함된 물질*을 말한다. 용액은 기체상(공기), 고체상(합금), 액체상(바닷물)으로 존재할 수 있다. 이 절에서는 *물이 용매이며 초기에 액체 또는 고체가 용질*인 **수용액**(aqueous solution)에 대해서만 논하기로 한다.

전해질의 성질

물에 녹는 용질은 모두 전해질과 비전해질 중 하나에 해당된다. **전해질**(electrolyte)이란 *물에 용해됐을 때 전기를 전도*하는 *물질*이며, **비전해질**(nonelectrolyte)은 *전기를 전도하지 않는 물질*이다. 전해질과 비전해질을 직접 쉽게 구별하는 방법이 그림 4.1에 나타나 있다. 한 쌍의 비활성 전극(구리 또는 백금)을 비커 속의 물에 담근다. 전구가 켜지기 위해서는 전류가 한쪽 전극에서 다른 쪽 전극으로 흐르는 완전한 회로가 형성되어야 한다. 순수한 물은 전기 전도도가 매우 나쁘다. 염화 소듐(NaCl)을 소량 넣으면 염이 물에 녹자마자 전구가 켜지게 될 것이다. 이온 결합 화합물인 고체 NaCl이 물에 녹으면 Na^+와 Cl^-로 해리되기 때문이다. Na^+ 이온은 음극으로 끌리고 Cl^- 이온은 양극으로 끌린다. 이 움직임이 금속선을 따라 흐르는 전자의 흐름과 전류를 만든다. NaCl 용액이 전기를 전도하기 때문에 NaCl은 전해질이다. 순수한 물은 매우 적은 양의 이온을 가지고 있으므로 전기를 전도할 수 없다.

수돗물은 많은 이온들을 함유하고 있어 전기를 통할 수 있다.

동영상 자료
▶ 강전해질, 약전해질, 비전해질.

같은 양의 용질이 용해된 수용액에 대한 전구 밝기의 비교로 강전해질과 약전해질을 구별할 수 있다. 강전해질은 용질이 용액에 있어서 100% *해리*(dissociation)될 것으로 가정한다. (*해리*란 화합물이 양이온과 음이온으로 분리된다는 의미이다.) 따라서 물에 용해하는 염화 소듐은 다음과 같이 나타낼 수 있다.

$$NaCl(s) \xrightarrow{H_2O} Na^+(aq) + Cl^-(aq)$$

이 식은 용액에서 모든 염화 소듐이 Na^+와 Cl^- 이온으로 된다는 의미이다. 그러므로 이 용액에는 해리되지 않은 NaCl이 존재하지 않는다.

(a)

(b)

(c)

그림 4.1 전해질과 비전해질 구분 장치. 용액의 전기 전도 능력은 용액 안에 존재하는 이온의 수에 의존한다. (a) 비전해질 용액은 이온을 포함하지 않으므로 전구에 불이 들어오지 않는다. (b) 약전해질 용액은 이온을 적게 포함하므로 약한 불이 들어온다. (c) 강전해질 용액에는 이온이 많이 존재하므로 환한 불이 들어온다. 세 용액에 녹은 용질의 몰수는 모두 같다.

표 4.1 수용액에서의 용질의 구분

강전해질	약전해질	비전해질
HCl	CH_3COOH	$(NH_2)_2CO$(요소)
HNO_3	HF	CH_3OH(메탄올)
$HClO_4$	HNO_2	C_2H_5OH(에탄올)
H_2SO_4*	NH_3	$C_6H_{12}O_6$(포도당)
NaOH	H_2O†	$C_{12}H_{22}O_{11}$(자당)
$Ba(OH)_2$		
이온 결합 화합물		

*H_2SO_4에는 이온화될 수 있는 H^+ 이온이 두 개 있지만, 하나만이 완전히 이온화한다.
†순수한 물은 매우 약한 전해질이다.

강전해질, 약전해질, 비전해질의 예를 표 4.1에 실었다. 염화 소듐, 아이오딘화 포타슘(KI), 질산 칼슘[$Ca(NO_3)_2$]과 같은 이온 결합 화합물은 강전해질이다. 흥미롭게도 사람의 체액은 여러 종류의 강전해질과 약전해질을 포함하고 있다.

물은 이온 결합 화합물을 매우 효과적으로 녹이는 용매이다. 물은 전기적으로 중성 분자이지만, 양의 영역(H 원자)과 음의 영역(O 원자), 다른 말로 양과 음의 "극"을 가진다고 표현할 수 있다. 이 때문에 물은 극성 용매이다. 염화 소듐과 같은 이온 결합 화합물이 물에 용해될 때, 고체에 있는 이온들의 3차원 구조는 깨진다. Na^+와 Cl^- 이온들이 서로로부터 분리되고 *이온들이 물 분자에 의해 특별한 배열로 둘러싸이는 과정*인 **수화**(hydration)가 일어난다. 물 분자의 음극이 양이온인 Na^+ 이온을 향하는 방향으로 여러 개의 물 분자가 둘러싼다. 그리고 물 분자의 양극이 음이온인 Cl^- 이온을 향하는 방향으로 여러 개의 물분자가 둘러싼다(그림 4.2). 수화는 용액에서 이온의 안정화를 도우면서, 양이온과 음이온이 결합하는 것을 방해한다.

▶▶▶ 동영상 자료
▶ 수화.

산과 염기 역시 전해질이다. 강전해질의 예로는 염산(HCl)과 질산(HNO_3)을 들 수 있다. 이 산들은 물에 완전히 이온화될 것이다. 예를 들면, 염화 수소 기체가 물에 용해될 때는 수화된 H^+와 Cl^- 이온을 형성한다.

$$HCl(g) \xrightarrow{H_2O} H^+(aq) + Cl^-(aq)$$

달리 말하면, 모든 용해된 HCl 분자들이 수화된 H^+와 Cl^- 이온들로 분리된다. 따라서 $HCl(aq)$로 쓸 때에는 $H^+(aq)$와 $Cl^-(aq)$만의 용액이며 수화된 HCl 분자는 존재하지 않는다고 이해하여야 한다. 반면에 시큼한 향이 나는 식초인 아세트산(CH_3COOH)과 같은 산들은 완전히 이온화되지 않는 약전해질이다. 아세트산의 이온화는 다음과 같다.

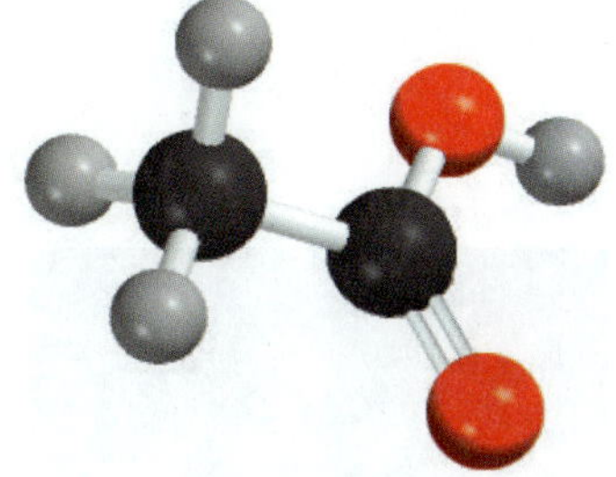

CH_3COOH

$$CH_3COOH(aq) \rightleftharpoons CH_3COO^-(aq) + H^+(aq)$$

여기서 CH_3COO^-는 아세트산(acetate) 이온이다. 산과 염기가 이온으로 분리하는 것을 설명할 때 *이온화*(ionization)라는 말을 사용한다. 아세트산의 분자식은 CH_3COOH로 쓰며, 이온화 할 수 있는 양성자가 COOH 기에 있다는 것을 나타내고 있다.

아세트산의 이온화는 **가역 반응**(reversible reaction)을 나타내는 이중 화살표로 쓴다.

그림 4.2 Na^+와 Cl^-의 수화.

즉, 이 반응은 *양쪽 방향으로 일어날 수 있다.* 처음에 많은 CH_3COOH 분자가 CH_3COO^-와 H^+ 이온으로 해리된다. 시간이 지나감에 따라 약간의 CH_3COO^-와 H^+ 이온이 CH_3COOH 분자로 재결합한다. 일정 시간이 지난 후 이온들이 재결합하는 속도와 산 분자가 이온화하는 속도가 같아지는 상태에 도달한다. 즉, 전체의 변화가 관측되지 않는 (분자 수준에서는 그 변화가 계속되지만) 화학 상태에 도달하는데, 이를 *화학 평형*(chemical equilibrium)이라 부른다. 반면 염산 용액에서는 H^+와 Cl^- 이온이 재결합하지 않아 HCl 분자가 다시 형성되지 않는다. 그러므로 이 경우에 완전한 이온화를 표현하기 위해 하나의 화살표를 사용한다.

여러 종류의 화학 평형이 존재한다. 이에 대해서는 14장에서 다시 다루기로 한다.

개념 복습하기

다음 그림은 물에 녹아 있는 세 종류의 화합물 (a) AB_2, (b) AC_2, (c) AD_2를 나타낸다. 이 중 어느 것이 강전해질이고 약전해질을 표현하고 있는가? (단순하게 하기 위해 물 분자는 표시하지 않았다.)

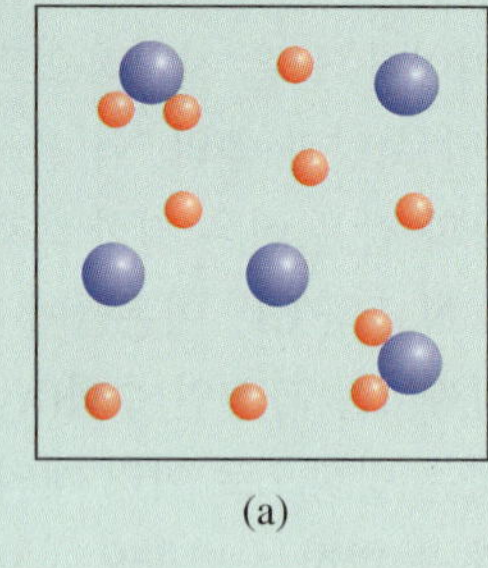
(a)

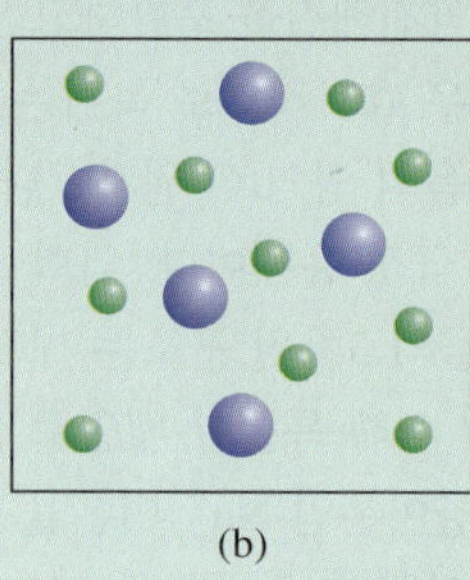
(b)

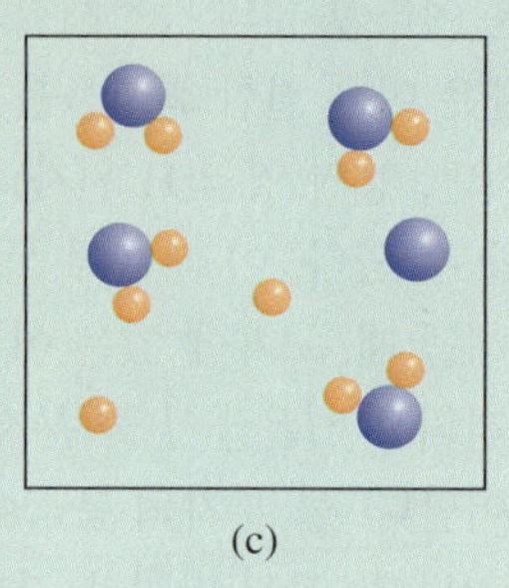
(c)

4.2 침전 반응

▶▶▶ 동영상 자료
▶ 침전 반응.

수용액에서 일어나는 일반적인 반응 형태의 하나로 **침전 반응**(precipitation reaction)이 있다. 이 반응은 *불용성 생성물 즉, 침전을 형성하는 반응*이다. **침전**(precipitate)은 *용액에 녹지 않는 불용성 고체*이다. 침전 반응은 항상 이온 결합 화합물에서 일어난다. 예를 들어, 질산 납(II)$[Pb(NO_3)_2]$를 아이오딘화 포타슘(KI) 수용액에 넣으면 노란 아이오딘화 납(II)(PbI_2) 침전이 생긴다.

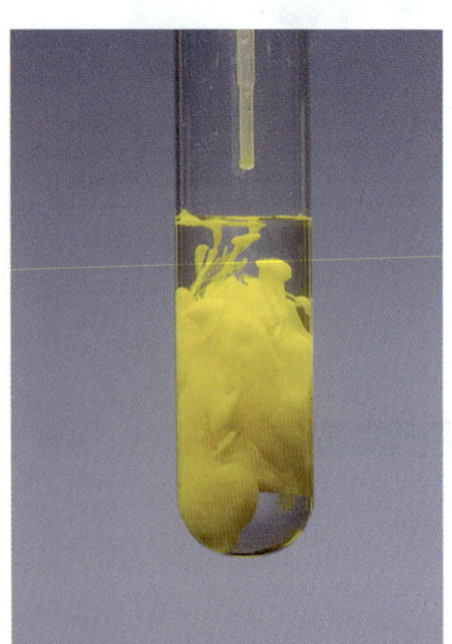

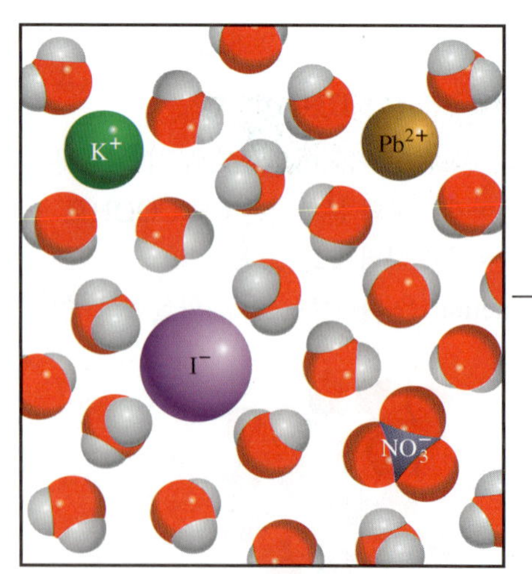

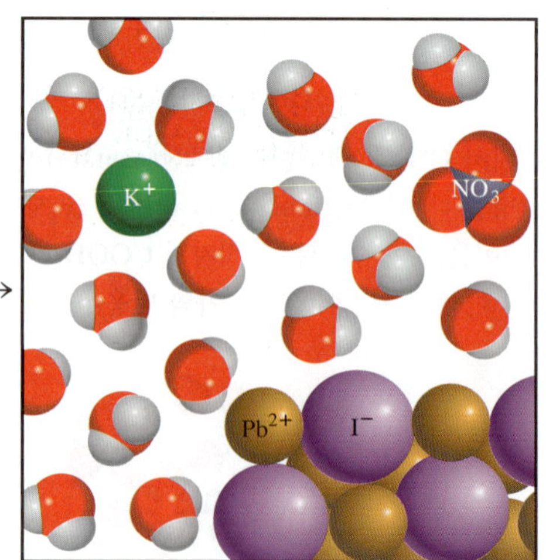

그림 4.3 KI 용액에 $Pb(NO_3)_2$를 가하면 노란 PbI_2 침전이 형성된다.

표 4.2 수용액에서 이온 결합 화합물의 용해도 규칙

가용성 화합물	예외적 불용성
알칼리 금속 이온(Li^+, Na^+, K^+, Rb^+, Cs^+)과 암모늄 이온(NH_4^+)을 포함하는 화합물	
질산염(NO_3^-), 아세트산염(CH_3COO^-), 중탄산염(HCO_3^-), 염소산염(ClO_3^-), 과염소산염(ClO_4^-)	
할로젠화물(Cl^-, Br^-, I^-)	Ag^+, Hg_2^{2+}, Pb^{2+}의 할로젠화물
황산염(SO_4^{2-})	Ag^+, Ca^{2+}, Sr^{2+}, Ba^{2+}, Hg_2^{2+}, Pb^{2+}의 황산염
불용성 화합물	**예외적 가용성**
탄산염(CO_3^{2-}), 인산염(PO_4^{3-}), 크로뮴산염(CrO_4^{2-}), 황화물(S^{2-})	알칼리 금속 이온과 암모늄 이온을 포함하는 화합물
수산화물(OH^-)	알칼리 금속 이온과 Ba^{2+}을 포함하는 화합물

$$Pb(NO_3)_2(aq) + 2KI(aq) \longrightarrow PbI_2(s) + 2KNO_3(aq)$$

질산 포타슘은 용액에 남아 있다. 그림 4.3에 이 반응을 나타내고 있다.

이러한 반응은 *두 화합물 간에 일부분을 서로 바꾸는 반응*인 **상호 교환 반응**(metathesis reaction, 또는 복분해 반응이라고도 함)의 예이다. (위 반응에서 반응물의 Pb^{2+}와 K^+ 양이온은 각자의 음이온을 바꾸어 Pb^{2+}는 I^-와 결합하여 PbI_2를 형성하고 K^+는 NO_3^-와 결합하여 KNO_3를 형성한다.) 이 장에서 공부하는 침전 반응들은 상호 교환 반응의 예들에 해당된다.

용해도

화합물을 용액에 넣었을 때 또는 두 용액을 혼합했을 때 침전이 일어날 것인가를 어떻게 예측할 수 있을까? 그것은 용질의 **용해도**(solubility)로부터 알 수 있다. 용해도란 *특정 온도에서 주어진 용매에 녹을 수 있는 용질의 최대 양*으로 정의된다. 화학자들은 물질을 정성적인 기준에 의하여 가용성(soluble), 미용성(slightly soluble), 불용성(insoluble)으로 분류한다. 적당량의 물질을 물에 넣었을 때 매우 잘 녹으면 가용성이라고 말한다. 만약 그렇지 않으면, 물질은 미용성 또는 불용성으로 분류한다. 모든 이온 결합 화합물은 강전해질이나 그 용해도가 같은 것은 아니다.

표 4.2에 여러 일반적인 이온 결합 화합물을 가용성 또는 불용성으로 분류하는 규칙을 제시하였다. 불용성 화합물이라도 어느 정도는 녹는다는 점을 기억하기 바란다. 그림 4.4에 여러 침전물들에 대하여 나타내었다.

다음 예제 4.1은 표 4.2에 있는 용해도 규칙을 적용한 것이다.

예제 4.1

다음 이온 결합 화합물을 가용성과 불용성으로 분류하시오. (a) 황산 은(Ag_2SO_4), (b) 탄산 칼슘($CaCO_3$), (c) 인산 소듐(Na_3PO_4).

전략 화합물의 용해도를 외울 필요는 없으나 다음의 유용한 규칙을 따라야 한다. 알칼리 금속 양이온, 암모늄 이온, 질산 이온, 중탄산 이온, 염소산 이온을 포함하는 이온 결합 화합물은 가

(계속)

그림 4.4 몇 가지 침전물의 형태. 왼쪽부터 오른쪽으로: CdS, PbS, $Ni(OH)_2$, $Al(OH)_3$.

용성이다. 그 밖의 화합물은 표 4.2를 이용한다.

풀이 (a) 표 4.2에 의하면 Ag_2SO_4는 불용성이다. (b) 이 화합물은 탄산염이며, 2A족이다. 따라서 $CaCO_3$는 불용성이다. (c) 소듐은 알칼리 금속(1A족)이므로 Na_3PO_4는 가용성이다.

비슷한 문제: 4.19, 4.20.

실전 연습 다음 이온 결합 화합물을 가용성과 불용성으로 분류하시오. (a) CuS, (b) $Ca(OH)_2$, (c) $Zn(NO_3)_2$.

분자 반응식, 이온 반응식, 알짜 이온 반응식

앞에서 아이오딘화 납(II) 침전을 형성하는 반응을 나타낸 반응식을 **분자 반응식**(molecular equation)이라 부른다. 이는 *모든 화합물의 화학식을 분자로 존재하는 것처럼 쓰는 반응식*이기 때문이다. 분자 반응식은 반응물[질산 납(II)와 아이오딘화 포타슘]을 확인할 수 있기 때문에 유용하다. 만약, 실험실에서 이 반응을 실험하려면 분자 반응식을 사용하여야 할 것이다. 그러나 분자 반응식은 용액 안에서 실제로 일어나는 것을 정확히 표현할 수 없다.

앞에서 지적하였듯이 이온 결합 화합물이 물에 녹을 때는 양이온과 음이온으로 해리된다. 따라서 더 실제적인 반응식은 이온 결합 화합물을 이온으로 용해된 해리 상태로 나타내야 한다. 즉, 아이오딘화 포타슘과 질산 납(II) 사이의 반응은 다음과 같이 쓸 수 있다.

$$Pb^{2+}(aq) + 2NO_3^-(aq) + 2K^+(aq) + 2I^-(aq) \longrightarrow PbI_2(s) + 2K^+(aq) + 2NO_3^-(aq)$$

이 반응식은 *자유 이온으로 녹아 있는 종을 보여주는* **이온 반응식**(ionic equation)의 예이다. 이 용액에서 침전물이 형성되는지를 보기 위하여 먼저 두 화합물에서 양이온과 음이온을 교환한 화합물인 PbI_2와 KNO_3에 대해 살펴본다. 표 4.2의 규칙에 따르면 PbI_2는 불용성이고 KNO_3은 가용성이다. 그러므로 가용성인 KNO_3은 분리된 K^+와 NO_3^- 이온으로 용액에 남아 있게 된다. 이 때 *전체 반응에 관여하지 않는 이온*인 K^+와 NO_3^- 이온을 **구경꾼 이온**(spectator ion)이라고 한다. 구경꾼 이온은 식의 양쪽에 나타나고 화학 반응에서 관여되지 않으므로 이들을 삭제할 수 있다.

$$Pb^{2+}(aq) + \cancel{2NO_3^-(aq)} + \cancel{2K^+(aq)} + 2I^-(aq) \longrightarrow PbI_2(s) + \cancel{2K^+(aq)} + \cancel{2NO_3^-(aq)}$$

마침내 **알짜 이온 반응식**(net ionic equation)에 이른다. 이것은 *반응에 실제로 참여하는 화학종만을 나타낸 것*이다.

$$Pb^{2+}(aq) + 2I^{-}(aq) \longrightarrow PbI_2(s)$$

다른 예를 보면, 염화 바륨($BaCl_2$) 수용액과 황산 소듐(Na_2SO_4) 수용액을 섞으면 흰 침전을 형성한다(그림 4.5). 이 상호 교환 반응에서는 $BaSO_4$와 NaCl이 형성된다. 표 4.2의 규칙에 따르면 $BaSO_4$는 불용성이므로 침전이 형성된다. 이 반응에 대한 분자 반응식은 다음과 같다.

$$BaCl_2(aq) + Na_2SO_4(aq) \longrightarrow BaSO_4(s) + 2NaCl(aq)$$

이 반응에 대한 이온 반응식은 다음과 같다.

$$Ba^{2+}(aq) + 2Cl^{-}(aq) + 2Na^{+}(aq) + SO_4^{2-}(aq) \longrightarrow BaSO_4(s) + 2Na^{+}(aq) + 2Cl^{-}(aq)$$

그림 4.5 $BaSO_4$ 침전 형성.

이 반응식에서 양쪽 구경꾼 이온(Na^+와 Cl^-)을 삭제하면 알짜 이온 반응식은 다음과 같다.

$$Ba^{2+}(aq) + SO_4^{2-}(aq) \longrightarrow BaSO_4(s)$$

다음은 이온 반응식과 알짜 이온 반응식을 만드는 절차를 4단계로 요약한 것이다.

1. 반응물과 생성물의 이온 결합 화합물에 대한 정확한 분자식을 이용하여 반응에 대한 균형 분자 반응식을 쓴다. 표 4.2의 규칙에 따라 생성물 중 어떤 것이 불용성인지 판단하고 이를 침전으로 표기한다.
2. 용액에서 형성되는 이온들이 나타나도록 이온 반응식을 쓴다. 침전이 형성되지 않는 이온은 자유 이온으로 표시한다.
3. 이온 반응식의 양쪽에서 구경꾼 이온을 찾아 모두 삭제하여 알짜 이온 반응식을 적는다.
4. 이 알짜 이온 반응식에서 전하와 원자수에 대한 균형을 확인한다.

예제 4.2에서 이 과정을 연습한다.

예제 4.2

인산 포타슘(K_3PO_4) 용액을 질산 칼슘[$Ca(NO_3)_2$] 용액과 혼합할 때의 반응에 대한 결과를 예측하고 알짜 이온 반응식을 쓰시오.

전략 주어진 정보를 이용하여 다음과 같이 완결되지 않는 반응식을 쓴다.

$$K_3PO_4(aq) + Ca(NO_3)_2(aq) \longrightarrow ?$$

위 이온 결합 화합물이 물에 녹으면 어떻게 되는가? K_3PO_4와 $Ca(NO_3)_2$가 해리될 때 생성되는 이온은 무엇인가? 용액에서 양이온과 음이온이 만나면 무엇을 형성하는가?

풀이 용액에서 K_3PO_4는 K^+와 PO_4^{3-} 이온으로, $Ca(NO_3)_2$는 Ca^{2+}와 NO_3^- 이온으로 해리한다. 표 4.2에 의하면 칼슘(Ca^{2+}) 이온과 인산(PO_4^{3-}) 이온은 불용성 화합물인 인산 칼슘[$Ca_3(PO_4)_2$]을 형성한다. 반면 다른 생성물인 KNO_3은 가용성이므로 용액에 남는다. 따라서 이 반응은 침전 반응이다. 이에 앞의 절차에 따라 문제를 풀면,

$K_3PO_4(aq)$와 $Ca(NO_3)_2(aq)$의 반응으로 생성된 침전.

단계 1: 균형 분자 반응식은 다음과 같다.

$$2K_3PO_4(aq) + 3Ca(NO_3)_2(aq) \longrightarrow Ca_3(PO_4)_2(s) + 6KNO_3(aq)$$

단계 2: 이온 반응식을 얻기 위하여 가용성 화합물은 모두 해리된 이온으로 표기한다.

(계속)

$$6K^+(aq) + 2PO_4^{3-}(aq) + 3Ca^{2+}(aq) + 6NO_3^-(aq) \longrightarrow 6K^+(aq) + 6NO_3^-(aq) + Ca_3(PO_4)_2(s)$$

단계 3: 반응의 양쪽에서 구경꾼 이온인 K^+와 NO_3^- 이온을 제거한 후 알짜 이온 반응식을 얻는다.

$$3Ca^{2+}(aq) + 2PO_4^{3-}(aq) \longrightarrow Ca_3(PO_4)_2(s)$$

단계 4: 처음에 균형 반응식으로 시작하였으므로 알짜 이온 반응식 또한 균형 반응식으로 양변의 각 원자의 숫자는 같으며 양전하 (+6)와 음전하 (−6)의 숫자도 일치한다.

비슷한 문제: 4.21, 4.22.

실전 연습 $Al(NO_3)_3$ 용액과 NaOH 용액을 혼합할 때 생성되는 침전을 예측하시오.

개념 복습하기

다음 중 $Ca(NO_3)_2(aq)$와 $Na_2CO_3(aq)$의 반응을 설명하는 그림은 어느 것인가? 단순하게 하기 위해 Ca^{2+}(노란색)와 CO_3^{2-}(파란색)만 나타내었다.

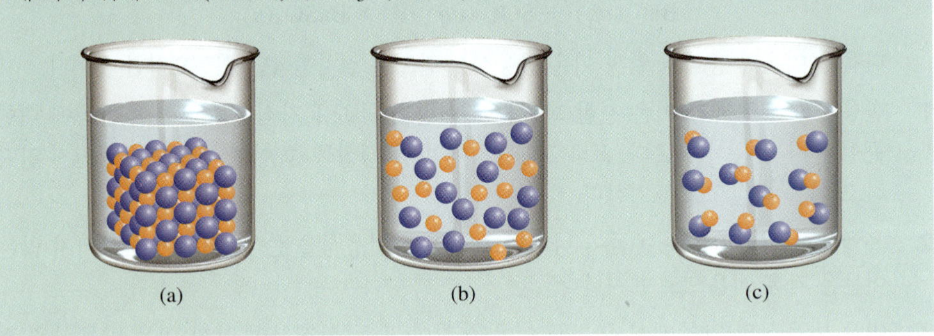

다음 페이지의 “생활 속의 화학”에서는 침전 반응에 관련된 몇 가지 현상에 대해 보여준다.

4.3 산-염기 반응

많은 사람들이 아세틸살리실산(acetylsalicylic acid, 아스피린)이나 수산화 마그네슘(magnesium hydroxide, 마그네시아유) 같은 화학명은 잘 모르지만 아스피린이나 마그네시아 유액처럼 산과 염기는 우리에게 매우 친숙하다. 산-염기 화학은 많은 의약품이나 가정용품과 산업 공정에 중요하며, 생물계의 유지에 있어 필수적이다. 산-염기 반응에 대해 공부하기 전 산과 염기 그 자체에 대해 알아보도록 하자.

➤ 산과 염기의 일반적 성질

앞서 2.7절에서 산은 물에서 이온화하여 H^+를 생성하는 물질이고, 염기는 물에서 이온화하여 OH^-를 생성하는 물질로 정의했다. 이 정의는 수용액에서의 성질이 잘 알려져 있던 물질을 분류하기 위해서 스웨덴 화학자 아레니우스(Svante Arrhenius)[†]가 19세기 말에 공식화한 것이다.

➤ 산

- 산은 신맛을 낸다. 예를 들어, 식초의 신맛은 아세트산 때문이고, 레몬과 다른 감귤류

[†] 아레니우스(Svante August Arrhenius, 1859~1927)는 스웨덴의 화학자로 전해질 용액과 화학 반응 속도론에 중요한 기여를 하였다. 그는 또한 생명체의 외계 기원설(panspermia)을 주장하기도 하였다. 아레니우스는 1903년에 노벨 화학상을 수상하였다

생활 속의 화학 CHEMISTRY in Action

바람직하지 않은 침전 반응

지표에 광범위하게 존재하는 석회석($CaCO_3$)과 백운석($CaCO_3 \cdot MgCO_3$)은 종종 수원지에 합류하게 된다. 표 4.2에 의하면 탄산 칼슘은 물에 녹지 않지만, 용해된 이산화 탄소(대기로부터)가 존재하면, 가용성인 중탄산 칼슘[$Ca(HCO_3)_2$]으로 바뀐다.

$$CaCO_3(s) + CO_2(aq) + H_2O(l) \longrightarrow Ca^{2+}(aq) + 2HCO_3^-(aq)$$

여기서 HCO_3^- 이온은 중탄산(bicarbonate) 이온이다.

Ca^{2+}나 Mg^{2+} 이온을 포함하는 물을 *경수*(hard water)라 하며, 이런 이온이 거의 존재하지 않는 물을 *연수*(soft water)라 한다. 경수는 공장이나 가정에서 사용하기에 적당치 않다.

Ca^{2+}와 HCO_3^- 이온을 포함하는 물을 가열하거나 끓이면, 용액에서 역반응이 일어나 $CaCO_3$ 침전을 형성하고,

$$Ca^{2+}(aq) + 2HCO_3^-(aq) \longrightarrow CaCO_3(s) + CO_2(aq) + H_2O(l)$$

기체 이산화 탄소는 대기 중으로 방출된다.

$$CO_2(aq) \longrightarrow CO_2(g)$$

이런 방법으로 형성되는 고체 탄산 칼슘은 보일러, 파이프, 주전자 등에 쌓이는 스케일의 주성분이 된다. 두꺼운 스케일 층은 열전도성을 떨어뜨려 보일러, 파이프, 전기 제품의 효율과 내구성을 줄인다. 가정의 온수 관의 물의 흐름을 완전히 또는 부분적으로 막기도 한다. 배관공이 관석(boiler scale)을 제거하기 위해 사용하는 간단한 방법은 $CaCO_3$와 반응하는 (다시 녹이는) 염산을 소량 첨가하는 것이다.

$$CaCO_3(s) + 2HCl(aq) \longrightarrow CaCl_2(aq) + H_2O(l) + CO_2(g)$$

이 방법으로 $CaCO_3$을 가용성의 $CaCl_2$로 변환시킬 수 있다.

관석(boiler scale)이 온수 관을 가득 채웠다. 이 침전물은 대개 $CaCO_3$이며 $MgCO_3$가 약간 포함되어 있다.

과일들은 구연산을 함유하고 있다.

- 산은 식물 염료의 색을 변화시킨다. 예를 들어, 리트머스의 색을 푸른색에서 붉은색으로 변화시킨다.
- 산은 아연, 마그네슘, 철과 같은 금속들과 반응하여 수소 기체를 생성한다. 전형적인 반응은 염산과 마그네슘의 반응이다.

$$2HCl(aq) + Mg(s) \longrightarrow MgCl_2(aq) + H_2(g)$$

- 산은 Na_2CO_3, $CaCO_3$, $NaHCO_3$와 같은 탄산염이나 중탄산염과 반응하여 이산화 탄소 기체를 생성한다(그림 4.6). 예를 들어,

$$2HCl(aq) + CaCO_3(s) \longrightarrow CaCl_2(aq) + H_2O(l) + CO_2(g)$$
$$HCl(aq) + NaHCO_3(s) \longrightarrow NaCl(aq) + H_2O(l) + CO_2(g)$$

- 수용성 산 용액은 전기가 통한다.

그림 4.6 $CaCO_3$가 주성분인 분필 조각이 염산과 반응하고 있다.

➤ 염기

- 염기는 쓴맛을 낸다.
- 염기는 미끈미끈한 성질을 갖는다. 예를 들어, 염기를 가지고 있는 비누가 이러한 성

질을 보인다.

- 염기는 식물 염료의 색을 변화시킨다. 예를 들어, 리트머스의 색을 붉은색에서 푸른색으로 변화시킨다.
- 수용성 염기 용액은 전기를 통한다.

브뢴스테드 산과 염기

산과 염기의 아레니우스 정의는 수용액에만 한정되는 제한이 있다. 1932년 덴마크 화학자 브뢴스테드(Johannes Brønsted)[†]는 **브뢴스테드 산**은 *양성자 주개*(proton donor)이고 **브뢴스테드 염기**는 *양성자 받개*(proton acceptor)라고 하는 좀 더 넓은 범위의 정의를 제안하였다. 브뢴스테드 정의는 수용액에서뿐만 아니라 비수용액에서도 적용할 수 있는 산과 염기의 정의이다.

염산은 물에서 양성자를 주기 때문에 브뢴스테드 산이다.

$$HCl(aq) \longrightarrow H^+(aq) + Cl^-(aq)$$

H^+ 이온은 전자를 잃은 수소 원자라는 것을 기억하라. 즉, H^+ 이온은 순수한 양성자이다. 평균적으로 원자나 이온의 지름은 10^{-10} m이며, 양성자는 약 10^{-15} m이다. 그렇게 아주 작은 전하 입자는 H_2O에서 음극(O 원자)에 대한 강한 인력 때문에 수용액에서 독립된 개체로 존재할 수 없다. 결과적으로 그림 4.7과 같이 양성자는 수화된 형태로 존재한다. 따라서 염산의 이온화는 다음과 같이 쓸 수 있다.

H_3O^+ 이온의 정전기 퍼텐셜 전위에 관한 모형. 무지개색으로 표시된 부분 중 전자가 가장 풍부한 부분이 붉은색이고, 전자가 가장 적은 부분이 파란색이다.

$$HCl(aq) + H_2O(l) \longrightarrow H_3O^+(aq) + Cl^-(aq)$$

수화된 양성자인 H_3O^+를 **하이드로늄 이온**(hydronium ion)이라 부른다. 이 반응식은 브뢴스테드 산(HCl)이 브뢴스테드 염기(H_2O)에 양성자를 주는 반응을 나타낸다.

실험에 의하면, 하이드로늄 이온은 더 수화되어 보다 많은 물 분자와 연결되어 있는 것이 알려졌다. 양성자의 산 성질이 수화의 정도에 영향을 받지 않기 때문에, 여기서는 일반적으로 수화된 양성자를 $H^+(aq)$로 간단하게 나타낸다. 그러나 H_3O^+가 실제에 더 가깝다. 두 가지 표기는 수용액에서 같은 종류라는 것을 명심하라.

실험실에서 사용하는 일반적인 산은 염산(HCl), 질산(HNO_3), 아세트산(CH_3COOH), 황산(H_2SO_4), 인산(H_3PO_4) 등이다. 처음 세 개는 **일양성자산**(monoprotic acid)이다. 즉, *산이 이온화하면서 수소 이온 하나를 내놓는다.*

대부분의 경우에 산은 화학식에 H를 가지고 있거나 COOH 기를 가지고 있다.

$$HCl(aq) \longrightarrow H^+(aq) + Cl^-(aq)$$
$$HNO_3(aq) \longrightarrow H^+(aq) + NO_3^-(aq)$$
$$CH_3COOH(aq) \rightleftharpoons CH_3COO^-(aq) + H^+(aq)$$

앞에서 서술한 것과 같이 아세트산의 이온화는 불완전하기 때문에(이중 화살표로 표시), 약전해질이다. 그러므로 아세트산을 약산이라 부른다(표 4.1 참조). 반면, HCl과 HNO_3는

[†]브뢴스테드(Johannes Nicolaus Brønsted, 1879~1947)는 덴마크 화학자로 산과 염기에 대한 이론과 더불어 열역학과 수은 동위원소의 분리에 관한 일을 하였다. 어떤 교재에는 브뢴스테드 산과 염기를 브뢴스테드-로리(Brønsted-Lowry) 산과 염기로 표시한다. 로리(Thomas Martin Lowry, 1874~1936)는 영국 화학자로, 브뢴스테드와 로리는 1923년도에 각자 독립적으로 같은 산-염기 이론을 전개하였다.

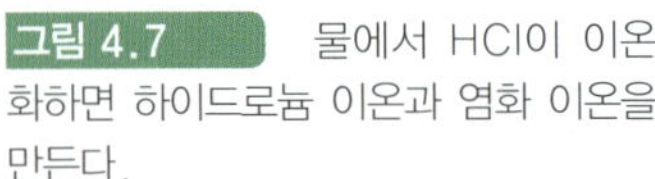

그림 4.7 물에서 HCl이 이온화하면 하이드로늄 이온과 염화 이온을 만든다.

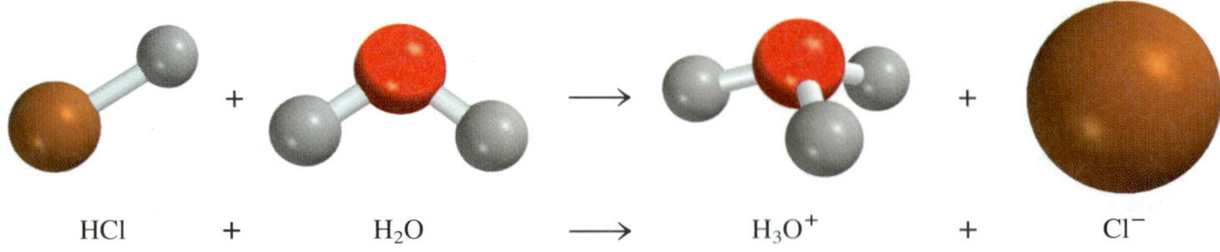

용액에서 완전히 이온화하는(단일 화살표) 강전해질이기 때문에 강산이다.

황산(H_2SO_4)은 산이 이온화하면서 다음과 같이 두 단계로 *H^+ 이온 두 개를 내는* **이양성자산**(diprotic acid)이다.

$$H_2SO_4(aq) \longrightarrow H^+(aq) + HSO_4^-(aq)$$
$$HSO_4^-(aq) \rightleftharpoons H^+(aq) + SO_4^{2-}(aq)$$

H_2SO_4는 강전해질이며 강산이다(이온화의 첫 단계는 완전하다). 그러나 HSO_4^-는 약산이며 약전해질이고, 이온화가 불완전하기 때문에 이중 화살표로 표시한다.

H^+ 이온 세 개를 내는 **삼양성자산**(triprotic acid)은 상대적으로 드물다. 가장 잘 알려진 삼양성자산은 인산으로, 이온화 과정은 다음과 같다.

$$H_3PO_4(aq) \rightleftharpoons H^+(aq) + H_2PO_4^-(aq)$$
$$H_2PO_4^-(aq) \rightleftharpoons H^+(aq) + HPO_4^{2-}(aq)$$
$$HPO_4^{2-}(aq) \rightleftharpoons H^+(aq) + PO_4^{3-}(aq)$$

이 경우 세 가지 화학종(H_3PO_4, $H_2PO_4^-$, HPO_4^{2-})은 모두 약산이고, 각 이온화 단계를 이중 화살표를 사용한다. $H_2PO_4^-$, HPO_4^{2-}와 같은 음이온은 NaH_2PO_4, Na_2HPO_4와 같은 인산염의 수용액에서도 볼 수 있다. 표 4.3에는 몇 가지 일반적인 강산과 약산의 예를 제시하였다.

표 4.3

강산과 약산의 몇 가지 예

강산	
염산 (염화 수소산)	HCl
브로민화 수소산	HBr
아이오딘화 수소산	HI
질산	HNO_3
황산	H_2SO_4
과염소산	$HClO_4$
약산	
플루오린화 수소산	HF
아질산	HNO_2
인산	H_3PO_4
아세트산	CH_3COOH

개념 복습하기

다음 중 약산을 가장 잘 표현한 그림은 어느 것인가? 매우 약한 산을 표현한 것은? 강산을 표현한 것은? 수용액에서 양성자는 하이드로늄 이온으로 존재한다. 모든 산은 일양성자산이다(단순하게 하기 위해 물 분자는 표시하지 않았다).

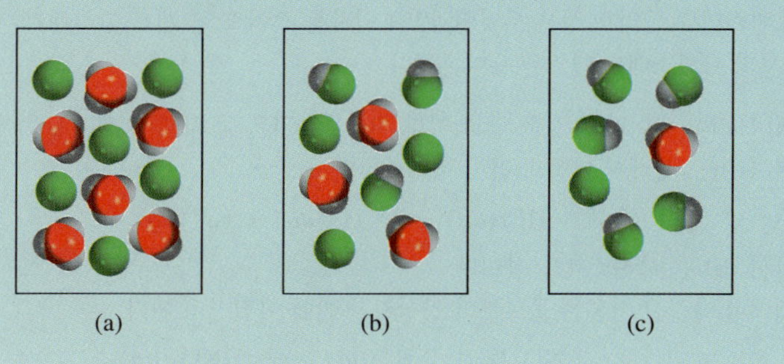

표 4.1에서 보는 바와 같이 수산화 소듐(NaOH)과 수산화 바륨[$Ba(OH)_2$]은 강전해질이다. 이것은 용액에서 완전히 이온화된다는 것을 의미한다.

$$NaOH(s) \xrightarrow{H_2O} Na^+(aq) + OH^-(aq)$$
$$Ba(OH)_2(s) \xrightarrow{H_2O} Ba^{2+}(aq) + 2OH^-(aq)$$

위의 OH^- 이온은 다음과 같이 양성자를 받을 수 있다.

$$H^+(aq) + OH^-(aq) \longrightarrow H_2O(l)$$

따라서 OH^-는 브뢴스테드 염기이다.

암모니아(NH_3)는 H^+ 이온을 받을 수 있기 때문에 브뢴스테드 염기로 분류한다(그림 4.8 참조).

$$NH_3(aq) + H_2O(l) \rightleftharpoons NH_4^+(aq) + OH^-(aq)$$

용해된 NH_3 분자가 물과 반응하여 아주 소량의 NH_4^+와 OH^- 이온을 생성하기 때문에 암모니아는 약전해질(따라서 약염기)이다.

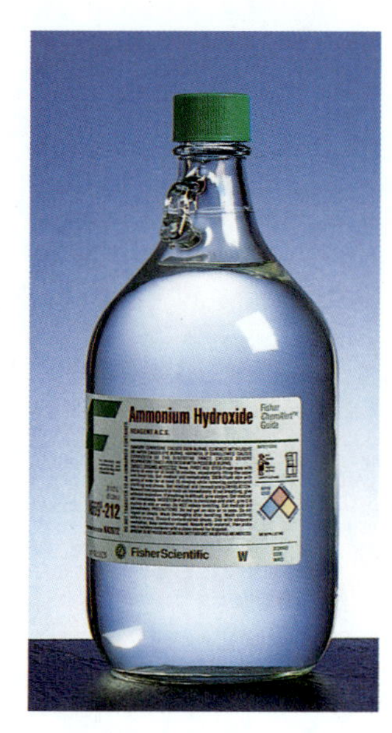

이 암모니아 수용액 병에는 수산화 암모늄(ammonium hydroxide)으로 잘못 표시되어 있다.

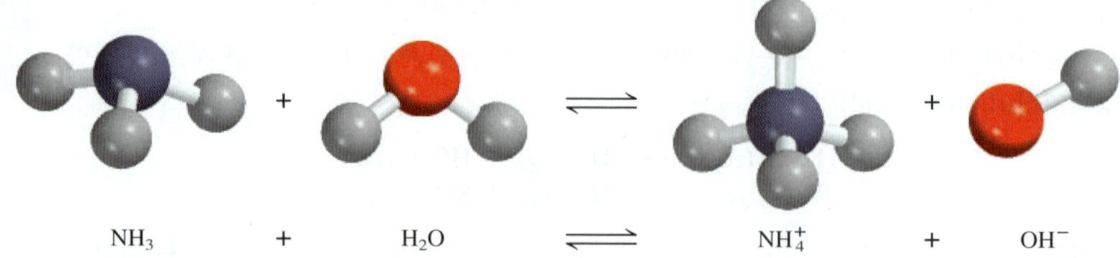

그림 4.8 물에서 암모니아가 이온화하여 암모늄 이온과 수산화 이온을 형성한다.

실험실에서 가장 일반적으로 사용하는 강염기는 수산화 소듐이다. 이것은 값이 싸고 가용성이다(사실 알칼리 금속의 수산화물은 모두 가용성이다). 가장 일반적인 약염기는 암모니아 수용액으로 종종 수산화 암모늄이라고 잘못 부르고 있다. NH_4OH가 실제로 존재한다는 증거는 없으며 수용액에서 NH_4^+와 OH^- 이온 형태로 존재한다. 모든 2A족 원소는 $M(OH)_2$ 형태의 수산화물을 생성한다. 여기서 M은 알칼리 토금속을 말한다. 이 중에서 $Ba(OH)_2$만이 가용성이다. 수산화 마그네슘과 수산화 칼슘은 의학 및 산업에 많이 사용한다. $Al(OH)_3$와 $Zn(OH)_2$와 같은 다른 금속의 수산화물은 불용성이며, 염기로 사용되지 않는다.

예제 4.3은 물질을 브뢴스테드 산 또는 브뢴스테드 염기로 분류하는 법을 보여준다.

예제 4.3

수용액에서 다음 화학종을 브뢴스테드 산 또는 염기로 분류하시오.
(a) HBr, (b) NO_2^-, (c) HCO_3^-.

전략 브뢴스테드 산의 특성은 무엇인가? H 원자를 적어도 한 개 포함하는가? 암모니아를 제외한 대부분의 브뢴스테드 염기는 음이온이다.

풀이 (a) HCl이 산이라는 것을 알고 있다. Br이나 Cl은 둘 다 할로젠(7A족)이므로, HCl과 마찬가지로 HBr도 물에서 다음과 같이 이온화한다.

$$HBr(aq) \longrightarrow H^+(aq) + Br^-(aq)$$

따라서 HBr은 브뢴스테드 산이다.

(b) 용액에서 아질산 이온은 물로부터 양성자를 받아 아질산이 된다.

$$NO_2^-(aq) + H^+(aq) \longrightarrow HNO_2(aq)$$

이 성질로 인하여 NO_2^- 이온은 브뢴스테드 염기이다.

(c) 중탄산 이온은 용액에서 다음과 같이 해리하므로 브뢴스테드 산이다.

$$HCO_3^-(aq) \rightleftharpoons H^+(aq) + CO_3^{2-}(aq)$$

이 이온은 양성자를 받아서 탄산을 형성할 수 있으므로 브뢴스테드 염기도 된다.

$$HCO_3^-(aq) + H^+(aq) \rightleftharpoons H_2CO_3(aq)$$

해설 HCO_3^-와 같은 화학종은 산성과 염기성을 동시에 가지고 있으므로 *양쪽성*이라 한다. 이중 화살표는 이 반응이 가역적임을 나타낸다.

비슷한 문제: 4.31, 4.32.

실전 연습 다음 화학종이 브뢴스테드 산인지 염기인지 분류하시오.
(a) SO_4^{2-}, (b) HI.

➤ 산-염기 중화

▶▶▶ 동영상 자료
▶ 중화 반응.

중화 반응(neutralization reaction)은 *산과 염기 사이의 반응*이다. 일반적으로 수용액의 산-염기 반응은 **염**(salt)과 물을 만든다. 염은 *H^+ 이외의 다른 양이온과 OH^- 또는 O^{2-} 이외의 다른 음이온이 만드는 이온 결합 화합물*이다.

$$\text{산} + \text{염기} \longrightarrow \text{염} + \text{물}$$

소금으로 알려진 물질인 NaCl은 산-염기 반응의 생성물이다.

산-염기 반응은 일반적으로 완결된다.

$$HCl(aq) + NaOH(aq) \longrightarrow NaCl(aq) + H_2O(l)$$

하지만 위의 산과 염기가 모두 강전해질이기 때문에 용액에서 완전히 이온화한다. 그 이온 반응식은 다음과 같다.

$$H^+(aq) + Cl^-(aq) + Na^+(aq) + OH^-(aq) \longrightarrow Na^+(aq) + Cl^+(aq) + H_2O(l)$$

따라서 이 반응은 다음 알짜 이온 반응식으로 나타낼 수 있다.

$$H^+(aq) + OH^-(aq) \longrightarrow H_2O(l)$$

Na^+와 Cl^-은 모두 구경꾼 이온이다.

위의 반응이 산과 염기가 같은 몰수로 시작한다면, 반응 마지막에는 염만 남고 산과 염기는 남지 않는다. 이것이 산-염기 중화 반응의 특징이다.

약산인 사이안화 수소산 (HCN)과 강염기 사이의 반응을 살펴보자.

$$HCN(aq) + NaOH(aq) \longrightarrow NaCN(aq) + H_2O(l)$$

HCN이 약산이므로 용액에서 많이 이온화되지 않아 그 이온 반응식은 다음과 같이 나타낼 수 있다.

$$HCN(aq) + Na^+(aq) + OH^-(aq) \longrightarrow Na^+(aq) + CN^-(aq) + H_2O(l)$$

그리고 알짜 이온 반응식은 다음과 같다.

$$HCN(aq) + OH^-(aq) \longrightarrow CN^-(aq) + H_2O(l)$$

여기서 Na^+는 구경꾼 이온이지만 OH^-와 CN^-는 구경꾼 이온이 아니다.

다음은 분자 반응식으로 나타낸 산-염기 중화 반응의 예이다.

$$HF(aq) + KOH(aq) \longrightarrow KF(aq) + H_2O(l)$$
$$H_2SO_4(aq) + 2NaOH(aq) \longrightarrow Na_2SO_4(aq) + 2H_2O(l)$$
$$HNO_3(aq) + NH_3(aq) \longrightarrow NH_4NO_3(aq)$$

마지막 식은 생성물에 물이 보이지 않기 때문에 다른 식과는 다르게 보인다. 그러나 앞에서 서술한 것과 같이 $NH_3(aq)$을 $NH_4^+(aq)$와 $OH^-(aq)$로 나타낸다면 반응은 다음과 같이 된다.

$$HNO_3(aq) + NH_4^+(aq) + OH^-(aq) \longrightarrow NH_4NO_3(aq) + H_2O(l)$$

예제 4.4

다음 각 산-염기 반응의 분자 반응식, 이온 반응식, 알짜 이온 반응식을 쓰시오.

(a) 브로민화 수소산(aq) + 수산화 바륨(aq) $\longrightarrow$

(b) 황산(aq) + 수산화 포타슘(aq) $\longrightarrow$

전략 첫 단계는 산과 염기를 강한 것과 약한 것으로 구분하는 것이다. HBr은 강산이고, H_2SO_4는 이온화의 첫 단계에서는 강산이며 두 번째 단계에서는 약산이다. $Ba(OH)_2$와 KOH는 모두 강염기이다.

풀이

(a) 분자 반응식:

$$2HBr(aq) + Ba(OH)_2(aq) \longrightarrow BaBr_2(aq) + 2H_2O(l)$$

(계속)

이온 반응식:

$$2H^+(aq) + 2Br^-(aq) + Ba^{2+}(aq) + 2OH^-(aq) \longrightarrow Ba^{2+}(aq) + 2Br^-(aq) + 2H_2O(l)$$

알짜 이온 반응식:

$$2H^+(aq) + 2OH^-(aq) \longrightarrow 2H_2O(l)$$

또는

$$H^+(aq) + OH^-(aq) \longrightarrow H_2O(l)$$

Ba^{2+}와 Br^-는 모두 구경꾼 이온이다.

(b) 분자 반응식 :

$$H_2SO_4(aq) + 2KOH(aq) \longrightarrow K_2SO_4(aq) + 2H_2O(l)$$

이온 반응식 :

$$H^+(aq) + HSO_4^-(aq) + 2K^+(aq) + 2OH^-(aq) \longrightarrow 2K^+(aq) + SO_4^{2-}(aq) + 2H_2O(l)$$

알짜 이온 반응식 :

$$H^+(aq) + HSO_4^-(aq) + 2OH^-(aq) \longrightarrow SO_4^{2-}(aq) + 2H_2O(l)$$

비슷한 문제: 4.33(b)

HSO_4^-가 약산이어서 물에서 잘 이온화하지 않으므로 유일한 구경꾼 이온은 K^+뿐이다.

실전 연습 인산과 수산화 소듐 수용액 사이의 분자 반응식, 이온 반응식, 알짜 이온 반응식을 쓰시오.

기체를 형성하는 산-염기 반응

탄산염(CO_3^{2-} 이온 함유), 중탄산염(HCO_3^- 이온 함유), 아황산염(SO_3^{2-} 이온 함유), 황화물(S^{2-} 이온 함유)과 같은 염들은 산과 반응하여 기체를 생성한다. 예를 들어, 탄산 소듐(Na_2CO_3)과 HCl(aq)의 반응의 분자 반응식은 다음과 같다(그림 4.6 참조).

$$Na_2CO_3(aq) + 2HCl(aq) \longrightarrow 2NaCl(aq) + H_2CO_3(aq)$$

탄산은 불안정하므로 적당한 농도 이상으로 용액에 존재하면 다음과 같은 분해가 일어난다.

$$H_2CO_3(aq) \longrightarrow H_2O(l) + CO_2(g)$$

다른 염들이 관여하는 비슷한 반응들은 다음과 같다.

$$NaHCO_3(aq) + HCl(aq) \longrightarrow NaCl(aq) + H_2O(l) + CO_2(g)$$
$$Na_2SO_3(aq) + 2HCl(aq) \longrightarrow 2NaCl(aq) + H_2O(l) + SO_2(g)$$
$$K_2S(aq) + 2HCl(aq) \longrightarrow 2KCl(aq) + H_2S(g)$$

4.4 산화-환원 반응

동영상 자료
▶ 산화-환원 반응.

동영상 자료
▶ 마그네슘과 산소의 반응.

산-염기 반응의 특징이 양성자 전달 과정이라면, **산화-환원 반응**(oxidation-reduction reaction 또는 redox reaction)은 *전자 이동 반응*이다. 산화-환원 반응은 우리 주위 여러 분야에서 볼 수 있다. 그 범위는 화석 연료의 연소로부터 가정용 표백제에 이른다. 뿐만 아니라 대부분의 금속과 비금속 원소는 산화 또는 환원 과정에 의해 광석으로부터 얻어진다.

많은 중요한 산화-환원 반응이 물 속에서 일어나지만 모든 산화-환원 반응이 수용액에서 일어나는 것은 아니다. 마그네슘과 산소로부터 산화 마그네슘(MgO)이 형성하는 반응을 생각해 보자(그림 4.9).

$$2Mg(s) + O_2(g) \longrightarrow 2MgO(s)$$

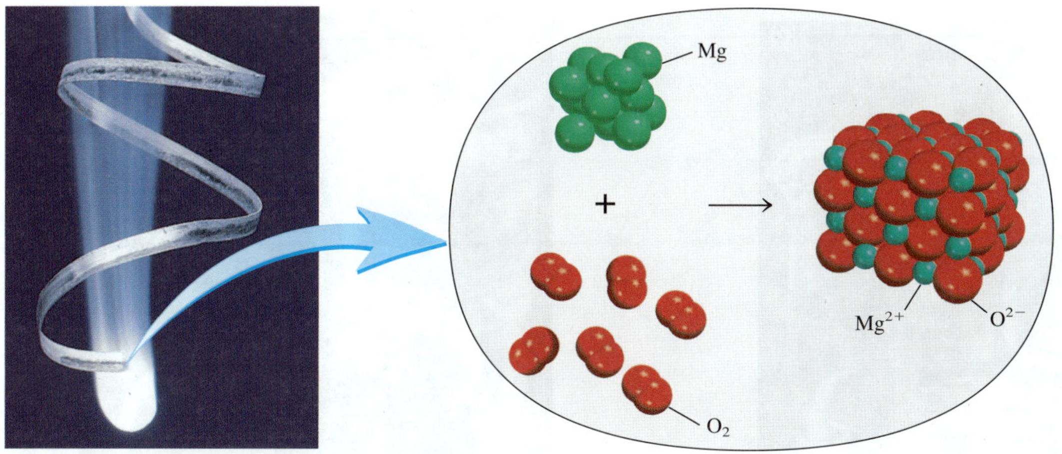

그림 4.9 마그네슘이 산소 중에서 연소하여 산화 마그네슘을 형성한다.

산화 마그네슘(MgO)은 Mg^{2+} 이온과 O^{2-} 이온으로 만들어진 이온 결합 화합물이다. 이 반응에서 Mg 원자 두 개에서 전자 네 개가 O 원자 두 개(O_2)로 이동한다. 쉽게 이해하기 위하여 이 과정을 별도의 두 단계로 생각할 수 있다. 하나는 Mg 원자 두 개가 전자 네 개를 잃는 것이고, 다른 하나는 O_2 분자가 전자 네 개를 얻는 것이다.

$$\begin{aligned} 2\text{Mg} &\longrightarrow 2\text{Mg}^{2+} + 4e^- \\ \text{O}_2 + 4e^- &\longrightarrow 2\text{O}^{2-} \end{aligned}$$

이 각각의 단계를 **반쪽 반응**(half-reaction)이라 하는데, 이는 *산화-환원 반응에 포함되는 전자를 분명하게 나타낸 것*이다. 반쪽 반응의 합은 전체 반응이 된다.

$$2\text{Mg} + \text{O}_2 + 4e^- \longrightarrow 2\text{Mg}^{2+} + 2\text{O}^{2-} + 4e^-$$

양변에서 전자를 지우면

$$2\text{Mg} + \text{O}_2 \longrightarrow 2\text{Mg}^{2+} + 2\text{O}^{2-}$$

결과적으로 Mg^{2+}와 O^{2-} 이온이 결합하여 MgO를 형성한다.

$$2\text{Mg}^{2+} + 2\text{O}^{2-} \longrightarrow 2\text{MgO}$$

산화 반응(oxidation reaction)은 *전자의 손실이 수반되는 반쪽 반응*을 말한다. 화학자들은 원래 "산화"를 특정 원소와 산소가 결합하는 의미로 사용하였다. 그러나 지금은 산소가 관여하지 않는 반응도 포함하는 넓은 의미를 가지고 있다. **환원 반응**(reduction reaction)은 *전자를 얻는 반쪽 반응*이다. 산화 마그네슘의 생성 과정에서 마그네슘이 산화한다. 마그네슘은 산소에 *전자를 주기* 때문에 **환원제**(reducing agent) 역할을 하며, 이 때 산소는 환원된다. 산소는 마그네슘의 산화에 의하여 마그네슘으로부터 *전자를 받기* 때문에 환원되며, **산화제**(oxidizing agent) 역할을 한다. 산화-환원 반응에 있어 산화 범위는 환원 범위만큼이어야 한다. 즉, 환원제에 의해 잃은 전자의 수는 산화제에 의해 얻는 전자의 수와 같아야 한다.

어떤 산화-환원 반응에서는 전자 이동 현상이 다른 반응에서 보다 더 분명하게 나타난다. 금속 아연을 황산 구리(II)($CuSO_4$)를 포함하는 용액에 넣으면, 아연은 전자 두 개를 주고 산화되며, Cu^{2+}는 두 개의 전자를 받아 환원된다.

$$\text{Zn}(s) + \text{CuSO}_4(aq) \longrightarrow \text{ZnSO}_4(aq) + \text{Cu}(s)$$

이 과정에서 수화된 Cu^{2+} 이온의 존재를 나타내는 특징적인 푸른색이 사라진다(그림 4.10).

동영상 자료
▶ 산화-환원 반응에 의한 황화 은 형성.

산화 반쪽 반응에서는 전자가 생성물이며 환원 반쪽 반응에서는 전자가 반응물인 점을 기억하라.

산화-환원을 쉽게 기억하려면 OILRIG를 연상하라. Oxidation Is Loss (of electrons) and Reduction Is Gain (of electrons) (산화는 전자의 손실이고, 환원은 전자의 획득이다).

산화제는 항상 환원되며, 환원제는 항상 산화된다. 이 정의가 약간 혼란스러울지 모르나, 이런 정의는 두 과정에 대한 정의로부터 나온 결과이다.

그림 4.10 용액에서의 금속 치환 반응 (a) 첫 번째 비커: 아연 막대가 푸른색의 $CuSO_4$ 용액에 놓여 있다. Cu^{2+} 이온이 즉시 금속 Cu로 환원되어 검은 층을 형성한다. 두 번째 비커: 시간이 지나면서 Cu^{2+} 이온들이 환원되어 용액의 색깔이 사라진다. (b) 첫 번째 비커: 구리선 조각이 무색의 $AgNO_3$ 용액에 놓여 있다. Ag^+ 이온은 금속 Ag로 환원된다. 두 번째 비커: 시간이 지남에 따라 Ag^+ 이온은 환원되고 용액은 점차 수화된 Cu^{2+} 이온에 의해 푸른색을 띠게 된다.

$$Zn(s) + Cu^{2+}(aq) \longrightarrow Zn^{2+}(aq) + Cu(s)$$

산화와 환원의 반쪽 반응은 다음과 같다.

$$Zn \longrightarrow Zn^{2+} + 2e^-$$
$$Cu^{2+} + 2e^- \longrightarrow Cu$$

▶▶▶ 동영상 자료
▶ 질산 은과 구리의 반응.

이와 비슷하게 금속 구리는 질산 은($AgNO_3$) 용액에서 은 이온을 환원시킨다.

$$Cu(s) + 2AgNO_3(aq) \longrightarrow Cu(NO_3)_2(aq) + 2Ag(s)$$

또는

$$Cu(s) + 2Ag^+(aq) \longrightarrow Cu^{2+}(aq) + 2Ag(s)$$

➤ 산화수

전자를 잃거나 얻는 산화와 환원의 정의를 MgO와 같은 이온 결합 화합물의 생성과 Zn에 의한 Cu^{2+} 이온의 환원에 적용하였다. 그러나 이 정의는 염화 수소(HCl)와 이산화 황(SO_2)의 생성에서는 정확하게 적용되지 않는다.

$$H_2(g) + Cl_2(g) \longrightarrow 2HCl(g)$$
$$S(s) + O_2(g) \longrightarrow SO_2(g)$$

HCl과 SO_2는 이온 결합 화합물이 아니라 분자 화합물이기 때문에 MgO의 경우처럼 이 화합물의 생성 과정에서는 실제로 전자가 이동하지 않는다. 그럼에도 불구하고, 일부 전자가 이동(HCl는 H에서 Cl로, SO_2는 S에서 O로)하는 것을 실험으로부터 알 수 있기 때문에, 화학자들은 이들 반응을 산화-환원 반응으로 취급하는 것이 편리하다고 생각한다.

산화-환원 반응에서 전자의 흐름을 확인하기 위하여 반응물과 생성물에 산화수를 표시한다. 원자의 **산화수**(oxidation number)를 **산화 상태**(oxidation state)라고도 부르며 *전자의 이동이 완전히 일어났다고 가정할 때 한 분자(또는 한 이온 화합물) 내에서 특정 원자가 갖게 되는 전하수*를 의미한다. 예를 들면, 위에서 언급한 HCl과 SO_2의 형성 반응을 다음과 같이 다시 나타낼 수 있다.

$$\overset{0}{H_2}(g) + \overset{0}{Cl_2}(g) \longrightarrow 2\overset{+1}{H}\overset{-1}{Cl}(g)$$

$$\overset{0}{S}(s) + \overset{0}{O_2}(g) \longrightarrow \overset{+4}{S}\overset{-2}{O_2}(g)$$

원소 기호 위의 숫자는 산화수이다. 이 반응을 보면 반응물 분자 내의 원자에는 전하가 없다. 따라서 이들의 산화수는 0이다. 그러나 생성물 분자에서는 완전한 전자 이동이 일어나고, 포함된 원자들은 전자를 잃거나 얻는 것으로 가정한다. 산화수는 "이동된" 전자수를 반영한다.

원소가 산화되었는지 환원되었는지를 산화수로부터 바로 확인할 수 있다. 위의 예에서, 수소와 황은 산화수가 증가하므로 그 원소는 산화된 것이다. 염소와 산소는 산화수가 처음 값보다 감소하므로 환원이다. HCl(+1과 −1)의 H와 Cl의 산화수의 합이 0이라는 것에 주의하라. 이와 같이 S(+4)와 O[2 × (−2)]의 전하를 더하면 합이 0이 된다. 그 반응에서 HCl과 SO_2 분자가 중성으로 전하는 상쇄되어야 한다.

다음 규칙을 사용하여 산화수를 정한다.

1. 자유 원소(화합물이 아닌 상태)에서 각 원자의 산화수는 0이다. H_2, Br_2, Na, Be, K, O_2, P_4의 각 원자는 같은 산화수를 가지므로 산화수가 0이다.
2. 한 원자만을 포함하는 이온(단원자 이온)에서 산화수는 이온의 전하수와 같다. Li^+ 이온은 산화수가 +1, Ba^{2+} 이온은 +2, Fe^{3+} 이온은 +3, I^- 이온은 −1, O^{2-} 이온은 −2이다. 화합물에서 모든 알칼리 금속은 산화수가 +1이고, 모든 알칼리 토금속의 산화수는 +2이다. 알루미늄은 모든 화합물에서 산화수가 +3이다.
3. 대부분 화합물에서 산소의 산화수는 −2이다(예를 들어, MgO와 H_2O). 그러나 과산화 수소(H_2O_2)와 과산화 이온(O_2^{2-})에서 산소의 산화수는 −1이다.
4. 수소가 이성분 화합물에서 금속과 결합하는 것을 제외하고 수소의 산화수는 +1이다. 금속 화합물인 경우(예를 들어, LiH, NaH, CaH_2), 수소의 산화수는 −1이다.
5. 플루오린은 모든 화합물에서 산화수가 −1이다. 다른 할로젠(Cl, Br, I)은 화합물에서 할로젠화 이온의 경우 산화수는 음(−)이나, 산소산(oxoacid)이나 산소산 음이온(oxoanion, 2.7절 참조)과 같이 산소와 결합할 때의 산화수는 양(+)이다.
6. 중성 분자에서 모든 원자들의 산화수의 합은 0이어야 한다. 다원자 이온에서 이온에 대한 모든 원소의 산화수의 합은 이온의 알짜 전하와 같아야 한다. 예를 들어, 암모늄 이온(NH_4^+)에서 N의 산화수는 −3이고, H는 +1이다. 따라서 산화수의 합은 −3 + 4(+1) = +1로 이온의 알짜 전하와 같다.

7. 산화수는 정수 값만 갖는 것이 아니다. 예를 들어, 초과산화 이온(O_2^-)의 O의 산화수는 $-\frac{1}{2}$이다.

예제 4.5는 위의 규칙을 적용해 산화수를 정하는 것이다.

예제 4.5

다음 화합물이나 이온에서 각 원소의 산화수를 결정하시오.
(a) Li_2O, (b) HNO_3, (c) $Cr_2O_7^{2-}$

전략 일반적으로 산화수를 정의하는 일반 규칙을 따른다. 화합물에서 모든 알칼리 금속의 산화수는 +1이며, 수소의 산화수는 대부분 +1이고, 산소의 산화수는 −2임을 기억하라.

풀이 (a) 규칙 2에 의거하여 리튬의 산화수는 $+1(Li^+)$이고 산소의 산화수는 $-2(O^{2-})$임을 알 수 있다.

(b) 이것은 질산의 화학식으로 용액에서 H^+ 이온과 NO_3^- 이온을 형성한다. 규칙 4에 의거하여 H의 산화수는 +1이다. 따라서 질산 이온의 알짜 산화수는 −1이다. 산소의 산화수는 −2이므로 질소의 산화수를 x로 표기하면, 질산 이온을 다음과 같이 나타낼 수 있다.

$$[N^{(x)}O_3^{(2-)}]^-$$

따라서

$$x + 3(-2) = -1$$

그러므로

$$x = +5$$

(c) 규칙 6에 의거하여 다이크로뮴산(dichromate, $Cr_2O_7^{2-}$) 이온의 산화수의 합은 −2이다. 산소의 산화수가 −2이므로 y로 표기한 Cr의 산화수를 알아내면 된다. 다이크로뮴산 이온을 다음과 같이 나타낼 수 있다.

$$[Cr_2^{(y)}O_7^{(2-)}]^{2-}$$

따라서

$$2(y) + 7(-2) = -2$$

그러므로

$$y = +6$$

비슷한 문제: 4.47, 4.49.

검산 각 경우에 모든 원자의 산화수의 합은 화학종의 알짜 전하수와 일치하는가?

실전 연습 다음 화합물이나 이온에서 모든 원소의 산화수를 결정하시오. (a) PF_3, (b) MnO_4^-.

그림 4.11은 주기율표에 따라 정리한 원소의 산화수를 나타내고 있다. 다음과 같이 그림의 내용을 요약할 수 있다.

- 금속 원소의 산화수는 양의 값이지만, 비금속 원소의 산화수는 양 또는 음일 수 있다.
- 1A~7A족 원소의 최대 산화수는 그 족의 수와 같다. 예를 들어, 할로젠은 7A족에 있으므로 가능한 최대 산화수는 +7이다.
- 전이금속(1B, 3B~8B족)은 여러 가지의 산화수를 가질 수 있다.

산화-환원 반응의 형태

대부분의 일반적인 산화-환원 반응은 결합 반응, 분해 반응, 연소 반응, 치환 반응으로 나누어 볼 수 있다. 더 복잡한 형태인 불균등화 반응 또한 이 절에서 논의할 것이다.

1 1A	2 2A	3 3B	4 4B	5 5B	6 6B	7 7B	8 8B	9 8B	10 8B	11 1B	12 2B	13 3A	14 4A	15 5A	16 6A	17 7A	18 8A
1 **H** +1 −1																	2 **He**
3 **Li** +1	4 **Be** +2											5 **B** +3	6 **C** +4 +2 −4	7 **N** +5 +4 +3 +2 +1 −3	8 **O** +2 $-\frac{1}{2}$ −1 −2	9 **F** −1	10 **Ne**
11 **Na** +1	12 **Mg** +2											13 **Al** +3	14 **Si** +4 −4	15 **P** +5 +3 −3	16 **S** +6 +4 +2 −2	17 **Cl** +7 +6 +5 +4 +3 +1 −1	18 **Ar**
19 **K** +1	20 **Ca** +2	21 **Sc** +3	22 **Ti** +4 +3 +2	23 **V** +5 +4 +3 +2	24 **Cr** +6 +5 +4 +3 +2	25 **Mn** +7 +6 +4 +3 +2	26 **Fe** +3 +2	27 **Co** +3 +2	28 **Ni** +2	29 **Cu** +2 +1	30 **Zn** +2	31 **Ga** +3	32 **Ge** +4 −4	33 **As** +5 +3 −3	34 **Se** +6 +4 −2	35 **Br** +5 +3 +1 −1	36 **Kr** +4 +2
37 **Rb** +1	38 **Sr** +2	39 **Y** +3	40 **Zr** +4	41 **Nb** +5 +4	42 **Mo** +6 +4 +3	43 **Tc** +7 +6 +4	44 **Ru** +8 +6 +4 +3	45 **Rh** +4 +3 +2	46 **Pd** +4 +2	47 **Ag** +1	48 **Cd** +2	49 **In** +3	50 **Sn** +4 +2	51 **Sb** +5 +3 −3	52 **Te** +6 +4 −2	53 **I** +7 +5 +1 −1	54 **Xe** +6 +4 +2
55 **Cs** +1	56 **Ba** +2	57 **La** +3	72 **Hf** +4	73 **Ta** +5	74 **W** +6 +4	75 **Re** +7 +6 +4	76 **Os** +8 +4	77 **Ir** +4 +3	78 **Pt** +4 +2	79 **Au** +3 +1	80 **Hg** +2 +1	81 **Tl** +3 +1	82 **Pb** +4 +2	83 **Bi** +5 +3	84 **Po** +2	85 **At** −1	86 **Rn**

그림 4.11 화합물 내에서 원소의 산화수. 더 일반적인 산화수는 색으로 표기하였다.

➤ 결합 반응

결합 반응(combination reaction)은 *둘 이상의 물질이 결합하여 하나의 생성물을 만드는 반응*이다. 그림 4.12에 대표적인 결합 반응을 나타냈다. 예를 들면, 다음과 같다.

> 모든 결합이나 분해 반응이 산화-환원 반응에 해당되는 것은 아니다.

$$\overset{0}{\mathrm{S}}(s) + \overset{0}{\mathrm{O}}_2(g) \longrightarrow \overset{+4}{\mathrm{S}}\overset{-2}{\mathrm{O}}_2(g)$$

$$2\overset{0}{\mathrm{Al}}(s) + 3\overset{0}{\mathrm{Br}}_2(l) \longrightarrow 2\overset{+3}{\mathrm{Al}}\overset{-1}{\mathrm{Br}}_3(s)$$

➤ 분해 반응

분해 반응은 결합 반응의 반대이다. 즉, **분해 반응**(decomposition reaction)은 *한 화합물이 둘 이상의 성분으로 나누어지는 반응*이다(그림 4.13). 예를 들면, 다음과 같다.

> 산화와 환원되는 원소들에 대해서만 산화수를 표시한다.

$$2\overset{+2}{\mathrm{Hg}}\overset{-2}{\mathrm{O}}(s) \longrightarrow 2\overset{0}{\mathrm{Hg}}(l) + \overset{0}{\mathrm{O}}_2(g)$$

$$2\mathrm{K}\overset{+5}{\mathrm{Cl}}\overset{-2}{\mathrm{O}}_3(s) \longrightarrow 2\mathrm{K}\overset{-1}{\mathrm{Cl}}(s) + 3\overset{0}{\mathrm{O}}_2(g)$$

$$2\overset{+1}{\mathrm{Na}}\overset{-1}{\mathrm{H}}(s) \longrightarrow 2\overset{0}{\mathrm{Na}}(s) + \overset{0}{\mathrm{H}}_2(g)$$

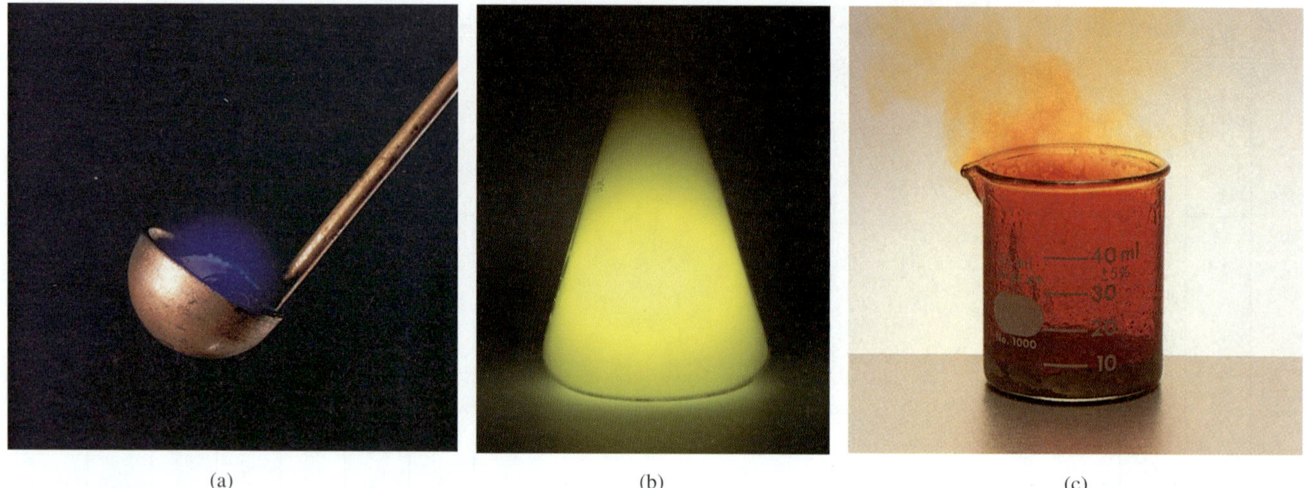

(a) (b) (c)

그림 4.12 몇 가지 간단한 결합 산화-환원의 예. (a) 대기 중에서 황이 연소하여 이산화 황을 형성한다. (b) 염소 기체 속에서 소듐이 연소하여 염화 소듐을 형성한다. (c) 알루미늄이 브로민과 반응하여 브로민화 알루미늄을 형성한다.

그림 4.13 (a) 가열하면 산화 수은(II)(HgO)가 분해하여 수은과 산소를 형성한다. (b) 염소산 포타슘($KClO_3$)을 가열하면 나무 조각의 연소를 돕는 산소를 생성한다.

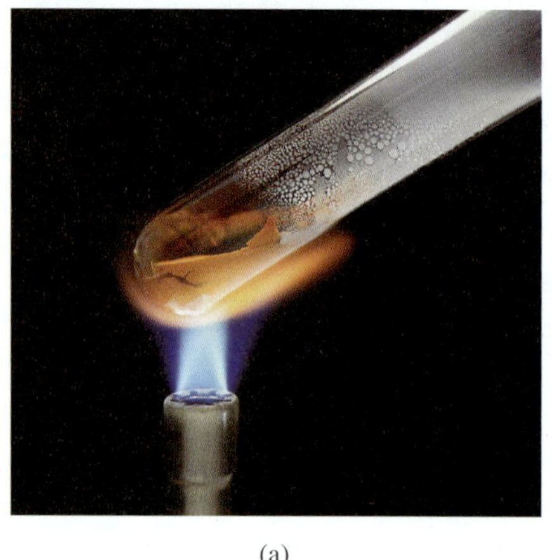

(a)

(b)

연소 반응

모든 연소 반응은 산화-환원 과정이다.

연소 반응(combustion reaction)은 *물질이 산소와 반응하여 열과 빛을 가진 불꽃을 만드는 반응*이다. 앞서 설명한 마그네슘과 황의 산소와의 반응이 바로 연소 반응이다. 다른 예로 가정 난방이나 주방용으로 사용되는 프로페인(C_3H_8) 기체의 연소를 살펴보면 다음과 같다.

$$C_3H_8(g) + 5O_2(g) \longrightarrow 3CO_2(g) + 4H_2O(l)$$

유기 화합물에서 C 원자들의 산화수를 나타내는 것은 좀 더 복잡하다. 여기서 O 원자의 산화수 변화만 살펴보면 0에서 −2로 변한다.

치환 반응

치환 반응(displacement reaction)은 *화합물의 한 이온(또는 원자)이 다른 원소의 이온(또는 원자)에 의해 치환되는 반응*이다. 대부분의 치환 반응은 수소 치환, 금속 치환, 할로젠 치환의 세 가지 중 하나이다.

1. 수소 치환(hydrogen displacement). 금속 원소 중 반응성이 가장 큰 알칼리 금속과 몇 가지 알칼리 토금속(Ca, Sr, Ba)은 찬물에서도 수소를 치환할 수 있다(그림 4.14).

$$\overset{0}{2Na}(s) + 2\overset{+1}{H_2}O(l) \longrightarrow 2\overset{+1}{Na}\overset{+1}{O}H(aq) + \overset{0}{H_2}(g)$$

$$\overset{0}{\mathrm{Ca}}(s) + 2\overset{+1}{\mathrm{H}}_2\mathrm{O}(l) \longrightarrow \overset{+2}{\mathrm{Ca}}(\mathrm{O}\overset{+1}{\mathrm{H}})_2(s) + \overset{0}{\mathrm{H}}_2(g)$$

물과 반응하지 않는 금속을 포함해 많은 금속들이 산으로부터 수소를 치환할 수 있다. 예를 들어, 아연(Zn)과 마그네슘(Mg)은 찬물과는 반응하지 않지만, 다음과 같이 염산과 반응한다.

$$\overset{0}{\mathrm{Zn}}(s) + 2\overset{+1}{\mathrm{H}}\mathrm{Cl}(aq) \longrightarrow \overset{+2}{\mathrm{Zn}}\mathrm{Cl}_2(aq) + \overset{0}{\mathrm{H}}_2(g)$$

$$\overset{0}{\mathrm{Mg}}(s) + 2\overset{+1}{\mathrm{H}}\mathrm{Cl}(aq) \longrightarrow \overset{+2}{\mathrm{Mg}}\mathrm{Cl}_2(aq) + \overset{0}{\mathrm{H}}_2(g)$$

그림 4.15는 염산(HCl)과 철(Fe), 아연(Zn), 마그네슘(Mg)의 반응을 나타낸다. 이 반응은 실험실에서 수소 기체를 생성하기 위하여 사용되는 반응이다.

2. 금속 치환(metal displacement). 화합물에서 금속은 원소 상태의 다른 금속에 의해 치환될 수 있다. 앞 절에서 아연이 구리 이온을, 구리가 은 이온을 치환하는 예를 이미 보았다. 반대 방향으로 치환 반응이 일어나지는 않는다. 구리 금속은 황산 아연에서 아연 이온을 치환하지 못하고, 은 금속은 질산 구리에서 구리 이온을 치환할 수 없다.

금속이나 수소 치환 반응이 실제로 일어나는가를 예상하는 방법은 그림 4.16에 나타낸 **활동도 계열**(activity series, *전기화학적 계열*이라고도 부름)을 참조하면 된다. 기본적으로, 활동도 계열은 언급한 것과 같이 *많은 치환 반응의 결과를 편리하게 요약한 것이다.* 이 계열에 따라 수소 위쪽에 있는 금속은 물이나 산에 의하여 치환되지만, 수소 아래 금속은 물 또는 산과 반응하지 않는다. 사실, 이 계열에 나와 있는 금속은 그 아래의 어느 금속이든지(화합물에 있는)와 반응할 것이다. 예를 들어, Zn은 Cu 위에 있으므로 금속 아연은 황산 구리로부터 구리 이온을 치환할 수 없다.

금속 치환 반응은 광석으로부터 순수한 금속을 분리하는 야금 과정에서 많이 응용되고 있다. 예를 들어, 바나듐은 산화 바나듐(V)를 금속 칼슘으로 처리하여 얻을 수 있다.

(a)

(b)

그림 4.14 찬물과 반응하는 (a) 소듐(Na), (b) 칼슘(Ca). Na의 반응이 Ca의 반응보다 더 격렬하다.

(a)

(b)

(c)

그림 4.15 염산이 (a) 철(Fe), (b) 아연(Zn), (c) 마그네슘(Mg)과 반응하여 수소 기체와 금속의 염화물($FeCl_2$, $ZnCl_2$, $MgCl_2$)을 형성한다. 이들 금속의 반응성은 수소 기체의 생성 속도와 관계가 있는데, Fe의 경우가 가장 느리며, 반응성이 가장 큰 Mg의 경우가 가장 빠르다.

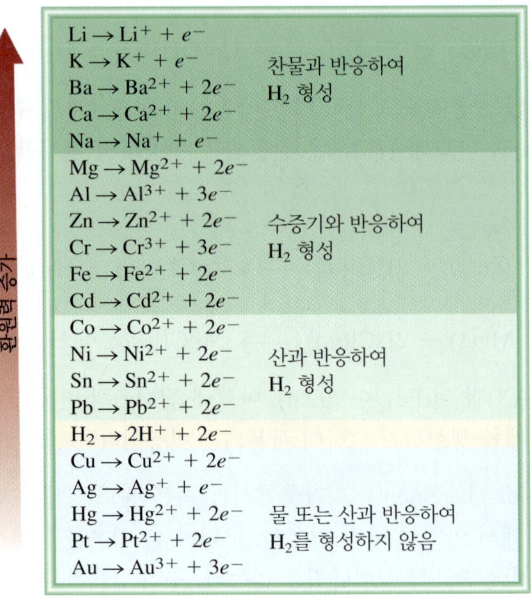

그림 4.16 금속의 활동도 계열. 산이나 물에서 수소를 치환하는 능력 순으로 금속을 배열하였다. Li의 반응성이 가장 크고, Au의 반응성이 가장 작다.

$$V_2O_5(s) + 5Ca(l) \longrightarrow 2V(l) + 5CaO(s)$$

비슷하게, 타이타늄은 아래의 반응에 따라 염화 타이타늄(IV)로부터 얻을 수 있다.

$$TiCl_4(g) + 2Mg(l) \longrightarrow Ti(s) + 2MgCl_2(l)$$

각각의 경우 환원제로 작용하는 금속은 활동도 계열에서 환원하는 금속 위에(즉, Ca는 V 위에, Mg는 Ti 위에) 있다. 18장에서 이러한 반응의 예를 많이 공부할 것이다.

3. 할로젠 치환(halogen displacement). 할로젠의 치환 반응에서 할로젠의 활동도 계열은 다음과 같이 나타낼 수 있다.

$$F_2 > Cl_2 > Br_2 > I_2$$

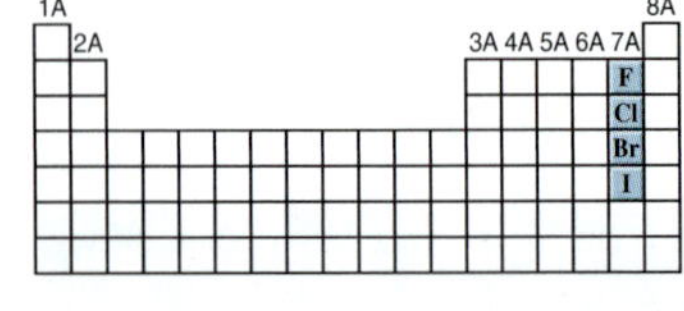

할로젠 원소.

플루오린에서 아이오딘으로 가면서 7A족 원소의 산화제로서의 능력은 감소한다. 따라서 플루오린 분자는 용액에서 염화, 브로민화, 아이오딘화 이온을 치환할 수 있다. 실제로 플루오린 분자는 반응성이 커서 물을 공격할 수도 있으므로 이 반응은 수용액에서 일어날 수 없다. 반면에, 염소 분자는 수용액에서 브로민화와 아이오딘화 이온을 치환할 수 있다. 그 치환 반응은 다음과 같다.

$$\overset{0}{Cl_2}(g) + 2K\overset{-1}{Br}(aq) \longrightarrow 2K\overset{-1}{Cl}(aq) + \overset{0}{Br_2}(l)$$

$$\overset{0}{Cl_2}(g) + 2Na\overset{-1}{I}(aq) \longrightarrow 2Na\overset{-1}{Cl}(aq) + \overset{0}{I_2}(s)$$

그 이온 반응식은 다음과 같다.

$$\overset{0}{Cl_2}(g) + 2\overset{-1}{Br}(aq) \longrightarrow 2\overset{-1}{Cl^-}(aq) + \overset{0}{Br_2}(l)$$

$$\overset{0}{Cl_2}(g) + 2\overset{-1}{I^-}(aq) \longrightarrow 2\overset{-1}{Cl^-}(aq) + \overset{0}{I_2}(s)$$

한편 브로민 분자는 용액 안에 존재하는 아이오딘화 이온을 치환하여 아이오딘을 형성한다.

$$\overset{0}{Br_2}(l) + 2\overset{-1}{I^-}(aq) \longrightarrow 2\overset{-1}{Br^-}(aq) + \overset{0}{I_2}(s)$$

위 반응들의 역반응은 일어나지 않는다. 그래서 브로민은 염화 이온을 치환할 수 없고, 아이오딘은 브로민화 이온이나 염화 이온을 치환할 수 없다.

할로젠 치환 반응은 산업에 직접적으로 이용하고 있다. 모두 강산화제인 할로젠족 원소는 비금속 원소들 중에서 반응성이 가장 크다. 따라서 천연에서 이들 원소는 금속과의 할로젠화물로 발견되며 자유 원소로 결코 발견되지는 않는다. 네 원소 중 산업용 화합물로서 가장 중요한 것은 염소이다. 2010년 미국에서 생산한 염소의 양은 250억 파운드로 산업용 화합물의 생산량으로는 10위이다. 브로민의 연간 생산량은 염소의 100분의 1이고, 플루오린 및 아이오딘의 생산량은 훨씬 더 적다.

할로젠화물에서 다음과 같은 산화 과정을 이용하여 할로젠 원소를 회수한다.

$$2X^- \longrightarrow X_2 + 2e^-$$

여기서 X는 할로젠 원소를 나타낸다. 바닷물과 천연 소금물(예를 들어, 소금 암반과 접하고 있는 지하수)은 Cl^-, Br^-, I^- 이온이 풍부한 공급원이다. 형석(CaF_2)과 빙정석(Na_3AlF_6)은 플루오린을 만드는 데 사용한다. 플루오린은 알려진 가장 강한 산화제이므로, 화학적 방법으로 F^- 이온을 F_2로 만들 수 없다. 플루오린을 산화시키는 유일한 방법은 전기분해법으로 18장에서 자세히 논할 것이다. 공업용 염소 또한 플루오린과 같이 전기분해법으로 생산한다.

브로민은 연기를 내는 붉은 액체이다.

브로민은 공업적으로 염소로 Br^- 이온을 산화시켜 만들며, 염소는 Br^- 이온을 산화하지만 물은 산화하지 못하는 정도의 강한 산화제이다.

$$2Br^-(aq) \longrightarrow Br_2(l) + 2e^-$$

Br^- 이온의 가장 풍부한 공급원은 사해이다. 사해에는 질량으로 약 4000 ppm의 Br^-가 녹아 있다. Br^- 이온을 산화하여 생성한 브로민은 용액에 공기를 불어넣어 분리한다. 분리된 공기와 브로민 혼합물을 냉각하여 브로민을 농축한다(그림 4.17).

그림 4.17 염소 기체로 수용액 중 Br^- 이온을 산화하여 액체 브로민을 만드는 공장.

아이오딘도 바닷물과 천연 소금물로부터 염소로 I^-를 산화하여 만든다. Br^-와 I^- 이온은 항상 같은 공급원에 존재하기 때문에 둘 다 염소에 의해 산화된다. 그러나 아이오딘은 물에 일부만 녹는 고체이므로 비교적 쉽게 Br_2와 I_2를 분리한다. 공기를 불어 넣으면 생성된 대부분의 브로민은 분리되지만, 아이오딘에는 영향을 주지 않는다.

➤ 불균등화 반응

불균등화 반응은 산화-환원 반응의 특별한 형태이다. **불균등화 반응**(disproportionation reaction)에서는 *한 가지 원소가 한 가지 산화 상태에서 동시에 산화 및 환원된다.* 불균등화 반응에서 한 반응물은 적어도 세 개의 산화 상태를 가질 수 있는 원소를 항상 포함한다. 반응물에서 그 원소 자체는 중간 산화 상태에 있다. 생성물에 있는 그 원소는 더 높은 산화 상태와 더 낮은 산화 상태에 있다. 과산화 수소의 분해는 불균등화 반응의 예이다.

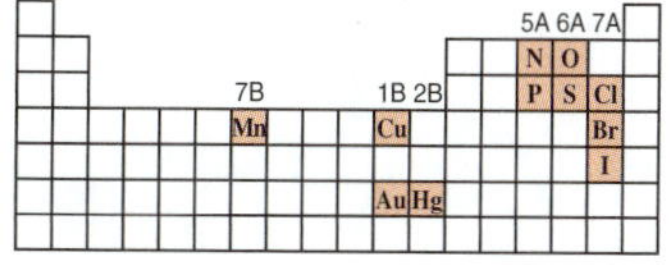

불균등화 반응을 일으키는 원소들.

$$2H_2\overset{-1}{O}_2(aq) \longrightarrow 2H_2\overset{-2}{O}(l) + \overset{0}{O}_2(g)$$

H의 산화수는 +1로 변화가 없다는 점을 기억하라.

여기서 반응물 중 산소의 산화수(−1)는 O_2에서는 0으로 증가하고 H_2O에서는 −2로 감소한다. 다른 예로 염소 분자와 NaOH 용액 사이의 반응을 보자.

$$\overset{0}{Cl}_2(g) + 2OH^-(aq) \longrightarrow \overset{+1}{Cl}O^-(aq) + \overset{-1}{Cl}^-(aq) + H_2O(l)$$

이 반응은 가정용 표백제의 생성을 나타낸 것이다. 하이포아염소산 이온(ClO^-)은 색이 있는 얼룩을 산화하여 색이 없는 화합물로 변화시킨다.

마지막으로, 산화-환원 반응과 산-염기 반응을 비교해보자. 산-염기 반응은 양성자의 이동이며 산화-환원 반응은 전자 이동인 것이 두 반응의 유사점이다. 그러나 산-염기 반응은 (산과 염기를 항상 포함하고 있기 때문에) 쉽게 알 수 있지만, 산화-환원 과정을 확인하기 위해서는 절차가 단순하지 않다. 단지 확실한 방법은 반응물과 생성물에서 모든 원소의 산화수를 비교하는 것이다. 산화수의 변화가 있다면 그 반응이 산화-환원 반응이라는 *것이 확실하다.*

산화-환원 반응의 유형에 따른 분류를 예제 4.6에서 살펴본다.

예제 4.6

다음 산화-환원 반응을 분류하고, 각 원소의 산화수 변화를 밝히시오.

(a) $2N_2O(g) \longrightarrow 2N_2(g) + O_2(g)$

(b) $6Li(s) + N_2(g) \longrightarrow 2Li_3N(s)$

(c) $Ni(s) + Pb(NO_3)_2(aq) \longrightarrow Pb(s) + Ni(NO_3)_2(aq)$

(d) $2NO_2(g) + H_2O(l) \longrightarrow HNO_2(aq) + HNO_3(aq)$

전략 결합 반응, 분해 반응, 치환 반응, 불균등화 반응의 정의를 복습하라.

풀이

(a) 한 반응물이 두 가지 서로 다른 생성물이 되므로 이 반응은 분해 반응이다. N의 산화수가 +1에서 0이 되고, O의 산화수는 −2에서 0이 된다.

(b) 이 반응은 결합 반응이다(두 반응물이 하나의 생성물을 만든다). Li의 산화수는 0에서 +1이 되고, N의 산화수는 0에서 −3으로 변한다.

(c) 이 반응은 금속 치환 반응이다. 금속 Ni가 Pb^{2+}를 치환(환원)한다. Ni의 산화수는 0에서 +2로 증가하고, Pb의 산화수는 +2에서 0으로 감소한다.

(d) NO_2에 포함된 N의 산화수는 +4이고, HNO_2의 N의 산화수는 +3, HNO_3에 포함된 N의 산화수는 +5이다. 한 원소의 산화수의 증가와 감소가 동시에 일어나므로, 이 반응은 불균등화 반응이다.

비슷한 문제: 4.55, 4.56.

실전 연습 다음 산화-환원 반응을 분류하시오.

(a) $Fe + H_2SO_4 \longrightarrow FeSO_4 + H_2$

(b) $S + 3F_2 \longrightarrow SF_6$

(c) $2CuCl \longrightarrow Cu + CuCl_2$

(d) $2Ag + PtCl_2 \longrightarrow 2AgCl + Pt$

개념 복습하기

다음 결합 반응 중 산화-환원 반응이 아닌 것은?

(a) $2Mg(s) + O_2(g) \longrightarrow 2MgO(s)$

(b) $H_2(g) + F_2(g) \longrightarrow 2HF(g)$

(c) $NH_3(g) + HCl(g) \longrightarrow NH_4Cl(s)$

(d) $2Na(s) + S(s) \longrightarrow Na_2S(s)$

다음 페이지의 "생활 속의 화학"에서는 경찰이 음주 운전자를 확인하는 데 산화-환원 반응을 어떻게 적용하는지를 설명하고 있다.

생활 속의 화학 CHEMISTRY in Action

음주 측정기

미국에서는 음주 운전으로 인하여 매년 약 2만 5천 명의 사망자와 50만 명의 부상자가 발생한다. 일반인에게 음주 상태의 운전의 위험성에 대한 교육을 하고 위반자에게 더 큰 범칙금을 부과하고 있지만 도로에서 음주 운전자를 추방하기 위한 교통당국의 더 많은 노력이 필요하다.

음주 운전이 의심되는 운전자를 검사하기 위하여 경찰은 음주 측정기를 사용한다. 이 기구의 화학적 원리는 산화-환원 반응이다. 측정기에 운전자의 숨을 불어넣은 후, 다이크로뮴산 포타슘의 산성 용액으로 처리한다. 숨에 포함된 알코올(에탄올)은 다음 반응과 같이 아세트산으로 변환된다.

$$\underset{\text{에탄올}}{3CH_3CH_2OH} + \underset{\text{다이크로뮴산 포타슘(주황색)}}{2K_2Cr_2O_7} + \underset{\text{황산}}{8H_2SO_4} \longrightarrow$$

$$\underset{\text{아세트산}}{3CH_3COOH} + \underset{\text{황산 크로뮴(III)}}{2Cr_2(SO_4)_3} + \underset{\text{황산 포타슘}}{2K_2SO_4} + 11H_2O$$

이 반응에서 에탄올은 아세트산으로 산화되고 주황색의 다이크로뮴산 이온에 포함된 크로뮴(VI)은 환원되어 녹색의 크로뮴(III) 이온이 된다(그림 4.22 참조). 운전자의 음주 정도는 이 색의 변화(기구의 검정된 계기를 읽는다)를 감지하여 알아낼 수 있다. 대부분의 주에서 허용되는 음주 허용치는 질량 백분율로 0.08%이다. 그 이상의 수치는 불법이다.

휴대용 음주 측정기를 가지고 운전자의 혈중 알코올 농도를 측정하고 있다.

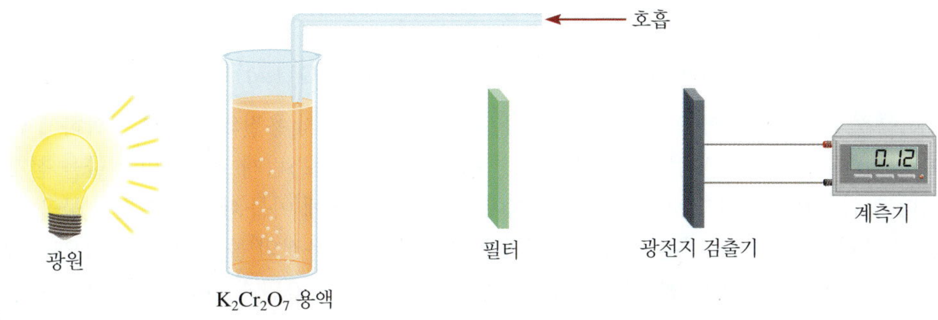

음주 측정기의 개략도. 운전자의 입김에 포함된 알코올이 다이크로뮴산 포타슘 용액과 반응한다. 황산 크로뮴(III)의 형성으로 인한 빛의 흡광도의 변화를 측정하여 계기를 나타내며, 이 수치가 혈중 알코올 농도이다. 필터는 측정시의 빛의 특정 파장을 선택한다.

4.5 용액의 농도

용액에 대한 화학량론을 공부하기 위해서는 용액에 얼마만큼의 반응이 존재하는 지 알아야 할 뿐만 아니라 반응물의 양을 조절하는 방법도 알아야 한다.

용액의 농도(concentration of solution)는 *주어진 용액 또는 용매의 양에 대한 용질의 양*이다(여기서 용질은 액체 또는 고체이며, 용매는 액체라 가정한다). 용액의 농도는 여러 가지로 표현되는데, 이에 대해서는 12장에서 자세히 배울 것이다. 여기서는 화학에서 가장 일반적으로 사용하는 **몰농도**(M, molarity 또는 molar concentration)에 대해 알아본다. 몰농도는 *용액 1 L 중에 녹아 있는 용질의 몰수*이며, 다음 식으로 정의한다.

$$\text{몰농도} = \frac{\text{용질의 몰수}}{\text{용액의 리터수}} \tag{4.1}$$

이 식은 또한 아래와 같이 간략히 표현할 수 있다.

여기서 부피(V)는 용매의 부피가 아니라 용액의 부피임을 기억하라. 용액의 몰농도는 온도에 따라 달라질 수 있다.

$$M = \frac{n}{V} \tag{4.2}$$

여기서 V는 용액의 부피를 의미하고, n은 용질의 몰수이다.

포도당($C_6H_{12}O_6$) 1.46 몰농도 용액은 1.46 M으로 표시하고, 이것은 용액 1 L 속에 용질 포도당($C_6H_{12}O_6$) 1.46 mol을 포함한다는 것을 의미한다. 물론, 항상 정확히 1 L 용액으로 실험을 할 필요는 없다. 즉 $C_6H_{12}O_6$ 0.730 mol을 포함하는 500 mL 용액은 1.46 M과 같다는 의미이다.

$$\text{몰농도} = \frac{0.730 \text{ mol } C_6H_{12}O_6}{500 \text{ mL 용액}} \times \frac{1000 \text{ mL 용액}}{1 \text{ L}} = 1.46\ M\ C_6H_{12}O_6$$

밀도와 마찬가지로 농도는 세기 성질이므로 용액의 양에 따라 변하지는 않는다.

몰농도는 물에 녹인 용질의 양에만 관계되며 산의 이온화나 염의 해리와 같은 다음 과정은 고려하지 않는다. 충분한 양의 물에 강전해질인 염화 포타슘(KCl) 시료를 녹여 1 M 용액을 만들 때 어떤 반응이 일어나는지 살펴보자.

$$KCl(s) \xrightarrow{H_2O} K^+(aq) + Cl^-(aq)$$

KCl은 강전해질이기 때문에 용액 중에서 완전히 이온화한다. 따라서 1 M KCl 용액 중에는 K^+ 이온 1 mol과 Cl^- 이온 1 mol만이 존재하며, KCl은 존재하지 않는다. 이온의 농도는 $[K^+] = 1\ M$, $[Cl^-] = 1\ M$로 표시할 수 있으며, 여기서 대괄호 [ ]는 몰농도를 의미한다. 이와 비슷하게 질산 바륨[$Ba(NO_3)_2$] 1 M 용액 중에는 $[Ba^{2+}] = 1\ M$, $[NO_3^-] = 2\ M$이며, $Ba(NO_3)_2$는 존재하지 않는다.

$$Ba(NO_3)_2(s) \xrightarrow{H_2O} Ba^{2+}(aq) + 2NO_3^-(aq)$$

동영상 자료
▶ 용액 제조.

특정 몰농도의 용액을 제조하는 과정은 다음과 같다. 먼저 용질의 무게를 정확하게 달아서 부피 플라스크에 넣은 다음, 용질이 잘 용해되도록 조심스럽게 교반하면서 물을 첨가한다(그림 4.18). 고체가 모두 녹으면 용액이 플라스크 눈금에 이를 때까지 천천히 물을 가한다. 플라스크에 들어 있는 용액의 부피와 녹은 용질의 양(용질의 몰수)을 알고 있으면 식 (4.1)을 이용하여 용액의 몰농도를 계산할 수 있다. 이 때, 첨가된 물의 양은 알 필요가 없

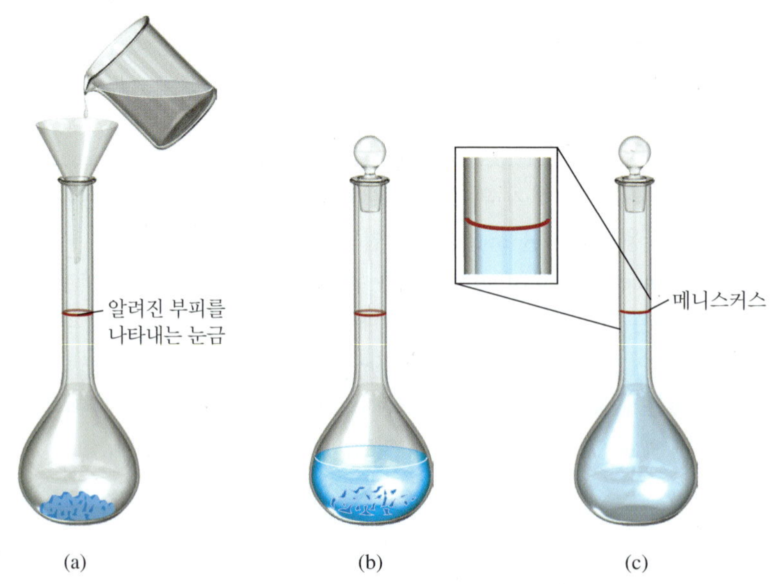

그림 4.18 특정 몰농도의 용액을 제조하는 과정. (a) 정확한 양의 고체 용질을 부피 플라스크에 넣고, 깔때기를 이용하여 물을 가한다. (b) 플라스크를 가볍게 흔들어서 고체를 서서히 녹인다. (c) 고체가 모두 녹은 후, 물을 눈금까지 채운다. 녹아 있는 용질의 양과 용액의 부피로부터 용액의 몰농도를 계산할 수 있다.

고, 용액의 최종 부피만 알면 된다.

예제 4.7과 4.8은 앞의 식 (4.1)과 식 (4.2)를 응용하는 문제이다.

예제 4.7

농도가 2.16 M인 용액 250 mL를 만드는 데 필요한 $K_2Cr_2O_7$의 그램수를 계산하시오.

전략 $K_2Cr_2O_7$ 2.16 M 용액 1 L(1000 mL)에 들어 있는 $K_2Cr_2O_7$의 몰수는 얼마인가? 250 mL 용액에는? 몰수를 그램수로 어떻게 바꾸는가?

풀이 먼저 2.16 M 용액 250 mL 즉, 0.250 L에 들어 있는 $K_2Cr_2O_7$의 몰수를 계산하자. 식 (4.1)을 재배열하면

$$\text{용질의 몰수} = \text{몰농도} \times \text{용액의 리터수}$$

따라서,

$$\begin{aligned} K_2Cr_2O_7\text{의 몰수} &= \frac{2.16 \text{ mol } K_2Cr_2O_7}{1 \cancel{\text{ L 용액}}} \times 0.250 \cancel{\text{ L 용액}} \\ &= 0.540 \text{ mol } K_2Cr_2O_7 \end{aligned}$$

$K_2Cr_2O_7$의 몰질량은 294.2 g이므로

$$\begin{aligned} \text{필요한 } K_2Cr_2O_7\text{의 그램수} &= 0.540 \cancel{\text{ mol } K_2Cr_2O_7} \times \frac{294.2 \text{ g } K_2Cr_2O_7}{1 \cancel{\text{ mol } K_2Cr_2O_7}} \\ &= 159 \text{ g } K_2Cr_2O_7 \end{aligned}$$

검산 어림잡아 [몰농도(mol/L) × 부피(L) × 몰질량(g/mol)] 즉, [2 mol/L × 0.25 L × 300 g/mol)]을 계산해 보면, 질량은 약 150 g이다. 따라서 얻은 답은 타당하다.

실전 연습 에탄올(C_2H_5OH) 1.77 g을 포함하는 에탄올 용액 85.0 mL의 몰농도는 얼마인가?

$K_2Cr_2O_7$ 용액.

비슷한 문제: 4.65, 4.68.

예제 4.8

한 화학자가 반응 혼합물에 포도당 3.81 g을 첨가할 필요가 있다. 2.53 M 포도당 용액 몇 밀리리터(mL)를 첨가해야 되는지 계산하시오.

전략 포도당 3.81 g의 몰수를 먼저 계산하고 식 (4.2)를 이용하여 그 부피를 계산한다.

풀이 포도당의 몰질량으로부터 다음과 같이 계산한다.

$$3.81 \cancel{\text{ g } C_6H_{12}O_6} \times \frac{1 \text{ mol } C_6H_{12}O_6}{180.2 \cancel{\text{ g } C_6H_{12}O_6}} = 2.114 \times 10^{-2} \text{ mol } C_6H_{12}O_6$$

여기서 중간 단계의 계산에서 유효 숫자 이상의 추가 숫자를 이용하였다.

다음으로 용질 2.114×10^{-2} mol에 해당하는 용액의 부피를 계산한다. 식 (4.2)를 다음과 같이 재배열한다.

$$\begin{aligned} V &= \frac{n}{M} \\ &= \frac{2.114 \times 10^{-2} \text{ mol } C_6H_{12}O_6}{2.53 \text{ mol } C_6H_{12}O_6/\text{L 용액}} \times \frac{1000 \text{ mL 용액}}{1 \text{ L 용액}} \\ &= 8.36 \text{ mL 용액} \end{aligned}$$

검산 용액 1 L 안에는 $C_6H_{12}O_6$ 2.53 mol이 있다. 따라서 용액 8.36 mL 즉, 8.36×10^{-3} L 중의 몰수는 2.53 mol × 8.36×10^{-3} 즉, 2.12×10^{-2} mol이다. 여기서 약간의 차이는 반올림하는 순서의 차이 때문이다.

비슷한 문제: 4.67.

실전 연습 NaOH 6.22 g이 들어 있는 0.315 M NaOH 용액의 부피는 얼마인가?

용액의 묽힘

▶▶▶ 동영상 자료
▶ 묽힘을 이용한 용액의 제조.

실험실에서는 가끔 진한 용액을 저장해 두고 필요에 따라 사용한다. 실험하기 전에 이 "원액(진한 용액)"을 희석시켜 사용하며, *진한 용액을 가지고 묽은 용액을 제조하는 과정*을 **묽힘**(dilution, 희석)이라고 한다.

서로 다른 농도의 두 $KMnO_4$ 용액.

1.00 *M* $KMnO_4$ 용액으로부터 0.400 *M* 용액 1 L를 제조한다고 하자. 이 용액을 제조하기 위해 $KMnO_4$ 0.400 mol이 필요하다. 1.00 *M* $KMnO_4$ 용액 1 L 즉, 1000 mL 중에 $KMnO_4$ 1.00 mol이 있으므로 같은 용액 0.400 L에는 $KMnO_4$ 0.400 mol이 있다.

$$\frac{1.00\text{ mol}}{1\text{ L 용액}} = \frac{0.400\text{ mol}}{0.400\text{ L 용액}}$$

따라서 1.00 *M* $KMnO_4$ 용액 400 mL를 취하여 1000-mL 들이 용량 플라스크에 용액이 1000 mL가 될 때까지 물을 첨가하여 희석시켜야 한다. 이러한 방법으로 0.400 *M* $KMnO_4$ 용액 1 L를 만들 수 있다.

묽힐 때 일정량의 원액 용액에 용매를 첨가함으로써 용액 속에 존재하는 용질의 몰수를 변화시키지 않고 용액의 농도를 감소시킬 수 있다는 사실을 기억하면 매우 유용하다(그림 4.19). 다른 말로 표현하면 묽히기 전후 용질의 몰수는 같다.

$$\text{묽히기 전 용질의 몰수} = \text{묽힌 후 용질의 몰수}$$

몰농도는 용액 1 L당 용질의 몰수로 정의되므로 용질의 몰수는 다음과 같이 계산할 수 있다[식 (4.2) 참조].

$$\underbrace{\frac{\text{용질의 몰수}}{\text{용액의 리터수}}}_{M} \times \underbrace{\text{용액의 부피(리터)}}_{V} = \underbrace{\text{용질의 몰수}}_{n}$$

즉,

$$MV = n$$

모든 용질은 처음 원액으로부터 오기 때문에 *n*은 희석 전후에 변화가 없으므로 다음과 같이 나타낼 수 있다.

$$\underbrace{M_iV_i}_{\text{묽히기 전 용질의 몰수}} = \underbrace{M_fV_f}_{\text{묽힌 후 용질의 몰수}} \qquad (4.3)$$

여기서 M_i와 M_f는 각각 용액의 초기 몰농도와 최종 몰농도이며, V_i와 V_f는 용액의 초기 부피와 최종 부피이다. 물론 계산에서 V_i와 V_f의 단위는 같아야 한다(mL 또는 L). 그 결과가 정확한지를 확인한지를 위해서는 항상 $M_i > M_f$이고, $V_f > V_i$이어야 한다.

식 (4.3)을 이용하여 예제 4.9을 풀어보자.

(a)

(b)

그림 4.19 더 진한 용액 (a)를 더 묽은 용액 (b)로 묽혀도 용질의 전체 입자수(18개)는 변하지 않는다.

예제 4.9

8.61 M H_2SO_4 저장 용액을 이용하여 1.75 M H_2SO_4 용액 5.00×10^2 mL를 제조하는 과정을 설명하시오.

전략 최종 용액의 농도가 초기 용액의 농도보다 작으므로 이는 묽히는 과정이다. 묽힘에서는 용액의 농도는 줄어드나 용질의 몰수는 일정하다.

풀이 계산을 위해 다음 도표를 만들어보자.

$$M_i = 8.61\ M \qquad M_f = 1.75\ M$$
$$V_i = ? \qquad V_f = 5.00 \times 10^2\ \text{mL}$$

식 (4.3)에 대입하면,

$$(8.61\ M)(V_i) = (1.75\ M)(5.00 \times 10^2\ \text{mL})$$
$$V_i = \frac{(1.75\ M)(5.00 \times 10^2\ \text{mL})}{8.61\ M}$$
$$= 102\ \text{mL}$$

따라서 원하는 농도를 얻기 위해서는 8.61 M H_2SO_4 용액 102 mL에 충분한 물을 가하여 최종 부피가 5.00×10^2 mL가 되도록 묽혀야 한다.

검산 초기 부피가 최종 부피보다 적으므로 답은 정확하다.

비슷한 문제 : 4.75, 4.76.

실전 연습 5.07 M NaOH 저장 용액을 이용하여 0.866 M 용액 2.00×10^2 mL를 얻는 방법을 설명하시오.

개념 복습하기

0.6 M NaCl 용액의 부피를 두 배로 하거나 용질의 몰수를 세 배로 바꾸면 농도는 어떻게 되는가?

용액의 농도와 묽힘에 대하여 논의했으므로 이제 수용액에서의 반응의 정량적 측면인 *용액의 화학량론*에 대해서 생각해보자. 4.6~4.8절은 용액의 화학량론을 공부하기 위한 두 가지 방법으로 무게 분석과 적정에 초점을 맞춘다. 이러한 두 방법은 *시료 중 물질의 농도나 양을 결정*하는 **정량 분석**(quantitative analysis)의 중요한 방법이다.

4.6 무게 분석

무게 분석(gravimetric analysis)은 *질량 측정에 기초를 두고 있는 분석 기술*이다. 무게 분석 실험에서는 침전의 생성, 분리, 질량 결정의 단계가 포함되며, 이온 결합 화합물에 많이 사용된다. 미지의 물질을 물에 녹여 다른 화합물과 반응시켜 침전을 형성한다. 그리고 이 침전을 거르고 건조시켜 무게를 잰다. 생성된 침전의 질량과 화학식을 알면, 처음 물질의 화학성분(양이온과 음이온)의 질량을 계산할 수 있다. 원래 시료의 질량과 구성 성분의 질량을 알면 구성 성분의 조성 백분율 또한 알 수 있다.

비교적 순수한 반응물을 얻을 수 있기 때문에 무게 분석에서 자주 다루는 반응은 다음과 같다.

$$AgNO_3(aq) + NaCl(aq) \longrightarrow NaNO_3(aq) + AgCl(s)$$

알짜 이온 반응식은 다음과 같다.

$$Ag^+(aq) + Cl^-(aq) \longrightarrow AgCl(s)$$

(a)

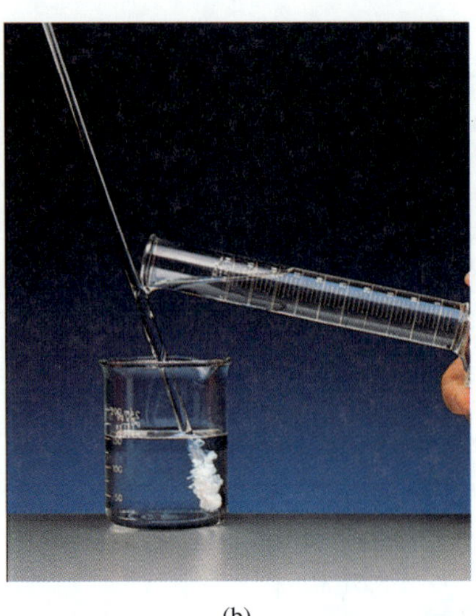

(b)

(c)

그림 4.20 무게 분석의 기본 절차. (a) 알려진 양의 NaCl을 포함하는 용액. (b) 눈금 실린더로부터 $AgNO_3$ 용액을 가하면 AgCl 침전이 형성된다. 이 반응에서 $AgNO_3$는 초과 반응물이며 NaCl은 한계 시약이다. (c) 생성된 AgCl을 포함하는 용액은 미리 무게를 측정한 소결 도가니를 이용하여 거른다. 도가니를 기구로부터 제거하여 건조기에 말린 후, 다시 무게를 측정한다. 사용 전후의 질량 차이가 AgCl 침전의 질량이다.

이 과정을 이용하여 NaCl 시료의 순도를 결정할 수 있다.

침전은 염화 은이다(표 4.2 참조). 예를 들어, *실험을 통하여* NaCl 중 Cl의 질량 백분율을 알고자 하면, 먼저 NaCl의 무게를 정확하게 달아 물에 녹여 NaCl 용액을 만든다. 그리고 NaCl 용액에 충분한 $AgNO_3$ 용액을 가하여 이 용액 중에 존재하는 모든 Cl^- 이온을 AgCl로 침전시킨다. 이 과정에서 NaCl이 한계 반응물이며, $AgNO_3$가 초과 반응물이다. AgCl 침전물을 여과하여 용액으로부터 분리하고 건조시킨 다음 무게를 측정한다. AgCl의 측정된 질량으로부터 AgCl 중 Cl의 질량 백분율을 이용하여 Cl의 질량을 계산할 수 있다. 처음 NaCl 시료 중에 같은 양의 Cl이 존재하였기 때문에 NaCl 중 Cl의 질량 백분율을 계산할 수 있다. 그림 4.20은 이 실험 과정을 보여준다.

무게 분석은 시료의 질량을 비교적 정확히 측정할 수 있기 때문에 매우 정교한 방법이다. 그러나 이 과정은 완결 즉, 100% 진행하는 반응에 대해서만 적용할 수 있다. 앞서 제시한 예에서 만일 AgCl이 불용성이 아니고 조금이라도 녹는다면, NaCl 용액으로부터 Cl^- 이온을 전부 제거한다는 것은 불가능하며 이후 계산에서도 오차가 발생할 것이다.

예제 4.10은 무게 분석 실험에서의 계산 과정을 보여준다.

예제 4.10

염화 이온과 미지의 금속을 포함하는 이온 결합 화합물 시료 0.5662 g을 물에 녹이고 과량의 $AgNO_3$를 가했다. AgCl 침전 1.0882 g을 얻었다면, 원래 시료에 포함된 Cl의 질량 백분율을 구하시오.

전략 미지 시료에 포함된 Cl의 질량 백분율은 다음 식으로 구할 수 있다.

$$\%\text{Cl} = \frac{\text{Cl의 질량}}{0.5662\text{ g 시료}} \times 100\%$$

원래 시료가 Cl^- 이온의 유일한 공급원으로, 이 Cl^- 이온은 모두 AgCl 침전으로 된다. AgCl에 들어 있는 Cl의 질량 백분율을 안다면 Cl^- 이온의 질량을 계산할 수 있는가?

풀이 Cl과 AgCl의 몰질량은 각각 35.45 g과 143.4 g이다. AgCl에 포함된 Cl의 질량 백분율은 다음과 같이 계산할 수 있다.

(계속)

$$\%Cl = \frac{35.45\ g\ Cl}{143.4\ g\ AgCl} \times 100\%$$
$$= 24.72\%$$

다음으로 AgCl 1.0882 g에 포함된 Cl의 질량을 계산해 보자. 그러기 위해서 24.72%를 0.2472로 바꾸어 쓴다.

$$\text{Cl의 질량} = 0.2472 \times 1.0882\ g$$
$$= 0.2690\ g$$

원래 시료가 Cl^- 이온을 이만큼 포함하고 있으므로, 화합물에 포함된 Cl의 질량 백분율은 다음과 같다.

$$\%Cl = \frac{0.2690\ g}{0.5662\ g} \times 100\%$$
$$= 47.51\%$$

검산 AgCl에서 질량으로 약 25%가 염화 이온이므로 형성된 AgCl 침전물 1 g은 염화 이온 약 0.25 g에 해당되는데, 이는 원래 시료 질량의 절반보다 약간 더 적은 값이다. 따라서 계산된 %Cl 47.51%는 타당하다.

비슷한 문제: 4.82

실전 연습 브로민화 이온(Br^-)을 포함하는 이온 화합물 시료 0.3220 g을 물에 녹인 후, 과량의 $AgNO_3$를 가했다. AgBr 침전 0.6964 g이 형성되었다면, 원래 시료에 포함된 Br의 질량 백분율은 얼마인가?

무게 분석법을 이용하여 미지 시료를 완벽하게 알아내기는 힘들다. 따라서 예제 4.10에서 양이온이 어떤 것인지는 알지 못한다. 하지만 Cl의 질량 백분율을 알면 가능한 화합물의 종류를 줄일 수 있다. 같은 음이온(또는 양이온)을 포함하는 두 화합물이 같은 질량 백분율을 갖지 않기 때문에 무게 분석을 통해 얻은 질량 백분율과 알려진 화합물의 계산 결과를 비교해 보면 미지 화합물의 실체를 알 수 있다.

개념 복습하기

KBr 6.00 g을 포함하는 어떤 용액을 과량의 $AgNO_3$로 처리할 때 형성되는 AgBr의 질량을 계산하시오.

4.7 산-염기 적정

산-염기 중화 반응의 정량적인 실험은 적정이라는 과정을 통해 매우 쉽게 수행된다. **적정**(titration)은 *농도를 정확하게 알고 있는 용액인* **표준 용액**(standard solution)*을 미지의 다른 용액에 두 용액 간의 반응이 완전히 이루어질 때까지 서서히 첨가하여 미지 용액의 농도를 구하는 실험*이다. 적정에 사용한 미지 용액과 표준 용액의 부피를 알면 표준 용액의 농도를 이용하여 미지 용액의 농도를 계산할 수 있다.

프탈산 수소 포타슘(KHP).

수산화 소듐(NaOH)은 실험실에서 일반적으로 사용하는 염기 중 하나이다. 그러나 이것은 공기로부터 물을 흡수하고, 그 용액이 이산화 탄소와 반응하므로 순수한 NaOH 고체를 얻기 어렵다. 이런 이유로 실험에 사용하기 전에 수산화 소듐 용액은 농도를 교정하여야 한다. 수산화 소듐 용액은 정확한 농도를 알고 있는 산 용액으로 적정하여 표준화할 수 있다. 이 실험에 흔히 사용하는 산은 프탈산 수소 포타슘(potassium hydrogen phthalate, KHP)이라는 일양성자산이다. 분자식은 $KHC_8H_4O_4$(몰질량 204.2 g)이고 흰색을 띠며, 고

KHP는 약산이다.

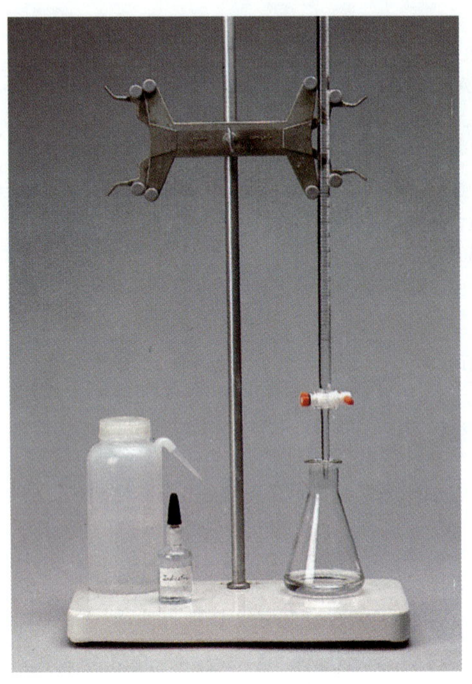

(a)

(b)

그림 4.21 (a) 산-염기 적정에 이용되는 기구. 뷰렛을 이용하여 삼각 플라스크의 KHP 용액에 NaOH 용액을 가한다. (b) 당량점에 도달하면 진분홍색이 나타난다. 이 책에서는 시각적 효과를 위하여 색을 실제보다 진하게 표시하였다.

순도 형태로 구할 수 있는 용해성 고체이다. KHP와 수산화 소듐의 반응은 다음과 같다.

$$KHC_8H_4O_4(aq) + NaOH(aq) \longrightarrow KNaC_8H_4O_4(aq) + H_2O(l)$$

그리고 알짜 이온 반응식은

$$HC_8H_4O_4^-(aq) + OH^-(aq) \longrightarrow C_8H_4O_4^{2-}(aq) + H_2O(l)$$

적정 과정을 그림 4.21에 나타내었다. 먼저 일정량의 KHP를 삼각 플라스크에 넣고 증류수를 넣어 용액을 만든 다음, 뷰렛을 통해 NaOH 수용액을 당량점에 도달할 때까지 KHP 용액에 조심스럽게 떨어뜨린다. **당량점**(equivalence point)이란 *산이 염기에 의해 완전히 반응되는 점, 즉 염기에 의해 중화되는 점*을 말한다. 당량점은 산 용액에 첨가된 미량의 지시약의 색이 급격하게 변화되는 것으로 확인한다. 산-염기 적정에서 **지시약**(indicator)은 *산성과 염기성 용액에서 각기 현저히 다른 색을 띠는 물질*이다. 가장 널리 사용되는 지시약은 페놀프탈레인인데, 이 지시약은 산성과 중성 용액에서는 무색이지만 염기성 용액에서는 진분홍색을 나타낸다. 당량점에서 NaOH가 첨가되어 모든 KHP가 중화될 때까지 용액의 색은 무색이지만, 뷰렛으로 NaOH 용액을 한 방울 더 첨가하면 용액이 이제 염기성이기 때문에 즉시 진분홍색으로 변한다. 예제 4.11은 이러한 적정 과정을 설명한다.

예제 4.11

한 학생이 적정 실험을 통하여 KHP 0.5468 g을 중화하는 데 NaOH 용액 23.48 mL가 필요함을 알아냈다. NaOH 용액의 몰농도는 얼마인가?

전략 NaOH 용액의 몰농도를 결정하는 문제이다. 몰농도의 정의는 무엇인가?

$$\text{NaOH의 몰농도} = \frac{\text{NaOH의 몰수}}{\text{용액의 리터수}}$$

계산하고자 하는 것 (NaOH의 몰농도), 구해야 함 (NaOH의 몰수), 주어짐 (용액의 리터수)

(계속)

NaOH 용액의 부피는 문제에서 주어졌다. 따라서 주어진 농도에 필요한 NaOH의 몰수를 구하면 된다. 본문에서 설명한 KHP와 NaOH의 반응식에서 KHP 1 mol이 NaOH 1 mol을 중화시키는 것을 알 수 있다. KHP 0.5468 g에는 KHP 몇 mol이 존재하는가?

풀이 먼저 적정에 사용된 KHP의 몰수를 계산해 보자.

$$\text{KHP의 몰수} = 0.5468\ \cancel{\text{g KHP}} \times \frac{1\ \text{mol KHP}}{204.2\ \cancel{\text{g KHP}}}$$
$$= 2.678 \times 10^{-3}\ \text{mol KHP}$$

KHP는 $KHC_8H_4O_4$이다.

1 mol KHP ≏ 1 mol NaOH이므로, NaOH 용액 23.48 mL에는 NaOH 2.678×10^{-3} mol이 들어 있음을 알 수 있다. 마지막으로 NaOH 용액 1 L에 들어 있는 NaOH의 몰수(즉, NaOH 용액의 몰농도)는 다음과 같이 계산할 수 있다.

$$\text{NaOH 용액의 몰농도} = \frac{2.678 \times 10^{-3}\ \text{mol NaOH}}{23.48\ \cancel{\text{mL 용액}}} \times \frac{1000\ \cancel{\text{mL 용액}}}{1\ \text{L 용액}}$$
$$= 0.1141\ \text{mol NaOH/1 L} \quad = 0.1141\ M$$

비슷한 문제 : 4.89, 4.90.

실전 연습 0.1004 *M* NaOH 용액 18.64 mL를 중화시키는 데 필요한 KHP의 질량은 얼마인가?

NaOH와 KHP간의 산-염기 중화 반응은 가장 간단한 중화 반응 중 하나이다. KHP 대신에 H_2SO_4와 같은 이양성자산을 사용하면 그 반응식은 다음과 같다.

$$2\text{NaOH}(aq) + \text{H}_2\text{SO}_4(aq) \longrightarrow \text{Na}_2\text{SO}_4(aq) + 2\text{H}_2\text{O}(l)$$

2 mol NaOH ≏ 1 mol H_2SO_4이므로 HCl와 같은 일양성자산과 *같은* 몰농도와 *같은* 부피인 H_2SO_4 용액과 완전히 반응하기 위해서는 NaOH의 양은 2배가 필요하다. 한편 $Ba(OH)_2$ 1 mol은 OH^- 2 mol을 생성하기 때문에 NaOH 용액과 비교하여 같은 농도의 $Ba(OH)_2$ 용액을 완전히 중화시키려면 HCl은 2배 필요하다.

$$2\text{HCl}(aq) + \text{Ba(OH)}_2(aq) \longrightarrow \text{BaCl}_2(aq) + 2\text{H}_2\text{O}(l)$$

산-염기 적정의 계산에서 산과 염기의 종류에 관계없이 당량점에서 반응한 H^+ 이온의 전체 몰수는 반응한 OH^- 이온의 전체 몰수와 같다는 것을 명심하라.

예제 4.12은 이양성자산과 NaOH 용액의 적정을 나타내고 있다.

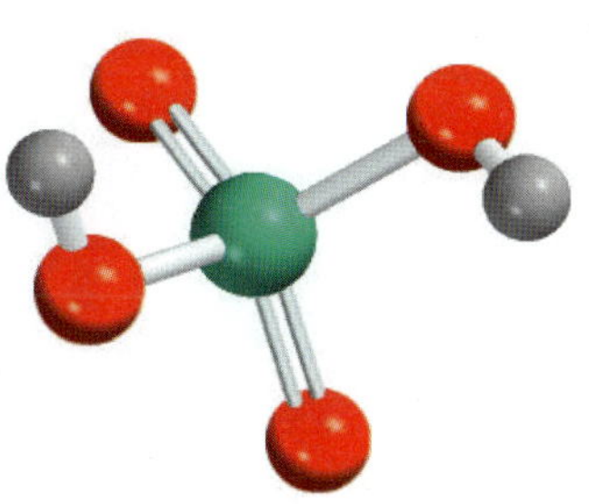

H_2SO_4는 해리 가능한 두 개의 양성자를 가지고 있다.

예제 4.12

예제 4.11에서 표준화된 수산화 소듐 용액을 사용하여 황산 용액 25.00 mL를 적정한다. 적정으로 산을 완전히 중화시키는 데 0.1172 *M* NaOH 43.79 mL가 필요하다. H_2SO_4 용액의 농도는 얼마인가?

전략 H_2SO_4 용액의 농도를 계산하고자 한다. 산을 중화시키는 데 필요한 NaOH 용액의 부피를 시작으로 NaOH의 몰수를 계산한다.

$$\text{용액의 리터수} \times \frac{\text{NaOH의 몰수}}{\text{용액의 리터수}} = \text{NaOH의 몰수}$$

구하고자 하는 것

측정됨

주어짐

앞에서의 중화 반응에 대한 식으로부터 2 mol의 NaOH가 1 mol의 H_2SO_4를 중화할 수 있음을 알 수 있다. 0.1172 *M* NaOH 43.79 mL에는 NaOH 몇 mol이 포함되어 있는가? 이 양의 NaOH를 중화하기 위하여 필요한 H_2SO_4의 몰수는 얼마인가?

(계속)

풀이 먼저, 용액 43.79 mL에 들어 있는 NaOH의 몰수를 계산해 보자.

$$43.79\text{ mL} \times \frac{1\text{ L 용액}}{1000\text{ mL 용액}} \times \frac{0.1172\text{ mol NaOH}}{\text{L 용액}} = 5.132 \times 10^{-3}\text{ mol NaOH}$$

화학량론으로부터 H_2SO_4 1 mol은 NaOH 2 mol과 당량이다. 따라서 반응에 필요한 H_2SO_4의 mol 수는 다음과 같다.

$$5.132 \times 10^{-3}\text{ mol NaOH} \times \frac{1\text{ mol }H_2SO_4}{2\text{ mol NaOH}} = 2.566 \times 10^{-3}\text{ mol }H_2SO_4$$

몰농도의 정의[식 (4.1) 참조]로부터 다음 식을 얻을 수 있다.

$$\text{몰농도} = \frac{\text{용질의 몰수}}{\text{용액의 리터수}}$$

그러므로 H_2SO_4 용액의 몰농도는 다음과 같다.

비슷한 문제: 4.91(b), (c).

$$\frac{2.566 \times 10^{-3}\text{ mol }H_2SO_4}{25\text{ mL} \times (1\text{ L}/1000\text{ mL})} = 0.1026\ M\ H_2SO_4$$

실전 연습 0.427 *M* KOH 용액 60.2 mL를 중화하는 데 H_2SO_4 용액 10.1 mL가 필요하다. H_2SO_4 용액의 몰농도는 얼마인가?

개념 복습하기

(a)는 산 용액에 NaOH 용액을 첨가한 직후의 상태를 나타낸다. 다음 그림 (b)~(d) 중 어느 것이 HCl, H_2SO_4, H_3PO_4 용액과 중화된 이후 상태를 나타내는가? 파란색은 OH^- 이온, 빨간색은 산 분자, 녹색은 산의 음이온을 나타낸다. 모든 산-염기 중화 반응은 완전히 이루어진 것으로 가정한다.

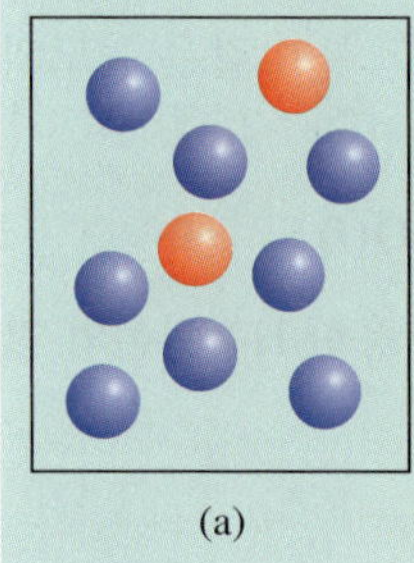
(a)

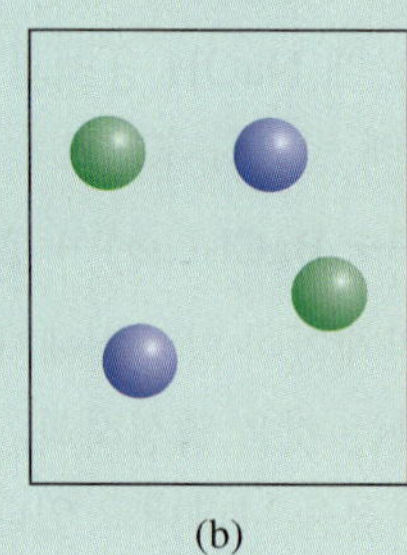
(b)

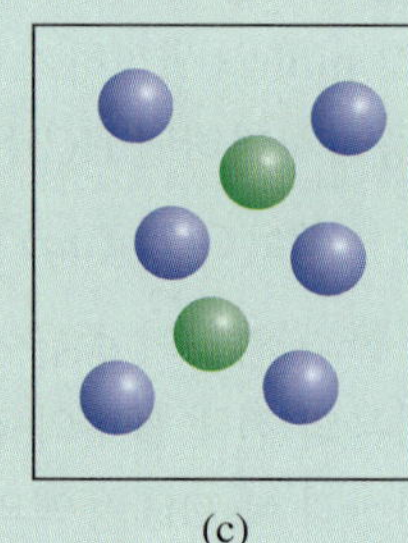
(c)

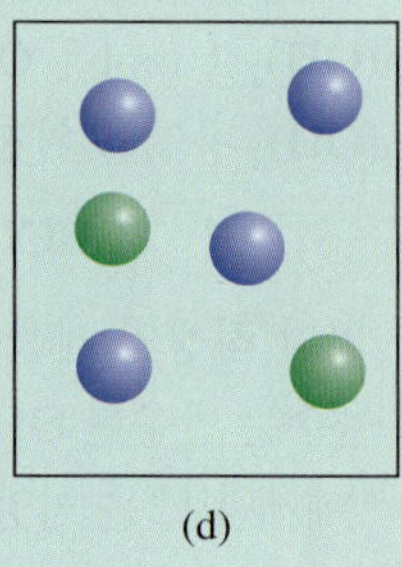
(d)

4.8 산화-환원 적정

앞에서 서술한 것과 같이 산화-환원 반응은 전자의 이동을 포함하고, 산-염기 반응은 양성자의 이동을 포함한다. 산은 염기로 적정할 수 있듯이 산화제는 환원제로 적정할 수 있다. 예를 들면, 환원제가 들어 있는 용액에 산화제를 함유한 용액을 가하면, 환원제가 산화제에 의해 완전히 산화될 때 *당량점*(equivalence point)에 도달한다.

산-염기 반응 지시약만큼 산화-환원 반응 지시약은 많이 존재하지 않는다.

산-염기 적정처럼 산화-환원 적정도 지시약을 필요로 하며, 이 경우 지시약은 산화되거나 환원된 형태에서 각기 현저히 다른 색을 갖는다. 환원제가 다량 존재할 때 지시약의 색깔은 환원된 형태의 색을 나타낸다. 지시약이 산화제 매체에 존재할 때에는 산화된 형태의 색을 나타낸다. 당량점 근처에서 지시약 색의 분명한 변화가 일어남으로써 당량점을 쉽게 확인할 수 있다.

잘 알려진 두 가지 산화제로는 과망가니즈산 포타슘($KMnO_4$)과 다이크로뮴산 포타슘($K_2Cr_2O_7$)이 있다. 그림 4.22에서 볼 수 있듯이 다이크로뮴산 음이온과 과망가니즈산 음

그림 4.22 왼쪽에서 오른쪽으로: MnO_4^-, Mn^{2+}, $Cr_2O_7^{2-}$, Cr^{3+}이온을 포함하는 용액.

이온은 환원하면서 색이 변한다.

$$\underset{\text{보라색}}{MnO_4^-} \longrightarrow \underset{\text{연보라색}}{Mn^{2+}}$$

$$\underset{\text{주황색}}{Cr_2O_7^{2-}} \longrightarrow \underset{\text{녹색}}{Cr^{3+}}$$

이 산화제들은 산화 형태와 환원 형태에서 현저히 다른 색을 가지므로, 그들 스스로 산화-환원 적정에서 *내부* 지시약으로 사용할 수도 있다.

산화-환원 적정 계산은 산-염기 적정과 같은 형태로 이루어지며, 차이점은 산화-환원 반응이 반응식과 화학량론 계산이 더 복잡하다는 것이다. 다음은 산화-환원 적정의 예이다.

예제 4.13

산성의 $FeSO_4$ 용액 25.00 mL를 산화시키는 데 0.1327 *M* $KMnO_4$ 용액 16.42-mL가 소모되었다. $FeSO_4$ 용액의 몰농도는 얼마인가? 알짜 이온 반응식은 다음과 같다.

$$5Fe^{2+} + MnO_4^- + 8H^+ \longrightarrow Mn^{2+} + 5Fe^{3+} + 4H_2O$$

전략 $FeSO_4$ 용액의 몰농도를 계산하는 문제이다. 몰농도의 정의로부터 다음의 식을 얻을 수 있다.

$$\underset{\text{구하고자 하는 것}}{FeSO_4\text{의 몰농도}} = \frac{\overset{\text{찾을 필요}}{FeSO_4\text{의 몰수}}}{\underset{\text{주어짐}}{\text{용액의 리터수}}}$$

$FeSO_4$ 용액의 부피는 문제에서 주어졌으므로, 몰농도를 구하기 위하여 $FeSO_4$ 의 몰수를 구하면 된다. 알짜 이온 반응식으로부터 Fe^{2+} 이온과 MnO_4^- 이온 사이의 화학량론적 비는 얼마인가? 0.1327 *M* $KMnO_4$ 용액 16.42 mL에 들어 있는 $KMnO_4$의 몰수는 얼마인가?

뷰렛을 이용하여 $FeSO_4$ 용액에 $KMnO_4$ 용액을 가한다.

풀이 0.1327 *M* $KMnO_4$ 용액 16.42 mL에 들어 있는 몰수는 다음과 같다.

$$KMnO_4\text{의 몰수} = \frac{0.1327\text{ mol }KMnO_4}{1000\text{ }\cancel{\text{mL 용액}}} \times 16.42\text{ }\cancel{\text{mL}}$$
$$= 2.179 \times 10^{-3}\text{ mol }KMnO_4$$

알짜 이온 반응식으로부터 5 mol Fe^{2+} ≏ 1 mol MnO_4^-이므로 산화되는 $FeSO_4$의 몰수는 다음과 같이 계산할 수 있다.

$$FeSO_4\text{의 몰수} = 2.179 \times 10^{-3}\text{ }\cancel{\text{mol }KMnO_4} \times \frac{5\text{ mol }FeSO_4}{1\text{ }\cancel{\text{mol }KMnO_4}}$$
$$= 1.090 \times 10^{-2}\text{ mol }FeSO_4$$

(계속)

생활 속의 화학 CHEMISTRY in Action

바닷물에서 금속 회수하기

마그네슘은 고가의 가벼운 금속으로 구조물, 합금, 전지, 화학 합성에 사용된다. 마그네슘은 지표에 많이 존재하지만 바닷물에서 추출해내는 것이 더 경제적이다. 마그네슘은 두 번째로 많이(소듐 다음으로) 바닷물에 존재하는 양이온으로, 바닷물 1 kg당 약 1.3 g의 마그네슘을 포함하고 있다. 바닷물로부터 마그네슘을 얻는 과정은 이 장에서 논의한 침전 반응, 산-염기 반응, 산화-환원 반응 모두를 포함한다.

마그네슘을 얻는 첫 단계는 석회석($CaCO_3$)을 고온으로 가열하여 산화 칼슘(CaO)을 얻는 과정이다.

$$CaCO_3(s) \longrightarrow CaO(s) + CO_2(g)$$

산화 칼슘을 바닷물로 처리하면 수산화 칼슘[$Ca(OH)_2$]이 되는데 이 화합물은 물에 약간 녹아 Ca^{2+}와 OH^-로 해리된다.

$$CaO(s) + H_2O(l) \longrightarrow Ca^{2+}(aq) + 2OH^-(aq)$$

과량 존재하는 OH^- 이온은 용해도가 매우 낮은 수산화 마그네슘 침전을 형성한다.

$$Mg^{2+}(aq) + 2OH^-(aq) \longrightarrow Mg(OH)_2(s)$$

고체 수산화 마그네슘을 거른 후, 염산과 반응시키면 염화 마그네슘($MgCl_2$)을 형성한다.

$$Mg(OH)_2(s) + 2HCl(aq) \longrightarrow MgCl_2(aq) + 2H_2O(l)$$

물을 증발시키고, 강철로 만든 전지에서 고체 염화 마그네슘을 녹인다. 녹은 염화 마그네슘에는 Mg^{2+} 이온과 Cl^- 이온이 존재한다. 여기에 전류를 흘려 *전기분해*시키면 Mg^{2+}는 환원되고 Cl^-는 산화된다. 반쪽 반응은 다음과 같다.

$$Mg^{2+} + 2e^- \longrightarrow Mg$$
$$2Cl^- \longrightarrow Cl_2 + 2e^-$$

전체 반응은 다음과 같다.

$$MgCl_2(l) \longrightarrow Mg(l) + Cl_2(g)$$

이런 방법으로 마그네슘을 얻는다. 함께 얻는 염소 기체는 염산으로 바꾸어 과정 중에 다시 사용할 수 있다.

미국 텍사스 주 프리포트(Freeport)에 위치한 다우(Dow) 화학 회사의 해수 처리장에서 수산화 마그네슘을 얻는 장면

$FeSO_4$ 용액의 몰농도는 다음과 같다.

$$FeSO_4\text{의 몰농도} = \frac{FeSO_4\text{의 몰수}}{\text{용액의 리터수}}$$
$$= \frac{1.090 \times 10^{-2}\ \text{mol}\ FeSO_4}{25.00\ \text{mL 용액}} \times \frac{1000\ \text{mL 용액}}{1\ \text{L 용액}}$$
$$= 0.4360\ M$$

비슷한 문제 : 4.95, 4.96.

실전 연습 0.374 *M* $KMnO_4$ 용액 22.5 mL를 환원시키기 위하여 필요한 0.206 *M* HI 용액의 부피(mL)는 얼마인가?

$$10HI + 2KMnO_4 + 3H_2SO_4 \longrightarrow 5I_2 + 2MnSO_4 + K_2SO_4 + 8H_2O$$

"생활 속의 화학"은 이 장에서 논의한 반응 형태와 관련된 공정을 설명한다.

개념 복습하기

어떤 환원제 용액을 산화제 용액으로 적정하는데 두 용액의 초기 농도가 같다면, 산화제 용액을 같은 부피 가하였을 때 당량점에 이를 것이라는 것을 의미하는가? 설명해 보시오.

주요 식 정리하기 Key Equations

$$몰농도 = \frac{용질의\ 몰수}{용액의\ 리터수} \quad (4.1)$$ 몰농도 계산하기

$$M = \frac{n}{V} \quad (4.2)$$ 몰농도 계산하기

$$M_iV_i = M_fV_f \quad (4.3)$$ 용액 묽히기

사실과 개념 요약하기 Summary of Facts & Concepts

1. 수용액은 용매가 전해질이면 전기가 통하지만, 용매가 비전해질이면 전기가 통하지 않는다.
2. 수용액에서 일어나는 세 가지 주요 반응은 침전 반응, 산화-환원 반응, 산-염기 반응이다.
3. 이온 결합 화합물의 용해도에 대한 일반 규칙으로부터 반응에서 침전이 생성되는지 예상할 수 있다.
4. 아레니우스 산은 물에서 이온화하여 H^+를 내주고, 아레니우스 염기는 물에서 이온화하여 OH^-를 내준다. 브뢴스테드 산은 H^+ 이온을 내주고, 브뢴스테드 염기는 H^+ 이온을 받는다.
5. 산과 염기의 반응을 중화 반응이라고 한다.
6. 산화-환원 반응에서는 산화와 환원이 동시에 일어난다. 산화는 전자를 잃고, 환원은 전자를 얻는다.
7. 산화수를 통해 전하의 분포를 알 수 있으며, 정해진 규칙에 따라 이온이나 화합물에 있는 모든 원자에 표시한다. 산화수가 증가하면 산화, 산화수가 감소하면 환원이다.
8. 많은 산화-환원 반응은 결합, 분해, 연소, 치환, 불균등화 반응으로 나눌 수 있다.
9. 용액의 농도는 주어진 일정량의 용액 중 용질의 양이다. 몰농도는 용액 1 L 중에 녹아 있는 용질의 몰수이다.
10. 용액에 용매를 가하면(묽힘), 용액 속에 존재하는 용질의 전체 몰수는 변화가 없고 용액의 농도(몰농도)만 감소한다.
11. 무게 분석은 질량을 측정하여 용액의 농도와 화합물의 실체를 찾아내는 기술로서 때때로 침전 반응을 이용한다.
12. 산-염기 적정에서 미지의 농도를 측정하기 위해 농도를 모르는 용액(산)에 농도를 알고 있는 용액(염기)을 서서히 첨가한다. 적정에 의해 반응이 완전히 종결되는 점을 당량점이라 한다.
13. 산화-환원 적정은 산-염기 적정과 유사하다. 산화-환원 반응이 완전히 종결되는 점이 당량점이 된다.

주요 용어 정리하기 Key Words

가역 반응	당량점	묽힘	분자 반응식
결합 반응	몰농도	복분해 반응	분해 반응
구경꾼 이온	무게 분석	반쪽 반응	불균등화 반응

브뢴스테드 산	상호 교환 반응	용질	지시약
브뢴스테드 염기	수용액	용해도	치환 반응
비전해질	수화 반응	이온 반응식	침전물
산화-환원 반응	알짜 이온 반응식	이양성자산	침전 반응
산화 반응	연소 반응	일양성자산	표준 용액
산화 상태	염	적정	하이드로늄 이온
산화수	용매	전해질	환원 반응
산화제	용액	정량 분석	환원제
삼양성자산	용액의 농도	중화 반응	활동도 계열

연습 문제 *Questions & Problems*

● 표시는 Connect Plus에서 유용한 문제,
붉은색 번호의 문제는 학생용 문제풀이집에 풀어 놓았다.

수용액의 성질

▶ 복습 질문

4.1 고체를 액체에 녹이는 과정을 이용하여 용질, 용매, 용액을 정의하시오.

4.2 비전해질과 전해질 간의 차이점과 약전해질과 강전해질 간의 차이점은 무엇인가?

4.3 수화를 설명하시오. 물의 어떤 성질이 물 분자가 용액에서의 이온과 상호작용을 할 수 있게 하는가?

4.4 화학 반응식에서 기호 $\longrightarrow$ 와 $\rightleftharpoons$ 의 차이는 무엇인가?

4.5 물은 매우 약한 전해질이기 때문에 전기를 통하지 않는다. 젖은 손으로 전기 기구를 작동하지 않도록 주의해야 하는 이유는 무엇인가?

● 4.6 황산 소듐(Na_2SO_4)은 강전해질이다. $Na_2SO_4(aq)$에는 어떤 화학종이 존재하는가?

▶ 문제

● 4.7 다음 그림에 세 가지 화합물의 수용액을 나타내었다. 각 화합물을 비전해질, 약전해질, 강전해질로 구분하시오.

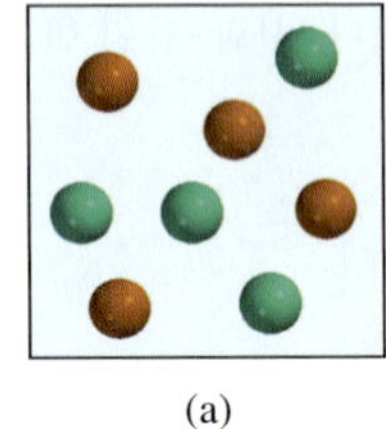
(a)

(b)

(c)

● **4.8** NaCl이 물에 녹을 때의 수화를 가장 잘 설명하는 그림은 어느 것인가? Cl^- 이온은 Na^+ 이온보다 크기가 크다.

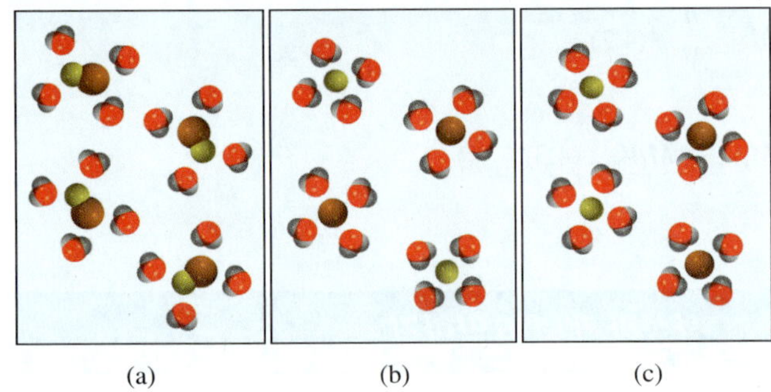
(a) (b) (c)

● 4.9 다음 각 물질을 강전해질, 약전해질, 비전해질로 구분하시오. (a) H_2O, (b) KCl, (c) HNO_3, (d) CH_3COOH, (e) $C_{12}H_{22}O_{11}$.

● **4.10** 다음 각 물질을 강전해질, 약전해질, 비전해질로 구분하시오. (a) $Ba(NO_3)_2$, (b) Ne, (c) NH_3, (d) NaOH.

● 4.11 전해질 용액이 전기를 통하는 것은 다음 중 어느 것의 움직임 때문인가? (a) 전자 혼자, (b) 양이온 혼자, (c) 음이온 혼자, (d) 양이온과 음이온 모두.

4.12 다음 물질에서 전기 전도성이 있는 것을 선택하고 설명하시오. (a) 고체 NaCl, (b) 용융 NaCl, (c) 수용액 NaCl.

4.13 물에 녹는 화합물 X가 주어졌다. 이것이 전해질인지 비전해질인지 어떻게 구분할 수 있는지 설명하시오. 전해질이라면, 강전해질인지 약전해질인지 어떻게 구분할 수 있는가?

4.14 벤젠 용매 중에서 HCl은 전기를 통하지 않지만 물에서는 전기를 통한다. 왜 그런지 설명하시오.

침전 반응

▶ 복습 질문

4.15 이온 반응식과 분자 반응식의 차이점은 무엇인가?

4.16 알짜 이온 반응식을 사용함으로써 얻을 수 있는 장점은 무엇인가?

▶ 문제

• 4.17 $AgNO_3$와 NaCl 두 수용액을 섞었다. 다음 그림 중 어느 것이 이 혼합 용액을 가장 잘 설명하는가? 단순하게 하기 위해 물 분자는 표시하지 않았다. (색 코드는 Ag^+ = 회색, Cl^- = 주황색, Na^+ = 녹색, NO_3^- = 파란색.)

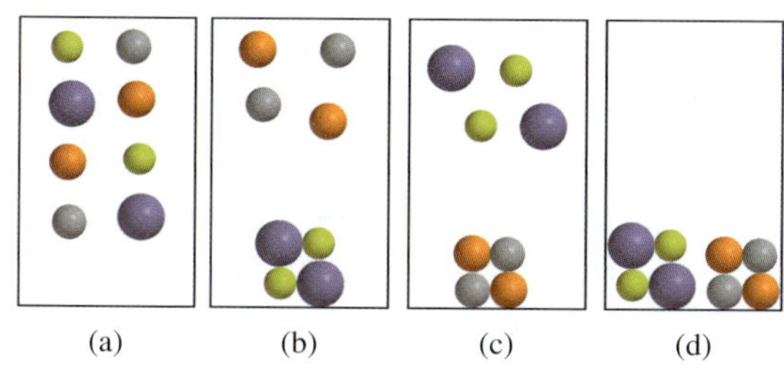

• **4.18** KOH과 $MgCl_2$ 두 수용액을 섞었다. 다음 그림 중 어느 것이 이 혼합 용액을 가장 잘 설명하는가? 단순하게 하기 위해 물 분자는 표시하지 않았다. (색 코드는 K^+ = 보라색, OH^- = 빨간색, Mg^{2+} = 녹색, Cl^- = 주황색)

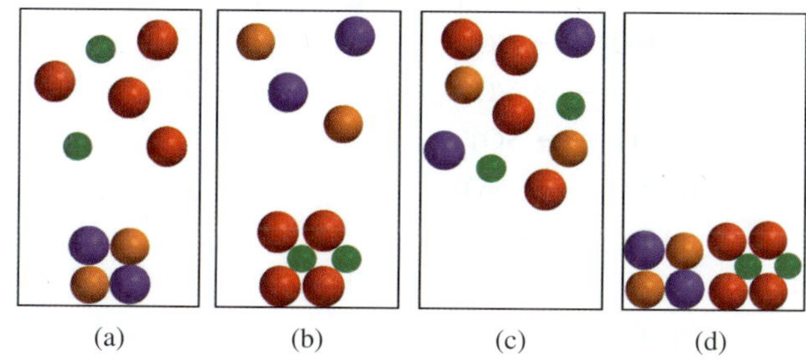

• 4.19 다음 화합물이 물에 녹을지, 녹지 않을지 예측하시오. (a) $Ca_3(PO_4)_2$, (b) $Mn(OH)_2$, (c) $AgClO_3$, (d) K_2S.

• **4.20** 다음 화합물이 물에 녹을지, 녹지 않을지 예측하시오. (a) $CaCO_3$, (b) $ZnSO_4$, (c) $Hg(NO_3)_2$, (d) $HgSO_4$, (e) NH_4ClO_4.

• 4.21 다음 반응의 이온 반응식과 알짜 이온 반응식을 쓰시오.
(a) $AgNO_3(aq) + Na_2SO_4(aq) \longrightarrow$
(b) $BaCl_2(aq) + ZnSO_4(aq) \longrightarrow$
(c) $(NH_4)_2CO_3(aq) + CaCl_2(aq) \longrightarrow$

• **4.22** 다음 반응의 이온 반응식과 알짜 이온 반응식을 쓰시오.
(a) $Na_2S(aq) + ZnCl_2(aq) \longrightarrow$
(b) $K_3PO_4(aq) + 3Sr(NO_3)_2(aq) \longrightarrow$
(c) $Mg(NO_3)_2(aq) + 2NaOH(aq) \longrightarrow$

• 4.23 다음 중 어느 것이 침전을 형성할 가능성이 있는가? (a) $NaNO_3$ 용액과 $CuSO_4$ 용액의 혼합, (b) $BaCl_2$ 용액과 K_2SO_4 용액의 혼합. 침전을 형성하는 반응의 경우 알짜 이온 반응식을 쓰시오

4.24 표 4.2를 참고하여 다음 주어진 이온을 어떻게 분리할 것인가를 제안하시오. (a) Ag^+로부터 K^+, (b) Pb^{2+}로부터 Ba^{2+}, (c) Ca^{2+}로부터 NH_4^+, (d) Cu^{2+}로부터 Ba^{2+}. 모든 양이온은 수용액 중에 있으며, 공통 음이온은 질산 이온으로 가정한다.

산-염기 반응

▶ 복습 질문

4.25 산과 염기의 일반적인 성질을 설명하시오.

4.26 산과 염기를 아레니우스 및 브뢴스테드 정의로 설명하시오. 산-염기의 성질을 설명하는 데 브뢴스테드 정의가 더 유용한 이유는 무엇인가?

4.27 일양성자산, 이양성자산, 삼양성자산의 예를 하나씩 드시오.

4.28 산-염기 중화 반응의 특성은 무엇인가?

• 4.29 어떤 화합물을 염이라고 할 수 있게 하는 인자는 무엇인가? 다음 화합물 중 어느 것이 염인지 밝히시오. CH_4, NaF, NaOH, CaO, $BaSO_4$, HNO_3, NH_3, KBr.

• 4.30 다음 화합물을 약산, 강산, 약염기, 강염기로 구분하시오. (a) NH_3, (b) H_3PO_4, (c) LiOH, (d) HCOOH(폼산), (e) H_2SO_4, (f) HF, (g) $Ba(OH)_2$.

▶ 문제

• 4.31 다음 화학종을 브뢴스테드 산, 염기, 양쪽성 물질로 구분하시오. (a) HI, (b) CH_3COO^-, (c) $H_2PO_4^-$, (d) HSO_4^-.

• **4.32** 다음 화학종을 브뢴스테드 산, 염기, 양쪽성 물질로 구분하시오. (a) PO_4^{3-}, (b) ClO_2^-, (c) NH_4^+, (d) HCO_3^-.

• 4.33 다음 반응에 대한 균형 반응식을 완성하고, 가능하다면 이온 반응식, 알짜 이온 반응식을 쓰시오.
(a) $HBr(aq) + NH_3(aq) \longrightarrow$
(b) $Ba(OH)_2(aq) + H_3PO_4(aq) \longrightarrow$
(c) $HClO_4(aq) + Mg(OH)_2(s) \longrightarrow$

• **4.34** 다음 반응식을 이온 반응식과 알짜 이온 반응식으로 적고, 양쪽 반응식의 균형을 맞추시오.
(a) $CH_3COOH(aq) + KOH(aq) \longrightarrow$
(b) $H_2CO_3(aq) + NaOH(aq) \longrightarrow$
(c) $HNO_3(aq) + Ba(OH)_2(aq) \longrightarrow$

산화-환원 반응

▶ 복습 질문

4.35 결합 산화-환원 반응, 분해 산화-환원, 치환 산화-환원 반응의 예를 드시오.

4.36 모든 연소 반응은 산화-환원 반응이다. 이 말이 사실인가, 거짓인가? 설명하시오.

4.37 산화수란 무엇인가? 이것이 산화-환원 반응을 확인하는 데 어떻게 이용되는가? 산화수가 이온 결합 화합물 이외의 화합물에서는 아무런 물리적 의미가 없는 이유를 설명하시오.

4.38 (a) 그림 4.11을 참조하지 말고, 알칼리 금속과 알칼리 토금속 화합물들의 그 산화수를 쓰시오. (b) 3A~7A족 원소들의 가능한 가장 높은 산화수는 무엇인가?

4.39 활동도 계열은 어떻게 만들어졌는가? 이것이 산화-환원 반응 연구에 어떻게 이용되는가?

4.40 다음 반응을 가지고 산화-환원 반응, 반쪽 반응, 산화제,

환원제를 설명하시오

$$4Na(s) + O_2(g) \longrightarrow 2Na_2O(s)$$

4.41 산화는 일어나고 환원은 일어나지 않는 반응은 가능한가? 설명하시오.

4.42 불균등화 반응을 만들 수 있는 원소들의 필요 사항은 무엇인가? 이러한 반응이 가능한 일반적인 원소 다섯 개를 적으시오.

▶ 문제

● 4.43 다음 산화-환원 반응에 대하여 (i) 각 반응을 반쪽 반응으로 나누고, (ii) 산화제와 (iii) 환원제를 밝히시오.
(a) $2Sr + O_2 \longrightarrow 2SrO$
(b) $2Li + H_2 \longrightarrow 2LiH$
(c) $2Cs + Br_2 \longrightarrow 2CsBr$
(d) $3Mg + N_2 \longrightarrow Mg_3N_2$

● **4.44** 다음 산화-환원 반응식에서 반쪽 반응을 적고, 산화제와 환원제를 규명하시오.
(a) $4Fe + 3O_2 \longrightarrow 2Fe_2O_3$
(b) $Cl_2 + 2NaBr \longrightarrow 2NaCl + Br_2$
(c) $Si + 2F_2 \longrightarrow SiF_4$
(d) $H_2 + Cl_2 \longrightarrow 2HCl$

● 4.45 다음 화학종을 황의 산화수가 증가하는 순으로 나열하시오. (a) H_2S, (b) S_8, (c) H_2SO_4, (d) S^{2-}, (e) HS^-, (f) SO_2, (g) SO_3.

● **4.46** 인은 여러 가지 산소산을 형성한다. 다음 화합물에서 인의 산화수를 쓰시오. (a) HPO_3, (b) H_3PO_2, (c) H_3PO_3, (d) H_3PO_4, (e) $H_4P_2O_7$, (f) $H_5P_3O_{10}$.

● 4.47 다음 분자 또는 이온에서 밑줄 친 원자의 산화수를 쓰시오. (a) $\underline{Cl}F$, (b) $\underline{I}F_7$, (c) $\underline{C}H_4$, (d) $\underline{C}_2H_2$, (e) $\underline{C}_2H_4$, (f) $K_2\underline{Cr}O_4$, (g) $K_2\underline{Cr}_2O_7$, (h) $K\underline{Mn}O_4$, (i) $NaH\underline{C}O_3$, (j) $\underline{Li}_2$, (k) $Na\underline{I}O_3$, (l) $K\underline{O}_2$, (m) $\underline{P}F_6^-$, (n) $K\underline{Au}Cl_4$.

● **4.48** 다음 화학종의 산화수를 쓰시오. H_2, Se_8, P_4, O, U, As_4, B_{12}.

● 4.49 다음 분자와 이온에서 밑줄 친 원자의 산화수를 쓰시오. (a) $\underline{Cs}_2O$, (b) $Ca\underline{I}_2$, (c) $\underline{Al}_2O_3$, (d) $H_3\underline{As}O_3$, (e) $\underline{Ti}O_2$, (f) $\underline{Mo}O_4^{2-}$, (g) $\underline{Pt}Cl_4^{2-}$, (h) $\underline{Pt}Cl_6^{2-}$, (i) $\underline{Sn}F_2$, (j) $\underline{Cl}F_3$, (k) $\underline{Sb}F_6^-$.

● **4.50** 다음 분자와 이온에서 밑줄 친 원자의 산화수를 쓰시오. (a) $Mg_3\underline{N}_2$, (b) $Cs\underline{O}_2$, (c) $Ca\underline{C}_2$, (d) $\underline{C}O_3^{2-}$, (e) $\underline{C}_2O_4^{2-}$, (f) $Zn\underline{O}_2^{2-}$, (g) $Na\underline{B}H_4$, (h) $\underline{W}O_4^{2-}$.

● 4.51 질산은 강한 산화제이다. 질산이 아연 금속과 같은 강한 환원제와 반응할 때, 다음 화학종 중 생성될 가능성이 가장 낮은 화학종은 어느 것인지 그 이유를 설명하시오. N_2O, NO, NO_2, N_2O_4, N_2O_5, NH_4^+.

● **4.52** 다음 중 물과 반응하는 금속은? (a) Au, (b) Li, (c) Hg, (d) Ca, (e) Pt.

● 4.53 산화수에 관한 이론에 의하면 다음 중 산소 분자와 반응하지 않는 산화물은 어느 것인지 그 이유를 밝히시오. NO, N_2O, SO_2, SO_3, P_4O_6.

● **4.54** 활동도 계열을 이용하여 다음 결과를 예측하고, 반응식의 균형을 맞추시오.
(a) $Cu(s) + HCl(aq) \longrightarrow$
(b) $I_2(s) + NaBr(aq) \longrightarrow$
(c) $Mg(s) + CuSO_4(aq) \longrightarrow$
(d) $Cl_2(g) + KBr(aq) \longrightarrow$

● 4.55 다음 산화-환원 반응을 분류하시오.
(a) $2H_2O_2 \longrightarrow 2H_2O + O_2$
(b) $Mg + 2AgNO_3 \longrightarrow Mg(NO_3)_2 + 2Ag$
(c) $NH_4NO_2 \longrightarrow N_2 + 2H_2O$
(d) $H_2 + Br_2 \longrightarrow 2HBr$

● **4.56** 다음 산화-환원 반응을 분류하시오.
(a) $P_4 + 10Cl_2 \longrightarrow 4PCl_5$
(b) $2NO \longrightarrow N_2 + O_2$
(c) $Cl_2 + 2KI \longrightarrow 2KCl + I_2$
(d) $3HNO_2 \longrightarrow HNO_3 + H_2O + 2NO$

4.57 다음 중 어느 것이 산화-환원 과정인가?
(a) $CO_2 \longrightarrow CO_3^{2-}$
(b) $VO_3 \longrightarrow VO_2$
(c) $SO_3 \longrightarrow SO_4^{2-}$
(d) $NO_2^- \longrightarrow NO_3^-$
(e) $Cr^{3+} \longrightarrow CrO_4^{2-}$

4.58 다음 중 어느 것이 가장 강한 산화제인 것으로 생각되는가? O_2, O_2^+, O_2^-, O_2^{2-}.

용액의 농도

▶ 복습 질문

4.59 몰농도를 계산하는 식을 쓰시오. 몰농도가 화학에서 편리한 농도 단위로 사용되는 이유는 무엇인가?

4.60 부피 플라스크를 이용하여 특정 몰농도의 용액을 제조하는 단계를 설명하시오.

▶ 문제

● 4.61 2.80 *M* KI 용액 5.00×10^2 mL를 만들기 위해 필요한 KI의 질량을 그램 단위로 계산하시오.

4.62 0.707 *M* $NaNO_3$ 용액 250 mL를 제조하는 방법을 설명하시오.

● 4.63 0.100 *M* $MgCl_2$ 용액 60.0 mL에 포함된 $MgCl_2$의 몰수는 얼마인가?

● **4.64** 5.50 *M* KOH 용액 35.0 mL 중에는 KOH가 몇 g 녹아 있는가?

● 4.65 다음 각 용액의 몰농도를 계산하시오. (a) 용액 545 mL 중에 에탄올(C_2H_5OH) 29.0 g이 포함된 용액, (b) 용액 74.0 mL 중에 수크로스($C_{12}H_{22}O_{11}$) 15.4 g이 포함된 용액, (c) 용액 86.4 mL 중에 염화 소듐(NaCl) 9.00 g이 포함된 용액.

● **4.66** 다음 각 용액의 몰농도를 계산하시오. (a) 용액 1.50 ×

10^2 mL 중에 메탄올(CH_3OH) 6.57 g, (b) 용액 2.20×10^2 mL 중에 염화 칼슘($CaCl_2$) 10.4 g, (c) 벤젠 용액 85.2 mL 중에 나프탈렌($C_{10}H_8$) 7.82 g.

4.67 다음 각 경우에 필요한 부피(mL)를 계산하시오. (a) 0.270 M 용액으로부터 염화 소듐 2.14 g, (b) 1.50 M 용액으로부터 에탄올 4.30 g, (c) 0.30 M 용액으로부터 아세트산(CH_3COOH) 0.85 g.

4.68 0.100 M 용액 2.50×10^2 mL를 만들기 위해서는 다음 각 용질 몇 g이 필요한가? (a) 아이오딘화 세슘(CsI), (b) 황산(H_2SO_4), (c) 탄산 소듐(Na_2CO_3), (d) 다이크로뮴산 포타슘($K_2Cr_2O_7$), (e) 과망가니즈산 포타슘($KMnO_4$).

4.69 0.278 M NO_3^- 용액을 만들려면, 0.102 M KNO_3 용액 255 mL에 0.416 M $Mg(NO_3)_2$ 용액 몇 mL를 가하여야 하는가?

4.70 약한 유기산의 적정에 종종 사용되는 수산화 바륨은 팔수화물인 $Ba(OH)_2 \cdot 8H_2O$로 얻어진다. 수산화 이온 0.1500 M 용액 500.0 mL를 만들려면 $Ba(OH)_2 \cdot 8H_2O$ 몇 그램이 필요한가?

용액의 묽힘

▶ 복습 질문

4.71 알려진 농도로 용액을 묽히는 기본적인 단계를 설명하시오.

4.72 묽힌 용액의 농도를 계산할 수 있는 식을 쓰고 각 항목의 단위를 정의하시오.

▶ 문제

4.73 2.00 M HCl 용액으로부터 0.646 M 용액 1.00 L를 만드는 방법을 설명하시오.

4.74 0.866 M KNO_3 용액 25.0 mL에 물을 가해 정확하게 500 mL가 되었다. 이 때, 최종 용액의 농도는 얼마인가?

4.75 4.00 M HNO_3 저장 용액으로부터 0.200 M 용액 60.0 mL를 만드는 방법을 설명하시오.

4.76 0.125 M HCl 용액 505 mL를 묽혀서 0.100 M 용액으로 만들려고 한다. 이 때, 물은 얼마나 가하여야 하는가? 최종 부피는 두 부피의 합이 된다고 가정하자.

4.77 1.66 M $KMnO_4$ 용액 35.2 mL와 0.892 M $KMnO_4$ 용액 16.7 mL를 섞었다. 최종 용액 농도를 계산하시오.

4.78 0.568 M 질산 칼슘[$Ca(NO_3)_2$] 용액 46.2 mL를 1.396 M 질산 칼슘 용액 80.5 mL와 섞었다. 이 최종 혼합 용액의 농도는 얼마인가?

무게 분석

▶ 복습 질문

4.79 무게 분석법에 대한 기본적인 단계를 설명하시오. 화학식이 알려진 화합물의 종류 또는 순도를 결정할 때, 이 무게 분석법이 어떻게 이용되는가?

4.80 염화물의 무게 분석에 증류수를 사용해야만 한다. 그 이유는 무엇인가?

▶ 문제

4.81 0.150 M $CaCl_2$ 30.0 mL과 0.100 M $AgNO_3$ 15.0 mL를 혼합할 때, 생성되는 AgCl 침전의 질량(g)은 얼마인가?

4.82 바륨 이온(Ba^{2+})을 포함하는 미지 화합물 0.6760 g을 물에 녹인 후, 과량의 Na_2SO_4로 처리하였다. 만일 생성한 침전물의 양이 0.4105 g이라면 초기 미지 화합물 중 Ba의 질량 백분율은 얼마인가?

4.83 0.0113 M $AgNO_3$ 용액 2.50×10^2 mL에 포함된 Ag^+ 이온을 모두 침전시키기 위해 필요한 NaCl은 몇 g인가? 이 반응에 대한 알짜 이온 반응식을 쓰시오.

4.84 물에 있는 황산 이온의 농도는 염화 바륨 용액을 가하여 황산 이온을 침전으로 만들어 결정할 수 있다. 이 반응의 알짜 이온 반응식을 쓰시오. 물 시료 145 mL를 과량의 $BaCl_2(aq)$로 처리하여 $BaSO_4$ 침전 0.330 g을 얻었다. 원래 물 시료 중 황산 이온의 농도를 결정하시오.

산-염기 적정

▶ 복습 질문

4.85 산-염기 적정에 관한 기본적인 단계를 설명하시오. 산-염기 적정이 현실적으로 큰 가치가 있는 이유는 무엇인가?

4.86 산-염기 지시약은 어떻게 작용하는가?

4.87 뷰렛에 들어 있는 농도가 알려지지 않은 NaOH 용액을 이용하여 두 번의 적정 실험을 하였다. 한 실험에서는 KHP 0.2458 g의 무게를 측정하여 플라스크에 옮기고, 증류수 20.00 mL를 가하여 산을 녹였다. 다른 실험에서 KHP 0.2507 g의 무게를 측정하여 증류수 40.00 mL를 가하였다. 실험 오차가 없다고 가정하면, 두 실험에서 동일한 NaOH 농도를 얻겠는가?

4.88 0.10 M HNO_2(약산) 용액 25.0 mL의 중화와 0.10 M HCl(강산) 용액 25.0 mL의 중화에 필요한 0.10 M NaOH 용액의 부피는 서로 다른가?

▶ 문제

4.89 KHP 0.4218 g을 중화하기 위하여 KOH 용액 18.68 mL가 필요하였다. KOH 용액의 몰농도는 얼마인가?

4.90 0.312 M HCl 용액 17.4 mL를 중화하는 데 필요한 NaOH의 부피가 25.0 mL라면 NaOH의 몰농도를 계산하시오.

4.91 다음 용액을 적정하기 위하여 필요한 1.420 M NaOH 용액의 부피(mL)를 계산하시오.
(a) 2.430 M HCl 용액 25.00 mL
(b) 4.500 M H_2SO_4 용액 25.00 mL
(c) 1.500 M H_3PO_4 용액 25.00 mL

4.92 다음 용액을 완전히 중화시키는 데 필요한 0.500 M HCl 용액의 부피는 얼마인가?

(a) 0.300 M NaOH 용액 10.0 mL
(b) 0.200 M $Ba(OH)_2$ 용액 10.0 mL

산화-환원 적정

▶ **복습 질문**

4.93 산-염기 적정과 산화-환원 적정의 유사점과 차이점은 무엇인가?

4.94 산화-환원 적정에서 과망가니즈산 포타슘($KMnO_4$)과 다이크로뮴산 포타슘($K_2Cr_2O_7$)은 내부 지시약으로 쓸 수 있다. 그 이유는 무엇인가?

▶ **문제**

• 4.95 철(II) 이온은 $K_2Cr_2O_7$에 의하여 다음 알짜 이온 반응식처럼 산화된다.

$$Cr_2O_7^{2-} + 6Fe^{2+} + 14H^+ \longrightarrow 2Cr^{3+} + 6Fe^{3+} + 7H_2O$$

Fe^{2+} 용액 25.0 mL를 적정하는 데 0.0250 M $K_2Cr_2O_7$ 26.0 mL가 사용되었다면, Fe^{2+} 용액의 농도는 얼마인가?

4.96 공기 속에 존재하는 SO_2는 산성비의 주요인이다. SO_2의 농도는 다음과 같이 과망가니즈산염(permanganate) 표준 용액으로 적정함으로써 결정할 수 있다.

$$5SO_2 + 2MnO_4^- + 2H_2O \longrightarrow 5SO_4^{2-} + 2Mn^{2+} + 4H^+$$

시료의 적정에 0.00800 M $KMnO_4$ 용액 7.37 mL가 사용되었으면 공기 중 SO_2의 질량(g)을 계산하시오.

4.97 Fe^{2+} 이온만을 포함하는 철광석 0.2792 g을 측정하여 묽은 산에 녹인 후, 모든 Fe(III) 이온으로 산화시키는 데 0.0194 M $K_2Cr_2O_7$ 용액 23.30 mL가 소모되었다. 광석에 포함된 철의 질량 백분율을 구하시오. (*힌트*: 연습 문제 4.95의 균형 반응식 참조.)

4.98 과산화 수소 용액의 농도는 다음 반응식에 의해 산성 용액에서 $KMnO_4$ 표준 용액으로 적정하여 구할 수 있다.

$$2MnO_4^- + 5H_2O_2 + 6H^+ \longrightarrow 5O_2 + 2Mn^{2+} + 8H_2O$$

H_2O_2 용액 25.00 mL를 완전히 산화시키는 데 0.01652 M $KMnO_4$ 용액 36.44 mL가 필요하다면, H_2O_2 용액의 몰농도는 얼마인가?

• 4.99 옥살산($H_2C_2O_4$)은 많은 식물과 야채에 존재한다. $H_2C_2O_4$ 시료 1.00 g이 당량점에 도달하기 위해 0.0100 M $KMnO_4$ 용액 24.0 mL가 적정에 필요하다면 시료 중 $H_2C_2O_4$의 질량 백분율은 얼마인가? 알짜 이온 반응식은 다음과 같다.

$$2MnO_4^- + 16H^+ + 5C_2O_4^{2-} \longrightarrow 2Mn^{2+} + 10CO_2 + 8H_2O$$

4.100 옥살산 용액 15.0 mL를 중화하는 데 0.149 M NaOH 용액 25.2 mL이 필요하다. 이와 같은 옥살산 용액 15.0 mL와 반응하는 데 필요한 0.122 M $KMnO_4$ 용액의 부피를 계산하시오. (*힌트*: 옥살산은 이양성자산이다. 연습 문제 4.99의 산화-환원 반응식 참조.)

• 4.101 아이오딘산(IO_3^-) 이온은 산성 용액에서 SO_3^{2-} 이온을 산화시킨다. 그 산화 반쪽 반응은 다음과 같다.

$$SO_3^{2-} + H_2O \longrightarrow SO_4^{2-} + 2H^+ + 2e^-$$

KIO_3 1.390 g을 포함하는 용액 100.0 mL가 0.500 M Na_2SO_3 32.5 mL와 반응하였다. 이 반응 후 아이오딘의 최종 산화 상태는 무엇인가?

4.102 옥살산 칼슘(CaC_2O_4)은 신장 결석의 주성분이며 물에 녹지 않는다. 이런 성질을 이용하여 혈액과 같은 유체 중 Ca^{2+} 이온의 양을 측정한다. 혈액으로부터 분리된 옥살산 칼슘은 산에 용해되어 연습 문제 4.99에서와 같이 표준화된 $KMnO_4$ 용액으로 적정된다. 어떤 실험에서 혈액 10.0 mL로부터 분리된 옥살산 칼슘을 적정하는 데 9.56×10^{-4} M $KMnO_4$ 용액 24.2 mL가 필요함을 알았다. 이 때, 혈액 1 mL당 칼슘은 몇 mg이 녹아 있는지 계산하시오.

추가 문제

4.103 다음 반응을 이 장에서 배운 반응 형태로 분류하시오.
(a) $Cl_2 + 2OH^- \longrightarrow Cl^- + ClO^- + H_2O$
(b) $Ca^{2+} + CO_3^{2-} \longrightarrow CaCO_3$
(c) $NH_3 + H^+ \longrightarrow NH_4^+$
(d) $2CCl_4 + CrO_4^{2-} \longrightarrow 2COCl_2 + CrO_2Cl_2 + 2Cl^-$
(e) $Ca + F_2 \longrightarrow CaF_2$
(f) $2Li + H_2 \longrightarrow 2LiH$
(g) $Ba(NO_3)_2 + Na_2SO_4 \longrightarrow 2NaNO_3 + BaSO_4$
(h) $CuO + H_2 \longrightarrow Cu + H_2O$
(i) $Zn + 2HCl \longrightarrow ZnCl_2 + H_2$
(j) $2FeCl_2 + Cl_2 \longrightarrow 2FeCl_3$
(k) $LiOH + HNO_3 \longrightarrow LiNO_3 + H_2O$

4.104 산소(O_2)와 이산화 탄소(CO_2)는 무색, 무취의 기체이다. 두 기체를 어떻게 구분할 수 있는지 화학적 방법을 두 가지 제시하시오.

• 4.105 다음 수용액 중 25°C에서 가장 전기를 잘 통할 것으로 예상되는 것은 어느 것이며, 그 이유는 무엇인가?
(a) 0.20 M NaCl
(b) 0.60 M CH_3COOH
(c) 0.25 M HCl
(d) 0.20 M $Mg(NO_3)_2$

• **4.106** 2.00 M HCl 용액 시료 5.00×10^2 mL를 마그네슘 4.47 g으로 처리하였다. 모든 금속이 반응한 후 남아 있는 산 용액의 농도를 계산하시오. 부피는 일정하다고 가정한다.

4.107 다음 그림은 여러 이온을 포함하는 두 수용액을 나타낸 것이다. 각 용액의 부피는 200 mL이다. (a) 용액을 혼합한 후 침전의 질량을 그램 단위로 계산하시오. (b) 최종

용액에 있는 이온의 몰농도는 얼마인가? 각 구는 0.100 mol로 간주한다. 최종 부피는 두 부피의 합이 된다고 가정하자.

4.108 다음 그림은 여러 이온을 포함하는 두 수용액을 나타낸 것이다. 각 용액의 부피는 200 mL이다. (a) 용액을 혼합한 후 침전의 질량을 그램 단위로 계산하시오. (b) 최종 용액에 있는 이온의 몰농도는 얼마인가? 각 구는 0.100 mol로 간주한다. 최종 부피는 두 부피의 합이 된다고 가정하자.

• 4.109 아연 7.89 g과 반응하는 0.156 *M* $CuSO_4$ 용액의 부피를 계산하시오.

• **4.110** 탄산 소듐(Na_2CO_3)은 매우 순수한 형태로 얻을 수 있으므로 산 표준화 용액으로 이용할 수 있다. Na_2CO_3 0.256 g을 반응시킬 때, HCl 용액 28.3 mL가 사용되었다면 HCl 용액의 몰농도를 계산하시오.

• 4.111 어떤 일양성자산 3.664 g을 물에 녹였다. 이 용액을 중화시키는 데 0.1578 *M* NaOH 용액 20.27 mL가 소모되었다. 산의 몰질량을 계산하시오.

• **4.112** 아세트산(CH_3COOH)은 식초의 중요한 성분이다. 1.00 *M* NaOH 용액으로 공업용 식초 시료 50.0 mL를 적정하였다. 적정에 염기 5.75 mL가 사용되었다면 공업용 식초에 존재하는 아세트산의 몰농도는 얼마인가?

• 4.113 질산 포타슘(KNO_3) 용액 15.00 mL를 125.0 mL로 묽힌 후, 이 묽힌 용액 25.00 mL를 다시 1.000×10^3 mL로 묽혔다. 최종 용액의 농도가 0.00383 *M*이다. 처음 용액의 농도를 계산하시오.

4.114 아연 조각 2.50 g을 $AgNO_3$ 용액에 넣으면, 아연 조각의 표면에 금속 은이 생성된다. 얼마간의 시간이 흐른 후, 아연 조각을 용액에서 꺼내어 건조하고 무게를 쟀을 때 3.37 g이었다. 이 때, 존재하는 금속 Ag와 Zn의 질량을 계산하시오.

• 4.115 0.0820 *M* $Ba(OH)_2$ 용액 2.27 L와 0.0664 *M* Na_2SO_4 용액 3.06 L를 혼합할 때 형성되는 침전의 질량을 계산하시오.

• **4.116** 0.211 *M* HNO_3 10.7 mL와 0.258 *M* NaOH 16.3 mL를 혼합하였을 때 용액에 남아 있는 산(또는 염기)의 농도를 계산하시오.

4.117 (a) 수산화 마그네슘[$Mg(OH)_2$]의 생성 과정을 설명하고, 용해도를 예측하시오. (b) 마그네시아 현탁액은 $Mg(OH)_2$를 주성분으로 포함하며, 위산(주로 염산)에 의한 소화 장애를 치료하는 데 효과적이다. 약 두 숟가락 분량(약 10 mL)의 마그네시아 현탁액[0.080 g $Mg(OH)_2$/mL]과 반응하는 데 필요한 0.035 *M* HCl 용액(위산에 과다하게 분비된 위에서의 농도)의 부피를 계산하시오.

• **4.118** X^{2+} 이온을 형성하는 것으로 알려진 금속 X 1.00 g을 0.500 *M* H_2SO_4 용액 0.100 L에 넣었다. 모든 금속이 반응한 후 남은 산을 중화시키는 데 0.500 *M* NaOH 0.0334 L가 필요하다면, 금속의 질량을 계산하고, 원소의 종류가 무엇인지 말하시오.

4.119 공기 중 이산화 탄소는 LiOH나 $Ba(OH)_2$와 같은 금속 수산화물 수용액으로 제거할 수 있다. (a) 반응식을 쓰시오. (이산화 탄소는 물과 반응하여 탄산을 형성한다.) (b) 0.800 *M* LiOH 용액과 0.800 *M* $Ba(OH)_2$ 용액으로 제거할 수 있는 CO_2의 질량을 계산하시오. (c) 우주 캡슐에는 어떤 용액을 선택하겠는가? 잠수함에서는 어떤 용액을 선택하겠는가?

4.120 말론산의 분자식은 $C_3H_4O_4$이다. 1.174 *M* NaOH 12.44 mL를 중화하는 데 이 산 0.762 g을 포함하는 용액이 필요하였다면 이 분자 안에 존재하는 H 원자 중 이온화 할 수 있는 것은 몇 개인가?

4.121 용해도에 관한 정량적인 정의는 특정 온도에서 주어진 부피의 물에 녹는 용질의 g수이다. 용해성이 있는 화합물의 용해도를 결정할 수 있는 화합물의 용해도를 결정할 수 있는 실험에 대하여 설명하시오.

• **4.122** 0.513 *M* 포도당($C_6H_{12}O_6$) 60.0 mL 용액과 2.33 *M* 포도당 120.0 mL 용액을 섞었을 때 용액의 최종 농도는 얼마인가? 최종 부피는 두 부피의 합이 된다고 가정하자.

4.123 이온 결합 화합물 X는 물에 약간 녹는다. 이 화합물이 물에 어느 정도 녹는 것을 밝히기 위한 실험에는 어떤 것이 있는가?

4.124 황산 철(II)인지 황산 철(III)인지 알 수 없는 시료가 주어졌다. 어느 것인지 알아낼 수 있는 화학적 방법을 서술하시오. (두 철 화합물은 모두 물에 용해된다.)

4.125 무색의 액체가 주어졌다. 이 액체가 물임을 밝히기 위한 세 가지 화학적 시험에 대하여 설명하시오.

4.126 한 학생이 그림 4.1의 장치로 실험하여 황산 용액이 전구를 밝게 빛나게 함을 발견하였다. 하지만 이 용액에 수산화 바륨[$Ba(OH)_2$] 용액을 일정량 가하였더니, $Ba(OH)_2$ 역시 강전해질임에도 불구하고 전구의 불빛이 점점 희미해지기 시작하였다. 실험 결과를 설명하시오.

4.127 어떤 금속 탄산 염인 MCO_3의 몰질량은 과량의 HCl 산을 가하여 모든 탄산 염과 반응시킨 후 남은 산을 NaOH 용액으로 "역적정(back titration)"하여 결정할 수 있다. (a) 이들 반응식을 쓰시오. (b) 어떤 실험에서 0.0800 *M* HCl 20.00 mL를 MCO_3 시료 0.1022 g에 가하였다. 과량의 HCl을 중화하는 데 0.1000 *M* NaOH 5.64 mL가 필요하였다. 탄산 염의 몰질량을 계산하고 M이 무엇인지 밝히시오.

4.128 염화 철 수화물 시료 5.012 g을 오븐에서 건조하였다. 무수 화합물의 질량은 3.195 g이었다. 그런 다음 화합물을 물에 녹이고 과량의 $AgNO_3$와 반응하였다. 형성된 AgCl은 7.225 g이었다. 원래 화합물의 화학식은 무엇인가?

4.129 분자식이 알려지지 않은 가용성 화합물이 주어졌다. (a) 이 화합물이 산임을 밝히기 위한 세 가지 시험을 설명하시오. (b) 이 화합물이 산임을 밝혔다면, 농도가 알려진 NaOH 용액을 이용하여 어떻게 몰질량을 결정하는지 설명하시오. (이 산은 일양성자산으로 가정한다.) (c) 이 산이 강산인지 약산인지 어떻게 결정하는가? NaCl 시료와 그림 4.1에서와 같은 기구가 비교를 위해 주어졌다고 가정한다.

4.130 NaCl 용액과 수크로스($C_{12}H_{22}O_{11}$) 용액이 있다. 이 두 용액은 무색인데, 용액들의 화학적 및 물리적 실험으로 두 용액들을 서로 구별할 수 있는 방법을 설명하시오.

● 4.131 질산 이온(NO_3^-)도 포함하고 있는 오염된 물 시료 중 납 이온(Pb^{2+})의 농도를 결정하기 위하여 고체 황산 소듐(Na_2SO_4)을 물 500 mL에 가하였다. (a) 분자 반응식과 알짜 이온 반응식을 쓰시오. (b) 모든 Pb^{2+} 이온을 $PbSO_4$로 침전시키기 위하여 Na_2SO_4 0.00450 g이 필요하다면 Pb^{2+}의 몰농도는 얼마인가?

4.132 염산은 질산이나 황산과는 달리 산화제가 아니다. Cl^- 이온이 SO_4^{2-}이나 NO_3^- 이온과 같은 강산화제가 아닌 이유를 설명하시오.

4.133 다음 방법으로 아이오딘화 포타슘(KI)을 만드는 과정에 대해서 설명하시오. (a) 산-염기 반응, (b) 산과 탄산염 화합물의 반응.

4.134 소듐 금속은 물과 반응하여 수소 기체를 생성한다. 하지만 실험실에서 수소의 제법에 위와 같은 반응을 이용하지 않는 이유는 무엇인가?

4.135 다음 화합물을 만드는 방법에 대해서 설명하시오. (a) $Mg(OH)_2$, (b) AgI, (c) $Ba_3(PO_4)_2$.

4.136 실험실 바닥에 진한 황산을 쏟았을 때 산을 중화하기 위해 진한 수산화 소듐 용액을 붓는 것과 고체 중탄산 소듐을 뿌리는 것 중 어느 것을 이용해야 하는가? 선택한 이유를 화학적으로 설명하시오.

4.137 다음 각 물질의 수용액에서 양이온과 음이온을 분리하는 방법에 대하여 설명하시오. (a) $NaNO_3$와 $Ba(NO_3)_2$, (b) $Mg(NO_3)_2$와 KNO_3, (c) KBr과 KNO_3, (d) K_3PO_4와 KNO_3, (e) Na_2CO_3와 $NaNO_3$.

4.138 다음은 일반적인 생활에 쓰이는 화합물이다. 소금(NaCl), 설탕(수크로스), 식초(아세트산을 포함), 베이킹 소다($NaHCO_3$), 세제용 소다($Na_2CO_3 \cdot 10H_2O$), 붕산(H_3BO_3, 안약에 이용), 사리염($MgSO_4 \cdot 7H_2O$), 수산화 소듐(막힌 하수구를 뚫는 데 사용), 암모니아, 마그네시아 현탁액[$Mg(OH)_2$], 탄산 칼슘. 이 장에서 배운 화학적인 지식을 응용하여 이들 물질을 구별하고 확인하는 방법을 서술하시오.

4.139 아황산염(SO_3^{2-} 이온을 포함하는 화합물)은 포도주 제조와 건조된 과일 및 채소의 방부제로 사용된다. 과일에 아황산염의 존재 여부를 검사하기 위하여 말린 살구 몇 개를 물에 밤새도록 방치한 후에 고체 입자를 거르고, 과산화 수소(H_2O_2)로 처리하여 아황산 이온을 황산 이온으로 산화시켰다. 마지막으로 용액에 염화 바륨($BaCl_2$) 용액 몇 방울을 가하여 황산 이온을 침전시켰다. 각 과정에서의 균형 반응식을 쓰시오.

● **4.140** NaCl과 KCl의 혼합물 시료 0.8870 g을 물에 녹인 후, 용액에 과량의 $AgNO_3$를 넣었더니 AgCl 침전 1.913 g이 석출되었다. 이 혼합물 중 각 물질의 질량 백분율을 계산하시오.

4.141 산화수를 고려하여 일산화 탄소(CO)는 가연성이고 이산화 탄소(CO_2)는 그렇지 않은 이유를 설명하시오.

4.142 AgOH(*s*)와 HNO_3(*aq*)의 반응에 해당하는 그림을 다음에서 선택하시오. 이 반응에 대한 균형 반응식을 쓰시오. 녹색 구는 Ag^+ 이온을 나타내고 빨간 구는 NO_3^- 이온을 나타낸다.

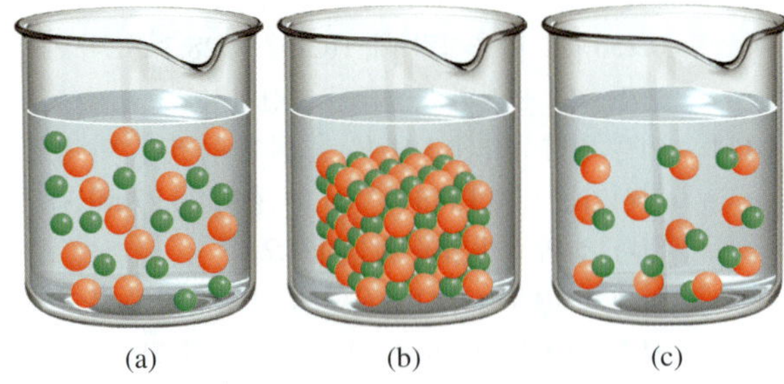

● 4.143 염소는 +1, +3, +4, +6, +7의 산화수를 갖는 산화물들을 생성한다. 각 화합물의 화학식을 쓰시오.

● **4.144** 옥살산은 다음 반응에 따라 욕조의 녹(Fe_2O_3) 제거에 사용된다.

$$Fe_2O_3(s) + 6H_2C_2O_4(aq) \longrightarrow 2Fe(C_2O_4)_3^{3-}(aq) + 3H_2O + 6H^+(aq)$$

옥살산 0.100 *M* 용액 5.00×10^2 mL에 의해 제거될 수

있는 녹의 그램수를 계산하시오.

• 4.145 아세틸살리실산($C_9H_8O_4$)은 일반적으로 "아스피린"으로 알려진 일양성자 산이다. 그러나 일반적인 아스피린 알약 하나에는 이 산이 미량 들어 있다. 함량을 결정하기 위하여 아스피린 한 알을 분쇄하여 물에 녹였다. 이 용액을 중화하기 위하여 0.1466 M NaOH 용액 12.25 mL가 소모되었다. 한 알에 들어 있는 아스피린의 그레인 수를 구하시오. (1 그레인 = 0.0648 g)

4.146 $CaBr_2$와 NaBr의 혼합물 0.9157 g을 물에 녹인 후, 용액에 $AgNO_3$를 첨가하면 AgBr 침전물이 형성된다. 침전의 질량이 1.6930 g이라면, 원래의 혼합물에 NaBr의 질량 백분율은 얼마인가?

4.147 할로젠화 수소(HF, HCl, HBr, HI)는 반응성이 매우 큰 물질로 공장이나 실험실에서 많이 이용된다. (a) 실험실에서 CaF_2와 NaCl을 진한 황산과 반응시켜 HF와 HCl을 만들 수 있다. 이 반응에 대한 반응식을 쓰시오. (*힌트*: 산화-환원 반응이 아니다.) (b) NaBr과 NaI를 진한 황산과 반응시키는 비슷한 방법으로 HBr과 HI를 만들 수 없는 이유는 무엇인가? (*힌트*: 황산은 Br_2나 I_2보다 더 강한 산화제이다). (c) HBr은 삼브로민화 인(PBr_3)과 물을 반응시켜 만들 수 있다. 이 반응에 대한 반응식을 쓰시오.

• **4.148** $CaCl_2$ 25.3 g이 포함된 325 mL 시료 용액이 있다. (a) 이 용액에 녹아 있는 Cl^- 이온의 몰농도를 계산하시오. (b) 이 용액 0.100 L에 Cl^- 이온은 몇 g이 녹아 있는가?

• 4.149 인산(H_3PO_4)은 매우 중요한 산업용 화학 물질로 비료, 세제, 식품 산업에 이용된다. 인산은 다음과 같은 두 가지 방법으로 만든다. 전기로법에서는 원소 인(P_4)을 공기 중에서 태워 P_4O_{10}을 만든 후, 물과 반응시켜 H_3PO_4를 만든다. *습식법*에서는 인산염 광물인 플루오로아파타이트[$Ca_5(PO_4)_3F$]를 황산과 반응시켜 H_3PO_4(HF, $CaSO_4$와 함께)를 만든다. 위 과정들에 대한 반응식을 쓰고, 각 과정을 침전 반응, 산-염기 반응, 산화-환원 반응 등으로 구분하시오.

• **4.150** NH_4NO_3은 질소 함유 비료의 가장 중요한 성분 중 하나이다. 그 순도는 NaOH 표준 용액으로 NH_4NO_3 용액을 적정하여 분석할 수 있다. 공업적으로 만든 NH_4NO_3 시료 0.2041 g을 중화시키는 데 0.1023 M 수산화 소듐 24.42 mL가 필요하였다.
(a) 이 반응의 알짜 이온 방정식을 쓰시오.
(b) 시료의 순도는 몇 %인가?

4.151 다음 반응은 산화-환원 반응인가?

$$3O_2(g) \longrightarrow 2O_3(g)$$

4.152 HFO에서 O의 산화수는 얼마인가?

4.153 그림 4.7이나 4.8과 같은 분자 모형을 이용하여 다음 산-염기 반응을 표현하시오.
(a) $OH^- + H_3O^+ \longrightarrow 2H_2O$
(b) $NH_4^+ + NH_2^- \longrightarrow 2NH_3$

4.154 어떤 운전자의 혈액 10.0 g 중 혈중 알코올 함량을 결정하는 데 0.07654 M $K_2Cr_2O_7$ 4.23 mL를 소모하였다. 이 경우 경찰은 이 운전자를 음주운전 혐의로 기소할 수 있을까? (*힌트*: 4.4절 "생활 속의 화학" 참조.)

4.155 진한 질산을 방치하면 점점 노란색을 띤다. 그 이유를 설명하시오. (*힌트*: 질산은 점차적으로 분해된다. 이산화 질소는 색이 있는 기체이다.)

4.156 다음 기체에 대한 실험실 제법을 쓰시오. 각 반응에서 반응물과 생성물의 물리적 상태를 표시하시오. (a) 수소, (b) 산소, (c) 이산화 탄소, (d) 질소. [*힌트*: 질소는 아질산 암모늄(NH_4NO_2)을 가열하면 얻을 수 있다.]

4.157 그림 4.18을 참조하여 정확한 부피를 만들기 전에 먼저 고체를 완전히 녹이는 이유를 설명하시오.

4.158 다음 분해 반응을 산-염기 반응으로 규정할 수 있는가? 설명하시오.

$$NH_4Cl(s) \longrightarrow NH_3(g) + HCl(g)$$

4.159 다음에 대한 화학적 설명을 하시오. (a) 칼슘 금속에 황산 용액을 가하면 수소 기체가 발생한다. 이 반응은 몇 분 후 느려지고, 반응물이 없어지지 않았음에도 멈추게 된다. 설명하시오. (b) 활동도 계열에서 알루미늄은 수소보다 위에 있지만 수증기나 염산에 대하여 반응성이 없다. 그 이유는 무엇인가? (c) 소듐과 포타슘은 구리보다 활동도 계열에서 위에 위치한다. $CuSO_4$ 용액에 소듐이나 포타슘 금속을 가해도 Cu^{2+} 이온이 석출되지 않는 이유는 무엇인가? (d) 금속 M은 수증기와 서서히 반응한다. 이것을 연녹색의 황산 철(II) 용액에 넣어도 아무런 변화를 보이지 않는다. 활동도 계열에서 M의 위치는 어디인가? (e) 알루미늄은 전기분해를 이용하여 얻기 전에는 반응성이 있는 금속을 가하여 염화 알루미늄($AlCl_3$)을 환원시키는 방법으로 얻었다. 어떤 금속이 여기에 사용될 수 있는가?

• **4.160** 매우 묽은 용액을 제조하는 방법은 매우 작은 질량을 측정하거나 매우 작은 부피를 측정해서 만드는 것보다 몇 차례의 묽힘 과정을 통해서 만드는 것이 좋다. $KMnO_4$ 0.8214 g을 500-mL 들이 부피 플라스크에서 물에 녹였다. 이 용액 시료 2.000 mL를 1000-mL 들이 플라스크에 옮기고 눈금까지 묽힌 다음, 묽힌 용액 10.00 mL를 250-mL 들이 플라스크에 옮기고 눈금까지 묽혔다. (a) 최종 용액의 몰농도를 구하시오. (b) 최종 용액을 직접 만들기 위하여 필요한 $KMnO_4$의 질량을 계산하시오.

• 4.161 일반 화학 실험실에서 다음과 같은 "구리 순환"에 관한 실험을 하였다. 일련의 실험은 구리로 시작하여 금속 구리로 끝나며, 각 과정은 다음과 같다. (1) 질량이 알려진 구리 한 조각을 진한 질산과 반응시킨다. [생성물은 질산 구리(II), 이산화 질소, 물이다]. (2) 질산 구리(II)를 수산화 소듐 용액으로 처리하여 수산화 구리(II) 침전을 만든

다. (3) 가열하여 수산화 구리(II)를 산화 구리(II)로 분해한다. (4) 산화 구리(II)를 진한 황산과 반응시켜 황산 구리(II)를 만든다. (5) 황산 구리(II)를 과량의 금속 아연으로 처리하여 금속 구리를 만든다. (6) 염산을 가하여 남아 있는 아연을 제거한 후 구리 금속을 거르고, 말린 후 무게를 잰다. (a) 각 과정에 대한 균형 반응식을 쓰고, 반응을 분류하시오. (b) 구리 65.6 g으로 실험을 시작했다고 가정하고, 각 과정에서의 이론적 수득량을 계산하시오. (c) 각 과정의 특성을 고려하여 처음에 사용된 구리 대부분을 회수할 수 있는 이유에 대하여 설명하시오.

4.162 Fe^{2+}와 Fe^{3+} 이온을 모두 포함하는 용액 25.0 mL을 묽은 황산에 녹인 0.0200 *M* $KMnO_4$ 23.0 mL로 적정하였다. 그 결과 모든 Fe^{2+} 이온은 Fe^{3+} 이온으로 산화되었다. 다음으로 아연 금속을 사용하여 이 모든 Fe^{3+} 이온을 Fe^{2+} 이온으로 전환하였다. 끝으로 Fe^{2+} 이온만을 포함하는 이 용액을 Fe^{3+} 이온으로 산화하기 위해 위의 $KMnO_4$ 용액 40.0 mL가 필요하다. 원래 용액 중의 Fe^{2+}와 Fe^{3+}의 몰농도를 계산하시오. 알짜 이온 반응식은 다음과 같다.

$$MnO_4^- + 5Fe^{2+} + 8H^+ \longrightarrow Mn^{2+} + 5Fe^{3+} + 4H_2O$$

4.163 주기율표 형태를 이용하여 다음 반응을 할 수 있는 두 금속의 이름과 위치를 나타내시오. (a) 찬물로부터 수소를 치환한다. (b) 수증기로부터 수소를 치환한다. (c) 산으로부터 수소를 치환한다. 또한 물과 산이 모두 반응하지 않는 두 가지 금속을 나타내시오.

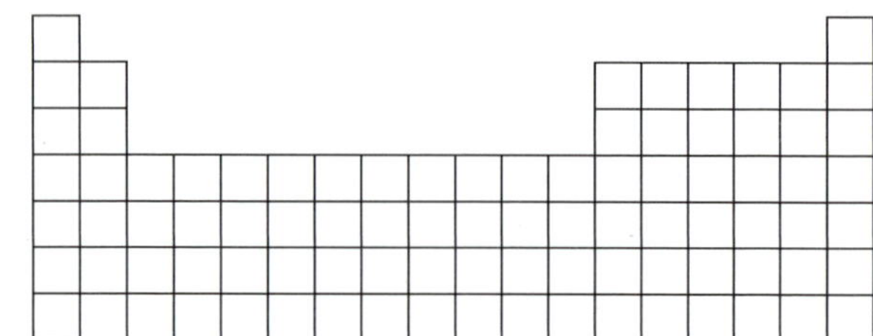

4.164 4.8절의 "생활 속의 화학" 내용을 가지고 다음 질문에 답하시오. (a) 침전 반응, 산-염기 반응, 산화-환원 반응이 어느 것인가? (b) 수산화 마그네슘 침전물을 만들기 위하여 바닷물에 산화 칼슘 대신에 수산화 소듐을 가하지 않는 이유는? (c) 수산화 마그네슘 침전 반응을 위하여 석회석 대신에 백운석(탄산 칼슘과 탄산 마그네슘의 혼합물)을 때로 사용한다. 이것의 장점은 무엇인가?

● 4.165 $Mg(NO_3)_2$ 1.615 g을 포함하는 용액 22.02 mL를 NaOH 1.073 g을 포함하는 용액 28.64 mL와 섞었다. 반응이 완료된 후에 남아 있는 이온들의 농도를 계산하시오. 최종 부피는 두 부피의 합으로 가정한다.

● **4.166** 네 금속 A, B, C, D에 대해 화학적인 시험 후 다음 결과를 얻었다.

(a) B와 C만 0.5 *M* HCl과 반응하여 수소 기체를 생성한다.

(b) B를 다른 금속 이온의 용액에 첨가하면 금속 고체 A, C, D가 석출된다.

(c) A는 6 *M* 질산과 반응하지만 D는 반응하지 않는다.

위 금속들을 환원 능력이 증가하는 순으로 나열하시오. 이들 설명에 맞는 네 금속을 제시하시오.

4.167 항생제인 그라미시딘 A는 특정 세포 속으로 Na^+ 이온을 초당 5.0×10^7 개씩 운반할 수 있다. 세포내 부피가 2.0×10^{-10} mL인 세포 안으로 Na^+ 이온의 농도가 8.0×10^{-3} *M*이 되도록 운반하는 데 필요한 시간을 초 단위로 계산하시오.

4.168 다음 그림은 여러 이온을 포함하는 두 수용액을 나타낸 것이다. 각 용액의 부피는 600 mL이다. (a) 용액을 혼합한 후 반응의 알짜 이온 반응식을 쓰시오. (b) 형성된 침전의 질량과 혼합 용액에 있는 이온의 농도를 계산하시오. 각 구는 0.0500 mol로 간주한다.

설명, 모형화 및 추정 문제 *Interpreting, Modeling & Estimating*

4.169 많은 단백질은 금속을 포함하고 있어서 구조적 또는 산화환원 기능을 한다. 다음 금속 중 어느 것이 하나 또는 두 부류에 적합한가? Ca, Cu, Fe, Mg, Mn, Ni, Zn.

4.170 치료제를 혈류에 넣는 가장 빠른 방법은 정맥 안으로 직접 넣는 정맥 주사법(intravenous therapy)이다. 한 임상 연구자가 새로운 약품의 실험 연구로 성인 남성의 혈류에 초기 농도 6×10^{-4} mmol/L가 되도록 하고자 한다. 병원 조제실에서 농도 1.2×10^{-3} mol/L인 약제 혈청을 만들었다. 원하는 약물의 초기 농도에 이르기 위해 정맥에 이 혈청을 얼마나 투여하여야 하겠는가?

4.171 공공 상수도는 종종 NaF, H_2SiF_6, Na_2SiF_6와 같은 화합물을 첨가하여 "불소화"한다. 플루오린화 이온이 충치를 예방한다는 것은 잘 알려져 있다. 하지만 치아 에나멜층이 착색되거나 부식될 수 있기 때문에(치아 불소침착증)

플루오린화 이온의 안전 기준치를 넘지 않도록 주의하여야 한다. 음용수에서 안전하고 효과적인 플루오린화 이온의 농도는 일반적으로 약 1 mg/L이다. 1년간 불소화된 물을 먹을 때 얼마나 많은 플루오린화 이온을 먹게 되겠는가? 플루오린화 소듐으로 환산하면 몇 그램에 해당되는가?

4.172 호흡 장치에 사용되는 유용한 산소원인 초과산화 포타슘(KO_2)은 물과 반응하여 수산화 포타슘, 과산화 수소, 산소를 형성한다. 또한 초과산화 포타슘은 이산화 탄소와도 반응하여 탄산 포타슘과 산소를 형성한다. (a) 이 두 반응의 반응식을 쓰고 이 적용에서 초과산화 포타슘의 효과에 대해 논의하시오. (b) KO_2와 CO_2의 반응에만 집중하여, 오염된 환경에서 30분간 일하는 사람이 생존하는 데 필요한 KO_2의 양을 추정하시오. (유용한 정보는 연습문제 1.69 참조.)

4.173 석조 표면 청소에 사용되는 일반 규격의 염산은 질량으로 약 10% HCl이고 밀도는 1.2 g/cm^3이다. 내부 직경이 2.0 인치인 6.0 피트의 온수 관에 0.5 인치 두께의 관석이 쌓여 있다(4.2절의 "생활 속의 화학" 참조). 이 관석을 제거하기 위해 필요한 염산의 최소 부피는 몇 갤런인가?

4.174 이 장에서 배운 산-염기와 침전 반응은 모두 이온 종에 대해 다루었으므로 그 반응 과정을 용액의 전기 전도도 측정으로 관찰할 수 있다. 다음 그림에 적합한 반응을 선택하시오. 전기 전도도는 임의 단위로 표시하였다.

(1) 1.0 *M* KOH 용액을 1.0 *M* CH_3COOH 1.0 L에 섞었다.
(2) 1.0 *M* NaOH 용액을 1.0 *M* HCl 1.0 L에 섞었다.
(3) 1.0 *M* $BaCl_2$ 용액을 1.0 *M* K_2SO_4 1.0 L에 섞었다.
(4) 1.0 *M* NaCl 용액을 1.0 *M* $AgNO_3$ 1.0 L에 섞었다.
(5) 1.0 *M* CH_3COOH 용액을 1.0 *M* NH_3 1.0 L에 섞었다.

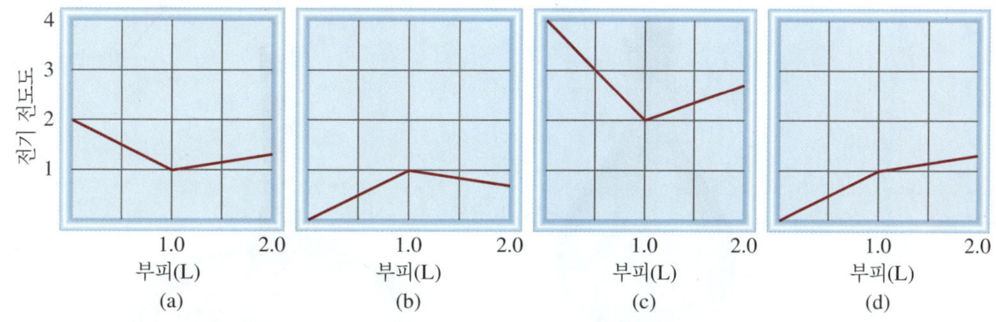

실전 연습의 답 *Answers to Practice Exercises*

4.1 (a) 불용성, (b) 불용성, (c) 가용성. **4.2** $Al^{3+}(aq) + 3OH^-(aq) \longrightarrow Al(OH)_3(s)$. **4.3** **(a)** 브뢴스테드 염기, (b) 브뢴스테드 산. **4.4** 분자 반응식: $H_3PO_4(aq) + 3NaOH(aq) \longrightarrow Na_3PO_4(aq) + 3H_2O(l)$; 이온 반응식: $H_3PO_4(aq) + 3Na^+(aq) + 3OH^-(aq) \longrightarrow 3Na^+(aq) + PO_4^{3-}(aq) + 3H_2O(l)$; 알짜 이온 반응식: $H_3PO(aq) + 3OH^-(aq) \longrightarrow PO_4^{3-}(aq) + 3H_2O(l)$ **4.5** (a) P: +3, F: −1 (b) Mn: +7, O: −2 **4.6** (a) 수소 치환 반응, (b) 결합 반응, (c) 불균등화 반응 (d) 금속 치환 반응. **4.7.** 0.452 *M*. **4.8** 494 mL **4.9** 저장 용액 34.2 mL를 200 mL로 묽힘. **4.10** 92.02% **4.11** 0.3822 g **4.12** 1.27 *M* **4.13** 204 mL

화학 세계의 미스터리

나폴레옹을 누가 죽였나?

1815년 워털루에서 패배한 나폴레옹은 대서양의 작은 헬레나 섬으로 추방되어 그 곳에서 그의 생의 마지막 6년을 보냈다. 1960년대에 나폴레옹의 머리카락 시료를 분석한 결과, 비소가 다량 포함되어 있어 그의 죽음이 독살에 의한 것으로 추정하게 하였다. 가장 유력한 용의자로는 그가 그곳에 머물기를 꺼려한 헬레나 섬의 지방 관리와 프랑스로 돌아오기를 원하지 않는 프랑스 왕실 귀족이 아닌가 짐작하고 있다.

원소 형태의 비소는 유해하지 않다. 널리 사용되는 실제 독약은 물에 잘 녹으며 맛이 없는 흰색 화합물인 산화 비소(III)(As_2O_3)인데, 일정 기간 동안 지속적으로 투약한다면 검출하기 어렵다. 할아버지가 마시는 포도주에 일정량 투여하면, 그 손자에게 상속이 빨리 이뤄질 수 있었기 때문에 한때는 "상속 가루약"으로 인식되었다.

1832년 영국의 화학자 마시(James Marsh)는 비소를 검출하는 기구를 만들었다. 현재 마시 시험법은 독으로 추정되는 시료에 아연과 황산과의 반응에 의하여 만들어진 수소를 결합시키는 방법이다. 만약 As_2O_3가 있다면 수소와 격렬히 반응해서 아르신(AsH_3)이라는 유독 기체를 만든다. 아르신 기체에 열을 가하면 분해되어 금속 광택제로 쓰이는 비소가 된다. 마시 시험법은 As_2O_3에 의한 살인을 억제하는 데 매우 효과적이지만, 나폴레옹에게 사용되기에는 너무 늦게 개발되었다. 사실 나폴레옹은 As_2O_3에 의해 희생된 것이었다.

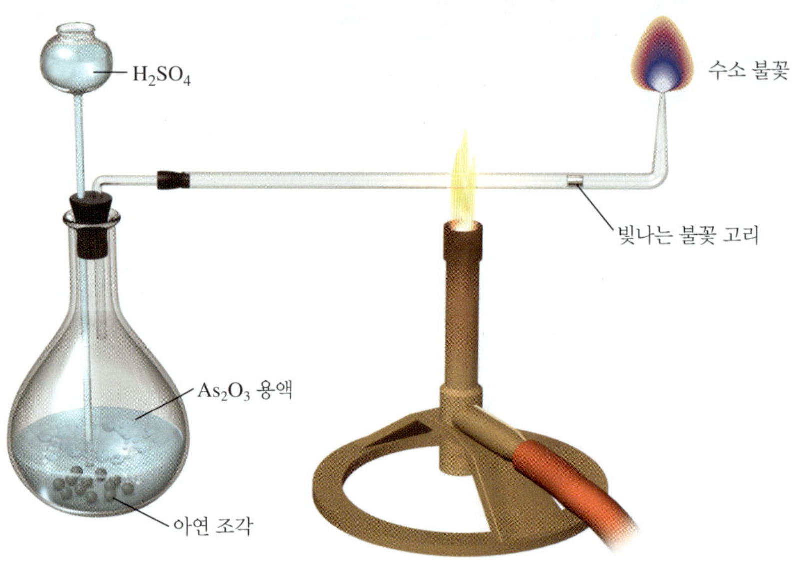

마시 시험 장치. 금속 아연과 As_2O_3의 용액에 황산을 가한다. 생성된 수소가 As_2O_3와 반응하여 아르신(AsH_3)을 만든다. 가열하면 아르신은 금속 광택을 가진 비소 원소와 수소 기체로 분해된다.

나폴레옹 독살 음모에 대한 의심은 1990년대 초 제기되었다. 그의 화실 벽지 시료에서 그가 살아있을 때 널리 사용되던 초록색 색소인 비산 구리($CuHAsO_4$)가 검출된 것이다. 헬레나의 습기 많은 날씨가 벽지의 곰팡이를 잘 자라게 하는 요인으로 작용하여 이 곰팡이가 비소 성분을 휘발성이고 매우 유독한 화합물인 트라이메틸 아르신[$(CH_3)_3As$]으로 바꾸었을 것이다. 이 증기에 오랫동안 노출된 나폴레옹의 건강은 악화되었다. 이에 따라 그의 몸 속에 비소가 축적되어 왔다고 설명할 수 있으며, 이것이 그의 죽음에 가장 중요한 원인으로 추정된다. 헬레나 섬에서 일상적으로 정원을 산책한 것은 그의 건강에 도움이 되었겠지만, 나폴레옹의 주기적인 위장관 폐쇄에 의한 통증과 비소의 중독에 의한 다른 증거들이 위의 이론을 지지해 주고 있다.

우리는 의도적이든지 아니든 간에 나폴레옹이 비소 중독에 의해 죽었다는 것을 알았다. 이와 같이 화학 분석 실험은 역사적인 사건의 실마리를 제공하기도 한다. 화학적 분석 실험은 법의학의 분석뿐만 아니라 의학 진단이나 상품의 품질 분석과 같이 기초적인 실험 분야부터 실제 생활 분야까지 응용될 수 있다.

나폴레옹의 머리카락.

화학적인 단서

1. 나폴레옹의 머리카락에서 비소를 검출하는 방법은 *중성자 방사화*(neutron activation) 기술이다. As-75에 고에너지 중성자를 조사하면 원자 질량 76인 동위원소 As-76으로 된다. 방사성 동위원소 비소에서는 특징적인 감마선이 방출되며, 이 감마선의 세기는 시료에 비소가 얼마나 많이 있는지를 알려주는 척도가 된다. 이러한 방법으로 물질 1 g에서 비소 5 ng(5×10^{-9} g)을 검출할 수 있다. (a) As의 두 가지 동위 원소의 원소 기호와 질량수를 쓰시오. (b) 화학적 분석 대신에 중성자 방사화 분석법에 의해 비소를 분석하는데, 이를 이용하는 두 가지 장점을 쓰시오.

2. 비소는 인체에 필수적인 원소는 아니다. (a) 주기율표를 근거로 독성의 이유를 추정해 보시오. (b) 비소 중독이 의심된다면 머리카락 외에 어느 곳에서 그 원소의 축적을 볼 수 있는가?

3. 비소를 검출하기 위한 마시 시험은 다음과 같은 과정을 거친다. (a) 황산을 아연에 가하면 수소 기체가 발생한다. (b) 수소와 산화 비소(III)이 반응하면 아르신이 만들어진다. (c) 가열하여 아르신이 비소로 전환된다. 이 과정들에 대해 적합한 화학식을 쓰고, 각 단계 반응의 종류를 말하시오.

제 5 장

기체

Gases

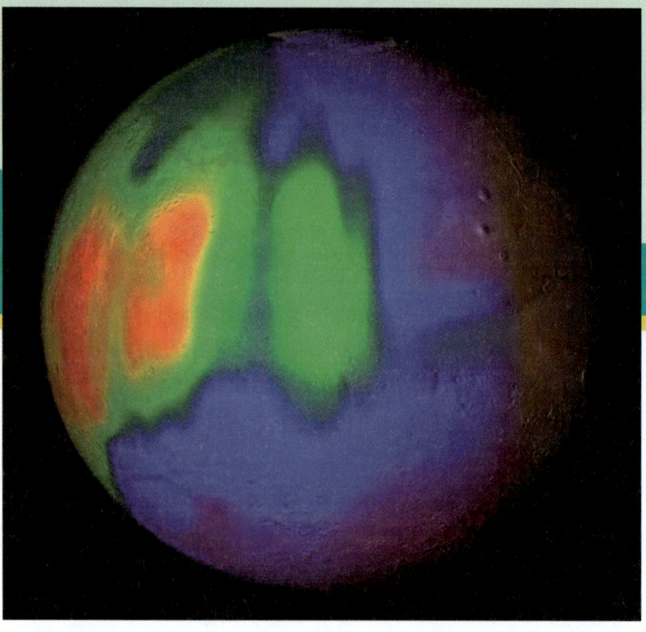

▲ 최근 화성의 대기에서 수증기와 메테인이 다량 검출되었다. (보라색에서 붉은색으로 갈수록 농도가 증가한다.) 메테인은 지열 활동에 의해 방출되거나 박테리아에 의해 만들어질 수 있어 화성에 생명체가 있을 수 있다는 추측을 부채질하고 있다.

이 장의 차례

들여다보기

- 기체로 존재하는 물질과 그들의 일반적인 성질을 검토한다(5.1절).
- 기체의 압력을 나타내는 단위와 대기압의 특성을 배운다(5.2절).
- 다양한 기체 법칙을 이용하여 압력, 부피, 온도, 기체의 양 사이의 관계를 배운다. 기체 법칙들은 결국 이상 기체 방정식으로 요약되며, 이를 이용하여 기체의 밀도와 몰질량을 계산한다(5.3절과 5.4절).
- 기체가 관련된 화학 반응의 화학량론에 이상 기체 방정식을 이용하는 것을 배운다(5.5절).
- 기체 혼합물의 거동은 이상 기체 방정식의 확대된 개념인 돌턴 부분 압력 법칙으로 설명한다(5.6절).
- 개별 분자의 성질을 기반으로 하는 기체의 분자 운동론을 배우고, 이를 이용하여 기체의 압력과 온도와 같은 거시적인 특성을 기술한다. 이 이론으로 주어진 온도에서 분자의 속력을 기술할 수 있으며, 기체의 확산과 분출과 같은 현상을 설명한다(5.7절).
- 마지막으로 반 데르 발스 식을 이용하여 기체의 비이상적인 거동에 대한 보정을 공부한다(5.8절).

특정 온도와 압력 조건에서 대부분의 물질은 세 가지 상태(고체, 액체, 기체) 중 하나로 존재한다. 예를 들어, 물은 고체인 얼음, 액체인 물, 기체인 수증기로 존재한다. 물질의 물리적 성질은 일반적으로 물질의 상태에 따라 결정된다.

이 장의 주제인 기체는 여러 면에서 액체나 고체에 비해 단순하다. 기체의 분자 운동은 매우 무질서하며, 분자들 사이의 인력이 아주 미약하여 각 분자는 자유롭게 움직이며 본질적으로 다른 분자와 무관하게 운동한다. 온도와 압력의 변화에 의한 기체의 거동을 예측하는 것은 매우 쉽다. 이러한 거동을 다루는 법칙들은 물질의 원자론 및 기체의 분자 운동론을 발전시키는 데 중요한 역할을 해왔다.

5.1 기체로 존재하는 물질

우리는 부피 조성비로 대략 N_2 78%, O_2 21%, CO_2를 포함한 다른 기체 1%로 이루어져 있는 공기의 바다 속에서 살고 있다. 오늘날 환경오염의 해로운 영향 때문에 모든 사람들은 생명유지에 꼭 필요한 기체 혼합물의 화학에 대해 큰 관심을 가진다. 대기와 오염 기체에 대한 화학은 20장에서 다룬다. 이 장에서는 정상 대기 조건(25°C, 1 atm)에서 기체로 존재하는 물질의 거동에 초점을 맞춘다.

그림 5.1에 정상 대기 조건에서 기체로 존재하는 원소들을 나타내었다. 수소, 질소, 산소, 플루오린, 염소는 이원자 분자(H_2, N_2, O_2, F_2, Cl_2) 기체이며, 산소의 동소체인 오존(O_3) 또한 상온에서 기체이다. 모든 8A족 원소인 비활성 기체(He, Ne, Ar, Kr, Xe, Rn)는 단원자 기체이다.

이온성 화합물은 25°C, 1 atm에서 기체로 존재하지 않는데, 이온성 고체의 양이온과 음이온 사이에 매우 강한 정전기적 힘에 의해 서로 결합되어 있기 때문이다. 이러한 인력을 극복하기 위해서는 많은 양의 에너지가 필요하며 실제로 고체를 강하게 가열하여야 한다. 정상 조건에서 일어날 수 있는 일은 고체가 녹는 것뿐이다. 예를 들어, NaCl은 801°C나 되는 높은 온도에서 녹는다. NaCl을 끓이기 위해서는 온도를 1000°C 이상으로 높여야 한다.

분자 화합물은 보다 다양한 거동을 한다. 예를 들어, CO, CO_2, HCl, NH_3, CH_4(메테인) 등 일부 화합물들은 상온에서 기체이지만, 대부분의 분자 화합물은 액체 또는 고체이다. 분자 화합물은 가열하면 이온 결합 화합물보다 훨씬 쉽게 기체로 변환된다. 다시 말해

1A	2A	3B	4B	5B	6B	7B	8B	8B	8B	1B	2B	3A	4A	5A	6A	7A	8A
H																	He
Li	Be											B	C	N	O	F	Ne
Na	Mg											Al	Si	P	S	Cl	Ar
K	Ca	Sc	Ti	V	Cr	Mn	Fe	Co	Ni	Cu	Zn	Ga	Ge	As	Se	Br	Kr
Rb	Sr	Y	Zr	Nb	Mo	Tc	Ru	Rh	Pd	Ag	Cd	In	Sn	Sb	Te	I	Xe
Cs	Ba	La	Hf	Ta	W	Re	Os	Ir	Pt	Au	Hg	Tl	Pb	Bi	Po	At	Rn
Fr	Ra	Ac	Rf	Db	Sg	Bh	Hs	Mt	Ds	Rg	Cn		Fl		Lv		

그림 5.1 25°C, 1 atm에서 기체로 존재하는 원소(파란색). 비활성 기체(8A족 원소)는 단원자 기체이며, 다른 원소들은 이원자 분자로 존재한다. 오존(O_3)도 기체이다.

"기체"라는 말과 "증기"라는 말을 종종 호환적으로 쓰지만 여기에는 차이가 있다. 기체란 보통 일반적인 온도와 압력에서 기체 상태로 존재하는 물질을 말한다. 증기는 일반적인 온도와 압력에서 액체나 고체인 물질의 기체 형태를 일컫는다. 따라서 25°C, 1 atm에서 수증기와 산소 기체라는 용어를 쓴다.

표 5.1 25°C, 1 atm에서 기체로 존재하는 물질

원소	화합물
H_2 (수소 분자)	HF (플루오린화 수소)
N_2 (질소 분자)	HCl (염화 수소)
O_2 (산소 분자)	HBr (브로민화 수소)
O_3 (오존)	HI (아이오딘화 수소)
F_2 (플루오린 분자)	CO (일산화 탄소)
Cl_2 (염소 분자)	CO_2 (이산화 탄소)
He (헬륨)	CH_4 (메테인)
Ne (네온)	C_2H_2 (아세틸렌)
Ar (아르곤)	NH_3 (암모니아)
Kr (크립톤)	NO (일산화 질소)
Xe (제논)	NO_2 (이산화 질소)
Rn (라돈)	N_2O (아산화 질소)
	SO_2 (이산화 황)
	SF_6 (육플루오린화 황)
	H_2S (황화 수소)
	HCN (사이안화 수소)*

*HCN의 끓는점은 26°C이지만 일반 대기 조건에서 충분히 기체로 존재한다고 볼 수 있다.

분자 화합물은 일반적으로 이온 결합 화합물보다 훨씬 낮은 온도에서 끓는다. 정상 대기 조건에서 어떤 분자 화합물이 기체인지 아닌지를 판단할 수 있는 간단한 법칙은 없다. 그러한 판단을 하기 위해서는 *분자간 힘*(intermolecular forces, 11장에서 논의됨)이라는 분자들 사이의 인력에 대한 특성과 크기를 이해할 필요가 있다. 일반적으로 이러한 인력이 강할수록 화합물은 상온에서 기체로 존재하기가 더 어렵다.

NO_2 기체.

표 5.1에 나열된 기체 중에서 산소만이 생명활동에 필요한 원소이다. 황화 수소(H_2S)와 사이안화 수소(HCN)는 치명적인 독극물이다. CO, NO_2, O_3, SO_2 등은 다소 독성이 낮은 물질들이다. He, Ne, Ar은 화학적으로 비활성이다. 즉, 다른 어떤 물질과도 반응하지 않는다. 대부분의 기체는 무색이며, F_2, Cl_2, NO_2는 예외이다. NO_2의 암갈색은 가끔 오염된 공기에서 볼 수 있다. 모든 기체는 다음과 같은 물리적 특성을 갖는다.

- 기체는 담겨 있는 용기의 부피와 모양으로 가정한다.
- 기체는 가장 잘 압축될 수 있는 물질의 상태이다.
- 기체들은 같은 용기에 담겨 있을 때 균일하고 완전하게 혼합된다.
- 기체는 액체와 고체보다 밀도가 훨씬 작다.

5.2 기체의 압력

기체 분자들이 끊임없이 운동하고 있기 때문에 기체는 충돌하는 표면에 압력을 가한다. 우리 인간들은 우리 주변 공기의 압력에 생리적으로 잘 적응하고 있어서 보통 그 존재를 느끼지 못한다. 아마도 물고기가 그들에게 작용하는 수압을 인식하지 못하는 것과 같은 것이다.

대기압은 쉽게 증명할 수 있다. 일상의 예로 빨대를 이용해 물을 마시는 것을 생각해 보자. 빨대의 공기를 빨아내면 빨대 내부의 압력이 감소된다. 액체 위에 가해지는 더 큰 대기압이 빨아낸 공기를 대신하여 빨대 속으로 물을 밀어 올린다.

➤ 압력의 SI 단위

압력은 가장 쉽게 측정할 수 있는 기체의 성질이다. 기체의 압력을 측정하는 방법을 이해하기 위하여 측정 단위가 어떻게 유도되었는지를 알면 도움이 된다. 속도와 가속도로부터 시작해 보자.

속도(velocity)는 경과된 시간에 대한 거리의 변화로 정의된다. 즉, 다음과 같이 나타낼 수 있다.

$$\text{속도} = \frac{\text{움직인 거리}}{\text{걸린 시간}}$$

속도의 SI 단위는 m/s이며 cm/s도 사용 가능하다.

가속도(acceleration)는 경과된 시간에 대한 속도의 변화로, 다음과 같이 나타낼 수 있다.

$$\text{가속도} = \frac{\text{속도의 변화}}{\text{걸린 시간}}$$

가속도의 단위는 m/s^2(또는 cm/s^2)이다.

17세기 말 뉴턴 경(Sir Isaac Newton)[†]에 의하여 공식화된 운동의 제2법칙은 *힘*(force)이라는 또 다른 용어를 정의하는데, 이것으로부터 압력의 단위가 유도된다. 이 법칙에 따라 힘은 다음과 같이 나타낼 수 있다.

$$\text{힘} = \text{질량} \times \text{가속도}$$

힘의 SI 단위는 **뉴턴**(newton, N)이다.

1 N은 사과 한 개에 작용하는 지구 중력의 힘과 거의 같다.

$$1\ \text{N} = 1\ \text{kg m/s}^2$$

마지막으로 **압력**(pressure)은 *단위 면적 당 작용하는 힘*으로 정의된다.

$$\text{압력} = \frac{\text{힘}}{\text{면적}}$$

압력의 SI 단위는 **파스칼**(pascal, Pa)[‡]이며, *제곱미터 당 뉴턴*으로 정의된다.

$$1\ \text{Pa} = 1\ \text{N/m}^2$$

➤ 대기압

대기 중 기체 원자와 분자는 다른 모든 물질과 마찬가지로 지구의 중력에 의한 인력을 받는다. 그 결과 지표 근처에서 공기의 밀도가 고지에서보다 훨씬 크다. (9 km 상공에 있는 비행기의 객실 외부 공기는 너무 희박해서 숨을 쉴 수가 없다.) 사실 지구로부터 멀어짐에 따라 공기의 밀도는 급격하게 감소된다. 지표면으로부터 6.4 km 내에 대기의 약 50%, 16 km 내에 90%, 32 km 내에 99%가 존재한다. 공기의 밀도가 커지면 당연히 압력도 커진다. 지구의 대기에 노출된 어떤 면적이 받는 힘은 *그 면적 위에 있는 공기 기둥의 무게*와 같다. *지구의 대기에 의해 가해진 압력*을 **대기압**(atmospheric pressure)이라고 한다(그림 5.2). 대기압의 실제 값은 위치, 온도, 날씨에 따라 달라진다.

정의로부터 추측할 때 대기압은 아래 방향으로만 압력을 가할까? 그렇다면 머리 위에 종이 한 장을 양손으로 꼭 쥐고 있다면 어떤 일이 일어나게 되는지 상상해보자. 공기의 압

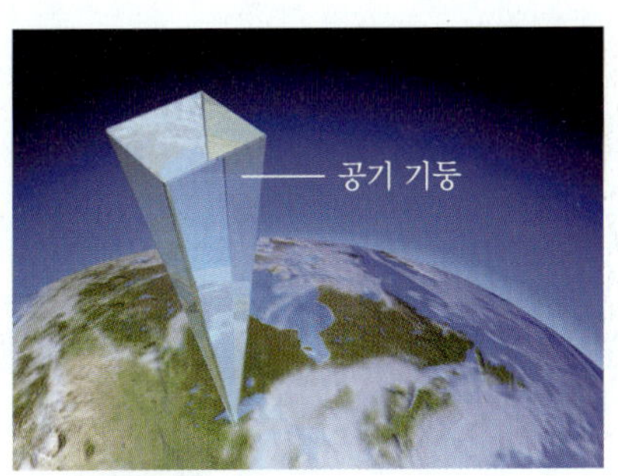

그림 5.2 해수면에서 대기권 상층부까지 뻗친 공기 기둥.

[†]뉴턴(Isaac Newton, 1642~1726) 경은 영국의 수학자이자 물리학자이며 천문학자로, 세계적인 물리학자 두 명 중 한 사람으로 간주된다(다른 한 사람은 아인슈타인). 뉴턴은 물리학 전반에 중대한 공헌을 하였다. 1687년에 출판된 그의 저서 *Principia*는 과학사에 큰 이정표를 남겼다.

[‡]파스칼(Blaise Pascal, 1623~1662)은 프랑스의 수학자이자 물리학자로, 수학과 물리학에 걸쳐 광범위한 업적을 남겼다. 그의 전문분야는 유체역학(유체의 운동에 관한 연구)이었으며 계산기를 발명하였다.

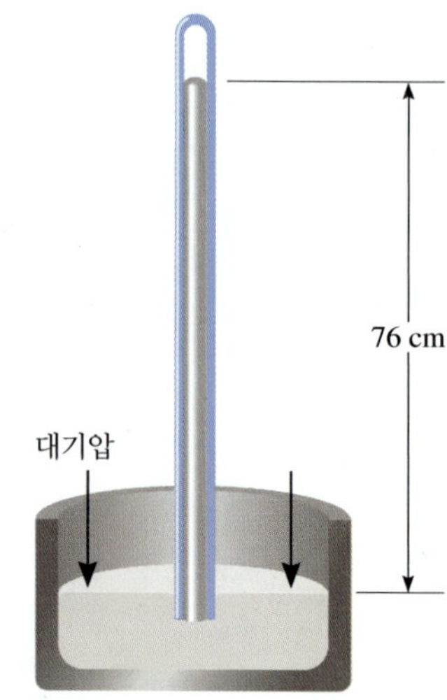

그림 5.3 대기압을 측정하는 기압계. 유리관 내 수은 위쪽은 진공 상태이다. 수은 기둥은 대기압에 의해 지탱된다.

력 때문에 종이가 휠 것이라 예상되지만 실제로는 그렇지 않다. 그 이유는 공기도 물처럼 유체(fluid)이기 때문이다. 유체 내에 있는 어떤 물체에 가해지는 압력은 모든 방향(왼쪽, 오른쪽은 물론 아래쪽, 위쪽)으로부터 온다. 분자 수준에서 공기압은 공기 분자와 그것이 접촉하는 표면과의 충돌로 인한 결과이다. 압력의 크기는 분자가 얼마나 빈번하게, 얼마나 강하게 표면에 충돌하느냐에 따라 좌우된다. 위에서 종이와 충돌하는 분자만큼 아래에서 충돌하는 분자가 있기 때문에 종이는 평평하게 유지된다.

대기압은 어떻게 측정할까? 가장 친숙한 *대기압 측정 장치*는 **기압계**(barometer)이다. 간단한 기압계는 한쪽 끝이 막혀 있고 수은으로 채워진 긴 유리관으로 되어 있다. 공기가 유리관 속으로 들어가지 않도록 주의하면서 수은이 담겨져 있는 용기에 유리관을 조심스럽게 거꾸로 세우면, 약간의 수은이 관으로부터 빠져나오고 꼭대기는 진공이 된다(그림 5.3). 관에 남아 있는 수은의 무게는 용기에 있는 수은 표면에 가해진 대기압에 의해 지탱된다. **표준 대기압**(standard atmospheric pressure, 1 atm)은 *0°C 해수면에서 정확히 760* mm(76 cm)*의 수은 기둥을 지탱하는 압력*과 같다. 다시 말하면 표준 대기압은 760 mmHg의 압력과 같은데 여기서 mmHg는 1 mm 높이의 수은 기둥에 의한 압력을 나타낸다. mmHg 단위는 기압계를 발명한 이탈리아의 과학자 토리첼리(Evangelista Torricelli)[†]의 이름을 따서 토르(torr)라고도 한다. 따라서,

$$1 \text{ torr} = 1 \text{ mmHg}$$

그리고

$$1 \text{ atm} = 760 \text{ mmHg} \quad (\text{정확히})$$

기압(atm)과 파스칼(Pa) 사이의 관계(부록 2 참조)는 다음과 같다.

$$\begin{aligned} 1 \text{ atm} &= 101{,}325 \text{ Pa} \\ &= 1.01325 \times 10^5 \text{ Pa} \end{aligned}$$

1000 Pa = 1 kPa(kilopascal)이므로 다음과 같이 쓸 수 있다.

$$1 \text{ atm} = 1.01325 \times 10^2 \text{ kPa}$$

예제 5.1과 5.2는 mmHg을 atm과 kPa로 환산하는 것이다.

예제 5.1

고공에서 비행하는 제트 비행기의 외부 압력은 표준 대기압보다 훨씬 아래로 떨어진다. 따라서 승객들을 보호하기 위하여 객실 내 공기의 압력은 정상으로 유지되어야 한다. 기압계의 눈금이 688 mmHg를 가리키고 있다면 객실 내의 압력은 몇 atm인가?

전략 1 atm = 760 mmHg이므로 대기의 압력을 얻기 위해서는 다음 변환 인자를 이용한다.

$$\frac{1 \text{ atm}}{760 \text{ mmHg}}$$

풀이 객실 안의 압력은 다음과 같다.

$$\begin{aligned} \text{압력} &= 688 \text{ mmHg} \times \frac{1 \text{ atm}}{760 \text{ mmHg}} \\ &= 0.905 \text{ atm} \end{aligned}$$

비슷한 문제: 5.13

실전 연습 749 mmHg를 atm으로 환산하시오.

[†]토리첼리(Evangleista Torricelli, 1608~1674)는 이탈리아의 수학자로 처음으로 대기압이 존재한다는 것을 인식하였다.

예제 5.2

허리케인 샌디는 캐러비언, 쿠바, 미국 동부 해안 24개 주에 영향을 주었던 근래에 가장 강력한 허리케인이었다. 허리케인 샌디의 최저기압은 705 mmHg로 기록되었다. 이 압력은 몇 kPa인가?

전략 여기서는 mmHg를 kPa로 환산하는 문제이다.

$$1 \text{ atm} = 1.01325 \times 10^5 \text{ Pa} = 760 \text{ mmHg}$$

이므로, 필요한 환산 인자는 다음과 같다.

$$\frac{1.01325 \times 10^5 \text{ Pa}}{760 \text{ mmHg}}$$

풀이 kPa로 환산한 압력은 다음과 같다.

$$\begin{aligned} \text{압력} &= 705 \text{ mmHg} \times \frac{1.01325 \times 10^5 \text{ Pa}}{760 \text{ mmHg}} \\ &= 9.40 \times 10^4 \text{ Pa} \\ &= 94.0 \text{ kPa} \end{aligned}$$

비슷한 문제: 5.14.

실전 연습 295 mmHg를 kPa로 환산하시오.

개념 복습하기

다음 압력을 가장 낮은 것부터 가장 높은 것의 순서로 배열하시오.
(a) 736 mmHg, (b) 0.928 atm, (c) 728 torr, (d) 1.12×10^5 Pa.

압력계(manometer)는 *대기 이외 다른 기체의 압력을 측정하는 장치*로 작동 원리는 기압계와 비슷하다. 그림 5.4에서 나타낸 것처럼 두 가지 형태의 압력계가 있다. *막힌 관 압력계*(closed-tube manometer)는 보통 대기압보다 낮은 압력을 측정하는 데 사용되며[그림 5.4(a)], *열린 관 압력계*(open-tube manometer)는 대기압 이상의 압력을 측정하는 데 편리하게 사용된다[그림 5.4(b)].

수은이 해로운 증기를 가진 독성 물질이지만 거의 모든 기압계와 압력계는 작동 유체

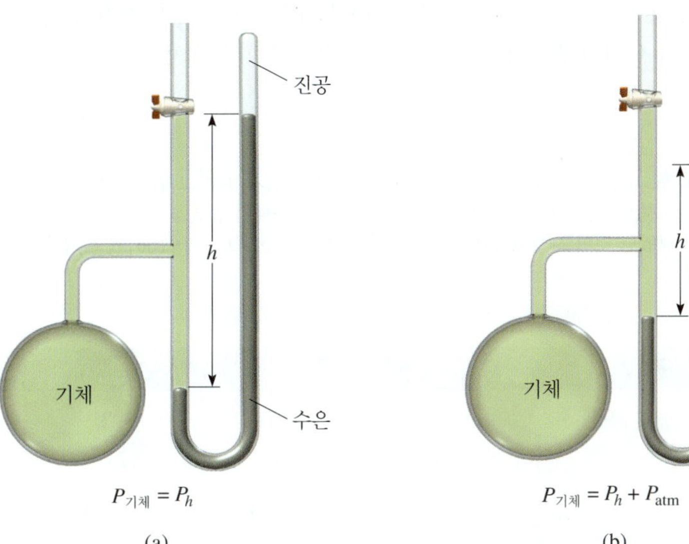

그림 5.4 기체 압력의 측정에 사용되는 두 가지 형태의 압력계. (a) 기체 압력이 대기압보다 낮은 경우. (b) 기체 압력이 대기압보다 높은 경우.

로 수은을 사용한다. 왜냐하면 다른 대부분의 액체에 비하여 수은의 밀도(13.6 g/mL)가 매우 크기 때문이다. 액체 기둥의 높이는 액체의 밀도에 반비례하기 때문에 수은을 사용하면 다루기 쉬운 소형의 기압계와 압력계를 만들 수 있다.

개념 복습하기

에베레스트 산 정상과 아래에서 빨대로 물을 마실 때 어디가 더 쉬울까?

5.3 기체 법칙

이 장에서 공부할 기체 법칙들은 기체의 물리적 성질에 관하여 수세기 동안 진행되어 온 무수한 실험 결과의 산물이다. 기체 물질의 거시적 거동에 관한 일반화된 각 법칙은 모두 과학사에서 중요한 이정표가 되어 왔고, 화학에 있어서 많은 개념들을 발전시키는 데 중요한 역할을 해왔다.

압력-부피 관계 식: 보일 법칙

▶▶▶ 동영상 자료
▶ 기체 법칙.

17세기에 보일(Robert Boyle)[†]은 기체의 거동에 대하여 체계적이고 정량적인 연구를 수행하였다. 일련의 연구를 통하여 보일은 기체 시료의 압력-부피 관계를 조사하였다. 보일에 의해 얻어진 전형적인 측정 결과를 표 5.2에 나타내었다. 일정 온도에서 압력(P)이 증가하면 일정한 양의 기체가 차지하는 부피(V)는 감소한다는 것에 주목하라. 압력이 724 mmHg일 때 부피가 1.50(임의 단위)인 첫 번째 자료와 압력이 2250 mmHg일 때 부피가 0.58인 마지막 자료를 비교해 보자. 일정 온도에서 기체의 압력과 부피 사이에는 확실하게 반비례 관계가 있음을 알 수 있다. 압력이 증가하면 기체가 차지하는 부피는 감소한다. 반대로 가해진 압력이 감소하면 기체가 차지하는 부피는 증가한다. 오늘날 **보일 법칙**(Boyle's law)으로 알려진 이러한 관계는 *일정 온도에서 일정한 양의 기체에 가해진 압력은 기체의 부피에 반비례한다*는 것을 나타낸다.

기체에 가해지는 압력을 기압이라고 한다.

이 실험에서 보일이 사용한 장치는 매우 간단하다(그림 5.5). 그림 5.5(a)에서 기체에 작용하는 압력은 대기압과 같고, 기체의 부피는 100 mL이다. (관의 끝이 열려 있어 대기압에 노출되어 있음에 유의하라.) 그림 5.5(b)에서 관에 수은을 첨가하여 기체에 작용하는 압력을 두 배로 증가시키면, 기체의 부피는 50 mL로 감소하였다. 기체에 작용하는 압력을 세 배로 증가시키면 기체의 부피는 처음의 1/3로 감소하였다[그림 5.5(c)].

압력과 부피 사이의 반비례 관계는 다음과 같은 수학적 표현으로 쓸 수 있다.

[†]보일(Robert Boyle, 1627~1691)은 영국의 화학자이자 자연 철학자이다. 그의 명성은 일반적으로 기체 법칙으로 인한 것으로 알려져 있지만, 그는 화학과 물리의 많은 분야에 중대한 공헌을 하였다. 같은 시대의 다른 과학자들과 사이가 좋지 않았던 것이 사실이지만, 그의 저서 *The Skeptical Chymist*(1661)는 같은 시대의 화학자들에게 영향을 끼쳤다.

표 5.2 보일에 의해 얻어진 전형적인 압력-부피 관계

P(mmHg)	724	869	951	998	1230	1893	2250
V(임의 단위)	1.50	1.33	1.22	1.18	0.94	0.61	0.58
PV	1.09×10^3	1.16×10^3	1.16×10^3	1.18×10^3	1.2×10^3	1.2×10^3	1.3×10^3

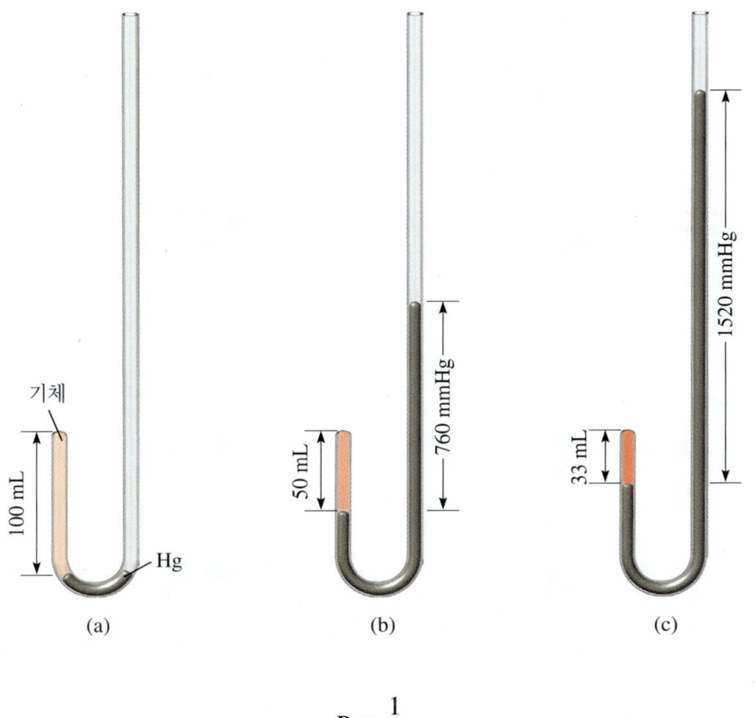

그림 5.5 기체의 압력과 부피의 관계를 연구하기 위한 장치. (a) 수은의 높이가 같기 때문에 기압은 대기압(760 mmHg)과 같다. 기체의 부피는 100 mL이다. (b) 수은을 첨가하여 기체에 작용하는 압력을 두 배로 증가시키면, 기체의 부피는 50 mL로 감소한다. (c) 기체에 작용하는 압력을 세 배로 증가시키면, 기체의 부피는 1/3로 감소한다. 기체의 온도와 기체의 양은 일정하게 유지된다.

$$P \propto \frac{1}{V}$$

여기서 기호 ∝는 *비례한다*는 뜻이다. ∝를 등호로 바꾸면 다음과 같이 쓸 수 있다.

$$P = k_1 \times \frac{1}{V} \tag{5.1a}$$

여기서 k_1은 *비례 상수*(proportionality constant)이다. 식 (5.1a)는 보일 법칙에 대한 수학적 표현이며, 이를 다시 정리하여 다음과 같이 나타낼 수 있다.

$$PV = k_1 \tag{5.1b}$$

보일 법칙에 대한 위의 식은 일정 온도에서 일정량의 기체의 압력과 부피의 곱은 상수임을 나타낸다. 그림 5.6에서 맨 위에 있는 도표는 보일 법칙에 대한 도식적인 설명이다. n은 기체의 몰수이고, R은 5.4절에서 정의하는 상수이다. 따라서 식 (5.1)의 비례 상수 k_1은 nRT와 같다는 것을 5.4절에서 다룰 것이다.

한 물리량이 다른 물리량에 비례한다는 것과 비례 상수 사용에 대한 개념은 다음과 같은 비슷한 예를 통해서 명확히 이해할 수 있다. 영화관의 당일 수입은 관람권의 가격(관람권 1장당 가격)과 판매된 관람권 수에 좌우된다. 극장의 모든 관람권을 균일가로 가정하면 수입은 다음과 같다.

수입 = (관람권 1장 당 가격) × 판매된 관람권 수

판매된 관람권 수는 날마다 다르기 때문에 그 날의 수입은 판매된 관람권 수에 비례한다고 할 수 있다.

수입 ∝ 판매된 관람권 수
= C × 판매된 관람권 수

여기서 C는 비례 상수이며 관람권 1장당 가격이다.

보일 법칙을 그림으로 설명해 주는 일반적인 두 방법을 그림 5.7에 나타내었다. 그림 5.7(a)는 식 $PV = k_1$에 대한 그래프이며, 그림 5.7(b)는 식 $P = k_1 \times 1/V$에 대한 그래프이다. 두 번째 식은 일차 방정식 $y = mx + b$에서 $b = 0$, $m = k_1$인 직선식임을 유념하라.

일정 온도에서 기체의 부피 증가 또는 감소

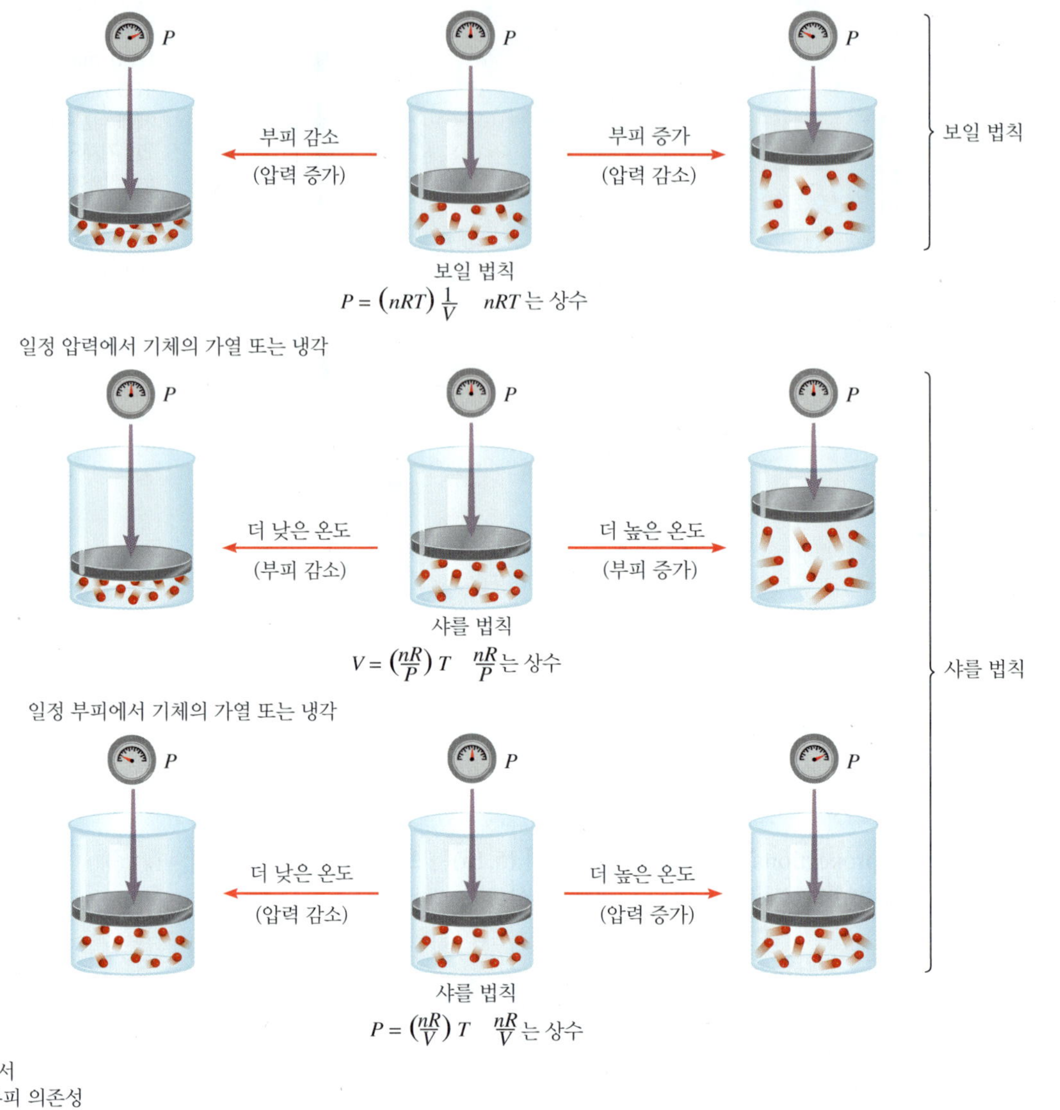

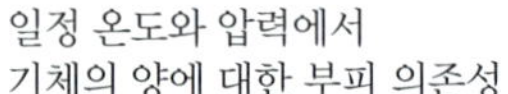

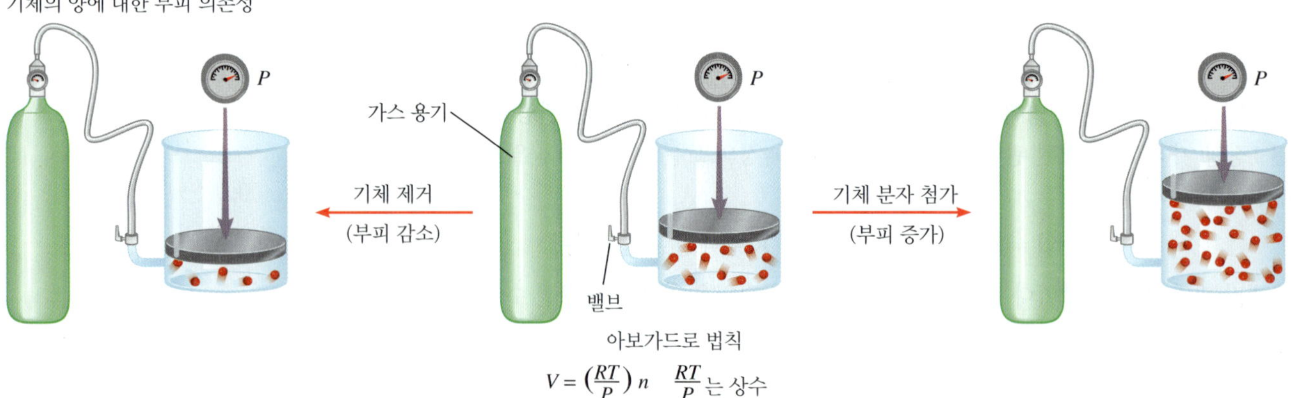

그림 5.6 보일 법칙, 샤를 법칙, 아보가드로 법칙에 대한 도식적 설명.

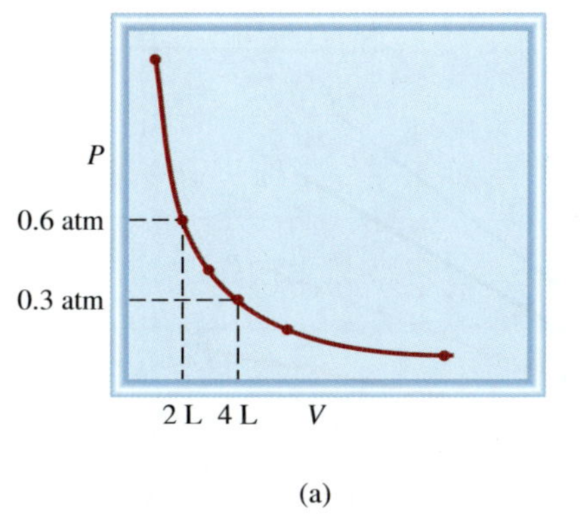

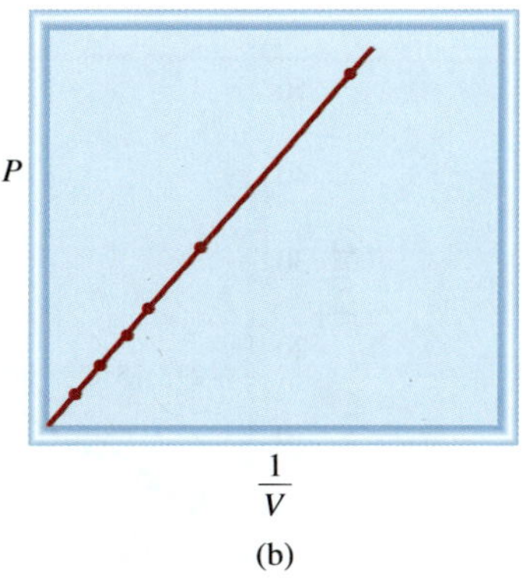

그림 5.7 일정 온도에서 기체에 압력을 가하였을 때 기체의 부피 변화를 나타내는 그래프. (a) P 대 V 그래프. 압력이 반으로 줄었을 때 기체의 부피는 두 배가 된다. (b) P 대 $1/V$ 그래프. 직선의 기울기는 k_1과 같다.

주어진 기체 시료에 대한 압력과 부피가 각각 다를 수 있지만 온도가 일정하며 기체의 양이 변하지 않는 한 P와 V의 곱은 일정한 상수이다. 그러므로 일정 온도에서 다른 두 조건에 있는 주어진 기체 시료에 대해 다음과 같이 쓸 수 있다.

$$P_1V_1 = k_1 = P_2V_2$$

또는

$$P_1V_1 = P_2V_2 \qquad (5.2)$$

여기서 V_1과 V_2는 각각 압력 P_1과 P_2에서의 부피이다.

온도-부피 관계: 샤를-게이뤼삭 법칙

보일 법칙에서 계의 온도는 일정하게 유지되었다. 그러나 온도가 변한다고 가정해 보자. 온도의 변화가 기체의 부피와 압력에 어떻게 영향을 미칠까? 우선 기체의 부피에 대한 온도의 영향을 알아보자. 프랑스의 과학자 샤를(Jacques Charles)[†]과 게이뤼삭(Joseph Gay-Lussac)[‡]이 최초로 이 관계를 연구하였다. 그들은 기체 시료의 부피는 일정한 압력에서 가열하면 팽창하고, 냉각되면 수축한다는 것을 알아내었다(그림 5.8). 기체의 온도와 부피의 변화에 관하여 매우 잘 정립된 정량적인 관계를 밝혀내었다. 예를 들어, 다양한 압력 조건에서 온도-부피 관계를 연구할 때 흥미로운 현상을 관찰하게 된다. 주어진 압력에서 부피 대 온도의 그래프는 직선으로 나타난다. 직선을 부피 0으로 외삽하면 온도축의 절편은 −273.15°C이다. 압력을 다르게 하면 부피-온도 그래프는 또 다른 직선으로 나타나지만, 부피가 0인 온도축의 절편은 *똑같이* −273.15°C이다(그림 5.9). (사실상 모든 기체는 낮은 온도에서 액체로 되기 때문에 제한된 온도 범위에서만 기체의 부피를 측정할 수 있다.)

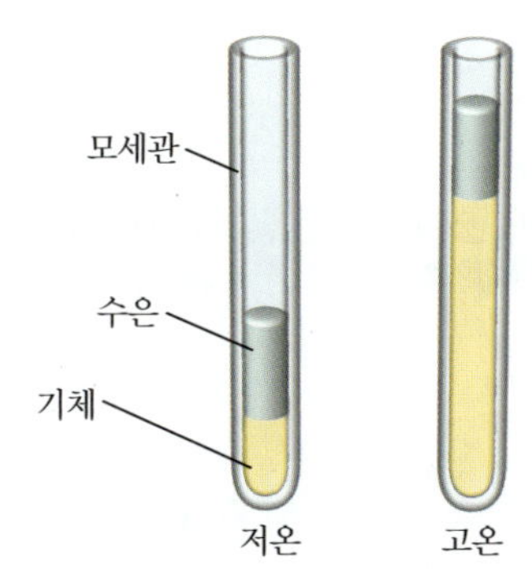

그림 5.8 일정 압력에서 온도에 따른 기체 시료의 부피 변화. 기체에 가해지는 압력은 대기압과 수은의 무게로 인한 압력의 합이다.

1848년에 켈빈 경(Lord Kelvin)[§]은 이와 같은 현상의 중요성을 인식하였으며, −273.15°C의 온도가 **절대 영도**(absolute zero) 즉, *이론적으로 도달할 수 있는 최저의 온도*임을 확인하였다. 그는 절대 영도를 출발점으로 **절대 온도 척도**(absolute temperature scale)를 설정하였으며, 지금은 이것을 **켈빈 온도 척도**(Kelvin temperature scale)라 부른다(1.7절 참조). 켈빈 척도에서 1 켈빈(Kelvin, K)은 섭씨 온도의 1도와 같은 *크기*이다. 절대 온도 척도와 섭씨 온도 척도의 유일한 차이점은 서로 다른 영점을 사용하는 것이다. 다

[†] 샤를(Jacques Alexandre Cesar Charles, 1746~1823)은 프랑스의 물리학자로, 천부적인 교육자이자 과학 도구 발명가였으며, 수소를 사용하여 기구를 띄운 최초의 사람이었다.

[‡] 게이뤼삭(Joseph Louis Gay-Lussac, 1778~1850)은 프랑스의 화학자이자 물리학자로 샤를과 마찬가지로 기구에 집중하였다. 그는 분석하기 위한 공기 시료를 채취하고자 해발 6,000 m 높이까지 올라간 적도 있다.

[§] 켈빈(William Thomson, Lord Kelvin, 1824~1907)은 스코틀랜드의 수학자이자 물리학자로 물리학의 많은 분야에 중요한 업적을 남겼다.

그림 5.9 일정 압력에서 온도에 따른 기체 시료의 부피 변화. 각 직선은 주어진 압력에 따른 부피의 변화를 나타낸다. 압력은 P_1에서 P_2로 가면서 증가한다. 충분히 낮은 온도로 냉각되면 결국 모든 기체는 응축된다(액화). 직선의 실선 부분은 응축 온도 이상의 영역을 나타낸 것이다. 실선을 외삽하여 부피가 0인 곳까지 연장하면(점선 부분) 온도 축의 모든 절편은 −273.15°C에서 만난다.

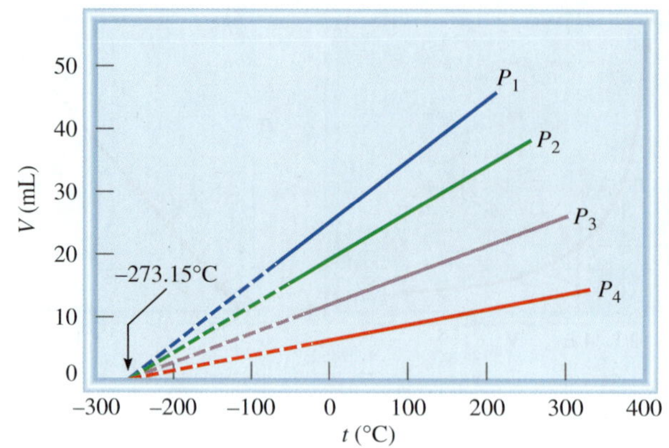

특수한 실험 조건하에서 과학자들은 절대 영도에 아주 가까이 도달하는 데 성공하였다.

음과 같이 두 척도상의 중요한 점들을 비교하면 다음과 같다.

	켈빈 척도	섭씨 척도
절대 영도	0 K	−273.15°C
물의 어는점	273.15 K	0°C
물의 끓는점	373.15 K	100°C

°C와 K 사이의 변환은 1.7절에서 다루었다. K와 °C에 관련된 대부분의 계산에서 273.15 대신에 273을 사용할 것이다. 일반적으로 절대 온도(켈빈) 표시에는 T를 사용하며, 섭씨 온도 표시에는 t를 사용한다.

기체 부피의 온도에 대한 의존도는 다음과 같다.

$$V \propto T$$
$$V = k_2 T$$

기체 법칙의 계산에서는 반드시 켈빈 온도를 사용해야 한다.

또는

$$\frac{V}{T} = k_2 \quad (5.3)$$

여기에서 k_2는 비례 상수이다. 식 (5.3)은 **샤를-게이뤼삭 법칙**(Charles's and Gay-Lussac's law) 또는 간단히 **샤를 법칙**(Charles's law)으로 알려져 있다. 샤를 법칙에 의하면 *일정한 압력에서 일정한 양의 기체 부피는 기체의 절대온도에 정비례한다.* 샤를 법칙은 그림 5.6에 도식적으로 설명되어 있다. 식 (5.3)에 있는 비례 상수 k_2는 nR/P과 같음을 알 수 있다.

일정 온도에서 압력과 부피의 관계를 알아본 것과 같이 일정한 압력에서 부피-온도가 다른 두 조건의 기체를 비교해 볼 수 있다. 식 (5.3)에서와 마찬가지로 다음과 같이 나타낼 수 있다.

$$\frac{V_1}{T_1} = k_2 = \frac{V_2}{T_2}$$

또는

$$\frac{V_1}{T_1} = \frac{V_2}{T_2} \quad (5.4)$$

여기서 V_1과 V_2는 각각 온도 T_1과 T_2 (켈빈 온도)에서 기체의 부피이다.

샤를 법칙을 다른 형태로 변형하면 기체의 양과 부피가 일정할 때 기체의 압력은 온도에 비례한다는 것을 알 수 있다.

$$P \propto T$$
$$P = k_3 T$$

또는 $$\frac{P}{T} = k_3 \tag{5.5}$$

그림 5.6에 나타낸 것과 같이 $k_3 = nR/V$이다. 식 (5.5)에서부터 시작하여 다음과 같은 식을 얻을 수 있다.

$$\frac{P_1}{T_1} = k_3 = \frac{P_2}{T_2}$$

또는 $$\frac{P_1}{T_1} = \frac{P_2}{T_2} \tag{5.6}$$

여기서 P_1과 P_2는 각각 온도 T_1과 T_2에서 기체의 압력이다.

개념 복습하기

일정 압력 하에서 다음과 같이 기체의 온도가 두 배로 되었을 때 부피 변화를 비교하시오. (a) 200 K에서 400 K, (b) 200°C에서 400°C.

부피-양 관계: 아보가드로 법칙

이탈리아의 과학자 아보가드로(Amedeo Avogadro)의 업적은 보일, 샤를, 게이뤼삭의 연구를 보완한 것이다. 1811년에 그는 같은 온도와 같은 압력에서 같은 부피를 갖는 기체들은 (기체의 종류에 상관없이) 같은 분자수(단원자 기체이면 원자수)를 갖는다는 가설을 발표하였다. 그의 가설에 따르면 기체의 부피는 존재하는 분자의 몰수에 비례한다. 즉, 다음과 같이 수학적인 표현으로 나타낼 수 있다.

아보가드로의 이름은 3.2절에 처음으로 나온다.

$$V \propto n$$

$$V = k_4 n \tag{5.7}$$

여기서 n은 분자의 몰수를 나타내며 k_4는 비례 상수이다. 식 (5.7)은 *일정 압력과 일정 온도에서 기체의 부피는 존재하는 기체의 몰수에 정비례한다는* **아보가드로 법칙**(Avogadro's law)의 수학적 표현이다. 그림 5.6에 나타낸 것과 같이 $k_4 = RT/P$이다.

아보가드로 법칙에 의하면 두 기체가 서로 반응할 때에 그들이 반응하는 부피는 서로 간단한 비를 갖는다는 것을 알 수 있다. 생성물이 기체이면 생성물의 부피와 반응물의 부피 사이에는 간단한 비가 성립된다(일찍이 게이뤼삭에 의해 증명된 사실: 부피 결합의 법칙). 예를 들어, 수소 분자와 질소 분자로부터 암모니아가 합성되는 과정을 살펴보자.

$$\underset{3\ \text{mol}}{3H_2(g)} + \underset{1\ \text{mol}}{N_2(g)} \longrightarrow \underset{2\ \text{mol}}{2NH_3(g)}$$

같은 온도, 같은 압력에서 기체의 부피는 존재하는 기체들의 몰수에 정비례하므로 다음과 같이 나타낼 수 있다.

$$\underset{3\ \text{부피}}{3H_2(g)} + \underset{1\ \text{부피}}{N_2(g)} \longrightarrow \underset{2\ \text{부피}}{2NH_3(g)}$$

수소 분자와 질소 분자의 부피비는 3:1이고, 암모니아(생성물)와 수소 분자 및 질소 분자의 합(반응물)의 부피비는 2:4, 즉 1:2이다(그림 5.10).

기체 법칙을 설명하는 예제를 5.4절에서 기술할 것이다.

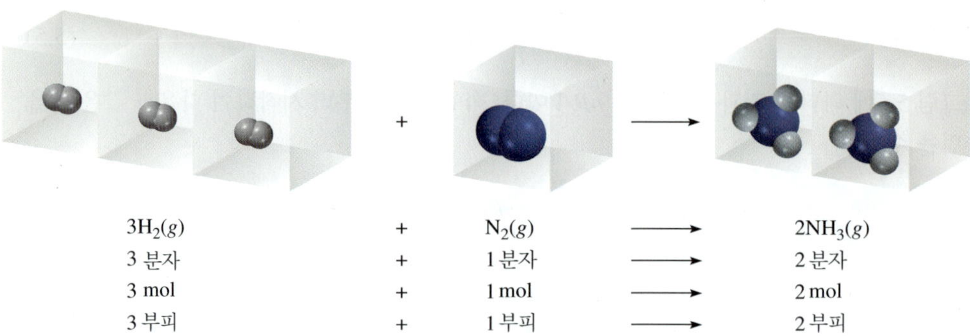

$3H_2(g)$	+	$N_2(g)$	⟶	$2NH_3(g)$
3 분자	+	1 분자	⟶	2 분자
3 mol	+	1 mol	⟶	2 mol
3 부피	+	1 부피	⟶	2 부피

그림 5.10 화학 반응에서 기체의 부피 관계. 수소 분자와 질소 분자의 부피비는 3:1, 암모니아(생성물)와 수소 분자 및 질소 분자의 합(반응물)의 부피비는 2:4, 즉 1:2이다.

5.4 이상 기체 방정식

지금까지 논의되었던 기체 법칙들을 요약하면 다음과 같다.

$$\text{보일 법칙: } V \propto \frac{1}{P} \quad (\text{일정한 } n\text{과 } T)$$

$$\text{샤를 법칙: } V \propto T \quad (\text{일정한 } n\text{과 } P)$$

$$\text{아보가드로 법칙: } V \propto n \quad (\text{일정한 } P\text{와 } T)$$

기체의 거동을 나타내기 위해 세 식을 종합하여 하나의 종합식으로 나타낼 수 있다.

$$V \propto \frac{nT}{P}$$

$$V = R\frac{nT}{P}$$

또는

$$PV = nRT \tag{5.8}$$

5.3절에서 다루었던 기체 법칙과는 달리 이상 기체 방정식은 압력, 부피, 온도, 기체의 양에 변화가 없는 계에 적용된다는 것을 명심하라.

여기서 *비례 상수인* ***R***을 **기체 상수**(gas constant)라 한다. 식 (5.8)은 *네 변수 P,V, T, n 사이의 관계를 나타내는 것으로* **이상 기체 방정식**(ideal gas equation)이라 한다. **이상 기체**(ideal gas)는 *압력-부피-온도에 따른 기체의 거동이 이상 기체 방정식에 의해 완벽하게 설명될 수 있는 가상의 기체*이다. 이상 기체의 분자들은 서로 끌어당기거나 밀치지 않으며, 그 부피는 용기의 부피에 비해 무시할 수 있을 정도로 작다. 사실상 자연계에는 이상 기체와 같은 기체는 없지만 적절한 온도와 압력 범위에서 이상 기체 근사법은 대체로 잘 들어맞는다. 따라서 기체와 관련된 많은 문제를 푸는 데 이상 기체 방정식을 무리없이 이용할 수 있다.

이상 기체 방정식을 실제에 응용하기 전에 기체 상수 *R* 값을 알아야 한다. 0°C (273.15 K), 1 atm에서 많은 실제 기체들은 이상 기체처럼 거동한다. 이 조건하에서 얻어진 실험 결과 이상 기체 1 mol은 22.414 L를 차지하며 그림 5.11에 나타낸 것과 같이 농구공의 부피보다 약간 더 크다. *0°C, 1 atm의 조건*을 **표준 온도와 압력**(standard temperature and pressure)이라 하며 간단하게 약자로 **STP**라고 한다. 식 (5.8)로부터 다음과 같이 나타낼 수 있다.

기체 상수는 다른 단위로 나타낼 수도 있다(부록 2 참조).

$$\begin{aligned} R &= \frac{PV}{nT} \\ &= \frac{(1\text{ atm})(22.414\text{ L})}{(1\text{ mol})(273.15\text{ K})} \\ &= 0.082057\,\frac{\text{L}\cdot\text{atm}}{\text{K}\cdot\text{mol}} \\ &= 0.082057\text{ L}\cdot\text{atm/K}\cdot\text{mol} \end{aligned}$$

그림 5.11 STP에서의 몰부피 22.4 L와 농구공의 비교.

L과 atm 사이, K와 mol 사이의 점은 분자에 L과 atm이, 분모에 K와 mol이 위치함을 상기시켜 준다. 대부분의 계산에서 *R* 값은 반올림하여 유효 숫자 세 자리(0.0821 L·atm/K·mol)로 하고 STP에서 기체 1 mol의 부피로 22.41 L를 사용한다.

예제 5.3은 기체의 양, 부피, 온도를 알면 이상 기체 방정식을 이용하여 기체의 압력을 계산하는 문제이다. 별다른 언급이 없으면 계산할 때 섭씨로 주어진 온도는 정확하므로 온도는 유효 숫자의 자리수에 영향을 주지 않는다고 가정한다.

예제 5.3

육플루오린화 황(SF_6)은 무색 무취이며 반응성이 낮은 기체이다. 이 기체는 화학적으로 반응성이 낮아 전자 장치의 절연체로 사용된다. 69.5°C에서 5.43 L의 철제 용기에 들어 있는 1.82 mol 기체의 압력(atm)을 계산하시오.

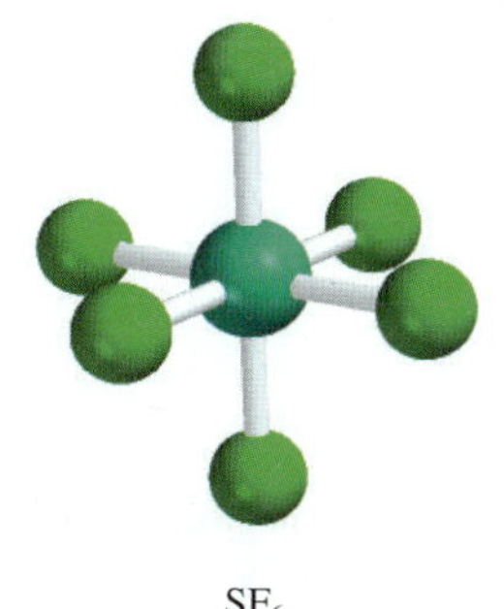

SF_6

전략 기체의 몰수, 부피, 온도에 관한 정보가 주어져 있다. 기체의 성질에 어떠한 변화가 있는가? 압력을 계산하기 위해 어떤 식을 이용해야 하는가? 어떤 온도 단위를 사용해야 하는가?

풀이 기체의 성질에 변화가 없기 때문에 압력을 계산하기 위해 이상 기체 방정식을 이용한다. 식 (5.8)을 다시 정리하면 다음과 같이 나타낼 수 있다.

$$
\begin{aligned}
P &= \frac{nRT}{V} \\
&= \frac{(1.82 \text{ mol})(0.0821 \text{ L} \cdot \text{atm/K} \cdot \text{mol})(69.5 + 273) \text{ K}}{5.43 \text{ L}} \\
&= 9.42 \text{ atm}
\end{aligned}
$$

비슷한 문제: 5.32.

실전 연습 6.54 atm, 76°C에서 산화 질소(NO) 2.12 mol이 차지하는 부피(L)를 계산하시오.

STP에서 기체 1 mol의 부피가 22.41 L를 차지한다는 것을 이용하여 이상 기체 방정식을 이용하지 않고 STP에서 기체의 부피를 계산할 수도 있다.

예제 5.4

STP에서 NH_3 7.40 g이 차지하는 부피(L)를 계산하시오.

전략 STP에서 이상 기체 1 mol의 부피는 얼마인가? NH_3 7.40 g은 몇 mol인가?

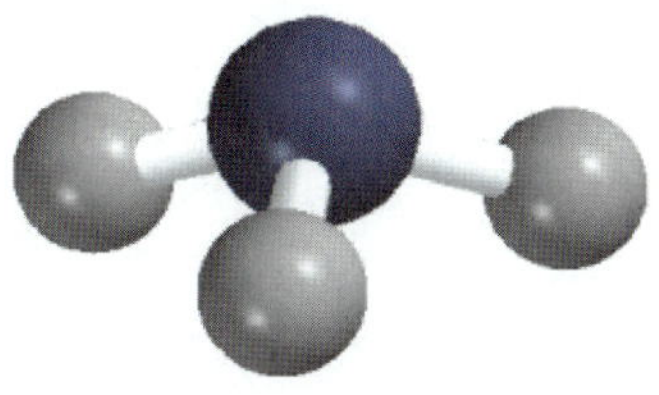

NH_3

(계속)

공업용 암모니아 냉장 장치

비슷한 문제: 5.40.

풀이 STP에서 이상 기체 1 mol은 22.41 L를 차지한다는 것을 상기하고, NH_3의 몰질량(17.03 g)을 이용하면 다음과 같이 차례대로 전환할 수 있다.

$$NH_3\text{의 그램수(g)} \longrightarrow NH_3\text{의 몰수(mol)} \longrightarrow \text{STP에서 } NH_3\text{의 리터수(L)}$$

따라서 NH_3의 부피는 다음과 같다.

$$V = 7.40 \text{ g } NH_3 \times \frac{1 \text{ mol } NH_3}{17.03 \text{ g } NH_3} \times \frac{22.41 \text{ L}}{1 \text{ mol } NH_3}$$
$$= 9.74 \text{ L}$$

화학에서, 특히 기체 법칙과 관련된 계산에서는 문제를 푸는 방법에 여러 가지가 있다. 이 문제도 먼저 NH_3 7.40 g을 몰수로 전환한 다음 이상 기체 방정식($V = nRT/P$)을 이용하여 풀 수가 있다. 시도해 보라.

검산 NH_3 7.40 g은 몰질량보다 작기 때문에 STP에서 NH_3의 부피는 22.41 L보다 작아야 한다. 따라서 답은 합리적이다.

실전 연습 STP에서 HCl 기체 49.8 g이 차지하는 부피(L)는 얼마인가?

개념 복습하기

이상 기체라고 가정했을 때 다음에 주어진 기체 중 STP에서 가장 큰 부피를 나타내는 것은 무엇인가? (a) He 0.82 mol. (b) N_2 24 g. (c) Cl_2 5.0×10^{23}개. 어떤 기체의 밀도가 가장 큰가?

이상 기체 방정식은 기체 시료에 대해 변수 P, V, T, n 사이에 변화가 없는 문제에 유용하다. 따라서 세 변수를 알면 방정식을 이용하여 나머지 한 변수를 계산할 수 있다. 그러나 가끔은 기체의 압력, 부피, 온도, 심지어는 기체의 양까지 변하는 것을 다룰 필요가 있다. 조건이 변할 때는 초기 조건과 최종 조건을 고려하여 수정된 방정식을 이용해야만 한다. 수정된 방정식은 다음과 같이 유도된다. 식 (5.8)로부터 다음을 얻을 수 있다.

아래첨자 1과 2는 각각 기체의 초기 상태와 최종 상태를 의미한다.

$$R = \frac{P_1V_1}{n_1T_1}\text{(변화 전) 그리고 } R = \frac{P_2V_2}{n_2T_2}\text{(변화 후)}$$

따라서

$$\frac{P_1V_1}{n_1T_1} = \frac{P_2V_2}{n_2T_2} \tag{5.9}$$

흥미롭게도 5.3절에서 논의한 모든 기체 법칙들이 식 (5.9)로부터 유도된다. $n_1 = n_2$이면 보통 기체의 양은 변하지 않기 때문에 식은 다음과 같이 된다.

$$\frac{P_1V_1}{T_1} = \frac{P_2V_2}{T_2} \tag{5.10}$$

예제 5.5, 5.6, 5.7은 식 (5.9)를 응용한 것이다.

예제 5.5

해수면(1.0 atm)에서 0.55 L의 부피를 갖는 헬륨 풍선을 압력이 약 0.40 atm인 6.5 km 높이까지 올려보냈다. 온도가 일정하다고 가정하면 풍선의 최종 부피는 얼마인가?

(계속)

전략 풍선에 존재하는 기체 몰수와 온도는 일정하지만 압력과 부피는 둘 다 변한다. 어떤 기체 법칙이 필요한가?

풀이 식 (5.9)에서 시작한다.

$$\frac{P_1V_1}{n_1T_1} = \frac{P_2V_2}{n_2T_2}$$

$n_1 = n_2$이며, $T_1 = T_2$이므로 다음 식이 얻어진다.

$$P_1V_1 = P_2V_2$$

이것은 보일 법칙이다[식 (5.2) 참조]. 주어진 정보를 표로 만들면,

초기 조건	최종 조건
$P_1 = 1.0$ atm	$P_2 = 0.40$ atm
$V_1 = 0.55$ L	$V_2 = ?$

따라서

$$V_2 = V_1 \times \frac{P_1}{P_2}$$
$$= 0.55 \text{ L} \times \frac{1.0 \text{ atm}}{0.40 \text{ atm}}$$
$$= 1.4 \text{ L}$$

검산 (일정 온도에서) 풍선에 가해지는 압력이 줄어들면 헬륨 기체가 팽창하면서 풍선의 부피는 증가한다. 최종 부피는 초기 부피보다 크므로 답은 합리적이다.

실전 연습 염소 기체는 726 mmHg에서 부피가 946 mL이다. 일정한 온도에서 부피가 154 mL로 감소될 때 기체의 압력(mmHg)을 계산하시오.

헬륨 풍선의 과학적 연구.

비슷한 문제 : 5.19.

예제 5.6

아르곤은 텅스텐 필라멘트의 증발을 억제하기 위해 전구에 사용되는 비활성 기체이다. 1.20 atm, 18°C에서 아르곤으로 채워진 전구가 일정 부피에서 85°C까지 가열되었을 때 최종 압력(atm)을 계산하시오.

전략 아르곤의 온도와 압력은 변하지만 아르곤의 양과 부피는 변하지 않는다. 최종 압력을 계산하기 위하여 어떤 식을 이용해야 하는가? 어떤 온도 단위를 사용해야 하는가?

풀이 $n_1 = n_2$이며, $V_1 = V_2$이므로 식 (5.9)은 다음과 같이 된다.

$$\frac{P_1}{T_1} = \frac{P_2}{T_2}$$

이것은 샤를 법칙이다[식 (5.6) 참조]. 다음과 같이 정리된다.

초기 조건	최종 조건
$P_1 = 1.20$ atm	$P_2 = ?$
$T_1 = (18 + 273)$ K $= 291$ K	$T_2 = (85 + 273)$ K $= 358$ K

최종 압력은 다음과 같다.

$$P_2 = P_1 \times \frac{T_2}{T_1}$$
$$= 1.20 \text{ atm} \times \frac{358 \text{ K}}{291 \text{ K}}$$
$$= 1.48 \text{ atm}$$

전구는 보통 아르곤으로 채워져 있다.

기체 법칙 문제를 풀 때 °C 를 K로 전환하여야 한다는 것을 상기하라.

이와 관련된 한 가지 실례로, 자동차 타이어의 압력은 반드시 타이어가 상온일 때 점검을 받아야만 한다. (특히 여름철에) 장시간의 운전 후 타이어는 매우 뜨거워지며 타이어 내부의 공기 압력은 증가한다.

(계속)

검산 일정한 부피에서 주어진 양의 기체 압력은 절대 온도에 정비례한다. 그러므로 압력의 증가는 합리적이다.

비슷한 문제: 5.36.

실전 연습 일정 부피에서 초기 0.97 atm인 산소 기체가 21°C에서 −68°C로 냉각되었다. 최종 압력(atm)은 얼마인가?

예제 5.7

작은 기포가 8°C, 6.4 atm인 호수 바닥에서 25°C, 1.0 atm인 물의 표면으로 떠오르고 있다. 초기 부피가 2.1 mL일 때, 기포의 최종 부피(mL)를 계산하시오.

전략 이와 같이 많은 정보가 주어진 문제를 풀 때는 다음과 같이 상황을 정리해 주는 그림이 도움이 된다.

초기: $P_1 = 6.4$ atm, $V_1 = 2.1$ mL, $t_1 = 8°C$

최종: $P_2 = 1.0$ atm, $V_2 = ?$, $t_2 = 25°C$

$n_1 = n_2$

계산에 어떤 온도 단위를 사용해야 하는가?

풀이 식 (5.9)에 따르면 다음과 같다.

$$\frac{P_1V_1}{n_1T_1} = \frac{P_2V_2}{n_2T_2}$$

기포 속 공기의 양이 일정하다고 가정하면, $n_1 = n_2$ 이므로 다음과 같이 나타낼 수 있다.

$$\frac{P_1V_1}{T_1} = \frac{P_2V_2}{T_2}$$

이것은 식 (5.10)이다. 주어진 정보를 요약하면 다음과 같다.

초기 조건	최종 조건
$P_1 = 6.4$ atm	$P_2 = 1.0$ atm
$V_1 = 2.1$ mL	$V_2 = ?$
$T_1 = (8 + 273)$ K $= 281$ K	$T_2 = (25 + 273)$ K $= 298$ K

식 양쪽에 같은 단위를 사용하기 때문에 부피 또는 압력에 대하여 어떠한 적절한 단위를 사용해도 된다.

식 (5.10)을 다시 정리하면 다음과 같다.

$$\begin{aligned} V_2 &= V_1 \times \frac{P_1}{P_2} \times \frac{T_2}{T_1} \\ &= 2.1\text{ mL} \times \frac{6.4\text{ atm}}{1.0\text{ atm}} \times \frac{298\text{ K}}{281\text{ K}} \\ &= 14\text{ mL} \end{aligned}$$

검산 최종 부피는 초기 부피에 압력비(P_1/P_2)와 온도비(T_2/T_1)를 곱하여 얻는다. 부피는 압력에 반비례하고 온도에 정비례한다는 것을 상기하라. 기포가 떠오를 때 압력은 감소하고 온도는 올라갔기 때문에 기포의 부피 증가를 예측할 수 있다. 실제로 압력 변화는 부피 변화에 큰 역할을 한다.

비슷한 문제: 5.35.

실전 연습 기체가 4.0 L, 1.2 atm, 66°C의 초기 상태에서 1.7 L, 42°C의 최종 상태로 변하였다. 최종 압력은 얼마인가? 몰수는 일정하다고 가정한다.

▶ 밀도 계산

이상 기체 방정식을 다시 정리하면 기체의 밀도를 계산할 수 있다.

$$\frac{n}{V} = \frac{P}{RT}$$

기체의 몰수 n은 다음과 같이 주어진다.

$$n = \frac{m}{\mathcal{M}}$$

여기서 m은 기체의 질량(g)이며 $\mathcal{M}$은 몰질량이다. 따라서 다음과 같이 나타낼 수 있다.

$$\frac{m}{\mathcal{M}V} = \frac{P}{RT}$$

밀도 d는 단위 부피 당 질량이므로 다음과 같이 쓸 수 있다.

$$d = \frac{m}{V} = \frac{P\mathcal{M}}{RT} \qquad (5.11)$$

응축된 물질(액체와 고체)의 분자와는 달리 기체 분자들은 크기에 비하여 서로 멀리 떨어져 있다. 결과적으로 대기압의 조건에서 기체의 밀도는 대단히 작다. 따라서 예제 5.8에서와 같이 기체의 밀도는 보통 g/mL보다는 g/L로 표현된다.

예제 5.8

0.990 atm, 55°C에서 이산화 탄소의 밀도(g/L)를 계산하시오.

CO_2

전략 기체의 밀도를 계산하기 위하여 식 (5.11)을 이용한다. 문제에 충분한 정보가 있는가? 어떤 온도 단위를 사용해야 하는가?

풀이 식 (5.11)을 사용하기 위하여 온도를 켈빈 온도(T = 273 + 55 = 328 K)로 전환하고 이산화 탄소의 몰질량 44.01 g을 사용하면 다음과 같이 나타낼 수 있다.

$$d = \frac{P\mathcal{M}}{RT} = \frac{(0.990\text{ atm})(44.01\text{ g/mol})}{(0.0821\text{ L}\cdot\text{atm/K}\cdot\text{mol})(328\text{ K})} = 1.62\text{ g/L}$$

이와 달리 다음과 같이 밀도를 계산할 수도 있다.

$$\text{밀도} = \frac{\text{질량}}{\text{부피}}$$

이산화 탄소 1 mol이 있다고 가정하면 질량은 44.01 g이다. 기체의 부피는 이상 기체 방정식으로부터 얻을 수 있다.

밀도는 세기 성질이므로 물질의 양과는 무관하다. 따라서 적당한 양을 취하여 측정하면 문제를 해결할 수 있다.

$$V = \frac{nRT}{P} = \frac{(1\text{ mol})(0.0821\text{ L}\cdot\text{atm/K}\cdot\text{mol})(328\text{ K})}{0.990\text{ atm}} = 27.2\text{ L}$$

따라서 이산화 탄소의 밀도는 다음과 같다.

$$d = \frac{44.01\text{ g}}{27.2\text{ L}} = 1.62\text{ g/L}$$

해설 기체의 밀도는 1.62×10^{-3} g/mL로 물의 밀도 1.0 g/mL, 금의 밀도 19.3 g/cm^{3}와 비교해 매우 작은 값이다.

비슷한 문제: 5.48.

실전 연습 62°C, 779 mmHg에서 육플루오린화 우라늄(UF_6)의 밀도(g/L)는 얼마인가?

그림 5.12 기체의 밀도를 측정하는 기구. 어떤 온도와 압력에서 부피를 알고 있는 용기에 연구하고자 하는 기체 시료를 채운다. 우선 용기의 질량을 재고 기체를 비운 후 다시 질량을 잰다. 질량의 차이가 바로 기체의 질량이다. 용기의 부피를 알고 있으므로 기체의 밀도를 계산할 수 있다. 대기 중 공기 100 mL는 약 0.12 g인데 이는 쉽게 측정할 수 있는 양이다.

기체 물질의 몰질량

지금까지 논의한 바로는 물질의 몰질량은 화학식을 검토하여 각 성분 원자의 몰질량을 합산하여 구할 수 있었다. 하지만 이러한 계산 절차는 물질의 실제 화학식을 알고 있을 때에만 가능하다. 실제로 화학자들은 화학식이 알려져 있지 않거나 일부 조성만이 알려진 물질을 다루기도 한다. 미지 물질이 기체라면 이상 기체 방정식을 이용하여 몰질량을 구할 수 있다. 필요한 것은 이미 알고 있는 온도와 압력에서 실험을 통해 얻은 기체의 밀도 값(또는 질량과 부피 자료) 뿐이다. 식 (5.11)을 다시 정리하면 다음과 같다.

$$\mathcal{M} = \frac{dRT}{P} \tag{5.12}$$

일반적인 실험에서 부피가 알려진 용기에 연구하고자 하는 기체를 채운다. 기체 시료의 온도와 압력을 기록하고 용기와 기체 시료의 전체 질량을 측정한다(그림 5.12). 그런 다음 용기에 들어 있는 기체를 진공으로 제거한 후, 다시 (빈) 용기의 질량을 측정한다. 질량의 차이가 바로 기체의 질량이다. 기체의 밀도는 질량을 용기의 부피로 나눈 것과 같다. 일단 기체의 밀도를 알면 식 (5.12)를 이용하여 물질의 몰질량을 계산할 수 있다. 물론 물질의 몰질량을 결정하는 데는 질량 분석기가 가장 이상적인 기기이지만 모든 화학자가 그 기기를 보유할 수는 없다.

질량 분석기는 몰질량 결정에 좋은 기구이지만, 예제 5.9에 보인 것과 같은 밀도에 의한 몰질량 결정법은 아직도 유용하다.

예제 5.9

어떤 화학자가 염소와 산소로 이루어진 녹황색 기체 화합물을 합성한 후, 그 기체의 밀도가 36°C, 2.88 atm에서 7.71 g/L임을 알아냈다. 화합물의 몰질량을 계산하고 분자식을 결정하시오.

전략 식 (5.11)과 (5.12)는 같은 식으로부터 얻어진 것이기 때문에 기체의 밀도, 온도, 압력을 알면 기체의 몰질량을 구할 수 있다. 화합물의 분자식이 얻어진 몰질량과 맞지 않으면 안 된다. 어떤 온도 단위를 사용해야 하는가?

풀이 식 (5.12)로부터

$$\begin{aligned}\mathcal{M} &= \frac{dRT}{P}\\ &= \frac{(7.71\ \text{g/L})(0.0821\ \text{L}\cdot\text{atm/K}\cdot\text{mol})(36+273)\ \text{K}}{2.88\ \text{atm}}\\ &= 67.9\ \text{g/mol}\end{aligned}$$

화학식에 대한 사전 지식 없이도 이와 같은 절차를 통하여 기체 화합물의 몰질량을 측정할 수 있음에 주목하라.

다음과 같은 방법으로도 몰질량을 계산할 수 있다.

$$\text{화합물의 질량} = \frac{\text{화합물의 질량}}{\text{화합물의 몰수}}$$

주어진 밀도로부터 기체 1 L의 질량은 7.71 g임을 알 수 있다. 이상 기체 방정식으로부터 이 부피 속에 존재하는 기체의 몰수를 계산할 수 있다.

$$\begin{aligned}n &= \frac{PV}{RT}\\ &= \frac{(2.88\ \text{atm})(1.00\ \text{L})}{(0.0821\ \text{L}\cdot\text{atm/K}\cdot\text{mol})(309\ \text{K})}\\ &= 0.1135\ \text{mol}\end{aligned}$$

따라서 몰질량은 다음과 같다.

ClO_2

(계속)

$$\mathcal{M} = \frac{\text{질량}}{\text{몰수}} = \frac{7.71\text{ g}}{0.1135\text{ mol}} = 67.9\text{ g/mol}$$

염소(35.45 g)와 산소(16.00 g)의 몰질량을 알고 있기 때문에 이를 사용하여 시행착오를 통해 화합물의 분자식을 결정한다. Cl 원자 하나와 O 원자 하나를 포함하는 화합물의 몰질량은 51.45 g으로 너무 작고, Cl 원자 두 개와 O 원자 하나로 이루어진 화합물의 몰질량은 86.90 g으로 너무 크다. 따라서 화합물은 Cl 원자 하나와 O 원자 두 개로 된 ClO_2로, 몰질량은 67.45 g이다.

비슷한 문제: 5.43, 5.47.

실전 연습 어떤 기체 유기 화합물의 밀도가 40°C, 1.97 atm에서 3.38 g/L이다. 몰질량은 얼마인가?

식 (5.12)는 이상 기체 방정식에서 유도되었기 때문에 예제 5.10에서와 같이 이상 기체 방정식을 이용하여 기체 물질의 몰질량을 계산할 수도 있다.

예제 5.10

어떤 기체 화합물의 화학 분석 결과 질량 백분율은 규소(Si) 33.0%와 플루오린(F) 67.0%로 되어 있음을 알았다. 35°C에서 화합물 0.210 L의 압력은 1.70 atm이었다. 화합물 0.210 L의 질량이 2.38 g일 때 화합물의 분자식을 구하시오.

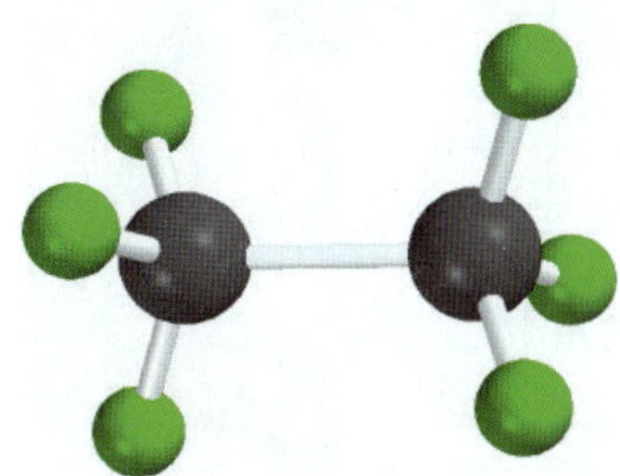

Si_2F_6

전략 이 문제는 두 부분으로 나누어서 풀어야 한다. 우선 Si와 F의 질량 백분율로부터 화합물의 실험식을 구한다. 그 다음 주어진 조건들로부터 화합물의 몰질량을 계산하여 분자식을 구할 수 있다. 실험식으로 결정된 몰질량과 분자식으로 계산된 몰질량 사이에는 어떠한 관계가 있는가?

풀이 예제 3.9와 같이 실험식을 구하기 위하여 화합물 100 g이 있다고 가정하면, 질량 백분율은 질량(g)으로 전환된다. Si와 F의 몰수는 다음과 같다.

$$n_{Si} = 33.0\text{ g Si} \times \frac{1\text{ mol Si}}{28.09\text{ g Si}} = 1.17\text{ mol Si}$$

$$n_F = 67.0\text{ g F} \times \frac{1\text{ mol F}}{19.00\text{ g F}} = 3.53\text{ mol F}$$

따라서 실험식은 $Si_{1.17}F_{3.53}$이다. 아래첨자들을 가장 작은 숫자인 1.17로 나누면 얻어진 실험식은 SiF_3이다.

화합물의 몰질량을 계산하기 위하여 화합물 2.38 g에 포함된 몰수를 계산한다. 이상 기체 방정식으로부터 얻어진 n은 다음과 같다.

$$n = \frac{PV}{RT} = \frac{(1.70\text{ atm})(0.210\text{ L})}{(0.0821\text{ L}\cdot\text{atm/K}\cdot\text{mol})(308\text{ K})} = 0.0141\text{ mol}$$

화합물 0.0141 mol의 질량이 2.38 g이기 때문에 1 mol의 질량 즉, 몰질량은 다음과 같다.

$$\mathcal{M} = \frac{2.38\text{ g}}{0.0141\text{ mol}} = 169\text{ g/mol}$$

실험식 SiF_3의 몰질량은 85.09 g이다. 분자식의 몰질량은 실험식의 몰질량에 정수를 곱해준 것이라는 사실을 기억하라(169/85.09 ≈ 2). 따라서 화합물의 분자식은 $(SiF_3)_2$ 즉, Si_2F_6이다.

비슷한 문제: 5.49.

실전 연습 어떤 기체 화합물이 붕소 78.14%와 수소 21.86%로 구성되어 있다. 27°C에서 이 기체 74.3 mL의 압력은 1.12 atm이었다. 기체의 질량이 0.0934 g이라면 분자식은 무엇인가?

5.5 기체의 화학량론

반응물과 생성물의 물리적 상태에 관계없이 화학량론에 관한 문제를 풀기 위한 핵심은 몰비이다.

3장에서 화학량론에 관한 문제를 풀기 위하여 반응물과 생성물의 양(mol)과 질량(g) 사이의 관계를 이용하였다. 반응물과 생성물 모두 또는 일부가 기체일 경우, 그러한 문제를 풀기 위해서도 양(mol, n)과 부피(V) 사이의 관계를 이용할 수 있다(그림 5.13). 예제 5.11, 5.12, 5.13은 이러한 계산에 기체 법칙을 어떻게 이용하는지를 보여 준다.

예제 5.11

탄화 칼슘(CaC_2)을 물과 반응시키면 가연성 기체 아세틸렌(C_2H_2)이 생성된다.

비슷한 문제: 5.26.

같은 온도, 같은 압력에서 7.64 L의 아세틸렌(C_2H_2)을 완전히 연소시키는 데 필요한 산소(O_2)의 부피(L)를 계산하시오.

$$2C_2H_2(g) + 5O_2(g) \longrightarrow 4CO_2(g) + 2H_2O(l)$$

전략 O_2와 C_2H_2의 온도와 압력은 같음을 유의하라. 기체의 부피와 몰수가 관련된 기체 방정식은 무엇인가?

풀이 아보가드로 법칙에 따르면 같은 온도와 압력에서 기체의 몰수는 기체의 부피와 정비례 관계에 있다. 화학 반응식으로부터 O_2 5 mol은 C_2H_2 2 mol과 반응하므로(5 mol $O_2 \simeq$ 2 mol C_2H_2) C_2H_2 2 L는 O_2 5 L와 반응한다(5 L $O_2 \simeq$ 2 L C_2H_2). 따라서 C_2H_2 7.64 L와 반응할 O_2의 부피는 다음과 같다.

$$O_2\text{의 부피} = 7.64\ \cancel{\text{L C}_2\text{H}_2} \times \frac{5\ \text{L O}_2}{2\ \cancel{\text{L C}_2\text{H}_2}}$$
$$= 19.1\ \text{L}$$

실전 연습 온도와 압력의 변화가 없을 때, 뷰테인(C_4H_{10}) 14.9 L를 완전 연소시키는 데 필요한 O_2의 부피(L)를 계산하시오.

$$2C_4H_{10}(g) + 13O_2(g) \longrightarrow 8CO_2(g) + 10H_2O(l)$$

예제 5.12

에어백은 자동차가 충돌할 때 운전자를 보호한다.

아자이드화 소듐(NaN_3)은 자동차 에어백에 사용된다. 충돌로 인하여 NaN_3는 다음과 같이 분해된다.

$$2NaN_3(s) \longrightarrow 2Na(s) + 3N_2(g)$$

생성된 질소 기체는 순간적으로 운전자와 앞 유리 사이에 있는 에어백을 팽창시킨다. NaN_3 60.0 g의 분해로 인해 80°C, 823 mmHg에서 생성된 N_2의 부피를 계산하시오.

전략 균형잡힌 화학 반응식으로부터 NaN_3 2 mol은 N_2 3 mol과 반응(2 mol $NaN_3 \simeq$ 3 mol N_2)하기 때문에 NaN_3와 N_2 사이의 전환 인자는 다음과 같다.

$$\frac{3\ \text{mol N}_2}{2\ \text{mol NaN}_3}$$

NaN_3의 질량이 주어졌기 때문에 NaN_3의 몰수를 계산하고 생성된 N_2의 몰수를 계산한다. 마지막으로 이상 기체 방정식을 이용하여 N_2의 부피를 계산한다.

(계속)

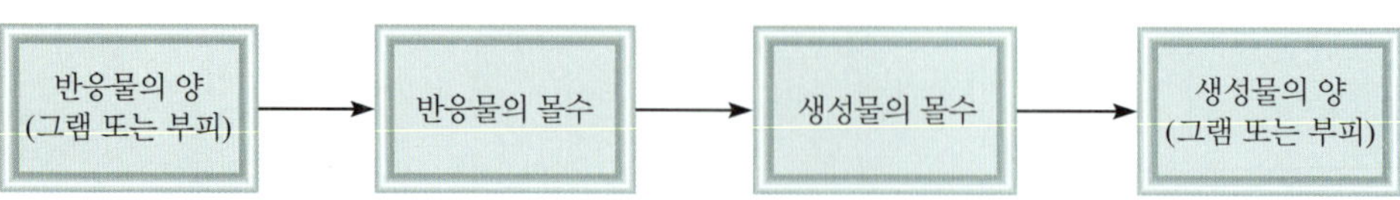

그림 5.13 기체를 포함한 화학량론적 계산.

풀이 우선 다음과 같은 전환 과정을 이용하여 NaN_3 60.0 g의 분해로 생성된 N_2의 몰수를 계산한다.

$$NaN_3\text{의 그램수} \longrightarrow NaN_3\text{의 몰수} \longrightarrow N_2\text{의 몰수}$$

따라서

$$N_2\text{의 몰수} = 60.0 \text{ g NaN}_3 \times \frac{1 \text{ mol NaN}_3}{65.02 \text{ g NaN}_3} \times \frac{3 \text{ mol N}_2}{2 \text{ mol NaN}_3}$$
$$= 1.38 \text{ mol N}_2$$

이상 기체 방정식을 이용하여 N_2 1.38 mol의 부피를 구하면 다음과 같다.

$$V = \frac{nRT}{P} = \frac{(1.38 \text{ mol})(0.0821 \text{ L} \cdot \text{atm/K} \cdot \text{mol})(80 + 273 \text{ K})}{(823/760) \text{ atm}}$$
$$= 36.9 \text{ L}$$

비슷한 문제: 5.62.

실전 연습 대사에 의한 포도당($C_6H_{12}O_6$)의 분해 반응식은 공기 중에서 포도당을 연소시키는 반응식과 같다.

$$C_6H_{12}O_6(s) + 6O_2(g) \longrightarrow 6CO_2(g) + 6H_2O(l)$$

이 반응으로 포도당 5.60 g이 소모될 때, 37°C, 1.00 atm에서 생성되는 CO_2의 부피를 계산하시오.

예제 5.13

수산화 리튬 수용액은 다음 반응식과 같이 대사의 최종 산물인 이산화 탄소를 흡수하기 때문에 우주선이나 잠수함 속에 있는 공기를 정화하는 데 사용된다.

$$2LiOH(aq) + CO_2(g) \longrightarrow Li_2CO_3(aq) + H_2O(l)$$

부피가 2.4×10^5 L인 잠수함 선실에서 이산화 탄소의 압력은 312 K에서 7.9×10^{-3} atm이다. 무시해도 좋을 만한 부피의 수산화 리튬(LiOH) 용액을 선실에 넣었더니, 결과적으로 CO_2의 압력이 1.2×10^{-4} atm으로 감소되었다. 이 과정에 의해 몇 g의 탄산 리튬(Li_2CO_3)이 생성되겠는가?

잠수 중인 잠수함이나 우주 항공기 안의 공기는 계속해서 정화시켜 주어야 한다.

전략 CO_2의 압력이 감소되면서 반응에 소모된 CO_2의 몰수를 어떻게 계산할까? 이상 기체 방정식을 이용하면 다음과 같이 나타낼 수 있다.

$$n = P \times \left(\frac{V}{RT}\right)$$

일정한 T와 V에서 CO_2 압력의 변화량(ΔP)은 CO_2 몰수의 변화량(Δn)에 상응한다. 따라서 Δn은 다음과 같다.

$$\Delta n = \Delta P \times \left(\frac{V}{RT}\right)$$

CO_2와 Li_2CO_3 사이의 변환 인자는 무엇인가?

풀이 CO_2 압력의 감소량은 $(7.9 \times 10^{-3} \text{ atm}) - (1.2 \times 10^{-4} \text{ atm})$ 즉, 7.8×10^{-3} atm이다. 그러므로 반응으로 소모된 CO_2의 몰수는 다음과 같이 주어진다.

$$\Delta n = 7.8 \times 10^{-3} \text{ atm} \times \frac{2.4 \times 10^5 \text{ L}}{(0.0821 \text{ L} \cdot \text{atm/K} \cdot \text{mol})(312 \text{ K})}$$
$$= 73 \text{ mol}$$

화학 반응식으로부터 CO_2 1 mol은 Li_2CO_3 1 mol을 생성(1 mol $CO_2 \simeq$ 1 mol Li_2CO_3)하므로 생성된 Li_2CO_3의 양도 73 mol이다. 따라서 Li_2CO_3의 몰질량(73.89 g)으로 탄산 리튬의 질량을 계산하면 다음과 같다.

(계속)

비슷한 문제: 5.100.

$$\text{생성된 } Li_2CO_3\text{의 질량} = 73 \text{ mol } Li_2CO_3 \times \frac{73.89 \text{ g } Li_2CO_3}{1 \text{ mol } Li_2CO} = 5.4 \times 10^3 \text{ g } Li_2CO_3$$

실전 연습 염화 수소(HCl) 2.14 L를 2.61 atm, 28°C에서 물 668 mL에 완전히 녹여 염산 용액을 만들었다. 부피의 변화가 없다고 가정했을 때 산 용액의 몰농도(*M*)을 계산하시오.

개념 복습하기

2.8절에서 알케인(C_nH_{2n+2})을 배웠다. 다음과 같은 기체상 연소 반응이 반응물에서 생성물 쪽으로 일어날 때 어떤 알케인에서 기체의 몰수가 일정하게 유지되는가?

$$\text{알케인}(g) + \text{산소}(g) \rightarrow \text{이산화 탄소}(g) + \text{수증기}(g)$$

5.6 돌턴 부분 압력 법칙

지금까지 순수한 기체 물질의 거동에 관해 집중적으로 살펴보았으나, 실험 연구에서는 종종 기체 혼합물을 다루게 된다. 예를 들어, 대기 오염을 연구할 때 여러 기체로 이루어진 공기의 압력-부피-온도 관계에 관심을 가지게 된다. 이와 같이 기체 혼합물을 포함하는 모든 경우에 기체의 전체 압력은 **부분 압력**(partial pressure) 즉, *혼합물 속 각 기체 성분의 압력*과 관계가 있다. 1801년 돌턴은 오늘날 **돌턴 부분 압력 법칙**(Dalton's law of partial pressures)이라고 알려진 법칙을 체계화하였는데, 이는 *기체 혼합물의 전체 압력은 각 기체가 그 자신만 존재할 때 나타내는 압력들의 합*이라는 것이다. 그림 5.14은 돌턴 법칙을 설명하고 있다.

두 기체 A와 B가 부피 *V*인 용기에 들어 있는 경우를 생각해 보자. 기체 A에 의한 압력은 이상 기체 방정식에 따라 다음과 같다.

$$P_A = \frac{n_A RT}{V}$$

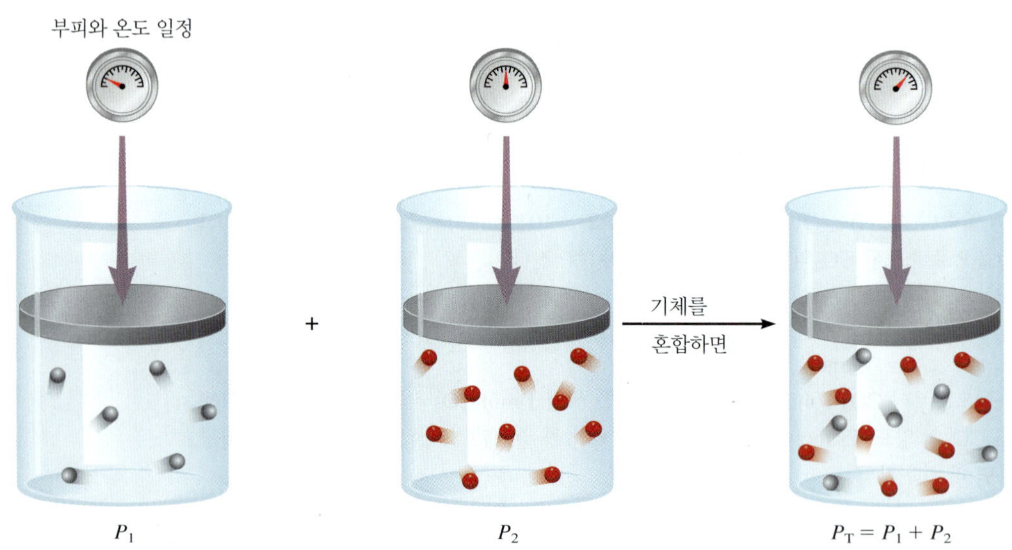

그림 5.14 돌턴 부분 압력 법칙에 대한 도식적 설명.

여기서 n_A는 존재하는 A의 몰수이다. 비슷하게 기체 B에 의한 압력은 다음과 같다.

$$P_B = \frac{n_B RT}{V}$$

기체 A와 B의 혼합물에서 전체 압력 P_T는 두 유형의 분자 A와 B가 용기의 벽과 충돌할 때 생긴 결과이다. 따라서 돌턴 법칙에 따르면 전체 압력은 다음과 같다.

$$\begin{aligned} P_T &= P_A + P_B \\ &= \frac{n_A RT}{V} + \frac{n_B RT}{V} \\ &= \frac{RT}{V}(n_A + n_B) \\ &= \frac{nRT}{V} \end{aligned}$$

여기서 존재하는 기체의 전체 몰수 n은 $n = n_A + n_B$에 의해 얻어지며 P_A와 P_B는 각각 A와 B의 부분 압력이다. 혼합 기체에 있어서 P_T는 존재하는 기체의 전체 몰수에만 의존하고 기체 분자의 성질에는 의존하지 않는다.

일반적으로 기체 혼합물의 전체 압력은 다음과 같다.

$$P_T = P_1 + P_2 + P_3 + \cdots$$

여기서 $P_1, P_2, P_3, \ldots$은 각 성분 1, 2, 3, . . .의 부분 압력이다. 각 부분 압력이 전체 압력과 어떤 관계가 있는지 살펴보기 위해 두 기체 A와 B의 혼합물의 경우를 다시 생각해 보자. P_A를 P_T로 나누면 다음과 같이 나타낼 수 있다.

$$\begin{aligned} \frac{P_A}{P_T} &= \frac{n_A RT/V}{(n_A + n_B)RT/V} \\ &= \frac{n_A}{n_A + n_B} \\ &= X_A \end{aligned}$$

여기서 X_A는 기체 A의 **몰분율**(mole fraction)이라고 한다. 몰분율은 *존재하는 모든 성분의 전체 몰수에 대한 한 성분의 몰수의 비로 표현되는 차원이 없는 양*이다. 일반적으로 혼합물 중에서 성분 i의 몰분율은

$$X_i = \frac{n_i}{n_T} \tag{5.13}$$

여기서 n_i와 n_T는 각각 성분 i의 몰수와 존재하는 모든 성분의 전체 몰수이고 몰분율은 항상 1보다 작다. A의 부분 압력은 다음과 같이 나타낼 수 있다.

$$P_A = X_A P_T$$

이와 유사하게 B의 부분 압력도 다음과 같이 나타낼 수 있다.

$$P_B = X_B P_T$$

기체 혼합물에 대하여 (각 성분의) 몰분율의 합은 1이 되어야 함에 유의하라. 성분이 두 가지밖에 없다면,

$$X_A + X_B = \frac{n_A}{n_A + n_B} + \frac{n_B}{n_A + n_B} = 1$$

세 가지 이상의 기체를 포함하는 경우 i번째 성분의 부분 압력과 전체 압력 사이에는 다음과 같은 관계가 성립된다.

기체 혼합물에 대해서 각 성분의 부분 압력의 합은 전체 압력과 같아야 하며, 몰분율의 합은 1이어야 한다.

$$P_i = X_i P_T \tag{5.14}$$

부분 압력은 어떻게 측정될까? 압력계는 기체 혼합물의 전체 압력만을 측정할 수 있다. 부분 압력을 얻기 위해서는 각 성분의 몰분율을 알아야 하며 각 성분은 정밀한 화학 분석에 의하여 알 수 있다. 부분 압력을 측정하는 가장 직접적인 방법은 질량 분석기를 이용하는 것이다. 질량 스펙트럼에서 각 피크의 상대적인 크기는 존재하는 기체의 몰분율에 정비례한다.

예제 5.14와 같이 몰분율과 전체 압력으로부터 각 성분의 부분 압력을 계산할 수 있다. 스쿠버 다이빙에 대한 돌턴 부분 압력 법칙을 직접적으로 응용한 사례는 뒤에 나오는 "생활 속의 화학"에서 다루기로 한다.

예제 5.14

네온(Ne) 4.46 mol, 아르곤(Ar) 0.74 mol, 제논(Xe) 2.15 mol을 포함하는 기체 혼합물이 있다. 어떤 온도에서 전체 압력이 2.00 atm일 때, 각 기체의 부분 압력을 구하시오.

전략 기체의 부분 압력은 전체 압력과 어떤 관계가 있는가? 기체의 몰분율은 어떻게 구하는가?

풀이 식 (5.14)에 따르면 네온의 부분 압력(P_{Ne})은 기체의 몰분율(X_{Ne})과 전체 압력(P_T)을 곱한 것과 같다.

구해야 할 것

$$P_{Ne} = X_{Ne}P_T$$

계산하려고 하는 것　　주어짐

식 (5.13)을 이용하여 다음과 같이 네온의 몰분율을 계산한다.

$$X_{Ne} = \frac{n_{Ne}}{n_{Ne} + n_{Ar} + n_{Xe}} = \frac{4.46 \text{ mol}}{4.46 \text{ mol} + 0.74 \text{ mol} + 2.15 \text{ mol}} = 0.607$$

그러므로 P_{Ne}은 다음과 같다.

$$\begin{aligned} P_{Ne} &= X_{Ne}P_T \\ &= 0.607 \times 2.00 \text{ atm} \\ &= 1.21 \text{ atm} \end{aligned}$$

이와 유사하게 P_{Ar}은 다음과 같다.

$$\begin{aligned} P_{Ar} &= X_{Ar}P_T \\ &= 0.10 \times 2.00 \text{ atm} \\ &= 0.20 \text{ atm} \end{aligned}$$

그리고 P_{Xe}은 다음과 같다.

$$\begin{aligned} P_{Xe} &= X_{Xe}P_T \\ &= 0.293 \times 2.00 \text{ atm} \\ &= 0.586 \text{ atm} \end{aligned}$$

검산 부분 압력의 합이 전체 압력과 같은지 확인하라. 즉, (1.21 + 0.20 + 0.586) atm = 2.00 atm인지 확인하라.

비슷한 문제: 5.67.

실전 연습 메테인(CH_4) 8.24 mol, 에테인(C_2H_6) 0.421 mol, 프로페인(C_3H_8) 0.116 mol을 포함하는 천연가스 시료에서 기체의 전체 압력이 1.37 atm이면 각 기체의 부분 압력은 얼마인가?

▶▶▶ 동영상 자료
▸ 기체의 수상 포집.

돌턴 부분 압력 법칙은 수상 포집된 기체의 부피를 계산하는 데 유용하다. 실험실에서 널리 사용되는 기체는 일반적으로 가압 기체 실린더에서 얻을 수 있지만 때로 특정 기체 소량이 필요할 때는 화학적으로 만드는 것이 더 편리할 수도 있다. 예를 들어, 염소산 포타슘($KClO_3$)을 가열하면 다음과 같이 분해된다.

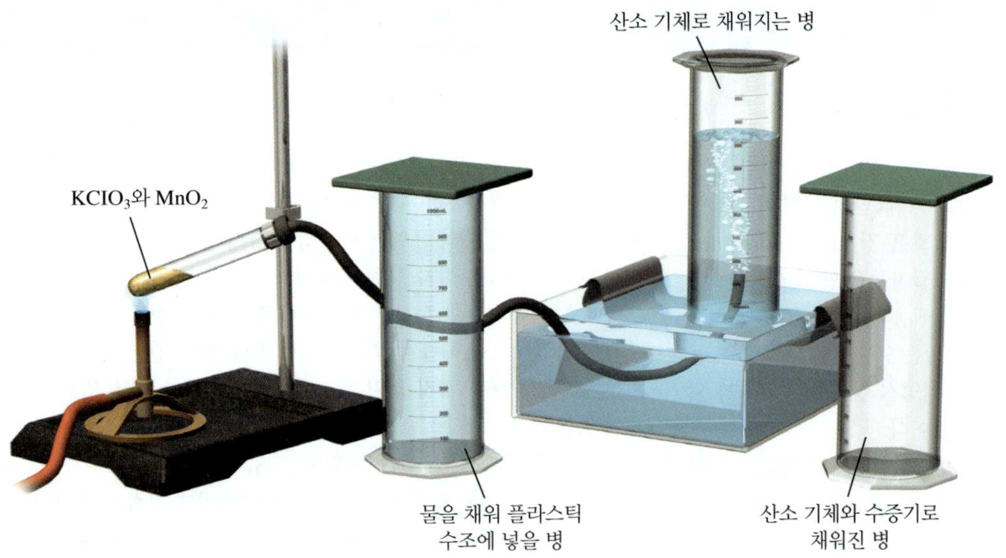

그림 5.15 기체의 수상 포집 장치. 반응을 빠르게 하기 위하여 소량의 이산화 망가니즈를 넣은 염소산 포타슘($KClO_3$)을 가열하여 얻어진 산소 기체가 그림에서와 같이 물 속에서 포집된다. 병에 들어 있던 물은 산소 기체에 의해 밖으로 밀려나온다.

$$2KClO_3(s) \longrightarrow 2KCl(s) + 3O_2(g)$$

산소 기체는 그림 5.15에 나타낸 것과 같이 수상 포집할 수 있다. 먼저 병을 물로 가득 채우고 거꾸로 세운다. 산소 기체가 발생하면 기포는 병의 위쪽으로 올라가고 물은 아래로 빠져 나온다. 이와 같은 기체 포집 방법은 기체가 물과 반응하지 않는다는 것과 물에 거의 녹지 않는다는 가정 하에서만 가능하다. 이러한 가정은 산소 기체에 대해서는 유효하지만 물에 잘 녹는 NH_3와 같은 기체들에 대해서는 적당하지 못하다. 하지만 이와 같은 방법으로 병 속에 포집된 산소는 수증기를 포함하고 있기 때문에 순수하지 못하다. 따라서 기체의 전체 압력은 산소와 수증기에 의해 나타난 부분 압력의 합과 같다.

$$P_T = P_{O_2} + P_{H_2O}$$

결과적으로 발생된 O_2의 양을 계산할 때 수증기 때문에 생긴 압력을 고려해야 한다. 표 5.3에 여러 온도에서의 수증기압을 나타내었으며 이 자료를 그림 5.16에 그래프로 나타내었다.

예제 5.15는 돌턴 법칙을 이용하여 수상 포집된 기체의 양을 계산하는 방법을 보여준다.

기체를 수상 포집할 때 (산소와 수증기의) 전체 압력은 대기압과 같다.

표 5.3

여러 온도에서의 수증기압

온도 (℃)	수증기압 (mmHg)
0	4.58
5	6.54
10	9.21
15	12.79
20	17.54
25	23.76
30	31.82
35	42.18
40	55.32
45	71.88
50	92.51
55	118.04
60	149.38
65	187.54
70	233.7
75	289.1
80	355.1
85	433.6
90	525.76
95	633.90
100	760.00

예제 5.15

염소산 포타슘의 분해로 생성된 산소를 그림 5.15와 같이 포집하였다. 24°C와 762 mmHg의 대기압에서 포집된 기체의 부피는 128 mL이다. 생성된 산소의 질량(g)을 계산하시오. 24°C에서 수증기압은 22.4 mmHg이다.

전략 생성된 산소의 질량을 구하기 위하여 우선 혼합물에 있는 산소의 부분 압력을 계산하여야 한다. 어떤 기체 법칙을 사용해야 할까? 산소 기체의 압력을 어떻게 산소의 질량으로 전환할까?

풀이 돌턴 부분 압력 법칙으로부터 전체 압력을 다음과 같이 표현할 수 있다.

$$P_T = P_{O_2} + P_{H_2O}$$

따라서

(계속)

생활 속의 화학

스쿠버 다이빙과 기체 법칙

스쿠버 다이빙은 활기를 불어넣어 주는 운동이며, 또한 건강하고 잘 훈련된 개인에게는 일부 기체 법칙의 덕분으로 안전한 활동이다. ["Scuba"는 수중 자가 호흡 장치(self-contained underwater breathing apparatus)의 첫 글자들을 딴 약자이다.] 인기있는 이 운동에 두 가지 기체 법칙을 적용할 수 있다. 첫째로 잠수 후 안전하게 수면으로 되돌아올 수 있는 안내서의 개발이고, 둘째로 잠수하고 있는 동안에 잠재적인 치명적 상황을 방지하기 위하여 적절한 기체 혼합물을 확정하는 것이다.

전형적인 잠수는 10~20 m이지만 30 m까지의 잠수도 흔하다. 바닷물의 밀도(약 1.03 g/mL)가 담수의 밀도(1.00 g/mL)보다 약간 크기 때문에 10 m의 바닷물 기둥에 의해 가해지는 압력은 1 atm의 압력과 같다. 깊이가 깊어질수록 압력은 증가하여 20 m의 깊이에서 바닷물의 압력은 2 atm이 될 것이며 더 깊은 곳으로 갈수록 계속해서 압력은 증가한다.

잠수부가 숨을 내쉬지 않고 6 m 깊이에서 갑자기 수면으로 떠오르면 어떤 일이 일어날까? 이러한 깊이 변화에 따른 전체 압력 강하는 (6 m/10 m) × 1 atm = 0.6 atm이다. 잠수부가 수면에 도달했을 때 폐에 갇혀 있던 공기의 부피는 (1 + 0.6) atm/1 atm = 1.6배만큼 증가한다. 이와 같은 갑작스런 공기의 팽창은 치명적으로 폐의 막을 파열시킬 수 있다. 또 다른 심각한 가능성은 *공기색전증*(air embolism)이 생길지도 모른다는 것이다. 폐에서 공기가 팽창함으로써 모세혈관 속으로 공기가 침투된다. 혈관 속에 생성된 기포는 뇌로 가는 정상적인 혈액의 흐름을 방해할 수 있다. 결과적으로 잠수부는 수면에 도달하기 전에 의식을 잃을지도 모른다. 공기색전증의 유일한 치료법은 다시 압축하는 것이다. 이와 같은 고통스러운 절차를 위해 부상자를 압축 공기로 채워진 장치 속에 넣는다. 이 때 수시간에서 하루 정도 동안 혈액 중의 기포가 서서히 압착되어 해롭지 않은 크기로 된다. 이와 같은 불쾌하고 고통스러운 증세를 겪지 않기 위하여 잠수부들은 낮아진 압력에 몸이 적응할 수 있도록 중간에서 잠시 멈추었다가 천천히 수면으로 올라와야만 한다는 사실을 잘 알고 있다.

두 번째 예는 돌턴 법칙이 스쿠버 다이빙에 직접 적용되는 것이다. 산소 기체는 우리의 생존에 필수적인 요소이다. 따라서 정상적인 양보다 더 많은 양의 산소를 호흡하면 몸에 해롭다는 것을 믿기는 어렵다. 하지만 지나치게 많은 양의 산소는 유해하다는 것이 잘 입증되어 있다. 예를 들어, 산소실에 둔 신생아는 종종 망막 조직에 상처를 입어 부분적이거나 완전히 실명할 수도 있다.

산소의 부분 압력이 약 0.20 atm일 때 신체는 최상의 기능을 수행한다. 산소의 부분 압력은 다음과 같다.

$$P_{O_2} = X_{O_2}P_T = \frac{n_{O_2}}{n_{O_2} + n_{N_2}}P_T$$

여기서 P_T는 전체 압력이다. 하지만 (일정 온도, 일정 압력에서) 부피는 존재하는 기체의 몰수에 정비례하므로 다음과 같이 쓸 수 있다.

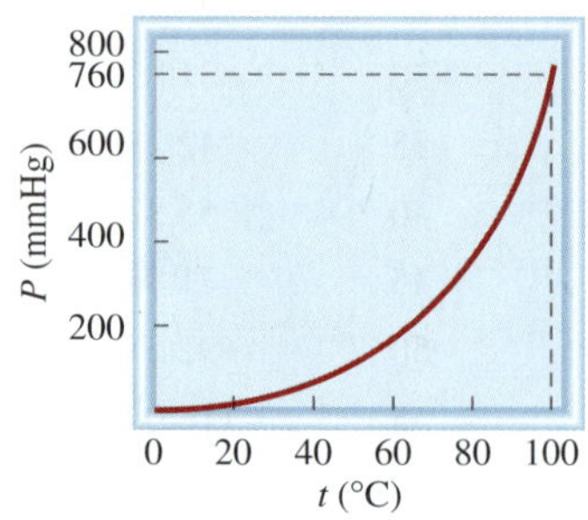

그림 5.16 온도의 함수로 나타낸 수증기압. 물의 끓는점(100°C)에서 수증기압은 정확히 1 atm인 760 mmHg임에 주목하라.

$$\begin{aligned} P_{O_2} &= P_T - P_{H_2O} \\ &= 762 \text{ mmHg} - 22.4 \text{ mmHg} \\ &= 740 \text{ mmHg} \end{aligned}$$

이상 기체 방정식으로부터 다음과 같이 나타낼 수 있다.

$$PV = nRT = \frac{m}{\mathcal{M}}RT$$

여기서 m과 $\mathcal{M}$은 각각 포집된 O_2의 질량과 O_2의 몰질량이다. 식을 재정리하면 다음과 같다.

$$\begin{aligned} m = \frac{PV\mathcal{M}}{RT} &= \frac{(740/760)\text{atm}(0.128 \text{ L})(32.00 \text{ g/mol})}{(0.0821 \text{ L}\cdot\text{atm/K}\cdot\text{mol})(273 + 24) \text{ K}} \\ &= 0.164 \text{ g} \end{aligned}$$

검산 산소 기체의 밀도는 (0.164 g/0.128 L) 즉, 1.28 g/L이다. 이 값은 대기 조건의 기체에 대해 합리적이다(예제 5.8 참조).

실전 연습 금속 칼슘을 물과 반응시켜 생성된 수소 기체를 그림 5.15에서와 같이 포집하였다. 30°C, 988 mmHg에서 포집된 기체의 부피는 641 mL이었다. 얻어진 수소의 질량(g)은 얼마인가? 30°C에서 수증기압은 31.82 mmHg이다.

비슷한 문제: 5.72.

CHEMISTRY *in Action*

$$P_{O_2} = \frac{V_{O_2}}{V_{O_2} + V_{N_2}} P_T$$

따라서 공기의 조성은 부피%로 산소가 20%이고 질소가 80%이다. 잠수부가 잠수할 때 물에 의해 받는 압력은 대기 압력보다 크다. 신체의 체강(body cavity, 폐, 공동 등) 속에 있는 공기의 압력은 주위 물의 압력과 같아야 한다. 그렇지 않으면 체강들은 찌그러진다. 따라서 공기 압력이 물의 압력과 항상 같은가를 확인하기 위한 특수 밸브가 있어서 스쿠버 탱크로부터 나오는 숨쉬는 공기의 압력을 자동으로 조절한다. 예를 들어, 전체 압력이 2.0 atm인 깊이에서 공기 중 산소 함량을 0.20 atm의 부분 압력으로 유지하기 위해서는 산소의 부피 백분율을 10%로 낮추어 주어야 한다. 즉, 다음과 같이 나타낼 수 있다.

$$P_{O_2} = 0.20 \text{ atm} = \frac{V_{O_2}}{V_{O_2} + V_{N_2}} \times 2.0 \text{ atm}$$

$$\frac{V_{O_2}}{V_{O_2} + V_{N_2}} = \frac{0.20 \text{ atm}}{2.0 \text{ atm}} = 0.10 \text{ 또는 } 10\%$$

산소 기체를 질소 기체와 함께 혼합하여 (정해진 부분 압력을 맞추는 것이) 당연한 것처럼 보이지만, 사실은 거기에도 심각한 문제가 있다. 질소 기체의 부분 압력이 1 atm을 넘어서면 충분한 양의 질소 기체가 혈액 속으로 녹아들어가 *질소 마취*(nitrogen narcosis) 상태가 유발된다. 질소가 잠수부에게 미치는 영향은 알코올 중독으로 인한 증상들과 유사하다. 질소 마취로 고통받는 잠수부들은 바다 밑바닥에서 춤을 춘다거나, 상어를 뒤쫓는다거나 하는 이상한 행동을 하는 것으로 알려져 있다. 이런 이유 때문에 종종 헬륨을 사용하여 산소를 희석시키고 있다. 비활성 기체 헬륨은 질소보다 혈액 속에 덜 용해되어 마취 상태를 만들지 않는다.

스쿠버 잠수부.

개념 복습하기

각 색깔의 공은 서로 다른 기체 분자를 나타낸다. 전체 압력이 2.6 atm일 때 각 기체의 부분 압력을 구하시오.

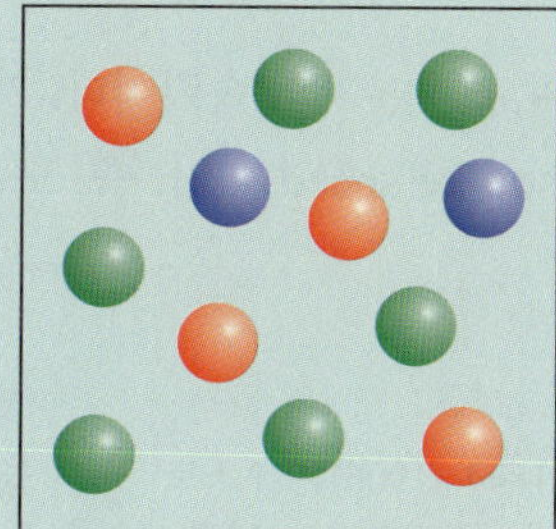

5.7 기체의 분자 운동론

기체 법칙은 기체의 거동을 예측하는 데는 도움을 준다. 하지만 가열에 의해 기체가 팽창하는 이유와 같은 거시적 세계에서 관찰되는 변화에 대해 분자적 수준에서 어떤 일이 있어났는지를 설명하지는 못한다.

19세기의 많은 물리학자 가운데 특히 볼츠만(Ludwig Boltzmann)[†]과 맥스웰(James Clerk Maxwell)[‡]은 기체의 물리적 성질을 각 분자의 운동으로 설명할 수 있음을 밝혔다. 이와 같은 분자의 운동은 에너지의 형태인데, *에너지*(energy)란 일을 할 수 있는 능력 또는 변화를 일으킬 수 있는 능력으로 정의된다. 역학에서 *일*(work)은 힘에 거리를 곱한 것으로 나타낸다. 에너지는 일로 측정될 수 있기 때문에 다음과 같이 표현할 수 있다.

$$\begin{aligned}\text{에너지} &= \text{행해진 일}\\ &= \text{힘} \times \text{거리}\end{aligned}$$

줄(Joule, J)[§]은 *에너지의 SI 단위*이다.

$$\begin{aligned}1\ \text{J} &= 1\ \text{kg m}^2/\text{s}^2\\ &= 1\ \text{N m}\end{aligned}$$

또한 에너지를 kJ(kilojoule)로도 나타낼 수 있다.

$$1\ \text{kJ} = 1000\ \text{J}$$

6장에서 보게 되겠지만 많은 종류의 에너지가 있다. **운동 에너지**(kinetic energy, KE)는 움직이는 물체가 가지고 있는 에너지의 형태 즉, *운동에 의한 에너지*(energy of motion)이다.

맥스웰과 볼츠만 등이 정립한 개념은 **기체 분자 운동론**(kinetic molecular theory of gas) 또는 간단히 *기체 운동론*(kinetic theory of gas)으로 *수많은 기체의 거동을 일반화*시켰다. 운동론의 주요 가정은 아래와 같다.

기체 분자 운동론은 분자를 내부 구조가 없는 단단한 구로 간주한다.

1. 기체는 분자들로 이루어져 있으며, 분자들은 자신의 크기에 비해 서로 아주 멀리 떨어져 있다. 분자는 질량은 있으나 부피는 무시되는 "점(point)"으로 간주한다.
2. 기체 분자들은 무질서한 방향으로 끊임없이 운동하며 서로 빈번하게 충돌한다. 분자간 충돌은 완전 탄성충돌이다. 즉, 분자들이 충돌할 때 한 분자에서 다른 분자로 에너지가 전달된다. 하지만 계의 전체 분자들이 갖는 총에너지는 일정하게 유지된다.
3. 기체 분자들 사이에는 인력이나 척력이 작용하지 않는다.
4. 분자들의 평균 운동 에너지는 기체의 절대 온도에 비례한다. 같은 온도에 있는 두 기체는 평균 운동 에너지가 같다. 분자들의 평균 운동 에너지는 다음과 같다.

   $$\overline{\text{KE}} = \tfrac{1}{2}m\overline{u^2}$$

   여기서 m은 분자의 질량이며, u는 분자의 속력이다. 기호 위의 선은 평균값을 뜻한다. $\overline{u^2}$는 평균 제곱 속력(mean square speed)이다. 즉, 모든 분자들의 속력을 제곱하여 평균한 값이다.

[†] 볼츠만(Ludwig Edward Boltzmann, 1844~1906)은 오스트리아의 물리학자이다. 그는 (인류 역사상) 전무후무한 가장 위대한 이론 물리학자 중의 한 사람이었지만, 평생 그의 업적은 다른 과학자들에 의해 인정받지 못했다. 병약하고 심한 우울증으로 고통받다가 1906년에 스스로 목숨을 끊었다

[‡] 맥스웰(James Clerk Maxwell, 1831~1879)은 스코틀랜드의 물리학자로, 19세기 위대한 이론물리학자 중의 한 사람이었다. 그는 기체 운동론, 열역학, 전자기 등 물리학의 많은 분야에 업적을 남겼다.

[§] 줄(James Prescott Joule, 1818~1889)은 영국의 물리학자로, 젊었을 때 돌턴에게서 가르침을 받았다. 그는 열의 일당량, 역학 에너지와 열 에너지 사이의 변환을 측정하는 데 있어서 가장 큰 공헌을 하였다.

$$\overline{u^2} = \frac{u_1^2 + u_2^2 + \cdots + u_N^2}{N}$$

여기서 N은 존재하는 전체 분자수이다.

가정 4로부터 다음과 같이 쓸 수 있다.

$$\overline{\mathrm{KE}} \propto T$$
$$\tfrac{1}{2}m\overline{u^2} \propto T$$

따라서

$$\overline{\mathrm{KE}} = \tfrac{1}{2}m\overline{u^2} = CT \tag{5.15}$$

여기서 C는 비례 상수이고, T는 절대 온도이다.

분자 운동론에 따르면 기체의 압력은 분자들과 용기벽 사이의 충돌 때문에 생긴다. 기체의 압력은 단위 면적당 충돌하는 빈도와 부딪치는 "강도"에 의해서 좌우된다. 또한 이 이론은 온도에 대한 분자 수준의 설명을 가능하게 한다. 식 (5.15)에 따르면 분자의 평균 운동 에너지를 기체의 절대 온도로 계량할 수 있다. 다시 말해, 절대 온도는 분자들의 무질서한 운동에 대한 척도이며, 온도가 높을수록 분자들은 더 활발하게 운동한다. 무질서한 분자의 운동은 기체 시료의 온도와 관련되기 때문에 종종 열운동이라고도 한다.

기체 법칙에의 응용

기체 운동론은 다소 단순한 모형에 기초를 두고 있지만 그와 관련된 상세한 수학적인 기술은 대단히 복잡하다. 그러나 기체 상태에 있는 물질의 일반적인 성질을 설명하기 위하여 이 이론을 정성적으로 이용할 수 있다. 다음 예들은 이 이론의 유용성의 범위를 잘 설명해준다.

- **기체의 압축성.** 기체상 분자들은 서로 멀리 떨어져 있기 때문에(가정 1), 더 작은 부피로 쉽게 압축될 수 있다.
- **보일 법칙.** 기체의 압력은 분자와 용기벽의 충돌에 의한 것이다. 충돌 속도(collision rate) 즉, 분자가 초당 벽에 충돌하는 횟수는 기체의 수 밀도(number density, 단위 부피당 분자수)에 비례한다. 주어진 기체의 부피가 감소하면 수 밀도가 증가해서 충돌 속도도 증가한다. 따라서 기체의 압력은 기체가 차지하는 부피에 반비례한다. 결과적으로 부피가 감소하면 압력은 증가하고 부피가 증가하면 압력은 감소한다.
- **샤를 법칙.** 기체 분자의 평균 운동 에너지가 시료의 절대온도에 비례하기 때문에(가정 4), 온도가 증가하면 평균 운동 에너지가 증가한다. 결과적으로 기체가 가열되면 분자들은 용기벽에 더욱 빈번하게 더욱 강하게 충돌할 것이다. 따라서 압력은 증가한다. 기체 압력이 일정한 외부 압력과 균형을 이룰 때까지 기체의 부피는 팽창할 것이다(그림 5.8 참조).
- **아보가드로 법칙.** 기체의 압력은 기체의 밀도와 온도에 정비례함을 알았다. 기체의 질량은 기체의 몰수(n)에 정비례하기 때문에 밀도를 n/V로 나타낼 수 있다. 그러므로 다음과 같이 나타낼 수 있다.

다시 말해서 아보가드로 법칙은 같은 기체든 아니든 같은 압력과 같은 온도에서 같은 부피의 기체에 포함된 분자수는 동일하다는 것이다.

$$P \propto \frac{n}{V}T$$

두 기체 1과 2에 대해서 다음과 같이 나타낼 수 있다.

$$P_1 \propto \frac{n_1 T_1}{V_1} = C\frac{n_1 T_1}{V_1}$$

$$P_2 \propto \frac{n_2T_2}{V_2} = C\frac{n_2T_2}{V_2}$$

여기서 C는 비례 상수이다. 따라서 두 기체가 압력, 온도, 부피 조건이 같을 경우($P_1 = P_2$, $T_1 = T_2$, $V_1 = V_2$), 두 기체의 몰수는 같아지게 되는데($n_1 = n_2$), 이는 아보가드로 법칙의 수학적 표현이다.

- **돌턴 부분 압력 법칙.** 분자 간에 인력이나 척력이 없다면(가정 3) 한 종류의 분자에 의한 압력은 다른 기체의 존재에 영향을 받지 않는다. 결과적으로 전체 압력은 각 기체의 부분 압력의 합으로 이루어진다.

분자의 속력 분포

기체 운동론 덕분에 분자의 운동을 보다 자세하게 연구할 수 있다. 용기 속에 1 mol 정도의 많은 수의 기체 분자가 있다고 가정하자. 온도가 일정하게 유지되는 한 평균 운동 에너지와 제곱 평균 속력은 시간이 지나도 변하지 않을 것이다. 예상한 바와 같이 분자의 운동은 완전히 무질서하고 예측 불가능하다. 주어진 순간에 얼마나 많은 분자들이 특정 속도로 움직이고 있는가? 이 질문에 대답하기 위하여 맥스웰은 여러 온도에서 기체 분자의 거동을 분석하였다.

세 가지 다른 온도에서 질소 기체에 대한 전형적인 *맥스웰 속력 분포 곡선*(Maxwell speed distribution curve)을 그림 5.17(a)에 나타내었다. 주어진 온도에서 분포 곡선은 특정한 속력으로 움직이는 분자의 수를 나타낸다. 각 곡선의 피크는 *최빈 속력*(most probable speed) 즉, 가장 많은 분자들이 갖는 속력이다. 최빈 속력은 온도가 증가하면 증가한다(피크는 오른쪽으로 이동한다). 더욱이 온도가 증가할수록 (속력 분포가 넓어져) 곡선은 점차 평평해지기 시작하는데, 이는 더 많은 수의 분자들이 더 큰 속도로 움직이고 있음을 나타낸다. 같은 온도에 있는 세 가지 기체의 속력 분포를 그림 5.17(b)에 나타내었다. 곡선으로부터 가벼운 분자가 무거운 분자보다 평균적으로 더 빨리 움직이고 있다는 것을 알 수 있다.

분자의 속력 분포는 그림 5.18에 보이는 장치를 이용하여 측정할 수 있다. 원자살(또

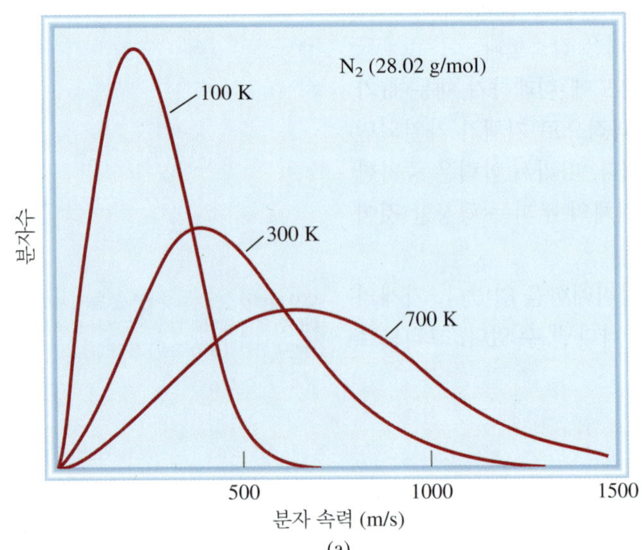

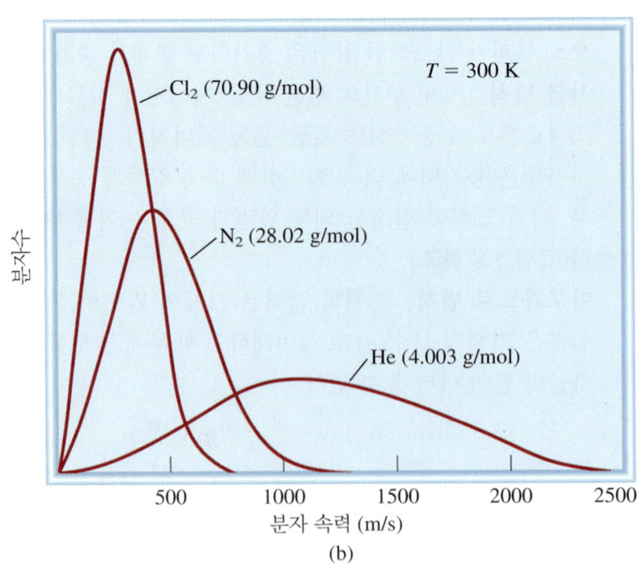

그림 5.17 (a) 세 가지 다른 온도에서 관찰한 질소 기체의 속력 분포. 온도가 높을수록 더 많은 분자들이 더 빠른 속력으로 운동한다. (b) 300 K에서 세 가지 다른 기체의 속력 분포. 주어진 온도에서 더 가벼운 분자들이 평균적으로 더 빠르게 움직인다.

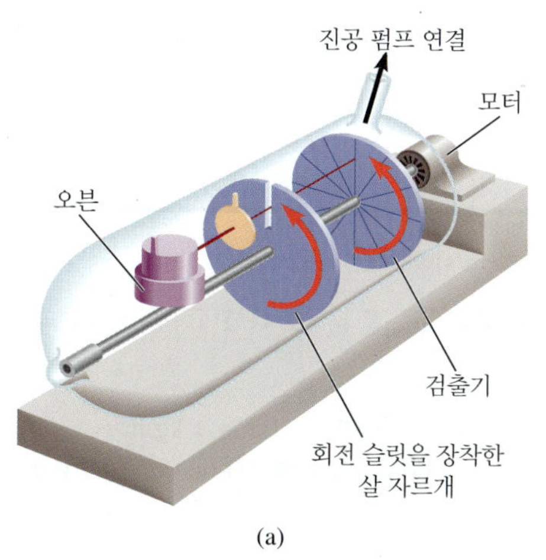

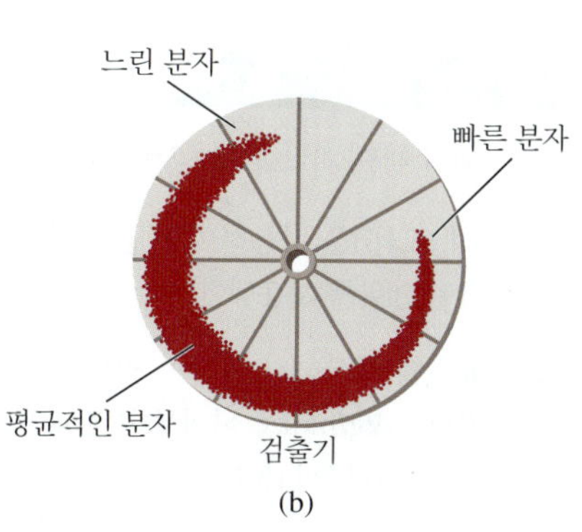

그림 5.18 (a) 특정 온도에서 분자의 속력 분포를 조사할 수 있는 장치. 그림에 나타낸 것과 같이 진공 펌프에 의해 분자들이 왼쪽에서 오른쪽으로 이동된다. (b) 검출기 위에 얻어진 증착막으로부터 분자의 속력 범위를 알 수 있으며 증착된 밀도는 특정 속력으로 움직이는 분자의 수에 정비례한다.

는 분자살)이 일정 온도의 오븐으로부터 나와 (살을 평행하게 조절하기 위하여) 바늘구멍(pinhole)을 통과한다. 같은 축에 끼워진 두 개의 원판이 모터에 의해 회전한다. 첫 번째 판은 살 자르개(beam chopper)이고, 두 번째 판은 검출기이다. 살 자르개의 역할은 언제든지 살이 슬릿과 맞추어질 때마다 원자살(또는 분자살)의 작은 다발이 슬릿을 통과하도록 하는 것이다. 각 다발 중에서 빠르게 움직이는 분자는 천천히 움직이는 분자보다 검출기에 먼저 도달할 것이다. 결국 검출기에 증착막(layer of deposit)이 쌓인다. 두 개의 판이 같은 속력으로 회전하고 있기 때문에 다음 다발의 분자들은 같은 속력을 갖는 이전 다발의 분자들과 검출기 판의 거의 같은 지점에 증착될 것이다. (*역자 주*: 같은 거리를 움직이기 때문에 속력이 빠른 분자가 검출기에 먼저 도달하며, 느린 분자가 도달할 때까지 검출기판은 반시계 방향으로 회전을 했기 때문에 느린 분자는 빠른 분자보다 시계 방향으로 돌아간 위치에 나타난다.) 결과적으로 분자 증착(molecular deposition)은 눈에 보이게 될 것이며 증착된 밀도는 특정 온도에 있는 분자의 속력 분포를 의미한다.

제곱 평균근 속력

어떤 온도 T에서 분자는 평균적으로 얼마나 빨리 움직이는가? 분자의 속력을 측정하는 한 가지 방법은 *평균 분자 속력*인 **제곱 평균근 속력**(root-mean-square speed, u_{rms})을 계산하는 것이다. 기체 운동론에서 어떤 기체 1 mol의 전체 운동 에너지는 $\frac{3}{2}RT$와 같다. 앞에서 한 분자의 평균 운동 에너지는 $\frac{1}{2}m\overline{u^2}$이라는 것을 알았으므로 다음과 같이 쓸 수 있다.

(주어진 온도에서) 각 기체 분자에 대한 제곱 평균근 속력은 하나이기 때문에 분자의 평균 속력을 계산하여 비교할 수 있다.

$$\overline{\text{KE}} = \frac{3}{2}RT$$

$$N_A(\tfrac{1}{2}m\overline{u^2}) = \frac{3}{2}RT$$

여기서 N_A는 아보가드로 수이고, m은 분자 한 개의 질량이다. $N_Am = \mathcal{M}$이므로 위 식은 다음과 같이 바꾸어 쓸 수 있다.

$$\overline{u^2} = \frac{3RT}{\mathcal{M}}$$

양변에 제곱근을 취하면 u_{rms}는 다음과 같이 나타낼 수 있다.

$$\sqrt{\overline{u^2}} = u_{rms} = \sqrt{\frac{3RT}{\mathcal{M}}} \qquad (5.16)$$

식 (5.16)은 기체의 제곱 평균근 속력은 절대 온도의 제곱근에 따라 증가함을 나타낸다. $\mathcal{M}$이 분모에 있기 때문에 무거운 기체 분자일수록 더 천천히 움직인다. R 값(부록 2 참조)으로 8.314 J/K · mol을 사용하고 몰질량은 kg/mol로 바꾸면 u_{rms}은 m/s로 계산된다. 예제 5.16에서 이 과정을 설명한다.

그림 5.19 기체 분자 하나의 이동 경로. 방향이 바뀌는 것은 다른 분자와 충돌하기 때문이다.

예제 5.16

25°C 에서 헬륨 원자와 질소 분자의 제곱 평균근 속력(m/s)을 계산하시오.

전략 식 (5.16)을 사용하여 제곱 평균근 속력을 계산한다. u_{rms}를 m/s로 나타내기 위하여 R과 $\mathcal{M}$은 어떤 단위를 사용해야 하는가?

풀이 u_{rms}를 계산하기 위하여 R의 단위는 8.314 J/K · mol을 사용하고, 1 J = 1 kg m²/s²이므로 몰질량은 kg/mol로 나타내야 한다. 헬륨의 몰질량은 4.003 g/mol 대신 4.003×10^{-3} kg/mol을 사용한다. 식 (5.16)으로부터 u_{rms}는 다음과 같다.

$$\begin{aligned} u_{rms} &= \sqrt{\frac{3RT}{\mathcal{M}}} \\ &= \sqrt{\frac{3(8.314\ \text{J/K} \cdot \text{mol})(298\ \text{K})}{4.003 \times 10^{-3}\ \text{kg/mol}}} \\ &= \sqrt{1.86 \times 10^6\ \text{J/kg}} \end{aligned}$$

환산 인자 1 J = 1 kg m²/s²를 사용하면 다음 식을 얻게 된다.

$$\begin{aligned} u_{rms} &= \sqrt{1.86 \times 10^6\ \text{kg m}^2/\text{kg} \cdot \text{s}^2} \\ &= \sqrt{1.86 \times 10^6\ \text{m}^2/\text{s}^2} \\ &= 1.36 \times 10^3\ \text{m/s} \end{aligned}$$

몰질량이 28.02 g/mol, 즉 2.802×10^{-2} kg/mol인 N_2에 대해서도 계산 과정은 같다. 따라서 다음과 같이 얻어진다.

$$\begin{aligned} u_{rms} &= \sqrt{\frac{3(8.314\ \text{J/K} \cdot \text{mole})(298\ \text{K})}{2.802 \times 10^{-2}\ \text{kg/mol}}} \\ &= \sqrt{2.65 \times 10^5\ \text{m}^2/\text{s}^2} \\ &= 515\ \text{m/s} \end{aligned}$$

검산 헬륨은 가벼운 기체이기 때문에 평균적으로 질소보다 더 빠르게 움직일 것으로 예상할 수 있다. 신속하게 해답을 확인할 수 있는 방법으로 두 개의 u_{rms} 값의 비율($1.36 \times 10^3/515 \approx 2.6$)과 헬륨에 대한 질소의 몰질량비의 제곱근 $\sqrt{28/4} \approx 2.6$이 같은지를 확인하는 것이다.

실전 연습 20°C에서 염소 분자의 제곱 평균근 속력(m/s)을 계산하시오.

비슷한 문제: 5.81, 5.82.

목성. 이 거대한 행성의 내부는 주로 수소로 이루어져 있다.

예제 5.16의 계산 결과는 지구 대기의 조성과 흥미로운 관계가 있다. 목성과 달리 지구는 대기 중에 수소나 헬륨을 다량 가지고 있지 않다. 왜 그럴까? 목성보다 작은 행성인 지구는 이와 같은 가벼운 분자들에 대해 목성보다 인력이 약하다. 단순 계산으로도 지구의 중력권을 벗어나기 위해서는 분자가 1.1×10^4 m/s 이상의 속도를 가져야만 한다. 헬륨의 평균 속력이 질소나 산소 분자의 속력보다 훨씬 크기 때문에 많은 헬륨 원자가 지구의 대기권으로부터 바깥 우주로 빠져나간다. 결과적으로 미량의 헬륨만이 대기권에 존재한다. 반면 목성은 지구보다 질량이 약 320배 가량 크므로 목성의 대기 중에는 무거운 기체와 가벼운 기체 모두 존재할 수 있다.

다음 페이지의 "생활 속의 화학"에서 극저온에 있는 기체의 황홀한 현상을 기술하기로 한다.

초저온 원자

기체를 거의 절대 0도까지 냉각시키면 어떤 일이 일어날까? 85년 이전에 아인슈타인(Albert Einstein)은 인도의 물리학자 보스(Satyendra Nath Bose)의 연구를 확대하여, 극저온에서 어떤 원소의 기체상 원자들은 "병합(merge)"되거나 또는 "응축(condense)"되어 단일 물체(single entity)나 새로운 형태의 물질을 형성한다고 예상하였다. 일반적인 기체, 액체, 고체와는 달리 *보스-아인슈타인 응축물*(Bose-Einstein condensate, BEC)이라는 초냉각 물질은 개별 원자들을 포함하지 않는다. 원래의 원자들이 다른 원자들과 서로 겹쳐서 그 사이에 공간이 없기 때문이다.

아인슈타인의 가설에 고무되어 전세계적으로 BEC를 만들기 위하여 많은 노력을 기울였다. 그러나 과학 세계에서 때로 일어나는 것처럼 최근까지도 필요 기술을 이용할 수가 없어서 초기 연구가 결실을 맺지 못했다. 레이저는 아인슈타인의 또 다른 아이디어에 기반한 과정을 이용한다. 레이저는 BEC 연구를 위해 특별히 고안된 것은 아니었지만 이 연구를 수행하는 결정적 도구가 되었다.

마침내 1995년에 물리학자들은 매우 오랫동안 탐구해 온 증거들을 발견하였다. 미국 콜로라도 대학교의 한 연구팀이 처음으로 성공한 결과를 보고하였다. 레이저 광선을 원자살 쪽으로 향하게 하여 원자에 정면으로 충돌시켜 순간적으로 속도를 느려지게 만드는 방식인 "레이저 냉각(laser cooling)"이라는 기술을 이용하여 기체 루비듐 원자 시료를 약 5.0×10^{-8} K로 냉각시킴으로써 BEC를 생성하였다. 루비듐 원자들은 레이저 여섯 개가 교차되어 만들어진 "광학 당밀(optical molasses)" 속에서 더욱 냉각되었다. 가장 느리고 가장 차가운 원자들은 자기장 속에 붙잡히는 반면, 보다 빠르게 움직이는 뜨거운 원자들은 빠져나간다. 이렇게 하여 기체로부터 더 많은 에너지가 제거된다. 이러한 조건하에 갇혀 있는 원자들의 운동 에너지는 사실상 0이었으며, 이것은 기체의 극저온을 설명해 준다. 이 지점에서 Rb 원자는 바로 아인슈타인이 예상한 것과 같은 응축물을 만들었다. 비록 이 BEC는 육안으로 보이지는 않았지만(단면의 폭이 겨우 5×10^{-3} cm), 과학자들은 그 위에 또 다른 레이저살을 집중함으로써 컴퓨터 화면에 그 영상(image)을 포착할 수 있었다. 약 15초 후 레이저가 BEC를 파괴하였으나 그 존재를 기록하기에는 충분한 시간이었다.

그림은 이 온도에 있는 루비듐 원자들의 맥스웰 속도 분포[†]를 나타낸 것이다. 색깔은 두 개의 수평축에 의해서 지정된 속도를 가지는 원자들의 수를 나타낸다. 파랗고 흰 부분은 BEC를 형성하기 위하여 합병된 원자들을 나타낸다.

콜로라도 팀의 발견 이후 몇 주 지나지 않아 라이스 대학교의 과학자들 역시 비슷한 기술을 이용하여 리튬 원자로 BEC를 만드는 데 성공하였고, 1998년 MIT의 과학자들은 수소 원자로 BEC를 만들었다. 그 이후 BEC에 관한 성질을 이해하는 데 많은 진전이 있었으며 실험을 분자계까지 확대하였다. BEC에 연구로 인하여 아직도 충분히 이해되지 않은 원자의 성질(7장 참조)과 초전도 현상의 기전(11장 "생활 속의 화학" 참조) 연구에도 희망을 줄 것으로 기대된다. 더 좋은 성능의 레이저 개발도 부가적으로 얻어지는 이익이다. 다른 분야에 대한 응용은 BEC의 더 깊은 연구에 달려 있다. 그럼에도 불구하고 물질의 새로운 형태의 발견은 20세기의 위대한 과학 업적들 중 하나임에 틀림없다.

[†] 속도는 크기와 방향을 모두 가지고 있다면 점에서 속도 분포는 속력 분포와 다르다. 따라서 속도는 양의 값과 음의 값을 가지나 속력은 오로지 0과 양의 값만을 갖는다.

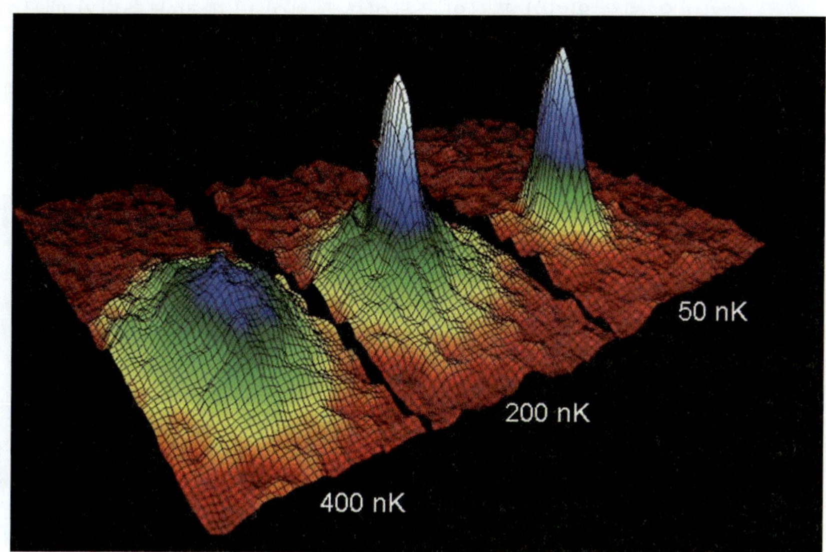

보스-아인슈타인 응축물을 형성하는 동안 세 개의 다른 온도에서 Rb 원자의 맥스웰 속도 분포도. 각 경우에 속도는 두 개의 축을 따라 중앙(0)에서부터 바깥쪽으로 갈수록 증가한다. 빨간색은 Rb 원자의 최소수를 나타내며, 흰색은 최대수를 나타낸다.

기체의 확산 및 분출

이제 기체의 운동을 기반으로 확산 및 분출을 논의하기로 한다.

기체의 확산

확산은 항상 농도가 높은 영역에서 낮은 영역으로 진행된다.

동영상 자료
▶ 기체의 확산.

분자의 무질서한 운동은 **확산**(diffusion)으로 증명된다. 즉, 확산은 *분자들의 운동 특성에 의해 한 기체 분자들이 다른 기체 분자들과 점진적으로 혼합되는 것*이다. 분자 속력이 매우 빠름에도 불구하고 분자들이 완전히 확산되기까지는 꽤 오랜 시간이 걸린다. 예를 들어, 실험대 한쪽 끝에서 진한 암모니아 용액이 들어 있는 병의 뚜껑을 열면 다소 시간이 흐른 후에 다른 끝에 있는 사람이 그 냄새를 맡을 수 있다. 그 이유는 분자 하나가 실험대 한쪽 끝에서 다른 쪽까지 움직이는 동안 그림 5.19에 나타낸 것과 같이 수많은 충돌을 하기 때문이다. 따라서 기체의 확산은 분자 속력으로 예측한 것처럼 순간적으로 일어나지 않고 항상 점진적으로 일어난다. 더욱이 가벼운 기체의 제곱 평균근 속력은 무거운 기체의 경우보다 크기 때문에(예제 5.16 참조) 주어진 공간에서 가벼운 기체가 무거운 기체보다 빨리 확산된다. 기체의 확산에 대한 설명을 그림 5.20에 나타내었다.

1832년 스코틀랜드의 화학자 그레이엄(Thomas Graham)[†]은 *같은 온도, 같은 압력에서 기체의 확산 속도는 몰질량의 제곱근에 반비례한다*는 사실을 발견하였다. 오늘날 **그레이엄 확산 법칙**(Graham's law of diffusion)으로 알려진 이 설명은 다음과 같이 수학적으로 표현된다.

$$\frac{r_1}{r_2} = \sqrt{\frac{\mathcal{M}_2}{\mathcal{M}_1}} \tag{5.17}$$

여기서 r_1과 r_2는 각각 기체 1과 2의 확산 속도를 나타내며, $\mathcal{M}_1$과 $\mathcal{M}_2$는 각각의 몰질량이다.

기체의 분출

확산이 한 기체가 다른 기체와 점진적으로 혼합되는 과정인 반면 **분출**(effusion)은 *용기의 한쪽에서 가압된 기체가 조그만 구멍을 통하여 다른 쪽으로 빠져나가는 과정*이다. 그림 5.21에 진공으로 분출되는 기체를 나타내었다. 분출이 본질적으로 확산과 다르지만 기체의 분출 속도는 그레이엄 확산 법칙과 같은 형태를 갖는다[식 (5.17) 참조]. 헬륨으로 채운 고무 풍선이 공기로 채운 고무 풍선보다 더 빨리 바람이 빠진다. 그 이유는 공기 분자보다 가벼운 헬륨 원자가 풍선의 주둥이를 통하여 더 빨리 분출되기 때문이다. 산업적으로 기체

[†] 그레이엄(Thomas Graham, 1805~1869)은 스코틀랜드의 화학자로, 삼투압에 대해 매우 훌륭한 업적을 남겼으며 다양한 인산의 특성을 규명하였다.

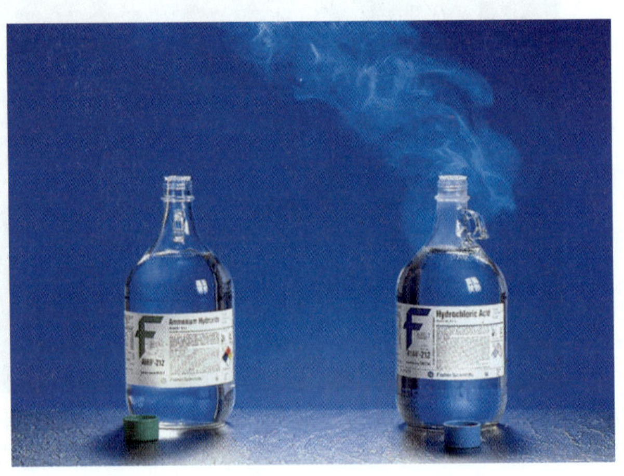

그림 5.20 기체 확산의 예. 암모니아 기체(암모니아수 병, 왼쪽)는 염화 수소(염산 병, 오른쪽)와 결합하여 고체 NH_4Cl이 된다. 암모니아가 더 가볍기 때문에 더 빨리 확산하여 고체 NH_4Cl은 초기에 염산 병 근처에 나타난다.

의 분출을 이용하여 우라늄 동위원소인 기체 상태의 $^{235}UF_6$와 $^{238}UF_6$ 형태를 서로 분리할 수 있다. 여러 단계로 기체의 분출 단계를 거쳐 제2차 세계 대전에서 원자폭탄 제조에 사용되었던 고농축 ^{235}U 동위원소를 얻을 수 있었다.

예제 5.17에서 그레이엄 법칙의 응용 사례를 다루었다.

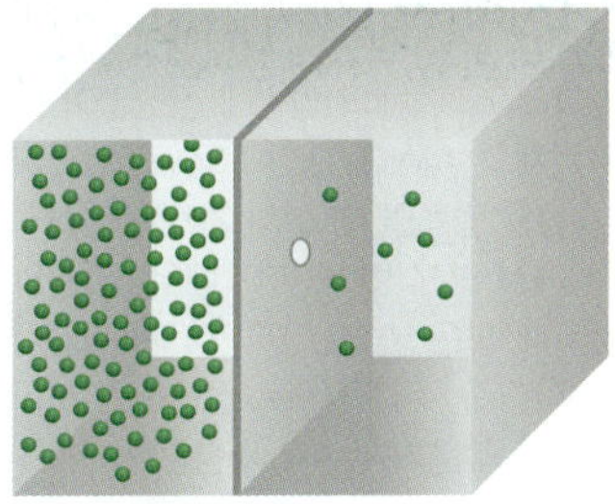

기체 진공

그림 5.21 기체의 분출. 기체 분자는 작은 구멍을 통하여 높은 압력 쪽(왼쪽)에서 낮은 압력 쪽으로 이동한다.

예제 5.17

탄소와 수소로만 이루어진 인화성 기체가 다공성 벽(porous barrier)을 통하여 분출되는 데 1.50분이 걸린다. 같은 온도, 같은 압력 조건에서 같은 부피의 브로민 증기는 같은 벽을 통과하는 데 4.73분 걸린다. 미지 기체의 몰질량을 계산한 후, 이 기체가 무엇인지 제안해 보시오.

전략 확산 속도는 주어진 시간에 다공성 벽을 통과하는 분자의 수이다. 긴 시간이 걸리면 속도가 느린 것이다. 따라서 속도는 확산에 소요된 시간에 반비례하기 때문에, 식 (5.17)은 $r_1/r_2 = t_2/t_1 = \sqrt{\mathcal{M}_2/\mathcal{M}_1}$와 같이 다시 쓸 수 있다. 여기서 t_1과 t_2는 각각 기체 1과 2의 확산 시간이다.

풀이 Br_2의 몰질량으로부터 다음과 같이 쓸 수 있다.

$$\frac{1.50\text{분}}{4.73\text{분}} = \sqrt{\frac{\mathcal{M}}{159.8\ \text{g/mol}}}$$

여기서 $\mathcal{M}$은 미지 기체의 몰질량이다. 식을 $\mathcal{M}$에 대하여 풀면 다음과 같다.

$$\mathcal{M} = \left(\frac{1.50\text{분}}{4.73\text{분}}\right)^2 \times 159.8\ \text{g/mol}$$
$$= 16.1\ \text{g/mol}$$

탄소의 몰질량은 12.01 g, 수소의 몰질량은 1.008 g이므로 이 기체는 메테인(CH_4)이다.

실전 연습 미지 기체가 다공성 벽을 통과하는 데 192초가 걸리고, 같은 온도, 같은 압력 조건에서 같은 부피의 N_2 기체는 같은 벽을 통과하는 데 84초가 걸린다. 미지 기체의 몰질량은 얼마인가?

비슷한 문제: 5.87, 5.88.

개념 복습하기

STP에서 He와 Cl_2 기체 각 1 mol을 비교하였다. 다음 중 어느 것이 서로 같을까?
(a) 제곱 평균근 속력, (b) 확산 속도, (c) 평균 운동 에너지, (d) 부피.

5.8 이상적 거동에서 벗어남

기체 법칙과 분자 운동론에서 기체 상태에 있는 분자들은 서로 인력이나 척력 등 어떠한 힘도 작용하지 않는다고 가정한다. 또한 분자 부피는 용기의 부피에 비해 무시할 만큼 작다고 가정한다. 이런 두 조건을 만족하는 기체는 *이상적 거동*(ideal behavior)을 보인다고 말한다.

실제 기체가 이상 기체처럼 거동한다고 가정하더라도 모든 조건하에서 그렇게 거동할 것이라고 기대할 수는 없다. 예를 들어, 분자 간 힘이 없는 기체는 액체로 전환하기 위한 응축이 일어날 수 없다. 중요한 점은 "어떤 조건에서 기체는 비이상적 거동을 나타낼 것인가?"이다.

주어진 온도에서 이상 기체와 함께 세 종류의 실제 기체에 대하여 PV/RT를 P의 함수로 나타낸 그래프를 그림 5.22에 나타내었다. 이 그래프를 이용하여 이상 기체의 거동을

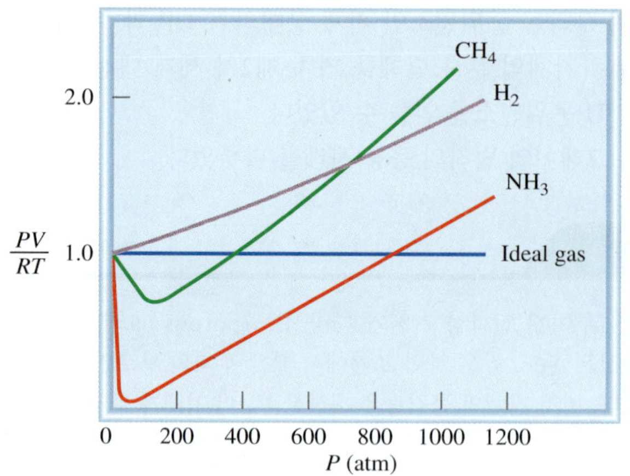

그림 5.22 0°C에서 기체 1 mol에 대해 P의 함수로 나타낸 PV/RT의 그래프. 기체의 압력에 상관없이 이상 기체 1 mol에 대한 PV/RT는 1이다. 높은 압력일 때 실제 기체는 이상적 거동에서 크게 벗어난다. 매우 낮은 압력일 때 모든 기체는 이상적 거동을 나타낸다. 즉, P가 0으로 접근하면 모든 PV/RT 값은 모두 1로 수렴한다.

시험해 볼 수 있다.

이상 기체 방정식에 따르면 기체의 실제 압력에 무관하게 기체 1 mol에 대해 PV/RT는 1이다($n = 1$이면, $PV = nRT$는 $PV = RT$ 또는 $PV/RT = 1$이 된다). 실제 기체에 대해서 이것은 비교적 낮은 압력(≤ 5 atm)일 때는 사실이지만 압력이 증가함에 따라 그 값은 1에서 크게 벗어난다. 비교적 짧은 거리에 있는 분자 간에는 인력이 작용한다. 대기압에서 기체 분자들은 서로 멀리 떨어져 있기 때문에 인력은 매우 작다. 높은 압력에서 기체의 밀도는 증가하며 분자들은 서로 가까워진다. 분자 간 힘은 분자 운동에 영향을 줄 만큼 충분히 커져서 기체는 이상적으로 거동하지 않게 된다.

기체의 비이상적 거동을 관찰하기 위한 또 다른 방법은 온도를 낮추는 것이다. 기체를 냉각하면 분자들이 상호작용하는 인력을 끊는 데 필요한 추진력인 분자들의 평균 운동 에너지가 감소된다.

실제 기체를 정확하게 연구하기 위하여 분자 간 힘과 분자의 정해진 부피를 고려하여 이상 기체 방정식을 보정할 필요가 있다. 이와 같은 연구가 1873년 네덜란드의 물리학자 반 데르 발스(J. D. van der Waals)[†]에 의해 처음 시도되었다. 수학적으로도 간단한 반 데르 발스의 접근법을 이용하여 분자 수준에서 실제 기체의 거동을 설명할 수 있다.

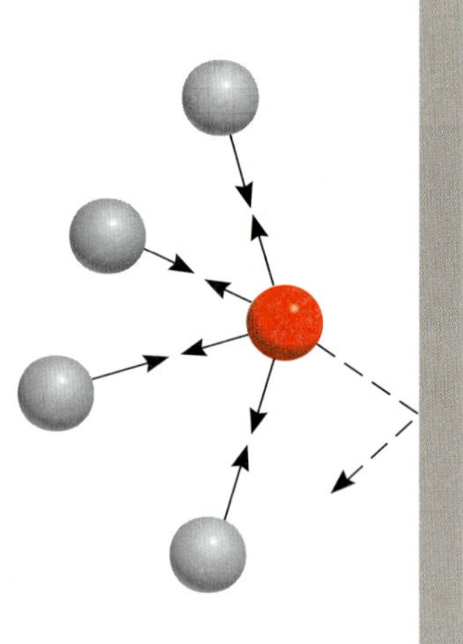

그림 5.23 기체의 압력에 영향을 주는 분자 간 힘. 용기 벽을 향해 움직이는 분자(빨간 공)의 속도는 이웃하는 분자(회색 공)의 인력에 의해 감소된다. 결과적으로 이 분자가 용기 벽에 충돌하는 충격의 정도는 분자간 인력이 없을 때보다 작다. 측정된 실제 기체의 압력은 일반적으로 이상 기체로 가정했을 때의 기체의 압력보다 작다.

용기의 벽을 향해 접근하고 있는 특정 분자를 생각해 보자(그림 5.23). 이웃 분자로부터 받는 분자 간 인력으로 인하여 분자가 벽에 충돌하는 강도는 약화된다. 결과적으로 이상 기체로 예상했던 것보다 압력이 낮게 나타난다. 반 데르 발스는 이상 기체에 대한 압력 $P_{이상}$과 실험적으로 측정된 압력 $P_{실제}$ 사이에는 다음과 같은 관계가 있다고 제안하였다.

$$P_{이상} = \underset{\text{관찰된 압력}}{\underset{\uparrow}{P_{실제}}} + \underset{\text{보정항}}{\underset{\uparrow}{\frac{an^2}{V^2}}}$$

여기서 a는 상수이고 n과 V는 각각 기체의 몰수와 부피이다. 압력에 대한 보정항(an^2/V^2)은 다음과 같이 해석될 수 있다. 비이상적인 거동을 일으키는 분자들 사이의 상호작용은 얼마나 빈번하게 두 분자가 서로 가깝게 접근하는가에 의해 좌우된다. 이러한 "부딪힘(encounter)"의 빈도는 단위 부피 당 분자 수의 제곱(n^2/V^2)에 따라 증가한다. 왜냐하면 정해진 영역에서 두 분자 중 한 분자를 찾을 확률은 n/V에 비례하기 때문이다. 따라서 a는 단지 비례 상수이다.

[†]반 데르 발스(Johannes Diderck van der Waals, 1837~1923)는 네덜란드의 물리학자로, 기체와 액체의 성질에 관한 업적으로 1910년 노벨 물리학상을 받았다.

또 다른 보정은 기체 분자가 차지하는 부피와 관련이 있다. 이상 기체 방정식에서 V는 용기의 부피를 나타낸다. 하지만 각각의 분자는 비록 작지만 정해진 본질적인 부피를 갖고 있기 때문에 기체의 유효 부피는 $(V - nb)$가 된다. 여기서 n은 기체의 몰수이고, b는 상수이다. 따라서 nb는 기체 n mol이 차지하는 부피를 나타낸다.

압력과 부피에 대한 보정을 고려하면 이상 기체 방정식은 다음과 같이 나타낼 수 있다.

$$\underbrace{\left(P + \frac{an^2}{V^2}\right)}_{\text{보정된 압력}}\underbrace{(V - nb)}_{\text{보정된 부피}} = nRT \qquad (5.18)$$

식 (5.18)의 P는 실험으로 측정한 값이며 V는 용기의 부피이다.

비이상 기체에 대한 P, V, T, n과 관련된 식인 식 (5.18)은 **반 데르 발스 식**(van der Waals equation)으로 알려져 있다. 식 (5.18)과 특정 기체의 관찰된 거동이 가장 잘 들어맞도록 반 데르 발스 상수 a와 b는 정해진다.

표 5.4에 여러 기체에 대한 a와 b 값을 수록하였다. a 값은 기체 분자가 서로 얼마나 강하게 잡아당기는가를 나타낸다. 헬륨은 a 값이 가장 작기 때문에 헬륨 원자들 사이에는 가장 약한 인력이 작용함을 알 수 있다. 분자 크기와 b 사이에도 대략적인 상관관계가 있다. 일반적으로 분자(또는 원자)가 크면 클수록 b도 크지만 b와 분자(원자) 크기 사이의 상관관계는 그리 간단하지만은 않다.

예제 5.18에서 이상 기체 방정식과 반 데르 발스 식을 이용하여 계산한 기체의 압력을 비교해 보도록 하자.

예제 5.18

NH_3 3.50 mol은 47°C에서 5.20 L를 차지한다. (a) 이상 기체 방정식과 (b) 반 데르 발스 식을 이용하여 기체의 압력(atm)을 계산하시오.

전략 이상 기체 방정식을 이용하여 NH_3의 압력을 계산하기 위하여 예제 5.3과 같은 과정으로 진행한다. 반 데르 발스 식의 압력항과 부피항에서 보정된 것은 무엇인가?

풀이 (a) 다음과 같은 값들이 주어졌다.

$$\begin{aligned} V &= 5.20 \text{ L} \\ T &= (47 + 273) \text{ K} = 320 \text{ K} \\ n &= 3.50 \text{ mol} \\ R &= 0.0821 \text{ L} \cdot \text{atm/K} \cdot \text{mol} \end{aligned}$$

이 값들을 이상 기체 방정식에 대입하면 다음과 같이 얻어진다.

$$\begin{aligned} P &= \frac{nRT}{V} \\ &= \frac{(3.50 \text{ mol})(0.0821 \text{ L} \cdot \text{atm/K} \cdot \text{mol})(320 \text{ K})}{5.20 \text{ L}} \\ &= 17.7 \text{ atm} \end{aligned}$$

(b) 식 (5.18)을 이용한다. 우선 식 (5.18)의 각 보정항을 분리하여 계산하는 것이 편리하다. 표 5.4로부터 다음 정보를 얻는다.

$$\begin{aligned} a &= 4.17 \text{ atm} \cdot \text{L}^2/\text{mol}^2 \\ b &= 0.0371 \text{ L/mol} \end{aligned}$$

따라서 압력과 부피에 대한 보정항은 다음과 같다.

$$\begin{aligned} \frac{an^2}{V^2} &= \frac{(4.17 \text{ atm} \cdot \text{L}^2/\text{mol}^2)(3.50 \text{ mol})^2}{(5.20 \text{ L})^2} = 1.89 \text{ atm} \\ nb &= (3.50 \text{ mol})(0.0371 \text{ L/mol}) = 0.130 \text{ L} \end{aligned}$$

(계속)

표 5.4

몇몇 기체들의 반 데르 발스 상수

기체	a $\left(\frac{\text{atm} \cdot \text{L}^2}{\text{mol}^2}\right)$	b $\left(\frac{\text{L}}{\text{mol}}\right)$
He	0.034	0.0237
Ne	0.211	0.0171
Ar	1.34	0.0322
Kr	2.32	0.0398
Xe	4.19	0.0266
H_2	0.244	0.0266
N_2	1.39	0.0391
O_2	1.36	0.0318
Cl_2	6.49	0.0562
CO_2	3.59	0.0427
CH_4	2.25	0.0428
CCl_4	20.4	0.138
NH_3	4.17	0.0371
H_2O	5.46	0.0305

마지막으로 이 값을 반 데르 발스 식에 대입하면 다음과 같이 얻어진다.

$$(P + 1.89\text{ atm})(5.20\text{ L} - 0.130\text{ L}) = (3.50\text{ mol})(0.0821\text{ L}\cdot\text{atm/K}\cdot\text{mol})(320\text{ K})$$

$$P = 16.2\text{ atm}$$

검산 비이상 기체의 거동에 대한 이해를 근거로 반 데르 발스 식을 이용하여 얻은 압력은 이상 기체 방정식을 이용하여 얻은 압력보다 작은 것은 합리적인가? 이유는 무엇인가?

비슷한 문제: 5.93.

실전 연습 표 5.4의 자료를 이용하여 38°C에서 2.45 L의 부피를 갖는 염소 분자 4.37 mol의 압력을 계산하시오. 이상 기체 방정식을 이용하여 계산한 값과 비교하시오.

개념 복습하기

이상 기체의 거동으로부터 가장 많이 벗어나는 압력과 온도 조건은 어떠한 것인가?

주요 식 정리하기 *Key Equations*

$P_1V_1 = P_2V_2$ (5.2) 보일 법칙. 압력 또는 부피의 변화 계산.

$\frac{V_1}{T_1} = \frac{V_2}{T_2}$ (5.4) 샤를 법칙. 온도 또는 부피의 변화 계산.

$\frac{P_1}{T_1} = \frac{P_2}{T_2}$ (5.6) 샤를 법칙. 온도 또는 압력의 변화 계산.

$V = k_4n$ (5.7) 아보가드로 법칙. 일정 P, 일정 T.

$PV = nRT$ (5.8) 이상 기체 방정식.

$\frac{P_1V_1}{n_1T_1} = \frac{P_2V_2}{n_2T_2}$ (5.9) 압력, 온도, 부피 또는 기체의 양의 변화 계산.

$\frac{P_1V_1}{T_1} = \frac{P_2V_2}{T_2}$ (5.10) n이 일정할 때 압력, 온도 또는 부피의 변화 계산.

$d = \frac{P\mathcal{M}}{RT}$ (5.11) 밀도 또는 몰질량 계산.

$X_i = \frac{n_i}{n_\text{T}}$ (5.13) 몰분율의 정의.

$P_i = X_iP_\text{T}$ (5.14) 돌턴 부분 압력 법칙. 부분 압력 계산.

$\overline{\text{KE}} = \frac{1}{2}m\overline{u^2} = CT$ (5.15) 기체의 평균 운동 에너지와 절대 온도와의 관계.

$u_\text{rms} = \sqrt{\frac{3RT}{\mathcal{M}}}$ (5.16) 기체 분자의 제곱 평균근 속력 계산.

$\frac{r_1}{r_2} = \sqrt{\frac{\mathcal{M}_2}{\mathcal{M}_1}}$ (5.17) 그레이엄 확산 법칙 및 분출 법칙.

$\left(P + \frac{an^2}{V^2}\right)(V - nb) = nRT$ (5.18) 반 데르 발스 식. 비이상 기체의 압력 계산.

사실과 개념 요약하기 *Summary of Facts & Concepts*

1. 25°C, 1 atm에서 많은 원소와 분자 화합물들은 기체로 존재한다. 대기압 조건에서 이온 결합 화합물은 기체보다는 고체로 존재한다.
2. 기체 분자는 자유롭게 운동하고, 접하는 표면과 충돌하기 때문에 기체의 압력이 생긴다. 기체의 압력 단위는 mmHg, torr, pascal, atm 등이다. 1 atm은 760 mmHg 또는 760 torr이다.
3. 이상 기체의 압력-부피 관계는 보일 법칙을 따른다. (일정 T와 n에서) 부피는 압력에 반비례한다.
4. 이상 기체의 온도-부피 관계는 샤를-게이 뤼삭 법칙으로 설명한다. (일정 P와 n에서) 부피는 온도에 정비례한다.
5. 절대 영도(−273.15°C)는 이론적으로 도달할 수 있는 최저 온도이다. 켈빈 온도 척도로 0 K를 절대 영도라 한다. 모든 기체 법칙의 계산에서 온도는 반드시 켈빈으로 표시하여야 한다.
6. 이상 기체의 양-부피 관계는 아보가드로 법칙으로 설명한다. (같은 T와 P에서) 같은 부피를 갖는 기체는 같은 수의 분자를 갖는다.
7. 이상 기체 방정식 $PV = nRT$는 보일 법칙, 샤를 법칙, 아보가드로 법칙을 종합한 것이다. 이 방정식으로 이상 기체의 거동을 묘사한다.
8. 돌턴 부분 압력 법칙은 기체 혼합물에 들어 있는 각 기체에 의해 나타나는 부분 압력은 같은 부피의 용기에 그 기체만이 채워져 있을 때 나타내는 압력과 같다는 것을 의미한다.
9. 분자 운동론 즉, 기체 분자의 거동을 설명하기 위한 수학적 방법론은 다음 가정에 기반을 두고 있다. 기체 분자는 그 자신의 크기보다 훨씬 멀리 떨어져 있으며, 질량은 있으나 부피는 무시할 수 있으며, 일정한 운동을 하고, 서로 빈번하게 충돌한다. 분자들 사이에는 인력과 척력이 없다.
10. 맥스웰의 속력 분포 곡선은 주어진 온도에서 얼마나 많은 기체 분자들이 다양한 속력으로 움직이는가를 나타낸다. 온도가 증가함에 따라 더 많은 분자들이 더 빠른 속도로 움직인다.
11. 확산에서는 두 기체가 서로 점진적으로 혼합된다. 분출에서는 기체 분자들이 압력 차이에 의해 작은 구멍을 통하여 이동한다. 두 과정 모두 같은 수학적인 법칙인 그레이엄 확산 법칙 및 분출 법칙을 따른다.
12. 반 데르 발스 식은 실제 기체의 비이상적인 거동을 고려하여 이상 기체 방정식을 보정한 것이다. 이 식은 실제 기체 분자들 간에 서로 힘이 작용하며, 분자들은 정해진 부피를 갖는다는 사실을 보정한 것이다. 반 데르 발스 상수는 각 기체에 대해 실험을 통해 결정된다.

주요 용어 정리하기 *Key Words*

그레이엄 확산 법칙	몰분율	아보가드로 법칙	절대 온도 척도
기압계	반 데르 발스 식	압력	제곱 평균근 속력(u_{rms})
기체 상수(R)	보일 법칙	압력계	켈빈 온도 척도
기체의 분자 운동론	부분 압력	운동 에너지(KE)	파스칼(Pascal, Pa)
뉴턴(Newton, N)	분출	이상 기체	표준 대기압(1 atm)
대기압	샤를-게이뤼삭 법칙	이상 기체 방정식	표준 온도와 압력(STP)
돌턴 부분 압력 법칙	샤를 법칙	절대 영도	확산

연습 문제 *Questions & Problems*

● 표시는 Connect Plus에서 유용한 문제, 붉은색 번호의 문제는 학생용 문제풀이집에 풀어 놓았다.

기체로 존재하는 물질

▶ **복습 질문**

● 5.1 상온에서 기체로 존재하는 원소 다섯 개와 화합물 다섯 개의 이름을 쓰시오.

5.2 기체의 물리적 특성을 열거하시오.

기체의 압력

▶ 복습 질문

5.3 압력을 정의하고 압력의 공통 단위를 말하시오.

5.4 높은 고도로 나는 비행기를 탔을 때 귀에 통증을 느낀 적이 있었을 것이다. 이러한 때에 하품을 하거나 물을 약간 삼키면 불편함이 일시적으로 완화될 수 있다. 설명하시오.

5.5 물보다 수은이 기압계에 더 적절한 물질인 이유를 설명하시오.

5.6 기압계에서 수은의 높이는 관의 단면적에 무관한 이유를 설명하시오. 예를 들어, 관이 15° 기울어도 기압계는 여전히 작동하는가? (그림 5.3 참조).

5.7 어떻게 길이 단위(mmHg)가 압력 단위로 사용될 수 있는지 설명하시오.

5.8 다음 압력계에서 꼭지를 열면 수은 기둥에 어떤 일이 일어날지 설명하시오.

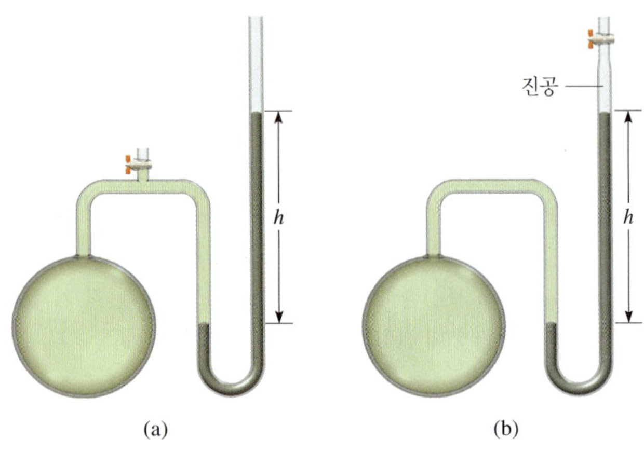

5.9 기체와 증기의 차이는 무엇인가? 25°C에서 질소 분자 (N_2)와 수은 중에서 어느 것을 기체라고 부르며 어느 것을 증기라고 불러야 옳을까?

5.10 감압 펌프를 사용하여 우물로부터 물을 퍼 올릴 수 있는 최대 깊이가 10.3 m라면, 지표 아래 수백 m로부터 물과 기름을 어떻게 얻을 수 있는지 설명하시오.

5.11 세계의 어느 한 지역에서 압력이 내려간다면 다른 지역의 압력은 올라가야만 하는 이유는 무엇인가?

5.12 우주비행사가 달 표면에 서 있을 때 방호복을 입어야 하는 이유는 무엇인가?

▶ 문제

5.13 562 mmHg를 atm으로 전환하시오.

● **5.14** 어느 날 한라산 정상의 대기압이 606 mmHg이었다. 압력을 atm과 kPa 단위로 나타내시오.

기체 법칙

▶ 복습 질문

5.15 다음 기체 법칙들을 말과 식으로 설명해 보시오. 보일 법칙, 샤를 법칙, 아보가드로 법칙. 각 법칙마다 법칙이 적용되는 조건을 제시하고 식에 나타나 있는 각 양에 대한 단위를 제시하시오.

5.16 여기 보인 막힌 수은 압력계에 기체 일정량이 들어 있다. 다른 요소들의 변화가 없다고 가정하고 다음 조작을 할 때 h가 증가하겠는가, 감소하겠는가, 그대로 유지되겠는가? (a) 기체의 양 증가, (b) 기체의 몰질량을 두 배로 함, (c) 기체의 온도 증가, (d) 방 안의 대기압 증가, (e) 관 속의 수은을 밀도가 더 작은 유체로 바꿈, (f) 관의 오른쪽 윗부분에 있는 진공에 기체를 약간 첨가, (g) 관의 오른쪽 위에 구멍을 뚫음.

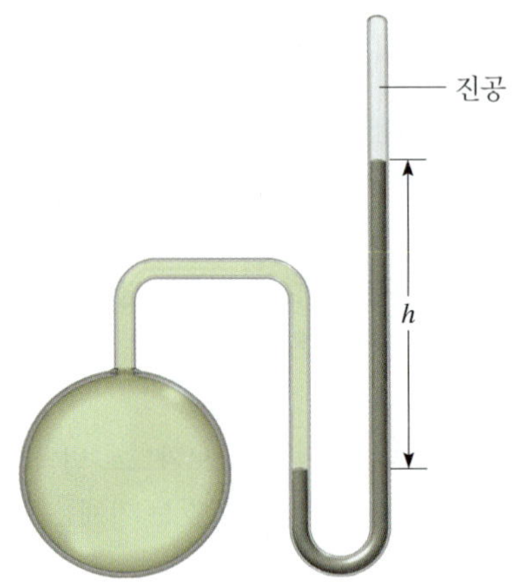

▶ 문제

● 5.17 어떤 물질의 기체 시료를 일정 압력에서 냉각한다. 최종 온도가 (a) 물질의 끓는점 이상일 때, 또는 (b) 물질의 끓는점 이하 어는점 이상일 때 다음 그림 중에서 (a)와 (b)의 상황을 가장 잘 나타낸 그림은 각각 어느 것인가?

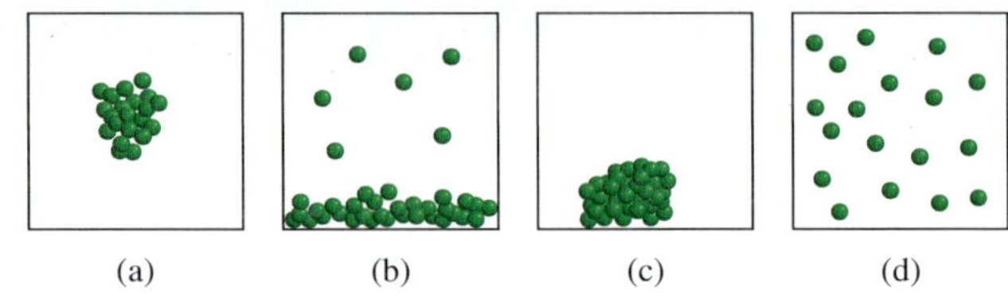

● **5.18** 기체 시료가 다음과 같이 움직이는 피스톤이 장착된 실린더에 들어 있다고 하자. 초기에 온도 T, 압력 P, 부피 V일 때, 기체 n mol이 있다.

다음 각각의 변화 후 기체의 상태를 가장 잘 나타낸 실린더를 고르시오. (1) 일정 n과 일정 T에서 피스톤의 압력을 세 배로 하였을 때, (2) 일정 n과 일정 P에서 온도를 두 배로 하였을 때, (3) 일정 T와 일정 P에서 다른 기체

n mol을 첨가하였을 때, (4) 온도를 1/2로 줄이고, 피스톤의 압력을 최초 압력의 1/4로 줄였을 때.

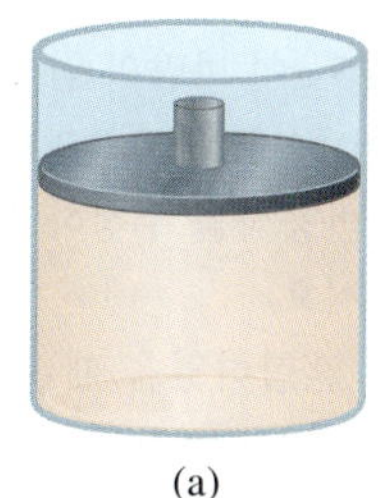
(a)

(b)

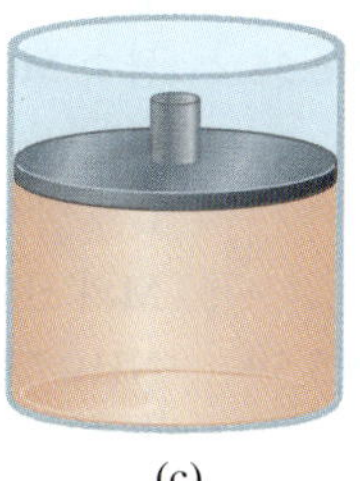
(c)

• 5.19 0.970 atm의 압력에서 725 mL를 차지하는 기체를 일정 온도에서 압력이 0.541 atm이 될 때까지 팽창시켰다. 최종 부피는 얼마일까?

• **5.20** 46°C에서 암모니아 기체의 압력이 5.3 atm이다. 같은 온도에서 기체의 부피가 원래 부피의 1/10로 감소될 때 압력은 얼마일까?

• 5.21 1.00 atm에서 측정한 기체의 부피가 5.80 L이다. 부피를 9.65 L로 되게 하면 기체의 압력은 몇 mmHg일까? (온도는 일정하게 유지한다.)

• **5.22** 압력이 1.2 atm일 때 어떤 공기 시료의 부피가 3.8 L이다. (a) 6.6 atm일 때 차지하는 부피는 얼마일까? (b) 부피를 0.075 L로 압축하기 위해서 필요한 압력은 얼마일까? (온도는 일정하게 유지한다.)

• 5.23 일정 압력에서 메테인 기체 36.4 L를 25°C에서 88°C로 가열하였다. 기체의 최종 부피는 얼마일까?

• **5.24** 일정 압력 조건에서 초기 88°C, 9.6 L인 수소 기체를 최종 부피 3.4 L가 될 때까지 냉각한다면 최종 온도는 얼마일까?

• 5.25 암모니아를 산소 속에서 연소하면 일산화 질소(NO)와 수증기가 생성된다. 같은 온도, 같은 압력에서 1 부피의 암모니아로부터 생성되는 일산화 질소의 부피는 얼마일까?

• **5.26** 염소 분자와 플루오린 분자가 결합하여 기체 생성물을 만든다. 같은 온도, 같은 압력에서 Cl_2 1 부피가 F_2 3 부피와 반응하여 생성물 2 부피가 얻어진다. 생성물의 화학식은 무엇인가?

이상 기체 방정식

▶ 복습 질문

5.27 이상 기체의 특성을 열거하시오. 이상 기체 방정식을 쓰고 각 항을 설명해보시오. 방정식의 각 항에 대한 단위를 제시하시오.

5.28 식 (5.9)를 이용하여 모든 기체 법칙을 유도하시오.

5.29 표준 온도와 압력(STP)은 무엇인가? 이상 기체 1 mol의 부피와 관련하여 STP의 중요성은 무엇인가?

5.30 대기압 조건에서 기체의 밀도가 액체와 고체의 경우보다 훨씬 작은 이유는 무엇인가? 기체의 밀도를 나타내기 위해 일반적으로 사용되는 단위는 무엇인가?

▶ 문제

• 5.31 32°C에서 부피 2.3 L의 용기 속에 들어 있는 질소 기체 시료의 압력이 4.7 atm이다. 이 기체의 몰수를 계산하시오.

• **5.32** 일산화 탄소 6.9 mol이 30.4 L 부피의 용기 속에 들어있다. 온도가 62°C라면 기체의 압력(atm)은 얼마일까?

• 5.33 온도가 128°C이고 압력이 9.4 atm일 때 육플루오린화 황(SF_6) 5.6 mol의 부피는 얼마일까?

• **5.34** 25°C, 0.800 atm에서 일정량의 기체가 유리 용기에 담겨있다. 용기는 2.00 atm의 압력까지 견딜 수 있다고 가정하자. 이 용기를 깨뜨리지 않고 기체의 온도를 몇 도까지 올릴 수 있는가?

• 5.35 1.2 atm, 25°C에서 부피가 2.50 L인 기체로 채워진 풍선을 성층권(지구 표면으로부터 약 30 km 상공)까지 올라가게 하였다. 그 곳의 온도와 압력이 각각 −23°C, 3.00×10^{-3} atm일 때 풍선의 최종 부피를 계산하시오.

5.36 초기 STP에서 기체 2.5 L의 온도를 일정 부피에서 250°C 까지 가열하였다. 기체의 최종 압력(atm)을 계산하시오.

• 5.37 유연한 용기에 들어 있는 이상 기체 6.0 L의 압력을 처음 압력의 1/3로 줄이고 절대 온도는 1/2로 줄였다. 이 기체의 최종 부피는 얼마일까?

• **5.38** (포도주 제조 과정에서) 포도당을 발효시킬 때 발생하는 기체는 20.1°C, 1.00 atm에서 0.78 L의 부피를 갖는다. 발효 온도와 압력이 각각 36.5°C, 1.00 atm일 때 이 기체의 부피는 얼마일까?

• 5.39 초기에 0.85 atm, 66°C에 있던 이상 기체를 최종 부피, 압력, 온도가 각각 94 mL, 0.60 atm, 45°C까지 팽창되도록 하였다. 이 기체의 초기 부피는 얼마이었을까?

5.40 STP에서 이산화 탄소 88.4 g의 부피(L)를 계산하시오.

• 5.41 772 mmHg, 35.0°C에 있는 기체의 부피가 6.85 L이다. STP에서 이 기체의 부피를 계산하시오.

• **5.42** 드라이 아이스는 고체 이산화 탄소이다. 30°C에서 기체를 제거한 4.6-L 용기에 드라이 아이스 시료 0.050 g이 들어있다. 드라이 아이스가 모두 CO_2 기체로 전환된 후 용기 내부의 압력을 계산하시오.

• 5.43 STP에서 0.280 L인 기체의 질량이 0.400 g이다. 이 기체의 몰질량을 계산하시오.

5.44 44°C, 741 torr에서 7.10 g의 기체는 5.40 L의 부피를 차지한다. 기체의 몰질량을 계산하시오.

• 5.45 성층권에 있는 오존 분자들은 태양으로부터 유입되는 유해한 방사선을 많이 흡수한다. 보통 성층권에 있는 오존의 온도와 압력은 각각 250 K와 1.0×10^{-3} atm이다. 이 조건에서 공기 1.0 L에 들어 있는 오존 분자의 수는 얼마인가?

5.46 공기에 부피로 N_2 78%, O_2 21%, Ar 1%를 포함한다고 가정하면 STP에서 공기 1.0 L 속에 들어 있는 각 기체

의 분자수는 얼마인가?

● 5.47 1.00 atm, 27.0°C에서 2.10-L 용기에 기체 4.65 g이 들어 있다. (a) 이 기체의 밀도(g/L)로 계산하시오. (b) 이 기체의 몰질량은 얼마인가?

● **5.48** 733 mmHg, 46°C에서 브로민화 수소(HBr)의 밀도(g/L)를 계산하시오.

● 5.49 어떤 마취제는 질량으로 C 64.9%, H 13.5%, O 21.6%로 구성되어 있다. 120°C, 750 mmHg에서 기체 화합물 1.00 L의 질량은 2.30 g이다. 이 화합물의 분자식은 무엇인가?

5.50 실험식이 SF_4인 화합물이 있다. 20°C에서 기체 화합물 0.100 g의 부피는 22.1 mL이며, 1.02 atm의 압력을 나타낸다. 기체의 분자식은 무엇인가?

5.51 30°C에서 네온을 20°C, 1.0 atm에서 질소와 밀도가 같도록 하기 위해 필요한 압력은 얼마일까?

5.52 플루오린과 염소 기체의 혼합물의 밀도가 14°C, 0.893 atm에서 1.77 g/L이다. 이 기체들의 질량 백분율을 계산하시오.

기체의 화학량론

▶ *문제*

● 5.53 일산화 질소와 산소의 반응으로부터 이산화 질소의 생성 과정을 살펴보자.

$$2NO(g) + O_2(g) \longrightarrow 2NO_2(g)$$

STP에서 NO 9.0 L가 과량의 O_2와 반응하였다면 생성된 NO_2의 부피는 몇 L일까?

● **5.54** 천연 가스의 주성분인 메테인은 난방과 취사에 사용된다. 연소 과정은 다음과 같다.

$$CH_4(g) + 2O_2(g) \longrightarrow CO_2(g) + 2H_2O(l)$$

CH_4 15.0 mol이 반응하였다면 23.0°C, 0.985 atm에서 생성된 CO_2의 부피(L)는 얼마일까?

● 5.55 석탄이 탈 때 석탄에 포함된 황은 이산화 황(SO_2)으로 바뀌는데 이것은 산성비의 원인이 된다.

$$S(s) + O_2(g) \longrightarrow SO_2(g)$$

황 2.54 kg이 산소와 반응하였을 때 30.5°C, 1.12 atm에서 형성된 SO_2 기체의 부피(mL)를 계산하시오.

● **5.56** 알코올 발효에서 효모는 포도당을 에탄올과 이산화 탄소로 전환시킨다.

$$C_6H_{12}O_6(s) \longrightarrow 2C_2H_5OH(l) + 2CO_2(g)$$

포도당 5.97 g이 반응하여 293 K, 0.984 atm에서 CO_2 1.44 L가 얻어졌다면 반응의 수득률(%)은 얼마인가?

5.57 P와 F로 이루어진 화합물을 다음과 같이 분석하였다. 378-cm^3 용기에 들어 있는 화합물 0.2324 g을 가열하여 모두 기체로 전환하였더니 온도 77°C에서 압력이 97.3 mmHg이었다. 이 기체를 염화 칼슘 수용액과 혼합하자 모든 F가 반응하여 CaF_2 0.2631 g이 생성되었다. 이 화합물의 분자식을 결정하시오.

● **5.58** 금속 M(몰질량 = 27.0 g/mol) 0.225 g이 과량의 염산과 반응하여 (17°C, 741 mmHg에서) 수소 분자 0.303 L를 발생한다. 이에 상응하는 화학 반응식을 추정하고 M의 산화물과 황산염의 화학식을 쓰시오.

● 5.59 NH_3 73.0 g을 같은 질량의 HCl과 혼합하였을 때 형성된 고체 NH_4Cl의 질량은 얼마일까? 14.0°C, 752 mmHg에서 반응하지 않고 남아 있는 기체의 부피는 얼마인가? 남아 있는 기체는 무엇인가?

● **5.60** 불순물이 포함된 탄산 칼슘 시료 3.00 g을 염산에 용해시켰더니 20.0°C, 792 mmHg에서 0.656 L의 이산화 탄소가 생성되었다. 시료에 들어 있는 탄산 칼슘의 질량 백분율(%)을 계산하시오. 이 때 사용한 가정을 기술하시오.

● 5.61 STP에서 수소 분자 5.6 L가 과량의 염소 분자 기체와 반응하여 생성된 염화 수소의 질량(g)을 계산하시오.

5.62 에탄올(C_2H_5OH)은 공기 중에서 다음과 같이 연소된다.

$$C_2H_5OH(l) + O_2(g) \longrightarrow CO_2(g) + H_2O(l)$$

반응식의 균형을 맞추고, 35.0°C, 790 mmHg에서 에탄올 227 g을 연소하기 위해 필요한 공기의 부피(L)를 결정하시오. O_2는 공기 부피의 21.0%이라고 가정한다.

5.63 (a) 같은 온도와 압력에서 다음 반응식에 따라 산화 질소 12.8 L를 형성하기 위해 반응시켜야 할 암모니아와 산소의 부피(L)를 계산하시오.

$$4NH_3(g) + 5O_2(g) \longrightarrow 4NO(g) + 6H_2O(g)$$

(b) 같은 온도와 압력에서 다음 반응식에 따라 수소 8.96 L를 형성하기 위해 반응시켜야 할 프로페인과 수증기의 부피(L)를 계산하시오.

$$C_3H_8(g) + 3H_2O(g) \longrightarrow 3CO(g) + 7H_2(g)$$

5.64 황화물이 아닌 불순물을 포함하는 FeS 시료 4.00 g을 HCl과 반응시켜서 14°C, 782 mmHg에서 H_2S 896 mL를 얻었다. 시료 중 불순물의 질량 백분율을 계산하시오.

돌턴 부분 압력 법칙

▶ *복습 질문*

5.65 돌턴 부분 압력 법칙을 설명하고 몰분율에 대해 설명하시오. 몰분율은 단위가 있는가?

5.66 부분 압력이 각각 0.80 atm과 0.20 atm인 질소와 산소만을 포함한 공기 시료가 있다. 기체들의 전체 압력과 몰분율을 계산하시오.

▶ *문제*

● 5.67 CH_4 0.31 mol, C_2H_6 0.25 mol, C_3H_8 0.29 mol을 포함한 기체 혼합물이 있다. 이 기체 혼합물의 전체 압력이 1.50 atm이라면 각 기체의 부분 압력은 얼마인가?

5.68 15°C에서 2.5-L 플라스크에 N_2, He, Ne의 기체 혼합물이 들어 있다. N_2, He, Ne의 부분 압력이 각각 0.32 atm, 0.15 atm, 0.42 atm이다. (a) 혼합물의 전체 압력을 계산하시오. (b) 플라스크로부터 N_2를 선택적으로 제거하면 STP에서 He과 Ne이 차지하는 부피(L)를 계산하시오.

5.69 해수면 근처에 있는 건조한 공기의 성분은 부피로 N_2 78.08%, O_2 20.94%, Ar 0.93%, CO_2 0.05%로 구성되어 있다. 대기압 1.00 atm에서 (a) 각 기체의 부분 압력(atm), (b) 0°C에서 각 기체의 농도(mol/L)를 계산하시오(*힌트*: 부피는 몰수에 비례하기 때문에 같은 온도, 같은 압력에서 기체의 몰분율은 부피 비로 나타낼 수 있다).

5.70 헬륨과 네온 기체의 혼합물을 28.0°C, 745 mmHg에서 수상 포집하였다. 헬륨의 부분 압력이 368 mmHg이면 네온의 부분 압력은 얼마인가? (28°C에서 수증기압은 28.3 mmHg이다.)

5.71 소듐 금속 조각은 다음과 같이 물과 완전히 반응한다.

$$2Na(s) + 2H_2O(l) \longrightarrow 2NaOH(aq) + H_2(g)$$

생성된 수소 기체를 25.0°C에서 수상 포집하였다. 1.00 atm에서 부피는 246 mL로 측정되었다. 반응에 사용된 소듐의 질량(g)을 계산하시오. (25°C에서 수증기압은 0.0313 atm이다.)

5.72 아연 금속 시료는 다음과 같이 과량의 염산과 완전히 반응한다.

$$Zn(s) + 2HCl(aq) \longrightarrow ZnCl_2(aq) + H_2(g)$$

그림 5.15와 유사한 방법으로 생성된 수소 기체를 25.0°C에서 수상 포집하였다. 기체의 부피는 7.80 L이고 압력은 0.980 atm이다. 반응에 사용된 아연 금속의 질량(g)을 계산하시오. (25°C에서 물의 수증기압은 23.8 mmHg이다.)

5.73 심해 잠수부들을 위해 산소에 헬륨을 혼합한다. 잠수부가 전체 압력이 4.2 atm인 깊이까지 잠수해야 한다면 기체 혼합물에 들어 있는 산소 기체의 부피 백분율(%)을 계산하시오. 이 깊이에서 산소의 부분 압력은 0.20 atm으로 유지된다.

5.74 암모니아(NH_3) 기체 시료는 가열된 철망 위에서 질소와 수소 기체로 완전히 분해된다. 전체 압력이 866 mmHg이라면 N_2와 H_2의 부분 압력을 계산하시오.

5.75 다음 세 종류의 기체가 같은 용기 안에 들어 있다. 각 용기는 부피가 같으며 온도도 같다. (a) 기체 A(파란색 구)의 몰분율이 가장 작은 것은 어느 것인가? (b) 기체 B(녹색 구)의 부분 압력이 가장 큰 것은 어느 것인가?

(i)

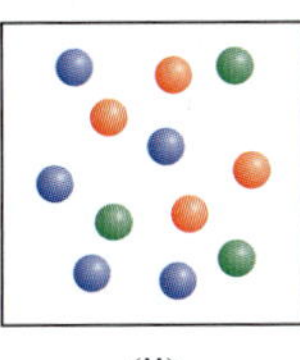
(ii)

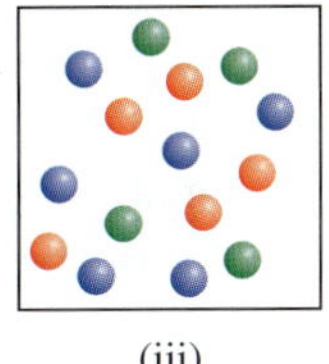
(iii)

5.76 다음 그림에서 오른쪽 상자의 부피는 왼쪽 상자의 두 배이다. 두 상자는 같은 온도에서 헬륨 원자(빨간색 구)와 수소 분자(녹색 구)를 가지고 있다. (a) 전체 압력이 더 큰 상자는 어느 것인가? (b) 헬륨의 부분 압력이 낮은 상자는 어느 것인가?

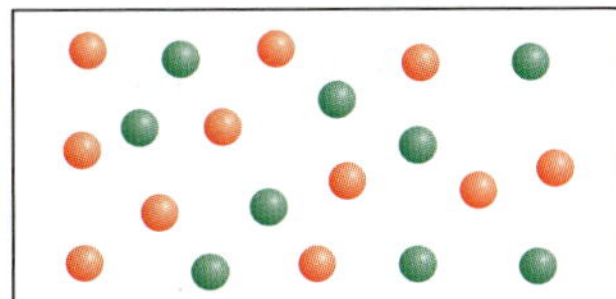

기체의 분자 운동론

▶ 복습 질문

5.77 기체의 분자 운동론의 기본 가정은 무엇인가? 분자 운동론으로 보일 법칙, 샤를 법칙, 아보가드로 법칙, 돌턴 부분 압력 법칙을 어떻게 설명하는가?

5.78 맥스웰의 속력 분포 곡선은 무엇을 의미하는가? 200개의 분자 시료에도 맥스웰의 이론을 적용할 수 있는지 설명하시오.

5.79 다음 설명 중 옳은 것은 어느 것인가? (a) 기체 분자들이 서로 충돌하여 열이 발생된다. (b) 기체를 가열하면 분자들이 서로 더욱 빈번하게 충돌한다.

5.80 기체의 확산과 분출의 차이점은 무엇인가? 그레이엄 법칙을 설명하고 식 (5.17)의 각 항을 정의하시오.

▶ 문제

5.81 65°C에서 O_2와 UF_6의 제곱 평균근 속력을 비교하시오.

5.82 성층권의 온도는 −23°C이다. 이 곳에 있는 N_2, O_2, O_3 분자의 제곱 평균근 속력을 계산하시오.

5.83 분자들이 충돌 후 그 다음 충돌까지 이동한 평균 거리를 *평균 자유 행로*(mean free path)라고 한다. 주어진 양의 기체가 있을 때 이 기체의 평균 자유 행로는 다음 중 어떤 것의 영향을 받겠는가? (a) 밀도, (b) 일정 부피에서의 온도, (c) 일정 온도에서의 압력, (d) 일정 온도에서의 부피, (e) 원자의 크기.

5.84 어떤 온도에서 용기에 들어 있는 기체 분자 6개의 속력은 각각 2.0 m/s, 2.2 m/s, 2.6 m/s, 2.7 m/s, 3.3 m/s, 3.5 m/s이다. 분자들의 제곱 평균근 속력과 평균 속력을 계산하시오. 두 평균 속력은 서로 비슷한 값을 가지지만 근평균 제곱 속력의 값이 평균 속력보다 항상 크다. 이유를 설명하시오.

5.85 기체의 분자 운동론에 대한 지식을 바탕으로 그레이엄 법칙[식 (5.17)]을 유도하시오.

5.86 ^{235}U 동위원소는 중성자 충격으로 붕괴한다. 하지만 ^{235}U의 천연 존재비는 0.72%에 불과하다. 존재비가 훨씬 큰 ^{238}U로부터 ^{235}U를 분리하기 위하여 우선 우라늄을 상온에서 쉽게 기화되는 UF_6로 전환한다. 다음으로 $^{235}UF_6$ 기체와 $^{238}UF_6$ 기체는 많은 단계의 분출 과정을 거친다. 한 단계 분출 과정을 통하여 얻을 수 있는 분리

율(^{238}U에 대한 ^{235}U의 농축률)을 계산하시오.

5.87 포도당의 발효로 발생되는 기체는 다공성 벽을 통하여 분출되는 데 15분이 걸린다. 같은 온도와 압력 조건에서 같은 부피의 질소는 같은 벽을 통하여 분출되는 데 12분이 걸린다. 기체의 몰질량을 구하고 예상되는 기체를 제안하시오.

5.88 니켈은 $Ni(CO)_x$ 식을 갖는 기체 상 화합물을 형성한다. 같은 온도와 압력에서 메테인(CH_4)은 $Ni(CO)_x$보다 3.3배 빨리 분출한다. x 값은 얼마인가?

이상적 거동에서 벗어남

▶ 복습 질문

5.89 기체는 모든 조건에서 이상적으로 거동하지는 않는다는 것을 보여주는 증거 두 가지를 제시하시오.

5.90 어떤 조건에서 실제 기체는 이상 기체에 가까운 거동을 할 것으로 예상되는가? (a) 고온, 저압 (b) 고온, 고압 (c) 저온, 고압 (d) 저온, 저압.

5.91 여기에 나타낸 것은 두 다른 온도에서 비이상 기체 1 mol에 대해서 PV/RT를 P에 대해 도시한 것이다. 어떤 곡선이 더 높은 온도에 대한 것인가?

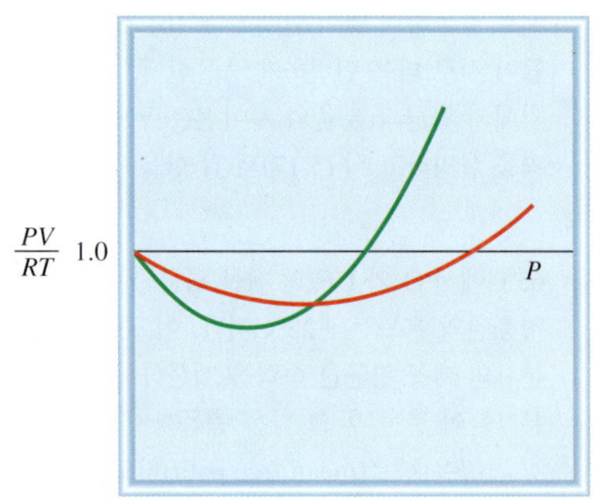

5.92 (a) 실제 기체를 부피 V인 플라스크에 넣었다. 기체의 보정된 부피는 V보다 클까, 아니면 작을까? (b) 암모니아는 네온보다 큰 a 값을 갖는다(표 5.4 참조). 이를 근거로 암모니아 분자 사이의 인력과 네온 원자 사이의 인력 중에서 상대적으로 강한 인력은 무엇인가?

▶ 문제

● 5.93 표 5.4에 나타낸 자료를 이용하여 450 K, 5.00 L에 들어 있는 CO_2 2.50 mol이 나타내는 압력을 계산하시오. 이상 기체 방정식으로 예상한 압력과 비교하시오.

5.94 27°C에서 1.50-L 용기에 담긴 10.0 mol의 기체가 130 atm의 압력을 나타낸다. 이 기체는 이상 기체인가?

추가 문제

5.95 기체 법칙으로 다음 현상들을 설명하시오. (a) 무더운 날 자동차 타이어 압력의 증가, (b) 종이 봉투가 "펑"하고 터지는 현상, (c) 공기 중으로 올라가면 팽창하는 기상관측용 풍선, (d) 전구가 깨질 때 들리는 시끄러운 소리.

5.96 같은 온도, 같은 압력 조건에서 Ne, N_2, CH_4 중 이상 기체에 가장 가까운 거동을 하는 기체는 무엇인가? 그 이유를 설명하시오.

● 5.97 폭발성 화합물인 나이트로글리세린(nitroglycerin)은 다음 식에 따라 분해된다.

$$4C_3H_5(NO_3)_3(s) \longrightarrow 12CO_2(g) + 10H_2O(g) + 6N_2(g) + O_2(g)$$

나이트로글리세린 2.6×10^2 g으로부터 1.2 atm, 25°C에서 수집된 기체들의 총 부피를 계산하시오. 같은 조건에서 각 기체의 부분 압력은 얼마인가?

● **5.98** 어떤 화합물의 실험식은 CH이다. 200°C, 0.74 atm에서 이 화합물 0.145 g은 97.2 mL를 차지한다. 화합물의 분자식은 무엇인가?

● 5.99 아질산 암모늄(NH_4NO_2)을 가열하면 분해되어 질소 기체가 생성된다. 이와 같은 성질을 이용하여 테니스 공을 부풀린다. (a) 이 반응에 대한 균형잡힌 반응식을 쓰시오. (b) 1.20 atm, 22°C에서 테니스 공을 86.2 mL로 부풀리는 데 필요한 NH_4NO_2의 양(g)을 계산하시오.

● **5.100** 제산제 알카셀처(Alka-Seltzer) 내에 탄산 수소 이온(HCO_3^-)의 질량 백분율은 32.5%이다. 어떤 사람이 3.29 g의 알약을 복용했을 때 37°C, 1.00 atm에서 발생되는 CO_2의 부피(mL)를 계산하시오. (*힌트*: 위에 있는 산 HCl과 HCO_3^-의 반응으로 CO_2가 발생된다.)

5.101 액체 질소의 끓는점은 −196°C이다. 이 사실 하나만 생각해 볼 때 질소는 이상 기체인가?

● **5.102** 야금 공정에서 니켈을 정제하기 위하여 우선 금속을 일산화 탄소와 반응시켜 테트라카보닐니켈[$Ni(CO)_4$]로 전환시킨다. $Ni(CO)_4$는 43°C에서 기체이다.

$$Ni(s) + 4CO(g) \longrightarrow Ni(CO)_4(g)$$

이 반응으로 니켈을 다른 고체 불순물로부터 분리할 수 있다. (a) 86.4 g의 Ni이 반응하여 4.00 L 부피의 용기에 얻어진 $Ni(CO)_4$의 압력을 계산하시오(위 반응은 완결된다고 가정한다). (b) 43°C 이상의 온도에서 기체의 압력은 이상 기체 방정식으로 예상한 것보다 훨씬 더 급격하게 증가하는 것이 관찰된다. 이를 설명하시오.

5.103 이산화 탄소의 부분 압력은 계절에 따라 달라진다. 북반구에서 이산화 탄소의 부분 압력은 여름과 겨울 중 언제 더 높을까? 그 이유를 설명하시오.

5.104 건강한 성인이 한 번 숨을 쉴 때 약 5.0×10^2 mL의 기체 혼합물을 내쉰다. 37°C, 1.1 atm에서 이 부피 속에 존재하는 분자 수를 계산하고 이 기체 혼합물의 주성분을 나열하시오.

● 5.105 베이킹 소다라고 하는 탄산 수소 소듐($NaHCO_3$)은 가열하면 이산화 탄소 기체가 방출되기 때문에 과자, 도넛, 빵 등을 부풀리는 데 사용된다. (a) 180°C, 1.3 atm에서

$NaHCO_3$ 5.0 g을 가열하여 생성된 CO_2의 부피(L)를 계산하시오. (b) 탄산 수소 암모늄(NH_4HCO_3)도 같은 용도로 사용된다. 빵을 구울 때 $NaHCO_3$ 대신 NH_4HCO_3를 사용할 때 좋은 점과 나쁜 점을 한 가지씩 들어 보시오.

5.106 단면적이 1.00 cm^2인 기압계로 해수면에서 측정한 압력은 76.0 cmHg이다. 수은 기둥에 의한 압력은 지표 1 cm^2 위의 모든 공기에 의하여 나타난 압력과 같다. 수은의 밀도가 13.6 g/mL이고 지구의 평균 반지름이 6371 km일 때 지구 대기의 전체 질량(kg)을 계산하시오. (*힌트:* 반지름이 r인 구의 표면적은 $4\pi r^2$이다).

• 5.107 시판되는 배수구 세정제에는 수산화 소듐과 알루미늄 분말이 혼합되어 있다. 이 혼합물을 막힌 배수구에 부어주면 다음 반응이 일어난다.

$$2NaOH(aq) + 2Al(s) + 6H_2O(l) \longrightarrow 2NaAl(OH)_4(aq) + 3H_2(g)$$

이 반응으로 발생된 열은 그리스 같은 이물질을 녹여 없애고, 발생한 수소 기체는 배수구를 막고 있는 고체 물질을 휘저어서 뚫어준다. Al 3.12 g을 과량의 NaOH로 처리할 때 23°C, 1.00 atm에서 생성되는 H_2의 부피를 계산하시오.

• **5.108** 순수한 HCl 기체 시료의 부피가 25°C, 108 mmHg에서 189 mL이었다. 이 기체를 약 60 mL의 물에 완전히 용해하여 NaOH 용액으로 적정하였다. HCl를 중화시키는 데 NaOH 용액 15.7 mL가 사용되었다. NaOH 용액의 몰농도를 계산하시오.

• 5.109 프로페인(C_3H_8)은 산소와 반응하여 연소한 후 이산화 탄소와 수증기를 생성한다. (a) 이 반응에 대한 균형잡힌 반응식을 쓰시오. (b) 프로페인 7.45 g으로부터 생성되는 이산화 탄소를 STP에서 측정하였을 때 부피(L)를 계산하시오.

5.110 다음 장치를 생각해 보자. 꼭지를 열었을 때 헬륨과 네온의 부분 압력을 계산하시오. 온도는 16°C로 일정하게 유지된다.

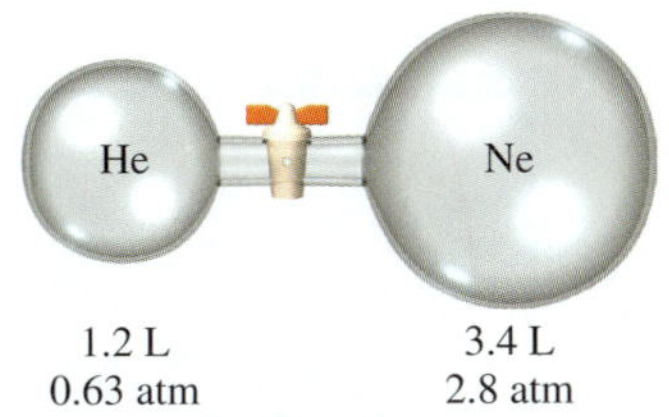

• 5.111 산화 질소(NO)는 다음과 같이 산소 분자와 반응한다.

$$2NO(g) + O_2(g) \longrightarrow 2NO_2(g)$$

초기에 NO와 O_2는 그림과 같이 분리되어 있다. 꼭지를 열면 반응은 빠른 속도로 완결된다. 반응이 종결되었을 때 남아 있는 기체들의 부분 압력을 계산하시오. 온도는 25°C로 일정하게 유지된다고 가정한다.

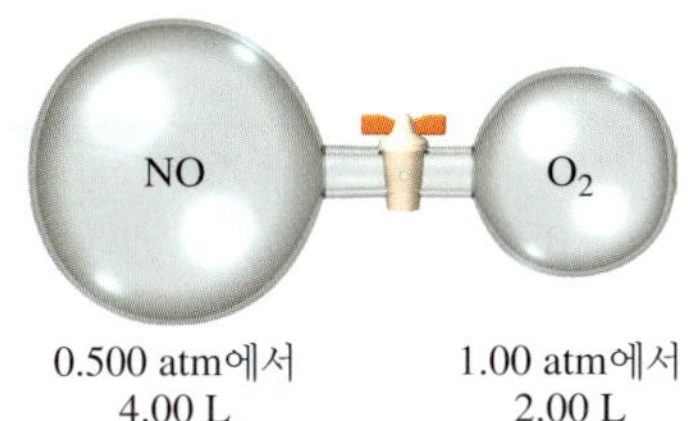

5.112 다음에 나타낸 장치를 생각해 보자. 약물 주입기의 고무를 눌러 소량의 물을 플라스크에 주입시키면 긴 유리관으로부터 물이 분출된다. 이러한 현상을 설명하시오. (*힌트:* 염화 수소 기체는 물에 녹는다).

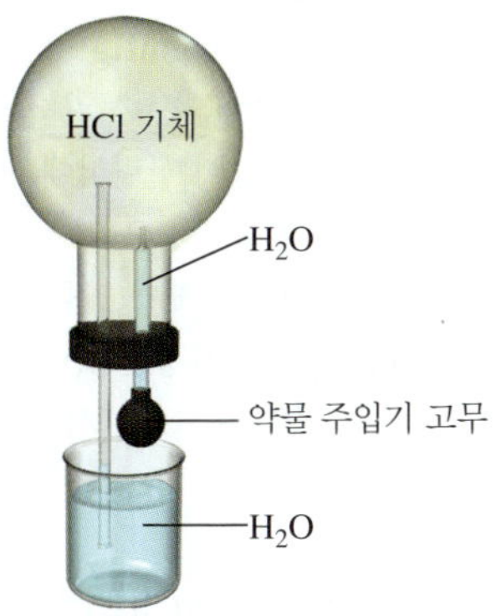

5.113 다음 성분으로 구성된 기체 혼합물의 부분 압력을 측정하는 화학적 방법과 물리적 방법을 설명하시오. (a) CO_2와 H_2, (b) He와 N_2.

• **5.114** 어떤 수화물의 화학식은 $MgSO_4 \cdot xH_2O$이다. 수분을 제거하기 위하여 화합물 54.2 g을 건조기에서 가열시켰다. 120°C, 2.00 L의 용기에서 발생된 수증기압이 24.8 atm일 때 x를 계산하시오.

5.115 Na_2CO_3와 $MgCO_3$의 혼합물 7.63 g을 과량의 염산과 반응하였다. 1.24 atm, 26°C에서 생성된 CO_2의 부피가 1.67 L라면 혼합물에 포함된 Na_2CO_3의 질량 백분율(%)을 계산하시오.

• **5.116** 다음 장치는 원자와 분자의 속력을 측정하는 데 사용할 수 있다. 금속의 원자살은 진공에서 회전 실린더를 향해 움직인다고 가정한다. 실린더의 작은 구멍을 통과한 원자들은 목표물에 충돌한다. 실린더가 회전하기 때문에 다른 속력으로 움직이는 원자들은 목표물의 다른 지점에 충돌할 것이다. 시간이 경과되면 목표물에 금속층이 쌓이게 되며 두께의 변화는 맥스웰의 속력 분포에 상응한다. 850°C에서 수행한 실험에서 비스무트(Bi) 원자는 슬릿 맞은편 지점으로부터 2.80 cm되는 지점에 충돌했다. 실린더의 지름은 15.0 cm이며 매초 130회 회전한다. (a) 목표물이 움직이는 속력(m/s)을 계산하시오. (*힌트:* 반지름이 r일 때 원주의 길이는 $2\pi r$이다.) (b) 목표물이 2.80 cm를 움직이는 데 걸리는 시간(초)을 계산하시오. (c) Bi 원자의 속력을 계산하시오. (c)에서의 결과와 850°C에서 Bi의 u_{rms}를 비교하고 그 차이에 대해 말해 보시오.

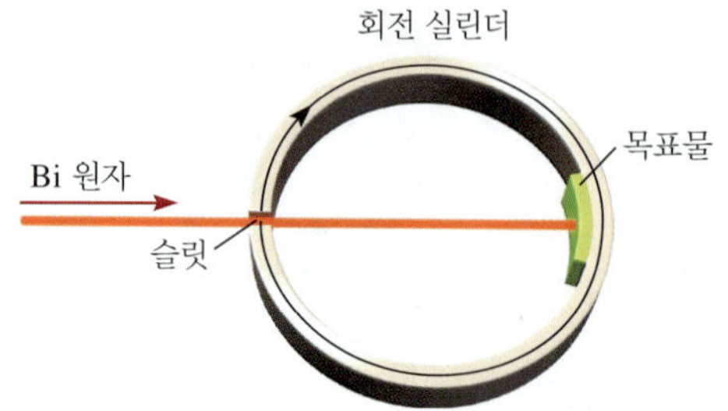

5.117 기체를 제거한 65°C, 2.500 L 부피의 플라스크에 물 10.00 g을 주입했을 때 증발된 물의 질량을 계산하시오. (*힌트:* 남아 있는 액체인 물의 부피는 무시한다. 65°C에서 수증기압은 187.5 mmHg이다.)

5.118 상업적으로 산소는 금속 실린더에 압축시켜 판매한다. 22°C에서 120-L 들이 실린더에 산소를 132 atm의 압력으로 채운다면 존재하는 O_2의 질량(g)은 얼마인가? 1.00 atm, 22°C에서 O_2 기체가 만들 수 있는 부피(L)는 얼마인가? (이상 기체로 가정한다.)

5.119 삶은 계란의 껍질은 고온에서 갑작스런 열팽창에 의해 가끔 깨지기도 한다. 달걀 껍질이 깨지는 또 다른 이유를 제안하시오.

5.120 과일에서 에틸렌 기체(C_2H_4)가 발산되며 이것은 과일이 익는 것과 관계가 있음이 알려져 있다. 이 정보를 근거로 바나나를 그릇에 담아놓는 것보다 종이 봉투에 넣어 밀봉하는 것이 더 빨리 익는 이유를 설명하시오.

5.121 매년 비료로 약 8.0×10^6 t의 요소[$(NH_2)_2CO$]가 사용된다. 요소는 200°C, 고압에서 이산화 탄소와 암모니아로부터 만든다. (생성물은 요소와 수증기이다.) 150 atm에서 요소 1.0 t(1 t = 10^3 kg)을 만들기 위해 필요한 암모니아의 부피(L)를 계산하시오.

5.122 볼펜의 몸통에는 작은 구멍이 나 있다. 이 작은 구멍의 목적은 무엇인가?

5.123 스쿠버 잠수부들에게 기체 법칙은 매우 중요하다. 바닷물 33 ft(1 ft = 30.48 cm)의 압력은 1 atm이다. (a) 잠수부들이 폐에 들어 있는 기체를 내쉬지 않고 36 ft 깊이에서 수면 위로 빠르게 올라간다. 수면 위에 도달하였을 때 폐의 부피는 어떤 요인으로 인해 늘어나는가? 온도는 일정하다고 가정한다. (b) 공기 중 산소의 부분 압력은 0.20 atm이다(공기 부피의 20%는 산소이다). 이 부분 압력을 유지하기 위해 심해 잠수에서 잠수부가 호흡하는 공기의 조성은 변해야 한다. 잠수부에게 가해진 전체 압력이 4.0 atm일 때 공기 중의 산소 함량은 (부피%로) 얼마가 되어야 하는가? (일정 온도와 압력에서 기체의 부피는 기체의 몰수에 정비례한다.) (*힌트:* 5.6절의 "생활 속의 화학" 참조).

5.124 아산화 질소(N_2O)는 질산 암모늄(NH_4NO_3)의 열분해로 얻을 수 있다. (a) 이 반응에 대한 균형 반응식을 쓰시오. (b) 한 학생이 실험에서 718 mmHg, 24°C일 때 0.340 L의 기체를 얻었다. 기체의 질량이 0.580 g이라면 기체 상수 값을 계산하시오.

5.125 두 용기에 각각 A, B로 라벨을 붙이고 70°C에서 용기 A에는 NH_3를 담고, 같은 온도에서 용기 B에는 Ne 기체를 담았다. NH_3의 평균 운동 에너지가 7.1×10^{-21} J/분자라면 Ne 원소의 평균 제곱 속력(m^2/s^2)을 계산하시오.

5.126 다음 중 가장 큰 *a* 값을 갖는 분자는 무엇인가? CH_4, F_2, C_6H_6, Ne.

5.127 다음 방법은 기체의 몰질량을 측정하기 위한 약간은 거친 방법이지만 매우 간단한 방법이다. 그림에 나타낸 것과 같이 액체 0.0184 g을 주사 바늘로 고무 마개를 통하여 주사기 속으로 주입하였다. 그 후 주사기를 45°C의 수조에 담그면 액체는 증발한다. (주사기의 피스톤의 움직임으로 측정한) 증기의 최종 부피는 대기압 760 mmHg에서 5.58 mL이었다. 화합물의 실험식이 CH_2로 주어졌다면 이 화합물의 몰질량을 구하시오.

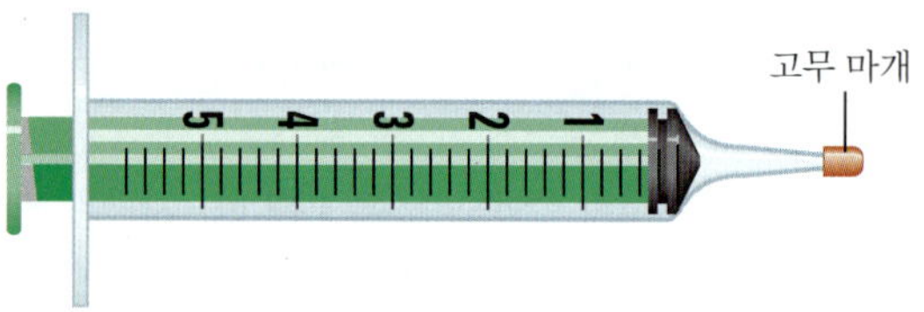

5.128 1995년, 영국에서 어떤 사람이 폐광을 걷다가 질식사하였다. 그 당시 기후의 변화로 인해 대기압이 급격하게 떨어졌다. 그 사람은 무엇 때문에 죽었을까?

5.129 이산화 탄소와 같은 산성 산화물은 산화 칼슘(CaO)이나 산화 바륨(BaO)과 같은 염기성 산화물과 반응하여 염(금속 탄산염)을 형성한다. (a) 이 두 반응을 나타내는 반응식을 쓰시오. (b) 한 학생이 35°C, 746 mmHg에서 이산화 탄소가 들어 있는 1.46-L 들이 플라스크에 BaO와 CaO 혼합물 4.88 g을 넣었다. 그 학생은 반응이 끝난 후 CO_2의 압력이 252 mmHg로 감소한 것을 알았다. 혼합물의 각 성분에 대한 질량 백분율(%)을 계산하시오. 고체의 부피는 무시한다.

5.130 아래에 있는 맥스웰 속력 분포 곡선에서 다음 기체가 어떤 것에 해당하는지 쓰시오. Br_2, CH_4, N_2, SO_3.

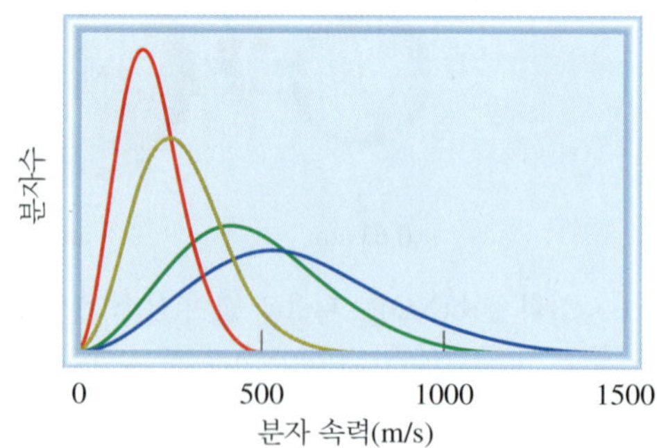

5.131 자동차의 엔진이 돌아갈 때 시간 당 약 188 g의 반응 속도로 독성 기체인 일산화 탄소(CO)가 생성된다. 20°C에서 환기가 잘 되지 않는 길이 6.0 m, 폭 4.0 m, 높이 2.2

m인 차고에 자동차 한 대가 시동이 켜진 채 있다. (a) CO 생성 속도를 분당 몰수로 계산하시오. (b) 농도를 CO의 치사 농도인 1000 ppmv(부피 백만분율)까지 증가시키는 데 걸리는 시간은?

5.132 성간 공간(interstellar space)은 대부분 약 1 원자/cm^3 농도의 수소로 구성되어 있다. (a) 이 H 원자의 압력을 계산하시오. (b) H 원자 1.0 g이 가지는 공간의 부피(L)를 계산하시오. 온도는 3 K이다.

5.133 에베레스트 산 정상에서 대기압은 210 mmHg이고 공기 밀도는 0.426 kg/m^3이다 (a) 공기의 몰질량이 29.0 g/mol일 때 공기의 온도를 계산하시오. (b) 공기의 성분이 변하지 않는다면 해수면에 비해 에베레스트 산 정상에서 산소의 감소량을 %로 계산하시오.

5.134 상대 습도는 주어진 온도에서 평형 수증기압(표 5.3 참조)에 대한 공기 중 수증기의 부분 압력의 비(%로 표시)로 정의된다. 어느 여름 날 30°C에서 공기 중 수증기의 부분 압력은 3.9×10^3 Pa이다. 상대 습도를 계산하시오.

5.135 온도와 압력이 같은 조건에서 1 L의 습한 공기가 같은 양의 건조한 공기보다 가벼운 이유는 무엇인가? 일기 예보에서 일반적으로 다가오는 저기압 전선은 곧 비가 올 것이라는 것을 의미한다. 이를 설명하시오.

• **5.136** 폐로 들어가는 공기는 폐포(alveoli)라는 작은 주머니(sacs)까지 닿는다. 산소는 폐포로부터 혈액으로 확산한다. 폐포의 평균 반지름은 0.0050 cm이고 그 속에 들어 있는 공기의 14%가 산소이다. 폐포 속 압력이 1.0 atm이고 온도가 37°C라면 폐포 한 개에 들어 있는 산소의 분자수를 계산하시오(*힌트:* 반지름이 r인 구의 부피는 $\frac{4}{3}\pi r^3$이다).

5.137 한 학생이 온도계를 깨뜨려서 길이 15.2 m, 폭 6.6 m, 높이 2.4 m의 실험실 바닥에 수은(Hg)을 거의 다 쏟았다. (a) 20°C 실험실에서 이 수은 증기의 질량(g)을 계산하시오. 20°C에서 수은의 증기압은 1.7×10^{-6} atm이다. (b) 수은 증기의 농도가 공기의 규제 범위인 0.050 mg Hg/m^3를 초과하는가? (c) 쏟아진 소량의 수은을 처리하는 방법은 수은 위에 황 분말을 뿌리는 것이다. 이와 같은 방법에 대한 물리적, 화학적 논리를 제안하시오.

5.138 아르곤(왼쪽)과 산소(오른쪽) 기체를 포함하는 두 구를 생각해 보자. 꼭지를 연 후에 혼합 기체의 압력이 1.08 atm이다. 오른쪽 구의 부피를 계산하시오. 온도는 20°C로 유지된다. 이상적 거동을 한다고 가정하자.

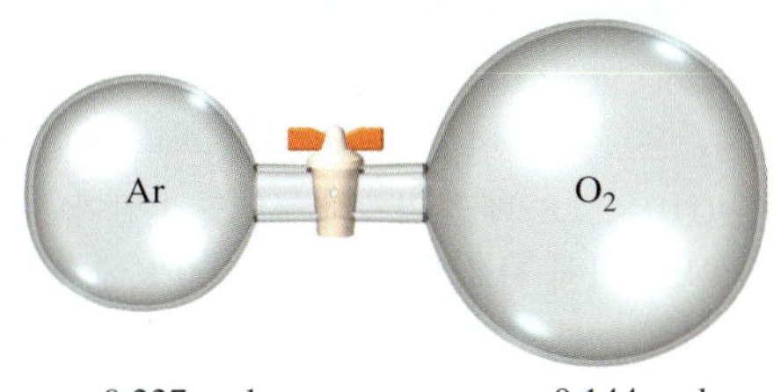

$n = 0.227$ mol
$V = 3.60$ L

$n = 0.144$ mol
$V = ?$

• 5.139 이산화 질소(NO_2)는 NO_2와 N_2O_4의 혼합물로 존재하기 때문에 기체상에서 순수한 형태로 얻어질 수 없다. 25°C, 0.98 atm에서 이 기체 혼합물의 밀도가 2.7 g/L라면 각 기체의 부분 압력은 얼마인가?

5.140 5.7절 끝에 있는 "생활 속의 화학"에서 5.0×10^{-8} K까지 루비듐(Rb) 증기의 냉각에 관하여 기술하였다. 이 온도에서 루비듐 원자의 근 평균 제곱 속도와 평균 운동 에너지를 계산하시오.

• 5.141 수소화 리튬은 다음과 같이 물과 반응한다.

$$LiH(s) + H_2O(l) \longrightarrow LiOH(aq) + H_2(g)$$

제2차 세계대전 때 미국의 조종사들은 LiH 덩어리를 가지고 다녔다. 바다에 불시착할 때 LiH는 바닷물과 반응하여 조종사의 구명대와 구명정을 수소 기체로 채우게 될 것이다. 0.97 atm, 12°C에서 4.1-L의 구명대를 채우기 위해 필요한 LiH의 질량(g)은 얼마인가?

5.142 화성의 대기는 주로 이산화 탄소로 구성되어 있다. 표면 온도는 220 K이고 대기압은 약 6.0 mmHg이다. 이들 값을 화성의 "표준 온도와 압력(STP)"으로 간주하고 화성에 있는 이상 기체의 몰부피(L)를 계산하시오.

5.143 금성의 대기는 부피로 CO_2 96.5%, N_2 3.5%, SO_2 0.015%로 구성되어 있다. 표준 대기압이 9.0×10^6 Pa이라면 각 기체들의 부분 압력(Pa)을 계산하시오.

5.144 한 학생이 그림 5.12에 나타낸 것과 같은 용기의 부피를 측정하고자 한다. 측정한 결과는 다음과 같다. 23°C, 744mmHg에서 건조된 공기로 채운 용기의 질량은 91.6843 g이었고, 진공으로 공기를 제거한 후 용기의 질량은 91.4715 g이었다. 공기의 조성이 N_2 78%, O_2 21%, Ar 1%로 구성되어 있다면 구의 부피(mL)는 얼마인가? (*힌트:* 먼저 연습 문제 3.152에서 보인 것과 같이 공기의 평균 몰질량을 계산하시오.)

5.145 다음 상황에 기체의 분자 운동론을 적용해 보자. (a) 부피가 V_1, $V_2(V_2 > V_1)$인 두 플라스크에 같은 온도, 같은 수의 헬륨 원자가 들어 있다. (i) 플라스크에 들어 있는 헬륨 원자의 제곱 평균근(rms) 속력과 평균 운동 에너지를 비교하시오. (ii) 헬륨 원자가 용기의 벽에 충돌하는 빈도수와 강도를 비교하시오. (b) 부피가 같은 두 플라스크에 같은 양의 헬륨 원자가 들어 있고 플라스크의 온도는 각각 T_1, $T_2(T_2 > T_1)$이다. (i) 두 플라스크에 들어 있는 원자의 제곱 평균근 속력을 비교하시오. (ii) 헬륨 원자가 용기의 벽에 충돌하는 빈도수와 강도를 비교하시오. (c) 부피가 같은 두 플라스크에 같은 수의 헬륨(He)과 네온(Ne) 원자가 들어 있고 두 기체의 온도는 모두 74°C이다. 다음 주장의 타당성을 검토하시오. (i) He의 제곱 평균근 속력은 Ne의 근 평균 제곱 속력과 같다. (ii) 두 기체의 평균 운동 에너지는 같다. (iii) 각 He 원자의 제곱 평균근 속력은 1.47×10^3 m/s이다.

• **5.146** 우리가 호흡할 때 평균적으로 매 호흡마다 모차르트

(1756~1791)가 호흡할 때 내쉰 분자가 포함된다고 말할 수 있다. 이 말의 타당성은 다음과 같은 계산으로 증명된다. (a) 대기 중에 있는 전체 분자수를 계산하시오. (*힌트:* 연습 문제 5.106에 있는 결과와 공기의 몰질량 29.0 g/mol을 사용한다). (b) (마실 때와 내쉴 때) 매 호흡의 부피가 500 mL라면 체온 37°C에서 한 번 내쉴 때의 분자수를 계산하시오. (c) 모차르트가 그의 생애 동안 정확하게 35년 동안 내쉰 분자수는 몇 개인가? (인간은 평균 1분에 12번 호흡을 한다.) (d) 대기 중에 모차르트가 내쉰 분자의 분율을 계산하시오. 공기를 마실 때마다 매번 얼마나 많은 모차르트의 분자를 호흡하는가? 유효숫자 1자리까지 반올림하여 답하시오. (e) 계산에서 사용된 세 가지 중요한 가정을 열거하시오.

5.147 헬륨 원자는 몇 ℃에서 25℃의 N_2 분자와 같은 u_{rms}를 갖는가?

5.148 100°C, 1.0 atm에 있는 수증기 분자 사이의 거리(nm)를 계산하시오. 이상 기체로 가정한다. 100°C에서 액체 상태 물의 밀도가 0.96 g/cm^{3}일 때 물 분자 사이의 거리를 계산하시오. 얻어진 결과에 대하여 설명하시오. (물 분자는 지름이 0.3 nm인 공이라고 가정한다.)[*힌트:* 우선 물 분자의 수밀도(number density)를 계산하고 수밀도를 선밀도(linear density) 즉, 한 방향에 있는 분자의 수로 전환한다.]

5.149 비활성 기체 중 어떤 환경에서도 이상적으로 행동하지 않는 기체는 무엇인가? 이유는 무엇인가?

● **5.150** 기압계 공식으로 알려진 관계식은 고도에 따른 대기압의 변화를 측정하는 데 유용하다. 공식은 $P = P_0e^{-g\mathcal{M}h/RT}$이며, 여기서 P와 P_0는 각각 해발 h와 해수면에서의 압력이고, g는 중력 가속도(9.8 m/s^2), $\mathcal{M}$은 공기의 평균 몰질량(29.0 g/mol), R은 기체 상수이다. 온도는 5°C로 일정하며, P_0는 1.0 atm이라고 가정한 후 해발 5.0 km에서의 대기압을 계산하시오.

● 5.151 8.00-L 들이 플라스크에 들어 있는 흑연 시료 5.72 g을 O_2 68.4 g과 가열하였다. 반응은 다음과 같다.

$$\text{C(흑연)} + O_2(g) \longrightarrow CO_2(g)$$

반응이 끝난 후 플라스크의 온도는 182°C였다. 플라스크 안의 전체 압력은 얼마인가?

5.152 같은 몰수의 H_2와 D_2 혼합물이 특정 온도에서 작은 구멍을 통하여 분출된다. 작은 구멍을 지나가는 기체들의 조성을 몰분율로 계산하시오. D_2의 몰질량은 2.014 g/mol이다.

5.153 탄산 칼슘($CaCO_3$)과 탄산 마그네슘($MgCO_3$) 혼합물 6.26 g이 염산(HCl)과 완전히 반응하여 48°C, 1.12 atm에서 CO_2 1.73 L를 생성하였다. 혼합물에서 $CaCO_3$와 $MgCO_3$의 질량 백분율(%)을 계산하시오.

5.154 Cu-Zn 합금 시료 6.11 g과 염산(HCl)의 반응으로 수소 기체가 생성되었다. 22°C, 728 mmHg에서 수소 기체의 부피가 1.26 L라면 합금 중 Zn의 함량은 몇 %인가? (*힌트:* Cu는 HCl과 반응하지 않는다.)

● 5.155 기온은 18.0°C이고 대기압 750 mmHg인 어느 날 저장고 관리자가 드럼통(25.0갤런) 안에 들어 있는 아세톤의 용량을 측정하였더니 15.4갤런의 용매가 남아 있었다. 드럼통을 완전하게 밀봉한 후, 조교가 드럼통을 위층 유기 실험실로 옮기다가 바닥에 떨어뜨렸다. 드럼통이 움푹 들어가서 내부의 부피가 20.4갤런으로 줄어들었다. 드럼통을 떨어뜨린 후 드럼통 내부의 전체 압력은 얼마인가? 18.0°C에서 아세톤의 증기압은 400 mmHg이다. (*힌트:* 드럼통이 밀봉될 때 공기와 아세톤의 압력을 합한 내부의 압력은 대기압과 같다.)

● **5.156** He 29.7 mL가 작은 구멍을 통하여 분출되는 데 2.00분 걸린다. 같은 압력, 같은 온도 조건에서 CO와 CO_2의 혼합물 10.0 mL가 작은 구멍을 통하여 분출되는 데 같은 시간이 걸린다. 혼합물의 부피 조성비(%)를 계산하시오.

5.157 그림 5.22를 참조하여 다음을 설명하시오. (a) 실제 기체에 대한 곡선이 낮은 압력에서 이상 기체에 대한 수평선 아래로 내려갔다가 높은 압력에서는 수평선의 위로 올라가는 이유는 무엇인가? (b) 모든 실제 기체에 대한 곡선이 매우 낮은 압력에서는 1에 수렴하는 이유는 무엇인가? (c) 각 곡선은 이상 기체에 대한 수평선을 가로질러 지난다. 그렇다면 그 지점에서는 기체가 이상적으로 거동한다는 의미인가?

● **5.158** 메테인(CH_4)과 에테인(C_2H_6) 혼합물이 294 mmHg에서 용기에 보관되어 있다. 이 기체를 공기 중에서 연소시켜 CO_2와 H_2O로 전환시켰다. 본래의 혼합물과 같은 온도, 같은 부피에서 CO_2의 압력이 356 mmHg라면 기체들의 몰분율을 계산하시오.

5.159 기체의 분자 운동론을 이용하여 뜨거운 공기가 상승하는 것에 대하여 설명하시오.

5.160 반 데르 발스 식의 b에 대해 물리학적으로 이해하는 한 가지 방법은 "배제 부피(excluded volume)"를 계산하는 것이다. 두 개의 비슷한 원자 사이에 가장 가까이 접근할 수 있는 거리는 두 원자의 반지름의 합($2r$)이라고 가정하자. (a) 한 원자 주위에 다른 원자의 중심이 침범할 수 없는 부피를 계산하시오. (b) (a)에서 얻은 결과를 이용하여 원자 1 mol에 대한 배제 부피를 계산하시오. 이 배제 부피가 b이다. 이 부피를 원자 1 mol의 부피의 합과 비교하시오.

5.161 표 5.4에 있는 반 데르 발스 상수를 이용하여 아르곤의 반지름(pm)을 추정하시오. (*힌트:* 연습 문제 5.160 참조)

5.162 같은 온도에서 근 평균 제곱 속력이 아이오딘화 수소(HI)의 2.82배인 기체가 무엇인가 알아내시오.

5.163 NH_3 기체 시료 5.00 mol을 300 K에서 1.92-L 들이 용기에 보관하였다. 반 데르 발스 식이 기체의 압력에 대한

정확한 답을 준다고 가정하면, 이상 기체 방정식을 이용하여 계산한 압력의 오차 백분율을 구하시오.

5.164 어떤 기체 산화물의 제곱 평균근 속력은 20°C에서 493 m/s이다. 이 화합물의 분자식은 무엇인가?

5.165 그림 5.17에서 살펴본 것과 같이 각 속력 분포도의 최대값은 가장 많은 수의 분자들이 운동하고 있는 속력이기 때문에 "최빈 속력(u_{mp})"이라고 말한다. $u_{mp} = \sqrt{2RT/\mathcal{M}}$으로 나타낸다. (a) 25°C에서 질소에 대한 u_{mp}와 u_{rms}를 비교하시오. (b) 다음 그림은 두 온도 T_1과 T_2에 있는 이상 기체에 대한 맥스웰 속력 분포 곡선을 나타낸다. T_2를 구하시오.

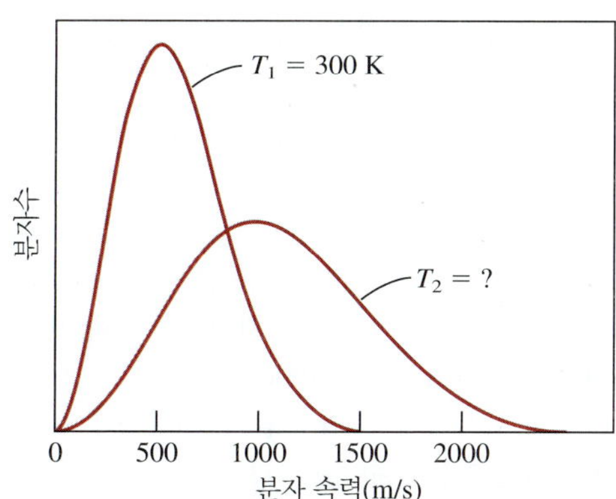

5.166 다음과 같은 실린더 안에서 일정 부피와 일정 압력에서 기체 반응이 일어난다. 이 반응을 설명하기 위하여 아래에 주어진 반응식 중에서 어느 것이 가장 적합한가? 초기 온도(T_1)는 최종 온도(T_2)의 두 배이다.

(a) $A + B \longrightarrow C$
(b) $AB \longrightarrow C + D$
(c) $A + B \longrightarrow C + D$
(d) $A + B \longrightarrow 2C + D$

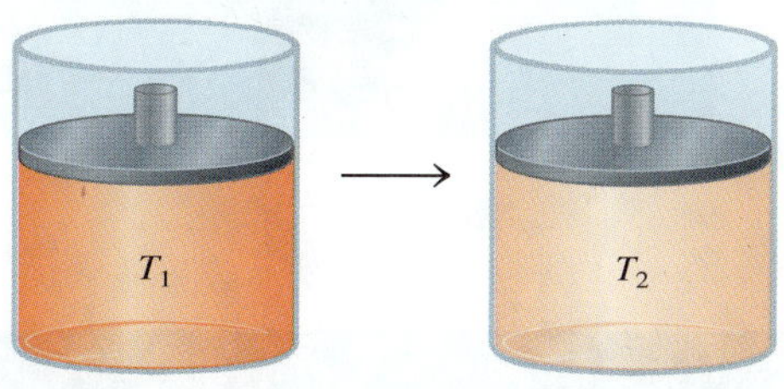

5.167 350 K, 6.63 atm에서 기체 탄화수소(C와 H 원자를 포함) 20.2 L가 과량의 산소와 반응하여 CO_2 205.1 g과 H_2O 168.0 g을 생성한다. 이 탄화수소의 분자식은 무엇인가?

5.168 다음 그림과 같이 기체 A(빨간색)와 B(녹색)를 포함하는 세 개의 플라스크가 있다. (i) (a)의 압력이 4.0 atm이라면 (b)와 (c)의 압력은 얼마인가? (ii) 꼭지가 모두 열렸을 때 전체 압력과 각 기체의 부분 압력을 계산하시오. (a)와 (c)의 부피는 4.0 L이며, (b)는 2.0 L이다. 온도는 일정하게 유지된다.

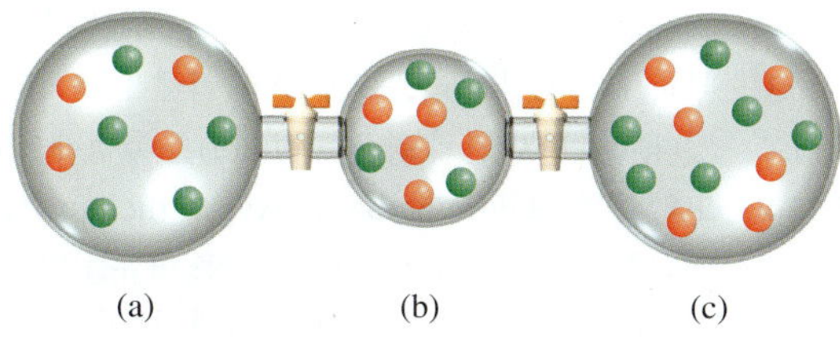

5.169 (a) 유체에 의해 가해지는 압력 P(파스칼 단위)는 유체의 높이를 h(m 단위), 밀도를 d(kg/m^3 단위), 중력 가속도를 g(9.81 m/s^2)라 할 때 $P = hdg$로 나타낼 수 있음을 보이시오. (*힌트:* 부록 2 참조) (b) 5.24°C인 호수 바닥에서 시작된 공기 방울의 부피는 온도가 18.73°C이고 대기압이 0.973 atm인 물 표면에 떠올랐을 때 6배로 증가한다. 호수 물의 밀도는 1.02 g/cm^{3}이다. (a)의 식을 사용하여 호수의 깊이(m 단위)를 결정하시오.

5.170 한 학생이 특정 온도에서 메테인(CH_4), 에테인(C_2H_6), 프로페인(C_3H_8)의 혼합 기체의 전체 압력을 측정하였더니 4.50 atm으로 나타났다. 이들 기체의 질량 스펙트럼은 다음과 같다. 이 기체들의 부분 압력을 계산하시오.

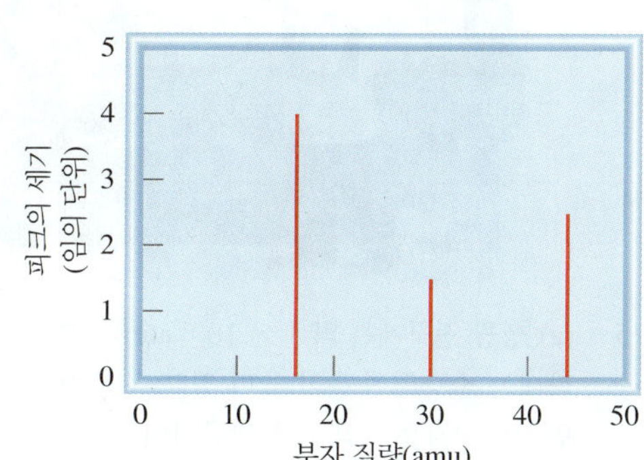

5.171 2012년 바움가르트너(Felix Baumgartnet)는 지상 24마일 상공에서 뛰어내려 최고 스카이다이빙 기록을 세웠다. 그는 시속 700마일 속도를 넘어 처음으로 자유 낙하 중 음속을 돌파한 다이버가 되었다. 바움가르트너를 우주 저편까지 운반하는 데 사용된 헬륨을 채운 플라스틱 기구는 기록을 깨기 위해 필요한 고도에서의 낮은 압력을 수용할 수 있게 8.5 × 10^8 L로 부풀도록 설계되었다. (a) 뛰어내릴 때의 조건(8.5 × 10^8 L, −67.8°C, 0.027 mmHg)으로부터 기구 안에 있는 헬륨의 질량을 계산하시오. (b) 1.0 atm의 압력과 23°C를 가정하고 방출되기 직전 기구 내 헬륨의 부피를 결정하시오.

설명, 모형화 및 추정 문제 Interpreting, Modeling & Estimating

5.172 특정 온도 T와 압력 P에서 부피 V인 공기 시료와 같은 온도와 압력에서 같은 부피를 가지는 공기와 수증기의 혼합물 시료 중 어느 것의 질량이 더 크겠는가?

5.173 부피 14.5 L인 플라스크에 헬륨 기체 1.25 mol이 들어 있다. He 원자 간의 평균 거리(nm)를 추정하시오.

5.174 고압 산소 요법(hyperbaric oxygen therapy, HBOP)은 일산화 탄소 중독뿐만 아니라 화상, 혈류를 막는 으깬 손상, 조직 손상 감염 등에 매우 효과적이다. 하지만 다른 질병(예를 들어 자폐증이나 다발성 경화증)에 적용하는 것에 대해서는 논란이 생겨났다. 전형적인 산소 고압실을 사진에서 보여준다. HBOP는 6 atm까지 압력을 가하여 관리될 수 있지만 일반적으로는 더 낮은 압력을 사용한다. (a) 이 산소 고압실에 순수한 산소로 3.0 atm의 압력을 가한다면 빈 방 안에 O_2 몇 mol을 포함하여야 하는가? (b) 가득 찬 산소 탱크 하나에 기체 2500 mol이 포함되어 있다면 산소 탱크 몇 개로 이 산소 고압실을 채울 수 있겠는가?

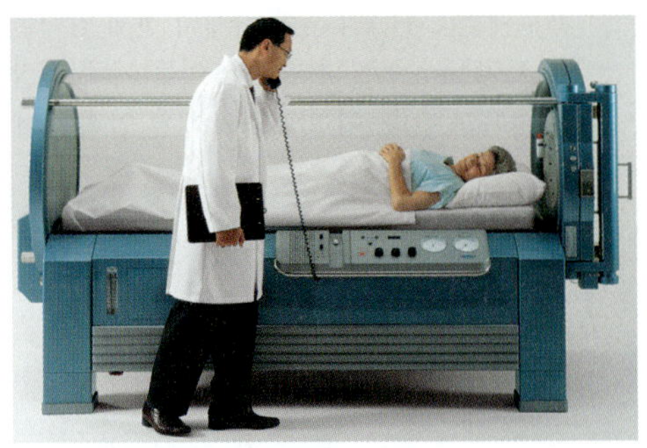

5.175 (a) 형광 전구에는 약 1×10^{-5} atm의 수은 증기압을 나타내는 소량의 수은이 들어 있다. 전기적으로 들뜨게 되면 Hg 원자는 자외선을 방출하여 내부 관에 얇게 입힌 인을 들뜨게 하고 가시광선(백색광)을 방출하게 된다. 사무실용 길고 가는 형광등에 존재하는 Hg 증기의 질량을 추정하시오. (b) 일반적인 가정용 텅스텐 백열전구에는 텅스텐 필라멘트의 승화를 지연시키기 위하여 약 0.5 atm의 아르곤 기체를 채운다. 전형적인 전구에 있는 Ar의 몰수를 추정하시오.

5.176 (a) 자전거 타이어에 5.0 atm의 압력이 생기도록 채우는 데 필요한 1.0 atm, 22°C에서 공기의 부피를 추정하시오. (5.0 atm은 게이지 압력으로 타이어 내부의 압력과 대기압과의 차이임을 유념하시오.) (b) 1.0 atm인 공기로 손 펌프 실린더를 채우고 실린더 내 공기를 압축한 후 펌프 안에 있는 공기를 모두 타이어에 있는 공기로 더하는 것으로 타이어에 펌프질한다. 펌프 부피가 타이어 부피의 33%라면 펌프질을 세 번 하였을 때 타이어 내부의 게이지 압력은 얼마일까?

5.177 2009년 10월 15일 집에서 만든 헬륨 풍선을 날려보냈다. 당국은 여섯 살 먹은 소년이 풍선 안에서 날아갔다고 생각했다. (이 사건은 후에 거짓말로 밝혀졌다.) 풍선은 50마일을 넘게 날아가 7000 ft 높이에 이르렀다. 풍선의 모양과 폭은 다음 그림과 같다. 이 풍선은 얼마나 많은 무게를 들어올릴 수 있을까? (헬륨 풍선은 공기의 질량과 풍선 안에 들어 있는 헬륨의 질량의 차이와 같은 무게를 들어올릴 수 있다.) 이 풍선이 실제로 여섯 살짜리 소년을 들어올릴 수 있었을까?

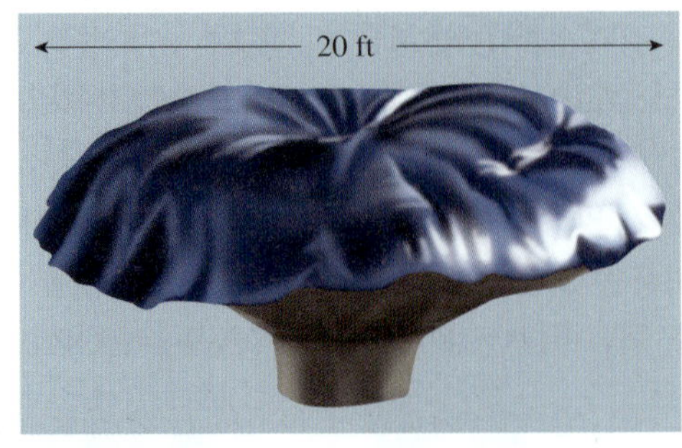

실전 연습의 답 Answers to Practice Exercises

5.1 0.986 atm. **5.2** 39.3 kPa. **5.3** 9.29 L **5.4** 30.6 L **5.5** 4.46×10^3 mmHg **5.6** 0.68 atm **5.7** 2.6 atm **5.8** 13.1 g/L. **5.9** 44.1 g/mol. **5.10** B_2H_6. **5.11** 96.9 L. **5.12** 4.75 L. **5.13** 0.338 *M*. **5.14** CH_4: 1.29 atm; C_2H_6: 0.0657 atm; C_3H_8: 0.0181 atm. **5.15** 0.0653 g. **5.16** 321 m/s. **5.17** 146 g/mol. **5.18** 30.0 atm; 이상 기체 방정식을 이용하여 45.5 atm.

화학 세계의 미스터리

산소의 고갈[†]

1991년 9월, 남자 네 사람과 여자 네 사람이 생물권 II(Biosphere II)로 알려진 세계에서 가장 큰 유리로 만들어진 둥근 공간(glass bubble)으로 들어갔다. 그 곳은 다른 행성에 만들 미래의 주거지에 대한 모형으로, 인간이 완벽하게 갖추어진 생태계를 설계하고 만들 수 있는지를 시험해보기 위한 공간이었다. 생물권 II(지구를 생물권 I이라고 함)는 열대 우림, 대초원, 습지, 사막, 충분히 자급자족할 만한 농장으로 구성된 완벽한 3 에이커(1 에이커 = 4047 m^2) 크기의 작은 세상이었다. 이 독특한 실험은 2~3년간 계속될 예정이었으나 시작과 동시에 이 프로젝트가 위험에 빠지게 될 징후들이 나타났다.

둥근 유리 공간이 닫히자마자 시설 내의 센서는 생물권 II의 대기 속에서 산소의 농도는 초기 21%(부피)에서 점점 내려가는 반면, 이산화 탄소의 양은 초기 0.035%(부피) 즉, 350 ppm보다 증가하는 것을 나타내었다. 놀랍게도 산소의 농도는 매달 0.5%의 속도로 계속 떨어지고, 이산화 탄소의 농도는 계속 올라가서 과량의 CO_2를 제거하기 위해서 대원들은 잠수함 속에 있는 것과 유사한 전기로 가동되는 화학 가스 세정기를 가동해야만 했다. CO_2 농도는 4000 ppm 정도로 높긴 하였지만 위험하지는 않은 수준으로 점차 안정되었다. 그러나 산소의 손실은 중단되지 않았다. 1993년 1월까지 16개월 간의 실험에서 산소의 농도는 14%로 떨어졌는데, 이는 고도 4360 m(14,300 ft)의 공기 중에 있는 O_2의 농도와 같다. 대원들이 일상적인 작업을 수행하는 데 문제가 생기기 시작했다. 그들의 안전을 위하여 순수한 산소를 생물권 II 속으로 공급해야만 했다.

생물권 II 속은 모든 식물들의 광합성 작용으로 더 많은 산소의 생산이 이루어졌어야 했다. 왜 산소의 농도가 그렇게 낮은 수준으로 떨어졌을까? 산소의 손실에 영향을 준 사소한 원인은 유난히 흐린 날씨 탓이었다. 왜냐하면 이런 날씨에는 식물의 성장이 느리기 때문이다. 토양 속의 철분이 산소와 반응하여 산화 철(III) 또는 녹을 형성할 가능성은 뒷받침할 증거가 불충분하여 몇 가지의 다른 원인과 함께 조사 대상에서 제외되었다. 가장 그럴 듯한 가설은 식물 성장을 촉진하기 위해 토양 속에 첨가된 과량의 유기 물질의 신진 대사를 위해 미생물(microorganism)들이 산소를 소모한다는 것이다. 이것은 사실로 판명되었다.

산소 고갈의 원인을 규명하면서 다른 의문이 발생하였다. 신진 대사는 이산화 탄소를 생산한다. 미생물에 의하여 소모된 산소량에 근거하여 발생한 CO_2의 양은 실제 측정된 값의 10배인 40,000 ppm이어야만 했다. 이 엄청난 양의 가스는 도대체 어떻게 된 것인가? 바깥 세상으로 유출된 것과 토양이나 물 속에 있는 화합물과 반응한 CO_2를 제외하고, 생물권 II 속의 콘크리트가 다량의 CO_2를 소모하고 있다는 사실을 과학자들은 발견하였다!

콘크리트는 모래와 자갈로 이루어진 혼합물이 규산 칼슘 수화물과 수산화 칼슘의 혼합물로 된 시멘트(접착제)에 의하여 함께 결합되어 있다. 수산화 칼슘은 사라진 CO_2를 규명해주는 주요한 성분이다. 이산화 탄소는 콘크리트의 다공성 구조 속으로 확산되어 수산화 칼슘과 반응하여 탄산 칼슘과 물을 생성한다.

$$Ca(OH)_2(s) + CO_2(g) \longrightarrow CaCO_3(s) + H_2O(l)$$

[†] Joe Alper, "Biosphere II: Out of Oxygen", CHEM MATTERS, 1995, 2월호, p. 8. 저작권자인 미국화학회의 허가 하에 채택.

(계속)

생물권 II에서의 초목.

정상적인 조건에서 이 반응은 천천히 진행된다. 하지만 생물권 II 내의 CO_2의 농도는 정상보다 훨씬 높아서 반응이 더욱 빠르게 진행되었다. 사실상 2년 만에 $CaCO_3$는 생물권 II의 콘크리트에 2 cm 넘는 두께로 축적되었다. 10,000 m^2의 노출된 콘크리트에 500,000~1,500,000 mol의 CO_2가 감추어져 있었다.

$Ca(OH)_2$와 CO_2 사이의 반응에서 생성된 물은 다른 문제를 일으켰다. CO_2는 물과도 반응하여 탄산(H_2CO_3)을 형성하였고, 탄산에 의해 생성된 수소 이온은 콘크리트를 보강하는 철근의 부식을 촉진시켰으며, 그로 인해 구조물을 약화시켰다. 이러한 상황은 불침투성 도료로 모든 콘크리트 표면을 도색함으로써 효과적으로 대처할 수 있었다.

한편 산소의 감소(또한 이산화탄소의 증가)는 느려졌는데 이것은 아마도 토양 속에 유기물질의 양이 적어진 것과 또한 경작지의 새로운 조명이 광합성을 촉진시켰을지도 모르기 때문이었다. 이 프로젝트는 너무 빨리 끝나버렸고, 1996년 시설들은 과학 교육 연구 센터로 변하였다. 2011년 현재 생물권은 애리조나 대학교에서 관리하고 있다.

생물권 II 실험은 지구와 지구의 인류에 관해 많은 것을 배울 수 있었던 흥미있는 프로젝트였다. 최소한 지구의 생태계가 얼마나 복잡한가, 또한 아무리 작은 규모라 하더라도 자연을 모방한다는 것이 얼마나 어려운가를 보여 주었다.

화학적인 단서

1. 이산화 탄소를 제거하기 위하여 화학 가스 세정기에 어떤 용액을 사용할 것인가?
2. 광합성은 이산화 탄소와 물을 탄수화물과 산소 기체로 전환시키는 반면, 신진 대사는 탄수화물이 산소와 반응하여 이산화 탄소와 물을 형성하는 과정이다. 포도당($C_6H_{12}O_6$)을 탄수화물로 사용하여 이와 같은 두 과정에 대한 반응식을 쓰시오.
3. 생물권 II로부터 외부 세상으로 산소가 확산되는 것이 왜 산소 고갈의 원인 중 하나로 생각되지 않았을까?
4. 탄산은 이양성자산이다. 물 속에서 탄산의 이온화 단계에 대한 반응식으로 쓰시오.
5. 생물권 II와 같은 건물을 건설하려는 행성을 선택할 때 고려해야 할 요소는 무엇인가?

제 6 장

열화학

Thermochemistry

▲ 불꽃 중에서 연소하는 메테인으로부터 형성된 입자를 분석하면 가시광선 레이저를 보인다.

이 장의 차례

들여다보기

- 원칙적으로 상호 변환 가능한 여러 종류의 에너지와 그 성질에 대해 배운다(6.1절).
- 다음으로 화학 반응에서의 열 변화를 연구하는 분야인 열화학에서 사용하는 용어를 배운다(6.2절).
- 열화학은 에너지 보존 법칙에 근거를 둔 열역학 제1법칙을 연구하는 분야 중 하나로서 내부 에너지의 변화는 계의 열 변화와 계가 한 일로 나타낼 수 있다는 것을 배운다(6.3절).
- 일정 압력 조건에서 일어나는 반응에 적용되는 엔탈피 변화와 관련된 용어를 배운다(6.4절).
- 반응열을 측정하는 방법인 열량계와 실험에 사용되는 비열과 열용량의 의미에 대해 배운다(6.5절).
- 반응물과 생성물의 표준 생성 엔탈피를 알면 그 반응의 엔탈피를 구할 수 있다. 원소를 사용하여 직접적으로 반응 엔탈피를 구하는 방법과 헤스 법칙을 사용하며 간접적으로 반응 엔탈피를 구하는 방법에 대해 논의한다(6.6절).
- 마지막으로, 용질이 용매에 녹을 때의 열 변화(용해열)와 용액이 묽어질 때의 열 변화(묽힘열)에 대해 배운다(6.7절).

모든 화학 반응은 질량 보존 법칙과 에너지 보존 법칙의 두 가지 기본 법칙을 따른다. 3장에서는 반응물과 생성물 사이의 질량 관계를 논의하였다. 이 장에서는 화학 반응에 따르는 에너지 변화에 대하여 논의한다.

6.1 에너지의 본질과 에너지의 종류

"에너지"란 말은 많이 사용하는 용어이지만, 약간은 추상적인 개념이다. 예를 들면, 우리가 피로를 느낄 때 *에너지*가 없다고 말하기도 하고, 재생 불가능한 에너지원을 대신할 대체 에너지 개발의 필요성에 대한 글을 읽기도 한다. 물질과 달리 에너지는 그 효과로 알아내거나 인식되어야 한다. 에너지는 보이지도 만져지지도 않으며, 냄새를 맡거나 무게를 잴 수도 없다.

에너지(energy)는 보통 *일을 할 수 있는 능력*으로 정의된다. 5장에서 일은 "힘×거리"로 정의하였지만, 다른 종류의 일도 있다는 것을 곧 알게 될 것이다. 모든 형태의 에너지는 일할 수 있는 능력이 있지만(일정한 거리에 대해 힘을 가함), 모든 형태의 에너지가 같은 정도로 화학과 관련된 것은 아니다. 예를 들어, 조수의 파동에 포함된 에너지는 유용한 일을 할 수 있도록 동력화할 수 있지만, 조수의 파동과 화학은 관련성이 적다. 화학자들은 **일**(work)을 *어떤 변화 과정에서 야기되는 직접적인 에너지 변화*로 정의한다. 물체의 움직임에 의하여 생성되는 운동 에너지(kinetic energy)는 화학자들이 특별히 관심을 가지고 있는 에너지의 한 형태이다. 다른 에너지로는 복사 에너지, 열 에너지, 화학 에너지, 퍼텐셜 에너지가 있다.

운동 에너지는 5.7절에서 소개하였다.

복사 에너지(radiant energy) 또는 *태양 에너지는 태양으로부터 오는데*, 이는 지구상에서 가장 중요한 에너지원이다. 태양 에너지는 대기와 지표면을 가열시키고, 광합성 과정을 통하여 식물의 성장을 촉진시키는 한편, 지구의 기후 패턴에도 영향을 미친다.

열 에너지(thermal energy)는 *원자와 분자의 무질서한 운동과 관련된 에너지*이다. 일반적으로 열 에너지는 온도를 측정하여 계산할 수 있다. 어떤 물질의 시료 안에 있는 원자나 분자가 더 격렬하게 운동할수록 그 시료는 더 뜨거워지고, 열 에너지도 더 커진다. 그러나 열 에너지와 온도는 주의 깊게 구분할 필요가 있다. 70°C의 커피 한 잔은 40°C의 온수로 채운 욕조보다 온도가 높지만 욕조를 채운 온수는 커피보다 더 많은 열 에너지를 함유하고 있다. 커피보다 온수의 부피와 질량이 더 크므로 더 많은 물 분자와 분자 운동을 포함하고 있기 때문이다.

화학 에너지(chemical energy)는 *화학 물질의 단위 구조 내에 저장되어 있는 에너지*이다. 화학 에너지의 크기는 성분 원자들의 종류와 배치에 의해 결정된다. 물질이 화학 반응을 일으키면 화학 에너지는 방출, 저장되거나 다른 형태의 에너지로 전환한다.

퍼텐셜 에너지(potential energy)는 *물체의 위치를 이용한 에너지*이다. 절벽 꼭대기에 있는 바위는 높은 곳에 있기 때문에 퍼텐셜 에너지가 크다. 따라서 더 아래쪽에 있는 바위가 물에 떨어졌을 때보다 더 큰 물보라를 낼 것이다. 화학 에너지는 물질 내에서 원자의 상대적인 위치나 배열과 관련되기 때문에 퍼텐셜 에너지의 한 형태라고 생각할 수 있다.

댐에서 물이 떨어질 때, 그 퍼텐셜 에너지는 운동 에너지로 전환된다. 이 에너지를 이용하여 전기를 발생시키는 것을 수력 발전(hydroelectric power)이라 한다.

모든 에너지는 적어도 이론상으로 한 형태에서 다른 형태로 전환할 수 있다. 우리가 햇빛을 받고 서 있으면 피부가 따뜻함을 느끼게 되는데, 이것은 피부에서 복사 에너지가 열 에너지로 전환하기 때문이다. 우리가 운동할 때 체내에 저장되어 있던 화학 에너지가 운동 에너지를 생성하는 데 사용된다. 언덕 아래로 공이 굴러가기 시작할 때 퍼텐셜 에너지는 운동 에너지로 전환한다. 이 외에도 다른 많은 예를 생각할 수 있다. 에너지가 많은 다른 형태로 전환될 수 있다고는 하지만, 과학자들은 이들 에너지가 파괴되거나 새로 만들어질 수 없다는 결론에 도달했다. 한 에너지 형태가 소멸되면 반드시 같은 크기의 다른 형태의 에너지가 생성되어야 하며, 그 역 또한 마찬가지이다. 결국 *우주의 에너지 총량은 항상 일정하다*는 것이다. 이를 **에너지 보존 법칙**(law of conservation of energy)이라고 한다.

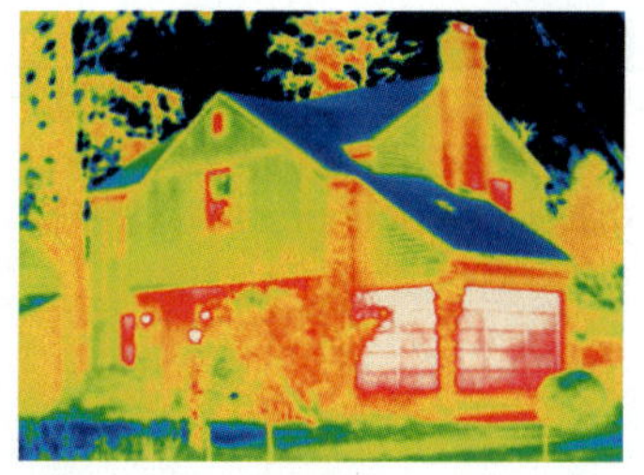

이 적외선 사진은 집에서 새어 나오는 에너지(열)를 보여준다. 붉은색에 가까울수록 집에서 밖으로 방출되는 열이 커지는 것이다.

6.2 화학 반응에서의 에너지 변화

화학 반응이 일어나는 동안의 에너지 변화는 3장에서 논의한 화학 반응과 질량과의 관련성만큼이나 실제적인 관심을 끌 때가 많다. 예를 들면, 일상생활에서 일어나는 천연 가스나 석유 같은 연료의 연소 반응은 이것의 생성물인 물과 이산화 탄소보다는 반응 결과 나오는 열 에너지 때문에 일으키게 된다.

거의 모든 화학 반응은 일반적으로 열의 형태로 에너지를 흡수 또는 방출한다. 열 에너지와 열의 차이를 이해하는 것이 중요하다. **열**(heat)은 *온도가 서로 다른 두 물체 사이의 열 에너지의 이동*이다. 이것을 더운 물체로부터 찬물로의 "열 흐름(heat flow)"이라고 말한다. "열" 자체가 에너지의 이동을 의미하지만, 관례상 이러한 과정이 일어나는 동안의 에너지 변화를 설명할 때 열의 흡수 또는 방출이라고 한다. **열화학**(thermochemistry)은 *화학 반응에서 열 변화에 대한 연구*이다.

동영상 자료
▶ 열흐름.

화학 변화와 관련된 에너지 변화를 검토하기 위하여 먼저 **계**(system)를 정의해야 한다. 계는 *우리가 관심을 갖는 우주의 특정한 부분*이다. 화학자들은 대개 물리 화학적 변화를 일으키는 물질을 포함하여 계라고 한다. 예를 들면, 산-염기 중화 실험에서 계는 NaOH 50 mL를 가하는 HCl 50 mL가 들어 있는 비커라고 할 수 있다. *계 밖의 모든 우주*를 **주위**(surroundings)라고 한다.

어떤 과정에서 열이 흡수되거나 방출될 때 에너지는 보존되지만 계와 주변 간에는 에너지 교환이 이루어진다.

계에는 세 가지 형태가 있다. **열린 계**(open system)는 *계와 주위 사이에 물질과 에너지가 열의 형태로 교환될 수 있다.* 예를 들면, 열린 계는 그림 6.1(a)에 나타낸 것과 같이 열린 용기에 물이 들어 있는 것이다. 그림 6.1(b)와 같이 플라스크를 닫으면, 수증기는 나가지도 못하고 주위에서 용기 내로 들어가 응축하지도 못하게 된다. 이러한 계를 **닫힌 계**(closed system)라고 한다. 이 계에서 *에너지(열)는 이동할 수 있지만 물질은 이동할 수 없다.* 그림 6.1(c)와 같이 전체가 단열된 용기에 물이 담겨 있으면 **고립 계**(isolated system)를 만들 수 있는데, 이 계에서는 *물질이나 에너지 모두 이동이 허용되지 않는다.*

산소 중에서 일어나는 수소 기체의 연소 반응은 상당한 양의 에너지를 방출하는 화학 반응의 하나이다(그림 6.2).

$$2H_2(g) + O_2(g) \longrightarrow 2H_2O(l) + \text{에너지}$$

이 경우에 반응 혼합물(수소, 산소, 물 분자들)을 *계*라 하고, 나머지 우주를 *주위*라 한다. 에너지는 창조되거나 소멸될 수 없으므로 계에서 감소한 모든 에너지는 주위에서 증가되

그림 6.1 플라스크 안에 물이 들어 있는 세 계. (a) 열린 계, 열과 물질 모두 주위와 교환이 가능. (b) 닫힌 계, 에너지는 주위와 교환 가능한 반면, 물질은 교환될 수 없다. (c) 고립계, 에너지와 물질 교환 모두 허용되지 않는다(이 플라스크는 진공 자켓으로 둘러싸여 있다).

그림 6.2 힌덴부르크 재해. 힌덴부르크는 수소 기체로 채워진 독일의 비행선으로 1937년 미국 뉴저지 주 레이크허스트(Lakehurst)에서 대화재로 파괴되었다.

어야 한다. 연소 과정에서 발생되는 열은 계에서 주위로 이동한다. *열을 방출하는 과정(주위로 열 에너지가 이동)*을 **발열 과정**(exothermic process)이라 한다. 그림 6.3(a)는 수소 기체의 연소에 대한 에너지 변화를 보인 것이다.

영어에서 접두어 "exo-"는 그리스어로 "밖"이라는 뜻을 가지고 있고, "endo-"는 "안"이라는 뜻을 가지고 있다.

이제 다른 반응인 높은 온도에서 산화 수은(II)(HgO)의 분해 반응을 생각해 보자.

$$\text{에너지} + 2HgO(s) \longrightarrow 2Hg(l) + O_2(g)$$

이 반응은 *주위에서 계로(HgO로) 열이 공급되는* **흡열 과정**(endothermic process)의 한 예이다[그림 6.3(b)].

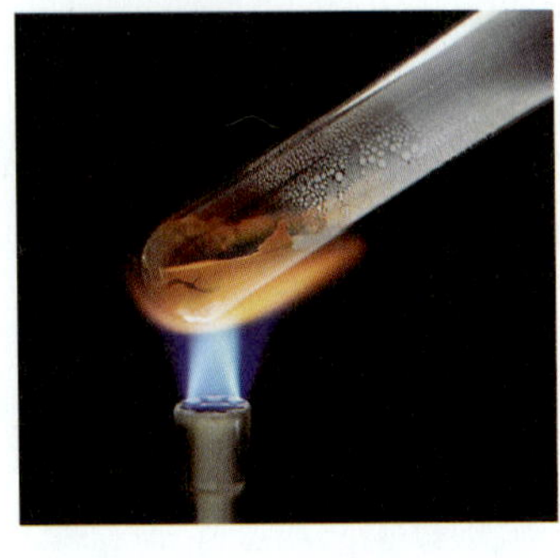

가열함에 따라 HgO가 Hg와 O_2로 분해된다.

그림 6.3에서 볼 수 있듯이 발열 반응에서 생성물의 전체 에너지는 반응물의 전체 에너지보다 작다. 이 에너지의 차이는 계에서 주위로 공급되는 열이다. 흡열 반응에서는 정반대이다. 이 때 생성물의 에너지와 반응물의 에너지 차이는 주위에서 계로 공급되는 열과 같다.

개념 복습하기

다음 각 예를 열린 계, 닫힌 계, 고립계 중 하나로 분류하시오.

(a) 뚜껑이 닫힌 보온병에 들어있는 우유

(b) 기숙사 방에서 책을 읽고 있는 학생

(c) 테니스 공 안의 공기

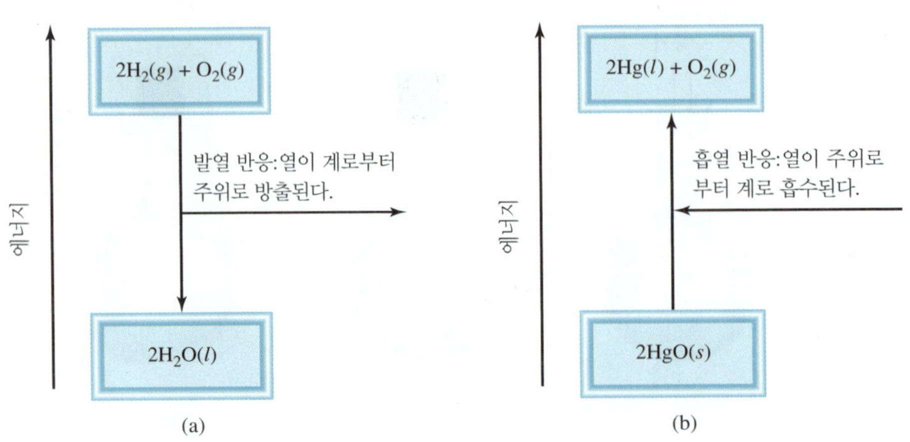

그림 6.3 (a) 발열 과정. (b) 흡열 과정. (a)와 (b)는 같은 축척으로 나타나 있지 않다. 즉, H_2와 O_2로부터 H_2O가 생성될 때 발생하는 열은 HgO에 흡수되는 열의 양과 같지 않다.

6.3 열역학 서론

열화학(thermochemistry)은 *열과 다른 종류의 에너지와의 상호변환 관계를 과학적으로 연구하는* **열역학**(thermodynamics)의 더 넓은 의미의 일부라고 할 수 있다. 열역학 법칙들은 물질의 변화 과정에 대한 에너지 이론과 변화 방향을 알려준다. 이 절에서는 열화학 연구와 특별히 관계가 많은 열역학 제1법칙에 대하여 집중적으로 설명할 것이다. 17장에서 열역학에 대하여 계속 논의할 것이다.

열역학에서는 계의 상태 변화를 연구하는데, **계의 상태**(state of a system)는 *물질의 조성, 에너지, 온도, 압력, 부피와 같이 관련된 모든 거시적 성질의 값*으로 정의된다. 에너지, 압력, 부피, 온도를 **상태 함수**(state function)라고 하며, 이것은 *주어진 조건까지 도달한 과정에는 상관없이 계의 상태에 의해서만 결정되는 성질*이다. 다시 말해, 계의 상태가 변할 때 임의의 상태 함수가 변화하는 크기는 계의 초기 상태와 최종 상태에만 관련이 있고, 그 변화가 일어나는 과정에는 무관하다는 것이다.

상태 함수에서의 변화는 경로와는 무관하며 초기 상태와 최종 상태에만 의존한다.

일정한 양의 기체에 대한 상태는 그 기체의 부피, 압력, 온도에 의해서 특징지어진다. 초기 상태가 2 atm, 300 K, 1 L인 기체를 생각해 보자. 일정한 온도에서 기체의 압력이 1 atm으로 감소하는 어떤 과정을 가정해 보자. 보일 법칙에 의하면 부피는 2 L로 증가해야 한다. 그 결과 최종 상태는 1 atm, 300 K, 2 L에 해당한다. 부피 변화(ΔV)는 다음과 같다.

$$\begin{aligned}\Delta V &= V_f - V_i \\ &= 2\text{ L} - 1\text{ L} \\ &= 1\text{ L}\end{aligned}$$

그리스 문자 델타(Δ)는 변화를 뜻한다. 이 책에서 Δ는 항상 (최종) − (초기) 즉, 최종 값에서 초기 값을 '뺀' 것을 뜻한다.

여기서 V_i와 V_f는 각각 초기 상태와 최종 상태에서의 부피를 말한다. 어떤 과정을 거쳐서 최종 상태에 도달하든(즉, 기체의 압력이 처음에는 증가하다가 다음에 1 atm으로 줄어들 수도 있다) 부피 변화는 항상 1 L이다. 따라서 기체의 부피는 상태 함수이다. 기체의 압력과 온도가 상태 함수인 것을 보일 수 있다.

에너지는 또 다른 상태 함수이다. 퍼텐셜 에너지를 예로 들면, 우리가 같은 출발점에서 산꼭대기까지 올라갈 때, 어떤 길로 가더라도 중력장에서 퍼텐셜 에너지가 알짜로 증가한 부분은 언제나 똑같다는 것을 발견하게 된다(그림 6.4).

어떤 물체는 그 위치나 화학적 조성에 의해서 퍼텐셜 에너지를 가지고 있다는 사실을 기억하라.

➤ 열역학 제1법칙

열역학 제1법칙(the first law of thermodynamics)은 에너지 보존 법칙에 기초하며, *에너지는 한 형태에서 다른 형태의 에너지로 전환될 수 있지만 만들어지거나 파괴될 수 없다*는 것을 말한다.† 이것을 어떤 방법으로 알았을까? 만약 우주의 전체 에너지량을 결정해야만 알 수 있다면, 열역학 제1법칙을 증명한다는 것을 불가능할 것이다. 철 1 g에 포함된 전체

† 화학 반응에서 질량과 에너지의 관계는 2.1절의 마지막 각주를 참조하라.

그림 6.4 산 아래에서 정상까지 걸어 올라갈 때 얻는 중력장 퍼텐셜 에너지는 걸어 올라간 경로와는 무관하다.

에너지를 결정하는 것조차도 매우 어려운 일이다. 다행히도 한 과정의 *초기 상태*와 *최종 상태*에서 계의 내부 에너지 *변화만*을 측정하여 열역학 제1법칙의 타당성을 시험할 수 있다. 내부 에너지 변화 ΔU는 다음과 같이 주어진다.

$$\Delta U = U_f - U_i$$

여기서 U_i와 U_f는 각각 초기 상태와 최종 상태에서 계의 내부 에너지이다.

계의 내부 에너지는 두 가지 구성 요소를 가진다. 운동 에너지와 퍼텐셜 에너지이다. 운동 에너지는 여러 형태의 분자 움직임과 분자 내 전자들의 운동으로 구성된다. 퍼텐셜 에너지는 각 분자에 있는 전자와 핵 사이의 인력, 전자들 사이의 반발력, 핵들 사이의 반발력, 분자들 사이의 상호작용에 의하여 결정된다. 이 모든 성분들이 에너지에 기여하는 정도를 정확하게 측정한다는 것은 불가능하므로 계의 전체 에너지를 정확하게 계산할 수 없다. 하지만, 에너지의 변화는 실험적으로 구할 수 있다.

황은 공기 중에서 타서 SO_2를 만든다.

황 1 mol과 산소 기체 1 mol이 반응하여 이산화 황 1 mol을 생성하는 반응을 생각해 보자.

$$S(s) + O_2(g) \longrightarrow SO_2(g)$$

이 경우 계는 반응물 분자인 S와 O_2, 생성물 분자인 SO_2로 구성된다. 이 계에서 반응물이나 생성물이 가진 내부 에너지는 알 수 없지만, 에너지 *변화*(ΔU)는 정확하게 측정할 수 있는데, 다음 식으로 주어진다.

$$\begin{aligned}\Delta U &= U(\text{생성물}) - U(\text{반응물}) \\ &= SO_2(g)\ 1\ \text{mol의 에너지 양} - [S(s)\ 1\ \text{mol} + O_2(g)\ 1\ \text{mol}]\text{의 에너지 양}\end{aligned}$$

우리는 이 반응이 열을 방출한다는 것을 관찰하였다. 따라서 생성물의 에너지는 반응물의 에너지보다 작으며, ΔU는 음의 값을 가진다.

위 반응에서 열을 방출한다는 것은 반응물에 포함된 화학 에너지의 일부가 열 에너지로 전환되었다는 것을 의미한다고 해석하며, 반응물로부터 주위로 에너지가 이동되어도 우주 전체의 에너지 변화는 0이 되어야 한다.

$$\Delta U_{\text{계}} + \Delta U_{\text{주위}} = 0$$

또는

$$\Delta U_{\text{계}} = -\Delta U_{\text{주위}}$$

여기서 "계", "주위"라는 아래첨자는 각각 "계"와 "주위"를 나타낸다. 이와 같이 하나의 계가 에너지 변화 $\Delta U_{\text{계}}$를 수반하면, 우주의 나머지(주위)의 에너지 변화는 계의 에너지 변화와 크기는 같아야 하고, 부호는 반대($-\Delta U_{\text{주위}}$)라야 한다. 즉, 한 장소에서 얻은 에너지만큼 다른 어딘가에서 잃어야만 한다. 게다가 에너지는 한 형태에서 다른 형태로 전환할 수 있기 때문에, 어떤 계에서 잃은 에너지는 다른 계에서는 다른 형태로 얻을 수도 있다. 예를 들면, 발전소에서 연료가 타면서 잃은 에너지는 최종적으로 가정에서 사용하는 전기 에너지, 열, 빛과 같은 형태로 변하게 된다.

화학에서는 계(반응물과 생성물이 담긴 플라스크가 계일 수도 있다)와 관련된 변화에는 관심이 있으나 주위에는 관심이 없다. 따라서 열역학 제1법칙의 더 유용한 형태는 다음과 같다.

q와 w를 소문자로 표기하는 것은 상태 함수가 아님을 나타낸다.

$$\Delta U = q + w \tag{6.1}$$

편의상 계의 에너지를 논의할 때는 "내부"라는 말을 생략하기도 한다.

(식을 간략하게 나타내도록 첨자 "계"는 생략했다). 식 (6.1)은 계와 주위 사이의 열 교환 q와 계가 한 일의 양 w의 합이 계의 내부 에너지 변화 ΔU라는 것을 말한다. q의 부호는 흡열

표 6.1 열과 일에 대한 부호

과정	부호
계가 주위에 한 일	−
계에 대해서 주위가 한 일	+
주위로부터 계가 흡수한 열(흡열 과정)	+
계로부터 주위에 방출한 열(발열 과정)	−

과정에 대하여 양의 부호, 발열 과정에 대하여 음의 부호를 쓴다. 또한, 일 w에 대한 부호는 주위에서 계에 일을 하면 양의 부호, 계에서 주위에 일을 하면 음의 부호를 붙인다. 열역학 제1법칙을 은행에서 사용하는 것과 같은 에너지의 대차대조표라고 생각할 수 있다. 우리는 다른 두 가지 화폐 중 어느 것으로든 저축하거나 인출할 수 있다(열 교환과 행해진 일에 의해서 에너지가 변하는 것처럼). 그러나 은행 잔고는 어떤 화폐를 사용했느냐에 상관없이 여러 번의 은행 거래를 하고 나서 최종적으로 남아 있는 금액에 따라 결정된다.

식 (6.1)은 추상적으로 보이지만 실제로는 매우 논리적이다. 계가 주위에 열을 잃거나 일을 하였다면 에너지를 비우는 과정이라 할 수 있으므로 계의 내부 에너지는 감소한다. 그래서 q와 w는 모두 음수이다. 반대로, 열이 계에 가해지거나 계에 대하여 일을 하였다면 계의 에너지는 처음보다 증가하게 된다. 이 경우 q와 w는 모두 양수이다. 표 6.1은 q와 w에 대한 부호를 요약한 것이다.

일과 열

이제 일과 열의 성질을 보다 자세히 살펴보자.

일

일은 힘 F에 움직인 거리 d를 곱해서 얻을 수 있다.

$$w = F \times d \tag{6.2}$$

열역학에서 일은 넓은 의미로 기계적 일(예를 들면, 크레인으로 강철 빔을 들어올림), 전기적 일(회중 전등의 전구를 켜기 위해서 전지에서 전자를 공급하는 것), 표면 일(비누 거품을 터뜨리는 것) 등을 말한다. 이 절에서는 기계적 일을 논의하고, 18장에서 전기적 일의 성질을 논의할 것이다.

기계적 일의 좋은 예는 기체의 팽창이나 압축이다. 화학 반응이나 생물학적 반응의 많은 예에서 기체의 부피 변화가 수반된다. 공기를 들이마시거나 내쉬는 것도 폐포라는 작은 주머니가 늘어나거나 수축하는 것이다. 다른 예로 자동차의 내부 연소 엔진을 들 수 있다. 자동차의 동력은 휘발유와 공기의 혼합물이 연소되어 실린더가 연속적으로 팽창하거나 수축함으로써 제공되는 것이다. 그림 6.5는 특정 온도, 압력, 부피에서 무게가 없고 마찰 없이 움직이는 피스톤이 있는 실린더에 기체가 채워져 있는 것을 보여준다. 기체가 팽창하면 일정한 외부 대기압 P에 대해서 피스톤을 밀어올리게 된다. 기체가 주위에 한 일은 다음과 같다.

$$w = -P\Delta V \tag{6.3}$$

여기서 ΔV는 변화한 부피로서 $V_f - V_i$로 주어진다. 식 (6.3)에서 음의 부호는 w에 대하여 관례적으로 쓴 것이다. 기체가 팽창하여 ΔV가 양이 되면 $-P\Delta V$는 음의 값이 된다. 기체가 압축되어(계에 일을 하는 경우) ΔV가 음이 되면 $-P\Delta V$가 양의 값을 가진다.

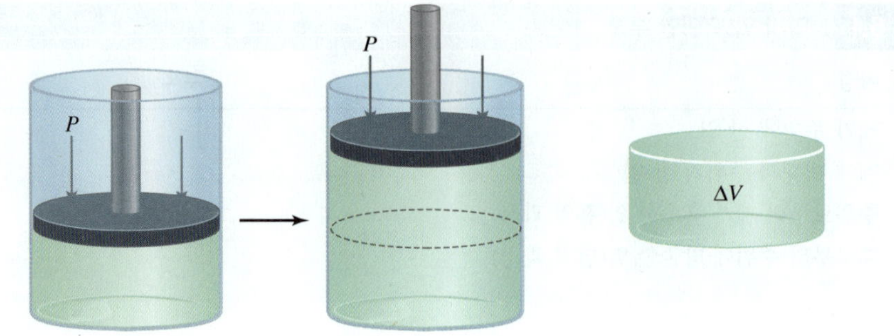

그림 6.5 일정한 외부 압력(예를 들면, 대기압)에 대해서 기체가 팽창한다. 기체는 무게가 없고, 움직일 수 있는 피스톤으로 막힌 실린더에 채워져 있다. 행한 일은 $-P\Delta V$로 주어진다. $\Delta V > 0$이므로 행한 일은 음의 값이 된다.

압력 부피로부터 유도된 식 (6.3)은 (힘/면적) × 부피로 표현할 수 있다. 즉,

$$P \times V = \underset{\text{압력}}{\frac{F}{d^2}} \times \underset{\text{부피}}{d^3} = F \times d = w$$

여기서 F는 거스르는 힘이고, d는 길이, d^2은 면적, d^3은 부피의 차원을 가진다. 그러므로 압력과 부피의 곱은 힘과 거리의 곱과 같고, 이것은 결국 일과 같다. 부피 변화(ΔV)로 인한 일은 외부에서 거스르는 압력(P)의 크기에 따라 다르다. 만약 압력이 0이면(즉, 기체가 진공에 대해서 팽창한다면) 계가 행한 일도 0이어야 한다. P가 0이 아닌 양의 값을 가지면 계가 행한 일은 $-P\Delta V$로 주어진다.

식 (6.3)에 의하면 기체가 행하거나, 기체에 의해 행해진 일의 단위는 L·atm이 된다. 보다 친숙한 줄(J, Joule) 단위로 일을 표현하려면, 다음 변환 인자(conversion factor)를 사용한다(부록 2 참조).

$$1 \text{ L·atm} = 101.3 \text{ J}$$

예제 6.1

어떤 기체가 일정한 온도에서 부피 2.0 L에서 6.0 L로 팽창한다. (a) 진공 상태에서와 (b) 1.2 atm의 일정 압력에서 팽창할 때 행한 일을 계산하시오.

전략 다음 그림이 도움이 될 것이다.

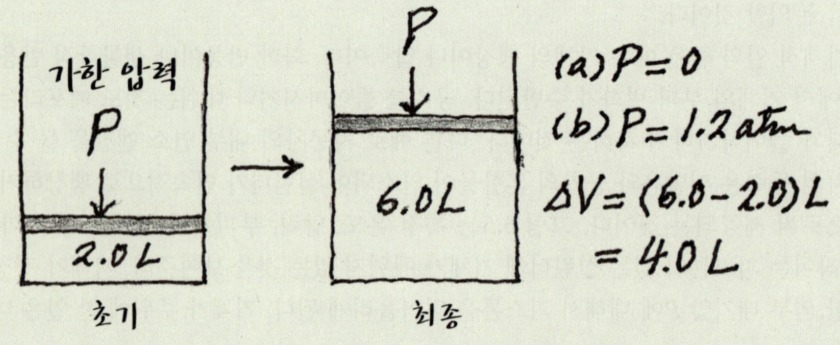

기체가 팽창할 때 행한 일은 외부 저항 압력에 부피 변화를 곱한 것과 같다는 것을 상기하라. L·atm과 J 사이의 변환 인자는 무엇인가?

풀이 (a) 외부 압력이 0이므로 팽창하면서 일은 행해지지 않는다.

(계속)

$$w = -P\Delta V$$
$$= -(0)(6.0 - 2.0)\ \text{L}$$
$$= 0$$

(b) 외부 저항 압력이 1.2 atm이므로,

$$w = -P\Delta V$$
$$= -(1.2\ \text{atm})(6.0 - 2.0)\ \text{L}$$
$$= -4.8\ \text{L} \cdot \text{atm}$$

답을 J로 바꾸면,

$$w = -4.8\ \text{L} \cdot \text{atm} \times \frac{101.3\ \text{J}}{1\ \text{L} \cdot \text{atm}}$$
$$= -4.9 \times 10^2\ \text{J}$$

검산 이러한 기체 팽창(일이 계에 의해 주위에 행해짐) 때문에 행한 일은 음의 부호가 된다.

비슷한 문제 : 6.15, 6.16.

실전 연습 일정 온도에서 어떤 기체의 부피가 264 mL에서 971 mL로 팽창하였다. (a) 진공 상태에서와 (b) 4.00 atm의 일정 외부 압력에 대해서 팽창할 때 행해진 일을 J 단위로 계산하시오.

예제 6.1로부터 일은 상태 함수가 아니라는 것을 알았다. (a)와 (b)에서 초기 상태와 최종 상태는 같지만, 외부 저항 압력이 다르기 때문에 한 일의 양이 다르다. 그러므로 일의 변화에 대하여 $\Delta w = w_f - w_i$로 쓸 수 없다. 행한 일은 초기 상태와 최종 상태뿐만 아니라 어떻게 그 과정이 행해지는가(경로)에 따라서도 다르다.

온도가 일정하므로 보일 법칙에 따라 (a)와 (b)의 경우 모두 최종 압력은 같다.

열

내부 에너지의 다른 성분인 열 q도 일과 마찬가지로 상태 함수가 아니다. 예를 들면, 물 100 g의 온도를 20°C에서 30°C로 높이는 데 4184 J의 에너지가 든다. 이 에너지는 다음과 같은 방법들로 얻을 수 있다. (a) 물에는 일을 하지 않고 분젠 버너를 이용하여 열 에너지를 직접 얻거나, (b) 열 에너지를 가하지 않고 물에 일을 함으로써(자석 막대로 물을 저어줌), 또는 (c) (a)와 (b)의 방법을 병용함으로써 얻을 수 있다. 이 간단한 예를 통해 어떤 과정에서의 열 에너지 변화는 일 에너지처럼 그 과정이 어떻게 진행되는가에 따라 달라진다는 것을 알 수 있다. 하지만 그 과정이 어떤 순서로 일어나는가에 상관없이 계의 내부 에너지 변화인 ΔU는 $q + w$에 의존한다는 것이 중요하다. 초기 상태에서 최종 상태로 변화할 때 q 값이 증가한다면 w 값은 같은 정도로 감소할 것이고 그 역도 마찬가지이며, 따라서 ΔU는 변하지 않는다.

요약하면, 열과 일은 계의 성질이 아니므로 상태 함수가 아니다. 열과 일은 과정(변화) 중에 의해서만 분명해진다. 이 값들은 과정의 경로에 의존하고, 이에 따라 다양해진다.

예제 6.2

그림 6.5에서 보여주는 것과 같이 기체가 실린더 속에서 압축될 때 행한 일은 462 J이다. 이 변화 과정에서 기체로부터 주위로 이동한 열은 128 J이다. 이 과정의 에너지 변화량을 계산하시오.

전략 압축은 기체에 행한 일이다. w의 부호는 무엇인가? 열은 기체에서 주위로 방출된다. 이는 흡열 과정인가, 발열 과정인가? q의 부호는 무엇인가?

풀이 기체의 에너지 변화를 계산하기 위해 식 (6.1)을 이용한다. 압축될 때 행한 일의 경우 부호는 양이다. 그리고 기체로부터 열이 방출되었기 때문에 q는 음의 값을 가진다. 따라서

(계속)

$$\begin{aligned}\Delta U &= q + w \\ &= -128\ \text{J} + 462\ \text{J} \\ &= 334\ \text{J}\end{aligned}$$

결과적으로 기체의 에너지가 334 J만큼 증가한다.

비슷한 문제: 6.17, 6.18.

실전 연습 기체가 팽창할 때 주위에 한 일(P-V 일)은 279 J이다. 이와 동시에 주위로부터 216 J의 열을 흡수하였다. 이 때 계의 에너지 변화는 얼마인가?

개념 복습하기

같은 온도와 압력에서 두 종류의 이상 기체가 각각 두 개의 부피가 같은 용기에 담겨 있다. 한 용기는 부피가 고정되어 있지만, 다른 용기는 그림 6.5에서와 같이 무게가 없고 움직일 수 있는 피스톤으로 막힌 실린더이다. 처음에 두 기체의 압력은 외부 대기압과 동일하다. 이어서 두 기체를 분젠 버너로 가열한다. 이런 조건에서 두 기체에 대한 q와 w의 부호는 무엇인가?

6.4 화학 반응의 엔탈피

다음 단계는 열역학 제1법칙이 다른 조건에서 일어나는 과정에 어떻게 적용될지 고찰하는 것이다. 특별히, 계의 부피가 일정하게 유지되는 경우와 계에 가해지는 압력이 일정하게 유지되는 경우를 살펴볼 것이다.

$w = -P\Delta V$임을 기억하라.

화학 반응이 일정 부피에서 이루어진다면 $\Delta V = 0$이고, 이 변화로 행해진 P-V 일은 0일 것이다. 식 (6.1)로부터

$$\begin{aligned}\Delta U &= q - P\Delta V \\ &= q_v\end{aligned} \tag{6.4}$$

여기서 아래첨자 "v"는 일정 부피 조건을 나타낸다. 앞서 q가 상태 함수가 아니라는 것을 보았기 때문에 이 수식이 처음에는 이상하게 보일지도 모른다. 하지만 이 과정은 일정 부피에서 행해지기 때문에 열 변화는 특정한 값인 ΔU만을 가진다.

➤ 엔탈피

일정 부피 조건은 대개 불편하며, 때로는 이 조건을 얻는 것이 불가능하기도 하다. 대부분의 반응은 일정 압력(대기압)에서 일어난다. 그런 반응이 진행되어 기체의 몰수가 증가하면, 계는 주위에 일을 한다(팽창). 이것은 생성된 기체가 대기로 들어가 주위 공기를 밀어내어야 한다는 것을 말한다. 반대로 생성된 것보다 소비된 기체의 몰수가 많다면 주위가 계에 일을 한 것이다(압축). 결국 반응물에서 생성물로 될 때 기체의 몰수가 변하지 않으면 일은 행해지지 않을 것이다.

일반적으로 일정 압력 과정에 대하여

$$\begin{aligned}\Delta U &= q + w \\ &= q_p - P\Delta V\end{aligned}$$

또는

$$q_p = \Delta U + P\Delta V \tag{6.5}$$

여기서 아래첨자 "p"는 일정 압력 조건을 나타낸다.

이제 **엔탈피**(enthalpy, H)라는 계의 새로운 열역학적 함수를 도입하자. 엔탈피는 다음

생활 속의 화학 CHEMISTRY in Action

인공 눈 만들기와 자전거 타이어에 바람 넣기

일상 생활의 많은 현상들을 열역학 제1법칙으로 설명할 수 있다. 야외 활동을 즐기는 사람들에게 흥미로운 두 가지 예를 두 가지 설명한다.

인공 눈 만들기

스키를 즐기는 사람이라면, 인공 눈 위에서 스키를 즐겨 보았을 것이다. 어떻게 눈이 없는 날 스키어들을 만족시킬만한 충분한 양의 인공 눈을 만들까? 인공 눈의 비밀은 관계식 $\Delta U = q + w$에 있다. 인공 눈 제조기는 약 20 atm에 해당하는 압축 공기와 수증기의 혼합물을 저장하고 있다. 저장 탱크와 대기압 사이에 압력 차이가 크기 때문에 혼합물이 대기 중으로 뿌려지면 급격히 팽창하게 되고, 계와 그 주위에 열 교환이 일어나지 않는다고 근사적으로 가정하면 $q = 0$이다. [열역학에서는 이 과정을 단열 과정(adiabatic process)이라고 부른다.] 따라서 다음과 같이 쓸 수 있다.

$$\Delta U = q + w = w$$

계가 주위에 일을 하기 때문에, w는 음의 부호를 가지며 계의 내부 에너지는 감소하게 된다.

운동 에너지는 계의 전체 에너지의 일부이다. 5.7절에서 기체의 평균 운동 에너지는 절대 온도에 비례한다는 것을 알았다[식 (5.15)]. 따라서 내부 에너지 변화 ΔU는 다음과 같다.

$$\Delta U = C\Delta T$$

여기서 C는 비례 상수이다. ΔU가 음수이기 때문에 ΔT도 음수이어야 하며, 이 냉각 효과(또는 물 분자의 운동 에너지 감소)를 이용하여 인공 눈을 만드는 것이다. 물만 있으면 눈을 만들 수 있지만, 공기가 팽창하면서 냉각되기 때문에 수증기의 온도를 낮추는 데 도움을 주고 있다.

자전거 타이어에 바람넣기

자전거 바퀴에 직접 바람을 넣어본 사람이라면 주입 밸브 근처가 따뜻해지는 효과를 관찰해 보았을 것이다. 이 현상도 열역학 제1법칙으로 설명할 수 있다. 펌프는 펌프와 타이어 내부의 공기를 압축한다. 이 과정도 급격하게 일어나기 때문에 근사적으로 단열 과정으로 생각할 수 있다. 따라서 $q = 0$이고, $\Delta U = w$이다. 이 경우 기체에 대해서 일이 행해지기 때문에(기체가 압축된다) w는 양의 부호를 가지고 내부 에너지가 증가한다. 따라서 계의 온도는 다음 식에 따라 올라가게 된다.

$$\Delta U = C\Delta T$$

인공 눈 제조기.

식으로 정의한다.

$$H = U + PV \tag{6.6}$$

여기서 U는 계의 내부 에너지이고, P와 V는 각각 계의 압력과 부피이다. U와 PV는 에너지 단위를 가지기 때문에, 엔탈피도 에너지 단위를 가진다. 더욱이 U, P, V는 모두 상태 함수이기 때문에 $(U + PV)$의 변화는 초기 상태와 최종 상태에만 의존한다. 따라서 H의 변화 즉, ΔH 또한 오직 초기 상태와 최종 상태에만 의존한다. 결국 H는 상태 함수이다.

어떤 과정에 대하여 식 (6.6)에 따른 엔탈피 변화는

$$\Delta H = \Delta U + \Delta(PV) \tag{6.7}$$

압력이 일정하게 유지된다면

$$\Delta H = \Delta U + P\Delta V \tag{6.8}$$

식 (6.8)과 식 (6.5)를 비교해 보면, 일정 압력 과정에서 $q_p = \Delta H$임을 알 수 있다. q가 상태 함수가 아니더라도 일정 압력에서 열 변화는 ΔH와 같다. 왜냐하면 "경로"가 정해져 있기 때문에 q가 특정한 값만을 가지기 때문이다.

일정 부피와 일정 압력에서의 열 변화의 측정 방법은 6.5절에서 다룬다.

이제 반응과 관련된 ΔU와 ΔH의 두 가지 양을 알고 있다. 일정 부피에서 반응이 일어나면 열 변화 q_v는 ΔU와 같다. 한편 반응이 일정 압력하에서 이루어지면 열 변화 q_p는 ΔH와 같다.

반응 엔탈피

대부분의 반응들은 일정 압력 과정이기 때문에 대부분의 경우에 열의 변화는 엔탈피의 변화로 나타낼 수 있다. 다음과 같은 종류의 모든 반응에 대해서

$$\text{반응물} \longrightarrow \text{생성물}$$

반응 엔탈피($\Delta H_{\text{반응}}$, enthalpy of reaction)라는 엔탈피 변화는 *생성물의 엔탈피와 반응물의 엔탈피의 차이*로 정의한다.

반응 엔탈피 변화를 나타낼 때 종종 아래첨자인 "반응"은 생략하고 간단히 ΔH로 표시한다.

$$\Delta H = H(\text{생성물}) - H(\text{반응물}) \tag{6.9}$$

반응 엔탈피는 그 과정에 따라 양의 값 또는 음의 값이 될 수 있다. 흡열 과정(주위로부터 계가 열을 흡수)에 대한 ΔH는 양($\Delta H > 0$)이고, 발열 과정(계에서 주위로 열이 방출)에 대한 ΔH는 음($\Delta H < 0$)이다.

이러한 비유에서 마이너스 인출은 할 수 없다고 가정하는 것처럼 물질의 엔탈피 값도 마이너스일 수는 없다.

엔탈피 변화는 은행 계좌의 잔액 변화에 비유할 수 있다. 처음 잔액이 100만원이라고 하자. 은행 거래(입금이나 출금)를 한 뒤 통장의 잔고 변화량 ΔX는 다음 식과 같다.

$$\Delta X = X_{\text{최종}} - X_{\text{초기}}$$

여기서 X는 은행 잔고를 나타낸다. 계좌에 80만원을 입금하면 ΔX = 180만원 − 100만원 = 80만원이다. 이것은 흡열 반응에 해당한다(잔고가 증가하였고, 계의 엔탈피도 증가한다). 반대로 60만원을 출금하면 ΔX = 40만원 − 100만원 = −60만원이다. ΔX 가 음의 부호인 것은 잔고가 감소하였음을 의미한다. 마찬가지로 ΔH가 음의 값인 것은 발열 과정의 결과로 그 계의 엔탈피 감소를 나타낸다. 이 비유와 식 (6.9) 사이의 차이점은 통장의 잔고는 항상 정확히 알고 있지만, 반응물과 생성물 각각의 엔탈피는 알 수 있는 방법이 없다는 것이다. 실제로 그 값들의 *차이*만 측정할 수 있다.

이제 엔탈피 변화의 개념을 두 가지 일반적 과정인 물리적 변화와 화학적 변화에 적용해 보자.

열화학 반응식

0°C , 1 atm에서 얼음은 녹아서 액체인 물로 된다. 이 조건에서 액체인 물로 변하는 얼음 1 mol에 대해 얼음(계)이 흡수한 열 에너지는 6.01 kJ로 측정된다. 압력이 일정하기 때문에 열 변화는 엔탈피 변화(ΔH)와 같다. 게다가 얼음이 녹을 때는 에너지를 흡수하며 변화가 일어날 것이라고 예상할 수 있듯이(그림 6.6a) 이는 흡열 과정이다. 결국, ΔH가 양의 값이다. 이러한 물리적 변화를 식으로 쓰면

$$H_2O(s) \longrightarrow H_2O(l) \qquad \Delta H = 6.01\ \text{kJ/mol}$$

간단하게 하기 위해 열화학 반응식에서 ΔH를 나타낼 때 "반응 몰당" 대신에 "몰당"을 사용한다.

ΔH에 대한 단위에서 "몰당"이란 말은 엔탈피 변화가 반응식에 쓰인 대로 *반응(또는 과정)의 몰당 엔탈피 변화*라는 것을 의미한다. 이 경우 얼음 1 mol이 액체인 물 1 mol로 전환될 때이다.

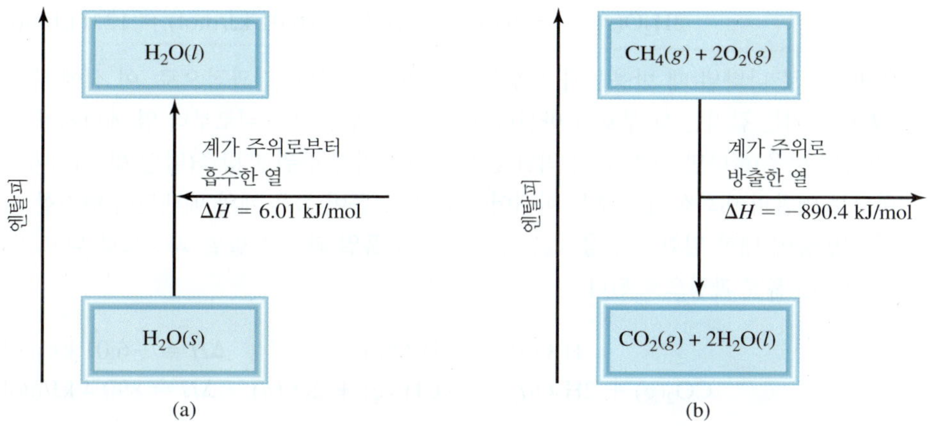

그림 6.6 (a) 0°C에서 얼음 1 mol의 융해(흡열 과정)는 계에 6.01 kJ의 엔탈피 증가를 가져온다. (b) 산소 기체 안에서 메테인 1 mol의 연소(발열 과정)는 계에 890.4 kJ의 엔탈피 감소를 가져온다. (a)와 (b)는 같은 비율로 그린 것이 아니다.

다른 예로, 천연 가스의 주성분인 메테인(CH_4)의 연소를 생각해 보자.

$$CH_4(g) + 2O_2(g) \longrightarrow CO_2(g) + 2H_2O(l) \qquad \Delta H = -890.4 \text{ kJ/mol}$$

경험적으로 천연 가스가 연소할 때 주위에 열을 방출하는 것을 알 수 있으므로 이는 발열 과정이다. 일정 압력 조건에서 이 열 변화는 엔탈피 변화와 같고 ΔH는 반드시 음의 값을 가져야 한다[그림 6.6(b)]. ΔH에 대한 몰당 반응 단위는 CH_4 1 mol이 O_2 2 mol과 반응하여 CO_2 1 mol과 액체 H_2O 2 mol을 생성할 때, 890.4 kJ의 열이 주위로 방출되는 것을 의미한다. ΔH 값은 특정한 반응물이나 생성물을 참조하는 것이 아니라 모든 반응물의 몰당량을 참조하여 얻어진다는 점을 주목해야 한다. 따라서 다음과 같은 변환 인자를 만들 수 있다.

$$\frac{-890.4 \text{ kJ}}{1 \text{ mol } CH_4} \qquad \frac{-890.4 \text{ kJ}}{2 \text{ mol } O_2} \qquad \frac{-890.4 \text{ kJ}}{1 \text{ mol } CO_2} \qquad \frac{-890.4 \text{ kJ}}{2 \text{ mol } H_2O}$$

ΔH의 단위는 통상적으로 그냥 kJ이 아니라 kJ/mol로 쓰며, 이 단위를 쓰는 것의 장점은 17장에서 열역학 공부를 계속할 때 분명해질 것이다.

얼음이 녹거나 메테인이 연소하는 반응식은 *질량 관계뿐만 아니라 엔탈피 변화도 보여 주는* **열화학 반응식**(thermochemical equation)이라 한다. 반응에서 엔탈피 변화를 말할 때, 균형 맞춘 반응식을 명시하는 것은 중요하다. 다음 지침은 열화학 반응식을 쓰거나, 이해하는 데 도움을 준다.

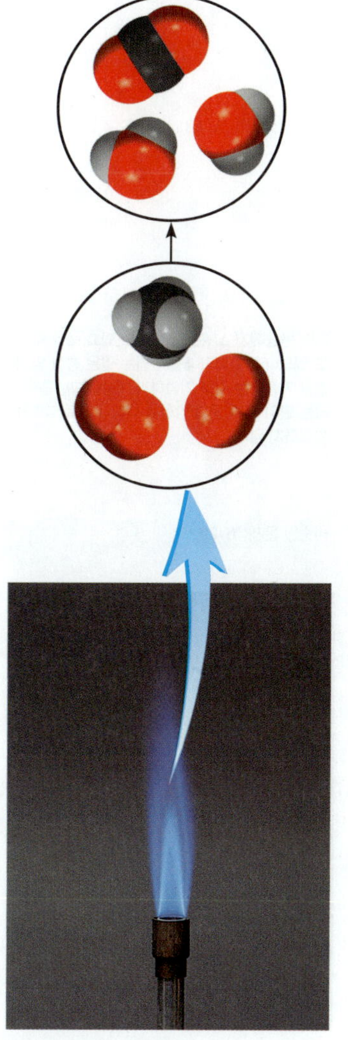

메테인 기체가 분젠 버너에서 타고 있다.

1. 열화학 반응식을 쓸 때 모든 반응물과 생성물에 대해서 물리적 상태를 표시해야 한다. 이렇게 함으로써 실제 엔탈피 변화를 결정하는 데 도움이 되기 때문이다. 예를 들어, 메테인의 연소식에서 생성물로 액체 물이 아니라 수증기가 생성된다면 다음과 같이 쓸 수 있다.

$$CH_4(g) + 2O_2(g) \longrightarrow CO_2(g) + 2H_2O(g) \qquad \Delta H = -802.4 \text{ kJ/mol}$$

엔탈피 변화는 −890.4 kJ가 아니라 −802.4 kJ이다. 액체 물 2 mol을 수증기로 바꾸는 데에 88.0 kJ이 더 필요하기 때문이다.

$$2H_2O(l) \longrightarrow 2H_2O(g) \qquad \Delta H = 88.0 \text{ kJ/mol}$$

2. 열화학 반응식의 각 변에 n을 곱하면, ΔH도 n배만큼 변해야 한다. 얼음이 녹는 반응으로 돌아가서

$$H_2O(s) \longrightarrow H_2O(l) \qquad \Delta H = 6.01 \text{ kJ/mol}$$

반응식의 양변에 2를 곱하면 즉, $n = 2$이면

$$2H_2O(s) \longrightarrow 2H_2O(l) \quad \Delta H = 2(6.01 \text{ kJ/mol}) = 12.0 \text{ kJ/mol}$$

3. 역반응으로 나타낼 때 반응물과 생성물의 역할이 변한다. 결과적으로, 이 식에 대한 ΔH의 크기는 같지만 그 부호가 바뀐다. 예를 들어, 반응이 주위로부터 열 에너지를 소비(흡열 반응)한다면 그 반응의 역반응은 열 에너지가 주위로 방출(발열 반응)되어야 하므로 엔탈피 변화식의 부호는 바뀌어야 한다. 얼음이 녹을 때와 메테인이 연소할 때의 역반응에 대한 열화학 반응식은 다음과 같이 흡열 과정은 발열 과정으로 되고, 발열 과정은 흡열 과정으로 된다.

$$H_2O(l) \longrightarrow H_2O(s) \quad \Delta H = -6.01 \text{ kJ/mol}$$
$$CO_2(g) + 2H_2O(l) \longrightarrow CH_4(g) + 2O_2(g) \quad \Delta H = 890.4 \text{ kJ/mol}$$

예제 6.3

다음 열화학 반응식을 이용하여 SO_2(몰질량 = 64.07 g/mol) 87.9 g이 SO_3로 전환될 때 발생하는 열을 계산하시오.

$$2SO_2(g) + O_2(g) \longrightarrow 2SO_3(g) \quad \Delta H = -198.2 \text{ kJ/mol}$$

전략 열화학 반응식은 SO_2 2 mol을 연소할 때 198.2 kJ의 열이 발생하는 것을 나타낸다(ΔH가 음의 부호임에 유의하라). 따라서 변환 인자는 다음과 같다.

$$\frac{-198.2 \text{ kJ}}{2 \text{ mol } SO_2}$$

SO_2 87.9 g은 몇 mol인가? 그램과 mol 사이의 변환 인자는 무엇인가?

풀이 먼저 SO_2 87.9 g이 몇 mol에 해당하는지를 계산하고 발열 반응에서 생성된 열이 몇 kJ인지를 구한다. 변환 순서는 다음과 같다.

$$SO_2\text{의 그램수} \longrightarrow SO_2\text{의 몰수} \longrightarrow \text{발생된 열(kJ)}$$

따라서 이 반응의 엔탈피 변화는 다음과 같다.

$$\Delta H = 87.9 \text{ g } SO_2 \times \frac{1 \text{ mol } SO_2}{64.07 \text{ g } SO_2} \times \frac{-198.2 \text{ kJ}}{2 \text{ mol } SO_2} = -136 \text{ kJ}$$

주위로 발생되는 열은 136 kJ이다.

어떤 반응에서 ΔH는 양일 수도 있고 음일 수도 있으나 방출되거나 흡수되는 열은 항상 양의 값을 가진다는 것을 기억하라. "방출"과 "흡수"라는 말이 열 이동의 방향을 나타내므로 부호가 필요하지 않다.

검산 SO_2 87.9 g은 몰질량의 2배(2 × 64.07 g)보다 작기 때문에 발생되는 열은 198.2 kJ보다 작을 것이다.

비슷한 문제: 6.26.

실전 연습 백린(P_4) 266 g이 다음 식과 같이 공기 중에서 연소될 때 발생하는 열을 계산하시오.

$$P_4(s) + 5O_2(g) \longrightarrow P_4O_{10}(s) \quad \Delta H = -3013 \text{ kJ/mol}$$

ΔH와 ΔU의 비교

한 과정에서 ΔH와 ΔU는 어떤 관계인가? 이를 밝히기 위해 소듐 금속과 물의 반응을 살펴보자.

$$2Na(s) + 2H_2O(l) \longrightarrow 2NaOH(aq) + H_2(g) \quad \Delta H = -367.5 \text{ kJ/mol}$$

소듐이 물과 반응하여 수소 기체가 발생한다.

이 열화학 반응식은 소듐 2 mol이 과량의 물과 반응할 때 367.5 kJ의 열이 발생함을 나타낸다. 생성물 중 하나가 수소 기체이며, 이것이 대기 속으로 들어가기 위해서 공기를 밀어내야 한다. 결과적으로, 반응 결과로 생성된 에너지의 일부는 대기압(P)에 대항하여 어느

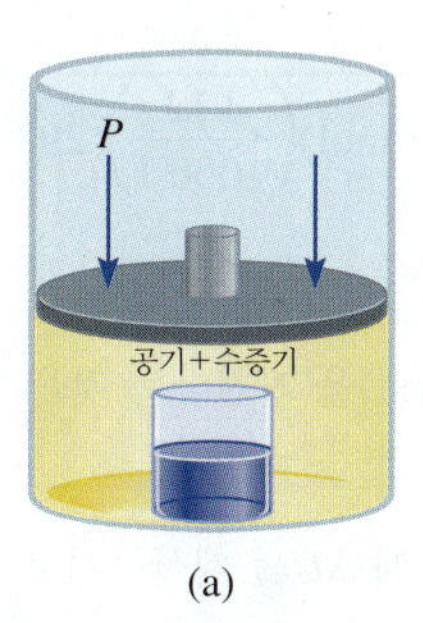

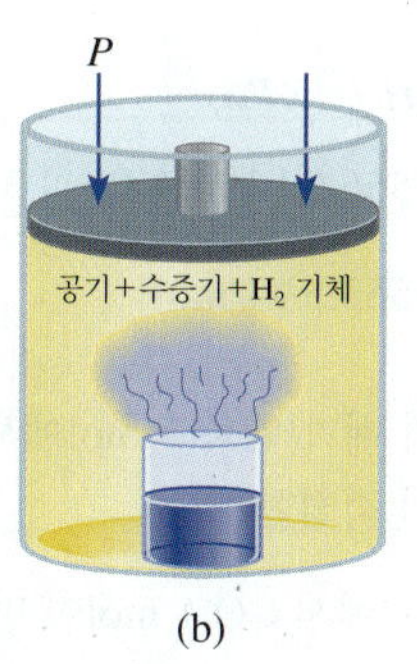

그림 6.7 (a) 움직일 수 있는 피스톤으로 막혀 있는 실린더 안에 물이 든 비커가 있다. 내부 압력은 대기압과 같다. (b) 소듐 금속이 물과 반응하면 수소 기체가 피스톤을 위쪽으로 움직여서(주위에 일을 함) 내부 압력이 외부 압력과 같아질 때까지 팽창한다.

정도 부피(ΔV)의 공기를 밖으로 밀어내는 일에 사용한다(그림 6.7). 내부 에너지의 변화를 계산하기 위하여 식 (6.8)을 재정리하면 다음과 같다.

$$\Delta U = \Delta H - P\Delta V$$

온도가 25°C이고 용액의 작은 부피 변화를 무시한다고 가정하면, 1.0 atm, 298 K에서 수소 기체 1 mol의 부피는 24.5 L이므로 $-P\Delta V = -24.5\ \text{L} \cdot \text{atm}$ 즉, -2.5 kJ이 된다. 결국,

$$\begin{aligned} \Delta U &= -367.5\ \text{kJ/mol} - 2.5\ \text{kJ/mol} \\ &= -370.0\ \text{kJ/mol} \end{aligned}$$

1 L · atm = 101.3 J임을 기억하라.

이 계산은 ΔU와 ΔH가 거의 같음을 나타낸다. ΔH가 ΔU보다 크기(절대값)가 작은 이유는 방출되는 내부 에너지의 일부가 기체의 팽창 일에 사용되었기 때문이다. 기체가 포함되지 않은 반응에서는 ΔV가 매우 작아 ΔU는 실제적으로 ΔH와 거의 같다.

반응물에서 생성물로 변할 때 기체의 몰수가 변하지 않는 반응[예를 들어, $H_2(g) + F_2(g) \rightarrow 2HF(g)$]에 대해 $\Delta U = \Delta H$이다.

기체상 반응에서 내부 에너지를 계산하는 또 다른 방법은 일정한 온도에서 이상 기체라고 가정하는 것이다.

$$\begin{aligned} \Delta U &= \Delta H - \Delta(PV) \\ &= \Delta H - \Delta(nRT) \\ &= \Delta H - RT\Delta n \end{aligned} \tag{6.10}$$

여기서 Δn은 다음과 같이 정의된다.

$$\Delta n = \text{생성물 기체의 몰수} - \text{반응물 기체의 몰수}$$

예제 6.4

1 atm, 25°C에서 일산화 탄소 2 mol이 다음과 같이 이산화 탄소 2 mol로 변환될 때 내부 에너지 변화를 계산하시오.

$$2CO(g) + O_2(g) \longrightarrow 2CO_2(g) \qquad \Delta H = -566.0\ \text{kJ/mol}$$

전략 반응의 엔탈피 변화(ΔH)가 주어진 상태에서 내부 에너지 변화(ΔU)를 묻고 있다. 따라서 식 (6.10)을 이용한다. 기체의 몰수 변화는 얼마인가? ΔH는 kJ로 주어졌는데, 이 때 R의 단위로는 무엇을 써야 할까?

풀이 화학 반응식으로부터 기체 3 mol이 기체 2 mol로 전환되었으므로

$$\begin{aligned} \Delta n &= \text{생성물 기체의 몰수} - \text{반응물 기체의 몰수} \\ &= 2 - 3 \\ &= -1 \end{aligned}$$

R = 8.314 J/K · mol, T = 298 K를 이용하면 식 (6.10)은 다음과 같이 쓸 수 있다.

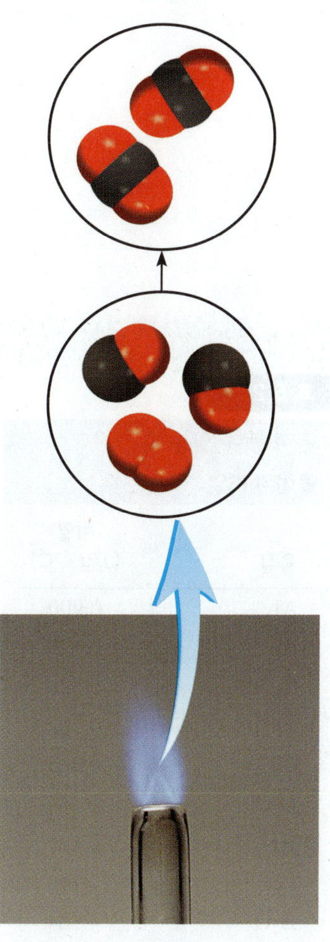

일산화 탄소가 공기 속에서 타면 이산화 탄소가 생성된다.

(계속)

$$\Delta U = \Delta H - RT\Delta n$$
$$= -566.0\ \text{kJ/mol} - (8.314\ \text{J/K} \cdot \text{mol})\left(\frac{1\ \text{kJ}}{1000\ \text{J}}\right)(298\ \text{K})(-1)$$
$$= -563.5\ \text{kJ/mol}$$

검산 반응하는 기체의 계가 압축(3 mol에서 2 mol로)을 거친다는 것을 알면, 절대값에서 $\Delta H > \Delta U$가 성립하는 것이 적절한가?

비슷한 문제: 6.27.

실전 연습 1 atm, 25°C에서 CO 1 mol이 만들어질 때 ΔU를 계산하시오.

$$\text{C(흑연)} + \tfrac{1}{2}\text{O}_2(g) \longrightarrow \text{CO}(g) \qquad \Delta H = -110.5\ \text{kJ/mol}$$

개념 복습하기

다음 일정 압력 과정 중 ΔU와 ΔH의 차이가 제일 작은 것은 어느 것인가?

(a) 물 ⟶ 수증기
(b) 물 ⟶ 얼음
(c) 얼음 ⟶ 수증기

6.5 열계량법

실험실에서 물리적, 화학적 과정에 나타나는 열 변화는 특별하게 고안한 밀폐된 용기인 열*량계*(calorimeter)로 측정할 수 있다. *열 변화를 측정하는 방법*을 **열계량법**(calorimetry)이라 하는데, 이에 대한 논의를 하기 전에 먼저 비열(specific heat)과 열용량(heat capacity)에 대한 이해가 필요하다.

비열과 열용량

비열(s, specific heat)은 *어떠한 물질 1 g의 온도를 1°C 올리는 데 필요한 열량*으로 단위는 J/g · °C이다. 어떤 물질의 **열용량**(heat capacity, C)이란 *일정한 양의 물질을 온도 1°C 올리는 데 필요한 열량*을 말하며 단위는 J/°C이다. 비열은 세기 성질(intensive property)인 반면에 열용량은 크기 성질(extensive property)이다. 어떤 물질의 비열과 열용량 사이의 관계는 다음과 같다.

$$C = ms \tag{6.11}$$

여기서 m은 물질의 질량을 g 단위로 나타낸 것이다. 예를 들면, 물의 비열은 4.184 J/g · °C이며, 물 60.0 g의 열용량은 다음과 같다.

$$(60.0\ \text{g})(4.184\ \text{J/g} \cdot {}^\circ\text{C}) = 251\ \text{J/}^\circ\text{C}$$

여러 물질들의 비열을 표 6.2에 나타내었다.

표 6.2
흔히 볼 수 있는 몇 가지 물질의 비열

물질	비열 (J/g · °C)
Al	0.900
Au	0.129
C(흑연)	0.720
C(다이아몬드)	0.502
Cu	0.385
Fe	0.444
Hg	0.139
Pb	0.158
H_2O	4.184
C_2H_5OH(에탄올)	2.46

어떤 물질의 비열과 양을 알면 시료의 온도 변화(Δt)로부터 그 과정에서 흡수 또는 방출하는 열량(q)을 구할 수 있다. 열량 변화에 대한 계산식은 다음과 같다.

$$q = ms\Delta t \tag{6.12}$$

$$q = C\Delta t \tag{6.13}$$

여기서 Δt는 온도 변화이다.

$$\Delta t = t_{최종} - t_{초기}$$

열량 q의 부호를 붙이는 방법은 엔탈피 변화에 대한 부호에 대해서와 같다. 즉, q가 양의 값이면 흡열 과정이고, 음의 값이면 발열 과정이다.

예제 6.5

물 시료 466 g을 8.50°C에서 74.60°C로 가열하였다. 물에 의해 흡수된 열량을 kJ로 계산하시오.

전략 물의 양과 비열을 알고 있다. 이 정보와 온도 변화로부터 흡수된 열량(q)을 계산할 수 있다.

풀이 식 (6.12)를 이용하면

$$\begin{aligned} q &= ms\Delta t \\ &= (466\ \text{g})(4.184\ \text{J/g}\cdot{}^\circ\text{C})(74.60^\circ\text{C} - 8.50^\circ\text{C}) \\ &= 1.29 \times 10^5\ \text{J} \times \frac{1\ \text{kJ}}{1000\ \text{J}} \\ &= 129\ \text{kJ} \end{aligned}$$

검산 단위 g과 °C가 없어지고, 원하는 단위인 kJ만 남는다. 열은 물에 의해서 주위로부터 흡수되기 때문에 양의 부호를 가진다.

실전 연습 질량 869 g인 쇠 막대가 94°C에서 5°C로 식었다. 이 금속에서 방출된 열을 kJ로 계산하시오.

비슷한 문제: 6.33.

일정 부피 열계량법

연소열은 대개 *일정 부피 통열량계*(constant-volume bomb calorimeter)라는 강철 용기에 질량을 알고 있는 시료를 넣고 약 30 atm의 산소로 채워 측정한다. 밀폐된 통(bomb)은 그림 6.8에서처럼 부피를 알고 있는 물 속에 잠겨 있다. 시료를 전기적으로 점화하는데, 물의

"일정 부피"는 반응하는 동안 용기의 부피가 변하지 않는다는 것이다. 측정 후에 용기가 그대로 남아 있음을 유의하라. "통열량계(bomb calorimeter)"라는 용어는 과량의 산소기체 존재하에서 소규모의 폭발적인 반응 모양을 함축하고 있다.

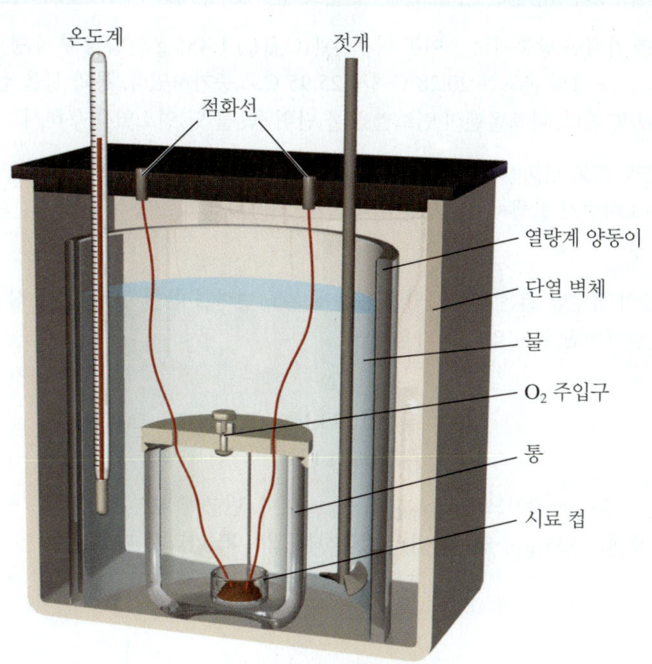

그림 6.8 일정 부피 통열량계(bomb calorimeter). 통(bomb)은 산소 기체로 채우고 양동이 안에 놓는다. 시료는 전기적으로 연소되고, 반응에 의해서 생긴 열은 양을 알고 있는 주변 물의 온도 변화를 측정하여 정확하게 결정될 수 있다.

온도 변화를 측정함으로써 연소 반응에서 생성된 열을 정확하게 계산할 수 있다. 시료에서 방출된 열은 물과 통이 흡수한다. 통열량계는 열량을 측정하는 동안 주위에 열(또는 질량)을 잃지 않도록 특별하게 설계되어 있다. 그러므로 통열량계와 이 열량계가 잠겨 있는 물을 고립계라고 할 수 있다. 반응 과정에서 열의 출입이 없기 때문에 계의 열 변화($q_{계}$)는 0이어야 한다. 이것을 식으로 쓰면

$$\begin{aligned} q_{계} &= q_{열량계} + q_{반응} \\ &= 0 \end{aligned} \tag{6.14}$$

여기서 $q_{열량계}$와 $q_{반응}$은 각각 열량계와 반응에 대한 열 변화이다. 따라서

$$q_{반응} = -q_{열량계} \tag{6.15}$$

$C_{열량계}$는 통과 주위의 물 모두로 구성되어 있다.

$q_{열량계}$를 계산하기 위해 열량계의 열용량($C_{열량계}$)과 온도 변화를 알아야 한다.

$$q_{열량계} = C_{열량계}\Delta t \tag{6.16}$$

$C_{열량계}$는 연소열이 정확히 알려져 있는 물질을 태워서 보정한다. 예를 들면, 1 g의 벤조산(C_6H_5COOH)이 연소되면 26.42 kJ의 열이 방출된다고 알려져 있다. 온도가 4.673°C만큼 증가했다면, 그 열량계의 열용량은 다음과 같이 주어진다.

연소 반응은 발열 반응이지만 열량계가 열을 흡수하기 때문에 $q_{열량계}$는 양의 값을 가짐을 유의하라.

$$\begin{aligned} C_{열량계} &= \frac{q_{열량계}}{\Delta t} \\ &= \frac{26.42\text{ kJ}}{4.673°\text{C}} = 5.654\text{ kJ/°C} \end{aligned}$$

일단 $C_{열량계}$가 결정되면, 그 열량계는 다른 물질의 연소열을 측정하는 데 사용될 수 있다.

통열량계에서의 반응은 일정 압력 조건이 아니라 일정 부피 조건에서 일어나기 때문에 열 변화는 엔탈피 변화 ΔH(6.4절 참조)와 다르다. 측정한 열 변화를 해당되는 ΔH 값으로 보정할 수 있지만, 대개 그 보정값은 매우 작기 때문에 여기서는 자세하게 다루지 않는다. 최종적으로, 음식이나 연료가 가지고 있는 에너지를 일정 부피 열량계로 측정한다는 사실이 흥미롭다(이들의 에너지는 대개 1 cal = 4.184 J인 칼로리로 표시된다).

예제 6.6

자극적 냄새를 가지며 방충제로 쓰이는 나프탈렌($C_{10}H_8$) 1.435 g을 일정 부피 통열량계에서 연소시켰다. 그 결과 물의 온도는 20.28°C에서 25.95°C로 증가하였다. 통과 물을 합한 것의 열용량이 10.17 kJ/°C라면, 나프탈렌의 연소열을 몰 단위 즉, 몰 당 연소열을 구하시오.

$C_{10}H_8$

전략 열용량과 온도 변화를 알고 있다면, 열량계가 흡수한 열을 어떻게 계산할까? 나프탈렌 1.435 g이 연소하면서 발생시키는 열은 얼마인가? 나프탈렌의 그램수와 몰수 간의 변환 인자는 무엇인가?

풀이 통과 물이 흡수한 열은 열량계의 열용량에 온도 변화를 곱한 것과 같다. 식 (6.16)를 이용하여 주위로 잃어버린 열이 없다고 가정하면

$$\begin{aligned} q_{열량계} &= C_{열량계}\Delta t \\ &= (10.17\text{ kJ/°C})(25.95°\text{C} - 20.28°\text{C}) \\ &= 57.66\text{ kJ} \end{aligned}$$

$q_{계} = q_{열량계} + q_{반응} = 0$이므로, $q_{열량계} = -q_{반응}$이다. 반응에 따른 열 변화는 −57.66 kJ이다. 이것은 나프탈렌 1.435 g이 연소하면서 방출하는 열이다. 따라서 다음 변환 인자를 사용할 수 있다.

(계속)

백색 지방 세포, 갈색 지방 세포 및 비만의 잠재적 치유법

우리가 먹은 음식물은 효소라고 하는 일련의 복잡한 생물학적 분자들에 의해 단계적으로 분해 즉, 대사된다. 각 단계에서 방출되는 대부분의 에너지는 기능과 성장에 사용된다. 대사 과정에서 한 가지 흥미로운 양상은 에너지의 전체 변화가 연소할 때의 것과 같다는 것이다. 예를 들어, 포도당($C_6H_{12}O_6$)이 이산화 탄소와 물로 전환될 때 전체 엔탈피 변화는 그 물질을 공기 중에서 태울 때나 우리 몸 안에서 소화할 때나 같다.

$$C_6H_{12}O_6(s) + 6CO_2(g) \longrightarrow 6CO_2(g) + 6H_2O(l) \quad \Delta H = -2801 \text{ kJ/mol}$$

음식물 속에 있는 에너지의 양은 일반적으로 칼로리 단위로 측정한다. 칼로리(calorie, cal)는 4.184 J에 해당하는 에너지의 비 SI 단위이다.

$$1 \text{ cal} = 4.184 \text{ J}$$

하지만 영양학에서 말하는 칼로리는 실제로는 때로 큰 칼로리(big calorie)라고 하는 킬로칼로리(kilocalorie)와 같다.

$$1 \text{ Cal} = 1000 \text{ cal} = 4184 \text{ J}$$

6.5절에서 설명한 통열량계는 음식물의 에너지 함유량 즉, “열량값(fuel value)”을 측정하는 데 이상적으로 적합하다(표 참조).

음식물로부터 여분의 에너지는 체내에 지방의 형태로 저장된다. 지방은 유기 용매에 녹고 물에는 녹지 않는 유기 화합물의 일종(글리세롤과 지방산의 트라이에스터)이다. 지방 세포는 백색 지방 세포(white fat cell, WFC)과 갈색 지방 세포(brown fat cell, BFC)라고 하는 두 가지 형태가 있다. WFC는 인체 기능에 필요한 때에 사용될 에너지로 저장하도록 설계되어 있다. 이들은 피부 아래(피하)와 내부 장기(내장) 주변에 축적되어 충격을 완화시키며 단열시키는 역할을 한다. 비만이 있는 사람들은 체내에 WFC가 많다. 반면에 BFC는 세포내 분화된 소단위인 미토콘드리아를 많이 포함하고 있다. BFC의 주된 역할은 지방 분자를 태워 열을 발생시키는 것이다. 그 이름은 미토콘드리아가 철을 포함하고 있어 조직이 적갈색을 띠게 하는 사실에서 유래한 것이다. BFC는 유아에게서는 발견되지만 성인기에는 많이 없어지는 것으로 알려져 왔다.

하지만 2009년에 이루어진 여러 연구에서 성인도 실제로 대사적으로 활성인 BFC를 가지고 있음이 알려졌다. 한 실험에서 PET/CT[Positron Emission Tomography and Computerized Tomography(양전자 방출 단층 촬영술과 전산화 단층 촬영술)]로 저온과 상온에 노출된 24명의 남성을 살펴본 결과 차가운 온도가 BFC를 활성화하여 이들이 지방 분자를 태워 열을 낸다는 것을 보였다(그림 참조). 또한 마른 사람들이 살찐 사람들보다 더 활성화된 BFC를 가지고 있음이 밝혀졌다.

쥐는 인간과 같은 종류의 지방 세포를 가지고 있다. 2013년에 쥐의 지방 세포를 유전적으로 표지하여, 1주일간 저온(8°C)에 노출함으로써 WFC가 BFC로 전환될 수 있음이 입증되었다. 불행하게도 쥐가 정상 상온으로 돌아온 후 몇 주 만에 BFC가 다시 WFC로 전환되었다. 다른 연구에서 운동을 통해 WFC로부터 다른 종류의 BFC가 형성될 수 있음이 알려졌다.

비만은 미국에서 주요한 건강 위험요소이다. 지금까지 비만의 치료는 섭취하는 에너지의 양을 줄이도록 식이조절하거나 몸에서 필요로 하는 에너지의 양을 늘리도록 운동하는 데 집중되어 있다. 최근 대부분의 항비만 약제들은 치료의 절반에 해당하는 식이조절에 작용한다. 과학자들이 생물학적 방법으로 WFC를 BFC로 전환시키는 방법을 찾아낼 수 있다면 언젠가는 식욕조절보다는 에너지 소비에 기반을 둔 비만과 싸우는 기술이 개발될 것이다. 그리고 이러한 목표는 추운환경에서 운동을 하지 않아도 이루어질 것이다.

음식물의 열량값

물질	$\Delta H_{연소}$ (kJ/g)
감자	−3
달걀	−6
맥주	−1.5
버터	−34
빵	−11
사과	−2
쇠고기	−8
우유	−3
치즈	−18

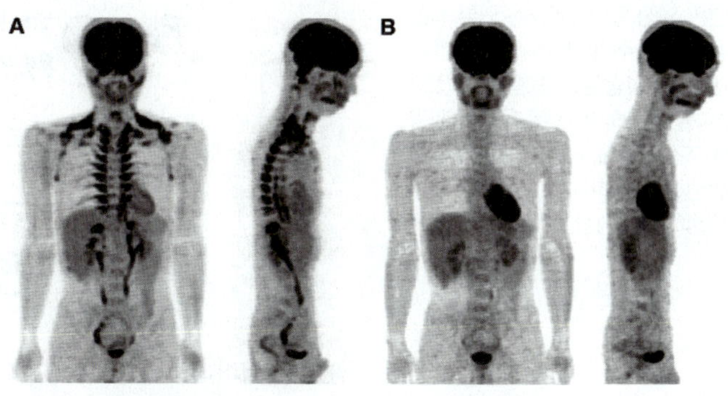

저온(A)과 상온(B)에 노출된 사람의 PET/CT 영상.

$$\frac{-57.66\ \text{kJ}}{1.435\ \text{g}\ C_{10}H_8}$$

나프탈렌의 몰질량은 128.2 g이므로 나프탈렌 1 mol의 연소열은 다음과 같다.

$$\text{몰연소열} = \frac{-57.66\ \text{kJ}}{1.435\ \text{g}\ \cancel{C_{10}H_8}} \times \frac{128.2\ \text{g}\ \cancel{C_{10}H_8}}{1\ \text{mol}\ C_{10}H_8}$$
$$= -5.151 \times 10^3\ \text{kJ/mol}$$

검산 연소 반응이 발열 반응인 것을 알고 있고, 나프탈렌의 몰질량이 1.4 g보다 훨씬 크다는 것을 알고 있다면, 답은 적절한가? 이 반응 조건에서 열 변화(−57.66 kJ)가 반응의 엔탈피 변화와 같다고 할 수 있는가?

비슷한 문제: 6.37.

실전 연습 메탄올(CH_3OH) 1.922 g을 일정 부피 통열량계에서 연소시켰다. 그 결과물의 온도는 4.20°C 올랐다. 만약 통과 물을 합친 것의 열용량이 10.4 kJ/°C라면, 메탄올의 몰당 연소열을 계산하시오.

일정 압력 열계량법

일정 부피 열량계보다 훨씬 더 간단한 장치인 일정 압력 열량계는 비연소 반응의 열량 변화를 측정하는 데 사용된다. 그림 6.9과 같이 스티로폼 컵 두 개로 간이 일정 압력 열량계를 만들 수 있다. 이러한 열량계는 용해열이나 묽힘열뿐만 아니라 산-염기 중화 반응과 같은 여러 반응에서의 열효과를 측정하는 데 사용할 수 있다. 압력이 일정하므로, 이 과정에 대한 열 변화($q_{반응}$)는 엔탈피 변화(ΔH)와 동일하다. 일정 부피 열량계와 마찬가지로 열량계를 고립계로 간주한다. 또한 컵의 작은 열용량은 무시하고 계산한다. 표 6.3은 일정 압력 열량계로 측정한 여러 반응들의 목록이다.

온도계
젓개
스티로폼 컵
반응 혼합물

그림 6.9 두 개의 스티로폼 컵으로 만든 일정 압력 열량계. 외부 컵은 반응 혼합물을 주위로부터 단열시킨다. 온도가 같고 반응물을 포함하고 있으며, 부피를 정확히 아는 두 용액을 열량계에서 조심스럽게 섞는다. 반응에 의해서 발생하거나 흡수되는 열은 온도 변화를 측정하여 결정될 수 있다.

예제 6.7

질량 26.47 g인 납 덩어리를 89.98°C에서 열용량을 무시할 수 있는 일정 압력 열량계에 물 100.0 mL와 함께 넣었다. 물의 온도가 22.50°C에서 23.17°C로 올랐다. 납 덩어리의 비열은 얼마인가?

전략 초기 상황과 최종 상황에 대한 스케치는 다음과 같다.

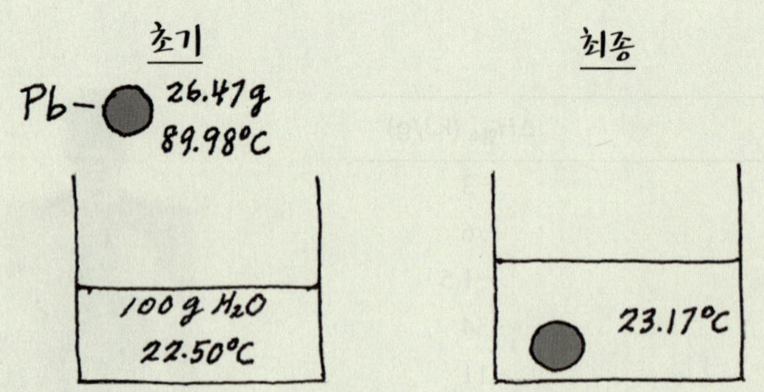

물과 납 덩어리의 질량, 초기 온도와 최종 온도를 알고 있다. 주위에 잃어버리는 열이 없다고 가정하면, 납 덩어리가 잃어버린 열은 물이 얻는 열과 같다고 할 수 있다. 물의 비열을 알면, 납의 비열을 계산할 수 있다.

(계속)

표 6.3 일정 압력에서 측정한 여러 종류의 반응열

반응 형태	예	ΔH(kJ/mol)
중화열	$HCl(aq) + NaOH(aq) \longrightarrow NaCl(aq) + H_2O(l)$	−56.2
이온화열	$H_2O(l) \longrightarrow H^+(aq) + OH^-(aq)$	56.2
융해열	$H_2O(s) \longrightarrow H_2O(l)$	6.01
기화열	$H_2O(l) \longrightarrow H_2O(g)$	44.0*
반응열	$MgCl_2(s) + 2Na(l) \longrightarrow 2NaCl(s) + Mg(s)$	−180.2

*25°C에서의 값이며, 100°C에서의 값은 40.79 kJ이다.

풀이 열량계를 고립계로 간주하면(주위로 잃어버리는 열이 없다고 가정하면),

$$q_{Pb} + q_{H_2O} = 0$$

또는

$$q_{Pb} = -q_{H_2O}$$

물이 얻는 열은 다음과 같이 주어진다.

$$q_{H_2O} = ms\Delta t$$

여기서 m과 s는 각각 질량과 비열이고, $\Delta t = t_{최종} - t_{초기}$이다. 따라서

$$\begin{aligned} q_{H_2O} &= (100.0\text{ g})(4.184\text{ J/g}\cdot{}^\circ\text{C})(23.17^\circ\text{C} - 22.50^\circ\text{C}) \\ &= 280.3\text{ J} \end{aligned}$$

납 덩어리가 잃은 열은 물이 얻은 열과 같기 때문에 $q_{Pb} = -280.3$ J이다. Pb의 비열을 구하기 위해

$$\begin{aligned} q_{Pb} &= ms\Delta t \\ -280.3\text{ J} &= (26.47\text{ g})(s)(23.17^\circ\text{C} - 89.98^\circ\text{C}) \\ s &= 0.158\text{ J/g}\cdot{}^\circ\text{C} \end{aligned}$$

비슷한 문제: 6.88.

실전 연습 117.82°C의 30.14 g인 스테인리스 스틸 볼베어링을 18.44°C의 물 120.0 mL가 들어 있는 일정 압력 열량계에 넣었다. 볼베어링의 비열이 0.474 J/g · °C라면, 물의 최종 온도를 계산하시오. 열량계의 열용량은 무시할 수 있다고 가정한다.

예제 6.8

열용량을 무시할 수 있는 일정 압력 열량계에서 0.500 M HCl 1.00×10^2 mL와 0.500 M NaOH 1.00×10^2 mL를 섞었다. HCl 용액과 NaOH 용액의 초기 온도는 똑같이 22.50°C였고, 혼합 용액의 최종 온도는 25.86°C였다. 중화 반응에 대한 몰당 열 변화를 계산하시오.

$$NaOH(aq) + HCl(aq) \longrightarrow NaCl(aq) + H_2O(l)$$

용액의 밀도와 비열은 물에 대한 값과 같다고 가정한다(각각 1.00 g/mL, 4.184 J/g · °C).

전략 온도가 올랐기 때문에, 중화 반응은 발열 반응이다. 합쳐진 용액에 흡수되는 열은 어떻게 계산할 수 있는가? 반응열은 얼마인가? 몰당 반응열을 구하는 변환 인자는 얼마인가?

풀이 주위로 열을 잃어버리지 않는다면, $q_{계} = q_{용액} + q_{반응} = 0$이므로 $q_{반응} = -q_{용액}$이며, 여기서 $q_{용액}$은 합쳐진 용액이 흡수한 열이다. 용액의 밀도는 1.00 g/mL이므로 100 mL 용액의 질량은 100 g이다. 따라서

$$\begin{aligned} q_{용액} &= ms\Delta t \\ &= (1.00 \times 10^2\text{ g} + 1.00 \times 10^2\text{ g})(4.184\text{ J/g}\cdot{}^\circ\text{C})(25.86^\circ\text{C} - 22.50^\circ\text{C}) \end{aligned}$$

(계속)

$$= 2.81 \times 10^3\ \text{J}$$
$$= 2.81\ \text{kJ}$$

$q_{반응} = -q_{용액}$이므로, $q_{반응} = -2.81$ kJ이다.

주어진 몰수 비에서 1.00×10^2 mL 용액 속의 HCl과 NaOH 몰수는 다음과 같다.

$$\frac{0.500\ \text{mol}}{1\ \text{L}} \times 0.100\ \text{L} = 0.0500\ \text{mol}$$

따라서 HCl 1.00 mol이 NaOH 1.00 mol과 반응할 때 중화열은 다음과 같다.

$$중화열 = \frac{-2.81\ \text{kJ}}{0.0500\ \text{mol}} = -56.2\ \text{kJ/mol}$$

검산 계산 결과 부호는 반응의 성질과 일치하는가? 주어진 반응 조건에서 열 변화는 엔탈피 변화와 같다고 할 수 있는가?

비슷한 문제: 6.38.

실전 연습 열용량을 무시할 수 있는 일정 압력 열량계에서 0.600 *M* HNO_3 4.00×10^2 mL와 0.300 *M* $Ba(OH)_2$ 4.00×10^2 mL를 섞었다. 두 용액의 초기 온도는 똑같이 18.46°C였다. 혼합 용액의 최종 온도는? (예제 6.8의 결과를 사용하여 계산한다.)

개념 복습하기

Al 1 g 시료와 Fe 1 g 시료를 40°C에서 100°C로 가열한다. 어떤 금속이 더 많은 열을 흡수할 것인가?

6.6 표준 생성 엔탈피와 표준 반응 엔탈피

지금까지 반응 엔탈피 변화는 흡수 또는 방출되는 열(일정 압력에서)로부터 얻을 수 있다는 것을 배웠다. 식 (6.9)로부터는 모든 반응물과 생성물의 실제 엔탈피를 알면 ΔH도 계산할 수 있는 것을 알았다. 그러나 앞에서 언급한 바와 같이 어떤 물질에 대한 엔탈피의 *절대값*을 측정하는 방법은 없다. 다만 임의의 기준에 대한 *상대적*인 값만을 구할 수 있다. 이것은 지리학자들이 어떤 산이나 계곡의 높이를 설명하려 할 때 마주치는 상황과 비슷하다. 모든 지리적 높이와 깊이를 "절대적인" 고도(지구 중심으로부터 거리) 보다는 공통된 약속에 의해 임의로 0미터로 한 기준에 해당되는 해수면으로부터 상대적인 값으로 나타낸다. 마찬가지로 화학자들은 엔탈피에 대해서 임의의 기준점을 사용하고 있다.

모든 엔탈피 표현식에 대한 "해수면" 기준점을 **표준 생성 엔탈피**(ΔH_f°, standard enthalpy of formation)라고 한다. 1 atm에 있는 원소들을 **표준 상태**(standard state)† 에 있다고 하며, 표준 엔탈피란 용어를 사용한다. 위첨자 "°"는 표준 상태(1 atm)의 조건이라는 뜻이며, 아래첨자 "f"는 생성(formation)을 의미한다. 정의에 따라 *가장 안정한 상태에 있는 모든 원소들의 표준 생성 엔탈피는 0*이다. 산소 원소를 예로 들어보자. 1 atm, 25°C에서 산소 분자(O_2)는 동소체인 오존(O_3)보다 더 안정하다. 따라서 $\Delta H_f^\circ(O_2) = 0$, $\Delta H_f^\circ(O_3) = 142.2$ kJ/mol 이다. 마찬가지로 1 atm, 25°C에서 탄소의 동소체인 흑연은 다이아몬드보다 더 안정하다. 따라서 ΔH_f°(C, 흑연) = 0이고, ΔH_f°(C, 다이아몬드) = 1.90 kJ/mol이

흑연(위)과 다이아몬드(아래).

† 열역학에서 표준 압력은 1 bar로 정의되는데, 1 bar = 10^5 Pa = 0.987 atm이다. 1 bar와 1 atm의 차이는 1.3% 정도이기 때문에 표준 압력으로 1 atm을 계속 사용하기로 한다. 어떤 물질의 표준 녹는점과 끓는점은 1 atm에서 정의된다는 것을 유의하라.

다. 화합물의 표준 생성 엔탈피는 *1 atm에서 해당 원소들로부터 화합물 1 mol이 생성되는 데 필요한 열 변화*로 정의된다. 표 6.4에 몇몇 원소와 화합물에 대한 표준 생성 엔탈피를 나타내었다(보다 많은 물질의 ΔH_f° 값은 부록 3에 있다). 표준 상태는 특정한 온도에서 정의되지 않지만, 대부분의 열역학 실험값은 25°C에서 측정되기 때문에 ΔH_f°는 항상 25°C에서 측정된 값으로 사용한다.

개념 복습하기

25°C에서 다음 중 어느 것의 ΔH_f° 값이 0이 아닌가?

$N_2(g)$ $Cu(s)$ $Kr(g)$ $Hg(s)$ $H_2(g)$ $I_2(s)$

표준 생성 엔탈피가 중요한 것은 이 값을 알면 *1 atm에서 진행되는 어떤 반응의 엔탈피*인 **표준 반응 엔탈피**(standard enthalpy of reaction, $\Delta H^\circ_{\text{반응}}$)를 계산할 수 있기 때문이다. 예를 들어, 다음과 같은 가상적인 반응을 생각해 보자.

$$aA + bB \longrightarrow cC + dD$$

여기서 a, b, c, d는 화학량론 계수이다. 이 반응에 대한 $\Delta H^\circ_{\text{반응}}$은 다음과 같다.

$$\Delta H^\circ_{\text{반응}} = [c\Delta H_f^\circ(C) + d\Delta H_f^\circ(D)] - [a\Delta H_f^\circ(A) + b\Delta H_f^\circ(B)] \quad (6.17)$$

식 (6.17)을 일반화시키면,

$$\Delta H^\circ_{\text{반응}} = \Sigma n\Delta H_f^\circ(\text{생성물}) - \Sigma m\Delta H_f^\circ(\text{반응물}) \quad (6.18)$$

여기서 m과 n은 반응물과 생성물의 화학량론 계수이고, Σ(시그마)는 "합"을 의미한다. 이

표 6.4 몇몇 무기 물질에 대한 25°C에서의 표준 생성 엔탈피

물질	ΔH_f°(kJ/mol)	물질	ΔH_f°(kJ/mol)
$Ag(s)$	0	$H_2O_2(l)$	−187.6
$AgCl(s)$	−127.0	$Hg(l)$	0
$Al(s)$	0	$I_2(s)$	0
$Al_2O_3(s)$	−1669.8	$HI(g)$	25.9
$Br_2(l)$	0	$Mg(s)$	0
$HBr(g)$	−36.2	$MgO(s)$	−601.8
C(흑연)	0	$MgCO_3(s)$	−1112.9
C(다이아몬드)	1.90	$N_2(g)$	0
$CO(g)$	−110.5	$NH_3(g)$	−46.3
$CO_2(g)$	−393.5	$NO(g)$	90.4
$Ca(s)$	0	$NO_2(g)$	33.85
$CaO(s)$	−635.6	$N_2O(g)$	81.56
$CaCO_3(s)$	−1206.9	$N_2O_4(g)$	9.66
$Cl_2(g)$	0	$O(g)$	249.4
$HCl(g)$	−92.3	$O_2(g)$	0
$Cu(s)$	0	$O_3(g)$	142.2
$CuO(s)$	−155.2	S(사방)	0
$F_2(g)$	0	S(단사)	0.30
$HF(g)$	−271.6	$SO_2(g)$	−296.1
H(g)	218.2	$SO_3(g)$	−395.2
$H_2(g)$	0	$H_2S(g)$	−20.15
$H_2O(g)$	−241.8	$Zn(s)$	0
$H_2O(l)$	−285.8	$ZnO(s)$	−348.0

계산에서 화학량론 계수들은 단위가 없는 숫자임에 주의한다.

식 (6.18)을 이용하여 화합물의 $\Delta H^\circ_{반응}$을 계산하려면 반응에 참여하는 화합물의 ΔH°_f을 알아야 한다. 이 값들을 구하기 위해서는 직접적인 방법과 간접적인 방법을 적용할 수 있다.

직접법

이 방법은 원소로부터 쉽게 합성할 수 있는 화합물의 ΔH°_f의 측정에 이용한다. 이산화 탄소의 생성 엔탈피를 알고 싶다고 가정하자. 표준 상태에서 탄소(흑연)와 산소 분자가 표준 상태에 있는 이산화 탄소로 될 때의 반응 엔탈피를 측정해야 한다.

$$C(흑연) + O_2(g) \longrightarrow CO_2(g) \qquad \Delta H^\circ_{반응} = -393.5 \text{ kJ/mol}$$

경험적으로 알고 있듯이 이 연소 반응은 쉽게 완결된다. 식 (6.18)로부터 다음과 같이 쓸 수 있다.

$$\begin{aligned}\Delta H^\circ_{반응} &= \Delta H^\circ_f(CO_2, g) - [\Delta H^\circ_f(C, 흑연) + \Delta H^\circ_f(O_2, g)]\\ &= -393.5 \text{ kJ/mol}\end{aligned}$$

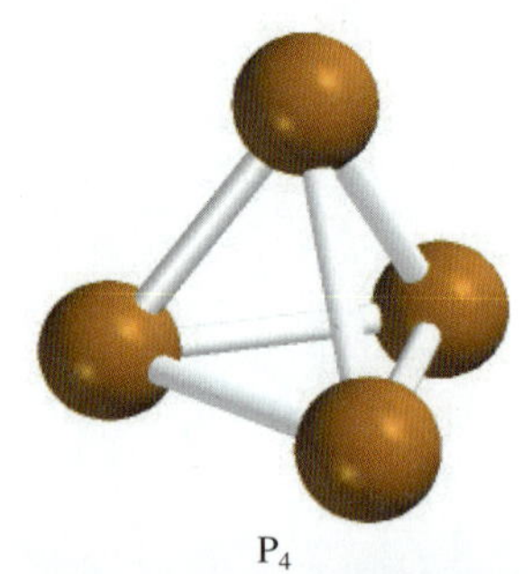
P_4

흑연과 산소는 안정한 동소체이므로 ΔH°_f(C, 흑연)와 $\Delta H^\circ_f(O_2, g)$는 0이다. 따라서

$$\Delta H^\circ_{반응} = \Delta H^\circ_f(CO_2, g) = -393.5 \text{ kJ/mol}$$

즉,

$$\Delta H^\circ_f(CO_2, g) = -393.5 \text{ kJ/mol}$$

흰인은 공기 중에서 타면서 P_4O_{10}을 형성한다.

표준 상태에서 각 원소의 가장 안정한 형태의 ΔH°_f를 임의로 0으로 정해도 계산 결과에는 영향을 주지 않음에 유의하라. 열화학에서 엔탈피의 절대값은 실험적으로 구할 수 없으나 엔탈피 변화는 실험적으로 결정할 수 있으므로 엔탈피 변화에만 관심이 있는 것을 기억하라. "기준값"으로 엔탈피를 0으로 선택하면 계산이 쉬워진다. 다시 지표면의 고도를 계산하는 방법을 예로 들면, 백두산은 한라산보다 500 m 더 높다. 이 차이는 해수면을 0 m로 하든 1000 m로 하든 상관없다.

비슷한 방법으로 생각할 수 있는 다른 화합물로 SF_6, P_4O_{10}, CS_2 등이 있다. 이들 화합물의 합성 반응을 식으로 나타내면 다음과 같다.

$$S(사방) + 3F_2(g) \longrightarrow SF_6(g)$$
$$P_4(흰인) + 5O_2(g) \longrightarrow P_4O_{10}(s)$$
$$C(흑연) + 2S(사방) \longrightarrow CS_2(s)$$

S(사방)과 P(흰인)은 1 atm, 25°C에서 황과 인의 가장 안정한 형태의 동소체이므로 ΔH°_f 값은 0임을 유의하라.

간접법

많은 화합물은 원소로부터 직접 합성할 수 없다. 어떤 경우에는 반응 속도가 너무 느리거나, 부반응이 일어나 원하는 화합물이 아닌 다른 물질을 만든다. 이러한 경우에는 ΔH°_f을 간접적으로 결정할 수 있는데, 이것은 스위스 화학자 헤스(Germain Hess)[†]의 이름에서 유래한 헤스의 열량 총합 법칙(또는 단순히 헤스 법칙)을 토대로 하고 있다. **헤스 법칙**(Hess's law)은 다음과 같이 말할 수 있다. *화학 반응이 일어날 때 엔탈피 변화는 그 반응이 한 단계로 일어나든 상관없이 동일하다.* 다시 말하면, 어떤 반응을 $\Delta H^\circ_{반응}$을 측정할 수 있는 여러 개의 반응으로 나눌 수 있다면 전체 반응에 대한 $\Delta H^\circ_{반응}$을 계산할 수 있다는 것이다. 헤스 법칙은 엔탈피가 상태 함수이므로 ΔH는 초기 상태와 최종 상태에만 의존(즉,

[†] 헤스(Germain Henri Hess, 1802~1850)는 스위스계 러시아 화학자로, 스위스에서 태어났지만 일생의 대부분을 러시아에서 보냈다. 헤스 법칙을 만들어 열화학의 아버지라고 한다.

생활 속의 화학 CHEMISTRY *in Action*

폭탄먼지벌레가 자신을 지키는 방법

치열한 생존 경재의 환경에 사는 곤충이나 작은 동물들의 생존을 위한 기법은 여러 가지 형태로 나타난다. 예를 들어, 카멜레온은 자신의 주위 색깔에 맞추어 색깔을 변하는 기능을 발전시켰고, 줄나비(*Limenitis*)는 독이 있고, 불쾌한 맛을 내는 *제왕나비*(*Danaus*)와 닮은 꼴로 진화하였다. 폭탄먼지벌레(bombardier beetle, *Brachinus*)은 덜 수동적인 방어 메커니즘을 사용하는데, 공격자를 "화학 스프레이"로 쫓아내는 것이다.

폭탄먼지벌레는 배 끝에 한 쌍의 샘이 있다. 각 샘은 두 개의 방으로 구성되어 있다. 안쪽 방에는 하이드로퀴논(hydroquinone)과 과산화 수소의 수용액이 들어 있고, 바깥쪽 방에는 효소의 혼합물이 들어있다(효소는 반응 속도를 빠르게 하는 생물학적 분자이다). 폭탄먼지벌레는 위협을 받으면 안쪽 방에서 약간의 액체를 바깥쪽 방으로 분비한다. 이 곳에서 효소의 작용으로 다음과 같은 발열 반응이 일어난다.

$$\text{(a)}\quad \underset{\text{하이드로퀴논}}{C_6H_4(OH)_2(aq)} + H_2O_2(aq) \longrightarrow \underset{\text{퀴논}}{C_6H_4O_2(aq)} + 2H_2O(l)$$

반응열을 추정하기 위해서 다음 단계들을 생각해 보자.

$$\text{(b)}\quad C_6H_4(OH)_2(aq) \longrightarrow C_6H_4O_2(aq) + H_2(g) \qquad \Delta H^\circ = 177\ \text{kJ/mol}$$

$$\text{(c)}\quad H_2O_2(aq) \longrightarrow H_2O(l) + \tfrac{1}{2}O_2(g) \qquad \Delta H^\circ = -94.6\ \text{kJ/mol}$$

$$\text{(d)}\quad H_2(g) + \tfrac{1}{2}O_2(g) \longrightarrow H_2O(l) \qquad \Delta H^\circ = -286\ \text{kJ/mol}$$

헤스 법칙을 생각해 보면, (a)에 대한 반응열은 (b), (c), (d)의 합인 것을 알 수 있다. 따라서 다음과 같이 쓸 수 있다.

$$\begin{aligned}\Delta H^\circ_a &= \Delta H^\circ_b + \Delta H^\circ_c + \Delta H^\circ_d \\ &= (177 - 94.6 - 286)\ \text{kJ/mol} \\ &= -204\ \text{kJ/mol}\end{aligned}$$

발생하는 많은 양의 열로 혼합물이 끓는점에 이르기에 충분하다. 폭탄먼지벌레는 배 끝에 있는 주둥이를 돌려서 미세한 안개 형태의 증기를 재빨리 습격자를 향해 뿜어낼 수 있다. 열효과 외에도 퀴논은 다른 곤충이나 짐승에 대한 퇴치제로 작용한다. 폭탄먼지벌레 한 마리는 폭음과 함께 연속적으로 20~30번 발사하기에 충분한 화합물을 가지고 있다.

폭탄먼지벌레가 화학 분무를 쏘고 있다.

반응물과 생성물의 종류에만 의존)한다는 사실에 기초를 두고 있다. 전체 반응에 대한 엔탈피 변화는 그것이 단일 단계로 일어나든, 여러 단계로 일어나든 동일할 것이다.

헤스 법칙은 다음과 같이 비유할 수 있다. 엘리베이터로 건물의 1층에서 6층까지 올라간다고 생각해 보자. 중력장에서 얻은 퍼텐셜 에너지(전 과정에 대한 엔탈피 변화에 대응)는 곧바로 6층까지 가든, 층마다 쉬면서 가든(반응을 일련의 단계들로 나누거나) 같다.

일산화 탄소(CO)의 표준 생성 엔탈피를 생각해 보자. 반응식은 다음과 같이 쓸 수 있다.

$$C(\text{흑연}) + \tfrac{1}{2}O_2(g) \longrightarrow CO(g)$$

하지만 흑연을 연소시키면 이산화 탄소(CO_2)도 어느 정도 발생하므로 CO 생성 과정의 엔탈피 변화를 위 식처럼 직접 측정할 수는 없다. 대신 헤스 법칙을 이용하여 간접적으로 구해야 한다. 다음과 같은 두 개의 완결 반응을 각각 일으킬 수 있다.

$$\text{(a)} \quad C(흑연) + O_2(g) \longrightarrow CO_2(g) \quad \Delta H^\circ_{반응} = -393.5 \text{ kJ/mol}$$

$$\text{(b)} \quad CO(g) + \tfrac{1}{2}O_2(g) \longrightarrow CO_2(g) \quad \Delta H^\circ_{반응} = -283.0 \text{ kJ/mol}$$

반응식의 좌우를 뒤집으면 ΔH의 부호도 바뀜을 명심하라.

먼저 식 (b)를 거꾸로 하면 다음 식을 얻는다.

$$\text{(c)} \quad CO_2(g) \longrightarrow CO(g) + \tfrac{1}{2}O_2(g) \quad \Delta H^\circ_{반응} = +283.0 \text{ kJ/mol}$$

화학 반응식은 대수 방정식과 같이 더하거나 빼거나 할 수 있으므로 (a) + (c)를 하면 다음과 같다.

$$\begin{array}{llr} \text{(a)} & C(흑연) + O_2(g) \longrightarrow CO_2(g) & \Delta H^\circ_{반응} = -393.5 \text{ kJ/mol} \\ \text{(c)} & CO_2(g) \longrightarrow CO(g) + \tfrac{1}{2}O_2(g) & \Delta H^\circ_{반응} = +283.0 \text{ kJ/mol} \\ \hline \text{(d)} & C(흑연) + \tfrac{1}{2}O_2(g) \longrightarrow CO(g) & \Delta H^\circ_{반응} = -110.5 \text{ kJ/mol} \end{array}$$

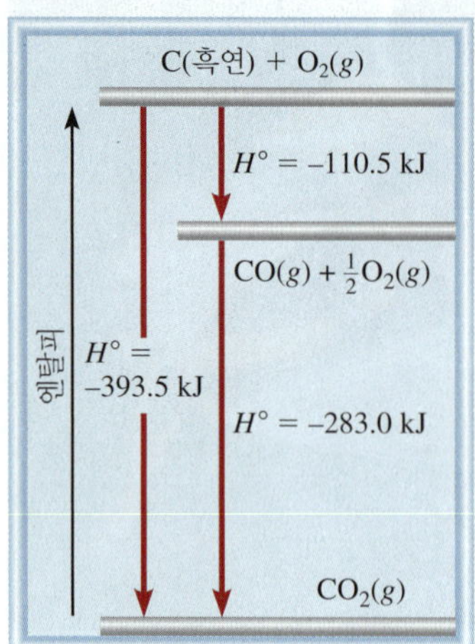

그림 6.10 흑연과 O_2로부터 CO_2 1 mol이 생성되는 과정의 엔탈피 변화는 헤스 법칙에 따라 두 단계로 나눌 수 있다.

따라서 $\Delta H^\circ_f(CO) = -110.5$ kJ/mol이다. 다시 보면, 전체 반응식은 CO_2의 생성[식 (a)]에 대한 것이고, 이것은 다시 두 개의 반응식으로 나눌 수 있다 [식 (d)와 (b)]. 그림 6.10은 이 과정의 전체 모식도이다.

헤스 법칙을 적용시키는 일반적인 방법은 전체 반응에 나타나는 반응물과 생성물에 대한 일련의 화학 반응을 더하여, 반응물과 생성물을 제외하고 모두 제거될 수 있도록 화학식들을 배열하는 것이다. 이것은 화살표의 왼쪽에는 원하는 원소를, 오른쪽에는 관심있는 화합물을 두는 것을 뜻한다. 그리고 각 단계에 나타나는 모든 반응에 해당하는 계수는 서로 삭제할 수 있도록 하며, 필요하다면 어떤 값을 곱할 수도 있다.

예제 6.9

원소로부터 아세틸렌(C_2H_2)이 만들어지는 반응의 표준 생성 엔탈피를 계산하시오.

$$2C(흑연) + H_2(g) \longrightarrow C_2H_2(g)$$

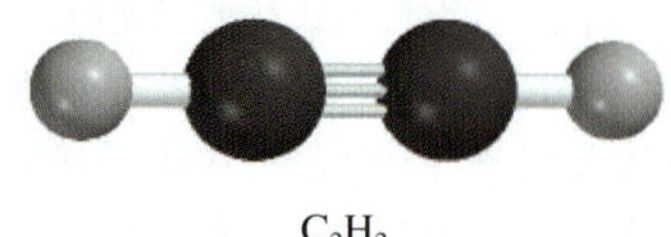

C_2H_2

각 단계에 대한 반응식과 해당되는 엔탈피 변화는 다음과 같다.

$$\begin{array}{llr} \text{(a)} & C(흑연) + O_2(g) \longrightarrow CO_2(g) & \Delta H^\circ_{반응} = -393.5 \text{ kJ/mol} \\ \text{(b)} & H_2(g) + \tfrac{1}{2}O_2(g) \longrightarrow H_2O(l) & \Delta H^\circ_{반응} = -285.8 \text{ kJ/mol} \\ \text{(c)} & 2C_2H_2(g) + 5O_2(g) \longrightarrow 4CO_2(g) + 2H_2O(l) & \Delta H^\circ_{반응} = -2598.8 \text{ kJ/mol} \end{array}$$

전략 여기서 목표는 구성 원소인 C와 H_2로부터 아세틸렌(C_2H_2)이 만들어지는 표준 생성 엔탈피를 계산하는 것이다. 그러나 이 반응은 직접 일어나지 않으므로 반응식 (a), (b), (c)에서 주어진 정보를 이용하여 간접적인 방법을 사용해야 한다.

풀이 C_2H_2의 합성을 살펴보면, 반응물로 흑연 2 mol이 필요하다. 따라서 반응식 (a)에 2를 곱해서 다음 식을 얻는다.

$$\text{(d)} \quad 2C(흑연) + 2O_2(g) \longrightarrow 2CO_2(g) \quad \begin{aligned} \Delta H^\circ_{반응} &= 2(-393.5 \text{ kJ/mol}) \\ &= -787.0 \text{ kJ/mol} \end{aligned}$$

다음에 H_2 1 mol이 반응물로 필요한데 이것은 반응식 (b)에 나와 있다. 마지막으로 C_2H_2 1 mol이 생성물로 필요하다. 반응식 (c)에서는 반응물로 C_2H_2 2 mol이 있으므로, 이 반응식을 거꾸로 하고, 2로 나눌 필요가 있다.

$$\text{(e)} \quad 2CO_2(g) + H_2O(l) \longrightarrow C_2H_2(g) + \tfrac{5}{2}O_2(g) \quad \begin{aligned} \Delta H^\circ_{반응} &= \tfrac{1}{2}(2598.8 \text{ kJ/mol}) \\ &= 1299.4 \text{ kJ/mol} \end{aligned}$$

산소-아세틸렌 토치는 고온(3000°C)의 불꽃을 내므로 금속 용접에 사용된다.

반응식 (d), (b), (e)를 모두 더하면, 다음과 같게 된다.

(계속)

$$
\begin{aligned}
2C(\text{흑연}) + 2O_2(g) &\longrightarrow 2CO_2(g) & \Delta H^\circ_{\text{반응}} &= -787.0\ \text{kJ/mol} \\
H_2(g) + \tfrac{1}{2}O_2(g) &\longrightarrow H_2O(l) & \Delta H^\circ_{\text{반응}} &= -285.8\ \text{kJ/mol} \\
2CO_2(g) + H_2O(l) &\longrightarrow C_2H_2(g) + \tfrac{5}{2}O_2(g) & \Delta H^\circ_{\text{반응}} &= 1299.4\ \text{kJ/mol} \\
\hline
2C(\text{흑연}) + H_2(g) &\longrightarrow C_2H_2(g) & \Delta H^\circ_{\text{반응}} &= 226.6\ \text{kJ/mol}
\end{aligned}
$$

따라서 $\Delta H^\circ_f = \Delta H^\circ_{\text{반응}} = 226.6$ kJ/mol이다. ΔH°_f 값은 C_2H_2 1 mol이 C(흑연) 2 mol과 H_2 1 mol로부터 만들어질 때, 주위에서 반응계가 226.6 kJ의 열을 흡수한다는 뜻이다. 이 과정은 흡열 과정이다.

비슷한 문제: 6.62, 6.63.

실전 연습 다음과 같이 반응열이 주어졌을 때, 원소로부터 이황화 탄소(CS_2)가 만들어지는 표준 생성 엔탈피를 계산하시오.

$$
\begin{aligned}
C(\text{흑연}) + O_2(g) &\longrightarrow CO_2(g) & \Delta H^\circ_{\text{반응}} &= -393.5\ \text{kJ/mol} \\
S(\text{사방}) + O_2(g) &\longrightarrow SO_2(g) & \Delta H^\circ_{\text{반응}} &= -296.4\ \text{kJ/mol} \\
CS_2(l) + 3O_2(g) &\longrightarrow CO_2(g) + 2SO_2(g) & \Delta H^\circ_{\text{반응}} &= -1073.6\ \text{kJ/mol}
\end{aligned}
$$

예제 6.10에서처럼 ΔH°_f 값으로부터 반응 엔탈피를 구할 수 있다.

예제 6.10

테르밋 반응은 알루미늄과 산화 철(III)의 반응이다.

$$2Al(s) + Fe_2O_3(s) \longrightarrow Al_2O_3(s) + 2Fe(l)$$

이 반응은 발열량이 큰 반응이며 생성된 액체상의 철은 금속을 용접하는 데 쓰인다. Al이 Fe_2O_3와 반응할 때 방출되는 열을 kJ/g 단위로 계산하시오. Fe(l)의 ΔH°_f는 12.40 kJ/mol이다.

테르밋 반응으로 형성된 용융 철을 두 철로 레일 말단 사이에 있는 주형에 넣는다. 식히면 레일들이 서로 용접된다.

전략 반응의 엔탈피는 생성물의 엔탈피 총합에서 반응물의 엔탈피 총합을 뺀 것이다. 각 화학종(반응물과 생성물)의 엔탈피 값은 각 화학종의 표준 생성 엔탈피에 화학량론 계수를 곱하면 얻어진다.

풀이 Fe(l)와 부록 3에 있는 ΔH°_f 값들과 식 (6.18)을 이용하면 다음과 같이 쓸 수 있다.

$$
\begin{aligned}
\Delta H^\circ_{\text{반응}} &= [\Delta H^\circ_f(Al_2O_3) + 2\Delta H^\circ_f(Fe)] - [2\Delta H^\circ_f(Al) + \Delta H^\circ_f(Fe_2O_3)] \\
&= [(-1669.8\ \text{kJ/mol}) + 2(12.40\ \text{kJ/mol})] - [2(0) + (-822.2\ \text{kJ/mol})] \\
&= -822.8\ \text{kJ/mol}
\end{aligned}
$$

이것은 Al 2 mol이 반응하여 발생하는 열의 양이다. 다음 비를 이용하여 kJ/g 단위로 바꾼다.

$$\frac{-822.8\ \text{kJ}}{2\ \text{mol Al}}$$

Al의 몰질량은 26.98 g이므로

$$
\begin{aligned}
\text{Al 1 g 당 발생한 열} &= \frac{-822.8\ \text{kJ}}{2\ \text{mol Al}} \times \frac{1\ \text{mol Al}}{26.98\ \text{g Al}} \\
&= -15.25\ \text{kJ/g}
\end{aligned}
$$

검산 음의 부호가 반응이 발열 반응이라는 것과 일치하는가? 빠르게 확인할 수 있는 방법은, Al 2 mol은 약 54 g이며 Fe_2O_3와 반응하면 823 kJ의 열이 발생한다는 것이다. 따라서 Al 1 g 당 발생한 열은 약 −830 kJ/54 g 즉, −15.4 kJ/g 이다.

비슷한 문제: 6.54, 6.57.

실전 연습 벤젠(C_6H_6)은 공기 중에서 타서 이산화 탄소와 액체 물을 만든다. 이 화합물 1 g이 산소와 반응하여 내놓는 열을 kJ로 계산하시오. 벤젠의 표준 생성 엔탈피는 49.04 kJ/mol 이다.

개념 복습하기

ΔH_f°가 양의 값인 반응물들의 반응이 음의 값인 경우보다 발열량이 더 큰 이유를 설명하시오.

6.7 용해열과 묽힘열

지금까지는 화학 반응으로 얻어지는 열 에너지 효과에 주로 초점을 맞추었으나, 얼음이 녹거나 증기가 응축되는 것과 같은 여러 물리적 과정에서도 열의 흡수나 방출이 있다. 또한 용질이 용매에 녹을 때나 용액을 묽힐 때도 엔탈피 변화가 나타난다. 서로 관련있는 두 가지 물리적 과정인 용해열과 묽힘열에 대해서 알아보자.

용해열

대부분의 경우 용질이 용매에 녹으면 상당량의 열 효과가 생긴다. 일정 압력에서 열 변화는 엔탈피 변화와 같다. **용해열**(heat of solution) 즉, **용해 엔탈피**(enthalpy of solution, $\Delta H^\circ_{\text{용해}}$)는 *어떤 용질이 어떤 용매에 녹을 때 방출하거나 흡수하는 열량*이다. $\Delta H^\circ_{\text{용해}}$ 값은 최종 용액의 엔탈피와 용액 각 성분들(혼합하기 전 용매와 용질)의 엔탈피의 차로 계산한다.

$$\Delta H^\circ_{\text{용해}} = H_{\text{용액}} - H_{\text{성분}} \tag{6.19}$$

$H_{\text{용액}}$이나 $H_{\text{성분}}$은 측정할 수 없으나, 그 차이인 $\Delta H_{\text{용해}}$는 일정 압력 열량계로 쉽게 결정할 수 있다. 다른 엔탈피 변화와 같이 $\Delta H_{\text{용해}}$는 흡열 과정에서 양의 값을, 발열 과정에서 음의 값을 갖는다.

용질이 이온 결합 화합물이고 용매가 물인 과정에서 용해열을 생각해 보자. 예를 들어, 고체 NaCl이 물에 녹을 때 어떤 일이 일어나는가. 고체 NaCl은 Na^+과 Cl^- 이온이 강한 정전기적 힘으로 결합하고 있지만, 작은 NaCl 결정이 물에 용해되면 이온의 삼차원적 구조가 각 구성 단위로 깨진다(고체 NaCl의 구조는 그림 2.13에 있다). 생성된 Na^+과 Cl^- 이온은 물 분자들과 상호작용하여 안정하게 된다(그림 4.2 참조). 이 이온들을 수화되었다(hydrated)고 한다. 여기서 물은 좋은 전기 절연체 역할을 한다. 물 분자는 이온들(Na^+과 Cl^-)을 서로 가려주어서 고체 상태에서 이들을 묶어 주던 정전기적 인력을 효과적으로 감소시킨다. 용해열은 다음 과정에 의하여 정의된다.

$$\text{NaCl}(s) \xrightarrow{H_2O} \text{Na}^+(aq) + \text{Cl}^-(aq) \qquad \Delta H_{\text{용해}} = ?$$

NaCl과 같은 이온 결합 화합물을 물에 녹이는 과정에는 용매와 용질 사이에 일어나는 복잡한 상호작용이 관련되어 있다. 그렇지만 분석을 위하여 그림 6.11에 설명한 것처럼 용해 과정이 두 단계로 되어 있다고 상상할 수 있다. 먼저, 고체 내의 Na^+와 Cl^- 이온들이 서로 분리되어 기체 상태로 바뀐다.

$$\text{에너지} + \text{NaCl}(s) \longrightarrow \text{Na}^+(g) + \text{Cl}^-(g)$$

"격자"라는 말은 일정한 패턴으로 공간에 고립되어 있는 위치에 배열(이온으로 채워짐)되는 것을 말한다. 격자 에너지는 양의 값을 가진다. 격자 에너지와 내부 에너지에 같은 기호를 사용함을 주의하라.

*고체 이온 결합 화합물 1 mol을 기체 이온으로 완전히 분리시키는 데 필요한 에너지*를 **격자 에너지**(lattice energy, U)라 한다. NaCl의 격자 에너지는 788 kJ/mol이다. 다시 말해서 고체 NaCl 1 mol을 Na^+ 이온 1 mol과 Cl^- 이온 1 mol로 분리시키는 데 788 kJ의 에너지를 공급해야 한다는 것이다.

다음 단계는 "기체" Na^+과 Cl^- 이온이 물 속에 들어가서 수화되는 과정이다.

$$\text{Na}^+(g) + \text{Cl}^-(g) \xrightarrow{H_2O} \text{Na}^+(aq) + \text{Cl}^-(aq) + \text{에너지}$$

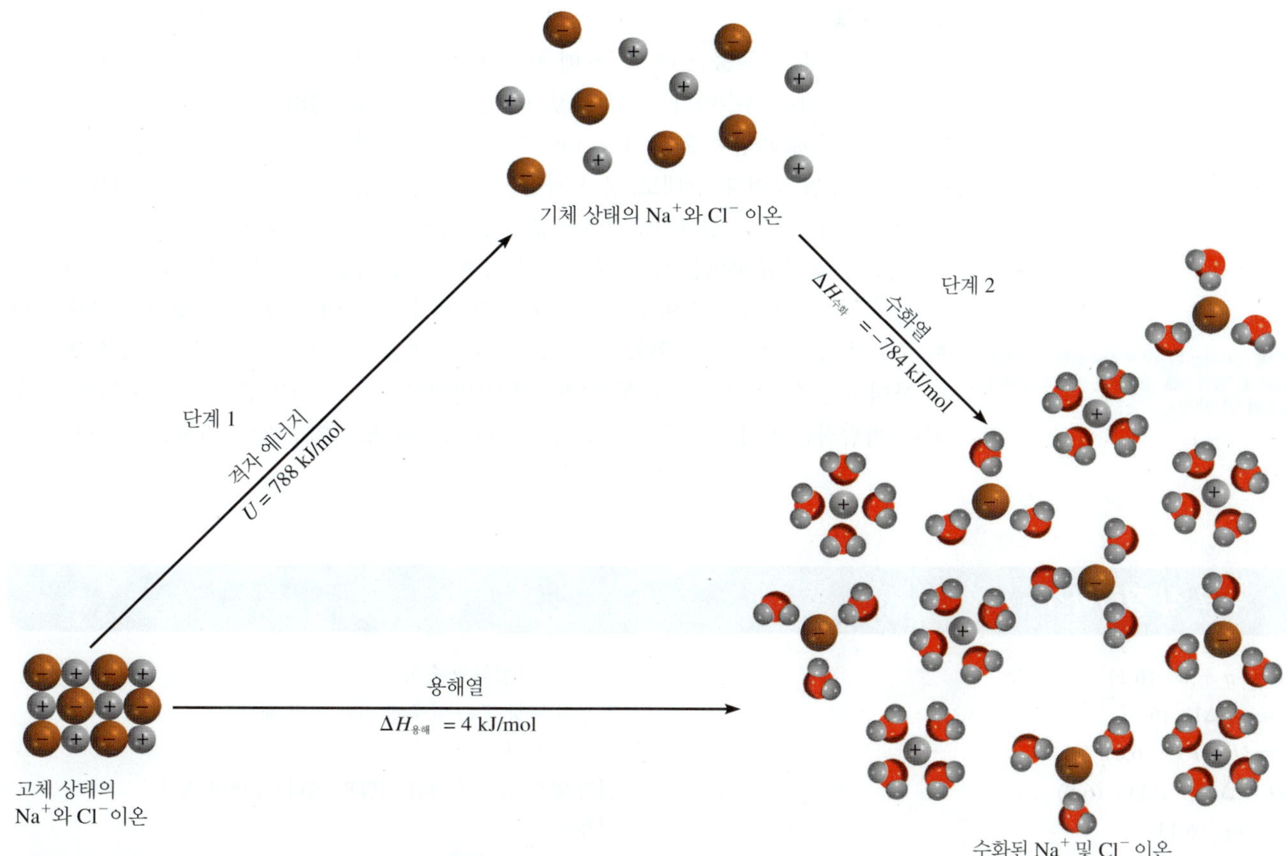

그림 6.11 NaCl의 용해 과정. 이 과정은 두 개의 독립된 단계로 생각할 수 있다. (1) 결정 상태에서 기체 상태로 이온들을 분리하고 (2) 기체 상태 이온들을 수화시킨다. 용해열은 이 두 가지 단계에 대한 에너지 변화와 같다. $\Delta H_{용해} = U + \Delta H_{수화}$.

*수화 과정에 관련된 엔탈피 변화*를 **수화열**(heat of hydration, $\Delta H_{수화}$)이라 한다(수화열은 양이온과 음이온 모두 음의 값을 갖는다). 헤스 법칙을 적용하면 그림 6.11에서와 같이 $\Delta H_{용해}$는 격자 에너지(U)와 수화열($\Delta H_{수화}$) 두 가지의 합으로 생각할 수 있어 다음과 같이 쓴다.

$$\Delta H_{용해} = U + \Delta H_{수화} \tag{6.20}$$

따라서

$$\begin{array}{rlr} \text{NaCl}(s) \longrightarrow \text{Na}^+(g) + \text{Cl}^-(g) & & U = 788\ \text{kJ/mol} \\ \text{Na}^+(g) + \text{Cl}^-(g) \xrightarrow{\text{H}_2\text{O}} \text{Na}^+(aq) + \text{Cl}^-(aq) & & \Delta H_{수화} = -784\ \text{kJ/mol} \\ \hline \text{NaCl}(s) \xrightarrow{\text{H}_2\text{O}} \text{Na}^+(aq) + \text{Cl}^-(aq) & & \Delta H_{용해} = 4\ \text{kJ/mol} \end{array}$$

따라서 NaCl 1 mol이 물에 녹을 때 주위로부터 4 kJ의 열이 주위에서 흡수되며, 그 영향으로 용액이 담긴 비커가 약간 냉각되는 것을 관찰하게 될 것이다. 표 6.5는 여러 가지 이온 결합 화합물의 $\Delta H_{용해}$를 나타낸 것이다. 이온 결합 화합물에 있어서 $\Delta H_{용해}$ 값은 양이온과 음이온의 성질에 따라서 음(발열) 또는 양(흡열)의 값을 갖는다.

표 6.5

몇몇 이온 결합 화합물의 용해열

화합물	$\Delta H_{용해}$ (kJ/mol)
LiCl	−37.1
$CaCl_2$	−82.8
NaCl	4.0
KCl	17.2
NH_4Cl	15.2
NH_4NO_3	26.2

개념 복습하기

부록 3의 자료를 이용하여 다음 과정의 용해열을 계산하시오.

$$\text{KNO}_3(s) \longrightarrow \text{K}^+(aq) + \text{NO}_3^-(aq)$$

묽힘열

이미 제조한 용액을 *묽힐* 때 즉, 용매를 더 가해서 용질의 전체 농도를 낮출 때에는 대개 열이 발생하거나 흡수한다. *묽힘 과정에 관련된 열 변화*를 **묽힘열**(heat of dilution)이라 한다. 어떤 용해 과정이 흡열 과정이고 그 용액이 더 묽어진다면, 더 많은 열이 주위로부터 용액에 흡수될 것이다. 반대로, 용해 과정이 발열 과정이라면 묽힐 때 *더 많은* 열을 방출하게 될 것이다. 따라서 실험실에서 용액을 묽힐 때에는 항상 주의하여야 한다. 특히 진한 황산(H_2SO_4)을 묽힐 때에는 매우 많은 열을 방출하는 묽힘열을 가지므로 주의해야 한다. 진한 황산은 질량 백분율로 98%의 H_2SO_4과 2%의 물로 되어 있다. 진한 황산을 물로 묽힐 때 주위로 많은 열을 방출한다. 이 과정은 대단한 발열 과정이기 때문에 물을 황산에 가하여 묽혀서는 *절대로* 안 된다. 묽힘 과정에서 발생하는 열이 산을 끓게 하거나 튀게 할 수 있다. 바람직한 방법은 물에 진한 산을 서서히 (일정하게 저어주면서) 가하는 것이다.

화학을 공부하는 학생들은 산을 묽히는 안전한 과정으로 "물에 산을 넣어라"는 말을 여러 세대에 걸쳐 상기하였다.

주요 식 정리하기 *Key Equations*

$\Delta U = q + w$ (6.1)	열역학 제1법칙의 수학적 표현.
$w = -P\Delta V$ (6.3)	기체의 팽창 또는 압축에 의한 일의 계산.
$H = U + PV$ (6.6)	엔탈피 정의.
$\Delta H = \Delta U + P\Delta V$ (6.8)	일정 압력 과정에 대한 엔탈피(에너지) 변화 계산.
$C = ms$ (6.11)	열용량 정의.
$q = ms\Delta t$ (6.12)	비열에 의한 열 변화 계산.
$q = C\Delta t$ (6.13)	열용량에 의한 열 변화 계산.
$\Delta H^\circ_{\text{반응}} = \Sigma n\Delta H^\circ_f(\text{생성물}) - \Sigma m\Delta H^\circ_f(\text{반응물})$ (6.18)	표준 반응 엔탈피 계산.
$\Delta H_{\text{용해}} = U + \Delta H_{\text{수화}}$ (6.20)	용해열은 격자 에너지와 수화 에너지의 합.

사실과 개념 요약하기 *Summary of Facts & Concepts*

1. 에너지는 일을 할 수 있는 능력이다. 에너지는 서로 전환될 수 있는 많은 형태가 있다. 에너지 보존 법칙은 우주 전체의 에너지는 일정하다는 것이다.
2. 주위에 열을 방출하는 과정을 발열 과정이라 하고, 주위로부터 열을 흡수하는 과정을 흡열 과정이라고 한다.
3. 계의 상태는 조성, 부피, 온도, 압력과 같은 여러 가지 성질에 의하여 결정된다.
4. 계의 상태 함수의 변화는 계의 초기 상태와 최종 상태에 의해서만 결정되고, 그 변화가 일어난 경로와는 상관없다. 에너지는 상태 함수이고, 열과 일은 상태 함수가 아닌 경로 함수이다.
5. 에너지는 한 형태에서 다른 형태로 전환될 수 있지만, 새로 창조되거나 파괴되지 않는다(열역학 제1법칙). 화학에서는 주로 열 에너지, 전기 에너지, 역학 에너지에 관심이 있는데, 역학 에너지는 보통 압력-부피 일과 관련되어 있다.
6. 엔탈피는 상태 함수이다. 엔탈피 변화(ΔH)는 일정 압력 과정에서 $\Delta U + P\Delta V$와 같다.
7. 엔탈피 변화(ΔH)는 일정 압력하에서 측정한 반응(또는 어떤 다른 변화)의 열이며, 일반적으로 단위는 kJ을 사용한다.
8. 일정 압력 열량계와 일정 부피 열량계는 물리적, 화학적 변화의 열량 변화를 측정하는 데 사용된다.
9. 반응의 전체 엔탈피 변화는 각 단계에서의 엔탈피 변화의 전체 합과 같다는 것이 헤스 법칙이다.
10. 표준 반응 엔탈피는 반응물과 생성물의 표준 생성 엔탈피로부터 계산할 수 있다.
11. 이온 결합 화합물의 용해열은 격자 에너지와 수화열의 합이다. 이 두 양의 절대값의 상대적인 크기가 용해 과정이 발열 반응인지, 흡열 반응인지를 결정한다. 묽힘열은 용액을 묽힐 때 흡수 또는 방출하는 열이다.

주요 용어 정리하기 Key Words

격자 에너지(U)	비열	열 에너지	주위
계	상태 함수	열역학	퍼텐셜 에너지
계의 상태	수화열($\Delta H_{수화}$)	열역학 제1법칙	표준 반응 엔탈피($\Delta H^\circ_{반응}$)
고립계	에너지	열용량(C)	표준 상태
닫힌 계	에너지 보존 법칙	열화학	표준 생성 엔탈피(ΔH°_f)
묽힘열	엔탈피(H)	열화학 반응식	헤스 법칙
반응 엔탈피($\Delta H_{반응}$)	열	용해 엔탈피($\Delta H_{용해}$)	화학 에너지
발열 과정	열계량법	용해열($\Delta H_{용해}$)	흡열 과정
복사 에너지	열린 계	일	

연습 문제 Questions & Problems

● 표시는 Connect Plus에서 유용한 문제,
붉은색 번호의 문제는 학생용 문제풀이집에 풀어 놓았다.

정의

▶ 복습 질문

● 6.1 다음 용어들을 정의하시오. 계, 주위, 열린 계, 닫힌 계, 고립계, 열 에너지, 화학 에너지, 퍼텐셜 에너지, 운동 에너지, 에너지 보존 법칙.

6.2 열이란 무엇인가? 열과 열 에너지는 어떻게 다른가? 어떤 조건에서 열은 한 계에서 다른 계로 전달되는가?

6.3 화학에서 흔히 사용하는 에너지의 단위는 무엇인가?

6.4 시속 60 km로 달리는 트럭이 신호등에서 완전히 멈추었다. 이것은 에너지 보존 법칙을 어긴 것인가? 설명하시오.

6.5 다음은 여러 형태의 에너지이다. 화학 에너지, 열 에너지, 빛 에너지, 역학적 에너지, 전기 에너지. 이런 에너지 형태들이 서로 바뀌는 방법을 제시하시오.

6.6 다음 과정에서 일어나는 에너지 전환에 대하여 설명하시오. (a) 공기 중으로 야구공을 던지고 받을 때, (b) 회중 전등을 켤 때, (c) 리프트를 타고 언덕에 올라가서 스키를 타고 내려올 때, (d) 성냥을 켜서 연소시킬 때.

에너지 변화와 화학 반응

▶ 복습 질문

● 6.7 다음 용어들을 정의하시오. 열화학, 발열 과정, 흡열 과정.

6.8 화학량론은 질량 보존 법칙에 근거를 두고 있다. 열화학은 어느 법칙에 기초를 두고 있는가?

6.9 발열 과정 두 개와 흡열 과정 두 개를 설명하시오.

6.10 분해 반응은 대개 흡열 반응이지만, 중합 반응은 대개 발열 반응이다. 이런 경향에 대해서 정성적인 설명을 하시오.

열역학 제1법칙

▶ 복습 질문

6.11 열역학 제1법칙은 무슨 법칙에 근거를 두고 있는가? $\Delta U = q + w$ 식에서 부호들의 규칙에 대해서 설명하시오.

6.12 상태 함수란 무엇을 의미하는지 설명하시오. 상태 함수인 물리량 두 개와 그렇지 않은 것 두 개를 예로 드시오.

6.13 이상 기체의 내부 에너지는 그 온도에 의해서만 결정된다. 이 과정을 열역학 제1법칙에 따라 분석하시오. 어떤 이상 기체의 시료가 일정한 온도에서 대기압에 대하여 팽창하였다. (a) 이 기체는 주위에 대해서 일을 하였는가? (b) 계와 주위 사이에 열교환이 있는가? (c) 이 과정에 대한 기체의 ΔU는 얼마인가?

● 6.14 일정 압력 조건에서, 다음 반응 중 계에서 주위로 일을 한 것은 어느 것이며, 주위에서 계로 일을 한 것은 어느 것인가? 또한 일을 하지 않은 것은 어느 것인가?

(a) $Hg(l) \longrightarrow Hg(g)$

(b) $3O_2(g) \longrightarrow 2O_3(g)$

(c) $CuSO_4 \cdot 5H_2O(s) \longrightarrow CuSO_4(s) + 5H_2O(g)$

(d) $H_2(g) + F_2(g) \longrightarrow 2HF(g)$

▶ 문제

● 6.15 일정 온도에서 질소 기체 시료의 부피가 1.6 L에서 5.4 L로 팽창하였다. (a) 진공 상태에서, (b) 0.80 atm의 일정 압력에서, (c) 3.7 atm의 일정 압력에서 팽창할 때 행한 일을 J 단위로 계산하시오.

● **6.16** 일정 온도에서 어떤 기체의 부피가 26.7 mL에서 89.3 mL로 팽창하였다. (a) 기체가 진공에 대해서, (b) 일정 압력 1.5 atm에 대해서, (c) 일정 압력 2.8 atm에 대해서 팽창하였다면, 행한 일을 J 단위로 계산하시오.

● 6.17 어떤 기체가 팽창하여 주위에 325 J의 P-V 일을 하였다. 동시에 주위로부터 127 J의 열을 흡수하였다. 에너지 변

화를 계산하시오.

6.18 어떤 기체를 압축하는 데 한 일은 74 J이다. 그 결과 26 J의 열이 주위에 가해졌다. 이 기체의 에너지 변화를 계산하시오.

6.19 1.00 atm, 25°C에서 주석 50.0 g이 과량의 산에 녹을 때 행한 일을 계산하시오.

$$Sn(s) + 2H^+(aq) \longrightarrow Sn^{2+}(aq) + H_2(g)$$

이상 기체로 행동한다고 가정한다.

6.20 물 1.0 mol이 1.0 atm, 100°C에서 기화할 때 한 일을 J 단위로 계산하시오. 액체 상태인 물의 부피는 100°C 수증기와 비교할 때 무시할 수 있을 정도로 작은 양이고, 수증기는 이상 기체라고 가정한다.

화학 반응 엔탈피

▶ 복습 질문

6.21 다음 두 용어, 엔탈피와 반응 엔탈피를 정의하시오. 반응열이 그 반응의 엔탈피 변화와 같은 것은 어떤 조건에서인가?

6.22 열화학 반응식을 쓸 때 각 물질의 물리적 상태(기체, 액체, 고체, 수용액)를 나타내는 것이 중요한 이유를 설명하시오.

6.23 다음 열화학 반응식의 의미를 설명하시오.

$$4NH_3(g) + 5O_2(g) \longrightarrow 4NO(g) + 6H_2O(g) \quad \Delta H = -904 \text{ kJ/mol}$$

6.24 다음 반응을 생각해 보자.

$$2CH_3OH(l) + 3O_2(g) \longrightarrow 4H_2O(l) + 2CO_2(g) \quad \Delta H = -1452.8 \text{ kJ/mol}$$

다음 각각의 ΔH 값은 무엇인가? (a) 이 식의 좌우에 2를 곱했을 때, (b) 반응이 역으로 일어날 때 즉, 반응물과 생성물이 뒤바뀔 때, (c) 액체인 물 대신에 수증기가 생성물로 형성할 때.

▶ 문제

6.25 공업적으로 황화 아연 광석을 태워서 아연을 재생하는 첫 단계는 ZnS을 가열하여 ZnO를 얻는 것이다.

$$2ZnS(s) + 3O_2(g) \longrightarrow 2ZnO(s) + 2SO_2(g) \quad \Delta H = -879 \text{ kJ/mol}$$

ZnS 1 g을 태울 때 발생하는 열(kJ)을 계산하시오.

6.26 다음 반응에 따라 NO_2 1.26×10^4 g이 만들어질 때 발생하는 열의 양을 kJ로 계산하시오.

$$2NO(g) + O_2(g) \longrightarrow 2NO_2(g) \quad \Delta H = -114.6 \text{ kJ/mol}$$

6.27 다음 반응을 생각해 보자.

$$2H_2O(g) \longrightarrow 2H_2(g) + O_2(g) \quad \Delta H = 483.6 \text{ kJ/mol}$$

1.0 atm, 125°C에서 $H_2O(g)$ 2.0 mol이 $H_2(g)$와 $O_2(g)$로 바뀐다면 이 반응에 대한 ΔU는 얼마인가?

6.28 다음 반응을 생각해 보자.

$$H_2(g) + Cl_2(g) \longrightarrow 2HCl(g) \quad \Delta H = -184.6 \text{ kJ/mol}$$

H_2 3 mol과 Cl_2 3 mol이 반응하여 HCl이 생성된다면, 25°C에서 1.0 atm 압력에 대하여 한 일을 J로 계산하시오. 이 반응에 대한 ΔU는 얼마인가? 이 반응은 완전히 일어난다고 가정한다.

열계량법

▶ 복습 질문

6.29 비열과 열용량의 다른 점은 무엇인가? 두 값의 단위는 무엇인가? 어느 것이 세기 성질이고, 어느 것이 크기 성질인가?

6.30 열계량법을 정의하고, 일반적으로 많이 사용되는 열량계 두 가지를 설명하시오. 열계량법에서 열량계의 열용량을 아는 것이 왜 중요한가? 어떻게 그 값을 결정하는가?

▶ 문제

6.31 다음 자료를 보자.

금속	Al	Cu
질량(g)	10	30
비열(J/g · °C)	0.900	0.385
온도(°C)	40	60

이들 두 금속이 접촉했을 때 다음 중 어떤 일이 일어나겠는가?

(a) Al의 비열이 더 크므로, 열이 Al에서 Cu로 흐른다.
(b) Cu의 질량이 더 크므로, 열이 Cu에서 Al로 흐른다.
(c) Cu의 비열이 더 크므로, 열이 Cu에서 Al로 흐른다.
(d) Cu의 온도가 더 높으므로, 열이 Cu에서 Al로 흐른다.
(e) 어느 쪽으로도 열이 흐르지 않는다.

6.32 질량 362 g인 은 조각의 열용량은 85.7 J/°C이다. 은의 비열은 얼마인가?

6.33 질량 6.22 kg인 구리 조각을 20.5°C에서 324.3°C로 가열하였다. 금속이 흡수한 열량(kJ)을 계산하시오.

6.34 수은 366 g의 온도가 77.0°C에서 12.0°C로 내려갈 때 방출된 열량(kJ)을 구하시오.

6.35 18.0°C의 금판 10.0 g을 55.6°C의 철판 20.0 g 위에 얹었다. 합쳐진 금속의 최종 온도는 얼마인가? 이 때 주위에 열을 잃지 않았다고 가정한다. (*힌트*: 금은 열을 얻었고, 철은 열을 잃어서 같은 온도로 되었다. 금속의 비열은 표 6.2에서 알 수 있다.)

6.36 열용량을 무시할 수 있는 일정 압력 열량계에 담긴 23.4°C의 물에 81.7°C의 Al 금속 조각 12.1 g을 넣는다. 물의 온도가 24.9°C가 되었다면 열량계에 담긴 물의 양은 얼마인지 계산하시오(*힌트*: 표 6.2 참조.)

• 6.37 마그네슘 고체 시료 0.1375 g을 열용량 3024 J/°C인 일정 부피 봄베 열량계에서 가열한다. 온도가 1.126°C 올랐다. Mg가 가열됨에 따라 방출되는 열량을 kJ/g과 kJ/mol로 계산하시오.

• **6.38** 열용량이 325 J/°C인 일정 압력 열량계에서 0.900 *M* HCl 85.0 mL를 0.900 *M* KOH 85.0 mL와 섞었다. 두 용액의 초기 온도가 모두 18.24°C로 같았다면 혼합 용액의 최종 온도는 얼마인가? 중화열은 −56.2 kJ/mol이다. 용액들의 밀도와 비열은 물과 같다고 가정한다.

표준 생성 엔탈피와 표준 반응 엔탈피

▶ 복습 질문

6.39 표준 상태 조건이란 무엇을 뜻하는가?

6.40 원소나 화합물의 표준 엔탈피는 어떻게 결정되는가?

6.41 표준 반응 엔탈피란 무엇을 뜻하는가?

6.42 반응 엔탈피를 계산하는 식을 쓰고, 모든 용어를 정의하시오.

6.43 헤스 법칙은 무엇인가? 열화학에서 헤스 법칙이 유용한 점을 예를 하나 들어 설명하시오.

6.44 화학자들이 화합물의 연소열을 측정해서 ΔH_f°를 구할 때, 헤스 법칙을 어떻게 사용하는지 설명하시오.

▶ 문제

• 6.45 다음 중 25°C에서 표준 생성 엔탈피 값이 0이 아닌 것은? Na(*s*), Ne(*g*), $CH_4(g)$, $S_8(s)$, Hg(*l*), H(*g*).

• **6.46** O_2와 O_3 두 동소체의 ΔH_f°는 25°C에서 각각 0과 142.2 kJ/mol이다. 이 온도에서 어느 것이 더 안정한가?

• 6.47 25°C에서 그 값이 음으로 큰 것은 $H_2O(l)$의 ΔH_f°와 $H_2O(g)$의 ΔH_f° 중 어느 것인가?

• **6.48** 25°C에서 다음 원소들에 대한 ΔH_f° 값을(0보다 큰지, 작은지, 같은지) 예측하시오. (a) $Br_2(g)$, $Br_2(l)$, (b) $I_2(g)$, $I_2(s)$.

6.49 일반적으로 음의 ΔH_f° 값을 가지는 화합물들은 양의 ΔH_f° 값을 가지는 화합물들보다 더 안정하다. $H_2O_2(l)$은 음의 ΔH_f°를 가진다(표 6.4 참조). 그러나 $H_2O_2(l)$은 왜 $H_2O(l)$와 $O_2(g)$로 분해되는 경향을 띠는 것일까?

6.50 $Ag_2O(s)$와 $CaCl_2(s)$의 ΔH_f°를 (적절한 식을 이용하여) 두 물질의 각 구성 원소로부터 측정할 수 있는 방법을 설명하시오(계산은 필요치 않다).

• 6.51 일정 압력과 25°C에서 이 과정의 분해열을 계산하시오.

$$CaCO_3(s) \longrightarrow CaO(s) + CO_2(g)$$

(표 6.4에 있는 반응물과 생성물의 표준 생성 엔탈피 참조)

• **6.52** 수용액에서 이온들의 표준 생성 엔탈피는 임의로 H^+ 이온에 대한 값을 0으로 정하여 구한다. 즉, $\Delta H_f^\circ[H^+(aq)] = 0$이다.

(a) 다음 반응에서 Cl^- 이온의 ΔH_f°를 계산하시오.

$$HCl(g) \xrightarrow{H_2O} H^+(aq) + Cl^-(aq) \qquad \Delta H^\circ = -74.9 \text{ kJ/mol}$$

(b) OH^- 이온의 ΔH_f°가 −229.6 kJ/mol라면, 25°C에서 강산(HCl과 같은) 1 mol을 강염기(KOH과 같은) 1 mol로 적정할 때의 중화 엔탈피를 계산하시오.

• 6.53 부록 3의 표준 생성 엔탈피로부터 다음 반응의 연소열을 계산하시오.

(a) $2H_2(g) + O_2(g) \longrightarrow 2H_2O(l)$

(b) $2C_2H_2(g) + 5O_2(g) \longrightarrow 4CO_2(g) + 2H_2O(l)$

• **6.54** 부록 3의 표준 생성 엔탈피로부터 다음 반응의 연소열을 계산하시오.

(a) $C_2H_4(g) + 3O_2(g) \longrightarrow 2CO_2(g) + 2H_2O(l)$

(b) $2H_2S(g) + 3O_2(g) \longrightarrow 2H_2O(l) + 2SO_2(g)$

• 6.55 메탄올, 에탄올, *n*-프로판올은 세 가지 흔한 알코올이다. 각 알코올 1.00 g을 공기 중에서 가열할 때 다음과 같은 열량을 방출한다. (a) 메탄올(CH_3OH): −22.6 kJ, (b) 에탄올(C_2H_5OH): −29.7 kJ, (c) *n*-프로판올(C_3H_7OH): −33.4 kJ. 이들의 연소열을 kJ/mol 단위로 계산하시오.

• **6.56** 다음 반응의 표준 생성 엔탈피는 436.4 kJ/mol이다.

$$H_2(g) \longrightarrow H(g) + H(g)$$

수소 원자(H)의 표준 생성 엔탈피를 계산하시오.

• 6.57 표준 생성 엔탈피로부터 다음 반응의 $\Delta H^\circ_{반응}$을 계산하시오.

$$C_6H_{12}(l) + 9O_2(g) \longrightarrow 6CO_2(g) + 6H_2O(l)$$

$C_6H_{12}(l)$의 $\Delta H_f^\circ = -151.9$ kJ/mol이다.

• **6.58** B_5H_9은 무색의 반응성이 큰 액체로 산소와 반응하여 불꽃을 발생시킨다. 반응식은 다음과 같다.

$$2B_5H_9(l) + 12O_2(g) \longrightarrow 5B_2O_3(s) + 9H_2O(l)$$

산소와 반응한 반응물의 반응열을 kJ/g 단위로 계산하시오. B_5H_9의 표준 생성 엔탈피는 73.2 kJ/mol 이다.

• 6.59 다음 반응식에 의해 암모니아 1.26×10^4 g가 생성될 때 발생하는 열량을 정하시오.

$$N_2(g) + 3H_2(g) \longrightarrow 2NH_3(g) \qquad \Delta H^\circ_{반응} = -92.6 \text{ kJ/mol}$$

반응은 25°C의 표준 상태 조건에서 일어난다고 가정한다.

• **6.60** 850°C에서 $CaCO_3$가 분해되어 CaO와 CO_2가 얻어진다. 850°C에서 반응물과 생성물의 ΔH_f° 값은 25°C에서의 값과 같다고 가정했을 때, CO_2 66.8 g이 이 반응에서

생성된다면 엔탈피 변화(kJ)를 계산하시오.

● 6.61 다음 자료로부터

$$S(\text{사방}) + O_2(g) \longrightarrow SO_2(g) \quad \Delta H^\circ_{\text{반응}} = -296.06 \text{ kJ/mol}$$

$$S(\text{단사}) + O_2(g) \longrightarrow SO_2(g) \quad \Delta H^\circ_{\text{반응}} = -296.36 \text{ kJ/mol}$$

다음 반응의 엔탈피 변화를 계산하시오.

$$S(\text{사방}) \longrightarrow S(\text{단사})$$

단사황과 사방황은 황 원소의 다른 동소체 형태이다.

● **6.62** 다음 자료로부터

$$C(\text{흑연}) + O_2(g) \longrightarrow CO_2(g) \quad \Delta H^\circ_{\text{반응}} = -393.5 \text{ kJ/mol}$$

$$H_2(g) + \tfrac{1}{2}O_2(g) \longrightarrow H_2O(l) \quad \Delta H^\circ_{\text{반응}} = -285.8 \text{ kJ/mol}$$

$$2C_2H_6(g) + 7O_2(g) \longrightarrow 4CO_2(g) + 6H_2O(l) \quad \Delta H^\circ_{\text{반응}} = -3119.6 \text{ kJ/mol}$$

다음 반응의 엔탈피 변화를 계산하시오.

$$2C(\text{흑연}) + 3H_2(g) \longrightarrow C_2H_6(g)$$

● 6.63 다음 연소열로부터

$$CH_3OH(l) + \tfrac{3}{2}O_2(g) \longrightarrow CO_2(g) + 2H_2O(l) \quad \Delta H^\circ_{\text{반응}} = -726.4 \text{ kJ/mol}$$

$$C(\text{흑연}) + O_2(g) \longrightarrow CO_2(g) \quad \Delta H^\circ_{\text{반응}} = -393.5 \text{ kJ/mol}$$

$$H_2(g) + \tfrac{1}{2}O_2(g) \longrightarrow H_2O(l) \quad \Delta H^\circ_{\text{반응}} = -285.8 \text{ kJ/mol}$$

메탄올(CH_3OH)의 생성 엔탈피를 계산하시오.

$$C(\text{흑연}) + 2H_2(g) + \tfrac{1}{2}O_2(g) \longrightarrow CH_3OH(l)$$

● **6.64** 다음 반응의 표준 엔탈피 변화를 계산하시오.

$$2Al(s) + Fe_2O_3(s) \longrightarrow 2Fe(s) + Al_2O_3(s)$$

사용할 자료는 다음과 같다.

$$2Al(s) + \tfrac{3}{2}O_2(g) \longrightarrow Al_2O_3(s) \quad \Delta H^\circ_{\text{반응}} = -1669.8 \text{ kJ/mol}$$

$$2Fe(s) + \tfrac{3}{2}O_2(g) \longrightarrow Fe_2O_3(s) \quad \Delta H^\circ_{\text{반응}} = -822.2 \text{ kJ/mol}$$

용해열과 묽힘열

▶ 복습 질문

6.65 다음 용어들을 정의하시오. 용해 엔탈피, 수화열, 격자 에너지, 묽힘열.

6.66 고체의 격자 에너지는 왜 항상 양의 값이 되는가? 이온의 수화열은 왜 항상 음의 값이 되는가?

6.67 A와 B는 둘 다 이온 결합 화합물이다. A의 격자 에너지가 B보다 크다고 할 때, 어느 것이 더 안정한가?

6.68 Mg^{2+} 이온은 Na^+ 이온보다 크기가 작고 더 큰 양의 값으로 하전된다. 두 종류 중 더 큰 수화 에너지(kJ/mol)를 갖는 것은 어느 것인가?

6.69 플루오린화 포타슘을 물 속에 녹이는 것과 같은 이온 결합 화합물의 용해를 생각해 보자. 다음 단계를 따를 것이다. 증기 상에서 양이온과 음이온으로 분리, 액체 매질에서 이온의 수화. 각 단계에 대한 에너지의 변화에 대해 이야기해 보자. KF 용액의 열이 어떻게 이러한 두 양의 크기에 관련되는가? 어떠한 법칙이 관련되어 있는가?

6.70 황산과 같이 농도가 진한 산을 묽히는 과정에서 산에 물을 가하면 왜 위험한가?

추가 문제

6.71 다음 중 어느 것이 25°C에서 $\Delta H^\circ_f = 0$이 아닌가?

$He(g)$ $Fe(s)$ $Cl(g)$ $S_8(s)$ $O_2(g)$ $Br_2(l)$

6.72 1.0 atm, 끓는점(78.3°C)에서 에탄올 3.70 mol이 증기로 변환될 때 행해진 팽창일을 계산하시오.

6.73 25°C 표준 상태에서 각 원소의 가장 안정한 형태를 설명하기 위해 임의로 정해진 엔탈피값 0이라는 약속은 반응 엔탈피와 관련하여 편리한 방법이다. 이 약속이 왜 핵반응에는 적용되지 않는지 설명하시오.

6.74 다음 열화학 반응식이 주어져 있다.

$$Br_2(l) + F_2(g) \longrightarrow 2BrF(g) \quad \Delta H^\circ = -188 \text{ kJ/mol}$$

$$Br_2(l) + 3F_2(g) \longrightarrow 2BrF_3(g) \quad \Delta H^\circ = -768 \text{ kJ/mol}$$

다음 반응의 $\Delta H^\circ_{\text{반응}}$을 계산하시오.

$$BrF(g) + F_2(g) \longrightarrow BrF_3(g)$$

● 6.75 다음 식에 따르면 질산 은의 열분해에서 표준 엔탈피 변화 ΔH°는 +78.67 kJ이다.

$$AgNO_3(s) \longrightarrow AgNO_2(s) + \tfrac{1}{2}O_2(g)$$

$AgNO_3(s)$의 표준 생성 엔탈피는 −123.02 kJ/mol이다. $AgNO_2(s)$의 표준 생성 엔탈피를 계산하시오.

6.76 하이드라진(N_2H_4)은 다음 반응과 같이 분해된다.

$$3N_2H_4(l) \longrightarrow 4NH_3(g) + N_2(g)$$

(a) N_2H_4의 분해 반응에 대한 ΔH°를 계산하시오. N_2H_4의 표준 생성 엔탈피는 50.42 kJ/mol이다. (b) 하이드라진과 암모니아를 산소 중에서 연소시키면 $H_2O(l)$과 $N_2(g)$가 생성된다. 이 반응들에 대한 균형 반응식을 각각 쓰고, 각 반응의 ΔH°를 계산하시오. 1 kg의 질량을 기준으로 할 때 하이드라진과 암모니아 중 어느 것이 더 좋은 연료인가?

6.77 열용량을 무시할 수 있는 일정 압력 열량계에서 0.862 *M* HCl 2.00×10^2 mL를 같은 부피의 0.431 *M* $Ba(OH)_2$와 섞었다. HCl과 $Ba(OH)_2$ 용액의 초기 온

도가 20.48°C로 같았다. 다음 과정에 대해 중화열은 −56.2 kJ/mol이다.

$$H^+(aq) + OH^-(aq) \longrightarrow H_2O(l)$$

혼합 용액의 최종 온도는 얼마이겠는가?

6.78 열용량을 무시할 수 있는 일정 압력 열량계에서 질산 암모늄(NH_4NO_3) 시료 3.53 g을 물 80.0 mL에 가하였다. 그 결과 물의 온도가 21.6°C에서 18.1°C로 낮아졌다. 질산 암모늄의 용해열($\Delta H_{용해}$)을 계산하시오.

• 6.79 다음 반응에서

$$N_2(g) + 3H_2(g) \longrightarrow 2NH_3(g)$$
$$\Delta H°_{반응} = -92.6 \text{ kJ/mol}$$

N_2 2.0 mol이 H_2 6.0 mol과 반응하여 NH_3를 생성한다면 1.0 atm, 25°C에서 행한 일(J)을 계산하시오. 이 반응에 대한 ΔU는 얼마인가? 이 반응은 완결된다고 가정하시오.

• **6.80** 밀도 1.88 g/L인 $Cl_2(g)$ 2.00 L가 과량의 소듐 금속과 25°C , 1 atm에서 반응하여 염화 소듐을 만들 때, 방출되는 열을 계산하시오.

• 6.81 광합성은 다음 반응과 같이 물과 이산화 탄소로부터 포도당(글루코스, $C_6H_{12}O_6$)과 산소를 생성한다.

$$6CO_2 + 6H_2O \longrightarrow C_6H_{12}O_6 + 6O_2$$

(a) 어떻게 이 반응에서 실험적으로 $\Delta H_{반응}$ 값을 결정할 수 있는가? (b) 태양 복사선은 지구에 1년에 약 7.0×10^{14} kg의 포도당을 만든다. 이에 상응하는 $\Delta H°$ 변화는 얼마인가?

6.82 결정성 아세트산 시료 2.10 mol을 1.00 atm, 17.0°C에서 녹인(융해) 다음 시료의 정상 끓는점인 118.1°C까지 가열시킨다. 시료는 118.1°C에서 증기로 되는데, 17.0°C로 급냉시키면 재결정화된다. 전체 과정에 대한 $\Delta H°$를 계산하시오.

• 6.83 다음 반응에서 행해진 일(J)을 계산하시오.

$$2Na(s) + 2H_2O(l) \longrightarrow 2NaOH(aq) + H_2(g)$$

0°C, 1.0 atm에서 Na 0.34 g이 물과 반응하여 수소 기체를 생성한다.

• **6.84** 다음 자료가 주어져 있다.

$$H_2(g) \longrightarrow 2H(g) \qquad \Delta H° = 436.4 \text{ kJ/mol}$$
$$Br_2(g) \longrightarrow 2Br(g) \qquad \Delta H° = 192.5 \text{ kJ/mol}$$
$$H_2(g) + Br_2(g) \longrightarrow 2HBr(g)$$
$$\Delta H° = -72.4 \text{ kJ/mol}$$

다음 반응에 대한 $\Delta H°$를 계산하시오.

$$H(g) + Br(g) \longrightarrow HBr(g)$$

6.85 어떤 기체 혼합물이 수소 28.4 mol%와 메테인 71.6 mol%로 이루어져 있다. 19.4°C, 2.23 atm에서 측정된 기체 시료 15.6 L를 공기 중에서 태웠다. 발생된 열을 계산하시오.

6.86 298 K, 1 atm에서 Ba 2.740 g이 산소와 반응하여 BaO를 형성할 때 11.14 kJ의 열이 방출되었다. BaO의 $\Delta H°_f$는 얼마인가?

• 6.87 메탄올(CH_3OH)은 유기 용매이면서 또한 자동차의 연료로도 쓰인다. 다음 자료로부터 메탄올의 표준 생성 엔탈피를 계산하시오.

$$2CH_3OH(l) + 3O_2(g) \longrightarrow 2CO_2(g) + 4H_2O(l)$$
$$\Delta H°_{반응} = -1452.8 \text{ kJ/mol}$$

• **6.88** 99.0°C의 미지 금속 시료 44.0 g을 24.0°C의 물 80.0 g이 들어있는 일정 압력 열량계에 넣었다. 이 계의 최종 온도는 28.4°C로 되었다. 이 금속의 비열을 계산하시오(열량계의 비열은 12.4 J/°C이다).

• 6.89 부록 3을 참조하여, 아래의 기체 반응에 대한 엔탈피 변화를 계산하시오. (*힌트*: 먼저 한계 시약을 찾는다.)

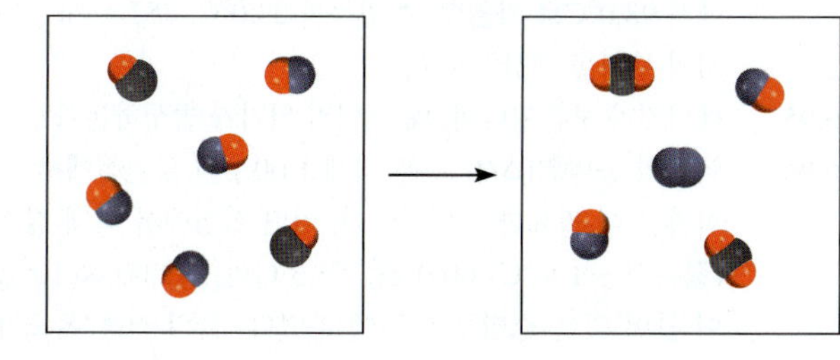

6.90 발생로 가스(일산화 탄소)는 뜨거운 코크스(coke) 위로 공기를 흘려서 얻는다.

$$C(s) + \tfrac{1}{2}O_2(g) \longrightarrow CO(g)$$

수성 가스(일산화 탄소와 수소의 혼합물)는 뜨거운 코크스 위로 수증기를 통과시켜 얻는다.

$$C(s) + H_2O(g) \longrightarrow CO(g) + H_2(g)$$

오랫동안 발생로 가스와 수성 가스는 산업용 연료나 취사용으로 사용되었다. 이 기체들을 대규모로 생산하기 위해 위의 방법들이 교대로 사용되었다. 즉, 먼저 발생로 가스를 제조하고, 다음에 수성 가스를 제조한다. 열화학 이론을 이용하여 왜 이 과정을 선택하는지를 설명하시오.

• 6.91 메테인(CH_4) 1 mol의 연소가 완결됨으로써 생성되는 열과 같은 조건에서 수성 가스 1 mol(H_2 0.50 mol과 CO 0.50 mol)을 비교하시오. 답으로부터 수성 가스보다 메테인이 연료로서 더 좋은가? 왜 연료로서 메테인이 수성 가스보다 좋은지 다른 이유를 두 가지 더 제시할 수 있는가?

• **6.92** 소위 수소 경제학이란 태양 에너지를 사용하여 물로부터 생성한 수소를 근거로 한다. 수소가 연료로서 다음과 같이 연소한다.

$$2H_2(g) + O_2(g) \longrightarrow 2H_2O(l)$$

수소를 연료로 사용할 때 주된 이점은 오염이 없다는 것이다. 주된 단점은 수소가 기체이므로 액체나 고체보다 저장하기가 더 어렵다는 것이다. 옥테인(C_8H_{18}) 1 갤런(gallon)이 연소할 때 생성하는 열량과 같은 양의 에너지를 생성하는 데 필요한 수소 기체의 부피를 25°C, 1.00 atm에서 계산하시오. 옥테인의 밀도는 2.66 kg/gal이고, 표준 생성 엔탈피는 −249.9 kJ/mol이다.

● 6.93 에탄올(C_2H_5OH)과 휘발유(모두 옥테인, C_8H_{18}으로 가정)은 둘 다 자동차 연료로 사용된다. 휘발유가 1갤런 당 4.50달러에 팔린다면, 달러 당 같은 열량을 제공하기 위해서는 에탄올의 가격이 얼마여야 하는가? 옥테인의 밀도와 ΔH_f°는 각각 0.7025 g/mL와 −249.9 kJ/mol이고, 에탄올의 밀도와 ΔH_f°는 각각 0.7894 g/mL와 −277.0 kJ/mol이다. 1 gal = 3.785 L.

● **6.94** 에테인(C_2H_6)을 얼마나 연소시켜야 물 855 g을 25.0°C에서 98.0°C로 가열할 수 있는지 23.0°C, 752 mmHg에서의 부피를 계산하시오.

6.95 에너지가 보존된다면, 왜 에너지 위기가 발생하는가?

● **6.96** 액체의 증발열($\Delta H_{증발}$)은 액체 1.00 g을 끓는점에서 기화하는 데 필요한 에너지이다. 어떤 실험에서 액체 질소(끓는점 −196°C) 60.0 g을 55.3°C의 물 2.00×10^2 g이 들어 있는 스티로폼 컵에 부었다. 물의 최종 온도가 41.0°C라면 액체 질소의 몰당 증발열을 계산하시오.

6.97 에탄올로 피부를 문지를 때 나타나는 시원한 효과를 다음 식으로 설명하시오.

$$C_2H_5OH(l) \longrightarrow C_2H_5OH(g) \quad \Delta H^\circ = 42.2 \text{ kJ/mol}$$

● **6.98** 다음 반응 중 어느 것이 $\Delta H^\circ_{반응} = \Delta H_f^\circ$인가?

(a) $H_2(g) + S(\text{사방}) \longrightarrow H_2S(g)$
(b) $C(\text{다이아몬드}) + O_2(g) \longrightarrow CO_2(g)$
(c) $H_2(g) + CuO(s) \longrightarrow H_2O(l) + Cu(s)$
(d) $O(g) + O_2(g) \longrightarrow O_3(g)$

6.99 0°C, 1.0 atm에서 물 1.0 mol이 얼 때 행한 일(J)을 계산하시오. 0°C에서 물과 얼음 1 mol의 부피는 각각 0.0180 L과 0.0196 L이다.

● **6.100** 어떤 기체 0.020 mol이 20°C에서 0.050 L의 부피를 차지하고 있다가 일정 온도 조건에서 팽창하여 0.50 L가 되었다. 이 기체가 다음과 같은 조건에서 팽창하였다면, 기체가 한 일을 J로 계산하시오. (a) 진공에서, (b) 일정 압력 0.20 atm에 대해서, (c) (b)에서의 기체가 외부 압력과 같아질 때까지 팽창하였다면, 그 최종 부피는 얼마이고 그 때 행한 일은 얼마인가?

● 6.101 다음 식을 이용하여 다이아몬드의 표준 생성 엔탈피를 계산하시오.

$$C(\text{흑연}) + O_2(g) \longrightarrow CO_2(g) \quad \Delta H^\circ = -393.5 \text{ kJ/mol}$$

$$C(\text{다이아몬드}) + O_2(g) \longrightarrow CO_2(g) \quad \Delta H^\circ = -395.4 \text{ kJ/mol}$$

6.102 (a) 가장 효과적인 사용을 위해, 냉장고 냉동실 칸은 음식물로 꽉 채워져야 한다. 이렇게 권하는 열역학적인 이유는 무엇인가? (b) 같은 온도에서 시작하면, 차나 커피는 열 플라스크 속에서 닭고기 수프보다 더 오랫동안 온도를 유지한다. 설명하시오.

6.103 발효 과정의 표준 엔탈피 변화를 계산하시오. (연습 문제 3.72 참조)

● **6.104** 휴대용 찜질팩은 스키어에게나 추운 날씨에 야외에서 활동하는 사람들에게 유용하다. 공기가 통과할 수 있는 종이 주머니 속에 철가루와 소금, 다른 성분 혼합물들을 약간의 물로 적셔 놓았다. 열을 발생시키는 발열 반응은 매우 흔한 것으로 다음과 같이 철이 녹스는 반응이 있다.

$$4Fe(s) + 3O_2(g) \longrightarrow 2Fe_2O_3(s)$$

바깥쪽 비닐 봉투를 벗기면 산소 분자가 종이를 통과하여 반응이 시작된다. 일반적으로 철 250 g이 든 주머니는 4시간 동안 손이나 발을 따뜻하게 유지한다. 이 반응에서 얼마의 열(kJ)이 발생하는가? (*힌트*: 부록 3의 ΔH_f° 값 참조)

● 6.105 어떤 사람이 치즈 0.50 파운드를 먹었다(4000 kJ의 에너지 섭취). 그 사람의 처음 체온을 유지하려면 몇 g의 물이 땀으로 나와야 하는가? (물 1 mol이 기화하는 데 44.0 kJ이 필요하다.)

● **6.106** 태평양 전체의 부피는 약 7.2×10^8 km^{3}이다. 중간 크기의 원자폭탄이 폭발할 때 약 1.0×10^{15} J의 에너지를 발생한다. 태평양의 물 온도를 1°C 올리는 데 필요한 열을 내기 위한 원자폭탄의 수를 계산하시오.

● 6.107 드라이 아이스(고체 이산화 탄소) 19.2 g이 그림 6.5에서 나타낸 장치에서 승화된다. 0.995 atm의 일정 외부 압력과 22°C의 일정 온도에서 행해지는 팽창 일을 계산하시오. 드라이 아이스의 처음 부피는 무시할 수 있고, CO_2는 이상 기체처럼 행동한다고 가정한다.

● **6.108** 벤조산(C_6H_5COOH)의 연소 엔탈피는 일정 부피 통열량계를 보정하는 표준 물질로 종종 사용되며, 그 값은 정확하게 −3226.7 kJ/mol로 알려져 있다. 벤조산 1.9862 g이 연소되었을 때, 열량계의 온도가 21.84°C에서 25.67°C로 올라갔다. 이 열량계의 열용량은 얼마인가? (열량계를 둘러싸고 있는 물의 양은 정확히 2000 g이라고 가정한다.)

● 6.109 H_2와 CH_4의 기체 혼합물 25.0 g을 연소시키면 2354 kJ의 열이 발생한다. 각 기체의 양을 g 단위로 계산하시오.

● **6.110** 산화 칼슘(CaO)은 석탄을 사용하는 발전소에서 생기는 이산화 황(SO_2)을 제거하는 데 사용한다.

$$2CaO(s) + 2SO_2(g) + O_2(g) \longrightarrow 2CaSO_4(s)$$

매일 이 과정으로 SO_2 6.6 × 10^5 g을 제거한다면, 이 과정의 엔탈피 변화를 계산하시오.

● 6.111 글라우버 염(Glauber's salt, $Na_2SO_4 \cdot 10H_2O$)은 편리한 온도라고 할 수 있는 32°C에서 상 전이(즉, 융해와 응고)를 한다.

$$Na_2SO_4 \cdot 10H_2O(s) \longrightarrow Na_2SO_4 \cdot 10H_2O(l) \qquad \Delta H° = 74.4 \text{ kJ/mol}$$

그 결과, 이 화합물은 가정에서 온도를 조절하는 데 사용된다. 방 천장에 이 화합물을 플라스틱 봉지에 넣어두면, 낮에는 흡열 과정인 용융 과정이 일어나면서 방을 서늘하게 해 주고, 밤에는 다시 얼면서 열을 내어 놓는다. 1.0 atm에서 방 안의 기온을 8.2°C 낮추는 데 필요한 글라우버 염의 질량을 kg으로 계산하시오. 방의 크기는 2.80 m × 10.6 m × 17.2 m이고, 공기의 비열은 1.2 J/g · °C, 공기의 몰질량은 29.0 g/mol이다.

● **6.112** 지름이 16 m인 기구를 18°C에서 헬륨 기체로 채웠다. (a) 이상 기체라 가정하고, 기구 안에 있는 헬륨 기체의 질량을 구하시오. (b) 대기압이 98.7 kPa이라면, 기구가 팽창하는 동안 하는 일(J)은 얼마인가?

6.113 아세틸렌(C_2H_2)을 수소화(수소와 반응)하면 먼저 에틸렌(C_2H_4)이 되고, 그 다음 에테인(C_2H_6)으로 된다. C_2H_2 1 mol을 가지고 그림 6.10과 비슷하게 여기에 나타낸 그림에 표시하시오. 부록 3의 자료를 사용하시오.

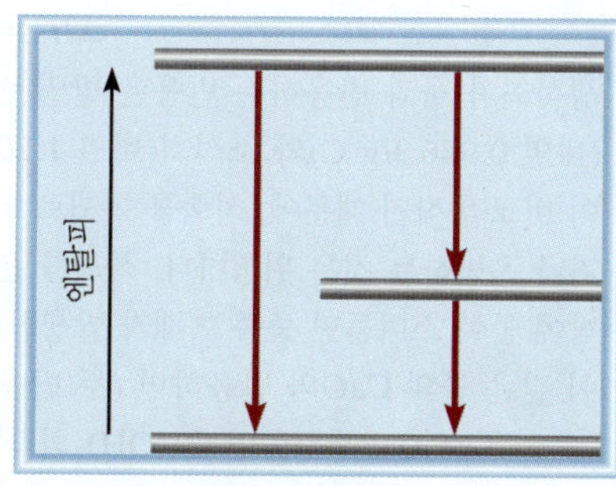

6.114 다음 반응의 $\Delta H°$을 계산하시오.

$$Fe^{3+}(aq) + 3OH^-(aq) \longrightarrow Fe(OH)_3(s)$$

6.115 그림 6.9와 같은 일정 압력 열량계에서 충분한 양의 아연 금속을 0.100 *M* $AgNO_3$ 용액 50.0 mL에 더하였다. 그 결과 다음 반응이 일어나면서 온도가 19.25°C에서 22.17°C로 올라갔다.

$$Zn(s) + 2Ag^+(aq) \longrightarrow Zn^{2+}(aq) + 2Ag(s)$$

열량계의 열용량이 98.6 J/°C라면, 위 반응의 몰당 엔탈피 변화를 계산하시오. 용액의 밀도와 비열은 물과 같다고 가정하고, 금속의 비열은 무시한다.

6.116 (a) 어떤 사람이 매일 4잔의 냉수(3.0°C)를 마신다. 그 잔의 부피는 2.5 × 10^2 mL이다. 물의 온도를 체온인 37°C까지 올리기 위하여 몸이 얼마의 열(kJ)을 제공해야 하는가? (b) 갈증 해소를 위해 0°C의 눈 8.0 × 10^2 g을 먹었다면 당신의 몸은 얼마의 열을 잃겠는가? (눈을 녹이는 데 필요한 열량은 6.01 kJ/mol이다).

6.117 운전 지침에 따르면 속도가 두 배로 늘어나면 제동 거리는 네 배로 늘어난다고 한다. 즉, 25 mph로 움직이는 차가 멈추는 데 30 ft가 필요하다면, 50 mph로 움직이는 차를 멈추는 데 120 ft가 필요하다. 이 진술을 역학과 열역학 제1법칙을 이용하여 설명하시오. [자동차가 멈출 때 그 운동 에너지($\frac{1}{2}mu^2$)는 완전히 열로 바뀐다고 가정한다.]

● **6.118** 온도 25°C에서 HF(*aq*)의 표준 생성 엔탈피는 −320.1 kJ/mol이고, $OH^-(aq)$의 표준 생성 엔탈피는 −229.6 kJ/mol, $F^-(aq)$의 표준 생성 엔탈피는 −329.1 kJ/mol, $H_2O(l)$의 표준 생성 엔탈피는 −285.8 kJ/mol이다.
(a) HF(*aq*)의 표준 중화 엔탈피를 계산하시오.

$$HF(aq) + OH^-(aq) \longrightarrow F^-(aq) + H_2O(l)$$

(b) 다음 반응식의 표준 엔탈피 변화 −56.2 kJ 값을 사용하여

$$H^+(aq) + OH^-(aq) \longrightarrow H_2O(l)$$

다음 반응에 대한 표준 엔탈피 변화를 계산하시오.

$$HF(aq) \longrightarrow H^+(aq) + F^-(aq)$$

6.119 왜 차갑고 축축한 공기와 덥고 습한 공기가 같은 온도의 건조한 공기보다 더 불편하게 느껴지는가? (수증기와 공기의 비열은 각각 1.9 J/g · °C와 1.0 J/g · °C이다.)

6.120 CO_2에 대한 표준 생성 엔탈피와 다음 정보로부터 일산화 탄소(CO)의 표준 생성 엔탈피를 계산하시오.

$$CO(g) + \tfrac{1}{2}O_2(g) \longrightarrow CO_2(g) \qquad \Delta H° = -283.0 \text{ kJ/mol}$$

왜 다음 반응식의 엔탈피를 측정하여 표준 생성 엔탈피를 직접 구할 수 없는가?

$$C(\text{흑연}) + \tfrac{1}{2}O_2(g) \longrightarrow CO(g)$$

● 6.121 몸무게 46 kg인 사람이 발열량이 약 3.0 kJ/g인 우유 500 g을 마신다. 우유가 가지는 에너지의 17%만이 기계적 일로 바뀐다면 이 에너지로 얼마만큼 높이(몇 m) 올라갈 수 있는가? [*힌트*: 올라갈 때의 일은 *mgh*로, 여기서 *m*은 질량(킬로그램 단위), *g*는 중력 가속도(9.8 m/s^2), *h*는 높이(미터 단위)이다.]

● **6.122** 미국 쪽 나이아가라 폭포의 높이는 51 m이다. (a) 폭포 위에서 물 1.0 g이 지면에 대해서 가지는 퍼텐셜 에너지는 얼마인가? (b) 이 퍼텐셜 에너지가 모두 운동 에너지로 전환되었다면 떨어지는 물의 속도는 얼마인가? (c) 운동 에너지가 모두 열로 바뀌었다면 물의 온도는 얼마나 증가하겠는가? (*힌트*: 연습 문제 6.121 참조)

● 6.123 19세기에 듈롱(Dulong)과 쁘띠(Petit)라는 과학자는 고체 원소들에 대해서 그 몰질량과 비열을 곱하면 약 25 J/°C가 되는 것을 발견하였다. 오늘날 듈롱-쁘띠 법칙이라고 하는 이 발견은 금속의 비열을 추정하는 데 사용되었다. 표 6.2에 있는 금속들에 대해서 이 법칙을 확인하시오. 이 중에 한 금속에 대해서는 이 법칙이 적용되지

않는다. 그 금속은 무엇인가? 왜 그런가?

6.124 에탄올(C_2H_5OH)의 표준 연소 엔탈피(−1367.4 kJ/mol)로부터 에탄올의 표준 생성 엔탈피를 결정하시오.

● 6.125 아세틸렌(C_2H_2)과 벤젠(C_6H_6)은 실험식이 같다. 실제로 벤젠은 다음과 같이 아세틸렌으로부터 만들어진다.

$$3C_2H_2(g) \longrightarrow C_6H_6(l)$$

C_2H_2과 C_6H_6의 연소 엔탈피는 각각 −1299.4 kJ/mol과 −3267.4 kJ/mol이다. C_2H_2과 C_6H_6의 표준 생성 엔탈피와 C_2H_2로부터 C_6H_6가 생성될 때의 엔탈피 변화를 계산하시오.

● **6.126** 23°C의 음료수 361 g이 들어 있는 스티로폼 컵에 0°C 얼음을 넣었다. 음료수의 비열은 물과 거의 같다. 얼음과 음료수의 온도가 0°C의 평형 온도에 도달한 뒤에도 약간의 얼음이 남아 있었다. 녹은 얼음의 질량을 구하시오. 컵의 열용량은 무시한다 (*힌트*: 0°C 얼음 1 g을 녹이는 데 334 J이 필요하다).

6.127 저녁 만찬 후 주인이 다음과 같은 재주를 부렸다. 먼저 타고 있는 촛불 중 하나를 불어서 껐다. 그리고 재빨리 심지 위 1 인치 되는 곳에 성냥불을 가져다 댔다. 그러자 초에 다시 불이 붙고 모두가 놀라워했다. 심지에 대지 않고 이 주인이 어떻게 이 일을 해내었는지 설명하시오.

6.128 NH_4Cl 89.7 g을 분해하는 데 얼마만큼의 열이 필요한가? (*힌트*: 계산을 위해 25°C에서 생성 엔탈피 값을 사용할 수 있다.)

● 6.129 미국 매사추세츠 주에 있는 한 가스 회사는 20°C, 1.0 atm에서 측정된 천연가스(CH_4) 15 ft^3 당 1.30 달러를 부과하였다. 커피나 홍차 한 잔 만들 만한 물 200 mL를 20°C에서 100°C까지 가열하는 비용을 계산하시오. 연소에 의해 생성된 열은 50%만이 물을 가열하는 데 쓰이고 나머지 열은 주위로 발산한다고 가정한다.

6.130 압력 1.2×10^5 Pa의 헬륨 기체로 채워진 굿이어 사 광고 비행선의 내부 에너지를 계산하시오. 비행선의 부피는 5.5×10^3 m^3이다. 이 에너지가 21°C의 구리 10.0 t을 가열하는 데 모두 사용되었다면, 구리의 최종 온도를 계산하시오. (*힌트*: 기체의 내부 에너지 계산은 5.7절 참조, 1 t = 9.072×10^5 g)

6.131 중합 반응은 대개 발열 반응인 반면 분해 반응은 대개 흡열 반응이다. 이러한 경향에 대해 정성적 설명을 하시오.

6.132 아세틸렌(C_2H_2)은 칼슘 카바이드(CaC_2)를 물과 반응시켜서 만든다. (a) 반응식을 쓰시오. (b) 칼슘 카바이드 74.6 g에서부터 시작하여, 아세틸렌을 연소시켜서 얻을 수 있는 최대 열량(J)은 얼마인가?

6.133 사막의 평균 기온은 낮에는 높고, 밤에는 매우 서늘하다. 반면 해안 지역의 날씨는 적당하다. 설명하시오.

● **6.134** 나프탈렌($C_{10}H_8$) 1.034 g을 298 K의 일정 부피 통열량계에서 태웠을 때 41.56 kJ의 열이 방출되었다. 이 반응에 대해서 몰당 ΔU와 ΔH를 계산하시오.

6.135 열화학적 관점에서 이산화 탄소 소화기나 물을 마그네슘 화재에 쓸 수 없는지 설명하시오.

6.136 298 K에서 다음 반응의 ΔU를 계산하시오.

$$2H_2(g) + O_2(g) \longrightarrow 2H_2O(l)$$

● 6.137 석회는 산화 칼슘(CaO, 생석회)과 수산화 칼슘 [$Ca(OH)_2$, 소석회]을 합해서 부르는 명칭이다. 석회는 제철 산업에서 산성 불순물을 제거하고, 공기 정화시 SO_2와 같은 산성 산화물을 제거하며 물을 정화할 때 사용된다. 생석회는 석회석($CaCO_3$)을 2000°C 이상에서 가열하여 다음과 같이 얻는다.

$$CaCO_3(s) \longrightarrow CaO(s) + CO_2(g) \qquad \Delta H° = 177.8 \text{ kJ/mol}$$

소석회는 생석회를 물과 반응시켜 다음과 같이 얻는다.

$$CaO(s) + H_2O(l) \longrightarrow Ca(OH)_2(s) \qquad \Delta H° = -65.2 \text{ kJ/mol}$$

생석회가 물과 반응하는 반응은 발열 반응이며 생석회(비열 0.946 J/g°C)와 소석회(비열 1.20 J/g°C)의 비열이 비교적 작기 때문에, 석회를 목재로 된 용기에 보관하거나 운반하는 것은 위험하다. 석회를 운반하는 목재 선박에 물이 스며들면 종종 화재가 발생한다. (a) 물 500 g이 같은 몰의 CaO와 반응하면 (두 반응물의 초기 온도는 모두 25°C), 생성물인 $Ca(OH)_2$의 최종 온도는 얼마인가? 반응에서 발생한 열은 생성물이 모두 흡수한다고 가정한다. (b) CaO와 H_2O의 표준 생성 엔탈피가 각각 −635.6 kJ/mol과 −285.8 kJ/mol일 때 $Ca(OH)_2$의 표준 생성 엔탈피를 계산하시오.

6.138 불순물이 섞인 포도당($C_6H_{12}O_6$) 시료 4.117 g을 열용량 19.65 kJ/°C인 일정 부피 열량계에서 태운다. 온도가 3.134°C 만큼 상승하였다면 시료에 존재하는 포도당의 질량 백분율을 계산하시오. 불순물은 연소 과정에서 변화하지 않는다고 가정한다. 열역학 자료들은 부록 3 참조.

6.139 다음 각 과정에 대해서 q, w, ΔU, ΔH 항목들로 구성된 표를 만들고 이 값들이 양의 부호를 갖는지, 음의 부호를 갖는지, 또는 0인지 유추하시오. (a) 벤젠의 응고, (b) 일정 온도에서 이상 기체의 응축, (c) 소듐과 물의 반응, (d) 액체 질소의 끓음, (e) 일정 부피에서 기체 가열, (f)

얼음의 융해.

6.140 어떤 탄화수소 0.4196 g을 연소하면 17.55 kJ의 열이 발생한다. 생성물의 질량은 CO_2 1.419 g과 H_2O 0.290 g이다. (a) 이 탄화수소 화합물의 실험식은 무엇인가? (b) 탄화수소 화합물의 대략적인 몰질량이 76 g일 경우 표준 생성 엔탈피를 계산하시오.

6.141 인체에서 일어나는 신진 대사는 하루에 약 1.0×10^4 kJ의 열을 발생한다. 인체를 50 kg의 물로 가정하고 고립계라면 체온은 얼마나 상승하는가? 정상 체온(98.6°F)을 유지하기 위해 호흡을 통해 방출해야 하는 물의 양은 얼마인가? 계산 결과에 대해 논하시오. 물의 증발열은 2.41 kJ/g으로 간주한다.

6.142 다음 각 상황에 대한 예를 제시하시오. (a) 계에 열을 가하여 온도가 상승할 경우, (b) 계에 열을 가해도 온도가 변하지 않는 경우, (c) 계에 열을 가하거나 계에서 열이 방출되지 않았음에도 계의 온도가 변하는 경우.

6.143 다음 자료로부터 KI의 용해열을 계산하시오.

	NaCl	NaI	KCl	KI
격자 에너지(kJ/mol)	788	686	699	632
용해열(kJ/mol)	4.0	−5.1	17.2	?

6.144 그림과 같이 한 이상 기체가 A에서 출발하여 팽창과 수축을 반복하며 순환한다. 행해진 전체 일을 계산하시오. 계산 결과로부터 일은 상태 함수가 아니라는 것을 증명할 수 있는가?

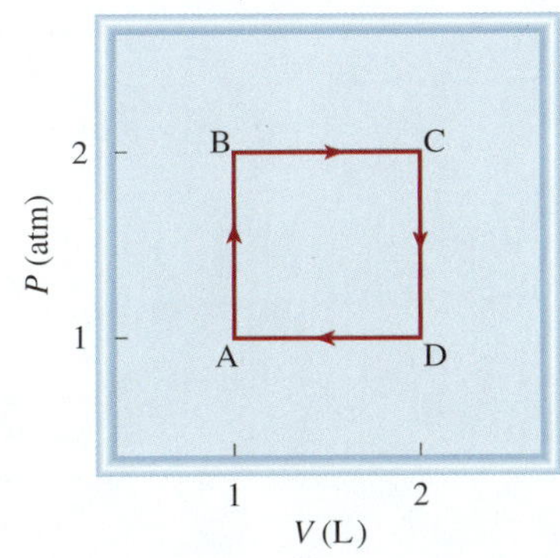

6.145 응축상(액체나 고체)에서 일어나는 반응에서는 대개 ΔH와 ΔU의 차이가 매우 작다. 이것은 대기압에서 일어나는 반응에도 적용된다. 하지만 어떤 지질화학적 과정에서는 외부 압력이 너무 커서 ΔH와 ΔU의 차이가 매우 크다. 잘 알려진 예는 지표면 아래에서 흑연이 다이아몬드로 전환되는 과정이다. 50,000 atm의 압력 하에서 흑연 1 mol이 다이아몬드 1 mol로 전환되는 과정의 ($\Delta H - \Delta U$)를 계산하시오. 흑연과 다이아몬드의 밀도는 각각 2.25 g/cm^{3}와 3.52 g/cm^{3}이다.

6.146 다음 그림은 다양한 물리적, 화학적 과정을 나타낸다. (a) $2A(g) \longrightarrow A_2(g)$. (b) $MX(s) \longrightarrow M^+(aq) + X^-(aq)$. (c) $AB(g) + C(g) \longrightarrow AC(g) + B(g)$. (d) $B(l) \longrightarrow B(g)$. 보인 경우가 흡열인지 발열인지 예측하시오. 어떤 경우에 왜 확실한 결론을 내기 어려운지 설명하시오.

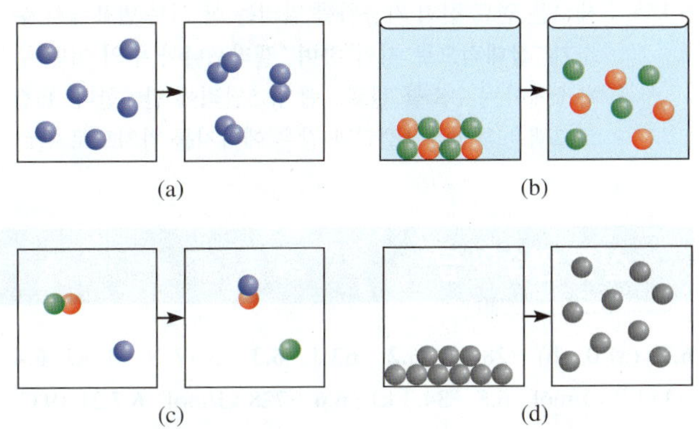

6.147 열용량을 무시할 수 있는 일정 압력 열량계에서 모두 80.6°C인 미지 금속 시료 20.3 g과 구리 시료 28.5 g을 11.2°C의 물 100 g에 넣었다. 금속과 물의 최종 온도가 13.7°C라면 미지 금속의 열용량을 계산하시오.

설명, 모형화 및 추정 문제 *Interpreting, Modeling & Estimating*

6.148 대부분의 생물학적 과정에서 $\Delta U \approx \Delta H$이다. 설명하시오.

6.149 평균 성인 남자가 계단으로 지상에서 엠파이어 스테이트 빌딩 꼭대기 층까지 올라가는 데 소모하는 퍼텐셜 에너지를 추정하시오.

6.150 테니스에서 가장 빠른 서비스는 약 150 mph이다. 이 속도로 진행하는 테니스 공의 운동 에너지로 물 1 mL를 30°C 가열하는 데 충분할까?

6.151 1초 동안 태양에서 방출하는 전체 에너지로 지구 상의 모든 바닷물을 끓는점까지 가열할 수 있을까?

6.152 매년 메테인 3조 표준 입방피트(standard cubic feet)가 대기 중으로 방출되는 것으로 추정된다. 이 메테인을 모으면 에너지 원으로 사용할 수 있을 것이며 대기로부터 강력한 온실 기체를 제거할 수 있을 것이다. (메테인은 같은 분자수의 이산화 탄소보다 열을 가두는 데 25배나 더 효과적이다.) 표준 입방피트는 60°C, 1 atm에서 측정

한다. 매년 방출되는 메테인을 연소하였을 때 얻을 수 있는 에너지의 양을 계산하시오.

6.153 바이오매스 발전소는 나무 조각과 같은 폐기물로부터 전기를 생산한다. 일부 발전소에서는 공급 원료를 에탄올(C_2H_5OH)로 변환하여 후에 연료로 사용한다. (a) 탄소의 85%가 C_2H_5OH로 변환된다면 나무 조각 1.0 t으로부터 에탄올 몇 그램을 얻을 수 있을까? (b) 나무 조각 1.0 t으로부터 에탄올을 연소하였을 때 얼마나 많은 에너지가 방출되겠는가? (힌트 : 나무 조각을 셀룰로스로 다룬다.)

6.154 연료 탱크 안에 휘발유 대신 수소 기체를 넣은 자동차를 생각해 보자. 휘발유 한 탱크와 같은 양의 화학 에너지를 탱크가 유지하려면 수소 기체의 압력이 얼마가 되어야 할까?

6.155 새로운 연료 전지 자동차를 알리는 한 신문 발표에서 수소가 "상대적으로 저렴"하며 "캘리포니아 주의 어떤 주유소에서는 수소를 킬로그램 당 5달러에 판매한다. 1 킬로그램은 휘발유 1갤런과 같은 에너지를 가지므로 갤런당 5달러를 지불하는 것과 같다. 하지만 수소로는 2~3배 더 멀리 갈 수 있다"고 보도하였다. 이 주장을 분석하시오.

6.156 탄화수소가 연소하여 어떻게 온실 기체인 CO_2를 생성하는지에 대해서는 많이 듣지만 에너지 소모가 증가함으로써 생명 유지에 필요한 대기 중 산소의 양에 미치는 영향에 대해서는 어떠한가? (a) 다음 10년간 추가적인 에너지 소비에 산소 몇 mol이 필요할까? (b) 대기 중 산소 감소의 결과는 무엇일까?

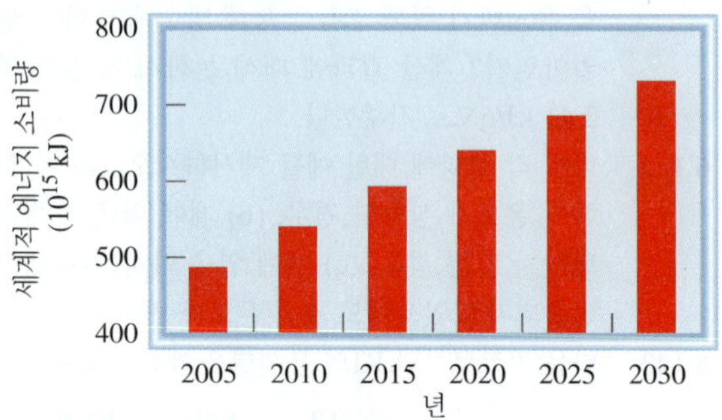

실전 연습의 답 *Answers to Practice Exercises*

6.1 (a) 0, (b) −286 J. **6.2** −63 J. **6.3** -6.47×10^3 kJ. **6.4** −111.7 kJ/mol. **6.5** −34.3 kJ. **6.6** −728 kJ/mol. **6.7** 21.19°C. **6.8** 22.49°C. **6.9** 87.3 kJ/mol **6.10** −41.83 kJ/g.

화학 세계의 미스터리

타이어 폭발[†]

하비 스미스(Harvey Smith)의 차에 펑크난 타이어를 수리하는 것은 일상적인 일이었다. 탐 정비소(Tom's Garage) 주인인 탐 리(Tom Lee)는 제리(Jerry)에게 일을 계속하도록 타이어를 넘기고, 밖으로 나가 기체를 펌프질하였다. 몇 분 후 탐은 큰 폭발음을 들었다. 그가 안으로 달려갔을 때 타이어는 산산조각 난 채 날아가 있었고, 벽은 무너졌으며, 장비는 파손되었고, 제리는 의식을 잃고 피를 흘리며 바닥에 쓰러져 있었다. 다행히도 제리의 부상은 심각한 정도는 아니었다. 제리가 병원에 누워 회복하는 동안 폭발에 대한 미스터리는 풀리지 않고 있었다.

타이어는 하비가 못 위로 차를 몰다가 펑크가 난 것이었다. 하비는 준비성 많은 운전자라서, 차 안에 간이 타이어 수리용 캔을 휴대하고 있었으므로 타이어를 다시 부풀게 하여 안전하게 집으로 돌아올 수 있었다. 하비가 사용한 타이어 수리용 캔에는 액체 추진제인 프로페인(C_3H_8)과 뷰테인(C_4H_{10})의 혼합물에 라텍스(생고무)가 녹아 있었다. 프로페인과 뷰테인은 대기압에서는 기체이지만, 캔 속의 높은 압력에서는 액체로 존재한다. 캔 꼭대기의 밸브를 누르면 열려 캔 안의 압력이 줄어든다. 기체가 타이어를 다시 부풀리는 동안 혼합물이 끓고, 라텍스 거품이 생겨서 기체에 의해 타이어 안으로 들어가면서 펑크가 난 부분이 막히게 된다.

펑크 난 타이어의 압력은 거의 1 atm(15 psi; 평방 인치당 약 15파운드)이다. 하비는 에어로솔 상태의 타이어 수리 제품을 사용하여 펑크 난 타이어의 압력이 35 psi가 되도록 부풀게 하였다. 이 값은 게이지 압력이라 하며, 대기압 하에서 타이어 압력을 나타낸다. 따라서 타이어의 전체 압력은 (15 + 35) psi 즉, 50 psi였다. 프로페인이나 뷰테인과 같은 천연 가스를 사용할 때의 문제점은 이 물질들의 인화성이 매우 높다는 것이다. 사실, 이 기체들이 공기와 부피비로 2~9% 정도 섞이면 폭발적으로 반응한다. 제리는 하비의 타이어를 수리하는 것이 위험하다는 것을 알고 있었으며, 사고를 방지하기 위하여 조심하고 있었다. 먼저, 그는 타이어 안의 여분의 기체를 빠져나오게 하였다. 다음에, 타이어에 공기를 35 psi가 되게 넣었다. 그리고 그는 한 번 더 반복했다. 분명히 이것은 프로페인과 뷰테인의 농도를 점차로 줄이면서 묽히는 과정이다. 타이어가 폭발했다는 것은 제리가 이 기체들을 충분히 묽히지 않았다는 것을 의미한다. 그러나 발화의 원인은 무엇이었을까?

제리가 타이어에 난 못 구멍을 발견했을 때 그는 고무와 액체 밀봉제를 사용하기 전에 오염물을 씻어내고, 구멍의 고무를 느슨하기 위하여 금속 줄과 같은 공구인 타이어 구멍 확대기를 사용하였다. 제리가 마지막으로 기억하고 있는 것은 구멍에서 구멍 확대기를 빼낸 것이었다. 그 다음에 그가 알고 있는 것은 전신을 다쳐서 병원에 누워 있다는 것이다. 이 미스터리를 풀기 위하여 다음의 단서들을 이용한다.

[†] "The Exploding Tire", Jay A. Young, *CHEM MATTERS*, April, 1988, p. 12.에서 허가받고 옮김. Copyright 1995 American Chemical Society.

(계속)

화학적인 단서

1. 프로페인과 뷰테인의 균형 맞춘 연소 반응식을 쓰시오. 생성물은 이산화 탄소와 물이다.
2. 하비가 펑크난 타이어를 35 psi까지 부풀렸을 때, 프로페인과 뷰테인 기체의 조성을 부피비로 나타내면 (35 psi/50 psi) × 100% = 70%가 된다. 제리가 처음에 타이어 공기를 빼서 압력이 15 psi가 되었어도 조성비 70%는 그대로 남아 있다. 이러한 사실을 근거로 타이어의 가스를 빼고 공기를 넣는 것을 두 번 반복한 후의 프로페인과 뷰테인의 조성을 백분율로 계산하시오. 그 값이 폭발 범위인가?
3. 펑크 난 타이어가 강철띠를 두른 타이어라면 기체 혼합물의 점화가 어떻게 촉발되었는지 설명하시오(강철띠를 두른 타이어에는 바깥쪽을 강화하기 위하여 두 개의 강철선, 안쪽을 강화하기 위하여 두 개의 폴리에스터 끈이 있다).

간이 타이어 펑크 수리기.

제 7 장

양자론과 원자의 전자 구조

Quantum Theory and the Electronic Structure of Atoms

▲ "네온 사인"은 여러 비활성 기체, 수은 및 인광물질들이 작용하는 원자 발광을 뜻하는 일반적인 단어이다. 들뜬 수은 원자에서 나오는 UV 빛 때문에 인광물질이 코팅된 관이 백색이나 다양한 색으로 형광을 나타내게 된다.

이 장의 차례

들여다보기

- 고전 물리학으로부터 양자론까지의 변천 과정을 살펴보는 것으로 시작한다. 특히, 파동의 성질, 전자기 복사선 및 플랑크의 양자론과 친숙하게 된다(7.1절).
- 광전 효과에 대한 아인슈타인의 설명은 양자론을 발전시키는 또 다른 단계였다. 아인슈타인은 실험 결과를 설명하기 위하여 빛은 광자라고 하는 입자 다발과 같이 행동한다고 제안하였다(7.2절).
- 그 다음, 수소 원자의 방출 스펙트럼에 대한 보어 이론을 공부한다. 특히, 보어는 원자의 전자 에너지가 양자화되어 있고, 높은 에너지 준위의 전자가 낮은 에너지 준위로 전이될 때 방출선이 나타난다고 제안하였다(7.3절).
- 보어 이론은 몇 가지 의문점들을 가지고 있었는데, 이것은 전자가 파동과 같이 행동한다는 것을 제안한 드브로이에 의해 설명되었다(7.4절).
- 양자론의 초기 개념은 양자역학이라고 부르는 물리학의 신기원이 되었다. 하이젠베르크의 불확정성 원리는 양자역학계의 측정에 대한 한계 범위를 말해준다. 슈뢰딩거의 파동 방정식은 원자와 분자에 들어 있는 전자의 행동을 기술한다(7.5절).
- 원자에 들어 있는 전자와 전자들이 머무르는 궤도함수의 성질을 설명하는 데 네 개의 양자수가 필요하다는 것을 배운다(7.6절과 7.7절).
- 전자 배치는 원자 내 전자 분포를 기억하고, 원자의 자기적 성질을 이해하는 데 도움을 준다(7.8절).
- 마지막으로, 전자 배치를 쓰는 규칙을 전체의 주기율표에 적용한다. 특히, 원자가 전자 배열에 따라 원소를 족으로 분류한다(7.9절).

양자론은 화학에서 전자가 행하는 중요한 역할을 예측하고 이해할 수 있도록 해준다. 어떤 의미로는 원자를 연구한다는 것은 다음과 같은 질문을 하는 것이라고 할 수 있다.

1. 어느 특정 원자에 얼마나 많은 전자들이 존재하는가?
2. 각 전자들은 에너지를 얼마나 갖는가?
3. 원자 속 어느 곳에서 전자들을 발견할 수 있는가?

이들 질문에 대한 답은 화학 반응에서 모든 물질의 반응과 직접적인 관계를 갖고 있고, 그 대답을 찾아가는 이야기는 우리 논의에 흥미로운 배경이 된다.

7.1 고전 물리학에서 양자론으로

19세기 물리학자들이 원자와 분자를 이해하려 시도한 것은 제한된 경우에 한해서만 성공할 수 있었다. 분자가 튀어 오르는 작은 공과 같이 운동한다고 가정함으로써 물리학자들은 기체에 의하여 가해진 압력과 같은 거시적인 현상을 예측하거나 설명하는 것이 가능하였다. 그러나 이 모형을 사용하여 분자의 안정성을 설명할 수 없었다. 즉, 그런 이론으로 원자를 결합하고 있는 힘을 설명할 수 없었던 것이다. 원자나 분자의 성질을 거대한 물체에 적용하는 법칙으로 설명할 수 없다는 것을 인식하는 데는 오랜 시간이 걸렸으며, 그 사실을 받아들이는 데는 더욱 오랜 시간이 걸렸다.

1900년 독일의 젊은 물리학자인 플랑크(Max Planck)[†]에 의하여 물리학의 새로운 시대가 시작되었다. 여러 온도로 가열된 고체가 방출한 빛을 분석하던 중 플랑크는 원자나 분자가 어떤 불연속적인 양 즉, *양자*(quantum)로만 에너지를 방출한다는 사실을 발견하였다. 물리학자들은 에너지는 연속적인 값을 가지며, 복사 과정에서 에너지는 어떠한 양으로도 방출하는 것이 가능하다고 가정해 왔었다. 플랑크의 *양자론*(quantum theory)은 물리학을 완전히 뒤바꾸어 놓았다. 실제로 잇달아 일어난 연구의 돌풍은 자연에 대하여 우리가 가지고 있는 개념을 영원히 바꾸어 놓았다.

파동의 성질

플랑크의 양자론을 이해하기 위해서는 파동의 성질에 관하여 알아야 한다. **파동**(wave)은 *에너지를 전달하는 진동하는 변화*로 생각할 수 있다. 파동의 기본적 성질은 우리가 잘 아는 물결파로 설명할 수 있다(그림 7.1). 봉우리와 골짜기가 규칙적으로 변하면 파동이 진행되는 것처럼 느껴진다.

그림 7.1 바닷물의 파도.

파동은 자신의 길이와 높이, 그리고 1초 동안 일정 지점을 통과하는 파동의 수로 특징지을 수 있다(그림 7.2). **파장**(wavelength) $\boldsymbol{\lambda}$(lambda)는 *연속 파동에서 같은 위치 사이의 길이*에 해당한다. **진동수**(frequency) $\boldsymbol{\nu}$(nu)는 *1초 사이에 특정 지점을 지나가는 파동의 수*이다. **진폭**(amplitude)은 *파의 중간선에서 봉우리 또는 골짜기까지의 수직 길이*이다.

파동의 다른 중요한 성질은 속력이다. 파동의 속력은 파동의 형태와 통과하는 매질(예를 들면, 공기, 물, 또는 진공)의 성질에 의존한다. 파동의 속력(u)은 파장과 진동수의 곱으로 주어진다.

$$u = \lambda\nu \tag{7.1}$$

식 (7.1) 자체의 적절성은 세 가지 항에 포함된 물리적 단위를 분석하면 분명해진다. 파장(λ)은 파동의 거리 또는 거리/파동으로 나타낸다. 진동수(ν)는 단위 시간당 어느 기준점을

[†]플랑크(Max Karl Ernst Ludwig Planck, 1858~1947)는 독일 물리학자로, 양자론으로 1918년 노벨 물리학상을 받았다. 그는 또한 열역학과 물리학의 다른 분야에서도 지대한 공헌을 하였다.

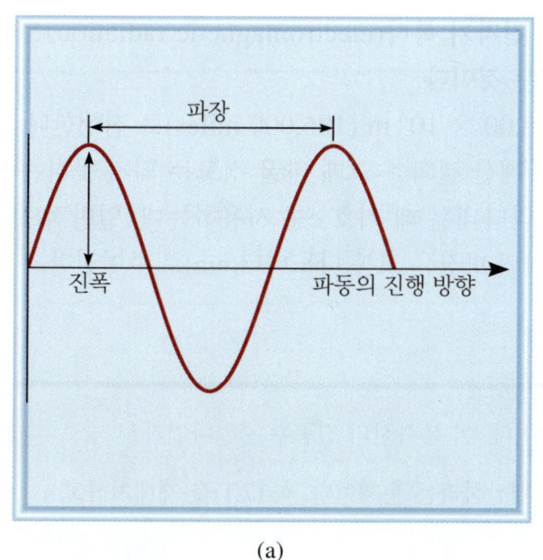

(a)

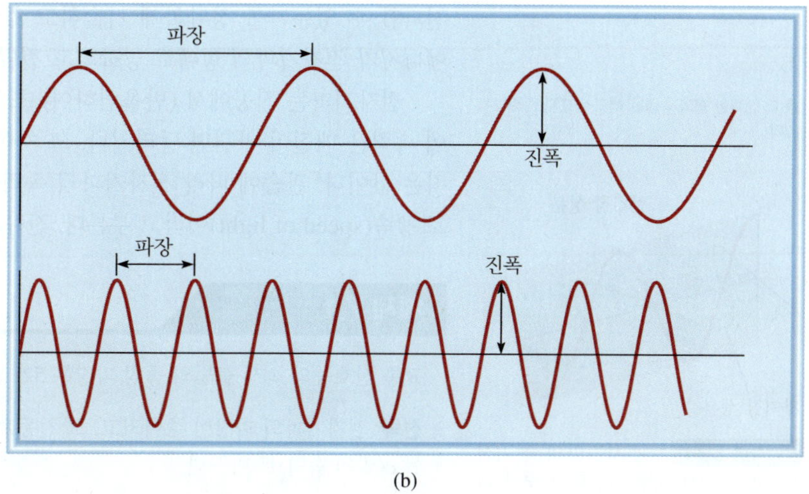

(b)

그림 7.2 (a) 파장과 진폭. (b) 다른 파장과 진동수를 갖는 두 개의 파동. 위 파동의 파장은 아래 파장에 비해 3배이지만, 진동수는 1/3이다. 두 파동은 속도와 진폭이 같다.

지나가는 파동의 수 즉, 파동의 수/시간으로 나타낸다. 따라서 이들 항의 곱은 거리/시간, 즉 속력의 단위를 갖는다.

$$\frac{\text{거리}}{\text{시간}} = \frac{\text{거리}}{\cancel{\text{파동의 수}}} \times \frac{\cancel{\text{파동의 수}}}{\text{시간}}$$

파장은 보통 m, cm 또는 nm 단위로 표시하고, 진동수는 헤르츠(herts, Hz) 단위로 잰다. 여기서

$$1\text{ Hz} = 1\text{ cycle/s}$$

"cycle"이라는 말은 진동수를 표시하는 단위에서 생략될 수 있다. 예를 들어, 진동수는 25/s 또는 25 s^{-1}("25 per second"로 읽음)로 나타낸다.

개념 복습하기

여기 나타낸 파동 중 어느 것이 다음 설명에 해당하는가? (a) 주파수가 가장 큰 것, (b) 파장이 가장 긴 것, (c) 진폭이 가장 큰 것.

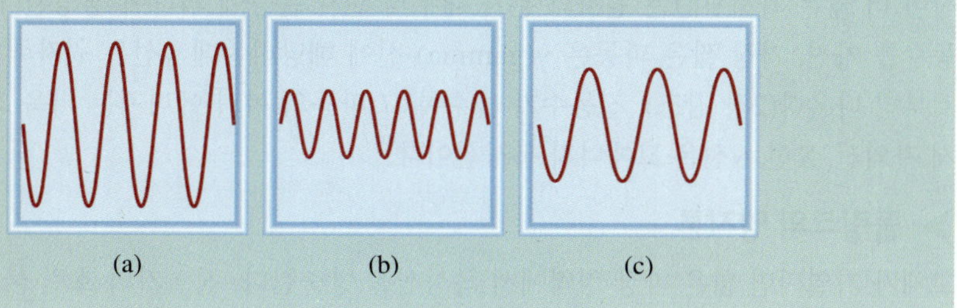

전자기 복사

파동에는 물결파, 음파, 광파와 같이 여러 종류가 있다. 1873년 맥스웰(James Clerk Maxwell)은 가시광선이 전자기파로 되어 있다고 제안하였다. 맥스웰의 이론에 의하면, **전자기파**(electromagnetic wave)는 *전기장 성분과 자기장 성분을 가지고 있다.* 이들 두 성분은 파장과 진동수가 똑같아서 속력도 같지만 서로 수직한 평면상에서 진행한다(그림 7.3). 맥스웰 이론의 중요한 점은 빛의 일반적인 거동을 수식으로 기술한 것이다. 특히 그의 모형은 진동하는 전기장과 자기장을 이용하여 에너지가 복사선 형태로 어떻게 공간을 통하여

음파와 물결파는 전자기파가 아니지만, X선과 라디오파는 전자기파이다.

전파할 수 있는가를 정확하게 기술하고 있다. **전자기 복사**(electromagnetic radiation)는 *에너지가 전자기파의 형태로 방출되고 전달되는 것*이다.

좀 더 정확한 빛의 속력은 책의 뒤표지 안쪽에 있다.

전자기파는 진공에서 (반올림하여) 초 당 3.00×10^8 m (186,000 miles)로 진행한다. 이 속력은 매질이 바뀌면 달라지나, 그 차이가 계산 결과를 크게 바꿀 정도는 되지 못하는 작은 값이다. 관습에 따라 전자기파의 속력을 나타내는 데 기호 c를 사용하는데, 일반적으로 *광속*(speed of light)이라고 부른다. 전자기파의 파장은 보통 나노미터(nm)로 주어진다.

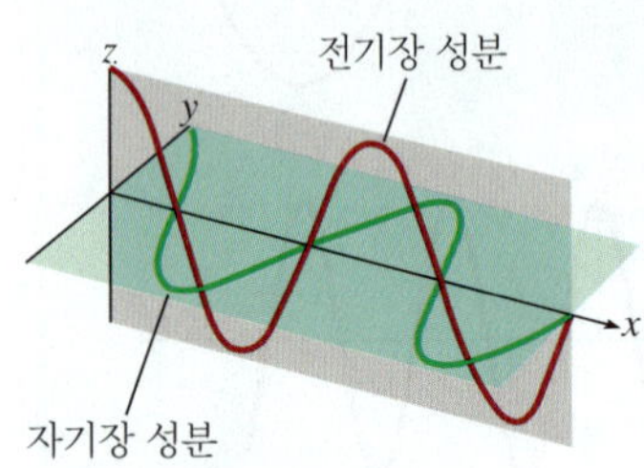

그림 7.3 전자기파의 전기장 성분과 자기장 성분. 이 두 성분은 파장, 진동수, 진폭이 같지만 서로 수직인 평면에서 진동한다.

예제 7.1

교통 신호등의 녹색 불빛의 중심 파장은 522 nm이다. 이 복사선의 진동수는 얼마인가?

전략 전자기파의 파장이 주어지고, 그 진동수를 계산하라는 문제이다. 식 (7.1)을 재배치하고 u를 c(빛의 속력)로 바꾸면,

$$\nu = \frac{c}{\lambda}$$

풀이 빛의 속력은 m/s로 주어지기 때문에 파장을 미터로 먼저 변환시키는 것이 편리하다. 1 nm = 1×10^{-9} m (표 1.3 참조)이므로

$$\lambda = 522\ \text{nm} \times \frac{1 \times 10^{-9}\ \text{m}}{1\ \text{nm}} = 522 \times 10^{-9}\ \text{m} = 5.22 \times 10^{-7}\ \text{m}$$

파장과 빛의 속력(3.00×10^8 m/s)을 치환하면, 진동수는

$$\nu = \frac{3.00 \times 10^8\ \text{m/s}}{5.22 \times 10^{-7}\ \text{m}} = 5.75 \times 10^{14}/\text{s},\ \text{또는}\ \boxed{5.75 \times 10^{14}\ \text{Hz}}$$

검산 답은 한 지점을 1초에 5.75×10^{14}개의 파동이 지나간다는 것을 보여준다. 매우 높은 이 진동수는 빛의 속력이 매우 빠른 것과 일치한다.

비슷한 문제: 7.7.

실전 연습 진동수가 3.64×10^7 Hz인 전자기파의 파장은 몇 미터인가?

그림 7.4는 파장과 진동수가 서로 다른 여러 가지 형태의 전자기 복사선을 보여준다. 파장이 긴 라디오파는 방송국에서 사용되는 것과 같은 커다란 안테나로부터 방출된다. 파장이 더 짧은 가시광선은 원자와 분자 내부의 전자 운동에 의하여 생성된다. 가장 높은 진동수를 가진, 가장 짧은 파동은 γ(gamma) 선에 해당하는데 γ선은 원자핵의 내부 변환으로부터 나온다(2장 참조). 진동수가 클수록 그 파동의 복사 에너지는 더욱 크게 된다. 따라서 자외선, X선, γ선은 고에너지 복사선이다.

플랑크의 양자론

고체가 가열되면 넓은 파장 영역에서 복사선을 방출한다. 전열기의 흐린 붉은 빛과 텅스텐 전구의 밝은 백색광은 다른 온도로 가열된 고체에서 방출되는 복사선의 예이다.

19세기 후반에 측정된 결과에 따르면, 어떤 온도에서 물질로부터 방출하는 복사 에너지의 양은 복사선의 파장에 의존한다는 것이었다. 이미 정립되어 있던 파동 이론과 열역학 법칙을 이용하여 이와 같은 의존성을 설명하고자 하는 시도는 완전하게 성공할 수 없었다. 어떤 이론은 짧은 파장의 의존성은 설명하였으나, 긴 파장에 대해서는 설명할 수 없었다. 다른 이론은 긴 파장에 대해서는 설명하였으나 짧은 파장에 대해서는 설명에 실패하였다. 이러한 사실로부터 고전 물리학 법칙에는 어떤 근본적인 것이 모자란 것처럼 보이게 되었다.

짧은 파장 영역에서 실패한 것을 자외선 파국(ultraviolet catastrophe)이라고 부른다.

플랑크는 기존의 개념과 완전히 동떨어진 가정을 함으로써 이 문제를 해결하였다. 고

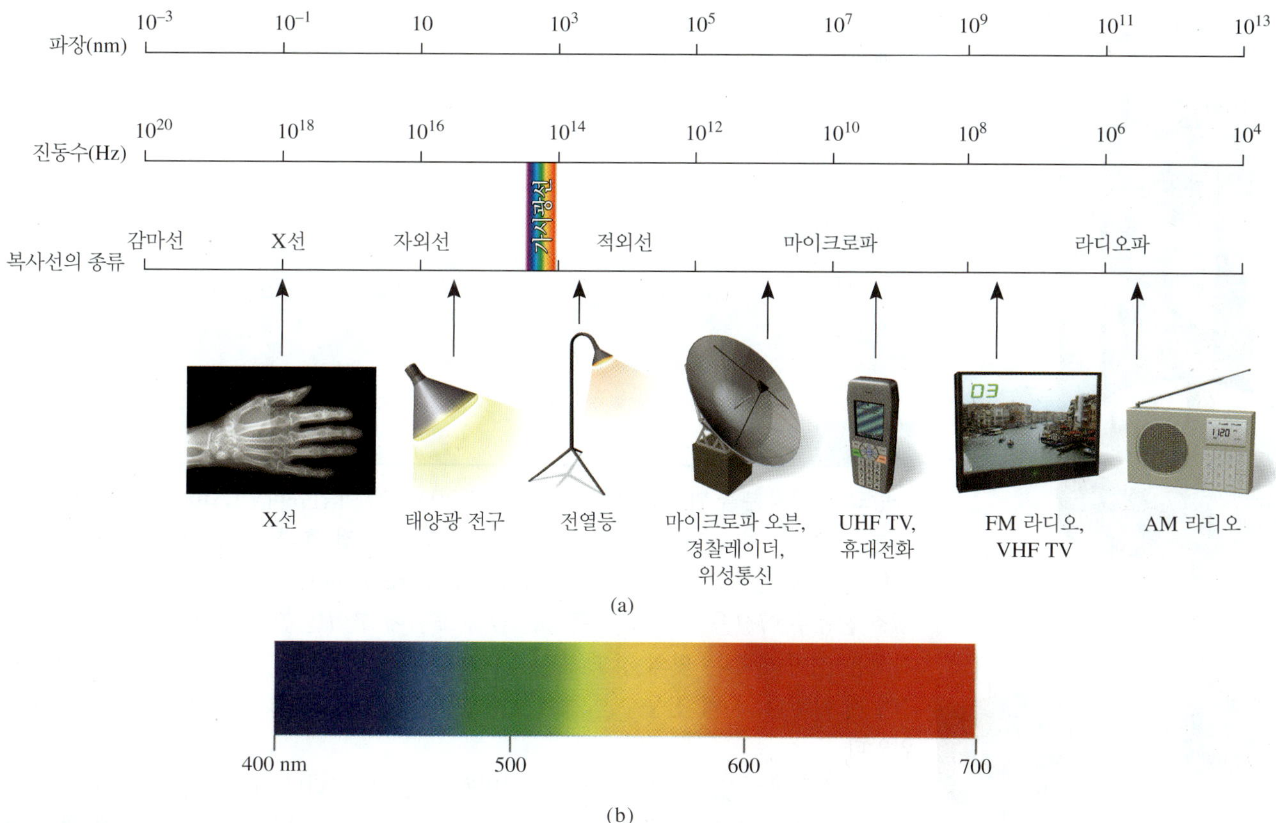

그림 7.4 (a) 전자기 복사의 종류. 감마선은 파장이 가장 짧고 진동수가 가장 높다. 라디오파는 파장이 가장 길고 진동수는 가장 낮다. 각 복사선은 특정한 파장 범위와 진동수 범위에 걸쳐 있다. (b) 가시광선은 400 nm(보라색)부터 700 nm(빨간색)에 걸쳐 있다.

전 물리학에서는 원자나 분자가 임의의 복사 에너지를 흡수하거나 방출할 수 있다고 가정하였다. 그러나 플랑크는 원자나 분자는 마치 작은 꾸러미나 다발처럼 불연속적인 에너지량만을 흡수하거나 방출한다고 하였다. 플랑크는 *전자기 복사선의 형태로 방출되거나 흡수되는 가장 적은 에너지량*에 **양자**(quantum)라는 이름을 붙였다. 양자 한 개의 에너지는 다음 식으로 주어진다.

$$E = h\nu \tag{7.2}$$

여기서 h는 *플랑크 상수*이고, ν는 복사선의 진동수이다. 플랑크 상수의 값은 6.63×10^{-34} J · s이다. $\nu = c/\lambda$이므로 식 (7.2)는 또한 다음과 같이 쓸 수 있다.

$$E = h\frac{c}{\lambda} \tag{7.3}$$

양자론에 의하면 에너지는 언제나 $h\nu$, 2 $h\nu$, 3 $h\nu$, . . .와 같이 $h\nu$의 정수배로 방출되며, 1.67 $h\nu$나 4.98 $h\nu$처럼 방출되지는 않는다. 플랑크가 이 이론을 제시했을 당시, 그는 왜 에너지가 이렇게 양자화되어야 하는지를 설명하지 못했다. 그러나 이 가설로부터 출발하여 그는 고체의 복사선 방출 실험 자료를 *전* 파장 영역에 걸쳐 아무런 어려움 없이 기술할 수 있었다. 모든 결과는 양자론을 지지하고 있었다.

에너지가 양자화 즉, "꾸러미"로 존재해야 한다는 생각은 이상하게 보일지 모르나, 양자화의 개념은 많은 비유를 찾을 수 있다. 예를 들면, 전하 역시 양자화되어 있다. 즉, 전하는 전자 하나의 전하인 e의 정수배만 존재한다. 어떤 시료의 물질 내에 있는 전자, 양성자,

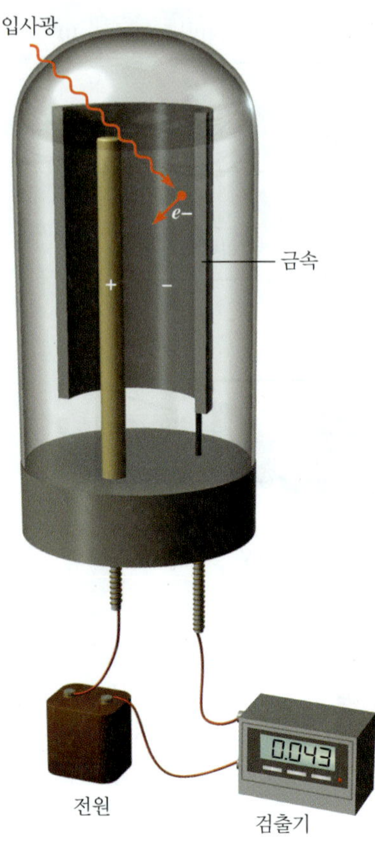

그림 7.5 광전 효과 연구 장치. 진동수가 일정한 빛을 깨끗한 금속 표면에 비춘다. 방출된 전자들은 양극 쪽으로 끌려간다. 전자의 흐름을 검출기로 측정한다. 카메라의 노출계는 광전 효과를 이용한 것이다.

광자의 에너지에 대한 식은 식 (7.2)와 같다. 전자기 복사는 광자의 형태로 흡수될 뿐만 아니라 방출되기 때문이다.

중성자, 원자의 수가 또한 정수이므로 물질 자체가 양자화되어 있다고 할 수 있다. 우리의 화폐계도 1원이라는 단위로 양자화되어 있다. 생물의 활동도 양자화된 현상을 보이고 있다. 닭이 낳는 달걀이 양자화되어 있고, 새끼를 밴 고양이가 정수배의 새끼를 낳지 절반이나 $\frac{3}{4}$마리의 새끼를 낳지 않는다.

개념 복습하기

가시광선이나 적외선이 아닌 UV 복사선만이 햇볕에 타는 현상이 나타나는 이유는 무엇인가?

7.2 광전 효과

플랑크가 양자론을 발표한 지 5년이 지난 1905년에 아인슈타인(Albert Einstein)[†]은 양자론을 사용하여 물리학의 또 다른 수수께끼였던 **광전 효과**(photoelectric effect)를 설명하였다. 광전 효과는 *문턱 진동수*(threshold frequency, 그림 7.5)*라고 부르는 적당한 최소 진동수 이상을 가진 빛을 특정한 금속 표면에 쪼이면 전자가 방출되는 현상*이다. 방출하는 전자의 수는 빛의 강도(또는 밝기)에 비례하였으나, 방출되는 전자의 에너지는 그렇지 않았다. 문턱 진동수 이하에서는 빛의 세기가 아무리 클지라도 전자는 방출하지 않았다.

광전 효과는 빛의 파동 이론으로 설명될 수 없다. 그러나 아인슈타인은 색다른 가정을 하였다. 그는 빛살을 입자의 흐름으로 제안하였다. 이러한 *빛의 입자*를 지금은 **광자**(photon)라고 부른다. 아인슈타인은 복사선에 대한 플랑크의 양자론을 기초로 하여, 광자는 다음 식으로 주어지는 에너지 E를 가져야 한다고 추론하였다.

$$E = h\nu$$

여기서 ν는 빛의 진동수이다.

예제 7.2

(a) 파장이 5.00×10^4 nm (적외선 영역)인 광자와 (b) 파장이 5.00×10^{-2} nm (X선 영역)인 광자의 에너지를 J로 계산하시오.

전략 (a)와 (b) 모두 광자의 파장이 주어지고, 그 에너지를 계산하는 문제이다. 식 (7.3)을 이용해서 에너지를 계산한다. 플랑크 상수는 본문과 책 표지 안쪽에 주어져 있다.

풀이 (a) 식 (7.3)에서

$$\begin{aligned} E &= h\frac{c}{\lambda} \\ &= \frac{(6.63 \times 10^{-34}\ \text{J}\cdot\text{s})(3.00 \times 10^{8}\ \text{m/s})}{(5.00 \times 10^{4}\ \text{nm})\dfrac{1 \times 10^{-9}\ \text{m}}{1\ \text{nm}}} \\ &= 3.98 \times 10^{-21}\ \text{J} \end{aligned}$$

(계속)

[†]아인슈타인(Albert Einstein, 1879~1955)은 독일 태생의 미국 물리학자로, 많은 사람들에 의해 뉴턴과 더불어 세계에서 가장 위대한 두 물리학자로 불린다. 그가 스위스 베른에 있는 특허국에서 기술 조수로 일할 때인 1905년 발표한 세 논문(특수상대성 이론, 브라운 운동, 광전 효과)은 물리학의 발달에 큰 영향을 끼쳤다. 그는 광전 효과를 설명한 공로로 1921년 노벨 물리학상을 받았다.

이것은 파장 5.00×10^4 nm인 광자 하나가 가지는 에너지이다.

(b) (a)에서와 같은 방법에 따라 파장이 5.00×10^{-2} nm인 광자의 에너지가 3.98×10^{-15} J인 것을 알 수 있다.

검산 광자의 에너지는 파장이 줄어들수록 커지므로, "X선"의 광자는 "적외선"의 광자보다 1×10^6 배, 즉 백만 배 더 크다.

실전 연습 어떤 광자의 에너지가 5.87×10^{-20} J이다. 파장은 몇 nm인가?

비슷한 문제: 7.15.

전자들은 인력에 의해 금속 안에 잡혀 있으며, 이들을 금속으로부터 제거하여 자유롭게 떼어놓기 위해서는 충분히 높은 진동수(충분히 높은 에너지에 해당)의 빛이 필요하다. 빛을 금속 표면에 쪼이는 것은 입자(광자)의 살을 금속 원자에 쏘는 것으로 생각할 수 있다. 만약 광자의 진동수를 이용하여 계산한 $h\nu$가 금속 내의 전자를 구속하는 에너지와 정확히 같다면, 그 빛은 전자를 떼어낼 만큼의 에너지를 갖게 된다. 만약 더 높은 진동수의 빛을 사용한다면, 전자들은 느슨해질 뿐만 아니라 얼마간의 운동 에너지를 얻게 될 것이다. 이러한 현상은 다음 식으로 요약된다.

$$h\nu = \mathrm{KE} + W \tag{7.4}$$

여기서 KE는 방출되는 전자의 운동 에너지이고, W는 일함수(work function)로 전자가 얼마나 강하게 금속에 잡혀있는가를 나타낸다. 식 (7.4)를 다음과 같이 다시 쓰면

$$\mathrm{KE} = h\nu - W$$

이 식은 광자의 에너지가 클수록(즉, 진동수가 클수록) 방출하는 전자의 운동 에너지는 더 커진다는 것을 보여준다.

이제 진동수(문턱 진동수보다 더 큰)는 같지만 세기가 다른 두 빛살을 생각해보자. 더 강한 빛살은 더 많은 수의 광자들로 구성되어 있다. 결국 이 빛은 더 약한 빛살에 비해 금속 표면으로부터 더 많은 전자를 방출하게 만든다. 따라서 빛의 강도가 클수록 목표 금속에 의해 더 많은 수의 전자를 방출시키고, 빛의 진동수가 높을수록 방출하는 전자의 운동 에너지는 더 커진다.

예제 7.3

세슘 금속의 일함수는 3.42×10^{-19} J이다. (a) 이 금속에서 전자를 방출하기 위해 필요한 빛의 최소 진동수를 계산하시오. (b) 진동수 $1.00 \times 10^{15}\ \mathrm{s^{-1}}$인 빛을 금속에 쪼일 때 방출되는 전자의 운동 에너지를 계산하시오.

전략 원소의 일함수와 빛의 진동수 사이의 관계는 식 (7.4)로 주어진다. 전자를 내놓을 수 있는 빛의 최소 파장은 방출된 전자의 운동 에너지가 0인 경우이다. (b) 빛의 진동수와 일함수를 알면, 방출된 전자의 운동 에너지를 구할 수 있다.

풀이 식 (7.4)에서 KE = 0으로 놓으면,

$$h\nu = W$$

따라서

$$\nu = \frac{W}{h} = \frac{3.42 \times 10^{-19}\ \mathrm{J}}{6.63 \times 10^{-34}\ \mathrm{J \cdot s}}$$
$$= 5.16 \times 10^{14}\ \mathrm{s^{-1}}$$

(계속)

(b) 식 (7.4)를 변형시키면

$$\begin{aligned} KE &= h\nu - W \\ &= (6.63 \times 10^{-34}\ J \cdot s)(1.00 \times 10^{15}\ s^{-1}) - 3.42 \times 10^{-19}\ J \\ &= 3.21 \times 10^{-19}\ J \end{aligned}$$

검산 방출된 전자의 운동 에너지(3.21×10^{-19} J)는 광자의 에너지(6.63×10^{-19} J)보다 작다. 따라서 답은 합리적이다.

비슷한 문제: 7.21, 7.22.

실전 연습 타이타늄의 일함수는 6.93×10^{-19} J이다. 금속에 쪼인 빛의 진동수가 2.50×10^{15} s^{-1}였다면 방출된 전자의 운동 에너지를 계산하시오.

빛에 대한 아인슈타인의 이론은 과학자들을 모순에 빠뜨렸다. 그의 이론은 광전 효과를 만족스럽게 설명하고 있지만, 빛의 입자설은 알려진 빛의 파동으로서의 거동과 일치하지 않았다. 이러한 모순을 해결하는 유일한 방법은 빛이 입자의 성질과 파동의 성질 양쪽 모두를 가지고 있다는 생각을 받아들이는 것이다. 실험에 따라서 빛은 파동으로 또는 입자의 흐름으로 행동한다. 이 개념은 물리학자들이 물질과 빛에 대하여 생각했던 방법과는 완전히 달랐으며, 그들이 이 개념을 받아들이는 데까지 오랜 시간이 걸렸다. 7.4절에서 설명하는 것처럼 입자와 파동의 이중성은 빛에만 국한된 것이 아니라, 전자를 포함하는 모든 물질의 특성이다.

개념 복습하기

깨끗한 금속 표면에 파장이 λ_1, λ_2, λ_3로 각각 다른 세 빛을 쪼였다. 방출된 전자의 운동 에너지는 다음과 같다. λ_1: 2.9×10^{-20} J, λ_2: 거의 0, λ_3: 4.2×10^{-19} J. 어느 빛의 파장이 가장 짧고, 어느 빛의 파장이 가장 긴가?

7.3 보어의 수소 원자 이론

아인슈타인의 연구는 19세기 물리학에 남은 또 다른 수수께끼인 원자의 방출 스펙트럼을 푸는 방법을 제시하였다.

방출 스펙트럼

동영상 자료
▶ 방출 스펙트럼.

17세기에 뉴턴이 태양 광선은 여러 색의 성분이 모여 백색광을 생성한다는 사실을 보인 이후로, 많은 화학자와 물리학자들은 *물질에 의하여 방출하는 연속 또는 선 스펙트럼인* **방출 스펙트럼**(emission spectrum)의 특성에 대하여 연구해 왔다. 어떤 물질의 방출 스펙트럼은 그 물질 시료에 열에너지나 고전압 전기방전과 같은 다른 형태의 에너지를 가함으로써 얻을 수 있다. 고온 상태에서 갓 끄집어 낸 "시뻘겋게 단(red-hot)" 또는 "백열(white-hot)" 상태의 철 막대는 독특한 빛을 낸다. 육안으로 식별 가능한 이 빛은 방출 스펙트럼 중에서 눈으로 감지할 수 있는 부분이다. 같은 철 막대의 온기는 방출 스펙트럼의 또 다른 부분인 적외선 영역을 나타낸다. 태양이나 가열된 고체의 방출 스펙트럼에서 공통적인 현상은 양쪽 다 연속적인 모든 파장의 가시광선 스펙트럼이 나타난다는 것이다(그림 7.4에서 가시광선 영역 참조).

동영상 자료
▶ 선 스펙트럼.

한편, 기체 상태에 있는 원자의 방출 스펙트럼은 빨간색에서 보라색까지 연속적으로 퍼진 파장들이 보이지 않는 대신, 가시광선 영역의 특정 부분에서 밝은 선 스펙트럼을 생성한다. 이와 같은 **선 스펙트럼**(line spectrum)은 *특정 파장에서만 일어나는 빛의 방출이*

다. 그림 7.6은 방출 스펙트럼을 연구하는 데 사용하는 방전관의 개략도이고, 그림 7.7은 방전관 속 수소 원자에 의하여 방출되는 빛의 색을 보여주고 있다.

각 원소는 독특한 방출 스펙트럼을 갖는다. 지문으로 사람을 구별하는 것처럼 원자 스펙트럼에서 특징적인 선들은 미지 원자들을 확인하는 화학 분석에 사용할 수 있다. 알려진 원소의 방출 선 스펙트럼이 미지 시료의 방출 스펙트럼의 선들과 정확하게 일치할 때, 그 시료를 확인할 수 있다. 이와 같은 절차의 유용성은 화학 분석에서 오래 전에 인식되었지만, 이들 스펙트럼 선이 생기는 원인은 20세기 초까지 알려지지 않았다. 그림 7.8은 몇 가지 원소들의 방출 스펙트럼을 보여준다.

포크 사이에 높은 전압을 걸면, 오이피클 안에 있는 소듐 이온 중 일부가 들뜬 상태의 소듐 원자로 바뀐다. 이 원자들은 바닥 상태로 떨어지면서 특징적인 노란 빛을 방출한다.

수소 원자의 방출 스펙트럼

플랑크와 아인슈타인의 발견이 있은 지 얼마 되지 않은 1913년에 덴마크의 물리학자 보어(Niels Bohr)[†]는 수소 원자의 방출 스펙트럼에 대한 이론적인 설명을 제시하였다. 보어의 이론은 대단히 복잡하며, 이론의 세밀한 부분은 이제 더 이상 옳게 받아들여지지 않는다. 따라서 그가 세웠던 의미있는 가정과 선 스펙트럼을 설명해주는 최종 결과에만 초점을 맞추어 본다.

동영상 자료
▶ 원자 선 스펙트럼.

보어가 처음 이 문제에 도전했을 때, 물리학자들은 원자에 전자와 양성자가 포함되어 있다는 것을 이미 알고 있었다. 그들은 원자를 핵 주위의 원형 궤도를 따라 전자들이 고속으로 회전하는 존재로 생각하였다. 이것은 태양을 중심으로 돌고 있는 행성들의 운동과 비슷하였기 때문에 매우 그럴듯한 모형이었다. 수소 원자 내부에 양전하를 띠는 양성자 "태양"과 음전하를 띠는 전자 "행성" 간의 정전기적 인력에 의하여 전자가 안으로 끌리고 있고, 이 힘은 전자의 원운동에 의한 원심력과 정확하게 균형을 이루고 있다고 믿었다.

[†]보어(Niels Henrik David Bohr, 1885~1962)는 덴마크 물리학자로 현대 물리학을 만든 사람 중 하나이며, 수소 원자의 스펙트럼을 설명하는 이론으로 1922년 노벨 물리학상을 받았다.

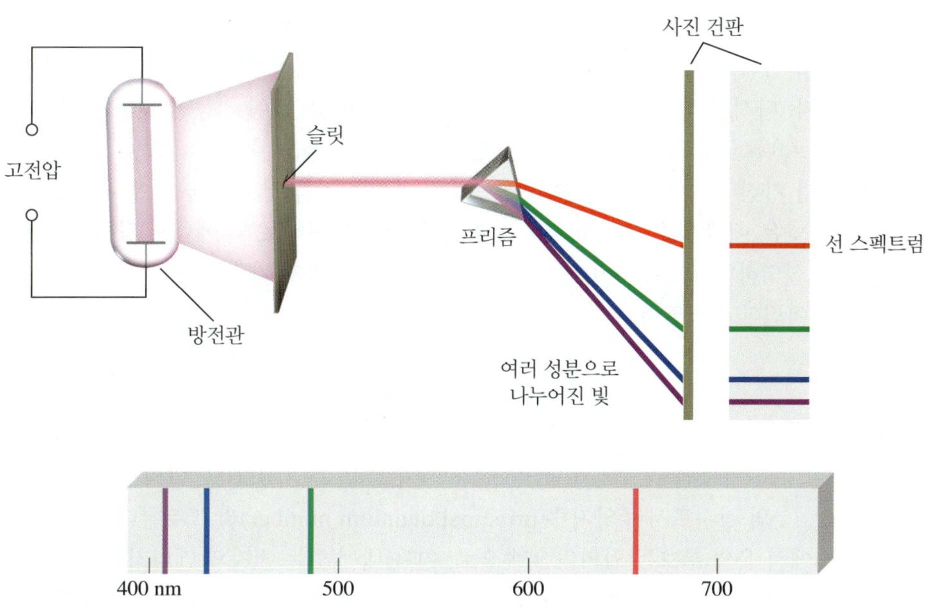

그림 7.6 (a) 원자와 분자의 방출 스펙트럼 연구 실험장치. 연구 대상인 기체는 2개의 전극을 포함하는 방전관 속에 들어 있다. 전자가 음극에서 양극으로 흐르면서 기체와 충돌한다. 이 충돌 과정으로 원자(또는 분자)들이 빛을 방출한다. 방출된 빛은 프리즘에 의해 각 구성 성분 색들로 분리된다. 각 성분 색은 그 파장에 따라 특정한 위치에 초점을 맺게 되고, 사진 건판 위에 슬릿 모양으로 색을 띤 상을 형성한다. 이 색을 띤 상을 스펙트럼 선이라고 부른다. (b) 가시광선 영역에서 수소의 선 방출 스펙트럼.

그림 7.7 방전관 속 수소 원자에 의해서 방출되는 색. 관찰되는 색은 가시광선 스펙트럼에서 방출되는 색들이 섞여 보이는 것이다.

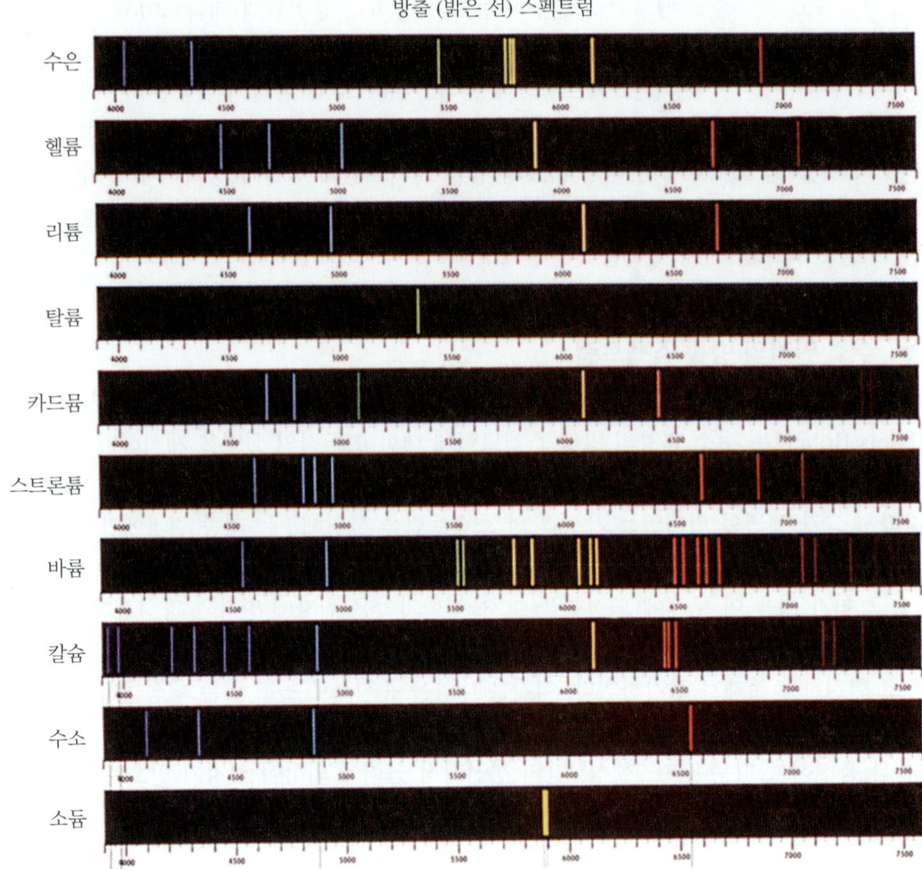

그림 7.8 여러 원소들의 방출 스펙트럼. 스펙트럼 선의 단위는 옹스트롱(Å)이다. 1 Å = 1×10^{-10} m이다.

그러나 고전 물리학에 따르면 수소 원자의 궤도를 도는 전자는 전자기파 형태로 에너지를 복사하고 핵 쪽으로 가속도를 받아야만 한다. 따라서 그런 전자는 급격하게 핵으로 나선 궤도를 돌면서 다가가 양성자를 만나 소멸되게 될 것이다. 이런 일이 일어나지 않는 것을 설명하기 위해 보어는 전자가 특정한 에너지를 가지고 특정한 궤도에만 있을 수 있다고 가정하였다. 다시 말하면, 전자의 에너지는 양자화되어 있다. 이 가능한 궤도에 있는 전자는 핵 속으로 나선 궤도를 돌며 다가가지 않고, 복사 에너지도 내놓지도 않을 것이다. 보어는 에너지를 가진 수소 원자가 방출 스펙트럼을 내놓는 것을 전자가 높은 에너지의 궤도로부터 보다 낮은 에너지를 가진 궤도로 떨어지면서 빛의 형태로 된 에너지 양자(광자)를 잃는 것으로 설명하였다(그림 7.9). 보어는 수소 원자의 전자가 가질 수 있는 에너지는 다음 식으로 주어진다고 하였다.

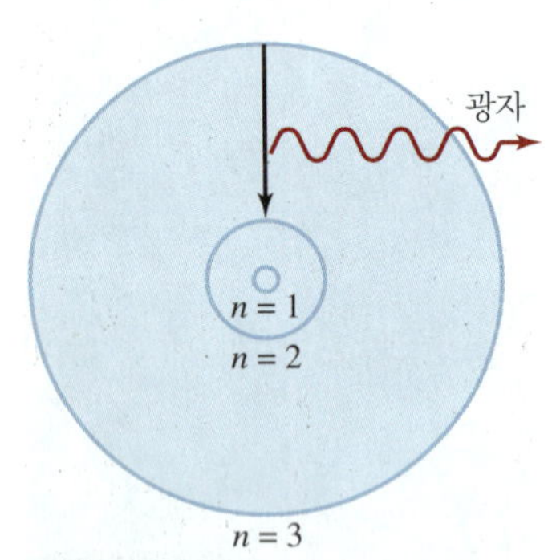

그림 7.9 보어 이론에 따른 들뜬 수소 원자의 방출 과정. 원래 더 높은 에너지 궤도 $n = 3$에 있던 전자가 낮은 에너지 궤도 $n = 2$로 떨어진다. 그 결과 $h\nu$의 에너지를 갖는 광자가 방출된다. $h\nu$라는 값은 방출 과정에서 전자에 의해 채워진 두 궤도 사이의 에너지 차와 같다. 간단히 하기 위해 그림에는 3개의 궤도만 나타내었다.

$$E_n = -R_H\left(\frac{1}{n^2}\right) \tag{7.5}$$

여기서 R_H는 수소 원자의 리드베리(Rydberg)[†] 상수로서 2.18×10^{-18} J의 값을 갖는다. n은 1, 2, 3, . . . 의 정수로서 주양자수(principal quantum number)라고 부른다.

식 (7.5)에서 음의 부호는 임의의 약속으로, 원자 내에 있는 전자의 에너지는 원자핵으로부터 무한히 멀리 떨어진 *자유 전자*(free electron)의 에너지보다 *더 낮다*는 것을 의미한다. 자유 전자의 에너지는 임의로 0으로 정의한다. 수학적으로 이것은 식 (7.5)에서 n을 무

[†] 리드베리(Johannes Robert Rydberg, 1854~1919)는 스웨덴의 물리학자로 여러 원소들의 선 스펙트럼을 연구하여 물리학에 중요한 공헌을 하였다.

한대로 놓는데 해당한다. 따라서 $E_\infty = 0$이다. 전자가 핵에 가까이 감(n 값 감소)에 따라 E_n의 절대값은 더욱 커지며 더욱 큰 음의 값을 가지게 된다. 가장 큰 음의 값은 $n = 1$일 때에 도달하는데, 이것은 가장 안정한 에너지 상태에 해당한다. 이것을 **바닥 상태**(ground state) 또는 **바닥 에너지 준위**(ground level)라고 부르는데, 이는 *어떤 계*(이 경우에는 원자)의 *가장 낮은 에너지 상태*를 언급하는 것이다. $n = 2, 3, \ldots$ 에 대하여 전자의 안정도는 감소하는데, 이들 각각의 에너지 준위는 *바닥 상태보다 높은 에너지*에 해당하는 **들뜬 상태**(excited state 또는 excited level)라고 부른다. $n = 1$보다 큰 수소 원자의 전자는 들뜬 상태에 있다고 말한다. 보어 모형에서 각 원형 궤도의 반지름은 n^2에 의존한다. 이렇게 하여 n이 1에서 2와 3으로 증가함에 따라서 궤도의 반지름은 급격하게 증가한다. 들뜬 상태가 높으면 높을수록 전자는 핵으로부터 더욱 멀리 떨어진다(그리고 핵에 느슨하게 잡혀 있게 된다).

보어 이론으로 수소 원자핵의 선 스펙트럼을 설명할 수 있다. 원자에 의하여 흡수된 복사 에너지는 전자를 더 낮은 에너지 상태(더 작은 n 값)로부터 더 높은 에너지 상태(더 큰 n 값)로 이동하게 한다. 반대의 경우, 전자가 더 높은 에너지 상태로부터 더 낮은 에너지 상태로 이동할 때 복사 에너지는 광자의 형태로 방출된다. 전자가 한 에너지 상태로부터 다른 에너지 상태로 양자화되어 움직이는 것은 테니스 공이 계단을 오르거나 내려가는 운동과 비슷하다(그림 7.10). 이 공은 몇 개의 계단 중 어느 곳에나 놓일 수 있지만, 결코 계단 사이에는 놓일 수는 없다. 더 낮은 계단으로부터 더 높은 계단으로 이동하는 것은 에너지를 얻는 과정이다. 반면 더 높은 계단으로부터 더 낮은 계단으로 이동하는 것은 에너지를 잃는 과정이다. 이런 형태의 변화에 수반되는 에너지의 양은 시작하는 계단과 끝나는 계단 간의 거리에 의하여 결정된다. 이와 비슷하게 보어 원자 내에 있는 전자를 움직이는데 필요한 에너지의 양은 처음과 마지막 상태의 에너지 준위의 차로부터 계산할 수 있다.

전자가 처음에 주양자수 n_i인 들뜬 상태에 있다고 가정하고 식 (7.5)를 수소 원자의 발광 과정을 설명하는 데 적용해 보자. 발광 과정 동안 전자는 주양자수 n_f인 더 낮은 에너지 상태로 떨어진다[아래첨자 i와 f는 각각 초기(initial)와 최종(final) 상태를 나타낸다]. 이와 같은 낮은 에너지 상태는 덜 들뜬 상태거나 바닥 상태일 수 있다. 초기와 최종 상태의 에너지 차는 다음과 같다.

$$\Delta E = E_\mathrm{f} - E_\mathrm{i}$$

식 (7.5)로부터

$$E_\mathrm{f} = -R_\mathrm{H}\left(\frac{1}{n_\mathrm{f}^2}\right) \text{ 그리고 } E_\mathrm{i} = -R_\mathrm{H}\left(\frac{1}{n_\mathrm{i}^2}\right) \text{ 이다.}$$

따라서

$$\Delta E = \left(\frac{-R_\mathrm{H}}{n_\mathrm{f}^2}\right) - \left(\frac{-R_\mathrm{H}}{n_\mathrm{i}^2}\right)$$

$$= R_\mathrm{H}\left(\frac{1}{n_\mathrm{i}^2} - \frac{1}{n_\mathrm{f}^2}\right)$$

이 전이는 진동수는 ν이고 에너지는 $h\nu$인 광자 방출의 결과이기 때문에, 두 궤도의 에너지 차(ΔE)를 다음 식으로 쓸 수 있다.

$$\Delta E = h\nu = R_\mathrm{H}\left(\frac{1}{n_\mathrm{i}^2} - \frac{1}{n_\mathrm{f}^2}\right) \quad (7.6)$$

광자가 방출될 때 $n_\mathrm{i} > n_\mathrm{f}$이다. 그 결과 괄호 안의 항이 음이고, ΔE도 음이다(에너지를 주위로 잃는다). 에너지가 흡수될 때는 $n_\mathrm{i} < n_\mathrm{f}$이고, 괄호 안의 항이 양이므로 ΔE도 양이다.

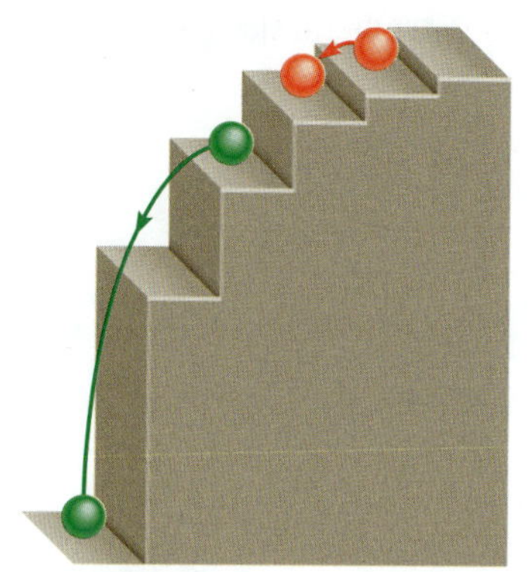

그림 7.10 방출 과정과 비슷한 역학적 비유. 공은 아무 계단 위에서든 머물 수 있지만, 계단 사이에는 머물 수 없다.

표 7.1 여러 계열의 수소 원자 방출 스펙트럼

계열	n_f	n_i	스펙트럼 영역
라이먼(Lyman)	1	2, 3, 4, . . .	자외선
발머(Balmer)	2	3, 4, 5, . . .	가시광선과 자외선
파셴(Paschen)	3	4, 5, 6, . . .	적외선
브라켓(Brackett)	4	5, 6, 7, . . .	적외선

방출 스펙트럼에서 각 스펙트럼 선은 수소 원자에서 특정한 전이에 해당된다. 많은 수의 수소 원자들을 연구해 보면, 가능한 모든 전이와 그에 해당하는 방출 스펙트럼을 관측할 수 있다. 스펙트럼 선의 밝기는 동일한 파장의 광자들이 얼마나 많이 방출되는가에 달려 있다.

수소 원자의 방출 스펙트럼은 적외선부터 자외선까지의 넓은 영역의 파장을 포함하고 있다. 표 7.1은 수소 원자 스펙트럼에서 가능한 여러 전이들을 나타내고 있다. 각 계열의 스펙트럼은 발견자들의 이름을 붙였다. 발머(Balmer) 계열은 몇몇 선들이 가시광선 영역에 들기 때문에 특히 연구하기 쉬웠다.

그림 7.9는 한 가지 전이를 보인 것이다. 하지만 그림 7.11처럼 전이들을 표시하는 것이 더 많은 정보를 제공한다. 각 수평선은 수소 원자의 전자에 대한 허용된 에너지 준위를 나타낸다. 에너지 준위들은 해당되는 주양자수로 표시하였다.

예제 7.4는 식 (7.6)의 사용 방법을 설명하고 있다.

예제 7.4

수소 원자에서 n_i = 5인 상태에서 n_f = 2인 상태로 전이할 때 방출되는 광자의 파장은 몇 나노미터인가?

(계속)

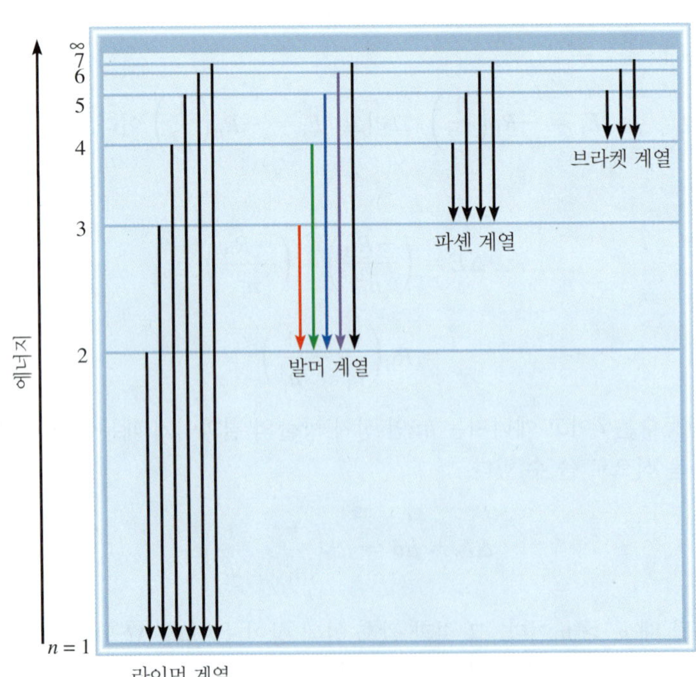

그림 7.11 수소 원자의 에너지 준위들과 여러 에너지 방출 계열. 각 에너지 준위는 보어가 제안하여 그림 7.9에 나타낸 궤도의 허용된 에너지 상태와 관련된 에너지에 해당한다. 방출 선은 표 7.1에 따라 표시하였다.

전략 방출 과정에 대한 초기 상태와 최종 상태가 주어져 있다. 식 (7.6)을 이용하여 방출되는 광자의 에너지를 계산할 수 있다. 그런 다음 식 (7.2)와 (7.1)을 이용하여 광자의 파장을 구할 수 있다. 리드베리(Rydberg) 상수 값은 본문 중에 있다

풀이 식 (7.6)으로부터 다음과 같이 쓸 수 있다.

$$\begin{aligned}\Delta E &= R_H\left(\frac{1}{n_i^2} - \frac{1}{n_f^2}\right)\\ &= 2.18 \times 10^{-18}\,\text{J}\left(\frac{1}{5^2} - \frac{1}{2^2}\right)\\ &= -4.58 \times 10^{-19}\,\text{J}\end{aligned}$$

음의 부호는 이 에너지가 방출 과정과 연관되어 있다는 것을 나타낸다. 광자의 파장은 항상 양수이어야 하기 때문에 파장을 계산하기 위해 ΔE에서 음의 부호를 생략한다. $\Delta E = h\nu$ 또는 $\nu = \Delta E/h$이므로 다음과 같이 광자의 파장을 계산할 수 있다.

$$\begin{aligned}\lambda &= \frac{c}{\nu}\\ &= \frac{ch}{\Delta E}\\ &= \frac{(3.00 \times 10^8\,\text{m/s})(6.63 \times 10^{-34}\,\text{J}\cdot\text{s})}{4.58 \times 10^{-19}\,\text{J}}\\ &= 4.34 \times 10^{-7}\,\text{m}\\ &= 4.34 \times 10^{-7}\,\text{m} \times \left(\frac{1\,\text{nm}}{1 \times 10^{-9}\,\text{m}}\right) = 434\,\text{nm}\end{aligned}$$

음의 부호는 에너지가 주위로 방출된다는 관례와 일치한다.

검산 파장은 전자기파의 가시광선 영역이다(그림 7.4 참조). 이것은 $n_f = 2$이므로 이 전이가 발머(Balmer) 계열의 선 스펙트럼을 만든다는 사실과 일치한다(그림 7.6 참조).

비슷한 문제: 7.31, 7.32.

실전 연습 수소 원자에서 $n_i = 6$인 상태에서 $n_f = 4$인 상태로 전이할 때 방출되는 광자의 파장은 몇 나노미터인가?

개념 복습하기

수소 원자에서 다음 중 어떤 전이가 더 짧은 파장의 빛을 방출하겠는가?
(a) $n_i = 5 \longrightarrow n_f = 3$ 또는 (b) $n_i = 4 \longrightarrow n_f = 2$

다음에 수록한 "생활 속의 화학"은 원자 방출의 특별한 종류인 레이저에 관해서 논의한다.

7.4 전자의 이중성

물리학자들은 보어(Bohr) 이론에 어리둥절해하면서도 흥미를 느끼게 되었다. 그들은 수소의 전자 에너지가 어떻게 양자화되는지 좀 더 구체적으로는 표현하면, 왜 원자 안에 있는 전자가 일정 거리에서만 핵 주위를 회전해야 하는지에 대한 의문을 제기하였다. 그러나 10년 동안 보어 자신을 포함해서 아무도 이에 대한 논리적인 설명을 할 수 없었다. 1924년 드브로이(Louis de Broglie)[†]는 이 수수께끼에 대한 답을 제공하였다. 드브로이는 광파가 입자(광자)들의 흐름처럼 행동할 수 있다면, 전자와 같은 입자들은 파동의 성질을 가질 수 있다고 생각하였다. 드브로이 이론에 따르면, 핵에 예속된 전자는 *정상파*(standing wave)처럼 행동한다고 하였다. 정상파는 기타줄 따위를 튕겨서 발생시킬 수 있다(그림 7.12). 이

[†] 드브로이(Louis Victor Pierre Raymond Duc de Broglie, 1892~1977)는 프랑스의 물리학자로, 프랑스의 유서 깊은 상류 집안의 일원이며 왕자의 지위를 가지고 있었다. 자신의 박사 학위 논문에서 그는 물질과 복사가 파동과 입자의 두 가지 성질을 모두 가지고 있다고 제안하였는데, 이 업적으로 1929년 노벨 물리학상을 수상하였다.

생활 속의 화학

레이저−찬란한 빛

레이저(Laser)는 “light amplification by stimulated emission of radiation(복사선 유도 방출에 의한 빛 증폭)”의 약자이다. 이는 원자나 분자와 관련된 특별한 종류의 복사선 방출이다. 1960년 레이저가 발견된 이후 기체, 액체, 고체 상태에서 작동하도록 설계된 다양한 계가 이용되어 왔다. 이런 계는 적외선에서 자외선까지 다양한 파장의 복사선을 방출한다. 레이저의 등장은 과학, 의약, 기술 분야에서 진정한 의미의 혁명을 이루었다.

루비 레이저는 최초로 알려진 레이저이다. 루비는 코런덤(corundum, Al_2O_3)을 포함하는 진한 붉은색 광물로, 이 중 일부 Al^{3+}가 Cr^{3+}로 치환된 것이다. 섬광 전구로 크로뮴 원자를 높은

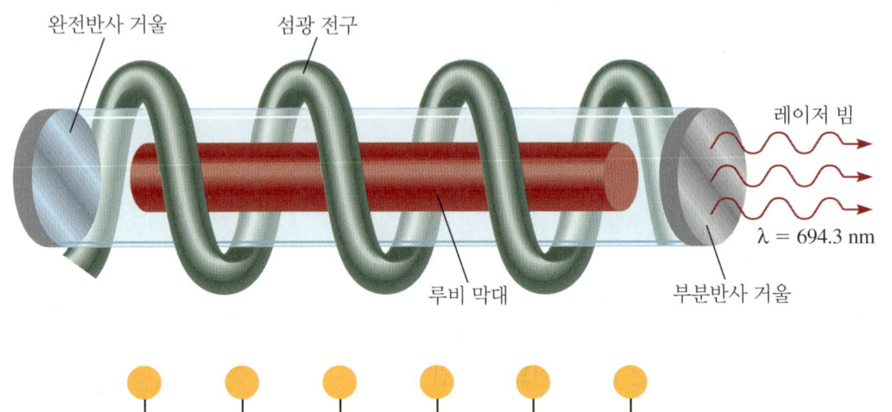

◀ *루비 레이저로부터 레이저 빛 방출.*

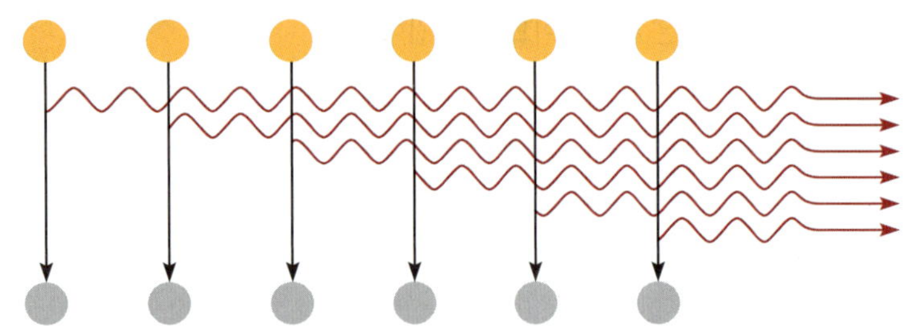

◀ *한 광자에 의해 유도되는 또 다른 광자의 방출이 연속적으로 일어나면 레이저 빛이 된다. 빛의 파동이 일치하면 강력하게 투과하는 레이저 빛살이 만들어진다.*

런 파는 줄을 따라서 이동하지 않기 때문에 제자리에서 진동하는 파동 즉, 정상파라고 부른다. **마디**(node)라고 부르는 줄 위에 있는 몇몇 점들은 전혀 움직이지 않아, *이 점에서 파의 진폭은 0이다*. 각 끝에 하나의 마디가 있고, 양 끝 사이에 마디가 더 있을 수 있다. 진동수가 클수록 정상파의 파장은 더욱 짧아지고, 마디의 수는 늘어난다. 그림 7.12에 보인 바와 같이 한 줄에서 허용되는 운동에 따라 특정한 파장만이 존재할 수 있다.

드브로이는 전자가 수소 원자 내에서 정상파처럼 행동한다면, 파장은 정확히 궤도의 원주와 일치하여야 한다고 주장하였다(그림 7.13). 그렇지 않다면 그 파동은 연속적인 궤도상에서 자신의 일부를 상쇄시킬 것이다. 결국 파의 진폭은 점점 줄어들어 0이 될 것이고 그 파는 존재하지 않게 될 것이다.

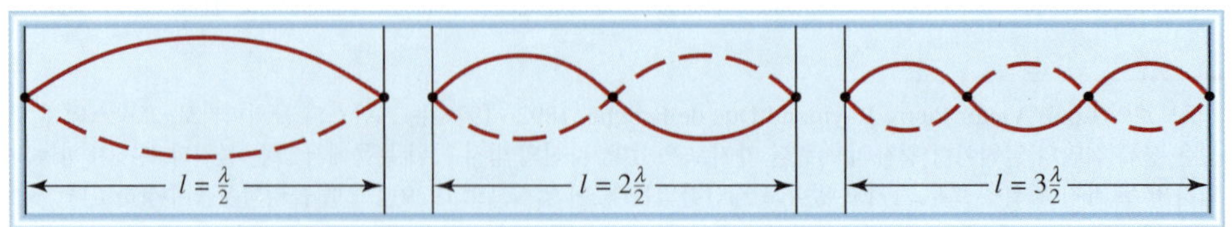

그림 7.12 기타줄에 의해 만들어진 정상파. 각 점은 마디를 나타낸다. 줄의 길이(l)는 반파장($\lambda/2$)의 정수배와 같아야 한다.

에너지 준위로 들뜨게 한다. 들뜬 원자는 불안정하므로, 이 중 일부가 순간적으로 스펙트럼의 붉은색 영역에 해당하는 광자를 내어놓고 바닥 상태로 돌아간다. 광자는 레이저 관의 양 끝에 있는 거울 사이를 여러 번 왔다갔다 한다. 이 광자는 다른 들뜬 크로뮴 원자들로부터 똑같은 파장을 가지는 광자의 방출을 유도할 수 있다. 그 광자들은 다시 더 많은 광자들의 방출을 유도한다. 방출된 빛의 파동은 *위상*(phase)이 같기 때문에(즉, 최고치와 최저치가 일치하기 때문에), 광자들은 점점 증폭되어 거울 사이를 지날 때마다 파워가 커진다. 거울 중 하나는 부분적으로만 빛을 반사하며, 때문에 빛의 세기가 특정 값에 이르렀을 때 그 거울 쪽으로 레이저 빛살이 나오게 된다. 작동 방식에 따라 레이저 빛은 루비 레이저의 경우처럼 펄스로 나오기도 하고, 연속적인 파동으로 나오기도 한다.

레이저 빛은 세 가지 성질이 특징이다. 빛의 세기가 세고, 정확하게 알려진 파장과 그에 따른 에너지를 가지고 있고, 가간섭성이 있다. *가간섭성*(coherent)이란 빛의 파동이 모두 같은 위상을 가진다는 뜻이다. 레이저의 응용 사례는 매우 많다. 세기가 세고 초점을 맞추기 쉽기 때문에 레이저는 안과 수술, 금속에 구멍 뚫기나 용접, 핵융합 유발에 사용되기 적당하다. 방향성이 높고 파장이 정확하다는 점 때문에 레이저는 통신분야에서 매우 유용하다. 또한 레이저는 동위원소 분리, 홀로그래피(3차원 사진), CD 플레이어, 슈퍼마켓 바코드 스캐너 등에 사용되기도 한다. 레이저는 분자의 성질을 조사하고, 화학 또는 생물학적 과정을 연구하는 데 중요한 역할을 해왔다.

미국 캘리포니아 공대 실험실에서 사용되는 최신 레이저들.

전자의 허용된 궤도의 원주($2\pi r$)와 파장(λ) 간의 관계는 다음 식으로 주어진다.

$$2\pi r = n\lambda \tag{7.7}$$

여기서 r은 궤도 반지름이고, λ는 전자 파동의 파장이며, $n = 1, 2, 3, \ldots$ 이다. n이 정수이기 때문에 n이 1로부터 2, 3 등으로 증가함에 따라 r은 특정한 값만을 갖게 된다. 전자의 에너지는 궤도의 크기(즉, r 값)에 의존하기 때문에 이 또한 양자화되어야 한다.

드브로이의 생각은 파동은 입자처럼 행동할 수 있고, 입자는 파동의 성질을 나타낼 수 있다는 결론에 도달하게 되었다. 드브로이는 입자와 파동의 성질이 다음 식으로 표현될 수 있다고 추측하였다.

$$\lambda = \frac{h}{mu} \tag{7.8}$$

식 (7.8)을 이용하려면 m은 킬로그램, u는 m/s 단위여야 한다.

여기서 λ, m, u는 각각 움직이는 입자와 연관된 파장, 입자의 질량, 속력이다. 식 (7.8)은 움직이는 입자는 파동으로 취급할 수 있고, 파동은 입자의 성질을 나타낸다는 것을 의미한

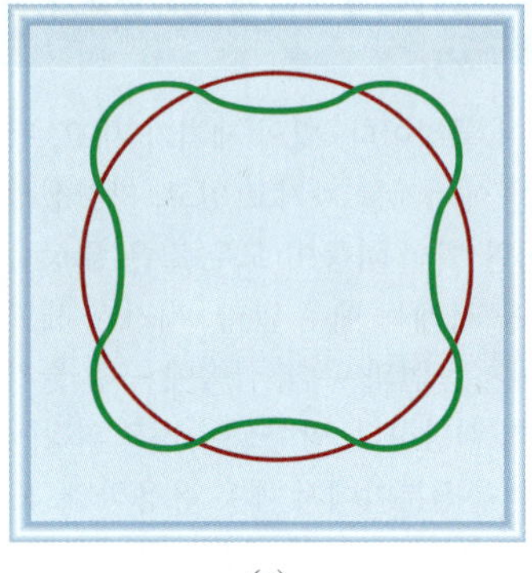

(a)

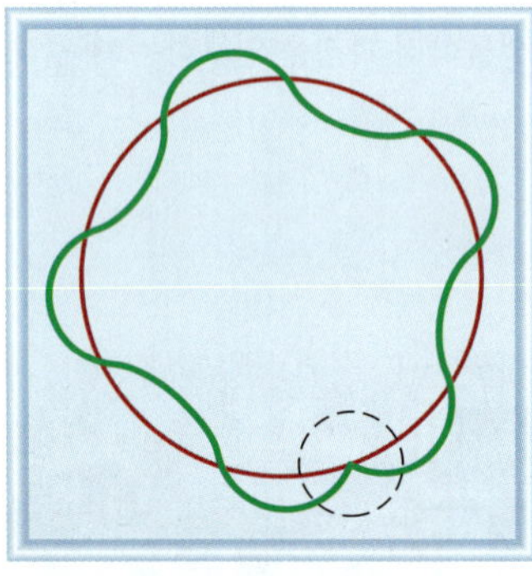

(b)

그림 7.13 (a) 궤도의 둘레는 파장의 정수배와 같다. 이것은 허용된 궤도이다. (b) 궤도의 둘레가 파장의 정수배와 같지 않다. 결과적으로 전자의 파동은 그 자신과 겹쳐지지 못한다. 이는 허용되지 않는 궤도이다.

비슷한 문제: 7.40, 7.41

다. 식 (7.8)에서 좌변의 파장은 파동의 성질을 포함하는 반면에, 우변은 질량에 기준을 두고 있는데, 질량은 분명한 입자의 성질이다.

예제 7.5

다음 두 경우에 "입자"의 파장을 계산하시오. (a) 테니스에서 가장 빠른 서브는 시간당 약 150마일 즉, 68 m/s 이다. 이 속력으로 움직이는 6.0×10^{-2} kg의 테니스 공과 관련된 파장을 계산하시오. (b) 68 m/s로 움직이는 전자(질량 9.1094×10^{-31} kg)와 관련된 파장을 계산하시오.

전략 (a)와 (b)에서 입자의 질량과 속력이 주어지고 파장을 계산하므로, 식 (7.8)을 필요로 한다. 플랑크 상수의 단위가 J • s이므로, m과 u의 단위는 각각 kg과 m/s이어야 한다($1\text{ J} = 1\text{ kg m}^2/\text{s}^2$).

풀이 (a) 식 (7.8)을 이용하여

$$\begin{aligned}\lambda &= \frac{h}{mu}\\ &= \frac{6.63 \times 10^{-34}\text{ J}\cdot\text{s}}{(6.0 \times 10^{-2}\text{ kg}) \times 68\text{ m/s}}\\ &= 1.6 \times 10^{-34}\text{ m}\end{aligned}$$

해설 이 길이는 원자의 크기인 1×10^{-10} m를 생각하면 매우 짧은 파장이다. 이 이유로 테니스 공의 파동 성질은 현존하는 장치로는 측정할 수 없다.

(b) 이 경우,

$$\begin{aligned}\lambda &= \frac{h}{mu}\\ &= \frac{6.63 \times 10^{-34}\text{ J}\cdot\text{s}}{(9.1094 \times 10^{-31}\text{ kg}) \times 68\text{ m/s}}\\ &= 1.1 \times 10^{-5}\text{ m}\end{aligned}$$

해설 이 파장 (1.1×10^{-5} m 즉, 1.1×10^4 nm)은 적외선 영역이다. 이 계산은 전자(그리고 다른 극미소입자)만이 측정 가능한 파장을 가진다는 것을 보여준다.

실전 연습 H 원자(질량 = 1.674×10^{-27} kg)가 7.00×10^2 cm/s의 속력으로 움직일 때 파장을 나노미터로 계산하시오.

개념 복습하기

식 (7.8)에서 어떤 부분이 거시적 물체에서 파동 성질이 관찰되지 않는 사실을 설명해 주는가?

예제 7.5는 드브로이 식이 다양한 계에 적용될 수 있지만, 파동의 성질은 극미소 물질에 대해서만 관측 가능하다는 사실을 보여주고 있다.

드브로이 식이 소개된 직후 미국의 데이비슨(Clinton Davisson)[†], 저머(Lester Germer)[‡], 영국의 톰슨(G. P. Thomson)[§]은 전자가 파동성을 가진다는 사실을 증명하였다. 톰

[†] 데이비슨(Clinton Joseph Davisson, 1881~1958)은 미국 물리학자로 전자의 파동성을 입증한 공로로 G. P. 톰슨과 함께 1937년 노벨 물리학상을 공동 수상하였다.

[‡] 저머(Lester Halbert Germer, 1896~1972)는 미국 물리학자로 데이비슨과 함께 전자의 파동성을 발견하였다.

[§] 톰슨(George Paget Thomson, 1892~1975)은 영국 물리학자로 J. J. 톰슨의 아들이며, 데이비슨과 함께 전자의 파동성을 입증한 공로로 1937년에 노벨 물리학상을 받았다.

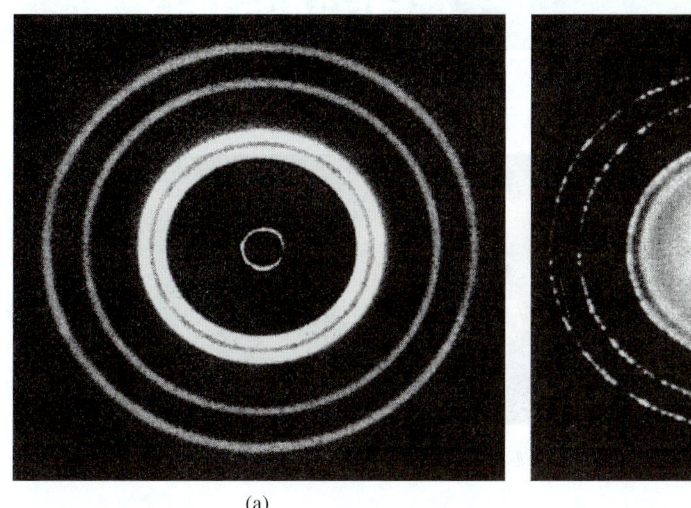

(a) (b)

그림 7.14 (a) 알루미늄 박막의 X선 회절. (b) 알루미늄 박막의 전자 회절. 이들 두 회절 패턴의 유사성은 전자가 X선과 같이 행동하며 파동의 성질을 나타낸다는 것을 보여준다.

슨은 얇은 금박 조각에 전자살을 쪼였을 때, 파동인 X선을 사용할 때와 같은 패턴인 동심원 고리들을 스크린에서 얻을 수 있었다. 그림 7.14는 알루미늄에 대해서 얻어지는 패턴을 보여준다.

다음에 수록한 "생활 속의 화학"은 전자 현미경을 설명하고 있다.

7.5 양자역학

보어 이론의 화려한 성공 뒤에 연속적인 실망이 뒤따르게 되었다. 즉, 보어 이론으로는 헬륨이나 리튬 원자와 같이 둘 이상의 전자를 포함하는 원자들의 방출 스펙트럼은 설명할 수 없었다. 또한 자기장을 걸었을 때, 수소 원자 방출 스펙트럼에서 왜 여분의 선들이 나타나는가를 설명하지 못하였다. 전자가 파동과 같다는 것이 발견되자 또 다른 문제가 일어났다. 즉, 어떻게 파의 "위치"가 결정될 수 있는가? 파동은 공간에 퍼져 있기 때문에 파동의 정확한 위치를 정의할 수 없었다.

실제로 보어 이론은 수소의 방출 스펙트럼뿐만 아니라 He^{+}와 Li^{2+} 이온의 방출 스펙트럼도 설명하였다. 그러나 이 세 경우 모두 하나의 전자를 가지고 있다는 공통점이 있다. 따라서 보어 모형은 수소 원자 및 "수소꼴 이온"에 대해서만 잘 들어맞는다.

파동처럼 행동하는 아원자 입자들의 위치를 설명하기 위해 하이젠베르크(Werner Heisenberg)[†]는 오늘날 **하이젠베르크의 불확정성 원리**(Heisenberg uncertainty principle)로 알려진 "*입자의 운동량(질량과 속도의 곱)과 위치를 동시에 정확하게 아는 것은 불가능하다*"는 수식을 제안하였다. 이를 수학적으로 표시하면 다음과 같다.

$$\Delta x \Delta p \geq \frac{h}{4\pi} \tag{7.9}$$

부호 ≥는 곱 $\Delta x\ \Delta p$가 $h/4\ \pi$ 이상일 수 있어도 절대로 $h/4\ \pi$ 미만일 수는 없다는 뜻이다. 또한 식 (7.9)를 사용할 때 m은 킬로그램, u는 m/s 단위를 사용해야 한다.

여기서 Δx와 Δp는 각각 위치와 운동량을 측정할 때에 일어날 수 있는 불확정성이다. 부등호 ≥는 다음과 같은 의미가 있다. 위치와 운동량의 측정된 불확실성이 크면 (예를 들어, 실험을 대략적으로 진행한 경우), 그 곱은 $h/4\pi$보다 훨씬 더 커진다(즉, 부등호 >가 성립한다). 식 (7.9)의 의미는 가장 좋은 조건에서 위치와 운동량을 측정했더라도, 그 불확실성의 곱은 $h/4\pi$보다 작아질 수 없다(즉, 등호가 성립한다)는 것이다. 따라서 입자의 운동량을 *보다* 정확하게 측정한다면(즉, Δp를 *작게* 만든다면), 위치는 보다 덜 정확하게 될 것이

[†] 하이젠베르크(Werner Karl Heisenberg, 1901~1976)는 독일의 물리학자로, 현대 양자 이론의 창시자 중 한 사람이며 1932년 노벨 물리학상을 받았다.

생활 속의 화학 CHEMISTRY in Action

전자 현미경

전자 현미경은 육안이나 광학 현미경으로 볼 수 없는 물체의 상을 보여주기 때문에 전자의 파동성을 매우 유용하게 이용한 예이다. 광학 법칙에 따르면, 관찰에 사용된 빛의 반파장보다 작은 물체의 상을 얻는 것은 불가능하다. 가시광선의 파장은 약 400 nm, 즉 4×10^{-5} cm에서 시작하기 때문에 2×10^{-5} cm보다 작은 물체는 볼 수 없다. 파장이 0.01~10 nm인 X선을 사용하면 원칙적으로 원자나 분자 크기의 물체를 볼 수 있다. 그러나 X선은 초점을 맞출 수가 없어서 잘 형성된 상을 만들지 못한다. 그에 비해 전자는 전하를 띤 입자이기 때문에 TV 스크린에 초점이 맞는 영상을 만드는 방법으로 전기장이나 자기장을 이용하여 초점을 맞출 수 있다. 식 (7.8)에 따르면, 전자의 파장은 그 속도에 반비례한다. 전자를 매우 높은 속도로 가속하면, 0.004 nm의 파장까지 얻을 수 있다.

또 다른 종류의 전자 현미경인 *주사 터널링 현미경*(scanning tunneling microscope, STM)은 전자의 양자역학적 성질을 이용하여 시료 표면에 있는 원자의 영상을 보여 준다. 전자는 질량이 매우 작기 때문에 에너지 장벽을 넘어가지 않고 통과하는 것(터널 현상)이 가능하다. STM은 매우 뾰족한 텅스텐 금속 바늘을 터널 전자의 발생원으로 사용한다. 바늘과 시료 표면 사이에 전압을 가하여 전자들이 공간을 통과하여 시료로 터널링되도록 한다. 바늘이 시료 위에서 원자 지름 3~4 개의 거리를 두고 움직일 때 터널링 전류를 측정한다. 이 전류는 시료로부터 바늘까지의 거리가 증가하면 감소한다. 되먹임 회로를 이용하여 바늘 끝의 수직 위치를 움직여 표면으로부터 일정한 거리가 유지되게 할 수 있다. 이 유지 과정의 정도가 바로 시료의 옆모습이고, 이를 기록하여 삼차원 채색 이미지로 표시한다.

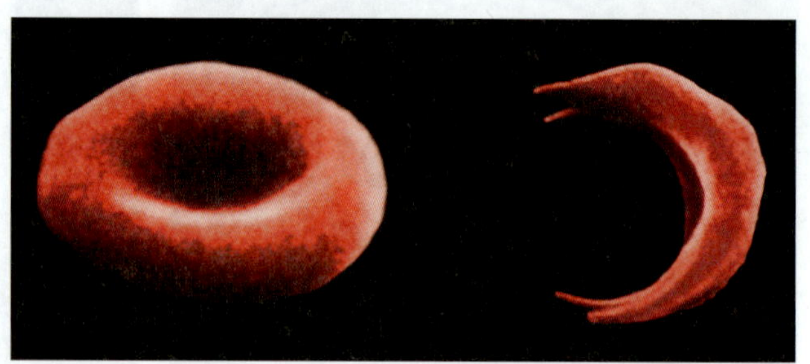

동일한 사람에게서 발견된 정상 적혈구와 악성 빈혈 적혈구의 전자 현미경 사진.

전자 현미경과 STM은 모두 화학과 생물학 연구에서 가장 강력한 도구에 속한다.

다(즉, Δx는 *더 크게* 될 것이다). 마찬가지로, 입자의 위치가 정확하게 알려진다면, 그 운동량 측정값은 덜 정확하게 된다.

하이젠베르크의 불확정성 원리를 수소 원자에 적용하면, 실제로는 전자가 보어가 생각했던 것 같은 잘 정의된 궤도를 따라서 핵 주위를 돌지 않는다는 것을 알게 된다. 만약 그렇게 된다면, 전자의 위치(궤도의 반지름으로부터)와 그 운동량(운동 에너지로부터)을 동시에 정확하게 결정할 수 있다는 결론에 도달하기 때문에 불확정성 원리를 위반하게 된다.

예제 7.6

(a) 한 전자가 8.0×10^6 m/s의 속력으로 움직이고 있다. 속력 측정에서 불확실성이 속력의 1.0%라면 전자 위치의 불확실성을 계산하시오. 전자의 질량은 9.1094×10^{-31} kg이다. (b) 100 mph(시간 당 마일)로 던진 질량 0.15 kg인 야구공의 운동량이 6.7 kg · m/s이다. 이 운동량 측정의 불확실성이 1.0×10^{-7}이라면 야구공 위치의 불확실성을 계산하시오.

전략 (a)와 (b) 모두에서 *최소*의 불확실성을 계산하기 위해 식 (7.9)를 사용한다

풀이 (a) 전자의 속력 u의 불확실성은 다음과 같다.

$$\begin{aligned}\Delta u &= 0.010 \times 8.0 \times 10^6 \text{ m/s} \\ &= 8.0 \times 10^4 \text{ m/s}\end{aligned}$$

(계속)

운동량(p)은 $p = mu$이므로

$$\begin{aligned}\Delta p &= m\Delta u \\ &= 9.1094 \times 10^{-31}\ \text{kg} \times 8.0 \times 10^4\ \text{m/s} \\ &= 7.3 \times 10^{-26}\ \text{kg} \cdot \text{m/s}\end{aligned}$$

식 (7.9)로부터 전자 위치의 불확실성은 다음과 같다.

$$\begin{aligned}\Delta x &= \frac{h}{4\pi\Delta p} \\ &= \frac{6.63 \times 10^{-34}\ \text{J} \cdot \text{s}}{4\pi(7.3 \times 10^{-26}\ \text{kg} \cdot \text{m/s})} \\ &= 7.2 \times 10^{-10}\ \text{m}\end{aligned}$$

이 불확실성은 전자 4개의 지름 정도에 해당한다.

(b) 야구공 위치의 불확실성은 다음과 같다.

$$\begin{aligned}\Delta x &= \frac{h}{4\pi\Delta p} \\ &= \frac{6.63 \times 10^{-34}\ \text{J} \cdot \text{s}}{4\pi \times 1.0 \times 10^{-7} \times 6.7\ \text{kg} \cdot \text{m/s}} \\ &= 7.9 \times 10^{-29}\ \text{m}\end{aligned}$$

이것은 매우 작은 숫자로 중요하지 않다. 즉, 거시적 세계에서 야구공의 위치를 정하는 데 불확실성은 실제적으로 없다.

비슷한 문제: 7.128, 7.146.

실전 연습 산소 분자의 위치가 ±3 nm로 알려져 있다면 속력에서의 불확실성을 추정하시오. 산소 분자의 질량은 5.31×10^{-26} kg이다.

분명한 점은 보어는 원자를 이해하는 데 크게 기여하였고, 원자 속 전자의 에너지가 양자화되었다는 그의 설명은 아무런 문제가 되지 않는다는 점이다. 그러나 그의 이론은 원자 안에 있는 전자의 거동을 완벽하게 설명하지는 못했다. 1926년 오스트리아의 물리학자 슈뢰딩거(Erwin Schrödinger)[†]는 복잡한 수학적 기법을 사용하여 소립자의 거동과 에너지를 기술하는 식을 만들었다. 일반적으로 이 방정식은 거시적 입자에 대한 뉴턴의 운동 방정식에 비유된다. *슈뢰딩거 방정식*(Schrödinger equation)을 풀기 위해서는 고급 대수학이 요구되나 여기서는 더 이상 설명하지 않겠다. 그러나 이 식은 질량 m으로 나타낸 입자성과 계(예를 들면, 원자 내의 전자)의 공간상의 위치에 의존하는 *파동함수*(wave function) ψ(psi)로 나타낸 파동성이 통합되어 있다는 사실을 아는 것은 매우 중요하다.

파동함수 그 자체는 직접적인 물리적 의미를 갖지 않는다. 하지만 공간 상의 어느 지역에서 전자를 발견할 확률은 파동함수의 제곱인 ψ^2에 비례한다. ψ^2을 확률에 관련시키는 생각은 파동 이론과 유사성에서 온 것이다. 파동 이론에 의하면, 빛의 세기는 파의 진폭의 제곱 또는 파동함수의 제곱 ψ^2에 비례한다. 광자를 발견할 가능성이 가장 높은 지역은 세기가 가장 큰 즉, ψ^2 값이 최대인 곳이다. 비슷한 논리로 ψ^2을 핵 주변의 지역에서 전자를 발견할 가능성과 관련시키고 있다.

슈뢰딩거 방정식은 물리와 화학에서 새로운 시대를 열었다. 왜냐하면 새로운 분야인 *양자역학*(quantum mechanics, *파동역학*이라고 부르기도 함)이 시작되었기 때문이다. 보어가 수소 원자에 대하여 설명한 1913년부터 1926년까지 개발한 양자역학을 "고전 양자론(old quantum theory)"이라고 부른다.

[†] 슈뢰딩거(Erwin Schrödinger, 1887~1961)는 오스트리아의 물리학자로 현대 양자론의 토대가 되는 파동역학을 만들었으며 1933년 노벨 물리학상을 받았다.

수소 원자의 양자역학적 설명

슈뢰딩거 방정식은 전자가 수소 원자에서 가질 수 있는 가능한 에너지 상태와 그에 상응하는 파동함수(ψ)를 정해준다. 에너지 상태와 파동함수는 일련의 양자수에 의하여 결정되는데(양자수에 대해서는 곧 설명하기로 한다), 이를 이용하여 수소 원자를 잘 설명할 수 있는 모형을 세울 수 있다.

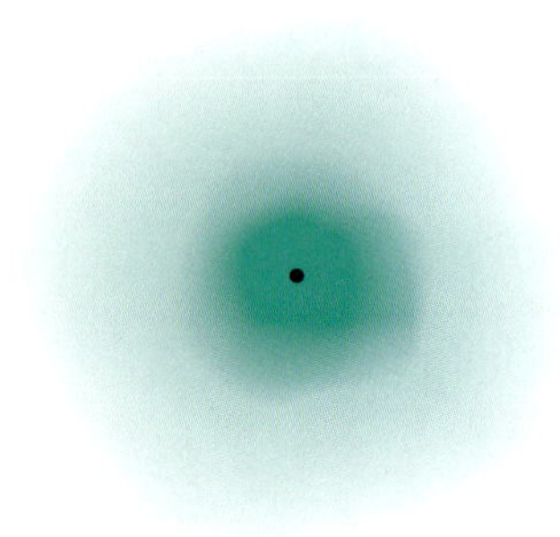

그림 7.15 수소 원자 내의 핵 주위를 둘러싼 전자 밀도 분포. 핵에 가까울수록 전자를 발견할 확률이 높아짐을 알 수 있다.

양자역학이 원자 내에서 전자의 위치를 정확하게 지적해 줄 수 없지만, 주어진 시각에 전자가 있을 만한 영역을 정의할 수는 있다. **전자 밀도**(electron density)란 개념은 *원자의 어떤 특별한 영역에서 전자가 발견될 확률*을 말한다. 파동함수의 제곱 ψ^2은 핵 주위의 3차원 공간에서의 전자 밀도 분포를 정해 준다. 전자 밀도가 높은 영역은 전자가 위치하는 높은 확률을 나타내고, 반면에 전자 밀도가 낮은 영역에서는 그 반대를 뜻한다(그림 7.15 참조).

원자에 대한 양자역학적 설명을 보어 모형의 설명과 구별하기 위하여 궤도(orbit)보다는 **원자 궤도함수**(atomic orbital)로 설명하는 것이 보다 효과적이다. 원자 궤도함수는 *원자 내에서 전자의 파동함수*로 생각할 수 있다. 전자가 어떤 궤도함수 내에 있다고 말할 때, 전자 밀도의 분포 즉, 공간 내에서 전자를 발견할 확률은 그 궤도함수와 관련된 파동함수의 제곱으로 기술됨을 의미한다. 그러므로 원자 궤도함수는 전자 밀도의 특징적 분포와 동시에 특정한 에너지를 갖게 되는 것을 설명해 준다.

슈뢰딩거 방정식은 양성자 하나와 전자 하나를 가진 간단한 수소 원자에 대해서는 잘 설명하지만, 둘 이상의 전자를 가진 원자에 대해서는 정확한 해를 구할 수 없다는 사실이 밝혀졌다. 다행히 물리학자들과 화학자들은 근사법을 이용하여 이런 종류의 어려움을 피해가는 방법을 알아내었다. 예를 들면, **다전자 원자**(many-electron atom, 2*개 이상의 전자를 포함하고 있는 원자*) 내에 있는 전자의 거동이 수소 원자 내에서와 같지는 않더라도, 그 차이는 그렇게 크지 않을 것으로 가정한다. 따라서 수소 원자로부터 얻은 에너지와 파동함수를 보다 복잡한 원자 내에 있는 전자들에 대한 거동을 설명하는 데 적당한 근사로 사용할 수 있다. 실제로 이와 같은 근사법은 다전자 원자 내 전자의 거동에 대해 상당히 신뢰할 수 있는 설명을 해준다.

헬륨 원자는 두 개의 전자만을 가지지만, 양자역학에서는 다전자 원자로 간주된다.

개념 복습하기

수소 원자에 있는 전자에서 ψ과 ψ^2의 차이는 무엇인가?

7.6 양자수

양자역학에서 *수소와 다른 원자들 안에 들어 있는 전자들의 분포를 설명하는 데* 세 개의 **양자수**(quantum number)가 필요하다. 이들 양자수는 수소 원자에 대한 슈뢰딩거 방정식의 수학적인 해로부터 유도된 것이다. 그들을 *주양자수*(principal quantum number), *각운동량 양자수*(angular momentum quantum number), *자기 양자수*(magnetic quantum number)라고 부른다. 이들 양자수는 원자 궤도함수를 기술하고, 또한 원자 안에 있는 전자를 표시하는 데 사용한다. 네 번째 양자수인 *스핀 양자수*(spin quantum number)는 원자 안에 있는 특정 전자의 거동을 설명하고, 원자 안에 있는 전자를 완전하게 설명할 수 있게 해준다.

주양자수(n)

식 (7.5)는 수소 원자에 대해서만 적용된다.

주양자수(n)는 1, 2, 3, . . . 등의 정수값을 갖는다. 이 양자수는 식 (7.5)에 있는 양자수에 해당한다. 수소 원자에서 n 값은 궤도함수의 에너지를 결정한다. 곧 알게 되겠지만, 다전자 원자의 경우에는 이것이 성립하지 않는다. 또한 주양자수는 특정 궤도함수에서 핵과 전자 간의 평균 거리에 관계한다. n이 크면 클수록 궤도함수 내에 있는 전자와 핵 사이의 거리는 더 멀어지고, 따라서 궤도함수도 커진다.

각운동량 양자수(ℓ)

각운동량 양자수(ℓ)는 궤도함수의 "모양"을 말한다(7.7절 참조). ℓ 값은 주양자수 n 값에 의존한다. 주어진 n 값에 대하여 l은 0부터 $(n - 1)$까지의 가능한 정수값을 갖는다. $n = 1$이라면, ℓ 값은 $\ell = n - 1 = 1 - 1 = 0$으로 하나만 가능하다. $n = 2$라면, ℓ 값은 0과 1로 주어진다. $n = 3$이라면, ℓ 값은 0, 1, 2로 주어진다. ℓ 값은 일반적으로 다음과 같이 $s, p, d, \ldots$로 나타낸다.

ℓ 값은 궤도함수의 종류에 근거하여 결정된다.

ℓ	0	1	2	3	4	5
궤도함수 이름	s	p	d	f	g	h

이 방식을 이용하여 $\ell = 0$이면 s 궤도함수이며, $\ell = 1$이면 p 궤도함수라 한다.

s, p, d와 같은 영문자 순서는 역사적 근거가 있다. 원자의 방출 스펙트럼을 연구하던 물리학자들은 관측된 스펙트럼 선과 전이에 관련된 특정 에너지 상태를 연관시키려고 노력하였다. 어떤 스펙트럼의 선들은 대단히 선명하며(**s**harp), 몇몇은 퍼져 있고(**d**iffuse), 또 어떤 것은 매우 강하여 주된(**p**rincipal) 스펙트럼 선이라고 불렀다. 후에 각 형용사의 머리글자를 그런 에너지 상태를 이름붙이는 데 사용하였다. 그러나 글자 d 다음부터는 f (**f**undamental)에서부터 시작하여 알파벳 순서대로 궤도함수를 표시한다.

동일한 n 값을 가진 궤도함수들의 집합을 종종 껍질(shell)이라고 부른다. 같은 n과 ℓ 값을 가진 하나 이상의 궤도함수들의 집합을 부껍질(subshell)이라고 부른다. 예를 들면, $n = 2$인 껍질은 ($n = 2$에 대해서 가능한 값인) $\ell = 0$과 1인 부껍질로 구성되어 있다. 이 부껍질들을 각각 $2s$와 $2p$ 부껍질이라 부르는데, 여기서 2는 n 값을 나타내고, s와 p는 ℓ 값을 나타낸다.

$2s$에서 "2"는 n 값, "s"는 ℓ 값을 표시한 것임을 기억하라.

자기 양자수(m_ℓ)

자기 양자수(m_ℓ)는 공간상에서 궤도함수의 방향(7.7절 참조)을 기술한다. 부껍질 안에서 m_ℓ 값은 각운동량 양자수, ℓ 값에 의존한다. 어떤 ℓ 값에 대하여 다음과 같이 m_ℓ의 $(2\ell + 1)$개의 정수값이 존재한다.

$$-\ell, (-\ell + 1), \ldots 0, \ldots (+\ell - 1). +\ell$$

여기서 $\ell = 0$이면 $m_\ell = 0$이다. $\ell = 1$이면, $[(2 \times 1) + 1] = 3$개의 m_ℓ 값 즉, $-1, 0, 1$이 존재한다. $\ell = 2$이면 $[(2 \times 2) + 1] = 5$ 개의 m_ℓ 값 즉, $-2, -1, 0, 1, 2$가 존재한다. m_ℓ 값의 개수는 특정 ℓ 값을 가진 부껍질 내의 궤도함수의 수를 나타낸다.

이러한 세 양자수에 대한 결론으로, $n = 2$, $\ell = 1$인 경우를 생각해 보자. n과 ℓ 값으로 볼 때 $2p$ 부껍질이고, 그 부껍질 안에는 *세 개*의 $2p$ 궤도함수가 있다($-1, 0, 1$로 주어지는 3개의 m_ℓ 값이 있기 때문이다).

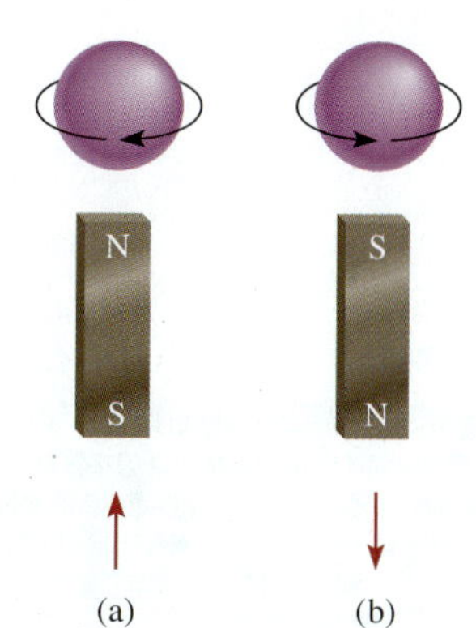

그림 7.16 전자의 (a) 시계 방향, (b) 반시계 방향으로의 스핀. 이 두 회전 운동에 의해 발생하는 자기장은 두 막대자석으로부터 발생하는 것과 비슷하다. 위 방향과 아래 방향으로의 화살표는 스핀의 두 방향을 나타낸다.

전자 스핀 양자수(m_s)

수소와 소듐 원자의 방출 스펙트럼 실험에서 외부 자기장을 걸어주면 방출 스펙트럼의 선들이 분리되는 것을 발견하였다. 물리학자들이 이와 같은 결과를 설명할 수 있는 유일한 방법은 전자가 조그마한 자석처럼 행동한다는 것이다. 지구가 지축을 중심으로 회전하듯이 전자가 자신의 축을 중심으로 회전한다면, 전자의 자기적 성질을 설명할 수 있다. 전자

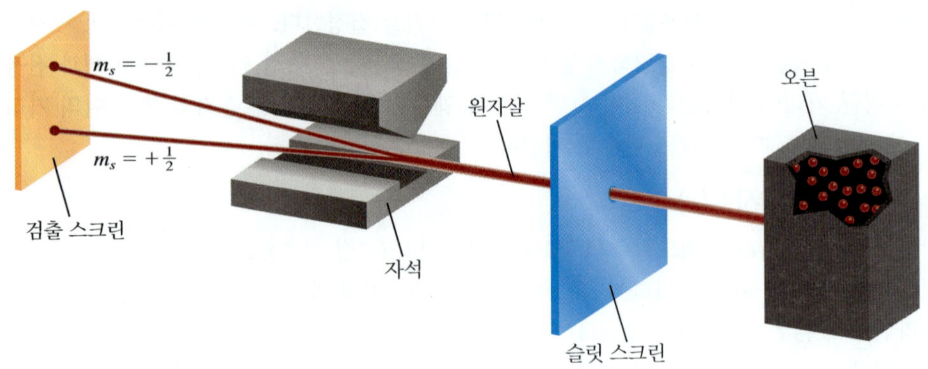

그림 7.17 전자의 스핀 운동을 보여주는 실험 장치. 원자살이 자기장을 통하여 진행한다. 전자 하나가 있는 수소 원자가 이 곳을 지나면 수소 원자는 스핀의 방향에 따라서 둘 중의 한 방향으로 굽어지게 된다. 많은 원자들이 지나가면, 두 종류의 스핀이 같게 분포할 것이므로 스크린에는 같은 세기의 두 점이 검출된다.

기 이론에 의하면 자전하는 전하는 자기장을 생성하는데, 그것이 바로 전자가 자석처럼 행동하는 이유가 된다. 그림 7.16은 전자의 두 가지 가능한 스핀(자전) 운동을 보여주고 있다. 그 중 하나는 시계 방향이고, 다른 하나는 반시계 방향이다. 전자의 스핀을 설명하기 위하여 전자 스핀 양자수(m_s)라고 하는 네 번째 양자수를 도입할 필요가 있다. 스핀 양자수는 $+\frac{1}{2}$ 또는 $-\frac{1}{2}$의 값을 갖는다.

슈턴(Stern)과 게를라흐(Gerlach)의 실험에서 짝짓지 않은 전자가 하나 있는 은 원자를 사용하였다. 원리를 설명하기 위해서 수소 원자라고 가정할 수 있다.

1924년 슈턴(Otto Stern)[†]과 게를라흐(Walther Gerlach)[‡]에 대하여 결정적으로 증명되었다. 그림 7.17은 실험 장치의 기본적 구조를 나타낸 것이다. 고온의 전기로에서 생성된 기체 상태의 원자살이 불균일한 자기장을 통과한다. 이 때, 전자와 자기장 간의 상호작용 때문에 원자는 자신의 직선 경로로부터 벗어나게 된다. 스핀 운동은 완전히 무질서하기 때문에, 원자 안에 있는 절반의 전자는 한 쪽 방향으로 스핀 운동을 하여 한 방향으로 회절하고, 나머지 절반은 반대 방향으로 스핀 운동을 하여 다른 방향으로 회절하게 될 것이다. 그 결과, 세기가 같은 두 점이 검출 스크린에 나타난다.

개념 복습하기

6*s* 궤도함수에 있는 두 전자 각각에 대해서 네 개의 양자수를 쓰시오.

7.7 원자 궤도함수

표 7.2는 양자수와 원자 궤도함수의 관계를 보여주고 있다. $\ell = 0$이면, $(2\ell + 1) = 1$이 되므로 단 하나의 m_ℓ 값이 존재하며 *s* 궤도함수가 된다. $\ell = 1$일 때는 $(2\ell + 1) = 3$이 되어 세 개의 m_ℓ 값이 존재하며, p_x, p_y, p_z로 표시되는 세 개의 *p* 궤도함수들을 얻는다. $\ell = 2$일 때 $(2\ell + 1) = 5$가 되어 다섯 개의 m_ℓ 값이 존재하여 보다 정교한 첨자로 구분되는 다섯 개의 *d* 궤도함수를 얻는다. 다음 절에서 *s*, *p*, *d* 궤도함수를 각각 살펴보기로 한다.

이론적으로 궤도함수에 대한 파동함수는 전자가 핵 바깥쪽에서 움직일 때 바깥 경계를 지정하지 않아서 원자의 크기에 대한 흥미로운 철학적 의문점을 제기하게 한다. 화학자들은 다음 장에서 알게 되는 것처럼 원자의 크기를 체계적으로 정의하는 데 동의한다.

***s* 궤도함수.** 원자 궤도함수의 성질을 연구할 때, 가장 중요한 질문은 궤도함수의 모양이 어떤가 하는 것이다. 엄격하게 말하면 궤도함수는 잘 정의된 모양을 갖지 않는다. 궤도함수의 특성을 결정하는 파동함수가 핵으로부터 무한대까지 퍼져 있기 때문이다. 이와 같은 의미에서 궤도함수가 어떤 모양을 갖는다고 말하는 것은 어렵다. 그러나 9장과 10장을 배우면 알게 되겠지만, 원자간 화학 결합이 형성되는 것을 설명할 때 궤도함수들이 특별한

[†] 슈턴(Otto Stern, 1888~1969)은 독일의 물리학자로, 원자의 자기적 성질과 기체 운동론 연구에 중요한 공헌을 하여 1943년 노벨 물리학상을 받았다.

[‡] 게를라흐(Walther Gerlach, 1889~1979)는 독일의 물리학자로, 그의 주된 연구 분야는 양자론이었다.

표 7.2 양자수와 원자 궤도함수의 관계

n	ℓ	m_ℓ	궤도함수의 개수	원자 궤도함수 표시
1	0	0	1	1s
2	0	0	1	2s
	1	$-1, 0, 1$	3	$2p_x$, $2p_y$, $2p_z$
3	0	0	1	3s
	1	$-1, 0, 1$	3	$3p_x$, $3p_y$, $3p_z$
	2	$-2, -1, 0, 1, 2$	5	$3d_{xy}$, $3d_{yz}$, $3d_{xz}$, $3d_{x^2-y^2}$, $3d_{z^2}$
.	.	.	.	.
.	.	.	.	.
.	.	.	.	.

s 부껍질은 하나의 궤도함수를 가지며, *p* 부껍질은 3개의 궤도함수를, *d* 부껍질은 5개의 궤도함수를 가진다.

모양을 갖는다고 생각하는 것이 확실히 편리하다.

전자가 어느 곳에서나 발견될 수 있지만, 전자가 대부분의 시간을 원자핵에 가까이 존재한다는 사실을 알고 있다. 그림 7.18(a)는 수소 원자의 1*s* 궤도함수 내에서 핵으로부터 거리에 대한 전자 밀도의 분포를 그림으로 보여준다. 보는 바와 같이 핵으로부터 거리가 멀어짐에 따라 전자 밀도는 급격하게 떨어진다. 근사적으로 언급하면, 핵 주위의 반지름 100 pm(1 pm $= 1 \times 10^{-12}$ m)인 공을 생각하면 그 안에서 전자를 발견할 확률이 약 90%이다. 그러므로 그림 7.18(b)에 나타낸 바와 같이 1*s* 궤도함수를 *그 궤도함수에 있는 전체 전자 밀도의 90%를 에워싸는* **경계면 도식**(boundary surface diagram)을 그려서 나타낸다. 이와 같은 방법으로 나타낸 1*s* 궤도함수는 공 모양이다.

그림 7.19는 1*s*, 2*s*, 3*s* 수소 원자 궤도함수에 대한 경계면 도식을 보여준다. 모든 *s* 궤도함수들의 모양은 공 모양이고 주양자수가 증가함에 따라 크기만 달라진다. 각 경계면 속에서 전자 밀도가 어떻게 변화하는지를 나타낼 수는 없지만, 이것이 큰 문제가 되지는 않는다. 원자 궤도함수들의 가장 중요한 특징은 경계면 도식으로 적절하게 나타낸 모양과 상

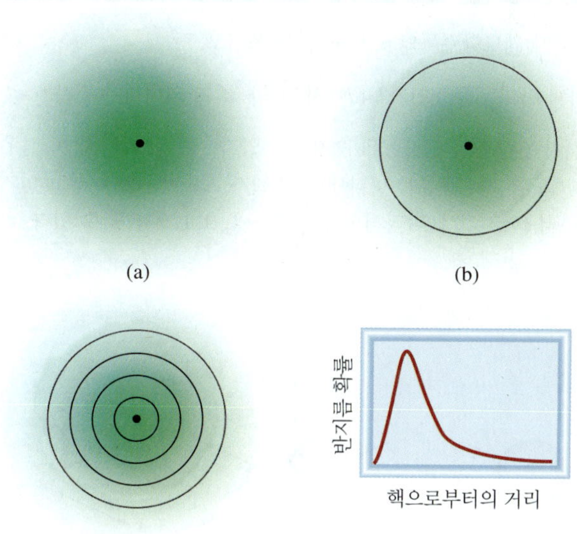

그림 7.18 (a) 수소의 1*s* 원자 궤도함수에 대한 전자 밀도 분포. 핵으로부터 거리가 멀어지면 전자 밀도는 급격하게 떨어진다. (b) 수소 1*s* 궤도의 경계 표면 도형. (c) 1*s* 궤도는 연속적으로 포개어진 구형의 얇은 껍질로 나누어 생각할 수 있다. 각 껍질에서 전자를 발견할 확률(반지름 확률, radial probability)을 거리의 함수로 그려보면 핵에서 52.9 pm일 때 최대값을 나타낸다. 흥미롭게도 이 반지름은 보어 모형에서 가장 안쪽 궤도의 반지름과 같다.

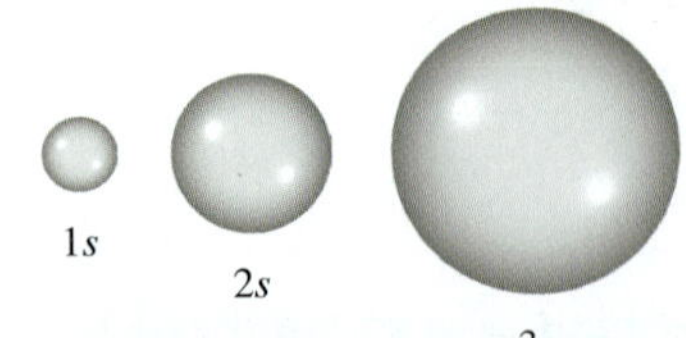

그림 7.19 수소의 1s, 2s, 3s 궤도함수의 경계 표면 그림. 각 공은 전체 전자 밀도의 90%를 포함한다. 모든 s 궤도함수는 구형이다. 대략적으로 한 궤도함수의 크기는 n^2에 비례하는데, 여기서 n은 주양자수이다.

대적인 크기이다.

***p* 궤도함수.** p 궤도함수가 주양자수 $n = 2$부터 존재한다는 것은 당연한 사실이다. $n = 1$이면 각운동량 양자수는 0만을 가정할 수 있다. 그러므로 1s 궤도함수만 존재한다. 앞에서 살펴본 바와 같이 $\ell = 1$일 때 자기 양자수 m_ℓ은 −1, 0, 1의 값을 가질 수 있다. 그러므로 $n = 2$와 $\ell = 1$로 출발하면 세 개의 2p 궤도함수 $2p_x$, $2p_y$, $2p_z$를 얻는다(그림 7.20). 첨자는 궤도함수가 향하는 좌표축을 나타낸다. 세 개의 p 궤도함수들은 크기, 모양과 에너지는 동일하고, 그들의 방향만 다를 뿐이다. 그러나 m_ℓ 값과 x, y, z 방향 사이의 관계를 간단하게 설명할 수는 없다는 사실에 유의하라. 유용한 것은 세 개의 가능한 m_ℓ 값이 존재하기 때문에 방향이 다른 세 개의 p 궤도함수들이 존재한다는 사실만 기억하면 된다.

같은 에너지를 갖는 궤도함수를 축퇴 궤도함수(degenerate orbital)라고 부른다

그림 7.20에 있는 p 궤도함수의 경계면 도식은 각각의 p 궤도함수가 원자핵의 반대쪽에 두 개의 둥근 돌출부(lobe)가 있는 것으로 생각할 수 있음을 보여준다. s 궤도함수와 같이 p 궤도함수도 2p, 3p, 4p 궤도함수로 갈수록 크기가 증가한다.

***d* 궤도함수와 더 높은 에너지 궤도함수.** $\ell = 2$일 때, 다섯 개의 d 궤도함수에 해당하는 다섯 개의 m_ℓ 값이 존재한다. 주양자수 n 값이 3 이상이어야 d 궤도함수가 존재한다. ℓ은 $n - 1$보다 클 수 없기 때문에, $n = 3$일 때 $\ell = 2$가 되어 그림 7.21에 나타낸 바와 같이 다섯 개의 3d 궤도함수($3d_{xy}$, $3d_{yz}$, $3d_{xz}$, $3d_{x^2-y^2}$, $3d_{z^2}$)를 얻는다. p 궤도함수의 경우와 같이 여러 m_ℓ 값에 해당하는 서로 배향이 다른 d 궤도함수가 존재한다. 그러나 원자 내에 있는 모든 3d 궤도함수의 에너지는 같다. n 값이 3보다 큰 경우 d 궤도함수들(4d, 5d, . . .)은 비슷한 모양을 갖는다.

d 궤도함수보다 높은 에너지를 가진 궤도함수들은 f, g, . . . 등으로 표시한다. f 궤도함수들은 원자 번호가 57보다 큰 원소들의 거동을 설명하는 데 중요하지만 그 모양을 표현하기 어렵다. 일반화학에서 ℓ 값이 3보다 큰 궤도함수(g 궤도함수 이상)에는 관심을 두지 않는다.

예제 7.7과 7.8은 양자수로 궤도함수를 표시하는 방법과 주어진 주양자수와 관계되는 궤도함수의 전체 개수를 계산하는 방법을 설명하고 있다.

예제 7.7

4d 부껍질에 있는 원자 궤도함수들의 n, ℓ, m_ℓ 값을 쓰시오.

전략 n, ℓ, m_ℓ 사이의 관계는 무엇인가? 4d에서 "4"와 "d"가 의미하는 것은?

풀이 앞에서 본 것처럼 부껍질에 사용된 숫자는 주양자수이다. 따라서 이 경우 $n = 4$이다. 알파벳 글자는 원자 궤도함수의 종류를 나타낸다. d 원자 궤도함수를 다루고 있기 때문에, $\ell = 2$이다. m_ℓ 값은 $-\ell$부터 ℓ까지이다. 따라서 m_ℓ은 −2, −1, 0, 1, 2가 될 수 있다.

(계속)

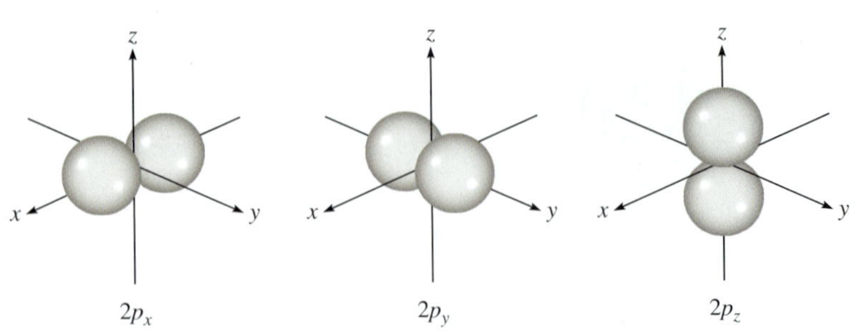

그림 7.20 3개의 2p 궤도함수들의 경계면 도식. 방향이 다른 것을 제외하고는 이들 궤도함수들은 형태와 에너지가 모두 같다. 주양자수가 더 높은 p 궤도함수들도 비슷한 형태를 가진다.

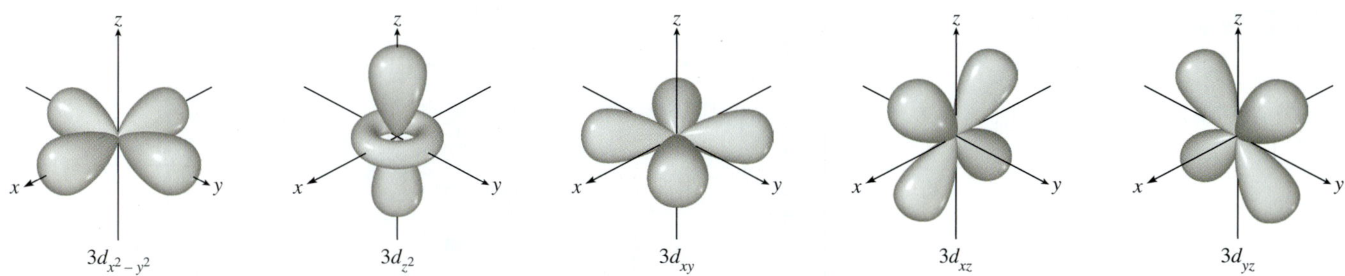

그림 7.21 5개의 $3d$ 궤도함수들의 경계면 도식. $3d_{z^2}$ 궤도함수가 다른 모양으로 보이지만, 다른 모든 면에서 이들은 동등하다. 주양자수가 더 큰 궤도함수도 비슷한 형태를 가진다.

검산 $4d$에 대해서 n과 ℓ은 고정된 값을 가지지만, m_ℓ은 d 원자 궤도함수에 해당되는 다섯 개 중 한 값을 가질 수 있다.

비슷한 문제: 7.57.

실전 연습 $3p$ 부껍질에 있는 모든 원자 궤도함수들에 관계되는 양자수들의 값을 쓰시오.

예제 7.8

주양자수 $n = 3$과 관련된 원자 궤도함수의 수는 모두 몇 개인가?

전략 주어진 n 값에 대한 원자 궤도함수의 총 개수를 계산하려면, 먼저 가능한 ℓ 값들을 모두 써야 한다. 그리고 나서 각각의 ℓ 값에 대해서 관련된 m_ℓ 값이 몇 개인지 결정한다. 전체 원자 궤도함수의 숫자는 모든 m_ℓ의 개수와 같다.

풀이 $n = 3$에 대해서 가능한 ℓ 값은 0, 1, 2이다. 따라서 1 개의 $3s$ 원자 궤도함수($n = 3$, $\ell = 0$, $m_\ell = 0$), 세 개의 $3p$ 원자 궤도함수($n = 3$, $\ell = 1$, $m_\ell = -1, 0, 1$), 다섯 개의 $3d$ 원자 궤도함수($n = 3$, $\ell = 2$, $m_\ell = -2, -1, 0, 1, 2$)가 있다. 전체 개수는 $1 + 3 + 5 = 9$이다.

검산 주어진 n 값에 대한 원자 궤도함수의 전체 개수는 n^2이다. 이 경우 $3^2 = 9$ 이다. 이 관계식을 증명할 수 있는가?

비슷한 문제: 7.62.

실전 연습 주양자수 $n = 4$와 관련된 원자 궤도함수의 수는 모두 몇 개인가?

개념 복습하기

왜 $2d$ 궤도함수는 불가능하지만 $3d$ 궤도함수는 가능한가?

▶ 궤도함수의 에너지

이제 원자 궤도함수의 모양과 크기에 관하여 어느 정도 이해하였으므로 그들의 상대적인 에너지를 알아보고 에너지 준위가 원자 내에 있는 전자 배치에 어떻게 영향을 미치는가를 알아보자.

식 (7.5)에 의하면 수소 원자 안에 있는 전자의 에너지는 주양자수에 의해서만 결정된다. 따라서 수소 궤도함수의 에너지는 다음과 같이 증가한다(그림 7.22).

$$1s < 2s = 2p < 3s = 3p = 3d < 4s = 4p = 4d = 4f < \ldots$$

전자 밀도의 분포가 $2s$와 $2p$ 궤도함수에서 다르지만, 수소 원자의 전자는 $2s$ 궤도함수에 있든지 $2p$ 궤도함수에 있든지 상관없이 에너지가 같다. 수소 원자에서 $1s$ 궤도함수는 가

그림 7.22 수소 원자의 궤도함수 에너지 준위. 짧은 수평선은 각각 하나의 궤도함수를 나타낸다. 주양자수 (n)가 같은 궤도함수들은 모두 에너지가 같다.

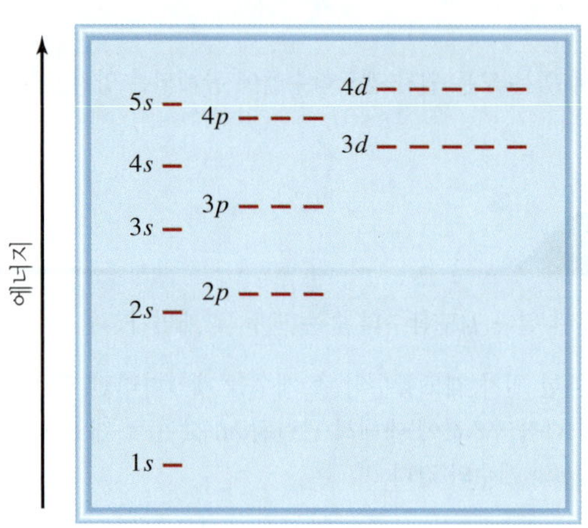

그림 7.23 다전자 원자의 궤도함수 에너지 준위. 에너지 준위는 n과 ℓ 값 모두에 의존한다는 것에 유의하라.

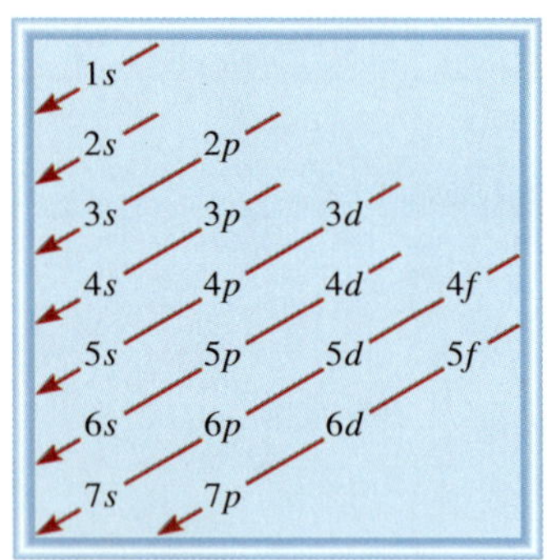

그림 7.24 다전자 원자에서 원자의 부껍질이 채워지는 순서. 1s에서부터 화살표 방향을 따라 아래로 내려간다. 따라서 순서는 다음과 같다. $1s < 2s < 2p < 3s < 3p < 4s < 3d < \ldots$

장 안정한 조건인 바닥 상태에 해당한다. 이 궤도함수 안에 머무는 전자는 핵에 가장 가까이 있기 때문에 원자핵에 가장 강하게 결합하고 있다. 수소 원자 내의 2s, 2p 또는 보다 높은 궤도함수 안에 들어 있는 전자는 들뜬 상태에 있다고 한다.

다전자 원자에 대해서는 에너지 도표가 수소보다 더 복잡하게 된다. 그러한 원자 안에 들어있는 전자의 에너지는 주양자수뿐만 아니라 각운동량 양자수에도 의존한다(그림 7.23). 다전자 원자에서 3d 에너지 준위는 4s 에너지 준위에 매우 가깝다. 그러나 한 원자의 총 에너지는 궤도함수 에너지의 합에만 의존할 뿐만 아니라 이들 궤도함수에 들어 있는 전자들 간의 반발 에너지에도 의존한다(7.8절에서 알게 되겠지만, 각 궤도함수는 2개까지 전자를 수용한다). 원자의 총 에너지는 3d 부껍질 이전에 4s 부껍질이 채워질 때에 더 낮다는 사실이 밝혀졌다. 그림 7.24는 다전자 원자에서 원자 궤도함수에 전자가 채워지는 순서를 나타낸다. 7.8절에서 구체적인 예를 생각해 보자.

7.8 전자 배치

네 개의 양자수 n, ℓ, m_ℓ, m_s로 한 원자 내에서 어떤 궤도함수에 있는 하나의 전자를 완전히 나타낼 수 있다. 어떤 의미에서 우리가 시, 구, 동, 거리와 집 번호로 각 주소를 확인하듯이 네 양자수의 집합을 원자 내 전자의 "주소"로 취급할 수 있다. 예를 들면, 2s 궤도함수 전자에 대한 네 개의 양자수는 $n = 2$, $\ell = 0$, $m_\ell = 0$, $m_s = +\frac{1}{2}$ 또는 $-\frac{1}{2}$이다. 모든 각 양자수를 이렇게 쓰는 것은 불편하다. 따라서 간략한 표기로 (n, ℓ, m_ℓ, m_s)를 사용한다. 위의 예를 들면, 양자수의 집합은 $(2, 0, 0, +\frac{1}{2})$ 또는 $(2, 0, 0, -\frac{1}{2})$로 표기한다. m_s 값은 궤도함수의 에너지, 크기, 모양, 배향에는 영향을 끼치지 못하지만 궤도함수 내에서 전자의 배열 방법을 결정한다.

예제 7.9는 궤도함수 내에서 전자의 양자수를 할당하는 방법을 보여준다.

예제 7.9

3*p* 궤도함수에 있는 전자의 네 양자수를 쓰시오.

전략 3*p*에서 "3"과 "*p*"가 나타내는 것은 무엇인가? 3*p* 부껍질에는 얼마나 많은 궤도함수들(m_ℓ 값)이 있는가? 가능한 전자 스핀 양자수는 무엇인가?

풀이 먼저 주양자수 $n = 3$이고, 각운동량 양자수 $\ell = 1$이어야 한다는 데서 시작한다(*p* 궤도함수이기 때문).

$\ell = 1$에 대해서는 세 개의 m_ℓ 값이 $-1, 0, 1$로 주어진다. 전자 스핀 양자수 m_s는 $+\frac{1}{2}$ 또는 $-\frac{1}{2}$이기 때문에, (n, ℓ, m_ℓ, m_s) 방식으로 표현하면 다음과 같은 여섯 개가 가능하다고 결론내릴 수 있다.

$$(3, 1, -1, +\tfrac{1}{2}) \qquad (3, 1, -1, -\tfrac{1}{2})$$
$$(3, 1, 0, +\tfrac{1}{2}) \qquad (3, 1, 0, -\tfrac{1}{2})$$
$$(3, 1, 1, +\tfrac{1}{2}) \qquad (3, 1, 1, -\tfrac{1}{2})$$

검산 이 여섯 개의 표현식을 보면 n과 ℓ은 일정하지만 m_ℓ과 m_s은 바뀔 수 있다는 것을 알 수 있다.

실전 연습 4*d* 궤도함수에 있는 전자의 네 양자수를 쓰시오.

비슷한 문제: 7.58.

수소 원자는 한 개의 전자만을 포함하고 있기 때문에 특별히 간단한 계(system)이다. 전자는 1*s* 궤도함수(바닥 상태)에 머무르거나 약간 더 높은 에너지 궤도함수(들뜬 상태)에 존재할 수 있다. 그러나 다전자 원자에 대해서 전자의 거동을 이해하기 위하여 원자의 **전자 배치**(electron configuration), *즉 전자들이 여러 개의 원자 궤도함수에 분포되는 방법*을 알아야 한다. 여기서 *바닥 상태*에서 전자 배치에 대한 규칙을 상세히 설명하기 위하여 주기율표에서 처음 10개의 원자(수소에서 네온까지)를 예로 들 것이다(7.9절에서는 이 규칙을 주기율표의 나머지 원소들에 대하여 적용할 수 있는 방법을 기술할 것이다). 이 설명을 위하여 원자 안에 들어 있는 전자의 수는 그 원소의 원자 번호 Z와 같다는 사실을 기억하라.

동영상 자료
▶ 전자 배치.

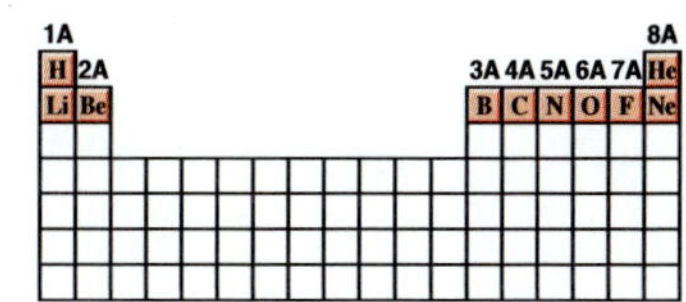

그림 7.22는 바닥 상태의 수소 원자의 전자는 1*s* 궤도함수에 존재해야 한다는 것을 보여준다. 따라서 그 전자 배치는 $1s^1$으로 나타낸다.

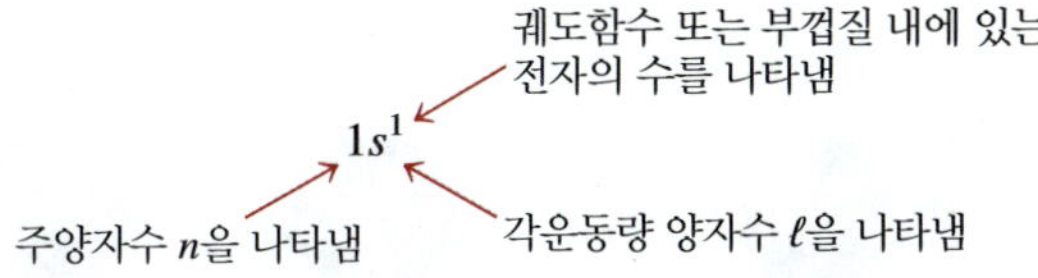

전자 배치는 또한 전자의 스핀을 보여주는 *궤도함수 도표*(orbital diagram)로 나타낼 수 있다(그림 7.16 참조).

H [↑]
$1s^1$

위로 향한 화살표는 2개의 가능한 전자의 스핀운동 중 하나를 나타낸다(전자의 또 다른 하나의 스핀운동은 아래로 향하는 화살표로 나타낸다). 상자는 한 원자 궤도함수를 나타낸다.

전자 스핀의 방향은 전자의 에너지에 어떤 영향도 미치지 않음을 기억하라.

파울리 배타 원리

다전자 원자의 전자 배치를 결정하기 위하여 **파울리[†] 배타 원리**(Pauli exclusion principle)를 사용한다. 이 원리는 *한 원자 안에 들어 있는 어느 두 전자도 동일한 네 개의 양자수를 가질 수 없다*는 것이다. 만약 한 원자 안에 있는 두 전자가 동일한 n, ℓ, m_ℓ 값을 가진다면(즉, 이들 두 전자가 동일한 원자 궤도함수에 있게 된다면), 그들은 다른 m_s 값을 가져야 한다. 다시 말하면, 두 전자는 동일한 원자 궤도함수에 있을 수 있으나, 이들 전자는 반대 스핀을 가져야만 한다. 두 개의 전자를 갖고 있는 헬륨 원자를 생각해 보자. $1s$ 궤도함수에 두 전자를 넣는 가능한 방법은 다음과 같은 세 가지가 있다.

He	↑↑	↓↓	↑↓
	$1s^2$	$1s^2$	$1s^2$
	(a)	(b)	(c)

그림 (a)와 (b)는 파울리 배타 원리에 의하여 배제된다. (a)는 양쪽 전자가 동일한 위쪽 방향의 스핀을 가지므로 양자수는 둘 다 $(1, 0, 0, +\frac{1}{2})$이고, (b)는 양쪽 전자가 모두 아래쪽 방향의 스핀을 가지므로 양자수는 둘 다 $(1, 0, 0, -\frac{1}{2})$이다. (c) 배열만이 한 전자는 양자수 $(1, 0, 0, +\frac{1}{2})$를 갖고, 다른 한 전자는 양자수 $(1, 0, 0, -\frac{1}{2})$를 가지므로 물리적으로 받아들일 수 있다. 따라서 헬륨 원자는 다음과 같은 전자 배치를 갖는다.

반대 스핀을 갖는 전자들은 쌍을 이루고 있다고 말한다. 헬륨에서 한 전자의 $m_s = +\frac{1}{2}$이고, 다른 전자의 $m_s = -\frac{1}{2}$이다.

He	↑↓
	$1s^2$

여기서 $1s^2$는 "일 에스 제곱"이 아니라 "일 에스 두 개"로 읽는다.

반자기성과 상자기성

파울리 배타 원리는 양자역학의 기본적인 원리 중 하나이다. 이것은 간단한 실험으로 증명할 수 있다. 헬륨 원자의 $1s$ 궤도함수에 있는 두 개의 전자가 동일한, 즉 평행 스핀(↑↑ 또는 ↓↓)을 가진다면, 그들의 알짜 자기장은 서로 강화될 것이고[그림 7.25(a)], 그러한 배열은 헬륨 원자를 상자기성으로 만들 것이다. **상자기성**(paramagnetic) 물질은 *스핀이 짝을 이루지 않은 전자들을 포함하고 있어 자석에 끌리는 물질*이다. 반면, 전자의 스핀이 짝을 이루어, 즉 서로 반평행(↑↓ 또는 ↓↑)이면, 자기 효과는 상쇄되어 사라진다[그림 7.25(b)]. **반자기성**(diamagnetic) 물질은 *짝을 이루지 않은 스핀이 없어서 자석에 의하여 약하게 밀린다.*

[†] 파울리(Wolfgang Pauli, 1900~1958)는 오스트리아의 물리학자로 양자역학의 창시자 중 한 사람이다. 그는 1945년 노벨 물리학상을 수상하였다.

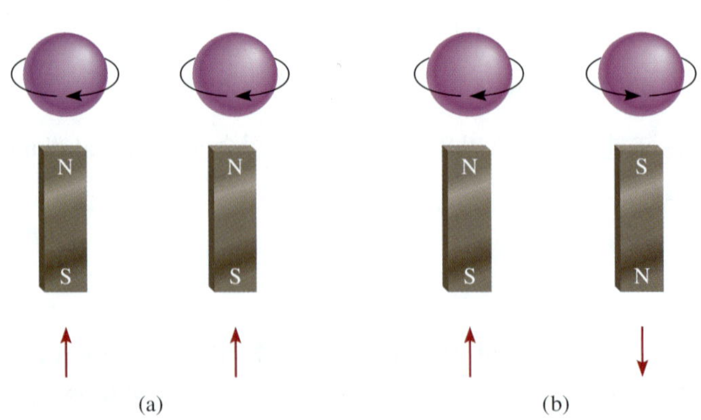

그림 7.25 두 전자의 (a) 평행한 스핀과 (b) 반평행한 스핀. (a)에서 두 자기장은 서로를 강화시키며, (b)에서 두 자기장들은 서로를 소멸시킨다.

자성을 측정함으로써 원소의 특정 전자 배치에 대한 가장 직접적인 증거를 얻을 수 있다. 지난 30여년간 측정 장비의 발달로 어떤 원자가 상자기성인지 여부뿐만 아니라 짝짓지 않는 전자들이 몇 개 존재하는가를 결정할 수 있게 되었다(그림 7.26). 실험에 의하면 헬륨 원자가 바닥 상태에 있을 때는 알짜 자기장이 없다. 1s 궤도함수에 있는 두 전자는 파울리 배타 원리와 일치하게 짝을 이루고 있으므로 헬륨 기체는 반자기성이다. 기억해야 할 유용한 규칙 하나는 전자가 완전한 짝을 이루기 위해서는 짝수 개의 전자가 필요하므로, 홀수 개의 전자를 가진 원자는 항상 한 개 이상의 짝을 이루지 않은 전자가 존재한다는 것이다. 반대로, 짝수 개의 전자를 가진 원자는 짝을 이루지 않은 전자가 존재할 수도 있고 그렇지 않을 수도 있다. 이와 같은 사실에 대한 이유는 곧 알게 될 것이다.

그림 7.26 먼저 저울로 상자기성 물질의 무게를 잰다. 전자석이 켜지면 시료관이 자기장 안으로 들어가면서 저울의 눈금이 달라진다. 농도와 다시 저울의 평형을 맞추기 위해 필요한 질량을 알면 시료 안에 짝을 이루지 않은 전자의 개수를 계산할 수 있다.

다른 한 예로서 3개의 전자를 가지는 리튬 원자(Z = 3)를 생각해 보자. 세 번째 전자는 처음 두 전자와 동일한 네 개의 양자수를 가질 수 없기 때문에 1s 궤도함수에 들어갈 수 없다. 그러므로 이 전자는 에너지적으로 더 높은 다음 2s 궤도함수로 들어간다(그림 7.23 참조). 따라서 리튬의 전자 배치는 $1s^22s^1$이고 궤도함수 도표는 다음과 같다.

Li [↑↓] [↑]
$1s^2$ $2s^1$

리튬 원자는 하나의 짝짓지 않은 전자를 갖고 있으므로 리튬 금속은 상자기성이다.

다전자 원자에서 가림 효과

실험적으로 다전자 원자에서는 2s 궤도함수가 2p 궤도함수보다 에너지 준위가 더 낮다는 것을 발견하게 된다. 왜 그럴까? $1s^22s^1$과 $1s^22p^1$의 전자 배치를 비교해 보면 두 경우 모두 1s 궤도함수는 2개의 전자로 채워져 있음을 볼 수 있다. 그림 7.27은 1s, 2s, 2p 궤도함수에 대한 반지름 확률 그림을 보여준다. 2s 궤도함수와 2p 궤도함수는 1s 궤도함수보다 더 크기 때문에 이들 궤도함수 중 어느 쪽에 있는 전자도 평균적으로 1s 궤도함수에 있는 전자보다 핵으로부터 멀리 떨어져 있는 시간이 더 많다. 따라서 2s 또는 2p 전자가 핵의 인력으로부터 1s 전자에 의하여 부분적으로 "가려져(shield)" 있다고 말할 수 있다. 이와 같은 가림 효과의 중요한 결과는 핵에 있는 양성자와 2s 또는 2p 전자간의 정전기적인 인력을 감소시킨다는 것이다.

핵으로부터 멀어짐에 따라 전자 밀도가 어떻게 변하는지는 궤도함수의 모양에 의존한다. 2s 전자가 평균적으로 2p 전자보다 핵 가까이에서 보다 많은 시간을 보낸다고 할 수 있지만, 핵 가까이의 밀도는 2p 전자보다 2s 전자가 더 크다. (그림 7.27에서 2s 궤도함수의 최대값이 작다.) 이러한 이유로 2s 궤도함수는 2p 궤도함수보다 침투성(penetrating)이 크고, 1s 전자에 비해 덜 가려져 핵에 더 강하게 잡혀 있다. 실제로, 동일한 주양자수 n에 대하여 침투력은 각운동량 양자수 ℓ이 증가함에 따라 감소한다. 즉, 다음 식이 성립한다.

$$s > p > d > f > \ldots$$

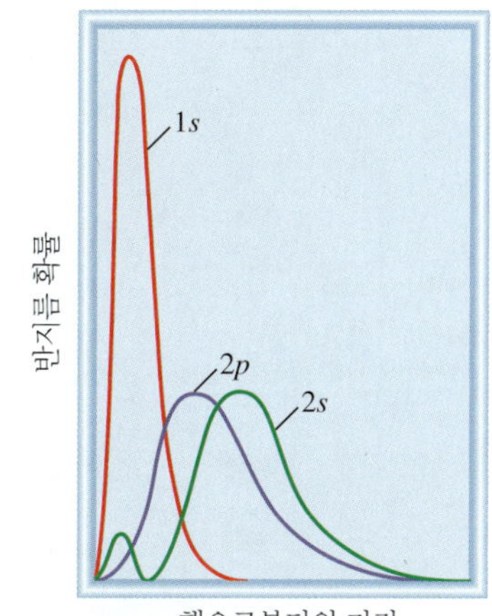

그림 7.27 1s, 2s, 2p 궤도함수에 대한 반지름 확률 그림(그림 7.18 참조). 1s 전자들은 효과적으로 2s, 2p 전자들을 핵으로부터 가린다. 2s 궤도함수는 2p 궤도함수보다 침투성이 높다.

전자의 안정도는 핵에 대한 인력의 강도에 의하여 결정되기 때문에 그것은 2s 전자가 2p 전자보다 에너지적으로 더욱 낮을 것이다. 이것을 다른 방법으로 설명하면, 2p 전자가 핵에 의하여 상대적으로 덜 강하게 묶여 있기 때문에 2p 전자를 제거하는 것이 2s 전자를 제거하는 것보다 적은 에너지가 요구된다고 말할 수 있다. 수소 원자는 단 하나의 전자만을 갖기 때문에 이러한 가림 효과는 없다.

처음 10개 원소의 원자에 대한 논의를 계속하기 위해 베릴륨(Z = 4)에 대하여 생각해 보자. 베릴륨의 바닥 상태 전자 배치는 $1s^22s^2$로서 다음과 같이 나타낼 수 있다.

Be ↑↓ ↑↓
$1s^2$ $2s^2$

베릴륨 원자는 예상한 바와 같이 반자기성이다.

붕소(Z = 5)의 전자 배치는 $1s^22s^22p^1$로서 다음과 같이 나타낼 수 있다.

B ↑↓ ↑↓ ↑
$1s^2$ $2s^2$ $2p^1$

짝짓지 않은 전자는 $2p_x$, $2p_y$, $2p_z$ 궤도함수 어느 곳에도 들어갈 수 있다는 사실에 유념하라. 세 개의 p 궤도함수는 에너지적으로 동일하므로 선택은 완전히 임의적이다. 도표에서 보여주는 바와 같이 붕소 원자는 상자기성이다.

훈트 규칙

탄소(Z = 6)의 전자 배치는 $1s^22s^22p^2$이다. 다음은 3개의 p 궤도함수에 2개의 전자를 배치하는 여러 방법을 나타낸다.

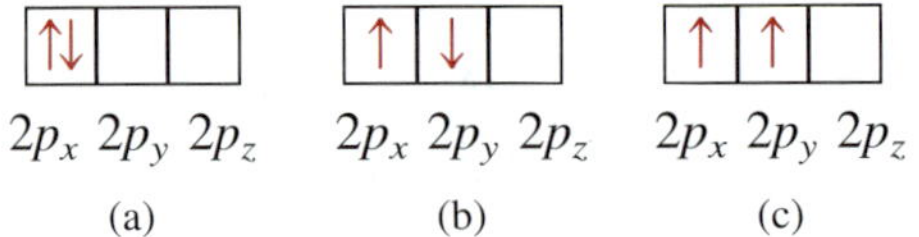

세 가지 전자 배치 중 어느 것도 파울리 배타 원리를 위반하지 않는다. 따라서 어느 것이 최대의 안정도를 가질 것인가를 결정하여야 한다. 그 답은 **훈트**† **규칙**(Hund's rule)이 알려준다. 즉, *부껍질에 있는 전자의 가장 안정한 배열은 가장 큰 수의 평행 스핀을 가진 배열이라는 것이다.* (c)에 나타낸 배열이 이 조건을 만족한다. (a)와 (b)에서는 모두 두 스핀이 서로 상쇄된다. 따라서 탄소 원자의 궤도함수 그림은 다음과 같다.

C ↑↓ ↑↓ ↑ ↑
$1s^2$ $2s^2$ $2p^2$

정성적으로 왜 (c)가 (a)보다 바람직한 배열인지 그 이유를 이해할 수 있다. (a)의 경우 두 전자는 동일한 $2p_x$ 궤도함수에 들어 있어 두 전자가 두 개의 다른 궤도함수 즉, $2p_x$와 $2p_y$를 점유할 때보다 더 큰 상호 반발을 유발하게 된다. (b)보다 (c)를 선택하는 것은 보다 설명하기 어렵지만, 이론적인 근거에서 정당화시킬 수 있다. 탄소 원자가 2개의 짝짓지 않은 전자를 포함하고 있는 것이 훈트 규칙과 일치한다.

질소 원자(Z = 7)의 전자 배치는 $1s^22s^22p^3$이다.

N ↑↓ ↑↓ ↑ ↑ ↑
$1s^2$ $2s^2$ $2p^3$

여기서도 훈트 규칙은 3개의 $2p$ 전자 모두 서로 평행한 스핀을 갖고 있음을 나타낸다. 그러므로 질소 원자는 3개의 짝짓지 않은 전자를 포함하고 있다.

산소 원자(Z = 8)의 전자 배치는 $1s^22s^22p^4$이다. 산소 원자는 2개의 짝짓지 않은 전자를 갖는다.

O ↑↓ ↑↓ ↑↓ ↑ ↑
$1s^2$ $2s^2$ $2p^4$

† 훈트(Frederick Hund, 1896~1997)는 독일의 물리학자로, 그의 업적은 주로 양자역학 분야에서 이루어졌다. 그는 화학 결합의 분자 궤도함수 이론을 개발하는 데 도움을 주었다.

플루오린(Z = 9)의 전자 배치는 $1s^22s^22p^5$이다. 9개의 전자는 다음과 같이 배열된다.

F ↑↓ ↑↓ ↑↓ ↑↓ ↑
$1s^2$ $2s^2$ $2p^5$

따라서 플루오린 원자는 하나의 짝짓지 않은 전자를 갖고 있다.

네온 원자(Z = 10)에서 $2p$ 부껍질은 완전히 채워져 있다. 네온 원자의 전자 배치는 $1s^22s^22p^6$이고, 모든 전자는 짝을 이루고 있다.

Ne ↑↓ ↑↓ ↑↓ ↑↓ ↑↓
$1s^2$ $2s^2$ $2p^6$

따라서 네온 원자는 반자기성이어야 할 것이다. 실험적인 관측은 이러한 예상을 입증한다.

원자 궤도함수에 전자를 할당하는 일반 규칙

앞 절의 예들을 근거로 하여 주어진 n 값에 대하여 여러 부껍질과 궤도함수에 들어가는 최대 전자의 수를 결정하는 몇 가지 일반적인 규칙을 다음과 같이 공식화할 수 있다.

1. 주양자수 n의 각 껍질은 n개의 부껍질을 포함하고 있다. 예를 들어, n = 2이면, 각운동량 양자수(ℓ) 값이 0과 1인 2개의 부껍질이 존재한다.
2. 양자수 ℓ인 부껍질에는 $(2\ell + 1)$개의 궤도함수가 있다. 예를 들어, ℓ = 1이면, 3개의 p 궤도함수가 존재한다.
3. 각 궤도함수에 2개보다 많은 전자가 채워질 수 없다. 그러므로 최대 전자수는 이용되는 궤도함수 수의 2배이다.
4. 원자가 주양자수 n 준위 안에 채울 수 있는 최대 전자의 수를 결정하는 빠른 방법은 공식 $2n^2$을 이용하는 것이다.

예제 7.10과 7.11은 궤도함수 안에 들어가는 전자의 수를 계산하여, 이들 전자를 4개의 양자수로 표시하는 절차를 상세히 설명하고 있다.

예제 7.10

n = 3인 주준위에 있을 수 있는 전자의 최대 개수는?

전략 주양자수(n)가 주어졌기 때문에 가능한 모든 각운동량 양자수(ℓ)를 알 수 있다. 위의 규칙을 보면 각 ℓ 값에 대해서 $(2\ell + 1)$개의 궤도함수가 있다. 따라서 전체 궤도함수를 결정할 수 있다. 각 궤도함수에는 몇 개의 전자가 포함되는가?

풀이 n = 3, ℓ = 0, 1, 2일 때 각 ℓ 값에 대한 궤도함수의 수는 다음과 같다.

ℓ 값	궤도함수의 수 $(2\ell + 1)$
0	1
1	3
2	5

궤도함수의 총 개수는 9개이다. 각 궤도함수는 두 개의 전자를 수용할 수 있기 때문에 전자의 최대 개수는 $2 \times 9 = 18$이다.

검산 예제 7.8에서 사용한 공식(n^2)을 사용하면, 궤도함수의 총수는 3^2이고, 전자의 전체 개수는 $2(3^2) = 18$개이다. 일반적으로 주어진 에너지 준위 n에 들어 있는 전자의 개수는 $2n^2$이다.

비슷한 문제: 7.64, 7.65.

실전 연습 n = 4인 주준위에 있을 수 있는 전자의 최대 개수는?

예제 7.11

산소 원자는 8개의 전자를 가지고 있다. 바닥 상태에 있는 8개 전자 각각에 대한 네 양자수를 쓰시오

전략 n = 1에서 시작하여 그림 7.24에 나와있는 순서로 궤도함수를 채워나간다. 각 n 값에 대해서 가능한 ℓ 값을 결정한다. 각각의 ℓ 값에 대해서 가능한 m_ℓ 값을 배정한다. 파울리 배타 원리와 훈트 규칙에 따라서 궤도함수에 전자를 배치할 수 있다.

풀이 n = 1에서 시작하면 ℓ = 0이므로 1s 궤도함수에 해당하는 부껍질이다. 이 궤도함수는 모두 두 개의 전자를 수용할 수 있다. 다음으로 n = 2이면 ℓ = 0 또는 1이다. ℓ = 0인 부껍질은 한 개의 2s 궤도함수를 가지며, 두 개의 전자를 포함할 수 있다. 나머지 네 개의 전자는 세 개의 2p 궤도함수를 가지는 ℓ = 1인 부껍질에 놓여진다. 궤도함수 도식은 다음과 같다.

O [↑↓] [↑↓] [↑↓|↑|↑]

$1s^2$ $2s^2$ $2p^4$

결과는 다음 표로 요약할 수 있다.

전자	n	ℓ	m_ℓ	m_s	궤도함수
1	1	0	0	$+\frac{1}{2}$	1s
2	1	0	0	$-\frac{1}{2}$	
3	2	0	0	$+\frac{1}{2}$	2s
4	2	0	0	$-\frac{1}{2}$	
5	2	1	−1	$+\frac{1}{2}$	$2p_x$, $2p_y$, $2p_z$
6	2	1	0	$+\frac{1}{2}$	
7	2	1	1	$+\frac{1}{2}$	
8	2	1	1	$-\frac{1}{2}$	

물론, 8번째 전자를 m_ℓ = 1인 궤도함수에 넣는 것은 완전히 임의적인 것이다. m_ℓ = 0이나 m_ℓ = −1에 배정하여도 옳다.

비슷한 문제: 7.91.

실전 연습 붕소(B)에 있는 각 전자에 대해서 모든 양자수들을 쓰시오.

여기서 처음 열 개의 원소들을 조사하여 바닥 상태 전자 배치와 원자 속 전자의 성질에 대해서 알게 된 것을 정리해 보자.

1. 한 원자 내의 어떤 전자도 네 개의 양자수가 모두 같을 수 없다. 이것은 파울리 배타 원리이다.
2. 각 원자 궤도는 최대 두 개의 전자에 의해서 점유될 수 있다. 그러나 그 둘은 스핀이 반대여야 한다. 다시 말하면 스핀 양자수가 달라야 한다.
3. 부껍질에 있는 전자들의 가장 안정한 배치는 평행한 스핀이 가장 많을 때이다. 이것은 훈트 규칙이다.
4. 한 개 이상의 전자들이 짝을 이루지 않은 원자는 상자기성이다. 모든 전자 스핀이 짝을 이룬 원자는 반자기성이다.
5. 수소 원자에서 전자의 에너지는 주양자수 n에만 의존한다. 다전자 원자에서는 전자의 에너지가 n과 각운동량 양자수 ℓ에 모두 의존한다.
6. 다전자 원자에서 부껍질은 그림 7.24에 나와 있는 순서로 채워진다.
7. 주양자수가 같은 전자들의 침투력 즉, 핵에 가까운 정도는 $s > p > d > f$ 순으로 감소한다. 가령 다전자 원자에서 3s 전자를 떼어내는 데 필요한 에너지는 3p 전자를 떼

어낼 때 필요한 에너지보다 크다.

개념 복습하기

어떤 원자의 바닥 상태 전자 배치가 $1s^22s^22p^63s^23p^3$이다. 네 양자수 중 세 $3p$ 전자들에서 양자수가 같은 것은 어느 것인가?

7.9 축조 원리

여기서 처음 10개 원소에 대한 전자 배치를 적는 데 사용한 규칙을 나머지 원소들에까지 확장할 것이다. 이 과정은 축조 원리에 기초를 두고 있다. **축조 원리**(Aufbau principle)는 *핵에 양성자를 하나씩 더하여 원소를 만들어 가는 것처럼, 전자도 마찬가지 방법으로 원자 궤도함수에 하나씩 채워진다*는 것이다. 이 과정을 통하여 원소의 바닥 상태 전자 배치에 대한 상세한 지식을 얻는다. 나중에 알게 되겠지만, 전자 배치에 대한 지식은 우리가 원소의 성질을 이해하고 예측하는 데 도움을 주고, 주기율표가 왜 그렇게 잘 맞는지를 설명해준다.

독일어 단어인 "Aufbau"는 "쌓음"을 의미한다.

표 7.3은 H(Z = 1)에서 Lv(Z = 116)까지 원소의 바닥 상태 전자 배치를 나타내었다. 수소와 헬륨을 제외한 모든 원소의 전자 배치는 **비활성 기체 핵**(noble gas core)으로 나타내었다. 비활성 기체 핵은 *괄호로 표시하며 해당 원소 앞쪽으로 가장 가까운 비활성 기체 원소의 전자 배치를 표시*하고, 이어서 해당 원소의 최외각에서 전자가 차 있는 부껍질을 나타내었다. 소듐(Z = 11)부터 아르곤(Z = 18)까지의 원소들에 대해서는 최외각에 있는 가장 높게 채워진 부껍질의 전자 배치는 리튬(Z = 3)부터 네온(Z = 10)까지의 전자 배치와 비슷한 형태를 따른다는 사실에 유의하라.

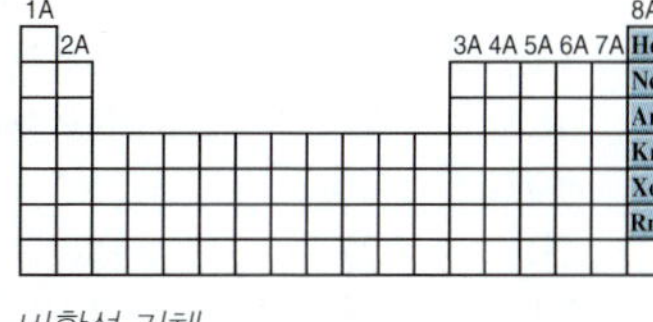

비활성 기체.

7.7절에서 언급한 바와 같이 $4s$ 부껍질은 다전자 원자에서 $3d$ 부껍질보다 먼저 채워진다(그림 7.24 참고). 따라서 포타슘(Z = 19)의 전자 배치는 $1s^22s^22p^63s^23p^64s^1$이다. $1s^22s^22p^63s^23p^6$은 아르곤의 전자 배치이기 때문에 포타슘의 전자 배치를 $[\text{Ar}]4s^1$로 간단히 쓸 수 있다. 여기서 [Ar]은 아르곤 핵(argon core)을 나타낸다. 마찬가지로 칼슘(Z = 20)의 전자 배치를 $[\text{Ar}]4s^2$로 쓸 수 있다. 최외각 전자가 ($3d$ 궤도함수가 아닌) $4s$ 궤도함수에 먼저 채워지는 것은 충분한 실험적 증거가 있다. 다음 비교 또한 이것이 정확한 배치임을 제시한다. 포타슘의 화학적 성질은 알칼리 금속의 처음 두 원소인 리튬과 소듐의 화학적 성질과 매우 유사하다. 리튬과 소듐의 최외각 전자는 s 궤도함수에 들어 있다(리튬과 소듐의 경우에 전자 배치에 애매함이 없다). 그러므로 칼슘의 최외각 전자는 $3d$가 아닌 $4s$ 궤도함수에 채워질 것이라고 예측할 수 있다.

스칸듐(Z = 21)부터 구리(Z = 29)까지는 전이 금속이다. **전이 금속**(transition metal)은 *일부만 채워진 d 부껍질을 가지거나 일부만 채워진 d 부껍질을 갖는 원자 양이온을 쉽게 형성*한다. 스칸듐에서 구리까지의 전이 금속을 생각해 보자. 이 계열에서 전자는 훈트 규칙에 따라 $3d$ 궤도함수에 채워진다. 그러나 이 중 두 원소는 불규칙성을 보인다. 크로뮴(Z = 24)의 전자 배치는 잘못 생각하기 쉬운 것처럼 $[\text{Ar}]4s^23d^4$이 아니라 $[\text{Ar}]4s^13d^5$이다. 구리의 경우에도 비슷한 불규칙성이 관찰되는데, 그 전자 배치는 $[\text{Ar}]4s^23d^9$이 아니라 $[\text{Ar}]4s^13d^{10}$을 갖는다. 이런 현상은 절반만 채워진 부껍질($3d^5$)과 완전히 채워진 부껍질($3d^{10}$)은 약간 더 안정하기 때문이다. 같은 부껍질에 있는 전자는(이 경우는 d 궤도함수) 같은 에너지 값을 가지나 공간상에서의 분포가 다르다. 그러므로 그들끼리의 가리움 효과는 상대적으로 작으며, $3d^5$ 전자 배치를 가질 때 원자핵으로부터 더욱 강하게 끌리게 된다. 훈트 규칙에 의하면 Cr의 궤도함수 도표는 다음과 같다.

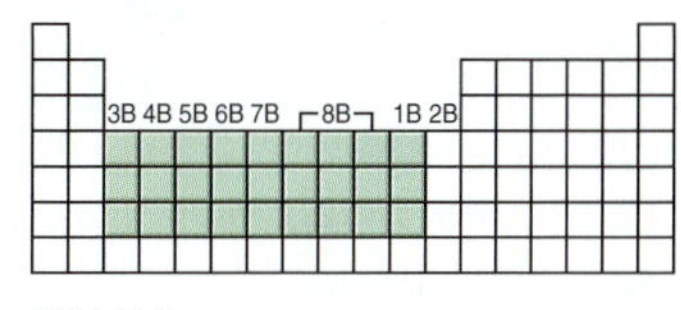

전이 금속.

표 7.3 원소의 바닥 상태 전자 배치*

원자 번호	원소 기호	전자 배치	원자 번호	원소 기호	전자 배치	원자 번호	원소 기호	전자 배치
1	H	$1s^1$	39	Y	$[Kr]5s^24d^1$	77	Ir	$[Xe]6s^24f^{14}5d^7$
2	He	$1s^2$	40	Zr	$[Kr]5s^24d^2$	78	Pt	$[Xe]6s^14f^{14}5d^9$
3	Li	$[He]2s^1$	41	Nb	$[Kr]5s^14d^4$	79	Au	$[Xe]6s^14f^{14}5d^{10}$
4	Be	$[He]2s^2$	42	Mo	$[Kr]5s^14d^5$	80	Hg	$[Xe]6s^24f^{14}5d^{10}$
5	B	$[He]2s^22p^1$	43	Tc	$[Kr]5s^24d^5$	81	Tl	$[Xe]6s^24f^{14}5d^{10}6p^1$
6	C	$[He]2s^22p^2$	44	Ru	$[Kr]5s^14d^7$	82	Pb	$[Xe]6s^24f^{14}5d^{10}6p^2$
7	N	$[He]2s^22p^3$	45	Rh	$[Kr]5s^14d^8$	83	Bi	$[Xe]6s^24f^{14}5d^{10}6p^3$
8	O	$[He]2s^22p^4$	46	Pd	$[Kr]4d^{10}$	84	Po	$[Xe]6s^24f^{14}5d^{10}6p^4$
9	F	$[He]2s^22p^5$	47	Ag	$[Kr]5s^14d^{10}$	85	At	$[Xe]6s^24f^{14}5d^{10}6p^5$
10	Ne	$[He]2s^22p^6$	48	Cd	$[Kr]5s^24d^{10}$	86	Rn	$[Xe]6s^24f^{14}5d^{10}6p^6$
11	Na	$[Ne]3s^1$	49	In	$[Kr]5s^24d^{10}5p^1$	87	Fr	$[Rn]7s^1$
12	Mg	$[Ne]3s^2$	50	Sn	$[Kr]5s^24d^{10}5p^2$	88	Ra	$[Rn]7s^2$
13	Al	$[Ne]3s^23p^1$	51	Sb	$[Kr]5s^24d^{10}5p^3$	89	Ac	$[Rn]7s^26d^1$
14	Si	$[Ne]3s^23p^2$	52	Te	$[Kr]5s^24d^{10}5p^4$	90	Th	$[Rn]7s^26d^2$
15	P	$[Ne]3s^23p^3$	53	I	$[Kr]5s^24d^{10}5p^5$	91	Pa	$[Rn]7s^25f^26d^1$
16	S	$[Ne]3s^23p^4$	54	Xe	$[Kr]5s^24d^{10}5p^6$	92	U	$[Rn]7s^25f^36d^1$
17	Cl	$[Ne]3s^23p^5$	55	Cs	$[Xe]6s^1$	93	Np	$[Rn]7s^25f^46d^1$
18	Ar	$[Ne]3s^23p^6$	56	Ba	$[Xe]6s^2$	94	Pu	$[Rn]7s^25f^6$
19	K	$[Ar]4s^1$	57	La	$[Xe]6s^25d^1$	95	Am	$[Rn]7s^25f^7$
20	Ca	$[Ar]4s^2$	58	Ce	$[Xe]6s^24f^15d^1$	96	Cm	$[Rn]7s^25f^76d^1$
21	Sc	$[Ar]4s^23d^1$	59	Pr	$[Xe]6s^24f^3$	97	Bk	$[Rn]7s^25f^9$
22	Ti	$[Ar]4s^23d^2$	60	Nd	$[Xe]6s^24f^4$	98	Cf	$[Rn]7s^25f^{10}$
23	V	$[Ar]4s^23d^3$	61	Pm	$[Xe]6s^24f^5$	99	Es	$[Rn]7s^25f^{11}$
24	Cr	$[Ar]4s^13d^5$	62	Sm	$[Xe]6s^24f^6$	100	Fm	$[Rn]7s^25f^{12}$
25	Mn	$[Ar]4s^23d^5$	63	Eu	$[Xe]6s^24f^7$	101	Md	$[Rn]7s^25f^{13}$
26	Fe	$[Ar]4s^23d^6$	64	Gd	$[Xe]6s^24f^75d^1$	102	No	$[Rn]7s^25f^{14}$
27	Co	$[Ar]4s^23d^7$	65	Tb	$[Xe]6s^24f^9$	103	Lr	$[Rn]7s^25f^{14}6d^1$
28	Ni	$[Ar]4s^23d^8$	66	Dy	$[Xe]6s^24f^{10}$	104	Rf	$[Rn]7s^25f^{14}6d^2$
29	Cu	$[Ar]4s^13d^{10}$	67	Ho	$[Xe]6s^24f^{11}$	105	Db	$[Rn]7s^25f^{14}6d^3$
30	Zn	$[Ar]4s^23d^{10}$	68	Er	$[Xe]6s^24f^{12}$	106	Sg	$[Rn]7s^25f^{14}6d^4$
31	Ga	$[Ar]4s^23d^{10}4p^1$	69	Tm	$[Xe]6s^24f^{13}$	107	Bh	$[Rn]7s^25f^{14}6d^5$
32	Ge	$[Ar]4s^23d^{10}4p^2$	70	Yb	$[Xe]6s^24f^{14}$	108	Hs	$[Rn]7s^25f^{14}6d^6$
33	As	$[Ar]4s^23d^{10}4p^3$	71	Lu	$[Xe]6s^24f^{14}5d^1$	109	Mt	$[Rn]7s^25f^{14}6d^7$
34	Se	$[Ar]4s^23d^{10}4p^4$	72	Hf	$[Xe]6s^24f^{14}5d^2$	110	Ds	$[Rn]7s^25f^{14}6d^8$
35	Br	$[Ar]4s^23d^{10}4p^5$	73	Ta	$[Xe]6s^24f^{14}5d^3$	111	Rg	$[Rn]7s^25f^{14}6d^9$
36	Kr	$[Ar]4s^23d^{10}4p^6$	74	W	$[Xe]6s^24f^{14}5d^4$	112	Cn	$[Rn]7s^25f^{14}6d^{10}$
37	Rb	$[Kr]5s^1$	75	Re	$[Xe]6s^24f^{14}5d^5$	114	Fl	$[Rn]7s^25f^{14}6d^{10}7p^2$
38	Sr	$[Kr]5s^2$	76	Os	$[Xe]6s^24f^{14}5d^6$	116	Lv	$[Rn]7s^25f^{14}6d^{10}7p^4$

*기호 [He]는 헬륨 핵이라고 하며 $1s^2$을 나타낸다. [Ne]는 네온 핵이라고 하며 $1s^22s^22s^6$을 나타낸다. [Ar]는 아르곤 핵이라고 하며 $[Ne]3s^23p^6$을 나타낸다. [Kr]는 크립톤 핵이라고 하며 $[Ar]4s^23d^{10}4p^6$을 나타낸다. [Xe]는 제논 핵이라고 하며 $[Kr]5s^24d^{10}5p^6$을 나타낸다. [Rn]는 라돈 핵이라고 하며 $[Xe]6s^24f^{14}5d^{10}6p^6$을 나타낸다.

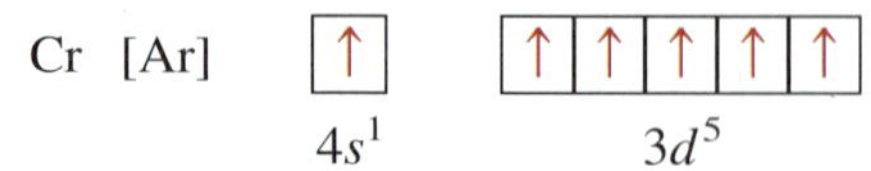

따라서 Cr은 전체적으로 6개의 쌍을 이루지 않은 전자가 있다. 구리에 대한 궤도함수 도표는 다음과 같다.

Cu [Ar] $\boxed{\uparrow}$ $\boxed{\uparrow\downarrow}\boxed{\uparrow\downarrow}\boxed{\uparrow\downarrow}\boxed{\uparrow\downarrow}\boxed{\uparrow\downarrow}$

$4s^1$ $3d^{10}$

여기서도 $3d$ 부껍질이 완전히 채워짐으로써 추가적인 안정도를 얻게 된다. 일반적으로 절반만 차거나 완전히 채워진 부껍질은 약간의 안정성을 더 가진다.

Zn(Z = 30)에서 Kr(Z = 36)까지의 원소는 $4s$와 $4p$ 부껍질이 차례로 채워지며, 루비듐(Z = 37)부터 전자는 n = 5인 궤도로 들어가기 시작한다.

두 번째 전이 금속 계열[이트륨(Z = 39)에서 은(Z = 47)까지]의 전자 배치 역시 불규칙적이지만 여기서는 세세한 부분까지 다루지 않겠다.

주기율표의 6주기는 세슘(Z = 55)과 바륨(Z = 56)에서 시작하며 전자 배치는 각각 [Xe]$6s^1$과 [Xe]$6s^2$이다. 다음 원소는 란타넘(Z = 57)이다. 그림 7.24로부터 $6s$ 궤도함수를 채우고 나면, 나머지 전자는 $4f$ 궤도함수를 채울 것으로 예측할 수 있다. 그러나 실제로 $5d$ 궤도함수와 $4f$ 궤도함수의 에너지는 대단히 비슷할 뿐 아니라 란타넘의 경우 $4f$의 에너지 준위가 $5d$의 에너지 준위보다 약간 높다. 따라서 란타넘의 전자 배치는 [Xe]$6s^2 4f^1$이 아니라 [Xe]$6s^2 5d^1$이다.

란타넘 다음에는 **란타넘족**(lanthanides) 또는 **희토류계**(rare earth series)라고 하는 14개의 원소[세륨(Z = 58)에서 루테튬(Z = 71)까지]가 있다. 희토류 금속은 *완전히 채워지지 않은 4f 부껍질을 가지고 있으며, 이 4f 부껍질이 완전히 채워지지 않은 양이온이 되기 쉽다*. 이 계열은 전자가 늘어나면 $4f$ 부껍질에 놓인다. $4f$ 부껍질이 완전히 채워진 후 더해진 전자가 루테늄의 $5d$ 부껍질을 채우게 된다. 가돌리늄(Z = 64)의 전자 배치는 [Xe]$6s^2 4f^8$이 아니라 [Xe]$6s^2 4f^7 5d^1$이라는 것에 주목하라. 크로뮴의 경우와 마찬가지로 가돌리늄도 절반만 채워진 부껍질($4f^7$)에 의하여 좀더 안정화된다.

란타넘과 하프늄(Z = 72)으로부터 금(Z = 79)까지를 포함하는 세 번째 전이 금속 계열은 $5d$ 부껍질을 채우는 특징을 갖는다. Hg(Z = 80)에 이르러 $6s$ 궤도함수와 $5d$ 궤도함수가 모두 채워진다. $6p$ 부껍질이 그 다음에 채워져 라돈(Z = 86)에 이른다.

마지막 원소 계열은 **악티늄족**(actinide series)인데 토륨(Z = 90)부터 시작된다. *이들 대부분의 원소는 자연계에서 발견되지 않고 인공적으로 합성한 것들이다.*

이제 몇 가지를 제외하고, 그림 7.24를 이용하여 어떠한 원소라도 그 원소의 전자 배치를 쓸 수 있을 것이다. 특별히 주의를 요하는 원소는 전이 금속, 란타넘족, 악티늄족 원소이다. 앞에서 언급한 것과 같이 주양자수 n 값이 큰 경우에 부껍질에 전자가 채워지는 순서가 한 원소에서 다음 원소로 넘어가면서 거꾸로 되는 경우가 있다. 그림 7.28에 최외각 전자가 채워진 부껍질의 종류에 따라 원소를 묶어 놓았다.

예제 7.12

(a) 황(S)과 (b) 반자기성인 팔라듐(Pd)의 바닥 상태 전자 배치를 쓰시오.

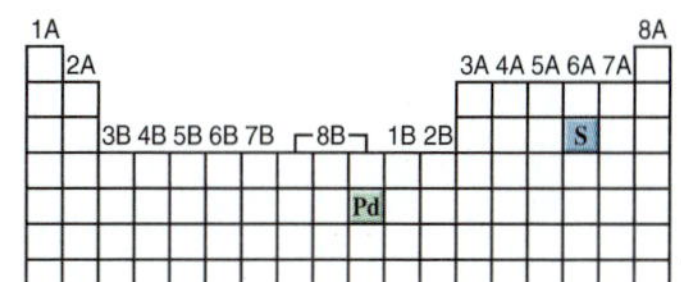

(a) 전략 황 원자(Z = 16)에는 얼마나 많은 전자들이 있는가? 그림 7.24에 있는 순서를 이용하여 n = 1에서 시작하여 궤도함수를 채워 나간다. 각각의 ℓ 값에 대해서 가능한 m_ℓ 값을 배정한다. 파울리 배타 원리와 훈트 규칙에 따라서 궤도함수에 전자를 채우고 전자 배치를 쓸 수 있다. 이 작업은 S 원자보다 앞에 있는 비활성 기체 핵을 쓰면 간단하다.

풀이 황은 16개의 전자를 가진다. 이 경우 비활성 기체 핵은 [Ne]이다. (Ne는 황 앞 주기의 비활성 기체이다.) [Ne]는 $1s^2 2s^2 2p^6$로 표시된다. 따라서 6개의 전자를 $3s$ 부껍질과 $3p$ 부껍질 일부에 채워야 한다. 따라서 S의 전자 배치는 $1s^2 2s^2 2p^6 3s^2 3p^4$ 또는 [Ne]$3s^2 3p^4$ 이 된다.

(계속)

생활 속의 화학

양자점

색은 고려하는 물질의 양과 무관하기 때문에 우리는 일반적으로 화학 물질의 색깔을 세기 성질(1.6절)로 생각한다. 하지만 이 장에서 배운 바와 같이 물질의 "정상" 행동은 매우 작은 양자 세계로 들어오면 정의하기가 훨씬 더 어려워진다.

양자점(quantum dot)은 금속이나 반도체(반도체에 대한 설명은 21.3절 참조)로 이루어진 지름 수 나노미터 수준의 매우 작은 물질 알갱이이다. 이렇게 작은 부피에 전자들을 가둠에 의해 이들 전자들에 허용된 에너지는 양자화되어 있다. 따라서 양자점이

지름이 증가하는(2~7 nm) 순서로 왼쪽부터 오른쪽으로 배열된 CdSe 양자점이 분산된 용액으로부터의 방출.

그림 7.28 전자들로 채워지는 부껍질의 유형에 따른 주기율표 원소들의 족 분류.

s	d	p
1*s*		1*s*
2*s*		2*p*
3*s*		3*p*
4*s*	3*d*	4*p*
5*s*	4*d*	5*p*
6*s*	5*d*	6*p*
7*s*	6*d*	7*p*

f
4*f*
5*f*

더 높은 에너지로 들뜨면 바닥 상태로 되돌아갈 때 원자의 방출 스펙트럼처럼 특정 파장의 빛만을 방출하게 된다. 하지만 전자가 갇혀 있는 부피를 변화시킬 수 있기 때문에 원자들과는 달리 양자점의 크기를 변화함으로써 양자점으로부터 누락된 빛 에너지를 조정할 수 있다. 이러한 현상은 전자가 파동성을 가지기 때문이며, 기타 줄(그림 7.12 참조)을 눌러 현을 효과적으로 짧게 함으로써 튕겼을 때 만들어지는 소리의 높이(진동수)를 바꾸는 것과 유사하다. 양자점에 의해 방출되는 빛 에너지를 조절하는 능력은 매우 놀라운 일로, 단일 물질을 이용하여 수 나노미터 범위에서 양자점의 지름을 변화시키기만 해서 가시광선 영역의 스펙트럼을 만들 수 있게 한다.

물질의 양자 거동을 보여주고 나노미터 규모(원자 수준의 피코미터 규모와 대조적으로)에서 연구할 수 있게 할 뿐만 아니라 양자점은 기술과 의약 분야에서 중요하게 응용할 수 있을 것이라는 커다란 기대를 가져온다. 벌크 반도체 물질처럼, 양자점은 LED(발광 다이오드)로 작용할 수 있지만 이들 벌크 물질과는 달리 양자점은 매우 좁은 범위에서 대칭적으로 빛을 방출한다. 적절한 색상의 빛을 방출하는 3개의 양자점을 결합함으로써 백열 전구나 심지어 수은을 함유하고 있기 때문에 환경에 대한 추가 우려가 있는 형광등에 필요한 것보다 훨씬 낮은 에너지 비용으로 백색광을 생성하는 장치를 만들 수 있다. 양자점은 또한 생물 조직의 표지에 사용할 수 있다. 기존의 생물학적 염료보다 뛰어난 안정성을 제공할 뿐만 아니라 양자점의 표면은 화학적으로 암 세포와 같은 특정 세포를 표적으로 변형시킬 수 있다. 이들 변형된 양자점은 종양을 형상화 할 수 있을 뿐만 아니라 더 침투성이 큰 암 세포에 통합되어 이들 세포를 파괴하거나 알려진 항암제를 양자점에 부착시킴으로써 치료 효과를 높이게 된다. 양자점의 다른 잠재적 응용 분야로는 태양 에너지를 얻기 위한 광전지와 양자 컴퓨팅 등이 있다.

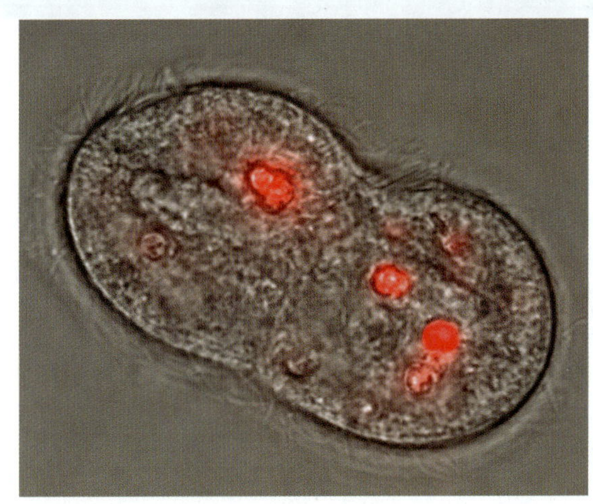

원생 동물에서 양자점의 형광을 보여주는 현미경 사진. 생물학적 농축에 의한 축적을 위한 잠재력과 먹이 사슬을 통해 나노 입자의 움직임을 연구하는 데 사용된다.

(b) 전략 (a)에서와 같은 방식으로 접근한다. Pd가 반자기성이라는 뜻은 무엇인가?

풀이 팔라듐은 전자 46개를 가진다. 이 경우 비활성 기체 핵은 [Kr]이다. (Kr이 팔라듐 앞 주기의 비활성 기체이다.) [Kr]은 다음 전자 배치를 뜻한다.

$$1s^22s^22p^63s^23p^64s^23d^{10}4p^6$$

남는 10개의 전자들은 $4d$와 $5s$ 궤도함수에 분배된다. 세 개의 가능성은 (1) $4d^{10}$, (2) $4d^95s^1$, (3) $4d^85s^2$이다. 팔라듐은 반자기성이기 때문에 모든 전자들이 쌍을 이루고 있는 전자 배치를 찾으면

$$1s^22s^22p^63s^23p^64s^23d^{10}4p^64d^{10}$$

또는 간단히 $[Kr]4d^{10}$ 이다. (2)와 (3)의 전자 배치는 상자기성 배치이다.

검산 답을 확인하기 위해 (1), (2), (3)의 궤도함수 그림을 그려 보시오.

실전 연습 인(P)의 바닥 상태 전자 배치를 쓰시오.

비슷한 문제: 7.87, 7.88.

개념 복습하기

다음과 같은 바닥 상태 전자 배치를 가지는 원자를 찾으시오. $[Ar]4s^23d^6$.

주요 식 정리하기 Key Equations

식	설명
$u = \lambda\nu$ (7.1)	파장 및 주파수와 파의 속력과의 관계.
$E = h\nu$ (7.2)	진동수와 양자(그리고 광자)의 에너지와의 관계.
$E = h\frac{c}{\lambda}$ (7.3)	파장과 양자(그리고 광자)의 에너지와의 관계.
$h\nu = \mathrm{KE} + W$ (7.4)	광전 효과.
$E_n = -R_{\mathrm{H}}\left(\frac{1}{n^2}\right)$ (7.5)	수소 원자에서 n번째 궤도에 있는 전자의 에너지.
$\Delta E = h\nu = R_{\mathrm{H}}\left(\frac{1}{n_{\mathrm{i}}^2} - \frac{1}{n_{\mathrm{f}}^2}\right)$ (7.6)	전자가 n_{i} 준위에서 n_{f} 준위로 전이할 때 방출 또는 흡수하는 광자의 에너지.
$\lambda = \frac{h}{mu}$ (7.8)	질량 m인 입자가 u의 속도로 움직일 때의 파장.
$\Delta x \Delta p \geq \frac{h}{4\pi}$ (7.9)	입자의 운동량과 위치에 관한 불확정성 계산.

사실과 개념 요약하기 Summary of Facts & Concepts

1. 플랑크의 양자론은 가열한 고체에서 방출되는 복사를 성공적으로 설명한다. 양자론에 의하면 원자나 분자로부터 방출되는 복사는 연속적인 에너지값이 아닌 불연속적인 작은 양(양자)으로 방출된다. 이것은 $E = h\nu$라는 식으로 표현된다. 여기서 E는 복사의 에너지이고, h는 플랑크 상수, ν는 복사의 진동수이다. 에너지는 항상 $h\nu$의 정수배(1 $h\nu$, 2 $h\nu$, 3 $h\nu$, . . .)로 방출한다.
2. 아인슈타인은 양자론을 이용하여 19세기 물리학자들에게 또 다른 수수께끼였던 광전 효과를 설명하였다. 그는 빛이 입자(광자)의 흐름이라고 제안하였다.
3. 19세기 물리학자들에게 또 다른 수수께끼였던 수소의 선 스펙트럼 역시 양자론으로 설명할 수 있었다. 보어는 수소 원자에 대한 모형을 개발하였는데, 원자핵 주위를 도는 전자의 에너지는 주양자수라고 하는 정수로 결정되는 값만 가능하게 양자화되어 있다고 하였다.
4. 가장 안정한 상태의 전자를 바닥 상태에 있다고 하며, 이보다 더 높은 에너지 준위에 있는 전자를 들뜬 상태에 있다고 한다. 보어 모형에 의하면, 높은 에너지 궤도에 있는 전자가 낮은 에너지 궤도(바닥 상태 또는 덜 들뜬 상태)로 떨어질 때 광자를 방출한다. 광자의 형태로 방출되는 에너지는 특정한 값을 갖는데, 이것으로 수소 원자 방출 스펙트럼에서 선들의 위치를 설명할 수 있었다.
5. 드브로이는 아인슈타인이 빛에 대해서 제안한 파동-입자 이중성을 움직이는 모든 물체에 확장시켰다. 질량이 m이며 속도가 u인 입자의 파장은 드브로이 식인 $\lambda = h/mu$로 주어진다.
6. 슈뢰딩거 방정식은 미시적인 입자의 운동과 에너지를 설명한다. 이 식은 양자역학을 출발시켰고, 물리학에서 새로운 시대의 문을 열었다.
7. 슈뢰딩거 방정식은 수소 원자에서 전자가 가질 수 있는 에너지 상태와 원자 핵 주위의 특정 위치에서 그 전자가 존재할 확률을 알려준다. 이 결과는 다전자 원자의 경우에도 어느 정도 정확하게 적용될 수 있다.
8. 원자 궤도함수(ψ)는 공간상의 전자 밀도 분포(ψ^2)를 결정한다. 궤도함수는 전자 밀도 도표(electron density diagram)나 경계면 도표(boundary surface diagram)로 나타낸다.
9. 네 가지 양자수가 원자의 각 전자들을 규정짓는다. 네 양자수에는 궤도함수의 주에너지 준위 즉, 껍질을 결정하는 주양자수 n, 궤도함수의 모양을 결정하는 각운동량 양자수 ℓ, 공간상에서 궤도함수의 방향을 결정하는 자기 양자수 m_ℓ, 자신의 축을 중심으로 회전하는 전자의 스핀에 관련된 전자 스핀 양자수 m_s가 있다.
10. 각 에너지 준위의 s 궤도함수는 원자핵을 중심으로 한 구형이다. 세 개의 p 궤도함수는 $n = 2$ 이상에서 존재하며, 두 개

의 로브가 있으며, 로브 쌍은 서로 직교하도록 배열되어 있다. $n = 3$부터는 5개의 d 궤도함수가 있으며, 모양과 방향이 더욱 복잡하다.

11. 수소 원자의 전자 에너지는 주양자수만으로 결정된다. 두 개 이상의 전자를 가진 다전자 원자의 경우 주양자수와 각운동량 양자수가 함께 전자의 에너지를 결정한다.
12. 동일한 원자 내에 있는 둘 이상의 전자에 대해 네 개의 양자수가 모두 같을 수 없다(파울리 배타 원리).
13. 부껍질에서 가장 안정한 전자 배치는 평행한 스핀을 가장 많이 가진 경우이다(훈트 규칙). 쌍을 이루지 않는 전자가 하나 이상 있는 원자는 상자기성(paramagnetic)을 띤다. 모든 전자가 쌍을 이루고 있는 원자는 반자기성(diamagnetic)을 띤다.
14. 축조 원리(Aufbau principle)는 전자를 채워나가는 지침을 제공한다. 주기율표는 원소를 원자 번호에 따라 분류하며, 원자의 전자 배치에 따라서도 분류한다.

주요 용어 정리하기 *Key Words*

경계면 도식	바닥 준위(또는 바닥 상태)	양자수	진폭
광자	반자기성	원자 궤도함수	축조 원리
광전 효과	방출 스펙트럼	전이 금속	파동
다전자 원자	비활성 기체 핵	전자기 복사	파울리 배타 원리
들뜬 준위(또는 들뜬 상태)	상자기성	전자기파	파장(λ)
란타넘(희토류)계	선 스펙트럼	전자 밀도	하이젠베르크의 불확정성 원리
마디	악티늄 계열	전자 배치	훈트 규칙
바닥 상태	양자	진동수(ν)	희토류 계열

연습 문제 *Questions & Problems*

● 표시는 Connect Plus에서 유용한 문제, 붉은색 번호의 문제는 학생용 문제풀이집에 풀어 놓았다.

양자론과 전자기 복사

▶ 복습 질문

7.1 파동이란 무엇인가? 다음 용어들을 파동과 관련하여 설명하시오. 파장, 진동수, 진폭.

7.2 전자기파에 대한 파장과 진동수의 단위는 무엇인가? 빛의 속도를 m/s와 mph(시간 당 마일) 단위로 답하시오.

7.3 가장 긴 파장의 복사선부터 가장 짧은 파장의 복사선의 순서로 전자기 복사의 종류를 나열하시오.

7.4 전자기파 스펙트럼에서 가시광선 영역에 해당하는 파장의 범위를 쓰시오.

7.5 플랑크의 양자론에 대해서 간단히 설명하고 양자가 무엇인지 설명하시오. 플랑크 상수의 단위는 무엇인가?

7.6 일상 생활에서 볼 수 있는 예를 두 가지 들어서 양자화의 개념을 설명하시오.

▶ 문제

● 7.7 (a) 진동수 8.6×10^{13} Hz인 빛의 파장은 몇 nm인가? (b) 파장 566 nm인 빛의 진동수는 몇 Hz인가?

● **7.8** (a) 파장이 456 nm인 빛의 진동수를 계산하시오. (b) 진동수가 2.45×10^9 Hz인 복사선의 파장은 몇 nm 인가? (이 종류의 복사가 마이크로파 오븐에서 사용된다.)

● 7.9 화성과 지구 사이의 평균 거리는 약 1.3×10^8 마일이다. 화성 표면에 있는 바이킹(Viking) 우주선으로부터 보내는 TV 영상이 지구에 도착하기까지 얼마나 걸리는가? (1 mile = 1.61 km)

7.10 금성에서 지구까지 라디오파가 이동하는 데 걸리는 시간은 몇 분인가?(금성에서 지구까지의 평균 거리 = 2,800만 mile)

● 7.11 시간의 SI 기본 단위는 초인데, 이것은 세슘 원자의 특징적 방출 과정에서 나오는 복사선이 9,192,631,770번 반복되는 것으로 정의된다. 이 복사선의 파장을 유효 숫자 세 자리로 계산하시오. 이 파장은 전자기 스펙트럼의 어느 영역에 해당되는가?

7.12 길이의 SI 기본 단위는 m인데, 이 길이는 크립톤 원자의 특성 방출 파장인 주황-적색 파장의 1,650,763.73배로 규정한다. 이 복사선의 진동수는 얼마인가? 유효 숫자 세 자리로 계산하시오

광전 효과

▶ 복습 질문

7.13 광자란 무엇인가? 아인슈타인의 광전 효과에 대한 이론은 전자기파의 입자-파동의 이중성을 밝히는 데 어떠한 역할을 하였는가?

7.14 두 가지 다른 금속 A(녹색 선)와 B(빨간 선)의 광전 효과를 나타낸 다음 그림을 생각해 보자. (a) 어떤 금속이 열함수가 더 큰가? (b) 이 선의 기울기는 무엇을 말해주는가?

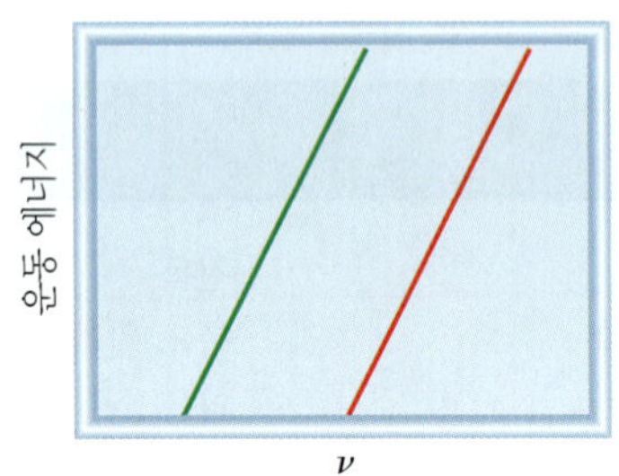

▶ 문제

● 7.15 파장이 624 nm인 광자의 에너지를 J 단위로 계산하시오.

● **7.16** 하늘의 파란색은 태양 빛이 공기 분자에 의하여 산란된 결과이다. 파란 빛은 진동수가 약 7.5×10^{14} Hz이다. (a) 이 복사선 파장을 nm 단위로 계산하고, (b) 이 진동수를 가진 광자 한 개의 에너지를 J 단위로 계산하시오.

● 7.17 어떤 광자가 6.0×10^4 Hz의 진동수를 가진다. (a) 이 진동수를 파장(nm 단위)으로 바꾸시오. 이 진동수는 가시광선 영역에 속하는가? (b) 이 광자의 에너지(J 단위)를 계산하시오. (c) 모두 이 진동수를 가지는 광자 1 mol이 지니는 에너지를 계산하시오.

7.18 에너지가 1.0×10^3 kJ/mol인 복사선의 파장(nm 단위)은 얼마인가? 이 복사선은 전자기 스펙트럼의 어느 영역에서 발견되는가?

● 7.19 높은 에너지를 가진 전자로 구리에 충돌시키면 X선이 방출된다. 이 X선의 파장이 0.154 nm라 할 때, 이 광자에 대한 에너지(J 단위)를 계산하시오.

● **7.20** 어떤 전자기파의 진동수가 8.11×10^{14} Hz이다. (a) 파장은 nm와 m로 각각 얼마인가? (b) 그 빛은 전자기 스펙트럼의 어느 영역에 해당하는가? (c) 이 복사선 한 개의 양자에 해당하는 에너지(J 단위)는 얼마인가?

● 7.21 포타슘의 일함수는 3.68×10^{-19} J이다. (a) 이 금속에서 전자를 방출하는 데 필요한 빛의 최소 진동수는 얼마인가? (b) 진동수 8.62×10^{14} s^{-1}인 빛을 쪼였을 때 방출된 전자의 운동 에너지를 계산하시오.

● **7.22** 진동수 2.11×10^{15} s^{-1}인 빛을 금 표면에 쪼였을 때, 방출되는 전자의 운동 에너지는 5.83×10^{-19} J인 것이 관찰되었다. 금의 일함수는 얼마인가?

수소 원자에 대한 보어 이론

▶ 복습 질문

7.23 (a) 에너지 준위란 무엇인가? 바닥 상태와 들뜬 상태의 차이점을 설명하시오. (b) 방출 스펙트럼이란 무엇인가? 선 스펙트럼은 연속 스펙트럼과 어떻게 다른가?

7.24 (a) 수소 원자에 대한 보어 이론을 간단히 설명하고, 이 모형은 방출 스펙트럼의 모양을 어떻게 설명하는지 설명하시오. (b) 식 (7.5)에서 음(−) 부호의 의미를 설명하시오.

▶ 문제

7.25 원소가 광자를 방출할 때 독특한 색을 띠는 이유를 설명하시오.

7.26 구리를 포함하는 화합물을 불꽃에서 가열하면 녹색 빛이 방출된다. 이 빛이 하나의 파장인지, 또는 둘 이상의 파장이 섞여 있는지 어떻게 알 수 있는가?

7.27 형광 물질이 가시광선 빛을 흡수한 뒤 자외선 영역에서 빛을 방출할 수 있는가? 왜 그렇게 대답했는지 설명하시오.

7.28 별로부터 방출한 전자기파를 천문학자들이 분석함으로써 어떻게 멀리 떨어진 별에 존재하는 원소를 알 수 있는지 설명하시오.

● 7.29 어떤 가상 원자가 다음과 같은 에너지 준위를 가지고 있다고 생각하자.

E_4 ________ -1.0×10^{-19} J
E_3 ________ -5.0×10^{-19} J
E_2 ________ -10×10^{-19} J
E_1 ________ -15×10^{-19} J

(a) 전자가 E_1에서 E_4까지 들뜨기 위해서 필요한 광자의 파장은 얼마인가? (b) 전자가 E_2에서 E_3까지 들뜨기 위해 광자가 가져야 할 에너지는 몇 J인가? (c) 전자가 E_3에서 E_1로 떨어질 때 원자는 방출이 일어난다고 말한다. 이 과정에서 방출된 광자의 파장을 계산하시오.

7.30 발머 계열의 첫 번째 선은 656.3 nm의 파장에서 나타난다. 이 선 스펙트럼을 생기게 하는 발광에 관여한 두 에너지 준위 간의 에너지 차이는 얼마인가?

● 7.31 수소 원자에서 $n = 5$에서 $n = 3$ 준위로 전자가 전이할 때, 방출되는 광자의 파장(nm 단위)을 계산하시오.

● **7.32** 수소 원자에서 $n = 4$에서 $n = 2$ 준위로 전자가 전이할 때, 방출되는 광자의 파장(nm 단위)과 진동수(Hz 단위)를 계산하시오.

● 7.33 정밀한 스펙트럼 분석에서 소듐 램프의 친숙한 노란 빛은 589.0 nm와 589.6 nm의 두 파장으로 되어 있는 것을 알았다. 이 두 파장에서 광자들의 에너지 차이는 몇 J인가?

● **7.34** 수소 원자에서 주양자수가 n_i인 궤도에서 $n = 2$인 궤도

로 전이되었다. 이 때, 방출한 광자의 파장이 434 nm이다. n_i를 계산하시오.

입자-파동 이중성

▶ 복습 질문

7.35 물질과 복사선은 "이중성"을 지닌다는 말을 설명하시오.

7.36 수소 원자에서 전자의 에너지가 양자화되어 있다는 사실을 드브로이의 가설이 어떻게 설명하는가?

7.37 식 (7.8)은 왜 거시적 물체에는 중요하지 않고 오직 전자나 원자와 같은 초미세 입자에만 의미가 있는가?

7.38 (a) H 원자 하나와 He 원자 하나가 같은 속력으로 진행하고 있다면 두 원자의 상대 파장은 어떠할까? (b) H 원자 하나와 He 원자 하나가 운동 에너지가 같다면 두 원자의 상대 진동수는 어떠할까?

▶ 문제

• 7.39 열 중성자는 상온에서 공기 분자의 속도에 필적하는 속도를 가지는 중성자이다. 이런 중성자는 ^{235}U 동위원소의 핵 연쇄반응을 일으키는 데 매우 유용하다. 7.00×10^2 m/s로 움직이는 중성자살에 연관된 파장은 몇 nm인가? (중성자의 질량 = 1.675×10^{-27} kg)

• **7.40** 양성자는 입자 가속기에서 빛의 속도 가까이까지 가속될 수 있다. 2.90×10^8 m/s로 움직이는 양성자의 파장을 nm 단위로 계산하시오. (양성자의 질량 = 1.673×10^{-27} kg)

• 7.41 속도 1.20×10^2 mph로 날아가는 무게 12.4 g인 휘파람새의 드브로이 파장은 몇 cm인가? (1마일 = 1.61 km)

• **7.42** 35 mph로 움직이는 무게 2.5 g인 탁구공에 대한 드브로이 파장은 몇 nm인가?

양자역학

▶ 복습 질문

7.43 보어 이론의 부족한 점은 무엇인가?

7.44 하이젠베르크의 불확정성 원리란 무엇인가? 슈뢰딩거 방정식은 무엇인가?

7.45 파동함수의 물리적 중요성은 무엇인가?

7.46 원자를 양자역학적으로 다룰 때 전자의 위치를 설명하는 데 전자 밀도의 개념이 어떻게 사용되는가?

원자 궤도함수

▶ 복습 질문

7.47 원자 궤도함수란 무엇인가? 원자 궤도함수는 궤도와 어떻게 다른가?

7.48 *s*, *p*, *d* 궤도함수의 모양을 설명하시오. 이들 궤도함수가 양자수 n, ℓ, m_ℓ과 어떻게 연관되는가?

7.49 수소 원자 궤도함수를 에너지가 증가하는 순서로 나열하시오.

7.50 *s*, *p*, *d* 궤도함수의 특징을 설명하시오. 다음 궤도함수 중 존재하지 않는 것은 어느 것인가? 1*p*, 2*s*, 2*d*, 3*p*, 3*d*, 3*f*, 4*g*.

7.51 왜 경계면 도식이 원자 궤도함수를 나타내는 데 편리한가?

7.52 원자의 전자를 특징적으로 설명하는 데 사용하는 네 가지 양자수를 설명하시오.

7.53 어떤 양자수가 주껍질을 정의하는가? 어떤 양자수가 부껍질을 정의하는가?

• 7.54 다음 네 양자수(n, ℓ, m_ℓ, m_s) 중 어떤 것이 (a) 수소 원자와 다전자 원자에서 전자의 에너지, (b) 궤도함수의 크기, (c) 궤도함수의 모양, (d) 공간에서 궤도함수의 방향을 결정하는가?

▶ 문제

• 7.55 어떤 원자의 전자가 $n = 2$의 양자 준위에 있다. 그 전자가 가질 수 있는 가능한 ℓ과 m_ℓ 값을 나열하시오.

• **7.56** 어떤 원자의 전자가 $n = 3$의 양자 준위에 있다. 그 전자가 가질 수 있는 가능한 ℓ과 m_ℓ 값을 나열하시오.

• 7.57 다음 궤도함수에 있는 전자의 네 양자수를 쓰시오. (a) 2*p*, (b) 3*s*, (c) 5*d*.

• **7.58** 다음 궤도함수에 있는 전자의 네 양자수를 쓰시오. (a) 3*s*, (b) 4*p*, (c) 3*d*.

7.59 1*s*와 2*s* 궤도함수의 차이는 무엇인가?

7.60 $2p_x$와 $2p_y$ 궤도함수의 차이는 무엇인가?

• 7.61 주양자수 $n = 5$에 관련된 모든 가능한 부껍질과 궤도함수를 나열하시오.

• **7.62** 주양자수 $n = 6$에 관련된 모든 가능한 부껍질과 궤도함수를 나열하시오.

• 7.63 다음 궤도함수에 들어갈 수 있는 전자의 총 개수를 계산하시오. (a) 한 개의 *s* 궤도함수 (b) 세 개의 *p* 궤도함수 (c) 다섯 개의 *d* 궤도함수 (d) 일곱 개의 *f* 궤도함수.

7.64 같은 주양자수 n을 갖는 모든 궤도함수에 수용될 수 있는 전자의 총 개수는 얼마인가?

• 7.65 다음 각 부껍질에서 발견될 수 있는 전자의 최대수를 결정하시오. 3*s*, 3*d*, 4*p*, 4*f*, 5*f*.

• **7.66** (a) N(Z = 7)에 있는 *p* 전자의 총 개수, (b) Si(Z = 14)에 있는 *s* 전자의 총 개수, (c) S(Z = 16)에 있는 3*d* 전자의 총 개수를 계산하시오.

7.67 수소 원자의 첫 번째 네 개의 주에너지 준위에 허용 가능한 모든 궤도함수의 표를 만드시오. 형태(예, *s*, *p* 등)에 따라 각각을 나타내고, 각 궤도함수마다 몇 개의 궤도함수가 가능한지 나타내시오.

7.68 수소 원자의 경우에서는 3*s*, 3*p*, 3*d* 궤도함수가 에너지가 같지만, 다전자 원자에서는 에너지가 다른 이유는 무엇인가?

• 7.69 수소 원자의 다음 궤도함수 쌍 중 어느 것이 에너지가 더 높은가? (a) 1*s*, 2*s*, (b) 2*p*, 3*p*, (c) $3d_{xy}$, $3d_{yz}$, (d) 3*s*, 3*d*, (e) 4*f*, 5*s*.

7.70 다전자 원자의 다음 궤도함수 쌍 중 어느 것이 에너지가 더 낮은가? (a) $2s$, $2p$, (b) $3p$, $3d$, (c) $3s$, $4s$, (d) $4d$, $5f$.

전자 배치

▶ 복습 질문

7.71 전자 배치란 무엇인가? 파울리 배타 원리와 훈트 규칙이 원소들의 전자 배치를 쓰는 데 하는 역할을 설명하시오.

7.72 기호 $4d^6$의 의미를 설명하시오.

7.73 반자기성과 상자기성을 설명하시오. 반자기성인 원소의 예를 하나 들고, 상자기성인 원소의 예를 하나 드시오. 전자가 짝을 이루었다고 말하면 무엇을 뜻하는가?

7.74 원자에서 "전자의 가림"이란 무엇을 의미하는가? Li 원자를 예로 들어서 가림 효과가 전자의 에너지에 끼치는 영향을 설명하시오.

▶ 문제

7.75 다음 양자수들의 모음 중 어떤 원자에게도 적용될 수 없는 것을 고르고 그 이유를 설명하시오. (a) $(1, 0, \frac{1}{2}, \frac{1}{2})$, (b) $(3, 0, 0, +\frac{1}{2})$, (c) $(2, 2, 1, +\frac{1}{2})$, (d) $(4, 3, -2, +\frac{1}{2})$, (e) $(3, 2, 1, 1)$.

7.76 다음에 표시된 바닥 상태의 전자 배치는 무엇인가 틀렸다. 각각 어떠한 실수가 있는지 지적하고 올바른 전자 배치를 쓰시오.

Al: $1s^22s^22p^43s^23p^3$
B: $1s^22s^22p^5$
F: $1s^22s^22p^6$

7.77 어떤 원소의 원자 번호는 73이다. 이 원소는 반자기성인가 상자기성인가?

7.78 다음 원자에서 짝을 이루지 않는 전자의 수는 각각 몇 개인가? B, Ne, P, Sc, Mn, Se, Kr, Fe, Cd, I, Pb.

축조 원리

▶ 복습 질문

7.79 축조 원리를 말하고 주기율표에서 원소들을 분류하는 데 어떤 역할을 하는지 설명하시오.

7.80 다음 족에 속하는 원소들의 특성을 설명하시오. 전이 금속, 란타넘족, 악티늄족.

7.81 비활성 기체 핵은 무엇인가? 전자 배치를 쓸 때 어떻게 간편하게 해주는가?

7.82 원소 오스뮴이 속한 족과 주기는?

7.83 다음 용어들을 설명하고, 각각의 예를 드시오. 전이 금속, 란타넘족, 악티늄족.

7.84 왜 Cr과 Cu의 바닥 상태 전자 배치가 우리가 예측하는 것과 다른지 설명하시오.

7.85 비활성 기체 핵의 의미를 설명하시오. 제논 핵의 전자 배치를 쓰시오.

7.86 다음 기술이 맞는지 논하시오. 한 원자 내에서 4개의 양자수가 모두 동일한 두 개의 전자를 발견할 확률은 0이다.

▶ 문제

7.87 축조 원리를 이용하여 셀레늄의 바닥 상태 전자 배치를 쓰시오.

7.88 축조 원리를 이용하여 테크네튬의 바닥 상태 전자 배치를 쓰시오.

7.89 다음 각 원소의 바닥 상태 전자 배치를 쓰시오. B, V, Ni, As, I, Au

7.90 다음 각 원소의 바닥 상태 전자 배치를 쓰시오. Ge, Fe, Zn, Ni, W, Tl.

7.91 어떤 중성 원자의 전자 배치는 $1s^22s^22p^63s^2$이다. 각 전자에 대한 양자수를 모두 쓰시오. 이 원소의 이름은?

7.92 S^+, S, S^- 중 어느 것에 짝을 이루지 않은 전자가 가장 많은가? 왜 그런 결론을 내렸는지 설명하시오.

추가 문제

7.93 바닥 상태 수소 원자로 이루어진 시료 관이 있다. 한 학생이 단색광, 즉 단일 파장의 빛을 원자에 비추었다. 가시광선 영역에서 두 개의 스펙트럼 방출선만 관찰되었다면 이 입사광선의 파장은 얼마일까?

7.94 한 레이저가 파장 532 nm인 빛살을 낸다. 출력 전력이 25.0 mW라면 이 레이저는 초당 몇 개의 광자를 방출하는가? (1 W = 1 J/s)

7.95 세슘 이온을 포함하는 어떤 화합물이 분젠 버너 불꽃에 가열될 때 4.30×10^{-19} J의 에너지를 지닌 광자가 방출된다. 세슘 불꽃의 색은 무엇인가?

7.96 다음 설명이 현대적 관점에 비추어 맞는지를 말하시오. (a) 수소 원자의 전자는 원자핵에서 100 pm보다 더 가까운 곳에 존재할 수 없다. (b) 원자 흡수는 낮은 에너지 준위에서 높은 에너지 준위로의 전이가 일어나면서 생긴 결과이다. (c) 다전자 원자는 여러 개의 행성을 가지는 태양계와 다소 비슷하게 행동한다.

7.97 p나 d 원자 궤도함수가 분명 구형이 아님에도 원자의 모양이 구형이라는 생각의 기본은 무엇인가?

7.98 다음과 같은 양자수를 가지는 원자에 있을 수 있는 최대 전자의 수는 몇 개인가? 각각의 전자를 궤도함수로 표시하시오. (a) $n = 2$, $m_s = +\frac{1}{2}$, (b) $n = 4$, $m_\ell = +1$, (c) $n = 3$, $\ell = 2$, (d) $n = 2$, $\ell = 0$, $m_s = -\frac{1}{2}$, (e) $n = 4$, $\ell = 3$, $m_\ell = -2$.

7.99 다음 인물이 누구이며 그들이 양자론의 발달에 미친 영향이 무엇인지 설명하시오. 보어, 드브로이, 아인슈타인, 플랑크, 하이젠베르크, 슈뢰딩거.

7.100 전자 현미경을 사용할 때 전자의 어떤 성질이 이용되는가?

7.101 광전자 실험에서 한 학생이 어떤 금속에서 전자가 방출되는 데 필요한 진동수보다 큰 진동수를 가진 광원을 사용하였다. 그러나 계속적으로 긴 시간 동안 그 금속의 같은 부분에 빛을 쬔 후 이 학생은 그 빛의 진동수가 일정

함에도 불구하고 방출된 전자의 최대 운동 에너지가 감소하기 시작하는 것을 발견하였다. 이 현상을 어떻게 설명할 수 있을까?

7.102 한 투수가 던진 야구공의 속력을 측정해 보니 약 100 mph였다. (a) 이 속력에서 질량 0.141 kg인 야구공의 파장(nm 단위)은 얼마인가? (b) 같은 속력으로 움직이는 수소 원자의 파장은 얼마인가? (1 mile = 1609 m)

7.103 한 학생이 깨끗한 세슘 금속에 가시광선을 쪼여 광전 실험을 하였다. 아래 표는 방출된 전자의 운동 에너지(KE)를 파장(λ)의 함수로 나타낸 것이다. 일함수와 플랑크 상수를 그림으로 결정하시오.

λ (nm)	405	435.8	480	520	577.7
KE (J)	2.360×10^{-19}	2.029×10^{-19}	1.643×10^{-19}	1.417×10^{-19}	1.067×10^{-19}

7.104 (a) 각운동량 양자수(ℓ)가 1일 때 가능한 주양자수(n)의 최소값은 얼마인가? (b) $n \le 4$이고 자기 양자수(m_ℓ)가 0일 때 가능한 각운동량 양자수(ℓ)의 값은 얼마인가?

7.105 바닥 상태 전자 배치만을 고려할 때 반자기성 원소가 더 많을까, 아니면 상자기성 원소가 더 많을까? 설명하시오.

7.106 루비 레이저는 1.00×10^{-9} s 동안의 펄스 형태로 633 nm의 파장을 가지는 빛을 낸다. (a) 레이저가 펄스 당 0.376 J의 에너지를 낸다면, 각 펄스 당 몇 개의 광자가 나오는가? (b) 한 펄스 당 레이저가 방출하는 출력(W 단위)을 계산하시오. (1 W = 1 J/s)

7.107 질량 368 g인 물 시료가 이산화 탄소 레이저에서 나오는 1.06×10^4 nm 적외선 복사를 흡수한다. 모든 흡수된 복사선은 열로 변환된다고 가정한다. 이 파장에서 물의 온도를 5.00°C 올리는 데 필요한 광자의 수를 계산하시오.

7.108 수소를 얻을 수 있는 방법으로 물의 광분해가 제안되었다.

$$H_2O(l) + h\nu \longrightarrow H_2(g) + \tfrac{1}{2}O_2(g)$$

열역학 자료로부터 계산된 반응의 $\Delta H^\circ_{반응}$은 분해되는 물 1 mol 당 285.8 kJ이다. 위 반응에 필요한 에너지를 공급할 수 있는 광자의 최대 파장(nm 단위)을 계산하시오. 이론적으로 볼 때, 위 과정에서 태양빛을 에너지원으로 사용할 수 있는가?

7.109 라이먼 계열과 발머 계열의 스펙트럼 선은 겹치지 않는다. 라이먼 계열의 가장 긴 파장과 발머 계열의 가장 짧은 파장을 nm로 계산하여 이 명제를 증명하시오.

7.110 20°C에서 근 평균 제곱 속력으로 움직이는 원자의 파장이 3.28×10^{-11} m이다. 원자가 무엇인지 결정하시오.

7.111 어떤 선글라스는 렌즈에 염화 은(AgCl)의 작은 결정을 포함하고 있다. 이 렌즈가 적절한 파장의 빛에 노출될 때 다음 반응이 일어난다.

$$AgCl \longrightarrow Ag + Cl$$

생성된 은 원자는 균일한 회색을 만들어 밝은 빛을 감소시킨다. 위 반응의 ΔH가 248 kJ/mol이라 할 때, 이 과정을 일으킬 수 있는 빛의 최대 파장을 계산하시오.

7.112 He^+ 이온은 하나의 전자만을 가지고 있으므로 수소꼴 이온이다. 헬륨 이온의 발머 계열에 해당하는 최초 네 개 전이의 파장을 계산하여 길이가 증가하는 순으로 나열하시오. 이 파장을 수소 원자에서 같은 종류의 전이에 해당하는 파장과 비교하고 그 차이점에 대해서 설명하시오. (He^+ 이온에 대한 리드베리 상수는 8.72×10^{-18} J이다.)

7.113 성층권에서 오존(O_3)은 다음의 분해 과정을 거쳐 태양으로부터 오는 해로운 복사선을 흡수한다. $O_3 \longrightarrow O + O_2$. (a) 표 6.4를 참고하여 이 과정의 ΔH°를 계산하시오. (b) 광화학적으로 오존을 분해할 만큼의 에너지를 가지고 있는 광자의 최대 파장은 몇 nm인가?

7.114 인간의 눈에 있는 망막은 최소한 4.0×10^{-17} J의 복사 에너지를 가진 빛이 닿아야 빛을 감지한다. 파장이 600 nm인 빛에 대해 이 에너지에 해당되는 광자의 개수는 얼마인가?

7.115 헬륨 원자와 제논 원자가 같은 운동 에너지를 갖는다. 헬륨 원자의 드브로이 파장과 제논 원자의 드브로이 파장의 비를 계산하시오.

7.116 망막 박리 치료에 레이저가 이용된다. 레이저 빛살의 파장은 514 nm이고 출력은 1.6 W이다. 수술하는 동안 0.060 초간 레이저를 작동했다면 레이저에서 방출하는 광자의 개수를 계산하시오. (1 W = 1 J/s)

7.117 수소 원자에서 들뜬 상태의 전자가 바닥 상태로 돌아오는 두 가지 방법이 있다. (a) 파장 λ_1인 광자를 방출하는 직접 전이를 거치는 방법과, (b) 파장 λ_2인 광자를 방출함으로써 중간 들뜬 상태를 거치는 방법이 있다. 이 중간 들뜬 상태는 그 후 파장 λ_3의 다른 광자를 방출하면서 바닥 상태로 붕괴된다. λ_1, λ_2, λ_3의 관계식을 유도하시오.

7.118 깨끗한 금속 표면 위에 450 nm(파란 빛)와 560 nm(노란 빛)의 레이저를 각각 쬐어준 후, 방출하는 전자의 수와 운동 에너지를 측정하였다. 어떤 빛이 더 많은 전자를 방출시키겠는가? 어떤 빛이 운동 에너지가 더 큰 전자를 방출시키겠는가? 레이저로부터 같은 양의 에너지가 금속 표면에 전달되었고, 두 레이저 빛의 진동수는 문턱 진동수보다 크다고 가정한다.

7.119 다음 궤도함수들의 (경계면) 모양을 그리시오.(a) $2p_y$, (b) $3d_{z^2}$, (c) $3d_{x^2-y^2}$. (그림에 좌표축을 나타내시오.)

7.120 이 장에서 설명한 전자 배치는 바닥 상태에 있는 기체 원자만을 고려하였다. 원자가 양자 에너지를 흡수하면, 전자 중 하나가 더 높은 에너지 궤도함수로 전이할 수 있다. 이런 일이 일어날 때, 원자가 들뜬 상태에 있다고 한

다. 몇몇 들뜬 상태의 전자 배치가 다음과 같다. 이들은 어떤 원자인지 말하고, 그 바닥 상태의 전자 배치를 쓰시오.

(a) $1s^1 2s^1$
(b) $1s^2 2s^2 2p^2 3d^1$
(c) $1s^2 2s^2 2p^6 4s^1$
(d) $[Ar]4s^1 3d^{10} 4p^4$
(e) $[Ne]3s^2 3p^4 3d^1$

● 7.121 다음과 같은 전자 배치를 가지는 원자들의 궤도함수 그림을 그리시오.

(a) $1s^2 2s^2 2p^5$
(b) $1s^2 2s^2 2p^6 3s^2 3p^3$
(c) $1s^2 2s^2 2p^6 3s^2 3p^6 4s^2 3d^7$

7.122 러더퍼드와 그의 공동연구자들이 핵의 구조를 알아보기 위해 알파 입자 대신 전자를 사용했다면, 그들은 무엇을 발견했을까?

● 7.123 과학자들은 주양자수 n이 수백이 되는 성간(interstellar) 수소 원자를 발견했다. 수소 원자가 $n = 236$에서 $n = 235$로 전이될 때, 방출되는 빛의 파장을 계산하시오. 이 파장은 전자기 스펙트럼의 어느 영역에 속하는가?

7.124 20°C에서 헬륨 원자의 속력이 근 평균 제곱 속력과 같을 때의 파장을 계산하시오.

7.125 이온화 에너지는 원자로부터 전자 하나를 떼어내는 데 필요한 최소 에너지이다. 이것은 보통 kJ/mol 단위로 표현되는데, 원자 1 mol로부터 전자 1 mol을 떼어내는 데 필요한 에너지(kJ 단위)이다. (a) 수소 원자의 이온화 에너지를 계산하시오. (b) 전자가 $n = 2$ 상태로부터 제거되는 경우를 가정하여 같은 계산을 하시오.

● **7.126** 수소 원자에서 전자가 바닥 상태로부터 $n = 4$ 상태로 들떴다. 다음 설명이 바른지 설명하시오. (참, 거짓)

(a) $n = 4$는 첫 번째 들뜬 상태이다.
(b) 바닥 상태보다 $n = 4$인 상태에서 전자를 이온화(제거)하는 것이 더 많은 에너지를 필요로 한다.
(c) 전자는 바닥 상태에서보다 $n = 4$인 상태에서 핵으로부터 더 멀리 떨어져 있다.
(d) 전자가 $n = 4$ 에서 $n = 1$로 떨어질 때 방출하는 파장은 $n = 4$에서 $n = 2$로 떨어질 때 방출하는 파장보다 길다.
(e) $n = 1$에서 $n = 4$로 갈 때 흡수하는 파장은 $n = 4$에서 $n = 1$로 갈 때 방출하는 파장과 같다.

● 7.127 어떤 원소의 이온화 에너지는 412 kJ/mol이다(연습 문제 7.125 참조). 그러나 이 원자가 첫 번째 들뜬 상태에 있을 때, 이온화 에너지는 단지 126 kJ/mol에 불과하다. 이 정보를 토대로 첫 번째 들뜬 상태에서 바닥 상태로 전이할 때 방출되는 빛의 파장을 계산하시오.

● **7.128** 폐포(alveolus)는 폐 속에 있는 아주 작은 공기 주머니이다(연습 문제 5.136 참조). 이 공기 주머니의 지름은 5.0×10^{-5} m이다. 산소 분자 하나(5.3×10^{-26} kg)가 이 주머니에 잡혀있다고 가정하자. 산소 분자의 속도에 대한 불확실성을 계산하시오. (*힌트*: 분자의 위치에 대한 불확실성의 최대값은 주머니의 지름이다.)

● 7.129 얼음 5.0×10^2 g을 녹이기 위해 660 nm의 광자가 몇 개 흡수되어야 하는가? 평균적으로 한 개의 광자가 얼음에서 물로 전환하는 물 분자는 몇 개인가? (*힌트*: 0°C에서 얼음 1 g을 녹이기 위해서는 334 J이 필요하다.)

● **7.130** 다음은 어떤 원소들의 바닥 상태의 전자 배치 도표이다. 이들 중 어떤 것이 파울리 배타 원리를 위배하는가? 또 어떤 것이 훈트 규칙을 위배하는가?

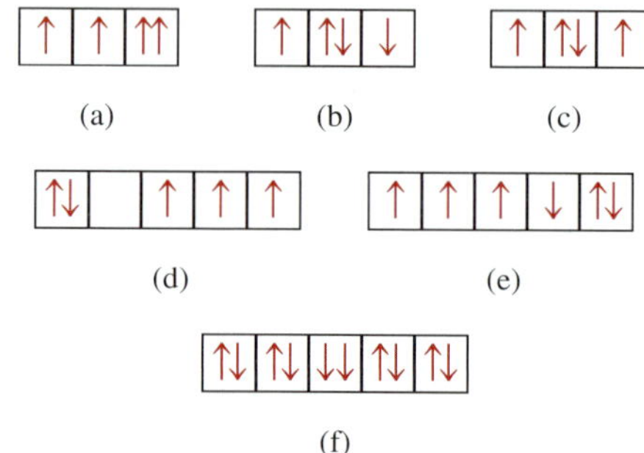

● 7.131 피부를 태우는 역할을 하는 UV는 320~400 nm의 영역을 차지한다. 2.0시간 동안 이 복사선에 노출되는 사람에 의해 흡수되는 총 에너지를 J 단위로 계산하시오. 320~400 nm에 이르는 80 nm 영역에서 지표면 제곱 센티미터 당 초 당 2.0×10^{16}개의 광자가 부딪힌다고 가정하고, 노출되는 몸의 넓이는 0.45 m^2이다. 절반의 빛만 흡수되고, 나머지 반은 몸에서 반사된다고 가정한다. (*힌트*: 광자의 에너지를 계산할 때는 평균 파장인 360 nm을 이용한다.)

● **7.132** 태양은 코로나라고 하는 기체 물질로 된 흰 고리로 둘러싸여 있는데, 이것은 개기일식 때 잘 관찰된다. 코로나의 온도는 섭씨 수백만 도로 이 온도에서 분자를 파괴할 수 있고, 원자에서 전자의 일부나 전부를 제거할 수도 있다. 천문학자들이 코로나의 온도를 추정하는 한 방법은 어떤 원소 이온의 방출 스펙트럼을 조사하는 것이다. 예를 들면, Fe^{14+} 이온의 방출 스펙트럼을 얻어 온도를 추정할 수 있다. Fe^{13+} 이온을 Fe^{14+} 이온으로 전환시키는 데 3.5×10^4 kJ/mol이 필요하다면 코로나의 온도를 추정하시오. (*힌트*: 기체 1 mol의 평균 운동 에너지는 $\frac{3}{2}RT$이다.)

7.133 1996년 과학자들은 수소의 반원자(anti-atom)를 만들어 냈다. 보통 원자의 반물질에 해당되는 이 원자는 구성 입자의 전하가 반대이다. 따라서 반원자의 핵은 반양성자로 구성되어 있는데, 질량은 양성자와 같지만 음전하로 구성되어 있다. 반면 반원자의 전자는 보통 원자의 전자와 같은 질량이지만, 양전하를 가지고 있는 반전자(포지트론, positron이라 함)로 구성되어 있다. 반수소 원자의

에너지 준위, 방출 스펙트럼, 원자 궤도함수는 수소 원자의 그것들과 다를 것으로 예측하는가? 수소 원자와 반수소 원자가 충돌하면 무슨 일이 일어나겠는가?

7.134 식 (5.16)을 이용하여 300 K에서 N_2 분자의 드브로이 파장을 계산하시오.

7.135 전자가 수소 원자의 에너지 준위 사이에서 전이를 일으킬 때 주양자수 n의 초기값과 최종값에 대한 제한은 없다. 그러나 양자역학적 규칙은 궤도함수 각운동량 ℓ의 초기값과 최종값을 제한한다. 이를 *선택 규칙*(selection rule)이라고 한다. 선택 규칙은 $\Delta\ell = \pm 1$이라는 것이다. 즉, 전이할 때 ℓ 값은 오직 1만큼 증가하거나 감소할 수 있다. 이 선택 규칙에 따라 다음 전이 중 허용되는 것을 모두 고르시오. (a) $2s \longrightarrow 1s$, (b) $3p \longrightarrow 1s$, (c) $3d \longrightarrow 4f$, (d) $4d \longrightarrow 3s$. 이 선택 규칙의 관점에서 그림 7.11에 나타낸 일련의 여러 방출이 관찰되는 것이 가능한 이유를 설명하시오.

• **7.136** 전자 현미경에서 전자들은 전압차를 통과하면서 가속된다. 전자가 얻는 운동 에너지는 전자의 전하량에 전압을 곱한 것과 같다. 따라서 1 V의 전위차는 1.602×10^{-19} C × V 즉, 1.602×10^{-19} J의 운동 에너지를 낸다. 5.00×10^3 V에 의해서 가속된 전자와 관련된 파장을 계산하시오.

• 7.137 1.22×10^8 nm에서 작동되는 마이크로파 오븐을 이용하여 물 150 mL(차 한 잔 끓일 정도의 물)를 20°C에서 100°C로 가열하였다. 마이크로파 에너지의 92.0%가 물의 열 에너지로 전환된다면 광자 몇 개가 필요한지 계산하시오.

• **7.138** 방사성 물질인 Co-60 동위원소는 핵의학 분야에서 특정 암을 치료하는 데 사용된다. 1.29×10^{11} J/mol의 에너지를 가지는 감마선의 파장과 진동수를 계산하시오.

• 7.139 (a) 수소 원자의 바닥 상태에 있는 전자가 평균 속력 5×10^6 m/s로 움직인다. 속력의 불확실성이 1%로 알려져 있다면 위치의 불확실성은 얼마인가? 바닥 상태에 있는 수소의 반지름이 5.29×10^{-11} m라면 앞의 결과를 어떻게 해석하겠는가? 수소의 질량은 9.1094×10^{-31} kg이다. (b) 50 mph로 움직이는 3.2 g의 탁구공의 운동량은 0.073 kg · m/s이다. 운동량 측정에서의 불확실성이 운동량의 1.0×10^{-7}배라면, 탁구공의 위치에 대한 불확실성을 계산하시오.

7.140 수소 방출 스펙트럼에서 한 파장이 1280 nm이다. 이 방출에 대한 초기 상태와 최종 상태는 무엇인가?

7.141 올빼미는 5.0×10^{-13} W/m^2 세기의 빛만 있어도 감지할 수 있기 때문에 밤에도 잘 볼 수 있다. 동공의 직경이 9.0 mm이고 빛의 파장이 500 nm라면 올빼미의 눈으로 관측할 수 있는 초 당 광자의 개수를 계산하시오. (1 W = 1 J/s)

• **7.142** 수소꼴 이온 즉, 하나의 전자만을 가진 이온에서 식 (7.5)는 $E_n = -R_H Z^2 (1/n^2)$으로 수정된다. 여기서 Z는 이온을 만든 원자의 원자 번호이다. 다음 그림은 기체 상태에 있는 이런 수소꼴 이온의 방출 스펙트럼이다. 모든 스펙트럼 선들은 들뜬 상태에서 $n = 2$ 상태로 전이되는 전자 전이의 결과이다. (a) 어떤 전자 전이가 선 B와 C에 해당되는가? (b) 선 C의 파장이 27.1 nm라 할 때, 선 A와 B의 파장을 계산하시오. (c) $n = 4$ 상태에서 이온으로부터 전자를 떼는 데 필요한 에너지를 계산하시오. (d) 연속 스펙트럼 영역의 물리적 의미는 무엇인가?

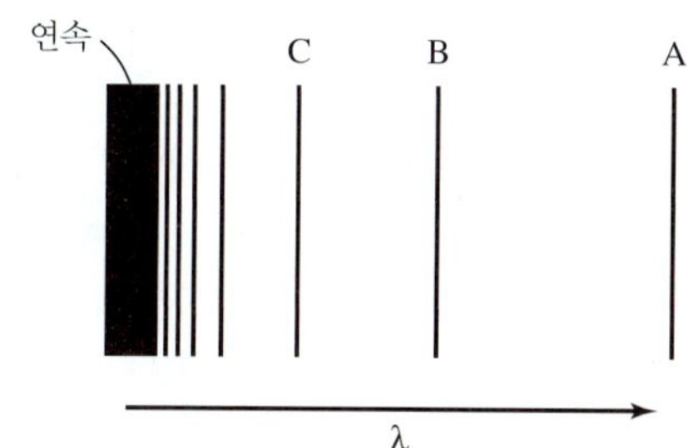

7.143 두 원자가 충돌하면, 운동 에너지의 일부가 하나 또는 양쪽 원자의 전자 에너지로 바뀔 수 있다. 평균 운동 에너지가 가능한 전자 전이 에너지와 비슷하면 비탄성 충돌을 통하여 적지 않은 수의 원자들이 들뜬 전자 상태로 바뀔 수 있다. (a) 298 K에서 기체 시료 원자들의 평균 운동 에너지를 계산하시오. (b) 수소에서 $n = 1$과 $n = 2$ 준위 사이의 에너지 차이를 계산하시오. (c) 충돌을 통해 수소 원자를 $n = 1$ 준위에서 $n = 2$ 준위로 들뜨게 하려면 어떤 온도가 되어야 하는가? [이상 기체 1 mol이 가지는 평균 운동 에너지는 $(\frac{3}{2})RT$이다.]

7.144 Li^{2+} 이온에서 $n = 1$ 상태에 있는 전자와 $n = 5$ 상태에 있는 전자를 제거하는 데 필요한 에너지를 계산하시오. $n = 5$에서 $n = 1$로 전이할 때 방출되는 광자의 파장은 몇 nm인가? 원자 번호 Z인 수소꼴 원자의 리드베리 상수는 $(2.18 \times 10^{-18}$ J$)Z^2$이다.

7.145 강입자 충돌기에서 가속 중인 양성자의 드브로이 파장이 2.5×10^{-14} m이다. 이 양성자의 운동 에너지(J 단위)는 얼마인가?

7.146 어떤 움직이는 입자의 위치에 대한 최소 불확실성은 그 입자의 드브로이 파장과 같다. 입자의 속력이 1.2×10^5 m/s라면 그 속력의 최소 불확실성은 얼마인가?

• 7.147 아인슈타인의 특수 상대성 이론에 따르면, 움직이는 입자의 질량 $m_{운동}$은 정지해 있을 때의 질량 $m_{정지}$와 다음과 같은 관계를 가진다.

$$m_{운동} = \frac{m_{정지}}{\sqrt{1 - \left(\frac{u}{c}\right)^2}}$$

이 때 u와 c는 각각 입자의 빛의 속력이다. (a) 입자 가속기에서 양성자, 전자 및 다른 전기를 띤 입자들은 종종 빛의 속력에 가깝게 가속된다. 빛의 속력의 50.0%로 움직이는 양성자의 파장(nm 단위)을 계산하시오. 양성자의 질량은 1.673×10^{-27} kg이다. (b) 질량 6.0×10^{-2} kg인 테니스공이 63 m/s로 움직일 때의 질량을 계산하시오. 계산 결과에 대해서 논하시오.

7.148 광전 효과를 연구하는 수학적 식은 다음과 같다.

$$h\nu = W + \tfrac{1}{2}m_e u^2$$

이 때 ν는 금속에 쪼인 빛의 진동수이고, W는 일함수, m_e와 u는 각각 방출된 전자의 질량과 속력이다. 실험에서 한 학생은 아연 금속 표면에서 전자를 막 떼어내는 데 필요한 최대 파장이 351 nm인 것을 발견하였다. 이 학생이 313 nm의 빛을 사용했다면 방출되는 전자의 속력(m/s 단위)을 계산하시오.

7.149 20세기 초반, 몇몇 과학자들은 핵이 양성자와 전자를 모두 포함하고 있다고 생각하였다. 하이젠베르크의 불확정성 원리를 사용하여 전자가 핵 안에 제한되어 있을 수 없다는 것을 보이시오. 같은 계산을 양성자에 대해서도 해 보시오. 결과에 대해서 논하시오. 핵의 반지름은 1.0×10^{-15} m라고 가정한다. 전자와 양성자의 질량은 각각 9.109×10^{-31} kg과 1.673×10^{-27} kg이다. (*힌트* : 핵의 직경을 위치의 불확실성으로 놓고 생각하시오.)

7.150 흑체 복사는 어떤 온도에서 물체가 방출하는 복사 에너지와 파장의 상관 관계를 설명할 때 사용하는 용어이다. 플랑크는 이 상관 관계를 설명하기 위하여 양자 이론을 제안하였다. 그림에 나타낸 것은 태양에서 방출되는 에너지를 파장에 대해서 그린 것이다. 이 그래프는 태양 표면의 온도를 특징적으로 보여준다. 온도가 올라가면, 그래프의 모양은 비슷하지만 최대값이 짧은 파장 쪽으로 이동한다. 이 그래프가 보여주는 지구상의 생물학적으로 중요한 의미가 있는 두 가지는 무엇인가?

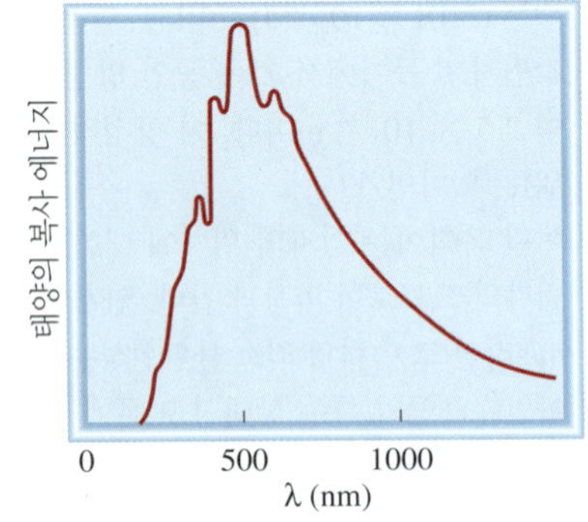

7.151 모든 분자들은 진동 운동을 한다. HCl과 같은 이원자 분자의 진동 에너지 $E_{진동}$을 양자역학적으로 구하면 다음과 같다.

$$E_{진동} = \left(n + \frac{1}{2}\right)h\nu$$

여기서 n은 0, 1, 2, 3, . . .으로 주어지는 양자수이고, ν는 진동의 기본 진동수이다. (a) HCl에 대해서 처음 세 진동 에너지 준위를 그리시오. (b) HCl 분자를 바닥 상태에서 첫 번째 들뜬 상태로 바꾸는 데 필요한 에너지를 계산하시오. HCl의 기본 진동수는 $8.66 \times 10^{13}\ s^{-1}$이다. (c) 바닥 상태에 있는 가장 작은 진동 에너지는 0이 아니고 $\frac{1}{2}h\nu$와 같다는 것은 절대 온도 0도가 되더라도 분자는 진동한다는 것을 뜻한다. 하이젠베르크의 불확정성 원리를 이용해서 이 예측을 합리화하시오. (*힌트*: 진동하지 않는 분자를 가정하고 운동량의 불확실성을 계산한 후 위치의 불확실성을 계산하시오.)

7.152 수소 원자의 2*s* 궤도함수에 대한 파동함수는 다음과 같다.

$$\psi_{2s} = \frac{1}{\sqrt{2a_0^3}}\left(1 - \frac{\rho}{2}\right)e^{-\rho/2}$$

여기서 a_0는 첫 번째 보어 궤도함수의 반지름으로 0.529 nm이고, ρ는 $Z(r/a_0)$, r은 핵으로부터의 위치를 미터로 표시한 것이다. 2*s* 파동함수의 마디가 핵으로부터 어느 위치에 있는지 계산하시오.

7.153 한 학생이 마이크로파 오븐에 커다란 포장되지 않은 초콜릿을 놓고 유리판을 돌리지 않았다. 작동시키고 1분 이내에, 약 6 cm 떨어진 곳에서 균등하게 녹아서 움푹 들어간 곳이 있음을 발견했다. 이 관찰을 토대로, 마이크로파 주파수가 2.45 GHz로 주어진 빛의 속도를 계산하시오. (*힌트*: 파동의 에너지는 진폭의 제곱에 비례한다.)

7.154 일반적으로 테니스 공과 같은 거시적인 물체에 대해서는 물질의 파동성을 무시할 수 있다. 하지만 몇몇 매우 큰 분자에 대해 파동성이 측정되었다. 예를 들어, 63 m/s의 속도로 움직이는 $C_{60}(C_{12}F_{25})_8$ 분자에 대해 파동의 패턴이 감지되었다. (a) 이 속도로 움직이는 $C_{60}(C_{12}F_{25})_8$ 분자의 파장을 계산하시오. (b) 지름이 약 3000 pm인 분자의 크기에 비해 파장은 어떠한가?

설명, 모형화 및 추정 문제 *Interpreting, Modeling & Estimating*

7.155 한 원소의 원자들은 두 가지 가능한 들뜬 상태만을 가진다. 하지만 방출 실험에서 세 개의 스펙트럼 선이 관찰된다. 설명하시오. 가장 짧은 파장과 다른 두 파장 사이의 관계식을 쓰시오.

7.156 빈(Wien) 법칙에 따르면, 흑체 복사의 최대 세기의 파장 $\lambda_{최대}$는 다음과 같이 주어진다.

$$\lambda_{\text{최대}} = \frac{b}{T}$$

여기서 b는 상수(2.898×10^6 nm · K)이고 T는 빛을 내는 물체의 온도를 K 단위로 표시한 것이다. (a) 태양 표면의 온도를 추정하시오. (b) 천문학자들이 어떻게 별의 온도를 결정할 수 있는가? (*힌트* : 흑체 복사의 정의에 대해서는 연습 문제 7.150 참조)

7.157 백열 텅스텐 전구에 공급되는 전기 에너지의 일부만이 가시광선으로 전환된다. 나머지 에너지는 적외선 복사(즉, 열)로 나타난다. 60 W 전구는 공급되는 에너지의 약 15.0%가 가시광선으로 전환된다. 초당 전구에서 방출되는 광자의 개수는 얼마나 되겠는지 대략 추정하시오. (1 W = 1 J/s)

7.158 광합성은 가시광선의 광자를 이용하여 화학 에너지를 만든다. 적외선 광자 형태인 열 에너지는 광합성에 왜 비효율적인가? (*힌트*: 전형적인 화학 결합 에너지는 200 kJ/mol 이상이다.)

7.159 전형적인 빨간색 레이저 포인터의 출력은 5 mW이다. 빨간색 레이저 포인터가 1초에 1 W 파란색 레이저에서 방출되는 광자와 같은 개수를 방출하려면 얼마나 오래 걸리겠는가? (1 W = 1 J/s)

7.160 7.9절에 있는 "생활 속의 화학"을 참고로 하여 직경 10 nm인 셀레늄화 카드뮴(CdSe) 양자점에서 방출되는 빛의 파장을 추정하시오. 이 방출된 빛을 인간의 눈으로 볼 수 있을까? 일련의 양자점에 대한 지름과 방출 파장은 아래와 같다.

지름(nm)	2.2	2.5	3.3	4.2	4.9	6.3
파장(nm)	462	503	528	560	583	626

실전 연습의 답 *Answers to Practice Exercises*

7.1 8.24 m. **7.2** 3.39×10^3 nm. **7.3** 9.65×10^{-19} J. **7.4** 2.63×10^3 nm. **7.5** 56.6 nm. **7.6** 0.2 m/s. **7.7** $n = 3$, $\ell = 1$, $m_\ell = -1, 0, 1$. **7.8** 16. **7.9** $(4, 2, -2, +\frac{1}{2})$, $(4, 2, -1, +\frac{1}{2})$, $(4, 2, 0, +\frac{1}{2})$, $(4, 2, 1, +\frac{1}{2})$, $(4, 2, 2, +\frac{1}{2})$, $(4, 2, -2, -\frac{1}{2})$, $(4, 2, -1, -\frac{1}{2})$, $(4, 2, 0, -\frac{1}{2})$, $(4, 2, 1, -\frac{1}{2})$, $(4, 2, 2, -\frac{1}{2})$. **7.10** 32. **7.11** $(1, 0, 0, +\frac{1}{2})$, $(1, 0, 0, -\frac{1}{2})$, $(2, 0, 0, +\frac{1}{2})$, $(2, 0, 0, -\frac{1}{2})$, $(2, 1, -1, -\frac{1}{2})$. 마지막 전자($2p$ 궤도함수에서)에 대해서 양자수를 쓰는 5개의 다른 가능한 방법이 있다. **7.12** [Ne]$3s^23p^3$.

화학 세계의 미스터리

헬륨의 발견과 코로늄의 흥망성쇠

과학자들은 태양이나 다른 별들이 특정한 원소들을 가지고 있다는 것을 안다. 어떻게 이런 정보를 얻었을까?

19세기 초, 독일의 물리학자 프라운호퍼(Josef Fraunhofer)는 태양의 방출 스펙트럼을 연구하다가 특정한 파장에서 검은 선이 있다는 것을 알아냈다. 이 선들은 처음에 연속적인 색으로 방출되는 복사선이 태양의 밖으로 방출되면서 그 일부가 우주의 원자들에 의해서 재흡수되는 것으로 해석한다. 이런 검은 선들은 흡수선인 것이다. 원자의 경우 빛의 방출과 흡수는 같은 파장에서 일어나지만, 모양은 다르다. 방출은 색을 띠는 선이고, 흡수는 검은 선이다. 멀리 떨어져 있는 별의 방출 스펙트럼에 있는 흡수선을 이미 알고 있는 원소의 방출 스펙트럼과 비교함으로써 과학자들은 그 별에 있는 원소들의 종류를 추론할 수 있는 것이다.

태양을 분광학적으로 연구하는 또 다른 방법은 일식이 일어날 때 가능하다. 1868년 프랑스의 물리학자 얀센(Pierre Janssen)은 개기일식 때 태양의 코로나에서 나온 방출 스펙트럼에서 밝은 노란 선(그림 7.8)을 관찰하였다. (코로나는 개기 일식 때 태양 주위에서 보이는 진주빛 고리이다.) 이 선 스펙트럼은 알려진 원소의 방출선과 일치하지 않았지만, 프라운호퍼가 스케치한 스펙트럼 속 검은 선 하나와 일치하였다. 새 흡수선에 해당되는 원소에 헬륨[그리스 신

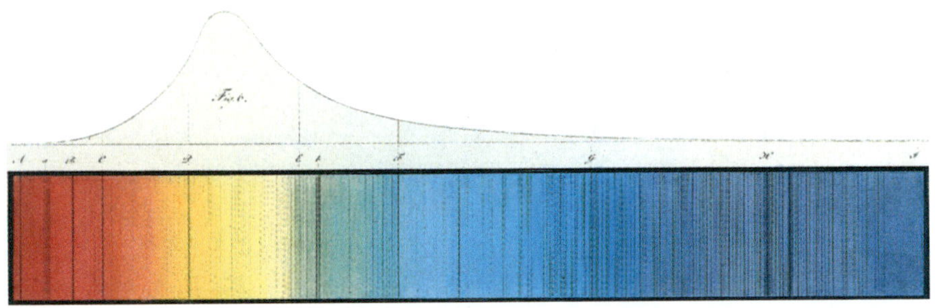

태양의 방출 스펙트럼에 있는 검은 흡수선들을 보여주는 프라운호퍼의 원본 그림(1814년에 그림). 그림 위는 여러 색깔에서 태양의 총 밝기를 보여준다.

화에서 태양의 신인 헬리오스(Helios)에서 유래]이라는 이름을 붙였다. 27년 후 헬륨은 영국의 화학자 램지(William Ramsay)에 의해 지구의 우라늄 광석 속에서 발견되었다. 지구 상에서 헬륨의 유일한 공급은 방사성 붕괴 과정을 통해서 이루어진다. 핵 붕괴 중에 나온 α 입자들은 최종적으로 헬륨 원자로 바뀌게 된다.

태양에서 새로운 원소를 찾는 노력은 헬륨으로 끝나지 않았다. 얀센의 업적이 이루어졌을 당시 과학자들은 코로나에서 나온 스펙트럼에서 밝은 초록색 선을 관찰하였다. 그들은 그 흡수선을 만들어 낸 원소가 무엇인지 몰랐으며, 코로나에서 발견되었으므로 코로늄(coronium)이라고 명명하였다. 몇 년 후, 코로나에서 정체를 알 수 없는 방출선이 더 관찰되었다. 코로늄 문제는 헬륨보다 훨씬 풀기 어려웠는데 알려진 원소의 방출선과 일치하는 것이 전혀 없었기 때문이었다. 1930년대 후반에 이르러서야 스웨덴의 물리학자 에들렌(Bengt Edlén)이 이들 선들을 철, 칼슘, 니켈의 부분적으로 이온화된 원자에서 방출되는 것이라고 확인하였다. 매우 높은 온도(섭씨 백만 도 이상)에서 많은 원자들은 하나 이상의 전자를 잃고 이온화된다. 따라서 정체를 알 수 없는 방출선들은 금속 이온에서 나오는 것이지 새로운 원소에서 나오는 것이 아니다. 80년 후에야 코로늄 문제가 해결되었다. 결국 세상에 코로늄이라는 원소는 없다!

몇 분간만 발생하는 개기일식 때 코로나가 보인다.

화학적인 단서

1. 두 에너지 준위로 된 계(E_1과 E_2)를 그리고 흡수와 방출 과정을 설명하시오.
2. 코로나의 스펙트럼은 방출선만 보이는데, 태양의 스펙트럼은 왜 흡수선(검은 선)만 보이는지 설명하시오.
3. 지구상에서 헬륨을 관찰하기 어려운 이유는 무엇인가?
4. 과학자들은 어떻게 다른 별에 있는 원소의 양을 결정할 수 있는가?
5. 어떤 원소의 이온이 코로나 방출선을 만든다는 것을 안다면, 코로나의 온도를 추정할 수 있을지 정성적인 단어를 사용하여 설명하시오.

제 8 장

원소의 주기성

Periodic Relationships Among the Elements

▲ 원소의 주기성은 표의 형태로 가장 흔하게 도식화되며, 여러 기하학적인 배향이 가능하다.

이 장의 차례

들여다보기

- 주기율표의 발전 및 19세기 과학자들, 특히 멘델레예프의 업적으로부터 이 장을 시작한다(8.1절).
- 전자 배치가 주기율표를 정립하는 논리적 방법이며, 초기의 예외들 일부를 설명한다는 것을 익힌다. 또한 음이온과 양이온의 전자 배치를 기록하기 위한 규칙들을 배운다(8.2절).
- 다음으로 유효 핵전하 면에서 원자와 이온의 크기와 같은 물리적 성질에서의 주기성을 검토한다(8.3절).
- 이온화 에너지와 전자 친화도와 같은 화학적 성질을 검토함으로써 주기성에 대한 연구를 계속한다(8.4절과 8.5절).
- 이 장에서 얻은 지식을 적용하여 각 족들과 한 주기에 걸쳐 주족 원소들의 성질을 체계적으로 연구한다(8.6절).

원소의 화학적 성질의 많은 부분은 원소의 전자 배치와 관련하여 이해될 수 있다. 전자가 원자 궤도함수에 매우 규칙적인 방법으로 채워지기 때문에, 소듐이나 포타슘과 같이 전자 배치가 비슷한 원소들이 여러 면에서 유사하게 거동한다는 것과 일반적으로 원소의 성질들이 관찰 가능한 경향성을 보인다는 것은 결코 놀라운 일이 아니다. 양자론이 대두되기 훨씬 이전이었지만, 19세기 화학자들은 원소의 물리적 성질과 화학적 성질의 주기성을 인식하였다. 이들 화학자들은 전자와 양성자의 존재는 알지 못하였으나, 이러한 원소의 성질을 체계화하려는 노력은 매우 성공적이었다. 이들이 사용한 정보들의 주된 출처는 원소의 원자 질량과 알려져 있던 물리적, 화학적 성질이었다.

8.1 주기율표의 발전

원자와 분자에 대하여 막연한 생각만이 있었을 뿐 전자와 양성자의 존재에 대하여 전혀 알지 못하였던 19세기 화학자들은 원자 질량에 대한 지식을 이용하여 주기율표를 고안하였다. 많은 원소들의 정확한 원자 질량은 당시에 이미 측정이 완료된 상태였다. 원소를 원자 질량에 따라 주기율표에 나열하는 것은 그 당시 화학자들에게는 합리적인 것이었으며, 화학적 성질이 원자 질량과 어느 정도의 상관 관계가 있을 것으로 생각하였다.

1864년 영국의 화학자 뉴랜즈(Newlands)[†]는 알려진 원소를 원자 질량 순으로 배열하면, 매번 8번째 원소가 비슷한 성질을 갖는다는 것을 알고 이런 독특한 관련성을 "*옥타브 법칙*(law of octaves)"이라 하였다. 그러나 이 "법칙"은 칼슘 이후의 원소에 대해서는 적절하지 못함이 밝혀져 뉴랜즈의 작업이 당시의 과학계에는 받아들여지지 않았다.

1869년 러시아의 화학자 멘델레예프(Mendeleev)[‡]와 독일의 화학자 마이어(Meyer)[§]는 원소의 규칙적이고 주기적인 성질 재현에 기초하여 보다 확장된 원소의 도표화를 독자적으로 제안하였다. 멘델레예프의 분류 체계는 두 가지 관점에서 뉴랜즈의 업적을 개선하였다. 첫째, 원소의 성질을 기초로 하여 보다 정확하게 분류한 것이며, 마찬가지로 중요한 것은 아직 발견되지 않은 몇몇 원소들의 성질을 예측할 수 있었다는 것이다. 예를 들어, 멘델레예프는 에카알루미늄(eka-aluminum)이라는 알려지지 않은 원소의 존재와 몇 가지 성질을 예측하였다. (에카는 "첫째"의 의미를 가진 산스크리트어이다. 따라서 에카알루미늄은 알루미늄이 속한 족에서 알루미늄 바로 아래에 위치한 원소를 의미한다.) 4년 후 갈륨이 발견되었을 때, 에카알루미늄으로 예견되었던 성질과 갈륨의 특성이 매우 잘 일치하였다.

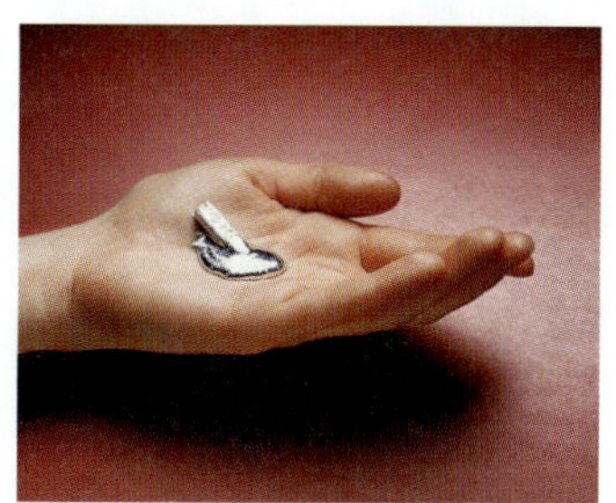

갈륨은 사람 손 위에서 녹는다(체온은 약 37°C이다).

	에카알루미늄(Ea)	갈륨(Ga)
원자 질량	68 amu	69.9 amu
녹는점	낮음	29.78°C
밀도	5.9 g/cm^3	5.94 g/cm^3
산화물의 화학식	Ea_2O_3	Ga_2O_3

멘델레예프의 주기율표는 66가지의 이미 알려진 원소가 포함되어 있었다. 1900년까지 30여개의 원소들이 주기율표의 빈 공간 일부를 채우며 목록에 더하여졌다. 그림 8.1에 이러

부록 1은 원소들의 이름과 원소 기호를 설명한다.

[†] 뉴랜즈(John Alexander Reina Newlands, 1838~1898)는 영국 화학자로, 그의 업적은 원소의 분류에 대한 올바른 방향을 제시한 첫 단계였다. 불행히도 그 단점 때문에 그는 많은 비평에 시달렸으며, 심지어 조소를 받기도 하였다. 한 모임에서 그는 원소들의 첫 철자 순서로 조사해 본 적은 없는지에 대한 문의를 받았다. 그럼에도 불구하고 1887년 공헌을 인정받아 왕립학회(Royal Society of London) 회원이 되었다.

[‡] 멘델레예프(Dmitri Ivanovich Mendeleev, 1836~1907)는 러시아 화학자로, 원소들의 주기적 분류에 대한 그의 업적은 19세기 화학 분야에서 이룩한 가장 중요한 업적으로 많은 이들에 의해 여겨진다.

[§] 마이어(Julius Lothar Meyer, 1830~1895)는 독일 화학자로, 주기율표에 대한 공헌 외에도 산소에 대한 헤모글로빈의 화학적 친화성을 발견하였다.

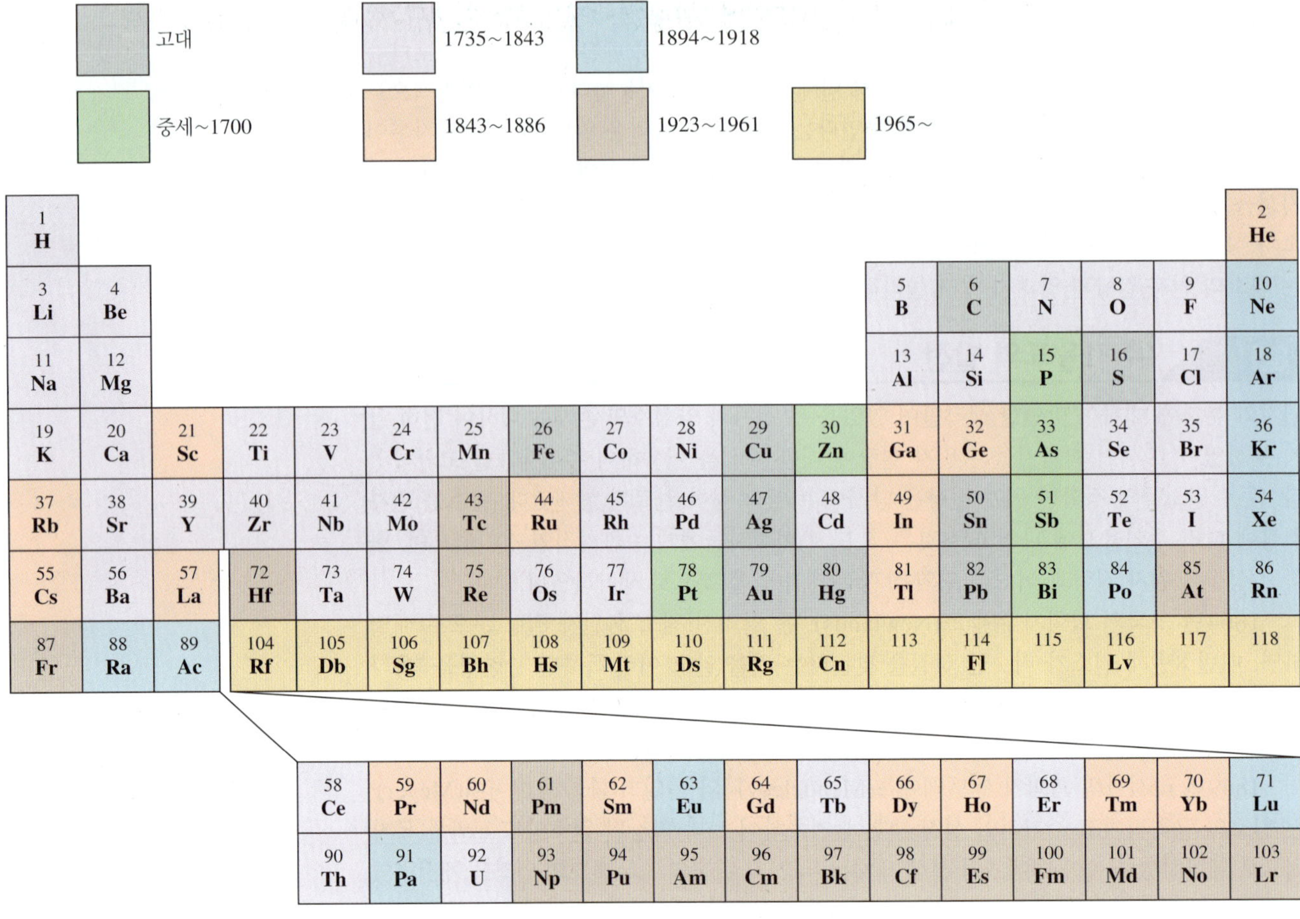

그림 8.1 원소의 발견 연대 표. 오늘날까지 118개의 원소가 발견되었다.

한 원소들의 발견을 연대순으로 도표화하여 나타내었다.

이 주기율표는 훌륭한 업적이었지만, 초기에는 명백한 모순을 가지고 있었다. 예를 들어, 아르곤(39.95 amu)의 원자 질량은 포타슘(39.10 amu)보다 더 크다. 원자 질량이 증가하는 순서로 원소들을 배열한다면, 아르곤은 현대의 주기율표(앞표지 안쪽 참조)에서 포타슘이 차지하는 위치에 나타날 수 있을 것이다. 그러나 화학자들은 영족 기체(noble gas)인 아르곤을 반응성이 매우 큰 리튬이나 소듐과 같은 족의 위치에 두지 않는다. 이러한 불일치는 원자 질량 이외에 어떤 기본적 성질이 주기성의 기초가 되어야 함을 시사한다. 이 성질은 멘델레예프 당시 알려져 있지 않았던 개념인 원자 번호와 연관되어 있음이 밝혀졌다.

알파 입자 산란 실험으로부터 얻은 결과(2.2절)를 이용하여 러더퍼드는 몇몇 원소의 핵에 존재하는 양전하의 수를 예측하였으나, 이러한 수의 의미에 대해서는 몇 년 동안 간과되었다. 1913년 영국의 젊은 물리학자 모즐리(Moseley)[†]는 자신이 원자 번호라고 이름 붙인 물리량과 그 원소로 만들어진 표적에 큰 에너지를 가진 전자를 부딪힘에 따라 발생하는 X선의 진동수 사이의 연관성을 발견하였다. 모즐리는 원소로부터 나오는 X선의 진동수를 다음 식으로 나타낼 수 있음에 주목하였다.

$$\sqrt{\nu} = a(Z-b) \tag{8.1}$$

[†] 모즐리(Henry Gwyn-Jeffreys Moseley, 1887~1915)는 영국 물리학자로, X선 스펙트럼과 원자 번호 사이의 관계를 발견하였다. 왕립 엔지니어 소속 중위였으며 터키 갈리폴리에서 종군 중에 28세의 나이에 교전 중 사망했다.

여기서 ν는 방출된 X선의 진동수이며, a와 b는 상수로 모든 원소가 같은 값을 갖는다. 그러므로 관찰된 방출 X선 진동수의 제곱근으로부터 그 원소의 원자 번호를 결정할 수 있었다.

몇몇 원소를 제외하고, 모즐리는 원자 번호 증가 순서가 원자 질량 증가 순서와 같음을 알게 되었다. 그 예로 칼슘은 원자 질량 증가 순서로 20번째 원소이고, 원자 번호도 20이다. 앞에서 언급된 불일치는 이로써 설명이 가능하게 되었다. 아르곤의 원자 번호는 18번이고, 포타슘의 원자 번호는 19번으로 포타슘은 주기율표에서 아르곤 다음에 위치해야 한다.

현대 주기율표는 원소 기호와 함께 원자 번호를 나타낸다. 이미 알고 있듯이 원자 번호는 또한 그 원소의 원자에 들어 있는 전자수를 나타낸다. 원소의 전자 배치는 물리적 성질과 화학적 성질의 주기성을 설명하는 데 도움이 된다. 주기율표의 중요성과 유용성은 비록 잘 알려져 있지 않은 원소라도 같은 족이나 주기 내에서의 일반적인 성질과 경향에 대한 지식을 사용하여 원소의 성질을 상당히 정확하게 예측할 수 있다는 데 있다.

8.2 원소의 주기적 분류

그림 8.2는 주기율표와 더불어 바닥 상태의 원소가 가지는 최외각 전자 배치를 보여준다. (원소들의 전자 배치는 표 7.3에 나타내었다.) 그림 7.24에 나타낸 순서대로 수소로부터 시작하여 부껍질에 전자들이 채워진다. 부껍질에 채워진 유형에 따라 원소들을 주족 원소, 영족 기체, 전이 원소(또는 전이 금속), 란타넘족, 악티늄족으로 분리한다. **주족 원소**(전형 원소, representative element 또는 main group element)는 *1A~7A족에 속해 있는 원소들로 이들 원소 모두는 최대 주양자수의 s나 p 부껍질이 완전히 채워지지 않은 원소들이다.* 헬륨을 제외한 모든 비활성 기체(noble gas, 8A족 원소)는 p 껍질이 완전히 채워져 있다. (헬륨의 전자 배치는 $1s^2$이고, 나머지 비활성 기체의 전자 배치는 ns^2np^6이며, 여기서 n은

	1 1A	2 2A	3 3B	4 4B	5 5B	6 6B	7 7B	8 8B	9 8B	10 8B	11 1B	12 2B	13 3A	14 4A	15 5A	16 6A	17 7A	18 8A
1	1 **H** $1s^1$																	2 **He** $1s^2$
2	3 **Li** $2s^1$	4 **Be** $2s^2$											5 **B** $2s^22p^1$	6 **C** $2s^22p^2$	7 **N** $2s^22p^3$	8 **O** $2s^22p^4$	9 **F** $2s^22p^5$	10 **Ne** $2s^22p^6$
3	11 **Na** $3s^1$	12 **Mg** $3s^2$											13 **Al** $3s^23p^1$	14 **Si** $3s^23p^2$	15 **P** $3s^23p^3$	16 **S** $3s^23p^4$	17 **Cl** $3s^23p^5$	18 **Ar** $3s^23p^6$
4	19 **K** $4s^1$	20 **Ca** $4s^2$	21 **Sc** $4s^23d^1$	22 **Ti** $4s^23d^2$	23 **V** $4s^23d^3$	24 **Cr** $4s^13d^5$	25 **Mn** $4s^23d^5$	26 **Fe** $4s^23d^6$	27 **Co** $4s^23d^7$	28 **Ni** $4s^23d^8$	29 **Cu** $4s^13d^{10}$	30 **Zn** $4s^23d^{10}$	31 **Ga** $4s^24p^1$	32 **Ge** $4s^24p^2$	33 **As** $4s^24p^3$	34 **Se** $4s^24p^4$	35 **Br** $4s^24p^5$	36 **Kr** $4s^24p^6$
5	37 **Rb** $5s^1$	38 **Sr** $5s^2$	39 **Y** $5s^24d^1$	40 **Zr** $5s^24d^2$	41 **Nb** $5s^14d^4$	42 **Mo** $5s^14d^5$	43 **Tc** $5s^24d^5$	44 **Ru** $5s^14d^7$	45 **Rh** $5s^14d^8$	46 **Pd** $4d^{10}$	47 **Ag** $5s^14d^{10}$	48 **Cd** $5s^24d^{10}$	49 **In** $5s^25p^1$	50 **Sn** $5s^25p^2$	51 **Sb** $5s^25p^3$	52 **Te** $5s^25p^4$	53 **I** $5s^25p^5$	54 **Xe** $5s^25p^6$
6	55 **Cs** $6s^1$	56 **Ba** $6s^2$	57 **La** $6s^25d^1$	72 **Hf** $6s^25d^2$	73 **Ta** $6s^25d^3$	74 **W** $6s^25d^4$	75 **Re** $6s^25d^5$	76 **Os** $6s^25d^6$	77 **Ir** $6s^25d^7$	78 **Pt** $6s^15d^9$	79 **Au** $6s^15d^{10}$	80 **Hg** $6s^25d^{10}$	81 **Tl** $6s^26p^1$	82 **Pb** $6s^26p^2$	83 **Bi** $6s^26p^3$	84 **Po** $6s^26p^4$	85 **At** $6s^26p^5$	86 **Rn** $6s^26p^6$
7	87 **Fr** $7s^1$	88 **Ra** $7s^2$	89 **Ac** $7s^26d^1$	104 **Rf** $7s^26d^2$	105 **Db** $7s^26d^3$	106 **Sg** $7s^26d^4$	107 **Bh** $7s^26d^5$	108 **Hs** $7s^26d^6$	109 **Mt** $7s^26d^7$	110 **Ds** $7s^26d^8$	111 **Rg** $7s^26d^9$	112 **Cn** $7s^26d^{10}$	113 $7s^27p^1$	114 **Fl** $7s^27p^2$	115 $7s^27p^3$	116 **Lv** $7s^27p^4$	117 $7s^27p^5$	118 $7s^27p^6$

58 **Ce** $6s^24f^15d^1$	59 **Pr** $6s^24f^3$	60 **Nd** $6s^24f^4$	61 **Pm** $6s^24f^5$	62 **Sm** $6s^24f^6$	63 **Eu** $6s^24f^7$	64 **Gd** $6s^24f^75d^1$	65 **Tb** $6s^24f^9$	66 **Dy** $6s^24f^{10}$	67 **Ho** $6s^24f^{11}$	68 **Er** $6s^24f^{12}$	69 **Tm** $6s^24f^{13}$	70 **Yb** $6s^24f^{14}$	71 **Lu** $6s^24f^{14}5d^1$
90 **Th** $7s^26d^2$	91 **Pa** $7s^25f^26d^1$	92 **U** $7s^25f^36d^1$	93 **Np** $7s^25f^46d^1$	94 **Pu** $7s^25f^6$	95 **Am** $7s^25f^7$	96 **Cm** $7s^25f^76d^1$	97 **Bk** $7s^25f^9$	98 **Cf** $7s^25f^{10}$	99 **Es** $7s^25f^{11}$	100 **Fm** $7s^25f^{12}$	101 **Md** $7s^25f^{13}$	102 **No** $7s^25f^{14}$	103 **Lr** $7s^25f^{14}6d^1$

그림 8.2 원소의 바닥 상태 전자 배치. 단순히 하기 위해 최외각 전자들의 배치만을 나타내었다.

최외각의 주양자수이다.)

전이 금속은 1B족과 3B~8B족의 원소들로 *d* 부껍질이 완전히 채워지지 않았거나 완전히 채워지지 않은 *d* 부껍질을 가진 양이온을 잘 형성하는 원소들이다. (이 금속들은 간혹 *d* 블록 전이 원소라고 한다.) 주기율표상에서 전이 금속의 불연속적인 번호 순서(3B~8B 뒤에 1B~2B가 위치)는 이 원소들의 외각 전자 배치가 주족 원소의 최외각 전자 배치 사이와 유사함을 나타낸다. 예를 들면, 스칸듐과 갈륨은 모두 세 개의 최외각 전자를 가지지만, 원자 궤도함수가 다르기 때문에 다른 족(3B와 3A)에 위치한다. 철(Fe), 코발트(Co), 니켈(Ni) 같은 금속은 이러한 분류에 적합하지 않으며, 모두 8B족에 위치한다. 아연(Zn), 카드뮴(Cd), 수은(Hg) 등 2B족 원소는 주족 원소도 전이 금속도 아니다. 이 금속들이 속한 족에는 특별한 이름이 붙어 있지 않다. A와 B족의 명칭은 일반적이지 않음에 유의하여야 한다. 유럽에서는 통상 주족 원소를 B, 전이 금속을 A로 사용하고 있으며, 이는 미국의 관례와는 반대이다. IUPAC(International Union of Pure and Applied Chemistry)에서는 아라비아 숫자 1에서 18까지 순차적으로 세로 행에 숫자를 붙이는 것을 추천하고 있다(그림 8.2). 이 제안은 국제 화학계에서 많은 논쟁을 일으켰으며, 그 장단점은 앞으로 얼마동안 논의될 것이다. 이 책에서는 미국의 관례를 사용하였다.

란타넘족과 악티늄족은 완전히 채워지지 않은 *f* 부껍질을 가지기 때문에 *f* 구역 전이 원소라고 한다. 그림 8.3은 여기 언급한 원소들의 족에 대해 구분하여 나타내었다.

주족 원소에 있어서 원자가 전자는 최고 점유 *n*껍질에 있는 전자들이다.

원소의 화학 반응성은 그들의 *최외각 전자*인 **원자가 전자**(valence electron)에 의해 주로 결정된다. 주족 원소에 대하여 원자가 전자는 최고 점유 *n* 껍질(highest occupied *n* shell)에 존재한다. 원자 내 모든 *비원자가 전자*(nonvalence electron)는 **핵심부 전자**(core electron)라고 한다. 주족 원소의 전자 배치를 다시 보면, 다음과 같은 분명한 패턴이 나타난다. 주어진 족의 모든 원소들은 원자가 전자의 개수와 형태가 같다. 원자가 전자 배치가 비슷하므로 같은 족에 속한 원소들이 비슷한 화학적 성질을 나타내게 된다. 예를 들어, 알칼리 금속(1A족 원소) 모두는 ns^1의 최외각 전자 배치(표 8.1)를 가지며, 전자 하나를 잃어 1가 양이온을 형성하는 경향이 있다. 유사하게, 알칼리 토금속(2A족 원소)은 모두 ns^2의 원자가 전자 배치를 가지며, 전자 두 개를 잃어 2가 양이온을 형성하는 경향이 있다. 하지만, "족의 일원"에 전적으로 기초하여 원소의 성질을 예측하는 것은 주의해야 한다. 예를 들어, 4A족 원소는 모두 원자가 전자가 ns^2np^2로 같지만, 원소 사이의 화학적 성질은 두드러지게 다르다. 예를 들어, 탄소는 비금속이며, 규소, 저마늄은 준금속이고, 주석과 납은 금속이다.

표 8.1

1A족과 2A족 원소들의 전자 배치

1A족		2A족	
Li	[He]$2s^1$	Be	[He]$2s^2$
Na	[Ne]$3s^1$	Mg	[Ne]$3s^2$
K	[Ar]$4s^1$	Ca	[Ar]$4s^2$
Rb	[Kr]$5s^1$	Sr	[Kr]$5s^2$
Cs	[Xe]$6s^1$	Ba	[Xe]$6s^2$
Fr	[Rn]$7s^1$	Ra	[Rn]$7s^2$

영족 기체는 매우 비슷하게 행동한다. 헬륨과 네온은 화학적으로 비활성이며, 다른 영족 기체에 의해 형성된 화합물은 거의 없다. 이러한 화학 반응성이 부족한 이유는 흔히 큰 안정성에 관련있는 완전히 채워진 *ns*와 *np* 부껍질 때문이다. 전이 금속에서 원자가 전자 배치가 반드시 하나의 족 내에서 같지 않더라도, 그리고 한 주기 내에서 한 금속에서 다음의 전자 배치의 변화에 규칙적인 패턴이 없더라도, 모든 전이 금속들은 다른 원소와 구분되는 많은 특성들을 공유한다. 그 이유는 이 금속들 모두는 *d* 부껍질이 불완전하게 채워져 있다는 것이다. 마찬가지로 *f* 부껍질이 불완전하게 채워져 있기 때문에, 란타넘족 (그리고 악티늄족) 원소들은 서로 닮아 있다.

예제 8.1

어떤 원소의 원자는 15개의 전자를 가지고 있다. 주기율표를 보지 않고 다음 질문에 답하시오. (a) 이 원소의 바닥 상태 전자 배치는 무엇인가? (b) 이 원소를 어떻게 분류할 수 있는가? (c) 이 원소는 반자기성(diamagnetic)인가, 상자기성(paramagnetic)인가?

(계속)

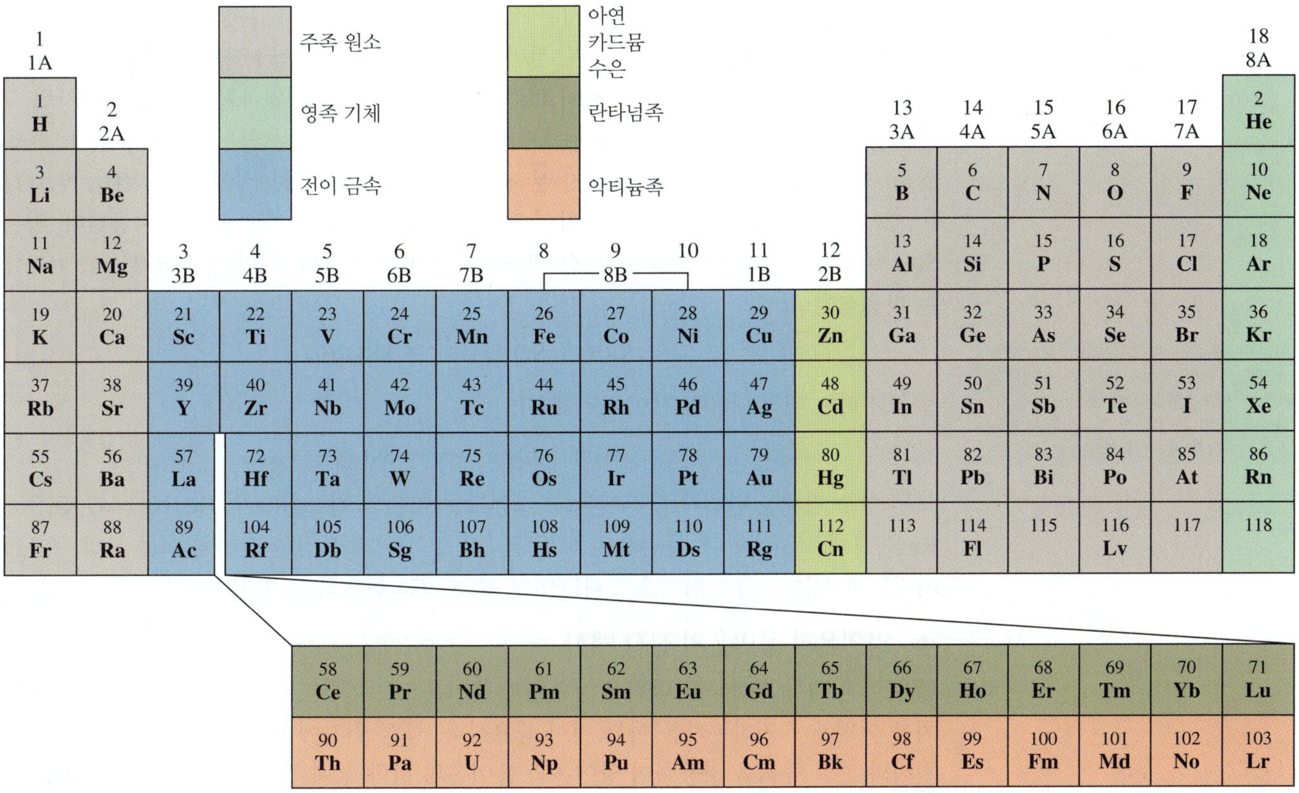

주족 원소
영족 기체
전이 금속
아연 카드뮴 수은
란타넘족
악티늄족

1 1A	2 2A	3 3B	4 4B	5 5B	6 6B	7 7B	8	9 8B	10	11 1B	12 2B	13 3A	14 4A	15 5A	16 6A	17 7A	18 8A
1 **H**																	2 **He**
3 **Li**	4 **Be**											5 **B**	6 **C**	7 **N**	8 **O**	9 **F**	10 **Ne**
11 **Na**	12 **Mg**											13 **Al**	14 **Si**	15 **P**	16 **S**	17 **Cl**	18 **Ar**
19 **K**	20 **Ca**	21 **Sc**	22 **Ti**	23 **V**	24 **Cr**	25 **Mn**	26 **Fe**	27 **Co**	28 **Ni**	29 **Cu**	30 **Zn**	31 **Ga**	32 **Ge**	33 **As**	34 **Se**	35 **Br**	36 **Kr**
37 **Rb**	38 **Sr**	39 **Y**	40 **Zr**	41 **Nb**	42 **Mo**	43 **Tc**	44 **Ru**	45 **Rh**	46 **Pd**	47 **Ag**	48 **Cd**	49 **In**	50 **Sn**	51 **Sb**	52 **Te**	53 **I**	54 **Xe**
55 **Cs**	56 **Ba**	57 **La**	72 **Hf**	73 **Ta**	74 **W**	75 **Re**	76 **Os**	77 **Ir**	78 **Pt**	79 **Au**	80 **Hg**	81 **Tl**	82 **Pb**	83 **Bi**	84 **Po**	85 **At**	86 **Rn**
87 **Fr**	88 **Ra**	89 **Ac**	104 **Rf**	105 **Db**	106 **Sg**	107 **Bh**	108 **Hs**	109 **Mt**	110 **Ds**	111 **Rg**	112 **Cn**	113	114 **Fl**	115	116 **Lv**	117	118

58 **Ce**	59 **Pr**	60 **Nd**	61 **Pm**	62 **Sm**	63 **Eu**	64 **Gd**	65 **Tb**	66 **Dy**	67 **Ho**	68 **Er**	69 **Tm**	70 **Yb**	71 **Lu**
90 **Th**	91 **Pa**	92 **U**	93 **Np**	94 **Pu**	95 **Am**	96 **Cm**	97 **Bk**	98 **Cf**	99 **Es**	100 **Fm**	101 **Md**	102 **No**	103 **Lr**

그림 8.3 원소의 분류. 2B족 원소는 전이 금속의 특성을 나타내지 않음에도 종종 전이 금속이라고 분류된다.

전략 7.9절에 논의한 축조 원리를 이용하고 주양자수 $n = 1$에 대해서부터 모든 전자에 대해서 전자 배치를 쓴다. (b) 주족 원소의 특징적 전자 배치는 무엇인가? (c) 최외각 전자의 짝을 지어주는 방법을 조사해 본다. 무엇 때문에 원소가 반자기성이 되기도 하고 상자기성이 되기도 하는가?

풀이 (a) $n = 1$에 대해서는 1s 궤도함수(전자 2개), $n = 2$에 대해서는 2s 궤도함수(전자 2개)와 세 개의 2p 궤도함수(전자 6개), $n = 3$에 대해서는 3s 궤도함수(전자 2개)가 있다. 남은 전자는 15 − 12 = 3개이고, 세 개의 전자가 3p 궤도함수에 들어간다. 따라서 전자 배치는 $1s^22s^22p^63s^23p^3$이다.

(b) 3p 부껍질이 완전히 채워지지 않았으므로 이 원소는 주족 원소이다. 주어진 정보를 활용하면 이것이 금속인지, 비금속인지, 준금속인지 알 수 없다.

(c) 훈트 규칙에 따르면 3p 궤도함수에 있는 세 개의 전자는 평행한 스핀(세 개의 쌍을 이루지 않은 전자들)을 가진다. 따라서 이 원소는 상자기성을 가진다.

검산 (b)에서 전이 금속은 d 부껍질이 완전하게 채워지지 않고, 영족 기체는 완전히 외각이 채워졌다는 것에 유의하라. (c)에서 원소의 원자에 있는 전자수가 홀수라면, 그 원소는 상자기성이다.

비슷한 문제: 8.20.

실전 연습 어떤 원소의 원자는 20개의 전자를 가지고 있다. 주기율표를 보지 않고 다음 질문에 답하시오. (a) 이 원소의 바닥 상태 전자 배치는 무엇인가? (b) 이 원소를 분류하시오. (c) 이 원소는 반자기성인가, 상자기성인가?

➤ 화학 반응식에서 자유 원소 표기

원소를 바닥 상태 전자 배치와 관련하여 구분하였으므로, 이제 화학자들이 금속, 준금속, 비금속의 원소를 화학식에서 나타내는 방법을 살펴볼 수 있다. 금속은 분리된 분자 단위로 존재하지 않으므로 화학 반응식에서는 항상 실험식을 사용한다. 물론 실험식은 원소를 나타내는 원소 기호와 같다. 예를 들면, 철의 실험식은 원소 기호인 Fe를 사용한다.

비금속에 대해서는 단일 규칙이 없다. 예를 들어, 탄소는 원자들의 거대한 삼차원 그물모양 구조로 존재하며 실험식 C를 화학 반응식에서 탄소를 나타내는 데 사용한다. 수소, 질소, 산소, 할로젠족 원소는 이원자 분자로 존재하며, 화학 반응식에 분자식(H_2, N_2, O_2, F_2, Cl_2, Br_2, I_2)을 사용한다. 인 분자의 안정한 형태는 분자 P_4이므로 P_4를 사용한다. 황은 S_8로 존재하지만, 흔히 실험식인 S를 화학 반응식에 사용한다. 따라서 황의 연소를 나타내는 반응식은

황의 연소를 나타내는 두 반응식이 동일한 화학량론을 가진다는 점에 주목하라. 이러한 일치는 두 식이 같은 화학계로 표시되기 때문에 놀랄만한 것이 아니다. 두 경우 모두 황 원자는 산소 원자의 두 배와 반응한다.

$$S_8(s) + 8O_2(g) \longrightarrow 8SO_2(g)$$

로 표기하는 대신 다음과 같이 나타낸다.

$$S(s) + O_2(g) \longrightarrow SO_2(g)$$

모든 영족 기체는 단원자로 존재한다. 그러므로 이들의 원소 기호인 He, Ne, Ar, Kr, Xe, Rn을 그대로 사용한다. 준금속은 모두 금속과 유사하게 복잡한 삼차원 그물 모양 구조를 가지므로 이들 역시 실험식으로 나타내며, B, Si, Ge 등으로 표시한다.

양이온과 음이온의 전자 배치

많은 이온 결합 화합물은 단원자 양이온과 음이온으로 이루어져 있으므로, 이온의 전자 배치를 어떻게 표기하는가를 아는 것이 중요하다. 중성 원자에 대해서와 같이 파울리 배타 원리와 훈트 규칙을 사용하여 양이온과 음이온의 바닥 상태 전자 배치를 쓴다. 이온을 크게 두 영역으로 구분하여 이를 설명하기로 한다.

주족 원소에서 유래된 이온

대부분의 주족 원소의 원자로 이루어진 이온들은 ns^2np^6 형태인 영족 기체의 최외각 전자 배치를 가진다. 주족 원소의 원자에서 만들어진 양이온은 최고 점유 n 껍질로부터 하나 이상의 전자를 제거하여 만들어진다. 몇몇 원자와 그 양이온의 전자 배치는 다음과 같다.

Na: $[Ne]3s^1$ Na^+: [Ne]
Ca: $[Ar]4s^2$ Ca^{2+}: [Ar]
Al: $[Ne]3s^23p^1$ Al^{3+}: [Ne]

각 이온은 안정한 영족 기체의 전자 배치를 가짐에 주목하라.

음이온 형성에서는 하나 이상의 전자가 최고 부분 점유 n 껍질에 더하여진다. 다음 예를 살펴보자.

H: $1s^1$ H^-: $1s^2$ 또는 [He]
F: $1s^22s^22p^5$ F^-: $1s^22s^22p^6$ 또는 [Ne]
O: $1s^22s^22p^4$ O^{2-}: $1s^22s^22p^6$ 또는 [Ne]
N: $1s^22s^22p^3$ N^{3-}: $1s^22s^22p^6$ 또는 [Ne]

이러한 음이온들 또한 모두 안정한 영족 기체 배치를 가진다. F^-, Na^+, Ne (그리고 Al^{3+}, O^{2-}, N^{3-})은 동일한 전자 배치를 가진다. 이 원소들은 *전자수가 같으며, 동일한 바닥 상태 전자 배치를 가지므로* **등전자**(isoelectronic) 상태라고 한다. 따라서 H^-와 He도 등전자 상태이다.

전이 금속에서 유래된 양이온

7.9절에서 첫째 줄 전이 금속(Sc에서 Cu)은 $3d$ 궤도가 채워지기 전에 $4s$ 궤도가 항상 채워지는 것을 배웠다. 전자 배치가 $[Ar]4s^23d^5$인 망가니즈를 보자. Mn^{2+} 이온이 형성될 때, 두 개의 전자가 $3d$ 궤도에서 제거되어 $[Ar]4s^23d^3$가 될 것으로 예상할 수 있다. 하지만 실

제 Mn^{2+}의 전자 배치는 [Ar]$3d^5$이다! 그 이유는 중성 원자 내에서 전자-전자 및 전자-핵 상호작용은 이온 내에서의 상호작용과 상당히 다를 수 있기 때문이다. 따라서 망가니즈에서 $3d$ 궤도가 채워지기 전에 $4s$ 궤도가 항상 채워지는 반면, 전이 금속 이온에서는 $3d$ 궤도가 $4s$ 궤도보다 안정하기 때문에 Mn^{2+}을 형성할 때 $4s$ 궤도로부터 전자가 먼저 제거된다. 전이 금속 원자로부터 양이온이 형성될 때, 전자는 항상 ns 궤도에서 먼저 제거되고 그 다음 $(n - 1)d$ 궤도의 것이 제거된다.

전이 금속에서는 전자를 채우는 순서로부터 전자를 제거하는 순서를 결정하거나 예측하지 못한다는 점을 명심하라. 이들 금속은 $(n - 1)d$ 전자에 앞서 ns 전자들을 잃는다.

대부분의 전이 금속은 둘 이상의 양이온을 형성하며, 그 양이온은 주기율표에서 직전의 영족 기체와 비교하여 등전자 상태에서 빈번하게 벗어난다는 것을 명심하라.

개념 복습하기

다음 설명에 맞는 원소를 밝히시오. (a) Kr과 등전자성인 알칼리 토금속 이온. (b) K^+와 등전자성인 전하 -3을 띠는 음이온. (c) Co^{3+}와 등전자성인 전하 $+2$를 띠는 양이온.

8.3 물리적 성질의 주기적 변화

살펴본 바와 같이 원소의 전자 배치는 원자 번호가 증가함에 따라 주기적 변화를 보인다. 결과적으로 물리적, 화학적 거동에서도 주기성을 나타낸다. 이 절과 다음 두 절에서는 같은 족 또는 주기에 있는 원소의 물리적 성질과 원소의 화학적 거동에 영향을 미치는 추가적인 성질에 대해 알아보기로 한다. 먼저, 많은 원자의 성질에 관련이 있는 유효 핵전하의 개념을 살펴보자.

유효 핵전하

7장에서 다전자 원자에서는 핵에 근접한 전자들이 외각 전자에 가림 효과(shielding effect)를 미친다는 것을 배웠다. 원자 내 다른 전자의 존재는 양전하로 하전된 핵 내 양성자와 특정 전자간 정전기적 인력을 감소시킨다. **유효 핵전하**(effective nuclear charge, $Z_{유효}$)는 *실제 핵전하(Z)와 다른 전자의 반발 효과(가림) 모두를 고려할 때 하나의 전자에 의해 느끼는 핵전하*를 의미한다. 일반적으로 $Z_{유효}$는 다음 형태로 주어진다.

$$Z_{유효} = Z - \sigma \qquad (8.2)$$

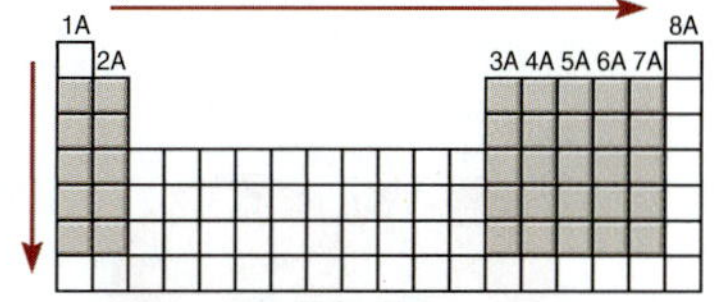

주기율표의 왼쪽부터 오른쪽으로 그리고 주족 원소에 대해 한 족 내에서 위로부터 아래로 갈수록 유효 핵전하가 증가한다.

여기서 시그마(σ)는 *가림 상수*(shielding constant, 또는 screening constant)라고 한다. 가림 상수는 0보다 크나 Z보다는 작다.

한 전자 내에 전자들이 서로 얼마나 가리는지를 설명하는 방법 중 하나는 헬륨 원자로부터 전자 두 개를 제거하는 데 필요한 에너지 총량을 생각하는 것이다. 실험에 따르면 첫 번째 전자를 제거하는 데 3.94×10^{-18} J의 에너지가 필요하며, 두 번째 전자를 제거하는 데 8.72×10^{-18} J의 에너지가 필요하다. 첫 번째 전자가 제거되면 가림이 사라지므로, 두 번째 전자는 $+2$인 핵전하를 온전히 느끼게 된다.

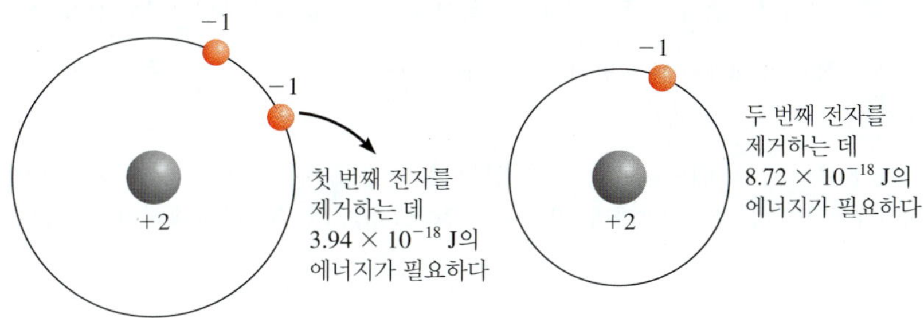

핵심부 전자(core electron)들은 대체로 원자가 전자보다 핵에 더 가깝기 때문에, 원자가 전자가 다른 전자를 가리는 정도보다 더 많은 정도로 원자가 전자들을 가리게 된다. Li에서 Ne까지의 2주기 원소들을 생각해보자. 왼쪽에서 오른쪽으로 갈수록 핵전하는 증가하는 반면 핵심부 전자($1s^2$)의 개수가 상수가 됨을 알 수 있다. 그러나 원자가 전자 하나가 더해지면 원자가 전자는 서로를 잘 가리지 못하기 때문에, 아래에서 보듯 주기의 오른쪽으로 갈수록 원자가 전자에 의해 느끼는 유효 핵전하는 더 크게 된다.

$1s$, $2s$ 궤도 함수의 방사 방향 확률 그림에 대해 그림 7.27 참조.

	Li	Be	B	C	N	O	F	Ne
Z	3	4	5	6	7	8	9	10
$Z_{유효}$	1.28	1.91	2.42	3.14	3.83	4.45	5.10	5.76

특정 족을 따라 주기율표에서 아래쪽으로 갈수록 유효 핵전하가 증가한다. 그러나 n이 증가함에 따라 원자가 전자가 점진적으로 큰 껍질에 더해지기 때문에 핵과 원자가 전자 간 정전기적 인력은 실제적으로 감소한다.

핵과 특정한 전자 사이의 인력은 유효 핵전하에 정비례하며, 떨어져 있는 거리의 제곱에 반비례한다.

	Li	Na	K	Rb	Cs
Z	3	11	19	37	55
$Z_{유효}$	1.28	2.51	3.50	4.98	6.36

원자 반지름

밀도, 녹는점, 끓는점을 포함한 많은 물리적 성질이 원자의 크기와 연관되어 있으나, 원자의 크기를 정의하기는 어렵다. 7장에서 본 바와 같이 원자 내 전자 밀도는 핵을 넘어 멀리까지 확장되어 있으나, 실제 원자 크기는 핵 주위 전체 전자 밀도의 90%를 포함하는 부피로 간주한다. 보다 구체적으로는 *두 개의 이웃한 금속 원자 내 또는 이원자 분자 내 두 개의 핵간 거리의 절반*을 **원자 반지름**(atomic radius)이라는 용어로 원자의 크기를 정의한다.

동영상 자료
▶ 원자와 이온 반지름.

거대한 3차원 그물 구조를 형성하며 서로 연결된 원자들에서 원자 반지름은 두 개의 이웃한 원자들의 핵 사이 거리의 절반이다[그림 8.4(a)]. 단순 이원자 분자로 존재하는 원소에서 원자 반지름은 특정 분자 내 두 원자핵 간 거리의 절반이다[그림 8.4(b)].

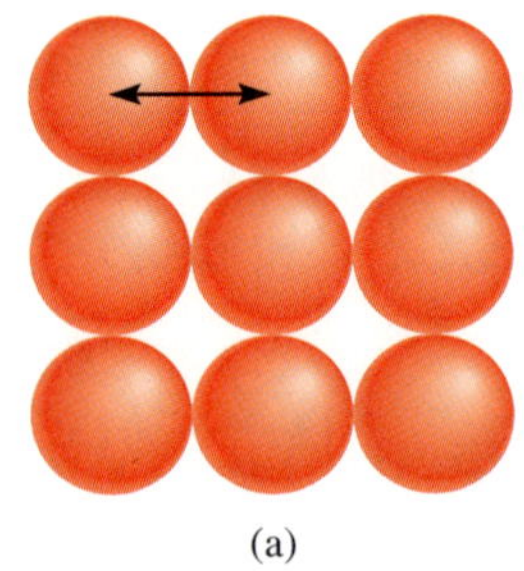
(a)

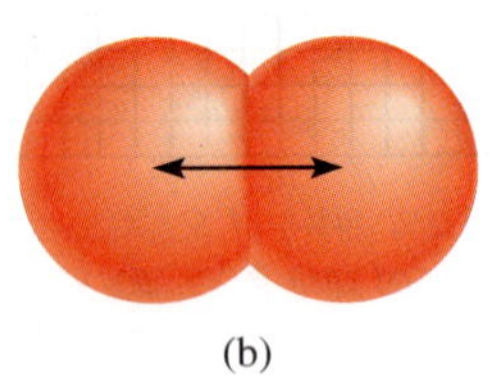
(b)

그림 8.4 (a) 베릴륨과 같은 금속에서 원자 반지름은 이웃한 두 원자 중심 간 거리의 절반으로 정의한다. (b) 아이오딘과 같은 이원자 분자로 존재하는 원소에서 원자 반지름은 분자 내 원자 중심 간 거리의 절반으로 정의한다.

그림 8.5는 주기율표 내 위치에 따른 원소들의 원자 반지름을 나타내고 있으며 그림 8.6은 원자 번호에 대한 이들 원소의 원자 반지름을 도식화한 것이다. 주기적 경향은 매우 명확하다. 2주기 원소를 생각해보자. 유효 핵전하는 왼쪽에서 오른쪽으로 증가하기 때문에 각 단계에서 더해지는 원자가 전자는 앞 원소에서의 경우보다 핵에 더 강하게 이끌린다. 그러므로 Li로부터 Ne로 갈수록 원자 반지름이 작아지는 것을 알 수 있다. 같은 족 내에서 원자 반지름은 원자 번호에 따라 증가한다. 1A족 내 알칼리 금속에서 원자가 전자는 ns 궤도에 존재한다. 궤도의 크기는 주양자수 n이 증가함에 따라 증가하기 때문에, 유효 핵전하가 Li로부터 Cs까지 증가하더라도 원자 반지름의 크기는 증가한다.

예제 8.2

주기율표를 참조하여 다음 원자들을 원자 반지름이 증가하는 순서로 배열하시오. P, Si, N.

전략 족과 특정 주기 내에서 원자 반지름의 경향은 어떠한가? 같은 족, 같은 주기에 있는 원소는 어느 것인가?

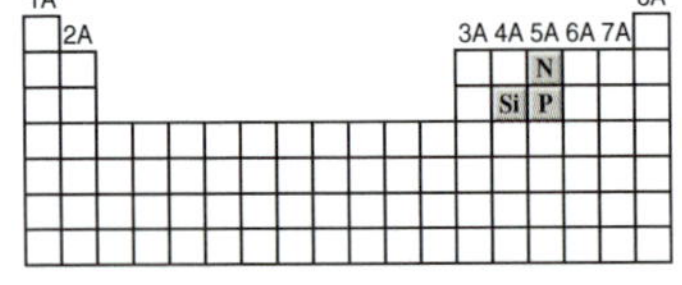

풀이 그림 8.1에서 N과 P는 같은 족(5A족)임을 알 수 있다. 따라서 N의 반지름은 P의 반지름보다 작다. (원자 반지름은 족의 아래쪽일수록 커진다.) Si와 P는 3주기에 속하며 Si는 P의 왼쪽

(계속)

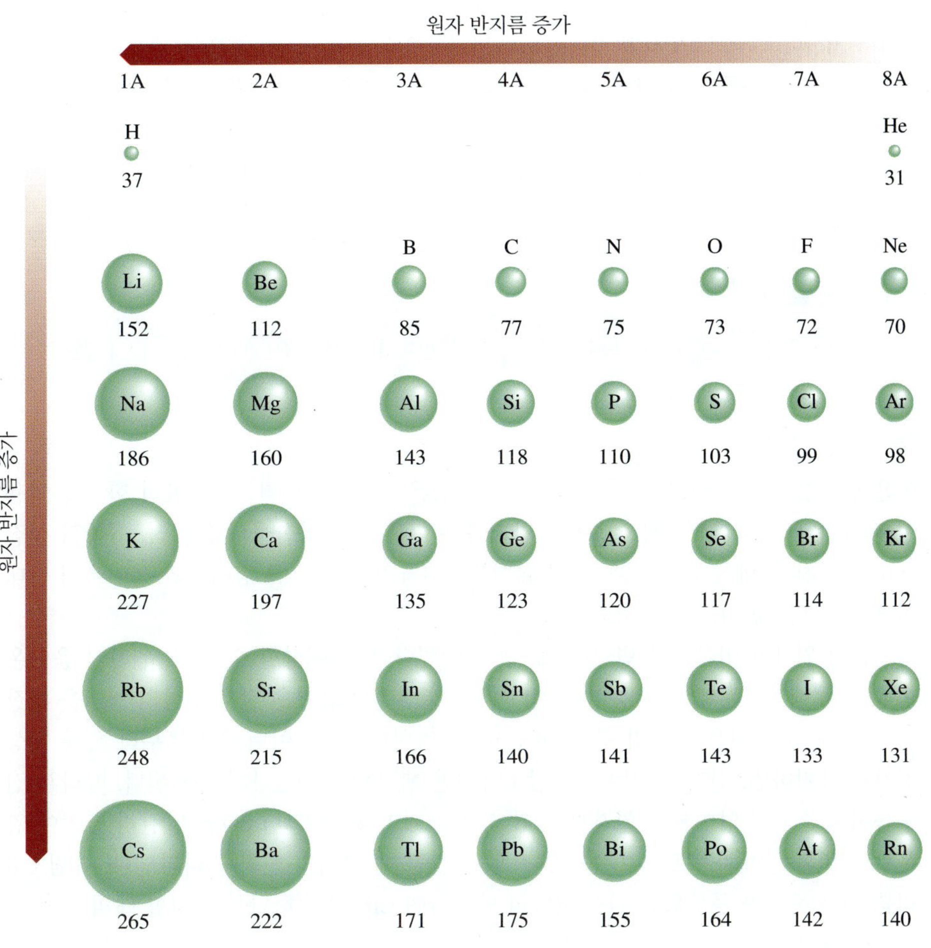

그림 8.5 주기율표 내 위치에 따라 주족 원소의 피코미터 단위의 원자 반지름. 원자 반지름의 크기가 일정하지 않음에 유의하라. 정확한 값이 아닌 경향에 초점을 맞추었다.

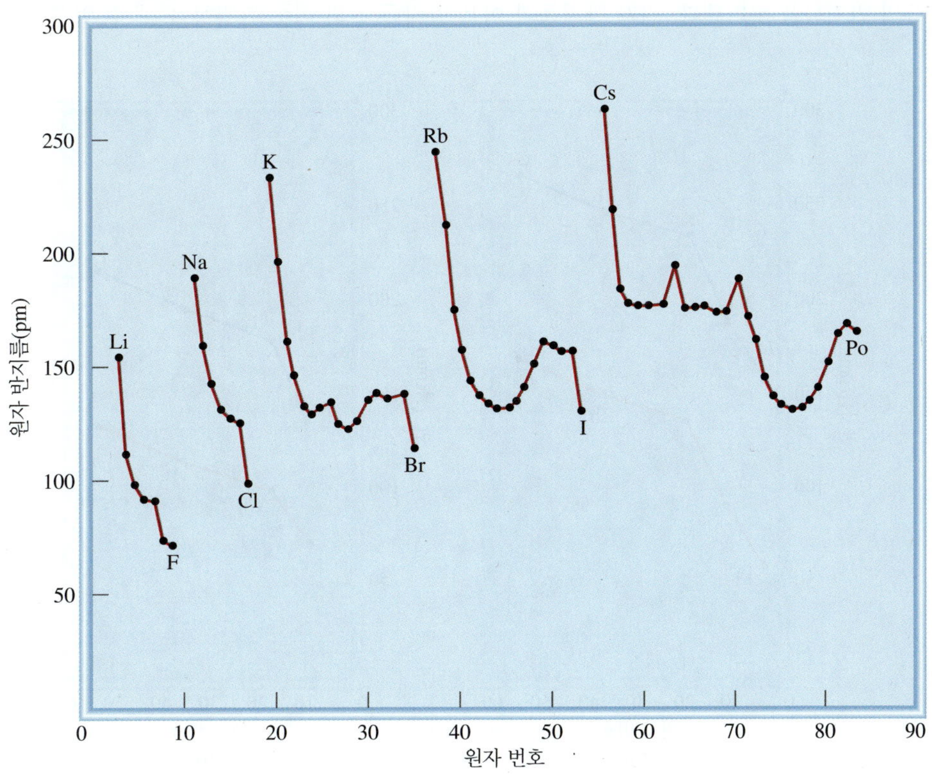

그림 8.6 원자 번호에 대해 피코미터 단위로 표시한 원소들의 원자 반지름.

에 위치한다. 그러므로 P의 반지름은 Si의 반지름보다 작다. (원자 반지름은 같은 주기에서 왼쪽으로부터 오른쪽으로 갈수록 작아진다.) 그러므로 반지름이 증가하는 순서는 N < P < Si 이다.

비슷한 문제 : 8.37, 8.38.

실전 연습 다음 원자들을 반지름이 감소하는 순서로 배열하시오. C, Li, Be.

개념 복습하기

다음 나열한 원자 각 쌍의 크기를 비교하시오. (a) Be, Ba, (b) Al, S, (c) ^{12}C, ^{13}C.

이온 반지름

이온 반지름(ionic radius)은 *양이온 또는 음이온의 반지름*이다. 이는 X선 회절을 이용하여 관찰할 수 있다(11장 참조). 이온 반지름은 이온 결합 화합물의 물리적, 화학적 성질에 영향을 미친다. 예를 들어 이온 결합 화합물의 3차원 구조는 그 양이온과 음이온의 상대적인 크기에 의존한다.

중성 원자가 이온으로 변환될 때, 크기가 변할 것을 예상할 수 있다. 원자가 음이온을 형성하면, 핵전하는 같지만 증가된 전자 때문에 생긴 반발력은 전자 구름의 영역을 확장하기 때문에 그 음이온의 크기(즉, 반지름)는 증가한다. 반면 어떤 원자로부터 하나 이상의 전자를 제거하면, 전자간 반발력은 감소하지만 핵전하는 동일하게 유지된다. 따라서 전자 구름이 축소되고 양이온은 원자보다 더 작은 크기가 된다. 그림 8.7은 알칼리 금속이 양이온으로 변환될 때와 할로젠이 음이온으로 전환될 때 크기의 변화를 나타낸다. 그림 8.8은 리튬 원자 하나가 플루오린 원자 하나와 반응하여 LiF 단위 하나를 형성할 때의 크기 변화를 나타낸다.

그림 8.9는 주기율표 내 원소들의 위치에 따라 배열된 같은 족 원소에서 유래된 이온들의 반지름을 나타낸다. 원자 반지름과 이온 반지름 간의 비슷한 경향을 볼 수 있다. 서로

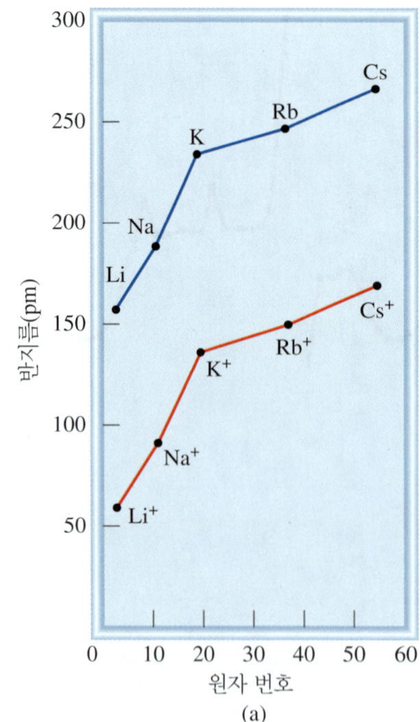

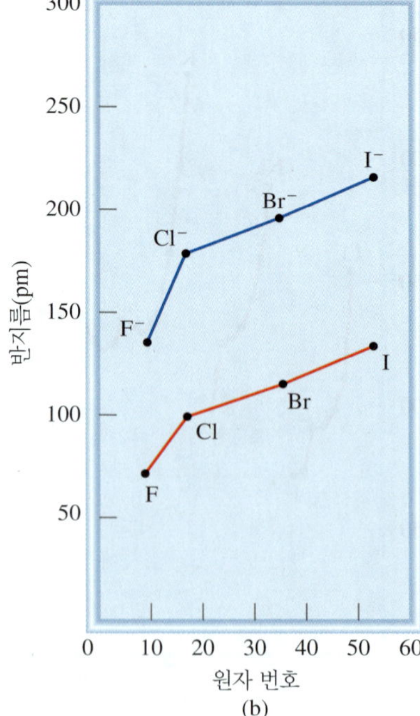

그림 8.7 원자 반지름과 이온 반지름 비교. (a) 알칼리 금속과 알칼리 금속 양이온, (b) 할로젠과 할로젠화 이온.

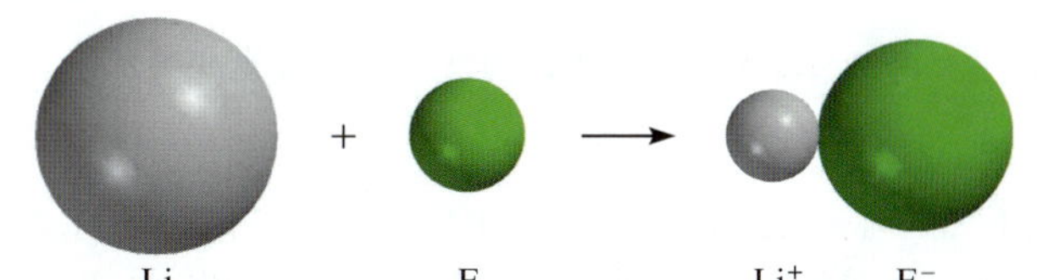

그림 8.8 Li와 F가 반응하여 LiF를 형성할 때 크기 변화.

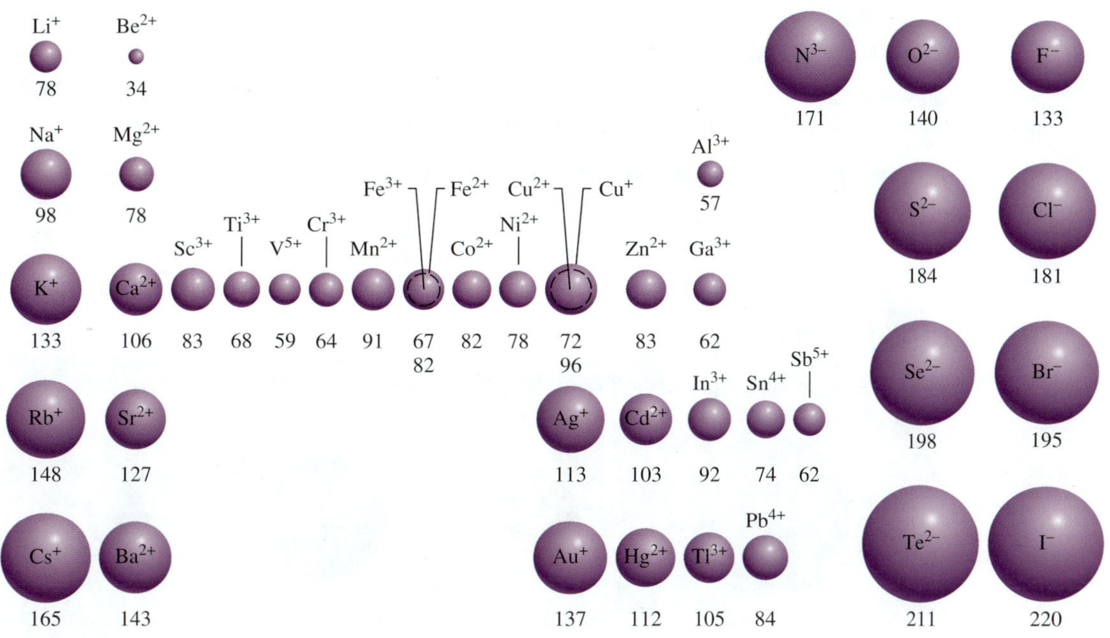

그림 8.9 주기율표 내 원소 위치에 따라 배열된 원소들의 이온 반지름(피코미터 단위).

다른 족의 원소로부터 유래된 이온에 대한 크기 비교는 이온들이 등전자(isoelectronic)일 때에만 의미가 있다. 등전자 이온에서 양이온이 음이온보다 작음을 알 수 있다. 예를 들어, Na^+는 F^-보다 작다. 이 두 이온은 같은 수의 전자를 가진다. 그러나 Na(Z = 11)은 F(Z = 9)보다 양성자가 더 많다. Na^+는 더 큰 유효 핵전하를 가지므로 반지름이 더 작아진다.

등전자 이온에 대하여 그 이온의 크기는 핵에 있는 양성자 수가 아니라 전자 구름의 크기에 기초한다.

등전자 양이온을 보면 *3가 양이온*의 반지름은 *2가 양이온*의 반지름보다 작으며, 2가 양이온은 *1가 양이온*보다 작다. 이러한 경향은 3주기에 있는 세 등전자 이온인 Al^{3+}, Mg^{2+}, Na^+의 크기로 잘 설명할 수 있다(그림 8.9 참조). Al^{3+} 이온은 Mg^{2+}와 전자수는 같지만 양성자가 하나 더 많다. 따라서 Al^{3+}의 전자 구름은 Mg^{2+}의 전자 구름보다 더 많이 내부로 당겨진다. Na^+에 비해 Mg^{2+}의 반지름이 더 작은 이유도 비슷하게 설명할 수 있다. 등전자 음이온에서 −1가 전하를 가진 이온에서 −2가 전하 이상을 가진 이온 쪽으로 가면서 반지름이 증가함을 알 수 있다. 산소가 플루오린보다 양성자가 하나 적으므로 산소 음이온은 플루오린 음이온보다 더 크다. 전자 구름이 O^{2-}에서 더 많이 펼쳐진다.

예제 8.3

다음 각 쌍에 대하여 두 화학종 중 어떤 것이 더 큰지 표시하시오. (a) N^{3-}와 F^-, (b) Mg^{2+}와 Ca^{2+}, (c) Fe^{2+}와 Fe^{3+}.

전략 이온 반지름을 비교할 때 이온들을 다음과 같은 세 종류로 분리하는 것이 유용하다. (1) 등전자 이온, (2) 같은 전하를 가지며, 같은 족 원자들로부터 생성된 이온, (3) 전하는 다르지만 동일 원자로부터 생성된 이온. (1)의 경우보다 음의 전하가 큰 이온이 항상 더 크다. (2)의 경우 원자

(계속)

번호가 더 큰 원자로부터 생성된 이온이 항상 더 크다. (3)의 경우보다 양전하가 작은 이온이 항상 더 크다.

풀이 (a) N^{3-}와 F^-는 등전자 음이온으로 둘 다 10개의 전자를 가지고 있다. N^{3-}에는 양성자 7개만이 있고 F^-에는 양성자 9개가 있기 때문에 핵이 전자에 미치는 인력이 작게 되어 N^{3-} 이온이 더 크다.

(b) Mg와 Ca는 둘 다 2A족(알칼리 토금속)에 속한다. 따라서 Ca(n = 4)의 최외각 전자들은 Mg(n = 3)보다 더 큰 껍질에 존재하기 때문에 Ca^{2+} 이온은 Mg^{2+}보다 더 크다.

(c) 두 이온은 핵전하가 같지만 Fe^{2+}은 Fe^{3+}보다 전자가 하나 더 많으므로(Fe^{3+}의 전자 23개에 비하여 전자 24개), 전자-전자 반발이 더 크게 된다. Fe^{2+}의 반지름이 더 크다.

비슷한 문제: 8.43, 8.45.

실전 연습 다음 각 쌍에서 더 작은 이온을 고르시오. (a) K^+와 Li^+, (b) Au^+와 Au^{3+}, (c) P^{3-}와 N^{3-}.

개념 복습하기

다음 각각에 대해 여기 나타낸 구와 짝지으시오. S^{2-}, Mg^{2+}, F^-, Na^+.

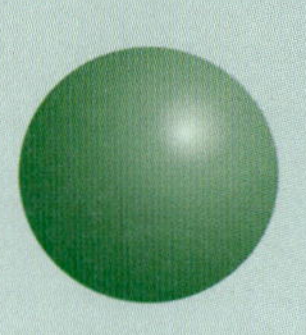

➤ 같은 주기와 같은 족에서 물리적 성질의 변화

같은 주기의 왼쪽에서 오른쪽으로 진행하면 금속에서 준금속 그리고 비금속으로 전이된다. 소듐에서 아르곤까지 3주기 원소(그림 8.10)를 생각해보자. 3주기의 첫 원소인 소듐은 반응성이 매우 큰 금속이다. 반면 염소는 3주기의 끝에서 두 번째 원소로 반응성이 매우 큰 비금속이다. 그 사이에 있는 원소들은 금속성에서 비금속성으로 점진적인 전이를 나타낸다. 소듐, 마그네슘, 알루미늄은 모두 확장된 3차원 원자 그물 구조를 가진다. 그 구조는 금속 상태의 특징적 힘에 의해 서로 붙어 있다. 규소는 준금속이며 Si 원자가 서로 매우 강하게 결합되어 있는 거대한 3차원 구조를 갖는다. 인부터의 원소들은 녹는점이 낮고 끓는점이 높은 단순하고 명확한 분자 단위(P_4, S_8, Cl_2, Ar)로 존재한다.

같은 주기 내에서 물리적 성질은 예측 가능하게 변하며, 원소가 같은 물리적 상태에 있을 때 특히 그러하다. 예를 들어, 아르곤과 제논의 녹는점은 각각 −189.2°C와 −111.9°C이다. 다음과 같이 두 원소 녹는점의 평균을 취하여 중간에 위치한 원소인 크립톤의 녹는점을 예측할 수 있다.

$$\text{Kr의 녹는점} = \frac{[(-189.2°\text{C}) + (-111.9°\text{C})]}{2} = -150.6°\text{C}$$

이 수치는 실제 녹는점인 −156.6°C에 아주 근접한 값이다.

다음의 "생활 속의 화학"은 족의 주기적 성질에 대한 흥미로운 적용 사례이다.

8.4 이온화 에너지

전자 배치와 물리적 성질간 관계뿐만 아니라 전자 배치(미시적 성질)와 화학적 거동(거시적 성질) 간에도 밀접한 관계가 또한 존재한다. 이 책을 통해 보듯이 어떤 원자의 화학적 성질

인(P_4)　황 (S_8)　염소 (Cl_2)　아르곤 (Ar)

그림 8.10 3주기 원소들. 무색, 무취인 기체 Ar에 대한 이 사진은 방전관(discharge tube)으로부터 기체에 의해 방출되는 색깔을 보여준다.

은 원자의 최외각 전자 배치에 의해 결정된다. 이 최외각 전자의 안정성은 원자의 이온화 에너지에 직접 영향을 미친다. **이온화 에너지**(ionization energy, *IE*)는 *바닥 상태에 있는 기체 원자로부터 한 개의 전자를 제거하는 데 필요한 최소 에너지*(kJ/mol)이다. 달리 말하면, 이온화 에너지는 기체 원자 1 mol로부터 전자 1 mol을 제거하는 데 필요한 kJ 단위의 에너지 양이다. 기체 상태에 있는 원자는 주변 원자의 영향을 받지 않으며 이온화 에너지를 측정할 때 고려해야 할 분자간 힘도 없기 때문에 위의 정의에 기체 상태로 명기한다.

이온화 에너지의 크기는 전자가 원자 내에 얼마나 "단단히" 붙어 있는지에 대한 척도이다. 이온화 에너지가 클수록 전자를 제거하는 것이 보다 어려워진다. 다전자 원자에서 바닥 상태에 있는 원자로부터 첫 번째 전자를 제거하는 에너지의 양은 *1차 이온화 에너지* (IE_1)라 한다.

원자로부터 원자가 전자를 제거하기가 상대적으로 쉬운 반면, 핵심부 전자는 제거하기가 훨씬 어려워진다. 따라서 마지막 원자가 전자와 첫 핵심부 전자간 이온화 에너지에 큰 차이가 있다.

$$\text{에너지} + \mathrm{X}(g) \longrightarrow \mathrm{X}^{+}(g) + e^{-} \qquad (8.3)$$

식 (8.3)에서 X는 어떤 원소의 원자를 나타내며, e^-는 전자이다. 2차 이온화 에너지(IE_2)와 3차 이온화 에너지(IE_3)를 다음 식에서 볼 수 있다.

$$\text{에너지} + \mathrm{X}^{+}(g) \longrightarrow \mathrm{X}^{2+}(g) + e^{-} \qquad \text{2차 이온화 에너지}$$

생활 속의 화학 CHEMISTRY in Action

세 번째 액체 원소?

118개의 알려진 원소 중에서 11개는 대기압 상태에서 기체이다. 여섯 개는 8A족 원소(영족 기체 He, Ne, Ar, Kr, Xe, Rn)이며, 다른 5개는 수소(H_2), 질소(N_2), 산소(O_2), 플루오린(F_2), 염소(Cl_2)이다. 흥미롭게도 수은(Hg)과 브로민(Br_2) 두 원소만이 25°C에서 액체이다.

연구를 위한 충분한 양을 준비하지 못하는 원소도 있기 때문에 모든 알려진 원소들의 성질을 알 수는 없다. 이러한 경우에 그 성질을 예측할 수 있는 주기성에 의존해야 한다. 세 번째 액체 원소를 발견할 가능성은 있는가?

1A족의 마지막 원소인 프랑슘(Fr)이 25°C에서 액체일지 살펴보자. 프랑슘의 모든 동위원소는 방사성이다. 대부분 안정한 동위원소는 프랑슘-223으로 반감기가 21분이다. (*반감기*는 주어진 방사성 물질에 존재하는 핵의 절반이 붕괴될 때까지의 시간이다.) 이처럼 반감기가 짧다는 것은 지구상에 프랑슘은 극소량만 존재할 수 있다는 뜻이다. 실험실에서 프랑슘을 준비하는 것이 가능하더라도 무게를 측정할만한 양을 만들거나 분리하지 못했다. 따라서 프랑슘의 물리적, 화학적 성질에 대해 아는 바가 거의 없다. 그러나 해당 족의 주기성을 이용하여 그 성질을 일부 예측할 수 있다.

한 예로 프랑슘의 녹는점을 보자. 알칼리 금속의 녹는점이 원자 번호에 따라 어떻게 달라지는지를 그림이 보여주고 있다. 리튬에서 소듐까지 녹는점은 81.4°C 떨어진다. 소듐에서 포타슘까지는 34.6°C, 포타슘에서 루비듐까지는 24°C, 루비듐에서 세슘까지는 11°C가 떨어진다. 이러한 경향에 기초하여 세슘에서 프랑슘까지의 변화는 약 5°C일 것으로 예측할 수 있다. 그렇다면 프랑슘의 녹는점은 23°C가 될 것이며, 대기압 상태에서 액체일 수 있다.

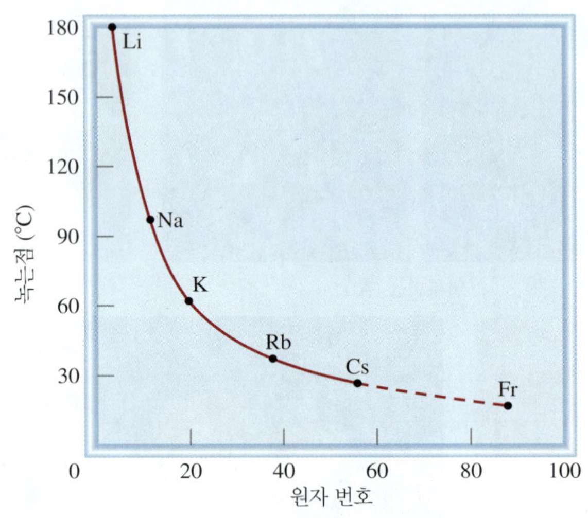

알칼리 금속의 녹는점과 원자 번호 사이의 그림. 외삽을 통해 프랑슘의 녹는점은 23°C이어야 한다.

$$\text{에너지} + X^{2+}(g) \longrightarrow X^{3+}(g) + e^- \quad \text{3차 이온화 에너지}$$

이러한 유형은 다음 전자의 제거에도 계속된다.

전자가 원자로부터 제거될 때 남아 있는 전자간 반발력은 감소한다. 핵전하는 상수로 남아 있기 때문에 양전하 이온으로부터 또 다른 전자를 제거하는 데 더 많은 에너지가 필요하다. 이러한 이유로, 이온화 에너지는 다음 순서로 항상 증가한다.

$$IE_1 < IE_2 < IE_3 < \cdot \cdot \cdot$$

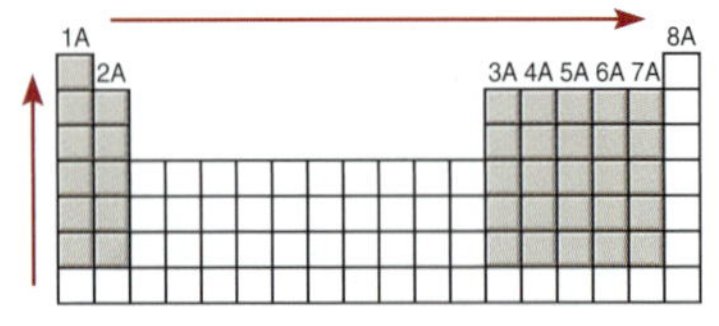

한 주기 내에서 왼쪽에서 오른쪽으로 갈수록 주족 원소의 경우 같은 족 내에서 아래에서 위로 갈수록 1차 이온화 에너지는 증가한다.

표 8.2는 처음 20개 원소에 대한 이온화 에너지이다. 이온화는 항상 흡열 과정이다. 관습적으로 이온화 과정에서 원자나 이온에 의해 흡수된 에너지는 양의 값을 갖는다. 따라서 이온화 에너지는 모두 양의 값이다. 그림 8.11은 원자 번호에 따른 이온화 에너지의 변화를 보여준다. 가장 느슨하게 붙들려 있는 전자의 안정성에서 주기성이 선명하게 나타난다. 작은 불규칙성을 제외하면, 한 주기 내에 원소의 첫 번째 이온화 에너지는 원자 번호가 증가함에 따라 증가한다. 이 경향은 (원자 반지름의 변화에서와 같이) 왼쪽에서 오른쪽까지 유효 핵전하의 증가 때문이다. 유효 핵전하가 더 크다는 것은 원자가 전자를 더 단단히 붙들고 있다는 것을 뜻하며, 1차 이온화 에너지가 더 크다는 의미이다. 그림 8.11에서 주목할 만한 형태는 봉우리로 영족 기체에 해당한다. 원자가 전자가 채워진 전자 배치와 화학

표 8.2 처음 20개 원소의 이온화 에너지(kJ/mol)

Z	원소	1차	2차	3차	4차	5차	6차
1	H	1,312					
2	He	2,373	5,251				
3	Li	520	7,300	11,825			
4	Be	899	1,757	14,850	21,005		
5	B	801	2,430	3,660	25,000	32,820	
6	C	1,086	2,350	4,620	6,220	38,000	47,261
7	N	1,400	2,860	4,580	7,500	9,400	53,000
8	O	1,314	3,390	5,300	7,470	11,000	13,000
9	F	1,680	3,370	6,050	8,400	11,000	15,200
10	Ne	2,080	3,950	6,120	9,370	12,200	15,000
11	Na	495.9	4,560	6,900	9,540	13,400	16,600
12	Mg	738.1	1,450	7,730	10,500	13,600	18,000
13	Al	577.9	1,820	2,750	11,600	14,800	18,400
14	Si	786.3	1,580	3,230	4,360	16,000	20,000
15	P	1,012	1,904	2,910	4,960	6,240	21,000
16	S	999.5	2,250	3,360	4,660	6,990	8,500
17	Cl	1,251	2,297	3,820	5,160	6,540	9,300
18	Ar	1,521	2,666	3,900	5,770	7,240	8,800
19	K	418.7	3,052	4,410	5,900	8,000	9,600
20	Ca	589.5	1,145	4,900	6,500	8,100	11,000

적 안정성의 고유 정도를 관련짓곤 한다. 유효 핵전하가 커서 생긴 영족 기체의 높은 이온화 에너지는 해당 기체들의 안정성에 대한 이유 중 하나이다. 사실, 헬륨($1s^2$)은 모든 원소 중 1차 이온화 에너지가 가장 크다.

그림 8.11에서 바닥에 위치한 원소는 1A족 원소(알칼리 금속)로 이온화 에너지가 가장 낮다. 이러한 각 금속에는 원자가 전자가 하나 있다(최외각 전자 배치는 ns^1). 이러한 원

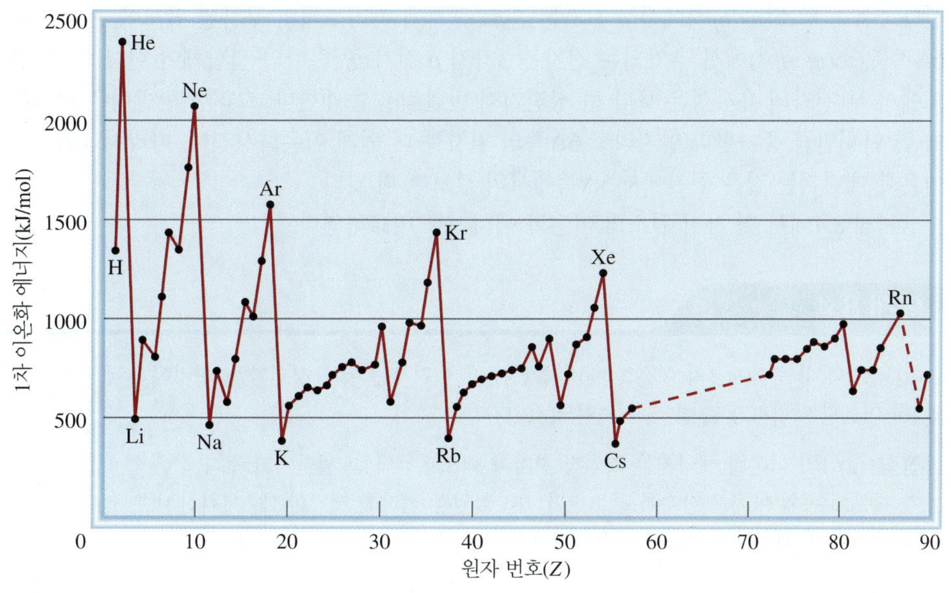

그림 8.11 원자 번호에 따른 1차 이온화 에너지의 변화. 영족 기체는 이온화 에너지가 높은 반면, 알칼리 금속과 알칼리 토금속은 이온화 에너지가 낮음에 주목하라.

자가 전자는 완전히 채워진 내부 껍질에 의해 효과적으로 가려진다. 결과적으로 알칼리 금속 원자로부터 전자 하나를 제거하여 1가 양이온(Li^+, Na^+, K^+, . . .)을 형성하는 것은 에너지적으로 쉽다. 중요한 것은 이러한 양이온의 전자 배치가 주기율표에서 그 앞에 배치된 영족 기체와 등전자 상태라는 점이다.

2A족 원소(알칼리 토금속)는 알칼리 금속보다 1차 이온화 에너지가 더 크며, 원자가 전자가 두 개 있다(최외각 전자 배치는 ns^2). 이 두 s 전자는 서로를 잘 가리지 못하기 때문에 알칼리 토금속 원자에서 유효 핵전하는 앞서 알칼리 금속의 값보다 더 크다. 대부분 알칼리 토금속은 2가 양이온(Mg^{2+}, Ca^{2+}, Sr^{2+}, Ba^{2+})을 포함한다. Be^{2+} 이온은 Li^+, He과 등전자 관계이며, Mg^{2+}는 Na^+, Ne와 등전자 관계이다. 나머지 이온들에 있어서도 마찬가지이다.

그림 8.11에서 보듯이 금속은 비금속에 비해 상대적으로 이온화 에너지가 낮다. 일반적으로 준금속의 이온화 에너지는 금속과 비금속의 이온화 에너지 값 사이에 놓인다. 이온화 에너지의 이러한 차이는 왜 금속이 항상 양이온을 형성하며 비금속은 음이온 화합물을 형성하는지를 암시한다. (중요하면서 유일한 비금속 양이온은 암모늄 이온 NH_4^+이다.) 같은 족에서 이온화 에너지는 원자 번호가 증가함에 따라 감소한다. (즉, 족을 따라 아래로 내려감에 따라 감소한다.) 같은 족에서 원소의 최외각 전자 배치는 비슷하다. 그러나 주양자수 n이 증가함에 따라 핵으로부터 원자가 전자의 평균 거리도 증가한다. 전자와 핵 사이에 거리가 크다는 것은 인력이 더 약하다는 것을 의미한다. 따라서 같은 족에서 주기율표를 따라 내려가면 원소에서 원소로 이동함에 따라 유효 핵전하가 증가한다 할지라도 첫 번째 전자를 제거하기가 더 쉬워진다. 그런 이유로 같은 족 내에서 원소의 금속성은 위로부터 아래로 갈수록 증가한다. 이러한 경향은 3A족과 7A족 원소에서 특히 두드러진다. 예를 들어, 4A족에서 탄소는 비금속, 규소와 저마늄은 준금속, 주석과 납은 금속이다.

주기율표에서 일반적 경향이 1차 이온화 에너지가 왼쪽에서 오른쪽으로 갈수록 증가할지라도 약간의 불규칙성이 존재한다. 같은 주기 내에서 첫 번째 예외가 2A족과 3A족 원소 간에 발생한다. (예를 들어, Be와 B, Mg와 Al이 그러하다.) 3A족 원소는 2A족 원소보다 1차 이온화 에너지가 낮다. 그 이유는 3A족 원소들 모두는 내부 전자 및 ns^2 전자들에 의해 잘 가려진 최외각 p 부껍질(ns^2np^1)에 전자 하나를 가지기 때문이다. 그러므로 동일한 주에너지 준위로부터 s 전자를 제거하는 것보다 p 전자 하나를 제거하는 데 더 적은 에너지가 필요하다. 두 번째 불규칙성은 5A족과 6A족 간(예를 들어, N과 O, P와 S)에 발생한다. 5A족 원소(ns^2np^3)에서 p 전자는 훈트 규칙에 따라 3개의 구분된 궤도에 존재한다. 6A족 원소(ns^2np^4)에서 추가되는 전자는 3가지 p 전자 중 하나와 결합해야 한다. 동일 궤도에서 두 전자의 유사성은 보다 큰 정전기적 반발력을 초래한다. 그러한 반발력은 핵전하가 한 단위만큼 증가한다 할지라도 6A족의 원자를 더 쉽게 이온화시킨다. 따라서, 6A족의 이온화 에너지는 같은 주기에서 5A족에서의 값보다 더 낮다.

예제 8.4에서 몇 가지 원소의 이온화 에너지를 비교하였다.

예제 8.4

(a) 산소와 황 중에서 1차 이온화 에너지가 더 작은 원자는 어느 것인가? (b) 리튬과 베릴륨 중 2차 이온화 에너지가 더 큰 원자는 어느 것인가?

전략 (a) 1차 이온화 에너지는 최외각 전자가 핵으로부터 더 멀어지고 보다 작은 인력을 느끼기 때문에 족의 아래로 갈수록 감소한다. (b) 최외각 전자를 제거할 때, 채워진 내부 껍질에 의해 가려질 때보다 적은 에너지가 필요해진다.

(계속)

풀이 (a) 산소와 황은 6A족 원소로 원자가 전자 배치가 같지만(ns^2np^4), 황의 $3p$ 전자는 핵으로부터 더 멀어서 산소의 $2p$ 전자보다 핵 인력이 더 작다. 따라서 황의 1차 이온화 에너지가 더 작을 것으로 예측할 수 있다.

(b) Li와 Be의 전자 배치는 각각 $1s^22s^1$과 $1s^22s^2$이다. 2차 이온화 에너지는 바닥 상태에 있는 기체 상태의 +1가 이온으로부터 전자 하나를 제거하는 데 필요한 최소 에너지이다. 2차 이온화 과정에 대해 다음과 같이 쓸 수 있다.

$$\begin{array}{ll} Li^+(g) \longrightarrow & Li^{2+}(g) + e^- \\ 1s^2 & 1s^1 \\ Be^+(g) \longrightarrow & Be^{2+}(g) + e^- \\ 1s^22s^1 & 1s^2 \end{array}$$

$1s$ 전자들은 서로를 가리는 것보다 $2s$ 전자를 보다 효율적으로 많이 가리기 때문에 Li^+로부터 $1s$ 전자를 제거하는 것보다 Be^+로부터 $2s$ 전자를 제거하는 것이 더 쉬울 것으로 예측할 수 있다.

검산 표 8.2에서 제시된 자료와 위 결과를 비교해 보라. (a)에서 해당 원소의 금속성이 족에서 아래로 이동함에 따라 증가한다는 사실과 예측이 일치하는가? (b)에서 알칼리 토금속이 +2가 이온을 형성하는 반면 알칼리 금속이 +1가 이온을 형성한다는 사실을 예측이 설명하고 있는가?

비슷한 문제: 8.55.

실전 연습 (a) N과 P 중 어떤 원자가 1차 이온화 에너지가 더 큰가? (b) Na와 Mg 중 어떤 원자가 2차 이온화 에너지가 더 작은가?

개념 복습하기

Mg, Al, K에 대해 1차, 2차, 3차 이온화 에너지를 다음 그래프에 나타내시오.

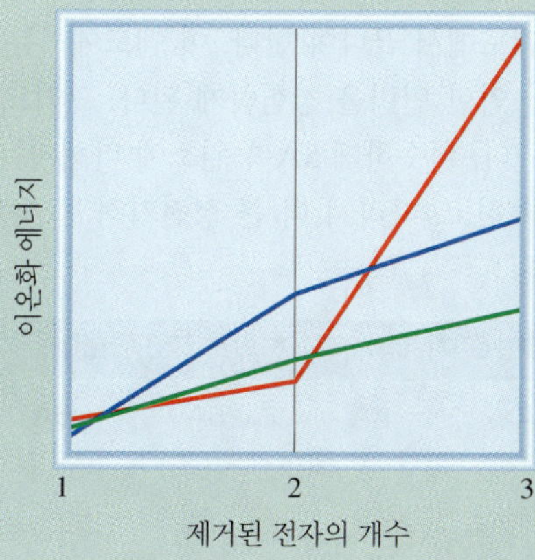

8.5 전자 친화도

원자의 화학적 거동에 큰 영향을 미치는 또 다른 성질은 하나 이상의 전자를 받아들이는 원자의 능력이다. 이러한 성질을 **전자 친화도**(electron affinity, *EA*)라 부르며, *기체 상태에 있는 원자가 전자 하나를 받아들여 음이온을 형성할 때 발생하는 음의 에너지 변화*를 의미한다.

$$X(g) + e^- \longrightarrow X^-(g) \qquad (8.4)$$

기체상 플루오린 원자가 전자 하나를 받아들이는 과정을 생각해 보자.

$$F(g) + e^- \longrightarrow F^-(g) \qquad \Delta H = -328\ \text{kJ/mol}$$

발열 반응이면 전자 친화도가 양의 값이며, 흡열 반응이면 음의 값이다. 이러한 관례는 무기화학과 물리화학 책에서 사용된다.

따라서 플루오린의 전자 친화도는 +328 kJ/mol로 정한다. 원소의 전자 친화도가 양의 값이 더 클수록 전자를 받아들이는 원소의 한 원자의 능력이 더 크게 된다. 전자 친화도를 살펴보는 다른 방법은 전자 친화도를 음이온으로부터 전자 하나를 제거하기 위하여 제공되어야 하는 에너지로 간주하는 것이다. 플루오린에 대하여 다음과 같이 쓴다.

$$F^-(g) \longrightarrow F(g) + e^- \qquad \Delta H = +328\ \text{kJ/mol}$$

전자의 높은 이온화 에너지는 원자 내 전자가 매우 안정함을 의미하는 것과 같이 큰 양의 값을 갖는 전자 친화도는 음이온이 매우 안정함(즉, 원자가 전자를 받아들이는 경향이 큼)을 의미한다.

실험적으로 전자 친화도는 음이온으로부터 전자를 추가적으로 제거함으로써 결정한다. 그러나 이온화 에너지에 비하여 전자 친화도는 많은 원소들의 음이온이 불안정하므로 측정이 어렵다는 점이다. 표 8.3에는 몇몇 주족 원소와 영족 기체의 전자 친화도를 나타내었으며 그림 8.12에는 원자 번호에 따른 56개 원소의 전자 친화도를 표시하였다. 전체적인 경향은 주기의 왼쪽에서 오른쪽으로 갈수록 전자를 받아들이는 경향이 증가한다(전자 친화도가 더 큰 양의 값이 된다). 금속의 전자 친화도는 일반적으로 비금속의 값보다 더 낮다. 그 값들은 같은 족 내에서는 거의 변하지 않는다. 할로젠(7A족)은 전자 친화도 값이 가장 높다.

전자 친화도와 유효 핵전하 간에는 같은 주기 내에서는 왼쪽에서 오른쪽으로 갈수록 증가한다는 일반적 상관 관계가 있다(8.3절 참조). 그러나 이온화 에너지의 경우와 같이 몇몇 불규칙성이 존재한다. 예를 들어, 2A족 원소의 전자 친화도는 상응하는 1A족 원소의 값보다 더 낮다. 또한 5A족 원소의 전자 친화도는 상응하는 4A족 원소의 값보다 낮다. 이러한 예외는 해당 원소의 원자가 전자 배치에 따른 것이다. 2A족 원소에 더해지는 전자는 보다 높은 에너지의 *np* 궤도에서 끝나야 한다. 이 궤도에서는 ns^2 전자에 의해 효과적으로 가려지며 핵에 대하여 더 약한 인력을 경험하게 된다. 그러므로 상응하는 1A족 원소보다 전자 친화도가 더 낮게 된다. 비슷하게 5A족 원소에 더해지는 전자는 이미 전자 하나가 들어 있는 *np* 궤도에 놓여야 하고, 따라서 더 큰 정전기적 반발력을 겪기 때문에 상응하는

표 8.3 몇몇 주족 원소 및 영족 기체의 전자 친화도 (kJ/mol)*

1A	2A	3A	4A	5A	6A	7A	8A
H							He
73							<0
Li	Be	B	C	N	O	F	Ne
60	≤ 0	27	122	0	141	328	<0
Na	Mg	Al	Si	P	S	Cl	Ar
53	≤ 0	44	134	72	200	349	<0
K	Ca	Ga	Ge	As	Se	Br	Kr
48	2.4	29	118	77	195	325	<0
Rb	Sr	In	Sn	Sb	Te	I	Xe
47	4.7	29	121	101	190	295	<0
Cs	Ba	Tl	Pb	Bi	Po	At	Rn
45	14	30	110	110	?	?	<0

*영족 기체, Be, Mg의 전자 친화도는 실험적으로 결정되지 않고 0에 가깝거나 음일 것으로 믿어진다.

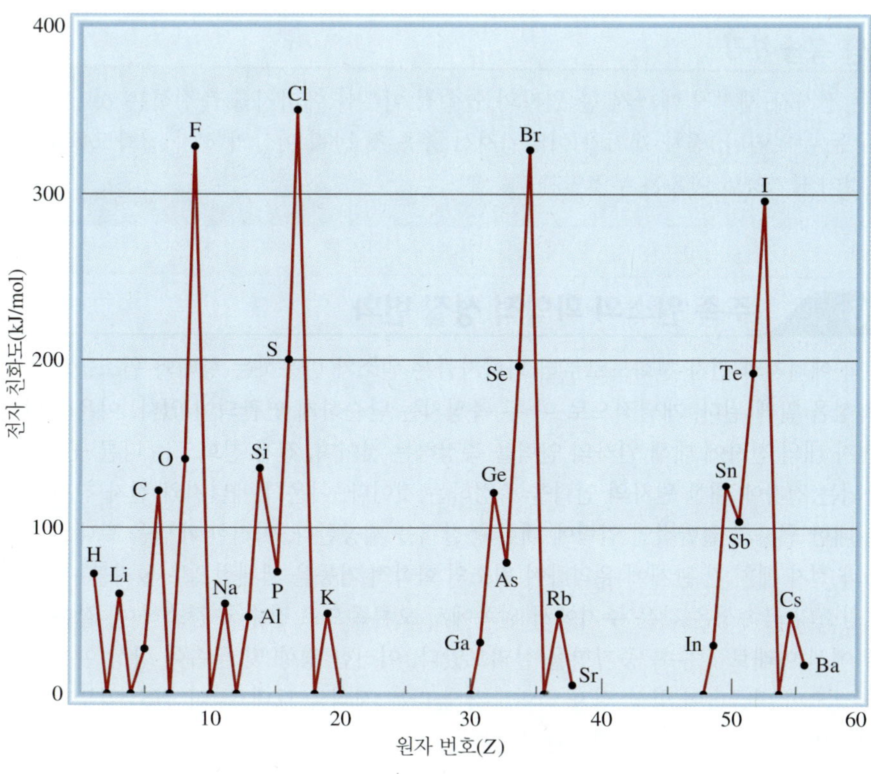

그림 8.12 수소에서 바륨까지 원자 번호 대비 전자 친화도.

4A족 원소(ns^2np^2)보다 5A족 원소(ns^2np^3)에 전자를 더하는 것이 더 어렵다. 영족 기체는 높은 유효 핵전하를 가진다는 사실에도 불구하고, 전자 친화도가 극히 낮다(0 또는 음의 값). 그 이유는 ns^2np^6 배치를 가지는 원자에 더해지는 전자는 $(n + 1)s$ 궤도에 들어가야 하는데, 그 궤도는 핵심부 전자들에 의해 잘 가려져 있어서 그 핵과 매우 약한 인력 상태에 있게 되기 때문이다. 이러한 분석은 또한 완전한 최외각을 가진 원소 종이 화학적으로 안정한 이유를 설명한다.

같은 족 내에서 위에서 아래로 갈수록 전자 친화도의 훨씬 적은 규칙적 변화가 생긴다. (표 8.3 참조)

예제 8.5는 알칼리 토금속이 전자를 받아들이는 경향성이 크지 않은 이유를 보여준다.

예제 8.5

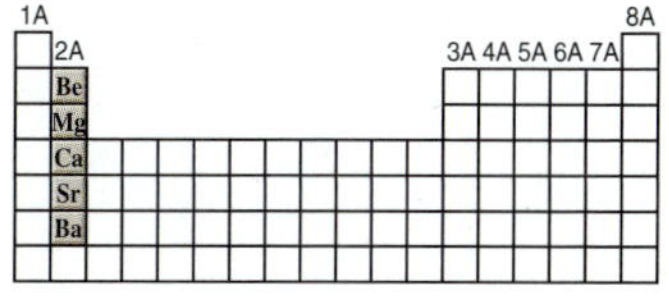

표 8.3에서 보듯이 알칼리 토금속의 전자 친화도는 음이나 작은 양의 값을 갖는 이유는 무엇인가?

전략 알칼리 토금속의 전자 배치는 무엇인가? 그런 원자에 더해지는 전자는 핵에 의해 강하게 붙들려 있는가?

풀이 알칼리 토금속의 원자가 전자 배치는 ns^2이다. 여기서 n은 가장 높은 주양자수이다.

$$\underset{ns^2}{\mathrm{M}(g)} + e^- \longrightarrow \underset{ns^2np^1}{\mathrm{M}^-(g)}$$

여기서 M은 일련의 2A족 중 한 원소임을 나타내며, 여분의 전자는 np 부껍질에 들어가야만 한다. 해당 부껍질에서는 두 개의 ns 전자들(ns 전자는 np 전자보다 더 많이 침투한다)과 내부 전자들에 의해 효과적으로 가려진다. 결과적으로 알칼리 토금속은 여분의 전자를 되찾는 경향이 거의 없다.

실전 연습 Ar이 음이온 Ar^-를 형성할 수 있을 것인가?

비슷한 문제: 8.63.

개념 복습하기

모든 전자가 제거될 때까지 한 원자의 연속적 이온화 에너지를 측정하는 것이 가능한 이유는 무엇이며, 점차 제거가 어려워져서 종종 첫 번째 이상의 전자 친화도를 측정하는 것이 불가능한 이유는 무엇인가?

8.6 주족 원소의 화학적 성질 변화

이온화 에너지와 전자 친화도로부터 화학자들은 원소가 반응하는 형태와 원소들의 화합물의 특성을 알게 된다. 개념적으로 이 두 측정치는 단순하게 연관되어 있다. 이온화 에너지는 원자 내의 전자에 대해 원자의 인력을 측정하는 것이며, 전자 친화도는 다른 곳으로부터 추가되는 전자에 대한 원자의 인력을 측정하는 것이다. 이온화 에너지와 전자 친화도는 전자에 대한 원자의 일반적인 인력에 대한 통찰력을 제공한다. 이러한 개념을 토대로 화학적 거동과 전자 배치 간 관계에 유의하여 원소의 화학적 거동을 체계적으로 살펴볼 수 있다.

원소의 금속성은 같은 주기에서 왼쪽에서 오른쪽으로 갈수록 *감소*하며, 같은 족에서는 위에서 아래로 갈수록 *증가*함을 살펴보았다. 이러한 경향 및 금속이 항상 이온화 에너지가 낮으며 비금속이 항상 전자 친화도가 높다는 지식을 토대로, 이 원소 일부가 참여하는 반응의 결과를 많은 경우 예측할 수 있다.

▶ 화학적 성질의 일반적 경향

각 족들의 원소를 공부하기 전에 전반적인 경향을 몇 가지 살펴보자. 같은 족에 있는 원소들은 원자가 전자 배치가 비슷하기 때문에 화학적 거동이 서로 닮는다고 언급하였다. 이러한 언급은 일반적으로 옳지만 주의해서 적용해야 한다. 화학자들은 각 족의 첫 원소(리튬에서 플루오린까지 2주기 원소)가 같은 족의 나머지 원소와 다르다는 것을 오래 전에 알고 있었다. 예를 들어, 리튬은 알칼리 금속의 특징적 성질을 많이 보여준다. 비슷하게 베릴륨은 2A족의 원소로 다소 비전형적이라는 것 등이다. 그 차이는 각 족에서 첫 원소가 비정상적으로 크기가 작기 때문이다(그림 8.5 참조).

주족 원소의 화학적 거동에서 또 다른 경향은 대각선 관계이다. **대각선 관계**(diagonal relationship)는 *주기율표에서 서로 다른 족과 주기에 있는 원소쌍 사이의 유사성*이다. 구체적으로 2주기의 첫 세 원소(Li, Be, B)는 주기율표에서 그 대각선으로 아래에 위치한 원소들과 유사성이 많다(그림 8.13). 이러한 현상의 이유는 그 양이온들의 *전하 밀도*(charge density)가 비슷하다는 것이다. (전하 밀도는 이온의 부피로 나눈 이온의 전하이다.) 전하 밀도가 유사한 양이온들은 음이온들과 비슷한 방식으로 반응하며, 같은 형태의 화합물을 형성한다. 그런 이유로 리튬의 화학은 몇 가지 점에서 마그네슘과 비슷하다. 베릴륨과 알루미늄, 그리고 붕소와 규소에서도 유효하다. 이러한 각 쌍은 대각선 관계를 보여준다고 말한다. 이러한 관계에 대한 많은 예를 후에 보게 될 것이다.

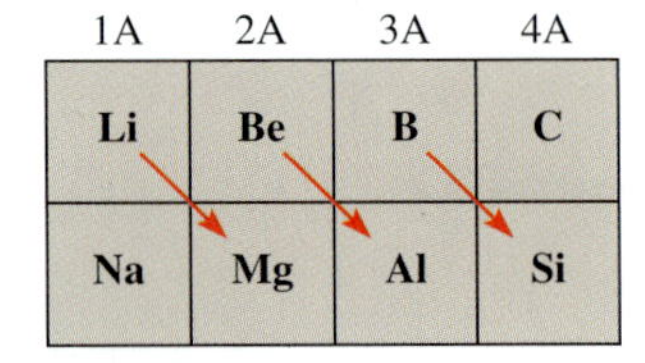

그림 8.13 주기율표에서 대각선 관계.

같은 족에서 원소들의 성질을 비교하는 것은 금속성이라는 면에서 동일한 형태의 원소들을 다룬다면 가장 유효하다. 이러한 지침은 모든 원소가 금속인 1A족과 2A족 그리고 모두 비금속인 7A와 8A족 원소들에 적용된다. 비금속부터 금속 또는 비금속부터 준금속인 3A~6A 원소들을 살펴보면, 같은 족 원소들이 비슷한 최외각 전자 배치를 가진다 하더라도 화학적 성질의 변화가 클 것임을 당연히 예측할 수 있다.

이제 주족 원소와 영족 기체의 화학적 거동을 보다 자세히 살펴보기로 하자. (23장에서 전이 금속의 화학을 살펴볼 것이다.)

➤ 수소($1s^1$)

주기율표에서 수소에 대한 완전히 적절한 위치는 없다. 전통적으로 수소는 1A족으로 보지만, 실제 그 자체를 하나로 분류할 수 있다. 알칼리 금속과 마찬가지로 *s* 원자가 전자 하나를 가지고 1가 양이온(H^+)을 형성하며, 용액에서 수화된다. 반면 수소는 NaH, CaH_2와 같은 이온 결합 화합물에서 수소화 음이온(H^-)을 형성하기도 한다. 이런 점에서 수소는 이온 화합물에서 1가 음이온(F^-, Cl^-, Br^-, I^-)을 형성하는 할로젠과 닮아 있다. 수소화 이온은 물과 반응하여 수소 기체와 금속 수산화물을 생성한다.

$$2NaH(s) + 2H_2O(l) \longrightarrow 2NaOH(aq) + H_2(g)$$
$$CaH_2(s) + 2H_2O(l) \longrightarrow Ca(OH)_2(s) + 2H_2(g)$$

물론, 수소의 가장 중요한 화합물은 물로 수소가 공기 중에서 연소할 때 형성된다.

$$2H_2(g) + O_2(g) \longrightarrow 2H_2O(l)$$

➤ 1A족 원소들($ns^1, n \geq 2$)

1A 2A 3A 4A 5A 6A 7A 8A
Li Na K Rb Cs

그림 8.14는 1A족 원소들인 알칼리 금속을 나타낸 것이다. 이 원소들 모두는 이온화 에너지가 낮으며, 유일한 원자가 전자를 쉽게 잃어버린다. 사실 이 화합물의 대다수에서 이 원소들은 1가 양이온이다. 이 금속들은 반응성이 커서 자연계에서 순수한 상태로는 발견되지 않는다. 이 원소들은 물과 반응하여 수소 기체와 금속 수산화물을 생성한다.

$$2M(s) + 2H_2O(l) \longrightarrow 2MOH(aq) + H_2(g)$$

여기서 M은 알칼리 금속을 나타낸다. 이들 금속이 공기 중에 노출되었을 때, 산소 기체와 반응하여 산화물을 형성하며 서서히 금속 광택을 잃는다. 리튬은 산화 리튬(O^{2-} 이온 함유)을 형성한다.

$$4Li(s) + O_2(g) \longrightarrow 2Li_2O(s)$$

다른 알칼리 금속 모두는 산화물과 *과산화물*(peroxide, O_2^{2-} 이온 함유)을 생성한다. 예를 들어

리튬(Li)

소듐(Na)

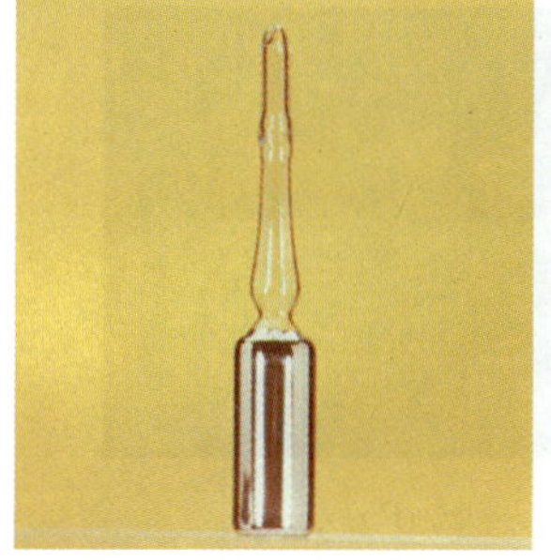

포타슘(K)

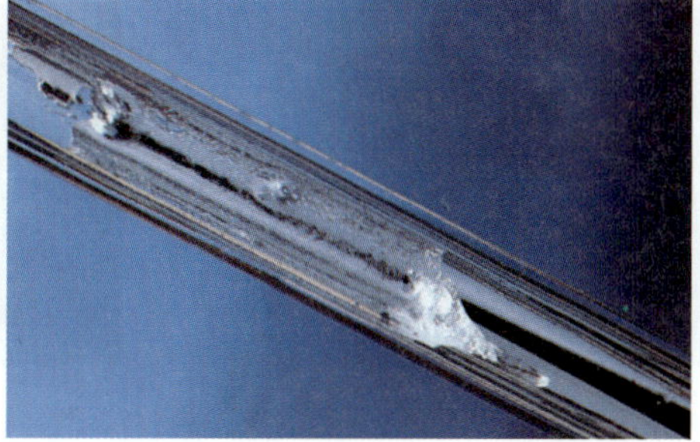

루비듐(Rb)

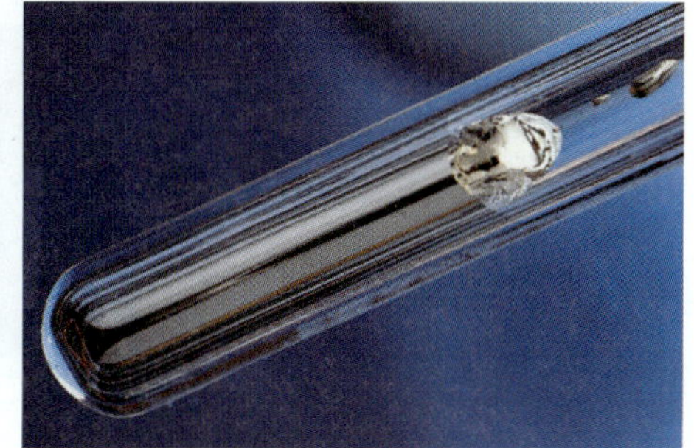

세슘(Cs)

그림 8.14 1A족 알칼리 금속들. 여기에 보이지 않은 프랑슘은 방사성 물질이다.

$$2Na(s) + O_2(g) \longrightarrow Na_2O_2(s)$$

포타슘, 루비듐, 세슘은 또한 *초과산화물*(superoxide, O_2^- 이온 함유)을 형성한다.

$$K(s) + O_2(g) \longrightarrow KO_2(s)$$

알칼리 금속이 산소와 반응할 때 서로 다른 산화물이 형성되는 이유는 고체 상태에서 산화물의 안정성과 연관이 있다. 이 산화물들은 모두 이온 결합 화합물이기 때문에 음이온과 양이온이 서로 얼마나 강하게 끌어당기느냐에 그 안정성이 좌우된다. 리튬은 산화 리튬이 과산화 리튬보다 안정하므로 주로 산화 리튬을 형성하는 경향이 있다. 다른 알칼리 금속 산화물의 형성도 비슷하게 설명할 수 있다.

2A족 원소들($ns^2, n \geq 2$)

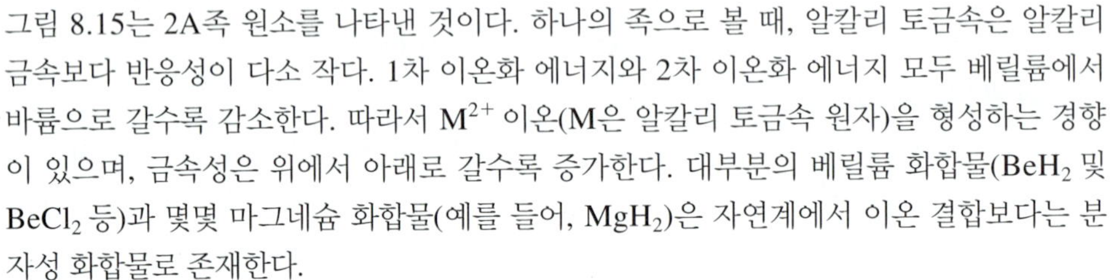

그림 8.15는 2A족 원소를 나타낸 것이다. 하나의 족으로 볼 때, 알칼리 토금속은 알칼리 금속보다 반응성이 다소 작다. 1차 이온화 에너지와 2차 이온화 에너지 모두 베릴륨에서 바륨으로 갈수록 감소한다. 따라서 M^{2+} 이온(M은 알칼리 토금속 원자)을 형성하는 경향이 있으며, 금속성은 위에서 아래로 갈수록 증가한다. 대부분의 베릴륨 화합물(BeH_2 및 $BeCl_2$ 등)과 몇몇 마그네슘 화합물(예를 들어, MgH_2)은 자연계에서 이온 결합보다는 분자성 화합물로 존재한다.

알칼리 토금속과 물과의 반응성은 상당히 다양하다. 베릴륨은 물과 반응하지 않으며, 마그네슘은 수증기와 서서히 반응하며, 칼슘, 스트론튬, 바륨은 찬물과도 반응한다.

$$Ba(s) + 2H_2O(l) \longrightarrow Ba(OH)_2(aq) + H_2(g)$$

산소와 알칼리 토금속의 반응성 역시 Be로부터 Ba까지 증가한다. 베릴륨과 마그네슘은 높은 온도에서만 산화물(BeO, MgO)를 형성하는 반면, CaO, SrO, BaO는 상온에서 산화물을 형성한다.

마그네슘은 수용액에서 산과 반응하여 수소 기체를 방출한다.

$$Mg(s) + 2H^+(aq) \longrightarrow Mg^{2+}(aq) + H_2(g)$$

칼슘, 스트론튬, 바륨 또한 산 수용액과 반응하여 수소 기체를 발생한다. 그러나 이러한 금속들은 물도 공격하므로 두 가지 다른 반응이 동시에 일어난다.

그림 8.15 2A족 원소. 알칼리 토금속.

칼슘과 스트론튬의 화학적 성질은 족의 유사성에 대한 흥미로운 사례를 제공한다. 방사성 동위원소인 스트론튬-90은 원자 폭탄 폭발시의 주생성물이다. 원자 폭탄이 대기 중에서 폭발할 때, 형성된 스트론튬-90은 결국 대지와 물에 가라앉고, 상대적으로 짧은 먹이 사슬을 거쳐 우리 몸에 도달할 것이다. 예를 들어, 젖소가 오염된 풀과 물을 먹었다면, 그 우유를 통해 스트론튬-90을 다음으로 전가시킬 것이다. 칼슘과 스트론튬은 화학적으로 유사하기 때문에 Sr^{2+} 이온은 우리 몸의 뼈에서 Ca^{2+} 이온을 대체할 수 있다. 스트론튬-90 동위원소에 의한 고에너지 복사에 우리 몸이 지속적으로 노출되면 빈혈, 백혈병, 다른 만성 질환을 초래할 수 있다.

3A족 원소들($ns^2np^1, n \geq 2$)

3A족의 첫 번째 원소인 붕소는 준금속이며 나머지 원소들은 금속이다(그림 8.16). 붕소는 이성분 이온 결합 화합물을 형성하지 않으며 산소 기체, 물과 반응성이 없다. 그 다음 원소인 알루미늄은 공기 중에 노출되었을 때 쉽게 산화 알루미늄을 형성한다.

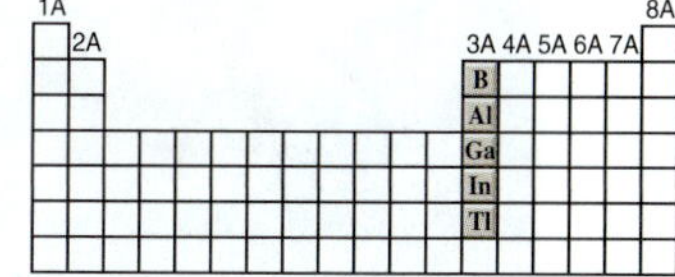

$$4Al(s) + 3O_2(g) \longrightarrow 2Al_2O_3(s)$$

산화 알루미늄 보호막으로 덮인 알루미늄은 원소 상태 알루미늄보다 반응성이 작다. 또한, 알루미늄은 +3가 이온만을 형성한다. 염산과 다음과 같이 반응한다.

$$2Al(s) + 6H^+(aq) \longrightarrow 2Al^{3+}(aq) + 3H_2(g)$$

다른 3A족 금속 원소들은 1가와 3가 양이온을 형성한다. 족을 따라 아래로 내려가면, 1가 양이온이 3가 양이온보다 안정적이 된다는 것을 알 수 있다.

3A족의 금속 원소는 많은 분자성 화합물을 형성한다. 예를 들어, 알루미늄은 수소와 반응하여 AlH_3을 형성하며, 성질면에서 BeH_2를 닮아 있다(이것은 대각선 관계의 한 예이다). 따라서 주기율표를 따라 왼쪽에서 오른쪽으로 이동할 때 주족 원소들의 특성은 금속성에서 비금속성으로 서서히 바뀜을 알 수 있다.

4A족 원소들($ns^2np^2, n \geq 2$)

4A족의 첫 번째 원소인 탄소는 비금속이며, 그 다음 두 원소 규소와 저마늄은 준금속이다

붕소(B)

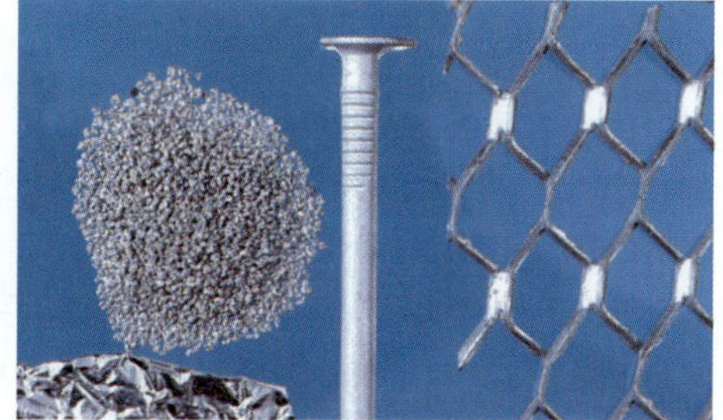
알루미늄(Al)

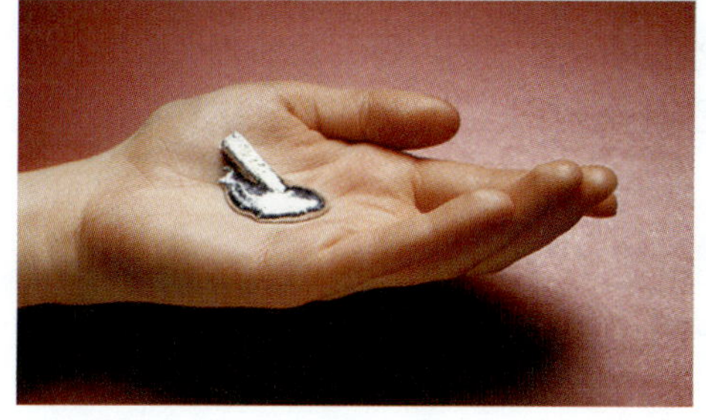
갈륨(Ga)

인듐(In)

그림 8.16 3A족 원소. 갈륨은 녹는점이 낮기 때문에(29.8°C) 손에 쥐면 녹는다.

그림 8.17 4A족 원소들.

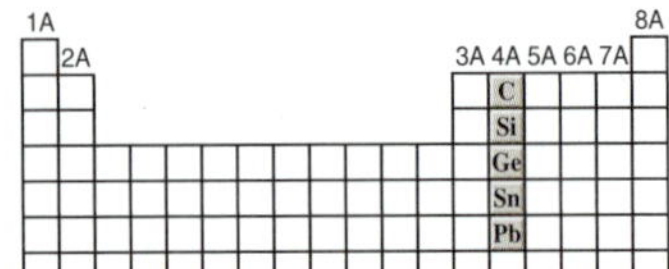

(그림 8.17). 4A족의 금속 원소인 주석과 납은 물과 반응하지 않으나 산(예를 들어, 염산)과 반응하여 수소 기체를 발생한다.

$$Sn(s) + 2H^+(aq) \longrightarrow Sn^{2+}(aq) + H_2(g)$$
$$Pb(s) + 2H^+(aq) \longrightarrow Pb^{2+}(aq) + H_2(g)$$

4A족 원소들은 +2와 +4의 산화 상태에서 화합물을 형성한다. 탄소와 규소는 +4의 산화 상태에서 더 안정하다. 예를 들어, CO_2가 CO보다 안정하며, SiO_2는 안정한 화합물이지만 SiO는 보통의 상태에서 존재하지 않는다. 그러나 4A족을 따라 아래로 내려가면, 안정성의 경향은 반대가 된다. 주석 화합물에서 +4의 산화 상태는 +2의 산화 상태보다 약간만 더 안정할 뿐이다. 납 화합물에서는 +2의 산화 상태가 의심할 여지없이 더 안정한 상태이다. 납의 최외각 전자 배치는 $6s^26p^2$이며, $6p$와 $6s$ 전자 모두를 잃기(Pb^{4+} 형성)보다는 $6p$ 전자만을 잃는(Pb^{2+} 형성) 경향이 있다.

➤ 5A족 원소들(ns^2np^3, $n \geq 2$)

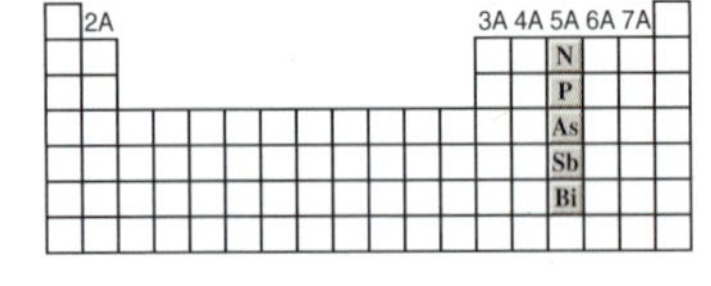

5A족에서 질소와 인은 비금속이며, 비소와 안티모니는 준금속, 비스무트는 금속이다(그림 8.18). 따라서 5A족 내에서 성질의 큰 변화를 예견할 수 있다.

원소로서 질소는 이원자 기체(N_2)로 존재하며, 많은 산화물(NO, N_2O, NO_2, N_2O_4, N_2O_5)을 형성한다. 이들 중 N_2O_5는 고체이며 나머지는 기체이다. 질소는 3개의 전자를 받아들여 질소화 이온(N^{3-}, 전자 배치는 $1s^22s^22p^6$를 이루어 네온과 등전자 상태이다)을 형성하려는 경향이 있다. 대부분의 금속 질소화물(예를 들어, Li_3N, Mg_3N_2)은 이온 결합 화합물이다. 인은 P_4 분자로 존재하며, 화학식 P_4O_6와 P_4O_{10}인 두 개의 고체 산화물을 형성한다. 중요한 산소산인 HNO_3와 H_3PO_4는 다음 산화물과 물이 반응하여 생성된다.

$$N_2O_5(s) + H_2O(l) \longrightarrow 2HNO_3(aq)$$
$$P_4O_{10}(s) + 6H_2O(l) \longrightarrow 4H_3PO_4(aq)$$

비소, 안티모니, 비스무트는 확장된 3차원 구조를 가진다. 비스무트는 앞서 나왔던 족들에 있는 금속보다 훨씬 반응성이 낮다.

액체 질소(N_2)

백린과 적린(P)

그림 8.18 5A족 원소들. 질소 분자는 무색, 무취의 기체이다.

비소(As)

안티모니(Sb)

비스무트(Bi)

➤ 6A족 원소들(ns^2np^4, $n \geq 2$)

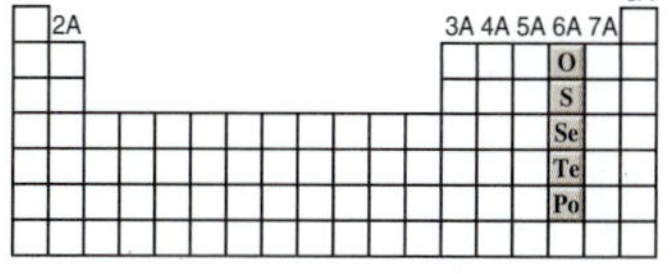

6A족의 첫 세 원소(산소, 황, 셀레늄)는 비금속이며, 마지막 두 원소(텔루륨과 폴로늄)는 준금속이다(그림 8.19). 산소는 이원자 기체이며, 황과 셀레늄의 분자식은 S_8과 Se_8이다. 텔루륨과 폴로늄은 보다 거대한 3차원 구조를 가진다. (6A족의 마지막 원소인 폴로늄은 실험실에서 연구하기 어려운 방사성 원소이다.) 산소는 많은 이온 결합 화합물에서 두 개의 전자를 받아들여 산화 이온(O^{2-})을 형성하는 경향이 있다. 황, 셀레늄, 텔루륨도 2가 음이온(S^{2-}, Se^{2-}, Te^{2-})을 형성한다. 6A족 원소들은 특히 산소를 포함하여 비금속과 많은 분자 화합물을 형성한다. 황의 중요한 화합물은 SO_2, SO_3, H_2S이다. 가장 중요한 상업적 황 화합물은 황산으로 삼산화 황이 물과 반응할 때 형성된다.

$$SO_3(g) + H_2O(l) \longrightarrow H_2SO_4(aq)$$

황(S_8)

셀레늄(Se_8)

텔루륨(Te)

그림 8.19 6A족 원소들. 황, 셀레늄, 텔루륨. 산소 분자는 무색, 무취 기체이며, 여기에 표시되지 않은 폴로늄은 방사성 원소이다.

그림 8.20 7A족 원소들 염소, 브로민, 아이오딘. 염소는 황록색 기체로 유리 기구를 부식시킨다. 아스타틴은 방사성 물질이다.

➤ 7A족 원소들(ns^2np^5, $n \geq 2$)

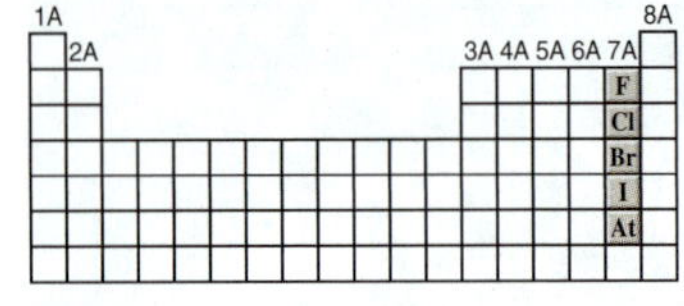

모든 할로젠 원소는 X_2의 일반적 화학식을 가진 비금속이다. 여기서 X는 할로젠 원소를 나타낸다(그림 8.20). 할로젠 족은 반응성이 크기 때문에 자연계에서 원소 형태로 발견되지 않는다. (7A족의 마지막 원소인 아스타틴은 방사성 원소이며, 그 성질이 거의 알려져 있지 않다.) 플루오린은 반응성이 커서 물과 반응하여 산소를 발생시킨다.

$$2F_2(g) + 2H_2O(l) \longrightarrow 4HF(aq) + O_2(g)$$

실제 플루오린 분자와 물의 반응은 상당히 복잡하다. 형성되는 생성물은 반응 조건에 달려 있다. 위 반응은 몇 가지 가능한 변화들 중 하나이다.

할로젠 족은 이온화 에너지가 높고 전기 음성도가 큰 양의 값이다. 할로젠 원소로부터 유래된 음이온(F^-, Cl^-, Br^-, I^-)은 *할로젠화*(halide) 이온이라 부르며, 주기율표에서 할로젠 원소 바로 오른쪽에 위치한 영족 기체와 등전자 상태이다. 예를 들어 F^-는 Ne와 등전자이고, Cl^-은 Ar과 등전자 상태이며, 나머지도 이와 같다. 알칼리 금속의 할로젠화물과 알칼리 토금속의 할로젠화물은 이온 결합 화합물이다. 할로젠 원소들은 상호 간 분자 화합물(예를 들어, ICl, BrF_3) 및 다른 족 비금속 원소들과 많은 분자 화합물(예를 들어, NF_3, PCl_5, SF_6)을 형성한다. 할로젠 원소들은 수소와 반응하여 할로젠화 수소를 형성한다.

$$H_2(g) + X_2(g) \longrightarrow 2HX(g)$$

플루오린이 이 반응에 참여할 경우 폭발적으로 일어나지만 염소, 브로민, 아이오딘으로 치환됨에 따라 반응은 점점 덜 격해진다. 할로젠화 수소는 물에 용해되어 할로젠화 수소산을 형성한다. 플루오린화 수소(HF)는 약산 즉, 약전해질이지만 나머지 할로젠화 수소산(HCl, HBr, HI)은 모두 강산(강전해질)이다.

➤ 8A족 원소들(ns^2np^6, $n \geq 2$)

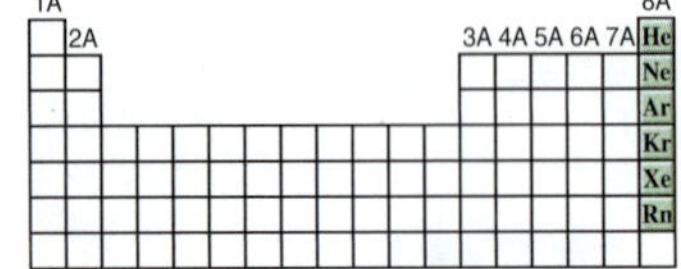

모든 영족 기체는 단원자 종으로 존재한다(그림 8.21). 영족 원자들은 완전히 채워진 외각 *ns*와 *np* 부껍질을 가지며, 이러한 이유로 영족 원자들은 매우 안정하다(헬륨은 $1s^2$). 8A족 이온화 에너지는 모든 원소들 중 가장 크며 이러한 기체들은 여분의 전자를 받아들이는 경향이 전혀 없다. 수년간 이 원소들은 비활성 기체(inert gas)라 불렸고, 정확히 그러했다. 1963년까지 어느 누구도 이런 원소가 포함된 화합물을 찾을 수 없었다. 영국의 화학자 바틀렛(Neil Bartlett)[†]은 제논이 강산화제인 PtF_6에 노출되었을 때, 다음 반응을 일으킨다는 것을 제시하여 화학자들의 오랜 고정 관념을 깨뜨렸다(그림 8.22).

[†] 바틀렛(Neil Bartlett, 1932~2008)은 영국 화학자로, 그의 업적은 진귀한 산화 상태를 가진 화합물 연구와 고체 상태 화학에 대한 것이었다.

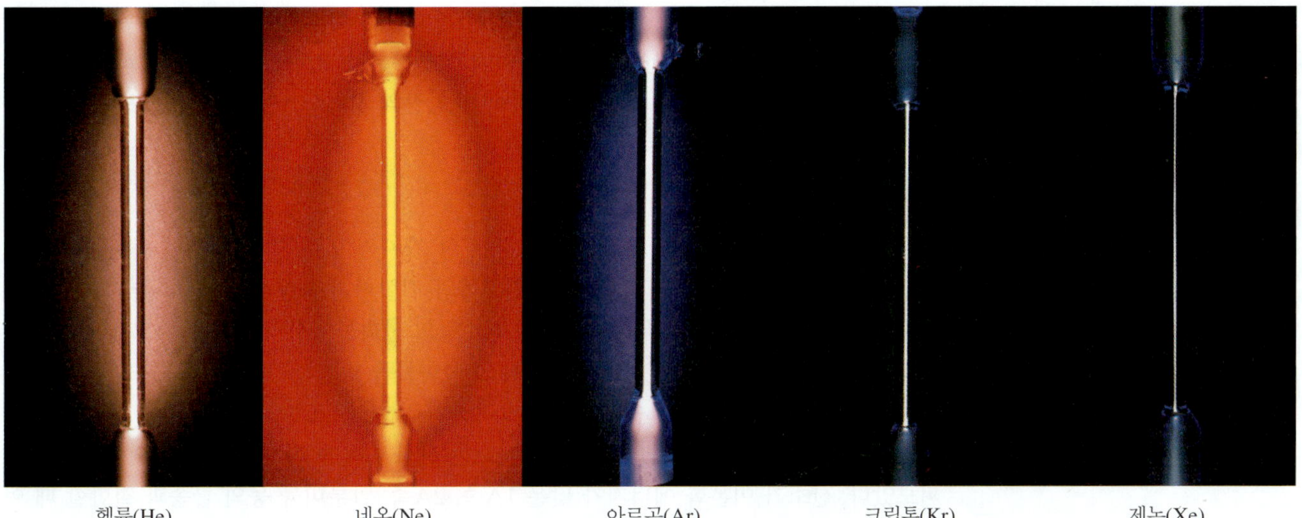

그림 8.21 모든 영족 기체는 무색, 무취이다. 이 그림은 방전관에서 영족 기체에 의해 발생되는 색을 보여준다.

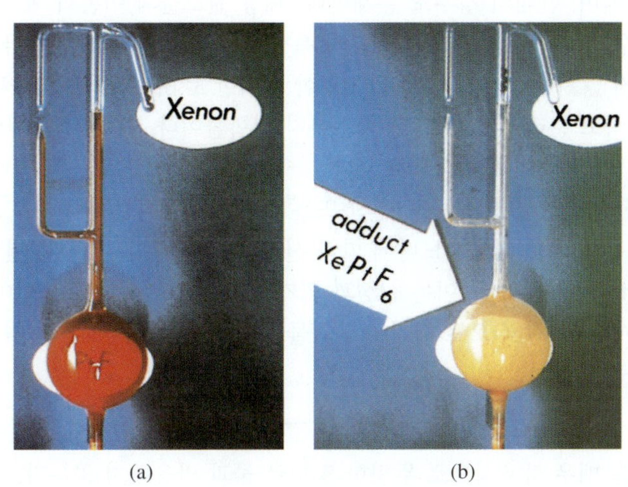

그림 8.22 (a) 제논 기체(무색)과 PtF_6(붉은색 기체)가 서로 분리되어 있다. (b) 두 기체가 섞였을 때, 주황색 고체 화합물이 형성된다. 그 생성물은 정확하지 않은 화학식인 $XePtF_6$으로 초기에 주어졌었다.

$$\mathrm{Xe}(g) + 2\mathrm{PtF_6}(g) \longrightarrow \mathrm{XeF^+Pt_2F_{11}^-}(s)$$

그 이후로 여러 개의 제논 화합물(XeF_4, XeO_3, XeO_4, $XeOF_4$)과 몇몇 크립톤 화합물(KrF_2)이 만들어졌다(그림 8.23). 그러나 영족 기체의 화학이 큰 흥미를 가지게 함에도 불구하고, 그 화합물들은 상업적으로 중요하지 않으며, 자연에서 생물학적인 과정에도 참여하지 않는다. 헬륨과 네온은 어떠한 화합물도 알려져 있지 않다.

2013년 천문학자들은 비활성 기체 분자들로 구성된 게 성운에서 HAr^+ 이온이 방출되는 것을 발견하였다.

2000년 매우 낮은 온도에서만 안정한 아르곤 화합물(HArF)를 만들었다.

➤ 1A족과 1B족 원소의 비교

1A족 원소(알칼리 금속)와 1B족 원소(구리, 은, 금)를 비교할 때, 흥미로운 결론에 다다른다. 이 두 족의 금속들은 최외각 *s* 궤도에 전자 1개를 가지는 비슷한 외각 전자 배치를 가지지만, 그 화학적 성질은 상당히 다르다.

Cu, Ag, Au의 1차 이온화 에너지는 각각 745 kJ/mol, 731 kJ/mol, 890 kJ/mol이다. 이 값들은 알칼리 금속의 값보다 상당히 크기 때문에(표 8.2 참조), 1B족 원소들은 훨씬 반응성이 낮다. 1B족 원소들이 이온화 에너지가 더 높은 것은 (완전히 채워진 영족 기체의 더 효과적인 가리움에 비해) 내부 *d* 전자들이 핵을 불완전하게 가리기 때문이다. 결과적으로 핵은 이 원소들의 외각 *s* 전자들을 더 강하게 끌게 된다. 사실, 구리, 은, 금은 반응성이 상당히 없어서 자연에서 결합되지 않은 상태에서 줄곧 발견된다. 이러한 금속들의 비활성

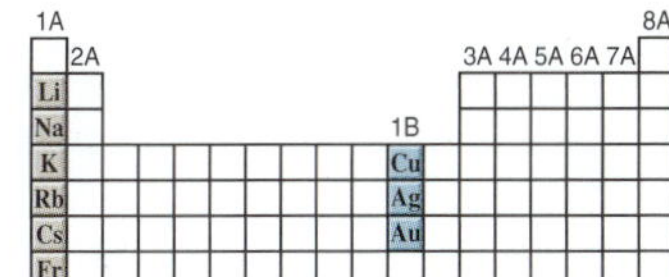

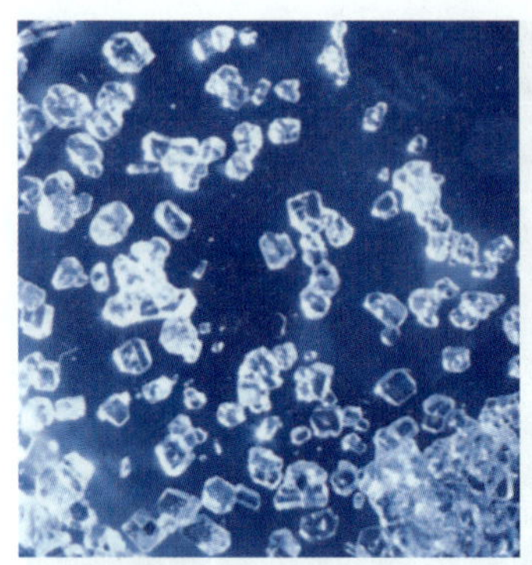

그림 8.23 사플루오린화 제논 (XeF_4)의 결정.

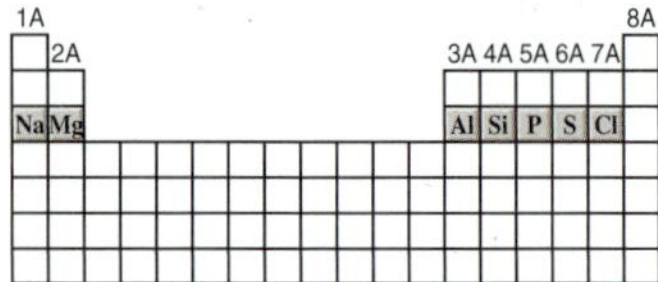

과 희귀성 때문에 주화 제조와 보석 분야에서 가치있게 취급된다. 이러한 이유들로 이 금속들은 "화폐 주조 금속(coinage metal)"이라고도 부른다. 2A족 원소들(알칼리 토금속)과 2B족 원소들(아연, 카드뮴, 수은)간의 화학적 성질의 차이도 비슷한 방식으로 설명할 수 있다.

➤ 주기에 따른 산화물의 성질

한 주기에서 주족 원소들의 성질을 비교하는 한 가지 방법은 일련의 유사 화합물의 성질을 조사하는 것이다. 산소는 거의 모든 원소들과 결합하기 때문에 금속이 준금속, 비금속과 어떻게 다른지 살펴보기 위하여 3주기 원소들의 산화물에서의 성질을 비교해 보자. 3주기의 몇몇 원소들(P, S, Cl)은 몇 가지 형태의 산화물을 형성하지만, 단순화하기 위해 가장 높은 산화수를 가지는 해당 산화물만을 고려하기로 한다. 표 8.4에서 이러한 산화물의 몇 가지 일반적 특성을 표기하였다. 앞에서 산소는 산화 이온을 형성하려는 경향이 있음을 살펴보았다. 산소가 이온화 에너지가 낮은 1A족, 2A족, 알루미늄 등의 금속과 결합할 때 이러한 경향이 크게 나타난다. 이런 이유로 Na_2O, MgO, Al_2O_3는 녹는점과 끓는점이 높은 이온 결합 화합물이 된다. 이들은 각 양이온이 특정한 개수의 음이온에 둘러싸인 확장된 3차원 구조를 가지며, 반대의 경우도 존재한다. 해당 원소들의 이온화 에너지는 왼쪽에서 오른쪽으로 갈수록 증가하며, 산화물의 분자 특성도 증가한다. 규소는 준금속이며, 어떠한 이온도 존재하지 않지만 그 산화물(SiO_2) 또한 거대한 3차원 그물망을 가진다. 인, 황, 염소의 산화물은 작고 분리된 단위로 구성된 분자 화합물이다. 이 분자들 사이의 약한 인력 때문에 녹는점과 끓는점이 상대적으로 낮다.

대부분의 산화물은 물에 녹았을 때 산 또는 염기를 생성하는지의 여부 또는 어떤 과정 중에 산으로 또는 염기로 작용하느냐에 따라 산 또는 염기로 분류된다. 몇몇 산화물은 **양쪽성**(amphoteric)이라 하는데, 이는 *산성과 염기성 모두를 나타낸다*는 의미이다. 3주기의 첫 두 산화물은 Na_2O, MgO으로 염기성 산화물이다. 예를 들어 Na_2O는 물과 반응하여 염기인 수산화 소듐을 형성한다.

$$Na_2O(s) + H_2O(l) \longrightarrow 2NaOH(aq)$$

산화 마그네슘은 매우 불용성으로 뚜렷한 정도로 물과 반응하지 않는다. 그러나 산-염기 반응과 비슷하게 산과 반응한다.

$$MgO(s) + 2HCl(aq) \longrightarrow MgCl_2(aq) + H_2O(l)$$

이 반응의 생성물이 산-염기 중화 반응의 통상적인 산물인 염($MgCl_2$)과 물임에 주목하라.

산화 알루미늄은 산화 마그네슘보다도 용해성이 떨어져 물과도 반응하지 않는다. 그러나 산과 반응하여 염기성을 나타낸다.

표 8.4 3주기 원소 산화물의 성질

	Na_2O	MgO	Al_2O_3	SiO_2	P_4O_{10}	SO_3	Cl_2O_7
화합물의 형태	←—— 이온 결합 ——→			←—— 분자 ——→			
구조	←—— 거대한 3차원 ——→				←—— 불연속적 분자 단위 ——→		
녹는점(°C)	1275	2800	2045	1610	580	16.8	−91.5
끓는점(°C)	?	3600	2980	2230	?	44.8	82
산-염기 성질	염기성	염기성	양쪽성	←—— 산성 ——→			

$$Al_2O_3(s) + 6HCl(aq) \longrightarrow 2AlCl_3(aq) + 3H_2O(l)$$

이는 또한 염기와 반응하여 산성을 나타내기도 한다.

$$Al_2O_3(s) + 2NaOH(aq) + 3H_2O(l) \longrightarrow 2NaAl(OH)_4(aq)$$

이 산-염기 중화 반응에서는 물이 아닌 염이 생성됨에 유의하라.

Al_2O_3는 산과 염기의 성질을 모두 가지기 때문에 양쪽성 산화물로 분류된다. 다른 양쪽성 산화물은 ZnO, BeO, Bi_2O_3이다.

이산화 규소는 물에 불용성이며 반응하지 않는다. 그러나 매우 진한 염기와 다음과 같이 반응하기 때문에 산성을 가진다.

$$SiO_2(s) + 2NaOH(aq) \longrightarrow Na_2SiO_3(aq) + H_2O(l)$$

이러한 이유로 NaOH(*aq*)와 같은 진한 강염기 수용액은 SiO_2로 이루어진 파이렉스(Pyrex) 유리 기구에 보관하지 않아야 한다.

나머지 3주기 산화물은 산성으로 물과 반응하여 인산(H_3PO_4), 황산(H_2SO_4), 과염소산($HClO_4$)을 각각 형성한다.

$$P_4O_{10}(s) + 6H_2O(l) \longrightarrow 4H_3PO_4(aq)$$
$$SO_3(g) + H_2O(l) \longrightarrow H_2SO_4(aq)$$
$$Cl_2O_7(l) + H_2O(l) \longrightarrow 2HClO_4(aq)$$

CO와 NO와 같은 산화물은 중성으로 산, 염기 용액을 생성시키는 물과의 반응성이 없다. 일반적으로 비금속 원소를 함유하고 있는 산화물은 염기성이 아니다.

3주기 원소의 산화물의 짧은 조사를 통해 원소들의 금속성은 주기 내에서 왼쪽에서 오른쪽으로 갈수록 감소하며 산화물은 염기성에서 양쪽성, 산성으로 변화됨을 볼 수 있다. 금속의 산화물은 일반적으로 염기성이고 비금속의 산화물 대부분은 산성이다. 양쪽성 산화물에서 볼 수 있듯이 산화물의 중간적 성질은 주기 내 중간에 위치한 원소에서 볼 수 있다. 원소의 금속성이 주족 원소의 한 족 내에서 위로부터 아래로 갈수록 증가하기 때문에 가벼운 원소보다 원자 번호가 더 큰 원소의 산화물이 더 염기성을 가지리라고 예상할 수 있다. 이는 실제로도 그렇다.

예제 8.6

다음 산화물을 산성, 염기성, 양쪽성으로 분류하시오. (a) Rb_2O, (b) BeO, (c) As_2O_5.

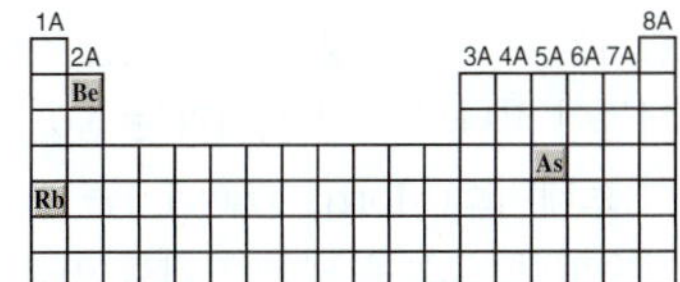

전략 어떤 형태의 원소가 산성 산화물과 염기성 산화물, 양쪽성 산화물을 형성하는가?

풀이 (a) 루비듐은 알칼리 금속이므로 Rb_2O은 염기성 산화물일 것으로 예측할 수 있다.

(b) 베릴륨은 알칼리 토금속이지만, 2A족의 첫 원소이기 때문에 2A족의 다른 원소들과는 다소 다를 것으로 예상된다. 본문에서 Al_2O_3이 양쪽성임을 보았다. 베릴륨과 알루미늄은 대각선 관계를 보이므로 BeO는 성질면에서 Al_2O_3을 닮았을 것이다. BeO는 또한 양쪽성 산화물로 판명되었다.

(c) 비소는 비금속이므로 As_2O_5은 산성 산화물일 것으로 예견된다.

비슷한 문제: 8.72.

실전 연습 다음 산화물을 산성, 염기성, 양쪽성으로 분류하시오. (a) ZnO, (b) P_4O_{10}, (c) CaO.

개념 복습하기

어떤 원소의 산화물이 염기성임이 밝혀졌다. 다음 중 그 원소에 해당하는 것은 어느 것일까? (a) Ba, (b) Al, (c) Sb.

영족 기체의 발견

1800년대 후반, 영국 캠브리지 캐번디시 연구소에서 물리학 교수였던 제3대 레일리(Rayleigh) 남작 스트럿(John William Strutt)은 많은 원소의 원자 질량을 정확히 결정하였다. 하지만 그는 질소에 대해 수수께끼 같은 결과를 얻었다. 수소 기체를 얻는 그의 방법 중 하나는 암모니아를 열분해시키는 것이었다.

$$2NH_3(g) \longrightarrow N_2(g) + 3H_2(g)$$

또 다른 방법은 공기에서 시작해서 산소, 이산화 탄소, 수증기를 제거하는 것이었다. 공기로부터 얻은 질소는 암모니아로부터 얻은 질소보다 (약 0.5% 차이로) 약간 밀도가 더 높았다.

레일리 경의 작업은 런던 유니버시티 칼리지(University College)의 화학 교수였던 램지(William Ramsay) 경의 주의를 끌었다. 1898년에 램지는 레일리 경의 방법에 의해 공기로부터 얻은 질소를 빨갛게 달구어진 마그네슘에 통과시켜 질소화 마그네슘으로 전환시키려 하였다.

$$3Mg(s) + N_2(g) \longrightarrow Mg_3N_2(s)$$

모든 질소가 마그네슘과 반응한 이후 램지는 어떤 것과도 결합하지 않는 미지의 기체가 남아 있는 것을 알았다.

방전관의 발명자인 크룩스(William Crookes) 경의 도움으로 램지와 레일리 경은 그 기체의 방출 스펙트럼이 기존의 어느 원소와도 일치하지 않음을 알아냈다. 그 기체는 새로운 원소였던 것이다! 그들은 새로운 원소의 원자 질량을 39.95 amu로 결정하고 그리스어로 "게으른 것"이라는 의미로 아르곤(argon)이라 호칭했다.

아르곤이 발견된 이후 다른 영족 기체들이 곧 확인되었다. 1898년에 역시 램지는 우라늄 광석에서 헬륨을 분리해 냈다(7장 끝의 "화학 세계의 미스터리" 참조). 헬륨과 아르곤의 원자 질량, 화학적 비활성과 주기율표에서의 알려진 특성의 부족 등으로부터 램지는 다른 비활성 기체가 있을 것이라는 점과 그 모든 비활성 기체들이 하나의 족일 것이라는 점을 확신했다. 그와 그의 학생이었던 트래버스(Morris Travers)는 그 미지의 기체들을 찾는 작업에 착수했다. 그들은 냉동 기기를 이용하여 액체 공기를 생산하였다. *분별 증류*(fractional distillation)라는 기법을 적용하여 공기 액체를 서서히 가열하여 서로 다른 온도에서 끓는 성분들을 채집하였다. 이런 방식으로 그들은 세 가지 새 원소들(네온, 크립톤, 제논)을 불과 석 달 만에 분석, 확인하였다. 석 달 안에 3가지 새 원소들을 찾은 것은 깨어지지 않을 기록이다.

영족 기체의 발견은 주기율표를 완성하는 데 도움이 되었다. 그 원자 질량은 이 원소들이 할로젠족의 오른쪽에 놓여야 함을 제시하였다. 아르곤의 위치에서 나타난 명백한 편차는 이 장에서 설명한 모즐리(Moseley)가 해결하였다.

마침내, 1900년에 영족의 마지막 원소인 라돈이 독일의 화학자 도른(Frederick Dorn)에 의해 발견되었다. 방사성 원소이며 알려진 가장 무거운 원소 기체인 라돈의 발견으로 8A족 원소들이 완결되었을 뿐만 아니라 방사성 붕괴의 본질과 원소 변환에 대한 우리의 이해를 향상시켰다.

레일리 경과 램지 모두 아르곤 발견에 대한 공로로 1904년 노벨상을 받았다. 레일리 경은 물리학상을, 램지는 화학상을 각각 받았다.

윌리엄 램지 경(1852~1916).

주요 식 정리하기 Key Equations

$Z_{유효} = Z - \sigma$ (8.2) 유효 핵전하의 정의.

사실과 개념 요약하기 Summary of Facts & Concepts

1. 19세기 화학자들은 원자 질량이 증가하는 순서로 원소들을 배열하여 주기율표를 발전시켰다. 주기율표의 초기본에 나타난 문제는 원자 번호 순으로 원소들을 배열하여 해결하였다.
2. 원자 배치는 원소의 성질을 결정한다. 현대의 주기율표는 원자 번호와 그 전자 배치에 따라 원소를 분류한다. 원자가 전자의 배치는 주족 원소의 원자들의 성질에 직접적으로 영향을 미친다.
3. 원소들의 물리적 성질에서의 주기적 변화는 원자 구조에서의 차이를 반영하는 것이다. 원소의 금속성은 주기에서 금속에서 준금속, 비금속으로 갈수록 감소하며, 주족 원소의 특정 족 내에서 위로부터 아래로 갈수록 증가한다.
4. 원자 반지름은 주기율표에서 원소의 배치에 따라 달라진다. 왼쪽에서 오른쪽으로 갈수록 감소하며, 위에서 아래로 갈수록 증가한다.
5. 이온화 에너지는 한 원자가 전자를 잃는 것에 대한 저항성을 측정하는 것이다. 이온화 에너지가 크면 클수록 핵과 전자간 인력은 더 강해진다. 전자 친화도는 한 원자가 전자를 얻는 경향성을 측정하는 것이다. 전자 친화도가 더 큰 양의 값일수록 원자가 전자를 얻는 경향은 더 커진다. 금속은 대체로 낮은 이온화 에너지를 가지며, 비금속은 대체로 높은 전자 친화도를 갖는다.
6. 영족 기체들은 그 외각 *ns*와 *np* 부껍질이 완전히 채워져 있기 때문에 매우 안정한다. 주족 원소 가운데 금속들(1A, 2A, 3A족)은 그 양이온이 앞서 나온 영족 원소와 등전자 상태가 될 때까지 전자를 잃는 경향이 있다. 5A, 6A, 7A족의 비금속은 그 음이온이 주기율표에서 뒤에 나오는 영족 기체와 등전자 상태가 될 때까지 전자를 받아들이는 경향이 있다.

주요 용어 정리하기 Key Words

대각선 관계	원자가 전자	이온 반지름	주족 원소
등전자	원자 반지름	이온화 에너지(*IE*)	핵심부 전자
양쪽성 산화물	유효 핵전하($Z_{유효}$)	전자 친화도(*EA*)	

연습 문제 Questions & Problems

● 표시는 Connect Plus에서 유용한 문제, 붉은색 번호의 문제는 학생용 문제풀이집에 풀어 놓았다.

주기율표의 발전

▶ 복습 질문

8.1 멘델레예프의 주기율표의 의의를 짧게 서술하시오.
8.2 모즐리는 현대 주기율표에 대해 어떤 공헌을 하였는가?
8.3 현대의 주기율표에 대한 일반적 배치를 서술하시오.
8.4 주기율표에서 같은 족에 있는 원소들 중 가장 중요한 관계는 무엇인가?

원소들의 주기적 분류

▶ 복습 질문

● 8.5 다음 원소들 중 어느 것이 금속, 비금속, 준금속인가? As, Xe, Fe, Li, B, Cl, Ba, P, I, Si.
8.6 금속과 비금속의 물리적, 화학적 성질을 비교하시오.
8.7 주기율표를 대략적으로 그리시오(자세한 서술은 불필요함). 금속, 비금속, 준금속이 위치한 지역을 표시하시오.
8.8 주족 원소는 무엇인가? 4가지 주족 원소의 이름과 기호를 쓰시오.
● 8.9 주기율표를 참조하지 말고, 다음 각 족에 해당되는 하

나의 원소에 대해 이름을 쓰고, 기호를 나타내시오. 1A, 2A, 3A, 4A, 5A, 6A, 7A, 8A, 전이 금속

• 8.10 다음 중 어떤 원소가 25°C, 1 기압에서 가장 안정한 형태로서 원자, 분자 또는 확장된 3차원 구조를 형성할 것인지 표기하고 각각에 대해 분자식 또는 실험식을 쓰시오. 인, 아이오딘, 마그네슘, 네온, 탄소, 황, 세슘, 산소.

8.11 어두운 광택의 고체가 아이오딘인지 금속 원소인지를 결정하도록 요청받았다면, 올바른 답에 이르기 위한 비파괴 검사를 제시하시오.

8.12 원자가 전자란 무엇인가? 주족 원소들에서 원소의 원자가 전자수는 그 족의 수와 같다. 다음 원소에 대해 이것이 사실임을 보이시오. Al, Sr, K, Br, P, S, C.

• 8.13 (a) 알칼리 금속, (b) 알칼리 토금속, (c) 할로젠, (d) 영족 기체에 대하여 외각 전자 배치를 쓰시오.

8.14 첫 번째 줄의 전이 금속(Sc에서 Cu)을 이용하여 전이 금속의 전자 배치 특성을 예를 들어 설명하시오.

8.15 주족 원소로부터 유래된 이온의 전자 배치는 공통의 경향을 따른다. 그 경향은 무엇이며, 이러한 이온들의 안정성과 어떻게 연관되어 있는가?

8.16 두 이온들 또는 한 원자와 한 이온이 등전자라고 할 때, 이는 어떤 의미인가?

8.17 "원소 X의 원자들이 원소 Y의 원자들과 등전자 상태이다"라는 진술은 무엇이 잘못되었는가?

8.18 아르곤에 의해 대표되는 전자 배치를 가지는 첫 번째 줄의 전이 금속 (Sc에서 Cu) 이온의 세 가지 예를 드시오.

▶ 문제

8.19 주기율표에서 수소 원소는 (이 책에서처럼) 알칼리 금속에 속하기도 하며, 종종 할로젠에 속하기도 한다. 왜 수소는 1A족과 7A족 원소들과 유사한지 설명하시오.

8.20 어떤 원소의 중성 원자가 17개의 전자를 가지고 있다. 주기율표를 참고하지 말고, (a) 그 원소의 바닥 상태 전자 배치를 쓰시오. (b) 원소를 분류하시오. (c) 이 원소가 반자기성 또는 상자기성 여부를 결정하시오.

• 8.21 다음 전자 배치에서 원자들의 화학적 성질이 비슷할 것으로 예상되는 쌍을 짝지으시오.

(a) $1s^22s^22p^63s^2$
(b) $1s^22s^22p^3$
(c) $1s^22s^22p^63s^23p^64s^23d^{10}4p^6$
(d) $1s^22s^2$
(e) $1s^22s^22p^6$
(f) $1s^22s^22p^63s^23p^3$

• **8.22** 다음 전자 배치에서 원자들의 화학적 성질이 비슷할 것으로 예상되는 쌍을 짝지으시오.

(a) $1s^22s^22p^5$
(b) $1s^22s^1$
(c) $1s^22s^22p^6$
(d) $1s^22s^22p^63s^23p^5$
(e) $1s^22s^22p^63s^23p^64s^1$
(f) $1s^22s^22p^63s^23p^64s^23d^{10}4p^6$

• 8.23 주기율표를 참조하지 말고, 다음 원자 번호를 가진 원소의 전자 배치를 쓰시오. (a) 9, (b) 20, (c) 26, (d) 33. 해당 원소들을 분류하시오.

8.24 다음 각 원소는 주기율표의 어느 족에 속할지 구별하시오. (a) $[Ne]3s^1$, (b) $[Ne]3s^23p^3$, (c) $[Ne]3s^23p^6$ (d) $[Ar]4s^23d^8$.

• 8.25 첫 번째 전이 금속 계열에서 어떤 금속으로부터 유래된 M^{2+} 이온이 3*d* 부껍질에 4개의 전자가 있다. M은 어떤 원소이겠는가?

• **8.26** +3의 전하를 가지는 어떤 금속 이온이 3*d* 부껍질에 5개의 전자가 있다. 그 금속은 무엇인가?

• 8.27 다음 이온의 바닥 상태 전자 배치를 쓰시오. (a) Li^+, (b) H^-, (c) N^{3-}, (d) F^-, (e) S^{2-}, (f) Al^{3+}, (g) Se^{2-}, (h) Br^-, (i) Rb^+, (j) Sr^{2+}, (k) Sn^{2+}, (l) Te^{2-}, (m) Ba^{2+}, (n) Pb^{2+}, (o) In^{3+}, (p) Tl^+, (q) Tl^{3+}.

• **8.28** 다음은 우리 몸의 생화학 반응에서 중요한 이온들이다. 바닥 상태 전자 배치를 쓰시오. (a) Na^+, (b) Mg^{2+}, (c) Cl^-, (d) K^+, (e) Ca^{2+}, (f) Fe^{2+}, (g) Cu^{2+}, (h) Zn^{2+}.

• 8.29 다음 이온의 바닥 상태 전자 배치를 쓰시오. (a) Sc^{3+}, (b) Ti^{4+}, (c) V^{5+}, (d) Cr^{3+}, (e) Mn^{2+}, (f) Fe^{2+}, (g) Fe^{3+}, (h) Co^{2+}, (i) Ni^{2+}, (j) Cu^+, (k) Cu^{2+}, (l) Ag^+, (m) Au^+, (n) Au^{3+}, (o) Pt^{2+}.

8.30 다음 전자 배치를 가지는 +3의 전하를 띤 이온들의 이름을 쓰시오. (a) $[Ar]3d^3$, (b) [Ar], (c) $[Kr]4d^6$, (d) $[Xe]4f^{14}5d^6$.

• 8.31 다음 중 서로 등전자 상태인 것은 어느 것인가? C, Cl^-, Mn^{2+}, B^-, Ar, Zn, Fe^{3+}, Ge^{2+}.

8.32 등전자 상태인 것끼리 묶으시오. Be^{2+}, F^-, Fe^{2+}, N^{3-}, He, S^{2-}, Co^{3+}, Ar.

물리적 성질의 주기적 변화

▶ 복습 질문

8.33 원자 반지름을 정의하시오. 원자의 크기가 명확한 의미를 가지는가?

8.34 원자 반지름은 다음의 경우에 어떻게 변하는가? (a) 한 주기에서 왼쪽에서 오른쪽으로 갈 때, (b) 한 족 내에서 위에서 아래로 갈 때.

8.35 이온 반지름을 정의하시오. (a) 음이온과 (b) 양이온으로 변환될 때 원자의 크기 변화는 어떻게 되겠는가?

8.36 등전자 이온에 대하여 음이온은 양이온보다 큰 이유에 대해 설명하시오.

▶ 문제

• 8.37 주기율표에서 위치에 기초하여 다음 각 쌍에서 원자 반지름이 더 큰 원자를 고르시오. (a) Na, Cs, (b) Be, Ba, (c) N, Sb, (d) F, Br, (e) Ne, Xe.

8.38 다음 원자를 원자 반지름이 감소하는 순으로 나열하시오. Na, Al, P, Cl, Mg.

8.39 4A족에서 가장 큰 원소는 어느 것인가?

8.40 7A족에서 가장 큰 원소는 어느 것인가?

8.41 리튬 원자의 반지름이 수소 원자의 반지름보다 상당히 더 큰 이유는 무엇인가?

8.42 주기율표에서 2주기 원소를 예로 들어 왼쪽에서 오른쪽으로 갈수록 원자 반지름이 감소하는 것을 보이고 이러한 경향을 설명하시오.

8.43 다음 각 쌍에서 둘 중 크기가 더 작은 쪽을 고르시오. (a) Cl과 Cl^-, (b) Na와 Na^+, (c) O^{2-}와 S^{2-}, (d) Mg^{2+}와 Al^{3+}, (e) Au^+와 Au^{3+}.

8.44 이온 반지름이 증가하는 순으로 다음 이온을 나열하시오. N^{3-}, Na^+, F^-, Mg^{2-}, O^{2-}.

8.45 양이온 Cu^+와 Cu^{2+} 중 어느 것이 더 크며, 그 이유는 무엇인지 설명하시오.

8.46 음이온 Se^{2-}와 Te^{2-} 중 어느 것이 더 크며, 그 이유는 무엇인지 설명하시오.

8.47 1 atm, 25°C에서 4주기 주족 원소(K, Ca, Ga, Ge, As, Se, Br)의 물리적 상태(기체, 액체, 고체)가 어떠한가 쓰시오.

8.48 H^-와 He는 모두 두 개의 1s 전자를 가지고 있다. 어떤 것이 더 큰가? 그렇게 생각한 이유를 설명하시오.

이온화 에너지

▶ 복습 질문

8.49 이온화 에너지를 정의하시오. 이온화 에너지는 원자가 기체 상태에 있을 때 항상 측정한다. 이유는? 어떤 원소에 대하여 1차 이온화 에너지보다 2차 이온화 에너지가 항상 더 큰 이유는 무엇인가?

8.50 주기율표의 윤곽선을 그리고, 원소의 1차 이온화 에너지에서 족과 주기의 경향성을 보이시오. 어떤 종류의 원소가 가장 높은 이온화 에너지와 가장 낮은 이온화 에너지를 가질 것인가?

▶ 문제

8.51 다음 원소를 1차 이온화 에너지가 증가하는 순으로 나열하시오. Na, Cl, Al, S, Cs.

8.52 다음 원소를 1차 이온화 에너지가 증가하는 순으로 나열하시오. F, K, P, Ca, Ne.

8.53 주기율표상의 3주기 원소를 예로 들어 왼쪽에서 오른쪽으로 갈수록 이온화 에너지가 감소하는 것을 보이고 이러한 경향을 설명하시오.

8.54 이온화 에너지는 일반적으로 주기 내에서 왼쪽에서 오른쪽으로 갈수록 증가한다. 하지만 알루미늄은 마그네슘보다 이온화 에너지가 낮다. 이유를 설명하시오.

8.55 K의 1차 이온화 에너지와 2차 이온화 에너지는 각각 419 kJ/mol과 3052 kJ/mol이다. Ca의 1차 이온화 에너지와 2차 이온화 에너지는 각각 590 kJ/mol과 1145 kJ/mol이다. 그 값을 비교하고 차이에 대해 설명하시오.

8.56 두 원자의 전자 배치가 $1s^22s^22p^6$와 $1s^22s^22p^63s^1$이다. 어느 하나의 1차 이온화 에너지는 2080 kJ/mol이고 다른 것은 496 kJ/mol이다. 주어진 전자 배치의 원자와 각 이온화 에너지를 맞추시오. 그렇게 선택한 이유를 설명하시오.

8.57 수소꼴 이온(hydrogen-like ion)은 한 개의 전자만을 포함하는 이온이다. 수소꼴 이온에서 전자의 에너지는 다음과 같이 주어진다.

$$E_n = -(2.18 \times 10^{-18}\ \text{J})Z^2\left(\frac{1}{n^2}\right)$$

여기서 n은 주양자수이고, Z는 원소의 원자 번호이다. He^+ 이온의 이온화 에너지(kJ/mol 단위)를 계산하시오.

8.58 플라스마는 양의 대전된 기체 상태의 이온과 전자들로 구성된 물질 상태이다. 플라스마 상태에서 수은 원자는 80개의 전자를 떼어낼 수 있어서 Hg^{80+}로 존재한다. 연습 문제 8.57의 식을 이용하여 마지막 이온화 단계에 필요한 에너지를 계산하시오.

$$Hg^{79+}(g) \longrightarrow Hg^{80+}(g) + e^-$$

전자 친화도

▶ 복습 질문

8.59 (a) 전자 친화도를 정의하시오. (b) 전자 친화도는 기체 원자들로부터 측정한다. 이유는? (c) 이온화 에너지는 항상 양의 값인 반면, 전자 친화도는 양 또는 음의 값이 될 수 있다. 이유를 설명하시오.

8.60 알루미늄부터 염소까지 전자 친화도의 경향을 설명하시오(표 8.3 참조).

▶ 문제

8.61 다음 각각에 대해 원소들을 양의 전자 친화도를 갖는 순서로 나열하시오. (a) Li, Na, K, (b) F, Cl, Br, I, (c) O, Si, P, Ca, Ba.

8.62 다음 원소들 중 가장 큰 전기 음성도를 가지는 것과 가장 작은 전기 음성도를 가지는 것을 표시하시오. He, K, Co, S, Cl.

8.63 전자 친화도를 고려할 때 알칼리 금속이 M^-와 같은 음이온을 형성할 것으로 생각되는가? 여기서 M은 알칼리 금속을 나타낸다.

8.64 알칼리 금속이 알칼리 토금속보다 전자에 대해 더 큰 전자 친화도를 갖는 이유를 설명하시오.

주족 원소의 화학적 성질의 변화

▶ 복습 질문

8.65 대각선 관계란 무슨 뜻인가? 이 관계를 보이는 원소들 두 쌍의 이름을 쓰시오.

8.66 어떤 원소들이 산성 산화물, 염기성 산화물, 양쪽성 산화물을 더 잘 형성하겠는가?

▶ 문제

8.67 알칼리 금속과 알칼리 토금속을 예로 들어 원소의 전자 배치로부터 간단히 원소의 화학적 성질을 어떻게 예견할 것인지를 보이시오.

8.68 알칼리 금속의 화학적 지식에 기초하여 해당 족의 마지막 원소인 프랑슘의 화학적 성질 몇 가지를 예측하시오.

8.69 영족 기체는 화학적으로 매우 안정한 족이다(Kr과 Xe만 화합물을 형성하는 것으로 알려져 있음). 가림과 유효 핵전하에 대한 개념을 이용하여 영족 기체가 전자를 내놓거나 추가적인 전자를 받아들이지 않는 경향에 대한 이유를 설명하시오.

8.70 1B족 원소는 동일한 외각 전자 배치 ns^1를 가져도 1A족 원소들보다 안정한 이유는 무엇인가? 여기서 n은 최외각의 주양자수이다.

8.71 한 주기의 왼쪽에서 오른쪽으로 갈수록 산화물의 화학적 성질은 어떻게 달라지는가? 특정한 족 내에서 위에서 아래로 갈수록 어떻게 달라지는가?

• **8.72** 다음 각 산화물과 물 사이의 반응에 대해 식의 균형을 맞추어 표기하시오. (a) Li_2O, (b) CaO, (c) SO_3.

8.73 2주기 원소들(Li에서 F)과 수소, 2개의 원소로 구성된 수소 화합물에 대한 식과 이름을 쓰시오. 이 화합물들의 물리적, 화학적 성질이 한 주기 내에서 왼쪽에서 오른쪽으로 갈수록 어떻게 변하는지 서술하시오.

8.74 MgO와 BaO 중 어느 산화물이 더 염기성인가? 이유는?

▶ 추가 문제

8.75 주족 원소들의 금속성, 원자 크기, 이온화 에너지, 산화물의 산도(acidity) 등의 성질이 다음 경향에 따라 증가 또는 감소하는지 서술하시오. (a) 같은 주기 내에서 왼쪽에서 오른쪽으로 갈 때, (b) 같은 족 내에서 위에서 아래로 갈 때.

• **8.76** 주기율표를 참조하여 (a) 4주기에 있는 할로젠 원소, (b) 화학적 성질들이 인과 유사한 원소, (c) 5주기에서 가장 반응성이 높은 금속, (d) 원자 번호가 20보다 작으며 스트론튬과 비슷한 원소.

• 8.77 다음 과정을 대표하는 식을 쓰시오.

(a) S^-의 전자 친화도

(b) 타이타늄의 3차 이온화 에너지

(c) Mg^{2+}의 전자 친화도

(d) O^{2-}의 이온화 에너지

8.78 Ar과 등전자성인 전형 원소 및 전이 금속의 일반적인 이온들을 모두 나열하시오.

• 8.79 3주기 원소들(소듐에서 염소)이 (a) 산소 분자, (b) 염소 분자와 형성하는 화합물의 실험식(또는 분자식)을 쓰시오. 각 경우에 있어서 해당 화합물이 이온 결합성 또는 분자성일 것으로 예상하는 바를 기술하시오.

8.80 원소 M은 광택이 있는 매우 반응성 높은 금속(녹는점 63°C)이고, 원소 X는 매우 반응성 높은 비금속(녹는점 −7.2°C)이다. 이들은 반응하여 실험식 MX로 표시되며 734°C에서 녹는 무색의 잘 부서지는 흰색 고체 화합물을 형성한다. 물에 녹았을 때나 융해된 상태에 있을 때, 이 물질은 전기를 통한다. MX를 포함하는 수용액에 염소 기체가 통과하도록 주입하면, 적갈색 액체가 나타나고 Cl^-이온이 형성된다. 이러한 관찰로부터 M과 X를 식별하시오. (끓는점에 대하여 화학 관련 핸드북 참조)

• 8.81 왼쪽에 서술된 내용과 오른쪽의 원소들을 연결하시오.

(a) 진한 붉은색 액체	칼슘(Ca)
(b) 산소 기체와 타는 무색의 기체	금(Au)
(c) 물과 반응하는 반응성 금속	수소(H_2)
(d) 보석에 사용되는 광택이 있는 금속	아르곤(Ar)
(e) 비활성 기체	브로민(Br_2)

8.82 다음을 등전자 상태의 짝으로 나열하시오. O^+, Ar, S^{2-}, Ne, Zn, Cs^+, N^{3-}, As^{3+}, N, Xe.

• 8.83 반지름의 크기가 감소하는 순서로 쓰인 것은 다음 중 어느 것인가? (a) Be, Mg, Ba, (b) N^{3-}, O^{2-}, F^-, (c) Tl^{3+}, Tl^{2+} Tl^+.

8.84 다음 중 어떤 성질이 분명한 주기적 변화를 나타내는가? (a) 이온화 에너지, (b) 원소의 몰질량, (c) 원소의 이성질체 수, (d) 원자 반지름.

• 8.85 이산화 탄소가 맑은 수산화 칼슘 용액을 통과할 때, 용액은 우윳빛을 나타낸다. 그 반응식을 쓰고 이 반응으로부터 이산화 탄소가 산성 산화물이라는 것을 어떻게 나타내는지 설명하시오.

8.86 연기나는 붉은색 액체, 어두운 금속 같은 고체, 연노랑 기체, 유리와 반응하는 황록색 기체 등 4가지 물질이 주어졌다. 이 물질들이 7A족인 할로젠족의 첫 네 가지 원소라면, 각각의 이름을 쓰시오.

8.87 다음 과정의 에너지 변화를 계산하시오.

(a) $Na(g) + Cl(g) \longrightarrow Na^+(g) + Cl^-(g)$

(b) $Ca(g) + 2Br(g) \longrightarrow Ca^{2+}(g) + 2Br^-(g)$

8.88 다음 과정의 에너지 변화를 계산하시오.

(a) $Mg(g) + 2F(g) \longrightarrow Mg^{2+}(g) + 2F^-(g)$

(b) $2Al(g) + 3O(g) \longrightarrow 2Al^{3+}(g) + 3O^{2-}(g)$

O^-의 전자 친화도는 −844 kJ/mol이다.

8.89 다음에 나열한 원소 쌍에 대해 화학적 유사성을 나타내는 세 가지 성질을 제시하시오. (a) 소듐과 포타슘, (b) 염소와 브로민.

8.90 적당한 조건에서 He, Ne, Ar을 제외한 주기율표에 있는 다른 모든 원소들과 화합물을 형성하는 원소의 이름을 적으시오.

8.91 황의 1차 전자 친화도는 200 kJ/mol이지만 2차 전자 친화도는 −649 kJ/mol인 이유를 설명하시오.

8.92 H^- 이온과 He 원자는 모두 두 개의 1s 전자를 갖는다. 두 종류 중 어느 것이 더 큰지 정하고 그 이유를 설명하

시오.

8.93 다음 산화물과 물과의 생성물을 예측하시오. Na_2O, BaO, CO_2, N_2O_5, P_4O_{10}, SO_3. 각 반응에 대한 식을 쓰시오. 해당 산화물이 산성, 염기성, 양쪽성 여부를 명기하시오.

8.94 2주기 원소(Li에서 N)의 산화물의 식과 이름을 쓰시오. 산화물이 산성, 염기성, 양쪽성인지를 밝히시오.

8.95 다음 각 원소가 대기압 상태에서 기체, 액체, 고체 중 어느 것인지 쓰시오. 또한 원자, 분자, 3차원 그물 구조 중 어느 것으로 존재하는지 쓰시오. Mg, Cl, Si, Kr, O, I, Hg, Br.

8.96 수소의 고유 특성을 설명하는 요소들은 무엇인가?

8.97 유인 우주선이나 잠수함의 공기는 호흡에서 배출된 이산화 탄소를 제거할 필요가 있다. 이산화 탄소와 다음 화합물과의 반응에 대한 식을 쓰시오. (a) 산화 리튬(Li_2O), (b) 과산화 소듐(Na_2O_2), (c) 초과산화 포타슘(KO_2).

8.98 수소꼴 이온의 전자의 에너지를 계산하는 식이 연습 문제 8.57에 주어져 있다. 이 식은 다전자 원자에는 적용할 수 없다. 보다 복잡한 원자들에 대해 그 식을 수정하는 한 가지 방법은 Z를 $(Z - \sigma)$로 치환하는 것이다. 여기서 Z는 원자 번호이고, σ는 가림 상수라는 양의 차원이 없는 양이다. 한 예로 헬륨 원자를 생각해 보자. σ의 물리적 의의는 두 $1s$ 전자들이 서로 발휘하는 가림의 정도를 나타낸다는 것이다. 그런 이유로, $(Z - \sigma)$라는 양은 "유효 핵전하"라고 부른다. 헬륨의 1차 이온화 에너지가 원자 당 3.94×10^{-18} J이라면 σ 값을 계산하시오(계산 시에 주어진 식에서 − 표시는 무시하라).

8.99 영족 기체의 전기 음성도가 음인 이유는 무엇인가?

8.100 K의 원자 반지름은 227 pm이고 K^+의 이온 반지름은 133 pm이다. K(g)가 $K^+(g)$로 변환될 때 발생하는 부피 감소를 백분율로 계산하시오. [구의 부피는 $(\frac{4}{3})\pi r^3$이며, r은 구의 반지름이다.]

8.101 F의 원자 반지름은 72 pm이고 F^-의 이온 반지름은 133 pm이다. F(g)가 $F^-(g)$로 변환될 때 발생하는 부피 감소를 백분율로 계산하시오. (구의 부피에 대해서 연습 문제 8.100 참조)

8.102 광전자 분광학이라는 기술이 원자들의 이온화 에너지를 측정하는 데 사용되곤 한다. 시료에 자외선(UV)을 쪼이면, 최외각으로부터 전자가 방출된다. 이 방출된 전자의 운동 에너지를 측정한다. UV 광자의 에너지와 방출된 전자의 운동 에너지는 알고 있기 때문에 다음과 같이 식을 세울 수 있다.

$$h\nu = IE + \frac{1}{2}mu^2$$

여기서 ν는 UV의 진동수이며 m과 u는 각각 전자의 질량과 속도이다. 162 nm 파장의 UV를 사용한 실험에서 포타슘으로부터 방출된 전자의 운동 에너지가 5.34×10^{-19} J임을 알았다. 포타슘의 이온화 에너지를 계산하시오. 이 이온화 에너지가 최외각 전자(즉, 가장 느슨하게 붙들려 있는 전자)에 해당될 것으로 어떻게 확신하는가?

8.103 8장의 맨 끝에 있는 "생활 속의 화학"을 참조하여 다음 질문에 답하시오. (a) 지구상의 첫 영족 기체(아르곤)를 발견하는 데 왜 그런 오랜 시간이 걸렸는가? (b) 아르곤이 발견된 이후 나머지 영족 기체들이 발견되는 데 거의 시간이 걸리지 않은 이유는 무엇인가? (c) 왜 헬륨은 액체 공기의 분별 증류로 분리하지 못하였는가?

8.104 다음 반응에 필요한 에너지는 1.96×10^4 kJ/mol이다.

$$Li(g) \longrightarrow Li^{3+}(g) + 3e^-$$

리튬의 1차 이온화 에너지는 520 kJ/mol이라면, 다음 반응에 필요한 리튬의 2차 이온화 에너지를 계산하시오.

$$Li^+(g) \longrightarrow Li^{2+}(g) + e^-$$

(힌트: 연습 문제 8.57의 식이 필요하다.)

8.105 원소 X는 200℃에서 수소 기체와 반응하여 화합물 Y를 형성한다. Y를 더 높은 온도로 가열하면, 반응물 X 1.00 g에 대하여(STP 상태에서 측정) 수소 기체 559 mL의 비율로 원소 X와 수소 기체로 분해된다. X는 또한 염소와 결합하여 화합물 Z를 형성하는데, Z는 염소 질량이 63.89%를 차지한다. X의 정체를 추론하시오.

8.106 어떤 학생이 알칼리 금속, 4A족 원소, 5A족 원소인 X, Y, Z 세 원소 시료를 받아 다음 관찰을 하였다. 원소 X는 금속 광택이 나며, 전기를 통한다. 또한 염산과 천천히 반응하여 수소 기체를 생성한다. 원소 Y는 전기를 통하지 않는 연노란색 고체이다. 원소 Z는 금속 광택이 나며 전기를 통한다. 원소 Z가 공기에 노출되었을 때 천천히 흰색 입자를 형성시킨다. 물 속에서 흰색 입자 용액은 염기성이다. 이러한 관찰로부터 해당 원소들에 대해 어떤 결론을 얻을 수 있는가?

8.107 최외각 전자의 궤도함수 그림이 다음과 같은 이온이 어떤 것인지 밝히시오. 이온의 전하는 (a) 1+, (b) 3+, (c) 4+, (d) 2+이다.

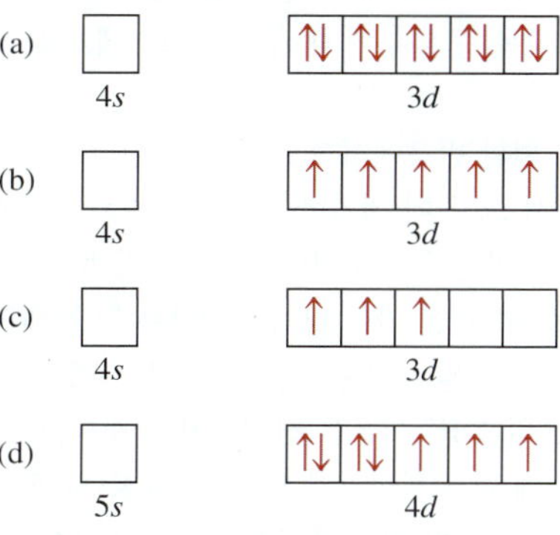

8.108 Na^+ 이온의 전자 친화도는 무엇인가?

8.109 1차에서부터 11차까지 소듐의 이온화 에너지(kJ/mol 단위)는 495.9, 4560, 6900, 9540, 13,400, 16,600, 20,120, 25,490, 28,930, 141,360, 170,000이다. 이온화 에너지(y축) 대 이온화 수(x축)의 log 그래프를 그리시오. 예를 들어 log 495.9는 1(1차 이온화 에너지 IE_1으로 표시)에 대하여 그린다. log 4560은 2(2차 이온화 에너지 IE_2로 표시)에 대하여 그려진다. 나머지는 위의 방식과 동일하다. (a) 1*s*, 2*s*, 2*p*, 3*s*와 같은 궤도 함소의 전자들로 IE_1부터 IE_{11}을 식별하시오. (b) 연결선이 끊어지는 점에서 전자 껍질에 관하여 어떤 추론을 할 수 있는가?

• **8.110** 실험적으로 원소의 전자 친화도는 레이저를 사용하여 기체 상 원소의 음이온을 이온화하여 결정한다.

$$X^-(g) + h\nu \longrightarrow X(g) + e^-$$

표 8.3을 참조하여 염소의 전자 친화도에 해당되는 광자의 파장(nm)을 계산하시오. 이 파장은 전자기 스펙트럼의 어떤 영역에 해당되는가?

8.111 Mn^{2+}이 Mn^{3+}로 산화되는 것보다 Fe^{2+}가 Fe^{3+}로 산화되기가 더 쉬운 이유가 무엇인지 전자 배치로 설명해 보시오.

• **8.112** 원소의 원자화 표준 엔탈피는 25°C에서 가장 안정한 형태에 있는 원소 1 mol을 단원자 기체 1 mol로 변화시키는 데 필요한 에너지이다. 소듐의 원자화 표준 엔탈피가 108.4 kJ/mol로 주어졌다면 25°C에서 소듐 금속 1 mol을 기체 상태의 Na^+ 이온 1 mol로 변환시키는 데 필요한 에너지를 kJ 단위로 계산하시오.

8.113 다음 2주기 원소들의 수소화물의 식과 이름을 쓰고, 물과의 반응을 예측하시오. Li, C, N, O, F.

8.114 타이타늄의 전자 배치에 대한 지식을 기초로 하여 다음 중 어느 타이타늄 화합물이 실존하지 않을 것인지 서술하시오. K_3TiF_6, $K_2Ti_2O_5$, $TiCl_3$, K_2TiO_4, K_2TiF_6.

8.115 다음 각 물질의 중요한 구성 요소인 1A족 또는 2A족의 원소의 이름을 쓰시오. (a) 산성 소화불량증에 대한 치료제, (b) 원자로의 냉매, (c) 설사제(Epsom salt), (d) 베이킹 파우더, (e) 화약, (f) 경금속, (g) 산성비를 중화시키기도 하는 비료, (h) 시멘트, (i) 빙판길에 뿌리는 가루(grit). 항목 중 일부에 대해 지도 교수에게 물어볼 수 있다.

• **8.116** 할로젠 치환 반응에서 할로젠 원소는 그 음이온을 주기율표에서 그 위에 위치한 할로젠 원소로 산화시켜 얻을 수 있다. 이는 플루오린이 7A족의 첫번째 원소이므로 원소 플루오린을 만들 방법이 없다는 것을 의미한다. 실은 오랫동안 원소 플루오린을 만드는 유일한 방법은 전해법에 의해 F^- 이온을 산화시키는 것이었다. 그 다음 1986년에 어느 화학자가 150°C에서 K_2MnF_6를 SbF_5와 반응시킴으로써 원소 플루오린을 발생시켰다고 보고했다. 반응을 나타내는 다음 식의 균형을 맞추시오.

$$K_2MnF_6 + SbF_5 \longrightarrow KSbF_6 + MnF_3 + F_2$$

8.117 (a) 산소 분자, (b) 암모니아, (c) 이산화 탄소, (d) 수소 분자, (e) 산화 칼슘을 만드는 균형 반응식을 쓰시오. 각 식에서 반응물과 생성물의 물리적 상태를 표기하시오.

8.118 다음 산화수를 가지는 질소 산화물에 대한 화학식을 쓰시오. +1, +2, +3, +4, +5. (*힌트:* +4인 산화수를 가지는 질소의 산화물은 두 개가 있다.)

8.119 대부분의 전이 금속 이온들은 색을 띤다. 예를 들어, $CuSO_4$ 용액은 푸른색이다. 푸른색을 띠는 것이 SO_4^{2-} 이온 때문이 아니라 수화된 Cu^{2+} 이온 때문이라는 것을 어떻게 보일 수 있겠는가?

8.120 일반적으로 원자 반지름과 이온화 에너지는 반대의 주기성을 가진다. 이유는?

8.121 질소의 전자 친화도는 거의 0인 반면, 질소 전후에 있는 원소인 탄소와 산소는 상당한 양의 전자 친화도를 갖는 이유를 설명하시오.

• **8.122** 할로젠족인 염소, 브로민, 아이오딘을 생각해보자. 염소의 녹는점과 끓는점은 각각 −101.0°C와 −34.6°C인 반면 아이오딘의 녹는점과 끓는점은 각각 113.5°C와 184.4°C이다. 따라서 염소는 기체이고, 아이오딘은 상온에서 고체이다. 브로민의 녹는점과 끓는점을 예측하시오. 이 값들과 화학 편람에 나온 값을 비교하시오.

8.123 루비듐(Rb)과 (a) $H_2O(l)$, (b) $Cl_2(g)$, (c) $H_2(g)$와의 반응의 균형식을 쓰고, 반응을 예측하시오.

8.124 어떤 전형 원소의 처음 네 전자에 대한 이온화 에너지는 차례로 738.1 kJ/mol, 1450 kJ/mol, 7730 kJ/mol, 10,500 kJ/mol이다. 이 원소는 주기율표의 어느 족에 속해 있을까?

• 8.125 7A족의 마지막 원소인 아스타틴의 화학은 알려진 것이 거의 없다. 이 할로젠이 가질 것으로 예상되는 물리적 특성을 서술하시오. NaAt와 황산과의 반응 생성물을 예측하시오. (*힌트*: 황산은 산화제이다)

8.126 이 장에서 논의한 것처럼 아르곤의 원자 질량은 포타슘보다 크다. 이러한 관찰 결과는 아르곤이 포타슘의 뒤에 놓여야 한다는 것을 의미하기 때문에 주기율표에 대한 초기 발전에 문제를 일으켰다. (a) 이 어려움은 어떻게 해결되었는가? (b) 다음 자료로부터 아르곤과 포타슘의 평균 원자 질량을 계산하시오. Ar-36(35.9675 amu; 0.337%); Ar-38(37.9627 amu; 0.063%); Ar-40(39.9624 amu; 99.60%); K-39(38.9637 amu; 93.258%); K-40(39.9640 amu; 0.0117%); K-41(40.9618 amu; 6.730%).

• 8.127 소듐 원자 하나를 이온화하기 위해 필요한 빛의 최대 파장(nm)을 계산하시오.

8.128 프랑슘 이후에 오는 다음 알칼리 금속의 원자 번호와 바닥 상태 전자 배치를 예측하시오.

8.129 이온화 에너지가 높은 원소가 더 큰 양의 전자 친화도도

가지는 이유는 무엇인가? 이러한 일반화에 대한 예외는 어느 족 원소들인가?

8.130 어느 원소의 첫 네 번의 이온화 에너지는 각각 579 kJ/mol, 1980 kJ/mol, 2963 kJ/mol, 6180 kJ/mol이다. 이 원소는 주기율표의 어느 족에 속하겠는가? 이유는?

8.131 어떤 화학자들은 헬륨을 "헬론(helon)"으로 불러야 적절하다고 생각한다. 왜 그런가? 헬륨의 어미인 '-ium'은 무엇을 암시하는가?

8.132 (a) 가장 간단한 탄화수소의 식은 CH_4이다. 수소와 규소, 저마늄, 주석, 납 간에 형성된 가장 단순한 화합물의 식을 예견하시오. (b) NaH는 이온 화합물이다. RbH가 NaH보다 이온성이 큰지 또는 작은지 예측하시오. (c) Ra과 물과의 반응을 예측하시오. (d) 공기 중에 노출될 때, 알루미늄은 부식을 방지하기 위한 Al_2O_3 코팅을 형성한다. 어떤 2A족 금속이 이와 유사한 성질을 나타낼 것으로 예측되는가? 이유는?

8.133 수소 분자가 환원제와 산화제 모두로 작용할 수 있는 식을 나타내시오.

8.134 Mg^{2+}와 Ca^{2+}는 모두 생물학적으로 중요한 이온이다. 이들의 기능 중 하나는 ATP 분자의 인산기나 단백질의 아미노산에 결합하는 것이다. 일반적으로 2A족 금속에 대해 음이온과 결합하는 정도는 $Ba^{2+} < Sr^{2+} < Ca^{2+} < Mg^{2+}$ 순서로 증가한다. 경향성을 설명하시오,

8.135 오른쪽 각 원소와 왼쪽 설명을 연결하시오.

(a) 물과 반응하는 연노랑 기체	질소(N_2)
(b) 물과 반응하여 수소를 생성하는 경금속	붕소(B)
(c) 딱딱하며 높은 녹는점을 가진 준금속	알루미늄(Al)
(d) 무색, 무취의 기체	플루오린(F_2)
(e) 철보다 더 반응성이 있으나 공기 중에서 부식되지 않는 금속	소듐(Na)

8.136 주기율표의 중요성을 설명하시오. 주기율표에서 원소 위치의 중요성에 특히 주의를 기울이고 이 원소의 화학적, 물리적 성질과 주기율표상의 위치가 어떻게 연관되어 있는지에 대해 역점을 두어 설명하시오.

8.137 Li부터 Ne까지 2주기 원소들에 대해 원자 번호에 대한 유효 핵전하(8.3절 참조)와 원자 반지름(그림 8.5 참조)의 그림을 그리고, 경향을 설명하시오.

8.138 원소 X의 한 동소체(allotropic) 형태는 무색의 결정성 고체이다. 과량의 산소와 X의 반응은 무색의 기체를 생성한다. 이 기체는 물에 녹아 산성 용액을 만든다. X에 대응하는 다음 원소 중 하나를 고르시오. (a) 황, (b) 인, (c) 탄소, (d) 붕소, (e) 규소.

8.139 마그네슘 금속이 공기 중에서 연소할 때 A와 B의 두 가지 생성물이 형성된다. A는 물과 반응하여 염기성 용액을 형성하고, B는 물과 반응하여 A와 비슷한 용액을 만들고 거기에 더하여 자극적 냄새를 가진 기체를 생성한다. A와 B의 정체를 찾고, 반응들의 식을 쓰시오. (*힌트*: 8장의 뒷부분에 있는 "생활 속의 화학" 참조)

8.140 어떤 원소의 이온화 에너지는 412 kJ/mol이다. 이 원소의 원자들이 첫 번째 들뜬 상태에 있을 때 이온화 에너지는 126 kJ/mol에 불과하다. 이러한 정보에 기초하여 첫 번째 들뜬 상태로부터 바닥 상태로 전이가 발생할 때 방출되는 빛의 파장을 계산하시오.

8.141 열화학에 대한 지식을 이용하여 다음 반응의 ΔH를 계산하시오.(a) $Cl^-(g) \rightarrow Cl^+(g) + 2e^-$, (b) $K^+(g) + 2e^- \rightarrow K^-(g)$.

8.142 표 8.2를 참조하여 헬륨의 1차 이온화 에너지가 수소의 이온화 에너지의 두 배보다 작은지를 설명하고, 헬륨의 2차 이온화 에너지가 수소의 이온화 에너지의 두 배보다 큰 이유를 설명하시오. [*힌트*: 쿨롱 법칙에 따라 거리 r만큼 떨어진 두 전하 Q_1과 Q_2 사이의 에너지는 (Q_1Q_2/r)에 비례한다.)

8.143 3장에서 언급하였듯이 질산 암모늄(NH_4NO_3)은 세상에서 가장 중요한 질소 함유 비료이다. 출발 물질로 공기와 물만이 주어진다면, 이 화합물을 어떻게 만들 것인지 서술하시오. 이 과제를 위하여 재량껏 장비를 사용할 수 있다.

8.144 다전자 원자의 유효 전하($Z_{유효}$)를 예측하는 한 가지 방법은 다음 식을 이용하는 것이다. IE_1 = (1312 kJ/mol)$(Z^2_{유효}/n^2)$. 여기서 IE_1은 1차 이온화 에너지이고 n은 전자가 존재하는 껍질의 주양자수이다. Li, Na, K의 유효 전하를 계산하기 위하여 이 식을 이용하시오. 또한 각 금속에 대해 $Z_{유효}/n$을 계산하시오. 결과에 대해 논하시오.

8.145 산화물, 과산화물, 초과산화물의 형성을 막기 위하여 알칼리 금속은 종종 비활성 분위기에 저장된다. 리튬에 Ne, Ar, N_2, Kr 중 어느 기체를 사용해서는 안 되는가? 설명하시오. (*힌트*: 이 장에서 언급하였듯이 Li와 Mg는 대각선 관계를 보인다. 이 두 원소들의 공통된 화합물을 비교하시오.)

8.146 다음 주기율표에 나타낸 원소들이 인체에서 하는 중요한 역할을 설명하시오. (www.webelements.com과 같은 웹사이트를 찾아보도록 하라.)

H																	
													C	N	O		
Na	Mg													P	S	Cl	
K	Ca				Cr	Mn	Fe	Co		Cu	Zn					Br	
																I	

8.147 최근 이론적 계산에 따르면 아스타틴은 다른 할로겐처럼 이원자 분자를 형성하기보다 단원자 금속일 수 있음을 나타낸다. (a) 주기율표에서 아스타틴의 위치를 기초로 하여 이 예측을 합리화해 보시오. (b) 한 At 원자로부

터 전자 하나를 제거하는 데 필요한 에너지를 레이저 이온화로 결정하였더니 9.3175 eV이었다. 1 eV = 1.602 × 10^{-19} J가 주어졌다. 아스타틴의 1차 이온화 에너지를 kJ/mol 단위로 계산하시오. (c) 다음의 1차 이온화 에너지가 (a)에 대한 당신의 답변을 뒷받침하는지 여부를 쓰시오. Pb 715.6 kJ/mol, Bi 702.9 kJ/mol, Po 811.8 kJ/mol, Rn 1037 kJ/mol.

설명, 모형화 및 추정 문제 *Interpreting, Modeling & Estimating*

8.148 수소에서부터 아르곤까지 처음 18개의 원소를 생각해 보자. 이들 원자 중 반이 반자기성이고 반이 상자기성이라고 예측하는가? 설명하시오.

8.149 세슘의 일함수(206 kJ/mol)와 1차 이온화 에너지(376 kJ/mol)를 비교하시오. 차이를 설명하시오.

8.150 라돈의 확인된 유일한 화합물은 이플루오린화 라돈(RnF_2)이다. 라돈의 화학을 연구하기 어려운 한 가지 이유는 라돈의 모든 동위원소가 방사성이어서 이 물질을 조작하기가 위험하기 때문이다. 라돈 화합물이 거의 알려지지 않은 다른 이유를 제시할 수 있는가? (*힌트*: 방사성 붕괴는 발열 과정이다.)

8.151 비소(As)는 인체에 필수 원소는 아니다. (a) 주기율표에서 비소의 위치를 근거로 독성의 이유를 설명해 보시오. (b) 비소가 인체에 들어오게 되면 자라는 모발의 모낭에서 뚜렷하게 보이게 된다. 이러한 작용으로 탐정들이 희생자의 모발을 분석함으로써 많은 살인사건을 풀 수 있게 된다. 비소 중독이 예상된다면 원소의 축적을 볼 수 있는 곳이 그밖에 또 어디이겠는가?

8.152 네온과 크립톤의 끓는점은 각각 −245.9°C와 −152.9°C이다. 이 자료를 이용하여 아르곤의 끓는점을 추정하시오.

8.153 다음 끓는점 자료를 이용하여 프랑슘의 끓는점을 추정하시오.

금속	Li	Na	K	Rb	Cs	Fr
끓는점(°C)	1347	882.9	774	688	678.4	?

8.154 금에서 6*s*와 5*d* 준위의 에너지 차는 4.32 × 10^{-19} J이다. 이 정보를 기초로 하여 금 증기의 감지할 수 있는 색을 예측하시오. (*힌트*: 보색의 개념에 익숙해야 한다. 그림 23.18 참조)

8.155 K 원자 1 mol의 부피(그림 8.5 참조)를 계산하고, K의 밀도(0.856 g/cm^3)를 이용한 결과와 비교하시오. 차이를 설명하시오.

실전 연습의 답 *Answers to Practice Exercises*

8.1 (a) $1s^22s^22p^63s^23p^64s^2$, (b) 주족 원소, (c) 반자기성. **8.2** Li > Be > C. **8.3** (a) Li^+, (b) Au^{3+}, (c) N^{3-}. **8.4** (a) N, (b) Mg. **8.5** 생성하지 못한다. **8.6** (a) 양쪽성, (b) 산성, (c) 염기성.

제 9 장

화학 결합 I: 기본 개념

Chemical Bonding I: Basic Concepts

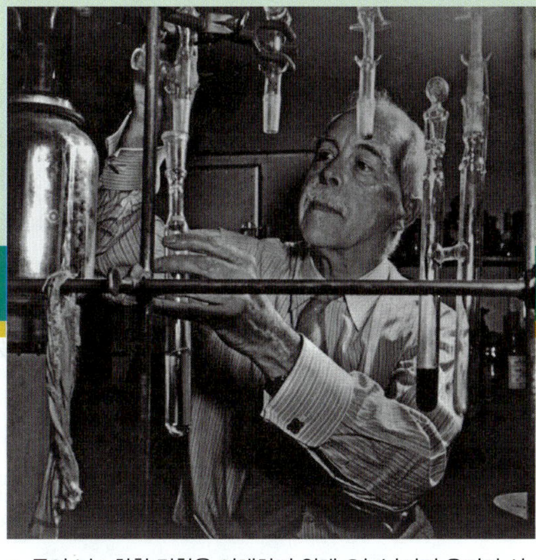

▲ 루이스는 화학 결합을 이해하기 위해 오늘날까지 우리가 사용하는 많은 모형을 개발하였다.

이 장의 차례

들여다보기

- 원자에 원자가 전자를 나타내는 루이스 점 기호에 대한 소개로 화학 결합에 대한 공부를 시작한다(9.1절).
- 다음으로 이온 결합 형성을 공부하고, 이온 결합 화합물의 안정도 척도인 격자 에너지 정하는 방법을 배운다(9.2절과 9.3절).
- 그 다음, 공유 결합 형성으로 관심을 돌려 팔전자 규칙을 만족시키는 루이스 구조 그리는 법을 배운다(9.4절).
- 전기음성도는 분자의 성질을 이해하는 데 중요한 개념임을 배운다(9.5절).
- 분자와 이온들의 루이스 구조 그리기를 계속 연습하고, 형식 전하를 이용하여 이들 화학종에서 전자의 분포를 공부한다(9.6절과 9.7절).
- 공명 구조와 연관지어 루이스 구조를 다룬다. 공명 구조는 분자가 가질 수 있는 다른 루이스 구조를 말한다. 그리고 팔전자 규칙에서 예외적인 경우도 다룬다(9.8절과 9.9절).
- 공유 결합의 세기를 점검하며 이 장을 끝낸다. 공유 결합의 세기를 이용하면 결합 엔탈피를 이용하여 반응의 엔탈피 변화도 알 수 있다(9.10절).

서로 다른 원소의 원자들이 반응하는 이유는 무엇인가? 분자 내의 원자나 이온 결합 화합물 내의 이온들을 묶는 힘은 무엇인가? 그들은 어떠한 모양을 갖는가? 이것이 이 장과 10장에서 다룰 질문이다. 이온 결합과 공유 결합이라는 두 가지 결합을 살펴보고, 이들을 안정화시키는 힘에 대해서 살펴본다.

9.1 루이스 점 기호

주기율표와 전자 배치의 개념이 발달하면서 화학자들은 분자와 화합물 형성을 논리적으로 설명할 수 있게 되었다. 루이스(Gilbert Lewis)[†]에 의해 확립된 이 개념의 핵심은 보다 안정된 전자 배치가 되도록 원자들이 서로 결합한다는 것이다. 원자는 영족 기체와 같은 전자 배열을 할 때 가장 안정하다.

원자들이 상호작용하여 화학 결합을 형성할 때, 원자들의 외각 부분만 서로 접촉하게 된다. 따라서 화학 결합에 대한 연구에서는 원자의 원자가 전자가 주관심 대상이다. 루이스에 의해 고안된 루이스 점 기호를 이용하여, 화학 반응에서 원자가 전자를 추적할 수 있고 총 전자수가 변하지 않는다는 것을 확인할 수 있다. **루이스 점 기호**(Lewis dot symbol)는 *원소 기호와 원자가 전자 개수에 해당하는 점으로 이루어져 있다.* 그림 9.1은 주족 원소와 영족 기체의 루이스 점 기호를 보여준다. 주목할 점은 헬륨을 제외하고 각 원자의 원자가 전자수는 원소가 속한 족의 번호와 같다는 것이다. 예를 들어, Li은 1A족에 속하며 원자가 전자 하나가 있고, 2A족 원소인 Be는 원자가 전자가 두 개이다(두 개의 점). 같은 족 원소들은 외각 전자의 배치가 비슷하며, 루이스 점 기호도 비슷하다. 전이 금속, 란타넘족, 악티늄족 원소들은 내부 궤도에 전자가 완전히 채워지지 않은 상태이므로 루이스 점 기호를 그릴 수 없다.

이 장에서는 전자 배치와 주기율표를 이용하는 방법을 배울 것이다. 그러면 원자들이 만드는 결합의 종류를 예측하고, 특정 원소의 원자가 만들 수 있는 결합의 개수와 생성물의 안정성을 예측할 수 있다.

[†] 루이스(Gilbert Newton Lewis, 1875~1946)는 미국 화학자로, 화학 결합, 열역학, 산과 염기, 분광학에 중요한 기여를 했다. 루이스는 그 연구의 중요성에도 불구하고 노벨상을 받지 못했다.

1 1A	2 2A	3 3B	4 4B	5 5B	6 6B	7 7B	8 8B	9 8B	10 8B	11 1B	12 2B	13 3A	14 4A	15 5A	16 6A	17 7A	18 8A
·H																	He:
·Li	·Be·											·B·	·C·	·N·	·O·	:F·	:Ne:
·Na	·Mg·											·Al·	·Si·	·P·	·S·	:Cl·	:Ar:
·K	·Ca·											·Ga·	·Ge·	·As·	·Se·	:Br·	:Kr:
·Rb	·Sr·											·In·	·Sn·	·Sb·	·Te·	:I·	:Xe:
·Cs	·Ba·											·Tl·	·Pb·	·Bi·	·Po·	:At·	:Rn:
·Fr	·Ra·												·Fl·		·Lv·		

그림 9.1 주족 원소와 비활성 기체에 대한 루이스 점 기호. 쌍을 이루고 있지 않는 점의 수는 화합물에서 원자가 결합할 수 있는 결합의 수와 일치한다.

개념 복습하기

루이스 구조를 그릴 때 주족 원소 주위에 그릴 수 있는 점은 최대 몇 개인가?

9.2 이온 결합

8장에서 이온화 에너지가 낮은 원소는 양이온을 잘 형성하고, 전자 친화도가 높은 원소는 음이온을 잘 형성한다고 배웠다. 일반적으로 이온 결합 화합물에서 양이온을 가장 잘 형성하는 것은 알칼리 금속과 알칼리 토금속이며, 음이온을 가장 잘 형성하는 것은 할로젠과 산소이다. 따라서 많은 이온 결합 화합물이 1A족이나 2A족 원소와 할로젠 또는 산소와의 결합으로 이루어진다. **이온 결합**(ionic bond)은 *이온 결합 화합물에서 이온들을 붙잡고 있는 정전기적 힘*이다. 예를 들어, Li과 F가 LiF를 만드는 경우를 보자. 플루오린화 리튬(LiF)은 땜납의 녹는점을 낮추거나 세라믹 제조에 사용하는 독성이 있는 백색 분말이다. Li의 전자 배열은 $1s^22s^1$이며, F의 전자 배열은 $1s^22s^22p^5$이다. Li과 F 원자가 서로 접근하게 되면, Li의 $2s^1$ 궤도에 있는 원자가 전자가 F 원자로 전달된다. 루이스 점 기호를 이용하면 이 반응은 다음과 같이 나타낼 수 있다.

$$\cdot\text{Li} \quad + \quad :\ddot{\underset{\cdot\cdot}{\text{F}}}\cdot \longrightarrow \text{Li}^+ \quad :\ddot{\underset{\cdot\cdot}{\text{F}}}:^- \quad (\text{또는 LiF}) \tag{9.1}$$
$$1s^22s^1 \qquad 1s^22s^22p^5 \qquad\qquad 1s^2 \quad 1s^22s^22p^6$$

플루오린화 리튬. 산업적으로 LiF는(다른 대부분의 이온 결합 화합물과 마찬가지로) 그 화합물을 포함하고 있는 광물질을 정제해서 얻는다.

편의상 이 반응은 몇 단계로 이루어진다고 가정하자. 먼저 Li이 이온화한다.

$$\cdot\text{Li} \longrightarrow \text{Li}^+ + e^-$$

F가 이 전자를 받는다.

$$:\ddot{\underset{\cdot\cdot}{\text{F}}}\cdot + e^- \longrightarrow :\ddot{\underset{\cdot\cdot}{\text{F}}}:^-$$

두 이온이 결합하여 LiF를 형성한다.

$$\text{Li}^+ + :\ddot{\underset{\cdot\cdot}{\text{F}}}:^- \longrightarrow \text{Li}^+ :\ddot{\underset{\cdot\cdot}{\text{F}}}:^-$$

이들 세 반응식을 더하면 다음과 같이 된다.

$$\cdot\text{Li} + :\ddot{\underset{\cdot\cdot}{\text{F}}}\cdot \longrightarrow \text{Li}^+ :\ddot{\underset{\cdot\cdot}{\text{F}}}:^-$$

이온 결합 화합물의 실험식은 보통 전하를 나타내지 않는다. 여기서 사용하는 +와 −는 전자의 전이를 강조하기 위한 것이다.

위의 세 식을 합치면 식 (9.1)이 된다. LiF의 이온 결합은 양전하를 띤 Li 이온과 음전하를 띤 F 이온 간의 정전기적 인력으로 이루어져 있으며, 화합물은 전기적으로 중성이다.

다른 많은 반응에서 이온 결합의 형성을 볼 수 있다. 예를 들어, Ca을 산소 하에서 태우면 산화 칼슘이 형성된다.

$$2\text{Ca}(s) + \text{O}_2(g) \longrightarrow 2\text{CaO}(s)$$

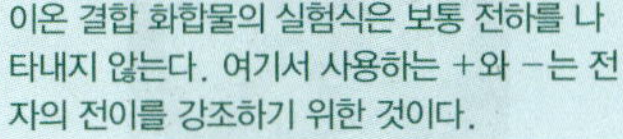

동영상 자료
▶ 마그네슘과 산소의 반응.

먼저 O_2 분자가 각각 O 원자로 해리된다고 가정하면(이 과정에서의 에너지 관계는 뒤에 언급되어 있다), 이 반응을 루이스 점 기호로 표시하면 다음과 같다.

$$\cdot\text{Ca}\cdot \quad + \quad \cdot\ddot{\underset{\cdot\cdot}{\text{O}}}\cdot \longrightarrow \text{Ca}^{2+} \quad :\ddot{\underset{\cdot\cdot}{\text{O}}}:^{2-}$$
$$[\text{Ar}]4s^2 \qquad 1s^22s^22p^4 \qquad\qquad [\text{Ar}] \qquad [\text{Ne}]$$

이 과정에서 Ca 원자에서 전자 두 개가 O 원자로 전이한다. 칼슘 이온(Ca^{2+})은 Ar과 같은 전자 배열을 하며, 산화 이온(O^{2-})은 Ne과 같은 전자 배열을 한다. 두 이온이 만드는 화합물 CaO는 전기적으로 중성이다.

많은 경우에 화합물 내의 양이온과 음이온이 서로 다른 전하를 갖기도 한다. 예를 들어, 리튬을 공기 중에서 태워 산화 리튬(Li_2O)을 형성할 때 균형 반응식은 다음과 같다.

$$4Li(s) + O_2(g) \longrightarrow Li_2O(s)$$

루이스 점 기호를 이용하면 다음과 같이 쓸 수 있다.

$$\underset{1s^22s^1}{2\ \cdot Li} + \underset{1s^22s^22p^4}{\cdot\ddot{\underset{..}{O}}\cdot} \longrightarrow \underset{[He]}{2Li^+}\quad \underset{[Ne]}{:\ddot{\underset{..}{O}}:^{2-}}\ (\text{또는 } Li_2O)$$

이 과정에서 산소 원자는 두 개의 Li 원자로부터 각각 한 개씩 두 개의 전자를 받아 산소 이온을 형성한다. Li^+ 이온은 He과 동일한 전자 배열을 하고 있다.

높은 온도에서 Mg이 질소와 반응하면 흰색 고체 화합물인 질소화 마그네슘(Mg_3N_2)이 형성된다.

$$3Mg(s) + N_2(g) \longrightarrow Mg_3N_2(s)$$

또는

$$\underset{[Ne]3s^2}{3\ \cdot Mg\cdot} + \underset{1s^22s^22p^3}{2\ \cdot\ddot{\underset{\cdot}{N}}\cdot} \longrightarrow \underset{[Ne]}{3Mg^{2+}}\quad \underset{[Ne]}{2\ :\ddot{\underset{..}{N}}:^{3-}}\ (\text{또는 } Mg_3N_2)$$

이 반응에서 각각의 Mg 원자로부터 두 개씩 총 여섯 개의 전자가 두 개의 N 원자로 전이된다. 이 때 만들어지는 Mg^{2+} 이온과 N^{3-} 이온은 모두 Ne과 동일한 전자 배열을 한다. 세 개의 +2가 양이온과 두 개의 −3가 음이온이 결합하게 되므로 전하는 균형있게 되고 화합물은 전기적으로 중성이 된다.

다음 예제 9.1에서 루이스 점 기호를 이용하여 이온 결합 화합물의 형성 과정을 공부해 보자.

광물질 코런덤(Al_2O_3).

예제 9.1

루이스 점 기호를 사용하여 산화 알루미늄(Al_2O_3)의 형성을 나타내시오.

전략 이온 결합 화합물의 화학식을 적을 때 전기적 중성을 이용한다. 다시 말하면 양이온들의 전체 양전하 수는 음이온들의 전체 음전하와 같아야만 한다.

풀이 그림 9.1에 따르면 Al과 O의 루이스 점 기호는 다음과 같다.

$$\cdot\dot{Al}\cdot \qquad \cdot\ddot{\underset{..}{O}}\cdot$$

이온 결합 화합물에서 알루미늄은 양이온(Al^{3+})을 형성하고, 산소는 음이온(O^{2-})을 형성하려고 하기 때문에 전자는 Al에서 O로 이동한다. 각각의 Al 원소에는 세 개의 원자가 전자가 있다. 각각의 O 원자는 Ne과 전자 배열이 같은 O^{2-} 이온을 형성하기 위해 두 개의 전자가 필요하다. 그러므로 Al^{3+}와 O^{2-} 이온 간의 가장 간단한 조성비는 2 : 3이다. 두 개의 Al^{3+}는 총 +6의 전하를 갖게 되고, 세 개의 O^{2-} 이온은 −6의 전하를 갖게 된다. 따라서 산화 알루미늄의 실험식은 Al_2O_3이며, 반응은 다음과 같다.

$$\underset{[Ne]3s^23p^1}{2\ \cdot\dot{Al}\cdot} + \underset{1s^22s^22p^4}{3\ \cdot\ddot{\underset{..}{O}}\cdot} \longrightarrow \underset{[Ne]}{2Al^{3+}}\quad \underset{[Ne]}{3\ :\ddot{\underset{..}{O}}:^{2-}}\ (\text{또는 } Al_2O_3)$$

(계속)

검산 원자가 전자의 개수(24)가 식의 좌우에서 같은지 확인하라. Al_2O_3에서 아래첨자는 가능한 한 가장 작은 정수로 표현된 것인가?

실전 연습 루이스 점 기호를 사용하여 수소화 바륨의 결합을 나타내시오.

비슷한 문제: 9.17, 9.18.

개념 복습하기

루이스 점 기호를 사용하여 황화 루비듐(Rb_2S)의 형성을 나타내시오.

9.3 이온 결합 화합물의 격자 에너지

이온화 에너지와 전자 친화도를 근거로 하면 어떤 원자들이 이온 결합 화합물을 잘 형성하는지 예측할 수 있다. 하지만 이온 결합 화합물의 안정성은 어떻게 알 수 있을까? 이온화 에너지와 전자 친화도는 기체 상태에서 일어나는 과정에 대해 정의된다. 하지만 모든 이온 결합 화합물은 1 atm, 25°C에서 고체 상태로 존재한다. 고체일 때, 각각의 양이온은 일정한 수의 음이온으로 둘러싸여 있으며, 음이온 또한 일정한 수의 양이온으로 둘러싸여 있기 때문에 고체 상태는 매우 다른 환경이다. 따라서 고체 이온 결합 화합물의 전체적인 안정도는, 양이온 한 개와 음이온 한 개 사이의 상호작용이 아니라, 주위에 존재하는 모든 이온 사이의 상호작용에 의해 결정된다. 이온 결합 고체 화합물의 안정도에 대한 정량적인 측정값은 *격자 에너지*(lattice energy)이다. 격자 에너지는 고체 이온 결합 화합물 1 mol을 기체 상태의 이온으로 만드는 데 필요한 에너지로 정의할 수 있다(6.7절 참조).

격자 에너지는 이온의 전하와 이온 사이의 거리에 의해 결정된다.

▶ 본-하버 순환을 이용하여 격자 에너지 구하기

격자 에너지는 직접적으로 측정할 수 없다. 하지만 이온 결합 화합물의 구조와 조성을 알면, **쿨롱[†] 법칙**(Coulomb's law)을 이용하여 화합물의 격자 에너지를 계산할 수 있다. 쿨롱 법칙은 *두 이온 사이의 퍼텐셜 에너지(E)가 그 전하의 곱에 비례하고 두 이온 사이의 거리에 반비례한다*는 것이다. 거리 r만큼 떨어진 Li^+ 이온과 F^- 이온 사이의 퍼텐셜 에너지는 다음과 같이 나타낼 수 있다.

$$E \propto \frac{Q_{Li^+}Q_{F^-}}{r} = k\frac{Q_{Li^+}Q_{F^-}}{r} \quad (9.2)$$

에너지 = 힘 × 거리이므로 쿨롱 법칙은 다음과 같이 표시할 수 있다.

$$F = k\frac{Q_{Li^+}Q_{F^-}}{r^2}$$

여기서 F는 이온들 간의 힘이다.

이 식에서 Q_{Li^+}와 Q_{F^-}는 Li^+ 이온과 F^- 이온의 전하이며, k는 비례 상수이다. Q_{Li^+}는 양수, Q_{F^-}는 음수이므로 E는 음의 값을 갖는다. 따라서 Li^+와 F^-이 이온 결합을 형성하는 것은 발열 과정이다. 역반응이 일어나기 위해서는 에너지가 필요하며(즉, LiF의 격자 에너지는 양의 값이다), 결합하고 있는 Li^+ 이온과 F^- 이온은 각각의 분리된 Li^+ 이온과 F^- 이온보다 더 안정하다.

이온 결합 화합물이 몇 단계를 거쳐 만들어진다고 가정하면, 이온 결합 화합물의 격자 에너지를 간접적으로 구할 수 있다. 이 방법을 **본-하버 순환**(Born-Haber cycle)이라고 하며, *이온 결합 화합물의 격자 에너지와 이온화 에너지, 전자 친화도, 그리고 원자나 분자의 여러 성질들과의 관계*를 나타낸다. 본-하버 순환은 헤스 법칙에 기초한다(6.6절 참조). 본(Max

[†] 쿨롱(Charles Augustin de Coulomb, 1736~1806)은 프랑스 물리학자로, 전기와 자기를 연구했으며, 뉴턴의 역 제곱 법칙을 전기에 적용했다. 또한 비틀림 균형을 발견했다.

Born)[†]과 하버(Fritz Haber)[‡]에 의해 개발된 이 순환은 이온성 고체를 형성하는 각 단계를 정의하고 있다. LiF의 격자 에너지를 구하기 위해 본-하버 순환법을 적용해 보자.

리튬과 플루오린 사이의 다음 반응을 살펴보자.

$$\text{Li}(s) + \tfrac{1}{2}\text{F}_2(g) \longrightarrow \text{LiF}(s)$$

이 반응의 표준 엔탈피 변화는 −594.1 kJ/mol이다[반응물과 생성물이 표준 상태(1 atm)에 있으므로, 이 엔탈피 변화는 LiF의 표준 생성 엔탈피이기도 하다]. 각 단계별 엔탈피 변화의 합이 전체 반응의 엔탈피 변화(−594.1 kJ/mol)와 같다는 것을 염두에 두면서, 원소로부터 LiF가 형성되는 과정을 다섯 단계로 나누어 생각해 볼 수 있다. LiF의 형성 과정이 정확하게 이 방법으로 일어나지 않을 수도 있지만, 헤스 법칙을 이용하면 이온 결합 화합물의 생성 과정에 대한 에너지 변화를 구할 수 있다.

1. 고체 Li이 기체 상태의 Li으로 변한다(고체가 기체로 바로 변하는 것을 승화라 한다). Li의 승화 에너지는 155.2 kJ/mol이다.

$$\text{Li}(s) \longrightarrow \text{Li}(g) \qquad \Delta H_1^\circ = 155.2 \text{ kJ/mol}$$

2. F_2 기체 $\frac{1}{2}$ mol이 기체 상태의 F 원자로 분리된다. F_2 분자 1 mol의 결합을 끊기 위해 필요한 에너지는 150.6 kJ이다. 여기서는 F_2 분자 0.5 mol이 사용되므로, 엔탈피 변화는 150.6/2 즉, 75.3 kJ이다.

$$\tfrac{1}{2}\text{F}_2(g) \longrightarrow \text{F}(g) \qquad \Delta H_2^\circ = 75.3 \text{ kJ/mol}$$

F_2 분자에서 F 원자는 서로 공유 결합으로 묶여있다. 이 결합을 깨뜨리기 위해 필요한 에너지를 결합 에너지라고 한다(9.10절).

3. 기체 상태 Li 원자 1 mol이 이온화한다(표 8.2 참조)

$$\text{Li}(g) \longrightarrow \text{Li}^+(g) + e^- \qquad \Delta H_3^\circ = 520 \text{ kJ/mol}$$

이 과정은 리튬의 1차 이온화에 해당한다.

4. 기체 상태 F 원자 1 mol에 전자 1 mol을 더한다. 8.5절에 언급되어 있듯이 이 과정의 에너지 변화는 전자 친화도의 반대이다(표 8.3 참조).

$$\text{F}(g) + e^- \longrightarrow \text{F}^-(g) \qquad \Delta H_4^\circ = -328 \text{ kJ/mol}$$

5. 기체 상태 Li^+ 이온 1 mol과 F^- 이온 1 mol이 결합하여 고체 LiF 1 mol을 형성한다.

$$\text{Li}^+(g) + \text{F}^-(g) \longrightarrow \text{LiF}(s) \qquad \Delta H_5^\circ = ?$$

다섯 번째 단계의 역반응으로 LiF의 격자 에너지를 정의할 수 있다.

$$\text{에너지} + \text{LiF}(s) \longrightarrow \text{Li}^+(g) + \text{F}^-(g)$$

따라서 격자 에너지는 ΔH_5°와 같은 값이지만 부호가 반대이다. ΔH_5°를 직접 측정할 수는 없지만, 다음 과정을 이용하여 계산할 수 있다.

	반응	
1.	$\text{Li}(s) \longrightarrow \text{Li}(g)$	$\Delta H_1^\circ = 155.2$ kJ/mol
2.	$\tfrac{1}{2}\text{F}_2(g) \longrightarrow \text{F}(g)$	$\Delta H_2^\circ = 75.3$ kJ/mol
3.	$\text{Li}(g) \longrightarrow \text{Li}^+(g) + e^-$	$\Delta H_3^\circ = 520$ kJ/mol
4.	$\text{F}(g) + e^- \longrightarrow \text{F}^-(g)$	$\Delta H_4^\circ = -328$ kJ/mol
5.	$\text{Li}^+(g) + \text{F}^-(g) \longrightarrow \text{LiF}(s)$	$\Delta H_5^\circ = ?$
	$\text{Li}(s) + \tfrac{1}{2}\text{F}_2(g) \longrightarrow \text{LiF}(s)$	$\Delta H_{\text{전체}}^\circ = -594.1$ kJ/mol

[†] 본(Max Born, 1882~1970)은 독일 물리학자로, 현대 물리학을 세운 사람 중 하나이다. 그의 연구는 다양한 주제를 다루었는데, 1954년 입자의 파동 기능 해석으로 노벨 물리학상을 받았다.

[‡] 하버(Fritz Haber, 1868~1934)는 독일 화학자로, 대기 중의 질소로부터 암모니아를 합성하는 그의 연구로 인해 독일은 제1차 세계 대전 시기에 질산염을 보유할 수 있었다. 그는 가스전에 관한 연구도 했는데, 1918년에 노벨 화학상을 받았다.

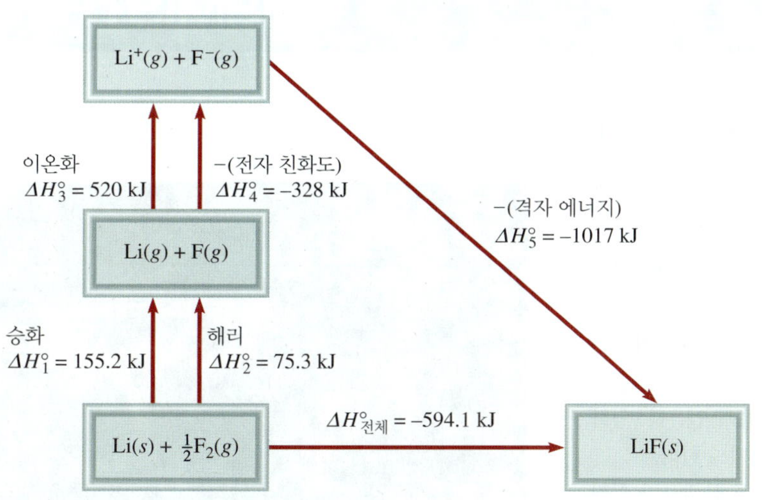

그림 9.2 LiF 고체 1 mol의 생성에 대한 본-하버 순환.

헤스 법칙에 따르면,

$$\Delta H^\circ_{\text{전체}} = \Delta H^\circ_1 + \Delta H^\circ_2 + \Delta H^\circ_3 + \Delta H^\circ_4 + \Delta H^\circ_5$$

또는

$$-594.1 \text{ kJ/mol} = 155.2 \text{ kJ/mol} + 75.3 \text{ kJ/mol} + 520 \text{ kJ/mol} - 328 \text{ kJ/mol} + \Delta H^\circ_5$$

로 나타낼 수 있으므로

$$\Delta H^\circ_5 = -1017 \text{ kJ/mol}$$

이며, LiF의 격자 에너지는 +1017 kJ/mol이 된다.

그림 9.2는 LiF에 대한 본-하버 순환을 보여준다. 단계 1, 2, 3은 모두 에너지를 흡수하는 반면, 단계 4와 5에서는 에너지를 방출한다. ΔH°_5 값이 매우 큰 음수이기 때문에 LiF의 격자 에너지가 매우 큰 양의 값을 갖는다는 것은 고체 LiF의 안정성을 설명해 준다. 격자 에너지가 클수록 이온 결합 화합물은 더 안정하다. 쿨롱 법칙에 따르면 고체를 이루고 있는 이온들을 기체 상태의 이온으로 분리하는 것은 흡열 반응이므로, 격자 에너지는 항상

표 9.1 몇 가지 알칼리 금속과 알칼리 토금속의 할로젠화물 및 산화물의 격자 에너지와 녹는점

화합물	격자 에너지(kJ/mol)	녹는점(°C)
LiF	1017	845
LiCl	828	610
LiBr	787	550
LiI	732	450
NaCl	788	801
NaBr	736	750
NaI	686	662
KCl	699	772
KBr	689	735
KI	632	680
$MgCl_2$	2527	714
Na_2O	2570	승화*
MgO	3890	2800

*Na_2O는 1275°C에서 승화한다.

생활 속의 화학 CHEMISTRY *in Action*

염화 소듐 — 흔하고 중요한 이온 결합 화합물

염화 소듐은 식탁용 소금으로 친숙하다. 이것은 전형적인 이온 결합 화합물이며, 녹은 상태나 수용액 상태에서 전기를 전도하는 녹는점이 높고(801°C) 깨지기 쉬운 고체이다. 고체 NaCl의 구조는 그림 2.13에 나타나 있다.

염화 소듐의 근원 중 하나는 암염(rock salt)이다. 이 암염은 수백 미터 두께의 지하 침전물에서 발견된다. 이것은 또한 태양 증발에 의해 바닷물이나 함수(농축된 NaCl 용액)에서 얻는다. 염화 소듐은 자연에서 광물질 *암염*(halite)으로 존재하기도 한다.

염화 소듐은 무기화학 물질을 제조할 때 다른 물질보다 훨씬 자주 사용된다. 이 물질의 전 세계 연간 소비량은 2억 t이다. 염소 기체, 수산화 소듐, 소듐 금속, 수소 기체, 탄산 소듐과 같은 주요 무기화학 물질을 만들 때 염화 소듐이 주로 사용된다. 이것은 또한 고속도로나 일반도로의 얼음이나 눈을 녹일 때 쓰이기도 한다. 하지만 식물의 생명에는 위험하며, 차의 부식을 가져오기 때문에 이 용도로 염화 소듐을 사용하는 것은 환경적인 관심거리로 대두되고 있다.

지하 암염 채광.

염화 소듐을 얻기 위한 태양 증발 과정.

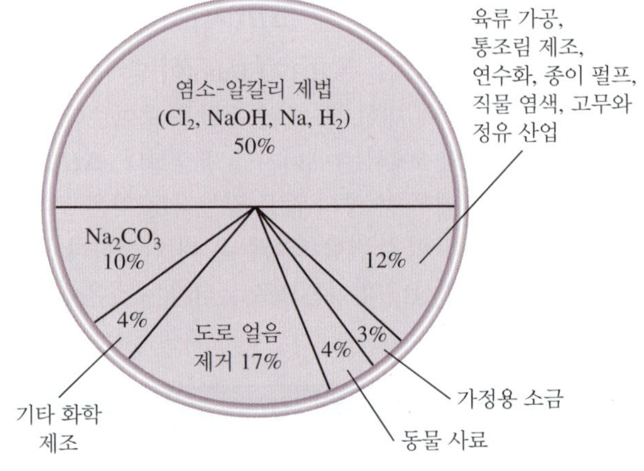

염화 소듐의 이용.

양의 값을 갖게 된다.

표 9.1은 대표적인 이온 결합 화합물의 격자 에너지와 녹는점을 나타낸다. 격자 에너지와 녹는점 사이에는 대략적인 상관 관계가 있다. 격자 에너지가 클수록 고체는 더 안정하고, 이온들은 더욱 강하게 결합되어 있다. 그러한 고체를 녹이려면 더 많은 에너지가 필요하고, 이들은 격자 에너지가 작은 것보다 녹는점이 더 높다. $MgCl_2$, Na_2O, MgO의 격자 에너지는 매우 높다. $MgCl_2$는 전하가 2인 양이온(Mg^{2+})을 가지며, Na_2O는 전하가 2인 음이온(O^{2-})을 가진다. MgO에서는 전하가 2인 두 이온(Mg^{2+}와 O^{2-})이 상호작용을 한다. 전하가 2인 두 개의 이온 또는 전하가 2인 이온과 전하가 1인 이온 간의 쿨롱 인력은

전하가 1인 양이온과 음이온간의 인력보다 훨씬 강하다.

▶ 격자 에너지와 이온 결합 화합물의 화학식

격자 에너지는 이온 결합 화합물의 안정성의 척도가 되므로 그 값은 이들 화합물의 화학식을 설명하는 데에도 도움이 된다. 예로 염화 마그네슘을 보자. 원소의 이온화 에너지는 원자로부터 다음 전자를 떼어낼 때마다 급격히 증가한다. 예를 들어, Mg의 1차 이온화 에너지는 738 kJ/mol인 반면, 2차 이온화 에너지는 1450 kJ/mol로 1차 이온화 에너지의 두 배에 가까운 값이다. 에너지 관점에서 볼 때 Mg은 왜 화합물 내에서 1가 양이온 형태로 존재하지 않는지 의문을 가질 수 있다. 염화 마그네슘의 화학식이 MgCl(Mg^+ 이온 포함)이 아닌 $MgCl_2$(Mg^{2+} 이온 포함)인 이유는 무엇인가? 물론 Mg^{2+} 이온은 전자 껍질이 완전히 채워져 있는 안정한 비활성 기체 [Ne]의 전자 배열을 하고 있다. 그러나 전자 껍질이 채워져서 얻게 되는 안정성은 Mg^+ 이온으로부터 전자를 제거할 때 필요한 에너지를 능가하지 못한다. 염화 마그네슘의 화학식이 $MgCl_2$인 이유는 고체 화합물을 형성할 때 얻어지는 안정화 에너지가 두 개의 전자를 제거하는 데 필요한 에너지(738 kJ/mol + 1450 kJ/mol = 2188 kJ/mol) 보다 큰 값이다.

염화 소듐의 경우는 어떠한가? 염화 소듐의 화학식이 $NaCl_2$(Na^{2+} 이온 포함)가 아니고 NaCl인 이유는 무엇인가? Na^{2+} 이온은 영족 기체와 같은 전자 배열을 하지는 않지만, Na^{2+} 이온의 전하가 크기 때문에 가상의 $NaCl_2$는 더 큰 격자 에너지를 갖게 될 것이므로 이 화합물의 화학식은 $NaCl_2$가 될 수도 있다. 위의 질문에 대한 답은 화합물을 만들 때 필요한 에너지(이온화 에너지)와 고체 화합물을 형성하면서 얻어지는 안정화 에너지 간의 균형에 달려 있다. 소듐의 1차 및 2차 이온화 에너지의 합은 다음과 같다.

$$496 \text{ kJ/mol} + 4560 \text{ kJ/mol} = 5056 \text{ kJ/mol}$$

화합물 $NaCl_2$는 존재하지 않지만 격자 에너지가 $MgCl_2$와 같은 2527 kJ/mol이라고 가정하면, Na^{2+} 이온을 만들기 위해 요구되는 에너지보다 격자 에너지가 훨씬 작음을 알 수 있다.

이러한 에너지 관계는 음이온의 경우에도 마찬가지로 적용이 된다. 8.5절에서 산소 원자의 전자 친화도는 141 kJ/mol임을 알았다. 이는 다음 과정이 에너지를 방출한다는 것을 의미한다(따라서 반응이 잘 일어난다).

$$\text{O}(g) + e^- \longrightarrow \text{O}^-(g)$$

그러나 O^- 이온에 전자 하나를 더 첨가하는 다음 반응은 정전기적 반발력이 증가하여 잘 일어나지 않는다.

$$\text{O}^-(g) + e^- \longrightarrow \text{O}^{2-}(g)$$

실제 O^- 의 전자 친화도는 음의 값(−844 kJ/mol)이다. 그러나 O^- 이온으로 이루어진 화합물은 알려져 있지 않은 반면, 산화 이온(O^{2-})을 포함하는 화합물은 알려져 있으며 매우 안정하다. 이 경우에도 Na_2O나 MgO 등의 화합물에서 O^{2-} 이온이 존재하여 얻어지는 격자 에너지는 O^{2-} 이온을 만들기 위해 필요한 에너지보다 훨씬 크다.

개념 복습하기

LiCl과 CsBr 중에서 격자 에너지가 더 큰 화합물은 어느 것인가?

9.4 공유 결합

동영상 자료
▶ 공유 결합의 형성.

분자의 개념은 17세기로 거슬러 올라가지만, 분자들이 형성되는 이유와 방법을 알게 된 것은 20세기 초였다. 최초의 중요한 발견은 화학 결합이 원자들 사이에 전자를 공유해서 만들어진다는 루이스(Gilbert Lewis)의 제안이었다. 루이스는 분자의 화학 결합 형성을 다음과 같이 나타내었다.

$$\mathrm{H\cdot + \cdot H \longrightarrow H:H}$$

이러한 형태로 전자쌍을 이루는 것은 **공유 결합**(covalent bond)의 한 예로, *두 원자가 전자 두 개를 공유하는 결합*이다. **공유 결합 화합물**(covalent compound)은 *공유 결합으로만 이루어진 화합물*을 말한다. 공유된 전자쌍은 하나의 선으로 나타낸다. 따라서 수소 분자의 공유 결합은 H—H로 쓸 수 있다. 공유 결합에서 공유된 쌍의 각 전자는 두 원자핵의 인력을 받는다. 이러한 인력이 H_2 분자에서 두 원자를 묶어 두며, 다른 분자들에서도 공유 결합을 형성하게 한다.

이 논의는 전형 원소들에만 적용이 된다. 이들 원소는 원자가 전자의 수가 족의 수와 같음을 기억하라(1A~7A족).

다전자 원자들 간의 공유 결합에는 원자가 전자만이 관여한다. F_2 분자를 예로 들어 보자. F의 전자 배치는 $1s^22s^22p^5$이다. $1s$ 전자는 에너지가 매우 낮고, 주로 원자핵 근처에 존재하므로 결합 형성에 참여하지 않는다. 따라서 각 원자는 7개의 원자가 전자($2s$ 및 $2p$ 전자)를 가지고 있다. 그림 9.1을 보면 F 원자에는 쌍을 이루지 않은 전자가 단 하나 있다. 따라서 F_2 분자의 형성은 다음과 같이 나타낼 수 있다.

$$:\ddot{\underset{\cdot\cdot}{\mathrm{F}}}\cdot + \cdot\ddot{\underset{\cdot\cdot}{\mathrm{F}}}: \longrightarrow :\ddot{\underset{\cdot\cdot}{\mathrm{F}}}:\ddot{\underset{\cdot\cdot}{\mathrm{F}}}: \qquad \text{또는} \qquad :\ddot{\underset{\cdot\cdot}{\mathrm{F}}}-\ddot{\underset{\cdot\cdot}{\mathrm{F}}}:$$

F_2의 형성에 두 개의 원자가 전자만이 참여한다는 것에 유의하라. 다른 비결합 전자들은 **고립 전자쌍**(lone pair)이라 부르며, *공유 결합 형성에 이용되지 않은 원자가 전자쌍*을 말한다. 따라서 F_2에서 각 F 원자에는 고립 전자쌍이 세 개씩 있다.

$$\text{고립 전자쌍} \longrightarrow :\ddot{\underset{\cdot\cdot}{\mathrm{F}}}-\ddot{\underset{\cdot\cdot}{\mathrm{F}}}: \longleftarrow \text{고립 전자쌍}$$

H_2와 F_2 같은 공유 결합 화합물을 표기하는 데 이용되는 구조를 루이스 구조라고 한다. **루이스 구조**(Lewis structure)는 *공유 전자쌍들을 두 원자 사이에 선이나 짝지은 점들로 표기하며, 고립 전자쌍들은 각 원자에 짝지은 점들로 나타낸 것이다.* 루이스 구조에는 원자가 전자만 표시한다.

물 분자의 루이스 구조를 생각해 보자. 그림 9.1은 짝짓지 않은 점 두 개(즉, 짝짓지 않은 전자 두 개)를 가지는 산소의 루이스 점 기호를 나타내는데, 따라서 O가 공유 결합 두 개를 형성할 수 있다는 것을 예측할 수 있다. 수소에는 전자가 하나만 있으므로 공유 결합 한 개만을 이룰 수 있다. 따라서 물의 루이스 구조는 다음과 같이 나타낼 수 있다.

$$\mathrm{H}:\ddot{\underset{\cdot\cdot}{\mathrm{O}}}:\mathrm{H} \qquad \text{또는} \qquad \mathrm{H}-\ddot{\underset{\cdot\cdot}{\mathrm{O}}}-\mathrm{H}$$

이 경우에 산소 원자는 고립 전자쌍 두 개를 가진다. 수소 원자는 자신이 가지고 있는 전자 하나가 공유 결합을 형성하는 데 사용되었기 때문에 고립 전자쌍이 없다.

F_2와 H_2O 분자에서 F와 O 원자는 서로 전자를 공유함으로써 안정한 영족 기체의 전자 배열을 하게 된다.

$8e^-$ $8e^-$ $2e^-$ $8e^-$ $2e^-$

이들 분자의 형성은 루이스가 제안한 **팔전자 규칙**(octet rule)으로 잘 설명이 된다. *수소 이외의 다른 원자는 자기 주위에 여덟 개의 원자가 전자가 배열될 때까지 다른 원자와 결합을 하려는 경향이 있다*는 것이다. 다시 말해, 각 원자가 팔전자 규칙을 만족시키지 못할 때, 공유 결합이 형성된다. 공유 결합에서 전자를 공유하게 됨으로써 각 원자는 여덟 개의 전자를 가질 수 있게 된다. 수소 원자는 He 원자의 전자 배열 즉, 두 개의 전자를 가지려고 한다.

팔전자 규칙은 주로 2주기 원소의 경우에 잘 맞는다. 이 원소들은 2*s*와 2*p* 부껍질만 가지고 있어 모두 여덟 개의 전자가 들어갈 수 있다. 이러한 원소가 공유 결합을 형성하게 되면, 같은 화합물 내의 다른 원소와 전자를 공유해서 영족 기체 [Ne]과 같은 전자 배열을 하게 된다. 팔전자 규칙에 벗어나는 중요한 몇 가지 경우를 위에서 다시 살펴보려 한다. 이런 예외적인 경우들은 화학 결합의 속성을 파악하는 데 도움이 된다.

원자들은 여러 종류의 공유 결합을 형성할 수 있다. **단일 결합**(single bond)에서는 *두 원자가 한 개의 전자쌍으로 결합되어 있다.* 많은 화합물들은 **다중 결합**(multiple bond)으로 연결되어 있는데, 이들은 *두 원자가 두 개 이상의 전자쌍을 서로 공유할 때 형성되는 결합*이다. *두 원자가 두 개의 전자쌍을 공유*한다면 이 결합은 **이중 결합**(double bond)이다. 이산화 탄소(CO_2)와 에틸렌(C_2H_4) 분자는 이중 결합을 하고 있다.

O::C::O 또는 O=C=O　　8e^- 8e^- 8e^-

H₂C::CH₂ 또는 H₂C=CH₂　　8e^- 8e^-

질소 분자(N_2)처럼 *두 원자가 세 개의 전자쌍을 공유*하게 되면 **삼중 결합**(triple bond)을 이루게 된다.

:N⋮N: 또는 :N≡N:　　8e^- 8e^-

아세틸렌 분자(C_2H_2)도 두 개의 탄소 원자 사이에 삼중 결합을 포함하고 있다.

H:C⋮C:H 또는 H—C≡C—H　　8e^- 8e^-

에틸렌과 아세틸렌에서 모든 원자가 전자들이 결합에 사용되었기 때문에 탄소 원자는 고립 전자쌍을 가지고 있지 않다. 일산화 탄소를 제외하면, 탄소를 포함하고 있는 안정한 분자들은 탄소 원자에 고립 전자쌍을 가지고 있지 않다.

다중 결합은 단일 공유 결합보다 짧다. **결합 길이**(bond length)는 *분자 내에서 공유 결합을 하고 있는 두 원자의 핵간 거리*로 정의된다(그림 9.3). 표 9.2는 실험적으로 결정된 결합 길이를 일부 보여 준다. 탄소 또는 질소와 같은 원자들의 쌍에서 삼중 결합은 이중 결합보다 짧고, 이중 결합은 단일 결합보다 짧다. 더 짧은 다중 결합은 또한 단일 결합보다 더 안정하며, 이는 다음에 소개될 것이다.

표 9.2 몇 가지 일반적인 단일, 이중, 삼중 결합에 대한 평균 결합 길이

결합 형태	결합 길이(pm)
C—H	107
C—O	143
C=O	121
C—C	154
C=C	133
C≡C	120
C—N	143
C=N	138
C≡N	116
N—O	136
N=O	122
O—H	96

곧 이어 적절한 루이스 구조를 나타내는 법을 배울 것이다. 여기서는 이와 관련된 용어를 익히면 된다.

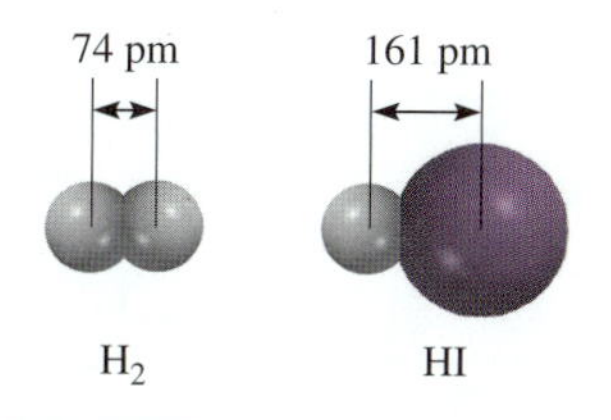

그림 9.3 H_2와 HI에서 결합 길이(pm).

공유 결합 화합물과 이온 결합 화합물의 성질 비교

이온 결합 화합물과 공유 결합 화합물은 일반적인 물리적 성질이 현저하게 다른데, 이는 이들 결합의 본질이 다르기 때문이다. 공유 결합 화합물에는 두 종류의 인력이 존재한다. 하나는 분자 내에서 원자들을 같이 묶는 힘이다. 이 인력을 정량적으로 나타내는 것이 결합 엔탈피인데, 이는 9.10절에서 논의할 것이다. 다른 하나는 분자 간에 작용하는 것으로

동영상 자료
▶ 이온 결합 대 공유 결합.

표 9.3 이온 결합 화합물과 공유 결합 화합물의 몇 가지 일반적 성질 비교

성질	NaCl	CCl_4
외관	백색 고체	무색 액체
녹는점(°C)	801	−23
몰 용융열* (kJ/mol)	30.2	2.5
끓는점(°C)	1413	76.5
몰 증발열* (kJ/mol)	600	30
밀도(g/cm^3)	2.17	1.59
물에 대한 용해도	높음	매우 낮음
전기 전도도		
고체	나쁨	나쁨
액체	좋음	나쁨

*몰 용융열과 몰 증발열은 각각 고체 1 mol을 녹이는 데 필요한 열과 액체 1 mol을 증발시키는 데 필요한 열의 양이다.

분자간 힘이 약하면, 분자들의 화합이 쉽게 깨어져 고체나 액체가 각각 액체 또는 기체로 된다.

분자간 힘(intermolecular force)이다. 분자간 힘은 분자 내 원자 간의 결합력에 비해 매우 작기 때문에 공유 결합 화합물에서 분자들은 서로 강하게 결속되어 있지 않다. 따라서 공유 결합 화합물은 대개 기체, 액체와 녹는점이 낮은 고체들이다. 반면, 이온 결합 화합물에서 이온들을 결합시키는 정전기적 인력은 일반적으로 매우 강하다. 따라서 이온 결합 화합물은 상온에서 고체이며, 녹는점이 매우 높다. 많은 이온 결합 화합물은 물에 잘 녹으며, 강전해질이어서 수용액은 전기를 통한다. 공유 결합 화합물은 대부분 물에 녹지 않으며, 물에 녹는 경우에도 화합물이 비전해질이어서 수용액에서 전기가 통하지 않는다. 이온 결합 화합물을 용융시키면 유동성 있는 양이온과 음이온을 포함하게 되어 전기가 통하게 된다. 액체 형태나 용융된 공유 결합 화합물에는 이온이 존재하지 않으므로 전기가 통하지 않는다. 표 9.3에는 대표적인 이온 결합 화합물인 염화 소듐(NaCl)과 공유 결합 화합물인 사염화 탄소(CCl_4)의 일반적 특성을 비교해 놓았다.

개념 복습하기

공유 결합 화합물에서 수소가 이중 결합이나 삼중 결합을 형성할 수 없는 이유는 무엇인가?

9.5 전기음성도

앞에서 언급했듯이 공유 결합은 두 원자가 전자쌍을 공유하는 것이다. 두 원자가 동일한 H_2와 같은 분자에서 전자는 동등하게 공유된다. 즉, 전자가 각 원자 주위에서 존재하는 시간이 같다. 그러나 HF 분자에서는 H와 F가 서로 다른 원자이기 때문에 결합 전자들을 공유하는 정도가 다르다.

HF는 투명하며, 19.8°C에서 끓는 발연 액체이다. 이것은 냉각제와 플루오린화 수소산을 만들 때 사용한다.

$$\mathrm{H{-}\ddot{\underset{..}{F}}:}$$

HF에서의 결합은 **극성 공유 결합**(polar covalent bond) 또는 간단히 *극성 결합*(polar bond)이라 한다. *전자들이 다른 원자보다 한 원자 주위에 더 오래 머물기 때문이다.* 실험적으로 HF 분자에서 전자들은 F 원자 주위에 더 오래 머문다. 이러한 전자 공유의 불균등은 H에서 F로 일부 전자의 전이 또는 전자 밀도의 이동으로 생각된다(그림 9.4). 결합 전자쌍의 "불균등 공유"로 인하여 상대적으로 F 원자 주위에는 전자 밀도가 높고, H 원자 주위에는 전자 밀도가 낮아진다. HF를 비롯한 극성 결합은 전자의 공유가 동등하게 이루어지는 비극성 공유 결합과 *전자의 전이가 거의 완결된* 이온 결합의 중간 형태로 볼 수 있다.

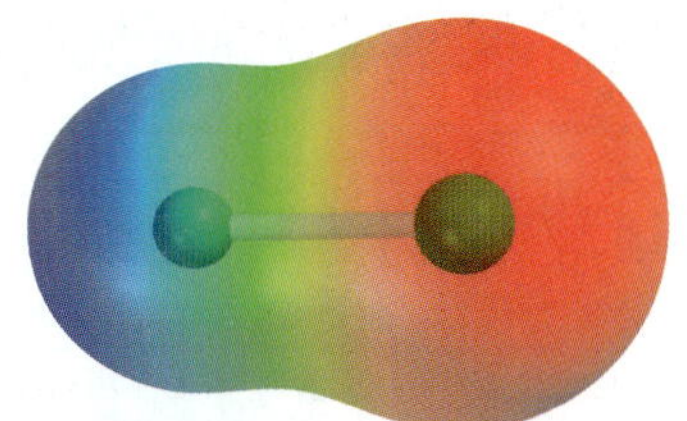

그림 9.4 HF 분자의 정전기 전위 지도. 전자 분포는 색에 따라 다르다. 전자가 가장 풍부한 영역은 빨간색 부분이며, 전자가 가장 드문 영역은 파랑색 부분이다.

극성 공유 결합과 비극성 공유 결합을 구분할 수 있게 하는 특성은 **전기음성도**(electronegativity)로, 이것은 *화학 결합에서 전자들을 끌어당길 수 있는 원소의 성질*을 말한다. 전기음성도가 큰 원소들은 전기음성도가 작은 원소보다 전자를 잘 끌어당긴다. 전기음성도는 전자 친화도 및 이온화 에너지와 관련이 있다. 따라서 F처럼 전자 친화도가 크고(전자를 쉽게 받아들임) 이온화 에너지가 큰(전자를 쉽게 방출하지 않음) 원소는 전기음성도 또한 크다. 반면에 전자 친화도가 낮고 이온화 에너지가 작은 소듐은 전기음성도가 작다.

전기음성도 값은 단위가 없다.

전기음성도는 상대적인 개념으로 한 원소의 전기음성도는 다른 원소들의 전기음성도와 비교할 때만 알 수 있다. 폴링[†](Linus Pauling)은 대부분의 원소들에 대한 *상대적* 전기음성도를 계산하는 방법을 고안했다. 이 값은 그림 9.5에 나와 있다. 이 차트를 유심히 보면, 서로 다른 원소들의 전기음성도 값 사이의 경향과 관계를 알 수 있다. 일반적으로 주기율표에서 한 주기를 따라 왼쪽에서 오른쪽으로 갈수록 원소의 금속성은 감소하고 전기음성도는 증가한다. 같은 족에서는 원자 번호가 증가할수록 금속성이 커지면서 전기음성도는 감소하게 된다. 그러나 전이 금속은 이러한 경향을 따르지 않는다. 전기음성도가 가장 큰 할로젠, 산소, 질소, 황은 주기율표에서 오른쪽 상단에 존재하며, 전기음성도가 가장 작은 원소(알칼리 금속 및 알칼리 토금속)들은 왼쪽 하단에 몰려 있다. 이러한 경향은 그림 9.6에서 보듯이 그래프 상에서 명백하게 나타난다.

전기음성도의 차가 매우 큰 원자들은 이온 결합(NaCl이나 CaO에 존재하는 결합)을 형성하는 경향이 있다. 전기음성도가 더 작은 원자가 전기음성도가 더 큰 원자에게 전자들을 내어주기 때문이다. 이러한 이온 결합은 대개 금속 원소와 비금속 원소의 결합으로 이루어진다. 전기음성도가 서로 비슷한 원소들은 전자 밀도의 이동이 작기 때문에 극성 공유 결합을 잘 형성한다. 대부분의 공유 결합은 비금속 원소들로 이루어져 있다. 이러한 경향

[†] 폴링(Linus Carl Pauling, 1901~1994)은 미국 화학자로, 20세기의 가장 영향력 있는 화학자로 알려져 있다. 그는 물리화학뿐 아니라 분자 생물학에 이르기까지 광대한 범위의 연구를 했다. 1954년 단백질 구조에 관한 업적을 인정받아 노벨 화학상을 받았으며, 1962년에는 노벨 평화상을 받았다. 그는 두 개의 노벨상을 단독으로 받은 유일한 수상자이다.

전기음성도 증가 (→)

전기음성도 증가 (↑)

1A	2A	3B	4B	5B	6B	7B	8B			1B	2B	3A	4A	5A	6A	7A	8A
H 2.1																	
Li 1.0	**Be** 1.5											**B** 2.0	**C** 2.5	**N** 3.0	**O** 3.5	**F** 4.0	
Na 0.9	**Mg** 1.2											**Al** 1.5	**Si** 1.8	**P** 2.1	**S** 2.5	**Cl** 3.0	
K 0.8	**Ca** 1.0	**Sc** 1.3	**Ti** 1.5	**V** 1.6	**Cr** 1.6	**Mn** 1.5	**Fe** 1.8	**Co** 1.9	**Ni** 1.9	**Cu** 1.9	**Zn** 1.6	**Ga** 1.6	**Ge** 1.8	**As** 2.0	**Se** 2.4	**Br** 2.8	**Kr** 3.0
Rb 0.8	**Sr** 1.0	**Y** 1.2	**Zr** 1.4	**Nb** 1.6	**Mo** 1.8	**Tc** 1.9	**Ru** 2.2	**Rh** 2.2	**Pd** 2.2	**Ag** 1.9	**Cd** 1.7	**In** 1.7	**Sn** 1.8	**Sb** 1.9	**Te** 2.1	**I** 2.5	**Xe** 2.6
Cs 0.7	**Ba** 0.9	**La-Lu** 1.0-1.2	**Hf** 1.3	**Ta** 1.5	**W** 1.7	**Re** 1.9	**Os** 2.2	**Ir** 2.2	**Pt** 2.2	**Au** 2.4	**Hg** 1.9	**Tl** 1.8	**Pb** 1.9	**Bi** 1.9	**Po** 2.0	**At** 2.2	
Fr 0.7	**Ra** 0.9																

그림 9.5 대표적인 원소들의 전기음성도. 녹색은 금속, 파란색은 비금속, 회색은 준금속을 나타낸다.

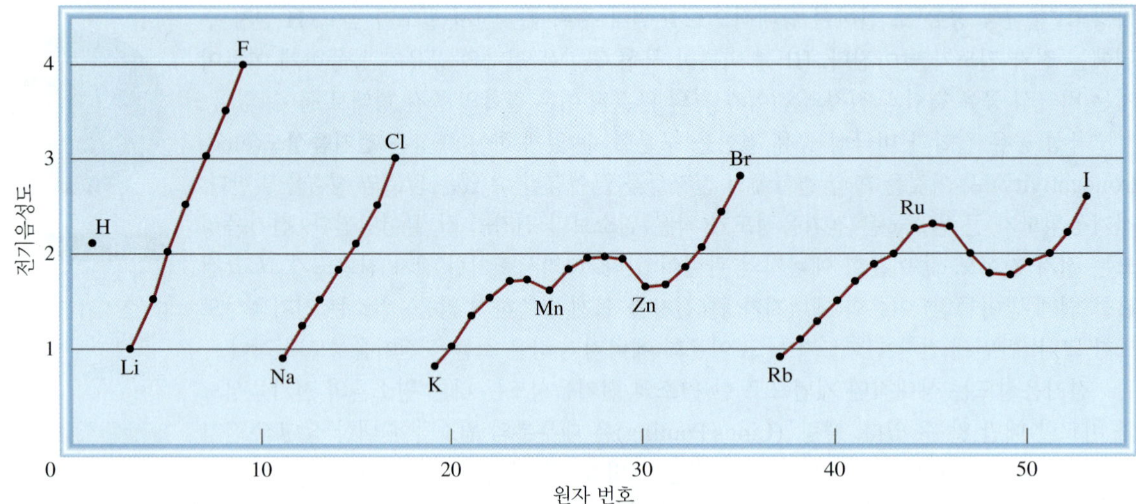

그림 9.6 원자 번호에 따른 전기음성도 변화. 할로젠이 전기음성도가 가장 높으며, 알칼리 금속이 가장 낮다.

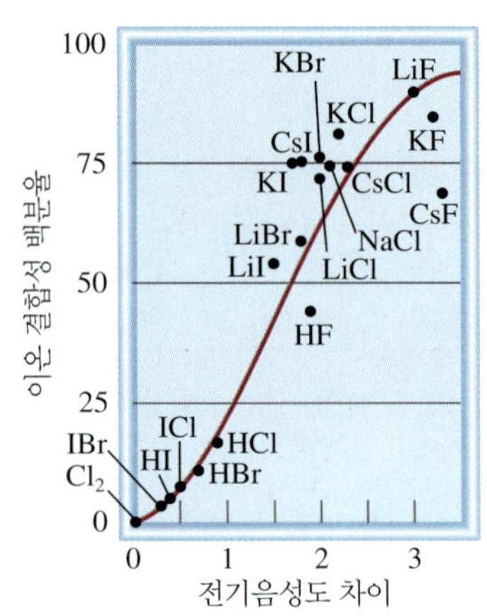

그림 9.7 이온 결합성 백분율과 전기음성도 차이 사이의 관계.

과 특성들은 이온화 에너지와 전자 친화도를 고려해 보면 예상할 수 있는 것들이다.

극성 결합과 이온 결합 간에 확실한 차이점은 없지만, 다음 규칙이 이들을 구별하는 데 도움이 된다. 결합하는 두 원자들 간의 전기음성도 차가 2.0 이상이면 이온 결합을 형성한다. 이 규칙은 대부분에 적용되지만, 모든 이온 결합 화합물이 그러한 것은 아니다. 때때로 화학자들은 결합의 성질을 묘사하기 위해 *이온 결합성 백분율*(percent ionic character)을 사용하기도 한다. 순수한 이온 결합은 100% 이온 결합성이며, 비극성 즉, 순수한 공유 결합은 0% 이온 결합성이다. 그림 9.7에 보인 바와 같이 어떤 결합의 이온 결합성 백분율과 결합 원자 사이의 전기음성도 차이 사이에 관련이 있다.

전기음성도와 전자 친화도는 서로 관련이 있지만 다른 개념이다. 두 가지 모두 원자가 전자를 끌어당기는 경향을 나타낸다. 독립된 원자가 추가로 여분의 전자를 끌어당기는 힘을 전자 친화도라고 말한다면, 전기음성도는 다른 원자와 화학 결합을 하고 있는 원자가 공유된 전자들을 끌어당기는 능력을 말한다. 또한 전자 친화도는 실험적으로 측정 가능한 값인 반면, 전기음성도는 측정할 수 없는 추정치이다.

예제 9.2는 전기음성도에 대한 지식이 화학 결합이 공유 결합인지 이온 결합인지를 결정하는 데 어떻게 도움이 되는지를 보여준다.

1A 2A 3A 4A 5A 6A 7A 8A

전기음성도가 가장 큰 것은 비금속(5A~7A족)이며, 전기음성도가 가장 작은 것은 알칼리 금속과 알칼리 토금속(1A~2A족)이다. 2A족의 첫 번째 원소인 베릴륨은 대부분 공유 결합 화합물을 형성한다.

예제 9.2

다음 결합들을 이온 결합, 극성 공유 결합, 공유 결합으로 구분하시오. (a) HCl에서의 결합, (b) KF에서의 결합, (c) H_3CCH_3에서의 CC 결합.

전략 전기음성도의 차 2.0을 기준으로 한 규칙을 사용하고 그림 9.5의 값들을 참조한다.

풀이 (a) H와 Cl의 전기음성도 차는 0.9이며, 이것은 HCl을 이온 결합 화합물로 보기에는 비교적 작은 값이다(2.0 규칙에 따르면). 따라서 H와 Cl 사이의 결합은 극성 공유 결합이다.

(b) K와 F의 전기음성도 차는 3.2로, 2.0보다 훨씬 크므로, 이 결합은 이온 결합이다.

(c) 두 개의 C 원자는 모든 면에서 동일하다. 이 두 원자는 서로 결합되어 있으며, 각각 세 개의 다른 H 원자와 결합되어 있다. 그러므로 결합은 순수한 공유 결합이다.

실전 연습 다음 중 공유, 극성 공유, 이온 결합은 각각 어느 것인가? (a) CsCl에서의 결합, (b) H_2S에서의 결합, (c) H_2NNH_2에서의 NN 결합.

비슷한 문제 : 9.39, 9.40.

전기음성도와 산화수

4장에서 화합물에 있는 원소의 산화수를 결정하는 규칙을 소개하였다. 전기음성도의 개념을 기초로 하여 이 규칙이 만들어졌다. 분자 내에서 전기음성도가 더 큰 원소로 전자들이 완전히 전이되었다고 가정했을 때 생기는 원자의 전하를 산화수라고 부른다.

N 원자가 H 원자와 세 개의 단일 결합을 형성하는 NH_3 분자를 생각해 보자. N이 H보다 전기음성도가 더 크기 때문에, 전자 밀도는 H에서 N으로 이동될 것이다. 이렇게 이동하면 각각의 H는 N에 전자를 주게 된다. 이 때 N은 -3의 전하를 갖게 되며, 각 H는 $+1$의 전하를 갖게 된다. 따라서 NH_3에서 N의 산화수는 -3이며, H의 산화수는 $+1$이다.

루이스 구조가 다음과 같은 과산화 수소(H_2O_2)를 제외하면, 산소는 화합물에서 대개 산화수가 -2이다.

$$\mathrm{H-\ddot{\underset{\cdot\cdot}{O}}-\ddot{\underset{\cdot\cdot}{O}}-H}$$

동일한 원자 간의 결합은 전자쌍이 *동등하게* 공유되기 때문에 원자의 산화수에 영향을 주지 않는다. H의 산화수는 $+1$이므로, 각 O의 산화수는 -1이 된다.

F의 산화수가 항상 -1인 이유는 무엇인가? 플루오린은 알려진 것들 중 전기음성도가 가장 큰 원소이며, 화합물에서 *항상* 단일 결합을 형성한다. 그러므로 전자의 전이가 일어나면 -1의 전하를 갖게 된다.

개념 복습하기

HCl과 LiH의 전자 밀도 분포에 해당하는 그림을 각각 고르시오. 두 경우 다 왼쪽에 표시된 것이 H 원자이다.

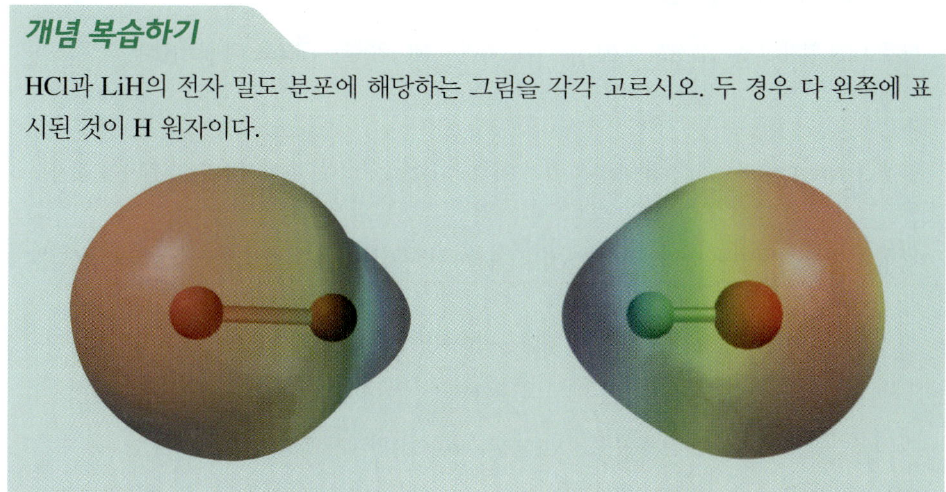

9.6 루이스 구조 표기

비록 팔전자 규칙이나 루이스 구조가 공유 결합을 완전하게 표현하지는 못하지만 많은 화합물의 결합 구조를 설명하고, 분자의 반응이나 성질을 설명하는 데 도움을 준다. 이러한 이유 때문에 화합물의 루이스 구조 표기법을 연습할 필요가 있다. 기본 순서는 다음과 같다.

1. 결합하고 있는 원자들이 서로 이웃에 위치하도록 화합물의 골격 구조를 쓴다. 간단한 화합물에 대해서 이것은 아주 쉽지만 좀 복잡한 화합물에 대해서는 다른 정보를 얻거나 가능한 추측을 통하여 골격 구조를 그릴 수 있다. 일반적으로 전기음성도가 작은 원자는 중심에 놓고 H와 F는 루이스 구조에서 말단에 위치하게 한다.
2. 필요하다면 그림 9.1을 참고하여 전체 원자가 전자의 수를 센다. 다원자 음이온에 대

해서는 음전하의 수를 더한다. (예를 들어, CO_3^{2-} 이온에서는 전자 2개를 더한다. −2 전하는 중성 원자단과 비교하여 2개의 전자를 더 받아들였다는 것을 나타낸다.) 다원자 양이온에 대해서는 전체 원자가 전자수에서 양의 전하수만큼 뺀다. (예를 들어, NH_4^+ 이온에서는 전자 1개를 빼는데, +1 전하는 중성 원자단에서 전자 한 개를 잃는 것을 의미하기 때문이다.)

수소는 루이스 구조를 그릴 때 "이전자 규칙(duet rule)"을 따른다.

3. 중심 원자와 각 주위 원자 사이에 단일 공유 결합을 그린다. 중심 원자에 결합된 원자들의 팔전자계를 완성한다. (수소 원자의 최외각은 2개의 전자만으로 완성된다는 것을 기억하자.) 중심이나 주위 원자의 전자들이 결합에 참여하지 않았을 때 고립 전자쌍으로 나타내야 한다. 사용되는 전체 전자수는 단계 2에서 결정된다.
4. 중심 원자가 팔전자 규칙을 만족하지 않을 때, 주위 원자의 고립 전자쌍을 사용하여 주위의 원자와 중심 원자 사이에 이중 결합이나 삼중 결합을 첨가해 본다.

예제 9.3, 9.4, 9.5에서 화합물과 이온의 루이스 구조를 적는 4단계 과정을 연습해 보기로 하자.

예제 9.3

NF_3는 무색, 무취의 반응성이 없는 기체이다.

삼플루오린화 질소(NF_3)에 대한 루이스 구조를 쓰시오. F 원자 3개는 N 원자와 결합되어 있다.

풀이 위에 언급된 단계에 따라 루이스 구조를 쓴다.

단계 1: N 원자의 전기음성도가 F보다 작다. 따라서 NF_3의 골격 구조는 다음과 같다.

```
F  N  F

   F
```

단계 2: N과 F의 최외각 전자 배열은 각각 $2s^22p^3$와 $2s^22p^5$이다. 따라서 NF_3의 원자가 전자수는 5 + (3 × 7) 또는 26이다.

단계 3: N과 각각의 F 사이에 단일 공유 결합을 그리고, F 원자의 팔전자계를 완성한다. 남아 있는 2개의 전자를 N에 배치한다.

```
 ..   ..   ..
:F — N — F:
 ..   |    ..
     :F:
      ..
```

이 구조는 모든 원자가 팔전자 규칙을 만족하기 때문에 4단계가 필요하지 않다.

검산 NF_3에 들어 있는 원자가 전자(결합 및 고립 전자쌍에 대한)를 계산해 보면, 3개의 F 원자와 1개의 N 원자의 원자가 전자수의 합과 같은 26개가 나온다.

비슷한 문제 : 9.45.

실전 연습 이황화 탄소(CS_2)의 루이스 구조를 쓰시오.

예제 9.4

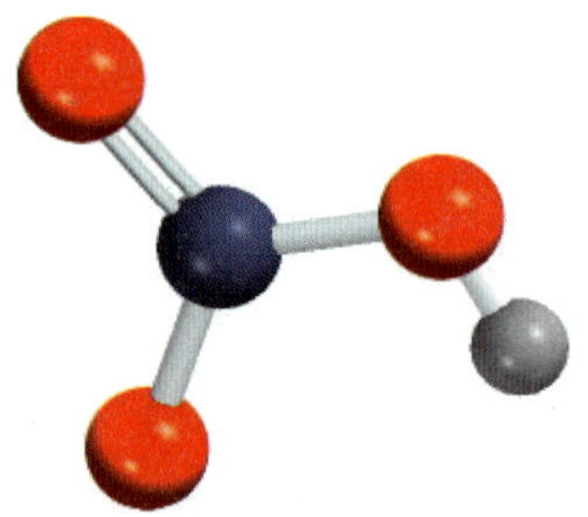
질산은 강전해질이다.

질산(HNO_3)의 루이스 구조를 쓰시오. 중심의 질소 원자에 산소 원자 3개가 결합되어 있으며, 이온화할 수 있는 수소 원자가 산소 원자 1개에 결합되어 있다.

풀이 위에 언급된 단계에 따라 루이스 구조를 쓴다.

단계 1: 질산의 골격 구조는 다음과 같다.

```
O  N  O  H

   O
```

(계속)

단계 2: N, O, H의 최외각 전자 배열은 각각 $2s^22p^3$, $2s^22p^4$, $1s^1$이다. 따라서 HNO_3의 원자가 전자의 수는 5 + (3 × 6) + 1 = 24이다.

단계 3: N과 O 원자 3개, O 원자 하나와 H 원자 사이에 단일 공유 결합을 그리고, O 원자에 대해서는 팔전자 규칙을 적용시켜 전자를 채운다.

```
   ..        ..
  :O—N—O—H
   ..   |    ..
       :O:
        ..
```

단계 4: 모든 산소 원자들은 팔전자 규칙을 만족하나 질소 원자는 그렇지 않다. 따라서 말단에 있는 1개의 산소 원자 중 하나로부터 고립 전자쌍을 이동하여 N과 또 하나의 결합을 만들어준다. 그러면 N 원자도 팔전자 규칙을 만족하게 된다.

```
  ..      ..
  O=N—O—H
  ..  |   ..
     :O:
      ..
```

검산 H를 제외한 모든 원자들이 팔전자 규칙을 만족하는가를 확인하는 것이다. HNO_3의 원자가 전자(결합 및 고립 전자쌍에 대한)를 계산해 보면, O 원자 3개, N 원자 1개, H 원자 1개의 원자가 전자수의 합과 같은 24개가 나온다.

비슷한 문제 : 9.45.

실전 연습 폼산(HCOOH)의 루이스 구조를 쓰시오.

예제 9.5

탄산 이온(CO_3^{2-})의 루이스 구조를 쓰시오.

CO_3^{2-}

풀이 위에 언급된 단계에 따라 루이스 구조를 쓰고, CO_3^{2-}는 전하가 −2인 이온임에 유의하라.

단계 1: C가 O보다 전기음성도가 작기 때문에 다음과 같은 탄산 이온의 골격 구조를 추측할 수 있다. 즉, 탄소를 아래와 같이 중심 원자에 위치시킨다.

```
     O

  O  C  O
```

단계 2: C와 O의 최외각 전자 배열은 각각 $2s^22p^2$와 $2s^22p^4$이다. 또한 이온 자체에 2개의 음전하를 가진다. 따라서 전체 전자수는 4 + (3 × 6) + 2 = 24이다.

단계 3: C와 각각의 O 사이에 단일 공유 결합을 그리고, O 원자의 팔전자계를 완성한다.

```
       ..
      :O:
   ..  |  ..
  :O—C—O:
   ..     ..
```

이 구조는 모두 24개의 전자를 보여준다.

단계 4: O 원자는 팔전자 규칙을 만족하나 C 원자는 그렇지 않다. 따라서 O 원자 중 하나로부터 고립 전자쌍을 이동하여 C와 또 하나의 결합을 만들어준다. 그러면 C 원자도 팔전자 규칙을 만족하게 된다.

```
 [     :O:     ]2−
 [  ..  ‖  ..  ]
 [ :O—C—O:     ]
 [  ..     ..  ]
```

전체 분자에 대괄호를 쓰고 −2 전하를 표시한다.

검산 탄산 이온의 루이스 구조에서 원자가 전자가 24개로 동일한지 확인한다.

비슷한 문제 : 9.44.

실전 연습 아질산 이온(NO_2^-)의 루이스 구조를 쓰시오.

개념 복습하기

이 분자 모형은 DNA 분자의 한 구성 성분인 구아닌이다. 이 모형에서는 원자간의 연결만 보여주고 있다. 분자의 루이스 구조를 완성하시오. (색 코드는 책 뒤표지 안쪽 참조.)

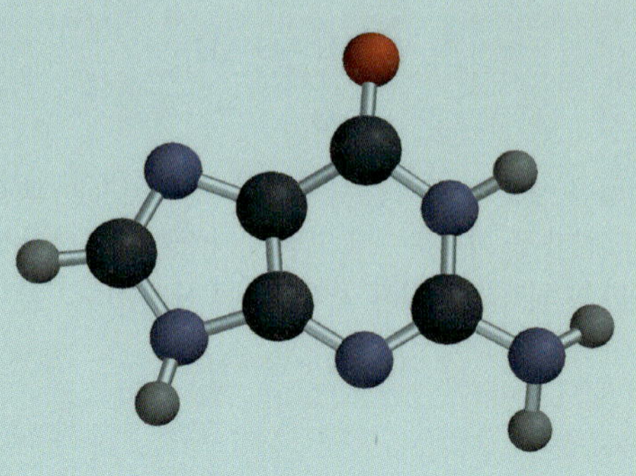

9.7 형식 전하와 루이스 구조

독립된 원자의 전자수와 루이스 구조식 안에 들어 있는 같은 원자의 전자수를 비교해 보면, 분자에서 전자의 분포를 알 수 있고, 그럴듯한 루이스 구조를 그릴 수 있다. 그 절차는 아래와 같다. 독립 원자에서 전자수는 단순히 그 원자의 원자가 전자수이다. 항상 그랬듯이, 내부 전자는 고려하지 않는다. 분자에서 원자의 전자수는 결합 전자수와 비결합 전자수의 합으로 주어진다. 그러나 전자는 결합에서 공유되어 있기 때문에 결합 전자들은 결합을 형성한 두 원자들 사이에 동등하게 나누어져야 한다. *독립된 원자의 원자가 전자수로부터 루이스 구조식에서 그 원자에 할당된 전자수를 뺀 값*을 그 원자의 **형식 전하**(formal charge)라고 한다.

루이스 구조식에서 한 원자에 할당된 전자수를 계산하기 위해서는 다음 과정을 따른다.

- 그 원자의 모든 비결합 전자를 그 원자에 할당하고,
- 그 원자와 다른 원자 사이의 결합을 모두 끊어서 결합 전자의 절반을 그 원자에 배당한다.

오존 분자(O_3)를 가지고 형식 전하의 개념을 설명해 보자. 예제 9.3과 9.4에서와 같이 단계적인 절차를 거쳐 O_3 의 골격 구조를 그리고 말단에 있는 2개의 산소 원자들이 팔전자계를 만족하도록 결합과 전자를 첨가한다.

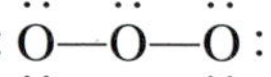

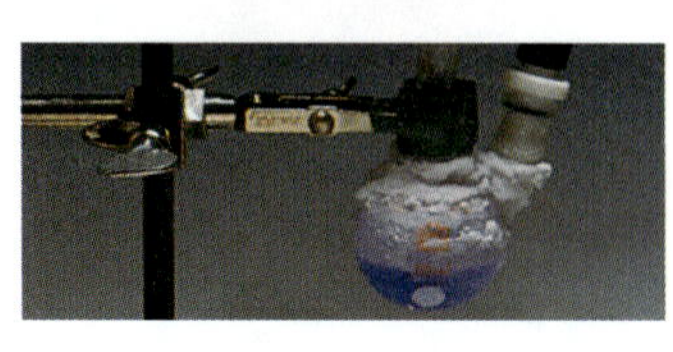

끓는점(−111.3°C) 아래에 있는 액체 오존. 오존은 자극성 냄새가 나는 연푸른색의 유독 기체이다.

전자들이 첨가되었지만 중심의 산소 원자는 팔전자 규칙을 만족하지 않는다. 따라서 양 끝에 있는 O_3 원자 중 한 개로부터 고립 전자쌍을 이동하여 말단 원자와 중심 원자 사이에 또 하나의 결합을 만들어 준다.

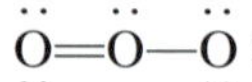

O_3에서 각 원자의 형식 전하는 다음 도식에 따라 계산된다.

결합 전자의 반을 각 원자에 배당한다.

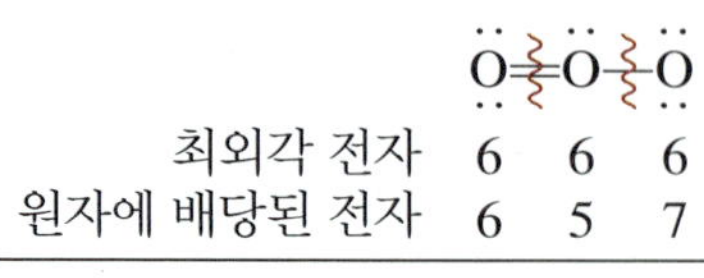

	O	O	O
최외각 전자	6	6	6
원자에 배당된 전자	6	5	7
차이(형식 전하)	0	+1	−1

여기서 물결 모양의 빨간 선은 결합 절단을 의미한다. 단일 결합의 절단은 전자 하나, 이중 결합의 절단은 전자 두 개가 각 결합 원자에 할당된다. 따라서 오존에서 각 원자의 형식 전하를 포함한 루이스 구조식은 다음과 같이 그릴 수 있다.

$$\ddot{\underset{\cdot\cdot}{O}}=\overset{+}{\ddot{O}}-\ddot{\underset{\cdot\cdot}{O}}:^{-}$$

+1과 −1의 전하에 대해서는 보통 숫자 1이 생략된다.

형식 전하를 표기할 때 다음 규칙은 매우 유용하다.

1. 중성 분자의 형식 전하의 합은 0이어야 한다. (예를 들어, O_3 분자에서 이 규칙이 적용된다.)
2. 양이온에서 형식 전하의 합은 양전하와 같아야 한다. 음이온에서 형식 전하의 합은 음전하와 같아야 한다.

형식 전하를 결정할 때 분자 내 원자가 원자가 전자보다 더 많은 전자를 가지고 있으면 형식 전하가 음수이고, 더 적은 전자를 가지고 있으면 형식 전하가 양수이다.

형식 전하는 단순히 분자를 구성하고 있는 원자들의 원자가 전자 분포를 이해하는 데 도움을 줄 뿐이다. 형식 전하를 전자가 완벽하게 이동하는 실제 전하로 해석하면 안 된다. 예를 들어, O_3 분자로 실험해보면, 중심 원자는 부분 양전하를 가지고 있으며 말단 O 원자는 부분 음전하를 가지고 있다. 하지만 한 원자에서 다른 원자로 전자가 완전히 이동했다는 증거는 없다.

예제 9.6

탄산 이온의 형식 전하를 쓰시오.

전략 탄산 이온의 루이스 구조는 예제 9.5에 다음과 같이 나타나 있다.

$$\left[\begin{array}{c} :\ddot{O}: \\ \| \\ :\ddot{\underset{\cdot\cdot}{O}}-C-\ddot{\underset{\cdot\cdot}{O}}: \end{array}\right]^{2-}$$

각 원자의 형식 전하는 주어진 과정에 따라 계산할 수 있다.

풀이 각 원자의 원자가 전자에서 비결합 전자들과 결합 전자의 반을 뺀다.

C 원자: C 원자에는 원자가 전자 4개가 있으므로, 루이스 구조에서 비결합 전자가 없다. 이중 결합과 두 개의 단일 결합을 끊음으로써 C 원자에는 4개의 전자가 할당된다. 따라서 형식 전하는 4 − 4 = 0이다.

C=O에서 O 원자: O 원자에는 원자가 전자 6개가 있으므로 비결합 전자 4개가 있다. 이중 결합을 끊어서 2개의 전자를 배당받는다. 그러면 형식 전하는 6 − 4 − 2 = 0이다.

C—O에서 O 원자: 이 원자는 비결합 전자 6개와 단일 결합 전자 1개를 할당받아 형식 전하는 6 − 6 − 1 = −1이다.

따라서 형식 전하를 가진 CO_3^{2-}에 대한 루이스 구조식은 다음과 같다.

$$\begin{array}{c} :\ddot{O}: \\ \| \\ {}^{-}:\ddot{\underset{\cdot\cdot}{O}}-C-\ddot{\underset{\cdot\cdot}{O}}:^{-} \end{array}$$

검산 형식 전하의 합이 탄산 이온의 전하와 같은 −2라는 점을 주목하라.

비슷한 문제: 9.46.

실전 연습 아질산 이온(NO_2^-)의 형식 전하를 쓰시오.

때로는 어떤 분자는 모든 규칙을 만족시키는 루이스 구조를 두 개 이상 그릴 수 있다. 그러한 경우에 형식 전하는 가장 합당한 루이스 구조식을 선택하는 기준을 제시해 주기도 한다. 그 기준은 다음과 같다.

- 중성 분자에서는 형식 전하가 없는 루이스 구조식이 형식 전하를 갖는 구조식보다 더 좋다.
- 큰 형식 전하(+2, +3, −2, −3)를 갖는 루이스 구조는 작은 형식 전하를 갖는 구조보다 좋지 못하다.
- 비슷한 형식 전하 분포를 갖는 루이스 구조식 중에서 가장 합당한 구조는 전기음성도가 더 큰 원자가 음의 형식 전하를 갖는 것이다.

다음 예제 9.7은 형식 전하를 이용하여 가장 합당한 루이스 구조를 결정하는 방법을 보여 준다.

예제 9.7

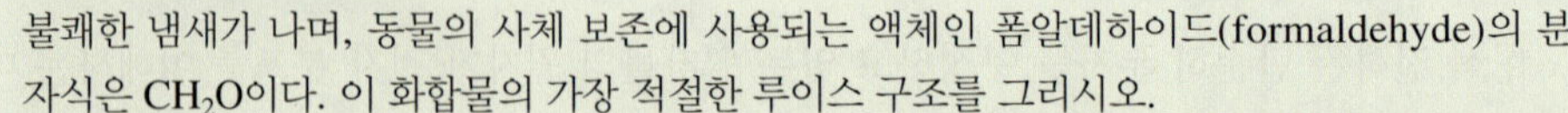

CH_2O

불쾌한 냄새가 나며, 동물의 사체 보존에 사용되는 액체인 폼알데하이드(formaldehyde)의 분자식은 CH_2O이다. 이 화합물의 가장 적절한 루이스 구조를 그리시오.

전략 합당한 루이스 구조는 수소를 제외하고는 모든 원소들이 팔전자 규칙을 만족하며, 전기음성도의 지침에 따라서 분배된 형식 전하를 가져야 한다.

풀이 두 개의 가능한 골격 구조는 다음과 같다.

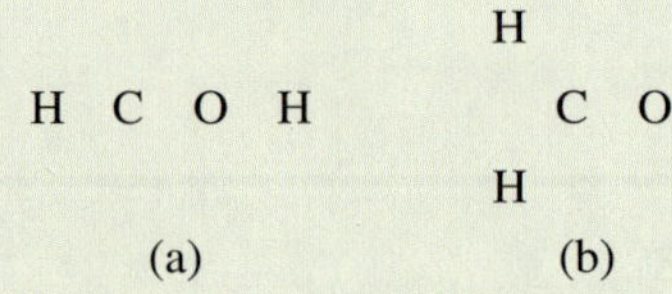

앞 예제의 절차에 따라 각각에 대해 루이스 구조식을 그릴 수 있다.

(a) $\mathrm{H{-}\overset{-}{\ddot{C}}{=}\overset{+}{\ddot{O}}{-}H}$

(b) $\mathrm{H_2C{=}\ddot{\underset{..}{O}}}$ (C에 H 두 개가 결합)

예제 9.6의 방법과 같이 형식 전하를 계산해 보자. (a)에서 C 원자는 5개의 전자를 가지고 있다(고립 전자쌍 1개와 단일 결합 및 이중 결합 한 개씩을 끊음으로써 할당된 전자 3개). C 원자에는 원자가 전자가 4개 있으므로 형식 전하는 4 − 5 = −1이다. O 원자는 5개의 전자를 가지고 있다(1개의 고립 전자쌍과 단일 결합 및 이중 결합 한 개씩을 끊음으로써 할당된 3개의 전자). O 원자에는 원자가 전자 6개가 있으므로 형식 전하는 6 − 5 = +1이다. (b)에서 C 원자는 단일 결합 2개와 이중 결합 하나를 끊음으로써 전자 4개를 가지므로, 형식 전하는 4 − 4 = 0이다. 산소 원자에는 전자 6개가 있다(고립 전자쌍 2개와 이중 결합을 끊음으로써 할당된 2개의 전자). 따라서 형식 전하는 6 − 6 = 0이다. 둘 다 팔전자 규칙을 만족하지만, 구조 (b)가 형식 전하를 갖지 않으므로 더 좋은 구조이다.

검산 어떤 경우든지 원자가 전자의 전체 수는 12이다. 왜 (a)가 덜 합당한 구조인지, 두 가지 다른 이유를 제안할 수 있는가?

비슷한 문제: 9.47.

실전 연습 N, C, H 원자를 각각 한 개씩 포함하는 분자의 가장 합리적인 루이스 구조를 그리시오.

개념 복습하기

사이안아마이드(CH_2N_2)에 대한 다음 세 가지 가능한 구조를 생각해 보자. (a) H_2CNN, (b) H_2NCN, (c) HNNCH. 지침대로 형식 전하를 사용하여 어느 것이 가장 적절한 구조인지를 결정하시오.

9.8 공명의 개념

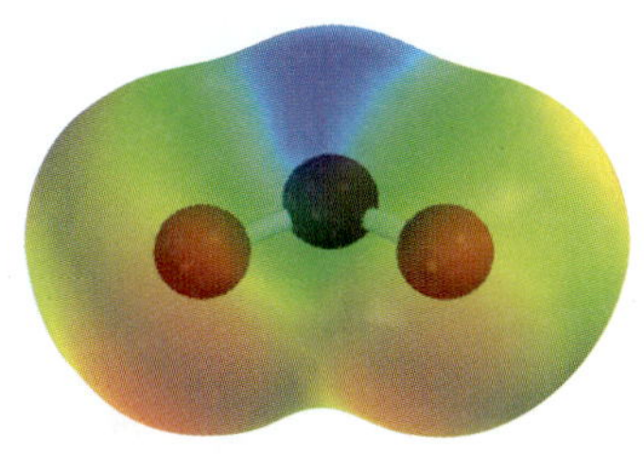

오존의 정전기 퍼텐셜 지도. 전자 밀도는 두 개의 끝부분 산소 원자들 사이에 골고루 분포되어 있다.

동영상 자료
▸ 공명 (9.8절).

오존(O_3)에 대한 루이스 구조식에서 중심 원자와 말단에 있는 산소 원자 하나를 이중 결합으로 그려서 모든 원자가 팔전자 규칙을 만족하였다. 사실상 말단에 이중 결합을 표시할 때, 다음과 같이 두 개의 동등한 루이스 구조식을 그릴 수 있다.

$$\ddot{\underset{\cdot\cdot}{O}}=\overset{+}{\ddot{O}}-\ddot{\underset{\cdot\cdot}{O}}:^{-} \qquad {}^{-}:\ddot{\underset{\cdot\cdot}{O}}-\overset{+}{\ddot{O}}=\ddot{\underset{\cdot\cdot}{O}}$$

그러나 이 두 루이스 구조식 중 어느 것도 O_3의 알려진 결합 길이를 설명하지 못한다.

이중 결합이 단일 결합보다 더 짧기 때문에 오존에서 O—O 결합이 O=O보다 더 길 것이라고 예측할 수 있다. 그러나 실험적인 증거로부터 산소 원자간 결합 길이는 두 결합 모두 같은 128 pm로 알려져 있다. 이러한 모순을 해결하기 위하여 오존 분자를 나타낼 때 다음과 같이 두 개의 루이스 구조를 함께 사용한다.

$$\ddot{\underset{\cdot\cdot}{O}}=\overset{+}{\ddot{O}}-\ddot{\underset{\cdot\cdot}{O}}:^{-} \longleftrightarrow {}^{-}:\ddot{\underset{\cdot\cdot}{O}}-\overset{+}{\ddot{O}}=\ddot{\underset{\cdot\cdot}{O}}$$

이 두 구조를 각각 공명 구조라고 부른다. **공명 구조**(resonance structure)는 *단일 분자를 하나의 루이스 구조만으로는 정확히 묘사할 수 없을 때 두 개 이상의 가능한 루이스 구조로 나타낸 구조*를 의미한다. 기호 양방향 화살표로 표시된 구조는 공명 구조임을 나타낸다.

공명(resonance)이란 말 자체는 *어떤 특정 분자를 나타내기 위해 두 개 이상의 루이스 구조식이 사용됨*을 의미한다. 중세 유럽인이 아프리카를 여행하면서 발견한 코뿔소를 상상의 동물인 그리핀(griffin, 그리스 신화에 나오는 동물로 독수리의 머리와 날개에 사자의 몸통을 가진 괴수)과 유니콘(unicorn, 이마에 비비 꼬인 긴 외뿔을 가진 말 비슷한 전설의 동물) 간의 잡종으로 설명했던 것처럼 오존에서도 실제 분자를 묘사하기 위하여 존재하지는 않지만 가상의 두 가지 공명 구조를 사용한다.

공명에 대해서 잘못 생각하기 쉬운 것은 한 공명 구조에서 다른 공명 구조로 매우 빨리 바뀐다고 생각하는 것이다. 공명을 이루는 어떤 구조도 안정된 실제 분자의 전자 배열을 적절히 나타내지 *못한다*는 것을 기억하라. "공명"은 분자를 나타내는 간단한 결합 모형으로는 실제 분자를 설명할 수 없기 때문에 만들어낸 가상의 구조이다. 다시 코뿔소 이야기에 비유하면 코뿔소는 분명히 실재하는 동물이지 신화에 나오는 그리핀이 되었다 유니콘이 되었다 반복하지는 않는다.

탄산 이온은 다음과 같은 공명 구조를 갖는다.

$$\begin{array}{c}:O:\\ \|\\ {}^{-}:\ddot{\underset{\cdot\cdot}{O}}-C-\ddot{\underset{\cdot\cdot}{O}}:^{-}\end{array} \longleftrightarrow \begin{array}{c}:\ddot{\underset{\cdot\cdot}{O}}:^{-}\\ |\\ \ddot{\underset{\cdot\cdot}{O}}=C-\ddot{\underset{\cdot\cdot}{O}}:^{-}\end{array} \longleftrightarrow \begin{array}{c}:\ddot{\underset{\cdot\cdot}{O}}:^{-}\\ |\\ {}^{-}:\ddot{\underset{\cdot\cdot}{O}}-C=\ddot{\underset{\cdot\cdot}{O}}\end{array}$$

실험적인 증거에 따르면 탄산 이온(CO_3^{2-})에서 탄소와 산소 간의 모든 결합은 동등하다. 그러므로 탄산 이온의 성질은 그 공명 구조를 함께 고려함으로써 가장 잘 설명할 수 있다.

공명의 개념은 유기 분자에도 똑같이 적용된다. 잘 알려진 것이 다음에 나타낸 벤젠(C_6H_6) 분자이다.

```
          H                          H
          |                          |
     H    C    H                H    C    H
      \ // \  /                  \  / \\ /
        C     C                    C     C
        |     ||      <--->        ||    |
        C     C                    C     C
      /  \\  / \                 /  \  // \
     H     C    H               H     C    H
           |                          |
           H                          H
```

만일 이러한 공명 구조 중 하나가 실제 벤젠의 구조와 일치한다면 인접한 C 원자들 사이의 결합 길이는 서로 다를 것이며, 하나는 단일 결합 그리고 다른 하나는 이중 결합의 특성을 가질 것이다. 그러나 벤젠에서 인접한 C 원자들 사이의 거리는 모두 140 pm로, 이 값은 C—C 결합 길이(154 pm)보다는 짧고, C═C 결합 길이(133 pm)보다는 길다.

벤젠 구조와 벤젠 고리를 포함하는 화합물의 구조를 그리는 더 간단한 방법은 탄소와 수소 원자를 빼고 골격 구조만 그리는 것이다. 관습적으로 공명 구조는 다음과 같이 그린다.

$$\longleftrightarrow$$

육각형의 각 꼭짓점에 위치한 C 원자와 H 원자들은 모두 생략하고, C 원자들 사이의 결합만 나타낸다.

공명 구조를 그리기 위해 중요한 다음 규칙을 기억하라. 다른 공명 구조를 그릴 때 원자의 위치는 변경할 수 없고, 전자의 위치만 바꿀 수 있다. 즉, 특정 분자의 모든 공명 구조에서 같은 원자는 같은 위치에 있어야 한다.

지금까지 예제에서 보인 공명 구조는 분자나 이온의 실제 구조에 똑같이 기여하는 것들이다. 예제 9.8에서는 기여도가 다른 경우를 보기로 한다.

예제 9.8

산화 이질소(N_2O) 분자에 대해 공명 구조 3개를 그리시오. 원자 배열은 NNO이다. 형식 전하도 표시하시오. 분자의 전체 특성을 고려하여 상대적으로 중요한 구조부터 순서대로 표시하시오.

전략 N_2O의 골격 구조는 다음과 같다.

N N O

루이스 구조 그리는 과정을 따르면 된다. 형식 전하는 예제 9.5와 9.6과 같은 방법으로 계산한다.

풀이 세 공명 구조는 다음과 같다.

$$\overset{-}{N}{=}\overset{+}{N}{=}O \qquad :N{\equiv}\overset{+}{N}{-}\overset{-}{O}: \qquad :\overset{2-}{N}{-}\overset{+}{N}{\equiv}\overset{+}{O}:$$

(a) (b) (c)

이 세 구조 모두 형식 전하를 가지고 있다. 전기음성도가 큰 산소 원자에 음전하가 온 것을 보면, 구조 (b)가 가장 중요한 구조이다. 형식 전하 값이 매우 큰 구조인 (c)는 중요도가 가장 작다. 더구나 전기음성도가 큰 산소 원자에 양전하가 부여되어 있다.

형식 전하가 +2나 −2보다 큰 값이 나오는 공명 구조는 받아들이기 곤란하며, 이런 구조는 버려도 된다.

검산 구조에서 원자의 위치가 바뀌지 않도록 주의한다. N은 원자가 전자 5개, O는 원자가 전자 6개이므로, 분자 전체의 원자가 전자는 5 × 2 + 6 = 16개이다. 각 구조에서 형식 전하의 합은 0이 되어야 한다.

비슷한 문제: 9.51, 9.56.

실전 연습 싸이오사이안산 이온(SCN^-)의 공명 구조 3개를 그리시오. 중요도 순서에 따라 나열하시오.

개념 복습하기

오른쪽 분자 모형은 유기 용매로 쓰이는 아세트아마이드이다. 이 모형에서는 원자간 연결만 보여준다. 이 분자에 대한 공명 구조 두 개를 그리시오. (색 코드는 책 뒤표지 참조.)

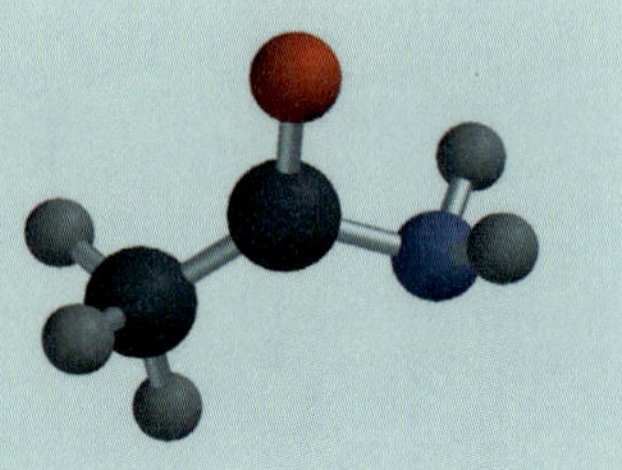

9.9 팔전자 규칙의 예외

앞에서 언급한 대로 팔전자 규칙은 주로 2주기 원소들에 적용된다. 팔전자 규칙에서 벗어나는 예외적인 경우는 불완전한 팔전자의 경우 전자수가 홀수일 때, 중심 원자 주위에 원자가 전자가 8개를 초과할 때의 세 가지 범주로 나눌 수 있다.

불완전한 팔전자계

어떤 화합물에서는 중심 원자 주위의 전자수가 8개보다 적어도 그 분자가 안정할 때가 있다. 예를 들어, 2주기 원소이며 2A족인 베릴륨을 생각해 보자. 베릴륨의 전자 배열은 $1s^22s^2$이다. 베릴륨은 2*s* 궤도에 원자가 전자 2개가 있다. 기체 상태에서 BeH_2는 독립된 분자로 존재한다. BeH_2의 루이스 구조는 다음과 같다.

H—Be—H

다른 2A족 원소와는 달리 베릴륨은 B_eH_2에서와 같이 주로 공유 결합을 형성한다.

위에서 알 수 있듯이 Be 원자는 4개의 전자만으로 둘러싸여 있다. 그러므로 이 분자에서 베릴륨에 대하여 팔전자 규칙을 만족시킬 수 있는 방법은 없다.

특히 붕소와 알루미늄과 같은 3A족 원소들은 8개보다 더 적은 수의 전자로 둘러싸인 화합물을 형성하는 경향이 있다. 붕소를 한 예로 보자. 붕소의 전자 배열은 $1s^22s^22p^1$이고, 원자가 전자는 모두 3개이다. 붕소가 할로젠과 결합하여 생성되는 화합물의 일반식은 BX_3이다(X는 할로젠 원자). 따라서 삼플루오린화 붕소(BF_3)에서 붕소 원자 주위에는 6개의 전자만이 존재한다.

```
        ..
       :F:
  ..    |
 :F—B
  ..    |
       :F:
        ..
```

B와 F 사이에 이중 결합을 가지는 다음과 같은 공명 구조를 그리면 B 원자에 대한 팔전자 법칙을 만족한다.

```
      ..                :F:+               ..
     :F:                 ‖                :F:
 ..   |             ..   |            ..   |
+F=B⁻     ⟷     :F—B⁻      ⟷     :F—B⁻
 ..   |             ..   |            ..   ‖
     :F:                :F:               :F:+
      ..                 ..
```

각 경우에 B 원자의 형식 전하가 음의 값이며, 전기음성도가 큰 F 원자의 형식 전하가 양의 값이지만, BF_3에서 B—F 결합 길이(130.9 pm)가 단일 결합 길이(137.3 pm)보다 짧은 것은 위의 공명 구조들이 맞음을 나타낸다.

BF_3는 안정한 화합물이지만 암모니아와 아주 쉽게 반응한다. 이 반응의 루이스 구조를 보면, 원자가 전자가 6개인 B 원자가 전자를 받아들이는 형태로 반응이 이루어진다.

```
      ..                                ..
     :F:       H                       :F:   H
 ..   |        |                   ..   |    |
:F—B   +  :N—H   ⟶   :F—B⁻—N⁺—H
 ..   |        |                   ..   |    |
     :F:       H                       :F:   H
      ..                                ..
```

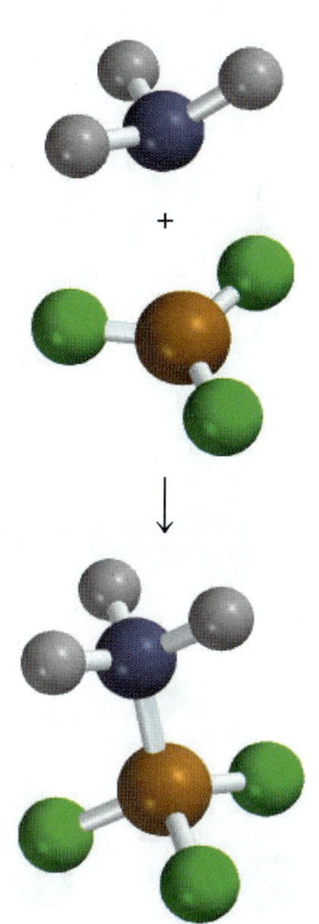

$NH_3 + BF_3 \longrightarrow H_3NO-BF_3$

B 원자가 부족한 전하를 받아들이는 반응이 쉽게 일어나는 것으로 볼 때, BF_3는 B 원자 주위에 6개의 전자가 있는 구조를 포함하여 4개의 공명 구조를 모두 사용하여야 분자의 특성을 바르게 설명할 수 있다.

위 화합물에서 B—N 결합은 지금까지 논의했던 공유 결합과 구별되는데, 이는 결합에 기여한 두 전자들이 모두 N 원자로부터 주어졌기 때문이다. *결합 원자 중 하나가 두 전*

*자 모두를 줌으로써 이루어지는 공유 결합*을 **배위 공유 결합**(coordinate covalent bond)이라고 한다. 배위 공유 결합의 성질이 보통 공유 결합과 다르지 않지만, 원자가 전자를 염두에 두거나 형식 전하를 배분할 때 이 차이점이 유용하게 쓰인다.

홀수 전자 분자

어떤 분자들은 홀수 개의 전자를 포함하고 있다. NO와 NO_2를 예로 들어 보자.

$$\dot{\ddot{N}}=\ddot{O} \qquad \ddot{O}=\dot{N}^{+}-\ddot{O}:^{-}$$

분자가 완전한 짝(8개)을 이루기 위해서는 짝수 전자를 필요로 하기 때문에 전체 전자의 개수가 홀수인 분자의 경우 모든 원자가 팔전자 규칙을 만족할 수 없다.

홀수 전자 분자를 *라디칼*(radical)이라고도 부른다. 라디칼은 다른 분자의 홀전자와 공유 결합을 형성할 수 있기 때문에 반응성이 크다. 예를 들어, NO_2 분자 두 개가 충돌할 때 N과 O 원자가 모두 팔전자 법칙을 만족하는 N_2O_4를 생성한다.

$$O_2N\cdot + \cdot NO_2 \longrightarrow O_2N-NO_2$$

확장된 팔전자계

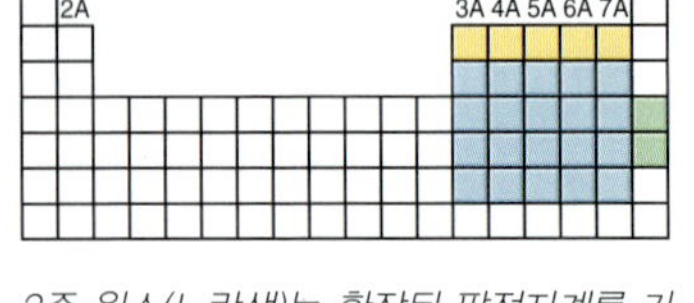

2족 원소(노란색)는 확장된 팔전자계를 가질 수 없다. 3주기 이상의 원소(파란색)와 영족 기체(녹색)는 확장된 팔전자계를 가진다.

2주기 원소들은 결합을 할 때, 주위에 8개보다 많은 수의 전자를 가질 수 없다. 그러나 주기율표의 3주기부터 그 아래쪽 원소의 경우에는 중심 원자 주위에 8개보다 더 많은 수의 전자가 배열될 수 있다. 3주기 원소들은 $3s$ 및 $3p$ 궤도함수 외에 $3d$ 궤도함수를 결합에 이용할 수 있다. 따라서 8개보다 많은 수의 전자가 결합에 이용될 수 있다. 이들 궤도함수로 인해 확장된 *팔전자*(expended octet)가 가능하다. 매우 안정한 화합물로 존재하는 SF_6가 한 예이다. 황의 전자 배열은 $[Ne]3s^23p^4$로 6개의 원자가 전자가 각각 플루오린 원자와 공유 결합을 이룬다. 따라서 S 원자는 주위에 12개의 전자를 갖게 된다.

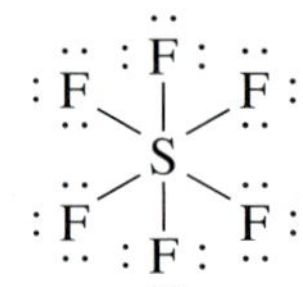

10장에서 이러한 12개의 전자(6개의 결합)는 황(S)의 $3d$ 궤도함수 5개 중 2개, 3개의 $3p$, 하나의 $3s$ 궤도함수로부터 만들어진 6개의 궤도함수에 수용된다는 것을 배울 것이다. 황은 팔전자 규칙에 위배되지 않는 많은 화합물도 형성한다. 이염화 황에서 S는 8개의 전자에 의해 둘러싸여 있다.

이염화 황은 유독하고 불쾌한 냄새가 나는 선홍색 액체(끓는점: 59°C)이다.

$$:\ddot{\underset{..}{Cl}}-\ddot{\underset{..}{S}}-\ddot{\underset{..}{Cl}}:$$

예제 9.9~9.11에서는 팔전자 규칙을 따르지 않는 화합물을 다룬다.

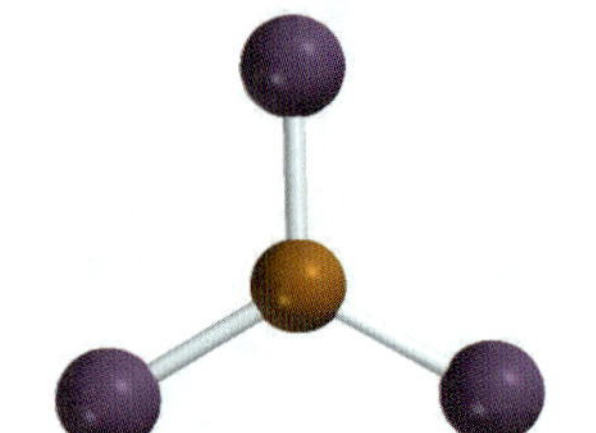
AlI_3는 이합체 Al_2I_6를 형성하는 경향이 있다.

예제 9.9

고온에서 아이오딘화 알루미늄(Al_2I_6)은 AlI_3으로 분해된다. AlI_3의 루이스 구조식을 그리시오.

전략 예제 9.5와 9.6에서 사용된 절차를 사용하여 루이스 구조식을 그리고 형식 전하를 계산한다.

풀이 Al의 최외각 전자 배열은 $3s^23p^1$이며, I는 $5s^25p^5$이다. 원자가 전자수는 $3 + 3 \times 7 = 24$이다. Al이 I보다 전기음성도가 작으므로 중심에 위치하고, I 원자와 3개의 결합을 형성한다.

(계속)

```
       ..
      :I:
       |
 ..    |
:I—Al
 ..    |
       |
      :I:
       ..
```

Al과 I 원자의 형식 전하는 없다는 데 유의하라.

검산 I 원자는 팔전자 규칙을 만족하지만, Al 원자 주위에는 6개의 원자가 전자뿐이다. 따라서 이 분자(AlI_3)는 불완전한 팔전자계의 예에 속한다.

실전 연습 BeF_2의 루이스 구조를 그리시오.

비슷한 문제: 9.62.

예제 9.10

오플루오린화 인(PF_5)의 루이스 구조식을 그리시오. 5개의 F 원자들은 P 원자에 직접 결합되어 있다.

전략 P는 3주기 원소이다. 예제 9.5와 9.6에서 사용된 절차를 사용하여 루이스 구조식을 그리고, 형식 전하를 계산한다.

풀이 P와 F에 대한 최외각 전자 배열은 각각 $3s^23p^3$와 $2s^22p^5$이다. 따라서 전체 원자가 전자의 수는 5 + (5 × 7) = 40이고, 황과 같이 인은 3주기 원소이므로 확장된 팔전자계를 가질 수 있다. PF_5의 루이스 구조는 다음과 같다.

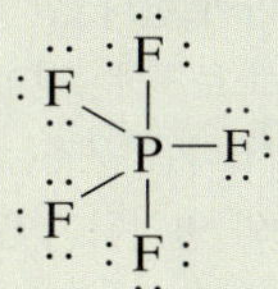

P와 F 원자의 형식 전하는 없다는 데 유의하라.

검산 F 원자는 팔전자계 규칙을 만족하지만 P 원자 주위의 원자가 전자 10개는 확장된 팔전자계를 나타낸다.

실전 연습 오플루오린화 비소(AsF_5)의 루이스 구조식을 그리시오.

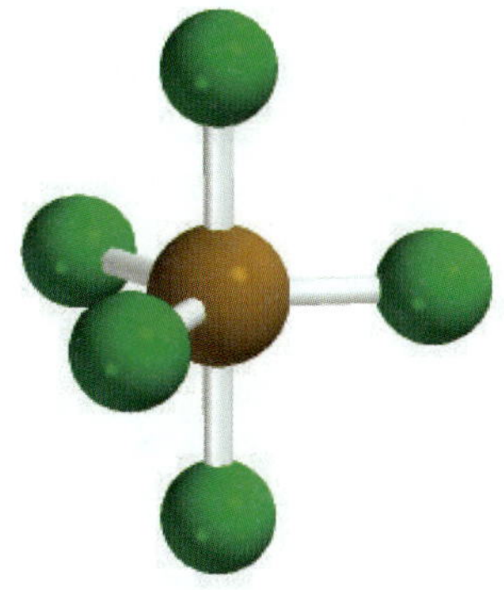

PF_5는 반응성이 있는 기체 화합물이다.

비슷한 문제: 9.64.

예제 9.11

황산 이온(SO_4^{2-})의 루이스 구조식을 그리시오. O 원자 4개는 S 원자에 직접 결합되어 있다.

전략 S는 3주기 원소이다. 예제 9.5와 9.6에서 사용된 절차를 사용하여 루이스 구조식을 그리고, 형식 전하를 계산한다.

풀이 S와 O의 최외각 전자 배열은 각각 $3s^23p^4$와 $2s^22p^4$이다.

단계 1: SO_4^{2-}의 골격 구조는 다음과 같다.

```
  O
O S O
  O
```

단계 2: O와 S는 모두 6A족에 속하며 각각 6개의 원자가 전자를 가지고 있다. SO_4^{2-}는 2개의 음전하를 가지고 있으므로 전체 원자가 전자의 수는 6 + (4 × 6) + 2 = 32이다.

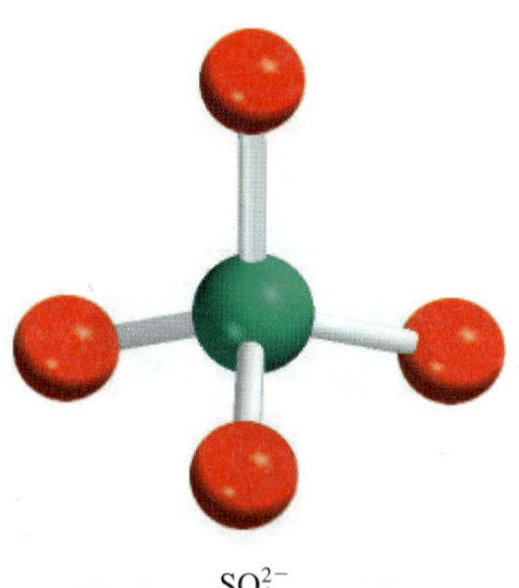

SO_4^{2-}

(계속)

단계 3: 결합하는 모든 원자 사이에 단일 공유 결합을 그린다.

$$\begin{array}{c} :\ddot{\text{O}}: \\ | \\ :\ddot{\text{O}}-\text{S}-\ddot{\text{O}}: \\ | \\ :\ddot{\text{O}}: \end{array}$$

다음에는 S와 O 원자의 형식 전하를 표시한다.

$$\begin{array}{c} :\ddot{\text{O}}:^{-} \\ | \\ ^{-}:\ddot{\text{O}}-\overset{2+}{\text{S}}-\ddot{\text{O}}:^{-} \\ | \\ :\ddot{\text{O}}:^{-} \end{array}$$

다음과 같이 S 원자의 팔전자를 확장하여 SO_4^{2-}에서 형식 전하를 없앨 수 있다는 점을 유의하자.

이 구조는 SO_4^{2-}의 6개의 동등한 구조 중 하나에 불과하다는 것을 명심하라.

$$\begin{array}{c} :\text{O}: \\ \| \\ ^{-}:\ddot{\text{O}}-\text{S}-\ddot{\text{O}}:^{-} \\ \| \\ :\text{O}: \end{array}$$

위 두 구조 즉, S 원자의 형식 전하가 크지만 팔전자 규칙을 만족하는 구조와 황 원자의 형식 전하가 0이고 확장된 팔전자 규칙을 따르는 구조 중 어느 것이 더 중요한 것인가에 질문은 화학자들 사이에서 논란의 쟁점이 되어 왔다. 많은 경우에 양자 역학적 계산을 통해서만 이 문제에 대한 보다 명확한 답을 얻을 수 있다. 물론 이 단계에서 두 구조 모두 그릴 수 있어야 하고 두 구조 모두 유효한 루이스 구조라는 사실을 알아야 한다. 한 가지 도움이 될 만한 규칙은 중심 원자의 팔전자 규칙을 확장하여 형식 전하를 최소로 하는 것이다. 이 경우 이중 결합을 첨가하여 중심 원자의 형식 전하를 0으로 만든다. 따라서 다음 구조는 S에 −2, O에 0인 형식 전하를 띠게 될 것인데, 이것은 이들 원소의 전기음성도와 일치하지 않으므로 SO_4^{2-} 이온을 나타내는 데에는 포함시키지 않아야 한다.

비슷한 문제 : 9.85.

$$\begin{array}{c} :\text{O}: \\ \| \\ \ddot{\text{O}}=\overset{2-}{\text{S}}=\ddot{\text{O}} \\ \| \\ :\text{O}: \end{array}$$

실전 연습 황산(H_2SO_4)의 루이스 구조식을 그리시오.

확장된 팔전자 규칙에 대하여 언급할 것이 하나 더 있다. 3주기 이상의 중심 원자를 포함하는 화합물에 대한 루이스 구조식을 그릴 때, 모든 원자가 팔전자 규칙을 만족시키지만 남는 원자가 전자가 생기는 경우도 있다. 그런 경우에 여분의 전자들이 중심 원자의 고립 전자쌍으로 존재하게 된다. 예제 9.12가 이에 해당한다.

예제 9.12

비활성 기체 화합물인 사플루오린화 제논(XeF_4)의 루이스 구조식을 그리시오. F 원자 4개는 Xe 원자에 결합되어 있다.

전략 Xe는 5주기 원소이다. 예제 9.5와 9.6에서 사용된 절차를 사용하여 루이스 구조식을 그리고 형식 전하를 계산한다.

풀이 *단계 1:* XeF_4의 골격 구조는 다음과 같다.

XeF_4

(계속)

F F
Xe
F F

단계 2: Xe와 F의 최외각 전자 배열은 $5s^25p^6$와 $2s^22p^5$이며, 전체 원자가 전자수는 8 + (4 × 7) = 36이다.

단계 3: 모든 원자들 사이에 한 개의 공유 결합을 그린다. F 원자에 3개씩의 고립 전자쌍을 두면 팔전자 규칙을 만족할 것이며, F 원자들의 고립 전자쌍과 결합 전자쌍으로부터 전자수는 (4 × 6) + (4 × 2) = 32이다. 그러므로 남은 4개의 전자를 Xe 원자의 2개의 고립 전자쌍으로 나타낸다.

:F̤̈ F̤̈:
Xe
:F̤̈ F̤̈:

Xe 원자는 확장된 팔전자계이며, Xe와 F 원자의 형식 전하는 없다.

실전 연습 사플루오린화 황(SF_4)의 루이스 구조식을 그리시오.

비슷한 문제 : 9.63.

개념 복습하기

붕소와 알루미늄은 모두 중심에 8개보다 적은 수의 전자로 둘러싸인 화합물을 만드는 경향이 있다. 그러나 알루미늄은 중심에 8개보다 많은 전자로 둘러싸인 화합물이나 다원자 이온(예를 들면, AlF_6^-)을 만들 수 있다. 왜 붕소는 팔전자 확장이 안 되지만 알루미늄은 가능한가?

9.10 결합 엔탈피

분자의 안정도에 대한 정량적 척도는 **결합 엔탈피**(bond enthalpy)인데, 이는 *기체 분자 1 mol에서 특정 결합을 끊는 데 필요한 엔탈피 변화량*을 말한다. (고체와 액체에서 결합 에너지는 이웃 분자의 영향을 받는다.) 예를 들어, 실험적으로 측정된 이원자 수소 분자의 결합 엔탈피는 다음과 같다.

어떤 결합을 끊으려면 에너지가 필요하고, 결합이 형성될 때에는 에너지가 방출됨을 기억하라.

$$H_2(g) \longrightarrow H(g) + H(g) \qquad \Delta H° = 436.4\ \text{kJ/mol}$$

위 식은 H_2 기체 분자 1 mol의 공유 결합을 끊는 데 436.4 kJ/mol의 에너지가 필요하다는 것을 말해 준다. 덜 안정한 염소 분자에 대해서는 다음과 같다.

$$Cl_2(g) \longrightarrow Cl(g) + Cl(g) \qquad \Delta H° = 242.7\ \text{kJ/mol}$$

결합 엔탈피는 서로 다른 원소로 구성된 이원자 분자에서도 직접 측정할 수 있다

$$HCl(g) \longrightarrow H(g) + Cl(g) \qquad \Delta H° = 431.9\ \text{kJ/mol}$$

이중 결합이나 삼중 결합을 가진 분자들에 대해서도 똑같이 적용된다.

O_2의 루이스 구조는 Ö=Ö 이고, N_2의 루이스 구조는 :N≡N: 이다.

$$O_2(g) \longrightarrow O(g) + O(g) \qquad \Delta H° = 498.7\ \text{kJ/mol}$$
$$N_2(g) \longrightarrow N(g) + N(g) \qquad \Delta H° = 941.4\ \text{kJ/mol}$$

다원자 분자에서 공유 결합 세기의 측정은 더 복잡해진다. 예를 들어, 물 분자의 첫 번째 O−H 결합을 끊는 데 필요한 에너지는 두 번째 O−H 결합을 끊는 데 필요한 에너지와 같지 않다는 것을 실험적으로 확인할 수 있다.

생활 속의 화학 CHEMISTRY in Action

산화 질소(NO) 바로 알기

가장 간단한 질소 산화물인 산화 질소(NO)는 홀수 전자 분자이므로 상자기성이다. 무색 기체(끓는점: −152°C)인 NO는 실험실에서 아질산 소듐($NaNO_2$)을 산성 매질에서 Fe^{2+}와 같은 환원제와 반응시켜 얻을 수 있다.

$$NO_2^-(aq) + Fe^{2+}(aq) + 2H^+(aq) \longrightarrow NO(g) + Fe^{3+}(aq) + H_2O(l)$$

주변 환경에서 만나게 되는 NO는 질소 화합물을 함유하는 화석 연료를 태울 때와 고온의 자동차 엔진 내에서 질소와 산소가 반응할 때 만들어진다.

$$N_2(g) + O_2(g) \longrightarrow 2NO(g)$$

번개에 의해 대기 중 NO의 농도가 증가하기도 한다. NO는 공기 중에 노출되면 순식간에 갈색을 띠는 NO_2 기체로 바뀐다.

$$2NO(g) + O_2(g) \longrightarrow 2NO_2(g)$$

NO_2는 스모그의 주성분이다.

약 40년 전에 근육 이완에 대해 연구하는 과학자들은 우리 인체가 *신경 전달 물질*(neurotransmitter, 세포와 세포 간의 전달을 촉진하는 것을 돕는 작은 분자)로 사용하기 위해 NO를 생산한다는 것을 발견했다. 그 후로 인체의 여러 부분에 있어서 최소한 12개의 세포 형태에서 발견되었다. 뇌, 간, 췌장, 위장계, 여러 혈관 세포에서 NO가 합성된다. 또한 이 NO 분자는 해로운 균을 제거하는 세포 내 독소로 작용한다. 그뿐 아니라 1996년에는 NO가 혈액 속에서 산소를 운반하는 단백질인 헤모글로빈과 결합한다고 보고된 바 있다. 그로 인해 NO가 혈압 조절을 돕는 작용을 한다.

NO의 생물학적 역할의 발견은 약품으로 나이트로글리세린($C_3H_5N_3O_9$)이 어떻게 작용할지에 대한 전망을 밝게 해줬다. 비록 작동 원리는 그 당시 이해하지 못했지만, 나이트로글리세린 정제는 일반적으로 심장병 환자들에게 심장으로 흐르는 혈액이 방해를 받아서 생기는 고통(angina pectoris, 협심증)을 덜어주는 약으로 처방되어 왔다. 현재 나이트로글리세린은 NO를 만들고, 그것이 근육을 이완시키고 동맥을 팽창시킨다는 것을 알고 있다. 이런 관점에서 보면, 다이너마이트를 발명하였으며 노벨상을 만든 노벨(Alfred Nobel)이 심장병을 앓고 있었다는 점이 흥미롭다. 다이너마이트는 나이트로글리세린과 점토의 혼합물인데, 점토는 폭발물을 안전하게 해주는 역할을 한다. 의사는 심장병의 고통을 줄이기 위해 약간의 나이트로글리세린을 삼켜보라고 권했지만 노벨은 이를 거절했다고 한다.

이러한 NO는 유전정보 전달 물질로서 아주 적당하다. NO는 작아서 세포와 세포 사이를 신속히 이동할 수 있다. 그것은 안정한 분자이기는 하지만, 어떤 환경에서는 자체의 보호 작용으로 인해 높은 반응성을 가진다. 근육을 이완시키는 효소는 NO와 높은 친화력을 가지는 철을 포함하고 있다. 효소를 활성화시키는 것은 철과 NO의 결합이다. 세포 내에서 생물학적 효과 인자들은 일반적으로 매우 큰 분자들인데, 가장 작은 분자 중 하나라고 알려진 것이 미치는 효과는 신기하다.

무색인 NO 기체는 산성 아질산 소듐 용액에 Fe^{2+}이 작용하여 생성된다. 이 기체는 물에서 거품이 일면서 나오고, 공기 중에 노출되었을 때는 산소와 즉시 반응하여 갈색 NO_2 기체를 생성한다.

$$H_2O(g) \longrightarrow H(g) + OH(g) \qquad \Delta H^\circ = 502 \text{ kJ/mol}$$
$$OH(g) \longrightarrow H(g) + O(g) \qquad \Delta H^\circ = 427 \text{ kJ/mol}$$

각 경우에서 O−H 결합이 끊어지지만, 첫 번째 단계가 두 번째 단계보다 더 많은 에너지가 필요하다. 두 ΔH° 값의 차이는 두 O−H 결합의 화학적 환경이 다르기 때문에 두 번째 O−H 결합이 첫 번째 결합과 같지 않음을 의미한다.

메탄올(CH_3OH)과 물(H_2O)은 같은 O−H 결합을 갖고 있지만, 결합 주위의 화학적인 환경이 다르기 때문에 O−H 결합의 결합 엔탈피는 서로 다르다. 따라서 다원자 분자의

표 9.4 이원자 분자에 대한 결합 엔탈피*와 다원자 분자내 결합에 대한 평균 결합 엔탈피

결합	결합 엔탈피(kJ mol)	결합	결합 엔탈피(kJ/mol)
H—H	436.4	C—I	240
H—N	393	C—P	263
H—O	460	C—S	255
H—S	368	C═S	477
H—P	326	N—N	193
H—F	568.2	N═N	418
H—Cl	431.9	N≡N	941.4
H—Br	366.1	N—O	176
H—I	298.3	N═O	607
C—H	414	O—O	142
C—C	347	O═O	498.7
C═C	620	O—P	502
C≡C	812	O═S	469
C—N	276	P—P	197
C═N	615	P═P	489
C≡N	891	S—S	268
C—O	351	S═S	352
C═O†	745	F—F	156.9
C≡O	1076.5	Cl—Cl	242.7
C—F	450	Br—Br	192.5
C—Cl	338	I—I	151.0
C—Br	276		

*이원자 분자에 대한 결합 엔탈피(붉은색으로 표시)는 다원자 분자 내의 결합에 대한 것보다 더 많은 유효 숫자를 가진다. 이는 이원자 분자의 결합 엔탈피는 직접 측정될 수 있는 값이고, 다원자 분자에서처럼 여러 화합물에 대한 평균값이 아니다.

†CO_2에서 C═O의 결합 엔탈피는 799 kJ/mol이다.

경우에는 *평균* 결합 엔탈피라는 용어를 사용한다. 표 9.4는 이원자 및 다원자 분자의 *평균* 결합 엔탈피 값을 보여 준다. 앞에서 언급한 바와 같이 삼중 결합은 이중 결합보다 강하며, 이중 결합은 단일 결합보다 강하다.

➤ 열화학에서 결합 엔탈피 이용

많은 반응에서 일어나는 열화학적인 변화들을 비교해 보면 여러 반응들 간의 엔탈피 변화가 매우 큰 것을 알 수 있다. 예를 들면, 산소 기체하에서 수소의 연소 반응은 상당히 큰 발열 반응이다.

$$H_2(g) + \tfrac{1}{2}O_2(g) \longrightarrow H_2O(l) \qquad \Delta H^\circ = -285.8 \text{ kJ/mol}$$

반면 물과 이산화 탄소로부터 포도당($C_6H_{12}O_6$)을 광합성하는 반응은 매우 큰 흡열 반응이다.

$$6CO_2(g) + 6H_2O(l) \longrightarrow C_6H_{12}O_6(s) + 6O_2(g) \quad \Delta H^\circ = 2801 \text{ kJ/mol}$$

이러한 차이는 각 반응물과 생성물의 안정도를 비교함으로써 설명할 수 있다. 결국 대부분의 반응은 결합을 끊거나 형성하는 것이다. 그러므로 결합 에너지(분자의 안정도)를 알면 분자가 반응할 때, 그 반응의 열화학적 성질을 추측할 수 있다.

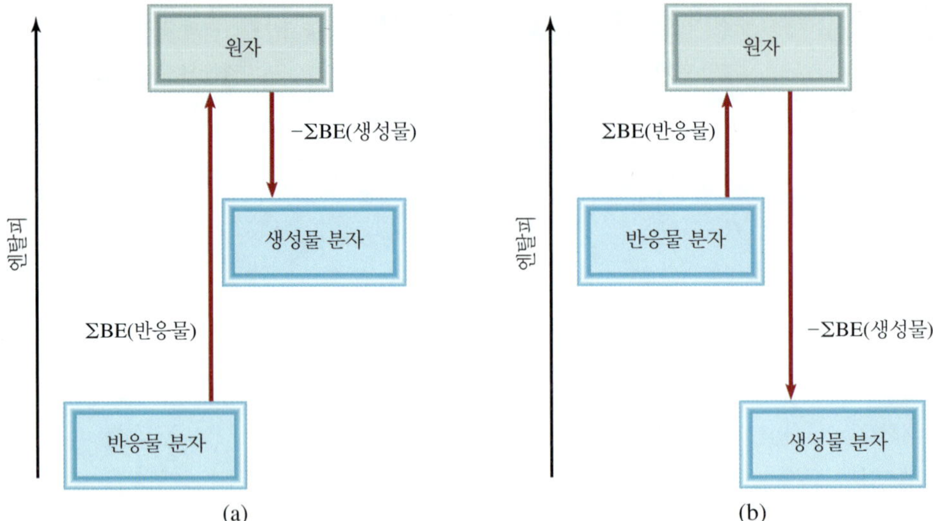

그림 9.8 (a) 흡열 반응과 (b) 발열 반응에서의 결합 엔탈피 변화.

많은 경우에 있어서 반응 엔탈피는 평균 결합 에너지를 사용해서 예측할 수 있다. 화학 결합을 끊기 위해서는 항상 에너지가 필요하고, 화학 결합이 형성되면 항상 에너지가 방출되기 때문에 반응에서 끊어지고 형성되는 결합의 총 수를 계산하고, 그에 수반된 모든 에너지 변화들을 가감함으로써 반응 엔탈피를 추정할 수 있다. *기체 상*에서 반응 엔탈피는 다음과 같이 간단히 계산할 수 있다.

$$\begin{aligned}\Delta H^\circ &= \Sigma\text{BE(반응물)} - \Sigma\text{BE(생성물)} \\ &= \text{투입된 전체 에너지} - \text{방출한 전체 에너지}\end{aligned} \tag{9.3}$$

여기서 BE는 평균 결합 엔탈피이며, Σ는 합산 기호이다. 식 (9.3)에 의해 ΔH°의 부호가 결정된다. 따라서 흡수된 총 에너지가 방출된 총 에너지보다 크다면 ΔH°는 양이 되며, 반응은 흡열 반응이 된다. 반대로 방출된 에너지가 흡수된 에너지보다 많다면 ΔH°는 음이 되며, 이 반응은 발열 반응이 된다(그림 9.8). 반응물과 생성물이 모두 이원자 분자일 때에는 식 (9.3)의 결과가 정확하다. 왜냐하면 이원자 분자의 결합 에너지는 정확하게 측정되기 때문이다. 반응물과 생성물의 일부 또는 전부가 다원자 분자라면 식 (9.3)은 평균 결합 엔탈피로 계산되기 때문에 근사적인 결과만을 산출할 수 있을 것이다.

이원자 분자의 경우에는 식 (9.3)은 식 (6.18)과 일치한다. 다음 예제 9.13은 이 관계를 보여 준다.

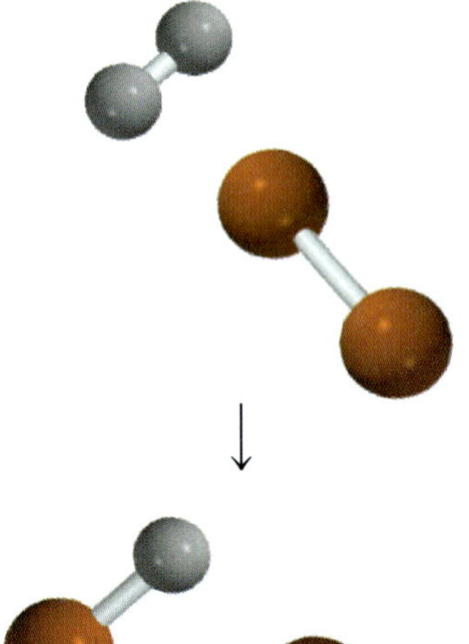

예제 9.13

식 (9.3)을 사용하여 다음 반응의 엔탈피를 계산하시오.

$$H_2(g) + Cl_2(g) \longrightarrow 2HCl(g)$$

식 (6.18)을 사용하여 얻어진 결과와 비교하시오.

전략 결합을 끊기 위해서는 에너지가 공급되어야 하며(흡열), 결합이 만들어지는 과정에서는 항상 에너지가 방출된다(발열). 따라서 전체 에너지 변화는 식 (9.3)에서 설명한 것같이 이들 두 반대 과정의 에너지 차이이다.

풀이 끊어진 결합의 수, 형성된 결합의 수 및 에너지 변화를 계산한다. 아래와 같이 표를 만들면 쉽게 계산할 수 있다.

(계속)

끊어진 결합 형태	끊어진 결합의 수	결합 엔탈피 (kJ/mol)	에너지 변화 (kJ/mol)
H—H (H_2)	1	436.4	436.4
Cl—Cl (Cl_2)	1	242.7	242.7

형성된 결합 형태	형성된 결합의 수	결합 엔탈피 (kJ/mol)	에너지 변화 (kJ/mol)
H—Cl (HCl)	2	431.9	863.8

다음에는 투입된 전체 에너지와 방출된 전체 에너지를 얻는다.

투입된 전체 에너지 = 436.4 kJ/mol + 242.7 kJ/mol = 679.1 kJ/mol

방출된 전체 에너지 = 863.8 kJ/mol

이들 이원자 분자의 결합 에너지는 표 9.4를 참조하라.

식 (9.3)을 사용하여 다음을 얻는다.

$$\Delta H° = 679.1 \text{ kJ/mol} - 863.8 \text{ kJ/mol} = -184.7 \text{ kJ/mol}$$

다른 방법으로 식 (6.18)과 부록 3의 자료를 이용하여 이 반응의 엔탈피를 계산할 수 있다.

$$\begin{aligned}\Delta H° &= 2\Delta H_f^\circ(\text{HCl}) - [\Delta H_f^\circ(\text{H}_2) + \Delta H_f^\circ(\text{Cl}_2)]\\ &= (2)(-92.3 \text{ kJ/mol}) - 0 - 0\\ &= -184.6 \text{ kJ/mol}\end{aligned}$$

검산 반응물과 생성물이 모두 이원자 분자이므로 식 (9.3)과 식 (6.18)의 계산 결과는 같을 것으로 기대된다. 계산할 때 반올림의 방법에 따라 결과값이 조금 다를 수 있다.

비슷한 문제 : 9.104.

실전 연습 다음 반응의 엔탈피를 계산하시오.

$$H_2(g) + F_2(g) \longrightarrow 2HF(g)$$

(a) 식 (9.3)을 사용하여 계산, (b) 식 (6.18)을 사용하여 계산.

예제 9.14는 식 (9.3)을 사용하여 다원자 분자를 포함한 반응의 엔탈피를 근사적으로 구하는 방법에 대한 것이다.

예제 9.14

수소 기체의 연소 반응에 대한 엔탈피 변화를 계산하시오.

$$2H_2(g) + O_2(g) \longrightarrow 2H_2O(g)$$

전략 예제 9.13과 같은 과정으로 푼다. 그러나 H_2O는 다원자 분자이므로 O-H 결합 값을 알기 위해 평균 결합 에너지 값을 사용할 필요가 있다는 것을 유념하라.

풀이 다음과 같이 표를 작성해 보자.

끊어진 결합 형태	끊어진 결합의 수	결합 엔탈피 (kJ/mol)	에너지 변화 (kJ/mol)
H—H (H_2)	2	436.4	872.8
O═O (O_2)	1	498.7	498.7

형성된 결합 형태	형성된 결합의 수	결합 엔탈피 (kJ/mol)	에너지 변화 (kJ/mol)
O—H (H_2O)	4	460	1840

다음에는 투입된 전체 에너지와 방출된 전체 에너지를 얻는다.

투입된 전체 에너지 = 872.8 kJ/mol + 498.7 kJ/mol = 1371.5 kJ/mol

방출된 전체 에너지 = 1840 kJ/mol

(계속)

식 (9.3)을 사용하여 다음을 얻는다.

$$\Delta H° = 1371.5 \text{ kJ/mol} - 1840 \text{ kJ/mol} = -469 \text{ kJ/mol}$$

이 결과는 O—H의 평균 결합 엔탈피를 사용하였기 때문에 아주 정확한 값은 아니다. 다른 방법으로 식 (6.18)과 부록 3의 자료를 이용하여 이 반응의 엔탈피를 계산할 수 있다.

$$\begin{aligned}\Delta H° &= 2\Delta H_f°(H_2O) - [2\Delta H_f°(H_2) + \Delta H_f°(O_2)] \\ &= 2(-241.8 \text{ kJ/mol}) - 0 - 0 \\ &= -483.6 \text{ kJ/mol}\end{aligned}$$

검산 평균 결합 에너지를 이용하여 계산된 추정값은 $\Delta H_f°$로부터 계산된 결과와 아주 유사하다. 일반적으로 식 (9.3)은 매우 발열이거나 매우 흡열인 반응 즉, $\Delta H°_{반응} > 100$ kJ/mol 또는 $\Delta H°_{반응} < -100$ kJ/mol인 반응에 대해서 대체로 잘 맞는다.

비슷한 문제 : 9.72.

실전 연습 다음 반응에 대하여 다음 문제를 푸시오.

$$H_2(g) + C_2H_4(g) \longrightarrow C_2H_6(g)$$

(a) 표 9.4의 결합 에너지 값을 이용하여 반응 엔탈피를 계산하시오.
(b) 표준 생성 엔탈피를 이용하여 반응 엔탈피를 계산하시오. (H_2, C_2H_4, C_2H_6에 대한 $\Delta H_f°$는 각각 0, 52.3 kJ/mol, −84.7 kJ/mol이다.)

개념 복습하기

왜 결합 엔탈피를 이용하여 계산된 $\Delta H°_{반응}$은 $\Delta H_f°$을 이용하여 계산된 것과 항상 동일하지 않는가?

주요 식 정리하기 *Key Equations*

$\Delta H° = \Sigma BE(\text{반응물}) - \Sigma BE(\text{생성물})$ (9.3) 결합 엔탈피로부터 반응의 엔탈피 변화 계산.

사실과 개념 요약하기 *Summary of Facts & Concepts*

1. 루이스 점 기호는 주어진 원소의 원자가 보유하고 있는 원자가 전자수를 나타낸다. 루이스 점 기호는 주족 원소들의 표기에 주로 사용된다.
2. 이온 결합 화합물을 형성하는 원소는 이온화 에너지가 낮거나(주로 양이온을 형성하는 알칼리 금속 및 알칼리 토금속) 전자 친화도가 높다(주로 음이온을 형성하는 할로젠, 산소 등).
3. 양이온과 음이온의 정전기적 인력에 의해 이온 결합 화합물이 형성된다. 이온 결합 화합물은 양이온과 음이온이 균형을 이루고 있는 매우 큰 결정 구조를 이룬다. 이온 간의 인력이 최대가 되도록 고체 이온 결합 화합물의 구조가 결정된다.
4. 격자 에너지는 이온성 고체의 안정도를 나타내는 척도이다. 이 값은 헤스 법칙에 기초한 본-하버 순환법으로 구할 수 있다.
5. 공유 결합에서는 두 전자(한 쌍)가 두 원자에 의해 공유된다. 다중 공유 결합에서는 2~3개의 전자쌍이 두 원자들에 의해 공유된다. 어떤 결합 원자들은 고립 전자쌍 즉, 결합에 참여하지 않은 원자가 전자의 쌍을 가진다. 분자에서 각 원자 주위의 고립 전자쌍과 결합 전자의 배열을 루이스 구조에 의해 나타낼 수 있다.
6. 전기음성도는 화학 결합에서 원자들이 전자를 끌어당기는 능력의 척도를 말한다.
7. 팔전자 규칙은 원자들이 각각 8개의 전자로 둘러싸여 공유 결합을 형성하는 것을 말한다. 루이스 구조는 공유 결합 분

자에서 원자가 전자의 분포를 추적하는 수단으로 각 원자에 형식 전하를 포함할 수 있다. 팔전자 규칙에도 예외가 있는데, 특히 공유 베릴륨 화합물, 3A족 원소나 주기율표에서 3주기 이상의 원소들의 공유 결합 화합물에서 볼 수 있다.

8. 몇몇 분자나 다원자 이온에서는 팔전자 규칙을 만족시키는 동일한 골격 구조의 두 개 이상의 루이스 구조를 그릴 수 있다. 이러한 공명 구조들을 함께 표시하여 분자나 이온을 나타내기도 한다.

9. 공유 결합 세기는 결합 엔탈피의 형태로 측정되며, 결합 엔탈피는 반응 엔탈피를 추정하는 데 사용된다.

주요 용어 정리하기 *Key Words*

격자 에너지	공유 결합	루이스 점 기호	전기음성도
결합 길이	공유 결합 화합물	배위 공유 결합	쿨롱 법칙
결합 엔탈피	극성 공유 결합	본-하버 순환	팔전자 규칙
고립 전자쌍	다중 결합	삼중 결합	형식 전하
공명	단일 결합	이온 결합	
공명 구조	루이스 구조	이중 결합	

연습 문제 *Questions & Problems*

● 표시는 Connect Plus에서 유용한 문제, 붉은색 번호의 문제는 학생용 문제풀이집에 풀어 놓았다.

루이스 점 기호

▶ 복습 질문

9.1 루이스 점 기호는 무엇인가? 어떠한 원소에 이 기호가 주로 적용되는가?

9.2 1A족부터 7A족까지 각 족의 두 번째 원소를 사용하여 원소의 원자가 전자수가 그 족의 숫자와 같다는 것을 보이시오.

● 9.3 그림 9.1을 참조하지 말고, 다음 원자들에 대한 루이스 점 기호를 쓰시오. (a) Be, (b) K, (c) Ca, (d) Ga, (e) O, (f) Br, (g) N, (h) I, (i) As, (j) F.

● 9.4 다음 이온의 루이스 점 기호를 쓰시오. (a) Li^+, (b) Cl^-, (c) S^{2-}, (d) Sr^{2+}, (e) N^{3-}.

● 9.5 다음 원자와 이온의 루이스 점 기호를 쓰시오. (a) I, (b) I^-, (c) S, (d) S^{2-}, (e) P, (f) P^{3-}, (g) Na, (h) Na^+, (i) Mg, (j) Mg^{2+}, (k) Al, (l) Al^{3+}, (m) Pb, (n) Pb^{2+}.

이온 결합

▶ 복습 질문

9.6 이온 결합이 무엇인지 설명하시오.

9.7 이온화 에너지와 전자 친화도를 이용하면 원자들이 이온 결합 화합물을 형성하는지 여부를 알 수 있다. 설명하시오.

9.8 이온 결합 화합물을 잘 형성하는 금속 5가지와 비금속 5가지를 열거하시오. 이 금속과 비금속의 조합으로 만들어질 수 있는 화합물의 화학식을 쓰시오. 이 화합물을 명명하시오.

9.9 비금속 원소들만 포함하는 이온 결합 화합물 하나를 쓰시오.

9.10 다원자 양이온과 다원자 음이온을 각각 하나씩 포함하는 이온 결합 화합물 하나를 쓰시오(표 2.3 참조).

9.11 3가 이상의 이온들이 이온 결합 화합물을 잘 형성하지 못하는 이유를 설명하시오.

9.12 "몰질량"이란 개념은 3장에서 언급되었다. 이온 결합 화합물을 논의할 때, 이 용어를 사용하는 것의 이점은 무엇인가?

● 9.13 다음 상태 중에서 NaCl이 전기적으로 전도성을 나타내는 상태는 어느 것인가? 이유를 설명하시오. (a) 고체, (b) 용융 상태, (c) 물에 용해된 상태.

● 9.14 베릴륨은 염소와 결합하여 실험식이 $BeCl_2$인 화합물을 형성한다. 이것이 이온 결합 화합물이라는 것을 어떻게 결정할 수 있는가? (이 화합물은 물에 녹지 않는다.)

▶ 문제

● 9.15 이온 결합은 양이온 A^+와 음이온 B^- 사이에서 형성된다. 다음과 같은 변화에 의해 이온 결합 에너지는 어떻게 변하는가? [식 (9.2) 참조] (a) A^+의 반지름을 2배로 한다. (b) A^+의 전하를 3배로 한다. (c) A^+와 B^-의 전하를 2배로 한다. (d) A^+와 B^-의 반지름을 원래 값의 반으로 줄인다.

● **9.16** 다음 이온쌍으로부터 형성되는 화합물의 실험식과 이름

을 쓰시오. (a) Rb^+와 I^-, (b) Cs^+와 SO_4^{2-}, (c) Sr^{2+}와 N^{3-}, (d) Al^{3+}와 S^{2-}.

9.17 루이스 점 기호를 사용하여 다음 원자 사이에서 양이온과 음이온 형성을 위한 전자의 이동을 보이시오. (a) Na와 F, (b) K와 S, (c) Ba와 O, (d) Al와 N.

● **9.18** 다음 반응에서 반응물과 생성물의 루이스 점 기호를 쓰시오. (먼저 반응식의 균형을 맞춘다.)

(a) $Sr + Se \longrightarrow SrSe$

(b) $Ca + H_2 \longrightarrow CaH_2$

(c) $Li + N_2 \longrightarrow Li_3N$

(d) $Al + S \longrightarrow Al_2S_3$

● 9.19 다음 각 원소의 짝에 대해 그들이 형성하는 이성분 화합물이 이온 결합인지 공유 결합인지 말하고, 실험식과 화합물의 이름을 쓰시오. (a) I와 Cl, (b) Mg와 F.

● **9.20** 다음 각 원소의 짝에 대해 그들이 형성하는 이성분 화합물이 이온 결합인지 공유 결합인지 말하시오. 실험식과 화합물의 이름을 쓰시오. (a) B와 F, (b) K와 Br.

이온 결합 화합물의 격자 에너지

▶ 복습 질문

9.21 격자 에너지는 무엇이며, 이것은 이온 결합 화합물의 안정성을 유지하기 위해 어떠한 역할을 하는가?

9.22 KCl과 같은 이온 결합 화합물의 격자 에너지가 어떻게 결정되는지 본-하버 순환을 이용하여 설명하시오. 이 과정은 어떠한 규칙을 기초로 하는가?

● 9.23 다음 이온 결합 화합물의 짝 중에서 더 높은 격자 에너지를 가지는 것을 고르고, 그 이유를 쓰시오. (a) KCl와 MgO, (b) LiF와 LiBr, (c) Mg_3N_2와 NaCl.

● 9.24 (고체 상태에서) 다음 화합물의 짝에서 화합물의 안정성을 비교하시오. (a) LiF와 LiF_2(Li^{2+} 이온 포함), (b) Cs_2O와 CsO(O^- 이온 포함), (c) $CaBr_2$와 $CaBr_3$(Ca^{3+} 이온 포함).

▶ 문제

● 9.25 9.3절에서 설명한 LiF에 대한 본-하버 순환을 이용하여 NaCl의 격자 에너지를 계산하시오. [Na의 승화열은 108 kJ/mol이고 $\Delta H_f^\circ(NaCl) = -411$ kJ/mol이다. Cl_2 0.5 mol을 Cl 원자로 분해하는 데 필요한 에너지 = 121.4 kJ]

● **9.26** Ca의 승화열은 121 kJ/mol이고 $\Delta H_f^\circ(CaCl_2) = -795$ kJ/mol일 때, 염화 칼슘의 격자 에너지를 계산하시오. (표 8.2와 8.3 참조)

공유 결합

▶ 복습 질문

9.27 공유 결합을 이해함에 있어 루이스가 기여한 것은 무엇인가?

9.28 다음 용어를 예를 들어 설명하시오. 고립 전자쌍, 루이스 구조, 팔전자 규칙, 결합 길이.

9.29 루이스 점 기호와 루이스 구조의 차이는 무엇인가?

● 9.30 다음 화합물에서 밑줄 친 원자는 몇 개의 고립 전자쌍이 있는가? H<u>Br</u>, H_2<u>S</u>, <u>C</u>H_4.

9.31 어떤 분자에서 단일 결합, 이중 결합, 삼중 결합을 비교하고 각각의 예를 드시오. 결합하는 원자가 같은 경우에 결합 길이는 어떻게 변하는가?

9.32 이온 결합 화합물과 공유 결합 화합물의 특성을 비교하시오.

전기음성도와 결합의 종류

▶ 복습 질문

9.33 전기음성도를 정의하고, 전기음성도와 전자 친화도의 차이점을 설명하시오. 일반적으로 주기율표에서 위치가 변함에 따라 원소의 전기음성도가 어떻게 변하는지 설명하시오.

9.34 극성 공유 결합은 무엇인가? 하나 이상의 극성 공유 결합을 가지는 화합물을 두 개 나열하시오.

▶ 문제

● 9.35 이온 결합성이 증가하는 순으로 다음 결합을 배열하시오. LiF에서 리튬과 플루오린 결합, K_2O에서 포타슘과 산소의 결합, N_2에서 질소와 질소 결합, SO_2에서 황과 산소 결합, ClF_3에서 염소와 플루오린 결합.

● **9.36** 이온 결합성이 증가하는 순서로 다음 결합을 배열하시오. 탄소와 수소, 플루오린과 수소, 브로민과 수소, 소듐과 염소, 포타슘과 플루오린, 리튬과 염소.

● 9.37 네 개의 원자를 임의로 D, E, F, G로 표시했다. 이들의 전기음성도는 다음과 같다. D = 3.8, E = 3.3, F = 2.8, G = 1.3. 만약 이 원소들이 DE, DG, EG, DF로 분자를 형성한다면, 공유 결합성이 증가하는 순서는 어떻게 되겠는가?

● **9.38** 이온 결합성이 증가하는 순서로 다음 결합을 배열하시오. 세슘과 플루오린, 염소와 염소, 브로민과 염소, 규소와 탄소.

● 9.39 다음 결합을 이온, 극성 공유 또는 공유 결합으로 구분하고, 그 이유를 쓰시오. (a) H_3CCH_3에서 CC 결합, (b) KI에서 KI 결합, (c) H_3NBCl_3에서 NB 결합, (d) CF_4에서 CF 결합.

● **9.40** 다음 결합을 이온, 극성 공유 또는 공유 결합으로 구분하고, 그 이유를 쓰시오. (a) $Cl_3SiSiCl_3$에서 SiSi 결합, (b) $Cl_3SiSiCl_3$에서 SiCl 결합, (c) CaF_2에서 CaF 결합, (d) NH_3에서 NH 결합.

루이스 구조와 팔전자 규칙

▶ 복습 질문

9.41 루이스 팔전자 규칙의 기본적인 특징을 요약하시오. 팔전자 규칙은 주로 2주기 원소들에 적용된다. 그 이유를

설명하시오.

9.42 형식 전하의 개념을 설명하시오. 형식 전하는 실제로 전하의 분리를 나타내는가?

▶ 문제

● 9.43 다음 분자와 이온의 루이스 구조를 쓰시오. (a) NCl_3, (b) OCS, (c) H_2O_2, (d) CH_3COO^-, (e) CN^-, (f) $CH_3CH_2NH_3^+$.

● **9.44** 다음 분자와 이온의 루이스 구조를 쓰시오. (a) OF_2, (b) N_2F_2, (c) Si_2H_6, (d) OH^-, (e) CH_2ClCOO^-, (f) $CH_3NH_3^+$.

● 9.45 다음 분자의 루이스 구조를 쓰시오. (a) ICl, (b) PH_3, (c) P_4(각 P는 세 개의 다른 P 원자에 결합되어 있다), (d) H_2S, (e) N_2H_4, (f) $HClO_3$, (g) $COBr_2$(C는 O와 Br 원자에 결합되어 있다.)

● **9.46** 다음 이온의 루이스 구조를 쓰시오. (a) O_2^{2-}, (b) C_2^{2-}, (c) NO^+, (d) NH_4^+. 형식 전하를 보이시오.

● 9.47 (a) HCN, (b) C_2H_2, (c) SnO_2, (d) BF_3, (e) HOF, (f) HCOF, (g) NF_3에 대한 다음 루이스 구조는 잘못되었다. 각각 무엇이 잘못되었는지 설명하고, 적절한 루이스 구조로 고치시오(상대적인 원자의 위치는 정확하다).

(a) H—C=N

(b) H=C=C=H

(c) O—Sn—O

(d)

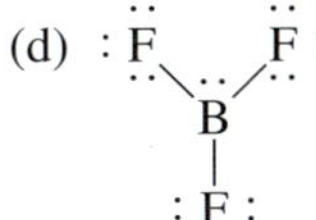

(e) H—O=F

(f) H, C—F, O

(g) F, N, F, F

9.48 아래에 있는 아세트산의 골격 구조는 옳지만, 몇 개의 결합이 잘못되어 있다. (a) 잘못된 결합을 찾아내고, 무엇이 잘못되었는지 설명하시오. (b) 아세트산의 올바른 루이스 구조를 쓰시오.

H=C(H)(H)—C(=O)—O—H

공명의 개념

▶ 복습 질문

9.49 결합 길이, 공명, 공명 구조를 정의하시오. 공명 구조를 쓸 때 규칙은 무엇인가?

9.50 연구를 위해 화합물의 공명 구조를 “포착(trap)” 하는 것이 가능한가? 설명하시오.

▶ 문제

● 9.51 다음 종에 대한 가능한 모든 공명 형태를 포함한 루이스 구조를 쓰고, 형식 전하를 나타내시오. (a) HCO_2^-, (b) $CH_2NO_2^-$. 상대적인 원소의 위치는 다음과 같다.

```
     O     H      O
H  C          C  N
     O     H      O
```

● **9.52** 염소산 이온(ClO_3^-)의 세 가지 공명 구조를 그리고, 형식 전하를 나타내시오.

● 9.53 하이드라조산(hydrazoic acid, HN_3)의 세 가지 공명 구조를 쓰시오. 원자 배열은 HNNN이다. 형식 전하를 보이시오.

● **9.54** 다이아조메테인(diazomethane, CH_2N_2)의 두 가지 공명 구조를 그리시오. 형식 전하를 보이시오. 분자의 골격 구조는 다음과 같다.

```
H
  C  N  N
H
```

● 9.55 N_2O_3 분자의 세 가지 공명 구조를 그리시오(원자 배열은 $ONNO_2$이다). 형식 전하를 보이시오.

● **9.56** OCN^- 이온의 세 가지 공명 구조를 그리시오. 형식 전하를 보이시오.

팔전자계 규칙의 예외

▶ 복습 질문

9.57 주기율표에서 세 번째 주기 이상의 원소를 포함하는 많은 화합물들은 팔전자 규칙이 적용되지 않는다. 그 이유는 무엇인가?

9.58 팔전자 규칙을 만족하지 않는 화합물의 예를 세 가지 드시오.

9.59 플루오린은 원자가 전자 일곱 개($2s^22p^5$)를 가지고 있기 때문에 이론적으로 일곱 개의 공유 결합이 원자 주위에서 형성될 수 있다. 그러한 화합물은 FH_7이나 FCl_7이 될 수 있을 것이다. 그러나 이러한 화합물은 만들어지지 않는다. 그 이유는 무엇인가?

9.60 배위 공유 결합은 무엇인가? 이것은 보통의 공유 결합과 다른가?

▶ 문제

9.61 AlI_3 분자는 Al 주위에 불완전한 팔전자계를 가지고 있다. Al과 I 원자 모두 팔전자 규칙을 만족하는 분자의 공명 구조 세 가지를 그리시오. 형식 전하를 보이시오.

9.62 증기 상태에서 염화 베릴륨은 독립된 $BeCl_2$ 분자로 구성되어 있다. 이 화합물에서 Be은 팔전자 규칙을 만족하는가? 그렇지 않다면, 다른 공명 구조를 그림으로써 Be 주위에 팔전자 규칙이 만족되도록 만들 수 있는가? 이러한 구조는 타당성이 어느 정도나 될까?

● 9.63 영족 기체 중에서 Kr, Xe, Rn만 O나 F와 화합물을 형성하는 것으로 알려져 있다. 다음 분자의 루이스 구조를 쓰시오. (a) XeF_2, (b) XeF_4, (c) XeF_6, (d) $XeOF_4$, (e) XeO_2F_2. 각 경우에 Xe가 중심 원자이다.

9.64 $SbCl_5$의 루이스 구조를 쓰시오. 이 분자는 팔전자 규칙을 따르는가?

9.65 SeF_4와 SeF_6의 루이스 구조를 쓰시오. Se는 팔전자 규칙을 만족하는가?

9.66 다음 반응의 루이스 구조들을 쓰시오.

$$AlCl_3 + Cl^- \longrightarrow AlCl_4^-$$

생성물에서 Al과 Cl을 연결하는 결합은 어떤 종류의 결합인가?

결합 엔탈피

▶ 복습 질문

9.67 결합 엔탈피는 무엇인가? 이원자 분자의 결합 엔탈피는 정확하게 결정되는 반면, 다원자 분자의 결합 엔탈피는 평균값이다. 이유는 무엇인가?

9.68 분자의 결합 엔탈피가 보통 기체 상태의 반응식에서 기술되는 이유를 설명하시오. 결합을 끊는 과정은 항상 흡열 반응이고, 결합을 형성하는 과정은 항상 발열 반응인 이유는 무엇인가?

▶ 문제

9.69 다음 자료에서 N—H 결합의 평균 결합 에너지를 계산하시오.

$$NH_3(g) \longrightarrow NH_2(g) + H(g) \quad \Delta H^\circ = 435 \text{ kJ/mol}$$
$$NH_2(g) \longrightarrow NH(g) + H(g) \quad \Delta H^\circ = 381 \text{ kJ/mol}$$
$$NH(g) \longrightarrow N(g) + H(g) \quad \Delta H^\circ = 360 \text{ kJ/mol}$$

9.70 다음 반응에서 O_3 분자의 평균 결합 엔탈피를 계산하시오.

$$O(g) + O_2(g) \longrightarrow O_3(g) \quad \Delta H^\circ = -107.2 \text{ kJ/mol}$$

9.71 $F_2(g)$의 결합 엔탈피는 156.9 kJ/mol이다. $F(g)$의 ΔH_f°를 계산하시오.

9.72 다음 반응에 대해 답하시오.

$$2C_2H_6(g) + 7O_2(g) \longrightarrow 4CO_2(g) + 6H_2O(g)$$

(a) 표 9.4의 평균 결합 엔탈피를 이용하여 반응의 엔탈피를 구하시오.

(b) 반응물과 생성물 분자의 표준 생성 엔탈피값(부록 3)을 이용하여 반응의 엔탈피를 계산하고, 이것을 (a)의 값과 비교하시오.

추가 문제

9.73 다음 물질을 이온 결합 화합물과 공유 결합 화합물로 분류하시오. CH_4, KF, CO, $SiCl_4$, $BaCl_2$.

9.74 다음 중 어느 것이 이온 결합 화합물인가? 공유 결합 화합물은 어느 것인가? RbCl, PF_5, BrF_3, KO_2, CI_4.

9.75 주어진 과정들과 다음 에너지 변화를 각각 연결시켜 보시오. 이온화 에너지, 전자 친화도, 결합 에너지, 생성 표준 엔탈피.

(a) $F(g) + e^- \longrightarrow F^-(g)$
(b) $F_2(g) \longrightarrow 2F(g)$
(c) $Na(g) \longrightarrow Na^+(g) + e^-$
(d) $Na(s) + \frac{1}{2}F_2(g) \longrightarrow NaF(s)$

9.76 F 원자와 3주기 원소간의 결합으로 만들어지는 화합물에는 NaF, MgF_2, AlF_3, SiF_4, PF_5, SF_6, ClF_3 등이 있다. 이 화합물들이 공유 결합 화합물인지 이온 결합 화합물인지 구별하시오.

9.77 이온화 에너지(표 8.2)와 전자 친화도(표 8.3)를 이용하여 다음 반응의 에너지 변화 값을 계산하시오.

(a) $Li(g) + I(g) \longrightarrow Li^+(g) + I^-(g)$
(b) $Na(g) + F(g) \longrightarrow Na^+(g) + F^-(g)$
(c) $K(g) + Cl(g) \longrightarrow K^+(g) + Cl^-(g)$

9.78 KF와 같은 이온 결합 화합물이 벤젠(C_6H_6)과 같은 공유 결합 화합물과 구별되는 몇 가지 특성을 말하시오.

9.79 BrF_3, ClF_5, IF_7의 루이스 구조식을 그리시오. 이들 중 팔전자 규칙에 적용되지 않는 것을 고르시오.

9.80 원자 배열이 NNN으로 되어 있는 아자이드화 이온(N_3^-)의 합리적인 공명 구조 세 가지를 그리고, 형식 전하를 나타내시오.

9.81 아마이드기는 단백질의 구조를 결정하는 데 있어서 중요한 역할을 한다.

```
          :O:
   ..     ‖
  —N—C—
   |
   H
```

이 작용기의 또 다른 공명 구조를 그리고 형식 전하를 나타내시오.

9.82 Al을 포함하고 있는 이온이나 분자 중 (a) 팔전자 규칙을 만족하는 예, (b) 확장된 팔전자계를 만족하는 예, (c) 불완전한 팔전자계를 갖는 예를 드시오.

9.83 PO_3F^{2-} 이온의 공명 구조 4개를 그리고 형식 전하를 나타내시오. 중심의 P 원자는 3개의 O 원자 및 F 원자와 결합하고 있다.

9.84 대기 중에서 다음 화합물을 안정한 형태로 만드는 데 실패했다. 실패의 이유를 설명하시오. CF_2, LiO_2, $CsCl_2$, PI_5.

9.85 다음 이온들의 공명 구조를 그리시오. (a) HSO_4^-, (b) PO_4^{3-}, (c) HSO_3^-, (d) SO_3^{2-}. (*힌트*: 예제 9.11 참조)

9.86 다음 설명이 맞는지 틀리는지 말하시오. (a) 형식 전하는 실제로 전하가 분리되어 나타난다. (b) $\Delta H^\circ_{반응}$은 반응물과 생성물의 결합 에너지로부터 계산할 수 있다. (c) 모든 2주기 원소들은 화합물에서 팔전자 규칙을 만족한다. (d) 분자의 공명 구조는 서로 분리가 가능하다.

9.87 루이스 구조식을 그리기 위한 규칙은 중심 원자가 주변 원자보다 항상 전기음성도가 작아야 한다는 것이다. 그 이유를 설명하시오. 이 규칙이 H_2O와 NH_3 같은 화합물에는 적용되지 않는다. 그 이유는 무엇인가?

● **9.88** 다음 주어진 자료를 이용하여 메테인(CH_4)의 표준 생성 엔탈피를 계산하시오. C—H 결합의 평균 결합 에너지는 414 kJ/mol이다.

$$C(s) \longrightarrow C(g) \quad \Delta H^\circ_{\text{반응}} = 716 \text{ kJ/mol}$$
$$2H_2(g) \longrightarrow 4H(g) \quad \Delta H^\circ_{\text{반응}} = 872.8 \text{ kJ/mol}$$

9.89 에너지 상태를 생각하였을 때, 두 반응 중 어떤 것이 더 쉽게 진행되겠는가?
(a) $Cl(g) + CH_4(g) \longrightarrow CH_3Cl(g) + H(g)$
(b) $Cl(g) + CH_4(g) \longrightarrow CH_3(g) + HCl(g)$
(힌트: 표 9.4를 참조하시오. C—Cl 결합의 평균 결합 엔탈피는 338 kJ/mol로 가정한다.)

● **9.90** 다음 분자 중 어느 것이 가장 짧은 질소-질소 결합 길이를 갖고 있는가? 설명하시오. N_2H_4, N_2O, N_2, N_2O_4.

● 9.91 대부분의 유기산은 RCOOH로 나타낸다. COOH는 카복실기이며, R은 나머지 분자이다(CH_3COOH에서 R은 CH_3이다). (a) 카복실기의 루이스 구조를 그리시오. (b) 이온화 반응에서 카복실기는 COO^-로 전환된다. 이 작용기의 공명 구조를 나타내시오.

● **9.92** 다음 분자와 이온 중 어느 것들이 서로 등전자종인가? NH_4^+, C_6H_6, CO, CH_4, N_2, $B_3N_3H_6$.

● 9.93 다음 화학종들은 우주 공간에서 발견되어 왔다. (a) CH, (b) OH, (c) C_2, (d) HNC, (e) HCO. 이 물질들의 루이스 구조식을 그리고, 이들이 반자기성인지 상자기성인지 말하시오.

9.94 아마이드 이온(NH_2^-)은 브뢴스테드 염기이다. 아마이드 이온과 물 분자 간의 반응에 대한 반응식을 쓰시오.

● 9.95 다음 유기 분자의 루이스 구조식을 그리시오. (a) 테트라플루오로에틸렌(C_2F_4), (b) 프로페인(C_3H_8), (c) 뷰타다이엔($CH_2CHCHCH_2$), (d) 프로파인(CH_3CCH), (e) 벤조산(C_6H_5COOH). (힌트: C_6H_5COOH를 그릴 때, 벤젠 내의 H의 자리에 COOH를 대치한다.)

9.96 삼아이오딘화 이온(I_3^-)은 I 원자들이 일렬로 배열되어 있으며 안정하다. 그러나 비슷한 이온인 F_3^-는 존재하지 않는다. 그 이유를 설명하시오.

9.97 다음 과정에서 에너지 변화에 따른 F_2의 결합 엔탈피를 비교하시오.

$$F_2(g) \longrightarrow F^+(g) + F^-(g)$$

에너지만으로 생각할 때 더 선호되는 해리종은 무엇인가?

9.98 아이소사이안산 메틸(CH_3NCO)은 살충제를 만드는 데 이용된다. 1984년 12월 인도 버팔에서는 이 물질을 보관하고 있던 탱크로 스며든 물이 유독한 증기를 발생시켜 수천 명의 사람들이 사망하였다. CH_3NCO의 루이스 구조를 그리고, 형식 전하를 나타내시오.

● 9.99 질산 염소 분자($ClONO_2$)는 극지방 성층권의 파괴에 영향을 미친다. 이 분자의 루이스 구조식을 그리시오.

9.100 CO_2의 공명 구조들을 아래에 나타내었다. 이들 중 몇몇은 이 분자를 설명하는 데 별로 중요하지 않은 구조이다. 이유를 설명하시오.

(a) $\ddot{\underset{..}{O}}=C=\ddot{\underset{..}{O}}$ (c) $:\overset{+}{O}\equiv\overset{-}{\ddot{C}}\quad \ddot{\underset{..}{O}}:$

(b) $:\overset{+}{O}\equiv C-\overset{..-}{\underset{..}{O}}:$ (d) $:\overset{-..}{\underset{..}{O}}-\overset{2+}{C}-\overset{..-}{\underset{..}{O}}:$

9.101 탄소와 단일 결합을 형성하고 있는 유기 분자들의 루이스 구조식을 그리시오. (a) C_2H_6, (b) C_4H_{10}, (c) C_5H_{12}. (b)와 (c)에서는 각 C 원자가 두 개 이상의 다른 C 원자와 결합하지 않은 단 한 개의 구조만을 쓰시오.

9.102 성층권에서 오존 파괴의 원인이 되는 염화플루오린화탄소(CFCs)들의 루이스 구조식을 그리시오. (a) $CFCl_3$, (b) CF_2Cl_2, (c) CHF_2Cl, (d) CF_3CHF_2.

● 9.103 다음 유기 분자들의 루이스 구조식을 그리시오. 이들은 C=C 결합 하나가 있으며 나머지 탄소 원자들은 C—C 결합으로 연결되어 있다. C_2H_3F, C_3H_6, C_4H_8.

● **9.104** (a) 식 (9.3)과 (b) 식 (6.18)을 이용하여 다음 반응의 ΔH°를 계산하시오.

$$H_2(g) + I_2(g) \longrightarrow 2HI(g)$$

단, $I_2(g)$의 ΔH°_f는 61.0 kJ/mol이다.

● 9.105 다음 유기 분자들의 루이스 구조식을 그리시오. (a) 메탄올(CH_3OH), (b) 에탄올(CH_3CH_2OH), (c) 사에틸납 [$Pb(CH_2CH_3)_4$], (d) 메틸아민(CH_3NH_2), (e) 머스타드 가스($ClCH_2CH_2SCH_2CH_2Cl$), 이 유독 가스는 제1차 세계대전 때 사용되었다. (f) 요소[$(NH_2)_2CO$] 비료, (g) 글라이신(NH_2CH_2COOH) 아미노산.

9.106 다음 4가지 등전자종 화합물의 루이스 구조를 그리고, 형식 전하를 나타내시오. (a) CO, (b) NO^+, (c) CN^-, (d) N_2.

● 9.107 산소는 산화(O^{2-}), 과산화(O_2^{2-}), 초과산화(O_2^-)와 같은 3가지 형태의 음이온을 형성한다. 이 이온들의 루이스 구조식을 그리시오.

9.108 "영족 기체 원자가 만드는 모든 화합물들은 팔전자 규칙에 벗어난다"는 표현이 맞는지 틀리는지 말하시오.

● 9.109 (a) 사이안산 이온(NCO^-)과 (b) 아이소사이안산 이온(CNO^-)의 3가지 공명 구조를 쓰시오.

● **9.110** (a) 다음 자료들로부터 F_2^- 이온의 결합 에너지를 계산하시오.

$$F_2(g) \longrightarrow 2F(g) \quad \Delta H^\circ_{\text{반응}} = 156.9 \text{ kJ/mol}$$
$$F^-(g) \longrightarrow F(g) + e^- \quad \Delta H^\circ_{\text{반응}} = 333 \text{ kJ/mol}$$
$$F_2^-(g) \longrightarrow F_2(g) + e^- \quad \Delta H^\circ_{\text{반응}} = 290 \text{ kJ/mol}$$

(b) F_2와 F_2^-의 결합 엔탈피의 차이를 설명하시오.

● 9.111 공명 개념은 말과 당나귀 사이의 잡종인 노새로 그 유사함이 묘사되는 경우가 있다. 이 유사함을 9장에서도 한 번 사용한 바 있는, 그리핀과 유니콘 사이의 잡종인 코뿔소의 묘사와 비교해 보시오. 어느 것이 더 적절한 묘사일까?

9.112 예제 9.7에서 (b)를 선택한 또 다른 2가지 이유는?

9.113 9.9절에 있는 "생활 속의 화학"에서 산화 질소는 현재까지 알려져 있는 약 10개의 가장 작은 안정한 분자 중 하나이다. 지금까지 과정에서 배운 것을 기초로 하여 모든 이원자 분자들을 적고, 그들의 이름 및 루이스 구조를 그리시오.

9.114 산화 질소에서 N—O 결합 길이는 115 pm로서 삼중 결합(106 pm)과 이중 결합(120 pm)의 중간값을 갖는다. (a) NO의 두 가지 공명 구조를 그리고, 이들의 상대적인 중요성을 말하시오. (b) 두 원자간에 삼중 결합을 갖는 공명 구조를 그릴 수 있는가?

9.115 LiH에서 HF까지의 2주기 원소에 대한 이원자 수소화물의 식을 쓰시오. 이러한 화합물들의 이온성에서부터 공유성의 특성에 대한 전하에 대해서 논하시오. 베릴륨은 2A족 금속들의 나머지와는 다르게 행동한다는 것을 명심하라(8.6절 참조).

9.116 하이드라진 보레인($NH_2NH_2BH_3$)은 수소 저장 물질로 알려져 있다. 리튬 수소화물(LiH)과 반응할 때, 다음과 같이 수소 기체가 발생한다.

$$NH_2NH_2BH_3 + LiH \longrightarrow LiNH_2NHBH_3 + H_2$$

$NH_2NH_2BH_3$와 $NH_2NHBH_3^-$에 대한 루이스 구조들을 쓰고 모든 형식 전하를 구하시오.

9.117 이산화 질소(NO_2)는 안정한 분자이지만 두 분자가 결합하여 사산화 이질소(N_2O_4)를 형성하는 경향이 있다. 왜 그럴까? N_2O_4의 네 가지 공명 구조를 그리고, 형식 전하도 나타내시오.

9.118 탄산 이온(CO_3^{2-})의 가능한 골격 구조가 예제 9.5에서 나타낸 것 이외에 O C O O 형태의 구조를 갖지 않는 이유는 무엇인가?

9.119 오산화 질소(N_2O_5)의 루이스 구조를 그리시오. 각 질소 원자는 세 개의 산소 원자와 결합하고 있다.

9.120 기체 상태에서 염화 알루미늄은 Al_2Cl_6 형태의 이합체(두 분자의 결합체)로 존재한다. 이 분자의 골격 구조가 다음과 같다.

```
Cl     Cl     Cl
  \   /  \   /
   Al     Al
  /  \   /  \
Cl     Cl     Cl
```

루이스 구조를 완성하고, 분자 내에서 배위 공유 결합을 찾으시오.

9.121 하이드록시 라디칼(OH)은 대기 화학에서 중요한 역할을 한다. 이것은 매우 반응성이 크며, 다른 화합물에 붙어 있는 H 원자를 떼내어 결합하려는 경향이 있다. 때로 이것은 대기를 깨끗하게 하는 데 도움을 준다고 하여 세탁제 라디칼이라고도 한다. (a) 이 라디칼의 루이스 구조를 쓰시오. (b) 표 9.4를 참고로 하여 왜 이 라디칼이 H 원자와 큰 친화도를 가지는지 설명하시오. (c) 다음 반응에 대한 엔탈피 변화를 계산하시오.

$$OH(g) + CH_4(g) \longrightarrow CH_3(g) + H_2O(g)$$

(d) 라디칼은 햇빛이 수증기와 충돌할 때 생성된다. H_2O에서 O—H 결합을 끊는 데 필요한 최대 파장(nm)을 계산하시오.

9.122 실험에 의하면, 메테인(CH_4)의 모든 결합을 끊기 위해서는 1656 kJ/mol의 에너지가 필요하고, 프로페인(C_3H_8)의 모든 결합을 끊는 데는 4006 kJ/mol의 에너지가 필요하다. 이 결과를 이용하여 C—C 결합의 평균 결합 에너지를 구하시오.

9.123 결합 엔탈피와 ΔH_f° 값을 이용하여 아래에 제시된 25°C에서 일산화 탄소와 수소의 반응에 대한 $\Delta H^\circ_{반응}$ 값을 계산하시오.

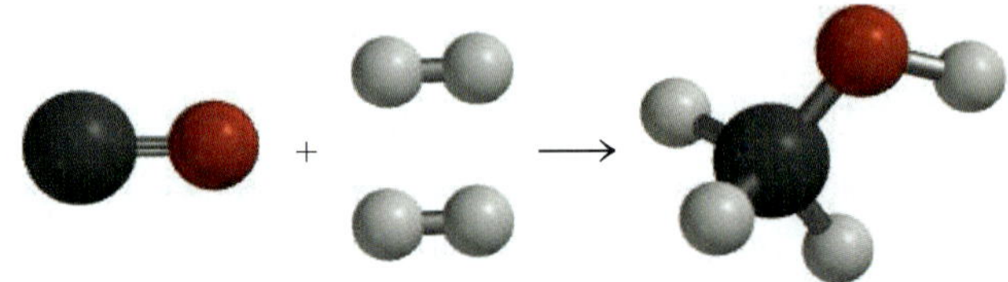

9.124 결합 엔탈피와 ΔH_f° 값을 이용하여($C_2H_4Cl_2$의 ΔH_f° 값은 −132 kJ/mol이다) 아래에 제시된 25°C에서 에틸렌과 염소와의 반응에 대한 $\Delta H^\circ_{반응}$ 값을 계산하시오.

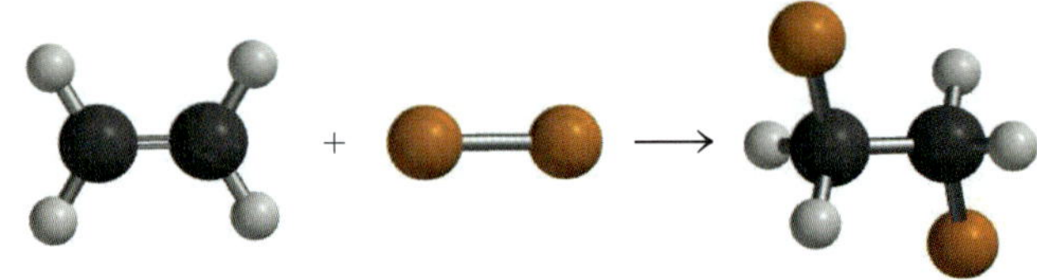

9.125 이산화 황(SO_2)의 세 가지 공명 구조를 그리시오. (힌트: 예제 9.11 참조)

9.126 염화 바이닐(C_2H_3Cl)은 에틸렌(C_2H_4)에서 한 개의 H 원자를 Cl 원자로 치환한 화합물이다. 염화 바이닐은 파이프 등을 만드는 데 사용되는 고분자 물질인 폴리염화바이닐[poly(vinyl chloride), PVC]의 원료로 사용된다. (a) 염화 바이닐의 루이스 구조를 그리시오. (b) 폴리염화바이닐은 —CH_2—CHCl— 단위가 반복되어 만들어지는 화합물이다. 이 반복 단위 3개가 이어진 분자를 그리시오. (c) 1.0×10^3 kg의 염화 바이닐이 폴리염화바이닐을 형성할 때의 엔탈피 변화를 계산하시오.

9.127 1998년 과학자들은 특별한 형태의 전자 현미경을 사용하여 단일 화학 결합을 깨는 데 필요한 힘을 측정할 수 있었다. C—Si 결합을 깨는 데 2.0×10^{29} N이 필요하다면, 결합 에너지를 kJ/mol로 계산하시오. 결합이 깨지기 전에는 2 Å (2×10^{-10} m)의 거리로 신축된다고 가정한다.

9.128 미국의 화학자 멀리켄(R. S. Mulliken)은 원소의 전기음성도(EN)를 다음과 같이 다른 방법으로 정의했다.

$$EN = \frac{IE + EA}{2}$$

여기서 IE는 1차 이온화 에너지, EA는 전자 친화도를 나타낸다. 이 식을 이용하여 O, F, Cl의 전기음성도를 구한 후 폴링의 전기음성도 값과 비교하시오. (폴링 단위로 바꾸려면 각 EN 값을 230 kJ/mol로 나눈다.)

• 9.129 다음은 일반적인 흡입 마취제이다.
할로테인: $CF_3CHClBr$
엔플루레인: $CHFClCF_2OCHF_2$
아이소플루레인: $CF_3CHClOCHF_2$
메톡시플루레인: $CHCl_2CF_2OCH_3$
이들 분자의 루이스 구조식을 그리시오.

9.130 어떤 학생이 산화 마그네슘이 Mg^{2+}와 O^{2-} 이온으로 구성된 것이 아니라 Mg^{+}와 O^{-} 이온으로 구성되어 있다고 주장한다면, 이 학생이 잘못 생각하고 있다고 말할 수 있는 몇 가지 사항을 제시해 보시오.

9.131 다음은 보라진($B_3N_3H_6$)의 골격 구조이다. 모든 결합과 형식 전하를 보이면서, 분자의 두 가지 공명 구조를 그리시오. 이것의 특성을 등전자 분자인 벤젠과 비교하시오.

```
          H
          |
  H     B     H
    \N/   \N/
     |     |
    B     B
  H/  \N/  \H
       |
       H
```

9.132 다음 반응을 시키는 데 필요한 빛의 파장을 계산하시오.

$$H_2 \longrightarrow H^+ + H^-$$

9.133 황산(H_2SO_4)은 세계에서 가장 중요한 공업용 화학약품이다. 황을 산화시키면 이산화 황이 되고, 그 다음 삼산화 황이 된다. 이 삼산화 황을 물과 반응시키면 황산이 만들어지기는 하지만, 수증기와 함께 아주 작은 H_2SO_4 방울이 안개를 형성하기 때문에 농축시키기 곤란하다. 그 대신에 삼산화 황을 98% 황산에 용해시켜서 발연 황산(oleum, $H_2S_2O_7$)을 먼저 만든다. 물을 제거하면 농축 황산이 만들어진다. 모든 단계를 나타내는 반응식을 적고, 예제 9.11의 풀이 과정을 기초로 하여 발연 황산의 루이스 구조를 그리시오.

• **9.134** 표 9.1에 있는 KCl의 격자 에너지와 표 8.2와 8.3에 있는 K의 이온화 에너지와 Cl의 전자 친화도를 참고로 하여 다음 반응의 $\Delta H°$를 계산하시오.

$$K(g) + Cl(g) \longrightarrow KCl(s)$$

• 9.135 다원자 이온 중 가장 간단한 것은 H_3^+이다. 이 이온의 기하구조는 정삼각형이다. (a) 이 이온을 나타내는 3가지 공명 구조를 그리시오. (b) 다음 반응의 $\Delta H°$를 계산하시오.

$$H^+ + H_2 \longrightarrow H_3^+$$

계산을 위해 다음 정보를 활용하시오.

$$2H + H^+ \longrightarrow H_3^+ \quad \Delta H° = -849 \text{ kJ/mol}$$
$$H_2 \longrightarrow 2H \quad \Delta H° = 436.4 \text{ kJ/mol}$$

• **9.136** 단백질의 아마이드 기에서 C—N 결합 엔탈피(문제 9.81 참조)는 C—N과 C═N 결합의 평균으로 취급할 수 있다. 이 결합을 끊을 수 있는 빛의 최대 파장을 계산하시오.

9.137 질소로만 이루어진 유별난 양이온 N_5^+가 1999년에 만들어졌다. 이 이온의 3가지 공명 구조를 그리고 형식 전하도 표시하시오. (*힌트*: N 원자는 선형으로 연결되어 있다.)

9.138 가장 흔하게 사용되는 폭약인 나이트로글리세린의 구조는 다음과 같다.

```
CH2ONO2
|
CHONO2
|
CH2ONO2
```

분해 반응은 다음과 같다.

$$4C_3H_5N_3O_9(l) \longrightarrow 12CO_2(g) + 10H_2O(g) + 6N_2(g) + O_2(g)$$

반응 과정에서 방출되는 열과 기체의 엄청난 부피 증가 때문에 폭발이 일어난다. (a) 나이트로글리세린 1 mol이 분해되는 반응의 $\Delta H°$를 계산하시오. NO_2 작용기에서 O 원자 두 개는 N과 연결되어 있는데, 하나는 단일 결합이며 다른 하나는 이중 결합이다. (b) STP에서 기체의 부피를 계산하시오. (c) 폭발 초기의 온도가 3000 K라고 가정하고, STP에서 반응 결과 나오는 기체의 압력을 예측하시오. (나이트로글리세린의 표준 생성 엔탈피는 −371.1 kJ/mol이다.)

9.139 다음은 의료용으로 많이 쓰이는 이온 화합물들이다. 어느 경우에 사용되는지 간단히 설명하시오. 필요하면 인터넷 검색을 이용하시오. $AgNO_3$, $BaSO_4$, $CaSO_4$, KI, Li_2CO_3, $Mg(OH)_2$, $MgSO_4$, $NaHCO_3$, Na_2CO_3, NaF, TiO_2, ZnO.

9.140 표 9.4를 이용하여 C_2H_6, N_2H_4, H_2O_2에 있는 C—C, N—N, O—O 결합의 결합 엔탈피를 예측하시오. 이웃한 원자들에 있는 고립 전자쌍들은 특정 결합의 세기에 어떤 영향을 미치는가?

9.141 고립된 O^{2-} 이온은 불안정해서 O^- 이온의 전자 친화도를 직접 측정하기는 불가능하다. MgO의 격자 에너지와 본-하버 순환을 이용하여 그 값을 어떻게 계산할 수 있는지 보이시오. [*유용한 정보*: $Mg(s) \rightarrow Mg(g)$ $\Delta H° = 148$ kJ/mol]

9.142 파장 471.7 nm인 빛을 쪼이면 염소 분자는 염소 원자로 분해된다. Cl 원자 1개가 바닥 전자 상태에서 형성되는 반면 다른 하나는 바닥 상태보다 10.5 kJ/mol 위의 들뜬 상태로 형성된다. Cl_2 분자의 결합 엔탈피는 무엇인가?

9.143 8장에서 $Xe(g)$과 $PtF_6(g)$ 사이의 반응 생성물은 처음에 Xe^+ 양이온과 PtF_6^- 음이온으로 구성된 이온 결합 화합물로 생각되었다(그림 8.22 참조). 이러한 예측은 본-하

버(Born-Haber) 주기를 이용해 계산된 $XePtF_6$의 이론적 생성 엔탈피를 기초로 한다. (a) $XePtF_6$에 대한 격자 에너지는 460 kJ/mol로 평가되었다. 이 값이 표 9.1에 있는 격자 에너지와 일치하는지 설명하시오. (b) $Xe(g)$의 IE_1이 1170 kJ/mol이고, $PtF_6(g)$의 EA_1이 770 kJ/mol로 주어질 때 $XePtF_6$의 ΔH_f°를 계산하시오. 당신이 한 계산을 기초로 $XePtF_6$의 예상되는 안정성에 대해 말하시오.

설명, 모형화 및 추정 문제 Interpreting, Modeling & Estimating

9.144 플루오린(F_2)과 에테인(C_2H_6) 사이의 반응은 C_2F_6 분자보다는 CF_4를 우세하게 만든다. 설명하시오.

9.145 산소의 새로운 동소체인 O_4가 보고되었다. O_4의 정확한 구조는 알려져 있지 않으나, 가장 간단한 가능한 구조는 산소-산소 단일 결합으로 구성된 4개 고리로 되어 있을 것으로 생각된다. 그 보고서에서는 O_4 분자가 연료로 사용하는 데 매우 유용할 것이라 예측하고 있다. "작은 공간에서 많은 산소로 싸여 있으며, 심지어는 로켓 연료로 사용되는 보통의 액화 산소보다 더 많이 에너지가 압축되어 있기 때문이다." (a) O_4에 대한 루이스 구조를 그리고, 에테인[$C_2H_6(g)$]과 $O_4(g)$ 사이의 반응으로 이산화 탄소와 수증기를 내는 반응에 대한 균형 화학 반응식을 쓰시오. (b) 이 반응의 ΔH°를 예측하시오. (c) $O_4(g)$ 형성의 표준 엔탈피를 설명하는 화학식을 쓰고, ΔH_f°를 예측하시오. (d) 산소 동소체가 과량 존재한다고 가정하여 에테인(또 다른 어떠한 연료)과 반응할 때, $O_2(g)$과 $O_4(g)$ 중 어느 것이 더 많은 에너지를 방출하는가? (a)~(c)에 대한 답을 사용하여 설명하시오.

9.146 결합 형성은 발열 반응이기 때문에 두 기체상 원자가 함께 모여 이원자 분자를 형성할 때, 방출되는 에너지를 흡수하기 위해서 또다른 원자나 분자가 필요하다. 그렇지 않으면 분자는 분해가 될 것이다. 두 수소 원자가 결합하여 $H_2(g)$를 형성한다면, 이 과정에서 방출되는 에너지를 흡수하는 세 번째 수소 원자의 속도에서 무엇이 증가하겠는가?

9.147 다음 식에 부합하는 아스타틴화 소듐(NaAt)에 대한 ΔH_f°를 추정하시오.

$$Na(s) + \tfrac{1}{2}At_2(s) \longrightarrow NaAt(s)$$

연습문제 8.147에 있는 정보가 도움이 될 것이다.

실전 연습의 답 Answers to Practice Exercises

9.1 $\cdot Ba \cdot + 2 \cdot H \longrightarrow Ba^{2+}\ 2H:^-$ (또는 BaH_2)
$[Xe]6s^2 \quad 1s^1 \qquad [Xe] \quad [He]$

9.2 (a) 이온 결합, (b) 극성 공유 결합, (c) 공유 결합

9.3 S=C=S **9.4** H—C(=O)—O—H **9.5** [O=N—O]⁻

9.6 O=N—O:⁻ **9.7** H—C≡N:

9.8 S=C=N⁻ ⟷ ⁻:S—C≡N: ⟷ ⁺:S≡C—N:²⁻

이 중에서 첫 번째 것이 가장 중요한 구조이다.
세 번째 구조는 중요도가 가장 적다.

9.9 :F—Be—F: **9.10** AsF_5 (As에 F 다섯 개가 결합된 구조)

9.11 H—O—S(=O)(=O)—O—H 그리고 H—O—S^{2+}(—O⁻)(—O⁻)—O—H

9.12 SF_4 (S에 F 네 개가 결합된 구조)

9.13 (a) −543.1 kJ/mol, (b) −543.2 kJ/mol.
9.14 (a) −119 kJ/mol, (b) −137.0 kJ/mol.

제 10 장

화학 결합 II: 분자 기하 구조와 원자 궤도함수의 혼성화

Chemical Bonding II: Molecular Geometry and Hybridization of Atomic Orbitals

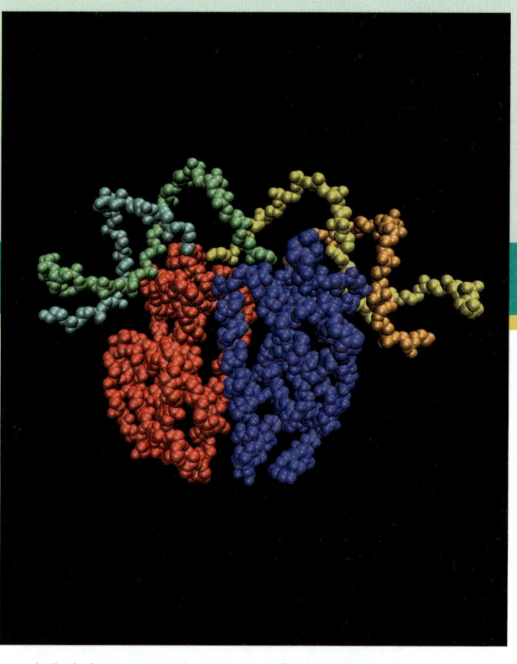

▲ 단백질과 DNA 분자 사이의 반응과 같은 복잡한 생화학 반응에 분자의 모양이 중요한 역할을 한다.

이 장의 차례

들여다보기

- VSEPR 모형이라는 간단한 접근법을 이용하여 분자의 기하학적 구조에서 화학 결합과 비공유 전자쌍의 역할을 먼저 공부한다(10.1절).
- 다음으로 어떤 분자가 쌍극자 모멘트를 가지는지 여부와 그 측정이 분자 기하 구조 연구에 어떻게 도움이 되는지를 결정하는 인자들을 공부한다(10.2절).
- 그런 다음 화학 결합 연구에서 원자가 결합(VB) 이론이라는 양자역학적 접근법을 공부한다. VB 이론은 원자 궤도함수의 중첩을 이용하여 화학 결합이 어떻게 그리고 왜 형성되는지를 설명한다(10.3절).
- 원자 궤도함수들의 혼합 즉, 혼성의 개념으로 VB 접근법이 화학 결합 형성과 분자의 기하학적 구조 모두를 설명할 수 있음을 배운다(10.4절과 10.5절).
- 다음으로 화학 결합을 양자역학적으로 취급하는 다른 이론인 분자 궤도함수(MO) 이론을 공부한다. MO 이론으로 원자 궤도함수가 중첩된 결과 분자 궤도함수가 형성되며, 산소 분자의 상자기성을 설명할 수 있다는 것을 배운다(10.6절).
- 분자 궤도함수 배치 표기는 파울리 배타 원리와 훈트 규칙이 모두 적용된다는 점에서 원자에 대한 전자 배치 표기와 비슷하다는 것을 배운다. 예로 동종이원자 분자들을 사용하여 분자 궤도함수 배치로부터 일반적인 자기 성질과 결합의 세기에 대해 배우게 된다(10.7절).
- 분자 궤도함수 형성 개념을 세 개 이상의 원자들을 다루는 비편재 분자 궤도함수로 확장한다. 이 비편재 분자 궤도함수로 인해 벤젠과 같은 분자는 추가적으로 안정하게 됨을 익힌다(10.8절).

9장에서는 루이스 이론을 사용하여 결합을 설명하였다. 여기서는 분자의 모양과 기하 구조를 공부한다. 기하 구조는 밀도, 녹는점, 끓는점, 반응성과 같은 분자의 물리적, 화학적 성질에 중요한 영향을 끼친다. 루이스 구조에 바탕을 둔 간단한 방법을 사용하여 분자 모형을 상당히 정확하게 예측할 수 있다는 것을 알게 될 것이다.

화학 결합에서의 루이스 이론을 사용하거나 적용하기는 쉽지만, 결합 형성이 어떻게, 왜 일어나는지는 설명하지 못한다. 결합의 올바른 이해는 양자역학으로부터 온다. 따라서 이 장의 두 번째 부분에서 분자의 기하 구조와 안정도 공부에 양자역학을 적용할 것이다.

10.1 분자의 기하 구조

분자의 기하 구조는 분자 내 원자의 삼차원 배열을 말한다. 분자의 기하 구조는 녹는점, 끓는점, 밀도, 분자가 수행하는 반응의 형태들 같은 많은 물리적, 화학적 성질에 영향을 끼친다. 일반적으로 결합 길이와 결합각은 실험에 의해서 결정되어야 한다. 분자의 루이스 구조에서 중심 원자를 둘러싸고 있는 전자수를 알면 간단하게 한 분자나 이온의 전체 기하 구조를 상당히 성공적으로 예측하게 하는 간단한 절차가 있다. 이러한 접근의 근거는 한 원자의 원자가 껍질에 있는 전자쌍들이 서로 반발한다는 가정이다. **원자가 껍질**(valence shell)은 *한 원자의 최외각 전자가 차지하는 껍질*이다. *이 곳에 있는 전자들이 결합에 참여한다.* 공유 결합에서 *결합 전자쌍*(bonding pair)이라 부르는 전자쌍은 두 원자를 잡아두는 역할을 한다. 그러나 중심 원자와 주위의 원자간에 두 개 이상의 결합이 있는 다원자 분자에서는 다른 결합 전자쌍에 있는 전자간 반발력이 궁극적으로 분자가 취하는 전자쌍들이 가능한 서로 멀리 떨어져 있게 하는 요인이 된다. 기하 구조는 반발력을 최소화한다. 분자의 기하 구조의 연구에 이와 같은 접근법을 **원자가 껍질 전자쌍 반발**(valence-shell electron-pair repulsion, **VSEPR**) **모형**이라고 부른다. 왜냐하면 *전자쌍 간의 정전기적 반발로 중심 원자 주위에 있는 전자쌍의 기하학적 배열을 설명*하기 때문이다.

"중심 원자"란 말은 다원자 분자에서 끝에 있지 않는 원자를 말한다.

VSEPR는 "베스퍼(vesper)"라고 읽는다.

▶▶▶ 동영상 자료
▶ VSEPR.

▶▶▶ 동영상 자료
▶ VSEPR 이론.

VSEPR 모형의 사용에 두 가지 일반적인 규칙이 있다.

1. 전자쌍 반발이 관련되어 있는 한 이중 결합과 삼중 결합은 단일 결합과 같이 취급한다. 이런 근사법은 정성적 목적에 유용하다. 그러나 실제로 다중 결합은 단일 결합보다 전자쌍 반발이 "더 크다"는 것을 알아야 한다. 즉, 두 원자간에 이중 결합과 삼중 결합이 있기 때문에 전자 밀도는 보다 많은 공간을 점유하기 때문이다.
2. 분자가 두 개 이상의 공명 구조를 갖는다면, 그들 가운데 어느 하나에 VSEPR 모형을 적용할 수 있다. 형식 전하들은 일반적으로 나타내지 않는다.

이 모형을 염두에 두고, 체계적인 방법으로 분자와 이온의 기하 구조를 예측할 수 있다. 이와 같은 목적을 위해서 중심 원자에 비공유 전자쌍이 있느냐 없느냐에 따라 두 범주로 분자들을 분류하는 것이 편리하다.

▶ 중심 원자에 비공유 전자쌍이 없는 분자

간단하게 두 원소 A와 B 원자만을 가지며 A가 중심 원자인 분자를 생각한다. 이런 분자들은 일반식 AB_x를 가진다. 여기서 x는 정수 2, 3, . . . (x = 1이면, AB는 정의에 의하여 선형인 이원자 분자 AB이다.) 대부분의 경우 x = 2~6이다.

표 10.1은 중심 원자 A 주위에 가능한 다섯 개의 전자쌍 배열을 보여준다. 상호 반발력의 결과로 전자쌍들은 가능한 한 서로 멀리 떨어져 있다. 이 표는 전자쌍의 배열을 나타내는 것이지, 중심 원자를 둘러싸고 있는 원자의 위치를 나타내는 것이 아님을 주목하라. 중심 원자에 비공유 전자쌍이 없는 분자들은 이와 같은 5가지 결합 전자쌍 배열 중 하나를

표 10.1 분자의 중심 원자(A) 주위에 전자쌍의 배열과 중심 원자에 고립 전자쌍이 없는 몇 가지 간단한 분자와 이온의 기하학적 구조

전자쌍의 수	전자쌍의 배열*	분자의 기하 구조*	예
2	180° 선형	B—A—B 선형	$BeCl_2$, $HgCl_2$
3	120° 삼각 평면	삼각 평면	BF_3
4	109.5° 사면체	사면체	CH4, NH_4^+
5	90° 120° 삼각 쌍뿔	삼각 쌍뿔	PCl_5
6	90° 90° 팔면체	팔면체	SF_6

*색이 있는 선은 결합을 나타내는 것이 아니라, 전체 형태를 보여주기 위하여 사용된 것이다.

가진다. 표 10.1을 사용하여 분자식 AB_2, AB_3, AB_4, AB_5, AB_6를 갖는 분자의 기하 구조를 자세히 관찰해 보자.

➤ AB_2: 염화 베릴륨($BeCl_2$)

기체 상태에서 염화 베릴륨의 루이스 구조는 다음과 같다.

$$:\ddot{\underset{..}{Cl}}-Be-\ddot{\underset{..}{Cl}}:$$

결합은 서로 반발하기 때문에 그들이 가능한 한 멀리 떨어지도록 하기 위해서 일직선상 반대편 끝에 있지 않으면 안된다. 따라서 ClBeCl 결합각은 180°로 예측되고, 분자는 선형이다(표 10.1 참조). $BeCl_2$의 공-막대 모형은 다음과 같다.

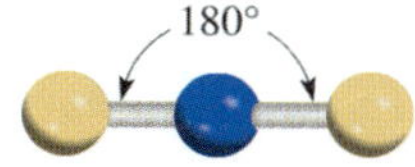

일반적으로 파란색과 노란색 구는 원자를 나타낸다.

➤ AB_3: 삼플루오린화 붕소(BF_3)

삼플루오린화 붕소는 세 개의 공유 결합 즉, 결합 전자쌍을 가지고 있다. 가장 안정한 배열에서는 세 개의 BF 결합이 삼각형 중심에 B가 있는 정삼각형의 꼭짓점을 향하고 있다.

$$\begin{array}{c} :\ddot{F}: \\ | \\ B \\ :\ddot{F}\diagup \quad \diagdown\ddot{F}: \end{array}$$

표 10.1에 따르면 네 원자는 모두 같은 평면에 놓여 있고 세 개의 말단 원자가 평면 정삼각형의 꼭짓점에 있기 때문에 BF_3의 기하 구조는 삼각 평면형이다.

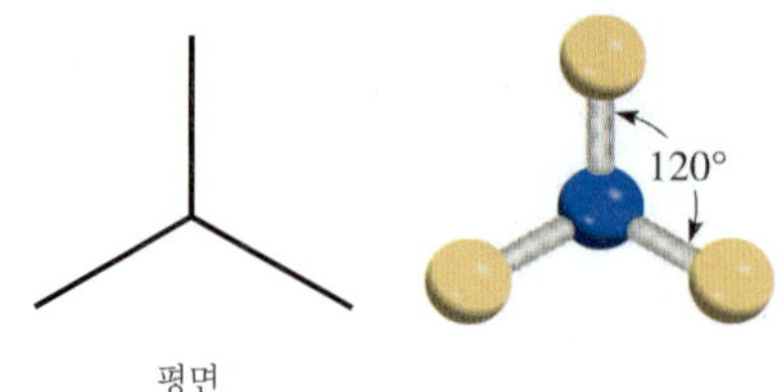

평면

따라서 세 원자 FBF 사이의 결합각은 120°이다.

➤ AB_4: 메테인(CH_4)

메테인의 루이스 구조는 다음과 같다.

$$\begin{array}{c} H \\ | \\ H—C—H \\ | \\ H \end{array}$$

4개의 결합 전자쌍이 있기 때문에 CH_4의 기하 구조는 사면체형이다(표 10.1 참조). *사면체*(tetrahedral)에는 4개의 면이 있으며, 이 면들은 모두 정삼각형이다. 사면체 분자에서 중심 원자(이 경우는 C)는 사면체의 중앙에 위치하며, 다른 4개의 원자들은 각 꼭짓점에 위치한다. 결합각은 모두 109.5°이다.

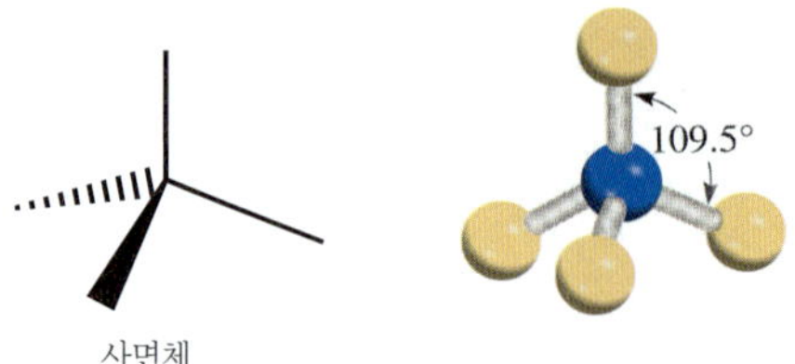

사면체

➤ AB_5: 오염화 인(PCl_5)

오염화 인(기체상에서)의 루이스 구조식은 다음과 같다.

$$\begin{array}{c} :\ddot{Cl}\quad :\ddot{Cl}: \\ \diagdown | \\ P—\ddot{Cl}: \\ \diagup | \\ :\ddot{Cl}\quad :\ddot{Cl}: \end{array}$$

5개의 결합 전자쌍 간의 반발력을 최소화하는 유일한 방법은 PCl 결합이 삼각 쌍뿔형으로 배열시키는 것이다(표 10.1 참조). 삼각 쌍뿔은 공통의 삼각형면을 따라서 두 사면체가 결합하여 이루어진다.

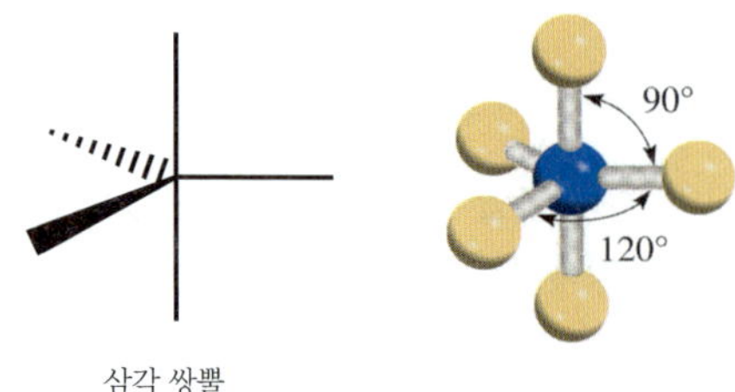

삼각 쌍뿔

중심 원자(이 경우는 P)는 주위 원자가 삼각 쌍뿔의 5개 꼭짓점에 위치하고 있는 공통의 삼각형의 중심에 있다. 삼각 평면의 위, 아래를 차지하는 원자는 *축방향*(axial) 위치를 차지한다고 하고, 삼각 평면상에 존재하는 원자들은 *수평방향*(equatorial) 위치를 차지한다고 말한다. 두 수평방향 결합 간의 각은 120°, 축방향 결합과 수평방향 결합 간의 결합각은 90°, 두 축방향 간의 결합각은 180°이다.

➤ AB_6: 육플루오린화 황(SF_6)

육플루오린화 황의 루이스 구조는 다음과 같다.

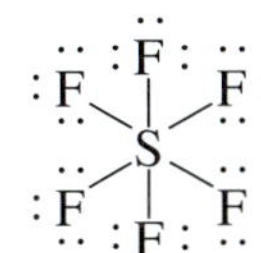

6개의 SF 결합쌍의 가장 안정한 배열은 표 10.1에 나타난 바와 같이 팔면체 모양이다. 팔면체에는 8개의 면이 있는데, 2개의 사각뿔을 공통 바닥으로 하여 합쳐서 만들 수 있다. 중심 원자(이 경우 S 원자)는 정사각형 바닥의 중심에 위치하고 주위 원자는 6개의 꼭짓점에 위치한다. 중심 원자와 서로 대각선상의 반대 쪽에 있는 원자쌍 사이의 결합으로 만들어지는 것을 제외하고는 모든 결합각은 90°이다. 대각선상의 각은 180°이다. 팔면체 분자에서는 6개의 결합이 동등하기 때문에 삼각 쌍뿔 분자에서처럼 "축방향"이나 "수평방향"이라는 용어를 사용할 수 없다.

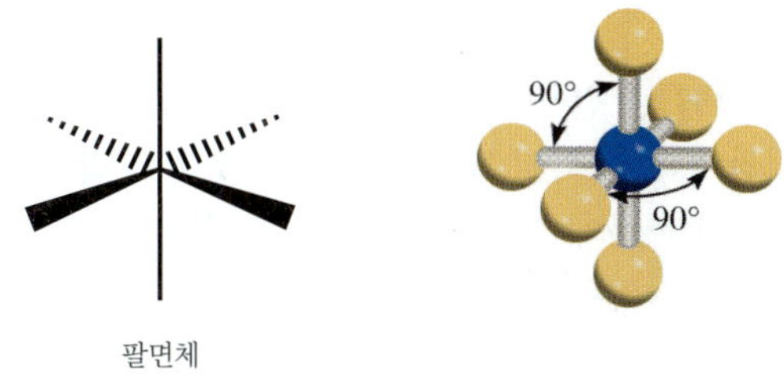

팔면체

➤ 중심 원자에 한 개 이상의 고립 전자쌍이 있는 분자들

중심 원자가 고립 전자쌍 및 결합 전자쌍을 모두 갖고 있으면 분자의 기하 구조를 결정하기가 좀 더 복잡하다. 이러한 분자에는 세 형태의 반발력이 있다. 즉, 결합 전자쌍 사이, 고립 전자쌍 사이, 결합쌍과 고립 전자쌍 사이의 반발력이 있다. 일반적으로 VSEPR 모형에 따르면 반발력은 다음 순서로 감소된다.

고립 전자쌍 대 고립 전자쌍의 반발	>	고립 전자쌍 대 결합 전자쌍의 반발	>	결합 전자쌍 대 결합 전자쌍의 반발

결합에 있는 전자들은 결합한 두 원자의 핵에 의하여 가해지는 인력에 의하여 붙잡힌다. 이러한 전자들은 고립 전자쌍보다 작은 공간 분포를 갖는다. 즉, 이러한 결합 전자들은 하나의 특정 원자에만 붙들려 있는 고립 전자쌍보다 적은 공간을 차지한다. 분자 내에서 고립 전자쌍은 결합 전자쌍보다 많은 공간을 차지하고 있기 때문에, 고립 전자쌍은 이웃에 있는 고립 전자쌍과 결합 전자쌍으로부터 더 큰 반발력을 갖는다. 결합 전자와 고립 전자쌍의 전체 수를 나타내기 위해 AB_xE_y로서 고립 전자쌍을 포함하는 분자를 나타낸다. 여기서 A는 중심 원자, B는 주변 원자, E는 A에 있는 고립 전자쌍이며, x와 y는 정수이다. x = 2, 3, . . .이고, y = 1, 2, . . .이다. 따라서 x는 주변 원자의 수이고, y는 중심 원자에 있는 고립 전자쌍의 수이다. 이 경우 구조식에서 가장 간단한 분자는 중심 원자에 한 개의 고립 전자쌍을 갖는 3원자 분자이다. 즉, 이런 분자의 일반식은 AB_2E이다.

x = 1이면 선형 구조인 이원자 분자이다.

다음 예에서 보듯이 대부분의 경우 중심 원자에 고립 전자쌍이 있으면 결합각을 예측하기란 매우 어렵다.

➤ AB_2E: 이산화 황(SO_2)

이산화 황의 루이스 구조는 다음과 같다.

$$\ddot{\underset{\cdot\cdot}{O}}=\ddot{S}=\ddot{\underset{\cdot\cdot}{O}}$$

SO_2

VSEPR 모형은 이중 결합을 단일 결합인 것처럼 취급하기 때문에 SO_2 분자는 중심 S 원자에 세 개의 전자쌍으로 구성된 것으로 볼 수 있다. 이들 중 둘은 결합 전자쌍이고, 하나는 고립 전자쌍이다. 표 10.1에서 세 개의 전자쌍의 전체 배열은 삼각 평면형이다. 그러나 그 중 한 전자쌍은 고립쌍이므로 SO_2 분자는 "굽은" 모양을 갖는다.

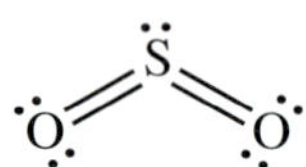

고립쌍 대 결합쌍 간의 반발이 결합쌍과 결합쌍 반발보다 크기 때문에 두 황-산소 결합은 함께 약간 밀리며, OSO 결합각은 120°보다 작다.

➤ AB_3E: 암모니아(NH_3)

암모니아 분자에는 세 개의 결합쌍과 하나의 고립쌍이 있다.

$$H-\ddot{N}-H \quad (\text{N 아래에 } H)$$

표 10.1에 나타난 바와 같이 네 전자쌍의 전체 배열은 사면체형이다. 그러나 NH_3에서는 전자쌍 중 하나가 고립쌍이다. 따라서 NH_3의 기하 구조는 삼각뿔 모양이다(꼭대기에 N 원자를 가진 뿔처럼 보이기 때문에 그렇게 부른다). 고립쌍은 결합쌍보다 더욱 강하게 반발하기 때문에 3개의 NH 결합쌍은 함께 더 가까이 밀린다.

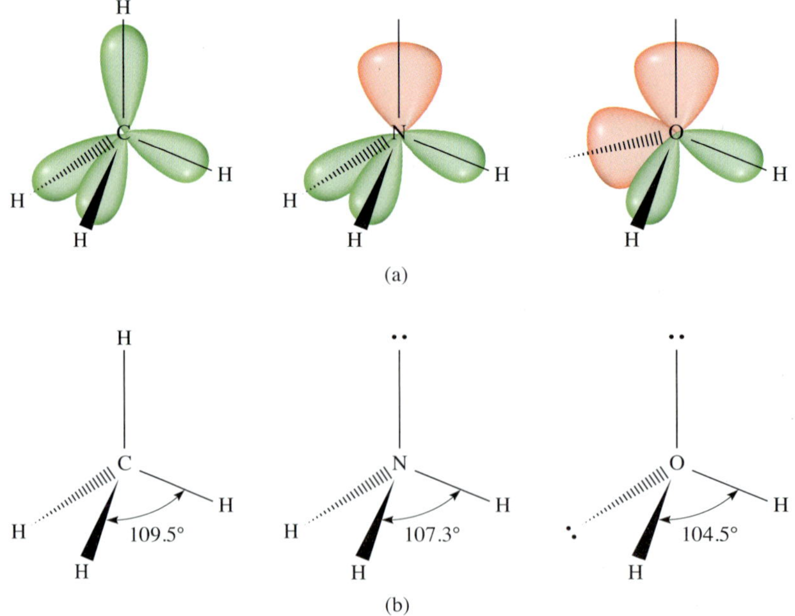

그림 10.1 (a) CH_4, NH_3, H_2O에서 결합쌍과 고립쌍의 상대적인 크기. (b) CH_4, NH_3, H_2O에서 결합각. 대시선은 종이 평면 뒤로 향한 결합축을 나타내고, 쐐기선은 종이 평면 앞으로 향한 결합축을 나타낸다. 실선은 종이면에 있는 결합을 나타낸다.

따라서 암모니아의 HNH 결합각은 이상적인 정사면체의 각인 109.5°보다 더 작다(그림 10.1 참조).

➤ AB_2E_2: 물(H_2O)

물 분자에는 두 개의 결합쌍과 두 개의 고립쌍이 있다.

$$H—\ddot{\underset{..}{O}}—H$$

물에 있는 네 전자쌍의 전체 배열은 암모니아에서와 같이 사면체형이다. 그러나 암모니아와는 달리 물은 중심 산소 원자에 두 고립쌍이 있다. 이러한 고립 전자쌍은 가능한 한 서로 멀어지려는 경향이 있다. 결과적으로 두 개의 O—H 결합쌍들은 서로 가까이 가도록 밀린다. 따라서 정사면체 각으로부터 NH_3보다 훨씬 큰 편차가 예측된다. 그림 10.1에서 보듯이 HOH 각은 104.5°이다. H_2O의 기하 구조는 굽은 구조이다.

(H—O—H 굽은 구조 그림: O 위에 두 고립쌍, 아래 양쪽에 H)

➤ AB_4E: 사플루오린화 황(SF_4)

SF_4의 루이스 구조는 다음과 같다.

(루이스 구조: 중심 S에 네 개의 F가 결합하고, S에 한 개의 고립쌍, 각 F에 세 개의 고립쌍)

중심의 황 원자는 표 10.1에 따르면 그 배열이 삼각 쌍뿔형인 5개의 전자쌍을 가지고 있다. 그러나 SF_4 분자에서 한 전자쌍은 고립쌍이다. 따라서 분자는 다음과 같은 기하 구조 중 하나를 가져야 한다.

(a) 고립쌍이 수평방향 위치에 있는 SF_4 구조 (b) 고립쌍이 축방향 위치에 있는 SF_4 구조

SF_4

고립쌍은 (a)에서 수평방향 위치를 차지하며, (b)에서는 축방향 위치를 차지한다. 축방향 위치에는 90°에 세 개의 인접한 전자쌍이 있고, 180° 지점에 한 개의 전자쌍이 있다. 반면에 수평방향 위치는 90°에 두 개의 인접 전자쌍이 있고, 120°에 전자쌍이 두 개 더 있다. (a)에서 반발이 더 작은데 사실 (a)가 실험을 통해서 관찰된 구조이다. 이 모양은 때로는 찌그러진 사면체(또는 오른쪽으로 90° 구조를 돌리면 시소 모양)로 묘사되기도 한다. 축방향 위치에 있는 F 원자와 S 원자 사이의 각도는 173°이고, 수평방향 위치에 있는 F 원자와 S 원자 사이의 각도는 102°이다.

표 10.2는 중심 원자는 다루지 않는 것을 포함해서 하나 이상의 고립쌍을 가지고 있는 간단한 분자의 기하 구조를 보여주고 있다.

➤ 둘 이상의 중심 원자를 가지는 분자의 기하 구조

지금까지는 한 개의 중심 원자만을 가지는 분자의 기하 구조에 대하여 논의하였다. 대부분의 경우 둘 이상의 중심 원자를 가지는 분자의 전체 기하학적 구조는 정의하기 어렵다. 가끔 각 중심 원자 주위의 모양만을 묘사할 수 있다. 예를 들면, 루이스 구조식이 다음과 같은 메탄올(CH_3OH)을 생각해 보자.

표 10.2 중심 원자에 둘 이상의 고립 전자쌍이 있는 간단한 분자와 이온의 기하학적 구조

분자의 부류	전자쌍의 총수	결합 전자쌍의 수	고립 전자쌍의 수	전자쌍의 배열	분자나 이온의 기하 구조	예
AB_2E	3	2	1	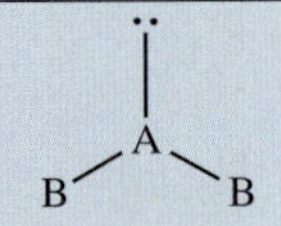 삼각 평면	굽은형	 SO_2
AB_3E	4	3	1	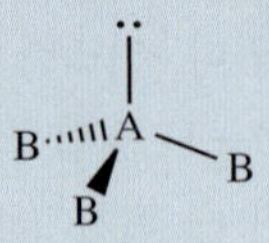 사면체	삼각뿔	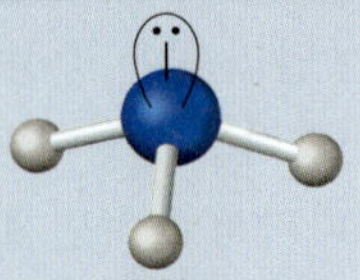 NH_3
AB_2E_2	4	2	2	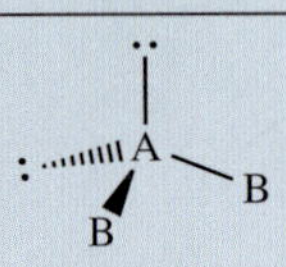 사면체	굽은형	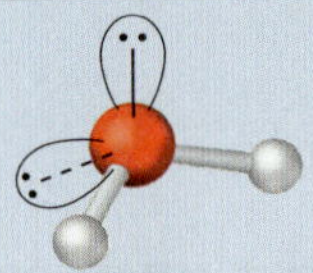 H_2O
AB_4E	5	4	1	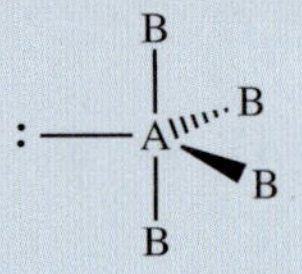 삼각 쌍뿔	뒤틀린 사면체 (또는 시소)	 SF_4
AB_3E_2	5	3	2	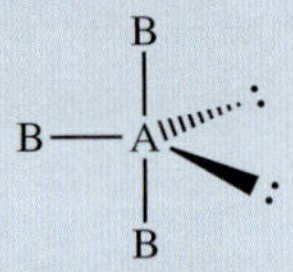 삼각 쌍뿔	T형	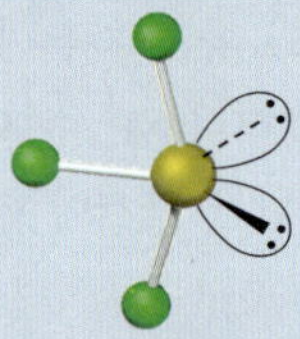 ClF_3
AB_2E_3	5	2	3	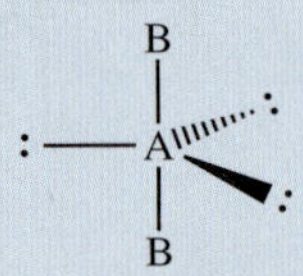 삼각 쌍뿔	선형	 I_3^-
AB_5E	6	5	1	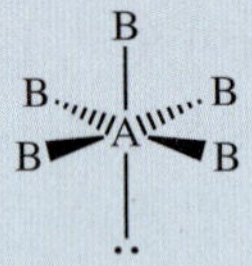 팔면체	사각뿔	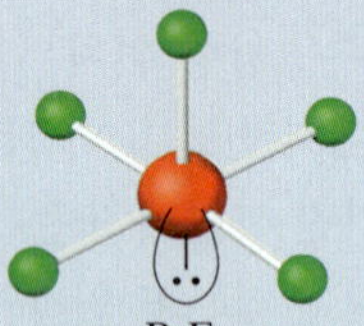 BrF_5
AB_4E_2	6	4	2	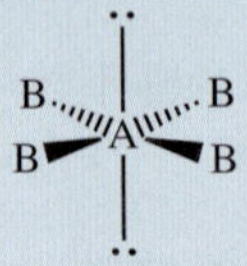 팔면체	사각 평면	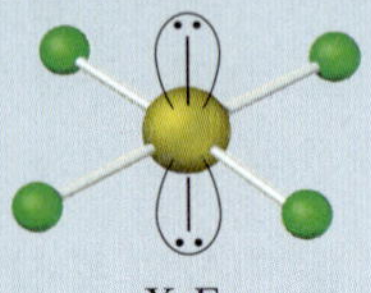 XeF_4

$$\begin{array}{c} \text{H} \\ | \\ \text{H—C—}\ddot{\text{O}}\text{—H} \\ | \\ \text{H} \end{array}$$

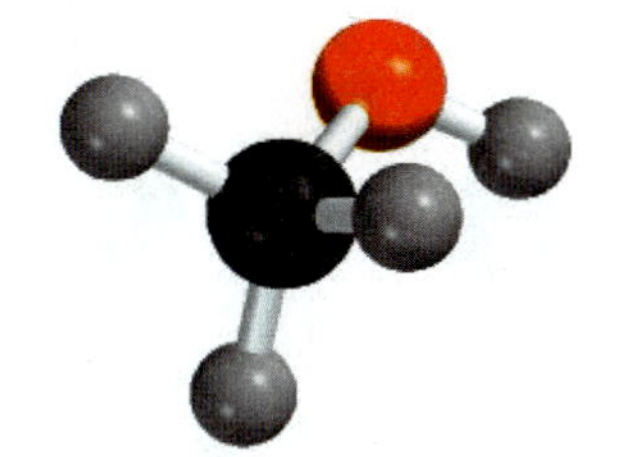

그림 10.2 CH_3OH의 기하학적 구조.

메탄올에 있는 두 개의 중심 원자는 탄소와 산소이다. 세 개의 CH 결합쌍과 CO의 결합쌍이 탄소 원자에 대해서 사면체로 배열되었다고 말할 수 있다. HCH와 OCH의 결합각은 약 109°이다. 여기서 산소 원자는 두 개의 비공유 전자쌍과 두 개의 결합쌍이 있어서 물 분자와 같다. 따라서 분자의 HOC 부분이 굽어 있으며, HOC의 결합각은 약 105°이다(그림 10.2).

VSEPR 모형 적용에 대한 지침

두 가지 범주(고립쌍이 있는 중심 원자와 고립쌍이 없는 중심 원자)에서 분자 기하 구조를 공부했는데, 이제 VSEPR 모형을 모든 분자 유형에 적용하는 몇 가지 규칙을 생각해 보자.

1. 중심 원자(둘 이상의 다른 원자에 결합된 원자) 주위의 전자쌍만을 고려하면서 분자의 루이스 구조를 써 보라.
2. 중심 원자 주위의 전자쌍(결합쌍과 고립쌍)의 수를 계수하라. 이중 결합과 삼중 결합은 단일 결합처럼 취급한다. 표 10.1을 참조하여 전자쌍의 전체 배열을 예측한다.
3. 표 10.1 및 10.2를 이용하여 분자의 기하 구조를 예측한다.
4. 결합각을 예측할 때, 결합쌍이 다른 결합쌍과 반발할 때보다 고립쌍이 다른 고립쌍이나 결합쌍과 더욱 강하게 반발함을 주목하라. 중심 원자가 한 개 이상의 고립쌍을 가질 때 결합각을 정확하게 예측하는 쉬운 방법이 일반적으로 없음을 기억하라.

VSEPR 모형을 사용해서 여러 분자의 기하 구조를 믿을 만하게 예측할 수 있다. VSEPR 접근이 간편하기 때문에 화학자들이 이 방법을 사용하고 있다. "전자쌍 반발"이 실제 분자 형태를 결정해 주는지에 대한 몇몇 이론적인 의문점이 있지만, 이 모형이 하는 가정으로 유용한(일반적으로 신뢰성이 있는) 예측을 할 수 있다. 화학 연구에서 이 단계에서는 더 이상 다른 모형은 필요치 않다. 예제 10.1은 VSEPR의 응용을 열거하고 있다.

예제 10.1

VSEPR 모형을 사용하여 다음 분자나 이온의 기하 구조를 예측하시오. (a) AsH_3, (b) OF_2, (c) $AlCl_4^-$, (d) I_3^-, (e) C_2H_4.

전략 분자의 기하 구조를 결정할 때 단계 순서는 다음과 같다.

루이스 구조를 그린다 ⟶ 전자쌍 배열을 찾는다 ⟶ 결합쌍 배열을 찾는다 ⟶ 결합쌍을 기초로 하여 기하 구조를 결정한다

풀이 (a) AsH_3의 루이스 구조는 다음과 같다.

$$\begin{array}{c} \text{H—}\ddot{\text{As}}\text{—H} \\ | \\ \text{H} \end{array}$$

AsH_3

중심 원자 주위에 네 개의 전자쌍이 있으므로, 전자쌍 배열은 사면체 구조이다(표 10.1 참조). 분자의 기하 구조는 원자의 배열에 의해서만 결정됨을 기억하라(이 경우 As와 H 원자). 따라서 고립 전자쌍을 제거하면 세 개의 결합쌍이 남게 되어 NH_3와 같은 삼각 피라미드형 기하 구조가 된다. HAsH 각을 정확하게 예측할 수는 없다. 그러나 109.5°보다 더 작다는 것을 알 수 있다(As 위의 고립 전자쌍에 의한 As—H 결합 속에 결합 전자쌍의 반발이 결합쌍 사이에서의 반발보다 크기 때문에).

(계속)

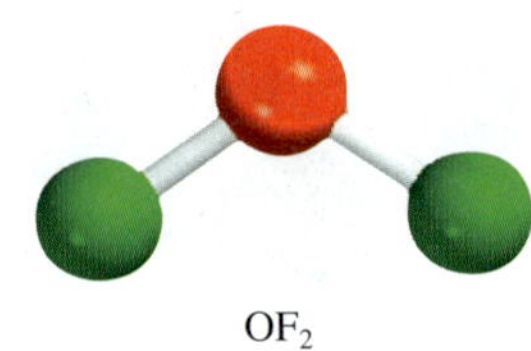
OF_2

(b) OF_2의 루이스 구조는 다음과 같다.

$$:\ddot{\underset{..}{F}}—\ddot{\underset{..}{O}}—\ddot{\underset{..}{F}}:$$

중심 원자 주위에 네 개의 전자쌍이 있으므로 전자쌍 배열은 사면체 구조이다(표 10.1 참조). 분자의 기하 구조는 원자의 배열에 의해서만 결정됨을 기억하라(이 경우 O와 F 원자). 따라서 두 개의 고립 전자쌍을 제거하면 두 개의 결합쌍이 남게 되어 H_2O와 같은 굽은형 기하 구조가 된다. FOF 각도를 정확히 예측할 순 없지만, O에 있는 고립쌍에 의한 O—F 결합의 결합 전자쌍의 반발이 결합쌍 사이의 반발보다 크기 때문에 이 각도가 109.5°보다 작아야만 한다는 것을 알 수 있다.

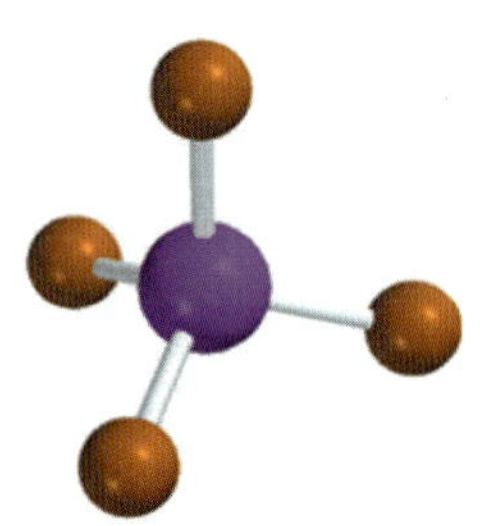
$AlCl_4^-$

(c) $AlCl_4^-$의 루이스 구조는 다음과 같다.

$$\left[\begin{array}{c} :\ddot{Cl}: \\ | \\ :\ddot{\underset{..}{Cl}}—Al—\ddot{\underset{..}{Cl}}: \\ | \\ :\underset{..}{Cl}: \end{array}\right]^-$$

중심 원자 주위에 네 개의 전자쌍이 있으므로 전자쌍 배열은 사면체 구조이다. 고립 전자쌍이 없기 때문에 결합쌍의 배열은 전자쌍 배열과 같다. 그러므로 $AlCl_4^-$는 사면체 기하 구조를 가지고, ClAlCl 각은 모두 109.5°이다.

I_3^-

(d) I_3^-의 루이스 구조는 다음과 같다.

$$\left[:\ddot{\underset{..}{I}}—\ddot{\underset{..}{I}}—\ddot{\underset{..}{I}}:\right]^-$$

중심 I 원자 주위에 다섯 개의 전자쌍이 있으므로 전자쌍 배열은 삼각 쌍뿔형이다. 다섯 개의 전자쌍 중 세 개는 고립쌍이고, 두 개는 결합쌍이다. 고립쌍은 삼각 쌍뿔에서 수평 위치를 우선적으로 차지한다는 것을 기억하라(표 10.2 참조). 따라서 고립쌍을 제거하면 I_3^-의 구조는 선형 기하 구조를 가지게 된다. 즉, 세 개의 I 원자는 모두 일직선상에 있다.

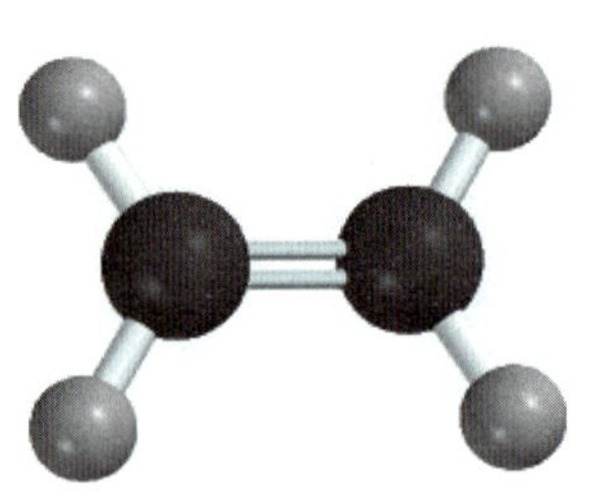
C_2H_4

(e) C_2H_4의 루이스 구조는 다음과 같다.

$$\begin{array}{ccc} H & & H \\ & C=C & \\ H & & H \end{array}$$

C═C 결합은 VSEPR 모형에서 단일 결합으로 취급한다. 각각의 C 원자 주위에 3개의 전자쌍이 있고, 고립 전자쌍이 없으므로 각 C 원자 주위의 배열은 앞에서 설명한 BF_3와 같이 삼각 평면형을 갖는다. 따라서 C_2H_4에서 예측된 결합각은 모두 120°이다.

$$\begin{array}{ccc} H & 120° & H \\ & C=C & 120° \\ H & 120° & H \end{array}$$

해설 (1) I_3^- 이온은 중심 원자에 고립쌍이 있더라도 결합각(180°)을 정확하게 예측할 수 있는 몇몇 구조 중 하나이다. (2) C_2H_4에서 6개 원자 모두가 같은 평면에 있다. VSEPR 모형으로는 전체 평면 구조를 예측할 수 없으나 왜 분자가 평면형을 선호하는지 뒤에 알게 될 것이다. 실제 결합각은 결합이 모두 동등하지 않기 때문에 120°에 가깝지만, 120°와 같지는 않다.

비슷한 문제: 10.7, 10.8, 10.9.

실전 연습 VSEPR 모형을 사용하여 다음 분자의 기하 구조를 예측하시오. (a) $SiBr_4$, (b) CS_2, (c) NO_3^-.

개념 복습하기

수소화 주석(IV)(SnH_4)에 대해 다음 기하 구조 중 어느 것이 더 안정성이 큰가?

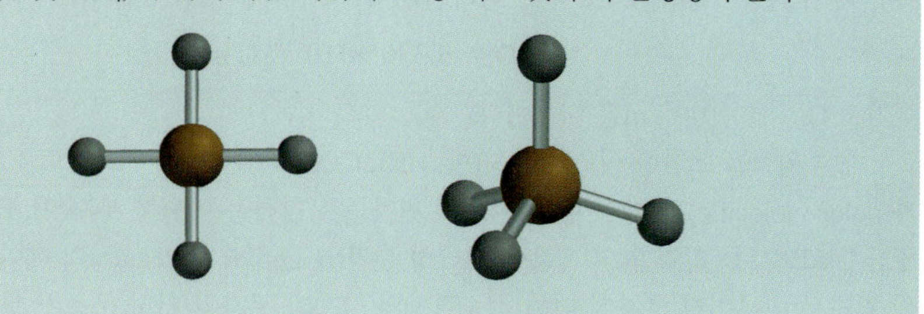

10.2 쌍극자 모멘트

9.5절에서 플루오린화 수소는 극성 결합을 한 공유 결합 화합물이라는 것을 배웠다. F 원자가 H 원자보다 전기음성도가 더 크기 때문에, H 원자에서 F 원자로 전자 밀도의 이동이 있다(그림 9.4 참조). 전자 밀도의 이동은 방향을 나타내기 위해 루이스 구조 위에 십자 화살표(⟼)를 위치하여 기호로 표시한다. 예를 들면,

$$\overset{\longmapsto}{\text{H—}\ddot{\underset{..}{\text{F}}}\!:}$$

결과적인 전하의 분리는 다음과 같이 나타낸다.

$$\overset{\delta+\quad\delta-}{\text{H—}\ddot{\underset{..}{\text{F}}}\!:}$$

여기서 δ(델타)는 부분 전하를 나타낸다. 이러한 전하의 분리는 전기장에서 확인될 수 있다(그림 10.3). 전기장이 가해지면 HF 분자의 음전하 끝은 양극판으로 향하고, 양전하 끝은 음극판으로 향하게 된다. 이런 분자들의 배열은 실험적으로 탐지될 수 있다.

결합의 극성에 대한 정량적인 측정은 **쌍극자 모멘트**(dipole moment, μ)인데, *전하량 Q와 전하 사이의 거리 r의 곱*이다.

$$\mu = Q \times r \qquad (10.1)$$

전기적 중성을 유지하려면 전기적으로 중성인 이원자 분자에서 양 끝의 전하는 크기는 같

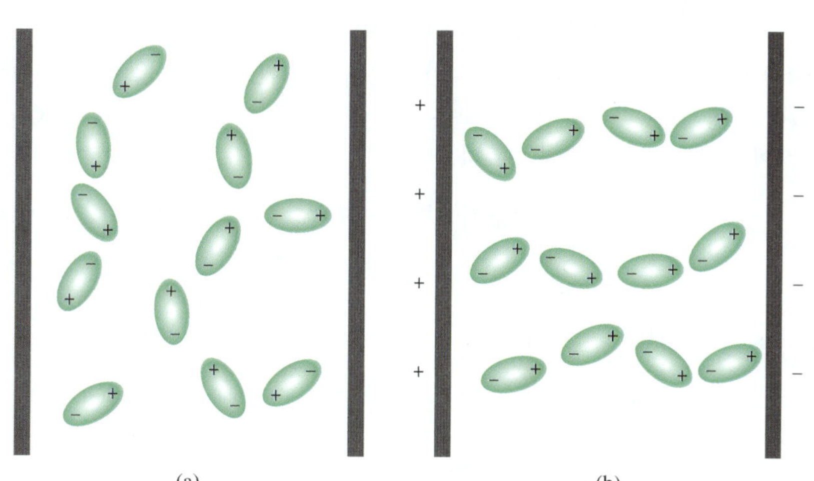

(a) (b)

그림 10.3 극성 분자의 행동. (a) 외부 전기장이 없을 때, (b) 전기장이 작동됐을 때. 비극성 분자는 전기장에 의해 영향을 받지 않는다.

HF와 같은 이원자 분자의 경우, 전하 Q는 $\delta+$ 또는 $\delta-$와 같다.

고, 부호는 반대이어야 한다. 그러나 식 (10.1)에서 Q는 전하의 크기만을 말하며, 부호를 나타내지 않는다. 따라서 μ는 항상 양이다. 쌍극자 모멘트는 디바이(Peter Debye)[†]의 이름을 따서 디바이 단위(D)로 주로 나타낸다. 환산 인자는 다음과 같다.

$$1\text{ D} = 3.336 \times 10^{-30}\text{ C m}$$

여기서 C는 쿨롱이며, m은 미터이다.

▶ 분자의 극성.

동영상 자료
▶ 극성에 대한 모양의 영향.

다른 원소를 포함한 이원자 분자(예, HCl, CO, NO)는 *쌍극자 모멘트를 가지며* **극성 분자**(polar molecule)라 한다. *같은* 원소의 원자를 포함하는 이원자 분자(예, H_2, O_2, F_2)들은 *쌍극자 모멘트를 갖지 않기* 때문에 **비극성 분자**(nonpolar molecule)의 예이다. 세 개 이상의 원자로 이루어진 분자에 대해서는 결합의 극성과 분자의 기하 구조가 쌍극자 모멘트가 있는지 결정한다. 극성 결합이 있다 해도 분자가 꼭 쌍극자 모멘트를 갖는 것은 아니다. 예를 들어, 이산화 탄소(CO_2)는 삼원자 분자이므로 그 기하 구조는 선형 또는 굽은형이다.

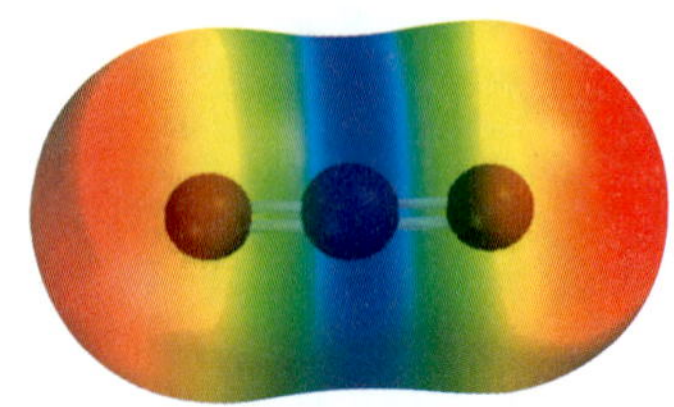

각 탄소-산소 결합은 전기음성도가 좀 더 큰 산소 원자를 향하여 전자 밀도가 이동된 극성이다. 그러나 분자의 선형 기하 구조는 두 결합 모멘트의 상쇄를 가져온다.

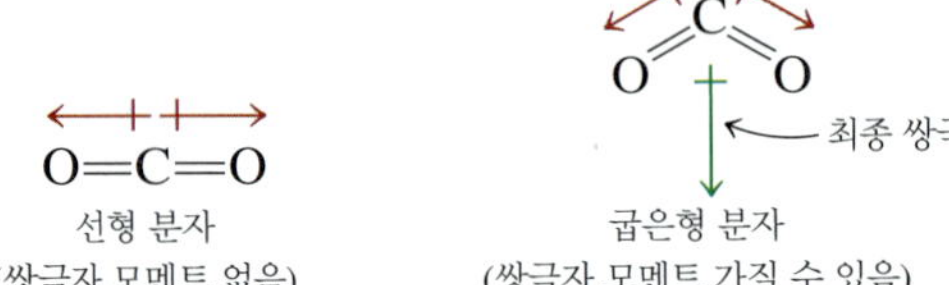

화살표는 전기음성도가 작은 탄소 원자에서 전기음성도가 큰 산소 원자로 전자 밀도가 이동하는 것을 나타낸다. 각 경우에서 전체 분자의 쌍극자 모멘트는 두 개의 *결합 모멘트*(bond moment), 즉 극성 C=O 결합에 있는 각각의 쌍극자 모멘트로 이루어진다. 결합 모멘트는 *벡터량*(vector quantity)이므로 크기와 방향을 갖는다. 측정되는 쌍극자 모멘트는 결합 모멘트의 벡터 합과 같다. CO_2에서 두 개의 결합 모멘트는 크기가 같다. 선형 CO_2 분자에서는 반대 방향으로 향하기 때문에 결합 즉, 합성 쌍극자 모멘트는 0이 된다. CO_2 분자가 굽어 있으면 두 개의 결합 모멘트는 부분적으로 서로 상쇄되지 않는다. 따라서 분자는 쌍극자 모멘트를 가질 것이다. 실험을 통해 살펴보면 이산화 탄소는 쌍극자 모멘트가 없다는 것이 발견된다. 그러므로 이산화 탄소 분자는 선형 구조라고 결론짓는다. 이산화 탄소의 선형 성질은 다른 실험적 측정을 통해서도 확인되었다.

VSEPR 모형은 CO_2가 선형 분자임을 예측한다.

다음으로 그림 10.4에 나타낸 NH_3와 NF_3를 생각해 보자. 두 경우 중심 N 원자에는 고립 전자쌍이 있으며, 고립 전자쌍의 전하 밀도는 N 원자에서 멀리에 있다. 그림 9.5로부터 N은 H보다도 전기음성적이고, F는 N보다 더 전기음성적임을 알 수 있다. 이러한 이유로 NH_3에서 전자의 이동은 N쪽으로 향하여 더 큰 쌍극자 모멘트를 기여하는 반면 NF 결합 모멘트는 N쪽 반대 방향으로 향하므로 고립 전자쌍의 쌍극자 모멘트에 기여를 함께 상쇄시킨다. 따라서 NH_3의 합성 쌍극자 모멘트는 NF_3에서 보다 더 크다.

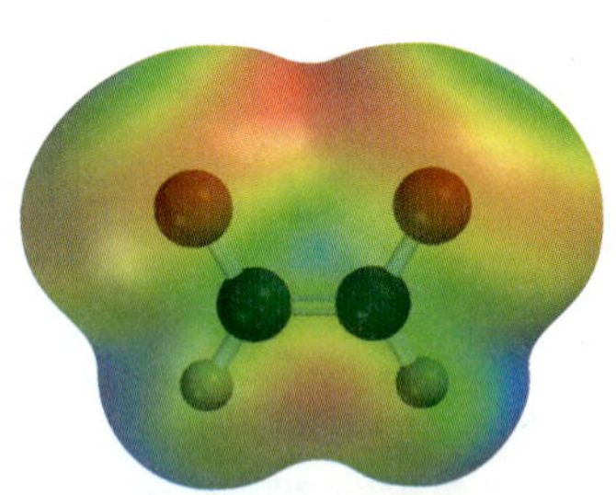

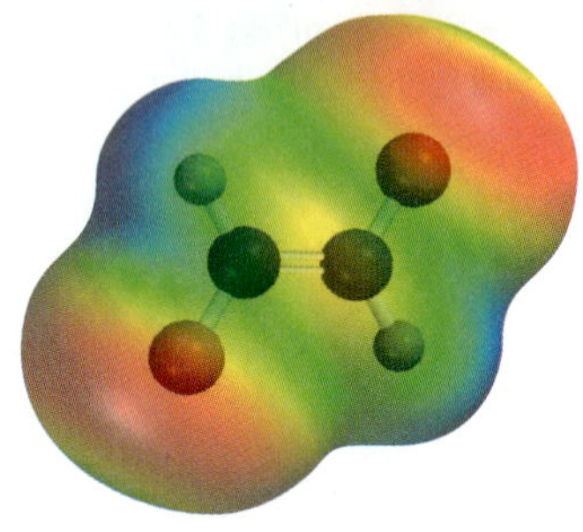

시스-다이클로로에틸렌(상)에서 결합 모멘트는 서로 상쇄하지 못하고 분자는 극성이다. 트랜스-다이클로로에틸렌에는 반대가 되고 분자는 비극성이다.

쌍극자 모멘트는 같은 분자식을 갖지만 다른 구조를 갖는 분자들을 식별하는 데 사용될 수 있다. 예를 들면, 다음 분자들은 모두 존재 가능하다. 이들은 분자식($C_2H_2Cl_2$), 결합 수와 형식이 같지만, 분자 구조가 다르다.

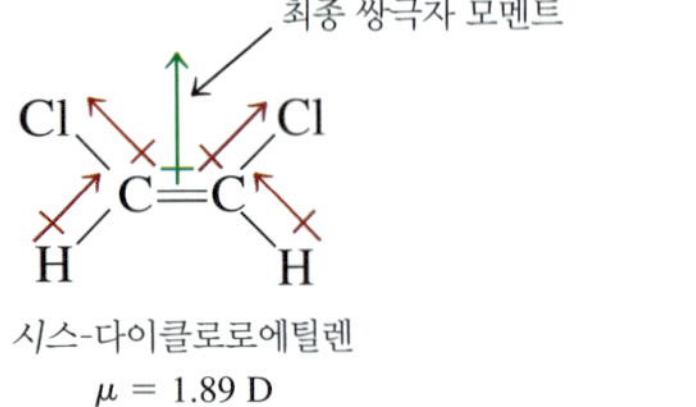

[†] 디바이(Peter Joseph William Debye, 1884~1966)는 네덜란드 태생의 미국 화학자이자 물리학자로 분자 구조, 고분자 화학, X선 분석법 및 전해질 용액에 관한 연구에서 많은 중요한 공헌을 하여 1936년 노벨 화학상을 받았다.

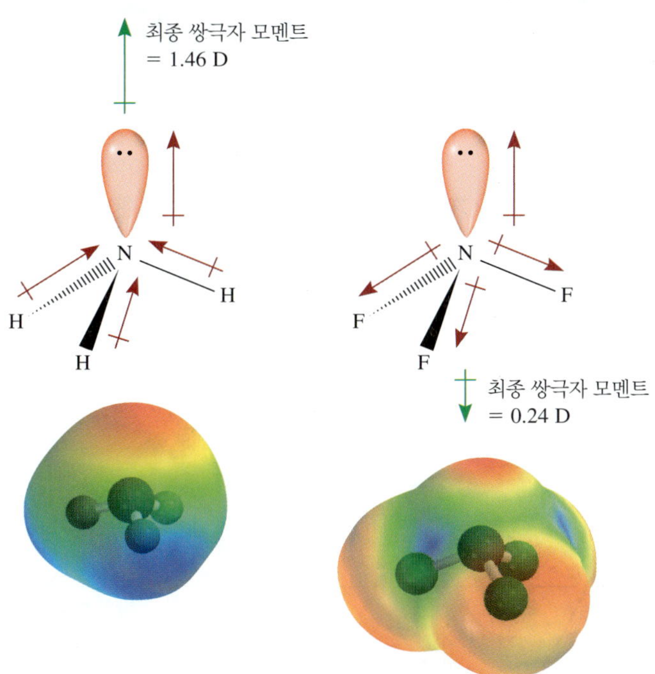

그림 10.4 NH_3와 NF_3에서 결합 모멘트와 최종 쌍극자 모멘트. 정전기 퍼텐셜 지도는 이들 분자 내 전자 밀도 분포를 나타낸다.

표 10.3 몇 가지 극성 분자들의 쌍극자 모멘트

분자	기하 구조	쌍극자 모멘트(D)
HF	선형	1.92
HCl	선형	1.08
HBr	선형	0.78
HI	선형	0.38
H_2O	굽은형	1.87
H_2S	굽은형	1.10
NH_3	삼각뿔	1.46
SO_2	굽은형	1.60

시스-다이클로로에틸렌(*cis*-dichloroethylene)은 극성 분자이지만 *트랜스*-다이클로로에틸렌(*trans*-dichloroethylene)은 극성 분자가 아니므로, 이들은 쌍극자 모멘트 측정으로 쉽게 구별할 수 있다. 11장에서 더 배우겠지만 분자간 결합력의 세기는 분자가 쌍극자 모멘트를 가지는가에 의해 일부분 결정된다. 표 10.3은 여러 극성 분자의 쌍극자 모멘트를 나열하고 있다.

예제 10.2는 분자의 기하 구조를 알 때, 분자가 쌍극자 모멘트를 갖는지를 어떻게 예측할 수 있는지를 나타낸다.

예제 10.2

다음 각 분자가 쌍극자 모멘트를 갖는지 예측하시오. (a) BrCl, (b) BF_3(삼각 평면), (c) CH_2Cl_2(사면체).

전략 분자의 쌍극자 모멘트는 참여하고 있는 원소들의 전기음성도 차이와 기하 구조 모두에 의존함을 유념하라. 분자가 극성 결합을 가지고 있으나(결합된 원자가 다른 전기음성도를 가짐), 높은 대칭적인 기하 구조를 가지면 쌍극자 모멘트를 갖지 않는다.

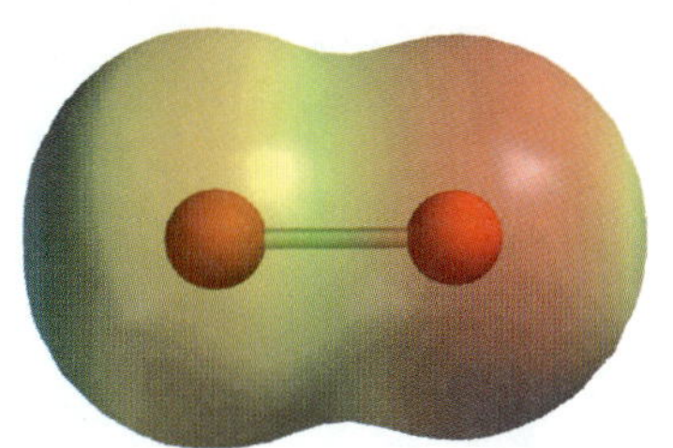

BrCl의 정전기 퍼텐셜 지도는 전자 밀도가 Cl 원자 쪽으로 이동됨을 보여준다.

(계속)

생활 속의 화학

마이크로파 오븐: 쌍극자 모멘트의 적용

지난 40년 동안 마이크로파 오븐은 매우 흔한 주방 기구가 되었다. 마이크로파 기술은 흔히 사용하는 주방기구보다 훨씬 더 빨리 녹이고 요리를 가능하게 한다. 마이크로파는 어떻게 음식을 빠르게 가열시키는가?

7장에서 마이크로파는 전자기 복사선의 한 형태임을 보았다(그림 7.3 참조). 마이크로파는 마그네트론에 의해서 생성되며 레이더 기술이 개발된 제2차 세계 대전 중에 발명되었다. 마그네트론은 빈 공간에 말굽 자석에 싸여 있는 동공 실린더이다. 실린더

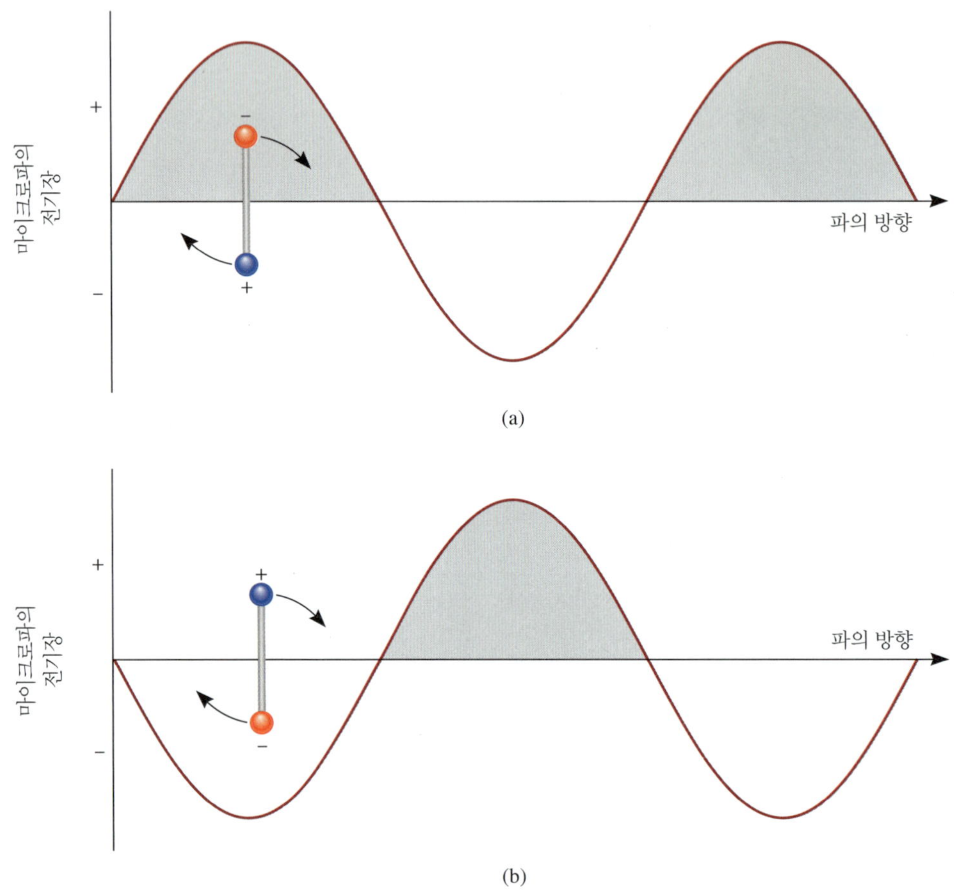

마이크로파의 전기장 성분과 극성 분자 사이의 상호작용. (a) 쌍극자의 음의 끝은 파동의 전파를 따라가며(양의 영역), 시계 방향으로 회전한다. (b) 분자가 새로운 위치로 회전한 후에 복사선이 다음 순환 과정으로 이동한다면 쌍극자의 양의 끝이 음의 끝이 밀어 올려지는 동안 파동의 음의 영역으로 이동할 것이다. 따라서 분자는 더 빨리 회전할 것이다. 비극성 분자에서는 이러한 상호작용이 일어날 수 없다.

중앙에 음극 막대가 있다. 빈 공간 벽은 양극으로 작용한다. 음극을 가열하면 양극으로 밀리는 전자를 방출한다. 자기장이 회전 경로로 이동하도록 전자에 힘을 가한다. 이와 같은 전하 입자의 운동은 요리에 사용할 수 있는 2.45 GHz(2.45×10^9 Hz)의 주파수로 조절되는 마이크로파를 발생시킨다. "파유도관(waveguide)"은 요리 장소로 마이크로파를 유도한다. 회전 부채 날개는 마이크로파를 오븐의 모든 곳으로 반사시킨다.

마이크로파 오븐에서 요리는 음식 중에 있는 극성 분자(주로 물)와 복사선의 전기장 성분과의 상호작용으로 이루어진다. 모든 분자는 실온에서 회전한다. 복사선의 주파수와 분자의 회전수가 일치하면 에너지가 마이크로파에서 극성 분자로 이동한다. 결과적으로 분자는 더 빠르게 회전한다. 이것은 기체에서 일어나는 것이다. 응결 상태(예를 들면 음식 속)에서는 분자가 자유롭게 회전할 수 없다. 그럼에도 불구하고 쌍극자 모멘트를 마이크로파의 진동장과 맞추어 배열하는 경향이 있는 토크(회전을 일으키는 힘)를 경험하게 된다. 따라서 분자들 사이에 마찰이 있게 되고 음식 속에 열로 나타난다.

마이크로파 오븐이 아주 빠르게 요리할 수 있는 이유는 복사선이 비극성 분자에는 흡수되지 않으므로 동시에 음식의 다른 부분에 도달할 수 있기 때문이다. (물의 양에 따라 마이크로파는 내부 수 인치까지 깊이 음식에 침투가 가능하다.) 종전의 오븐에서는 열이 단순히 전도(층과 층 간 방식으로 음식에 더운 공기 분자에서 찬 분자로 열의 이전)에 의하여 음식에 영향을 줄 수 있으므로 매우 느린 과정이다.

다음 관점은 마이크로파 오븐의 작동과 관련이 있다. 플라스틱, 파이렉스 유리 그릇은 분자가 없기 때문에 마이크로파 복사선에 영향을 받지 않는다. (스티로폼과 특정 플라스틱은 음식물의 열로 녹기 때문에 마이크로파 오븐에서 사용할 수 없다). 그러나 금속은 마이크로파를 반사시키고 그로 인하여 음식을 차폐시키며 마이크로파 발생기에 과부하가 걸리도록 충분한 에너지를 돌려보내게 된다. 마이크로파는 금속에 전류를 유도할 수 있기 때문에 용기와 오븐의 바닥이나 벽 사이를 튀어다니는 스파크로 이어질 수 있다. 마지막으로 얼음 속에 있는 물 분자가 위치적으로 고정되어 회전할 수 없을지라도 일정하게 마이크로파 오븐에서 음식을 녹이게 된다. 그 이유는 상온에서 액체 물의 얇은 막이 냉동 음식 표면에 형성되고, 그 막 속에 있는 이동성 분자들이 녹는 과정을 시작하도록 복사선을 흡수할 수 있기 때문이다.

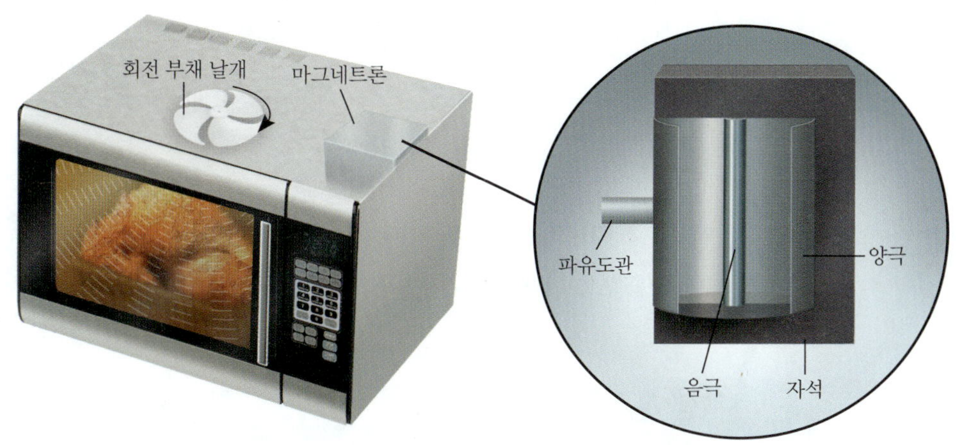

마이크로파 오븐. 마그네트론에 의해서 발생된 마이크로파는 회전 부채 날개에 의해 오븐의 모든 부분으로 반사된다.

정전기 퍼텐셜 지도는 BF_3 분자에서 전자 밀도가 대칭적으로 분배된 것을 보여준다.

풀이 (a) 염화 브로민(BrCl)은 이원자 분자이기 때문에 선형인 기하 구조를 가지고 있다. 염소는 브로민보다 전기음성도가 더 크다(그림 9.5 참조). 따라서 BrCl은 음전하 끝에 염소를 갖는 극성 분자이다.

$$\overset{\longmapsto}{\mathrm{Br{-}Cl}}$$

따라서 이 분자는 쌍극자 모멘트를 가진다. 사실상 다른 원소를 가지고 있는 모든 이원자 분자는 쌍극자 모멘트를 갖는다.

(b) 플루오린은 붕소보다 전기음성도가 커서 BF_3(삼플루오린화 붕소)에서 각 B—F 결합은 극성이고 세 결합 모멘트는 같다. 그러나 삼각 평면형의 대칭은 세 결합 모멘트를 정확히 서로 상쇄한다.

```
   F
   |
   B
  / \
 F   F
```

세 결합 모멘트의 방향으로 끌리는 물체를 생각해 보자. 힘이 동일하면 물체는 움직이지 않는다. 결과적으로, BF_3는 쌍극자 모멘트가 없으며 비극성 분자이다.

(c) CH_2Cl_2(염화 에틸렌)의 루이스 구조는 다음과 같다.

```
    Cl
    |
H — C — H
    |
    Cl
```

이 분자는 전체적으로 사면체 구조를 갖는다는 점에서 CH_4와 유사하다. 그러나 모든 결합이 동일하지 않기 때문에 세 가지 HCH, HCCl, ClCCl 결합각이 각기 다르다. 이러한 결합각은 109.5°에 가깝지만 같지는 않다. 염소가 탄소보다 전기음성도가 더 크며, 탄소는 수소보다 더 크므로 결합 모멘트는 상쇄되지 않고 분자는 쌍극자 모멘트를 갖는다.

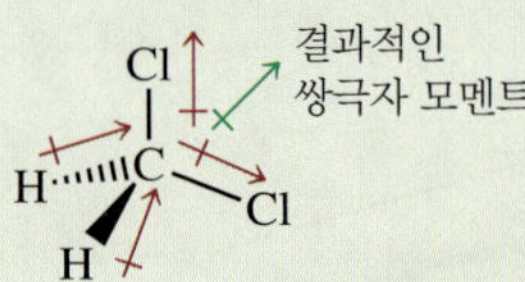

따라서 CH_2Cl_2는 극성 분자이다.

실전 연습 $AlCl_3$ 분자는 쌍극자 모멘트를 가지고 있는가?

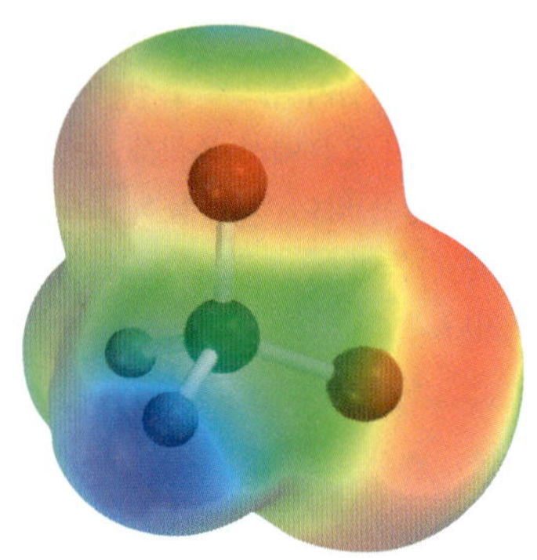

CH_2Cl_2의 정전기 퍼텐셜 지도. 전자 밀도는 전기음성도가 큰 Cl 원자를 향해 이동되었다.

비슷한 문제: 10.21, 10.22, 10.23.

개념 복습하기

이산화 탄소는 선형 기하 구조이며 비극성이다. 그러나 분자가 쌍극자 모멘트를 만드는 굽힘과 신축 운동을 함을 알고 있다. CO_2에 관한 이 상충된 묘사를 어떻게 타협하겠는가?

10.3 원자가 결합 이론

주로 루이스 구조를 기초로 하는 VSEPR 모형은 분자의 기하 구조를 예측하는 데 비교적 간단하고 직접적인 방법을 제공하고 있다. 그러나 앞서 보았듯이 루이스 화학 결합 이론은 화학 결합이 존재하는 이유를 명백히 설명해 주지 못한다. 고유 결합의 형태와 전자쌍을 관계시킨 것은 옳은 방향으로 하나의 진보였으나 충분하지는 않았다. 예를 들어, 루이스 이론은 본질적으로는 두 전자가 짝을 이루는 것과 같은 방법으로 H_2에서 H 원자 사이의 단일 결합과 F_2에서 F 원자 사이의 단일 결합을 설명하고 있다. 그러나 이 두 분자는 결합 에너지와 결합 길이가 아주 다르다(H_2의 경우는 436.4 kJ/mol과 74 pm와 F_2의 경우는 150.6 kJ/mol과 142 pm). 이것과 다른 많은 사실들은 루이스 이론으로 설명할 수 없다. 화학 결합 형성을 더 완전히 설명하기 위해 양자역학을 보아야 한다. 사실 화학 결합의 양자역학적 연구 또한 분자 기하 구조를 이해하는 한 수단을 제공한다.

현재 분자의 공유 결합 형성과 전자 구조를 설명하는 데 두 가지 양자역학 이론이 사용된다. *원자가 결합*(valence bond, VB) *이론*은 분자 안에서 전자는 각 원자의 원자 궤도함수를 차지하고 있다고 가정한다. 이러한 이론은 결합 형성에 차지하는 개별 원자들의 형태를 유지하도록 해준다. *분자 궤도함수*(molecular orbital, MO) *이론*이라는 두 번째 이론은 원자 궤도함수로부터 분자 궤도함수의 형성을 가정한다. 두 결합론은 어느 것도 결합의 모든 양상을 완전하게 설명하지는 못하지만, 각각 많은 관찰된 분자 특성을 이해하는 데 크게 기여하였다.

H 원자 두 개로부터 H_2 분자 형성을 고려함으로써 원자가 결합 이론의 논의를 시작해 보자. 루이스 이론은 H—H 결합을 H 원자들에 있는 두 개의 전자의 쌍으로 설명하고 있다. 원자가 결합 이론에서 공유성 H—H 결합은 H 원자의 두 1*s* 궤도함수의 *중첩*(overlap)으로 형성된다. 중첩이란 두 궤도함수가 공간 내의 공통 영역을 공유한다는 뜻이다.

수소 원자가 서로를 향해서 이동하여 결합을 형성할 때 두 수소 원자에는 어떤 일이 일어날까? 처음에 두 원자가 멀리 떨어져 있을 때에는 아무런 상호작용이 없다. 이 계(두 수소 원자)의 퍼텐셜 에너지를 0이라 한다. 원자가 서로 접근하면 각 전자는 다른 원자의 핵에 의해 끌리게 되며, 동시에 핵들처럼 전자들도 반발한다. 원자가 아직 분리되어 있을 동안에는 반발력보다 인력이 더욱 강하다. 따라서 원자들이 서로 접근함에 따라 계의 퍼텐셜 에너지가 감소한다(즉, 음의 값이 된다)(그림 10.5 참조). 이러한 경향은 퍼텐셜 에너지가 최소값에 도달할 때까지 계속된다. 이 점에서 계가 최소 퍼텐셜 에너지를 가질 때 가장 안정하게 된다. 이 조건에서 1*s* 궤도함수가 상당한 겹쳐지고 안정한 H_2 분자가 생성된다. 핵간 거리가 더 감소하면 퍼텐셜 에너지는 급격히 증가하며, 마침내 전자와 전자, 핵과 핵 사이의 반발 작용이 증가하여 양의 값이 된다. 에너지 보존 법칙에 따르면, H_2 생성의 결과

물체는 그 위치로 인해 퍼텐셜 에너지를 가진다.

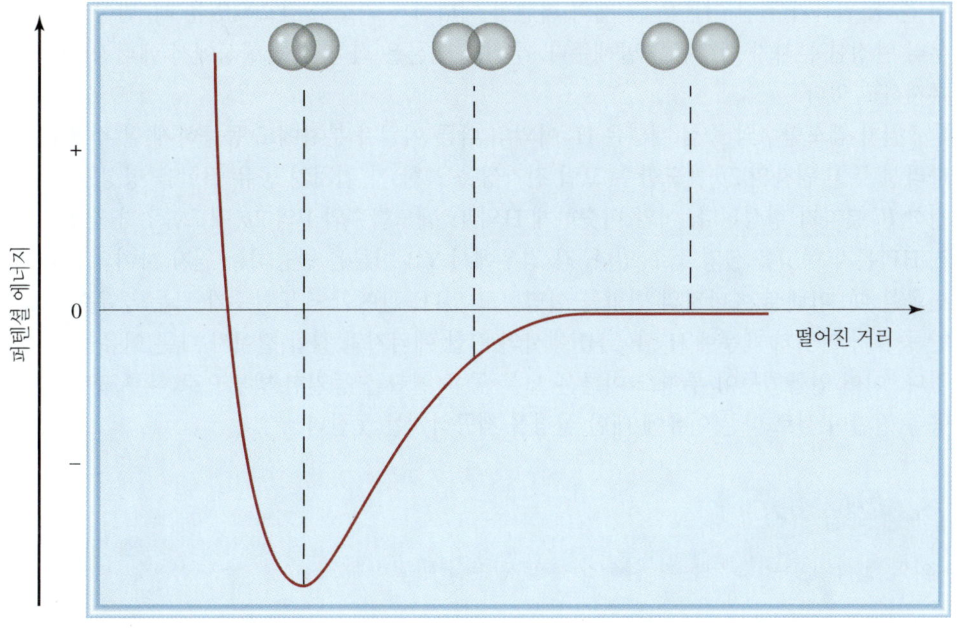

그림 10.5 분리 정도에 따른 두 수소 원자의 퍼텐셜 에너지 변화. 최소한의 퍼텐셜 에너지에서 H_2 분자가 가장 안정한 상태에 있고, 결합 길이는 74 pm이다. 둥근 구는 1*s* 궤도함수를 나타낸다.

그림 10.6 위에서 아래로: 두 개의 수소 원자가 서로 접근함에 따라 그들의 1*s* 궤도함수가 상호작용을 시작하여 각 전자는 다른 양성자의 끌림을 느끼기 시작한다. 점차적으로 두 핵 사이 지역에 전자 밀도가 증가한다(빨간색). 궁극적으로 핵간 거리가 74 pm일 때 안정한 H_2 분자가 형성된다.

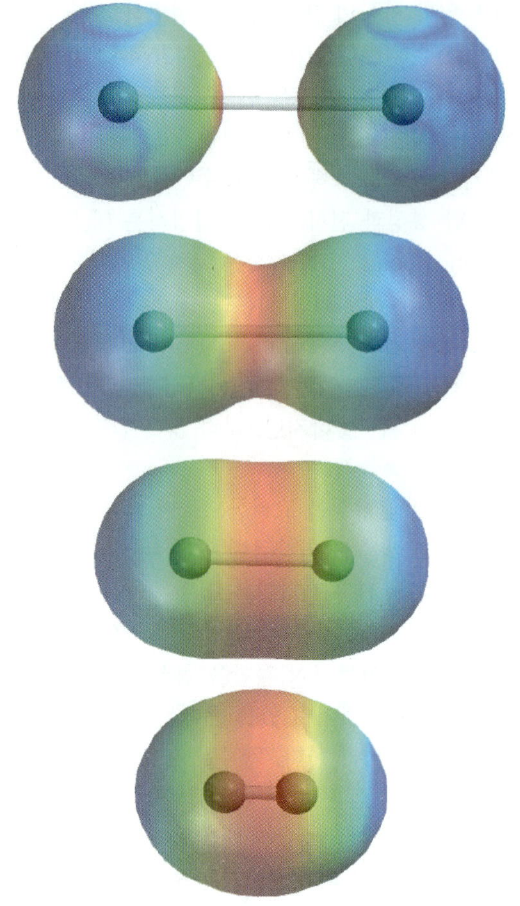

로 퍼텐셜 에너지가 감소하면 에너지 방출이 따른다. 실험을 통해서 두 수소 원자에서 H_2 분자가 생성될 때 열이 방출됨을 볼 수 있다. 그 역 또한 성립한다. H—H 결합을 끊기 위해서는 분자에 에너지가 공급되어야 한다. 그림 10.6은 H_2 분자의 생성을 일으키는 또 다른 방법을 나타내고 있다.

따라서 원자가 결합 이론은 화학 결합 형성에 대해 루이스 이론보다 분명한 그림을 보여 준다. 원자가 결합 이론은 그 계의 퍼텐셜 에너지가 최소로 감소되었을 때, 반응 원자로부터 안정한 분자가 형성됨을 말해준다. 루이스 이론은 화학 결합 형성에서 에너지 변화를 무시하고 있다.

F 원자에 대한 궤도함수 도표는 7.8절에 있다.

원자 궤도함수의 중첩 개념은 H_2 이외의 다른 이원자 분자에도 동등하게 잘 적용된다. 따라서 두 F 원자의 2*p* 궤도함수(고립 전자쌍을 포함)가 겹쳐져 공유 결합을 형성할 때 안정한 F_2 분자가 형성된다. 이와 비슷하게 H의 1*s* 궤도함수와 F의 2*p* 궤도함수가 겹침으로써 HF 분자 형성을 설명할 수 있다. 각 경우에서 VB 이론은 반응하는 원자 사이의 거리가 변화할 때, 퍼텐셜 에너지의 변화를 설명하고 있다. 관여한 궤도함수가 모든 경우에 동일한 종류가 아니기 때문에 H_2, F_2, HF에서의 결합 에너지와 결합 길이가 다른 이유를 알 수 있다. 이미 언급했듯이 루이스 이론은 모든 공유 결합을 동일한 방법으로 다루고 있으며, 공유 결합이 서로 다른 이유에 대한 설명을 제공하지는 못한다.

개념 복습하기

화학 결합의 루이스 이론과 원자가 결합 이론을 비교하시오.

10.4 원자 궤도함수의 혼성화

원자 궤도함수 중첩 개념을 다원자 분자에도 적용하여야 한다. 그러나 만족스러운 결합 방안은 분자 기하 구조를 설명할 수 있어야 한다. 다원자 분자에서 결합에 대한 VB 이론의 세 가지 예를 논의해 보기로 하자.

sp^3 혼성화

CH_4 분자를 생각해 보자. 원자가 전자에만 초점을 맞춰서 C의 궤도함수 도표를 다음과 같이 나타낼 수 있다.

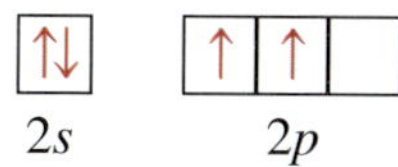

탄소 원자는 두 개의 홀전자(두 2*p* 궤도함수에 각각 하나씩)를 갖기 때문에 바닥 상태에서 수소와 두 개의 결합만을 형성할 수 있다. CH_2라는 화학종이 알려져 있지만 그것은 매우 불안정하다. 메테인에서 네 개의 C—H 결합을 설명하기 위해서 2*s* 궤도함수에서 2*p* 궤도함수로 전자 하나의 전이(에너지적으로 들뜸)를 시도할 수 있다.

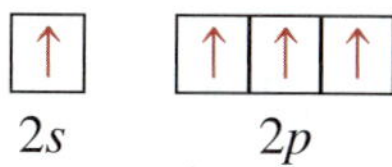

이제 네 개의 C—H 결합을 형성할 수 있는 탄소 위에 네 개의 홀전자가 있다. 하지만 기하 구조는 잘못되어 있다. 왜냐하면 이 구조에서 세 개의 HCH 결합각이 90°가 되어야만 하는데(탄소에 있는 세 개의 2*p* 궤도함수는 서로 직각을 이룸을 기억하라), 실제 모든 HCH 각이 109.5°이기 때문이다.

메테인의 결합을 설명하기 위해서 VB 이론은 *같은 원자의 둘 그 이상의 동등하지 않은 궤도함수가 결합해 공유 결합을 형성할 때 얻어지는 원자 궤도함수*인 가설적 **혼성 궤도함수**(hybrid orbital)를 사용한다. **혼성화**(hybridization)는 *한 원자(주로 중심 원자) 내에서 원자 궤도함수가 혼합되어 일련의 혼성 궤도함수를 생성*하는 데 적용되는 용어이다. 2*s* 궤도함수와 세 개의 2*p* 궤도함수를 혼합함으로써 다음과 같은 네 개의 동등한 혼성 궤도함

▶▶▶ 동영상 자료
▶ 혼성화.

▶▶▶ 동영상 자료
▶ 분자 모양과 혼성화.

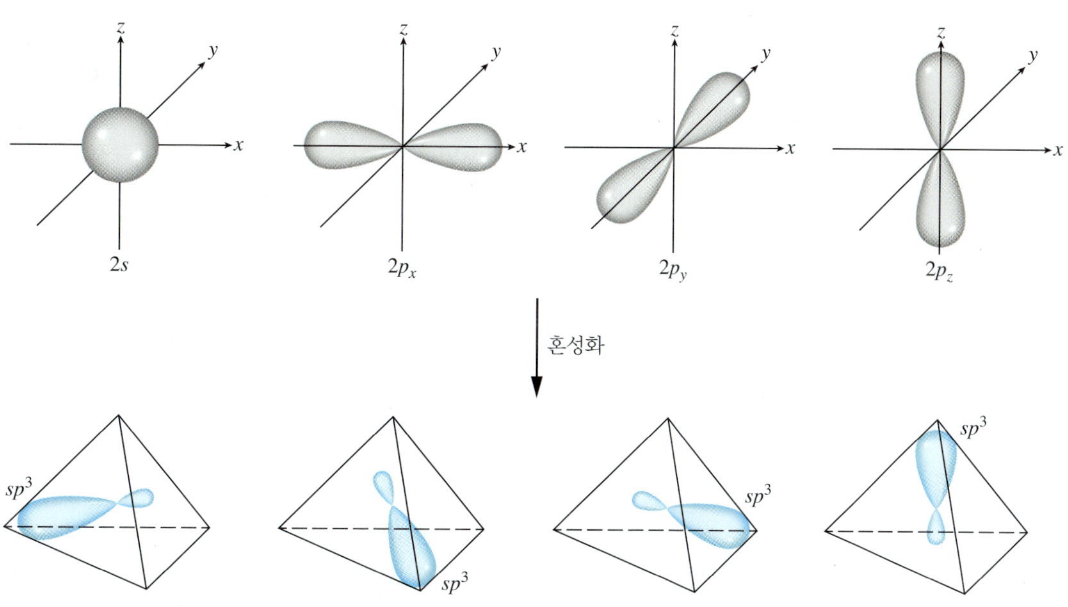

그림 10.7 2*s* 궤도함수 1개와 2*p* 궤도함수 3개로부터 *sp*^{3} 혼성 궤도함수의 형성. *sp*^{3} 궤도함수는 사면체의 꼭짓점으로 향한다.

수를 생성할 수 있다.

sp^3는 "*s-p* three"라고 읽는다.

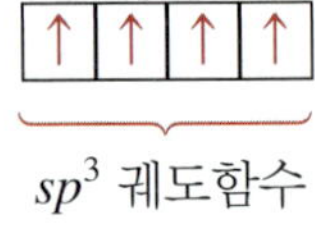

sp^3 궤도함수

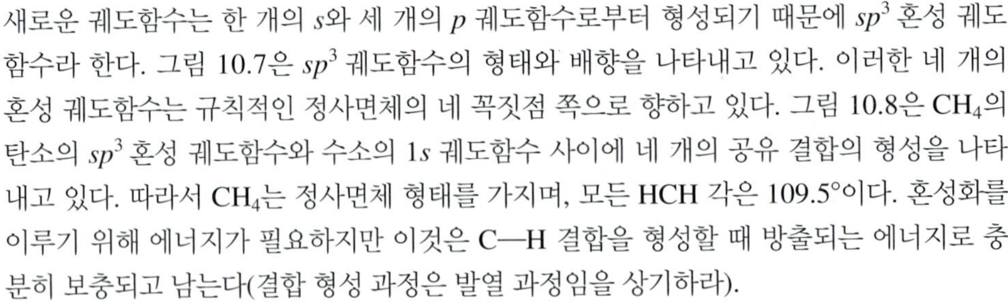

새로운 궤도함수는 한 개의 *s*와 세 개의 *p* 궤도함수로부터 형성되기 때문에 sp^3 혼성 궤도함수라 한다. 그림 10.7은 sp^3 궤도함수의 형태와 배향을 나타내고 있다. 이러한 네 개의 혼성 궤도함수는 규칙적인 정사면체의 네 꼭짓점 쪽으로 향하고 있다. 그림 10.8은 CH_4의 탄소의 sp^3 혼성 궤도함수와 수소의 1*s* 궤도함수 사이에 네 개의 공유 결합의 형성을 나타내고 있다. 따라서 CH_4는 정사면체 형태를 가지며, 모든 HCH 각은 109.5°이다. 혼성화를 이루기 위해 에너지가 필요하지만 이것은 C—H 결합을 형성할 때 방출되는 에너지로 충분히 보충되고 남는다(결합 형성 과정은 발열 과정임을 상기하라).

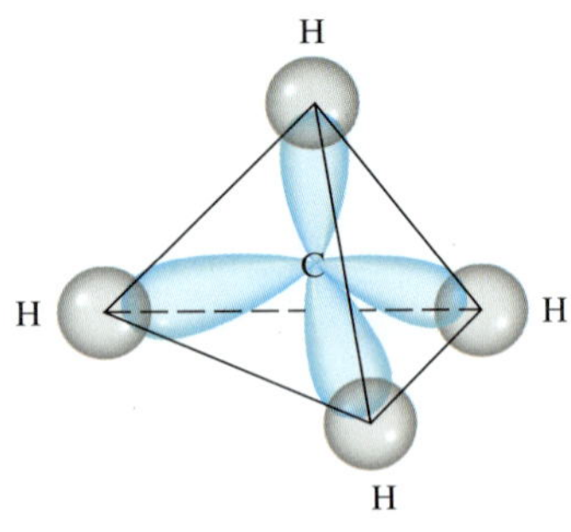

그림 10.8 CH_4에서 탄소 sp^3 혼성 궤도함수와 수소 1*s* 궤도함수 사이에 4개의 결합 형성. 더 작은 로브는 표시하지 않았다.

혼성화를 이해하기 위하여 다음 비유가 유용하다. 붉은색 용액이 든 비커 하나와 푸른색 용액이 든 비커 세 개가 있고, 용액의 부피는 각각 50 mL라고 가정하자. 붉은색 용액은 한 개의 2*s* 궤도함수이고, 푸른색 용액은 3개의 2*p* 궤도함수를 나타내며 4개의 동등한 부피는 4개의 궤도함수를 상징한다. 용액들을 섞어서 총 200 mL의 보라색 용액을 얻게 되고, 네 개의 50 mL로 나눌 수 있다(즉, 혼성화 과정은 네 개의 sp^3 궤도함수를 만들어낸다). 보라색이 본래 용액의 붉은색과 푸른색 성분으로 되어 있는 것처럼 sp^3 혼성 궤도함수는 *s*와 *p* 궤도함수 특징을 갖는다.

sp^3 혼성화의 또 다른 예는 암모니아(NH_3)이다. 표 10.1은 4개 전자쌍의 배치가 사면체 모양임을 보여주고, 따라서 CH_4의 C처럼 N이 sp^3로 혼성화된다고 가정함으로써 NH_3의 결합을 설명할 수 있다. N의 바닥 상태 전자 배치는 $1s^22s^22p^3$이고, 따라서 sp^3 혼성화된 N 원자의 궤도함수 도표는 다음과 같다.

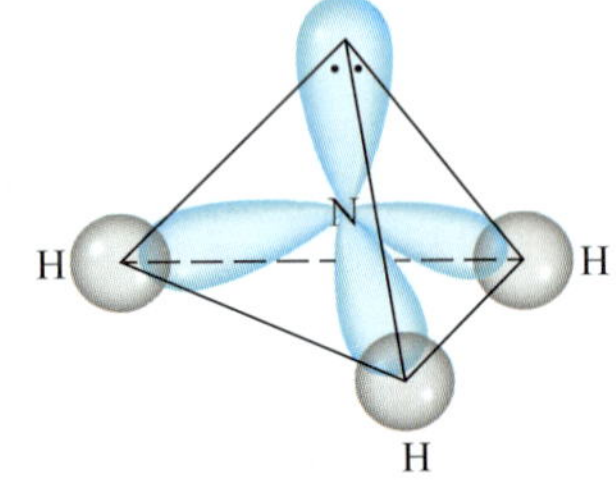

그림 10.9 암모니아에서 sp^3 혼성화된 질소 원자. 세 개의 sp^3 혼성 궤도함수는 수소 원자와 결합을 형성한다. 네 번째 궤도함수에는 질소의 고립쌍이 있게 된다.

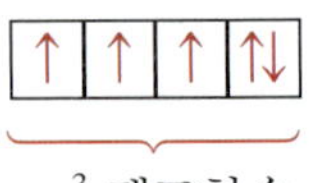

sp^3 궤도함수

sp^3 혼성 궤도함수 중 세 개는 N—H 공유 결합을 형성하며, 4번째 혼성 궤도함수는 질소에 고립 전자쌍을 갖게 된다(그림 10.9). 고립쌍 전자와 결합 궤도함수의 전자 사이의 반발 작용으로 인해 HNH 결합각은 109.5°에서 107.3°로 감소한다.

혼성화와 VSEPR 모형 사이의 관계를 이해하는 것이 중요하다. VSEPR 모형을 사용하여 전자쌍의 배열을 예측할 수 있을 때만, 결합 도표를 나타내기 위해 혼성화를 사용한다. VSEPR 모형으로 전자쌍의 사면체 배열을 예측한다면, *s* 궤도함수 한 개와 *p* 궤도함수 세 개가 혼성화하여 네 개의 sp^3 혼성 궤도함수를 생성된다고 가정한다. 다음은 다른 형태의 혼성에 대한 예이다.

sp 혼성화

$BeCl_2$를 생각해 보자. 이것은 VSEPR에서 선형으로 예측된다. Be의 원자가 전자에 대한 궤도함수 도표는 다음과 같다.

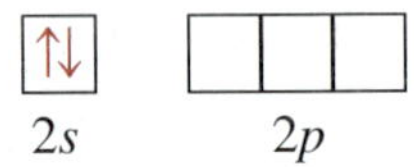

바닥 상태의 Be 전자는 2*s* 궤도함수에 짝을 이루고 있어서 Cl과 바닥 상태에서는 공유 결합을 형성하지 못한다고 알려져 있다. 따라서 Be의 결합 행동을 설명하기 위해서 혼성화에 의존한다. 먼저 2*s* 전자 하나가 2*p* 궤도함수로 전이하여 다음과 같은 결과가 얻어진다.

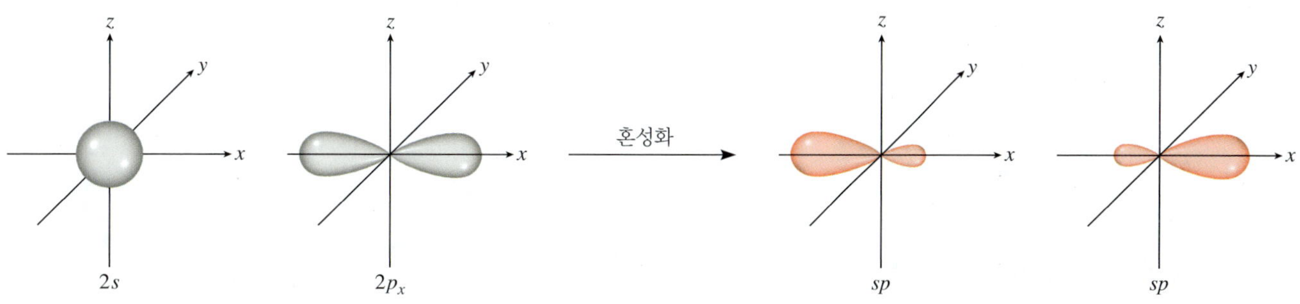

그림 10.10 *sp* 혼성 궤도함수의 형성.

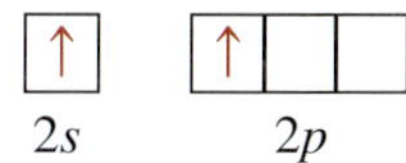

이제 결합에 사용할 수 있는 두 개의 Be의 궤도함수 2*s*와 2*p*가 있다. 그러나 두 개의 Cl 원자가 들뜬 상태에 있는 Be와 결합하면, 한 Cl 원자는 하나의 2*s* 전자를 공유하고, 또 다른 Cl은 한 개의 2*p* 전자를 공유하여 두 개의 다른 BeCl 결합을 형성한다. 이러한 설명은 실험 사실과 상반된다. 실제 $BeCl_2$ 분자에서 두 개의 BeCl 결합은 모든 면에서 동일하다. 따라서 2*s*와 2*p* 궤도함수가 혼성되어 동등한 두 개의 *sp* 혼성 궤도함수를 형성하여야 한다.

그림 10.11 $BeCl_2$의 선형 기하 구조는 Be가 *sp* 혼성화하는 것으로 가정하여 설명된다. 두 *sp* 혼성 궤도함수는 두 개의 염소 3*p* 궤도함수와 겹쳐져서 두 개의 공유 결합을 형성한다.

그림 10.10은 *sp* 궤도함수의 모양과 배향을 나타낸다. 이 두 혼성 궤도함수는 같은 선상(*x* 축)에 있으며, 따라서 이들 사이의 각도는 180°이다. BeCl 결합은 각각 Be의 *sp* 혼성 궤도함수와 Cl의 3*p* 궤도함수가 중첩하여 형성되며, 그 결과로 나온 $BeCl_2$ 분자는 선형 기하 구조를 갖는다(그림 10.11).

sp^2 혼성화

다음에는 평면 기하 구조라고 알려진 BF_3(삼플루오린화 붕소) 분자를 살펴보자. 원자가 전자만 고려하면 B의 궤도함수 도표는 다음과 같다.

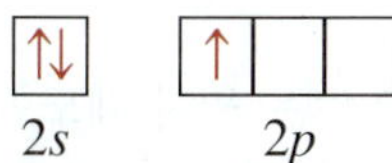

먼저, 2*s* 전자 하나를 비어 있는 2*p* 궤도함수로 전이시킨다.

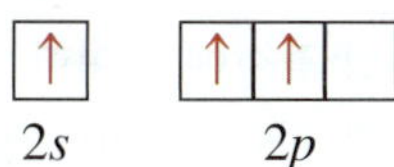

2*s* 궤도함수를 두 개의 2*p* 궤도함수와 혼합하면 세 개의 sp^2 혼성 궤도함수가 생긴다.

sp^2는 "s-p two"라고 읽는다.

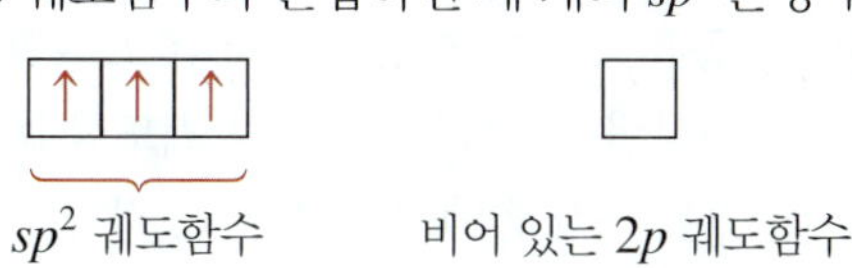

이 세 개의 sp^2 궤도함수는 평면상에 있으며, 그들 중 둘 사이의 각도는 모두 120°이다(그림 10.12). 붕소의 sp^2 혼성 궤도함수와 플루오린 원자의 2*p* 궤도함수가 중첩되어 각 BF 결합이 형성된다(그림 10.13). BF_3 분자는 모든 FBF 각이 120°인 평면형이다. 이 결과는 실험을 통한 사실과 일치하며, VSEPR 예측과도 일치한다.

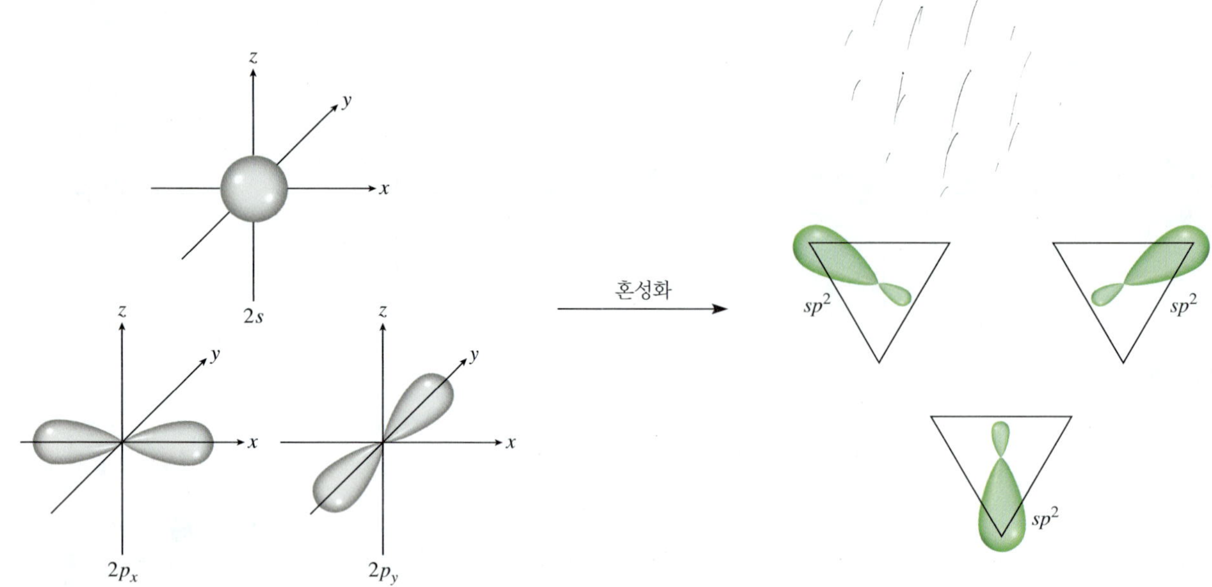

그림 10.12 sp^2 혼성 궤도함수의 형성.

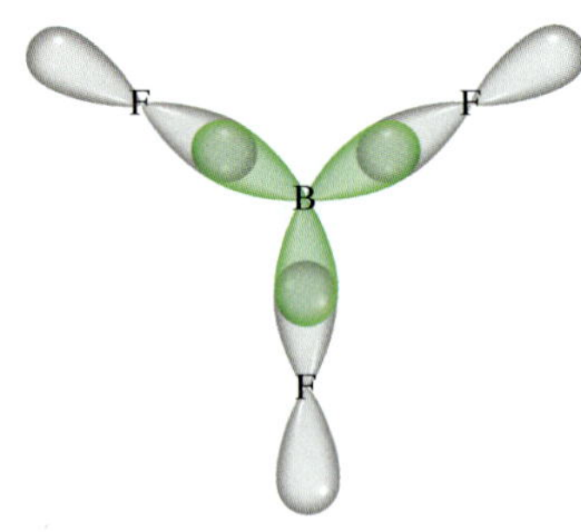

그림 10.13 붕소의 sp^2 혼성 궤도함수는 플루오린의 2*p* 궤도함수와 중첩한다. BF_3 분자는 평면형이고, 모든 FBF 각은 120°이다.

혼성화와 팔전자 규칙 사이에서 흥미있는 관계를 알고 있을 것이다. 혼성화의 유형과는 무관하게 *s* 궤도함수 하나와 세 개의 *p* 궤도함수로부터 출발하는 원자는 네 개의 궤도함수를 가지며, 한 화합물에서 총 8개의 전자를 충분히 수용한다. 주기율표의 2주기 원소에 대해 이들 원자 중 어떤 원자도 원자가 껍질에서 수용할 수 있는 전자는 최대치가 8개이다. 이것은 팔전자계 법칙이 주로 2주기 원소들에 의해 보통 적용되기 때문이다.

3주기 원소의 원자에서는 상황이 다르다. 원자의 3*s*와 3*p* 궤도함수만을 사용하여 분자에서 혼성 궤도함수가 형성된다면 그 때는 팔전자 규칙이 적용된다. 하지만 어떤 분자에서는 같은 원자가 혼성 궤도함수를 형성할 때 3*s*와 3*p* 궤도함수뿐만 아니라 하나 이상의 3*d* 궤도함수를 사용할 수도 있다. 이들 경우에서는 팔전자 규칙은 맞지 않는다. 3*d* 궤도함수가 혼성화에 관계하는 특별한 예를 곧 볼 것이다.

혼성화의 논의를 요약하면, 다음과 같이 쓸 수 있다.

- 혼성화 개념은 고립 원자에는 적용되지 않는다. 이는 공유 결합을 설명하기 위해서만 사용되는 이론이다.
- 혼성화는 적어도 2개의 동등하지 않은 원자 궤도함수(예, *s*, *p*)의 혼합이다. 따라서 순수한 원자 궤도함수는 아니다. 혼성 궤도함수와 순수한 원자 궤도함수는 다른 모양을 갖는다.
- 생성된 혼성 궤도함수의 수는 혼성 과정에 참여한 순수한 원자 궤도함수의 수와 같다.
- 혼성화는 에너지의 투입을 필요로 한다. 그러나 결합이 형성되는 동안 이보다 더 큰 에너지를 얻는다.
- 다원자 분자 및 이온에서 공유 결합은 혼성 궤도함수 또는 혼성 궤도함수와 비혼성 궤도함수 사이의 겹침으로 생성된다. 그러므로 혼성 궤도함수 결합 설명은 여전히 원자가 결합 이론 체계 안에 있다. 분자 속에 있는 원자는 각 원자의 혼성 궤도함수를 차지한다고 가정한다.

표 10.4에 *sp*, sp^2, sp^3 혼성화(곧 논의하게 될 다른 형과 함께)를 요약하여 놓았다.

➤ 원자 궤도함수의 혼성화를 위한 절차

d 궤도함수의 혼성화를 계속 설명하기에 앞서 일반적으로 다원자 분자 내에서 혼성화 개

표 10.4 중요한 혼성 궤도함수와 그 모양

중심 원자의 순수한 원자 궤도함수	중심 원자의 혼성화	혼성 궤도 함수의 수	혼성 궤도 함수의 모양	예
s,p	*sp*	2	180° 선형	BeCl
s,p,p	sp^2	3	120° 삼각 평면	BF_3
s,p,p,p	sp^3	4	109.5° 사면체	CH_4, NH_4^+
s,p,p,p,d	sp^3d	5	90° 120° 삼각 쌍뿔	PCl_5
s,p,p,p,d,d	sp^3d^2	6	90° 90° 팔면체	SF_6

념을 결합에 적용하기 위해서는 무엇을 알아야 할 필요가 있는지를 상세히 설명하기로 한다. 본질적으로 혼성화는 간단하게 루이스 이론과 VSEPR 모형을 확장한다. 분자의 중심 원자에 알맞은 혼성화 상태를 결정하기 위해서 분자의 기하 구조에 대한 생각을 가져야 한다. 절차는 다음과 같다.

1. 분자의 루이스 구조를 그린다.
2. VSEPR 모형을 사용하여 전자쌍(결합 전자쌍 및 고립 전자쌍)의 전체적 배열을 예측한다(표 10.1 참조).
3. 전자쌍 배열과 표 10.4에 있는 혼성 궤도함수의 배열이 일치하도록 중심 원자의 혼성화를 유추한다.

예제 10.3은 이러한 절차의 예이다.

예제 10.3

다음 각 분자에서 중심(밑줄 친) 원자의 혼성화 상태를 결정하시오. (a) $\underline{Be}H_2$, (b) $\underline{Al}I_3$, (c) $\underline{P}F_3$. 각 경우에 대해 혼성화 과정을 기술하고 분자 기하 구조를 결정하시오.

전략 분자에서 중심 원자의 혼성화를 결정하는 단계는 다음과 같다.

분자의 루이스 구조식을 그린다. ⟶ VSEPR을 이용하여 중심 원자 주위의 전자쌍 배열을 결정한다(표 10.1). ⟶ 표 10.4를 이용하여 중심 원자의 혼성화 상태를 결정한다.

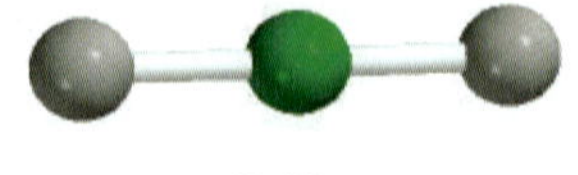

BeH_2

풀이 (a) Be의 바닥 상태 전자 배치는 $1s^22s^2$이며, Be 원자에는 원자가 전자가 두 개 있다. BeH_2의 루이스 구조는 다음과 같다.

H—Be—H

Be 주위에 두 개의 결합쌍이 있다. 따라서 전자쌍 배열은 선형이다. *sp* 궤도함수는 선형 배열을 가지기 때문에 Be는 H와 결합할 때 *sp* 혼성 궤도함수를 사용한다고 결론된다(표 10.4 참조). 혼성화 과정은 다음과 같이 일어난다고 예상된다. 우선 Be의 바닥 상태에 대한 궤도함수 도표를 그린다.

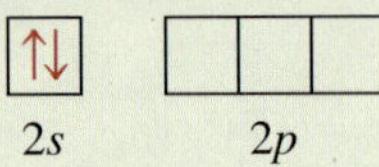

2*s* 전자를 2*p* 궤도함수로 전이시켜서 들뜬 상태를 얻는다.

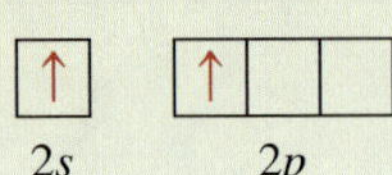

다음 2*s*와 2*p* 궤도함수를 섞어서 두 개의 혼성 궤도함수를 만든다.

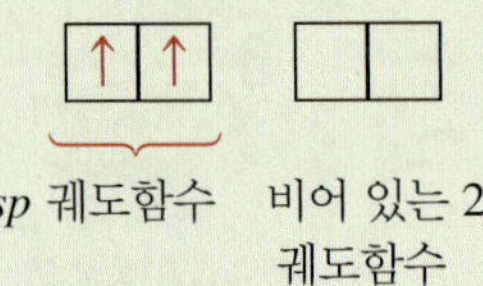

수소 원자의 1*s* 궤도함수와 Be *sp* 궤도함수의 겹침에 의해 두 개의 Be—H 결합이 형성된다. 따라서 BeH_2는 선형 분자이다.

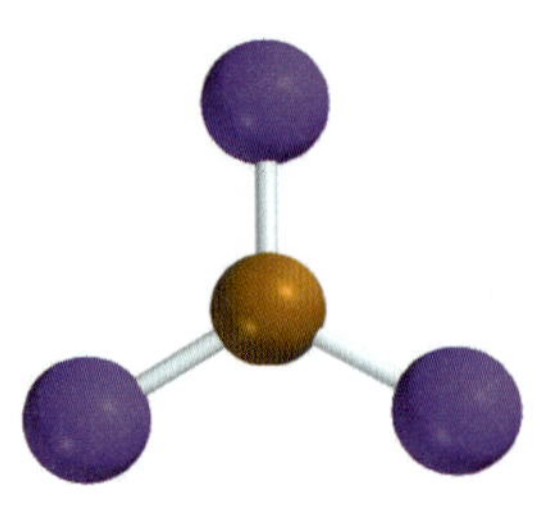

AlI_3

(b) Al의 바닥 상태의 전자 배치는 $[Ne]3s^23p^1$이다. 따라서 Al 원자에는 원자가 전자가 3개 있다. AlI_3의 루이스 구조는 다음과 같다.

```
      ..
     :I:
  ..  |  ..
 :I—Al—I:
  ..     ..
```

Al 주위에는 세 개의 전자쌍이 있다. 그러므로 전자쌍 배열은 삼각 평면형이다. sp^2 궤도함수는 삼각 평면 배열을 가지기 때문에 Al은 I와 결합에서 sp^2 혼성 궤도함수를 사용한다고 결론된다(표 10.4 참조). 바닥 상태 Al 원자의 궤도함수 도표는 다음과 같다.

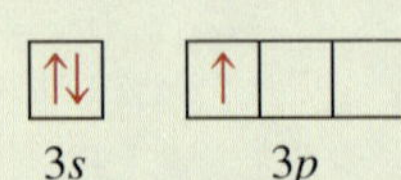

3*s* 전자 하나가 3*p* 궤도함수로 전이됨으로써 아래와 같은 들뜬 상태를 얻는다.

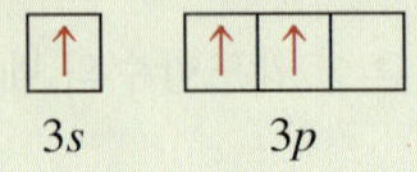

(계속)

다음 2개의 3*s* 와 3*p* 궤도함수가 혼성하여 세 개의 sp^2 혼성 궤도함수를 형성한다.

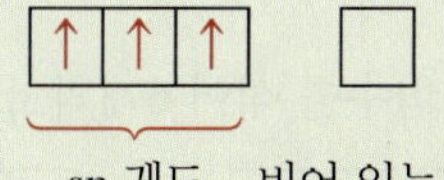

sp 궤도함수 비어 있는 3*p* 궤도함수

세 개의 공유성 Al—I 결합을 형성하기 위해 I의 5*p* 궤도함수와 sp^2 혼성 궤도함수가 겹친다. AlI_3 분자는 삼각 평면이며, 모든 IAlI 각은 120°로 예측할 수 있다.

(c) P의 바닥 전자 배치는 $[Ne]3s^23p^3$이다. 따라서 P 원자에는 원자가 전자가 5개 있으며, PF_3의 루이스 구조는 다음과 같다.

```
  ..  ..  ..
 :F—P—F:
  ..  |   ..
     :F:
      ..
```

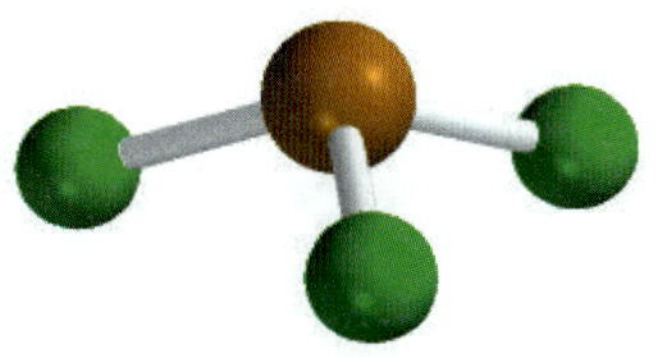

PF_3

P 주위에는 4개의 전자쌍이 있다. 그러므로 전자쌍 배열은 사면체형이다. sp^3 궤도함수는 사면체 배열을 가지기 때문이다. 바닥 상태에서의 P 원자의 궤도함수 도표는 다음과 같다. F와 결합하는 데 P는 sp^3 혼성 궤도함수를 사용하는 것으로 결론된다(표 10.4 참조). 혼성화 과정은 다음과 같이 일어난다고 상상할 수 있다.

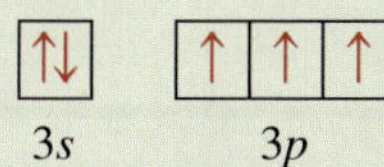

3*s* 3*p*

3*s*와 3*p* 궤도함수가 혼합하여 네 개의 sp^3 혼성 궤도함수를 얻는다.

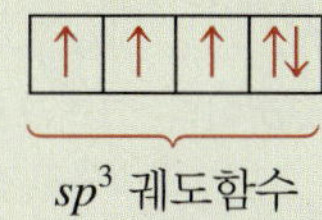

sp^3 궤도함수

NH_3 경우에서와 같이 한 sp^3 혼성 궤도함수는 P에 있는 고립 전자쌍을 수용하는 데 사용된다. 다른 세 개의 sp^3 혼성 궤도함수는 F 원자에 있는 2*p* 궤도함수와 함께 공유 결합 P—F를 형성한다. 분자의 기하 구조는 삼각뿔로 예상되며, FPF 결합각은 109.5°보다 약간 작게 된다.

비슷한 문제: 10.31, 10.33.

실전 연습 다음 화합물에서 밑줄 친 원자의 혼성 상태를 결정하시오. (a) <u>Si</u>Br_4, (b) <u>B</u>Cl_3.

s, *p*, *d* 궤도함수의 혼성화

혼성화가 *s*와 *p* 궤도함수를 포함하는 결합을 잘 설명함을 보았다. 그러나 3주기 이상에 있는 원소들에 대해서는 *s*와 *p* 궤도함수만의 혼성화를 가정하여 분자의 기하 구조를 항상 설명할 수 없다. 예를 들어, 삼각쌍뿔과 팔면체 기하 구조를 가진 분자 형성을 이해하기 위해서는 *d* 궤도함수를 혼성화 개념에 포함시켜야 한다.

예를 들어, SF_6 분자를 생각해 보자. 10.1절에서 이 분자가 팔면체 구조임을 보았는데 이것은 또한 여섯 전자쌍의 배열이다. 표 10.4는 S 원자가 SF_6에서 sp^3d^2로 혼성화되어 있음을 보인다. S의 바닥 상태 전자 배치는 $[Ne]3s^23p^4$이다. 원자가 전자에만 집중하면 다음 궤도함수 그림을 그릴 수 있다.

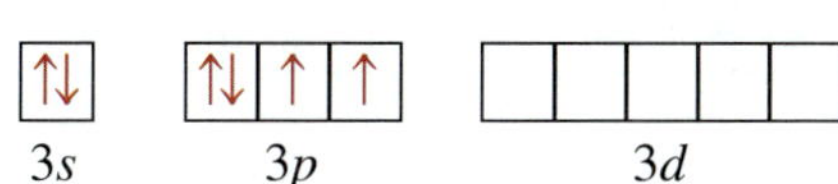

3*s* 3*p* 3*d*

3*d* 준위는 3*s*와 3*p* 준위와 에너지가 매우 가깝기 때문에 3*s*와 3*p* 전자를 두 개의 3*d* 궤도함수로 전이시킬 수 있다.

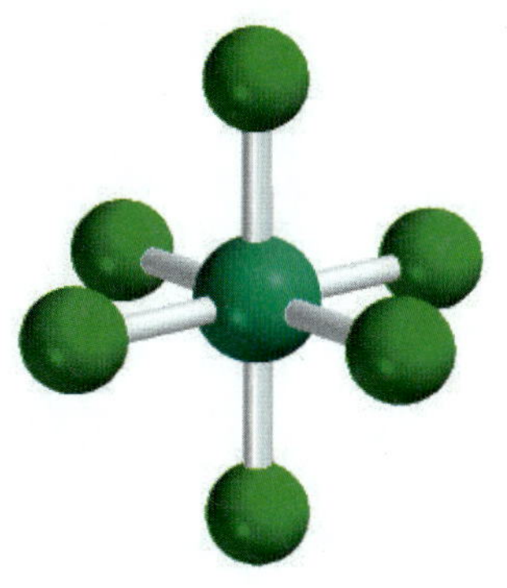

SF_6

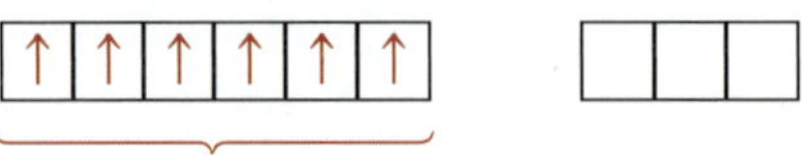

sp^3d^2는 "s-p three d two"로 읽는다.

3s와 세 개의 3p와 두 개의 3d 궤도함수를 섞어 6개의 sp^3d^2 혼성 궤도함수를 생성한다.

sp^3d^2 궤도함수 비어 있는 3d 궤도함수

원자의 2p 궤도함수와 S 원자의 혼성 궤도함수가 겹쳐져 6개의 S—F 결합이 형성된다. S 원자 주변에는 12개의 전자가 있기 때문에 팔전자 규칙에 위반된다. s와 p 궤도함수와 함께 d 궤도함수를 사용하여 확장된 팔전자(9.9절 참조)를 이루는 것은 *원자가 껍질 확장*(valence-shell expansion)의 한 예이다. 3주기 원소와는 달리 2주기 원소는 2d 에너지 준위를 갖지 않는다($n = 2$일 때, $l = 0$과 1임을 기억하라. 따라서 2s와 2p 궤도함수만 가질 수 있다). 따라서 이들은 원자가 껍질을 확장할 수 없다. 이런 까닭에 2주기 원소의 원자는 어떤 혼합물에서도 8개보다 많은 전자로 둘러싸일 수 없다.

예제 10.4는 3주기 원소에서의 원자가 껍질 확장을 다룬다.

예제 10.4

오브로민화 인(PBr_5)에서 인의 혼성화 상태를 설명하시오.

전략 예제 10.3에서 보인 것과 같은 과정을 따른다.

풀이 P의 바닥 상태 전자 배치는 $[Ne]3s^23p^3$이다. 그러므로 P 원자는 원자가 전자 5개를 가진다. PBr_5의 루이스 구조식은 다음과 같다.

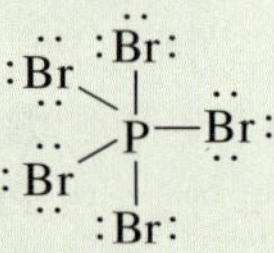

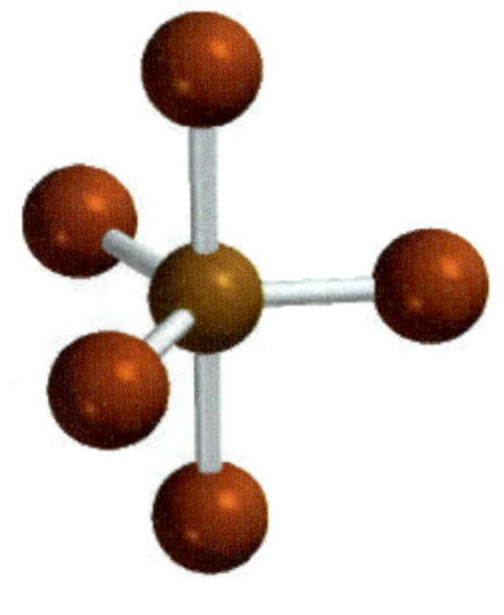

PBr_5

P 주위에는 5개의 전자쌍이 있다. 그러므로 전자쌍 배열은 삼각 쌍뿔형이다. sp^3d 혼성 궤도함수는 삼각 쌍뿔 배열을 가지기 때문에(표 10.4 참조) P는 sp^3d 혼성 궤도함수를 사용하여 Br과 결합하는 것으로 결론지을 수 있다. 혼성화 과정은 다음과 같이 생각할 수 있다. 바닥 상태 P 원자의 궤도함수 도표는 다음과 같다.

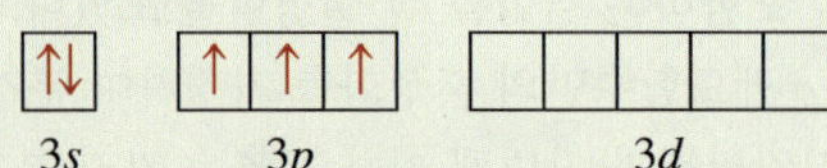

3s 전자 하나를 3d 궤도함수로 전이시키면, 다음과 같은 들뜬 상태가 된다.

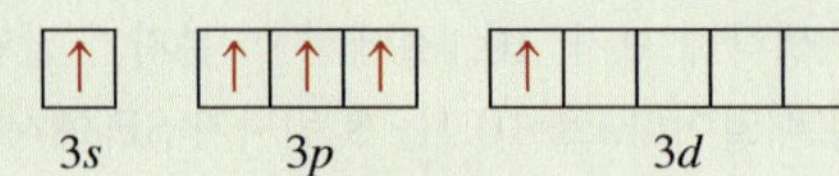

3s 1개, 3p 3개, 3d 궤도함수 1개가 혼성하여 5개의 sp^3d 혼성 궤도함수를 생성한다.

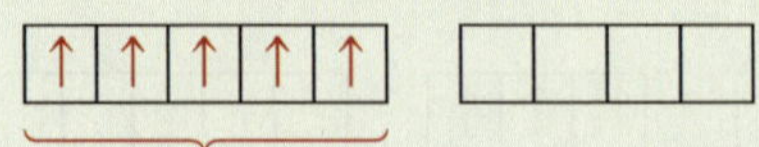

이들 혼성 궤도함수는 Br의 4p 궤도함수와 중첩하여 5개의 P—Br 공유 결합을 형성한다. P 원자에는 고립 전자쌍이 없기 때문에 PBr_5의 기하 구조는 삼각 쌍뿔이다.

비슷한 문제: 10.40.

실전 연습 SeF_6에서 Se의 혼성화 상태를 설명하시오.

개념 복습하기

XeF_4의 Xe의 혼성화는 무엇인가(예제 9.12 참조)?

10.5 이중 결합, 삼중 결합을 포함하는 분자의 혼성화

혼성화의 개념은 이중 결합과 삼중 결합이 있는 분자에도 유용하다. 예를 들어, 에틸렌 분자(C_2H_4)를 생각해 보자. 예제 10.1에서 C_2H_4는 탄소-탄소 이중 결합을 포함하며 평면 기하 구조를 가지고 있음을 알았다. 각 탄소 원자가 sp^2 혼성화되었다고 가정하면 기하 구조와 결합을 모두 이해할 수 있다. 그림 10.14는 이러한 혼성화 과정의 궤도함수 도표를 나타낸다. $2p_x$와 $2p_y$ 궤도함수만 $2s$ 궤도함수와 조합되며, $2p_z$ 궤도함수는 혼성화하지 않은 채로 남아 있다고 가정한다. 그림 10.15는 $2p_x$ 궤도함수가 혼성 궤도함수 평면과 수직임을 보여준다. 이제 탄소 원자의 결합을 어떻게 설명할 수 있을까? 그림 10.16(a)에서 보듯 각 탄소 원자는 세 개의 sp^2 혼성 궤도함수를 사용하여 두 수소의 $1s$ 궤도함수와 2개의 결합을 형성하고 인접한 C 원자의 sp^2 혼성 궤도함수와 하나의 결합을 형성한다. 또한 C 원자의 비혼성화된 두 $2p_z$ 궤도함수는 옆으로 중첩하여 또 다른 결합을 형성한다[그림 10.16(b)].

C_2H_4에서 두 유형의 공유 결합 사이에는 차이가 있다. 그림 10.16(a)에서 각 C 원자에 의해 형성된 세 결합은 모두 **시그마 결합**(σ bond)이다. 즉, *결합 원자의 핵 사이로 전자 밀도가 집중되는 궤도함수의 끝과 끝이 중첩하여 형성된 공유 결합*이다. 한편, 두 번째 형태는 **파이 결합**(π bond)이라 하는데, 이는 *결합 원자의 원자핵들이 이루는 평면의 위아래에 집중된 전자 밀도를 가지는 궤도함수가 옆으로 중첩되어 형성된 공유 결합*으로 정의된다. 두 탄소 원자는 그림 10.16(b)처럼 파이 결합을 형성한다. 에틸렌이 평면 기하 구조를 지닌 이유는 바로 파이 결합의 형성 때문이다. 그림 10.16(c)는 시그마 결합과 파이 결합의 방향성을 나타낸다. 그림 10.17은 평면 C_2H_4 분자와 파이 결합의 형성을 보는 또 다른 방법이다. 보통 탄소-탄소 이중 결합을 C=C(루이스 구조에서처럼)로 나타내지만, 두 결합은 유형이 다름을 명심하여야 한다. 하나는 시그마 결합이고, 다른 하나는 파이 결합이다. 실제로 탄소-탄소 파이 결합과 시그마 결합의 결합 엔탈피는 각각 약 270 kJ/mol과 350 kJ/mol이다.

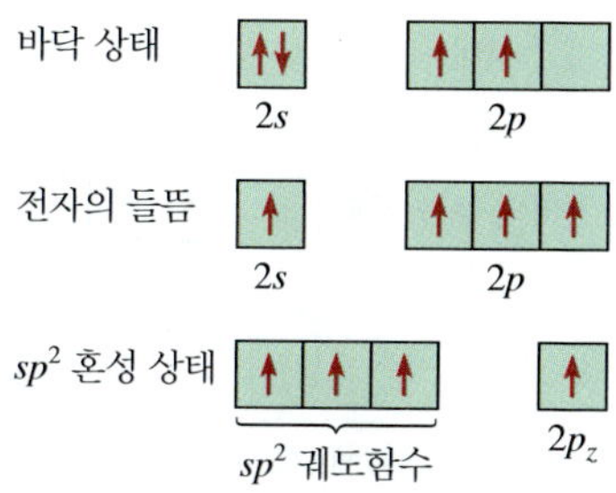

그림 10.14 탄소 원자의 sp^2 혼성화. $2s$ 궤도함수가 두 $2p$ 궤도함수와만 혼성되어 세 개의 동일한 sp^2 혼성 궤도함수를 형성한다. 이 과정에서 혼성화하지 않은 궤도함수, 즉 $2p_z$ 궤도함수에 전자 한 개가 남게 된다.

▶▶▶ 동영상 자료
▶ 시그마 결합과 파이 결합.

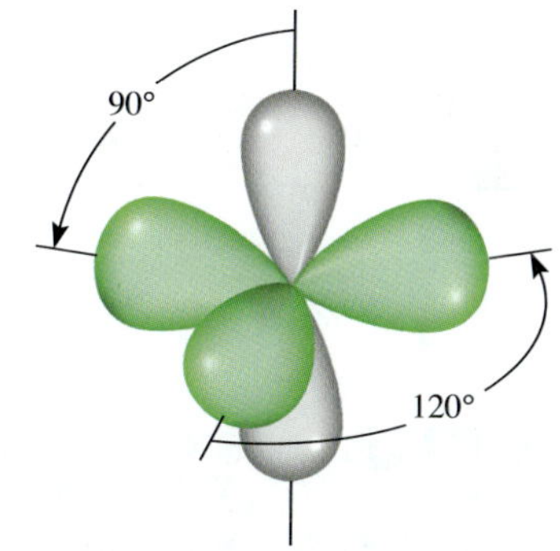

그림 10.15 C_2H_4 분자에서 각 탄소 원자는 세 개의 sp^2 혼성 궤도함수(초록색)와 혼성 궤도함수 평면에 수직인 혼성화되지 않은 한 개의 $2p_z$ 궤도함수(회색)을 가진다.

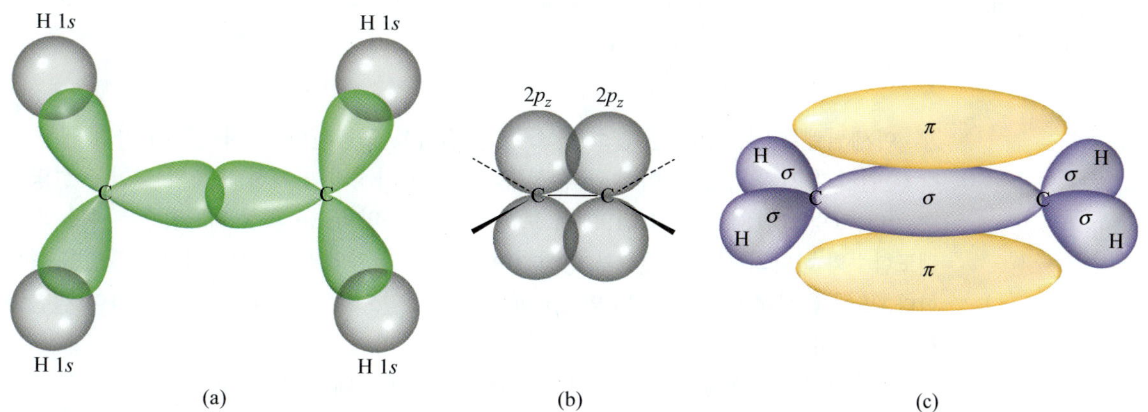

그림 10.16 에틸렌(C_2H_4)에서의 결합. (a) 탄소 원자 사이의 시그마 결합과 탄소와 수소 원자 사이의 시그마 결합. 모든 원자들이 같은 평면에 놓여 C_2H_4는 평면 분자이다. (b) 어떻게 두 개의 탄소 원자에 있는 두 $2p_z$ 궤도함수가 겹쳐져 파이 결합을 형성하는지를 보이는 측면도. 실선, 쇄선, 쐐기선은 시그마 결합의 방향을 나타낸다. (c) (a)와 (b)에서의 상호작용으로 에틸렌에 시그마 결합과 파이 결합이 형성된다. 파이 결합은 분자 평면의 위 아래에 놓인다.

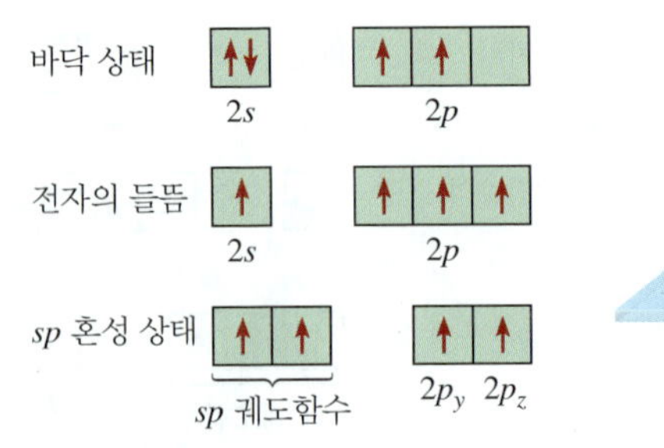

그림 10.18 탄소 원자의 *sp* 혼성화. 2*s* 궤도함수는 2*p* 궤도함수 하나와만 혼합되어 두 개의 *sp* 혼성 궤도함수를 만든다. 이 과정은 혼성화되지 않은 두 2*p* 궤도함수 즉, $2p_y$와 $2p_z$ 궤도함수에 전자 하나씩을 남긴다.

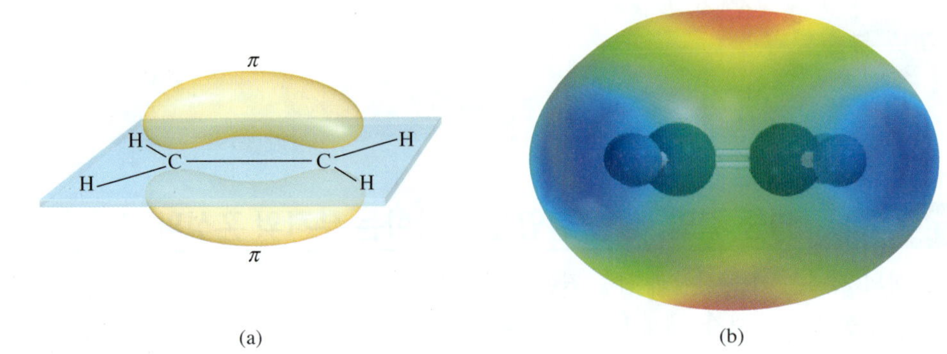

그림 10.17 (a) C_2H_4 분자에서 파이 결합의 또 다른 그림. 원자 여섯 개가 모두 같은 평면에 있음을 주목하라. 분자가 평면 구조를 갖는 것은 $2p_z$ 궤도함수가 겹치기 때문이다. (b) C_2H_4의 정전기 퍼텐셜 지도.

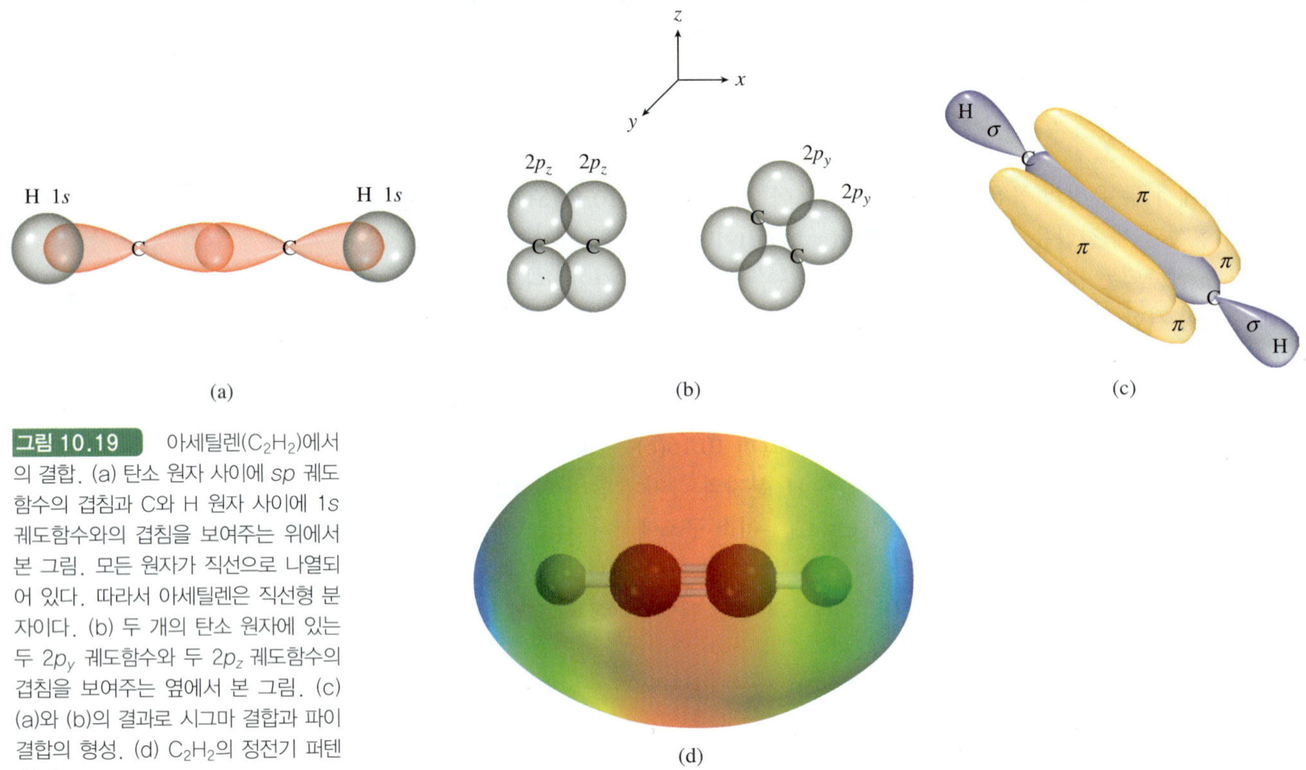

그림 10.19 아세틸렌(C_2H_2)에서의 결합. (a) 탄소 원자 사이에 *sp* 궤도함수의 겹침과 C와 H 원자 사이에 1*s* 궤도함수와의 겹침을 보여주는 위에서 본 그림. 모든 원자가 직선으로 나열되어 있다. 따라서 아세틸렌은 직선형 분자이다. (b) 두 개의 탄소 원자에 있는 두 $2p_y$ 궤도함수와 두 $2p_z$ 궤도함수의 겹침을 보여주는 옆에서 본 그림. (c) (a)와 (b)의 결과로 시그마 결합과 파이 결합의 형성. (d) C_2H_2의 정전기 퍼텐셜 지도.

아세틸렌 분자(C_2H_2)는 탄소-탄소 삼중 결합을 포함한다. 분자는 선형이기 때문에, 각 C 원자가 2*s*와 2*p*를 섞어서 *sp* 혼성화되었다고 가정하여 기하 구조와 결합을 설명할 수 있다(그림 10.18). 그림 10.19에서 보듯 각 C 원자의 두 *sp* 혼성 궤도함수는 수소의 1*s* 궤도함수와 하나의 시그마 결합을 형성하며, 이웃 C 원자와 또 하나의 시그마 결합을 형성한다. 또한 혼성화되지 않은 $2p_y$와 $2p_z$ 궤도함수가 옆으로 중첩되어 두 개의 파이 결합이 형성된다. 따라서 C≡C 결합은 시그마 결합 하나와 파이 결합 두 개로 구성된다.

다중 결합을 포함한 분자에서의 혼성화를 예측하는 데 다음 규칙이 도움을 준다. 중심 원자가 이중 결합을 형성하면 sp^2 혼성화이고, 두 개의 이중 결합이나 삼중 결합을 형성하면 *sp* 혼성화이다. 이 규칙은 2주기 원소의 원자에만 적용됨을 주목하라. 다중 결합을 형성하는 3주기 이후의 원소의 원자들은 보다 복잡한 그림을 나타내며, 여기서는 다루지 않는다.

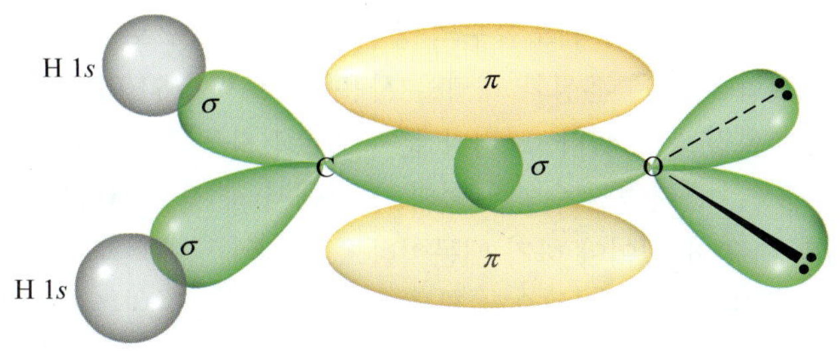

그림 10.20 폼알데하이드 분자의 결합. 시그마 결합은 탄소의 sp^2 혼성 궤도함수와 산소의 sp^2 혼성 궤도함수가 겹쳐져 형성된다. 파이 결합은 탄소와 산소 원자의 $2p_z$ 궤도함수가 겹쳐져 형성된다. 산소에 있는 두 개의 고립쌍은 산소의 다른 두 sp^2 궤도함수에 놓이게 된다.

예제 10.5

루이스 구조가 다음과 같은 폼알데하이드 분자의 결합을 설명하시오.

$$\mathrm{H_2C{=}\ddot{\underset{..}{O}}}$$

CH_2O

O 원자는 sp^2로 혼성화되었다고 가정한다.

전략 예제 10.3과 같은 과정으로 한다.

풀이 C 원자 주위에는 세 개의 전자쌍이 있다. 따라서 전자쌍 배치는 삼각 평면형 구조이다(이중 결합은 VSEPR 모형에서는 단일 결합으로 취급함을 상기하라). sp^2 혼성 궤도함수가 삼각 평면 배열을 가지기 때문에 C는 결합에서 sp^2 혼성 궤도함수를 사용한다고 결론지을 수 있다(표 10.4 참조). 다음과 같이 C와 O에 대한 혼성화 과정을 예상할 수 있다.

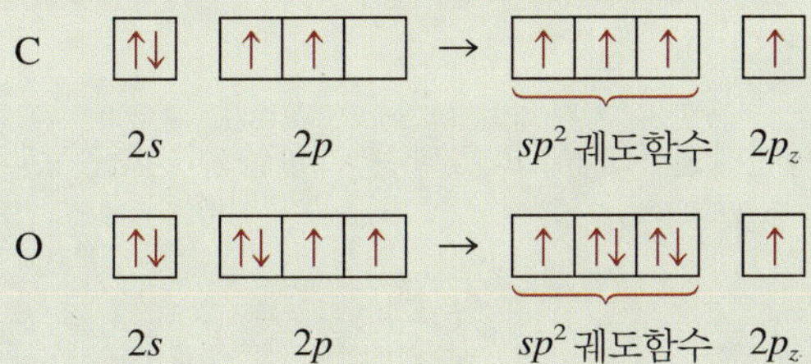

탄소는 세 개의 sp^2 혼성 궤도함수 각각에 하나의 전자를 가지고 있어서 H 원자와 C 원자와 시그마 결합을 형성하는 데 사용된다. $2p_z$ 궤도함수에도 전자 하나가 있는데, 이것은 산소와 파이 결합을 형성한다. 산소는 두 sp^2 혼성 궤도함수에 두 개의 전자를 가지고 있다. 이들은 산소에 있는 고립쌍이다. 하나의 전자를 가진 세 번째 sp^2 혼성 궤도함수가 탄소와 시그마 결합을 형성한다. (하나의 전자를 가진) $2p_z$ 궤도함수는 탄소의 $2p_z$ 궤도함수와 겹쳐져 파이 결합을 형성한다(그림 10.20).

실전 연습 사이안화 수소(HCN) 분자의 결합을 설명하시오. N은 sp 혼성을 한다고 가정한다.

비슷한 문제: 10.36, 10.37, 10.39.

개념 복습하기

인접한 핵에 있는 원자 궤도함수의 다음 어느 쌍이 겹쳐져 시그마 결합을 형성하는가? 파이 결합은? 어느 것이 겹칠 수 없는가? x축을 핵간 축으로 생각한다. (a) $1s$와 $2s$, (b) $1s$와 $2p_x$, (c) $2p_y$와 $2p_y$, (d) $3p_y$와 $3p_z$, (e) $2p_x$와 $3p_x$.

10.6 분자 궤도함수 이론

원자가 결합 이론은 분자 내의 결합을 설명하는 두 가지 양자역학적 접근법 중 하나이다.

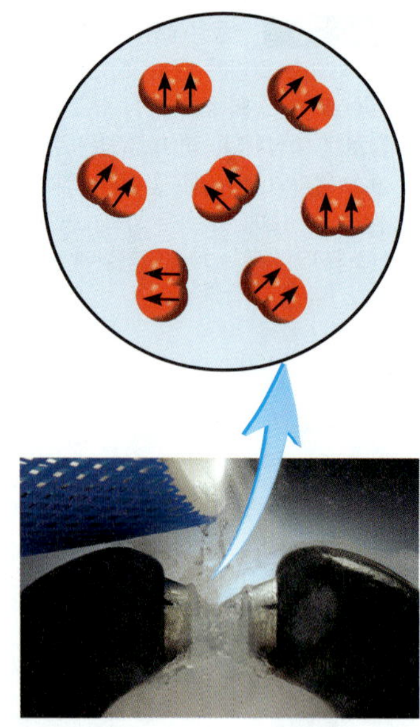

그림 10.21 액체 산소가 자석의 두 극 사이에 잡혀 있다. 산소 분자가 상자기성이기 때문이다.

그것은 최소한 정성적으로, 원자 궤도함수의 중첩이라는 개념으로 공유 결합의 안정도를 설명한다. 원자가 결합 이론은 혼성화 개념을 사용함으로써 VSEPR 모형으로 예측되는 분자의 기하 구조를 설명할 수 있다. 그러나 분자에서 전자들이 개별 원자의 원자 궤도함수를 차지한다는 가정은 근사적일 수밖에 없다. 분자에서 각 결합 전자는 전체적으로 분자의 특징적인 궤도함수 안에 있어야 하기 때문이다.

어떤 경우에는 원자가 결합 이론으로 관측한 분자의 성질을 만족스럽게 설명할 수 없다. 루이스 구조가 다음과 같은 산소 분자를 생각해 보자.

$$\ddot{\underset{\cdot\cdot}{O}}=\ddot{\underset{\cdot\cdot}{O}}$$

이 표현에 따르면 O_2에서 모든 전자쌍은 짝을 이루므로, 산소는 반자기성을 띠어야 한다. 그러나 실험을 통해 산소 분자는 홀전자 두 개를 가짐이 발견되었다(그림 10.21). 이 발견은 원자가 결합 이론에 기본적인 결함이 있음을 암시한다. 따라서 원자가 결합 이론의 예측과 일치하지 않는 다른 분자들의 성질을 설명하는 다른 형태의 결합 접근법을 찾는 일이 정당해졌다.

분자의 자기성과 또 다른 특성은 때로 *분자 궤도함수*(molecular orbital, MO) 이론이라고 하는 다른 양자역학적 접근 방법으로 잘 설명할 수 있다. 분자 궤도함수 이론은 **분자 궤도함수**(molecular orbital)로 공유 결합을 나타내는데, 이것은 *결합하는 원자의 원자 궤도함수 상호작용의 결과로 나온 것이며, 분자 전체와 관련이 있다.* 분자 궤도함수와 원자 궤도함수의 차이점은 원자 궤도함수는 한 원자에만 관련되어 있다는 점이다.

개념 복습하기

O_2 분자가 두 개의 홀전자를 포함하고 있다는 사실을 설명하는 한 가지 방법은 다음과 같은 루이스 구조를 그리는 것이다.

$$\cdot\ddot{\underset{\cdot\cdot}{O}}-\ddot{\underset{\cdot\cdot}{O}}\cdot$$

이 구조가 만족스럽지 못한 두 가지 이유를 제시하시오.

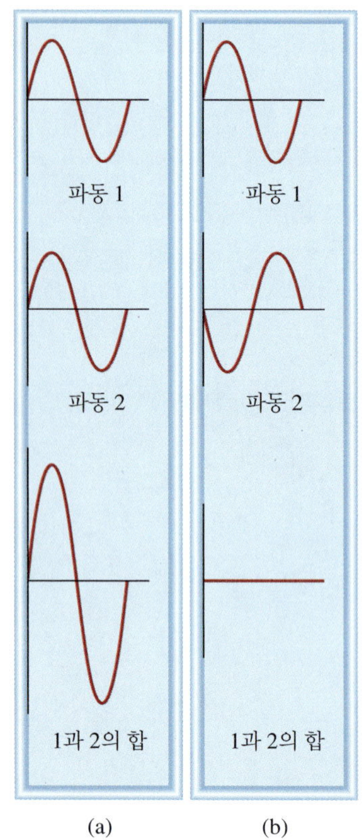

그림 10.22 같은 파장과 같은 진폭을 가진 두 개의 파동의 (a) 보강 간섭과 (b) 상쇄 간섭.

➤ 결합성과 반결합성 분자 궤도함수

MO 이론에 따르면, 두 수소 원자의 1*s* 궤도함수가 겹쳐지면 결합성 분자 궤도함수 하나와 반결합성 분자 궤도함수 하나의 두 분자 궤도함수를 만든다. **결합성 분자 궤도함수**(bonding molecular orbital)는 *그것을 만든 원자 궤도함수보다 에너지가 낮고 더 안정*하다. **반결합성 분자 궤도함수**(antibonding molecular orbital)는 *그것을 만든 원자 궤도함수보다 에너지가 높고 불안정*하다. "결합", "반결합" 이라는 이름이 암시하듯이 전자가 결합성 분자 궤도함수에 놓이면 안정한 공유 결합이 되고, 전자가 반결합성 분자 궤도함수에 놓이면 불안정한 결합이 형성된다.

결합성 분자 궤도함수에서 전자 밀도는 결합 원자의 핵 사이에서 최대가 된다. 한편, 반결합성 분자 궤도함수에서는 핵 사이에서 전자 밀도가 0으로 감소한다. 궤도함수에서 전자가 파동성을 갖는다고 생각하면, 이러한 구분을 이해할 수 있을 것이다. 파동의 독특한 성질로 같은 유형의 파동을 합하면 크기가 증폭되거나 소멸되는 방식으로 상호작용한다. 전자의 경우를 *보강 간섭*(constructive interference)이라 하고, 후자의 경우를 *상쇄 간섭*(destructive interference)이라 한다(그림 10.22).

결합성 분자 궤도함수의 형태는 보강 간섭과 일치한다(진폭의 증가는 두 핵 사이의 전자 밀도의 증가와 유사하다). 반결합성 분자 궤도함수의 형태는 상쇄 간섭과 일치한다(진폭의 감소는 두 핵 사이의 전자 밀도의 감소와 유사하다). 따라서 H_2 분자에서 1*s* 궤도함수 사이의 보강 작용과 상쇄 작용은 시그마 결합성 분자 궤도함수(σ_{1s})와 시그마 반결합성 분자 궤도함수($\sigma^{\star}_{1s}$)를 만든다. 여기서 별표는 반결합성 분자 궤도함수를 나타낸다.

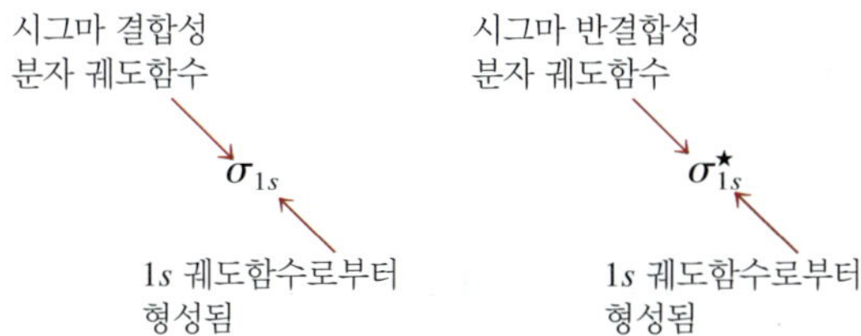

시그마 분자 궤도함수(sigma molecular orbital)(결합성 또는 반결합성)에서는 결합 원자의 *두 핵 사이의 선 주위에 전자 밀도가 대칭적으로 집중된다*. 시그마 분자 궤도함수에서 두 전자는 하나의 시그마 결합을 형성한다(10.5절 참조). 단일 공유 결합(H—H나 F—F처럼)은 거의 항상 시그마 결합임을 명심하라.

그림 10.23은 H_2 분자의 형성에서 만들어지는 궤도함수의 상대 에너지 준위인 *분자 궤도함수 에너지 준위 도표*(molecular orbital energy level diagram)와 두 1*s* 궤도함수 사이의 보강과 상쇄 간섭을 나타낸 것이다. 반결합성 분자 궤도함수에는 핵 사이에 전자 밀도가 0을 뜻하는 *마디 평면*(nodal plane)이 있음을 주목하라. 핵은 함께 붙들지 않고 서로의 양전하에 의해 서로 반발한다. 반결합성 분자 궤도함수의 전자는 그들이 고립 원자에서 가지는 것보다 높은 에너지(낮은 안정도)를 갖는다. 한편 결합성 궤도함수의 전자는 고립 원자가 갖는 것보다 낮은 에너지(따라서 높은 안정성)를 갖는다.

시그마 분자 궤도함수에 있는 두 전자들은 쌍을 이루고 있다. 파울리 배타 원리는 원자뿐만 아니라 분자에도 적용된다.

분자의 궤도함수 형성을 설명하기 위해 수소 분자를 사용했지만 그 개념은 다른 분자에도 동일하게 적용한다. H_2 분자에서는 1*s* 궤도함수 사이의 상호작용만을 생각한다. 더 복잡한 분자는 더 많은 원자 궤도함수를 생각할 필요가 있다. 그렇지만 모든 *s* 궤도함수에서 그 과정은 1*s* 궤도함수에서와 같다. 따라서 두 2*s*나 3*s* 궤도함수 사이의 상호작용도 분자 궤도함수 에너지 준위 도표와 그림 10.23에 나타난 결합성과 반결합성 분자 궤도함수의 형성으로 이해할 수 있다.

p 궤도함수는 두 가지 다른 방법으로 서로 상호 작용하기 때문에 그 과정이 더욱 복잡하다. 예를 들어, 그림 10.24(a)에 나타낸 바와 같이 두 개의 2*p* 궤도함수는 서로 다른 끝

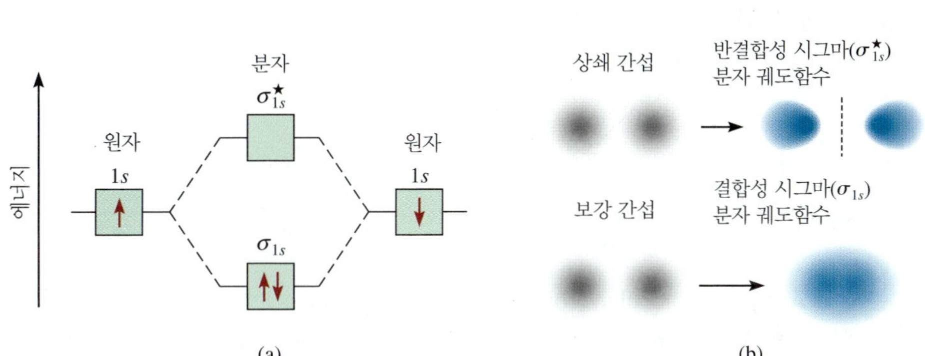

그림 10.23 (a) H_2 분자에서 결합과 반결합 분자 궤도함수의 에너지 준위. 1*s* 궤도함수에 있는 두 전자들은 파울리 배타 원리에 따라 반대 스핀을 가져야 한다. 분자 궤도함수 에너지가 높을수록 그 분자 궤도함수에 있는 전자는 더 불안해진다는 것을 명심하라. (b) 두 개의 수소 1*s* 궤도함수 사이에 생기는 보강 간섭과 상쇄 간섭은 결합성 분자 궤도함수와 반결합성 분자 궤도함수를 만든다. 결합성 분자 궤도함수에서 핵 사이의 전자 밀도의 증가는 음으로 하전된 접착제로 작용되어, 양으로 하전된 핵들을 서로 묶어 놓는 작용을 한다. 반결합성 분자 궤도함수에서는 핵 사이에 마디 평면이 있는데 그 곳의 전자 밀도는 0이다.

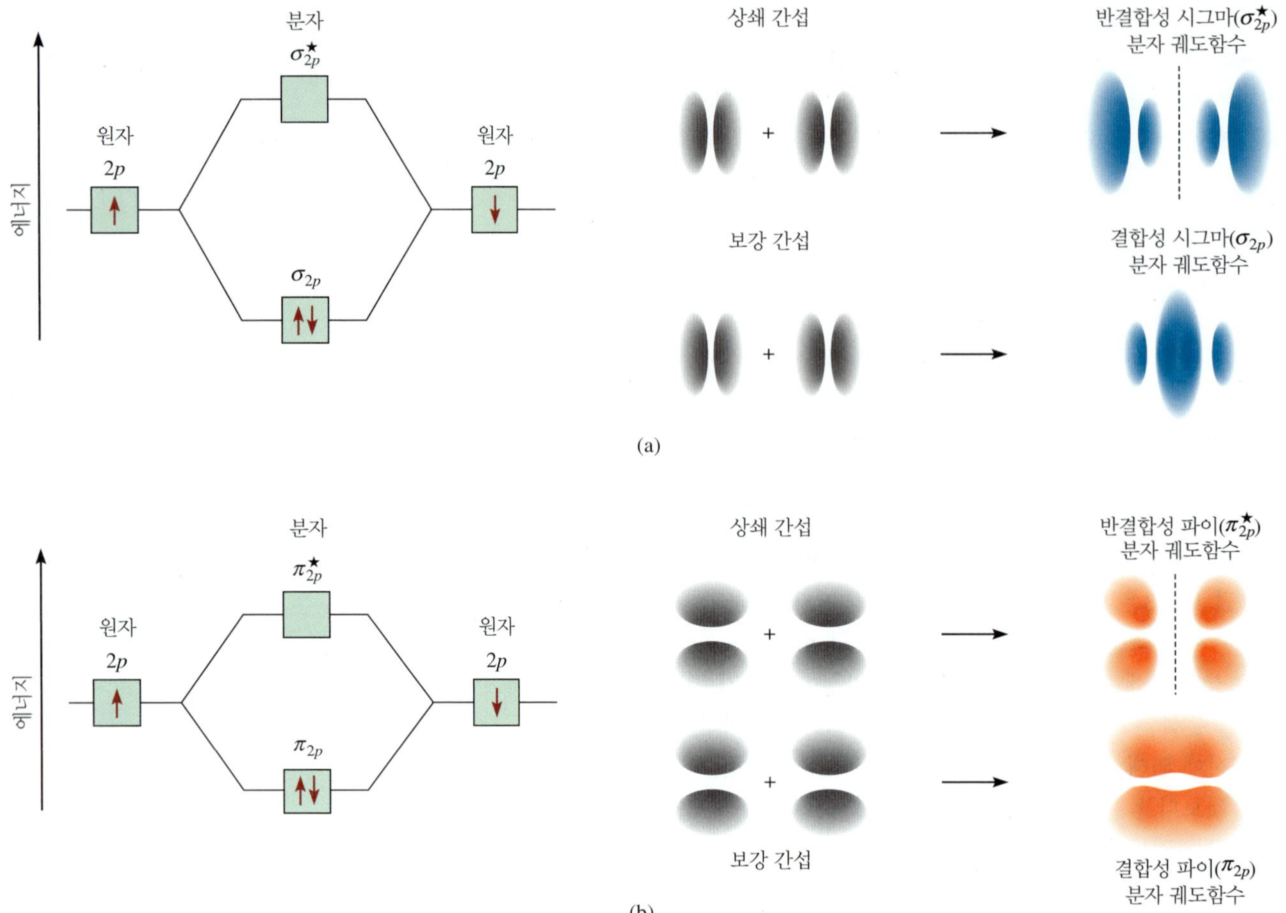

그림 10.24 두 개의 동등한 p 궤도함수 사이의 두 개의 가능한 상호작용과 그에 상응하는 분자 궤도함수. (a) p 궤도함수가 끝과 끝으로 겹치면 시그마 결합성과 시그마 반결합성 분자 궤도함수를 만든다. (b) p 궤도함수가 옆으로 겹칠 때는 파이 결합성과 파이 반결합성 분자 궤도함수를 형성한다. 일반적으로 시그마 결합성 분자 궤도함수가 파이 결합성 분자 궤도함수보다 안정하다. 옆과 옆 상호작용이 끝과 끝 상호작용보다 p 궤도함수의 겹침이 적어지기 때문이다. $2p_x$ 궤도함수가 시그마 분자 궤도함수 형성에 관여한다고 가정한다. $2p_y$와 $2p_z$궤도함수는 파이 분자 궤도함수를 형성하는 데만 작용한다. (b)에서는 $2p_y$ 궤도함수나 $2p_z$ 궤도함수 사이의 상호작용을 보여준다. 이들 경우에서 쇄선은 핵 사이의 마디 면을 표현하는데 그 곳의 전자 밀도가 0이다.

과 끝으로 접근하여 시그마 결합성과 시그마 반결합성 분자 궤도함수를 형성할 수 있다. 또 다른 방법으로 두 개의 p 궤도함수가 옆으로 겹쳐져 결합성과 반결합성 파이 분자 궤도함수를 형성할 수 있다[그림 10.24(b)].

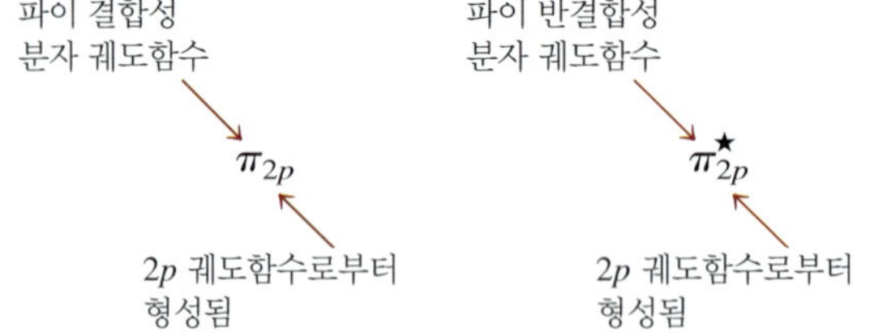

파이 분자 궤도함수(pi molecular orbital)(결합성 또는 반결합성)에서 *전자 밀도는 결합하고 있는 원자들의 두 결합 원자핵을 잇는 선의 위아래에 밀집되어 있다.* 파이 분자 궤도함수에서 두 전자는 파이 결합을 형성한다(10.5절 참조). 이중 결합은 거의 항상 하나의 시그마 결합과 하나의 파이 결합으로 이루어져 있고, 삼중 결합은 하나의 시그마 결합과 두 개의 파이 결합으로 이루어져 있다.

10.7 분자 궤도함수 전자 배치

분자의 성질을 이해하기 위해서는 분자 궤도함수 중에 전자들이 어떻게 있는지를 알아야 한다. 분자의 전자 배치를 결정하는 과정은 원자의 전자 배치를 결정하기 위해 쓰는 과정과 유사하다(7.8절 참조).

분자의 전자 배치와 안정도를 지배하는 규칙

어떤 분자의 전자 배치를 기술하기 위해서는 먼저 분자 궤도함수를 에너지가 증가하는 순서로 정렬해야 한다. 분자 궤도함수에 전자를 채울 때 다음 안내를 따른다. 규칙은 분자 궤도함수의 안정도를 이해하는 데 도움이 된다.

1. 형성된 분자 궤도함수의 수는 항상 결합하는 원자 궤도함수의 수와 같다.
2. 결합성 분자 궤도함수가 안정해질수록 대응되는 반결합성 분자 궤도함수는 더 불안정해진다.
3. 분자 궤도함수는 낮은 에너지부터 높은 에너지로 채워진다. 더 낮은 에너지의 결합성 분자 궤도함수에 먼저 전자를 넣기 때문에 안정한 분자에는 결합성 분자 궤도함수에 있는 전자의 수가 반결합성 분자 궤도함수에 있는 전자의 수보다 언제나 많다.
4. 원자 궤도함수처럼 각 분자 궤도함수는 파울리 배타 원리에 따라 반대 스핀을 가진 두 전자까지만 수용할 수 있다.
5. 동일한 에너지의 분자 궤도함수에 전자가 첨가될 때 가장 안정성 있는 배열은 훈트 규칙으로 예측된다. 즉, 전자들은 평행한 스핀으로 분자 궤도함수에 들어간다.
6. 분자 궤도함수 내의 전자의 수는 결합하는 원자에 있는 총 전자수의 합과 같다.

수소와 헬륨 분자

이 절의 뒤에서 제 2주기 원소의 원자에 의해 생성된 분자를 공부할 것이다. 이에 앞서 그림 10.25에서 보여 준 에너지 준위 도표를 사용하여 간단한 화학종인 H_2^+, H_2, He_2^+, He_2의 상대적 안정성을 예측해 보는 것이 도움이 될 것이다. σ_{1s}와 $\sigma^\star_{1s}$ 궤도함수는 최대 네 개의 전자를 수용할 수 있다. 전자의 총 개수는 H_2^+의 1에서 He_2의 4로 증가한다. 파울리 배타 원리는 각 분자 궤도함수는 반대 스핀을 가진 최대 두 개의 전자를 수용할 수 있음을 규정한다. 이들 경우에서 우선 바닥 상태의 전자 배치에만 관심을 갖기로 한다.

이들 화학종의 안정성을 측정하기 위해서 다음과 같이 정의한 **결합 차수**(bond order)를 결정한다.

$$\text{결합 차수} = \frac{1}{2}\left(\begin{matrix}\text{결합성 MO에}\\ \text{있는 전자수}\end{matrix} - \begin{matrix}\text{반결합성 MO에}\\ \text{있는 전자수}\end{matrix}\right) \tag{10.2}$$

결합 차수는 대략의 결합의 세기를 나타낸다. 예를 들면, 결합성 분자 궤도함수 안에 두 개의 전자가 있고 반결합성 분자 궤도함수에는 없다면 결합 차수는 1이고, 이는 한 개의 공유 결합이 있고, 분자는 안정하다는 것을 의미한다. 결합 차수는 분수가 될 수도 있으며, 0이나 음의 결합 차수는 결합이 안정하지 않거나 분자가 존재할 수 없음을 의미한다. 결합 차수는 비교할 때만 정성적으로 사용된다. 예를 들어, 두 개의 전자를 가진 결합성 시그마 분자 궤도함수와 두 개의 전자를 가진 결합성 파이 분자 궤도함수는 각각 1의 결합 차수를 가진다. 그러나 이 두 결합은 원자 궤도함수 중첩의 크기에서 차이가 나기 때문에 결합의 세기(그리고 결합 길이)는 다르다.

결합 세기의 정량적 측정값은 결합 엔탈피이다(9.10절).

이제 H_2^+, H_2, He_2^+, He_2의 안정도에 대해 예측할 준비가 되어 있다(그림 10.25 참조).

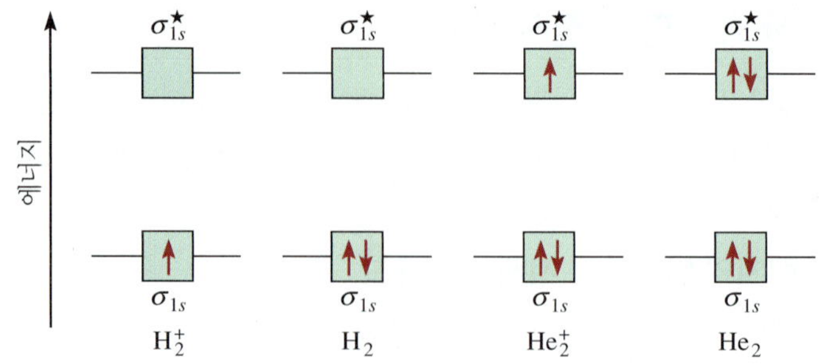

그림 10.25 H_2^+, H_2, He_2^+, He_2에서 결합성과 반결합성 궤도함수의 에너지 준위. 이 모든 종에서 분자 궤도함수는 두 개의 1*s* 궤도함수의 상호작용에 의하여 형성된다.

H_2^+ 분자 이온은 σ_{1s} 궤도함수에 하나의 전자만을 가지고 있다. 공유 결합은 하나의 결합성 분자 궤도함수 안에 두 개의 전자로 구성되어 있기 때문에 H_2^+ 분자는 $\frac{1}{2}$ 결합만을 갖는다. 다시 말해 $\frac{1}{2}$의 결합 차수를 갖는다. 따라서 H_2^+ 분자는 안정한 화학종이라 추측된다. H_2^+의 전자 배치는$(\sigma_{1s})^1$로 쓴다.

$(\sigma_{1s})^1$에서 위첨자는 시그마 결합성 분자 궤도 함수에 전자가 한 개 있음을 뜻한다.

H_2 분자는 두 개의 전자를 가지는데, 둘 다 σ_{1s} 궤도함수에 있다. 설명에 의하면 2개의 전자는 1개의 완전한 결합과 같다. H_2 분자는 1의 결합 차수 즉, 완전한 한 개의 공유 결합을 갖는다. H_2의 전자 배치는 $(\sigma_{1s})^2$이다.

He_2^+ 분자 이온에서는 첫 두 개의 전자가 σ_{1s} 궤도함수에 들어가고, $\sigma^\star_{1s}$ 궤도함수에 세 번째 전자가 들어간다. 반결합성 분자 궤도함수가 불안정하기 때문에 He_2^+가 H_2보다 안정성이 떨어질 것으로 생각된다. 대체적으로 $\sigma^\star_{1s}$ 궤도함수 안의 전자로부터 오는 불안정도는 σ_{1s} 궤도함수 전자의 안정도에 의하여 차감된다. 결합 차수는 $\frac{1}{2}(2 - 1) = \frac{1}{2}$이며, He_2^+의 전체적 안정도는 H_2^+ 분자의 안정도와 유사하다. He_2^+의 전자 배치는 $(\sigma_{1s})^2(\sigma^\star_{1s})^1$이다.

He_2에서는 σ_{1s}궤도함수에 두 개의 전자가 있고, $\sigma^\star_{1s}$ 궤도함수에도 두 개 전자가 있을 것이다. 따라서 분자는 영의 결합 차수를 가지며 아무런 알짜 안정도가 없다. He_2의 전자 배치는 $(\sigma_{1s})^2(\sigma^\star_{1s})^2$이다.

요약하면, 안정도 감소의 순서로 다음과 같이 배열할 수 있다.

$$H_2 > H_2^+, He_2^+ > He_2$$

수소 분자는 안정한 화학종이라는 것을 안다. 간단한 분자 궤도함수 방법으로 H_2^+와 He_2^+가 역시 약간의 안정성을 가짐을 예측하게 된다. 그 이유는 둘 다 $\frac{1}{2}$의 결합 차수를 갖기 때문이다. 사실, 그들의 존재는 실험에 의해 증명되었다. 그 결과 H_2^+가 He_2^+보다 약간 더 안정하다. 왜냐하면, 수소 분자 이온에는 단 하나의 전자만 있고, 따라서 전자-전자 반발 작용이 없기 때문이다. 더욱이 H_2^+는 He_2^+와 비교해 핵간 반발력이 작다. He_2에 관한 예측은 He_2는 안정성이 없다는 것이었으나 1993년 He_2 기체가 존재하는 것이 발견되었다. 그 "분자"는 매우 불안정하며 특별한 조건 하에서 전이 상태로만 있다.

개념 복습하기

H_2^+ 이온의 결합 엔탈피(kJ/mol)를 계산하시오.

2주기 원소의 동핵 이원자 분자

이제 2주기 원소를 포함하는 분자에서의 바닥 상태 전자 배치를 공부할 차례이다. *같은 원소의 원자를 포함하는 이원자 분자*인 **동핵 이원자 분자**(homonuclear diatomic molecule)의 가장 간단한 경우만을 생각해 보자.

그림 10.26은 2주기 첫 분자인 Li_2 분자에 대한 분자 궤도함수 에너지 준위 도표를 나

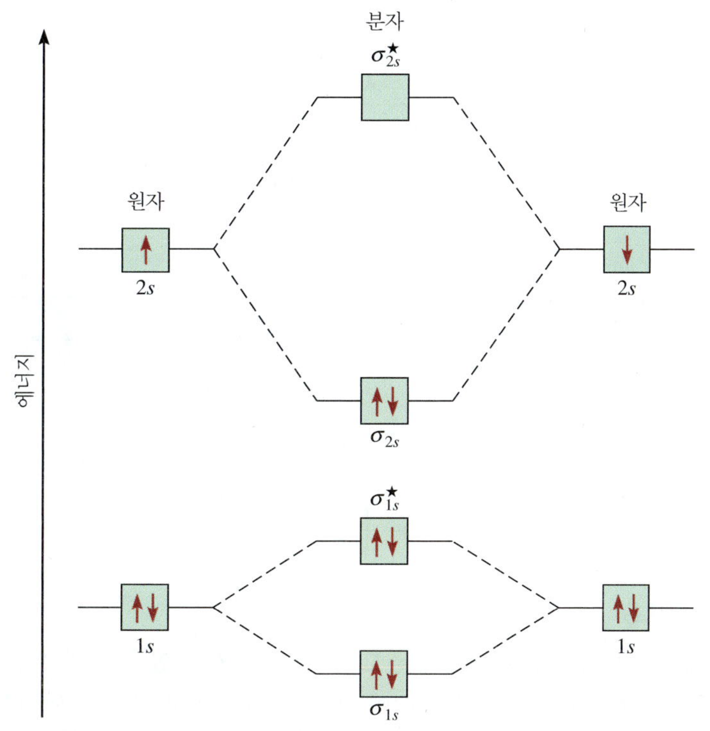

그림 10.26 Li_2 분자에 대한 분자 궤도함수 에너지 준위 도표. Li_2에서 여섯 개의 전자(Li의 전자 배치는 $1s^22s^1$)는 σ_{1s}, $\sigma^\star_{1s}$, σ_{2s} 궤도함수에 있다. (He_2에서와 같이) σ_{1s}와 $\sigma^\star_{1s}$에 각각 두 개의 전자가 있기 때문에, 결합이나 반결합 알짜 영향은 없다. 따라서 Li_2에서 단일 공유 결합은 결합성 분자 궤도함수 $\sigma^\star_{2s}$에 있는 두 개의 전자에 의해 형성된다. 반결합성 궤도함수($\sigma^\star_{1s}$)는 높은 에너지 때문에 결합성 궤도함수(σ_{1s})보다 불안정하지만, σ_{2s} 결합성 궤도함수보다 에너지는 낮고 안정성은 높다.

타낸다. 이 분자 궤도함수들은 $1s$와 $2s$ 궤도함수의 중첩으로 만들어진다. 모든 이원자 분자를 만들기 위해 이 도표를 사용하고 곧 보게 될 것이다.

결합이 p 궤도함수를 포함할 때는 상황이 더욱 복잡하다. 두 개의 p 궤도함수는 시그마 결합이나 파이 결합을 형성할 수 있다. 2주기 원소의 각 원자에는 세 개의 p 궤도함수가 있기 때문에 하나의 시그마와 두 개의 파이 분자 궤도함수가 보강 상호작용으로부터 만들어진다는 것을 안다. 시그마 분자 궤도함수는 핵간 축인 x축을 따라 $2p_x$ 궤도함수가 중첩되어 형성된다. $2p_y$와 $2p_z$ 궤도함수는 x축에 수직이며, 옆으로 겹쳐져 두 개의 파이 분자 궤도함수를 이룬다. 분자 궤도함수는 σ_{2p_x}, π_{2p_y}, π_{2p_z} 궤도함수이며, 아래첨자는 분자 궤도함수를 형성하는 데 관여하는 원자 궤도함수를 나타낸다. 그림 10.24에서 보듯이 두 p 궤도함수의 겹침은 파이 분자 궤도함수에서보다 시그마 분자 궤도함수에서 더 크다. 따라서 시그마 분자 궤도함수의 에너지가 더 낮을 것으로 기대된다. 그러나 분자 궤도함수의 에너지는 실제적으로 다음과 같이 증가한다.

$$\sigma_{1s} < \sigma^\star_{1s} < \sigma_{2s} < \sigma^\star_{2s} < \pi_{2p_y} = \pi_{2p_z} < \sigma_{2p_x} < \pi^\star_{2p_y} = \pi^\star_{2p_z} < \sigma^\star_{2p_x}$$

σ_{2p_x} 궤도함수와 π_{2p_y} 및 π_{2p_z} 궤도함수의 역전은 한 원자의 $2s$ 궤도함수와 다른 원자에 있는 $2p$ 궤도함수 사이의 상호작용 때문이다. MO 개념에서는 이들 궤도함수 사이에 혼합이 있다고 말한다. 혼합의 조건은 $2s$와 $2p$ 궤도함수의 에너지가 가까워야 한다는 점이다. 이 조건은 이미 보인 바와 같이 σ_{2p_x} 궤도함수가 π_{2p_y}와 π_{2p_z} 궤도함수에 상대적으로 에너지에 있어서 상승되는 결과를 가진 상대적으로 가벼운 분자인 B_2, C_2, N_2에 대해서 부합된다. 그 혼합은 O_2와 F_2에는 덜 나타나서 σ_{2p_x} 궤도함수는 이들 분자에서 π_{2p_y}와 π_{2p_z} 궤도함수보다 에너지가 낮은 데로 위치한다.

이러한 개념과 $2p$ 분자 궤도함수에 대한 에너지의 증가 순서를 나타낸 그림 10.27을 볼 때 전자 배치를 쓸 수 있고, 2주기 동핵 이원자 분자의 자기적 성질과 결합 차수를 예측할 수 있다. 다음 몇 가지 예를 생각해 보자.

그림 10.27 2주기의 동핵 이원자 분자. Li_2, Be_2, B_2, C_2, N_2의 일반적인 분자 궤도함수 에너지 준위 도표. 간단히 하기 위하여 σ_{1s}와 σ_{2s} 궤도함수는 생략하였다. 이들 분자에서는 σ_{2p_x} 궤도함수가 π_{2p_y}나 π_{2p_z} 궤도함수보다 에너지가 더 높다. 이것은 σ_{2p_x} 궤도함수에 있는 전자가 π_{2p_y}나 π_{2p_z}에 있는 전자보다 덜 안정하다는 것을 의미한다. 이러한 현상은 σ_{2p_x} 궤도함수에 있는 전자와 한편으로는 π_{2p_y}와 π_{2p_z} 궤도함수에 있는 전자 사이에서, 또 다른 한편으로는 에너지가 더 낮은 σ_s 궤도함수에 있는 전자와의 다른 상호작용 때문에 나타난다. 따라서 O_2와 F_2는 σ_{2p_x} 궤도함수가 π_{2p_y}나 π_{2p_z}보다 에너지가 낮다.

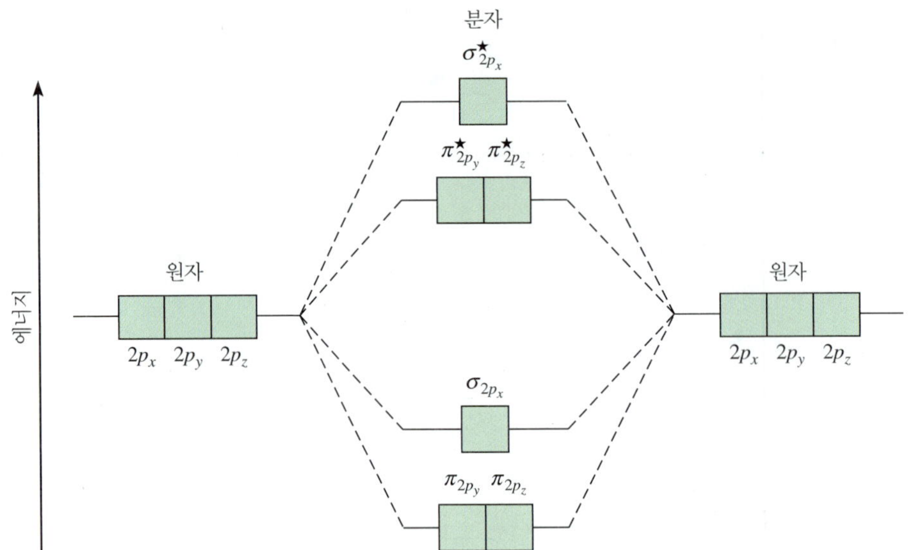

➤ 리튬 분자(Li_2)

Li의 전자 배치는 $1s^22s^1$이므로 Li_2에는 모두 6개의 전자가 있다. 그림 10.26에 따라서 이들 전자는 σ_{1s}, $\sigma^\star_{1s}$, σ_{2s} 분자 궤도함수에 각각 두 개씩 위치한다. σ_{1s}와 $\sigma^\star_{1s}$에 있는 전자는 Li_2의 결합에 알짜 기여를 하지 못한다. 따라서 Li_2의 분자 궤도함수의 전자 배치는 $(\sigma_{1s})^2(\sigma^\star_{1s})^2(\sigma_{2s})^2$이다. 반결합성 궤도함수보다 결합성 분자 궤도함수에 전자가 두 개 더 있기 때문에 결합 차수는 1이다[식 (10.2) 참조]. Li_2 분자는 안정하다고 결론지을 수 있으며, 홀전자 자기 스핀을 갖지 않기 때문에 반자기성을 띤다. 실제로 반자기성 Li_2 분자가 기체 상태로 존재한다고 알려져 있다.

➤ 탄소 분자(C_2)

탄소 원자의 전자배치는 $1s^22s^22p^2$이므로 C_2 분자에는 12개의 전자가 있다. 그림 10.26과 그림 10.27을 참조하여 마지막 네 전자를 π_{2p_y}와 π_{2p_z}에 넣는다. 따라서 C_2는 다음 배치를 갖는다.

$$(\sigma_{1s})^2(\sigma^\star_{1s})^2(\sigma_{2s})^2(\sigma^\star_{2s})^2(\pi_{2p_y})^2(\pi_{2p_z})^2$$

결합 차수는 2이고 분자는 홀전자를 가지지 않는다. 실제로 반자기성 C_2 분자가 기체 상태로 발견되었다. C_2 내 이중 결합은 2개의 파이 분자 궤도함수에 있는 4개의 전자 때문에 둘 다 파이 결합임을 주목하라. 대부분 다른 분자에서 이중 결합은 하나의 시그마 결합과 하나의 파이 결합으로 이루어진다.

➤ 산소 분자(O_2)

O의 바닥 상태 전자 배치는 $1s^22s^22p^4$이므로 O_2에는 16개의 전자가 있다. 앞에서 논의한 분자 궤도함수의 에너지 증가 순을 사용하여 O_2의 바닥 상태 전자 배치는 다음과 같이 쓴다.

$$(\sigma_{1s})^2(\sigma^\star_{1s})^2(\sigma_{2s})^2(\sigma^\star_{2s})^2(\sigma_{2p_x})^2(\pi_{2p_y})^2(\pi_{2p_z})^2(\pi^\star_{2p_y})^1(\pi^\star_{2p_z})^1$$

훈트 규칙에 따르면 마지막 두 전자는 스핀이 나란하게 $\pi^\star_{2p_y}$와 $\pi^\star_{2p_z}$에 들어간다. σ_{1s}와 σ_{2s} 궤도함수를 무시하면(결합에 미치는 순수 효과는 0이기 때문), 식 (10.2)을 사용해 O_2의 결합 차수를 다음과 같이 계산한다.

$$\text{결합 차수} = \tfrac{1}{2}(6 - 2) = 2$$

표 10.5 2주기 원소 동핵 이원자 분자의 성질*

	Li_2	B_2	C_2	N_2	O_2	F_2	
$\sigma^{\star}_{2p_x}$	□	□	□	□	□		$\sigma^{\star}_{2p_x}$
$\pi^{\star}_{2p_y}, \pi^{\star}_{2p_z}$	□□	□□	□□	□□	↑ ↑	↑↓ ↑↓	$\pi^{\star}_{2p_y}, \pi^{\star}_{2p_z}$
σ_{2p_x}	□	□	□	↑↓	↑↓ ↑↓	↑↓ ↑↓	π_{2p_y}, π_{2p_z}
π_{2p_y}, π_{2p_z}	□□	↑ ↑	↑↓ ↑↓	↑↓ ↑↓	↑↓	↑↓	σ_{2p_x}
$\sigma^{\star}_{2s}$	□	↑↓	↑↓	↑↓	↑↓	↑↓	$\sigma^{\star}_{2s}$
σ_{2s}	↑↓	↑↓	↑↓	↑↓	↑↓	↑↓	σ_{2s}
결합 차수	1	1	2	3	2	1	
결합 길이(pm)	267	159	131	110	121	142	
결합 엔탈피(kJ/mol)	104.6	228.7	627.6	941.4	498.7	156.9	
자기적 성질	반자기성	상자기성	반자기성	반자기성	상자기성	반자기성	

*간단히 하기 위해 σ_{1s}와 $\sigma^{\star}_{1s}$는 생략했다. 이들 두 궤도함수에는 모두 4개의 전자가 있다. O_2와 F_2의 경우 σ_{2p_x}가 π_{2p_y}나 π_{2p_z}보다 에너지가 더 낮음을 기억하라.

따라서 O_2 분자는 결합 차수가 2이고 산소는 상자기성을 띤다고 예측할 수 있는데, 이는 실험적 관찰에 일치한다.

표 10.5에 2주기의 안정한 이원자 분자의 일반적인 성질들을 요약해 놓았다.

예제 10.6은 MO 이론이 어떻게 이온의 분자 성질을 예측하는 데 도움을 주는지를 보여준다.

예제 10.6

N_2^+ 이온은 질소 분자를 빠르게 움직이는 전자로 포격하여 만들 수 있다. N_2^+의 다음 성질들을 예측하시오. (a) 전자 배치, (b) 결합 차수, (c) 자기적 성질, (d) N_2의 결합 길이와 비교한 결합 길이(긴가 짧은가?)

전략 표 10.5에서 동핵 분자로부터 형성된 이온의 성질을 유추할 수 있다. 어떻게 분자의 안정성이 결합성과 반결합성 분자 궤도함수에 있는 전자의 수에 의존하는가? N_2로부터 N_2^+ 이온을 형성하기 위해 제거된 전자는 어느 분자 궤도함수로부터인가? 어떤 성질이 화학종이 상자기성인지 반자기성인지를 결정하는가?

풀이 표 10.5로부터 동종 이원자 분자들로부터 생성된 이온의 성질을 예측할 수 있다.

(a) N_2^+는 N_2보다 전자가 하나 적기 때문에 N_2^+의 전자 배치는 다음과 같다.

$$(\sigma_{1s})^2(\sigma^{\star}_{1s})^2(\sigma_{2s})^2(\sigma^{\star}_{2s})^2(\pi_{2p_y})^2(\pi_{2p_z})^2(\sigma^{\star}_{2p_x})^1$$

(b) N_2^+의 결합 차수는 식 (10.2)를 이용하여 얻을 수 있다.

$$\text{결합 차수} = \tfrac{1}{2}(9 - 4) = 2.5$$

(c) N_2^+는 하나의 홀전자가 있으므로 상자기성이다.

(d) 결합성 분자 궤도함수에 있는 전자들은 원자들을 붙들어 매는 역할을 하기 때문에, N_2^+는 N_2 분자보다 약하고 따라서 결합이 길다. (실제로 N_2가 110 pm인 것에 비해 N_2^+의 결합 길이는 112 pm이다.)

검산 전자가 결합성 분자 궤도함수에서 제거되기 때문에 결합 차수가 감소할 것으로 기대한다. N_2^+ 이온에는 전자가 홀수 개(13) 있으므로 상자기성이어야 한다.

비슷한 문제: 10.57, 10.58.

실전 연습 F_2와 F_2^- 중 결합 길이가 더 긴 것은 어느 것인가?

10.8 비편재화된 분자 궤도함수

이제까지는 전자쌍을 중심으로 화학 결합을 논의하여 왔다. 그러나 분자의 특성은 단일 구조로만 정확하게 항상 설명될 수 없다. 9.8절에서 논의한 O_3 분자가 이러한 경우이다. 거기서 공명의 개념을 소개함으로써 어려운 문제를 극복했다. 이 절에서는 다른 방법으로 분자 궤도함수 접근법을 적용하여 문제를 해결하려고 한다. 9.8절에서처럼 벤젠 분자와 탄산 이온을 예로 사용할 것이다. 다원자 분자나 이온의 결합을 다룰 때, 존재하는 원자들의 혼성화 상태(원자가 결합 접근법)를 먼저 결정하고, 적당한 분자 궤도함수의 형성을 결정하는 것이 편리하다.

벤젠 분자

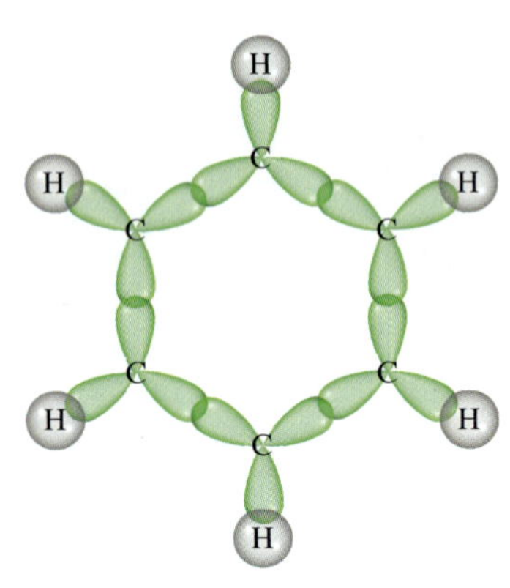

그림 10.28 벤젠 분자에서 시그마 결합 골격. 각 탄소 원자는 sp^2 혼성화되어 있고, 두 개의 이웃한 탄소 원자의 시그마 결합을 형성하며, 하나의 수소 원자와 또 다른 시그마 결합을 형성한다.

벤젠(C_6H_6)은 6개의 모서리에 탄소 원자가 위치해 있는 평면 육각형 모양의 분자이다. 탄소-수소 결합들도 마찬가지로 모든 탄소-탄소 결합의 길이와 세기가 같으며, CCC와 HCC 결합각은 모두 120°이다. 따라서 각 탄소 원자는 sp^2 혼성화되어 있다. 그것은 두 개의 인접한 탄소 원자 및 한 개의 수소 원자와 세 개의 시그마 결합을 형성한다(그림 10.28). 이 배열로 벤젠 고리라 부르는 벤젠 분자면에 수직을 이루는 비혼성화된 $2p_z$ 궤도함수가 각 탄소 원자에 남는다. 지금까지의 설명은 이 경우에 고리 배열 안에 여섯 개의 비혼성화된 $2p_z$ 궤도함수가 있다는 것을 제외하고 10.5절에서 다룬 에틸렌(C_2H_4)의 배열과 비슷하다.

형태와 배향이 유사하기 때문에 각 $2p_z$ 궤도함수는 인접한 탄소 원자에 하나씩 다른 $2p_z$ 궤도함수와 서로 중첩된다. 10.7절에서 나열한 규칙에 따르면 여섯 개의 $2p_z$ 궤도함수가 상호작용하여 여섯 개의 파이 분자 궤도함수가 형성되는데, 이 중 세 개는 결합성이고, 세 개는 반결합성이다. 따라서 바닥 상태에서 벤젠 분자는 세 개의 파이 결합성 분자 궤도함수에 여섯 개의 전자를 가지며, 각 궤도함수에는 두 개의 전자가 짝지은 스핀을 갖는다(그림 10.29).

에틸렌의 파이 결합성 분자 궤도함수와는 달리 벤젠 분자는 **비편재화 분자 궤도함수**(delocalized molecular orbital)를 형성하는데 *그 결합은 인접한 두 결합성 원자 사이에 한정되지 않고 실제로 셋 이상의 원자로 넓혀진다.* 따라서 이러한 궤도함수 중 어떤 곳에 있는 전자들도 벤젠 고리 주변을 자유롭게 이동한다. 이러한 이유로 벤젠의 구조는 가끔 다음과 같이 나타낸다.

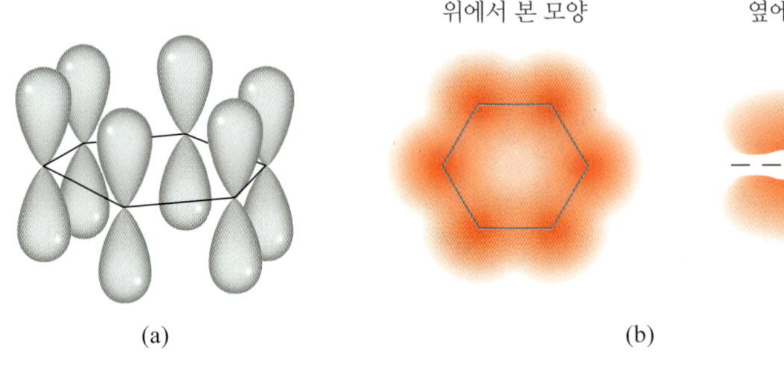

그림 10.29 (a) 벤젠에 있는 탄소 원자의 여섯 개의 $2p_z$ 궤도함수. (b) $2p_z$ 궤도함수가 겹쳐져서 형성된 비편재화된 분자 궤도함수. 비편재화된 분자 궤도함수는 파이 대칭을 가지고 있고, 벤젠 고리의 평면 위아래에 있다. 실제로 이들 $2p_z$ 궤도함수는 여섯 가지 다른 방법으로 결합하여 세 개의 결합성 분자 궤도함수와 세 개의 반결합성 분자 궤도함수를 만든다. 여기에 보인 것이 가장 안정한 것이다.

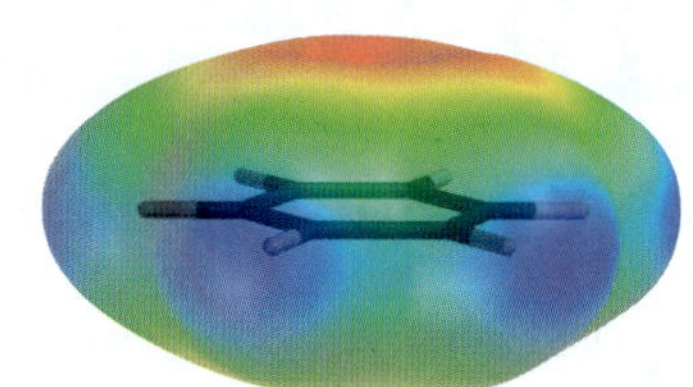
벤젠의 정전기 퍼텐셜 지도는 분자 평면 위아래로 전자 밀도(빨간색)를 보여준다. 간단히 하기 위하여 분자의 골격만 나타내었다.

여기서 원은 탄소 원자 사이의 파이 결합이 파이 결합에 있는 원자의 개별 쌍에 국한되지 않고, 벤젠 분자 전체에 고르게 분포되어 있다는 것을 나타낸다. 탄소와 수소 원자는 간단한 그림에서는 나타내지 않는다.

이제 벤젠에서 각 탄소-탄소 사이의 결합이 시그마 결합과 부분적인 파이 결합을 포함한다고 설명할 수 있다. 그러므로 두 탄소 원자 사이의 결합 차수는 1과 2 사이이다. 따라서 분자 궤도함수 이론은 원자가 결합 이론에 기초를 둔 공명 접근법에 대한 다른 대안을 제시한다. (벤젠의 공명 구조는 9.8절에 나타내었다.)

탄산 이온

벤젠과 같은 고리 화합물이 유일하게 비편재화된 분자 궤도함수를 가진 화합물은 아니다. 탄산 이온(CO_3^{2-})에서의 결합을 보자. VSEPR 이론은 BF_3 분자와 같이 탄산 이온에 대하여 삼각 평면 기하 구조를 예측한다. 탄산 이온의 평면 구조는 탄소 원자가 sp^2 혼성화되었다고 가정함으로써 이해할 수 있다. C 원자는 세 개의 O 원자와 시그마 결합을 형성한다. 따라서 C 원자의 비혼성화된 $2p_z$ 궤도함수는 세 개의 O 원자의 $2p_z$ 궤도함수와 동시에 겹칠 수 있다(그림 10.30). 그 결과 탄소-산소 결합에서의 전자 밀도(그에 따른 결합 차수)가 똑같아지는 식으로 전체 네 개의 핵에 고루 퍼지는 비편재화된 분자 궤도함수가 된다. 따라서 분자 궤도함수 이론은 9.8절에 나타낸 이온의 공명 구조와 비교했을 때, 탄산 이온의 특성에 대해 좋은 대안으로 잘 설명해주고 있다.

비편재화된 분자 궤도함수를 가진 분자가 두 개의 원자에만 퍼져 있는 분자 궤도함수를 포함하는 것보다 일반적으로 안정성이 더 높다는 것에 주목해야 한다. 예를 들어, 비편재 분자 궤도함수를 포함하고 있는 벤젠 분자는 에틸렌과 같이 편재화된 C═C 결합을 포함하는 분자보다 화학적으로 반응성이 낮다. 즉, 더 안정하다.

개념 복습하기

공명 구조와 비편재화된 분자 궤도함수로 질산 이온(NO_3^-)의 결합을 설명하시오.

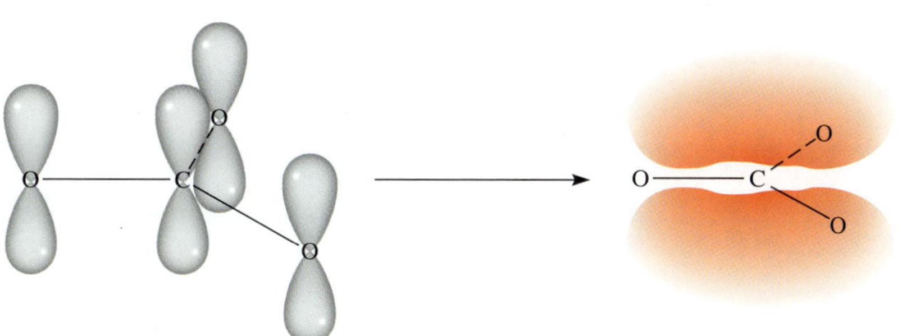

그림 10.30 탄산 이온에서의 결합. 탄소 원자는 세 개의 산소 원자와 세 개의 시그마 결합을 한다. 또한, 탄소와 산소 원자의 $2p_z$ 궤도함수가 겹쳐져 비편재화된 분자 궤도함수를 형성한다. 따라서 탄소 원자와 세 개의 산소 원자 각각에 역시 부분적인 파이 결합이 있다.

생활 속의 화학

버키볼(Buckyball)이란?

1985년 미국 텍사스 라이스(Rice)대학교의 화학자들은 성간 공간에 존재한다고 믿어지는 범상한 분자들을 만드는 노력으로 고출력의 레이저를 사용해 흑연을 증발시켰다. 질량 분광기는 생성물의 하나가 아직 알려지지 않은 분자식인 C_{60} 분자라는 것을 나타내었다. 이 분자는 크기와 탄소 한 가지만으로 이루어져 있다는 사실 때문에 이상한 모양을 가지고 있어 연구원들은 이 분자의 예상 모형을 종이, 가위, 테이프로 만들어 보았다. 뒤이은 분광학적 및 X선 측정으로 탄소 원자가 60개의 모서리에 놓인 내부가 텅 빈 구와 같은 모양을 지니고 있음을 확인하였다. 기하학상으로 비키볼(buckyball) 정확하게 버크민스터풀러렌(buckminsterfullerene)은 알려진 분자 중 가장 대칭성이 좋은 분자이다. 그러나 특이한 모양에도 불구하고 결합 구조는 아주 간단하다. 각 탄소 원자는 sp^2 혼성화되어 있고 전체 구조에 걸쳐 넓은 범위의 비편재화 분자 궤도 함수가 있다.

버키볼의 발견은 과학 사회에 엄청난 흥밋거리를 만들어 냈다. 여기에는 조사해야 할 재미있는 기하 구조와 알려지지 않은 성질을 가진 새로운 탄소 동소체가 있었다. 1985년 이후, 화학자들은 탄소 원자 70개, 76개 그리고 이보다 더 큰 *풀러렌*(fullerene)들을 만들었다. 더욱이 버키볼은 검댕이의 천연 물질임이 밝혀졌다.

버키볼과 더 무거운 풀러렌들은 널리 응용할 수 있는 가능성을 가진 분자를 건축한다는 전적으로 새로운 개념을 보여준다. 예를 들면 버키볼은 헬륨 원자가 우리 안에 잡혀 있는 형태로 제조되었다. 버키볼은 또한 포타슘과 반응하여 K_3C_{60}를 생성하고 18 K에서 초전도체로 작용한다. 버키볼에 전이 금속을 부착시키는 것도 가능하다. 이들 유도체는 촉매로서의 희망을 보여준다. 고유한 모양 때문에 버키볼은 윤활제로 사용될 수 있다.

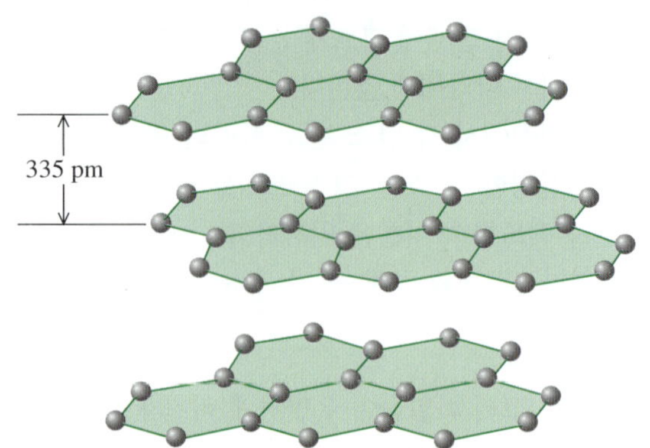

흑연은 탄소의 육원자 고리의 층으로 이루어져 있다.

1991년 일본 과학자들이 행한 환상적인 발견은 버키볼과 구조적으로 관련있는 화합물의 확인이었다. 이 화합물들은 튜브 모양의 수백 옹스트롱 길이와 지름 15 nm 정도의 내부 동굴을 지녔다. "버키튜브(buckytube)" 또는 "나노튜브(nanotube, 그 크기 때문에)"라로 명명된 이 분자들은 두 개의 다른 독특한 구조를 지니

버키볼 C_{60}(왼쪽)의 기하 구조는 축구공(오른쪽)을 닮았다. 과학자들은 60개의 탄소가 접하는 점에서 그들을 수용할 충분한 육각형과 오각형의 종이 구조를 함께 맞춰서 이 구조에 도달했다.

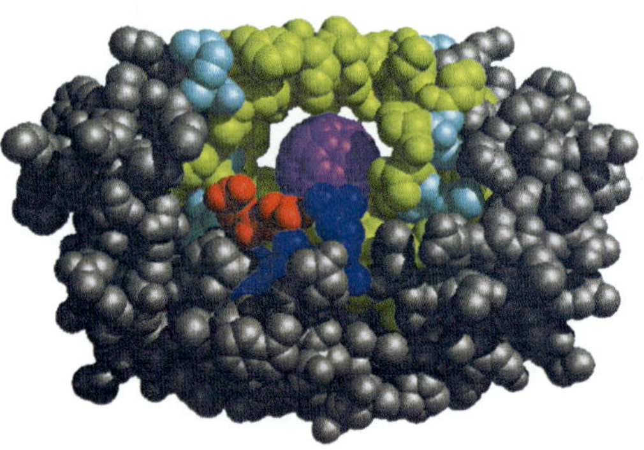

HIV 재생에 필요한 단백질에 통상 부착하는 버키볼 유도체가 HIV-단백질 효소의 자리에 결합하는 것을 보여주는 컴퓨터 모형. 버키볼 구조(보라색)가 활성 자리에 단단히 맞게 되어 효소가 그 기능을 발휘하는 것을 방해한다.

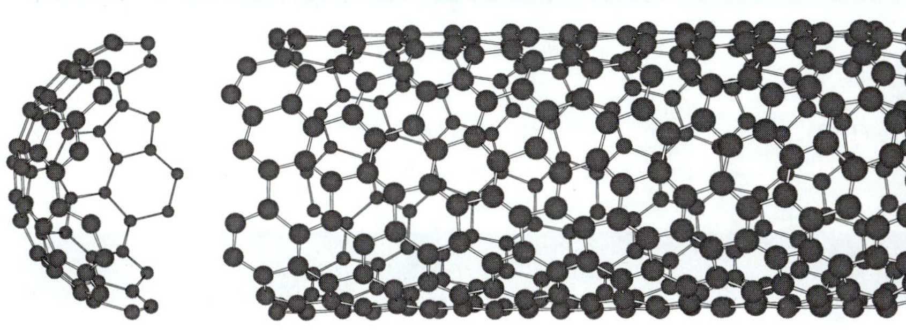

탄소 원자들의 단일 층으로 구성된 버키튜브의 구조. 이 보기에서 버키튜브의 나머지 부분에서 분리된 버키볼 "캡(cap)"은 튜브의 흑연과 같은 실린더 부분과 다른 구조를 갖는다는 것을 주목하라. 화학자들은 관 안에 다른 분자들을 넣기 위해서 캡을 여는 방법을 고안했다.

고 있다. 하나는 양 끝이 잘린 일종의 버키볼에서처럼 막힌 구조이고, 다른 하나는 2~30개의 어떤 개수를 가진 흑연과 비슷한 층을 가지는 말린 튜브 모양이다. 나노튜브는 비슷한 모양의 강철선보다 몇 배 더 강하다. 그에 대한 여러 가능한 응용으로 전도성 및 높은 강도의 물질, 수소 저장 매체, 분자 센서, 반도체 장치, 분자 탐침 등이 제안되었다. 이 재료의 연구는 소위 과학자들이 유용한 장치를 만들기 위해 분자 단위로 재료를 다룰 수 있기 때문에 *나노기술*(nanotechnology)이라는 새로운 분야를 창조했다.

버키볼의 첫 번째 생물학적 응용으로 1993년에 샌프란시스코와 산타바바라에 소재한 캘리포니아대학교에 있는 화학자들은 AIDS를 치료하는 약품을 설계하는 데 도움을 줄 수 있는 발견을 이루었다. AIDS를 일으키는 인간면역결핍바이러스(HIV)는 기다란 단백질 사슬을 합성함으로써 재생된다. 여기서 단백질 사슬은 HIV-단백질 효소라는 효소에 의해 작은 조각으로 나뉜다. 그때 AIDS를 막는 한 방법은 효소를 비활성화시키는 것이다. 화학자들이 수용성 버키볼 유도체를 HIV-단백질 효소와 반응시켰을 때 버키볼 유도체가 통상 재생 단백질을 절단하는 효소에 결합해서 HIV 바이러스 재생을 방지한다는 것을 발견하였다. 결과적으로 바이러스는 그들이 실험실에서 성장시킨 인간 세포를 더 이상 감염시킬 수 없었다. 부작용 및 운반의 어려움 때문에 버키볼 화합물 자체는 AIDS에 쓰일 수 있는 적절한 약은 아니다. 그러나 그러한 약을 개발하는 데 하나의 모형을 제공해 준다.

최근 연구에서 과학자들은 스카치 테이프와 같은 접착 테이프 조각을 이용하여 흑연 조각(연필에서 발견되는 것 같은)으로부터 원자 하나의 두께를 가지는 얇은 탄소 조각을 떼어내었다. 그래핀(graphene)이라고 명명된 이 새로 발견된 물질은 흔치 않은 전도성과 광학적 성질을 가지는 2차원 결정이다. 이것은 우수한 열 전도체이다. 그래핀은 탄소 원자가 조밀하게 쌓여 있어 가장 작은 기체 원자인 헬륨도 통과할 수 없지만 거의 완전히 투명하다. 이 특이한 물질의 연구로부터 몇 년 이내에 많은 흥미있고 유용한 발견이 이루어질 것이다.

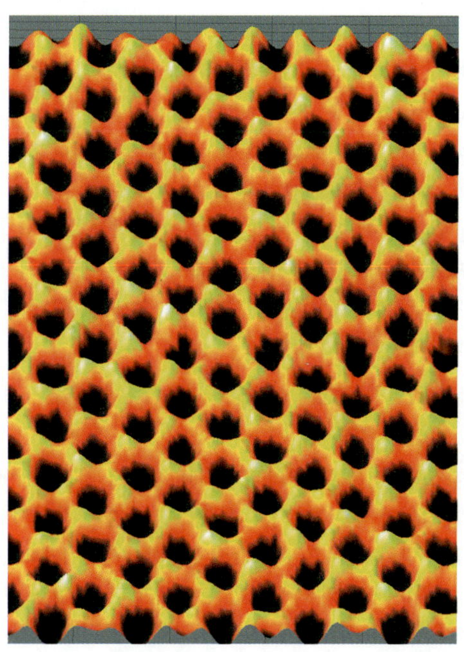

벌집 구조를 보이는 그래핀의 미세 구조.

주요 식 정리하기 Key Equations

$\mu = Q \times r$ (10.1) 쌍극자 모멘트를 전하(Q)와 전하 간 거리(r)로 표현한 식.

$$\text{결합 차수} = \frac{1}{2}\left(\begin{array}{c}\text{결합 MO에}\\\text{있는 전자수}\end{array} - \begin{array}{c}\text{반결합 MO에}\\\text{있는 전자수}\end{array}\right) \quad (10.2)$$

사실과 개념 요약하기 Summary of Facts & Concepts

1. 분자 기하 구조 예측에서 VSEPR 모형은 원자가 껍질 전자쌍이 서로 반발하여 가능한 멀리 떨어진 채로 머물려는 경향이 있다는 가정에 기초를 두고 있다.
2. VSEPR 모형에 따르면 분자 기하 구조는 결합 전자쌍과 고립 전자쌍의 수로부터 예측될 수 있다. 고립 전자쌍은 결합쌍보다 다른 전자쌍을 훨씬 강하게 반발하여, 이상적인 기하 구조로부터 결합각을 변형시킨다.
3. 쌍극자 모멘트는 다른 전기음성도의 원자를 포함하는 분자에서 전하 분리를 측량하는 기준이다. 분자의 쌍극자 모멘트는 분자 내에 어떤 결합 모멘트가 있느냐 하는 결과로서 생긴다. 분자 기하 구조에 대한 정보는 쌍극자 모멘트 측정으로 얻을 수 있다.
4. 공유 결합 형성에 원자가 결합 이론과 분자 궤도함수 이론의 두 가지 양자역학적 설명이 있다. 원자가 결합 이론에서 동일한 원자의 궤도함수들의 결합과 재배열에 의해서 혼성 원자 궤도함수가 형성된다. 혼성 궤도함수는 에너지와 전자 밀도가 모두 같으며, 혼성 궤도함수의 숫자는 결합한 순수 원자 궤도함수의 수와 같다.
5. 원자가 껍질 확장은 s, p, d 궤도함수의 혼성화를 가정함으로써 설명될 수 있다.
6. sp 혼성화에서는 두 개의 혼성 궤도함수가 일직선상에 있다. sp^2 혼성화에서는 3개의 혼성 궤도함수가 삼각형의 꼭짓점을 향해 방향을 두고 있다. sp^3 혼성화에서는 4개의 혼성 궤도함수가 사면체의 꼭짓점을 향하고 있다. sp^3d 혼성화에서는 5개의 혼성 궤도함수가 삼각 쌍뿔의 꼭짓점을 향하고 있다. sp^3d^2혼성 궤도함수에서는 6개의 혼성 궤도함수가 팔면체의 꼭짓점을 향하고 있다.
7. sp^2로 혼성된 원자(예를 들면, 탄소)에서 하나의 혼성되지 않은 p 궤도함수는 또 다른 p 궤도함수와 파이 결합을 형성한다. 탄소-탄소 이중 결합은 시그마 결합과 파이 결합으로 이루어진다. sp 혼성 탄소 원자에서 두 개의 혼성되지 않은 p 궤도함수가 다른 원자(또는 원자들)의 두 개의 p 궤도함수와 두 개의 파이 결합을 형성할 수 있다. 탄소-탄소 삼중 결합은 하나의 시그마 결합과 두 개의 파이 결합으로 구성된다.
8. 분자 궤도함수 이론은 총괄적으로 분자와 관련된 궤도함수를 형성하기 위해서는 원자 궤도함수를 조합하고 재배열한다는 말로 결합을 설명해 주고 있다.
9. 결합성 분자 궤도함수는 핵 사이의 전자 밀도를 높여주며, 개별 원자 궤도함수보다 에너지가 더 낮다. 반결합성 분자 궤도함수는 핵 사이에 전자 밀도가 0인 부분을 가지며, 에너지 준위는 각 원자 궤도함수 준위보다 더 높다.
10. 원자 궤도함수에서처럼 분자 궤도함수의 전자 배치는 에너지 준위가 증가하는 순서대로 전자를 채움으로써 쓸 수 있다. 분자 궤도함수의 수는 혼합된 원자 궤도함수의 수와 항상 똑같다. 파울리 배타 원리와 훈트 규칙은 분자 궤도함수에 전자를 채우는 지침이 된다.
11. 결합성 분자 궤도함수의 전자수가 반결합성 분자 궤도함수의 전자수보다 더 크면 분자는 안정하다.
12. 전자들이 분자 전체나 원자 그룹의 주위를 자유롭게 이동할 수 있는 비편재화된 분자 궤도함수는 이웃한 원자의 p 궤도함수 내 전자들에 의해 형성된다. 관찰된 분자 특성을 설명하는 데 있어서 비편재화된 분자 궤도함수는 관찰된 분자 성질을 설명하는 데 공명 구조에 대한 대안이다.

주요 용어 정리하기 Key Words

결합성 분자 궤도함수
결합 차수
극성 분자
동핵 이원자 분자
반결합성 분자 궤도함수
분자 궤도함수
비극성 분자
비편재화된 분자 궤도함수
시그마 결합(σ 결합)
시그마 분자 궤도함수
쌍극자 모멘트(μ)
원자가 껍질
원자가 껍질 전자쌍 반발 (VSEPR) 모형
파이 결합(π 결합)
파이 분자 궤도함수
혼성 궤도함수
혼성화

연습 문제 *Questions & Problems*

● 표시는 Connect Plus에서 유용한 문제,
붉은색 번호의 문제는 학생용 문제풀이집에 풀어 놓았다.

분자의 기하 구조

▶ 복습 질문

10.1 분자의 기하 구조는 어떻게 정의되며, 분자 기하 구조의 연구가 왜 중요한가?

10.2 선형 삼원자 분자, 네 원자를 포함하는 삼각 평면 분자, 사면체 분자, 삼각 쌍뿔 분자, 팔면체 분자의 모양을 그리고 각 경우의 결합각을 표시하시오.

● 10.3 사면체 분자, 삼각 쌍뿔 분자, 팔면체 분자의 중심 원자는 몇 개의 원자와 직접 결합되어 있는가?

10.4 VSEPR 모형의 기본 특성을 설명하시오. 다음 순서로 반발력의 크기가 감소하는 이유를 설명하시오. 고립 전자쌍-고립 전자쌍 > 고립 전자쌍-결합 전자쌍 > 결합 전자쌍-결합 전자쌍.

10.5 삼각 쌍뿔 배열에서 왜 비공유 전자쌍은 수직 위치보다 수평 위치를 차지하는가?

10.6 CH_4의 기하 구조는 사각 평면인데, 이 구조는 사각의 꼭짓점에 네 개의 수소 원자가 있고, 사각형의 중앙에 탄소가 있다. 이 기하 구조를 그리고 사면체 구조 CH_4 분자와 안정성을 비교하시오.

▶ 문제

● 10.7 VSEPR 방법을 사용하여 다음 화학종의 기하 구조를 예측하시오. (a) PCl_3, (b) $CHCl_3$, (c) SiH_4, (d) $TeCl_4$.

● **10.8** 다음 화학종들의 기하 구조를 예측하시오. (a) $AlCl_3$, (b) $ZnCl_2$, (c) $ZnCl_4^{2-}$.

● 10.9 VSEPR 모형을 사용하여 다음 분자와 이온들의 기하 구조를 예측하시오. (a) CBr_4, (b) BCl_3, (c) NF_3, (d) H_2Se, (e) NO_2^-.

● **10.10** VSEPR 모형을 사용하여 다음 분자와 이온들의 기하 구조를 예측하시오. (a) CH_3I, (b) ClF_3, (c) H_2S, (d) SO_3, (e) SO_4^{2-}.

● 10.11 VSEPR 방법을 사용하여 다음 분자들의 기하 구조를 예측하시오. (a) $HgBr_2$, (b) N_2O(원자 배열은 NNO), (c) SCN^-(원자 배열은 SCN).

● **10.12** 다음 이온들의 기하 구조를 예측하시오. (a) NH_4^+, (b) NH_2^-, (c) CO_3^{2-}, (d) ICl_2^-, (e) ICl_4^-, (f) AlH_4^-, (g) $SnCl_5^-$, (h) H_3O^+, (i) BeF_4^{2-}.

● 10.13 CH_3COOH 분자에서 3개의 중심 원자 주위의 기하 구조를 묘사하시오.

● **10.14** 다음 화학종들 중 어느 것이 사면체형인가? $SiCl_4$, SeF_4, XeF_4, CI_4, $CdCl_4^{2-}$.

쌍극자 모멘트

▶ 복습 질문

10.15 쌍극자 모멘트를 정의하시오. 쌍극자 모멘트에 대한 단위와 기호는 무엇인가?

10.16 쌍극자 모멘트와 결합 모멘트 사이의 상관관계는 무엇인가? 분자들이 어떻게 결합 모멘트를 가지나 비극성이 될 수 있는가?

10.17 원자가 영구 쌍극자 모멘트를 가질 수 없는 이유를 설명하시오.

10.18 수소화 베릴륨(BeH_2) 분자의 결합은 극성이지만 분자의 쌍극자 모멘트는 0이다. 이를 설명하시오.

▶ 문제

● 10.19 표 10.3을 참고하여 다음 분자를 쌍극자 모멘트가 증가하는 순서대로 배열하시오. H_2O, H_2S, H_2Te, H_2Se.

10.20 할로젠화 수소의 쌍극자 모멘트는 HF에서 HI순으로 감소한다(표 10.3 참조). 이 경향을 설명하시오.

● 10.21 다음 분자들을 쌍극자 모멘트가 증가하는 순으로 나열하시오. H_2O, CBr_4, H_2S, HF, NH_3, CO_2.

10.22 OCS 분자는 CS_2보다 높은 쌍극자 모멘트를 갖는가, 낮은 쌍극자 모멘트를 갖는가?

● 10.23 다음 분자 중 어느 것이 더 큰 쌍극자 모멘트를 가지는가?

(a) (b)

● **10.24** 쌍극자 모멘트가 증가하는 순서로 다음 화합물을 배열하시오.

(a) (b) (c) (d)

원자가 결합 이론

▶ 복습 질문

10.25 원자가 결합 이론이란 무엇인가? 화학 결합의 루이스 개념과 어떻게 다른가?

10.26 원자가 결합 이론을 사용해서 Cl_2와 HCl에서의 결합을 설명하시오. 결합이 형성될 때 원자 궤도함수는 어떻게 겹치는지 보이시오.

10.27 F_2에서 결합 형성에 대한 퍼텐셜 에너지 곡선을 그리시오.

혼성화

▶ 복습 질문

10.28 (a) 원자 궤도함수의 혼성화는 무엇인가? 고립된 원자는 혼성화 상태로 존재하는 것이 불가능한 이유는 무엇인가? (b) 혼성 궤도함수는 순 원자 궤도함수와 어떻게 다른가? 한 원자의 두 개의 $2p$ 궤도함수가 혼성되어 두 개의 혼성 궤도함수가 만들어질 수 있는가?

● 10.29 동일한 원자에 대해서 다음 두 혼성 궤도함수 사이의 결합각은 얼마인가? (a) sp와 sp 혼성 궤도함수, (b) sp^2와 sp^2 혼성 궤도함수, (c) sp^3와 sp^3 혼성 궤도함수.

10.30 시그마 결합과 파이 결합은 어떻게 구별하는가?

▶ 문제

● 10.31 혼성화 개념을 이용하여 AsH_3 분자의 결합에 설명을 기술하시오.

● **10.32** SiH_4와 $H_3Si_2—SiH_3$에서 Si의 혼성화 상태는 무엇인가?

● 10.33 다음 반응에서 Al 원자의 혼성화의 변화(있다면)를 기술하시오.

$$AlCl_3 + Cl^- \longrightarrow AlCl_4^-$$

● **10.34** 다음 반응을 생각해 보자.

$$BF_3 + NH_3 \longrightarrow F_3B—NH_3$$

이 반응의 결과로 B와 N 원자의 혼성화의 변화(있다면)를 기술하시오.

● 10.35 다음 화학종들에서 질소 원자에 의해 사용된 것은 무슨 혼성 궤도함수인가? (a) NH_3, (b) $H_2N—NH_2$, (c) NO_3^-.

● **10.36** 다음 분자에서 탄소 원자의 혼성 궤도함수는 무엇인가?

(a) $H_3C—CH_3$
(b) $H_3C—CH{=}CH_2$
(c) $CH_3—C{\equiv}C—CH_2OH$
(d) $CH_3CH{=}O$
(e) CH_3COOH

● 10.37 다음 화학종에서 탄소 원자의 혼성 궤도함수를 설명하시오. (a) CO, (b) CO_2, (c) CN^-.

● **10.38** 아자이드 이온(N_3^-)에서 중심 원자 N의 혼성화 상태는 무엇인가(원자 배열: NNN)?

● 10.39 알렌 분자($H_2C{=}C{=}CH_2$)는 직선형(3개의 C 원자가 직선상에 놓여 있음)이다. 탄소 원자들의 혼성화 상태는 무엇인가? 알렌에서 시그마 결합과 파이 결합의 형성을 보여주는 그림을 그리시오.

● **10.40** PF_5에 있는 인의 혼성화를 기술하시오.

● 10.41 다음 각 분자에는 몇 개의 시그마 결합과 파이 결합이 있는가?

(a) CH_2Cl_2 (Cl—CH(H)—Cl) (b) H(H)C=C(Cl)H (c) $H_3C—CH{=}CH—C{\equiv}C—H$

● **10.42** 다음 테트라사이아노에틸렌(tetracyanoethylene) 분자에는 몇 개의 파이 결합과 시그마 결합이 있는가?

$(N{\equiv}C)_2C{=}C(C{\equiv}N)_2$

● 10.43 아이오딘 원자가 sp^3d 혼성을 하는 아이오딘과 플루오린으로 되어 있는 양이온의 화학식을 쓰시오.

10.44 아이오딘 원자가 sp^3d^2 혼성을 하는 아이오딘과 플루오린으로 되어 있는 음이온의 화학식을 쓰시오.

분자 궤도함수 이론

▶ 복습 질문

10.45 분자 궤도함수 이론은 무엇인가? 원자가 결합 이론과 어떻게 다른가?

10.46 다음 분자 궤도함수의 모양을 그리시오. σ_{1s}, $\sigma_{1s}^\star$, π_{2p}, $\pi_{2p}^\star$. 그들의 에너지는 어떻게 비교되는가?

10.47 화학 결합의 루이스 이론, 원자가 결합 이론, 분자 오비탈 이론을 비교하시오.

10.48 결합 차수의 중요성을 설명하시오. 결합 차수를 사용하여 화학 결합의 세기를 정량적으로 비교할 수 있는가?

▶ 문제

10.49 H_2 분자가 먼저 H_2^+ 그리고 다음 H_2^{2+}로 이온화될 때, H—H 핵간 거리의 변화를 분자 궤도함수 개념으로 설명하시오.

10.50 두 H 원자로부터 H_2 분자 형성은 에너지 면에서 가능한 과정이다. 하지만 통계적으로 어느 두 H 원자들이 반응을 일으킬 확률은 100% 미만이다. 에너지를 고려하지 않고 단지 두 H 원자 내에 전자 스핀을 기반으로 한 이 관찰을 어떻게 설명할 것인가?

● 10.51 He_2, HHe, He_2^+에 대한 분자 궤도함수 에너지 단계 도표를 그리시오. 그들의 상대적인 안정도를 결합 차수로 비교하시오. (HHe는 3개의 전자를 가진 2원자 분자로 취급한다.)

● **10.52** Li_2, Li_2^+, Li_2^-를 안정도 증가 순서대로 나열하시오. 분자 궤도함수 에너지 준위 도표를 이용하여 이를 설명하시오.

10.53 분자 궤도함수 이론을 사용하여 Be_2 분자는 존재하지 않는 이유를 설명하시오.

● **10.54** B_2와 B_2^+ 중 어느 화학종의 결합 길이가 더 긴가? 분자 궤도함수 이론을 사용해 설명하시오.

● 10.55 아세틸렌(C_2H_2)은 양성자(H^+) 두 개를 잃고 탄화 이온(C_2^{2-})으로 되려는 경향이 있다. 탄화 이온은 CaC_2와

MgC_2와 같은 이온 결합 화합물에 존재한다. 분자 궤도함수 이론을 사용하여 C_2^{2-} 이온의 결합 상태를 설명하시오. C_2^{2-} 이온과 C_2의 결합 차수를 비교하시오.

10.56 산소 분자의 루이스와 분자 궤도함수 처리를 비교하시오.

• 10.57 왜 N_2의 결합 차수가 N_2^+보다 크고, O_2의 결합 차수는 O_2^+보다 작은지 설명하시오.

• **10.58** O_2, O_2^+, O_2^-(초과산화 이온), O_2^{2-}(과산화 이온)의 상대적 안정도를 비교하고 그들의 자기적 성질(반자기성 또는 상자기성)을 지적하시오.

10.59 분자 궤도함수 이론을 사용하여 F_2와 F_2^+의 상대적 안정도를 비교하시오.

• **10.60** 단일 결합은 거의 모두 시그마 결합이고 이중 결합은 거의 하나의 시그마 결합과 하나의 파이 결합으로 구성되어 있다. 이러한 규칙에 몇 가지 예외가 있다. B_2와 C_2 분자가 이런 예외임을 보이시오.

10.61 2009년도에 N_2^{3-} 이온이 분리되었다. 분자 오비탈 도표를 이용하여 그 특성(결합 순서와 자성)을 등전자 이온인 O_2^-과 비교하시오.

10.62 다음 위치 에너지 곡선은 두 개의 F 원자에서 생성된 F_2를 나타낸다. 표시된 영역에서 결합의 상태를 설명하시오.

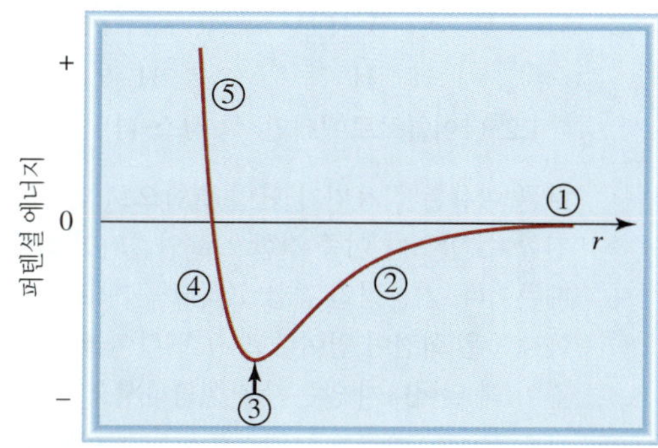

비편재화된 분자 궤도함수

▶ 복습 질문

10.63 비편재화된 분자 궤도함수는 H_2나 C_2H_4에서 발견되는 것과 같은 궤도함수와 어떻게 다른가? 비편재화된 분자 궤도함수를 형성하기 위한 최소한의 조건들(예를 들면, 원자들의 수와 궤도함수의 형태)이 무엇이라고 생각하는가?

10.64 9장에서 벤젠 분자와 탄산 이온과 같은 화학종들을 취급할 때 공명 구조 개념이 유용함을 알았다. 분자 궤도함수 이론은 이런 분자들을 어떻게 다루는가?

▶ *문제*

10.65 에틸렌(C_2H_4)과 벤젠(C_6H_6)은 모두 C=C 결합을 가지고 있다. 에틸렌의 반응성이 벤젠보다 더 크다. 예를 들면, 에틸렌은 브로민 분자와 즉시 반응하지만, 벤젠은 브로민 분자와 많은 다른 화합물에 대하여 반응성이 꽤 없다. 반응성에서의 이 차이를 설명하시오.

10.66 왜 왼쪽 표시가 오른쪽에 있는 것보다 벤젠 분자를 보다 잘 표현한 것인지 그 이유를 설명하시오.

 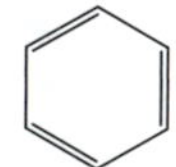

10.67 다음 두 분자 중 어느 것이 좀 더 비편재화된 궤도함수를 가졌는지 결정하고 설명하시오.

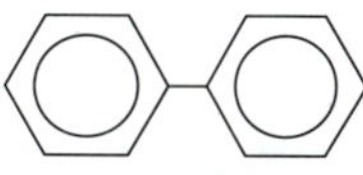 

(*힌트:* 이 두 분자는 모두 두 개의 벤젠 고리를 가지고 있다. 나프탈렌은 두 고리가 서로 접합되어 있다. 바이페닐은 두 고리가 단일 결합에 의해 연결되어 있고, 이 결합 주위로 두 개의 고리가 회전할 수 있다.)

• **10.68** 플루오린화 나이트릴(nitryl fluoride, FNO_2)은 화학적으로 매우 반응성이 크다. 플루오린과 산소 원자들은 질소 원자에 결합되어 있다. (a) FNO_2의 루이스 구조를 쓰시오. (b) 질소 원자의 혼성화를 나타내시오. (c) 분자 궤도함수 이론으로 결합을 기술하시오. 어디에서 비편재화 분자 궤도함수가 형성될지 예상되는가?

10.69 비편재화된 분자 궤도함수를 사용하여 질산 이온(NO_3^-)에서의 결합을 기술하시오.

10.70 오존(O_3)에서 중심 O 원자의 혼성화 상태는 무엇인가? 비편재화된 분자 궤도함수로 O_3의 결합을 기술하시오.

▶ *추가 문제*

• 10.71 다음 화학종 중 어느 것이 사면체 모양을 갖지 않을 것 같은가? (a) $SiBr_4$, (b) NF_4^+, (c) SF_4, (d) $BeCl_4^{2-}$, (e) BF_4^-, (f) $AlCl_4^-$.

• **10.72** 브로민화 수은(II)의 루이스 구조를 그리시오. 이 분자는 선형인가 굽은형인가? 기하 구조를 어떻게 입증할 것인가?

10.73 다음 분자에 대한 결합 모멘트와 그 결과로 된 쌍극자 모멘트를 그리시오. H_2O, PCl_3, XeF_4, PCl_5, SF_6.

10.74 탄소와 규소 모두 4A족에 있지만 Si=Si 결합은 매우 어렵다고 알려져 있다. Si와 Si 이중 결합의 불안정성에 대하여 설명하시오. (*힌트:* 그림 8.5에 있는 C와 Si의 원자 반지름을 비교하시오. 원자의 크기가 크면 파이 결합 형성에서 어떤 효과를 나타내는가?)

10.75 아세트아미노펜은 타이레놀에서 활성이 있는 구성성분이다. (a) 이 화합물의 분자식을 쓰시오. (b) 각 C, N, O 원자의 혼성 상태는 무엇인가? (c) 각 C, N, O 원자에 대한 기하학적 구조를 설명하시오.

10.76 카페인은 커피에서 있는 각성제이다. (a) 이 화합물의 분자식을 쓰시오. (b) 각 C, N, O 원자의 혼성 상태는 무엇인가? (c) 각 C, N, O 원자에 대한 기하학적 구조를 설명하시오.

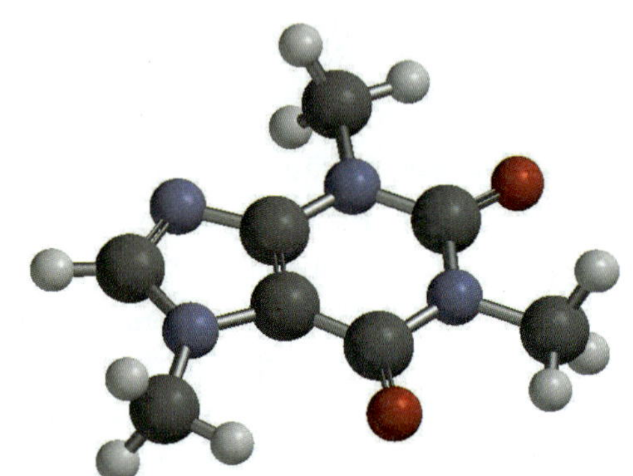

● 10.77 이염화 황(SCl_2)의 기하학적 구조와 황 원자의 혼성화를 예측하시오.

● **10.78** 오플루오린화 안티모니(SbF_5)는 XeF_4 및 XeF_6와 반응하여 이온 결합 화합물인 $XeF_3^+SbF_6^-$와 $XeF_5^+SbF_6^-$를 생성한다. 이들 두 화합물에 있는 양이온과 음이온의 기하학적 구조를 설명하시오.

● 10.79 다음 분자의 루이스 구조를 그리고, 기타 질문에 답하시오. (a) BF_3. 모양: 평면 또는 비평면? (b) ClO_3^-. 모양: 평면 또는 비평면? (c) H_2O. 쌍극자 모멘트의 방향을 표시하시오. (d) OF_2. 극성 또는 비극성 분자? (e) NO_2. ONO 결합각을 추측하시오.

● **10.80** 다음 분자의 결합각을 예측하시오. (a) $BeCl_2$, (b) BCl_3, (c) CCl_4, (d) CH_3Cl, (e) Hg_2Cl_2(원자 배열: ClHgHg-Cl), (f) $SnCl_2$, (g) H_2O_2, (h) SnH_4.

10.81 분자 기하 구조의 연구에 접근하는 방법으로 VSEPR과 혼성화를 간단히 비교하시오.

● **10.82** 오플루오린화 비소(AsF_5)에서 비소의 혼성화 상태를 설명하시오.

● 10.83 다음 분자의 루이스 구조를 그리고, 질문에 답하시오. (a) SO_3. 극성 또는 비극성 분자? (b) PF_3. 극성 또는 비극성 분자? (c) F_3SiH. 쌍극자 모멘트의 방향을 표시하시오. (d) SiH_3^-. 평면 또는 사각뿔 형태? (e) Br_2CH_2. 극성 또는 비극성 분자?

● **10.84** 다음 분자와 이온 중 선형인 것은 어느 것인가? ICl_2^-, IF_2^+, OF_2, SnI_2, $CdBr_2$.

● 10.85 $BeCl_4^{2-}$ 이온의 루이스 구조를 그리시오. 이것의 기하 구조를 예측하고, Be 원자의 혼성화 상태를 설명하시오.

● **10.86** N_2F_2 분자는 다음 두 형태 중 하나로 존재할 수 있다:

(a) 분자에 있는 N의 혼성화는 무엇인가?
(b) 어느 구조가 쌍극자 모멘트를 가지는가?

10.87 사이클로프로페인(C_3H_6)에서 하나의 C 원자는 2개의 H 원자 및 2개의 다른 C 원자와 결합하고 있는 삼각형 모양이다. 큐베인(C_8H_8)에서는 하나의 C 원자가 하나의 C 원자와 세 개의 다른 C 원자와 각 꼭짓점에서 결합되어 있는 정육면체 형태이다. (a) 이 분자들의 루이스 구조를 그리시오. (b) sp^3 혼성화된 C 원자로 예측되는 것들과 이들 분자의 CCC 각도를 비교하시오. (c) 이 분자들은 만들기가 쉬울 것으로 예상되는가?

10.88 화합물 1,2-다이클로로에테인(1,2-dichloroethane, $C_2H_4Cl_2$)은 비극성이다. 반면 *시스*-다이클로로에틸렌(*cis*-dichloroethylene, $C_2H_2Cl_2$)은 쌍극자 모멘트를 가진다.

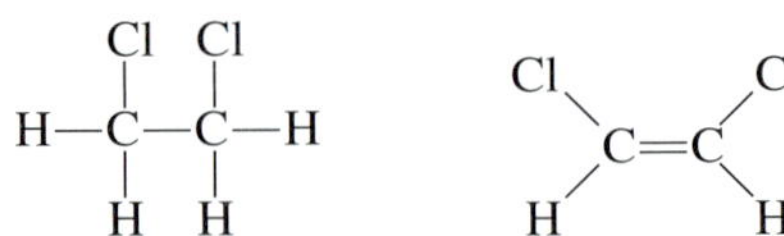

1,2-다이클로로에테인 *시스*-다이클로로에틸렌

다른 이유는 작용기가 단일 결합으로 연결되면 서로 회전할 수 있으나 이중 결합으로 연결되면 회전할 수 없기 때문이다. 기본적인 결합 고리의 근거로 1,2-다이클로로에테인은 회전이 일어나고 *시스*-다이클로로에틸렌은 회전이 왜 일어나지 않는지를 설명하시오.

● 10.89 다음 분자는 쌍극자 모멘트를 가지고 있는가?

(*힌트:* 연습 문제 10.39의 답 참조)

● **10.90** 소위 온실 기체는 지구의 온난화를 야기하는데, 쌍극자 모멘트를 갖거나 쌍극자 모멘트를 가지는 형태들로 굽어지거나 변형될 수 있다. 다음 중 어느 기체가 온실 기체인가? N_2, O_2, O_3, CO, CO_2, NO_2, N_2O, CH_4, $CFCl_3$.

10.91 SO_2의 결합각은 S에 비공유 전자쌍이 있음에도 불구하고 120°에 매우 가깝다. 설명하시오.

10.92 3′-아지도-3′-데옥시싸이미딘(3′-azido-3′-deoxythymidine)은 보통 AZT로 알려졌으며, 후천성면역결핍증후군(AIDS)를 치료제 중의 하나이다. 이 분자에서 C와 N 원자들의 혼성화 상태는 무엇인가?

10.93 다음 분자(AX_4Y_2)는 모두 팔면체 기하 구조를 가진다. 서로 같은 분자들을 묶으시오.

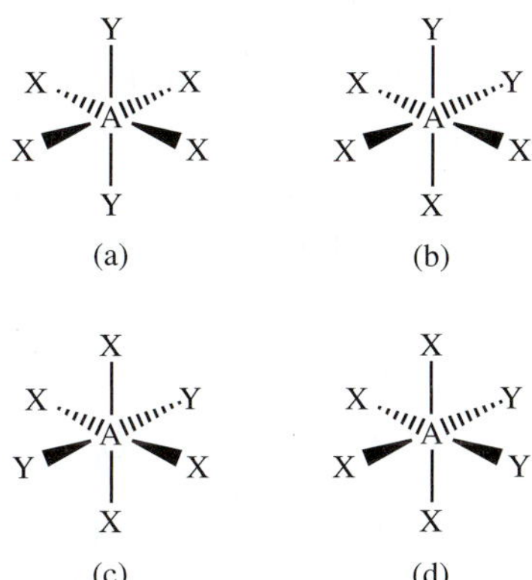

10.94 사염화 탄소(CCl_4)와 사염화 규소($SiCl_4$)는 기하 구조 및 혼성화에서 비슷하다. 그러나 CCl_4는 물과 반응하지 않는 반면 $SiCl_4$는 물과 반응한다. 화학 반응성에서의 차이를 설명하시오. (*힌트:* 반응의 첫 단계는 $SiCl_4$에서 Si 원자에 물 분자의 첨가로 생각된다.)

10.95 B_2에 대한 바닥 상태 전자 배치를 쓰시오. 이 분자는 반자기성인가 상자기성인가?

10.96 다음 분자에서 C와 N의 혼성화 상태는 무엇인가?

10.97 분자 궤도함수 이론을 사용하여 F_2와 F_2^-의 결합 엔탈피 차이를 설명하시오(연습 문제 9.110 참조).

10.98 10.2절 뒷부분의 "생활 속의 화학"을 참고하여 다음 질문에 답하시오.

(a) 고기(소고기, 양고기)를 굽기를 원한다면 마이크로파 오븐이나 재래식 오븐을 사용하겠는가?

(b) 레이더는 마이크로파의 반사파가 물체에 부딪쳐서 원점으로 돌아오는 시간과 방향을 측정해 물체의 위치를 파악하는 장치이다. 만일 산소, 질소, 이산화 탄소가 극성 분자라면 레이더가 작동하겠는가?

(c) 제2차 세계대전 중 영국 해협에서의 초기 레이더 실험에서 장비의 오작동이 없음에도 불구하고 결과를 단정짓지 못하였다. 그 이유는? (*힌트:* 그 지역의 기후는 종종 안개가 낀다.)

10.99 다음 분자들 중 어느 것이 극성인가?

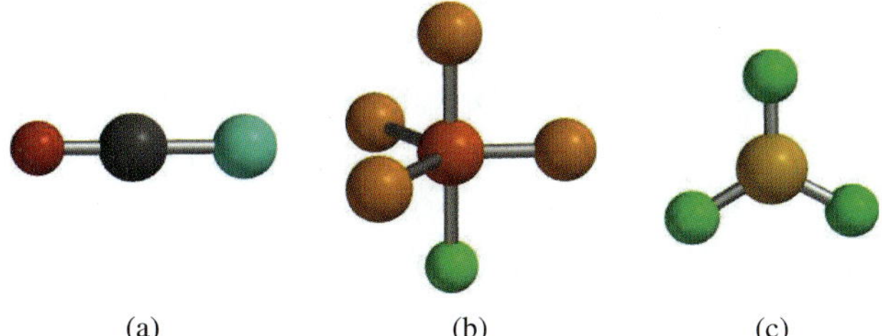

10.100 다음 분자들 중 어느 것이 극성인가?

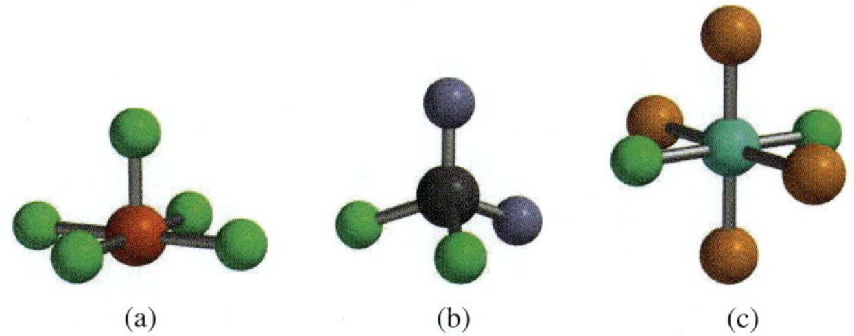

10.101 인의 안정한 동소체 형은 P_4인데, 각 P 원자는 세 개의 다른 P 원자에 결합되어 있다. 이 분자의 루이스 구조를 그리고 기하 구조를 기술하시오. 높은 온도에서 P_4는 해리되어 P═P 결합을 포함하는 P_2 분자를 형성한다. P_4가 P_2보다 더 안정한 이유를 설명하시오.

10.102 Cl_2의 결합 엔탈피가 F_2의 결합 엔탈피보다 큰 이유를 표 9.4를 사용하여 설명하시오. (*힌트:* F_2와 Cl_2의 결합 길이는 각각 142 pm와 199 pm이다.)

10.103 아자이드화 이온(N_3^-)에서의 결합을 분자 궤도함수 이론을 사용하여 설명하시오. (원자들의 배열은 NNN이다.)

10.104 이원자 분자의 결합의 이온성은 다음 공식을 사용해서 측정할 수 있다.

$$\frac{\mu}{ed} \times 100\%$$

여기서 μ는 실험적으로 측정된 쌍극자 모멘트(C m 단위)이고, e는 전자의 전하이고, d는 결합 길이(m 단위)이다. (양 ed는 낮은 전기음성도의 원자에서 높은 전기음성도의 원자로 전자의 이동이 완결되는 경우에 대한 가설적인 쌍극자 모멘트이다.) HF의 쌍극자 모멘트와 결합 길이가 각각 1.92 D와 91.7 pm일 때 분자의 이온성 백분율을 계산하시오.

10.105 $C_2H_2F_2$의 화학식을 갖는 화합물에 대한 루이스 구조를 세 개 그리시오. 어느 화합물이 극성인지 지적하시오.

10.106 온실 기체는 지구로부터 바깥으로 나가는 적외선(열)을

흡수하여 지구 온난화에 기여한다. 온실 기체 분자는 영구 쌍극자 모멘트를 가지거나 진동 운동 동안 변화하는 쌍극자 모멘트를 가진다. 이산화 탄소의 세 가지 진동 방법을 생각해 보자.

$$\overleftarrow{O}=C=\overrightarrow{O} \qquad \overrightarrow{O}=\overleftarrow{C}=\overrightarrow{O} \qquad \overset{\uparrow}{O}=\underset{\downarrow}{C}=\overset{\uparrow}{O}$$

여기서 화살표는 원자의 운동을 나타낸다(진동의 완벽한 순환 동안 원자는 한쪽 방향의 극한에 갔다가 다른 방향의 극한으로 역으로 움직인다). 앞의 진동 중에 어느 것이 CO_2가 온실 기체로서 행동하는 데 기여하는가? 다음 분자 중 온실 기체로 작용할 수 있는 것은 어느 것인가? N_2, O_2, CO, NO_2, N_2O.

● 10.107 삼염화 알루미늄($AlCl_3$)은 전자가 부족한 분자이다. 이 화합물은 이합체(2개의 $AlCl_3$ 단위로 되어 있는 분자)를 형성하려는 경향이 있다.

$$AlCl_3 + AlCl_3 \rightarrow Al_2Cl_6$$

(a) 이합체에 대한 루이스 구조를 그리시오. (b) $AlCl_3$와 Al_2Cl_6에서 Al의 혼성화 상태를 설명하시오. (c) 이합체의 기하 구조를 그리시오. (d) 이 분자들은 쌍극자 모멘트를 가지는가?

10.108 10.2절에서 보인 *시스*-다이클로로에틸렌과 *트랜스*-다이클로로에틸렌 분자들은 열이나 빛에 의해 서로 호환된다. (a) *시스*-다이클로로에틸렌을 출발 물질로 하여 C=C 결합을 180° 회전하면 파이 결합만 끊고 시그마 결합은 그대로 남는다는 것을 보이시오. 이 과정으로부터 *트랜스*-다이클로로에틸렌의 형성을 설명하시오(회전을 두 단계에 걸쳐서 90°씩 회전한 것으로 취급한다). (b) 파이 결합의 결합 엔탈피(270 kJ/mol)와 시그마 결합(350 kJ/mol)의 차이점을 설명하시오. (c) 이러한 변환을 유발하는 데 필요한 가장 긴 파장의 빛을 계산하시오.

10.109 프로게스테론은 남성의 성징을 나타내는 호르몬이다. 통상 간단한 구조에서는 선들이 만나는 점은 C 원자를 나타내고 H 원자는 나타내지 않는다. 모든 C와 H 원자를 보이는 완성한 분자 구조를 그리시오. 어느 C 원자가 sp^2와 sp^3 혼성화되었는지 표시하시오.

CH3 C=O CH3 CH3 O

● **10.110** 여기에 나열된 각 쌍에 대해 어느 것이 더 높은 일차 이온화 에너지를 갖는지를 서술하고 그 이유를 설명하시오. (a) H 또는 H_2, (b) N 또는 N_2, (c) O 또는 O_2, (d) F 또는 F_2.

● 10.111 벤자인(benzyne, C_6H_4) 분자는 매우 반응성이 좋은 화학종이다. 그것은 탄소 원자의 6개로 된 고리를 갖는다는 점에서 벤젠을 닮았다. 분자의 루이스 구조를 그리고 그 분자의 반응성이 높은 설명하시오.

● **10.112** 3주기 원소인 인은 질소가 N_2를 형성하는 것과 비슷한 방법으로 이원자 분자 P_2를 형성한다. (a) [Ne_2]를 사용하여 P_2에 대한 전자 배치를 나타내시오. (b) 결합 차수를 계산하시오. (c) 이것의 자기적 성질(반자기성 또는 상자기성)은 무엇인가?

10.113 일차 들뜬 전자 상태에 있는 N_2 분자를 생각해 보자. 최고 점유 분자 궤도함수에 있는 전자가 최저 빈 분자 궤도함수로 들뜰 때의 상태. (a) 관여된 분자 궤도함수들을 식별하고 그 전이를 보여주는 도표를 그리시오. (b) N_2와 N_2*의 결합 차수와 결합 길이를 비교하시오. 여기서 별표는 들뜬 분자를 나타낸다. (c) N_2*는 반자기성인가 상자기성인가? (d) N_2*가 초과 에너지를 잃고 바닥 상태의 N_2로 변환될 때 470 nm 파장의 빛을 내는데 오로라 빛의 부분을 형성한다. 이들 준위들 사이의 에너지 차이를 계산하시오.

10.114 이 장에서 언급된 O_2의 루이스 구조는 다음과 같다.

$$\ddot{\underset{..}{O}}=\ddot{\underset{..}{O}}$$

분자 궤도함수 이론을 사용하여 그 구조가 실제로 산소 분자의 들뜬 상태에 해당된다는 것을 보이시오.

10.115 연습 문제 9.137을 참고하여 N 원자의 혼성 상태와 그 이온의 전반적인 형태를 설명하시오.

10.116 다음 반응에서 반응물과 생성물의 대한 혼성과 기하학적 구조를 설명하시오.

$$ClF_3 + AsF_5 \longrightarrow [ClF_2^+][AsF_6^-]$$

● 10.117 케텐(ketene, C_2H_2O)의 루이스 구조를 그리고, C 원자들의 혼성화 상태들을 설명하시오. 이 분자는 O—H 결합을 포함하지 않는다. 다른 도표에 시그마와 파이 결합을 그리시오.

● **10.118** 다음 TCDD 즉, 2,3,7,8-테트라클로로다이벤조-*p*-다이옥신은 매우 큰 독성 화합물이다.

Cl O Cl Cl O Cl

이것은 우크라이나 정치가의 살인 계획에 관련되었던 2004년에 상당한 악명을 얻었다. (a) 기하 구조를 설명하고 이 분자가 쌍극자 모멘트를 갖는지 서술하시오. (b) 이 분자에 몇 개의 파이 결합과 시그마 결합이 있는가?

● 10.119 사이안화 이온(CN^-)의 전자 배치를 쓰시오. 이 이온과 등전자인 안정한 분자의 이름을 말하시오.

10.120 일산화 탄소(CO)는 헤모글로빈 분자에 있는 Fe^{2+}에 강하게 결합하는 능력 때문에 유독한 화합물이다. CO의 분자 궤도함수는 N_2 분자의 분자 궤도함수와 같은 에너지 등급을 갖는다. (a) CO의 루이스 구조를 그리고 형식 전하를 부여하시오. CO가 0.12 D의 훨씬 작은 쌍극자 모멘트를 갖는 이유를 설명하시오. (b) CO의 결합 차수를 분자 궤도함수로부터 얻은 값과 비교하시오. 원자(C 또는 O) 중 어느 것이 헤모글로빈 속에 Fe^{2+} 이온과 더 잘 결합할까?

10.121 이 장에서 논의된 기하 구조들은 모두 스스로 결합각에 상당히 자명한 설명을 제공한다. 사면체는 예외인데 그 결합각들은 나타내기가 어렵기 때문이다. 사면체 기하 구조를 가지고 비극성인 CCl_4 분자를 생각해 보자. 특정 C—Cl 결합의 결합 모멘트를 반대 방향으로의 세 개의 다른 C—Cl 결합들의 결합 모멘트 합에 식을 세워서 결합각들이 모두 109.5°임을 보이시오.

● **10.122** 아산화 탄소(carbon suboxide, C_3O_2)는 무색의 자극성 냄새가 나는 기체이다. 이것은 쌍극자 모멘트를 가지는가?

● 10.123 다음 이온 중 어느 것이 쌍극자 모멘트를 가지는가? (a) ClF_2^+, (b) ClF_2^-, (c) IF_4^+, (d) IF_4^-.

10.124 NO에 대한 분자 궤도함수의 순서가 O_2와 비슷하다는 것을 감안할 때, 결합 순서가 증가하는 순으로 다음 종들을 배열하시오. NO^{2-}, NO^-, NO, NO^+, NO^{2+}.

설명, 모형화 및 추정 문제 *Interpreting, Modeling & Estimating*

10.125 다음은 SX_4의 분자 모형을 나타낸 것이다(X=F, Cl, Br). 이 분자들에서 축방향 S—X 결합 사이의 결합각에 대한 경향성을 논하시오.

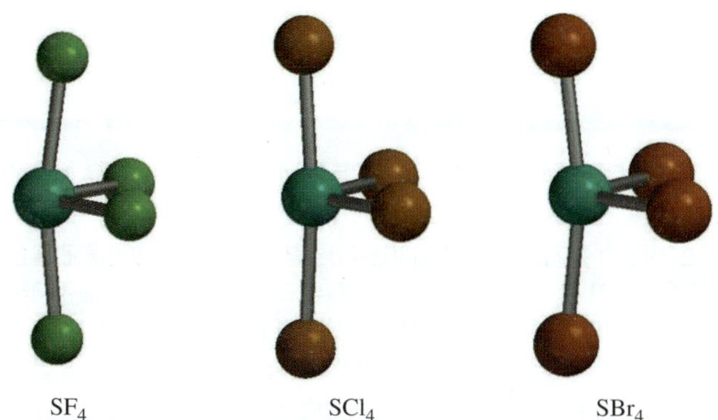

10.126 이 장과 9장에서 배운 것에 근거하여 가장 강한 화학 결합을 가진 이원자 분자와 가장 약한 화학 결합을 가진 이원자 분자를 명명하시오.

10.127 벤젠의 안정성은 이 분자의 타당한 공명 구조들을 그릴 수 있다는 사실 때문이다. 이것은 전자의 비편재화가 있다는 것과 같은 말이다. *공명 에너지*(resonance energy)란 벤젠이 단일 공명 구조로만 나타낼 수 있는 가상적인 분자와 비교해 얼마나 더 안정한지의 척도이다. 다음은 사이클로헥센(C_6H_{10})에서 사이클로헥세인(C_6H_{12})으로와 벤젠에서 사이클로헥세인으로의 수소화(수소 첨가) 엔탈피이다. (이렇게 단순화한 구조에서 선들이 만나는 각 지점은 C 원자를 나타낸다. sp^2 혼성화된 C 원자에는 H 원자 하나가 붙어 있고 sp^3 혼성화된 C 원자에는 H 원자 두 개가 결합되어 있다.) 이들 자료로부터 벤젠의 공명 에너지를 추정하시오.

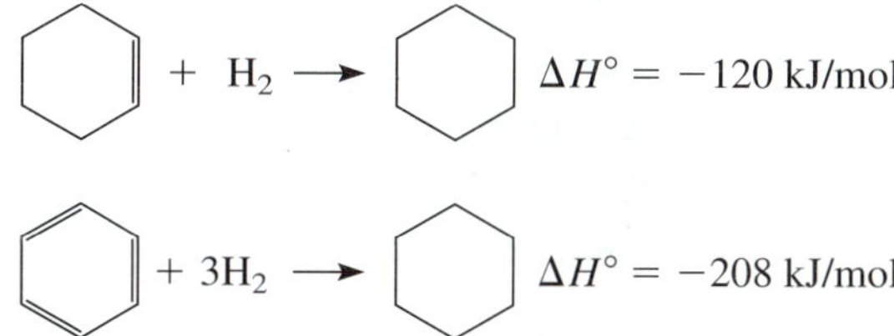

10.128 그래핀 1 cm^2에 얼마나 많은 탄소 원자가 포함되어 있는가? (흑연의 설명에 대한 이 장 끝에 있는 "생활 속의 화학" 참조) 그래핀 1 cm^2의 질량은 무엇인가?

실전 연습의 답 *Answers to Practice Exercises*

10.1 (a) 사면체형, (b) 선형, (c) 삼각 평면형. **10.2** 아니다. **10.3** (a) sp^3, (b) sp^2. **10.4** sp^3d^2. **10.5** C 원자는 *sp* 혼성화되어 있다. H 원자와 시그마 결합을 형성하며, N 원자와 다른 시그마 결합을 형성한다. 탄소 원자에 있는 두 개의 혼성화되지 않은 *p* 궤도함수는 N 원자와 두 개의 파이 결합을 형성하는 데 사용된다. N 원자에 있는 고립쌍은 *sp* 궤도함수에 있게 된다. **10.6** F_2^-.

제 11 장

분자간 힘과 액체 및 고체

Intermolecular Forces and Liquids and Solids

▲ −51°C에서 공기 중에 끓는 물을 뿌리는 사람.

이 장의 차례

들여다보기

- 액체와 고체에 분자 운동론을 적용하고 기체와 그 성질들을 비교함으로써 이 장을 시작한다(11.1절).
- 다음으로 분자간 또는 이온과 분자 사이에 존재하는 다른 형태의 분자간 힘들을 관찰한다. 또한 수소와 전기음성도가 큰 원소인 질소, 산소, 플루오린 등과의 사이에서 존재하는 수소 결합이라는 특별한 형태의 분자간 상호작용을 공부한다(11.2절).
- 액체의 두 가지 중요한 특성인 표면 장력과 점성도를 분자간 힘으로 이해한다(11.3절).
- 고체 분야에서는 결정의 본질과 구의 쌓임 방식에 따라 각각 다른 단위 세포 형성에 관해 배운다(11.4절).
- 고체의 결정 구조를 결정하는 최선의 방법은 X선 회절에 의한 것으로, 이는 조사된 X선이 결정 내 원자나 분자에 의해 산란되는 것을 이용하는 것임을 배운다(11.5절).
- 결정의 주요 형태로는 이온 결정, 공유 결정, 분자 결정, 금속 결정이 있다. 분자간 힘을 이용하면 결정의 구조와 밀도, 녹는점, 전기 전도도와 같은 물리적 특성들을 이해하는 데 도움이 된다(11.6절)
- 고체는 일정한 삼차원의 정돈된 배열을 지니지 못하는 비결정질 형태로도 존재할 수 있음을 배운다. 비결정질 고체의 대표적인 예로 유리를 들 수 있다(11.7절).
- 다음으로 기체, 액체, 고체 사이에서의 전이인 상 변화를 배운다. 액체와 증기 사이에서의 동적 평형은 평형 증기압을 유발시킴을 이해한다. 증기화를 위해 필요한 에너지는 분자간 힘의 세기에 의존한다. 또한 모든 물질은 임계 온도 즉, 그 온도 이상에서는 증기의 형태가 액화될 수 없는 온도를 지니고 있음을 배운다. 또한 액체-고체와 고체-기체간의 전이를 관찰한다(11.8절).
- 다양한 형태의 상 전이는 상 평형 그림에 요약되어 있는데, 이는 어떤 상이 어떤 조건에서 안정한지와 상 전이를 일으키는 데 얼마의 온도와 압력 변화가 필요한지를 이해하는 데 도움이 된다(11.9절).

우리는 지구 대기권을 이루고 있는 기체 혼합물 속에서 살고 있지만, 액체와 고체는 눈으로 볼 수 있기 때문에 기체보다 액체와 고체의 거동에 더 친숙하다. 우리는 매일 마시고, 씻고, 청소하고, 요리하는 데 물과 다른 액체들을 사용하고 있으며, 손으로 만지고 그 위에 앉으며 입는 옷을 만드는 등에 고체를 사용하고 있다.

분자 운동은 기체에서보다 액체에서 더 제약을 받으며, 고체에서는 원자와 분자가 훨씬 더 단단하게 붙들려 있다. 실제로 고체에서 원자와 분자는 정해진 특정한 자리를 차지하고 있어 서로에 대해 자유롭게 운동하기 어렵다. 이 장에서는 액체와 고체의 구조를 살펴보고, 두 물질 상태에 대한 근본적인 특징을 살펴보고자 한다. 또한 기체, 액체, 고체 사이에서의 전이에 있어서의 본질을 배우게 된다.

11.1 액체와 고체의 분자 운동론

5장에서는 분자 운동론을 이용하여 기체 분자의 일정하거나 무질서한 운동의 관점에서 기체의 거동을 설명하였다. 기체는 분자의 크기에 비해 분자들 사이의 거리가 매우 멀어서 상온과 상압(25°C, 1 atm)에서는 분자 간의 상호작용이 거의 없다. 기체에서는 분자가 차지하지 않는 빈 공간이 상당히 크기 때문에 기체는 쉽게 압축될 수 있다. 또한 기체들은 분자 간의 힘이 강하지 않기 때문에 쉽게 팽창해서 용기를 채울 수 있다. 뿐만 아니라 빈 공간이 크다는 것은 기체가 정상 조건에서 밀도가 매우 낮은 이유이기도 하다.

액체와 고체는 이와 전혀 다르다. 액체 및 고체와 같은 응축 상태와 기체 상태의 근본적인 차이는 분자 간 거리이다. 액체에서는 분자들이 서로 매우 가까이 있어서 빈 공간이 매우 작다. 따라서 액체는 기체보다 압축하기가 훨씬 더 어려우며, 따라서 정상 조건에서 훨씬 조밀하다. 액체에서 분자들은 여러 형태의 인력에 의해 서로 붙들려 있는데, 이는 11.2절에서 소개할 것이다. 또한 액체는 분자들이 상호 인력으로부터 벗어나지 못하기 때문에 일정한 부피를 가진다. 그러나 액체 분자는 서로 자유롭게 움직일 수 있기 때문에 흐를 수 있고, 쏟아 부을 수 있으며, 용기의 형태에 따라 모양이 결정된다.

고체는 분자가 정해진 자리에 단단히 붙들려 있어서 사실상 자유롭게 운동할 수 없다. 많은 고체의 특징은 그 고체를 구성하는 분자들이 삼차원적으로 일정한 형태를 유지하면서 배열되어 있는 장거리 질서(long-range order)를 가진다는 점이다. 고체는 액체보다 빈 공간이 더 작으므로 거의 압축되지 않으며, 정해진 모양과 부피를 가지고 있다. 물의 경우와 같이 몇몇 예외를 제외하고, 한 물질에서 고체 상태는 액체 상태보다 밀도가 더 크다. 한 물질의 두 가지 상태가 공존하는 경우도 흔히 볼 수 있는데, 컵 속의 물(액체)에 떠 있는 얼음(고체)이 그 예이다. 화학자들은 계(system)에 존재하는 한 가지 물질의 다른 상태들을 상이라 부른다. **상**(phase)은 *그 계의 다른 부분과 접해 있지만 분명한 경계로 구분되어 있는 균일한 부분*을 말한다. 따라서 얼음물이 들어 있는 물컵에는 물의 고체상(solid phase)과 액체상(liquid phase)이 둘 다 존재하고 있다. 이 장에서 어떤 한 가지 물질의 여러 상을 포함하는 계는 물론, 어떤 한 가지 물질의 상태 변화에 대해 이야기할 때 "상"이란 용어를 사용할 것이다. 표 11.1에 물질의 세 가지 상이 가지는 대표적인 특징 몇 가지가 요

표 11.1 기체, 액체, 고체의 특성

물질의 상태	부피/모양	밀도	압축성	분자의 운동
기체	용기에 따라 부피와 모양이 달라진다	낮다	압축성이 크다	매우 자유롭다
액체	일정한 부피를 지니지만 용기의 모양을 가진다	높다	매우 조금 압축된다	서로 자유롭게 움직인다
고체	일정한 부피와 모양을 가진다	높다	사실상 압축이 안 된다	고정된 위치에서 진동한다

약되어 있다.

11.2 분자간 힘

분자간 힘(intermolecular force)은 *분자들 사이에 작용하는 인력*을 말한다. 분자간 힘은 5장에서 기술한 바 있는 기체의 비이상적 거동의 원인이기도 한다. 분자간 힘은 액체나 고체와 같은 응축상 물질에서 더 큰 영향을 끼친다. 기체의 온도가 내려감에 따라 기체를 구성하는 분자들의 평균 운동 에너지가 감소하게 되고, 결국 충분히 낮은 온도에서 분자는 더 이상 인접한 분자의 인력으로부터 벗어나기에 충분한 에너지를 가지지 못하게 된다. 이때, 분자들이 모여서 작은 액체 방울을 만들게 되는데, 이러한 기체상에서 액체상으로의 전이를 *응축*(condensation)이라 한다.

분자간 힘과 달리 **분자내 힘**(intramolecular force)은 *한 분자 내에서 원자들끼리 서로 붙들고 있는 힘*을 말한다. (9장과 10장에서 논의한 화학 결합은 분자내 힘을 포함한다.) 분자내 힘은 각 분자를 안정한 상태로 유지하게 하는 반면, 분자간 힘은 본질적으로 녹는점이나 끓는점과 같은 물질의 본체 특성(bulk property)에 관여하고 있다.

일반적으로 분자간 힘은 분자내 힘보다 훨씬 약하다. 따라서 액체를 증발시키는 데 필요한 에너지가 액체를 구성하는 분자의 결합을 깨는 데 필요한 에너지보다 훨씬 작다. 예컨대, 끓는점에서 1 mol을 증발시키기 위해서는 약 41 kJ의 에너지가 필요하지만, 물 분자 1 mol에 있는 모든 O—H 결합을 끊는 데 필요한 에너지는 약 930 kJ에 달한다. 물질의 끓는점은 분자들 사이에 작용하는 분자간 힘의 세기를 반영하고 있다. 끓는점에서 증기상(vapor phase)으로 되기 위해서는 분자 사이의 인력을 이겨내기에 충분한 에너지가 공급되어야 한다. A 분자가 더 강한 분자간 힘에 의해 붙들려 있어서 물질 B보다 물질 A의 분자를 떼어내는 데 더 많은 에너지가 필요하다면, A의 끓는점이 B의 끓는점보다 더 높게 된다. 같은 원리가 물질의 녹는점에도 적용되는데, 일반적으로 분자간 힘의 세기가 클수록 그 물질의 녹는점도 높아진다.

응축상 물질의 특성을 논의하기 위해서 여러 가지 분자간 힘의 형태를 이해할 필요가 있다. 화학자들이 흔히 **반 데르 발스 힘**(van der Waals force)이라 부르는 분자간 힘은 네덜란드의 물리학자인 반 데르 발스(Johannes van der Waals, 5.8절 참조)의 이름을 딴 것으로 *쌍극자-쌍극자*(dipole-dipole), *쌍극자-유도 쌍극자*(dipole-induced dipole) 및 *분산력*(dispersion force)으로 구성되어 있다. 이온과 쌍극자는 *이온-쌍극자 힘*(ion-dipole force)이라고 하는 정전기적 힘에 의해 서로 잡아당기고 있는데, 이 이온-쌍극자 힘은 반 데르 발스 힘은 아니다. *수소 결합*(hydrogen bonding)은 특별히 강한 형태의 쌍극자-쌍극자 상호작용으로 생각할 수 있다. 그러나 수소 결합의 형성에는 몇 가지 원소만이 참여할 수 있기 때문에 수소 결합은 별개의 범주로 취급된다. 곧 보게 되겠지만 물질의 상, 화학 결합의 본질 및 참여하는 원소의 종류에 따라서 두 가지 형태 이상의 상호작용이 분자들 사이의 전체 인력에 기여하기도 한다.

쌍극자-쌍극자 힘

쌍극자-쌍극자 힘(dipole-dipole force)은 *쌍극자 모멘트를 가지고 있는 극성 분자들 간에 작용하는 인력*이다(10.2절 참조). 이 힘의 근원은 정전기적이며, 쿨롱 법칙으로 이해할 수 있다. 쌍극자 모멘트가 크면 클수록 쌍극자-쌍극자 힘도 더 커진다. 그림 11.1은 고체에서 극성 분자들의 배향을 보여주고 있다. 액체에서는 극성 분자들이 고체에서만큼 강하게 붙들려 있지는 않지만, 평균적으로 인력을 최대화하는 방향으로 배열되는 경향이 있다.

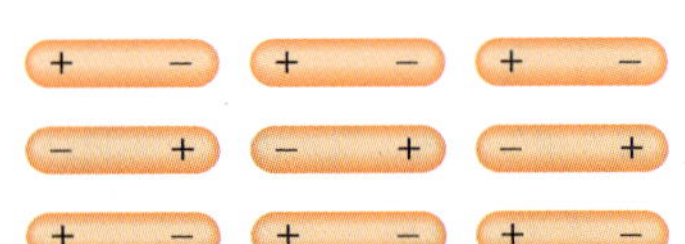

그림 11.1 고체상에서 분자들은 최대 인력을 가지기 위해 영구 쌍극자가 서로 반대 방향으로 배열된다.

이온-쌍극자 힘

이온-쌍극자 힘(ion-dipole force)은 *양이온이나 음이온과 같은 이온과 극성 분자가 서로 끌어당기는 힘*으로, 이 역시 쿨롱 법칙으로 설명할 수 있다(그림 11.2). 이 상호작용의 세기는 이온의 크기와 전하량, 그리고 분자의 크기와 쌍극자 모멘트의 세기에 의존한다. 대개 양이온의 크기가 음이온보다 작기 때문에 일반적으로 양이온의 전하가 더 밀집되어 있다. 따라서 양이온은 같은 전하량의 음이온보다 쌍극자와 더 강하게 상호작용을 한다.

Na^+

I^-

그림 11.2 이온-쌍극자 힘의 두 가지 형태.

4.1절에서 논의한 수화(hydration)는 이온-쌍극자 힘의 한 예이다. 수화열은 이온 결합 화합물의 양이온, 음이온과 물 사이의 인력 때문에 나타난다. 그림 11.3은 Na^+ 이온이나 Mg^{2+} 이온과 큰 쌍극자 모멘트(1.87 D)를 지니는 물과의 사이에 있는 이온-쌍극자 인력을 보여준다. Mg^{2+} 이온(반지름 78 pm)이 Na^+ 이온(반지름 98 pm)보다 전하가 더 크고 반지름이 더 작기 때문에 물 분자와 더 강하게 상호작용을 한다(실제로 용액에서 각 이온은 여러 물 분자에 의해 둘러싸여 있다). 그리하여 Na^+와 Mg^{2+} 이온에 대한 수화열은 각각 −405 kJ/mol과 −1926 kJ/mol이다.† 다른 전하와 크기를 가지는 음이온에 대해서도 비슷한 차이가 있다.

분산력

비극성 물질에서는 어떤 인력이 작용하고 있을까? 이 질문에 대한 답을 알기 위해서 그림 11.4에 있는 배열을 한 번 생각해 보자. 만약 이온이나 극성 분자가 원자(또는 비극성 분자) 근처에 있으면 이온이나 극성 분자가 미치는 힘으로 인해 원자(또는 비극성 분자)의 전자 분포가 찌그러지게 되어 일종의 쌍극자가 생기게 된다. 원자(또는 비극성 분자)에 생기는 이러한 쌍극자를 **유도 쌍극자**(induced dipole)라 하는데, *근처에 있는 이온이나 극성 분자로 인해서 원자(또는 비극성 분자)에서 양전하와 음전하의 분리*가 일어나기 때문이다. 이온과 유도 쌍극자 간의 인력을 *이온-유도 쌍극자 상호작용*(ion-induced dipole interaction)이라 하며, 극성 분자와 유도 쌍극자 간의 인력을 *쌍극자-유도 쌍극자 상호작*

†각 이온의 수화열을 직접 측정할 수는 없으나 거의 믿을 만하게 유추할 수 있다.

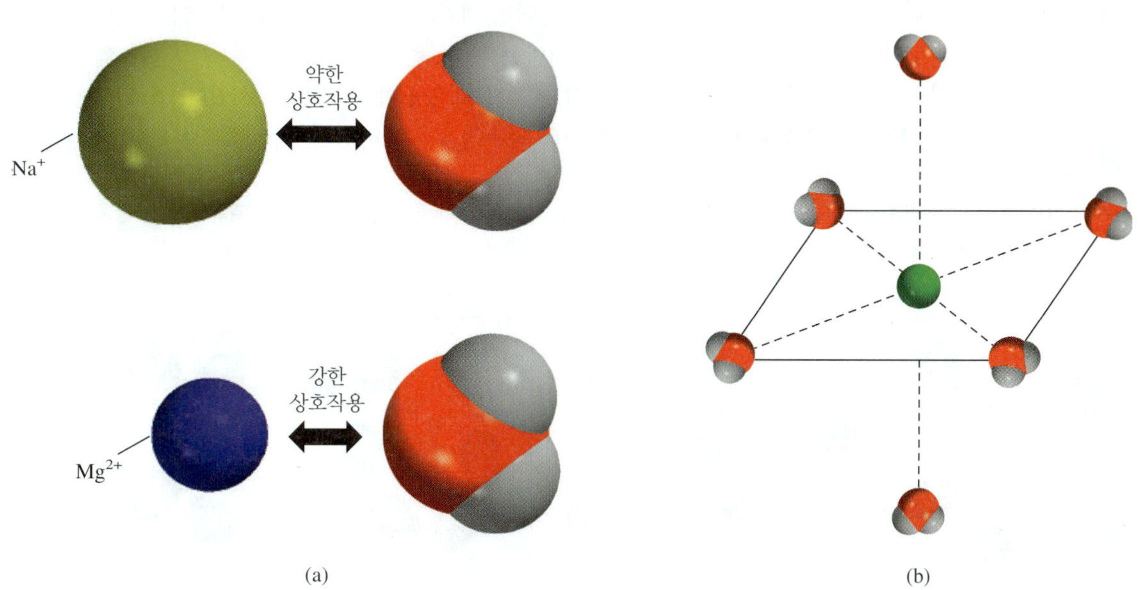

그림 11.3 (a) Na^+ 이온 및 Mg^{2+} 이온과 물 분자 사이의 인력, (b) 수용액에서는 금속 이온들은 보통 물 분자 6개에 의해 둘러싸여 팔면체 구조가 된다.

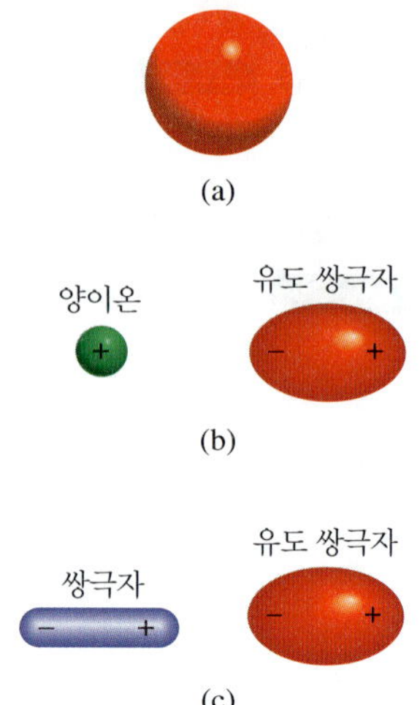

그림 11.4 (a) 헬륨 원자의 구형 전하 분포. (b) 양이온의 접근에 따른 전하의 찌그러짐. (c) 쌍극자의 접근에 따른 전하의 찌그러짐.

용(dipole-induced dipole interaction)이라 한다.

유도 쌍극자의 크기는 이온의 전하량, 쌍극자의 세기뿐 아니라 원자나 분자의 *편극도*(polarizability)에 의해 결정된다. 편극도란 원자나 분자의 전자 분포가 찌그러지기 쉬운 정도를 뜻하는 것이다. 일반적으로 원자나 분자에 있는 전자의 수가 많을수록 그리고 전자 구름이 보다 넓은 영역에 확산되어 있을수록 편극도는 더 커진다. 확산되어 있는 *전자 구름*(diffuse cloud)이란 전자 구름이 상당한 부피에 걸쳐서 퍼져 있다는 것이며, 따라서 전자들이 핵에 단단하게 붙들려 있지 않다는 것이다.

편극도로 인해 He이나 N_2와 같이 원자나 비극성 분자로 구성된 기체가 응축될 수 있다. 헬륨 원자에서 전자는 핵으로부터 일정한 거리만큼 떨어져서 운동하고 있는데, 순간적으로 전자가 특정 위치에 존재하여 원자에 쌍극자 모멘트가 생기게 된다. 이러한 쌍극자 모멘트는 아주 짧은 순간만 지속되기 때문에 *순간 쌍극자*(instantaneous dipole)라 한다. 다음 순간에 전자는 또 다른 위치에 존재하게 되고, 이제 원자는 새로운 순간 쌍극자를 가지며, 이러한 현상이 계속 일어난다. 그러나 쌍극자 모멘트를 측정하는 데 걸리는 시간에 대해 평균해서 보면 순간 쌍극자는 모두 서로 상쇄되므로 원자는 쌍극자 모멘트를 가지지 않는 셈이 된다. 많은 He 원자가 모여 있을 때, He 원자 하나의 순간 쌍극자는 가장 가까이에 있는 원자들 각각에 쌍극자를 유도할 수 있다(그림 11.5). 또한 다음 순간에 또 다른 순간 쌍극자가 주위의 He 원자들에 일시적인 쌍극자를 만들 수 있을 것이다. 여기서 중요한 점은 이런 방식의 상호작용이 **분산력**(dispersion force)을 만들게 되는데, 이는 *원자나 분자에 유도된 순간적인 쌍극자로 인해 생긴 인력*이다. 원자의 운동 속도가 느려지는 매우 낮은 온도에서는 He 원자를 서로 붙들고 있을 만큼 분산력이 충분히 강해져서 결국 He 기체가 응축되게 된다. 비극성 분자들 사이의 인력도 비슷한 방식으로 설명할 수 있다.

간단하게 하기 위해 원자나 분자 모두에 "분자 간 힘"이란 용어를 사용한다.

1930년 런던(Fritz London)[†]은 일시적인 쌍극자를 양자역학적으로 해석하였다. 그는 이러한 인력의 크기가 원자나 분자의 편극도에 직접 비례함을 보여주었다. 이미 짐작했듯이 분산력은 매우 약한 힘인데, 특히 끓는점이 4.2 K(−269°C)인 헬륨에서는 확실히 그렇다. (헬륨에는 전자 두 개만 존재하며, 이 전자들은 1*s* 궤도함수에 단단히 붙들려 있다. 따라서 헬륨 원자는 편극도가 낮다.)

분산력(런던 힘이라고도 함)은 대개 몰질량과 함께 증가하는데, 몰질량이 큰 분자는 전자가 더 많으므로 전자수와 함께 분산력의 세기가 증가하게 된다. 더욱이 몰질량이 크다는 것은 대개 원자가 크다는 것을 의미하는데, 큰 원자에서는 바깥쪽의 전자가 핵에 의해 덜 단단하게 붙들려 있기 때문에 전자 분포가 보다 쉽게 찌그러질 수 있다. 표 11.2에 비극성 분자로 이루어져 있는 비슷한 물질의 녹는점을 비교하였다. 예상대로 분자에 있는 전자

표 11.2

비슷한 비극성 화합물의 녹는점

화합물	녹는점(°C)
CH_4	−182.5
CF_4	−150.0
CCl_4	−23.0
CBr_4	90.0
CI_4	171.0

[†] 런던(Friz London, 1900~1954)은 독일의 물리학자로, 액체 헬륨에서 초전도성에 관한 연구를 주로 수행한 이론 물리학자이다.

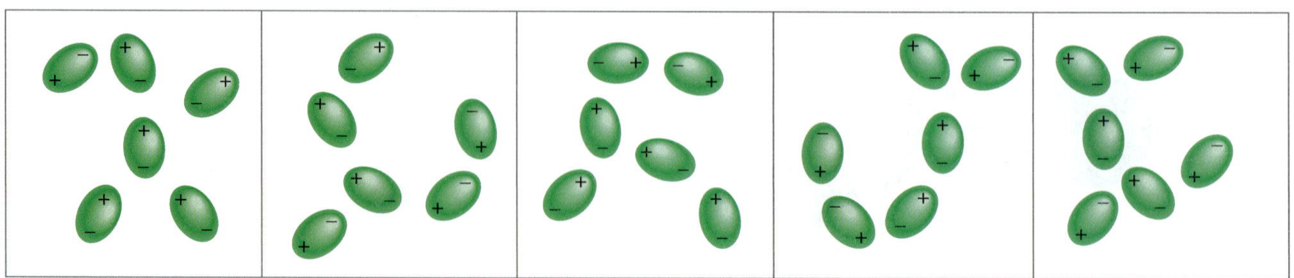

그림 11.5 서로 상호작용하는 유도 쌍극자. 이런 형태는 순간적으로만 존재하고, 다음 순간 새로운 배치가 만들어진다. 이런 유형의 상호작용 때문에 비극성 기체들이 응축될 수 있다.

수가 증가할수록 녹는점이 높아진다. 이것들은 모두 비극성 분자이므로 분자 간에 작용하는 인력은 오로지 분산력뿐이다.

분산력은 극성 분자들 간에 작용하는 쌍극자-쌍극자 힘과 비슷하거나 오히려 큰 경우가 많다. 극적인 경우의 예로, CH_3F(−78.4°C)와 CCl_4(76.5°C)의 끓는점을 비교해 볼 수 있다. 비록 CH_3F는 쌍극자 모멘트가 1.8 D이지만, 비극성 분자인 CCl_4보다 훨씬 낮은 온도에서 끓는다. CCl_4는 더 높은 온도에서 끓는데, 이는 단순히 CCl_4가 더 많은 전자를 가지고 있기 때문이다. 그 결과 CCl_4 분자들 간의 분산력이 CH_3F 분자들 사이의 분산력과 쌍극자-쌍극자 힘의 합보다도 더 강하다고 할 수 있다. (그것이 중성이든 전하를 띠든, 극성이든 비극성이든 상관없이 모든 형태의 화학종에 대해서 분산력이 존재함을 기억하라.)

예제 11.1은 우리가 어떤 종류의 화학종인지를 알기만 하면 그들 간에 존재하는 분자간 힘의 형태를 쉽게 결정할 수 있음을 보여주고 있다.

예제 11.1

다음 화학종들 사이에는 어떤 종류의 분자간 힘이 존재하는가? (a) HBr과 H_2S, (b) Cl_2와 CBr_4, (c) I_2와 NO_3^-, (d) NH_3와 C_6H_6.

전략 화학종을 이온, 극성(쌍극자를 가진 경우), 비극성의 세 형태로 분류한다. 모든 화학종 사이에는 분산력이 존재함을 기억하라.

풀이 (a) HBr과 H_2S는 둘 다 극성 분자이므로 이들 사이에는 쌍극자-쌍극자 힘이 작용하며, 또한 분산력도 작용하고 있다.

(b) Cl_2와 CBr_4는 비극성이므로 이들 분자 간에는 분산력만 작용하고 있다.

(c) I_2는 동종핵 이원자 분자로 비극성이다. 따라서 이 분자와 NO_3^- 이온 사이에는 이온-유도 쌍극자 힘과 분산력이 작용하고 있다.

(d) NH_3는 극성이고, C_6H_6는 비극성이므로 이들 간에는 각각 쌍극자-유도 쌍극자 힘과 분산력이 작용한다.

비슷한 문제: 11.10.

실전 연습 다음 각 화학종에서 분자(또는 기본 단위) 사이에는 어떤 종류의 분자간 힘이 존재하는가? (a) LiF, (b) CH_4, (c) SO_2.

▶ 수소 결합

일반적으로 같은 주기의 원소를 포함하는 일련의 화합물에서 끓는점은 몰질량이 증가할수록 증가한다. 이 끓는점의 증가는 더 많은 전자를 가질수록 분자의 분산력이 증가하기 때문이다. 그림 11.6에 보인 것처럼 4A족의 수소 화합물은 이 경향을 따른다. 가장 가벼운 화합물인 CH_4의 끓는점이 가장 낮고, 가장 무거운 SnH_4의 끓는점이 가장 높다. 그러나 5A, 6A, 7A족의 수소 화합물들은 이 경향을 따르지 않는다. 이들 계열에서 가장 가벼운 수소 화합물(NH_3, H_2O, HF)이 끓는점이 가장 높은데, 이는 몰질량에 근거를 둔 예상과는 반대 결과이다. 이것은 같은 족에 있는 다른 화합물과 비교해서 NH_3, H_2O, HF 분자에 강한 분자간 힘이 존재한다는 것을 의미한다. 이러한 특별히 강한 분자 간 인력을 수소 결합이라 부른다. **수소 결합**(hydrogen bond)은 *N—H, O—H, F—H와 같은 극성 결합에서 수소 원자와 전기음성적인 O, N, F 원자 사이에 작용하는 특별한 형태의 쌍극자-쌍극자 상호작용*을 말한다. 이 상호 작용은 다음과 같이 나타낸다.

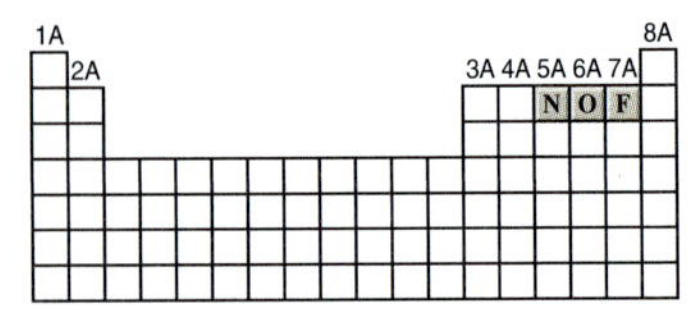

수소 결합에 참여하는 전기음성도가 가장 큰 세 원소들.

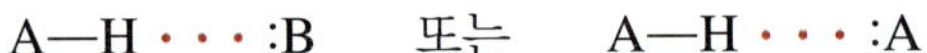

여기서 A와 B는 O, N, F 원자, A—H는 한 분자 또는 분자의 일부, B는 다른 분자의 한 부분을 의미하며, 점선은 수소 결합을 나타낸다. 세 원자는 대개 일직선상에 위치하지만, AHB(또는 AHA)의 각도가 직선으로부터 30° 정도 벗어나기도 한다. O, N, F 원자들은 모두 수소 결합에서 수소 원자와 상호작용을 할 수 있는 비공유 전자쌍이 적어도 하나 이상 있음을 주목하라.

수소 결합의 평균 에너지는 40 kJ/mol에 이를 정도로 쌍극자-쌍극자 상호작용치고는 꽤 크다. 따라서 수소 결합은 많은 화합물의 구조와 특성에 큰 영향을 끼치게 된다. 그림 11.7은 수소 결합의 몇 가지 예를 보여주고 있다.

수소 결합의 세기는 수소의 핵과 전기음성적인 원자의 비공유 전자쌍과의 쿨롱 힘의 크기로 결정된다. 예를 들면, 플루오린 원자는 산소 원자보다 더 전기음성도가 크므로 H_2O보다 액체 HF가 더 강한 수소 결합을 가지리라고 예상할 수 있다. 액체 상태의 HF에서 분자들은 개개의 단위로 존재하지 않고 지그재그 모양의 긴 사슬 형태로 존재한다.

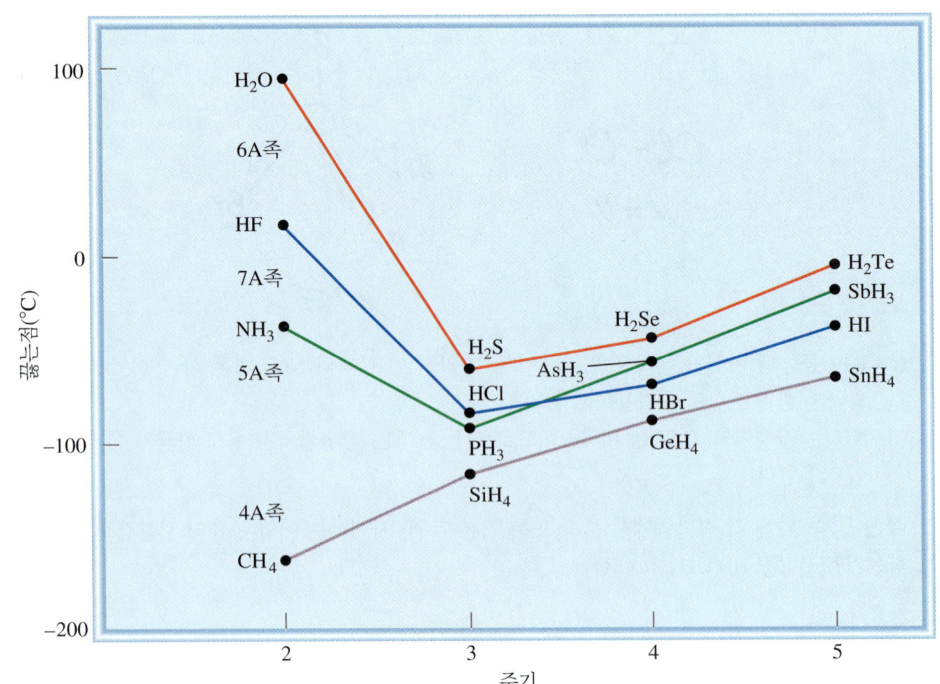

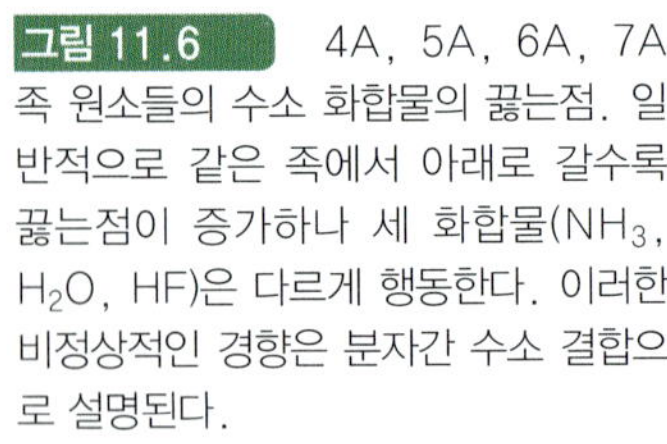
그림 11.6 4A, 5A, 6A, 7A족 원소들의 수소 화합물의 끓는점. 일반적으로 같은 족에서 아래로 갈수록 끓는점이 증가하나 세 화합물(NH_3, H_2O, HF)은 다르게 행동한다. 이러한 비정상적인 경향은 분자간 수소 결합으로 설명된다.

H—O:···H—O:, H—N:···H—N:, H—O:···H—N:

H—N:···H—O:, H—F:···H—N:, H—N:···H—F:

그림 11.7 암모니아, 플루오린화 수소에서의 수소 결합. 실선은 공유 결합을 나타내고, 점선은 수소 결합을 나타낸다.

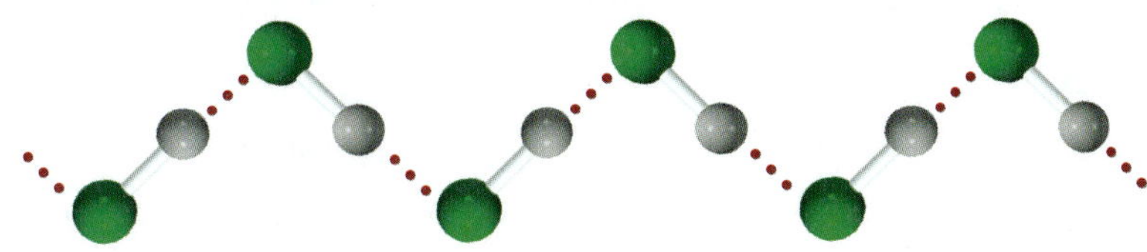

예상과 달리 HF의 끓는점은 물보다 낮은데, 그 이유는 H_2O 하나가 네 개의 분자간 수소 결합을 하기 때문이다. 따라서 분자를 붙들고 있는 힘은 H_2O가 HF보다 더 강하다. 11.3절에서는 물의 이 중요한 특성에 대해 다시 다루게 될 것이다. 예제 11.2는 물과 수소 결합을 할 수 있는 화학종들을 보여 준다.

예제 11.2

다음 중 물과 수소 결합을 할 수 있는 것은 어느 것인가? CH_3OCH_3, CH_4, F^-, HCOOH, Na^+.

전략 전기음성도가 큰 원소(F, O, N)를 가지거나 이들 원소에 결합된 수소 원자를 가진 화학종은 물과 수소 결합을 할 수 있다.

풀이 CH_4나 Na^+에는 전기음성도가 큰 원소(F, O, N)가 없기 때문에 CH_3OCH_3, F^-, HCOOH만이 물과 수소 결합을 형성할 수 있다.

H—C(=O:···H—O—H)—O—H···:O(H)H, :F:$^-$···H—O:(H), H_3C—O:(H_3C)···H—O:(H)

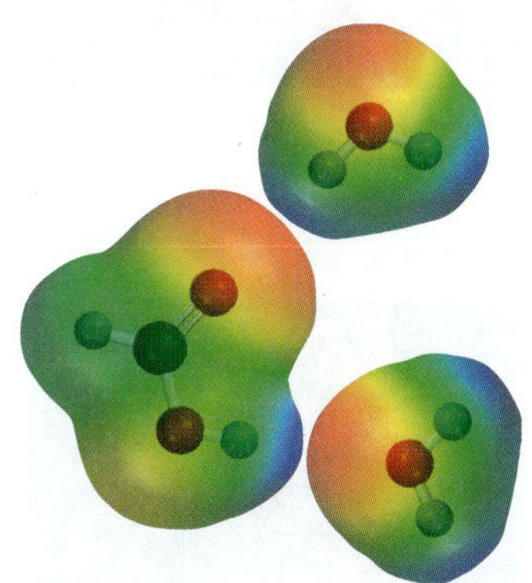

HCOOH은 두 가지 방법으로 물과 수소 결합을 할 수 있다.

점검 HCOOH(폼산)은 물과 두 가지 다른 방법으로 수소 결합을 형성할 수 있다.

실전 연습 다음 화학종 중 그들 자신들 간에 수소 결합을 형성할 수 있는 화학종은 어느 것인가? (a) H_2S (b) C_6H_6 (c) CH_3OH.

비슷한 문제: 11.12.

개념 복습하기

다음 화합물 중 상온에서 가장 액체로 존재할 것 같은 것은 어느 것인가? 에테인(C_2H_6), 하이드라진(N_2H_4), 플루오로메테인(CH_3F).

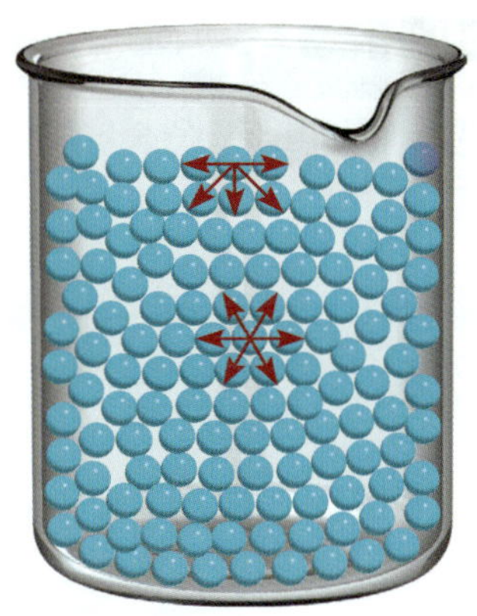

그림 11.8 액체의 표면과 내부에 있는 분자에 작용하는 분자간 힘.

그림 11.9 미끄러운 표면을 가진 사과 위에 맺힌 물방울.

표면 장력 때문에 물 위에서 소금쟁이가 걸을 수 있다.

지금까지 설명한 분자간 힘은 그 성질이 모두 인력(attractive force)을 나타낸다. 그러나 분자들은 또한 서로에 대해 반발력(repulsive force)도 작용함을 기억해야 한다. 그러므로 분자가 다른 분자에 접근하면 분자들 사이의 전자끼리 또 핵끼리 서로 반발력이 작용하게 된다. 반발력의 크기는 응축 상에서 분자간 거리가 가까워질수록 급격하게 증가한다. 액체와 고체를 압축하기 힘든 이유가 바로 이 때문이다. 이들 상에서 분자들은 이미 서로 가깝게 붙들려 있기 때문에 더 밀치려고 할수록 크게 저항한다.

11.3 액체의 특성

액체의 많은 구조적 특성과 성질은 분자간 힘 때문이다. 이 절에서는 주로 액체와 관련된 두 가지 현상인 표면 장력과 점성에 대해 알아본 후 물의 구조와 특성을 살펴보기로 한다.

표면 장력

액체 속에 있는 분자는 분자간 힘에 의해 모든 방향에서 인력이 작용하고 있다. 즉, 어느 한 방향으로만 끌어당기는 경향이 없다. 그러나 표면 분자는 다른 분자들에 의해 아래쪽과 옆쪽으로만 끌어당겨지고, 표면의 위쪽으로는 당겨지지 않는다(그림 11.8). 따라서 이러한 분자간 인력은 액체 속으로 분자를 끌어당기는 경향이 있고, 표면을 탄성을 지닌 필름과 같이 팽팽하게 만들게 된다. 새로 왁스칠을 한 자동차에서 극성인 물 분자와 비극성인 왁스 분자 간에는 인력이 거의 없기 때문에 미량의 물은 액체의 표면적을 최소화하기 위해 작고 둥근 방울의 형태를 가진다. 젖은 사과의 왁스칠 된 표면 역시 이러한 효과를 나타낸다(그림 11.9).

액체 표면의 탄성력의 척도가 표면 장력이다. **표면 장력**(surface tension)은 *단위 면적*(예를 들어, 1 cm^2) *당 액체의 표면을 잡아 늘리거나 증가시키는 데 필요한 에너지*를 말한다. 분자간 힘이 강한 액체는 표면 장력도 크다. 따라서 수소 결합 때문에 물은 대부분의 다른 액체보다 상당히 큰 표면 장력을 갖는다.

표면 장력의 다른 예는 *모세관 현상*(capillary action)이다. 그림 11.10(a)는 모세관 속으로 물이 저절로 올라가는 것을 보여준다. 물의 얇은 막이 유리관 벽에 달라붙어 형성된다. 물의 표면 장력 때문에 이 막이 수축되고, 이에 따라 물이 관 위로 끌려 올라간다. 모세관 현상을 일으키는 힘에는 두 가지가 있다. 하나는 *같은 분자들*(이 경우에는 물 분자들) *사이의 분자간 인력*인 **응집력**(cohesion)이고, 또 하나는 물 분자와 유리관의 표면을 이루고 있는 분자와 같이 *서로 다른 분자들 사이의 인력*인 **부착력**(adhesion)이다. 부착력이 응집력보다 강하면 그림 11.10(a)에서와 같이 관의 내용물은 위로 끌어당겨진다. 이러한 과정은 부착력이 관 속의 물의 무게와 균형을 이룰 때까지 계속된다. 이러한 작용은 그림 11.10(b)에서 볼 수 있듯이 액체에서 결코 보편적인 현상은 아니다. 수은의 경우 응집력이 수은과 유리 사이의 부착력보다 크기 때문에 수은 속에 모세관을 담그면 수은 면이 움푹해지는 결과가 나타난다. 즉, 모세관 속의 액체의 높이가 수은 표면 아래쪽에 놓인다.

점성도

"1월의 당밀처럼 느리다(slow as molasses in January)"라는 표현은 점성도라는 액체의 물리적 특성에 그 근거를 두고 있다. **점성도**(viscosity)는 *흐름에 대한 유체의 저항 정도*를 말한다. 점성도가 클수록 액체는 더 천천히 흐른다. 일반적으로 액체의 점성도는 온도가 높아짐에 따라 감소한다. 즉, 뜨거운 당밀이 찬 당밀보다 훨씬 빠르게 흐른다.

분자간 힘이 강한 액체는 분자간 힘이 약한 액체보다 높은 점성도를 갖는다(표 11.3). 물은 수소 결합을 할 수 있기 때문에 많은 다른 액체보다 높은 점성을 갖는다. 재미있는 점

(a)

(b)

그림 11.10 (a) 부착력이 응집력보다 큰 경우에는 액체(예를 들면, 물)가 모세관 위로 올라간다. (b) 수은과 같이 응집력이 부착력보다 큰 경우는 액체가 모세관의 아래로 내려간다. 물의 메니스커스는 오목 즉, 아래로 둥글고, 반면 수은의 메니스커스는 볼록 즉, 위로 둥글다.

은 글리세롤이 표 11.3에서 보는 것처럼 다른 모든 액체들에 비해 상당히 높은 점성을 띤다는 것이다. 글리세롤은 다음과 같은 구조를 갖는다.

$$\begin{array}{l} CH_2\text{—}OH \\ | \\ CH\text{—}OH \\ | \\ CH_2\text{—}OH \end{array}$$

물과 마찬가지로 글리세롤은 수소 결합을 할 수 있으며, 각 글리세롤 분자에는 다른 글리세롤 분자들과 수소 결합을 할 수 있는 —OH 기가 세 개 있다. 게다가 글리세롤 분자의 모양 때문에 점성이 약한 액체의 분자에서처럼 분자들이 서로 미끄러져 지나가기보다는 분자들이 뒤엉키는 경향이 큰데, 이런 상호작용으로 인해 높은 점성을 띠게 된다.

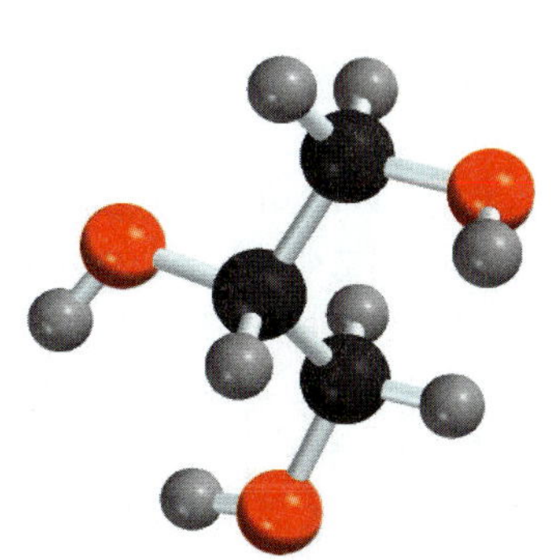

글리세롤은 폭약, 잉크, 윤활제 등에 사용되는 투명하고 냄새가 없는 끈적끈적한 액체이다.

표 11.3 20°C에서 여러 일반적인 액체의 점성도

액체	점성도(N s/m²)*
글리세롤($C_3H_8O_3$)	1.49
다이에틸 에터($C_2H_5OC_2H_5$)	2.33×10^{-4}
물(H_2O)	1.01×10^{-3}
벤젠(C_6H_6)	6.25×10^{-4}
사염화 탄소(CCl_4)	9.69×10^{-4}
수은(Hg)	1.55×10^{-3}
에탄올(C_2H_5OH)	1.20×10^{-3}
아세톤(C_3H_6O)	3.16×10^{-4}
혈액	4×10^{-3}

*점성도의 SI 단위는 제곱미터 당 뉴턴·초이다.

개념 복습하기

자동차 엔진에 여름에는 좀 더 점성이 있는 오일을 사용하고 겨울에는 덜 점성이 있는 오일을 사용하도록 권장된다. 그 이유는 무엇인가?

생활 속의 화학 CHEMISTRY in Action

매우 느린 피치

1927년 토마스 파넬(Thomas Parnell)은 실험의 역사상 가장 오래 실행되고 있는 실험을 시작하였다. 파넬 교수는 퀸즈랜드 대학의 물리학과 학생들에게 타르의 파생물인 피치의 흥미로운 성질을 보여주려고 했다. 피치는 충분한 힘을 가하면 부서져 조각이 되지만 점성이 있는 액체처럼 천천히 흐르는 점탄성을 가진다. 매우 느리게!

파넬은 피치 시료를 깔때기로 부을 수 있는 온도로 가열하고 깔때기와 받는 비커를 벨자(bell jar)로 덮어 강의실 밖에 전시하였다. 그리고 기다렸다.

피치를 깔때기에 넣고 8~9년 후에 첫 번째 방울이 떨어졌지만 떨어지는 것을 본 사람은 없었다. 대략 10년에 1방울 정도로 떨어졌지만 아직도 떨어지는 것을 본 사람이 없다. 세 번째 방울이 떨어지고 몇 년 후 메인스톤(John Mainstone) 교수가 실험의 관리자와 후견인으로 취임했지만, 여러 번의 시도와 2000년 11월 28일 8번째 방울이 떨어졌을 때의 웹캠 실패를 포함하여 그는 52년간 관리자로서 있는 동안 떨어진 다섯 방울을 모두 보지 못했다. 지난 80년간 방울이 떨어진 속도를 기초로 하여 이 실험에 사용된 피치의 점도는 2.3×10^8 $N \cdot s/m^2$로 추정되는데, 이는 6천만 배 "당밀보다 느리다"

애석하게도 메인스톤 교수는 9번째 방울이 떨어지는 것을 보기 전에 사망하였다. 하지만, 그를 기려 실험에 실시간 비디오 자료를 제공하는 웹사이트가 헌정되었다.

피치 방울 실험을 지켜보고 있는 메인스톤 교수.

▶ 물의 구조와 특성

만일 물이 수소 결합을 할 수 없다면, 실온에서 물은 기체가 될 것이다.

물은 지구상에서 가장 흔한 물질이므로 우리가 종종 그 독특한 성질을 간과하게 된다. 물은 모든 생명 과정에 포함되며, 많은 이온 결합 화합물뿐만 아니라 물과도 수소 결합을 할 수 있어 다른 물질들에 대해 매우 훌륭한 용매가 된다.

표 6.2에서 보듯이 물은 비열이 큰데, 물의 온도를 높이기 위해서는(즉, 물 분자의 평균 운동 에너지를 증가시키기 위해서는) 많은 분자간 수소 결합을 먼저 끊어야 한다. 따라서 물은 온도가 약간 높아지는 동안에도 상당한 양의 열을 흡수하게 된다. 반대의 경우도 마찬가지로 물의 온도가 약간 감소하는 경우에도 많은 열을 방출하게 된다. 이런 이유 때문에 호수나 바다에 있는 엄청난 양의 물이 아주 작은 수온 변화로 여름에는 열을 흡수하고 겨울에는 열을 방출함으로써 인근 육지의 기후를 효과적으로 조절할 수 있게 된다.

물의 가장 놀라운 특징은 고체 상태가 액체 상태보다 덜 조밀해서 얼음이 액체인 물의 표면에 둥둥 떠 있을 수 있다는 것이다. 그러나 거의 모든 물질의 경우는 액체 상태보다 고체 상태에서 밀도가 더 크다(그림 11.11).

물의 경우가 왜 다른지를 알기 위해서는 H_2O 분자의 전자 구조를 살펴보아야만 한다. 9장에서 이미 보았듯이 산소 원자에는 두 개의 비공유 전자쌍이 있다.

물의 정전기적 퍼텐셜 지도.

그림 11.11 왼쪽: 얼음 조각이 물 위에 떠 있다. 오른쪽: 고체 벤젠은 액체 벤젠의 바닥으로 가라앉는다.

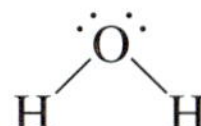

많은 화합물들이 분자간 수소 결합을 형성할 수 있지만, H_2O와 다른 극성 분자인 NH_3나 HF와의 차이는 물 분자의 경우 각 산소 원자가 *두 개*의 수소 결합을 할 수 있다는 점인데, 이 수는 산소 원자에 있는 비공유 전자쌍의 수와 같다. 따라서 물 분자의 각 산소 원자는 두 개의 공유 결합과 두 개의 수소 결합을 통해 네 개의 수소 원자와 거의 사면체 모양으로 결합하면서 광범위한 삼차원 네트워크를 이루면서 서로 연결된다. NH_3나 HF와 같이 수소 결합을 할 수 있는 어떤 다른 분자에서도 물의 경우처럼 수소 원자의 수와 비공유 전자쌍의 수가 같은 경우가 없다. 결국 이 다른 분자들은 고리 구조나 사슬 구조를 만들 수는 있지만, 삼차원적인 구조는 만들 수 없게 된다.

얼음의 매우 규칙적인 삼차원 구조(그림 11.12)로 인해 분자는 서로 매우 가까운 위치에 존재할 수 없게 된다. 그러나 얼음이 녹을 때 무슨 일이 일어날까 생각해 보자. 녹는점에 도달하면 많은 물 분자가 분자 간의 수소 결합을 끊기에 충분한 운동 에너지를 가지게 된다. 이 분자들은 잘게 쪼개진 삼차원 구조의 공간 사이에 끼어들어갈 수 있어서 결과적

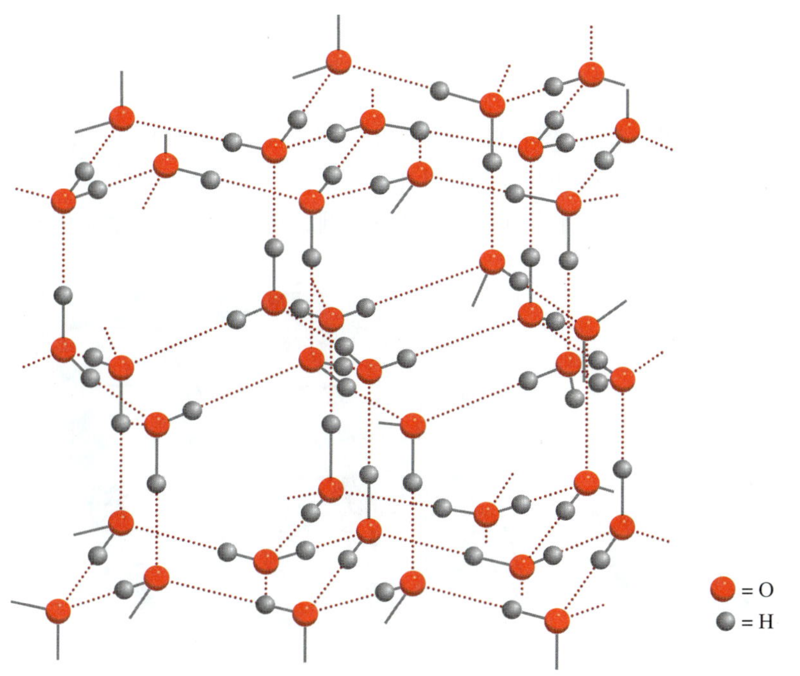

그림 11.12 얼음의 삼차원 구조. 각 O 원자는 네 개의 H 원자에 결합되어 있다. O와 H 사이의 공유 결합은 짧은 실선으로, 약한 수소 결합은 긴 점선으로 나타냈다. 구조 내의 빈 공간이 얼음의 밀도가 낮다는 것을 설명해 준다.

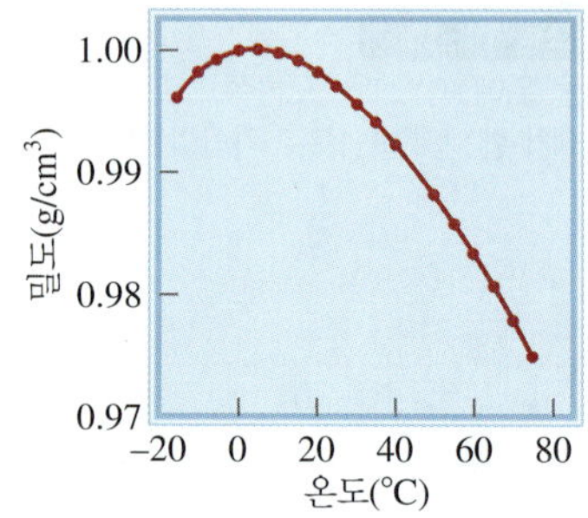

그림 11.13 액체 물의 온도에 대한 밀도 그림. 물의 최대 밀도는 4°C에 도달했을 때이다. 0°C에서 얼음의 밀도는 약 0.92 g/cm³이다.

으로 얼음보다 액체 물이 단위 부피 당 더 많은 분자를 가지게 된다. 따라서 "밀도 = 질량/부피"이므로 물의 밀도는 얼음의 밀도보다 더 크다. 더 가열하면 더 많은 물 분자가 분자간 수소 결합을 깨고 자유로워지게 되므로 녹는점 바로 위에서는 온도가 올라감에 따라 물의 밀도가 증가하는 경향이 있다. 물론 물이 가열되면 동시에 물이 팽창하여 밀도가 감소한다. 당연히 이 두 과정(자유로운 물 분자의 빈 공간으로의 끼어들기와 열적 팽창)은 서로 반대 방향으로 작용한다. 0~4°C에는 끼어들기가 우세해서 물의 밀도는 점점 증가한다. 그러나 4°C를 넘어서면 열팽창이 우세하게 되어 온도가 올라감에 따라 물의 밀도는 감소한다(그림 11.13).

11.4 결정 구조

고체는 결정질과 비결정질의 두 부류로 나눌 수 있다. 얼음은 **결정질 고체**(crystalline solid)인데, 이러한 결정질 고체는 *원자, 분자, 이온이 먼 공간에 걸쳐 정해진 특정 자리에 규칙적으로 배열되어 있는 것*을 말한다. 결정질 고체에서 구성 입자들의 배열은 분자간 인력의 총합이 최대가 되는 방식으로 이루어진다. 결정의 안정성을 좌우하는 힘은 이온 결합력, 공유 결합력, 반 데르 발스 힘, 수소 결합력 또는 이 힘들의 조합이다. 그러나 유리와 같은 *비결정질 고체*(amorphous solid)에는 결정질에서와 같은 규칙적 배열과 먼 공간에 걸친 분자의 질서가 없다. 비결정질 고체에 대해서는 11.7절에서 논의하기로 한다. 이 절에서는 결정질 고체의 구조에 대해서만 살펴보도록 하자.

▶▶▶ 동영상 자료
▶ 입방정계 단위 세포와 그 기원.

*결정질 고체에서 구조적으로 반복되는 기본 단위*를 **단위 세포**(unit cell)라 한다. 그림 11.14는 단위 세포와 삼차원 공간에서 단위 세포를 확장한 그림을 나타낸 것이다. 각 점은 원자, 이온, 분자를 나타내며 *격자점*(lattice point)이라 한다. 그러나 많은 결정에서 격자점이 사실 원자, 이온, 분자와 같은 입자를 포함하는 것은 아니다. 대신 여러 원자, 이온, 분자와 같은 입자가 각 격자점 주위에 동일한 방식으로 배열되어 있을 수 있다. 그러나 편의상 각 격자점이 어떤 한 원자가 있는 자리라고 가정하기로 한다. 대부분의 금속의 경우가 바로 이런 경우에 해당된다. 모든 결정질 고체는 그림 11.15에 제시된 일곱 가지 단위 세포 중 하나로 나타낼 수 있다. 입방(cubic) 단위 세포의 기하 구조는 특히 단순한데, 모든 변과 각도가 똑같기 때문이다. 어떤 단위 세포도 삼차원 공간에서 반복될 때 결정질 고체의 독특한 격자 구조를 이룬다.

구 쌓기

▶▶▶ 동영상 자료
▶ 구 쌓기.

탁구공과 같은 동일한 구를 쌓아서 규칙적인 삼차원 구조를 만들 때 구를 쌓는 방식의 차이를 살펴봄으로써 결정 형성에 필요한 기하학적 조건을 이해할 수 있다. 각 층에 구가 어떻게 배열되어 있는가에 따라서 어떤 형태의 단위 세포가 될 것인지가 정해진다.

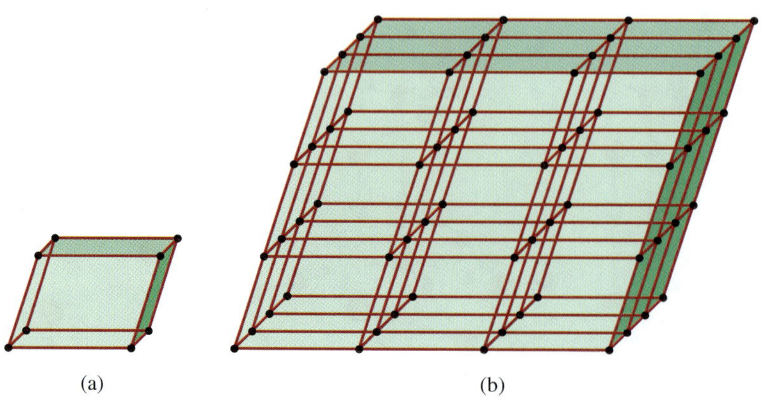

그림 11.14 (a) 단위 세포, (b) 단위 세포의 삼차원 확장 구조. 검은 점은 원자나 분자를 나타낸다.

생활 속의 화학 CHEMISTRY in Action

호수는 왜 위에서 아래로 얼까?

얼음이 물보다 밀도가 낮다는 사실은 생태학적으로 매우 중요한 의미를 갖는다. 예를 들어, 추운 날씨에 호수의 물에 생기는 온도 변화를 생각해 보자. 표면쪽 물의 온도가 내려가면서 물의 밀도가 증가하게 되어 차가운 물은 바닥으로 가라앉고, 상대적으로 따뜻하여 밀도가 낮은 물은 위로 올라가게 된다. 이러한 정상적인 대류 운동은 물 전체의 온도가 4°C가 될 때까지 계속된다. 이보다 온도가 낮아지게 되면 온도가 내려감에 따라 물의 밀도도 감소하므로(그림 11.3 참조) 더 이상 가라앉지 않게 된다. 더 추워지면서 물이 표면에서 얼기 시작하고, 이렇게 형성된 얼음층은 액체인 물보다 밀도가 낮아서 가라앉지 않을 뿐 아니라 그 아래쪽의 물에 대해서 열적 절연체로 작용하게 된다. 만일 얼음이 물보다 더 무겁다면 얼음은 호수 아래로 가라앉고, 결국은 물이 위쪽을 향해 얼어가게 될 것이다. 이렇게 되면 물 속에 있는 대부분의 생명체는 얼음 속에서 얼어 버려서 생존할 수 없을 것이다. 다행히도 호수의 물은 바닥에서 위쪽을 향해 얼지 않는다. 물의 이런 특이한 성질 때문에 얼음 낚시도 가능한 것이다.

얼음 낚시. 호수 표면에 만들어진 얼음 층은 아래쪽의 물을 단열시켜 호수의 온도를 수중 생물이 생명을 유지할 수 있을 만큼 높게 유지시킨다.

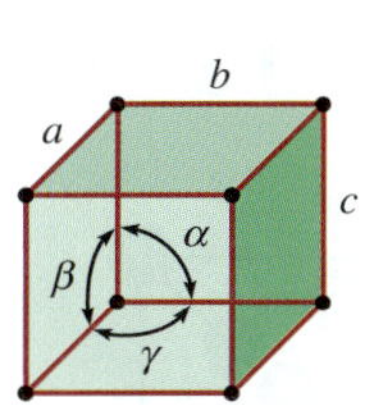

단순 입방
$a = b = c$
$\alpha = \beta = \gamma = 90°$

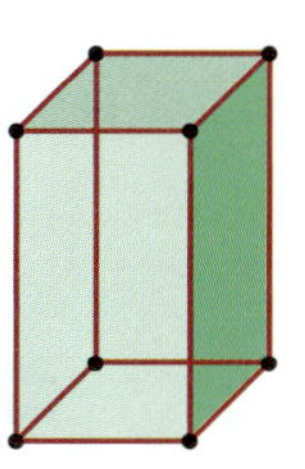

정방
$a = b \neq c$
$\alpha = \beta = \gamma = 90°$

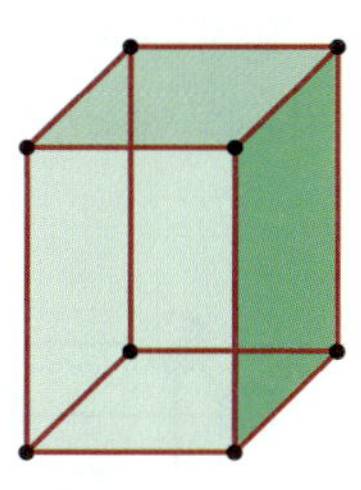

사방
$a \neq b \neq c$
$\alpha = \beta = \gamma = 90°$

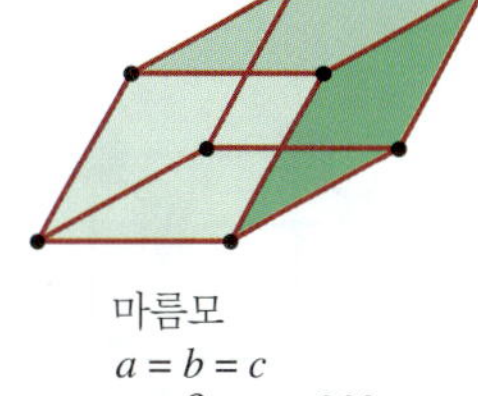

마름모
$a = b = c$
$\alpha = \beta = \gamma \neq 90°$

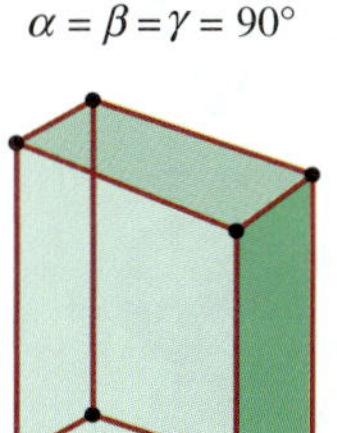

단사
$a \neq b \neq c$
$\gamma \neq \alpha = \beta = 90°$

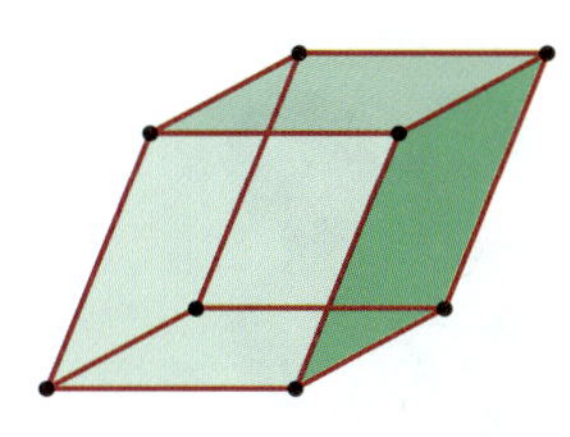

삼사
$a \neq b \neq c$
$\alpha \neq \beta \neq \gamma \neq 90°$

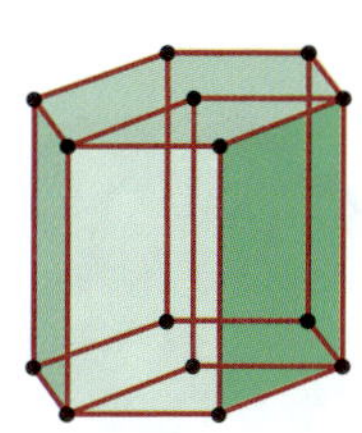

육방
$a = b \neq c$
$\alpha = \beta = 90°, \gamma = 120°$

그림 11.15 단위 세포의 7가지 형태. 각 α는 모서리 b와 c, 각 β는 모서리 a와 c, 각 γ는 모서리 a와 b사이 각으로 각각 정의한다.

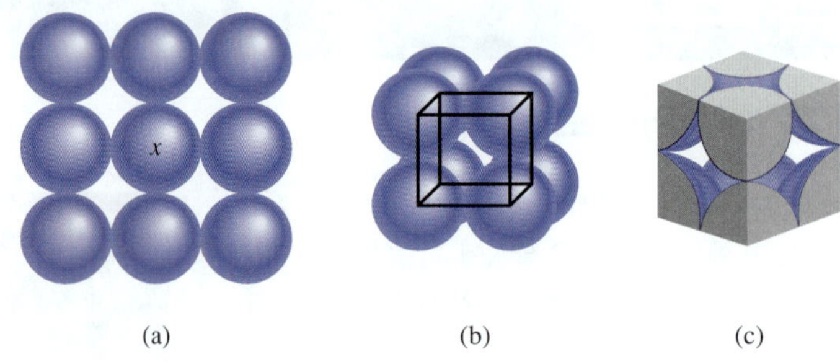

그림 11.16 단순 입방 세포에서의 동일한 구 쌓기. (a) 한 층의 구를 위에서 본 모양. (b) 단순 입방 세포의 정의. (c) 각 구는 여덟 개의 단위 세포에 의해 공유되고 입방체에서 꼭짓점은 여덟 개 있기 때문에 단순 입방 세포 내부에는 오직 하나의 구만 있게 된다.

가장 단순한 경우로 그림 11.16(a)와 같이 구가 배열되어 있는 하나의 층이 있다. 한 층에 있는 구가 아래쪽 층에 있는 구의 바로 위에 오도록 한 층의 위와 아래에 또 다른 층을 놓음으로써 삼차원 구조를 만들 수 있다. 이 과정을 계속해서 결정에서처럼 수많은 층을 쌓을 수 있다. "*x*"로 표시된 구를 주목해 보면, 이 구는 자신이 속해 있는 층에서 네 개의 다른 구와 접촉해 있으며, 위쪽 층에 있는 한 개의 구와 아래쪽 층에 있는 또 한 개의 구와 접촉해 있음을 알 수 있다. 이러한 배열에서 각 구는 여섯 개의 바로 인접한 이웃이 있기 때문에 배위수가 6이라고 한다. **배위수**(coordination number)란 *어떤 결정 격자에서 한 원자(또는 이온)를 둘러싸고 있는 원자(또는 이온)의* 수로 정의한다. 이 수는 구가 서로 얼마나 조밀하게 쌓여 있는지를 알 수 있게 해준다(배위수가 클수록 구들이 서로 가까이 있음을 의미한다). 지금까지 설명된 구의 배열에서 기본적으로 반복되는 단위를 *단순 입방 세포*(simple cubic cell, scc)라 한다[그림 11.16(b)].

다른 형태의 입방체들로 *체심 입방 세포*(body-centered cubic cell, bcc)와 *면심 입방 세포*(face-centered cubic cell, fcc)가 있다(그림 11.17). 체심 입방 배열은 구의 두 번째 층이 첫 번째 층의 홈 속으로 들어가게 쌓이고, 세 번째 층은 두 번째 층의 홈 속으로 들어가게 쌓인다는 점에서 단순 입방체와 차이가 있다(그림 11.18). 이 구조에서 각 구의 배위수는 8이다(각 구는 위쪽 층의 구 네 개 및 아래쪽 층의 구 네 개와 접해 있다). 면심 입방 세포의 경우에는 여덟 개의 꼭지점 외에 입방체의 각 여섯 면의 중심에도 구가 있다.

결정질 고체에서 모든 단위 세포는 다른 단위 세포에 인접해 있기 때문에 한 단위 세포를 구성하는 원자의 대부분은 이웃한 세포에 의해서도 공유된다. 예컨대, 모든 형태의 입방 세포에서 각 꼭짓점에 있는 원자는 여덟 개의 단위 세포에 속하고[그림 11.19(a)], 모서리에 있는 원자는 네 개의 단위 세포에 의해 공유되며[그림 11.19(b)], 면심에 있는 원자

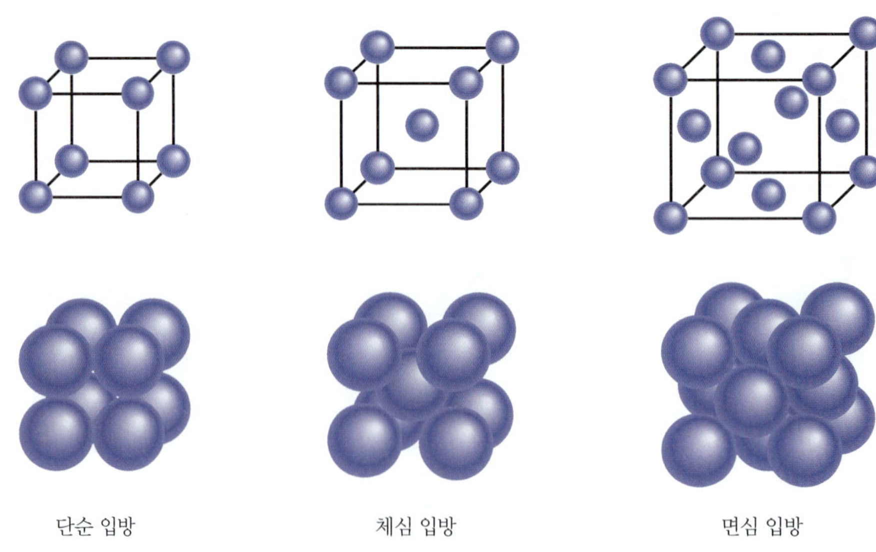

그림 11.17 입방 세포의 3가지 형태. 실제로 원자, 분자, 이온을 나타내는 구들은 이들 입방체에서 서로 접촉되어 있다.

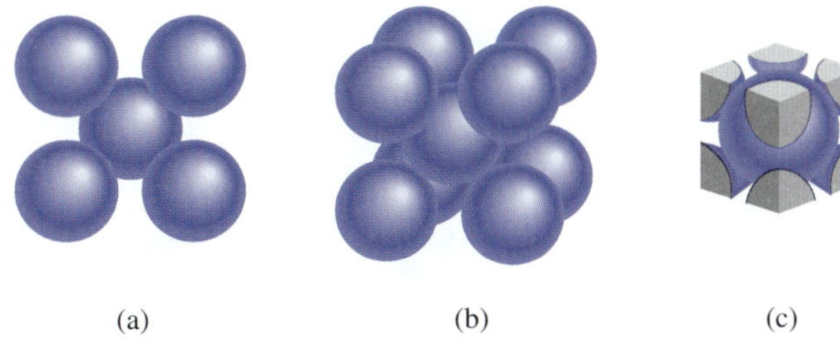

그림 11.18 체심 입방 세포에서 동일한 구들의 배열. (a) 위에서 본 모양. (b) 체심 입방 단위 세포의 정의. (c) 체심 입방 단위 세포의 내부에는 두 개의 완전한 구가 있는 것과 같다.

는 두 개의 단위 세포에 의해 공유된다[그림 11.19(c)]. 각 꼭짓점에 있는 구는 여덟 개의 단위 세포에 의해 공유되며, 하나의 입방 세포는 여덟 개의 꼭짓점이 있으므로 단순 입방 세포의 단위 세포 내에는 오직 한 개의 완전한 구만 있는 셈이 된다(그림 11.17 참조). 체심 입방 세포는 중심에 있는 하나의 구와 꼭짓점에 여덟 개로 나누어진 구로부터 한 개 해서 결국 두 개의 완전한 구로 구성되어 있다. 면심 입방 세포는 여섯 개의 면심에 있는 원자로부터 세 개와 여덟 개의 꼭짓점에 나누어진 구로부터 하나를 더해서 네 개의 완전한 구로 이루어져 있다.

➤ 최조밀 쌓임

면심 입방 세포에 비해 단순 입방 세포와 체심 입방 세포는 빈 공간이 더 많음을 분명히 알 수 있다. *가장 효과적인 구의 배열*을 뜻하는 **최조밀 쌓임**(closest packing)은 그림 11.20(a)의 구조로부터 시작하는데, 이 구조의 층을 A층이라고 하자. 여기서 둘러싸인 구만 생각하면 이 구에 바로 인접한 이웃에 구가 여섯 개 있음을 알 수 있다. 두 번째 층(이 층을 B층이라 하자)의 구는 첫 번째 층의 구가 만드는 홈 속에 꼭 끼여서 모든 구가 가능한 한 서로 가까워지는 방식으로 쌓이게 된다[그림 11.20(b)].

최조밀 쌓임이 되도록 두 번째 층 위에 세 번째 층의 구를 쌓는 데에는 두 가지 방법이 있다. 세 번째 층의 구는 첫 번째 층의 구 바로 위의 위치에 오도록 두 번째 층의 홈에 놓는 방법이 한 가지 방법이다[그림 11.20(c)]. 이 경우 첫 번째와 세 번째 층의 배열에 아무런 차이가 없기 때문에 세 번째 층을 역시 A층이라 할 수 있다. 또 다른 방식으로는 세 번째 층의 구가 첫 번째 층이 만드는 홈과 같은 자리에 있는 홈 속에 딱 들어맞도록 놓이는 것이다[그림 11.20(d)]. 이 경우 세 번째 층을 C층이라 부른다. 이상의 두 가지 쌓기의 펼친 모양(exploded views)과 구조(structure)가 그림 11.21에 제시되어 있다. ABA 배열을 *육방 최조밀 쌓임 구조*[hexagonal close-packed (hcp) structure]라 하고, ABC 배열을 *입방 최조밀 쌓임 구조*[cubic close-packed (ccp) structure]라 하는데, 특히 후자의 경우는 이미 설명한 바 있는 면심 입방체에 해당한다. hcp 구조에서 하나씩 걸러서 있는 층마다 수직 방향으로 구들이 동일한 위치에 있으며(ABABAB. . .), ccp 구조에서는 매 네 번째 층

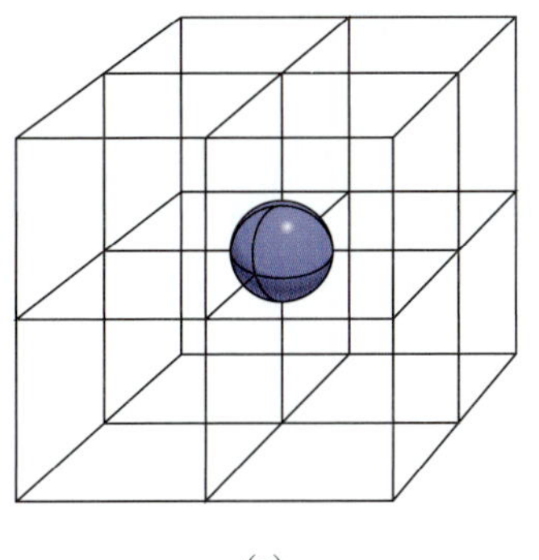

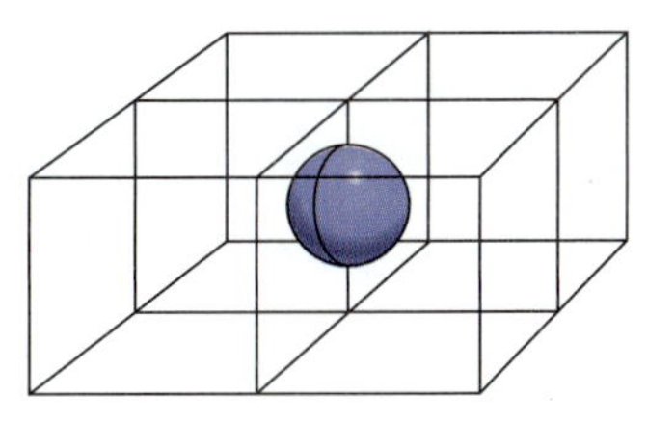

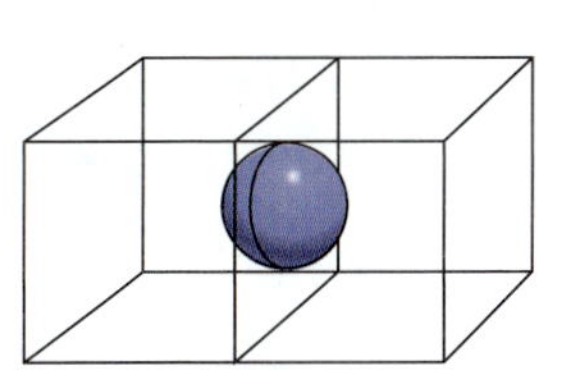

그림 11.19 (a) 어떤 단위 세포에서든지 꼭짓점에 있는 원자는 여덟 개의 단위 세포에 의해 공유된다. (b) 모서리에 있는 원자는 네 개의 단위 세포에 의해 공유된다. (c) 입방체의 면심에 있는 원자는 두 개의 단위 세포에 의해 공유된다.

그림 11.20 (a) 조밀 쌓임층에서 각 구는 다른 여섯 개의 구와 접촉되어 있다. (b) 두 번째 층의 구는 첫 번째 층 구 사이에 꼭 들어가게 놓인다. (c) 육방 최조밀 쌓임에서 세 번째 층의 각 구는 첫 번째 층의 구 위에 바로 쌓인다. (d) 입방 최조밀 쌓임에서 세 번째 층의 구는 첫 번째 층이 만드는 홈과 같은 자리에 있는 홈에 딱 맞게 놓인다.

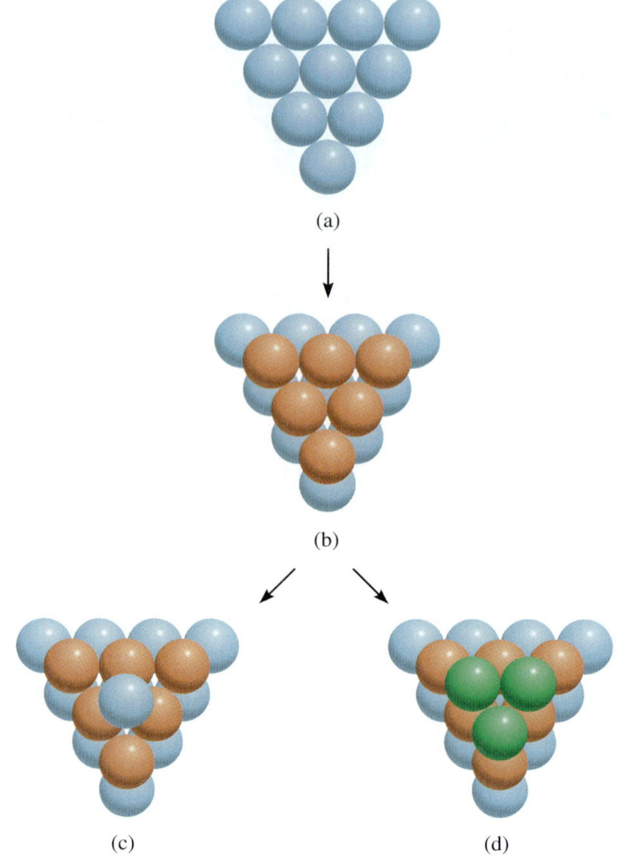

마다 수직 방향으로 구들이 동일한 위치에 있다(ABCABCA. . .). 두 구조 공히 모든 구는 12의 배위수(각 구는 그 구가 놓여 있는 동일한 층에서 6개의 다른 구와 접하고 있고, 위층에 있는 3개의 구, 아래층에 있는 3개의 구와 접하고 있다)를 갖는다. hcp와 ccp 구조는 둘 다 단위 세포 내에 동일한 구를 쌓는 가장 효과적인 방법이며, 배위수가 12를 초과할 수 있는 다른 방법은 없다.

단원자로 이루어져 있는 많은 금속과 비활성 기체(noble gas)들은 hcp나 ccp 구조의 결정을 만든다. 예를 들면, 마그네슘, 타이타늄, 아연은 이들 원자들이 hcp 방식으로 배열된 결정을 만들고, 알루미늄, 니켈, 은 등은 ccp 방식으로 배열된 결정으로 존재한다. hcp 구조로 결정화되는 헬륨을 제외한 모든 고체 상태의 비활성 기체들은 ccp 구조를 갖는다. 그렇다면 전이 금속이나 비활성 기체와 같은 일련의 관련 물질들이 왜 다른 결정 구조로 존재할까라는 의문이 자연스럽게 생길 수 있다. 이에 대한 답은 분자간 힘에 따라 결정되는 특정한 결정 구조의 상대적인 안정성에 있다. 따라서 마그네슘 금속은 마그네슘 원자가 hcp 방식으로 배열될 때 고체 상태에서 가장 큰 안정성을 지닐 수 있기 때문에 hcp 구조로 존재하는 것이다.

그림 11.22는 단순 입방체, 체심 입방체, 면심 입방체의 한 변의 길이 a와 원자 반지름 r과의 관계를 정리해서 보여주고 있다. 예제 11.3에 제시되어 있듯이 결정의 밀도를 알고 있으면, 이러한 관계를 이용해서 구의 원자 반지름을 결정할 수 있다.

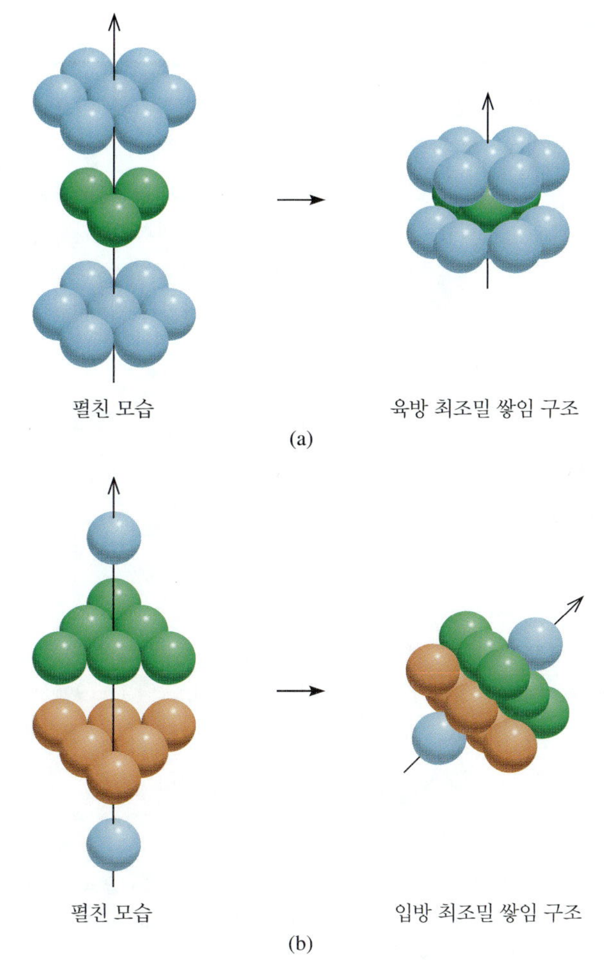

그림 11.21 (a) 육방 최조밀 쌓임 구조의 펼친 그림. (b) 입방 최조밀 쌓임 구조의 펼친 그림. 면심 입방 구조에서는 구조를 보다 명확하게 보이기 위해 화살표를 기울였다. 이 입방 최조밀 쌓임 구조의 배열은 면심 입방 구조와 동일함에 주의하라.

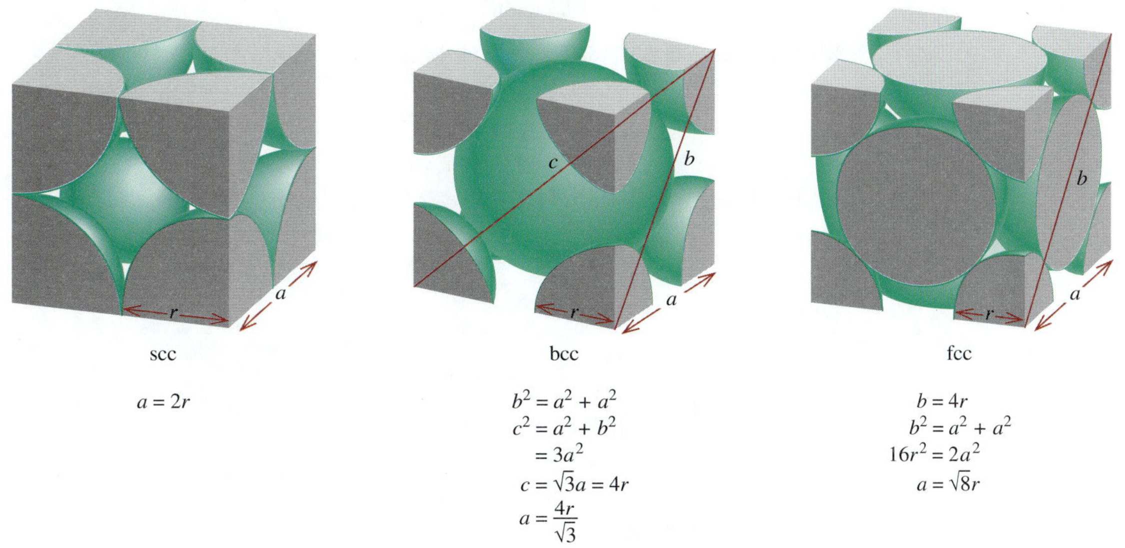

그림 11.22 단순 입방 세포, 체심 입방 세포, 면심 입방 세포에서 모서리 길이(a)와 반지름(r)과의 관계.

예제 11.3

금(Au)은 입방 최조밀 쌓임 구조(면심 입방체)로 결정을 이루며, 밀도가 19.3 g/cm^{3}이다. 금의 원자 반지름을 pm로 구하시오.

전략 금 원자의 반지름을 구하려고 한다. 면심 입방 단위 세포에서 반지름(r)과 모서리 길이(a) 사이의 관계식은 그림 11.22에 보여준 것처럼 $a = \sqrt{8}r$이다. 따라서 금 원자의 반지름 r을 결정하기 위해서는 모서리 길이 a를 알아야 한다. 입방체의 부피는 $V = a^3$ 또는 $a = \sqrt[3]{V}$이다. 그러므로 단위 세포의 부피를 결정하면 a를 계산할 수 있다. 문제에서 밀도는 주어져 있다.

$$\text{밀도} = \frac{\text{질량}}{\text{부피}}$$

(밀도: 주어짐, 질량: 구해야 할 것, 부피: 계산하고자 하는 것)

문제를 푸는 과정을 다음과 같이 요약할 수 있다.

단위 세포의 밀도 ⟶ 단위 세포의 부피 ⟶ 단위 세포의 모서리 길이 ⟶ Au 원자의 반지름

풀이

단계 1: 밀도를 알고 있으므로 부피를 계산하기 위해서 우선 단위 세포의 질량을 계산한다. 각 단위 세포는 여덟 개의 모서리와 여섯 개의 면을 가지며, 그림 11.19에서 보듯이 이러한 단위 세포내에 있는 원자의 총 개수는

$$\left(8 \times \frac{1}{8}\right) + \left(6 \times \frac{1}{2}\right) = 4$$

단위 세포의 질량은 그램 단위로 하면

$$m = \frac{\cancel{4\text{ 원자}}}{1\text{ 단위 세포}} \times \frac{1\ \cancel{\text{mol}}}{6.022 \times 10^{23}\ \cancel{\text{원자}}} \times \frac{197.0\text{ g Au}}{1\ \cancel{\text{mol Au}}}$$
$$= 1.31 \times 10^{-21}\text{ g/단위 세포}$$

밀도는 세기 성질이므로 단위 세포의 밀도가 물질 1 cm^{3}의 밀도나 같음을 기억하라.

밀도의 정의($d = m/V$)에 따라 다음과 같이 단위 세포의 부피를 계산할 수 있다.

$$V = \frac{m}{d} = \frac{1.31 \times 10^{-21}\text{ g}}{19.3\text{ g/cm}^3} = 6.79 \times 10^{-23}\text{ cm}^3$$

단계 2: 단위 세포 부피의 세제곱근을 취하면 단위 세포의 모서리 길이(a)를 구할 수 있다.

$$a = \sqrt[3]{V}$$
$$= \sqrt[3]{6.79 \times 10^{-23}\text{ cm}^3}$$
$$= 4.08 \times 10^{-8}\text{ cm}$$

단계 3: 그림 11.22로부터 금 원자의 구의 반지름(r)과 모서리 길이 사이에는 다음 관계가 있음을 알 수 있다.

$$a = \sqrt{8}\,r$$

따라서

$$r = \frac{a}{\sqrt{8}} = \frac{4.08 \times 10^{-8}\text{ cm}}{\sqrt{8}}$$
$$= 1.44 \times 10^{-8}\text{ cm}$$
$$= 1.44 \times 10^{-8}\ \cancel{\text{cm}} \times \frac{1 \times 10^{-2}\ \cancel{\text{m}}}{1\ \cancel{\text{cm}}} \times \frac{1\text{ pm}}{1 \times 10^{-12}\ \cancel{\text{m}}}$$
$$= 144\text{ pm}$$

비슷한 문제: 11.39.

실전 연습 은(Ag)이 결정화 될 때 면심 입방체를 이룬다. 단위 격자의 모서리 길이가 408.7 pm일 때 은의 밀도를 구하시오.

개념 복습하기

텅스텐은 체심 입방 격자로 결정화된다(W 원자들은 격자점에만 위치한다). 단위 세포 하나 안에 W 원자 몇 개가 존재하는가?

11.5 결정에 의한 X선 회절

결정 구조에 대해 우리가 알고 있는 거의 모든 것은 X선 회절 연구로부터 알게 된 것이다. **X선 회절**(X-ray diffraction)이란 *결정성 고체의 어떤 단위들에 의해 X선이 산란되는 것*을 의미한다. 산란 즉, 회절 무늬로부터 고체 격자 속에 입자들이 어떻게 배열되어 있는지를 추정할 수 있다.

10.6절에서 파동과 관련된 간섭 현상(그림 10.22 참조)을 논의한 바 있다. X선은 전자기파의 일종이고 따라서 파동이므로 X선도 적당한 조건하에서 그러한 간섭 현상을 일으킬 것으로 예상할 수 있다. 1912년 독일의 물리학자인 라우에(Max von Laue)† 는 X선의 파장이 결정에서 격자점 사이의 거리와 유사한 크기이므로 격자는 X선을 *회절*할 수 있어야 한다고 정확히 제안하였다. X선 회절 무늬는 X선과 관련된 파동의 간섭의 결과이다.

그림 11.23은 전형적인 X선 회절 장치이다. X선 빔을 시료대에 장착되어 있는 결정에 쪼이면 결정 속 원자들이 쪼여준 방사선의 일부를 흡수하고 다시 방출하는데, 이러한 과정을 *X선 산란*(scattering of X rays)이라 한다.

회절 무늬가 어떻게 생기는지 이해하기 위해 그림 11.24와 같이 두 개의 평행한 면에 있는 원자들에 의해 X선이 산란되는 현상을 살펴보자. 먼저 두 개의 입사 광선은 서로 동일한 *위상*(파의 최대점과 최소점이 같은 위치에서 나타나는 경우를 의미)을 가지고 있다. 위쪽의 파는 첫 번째 층에 있는 원자에 의해 산란 또는 반사되고, 아래쪽의 파는 두 번째

† 라우에(Max Theodor Felix von Laue, 1879~1960)는 독일 물리학자로, X선 회절의 발견으로 1914년 노벨 물리학상을 받았다.

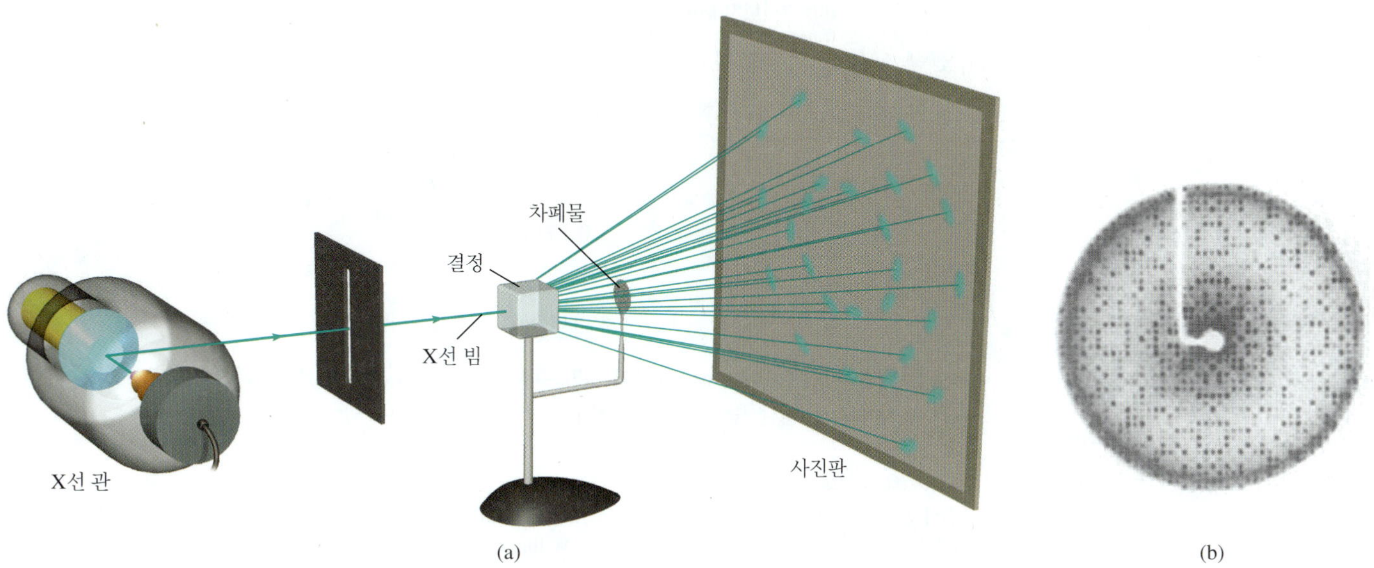

그림 11.23 (a) 결정에 의한 X선 회절 무늬를 얻기 위한 장치. 차폐물은 회절되지 않은 강한 X선이 사진판을 훼손하는 것을 방지한다. (b) 단백질의 일종인 라이소자임(lysozyme)의 X선 회절 무늬. 흰색의 L자 모양은 시료대와 차폐물의 그림자이다.

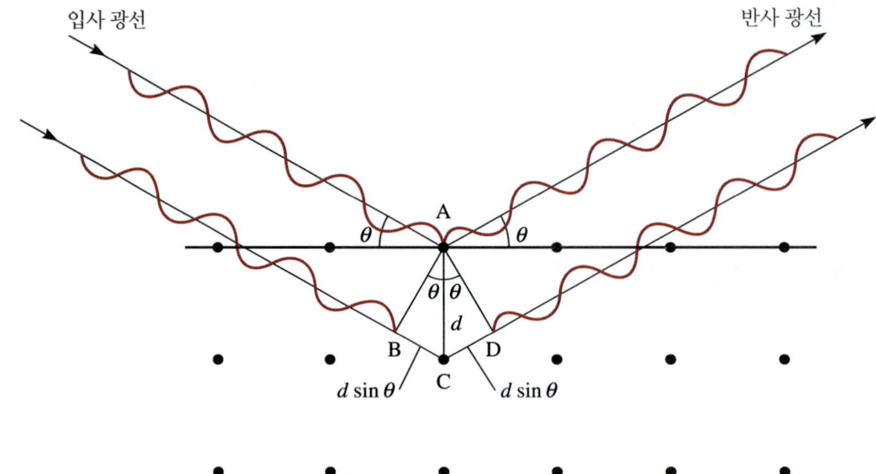

그림 11.24 두 원자 층으로부터의 X선 반사. 아래쪽 파는 위쪽 파보다 $2d \sin \theta$만큼 더 이동한다. 반사 후 두 파가 위상이 다시 같게 되려면, $2d \sin \theta = n\lambda$가 되어야 한다. 여기서 λ는 X선의 파장이며, $n = 1, 2, 3, \ldots$이다. 그림 11.23의 선명한 점들은 결정이 수백 개의 평행 층들로 되어 있을 만큼 커야지만 얻을 수 있는 사진이다.

층에 있는 원자에 의해 산란된다. 그런데 이 두 개의 산란된 파가 역시 동일한 위상을 갖기 위해서는 아래쪽의 파가 위쪽의 파보다 더 많이 이동한 여분의 거리가 X선의 파장(λ)의 정수배가 되어야 한다. 즉,

$$BC + CD = 2d \sin \theta = n\lambda \qquad n = 1, 2, 3, \ldots$$

또는

$$2d \sin \theta = n\lambda \qquad (11.1)$$

위상이 같은 파동이 만나서 진폭이 커지는 간섭을 보강 간섭이라고 한다(그림 10.22 참조).

여기서 θ는 X선과 결정의 면이 이루는 각이며, d는 인접한 결정면 사이의 간격이다. 식 (11.1)을 두 명의 브래그(William H. Bragg[†]와 Sir William L. Bragg[‡])의 이름을 따서 브래그 식이라 한다. 결국 보강 간섭으로 강화된 파는 브래그 식을 만족시키는 사진 필름 상의 θ 값의 위치에 검은 점을 만든다.

예제 11.4는 식 (11.1)이 어떻게 활용되는지를 설명해 준다.

예제 11.4

파장 0.154 nm인 X선이 알루미늄 결정에 부딪혀서 19.3°의 각도로 반사되었다. $n = 1$이라고 가정하고, 이 반사각에 해당하는 알루미늄 원자로 이루어진 면들 사이의 간격을 pm 단위로 계산하시오. 1 nm = 1000 pm이다.

전략 식 (11.1)의 응용 문제이다.

풀이 파장을 pm로 고친 후 반사각(19.3°)을 사용하면

$$d = \frac{n\lambda}{2 \sin \theta} = \frac{\lambda}{2 \sin \theta}$$

$$= \frac{0.154 \text{ nm} \times \dfrac{1000 \text{ pm}}{1 \text{ nm}}}{2 \sin 19.3°}$$

$$= 233 \text{ pm}$$

비슷한 문제: 11.47, 11.48.

실전 연습 파장 0.154 nm인 X선이 어떤 결정으로부터 14.17°의 각도로 회절되었다. $n = 1$이라 가정하고, 결정 내 층들 간의 거리를 pm 단위로 계산하시오.

[†] 윌리엄 헨리 브래그(William Henry Bragg, 1862~1942)는 영국의 물리학자로, 그의 주된 연구는 X선 결정학이었다. 1915년 그의 아들 윌리엄 브래그 경(Sir William Bragg)과 함께 노벨 물리학상을 공동 수상하였다.

[‡] 윌리엄 브래그 경(Sir William Bragg, 1890~1972)은 영국의 물리학자로, X선 회절에 관한 기본식을 체계화하였으며, 1915년 그의 아버지와 함께 노벨 물리학상을 공동 수상하였다.

X선 회절법은 고체 상태 분자의 결합 길이와 결합각을 알고자 할 때 사용하는 가장 정확한 방법이다. X선은 전자에 의해 산란되기 때문에 화학자들은 다소 복잡한 수학적 과정을 사용하여 회절 무늬로부터 전자 밀도 등고선을 만들 수 있다. 기본적으로 *전자 밀도 등고선*(electron-density contour map)은 분자의 여러 위치에서 전자 밀도가 상대적으로 어떻게 분포되어 있는지를 보여준다. 밀도는 각 원자의 중심 근처에서 최대값을 갖는데, 이런 방식으로 핵의 위치를 알 수 있어서 분자의 기하학적 변수들을 구할 수 있게 된다.

개념 복습하기

액체에서 분자 구조를 연구할 때는 왜 X선 회절 기술을 사용하지 않는가?

11.6 결정의 형태

녹는점, 밀도, 굳기와 같은 결정의 성질과 결정의 구조는 입자들을 서로 붙들고 있는 여러 종류의 힘에 의해 결정된다. 결정은 이온성, 공유성, 분자성, 금속성의 네 가지 형태 중 하나로 분류된다.

이온 결정

이온 결정은 두 가지 중요한 특성을 지니고 있는데, (1) 하전된 입자로 구성되어 있으며, (2) 일반적으로 음이온과 양이온의 크기가 상당히 다르다는 점이다. 따라서 이온 반지름을 알면 이들 화합물의 구조와 안정성을 이해하는 데 도움이 된다. 각 이온의 반지름을 측정할 방법은 없지만, 때로 합리적으로 추정하는 것은 가능하다. 예컨대, KI에서 I^-의 반지름이 약 216 pm라는 것을 알면, 이로부터 KI에서 K^+ 이온의 반지름을 구할 수 있고, 마찬가지 방식으로 KCl에서 Cl^-의 반지름을 구할 수 있게 된다. 그림 8.9에 있는 이온 반지름은 여러 가지 화합물로부터 구한 평균값이다. 면심 입방 격자를 갖는 NaCl 결정(그림 2.13 참조)을 생각해 보자. 그림 11.25에서 NaCl의 단위 세포의 한 변의 길이는 Na^+와 Cl^- 이온 반지름의 합의 두 배임을 알 수 있다. 그림 8.9에 주어진 값을 사용하면 한 변의 길이를 2(95 + 181) pm 즉, 552 pm로 계산할 수 있다. 그러나 그림 11.25에 제시되어 있는 한 변의 길이는 564 pm로, 이 값은 X선 회절에 의해 결정된 값이다. 이러한 차이는 사실상 이온 반지름이 화합물마다 약간씩 다르다는 것을 말해 준다.

그림 11.26은 CsCl, ZnS, CaF_2의 세 가지 이온 결합 화합물의 결정 구조를 보여 준다.

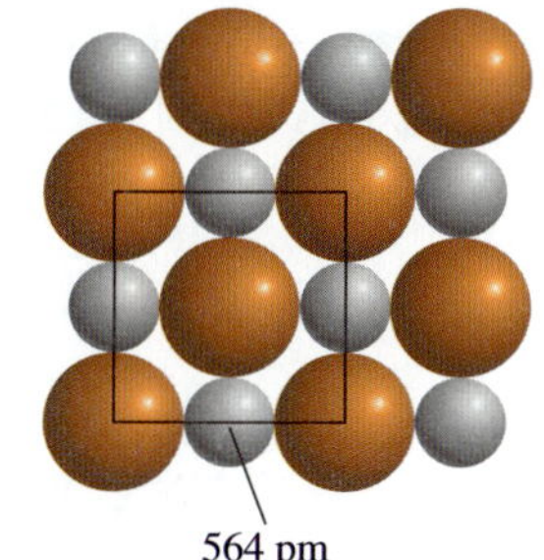

그림 11.25 Na^+ 이온과 Cl^- 이온의 반지름 관계와 단위 세포의 크기. 모서리 길이는 두 이온 반지름의 합의 두 배이다.

실험실에서 키운 거대한 인산 이수소 포타슘 결정. 가장 큰 것은 701파운드나 된다.

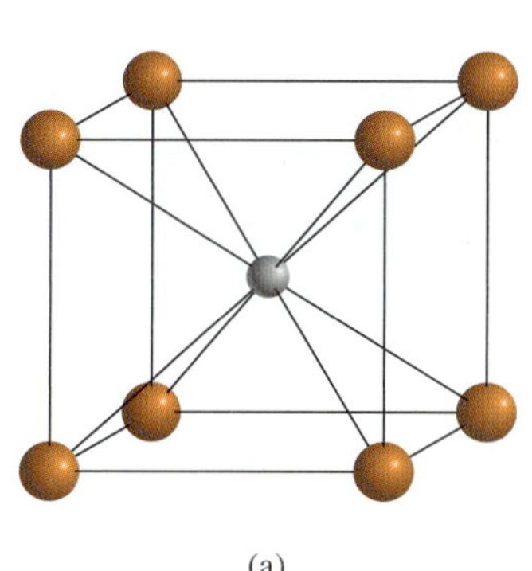

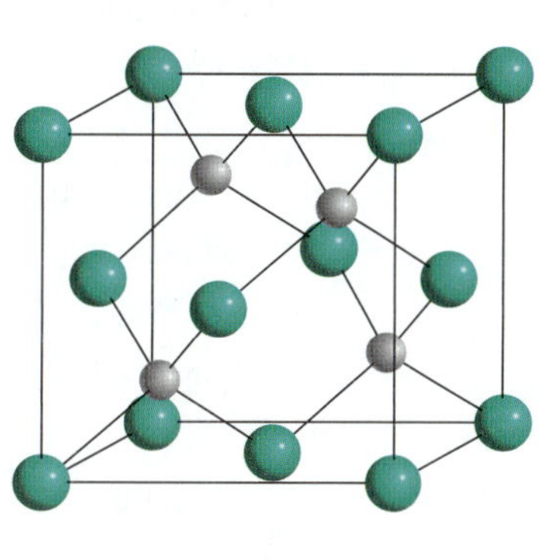

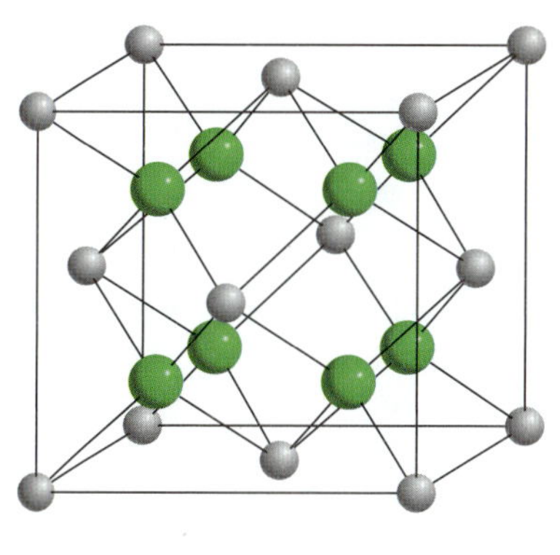

그림 11.26 (a) CsCl, (b) ZnS, (c) CaF_2의 결정 구조. 각 경우 모두 더 작은 구가 양이온이다.

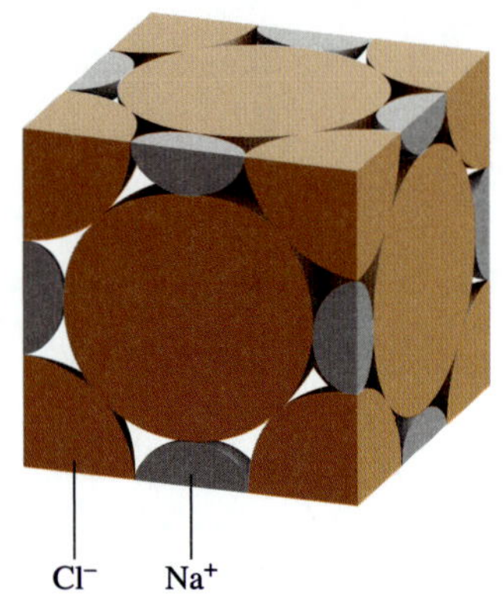

그림 11.27 면심 입방 세포의 단위 세포내에서 Na^+ 이온과 Cl^- 이온의 일부분.

Cs^+는 Na^+보다 상당히 크기 때문에 CsCl은 단순 입방 격자를 갖는다. ZnS는 *섬아연광*(zincblende) 구조를 갖는데, 이 구조는 면심 입방 격자에 기초하고 있다. S^{2-} 이온이 격자점을 차지하고 있다면 체심을 관통하는 대각선상의 4분의 1 거리 지점에 Zn^{2+} 이온이 위치하고 있다. 섬아연광 구조를 갖는 다른 이온 결합 화합물로는 CuCl, BeS, CdS, HgS 등이 있다. CaF_2는 *형석*(fluorite) 구조를 갖는다. Ca^{2+} 이온이 격자점을 차지하고, 각 F^- 이온은 네 개의 Ca^{2+} 이온이 만드는 사면체의 중심에 위치하고 있다. 이러한 형석 구조를 갖는 화합물로는 SrF_2, BaF_2, $BaCl_2$, PbF_2 등이 있다.

예제 11.5와 11.6은 단위 세포 내에 있는 이온의 개수 및 단위 세포의 밀도를 계산하는 방법을 보여준다.

예제 11.5

NaCl 단위 세포 내에는 Na^+와 Cl^- 이온이 몇 개나 있는가?

풀이 NaCl은 면심 입방 격자의 구조를 갖는다. 그림 2.13에서 볼 수 있듯이 Na^+ 이온 한 개가 단위 세포의 중심에 있으며, 12개의 Na^+ 이온이 모서리에 있다. 각 모서리에 있는 Na^+ 이온은 네 개의 단위 세포에 의해 공유되어 있기 때문에[그림 11.19(b) 참조], Na^+ 이온의 총 수는 $1 + (12 \times \frac{1}{4}) = 4$가 된다. 마찬가지로 여섯 개의 면의 중심과 여덟 개의 꼭짓점에 Cl^- 이온이 있는데, 면심과 꼭짓점에 있는 이온은 각각 두 개 및 여덟 개의 단위 세포에 의해 공유되어 있으므로[그림 11.19(a)및 (c) 참조], Cl^- 이온의 총 수는 $(6 \times \frac{1}{2}) + (8 \times \frac{1}{8}) = 4$가 된다. 따라서 각 NaCl 단위 세포 내에는 네 개의 Na^+ 이온과 네 개의 Cl^- 이온이 있다. 그림 11.27은 하나의 단위 세포 속에 있는 Na^+와 Cl^- 이온을 보여 준다.

점검 이 결과는 염화 소듐의 실험식과 일치한다.

비슷한 문제: 11.41

실전 연습 모든 격자점에 원자가 있다고 가정할 때, 체심 입방체에는 몇 개의 원자가 있는가?

예제 11.6

NaCl 단위 세포의 모서리의 길이는 564 pm이다. NaCl의 밀도는 g/cm^3 단위로 얼마인가?

전략 밀도를 계산하기 위해서는 단위 세포의 질량을 알아야 한다. 부피는 모서리 길이가 주어졌으므로 $V = a^3$으로부터 구할 수 있다. 단위 세포 안에 몇 개의 Na^+와 Cl^- 이온이 있을까? 총 질량은 amu 단위로 얼마인가? amu와 g, cm와 pm 사이의 환산 인자는 얼마인가?

풀이 예제 11.5에서 각 단위 세포에는 네 개의 Na^+ 이온과 네 개의 Cl^- 이온이 있음을 알았다. 따라서 단위 세포 하나의 총 질량(amu 단위)은 다음과 같다.

$$\text{질량} = 4(22.99 \text{ amu} + 35.45 \text{ amu}) = 233.8 \text{ amu}$$

amu를 g 단위로 환산하면 다음과 같다.

$$233.8 \text{ amu} \times \frac{1 \text{ g}}{6.022 \times 10^{23} \text{ amu}} = 3.882 \times 10^{-22} \text{ g}$$

단위 세포의 부피는 $V = a^3 = (564 \text{ pm})^3$이다. pm^3을 cm^3으로 고치면 부피는 다음과 같다.

$$V = (564 \text{ pm})^3 \times \left(\frac{1 \times 10^{-12} \text{ m}}{1 \text{ pm}}\right)^3 \times \left(\frac{1 \text{ cm}}{1 \times 10^{-2} \text{ m}}\right)^3 = 1.794 \times 10^{-22} \text{ cm}^3$$

마지막으로 밀도의 정의로부터

$$\text{밀도} = \frac{\text{질량}}{\text{부피}} = \frac{3.882 \times 10^{-22} \text{ g}}{1.794 \times 10^{-22} \text{ cm}^3}$$
$$= 2.16 \text{ g/cm}^3$$

비슷한 문제: 11.42.

(계속)

실전 연습 구리(Cu)는 면심 입방 격자로 결정화된다(구리 원자는 격자점에만 존재한다). 금속의 밀도가 8.96 g/cm^{3}라면 단위 세포의 모서리 길이는 pm 단위로 얼마인가?

대부분의 이온 결정은 녹는점이 높은데, 이는 이온들을 서로 붙들고 있는 응집력이 강함을 의미한다. 이온 결정의 안정성의 척도는 격자 에너지이다(9.3절 참조). 즉, 격자 에너지가 높을수록 화합물은 더 안정하다. 이러한 고체에서는 이온들이 정해진 자리에 고정되어 있기 때문에 전기가 통하지 않지만, 용융 상태나 물에 녹아 있는 상태에서는 이온이 자유롭게 움직일 수가 있어서 결과적으로 액체는 전기적으로 전도성을 가지게 된다.

개념 복습하기

그림에 나타낸 것은 산화 아연의 단위 세포이다. 단위 세포 내에 Zn^{2+}와 O^{2-} 이온이 몇 개씩 존재하는가? 이 화합물의 식은 무엇인가?

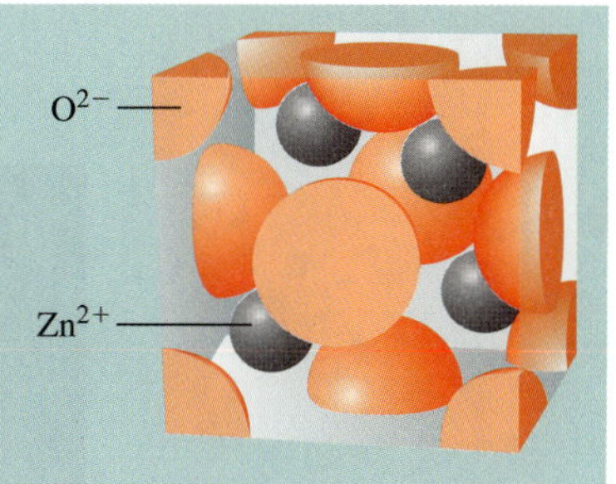

▶ 공유 결정

공유 결정(covalent crystal)에서는 원자들이 삼차원적 네트워크(network)를 형성하면서 서로 공유 결합에 의해 묶여 있게 된다. 탄소의 두 가지 동소체가 잘 알려진 예인데, 다이아몬드와 흑연이 바로 그것이다(그림 8.17 참조). 다이아몬드에서는 각 탄소 원자가 sp^3 혼성화되어 네 개의 다른 탄소 원자와 결합하고 있다(그림 11.28). 다이아몬드의 비범한 경도(알려진 물질 중에서 가장 경도가 높은 물질)와 매우 높은 녹는점(3550°C)은 바로 이 삼차원에 걸친 강한 공유 결합 때문이다. 흑연의 경우 탄소 원자는 6원자 고리의 배열을 갖는데, 모든 원자는 sp^2 혼성화되어 다른 세 개의 원자와 공유 결합하고 있다. 혼성화되지 않고 남은 $2p$ 궤도함수는 파이 결합에 사용된다. 사실 흑연의 각 층은 벤젠에서 존재하는 것과 같은 비편재화된 분자 궤도함수를 갖고 있다(10.8절 참조). 왜냐하면 전자들은 광범위하게 비편재화된 분자 궤도함수 속에서 자유롭게 움직이므로 흑연은 탄소 원자의 면을 따르는 방향에서 좋은 전기 전도성을 띠게 되는 것이다. 층들은 약한 반 데르 발스 힘으로

회중 전등에 쓰이는 전지의 중심 전극은 흑연으로 만들어졌다.

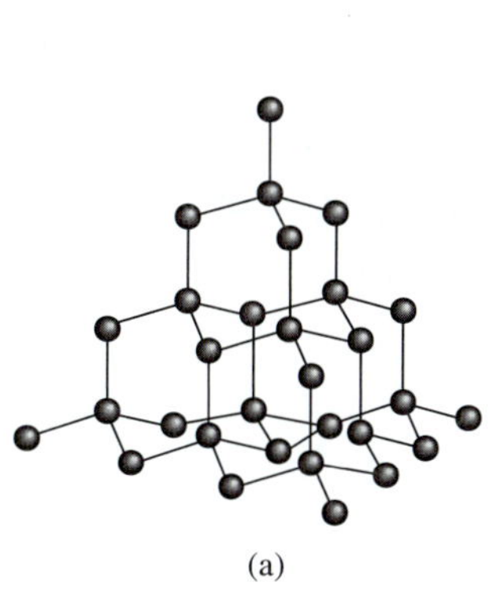
(a)

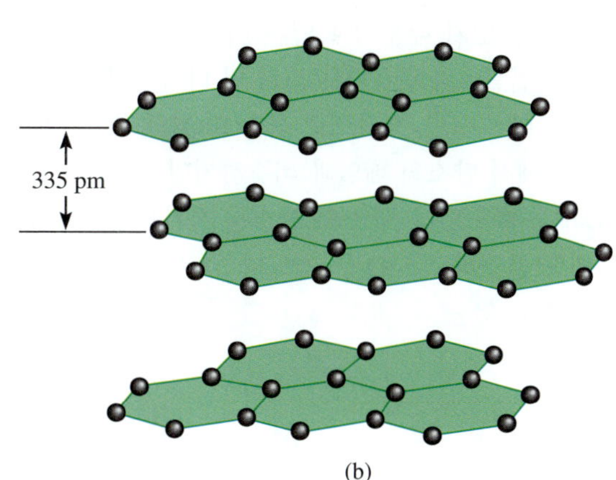

(b)

그림 11.28 (a) 다이아몬드의 구조. 각 탄소 원자는 네 개의 다른 탄소 원자와 사면체 모양으로 결합되어 있다. (b) 흑연의 구조. 이웃한 층 사이의 거리는 335 pm이다.

생활 속의 화학

고온 초전도체

구리와 알루미늄과 같은 금속은 전기적으로 좋은 전도체지만 다소간의 전기 저항도 가지고 있다. 실제로 전기 수송에 이런 금속으로 만들어진 전선이 사용될 때 약 20% 이상의 전기 에너지가 열의 형태로 소실된다. 따라서 전기 저항이 없는 전선을 만들 수 있다면 놀라운 일이 아닌가?

사실 지난 1세기 이상 어떤 금속과 합금은 매우 낮은 온도(액체 헬륨의 끓는점 근처인 4 K)로 냉각되면 저항이 완전히 없어진다는 것이 알려져 왔다. 그러나 초전도체라고 하는 이런 물질들은 실제로는 사용하기 어려운데, 그 이유는 그렇게 낮은 온도에서 전선을 유지하는 데 필요한 경비가 엄청나서 보다 효과적인 전기 수송으로 인한 비용 절감을 훨씬 초과하기 때문이다.

1986년 스위스의 두 물리학자가 약 30 K에서 초전도 현상을 나타내는 새로운 부류의 물질을 발견했다. 30 K는 여전히 매우 낮은 온도이긴 하지만, 4 K 범위를 훌쩍 뛰어 넘어선다는 것은 매우 극적이어서 이들의 발견은 과학계의 엄청난 관심과 연구 활동에 일대 파란을 일으켰다. 몇 달 후 과학자들은 액체 질소의 끓는점

$YBa_2Cu_3O_x$(x = 6 또는 7)의 결정 구조. O 원자 자리의 일부가 비어 있기 때문에 화학식이 일정하지 않다.

액체 질소에 담겨 있는 고온 초전도체 위에 자석이 떠 있는 모습.

석영(Quartz).

서로 붙들려 있으며, 흑연의 경도는 공유 결합으로 설명할 수 있다. 그러나 층들이 서로 미끄러질 수 있기 때문에 흑연은 미끄러운 촉감이 있으며, 윤활제로서도 효과적이다. 또한 흑연은 연필이나 컴퓨터 프린터 및 타자기의 리본에도 사용된다.

또 다른 공유 결정으로 석영(SiO_2)을 들 수 있다. 석영에서 규소 원자의 배열은 다이아몬드에서 탄소의 배열과 비슷하지만, 석영에서는 두 개의 규소 원자 사이에 산소 원자가 하나 끼어 있다. 규소와 산소는 전기음성도가 다르므로 Si—O 결합은 극성을 띤다. 그럼에도 불구하고 SiO_2는 경도나 높은 녹는점(1610°C) 등 여러 점에서 다이아몬드와 유사하다.

(77 K)보다 훨씬 높은 온도인 95 K 근처의 온도에서 초전도 현상을 보이는 화합물을 합성하기에 이르렀다. 앞 페이지에 있는 그림에 이 화합물 중 하나인 이트륨(Y), 바륨(Ba), 구리(Cu)의 혼합 산화물로 화학식이 $YBa_2Cu_3O_x$(x = 6 또는 7)인 물질의 결정 구조가 있다. 옆에 있는 또 다른 그림은 액체 질소에 담겨 있는 고온 초전도체 위에 자석이 떠 있는 모습을 보여주고 있다.

초기의 이러한 열광적인 관심에도 불구하고, 이러한 종류의 고온 초전도체들은 그 기대에 부응하지 못하고 있다. 30년 이상 동안 집중적인 연구 개발을 시도해 온 현재도 과학자들은 여전히 이러한 화합물들이 어떻게 그리고 왜 초전도 현상을 보이는지에 대해 골몰하고 있다. 또한 이러한 화합물을 이용하여 전선을 만드는 것은 매우 힘들 뿐만 아니라 여러 가지 다른 기술적 문제들 때문에 대량 생산을 통한 상업적인 이용이 매우 어려운 실정이다.

또 다른 유망한 발전이 2001년에 일본의 과학자들에 의해 발견되었는데, 그것은 이붕소화 마그네슘(magnesium diboride, MgB_2)이 약 40 K에서 초전도 현상을 보인다는 것이다. 액체 질소 대신에 액체 네온(끓는점 27 K)을 냉각제로 사용하여야 하지만, 액체 네온은 액체 질소보다 훨씬 가격이 저렴하다. 이붕소화 마그네슘은 고온 초전도체로서 몇 가지 이점이 있다. 첫째로, 저렴한 화합물(1 g 당 약 2달러)이므로 시험을 위해 대량 사용될 수 있다. 둘째로, MgB_2의 초전도 현상 메커니즘은 4 K에서 일어나는 매우 잘 알려져 있는 금속 합금 초전도체가 보이는 초전도 현상 메커니즘과 유사하다. 셋째로, 이 화합물은 쉽게 전선이나 박막 등으로 제작을 할 수가 있다. 좀더 노력한다면 새로운 형태의 고온 초전도체가 개발되어 슈퍼컴퓨터(컴퓨터의 처리 속도는 얼마나 전류가 빨리 흐르는가에 달려 있다), 더욱 강력한 입자 가속기, 효율적 핵융합 장비, 의료용의 보다 정확한 자기 공명 영상(MRI) 장비 등을 만드는 데 유용하게 이용될 수 있을 것이다. 고온 초전도체에 있어서 진전은 이제 막 준비운동을 하고 있는 단계라고 할 수 있다!

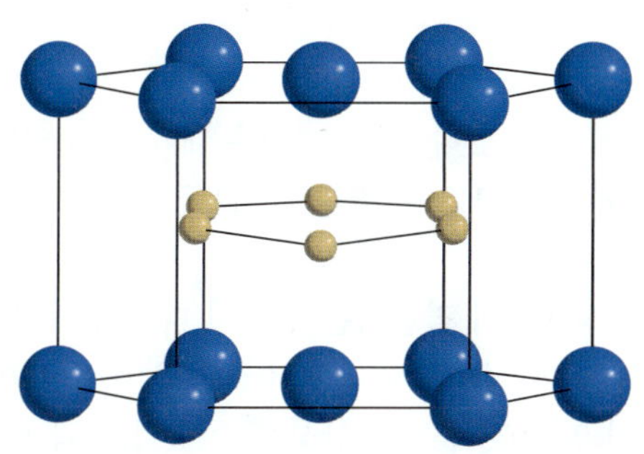

MgB_2의 결정 구조. Mg 원자들(파란색)은 육각층을 형성하고, B 원자들(금색)은 흑연과 같은 벌집 모양의 층을 형성한다.

액체 헬륨 온도에서 초전도체 위에서 작동 중인 실험용 자기 부상 열차.

➤ 분자 결정

분자 결정에서는 분자가 격자점을 차지하고 있으며, 반 데르 발스 힘이나 수소 결합이 분자들 사이의 인력으로 작용하고 있다. 분자 결정의 한 예로 고체 상태의 이산화 황(SO_2)을 들 수 있는데, 여기서는 쌍극자-쌍극자 상호작용이 주된 인력으로 작용한다. 얼음의 삼차원 격자(그림 11.12 참조)는 주로 분자 사이의 수소 결합에 의해 유지된다. 분자 결정의 다른 예로는 I_2, P_4, S_8 등이 있다.

일반적으로 얼음을 제외하고는 분자 결정에서 분자들은 그들의 크기와 모양이 허락하는 한 되도록 서로 가깝게 채워진다. 공유 결합이나 이온 결합에 비해 반 데르 발스 힘과 수소 결합이 대체로 상당히 약하기 때문에 분자 결정은 이온 결정이나 공유 결정에 비해 훨씬 쉽게 깨진다. 실제로 대부분의 분자 결정은 100°C 이하의 온도에서 녹는다.

황(Sulfur).

1 1A	2 2A	3 3B	4 4B	5 5B	6 6B	7 7B	8 8B	9 8B	10 8B	11 1B	12 2B	13 3A	14 4A	15 5A	16 6A	17 7A	18 8A
Li	Be																
Na	Mg											Al					
K	Ca	Sc	Ti	V	Cr	Mn	Fe	Co	Ni	Cu	Zn	Ga					
Rb	Sr	Y	Zr	Nb	Mo	Tc	Ru	Rh	Pd	Ag	Cd	In	Sn				
Cs	Ba	La	Hf	Ta	W	Re	Os	Ir	Pt	Au	Hg	Tl	Pb				

육방 조밀 쌓음

면심 입방

체심 입방

다른 구조 (그림 설명 참조)

그림 11.29 금속의 결정 구조. 주기율표에 금속을 나타내었다. Mn은 입방 구조, Ga는 사방 구조, In과 Sn은 정방 구조, Hg은 마름모 구조를 가진다(그림 11.15 참조).

금속 결정

금속 결정 내에서는 같은 금속 원자가 모든 격자점을 차지하고 있기 때문에 어떤 의미에서 금속 결정의 구조는 가장 간단한 구조라 할 수 있다. 금속 결정은 대개 체심 입방, 면심 입방, 육방 최조밀 쌓임 구조로 되어 있다(그림 11.29). 결과적으로 금속 원소는 항상 매우 조밀하다.

금속에서의 결합은 다른 형태의 결정에서의 결합과는 상당히 다르다. 금속에서 결합 전자는 결정 전체에 걸쳐 비편재화되어 있다. 실제로 결정에서 금속 원자는 비편재화된 원자가 전자의 바다 속에 양이온이 파묻혀 있는 것과 같이 상상할 수 있다(그림 11.30). 금속의 강도는 비편재화로 인해 생긴 큰 응집력 때문이다. 비편재화된 전자의 움직임으로 인해 금속은 열과 전기의 좋은 전도체가 된다.

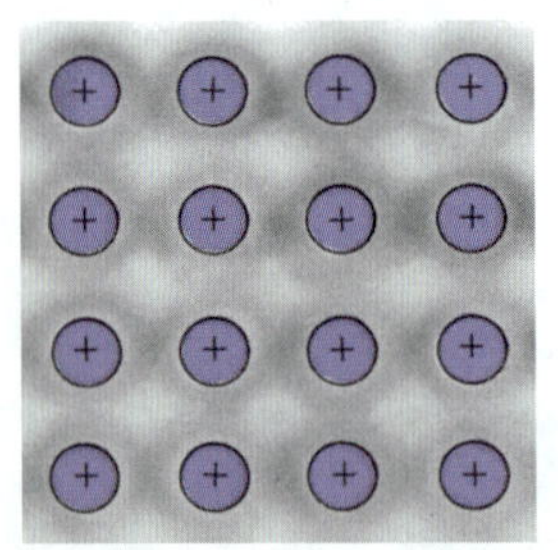

그림 11.30 금속 결정의 단면. 각 원의 양전하는 금속 원자의 핵과 내부 전자를 나타내고, 금속 양이온 둘레의 회색 부분은 유동성의 전자 바다를 나타낸다.

표 11.4에 지금까지 설명한 4가지 형태의 결정의 특징들을 요약해 놓았다.

표 11.4 단결정의 형태와 일반적인 특성

결정 형태	단위를 붙잡고 있는 힘	일반적인 특성	예
이온 결정	정전기적 인력	단단하고 깨지기 쉬움, 높은 녹는점, 열과 전기의 부도체	NaCl, LiF, MgO, $CaCO_3$
공유 결정	공유 결합	단단함, 높은 녹는점, 열과 전기의 부도체	C(다이아몬드)†, SiO_2(석영)
분자 결정*	분산력, 쌍극자-쌍극자 힘, 수소 결합	연함, 낮은 녹는점, 열과 전기의 부도체	Ar, CO_2, I_2, H_2O, $C_{12}H_{22}O_{11}$(설탕)
금속 결정	금속 결합	다양한 굳기, 다양한 녹는점, 열과 전기의 좋은 도체	모든 금속 원소: Na, Mg, Fe, Cu 등

*각각의 원자로 만들어진 결정은 이 결정 형태에 속한다.
†다이아몬드는 좋은 열 전도체이다.

생활 속의 화학 CHEMISTRY in Action

단추 하나만 있으면

1812년 6월에 약 60만의 강력한 나폴레옹 군대는 러시아로 진격하였다. 그러나 12월 초에 이르러 그의 병력은 1만 명도 되지 않는 작은 숫자로 줄어들었다. 나폴레옹의 패배에 대한 한 흥미로운 이론 중에 그의 군사들 군복 외투에 있는 주석 단추와 관련된 것이 있다. 주석에는 α(회색 주석)와 β(흰색 주석)의 두 가지 동소체가 있다. 입방 구조를 지니며 광택이 나는 흰색 주석은 상온 이상의 온도에서 안정하다. 그러나 이 흰색 주석은 13°C 이하에서는 서서히 회색 주색으로 변화한다. 정방정계의 구조를 지니는 회색 주석의 미세 결정이 무작위로 성장하게 되면 이 주석은 약해져서 쉽게 부스러진다. 따라서 러시아의 혹독한 겨울 날씨 속에서 나폴레옹의 병사들은 전쟁을 위해 무기를 들고 다닐 뿐만 아니라 그들의 느슨해진 외투도 단단히 붙들어야 했으므로 매우 힘들었을 것이다.

실제로 "주석병"이라는 현상이 수세기 동안 알려져 왔다. 중세 유럽에서 난방이 되지 않는 성당에서는 주석으로 만든 오르간 파이프가 흰색 주석에서 회색 주석으로 동소체 전이가 일어나 쉽게 부스러지곤 하였다. 따라서 전투에 참여하는 군사들이 제복을 잘 갖추어 입어야 하는 것을 굳게 믿고 있는 나폴레옹 같은 사람이 군복의 단추를 주석으로 만드는 것을 허용하였다는 점은 잘 납득이 가지 않는다.

나폴레옹은 그의 병사들에게 어떻게 외투를 단단하게 붙들 수 있는지를 지시하려고 하는가?

11.7 비결정질 고체

고체는 결정질 형태로 있을 때 가장 안정하다. 그러나 액체가 매우 빠르게 냉각될 때처럼 고체가 짧은 시간에 형성되면 구성 원자나 분자가 배열할 충분한 시간을 갖지 못한다. 따라서 규칙적인 결정에서의 자리가 아닌 다른 자리에 원자나 분자가 갇히게 된다. 이런 결과로 생긴 고체를 *비결정질*(amorphous)이라 한다. 유리와 같은 **비결정질 고체**(amorphous solid)에서는 *원자가 삼차원적으로 규칙적인 배열을 하고 있지 않다.* 이 절에서는 유리의 특성을 간단히 살펴보도록 하자.

유리는 문명사회에서 가장 소중하고 다양한 용도를 지닌 물질의 하나이며, 유리 제품은 기원전 1000년까지 거슬러 올라가는 가장 오래된 물질 중 하나이다. **유리**(glass)는 흔히 *무기 물질을 결정화시키지 않고 굳은 상태가 되도록 냉각시켜서 광학적으로 투명하게 만든 용융 화합물*을 말한다. 여기서 용융 화합물이라는 말이 사용되는 이유는 용융 상태의 이산화 규소(SiO_2)를 주성분으로 해서 산화 소듐(Na_2O), 산화 붕소(B_2O_3), 그리고 색과 특성을 부여하기 위해 몇몇 전이 금속 산화물을 혼합해서 유리를 만들기 때문이다. 어떤 관점에서 유리는 고체라기보다 액체처럼 거동한다. X선 회절 연구에 의하면 유리에는 장거리에 걸친 주기적 규칙성이 없다.

오늘날에는 약 800종의 유리가 널리 사용되고 있다. 그림 11.31은 결정질 석영과 비결정질 석영 유리의 구조를 이차원적으로 도식화해서 나타낸 것이다. 표 11.5에는 석영, 파이렉스, 소다라임 유리의 조성과 특성이 제시되어 있다.

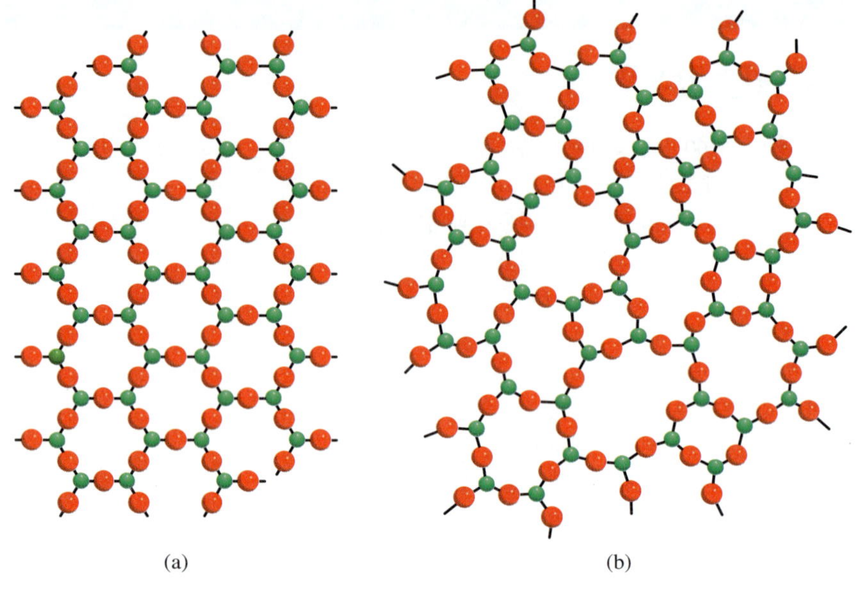

그림 11.31 (a) 석영 결정과 (b) 비결정질 석영 유리의 이차원 구조. 작은 구는 규소 원자를 나타낸다. 실제로 석영은 삼차원 구조이다. 각 Si 원자는 네 개의 O 원자와 사면체 모양으로 결합되어 있다.

표 11.5 3가지 형태 유리의 조성과 특성

이름	조성	특성 및 용도
순수 석영 유리	100% SiO_2	낮은 열 팽창, 넓은 파장에 걸쳐 빛을 투과. 광학연구에 사용.
파이렉스 유리	SiO_2, 60~80% B_2O_3, 10~25% Al_2O_3, 소량	낮은 열 팽창, 가시광선과 적외선은 투과시키나 자외선은 투과시키지 못함. 주로 실험실과 가정에서 주방 용기로 사용.
소다라임 유리	SiO_2, 75% Na_2O, 15% CaO, 10%	화학 약품에 약하고 열에 민감하다. 가시광선은 투과시키나 자외선은 흡수한다. 주로 창문과 유리병에 사용.

유리의 색은 산화물로 사용되는 금속 이온에 의해 주로 결정된다. 예를 들면, 초록색 유리에는 산화 철(III)[iron(III) oxide, Fe_2O_3]이나 산화 구리(II)[copper(II) oxide, CuO]가 함유되어 있고, 노란색 유리에는 산화 우라늄(IV)[uranium(IV) oxide, UO_2], 파란색 유리에는 산화 코발트(II)[cobalt(II) oxide, CoO]와 산화 구리(II)[copper(II) oxide, CuO], 빨간색 유리에는 작은 크기의 금(Au)과 구리(Cu) 입자가 함유되어 있다. 여기에 언급된 대부분의 이온이 전이 금속 이온임을 주목하라.

11.8 상 변화

5장과 이 장을 통하여 물질의 3가지 상인 기체, 액체, 고체의 특성을 개략적으로 살펴보았다. *한 상에서 다른 상으로의 전이*를 의미하는 **상 변화**(phase change)는 일반적으로 열의 형태인 에너지를 가하거나 제거될 때 일어난다. 상 변화는 분자 질서의 변화로 특정지어지는 물리적 변화이다. 고체상 분자에서 질서도가 가장 크며, 기체상 분자는 무질서도가 가장 크다. 에너지 변화와 분자 질서의 증가 또는 감소 사이의 관계를 기억하고 있으면 이러한 물리적 변화의 본질을 잘 이해할 수 있을 것이다.

▶ 액체-증기 평형

액체 상태에 있는 분자는 견고한 격자 속에서 고정되어 있는 상태가 아니다. 이 분자들은 기체 분자처럼 완전히 자유롭지는 않지만 일정하게 운동하고 있다. 액체는 기체보다 조밀

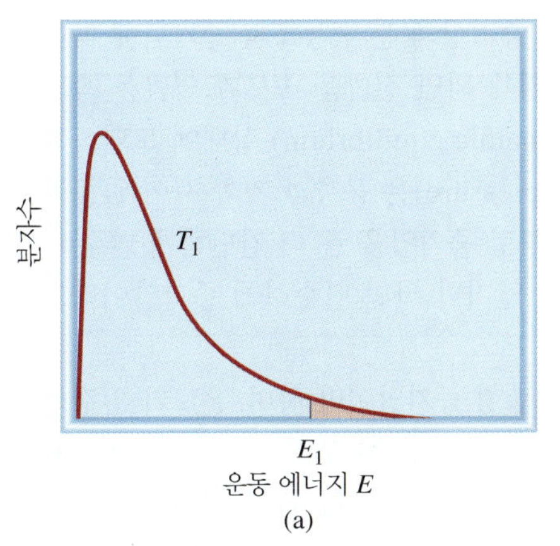

(a)

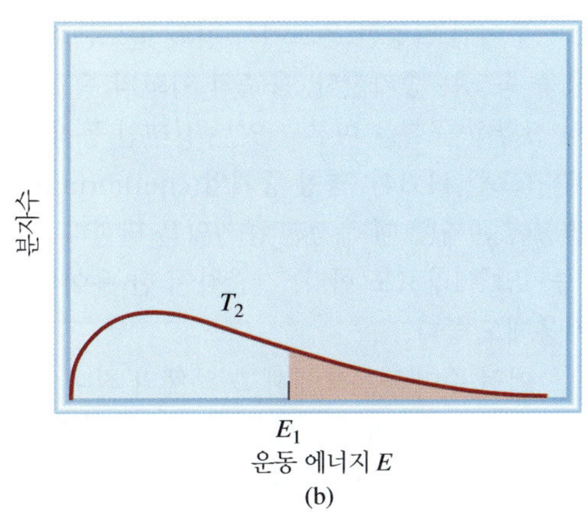

(b)

그림 11.32 (a) 온도 T_1과 (b) 더 높은 온도 T_2에서 액체상 분자들의 운동 에너지 분포 곡선. 온도가 높아질수록 곡선이 평평해짐에 유의하라. 어둡게 칠한 영역은 특정 운동 에너지 E_1 이상의 운동 에너지를 가지는 분자수를 나타낸다. 온도가 높아질수록 더 큰 운동 에너지를 가지는 분자수가 증가한다.

하기 때문에 분자들 간의 충돌률이 기체상보다 액체상에서 훨씬 높다. 액체 상태의 분자가 액체 표면으로부터 벗어나기에 충분한 에너지를 가지게 되면 상 변화가 일어난다. **증발**(evaporation) 또는 **기화**(vaporization)는 *액체가 기체로 전이되는 과정*을 말한다.

증발은 온도와 어떤 관련이 있을까? 그림 11.32는 서로 다른 두 온도에서 액체 상태에 있는 분자의 운동 에너지 분포를 보여주고 있다. 여기서 볼 수 있듯이 온도가 높을수록 운동 에너지가 커지고, 따라서 더 많은 분자가 액체를 떠나게 된다.

증기압

액체가 기화할 때 기화되는 기체 분자는 증기압을 나타낸다. 그림 11.33과 같은 장치를 보자. 기화가 시작되기 전에는 U자형 압력계 관에 있는 수은의 높이가 같다. 분자 몇 개가 액체 상태를 떠나 증기상이 형성되고, 상당량의 증기가 존재하게 되면 이제 증기압을 측정할 수 있다. 그러나 기화 과정이 무한히 계속되는 것은 아니다. 결국은 수은의 높이가 안정화되고, 더 이상의 변화가 없게 된다.

평형 증기압은 액체가 약간 존재하는 한 액체의 양과 무관하다.

기화가 일어나는 동안 분자 수준에서는 어떤 일이 일어나는가? 초기에는 한 방향으로만 변화가 일어난다. 즉, 분자는 액체에서 빈 공간으로 움직인다. 곧이어 액체 위의 공간에 있는 분자가 증기상을 만들고, 이 증기상 분자의 농도가 증가해서 몇몇 분자는 응축되어 다시 액체상으로 되돌아가게 된다. **응축**(condensation)은 *기체상에서 액체상으로의 변화*를 말하는데, 분자가 액체 표면에 충돌할 때 액체의 분자간 힘에 의해 포획되기 때문에 일어나는 현상이다.

(a)

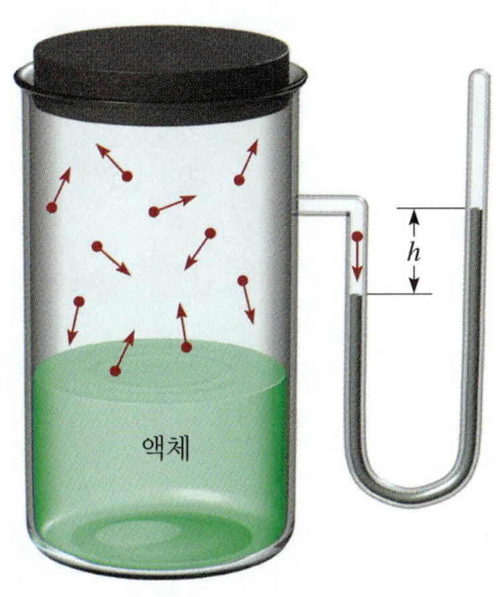

(b)

그림 11.33 액체의 증기압을 측정하는 장치. (a) 초기에는 액체가 얼어 있으므로 증기상에는 분자가 없다. (b) 가열을 하면 액체상이 형성되고 증발이 시작된다. 평형에서 액체를 떠나는 분자수와 액체로 되돌아오는 분자수는 같다. 수은의 높이차(h)는 특정 온도에서 액체의 평형 증기압을 나타낸다.

주어진 일정한 온도에서 기화 속도는 일정하며, 증기상의 분자 농도가 증가함에 따라 응축 속도는 증가한다. 응축과 기화의 속도가 같아지게 되면 *정반응 속도가 역반응 속도와 정확히 균형을 이루고 있는 상태*인 **동적 평형**(dynamic equilibrium) 상태에 도달하게 된다(그림 11.34). **평형 증기압**(equilibrium vapor pressure)은 *응축과 기화 사이에 동적 평형이 존재할 때 측정된 증기압*을 말한다. 액체의 평형 증기압을 좀 더 간단하게 단순히, "증기압"이라고도 한다. 간단하게 한 용어의 의미를 알기만 하면 단순하게 증기압이라고 사용해도 좋다.

동영상 자료
▶ 평형 증기 압력.

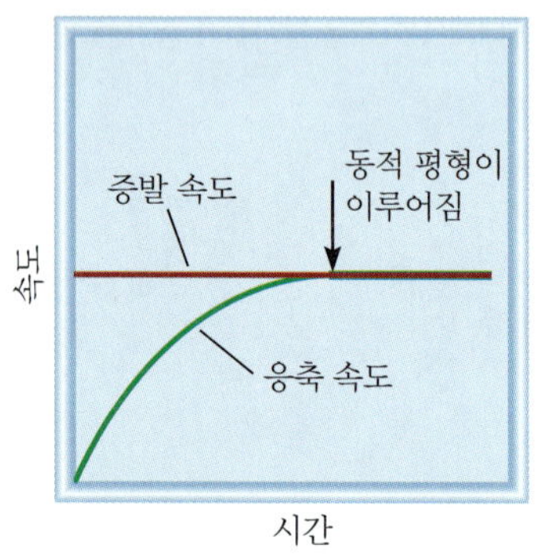

그림 11.34 특정 온도에서 증발 속도와 응축 속도의 비교.

어떤 주어진 온도에서 그 액체의 *최대* 증기압을 평형 증기압이라 하며, 온도가 일정하면 그 값도 일정하다는 사실을 꼭 기억해 둘 필요가 있다(평형 증기압은 아주 소량의 액체만 존재하더라도 액체가 존재하기만 하면 그 양에는 상관없이 일정하다). 지금까지의 논의로부터 액체의 증기압이 온도와 함께 증가하리라는 것을 예상할 수 있는데, 그림 11.35에 있는 세 가지 다른 액체에 대한 증기압과 온도의 도표가 이러한 예상을 입증해 주고 있다.

몰증발열과 끓는점

액체에서 *액체 1 mol을 기화시키는 데 필요한 에너지*(보통 kJ)로 정의되는 **몰증발열**(molar heat of vaporization, $\Delta H_{증발}$)은 분자간 힘의 세기의 척도로 사용된다. 몰증발열은 액체에 존재하는 분자간 힘의 세기와 직접 관련되어 있다. 분자간 인력이 강하면 액체상에서 분자를 자유롭게 하는 데 많은 에너지가 필요하게 되어 몰증발열이 크게 될 것이다. 이러한 액체는 또한 상대적으로 낮은 증기압을 가지게 된다.

그림 11.35에서 보는 바와 같이 앞서 언급한 내용에 의하면 액체의 평형 증기압(P)은 온도가 증가함에 따라 증가함을 예측할 수 있다. 어떤 액체의 증기압 P와 절대 온도 T 사이의 정량적인 관계는 다음과 같은 클라우시우스[†]-클라페이런[‡](Clausius-Clapeyron) 식으로 주어진다.

$$\ln P = -\frac{\Delta H_{증발}}{RT} + C \tag{11.2}$$

여기서 ln은 자연 로그이며, R은 기체 상수(8.314 J/K·mol), C는 상수를 나타낸다. 클라우시우스-클라페이런 식은 $y = mx + b$ 와 같은 선형 방정식의 형태를 취하고 있다.

[†] 클라우시우스(Rudolf Julius Emanuel Clausius, 1822~1888)는 독일 물리학자로 주로 전기, 기체 운동론, 열역학 분야에 업적이 있다.

[‡] 클라페이런(Benoit Paul Emile Clapeyron, 1799~1864)은 프랑스 공학자로 증기 엔진의 열역학적 현상 연구에 기여하였다.

그림 11.35 세 가지 액체의 온도 증가에 따른 증기압 증가. 1 atm에서 액체의 정상 끓는점을 수평축에 나타내었다. 수은의 경우 강한 금속 결합으로 인해 매우 낮은 증기압을 보인다.

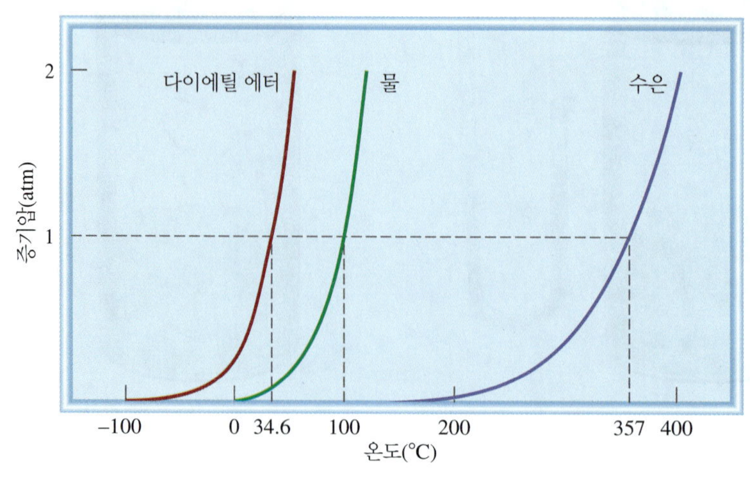

표 11.6 몇 가지 액체의 몰증발열

물질	끓는점*(°C)	$\Delta H_{증발}$(kJ/mol)
다이에틸 에터($C_2H_5OC_2H_5$)	34.6	26.0
메테인(CH_4)	−164	9.2
물(H_2O)	100	40.79
벤젠(C_6H_6)	80.1	31.0
수은(Hg)	357	59.0
아르곤(Ar)	−186	6.3
에탄올(C_2H_5OH)	78.3	39.3

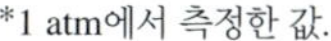
*1 atm에서 측정한 값.

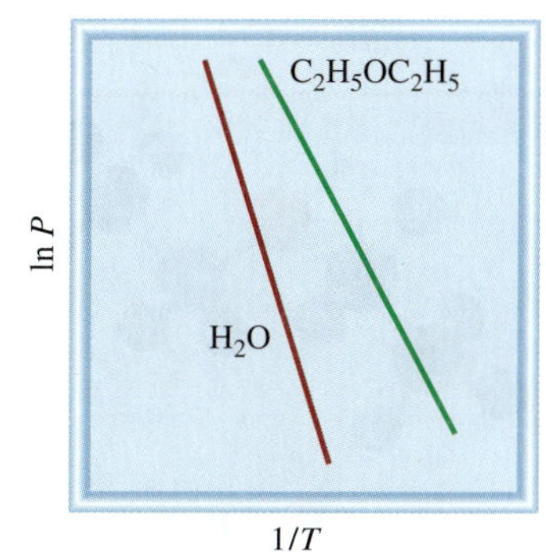

그림 11.36 물과 다이에틸 에터에 대한 ln P 대 1/T의 도표. 각 경우에 기울기는 $-\Delta H_{증발}/R$이다.

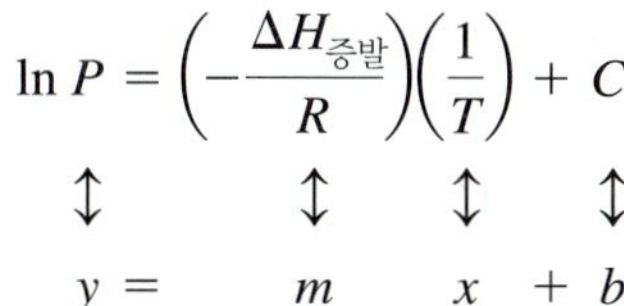

$$\begin{array}{ccccccc} \ln P = & \left(-\dfrac{\Delta H_{증발}}{R}\right) & \left(\dfrac{1}{T}\right) & + & C \\ \updownarrow & \updownarrow & \updownarrow & & \updownarrow \\ y = & m & x & + & b \end{array}$$

다른 온도에서 액체의 증기압을 측정해서(그림 11.35 참조) ln P 대 $1/T$를 도시하면, 그 기울기가 $-\Delta H_{증발}/R$가 된다. ($\Delta H_{증발}$은 온도에 무관한 값으로 가정한다.) 이 방법으로 증발열을 구한다(표 11.6 참조). 그림 11.36은 물과 다이에틸 에터($C_2H_5OC_2H_5$)의 ln P 대 $1/T$의 도표를 보여준다. 물의 경우 직선의 기울기가 훨씬 더 큰데, 이는 물의 $\Delta H_{증발}$이 더 크기 때문이다.

한 온도에서 어떤 액체의 $\Delta H_{증발}$과 P 값을 알면 클라우시우스-클라페이런 식을 사용해서 다른 온도에서의 액체의 증기압을 계산할 수 있다. 온도 T_1과 T_2에서의 증기압이 각각 P_1과 P_2라면, 식 (11.2)로부터

$$\ln P_1 = -\frac{\Delta H_{증발}}{RT_1} + C \tag{11.3}$$

$$\ln P_2 = -\frac{\Delta H_{증발}}{RT_2} + C \tag{11.4}$$

식 (11.3)에서 식 (11.4)를 빼면,

$$\begin{aligned} \ln P_1 - \ln P_2 &= -\frac{\Delta H_{증발}}{RT_1} - \left(-\frac{\Delta H_{증발}}{RT_2}\right) \\ &= \frac{\Delta H_{증발}}{R}\left(\frac{1}{T_2} - \frac{1}{T_1}\right) \end{aligned}$$

따라서

$$\ln \frac{P_1}{P_2} = \frac{\Delta H_{증발}}{R}\left(\frac{1}{T_2} - \frac{1}{T_1}\right)$$

또는

$$\ln \frac{P_1}{P_2} = \frac{\Delta H_{증발}}{R}\left(\frac{T_1 - T_2}{T_1T_2}\right) \tag{11.5}$$

예제 11.7은 식 (11.5)의 활용 예이다.

예제 11.7

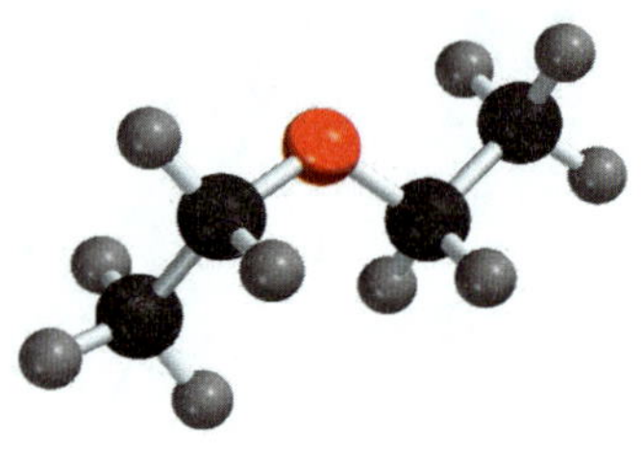

$C_2H_5OC_2H_5$

다이에틸 에터는 휘발성이며 가연성의 유기 액체로서 주로 용매로 사용된다. 18°C에서 다이에틸 에터의 증기압은 401 mmHg이다. 32°C에서 이 물질의 증기압을 구하시오.

전략 한 온도에서 다이에틸 에터의 증기압이 주어지고 다른 온도에서의 증기압을 묻는 문제이다. 따라서 식 (11.5)를 사용하면 된다.

풀이 표 11.6으로부터 $\Delta H_{증발} = 26.0$ kJ/mol이다. 자료는 다음과 같다.

$$P_1 = 401 \text{ mmHg} \qquad P_2 = ?$$
$$T_1 = 18°\text{C} = 291 \text{ K} \qquad T_2 = 32°\text{C} = 305 \text{ K}$$

식 (11.5)로부터

$$\ln\frac{401}{P_2} = \frac{26{,}000 \text{ J/mol}}{8.314 \text{ J/K}\cdot\text{mol}}\left[\frac{291 \text{ K} - 305 \text{ K}}{(291 \text{ K})(305 \text{ K})}\right]$$
$$= -0.493$$

양변에 안티로그(부록 4 참조)를 취하면,

$$\frac{401}{P_2} = e^{-0.493} = 0.611$$

그러므로

$$P_2 = 656 \text{ mmHg}$$

비슷한 문제: 11.84.

검산 온도가 더 높아지면 증기압도 더 커질 것이라 예상했는데 문제의 답은 예상과 잘 일치한다.

실전 연습 34.9°C에서 에탄올의 증기압은 100 mmHg이다. 63.5°C에서의 증기압을 구하시오(에탄올의 $\Delta H_{증발}$은 39.3 kJ/mol이다).

몰증발열을 보여줄 수 있는 실제 방법은 에탄올(C_2H_5OH)이나 아이소프로판올(C_3H_7OH)과 같은 알코올을 손에 문지르는 것이다. 이러한 알코올은 물보다 $\Delta H_{증발}$이 작으므로, 손에서 발생하는 열이 알코올 분자의 운동 에너지를 증가시켜서 기화시키기에 충분하다. 열 손실의 결과 손은 차갑게 느껴진다. 이러한 과정은 인체가 일정한 온도를 유지하는 수단의 한 가지인 발한작용과 유사하다. 물에 존재하는 강한 분자간 수소 결합으로 인하여 인체 표면에서 땀 속의 물을 기화시키기 위해서는 상당한 양의 에너지가 필요하다. 이 에너지가 여러 신진 대사 과정에서 발생되는 열에 의해 공급된다.

앞에서 온도가 높아짐에 따라 액체의 증기압이 증가함을 보았다. 모든 액체에는 액체가 끓기 시작하는 온도가 있다. *액체의 증기압이 외부 압력과 같아지는* 온도를 **끓는점**(boiling point)이라 한다. 모든 액체의 *정상*(normal) 끓는점은 외부 압력이 1 atm일 때 그 액체가 끓는 온도를 말한다.

끓는점에서 액체의 내부에 기포가 생긴다. 기포가 생길 때 원래 그 공간을 차지하고 있던 액체는 바깥으로 밀려나가고, 따라서 용기 속 액체의 높이가 높아지게 된다. 기포에 작용하는 압력은 주로 대기압이며, 여기에 더해서 약간의 *유압*(hydrostatic pressure) 즉, 액체의 존재로 인해 생기는 압력이 있다. 기포 내부의 압력은 전적으로 액체의 증기압이다. 증기압이 외부 압력과 같아지면 기포는 액체의 표면으로 떠올라서 터지게 된다. 만약 기포 내의 증기압이 외부 압력보다 낮으면 기포는 떠오르기 전에 없어질 것이다. 따라서 액체의 끓는점은 외부 압력에 의해 결정됨을 알 수 있다. (보통 유압에 의한 작은 기여는 무시한다.) 예를 들어, 1 atm에서는 물이 100°C에서 끓지만, 압력이 0.5 atm으로 낮아지면 82°C에서 끓는다.

끓는점이 액체의 증기압으로 결정되기 때문에 끓는점이 몰증발열과 관련 있음을 예상할 수 있다. $\Delta H_{증발}$이 클수록 끓는점은 높아진다. 표 11.6의 자료는 이러한 예상을 대략적으로 확인시켜 준다. 결국 끓는점과 $\Delta H_{증발}$은 둘 다 분자간 힘의 세기에 의해 결정된다. 예를 들면, 분산력이 약한 아르곤(Ar)과 메테인(CH_4)은 끓는점이 낮고 몰증발열이 작다. 다이에틸 에터($C_2H_5OC_2H_5$)는 쌍극자 모멘트를 가지며, 이러한 쌍극자-쌍극자 힘이 이 물질이 끓는점이 높고 $\Delta H_{증발}$ 값이 큰 이유가 된다. 에탄올과 물에는 강한 수소 결합이 존재하므로 이들은 끓는점이 높고 $\Delta H_{증발}$ 값이 크다. 수은은 강한 금속 결합 때문에 액체 중 끓는점이 가장 높고 $\Delta H_{증발}$ 값이 가장 크다. 재미있는 점은 비극성인 벤젠의 끓는점이 에탄올의 끓는점에 필적할 정도라는 점이다. 벤젠은 비편재화된 파이 분자 궤도함수에 전자가 분포됨으로 인해 높은 편극성을 가지게 되는데, 이로 인해서 벤젠 분자들 사이의 분산력이 쌍극자-쌍극자 힘이나 수소 결합에 필적하거나 오히려 더 강할 수도 있음을 시사하고 있다.

개념 복습하기

어떤 학생이 두 유기 액체 화합물 메탄올(CH_3OH)과 다이메틸 에터(CH_3OCH_3)를 가지고 그림 11.36과 같은 ln P 대 $1/T$의 도시를 공부하고 있다. 두 화합물의 기울기는 각각 -2.32×10^3 K와 -4.50×10^3 K이다. 이 두 화합물의 $\Delta H_{증발}$을 어떻게 구할까?

➤ 임계 온도와 압력

증발의 반대는 응축이다. 원리상 기체를 액화시키는 방법에는 두 가지 기술이 있다. 하나는 기체 시료를 냉각시킴으로써 기체 분자의 운동 에너지를 감소시켜서 결국 분자가 뭉쳐져서 작은 액체 방울을 만드는 것이고, 또 하나는 압력을 가하는 방법이다. 압축은 분자들 사이의 평균 거리를 줄여 분자들이 상호 인력에 의해 서로 붙들려 있게 한다. 공업적인 액화 과정은 이 두 방법을 함께 사용하고 있다.

모든 물질은 **임계 온도**(critical temperature, T_c)를 갖는데, 임계 온도란 *이 온도 이상에서는 아무리 높은 압력을 가하더라도 기체가 액화될 수 없는 온도*를 말한다. 이것은 또한 *어떤 물질이 액체로 존재할 수 있는 가장 높은 온도*이기도 하다. 또 달리 말하면 임계 온도 이상에서는 액체와 기체 사이에 근본적인 구분이 없다. 단지 유체일 뿐이다. **임계 압력**(critical pressure, P_c)은 *임계 온도에서 액화시키기 위해 가해 주는 최소 압력*을 말한다. 임계 온도의 존재는 정성적으로 다음과 같이 설명할 수 있다. 어떤 주어진 물질에 대해서 분자간 힘은 유한한 크기를 가지며, 온도에 무관한 양이다. T_c 이하에서 이 힘은 적당한 압력하의 액체 상태에서 분자를 서로 붙들어 둘 수 있을 만큼 충분히 강하다. T_c 이상에서는 분자 운동이 활발해짐에 따라 분자들은 분자간 힘으로부터 벗어나서 따로 따로 떨어질 수 있게 된다. 그림 11.37은 육플루오린화 황(SF_6)이 그 임계 온도(45.5°C) 이상으로 가열된 후 다시 45.5°C 아래로 냉각되었을 때 무슨 일이 일어나는지를 보여준다.

분자간 힘은 온도와 무관하다. 분자의 운동 에너지는 온도에 따라 증가한다.

표 11.7에 여러 일반 물질의 임계 온도와 임계 압력을 나타내었다. 한 물질의 임계 온도는 그 물질의 분자간 힘의 세기를 반영하고 있다. 분자간 힘이 강한 벤젠, 에탄올, 수은, 물은 표에 있는 다른 물질들에 비해 역시 임계 온도가 높다.

➤ 액체-고체 평형

액체가 고체로 변하는 것을 *응고*(freezing)라 하고, 그 역 과정을 녹음(melting) 또는 *용융*(fusion)이라 한다. 고체의 **녹는점**(melting point) 또는 액체의 **어는점**(freezing point)은 *평형 상태에서 액체와 고체상이 공존하는 온도*를 말한다. 어떤 물질의 *정상*(normal) 녹는점(또는 어는점)은 1 atm에서 그 물질이 녹는 온도(또는 어는 온도)를 말한다. 일반적으로

"fusion(용융)"은 녹는 과정이다. 그러므로 "fuse(퓨즈)"는 과도한 전류에 의해 발생된 열로 인해 금속 리본이 녹을 때 전기 회로가 끊어지는 것이다.

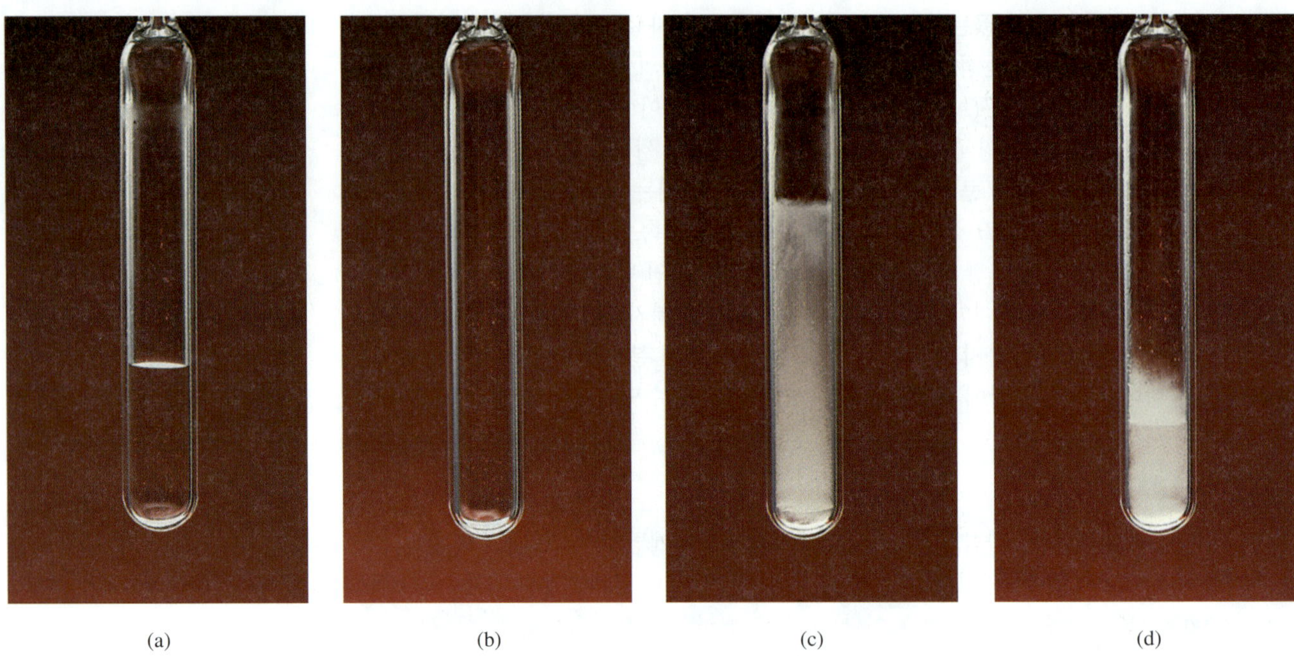

그림 11.37 육플루오린화 황의 임계 현상. (a) 임계 온도 이하에서는 투명한 액체상이 보인다. (b) 임계 온도 이상에서 액체상이 사라진다. (c) 물질을 임계 온도 바로 아래에서 냉각시켰다. 안개는 증기가 응축된 것을 나타낸다. (d) 마침내 액체상이 다시 나타난다.

표 11.7 몇 가지 물질의 임계 온도 및 임계 압력

물질	T_c(°C)	P_c(atm)
다이에틸 에터($C_2H_5OC_2H_5$)	192.6	35.6
메테인(CH_4)	−83.0	45.6
물(H_2O)	374.4	219.5
벤젠(C_6H_6)	288.9	47.9
산소 분자(O_2)	−118.8	49.7
수소 분자(H_2)	−239.9	12.8
수은(Hg)	1462	1036
아르곤(Ar)	−186	6.3
암모니아(NH_3)	132.4	111.5
에탄올(C_2H_5OH)	243	63.0
육플루오린화 황(SF_6)	45.5	37.6
이산화 탄소(CO_2)	31.0	73.0
질소 분자(N_2)	−147.1	33.5

는 압력이 1 atm일 때 "정상"이란 말을 생략하고 사용한다.

가장 친숙한 액체-고체 평형은 물과 얼음의 평형이다. 0°C, 1 atm에서 물과 얼음의 동적 평형을 다음과 같이 나타낸다.

$$\text{얼음} \rightleftharpoons \text{물}$$

이 동적 평형의 실례로 얼음물(ice water)을 들 수 있다. 얼음 조각이 녹아서 물이 되면 물의 일부는 얼음 조각들 사이에서 다시 얼어서 얼음 조각을 서로 들러붙게 하기도 한다. 하지만 유리잔은 0°C로 유지되지 않으며, 결국 모든 얼음 조각은 녹아 없어질 것이기 때문에

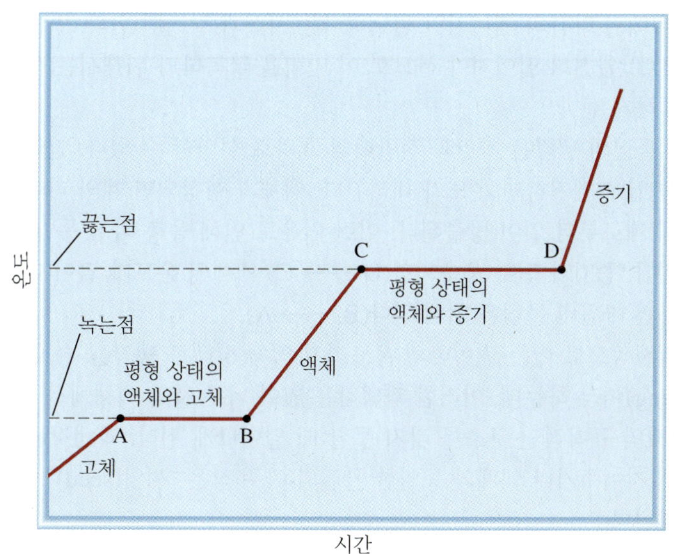

그림 11.38 고체상에서 액체상을 거쳐 기체상까지 나타낸 물질의 가열 곡선. $\Delta H_{용융}$은 $\Delta H_{증발}$보다 작기 때문에 물질이 녹는 데 걸린 시간이 끓는 데 걸린 시간보다 짧다. AB가 CD보다 짧게 그려진 이유가 바로 이 때문이다. 고체, 액체, 기체 가열 곡선의 기울기는 물질 각 상태의 비열에 의해 결정된다.

이것은 진짜 동적 평형은 아니다.

그림 11.38은 어떤 물질이 그 주위로부터 열을 흡수함에 따라 어떻게 온도 변화가 일어나는지를 나타낸다. 어떤 고체를 가열하면 녹는점에 도달할 때까지 고체의 온도가 증가함을 알 수 있다. 녹는점에서 분자의 평균 운동 에너지가 충분히 커져 고체 상태에서 그 분자들을 서로 붙들고 있던 분자간 힘을 극복하기 시작한다. 이때, 고체상에서 액체상으로의 전이가 시작되는데, 여기서 흡수된 열은 고체상에서 결합되어 있는 분자들을 점점 떼어내는 데 사용된다. 그런데 이러한 전이 과정(A ⟶ B)에서 분자들의 평균 운동 에너지는 변하지 않게 되고, 따라서 온도는 일정하게 유지됨을 주목해야 한다. 시료가 완전히 녹으면(점 B), 다시 열의 흡수가 일어나게 되고 그 끓는점에 도달할 때까지 액체의 온도가 올라간다(B ⟶ C). 여기서 이제 액체상에서 기체상으로의 전이가 일어나게 되는데(C ⟶ D), 앞서 고체-액체상 전이와 비슷하게 흡수된 열은 액체상에서 분자들을 붙들고 있는 분자간 응집력을 극복하는 데 사용되어 이 과정에서 온도는 또한 일정하게 유지된다. 일단 이 액체-기체상 전이가 끝나게 되면 계속된 가열에 의해 기체의 온도는 다시 상승하게 된다.

몰용융열(molar heat of fusion, $\Delta H_{용융}$)은 *고체 1 mol을 녹이는 데 필요한 에너지*(보통 kJ 단위)를 말한다. 표 11.6의 물질들에 대한 몰용융열을 표 11.8에 나타내었다. 두 표의 자료를 비교해 보면 각 물질에 대한 $\Delta H_{용융}$이 $\Delta H_{증발}$보다 작음을 알 수 있다. 이러한 사실은 액체 상태의 분자가 여전히 서로 꽤 가깝게 밀집되어 있어서 고체에서 액체로 재배열

표 11.8 몇 가지 물질의 몰용융열

물질	녹는점*(°C)	$\Delta H_{용융}$(kJ/mol)
다이에틸 에터($C_2H_5OC_2H_5$)	−116.2	6.90
메테인(CH_4)	−183	0.84
물(H_2O)	0	6.01
벤젠(C_6H_6)	5.5	10.9
수은(Hg)	−39	23.4
아르곤(Ar)	−190	1.3
에탄올(C_2H_5OH)	−117.3	7.61

*1 atm에서 측정된 값.

이 일어나기 위해서 약간의 에너지만 필요하다는 사실과 잘 일치한다. 반면 액체가 증발할 때는 분자는 서로 완전히 떨어져야 하므로 이 인력을 극복하기 위해서는 상당히 많은 양의 에너지가 필요하게 된다.

예상대로 물질의 *냉각*은 가열과 정반대의 효과로 설명할 수 있다. 만약 일정한 속도로 기체 시료에서 열을 제거하면 온도가 내려간다. 액체가 형성되면 계의 퍼텐셜 에너지가 감소하기 때문에 계로부터 열이 방출된다. 이런 이유로 인해 응축 과정 동안 계의 온도는 일정하게 유지된다. 증기가 전부 응축되면(D $\longrightarrow$ C) 액체의 온도가 떨어지기 시작하고, 계속해서 냉각하면 마침내 물질은 얼게 된다(B $\longrightarrow$ A).

*액체가 일시적으로 어는점 이하의 온도까지 액체 상태로 냉각될 수 있는 현상*을 **과냉각**(supercooling)이라 하는데, 이러한 과냉각은 열이 너무 빨리 액체에서 제거되어 분자가 말 그대로 고체의 규칙적인 구조를 갖지 못할 때 일어나게 된다. 과냉각된 액체는 불안정하므로 가볍게 저어주거나 액체와 동일한 물질의 아주 작은 "씨앗(seed)" 결정을 넣어주면 빠르게 고체화된다.

➤ 고체-증기 평형

고체도 증발되고 따라서 증기압을 나타낸다. 다음과 같은 동적 평형을 살펴보자.

$$\text{고체} \rightleftharpoons \text{증기}$$

증기와 평형에 있는 아이오딘 고체.

승화(sublimation)는 *분자가 고체상에서 증기상으로 직접 상 전이하는 과정*을 말한다. **석출**(deposition)은 그 역과정으로 *증기상에서 고체상으로 직접 전이하는 과정*이다. 좀약으로 쓰이는 물질인 나프탈렌은 고체치고는 상당히 높은 평형 증기압(53°C에서 1 mmHg)을 가진다. 따라서 밀폐된 공간에서 코를 찌르는 냄새가 빠르게 퍼지게 된다. 아이오딘도 승화하는데, 상온에서 밀폐된 용기에 있을 때는 보라색의 아이오딘 증기를 쉽게 볼 수 있다.

고체 상태의 분자는 아주 강하게 서로 붙들려 있기 때문에 일반적으로 액체에 비해 고체는 그 증기압이 훨씬 낮다. 어떤 물질의 **몰승화열**(molar heat of sublimation, $\Delta H_{\text{승화}}$)은 *고체 1 mol을 승화시키는 데 필요한 에너지*(보통 kJ 단위)를 말한다. 이것은 몰용융열과 몰증발열의 합과 같다.

$$\Delta H_{\text{승화}} = \Delta H_{\text{용융}} + \Delta H_{\text{증발}} \qquad (11.6)$$

식 (11.6)은 헤스 법칙(6.6절 참조)의 한 예이다. 전 과정에 대한 엔탈피 즉, 열의 변화량은 그 물질이 고체에서 기체로 직접 변하든 고체에서 액체를 거쳐 기체로 변하든 경로에 관계없이 동일하다는 것이다. 단, 식 (11.6)은 모든 상 변화가 같은 온도에서 일어날 때 성립됨을 기억해야 한다. 만약 온도가 같지 않다면 이 식은 근사식으로만 사용될 수 있다.

그림 11.39는 이 단원에서 설명한 여러 형태의 상 변화를 요약 정리한 것이다.

어떤 물질을 가열하면 온도가 상승하고 결국 상 전이가 일어나게 된다. 그러한 과정에 대한 전체 에너지 변화를 계산하기 위해서는 예제 11.8에서 볼 수 있듯이 모든 과정을 포함해야 한다.

예제 11.8

액체 상태의 물 346 g을 0°C에서 182°C로 가열하는 데 필요한 에너지의 양을 kJ 단위로 계산하시오. 액체 영역에서는 물의 비열은 4.184 J/g·°C이며, 수증기의 비열은 1.99 J/g·°C로 가정한다.

(계속)

전략 각 단계에서의 열 변화(q)는 $q = ms\Delta t$로 주어지며(6.5절 참조), 여기서 m은 물의 질량, s는 비열, Δt는 온도 변화이다. 만일 증발과 같은 상 변화가 있다면 $q = n\Delta H_{증발}$로 주어지며, 여기서 n은 물의 몰수이다.

풀이 계산은 세 단계로 나누어서 한다.

단계 1: 물을 0°C에서 100°C로 가열

식 (6.12)를 사용하면 다음과 같다.

$$
\begin{aligned}
q_1 &= ms\Delta t \\
&= (346\text{ g})(4.184\text{ J/g}\cdot{}^\circ\text{C})(100^\circ\text{C} - 0^\circ\text{C}) \\
&= 1.45 \times 10^5\text{ J} \\
&= 145\text{ kJ}
\end{aligned}
$$

단계 2: 100°C에서 물 346 g이 증발(상 변화)

표 11.6에서 물의 $\Delta H_{증발}$ = 40.79 kJ/mol로 주어진다. 따라서

$$
\begin{aligned}
q_2 &= 346\text{ g H}_2\text{O} \times \frac{1\text{ mol H}_2\text{O}}{18.02\text{ g H}_2\text{O}} \times \frac{40.79\text{ kJ}}{1\text{ mol H}_2\text{O}} \\
&= 783\text{ kJ}
\end{aligned}
$$

단계 3: 수증기를 100°C에서 182°C까지 가열

$$
\begin{aligned}
q_3 &= ms\Delta t \\
&= (346\text{ g})(1.99\text{ J/g}\cdot{}^\circ\text{C})(182^\circ\text{C} - 100^\circ\text{C}) \\
&= 5.65 \times 10^4\text{ J} \\
&= 56.5\text{ kJ}
\end{aligned}
$$

필요한 전체 에너지는

$$
\begin{aligned}
q_{전체} &= q_1 + q_2 + q_3 \\
&= 145\text{ kJ} + 783\text{ kJ} + 56.5\text{ kJ} \\
&= 985\text{ kJ}
\end{aligned}
$$

점검 모든 q의 부호가 양이므로 이는 온도를 0°C에서 182°C로 올리기 위해서는 열이 흡수되어야 한다는 사실과 잘 일치한다. 또한 예상대로 상 전이가 일어나는 동안에는 훨씬 많은 열이 흡수된다.

실전 연습 124°C의 수증기 68.0 g이 45°C의 물로 변할 때 발생되는 열을 계산하시오.

비슷한 문제: 11.76.

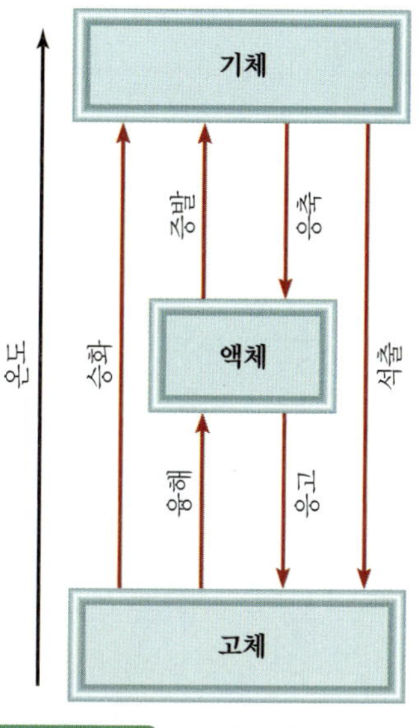

그림 11.39 물질이 나타내는 여러 가지 상 변화.

11.9 상 평형 그림

고체, 액체, 기체상 간의 전반적인 관계를 하나의 그래프로 가장 잘 표현할 수 있는 것이 상 평형 그림이다. **상 평형 그림**(phase diagram)에는 *어떤 물질이 고체, 액체, 기체로 존재할 수 있는 조건이 요약되어 있다.* 이 절에서는 물과 이산화 탄소의 상 평형 그림을 간단히 살펴보기로 한다.

동영상 자료
▶ 상 평형 그림과 물질의 상태.

물

그림 11.40(a)는 물의 상 평형 그림이다. 그래프는 세 영역으로 나뉘어 있는데, 각 영역은 순수한 상을 나타낸다. 어떤 두 영역의 경계선은 두 상이 평형 상태로 존재할 수 있는 조건을 나타낸다. 예를 들면, 액체와 기체상 사이의 곡선은 온도에 따르는 증기압의 변화를 보여준다(그림 11.35와 비교). 다른 두 곡선도 마찬가지로 얼음과 액체 물 사이, 얼음과 수증기 사이의 평형 조건을 나타낸 것이다(고체-액체 경계선이 음의 기울기를 가지고 있음에 주목하라). 세 곡선이 모두 만나는 점을 **삼중점**(triple point)이라 하는데, *세 상태가 서로 평형을 유지할 수 있는 유일한 조건*이다. 물에서 이 점은 0.01°C와 0.006 atm이다.

고체-액체 경계선의 기울기가 음인 것은 얼음의 몰당 부피가 액체 물의 몰당 부피보다 커서 물의 밀도가 얼음의 밀도보다 크기 때문이다. 압력이 증가하면 액체 상이 유리하다.

상 평형 그림으로부터 외부 압력이 변할 때 어떤 물질의 녹는점과 끓는점이 어떻

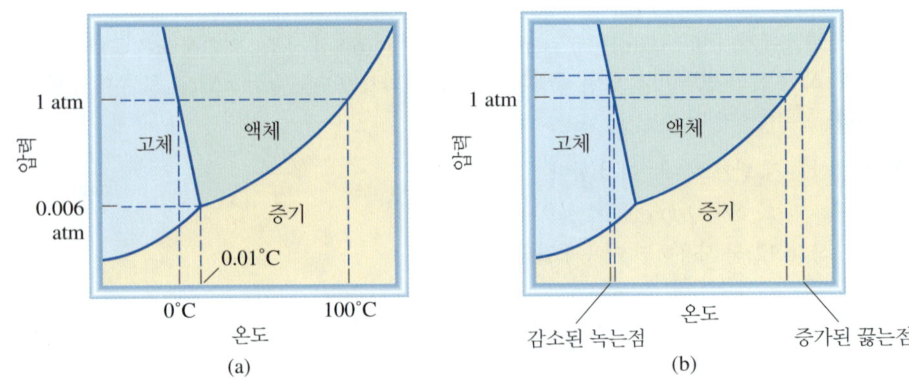

그림 11.40 (a) 물의 상 평형 그림. 두 상 사이의 각 실선은 평형에서 두 상이 공존할 때의 온도와 압력을 나타낸 것이다. 평형에서 세 상이 공존하는 점(0.006 atm, 0.001°C)을 삼중점이라 한다. (b) 이 상 평형 그림은 얼음 위의 압력이 증가하면 어는점이 낮아지고, 액체 물의 압력이 증가하면 끓는점이 높아짐을 보여준다.

게 변화하는지를 예측할 수 있으며, 온도와 압력의 변화에 의해 어떤 방향으로 상 전이가 일어날 것인지도 예상할 수 있다. 1 atm에서 물의 정상 녹는점과 끓는점은 각각 0°C와 100°C인데, 어떤 다른 압력에서 녹음과 끓음 현상이 진행되면 어떤 일이 일어날까? 그림 11.40(b)에서 압력이 1 atm 이상으로 증가하면 끓는점은 올라가고, 녹는점은 내려감을 볼 수 있다. 반대로 압력의 감소는 끓는점을 감소시키고, 녹는점을 상승시킬 것이다.

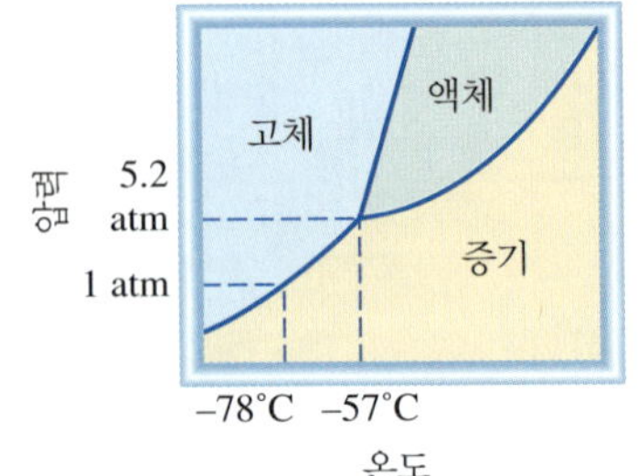

그림 11.41 이산화 탄소의 상 평형 그림. 고체-액체 경계선이 양의 기울기를 가짐에 유의하라. 액체상은 5.2 atm 아래에서는 안정하지 않기 때문에 대기압에서는 고체상과 기체상만 관찰된다.

이산화 탄소

이산화 탄소의 상 평형 그림(그림 11.41)은 고체와 액체 사이의 곡선이 양의 기울기를 가진다는 것을 제외하고는 대체로 물의 경우와 비슷하다. 이런 점은 사실 거의 모든 다른 물질들에 대해서도 적용된다. 물의 경우는 액체 물보다 얼음의 밀도가 낮기 때문에 조금 다른 거동을 보인다. 이산화 탄소의 삼중점은 −57°C, 5.2 atm이다.

그림 11.41의 상 평형 그림에서 재미있는 점을 관측할 수 있는데, 액체상의 전 영역이 대기압보다 훨씬 위에 존재하다는 점이다. 이 때문에 고체 이산화 탄소가 1 atm에서 녹는 것이 불가능하며, 대신에 고체 CO_2를 1 atm에서 −78°C로 가열하면 승화된다. 고체 이산화 탄소는 얼음처럼 보이며 *녹지 않기 때문에* 드라이 아이스라 부른다(그림 11.42). 이런 특성으로 인해 드라이 아이스는 냉매로 널리 사용된다.

그림 11.42 대기압에서 고체 이산화 탄소는 녹지 않고 승화만 한다. 차가운 이산화 탄소 기체는 가까이에 있는 수증기를 응축시켜 안개로 만든다.

개념 복습하기

1 atm에서 가열할 때 녹지 않고 승화하는 물질에 대한 상 평형 그림은 다음 중 어느 것인가?

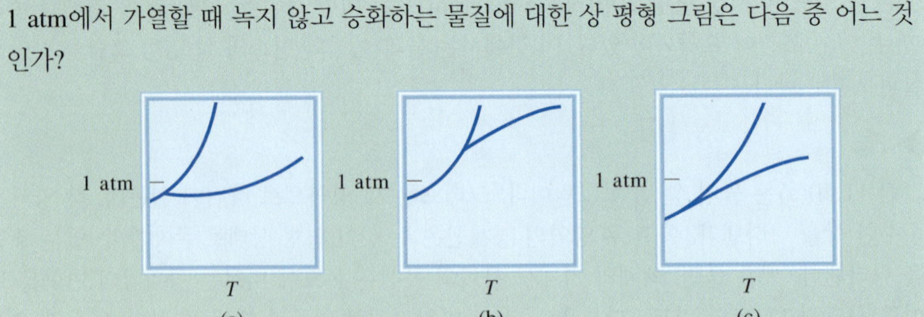

생활 속의 화학 CHEMISTRY in Action

산 정상에서 계란 삶기, 압력솥 및 아이스 스케이팅

상 평형은 외부 압력에 의해 영향을 받는다. 따라서 아래 경우에서 볼 수 있듯이, 대기 조건에 따라 물의 끓는점과 어는점이 각각 100°C와 0°C에서 상당히 벗어날 수 있다.

산 정상에서 계란 삶기

해발 4300 m의 산 정상에 막 올라왔다고 상상해 보자. 힘들여 올라온 후 기운을 차리기 위해 계란을 삶아 먹으려고 한다. 놀랍게도 물이 보통 때보다 훨씬 빨리 끓는 것 같다. 그러나 물이 끓고 10분이 지난 후에도 계란이 아직 삶아지지 않았다. 상 평형에 대해 약간의 지식만 있었더라면 익지 않은 계란을 깨뜨려서 실망하는 일은 없었을 것이다(특히 가지고 온 계란이 하나밖에 없었다면). 이 산의 정상은 해발 4300 m인데, 이 고도에서 대기압은 겨우 0.6 atm밖에 되지 않는다. 그림 11.40(b)을 보면 압력이 낮아지면 물의 끓는점도 내려가서, 이 정도 낮은 압력에서는 약 86°C에서 끓게 된다. 그러나 사실 요리를 위해 중요한 것은 끓는 현상이 아니라 음식물에 전달되는 열의 양이고, 이러한 열의 양은 물의 온도에 비례한다. 이런 이유로 이 경우 계란을 삶기 위해서는 적어도 30분 정도의 훨씬 더 긴 시간이 필요할 것이다.

압력솥

왜 압력솥을 쓰면 부엌에서 시간을 절약할 수 있을까? 끓는점에 미치는 압력의 효과가 이를 설명할 수 있다. 압력솥은 일정 압력을 초과할 때에만 수증기가 빠져나가도록 만들어진 밀폐용기이다. 솥 안에 있는 물 위의 압력은 대기압과 수증기압의 합에 해당한다. 결국 압력솥 안의 물은 100°C를 훨씬 넘는 고온에서 끓게 되고 그 속의 음식물은 더 뜨거워져서 더 빨리 요리된다.

아이스 스케이팅

이번에는 얼음-물 평형을 살펴보자. 그림 11.40(b)에서 고체-액체 곡선이 음의 기울기를 갖는다는 점은 외부 압력이 증가함에 따라 얼음의 녹는점이 내려감을 의미한다. 이런 현상 때문에 아이스 스케이팅이 가능하게 된다. 스케이트 날이 매우 얇기 때문에 체중 75 kg인 사람은 얼음에 500 atm에 해당하는 압력을 가할 수 있다(압력은 단위 면적당 작용하는 힘으로 정의된다). 결국 0°C 이하의 온도에서 스케이트 아래의 얼음이 녹아서 스케이트 날 아래 얇은 물의 막을 형성해서 스케이트를 타는 사람이 얼음 위를 잘 지칠 수 있게 해준다. 계산을 해보면 압력이 1 atm 증가하면 얼음의 녹는점이 7.4×10^{-3}°C씩 내려간다. 따라서 얼음에 가해지는 압력이 500 atm이라면 녹는점은 $-(500 \times 7.4 \times 10^{-3}) = -3.7$°C로 내려간다. 실제로 스케이트 날과 얼음 사이의 마찰이 얼음을 녹이는 주된 요인으로 알려져 있다. 이런 점이 바로 어떻게 해서 기온이 −20°C 이하로 떨어질 때에도 바깥에서 스케이트를 탈 수 있는지를 설명해 준다.

스케이트 타는 사람에 의해 얼음에 가해진 압력 때문에 녹는점이 낮아진다. 또한 날 아래 생긴 물의 막은 스케이트와 얼음 사이에 윤활유 역할을 한다.

생활 속의 화학

액정

일반적으로 결정질 고체의 매우 질서정연한 상태와 액체의 훨씬 자유로운 분자 배열 사이에는 확실한 구분이 있다. 예컨대, 결정질 얼음과 액체 물이 바로 이런 점에서 서로 다르다. 그러나 어떤 한 부류의 물질은 규칙적인 배열을 하려는 경향성이 매우 커서 결정을 녹였을 때 전형적인 결정의 특성을 지닌 *파라결정 상태*(paracrystalline state)라고 하는 유백색의 액체가 먼저 형성된다. 온도가 좀 더 높아지면 이 유백색의 유체는 통상적인 액체처럼 거동하는 맑은 액체로 뚜렷이 변한다. 이런 물질을 *액정*(liquid crystal)이라고 한다.

액정성을 보이는 분자는 보통 긴 막대 모양을 하고 있다. 액정의 종류 중 한 가지로 써모트로픽(thermotropic) 액정이라는 것이 있는데, 이것은 고체를 가열해서 만든 것으로 위에서 설명한 바와 같이 온도에 따라 액정과 비액정 상태가 결정된다. 써모트로픽 액정의 두 가지 흔한 구조로 네마틱(nematic)과 스멕틱(smectic)이 있다. 스멕틱 액정에서는 분자의 긴축이 서로 평행하게 배열되어 있으며, 또한 이 평행면에 수직하게 층을 이루고 있으며, 층과 층 사이를 분자가 오갈 수는 없다. 층은 서로 자유롭게 미끄러질 수 있어서 이차원 고체가 갖는 기계적 특성을 나타낸다. 네마틱 액정은 좀 덜 정렬되어 있으며 분자들의 긴축이 서로 평형하게 배열되어 있으나 층으로 나누어져 있지 않다.

써모트로픽 액정은 과학 기술 및 의약 분야에서 널리 활용되고 있다. 우리에게 친근한 시계와 계산기의 흑백 디스플레이는 이러한 물질의 성질을 이용한 것이다. 내부에 있는 액정의 위쪽과 아래쪽에 산화 주석(SnO_2)으로 만들어진 투명한 정렬 매체를 배치해서 네마틱상의 분자가 우선 서로 90°가 되도록 배향시킨다. 이렇게 되면 두 정렬 매체 사이에 있는 액정 상을 통과해가면서 분자들이 꼬이게 된다. 적절히 조절했을 때 이렇게 꼬인 상태가 편광면을 90° 회전시키고, 배열된 두 편광판(polarizer) 사이를 빛이 통과할 수

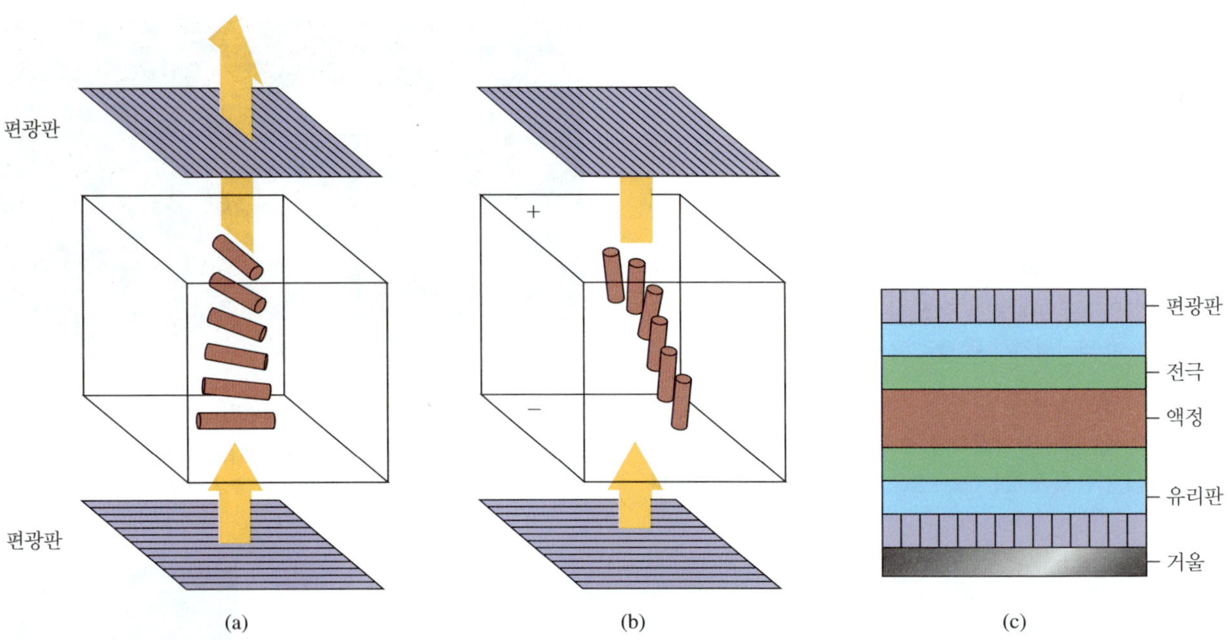

네마틱 액정을 이용한 액정 디스플레이(LCD). 셀 표면의 맨 위쪽과 아래쪽에 접한 분자는 서로 직각으로 배열되어 있다. (a) 표면들 사이에서 분자들 방향의 뒤틀림 정도를 조절하여 편광면을 90°로 회전시켜 편광면이 맨 위쪽의 편광판을 통과할 수 있게 된다. 따라서 셀은 투명해진다. (b) 전기장이 작동할 때, 분자들은 전기장을 따라 배향하고 편광면은 더 이상 맨 위쪽의 편광판을 지나지 못하므로 셀은 검게 된다. (c) 시계나 계산기 등에 사용되는 LCD의 단면.

있게 된다(서로 90°로 배향). 전기장을 걸어주면 네마틱 분자는 전기장의 방향을 따라 배향하게 하는 토크(뒤틀림 또는 회전)를 받게 된다. 이제 아래쪽에서 입사한 편광은 위쪽의 편광판을 통과할 수 없게 된다. 시계와 계산기에서는 아래쪽 편광판 밑에 거울이 있다. 전기장이 걸리지 않을 때에는 반사된 빛이 밝게 보이지만, 전기장을 걸어주면 위쪽에서 입사된 빛은 아래쪽 편광판을 지나갈 수 없어서 거울까지 도달할 수 없게 되므로 셀이 어둡게 보인다. 통상적으로는 약 10 μm(1 μm = 10^{-6} m) 두께의 네마틱층의 양쪽에 수 볼트의 전압이 걸린다. 전기장을 켜고 끌 때 분자가 정렬되어 풀어지는 응답 속도는 ms 범위(1 ms = 10^{-3} s)에 있다.

써모트로픽 액정에서 또 한 가지의 형태는 콜레스테릭(cholesteric) 액정이라고 하는 것이다. 콜레스테릭 액정의 색은 온도에 따라 변하므로 이러한 액정은 정밀 온도계로 사용하기에 적당하다. 예를 들어, 야금 분야에서 금속의 스트레스, 열원, 전도 경로 등을 찾아내는 데 이 액정이 사용된다. 의료용으로는 특정 자리에서 인체의 온도를 측정하는 데 액정의 도움을 받는다. 이러한 기술은 감염 처치나 종양(예컨대 유방 종양 등)의 성장 등에서 중요한 진단 도구가 되고 있다. 국부 감염이나 종양은 대사 속도와 환부 조직의 온도를 상승시키므로, 온도 차이에 대응하는 액정 박막의 색 변화를 통해 내과 의사가 감염 여부나 종양의 존재를 알 수 있게 해준다.

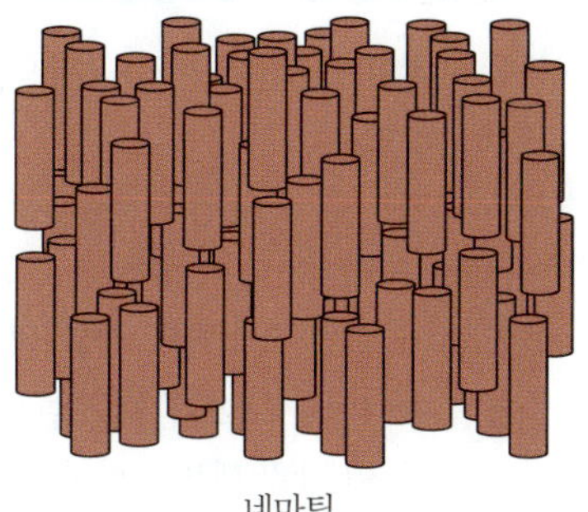

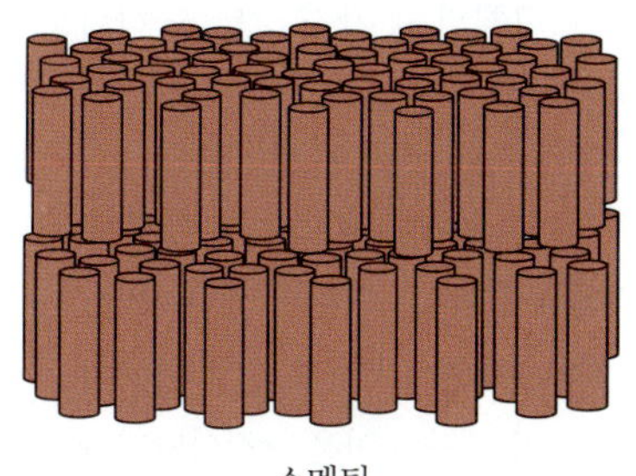

두 형태의 액정에서 분자들의 배향. 네마틱 액정은 일차원 고체처럼 행동하고, 스멕틱 액정은 이차원 고체처럼 거동한다.

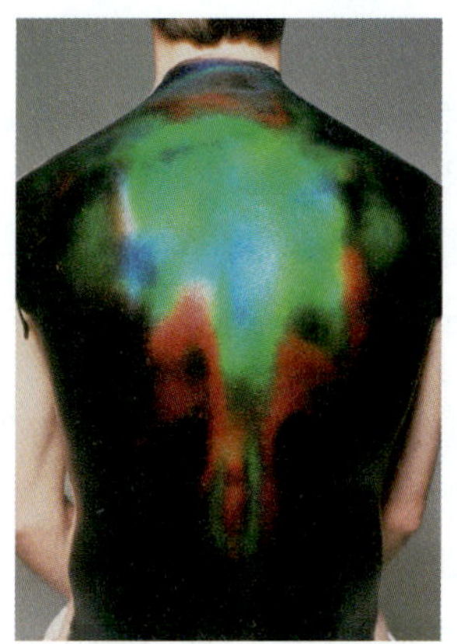

액정 써모그램. 빨간색은 가장 높은 온도를 나타내고, 푸른색은 가장 낮은 온도를 나타낸다.

주요 식 정리하기 *Key Equations*

$2d \sin \theta = n\lambda$ (11.1) — 결정 격자에서 원자가 이루는 면들 간의 거리를 계산하는 브래그 식.

$$\ln P = -\frac{\Delta H_{\text{증발}}}{RT} + C \quad (11.2)$$

액체의 $\Delta H_{\text{증발}}$을 구하는 클라우시우스-클라페이런 식.

$$\ln \frac{P_1}{P_2} = \frac{\Delta H_{\text{증발}}}{R}\left(\frac{T_1 - T_2}{T_1T_2}\right) \quad (11.5)$$

액체의 증기압 또는 끓는점을 계산하기 위한 식.

$$\Delta H_{\text{승화}} = \Delta H_{\text{융용}} + \Delta H_{\text{증발}} \quad (11.6)$$

헤스 법칙의 적용.

사실과 개념 요약하기 *Summary of Facts & Concepts*

1 모든 물질은 기체, 액체, 고체의 세 가지 상태 중 하나로 존재한다. 분자들 간의 거리가 응축상과 기체상 사이의 주된 차이이다.

2. 분자간 힘은 분자들 간에나 분자와 이온 간에 작용한다. 일반적으로 이러한 인력들은 결합력보다는 훨씬 약하다.

3. 쌍극자-쌍극자 힘과 이온-쌍극자 힘으로 인해 쌍극자 모멘트를 가진 분자가 다른 극성 분자나 이온을 잡아당긴다.

4. 분산력은 보통 비극성 분자에서 유도되는 순간적인 쌍극자 모멘트의 결과로 생기는 힘이다. 어떤 분자에서 쌍극자 모멘트가 유도될 수 있는 정도를 편극도라 한다. 반 데르 발스 힘이란 용어는 쌍극자-쌍극자, 쌍극자-유도 쌍극자, 분산력에 적용되는 용어이다.

5. 수소 결합은 수소 원자와 전기음성도가 큰 O, N, F 원자를 포함하는 극성 결합 사이의 비교적 강한 쌍극자-쌍극자 상호작용을 말한다. 물 분자 사이의 수소 결합은 특히 강하다.

6. 액체는 표면적을 최소화하는 방향의 기하학적 배열을 하는 경향이 있다. 표면 장력은 액체의 표면적을 확장하는 데 필요한 에너지인데, 분자간 힘이 강하면 표면 장력도 커진다.

7. 점성도는 액체의 흐름에 대한 저항의 척도를 말하는데, 온도가 올라가면 점성도는 감소한다.

8. 고체 상태의 물 분자는 각 하나의 산소 원자가 두 개의 수소 원자와는 공유 결합을, 두 개의 수소 원자와는 수소 결합을 하면서 삼차원적 네트워크(network)를 형성하고 있다. 이런 독특한 구조 때문에 액체 물보다 얼음의 밀도가 낮으며, 이런 특성 때문에 추운 날 연못이나 호수의 얼음 아래에서 생명체가 생존할 수 있게 된다.

9. 물은 높은 비열과 강한 수소 결합에 의해 부여된 또 다른 특성으로 인해 생태학적으로도 이상적인 역할을 하기에 적합하다. 거대한 여러 해역에서 아주 약간의 수온 변화로도 충분한 양의 열을 내놓거나 흡수함으로써 지구의 기후를 적절히 조절한다.

10. 모든 고체는 결정질(원자, 이온 분자가 규칙적으로 배열되어 있는 구조)이거나 비결정질(규칙적으로 배열되지 않은 구조)이다. 유리는 비결정질 고체의 한 예이다.

11. 결정질 고체에서 구조의 기본 단위를 단위 세포(unit cell)라 하는데, 이 단위 세포가 반복되어 삼차원 결정 격자를 형성하고 있다. X선 회절은 결정 구조에 대한 많은 정보를 제공해 준다.

12. 결정을 이루고 있는 입자를 붙들고 있는 힘으로 결정의 종류를 분류해 보면, 이온 결합으로 이루어진 이온 결정, 공유 결합으로 이루어진 공유 결정, 반 데르 발스 힘 또는 수소 결합으로 이루어진 분자 결정, 금속 결합으로 이루어진 금속 결정의 4가지로 나눌 수 있다.

13. 밀폐된 용기 속의 액체는 결국 증발과 응축 간의 동적 평형을 이루게 된다. 이런 조건하에서 액체 위의 증기압을 평형 증기압이라 하는데, 간단히 "증기압"이라 한다.

14. 끓는점에서 액체의 증기압은 외부 압력과 같다. 액체의 몰증발열은 액체 1 mol을 기화시키는 데 필요한 에너지를 말하는데, 온도의 함수로 액체의 증기압을 측정해서 클라우시우스-클라페이런 식[식 (11.2)]을 이용하면 몰증발열을 구할 수 있다. 고체의 몰용융열은 고체 1 mol을 녹이는 데 필요한 에너지다.

15. 모든 물질에는 임계 온도라고 하는 온도가 있는데, 이 온도 이상에서는 기체 상태의 물질을 액화시킬 수 없다.

16. 단일 물질에서 상들 간의 관계는 상 평형 그림으로 표현되는데, 상 평형 그림에서 각 영역은 순수한 상을 나타내며, 영역 간의 경계는 두 상이 평형 상태로 존재하는 온도와 압력을 말한다. 삼중점에서는 세 상이 모두 평형 상태에 있다.

주요 용어 정리하기 Key Words

X선 회절
결정질 고체
과냉각
끓는점
기화
녹는점
단위 세포
동적 평형
몰승화열($\Delta H_{승화}$)
몰용융열($\Delta H_{용융}$)
몰증발열($\Delta H_{증발}$)
반 데르 발스 힘
배위수
부착력
분산력
분자간 힘
분자내 힘
비결정질 고체
삼중점
상
상 변화
상 평형 그림
석출
수소 결합
승화
쌍극자-쌍극자 힘
어는점
유도 쌍극자
유리
응집력
응축
이온-쌍극자 힘
임계 압력(P_c)
임계 온도(T_c)
점성도
증발
최조밀 쌓임
평형 증기압
표면 장력

연습 문제 Questions & Problems

● 표시는 Connect Plus에서 유용한 문제, 붉은색 번호의 문제는 학생용 문제풀이집에 풀어 놓았다.

분자간 힘

▶ 복습 질문

11.1 분자간 힘의 각 종류의 예를 들어보시오. (a) 쌍극자-쌍극자 힘, (b) 쌍극자-유도 쌍극자 힘, (c) 이온-쌍극자 힘, (d) 분산력, (e) 반 데르 발스 힘.

11.2 편극도(polarizability)라는 용어를 설명하시오. 어떤 종류의 분자가 큰 편극도를 가지는 경향이 있는가? 편극도와 분자간 힘 간에는 어떤 상관관계가 있는가?

11.3 영구 쌍극자 힘과 순간 쌍극자 힘의 차이점을 설명하시오.

11.4 모든 원자와 분자에는 서로 인력이 작용하고 있다는 증거를 제시하시오.

11.5 액체와 고체의 분자간 힘을 비교할 때 어떤 물리적 성질을 반드시 고려해야 하는가?

11.6 수소 결합에 참여할 수 있는 원소로는 어떤 것이 있는가? 이런 종류의 상호 작용에서는 수소는 왜 항상 있어야 하는가?

▶ 문제

11.7 화학종 Br_2와 ICl은 같은 수의 전자를 가지고 있다. 그러나 Br_2는 −7.2°C에서 ICl은 27.2°C에서 각각 녹는다. 그 이유를 설명하시오.

11.8 우리가 알래스카에 살고 있다면 다음 천연 가스 중 어떤 것을 겨울에 외부 저장 탱크에 보관할 수 있을까? 그 이유도 설명하시오. 메테인(CH_4), 프로페인(C_3H_8), 뷰테인(C_4H_{10}).

11.9 4A족 이성분 수소 화합물의 끓는점은 CH_4 −162°C, SiH_4 −112°C, GeH_4 −88°C, SnH_4 −52°C이다. CH_4에서 SnH_4로 갈수록 끓는점이 높아지는 이유를 설명하시오.

11.10 다음 각 화학종에 대해서 분자(또는 기본 단위)들 간에 존재하는 분자간 힘의 형태를 열거하시오. (a) 벤젠(C_6H_6), (b) CH_3Cl, (c) PF_3, (d) NaCl, (e) CS_2.

11.11 수소 결합을 형성하는 데 있어 암모니아는 수소 주개 또는 수소 받개로 작용한다. 암모니아와 다른 두 분자의 암모니아 사이에 형성되는 수소 결합을 나타내는 그림을 그리시오.

● **11.12** 다음 화학종 중 그들 사이에 수소 결합을 할 수 있는 것은 어느 것인가? (a) C_2H_6, (b) HI, (c) KF, (d) BeH_2, (e) CH_3COOH.

● 11.13 다음 화학종을 끓는점이 증가하는 순으로 나열하시오. RbF, CO_2, CH_3OH, CH_3Br. 그 이유를 설명하시오.

11.14 다이에틸 에터의 끓는점은 34.5°C이고, 1-뷰탄올의 끓는점은 117°C이다.

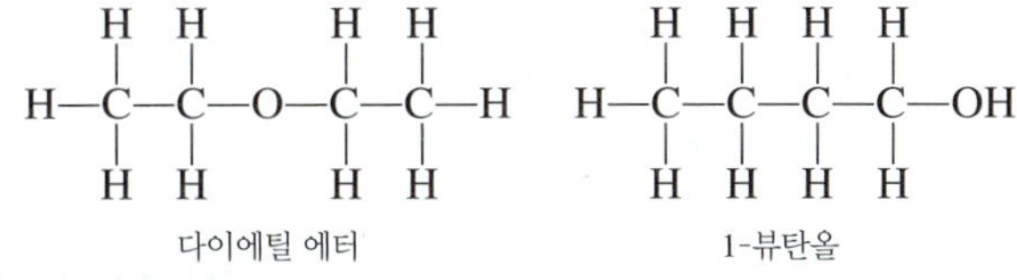

두 화합물은 같은 수와 같은 종류의 원자를 가진다. 이들의 끓는점 차이를 설명하시오.

● 11.15 다음 각 쌍에서 끓는점이 더 높을 것으로 예상되는 화학종은 어느 것인가? (a) O_2와 Cl_2, (b) SO_2와 CO_2, (c) HF와 HI.

11.16 다음 각 쌍에서 끓는점이 더 높은 것으로 기대되는 물질은 어느 것인가? 그 이유를 설명하시오. (a) Ne 또는 Xe, (b) CO_2 또는 CS_2, (c) CH_4 또는 Cl_2, (d) F_2 또는 LiF, (e) NH_3 또는 PH_3.

11.17 다음 각 이유를 분자간 힘으로 설명하시오. (a) NH_3는 CH_4보다 끓는점이 더 높다. (b) KCl은 I_2보다 녹는점이 더 높다.

11.18 다음 각각을 위해 반드시 극복해야 할 인력의 종류는 무엇일까? (a) 얼음을 녹임, (b) 브로민 분자를 끓임, (c) 고체 아이오딘을 녹임, (d) F_2를 F 원자로 해리.

11.19 다음 화학종은 분자식이 같다(C_4H_{10}). 어느 것의 끓는점이 더 높은가?

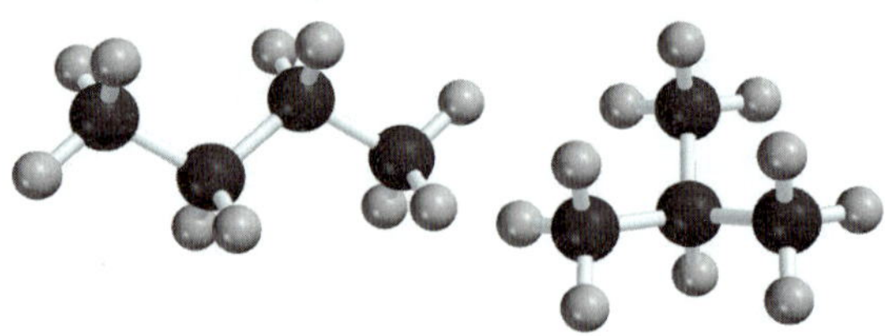

11.20 다음 화합물의 녹는점 차이를 설명하시오.

NO_2, OH (오쏘 위치) — 녹는점 45°C
NO_2, OH (파라 위치) — 녹는점 115°C

(*힌트:* 둘 중 한 가지만 분자내 수소 결합을 할 수 있다.)

액체의 특징

▶ 복습 질문

11.21 액체는 기체와 다르게 실질적으로 압축이 불가능하다. 이유는 무엇인가?

11.22 표면 장력이란 무엇인가? 분자간 힘과 표면 장력 간에는 어떤 관계가 있는가? 온도에 따라 표면 장력은 어떻게 변화하는가?

11.23 스테인리스 스틸이 물보다 더 조밀한데도 스테인리스 스틸 면도날을 물 위에 띄울 수 있다. 그 이유를 설명하시오.

11.24 물과 수은을 예로 들어 부착력(adhesion)과 응집력(cohesion)을 설명하시오.

11.25 유리잔 가장자리 살짝 위에까지 물을 채울 수 있다. 그런데도 물이 흘러넘치지 않는 이유를 설명하시오.

11.26 반지름이 다른 세 시험관에 들어 있는 (a) 물과 (b) 수은의 모세관 작용을 보여주는 그림을 그리시오.

11.27 점성도란 무엇인가? 분자간 힘과 점성도 간의 관계는 어떠한가?

11.28 온도가 증가함에 따라 액체의 점성이 감소하는 이유는 무엇인가?

11.29 얼음은 물보다 왜 덜 조밀한가?

11.30 추운 겨울에는 옥외 수도관 속의 물을 비우거나 단열시켜야 한다. 그 이유는 무엇인가?

▶ 문제

11.31 액체 에탄올(C_2H_5OH)과 다이메틸 에터(CH_3OCH_3) 중 표면 장력이 더 큰 것은 어느 것인가?

11.32 표 11.3을 참조하여 에탄올과 글리세롤의 점성에 대한 에틸렌 글라이콜의 상대적인 점성을 예측하시오.

CH_2—OH
|
CH_2—OH

에틸렌 글라이콜

결정 구조

▶ 복습 질문

11.33 다음 용어를 정의하시오. 결정성 고체, 격자점, 단위 세포, 배위수, 조밀 쌓임.

11.34 다음 입방체의 기하학적 구조를 그리시오. 단순 입방, 체심 입방, 면심 입방. 이 구조들이 모두 같은 원자로 구성되어 있다면, 이 구조들 중 밀도가 가장 높은 것은 어느 것인가? 또, 밀도가 가장 낮은 것은 어느 것인가?

11.35 주기율표 3주기에 있는 원소들의 고체 상태를 결정 형태에 따라 분류하시오. 각각의 녹는점과 끓는점에 있어서의 경향성을 예측하시오.

11.36 3주기 원소의 산화물의 녹는점을 괄호 속에 제시하였다. Na_2O(1275 °C), MgO(2800 °C), Al_2O_3(2045 °C), SiO_2(1610 °C), P_4O_{10}(580 °C), SO_3(16.8 °C), Cl_2O_7 (−91.5 °C). 이 고체들을 결정 형태에 따라 분류하시오.

▶ 문제

11.37 각 구의 배위수는 (a) 단순 입방 세포, (b) 체심 입방 세포, (c) 면심 입방 세포에서 각각 몇 개씩인가? 단, 모든 구는 같다고 가정한다.

11.38 단순 입방 세포, 체심 입방 세포, 면심 입방 세포 내에서 발견할 수 있는 구의 수를 계산하시오. 구는 동일하다고 가정한다.

11.39 금속 철은 입방 격자로 결정화한다. 단위 세포의 모서리 길이는 287 pm이며, 철의 밀도는 7.87 g/cm^{3}이다. 단위 세포 안에는 몇 개의 철 원자가 존재하는가?

11.40 바륨 금속은 체심 입방 격자로 결정화한다. (바륨 원자는 격자점에만 있다.) 단위 세포의 모서리 길이는 502 pm이고, 금속의 밀도는 3.50 g/cm^{3}이다. 이것을 이용하여 아보가드로 수를 계산하시오. [*힌트:* 먼저 단위 세포 속에 있는 바륨 원자 1 mol이 차지하는 부피(cm^3)를 계산하고, 다음으로 단위 세포 속에 있는 바륨 원자 한 개가 차지하는 부피를 계산한다. 바륨 원자는 단위 세포의 68%를 차지한다고 가정한다.]

11.41 바나듐은 체심 입방 격자로 결정화한다. (V 원자는 격자점에만 존재한다.) 단위 세포 안에 몇 개의 바나듐 원자가 존재하는가?

11.42 유로퓸(Eu)은 체심 입방 격자로 결정화되어 있다. (유로

품 원자는 격자점에만 있다.) Eu의 밀도는 5.26 g/cm^{3}이다. 단위 세포의 모서리 길이를 pm 단위로 계산하시오.

• 11.43 결정형 규소는 입방체 구조이다. 단위 세포의 길이는 543 pm이며, 고체의 밀도는 2.33 g/cm^{3}이다. 단위 세포 하나에 들어있는 Si 원자수를 구하시오.

11.44 면심 입방 세포는 세포의 꼭짓점에 X 원자가 여덟 개 있고, 면에 Y 원자가 여섯 개 있다. 이 고체의 실험식은 무엇인가?

결정의 X선 회절

▶ 복습 질문

11.45 X선 회절을 정의하시오. X선은 어떤 특정 파장의 범위(nm 단위)에 속하는가(그림 7.4 참조)?

11.46 브래그 식을 적고, 각 항을 정의하시오. 이 방정식을 사용하여 원자 사이의 거리를 구하는 방법을 기술하시오.

▶ 문제

• 11.47 파장 0.090 nm인 X선이 금속 결정에 의해 회절되었다. 첫 번째($n = 1$) 회절각은 15.2°로 측정되었다. 이 회절에 해당하는 원자층 간의 거리(pm)은 얼마인가?

11.48 NaCl 결정에서 층 사이의 거리는 282 pm이다. X선이 23.0°의 각도에서 이 층들로부터 회절되었다. $n = 1$이라 가정할 때, X선의 파장을 nm 단위로 계산하시오.

결정의 형태

▶ 복습 질문

11.49 다음 각 결정 형태의 예를 제시하시오. (a) 이온 결정, (b) 공유 결정, (c) 분자 결정, (e) 금속 결정.

11.50 금속은 왜 열과 전기의 좋은 전도체일까? 온도가 증가함에 따라 금속의 전기 전도 능력이 감소하는 이유는 무엇인가?

▶ 문제

• 11.51 어떤 고체가 단단하고 깨어지기 쉬우며 전기 절연체이다. 그러나 이 고체의 용융물(액체 시료)과 그 물질의 수용액은 전기를 전도한다. 이 고체의 종류는 무엇인가?

11.52 어떤 고체가 매우 부드럽고 녹는점은 낮다(100°C 이하). 이 물질은 고체건 용융물이건 수용액 상태이건 모두 전기의 부도체이다. 이 고체의 종류는 무엇인가?

• 11.53 어떤 고체가 매우 단단하며 녹는점이 높다. 고체와 고체의 용융물 모두 전기를 통하지 않는다. 이 고체의 종류는 무엇인가?

11.54 다음 중 어느 것이 분자성 고체이고, 어느 것이 공유성 고체인가? Se_8, HBr, Si, CO_2, C, P_4O_6, SiH_4.

• 11.55 다음 물질들을 이온 결정, 공유 결정, 분자 결정 및 금속 결정으로 분류하시오. (a) CO_2, (b) B_{12}, (c) S_8, (d) KBr, (e) Mg, (f) SiO_2, (g) LiCl, (h) Cr.

11.56 다이아몬드는 흑연보다 왜 더 단단하며, 흑연은 전기 전도체인 반면 다이아몬드는 왜 부도체인지 설명하시오.

비결정질 고체

▶ 복습 질문

11.57 비결정질 고체란 무엇인가? 결정질 고체와 어떻게 다른가?

11.58 유리를 정의하시오. 유리의 주성분은 무엇인가? 세 가지 형태의 유리 이름을 말하시오.

상 변화

▶ 복습 질문

11.59 상 변화란 무엇인가? 물질의 고체, 액체, 기체상에서 일어날 수 있는 가능한 변화의 이름을 말하시오.

11.60 액체의 평형 증기압이란 무엇을 말하는가? 이것은 어떻게 측정할 수 있으며, 온도에 따라 어떻게 변화되는가?

11.61 상 변화를 사용하여 동적 평형 상태를 설명하시오.

11.62 다음 용어를 정의하시오. (a) 몰증발열, (b) 몰용융열, (c) 몰승화열. 이들의 단위는 무엇인가?

11.63 몰증발열과 몰용융열은 몰승화열과 어떤 관계가 있는가? 이것은 무슨 법칙에 근거를 두고 있는가?

11.64 몰증발열로부터 액체의 분자간 힘에 대해 알 수 있는 것이 무엇인가?

11.65 액체의 몰증발열이 크면 클수록 증기압이 커진다. 이것은 옳은가? 또는 그른가?

11.66 끓는점을 정의하시오. 액체의 끓는점은 외부 압력에 어떻게 의존하는가? 표 5.3을 참조하여 외부 압력이 187.5 mmHg일 때 물의 끓는점을 구하시오.

11.67 일정 압력에서 액체를 가열함에 따라 온도가 올라간다. 이 경향은 액체의 끓는점에 도달할 때까지 계속된다. 그 후는 액체를 가열하여도 온도는 더 이상 올라가지 않는다. 그 이유를 설명하시오.

11.68 임계 온도란 무엇인가? 기체의 액화에서 임계 온도는 왜 중요한가?

11.69 액체에서 분자간 힘과 액체의 끓는점 및 임계 온도 사이의 관계는 어떠한가? 물의 임계 온도는 왜 대부분의 다른 물질보다 더 높은가?

11.70 물과 사염화 탄소의 끓는점과 녹는점이 압력에 따라 어떻게 변하는가? 이 두 물질의 거동에 따르는 차이를 설명하시오.

11.71 고체 이산화 탄소를 왜 드라이 아이스라 부르는가?

11.72 젖은 옷은 따뜻하고 습한 날보다 따뜻하고 건조한 날에 더 빨리 마른다. 그 이유를 설명하시오.

11.73 (a) 100°C에서 물 1 mol을 수증기 1 mol로, (b) 0°C에서 얼음 1 mol을 물 1 mol로 상 변화시킬 때, 이 두 경우 중 어떤 상 변화가 더 많은 열을 방출하는가?

11.74 물이 든 비커를 분젠 버너로 끓을 때까지 가열하였다. 버너를 하나 더 사용하여 물의 끓는점을 올릴 수 있는가? 설명하시오.

▶ 문제

● 11.75 100°C에서 물 74.6 g을 수증기로 바꾸는 데 필요한 열(kJ)은 얼마인가?

● **11.76** −10°C의 얼음 866 g을 126°C의 수증기로 바꾸는 데 필요한 열(kJ 단위)은 얼마인가? (얼음과 수증기의 비열은 각각 2.03 J/g·°C과 1.99 J/g·°C이다.)

● 11.77 액체의 증발 속도는 (a) 온도, (b) 공기에 노출된 액체의 표면적, (c) 분자간 힘에 따라 어떻게 영향을 받을까?

11.78 아이오딘 분자의 몰용융열과 몰승화열은 각각 15.27 kJ/mol과 62.30 kJ/mol이다. 액체 아이오딘의 몰증발열은 얼마인가?

● 11.79 다음과 같은 끓는점을 가지는 화학종은 −10°C에서 액체이다. 뷰테인 −0.5°C, 에탄올 78.3°C, 톨루엔 110.6°C. −10°C에서 어떤 액체가 가장 높은 증기압을 가질 것으로 기대되며, 가장 낮을 것으로 예상되는 액체는 어느 것인가? 이유를 설명하시오.

11.80 동결 건조 커피는 끓인 커피를 얼리고, 진공 펌프로 얼음 성분을 제거해서 만든다. 이 과정에서 일어나는 상 변화를 설명하시오.

11.81 기온이 −15°C인 겨울 날 젖은 옷을 실외에 걸어두었다. 두세 시간 후 옷은 거의 다 말라 있었다. 이 증발 과정에서의 상 변화를 설명하시오.

11.82 100°C의 수증기는 100°C의 물보다 더 심한 화상을 일으킨다. 그 이유는 무엇인가?

11.83 다음은 여러 온도에서 측정한 수은의 증기압이다. 수은의 몰증발열을 그래프법으로 결정하시오.

t (°C)	200	250	300	320	340
P (mmHg)	17.3	74.4	246.8	376.3	557.9

11.84 벤젠(C_6H_6)의 증기압은 7.6°C에서 40.1 mmHg이다. 60.6°C에서의 증기압은 얼마인가? 벤젠의 몰증발열은 31.0 kJ/mol이다.

11.85 액체 X의 증기압은 20°C에서 액체 Y의 증기압보다 낮으나 60°C에서는 더 높다. X와 Y의 상대적인 몰증발열의 크기를 추론할 수 있겠는가?

11.86 소량의 액체 질소(끓는점 77 K)가 피부에 튀는 것이 끓는 물이 튀는 것만큼 해롭지 않은 이유를 설명하시오.

상 평형 그림

▶ 복습 질문

11.87 상 평형 그림은 무엇인가? 상 평형에 대한 연구로부터 어떤 유용한 정보를 얻을 수 있는가?

11.88 물의 상 평형 그림이 대부분 물질의 상 평형 그림과 어떻게 다른지 설명하시오. 물의 어떤 성질이 이러한 차이를 일으키는가?

▶ 문제

● 11.89 다음 그림은 황(sulfur)의 상 평형 그림이다. (a) 삼중점은 몇 개인가? (b) 황에는 단사결정(monoclinic)과 사방결정(rhombic)의 두 가지 동소체가 있다. 대기압 하에서 어떤 것이 더 안정한가? (c) 1 atm에 있는 황이 80°C에서 200°C로 가열되면 어떤 일이 일어날지 설명하시오.

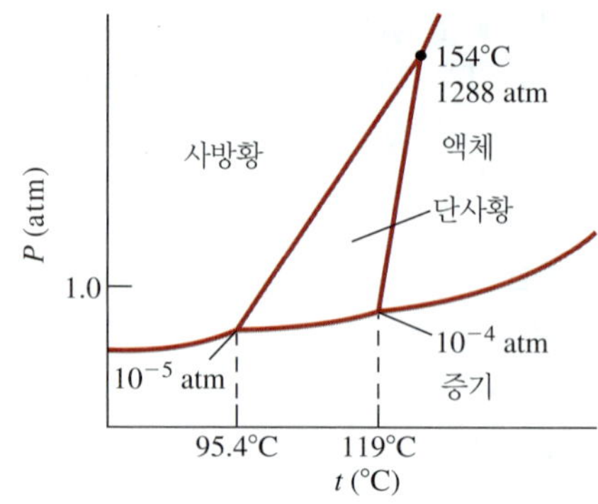

11.90 긴 철사가 얼음 덩어리 위에 놓여 있다. 철사의 길이는 얼음의 양 모서리를 넘어설 정도로 길고, 그 양 끝에 무거운 물체를 매달았다. 철사 아래의 얼음이 서서히 녹으면서 철사는 천천히 얼음 속으로 파고 들어가고, 동시에 철사 위의 물이 다시 어는 것을 관찰하였다. 이 변화에 수반되는 상 변화를 설명하시오.

11.91 이산화 황의 끓는점과 녹는점(1 atm에서)은 각각 −10°C와 −72.7°C이다. 삼중점은 −75.5°C, 1.65×10^{-3} atm이며, 임계점은 157°C, 78 atm이다. 이 정보를 근거로 SO_2의 상 평형 그림을 개략적으로 그리시오.

11.92 다음 물의 상 평형 그림으로부터 다음 변화의 결과로 어떤 일이 일어나는지 예측하시오. (a) A에서부터 시작하여 압력을 일정하게 유지하면서 온도를 올릴 때, (b) C에서부터 시작하여 일정 압력에서 온도를 내릴 때, (c) B에서부터 시작하여 일정 온도에서 압력을 내릴 때.

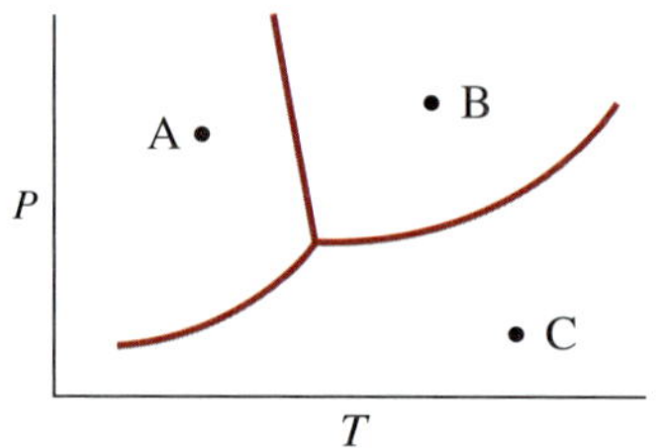

추가 문제

● 11.93 (a) 액체 암모니아를 끓이는 데, (b) 고체 인(P_4)을 녹이는 데, (c) 액체 HF에 CsI를 용해시킬 때, (d) 금속 포타슘을 녹이기 위해 반드시 극복되어야 할 인력의 종류에 대해 쓰시오.

● **11.94** 액체가 분자간 힘이 매우 강한 것은 다음 특징 중 어느 것 때문인가? (a) 매우 낮은 표면 장력, (b) 매우 낮은 임계 온도, (c) 매우 낮은 끓는점, (d) 매우 낮은 증기압.

11.95 −35°C에서 액체 HI가 액체 HF보다 증기압이 더 높은 이유를 설명하시오.

11.96 붕소 원소는 녹는점이 높고(2300°C), 열과 전기 전도성이 낮으며, 물에 대해 불용성인 매우 단단한 물질이다. 이러한 특징으로부터 붕소 원소를 11.6절에서 논의된 결정성 고체 중 하나로 분류하시오.

11.97 그림 11.41을 참조하여 다음 상태에서 CO_2의 안정한 상을 결정하시오. (a) 4 atm, −60°C, (b) 0.5 atm, −20°C.

11.98 분자 아이오딘의 단위 세포를 분류하시오.

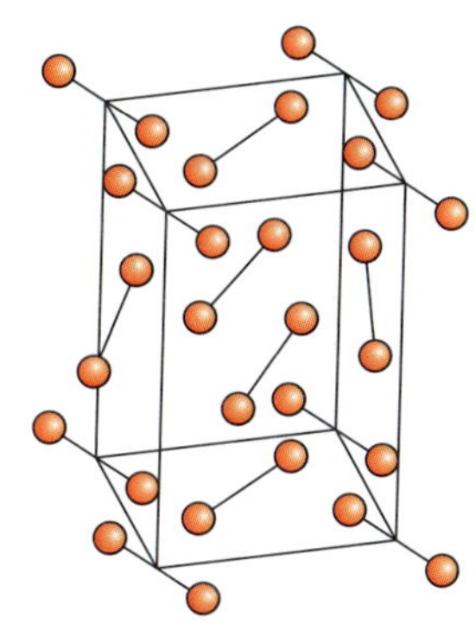

11.99 실외에 CO_2 소화기가 배치되어 있다. 겨울철에 소화기를 흔들면 출렁거리는 소리가 들리지만, 여름철에는 흔들어도 가끔 소리를 들을 수 없다. 그 이유를 설명하시오. 소화기는 새거나 사용한 적이 없다고 가정한다.

11.100 정상 끓는점(357°C)에서 수은의 증기압은 얼마인가?

11.101 비커의 물이 아주 강력한 진공 펌프에 연결되어 있고, 이 펌프를 작동시키면 물은 끓기 시작한다. 수 분 후에는 물이 얼기 시작하며, 결국 얼음도 사라진다. 각 단계에 대한 이유를 설명하시오.

11.102 모든 물질의 상 평형 그림에서 액체-기체 경계선은 어떤 점에서 항상 갑자기 끝난다. 왜 그런가?

11.103 몇 가지 알칼리 할로젠화물 결정들에 대한 이온 간의 거리를 나타내었다.

NaCl	NaBr	NaI	KCl	KBr	KI
282 pm	299 pm	324 pm	315 pm	330 pm	353 pm

격자 에너지 대 이온 간 거리의 역수를 도시하시오. 이온 사이의 분리된 거리에 대한 격자 에너지의 의존도를 이 도시로부터 설명하시오. 이 인력은 어떤 법칙이 지배하는가? (격자 에너지에 대해서는 표 9.1 참조)

11.104 결정성 SiO_2와 비결정성 SiO_2 중 밀도가 더 큰 것은 어느 것인가? 그 이유는 무엇인가?

11.105 2009년 중국에서 수천 명의 아기들이 오염된 우유를 마셔 병에 걸렸다. 멜라민($C_3H_6N_6$)의 질소 조성이 높기 때문에 우유의 단백질 함량을 거짓으로 올리기 위해 묽은 우유에 멜라민을 첨가하였기 때문이다. 불행히도 멜라민은 존재하는 다른 불순물인 시아누르산($C_3H_3N_3O_3$)과 수소 결합을 하여 침전을 형성한다. 결과적으로 돌과 같은 입자들이 많은 아기들에게 심각한 신장 손상을 초래했다. 이 두 가지 분자들로부터 형성된 수소 결합 복합체를 그리시오.

멜라민 　　　 시아누르산

11.106 밀봉된 용기 안에 있는 액체의 증기압은 다음 중 어느 것에 의존하는가? (a) 액체 위의 부피, (b) 존재하는 액체의 양, (c) 온도, (d) 액체 내 분자 사이에 분자 간 힘.

11.107 어느 학생이 W, X, Y, Z로 표시된 4개의 고체 시료를 받았다. Z를 제외한 모든 고체는 금속 광택을 띠고 있으며, 이 고체들은 금, 황화 납, 석영(SiO_2), 아이오딘이라고 한다. 조사 결과는 다음과 같다. (a) W는 가장 좋은 전기 전도체이다. X, Y, Z는 거의 전도체가 아니다. (b) 망치로 고체를 두드렸을 때 W는 평평하게 펴졌으며, X는 여러 조각으로 부서졌고, Y는 분말로 갈아졌으며, Z는 영향이 없었다. (c) 분젠 버너로 가열하였을 때, Y는 약간 승화되면서 녹았으나, X, W, Z는 녹지 않았다. (d) 6 *M* HNO_3로 처리하였을 때 X는 용해되었으나 W, Y, Z는 영향을 받지 않았다. 이들 실험 결과를 토대로 각 고체가 무엇인지 확인하시오.

11.108 다음 설명 중 틀린 것은? (a) 분자가 일시적인 쌍극자 모멘트를 가지면 분자들 간의 쌍극자-쌍극자 상호작용이 가장 크다. (b) 수소 원자를 포함하는 모든 화합물은 수소 결합 형성에 참여할 수 있다. (c) 모든 원자, 분자, 이온들 사이에는 분산력이 존재한다. (d) 이온-유도 쌍극자 상호작용의 정도는 그 이온의 전하에만 의존한다.

11.109 다음 그림은 전열기 위에서 물이 끓고 있는 주전자이다. 영역 A와 영역 B에서의 상을 결정하시오.

11.110 화성의 남극은 드라이 아이스로 덮여 있으며, 이 드라이 아이스는 여름 동안에 부분적으로 승화한다. 온도가 150 K까지 떨어지는 겨울에는 CO_2 증기가 다시 응축된다. CO_2의 승화열이 25.9 kJ/mol일 때 화성 표면에서의 대기압을 계산하시오. [*힌트:* 그림 11.41을 사용하여 드라이 아이스의 정상 승화점을 결정하고, 승화에 적용되는 식 (11.5)를 이용한다.]

11.111 기체, 액체, 고체의 성질은 여러 면에서 다르다. 다음 관찰 사항을 설명하기 위하여 분자 속도론(5.7절 참조)을 어떻게 이용할 수 있겠는가? (a) 압축의 용이성은 기체

에서 액체 및 고체로 갈수록 감소한다. (b) 고체는 일정한 모양을 가지나 기체나 액체는 그렇지 않다. (c) 대부분의 물질에서 주어진 물질량의 부피는 고체에서 액체 및 기체로 갈수록 증가한다.

11.112 다음 각 쌍에서 끓는점이 더 높은 물질을 선택하시오. 각 경우에 포함되는 주된 분자간 힘을 밝히고, 선택한 이유를 간략히 설명하시오. (a) K_2S 또는 $(CH_3)_3N$, (b) Br_2 또는 $CH_3CH_2CH_2CH_3$.

11.113 물에 있는 작은 기름 방울을 구형으로 가정하는 이유를 설명하시오. (*힌트:* 기름은 비극성 분자로 이루어져 있어 물 분자와의 접촉을 되도록 피하려는 경향이 있다.)

11.114 온도와 밀도가 동일한 조건에서 두 기체 CH_4, SO_2 중 덜 이상적으로 거동하리라 예상되는 것은 어느 것인가? 그 이유를 설명하시오.

● 11.115 2주기 원소의 플로오린화물의 녹는점은 LiF 845°C, BeF_2 800°C, BF_3 −126.7°C, CF_4 −184°C, NF_3 −206.6°C, OF_2 −223.8°C, F_2 −219.6°C이다. 각 화합물에 존재하는 분자간 힘의 종류를 쓰시오.

11.116 기체 아이오딘 분자의 표준 생성 엔탈피는 62.4 kJ/mol 이다. 이것을 이용하여 25°C에서 아이오딘 분자의 몰승화열을 계산하시오.

11.117 다음 그래프는 세 가지 화합물 메탄올(CH_3OH), 염화메틸(CH_3Cl), 프로페인(C_3H_8)에 대한 ln *P* 대 1/*T*의 대략적인 기울기를 나타낸 것이다. 여기서 *P*는 증기 압력이다. 이들 화합물에 해당하는 선을 찾아보시오.

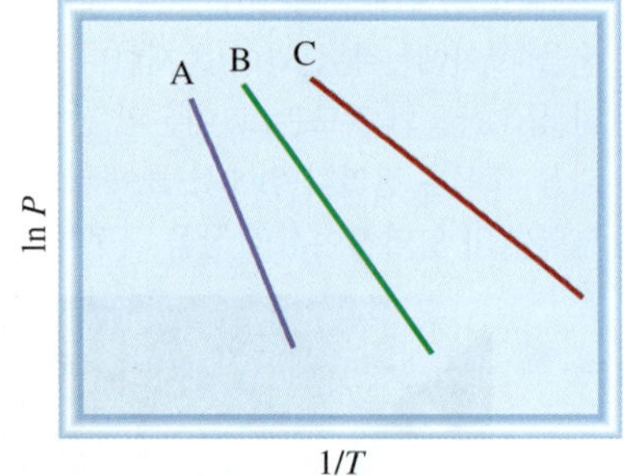

11.118 20°C 물 50.0 g에 150.0 kJ의 열을 가할 때 최종 상태와 온도를 결정하시오. 수증기의 비열은 1.99 J/g·°C이다.

11.119 고체 LiCl에서 Li^+와 Cl^- 사이의 거리는 257 pm이며, 기체상 LiCl 단위에서는 203 pm이다. 이 결합 길이의 차이점을 설명하시오.

11.120 이온이 용액에서 수화될 때 발생하는 열 변화인 수화열(heat of hydration)은 주로 이온-쌍극자 상호작용 때문이다. 알칼리 금속 이온의 수화열은 Li^+이 −520 kJ/mol, Na^+이 −405 kJ/mol, K^+이 −321 kJ/mol이다. 이 값의 경향성을 설명하시오.

11.121 물이 만약 선형 분자라면 (a) 물 분자는 극성일까? (b) 물 분자가 다른 물 분자와 수소 결합을 할 수 있겠는가?

11.122 25°C에서 다음 과정에 대한 $\Delta H°$를 계산하시오. (a) $Br_2(l) \longrightarrow Br_2(g)$, (b) $Br_2(g) \longrightarrow 2Br(g)$. 이 두 경우에 계산된 $\Delta H°$ 값의 상대적인 크기를 각 경우에 포함된 힘의 관점에서 설명하시오. (*힌트:* 표 9.4 참조. $\Delta H°_f[Br_2(g)] = 30.7$ kJ/mol)

11.123 기체나 휘발성이 큰 액체 마취제를 수술 과정에서 종종 선호하는데 그 이유는 일단 숨을 들이쉬면, 이들 증기가 빠르게 폐포를 통해 혈류로 들어가고 뇌로 들어가기 때문이다. 아래에 몇 가지 일반적인 기체 마취제와 끓는점을 나타내었다. 분자간 힘을 고려하여 이들 마취제 사용의 장점을 설명하시오. (*힌트:* 뇌 장벽은 비극성 내부 영역을 가진 막으로 만들어졌다.)

```
   Br F          F  Cl     F          F     F  F
   |  |          |  |      |          |     |  |
 H-C--C-F      F-C--C--O--C-F      F-C--O--C--C-Cl
   |  |          |  |      |          |     |  |
   Cl F          F  H      H          H     F  H
```

할로테인 50°C　　아이소플루레인 48.5°C　　엔플루레인 56.5°C

● **11.124** 물이 든 비커를 밀폐 용기 속에 놓아두었다. 다음 각 경우가 물의 증기압에 미치는 영향을 예측하시오. (a) 온도가 내려갈 때, (b) 용기의 부피를 배로 증가시킬 때, (c) 비커에 더 많은 물을 추가할 때.

11.125 다음은 헬륨의 상 평형 그림이다. 헬륨은 헬륨-I과 헬륨-II라는 두 가지 다른 기체상을 가진 유일한 물질이다. (a) 헬륨-II가 존재할 수 있는 최고 온도는 몇 도인가? (b) 고체 헬륨이 존재할 수 있는 최소 압력은 얼마인가? (c) 헬륨-I의 정상 끓는점은 몇 도인가? (d) 고체 헬륨이 승화할 수 있는가? (e) 삼중점은 몇 개 존재하는가?

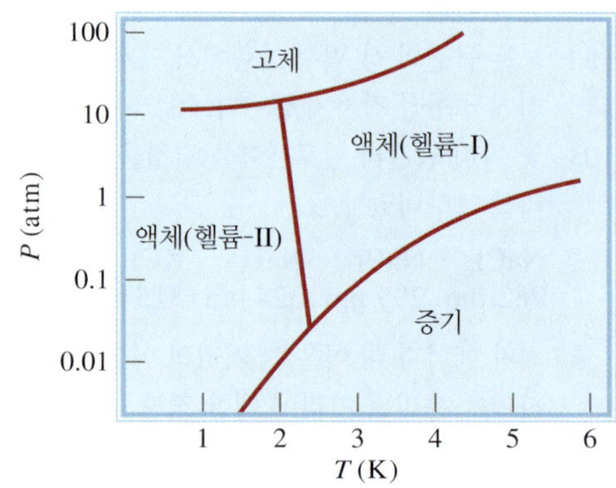

11.126 그림 11.26을 참고하여 단위 세포 내에서 각 이온 형태의 수를 결정하시오.

11.127 오존(O_3)은 금과 백금을 제외한 거의 대부분의 금속을 산화시킬 만큼 강력한 산화제이다. 수은의 거동에 근거한 오존에 대한 간단한 실험이다. 수은은 오존에 노출되었을 때 무디어진 모양이고, 유리관에 자유롭게 흐르는 대신 들러붙는다. 이 과정에 대한 반응식을 쓰시오. 수은의 어떤 성질 때문에 오존과의 상호작용에 의해 수은이 변화였는가?

11.128 석회암($CaCO_3$) 시료를 밀폐된 용기 속에서 부분적으로 분해될 때까지 가열하였다. 반응식을 쓰고 얼마나 많은 상이 존재하는지 기술하시오.

● 11.129 컴퓨터의 칩으로 사용되는 규소는 10^{-9} 이하의 불순도를 가지고 있어야 한다(즉, 10^9개의 규소 원자 중 한 개보다 적은 수의 불순 원자를 가지고 있어야만 한다). 규소는 2000°C에서 코크스(석탄의 증류에 의해 만들어진 탄소의 한 형태)와 석영(SiO_2)을 환원하여 만든다.

$$SiO_2(s) + 2C(s) \longrightarrow Si(l) + 2CO(g)$$

그런 다음, 고체 규소를 350°C에서 HCl로 처리하여 기체 상태의 트라이클로로실레인($SiCl_3H$)의 형태로 다른 불순물로부터 분리할 수 있다.

$$Si(s) + 3HCl(g) \longrightarrow SiCl_3H(g) + H_2(g)$$

마침내 초순도 규소를 1000°C에서 위 반응의 역반응으로 얻을 수 있다.

$$SiCl_3H(g) + H_2(g) \longrightarrow Si(s) + 3HCl(g)$$

(a) 트라이클로로실레인은 −2°C에서 증기압이 0.258 atm이다. 정상 끓는점은 얼마인가? 트라이클로로실레인의 끓는점은 분자들 사이에 존재하는 분자간 힘의 종류와 일치하는가? (트라이클로로실레인의 몰증발열은 28.8 kJ/mol이다.) (b) Si와 SiO_2는 어떤 형태의 결정을 형성하는가? (c) 규소는 다이아몬드 결정 구조를 가진다(그림 11.28 참조). 각 입방 세포(모서리 길이 a = 543 pm)에는 8개의 Si 원자를 포함한다. 만약 순수한 규소 시료에 각 입방센티미터당 1.0×10^{13}개의 붕소 원자가 있다면, 이 시료 내에는 B 원자 하나 당 몇 개의 Si 원자가 있는가? 이 시료는 전기를 전도하기 위한 규소의 등급인 10^{-9}의 순도를 만족시키겠는가?

11.130 탄소(C)와 규소(Si)는 주기율표의 4A족에 속하며 원자가 전자 배치가 같다(ns^2np^2). 그런데 왜 이산화 규소(SiO_2)의 녹는점이 이산화 탄소(CO_2)보다 훨씬 높을까?

11.131 압력 조리 기구는 미리 설정해 놓은 압력 이상이 되면 증기가 빠져나가도록 고안된 밀봉된 용기이다. 이 고안품은 어떻게 조리 시간을 단축시킬 수 있는가?

● **11.132** 65°C에서 진공 상태를 유지하고 있는 5.00-L 들이 플라스크에 물 1.20 g을 넣었다. 계가 평형에 도달했을 때 물의 몇 퍼센트가 수증기로 존재할까? 수증기는 이상적인 거동을 하고 있으며, 액체 물의 부피는 무시할 만하다고 가정한다. 65°C에서 물의 증기압은 187.5 mmHg이다.

11.133 물에서 채소 브로콜리를 삶는 대신 수증기로 조리하면 어떤 장점이 있는가?

● **11.134** 단위 세포 속에 구가 얼마나 효율적으로 쌓이는지의 정량적인 척도를 *쌓음 효율*(packing efficiency)라 하는데, 이것은 구에 의해 채워진 단위 세포 공간의 백분율을 말한다. 단순 입방 세포, 체심 입방 세포, 면심 입방 세포의 쌓음 효율을 계산하시오. (*힌트:* 그림 11.22와 반지름이 r인 구의 부피가 $\frac{4}{3}\pi r^3$이란 관계를 이용한다.)

11.135 다음 각 현상에 대해서 설명하시오. (a) 고체 아르곤(녹는점 −189.2°C, 끓는점 −185.7°C)은 아르곤 기체를 액체 질소(끓는점 −195.8°C)에 액화할 때까지 담근 다음, 용기를 진공 펌프에 연결하여 얻을 수 있다. (b) 사이클로헥세인(C_6H_{12})의 녹는점은 고체 사이클로헥세인에 가하는 압력을 증가시키면 높아진다. (c) 특정 고도에서 −10°C의 구름은 물방울을 포함한다. (d) 드라이 아이스 조각을 물이 든 비커에 넣었을 때 물 위에 안개가 만들어진다.

● **11.136** 아르곤은 40 K에서 면심 입방 배열로 결정화한다. 아르곤의 원자 반지름이 191 pm임을 사용하여 고체 아르곤의 밀도를 계산하시오.

11.137 화학 조교가 다음과 같은 기묘한 실험을 행하였다. 조교는 학생이 도착하기 직전 삼각 플라스크에 약간의 물을 가열하여 끓였다. 플라스크를 불꽃으로부터 옮기고, 고무마개로 닫았다. 수업이 시작되었을 때 조교는 학생 앞에서 플라스크를 들고서 플라스크의 바깥쪽 벽을 얼음으로 문질러서 간단하게 물을 끓일 수 있다고 하였다. 놀랍게도 조교의 말처럼 되었다. 이 현상을 설명하시오.

11.138 다음에 주어진 탄소의 상 평형 그림을 사용하여 질문에 답하시오. (a) 삼중점이 몇 개이며, 각 삼중점에서 공존할 수 있는 상들은 무엇인가? (b) 흑연과 다이아몬드 중 어느 것이 밀도가 더 높은가? (c) 흑연에서 다이아몬드를 인공적으로 만들 수 있는가? 상 평형 그림을 이용하여 다이아몬드를 어떻게 만들 수 있을지를 설명하시오.

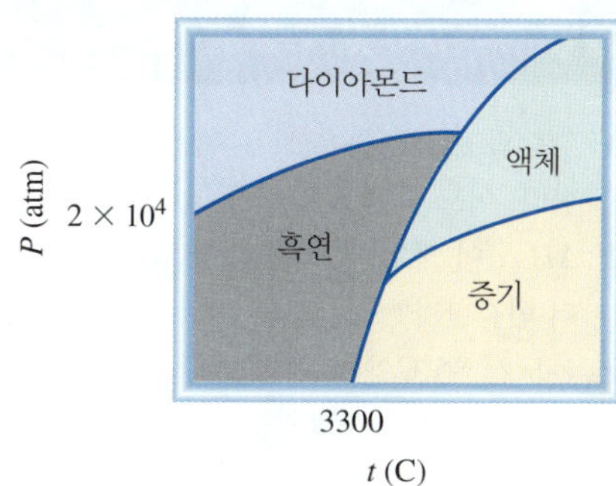

11.139 수영 코치들은 때로 "물을 끌어내기 위하여" 물이 묻어 있는 귀에 알코올(에탄올) 방울을 적시라고 조언한다. 이유를 분자 측면에서 설명하시오.

11.140 지팡이의 손잡이를 들 때, 지팡이의 끝 쪽이 들려 올라가는 이유를 분자간 힘의 개념으로 설명하시오.

11.141 감귤 재배지에서는 나무가 어는 것을 방지하기 위해 나무에 물을 뿌려 준다. 그 이유가 무엇인가?

11.142 오래된 텅스텐 전구의 안쪽 유리벽의 검은 점은 무엇인가? 전구를 아르곤 기체로 채우는 목적은 무엇인가?

11.143 다이클로로다이플루오로메테인(CCl_2F_2) 화합물의 정상 끓는점은 −30°C, 임계 온도는 112°C, 임계 압력은 40 atm이다. 이 기체가 20°C에서 18 atm으로 압축된다면, 이 기체는 응축될 것인가? 그림을 그려 설명하시오.

11.144 한 학생이 삼발이 위에 찬물이 든 비커를 올려 놓고 분젠 버너로 가열하였다. 학생은 기체가 점화되자 비커의 바깥쪽에 물이 응축되는 것을 관찰하였다. 무슨 일이 일어났는지 설명하시오.

11.145 110°C에서 −10°C까지 물의 냉각 곡선을 그리시오. 0°C 아래에서 액체가 과냉각되고 다시 얼음으로 어는 현상은 어떻게 표시할 수 있는가? 전 과정에서 압력은 1 atm이고, 냉각 곡선을 정량적으로 그릴 필요는 없다.

11.146 철은 체심 입방 세포로 결정화한다. X선 회절에 의해 결정된 단위 세포의 길이는 286.7 pm이다. 철의 밀도가 7.874 g/cm^{3}을 가지고 아보가드로 수를 계산하시오.

● 11.147 메탄올의 끓는점은 65.0°C이고 메탄올 증기의 표준 생성엔탈피는 −201.2 kJ/mol이다. 25°C에서 메탄올의 증기압을 mmHg 단위로 계산하시오. (*힌트:* 메탄올의 다른 열역학적 자료들은 부록 3 참조)

11.148 0.843-L 들이 용기에 담겨 있는 한 변이 0.171 cm인 입방 형태의 어떤 알칼리 금속이 1235 K에서 증발한다. 이때 증기압은 19.2 mmHg이다. pm 단위의 원자 반지름과 밀도를 계산하여 이 금속이 무엇인지 확인하시오. (*힌트:* 그림 8.5, 11.22, 11.29, 화학 편람 참조)

11.149 부피 9.6 L의 닫힌 용기 내에 물 2.0 g이 들어 있다. 물의 절반만 액체상으로 존재할 때의 온도를 °C 단위로 계산하시오. (다른 온도에서의 물의 증기압은 표 5.3 참조.)

● **11.150** 물을 일정 속도로 가열할 때 다음과 같은 거동을 보였다.

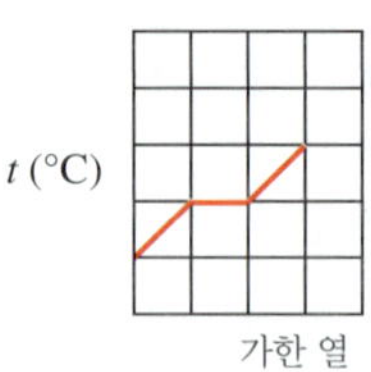

물의 질량을 두 배로 하면 물에 전달되는 열도 두 배가 된다고 할 때, 다음 그래프 중 어느 것이 온도 변화를 가장 잘 보여주는가? 모든 그래프의 눈금이 같음에 주의하시오.

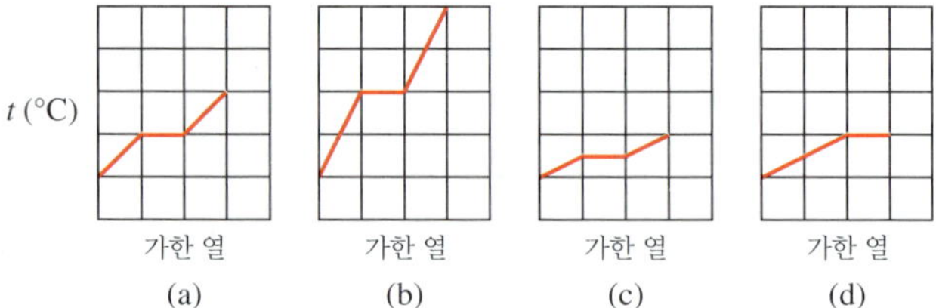

(*Journal of Chemical Education,* Vol. 79, No.7, 2002. pp. 889~895; © 2002, 화학교육분과의 허락하에 사용함)

11.151 구리 금속의 전기 전도도는 온도가 증가함에 따라서 감소하지만, $CuSO_4$ 용액의 전기 전도도는 온도에 따라 증가한다. 이를 설명하시오.

11.152 이상적인 거동으로 가정할 때 그 정상 끓는점(19.5°C)에서 기체 HF의 밀도를 계산하시오. 같은 조건하에서 실험적으로 측정된 밀도는 3.10 g/L이다. 계산값과 실험값에서 차이가 나는 이유를 설명하시오.

설명, 모형화 및 추정 문제 *Interpreting, Modeling & Estimating*

11.153 칼슘과 스트론튬은 모두 면심 입방 단위 세포로 결정화한다. 어느 금속이 밀도가 더 큰가?

11.154 $\Delta H_{증발}$이 작거나 크다면, 액체의 증기압이 온도 변화에 더 민감한가?

11.155 온도가 85°C에서 95°C로 올라갈 때 증기압이 두 배가 되는 액체의 몰증발열을 측정하시오.

11.156 한여름 날 온도와 (상대) 습도가 각각 95°F와 65%이다. 만일 모든 수증기가 액체로 압축된다면, 일반적인 학생 기숙사 방에서 물의 부피는 얼마이겠는가?

11.157 기기의 도움 없이, 고체가 증기압을 나타낸다는 증거를 두 가지 제시하시오.

실전 연습의 답 *Answers to Practice Exercises*

11.1 (a) 이온간 힘과 분산력, (b) 분산력, (c) 쌍극자-쌍극자 힘과 분산력. **11.2** (c)만. **11.3** 10.50 g/cm^3. **11.4** 315 pm. **11.5** 두 개. **11.6** 361 pm. **11.7** 369 mmHg. **11.8** 173 kJ.

제 12 장

용액의 물리적 성질

Physical Properties of Solutions

▲ 물에 녹아 있는 설탕 덩어리. 용액의 성질은 용매의 성질과는 확연히 다르다.

이 장의 차례

들여다보기

- 물질의 3가지 상태인 고체, 액체, 기체로부터 형성되는 여러 종류의 용액을 살펴보면서 이 장을 시작한다. 또한 존재하는 용질의 양에 따라 불포화, 포화, 과포화 상태로 용액을 기술한다(12.1절).
- 다음으로 용액의 형성 과정을 분자 수준에서 연구하여 분자간 힘이 용액 형성 과정과 용해도에 어떻게 영향을 미치는지 알아본다(12.2절).
- 농도 단위의 4가지 주요 형태인 질량 백분율, 몰분율, 몰농도, 몰랄농도와 그들 간의 변환을 공부한다(12.3절).
- 온도는 일반적으로 액체나 고체뿐만 아니라 기체의 용해도에도 영향을 미친다(12.4절).
- 압력은 액체나 고체의 용해도에는 영향을 미치지 못하지만 기체의 용해도에는 상당한 영향을 준다. 기체의 용해도와 압력과의 정량적 관계식은 헨리 법칙으로 주어진다(12.5절).
- 용액의 증기압, 녹는점, 끓는점, 삼투압은 녹아 있는 용질의 농도에만 의존하며, 그 용질이 무엇인지에는 상관이 없다. 우선 비전해질의 총괄성과 그 응용에 대해 알아본다(12.6절).
- 그 다음 전해질 용액의 총괄성으로 지식을 확장하고, 이온쌍 형성이 그 성질에 미치는 영향을 알아본다(12.7절).
- 콜로이드에 대해 간단히 알아봄으로써 이 장을 마친다. 콜로이드는 매질에 퍼져 있는 분자들보다는 큰 입자들을 의미한다(12.8절).

대부분의 화학 반응은 순수한 고체나 액체 또는 기체들 사이에서 일어나는 것이 아니라 물이나 다른 용매에 녹아 있는 분자나 이온 사이에서 일어난다. 5장과 11장에서는 기체, 액체, 고체의 성질을 살펴보았다. 이 장에서는 용액의 성질, 특히 용해 과정에서 분자간 힘의 역할과 용액의 다양한 물리적 성질 등을 중점적으로 다룰 것이다.

12.1 용액의 종류

4.1절에서 용액이란 둘 이상 물질의 균일 혼합물이라고 배웠다. 이 정의에 따라서는 용액 내에 포함된 물질의 성질에 대하여 아무런 정보도 얻을 수 없기 때문에, 용액의 종류를 용액 구성 성분의 원래의 상(고체, 액체, 기체)에 따라 6가지로 구분할 수 있다. 표 12.1에 각 유형의 예가 나와 있다.

이 장에서 우리의 관심사는 적어도 하나의 액체 성분을 포함하는 즉, 기체-액체, 액체-액체, 고체-액체 용액이다. 그리고 크게 놀랄 일도 아니지만, 용액을 연구하는 데 있어서 사용되는 대부분의 용매는 물이다.

화학자들은 용질을 녹일 수 있는 능력에 따라 용액을 구분한다. 먼저 **포화 용액**(saturated solution)이란 *주어진 온도에서 주어진 용매 내에 최대의 용질이 포함되어 있는 용액*이다. *용액이 녹일 수 있는 한계보다 적은 양의 용질을 포함하는 용액*을 **불포화 용액**(unsaturated solution)이라 한다. 세 번째 유형은 **과포화 용액**(supersaturated solution)이라 하는데, *포화 용액에 존재하는 용질보다 더 많은 양의 용질을 포함하는 용액*을 말한다. 과포화 용액은 그다지 안정하지 않다. 시간이 흐름에 따라 어느 정도의 용질이 용액으로부터 빠져나와 결정을 만들게 된다. **결정화**(crystallization)는 *용액에 녹아 있던 용질이 용액으로부터 빠져나와 결정을 형성하는 과정*을 말한다(그림 12.1). 침전이나 결정이 모두 과

표 12.1 용액의 유형

성분 1	성분 2	용액의 상태	예
기체	기체	기체	공기
기체	액체	액체	탄산수(물 속에 녹아 있는 CO_2)
기체	고체	고체	팔라듐에 들어 있는 H_2 기체
액체	액체	액체	물에 녹아 있는 에탄올
고체	액체	액체	물에 녹은 NaCl
고체	고체	고체	황동(Cu/Zn), 땜납(Sn/Pb)

그림 12.1 과포화된 아세트산 소듐 용액(왼쪽)에 작은 결정씨를 넣으면 아세트산 소듐 결정이 신속하게 형성된다.

포화 용액으로부터 과량의 고체 물질이 분리되는 것으로 생각할 수 있다. 하지만 그 두 과정에 의해 만들어지는 고체의 형태는 다르다. 일반적으로 침전물은 작은 입자로 구성된 반면, 결정은 크기도 하고 모양도 균일하다.

12.2 용해 과정의 분자적 관찰

액체나 고체에서 분자들을 서로 뭉쳐져 있게 하는 분자간 인력은 용액을 형성할 때도 중요한 역할을 한다. 한 물질(용질)이 다른 물질(용매)에 녹을 때 용질 입자들은 용매 내로 분산된다. 용질 입자는 용매 입자들이 차지하고 있던 위치를 차지하게 된다. 용질 입자가 용매 분자들의 공간을 얼마나 수월하게 대신 차지하는가는 다음 세 가지 상호작용의 상대적 크기에 달려 있다.

6.6절에서는 거시적 관점에서 용해 과정을 논의하였다.

- 용매-용매 상호작용
- 용질-용질 상호작용
- 용매-용질 상호작용

단순화시켜 말하자면 용해 과정은 세 가지 특징적인 단계로 일어난다고 가정할 수 있다(그림 12.2). 단계 1은 용매 분자간의 분리이고, 단계 2는 용질 분자간의 분리 과정이다. 이 과정은 분자간 인력을 끊는 과정이므로 흡열 과정이다. 단계 3에서는 용매와 용질 분자가 섞이는데, 이 과정은 흡열일 수도 있고 발열일 수도 있다. 용해열 $\Delta H_{용해}$는 다음과 같이 주어진다.

$$\Delta H_{용해} = \Delta H_1 + \Delta H_2 + \Delta H_3$$

이 식은 헤스 법칙의 응용이다.

용질-용매간 인력이 용매-용매간 인력과 용질-용질간 인력의 합보다 크면 용해되는 것이 유리한 과정이며, 발열 과정($\Delta H_{용해} < 0$)이다. 만일 용질-용매간 인력이 용매-용매간 인력이나 용질-용질간 인력의 합보다 작으면 용해 과정은 흡열 과정($\Delta H_{용해} > 0$)이다.

용질 분자들간의 인력이 용질과 용매 분자들 간의 인력보다 큼에도 불구하고 결국 용질이 용매에 녹는 것에 의아해 할 수도 있을 것이다. 용해 과정은 다른 물리적, 화학적 과정과 같이 두 가지 요인에 의해 지배된다. 첫째는 에너지로서 용해 과정이 발열 반응인지 흡열 반응인지를 결정한다. 둘째는 모든 자연 현상에서처럼 무질서하게 되려는 경향이다. 새로운 카드 묶음을 몇 번 섞으면 순서가 완전히 없어지는 것처럼 용매와 용질이 용액을 형성하면서 섞이게 되면 무작위도 즉, 무질서도가 증가한다. 순수한 상태에서 용매와 용질은 3차원 공간에서 원자, 분자, 이온이 다소 규칙적인 배열을 이루어 어느 정도의 질서도

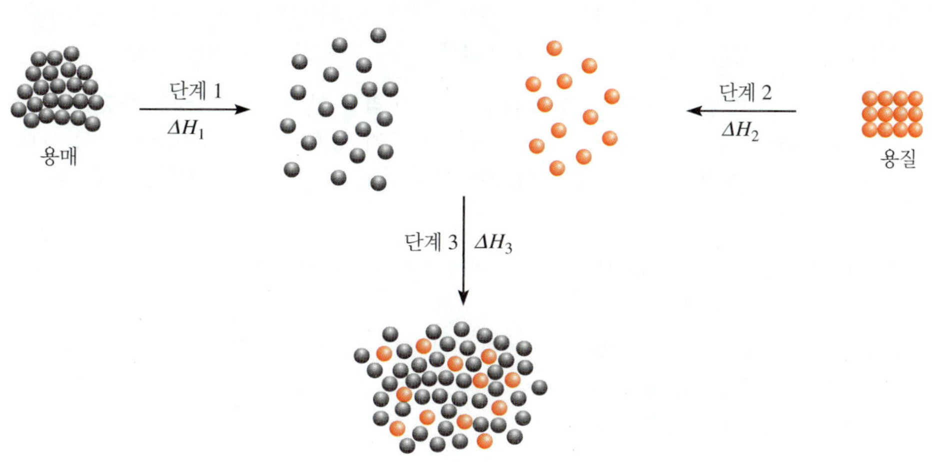

그림 12.2 세 단계로 일어나는 용해 과정의 분자적 관점. 우선 용매와 용질 분자가 분리된다(단계 1과 단계 2). 그 다음 용매와 용질 분자가 섞인다(단계 3).

를 갖는다. 이러한 질서도의 대부분은 용질이 용매에 녹을 때 파괴된다(그림 12.2 참조). 그러므로 용해 과정은 항상 무질서도의 증가를 수반한다. 이러한 계의 무질서도 증가 때문에 용해 과정이 흡열 반응이더라도 어떤 물질의 용해가 유리하게 진행될 수 있다.

▶▶▶ 동영상 자료
▶ 이온 결합 및 공유 결합 화합물의 용해.

용해도란 특정 온도에서 얼마만큼의 용질이 용매에 녹아 있는가의 척도이다. "끼리끼리 녹인다"는 표현은 주어진 용매에서 어떤 물질의 용해도를 예측하는 데 도움이 된다. 이 표현의 의미는 분자간 인력의 유형과 크기가 비슷한 두 물질끼리 서로 잘 녹인다는 의미이다. 예를 들어, 사염화 탄소(CCl_4)와 벤젠(C_6H_6)은 둘 다 비극성 용매이다. 이들 물질 간에 유일하게 존재하는 분자간 힘은 분산력이다(11.2절 참조). 이 두 용매가 혼합되면 서로 쉽게 용해되는데, CCl_4와 C_6H_6 분자들 사이의 인력은 CCl_4 분자간 인력, C_6H_6 분자간 인력과 비슷한 크기이기 때문이다. *어떤 조성으로도 서로를 녹일 수 있다*면 두 용매는 **섞인다**(miscible)고 한다. 메탄올, 에탄올, 1,2-에틸렌글라이콜(1,2-ethylene glycol)과 같은 알코올들은 물과 수소 결합을 할 수 있기 때문에 물과 잘 섞인다.

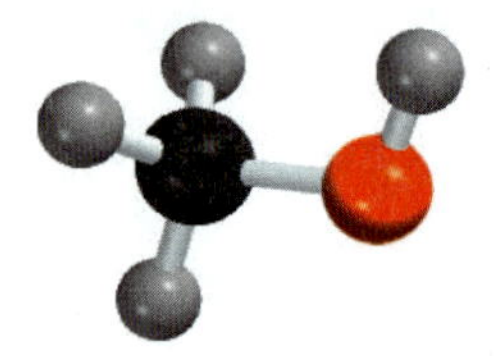

CH_3OH

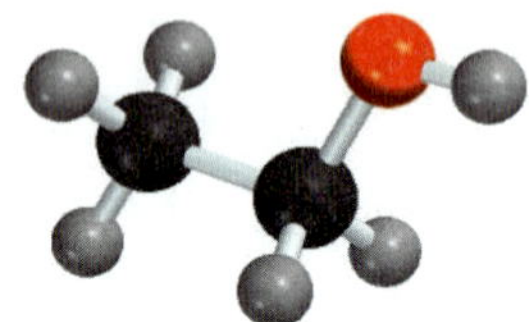

C_2H_5OH

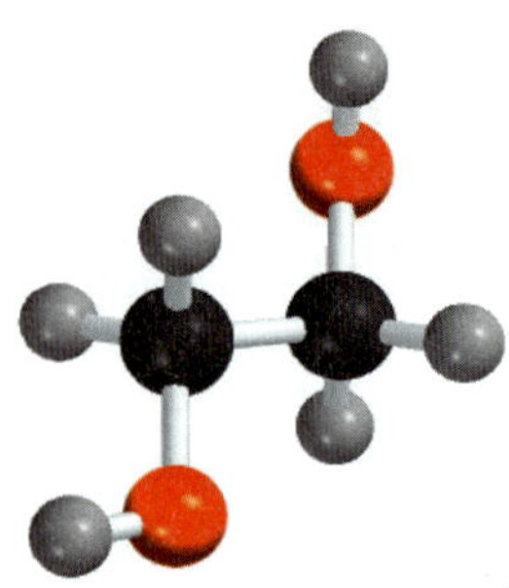

$CH_2(OH)CH_2(OH)$

```
   H              H  H                 H  H
   |              |  |                 |  |
H—C—O—H      H—C—C—O—H       H—O—C—C—O—H
   |              |  |                 |  |
   H              H  H                 H  H
 메탄올           에탄올           1,2-에틸렌글라이콜
```

염화 소듐이 물에 녹을 때 수용액 내에서 각 이온들은 이온-쌍극자 상호작용을 수반하는 수화작용에 의해 안정화된다. 일반적으로 이온 결합 화합물은 벤젠이나 사염화 탄소와 같은 비극성 용매에서보다 물, 액체 암모니아, 액체 플루오린화 수소(HF)와 같은 극성 용매에서 훨씬 더 잘 녹는다. 비극성 용매 분자들은 쌍극자 모멘트가 없으므로 이들 용매에서는 Na^+와 Cl^- 이온들을 효과적으로 용매화할 수 없다. [**용매화**(solvation)란 *어떤 이온이나 분자가 특정한 방식으로 배열된 용매 분자에 의해 둘러싸이는 과정*이다. 용매가 물인 경우 그 과정을 *수화*라고 한다.] 이온과 비극성 화합물 사이의 분자간 상호작용은 주로 이온-유도 쌍극자 상호작용인데, 이는 이온-쌍극자 상호작용보다 약하다. 결과적으로 이온 결합 화합물들은 비극성 용매에서 매우 낮은 용해도를 보인다.

예제 12.1에서는 용질과 용매 분자 사이의 상호작용에 대한 이해를 바탕으로 용해도를 어떻게 예측하는지를 보여준다.

예제 12.1

다음 경우에 상대적 용해도를 예측하시오. (a) 벤젠(C_6H_6, μ = 0 D)과 물(μ = 1.87 D)에서 Br_2의 용해도, (b) 사염화 탄소(CCl_4, μ = 0 D)와 액체 암모니아(NH_3, μ = 1.46 D)에서 KCl의 용해도, (c) 이황화 탄소(CS_2, μ = 0 D)와 물에서 폼알데하이드(CH_2O)의 용해도.

전략 용해도를 예상할 때 "끼리끼리 녹인다"는 원리를 기억하라. 비극성 용질은 비극성 용매에 녹을 것이다. 이온 화합물은 이온-쌍극자 상호작용을 이용하여 극성 용매에 녹을 것이다. 용매와 수소 결합을 형성할 수 있는 용질은 그 용매에서 큰 용해도를 가질 것이다.

풀이 (a) Br_2는 비극성 분자이므로 물보다 비극성 용매인 C_6H_6에서 잘 녹는다. Br_2와 C_6H_6 간의 분자간 힘은 분산력이다.

(b) KCl은 이온 화합물이다. 이것이 녹으려면 각각의 K^+와 Cl^-는 이온-쌍극자 상호작용에 의해 안정화되어야 한다. CCl_4는 쌍극자 모멘트가 없으므로 KCl은 쌍극자 모멘트가 큰 극성 분자인 액체 NH_3에 잘 녹는다.

(계속)

(c) CH_2O는 극성 분자이고 CS_2(선형 분자)는 비극성이기 때문에 CH_2O와 CS_2 분자 사이의 힘은 쌍극자-유도 쌍극자 힘과 분산력이다. 한편 CH_2O는 물과 수소 결합을 형성할 수 있기 때문에 물에서 더 잘 녹는다.

$H_2C=O$ $\quad \mu > 0$ $\qquad$ $S=C=S$ $\quad \mu = 0$

실전 연습 아이오딘(I_2)은 물에 더 잘 녹는가, 이황화 탄소(CS_2)에 더 잘 녹는가?

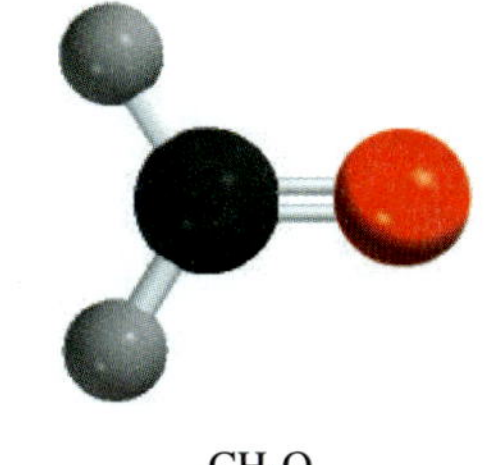

CH_2O

비슷한 문제: 12.11.

개념 복습하기

다음 중 어느 것이 물보다 벤젠에 더 잘 용해될지 예상하시오. C_4H_{10}, HBr, KNO_3, P_4.

12.3 농도 단위

용액을 정량적으로 연구하기 위해서는 농도(concentration)를 알아야 하는데, 농도는 일정량의 용액에 존재하는 용질의 양을 나타낸다. 화학에서는 몇 가지 다른 농도 단위를 사용하는데, 각각은 장점과 한계가 있다. 가장 보편적인 네 가지 단위인 질량 백분율, 몰분율, 몰농도, 몰랄농도에 대해 알아보도록 하자.

농도 단위의 종류

질량 백분율

질량 백분율(percent by mass, *무게 백분율*이라고도 함)은 *용액의 질량에 대한 용질의 질량비에 100을 곱한 것*이다.

$$\text{질량 백분율} = \frac{\text{용질의 질량}}{\text{용질의 질량} + \text{용매의 질량}} \times 100\%$$

또는

$$\text{질량 백분율} = \frac{\text{용질의 질량}}{\text{용액의 질량}} \times 100\% \tag{12.1}$$

질량 백분율은 유사한 양의 비이므로 단위가 없는 숫자이다.

예제 12.2

물 54.6 g에 염화 포타슘(KCl) 0.892 g이 녹아 있다. 이 용액에서 KCl의 질량 백분율은?

전략 특정한 양의 용매에 녹아있는 용질의 질량이 주어졌다. 따라서 식 (12.1)을 사용하면 KCl의 질량 백분율을 구할 수 있다.

풀이

$$\begin{aligned}\text{KCl의 질량 백분율} &= \frac{\text{용질의 질량}}{\text{용액의 질량}} \times 100\% \\ &= \frac{0.892\text{ g}}{0.892\text{ g} + 54.6\text{ g}} \times 100\% \\ &= 1.61\%\end{aligned}$$

비슷한 문제: 12.15.

(계속)

실전 연습 벤젠(C_6H_6) 80.1 g에 나프탈렌($C_{10}H_8$) 6.44 g이 녹아 있다. 이 용액에서 나프탈렌의 질량 백분율을 계산하시오.

몰분율(*X*)

몰분율은 5.6절에서 소개한 바 있다. 용액의 한 성분인 A의 몰분율은 X_A로 쓰며, 다음과 같이 정의된다.

$$\text{성분 A의 몰분율} = X_A\text{의 몰수} = \frac{\text{성분 A의 몰수}}{\text{모든 성분의 몰수의 합}}$$

몰분율도 유사한 양 사이의 비이므로 단위가 없다.

몰농도(*M*)

몰농도의 계산에 관한 것은 예제 4.7과 4.8을 참조하시오.

4.5절에서 알아본 바와 같이 몰농도(molarity)는 용액 1 리터에 들어 있는 용질의 몰수로 정의된다. 즉,

$$\text{몰농도} = \frac{\text{용질의 몰수}}{\text{용액의 부피(L)}}$$

따라서 몰농도의 단위는 mol/L이다.

몰랄농도(*m*)

몰랄농도(molality)는 *용매 1 kg (1000 g)에 녹아 있는 용질의 몰수*이다. 즉,

$$\text{몰랄농도} = \frac{\text{용질의 몰수}}{\text{용매의 질량(kg)}} \tag{12.2}$$

예를 들어, 1 몰랄 즉, 1 *m* 황산 소듐(Na_2SO_4) 수용액을 만들기 위해서는 물 1000 g(1 kg)에 그 물질 1 mol(142.0 g)을 녹이면 된다. 용질-용매 상호작용의 정도에 따라 용액의 최종 부피는 1000 mL보다 커질 수도 있고 작아질 수도 있다. 거의 가능성이 없기는 하지만 최종 부피가 정확히 1000 mL이 될 수도 있다.

예제 12.3에는 용액의 몰랄농도를 계산하는 방법이 나와 있다.

예제 12.3

H_2SO_4

물 198 g에 황산 24.4 g이 녹아 있는 황산 용액의 몰랄농도를 계산하시오. 황산의 몰질량은 98.09 g이다.

전략 용액의 몰랄농도를 계산하기 위해서 용질의 몰수와 용매의 질량을 kg 단위로 알아야 한다.

풀이 몰랄농도(*m*)의 정의는 다음과 같다.

$$m = \frac{\text{용질의 몰수}}{\text{용매의 질량(kg)}}$$

우선, 전환 인자로 몰질량을 사용하여 산 24.4 g에 들어 있는 황산의 몰수를 알아낸다.

$$\begin{aligned} H_2SO_4\text{의 몰수} &= 24.4\ \cancel{\text{g } H_2SO_4} \times \frac{1 \text{ mol } H_2SO_4}{98.09\ \cancel{\text{g } H_2SO_4}} \\ &= 0.249 \text{ mol } H_2SO_4 \end{aligned}$$

물의 질량은 198 g 즉, 0.198 kg이다. 따라서

$$\begin{aligned} m &= \frac{0.249 \text{ mol } H_2SO_4}{0.198 \text{ kg } H_2O} \\ &= 1.26\ m \end{aligned}$$

비슷한 문제: 12.17.

실전 연습 요소[$(NH_2)_2CO$] 7.78 g이 물 203 g에 녹아 있는 용액의 몰랄농도는 얼마인가?

농도 단위의 비교

농도 단위의 선택은 실험의 목적에 달려 있다. 예를 들어, 몰분율은 적정이나 무게 분석법에서 용액의 농도를 표현하는 데는 사용되지 않는 반면, 기체의 부분 압력을 계산하거나(5.6절 참조), 용액의 증기압을 다루는 데 유용하다(이 장의 뒷부분에서 논의될 것이다).

4.5절에서 본 바와 같이 몰농도의 장점으로는, 정확히 보정된 부피 플라스크를 사용하여 용액의 부피를 측정하는 것이 용액의 무게를 측정하는 것보다는 일반적으로 용이하다는 것이다. 이러한 이유로 몰농도를 몰랄농도보다 자주 사용한다. 반면 몰랄농도는 용매의 무게와 용질의 몰수로 표현되는 것이므로 온도에 무관하다. 용액의 부피는 온도에 따라 일반적으로 증가하여 25°C에서 1.0 *M* 용액이라도 부피의 증가 때문에 45°C에서는 0.97 *M*가 될 수도 있다. 이렇듯 온도에 영향을 받는 농도는 실험의 정확성에 심각한 영향을 주게 된다. 따라서 몰농도보다 몰랄농도가 선호될 때도 있다.

질량 백분율은 온도에 무관하다는 점에서 몰랄농도와 비슷하다. 게다가 질량 백분율은 용액의 질량에 대한 용질의 질량비로 정의되므로 질량 백분율 계산에 용질의 몰질량을 알 필요는 없다.

때로는 어떤 한 농도 단위에서 다른 농도 단위로 전환이 필요할 때가 있다. 예를 들면, 동일한 용액이 다른 농도 단위를 필요로 하는 다른 실험에 사용되기도 한다는 것이다. 0.396 *m* 포도당($C_6H_{12}O_6$) 용액의 몰농도를 계산해 보자. 용매 1000 g에 포도당 0.396 mol이 녹아 있다는 것을 알고 있으므로 이 용액의 부피를 결정하면 된다. 우선, 포도당의 몰질량으로부터 용액의 질량을 계산해 보자.

$$\left(0.396\ \cancel{\text{mol C}_6\text{H}_{12}\text{O}_6} \times \frac{180.2\ \text{g}}{1\ \cancel{\text{mol C}_6\text{H}_{12}\text{O}_6}}\right) + 1000\ \text{g H}_2\text{O} = 1071\ \text{g}$$

다음 단계는 용액의 밀도를 실험적으로 결정하는 것인데, 1.16 g/mL가 구해졌다고 하자. 이제 용액의 부피를 L 단위로 나타낼 수 있게 된다.

$$\begin{aligned}\text{부피} &= \frac{\text{질량}}{\text{밀도}} \\ &= \frac{1071\ \text{g}}{1.16\ \text{g/mL}} \times \frac{1\ \text{L}}{1000\ \text{mL}} \\ &= 0.923\ \text{L}\end{aligned}$$

마지막으로 용액의 몰농도는 다음과 같이 계산된다.

$$\begin{aligned}\text{몰농도} &= \frac{\text{용질의 몰수}}{\text{용액의 부피(L)}} \\ &= \frac{0.396\ \text{mol}}{0.923\ \text{L}} \\ &= 0.429\ \text{mol/L} = 0.429\ M\end{aligned}$$

위에서 볼 수 있듯이 용액의 밀도는 몰농도와 몰랄농도 사이에서 변환 인자 역할을 한다.

예제 12.4와 12.5에 농도 단위 전환에 대해 나와 있다.

예제 12.4

2.45 *M* 메탄올(CH_3OH) 수용액의 밀도는 0.976 g/mL이다. 이 용액의 몰랄농도는 얼마인가? 메탄올의 몰질량은 32.04 g이다.

전략 몰랄농도를 계산하기 위해서는 메탄올의 몰수와 용매의 질량을 kg 단위로 알아야 한다. 용액 1리터를 가정하면, 메탄올의 몰수는 2.45 mol이다.

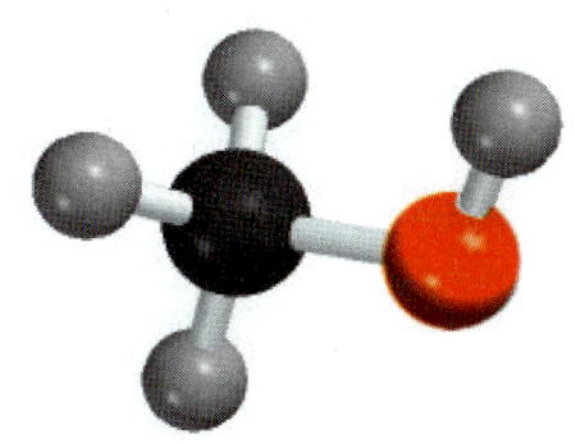

CH_3OH

(계속)

$$m = \frac{\text{용질의 몰수}}{\text{용매의 질량(kg)}}$$

계산하고자 하는 것 (m), 주어짐 (용질의 몰수), 찾아야 할 것 (용매의 질량(kg))

풀이 첫 번째 단계는 변환 인자로서 밀도를 사용하여 용액 1리터에 있는 물의 질량을 계산하는 것이다. 2.45 *M* 메탄올 용액 1 L의 전체 질량은 다음과 같다.

$$1\ \text{L 용액} \times \frac{1000\ \text{mL 용액}}{1\ \text{L 용액}} \times \frac{0.976\ \text{g}}{1\ \text{mL 용액}} = 976\ \text{g}$$

이 용액은 메탄올 2.45 mol을 포함하므로 용액에서 물(용매)의 양은 다음과 같다.

$$\begin{aligned}\text{물의 질량} &= \text{용액의 질량} - \text{용질의 질량}\\ &= 976\ \text{g} - \left(2.45\ \text{mol CH}_3\text{OH} \times \frac{32.04\ \text{g CH}_3\text{OH}}{1\ \text{mol CH}_3\text{OH}}\right)\\ &= 898\ \text{g}\end{aligned}$$

용액의 몰랄농도는 898 g을 0.898 kg으로 바꾸면 계산할 수 있다.

$$\begin{aligned}\text{몰랄농도} &= \frac{2.45\ \text{mol CH}_3\text{OH}}{0.898\ \text{kg H}_2\text{O}}\\ &= 2.73\ m\end{aligned}$$

비슷한 문제: 12.18(a), 12.19.

실전 연습 밀도가 0.927 g/mL인 5.86 *M* 에탄올(C_2H_5OH) 수용액의 몰랄농도를 계산하시오.

예제 12.5

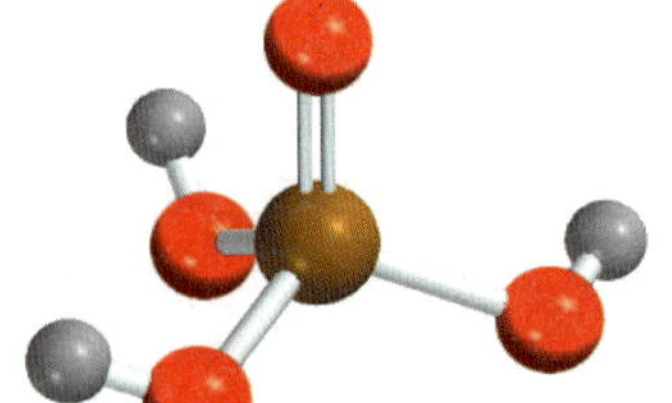
H_3PO_4

질량 백분율로 35.4%인 인산(H_3PO_4) 수용액의 몰랄농도를 계산하시오. 인산의 몰질량은 97.99 g이다.

전략 이러한 유형의 문제를 푸는 데는 용액의 양을 100.0 g으로 놓고 시작하면 편리하다. 인산의 질량이 35.4% 즉, 35.4 g이라면, 물의 질량 백분율과 그 질량은 100.0% − 35.4% = 64.6%와 64.6 g이 된다.

풀이 인산의 알려진 몰질량으로부터 예제 12.3에서처럼 두 단계를 거쳐 몰랄농도를 계산할 수 있다. 우선, 인산 35.4 g의 몰수를 계산한다.

$$\begin{aligned}\text{H}_3\text{PO}_4\text{의 몰수} &= 35.4\ \text{g H}_3\text{PO}_4 \times \frac{1\ \text{mol H}_3\text{PO}_4}{97.99\ \text{g H}_3\text{PO}_4}\\ &= 0.361\ \text{mol H}_3\text{PO}_4\end{aligned}$$

물의 질량은 64.6 g 즉, 0.0646 kg이다. 따라서 몰랄농도는 다음과 같다.

$$\begin{aligned}\text{몰랄농도} &= \frac{0.361\ \text{mol H}_3\text{PO}_4}{0.0646\ \text{kg H}_2\text{O}}\\ &= 5.59\ m\end{aligned}$$

비슷한 문제: 12.18(b).

실전 연습 질량 백분율로 44.6%인 염화 소듐 수용액의 몰랄농도를 계산하시오.

개념 복습하기

한 용액이 20°C에서 준비되었으며, 그 용액의 농도는 질량 백분율, 몰농도, 몰랄농도의 세 가지 다른 단위로 표현된다. 준비된 용액을 88°C로 가열한다고 하자. 어떤 농도 단위가 변화(증가 또는 감소)하겠는가?

12.4 용해도에 미치는 온도의 영향

용해도는 특정 *온도에서* 주어진 양의 용매에 녹을 수 있는 용질의 최대량으로 정의된다는 것을 상기하자. 대부분 물질의 용해도는 온도의 영향을 받는다. 이 절에서는 고체나 기체의 용해도에 대한 온도의 영향을 알아보고자 한다.

고체의 용해도와 온도

그림 12.3은 물에서 몇 가지 이온 화합물의 용해도에 대한 온도 의존성을 나타낸 것이다. 전부는 아니지만 대부분의 경우 고체 물질의 용해도는 온도에 따라 증가한다. 하지만 $\Delta H_{용해}$의 부호와 온도에 따른 용해도 변화의 상관관계는 명확하지 않다. 예를 들어, $CaCl_2$의 용해 과정은 발열인데 반해 NH_4NO_3의 경우는 흡열이다. 그러나 두 화합물 모두 온도가 증가함에 따라 용해도가 증가한다. 일반적으로 용해도에 관한 온도의 영향은 실험적으로 결정된다.

분별 결정

그림 12.3에 나타낸 바와 같이 고체의 용해도에 대한 온도 의존성은 천차만별이다. 예를 들어, $NaNO_3$의 용해도는 온도에 따라 급격히 증가하는 반면, NaCl의 용해도는 거의 변화가 없다. 이러한 커다란 편차를 이용하여 혼합물로부터 순물질을 정제할 수 있다. **분별 결정**(fractional crystallization)은 *용해도의 차이를 이용하여 혼합물로부터 순수한 물질을 분리하는 것*이다.

KNO_3 90 g에 NaCl 10 g이 섞여 있다고 가정하자. KNO_3를 정제하기 위해 혼합물 시료를 60°C에서 물 100 mL에 녹이고 서서히 0°C로 냉각시킨다. 이 온도에서 KNO_3와 NaCl의 물 100 g에 대한 용해도는 각각 12.1 g과 34.2 g이다. 따라서 KNO_3 (90 − 12) g 즉, 78 g이 용액으로부터 빠져나와 결정화되는 반면, NaCl은 모두 물에 녹은 상태로 있을 것이다(그림 12.4). 이러한 방법으로 원래 질량의 약 90% 정도의 KNO_3가 순수한 상태로 정제될 것이다. 이 KNO_3는 여과함으로써 용액으로부터 분리될 수 있다.

실험실에서 사용되는 많은 고체 무기물과 유기 화합물들은 분별 결정에 의해 정제되었다. 일반적으로 이 방법은 정제할 물질이 매우 급격한 용해도 곡선을 가짐으로써 즉, 상

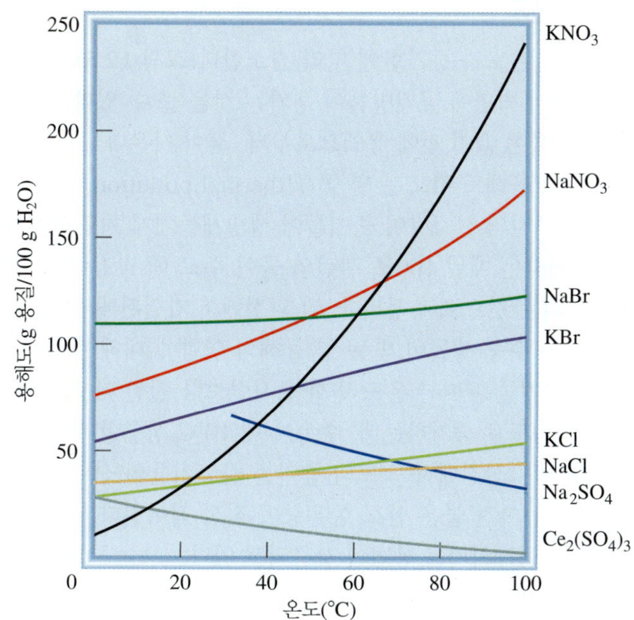

그림 12.3 물에 녹은 몇 가지 이온 화합물의 용해도에 대한 온도 의존성.

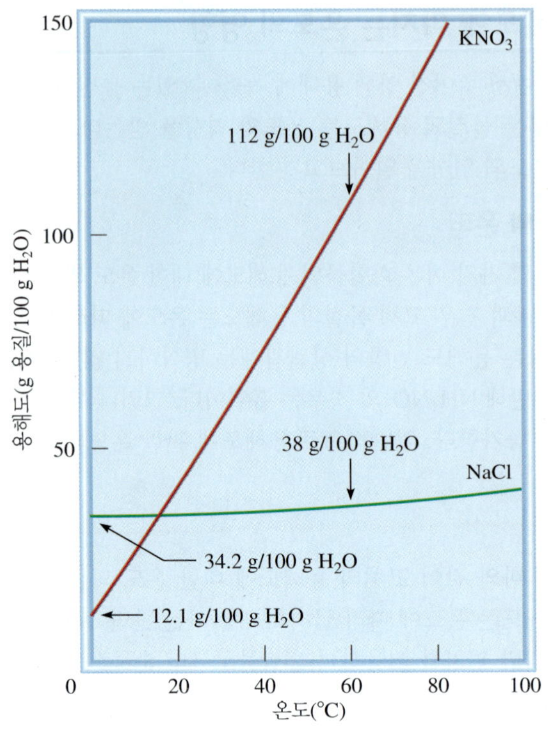

그림 12.4 0°C와 60°C에서 KNO_3와 NaCl의 용해도. 온도 의존성의 차이 때문에 분별 결정을 사용하여 두 화합물이 녹아 있는 용액에서 한 가지를 분리할 수 있다.

대적으로 낮은 온도보다는 높은 온도에서 더 잘 녹을 때 잘 적용된다. 그렇지 않으면 대부분의 화합물이 냉각된 용액에 녹아 있을 것이다. 또한 분별 결정법은 불순물의 양이 상대적으로 적을 때에도 잘 적용된다.

개념 복습하기

그림 12.3을 사용하여 40°C에서 용해도가 증가하는 순서로 포타슘 염의 순위를 매기시오.

기체의 용해도와 온도

물에서 기체의 용해도는 온도가 증가함에 따라 감소한다(그림 12.5). 비커에서 물을 가열하면 물이 끓기 전에 유리 벽면에 공기방울이 생기는 것을 볼 수 있다. 온도가 올라감에 따라 용해된 공기 분자는 물이 끓기 전에 용액으로부터 "끓어 나온다".

더운 물에서 산소의 용해도 감소는 *열 공해*[thermal pollution, 환경(보통 수로)의 온도가 올라감에 따라 물에서의 산소량이 줄어들어 생명체들에게 치명적이 되는 현상]와 직접 관련이 있다. 미국에서는 매년 100조 갤런의 물이 주로 핵 발전이나 화력 발전 등에서 공업용 냉각수로 사용되는 것으로 추정된다. 이 과정에서 가열된 물이 다시 강이나 호수로 방출된다. 생태학자들은 수중 생물이 받는 열 공해의 영향에 대해 우려하기 시작했다. 다른 변온동물들처럼 물고기들은 빠른 온도 변화에 사람보다 훨씬 더 적응하기 힘들다. 물의 온도가 올라가면 대사 속도로 증가하는데, 수온이 매 10°C 상승할 때마다 대사 속도는 일반적으로 2배씩 증가한다. 신진대사 속도의 증가는 물고기들의 산소 요구량을 급속히 증가시키는 반면, 온도가 높아진 물은 산소 함유량이 점점 적어진다. 현재 생태계의 파괴를 최소화하면서 발전소를 냉각시키는 방법이 강구되고 있다.

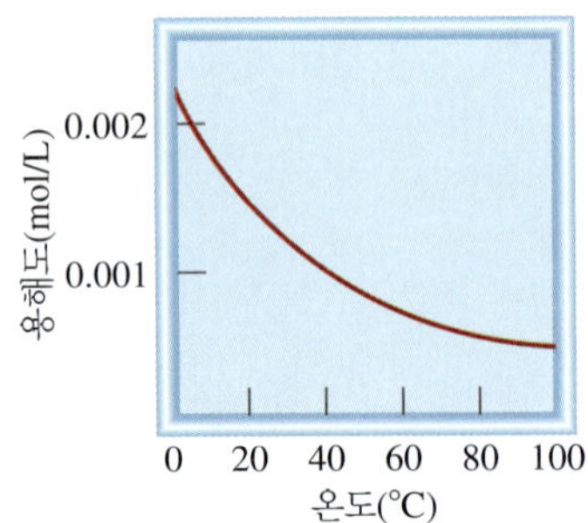

그림 12.5 물에 녹아 있는 O_2 기체 용해도의 온도 의존성. 용해도는 온도가 증가함에 따라 감소한다. 용액 위 기체 압력은 1 atm이다.

온도에 대한 기체의 용해도 변화를 알면 낚시와 같은 대중 스포츠를 좀 더 잘 즐길 수 있다. 더운 여름날 경험이 많은 낚시꾼은 강이나 호수의 깊은 곳에 미끼를 던진다. 깊고 차가운 곳에 산소의 함량이 높으므로 그 곳에서 더 많은 물고기를 발견할 수 있기 때문이다.

12.5 기체의 용해도에 미치는 압력의 영향

일반적으로 액체나 고체의 용해도는 외부 압력에 무관하지만 기체의 용해도는 상당히 영향을 받는다. 기체의 용해도와 압력에 관한 정량적인 관계는 **헨리[†] 법칙**(Henry's law)으로 주어지는데, *액체 내 기체의 용해도는 용액 위 기체의 압력에 비례한다*는 것이다.

$$c \propto P$$

$$c = kP \qquad (12.3)$$

여기서 c는 용해된 기체의 몰농도(mol/L)이고, P는 용액 위 기체의 압력(atm), k는 주어진 기체에 대해 온도에만 의존하는 상수이다. 상수 k의 단위는 mol/L·atm이다. 기체의 압력이 1 atm일 때 c는 k와 *수치적으로* 같다. 여러 기체가 존재할 때 P는 부분 압력이 된다.

각 기체는 주어진 온도에서 k 값이 서로 다르다.

헨리 법칙은 분자 운동론을 통해 정성적으로 이해될 수 있다. 용매에 녹는 기체의 양은 기체 상태의 분자가 얼마나 자주 액체 표면과 충돌하고, 또 응축상에 의해 포획되는가에 달려 있다. 용액과 동적 평형에 있는 기체를 가정해보자[그림 12.6(a)]. 어떤 순간에서든지 용액으로 들어가는 기체 분자의 수는 용액으로부터 기체상으로 나오는 용해된 분자의 수와 같다. 만일 기체의 부분 압력을 증가시키면[그림 12.6(b)] 더 많은 분자가 액체 표면과 충돌하므로 더 많은 분자가 액체 표면으로 녹아 들어간다. 이러한 과정은 용액의 농도가 초당 용액으로 들어가는 분자수와 나오는 분자수가 같아질 때까지 지속된다. 기체와 액체상에서 모두 분자의 농도가 증가하기 때문에 부분 압력이 작은 (a)에서보다 (b)에서 용액으로 들어가거나 나오는 분자수가 더 많다.

헨리 법칙에 대한 실제 보기는 음료수병의 마개를 열었을 때 생기는 거품을 들 수 있다. 음료수병의 마개를 막기 전에 수증기로 포화된 공기와 CO_2 혼합물로 압력을 가한다. 압력을 받고 있는 기체 혼합물의 높은 CO_2 부분 압력 때문에 음료수에 녹아 있을 수 있는 기체 성분의 양은 대기압에서 녹을 수 있는 양의 몇 배가 된다. 병의 마개를 따면 압축된 기체들이 빠져나가고, 결국 음료수 내부의 압력이 대기압에 이르게 되어 남아 있는 CO_2의 양은 대기압에서 CO_2 분압인 0.0003 atm만이 남게 된다. 용액으로부터 빠져나온 과잉의

청량음료의 거품. 병을 흔든 후 열면 더 급격한 CO_2의 분출을 볼 수 있다

[†] 헨리(William Henry, 1775~1836)는 영국의 화학자로, 그의 주요 업적은 기체의 용해도를 설명하는 법칙을 발견한 것이다.

(a)

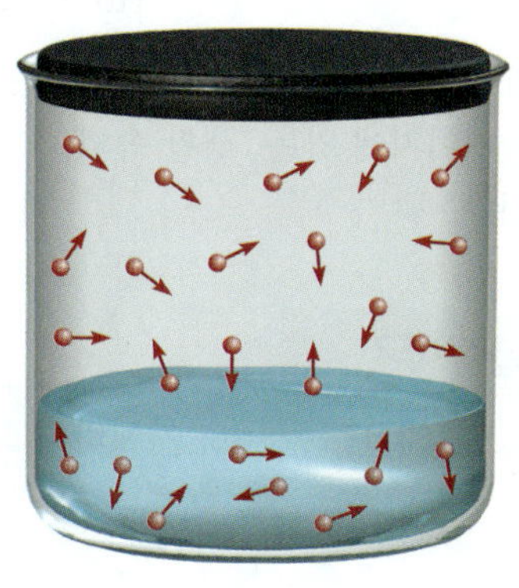

(b)

그림 12.6 헨리 법칙에 대한 분자 수준의 해석. 용액 위 기체의 부분 압력이 (a)에서 (b)로 증가할 때, 녹아 있는 기체의 농도도 식 (12.3)에 따라 증가한다.

CO_2가 거품의 원인이 된다.

예제 12.6은 질소 기체에 헨리 법칙을 적용한 것이다.

예제 12.6

질소 기체의 용해도는 25°C , 1 atm에서 6.8×10^{-4} mol/L이다. 대기압 조건에서 물에 녹아 있는 질소의 농도(몰농도 단위)는 얼마인가? 대기 중 질소 기체의 부분 압력은 0.78 atm이다.

전략 주어진 용해도로부터 헨리 법칙 상수(k)를 계산하고, 이를 사용하여 용액의 농도를 결정한다.

풀이 첫 번째 단계는 식 (12.3)의 k 값을 구하는 것이다.

$$c = kP$$
$$6.8 \times 10^{-4} \text{ mol/L} = k\,(1 \text{ atm})$$
$$k = 6.8 \times 10^{-4} \text{ mol/L} \cdot \text{atm}$$

따라서 물에 대한 질소 기체의 용해도는 다음과 같다.

$$\begin{aligned} c &= (6.8 \times 10^{-4} \text{ mol/L} \cdot \text{atm})(0.78 \text{ atm}) \\ &= 5.3 \times 10^{-4} \text{ mol/L} \\ &= 5.3 \times 10^{-4}\, M \end{aligned}$$

용해도의 감소는 압력이 1 atm에서 0.78 atm으로 낮아진 결과이다.

검산 농도의 비[$(5.3\times 10^{-4}\, M/6.8 \times 10^{-4}\, M) = 0.78$]는 압력의 비(0.78 atm/1.0 atm = 0.78)와 같아야 한다.

비슷한 문제: 12.37.

실전 연습 부분 압력이 0.22 atm이고 온도가 25°C일 때 물 속에서 산소의 몰농도를 계산하시오. 산소의 헨리 법칙 상수는 1.3×10^{-3} mol/L·atm이다.

대부분의 기체는 헨리 법칙을 따르지만 몇 가지 중요한 예외가 있다. 예를 들면, 용해된 기체가 물과 *반응*하면 용해도가 증가한다. 암모니아의 용해도는 다음 반응 때문에 예상치보다 훨씬 높은 값을 보인다.

$$NH_3 + H_2O \rightleftharpoons NH_4^+ + OH^-$$

이산화 탄소 또한 다음과 같이 물과 반응한다.

$$CO_2 + H_2O \rightleftharpoons H_2CO_3$$

또 하나 흥미로운 예는 산소 분자가 혈액에 용해되는 것이다. 정상적으로는 산소 기체는 물에 거의 녹지 않는다(예제 12.6에 있는 실전 연습 참조). 하지만 혈액 내의 산소 용해도는 훨씬 큰데, 이는 헤모글로빈(Hb) 분자가 많이 존재하기 때문이다. 각 헤모글로빈 분자는 산소 분자가 4개까지 결합할 수 있는데, 이는 조직 내로 운반되어 대사 과정에 사용된다.

$$Hb + 4O_2 \rightleftharpoons Hb(O_2)_4$$

혈액 속에서 산소의 용해도가 높은 것은 바로 이런 과정을 통해 설명할 수 있다.

다음 페이지에 있는 "생활 속의 화학"에서는 헨리 법칙과 관련된 자연 재해에 대해 설명하고 있다.

개념 복습하기

CH_4, Ne, HCl, H_2 중 어느 기체의 헨리 법칙 상수가 25°C에서 가장 크겠는가?

생활 속의 화학 CHEMISTRY *in Action*

죽음의 호수

재난은 경고도 없이 신속하게 들이닥쳤다. 1986년 8월 21일 아프리카 서부 해안에 있는 작은 나라 카메룬의 니오스(Nyos) 호수에서 진한 농도의 이산화 탄소 구름이 갑자기 분출했다. 그 구름은 계곡을 타고 빠르게 마을로 흘러내려 왔고, 1700명의 인명과 수많은 가축들이 질식사했다.

어떻게 이런 비극히 발생했을까? 니오스 호수는 서로 섞이지 않는 층들로 분리되어 있었다고 한다. 층의 경계면 양쪽으로 표면의 담수와 보다 깊은 곳에 있는 물이 분리되었는데, 깊은 물에는 광물질과 CO_2와 같은 기체들이 위층보다 진한 수준으로 녹아 있었다. 화산에 의해 형성된 호수의 밑부분으로 스며올라간 탄산 성분의 지하수로부터 CO_2 기체가 나오게 되었다. 물의 큰 수압 때문에 호수 밑바닥의 CO_2 농도가 헨리 법칙에 따라 위험한 수준까지 축적되었다. 그 CO_2를 갑자기 분출시킨 것이 무엇인지 확실하지는 않다. 지진, 산사태, 심지어 강한 바람도 호수 내부의 미묘한 균형을 깰 수 있었을 것이고, 이에 따라 수층을 뒤엎은 파도가 생성되었으리라 생각되고 있다. 마치 마개를 열었을 때 청량음료에서 거품이 이는 것처럼 깊은 곳의 물이 상승하면 용해된 CO_2가 용액 밖으로 빠져나온다. 공기보다 무겁기 때문에 CO_2는 지표면을 따라 이동하여 15마일 떨어져 있는 마을 전체를 말 그대로 질식시켰다.

그로부터 20년 이상이 지난 오늘날 과학자들은 니오스 호수 밑바닥의 CO_2 농도가 다시 포화 상태에 다가가고 있지 않을까 우려하고 있다. 지난 번 비극을 되풀이하지 않기 위해 호수 깊은 곳의 물을 끌어올려 용존 CO_2를 제거하려는 시도가 있었다. 이 방법은 소요되는 비용 이외에도 호수 바닥 근처의 물을 건드려서 감당하기 힘든 CO_2를 표면으로 분출시킬 수도 있으므로 논쟁의 여지가 있다. 이런 동안에도 자연의 시한폭탄은 째깍거리고 있다.

니오스 호수의 깊은 곳에 있는 물을 표면으로 끌어올려 용해된 CO_2 기체를 제거한다.

12.6 비전해질 용액의 총괄성

총괄성(colligative properties 또는 collective properties)은 *용액 내에 있는 용질 입자의 본질에는 상관없이 용질 입자의 수에만 의존하는 성질*을 말한다. 이 성질들은 공통적인 근원으로 묶을 수 있는데, 입자가 원자, 이온, 분자 중 어느 것이든 상관없이 존재하는 입자의 수에만 의존하는 성질이다. 이 총괄성에는 증기압 내림, 끓는점 오름, 어는점 내림, 삼투압이 있다. 비전해질 용액의 총괄성을 논의할 때 용액의 농도가 0.2 M 이하인 상대적으로 묽은 용액에 국한함을 명심해야 한다.

증기압 내림

순수한 액체에 적용되는 평형 증기압의 개념을 복습하려면 11.8절을 참조하라.

용질이 **비휘발성**(nonvolatile, *측정할 만한 증기압을 갖지 않는 성질*)이면, 용액의 증기압은 순수한 용매의 증기압보다 항상 작다. 따라서 용액의 증기압과 용매의 증기압 사이에는 용액 내 용질의 농도에 의존하는 관계가 존재한다. 이 관계는 *어떤 용액에서 발생하는 용매의 증기압 P_1은 순수한 용매의 증기압 P_1°과 용액 내 용매의 몰분율 X_1의 곱으로 주어진다*는 **라울[†] 법칙**(Raoult's law)으로 표현된다.

$$P_1 = X_1 P_1^\circ \tag{12.4}$$

어떤 용액이 한 종류의 용질만을 포함하고, 용질의 몰분율이 X_2이면 $X_1 = 1 - X_2$이다. 식 (12.4)는 다음과 같이 다시 쓸 수 있다.

$$P_1 = (1 - X_2)P_1^\circ$$

또는

$$P_1 = P_1^\circ - X_2 P_1^\circ$$

따라서

$$P_1^\circ - P_1 = \Delta P = X_2 P_1^\circ \tag{12.5}$$

증기압의 *감소분* ΔP는 용질의 농도(몰분율로 측정)에 정비례한다.

예제 12.7에 라울 법칙[식 (12.5)]을 적용한 예가 나와 있다.

예제 12.7

$C_6H_{12}O_6$

30°C에서 물 460 mL에 포도당(몰질량 180.2 g/mol) 218 g을 녹여 만든 용액의 증기압을 계산하시오. 증기압 내림은 얼마나 되는가? 30°C에서 순수한 물의 증기압은 표 5.3에 나와 있다. 용액의 밀도는 1.00 g/mL이라고 가정한다.

전략 용액의 증기압을 결정하기 위해서는 라울 법칙[식 (12.4)]이 필요하다. 설탕은 비휘발성 용질임에 주목하라.

풀이 용액의 증기압(P_1)은 다음과 같다.

찾아야 할 것

$$P_1 = X_1 P_1^\circ$$

계산하고자 하는 것 주어짐

우선 용액에 있는 포도당과 물의 몰수를 계산한다.

$$n_1(\text{물}) = 460\ \text{mL} \times \frac{1.00\ \text{g}}{1\ \text{mL}} \times \frac{1\ \text{mol}}{18.02\ \text{g}} = 25.5\ \text{mol}$$

$$n_2(\text{포도당}) = 218\ \text{g} \times \frac{1\ \text{mol}}{180.2\ \text{g}} = 1.21\ \text{mol}$$

물의 몰분율 X_1은 다음과 같다.

$$X_1 = \frac{n_1}{n_1 + n_2} = \frac{25.5\ \text{mol}}{25.5\ \text{mol} + 1.21\ \text{mol}} = 0.955$$

(계속)

[†] 라울(Francois Marie Raoult, 1830~1901)은 프랑스 화학자로, 그의 연구는 주로 용액의 성질과 전기화학에 관한 것이었다.

표 5.3으로부터 30°C에서 물의 증기압은 31.82 mmHg임을 알 수 있다. 따라서 포도당 용액의 증기압은 다음과 같다.

$$\begin{aligned} P_1 &= 0.955 \times 31.82 \text{ mmHg} \\ &= 30.4 \text{ mmHg} \end{aligned}$$

마지막으로 증기압 내림(ΔP)은 (31.82 − 30.4) mmHg 즉, 1.4 mmHg가 된다.

검산 식 (12.5)를 사용하여 증기압 내림을 계산할 수도 있다. 포도당의 몰분율이 (1 − 0.955) = 0.045이므로 증기압 내림은 (0.045)(31.82 mmHg) = 1.4 mmHg가 된다.

실전 연습 35°C에서 물 212 mL에 요소(몰질량 = 60.06 g/mol) 82.4 g을 녹여 만든 용액의 증기압을 계산하시오. 증기압 내림은 얼마나 되는가?

비슷한 문제: 12.49, 12.50.

용액의 증기압이 순수한 용매의 증기압보다 낮은 이유는 무엇인가? 12.2절에서 언급한 바와 같이 물리적 또는 화학적 과정의 추진력 중 하나는 무질서도의 증가이다. 무질서도가 커질수록 그 과정은 좀 더 유리하게 진행된다. 기체 상태의 분자는 액체 상태의 분자보다 질서가 없기 때문에 증발이 일어나면 계의 무질서도가 증가한다. 용액은 순수한 용매보다 더 무질서하므로 용액과 증기와의 무질서도 차이는 순수한 용매와 증기와의 무질서도 차이보다 작게 된다. 따라서 용매 분자는 순수한 용매에서보다 용액에서 빠져나오려는 경향이 작아지므로 용액의 증기압은 용매의 증기압보다 낮아진다.

용액의 두 성분이 모두 **휘발성**(volatile, *측정 가능할 정도의 증기압이 있는 경우*)일 때 용액의 증기압은 각 부분 압력의 합이다. 라울 법칙은 이 경우에도 똑같이 적용된다.

$$P_A = X_A P_A^\circ$$
$$P_B = X_B P_B^\circ$$

이때, P_A와 P_B는 성분 A와 B의 용액 위에서의 부분 압력, P_A°와 P_B°는 순수한 물질의 증기압, X_A와 X_B는 각각의 몰분율이다. 전체 압력은 돌턴의 부분 압력 법칙으로 구할 수 있다(5.6절 참조).

$$P_T = P_A + P_B$$

또는

$$P_T = X_A P_A^\circ + X_B P_B^\circ$$

예를 들어, 벤젠과 톨루엔은 비슷한 구조를 가지는 휘발성 성분이며, 따라서 유사한 분자간 힘도 비슷하다.

CH_3

벤젠 톨루엔

벤젠과 톨루엔의 용액에서 각 성분의 증기압은 라울 법칙을 따른다. 그림 12.7은 벤젠-톨루엔 용액에서 용액의 조성에 대한 전체 증기압(P_T)의 의존도를 나타낸다. 용액의 조성을 한 성분의 몰분율로도 표시할 수 있음에 주목하라. $X_{벤젠}$ 값에 대해 톨루엔의 몰분율 $X_{톨루엔}$은 $1 - X_{벤젠}$으로 주어진다. 벤젠-톨루엔 용액은 *라울 법칙을 만족하는 용액*인 **이상 용액**(ideal solution)의 몇 안 되는 예 중 하나이다. 이상 용액의 특징은 용해열($\Delta H_{용해}$)이 0이 된다는 것이다.

이러한 관점에서 대부분의 용액은 이상적으로 거동하지 않는다. 두 휘발성 물질을 A, B라 하고 다음 두 경우를 생각해 보자.

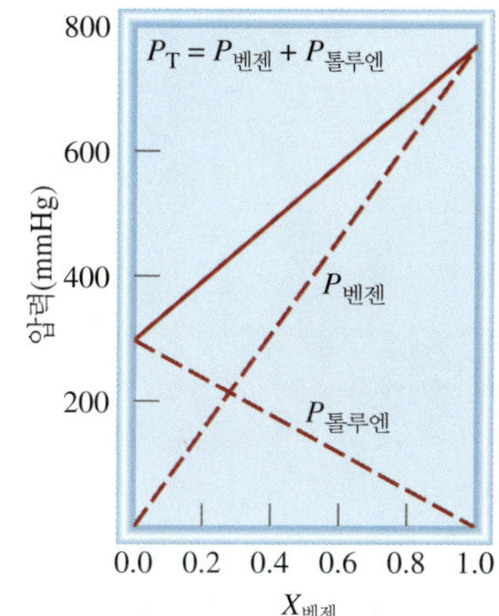

그림 12.7 80°C에서 벤젠-톨루엔 용액에 있는 벤젠과 톨루엔의 몰분율에 대한 부분 압력 의존성($X_{톨루엔} = 1 - X_{벤젠}$). 이 용액은 증기압이 라울 법칙을 따르기 때문에 이상 용액이라 부른다.

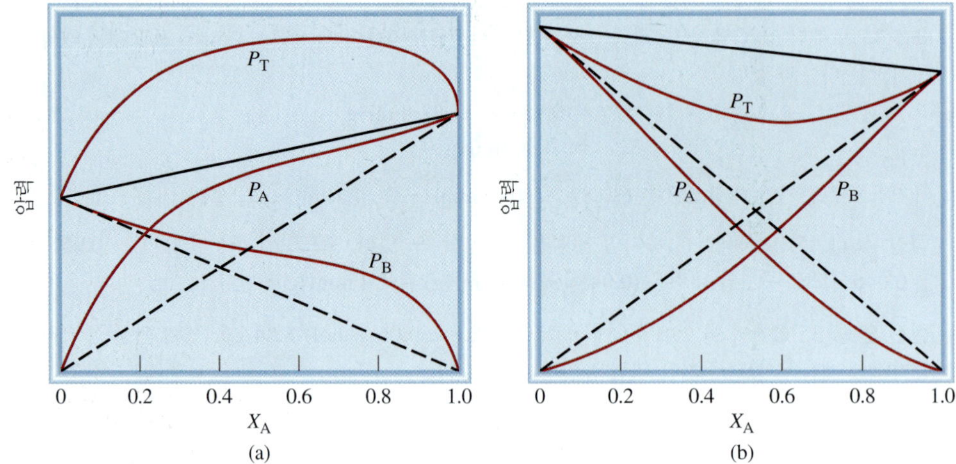

그림 12.8 비이상 용액. (a) 양의 편차는 P_T가 라울 법칙에 의해서 예상된 값(검은 실선)보다 더 클 때 일어난다. (b) 음의 편차. 여기서 P_T는 라울 법칙에 의해 예상된 값(검은 실선)보다 작다.

경우 1: A와 B 사이의 분자간 힘이 A 분자들 사이 또는 B 분자들 사이의 힘보다 약하다면, 이 분자들이 용액에서 빠져나가려는 경향은 이상 용액에서보다 클 것이다. 결과적으로 용액의 증기압은 동일한 농도에서 라울 법칙에 의해 예측되는 증기압의 합보다 클 것이다. 이러한 거동은 *양의 편차*를 나타낸다[그림 12.8(a)]. 이 경우 용해열은 양수(즉, 혼합이 흡열 과정)이다.

경우 2: A, B 각자 자신들끼리의 상호작용보다 A와 B가 서로 강하게 잡아당긴다면 용액의 증기압은 라울 법칙에서 예상되는 증기압의 합보다 작을 것이다. 여기서 *음의 편차*[그림 12.8(b)]를 볼 수 있다. 이 경우 용해열은 음수(즉, 혼합이 발열 과정)이다.

개념 복습하기

어떤 용액이 같은 몰수의 액체 A와 B를 포함한다. 특정 온도에서 순수한 A와 B의 증기 압력은 각각 120 mmHg와 180 mmHg이다. 용액의 증기압이 164 mmHg이라면 A 분자들 사이의 힘과 B 분자들 사이의 분자간 힘에 비해 분자 A와 B 사이의 분자간 힘에 대해 무엇을 추론할 수 있는가?

➤ 분별 증류

용액의 증기압은 *끓는점의 차이에 기반하여 용액의 액체 성분을 분리하는 과정*인 **분별 증류**(fractional distillation)와 직접 관련이 있다. 분별 증류는 분별 결정과 어느 정도 비슷하다. 예를 들어, *이성분계*(binary system, 두 가지 성분으로 구성된 계)인 벤젠-톨루엔 용액을 분리한다고 가정해보자. 벤젠과 톨루엔은 둘 다 상대적으로는 휘발성이지만, 끓는점에는 상당한 차이가 있다(각각 80.1°C와 110.6°C). 이 두 물질을 포함하는 용액을 끓이면, 생성되는 증기에는 휘발성이 좀 더 큰 벤젠 성분이 더 많을 것이다. 이 증기를 별도의 용기에서 응축시키고, 응축시켜 얻은 용액을 다시 끓이면 증기상의 벤젠 농도는 훨씬 높아질 것이다. 이 과정을 여러 번 되풀이하면 벤젠을 톨루엔으로부터 완전히 분리하는 것이 가능하다.

실제로 화학자들은 휘발성 액체를 분리하기 위하여 그림 12.9에 보인 것과 비슷한 기구를 사용한다. 벤젠-톨루엔 용액이 들어 있는 둥근 바닥 플라스크를 작은 유리구슬이 채워진 긴 관에 연결한다. 용액이 끓으면, 기체는 관 아래 부분에서 작은 구슬 표면에 응축되고, 그렇게 만들어진 액체는 다시 증류 플라스크로 떨어진다. 시간이 지남에 따라 구슬들이 점차 가열되어 증기는 조금씩 위로 올라갈 수 있게 된다. 핵심적인 것은 관에 채워진 재

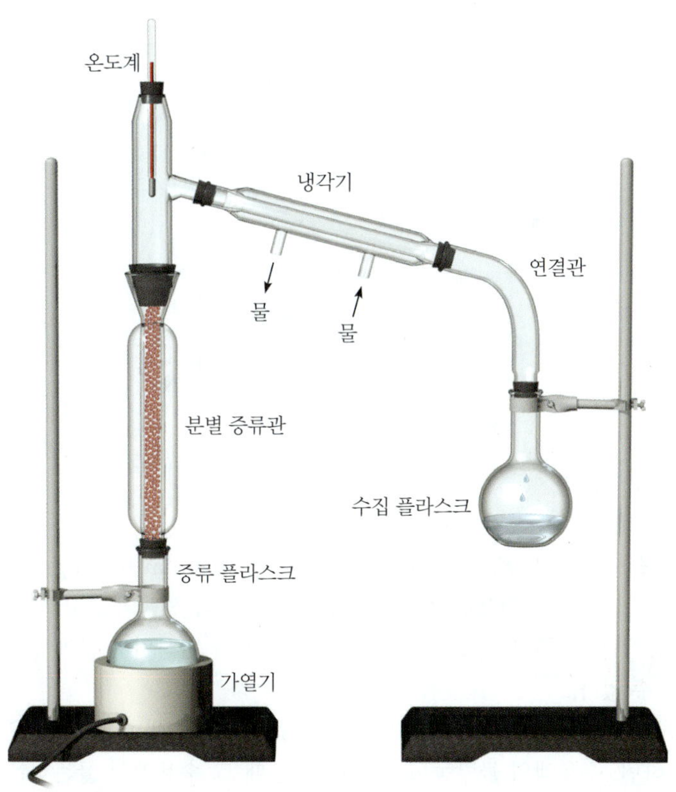

그림 12.9 소규모 분별 증류 장치. 분별 증류 관은 작은 유리 구슬로 채워져 있다. 분별 증류관이 길수록 휘발성 액체의 분리가 좀 더 완전하게 된다.

료는 벤젠과 톨루엔 혼합물을 연속적으로 많은 증발-응축 단계를 거치게 한다는 것이다. 각 단계에서 관 내의 증기의 조성 중 더 휘발성이 있는 즉, 끓는점이 낮은 성분(이 경우는 벤젠)이 더 많이 차지하게 된다. 관의 맨 꼭대기 부분까지 올라간 기체는 사실상 순수한 벤젠이며, 이를 응축하여 수집 플라스크에 모은다.

분별 증류는 실험실뿐만 아니라 산업적으로도 중요하다. 정유공장에서는 원유로부터 여러 성분들을 분리하기 위해 대규모의 분별 증류 장치를 사용한다. 이에 대해 24장에서 더 자세히 설명할 것이다.

▶ 끓는점 오름

용액의 끓는점은 외부의 압력과 용액의 증기압이 같아지는 온도이다(11.8절 참조). 비휘발성 용질의 존재가 용액의 증기압을 낮추므로 이것은 용액의 끓는점에도 역시 영향을 미칠 수밖에 없다. 그림 12.10은 물의 상 평형 그림과 수용액에서 일어나는 변화들을 나타낸 것이다. 어떤 온도에서라도 순수한 용매보다 용액의 증기압이 낮기 때문에 용액의 액체-기체 곡선은 순수한 용매의 곡선보다 밑에 있다. 결과적으로, 점선으로 그은 용액의 곡선은 $P = 1$ atm으로 표시된 수평선과 교차하는 지점은 순수한 용매의 정상 끓는점보다 더 높은 온도가 된다. 이러한 그래프의 해석으로부터 용액의 끓는점은 물의 끓는점보다 높음을 알 수 있다. **끓는점 오름**(boiling-point elevation, ΔT_b)은 *용액의 끓는점*(T_b)*에서 순수한 용매의 끓는점*(T_b°)*를 뺀 값*으로 정의한다.

$$\Delta T_b = T_b - T_b^\circ$$

$T_b > T_b^\circ$이므로 ΔT_b는 양수이다.

ΔT_b 값은 증기압 내림에 비례하므로 몰랄농도에도 비례한다. 즉,

$$\Delta T_b \propto m$$

$$\Delta T_b = K_b m \tag{12.6}$$

새로운 끓는점을 계산할 때는 용매의 정상 끓는점에 T_b를 더하면 된다.

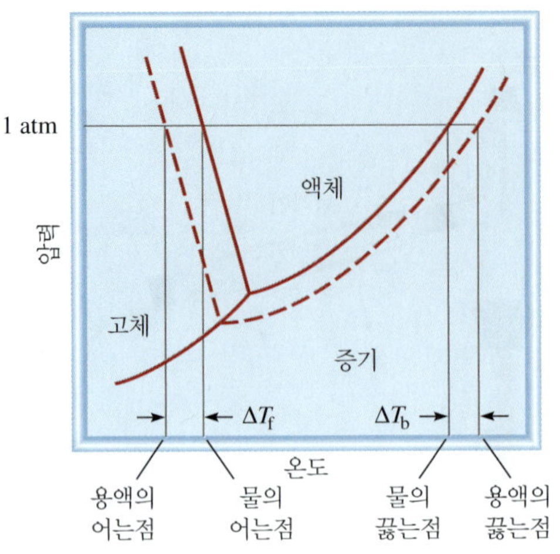

그림 12.10 수용액의 끓는점 오름과 어는점 내림을 설명하는 상 평형 그림. 점선은 용액에 해당하고, 실선은 순수한 용매에 해당한다. 그림에서 볼 수 있듯이 용액의 끓는점은 물의 끓는점보다 높고, 용액의 어는점은 물의 어는점보다 낮다.

여기서 m은 몰랄농도이고, K_b는 *몰랄 끓는점 오름상수*(molal boiling-point elevation constant)이다. K_b의 단위는 °C/m이다. 여기서 농도 단위의 선택이 중요하다. 온도가 일정하지 않은 계(용액)을 다루고 있고, 몰농도는 온도에 따라 변하기 때문에 몰농도를 농도의 단위로 표시할 수 없다.

표 12.2에 여러 용매에 대한 K_b 값이 나와 있다. 물에 대한 끓는점 오름상수와 식 (12.6)을 사용하면, 수용액의 몰랄농도가 1.00 m일 때 그 수용액의 끓는점은 100.52°C가 되는 것을 알 수 있다.

➤ 어는점 내림

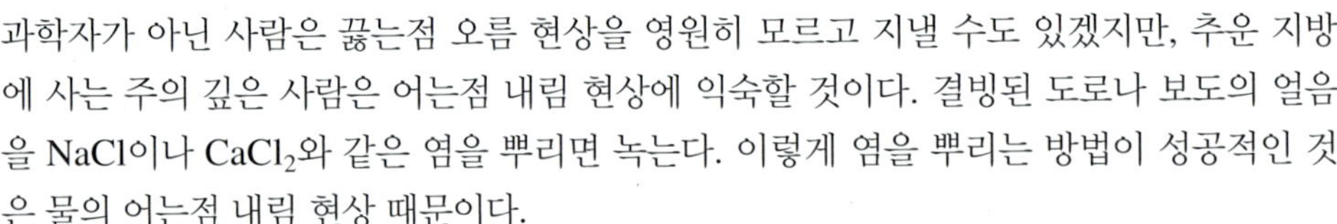

과학자가 아닌 사람은 끓는점 오름 현상을 영원히 모르고 지낼 수도 있겠지만, 추운 지방에 사는 주의 깊은 사람은 어는점 내림 현상에 익숙할 것이다. 결빙된 도로나 보도의 얼음을 NaCl이나 $CaCl_2$와 같은 염을 뿌리면 녹는다. 이렇게 염을 뿌리는 방법이 성공적인 것은 물의 어는점 내림 현상 때문이다.

비행기의 얼음 제거는 어는점 내림 현상에 기반한 것이다.

그림 12.10은 용액의 증기압 내림이 고체-액체 곡선을 왼쪽으로 이동시킨 것을 보여준다. 결과적으로 이 곡선은 물의 어는점보다 *더 낮은* 온도에서 수평선과 만나게 된다. **어는점 내림**(freezing-point depression, ΔT_f)은 *순수한 용매의 어는점(T_f°)에서 용액의 어는점(T_f)을 뺀 값*으로 정의된다.

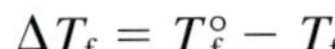

$$\Delta T_f = T_f^\circ - T_f$$

새로운 어는점을 계산하려면 용매의 정상 어는점에서 ΔT_f를 빼면 된다.

$T_f^\circ > T_f$이므로, ΔT_f는 양수이다. ΔT_f도 용액의 농도에 비례한다.

$$\Delta T_f \propto m$$

$$\Delta T_f = K_f m \quad (12.7)$$

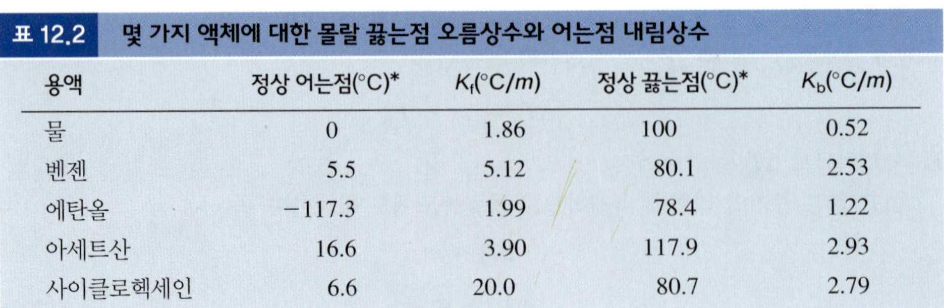

표 12.2 몇 가지 액체에 대한 몰랄 끓는점 오름상수와 어는점 내림상수

용액	정상 어는점(°C)*	K_f(°C/m)	정상 끓는점(°C)*	K_b(°C/m)
물	0	1.86	100	0.52
벤젠	5.5	5.12	80.1	2.53
에탄올	−117.3	1.99	78.4	1.22
아세트산	16.6	3.90	117.9	2.93
사이클로헥세인	6.6	20.0	80.7	2.79

*1 atm에서 측정한 값.

여기서 m은 용질의 몰랄농도이고, K_f는 *몰랄 어는점 내림상수*(molal freezing-point depression constant)이다(표 12.2 참조). K_b처럼 K_f의 단위도 °C/m이다.

어는점 내림 현상에 대한 정성적인 설명은 다음과 같다. 어는점은 무질서 상태에서 질서있는 상태로 전이되는 과정을 포함한다. 이 과정 동안에 에너지는 계로부터 제거되어야 한다. 용액이 용매보다 무질서도가 크므로 질서도를 형성하기 위해서는 순수한 용매에서보다 용액에서 보다 많은 에너지를 제거하여야 한다. 따라서 용액이 용매보다 어는점이 낮아지게 된다. 용액이 얼 때 분리되는 고체는 순수한 용매 성분이라는 것에 주목하라.

끓는점 오름의 경우는 용질이 반드시 비휘발성이어야 하지만, 어는점 내림의 경우는 그러한 제한이 없다. 예를 들어, 메탄올(CH_3OH)은 65°C에서 끓는 상당히 휘발성이 있는 액체이지만, 때로 자동차 라디에이터의 부동액으로 사용된다.

어는점 내림에 대한 실생활에서의 예가 예제 12.8에 나와 있다.

예제 12.8

에틸렌글라이콜[ethylene glycol, EG, $CH_2(OH)CH_2(OH)$]은 일반적인 자동차용 부동액이다. 이것은 물에 잘 녹고 상당히 비휘발성이다(끓는점 197°C). 물 2505 g에 이 물질 651 g이 녹아 있는 용액의 어는점을 계산하시오. 이 용액을 여름에도 차의 라디에이터에 넣어 두겠는가? 에틸렌글라이콜의 몰질량은 62.01 g이다.

전략 이 질문은 용액의 어는점 내림을 구하라는 것이다.

$$\Delta T_f = K_f m$$

(계산하고자 하는 것: ΔT_f, 상수: K_f, 찾아야 할 것: m)

주어진 정보를 사용하여 용액의 몰랄농도를 계산하고, 물의 K_f 값은 표 12.2를 참조한다.

풀이 용액의 몰랄농도를 구하려면 EG의 몰수와 용매의 질량을 kg 단위로 알아야 한다. EG의 몰질량을 알아내고, 용매의 질량을 2.505 kg으로 변환하여 다음과 같이 몰랄농도를 계산한다.

$$651\ \text{g EG} \times \frac{1\ \text{mol EG}}{62.07\ \text{g EG}} = 10.5\ \text{mol EG}$$

$$m = \frac{\text{용질의 몰수}}{\text{용매의 질량(kg)}} = \frac{10.5\ \text{mol EG}}{2.505\ \text{kg}\ H_2O} = 4.19\ \text{mol EG/kg}\ H_2O = 4.19\ m$$

식 (12.7)과 표 12.2로부터

$$\Delta T_f = K_f m = (1.86°\text{C}/m)(4.19\ m) = 7.79°\text{C}$$

순수한 물은 0°C에서 얼기 때문에 용액의 어는점은 (0 − 7.79)°C = −7.79°C이다. 같은 방법으로 끓는점 오름을 계산하면 다음과 같다.

$$\Delta T_b = K_b m = (0.52°\text{C}/m)(4.19\ m) = 2.2°\text{C}$$

이 용액은 (100 + 2.2)°C = 102.2°C에서 끓을 것이므로 용액이 끓는 것을 방지하기 위해 여름에도 부동액을 자동차 라디에이터에 넣어두는 것이 좋을 것이다.

실전 연습 물 3202 g에 에틸렌글라이콜 478 g이 포함된 용액의 어는점과 끓는점을 계산하시오.

추운 지방에서는 겨울에 부동액을 자동차의 라디에이터에 주입해야 한다.

비슷한 문제: 12.56, 12.59.

개념 복습하기

벤젠에 나프탈렌이 용해된 것과 같은 비수용성 용액에 대하여 그림 12.10에서 나타낸 것과 같은 그림을 그리시오. 이 경우에도 어는점 내림과 끓는점 오름이 적용되는가?

▶ 삼투압

▶▶▶ 동영상 자료
▶ 삼투현상.

여러 가지 화학적, 생물학적 과정들은 *용매 분자를 묽은 용액으로부터 진한 용액으로 다공성 막을 통해 선택적으로 이동시키는* **삼투현상**(osmosis)에 의존한다. 그림 12.11은 이러한 현상을 보여주고 있다. 이 장치의 왼쪽에는 순수한 용매가 들어 있고 오른쪽에는 용액이 들어 있다. 두 부분은 *용매의 이동은 가능하지만 용질의 이동은 불가능한* **반투막**(semipermeable membrane)에 의해 분리되어 있다. 초기에는 두 관의 수면의 높이가 같다[그림 12.11(a) 참조]. 시간이 조금 지난 후 오른쪽 수면이 오르기 시작하여 평형에 도달할 때까지 즉, 더 이상의 변화가 관찰되지 않을 때까지 이러한 현상은 계속된다. 용액의 **삼투압**(osmotic pressure, π)은 *삼투현상을 멈추게 하는 데 필요한 압력*이다. 그림 12.11(b)에 나타난 바와 같이 이 압력은 최종 수면 높이의 차이로부터 직접 측정이 가능하다.

이 경우 무엇 때문에 물이 왼쪽에서 오른쪽으로 자발적으로 이동할까? 삼투현상을 일으키는 추진력을 이해하는 데 그림 12.12에 묘사된 상황이 도움이 될 것이다. 용액의 증기압에 비해 순수한 물의 증기압이 더 높기 때문에 왼쪽 비커로부터 오른쪽 비커로 물의 알짜 이동이 일어난다. 충분한 시간이 주어지면, 왼쪽 비커에 더 이상의 물이 남아있지 않게 될 때까지 이러한 이동이 계속된다. 이와 유사한 추진력으로 삼투과정 동안 순수한 물이 용액으로 이동하게 된다.

용액의 삼투압은 다음과 같이 주어진다.

$$\pi = MRT \tag{12.8}$$

여기서 M은 용액의 몰농도, R은 기체 상수(0.0821 L·atm/K·mol), T는 절대온도이다. 삼투압 π는 atm 단위로 표시된다. 삼투압은 일정한 온도에서 측정되므로 농도는 몰랄농도보다는 편리한 몰농도로 표시한다.

끓는점 오름이나 어는점 내림과 마찬가지로 삼투압도 용액의 농도와 직접 관련이 있

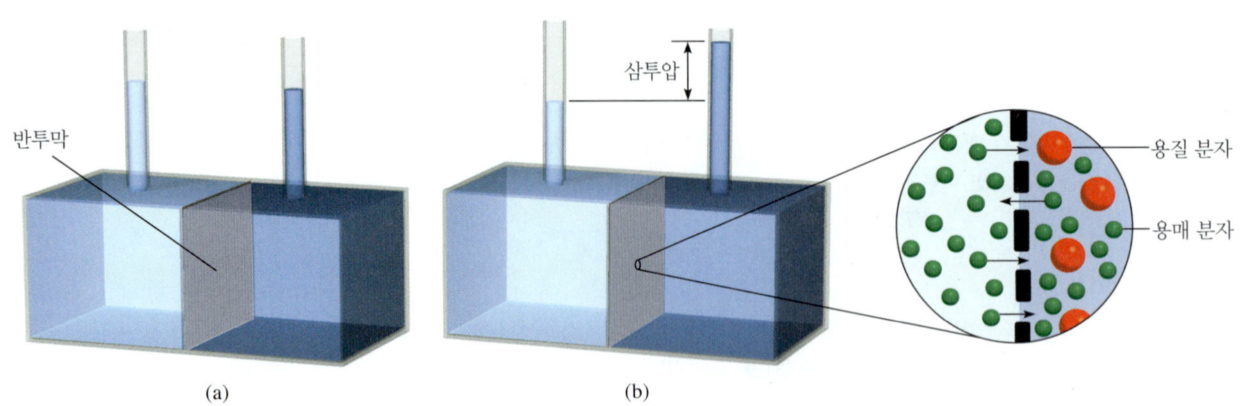

그림 12.11 삼투압. (a) 초기에 순수한 용매(왼쪽)와 용액(오른쪽)의 수면 높이가 같다. (b) 삼투현상이 일어나는 동안 용매가 왼쪽에서 오른쪽으로 흘러나가 용액 쪽의 수면이 높아진다. 삼투압은 평형 상태에서 오른쪽 관에 있는 액체에 의해 작용되는 수압과 같다. 기본적으로 오른쪽에 있는 용액보다 묽은 용액에 의해 순수한 용매가 대치될 때 동일한 효과가 일어난다.

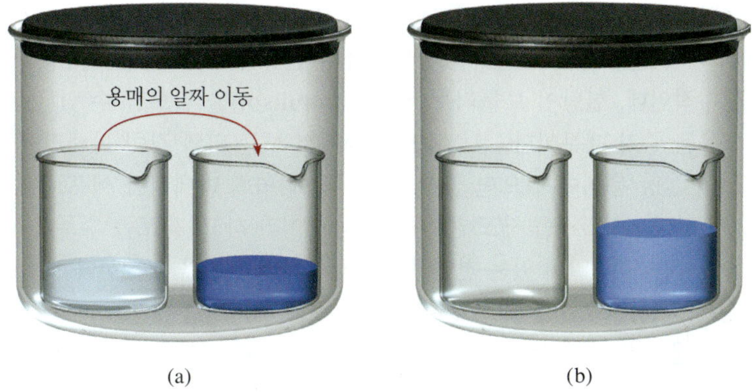

그림 12.12 (a) 용기 안의 서로 다른 증기압에 의하여 왼쪽 비커(순수한 물이 들어 있음)로부터 오른쪽 비커(용액이 들어 있음)로 물의 알짜 이동이 일어난다. (b) 평형 상태에서 왼쪽 비커에 있는 모든 물은 오른쪽 비커로 이동한다. 용매 이동에 대한 추진력은 그림 12.11에 보인 삼투현상과 비슷하다.

다. 이는 우리가 예상할 수 있는 바인데 모든 총괄성은 용액 내의 용질의 수에만 의존하기 때문이다. 두 용액의 농도가 같아서 삼투압이 같으면 *등장성*(isotonic)이라 한다. 두 용액이 다른 삼투압을 가질 때 농도가 높은 용액을 *고장성*(hypertonic)이라 하고, 농도가 낮은 용액을 *저장성*(hypotonic)이라 한다(그림 12.13).

삼투현상은 일반적이고 잘 연구된 현상이지만 반투막이 어떻게 어떤 물질은 통과시키고, 어떤 물질은 통과시키지 않는가에 대해서는 잘 알려져 있지 않다. 몇몇 경우는 단순히 입자의 크기 문제이다. 반투막은 용매 분자만 통과시키는 작은 구멍을 가지고 있을 수도 있다. 다른 경우에는 다른 메커니즘에 의해 막의 선택성을 설명할 수 있다. 예를 들어, 용매가 막 내에서 더 높은 "용해도"를 나타낸다는 것이다.

삼투현상은 여러 가지 재미있는 용도로도 사용된다. 반투막에 의해 외부 환경으로부터 보호되어 있는 적혈구 세포의 내용물을 연구하기 위해 생화학자들은 용혈작용(hemolysis)이라는 기법을 이용한다. 적혈구 세포를 저장액에다 넣는다. 저장액은 세포 내부보다 낮은 농도이므로 그림 12.13(d)의 가운데 사진처럼 물이 세포 안으로 이동한다. 세포는 팽

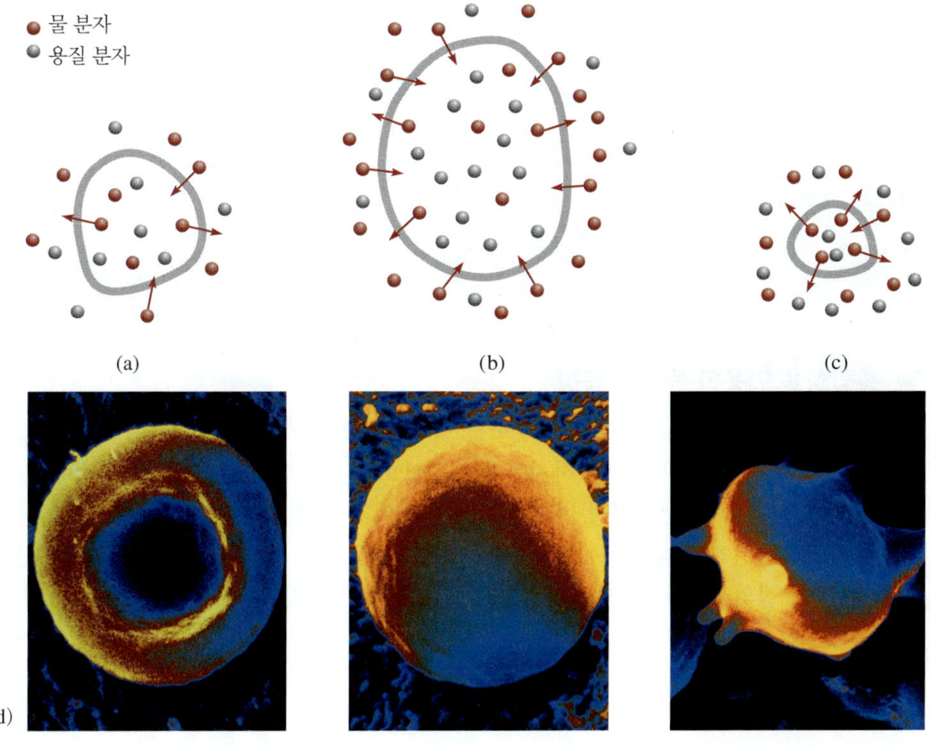

그림 12.13 (a) 등장액, (b) 저장액, (c) 고장액에 들어 있는 세포. (a)에서는 변화가 없고, (b)에서는 부풀며, (c)에서는 쪼그라든다. (d) 왼쪽에서 오른쪽으로 각각 등장액, 저장액, 고장액에 있는 적혈구 세포.

캘리포니아 삼나무의 모습.

창하고 결국에는 터지면서 헤모글로빈과 그 밖의 분자들을 방출한다.

가정에서 잼과 젤리 등을 보존하는 방법은 삼투현상의 다른 예이다. 다량의 설탕은 보존 과정에 필수적인데, 설탕이 보툴리누스 중독(botulism)을 일으킬 수 있는 박테리아를 죽이는 데 도움을 주기 때문이다. 그림 12.13(c)에서 보는 바와 같이 박테리아 세포가 고장액(고농도)의 설탕 용액에 있으면 물이 삼투현상에 의해 박테리아 세포로부터 농축 용액으로 나오게 된다. 이 과정을 *세포수축*(crenation)이라 하고, 세포를 수축시켜 결국에는 그 기능을 정지시킨다. 과일에 있는 천연산도 박테리아의 성장을 억제한다.

삼투현상은 식물에서 물을 위로 끌어올리는 주요 메커니즘이기도 하다. 나뭇잎은 항상 대기 중으로 물을 잃어버리므로, *증산과정*(transpiration)이라는 과정에 의해 잎에 있는 용액의 용질 농도가 증가한다. 물은 삼투압에 의해 식물의 가지, 줄기 등을 통해 위로 끌어올려진다. 높이가 약 120 m나 되는 캘리포니아 삼나무는 꼭대기에 있는 잎에 물을 공급하기 위해 약 10~15 atm 정도의 삼투압이 필요하다(11.3절에서 논의된 모세관 현상으로는 단지 수 센티미터의 상승만이 가능하다).

예제 12.9는 용액의 농도를 알아내는 데 삼투압 측정이 어떻게 이용되는가를 보여준다.

예제 12.9

그림 12.11과 같은 기구로 측정한 25°C 바닷물의 평균 삼투압은 30.0 atm이다. 바닷물과 등장액인 설탕($C_{12}H_{22}O_{11}$) 수용액의 몰농도를 계산하시오.

전략 설탕 용액이 바닷물과 등장액일 때, 이 두 용액의 삼투압에 대해 어떻게 결론내릴 수 있는가?

풀이 바닷물과 등장액인 설탕 용액은 같은 삼투압인 30.0 atm을 나타내야 한다. 식 (12.8)을 사용하면,

$$\pi = MRT$$

$$M = \frac{\pi}{RT} = \frac{30.0\ \text{atm}}{(0.0821\ \text{L}\cdot\text{atm/K}\cdot\text{mol})(298\ \text{K})}$$

$$= 1.23\ \text{mol/L}$$

$$= 1.23\ M$$

비슷한 문제: 12.63.

실전 연습 16°C에서 0.884 *M* 요소 용액의 삼투압(atm 단위)은 얼마인가?

개념 복습하기

특정 온도에서 바닷물 시료의 삼투압이 25 atm이라는 것은 무엇을 의미하는가?

총괄성을 이용한 몰질량 측정

비전해질 용액의 총괄성은 용질의 몰질량을 측정하는 도구가 된다. 이론적으로는 4가지 총괄성 모두 이 목적에 적합하다. 하지만 실제적으로는 어는점 내림과 삼투압만이 몰질량 측정에 이용되는데, 이 둘이 가장 현저한 변화를 보이기 때문이다. 그 과정은 다음과 같다. 실험적으로 결정된 어는점 내림이나 삼투압으로부터 용액의 몰농도나 몰랄농도를 계산할 수 있다. 그 용질의 질량을 알면 예제 12.10과 12.11에 설명하는 것처럼 몰질량을 쉽게 결정할 수 있다.

예제 12.10

실험식이 C_5H_4인 어떤 시료 7.85 g을 벤젠 301 g에 녹였다. 그 용액의 어는점이 순수한 벤젠보다 1.05°C 낮게 나타났다. 이 시료의 몰질량과 분자식은 무엇인가?

전략 이 문제를 푸는 데는 세 단계가 필요하다. 먼저 용액의 어는점으로부터 용액의 몰랄농도를 계산한다. 다음 몰랄농도로부터 화합물 7.85 g에 들어 있는 몰수를 구하고, 몰질량을 구한다. 끝으로 실험적으로 구한 몰질량과 실험식량을 비교하여 분자식을 구한다.

풀이 화합물의 몰질량을 계산하기 위한 변환 순서는 다음과 같다.

$$\text{어는점 내림} \longrightarrow \text{몰랄농도} \longrightarrow \text{몰수} \longrightarrow \text{몰질량}$$

첫 번째 단계는 용액의 몰랄농도를 계산하는 것이다. 식 (12.7)과 표 12.2로부터 다음과 같이 쓸 수 있다.

$$\text{몰랄농도} = \frac{\Delta T_f}{K_f} = \frac{1.05°C}{5.12°C/m} = 0.205\ m$$

용매 1 kg에 용질이 0.205 mol 들어 있으므로 용매 301 g 즉, 0.301 kg 내 용질의 몰수는 다음과 같다.

$$0.301\ \text{kg} \times \frac{0.205\ \text{mol}}{1\ \text{kg}} = 0.0617\ \text{mol}$$

따라서 용질의 몰질량은

$$\text{몰질량} = \frac{\text{화합물의 그램수}}{\text{화합물의 몰수}} = \frac{7.85\ \text{g}}{0.0617\ \text{mol}} = 127\ \text{g/mol}$$

이제 그 비를 계산할 수 있다.

$$\frac{\text{분자 질량}}{\text{실험식량}} = \frac{127\ \text{g/mol}}{64\ \text{g/mol}} \approx 2$$

따라서 분자식은 $(C_5H_4)_2$ 즉, $C_{10}H_8$ (나프탈렌)이다.

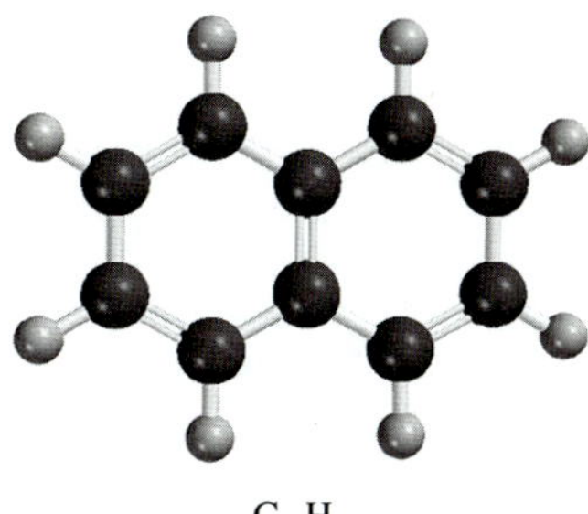

$C_{10}H_8$

실전 연습 벤젠 100.0 g에 어떤 유기 화합물 0.85 g을 녹인 용액의 어는점은 5.16°C이다. 용액의 몰랄농도와 용질의 몰질량은 얼마나 되는가?

비슷한 문제: 12.57.

예제 12.11

헤모글로빈(Hb) 35.0 g을 충분한 양의 물에 녹여 부피 1 L인 용액을 만들었다. 25°C에서 용액의 삼투압이 10.0 mmHg라고 할 때, 헤모글로빈의 몰질량을 계산하시오.

전략 Hb의 몰질량을 계산하라는 문제이다. 계산에 필요한 단계는 예제 12.10에서 정리한 것과 비슷하다. 용액의 삼투압으로부터 용액의 몰농도를 계산한다. 그리고 나서 몰농도로부터 Hb 35.0 g에 있는 몰수를 계산하고 몰질량을 계산한다. π와 온도의 단위는 무엇을 사용해야 하는가?

풀이 변환 단계는 다음과 같다.

$$\text{삼투압} \longrightarrow \text{몰농도} \longrightarrow \text{몰수} \longrightarrow \text{몰질량}$$

먼저, 식 (12.8)을 써서 용액의 농도를 계산한다.

$$\pi = MRT$$

$$M = \frac{\pi}{RT} = \frac{10.0\ \text{mmHg} \times \dfrac{1\ \text{atm}}{760\ \text{mmHg}}}{(0.0821\ \text{L} \cdot \text{atm/K} \cdot \text{mol})(298\ \text{K})} = 5.38 \times 10^{-4}\ M$$

(계속)

용액의 부피가 1 L이므로 이 용액에는 헤모글로빈 5.38×10^{-4} mol이 있다. 이를 이용하여 몰질량을 계산한다

$$\text{Hb의 몰수} = \frac{\text{Hb의 질량}}{\text{Hb의 몰질량}}$$

$$\text{Hb의 몰질량} = \frac{\text{Hb의 질량}}{\text{Hb의 몰수}}$$

$$= \frac{35.0\ \text{g}}{5.38 \times 10^{-4}\ \text{mol}}$$

$$= 6.51 \times 10^{4}\ \text{g/mol}$$

비슷한 문제: 12.64, 12.66.

실전 연습 2.47 g의 유기 고분자를 포함하는 202 mL 벤젠 용액의 삼투압이 21°C에서 8.63 mmHg이다. 이 고분자의 몰질량을 계산하시오.

수은의 밀도는 13.6 g/mL이다. 따라서, 10 mmHg는 물기둥 높이 13.6 cm에 해당한다.

예제 12.11에 있는 것처럼 10.0 mmHg의 압력은 정확하고 쉽게 측정할 수 있는 값이다. 이런 이유로 삼투압 측정은 단백질과 같은 큰 분자의 몰질량을 결정하는 데 매우 유용하다. 어는점 내림보다 삼투압의 실용성을 알아보기 위해 동일한 헤모글로빈 용액의 어는점 변화를 추정해 보자. 용액이 충분히 묽으면 몰농도와 몰랄농도는 거의 같다(용액의 밀도가 1 g/mL이면 몰농도와 몰랄농도는 같게 된다). 따라서 식 (12.7)로부터 다음과 같이 쓸 수 있다.

$$\Delta T_f = (1.86°\text{C}/m)(5.38 \times 10^{-4}\ m)$$
$$= 1.00 \times 10^{-3}\ °\text{C}$$

1/1000°C의 어는점 내림은 온도 변화를 정확히 측정하기에는 너무 작은 값이다. 이러한 이유로 어는점 내림 기법은 몰질량이 500 g 이하이고, 크기가 작으며, 용해도가 좋은 분자의 몰질량 측정에 주로 적용되는데, 이런 용액들의 어는점 내림이 훨씬 크게 나타나기 때문이다.

12.7 전해질 용액의 총괄성

전해질의 총괄성에 대한 연구는 비전해질의 총괄성에서 사용한 접근 방법과는 약간 달리 해야 한다. 그 이유는 전해질은 용액에서 이온으로 해리되어 두 개 이상의 입자가 되기 때문이다(용액의 총괄성을 결정하는 것은 용질 입자의 수라는 것을 기억하라). 예를 들면, NaCl 한 단위가 두 개의 이온 즉, Na^+와 Cl^- 이온으로 해리된다. 따라서 0.1 m NaCl 용액의 총괄성은 설탕 같은 비전해질을 포함하는 0.1 m 용액의 총괄성의 두 배가 될 것이다. 이와 비슷하게 $CaCl_2$ 하나는 세 개의 이온을 생성하므로 0.1 m $CaCl_2$ 용액의 어는점 내림은 0.1 m 설탕 용액의 세 배나 될 것으로 예상할 수 있다. 이 효과를 설명하기 위해 **반트 호프**† **인자**(van't Hoff factor)라는 양을 다음과 같이 정의한다.

$$i = \frac{\text{해리 후 용액 내 입자들의 실제 개수}}{\text{초기 용액에 녹은 화학식 단위의 수}} \quad (12.9)$$

해리되는 NaCl이나 KNO_3 한 단위는 두 개의 이온을 만든다(i = 2). 해리된 Na_2SO_4나 $MgCl_2$ 한 단위는 세 개의 이온을 만든다(i = 3).

따라서 모든 비전해질의 i는 1이다. NaCl이나 KNO_3와 같은 강전해질의 경우 i는 2이고, Na_2SO_4, $CaCl_2$와 같은 강전해질의 경우 i는 3이다. 결국 총괄성에 대한 식들은 다음과 같

† 반트 호프(Jacobus Hendricus van't Hoff, 1852~1911)는 네덜란드의 화학자로, 그는 당시 가장 유명한 화학자들 중의 한 사람이었으며, 열역학, 분자구조, 광학 활성에 관한 상당한 업적을 남겼다. 1901년 노벨 화학상의 첫 번째 수상자가 되었다.

표 12.3 25°C에서 0.0500 *M* 전해질 용액의 반트 호프 인자

전해질	*i* (측정값)	*i* (계산법)
설탕(수크로스)*	1.0	1.0
HCl	1.9	2.0
NaCl	1.9	2.0
$MgSO_4$	1.3	2.0
$MgCl_2$	2.7	3.0
$FeCl_3$	3.4	4.0

*설탕은 비전해질이다. 단지 비교를 위해 수록하였다.

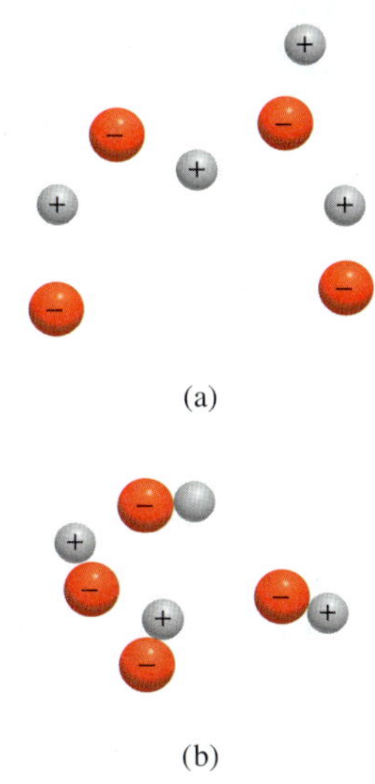

그림 12.14 용액에서의 (a) 자유 이온, (b) 이온쌍. 이와 같은 이온쌍은 알짜 전하가 없어서 용액에서 전기를 전도할 수 없다.

이 수정되어야 한다.

$$\Delta T_b = iK_bm \tag{12.10}$$

$$\Delta T_f = iK_fm \tag{12.11}$$

$$\pi = iMRT \tag{12.12}$$

실제로 전해질 용액에서 관측된 총괄성은 예상값보다 작은데, 그 이유는 고농도에서 정전기적 인력이 작용하여 이온쌍 형성을 일으키기 때문이다. **이온쌍**(ionic pair)은 *하나 이상의 양이온과 하나 이상의 음이온이 정전기적 인력에 의해 서로 끌어 당겨져서 형성*된다. 이온쌍이 형성되면 용액 내의 입자수가 줄게 되고, 이로 인해 총괄성이 감소하게 된다(그림 12.14). Mg^{2+}, Al^{3+}, SO_4^{2-}, PO_4^{3-}와 같은 다가 이온을 포함하는 전해질은 NaCl이나 KNO_3와 같이 1가 이온으로 구성된 전해질에 비하여 이온쌍을 형성하는 경향이 강하다.

표 12.3에 *i*의 측정값과 완전 해리를 가정한 계산값을 나타내었다. 여기서 보는 바와 같이 완벽하게 일치하지는 않지만 비슷한 값을 보이는데, 이로부터 이들 용액의 특정 농도에서 이온쌍 형성의 정도를 알려준다.

개념 복습하기

다음 각 그룹에서 물에서의 이온쌍 형성 경향이 더 큰 화합물을 표시하시오. (a) NaCl 또는 Na_2SO_4, (b) $MgCl_2$ 또는 $MgSO_4$, (c) LiBr 또는 KBr.

예제 12.12

25°C에서 아이오딘화 포타슘(KI) 0.010 *M* 용액의 삼투압은 0.465 atm이다. 이 농도에서 KI의 반트 호프 인자를 계산하시오.

전략 KI가 강전해질이므로 용액에서 완전히 두 개의 이온으로 해리한다고 예상하자. 그렇다면 용액의 삼투압은 다음과 같다.

$$2(0.010\ M)(0.0821\ \text{L}\cdot\text{atm/K}\cdot\text{mol})(298\ \text{K}) = 0.489\ \text{atm}$$

하지만 관측된 삼투압은 0.465 atm밖에는 되지 않는다. 예상한 값보다 작은 삼투압은 이온쌍의 형성을 의미하는데, 이온쌍에 의해 용액 내 용질 입자(K^+와 I^- 이온)의 개수가 감소한다.

(계속)

생활 속의 화학 CHEMISTRY in Action

투석

콩팥의 역할은 혈액으로부터 요소와 같은 대사 폐기물, 독소, 여분의 무기염, 물을 거르는 것이다. 인간에게서 두 콩팥의 질량을 합해봐야 약 11온스(약 300 g)에 불과하다. 크기는 작지만 많은 양의 혈액(분당 약 1 L)이 콩팥을 통해 흐른다. 각 콩팥은 네프론이라고 하는 여과 단위를 수백만 개씩 가지고 있는데, 이는 신동맥(renal artery)으로부터 사구체(glomerulus)라고 하는 모세혈관의 극미 망상 조직으로 혈액을 운반한다. 사구체에서는 정상 혈압으로 물과 용해된 물질을 모세혈관의 구멍으로 통과하게 하지만 단백질이나 적혈구 세포는 너무 커서 통과하지 못한다. 걸러진 유체에는 혈액이 대량 잃어서는 안 되는 염류, 당류, 아미노산, 물 등 많은 물질을 포함하고 있다. 이들 물질은 대부분 능동 수송(active transport, 저농도 영역에서 고농도 영역으로 물질의 이동)이라는 과정에 의해 혈액 중으로 재흡수된다. 물은 또한 많은 양이 삼투에 의해 혈액으로 되돌아온다. 결국 여분의 물, 무기염, 폐기물은 소변으로 몸에서 배설된다.

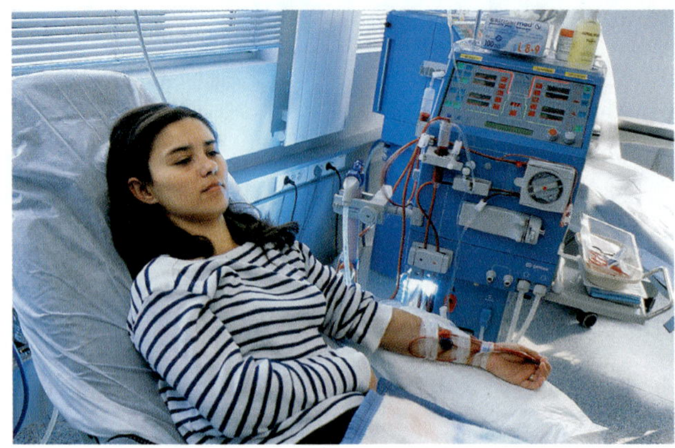

혈액 투석 중인 환자.

콩팥의 기능 부전은 생명을 위협할 수도 있다. 콩팥이 망가지게 되면 폐기물을 체내로부터 인공적인 수단에 의해 제거하는 투석이라는 과정으로 혈액을 정제하여야 한다. 치료의 한 형태인 *혈액 투석*(hemodialysis)에서는 혈액을 몸에서 뽑아내어 투석기라는 기계 안으로 펌프질하여 혈액에서 독성 물질을 걸러내고 환자의 혈류 안으로 정제된 혈액을 되돌리게 된다. 간단한 외과적 방법으로 혈액을 환자의 동맥에서 펌프질하여 투석기를 통과시키고 정맥으로 되돌린다. 투석기 안에는 비슷한 농도로 혈액 성분을 많이 포함하고 있는 유체(투석액, dialysate)와 혈액을 인공 다공성 막으로 분리하여 막을 통해 혈액과 투석액 사이에 알짜 흐름이 없도록 하고 있다. 막 구멍의 크기는 폐기물만이 그 막을 통과하여 투석물로 가서 씻겨 버릴 정도이다. 여기서도 단백질, 세포, 다른 중요한 혈액 성분들은 크기 때문에 막을 통과하지 못하고 정제된(투석된) 혈액 중에 남아 있게 된다. 일반적으로 투석 과정은 4~6시간 정도 걸린다. 많은 경우에 주 1회 정도 치료로 혈액을 정제하는 데 충분하다.

풀이 식 (12.12)로부터

$$i = \frac{\pi}{MRT}$$

$$= \frac{0.465 \text{ atm}}{(0.010\ M)(0.0821 \text{ L} \cdot \text{atm/K} \cdot \text{mol})(298 \text{ K})}$$

$$= 1.90$$

비슷한 문제: 12.77.

실전 연습 0.100 *m* $MgSO_4$ 용액의 어는점 내림은 0.225°C이다. 이 농도에서 $MgSO_4$의 반트호프 인자를 계산하시오.

개념 복습하기

혈액의 삼투압은 약 7.4 atm이다. 의사가 정맥주사용으로 사용하는 식염수(NaCl 용액)의 농도는 대략 얼마나 되는가? 생리적 온도인 37°C를 사용하시오.

"생활 속의 화학"에서는 사람의 혈액에서 독소를 제거하는 의료 과정인 투석에 대해 설명한다.

12.8 콜로이드

지금까지 살펴본 용액은 진정한 의미의 균일 혼합물이다. 이제 물에 담긴 비커에 고운 모래를 넣고 저었을 때 어떤 일이 일어나는지 생각해보자. 모래 입자들은 처음에는 떠다니다가 차츰 바닥에 가라앉을 것이다. 이것은 불균일 혼합물의 예이다. 이 양극단 사이에 콜로이드 분산 또는 간단히 콜로이드라 부르는 중간 상태가 있다. **콜로이드**(colloid)란 *한 물질의 입자가 다른 물질로 구성된 분산매 전체에 걸쳐 퍼져 있는 것*을 말한다. 콜로이드 입자들은 보통의 용질 입자들보다 훨씬 커서 1×10^3~1×10^6 pm의 크기이다. 콜로이드 현탁액은 보통 용액보다 균일성이 부족하다. 분산 상(dispersed phase)과 분산매(dispersed medium)는 표 12.4에서 보듯이 기체, 액체, 고체 또는 서로 다른 상들의 조합이 될 수도 있다.

그림 12.15 물에 있는 황 입자의 콜로이드를 통과하는 3개의 백색 광선은 주황색, 분홍색, 청록색으로 변한다. 보이는 색깔은 입자의 크기에 따라 그리고 관찰자의 위치에 따라 달라진다. 분산된 입자가 작을수록 파장은 더 짧아진다(파란색 쪽으로 편이).

몇몇 콜로이드는 친숙하다. *에어로솔*(aerosol)은 기체상에 액체 방울이나 고체 입자가 분산되어 있는 것이다. 예로 안개와 연기가 있다. 기름을 물 속에서 아주 작은 방울로 부수어 만든 마요네즈는 *에멀션*(emulsion)의 예이다. 마그네시아유(milk of magnesia)는 액체 속에 고체 입자가 분산되어 있는 솔(sol)의 예이다.

용액과 콜로이드를 구분하는 한 가지 방법은 *틴들*[†] *효과*(Tyndall effect)에 의한 것이다. 콜로이드에 빛을 비추면 분산 상에 의해 빛이 산란된다(그림 12.15). 그러나 보통의 용액에서는 그러한 빛의 산란이 관찰되지 않는데, 이것은 용액 속의 입자가 너무 작기 때문에 가시광선과 상호작용을 할 수 없기 때문이다. 틴들 효과의 또 다른 예는 공기 중의 먼지나 연기에 의한 태양광의 산란이다(그림 12.16).

친수성 콜로이드와 소수성 콜로이드

가장 중요한 콜로이드의 대부분은 분산매가 물인 것들이다. 이러한 콜로이드는 *물을 좋아하는* **친수성**(hydrophilic)과 *물을 꺼리는* **소수성**(hydrophobic)의 두 영역으로 나뉜다. 친수성 콜로이드는 단백질과 같은 매우 큰 분자들을 포함하는 용액이다. 수용액 상에서 헤모글로빈과 같은 단백질은 분자의 친수성 부분이 분자 바깥 표면에 배치하도록 접히게 되는데, 이 친수성 부분은 이온-쌍극자 상호작용이나 수소 결합 형성을 통해 물 분자와 유리하

그림 12.16 공기 중에 있는 먼지 입자에 의해 산란된 햇빛.

[†] 틴들(John Tyndall, 1820~1893)은 아일랜드 물리학자로, 자성(magnetism)에 관한 중요한 업적을 남겼으며, 빙하의 이동을 설명하였다.

표 12.4 콜로이드의 종류

분산 매질	분산 상	이름	예
기체	액체	에어로솔	안개
기체	고체	에어로솔	연기
액체	기체	폼	휘핑크림
액체	액체	에멀션	마요네즈
액체	고체	솔	마그네시아유
고체	기체	폼	플라스틱 거품
고체	액체	젤	젤리, 버터
고체	고체	고체 젤	합금(강철), 오팔

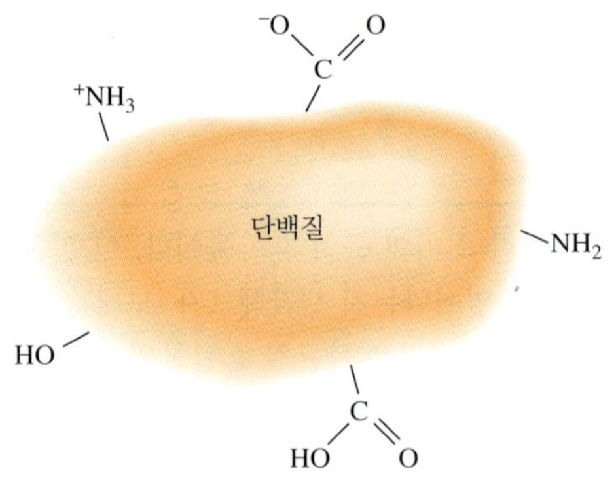

그림 12.17 단백질같이 큰 분자의 표면에 있는 친수성 작용기는 물 속에서 분자를 안정화시킨다. 이 모든 작용기는 물과 수소 결합을 형성할 수 있다.

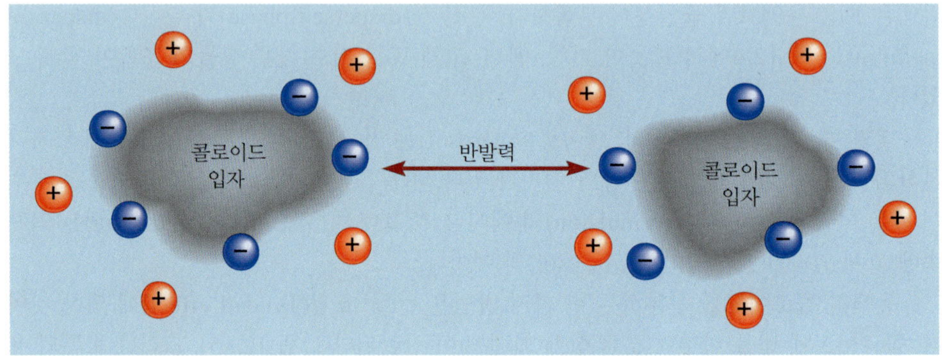

그림 12.18 소수성 콜로이드의 안정화를 보여주는 그림. 음이온이 표면에 흡착되면 같은 전하 사이의 반발력 덕분에 입자가 뭉쳐지는 것이 방지된다.

게 상호작용하게 된다(그림 12.17).

소수성 콜로이드는 일반적으로 물에서 안정하지 않고, 입자들이 뭉쳐져서 덩어리를 이루게 되는데, 이는 물 속의 기름 방울들이 합쳐져서 물 표면에 기름막을 형성하는 것과 비슷하다. 하지만 이것들도 표면에 이온을 *흡착*(adsorption)시킴으로써 안정화될 수 있다(그림 12.18). 흡착은 표면에 부착되는 것을 가리킨다. 매질 내부로 들어가는 흡수(absorption)와는 다른 개념이다. 이렇게 표면에 흡착된 이온들은 물과 상호작용을 할 수 있게 되어 콜로이드를 안정시킨다. 이와 동시에 입자들 사이의 정전기적 반발력 덕분에 덩어리로 뭉쳐지는 것도 방지된다. 강물이나 시냇물에 떠다니는 토양 입자들은 이런 방식으로 안정화된 소수성 입자들이다. 담수가 바닷물로 들어가면 입자들의 전하는 고염도 매질에 의해 중화되고, 입자들은 덩어리로 뭉쳐져서 강 하구에서 볼 수 있는 삼각주(silt)를 형성하게

$CH_3-CH_2-CH_2-CH_2-CH_2-CH_2-CH_2-CH_2-CH_2-CH_2-CH_2-CH_2-CH_2-CH_2-CH_2-CH_2-CH_2-C(=O)-O^-Na^+$

스테아르산 소듐(sodium stearate, $C_{17}H_{35}COO^-Na^+$)

(a)

친수성 머리

소수성 꼬리

(b)

그림 12.19 (a) 스테아르산 소듐 분자. (b) 친수성 머리와 소수성 꼬리를 보여주는 분자의 단순화된 그림.

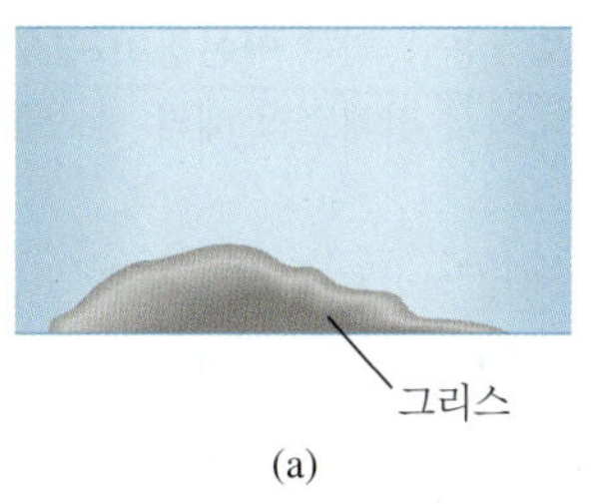

(a)

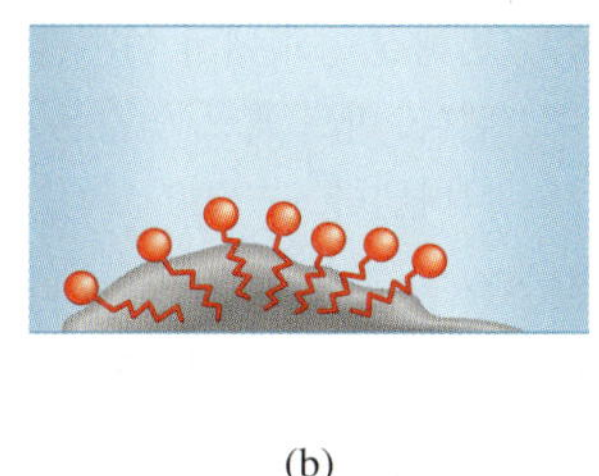
(b)

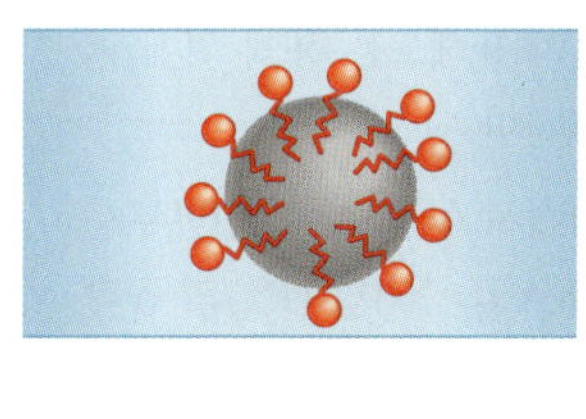
(c)

그림 12.20 비누의 세척작용. (a) 그리스(기름진 물질)은 물에 녹지 않는다. (b) 비누가 물에 첨가되면 비누 분자의 비극성 꼬리가 기름에 녹는다. (c) 결국 기름이 에멀션 형태로 제거된다. 각각의 기름 방울은 친수성인 이온성 외피를 갖게 된다.

된다.

소수성 콜로이드가 안정화되는 또 하나의 방법은 표면에 친수성 작용기가 존재하는 경우이다. 극성 머리 부분과 비극성의 긴 탄화수소 꼬리 부분을 가지는 비누 분자인 스테아르산 소듐(sodium stearate)을 살펴보자(그림 12.19). 비누의 세척작용은 친수성 작용기와 소수성 꼬리의 이중성에 의한 결과이다. 탄화수소 꼬리는 비극성인 기름진 물질에 쉽게 녹아 들어가지만, 이온성인 $-COO^-$ 작용기는 기름진 표면 바깥쪽에 남아 있게 된다. 그림 12.20에서 보듯이 충분한 비누 분자들이 기름 방울을 둘러싸면 바깥 부분이 대부분 친수성이기 때문에 전체 덩어리가 물에 녹게 된다. 이러한 방법으로 비누의 작용에 의해 기름진 물질이 제거된다.

주요 식 정리하기 *Key Equations*

$\text{질량 백분율} = \dfrac{\text{용질의 질량}}{\text{용액의 질량}} \times 100\%$ (12.1)	용액의 질량 백분율 계산.
$\text{몰랄농도} = \dfrac{\text{용질의 몰수}}{\text{용매의 질량(kg)}}$ (12.2)	용액의 몰랄농도 계산.
$c = kP$ (12.3)	기체의 용해도 계산에 사용되는 헨리 법칙.
$P_1 = X_1 P_1^\circ$ (12.4)	액체의 증기압을 용액의 증기압에 연결시키는 라울 법칙.
$\Delta P = X_2 P_1^\circ$ (12.5)	용액의 농도에 표시한 증기압 내림.
$\Delta T_b = K_b m$ (12.6)	끓는점 오름.
$\Delta T_f = K_f m$ (12.7)	어는점 내림.
$\pi = MRT$ (12.8)	용액의 삼투압.
$i = \dfrac{\text{해리 후 용액 내 입자들의 실제 개수}}{\text{초기 용액에 녹은 화학식 단위의 수}}$ (12.9)	전해질 용액에 대한 반트 호프 인자 계산.

사실과 개념 요약하기 *Summary of Facts & Concepts*

1. 용액은 둘 이상의 고체, 액체, 기체 물질들의 균일 혼합물이다.
2. 용질이 용매에 용해되는 정도는 분자간 힘에 의해 결정된다. 용매 분자와 용질 분자들이 섞여서 용액을 이룰 때 발생하는 에너지와 무질서도가 용해 과정의 추진력이다.
3. 용액의 농도는 질량 백분율, 몰분율, 몰농도, 몰랄농도 등으로 나타낼 수 있다. 경우에 따라 적절한 단위가 사용된다.
4. 온도가 증가하면 보통 고체나 액체 물질의 용해도는 증가하지만, 기체의 용해도는 감소한다.

5. 헨리 법칙에 의하면 액체 내 기체의 용해도는 용액 위에 존재하는 기체의 부분 압력에 정비례한다.
6. 라울 법칙에 의하면 어떤 용액 위에서 물질 A에 의한 부분 압력은 A의 몰분율(X_A)과 순수한 A의 증기압 (P_A°)의 곱과 같다. 이상 용액은 모든 농도에서 라울 법칙을 만족한다. 실제로 이상적인 거동을 나타내는 용액은 거의 없다.
7. 증기압 내림, 끓는점 오름, 어는점 내림, 삼투압은 용액의 총괄성이라 한다. 즉, 이러한 성질들은 용질 입자의 수에만 의존하고, 용질의 본질과는 무관하다.
8. 전해질 용액에서 이온간의 상호작용에 의해 이온쌍이 형성된다. 반트 호프 인자는 용액 내에서 전해질의 해리 정도를 나타낸다.
9. 콜로이드는 한 물질에 다른 물질의 입자들(약 $1 \times 10^3 \sim 1 \times 10^6$ pm)이 분산되어 있는 것이다. 콜로이드 입자에 의해 가시광선이 산란되는 틴들 효과에 의해 콜로이드와 정규 용액을 구분할 수 있다. 물 속의 콜로이드는 친수성 콜로이드와 소수성 콜로이드로 분류할 수 있다.

주요 용어 정리하기 *Key Words*

결정화
과포화 용액
끓는점 오름(ΔT_b)
라울 법칙
몰랄농도
반투막
반트 호프 인자(i)
분별 결정
분별 증류
불포화 용액
비휘발성
삼투압(π)
삼투현상
소수성
어는점 내림(ΔT_f)
용매화
이상 용액
이온쌍
질량 백분율
총괄성
친수성
콜로이드
포화 용액
헨리 법칙
휘발성

연습 문제 *Questions & Problems*

● 표시는 Connect Plus에서 유용한 문제,
붉은색 번호의 문제는 학생용 문제풀이집에 풀어 놓았다.

용액의 종류

▶ 복습 질문

12.1 불포화 용액, 포화 용액, 과포화 용액을 구분하여 보시오.

12.2 연습 문제 12.1에 나열된 용액 중 어느 유형에서 결정화나 침전이 발생하겠는가? 결정은 침전과 어떤 점이 다른 것인가?

용해 과정의 분자적 고찰

▶ 복습 질문

● 12.3 분자 수준에서 용해 과정을 설명하시오. 액체에 고체의 용해를 예로 사용하시오.

● 12.4 분자간 힘에 기초하여 "끼리끼리 녹는다"는 의미를 설명하시오.

12.5 용매화란 무엇인가? 용매화가 일어나는 정도에 어느 요인이 영향을 미치는가? 용매화의 예를 두 가지 들어보시오. 그 중 하나는 이온-쌍극자 상호작용을 포함하는 것으로 하고, 다른 하나는 분산력이 작용하는 것으로 하시오.

12.6 아는 바와 같이 어떤 용해 과정은 흡열이고, 어떤 용해 과정은 발열이다. 이 차이점을 분자적으로 해석하시오.

12.7 용해 과정에서 무질서도가 증가하는 이유를 설명하시오.

● 12.8 액체 내 고체의 용해도에 영향을 미치는 요인을 기술하시오. 두 액체가 서로 섞인다는 의미는 무엇인가?

▶ 문제

12.9 나프탈렌($C_{10}H_8$)이 CsF보다 벤젠에 더 잘 녹는 이유는 무엇인가?

● **12.10** 에탄올(C_2H_5OH)이 사이클로헥세인(C_6H_{12})에 녹지 않는 이유를 설명하시오.

● 12.11 다음 화합물들을 물에 대한 용해도가 증가하는 순서로 배열하시오. O_2, LiCl, Br_2, 메탄올(CH_3OH).

12.12 다음 나열된 알코올들이 보이는 물에 대한 용해도의 변이를 설명하시오.

화합물	20°C 물에서의 용해도(g/100 g)
CH_3OH	∞
CH_3CH_2OH	∞
$CH_3CH_2CH_2OH$	∞
$CH_3CH_2CH_2CH_2OH$	9
$CH_3CH_2CH_2CH_2CH_2OH$	2.7

(참고: ∞는 알코올과 물이 모든 비율로 완전히 섞인다는 의미이다.)

농도 단위

▶ 복습 질문

12.13 다음 농도들을 정의하고, 단위를 제시하시오. 질량 백분율, 몰분율, 몰농도, 몰랄농도. 이들의 장점과 단점을 비교하시오.

12.14 몰농도, 몰랄농도, 질량 백분율 사이의 변환에 필요한 단계를 요약해 보시오.

▶ 문제

• 12.15 다음 수용액의 질량 백분율을 계산하시오. (a) 용액 78.2 g 중 NaBr 5.50 g, (b) 물 152 g 중 KCl 31.0 g, (c) 벤젠 29 g 중 톨루엔 4.5 g.

• **12.16** 다음의 경우 가하여야 할 물의 양(g)을 계산하시오. (a) 요소[$(NH_2)_2CO$] 5.00 g으로 질량 백분율 16.2%인 용액 만들기, (b) $MgCl_2$ 26.2 g으로 질량 백분율 1.5%인 용액 만들기.

• 12.17 다음 용액의 몰랄농도를 계산하시오. (a) 물 676 g에 녹아있는 설탕($C_{12}H_{22}O_{11}$) 14.3 g, (b) 물 3546 g에 녹아 있는 에틸렌글라이콜($C_2H_6O_2$) 7.20 mol.

• **12.18** 다음 수용액의 몰랄농도를 계산하시오. (a) 2.50 *M* NaCl 용액(용액의 밀도 = 1.08 g/mL), (b) 질량 백분율로 48.2%의 KBr 용액.

• 12.19 다음 수용액의 몰랄농도를 계산하시오. (a) 1.22 *M* 설탕($C_{12}H_{22}O_{11}$) 용액(용액의 밀도 = 1.12 g/mL), (b) 0.87 *M* NaOH 용액(용액의 밀도 = 1.04 g/mL), (c) 5.24 *M* $NaHCO_3$ 용액(용액의 밀도 = 1.19 g/mL).

12.20 용매와 밀도가 대략 같은 묽은 용액에 대해서 용액의 몰농도는 몰랄농도와 같다. 0.010 *M* 요소[$(NH_2)_2CO$] 수용액에 대해 위의 내용이 옳음을 보이시오.

• 12.21 독한 술의 알코올 함량은 "도(proof)"로 나타내는데, 이것은 존재하는 에탄올의 부피 백분율의 두 배로 정의된다. 75도의 진 1.00 L에 들어 있는 알코올의 g수를 계산하시오. 에탄올의 밀도는 0.798 g/mL이다.

• **12.22** 실험실에서 사용되는 진한 황산은 질량비로 98.0% H_2SO_4라고 한다. 이 황산 용액의 몰랄농도와 몰농도를 계산하시오. 용액의 밀도는 1.83 g/mL이다.

• 12.23 NH_3 30.0 g과 물 70.0 g으로 만들어진 암모니아 용액의 몰농도와 몰랄농도를 계산하시오. 이 용액의 밀도는 0.982 g/mL이다.

• **12.24** 질량비로 10.0%의 에탄올(C_2H_5OH)을 포함하는 수용액의 밀도는 0.984 g/mL이다. (a) 이 용액의 몰랄농도를 계산하시오. (b) 몰농도를 계산하시오. (c) 에탄올 0.125 mol을 포함하는 용액의 부피는 얼마나 되는가?

용해도에 대한 온도의 영향

▶ 복습 질문

12.25 물에서 이온 결합 화합물의 용해도는 온도에 따라 어떻게 변하는가? 압력에 따라서는 어떠한가?

12.26 분별 결정 과정과 그것의 응용에 대해 설명하시오.

▶ 문제

• 12.27 염 3.20 g을 물 9.10 g에 녹여 25°C에서 포화 용액을 만들었다. 이 염의 용해도는 얼마인가? (100 g 물에 대한 염의 g수로 표시)

• **12.28** KNO_3의 용해도는 물 100 g에 대해 75°C에서 155 g이고 25°C에서는 38.0 g이다. 정확히 100 g의 포화 용액을 75°C에서 25°C로 냉각시키면 몇 g의 KNO_3가 결정으로 석출되겠는가?

• 12.29 불순물이 섞인 $KClO_3$(물 100 g에 대한 용해도 = 7.1 g) 50 g이 질량 백분율 10%의 KCl(물 100 g에 대한 용해도 = 25.5 g)로 오염되어 있다. 이 시료에서 모든 KCl을 녹이기 위해 필요한 20°C 물의 최소량을 계산하시오. 이렇게 처리한 후 $KClO_3$는 얼마나 남아 있겠는가? (용해도는 다른 화합물의 존재에 영향을 받지 않는다고 가정한다.)

기체의 용해도

▶ 복습 질문

12.30 액체 내에서 기체의 용해도에 영향을 미치는 요인들을 논하시오.

12.31 열 공해란 무엇인가? 왜 수중 생태계에 위험이 되는가?

12.32 헨리 법칙은 무엇인가? 식의 각 항을 정의하고 단위를 나타내시오. 이 법칙을 기체 분자 운동론으로 어떻게 설명하겠는가? 헨리 법칙의 두 가지 예외를 제시하시오.

12.33 어떤 학생이 물이 들어 있는 두 비커를 관찰하고 있다. 한 비커는 30°C로 가열되었고, 다른 비커는 100°C로 가열되었다. 두 경우 모두 공기방울이 생겼다. 이 공기방울들은 같은 원인에 의해 생긴 것인가? 설명해 보시오.

12.34 어떤 사람이 금붕어를 샀다. 집에 와서 조금 전에 끓여 급하게 식힌 물이 담긴 어항에 넣었다. 몇 분 후에 금붕어가 죽었다. 금붕어에게 무슨 일이 일어났는지 설명하시오.

▶ 문제

12.35 물이 들어 있는 비커가 초기에 공기로 포화되었다. 1 atm의 He 기체를 오랫동안 이 용액에 불어넣었을 때 무슨 일이 생길지 설명하시오.

12.36 해수면 아래 260 m 지하에서 일하는 광부가 점심시간에 탄산 음료를 열었다. 놀랍게도 음료수는 김빠진 맛이었다. 조금 후에 광부가 엘리베이터를 타고 지표로 올라왔다. 올라오는 동안 트림을 멈출 수가 없었다고 한다. 그 이유는 무엇인가?

• 12.37 25°C , 1 atm에서 물 속의 CO_2 용해도는 0.034 mol/L이다. 대기압에서의 용해도는 얼마인가? (공기 중 CO_2의 부분 압력은 0.0003 atm이다.) CO_2는 헨리 법칙을 따른다고 가정한다.

• **12.38** 37°C 혈액에서 부분 압력이 0.80 atm인 N_2의 용해도는

5.6×10^{-4} mol/L이다. 심해 잠수부는 N_2의 부분 압력이 4.0 atm인 압축 공기로 숨을 쉰다. 체내의 총 혈액량을 5.0 L로 가정한다. N_2의 부분 압력이 0.80 atm인 물 표면으로 잠수부가 복귀했을 때 방출되는 N_2의 양을 계산하시오 (37°C , 1 atm에서 L 단위로).

비전해질 용액의 총괄성

▶ 복습 질문

12.39 총괄성이란 무엇인가? 이 문맥에서 총괄이라는 단어의 의미는 무엇인가?

12.40 라울 법칙을 나타내는 식을 쓰고, 말로 설명하시오.

12.41 톨루엔 속의 벤젠 용액을 사용하여 이상 용액의 무엇을 의미하는지 설명하시오.

12.42 끓는점 오름과 어는점 내림을 용액의 농도와 관련시킨 식을 쓰시오. 모든 항을 정의하고, 단위를 쓰시오.

12.43 증기압 내림과 용액의 끓는점 오름과 어떤 관련이 있는가?

12.44 상 평형 도표를 사용하여 요소 수용액과 순수한 물에서 어는점과 끓는점의 차이를 설명하시오.

12.45 삼투현상이란 무엇인가? 반투막이란 무엇인가?

12.46 삼투압과 용액의 농도에 대한 관련 식을 쓰시오. 모든 항을 정의하고, 단위를 쓰시오.

12.47 몰랄농도가 끓는점 오름과 어는점 내림의 계산에 사용되고, 몰농도가 삼투압 계산에 사용되는 이유를 설명하시오.

12.48 어떤 화합물의 몰질량을 결정하기 위하여 어는점 내림과 삼투압 측정이 어떻게 사용되는지 설명하시오. 끓는점 오름과 증기압 내림은 이 목적으로 사용되지 않는 이유는 무엇인가?

▶ 문제

● 12.49 물 624 g에 설탕($C_{12}H_{22}O_{11}$) 396 g을 녹여서 용액을 만들었다. 30°C에서 이 용액의 증기압은 얼마인가? 30°C에서 물의 증기압은 31.8 mmHg이다.

● **12.50** 20°C에서 순수한 물보다 증기압이 2.0 mmHg 낮은 용액을 만들기 위해서는 물 552 g에 설탕($C_{12}H_{22}O_{11}$) 몇 그램을 가해야 하는가? (20°C에서 물의 증기압은 17.5 mmHg이다.)

● 12.51 벤젠의 증기압은 26.1°C에서 100.0 mmHg이다. 벤젠 98.5 g에 캠퍼(camphor, $C_{10}H_{16}O$) 24.6 g을 녹인 용액의 증기압을 계산하시오. 캠퍼는 비휘발성 고체이다.

● **12.52** 에탄올(C_2H_5OH)과 1-프로판올(C_3H_7OH)의 증기압은 35°C에서 각각 100 mmHg와 37.6 mmHg이다. 이상적인 거동을 가정하고, 에탄올의 몰분율이 0.300인 에탄올-1-프로판올 용액 위에서 에탄올과 1-프로판올이 보이는 부분 압력을 35°C에서 계산하시오.

● 12.53 20°C에서 에탄올의 증기압은 44 mmHg이고, 메탄올의 증기압은 94 mmHg이다. 메탄올 30.0 g과 에탄올 45.0 g의 혼합물을 만들었다. (a) 20°C에서 이 용액 위의 메탄올과 에탄올의 증기압을 계산하시오. (b) 20°C에서 이 용액 위에 존재하는 메탄올과 에탄올 증기의 몰분율을 계산하시오. (c) 용액의 두 성분을 분리하는 방법을 제시하시오.

● **12.54** 30°C에서 순수한 물보다 증기압이 2.50 mmHg 낮은 용액을 만들기 위해서는 물 450 g에 요소[$(NH_2)_2CO$] 몇 그램을 가해야 하는가? (30°C에서 물의 증기압은 31.8 mmHg이다.)

● 12.55 나프탈렌 농도가 2.47 *m*인 벤젠 용액의 끓는점과 어는점은 얼마인가? (벤젠의 끓는점과 어는점은 각각 80.1°C와 5.5°C이다.)

● **12.56** 어떤 수용액이 아미노산인 글라이신(NH_2CH_2COOH)을 포함한다. 아미노산의 이온화가 일어나지 않는다고 가정하고, 이 용액이 −1.1°C에서 얼 때 이 용액의 몰랄농도를 계산하시오.

● 12.57 페로몬은 수컷을 유혹하기 위하여 곤충의 암컷이 분비하는 물질이다. 이 중에 한 화합물에는 탄소 80.78%, 수소 13.56%, 산소 5.66%가 있다. 벤젠 8.50 g에 이 페로몬 1.00 g이 녹아 있는 용액은 3.37°C에서 언다고 한다. 이 화합물의 분자식과 몰질량은 얼마인가? (순수한 벤젠의 어는점은 5.50°C이다.)

● **12.58** 아라비아 고무(접착제, 잉크, 약제에 사용되는 껌 같은 물질)로부터 추출한 고체 유기 화합물을 원소 분석한 결과 탄소 40.0%, 수소 6.7%, 산소 53.3%가 포함되어 있었다. 이 고체 0.650 g을 다이페닐(diphenyl) 용매 27.8 g에 녹인 용액의 어는점 내림은 1.56°C이다. 이 고체의 몰질량과 분자식을 구하시오. (다이페닐의 K_f는 8.00°C/*m*이다.)

● 12.59 거주 지역의 가장 추운 겨울날의 온도가 −20°C라면, 물 6.50 L가 들어 있는 자동차의 라디에이터에 부동액인 에틸렌글라이콜 몇 L를 넣어야 하는가? 이 물-에틸렌글라이콜 혼합물의 끓는점을 계산하시오. (에틸렌글라이콜의 밀도는 1.11 g/mL이다.)

● **12.60** 27°C, 748 mmHg에서 4.00 L인 기체를 벤젠 58.0 g에 녹여 용액을 만들었다. 이 용액의 어는점을 계산하시오.

12.61 벤젠에서 어는점 내림을 측정하여 결정한 벤조산(C_6H_5COOH)의 몰질량은 분자식 $C_7H_6O_2$에서 예상한 값의 두 배이다. 이렇게 비정상적으로 보이는 현상을 설명하시오.

12.62 실험식이 C_6H_5P인 화합물 2.50 g을 벤젠 25.0 g에 녹인 용액이 4.3°C에서 어는 것이 관찰되었다. 용질의 몰질량을 계산하고, 분자식을 구하시오.

● 12.63 22.0°C에서 요소[$(NH_2)_2CO$] 1.36 *M* 수용액의 삼투압(atm 단위)은 얼마인가?

12.64 구조가 알려지지 않은 고분자 0.8330 g을 유기 용매 170.0 mL에 녹인 용액의 삼투압이 25°C에서 5.20 mmHg이다. 이 고분자의 몰질량을 결정하시오.

● 12.65 어떤 유기 화합물 7.480 g을 물에 녹여 300.0 mL 용액을 만들었다. 이 용액의 삼투압은 27°C에서 1.43 atm이었다. 이 화합물을 분석하여 C 41.8%, H 4.7%, O 37.3%, N 16.3%가 들어 있음을 알아냈다. 이 화합물의 분자식을 계산하시오.

● **12.66** 물 100.0 g에 어떤 탄수화물 6.85 g을 녹인 용액의 밀도는 1.024 g/mL이고, 20.0°C에서 삼투압은 4.61 atm이다. 이 탄수화물의 몰질량을 계산하시오.

전해질 용액의 총괄성

▶ 복습 질문

12.67 이온쌍이란 무엇인가? 이온쌍 형성이 용액의 총괄성에 미치는 효과는 무엇인가? 이온쌍 형성의 용이성은 다음과 어떻게 관련되는가? (a) 이온의 전하량, (b) 이온의 크기, (c) 용매의 성질(극성 또는 비극성), (d) 농도.

12.68 반트 호프 인자란 무엇인가? 이 정보가 제공하는 것은 무엇인가?

▶ 문제

● 12.69 0.35 *m* $CaCl_2$와 0.90 *m* 요소 수용액 중 어느 것이 (a) 끓는점이 더 높은가? (b) 어는점이 더 높은가? (c) 증기압이 더 낮은가? 이유를 설명하시오. $CaCl_2$는 완전히 해리한다고 가정한다.

12.70 설탕($C_{12}H_{22}O_{11}$)과 질산(HNO_3) 수용액이 있다. 둘 다 −1.5°C에서 언다고 가정하자. 이 두 용액이 공통적으로 갖는 또다른 성질은 무엇인가?

● 12.71 다음 수용액들을 어는점이 낮아지는 순서대로 배열하시오. 0.10 *m* Na_3PO_4, 0.35 *m* NaCl, 0.20 *m* $MgCl_2$, 0.15 *m* $C_6H_{12}O_6$, 0.15 *m* CH_3COOH.

● **12.72** 다음 수용액들을 어는점이 낮아지는 순서대로 배열하고 그 이유를 설명하시오. 0.50 *m* HCl, 0.50 *m* 포도당, 0.50 *m* 아세트산.

● 12.73 다음 용액의 정상 끓는점과 어는점은 얼마인가? (a) 물 135 mL에 NaCl 21.2 g이 녹아 있는 용액, (b) 물 66.7 mL에 요소 15.4 g이 녹아 있는 용액.

● **12.74** 25°C에서 순수한 물의 증기압은 23.76 mmHg이고, 바닷물의 증기압은 22.98 mmHg이다. 바닷물이 NaCl만 포함한다고 가정하고, 그 몰랄농도를 구하시오.

12.75 NaCl과 $CaCl_2$는 모두 겨울에 길과 보도의 얼음을 녹이는 데 사용된다. 이 물질들이 물의 어는점을 낮추는 데 설탕이나 요소보다 좋은 점은 무엇인가?

12.76 질량 백분율로 0.86%인 NaCl 수용액은 삼투압이 혈액 세포 내의 용액의 삼투압과 같으므로 "생리식염수"라고 부른다. 정상 체온(37°C)에서 이 용액의 삼투압을 계산하시오. 생리식염수의 밀도는 1.005 g/mL이다.

● 12.77 25°C에서 $CaCl_2$와 요소 각 0.010 *M* 용액의 삼투압은 0.605 atm과 0.245 atm이다. $CaCl_2$ 용액에 대한 반트 호프 인자를 계산하시오.

● **12.78** 25°C에서 0.0500 *M* $MgSO_4$ 용액의 삼투압을 계산하시오. (*힌트*: 표 12.3 참조.)

콜로이드

▶ 복습 질문

12.79 콜로이드란 무엇인가? 표 12.4를 참조하여 분산상과 분산매 모두 기체인 콜로이드는 왜 없는가?

12.80 친수성 및 소수성 콜로이드가 물에서 어떻게 안정화되는지 설명하시오.

▶ 추가 문제

12.81 두 수용액 A와 B는 모두 다른 농도의 요소를 포함하고 있다. 공기에 노출시켜 놓았을 때 A의 증기압은 일정하게 유지된 반면 B의 증기압은 점차 감소하였다. (a) 어떤 용액의 끓는점이 더 높은가? (b) 결국 두 용액의 증기압이 같아진다. 설명하시오,

12.82 물과 메탄올은 서로 섞이지만 옥테인과는 섞이지 않는다. 20°C에서 시험관에 세 가지 액체를 같은 부피로 섞었다. 다음 중 맞는 그림을 보이시오. (액체의 밀도는 메탄올: 0.792 g/mL 옥테인: 0.703 g/mL 물: 0.998 g/mL.)

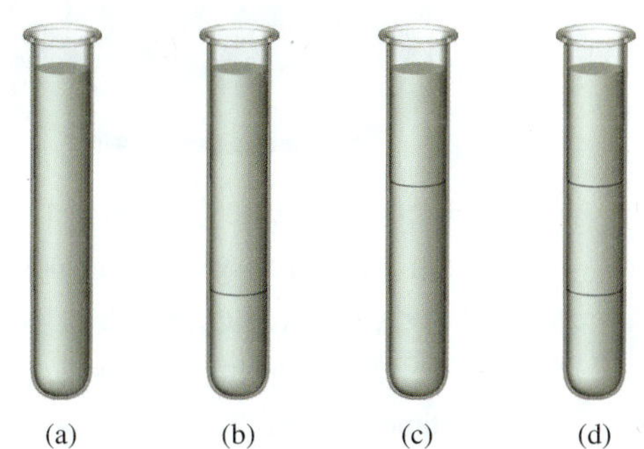

● 12.83 라이소자임(Lysozyme)은 박테리아 세포벽을 절단하는 효소이다. 계란 흰자로부터 추출한 라이소자임의 몰질량은 13,930 g이다. 이 효소 0.100 g을 25°C의 물 150 g에 녹였다. 이 용액의 증기압 내림, 어는점 내림, 끓는점 오름, 삼투압을 계산하시오. (25°C에서 물의 증기압은 23.76 mmHg이다.)

● **12.84** 어떤 온도에서 용액 A와 B의 삼투압이 각각 2.4 atm과 4.6 atm이다. 같은 온도에서 A와 B 용액을 같은 부피만큼씩 섞었을 때 삼투압은 얼마나 되는가?

12.85 진한 소금물에 넣어둔 오이는 쪼그라들어 피클이 된다. 설명하시오.

● **12.86** 두 액체 A와 B의 증기압이 25°C에서 각각 76 mmHg와 132 mmHg이다. 다음과 같이 구성된 이상 용액의 총 증기압은? (a) A 1.00 mol과 B 1.00 mol, (b) A 2.00 mol과 B 5.00 mol.

● 12.87 어는점이 −2.6°C인 0.40 *m* Na_3PO_4 용액의 반트 호프 인자를 계산하시오.

● **12.88** 설탕 1.22 g이 들어 있는 용액 262 mL의 삼투압은 35°C

에서 30.3 mmHg이다. 설탕의 몰질량을 계산하시오.

12.89 일양성자산 HA 0.01 *M* 수용액의 삼투압은 25°C에서 3.22 atm이다. 이 농도에서 산의 이온화 백분율은 얼마인가?

12.90 순수한 벤젠에 비해 어는점이 2.00°C 낮은 용액을 만들기 위해 벤젠(C_6H_6) 250 g에 가하여야 할 나프탈렌($C_{10}H_8$)의 질량을 계산하시오.

● 12.91 다음 3개의 수은 압력계를 생각해 보자. 그 중에 하나는 수은 위에 물 1 mL가 있고, 두 번째는 수은 위에 1 *m* 요소 용액 1 mL가 있고, 세 번째는 수은 위에 1 *m* NaCl 용액 1 mL가 있다. 이 용액들 중 어느 것이 X, Y, Z에 해당하는가?

12.92 법화학자가 흰색 가루 분석 요청을 받았다. 이 물질 0.50 g을 벤젠 8.0 g에 녹였다. 용액은 3.9°C에서 얼었다. 이 화합물이 코카인($C_{17}H_{21}NO_4$)이라고 결론내릴 수 있는가? 분석 과정에 어떤 가정이 있었겠는가?

12.93 "연속투여(time-release)" 약은 몸에 일정한 속도로 약을 투여하는 이점이 있어서 항상 약의 농도가 너무 높아지지 않아 해로운 부작용도 없고, 너무 낮아져서 효과적이지 않을 때도 없다. 이에 기초해서 작동하는 약의 개념도가 아래 나와 있다. 이것이 어떻게 작동하는지 설명하시오.

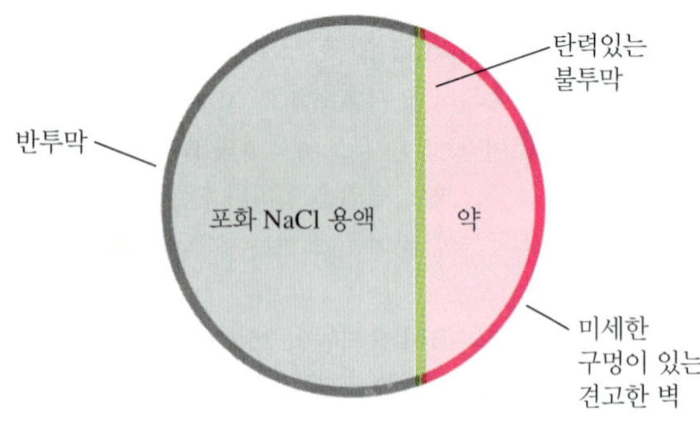

● **12.94** 물 50.0 g에 무수 염화 알루미늄($AlCl_3$) 1.00 g을 녹인 용액은 −1.11°C에서 언다. 이 어는점으로부터 계산한 몰질량과 화학식으로부터 계산한 몰질량이 일치하는가? 이유를 설명하시오.

12.95 탈염(desalination)은 바닷물에서 녹아 있는 염을 제거하는 과정이다. (a) 이러한 목적으로 증류와 얼리기를 적용할 수 있을지 간단히 설명하시오. (b) 탈염은 고압을 이용하여 더 진한 용액에서 더 묽은 용액으로 물이 가도록 하는 *역삼투*(reverse osmosis)로도 할 수 있다. 바닷물 시료를 NaCl 0.50 *M* 용액이라 가정하고 25°C에서 역삼투에 필요한 최소 압력을 계산하시오. 증류나 얼리기에 비해 역삼투의 주된 장점은 무엇인가?

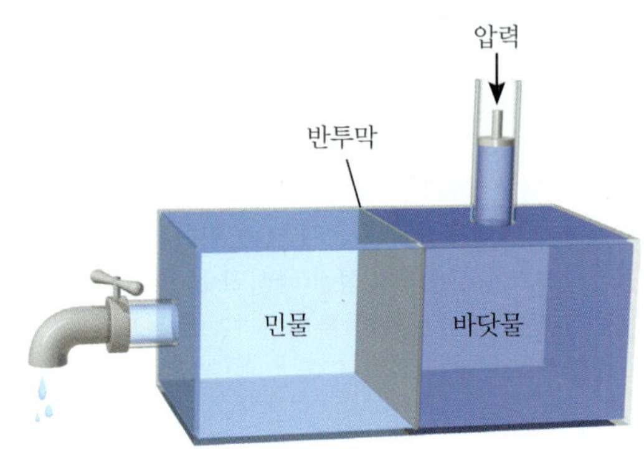

12.96 물고기는 아가미를 통해 물에 녹아 있는 공기로 호흡한다. 공기 중 산소와 질소의 부분 압력이 각각 0.20 atm과 0.80 atm이라고 가정하고 298 K에서 물 속의 산소와 질소의 몰분율을 계산하시오. 결과를 설명하시오. 헨리 법칙 상수는 예제 12.6 참조.

● 12.97 $Na_{20}P$(이 기호는 음으로 하전된 단백질 P^{20-}와 20개의 Na^+가 결합되어 있다는 것을 뜻한다)라는 화학식으로 표현되는 단백질이 염의 형태로 분리되었다. 이 단백질 0.225 g을 포함한 10.0 mL 용액의 삼투압은 25.0°C에서 0.257 atm이다. (a) 이 자료로부터 단백질의 몰질량을 계산하시오. (b) 단백질의 실제 몰질량을 계산하시오.

● **12.98** 비휘발성인 유기 화합물 Z를 사용하여 두 용액을 만들었다. 용액 A는 물 100 g에 5.00 g의 Z가 들어 있고, 용액 B는 벤젠 100 g에 2.31 g의 Z가 녹아 있다. 용액 A는 물의 정상 끓는점에서 754.5 mmHg의 증기압을 나타냈고, 용액 B는 벤젠의 정상 끓는점에서 마찬가지의 증기압을 나타냈다. 용액 A와 B에서 Z의 몰질량을 구하고, 그 차이를 설명하시오.

● 12.99 3.0% 과산화 수소수(100 mL 용액에 H_2O_2 3.0 g이 들어있음)는 소독약으로 약국에서 판다. 3.0% H_2O_2 용액 10.0 mL에 대하여 (a) 이 화합물의 완전히 분해된다면 생성되는 산소 기체의 부피를 STP에서 계산하시오. (b) H_2O_2 용액의 초기 부피에 대해 수집된 O_2의 부피 비를 구하시오.

● **12.100** 다음 각 물질에 대하여 연습 문제 12.12에 나열된 알코올 중 가장 좋은 용매를 선택하고, 그 이유를 설명하시오. (a) I_2, (b) KBr, (c) $CH_3CH_2CH_2CH_2CH_3$.

12.101 탄산 음료병을 밀봉하기 전에 공기와 이산화 탄소 혼합물로 병에 압력을 가한다. (a) 병 뚜껑이 제거되었을 때

일어나는 거품에 대해 설명하시오. (b) 뚜껑이 제거된 직후 병 입구 근처에 안개가 유발되는 것은 무엇 때문인가?

12.102 아이오딘(I_2)은 물에 거의 녹지 않는다(왼쪽 그림). 여기에 아이오딘화 이온(예를 들어, KI를 사용)을 용액에 첨가하면 아이오딘은 물에 잘 녹는 삼아이오딘화 이온(I_3^-)으로 전환된다(오른쪽 그림).

$$I_2(s) + I^-(aq) \rightleftharpoons I_3^-(aq)$$

아이오딘(I_2)의 용해도 변화를 분자간 힘의 변화로 설명하시오.

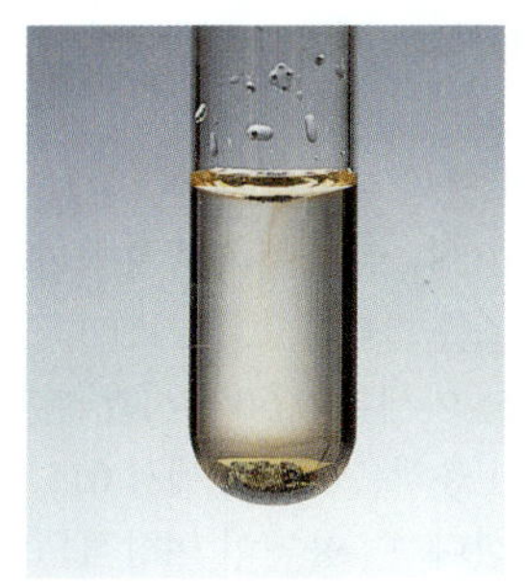

● 12.103 하나에는 1.0 M 포도당 수용액 50 mL가 들어 있고, 다른 하나에는 2.0 M 포도당 수용액 50 mL가 들어 있는 두 비커가 상온에서 잘 밀봉된 벨자(bell jar)에 들어 있다. 평형이 되었을 때 이 두 비커 속의 용액의 부피는 얼마인가?

● **12.104** 아래 그림에 있는 기구에서 다음 각 경우에는 어떤 현상이 발생할까? (a) 막이 물과 Na^+, Cl^- 이온 모두를 통과시키는 경우, (b) 막이 물과 Na^+ 이온은 통과시키지만, Cl^- 이온은 통과시키지 않을 때, (c) 막이 물은 통과시키지만, Na^+ 이온과 Cl^- 이온은 통과시키지 않을 때.

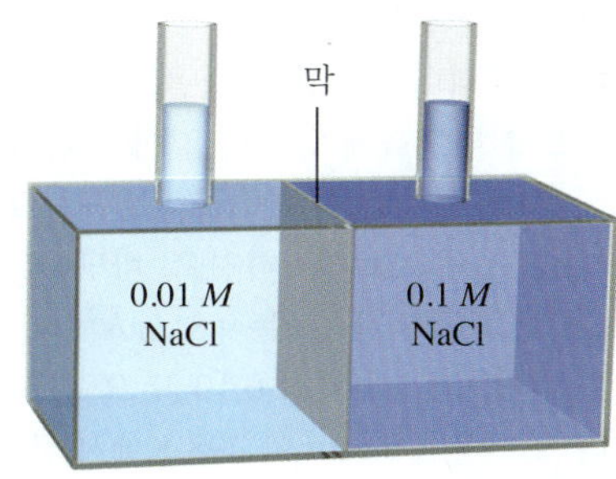

12.105 정맥주사에 사용되는 액체는 혈액과 거의 같은 삼투압을 가져야 하는 것이 필수적인 이유를 설명하시오.

12.106 통상적으로 시판되는 진한 염산의 농도는 질량 백분율로 37.7%이다. 몰농도로는 얼마나 되는가? (이 용액의 밀도는 1.19 g/mL이다.)

12.107 다음 문장을 설명하시오. (a) 바닷물의 끓는점은 순수한 물의 끓는점보다 높다. (b) 탄산 음료병에서 뚜껑을 열었을 때, 이산화 탄소가 용액에서 나온다. (c) 묽은 수용액의 몰랄농도와 몰농도는 거의 같다. (d) (삼투압 이외의) 용액의 총괄성을 말할 때, 몰농도보다는 몰랄농도를 단위로 사용하는 것이 더 낫다. (e) 메탄올(끓는점 65°C)을 부동액으로 사용할 수도 있으나 여름에는 차의 라디에이터에서 제거해야 한다.

● **12.108** NaCl과 설탕($C_{12}H_{22}O_{11}$)의 혼합물 10.2 g을 충분한 물에 녹여 250 mL 용액을 만들었다. 23°C에서 이 용액의 삼투압이 7.32 atm이었다. 혼합물 중 NaCl의 질량 백분율을 계산하시오.

12.109 25°C에서 0.050 M 플루오린화 수소산(HF) 용액은 11% 이온화된다. 용액의 삼투압을 계산하시오.

12.110 특정 온도에서 다른 농도에 대한 두 액체 A와 B의 증기압 그림을 아래에 나타내었다. 다음 설명 중 옳지 않은 문장은 무엇인가?

(a) 용액은 라울 법칙에서 음의 편차를 나타낸다.

(b) A와 B의 분자는 더 약하게 그들 자신의 종류보다 더 서로를 끌어들일 수 있다.

(c) $\Delta H_{용해} > 0$이다.

(d) $X_A = 0.20$일 때 용액은 액체 A보다 끓는점이 더 낮고 용액 B보다 끓는점이 더 높다.

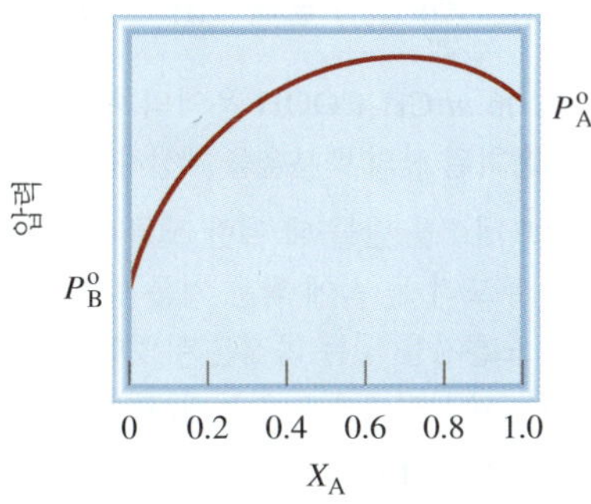

● 12.111 사이클로헥세인(C_6H_{12})과 나프탈렌($C_{10}H_8$) 혼합물 1.32 g이 벤젠(C_6H_6) 18.9 g에 녹아 있다. 이 용액의 어는점은 2.2°C라고 한다. 이 혼합물의 질량 백분율을 계산하시오. (상수 값은 표 12.2 참조.)

● **12.112** 다음 인자들은 이온 화합물의 용해도에 어떤 영향을 미치겠는가? (a) 격자 에너지, (b) 용매(극성 또는 비극성), (c) 양이온과 음이온의 수화 엔탈피.

● 12.113 어떤 용액이 휘발성 액체 A와 B를 포함하고 있다. 다음 표를 완성하시오. 기호 ⟷ 는 인력을 나타낸다.

인력	라울 법칙으로부터의 편차	$\Delta H_{용해}$
A ⟷ A, B ⟷ B > A ⟷ B		
	음	
		0

12.114 시판되는 황산의 농도는 98.0% 즉, 18 M이다. 이 용액

의 밀도와 몰랄농도를 계산하시오.

● 12.115 시판되는 진한 질산의 농도는 질량 백분율로 70.0% 즉, 15.9 M이다. 이 용액의 밀도와 몰랄농도를 계산하시오.

● **12.116** 에탄올과 1-프로판올의 혼합물이 36°C에서 이상적으로 거동하고, 증기 상태와 평형을 이루고 있다. 이 용액에서 에탄올의 몰분율이 0.62일 때 이 온도에서 증기 상에서의 몰분율을 계산하시오. (36°C에서 순수한 에탄올과 1-프로판올의 증기압은 각각 108 mmHg와 40.0 mmHg이다.)

12.117 이상 용액에서 부피는 덧셈이 가능하다. 이는 A 5 mL와 B 5 mL가 이상 용액을 형성하면 이 용액의 부피는 10 mL가 된다는 것을 의미한다. 이러한 관찰에 대한 분자 수준의 해석을 하시오. 에탄올 500 mL와 물 500 mL가 섞이면 최종 부피는 1000 mL보다 작다. 왜 그런가?

12.118 암모니아(NH_3)는 물에 잘 녹지만, 삼염화 질소(NCl_3)는 그렇지 않다. 이유를 설명하시오.

12.119 황산 알루미늄[$Al_2(SO_4)_3$]은 정수사업소에서 원치 않는 입자를 제거할 때 가끔 사용된다. 이 과정이 어떻게 작동하는 것인지 설명하시오.

● **12.120** 아세트산은 약산이며, 용액에서 다음과 같이 이온화된다.

$$CH_3COOH(aq) \rightleftharpoons CH_3COO^-(aq) + H^+(aq)$$

0.106 m CH_3COOH 용액의 어는점이 −0.203°C라면 이온화된 산의 백분율을 계산하시오.

12.121 마요네즈를 만들 때 계란 노른자가 있는 상태에서 기름을 두드려 물 속에 작은 기름 방울의 형태를 만든다. 계란 노른자를 넣는 목적은 무엇인가? (*힌트*: 계란 노른자에는 레시틴이 들어있는데, 레시틴은 극성 머리 부분과 비극성 탄화수소 꼬리를 갖는 분자이다.)

● **12.122** 아세트산은 극성 분자이며, 물 분자와 수소 결합을 할 수 있다. 따라서 물에 잘 녹는다. 아세트산은 수소 결합을 형성하기 힘든 비극성 용매인 벤젠(C_6H_6)에도 녹는다. 벤젠 80 g에 CH_3COOH 3.8 g이 녹아 있는 용액의 어는점이 3.5°C라고 한다. 이 용질의 몰질량을 계산하고 어떤 구조를 가질지 의견을 제시하시오.(*힌트*: 아세트산 분자는 자신들끼리 수소 결합을 할 수 있다.)

● 12.123 물 2.6 L 시료에 납 192 μg이 포함되어 있다. 이 농도의 납은 식수의 안전 한도인 리터 당 0.050 ppm을 초과하는가? [*힌트*: 1 μg = 1×10^{-6} g. 백만분율(ppm)은 (성분의 질량/용액의 질량) × 10^6으로 정의한다.]

12.124 남극해에 사는 물고기들은 −2°C 정도의 물에서 헤엄쳐 다닌다. (a) 피가 얼지 않으려면 피의 몰랄농도가 얼마가 되어야 하는가? (b) 최근 과학자들은 이 물고기의 피에서 매우 적은 양($\leq$ 0.001 m)이지만 피의 동결을 막는 특별한 유형의 단백질을 발견하였다. 그 작동 메커니즘을 제시해 보시오.

12.125 아는 바와 같이 음료수병을 흔든 다음 열면, 음료수가 격렬하게 분출한다. 그러나 흔든 후에 뚜껑을 스푼으로 몇 번 치면 이와 같은 "폭발"은 일어나지 않는다. 왜 그럴까?

12.126 얼음 조각(예를 들어, 냉장고의 냉동 칸에 있는 얼음 조각)은 왜 내부가 뿌옇게 보일까?

12.127 두 비커가 닫힌 용기 안에 들어 있다. 초기에 비커 A에는 벤젠(C_6H_6) 100 g에 나프탈렌($C_{10}H_8$) 0.15 mol이 녹아 있고, 비커 B에는 벤젠 100 g에 미지의 화합물 31 g이 녹아 있다. 평형 상태에서 비커 A의 벤젠 7.0 g이 줄어들었다. 이상적인 거동을 가정하고, 미지의 화합물의 몰질량을 계산하시오. 사용한 가정을 쓰시오.

● **12.128** 27°C에서 순수한 물의 증기압은 23.76 mmHg이고, 요소 용액은 22.98 mmHg이다. 용액의 몰랄농도를 계산하시오.

12.129 그림 12.8(a)에 보인 양의 편차의 예는 아세톤(CH_3COCH_3)과 이황화 탄소(CS_2)로 만들어진 용액이다. (a) 이 분자들의 루이스 구조를 그리시오. 분자간 힘으로 이 편차를 설명하시오. (b) 아세톤 0.60 mol과 이황화 탄소 0.40 mol로 이루어진 용액은 35.2°C에서 615 mmHg의 증기압을 가진다고 한다. 이 용액이 이상적으로 거동한다면 증기압은 얼마인가? 같은 온도에서 순수한 용매의 증기압은 아세톤 349 mmHg, 이황화 탄소 501 mmHg이다. (c) $\Delta H_{용해}$의 부호를 예측하시오.

● **12.130** 액체 A(몰질량 100 g/mol)와 B(몰질량 110 g/mol)가 이상 용액을 형성한다. 55°C에서의 증기압은 A는 95 mmHg, B는 42 mmHg이다. A와 B를 같은 양만큼씩 섞어 용액을 만들었다. (a) 용액에 있는 성분의 몰분율을 계산하시오. (b) 55°C에서 용액 위에 있는 A와 B의 부분 압력을 계산하시오. (c) (b)에서 기술된 증기의 일부가 액체로 응축되었다고 가정하자. 이 액체에 있는 각 성분의 몰분율과 55°C에서 이 액체 위에 있는 성분의 증기압을 계산하시오.

● 12.131 매우 긴 파이프의 한 쪽 끝을 반투막으로 막았다. 이 파이프를 바닷물에 얼마나 깊이 담가야 담수가 막을 통해 들어갈 수 있겠는가? 물의 온도는 20°C이고 0.70 M NaCl 용액으로 생각하시오. 바닷물의 밀도는 1.03 g/cm^{3}이고 중력 가속도는 9.81 m/s^{2}이다.

12.132 두 비커 1과 2에 각각 0.10 M 요소 용액 50 mL와 0.20 M 요소 용액 50 mL가 298 K에서 잘 밀봉된 용기(그림 12.12 참조) 안에 들어 있다. 평형 상태에서 용액에 들어있는 요소의 몰분율을 계산하시오. 이상적인 거동을 가정하시오.

● 12.133 액체 A와 B의 혼합물이 이상적인 거동을 보인다고 한다. 84°C에서 A 1.2 mol과 B 2.3 mol을 포함하는 용액의 전체 증기압이 331 mmHg라고 한다. 용액에 B를 1 mol 더 가했더니 증기압이 347 mmHg로 증가했다고 한다. 84°C에서 순수한 A와 B의 증기압을 계산하시오.

12.134 헨리 법칙과 이상 기체 식을 사용하여 주어진 양의 용매에 녹는 기체의 부피는 기체의 압력과 무관하다는 명제를 증명하시오. (*힌트*: 헨리 법칙은 $n = kP$로 수정할 수 있는데, 여기서 n은 용매에 녹아 있는 기체의 몰수이다.)

12.135 (a) 용액의 몰랄농도(m)와 몰농도(M)를 연관시키는 다음 식을 유도하시오.

$$m = \frac{M}{d - \frac{M\mathcal{M}}{1000}}$$

여기서 d는 용액의 밀도(g/mL)이고 $\mathcal{M}$은 용질의 몰질량(g/mol)이다. (*힌트*: 우선 용액의 질량과 용질의 질량의 차이가 용매의 질량이며, 이를 kg 단위로 나타내시오.) (b) 묽은 수용액에서 m은 M과 거의 같음을 보이시오.

• **12.136** 298 K에서 어떤 포도당 용액의 삼투압이 10.50 atm이라고 한다. 용액의 어는점을 계산하시오. 용액의 밀도는 1.16 g/mL이라고 한다.

12.137 어떤 학생이 다음 과정을 수행하여 청량음료에 들어 있는 이산화 탄소의 압력을 측정했다고 한다. 첫 번째로 병의 무게를 달았다(853.5 g). 다음으로 조심스럽게 뚜껑을 열어 CO_2 기체가 빠져나가도록 했다. 그리고 나서 마개와 병의 전체 무게를 달았다(851.3 g). 마지막으로 청량음료의 부피를 측정했다(452.4 mL). 25°C에서 CO_2의 물에 대한 헨리 법칙 상수가 3.4×10^{-2} mol/L일 때 처음 병에 들어 있던 CO_2의 압력을 계산하시오. 왜 이 압력은 참값에 대한 추정치에 불과한 것일까?

12.138 발리노마이신(Valinomycin)은 항생제이다. 이것은 K^+ 이온에 결합하여 막을 뚫고 K^+ 이온을 세포 안으로 이동시켜 이온 균형을 어긋나게 한다. 이 분자를 아래와 같이 *골격* 구조로 표시했는데, 선 끝에 N이나 O 원자를 표시하지 않으면 선의 끝 부분은 탄소 원자에 해당한다. C 원자에 4개의 결합이 존재하도록 각 C 원자에는 그에 상당하는 H 원자들이 붙어 있다. "끼리끼리 녹인다"는 원칙을 사용하여 이 분자의 기능을 설명하시오. (*힌트*: Y자 모양의 끝부분에 있는 $—CH_3$ 기는 비극성이다.)

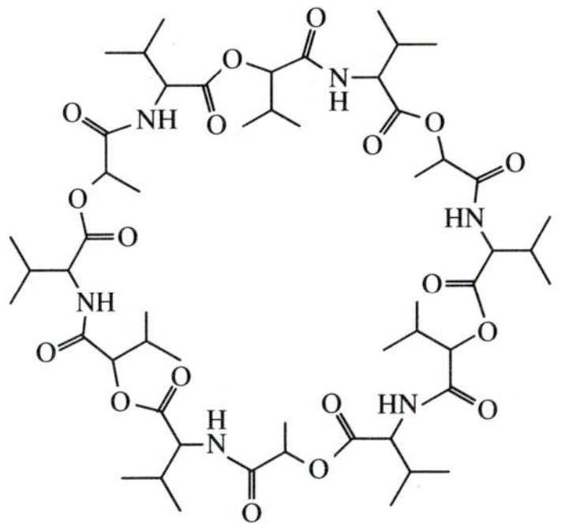

12.139 삼투압 측정으로 화합물의 몰질량을 결정할 때 더 확실한 평균값을 얻기 위해 종종 여러 다른 농도에서 측정한다. 25°C에서 톨루엔에 폴리(메틸메타크릴산)의 삼투압에 대한 자료는 다음과 같다. 도표를 이용하여 고분자의 몰질량을 결정하시오. [*힌트*: 식 (12.8)를 이항하여 π가 용액 리터 당 용질의 그램 수인 c로 표현되도록 한다.)

π (atm)	8.40×10^{-4}	1.72×10^{-3}	2.52×10^{-3}	3.23×10^{-3}	7.75×10^{-3}
c (g/L)	8.10	12.31	15.00	18.17	28.05

12.140 저녁 식사 후 마술시간. 손님들이 아직 자리에 앉아 있는 상태에서 주인이 2~3인치 길이의 얼음 조각이 위에 떠 있는 물 한잔을 각자에게 주었다. 그는 손으로 만지거나 숟가락이나 포크 같은 다른 물체를 사용하지 않고 얼음을 들어 올리는 방법을 찾으라고 주문하였다. 어떻게 할 수 있는지 설명하시오. (*힌트*: 테이블에 소금과 후추를 치우지 않았다.)

설명, 모형화 및 추정 문제 *Interpreting, Modeling & Estimating*

12.141 옆에 나타낸 분자는 물에 기름 유출을 정화하는 시약으로 사용할 수 있음을 보여 주었다. 비누 분자처럼(그림 12.19와 12.20 참조) 물에 기름을 분산하는 대신에 이들 분자는 기름과 결합하여 젤을 형성함으로써 물로부터 쉽게 분리될 수 있다. 물에서 기름을 제거하는 이 화합물의 기능에 대해 설명하시오.

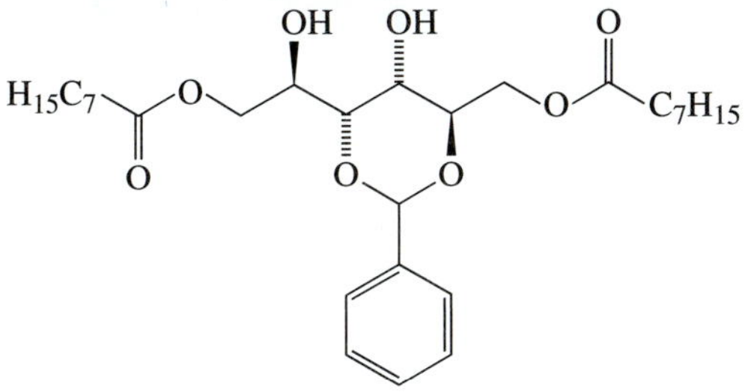

12.142 25°C 물에서 산소의 헨리 법칙 상수는 1.3×10^{-3} mol/L·atm이다. 공기 1 atm에서 물 속 산소의 몰농도를 계산하시오. 헤모글로빈 분자 없이 생존할 수 있는 전망에 대해 의견을 제시해 보시오. (성인의 혈액 전체 부피가 약 5 L임을 이전 문제들로부터 상기하라.)

12.143 이 그림은 순수한 벤젠과 비휘발성 용질의 벤젠 용액에 대한 증기압 곡선을 나타낸다. 벤젠 용액의 몰랄농도를 추정하시오.

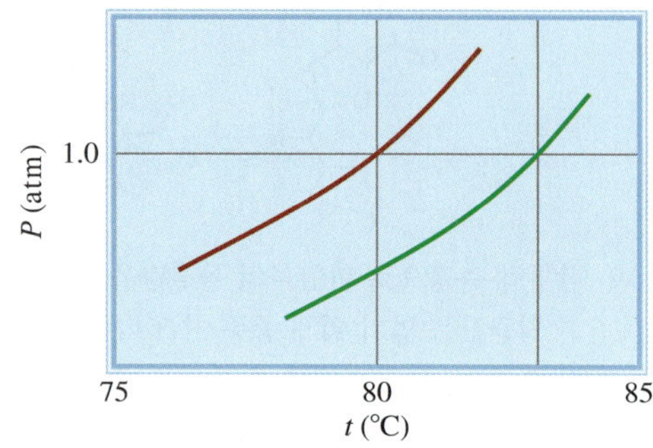

12.144 스파게티 요리에 사용되는 물에 소금을 가하면 물의 끓는점을 증가시키기 때문에 조리 시간이 줄 것이라는 일반적인 오해가 있다. 스파게티를 요리하는 데 사용하는 일반적인 소금물 용액의 끓는점을 계산하시오. 온도 증가가 스파게티 조리 시간에 많은 차이가 있을 것이라고 생각하는가?

12.145 그림 12.19에서 나타낸 스테아르산 소듐 화합물에 의해 형성될 기름 방울의 부피를 예측하시오.

12.146 이 그림은 두 개의 액체 A와 B와 두 용액의 증기압 곡선을 나타낸 것이다. A가 B보다 더 휘발성이라고 하면, 순수한 액체와 용액의 곡선을 연결하시오.

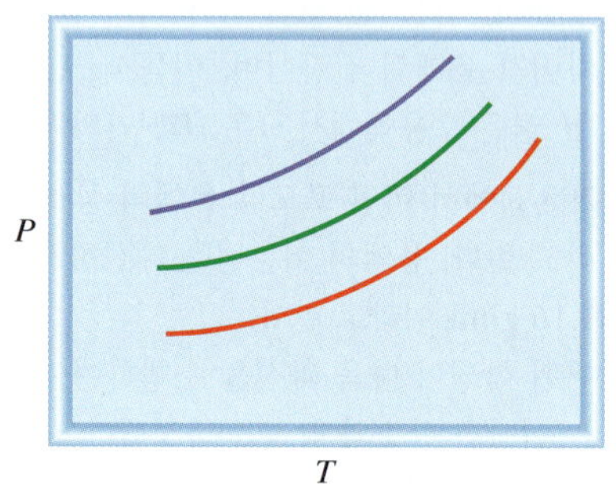

실전 연습의 답 Answers to Practice Exercises

12.1 이황화 탄소. **12.2** 7.44%. **12.3** 0.638 *m*. **12.4** 8.92 *m*. **12.5** 13.8 *m*. **12.6** 2.9×10^{-4} *M*. **12.7** 37.8 mmHg; 4.4 mmHg. **12.8** T_b: 101.3°C; T_f: −4.48°C. **12.9** 21.0 atm. **12.10** 0.066 *m*과 1.3×10^2 g/mol. **12.11** 2.60×10^4 g. **12.12** 1.21.

화학 세계의 미스터리

그 칼이 아닙니다[†]

로스앤젤레스의 저명한 검시관인 노구치(Thomas Noguchi) 박사가 칼에 찔려 죽은 20대 청년의 사체를 부검하고 있었다. 한 LA 경찰서 강력계 형사가 치명상을 입힌 무기가 들어 있는 갈색 봉투를 들고 방에 들어왔다. 그는 노구치 박사에게 다가와 "한 번 보시겠습니까?" 하고 물었다.

"아니오," 하고 노구치 박사가 말했다. "내가 *당신*에게 어떤 모양의 칼인지 정확히 알려주겠소."

노구치 박사는 잘난 척하려는 것이 아니었다. 그는 부검 과정을 지켜보고 있던 병리학 레지던트에게 중요한 법의학적 기술의 시범을 보여주고 싶었던 것이다. 칼을 측정하는 전통적인 방법은 상처 부위에 황산 바륨($BaSO_4$)를 붓고 X선을 찍는 것이었다. 노구치 박사는 더 나은 방법을 생각해냈다.

그는 형사와 레지던트가 지켜보는 가운데 작은 분젠 버너에 불을 붙이고는 우드(Wood) 금속(우드 금속은 비소, 납, 주석, 카드뮴의 합금으로 녹는점이 71°C 정도로 낮다)을 녹였다. 그리고는 희생자의 간 위쪽 가슴 부위에 난 상처를 하나 선택하여 액체 금속을 부어 넣었다. 금속은 상처 부위를 통해 구멍난 간으로 흘러 들어갔다. 액체 금속이 식자, 그는 살인무기의 끝부분의 정확한 주형을 빼냈다. 그는 이 끝의 길이에다 간과 가슴의 피부 표면까지의 거리를 더했다. 그리고는 강력계 형사에게 말했다. "그 칼은 길이가 5.5인치, 폭이 1인치, 두께가 $\frac{1}{16}$인치입니다."

형사는 미소를 지으며 봉투에 손을 집어넣었다. "미안합니다, 노구치 박사." 그는 길이가 겨우 3인치 정도 되는 훨씬 작은 포켓용 칼을 꺼냈다.

"그 칼이 아닙니다,"라고 노구치 박사가 즉시 말했다.

"참 나, 왜 이러십니까?" 형사가 말했다. "이 칼을 바로 그 현장에서 발견했어요."

"당신들은 살인무기를 가지고 있지 않아요." 노구치 박사가 의견을 굽히지 않았다.

형사는 박사를 믿지 않았다. 그러나 이틀 후 경찰은 범죄현장에서 두 블록 떨어진 쓰레기통에서 핏자국이 있는 칼을 찾아냈다. 그 무기는 정확히 길이가 5.5인치였고, 폭이 1인치, 두께가 $\frac{1}{16}$인치였다. 그리고 칼날에 있는 피의 혈액형도 희생자와 일치했다.

그 칼이 살인 무기로 판명되었다. 살인현장에서 발견된 포켓용 칼은 희생자가 자기방어용으로 사용한 것이었다. 그리고 두 개의 칼은 결국 칼싸움을 의미했다. 갱단 간의 전쟁이었을까? 경찰은 이에 대해 조사했고, 그 희생자는 갱단의 일원이었으며, 그 싸움은 갱단 간의 전쟁이었던 것으로 밝혀졌다. 라이벌 갱단의 조직원들을 심문하여 마침내 살인범을 찾아낼 수 있었다.

[†] 시몬 앤 슈스터(Simon & Schuster)에서 출판된 노구치(Thomas T. Noguchi)의 책 "검시관(Coroner)" 중에서 허가를 받고 인용함.

(계속)

우드 금속의 조성*

성분	녹는점(°C)
비스무트(50%)	271
카드뮴(12.5%)	321
납(25%)	328
주석(12.5%)	232

*성분은 질량 백분율로 표시했으며, 녹는점은 순수한 금속의 녹는점이다.

화학적인 단서

1. 피살자의 몸에서 자상을 조사하는 전통적인 방법인 $BaSO_4$의 기능은 무엇인가? $BaSO_4$의 의학적 응용을 기술하시오.
2. 위의 표에서 볼 수 있듯이 순수한 금속의 녹는점은 우드 금속보다 훨씬 높다. 우드 금속의 녹는점이 낮아지는 이유는 무슨 현상 때문인가?
3. 우드 금속은 호텔이나 상점의 천장에 있는 자동 스프링클러에 사용된다. 스프링클러가 어떻게 작동하는지 설명해 보시오.
4. 어떤 합금의 녹는점은 성분의 조성비를 변화시켜 바꿀 수 있다. 특정 유기물질도 동일한 목적으로 개발되어 왔다. 아래는 칠면조 요리에 사용되는 돌출(pop-up) 온도계의 단순 도면이다. 이 온도계가 어떻게 작동하는지 설명해 보시오.

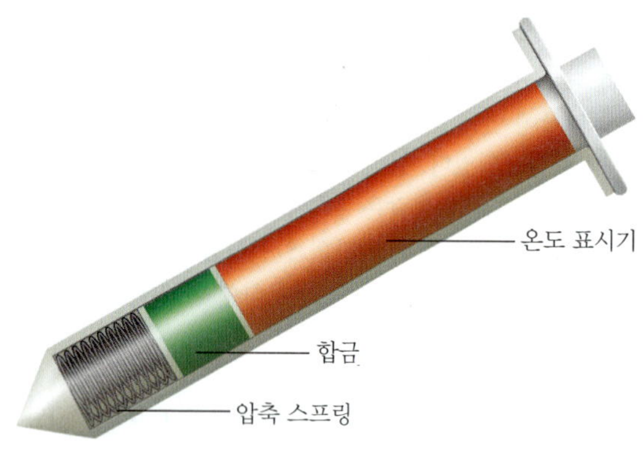

칠면조 요리에 사용되는 돌출 온도계.

제 13 장

화학 반응 속도론

Chemical Kinetics

▲ 화학 반응속도의 비는 크게 다르다. 지각에서 흑연이 다이아몬드로 변환되는 것은 수백만 년이 걸릴 수 있다. 반면 다이너마이트나 TNT의 반응과 같은 폭발적인 반응은 순식간에 끝난다.

이 장의 차례

들여다보기

- 반응물과 생성물의 농도로 표시된 반응 속도와 이들 반응 속도가 반응식의 화학량론과 어떤 연관이 있는지를 알아보면서 이 장을 시작한다(13.1절).
- 반응의 속도 법칙이 속도 상수와 반응 차수에 의하여 어떻게 정의되는지 배운다(13.2절).
- 영차 반응, 일차 반응, 이차 반응의 세 가지 반응 유형에 대한 반응물의 농도와 반응 시간 사이의 관계를 공부한다. 반응물의 초기 농도가 반으로 되는 데 걸리는 시간인 반감기는 반응 차수가 서로 다른 반응을 구별하는 데 매우 유용하다(13.3절).
- 보통 반응 속도는 온도가 증가하면서 빨라진다는 것을 알고 있다. 반응을 개시하는 데 필요한 최소 에너지인 활성화 에너지 역시 반응 속도에 영향을 미친다(13.4절).
- 단일 단계의 관점에서 반응 메커니즘을 공부하고 가장 느린 단계 즉, 속도 결정 단계로부터 속도 법칙을 결정하는 것을 배운다. 화학자들이 실험을 통하여 반응 메커니즘을 확인하는 방법을 배운다(13.5절).
- 마지막으로, 반응 속도에 대한 촉매의 영향을 공부한다. 불균일 촉매 작용, 균일 촉매 작용, 효소 촉매 작용의 특성을 배운다(13.6절).

앞 장에서는 화학에 필요한 기본적인 정의를 공부하였고, 기체, 액체, 고체 및 용액의 성질에 관하여 배웠다. 분자의 성질과 여러 유형의 반응에 대하여 구체적으로 살펴보았다. 이 장과 이어지는 다음 여러 장에서는 화학 반응을 다루는 관계식과 법칙들을 좀 더 자세히 고찰할 것이다.

어떤 반응이 일어날지 아닐지 예측할 수 있는 방법이 있을까? 일단 반응이 시작되었다면, 얼마나 빨리 진행될 것인가? 반응이 끝나기 전에 어디까지 진행되었을까? 첫 번째 질문은 열역학 법칙들(17장에서 논의)로부터 해답을 얻을 수 있다. 이 장의 주제인 화학 반응 속도론은 반응 속도와 관련된 질문에 답을 제공할 것이다. 마지막 질문은 화학 평형에서 답을 얻을 수 있고, 화학 평형은 14, 15, 16장에서 다룰 것이다.

13.1 반응 속도

화학 반응 속도론(chemical kinetics)은 *화학 반응이 일어나는 빠르기 즉, 속도에 관한 것을 다루는 화학의 한 분야*이다. "속도론"이란 용어는 움직임 또는 변화를 의미한다. 5장에서 운동 에너지란 물체의 운동으로부터 이용 가능한 에너지로 정의하였다. 여기서 다루는 속도론은 *반응 시간에 따른 반응물 또는 생성물의 농도 변화*(M/s)를 나타내는 **반응 속도**(reaction rate)를 의미한다.

반응 속도를 공부해야 하는 많은 이유가 있다. 우선, 여러 반응들이 왜 전혀 다른 속도로 진행되는지에 관한 본질적인 호기심에 답하기 위해서이다. 시각, 광합성, 핵 연쇄 반응에서 초기 반응은 $10^{-12}\sim10^{-6}$ s 정도의 아주 짧은 시간에 일어난다. 시멘트의 양생이나 흑연이 다이아몬드로 변하는 반응은 몇 년에서 몇백만 년에 걸쳐 일어나기도 한다. 실질적인 면에서 새로운 약품 개발, 공해 물질 제거, 식품 가공에서 반응 속도에 관한 지식은 매우 유용하다. 산업 현장에서 일하는 화학자들은 흔히 수득률을 최대로 높이기 위한 노력보다는 반응 속도를 높이는 데 역점을 둔다.

일반적으로 화학 반응식은 다음과 같이 표현할 수 있다.

$$\text{반응물} \longrightarrow \text{생성물}$$

이 식을 보면 어떤 반응이 진행되는 동안 반응물이 소모되고 생성물이 만들어짐을 알 수 있다. 따라서 반응 진행 정도는 반응물의 농도 감소나 생성물의 농도 증가를 측정함으로써 알 수 있다.

그림 13.1은 A 분자가 B 분자로 전환되는 간단한 반응의 진행 상태를 보여준다.

$$A \longrightarrow B$$

그림 13.2는 반응 시간이 지남에 따라 A 분자의 개수가 감소하고, B 분자의 개수가 증가

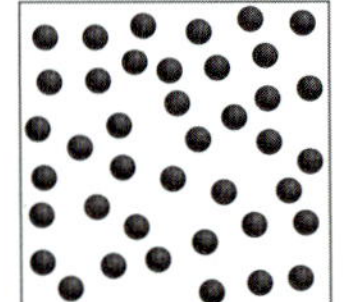

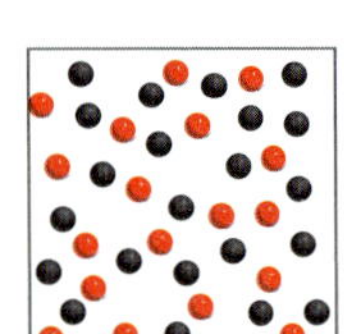
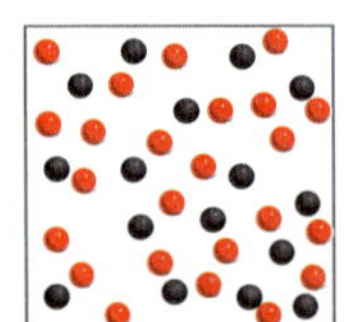
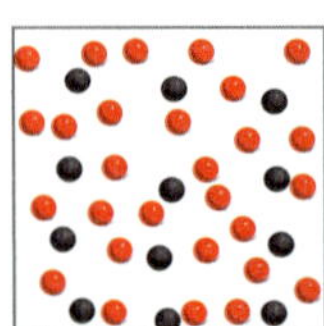
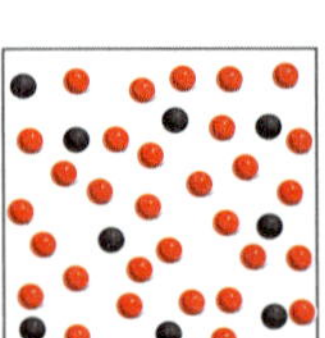
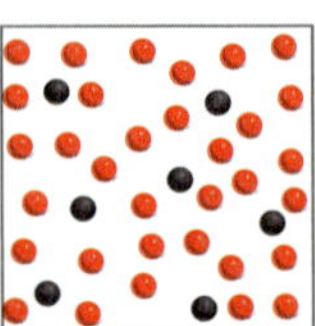

그림 13.1 반응 A ⟶ B의 과정을 10초 간격으로 60초간 본 그림. 초기에는 A 분자(회색 구)만 존재한다. 시간이 진행됨에 따라 분자 B(빨간색 구)가 형성된다.

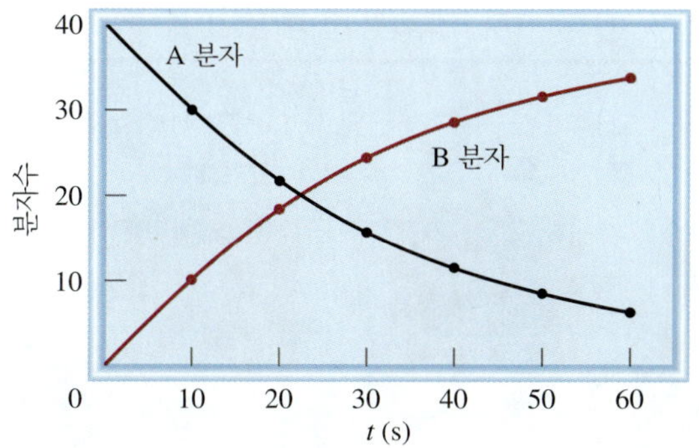

그림 13.2 시간에 따라 A 분자가 감소하고 B 분자가 증가하는 것으로 나타낸 반응 A ⟶ B의 속도.

하는 것을 보여주고 있다. 일반적으로 반응 시간에 따른 농도 변화로 반응 속도를 나타내는 것이 더 편리하다. 따라서 A ⟶ B 반응에 대한 반응 속도는 다음과 같이 나타낼 수 있다.

$$\text{속도} = -\frac{\Delta[\text{A}]}{\Delta t} \qquad \text{또는} \qquad \text{속도} = \frac{\Delta[\text{B}]}{\Delta t}$$

여기서 Δ[A]와 Δ[B]는 시간 Δt 동안의 농도(몰농도) 변화를 나타낸다. 일정 시간 동안 A의 농도는 *감소*하기 때문에 Δ[A]는 음수이다. 하지만 반응 속도는 양수이므로 반응 속도가 양수가 되도록 하기 위하여 위의 표현식 앞에 음의 부호가 필요하다. 한편 생성물은 시간이 지나면서 생성되는 양이 *증가*하기 때문에 생성물의 생성 속도는 음의 부호가 필요하지 않다. 이들 반응 속도는 특정 시간 Δt 동안 평균한 값이기 때문에 *평균 속도*(average rate)이다.

Δ는 최종과 초기 상태의 차이를 나타낸다.

그 다음, 실험적으로 반응 속도를 결정하는 방법을 알아보자. 정의에 따라 반응 속도를 결정하기 위해서 반응 시간에 대한 반응물(또는 생성물)의 농도를 측정해야 한다. 용액상에서 진행되는 반응의 경우 반응물의 농도는 종종 분광학적 방법으로 측정할 수 있다. 반응이 일어나는 용액에 이온이 포함되어 있다면 농도 변화는 반응 용액의 전도도를 측정함으로써 알 수 있다. 기체를 포함하는 반응의 경우에는 압력을 측정함으로써 아주 편리하게 농도 변화를 알 수 있다. 두 가지 특별한 반응의 예를 통하여 반응 속도를 측정하는 몇 가지 다른 방법이 있음을 알아보기로 하자.

브로민 분자와 폼산의 반응

수용액에서 브로민 분자는 다음과 같이 폼산(HCOOH)과 반응한다.

$$\text{Br}_2(aq) + \text{HCOOH}(aq) \longrightarrow 2\text{Br}^-(aq) + 2\text{H}^+(aq) + \text{CO}_2(g)$$

브로민 분자(Br_2)는 적갈색이고, 다른 모든 종들은 무색이다. 반응이 진행됨에 따라 Br_2의 농도는 지속적으로 감소하고 색이 옅어진다(그림 13.3). 색의 손실 즉, 농도 변화는 브로민 분자가 흡수하는 가시광선의 양을 측정할 수 있는 분광계로 쉽게 확인할 수 있다(그림 13.4).

임의의 초기 시간과 최종 시간에서 브로민의 농도 변화(감소)를 측정하여 그 시간 동안 진행된 평균 반응 속도를 결정할 수 있다.

$$\begin{aligned}\text{평균 속도} &= -\frac{\Delta[\text{Br}_2]}{\Delta t} \\ &= -\frac{[\text{Br}_2]_{\text{최종}} - [\text{Br}_2]_{\text{초기}}}{t_{\text{최종}} - t_{\text{초기}}}\end{aligned}$$

표 13.1에 제공된 자료를 이용하여 반응 초기 50초 동안 진행된 반응의 평균 속도를 다음

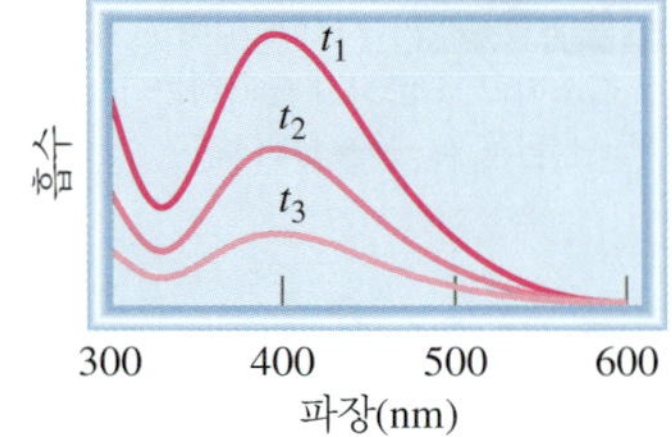

그림 13.4 브로민 흡수 대 파장 도시. 브로민에 의한 가시광선의 최대 흡수가 393 nm에서 일어난다. 반응이 진행됨에 따라(t_1에서 t_3) $[Br_2]$에 비례하여 흡수는 감소한다.

그림 13.3 시간이 경과함에 따라 브로민 농도가 감소하는 것이 색을 잃는 것으로 나타난다(왼쪽에서 오른쪽으로).

과 같이 계산할 수 있다.

$$\text{평균 속도} = -\frac{(0.0101 - 0.0120)\ M}{50.0\ \text{s}} = 3.80 \times 10^{-5}\ M/\text{s}$$

처음 100초를 선택하면 평균 속도는 다음 식과 같다.

$$\text{평균 속도} = -\frac{(0.00846 - 0.0120)\ M}{100.0\ \text{s}} = 3.54 \times 10^{-5}\ M/\text{s}$$

이들 계산으로부터 반응의 평균 속도는 선택하는 반응 시간 간격에 의존함을 알 수 있다.

점점 짧은 시간 간격으로 평균 속도를 측정함으로써 한 특정한 순간에 대한 반응 속도를 얻을 수 있는데, 그 때의 속도를 반응의 *순간 속도*(instantaneous rate)라 한다. 그림 13.5는 표 13.1의 반응 시간과 브로민 농도에 대한 그림을 보여주고 있다. 반응 시작 후 100초가 되는 순간의 순간 속도는 그 순간 곡선에 대한 접선의 기울기이다. 다른 임의 시간에서의 순간 속도도 같은 방법으로 측정할 수 있다. 이런 방법으로 결정된 순간 속도는 온도가 일정하게 유지된 상태에서 반응물의 농도가 같으면 항상 동일하다. 시간 간격에 관심을 둘 필요가 없으며, 특별한 설명이 없는 한 반응 속도는 단순히 어떤 순간에 일어나는 순간 속도를 의미한다.

다음에 소개하는 여행에 관한 비유는 평균 반응 속도와 순간 반응 속도를 구별하는 데 도움이 될 것이다. 미국 샌프란시스코에서 로스엔젤레스까지의 거리는 512마일이다. 두

표 13.1 25°C에서 브로민 분자와 폼산 반응에 대한 반응 속도

시간(s)	$[Br_2]$ (M)	속도(M/s)	$k = \frac{\text{속도}}{[Br_2]}$ (s^{-1})
0.0	0.0120	4.20×10^{-5}	3.50×10^{-3}
50.0	0.0101	3.52×10^{-5}	3.49×10^{-3}
100.0	0.00846	2.96×10^{-5}	3.50×10^{-3}
150.0	0.00710	2.49×10^{-5}	3.51×10^{-3}
200.0	0.00596	2.09×10^{-5}	3.51×10^{-3}
250.0	0.00500	1.75×10^{-5}	3.50×10^{-3}
300.0	0.00420	1.48×10^{-5}	3.52×10^{-3}
350.0	0.00353	1.23×10^{-5}	3.48×10^{-3}
400.0	0.00296	1.04×10^{-5}	3.51×10^{-3}

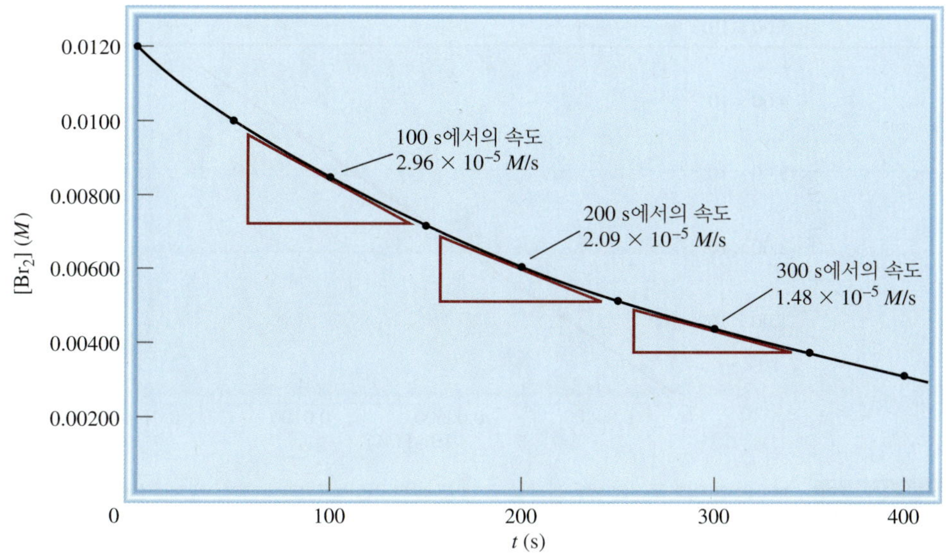

그림 13.5 브로민 분자와 폼산의 반응에서 t = 100 s, 200 s, 300 s에서의 순간 속도를 이 시간에서 접선의 기울기로 나타내었다.

도시를 승용차를 운전해서 11.4시간 걸린다면 평균 속도는 512마일을 11.4시간으로 나눈 값(512 mile/11.4 h)인 44.9 mph가 될 것이다. 그러나 승용차가 출발하여 3시간 26분 지난 시간에 시속 55.3마일로 달리고 있다면 그 때 승용차의 순간 속도는 55.3 mph이다. 다시 말하면, 순간 속도는 속도계에 표시되는 속도이다. 이 예에서 승용차의 속도는 여행하는 동안 증가하거나 감소할 수 있지만, 반응의 순간 속도는 항상 시간이 지남에 따라 감소한다.

브로민-폼산 반응의 속도는 폼산 농도에도 의존한다. 그러나 과량의 폼산을 반응 혼합물에 첨가하여 전 반응 과정 동안 폼산의 농도를 일정하게 유지할 수 있다. 이러한 조건에서 폼산의 농도 변화는 반응 속도에 영향을 주지 못한다.

브로민 농도가 반응 속도에 미치는 영향을 살펴보자. 표 13.1의 자료를 보라. t = 50 s일 때와 t = 250 s일 때 반응 속도와 브로민의 농도를 비교하여 보자. t = 50 s일 때, 브로민의 농도는 0.0101 M이고 반응 속도는 3.52×10^{-5} M/s이다. t = 250 s일 때, 브로민의 농도는 0.00500 M이고 반응 속도는 1.75×10^{-5} M/s이다. t = 50 s일 때 농도는 t = 250 s일 때보다 2배(0.0101 M과 0.00500 M)이며, 반응 속도 역시 2배(3.52×10^{-5} M/s과 1.75×10^{-5} M/s)이다. 이것으로부터 반응물의 농도가 2배로 증가하면 반응 속도도 2배 증가하는 것을 알았다. 따라서 반응 속도는 브로민의 농도에 정비례 한다. 즉,

$$\begin{aligned} \text{속도} &\propto [Br_2] \\ &= k[Br_2] \end{aligned}$$

위 식에서 k는 *반응물의 농도와 반응 속도 사이의 비례 상수*인 **속도 상수**(rate constant)이다. 여기서 설명된 브로민의 농도와 반응 속도 사이의 정비례 관계는 위의 실험 자료에 대한 그래프로부터 또한 확인할 수 있다.

그림 13.6은 브로민 농도와 반응 속도에 대한 그래프이다. 여기서 그래프가 직선이라는 사실은 반응 속도가 농도에 정비례함을 의미한다. 즉, 농도가 진할수록 반응 속도가 증가한다. 위의 마지막 식을 재배열하여 정리하면 다음과 같다.

$$k = \frac{\text{속도}}{[Br_2]}$$

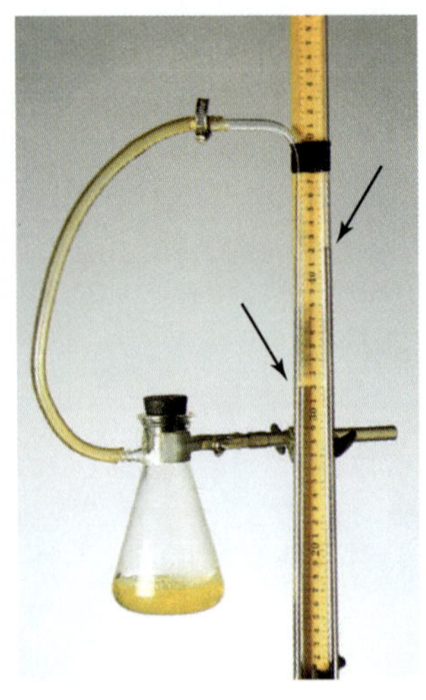

그림 13.7 시간에 따라 산소 압력의 증가를 보이는 압력계로 과산화 수소 분해 속도를 측정할 수 있다. 화살표는 U자 관 내 수은의 높이를 나타낸다.

주어진 반응에 대해 k는 온도 변화에 의해서만 영향을 받는다.

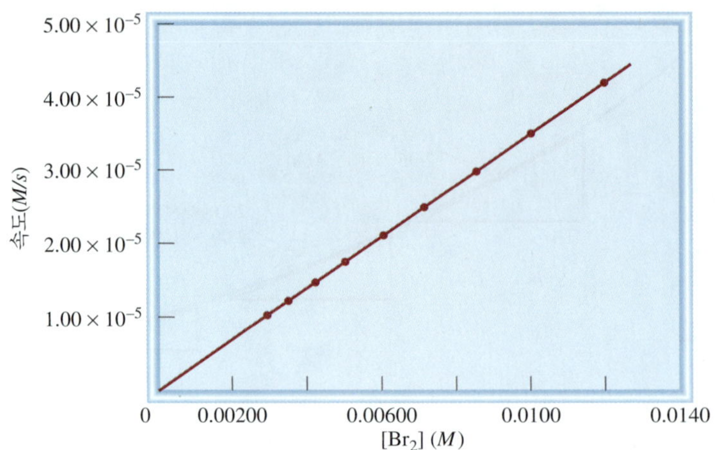

그림 13.6 브로민 분자와 폼산의 반응에서 속도 대 분자 브로민 농도 도시. 직선 관계는 반응 속도가 분자 브로민 농도에 비례함을 나타낸다.

반응 속도의 단위는 *M/s*이고, $[Br_2]$의 단위는 *M*이므로, 이 경우 k의 단위는 1/s 즉, s^{-1}이다. 여기서 속도 상수 k는 브로민 농도에 영향을 받지 *않는다*는 것을 꼭 기억해야 한다. 확실히 속도는 브로민 농도가 높을수록 증가하고, 브로민 농도가 낮을수록 감소하지만, 속도와 농도의 *비*(속도/농도)는 온도가 일정하면 항상 일정하다.

표 13.1로부터 반응 속도를 계산할 수 있다. t = 50 s에서의 자료에 대한 식을 쓰면,

$$k = \frac{\text{속도}}{[Br_2]}$$
$$= \frac{3.52 \times 10^{-5}\ M/s}{0.0101\ M} = 3.49 \times 10^{-3}\ s^{-1}$$

k를 구하기 위하여 어떤 t를 사용해도 좋다. 표 13.1에 기록된 k 값들 사이의 약간의 차이는 속도를 측정할 때 발생한 실험적 오차에서 온 것이다.

과산화 수소의 분해

반응물이나 생성물 중 하나가 기체일 경우에는 반응 속도를 결정하는 데 압력계를 사용할 수 있다. 20°C에서 과산화 수소의 분해는 다음과 같다.

$$2H_2O_2(aq) \longrightarrow 2H_2O(l) + O_2(g)$$

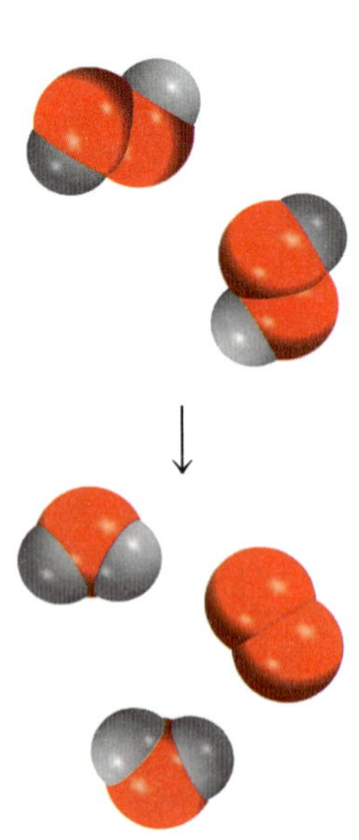

$2H_2O_2 \longrightarrow 2H_2O + O_2$

이 경우 분해 속도는 산소 발생의 속도를 압력계로 측정하여 결정할 수 있다(그림 13.7). 그리고 산소의 압력은 이상 기체 방정식을 이용하여 쉽게 농도로 변환할 수 있다.

$$PV = nRT$$

또는

$$P = \frac{n}{V}RT = [O_2]RT$$

여기서 n/V는 산소 기체의 몰농도이다. 이 식을 정리하면 다음과 같다.

$$[O_2] = \frac{1}{RT}P$$

산소 생성 속도를 반응 속도로 표시하면 다음과 같다.

$$\text{속도} = \frac{\Delta[O_2]}{\Delta t} = \frac{1}{RT}\frac{\Delta P}{\Delta t}$$

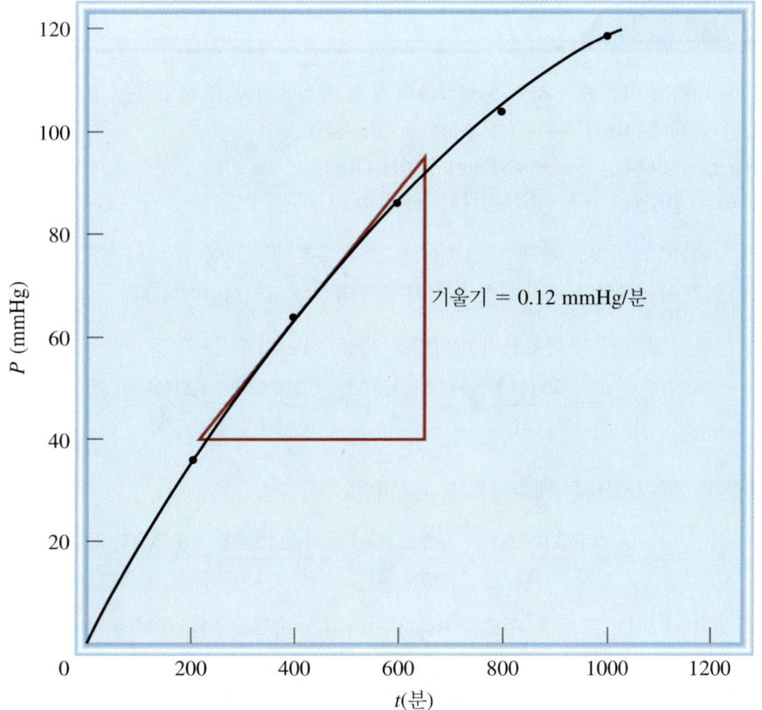

그림 13.8 접선의 기울기에 1/*RT*를 곱한 값으로 400분에서 과산화 수소 분해의 순간 속도를 나타내었다.

그림 13.8은 반응 시간에 따른 산소의 압력 증가와 400분이 되는 순간 과산화 수소의 순간 반응 속도를 보여주고 있다. 이 반응 속도를 일반 단위인 *M*/s로 변환하기 위하여 우선 mmHg/min을 atm/s로 전환하고, 앞 식에서 나타낸 것처럼 그 다음 접선의 기울기 $\Delta P/\Delta t$에 $1/RT$을 곱한다.

변환 후 속도는 1.1×10^{-7} *M*/s이다.

반응 속도와 화학량론

A ⟶ B와 같은 화학량론적으로 간단한 반응에 대해서 반응 속도는 시간에 따라 반응물 농도의 감소($-\Delta[\text{A}]/\Delta t$) 또는 생성물 농도의 증가($\Delta[\text{B}]/\Delta t$)로 나타낼 수 있다. 하지만 좀 더 복잡한 반응에 대한 속도식을 나타낼 때는 조심해야 한다. 다음 반응식을 생각해 보자.

$$2\text{A} \longrightarrow \text{B}$$

B 1 mol이 생성되는데 A 2 mol이 소모된다. 즉, 반응물 A의 소모 속도는 B의 생성 속도보다 두 배 더 빠르다. 따라서 반응 속도는 다음과 같다.

$$\text{속도} = -\frac{1}{2}\frac{\Delta[\text{A}]}{\Delta t} \qquad \text{또는} \qquad \text{속도} = \frac{\Delta[\text{B}]}{\Delta t}$$

다음과 같은 일반적인 반응에 대한 반응 속도는 다음과 같다.

$$a\text{A} + b\text{B} \longrightarrow c\text{C} + d\text{D}$$

$$\text{속도} = -\frac{1}{a}\frac{\Delta[\text{A}]}{\Delta t} = -\frac{1}{b}\frac{\Delta[\text{B}]}{\Delta t} = \frac{1}{c}\frac{\Delta[\text{C}]}{\Delta t} = \frac{1}{d}\frac{\Delta[\text{D}]}{\Delta t}$$

예제 13.1과 13.2는 반응 속도 표현식을 쓰는 방법과 생성물의 생성 속도와 반응물의 소멸 속도를 계산하는 방법을 보여준다.

예제 13.1

다음 반응에 대하여 반응물의 소멸과 생성물의 생성 관점에서 반응 속도식을 쓰시오.

(a) $I^-(aq) + OCl^-(aq) \longrightarrow Cl^-(aq) + OI^-(aq)$

(b) $4NH_3(g) + 5O_2(g) \longrightarrow 4NO(g) + 6H_2O(g)$

(c) $CH_4(g) + \frac{1}{2}Br_2(g) \longrightarrow CH_3Br(g) + HBr(g)$

전략 반응 시간에 대한 반응물과 생성물의 농도 변화로 반응 속도를 나타내기 위하여 적당한 − 와 + 부호를 사용하여야 하며 화학량론 계수의 역수를 고려하여야 한다.

풀이 (a) 반응에 포함된 각 화합물의 화학량론 계수는 1이기 때문에

$$\text{속도} = -\frac{\Delta[I^-]}{\Delta t} = -\frac{\Delta[OCl^-]}{\Delta t} = \frac{\Delta[Cl^-]}{\Delta t} = \frac{\Delta[OI^-]}{\Delta t}$$

(b) 이 반응의 경우 화학량론 계수는 4, 5, 4, 6이다.

$$\text{속도} = -\frac{1}{4}\frac{\Delta[NH_3]}{\Delta t} = -\frac{1}{5}\frac{\Delta[O_2]}{\Delta t} = \frac{1}{4}\frac{\Delta[NO]}{\Delta t} = \frac{1}{6}\frac{\Delta[H_2O]}{\Delta t}$$

(c) Br_2의 계수가 $\frac{1}{2}$이므로 반응 속도를 Br_2가 사라지는 속도로 나타내기 위해서 계수의 역수 $[(\frac{1}{2})^{-1} = 2]$를 곱하면

$$\text{속도} = -\frac{\Delta[CH_4]}{\Delta t} = -2\frac{\Delta[Br_2]}{\Delta t} = \frac{\Delta[CH_3Br]}{\Delta t} = \frac{\Delta[HBr]}{\Delta t}$$

비슷한 문제: 13.5, 13.6.

실전 연습 다음 반응에 대한 속도식을 쓰시오.

$$CH_4(g) + 2O_2(g) \longrightarrow CO_2(g) + 2H_2O(g)$$

예제 13.2

다음 반응을 생각해 보자.

$$4NO_2(g) + O_2(g) \longrightarrow 2N_2O_5(g)$$

반응이 일어나는 특정 순간 산소 분자의 반응 속도가 0.024 *M*/s이었다고 하자. (a) N_2O_5가 생성되는 속도를 구하시오. (b) NO_2가 반응하는 속도를 구하시오.

전략 N_2O_5의 생성 속도와 NO_2의 소멸 속도를 계산하기 위하여 예제 13.1에서 보여준 것처럼 반응 속도를 화학량론 계수로 표현할 필요가 있다.

$$\text{속도} = -\frac{1}{4}\frac{\Delta[NO_2]}{\Delta t} = -\frac{\Delta[O_2]}{\Delta t} = \frac{1}{2}\frac{\Delta[N_2O_5]}{\Delta t}$$

그리고 문제에서 주어진 자료는 다음과 같다.

$$\frac{\Delta[O_2]}{\Delta t} = -0.024\ M/\text{s}$$

여기서 음의 부호는 산소의 농도가 시간이 경과함에 따라 감소함을 보여준다.

풀이 (a) 앞에서 표현한 속도식으로부터

$$-\frac{\Delta[O_2]}{\Delta t} = \frac{1}{2}\frac{\Delta[N_2O_5]}{\Delta t}$$

그러므로

(계속)

$$\frac{\Delta[N_2O_5]}{\Delta t} = -2(-0.024\ M/s) = 0.048\ M/s$$

(b) 이 경우 다음 관계식을 쓸 수 있으며

$$-\frac{1}{4}\frac{\Delta[NO_2]}{\Delta t} = -\frac{\Delta[O_2]}{\Delta t}$$

그러므로

$$\frac{\Delta[NO_2]}{\Delta t} = 4(-0.024\ M/s) = -0.096\ M/s$$

비슷한 문제: 13.7, 13.8.

실전 연습 다음 반응을 생각해 보자.

$$4PH_3(g) \longrightarrow P_4(g) + 6H_2(g)$$

반응이 일어나는 동안 수소 분자가 0.078 M/s의 속도로 생성된다고 하자. (a) P_4가 생성되는 속도를 구하시오. (b) PH_3가 반응하는 속도를 구하시오.

개념 복습하기

다음과 같은 속도식으로 표시되는 기체 상태 반응에 대한 균형된 반응식을 쓰시오.

$$\text{속도} = -\frac{1}{2}\frac{\Delta[NOCl]}{\Delta t} = \frac{1}{2}\frac{\Delta[NO]}{\Delta t} = \frac{\Delta[Cl_2]}{\Delta t}$$

13.2 속도 법칙

지금까지 반응 속도가 농도에 비례하며, 비례 상수 k를 속도 상수라고 부른다는 것을 배웠다. **속도 법칙**(rate law)은 *반응 속도를 속도 상수와 반응물 농도의 곱으로 표시한다.* 다음과 같은 일반적인 반응에 대하여

$$aA + bB \longrightarrow cC + dD$$

속도 법칙은 다음과 같이 쓸 수 있다.

$$\text{속도} = k[A]^x[B]^y \tag{13.1}$$

여기서 x와 y는 반드시 실험적으로 결정되는 값이다. 일반적으로 x, y는 화학량론 계수인 a, b와 같지 않다는 것에 주의하라. x, y, k 값을 알 때 식 (13.1)을 이용하여 A와 B의 농도가 주어지면 반응 속도를 계산할 수 있다.

지수 x와 y는 반응물 A와 B의 농도와 반응 속도 사이의 관계를 결정한다. 이들을 합치면, *반응 속도식에 포함된 모든 반응물 농도의 지수의 합*으로 정의되는 전체 **반응 차수**(reaction order)가 된다. 식 (13.1)의 경우 전체 반응 차수는 $x + y$이다. 또한 이 반응은 A에 대해 x차, B에 대해 y차, 전체로는 $(x + y)$차 반응이라 할 수 있다.

플루오린과 이산화 염소 사이의 반응을 예로 들어 반응 속도 법칙을 결정하는 방법을 알아보자.

$$F_2(g) + 2ClO_2(g) \longrightarrow 2FClO_2(g)$$

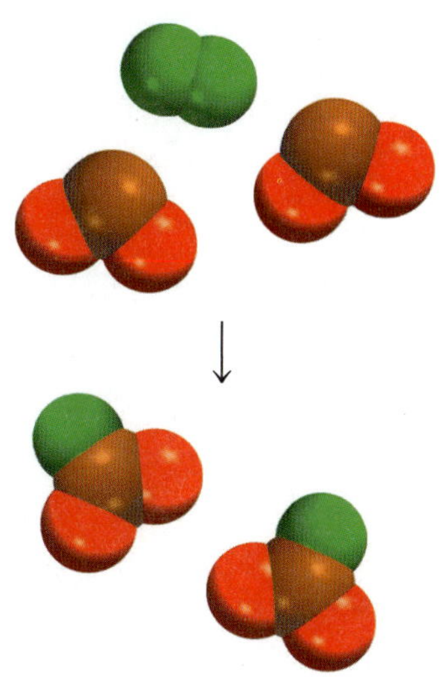

$F_2 + 2ClO_2 \longrightarrow 2FClO_2$

반응물의 농도가 반응 속도에 미치는 영향을 알아보기 위한 한 가지 방법은 반응의 초기 속도와 초기 농도 사이의 관계를 알아보는 것이다. 반응이 진행됨에 따라 반응물의 농도는 감소하게 되며, 따라서 농도 변화를 정확히 측정하는 것은 어려울 수 있기 때문에 초기 속

표 13.2 F_2와 ClO_2 사이의 반응에 대한 속도 자료

실험	$[F_2]$ (M)	$[ClO_2]$(M)	초기 속도(M/s)
1	0.10	0.010	1.2×10^{-3}
2	0.10	0.040	4.8×10^{-3}
3	0.20	0.010	2.4×10^{-3}

도를 측정하는 것이 보다 용이하다. 또한 다음 형태의 역반응도 있을 수 있는데,

$$\text{생성물} \longrightarrow \text{반응물}$$

반응 속도 측정에 오차가 발생하게 된다. 이들 두 가지 문제점이 반응 초기 단계에는 거의 잘 나타나지 않는다.

표 13.2는 $FClO_2$ 생성에 대한 3개의 속도를 보여준다. 실험 1과 실험 3을 보면 $[ClO_2]$는 일정하게 유지한 상태에서 $[F_2]$가 두 배로 증가되고 반응 속도도 두 배로 증가되었다. 따라서 반응 속도는 $[F_2]$에 비례함을 알 수 있다. 비슷하게 실험 1과 실험 2로부터 일정한 $[F_2]$에서 $[ClO_2]$가 4배로 증가되고 반응 속도도 4배 증가되었으므로, 반응 속도는 역시 $[ClO_2]$에 정비례함을 알 수 있다. 따라서 다음과 같은 속도 법칙으로 위의 관측 결과를 정리할 수 있다.

$$\text{속도} = k[F_2][ClO_2]$$

위의 속도 법칙에서 $[F_2]$와 $[ClO_2]$의 지수가 모두 1이기 때문에, 이 반응은 $[F_2]$에 대해 일차이고, $[ClO_2]$에 대해서도 일차이며, 전체 반응은 (1+1) 즉 이차이다. 이 속도 법칙은 $[ClO_2]$에 대해 일차이지만, 전체 균형된 화학 반응식에서 화학량론 계수는 2임에 유의하라. F_2의 경우 반응 차수와 화학량론 계수는 우연히 모두 1로 동일하다.

반응물 농도와 초기 반응 속도로부터 속도 상수를 계산할 수 있다. 표 13.2의 첫 번째 열에 있는 자료를 이용하여 다음과 같은 식을 쓸 수 있다.

$$\begin{aligned} k &= \frac{\text{속도}}{[F_2][ClO_2]} \\ &= \frac{1.2 \times 10^{-3}\ M/\text{s}}{(0.10\ M)(0.010\ M)} \\ &= 1.2/M \cdot \text{s} \end{aligned}$$

반응 차수는 어떤 반응이 반응물의 농도에 어떻게 의존하는지를 이해하는 데 도움을 준다. 예를 들어, 일반적인 반응 $a\text{A} + b\text{B} \longrightarrow c\text{C} + d\text{D}$에 대해 $x = 1$이고 $y = 2$라고 가정해 보자. 이 반응에 대한 속도 법칙은 다음과 같다[식 (13.1) 참조].

$$\text{속도} = k[\text{A}][\text{B}]^2$$

이 반응은 A에 대해 일차이고, B에 대해 이차이다. 따라서 전체적으로 삼차(1 + 2 = 3) 반응이다. 초기 농도 [A] = 1.0 M이고 [B] = 1.0 M이라 가정하자. 속도 법칙에 따르면, [B]를 일정하게 유지한 상태에서 A의 농도를 1.0 M에서 2.0 M로 두 배 증가시키면 반응 속도 또한 두 배가 된다.

[A] = 1.0 M에 대해

$$\begin{aligned} \text{속도}_1 &= k(1.0\ M)(1.0\ M)^2 \\ &= k(1.0\ M^3) \end{aligned}$$

[A] = 2.0 M에 대해

$$\begin{aligned} \text{속도}_2 &= k(2.0\ M)(1.0\ M)^2 \\ &= k(2.0\ M^3) \end{aligned}$$

그러므로 $\qquad$ 속도$_2$ = 2(속도$_1$)

반면에, [A] =1 M로 일정하게 유지한 상태에서 B의 농도를 1.0 M에서 2.0 M로 두 배 증가시키면 반응 속도는 네 배가 된다.

[B] = 1.0 M에 대해
$$\begin{aligned}\text{속도}_1 &= k(1.0\ M)(1.0\ M)^2 \\ &= k(1.0\ M^3)\end{aligned}$$

[B] = 2.0 M에 대해
$$\begin{aligned}\text{속도}_2 &= k(1.0\ M)(2.0\ M)^2 \\ &= k(4.0\ M^3)\end{aligned}$$

그러므로 $\qquad$ 속도$_2$ = 4(속도$_1$)

어떤 반응에 대해서 $x = 0$이고 $y = 1$이라면, 속도 법칙은 다음과 같다.

$$\begin{aligned}\text{속도} &= k[\mathrm{A}]^0[\mathrm{B}] \\ &= k[\mathrm{B}]\end{aligned}$$

이 반응은 A에 대해 영차이고 B에 대해 일차이므로 전체 반응은 일차이다. A에 대해 영차라는 것은 반응 속도가 A의 농도에 *무관함*을 의미한다. 반응 차수는 분수가 될 수도 있다.

영차란 속도가 0이라는 의미는 아니다. 속도가 존재하는 A의 농도에 무관하다는 것을 뜻할 뿐이다.

속도 법칙은 다음과 같이 정리할 수 있다.

1. 속도 법칙은 항상 실험적으로 결정된다. 반응물의 농도와 초기 반응 속도로부터 반응 차수를 결정할 수 있고, 반응 속도 상수를 계산할 수 있다.
2. 반응 차수는 항상 반응물의 농도(생성물의 농도가 아님)로 나타낸다.
3. 반응 차수는 전체 균형 화학 반응식의 화학량론 계수와 관련이 없다.

예제 13.3은 반응 속도 법칙을 결정하는 과정을 보여준다.

예제 13.3

1280°C에서 일산화 질소와 수소와의 반응은 다음과 같다.

$$2\mathrm{NO}(g) + 2\mathrm{H_2}(g) \longrightarrow \mathrm{N_2}(g) + 2\mathrm{H_2O}(g)$$

위의 온도에서 수집한 다음 자료로부터 [NO] = 12.0×10^{-3} M이고 [H_2] = 6.0×10^{-3} M일 때 (a) 속도 법칙, (b) 속도 상수, (c) 반응 속도를 구하시오.

실험	[NO] (M)	[H_2] (M)	초기 속도 (M/s)
1	5.0×10^{-3}	2.0×10^{-3}	1.3×10^{-5}
2	10.0×10^{-3}	2.0×10^{-3}	5.0×10^{-5}
3	10.0×10^{-3}	4.0×10^{-3}	10.0×10^{-5}

전략 농도와 반응 속도에 관한 자료를 주고, 속도 법칙과 속도 상수를 구하라는 문제이다. 먼저 속도 법칙이 다음과 같다고 가정하자.

$$\text{속도} = k[\mathrm{NO}]^x[\mathrm{H_2}]^y$$

x와 y를 구하기 위하여 주어진 자료들을 어떻게 이용하여야 할까? 일단 반응 차수가 결정되면 위에 주어진 속도와 농도로부터 k를 계산할 수 있다. 결국, 속도 법칙으로부터 NO와 H_2의 임의의 농도에서 반응 속도를 구할 수 있다.

풀이 (a) 실험 1과 2로부터 H_2의 농도를 일정하게 유지한 상태에서 NO의 농도를 2배로 증가시킬 때 반응 속도는 4배 증가하였다. 두 실험으로부터 속도 비를 구하면

$$\frac{\text{속도}_2}{\text{속도}_1} = \frac{5.0 \times 10^{-5}\ M/\mathrm{s}}{1.3 \times 10^{-5}\ M/\mathrm{s}} \approx 4 = \frac{k(10.0 \times 10^{-3}\ M)^x(2.0 \times 10^{-3}\ M)^y}{k(5.0 \times 10^{-3} M)^x(2.0 \times 10^{-3} M)^y}$$

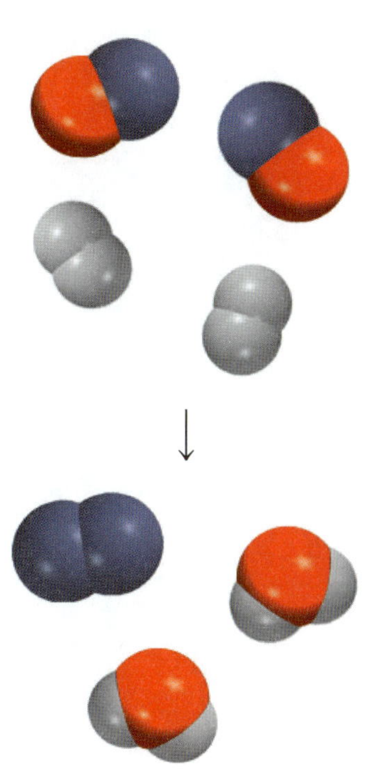
$2\mathrm{NO} + 2\mathrm{H_2} \longrightarrow \mathrm{N_2} + 2\mathrm{H_2O}$

(계속)

따라서

$$\frac{(10.0 \times 10^{-3} M)^x}{(5.0 \times 10^{-3} M)^x} = 2^x = 4$$

또는 $x = 2$, 즉 이 반응은 NO에 대하여 이차이다. 실험 2와 3은 [NO]를 일정하게 유지하고 $[H_2]$를 두 배로 증가시킬 때, 속도가 두 배로 증가되었음을 보여준다. 따라서 이들의 비를 다음과 같이 쓸 수 있다.

$$\frac{\text{속도}_3}{\text{속도}_2} = \frac{10.0 \times 10^{-5} M/\text{s}}{5.0 \times 10^{-5} M/\text{s}} = 2 = \frac{k(10.0 \times 10^{-3} M)^x(4.0 \times 10^{-3} M)^y}{k(10.0 \times 10^{-3} M)^x(2.0 \times 10^{-3} M)^y}$$

따라서

$$\frac{(4.0 \times 10^{-3} M)^y}{(2.0 \times 10^{-3} M)^y} = 2^y = 2$$

즉, $y = 1$ 즉, 이 반응은 y에 대하여 일차이다. 따라서 반응 속도 법칙은 다음과 같다.

$$\text{속도} = k[\text{NO}]^2[\text{H}_2]$$

위의 식은 전체 반응이 삼차임을 나타낸다.

(b) 속도 상수 k는 실험 자료 중 하나를 이용하여 계산할 수 있다. 속도식을 다시 쓰면 다음과 같다.

$$k = \frac{\text{속도}}{[\text{NO}]^2[\text{H}_2]}$$

실험 2의 자료를 이용하여 다음과 같은 k 값을 얻는다.

$$k = \frac{5.0 \times 10^{-5} M/\text{s}}{(10.0 \times 10^{-3} M)^2(2.0 \times 10^{-3} M)} = 2.5 \times 10^2/M^2 \cdot \text{s}$$

(c) 알고 있는 속도 상수 및 NO와 H_2의 농도를 이용하면 다음과 같이 쓸 수 있다.

$$\text{속도} = (2.5 \times 10^2/M^2 \cdot \text{s})(12.0 \times 10^{-3} M)^2(6.0 \times 10^{-3} M) = 2.2 \times 10^{-4} M/\text{s}$$

해설 위의 반응 차수가 H_2에 대하여 일차이지만 균형 방정식에서 H_2의 화학량론 계수는 2이다. 반응의 차수와 전체 균형 반응식에 나타난 반응물의 화학량론적 계수와는 관계가 없다.

비슷한 문제: 13.15.

실전 연습 이황산과산화 이온($S_2O_8^{2-}$)과 아이오딘화 이온(I^-)의 반응은 다음과 같다.

$$S_2O_8^{2-}(aq) + 3I^-(aq) \longrightarrow 2SO_4^{2-}(aq) + I_3^-(aq)$$

특정 온도에서 수집한 다음 자료로부터 속도 법칙을 결정하고, 속도 상수를 계산하시오.

실험	$[S_2O_8^{2-}]$ (M)	$[I^-]$ (M)	초기 속도(M/s)
1	0.080	0.034	2.2×10^{-4}
2	0.080	0.017	1.1×10^{-4}
3	0.16	0.017	2.2×10^{-4}

개념 복습하기

다음 그림 (a)~(c)에서 보여주는 2A + B ⟶ 생성물로 표시되는 반응에 대한 상대 속도는 1:2:4이다. 그림에서 붉은색은 A 분자를 나타내고, 녹색은 B 분자를 나타낸다. 이 반응에 대한 속도 법칙을 쓰시오.

(계속)

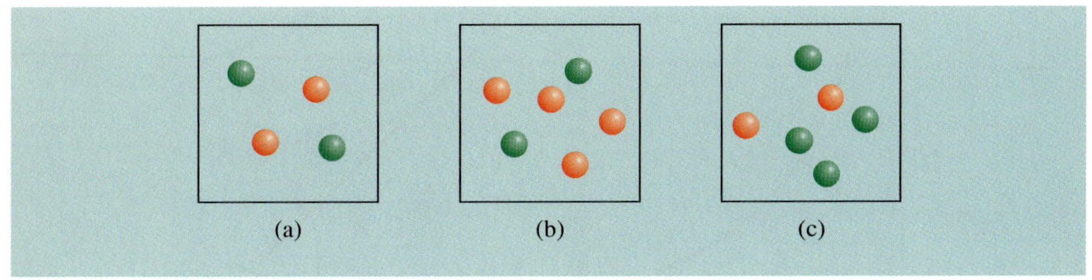

13.3 반응물의 농도와 반응 시간 사이의 관계

속도 법칙 식을 이용하여 속도 상수와 반응물의 농도로부터 반응 속도를 계산할 수 있고, 또한 반응이 진행하는 동안 임의의 시간에서 반응물의 농도를 결정할 수 있다. 전체 반응 차수가 일차와 이차인 가장 간단한 두 반응을 알아보자.

일차 반응

일차 반응(first-order reaction)은 *반응 속도가 반응물 농도의 1승에 의존하는 반응*이다. 다음과 같은 형태의 일차 반응에서

$$\text{A} \longrightarrow \text{생성물}$$

속도는 다음과 같이 쓸 수 있다.

$$\text{속도} = -\frac{\Delta[\text{A}]}{\Delta t}$$

또한 속도 법칙으로부터 다음 관계식을 알고 있다.

$$\text{속도} = k[\text{A}]$$

속도 법칙에 사용된 상수 k의 단위를 결정하기 위하여 다음과 같이 쓸 수 있다.

$$k = \frac{\text{속도}}{[\text{A}]} = \frac{M/\text{s}}{M} = 1/\text{s} \text{ 또는 } \text{s}^{-1}$$

속도에 대한 처음 두 식을 합하여 다음 관계식을 얻는다.

$$-\frac{\Delta[\text{A}]}{\Delta t} = k[\text{A}] \tag{13.2}$$

식 (13.2)을 적분하면 다음 식을 얻을 수 있다.

$$\ln\frac{[\text{A}]_t}{[\text{A}]_0} = -kt \tag{13.3}$$

미분 형태로 하면 식 (13.2)는 다음과 같이 된다.

$$-\frac{d[\text{A}]}{dt} = k[\text{A}]$$

이항하면

$$-\frac{d[\text{A}]}{[\text{A}]} = -kdt$$

$t = 0$에서 $t = t$ 사이에서 적분하면 다음과 같이 된다.

$$\int_{[\text{A}]_0}^{[\text{A}]_t}\frac{d[\text{A}]}{[\text{A}]} = -k\int_0^t dt$$

$$\ln[\text{A}]_t - \ln[\text{A}]_0 = -kt$$

또는 $$\ln\frac{[\text{A}]_t}{[\text{A}]_0} = -kt$$

여기서 ln은 자연 로그이고, $[\text{A}]_0$와 $[\text{A}]_t$는 각각 $t = 0$일 때와 $t = t$일 때의 농도이다. $t = 0$이 반드시 실험 시작 시간을 의미하는 것은 아니다. 즉, 이것은 반응물 A의 농도 변화를 관측하기 시작하는 임의의 시간이다.

위의 식 (13.3)을 재배열하면 다음 식이 된다.

$$\ln[\text{A}]_t = -kt + \ln[\text{A}]_0 \tag{13.4}$$

식 (13.4)는 $y = mx + b$ 형태의 일차 선형 방정식이다. 여기서 m은 직선의 기울기이다.

$$\begin{array}{ccccccc} \ln[\text{A}]_t & = & (-k) & (t) & + & \ln[\text{A}]_0 \\ \updownarrow & & \updownarrow & \updownarrow & & \updownarrow \\ y & = & m & x & + & b \end{array}$$

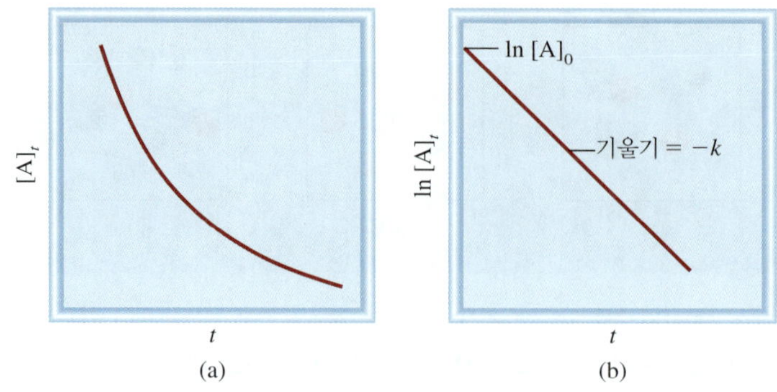

그림 13.9 일차 반응의 특징. (a) 반응 물질의 농도는 시간이 경과함에 따라 지수함수적으로 감소한다. (b) t에 대한 ln $[A]_t$의 도시. 직선의 기울기는 $-k$이다.

그림 13.9를 보자. 반응이 진행되는 동안 예상할 수 있듯이 반응물 A의 농도는 반응 시간이 경과함에 따라 감소한다[그림 13.9(a)]. 일차 반응의 경우 ln $[A]_t$와 반응 시간(t)에 대한 그림을 그리면 기울기가 $-k$인 직선이 얻어지며, y 절편값은 ln $[A]_0$이다[그림 13.9(b)]. 따라서 그림의 기울기로부터 속도 상수를 구할 수 있다.

여러 종류의 일차 반응이 있다. 예를 들면, 에테인(C_2H_6) 분자가 반응성이 아주 큰 메틸 라디칼(CH_3)로 분해되는 반응이다.

$$C_2H_6 \longrightarrow 2CH_3$$

N_2O_5의 분해 반응 또한 일차이다.

$$2N_2O_5(g) \longrightarrow 4NO_2(g) + O_2(g)$$

예제 13.4는 유기 반응에 식 (13.3)을 적용한 예를 보여준다.

예제 13.4

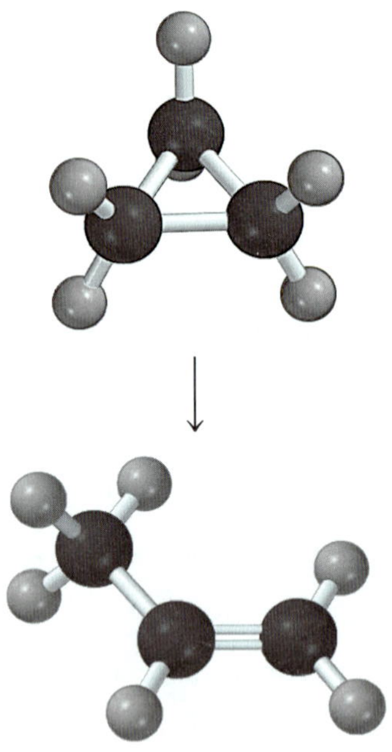

500°C에서 기체 상태의 사이클로프로페인이 프로펜으로 되는 반응은 속도 상수가 6.7×10^{-4} s^{-1}인 일차 반응이다.

$$\underset{\text{사이클로프로페인}}{CH_2\text{—}CH_2 \text{ (고리, } CH_2)} \longrightarrow \underset{\text{프로펜}}{CH_3\text{—}CH\text{=}CH_2}$$

(a) 사이클로프로페인의 초기 농도가 0.25 M이라면 8.8분 후 농도는 얼마인가? (b) 사이클로프로페인의 농도가 0.25 M에서 0.15 M로 감소하는 데 걸리는 시간은 얼마인가? (c) 초기 반응물의 74%가 생성물로 되는 데 걸리는 시간은 얼마인가?

전략 반응 시간에 따른 반응물 농도 변화에 대한 관계식을 일차 반응으로 표현한 식은 식 (13.3) 또는 (13.4)이다. (a)는 시작 농도가 0.25 M로 주어진 상태에서 8.8분 후의 농도를 구하라는 문제이다. (b)는 사이클로프로페인의 농도가 0.25 M에서 0.15 M로 감소하는 데 걸리는 시간을 계산하라는 문제이다. (c)에서는 어떤 농도값도 주어지지 않았다. 그러나 초기에 100%의 화합물 중 74%만이 반응했다면 남은 양은 26%이다. 따라서 백분율의 비가 농도의 비와 같게 된다. 즉, $[A]_t/[A]_0$ = 26%/100% 즉, 0.26/1.00이다.

풀이 (a) 초기 농도와 반응 경과 시간이 주어졌으므로 식 (13.4)를 이용할 수 있다. k의 단위는 s^{-1}이기 때문에 8.8분은 초 단위로 변환해야 한다.

$$8.8\text{ 분} \times \frac{60\text{ s}}{1\text{ 분}} = 528\text{ s}$$

이 식을 풀면

(계속)

$$\begin{aligned}\ln [A]_t &= -kt + \ln [A]_0 \\ &= -(6.7 \times 10^{-4}\ s^{-1})(528\ s) + \ln (0.25) \\ &= -1.74\end{aligned}$$

따라서

$$[A]_t = e^{-1.74} = 0.18\ M$$

$\ln [A]_0$ 항에서 자연 로그는 단위를 취할 수 없기 때문에 $[A]_0$을 단위 없이 0.25로 표시하였다.

(b) 식 (13.3)을 이용하여

$$\ln \frac{0.15\ M}{0.25\ M} = -(6.7 \times 10^{-4}\ s^{-1})t$$

$$t = 7.6 \times 10^2\ s \times \frac{1\text{분}}{60\ s}$$

$$= 13\ \text{분}$$

(c) 식 (13.3)으로부터

$$\ln \frac{0.26}{1.00} = -(6.7 \times 10^{-4}\ s^{-1})t$$

$$t = 2.0 \times 10^3\ s \times \frac{1\text{분}}{60\ s} = 33\ \text{분}$$

비슷한 문제: 13.94.

실전 연습 A에 대해서 일차 반응인 $2A \longrightarrow B$ 반응이 80°C에서 속도 상수가 $2.8 \times 10^{-2}\ s^{-1}$이다. A의 농도가 0.88 M에서 0.14 M로 감소하는 데 걸리는 시간을 구하시오.

이제 45°C에서 오산화 이질소(N_2O_5)가 사염화 탄소(CCl_4) 용매 안에서 분해되는 반응의 반응 차수와 속도 상수를 그래프를 이용하여 구해 보자.

$$2N_2O_5(CCl_4) \longrightarrow 4NO_2(g) + O_2(g)$$

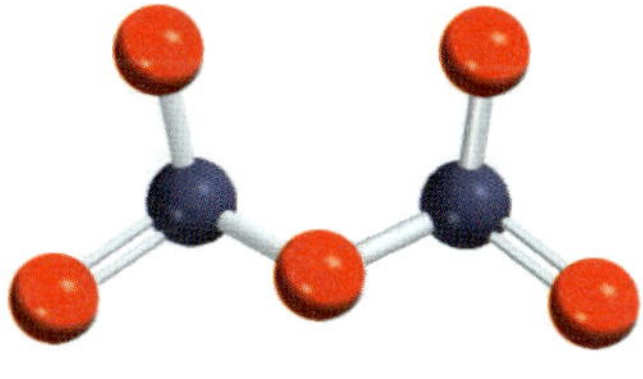

N_2O_5

다음 표는 시간에 따른 N_2O_5의 농도 변화와 각 농도에서 $\ln [N_2O_5]$ 값을 보여준다.

t (s)	$[N_2O_5]$ (M)	$\ln [N_2O_5]$
0	0.91	−0.094
300	0.75	−0.29
600	0.64	−0.45
1200	0.44	−0.82
3000	0.16	−1.83

식 (13.4)를 이용하여 그림 13.10에서 보인 것과 같이 반응 시간(t)에 대한 $\ln [N_2O_5]$의 그래프를 그린다. 여기서 실험값들이 직선을 이룬다는 사실은 이 반응이 일차임을 의미한다. 다음은 직선 위에 있는 임의의 두 실험값으로부터 기울기를 구함으로써 속도 상수를 결정하자. 즉, 다음과 같이 그 점들의 y 값과 x 값의 차이에 대한 비로부터 기울기를 얻는다.

$$\begin{aligned}\text{기울기}(m) &= \frac{\Delta y}{\Delta x} \\ &= \frac{-1.50 - (-0.34)}{(2430 - 400)\ s} \\ &= -5.7 \times 10^{-4}\ s^{-1}\end{aligned}$$

N_2O_5는 분해되어 NO_2(갈색)을 생성한다.

$m = -k$이므로 $k = 5.7 \times 10^{-4}\ s^{-1}$이다.

기체상 반응인 경우 식 (13.3)의 농도항을 기체인 반응물의 압력으로 바꿀 수 있다. 다음 일차 반응을 생각해 보자.

$$A(g) \longrightarrow \text{생성물}$$

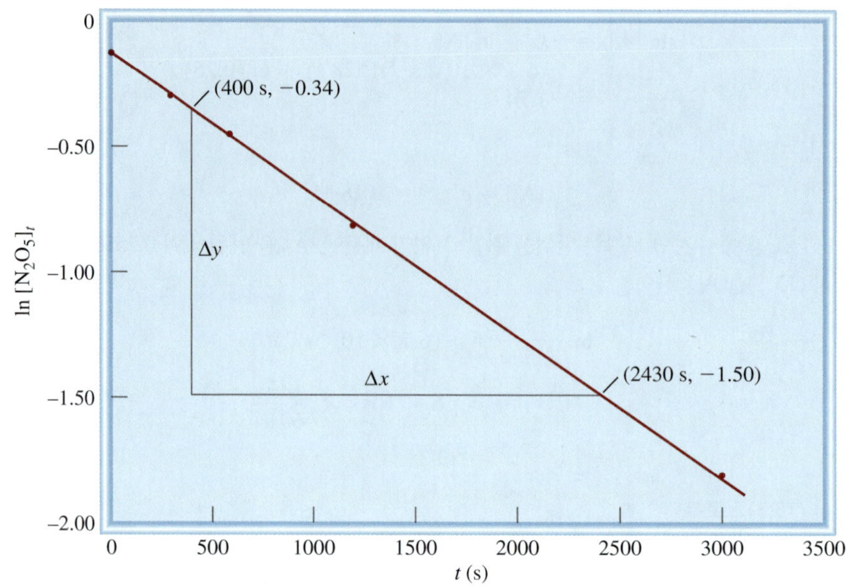

그림 13.10 시간에 대한 $[N_2O_5]_t$의 그래프. 속도 상수는 직선의 기울기로부터 계산할 수 있다.

이상 기체 방정식을 이용하면

$$PV = n_A RT$$

또는

$$\frac{n_A}{V} = [A] = \frac{P}{RT}$$

식 (13.3)에 $[A] = P/RT$로 치환하면, 다음 식이 얻어진다.

$$\ln \frac{[A]_t}{[A]_0} = \ln \frac{P_t/RT}{P_0/RT} = \ln \frac{P_t}{P_0} = -kt$$

따라서 식 (13.4)에 해당하는 식은 다음과 같게 된다.

$$\ln P_t = -kt + \ln P_0 \tag{13.5}$$

예제 13.5는 압력 측정을 통하여 일차 반응의 속도를 구하는 방법을 소개하고 있다.

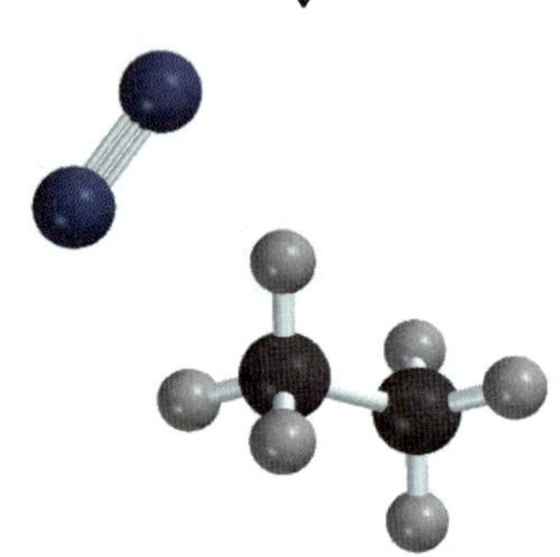

$C_2H_6N_2 \longrightarrow N_2 + C_2H_6$

예제 13.5

아조메테인($C_2H_6N_2$)의 분해 속도는 반응 시간에 대한 반응물의 부분 압력 측정을 통하여 결정할 수 있다.

$$CH_3{-}N{=}N{-}CH_3(g) \longrightarrow N_2(g) + C_2H_6(g)$$

300°C에서 측정된 아조메테인의 부분 압력을 다음 표에 나타내었다.

시간(s)	아조메테인의 부분 압력(mmHg)
0	284
100	220
150	193
200	170
250	150
300	132

이들 값이 일차 반응 속도와 일치하는가? 그렇다면, 속도 상수를 결정하시오.

(계속)

전략 위의 반응이 일차 반응임을 확인하기 위하여 식 (13.4)와 같은 선형 방정식의 적분형 일차 반응 속도 법칙을 살펴보자.

$$\ln [A]_t = -kt + \ln [A]_0$$

위 반응이 일차 반응이라면 반응 시간(t)에 대한 $\ln [A]_t$의 그래프를 그렸을 때 기울기가 $-k$인 직선이 얻어질 것이다. 아조메테인의 부분 압력은 항상 농도(mol/L)에 정비례한다는 사실에 주목하라($PV = nRT$이므로 P는 n/V에 비례함). 따라서 농도 대신에 부분 압력을 대입한다[식 (13.5)].

$$\ln P_t = -kt + \ln P_0$$

여기서 P_0와 P_t는 각각 $t = 0$와 $t = t$에서 아조메테인의 부분 압력이다.

풀이 먼저 t와 P_t의 표를 작성하면 다음과 같다.

t (s)	$\ln P_t$
0	5.649
100	5.394
150	5.263
200	5.136
250	5.011
300	4.883

그림 13.11은 위 표에 주어진 자료를 토대로 그래프를 그린 것이다. $\ln P_t$ 대 t의 그래프는 직선의 기울기를 보여주며, 따라서 이 반응은 일차 반응이다.

$$\text{기울기} = \frac{5.05 - 5.56}{(233 - 33)\text{ s}} = -2.55 \times 10^{-3}\text{ s}^{-1}$$

식 (13.4)에 따라 기울기가 $-k$이므로 $k = 2.55 \times 10^{-3}\text{ s}^{-1}$이다.

비슷한 문제: 13.19, 13.20.

실전 연습 다음 반응식과 같이 아이오딘화 에틸(C_2H_5I)의 분해 반응은 어떤 특정한 온도에서 기체 상태로 일어난다.

$$C_2H_5I(g) \longrightarrow C_2H_4(g) + HI(g)$$

다음 자료를 이용하여 반응 차수와 속도 상수를 구하시오.

시간(분)	$[C_2H_5I]$ (M)
0	0.36
15	0.30
30	0.25
48	0.19
75	0.13

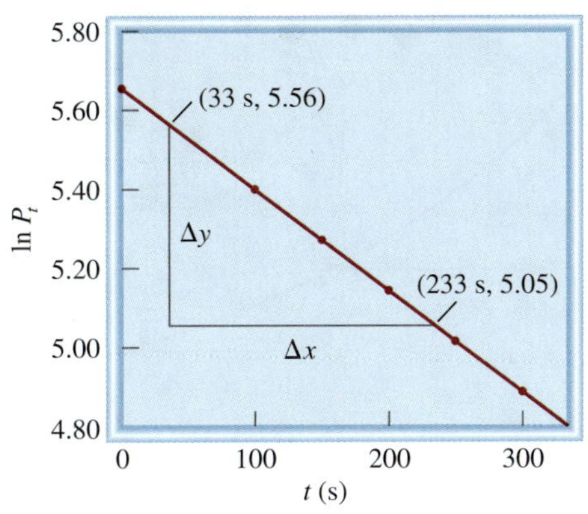

그림 13.11 아조메테인 분해의 시간에 대한 $\ln P_t$ 도시.

➤ 반응의 반감기

반응이 진행됨에 따라 반응물의 농도는 감소한다. 반응 속도를 측정하는 또 다른 방법은 시간과 농도에 관련된 **반감기**(half-life, $t_{\frac{1}{2}}$)를 측정하는 것이다. 반감기란 *반응물의 초기 농도가 반이 되는 데 걸리는 시간*이다. 일차 반응에서 $t_{\frac{1}{2}}$는 다음과 같이 얻을 수 있다. 식 (13.3)을 재배열하면 다음과 같다.

$$t = \frac{1}{k} \ln \frac{[A]_0}{[A]_t}$$

반감기에 대한 정의로부터 $t = t_{\frac{1}{2}}$일 때, $[A]_t = [A]_0/2$이므로 이 값을 위의 식에 대입하면 다음과 같은 식이 얻어진다.

$$t_{\frac{1}{2}} = \frac{1}{k} \ln \frac{[A]_0}{[A]_0/2}$$

또는

$$t_{\frac{1}{2}} = \frac{1}{k} \ln 2 = \frac{0.693}{k} \qquad (13.6)$$

식 (13.6)은 일차 반응의 반감기가 반응물의 초기 농도에 *무관*함을 보여준다. 그러므로 반응물 농도가 1.0 *M*에서 0.50 *M*로 감소하는 데 걸리는 시간은 0.10 *M*에서 0.050 *M*로 감소하는 데 걸리는 시간과 같다(그림 13.12). 반응의 반감기를 측정하는 것은 일차 반응의 속도 상수를 결정하는 한 방법이다.

다음 비유는 식 (13.6)을 이해하는 데 도움이 될 것이다. 대학생이 대학에 다니는 기간은 휴학하지 않는다면 4년이 된다. 그러므로 대학에서 학부생의 반감기는 2년이 된다. 이 반감기는 학부생 수에 영향을 받지 않는다. 비슷하게 일차 반응의 반감기는 농도에 무관하다.

반감기는 속도 상수의 크기를 평가하는 데 유용하다. 즉, 반감기가 짧을수록 k는 더 크

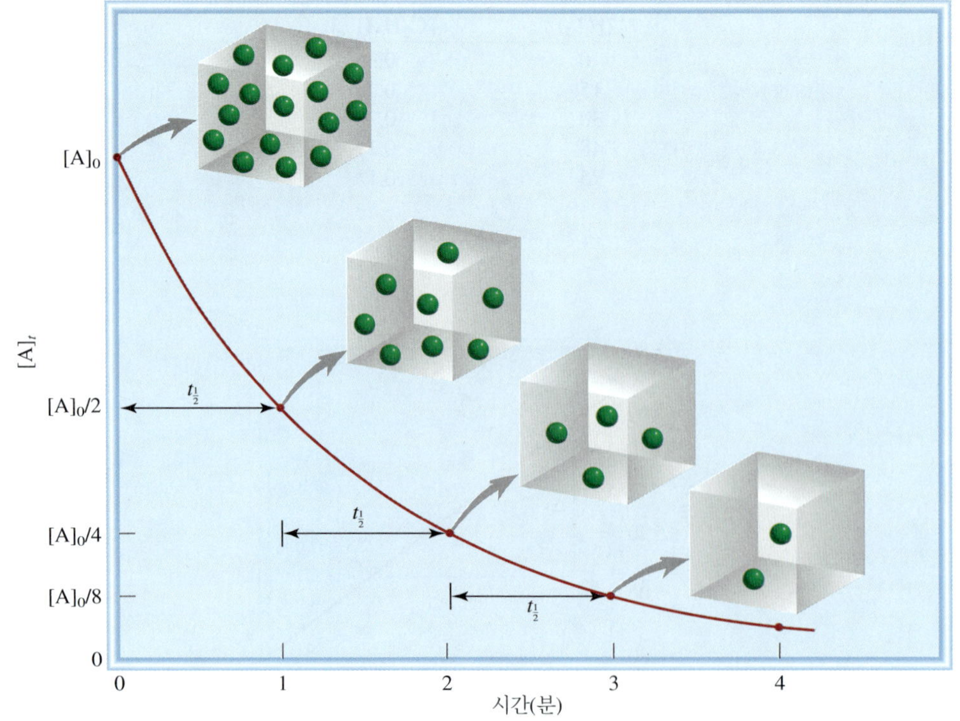

그림 13.12 일차 반응 A ⟶ 생성물의 반응 시간에 대한 $[A]_t$의 그래프. 반감기는 1분이며, 반감기가 지나면 반응물(A)의 농도는 반으로 줄어든다.

게 된다. 예를 들어, 핵의학에서 사용되는 두 방사선 동위원소 ^{24}Na($t_{\frac{1}{2}}$ = 14.7 h)와 ^{60}Co ($t_{\frac{1}{2}}$ = 5.3 yr)가 있다. ^{24}Na의 반감기가 더 짧기 때문에 이것이 먼저 붕괴되는 것은 분명하다. 만약 위의 동위원소 각 1 mol로 실험을 시작할 경우 1주일 후 ^{24}Na는 거의 다 붕괴되는 반면 ^{60}Co는 거의 그대로 남아 있을 것이다.

예제 13.6에서는 일차 반응의 반감기를 계산한다.

예제 13.6

에테인(C_2H_6)이 메틸 라디칼로 분해되는 반응은 일차 반응이며, 700°C에서 속도 상수는 5.36×10^{-4} s^{-1}이다.

$$C_2H_6(g) \longrightarrow 2CH_3(g)$$

이 반응의 반감기를 계산하여 분(minute) 단위로 나타내시오.

전략 식 (13.6)을 이용하여 일차 반응의 반감기를 계산한다. 반감기를 분 단위로 나타내기 위하여 단위 환산이 필요하다.

풀이 일차 반응의 반감기를 계산하기 위하여 필요한 것은 속도 상수(k)이다. 식 (13.6)으로부터 반감기를 구하면 다음과 같다.

$$\begin{aligned} t_{\frac{1}{2}} &= \frac{0.693}{k} \\ &= \frac{0.693}{5.36 \times 10^{-4}\ s^{-1}} \\ &= 1.29 \times 10^3\ s \times \frac{1}{60\ s} \\ &= 21.5\ \text{분} \end{aligned}$$

실전 연습 앞에서 논의된 N_2O_5의 분해 반응에 대한 반감기를 계산하시오.

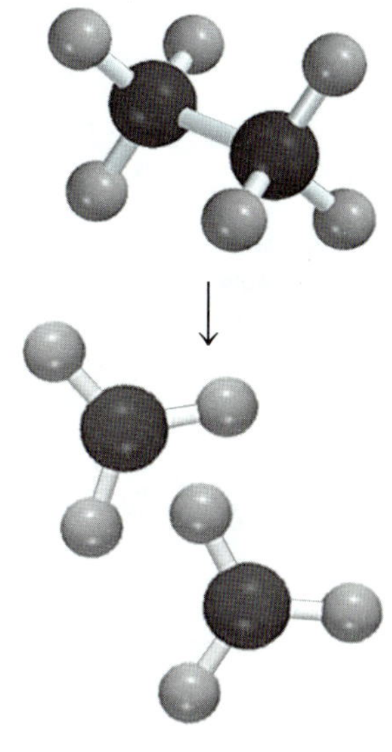

$C_2H_6 \longrightarrow 2CH_3$

비슷한 문제: 13.26.

개념 복습하기

반응물 A(푸른색 구)가 생성물 B(노란색 구)로 전환되는 일차 반응(A ⟶ B)을 생각해 보자. (a) 이 반응에 대한 반감기와 속도 상수는? (b) t = 20 s와 t = 30 s에서 존재하는 A와 B 분자의 개수를 구하시오.

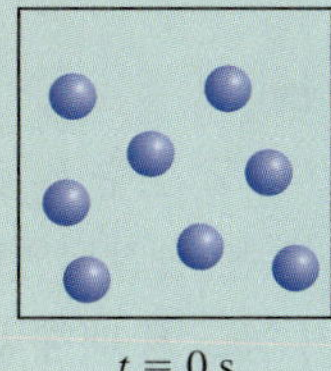

t = 0 s

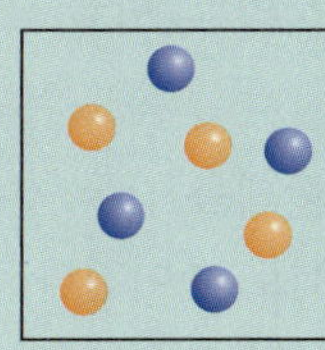

t = 10 s

▶ 이차 반응

이차 반응(second-order reaction)은 *반응 속도가 한 반응물 농도의 제곱에 비례하거나 두 다른 반응물 각각의 농도의 곱에 의존하는 반응*이다. 더 간단한 형태는 다음과 같이 반응물 분자가 한 종류로만 되어 있는 경우이다.

$$A \longrightarrow \text{생성물}$$

$$\text{속도} = -\frac{\Delta[A]}{\Delta t}$$

속도 법칙으로부터 다음 식이 얻어진다.

$$속도 = k[A]^2$$

k의 단위는 다음과 같이 구할 수 있다.

$$k = \frac{속도}{[A]^2} = \frac{M/s}{M^2} = 1/M \cdot s$$

이차 반응의 또 다른 예는 다음과 같다.

$$A + B \longrightarrow 생성물$$

그리고 이 반응에 대한 속도 법칙은 다음과 같다.

$$속도 = k[A][B]$$

이 반응은 A와 B에 대하여 각각 일차 반응이다. 따라서 전체 반응은 이차 반응이다.

식 (13.7)은 다음 식의 결과이다.

$$\int_{[A]_0}^{[A]_t} \frac{d[A]}{[A]^2} = -k\int_0^t dt$$

적분법을 이용하여 이차 반응인 "A ⟶ 생성물"에 대하여 다음과 같은 식을 얻을 수 있다.

$$\frac{1}{[A]_t} = kt + \frac{1}{[A]_0} \tag{13.7}$$

식 (13.7)은 선형 방정식의 형태를 취한다. 그림 13.13에서 보듯 반응 시간(t)에 대한 $1/[A]_t$의 그래프는 기울기가 k인 직선이며 y 절편 값은 $1/[A]_0$이다

➤ 유사 일차 반응

이차 반응의 다른 형태인

$$A + B \longrightarrow 생성물$$

과 이에 상응하는 속도 법칙인

$$속도 = k[A][B]$$

는 앞에서 보인 $k[A]^2$인 이차 반응보다 더 일반적이다. 그러나 이를 수학적으로 다루는 것은 상당히 까다롭다. 속도 법칙의 적분 형태로 풀 수 있는 반면 일반적 접근법은 *유사 일차 속도론*(pseudo-first-order kinetics) 조건에서 이차 반응을 구하는 것이다.

한 반응물이 다른 것보다 훨씬 과량인 조건에서 위 반응을 수행하면, 이때 초과 반응물의 농도는 반응 과정에서 거의 변하지 않을 것이다. 예를 들어, $[B] \gg [A]$이라면, 이때 [B]는 실제로는 일정할 것이고, 다음 결과를 얻는다.

$$속도 = k[A][B] = k_{관찰}[A]$$

속도 법칙은 일차 반응 형태를 갖는 것을 볼 수 있다. 속도 상수 $k_{관찰}$은 유사 일차 반응 상수라고 하며, $k_{관찰} = k[B]$로 주어진다. 아래첨자 "관찰"은 관찰되었다는 것을 의미하고, k는 이차 반응 속도 상수이다. 만약 여러 다른 B의 초기 농도에 대해 $k_{관찰}$을 측정하면, 이 때 [B]에 대한 $k_{관찰}$ 그래프는 기울기가 k인 직선 그래프로 나타낼 수 있다.

전에 브로민과 폼산의 반응은 폼산이 과량으로 존재하므로 일차 반응으로 다룰 수 있다는 것을 보았다(13.1절 참조). 또 다른 잘 알려진 예는 아세트산 에틸이 가수분해(물과 반응을 의미)되어 아세트산과 에탄올을 만드는 것이다.

$$CH_3COOC_2H_5 + H_2O \longrightarrow CH_3COOH + C_2H_5OH$$

1 M 이하인 에틸 아세테이트와 비교해 용매인 물의 농도는 약 55.5 M[†]이기 때문에 $[H_2O]$

그림 13.13 이차 반응에 대한 $1/[A]_t$ 대 t 도시. 선의 기울기가 k와 같다.

[†] 매우 묽은 용액 1 L에 물의 질량은 약 1000 g이므로, 물 1000 g/(18.02 g/mol) 즉, 55.5 mol이 있다. 따라서 물의 농도는 55.5 M이다.

는 상수로 간주되며, 속도는 다음과 같이 주어진다.

$$속도 = k[CH_3COOC_2H_5][H_2O] = k_{관찰}[CH_3COOC_2H_5]$$

여기서 $k_{관찰} = k[H_2O]$이다.

반응의 반감기

식 (13.7)에서 $[A]_t$를 $[A]_0/2$로 치환함으로써 이차 반응의 반감기를 구할 수 있다.

$$\frac{1}{[A]_0/2} = kt_{\frac{1}{2}} + \frac{1}{[A]_0}$$

이 식을 $t_{\frac{1}{2}}$에 대하여 정리하면 다음과 같다.

$$t_{\frac{1}{2}} = \frac{1}{k[A]_0} \tag{13.8}$$

이차 반응의 반감기는 초기 농도에 반비례함을 주목하라. 반감기는 좀 더 많은 분자가 다른 분자와 충돌하기 쉬운 반응 초기에 빠른 것이 당연하다. 따라서 일차 반응과 이차 반응을 구별하는 한 가지 방법은 서로 다른 초기 농도에서 반감기를 측정하는 것이다.

예제 13.7은 이차 반응의 반응 속도론적 분석의 예를 보여주고 있다.

예제 13.7

기체상에서 아이오딘 원자가 결합하여 아이오딘 분자로 되는 반응이 있다.

$$I(g) + I(g) \longrightarrow I_2(g)$$

이 반응은 이차 반응이며, 23°C에서 반응 속도는 $7.0 \times 10^9\ /M \cdot s$이다. (a) 아이오딘 원자(I)의 초기 농도가 0.086 M일 때, 2.0분 후의 농도를 계산하시오. (b) I의 초기 농도가 0.60 M일 때와 0.42 M일 때, 이 반응의 반감기를 구하시오.

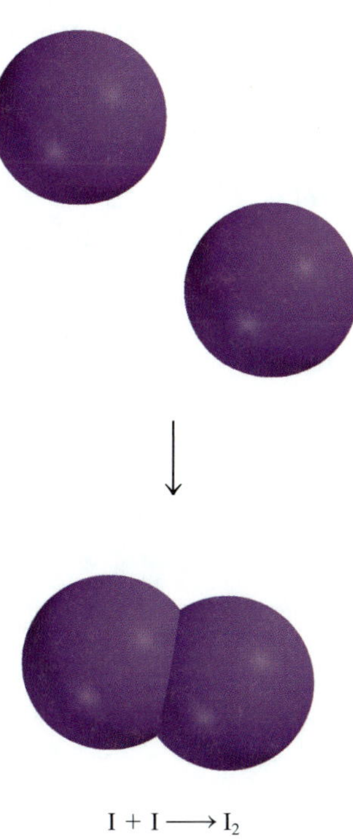

$I + I \longrightarrow I_2$

전략 (a) 여러 다른 시간에서 반응물 농도 사이의 관계식은 적분 속도 법칙으로 구한다. 이 반응은 이차 반응이므로 식 (13.7)을 이용하면 된다. (b) 반감기를 구하라는 문제이다. 이차 반응에 대한 반감기는 식 (13.8)을 이용하여 구할 수 있다.

풀이 (a) 이차 반응의 경우 일정 시간이 지난 후 화학종의 농도를 계산하기 위해서 초기 농도와 속도 상수가 필요하다. 식 (13.7)을 이용하여

$$\frac{1}{[A]_t} = kt + \frac{1}{[A]_0}$$

$$\frac{1}{[A]_t} = (7.0 \times 10^9/M \cdot s)\left(2.0\text{ 분} \times \frac{60\text{ s}}{1\text{분}}\right) + \frac{1}{0.086\ M}$$

여기서 $[A]_t$는 t = 2.0분 후의 농도이다. 이 식을 풀면 다음 값을 얻는다.

$$[A]_t = 1.2 \times 10^{-12}\ M$$

이 농도는 매우 낮기 때문에 실제적으로 감지할 수 없다. 이 반응의 속도 상수가 매우 크다는 것은 반응이 겨우 2.0분이 경과했지만 모든 아이오딘 원자가 결합하여 아이오딘 분자로 되었음을 의미한다.

(b) 식 (13.8)을 이용하여

우선 $[I]_0 = 0.60\ M$에 대하여 풀면

$$t_{\frac{1}{2}} = \frac{1}{k[A]_0}$$

(계속)

생활 속의 화학

방사성 탄소 연대 측정

과학자들은 유적지에서 발굴된 고대 유물의 연대를 어떻게 측정할까? 누군가가 기원전 1000년 경의 것으로 추정되는 고문서를 팔려고 한다면 그 진위를 어떻게 확인할 수 있을까? 이집트 피라미드에서 발견된 미라가 *정말* 3000년 된 것일까? 소위 투린 수의(Shroud of Turin)라고 하는 것이 정말로 예수의 수의였을까? 이러한 질문과 비슷한 다른 질문에 대한 답은 보통 화학 반응 속도론과 *방사성 탄소 연대 측정 기술*(radiocarbon dating technique)을 응용하여 확인할 수 있다.

지구의 대기는 끊임없이 아주 강력한 침투력을 가진 우주선(cosmic ray)을 받고 있다. 외계에서 발생한 이들 광선은 전자, 중성자, 원자핵으로 구성되어 있다. 대기와 우주선 사이의 중요한 반응 중 하나는 대기 질소(질소-14 동위원소)가 중성자를 하나 얻어 방사성 탄소-14 동위원소와 수소 원자를 생성하는 것이다. 불안정한 탄소 원자는 결국 $^{14}CO_2$를 생성하여 공기 중 이산화 탄소($^{12}CO_2$)와 혼합된다. 탄소-14 동위원소가 붕괴되면 베타 입자(전자)를 방출한다. 붕괴 속도는(초당 방출된 전자수로 측정) 일차 반응 속도에 따른다. 방사성 붕괴에 대한 일반적 속도 법칙은 다음과 같다.

$$\text{속도} = kN$$

여기서 k는 일차 반응 속도 상수이고, N은 존재하는 ^{14}C 핵의 수이다. 반감기($t_{\frac{1}{2}}$)는 5.73×10^3 년이므로 식 (13.6)로부터 다음과 같이 쓸 수 있다.

$$k = \frac{0.693}{5.73 \times 10^3\ \text{년}} = 1.21 \times 10^{4}\ \text{년}^{1}$$

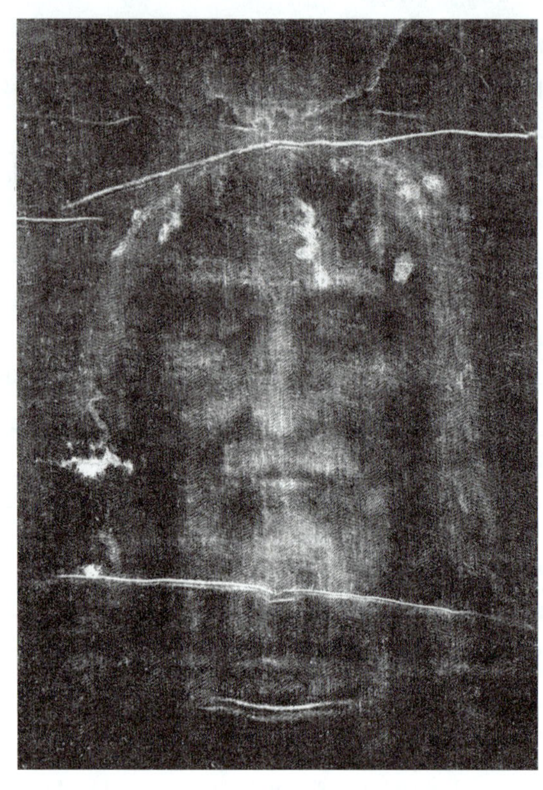

투린(Turin)의 수의. 한 남자의 모습을 나타내고 있는 천 조각이 과연 예수 그리스도의 수의인가에 대한 논쟁이 오랫동안 있어 왔다. 수의의 연대는 방사성 탄소 연대 측정법으로 결정되었다.

$$= \frac{1}{(7.0 \times 10^9/M \cdot s)(0.60\ M)}$$
$$= 2.4 \times 10^{-10}\ s$$

또한 $[I]_0 = 0.42\ M$의 경우에 대하여 풀면

$$t_{\frac{1}{2}} = \frac{1}{(7.0 \times 10^9/M \cdot s)(0.42\ M)}$$
$$= 3.4 \times 10^{-10}\ s$$

비슷한 문제: 13.27, 13.28.

검산 일차 반응의 경우와 달리 이차 반응의 반감기는 일정하지 않고 반응물의 초기 농도에 의존함을 확인할 수 있다. 초기 농도가 더 높으면 더 짧은 반감기를 갖는 것이 타당한가?

실전 연습 반응 $2A \longrightarrow B$는 24°C에서 속도 상수가 $51/M \cdot \text{min}$인 이차 반응이다. (a) $[A]_0 = 0.0092\ M$으로 시작하여 $[A]_t = 3.7 \times 10^{-3}\ M$이 되기까지 시간이 얼마나 걸리겠는가? (b) 이 반응의 반감기를 계산하시오.

CHEMISTRY *in Action*

식물이 광합성을 할 때 이산화 탄소를 흡수하는데, 이때 탄소-14 동위원소가 생물권 안으로 들어오게 된다. 동물들이 이 식물을 먹고 탄소-14를 포함하는 CO_2를 공기 중으로 방출한다. 결국 탄소-14가 탄소 순환계에 참여하게 된다. 방사성 붕괴로 없어진 탄소-14 동위원소는 대기권에서 새로운 동위원소의 생성으로 꾸준히 보충된다. 이런 붕괴-보충 과정에서 동적 평형은 생명체 내에서 탄소-12와 탄소-14의 비율이 일정하게 유지한다. 그러나 한 개체 식물이나 동물이 죽으면 그 개체 안에서는 더 이상 탄소-14 동위원소를 보충받지 못하며, 탄소-14 붕괴에 따라 그 비율이 감소하게 된다. 똑같은 상황이 지하에 매장된 석탄, 석유, 나무에 포함된 탄소에 대해서도 일어나며, 이집트의 미라 내에서도 마찬가지다. 따라서 상당한 시간이 지나면 탄소-14 핵의 비율이 살아있는 사람과 비교하여 미라에는 적어지게 된다.

1955년 리비(Willard F. Libby)[†]는 특정 시료에서 탄소-14 동위원소가 보충되지 않고 붕괴만 되는 사실을 이용하여 시료의 연대를 측정할 수 있다고 제시하였다. 식 (13.3)을 다시 써 보자.

$$\ln \frac{N_0}{N_t} = kt$$

여기서 N_0와 N_t는 각각 $t = 0$과 $t = t$에서 존재하는 탄소-14 핵의 개수이다. 붕괴 속도는 존재하는 탄소-14 핵의 개수에 비례하기 때문에 위 식은 다음과 같이 쓸 수 있다.

[†] 리비(Willard Frank Libby, 1908~1980)은 미국 화학자로 1960년 방사선 연대 측정에 관한 연구로 노벨 화학상을 수상하였다.

$$t = \frac{1}{k}\ln\frac{N_0}{N_t}$$

$$= \frac{1}{1.21 \times 10^{-4}\text{년}^{-1}} \ln \frac{t=0\text{일 때의 붕괴 속도}}{t = t\text{일 때의 붕괴 속도}}$$

$$= \frac{1}{1.21 \times 10^{-4}\text{년}^{-1}} \ln \frac{\text{새로운 시료의 붕괴 속도}}{\text{오래된 시료의 붕괴 속도}}$$

새로운 시료와 오래된 시료의 k 값과 붕괴 속도를 알면 오래된 시료의 나이인 t를 계산할 수 있다. 이 놀라운 기술은 아주 단순한 개념을 기본으로 하고 있다. 이것의 성공 여부는 붕괴 속도를 얼마나 정확히 측정할 수 있는가에 달려 있다. 새로운 시료에서 $^{14}C/^{12}C$는 약 $1/10^{12}$이어서 방사성 붕괴를 검사하는 장비의 해상도가 아주 좋아야 한다. 오래된 시료일수록 ^{14}C 핵을 더 적게 포함하고 있기 때문에 신선한 시료보다 나이를 정확하게 측정하기가 어렵다. 그럼에도 불구하고 방사성 탄소 연대 측정은 1천~5만 년 전 정도의 고대 유물, 그림 그리고 그 외 다른 물체의 연대를 측정하는 극히 중요한 방법이 되었다.

최근 방사성 탄소 연대 측정 기술을 응용하여 투린 수의의 연대를 측정하였다. 1988년 미국과 유럽의 3개 실험실에서 독립적으로 50 mg 미만의 수의 시료를 가지고 실험한 결과 수의의 연대는 A.D. 1260~1390년의 것으로 추정된다고 발표하였다. 따라서 이 수의는 예수의 수의가 아닌 것으로 보인다. 하지만 후에 수의를 수선하면서 들어간 오염물을 기초로 연대 분석이 이루어졌기 때문에 이 발견이 무효라는 새로운 증거가 최근 연구에서 보고되었다. 이 논쟁은 당분간 계속될 것으로 보이며 수의에 대한 더 많은 시험이 정당화된다.

개념 복습하기

"A ⟶ 생성물"인 반응을 생각해 보자. 이 반응의 반감기는 A의 초기 농도에 의존한다. 다음 진술 중 위의 반응에 대하여 맞지 않은 것은? (a) 이 반응의 반감기는 초기 농도가 증가할수록 감소한다. (b) 반응 시간에 대한 $\ln [A]_t$의 그래프는 직선이다. (c) A의 농도를 2배로 증가시키면 반응 속도는 4배로 빨라진다.

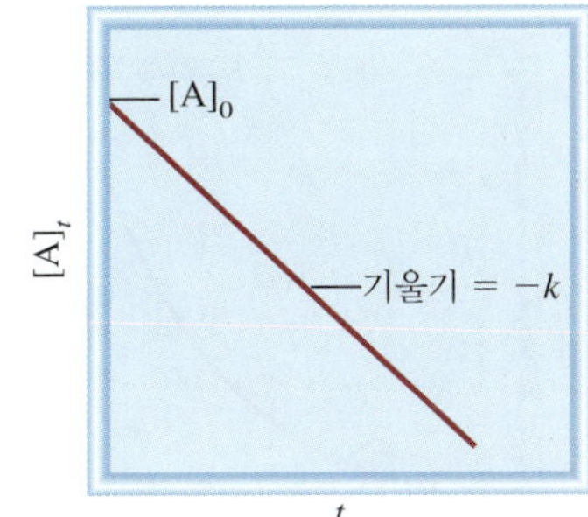

그림 13.14 영차 반응에 대한 $[A]_t$ 대 t의 도시. 직선의 기울기는 $-k$이다.

영차 반응

가장 흔한 반응 유형은 일차 반응과 이차 반응이며, 영차 반응은 흔하지 않다. 다음 영차 반응에 대하여

$$A \longrightarrow \text{생성물}$$

속도 법칙은 다음과 같이 표시된다.

표 13.3 영차 반응, 일차 반응, 이차 반응에 대한 반응 속도론

차수	속도 법칙	농도-시간 식	반감기
0	속도 $=k$	$[A]_t = -kt + [A]_0$	$\frac{[A]_0}{2k}$
1	속도 $= k[A]$	$\ln \frac{[A]_t}{[A]_0} = -kt$	$\frac{0.693}{k}$
2[†]	속도 $= k[A]^2$	$\frac{1}{[A]_t} = kt + \frac{1}{[A]_0}$	$\frac{1}{k[A]_0}$

[†] A ⟶ 생성물

어떤 수를 0승하면 1이 됨을 기억하라.

$$\begin{aligned} \text{속도} &= k[A]^0 \\ &= k \end{aligned}$$

따라서 영차 반응 속도는 *상수*(constant)이며, 반응물의 농도에 무관하다. 적분법을 이용하여 다음 식을 얻을 수 있다.

식 (13.9)는 다음 식의 결과이다.

$$\int_{[A]_0}^{[A]_t} d[A] = -k\int_0^t dt$$

$$[A]_t = -kt + [A]_0 \tag{13.9}$$

식 (13.9)은 선형 방정식의 형태를 취한다. 그림 13.14에서 볼 수 있듯이 반응 시간에 대한 ln $[A]_t$의 그래프는 기울기가 $-k$인 직선이며 y 절편 값은 $[A]_0$이다. 영차 반응의 반감기를 구하기 위하여 식 (13.9)에 $[A]_t$ 대신 $[A]_0/2$를 대입하여 다음 식을 얻는다.

$$t_{\frac{1}{2}} = \frac{[A]_0}{2k} \tag{13.10}$$

알려진 여러 영차 반응은 금속 표면에서 일어난다. 영차 반응의 한 예는 백금 존재하에서 N_2O가 분해되어 질소와 산소를 만드는 반응이다.

$$2N_2O(g) \longrightarrow 2N_2(g) + O_2(g)$$

백금의 모든 표면이 결합하게 되면 반응 속도는 기체 상태로 존재하는 N_2O의 양에 관계없이 일정하게 된다. 13.6절에서 보게 되겠지만, 다른 잘 알려진 영차 반응의 예는 효소 촉매하에 일어나는 반응이다.

식 (13.9)의 $[A]_0$와 $[A]_t$는 기체상에서 N_2O의 농도이다.

삼차 이상 차수의 반응들은 매우 복잡하여 이 책에서는 다루지 않는다. 표 13.3은 위에서 공부한 영차 반응, 일차 반응, 이차 반응의 반응 속도론에 대한 내용을 정리한 것이다. 다음 "생활 속의 화학"은 물체의 연대를 추정하는 데 있어서 화학 반응 속도론이 응용되는 예를 서술하고 있다.

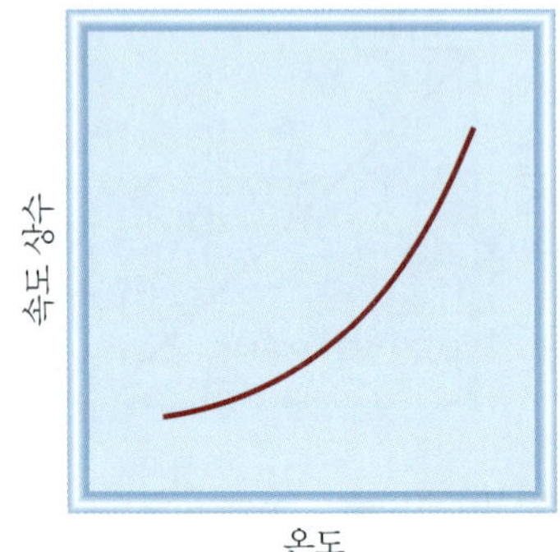

그림 13.15 반응 속도 상수의 온도 의존성. 대부분의 반응에서 온도가 증가하면 반응 속도 상수도 증가한다.

13.4 활성화 에너지와 속도 상수의 온도 의존성

극히 예외적인 경우를 제외하고, 온도가 올라갈수록 반응 속도는 빨라진다. 예를 들어, 물에 달걀을 삶을 때 100°C에서는 약 10분 정도 걸리지만, 80°C에서는 약 30분 걸린다. 반대로, 음식을 보존하는 효과적인 방법으로 음식을 영하의 온도에 저장함으로써 박테리아 등 세균에 의한 부패 속도를 낮추는 것이다. 그림 13.15은 반응 속도와 온도 사이의 관계를 나타낸 전형적인 예이다. 이것을 설명하려면 우선 반응이 어떻게 시작되는지를 이해하여야 한다.

화학 반응 속도론의 충돌 이론

기체 분자 운동론(5.7절 참조)에서 기체 분자들은 빈번히 다른 분자와 충돌한다고 가정한다. 화학 반응이 반응물 사이의 충돌 결과로 일어난다는 것은 일반적으로 사실이며, 이렇게 가정하는 것이 논리적이다. 반응 속도론의 *충돌 이론*(collision theory)에 따르면, 반응 속도는 초 당 분자간의 충돌 횟수 즉, 분자의 충돌 빈도에 정비례함을 예견할 수 있다.

$$\text{속도} \propto \frac{\text{충돌 횟수}}{\text{s}}$$

위의 간단한 관계식이 농도에 대한 반응 속도의 의존성을 설명해 준다.

어떤 분자 A와 분자 B가 반응하여 생성물을 만드는 반응을 생각해 보자. 생성물 분자는 분자 A와 분자 B가 직접 결합하여 생성된다고 가정하자. A의 농도가 두 배로 되면, 주어진 부피에서 분자 B와 충돌할 수 있는 A 분자가 두 배로 되기 때문에 A-B 충돌 횟수도 두 배로 될 것이다(그림 13.16). 결과적으로 반응 속도도 두 배로 될 것이다. 따라서 반응 속도 법칙은 다음과 같이 쓸 수 있다.

$$\text{속도} = k[\text{A}][\text{B}]$$

이 반응은 A와 B에 각각 대해 일차이므로 전체적으로 이차 반응 속도론에 따른다.

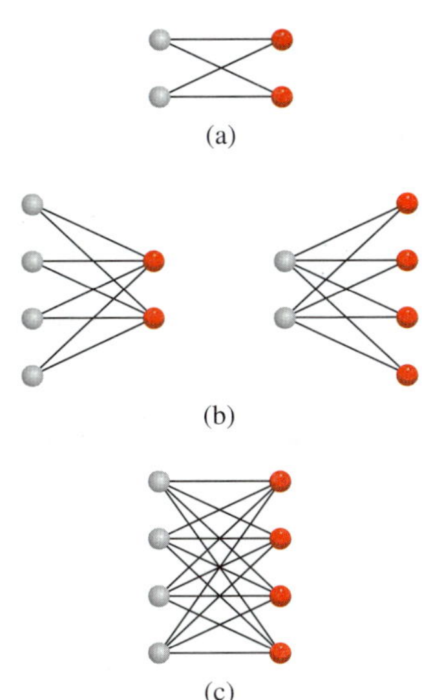

그림 13.16 농도에 대한 충돌 횟수의 의존도. 여기서 A-B만이 충돌하여 생성물을 생성한다고 생각하자. (a) A 분자 두 개와 B 분자 두 개 사이에 가능한 충돌은 4가지이다. (b) A 또는 B 분자 중 한 분자의 개수를 두 배로 늘리면 충돌 가능성은 8이 되며, (c) 분자 A와 B를 각각 두 배로 늘리면 충돌 가능성은 16배로 증가함을 알 수 있다. 모든 경우에 A와 B 분자간의 충돌만 고려하였다.

충돌 이론은 언뜻 보기에 그럴듯해 보이지만, 속도와 분자 충돌 사이의 관계는 예상하는 것보다 훨씬 더 복잡하다. 충돌 이론은 반응이 항상 분자 A와 B가 충돌할 때 일어난다는 것을 내포하고 있다. 그러나 모든 충돌이 반응으로 이어지는 것은 아니다. 상압(1 atm)과 상온(298 K)에서 분자 운동론에 근거한 계산에 따르면 기체 1 mL에서 두 분자 사이의 충돌은 매초 약 1×10^{27} 정도로 일어난다. 액체상에서는 좀 더 많은 충돌이 일어난다. 만약 두 분자간의 모든 충돌이 생성물로 진행된다면 모든 반응은 거의 순간적으로 끝날 것이다. 실제로 반응 속도는 반응 종류에 따라 아주 다르다. 많은 경우에서 있어서 분자간의 충돌만으로 반응이 일어난다고 보장할 수 없다.

움직이는 모든 분자는 운동 에너지를 가지고 있고, 더 빨리 움직일수록 더 큰 운동 에너지를 가지고 있다. 그러나 빨리 움직이는 분자가 혼자서 조각으로 분해되지는 않는다. 반응이 일어나기 위해서는 반드시 다른 분자와 충돌해야 한다. 분자가 충돌할 때 일부 운동 에너지는 진동 에너지로 전환된다. 만약 초기의 운동 에너지가 크면, 충돌된 분자는 더 강하게 진동하여 몇몇 화학 결합이 끊어지게 한다. 이런 식으로 어떤 결합이 끊어지는 것이 반응 생성물을 만드는 첫 단계이다. 만약 어떤 반응물 분자의 초기 운동 에너지가 작다면, 충돌하더라도 결합이 깨어지지 않고 그냥 튕겨나갈 것이다. 에너지 측면에서 말하자면 충돌하더라도 반응이 일어날 수 없는 최소의 충돌 에너지가 있다. 이와 같이 에너지가 부족하면 분자들이 충돌하더라도 원래 분자의 형태를 유지하게 되며, 충돌로 인하여 분자 내에 어떤 변화도 초래되지 않는다.

반응이 일어나기 위해서 충돌하는 분자들은 *화학 반응이 일어나는 데 필요한 최소한의 에너지*인 **활성화 에너지**(activation energy, E_a) 이상의 운동 에너지를 가져야 한다고 가정한다. 분자가 충분한 에너지를 가지고 충돌하면, *생성물이 생성되기 전에 일시적으로 만들어지는* **활성 복합체**(activated complex) 또는 **전이 상태**(transition state)가 형성된다.

동영상 자료
▶ 활성화 에너지.

그림 13.17은 다음 반응에 대한 두 개의 다른 퍼텐셜 에너지 그림을 보여주고 있다.

$$\text{A} + \text{B} \longrightarrow \text{AB}^{\ddagger} \longrightarrow \text{C} + \text{D}$$

여기서 $\text{AB}^{\ddagger}$는 A와 B 분자 사이의 충돌로부터 생성되는 활성 복합체이다. 생성물이 반응물보다 더 안정하다면, 이 반응은 열을 방출할 것이다. 즉, 반응은 발열 반응(exothermic

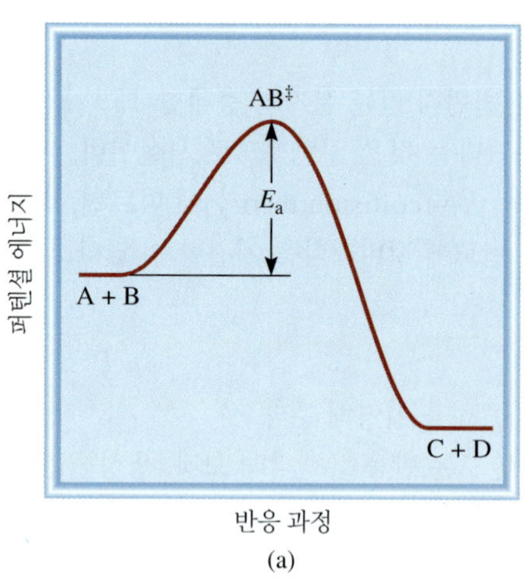

(a)

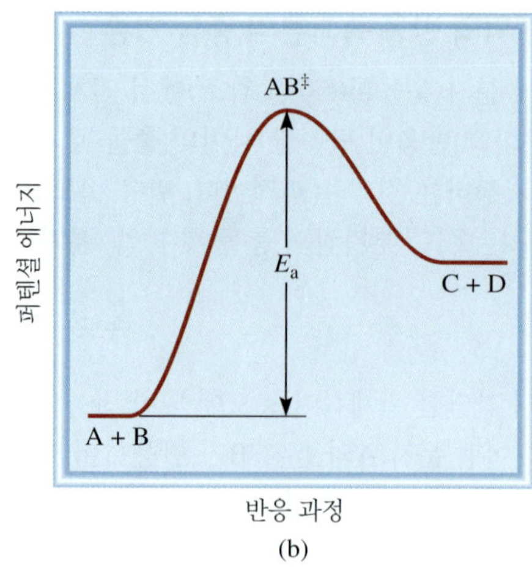

(b)

그림 13.17 활성화 에너지 그래프. (a) 발열 반응, (b) 흡열 반응. A 분자와 B 분자가 반응하여 생성물 C 분자와 D 분자로 변하는 과정에 있어서 퍼텐셜 에너지의 변화를 보여준다. 활성 복합체($AB^{\ddagger}$)는 퍼텐셜 에너지가 매우 높은 불안정한 상태이다. (a)와 (b) 두 경우에서 활성화 에너지는 각각 정반응에 대하여 정의되어 있다. (a) 반응에서는 생성물 C와 D가 반응물보다 더 안정하며, (b) 반응에서는 생성물 C와 D가 반응물보다 덜 안정하다.

reaction)이다[그림 13.17(a)]. 반대로 생성물이 반응물보다 덜 안정하다면 반응 혼합물이 주위로부터 열을 흡수하게 되고 이런 반응을 흡열 반응(endothermic reaction)이라고 한다[그림 13.17(b)]. 그림 (13.17)은 두 경우 모두에 대하여 반응의 진행에 따른 반응계의 퍼텐셜 에너지를 도시한 것이다. 정성적으로 이 그림들은 반응물이 생성물로 전환될 때의 퍼텐셜 에너지 변화를 보여준다.

활성화 에너지는 낮은 운동 에너지를 갖는 분자들이 반응을 못하게 하는 에너지 장벽이다. 일상적인 반응에서는 반응물 분자의 개수가 매우 많기 때문에, 분자들의 속도 분포와 따라서 그들이 갖는 운동 에너지도 매우 넓은 범위에 걸쳐 분포한다. 보통 충돌하는 분자들 중 극소수의 분자들만 매우 빠르게 움직여서 활성화 에너지 벽을 넘을 만큼 충분한 에너지를 갖는다. 따라서 이들 분자만이 화학 반응에 참여할 수 있다. 이제 온도 변화에 따른 반응 속도(또는 속도 상수)의 증가를 설명할 수 있다. 분자들의 속도 분포는 그림 5.17에서 보인 맥스웰 분포를 따른다. 두 다른 온도에서 속도 분포를 비교해 보자. 높은 온도에서는 높은 에너지를 가지는 분자수가 더 많기 때문에 생성물 생성 속도 또한 더 커진다.

아레니우스 식

반응 속도 상수가 온도 변화에 의존하는 정도는 *아레니우스 식*(Arrhenius equation)으로 알려진 다음 식으로 나타낼 수 있다.

$$k = Ae^{-E_a/RT} \tag{13.11}$$

여기서 E_a는 반응의 활성화 에너지(kJ/mol), R은 기체 상수(8.314 J/K·mol), T는 절대 온도, e는 자연 로그이다(부록 4 참조). A는 충돌 빈도(collision frequency)를 나타내며, 빈도 인자(frequency factor)라고 부른다. 이 인자는 주어진 반응계에 대해 상당히 넓은 범위의 온도에 걸쳐 상수로 취급할 수 있다. 식 (13.11)는 속도 상수가 충돌 빈도(A)에 정비례하는 것을 보여준다. 또한 지수 E_a/RT가 음의 부호이기 때문에 속도 상수는 활성화 에너지가 증가함에 따라 감소하고, 온도가 증가함에 따라 증가한다. 이 식의 양변에 자연 로그를 취하면 더 편리한 식을 얻을 수 있다.

$$\ln k = \ln Ae^{-E_a/RT}$$

또는

$$\ln k = \ln A - \frac{E_a}{RT} \tag{13.12}$$

식 (13.12)는 선형 방정식으로 다시 쓸 수 있다.

$$\ln k = \left(-\frac{E_a}{R}\right)\left(\frac{1}{T}\right) + \ln A \qquad (13.13)$$

$$\updownarrow \quad \updownarrow \quad \updownarrow \quad \updownarrow$$

$$y = m \quad x + b$$

따라서 $1/T$에 대해 $\ln k$를 도시하면 기울기(m)가 $-E_a/R$이며, y 절편값 b가 $\ln A$인 직선이 그려진다.

예제 13.8은 위에서 소개한 그래프를 이용하여 반응의 활성화 에너지를 결정하는 방법을 보여준다.

예제 13.8

아세트알데하이드는 다음과 같이 분해한다.

$$CH_3CHO(g) \longrightarrow CH_4(g) + CO(g)$$

이 분해 반응에 대한 속도 상수를 5개의 다른 온도에서 측정하였으며, 실험 자료는 다음 표와 같다. 이 반응에 대하여 $\ln k$ 대 $1/T$의 그래프를 그리고 반응의 활성화 에너지(kJ/mol)를 구하시오. 이 반응은 아세트알데하이드에 대해 "$\frac{3}{2}$"차 반응이므로, k의 단위는 $1/M^{\frac{1}{2}} \cdot s$이다.

k ($1/M^{\frac{1}{2}} \cdot s$)	T (K)
0.011	700
0.035	730
0.105	760
0.343	790
0.789	810

전략 다음과 같은 선형 식인 아레니우스 식을 생각해 보자.

$$\ln k = \left(-\frac{E_a}{R}\right)\left(\frac{1}{T}\right) + \ln A$$

$1/T$에 대해 $\ln k$를 도시하면 기울기가 $-E_a/R$인 직선이 얻어진다. 따라서 활성화 에너지는 그래프의 기울기로부터 결정할 수 있다.

풀이 먼저 문제에서 제공된 자료를 다음과 같이 표로 전환한다.

$\ln k$	$1/T$ (K^{-1})
−4.51	1.43×10^{-3}
−3.35	1.37×10^{-3}
−2.254	1.32×10^{-3}
−1.070	1.27×10^{-3}
−0.237	1.23×10^{-3}

위 자료를 도시하면 그림 13.18과 같은 그래프를 얻는다. 직선의 기울기는 다음과 같이 두 좌표로부터 계산한다.

$$\text{기울기} = \frac{-4.00 - (-0.45)}{(1.41 - 1.24) \times 10^{-3}\ K^{-1}} = -2.09 \times 10^4\ K$$

식 (13.13)의 선형 방정식으로부터 구한 결과는 다음과 같다.

$$\text{기울기} = -\frac{E_a}{R} = -2.09 \times 10^4\ K$$

$$E_a = (8.314\ J/K \cdot mol)(2.09 \times 10^4\ K)$$
$$= 1.74 \times 10^5\ J/mol$$
$$= 1.74 \times 10^2\ kJ/mol$$

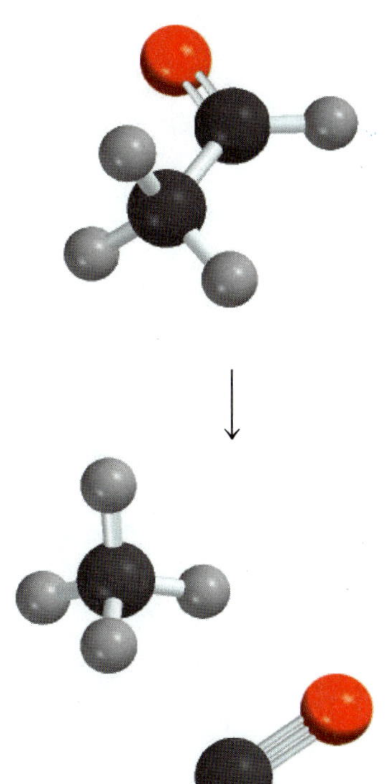

$CH_3CHO \longrightarrow CH_4 + CO$

(계속)

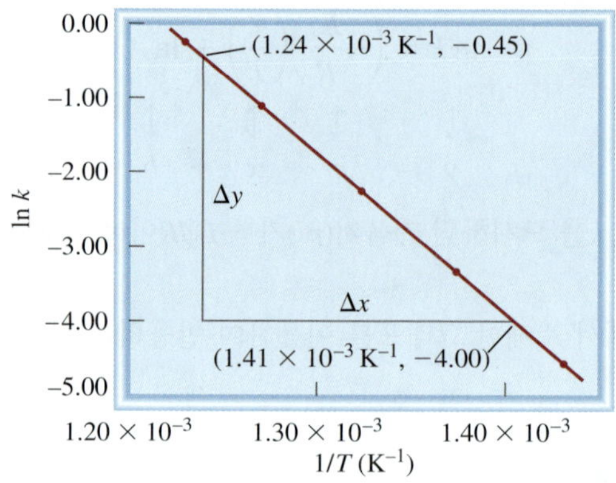

그림 13.18 1/T에 대한 ln k의 그래프. 직선의 기울기는 $-E_a/R$이다.

비슷한 문제: 13.40.

검산 속도 상수 자체는 $1/M^{\frac{1}{2}} \cdot s$의 단위를 갖지만, ln k는 단위가 없다(단위에 로그를 취할 수 없기 때문이다).

실전 연습 N_2O 분자가 분해되어 질소 분자와 산소 원자로 되는 이차 반응의 속도 상수를 서로 다른 온도에서 측정한 결과는 다음과 같다.

k (1/$M \cdot$s)	t (°C)
1.87×10^{-3}	600
0.0113	650
0.0569	700
0.244	750

이 반응의 활성화 에너지를 그래프 방법으로 구하시오.

두 다른 온도 T_1과 T_2에서 속도 상수 k_1과 k_2의 관계를 나타낸 식은 반응의 활성화 에너지를 구하는데 사용되거나 또는 활성화 에너지를 알고 있을 경우 새로운 온도에서 속도 상수를 구하는 데 사용할 수 있다. 이 식을 유도하기 위해서 식 (13.12)으로부터 시작해 보자.

$$\ln k_1 = \ln A - \frac{E_a}{RT_1}$$

$$\ln k_2 = \ln A - \frac{E_a}{RT_2}$$

ln k_1에서 ln k_2를 빼면 다음 관계식이 얻어진다.

$$\ln k_1 - \ln k_2 = \frac{E_a}{R}\left(\frac{1}{T_2} - \frac{1}{T_1}\right)$$

$$\ln \frac{k_1}{k_2} = \frac{E_a}{R}\left(\frac{1}{T_2} - \frac{1}{T_1}\right)$$

$$\ln \frac{k_1}{k_2} = \frac{E_a}{R}\left(\frac{T_1 - T_2}{T_1 T_2}\right) \quad (13.14)$$

예제 13.9는 방금 유도한 식을 이용하는 예이다.

예제 13.9

어떤 일차 반응의 속도 상수가 298 K에서 $3.46 \times 10^{-2}\ s^{-1}$이다. 이 반응의 활성화 에너지가 50.2 kJ/mol이라면, 350 K에서 속도 상수는 얼마인가?

(계속)

전략 식 (13.14)에서 보았듯이 아레니우스 식의 변형된 형태는 다른 두 온도에서 두 속도 상수를 관계짓는 식이다. R과 E_a의 단위를 일관성 있게 하는 것에 유의하라.

풀이 자료는 다음과 같다.

$$k_1 = 3.46 \times 10^{-2}\ \mathrm{s}^{-1} \qquad k_2 = ?$$
$$T_1 = 298\ \mathrm{K} \qquad T_2 = 350\ \mathrm{K}$$

위의 자료를 식 (13.14)에 대입하면 다음과 같다.

$$\ln \frac{3.46 \times 10^{-2}\ \mathrm{s}^{-1}}{k_2} = \frac{50.2 \times 10^3\ \mathrm{J/mol}}{8.314\ \mathrm{J/K \cdot mol}} \left[\frac{298\ \mathrm{K} - 350\ \mathrm{K}}{(298\ \mathrm{K})(350\ \mathrm{K})} \right]$$

E_a의 단위를 R의 단위와 일치하도록 J/mol의 단위로 전환한다.

$$\ln \frac{3.46 \times 10^{-2}\ \mathrm{s}^{-1}}{k_2} = -3.01$$

위의 식을 풀면 다음과 같이 k_2 값을 얻는다.

$$\frac{3.46 \times 10^{-2}\ \mathrm{s}^{-1}}{k_2} = e^{-3.01} = 0.0493$$
$$k_2 = 0.702\ \mathrm{s}^{-1}$$

검산 반응 속도 상수는 온도가 높으면 더 클 것으로 예측된다. 따라서 위의 답은 타당하다.

비슷한 문제: 13.42.

실전 연습 물과 CH_3Cl이 반응하여 메탄올(CH_3OH)과 염산(HCl)을 생성하는 일차 반응의 속도 상수가 25°C에서 $3.32 \times 10^{-10}\ \mathrm{s}^{-1}$이다. 활성화 에너지가 116 kJ/mol이라면 40°C에서 속도 상수를 구하시오.

원자와 원자 간의 반응과 같은 간단한 반응에 대해 아레니우스 식의 빈도 인자(A)와 반응하는 화학종 사이의 충돌 빈도를 같다고 생각할 수 있다. 좀더 복잡한 반응에 대해서는 “배향 인자(orientation factor)” 즉, 반응하는 분자들이 서로 어떻게 배향되었는지를 고려해야만 한다. 일산화 탄소(CO)와 이산화 질소(NO_2)가 반응하여 이산화 탄소(CO_2)와 산화 질소(NO)를 생성하는 반응이 그 좋은 예이다.

동영상 자료
▶ 충돌의 배향.

$$CO(g) + NO_2(g) \longrightarrow CO_2(g) + NO(g)$$

이 반응은 반응하는 분자가 그림 13.19(a)와 같이 접근할 때 가장 잘 일어난다. 그렇지 않을 경우 이 반응은 생성물을 거의 또는 전혀 만들지 못한다[그림 13.19(b)]. 배향 인자를 정량적으로 고려하기 위해 다음 식과 같이 식 (13.11)을 수정한다.

$$k = pAe^{-E_a/RT} \tag{13.15}$$

여기서 p는 배향 인자이다. 배향 인자는 단위가 없다. 즉, 배향 인자 값은 아이오딘 원자 간의 반응($I + I \longrightarrow I_2$)처럼 원자를 포함하는 반응의 경우인 1로부터 분자를 포함하는 반응의 경우 10^{-6} 이하의 값을 갖는다.

개념 복습하기

(a) 만약 어떤 반응의 반응 속도가 온도 변화에 따라서 상당히 민감하게 바뀐다면 활성화 에너지의 크기에 대하여 어떤 예측을 할 수 있을까?

(b) 어떤 두 분자가 충돌할 때마다 반응이 일어난다면, 이 반응의 배향 인자에 대하여 어떤 예측이 가능하며 반응의 활성화 에너지는 어떨까?

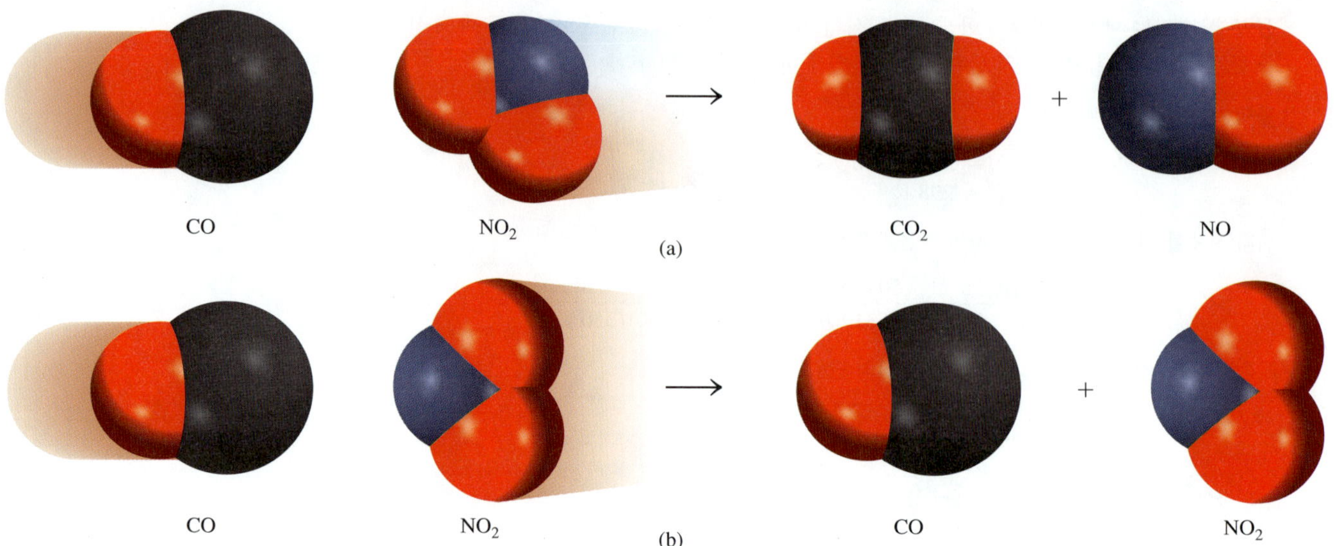

그림 13.19 (a)에서 나타낸 분자의 배향은 유효하여 생성물을 형성할 것으로 예상된다. (b)의 배향은 유효하지 못하며 생성물을 형성하지 않는다.

13.5 반응 메커니즘

앞서 언급한 바와 같이 전체 균형 화학 반응식만으로는 실제로 반응이 어떻게 일어날지 자세하게 알 수 없다. 많은 경우 전체 화학 반응식은 **단일 단계**(elementary step) 또는 *단일 반응*(elementary reaction)들의 합을 나타내는데, 이것은 *분자 수준에서 전체 반응 과정을 나타내는 일련의 간단한 반응들이다.* 여기서 *생성물을 만드는 연속적인 단일 반응들*을 **반응 메커니즘**(reaction mechanism)이라고 한다. 반응 메커니즘은 여행 중 여행 경로에 비유된다. 전체 화학 반응식은 출발점과 목적지만을 나타낸 것이다.

반응 메커니즘의 예로 일산화 질소와 산소 분자 사이의 반응을 보자.

$$2NO(g) + O_2(g) \longrightarrow 2NO_2(g)$$

반응이 진행되는 동안 N_2O_2가 발견되기 때문에 NO 두 분자가 O_2 한 분자와 충돌하여 곧바로 생성물로 되지 않는다는 것을 알 수 있다. 대신 위의 반응이 다음과 같이 두 단일 단계 반응 과정을 통해서 일어난다고 가정하자.

$$2NO(g) \longrightarrow N_2O_2(g)$$

$$N_2O_2(g) + O_2(g) \longrightarrow 2NO_2(g)$$

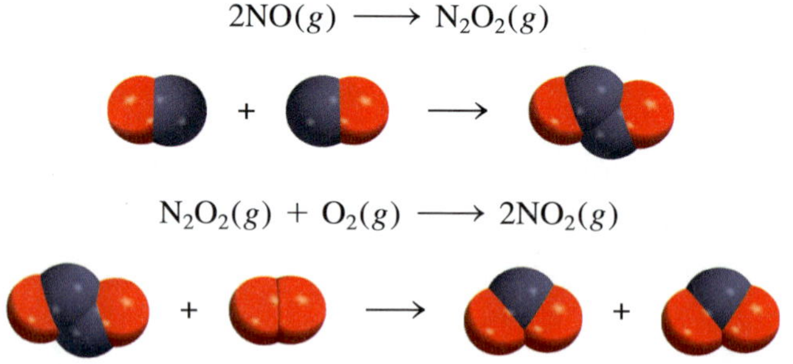

첫 번째 단일 반응에서 NO 두 분자가 충돌하여 N_2O_2 한 분자를 생성한다. 이 반응에 이어서 O_2분자가 N_2O_2와 충돌하여 두 분자의 NO_2가 생성된다. 따라서 이 반응의 전체 변화를 나타내는 알짜 화학 반응식은 위의 두 기본 단계를 더하여 얻어진다.

단일 단계를 더하면 전체 균형 반응식이 되어야 한다.

단계 1	$NO + NO \longrightarrow N_2O_2$
단계 2	$N_2O_2 + O_2 \longrightarrow 2NO_2$
전체 반응:	$2NO + \cancel{N_2O_2} + O_2 \longrightarrow \cancel{N_2O_2} + 2NO_2$

N_2O_2와 같은 종은 *반응 메커니즘의 단일 단계에서만 나타나고, 전체 화학 반응식에서는 나타나지 않기 때문에* **중간체**(intermediate)라고 한다. 중간체는 항상 초기 단일 단계에서 생성되었다가 이어지는 단일 단계에서 반응해서 없어진다는 것을 기억하라.

*한 단일 단계에서 반응하는 분자의 개수*를 **반응의 분자도**(molecularity of a reaction)라고 한다. 이들 분자는 동종 분자일 수도 있고 이종 분자일 수도 있다. 위에서 설명한 반응의 *단일 단계에는 두 분자가* 포함되었기 때문에 **이분자 반응**(bimolecular reaction)이다. *반응에 참여하는 분자가 오직 하나인 단일 단계* 반응인 **단분자 반응**(unimolecular reaction)의 예는 예제 13.4에서 다룬 사이클로프로페인이 프로펜으로 전환되는 반응이다. *단일 단계에서 세 분자가 참여하는* 반응인 **삼분자 반응**(termolecular reaction)은 알려진 것이 거의 없다. 왜냐하면 반응에 참여하는 3개의 분자가 동시에 충돌할 가능성은 두 분자의 충돌 가능성보다 매우 낮기 때문이다.

속도 법칙과 반응의 기본 단계

반응의 단일 단계를 알면 속도 법칙을 추론할 수 있다. 그러면 다음과 같은 단일 단계를 안다고 가정하자.

$$\text{A} \longrightarrow \text{생성물}$$

위의 반응에는 한 분자만 포함되기 때문에, 이 반응은 단분자 반응이다. 따라서 A 분자의 개수가 많을수록 생성물 형성 속도가 더 빨라질 것이다. 그러므로 단분자 반응의 속도는 반응물 A의 농도에 정비례하며, A에 대하여 일차 반응이다.

$$\text{속도} = k[\text{A}]$$

다음과 같은 A와 B 두 분자를 포함하는 이분자 단일 단계 반응의 경우,

$$\text{A} + \text{B} \longrightarrow \text{생성물}$$

생성물 형성 속도는 A와 B의 농도에 의존하는 A와 B의 충돌 빈도에 의존한다. 따라서 이 반응의 속도 식은 다음과 같이 나타낼 수 있다.

$$\text{속도} = k[\text{A}][\text{B}]$$

이와 비슷하게 다음과 같은 형태의 이분자 단일 단계 반응의 경우

$$\text{A} + \text{A} \longrightarrow \text{생성물}$$

즉,

$$2\text{A} \longrightarrow \text{생성물}$$

속도식은 다음과 같이 된다.

$$\text{속도} = k[\text{A}]^2$$

위의 예들은 단일 단계 반응에서 각 반응물의 반응 차수는 각 단일 단계 화학 반응식의 화학당량 계수와 같다는 것을 보여준다. 일반적으로 전체 균형 반응식만 보아서는 화학 반응이 보여주는 화학 반응식과 같이 일어날지, 아니면 일련의 여러 단계로 일어날지 판단하는 것은 쉽지 않다. 이것은 실험적으로 결정된다.

속도 법칙은 단일 단계의 계수로부터 직접 쓸 수 있음을 유념하라.

둘 이상의 단일 단계 반응을 포함하는 반응에서 전체 반응에 대한 속도 법칙은 *생성물 형성에 관련된 여러 단계 중에서 가장 느린 단계*인 **속도 결정 단계**(rate-determining step)에 의해 결정된다.

속도 결정 단계란 좁은 도로에서의 교통 흐름과 비슷하다. 승용차들이 도로에서 다른 차를 추월하지 못한다고 가정할 때, 승용차들의 운행 속도는 가장 느린 승용차에 의해 결정된다.

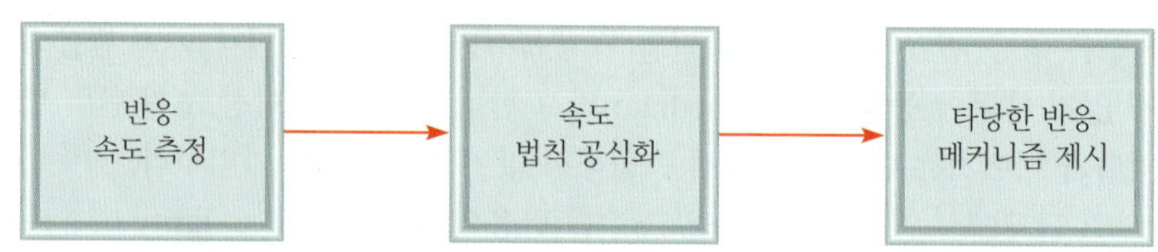

그림 13.20 반응 메커니즘을 연구하는 단계.

반응 메커니즘을 실험적으로 알아내기 위해서 먼저 자료를 수집해야 한다(속도 측정). 그 다음, 실험 자료를 분석하여 속도 상수와 반응 차수를 구하고 반응 속도 법칙을 쓴다. 마지막으로, 단일 단계들에 근거하여 그럴듯한 반응 메커니즘을 제안한다(그림 13.20). 반응의 단일 단계들은 다음 두 조건을 만족해야 한다.

- 단일 반응 단계를 합하면 반응에 대한 전체 균형 반응식이 나와야 한다.
- 속도 결정 단계로 예측한 속도 법칙은 실험적으로 얻어진 속도 법칙과 같아야 한다.

제안된 반응 과정에 대해서 기본 단계(들)에서 형성된 어떤 중간체의 존재도 확인할 수 있어야 한다.

과산화 수소의 분해와 수소와 아이오딘으로부터 아이오딘화 수소를 생성하는 반응은 실험적으로 반응 메커니즘을 알아보는 좋은 예이다.

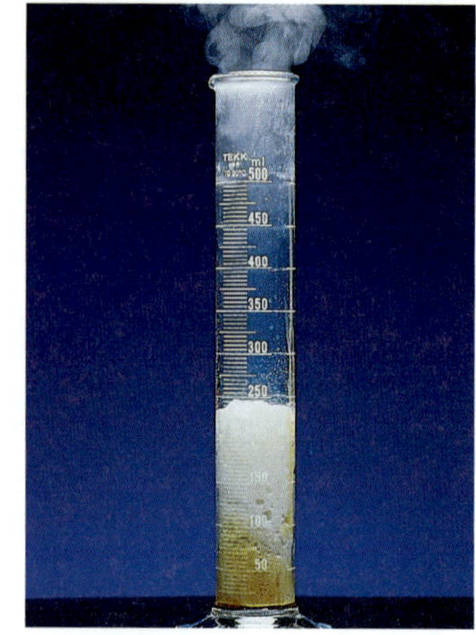

그림 13.21 과산화 수소 분해는 아이오딘화 이온에 의해 촉진된다. 용액에 액체 세제 몇 방울을 넣으면 산소 기체 발생을 극적으로 볼 수 있다. 아이오딘화 이온 일부가 분자 아이오딘으로 산화되고 아이오딘화 이온과 반응하여 갈색의 삼아이오딘화(I_3^-) 이온을 형성한다.

과산화 수소 분해

과산화 수소의 분해 반응은 아이오딘화 이온에 의하여 촉진된다(그림 13.21). 전체 반응은 다음과 같다.

$$2H_2O_2(aq) \longrightarrow 2H_2O(l) + O_2(g)$$

실험에 의해 속도 법칙은 다음과 같이 얻어졌다.

$$\text{속도} = k[H_2O_2][I^-]$$

따라서 이 반응은 H_2O_2와 I^- 각각에 대해 일차이다.

이것으로부터 H_2O_2 분해가 전체 균형 반응식에 해당하는 단일 기본 단계로 일어나지 않으리라는 것을 알 수 있다. 그렇다면 이 반응은 H_2O_2에 대해 이차일 수도 있다(H_2O_2 두 분자의 충돌 결과로). 그런데 전체 반응식에 나타나지 않는 I^- 이온이 속도 법칙에서 나타난다. 이런 사실을 어떻게 설명할 수 있을까? 우선, 이 반응을 다음과 같이 각각 이 분자 반응인 두 개의 별도의 단일 단계로 일어나리라 가정함으로써 관찰된 속도 법칙을 설명할 수 있다.

$$\text{단계 1:} \quad H_2O_2 + I^- \xrightarrow{k_1} H_2O + IO^-$$
$$\text{단계 2:} \quad H_2O_2 + IO^- \xrightarrow{k_2} H_2O + O_2 + I^-$$

나아가 만약 단계 1이 속도 결정 단계라면 첫 단계만으로 이 반응의 속도를 결정할 수 있을 것이다.

$$\text{속도} = k_1[H_2O_2][I^-]$$

여기서 $k_1 = k$이다. IO^- 이온은 전체 균형 반응식에 나타나지 않으므로 중간체이다. I^- 이온 역시 전체 반응식에 나타나지 않지만 이 이온은 반응의 시작과 끝에 모두 존재하는 점에서 IO^- 이온과 다르다. I^-의 역할은 반응을 더 빠르게 한다. 즉, 이것을 *촉매*(catalyst)라고 한다. 촉매에 대해서는 13.6절에서 논의할 것이다. 그림 13.22는 H_2O_2의 분해와 같은 반응의 퍼텐셜 에너지 그래프를 보여준다. 그래프에 의하면 속도 결정 단계인 첫 번째 단계는 두 번째 단계보다 활성화 에너지가 훨씬 크다. 반응 중간체(intermediate)의 경우 관측할 만큼 충분히 안정하더라도 빠르게 반응하여 생성물을 형성한다.

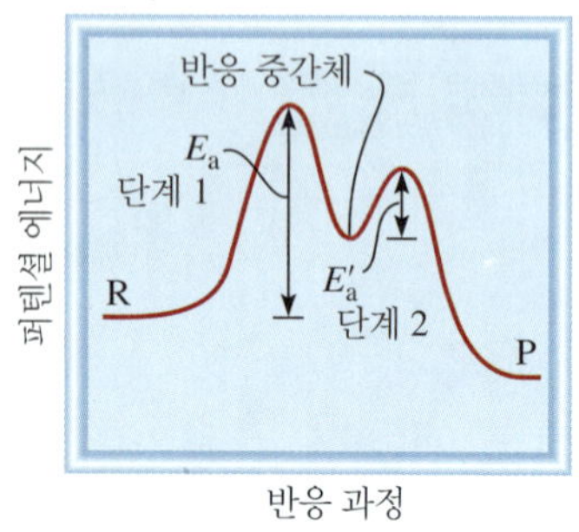

그림 13.22 첫 번째 단계가 속도 결정 단계인 두 단계 반응에 대한 퍼텐셜 에너지 그림. R과 P는 각각 반응물과 생성물을 나타낸다.

➤ 아이오딘화 수소 반응

일반적인 반응 메커니즘은 적어도 두 개의 기본 단계를 포함한다. 첫 단계는 두 번째 단계에 비하여 정반응과 역반응이 모두 아주 빠르다. 이런 반응의 예는 수소 분자와 아이오딘 분자가 반응하여 아이오딘화 수소를 생성하는 반응이다.

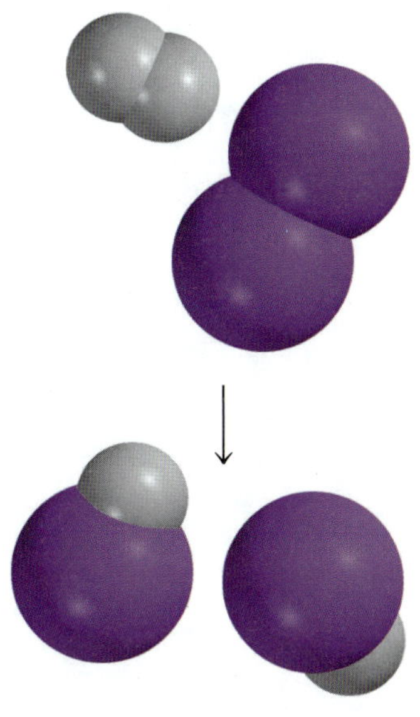

$H_2 + I_2 \longrightarrow 2HI$

$$H_2(g) + I_2(g) \longrightarrow 2HI(g)$$

실험적으로 구한 속도 법칙은 다음과 같다.

$$\text{속도} = k[H_2][I_2]$$

오랫동안 이 반응은 위와 같이 일어난다고 여겨져 왔다. 앞에서 보았듯이 이 반응은 수소 분자와 아이오딘 분자가 포함된 이분자 반응이다. 그러나 1960년대에 화학자들은 이 반응의 실제 메커니즘이 훨씬 더 복잡하다는 것을 알았다. 그리고 다음과 같은 두 단계 반응 메커니즘이 제안되었다.

$$\text{단계 1:} \quad I_2 \underset{k_{-1}}{\overset{k_1}{\rightleftharpoons}} 2I$$

$$\text{단계 2:} \quad H_2 + 2I \xrightarrow{k_2} 2HI$$

여기서 k_1, k_{-1}, k_2는 반응에 대한 속도 상수이다. 이 반응에서 I 원자는 중간체이다.

반응이 시작될 때 I 원자는 거의 없다. 그러나 I_2가 분해됨에 따라 I_2의 농도는 감소하고 I의 농도는 증가한다. 그러므로 단계 1의 정반응 속도는 감소하고, 역반응 속도는 증가한다. 곧, 두 방향의 반응 속도가 같아지고, 화학 평형에 도달하게 된다. 단계 1의 단일 반응이 단계 2의 단일 반응보다 훨씬 빠르기 때문에 수소와의 반응이 눈에 띌 만큼 진행되기 전에 평형에 도달하며, 이 평형 상태는 반응 내내 유지된다.

단계 1의 평형 조건에서 정반응 속도는 역반응 속도와 같으므로, 다음과 같이 쓸 수 있다.

화학 평형은 14장에서 논의한다.

$$k_1[I_2] = k_{-1}[I]^2$$

또는

$$[I]^2 = \frac{k_1}{k_{-1}}[I_2]$$

반응 속도는 느리게 일어나는 속도 결정 단계인 단계 2에 의해 결정된다.

$$\text{속도} = k_2[H_2][I]^2$$

속도 법칙에 $[I]^2$를 대입하면 다음과 같다.

$$\text{속도} = \frac{k_1 k_2}{k_{-1}}[H_2][I_2]$$
$$= k[H_2][I_2]$$

여기서 $k = k_1k_2/k_{-1}$이다. 보다시피 이 두 단계 반응 메커니즘 역시 이 반응에 대한 정확한 속도 법칙을 준다. 중간체 I 원자가 관찰되는 것으로 보아 이 반응 메커니즘이 정확함을 알 수 있다.

마지막으로, 모든 반응이 단 하나의 속도 결정 단계를 포함하는 것은 아니다. 반응이 두 개 이상의 상대적으로 느린 단계를 포함할 수도 있다. 그런 반응의 속도론적 분석은 일반적으로 좀 더 많은 것을 포함한다.

예제 13.10은 비교적 간단한 반응의 메커니즘 연구에 관한 것이다.

예제 13.10

일산화 이질소(N_2O)의 기체상 분해는 다음 두 기본 단계를 거쳐 일어나는 것으로 믿어진다.

$$\text{단계 1:} \quad N_2O \xrightarrow{k_1} N_2 + O$$
$$\text{단계 2:} \quad N_2O + O \xrightarrow{k_2} N_2 + O_2$$

실험적으로 구한 속도 법칙은 속도 = $k[N_2O]$이다. (a) 이 반응의 화학 반응식을 쓰시오. (b) 이 반응의 중간체를 확인하시오. (c) 단계 1과 단계 2의 상대적인 속도에 대하여 이야기할 수 있는 것은 무엇인가?

전략 (a) 전체 반응을 단일 단계로 나눌 수 있기 때문에 기본 단계를 안다면 전체 반응을 쓸 수 있다. (b) 중간체의 특징은 무엇인가? 전체 반응에 중간체가 나타나는가? (c) 단일 단계 중 어떤 단계가 속도 결정 단계인지를 어떻게 결정할 수 있을까? 속도 결정 단계에 대한 자료가 반응의 속도 법칙을 쓰는 데 어떻게 이용되는가?

풀이 (a) 단계 1과 단계 2를 합하면 전체 반응식을 얻는다.

$$2N_2O \longrightarrow 2N_2 + O_2$$

(b) 산소 원자가 첫 번째 단일 단계에서 생성되지만, 전체 균형 반응식에는 나타나지 않기 때문에 중간체이다.

(c) 단계 1이 속도 결정 단계라면, 전체 반응 속도는 다음과 같이 될 것이다.

$$\text{속도} = k_1[N_2O]$$

그리고 $k = k_1$.

검산 제안된 반응 메커니즘이 타당하기 위해서는 다음 두 가지 기준이 충족되어야 한다. (1) 개별 단계(단일 단계)를 더하면 보정된 전체 반응이 되어야 한다. (2) 속도 결정 단계(느린 단계)는 실험적으로 결정된 속도 법칙과 같은 속도 법칙을 가져야 한다.

비슷한 문제: 13.55.

실전 연습 NO_2와 CO가 반응하여 NO와 CO_2를 생성하는 반응이 다음 두 단계를 거쳐 일어난다고 믿어진다.

$$\text{단계 1:} \quad NO_2 + NO_2 \longrightarrow NO + NO_3$$
$$\text{단계 2:} \quad NO_3 + CO \longrightarrow NO_2 + CO_2$$

실험적으로 얻은 속도 법칙은 속도 = $k[NO_2]^2$이다. (a) 전체 반응에 대한 화학 반응식을 쓰시오. (b) 이 반응의 중간체는 무엇인가? (c) 단계 1과 단계 2의 상대 속도에 관하여 논하시오.

개념 복습하기

$H_2 + 2IBr \longrightarrow I_2 + 2HBr$ 반응에 대한 속도 법칙은 속도 = $k[H_2][IBr]$이다. HI가 중간 생성물이라 감안할 때 반응의 두 단계를 쓰시오.

반응 메커니즘에 대한 실험적 입증

특정한 반응에 대하여 제안된 반응 메커니즘이 정확한지 어떻게 입증할 수 있을까? 과산화 수소의 분해 반응에서 분광학적 방법으로 IO^- 이온의 존재를 확인할 수 있을 것이다. 이들 이온의 존재에 대한 증거가 있다면 반응 메커니즘을 뒷받침하는 것이다. 비슷하게 아이오딘화 수소의 반응에 있어서 아이오딘 원자의 검출은 두 단계 반응 메커니즘을 지지하는 것이 된다. 예를 들면, I_2 분자에 가시광선을 쪼이면 원자로 분해된다. 그러므로 H_2와 I_2

로부터 HI가 생성되는 반응에서 빛의 세기를 증가시키면 I 원자의 농도가 증가하기 때문에 반응 속도가 빨라질 것이다. 실제로 이것이 실험적으로 관측된 결과이다.

다른 경우로 화학자들은 아세트산 메틸과 물의 반응에 대한 좀더 자세한 반응 메커니즘을 이해하기 위해 어떤 C—O 결합이 끊어지는지 알고자 하였다.

$$\underset{\text{아세트산 메틸}}{CH_3—\overset{\overset{O}{\|}}{C}—O—CH_3} + H_2O \longrightarrow \underset{\text{아세트산}}{CH_3—\overset{\overset{O}{\|}}{C}—OH} + \underset{\text{메탄올}}{CH_3OH}$$

두 가능성은 다음과 같다.

$$\underset{(a)}{CH_3—\overset{\overset{O}{\|}}{C}\,|\,O—CH_3} \qquad \underset{(b)}{CH_3—\overset{\overset{O}{\|}}{C}—O\,|\,CH_3}$$

(a)와 (b)를 구분하기 위해서 화학자들은 일반적인 물(산소-16 동위원소 포함) 대신에 산소-18 동위원소를 포함하는 물을 사용하였다. 그리고 산소-18인 물을 사용했을 때 산소-18을 포함한 아세트산만 생성되었다.

$$CH_3—\overset{\overset{O}{\|}}{C}—{}^{18}O—H$$

그러므로 이 반응은 (a)에서처럼 결합이 끊어지는 과정을 통하여 일어나야 한다. 왜냐하면 (b)에서처럼 결합이 끊어진다면 아세트산에 있는 산소는 모두 원래의 산소이어야 하기 때문이다.

또 다른 예는 녹색 식물이 이산화 탄소와 물의 반응으로 포도당을 생성하는 광합성 반응이다.

$$6CO_2 + 6H_2O \longrightarrow C_6H_{12}O_6 + 6O_2$$

광합성 반응에 있어서 초기에 가졌던 의문은 산소 분자가 물로부터 생기는 것인지, 이산화 탄소로부터 생기는 것인지, 아니면 모두 때문인지에 대한 생각이었다. 산소-18 동위원소를 포함하는 물을 이용하여 증발하는 산소가 이산화 탄소로부터가 아니라 물로부터 온다는 것이 입증되었다. 왜냐하면 O_2는 ^{18}O 동위원소만 포함하고 있었기 때문이다. 이 결과는 물 분자가 빛에 의해 "쪼개짐"이 일어난다고 설명하는 반응 메커니즘을 지지했다.

$$2H_2O + h\nu \longrightarrow O_2 + 4H^+ + 4e^-$$

여기서 $h\nu$는 광자 에너지를 나타낸다. 양성자와 전자는 식물의 성장과 기능에 필수적인 에너지적으로는 일어나기 어려운 반응을 일어나기 쉽도록 하는 데 이용된다.

이들 반응의 예는 반응 메커니즘을 연구하는 화학자들이 얼마나 창의적이어야 하는가를 보여준다. 그러나 복잡한 반응의 경우 어떤 특정한 반응 메커니즘 하나만 존재한다는 것을 입증하는 것은 거의 불가능하다.

13.6 촉매 작용

과산화 수소의 분해 반응에서 아이오딘화 이온은 전체 반응식에서 나타나지 않지만 반응 속도가 I^-의 농도에 의존하는 것을 보았다. 이 반응에서 I^-가 촉매로 작용한다. **촉매**(catalyst)란 *반응의 활성화 에너지를 낮추어 줌으로써 화학 반응 속도를 증가시키는 물질*이다. 반응이 진행될 수 있는 다른 경로를 제공함으로써 그런 작용을 한다. 촉매는 반응물과 반응하여 중간체를 형성하지만, 이어지는 반응 단계에서 재생되므로 반응에서 소모되지 않는다.

동영상 자료
▶ 촉매 작용.

온도를 높여도 반응 속도가 빨라진다. 하지만 고온에서는 형성된 생성물이 다른 반응으로 진행될 수 있어 수득률이 감소한다.

그림 4.13(b)에서 보인 것처럼 실험실에서 산소 분자를 제조할 때 염소산 포타슘을 가열한다. 반응식은 다음과 같다.

$$2KClO_3(s) \longrightarrow 2KCl(s) + 3O_2(g)$$

그러나 이 열분해 반응은 촉매가 없다면 아주 느리다. 이 반응에 검은 분말 물질인 산화 망가니즈(IV)(MnO_2) 촉매를 소량 첨가하면 반응 속도는 엄청나게 증가한다. H_2O_2 분해 반응에서 모든 I^- 이온이 그대로 남아 있는 것처럼 위 반응에서 MnO_2 역시 반응이 끝나면 모두 회수할 수 있다.

교통의 비유를 확장하여 촉매를 가하는 것을 이전에 산 위로 난 길로 연결된 두 마을을 연결하기 위해 산을 뚫어 터널을 만드는 것에 비유할 수 있다.

촉매는 촉매가 없을 때보다 반응 속도 측면에서 좀 더 유리한 일련의 기본 단계를 제공함으로써 반응 속도를 빠르게 한다. 식 (13.11)로부터 반응의 속도 상수 k가 빈도인자 A와 활성화 에너지 E_a에 의존함을 알고 있다. A가 클수록 또는 활성화 에너지가 작을수록 반응 속도는 더 빨라진다. 많은 경우에 촉매는 반응의 활성화 에너지를 낮춤으로써 속도를 증가시킨다.

다음 반응에서 속도 상수가 k이고, 활성화 에너지가 E_a라고 하자.

$$A + B \xrightarrow{k} C + D$$

그러나 촉매 존재하에서 속도 상수는 k_c(*촉매 속도 상수*라고 부름)이다.

$$A + B \xrightarrow{k_c} C + D$$

촉매의 정의에 의하여 다음과 같이 쓸 수 있다.

$$속도_{촉매화} > 속도_{비촉매화}$$

촉매는 정반응과 역반응의 활성화 에너지를 모두 낮춘다.

그림 13.23은 두 반응의 퍼텐셜 에너지 그래프를 나타낸 것이다. 반응물(A와 B)의 총 에너지와 생성물(C와 D)의 총 에너지는 촉매에 의해 영향을 받지 않는다. 둘 사이의 유일한 차이는 E_a로부터 E'_a로 활성화 에너지가 낮아진 것이다. 역반응에 대한 활성화 에너지 역시 낮아졌기 때문에 촉매는 정반응과 역반응 속도를 똑같이 높여준다.

촉매는 일반적으로 속도를 증가시키는 물질의 성질에 따라 불균일 촉매, 균일 촉매, 효소 촉매의 3가지 유형이 있다.

불균일 촉매 작용

불균일 촉매(heterogeneous catalyst)는 반응물과 촉매가 서로 다른 상(phase)을 가진다. 보통 촉매는 고체이고 반응물은 기체나 액체이다. 특히 여러 중요한 화합물의 합성에서 불균일 촉매가 지금까지 화학 산업에서 가장 중요한 촉매 유형이다. 여기서 공업적 규모로 연간 수백만 톤의 화합물 생산에 이용되는 불균일 촉매의 세 가지 예를 들어보자.

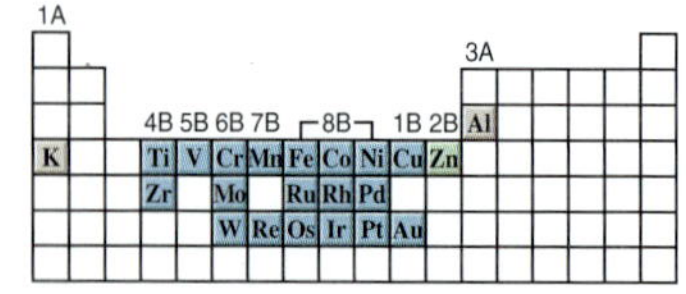

불균일 촉매로 가장 흔히 사용되는 금속과 금속의 화합물.

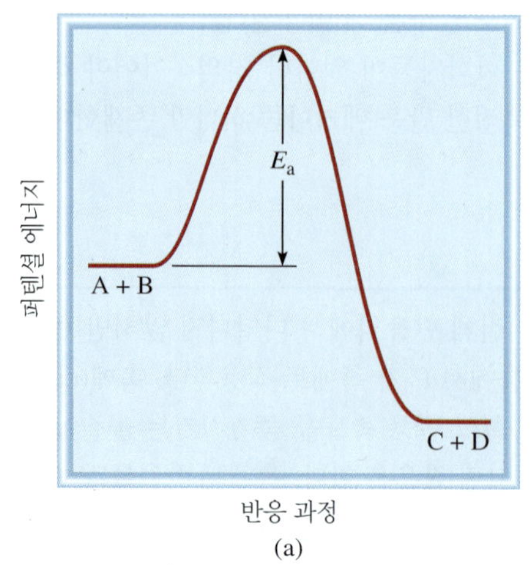

(a)

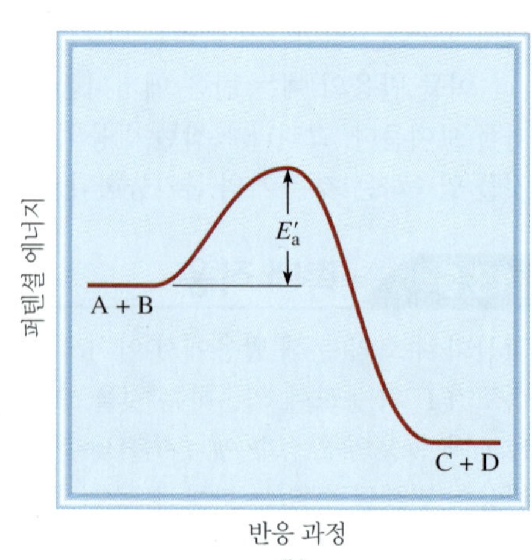

(b)

그림 13.23 촉매를 사용하지 않은 반응과 촉매를 사용한 반응의 활성화 에너지 장벽의 비교. 촉매를 사용하면 에너지 장벽을 낮출 수는 있지만, 반응 물질과 생성 물질의 에너지에는 영향을 주지 않는다. 두 경우에 대하여 반응물과 생성물의 에너지 차이는 없더라도 (a)와 (b)의 반응 메커니즘과 속도 법칙은 다르다.

➤ 암모니아의 하버 합성법

암모니아는 비료 생산, 폭약 제조 등 많은 응용 분야에서 사용되는 매우 중요한 무기 물질이다. 많은 화학자들이 질소와 수소로부터 암모니아를 합성하려고 노력했다. 질소는 대기 중에 무한정으로 있고, 수소 기체는 가열된 석탄 위에 수증기를 통과시켜 쉽게 얻을 수 있다.

$$H_2O(g) + C(s) \longrightarrow CO(g) + H_2(g)$$

또한 수소는 원유 정제의 부산물로 얻어진다.

질소와 수소로부터 암모니아를 얻는 반응은 발열 반응이다.

$$N_2(g) + 3H_2(g) \longrightarrow 2NH_3(g) \qquad \Delta H^\circ = -92.6 \text{ kJ/mol}$$

그러나 이 반응의 속도는 상온에서 매우 느리다. 대량으로 생산하기 위해서 반응이 빨리 일어나야 하며, 생성물의 수득률이 높아야 한다. 온도를 높이면 반응은 빨라지지만, 동시에 암모니아 분자가 질소와 수소로 분해되어 생성물의 수득률을 낮춘다.

1905년 여러 압력과 온도에서 수많은 화합물을 실험한 결과 하버(Fritz Harber)는 철(Fe)과 몇 퍼센트의 포타슘과 알루미늄 산화물이 수소와 질소 반응에 촉매가 되어 약 500°C에서 암모니아를 생성하는 것을 발견했다. 이 과정은 *하버 공정*(Harber process)으로 알려져 있다.

불균일 촉매의 경우 일반적으로 고체 촉매 표면에서 반응이 일어난다. 하버 공정에서 초기 단계에는 금속 표면에서 수소와 질소 분자의 분해가 일어난다(그림 13.24). 분해된 원자들이 금속 표면에 결합되어 있기 때문에 완전한 자유 원자는 아니지만 반응성이 매우 높다. 반응하는 두 분자들은 촉매 표면에서 매우 다르게 행동한다. 또한, 연구에 의하면 수소 분자는 액체 질소의 끓는점인 −196°C 정도의 낮은 온도에서 해리된다. 반면, 질소 분자는 약 500°C에 분해된다. 아주 반응성이 큰 수소 원자와 질소 원자는 높은 온도에서 빠르게 결합하여 암모니아 분자를 생성한다.

$$N + 3H \longrightarrow NH_3$$

➤ 질산 제조

질산(nitric acid) 또한 가장 중요한 무기산 중 하나로 비료, 염료, 의약품, 폭약 등의 제조에 사용된다. 질산 제조의 가장 일반적 방법은 *오스트발트*[†] *공정*(Ostwald process)이

[†] 오스트발트(Wilhelm Ostwald, 1853~1932)는 독일 화학자로 화학속도론, 열역학, 전기화학에서 중요한 공헌을 했다. 그는 질산의 공업적 제조법을 개발하였는데, 현재 그의 이름을 딴 공정이 되었다. 1909년 노벨 화학상을 수상하였다.

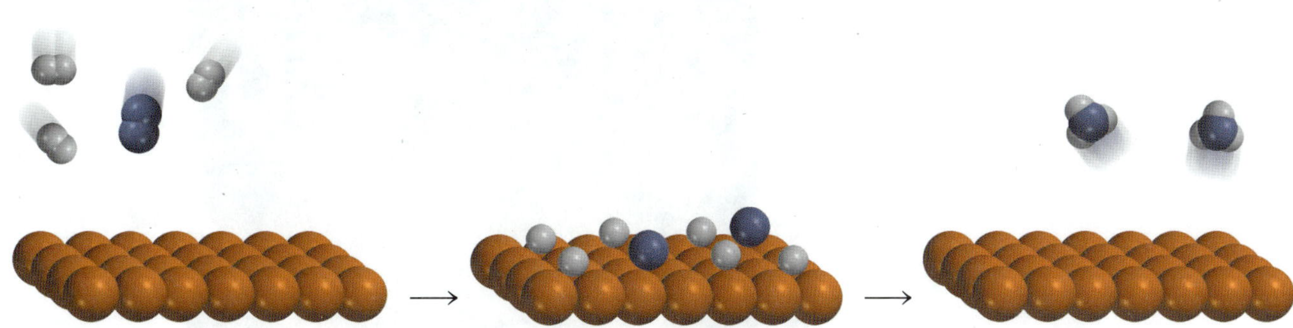

그림 13.24 암모니아 합성에서의 촉매 작용. 먼저 H_2 분자와 N_2 분자가 촉매의 표면에 결합된다. 이 결합이 분자 내 공유 결합을 약하게 하여 결과적으로 분자의 해리를 유발한다. 반응성이 아주 큰 H와 N 원자가 서로 결합하여 암모니아 분자를 생성하고 촉매 표면으로부터 떨어진다.

다. 이 공정에서는 암모니아와 산소 분자를 출발 물질로 하여 백금-로듐 촉매 하에서 약 800°C까지 가열한다(그림 13.25).

$$4NH_3(g) + 5O_2(g) \longrightarrow 4NO(g) + 6H_2O(g)$$

산화 질소는 촉매 없이 쉽게 산화되어 이산화 질소가 된다.

$$2NO(g) + O_2(g) \longrightarrow 2NO_2(g)$$

이것이 물에 용해되면 아질산과 질산을 생성한다.

$$2NO_2(g) + H_2O(l) \longrightarrow HNO_2(aq) + HNO_3(aq)$$

계속 가열하면 다음 반응식처럼 아질산은 질산으로 전환된다.

$$3HNO_2(aq) \longrightarrow HNO_3(aq) + H_2O(l) + 2NO(g)$$

발생된 NO는 두 번째 단계에서 NO_2를 얻는 데 다시 사용된다.

촉매 변환기

달리는 차 엔진 내부의 고온에서 질소와 산소 기체가 반응하여 산화 질소를 생성한다.

$$N_2(g) + O_2(g) \longrightarrow 2NO(g)$$

NO는 대기 중에 방출되면 산소 분자와 빠르게 반응하여 NO_2를 만든다. 이산화 질소와 일산화 탄소(CO) 및 여러 타지 않은 탄화수소와 같은 자동차에서 배출된 기체들이 공기 오염의 주범이다.

대부분의 새 차에는 촉매 변환기가 장착되어 있다(그림 13.26). 효과적 촉매 변환기는 두 가지의 목적을 가지고 있다. 일산화 탄소(CO)와 불완전 연소된 탄화수소를 이산화 탄소(CO_2)와 물(H_2O)로 산화시키고 NO와 NO_2를 N_2와 O_2로 환원시킨다. 높은 온도의 배출 기체에 공기를 혼합한 다음, 변환기의 첫 번째 방을 통과시키면 탄화수소는 완전히 연소되어 CO 배출이 줄어든다(촉매 변환기의 단면도를 그림 13.27에 나타내었다). 그러나 높은 온도에서 NO 생성이 증가하기 때문에, 다른 촉매(전이 금속 또는 CuO나 Cr_2O_3와 같은 전이 금속 산화물)를 함유하고 있는 좀 더 낮은 온도에서 작동하는 두 번째 변환기에서 연소된 기체가 공기 중으로 방출되기 전에 NO를 N_2와 O_2로 분해시킨다.

균일 촉매 작용

균일 촉매 작용(homogeneous catalysis)에서는 반응물과 촉매가 흔히 액체인 동일한 상(phase)으로 분산되어 있다. 산-염기 촉매는 액체 용액 중에서 균일 촉매의 가장 중요한

그림 13.25 오스트발트 공정(Ostwald process)에서 사용되는 백금-로듐 촉매.

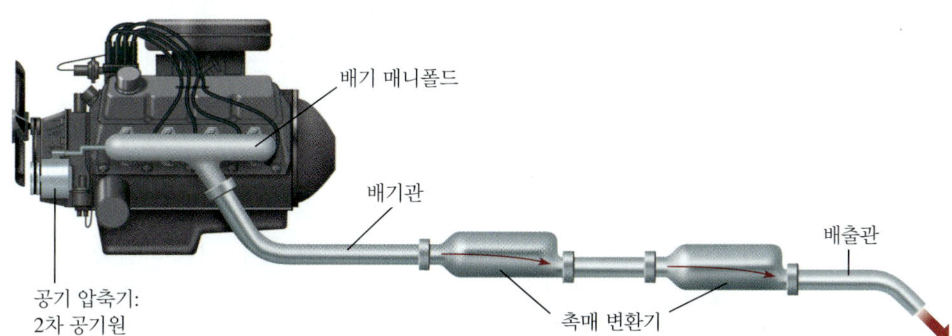

그림 13.26 자동차에 장착된 두 단계 촉매 변환기.

그림 13.27 촉매 변환기의 단면도. 사진에 보이는 알갱이들은 백금, 팔라듐, 로듐을 함유하고 있으며, 이들은 CO와 불완전 연소된 탄수화물을 이산화 탄소와 물로 전환되는 데 촉매로 작용한다.

유형이다. 예를 들면, 물과 아세트산 에틸이 반응하여 아세트산과 에탄올을 생성하는 반응은 일반적으로 매우 느려서 측정하기가 어렵다.

$$\underset{\text{아세트산 에틸}}{CH_3-\overset{\overset{\displaystyle O}{\|}}{C}-O-C_2H_5} + H_2O \longrightarrow \underset{\text{아세트산}}{CH_3-\overset{\overset{\displaystyle O}{\|}}{C}-OH} + \underset{\text{에탄올}}{C_2H_5OH}$$

위의 반응이 촉매 없이 일어날 경우의 속도 법칙은 다음과 같다.

$$\text{속도} = k[CH_3COOC_2H_5]$$

이것은 앞에서 논의한 유사 일차 반응이다.

그러나 이 반응은 산 촉매 하에서 일어날 수 있다. 염산 존재 하에서 이 반응 속도는 빨라지며, 속도 법칙은 다음과 같이 표시된다.

$$\text{속도} = k_c[CH_3COOC_2H_5][H^+]$$

k_c가 k보다 크기 때문에 반응 속도는 촉매를 사용한 반응에 의하여 전적으로 결정된다는 점에 주목하라.

균일 촉매 작용은 기체상에서도 일어날 수 있다. 기체상 촉매 반응의 잘 알려진 예는 오랫동안 황산 제조의 중요한 방법이었던 연실법(lead chamber process)이다. 황산은 황으로부터 시작하여 다음 반응 단계를 거쳐서 생성되는 것으로 알려져 있다.

$$S(s) + O_2(g) \longrightarrow SO_2(g)$$
$$2SO_2(g) + O_2(g) \longrightarrow 2SO_3(g)$$
$$H_2O(l) + SO_3(g) \longrightarrow H_2SO_4(aq)$$

그러나 현실적으로 이산화황이 직접 삼산화황으로 전환되지 않는다. 반면에 위의 산화 과정은 이산화 질소(NO_2) 촉매 존재 하에서 좀 더 효과적으로 일어난다.

$$2SO_2(g) + 2NO_2(g) \longrightarrow 2SO_3(g) + 2NO(g)$$
$$2NO(g) + O_2(g) \longrightarrow 2NO_2(g)$$
$$\text{전체 반응:}\quad 2SO_2(g) + O_2(g) \longrightarrow 2SO_3(g)$$

전체 반응에서 NO_2는 소모되지 않았으므로 촉매로서의 기준에 충족되었음을 주목하라.

최근 화학자들이 균일 촉매로 사용하기 위하여 전이 금속 화합물을 개발하는 데 상당한 노력을 경주하고 있다. 이들 화합물들은 여러 가지 유기 용매에 용해하며 따라서 용해된 반응물과 동일한 상에서 반응의 촉매로 작용할 수 있다. 이들 화합물이 촉매로 작용하는 공정은 많은 경우 유기화학 반응이다. 예를 들면, 로듐의 적갈색 화합물인 $[(C_6H_5)_3P]_3RhCl$는 탄소-탄소 이중 결합이 탄소-탄소 단일 결합으로 전환되는 다음과 같은 반응에서 촉매로 작용한다.

이 반응은 식품 산업에 중요하다. 이는 불포화 지방(C═C 결합을 많이 포함하고 있는)을 포화 지방(C═C 결합이 없는)으로 변환시킨다.

$$\begin{array}{c} | \quad | \\ C{=}C \\ | \quad | \end{array} + H_2 \longrightarrow \begin{array}{c} | \quad\; | \\ -C-C- \\ | \quad\; | \\ H \quad H \end{array}$$

균일 촉매 현상은 불균일 촉매 촉매 현상에 비하여 여러 가지 장점이 있다. 그 중 하나는 보통 반응이 대기압 조건하에서 일어날 수 있다는 것이다. 따라서 고온에서 일어날 수 있는 생성물의 분해 반응을 최소화시키고 생산 단가를 줄일 수 있다. 그 외 균일 촉매는 특별한 반응 유형에 맞는 선택적인 기능을 갖도록 고안할 수 있으며, 불균일 촉매에 사용되는 금속(예, 금과 백금)보다 비용이 저렴하다.

효소 촉매 작용

생체 반응에 포함된 여러 가지 정교한 과정 중에서 효소 촉매 작용보다 더 기발하거나 더 필요한 것은 없다. **효소**(enzyme)는 *생물학적 촉매*이다. 효소에 대하여 놀랄 만한 사실은 그들이 생화학 반응 속도를 10^6~10^{18}배 정도 빠르게 할 뿐만 아니라 매우 특이적이라는 사실이다. 각 효소는 *기질*(substrate, 반응물)이라고 하는 특정 분자에만 작용하며 반응계 안의 나머지에 대해서는 아무런 영향을 미치지 않는다. 보통 생체 세포는 약 3000개의 여러 가지 다른 효소들을 가지고 있다고 추정되며, 각 효소들은 어떤 기질이 적절한 생성물로 전환되는 특이한 반응에 대하여 촉매로 작용한다. 효소 촉매 작용은 기질과 효소가 수용액 상에 존재하기 때문에 균일 촉매 과정이다.

일반적으로 효소는 기질과 반응이 일어나는 *활성 자리*(active site)를 하나 이상 가지는 커다란 단백질 분자이다. 어떤 열쇠가 특정한 잠금 장치에 맞게끔 제작된 것처럼 효소의 활성 위치 또한 특이한 기질 분자와 구조적으로 비슷하다. 사실, 기질 분자에서 반응이 일어나는 위치가 효소의 활성 위치와 모양이 정확하게 일치하는 곳에서만 결합한다는 고정된 효소 구조에 대한 개념은 1894년 독일의 화학자인 피셔(Emil Fischer)[†]에 의하여 개발된 자물쇠-열쇠 모형(lock-and-key model)이라고 하는 효소 촉매 작용의 초기 이론에 근거를 둔다(그림 13.28). 그런데 지금은 효소 분자(또는 적어도 효소의 활성 자리)가 상당히 유동적이며, 한 가지 이상의 기질 유형에 적합하도록 그 모양을 수정할 수 있다는 것을 화학자들이 알고 있다. 그림 13.29는 작동 중에 있는 효소의 분자 모형을 보여준다.

효소 반응에 대한 반응 속도를 수학적으로 계산하는 것은 그 반응에 포함된 기본 단계를 알고 있더라도 매우 복잡하다. 다음 식은 효소 반응을 단순화된 기본 단계를 이용하여 표시한 것을 보여주고 있다.

[†] 피셔(Emil Fischer, 1852~1919)는 독일 화학자로, 많은 사람들에 의해 19세기의 가장 위대한 유기 화학자로 간주된다. 그는 당과 다른 중요한 분자의 합성에 많은 주요한 공헌을 하였으며 1902년 노벨 화학상을 수상하였다.

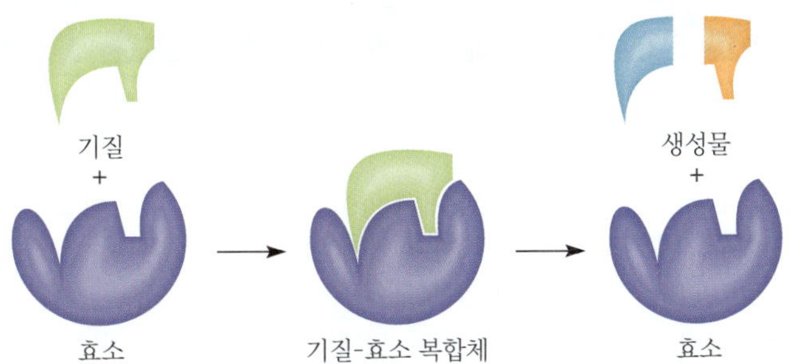

그림 13.28 기질 분자에 대한 효소의 특이성을 보여주는 자물쇠-열쇠 모형.

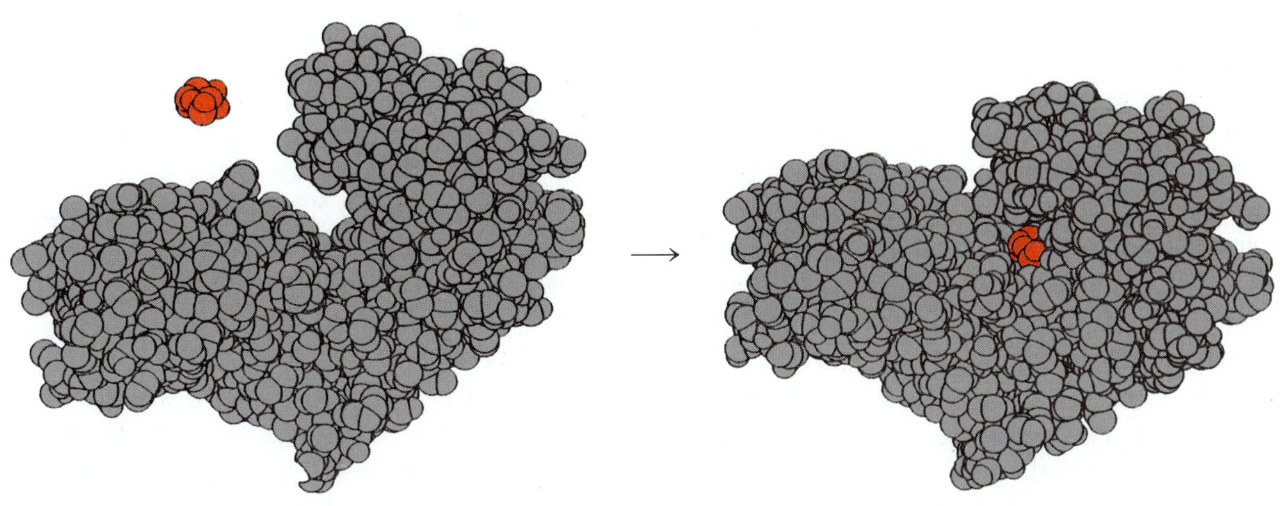

그림 13.29 왼쪽에서 오른쪽으로: 포도당(글루코스) 분자(빨간색)가 헥소키나제(대사 과정의 효소)에 결합한다. 결합 후에 활성 자리가 포도당 주변에 어떻게 가까워지는지 주목하라. 종종 기질과 활성자리 모두의 기하학적 구조가 서로 맞도록 변한다.

$$E + S \underset{k_{-1}}{\overset{k_1}{\rightleftharpoons}} ES$$

$$ES \xrightarrow{k_2} E + P$$

여기서 E, S, P는 효소, 기질, 생성물을 나타내며, ES는 효소-기질 중간체이다. ES의 생성과 효소와 기질로 다시 분해되는 반대 과정이 동시에 빠르게 일어나며 속도 결정 단계는 생성물 생성 단계라고 흔히 가정하고 있다(이것은 13.5절에서 논의한 HI의 생성과 유사하다).

일반적으로 이와 같은 반응 속도는 다음 식과 같이 표시된다.

$$\text{속도} = \frac{\Delta[\text{P}]}{\Delta t} = k_2[\text{ES}]$$

ES 중간체의 농도는 반응계 안에 존재하는 기질 양에 비례하며, 기질 농도 변화에 따른 반응 속도의 그래프를 그리면 그림 13.30과 같은 곡선이 얻어진다. 초기 반응 속도는 기질 농도가 증가할수록 빠르게 증가한다. 그러나 일정 농도 이상에서 효소의 모든 활성 위치는 기질과 결합하고, 따라서 반응은 기질에 대하여 영차 반응이 된다. 다시 말해서 이 시점에서 기질의 농도가 증가하더라도 반응 속도는 일정하게 유지된다. 따라서 생성물 생성 속도는 ES 중간체가 분해되는 속도에 의존하게 되며 기질 분자의 숫자에는 무관하게 된다.

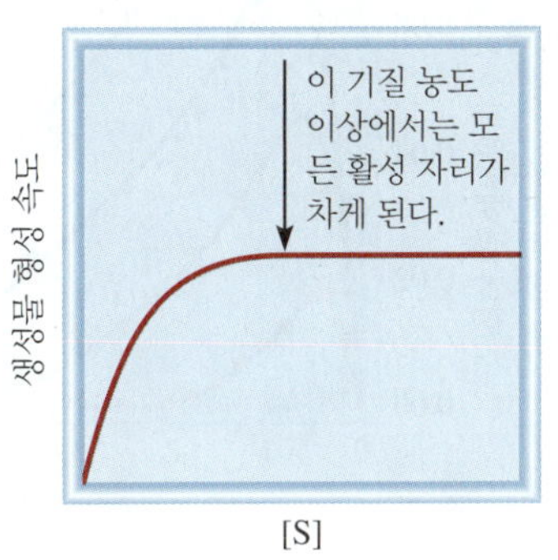

그림 13.30 효소 촉매 반응에서 기질 농도 대 생성물의 생성 속도를 도시한 그림.

생활 속의 화학 CHEMISTRY in Action

약동학

화학 반응 속도론은 체내에서 약물의 흡수, 분포, 대사, 배설을 이해하는 데 매우 중요하다. 이러한 점에서 약동학(pharmacokinetics)은 몸이 약물에 미치는 영향을 연구한다. [반대 개념인 약력학(pharmacodynamics)은 약이 신체에 미치는 영향을 연구하는 것이다.) 체내에서 약물의 흡수와 분배 속도에 대한 지식은 적절한 약물 투여량을 결정하고 유지하는 것뿐만 아니라 약물의 메커니즘을 이해하는 데에도 중요하다.

약물의 농도는 여러 시간에 걸쳐 혈장이나 소변에서 측정하여, 시간에 대한 약물 농도의 그래프를 얻는다. 약물이 혈류로 흡수되면 체내의 여러 조직이나 기관에 분포되며, 동시에 대사와 배설 과정의 조합으로(생체 내 변환) 제거된다. 이 모든 과정은 약물에 따라 흡수율이 다르게 일어난다. 이 모든 과정의 합이 약물 전달과 분배의 메커니즘이다. 약물은 여러 기관 사이에서 수용액(혈액과 소변)과 지질(지방) 조직 사이를 넘어 분포되어야 하며, 많은 생물학적 과정은 효소를 포함하기 때문에 약물에서 영차 반응을 따르는 속도론적 행동은 균일 반응 용액에서 있을 때보다 약동학에서 더 일반적이다. 예를 들어, 알코올 탈수소 효소에서의 에탄올 분해는 에탄올에 대해 영차 반응이다.

보통 약물의 흡수는 제거보다 더 빠르게 일어나고, 따라서 농도는 더 급격하게 증가하고 감소는 더 점진적으로 일어난다. *최소 유효 농도*(minimum effective concentration, MEC)는 바람직한 치료 효과가 나타나는 데 필요한 용액의 최소 농도이다. *최소 독성 농도*(minimum toxic concentration, MTC)는 약물의 부작용이 효과보다 더 커서 약이 독성을 갖게 되는 약물의 농도이다. 이 둘을 종합하면 MEC와 MTC는 *치료 지수*(therapeutic index)를 정의하게 되며, 약동학의 목표 중 하나는 MEC보다는 높고, MTC보다는 낮은 치료 지수 이내의 약물 농도를 유지할 수 있는 복용량을 결정하는 것이다. 예를 들어, 아목시실린(amoxicilin) 같은 대부분의 항생제는 상당히 치료 지수가 넓지만, Coumadin® 같은 항응고제 약물들은 치료 지수가 좁다. 정확한 투약량의 결정은 약물의 전달 속도뿐만 아니라 분해, 생변환, 배설로 인한 소멸 속도도 기초로 한다. 보통 이러한 복용량은 몸무게에 따라 달라지는데, 그 이유는 혈액량이 몸무게와 대략 비례하므로 약물의 농도는 주어진 복용량뿐만 아니라 분포 용적(이 경우에는 혈액)에 의존하기 때문이다. 의사와 간호사들은 약동학의 기초를 둔 *처방 참고서*(Physician's Desk Reference, PDR) 같은 문헌을 참고한다.

개시 시간(onset time)은 약물의 농도가 MEC에 도달하여 치료 범위에 들어가기 위해 약물을 투여한 후 필요한 시간이다. 보통 의사는 개시 시간을 줄이기 위해 *첫 복용량*(loading dose)을 더 높게 처방한다. 그리고 주어진 시간에 대한 약물 농도 그래프가 특징적으로 '톱니 모양'이 나타나도록 치료 지수 내에서 농도를 유지하기 위해 간격을 두고 약물을 계속 투여한다. 약이 필요하다면 계속 투여한다. 하지만 약물의 생리적인 적응으로 투약 방식을 조정할 수도 있다. 어떤 약물(예, 스테로이드 계통)의 경우에는 쇼크를 피하기 위해 갑작스럽게 중지하는 것보다 서서히 줄여간다.

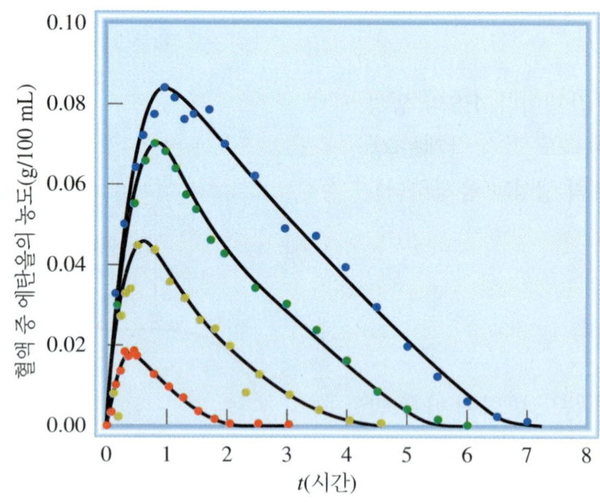

경구 투여량을 다르게 한 후 시간에 대한 혈액 중 에탄올의 농도. 빨강(14 g), 노랑(28 g), 초록(42 g), 파랑 (56 g).

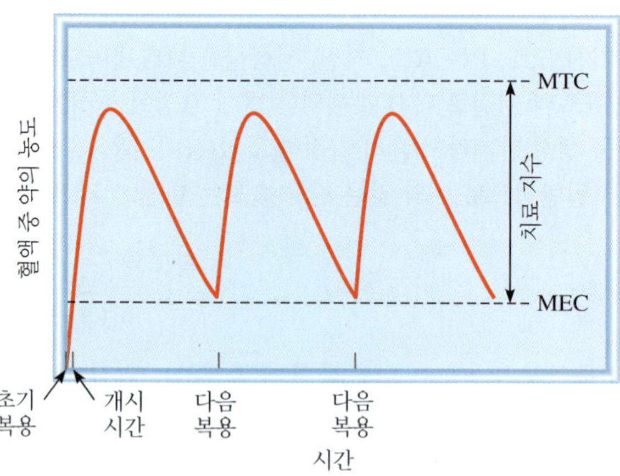

시간에 대한 혈액의 약물 농도. 약물 농도는 약물이 투여된 후 증가하고, 약물이 대사되거나 배설되었을 때 감소한다. 이 과정은 다음 복용량이 투여될 때까지 반복된다. 주어진 그래프의 모양은 '톱니' 모양이다.

개념 복습하기

다음 중 촉매와 관련해 잘못된 것은? (a) 촉매 반응에서 E_a가 더 낮다. (b) 촉매 반응에서 $\Delta H^\circ_{반응}$은 더 낮다. (c) 촉매 반응은 다른 메커니즘을 가진다.

주요 식 정리하기 Key Equations

식	설명
속도 $= k[A]^x[B]^y$ (13.1)	속도 법칙. 합인 $(x + y)$가 전체 반응의 차수이다.
$\ln \dfrac{[A]_t}{[A]_0} = -kt$ (13.3)	일차 반응에서 농도와 시간의 관계.
$\ln [A]_t = -kt + \ln [A]_0$ (13.4)	일차 반응에서 그래프로 k 값을 결정하는 식.
$t_{\frac{1}{2}} = \dfrac{0.693}{k}$ (13.6)	일차 반응의 반감기.
$\dfrac{1}{[A]_t} = kt + \dfrac{1}{[A]_0}$ (13.7)	이차 반응에서 농도와 시간의 관계.
$k = Ae^{-E_a/RT}$ (13.11)	활성화 에너지와 온도에 대한 속도 상수의 의존성을 표현하는 아레니우스 식.
$\ln k = \left(-\dfrac{E_a}{R}\right)\left(\dfrac{1}{T}\right) + \ln A$ (13.13)	그래프로 활성화 에너지를 결정하는 식.
$\ln \dfrac{k_1}{k_2} = \dfrac{E_a}{R}\left(\dfrac{T_1 - T_2}{T_1T_2}\right)$ (13.14)	다른 두 온도에서 속도 상수의 관계.

사실과 개념 요약하기 Summary of Facts & Concepts

1. 화학 반응 속도는 시간에 따른 반응물이나 생성물의 농도 변화로 나타낸다. 반응 속도는 일정한 것이 아니라 농도 변화에 의해 계속 변화한다.
2. 속도 법칙은 속도 상수와 반응물의 농도의 곱으로 반응의 속도 관계를 표현한 것이다. 또한 주어진 반응에서 속도 상수는 오직 온도에 따라 변화한다.
3. 총괄 반응 차수는 속도 법칙에 따라 변화하는 반응물 농도의 지수항들의 합이다. 속도 법칙과 반응 차수는 반응에 대한 총괄식의 화학량론으로부터 결정될 수 없다. 이들은 실험에 의해서만 결정된다. 영차 반응에 대해서는 반응 속도가 속도 상수와 같다.
4. 일차 반응의 속도 상수를 결정하여 반응의 반감기(반응물의 농도가 반으로 줄어드는 데 걸리는 시간)를 계산할 수 있다.
5. 충돌 이론에 따르면 반응은 분자들이 결합을 깨고 반응을 시작할 만큼의 충분한 에너지 즉, 활성화 에너지를 갖고 충돌할 때 일어난다. 속도 상수와 활성화 에너지는 아레니우스 식에 의해 관련된다.
6. 반응에 대한 화학 반응식은 단일 단계 반응이라고 하는 단순 연속 반응의 합으로 표현된다. 반응에 대해 완성된 일련의 단일 단계 반응이 반응 메커니즘이다.
7. 반응 메커니즘에서 한 단계가 다른 모든 단계보다 훨씬 느린 반응이라면, 그 단계를 속도 결정 단계라고 한다.
8. 촉매는 보통 활성화 에너지(E_a) 값을 낮춤으로써 반응 속도를 증가시키며, 반응 후에 아무런 변화 없이 재생된다.
9. 산업적으로 매우 중요한 불균일 촉매 작용에서 촉매는 고체이고, 반응물은 기체 또는 액체이다. 균일 촉매 작용에서는 촉매와 반응물 모두 동일한 상이다. 효소는 생체 반응에서 사용되는 촉매이다.

주요 용어 정리하기 Key Words

단분자 반응	반응 차수	이차 반응	활성 착물
단일 단계	삼분자 반응	일차 반응	활성화 에너지(E_a)
반감기($t_{\frac{1}{2}}$)	속도 결정 단계	전이 상태	효소
반응 메커니즘	속도 법칙	중간체	
반응 분자도	속도 상수(k)	촉매	
반응 속도	이분자 반응	화학 반응 속도론	

연습 문제 Questions & Problems

● 표시는 Connect Plus에서 유용한 문제,
붉은색 번호의 문제는 학생용 문제풀이집에 풀어 놓았다.

반응 속도

▶ 복습 질문

13.1 화학 반응 속도가 의미하는 것은 무엇인가? 반응 속도의 단위는 무엇인가?

13.2 평균 속도와 순간 속도를 구별하시오. 두 속도 중 어느 것이 확실한 반응 속도 측정이 되겠는가? 그 이유는 무엇인가?

13.3 반응의 초기 속도 측정의 장점은 무엇인가?

13.4 매우 느린(종결까지 하루 이상의 긴 시간이 걸리는) 두 반응과 매우 빠른 두 반응(몇 분 또는 몇 초 안에 종결되는)을 제안하시오.

▶ 문제

● 13.5 반응물이 없어지고 생성물이 생성되는 관점에서 다음 반응의 반응 속도식을 쓰시오.

(a) $H_2(g) + I_2(g) \longrightarrow 2HI(g)$

(b) $5Br^-(aq) + BrO_3^-(aq) + 6H^+(aq) \longrightarrow 3Br_2(aq) + 3H_2O(l)$

● **13.6** 반응물이 없어지고 생성물이 생성되는 관점에서 다음 반응의 반응 속도식을 쓰시오.

(a) $2H_2(g) + O_2(g) \longrightarrow 2H_2O(g)$

(b) $4NH_3(g) + 5O_2(g) \longrightarrow 4NO(g) + 6H_2O(g)$

● 13.7 다음 반응을 생각해 보자.

$$2NO(g) + O_2(g) \longrightarrow 2NO_2(g)$$

반응 도중 어떤 한 순간에 산화 질소(NO)가 0.066 M/s의 속도로 반응한다고 하자. (a) NO_2의 생성 속도는 얼마인가? (b) 산소 분자가 반응하는 속도는 얼마인가?

● **13.8** 다음 반응을 생각해 보자.

$$N_2(g) + 3H_2(g) \longrightarrow 2NH_3(g)$$

반응 도중 어떤 한 순간에 수소 분자가 0.074 M/s의 속도로 반응한다고 하자. (a) 암모니아의 생성 속도는 얼마인가? (b) 질소 분자의 반응 속도는 얼마인가?

속도 법칙

▶ 복습 질문

13.9 반응 속도 법칙이 의미하는 것을 설명하시오.

13.10 영차 반응, 일차 반응, 이차 반응에 대한 속도 상수의 단위는 무엇인가?

13.11 "A ⟶ 생성물"로 표시되는 영차 반응을 생각해 보자. (a) 이 반응의 속도 법칙을 쓰시오. (b) 속도 상수의 단위는 무엇인가? (c) 반응 속도 대 [A](A의 농도)의 그래프를 그리시오.

13.12 다음 중 반응 속도 상수에 영향을 미치는 것은 무엇인가? (a) 반응물의 농도, (b) 반응물의 성질, (c) 온도.

▶ 문제

● 13.13 다음 반응을 보자.

$$NH_4^+(aq) + NO_2^-(aq) \longrightarrow N_2(g) + 2H_2O(l)$$

이 반응의 속도 법칙은 속도 = $k[NH_4^+][NO_2^-]$로 주어졌다. 25°C에서 속도 상수는 $3.0 \times 10^{-4}/M\cdot s$이다. $[NH_4^+] = 0.26\ M$이고 $[NO_2^-] = 0.080\ M$이라면 이 온도에서 반응 속도는 얼마인가?

13.14 표 13.2에 있는 자료로부터 $[F_2] = 0.010\ M$이고 $[ClO_2] = 0.020\ M$인 순간의 반응 속도를 계산하시오.

● 13.15 다음 반응을 생각해 보자.

$$A + B \longrightarrow \text{생성물}$$

어떤 온도에서 얻어진 다음 자료로부터 반응 차수를 결정하고 속도 상수를 계산하시오.

[A] (M)	[B] (M)	속도 (M/s)
1.50	1.50	3.20×10^{-1}
1.50	2.50	3.20×10^{-1}
3.00	1.50	6.40×10^{-1}

● **13.16** 다음 반응을 생각해 보자.

$$X + Y \longrightarrow Z$$

360 K에서 얻은 다음 자료로부터 (a) 반응 차수를 구하시오. (b) X가 0.30 *M*이고 Y가 0.40 *M*에서 X가 소멸되는 초기 속도를 결정하시오.

X가 소멸되는 초기 속도(*M*/s)	[X] (*M*)	[Y] (*M*)
0.053	0.10	0.50
0.127	0.20	0.30
1.02	0.40	0.60
0.254	0.20	0.60
0.509	0.40	0.30

● 13.17 다음 속도 법칙이 적용되는 반응의 전체 반응 차수를 결정하시오. (a) 속도 = $k[NO_2]^2$, (b) 속도 = k, (c) 속도 = $k[H_2][Br_2]^{\frac{1}{2}}$, (d) 속도 = $k[NO]^2[O_2]$.

● **13.18** 다음 반응을 생각해 보자.

$$A \longrightarrow B$$

A의 농도가 0.35 *M*일 때 반응 속도는 1.6×10^{-2} *M*/s이다. (a) A에 대해 일차 반응, (b) A에 대해 이차 반응일 때의 속도 상수를 각각 구하시오.

● 13.19 사이클로뷰테인은 다음 반응과 같이 분해된다.

$$C_4H_8(g) \longrightarrow 2C_2H_4(g)$$

위 반응이 일정 부피와 430°C에서 일어날 때 다음 압력에 근거하여 반응 차수와 속도 상수를 결정하시오.

시간(s)	$P_{C_4H_8}$ (mmHg)
0	400
2,000	316
4,000	248
6,000	196
8,000	155
10,000	122

13.20 일정한 부피와 290°C에서 기체 상태에서 진행되는 다음 반응의 시간에 따른 압력 변화를 관찰하였다.

$$ClCO_2CCl_3(g) \longrightarrow 2COCl_2(g)$$

다음 자료를 기초로 하여 반응 차수와 속도 상수를 구하시오. 여기서 *P*는 전체 압력이다.

시간(s)	*P* (mmHg)
0	15.76
181	18.88
513	22.79
1164	27.08

반응물의 농도와 시간 사이의 관계

▶ 복습 질문

13.21 일차 반응에서 $t = t$일 때와 $t = 0$일 때의 반응물의 농도와 관계되는 식을 쓰시오. 모든 항목에 대해서 정의하고, 그 단위를 쓰시오. 같은 과정을 이차 반응에 대하여 쓰시오.

13.22 반감기를 정의하시오. 일차 반응의 반감기와 속도 상수 관계식을 쓰시오.

13.23 이차 반응의 반감기와 속도 상수를 연결하는 관계식을 쓰시오. 이것이 일차 반응의 식과 어떻게 다른가?

13.24 일차 반응에서 반응물의 농도가 초기 농도에서 1/8로 줄어드는 데 시간이 얼마나 걸릴까? 반감기($t_{\frac{1}{2}}$)와 속도 상수 k로 나타내시오.

▶ 문제

● 13.25 60분 동안 어떤 물질의 75%가 분해되었다면 이 물질의 반감기는 얼마인가? 이 반응이 일차 반응이라고 가정한다.

● **13.26** 포스핀(PH_3)이 인과 수소로 열분해되는 반응은 일차 반응이다.

$$4PH_3(g) \longrightarrow P_4(g) + 6H_2(g)$$

이 반응의 반감기가 680°C에서 35.0초이다. (a) 일차 반응 속도 상수, (b) 포스핀의 95%가 분해될 때까지 걸리는 시간을 계산하시오.

● 13.27 다음 이차 반응의 속도 상수가 10°C에서 0.80/*M*·s이다.

$$2NOBr(g) \longrightarrow 2NO(g) + Br_2(g)$$

(a) 초기 농도가 0.086 *M*일 경우 22초 후에 NOBr의 농도를 계산하시오. (b) $[NOBr]_0 = 0.072$ *M*이고 $[NOBr]_0 = 0.054$ *M*일 때, 반감기를 계산하시오.

13.28 다음 이차 반응의 속도 상수가 300°C에서 0.54/*M*·s이다.

$$2NO_2(g) \longrightarrow 2NO(g) + O_2(g)$$

NO_2의 농도가 0.62 *M*에서 0.28 *M*로 되는 데 걸리는 시간을 초로 나타내시오.

● 13.29 A ⟶ B인 일차 반응을 생각해 보자. (a) 반응의 속도 상수를 구하시오. (b) t = 20 s와 t = 30 s에서 A(노란색 구)와 B(푸른색 구) 분자의 개수를 구하시오.

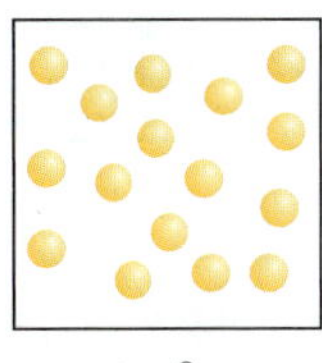

t = 0 s

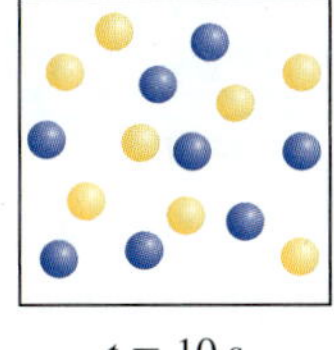

t = 10 s

13.30 X ⟶ Y로 표시되는 일차 반응이 있다. 온도와 부피가 동일한 3개의 용기에 다른 양의 X 분자를 담았다. (a) 세 용기 안에서 일어나는 반응의 상대적인 속도는 얼마인가? (b) 각 반응 용기의 부피가 두 배로 될 경우 상대적인 반응 속도에 어떤 영향을 미칠 것인가? (c) 세 반응의 상대적인 반감기는 얼마인가?

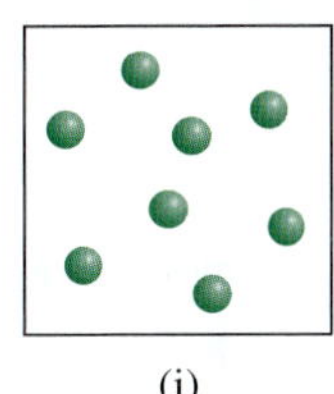

(i)

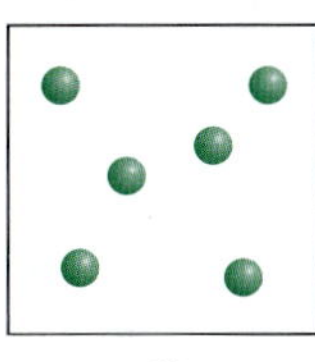

(ii)

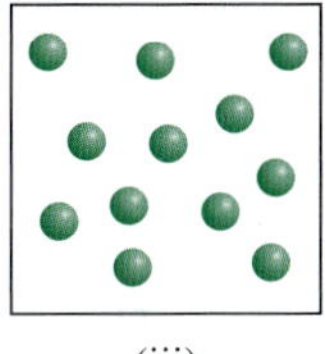

(iii)

활성화 에너지

▶ 복습 질문

13.31 활성화 에너지를 정의하시오. 반응 속도론에서 활성화 에너지는 어떤 역할을 하는가?

13.32 아레니우스 식을 쓰고 각 항을 정의하시오.

13.33 아레니우스 식을 사용하여 다음의 이유를 설명하시오. (a) 활성화 에너지가 증가하면 반응의 속도 상수가 감소한다. (b) 온도가 증가하면 반응의 속도 상수가 증가한다.

13.34 메테인과 산소의 연소 반응은 높은 발열 반응이다. 하지만 메테인과 산소 기체 혼합물은 아무런 변화 없이 무한정 유지될 수 있는 이유를 설명하시오.

13.35 다음 반응에 대한 퍼텐셜 에너지 대 반응 진행 그래프를 그리시오.

(a) $S(s) + O_2(g) \longrightarrow SO_2(g)$ $\Delta H° = -296$ kJ/mol
(b) $Cl_2(g) \longrightarrow Cl(g) + Cl(g)$ $\Delta H° = 243$ kJ/mol

13.36 오랫동안 연구된 $H + H_2 \longrightarrow H_2 + H$ 반응에 대한 퍼텐셜 에너지 대 반응 진행도의 그래프를 그리시오.

▶ 문제

13.37 (1) 그림 (a)는 두 개의 일차 반응에 대해 $1/T$에 대한 ln k를 나타낸 것이다. 여기서 k는 반응 속도이고, T는 절대 온도이다. 어떤 반응의 활성화 에너지가 더 큰가? (2) 그림 (b)는 다른 두 온도에서 일차 반응에 대한 그래프이다. 어떤 그래프가 더 높은 온도에 대한 것인가?

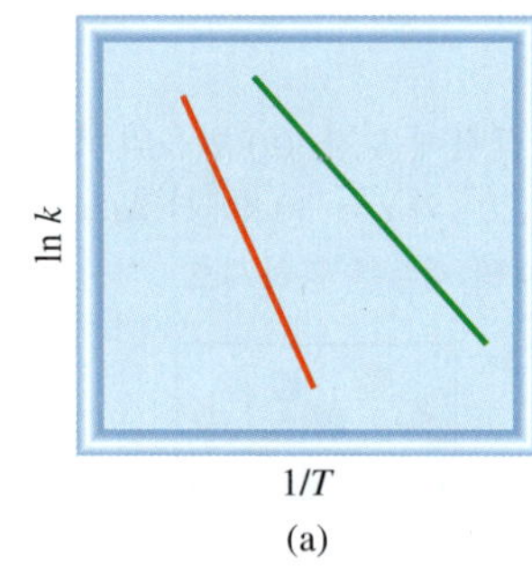

(a)

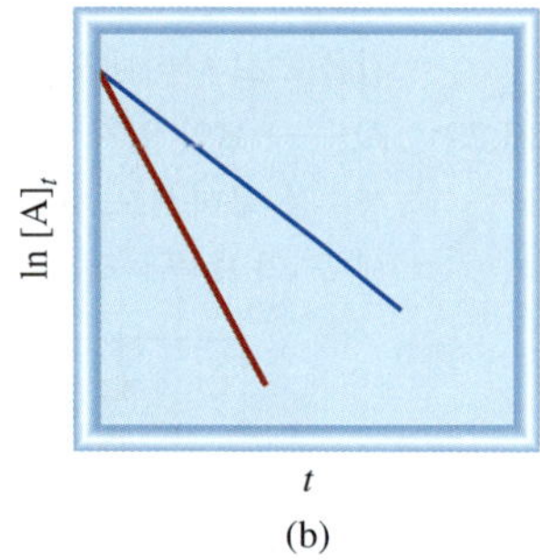

(b)

● **13.38** 반응물 농도가 같은 다음 반응을 생각해 보자.

$$CO(g) + Cl_2(g) \longrightarrow COCl_2(g)$$

250°C에서의 반응 속도가 150°C에서보다 1.50×10^3 배 빠르다. 이 반응에 대한 활성화 에너지를 계산하시오. 빈도 인자(frequency factor)는 일정하다고 가정한다.

13.39 몇몇 반응은 반응물이 다른 생성물을 다른 반응 속도로 동시에 형성한다는 점에서 병렬(parallel)로 설명한다. 다음 예를 보자.

$$A \xrightarrow{k_1} B$$
$$A \xrightarrow{k_2} C$$

활성화 에너지는 k_1에 대해 45.3 kJ/mol이고, k_2에 대해 69.8 kJ/mol이다. 320 K에서 속도 상수가 같다면 어떤 온도에서 $k_1/k_2 = 2.00$이 되겠는가?

● **13.40** 다음 일차 반응에 대한 온도 변화에 따른 속도 상수 변화가 다음 표에 주어져 있다.

$$2N_2O_5(g) \longrightarrow 2N_2O_4(g) + O_2(g)$$

이 반응의 활성화 에너지를 그래프를 이용하여 결정하시오.

T (K)	k (s^{-1})
298	1.74×10^{-5}
308	6.61×10^{-5}
318	2.51×10^{-4}
328	7.59×10^{-4}
338	2.40×10^{-3}

● 13.41 다음 반응에서 빈도 인자 A는 8.7×10^{12} s^{-1}이고, 활성화 에너지는 63 kJ/mol 이다.

$$NO(g) + O_3(g) \longrightarrow NO_2(g) + O_2(g)$$

75°C에서 이 반응의 속도 상수를 구하시오.

● **13.42** 어떤 일차 반응의 속도 상수가 350°C에서 4.60×10^{-4} s^{-1}이다. 활성화 에너지가 104 kJ/mol라면 속도 상수가 8.80×10^{-4} s^{-1}인 온도를 계산하시오.

● 13.43 어떤 반응의 속도 상수는 온도가 10도 증가할 때마다 두 배씩 증가한다. 반응이 295 K와 305 K에서 일어난다고 가정하자. 위에서 설명한 것과 같이 속도 상수가 두 배로 될 경우 활성화 에너지는 어떻게 되어야 하겠는가?

13.44 다음 일차 반응을 생각해 보자.

$$CH_3NC(g) \longrightarrow CH_3CN(g)$$

이 반응에 대한 빈도 인자와 활성화 에너지는 각각 3.98×10^{13} s^{-1}과 161 kJ/mol이다. 600°C에서 반응 속노를 계산하시오.

13.45 다음 이차 반응을 생각해 보자.

$$NO(g) + Cl_2(g) \longrightarrow NOCl(g) + Cl(g)$$

이 반응에 대한 빈도 인자와 활성화 에너지는 각각 $4.0 \times 10^9/M \cdot s$와 85 kJ/mol이다. 500°C에서 반응 속도를 계산하시오.

● **13.46** 27°C에서 귀뚜라미 울음소리의 속도는 2.0×10^2 /min이고, 5°C에서는 39.6 /min이다. 이 자료로부터 울음 과정의 활성화 에너지를 구하시오. (*힌트:* 속도 비는 속도 상수 비와 같다.)

● 13.47 아래 그림은 다음 반응의 초기 상태를 나타낸다.

$$A_2 + B_2 \longrightarrow 2AB$$

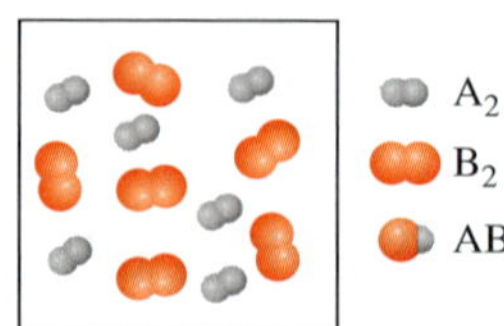

위 반응이 아래 그림처럼 두 온도에서 일어난다고 가정하자. 더 높은 온도에서 일어나는 반응 결과를 나타내는 그림은 어느 것인가? (반응은 두 온도에서 동일한 시간 동안 일어났다.)

(a)

(b)

반응 메커니즘

▶ 복습 질문

13.48 반응의 메커니즘이 의미하는 것은 무엇인가? 단일 단계란 무엇인가? 반응의 분자도란 무엇인가?

● 13.49 다음 단일 단계 반응을 단분자, 이분자, 삼분자 반응으로 분류하시오.

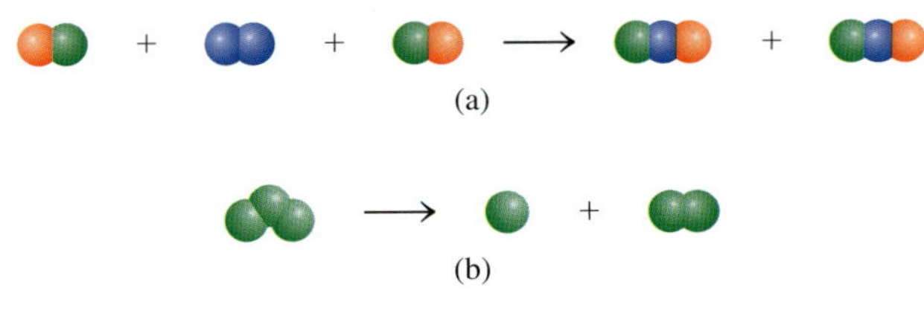
(a)

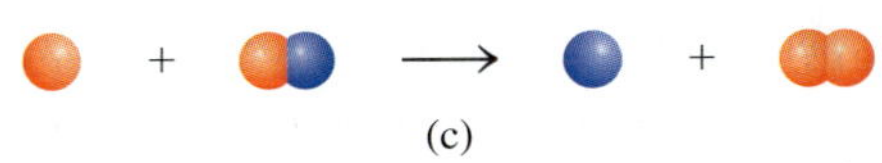
(b)

(c)

13.50 반응은 단일 분자, 이분자 등으로 분류된다. 분자도가 0인 반응이 존재하지 않는 이유는 무엇인가? 삼분자 반응이 거의 없는 이유를 설명하시오.

● 13.51 다음 단일 단계 반응의 분자도를 결정하고, 속도 법칙을 쓰시오.

(a) X $\longrightarrow$ 생성물
(b) X + Y $\longrightarrow$ 생성물
(c) X + Y + Z $\longrightarrow$ 생성물
(d) X + X $\longrightarrow$ 생성물
(e) X + 2Y $\longrightarrow$ 생성물

13.52 속도 결정 단계란 무엇인지 설명하시오. "속도 결정"의 의미를 설명하는 것과 비슷한 비유를 들어 보시오.

13.53 에테인(C_2H_6)의 연소 반응은 다음과 같다.

$$2C_2H_6(g) + 7O_2(g) \longrightarrow 4CO_2(g) + 6H_2O(l)$$

위 반응식이 반응을 나타내는 단일 단계일 것 같지 않은 이유를 설명하시오.

13.54 다음 중 반응 중에 분리할 수 없는 종은 무엇인가? 활성화 착물, 생성물, 중간체.

▶ 문제

● 13.55 다음 반응의 속도 법칙은 속도 = $k[NO][Cl_2]$로 표시된다.

$$2NO(g) + Cl_2(g) \longrightarrow 2NOCl(g)$$

(a) 반응 차수는 얼마인가? (b) 위 반응에 대하여 다음과 같은 반응 단계를 포함하는 반응 메커니즘이 제안되었다.

$$NO(g) + Cl_2(g) \longrightarrow NOCl_2(g)$$
$$NOCl_2(g) + NO(g) \longrightarrow 2NOCl(g)$$

이 반응 메커니즘이 맞다면, 이것이 두 단계의 상대적인 속도에 대하여 의미하는 것은 무엇인가?

13.56 $X_2 + Y + Z \longrightarrow XY + XZ$ 반응에 대해서 X_2 농도를 두 배로 하면 반응 속도가 2배로 증가되고, Y 농도를 3배로 하면 반응 속도가 3배로 증가되고, Z의 농도를 두 배로 하면 반응 속도에 변화가 없다. (a) 이 반응에 대한 속도 법칙을 구하시오. (b) Z의 농도가 반응 속도에 아무런 영향을 미치지 못하는 이유는 무엇인가? (c) 이 반응의 속도 법칙과 일치하는 반응 메커니즘을 제안하시오.

● 13.57 오존이 산소 분자로 분해되는 반응 $2O_3(g) \longrightarrow 3O_2(g)$의 속도 법칙은 다음과 같다.

$$\text{속도} = k\frac{[O_3]^2}{[O_2]}$$

이 반응에 대하여 제안된 반응 메커니즘은 다음과 같다.

$$O_3 \underset{k_{-1}}{\overset{k_1}{\rightleftharpoons}} O + O_2$$

$$O + O_3 \xrightarrow{k_2} 2O_2$$

이 단일 단계로부터 속도 법칙을 유도하시오. 이 유도 과정에서 사용된 가정을 분명하게 서술하시오. O_2 농도가 증가될 때 반응 속도가 감소하는 이유를 설명하시오.

13.58 다음 반응에 대한 속도 법칙은 속도 = $k[H_2][NO]^2$이다.

$$2H_2(g) + 2NO(g) \longrightarrow N_2(g) + 2H_2O(g)$$

관측된 속도 법칙을 근거로 하여 다음 여러 개의 메커니즘 중 제외되어야 할 것은 무엇인가?

메커니즘 I

$H_2 + NO \longrightarrow H_2O + N$	(느림)
$N + NO \longrightarrow N_2 + O$	(빠름)
$O + H_2 \longrightarrow H_2O$	(빠름)

메커니즘 II

$H_2 + 2NO \longrightarrow N_2O + H_2O$	(느림)
$N_2O + H_2 \longrightarrow N_2 + H_2O$	(빠름)

메커니즘 III

$2NO \rightleftharpoons N_2O_2$	(빠른 평형)
$N_2O_2 + H_2 \longrightarrow N_2O + H_2O$	(느림)
$N_2O + H_2 \longrightarrow N_2 + H_2O$	(빠름)

촉매

▶ 복습 문제

13.59 촉매는 반응의 속도를 어떻게 증가시키는가?

13.60 촉매의 특성은 무엇인가?

13.61 어떤 반응이 상온에서 느리게 진행되는 것으로 알려져 있다. 온도 변화 없이 이 반응 속도를 더 빠르게 일어나도록 할 수 있을까?

13.62 균일 촉매와 불균일 촉매를 구별하시오. 불균일 촉매를 이용하는 3가지 중요한 산업 공정에 대하여 서술하시오.

13.63 효소 촉매 반응은 균일 촉매인가, 불균일 촉매인가? 그

이유는 무엇인가?

13.64 세포 속에 존재하는 효소의 농도는 매우 낮다. 이 사실이 갖는 생물학적 중요성은 무엇인가?

▶ 문제

13.65 여기 보인 그림은 두 단계의 메커니즘을 나타낸다. (a) 각 반응 단계에 대한 화학 반응식과 전체 반응식을 쓰시오. (b) 중간 생성물과 촉매를 확인하시오. A는 초록색, B는 빨간색이다.

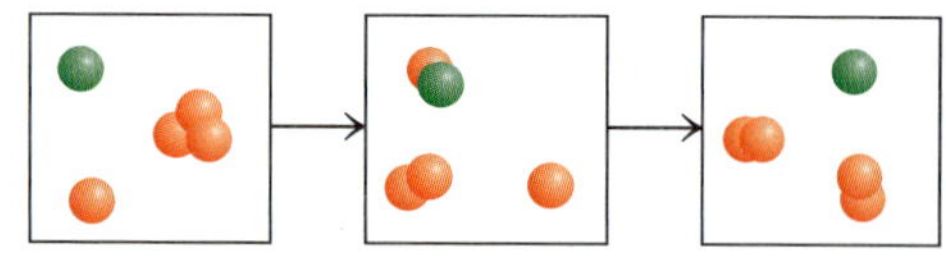

● **13.66** 효소 촉매 반응에 대한 다음 메커니즘을 생각해 보자.

$$E + S \underset{k_{-1}}{\overset{k_1}{\rightleftharpoons}} ES \quad \text{(빠른 평형)}$$

$$ES \xrightarrow{k_2} E + P \quad \text{(느림)}$$

E와 S의 농도로 표시된 반응의 속도 법칙에 관한 표현을 유도하시오. (*힌트:* 평형에서는 진행 방향의 속도와 역반응의 속도가 같다는 사실을 이용하여 [ES]를 푼다.)

추가 문제

● 13.67 다음 그림은 반응 A ⟶ B 과정을 나타낸다. 그림에서 붉은색 구는 A, 녹색 구는 B를 각각 나타낸다. 반응의 속도 상수를 구하시오.

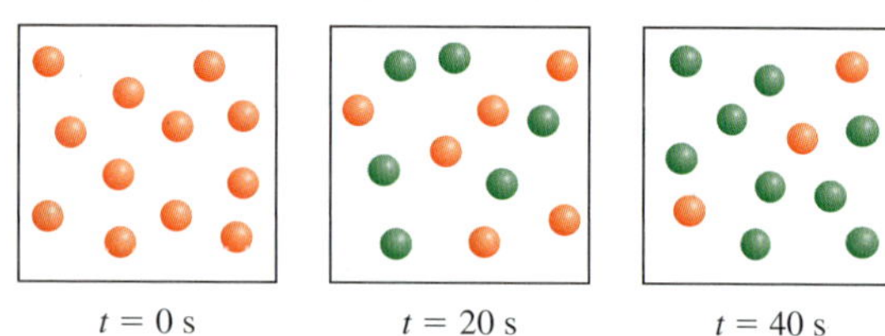

t = 0 s　　t = 20 s　　t = 40 s

● **13.68** 다음 그림은 반응 $2A \longrightarrow A_2$ 과정을 나타낸다. 이 반응이 일차인지 이차인지 결정하고 속도 상수를 구하시오.

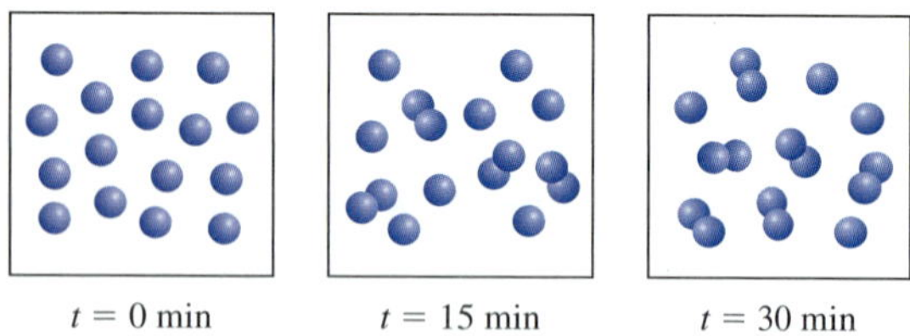

t = 0 min　　t = 15 min　　t = 30 min

● 13.69 다음 반응의 속도를 추적할 수 있는 실험적 방법을 제안하시오.

(a) $CaCO_3(s) \longrightarrow CaO(s) + CO_2(g)$

(b) $Cl_2(g) + 2Br^-(aq) \longrightarrow Br_2(aq) + 2Cl^-(aq)$

(c) $C_2H_6(g) \longrightarrow C_2H_4(g) + H_2(g)$

(d) $C_2H_5I(g) + H_2O(l) \longrightarrow C_2H_5OH(aq) + H^+(aq) + I^-(aq)$

13.70 반응 속도에 영향을 미치는 네 가지 요소를 쓰시오.

13.71 "다음 반응의 속도 상수가 1.64×10^{-6} /M·s이다." 이 문장에서 불완전한 것은 무엇인가?

$$NO_2(g) + CO(g) \longrightarrow NO(g) + CO_2(g)$$

● **13.72** 어떤 산업 공정에서 사용되는 불균일 촉매에서 촉매(구형)의 부피가 10.0 cm^{3}이다. 촉매의 표면적을 계산하시오. 만약 이 촉매가 부피 1.25 cm^{3}인 8개의 구로 분해된다면 구의 총 표면적은 얼마인가? 위의 두 기하학적 형태 중 어느 촉매가 더 효율적이겠는가? (구의 표면적은 $4\pi r^2$이고, r은 구의 반지름이다.) 분석 결과에 기초하여 곡물을 운반하는 엘리베이터에서 일하는 것이 위험한 이유를 설명하시오.

13.73 예제 13.5에 있는 자료를 이용하여 그래프로 반응의 반감기를 결정하시오.

● **13.74** 다음 자료는 700°C에서 수소와 산화 질소의 반응으로부터 얻은 것이다.

$$2H_2(g) + 2NO(g) \longrightarrow 2H_2O(g) + N_2(g)$$

실험	$[H_2]$	[NO]	초기 속도(M/s)
1	0.010	0.025	2.4×10^{-6}
2	0.0050	0.025	1.2×10^{-6}
3	0.010	0.0125	0.60×10^{-6}

(a) 반응 차수를 구하시오. (b) 속도 상수를 구하시오. (c) 속도 법칙에 일치하는 반응 메커니즘을 제안하시오. (*힌트:* 산소 원자는 반응 중간체로 가정한다.)

13.75 인산 메틸(methyl phosphate)을 산 용액에서 가열하면, 다음과 같이 물과 반응한다.

$$CH_3OPO_3H_2 + H_2O \longrightarrow CH_3OH + H_3PO_4$$

^{18}O이 충분히 있는 물에서 반응을 진행하면 산소-18 동위원소는 메탄올이 아닌 인산 생성물에서 발견된다. 이 반응의 메커니즘에 대해서 말할 수 있는 것은 무엇인가?

13.76 다음 반응의 반응 속도는 일차 반응의 특성 즉, 속도 = $k[CH_3COOC_2H_5]$를 나타낸다.

$$CH_3COOC_2H_5(aq) + H_2O(l) \longrightarrow CH_3COOH(aq) + C_2H_5OH(aq)$$

실제 이 반응은 이차 반응($CH_3COOC_2H_5$와 H_2O에 대해 각각 일차)이다. 이유를 설명하시오.

13.77 다음 반응식 중 아래 그림을 가장 잘 설명한 것은 어느 것인가? (a) A ⟶ B, (b) A ⟶ 3B, (c) 3A ⟶ B.

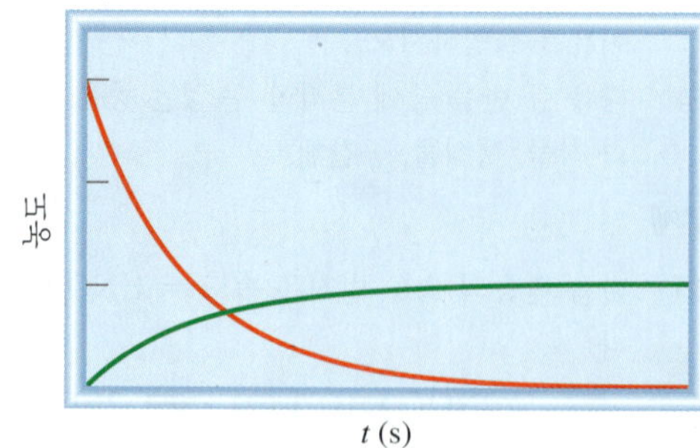

● **13.78** $2A + 3B \longrightarrow C$로 표시되는 반응이 A, B에 대해서 각각 일차 반응이다. 초기 농도가 [A] = 1.6×10^{-2} M이고, [B] = 2.4×10^{-3} M일 때, 반응 속도가 4.1×10^{-4}

M/s 이다. 이 반응의 반응 속도 상수를 계산하시오.

● 13.79 아세톤의 브로민화 반응은 산 촉매 반응이다.

$$CH_3COCH_3 + Br_2 \xrightarrow[\text{촉매}]{H^+} CH_3COCH_2Br + H^+ + Br^-$$

어떤 온도에서 여러 농도의 H^+ 이온, 브로민, 아세톤에 대한 브로민 소멸 속도를 측정하였다.

	$[CH_3COCH_3]$	$[Br_2]$	$[H^+]$	Br_2의 소멸 속도(M/s)
(1)	0.30	0.050	0.050	5.7×10^{-5}
(2)	0.30	0.10	0.050	5.7×10^{-5}
(3)	0.30	0.050	0.10	1.2×10^{-4}
(4)	0.40	0.050	0.20	3.1×10^{-4}
(5)	0.40	0.050	0.050	7.6×10^{-5}

(a) 이 반응의 속도 법칙은 무엇인가? (b) 속도 상수를 구하시오. (c) 아래와 같은 반응 메커니즘이 제안되었다.

$$CH_3-\overset{O}{\overset{\|}{C}}-CH_3 + H_3O^+ \rightleftharpoons CH_3-\overset{^+OH}{\overset{\|}{C}}-CH_3 + H_2O \quad \text{(빠른 평형)}$$

$$CH_3-\overset{^+OH}{\overset{\|}{C}}-CH_3 + H_2O \longrightarrow CH_3-\overset{OH}{\overset{|}{C}}=CH_2 + H_3O^+ \quad \text{(느림)}$$

$$CH_3-\overset{OH}{\overset{|}{C}}=CH_2 + Br_2 \longrightarrow CH_3-\overset{O}{\overset{\|}{C}}-CH_2Br + HBr \quad \text{(빠름)}$$

이 메커니즘으로부터 유추된 속도 법칙이 (a)에서 보인 것과 일치함을 보이시오.

● **13.80** N_2O가 N_2와 O_2로 분해되는 반응은 일차 반응이다. 730°C에서 반감기는 3.58×10^3분이다. 730°C에서 N_2O의 초기 압력이 2.10 atm이라면 일차 반감기가 지난 후의 전체 기체 압력은 얼마인가? 단, 부피는 일정하다.

13.81 다음 반응은 수용액에서 느리게 진행된다.

$$S_2O_8^{2-} + 2I^- \longrightarrow 2SO_4^{2-} + I_2$$

그러나 Fe^{3+}이온이 이 반응의 촉매로 작용할 수 있다. Fe^{3+}가 I^-를 산화시킬 수 있고, Fe^{2+}는 $S_2O_8^{2-}$를 환원시킬 수 있다. 이 반응에 대한 가능한 두 단계 메커니즘의 가설을 쓰시오. 그리고 비촉매 반응이 느린 이유를 설명하시오.

13.82 삼차 반응에서 속도 상수의 단위를 구하시오.

13.83 영차 반응 A ⟶ B에서 적분 속도 법칙은 $[A]_t = [A]_0 - kt$이다. (a) 다음 그래프를 그리시오. (i) 속도 대 $[A]_t$, (ii) $[A]_t$ 대 t. (b) 반응의 반감기에 대한 표현식을 유도하시오. (c) 적분 속도 법칙이 더 이상 맞지 않을 때, 즉 $[A]_t = 0$ 일 때의 시간은 반감기의 몇 배인지 계산하시오.

● **13.84** 플라스크 안에 화합물 A와 B의 혼합물이 들어 있다. 두 화합물은 일차 반응에 의해서 분해된다. A의 반감기는 50.0분, B의 반감기는 18.0분이다. A와 B의 초기 농도가 같다면, A의 농도가 B 농도의 네 배가 되는데 걸리는 시간은 얼마인가?

13.85 다음 그림은 같은 온도에서 두 일차 반응에 대해 시간에 따른 반응물의 농도를 나타낸 것이다. 각 경우에 어떤 반응이 반응 속도가 더 큰지 결정하시오.

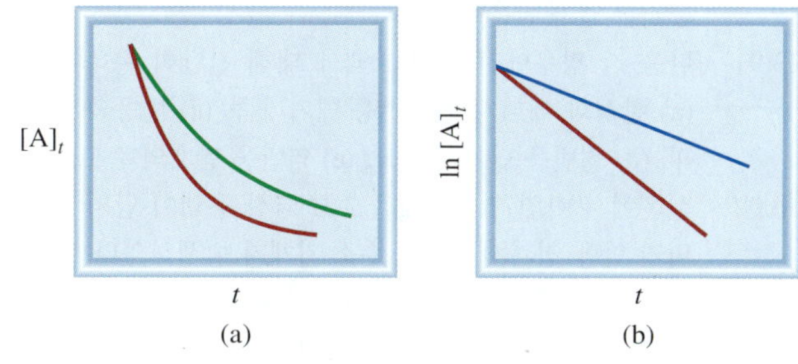

13.86 다음 그림은 A와 B의 초기 농도가 다른 조건에서 반응 A + B ⟶ C을 나타낸 것이다. 이 반응에 대한 속도 법칙을 결정하시오. (색 코드는 A = 빨간색, B = 초록색, C = 파란색이다.)

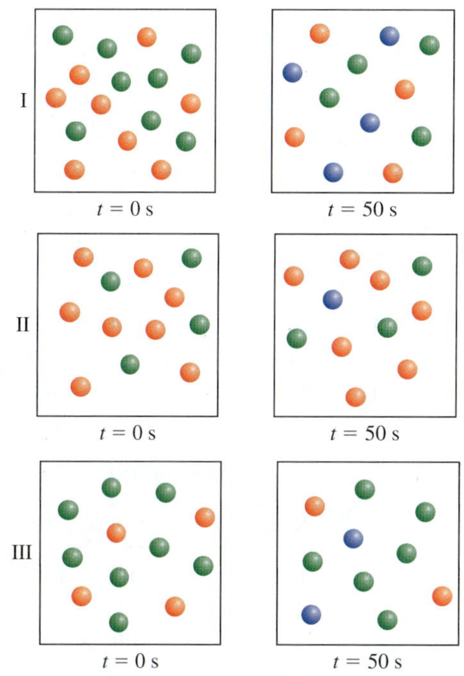

13.87 예제 13.5를 참고하여 아조메테인(azomethane)의 부분 압력을 시간의 함수로서 실험적으로 측정할 수 있는 방법을 설명하시오.

13.88 반응 $2NO_2(g) \longrightarrow N_2O_4(g)$의 속도식은 속도 = $k[NO_2]^2$이다. 다음 중 어느 변화가 k 값을 변화시킬까? (a) NO_2의 압력이 두 배가 되었다. (b) 반응이 유기 용매 안에서 일어난다. (c) 반응 용기의 부피가 두 배가 된다. (d) 온도가 낮아진다. (e) 촉매가 반응 용기에 첨가된다.

13.89 E_2와 G_2가 반응하여 2EG를 생성하는 반응은 발열 반응이고, X_2와 G_2가 반응하여 2XG를 생성하는 반응은 흡열 반응이다. 발열 반응의 활성화 에너지가 흡열 반응의 활성화 에너지보다 더 크다. 같은 그래프에 두 반응에 대

한 퍼텐셜 에너지 도표를 그리시오.

13.90 핵 산업에서 연구자들은 어떤 시료의 방사능 정도가 10차 반감기가 지난 후에 비교적 무해하게 될 것이라는 것을 가장 중요한 법칙으로 꼽는다. 이 기간 후 남아 있는 방사성 물질의 비를 계산하시오. (*힌트:* 방사성 물질의 붕괴는 일차 반응이다.)

13.91 다음 각 경우에 촉매의 효과에 대해 간단히 논하시오. (a) 활성화 에너지, (b) 반응 메커니즘, (c) 반응의 엔탈피, (d) 정반응 단계의 속도, (e) 역반응 단계의 속도.

● **13.92** 실온에서 아연 입자 6 g을 2 *M* 염산 용액이 담겨 있는 비커 안에 첨가시켰더니 수소 기체가 발생하였다. 산의 부피가 일정할 때 다음 변화에 대하여 수소 기체 발생 속도가 증가하는지, 감소하는지, 변화가 없는지 설명하시오. (a) 아연 분말 6 g을 사용한다. (b) 아연 입자 4 g을 사용한다. (c) 2 *M* 염산 대신에 2 *M* 아세트산을 사용한다. (d) 온도를 40°C로 증가시킨다.

13.93 엄밀히 말해서 연습 문제 13.74의 반응에 대하여 유도된 속도 법칙은 특정한 농도의 수소 분자에 한하여 적용된다. 이 반응의 일반적인 속도 법칙은 아래와 같다.

$$\text{속도} = \frac{k_1[\mathrm{NO}]^2[\mathrm{H_2}]}{1 + k_2[\mathrm{H_2}]}$$

여기서 k_1와 k_2는 상수이다. 수소 이온 농도가 매우 높거나 낮을 경우 속도 법칙을 유도하시오. 연습 문제 13.74으로부터 얻은 결과가 여기서 표현된 속도 중 하나와 일치하는가?

● **13.94** 어떤 일차 반응이 25°C에서 4.90분이 지난 후 35.5%가 진행되었다. 이 반응의 속도 상수를 구하시오.

13.95 어떤 온도에서 사염화 탄소 용매 중 오산화 이질소(dinitrogen pentoxide)의 분해 반응이 연구되었다.

$$2\mathrm{N_2O_5} \longrightarrow 4\mathrm{NO_2} + \mathrm{O_2}$$

$[\mathrm{N_2O_5}]$	초기 속도 (*M*/s)
0.92	0.95×10^{-5}
1.23	1.20×10^{-5}
1.79	1.93×10^{-5}
2.00	2.10×10^{-5}
2.21	2.26×10^{-5}

반응에 대한 속도 법칙을 그래프를 이용하여 결정하고 속도 상수를 계산하시오.

● **13.96** $\mathrm{N_2O_5}$의 열분해는 일차 반응을 따른다. 45°C에서 ln $[\mathrm{N_2O_5}]$ 대 t의 그래프로부터 기울기 -6.18×10^{-4} $\mathrm{min^{-1}}$을 얻었다. 이 반응의 반감기를 구하시오.

13.97 브로민과 메테인의 혼합물이 가시 광선에 노출되었을 때 다음 반응이 느리게 진행된다.

$$\mathrm{CH_4}(g) + \mathrm{Br_2}(g) \longrightarrow \mathrm{CH_3Br}(g) + \mathrm{HBr}(g)$$

이 반응에 대한 합당한 메커니즘을 제안하시오. (*힌트:* 브로민 증기는 진한 붉은색이다. 메테인은 무색이다.)

13.98 $\mathrm{H_2}$와 $\mathrm{I_2}$가 반응하여 HI가 생성되는 속도(13.5절에서 논의)는 가시광선의 세기가 증가함에 따라 증가한다. (a) 이 사실이 두 단계 반응 메커니즘을 입증하는 이유를 설명하시오($\mathrm{I_2}$ 증기의 색깔은 11.8절에서 보여줌). (b) 가시광선이 H 원자 생성에 아무런 효과도 미치지 못하는 이유를 설명하시오.

● 13.99 어린 나무로부터 얻어진 시료의 탄소-14 붕괴 속도는 그램당 초당 붕괴가 0.260이다. 고고학에서 발굴된 물체로 부터 준비된 다른 나무 시료의 그램당 초당 붕괴는 0.186의 속도로 이루어진다. 이 물질의 나이는 얼마인가? (*힌트:* 13.3절에 있는 생활 속의 화학 참조.)

● **13.100** 기본 단계 반응이 다음과 같을 때,

$$\mathrm{X} + 2\mathrm{Y} \longrightarrow \mathrm{XY_2}$$

(a) 이 반응에 대한 속도 법칙을 쓰시오. (b) $\mathrm{XY_2}$의 초기 생성 속도가 3.8×10^{-3} *M*/s이고, X와 Y의 초기 농도가 각각 0.26 *M*, 0.88 *M*일 때, 반응 속도 상수를 구하시오.

13.101 최근 몇 년 간 성층권에서 오존은 염화플루오린화탄소(chlorofluorocarbon, CFC)에 의해 놀라운 속도로 고갈되고 있다. $\mathrm{CFCl_3}$와 같은 CFC 분자는 UV에 의해서 처음 분해가 이루어진다.

$$\mathrm{CFCl_3} \longrightarrow \mathrm{CFCl_2} + \mathrm{Cl}$$

위의 염소 라디칼이 다음과 같이 오존과 반응한다.

$$\mathrm{Cl} + \mathrm{O_3} \longrightarrow \mathrm{ClO} + \mathrm{O_2}$$
$$\mathrm{ClO} + \mathrm{O} \longrightarrow \mathrm{Cl} + \mathrm{O_2}$$

산소 원자는 산소 분자의 광화학 분해로부터 생긴다.
(a) 마지막 두 단계에 전체적인 반응을 쓰시오. (b) Cl과 ClO의 역할은 무엇인가? (c) 플루오린 라디칼은 이 메커니즘에서 중요하지 않은 이유는 무엇인가? (d) 염소 라디칼의 농도를 감소시키기 위한 한 가지 제안은 에테인과 같은 탄화수소를 성층권에 첨가시키는 것이다. 이것이 가능한 이유는 무엇인가? (e) 염소에 의한 오존 파괴에서 촉매화 반응과 비촉매화 반응에 대한 퍼텐셜 에너지의 그래프를 반응 진행 정도의 함수로 그리시오. $\mathrm{O_3} + \mathrm{O} \longrightarrow 2\mathrm{O_2}$. 부록 3에 있는 열역학적 자료를 사용하여 이 반응이 발열 반응인지, 흡열 반응인지 결정하시오.

● **13.102** 오존을 고갈시키는 데 중요한 역할을 하는 산화 염소(ClO)는 다음 반응에 따라 실온에서 빠르게 붕괴된다.

$$2\mathrm{ClO}(g) \longrightarrow \mathrm{Cl_2}(g) + \mathrm{O_2}(g)$$

다음 자료로부터 반응 차수와 반응의 속도 상수를 계산하시오.

시간(s)	[ClO] (*M*)
0.12×10^{-3}	8.49×10^{-6}
0.96×10^{-3}	7.10×10^{-6}
2.24×10^{-3}	5.79×10^{-6}
3.20×10^{-3}	5.20×10^{-6}
4.00×10^{-3}	4.77×10^{-6}

13.103 화합물 X는 속도 상수 k_1인 반응 X ⟶ Y와 속도 상수 k_2인 반응 X ⟶ Z의 두 일차 반응이 동시에 일어난다. k_1/k_2의 비는 40°C에서 8.0이다. 300°C에서 이 k_1/k_2를 구하시오. 두 반응의 충돌 빈도는 동일한 것으로 간주하시오.

13.104 촉매 변환기를 장착한 차를 생각해 보자. 차가 시동 후 첫 5분 정도 시간에 오염이 가장 심각하다. 그 이유를 설명하시오.

13.105 A가 B로 변하고 이어서 C로 변하는 다음 반응은 연속적인 반응으로 알려져 있다.

$$A \longrightarrow B \longrightarrow C$$

두 단계 모두 일차 반응이라고 간주하고, 반응 시간(t)에 대한 [A], [B], [C]의 변화를 같은 그래프에 그리시오.

13.106 수소와 일염화 아이오딘의 반응은 다음과 같다.

$$H_2(g) + 2ICl(g) \longrightarrow 2HCl(g) + I_2(g)$$

이 반응의 속도 법칙은 속도 $= k[H_2][ICl]$이다. 이 반응에 대한 가능한 반응 메커니즘을 제안하시오.

13.107 다음 반응의 속도 법칙은 속도 $= k[NO_2]^2$이다.

$$CO(g) + NO_2(g) \longrightarrow CO_2(g) + NO(g)$$

불안정한 종인 NO_3가 중간체임을 고려하여 이 반응에 대한 가장 적절한 메커니즘을 제안하시오.

13.108 방사성 물질인 플루토늄-239($t_{\frac{1}{2}} = 2.44 \times 10^5$년)은 핵반응로와 원자폭탄에 이용된다. 작은 원자 폭탄에 이 동위원소 5.0×10^2 g이 들어 있다면, 이것이 붕괴하여 폭탄으로 사용하기에 너무 적은 양인 1.0×10^2 g으로 되는 데 걸리는 시간을 구하시오.

13.109 불균일 촉매를 포함하는 많은 반응들은 영차 반응이다. 즉, 속도 $= k$이다. 텅스텐(W)상에서 포스핀(phosphine, PH_3)의 분해 반응의 그 예이다.

$$4PH_3(g) \longrightarrow P_4(g) + 6H_2(g)$$

포스핀의 압력이 1 atm 이상으로 충분히 높을 경우 이 반응은 $[PH_3]$에 무관하다는 것이 알려져 있다. 이유를 설명하시오.

13.110 탈륨(I)은 세륨(IV)에 의해 다음과 같이 산화된다.

$$Tl^+ + 2Ce^{4+} \longrightarrow Tl^{3+} + 2Ce^{3+}$$

Mn(II) 존재하에서 기본 단계 반응은 다음과 같다.

$$Ce^{4+} + Mn^{2+} \longrightarrow Ce^{3+} + Mn^{3+}$$
$$Ce^{4+} + Mn^{3+} \longrightarrow Ce^{3+} + Mn^{4+}$$
$$Tl^{+} + Mn^{4+} \longrightarrow Tl^{3+} + Mn^{2+}$$

(a) 속도 법칙이 속도 $= k[Ce^{4+}][Mn^{2+}]$이라면 촉매, 중간체, 반응 결정 단계를 결정하시오. (b) 이 반응에서 촉매가 없다면 느린 이유를 설명하시오. (c) 촉매의 유형을 구분하시오(균일 촉매 또는 불균일 촉매).

13.111 설탕(sucrose, $C_{12}H_{22}O_{11}$)은 가수분해되어 다음과 같이 과당(fructose, $C_6H_{12}O_6$)과 포도당(glucose, $C_6H_{12}O_6$)을 생산한다.

$$C_{12}H_{22}O_{11} + H_2O \longrightarrow \underset{\text{과당}}{C_6H_{12}O_6} + \underset{\text{포도당}}{C_6H_{12}O_6}$$

이 반응은 사탕 산업에서 매우 중요하다. 첫째, 과당은 설탕보다 더 달다. 둘째 *전화당*(invert sugar)이라고 하는 과당과 포도당의 혼합물은 결정화되지 않는다. 따라서 이 당으로 만든 사탕은 설탕 결정을 포함하고 있는 사탕처럼 부서지기보다는 끈적끈적하다. (a) 다음 결과로부터 이 반응의 반응 차수를 결정하시오. (b) 95%의 설탕이 가수분해되는 데 필요한 시간은 얼마인가? (c) 물이 반응물임에도 불구하고 속도 법칙이 물을 포함하지 않는 이유를 설명하시오.

시간(분)	$[C_{12}H_{22}O_{11}]$
0	0.500
60.0	0.400
96.4	0.350
157.5	0.280

13.112 다이메틸 에터의 분해 반응에 대한 일차 반응 속도 상수는 450°C에서 $3.2 \times 10^{-4}\ s^{-1}$이다.

$$(CH_3)_2O(g) \longrightarrow CH_4(g) + H_2(g) + CO(g)$$

반응이 일정한 부피의 플라스크 안에서 일어난다. 초기에 다이메틸 에터만 존재하고, 압력이 0.350 atm이다. 8.0분 후 계의 압력을 구하시오. 기체는 이상 기체라 가정한다.

13.113 25°C에서 일어나는 오존 고갈 반응 $O(g) + O_3(g) \longrightarrow 2O_2(g)$의 속도 상수가 $7.9 \times 10^{-15}\ cm^3$/분자·s이다. 속도 상수를 $1/M$·s 단위로 나타내시오.

13.114 다음에 주어진 연속 반응에 대한 다음 기본 단계를 생각해 보자.

$$A \xrightarrow{k_1} B \xrightarrow{k_2} C$$

(a) B의 속도 변화에 대한 식을 쓰시오. (b) 정류 상태(steady-state)에서 B의 농도에 대한 식을 유도하시오. 정류 상태란 B가 C로 분해되는 속도가 A로부터 B가 생성되는 속도와 같은 때이다.

13.115 에탄올은 과다하게 흡수될 경우 신경계의 신경 전달 물질을 방해하여 기관지와 심장 기능을 약하게 할 수 있는 유독성 물질이다. 인체 내에서 에탄올은 알코올 탈수소효소에 의해 아세트알데하이드로 대사되는데, 이것은 숙취를 유발한다. (a) 효소 작용에 관한 지식을 바탕으로 과음(짧은 시간에 알코올을 너무 많이 먹는 것)이 왜 치명적인지 설명하시오. (b) 메탄올이 에탄올보다 더 유독하다. 이것 또한 알코올 탈수소효소에 의해 대사되고, 결과물인 폼알데하이드는 실명이나 죽음을 초래할 수 있다. 메탄올 중독에 대한 해독제는 에탄올이다. 이런 과정이 어떻게 일어나는지 설명하시오.

13.116 스트론튬-90 방사성 동위원소는 원자폭탄의 주요한 생성물이다. 이것의 반감기는 28.1년이다. (a) 핵 붕괴에

대한 일차 반응 속도 상수를 계산하시오. (b) 10번의 반감기 후에 남아 있는 ^{90}Sr의 비율을 계산하시오. (c) 99.0%의 ^{90}Sr이 사라지는 데 몇 년이 필요한지 계산하시오.

● 13.117 다음 세 반응의 퍼텐셜 에너지 그래프(왼쪽에서 오른쪽으로)에 대한 다음 질문에 답하시오. (1) 반응 속도순으로 나열하시오(느린 것에서 빠른 순으로). (2) 각 반응의 ΔH를 구하고, 어떤 반응이 발열 반응이고, 어떤 반응이 흡열 반응인지 결정하시오. 반응은 거의 같은 빈도 인자를 갖는다고 가정한다.

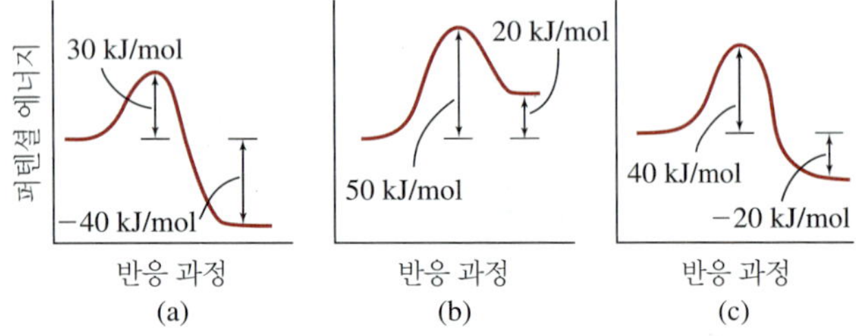

● **13.118** 반응 A ⟶ D에 대한 다음 퍼텐셜 에너지로부터 다음 질문에 답하시오. (a) 얼마나 많은 기본 단계 반응 존재하는가? (b) 얼마나 많은 중간체가 형성되는가? (c) 어떤 단계가 속도 결정 단계인가? (d) 전체 반응이 발열 반응인가 흡열 반응인가?

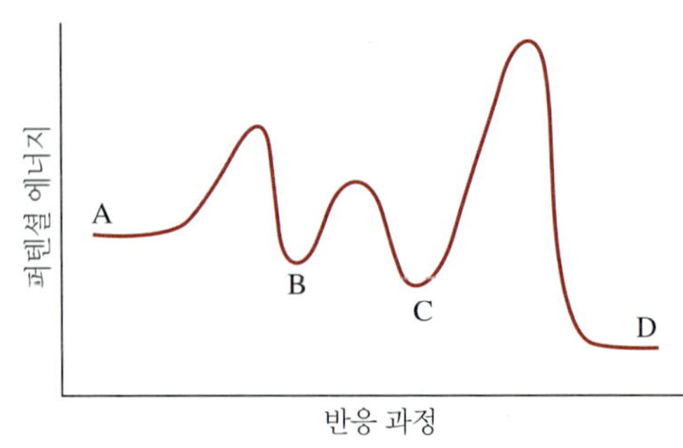

13.119 타이타늄과 같은 전이 금속 제련을 전문으로 하는 공장에 불이 났다. 소방관은 불을 끌 때 물을 뿌리지 말라고 충고한다. 그 이유는?

● **13.120** 과산화 수소의 분해 반응에 대한 활성화 에너지는 42 kJ/mol이다.

$$2H_2O_2(aq) \longrightarrow 2H_2O_2(l) + O_2(g)$$

반면 효소 촉매를 쓰면 활성화 에너지는 7.0 kJ/mol이다. 20°C에서 효소 촉매 분해 반응 속도만큼 비촉매에서 반응이 일어나게 하기 위한 온도를 계산하시오. 두 경우에 빈도 인자 *A*는 같다고 가정한다.

● 13.121 방사성 시료의 *활동도*는 초당 핵 분해 수이다. 이것은 핵에 존재하는 방사성 핵종의 수에 일차 반응 속도 상수를 곱한 것과 같다. 방사능의 기본 단위는 *퀴리*(curie, Ci)이며, 1 Ci는 정확하게 초당 3.70×10^{10} 붕괴에 해당한다. 이 붕괴 속도는 라듐-226 1.0 g의 것과 동일하다. 라듐 붕괴에 대한 반감기와 속도 상수를 계산하시오. 라듐 시료 1.0 g을 가지고 시작하면 500년이 지난 후에 활동도는 어떤가? Ra-226의 몰질량은 226.03 g/mol이다.

13.122 물질 대사가 진행되기 위하여 산소는 헤모글로빈에 의하여 흡수되어 옥시헤모글로빈을 형성한다.

$$Hb(aq) + O_2(aq) \xrightarrow{k} HbO_2(aq)$$

여기서 이차 반응 속도 상수는 37°C에서 $2.1 \times 10^6/M\cdot s$이다. (이 반응은 Hb와 O_2에 대하여 각각 일차 반응이다.) 평균 성인의 경우 폐 혈액에 존재하는 Hb와 산소의 농도는 각각 8.0×10^{-6} *M*과 1.5×10^{-6} *M*이다. (a) HbO_2의 생성 속도를 계산하시오. (b) 산소의 소비 속도를 계산하시오. (c) 운동 중 증가된 물질 대사 속도에 대한 요구를 맞추기 위하여 HbO_2의 생성 속도가 1.4×10^{-4} *M*/s로 증가한다. Hb 농도는 항상 일정하게 유지한다고 가정하면, HbO_2 생성의 속도를 유지하기 위하여 산소의 농도는 얼마가 되어야 하는가?

13.123 특정 고온에서 암모니아는 텅스텐 금속 표면에서 다음과 같이 분해된다.

$$2NH_3 \longrightarrow N_2 + 3H_2$$

아래 주어진 암모니아 농도에 대한 반응 속도 그래프로부터 이 반응 메커니즘을 서술하시오.

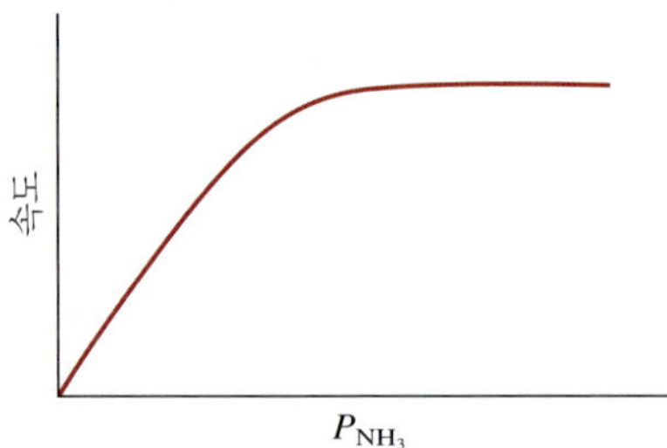

13.124 다음 식은 어떤 반응의 초기 반응물 농도 $[A]_0$에 대한 반감기($t_{\frac{1}{2}}$)의 의존도를 보여준다.

$$t_{\frac{1}{2}} \propto \frac{1}{[A]_0^{n-1}}$$

여기서 *n*은 반응 차수이다. 영차 반응, 일차 반응, 이차 반응에 대하여 의존도를 보이시오.

13.125 폴리에틸렌은 배수관, 물병, 절연체, 장난감, 편지 봉투 등 다양한 부품에 이용된다. 이것은 많은 에틸렌 분자를 연결하여 만든 *고분자*(polymer) 물질이다(폴리에틸렌에서 에틸렌은 기본 단위 즉, 단량체이다). 이 반응의 개시 단계는 다음과 같다.

$$R_2 \xrightarrow{k_1} 2R\cdot \qquad \text{개시}$$

R·(라디칼)은 에틸렌 분자와 반응하여 다른 라디칼을 만든다.

$$R\cdot + M \longrightarrow M_1\cdot$$

다른 단량체와 $M_1\cdot$ 라디칼이 반응하면 에틸렌 고분자 사슬의 크기가 점점 더 커진다.

$$M_1\cdot + M \xrightarrow{k_p} M_2\cdot \qquad \text{전파}$$

이 단계는 단량체 분자와 수백 번 반복된다. 이 과정은 두 라디칼이 합쳐질 경우 종결된다.

$$M'\cdot + M''\cdot \xrightarrow{k_t} M'—M'' \qquad \text{종결}$$

이 고분자 반응에서 흔히 사용되는 개시제는 과산화 벤조일$(C_6H_5COO)_2$이다.

$$[(C_6H_5COO)_2] \longrightarrow 2C_6H_5COO\cdot$$

이 반응은 일차 반응이다. 100°C에서 $(C_6H_5COO)_2$의 반감기는 19.8분이다. (a) 이 반응의 속도 상수를 min^{-1} 단위로 구하시오. (b) 70°C에서 $(C_6H_5COO)_2$의 반감기가 7.30시간(438분)일 경우 $(C_6H_5COO)_2$ 분해 반응에 대한 활성화 에너지를 kJ/mol 단위로 구하시오. (c) 위의 고분자 반응에 포함된 단일 단계에 대한 속도 법칙을 쓰고, 반응물, 생성물, 중간체를 확인하시오. (d) 고분자 사슬의 길이가 길고 몰질량이 큰 생성물을 위하여 유리한 조건은 무엇인가?

● **13.126** 다음 기체 반응에 대한 속도 상수가 400°C에서 2.42×10^{-2} $/M\cdot s$이다.

$$H_2(g) + I_2(g) \longrightarrow 2HI(g)$$

반응시 400°C 용기에 같은 몰수의 H_2와 I_2를 가하였고 전체 압력은 1658 mmHg였다. (a) HI 생성에 대한 초기 반응 속도를 M/min 단위로 구하시오. (b) 10.0분 후 HI의 생성 속도와 HI의 몰농도는?

13.127 몰질량이 $\mathcal{M}$인 단백질 분자 P를 상온에서 용액 상태로 두면 두 분자 간의 중합 반응이 일어난다. 가능한 메커니즘으로 중합 반응이 일어나기 전에 먼저 단백질 분자에 변성이 일어난다는 것이다(전체 구조의 변화로 활성을 잃음).

$$P \xrightarrow{k} P^* \text{ (변성)} \qquad \text{느림}$$
$$2P^* \longrightarrow P_2 \qquad \text{빠름}$$

여기서 *는 변성된 단백질 분자를 나타낸다. 초기 단백질 농도 $[P]_0$, 시간 t 경과 후 농도 $[P]_t$와 $\mathcal{M}$으로부터 (P와 P_2의) 평균 몰질량($\overline{\mathcal{M}}$)을 구하시오. 몰질량 측정을 통하여 k를 결정하는 방법을 서술하시오.

● **13.128** 반응 A ⟶ B에서 A의 농도가 1.20 M에서 0.60 M로 될 때 반감기가 2.0분에서 4.0분으로 증가하였다. 반응 차수와 속도 상수를 구하시오. (*힌트:* 연습 문제 13.124에 있는 식 이용)

13.129 고온에서 암모니아는 텅스텐 금속의 표면에서 다음과 같이 분해된다.

$$NH_3 \longrightarrow \tfrac{1}{2}N_2 + \tfrac{3}{2}H_2$$

암모니아의 초기 농도에 대한 반감기 변화에 대한 실험 자료는 다음 표와 같다.

P (mmHg)	264	130	59	16
$t_{\frac{1}{2}}$(s)	456	228	102	60

(a) 반응 차수를 구하시오. (b) 반응 차수가 초기 압력에 어떻게 의존하는가? (c) 반응 메커니즘이 압력 변화에 따라 어떻게 변할까? (*힌트:* 연습 문제 13.124에 있는 식과 log $t_{\frac{1}{2}}$ 대 log P의 그래프 이용.)

13.130 다음 반응에 대한 활성화 에너지가 600 K에서 2.4×10^2 kJ/mol이다.

$$N_2O(g) \longrightarrow N_2(g) + O(g)$$

온도가 600 K에서 606 K로 증가할 경우 반응 속도의 증가 백분율을 구하시오. 결과에 대하여 논하시오.

● 13.131 반응 속도가 반응이 진행될 때 파장의 함수($\lambda_1, \lambda_2, \lambda_3$)로 생성물과 반응물에 의한 빛의 흡수를 통하여 추적되었다. 다음 메커니즘 중 어떤 것이 실험 자료와 일치하는가?

(a) A ⟶ B, A ⟶ C

(b) A ⟶ B + C

(c) A ⟶ B, B ⟶ C + D

(d) A ⟶ B, B ⟶ C

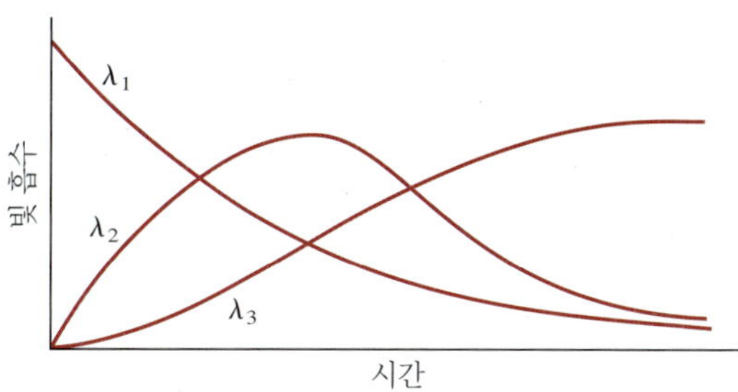

● **13.132** CH_3 조각, C_2H_6 분자, 비활성 기체(He)를 포함하는 기체 혼합물이 600 K에서 전체 압력이 5.42 atm으로 준비되었다. 다음 기본 반응의 이차 속도 상수는 3.0×10^4 $/M\cdot s$이다.

$$CH_3 + C_2H_6 \longrightarrow CH_4 + C_2H_5$$

CH_3와 C_2H_6의 몰분율이 각각 0.00093과 0.00077일 때 위 온도에서 반응의 초기 속도를 구하시오.

13.133 뇌 손상을 방지하기 위한 과감한 의학적 조치는 심장마비 환자의 체온을 낮추는 것이다. 이것에 대한 생리화학적 근거는 무엇인가?

● **13.134** 다음 반응의 활성화 에너지(E_a)는 240 kJ/mol이다.

$$2N_2O(g) \longrightarrow 2N_2(g) + O_2(g) \quad \Delta H^\circ = -164 \text{ kJ/mol}$$

역반응의 활성화 에너지를 구하시오.

13.135 여러 온도에서 용액 중에 있는 유기 화합물의 1차 분해의 속도 상수를 측정하였다.

k (s^{-1})	0.00492	0.0216	0.0950	0.326	1.15
T (K)	278	288	298	308	318

이 반응에 대한 활성화 에너지와 빈도 인자를 결정하시오.

13.136 이산화 질소의 다음 형성 과정이 단일 단계 반응이라고 가정하자.

$$2NO(g) + O_2(g) \longrightarrow 2NO_2(g)$$

(a) 이 반응에 대한 속도 법칙을 쓰시오 (b) 특정 온도에서 공기 시료가 부피비로 NO 2.0 ppm으로 오염된다. 이 조건에서 속도 법칙을 단순화할 수 있을까? 그렇다면 단순화된 속도 법칙을 쓰시오. (c) (b)에서 설명한 조건에서 반응의 반감기는 6.4×10^3 min으로 추정된다. NO의 초기 농도가 10 ppm이라면 반감기는 얼마일까?

설명, 모형화 및 추정 문제 Interpreting, Modeling & Estimating

13.137 한 강연자가 테르밋 반응(예제 6.10 참조)의 시연 강의를 하였다. 그는 얼음 조각이 들어 있는 금속 양동이에 산화 철(III)과 함께 알루미늄을 섞었다. 극심한 발열 반응이 시작된 후 테르밋 반응의 특징을 나타내지 않고 거대한 소리가 났다. 예상하지 못한 소리 효과에 대해 타당한 화학적 설명을 하시오. 금속 양동이는 공기 중에 있었다.

13.138 다음에 나타낸 온도에 따른 효소 촉매 반응의 속도 변화에 대해 설명하시오. 인체 내에서 최대 속도에 해당하는 대략적인 온도는 무엇인가?

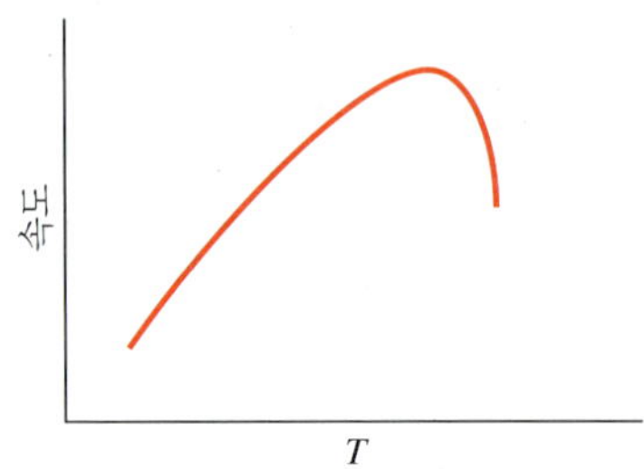

13.139 E_a가 작거나 크면 반응의 속도 상수(k)는 온도 변화에 더 민감한가?

13.140 다음은 반응 A ⟶ 생성물에 대해 온도에 따른 $[A]_t$를 나타낸 것이다. (a) 반응의 차수와 속도 상수를 결정하시오. (b) 초기 속도와 30 s에서의 속도를 추정하시오.

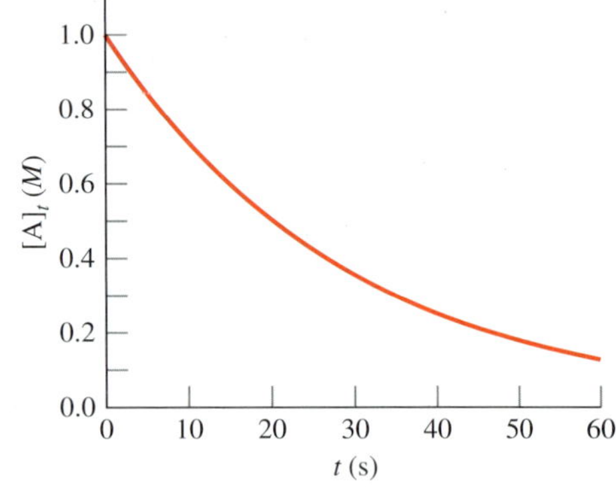

13.141 탄소-14 연대 측정으로 추정할 수 있는 가장 짧은 연도와 가장 긴 연도는 무엇인가?

13.142 화학 및 생물학적 계뿐만 아니라 속도 처리는 때로 기술의 발전과 같은 행동 및 사회적 과정에 적용할 수 있다. 예를 들어 1965년 인텔(Intel) 사의 공동 설립자인 무어(Gordon Moore)는 집적 회로에서 트랜지스터 수(N)는 매 1.5년마다 대략 2배가 된다는 경향을 설명하였다. 지금 *무어 법칙*(Moore's law)이라고 알려진 이 경향성은 지난 수십 년간 계속되었다. 연도에 따른 ln N의 그래프를 아래에 나타내었다. (a) 집적 회로에서 트랜지스터 수 증가의 속도 상수를 결정하시오. (b) 속도 상수를 기초로 하여 N이 두 배가 되는 데 얼마나 걸리겠는가? (c) 세기 말까지 *무어 법칙*이 지속된다면 2100년 집적 회로의 트랜지스터 수는 얼마나 되겠는가? 결과를 설명하시오.

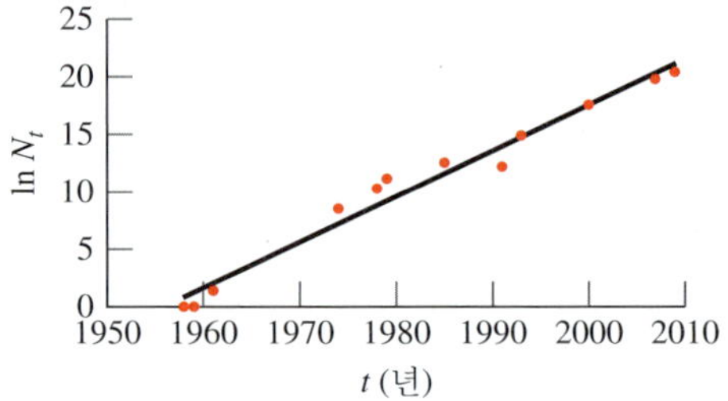

실전 연습의 답 Answers to Practice Exercises

13.1 속도 $= -\dfrac{\Delta[CH_4]}{\Delta t} = -\dfrac{1}{2}\dfrac{\Delta[O_2]}{\Delta t} = \dfrac{\Delta[CO_2]}{\Delta t} = \dfrac{1}{2}\dfrac{\Delta[H_2O]}{\Delta t}$ **13.2** (a) 0.013 M/s. (b) −0.052 M/s. **13.3** 속도 = $k[S_2O_8^{2-}][I^-]$; $k = 8.1 \times 10^{-2}/M \cdot s$. **13.4** 66 s. **13.5** 일차. 1.4×10^{-2} min^{-1}. **13.6** 1.2×10^3 s. **13.7** (a) 3.2분. (b) 2.1분. **13.8** 240 kJ/mol. **13.9** 3.13×10^{-9} s^{-1}. **13.10** (a) $NO_2 + CO \longrightarrow NO + CO_2$. (b) NO_3. (c) 첫 번째 단계가 속도 결정 단계이다.

제 14 장

화학 평형

Chemical Equilibrium

▲ 화학 평형은 저글러가 여기서 이루려는 것처럼 더 역동적인 평형의 예이다.

이 장의 차례

들여다보기

- 평형의 본질과 화학 평형 및 물리 평형의 차이점을 논하는 것부터 시작한다. 질량 작용 법칙의 관점에서 평형 상수를 정의한다(14.1절).
- 균일 및 불균일 평형에 대해 평형 상수 식을 쓰는 것을 공부한다. 다중 평형에 대해서 평형 상수 표기법을 학습한다(14.2절).
- 다음으로 반응의 속도 상수와 평형 상수의 관계를 알아본다. 이는 평형 상수가 왜 상수이며, 왜 온도에 따라 변하는가를 보여준다(14.3절).
- 평형 상수를 알면 평형을 향한 알짜 반응의 방향을 예측할 수 있으며 평형 농도를 계산할 수 있다는 것을 알게 된다(14.4절).
- 이 장은 평형의 위치에 영향을 줄 수 있는 4가지 인자 즉, 농도, 부피나 압력, 온도, 촉매에 대한 논의로 끝나게 된다. 르샤틀리에 원리를 사용하여 변화를 예측하는 것을 배우게 된다(14.5절).

평형은 시간이 경과해도 변화를 관찰할 수 없는 상태이다. 화학 반응이 평형 상태에 이르면 반응물과 생성물의 농도는 시간이 지나도 일정하며, 계에서는 아무런 변화를 볼 수 없다. 그러나 반응물 분자들은 계속해서 생성물 분자를 생성하고, 또한 생성물 분자들이 반응하여 반응물 분자를 생성하고 있는 한 분자 단계에서는 아주 많은 활동이 있다. 이러한 동적 평형 상황이 이 장의 주제이다. 이 장에서는 여러 가지 형태의 평형 반응, 평형 상수의 의미, 속도 상수와의 관계, 평형계를 깨뜨리는 인자들에 관하여 논의하고자 한다.

14.1 평형과 평형 상수의 개념

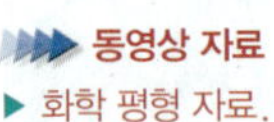
동영상 자료
▶ 화학 평형 자료.

오직 한 방향으로만 일어나는 화학 반응은 거의 없다. 적어도 어느 정도는 가역적이다. 가역 과정의 초기 반응은 생성물을 이루는 방향으로 진행한다. 어느 정도 생성물 분자가 생성되면 곧바로 역반응이 일어나기 시작하고, 생성물 분자들로부터 반응물 분자들이 생성된다. *정반응과 역반응의 속도가 같고, 반응물과 생성물의 농도가 일정하게 유지*될 때, **화학 평형**(chemical equilibrium)이 이루어진다.

화학 평형은 동적인 과정이다. 마치 분주한 스키장에 있는 스키어들의 움직임과 비슷하다. 리프트를 타고 산 위로 올라가는 스키어들의 수는 슬로프를 내려오는 수와 똑같다. 스키어들이 계속해서 이동하지만, 슬로프 위와 아래에 있는 사람의 수는 변하지 않는다.

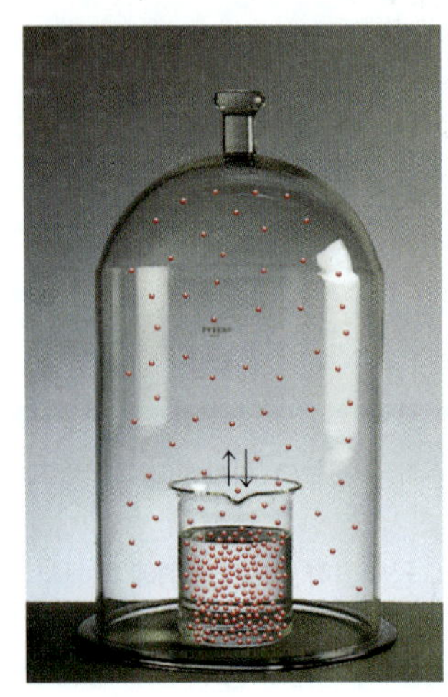
실온에서 수증기와 평형을 이루고 있는 물.

화학 평형은 반응물이나 생성물 같은 여러 물질들이 관련되어 있다는 것에 유의하라. 같은 물질의 두 상 사이에서의 평형을 **물리적 평형**(physical equilibrium)이라고 하는데, *일어나는 변화가 물리적 과정이기 때문*이다. 일정한 온도에 있는 밀폐 용기 속 물의 증발은 물리적 평형의 한 예이다. 이 경우 액체상을 떠나는 H_2O 분자의 수는 액체상으로 되돌아오는 H_2O 분자의 수와 똑같다.

$$H_2O(l) \rightleftharpoons H_2O(g)$$

(이중 화살표는 가역 반응을 의미한다고 4장에서 배웠다.)

물리적 평형을 연구하면 평형 증기압(11.8절 참조)과 같은 유용한 정보를 얻는다. 그러나 화학자들은 이산화 질소(NO_2)와 사산화 이질소(N_2O_4)의 가역 반응과 같은 화학 평형 과정에 특별한 관심을 두고 있다(그림 14.1). 다음과 같은 반응 과정은 N_2O_4는 무색 기체인 반면, NO_2는 오염된 공기 속에서 이따금 볼 수 있는 암갈색이므로 쉽게 관찰될 수 있다.

$$N_2O_4(g) \rightleftharpoons 2NO_2(g)$$

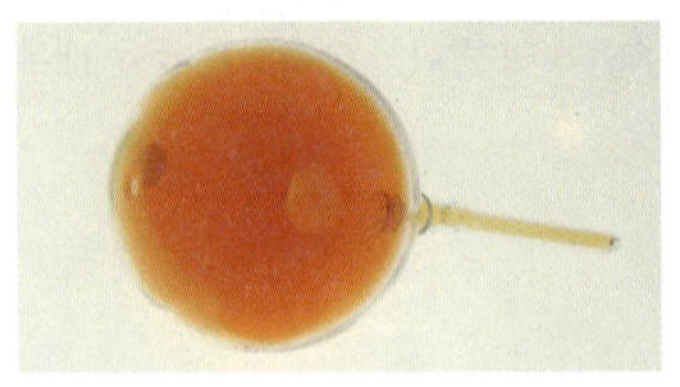
평형 상태의 기체 NO_2와 N_2O_4.

일정량의 N_2O_4를 진공 플라스크에 주입했다고 하자. 바로 갈색이 나타나는데, 이것은 NO_2 분자가 생성되었음을 나타낸다. 결과적으로 평형이 이루어질 때까지 N_2O_4의 분해가 계속됨에 따라 색이 짙어진다. 이 평형 시점을 지나면 NO_2와 N_2O_4의 농도는 일정하게 유지되기 때문에 더 이상 색 변화는 관찰되지 않는다. 또한 순수한 NO_2로부터 시작하여 평형 상태를 이룰 수도 있다. NO_2 분자들이 결합하여 N_2O_4를 형성하면 색은 옅어진다. 또 다른 방법은 NO_2와 N_2O_4의 혼합물로 시작하여 색 변화가 멈출 때까지 그 반응계를 관찰함

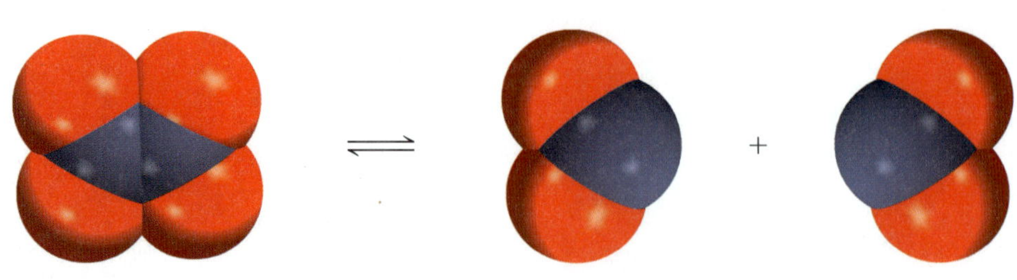

그림 14.1 N_2O_4와 NO_2 분자 사이의 가역 반응.

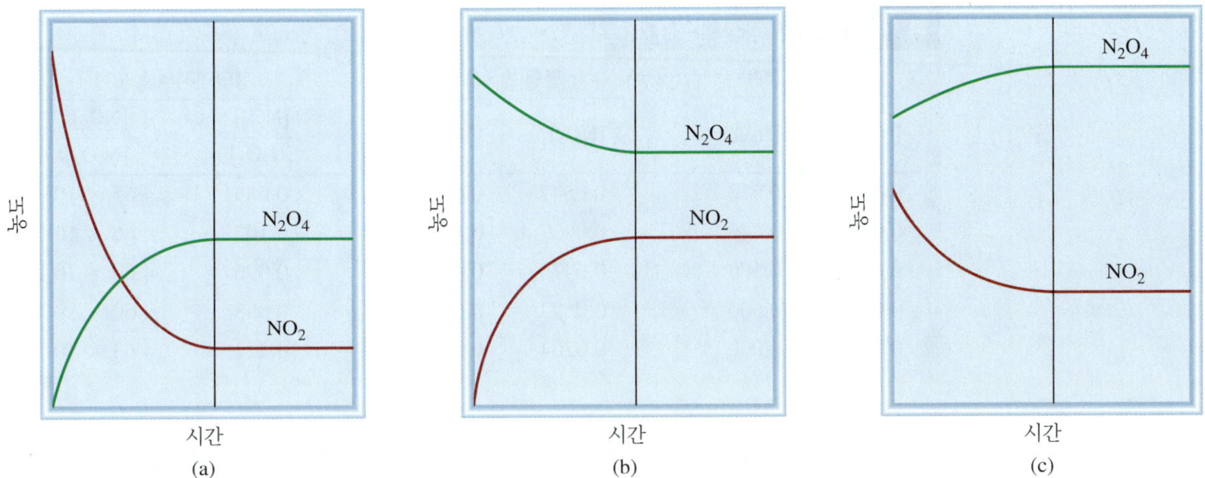

그림 14.2 세 가지 서로 다른 상황에서의 시간 경과에 따른 NO_2와 N_2O_4의 농도 변화. (a) 초기에 NO_2만 존재할 때, (b) 초기에 N_2O_4만 존재할 때, (c) 초기에 NO_2와 N_2O_4 혼합물이 존재할 때. 각각의 경우에 평형은 수직선의 오른쪽에서 이루어진다.

으로써 평형 상태에 도달할 수도 있다. 이 실험에서 각각의 순수한 성분(NO_2 또는 N_2O_4)이 반응하여 다른 기체로 되기 때문에, 반응의 가역성을 나타내고 있다. 중요한 것은 평형 상태에서도 여전히 NO_2가 N_2O_4로, 그리고 N_2O_4가 NO_2로의 전환이 계속 일어나고 있다는 것을 명심하여야 한다. 두 반응 속도가 같기 때문에 색 변화를 인식하지는 못한다. 즉, NO_2 분자가 없어지는 속도는 NO_2 분자의 생성 속도만큼이나 빨리 일어나고, N_2O_4 분자의 생성은 이들이 분해하는 것만큼이나 빨리 일어나고 있다. 그림 14.2는 이들 세 가지 상황을 요약한 것이다.

평형 상수

표 14.1은 25°C에서의 $NO_2-N_2O_4$계에 대한 실험 자료를 보여주고 있다. 기체의 농도는 몰농도로 나타내었으며, 이것은 처음에 존재한 기체의 몰수와 평형 상태에 있는 기체의 몰수, 리터(L) 단위로 표시된 플라스크의 부피로부터 계산할 수 있다. 초기 농도에 따라 NO_2와 N_2O_4의 평형 농도가 변함을 알 수 있다. 평형 상태의 $[NO_2]$와 $[N_2O_4]$의 농도를 비교함으로써 그들 사이의 관계를 찾을 수 있다. 가장 단순한 비인 $[NO_2]/[N_2O_4]$ 값은 산발적이지만, $[NO_2]^2/[N_2O_4]$의 값은 초기 농도에 관계없이 평균적으로 4.63×10^{-3}인 거의 일정한 값을 나타내고 있다.

$$K = \frac{[NO_2]^2}{[N_2O_4]} = 4.63 \times 10^{-3} \qquad (14.1)$$

여기서 K는 상수이다. 이 식에서 $[NO_2]$의 지수 2는 가역 반응에서 NO_2의 화학량론적인 계수와 똑같음에 유의하라.

다음과 같은 가역 반응식으로 이러한 논의를 일반화시킬 수 있다.

$$a\text{A} + b\text{B} \rightleftharpoons c\text{C} + d\text{D}$$

여기서 a, b, c, d는 반응종 A, B, C, D의 화학량론적 계수이다. 특정 온도에서 반응의 평형 상수는 다음과 같다.

$$K = \frac{[\text{C}]^c[\text{D}]^d}{[\text{A}]^a[\text{B}]^b} \qquad (14.2)$$

이 식에는 평형 농도가 사용되어야 한다.

여기서 K는 **평형 상수**(equilibrium constant)이다. 식 (14.2)는 1864년에 두 노르웨이 화

표 14.1 25°C에서 NO_2–N_2O_4 반응계

초기 농도(M)		평형 농도(M)		평형에서의 농도비	
$[NO_2]$	$[N_2O_4]$	$[NO_2]$	$[N_2O_4]$	$\frac{[NO_2]}{[N_2O_4]}$	$\frac{[NO_2]^2}{[N_2O_4]}$
0.000	0.670	0.0547	0.643	0.0851	4.65×10^{-3}
0.0500	0.446	0.0457	0.448	0.102	4.66×10^{-3}
0.0300	0.500	0.0475	0.491	0.0967	4.60×10^{-3}
0.0400	0.600	0.0523	0.594	0.0880	4.60×10^{-3}
0.200	0.000	0.0204	0.0898	0.227	4.63×10^{-3}

학자 굴베르그(Guldberg)[†]와 보거(Waage)[‡]가 수식화한 것이다. 이것은 **질량 작용 법칙**(law of mass action)의 수학적 표기로, *일정 온도에서 평형을 이루는 가역 반응에 적용될 수 있으며, 반응물과 생성물의 농도의 비는 일정한 값, K(평형 상수)를 가짐*을 뜻한다. 질량 작용 법칙에 따르면 주어진 반응이 평형에 있고 온도가 변하지 않는 한, 농도들은 변할 수 있어도 K 값은 일정하다는 것에 유의하여야 한다. 식 (14.2)와 질량 작용 법칙의 타당성은 수많은 가역 반응에 대한 연구를 통하여 입증되었다.

즉, 평형 상수는 *지수*(quotient)로 정의되며, 평형 상수의 분자는 *생성물*들의 평형 농도를 함께 곱함으로써 얻어지는데, 각 농도에는 균형 반응식에서 화학량론적 계수와 같은 지수승을 곱한다. 같은 과정을 *반응물*의 평형 농도에 적용하여 분모를 얻는다. 평형 상수의 크기는 평형 반응이 생성물을 형성하는 쪽으로 진행할 것인지, 반응물 쪽으로 진행할 것인지를 알려준다. 만약 K가 1보다 훨씬 크다면(즉, $K \gg 1$), 그 평형은 오른쪽으로 놓일 것이고, 생성물 쪽으로 향할 것이다. 역으로 평형 상수가 1보다 훨씬 작다면(즉, $K \ll 1$) 그 평형은 왼쪽으로 놓일 것이고, 반응물 쪽으로 향할 것이다(그림 14.3). 이런 관계로 10보다 큰 수들은 1보다는 훨씬 큰 것으로 생각할 수 있고, 0.1보다 작은 수들은 1보다 훨씬 작은 것으로 생각할 수 있다.

기호 ≫와 ≪는 각각 "훨씬 더 큰" 과 "훨씬 더 작은"을 뜻한다.

정반응에서 반응물로 작용하는 물질이 역반응에서는 생성물이 되기 때문에 "반응물"과 "생성물"이라는 용어 사용이 혼동을 일으킬지 모르지만, 평형 화살표의 왼쪽을 반응물로 그리고 오른쪽을 생성물로 간주하는 것을 규칙으로 한다.

개념 복습하기

정반응 속도가 역반응 속도보다 더 큰 평형 반응 $X \rightleftharpoons Y$를 생각해 보자. 이 반응의 평형 상수에 대해 다음 중 어느 것이 옳은가? (a) $K_c > 1$, (b) $K_c < 1$, (c) $K_c = 1$.

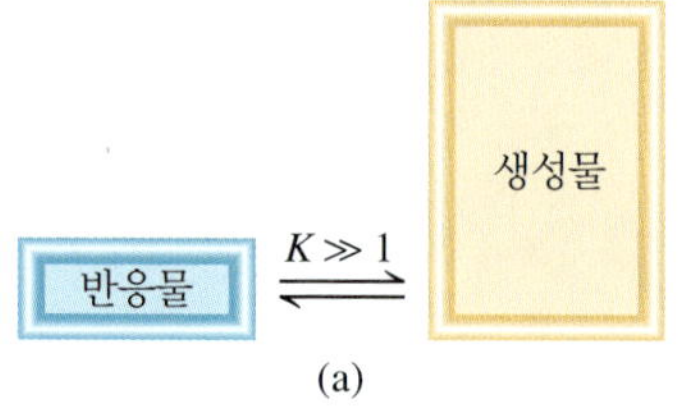

반응물
$K \ll 1$
생성물
(b)

그림 14.3 (a) 평형에서 반응물보다 생성물이 더 많이 있으면 평형은 오른쪽에 놓여 있다고 한다. (b) 반대로 생성물보다 더 많은 반응물이 있으면 평형은 왼쪽에 놓여 있다고 한다.

14.2 평형 상수 표기법

평형 상수의 개념은 화학에서 매우 중요하다. 곧 알게 되겠지만, 평형 상수는 평형계를 포함한 다양한 화학량론적인 문제를 푸는 열쇠이다. 예를 들어, 황산의 수득률을 최대화하고

[†]굴베르그(Cato Maximillan Guldberg, 1836~1902)는 노르웨이의 화학자 및 수학자로 주로 열역학 분야를 연구하였다.

[‡]보거(Peter Waage, 1833~1900)는 노르웨이의 화학자로, 공동 연구자였던 굴베르그처럼 그의 연구 분야도 주로 열역학이었다.

자 하는 산업체 화학자는 황의 산화에서부터 최종 제품의 생산까지 그 공정에서의 모든 단계에 있는 평형 상수들을 완전하게 이해하고 있어야 한다. 산-염기 불균형의 임상 실험에서 전문의는 약산과 염기들의 평형 상수를 알아야 한다. 그리고 적절한 기체상 반응의 평형 상수에 대한 지식은 대기화학자가 성층권의 오존 파괴 과정을 잘 이해하는 데 도움이 될 것이다.

평형 상수를 이용하기 위해서는 평형 상수를 반응물과 생성물의 농도로 나타내야 한다. 유일한 지침은 질량 작용 법칙[식 (14.2)]이며, 이 식은 평형 농도를 찾는 일반적인 수식이다. 그러나 반응물과 생성물의 농도가 다른 단위로 표기될 수 있고, 또 반응종들이 항상 같은 상이 아닐 수도 있기 때문에 같은 반응에 대하여 평형 상수를 표기하는 데 여러 가지 방법이 있을 수 있다. 우선, 반응물과 생성물이 같은 상인 반응들을 살펴보기로 하자.

➤ 균일 평형

균일 평형(homogeneous equilibrium)이란 말은 *모든 반응종이 같은 상에 있는* 반응에 적용된다. N_2O_4의 분해는 기체상 균일 평형의 한 예이다. 평형 상수는 식 (14.1)에 주어진 것처럼 다음과 같다.

$$K_c = \frac{[NO_2]^2}{[N_2O_4]}$$

K_c의 아래첨자는 반응종의 농도들을 몰농도(mol/L)로 나타냄을 뜻한다. 기체 반응에서 반응물과 생성물의 농도는 부분 압력으로 나타낼 수도 있다. 식 (5.8)로부터 일정한 온도에서 기체의 압력 P는 mol/L로 나타낸 기체의 농도와 직접적인 관계가 있다. 즉, $P = (n/V)RT$이다. 따라서 다음과 같은 평형 과정에서

$$N_2O_4(g) \rightleftharpoons 2NO_2(g)$$

K_P를 다음과 같이 쓸 수 있다.

$$K_P = \frac{P_{NO_2}^2}{P_{N_2O_4}} \qquad (14.3)$$

여기서 P_{NO_2}와 $P_{N_2O_4}$는 각각 NO_2와 N_2O_4의 평형 부분 압력(atm으로 나타냄)이다. K_P에서 아래첨자는 평형 농도를 압력으로 나타낸 것을 뜻한다.

일반적으로 K_c는 반응물과 생성물의 부분 압력이 mol/L로 나타낸 농도와 같지 않으므로 K_P와 같지는 않다. K_P와 K_c 사이의 관계를 다음과 같이 간단하게 유도할 수 있다. 기체상에서 다음과 같은 평형 상태를 생각해 보자.

$$aA(g) \rightleftharpoons bB(g)$$

여기서 a와 b는 화학량론적인 계수이다. 평형 상수 K_c는 다음과 같다.

$$K_c = \frac{[B]^b}{[A]^a}$$

그리고 K_P 식은 다음과 같다.

$$K_P = \frac{P_B^b}{P_A^a}$$

여기서 P_A와 P_B는 A와 B의 부분 압력이다. 이상 기체의 거동을 가정하면

$$P_AV = n_ART$$
$$P_A = \frac{n_ART}{V}$$

이며, 여기서 V는 L로 나타낸 용기의 부피이다. 또한

$$P_BV = n_BRT$$
$$P_B = \frac{n_BRT}{V}$$

이다. 이들의 관계식을 K_P 식에 대입하면 다음과 같은 식을 얻게 된다.

$$K_P = \frac{\left(\frac{n_BRT}{V}\right)^b}{\left(\frac{n_ART}{V}\right)^a} = \frac{\left(\frac{n_B}{V}\right)^b}{\left(\frac{n_A}{V}\right)^a}(RT)^{b-a}$$

이제 n_A/V와 n_B/V는 모두 mol/L의 단위를 가지며 [A]와 [B]로 치환할 수 있다. 그러면 위의 식은 다음과 같이 간단하게 쓸 수 있다.

$$K_P = \frac{[B]^b}{[A]^a}(RT)^{\Delta n} = K_c(RT)^{\Delta n} \tag{14.4}$$

여기서

$$\Delta n = b - a$$
$$= \text{기체 생성물의 몰수} - \text{기체 반응물의 몰수}$$

이다. 압력을 보통 atm으로 나타내므로, 기체 상수 R은 0.0821 L·atm/K·mol로 주어지며, K_P와 K_c 사이의 관계는 다음 식으로 나타낼 수 있다.

이 식을 사용하기 위해서는 K_P에서 압력은 atm으로 나타내야 한다.

$$K_P = K_c(0.0821T)^{\Delta n} \tag{14.5}$$

일반적으로 다음 반응식의 수소, 브로민, 브로민화 수소의 평형 혼합물에서처럼 $\Delta n = 0$일 때의 특별한 경우를 제외하고는 $K_P \neq K_c$이다.

$$H_2(g) + Br_2(g) \rightleftharpoons 2HBr(g)$$

이 경우 식 (14.5)를 다음과 같이 쓸 수 있다.

어떠한 수든 0제곱은 1과 같다.

$$K_P = K_c(0.0821T)^0$$
$$= K_c$$

균일 평형의 또 다른 예로, 물 속 아세트산(CH_3COOH)의 이온화를 생각해보자.

$$CH_3COOH(aq) + H_2O(l) \rightleftharpoons CH_3COO^-(aq) + H_3O^+(aq)$$

평형 상수는 다음과 같다.

$$K'_c = \frac{[CH_3COO^-][H_3O^+]}{[CH_3COOH][H_2O]}$$

(아래에 나오는 마지막 평형 상수의 형태와 구별하기 위하여 여기에서는 프라임 기호를 붙였다.) 물 1 L 즉, 1000 g 중에 물은 1000 g/(18.02 g/mol) = 55.5 mol이 존재한다. 그러므로 물의 농도 $[H_2O]$는 55.5 mol/L 즉, 55.5 M이다. 이 값은 용액 안에 있는 다른 종들의 농도(일반적으로 1 M 이하)에 비하여 아주 큰 값이고, 반응 중에는 거의 변하지 않는다고 추측할 수 있다. 따라서 $[H_2O]$를 상수로 간주하여 평형 상수를 다음과 같이 다시 쓸 수 있다.

$$K_c = \frac{[CH_3COO^-][H_3O^+]}{[CH_3COOH]}$$

여기서

$$K_c = K'_c[H_2O]$$

▶ 평형 상수와 단위

보통 평형 상수에는 단위를 표시하지 않는다는 사실에 유의하라. 즉, 열역학에서 평형 상수는 농도 대신에 *활동도*(activity)로 정의된다. 이상계에서 어떤 물질의 활동도는 1 *M* 또는 1 atm인 표준값에 대한 농도 또는 부분 압력의 비이다. 이렇게 하여 모든 단위들은 없어지지만, 농도나 압력의 숫자 부분은 바뀌지 않는다. 결론적으로 *K* 값은 단위를 갖지 않는다. 이것은 15장과 16장의 산-염기 평형과 용해도 평형으로 확장될 것이다.

비이상계에 대해서는 활동도는 농도와 수치적으로 정확하게 같지는 않다. 어떠한 경우에는 그 차이가 상당할 수도 있다. 따로 언급이 없으면 모든 계를 이상계로 다루기로 한다.

다음 예제 14.1~14.3는 평형 상수 식 작성과 평형 상수 및 평형 농도 계산 과정을 잘 보여준다.

예제 14.1

다음과 같은 가역 반응이 평형 상태에 있을 때, K_P와 K_c에 대한 가능한 식을 쓰시오.

(a) $HF(aq) + H_2O(l) \rightleftharpoons H_3O^+(aq) + F^-(aq)$

(b) $2NO(g) + O_2(g) \rightleftharpoons 2NO_2(g)$

(c) $CH_3COOH(aq) + C_2H_5OH(aq) \rightleftharpoons CH_3COOC_2H_5(aq) + H_2O(l)$

전략 다음 사실들을 유념하라. (1) K_P 표기는 기체 반응에만 적용된다. (2) 용매의 농도(일반적으로 물)는 평형 상수 표기에는 나타내지 않는다.

풀이 (a) 기체가 존재하지 않으므로 K_P는 쓸 수 없으며, K_c의 평형 상수식만 쓸 수 있다.

$$K'_c = \frac{[H_3O^+][F^-]}{[HF][H_2O]}$$

HF는 약산이기 때문에 산의 이온화에 소요되는 물의 양은 용매로 쓰이는 물의 전체 양에 비해 아주 적은 양이다. 따라서 다음과 같이 평형 상수를 다시 쓸 수 있다.

$$K_c = \frac{[H_3O^+][F^-]}{[HF]}$$

(b)

$$K_c = \frac{[NO_2]^2}{[NO]^2[O_2]} \qquad K_P = \frac{P^2_{NO_2}}{P^2_{NO}P_{O_2}}$$

(c) 평형 상수 K'_c는 다음과 같다.

$$K'_c = \frac{[CH_3COOC_2H_5][H_2O]}{[CH_3COOH][C_2H_5OH]}$$

반응에서 생성된 물은 용매인 물에 비해 아주 적은 양이므로 물의 농도는 변하지 않는다. 따라서 새로운 평형 상수를 다음과 같이 쓸 수 있다.

$$K_c = \frac{[CH_3COOC_2H_5]}{[CH_3COOH][C_2H_5OH]}$$

비슷한 문제: 14.7, 14.8.

실전 연습 다음과 같은 오산화 이질소(N_2O_5)의 분해에 대한 K_c와 K_P를 쓰시오.

$$2N_2O_5(g) \rightleftharpoons 4NO_2(g) + O_2(g)$$

예제 14.2

230°C에서 다음 평형 과정을 연구하였다.

$$2NO(g) + O_2(g) \rightleftharpoons 2NO_2(g)$$

한 실험에서 평형 상태에 있는 반응물의 농도가 [NO] = 0.0542 *M*, $[O_2]$ = 0.127 *M*, $[NO_2]$ = 15.5 *M*임을 알았다. 이 온도에서 반응의 평형 상수(K_c)를 계산하시오.

(계속)

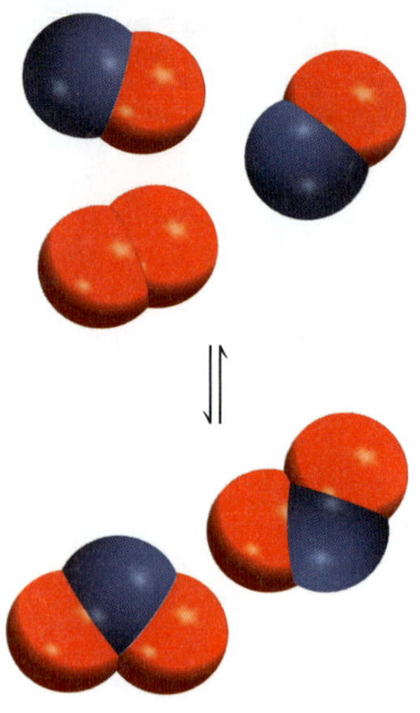
$2NO + O_2 \rightleftharpoons 2NO_2$

비슷한 문제: 14.16.

전략 주어진 농도는 평형 농도이다. 이 농도는 mol/L 단위를 사용하기 때문에 질량 작용 법칙 [식 (14.2)]을 이용하여 평형 상수(K_c)를 계산한다.

풀이 평형 상수는 다음과 같다.

$$K_c = \frac{[NO_2]^2}{[NO]^2[O_2]}$$

농도를 대입하면 다음과 같다.

$$K_c = \frac{(15.5)^2}{(0.0542)^2(0.127)} = 6.44 \times 10^5$$

검산 K_c는 단위를 갖지 않는다는 것에 유의하라. 또한 큰 값의 K_c는 반응물들(NO와 O_2)의 농도에 비해 큰 생성물의 농도와 일치한다.

실전 연습 포스젠이라고 하는 이염화 카보닐($COCl_2$)은 제1차 세계대전 때 독가스로 사용되었다. 일산화 탄소와 염소 분자의 반응으로 이염화 카보닐을 만드는 평형 농도는 74°C에서 $[CO] = 1.2 \times 10^{-2}\ M$, $[Cl_2] = 0.054\ M$, $[COCl_2] = 0.14\ M$이다.

$$CO(g) + Cl_2(g) \rightleftharpoons COCl_2(g)$$

평형 상수 K_c를 계산하시오.

예제 14.3

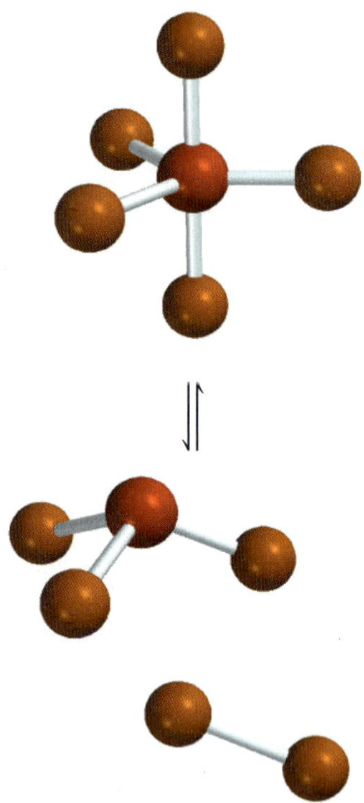
$PCl_5 \rightleftharpoons PCl_3 + Cl_2$

비슷한 문제: 14.19.

오염화 인이 삼염화 인과 염소 분자로 분해하는 반응에서 평형 상수 K_P는 250°C에서 1.05이다.

$$PCl_5(g) \rightleftharpoons PCl_3(g) + Cl_2(g)$$

PCl_5와 PCl_3의 평형 압력이 각각 0.875 atm과 0.463 atm일 때, 250°C에서 Cl_2의 평형 부분 압력은 얼마인가?

전략 기체의 반응 농도가 atm으로 주어졌기 때문에 평형 상수를 K_P로 표기한다. K_P 값과 PCl_5 및 PCl_3의 평형 압력을 알면 부분 압력 P_{Cl_2}을 계산할 수 있다.

풀이 먼저 반응물의 부분 압력으로 K_P를 다음과 같이 쓴다.

$$K_P = \frac{P_{PCl_3}P_{Cl_2}}{P_{PCl_5}}$$

부분 압력을 알게 되면 다음과 같이 쓸 수 있다.

$$1.05 = \frac{(0.463)(P_{Cl_2})}{(0.875)}$$

즉,

$$P_{Cl_2} = \frac{(1.05)(0.875)}{(0.463)} = 1.98 \text{ atm}$$

검산 P_{Cl_2}의 단위로 atm을 사용하였음에 유의하라.

실전 연습 다음 반응에 대해 1000 K에서 평형 상수 K_P는 158이다.

$$2NO_2(g) \rightleftharpoons 2NO(g) + O_2(g)$$

$P_{NO_2} = 0.400$ atm이고, $P_{NO} = 0.270$ atm 일 때, P_{O_2}를 계산하시오.

예제 14.4

메탄올(CH_3OH)은 공업적으로 다음 반응을 통해 제조된다.

$$CO(g) + 2H_2(g) \rightleftharpoons CH_3OH(g)$$

이 반응의 평형 상수(K_c)는 220°C에서 10.5이다. 같은 온도에서 K_P 값은 얼마인가?

전략 K_c와 K_P 사이의 관계는 식 (14.5)에 의해 주어진다. 반응물에서 생성물로의 기체의 몰수 변화는 얼마인가? 어떠한 변화가 있는가? 다음 식을 상기하라.

$$\Delta n = \text{생성 기체의 몰수} - \text{반응 기체의 몰수}$$

온도에 어떤 단위를 사용해야 하는가?

풀이 식 (14.5)에 주어진 K_c와 K_p의 관계식은 다음과 같다.

$$K_P = K_c(0.0821T)^{\Delta n}$$

$T = 273 + 220 = 493$ K이며, $\Delta n = 1 - 3 = -2$이므로

$$K_P = (10.5)(0.0821 \times 493)^{-2}$$
$$= 6.41 \times 10^{-3}$$

검산 K_P가 K_c와 마찬가지로 차원이 없는 양임을 명심하라. 이 예제는 농도를 mol/L로 나타내는지, atm으로 나타내는지에 따라 같은 반응에 대한 평형 상수가 아주 다른 값을 가질 수 있다는 것을 보여 준다.

실전 연습 다음 반응에서 K_P는 375°C에서 4.3×10^{-4}이다.

$$N_2(g) + 3H_2(g) \rightleftharpoons 2NH_3(g)$$

이 반응의 K_c를 계산하시오.

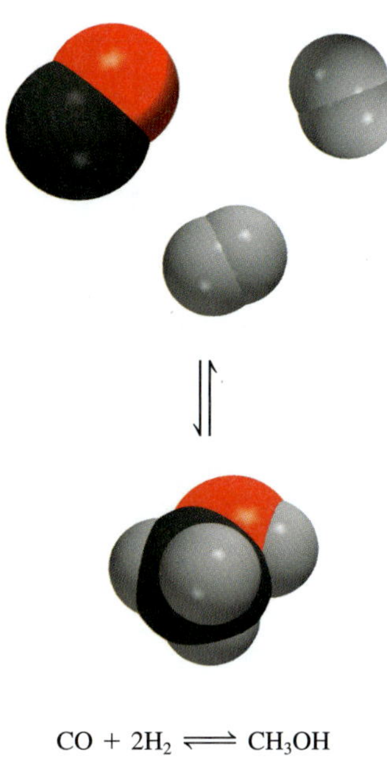

$CO + 2H_2 \rightleftharpoons CH_3OH$

비슷한 문제: 14.17, 14.18.

➤ 불균일 평형

불균일 평형(heterogeneous equilibrium)이란 *다른 상에 있는 반응물들과 생성물들이 관련된 가역 반응*의 결과이다. 예를 들어, 탄산 칼슘을 밀폐 용기에서 가열할 때 다음과 같은 평형을 이룬다.

$$CaCO_3(s) \rightleftharpoons CaO(s) + CO_2(g)$$

두 개의 고체와 하나의 기체가 세 개의 분리된 상을 이루고 있다. 평형일 때 평형 상수는 다음과 같이 쓸 수 있다.

$$K'_c = \frac{[CaO][CO_2]}{[CaCO_3]} \qquad (14.6)$$

광물인 방해석(mineral calcite)은 분필이나 대리석과 같은 탄산 칼슘으로 이루어졌다.

(여기서 다시, K_c에 프라임 부호는 아래에서 유도될 최종 평형 상수와 구별하기 위한 것이다.) 그러나 밀도와 마찬가지로 고체의 "농도"는 세기 성질이므로 물질의 양에 좌우되지 않는다. 예를 들어, 20°C에서 구리(밀도: 8.96 g/cm^3)의 몰농도는 1 g이든 1 ton이든 같은 값을 가진다. 즉,

$$[Cu] = \frac{8.96\text{ g}}{1\text{ cm}^3} \times \frac{1\text{ mol}}{63.55\text{ g}} = 0.141\text{ mol/cm}^3 = 141\text{ mol/L}$$

이런 이유로 $[CaCO_3]$와 $[CaO]$의 항 자체는 상수이므로 평형 상수와 함께 곱할 수 있다. 이제 식 (14.6)을 식 (14.7)과 같이 간단히 쓸 수 있다.

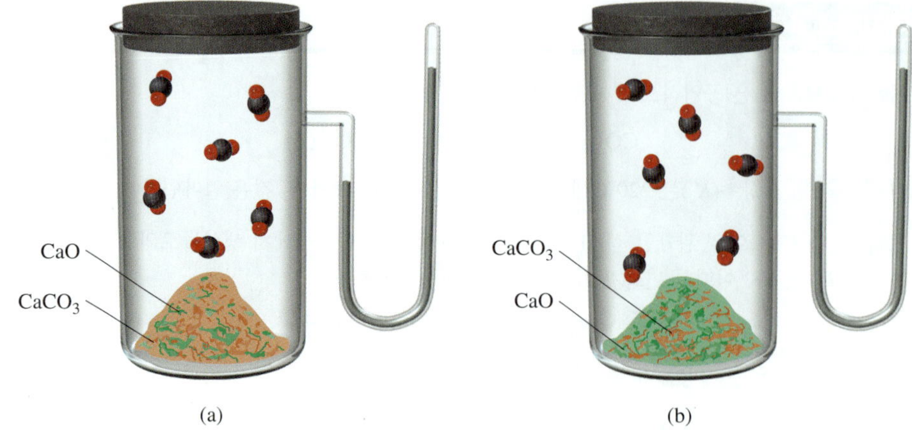

그림 14.4 $CaCO_3$와 CaO의 양이 다름에도 불구하고 같은 온도에서 (a)와 (b) 안에 있는 CO_2의 평형 압력은 같다.

$$\frac{[CaCO_3]}{[CaO]}K'_c = K_c = [CO_2] \tag{14.7}$$

여기서 새로운 평형 상수인 K_c는 CO_2의 농도만으로 쉽게 표기할 수 있다. K_c의 값은 각 성분이 평형 상태에 있는 한 $CaCO_3$와 CaO의 양과 무관하다는 것에 유의하라(그림 14.4).

농도를 활동도로 바꾸면 더 단순해진다. 열역학에서 순수한 고체의 활동도는 1이다. 따라서 $CaCO_3$와 CaO의 농도 항은 모두 1이며, 앞의 평형식으로부터 $K_c = [CO_2]$로 쓸 수 있다. 마찬가지로 순수한 액체의 활동도는 1이다. 따라서 반응물이나 생성물이 액체라면 평형 상수 식에서 이들을 빼고 쓸 수 있다.

이를 바꾸어 나타내면 평형 상수는 식 (14.8)과 같이 쓸 수 있다.

$$K_P = P_{CO_2} \tag{14.8}$$

이 경우 평형 상수는 쉽게 양을 측정할 수 있는 CO_2 기체의 압력과 수치상으로 똑같다.

예제 14.5

다음과 같은 불균일계에 대한 평형 상수 K_c와 K_P를 쓰시오.

(a) $(NH_4)_2Se(s) \rightleftharpoons 2NH_3(g) + H_2Se(g)$
(b) $AgCl(s) \rightleftharpoons Ag^+(aq) + Cl^-(aq)$
(c) $P_4(s) + 6Cl_2(g) \rightleftharpoons 4PCl_3(l)$

전략 순수한 고체와 순수한 액체는 활동도가 1이므로 평형 상수식에 포함되지 않는다.

풀이 (a) $(NH_4)_2Se$는 고체이므로 평형 상수 K_c는 다음과 같이 주어진다.

$$K_c = [NH_3]^2[H_2Se]$$

다른 방법으로 평형 상수 K_P를 NH_3와 H_2Se의 부분 압력으로 다음과 같이 나타낼 수 있다.

$$K_P = P^2_{NH_3}P_{H_2Se}$$

(b) AgCl은 고체이므로 평형 상수는 다음과 같이 주어진다.

$$K_c = [Ag^+][Cl^-]$$

기체가 관여되지 않으므로 K_P 표현식은 없다.

(계속)

(c) P_4는 고체이고, PCl_3는 액체이므로 이들은 평형 상수식에 나타나지 않는다. 따라서 K_c는 다음과 같다.

$$K_c = \frac{1}{[Cl_2]^6}$$

또는 평형 상수를 Cl_2의 부분 압력에 대해 쓸 수 있다.

$$K_P = \frac{1}{P_{Cl_2}^6}$$

비슷한 문제: 14.8.

실전 연습 다른 불순물로부터 니켈을 분리하는 데 사용되는 테트라카보닐 니켈의 생성 반응에 대한 K_c와 K_P의 평형 상수식을 쓰시오.

$$Ni(s) + 4CO(g) \rightleftharpoons Ni(CO)_4(g)$$

예제 14.6

다음 불균형 평형을 생각해 보자.

$$CaCO_3(s) \rightleftharpoons CaO(s) + CO_2(g)$$

800°C에서 CO_2의 압력은 0.236 atm이다. 같은 온도에서 이 반응에 대한 (a) K_P와 (b) K_c를 계산하시오.

전략 순수한 고체는 평형 상수식에 나타내지 않는다는 것을 상기하라. K_P와 K_c의 관계식은 식 (14.5)에서 볼 수 있다.

풀이 (a) 식 (14.8)을 이용하여 다음과 같이 쓴다.

$$K_P = P_{CO_2} = 0.236$$

(b) 식 (14.5)로부터 다음을 알고 있다.

$$K_P = K_c(0.0821\,T)^{\Delta n}$$

이 경우 $T = 800 + 273 = 1073$ K이고 $\Delta n = 1$이므로, 식에 이 값들을 대입하면 다음과 같다.

$$0.236 = K_c(0.0821 \times 1073)$$
$$K_c = 2.68 \times 10^{-3}$$

비슷한 문제: 14.22.

실전 연습 395 K에서 다음 평형을 생각해 보자.

$$NH_4HS(s) \rightleftharpoons NH_3(g) + H_2S(g)$$

각 기체들의 부분 압력은 모두 0.265 atm이다. 이 반응의 K_P와 K_c를 계산하시오.

개념 복습하기

다음 반응 중 K_P와 K_c가 같은 것은?

(a) $4NH_3(g) + 5O_2(g) \rightleftharpoons 4NO(g) + 6H_2O(g)$
(b) $2H_2O_2(aq) \rightleftharpoons 2H_2O(l) + O_2(g)$
(c) $PCl_3(g) + 3NH_3(g) \rightleftharpoons 3HCl(g) + P(NH_2)_3(g)$

다중 평형

지금까지 다룬 반응은 모두 비교적 간단한 반응들이었다. 더 복잡한 상황은 한 평형계의 생성물 분자가 두 번째 평형 과정에 관여하는 경우이다.

$$\mathrm{A + B \rightleftharpoons C + D}$$
$$\mathrm{C + D \rightleftharpoons E + F}$$

첫 번째 반응에서 생성된 생성물 C와 D는 계속 반응하여 생성물 E와 F를 생성한다. 평형 상태에서 두 개의 독립된 평형 상수식을 쓸 수 있다.

$$K'_c = \frac{[\mathrm{C}][\mathrm{D}]}{[\mathrm{A}][\mathrm{B}]}$$

그리고

$$K''_c = \frac{[\mathrm{E}][\mathrm{F}]}{[\mathrm{C}][\mathrm{D}]}$$

전체 반응은 두 반응의 합으로 이루어진다.

$$\begin{array}{lll} & \mathrm{A + B \rightleftharpoons C + D} & K'_c \\ & \underline{\mathrm{C + D \rightleftharpoons E + F}} & \underline{K''_c} \\ \text{전체 반응:} & \mathrm{A + B \rightleftharpoons E + F} & K_c \end{array}$$

그리고 전체의 반응에 대한 평형 상수 K_c는 다음과 같다.

$$K_c = \frac{[\mathrm{E}][\mathrm{F}]}{[\mathrm{A}][\mathrm{B}]}$$

K'_c와 K''_c에 대한 식을 곱하면 아래와 같은 식을 얻는다.

$$K'_cK''_c = \frac{[\mathrm{C}][\mathrm{D}]}{[\mathrm{A}][\mathrm{B}]} \times \frac{[\mathrm{E}][\mathrm{F}]}{[\mathrm{C}][\mathrm{D}]} = \frac{[\mathrm{E}][\mathrm{F}]}{[\mathrm{A}][\mathrm{B}]}$$

그러므로 다음 식으로 쓸 수 있다.

$$K_c = K'_cK''_c \qquad (14.9)$$

이제 다중 평형에 대하여 다음과 같은 중요한 정의를 내릴 수 있다. *어떤 반응을 둘 이상 반응의 합으로 나타낸다면 전체 반응에 대한 평형 상수식은 각 반응의 평형 상수의 곱으로 얻을 수 있다.*

알려진 많은 다중 평형의 예 중에 수용액 속 이양성자산의 이온화가 있다. 다음은 25°C에서 탄산(H_2CO_3)에 대하여 결정된 평형 상수이다.

$$H_2CO_3(aq) \rightleftharpoons H^+(aq) + HCO_3^-(aq) \qquad K'_c = \frac{[H^+][HCO_3^-]}{[H_2CO_3]} = 4.2 \times 10^{-7}$$

$$HCO_3^-(aq) \rightleftharpoons H^+(aq) + CO_3^{2-}(aq) \qquad K''_c = \frac{[H^+][CO_3^{2-}]}{[HCO_3^-]} = 4.8 \times 10^{-11}$$

전체 반응은 이들 두 반응의 합이고,

$$H_2CO_3(aq) \rightleftharpoons 2H^+(aq) + CO_3^{2-}(aq)$$

평형 상수는 다음과 같이 주어진다.

$$K_c = \frac{[H^+]^2[CO_3^{2-}]}{[H_2CO_3]}$$

식 (14.9)를 이용하면 다음 값을 얻는다.

$$K_c = K'_c K''_c$$
$$= (4.2 \times 10^{-7})(4.8 \times 10^{-11})$$
$$= 2.0 \times 10^{-17}$$

개념 복습하기

다음 반응의 평형 상수가 주어져 있다.

$$N_2(g) + O_2(g) \rightleftharpoons 2NO(g)$$

다음 반응의 평형 상수를 계산하고자 하면, 어떤 다른 반응에 대한 평형 상수가 더 필요한가?

$$N_2(g) + 2O_2(g) \rightleftharpoons 2NO_2(g)$$

모든 평형은 같은 온도에서 일어난다고 가정한다.

*K*의 형태와 평형 반응식

이 절을 끝내기 전에 평형 상수를 표기하는 두 가지의 중요한 규칙을 살펴보기로 하자.

x의 역수는 $1/x$이다.

1. 가역 반응의 반응식을 반대 방향으로 쓸 때 평형 상수는 원래 평형 상수의 역수가 된다. 따라서, NO_2–N_2O_4 평형을 다음과 같이 쓴다면

$$N_2O_4(g) \rightleftharpoons 2NO_2(g)$$

25°C에서의 평형 상수는 다음과 같다.

$$K_c = \frac{[NO_2]^2}{[N_2O_4]} = 4.63 \times 10^{-3}$$

그러나 이 평형 반응을 아래와 같이 전과 똑같은 방법으로 표시할 수 있으므로

$$2NO_2(g) \rightleftharpoons N_2O_4(g)$$

평형 상수는 이제 다음과 같이 쓸 수 있다.

$$K'_c = \frac{[N_2O_4]}{[NO_2]^2} = \frac{1}{K_c} = \frac{1}{4.63 \times 10^{-3}} = 216$$

$K_c = 1/K'_c$ 또는 $K_cK'_c = 1.00$임을 알 수 있다. K_c나 K'_c은 확실히 평형 상수이지만, 평형 반응식을 어떻게 썼는가를 명확하게 하지 않는 한 NO_2–N_2O_4계의 평형 상수가 4.63×10^{-3}이라거나 216이라고 말하는 것은 의미가 없다.

2. *K* 또한 평형 상수식이 얼마나 균형을 이루고 있는가에 달려 있다. 똑같은 평형을 나타내는 다음 방법들을 생각해 보자.

$$\tfrac{1}{2}N_2O_4(g) \rightleftharpoons NO_2(g) \qquad K'_c = \frac{[NO_2]}{[N_2O_4]^{\frac{1}{2}}}$$

$$N_2O_4(g) \rightleftharpoons 2NO_2(g) \qquad K_c = \frac{[NO_2]^2}{[N_2O_4]}$$

지수를 살펴보면 $K'_c = \sqrt{K_c}$임을 알 수 있다. 표 14.1에서 $K_c = 4.63 \times 10^{-3}$임을 알므로 $K'_c = 0.0680$이다.

질량 작용 법칙에 의하면 평형 상수를 나타내는 각 농도항은 화학량론적인 계수만큼의 거듭제곱 꼴로 되어 있다. 따라서 화학 반응의 전체를 두 배로 하면 이에 상응하는 평형 상수는 원래 값의 제곱이 될 것이며, 반응을 세 배로 하면 평형 상수는 원래

값의 세제곱이 될 것이다. $NO_2-N_2O_4$계의 예는 평형 상수의 수적인 값을 인용할 때 화학 반응식을 써야 할 필요성을 다시 설명하고 있다.

예제 14.7은 똑같은 반응을 다르게 나타낸 균형 반응식에서 평형 상수들 사이의 관계를 다룬다.

예제 14.7

암모니아 생성 반응은 다음과 같이 여러 방법으로 나타낼 수 있다.

(a) $N_2(g) + 3H_2(g) \rightleftharpoons 2NH_3(g)$

(b) $\frac{1}{2}N_2(g) + \frac{3}{2}H_2(g) \rightleftharpoons NH_3(g)$

(c) $\frac{1}{3}N_2(g) + H_2(g) \rightleftharpoons \frac{2}{3}NH_3(g)$

각 식에 대한 평형 상수식을 쓰시오. (반응종의 농도는 mol/L로 나타낸다.)

(d) 평형 상수들은 서로 어떤 관계가 있는가?

전략 같은 반응계에 세 가지 다른 식이 주어졌다. 평형 상수식은 반응식이 어떻게 균형을 유지하느냐에 따라 결정된다. 즉, 반응식에서 사용되는 화학량론적 계수에 의존한다는 것을 기억하라.

풀이

(a)
$$K_a = \frac{[NH_3]^2}{[N_2][H_2]^3}$$

(b)
$$K_b = \frac{[NH_3]}{[N_2]^{\frac{1}{2}}[H_2]^{\frac{3}{2}}}$$

(c)
$$K_c = \frac{[NH_3]^{\frac{2}{3}}}{[N_2]^{\frac{1}{3}}[H_2]}$$

(d)
$$K_a = K_b^2$$
$$K_a = K_c^3$$
$$K_b^2 = K_c^3 \quad \text{즉} \quad K_b = K_c^{\frac{3}{2}}$$

비슷한 문제: 14.20.

실전 연습 다음 반응에 대한 평형 상수식을 쓰고, 각 반응이 서로 어떤 관계가 있는지 설명하시오. (a) $3O_2(g) \rightleftharpoons 2O_3(g)$, (b) $O_2(g) \rightleftharpoons \frac{2}{3}O_3(g)$.

개념 복습하기

다음 평형 상수식으로부터 기체상 반응의 균형 화학 반응식을 쓰시오.

$$K_c = \frac{[NH_3]^2[H_2O]^4}{[NO_2]^2[H_2]^7}$$

▶ 평형 상수식 표기법 요약

1. 응축된 상에서는 반응종의 농도를 mol/L로 나타낸다. 기체상에서의 농도는 mol/L나 atm으로 나타낼 수 있다. K_c와 K_P는 간단한 관계식으로 나타낼 수 있다[식 (14.5)].
2. 순수한 고체, 순수한 액체(불균일 평형에서), 용매(균일 평형에서)의 농도는 평형 상수식에 표기하지 않는다.
3. 평형 상수(K_c와 K_P)는 차원이 없는 양이다.

4. 평형 상수값을 인용할 때 균형 반응식과 온도를 명확히 해야 한다.
5. 반응을 둘 이상의 반응의 합으로 나타낸다면 전체 반응의 평형 상수는 각 반응의 평형 상수의 곱으로 얻을 수 있다.

14.3 화학 반응 속도론과 화학 평형과의 관계

식 (14.2)에서 정의된 K는 개별 평형 농도의 변화에 관계없이 일정한 온도에서는 항상 일정하다는 것을 알았다(표 14.1 참조). 또한 화학 반응의 속도론을 고려함으로써 그렇게 될 수밖에 없는 이유를 알 수 있고, 동시에 평형 과정을 자세히 알 수 있다.

다음과 같은 가역 반응이 정방향과 역방향 모두 하나의 *단일 단계*(elementary step)로 이루어진 메커니즘을 거쳐 일어난다고 가정해 보자.

반응 메커니즘을 복습하려면 13.5절을 참조하라.

$$\mathrm{A} + 2\mathrm{B} \underset{k_r}{\overset{k_f}{\rightleftharpoons}} \mathrm{AB_2}$$

정반응 속도는 다음과 같고

$$\text{속도}_f = k_f[\mathrm{A}][\mathrm{B}]^2$$

역반응 속도는 다음과 같다.

$$\text{속도}_r = k_r[\mathrm{AB_2}]$$

여기서 k_f와 k_r은 각각 정반응과 역반응에 대한 속도 상수이다. 평형에서 알짜 변화가 일어나지 않을 때 두 속도는 같아야 한다.

$$\text{속도}_f = \text{속도}_r$$

$$k_f[\mathrm{A}][\mathrm{B}]^2 = k_r[\mathrm{AB_2}]$$

즉,

$$\frac{k_f}{k_r} = \frac{[\mathrm{AB_2}]}{[\mathrm{A}][\mathrm{B}]^2}$$

k_f와 k_r은 일정 온도에서 상수이므로 그들의 비도 상수이며, 평형 상수 K_c와 같다.

$$\frac{k_f}{k_r} = K_c = \frac{[\mathrm{AB_2}]}{[\mathrm{A}][\mathrm{B}]^2}$$

K_c는 일정 온도에서 상수인 두 양의 비인 k_f/k_r과 항상 같으므로 반응종의 평형 농도에 관계없이 항상 상수이다. 속도 상수는 온도에 의존하므로[식 (13.11) 참조] 평형 상수도 또한 온도에 따라 변해야 한다.

이제 같은 반응이 둘 이상의 단일 단계로 이루어진 메커니즘을 가진다고 가정하고, 반응이 다음과 같이 두 단계의 메커니즘을 거쳐 일어난다고 가정하자.

단계 1: $\quad 2\mathrm{B} \underset{k'_r}{\overset{k'_f}{\rightleftharpoons}} \mathrm{B_2}$

단계 2: $\quad \mathrm{A} + \mathrm{B_2} \underset{k''_r}{\overset{k''_f}{\rightleftharpoons}} \mathrm{AB_2}$

전체 반응: $\quad \mathrm{A} + 2\mathrm{B} \rightleftharpoons \mathrm{AB_2}$

이것은 14.2절에서 논의했던 다중 평형의 한 예이다. 평형 상수식을 다음과 같이 쓴다.

$$K' = \frac{k'_f}{k'_r} = \frac{[\mathrm{B_2}]}{[\mathrm{B}]^2} \tag{14.10}$$

$$K'' = \frac{k''_f}{k''_r} = \frac{[\mathrm{AB_2}]}{[\mathrm{A}][\mathrm{B_2}]} \tag{14.11}$$

식 (14.10)과 식 (14.11)을 곱하면 다음과 같은 식을 얻는다.

$$K'K'' = \frac{[B_2][AB_2]}{[B]^2[A][B_2]} = \frac{[AB_2]}{[A][B]^2}$$

전체 반응에 대하여 다음과 같이 쓸 수 있다.

$$K_c = \frac{[AB_2]}{[A][B]^2} = K'K''$$

K'와 K''은 둘 다 상수이므로 K_c 또한 상수이다. 이 결과는 다음 반응을 일반적으로 취급할 수 있도록 한다.

$$aA + bB \rightleftharpoons cC + dD$$

이 반응이 단일 단계든 다중 단계든, 어떤 메커니즘을 거쳐 일어나는지에 상관없이 식 (14.2)에서 보인 질량 작용 법칙에 의하여 평형 상수식을 쓸 수 있다.

$$K = \frac{[C]^c[D]^d}{[A]^a[B]^b}$$

요약하면 화학 반응 속도론의 관점에서 보았을 때 반응의 평형 상수는 정반응과 역반응의 속도 상수의 비로 나타낼 수 있다. 이와 같은 분석은 평형 상수가 왜 상수이며, 그 값은 왜 온도에 따라 변하는가를 설명해 준다.

개념 복습하기

80°C에서 반응 $A \rightleftharpoons B + C$에 대한 평형 상수가 4.8×10^{-2}이다. 정반응의 속도 상수가 $3.2 \times 10^2\ s^{-1}$일 때 역반응의 속도 상수를 계산하시오.

14.4 평형 상수는 무엇을 뜻하는가?

어떤 반응의 평형 상수를 평형 농도로부터 계산할 수 있다는 것을 알았다. 평형 상수의 값을 알면 평형 농도를 계산하는 데(물론, 평형 상수는 온도가 변하지 않을 때만 상수라는 것을 기억하고) 식 (14.2)를 이용할 수 있다. 일반적으로 평형 상수는 반응 혼합물이 평형을 이루려는 방향을 예측할 수 있고, 평형에 도달했을 때 반응물과 생성물의 농도를 계산할 수 있다. 이 절에서는 이와 같은 평형 상수의 용도에 대해 탐구해 보고자 한다.

➤ 반응 방향의 예측

$H_2 + I_2 \rightleftharpoons 2HI$

기체상의 수소 분자와 아이오딘 분자로부터 아이오딘화 수소를 생성하는 반응의 평형 상수 K_c는 430°C에서 54.3이다.

$$H_2(g) + I_2(g) \rightleftharpoons 2HI(g)$$

어떤 실험에서 430°C에서 1.00-L 용기에 H_2 0.243 mol, I_2 0.146 mol, HI 1.98 mol을 모두 넣었다고 가정하자. H_2와 I_2 또는 HI를 더 많이 생성하는 알짜 반응이 있을까? 평형 상수식에 초기 농도를 대입하면 다음과 같다.

$$\frac{[HI]_0^2}{[H_2]_0[I_2]_0} = \frac{(1.98)^2}{(0.243)(0.146)} = 111$$

여기서 아래첨자 0은 평형에 도달하기 전인 초기 농도를 나타낸다. 반응비 $[HI]_0^2/[H_2]_0[I_2]_0$가 K_c보다 크므로 이 계는 평형을 이루지 않았다.

Q를 계산하는 방법이 비평형 농도가 사용된 것 외에는 K에 대한 계산법과 같다는 것을 기억하라.

위에서 본 HI의 생성에서처럼 평형에 도달하지 않은 반응일 때, *처음 농도를 평형 상수식에 넣어 얻어진 양*은 평형 상수 대신에 **반응 지수**(reaction quotient, Q_c)라 한다. 알짜

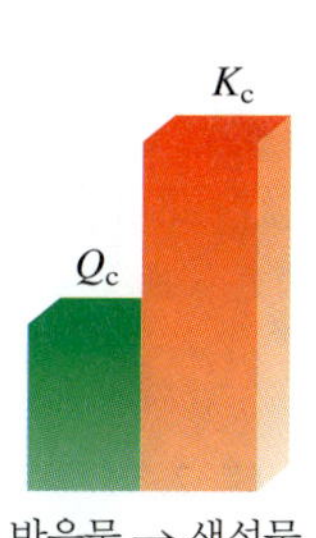

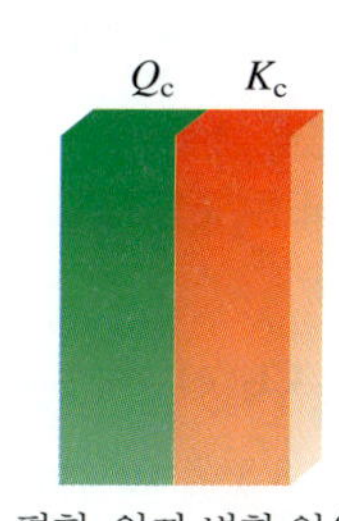

Q_c
K_c
반응물 ← 생성물

그림 14.5 평형에 도달하기 위한 가역 반응의 방향은 Q_c와 K_c의 상대적 크기에 의존한다. K_c는 주어진 온도에서 상수이지만, Q_c는 반응물과 생성물의 상대적 존재량에 따라 변함을 주의하라.

반응이 평형에 이르도록 진행할 방향을 결정하기 위해서는 Q_c와 K_c 값을 비교한다. 다음과 같은 세 가지 경우가 가능하다.

- $Q_c < K_c$ 반응물에 대한 생성물의 초기 농도의 비가 너무 작다. 평형에 이르기 위해서는 반응물이 생성물로 전환되어야 한다. 계는 평형에 이르도록 왼쪽에서 오른쪽으로(반응물을 소모하여 생성물을 생성하면서) 진행한다.
- $Q_c = K_c$ 초기 농도가 평형 농도이다. 계는 평형 상태에 있다.
- $Q_c > K_c$ 반응물에 대한 생성물의 초기 농도의 비가 너무 크다. 평형에 이르기 위해서는 생성물이 반응물로 전환되어야 한다. 계는 평형에 이르도록 오른쪽에서 왼쪽으로(생성물을 소모하여 반응물을 생성하면서) 진행한다.

그림 14.5는 K_c와 Q_c를 비교하고 있다.

예제 14.8은 Q_c 값이 평형에 도달하려는 알짜 반응의 방향을 결정하는 데 어떻게 도움을 주는가를 보여준다.

예제 14.8

반응을 시작할 때 375°C에서 3.50-L용기에 N_2 0.249 mol, H_2 3.21×10^{-2} mol, NH_3 6.42×10^{-4} mol이 들어 있다. 다음 반응의 평형 상수(K_c)가 같은 온도에서 1.2라면 계가 평형 상태에 있을 것인가를 결정하시오.

$$N_2(g) + 3H_2(g) \rightleftharpoons 2NH_3(g)$$

전략 용기의 부피(L)와 기체의 처음 양(mol)을 알고 있으므로 몰농도를 구하여 반응 지수(Q_c)를 계산할 수 있다. Q_c와 K_c를 비교하여 계가 평형인지 아닌지를 결정할 수 있다. 또한 평형이 아니라면 평형에 이르기 위한 알짜 반응은 어떻게 방향으로 진행될 것인가를 결정할 수 있다.

풀이 반응종의 초기 농도는 다음과 같다.

$$[N_2]_0 = \frac{0.249 \text{ mol}}{3.50 \text{ L}} = 0.0711\ M$$

$$[H_2]_0 = \frac{3.21 \times 10^{-2} \text{ mol}}{3.50 \text{ L}} = 9.17 \times 10^{-3}\ M$$

$$[NH_3]_0 = \frac{6.42 \times 10^{-4} \text{ mol}}{3.50 \text{ L}} = 1.83 \times 10^{-4}\ M$$

그 다음 반응 지수를 구한다.

$$Q_c = \frac{[NH_3]_0^2}{[N_2]_0[H_2]_0^3} = \frac{(1.83 \times 10^{-4})^2}{(0.0711)(9.17 \times 10^{-3})^3} = 0.611$$

(계속)

비슷한 문제: 14.39, 14.40.

Q_c가 K_c(1.2)보다 작으므로 계는 평형 상태에 있지 않다. 알짜 반응의 결과는 NH_3의 농도가 증가하고, N_2와 H_2의 농도는 감소할 것이다. 즉, 알짜 반응은 평형에 이를 때까지 왼쪽에서 오른쪽으로 진행할 것이다.

실전 연습 산화 질소와 염소 분자로부터 주황색 화합물인 염화 나이트로실의 반응에 대한 평형 상수(K_c)는 35°C에서 6.5×10^4이다.

$$2NO(g) + Cl_2(g) \rightleftharpoons 2NOCl(g)$$

어떤 실험에서 NO 2.0×10^{-2} mol, Cl_2 8.3×10^{-3} mol, NOCl 6.8 mol을 2.0-L 플라스크에 혼합하였다. 계가 평형에 이르려면 어떤 방향으로 진행할 것인가?

개념 복습하기

어떤 온도에서 $A_2 + B_2 \rightleftharpoons 2AB$ 반응의 평형 상수(K_c)가 3이다. 다음 그림 중 어느 것이 평형에서의 반응에 해당되는가? 평형에 있지 않은 혼합물은 평형에 도달하기 위해서 알짜 반응이 정방향 또는 역방향의 어느 쪽으로 진행하겠는가?

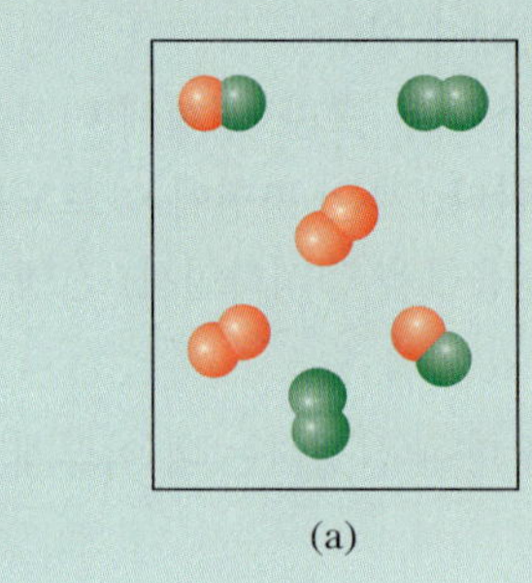
(a)

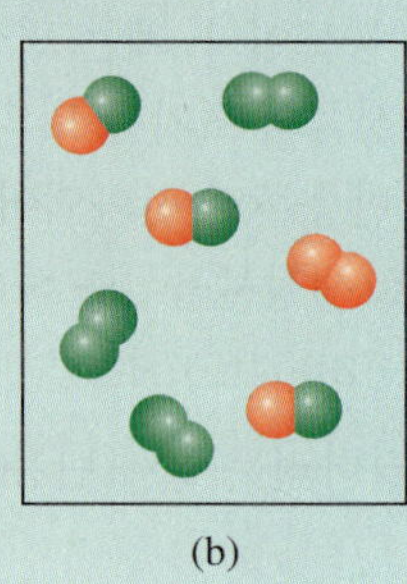
(b)

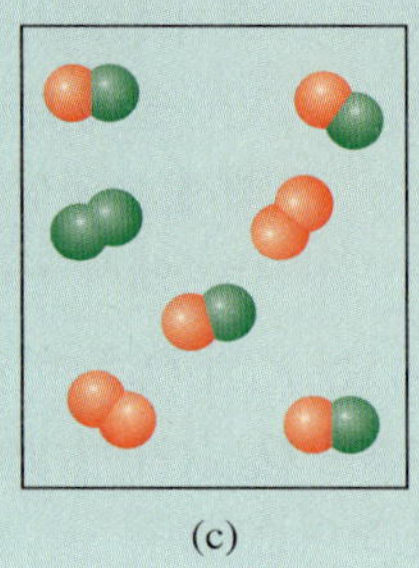
(c)

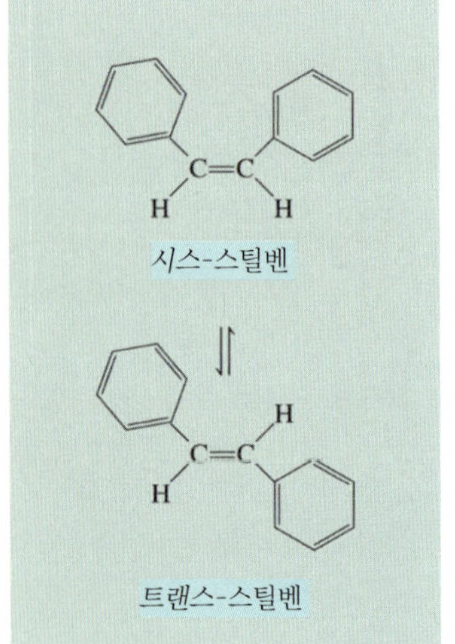

그림 14.6 *시스*-스틸벤과 *트랜스*-스틸벤 사이의 평형. 두 분자들은 분자식($C_{14}H_{12}$)과 결합 형태가 같다. 그러나 *시스*-스틸벤에서의 벤젠 고리는 C=C 결합의 한쪽에 있고 반대쪽으로 H 원자가 있는 반면, *트랜스*-스틸벤에서의 벤젠 고리는(H 원자도) C=C 결합과 교차하여 결합되어 있다. 이러한 화합물들은 녹는점과 쌍극자 모멘트가 다르다.

평형 농도의 계산

특정 반응의 평형 상수를 알면 초기 농도로부터 평형 혼합물의 농도를 계산할 수 있다. 주로 반응물의 초기 농도만이 주어진다. 비극성 탄화 수소 용매에 녹아 있는 *시스*-스틸벤(*cis*-stilbene)과 *트랜스*-스틸벤(*trans*-stilbene)의 두 유기 화합물과 관련된 다음 계를 생각해 보자(그림 14.6).

$$\textit{시스}\text{-스틸벤} \rightleftharpoons \textit{트랜스}\text{-스틸벤}$$

200°C에서 이 계의 평형 상수 K_c는 24.0이다. 처음에 농도 0.850 mol/L의 *시스*-스틸벤만 존재하였다고 가정하자. 평형에서 *시스*-스틸벤과 *트랜스*-스틸벤의 농도는 어떻게 계산하겠는가? 이 반응의 화학량론으로부터 *시스*-스틸벤 1 mol이 전환되면 *트랜스*-스틸벤 1 mol이 생성됨을 알 수 있다. *트랜스*-스틸벤의 평형 농도(mol/L)를 x라 하자. 그러면 *시스*-스틸벤의 평형 농도는 $(0.850 - x)$mol/L라야 된다. 다음과 같이 농도 변화표를 만들면 유용하다.

평형 농도를 계산하는 이러한 과정을 ICE법이라고도 하는데 ICE는 초기(Initial), 변화(Change), 평형(Equilibrium)을 뜻한다.

	시스-스틸벤 ⇌	*트랜스*-스틸벤
초기(M):	0.850	0
변화(M):	$-x$	$+x$
평형(M):	$(0.850 - x)$	x

양(+)의 변화는 농도의 증가를 나타내며, 음(−)의 변화는 농도의 감소를 나타낸다. 이제, 평형 상수식을 세우고 대입해 보자.

$$K_c = \frac{[\textit{트랜스}\text{-스틸벤}]}{[\textit{시스}\text{-스틸벤}]}$$

$$24.0 = \frac{x}{0.850 - x}$$

$$x = 0.816\ M$$

x를 구했으므로 *시스*-스틸벤과 *트랜스*-스틸벤의 평형 농도를 다음과 같이 계산한다.

$$[\textit{시스}\text{-스틸벤}] = (0.850 - 0.816)\ M = 0.034\ M$$

$$[\textit{트랜스}\text{-스틸벤}] = 0.816\ M$$

결과를 확인하기 위하여 평형 농도를 사용하여 K_c를 계산할 수 있다.

평형 상수 문제를 푸는 방법을 요약하면 다음과 같다.

1. 처음 농도와 농도의 변화를 나타내는 알려지지 않은 x로 모든 화학종의 평형 농도를 나타낸다.
2. 평형 농도를 사용하여 평형 상수식을 쓴다. 평형 상수의 값을 알면 x를 구할 수 있다.
3. x를 구하고 나면 모든 화학종의 평형 농도를 계산한다.

예제 14.9와 14.10은 이러한 세 단계 과정을 적용하는 방법을 보여준다.

예제 14.9

H_2 0.500 mol과 I_2 0.500 mol의 혼합물을 430°C에서 1.00-L 스테인리스 강철 플라스크에 넣었다. 같은 온도에서 $H_2(g) + I_2(g) \rightleftharpoons 2HI(g)$ 반응의 평형 상수 K_c는 54.3이다. 평형에서 H_2, I_2, HI의 농도를 계산하시오.

전략 용기의 부피(L)와 기체의 처음 양(mol)을 알고 있으므로 기체의 몰농도를 구할 수 있다. 처음에는 HI가 없었으므로 그 계는 평형이 아니었을 것이다. 그러므로 평형이 이루어질 때까지 약간의 H_2가 같은 양의 I_2와 반응하여 HI를 생성할 것이다.

풀이 평형 농도를 계산하기 위하여 다음과 같은 풀이 과정을 따른다.

단계 1: 반응의 화학량론에 의하면 H_2 1 mol이 I_2 1 mol과 반응하여 HI 2 mol을 생성한다. 평형에서 H_2나 I_2의 농도(mol/L)의 감소를 x라 하자. 그러면, HI의 평형 농도는 $2x$가 된다. 농도 변화를 다음과 같이 요약한다.

	H_2	+	I_2	$\rightleftharpoons$	2HI
초기(M):	0.500		0.500		0.000
변화(M):	$-x$		$-x$		$+2x$
평형(M):	$(0.500 - x)$		$(0.500 - x)$		$2x$

단계 2: 평형 상수는 다음과 같다.

$$K_c = \frac{[HI]^2}{[H_2][I_2]}$$

평형에서의 농도를 대입하면 다음과 같다.

$$54.3 = \frac{(2x)^2}{(0.500 - x)(0.500 - x)}$$

양쪽의 제곱근을 구하면 다음을 얻는다.

$$7.37 = \frac{2x}{0.500 - x}$$

$$x = 0.393\ M$$

(계속)

단계 3: 평형에서 각각의 농도는 다음과 같다.

$$[H_2] = (0.500 - 0.393)\ M = 0.107\ M$$
$$[I_2] = (0.500 - 0.393)\ M = 0.107\ M$$
$$[HI] = 2 \times 0.393\ M = 0.786\ M$$

검산 평형 농도를 이용하여 K_c를 계산함으로써 답을 확인해 볼 수 있다. K_c는 일정 온도에서 특정 반응의 상수임을 기억하라.

비슷한 문제: 14.48.

실전 연습 예제 14.9의 반응을 생각해 보자. HI의 초기 농도가 0.040 M일 때 평형에서 HI, H_2, I_2의 농도를 계산하시오.

예제 14.10

예제 14.9에서와 같은 온도에서 같은 반응에 대한 H_2, I_2, HI의 초기 농도가 각각 0.00623 M, 0.00414 M, 0.0224 M이라 가정하고, 평형에서 이들 화학종의 농도를 계산하시오.

전략 초기 농도로부터 반응계가 평형인지 아닌지를 알아보기 위해 또 평형에 도달하기 위해 알짜 반응이 어느 방향으로 진행될지 알기 위해 반응 지수(Q_c)를 계산한다. Q_c와 K_c를 비교함으로써 평형에 도달했을 때 H_2와 I_2 또는 HI의 감소가 있는지를 결정할 수 있다.

풀이 우선 다음과 같이 Q_c를 계산한다,

$$Q_c = \frac{[HI]_0^2}{[H_2]_0[I_2]_0} = \frac{(0.0224)^2}{(0.00623)(0.00414)} = 19.5$$

Q_c(19.5)가 K_c(54.3)보다 작기 때문에 평형에 도달하기까지 알짜 반응은 왼쪽에서 오른쪽으로 진행될 것이다(그림 14.4 참조). 즉, H_2와 I_2가 감소하면서 HI가 증가할 것이다.

단계 1: 평형에서 H_2와 I_2의 농도(mol/L)의 감소를 x라 하면 반응의 화학량론으로부터 HI의 농도의 증가는 $2x$가 된다. 따라서 다음과 같이 농도의 변화표를 쓴다.

	H_2	+	I_2	$\rightleftharpoons$	2HI
초기(M):	0.00623		0.00414		0.0224
변화(M):	$-x$		$-x$		$+2x$
평형(M):	$(0.00623 - x)$		$(0.00414 - x)$		$(0.0224 + 2x)$

단계 2: 평형 상수는 다음과 같다.

$$K_c = \frac{[HI]^2}{[H_2][I_2]}$$

수치를 대입하면 다음과 같다.

$$54.3 = \frac{(0.0224 + 2x)^2}{(0.00623 - x)(0.00414 - x)}$$

$[H_2]$와 $[I_2]$의 처음 농도가 같지 않으므로 이 식을 제곱근으로 간단하게 푸는 것은 불가능하다. 그 대신 처음에 곱셈을 해야 한다.

$$54.3(2.58 \times 10^{-5} - 0.0104x + x^2) = 5.02 \times 10^{-4} + 0.0896x + 4x^2$$

같은 항끼리 모으면 다음과 같다.

$$50.3x^2 - 0.654x + 8.98 \times 10^{-4} = 0$$

이것은 $ax^2 + bx + c = 0$ 형태의 이차 방정식이다. 이차 방정식(부록 4 참조)의 근의 공식은 다음과 같다.

(계속)

$$x = \frac{-b \pm \sqrt{b^2 - 4ac}}{2a}$$

여기서 $a = 50.3$, $b = -0.654$, $c = 8.98 \times 10^{-4}$이므로

$$x = \frac{0.654 \pm \sqrt{(-0.654)^2 - 4(50.3)(8.98 \times 10^{-4})}}{2 \times 50.3}$$

$$x = 0.0114\ M \qquad \text{또는} \qquad x = 0.00156\ M$$

첫 번째 해는 반응된 H_2와 I_2의 양이 원래 있었던 양보다 많으므로 물리적으로 불가능하다. 두 번째 해가 정답이다. 이런 형태의 이차 방정식을 풀 때 한 가지 근은 항상 물리적으로 불가능하기 때문에 x 값을 선택하기가 쉽다.

단계 3: 평형에서 각 농도는 다음과 같다.

$$[H_2] = (0.00623 - 0.00156)\ M = 0.00467\ M$$

$$[I_2] = (0.00414 - 0.00156)\ M = 0.00258\ M$$

$$[HI] = (0.0224 + 2 \times 0.00156)\ M = 0.0255\ M$$

검산 평형 농도를 이용하여 K_c를 계산하여 답을 확인해 볼 수 있다. K_c는 일정 온도에서 특정 반응에 대해 상수임을 기억하라.

실전 연습 1280°C에서 다음 반응의 평형 상수(K_c)는 1.1×10^{-3}이다.

$$Br_2(g) \rightleftharpoons 2Br(g)$$

초기 농도가 $[Br_2] = 6.3 \times 10^{-2}\ M$이고, $[Br] = 1.2 \times 10^{-2}\ M$일 때 평형에서 이들 화학종의 농도를 계산하시오.

비슷한 문제: 14.90.

예제 14.9와 14.10은 평형 상수와 초기 농도를 알면 평형에서 모든 반응종의 농도를 계산할 수 있다는 것을 보여준다. 이러한 정보는 반응의 수율을 계산하는 데 있어서 매우 유용하다. 예를 들어, H_2와 I_2의 반응으로 HI를 생성하는 반응이 끝까지 진행된다면 예제 14.9에서 생성된 HI의 몰수는 2×0.500 mol $= 1.00$ mol이 된다. 그러나 평형 과정 때문에 생성된 HI의 실제량은 2×0.393 mol $= 0.786$ mol 즉, 78.6% 수득률 이상은 될 수 없다.

14.5 화학 평형에 영향을 주는 인자들

화학 평형은 정반응과 역반응 사이의 균형을 의미한다. 대부분의 경우 이러한 균형은 아주 미묘하게 이루어진다. 실험 조건에 변화를 주어 이러한 균형을 깨고, 원하는 생성물을 많게 또는 적게 생성하도록 평형의 위치를 이동할 수 있다. 예를 들어, 평형의 위치를 오른쪽으로 옮긴다는 말은 알짜 반응이 왼쪽에서부터 오른쪽으로 일어난다는 것을 뜻한다. 실험을 통해 조절할 수 있는 변수들은 농도, 압력, 부피, 온도이다. 여기에서는 이들 각 변수들이 평형에 있는 반응계에 어떠한 영향을 미치는가를 조사해 보고자 한다. 덧붙여서 평형에서 촉매의 영향도 조사할 것이다.

르샤틀리에 원리

농도, 압력, 부피, 온도의 변화가 일어날 때 평형 반응이 이동하는 방향을 예측하도록 해주는 일반 규칙이 있다. **르샤틀리에[†] 원리**(Le Châtelier's principle)로 알려진 이 규칙은 *평형에 있는 계에 외부에서 변형*(stress)*을 주면 계는 새로운 평형 위치에 도달하려 하기 때*

동영상 자료
▶ 르샤틀리에 원리.

[†] 르샤틀리에(Henri Louis Le Châtelier, 1850~1936)는 프랑스 화학자로, 야금학, 시멘트, 유리, 연료, 폭약 분야에 종사했다. 그는 또한 기업 경영에 있어서 탁월한 재능으로도 유명하다.

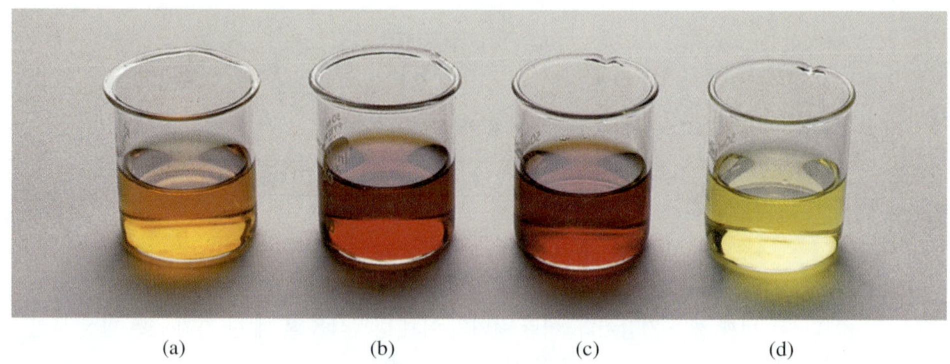

그림 14.7 농도 변화가 평형 위치에 미치는 영향. (a) $Fe(SCN)_3$ 수용액. 용액의 색은 두 반응종 $FeSCN^{2+}$의 빨간색과 Fe^{3+}의 노란색이 섞인 것이다. (b) (a) 용액에 NaSCN을 약간 첨가하면, 평형은 왼쪽으로 이동한다. (c) (a) 용액에 $Fe(NO_3)_3$를 약간 첨가하면 평형은 왼쪽으로 이동한다. (d) (a) 용액에 약간의 $H_2C_2O_4$를 첨가하면 평형은 오른쪽으로 이동한다. $Fe(C_2O_4)_3^{3-}$ 이온 때문에 색깔은 노랗다.

*문에 그러한 자극을 부분적으로 상쇄하려는 방향으로 조절하게 된다*는 것이다. 여기서 "변형"이란 말은 계의 평형 상태를 깨뜨리는 농도, 압력, 부피, 온도의 변화를 의미한다. 그러한 변화에 영향을 미치는 르샤틀리에 원리를 활용해 보도록 하자.

➤ 농도 변화

싸이오사이안산 철(III)[$Fe(SCN)_3$]은 물에 쉽게 용해되어 빨간색 용액이 된다. 빨간색은 수화된 $FeSCN^{2+}$ 이온 때문이다. 해리되지 않은 $FeSCN^{2+}$와 Fe^{3+} 및 SCN^- 사이의 평형 관계는 다음과 같다.

$$\underset{\text{빨간색}}{FeSCN^{2+}(aq)} \rightleftharpoons \underset{\text{연노란색}}{Fe^{3+}(aq)} + \underset{\text{무색}}{SCN^-(aq)}$$

이 용액에 약간의 싸이오사이안산 소듐(NaSCN)을 첨가하면 어떠한 일이 일어날까? 이 경우 평형계에 가해진 변형은 SCN^- 농도의 증가(NaSCN이 해리에 의한)이다. 이러한 변형을 상쇄하기 위하여 약간의 Fe^{3+} 이온이 첨가된 SCN^- 이온과 반응하며, 평형은 오른쪽에서 왼쪽으로 이동한다.

$$FeSCN^{2+}(aq) \longleftarrow Fe^{3+}(aq) + SCN^-(aq)$$

Na⁺와 NO_3^-는 모두 무색의 구경꾼 이온이다.

결과적으로 용액의 빨간색은 짙어진다(그림 14.7). 이와 비슷하게 질산 철(III)[$Fe(NO_3)_3$]을 원래의 용액에 첨가하면 첨가된 Fe^{3+} 이온[$Fe(NO_3)_3$에서 생긴]이 평형을 오른쪽에서 왼쪽으로 이동시키기 때문에 빨간색은 짙어진다.

이제 약간의 옥살산($H_2C_2O_4$)을 원래의 용액에 첨가한다고 생각해 보자. 옥살산은 물 속에서 이온화되어 옥살산 이온 $C_2O_4^{2-}$를 생성하는데, 이 이온은 Fe^{3+} 이온과 강하게 결합하고 있다. 안정한 노란색 이온 $Fe(C_2O_4)_3^{3-}$의 생성은 용액 내 자유 Fe^{3+} 이온을 제거한다. 결국 $FeSCN^{2+}$는 더욱 해리되며, 평형은 왼쪽에서 오른쪽으로 이동한다.

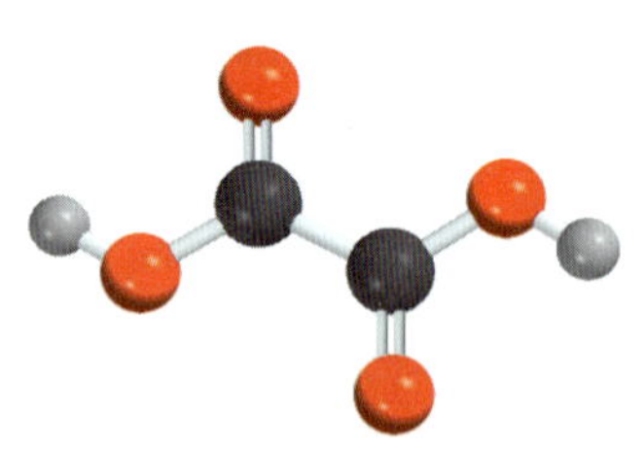

옥살산은 욕조 안의 녹(Fe_2O_3)을 제거하는 데 사용된다.

$$FeSCN^{2+}(aq) \longrightarrow Fe^{3+}(aq) + SCN^-(aq)$$

빨간색 용액은 $Fe(C_2O_4)_3^{3-}$ 이온의 생성 때문에 노란색으로 변한다.

이 실험은 평형에 있는 반응계에 반응물과 생성물이 모두 존재함을 증명해 주고 있다. 두 번째로 생성물(Fe^{3+}와 SCN^-)의 농도를 증가시켜 주면 평형은 왼쪽으로 이동하고, 생성물 Fe^{3+}의 농도가 감소하면 평형은 오른쪽으로 이동된다. 이러한 결과는 바로 르샤틀리에 원리에 의하여 예측된 것과 같다.

르샤틀리에 원리는 단순히 평형계에서 지켜지고 있는 거동을 요약한 것이다. 그러므로 평형의 이동이 르샤틀리에 원리 "때문에" 일어나지는 않는다.

농도 변화가 평형의 위치에 미치는 영향을 예제 14.11에서 보여준다.

예제 14.11

720°C에서 다음 반응의 평형 상수 K_c는 2.37×10^{-3}이다.

$$N_2(g) + 3H_2(g) \rightleftharpoons 2NH_3(g)$$

어떤 실험에서 평형 농도는 $[N_2] = 0.683\ M$, $[H_2] = 8.80\ M$, $[NH_3] = 1.05\ M$이다. 약간의 NH_3를 혼합물에 첨가하여 그 농도를 3.65 M로 증가시켰다. (a) 르샤틀리에 원리를 이용하여 알짜 반응이 새로운 평형에 이르도록 이동할 방향을 예측하시오. (b) 반응 지수 Q_c를 계산하고, 그 값을 K_c와 비교하여 예측한 방향을 확인하시오.

전략 (a) 계에 가해진 변형은 무엇인가? 변형을 상쇄하기 위해 계는 어떻게 조절하는가? (b) 약간의 NH_3가 첨가된 순간에 계는 더 이상 평형 상태가 아니다. 이 시점에서 반응 지수는 어떻게 계산하는가? Q_c와 K_c의 비교를 통해 평형에 도달하려는 알짜 반응의 방향을 어떻게 알아낼 수 있는가?

풀이 (a) 계에 가해진 변형은 NH_3를 첨가한 것이다. 이 변형을 없애기 위하여 새로운 평형이 이루어질 때까지 약간의 NH_3가 반응하여 N_2와 H_2를 생성한다. 그러므로 알짜 반응은 오른쪽에서 왼쪽으로 이동한다.

$$N_2(g) + 3H_2(g) \longleftarrow 2NH_3(g)$$

(b) 약간의 NH_3가 첨가된 순간 계는 더 이상 평형 상태가 아니다. 반응 지수는 다음과 같다.

$$\begin{aligned} Q_c &= \frac{[NH_3]_0^2}{[N_2]_0[H_2]_0^3} \\ &= \frac{(3.65)^2}{(0.683)(8.80)^3} \\ &= 2.86 \times 10^{-2} \end{aligned}$$

이 값은 2.37×10^{-3}보다 크므로 알짜 반응은 Q_c가 K_c와 같아질 때까지 오른쪽에서 왼쪽으로 이동한다.

그림 14.8은 반응종의 농도 변화를 정성적으로 나타낸 것이다.

실전 연습 430°C에서 다음 반응의 평형 상수(K_P)는 1.5×10^5이다

$$2NO(g) + O_2(g) \rightleftharpoons 2NO_2(g)$$

한 실험에서 NO, O_2, NO_2의 초기 압력은 각각 2.1×10^{-3} atm, 1.1×10^{-2} atm, 0.14 atm이다. Q_P를 계산하고, 알짜 반응이 평형에 이르도록 이동할 방향을 예측하시오.

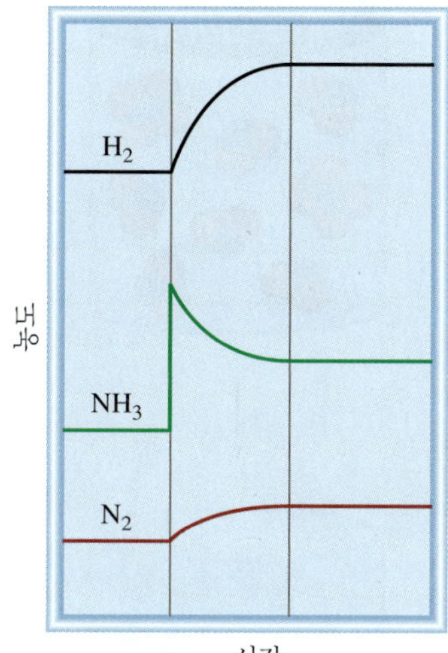

그림 14.8 평형 혼합물에 NH_3를 첨가한 후 H_2, N_2, NH_3의 농도 변화. 새로운 평형에 도달했을 때, 모든 화학종의 농도가 변했지만, K_c는 온도가 일정하므로 변하지 않는다.

비슷한 문제: 14.46.

부피와 압력의 변화

액체와 고체는 사실상 압축되지 않으므로 응축상에서 압력의 변화는(예를 들면, 수용액에서) 보통 반응종의 농도에 영향을 주지 않는다. 반면 기체의 농도는 압력의 변화에 의하여 크게 영향을 받는다. 식 (5.8)을 다시 보자.

$$PV = nRT$$
$$P = \left(\frac{n}{V}\right)RT$$

P와 V가 서로 반비례의 관계에 있음을 유의하라. 즉, 압력이 커질수록 부피는 더 작아지고, 그 역도 성립한다. 또한 (n/V) 항은 mol/L로 나타낸 기체의 농도이며, 압력에 따라 즉시 변한다는 것에 유의하라.

다음과 같은 평형계가 움직이는 피스톤이 달린 실린더에 있다고 가정해 보자.

$$N_2O_4(g) \rightleftharpoons 2NO_2(g)$$

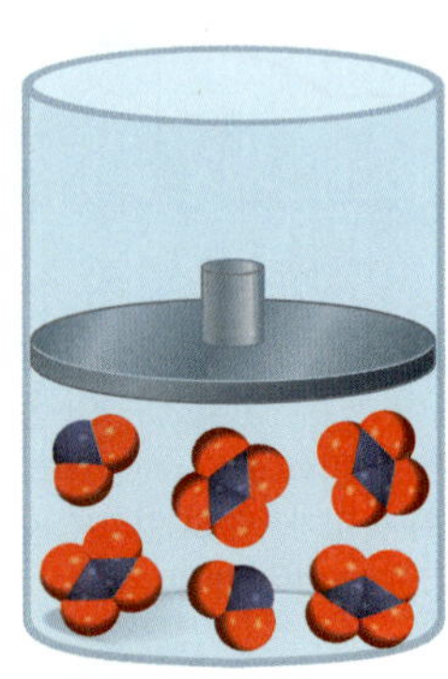

그림 14.9 $N_2O_4(g) \rightleftharpoons 2NO_2(g)$ 평형에 압력을 증가시킬 때의 영향.

일정한 온도에서 피스톤을 밀어내려서 기체의 압력을 증가시키면 무슨 일이 일어날까? 부피가 감소하므로 NO_2와 N_2O_4의 농도(n/V)는 증가한다. NO_2의 농도가 평형 상수식에서 제곱으로 되어 있기 때문에 압력의 증가는 분모보다 분자를 더 증가시킨다. 계는 더 이상 평형 상태에 있지 않으므로 다음과 같이 쓴다.

$$Q_c = \frac{[NO_2]_0^2}{[N_2O_4]_0}$$

따라서 $Q_c > K_c$이므로 알짜 반응은 $Q_c = K_c$일 때까지 왼쪽으로 이동할 것이다(그림 14.9). 역으로 압력이 감소(부피의 증가)하면 $Q_c < K_c$가 되고, 알짜 반응은 $Q_c = K_c$일 때까지 오른쪽으로 이동할 것이다(이 결과는 르샤틀리에 원리로 예측 가능하다).

일반적으로 압력 증가(부피 감소)는 기체의 전체 몰수를 감소시키는 알짜 반응(이 경우 역반응)을 일으키고, 압력 감소(부피 감소)는 기체 전체의 몰수를 증가시키는 알짜 반응(여기서는 정반응)을 일으킨다. 기체 몰수의 변화가 없는 반응에서는 압력(또는 부피)의 변화가 평형의 위치에 영향을 주지 않는다.

부피를 변형시키지 않고 계의 압력을 변화시키는 일은 가능하다. $NO_2-N_2O_4$계가 부피가 일정한 스테인리스 용기에 들어 있다고 가정하자. 비활성 기체(헬륨과 같은)를 평형계에 첨가하여 용기의 전체 압력을 증가시킬 수 있다. 헬륨을 일정한 부피의 평형 혼합물에 첨가하면 전체 기체의 압력은 증가되고, NO_2와 N_2O_4의 몰분율은 감소된다. 그러나 몰분율과 전체 압력의 곱으로 나타낸 각 기체의 부분 압력(5.6절 참조)은 변하지 않는다. 따라서 이 경우 비활성 기체가 존재하면 평형에 영향을 주지 않는다.

다음 예제 14.12는 압력 변화가 평형의 위치에 미치는 영향을 보여준다.

예제 14.12

다음과 같은 평형계를 생각해 보자.

(a) $2PbS(s) + 3O_2(g) \rightleftharpoons 2PbO(s) + 2SO_2(g)$

(b) $PCl_5(g) \rightleftharpoons PCl_3(g) + Cl_2(g)$

(c) $H_2(g) + CO_2(g) \rightleftharpoons H_2O(g) + CO(g)$

일정 온도에서 계의 압력을 증가(부피 감소)시킴으로써 일어날 알짜 반응의 방향을 예측하시오.

전략 압력의 변화는 기체의 부피에는 영향을 주지만, 고체(또한 액체도)는 훨씬 덜 응축되기 때문에 고체의 부피에는 영향을 주지 않는다. 변형을 주면 압력이 증가한다. 르샤틀리에 원리에 따라 계는 이러한 변형을 부분적으로 상쇄시켜 조절을 할 것이다. 다시 말해서 계는 압력을 감소시키기 위해 조절할 것이다. 이것은 기체의 몰수가 더 적게 생기는 쪽으로 이동함으로써 가능하다. 압력은 기체의 몰수에 정비례함을 상기하라. $PV = nRT$이므로 $P \propto n$.

풀이 (a) 기체 분자만을 생각하자. 균형 반응식에서 기체 반응물 3 mol과 기체 생성물 2 mol이 있다. 따라서 압력을 증가시킬 때 알짜 반응은 생성물 쪽(오른쪽)으로 이동할 것이다.

(b) 생성물의 몰수는 2이고, 반응물의 몰수는 1이다. 그러므로 알짜 반응은 왼쪽, 즉 반응물 쪽으로 이동한다.

(c) 생성물의 몰수는 반응물의 몰수와 같다. 그래서 압력을 변화시켜도 평형에 영향을 미치지 않는다.

검산 각 경우 예측된 것은 르샤틀리에 원리와 일치한다.

비슷한 문제: 14.56.

실전 연습 염화 나이트로실, 산화 질소, 염소 분자가 관련된 다음 평형 반응을 생각해 보자.

$$2NOCl(g) \rightleftharpoons 2NO(g) + Cl_2(g)$$

일정 온도에서 계의 압력을 감소(부피를 증가)시킨 결과로 알짜 반응의 방향을 예측하시오.

개념 복습하기

다음 그림은 평형에서 기체 반응 $2A \rightleftharpoons A_2$를 보여준다. 일정 온도에서 부피를 증가시켜서 압력을 감소시킨다면, 새로운 평형이 도달했을 때 A와 A_2의 농도는 어떻게 변하겠는가?

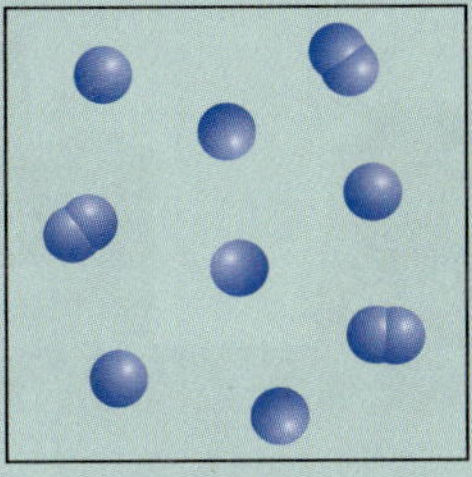

➤ 온도의 변화

농도, 압력, 부피를 변화시키면 평형의 위치가 바뀌어 반응물과 생성물의 상대적 양이 변할 것이다. 그러나 평형 상수의 값은 변하지 않는다. 온도의 변화만이 평형 상수를 바꿀 수 있다. 그 이유를 알아보기 위해 다음 반응을 생각해 보자.

$$N_2O_4(g) \rightleftharpoons 2NO_2(g)$$

정반응은 흡열 반응이다(열 흡수, $\Delta H° > 0$).

$$\text{열} + N_2O_4(g) \longrightarrow 2NO_2(g) \qquad \Delta H° = 58.0 \text{ kJ/mol}$$

또한 역반응은 발열 반응이다(열 방출, $\Delta H° < 0$).

$$2NO_2(g) \longrightarrow N_2O_4(g) + \text{열} \qquad \Delta H° = -58.0 \text{ kJ/mol}$$

어떤 온도에서 평형일 때 알짜 반응은 일어나지 않으므로 열의 효과는 0이다. 만일 열을 화학 반응물로 간주하면, 계에 열을 "첨가"하면 온도가 올라가고, 열을 "제거"하면 온도는 떨어진다. 다른 요인(농도, 압력, 부피)의 변화에서와 같이 계는 변화의 영향을 줄이기 위해 이동한다. 그러므로 온도의 증가는 흡열 방향(평형식의 왼쪽에서 오른쪽으로)으로 진행하게 하여 $[N_2O_4]$를 감소시키고, $[NO_2]$를 증가시킨다. 온도의 감소는 발열 방향(평형식의 오른쪽에서 왼쪽으로)으로 진행하게 하여 $[NO_2]$를 감소시키고, $[N_2O_4]$를 증가시킨다. 따라서 다음의 평형 상수는 계가 가열되면 증가하고, 계가 냉각되면 감소한다(그림 14.10).

$$K_c = \frac{[NO_2]^2}{[N_2O_4]}$$

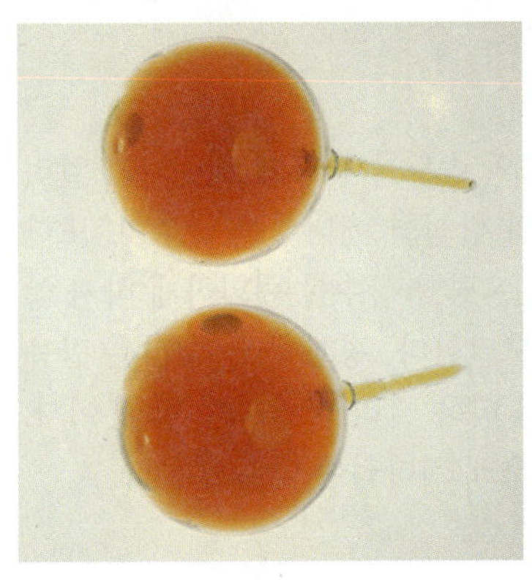

(a)

(b)

그림 14.10 (a) NO_2와 N_2O_4 기체 혼합물이 들어 있는 두 개의 구. (b) 얼음물에 담근 구(왼쪽)는 색이 옅어졌는데, 무색의 N_2O_4가 생성되었기 때문이다. 뜨거운 물에 담근 다른 구(오른쪽)는 색이 더 짙어졌는데, NO_2의 증가 때문이다.

그림 14.11 가열하면 $CoCl_4^{2-}$ 이온(푸른색)의 생성을 촉진하고(왼쪽), 냉각하면 $Co(H_2O)_6^{2+}$ 이온(분홍색)의 생성을 촉진한다(오른쪽).

또 다른 예로 다음 이온들 사이의 평형을 생각해 보자.

$$\underset{\text{푸른색}}{CoCl_4^{2-}} + 6H_2O \rightleftharpoons \underset{\text{분홍색}}{Co(H_2O)_6^{2+}} + 4Cl^-$$

$CoCl_4^{2+}$의 생성은 흡열 반응이다. 가열하면 평형은 왼쪽으로 이동하고 용액은 푸른색으로 변한다. 냉각하면 발열 반응[$Co(H_2O)_6^{2+}$의 생성]을 일으키며, 용액은 분홍색으로 변한다(그림 14.11).

요약하면, *온도를 증가시키면 흡열 반응이 일어나기 쉽고, 온도를 감소시키면 발열 반응이 일어나기 쉽다.*

개념 복습하기

다음 그림은 두 온도($T_2 > T_1$)에서 평형 반응 $X_2 + Y_2 \rightleftharpoons 2XY$를 나타낸 것이다. 이 반응은 발열인가, 흡열인가?

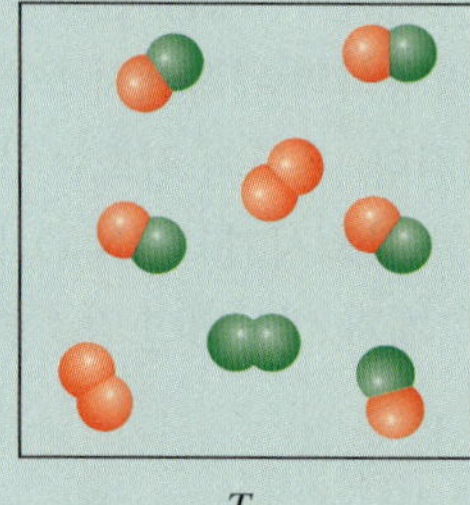

T_1

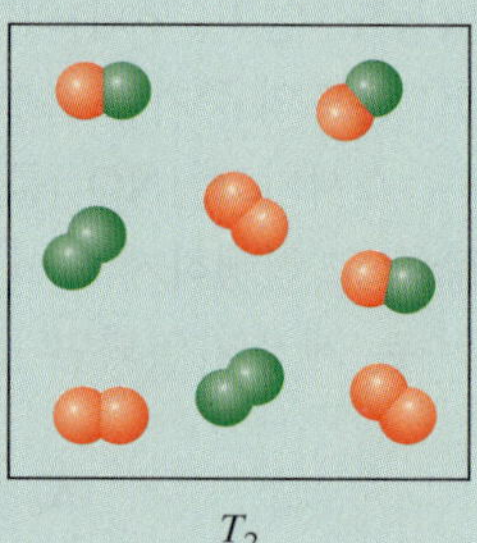

T_2

촉매의 영향

촉매는 반응의 활성화 에너지(13.6절)를 낮춤으로써 반응의 속도를 빠르게 해준다고 알려져 있다. 그러나 그림 13.23에서 보듯이 촉매는 정반응의 활성화 에너지를 낮추며, 또한 역반응의 활성화 에너지도 똑같이 낮춘다. 그러므로 촉매는 평형 상수를 변화하게 하지 않으며, 평형계의 위치 또한 이동시키지 않는다는 결론에 도달한다. 평형에 있지 않은 반응 혼합물에 촉매를 첨가하면 단순히 반응 혼합물을 평형에 더욱 빨리 도달하게 할 뿐이다. 똑같은 평형 혼합물을 촉매 없이도 얻을 수 있으나, 너무 오래 기다려야 할지 모른다.

▶ 평형 위치에 영향을 미치는 인자 요약

평형에 있는 반응계에 영향을 미치는 네 가지 요인들을 살펴보았다. 네 가지 중 *온도의 변화만이 평형 상수의 값을 변화시킨다*는 것을 기억해야 한다. 농도, 압력, 부피를 변화시켜 주면 반응 혼합물의 평형 농도를 바꿀 수 있으나 온도가 변하지 않는 한 평형 상수를 변하게 할 수는 없다. 촉매는 평형 과정을 더욱 빠르게 할 수는 있으나 평형 상수와 반응종의 평형 농도에는 영향을 주지 않는다. 변화된 조건이 평형 과정에 미치는 영향을 보여 주는 두 가지 과정을 "생활 속의 화학"에서 각각 논의한다.

평형계에 비활성 기체의 첨가뿐만 아니라 온도, 농도, 압력을 변화시킴으로써 야기되는 영향을 다음 예제 14.13에서 다루고자 한다.

예제 14.13

사플루오린화 이질소(N_2F_4)와 이플루오린화 질소(NF_2) 사이의 다음 평형 과정을 생각해 보자.

$$N_2F_4(g) \rightleftharpoons 2NF_2(g) \qquad \Delta H^\circ = 38.5\ \text{kJ/mol}$$

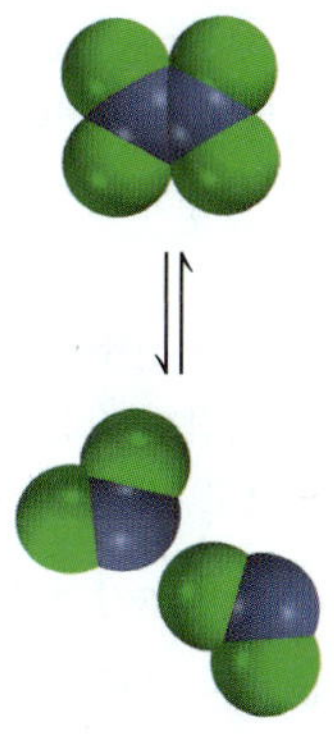

$N_2F_4 \rightleftharpoons 2NF_2$

(a) 일정 부피에서 반응 혼합물을 가열할 때, (b) 일정 온도와 부피에서 약간의 N_2F_4를 반응 혼합물로부터 제거할 때, (c) 일정 온도에서 반응 혼합물의 압력을 감소시킬 때, (d) 반응 혼합물에 촉매를 첨가할 때 평형의 변화를 예측하시오.

전략 (a) 정반응일 때 ΔH°는 열의 변화(흡열 과정 또는 발열 과정)에 대해 무엇을 의미하는가? (b) N_2F_4의 제거로 반응 지수 Q_c는 증가할까, 감소할까? (c) 압력의 감소는 계의 부피를 어떻게 변화시킬까? (d) 촉매의 기능은 무엇인가? 촉매는 평형계와 평형이 아닌 계에 어떤 영향을 미치는가?

풀이 (a) 주어진 변형은 계에 첨가된 열이다. $N_2F_4 \longrightarrow 2NF_2$ 반응은 흡열 과정($\Delta H^\circ > 0$)이고, 주위의 열을 흡수한다는 것을 유의하라. 그러므로 열을 반응물로 간주하면 다음과 같다.

$$\text{열} + N_2F_4(g) \rightleftharpoons 2NF_2(g)$$

계는 분해 반응(왼쪽에서 오른쪽으로)에 의해 첨가된 열을 제거하려고 조절할 것이다. NF_2의 농도는 증가하고 N_2F_4의 농도는 감소했기 때문에, 온도가 상승하면서 평형 상수는 증가할 것이다.

$$K_c = \frac{[NF_2]^2}{[N_2F_4]}$$

평형 상수는 특정 온도에서만 상수임을 기억하라. 만일 온도가 변하면 평형 상수 또한 변할 것이다.

(b) 여기서 변형을 주는 것은 N_2F_4의 제거이다. 계는 제거된 N_2F_4를 되돌리기 위해 이동할 것이다. 그러므로 평형을 다시 이룰 때까지 계는 오른쪽에서 왼쪽으로 이동한다. 그 결과, 약간의 NF_2가 결합하여 N_2F_4를 생성한다.

해설 이 경우 온도가 일정하게 유지되고 있기 때문에 평형 상수는 변하지 않는다. NF_2가 결합하여 N_2F_4를 생성하기 때문에 K_c가 변할 것 같기도 하다. 그러나 처음에 N_2F_4가 제거되었음을 기억하라. 계는 제거된 N_2F_4만을 되돌리려고 조절하게 되고, N_2F_4의 전체 양은 줄어들게 된다. 사실, 평형이 다시 이루어지면 NF_2와 N_2F_4의 양은 모두 줄어든다. 평형 상수식을 보면, 더 작은 분모로 더 작은 분자를 나누면 똑같은 K_c 값을 얻게 된다는 것을 알 수 있다.

(c) 주어진 변형은 압력의 감소(기체 부피의 증가와 함께)이다. 계는 압력을 증가시킴으로써 변형을 제거하려고 조절할 것이다. 압력은 기체의 몰수에 정비례한다는 것을 기억하라. 평형식에서 N_2F_4로부터 NF_2가 생성되면 기체의 총 몰수가 증가하고, 그에 따라 압력도 증가한

(계속)

생활 속의 화학 CHEMISTRY in Action

높은 고도에서의 생활과 헤모글로빈 생산

인체는 생리학적으로 건강을 지키기 위하여 헤아릴 수 없이 많은 화학 평형이 유지되어야 한다. 환경 조건이 변한다면 인체는 기능을 유지하도록 적응해야만 한다. 갑작스런 고도의 변화로 인하여 일어나는 결과는 이러한 사실을 극적으로 나타내준다. 해수면에 있는 샌프란시스코에서 해발 2.3 km(1.4 mi) 높이인 멕시코로 비행하거나 이틀 동안에 3 km의 산을 오른다면 두통, 구토, 극심한 피로, 다른 불안정한 요인이 생길 수 있다. 이러한 증세들은 모두 신체의 조직에 닿는 산소가 부족한 저산소증의 증후이다. 심한 경우에는 혼수 상태에 빠지기도 하며, 빨리 처치하지 않으면 죽게 될지도 모른다. 그리고 사람이 몇 주일이나 몇 달 동안 높은 지역에서 살게 되면 점차 고도병으로부터 회복하여 대기 중의 낮은 산소량에 적응하게 되어서 정상적으로 기능을 발휘할 수 있게 된다.

혈액 속으로 산소를 운반해 주는 헤모글로빈(Hb) 분자와 산소의 결합은 복잡한 반응이다. 그러나 여기서는 목적상 이것을 간단한 반응식으로 나타낼 수 있다.

$$\mathrm{Hb}(aq) + \mathrm{O_2}(aq) \rightleftharpoons \mathrm{HbO_2}(aq)$$

여기서 HbO_2는 실제로 산소를 조직으로 운반해 주는 헤모글로빈-산소 착물인 산화 헤모글로빈이다. 평형 상수는 다음과 같다.

$$K_c = \frac{[\mathrm{HbO_2}]}{[\mathrm{Hb}][\mathrm{O_2}]}$$

해수면에서 산소의 부분 압력은 0.2 atm이지만 3 km 고도에서는 약 0.14 atm에 불과하다. 르샤틀리에 원리에 의하면 산소의 농도 감소는 위 반응식의 평형을 오른쪽에서 왼쪽으로 이동시킬 것이다. 이러한 변화는 산화 헤모글로빈을 고갈시켜 저산소증을 일으킨다. 충분한 시간이 흐르면 신체는 더욱 더 많은 헤모글로빈 분자를 생성함으로써 이러한 문제를 잘 극복하게 된다. 평형은 다시 산화 헤모글로빈을 잘 생성하도록 점차 이동하게 된다. 인체에 필요한 기본 산소량을 적절히 공급해 줄 수 있는 헤모글로빈을 생성하는 데 2~3주가 걸린다. 완전히 회복하는 데 수 년의 시간이 걸리기도 한다. 오랜 시간 동안 높은 해발의 고산 지역에서 생활한 사람은 혈액 속에 높은 헤모글로빈 수치를 갖고 있으며, 해수면에서 생활하는 사람들의 헤모글로빈 수치에 비해서 50% 이상의 높은 헤모글로빈을 갖고 있다는 연구가 알려져 있다.

산악인들은 에베레스트 산과 같은 고도의 정상을 오르기 전, 새 풍토에 적응하는 데 몇 주 또는 몇 달이 걸리기도 한다.

다는 것을 알고 있다. 그러므로 계는 평형을 다시 이루기 위해 왼쪽에서 오른쪽으로 이동할 것이다. 온도가 일정하게 유지되고 있기 때문에 평형 상수는 변하지 않는다.

(d) 촉매의 기능은 반응 속도를 증가시키는 것이다. 만일 촉매가 평형이 아닌 계에 첨가되면, 계는 촉매가 첨가되지 않을 때보다 더 빠르게 평형을 이룰 것이다. 만일 계가 이미 평형 상태에 있다면, 이 경우와 같이 촉매를 첨가하더라도 NF_2와 N_2F_4의 농도나 평형 상수에 아무런 영향을 주지 않을 것이다.

비슷한 문제: 14.57, 14.58.

실전 연습 다음 산소와 오존 사이의 평형을 생각해 보자.

$$3\mathrm{O_2}(g) \rightleftharpoons 2\mathrm{O_3}(g) \qquad \Delta H^\circ = 284\ \mathrm{kJ/mol}$$

(a) 부피를 감소시킴으로써 계의 압력을 증가시킬 때, (b) 계에 O_2를 첨가하여 압력을 증가시킬 때, (c) 온도를 감소시킬 때, (d) 촉매를 첨가할 때 어떤 영향이 있겠는가?

생활 속의 화학 CHEMISTRY *in Action*

하버 공정

화학 평형에 미치는 인자를 아는 것은 암모니아 합성과 같은 산업에의 응용에 실질적인 가치가 크다. 수소와 질소로부터 암모니아를 합성하는 하버 공정은 반응을 빠르게 하기 위하여 불균일 촉매를 사용한다(13.6절 참조). 반응 수득률을 향상하도록 조작될 수 있는 인자들이 있는지를 결정하기 위하여 암모니아 합성 평형 반응을 조사해 보자.

20세기의 전환점에 있는 유명한 산업체 화학자로서 수소와 질소로부터 암모니아를 합성하는 효율적인 공정을 설계하라는 요구를 받았다고 가정하자. 주 목적은 생산비를 낮추면서 높은 수득률로 생성물을 얻는 것이다. 첫 번째 단계는 암모니아 생성의 균형 반응식을 조심스럽게 검토하는 것이다.

$$N_2(g) + 3H_2(g) \rightleftharpoons 2NH_3(g) \quad \Delta H^\circ = -92.6 \text{ kJ/mol}$$

두 가지의 생각이 떠오르게 된다. *첫째*, N_2 1 mol과 H_2 3 mol이 반응하여 NH_3 2 mol을 생성하기 때문에 반응이 고압에서 이루어진다면 평형에서 높은 수득률의 NH_3가 얻어질 수 있다. NH_3의 몰 백분율에 대한 반응계의 전체 압력 그래프에 보인 것처럼 사실 이 반응은 그런 경우이다. *둘째*, 정반응이 발열 과정이라는 특성을 가지고 있다는 것은 반응에 대한 평형 상수가 온도의 증가에 따라 감소할 것이라는 것을 말해준다.

따라서 NH_3의 최고 수득률을 얻기 위해서는 반응이 가능한 가장 낮은 온도에서 이루어져야 할 것이다. 다음 그래프는 암모니아의 수득률이 온도가 감소함에 따라 증가함을 보여준다. 낮은 온도(220 K 즉, −53°C)에서 작업을 하면 다른 관점에서도 바람직하다. NH_3의 끓는점은 −33.5°C로 암모니아는 생성되자마자 액체로 재빨리 응축하게 될 것이고, 반응계로부터 편리하게 제거될 수 있다(H_2와 N_2는 모두 이 온도에서 아직 기체이다). 결국 알짜 반응은 바라던 대로 왼쪽에서 오른쪽으로 이동하게 된다.

논문에 의하면 결론은 이렇다. 산업 플랜트에서 행해지는 실제 조건과 위의 조건을 비교해 보자. 전형적인 작업 압력은 500~1000 atm이고, 따라서 높은 압력을 이용하는 것이 타당하다. 더구나 산업 공정에서 NH_3는 결코 평형값에 이르지는 않으나, 연속 작업 공정에서 반응 혼합물로부터 꾸준하게 제거된다. 예상과 같이 이러한 설계는 이치에도 맞다. 한 가지 예상하지 못했던 점은 작업이 보통 약 500°C에서 이루어진다는 것이다. 이런 높은 온도에서 작업을 하면 비용이 많이 들고, NH_3의 수득률도 낮다. 온도가 증가함에 따라 NH_3의 생성 속도가 증가한다는 판단으로 이와 같이 선택한 것이다. 상업적으로 NH_3를 더 빨리 생성하면 수율이 더 낮고 작업 비용이 많이 들지라도 바람직한 일이다. 이런 이유로 고압, 고온 및 적당한 촉매의 조합이 대규모로 암모니아를 제조하는 가장 효율적인 방법이 된다.

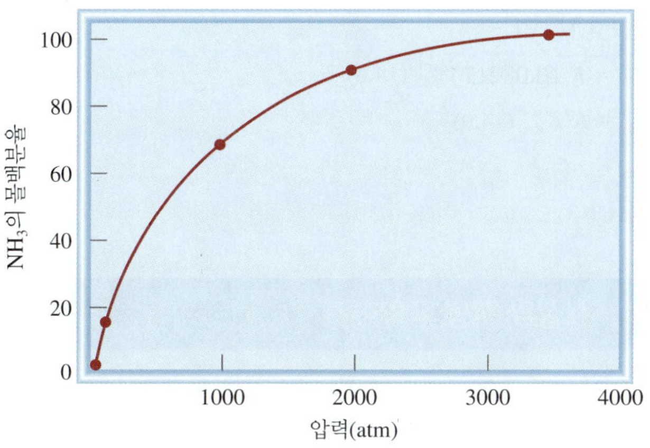

425°C에서 기체의 전체 압력에 따른 NH_3의 몰 백분율.

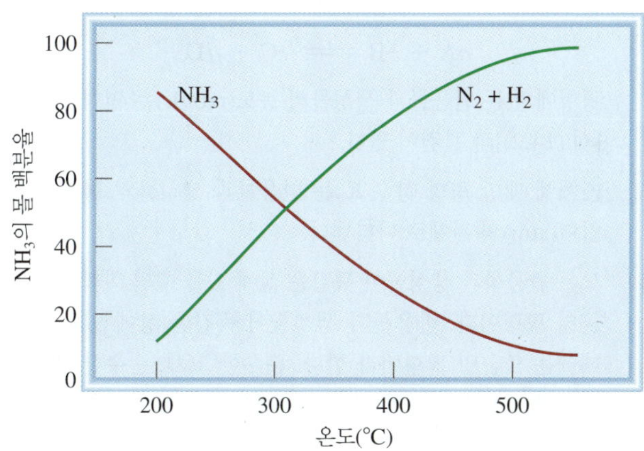

평형에서(어떤 초기 혼합물의) 온도에 따른 H_2 + N_2와 NH_3의 농도 변화(몰 백분율).

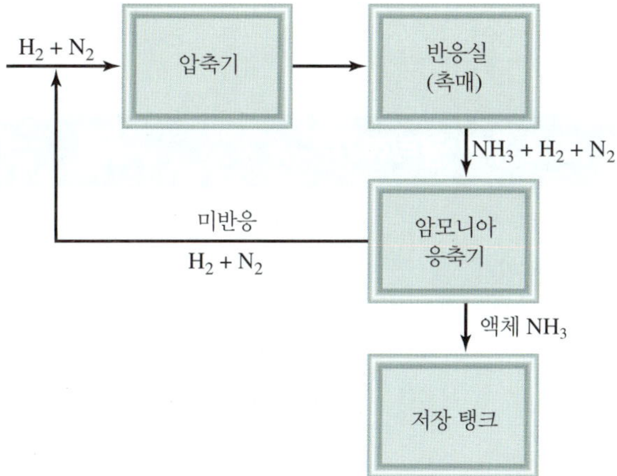

암모니아 합성의 하버 공정 모형도. 반응으로 발생된 열은 다음 번 기체를 가열하는 데 사용된다.

주요 식 정리하기 Key Equations

$K = \frac{[C]^c[D]^d}{[A]^a[B]^b}$ (14.2) 질량 작용 법칙. 평형 상수의 일반식.

$K_P = K_c(0.0821T)^{\Delta n}$ (14.5) K_P와 K_c의 관계.

$K_c = K'_c K''_c$ (14.9) 전체 반응의 평형 상수는 각 반응의 평형 상수들의 곱으로 구할 수 있다.

사실과 개념 요약하기 Summary of Facts & Concepts

1. 상(phase)들 사이의 동적 평형을 물리적 평형이라 부른다. 화학 평형은 정반응과 역반응의 속도가 같고, 반응물과 생성물의 농도가 시간에 따라 변하지 않는 가역 과정이다.
2. 다음과 같은 일반적인 화학 반응에서

   $$aA + bB \rightleftharpoons cC + dD$$

   평형에 있는 반응물과 생성물의 농도(mol/L)는 평형 상수식 [식 (14.2)]과 관련이 있다.
3. 기체에 대한 평형 상수 K_P는 반응물과 생성물의 평형 부분 압력(atm)의 관계로 나타낸다.
4. 모든 반응물과 생성물이 똑같은 상에 있을 때의 화학 평형은 균일 평형이다. 반응물과 생성물이 똑같은 상에 있지 않을 때에는 불균일 평형이라 한다. 순수한 고체, 순수한 액체와 용매의 경우 농도는 일정하므로 반응의 평형 상수식에는 표시하지 않는다.
5. 한 반응을 둘 이상의 반응의 합으로 나타낼 때 전체의 반응에 대한 평형 상수는 각 반응의 평형 상수의 곱으로 나타낸다.
6. K 값은 화학 반응이 어떻게 균형을 이루고 있느냐에 달려 있으며, 특정 반응의 역반응에 대한 평형 상수는 그 반응에 대한 평형 상수의 역이다.
7. 평형 상수는 정반응에 대한 속도 상수와 역반응에 대한 속도 상수와의 비이다.
8. 반응 지수 Q는 평형 상수식과 같은 형태이지만, 평형에 있지 않은 반응에 사용된다. $Q > K$일 때 반응은 평형을 이루기 위해 오른쪽에서 왼쪽으로 진행하게 되며, $Q < K$일 때 반응은 평형을 이루기 위해 왼쪽에서 오른쪽으로 진행하게 된다.
9. 르샤틀리에 원리는 화학 평형을 이루고 있는 계에 외부에서 변형을 주면 계는 그러한 변형을 부분적으로 없애도록 조절한다는 원리이다.
10. 특정 반응에서 온도의 변화만이 평형 상수의 값을 변화시킨다. 농도, 압력, 부피에 변화를 주면 반응물과 생성물의 평형 농도가 달라진다. 촉매를 가하면 평형에 빨리 도달하지만, 반응물과 생성물의 평형 농도에는 영향을 미치지 않는다.

주요 용어 정리하기 Key Words

균일 평형	물리적 평형	불균일 평형	평형 상수(K)
르샤틀리에 원리	반응 지수(Q_c)	질량 작용 법칙	화학 평형

연습 문제 Questions & Problems

• 표시는 Connect Plus에서 유용한 문제, 붉은색 번호의 문제는 학생용 문제풀이집에 풀어 놓았다.

평형과 평형 상수의 개념

▶ 복습 질문

14.1 평형을 정의하시오. 동적 평형의 예를 두 가지 드시오.

14.2 물리적 평형과 화학적 평형의 차이를 설명하고, 각각 예를 두 가지씩 드시오.

14.3 질량 작용 법칙이란 무엇인가?

14.4 화학 반응의 연구에서 평형의 중요성을 간단하게 설명하시오.

평형 상수식

▶ 복습 질문

14.5 균일 평형과 불균일 평형을 정의하고, 각각에 대해 두 가지의 예를 드시오.

14.6 기호 K_c와 K_P는 무엇을 나타내는가?

• 14.7 다음 열분해 반응에 대한 평형 상수 식 K_P를 쓰시오.

(a) $2NaHCO_3(s) \rightleftharpoons Na_2CO_3(s) + CO_2(g) + H_2O(g)$

(b) $2CaSO_4(s) \rightleftharpoons 2CaO(s) + 2SO_2(g) + O_2(g)$

• 14.8 다음 반응들이 성립될 때, K_c와 K_P에 대한 평형 상수 식을 쓰시오.

(a) $2CO_2(g) \rightleftharpoons 2CO(g) + O_2(g)$

(b) $3O_2(g) \rightleftharpoons 2O_3(g)$

(c) $CO(g) + Cl_2(g) \rightleftharpoons COCl_2(g)$

(d) $H_2O(g) + C(s) \rightleftharpoons CO(g) + H_2(g)$

(e) $HCOOH(aq) \rightleftharpoons H^+(aq) + HCOO^-(aq)$

(f) $2HgO(s) \rightleftharpoons 2Hg(l) + O_2(g)$

• 14.9 다음 반응에 대하여 가능하다면 K_c와 K_P의 평형 상수 식을 쓰시오.

(a) $2NO_2(g) + 7H_2(g) \rightleftharpoons 2NH_3(g) + 4H_2O(l)$

(b) $2ZnS(s) + 3O_2(g) \rightleftharpoons 2ZnO(s) + 2SO_2(g)$

(c) $C(s) + CO_2(g) \rightleftharpoons 2CO(g)$

(d) $C_6H_5COOH(aq) \rightleftharpoons C_6H_5COO^-(aq) + H^+(aq)$

14.10 K_P에 대한 K_c의 관계식을 쓰고, 모든 항들을 정의하시오.

14.11 둘 이상의 반응을 포함하는 전체 반응의 평형 상수를 쓰기 위한 규칙은 무엇인가?

14.12 다중 평형 반응의 한 예를 쓰시오.

▶ 문제

• 14.13 어떤 임의의 온도에서 반응 A $\rightleftharpoons$ B의 평형 상수 K_c = 10이다. (1) 반응물 A만으로 반응을 시작하면 다음 그림 중 어느 것이 평형에 있는 계를 가장 잘 나타내는가? (2) K_c = 0.10일 때, 어느 그림이 평형에 있는 계를 가장 잘 나타냈는가? 각 경우에서 용기의 부피를 모르지만 K_c를 계산할 수 있는 이유를 설명하시오. 회색 공은 A 분자, 녹색 공은 B 분자를 나타낸다.

(a)

(b)

(c)

(d)

• **14.14** 다음은 A + X $\rightleftharpoons$ AX(X = B, C, D) 유형의 세 가지 다른 반응에 대한 평형 상태를 나타낸 그림이다.

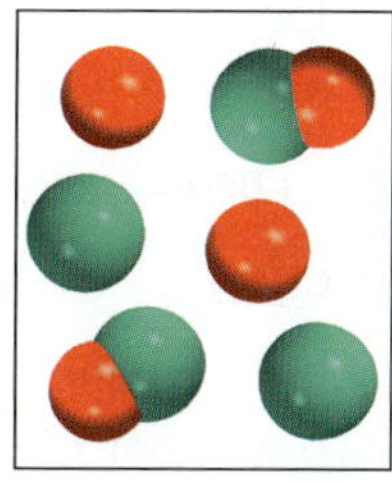
A + B $\rightleftharpoons$ AB

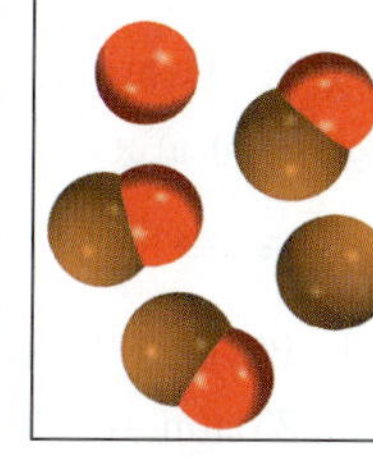
A + C $\rightleftharpoons$ AC

A + D $\rightleftharpoons$ AD

(a) 평형 상수 값이 가장 큰 반응은 무엇인가?

(b) 평형 상수 값이 가장 작은 반응은 무엇인가?

• 14.15 25°C에서 다음 반응의 $K_c = 4.17 \times 10^{-34}$이다.

$$2HCl(g) \rightleftharpoons H_2(g) + Cl_2(g)$$

같은 온도에서 다음 반응의 평형 상수는 얼마인가?

$$H_2(g) + Cl_2(g) \rightleftharpoons 2HCl(g)$$

14.16 700°C에서 다음 평형 과정을 생각해 보자.

$$2H_2(g) + S_2(g) \rightleftharpoons 2H_2S(g)$$

12.0-L들이 플라스크에 H_2 2.50 mol, S_2 1.35×10^{-5} mol, H_2S 8.70 mol이 들어 있다. 이 반응에 대한 평형 상수 K_c를 계산하시오.

• 14.17 1273°C에서 다음 반응의 K_c가 2.24×10^{22}이면 K_P는 얼마인가?

$$2CO(g) + O_2(g) \rightleftharpoons 2CO_2(g)$$

14.18 다음 반응의 350°C에서 평형 상수 K_P는 1.8×10^{-5}이다. 이 반응의 K_c는 얼마인가?

$$2SO_3(g) \rightleftharpoons 2SO_2(g) + O_2(g)$$

• 14.19 다음 반응을 생각해 보자.

$$N_2(g) + O_2(g) \rightleftharpoons 2NO(g)$$

2200°C에서 N_2, O_2, NO의 평형 부분 압력은 각각 0.15 atm, 0.33 atm, 0.050 atm이다. K_P를 구하시오.

● **14.20** 어떤 온도에서 반응 용기에 평형에 있는 NH_3, N_2, H_2가 들어 있다. 이들의 평형 농도는 $[NH_3] = 0.25\ M$, $[N_2] = 0.11\ M$이고, $[H_2] = 1.91\ M$이다. 반응을 다음과 같이 나타낼 때 암모니아의 합성에 대한 평형 상수 K_c를 계산하시오.

(a) $N_2(g) + 3H_2(g) \rightleftharpoons 2NH_3(g)$

(b) $\frac{1}{2}N_2(g) + \frac{3}{2}H_2(g) \rightleftharpoons NH_3(g)$

● 14.21 727°C에서 다음 반응의 K_c는 3.8×10^{-5}이다.

$$I_2(g) \rightleftharpoons 2I(g)$$

같은 온도에서 다음 평형의 평형 상수 K_c와 K_P를 계산하시오.

$$2I(g) \rightleftharpoons I_2(g)$$

14.22 평형에서 다음 반응 혼합물의 압력은 350°C에서 0.105 atm이다.

$$CaCO_3(s) \rightleftharpoons CaO(s) + CO_2(g)$$

이 반응의 K_P와 K_c를 계산하시오.

● 14.23 250°C에서 다음 반응의 평형 상수 K_P는 1.05이다.

$$PCl_5(g) \rightleftharpoons PCl_3(g) + Cl_2(g)$$

이 온도에서 PCl_5, PCl_3, Cl_2의 혼합물의 부분 압력이 각각 0.177 atm, 0.223 atm, 0.111 atm으로 반응이 시작되었다. 이 온도에서 혼합물이 평형에 도달되었을 때 어떤 물질의 압력이 감소되었고, 어느 압력이 증가되었는가? 그 이유를 설명하시오.

● **14.24** $NH_4CO_2NH_2$는 다음과 같이 분해한다.

$$NH_4CO_2NH_2(s) \rightleftharpoons 2NH_3(g) + CO_2(g)$$

고체만으로 반응할 때 40°C에서 전체 기체(NH_3와 CO_2)의 압력이 0.363 atm임을 알았다. 평형 상수 K_P를 구하시오.

● 14.25 1600°C에서 다음 반응을 생각해 보자.

$$Br_2(g) \rightleftharpoons 2Br(g)$$

0.980-L 플라스크에 Br_2 1.05 mol을 넣었을 때, 1.20%의 Br_2가 분해되었다. 이 반응의 평형 상수 K_c를 계산하시오.

● **14.26** 순수한 포스젠($COCl_2$) 기체 3.00×10^{-2} mol을 1.50-L들이 용기에 넣었다. 800 K로 가열하였더니 평형에서 CO의 압력은 0.497 atm이었다. 다음 반응의 평형 상수 K_P를 계산하시오.

$$CO(g) + Cl_2(g) \rightleftharpoons COCl_2(g)$$

● 14.27 다음 평형 반응을 생각해 보자.

$$2NOBr(g) \rightleftharpoons 2NO(g) + Br_2(g)$$

25°C에서 NOBr 34%가 분해되고, 전체 압력이 0.25 atm이라면, 이 온도에서 분해 반응에 대한 평형 상수 K_P와 K_c를 계산하시오.

● **14.28** NOCl 2.50 mol이 처음에 400°C에서 1.50-L들이 반응 용기에 있었다. 평형에 도달한 후 NOCl의 28.0%가 다음과 같이 해리되었음을 알았다.

$$2NOCl(g) \rightleftharpoons 2NO(g) + Cl_2(g)$$

이 반응의 평형 상수 K_c를 계산하시오.

14.29 25°C에서 황화 수소산(hydrosulfuric acid)의 평형 상수를 다음과 같이 측정하였다.

$$H_2S(aq) \rightleftharpoons H^+(aq) + HS^-(aq) \qquad K_c' = 9.5 \times 10^{-8}$$

$$HS^-(aq) \rightleftharpoons H^+(aq) + S^{2-}(aq) \qquad K_c'' = 1.0 \times 10^{-19}$$

같은 온도에서 다음 반응에 대한 평형 상수를 계산하시오.

$$H_2S(aq) \rightleftharpoons 2H^+(aq) + S^{2-}(aq)$$

14.30 25°C에서 옥살산의 평형 상수를 다음과 같이 측정하였다.

$$H_2C_2O_4(aq) \rightleftharpoons H^+(aq) + HC_2O_4^-(aq) \qquad K_c' = 6.5 \times 10^{-2}$$

$$HC_2O_4^-(aq) \rightleftharpoons H^+(aq) + C_2O_4^{2-}(aq) \qquad K_c'' = 6.1 \times 10^{-5}$$

같은 온도에서 다음 반응에 대한 평형 상수를 계산하시오.

$$H_2C_2O_4(aq) \rightleftharpoons 2H^+(aq) + C_2O_4^{2-}(aq)$$

● 14.31 1123 K에서 다음 반응의 평형 상수를 다음과 같이 측정하였다.

$$C(s) + CO_2(g) \rightleftharpoons 2CO(g) \qquad K_P' = 1.3 \times 10^{14}$$

$$CO(g) + Cl_2(g) \rightleftharpoons COCl_2(g) \qquad K_P'' = 6.0 \times 10^{-3}$$

1123 K에서 다음 반응의 평형 상수식 K_P를 쓰고, 그 평형 상수를 계산하시오.

$$C(s) + CO_2(g) + 2Cl_2(g) \rightleftharpoons 2COCl_2(g)$$

● **14.32** 어떤 온도에서 다음 반응은 아래와 같은 평형 상수를 갖는다.

$$S(s) + O_2(g) \rightleftharpoons SO_2(g) \qquad K_c' = 4.2 \times 10^{52}$$

$$2S(s) + 3O_2(g) \rightleftharpoons 2SO_3(g) \qquad K_c'' = 9.8 \times 10^{128}$$

이 온도에서 다음 반응의 평형 상수 K_c를 계산하시오.

$$2SO_2(g) + O_2(g) \rightleftharpoons 2SO_3(g)$$

화학 반응 속도론과 화학 평형과의 관계

▶ 복습 질문

14.33 속도 상수를 고려하여 평형 상수가 왜 온도에 따라 변하는가를 설명하시오.

14.34 녹(Fe_2O_3)의 생성과 같이 평형 상수가 큰 반응은 반응 속도가 왜 느린지 설명하시오.

▶ 문제

● 14.35 물은 다음과 같이 자동 이온화되는 대단히 약한 전해질이다.

$$H_2O(l) \underset{k_{-1}}{\overset{k_1}{\rightleftharpoons}} H^+(aq) + OH^-(aq)$$

(a) $k_1 = 2.4 \times 10^{-5}\ s^{-1}$, $k_{-1} = 1.3 \times 10^{11}/M \cdot s$라고 할 때, 평형 상수 K를 계산하시오. $K = [H^+][OH^-]/[H_2O]$이다. (b) $[H^+]$, $[OH^-]$와 곱인 $[H^+][OH^-]$를 계산하시오.

● **14.36** 하나의 단일 단계로 일어나는 다음 반응을 생각해 보자.

$$2A + B \underset{k_{-1}}{\overset{k_1}{\rightleftharpoons}} A_2B$$

어떤 온도에서 평형 상수 K_c 값이 12.6이라면 $k_r = 5.1 \times 10^{-2}\ s^{-1}$일 때, k_f 값을 계산하시오.

평형 상수는 무엇을 뜻하는가?

▶ 복습 질문

14.37 반응 지수를 정의하시오. 평형 상수와 어떻게 다른가?

14.38 평형 반응에서 반응종의 농도를 계산하는 단계를 요약하시오.

▶ 문제

● 14.39 다음 반응의 K_P는 350°C에서 5.60×10^4이다.

$$2SO_2(g) + O_2(g) \rightleftharpoons 2SO_3(g)$$

반응 초기에 SO_2 0.350 atm과 O_2 0.762 atm을 혼합하여 평형에 도달되었을 때 전체 압력은 초기 부분 압력의 합인 1.112 atm보다 작은지, 큰지 말하시오.

● **14.40** 암모니아의 합성에서 평형 상수 K_c는 375°C에서 1.2이다.

$$N_2(g) + 3H_2(g) \rightleftharpoons 2NH_3(g)$$

$[H_2]_0 = 0.76\ M$, $[N_2]_0 = 0.60\ M$, $[NH_3]_0 = 0.48\ M$로 시작하여 이 혼합물이 평형에 이를 때, 어떤 기체의 농도가 증가하며, 어떤 기체의 농도가 감소하겠는가?

● 14.41 700°C에서 다음 반응의 K_c는 0.534이다.

$$H_2(g) + CO_2(g) \rightleftharpoons H_2O(g) + CO(g)$$

이 온도에서 CO 0.300 mol과 H_2O 0.300 mol의 혼합물을 10.0-L 들이 용기에 넣어서 가열했다면 평형에서 H_2는 몇 mol이 생성되겠는가?

● **14.42** 순수한 NO_2를 1000 K로 가열하였더니 다음과 같이 분해하였다.

$$2NO_2(g) \rightleftharpoons 2NO(g) + O_2(g)$$

이 반응의 평형 상수 K_P는 158이다. 분석을 통해 O_2의 부분 압력이 평형에서 0.25 atm임을 알았다. 혼합물 중 NO와 NO_2의 압력을 계산하시오.

● 14.43 다음 반응의 K_c는 730°C에서 2.18×10^6이다.

$$H_2(g) + Br_2(g) \rightleftharpoons 2HBr(g)$$

HBr 3.20 mol이 12.0-L들이 반응 용기 내에서 반응하기 시작했다면 평형에서 H_2, Br_2, HBr의 농도를 구하시오.

● **14.44** 아이오딘 분자가 아이오딘 원자로 해리되는 반응은 다음과 같다.

$$I_2(g) \rightleftharpoons 2I(g)$$

1000 K에서 이 반응의 평형 상수 K_c는 3.80×10^{-5}이다. 이 온도에서 2.30-L 들이 플라스크에 I_2 0.0456 mol을 넣고 반응을 시작한다고 가정하자. 평형에서 기체의 농도는 얼마인가?

● 14.45 527°C에서 $COCl_2$(포스젠)의 분해 반응의 K_c는 4.63×10^{-3}이다.

$$COCl_2(g) \rightleftharpoons CO(g) + Cl_2(g)$$

초기에 $COCl_2$ 0.760 atm으로 시작했다면 존재하는 모든 성분의 평형 부분 압력을 구하시오.

● **14.46** 686°C에서 다음과 같은 평형 과정을 생각해 보자.

$$CO_2(g) + H_2(g) \rightleftharpoons CO(g) + H_2O(g)$$

반응 화학종의 평형 농도는 $[CO] = 0.050\ M$, $[H_2] = 0.045\ M$, $[CO_2] = 0.086\ M$, $[H_2O] = 0.040\ M$이다. (a) 686°C에서 이 반응의 K_c를 계산하시오. (b) CO_2를 첨가해서 CO_2의 농도를 0.50 mol/L로 증가시켜 주면 평형을 다시 이룰 때, 모든 기체의 농도는 얼마인가?

● 14.47 다음 불균일 평형 반응을 고려해 보자.

$$C(s) + CO_2(g) \rightleftharpoons 2CO(g)$$

700°C에서 전체 압력은 4.50 atm이다. K_P가 1.52라면 평형에서 CO_2와 CO의 부분 압력은 얼마인가?

● **14.48** 다음 반응의 평형 상수 K_c는 1650°C에서 4.2이다

$$H_2(g) + CO_2(g) \rightleftharpoons H_2O(g) + CO(g)$$

처음에 H_2 0.80 mol과 CO_2 0.80 mol을 5.0-L 들이 플라스크에 넣었다. 평형에서 각 화학종의 농도를 계산하시오.

화학 평형에 영향을 주는 인자들

▶ 복습 질문

14.49 르샤틀리에 원리를 설명하시오. 이 원리는 반응의 수득률을 최대로 하는 데 어떤 도움을 주는가?

14.50 르샤틀리에 원리를 이용하여 액체의 평형 증기압이 온도가 증가함에 따라 왜 증가하는가를 설명하시오.

14.51 평형의 위치를 이동시킬 수 있는 네 가지 인자는 무엇인가? 이 중에서 평형 상수값을 변화시킬 수 있는 것은 어느 것인가?

14.52 촉매를 가하면 평형의 위치에 어떤 영향을 미치는가?

▶ 문제

● 14.53 평형에 있는 다음 반응을 생각해 보자.

$$SO_2(g) + Cl_2(g) \rightleftharpoons SO_2Cl_2(g)$$

여기에서 (a) Cl_2 기체를 가했을 때, (b) SO_2Cl_2를 제거했을 때, (c) SO_2를 제거했을 때 평형은 어느 쪽으로 이동되는가? 단, 온도는 일정하게 유지된다.

● **14.54** 밀폐된 용기에서 중탄산 소듐을 가열하면 다음과 같이 평형을 이룬다.

$$2NaHCO_3(s) \rightleftharpoons Na_2CO_3(s) + H_2O(g) + CO_2(g)$$

다음과 같이 (a) 계에서 약간의 CO_2를 제거시킬 때, (b) 고체 Na_2CO_3를 약간 첨가했을 때, (c) 계에서 고체 $NaHCO_3$를 약간 제거했을 때, 평형 위치는 어떻게 변하겠는가? 반응 온도는 일정하게 유지한다.

● 14.55 다음 평형계를 생각해 보자.

(a) $A \rightleftharpoons 2B \qquad \Delta H° = 20.0\ kJ/mol$
(b) $A + B \rightleftharpoons C \qquad \Delta H° = -5.4\ kJ/mol$
(c) $A \rightleftharpoons B \qquad \Delta H° = 0.0\ kJ/mol$

각 경우에 반응계의 온도를 올리면 평형 상수 K_c는 어떻게 변하는지 예측하시오.

● **14.56** 다음과 같은 각 평형 계에 압력을 증가시키면 어떤 영향이 있는가? 온도를 일정하게 유지하고 모든 반응물은 움직일 수 있는 피스톤이 달린 원통에 들어 있다.

(a) $A(s) \rightleftharpoons 2B(s)$
(b) $2A(l) \rightleftharpoons B(l)$
(c) $A(s) \rightleftharpoons B(g)$
(d) $A(g) \rightleftharpoons B(g)$
(e) $A(g) \rightleftharpoons 2B(g)$

● 14.57 다음 평형을 생각해 보자.

$$2I(g) \rightleftharpoons I_2(g)$$

다음 조건들은 평형에 어떤 영향을 미치는가? (a) 부피를 줄여 전체 압력을 감소시킨다. (b) 반응 혼합물에 I_2를 가한다. (c) 온도를 낮춘다.

● **14.58** 다음 평형 과정을 생각해 보자.

$$PCl_5(g) \rightleftharpoons PCl_3(g) + Cl_2(g) \qquad \Delta H° = 92.5\ kJ/mol$$

(a) 온도를 올려줄 때, (b) 더 많은 염소 기체를 반응 혼합물에 가할 때, (c) 약간의 PCl_3를 혼합물에서 제거시켰을 때, (d) 기체의 압력을 증가시켰을 때, (e) 촉매를 반응 혼합물에 가할 때, 평형의 이동 방향을 예측하시오.

● 14.59 다음 반응을 생각해 보자.

$$2SO_2(g) + O_2(g) \rightleftharpoons 2SO_3(g) \qquad \Delta H° = -198.2\ kJ/mol$$

다음 조건에서 SO_2, O_2, SO_3의 농도는 어떻게 변하는가를 설명하시오. (a) 온도 상승, (b) 압력 증가, (c) SO_2 증가, (d) 촉매를 가함, (e) 일정 부피에서 He 기체를 가함.

● **14.60** 다음과 같은 비촉매 반응에서 평형일 때, 기체들의 압력은 100°C에서 $P_{N_2O_4} = 0.377$ atm이고, $P_{NO_2} = 1.56$ atm이다.

$$N_2O_4(g) \rightleftharpoons 2NO_2(g)$$

이 혼합물에 촉매를 첨가하면 이들 압력에 어떤 일이 일어나겠는가?

● 14.61 기체상 반응을 생각해 보자.

$$2CO(g) + O_2(g) \rightleftharpoons 2CO_2(g)$$

(a) 일정 압력에서, (b) 일정 부피에서 He 기체를 가했을 때, 평형의 위치는 어떻게 이동되는가를 예측하시오.

● **14.62** 밀폐된 용기에서 평형을 이루고 있는 다음 반응을 생각해 보자.

$$CaCO_3(s) \rightleftharpoons CaO(s) + CO_2(g)$$

(a) 부피를 증가시킬 때, (b) CaO를 약간 가할 때, (c) $CaCO_3$를 약간 제거시킬 때, (d) CO_2를 약간 첨가할 때, (e) NaOH 용액을 몇 방울 첨가할 때, (f) HCl 용액을 몇 방울 첨가할 때(CO_2와 물과의 반응은 무시), (g) 온도를 증가시킬 때, 어떤 일이 일어나겠는가?

추가 문제

14.63 다음 설명을 생각해 보자. "고체 NH_4Cl, NH_3 기체, HCl 기체 혼합물의 평형 상수는 0.316이다." 이 설명에서 빠진 중요한 세 가지 정보는 무엇인가?

● **14.64** 1.00-L 용기에 들어 있는 순수한 NOCl 기체를 240°C로 가열하였다. 평형일 때 전체 압력이 1.00 atm이고, NOCl의 압력은 0.64 atm이었다는 것을 알았다.

$$2NOCl(g) \rightleftharpoons 2NO(g) + Cl_2(g)$$

(a) 계의 NO와 Cl_2의 부분 압력을 계산하시오. (b) 평형 상수 K_P를 계산하시오.

14.65 430°C에서 H_2와 I_2의 초기 농도가 둘 다 0.16 M이고, 평형 농도가 둘 다 0.072 M일 경우 HI의 초기와 평형 농도를 결정하시오. 430°C에서 반응 $H_2(g) + I_2(g) \rightleftharpoons 2HI(g)$의 평형 상수($K_c$)는 54.2이다.

14.66 도표 (a)에서는 특정 온도에서 반응 $A_2(g) + B_2(g) \rightleftharpoons 2AB(g)$의 평형을 보여준다. 파란 구는 A, 노란 구는 B를 각각 나타낸다. 각 구는 0.020 mol을 나타내고, 용기의 부피가 1.0 L라면 (b)에서 반응이 평형에 도달할 때 각 구의 농도를 계산하시오.

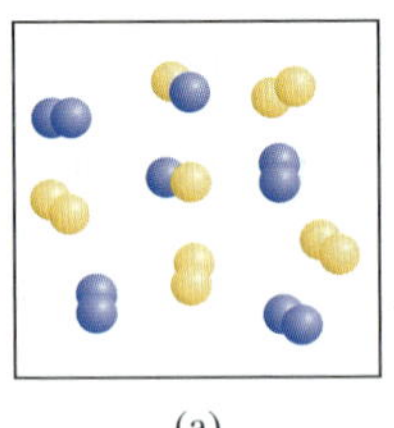
(a)

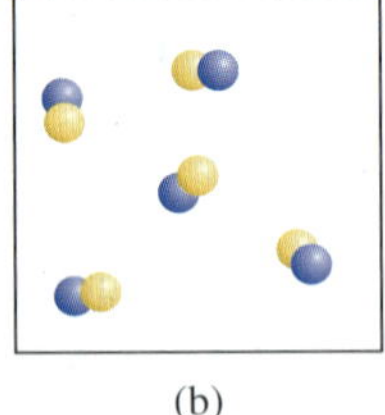
(b)

● 14.67 530°C에서 자동차 엔진의 공기 오염원인 산화 질소(NO) 생성에 대한 평형 상수(K_P)는 2.9×10^{-11}이다.

$$N_2(g) + O_2(g) \rightleftharpoons 2NO(g)$$

(a) 질소와 산소의 부분 압력이 3.0 atm과 0.012 atm일 때, NO의 부분 압력을 계산하시오. (b) 25°C에서 대기 중 질소와 산소의 부분 압력이 0.78 atm과 0.21 atm일 때, NO의 부분 압력을 다시 계산하시오(이 온도에서

이 반응의 K_P는 4.0×10^{-31}이다). (c) NO의 생성 반응은 흡열 과정인가, 발열 과정인가? (d) 어떤 자연 현상이 NO의 생성을 촉진시키는가? 왜 그런가?

14.68 제빵용 소다(중탄산 소듐)는 다음과 같이 열분해한다.

$$2NaHCO_3(s) \rightleftharpoons Na_2CO_3(s) + CO_2(g) + H_2O(g)$$

(a) 밀폐된 용기에서와 (b) 열린 용기에서 반응 혼합물에 제빵용 소다를 더 첨가해 주면 CO_2와 H_2O가 더 많이 생성되는가?

• 14.69 평형에 있는 다음 반응에 대한 다음 자료를 사용하여 각 온도에서 평형 상수 K_P와 K_c를 구하고, 반응이 흡열인지 발열인지 말하시오.

$$A(g) \rightleftharpoons 2B(g)$$

온도(°C)	[A] (M)	[B] (M)
200	0.0125	0.843
300	0.171	0.764
400	0.250	0.724

14.70 25°C에서 다음 반응의 평형 상수 K_P는 2×10^{-42}이다.

$$2H_2O(g) \rightleftharpoons 2H_2(g) + O_2(g)$$

(a) 같은 온도에서 이 반응의 K_c는 얼마인가? (b) K_P(그리고 K_c)의 값이 매우 작은 것은 반응이 물 분자를 엄청나게 잘 생기게 한다는 것을 나타낸다. 이런 사실에도 불구하고 수소와 산소 기체의 혼합물이 아무런 변화도 일으키지 않고 실온에서 그대로 있는 이유를 설명하시오.

• 14.71 다음 반응계를 생각해 보자.

$$2NO(g) + Cl_2(g) \rightleftharpoons 2NOCl(g)$$

NOCl의 수득률을 최대로 하려면 온도와 압력을 어떻게 조합해야 하는가? [*힌트:* ΔH_f°(NOCl) = 51.7 kJ/mol. 부록 3 참조]

• **14.72** 어떤 온도에서 전체 압력이 1.2 atm인 다음과 같은 평형 혼합물의 부분 압력은 $P_A = 0.60$ atm이고 $P_B = 0.60$ atm이다.

$$2A(g) \rightleftharpoons B(g)$$

(a) 같은 온도에서 반응의 K_P를 계산하시오. (b) 전체 압력을 1.5 atm으로 증가시켜 주면 평형에서 A와 B의 부분 압력은 얼마가 되겠는가?

• 14.73 NH_4HS의 분해 반응은 흡열 과정이다.

$$NH_4HS(s) \rightleftharpoons NH_3(g) + H_2S(g)$$

24°C에서 고체 시료 6.1589 g을 4.000-L 들이 진공 용기에 넣었다. 평형에 도달된 후에 용기 내부의 기체 압력은 0.709 atm이었으며, 약간의 고체 NH_4HS가 남아 있다. (a) K_P는 얼마인가? (b) 고체 시료는 몇 % 분해되었는가? (c) 일정 온도에서 용기의 부피를 두 배로 하면 용기 내에 있는 고체의 양은 어떻게 될까?

• **14.74** 다음 반응을 생각해 보자.

$$2NO(g) + O_2(g) \rightleftharpoons 2NO_2(g)$$

430°C에서 평형 혼합물은 O_2 0.020 mol, NO 0.040 mol, NO_2 0.96 mol로 이루어져 있다. 전체 압력이 0.20 atm일 때, 이 반응의 K_P를 계산하시오.

• 14.75 다음은 $NH_4CO_2NH_2$의 열분해 반응이다.

$$NH_4CO_2NH_2(s) \rightleftharpoons 2NH_3(g) + CO_2(g)$$

어떤 온도에서 계의 평형 압력은 0.318 atm이다. K_P를 구하시오.

14.76 H_2 0.47 mol과 3.59 mol의 HCl의 혼합물을 2800°C로 가열하였다. 전체 압력이 2.00 atm일 때, H_2, Cl_2, HCl의 평형 부분 압력을 계산하시오.

$$H_2(g) + Cl_2(g) \rightleftharpoons 2HCl(g)$$

2800°C에서 이 반응의 K_P는 193이다.

• 14.77 높은 온도에서 가열하면, 아이오딘 증기가 다음과 같이 해리된다.

$$I_2(g) \rightleftharpoons 2I(g)$$

한 실험에서, 587 K에서 I_2 0.054 mol을 0.48L 들이 플라스크에 넣었을 때, 해리도(I_2의 해리 분율)가 0.0252였다. 이 온도에서 반응의 K_c와 K_P를 계산하시오.

• **14.78** 375°C에서 N_2 1 mol과 H_2 3 mol을 플라스크에 넣었다. NH_3의 몰분율이 0.21일 때 평형인 계의 전체 압력을 계산하시오. 이 반응의 평형 상수 K_P는 4.31×10^{-4}이다.

• 14.79 1130°C에서 다음 반응의 평형 상수 K_c 값은 2.25×10^{-4}이다.

$$2H_2S(g) \rightleftharpoons 2H_2(g) + S_2(g)$$

$[H_2S] = 4.84 \times 10^{-3}$ M, $[H_2] = 1.50 \times 10^{-3}$ M이라면 $[S_2]$를 계산하시오.

• **14.80** SO_2Cl_2 6.75 g을 2.00-L 들이 플라스크에 넣었다. 648 K에서 SO_2가 0.0345 mol 있을 때, 다음 반응의 K_c를 계산하시오.

$$SO_2Cl_2(g) \rightleftharpoons SO_2(g) + Cl_2(g)$$

• 14.81 SO_2와 O_2로부터 SO_3를 만드는 것은 공업적인 황산 제법의 중간 단계이며, SO_3는 산성비의 원인이다. 이 반응의 K_P는 830°C에서 0.13이다.

$$2SO_2(g) + O_2(g) \rightleftharpoons 2SO_3(g)$$

한 실험에서 처음에 플라스크에는 SO_2 2.00 mol과 O_2 2.00 mol이 들어 있었다. 평형에서 SO_3의 수득률이 80.0%일 때, 전체 압력은 얼마이어야 하는가?

14.82 다음과 같은 아이오딘의 해리를 생각해 보자.

$$I_2(g) \rightleftharpoons 2I(g)$$

I_2 1.00 g을 500-mL 들이 플라스크에서 1200°C로 가열하였다. 평형일 때 전체 압력은 1.51 atm이다. 이 반응의 K_P를 계산하시오. [*힌트:* 연습 문제 14.117(a)의 결과를 이용한다. 해리도 α는 해리되지 않는다고 가정했을 때, 관찰된 압력과 계산한 압력의 비로 구할 수 있다.]

14.83 달걀 껍질은 대부분 탄산 칼슘($CaCO_3$)으로 되어 있다.

$$Ca^{2+}(aq) + CO_3^{2-}(aq) \rightleftharpoons CaCO_3(s)$$

탄산 이온은 대사의 결과로 생성된 CO_2에 의해 공급된다. 닭의 가슴이 두근거림이 더 많을 때인 여름에 왜 달걀 껍질이 얇아지는지 설명하시오. 이와 같은 상태를 치료하는 방법을 제시하시오.

● **14.84** 다음과 같은 반응의 평형 상수 K_P는 375°C에서 4.31×10^{-4}이다.

$$N_2(g) + 3H_2(g) \rightleftharpoons 2NH_3(g)$$

어떤 실험에서 학생이 375°C에서 일정한 부피의 용기에 0.862 atm의 N_2와 0.373 atm의 H_2을 넣고 반응을 시작하였다. 평형에 이를 때 모든 화학종의 부분 압력을 계산하시오.

● 14.85 CO_2 0.20 mol을 다음과 같은 평형에 도달될 때까지 밀폐된 용기 내에서 과량의 흑연과 함께 가열하였다.

$$C(s) + CO_2(g) \rightleftharpoons 2CO(g)$$

이 조건하에서 기체들의 평균 몰질량은 35 g/mol임이 확인되었다. (a) CO와 CO_2의 몰분율을 구하시오. (b) 평형에서 전체 압력이 11 atm이었다면 K_P는 얼마인가? (*힌트:* 평균 몰질량은 각 기체의 몰분율과 그것의 몰질량을 곱한 것을 모두 더한 값이다.)

● **14.86** 포도당(옥수수당)과 과당(과일당)이 물에 용해될 때 다음과 같은 평형을 이룬다.

$$\text{과당} \rightleftharpoons \text{포도당}$$

한 화학자가 25°C에서 0.244 *M*의 과당 용액을 만들었다. 평형에 도달했을 때, 그 농도가 0.113 *M*로 감소했음을 알았다. (a) 이 반응의 평형 상수를 계산하시오. (b) 평형에서 몇 %의 과당이 포도당으로 바뀌어졌을까?

14.87 실온에서 아이오딘 고체는 증기와 평형을 이룬다. 이 두 상(phase) 간의 동적 평형이 존재한다는 것도 보이기 위하여 고체나 증기 형태의 방사성 아이오딘을 어떻게 사용해야 하는지 설명하시오.

● **14.88** 1024°C에서 산화 구리(II)(CuO)의 분해에 의한 산소 기체의 압력은 0.49 atm이다.

$$4CuO(s) \rightleftharpoons 2Cu_2O(s) + O_2(g)$$

(a) 이 반응의 K_P는 얼마인가? (b) 1024°C에서 CuO 0.16 mol을 2.0-L 들이 플라스크에 넣었을 때 분해된 CuO의 분율을 계산하시오. (c) CuO 1.0 mol을 넣었다면 분율은 얼마인가? (d) 평형을 이루는 가장 작은 양의 CuO의 몰수는 얼마인가?

● 14.89 NO 3.9 mol과 CO_2 0.88 mol이 들어 있는 혼합물을 어떤 온도에서 다음 반응에 따라 반응시켰다.

$$NO(g) + CO_2(g) \rightleftharpoons NO_2(g) + CO(g)$$

평형에서 CO_2 0.11 mol이 남아 있었다면, 이 반응의 평형 상수 K_c는 얼마인가?

● **14.90** 다음 반응의 평형 상수는 430°C에서 54.3이다.

$$H_2(g) + I_2(g) \rightleftharpoons 2HI(g)$$

반응을 시작하였을 때 H_2 0.714 mol, I_2 0.984 mol, HI 0.886 mol이 2.40-L 들이 반응 용기에 있었다. 평형에서 기체들의 농도를 계산하시오.

● 14.91 기체 화합물 A를 가열하면 다음과 같이 분해된다.

$$A(g) \rightleftharpoons B(g) + C(g)$$

어떤 실험에서 평형 압력이 $0.14P$(P는 전체 압력)가 될 때까지 A를 가열하였다. 이 반응의 평형 상수 K_P를 구하시오.

14.92 기체를 대기압에서 가열하면 그 색은 짙어진다. 150°C 이상으로 가열하면 색은 연해지고, 550°C에서는 색을 거의 감지할 수 없게 된다. 그러나 550°C에서 계의 압력이 증가되면서 색은 부분적으로 살아난다. 다음 중 위의 설명에 가장 잘 맞는 것은 어느 것인가? 그 답을 선택한 이유를 설명하시오. (a) 수소와 브로민의 혼합물, (b) 순수한 브로민, (c) 이산화 질소와 사산화 이질소 혼합물. (*힌트:* 브로민은 붉은색을 띠며, 이산화 질소는 갈색의 기체이다. 다른 기체들은 무색이다.)

14.93 이 장에서 촉매는 정반응과 역반응의 속도를 똑같이 빠르게 해주기 때문에 평형의 위치에 아무런 영향을 주지 못한다는 사실을 배웠다. 이 사실을 설명하기 위해서 무게가 없는 피스톤이 달린 실린더 내에서 이루어진 다음과 같은 평형에서의 상황을 생각해 보자.

$$2A(g) \rightleftharpoons B(g)$$

촉매가 들어 있는 상자의 뚜껑을 피스톤에 줄로 매달았다. 피스톤이 위로 움직일 때(대기압에 대하여 팽창됨) 상자의 뚜껑이 열려 촉매가 기체에 노출된다. 피스톤을 아래로 움직이면 상자 뚜껑은 닫힌다. 촉매는 정반응($2A \longrightarrow B$) 속도만 빠르게 하고 역반응($B \longrightarrow 2A$)에는 영향이 없다고 가정하자. 여기에 있는 그림에서 보는 것처럼 촉매가 갑자기 평형계에 노출되었다고 가정하자. 그 결과로 어떤 일이 일어날 것인지 설명하시오. 이 고안된 실험은 그와 같은 촉매는 존재하지 않는다는 것을 어떻게 확신시켜 주는가?

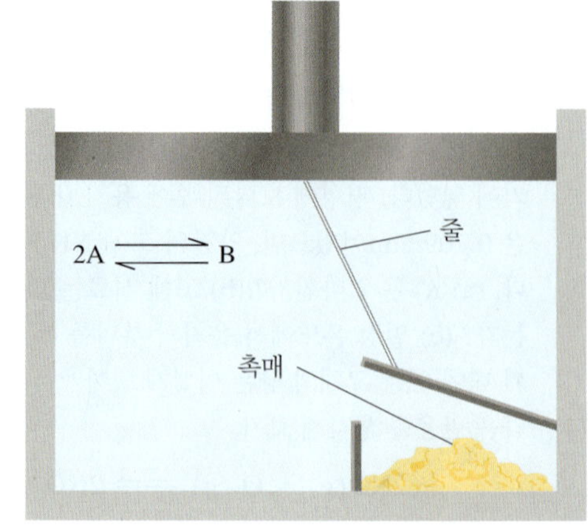

14.94 375°C에서 다음 반응의 평형 상수 K_c는 1.2이다.

$$N_2(g) + 3H_2(g) \rightleftharpoons 2NH_3(g)$$

(a) 이 반응의 K_P는 얼마인가?

(b) 반응 $2NH_3(g) \rightleftharpoons N_2(g) + 3H_2(g)$에 대한 평형 상수 K_c는 얼마인가?

(c) 반응 $\frac{1}{2}N_2(g) + \frac{3}{2}H_2(g) \rightleftharpoons NH_3(g)$에 대한 평형 상수 K_c는 얼마인가?

(d) (b)와 (c)에서 설명한 반응에 대한 K_P 값은 각각 얼마인가?

● 14.95 밀봉된 유리 공 안에 NO_2와 N_2O_4 기체 혼합물이 들어 있다. 이 유리 공을 20°C에서 40°C로 가열하였을 때, 기체들의 다음 특성에 어떤 일이 일어나는가? (a) 색, (b) 압력, (c) 평균 몰질량, (d) 분해 정도(N_2O_4에서 NO_2로), (e) 밀도. 부피는 일정하다고 가정한다. (*힌트:* NO_2는 갈색 기체이고, N_2O_4는 무색.)

● **14.96** 20°C에서 수증기압은 0.0231 atm이다. 이 과정의 K_P와 K_c를 계산하시오

$$H_2O(l) \rightleftharpoons H_2O(g)$$

14.97 공업적으로 소듐 금속은 용융 염화 소듐의 전기분해에 의해 얻는다. 양극에서의 반응은 $Na^+ + e^- \longrightarrow Na$이다. 포타슘 금속 역시 용융 염화 포타슘의 전기분해에 의해 얻을 수 있다고 기대할 수 있다. 그러나 포타슘 금속은 용융 염화 포타슘에 용해될 수 있어 이를 회수하기 어렵다. 더욱이 포타슘은 공정 온도에서 쉽게 기화하여 위험한 조건을 야기한다. 대신에 포타슘은 892°C에서 소듐 증기 존재하에서 용융 염화 포타슘의 증류에 의해 제조한다.

$$Na(g) + KCl(l) \rightleftharpoons NaCl(l) + K(g)$$

포타슘이 소듐보다 더 강한 환원제라는 사실로부터 포타슘을 얻는 이런 작업이 어떻게 가능한가를 설명하시오(소듐과 포타슘의 끓는점은 각각 892°C와 770°C이다).

● **14.98** 기체 상태에서 이산화 질소는 실제로는 이산화 질소(NO_2)와 사산화 이질소(N_2O_4)의 혼합물이다. 74°C와 1.3 atm에서 혼합물의 밀도가 2.3 g/L일 때, 기체들의 부분 압력을 계산하고, N_2O_4해리에 대한 K_P를 계산하시오.

14.99 특정 온도에서 반응 $A + 2B \rightleftharpoons 3C$의 평형 상수는 0.25이다. 여기에 나타낸 어떤 그림이 평형 계에 해당하는가? 계가 평형이 아니라면, 평형에 도달하는 순방향의 방향을 예측하시오. 각 분자는 0.40 mol을 나타내며, 용기의 부피는 2.0 L이다. 색 코드는 A = 초록색, B = 빨간색, C = 파란색이다.

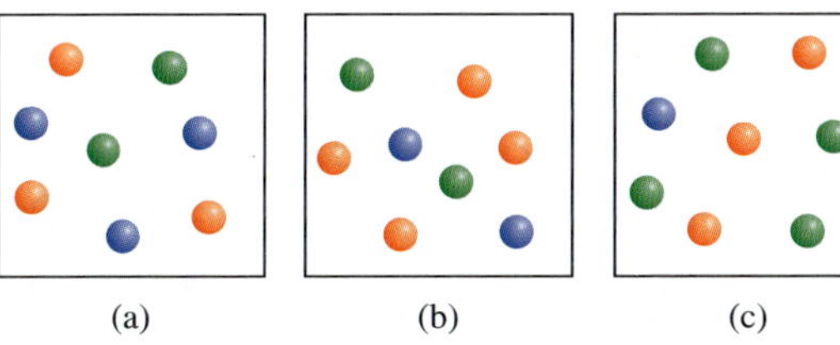

14.100 특정 온도에서 반응 $4X + Y \rightleftharpoons 3Z$의 평형 상수는 33.3이다. 여기에 나타낸 어떤 그림이 평형 계에 해당하는가? 계가 평형이 아니라면, 평형에 도달하는 순방향의 방향을 예측하시오. 각 분자는 0.20 mol을 나타내며, 용기의 부피는 1.0 L이다. 색 코드는 X = 파란색, Y = 초록색, Z = 빨간색이다.

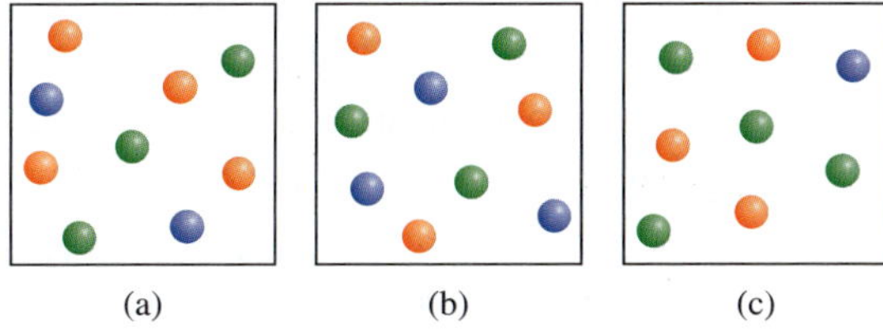

● 14.101 공업용으로 사용되는 수소의 약 75%는 *수증기 개질*(steam-reforming) 과정으로 생산한다. 이 과정은 일차 개질 단계와 이차 개질 단계로 진행된다. 일차 단계에서는 약 30 atm에서 수증기와 메테인의 혼합물을 니켈 촉매 상에서 800°C로 가열하여 수소와 일산화 탄소를 만든다.

$$CH_4(g) + H_2O(g) \rightleftharpoons CO(g) + 3H_2(g) \quad \Delta H° = 260 \text{ kJ/mol}$$

이차 단계는 공기 존재하의 1000°C에서 나머지 메테인을 수소로 전환시킨다.

$$CH_4(g) + \tfrac{1}{2}O_2(g) \rightleftharpoons CO(g) + 2H_2(g) \quad \Delta H° = 35.7 \text{ kJ/mol}$$

(a) 일차와 이차 단계에서 생성물이 생기는 쪽이 유리한 온도와 압력 조건은 무엇인가? (b) 800°C에서 일차 단계의 K_c는 18이다. (i) 이 반응의 K_P를 구하시오. (ii) 반응 초기에 메테인과 수증기의 부분 압력이 15 atm이었다면 평형에 있는 모든 기체의 압력은 각각 얼마인가?

● **14.102** 광합성은 다음과 같이 나타낼 수 있다.

$$6CO_2(g) + 6H_2O(l) \rightleftharpoons C_6H_{12}O_6(s) + 6O_2(g) \quad \Delta H° = 2801 \text{ kJ/mol}$$

다음 변화들이 평형에 어떤 영향을 주게 될지를 설명하시오. (a) CO_2의 부분 압력이 증가될 때, (b) 혼합물로부터 O_2가 제거될 때, (c) $C_6H_{12}O_6$(포도당)을 혼합물로부터 제거할 때, (d) 물을 더 첨가할 때, (e) 촉매를 첨가할 때, (f) 온도를 낮출 때.

● 14.103 특정 온도에서 염화 암모늄의 분해 반응을 생각해 보자.

$$NH_4Cl(s) \rightleftharpoons NH_3(g) + HCl(g)$$

그 온도에서 전체 압력이 2.2 atm일 때, 평형 상수 K_P를 계산하시오.

14.104 25°C에서 NO_2와 N_2O_4의 평형 부분 압력은 각각 0.15 atm와 0.20 atm이다. 일정한 온도에서 부피를 두 배로 하여 새로운 평형이 설정되었을 때 기체들의 부분 압력을 계산하시오.

14.105 1899년 독일의 화학자 몬트(Ludwig Mond)는 다음과 같이 니켈을 휘발성 테트라카보닐 니켈[$Ni(CO)_4$, 끓는점 42.2°C]로 전환시켜 니켈을 정제하는 과정을 개발하였다.

$$Ni(s) + 4CO(g) \rightleftharpoons Ni(CO)_4(g)$$

(a) 니켈과 불순물과의 분리를 어떻게 하는지 설명하시오. (b) 어떻게 니켈을 회수할 수 있는가? [$Ni(CO)_4$의 $\Delta H_f^\circ = -602.9$ kJ/mol]

14.106 반응 $PCl_5(g) \rightleftharpoons PCl_3(g) + Cl_2(g)$의 평형 상수 K_P는 250°C에서 1.05이다. 0.500-L 들이 플라스크에 PCl_5 2.50 g을 넣고 250°C까지 가열하였다. (a) 해리되기 전에 PCl_5의 압력을 구하시오. (b) 평형에서 PCl_5의 부분 압력을 구하시오. (c) 평형에서 전체 압력은 얼마인가? (d) 평형에서 PCl_5의 해리도는 얼마인가? (해리도는 해리되는 PCl_5에 대한 분율이다.)

14.107 평형인 계 $3A \rightleftharpoons B$를 생각해 보자. 다음 상황에 따른 A와 B의 농도 변화를 기술하시오. (a) 초기에 A만 존재할 때 (b) 초기에 B만 존재할 때 (c) 초기에 A와 B 모두 존재할 때(A 농도가 더 높다.) 각 경우에 평형에서 B의 농도가 A 농도보다 높다고 가정하시오.

14.108 26°C에서 수은의 증기압은 0.0020 mmHg이다. (a) $Hg(l) \rightleftharpoons Hg(g)$ 과정에 대한 K_c와 K_P를 계산하시오. (b) 한 화학자가 온도계를 깨뜨려서 길이 6.1 m, 폭 5.3 m, 높이 3.1 m의 실험실 바닥에 수은을 엎질렀다. 평형에서 증발한 수은의 질량(g 단위로)을 계산하고, 수은 증기의 농도를 mg/m^3으로 계산하시오. 이 농도가 안전의 제한 범위 0.05 mg/m^3을 초과하는가? (실험실 내 가구와 다른 물체의 부피는 무시한다.)

14.109 25°C에서 잘 맞고 움직일 수 있는 피스톤이 있는 실린더 내에 NO_2와 N_2O_4 기체 혼합물이 평형 상태에 있다. 이들의 농도는 $[NO_2] = 0.0475\ M$, $[N_2O_4] = 0.487\ M$이다. 일정한 온도에서 피스톤으로 압축하여 기체 혼합물의 부피를 반으로 하였다 평형에 다시 도달하였을 때 기체들의 농도를 계산하시오. 변화 후에 색이 짙어지는가 옅어지는가? (힌트: N_2O_4의 분해 반응에 대한 $K_c = 4.63 \times 10^{-3}$이다. $N_2O_4(g)$는 무색이고, NO_2는 갈색이다.)

14.110 어떤 학생이 물이 담긴 유리잔에 얼음(정육면체) 조각을 넣었다. 몇 분 후에 얼음 조각의 일부가 용해되고 있다는 것을 알았다. 무엇이 일어났는지 설명하시오.

14.111 반응 $A \rightleftharpoons B$의 두 형태에 대한 퍼텐셜 에너지 그림을 생각해 보자. 각 경우에 평형에 있는 계에 관한 다음 질문에 답하시오. (a) 촉매는 정반응과 역반응의 속도에 어떤 영향을 미치는가? (b) 촉매는 반응물과 생성물의 에너지에 어떤 영향을 미치는가? (c) 온도 증가는 평형 상수에 어떤 영향을 주는가? (d) 촉매의 유일한 효과가 정반응과 역반응의 활성화 에너지를 낮추는 것이라면, 촉매가 반응 혼합물에 첨가되어도 평형 상수를 변화시키지는 않음을 보이시오.

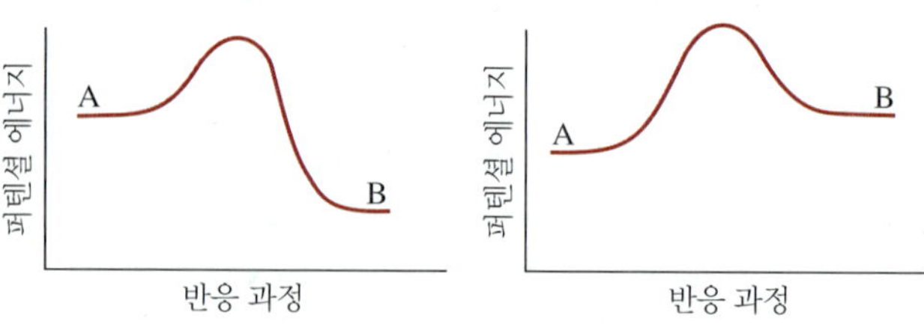

14.112 반응 $2NH_3(g) \rightleftharpoons N_2(g) + 3H_2(g)$의 평형 상수 K_c는 375°C에서 0.83이다. 암모니아 시료 14.6 g을 4.00-L 들이 플라스크에 넣고 375°C로 가열하였다. 평형에 도달했을 때 모든 기체의 농도를 계산하시오.

14.113 어떤 온도에서 N_2O_4 1.0 mol을 빈 용기에 넣어 평형에 도달하도록 하였다.

$$N_2O_4(g) \rightleftharpoons 2NO_2(g)$$

반응 혼합물의 평균 몰질량은 70.6 g/mol이었다. (a) 기체의 몰분율을 계산하시오. (b) 전체 압력이 1.2 atm이었다면 반응의 평형 상수 K_P를 계산하시오. (c) 동일한 온도에서 부피를 압축시켜 압력을 4.0 atm으로 증가시키면 몰분율은 얼마인가?

14.114 727°C에서 다음 반응의 평형 상수(K_P)는 1.9이다. CO_2 0.012 mol과 CO 0.025 mol을 얻기 위해서는 반응계에 얼마의 전체 압력을 가해야 하는가?

$$C(s) + CO_2(g) \rightleftharpoons 2CO(g)$$

14.115 323 K에서 반응 $A(g) + B(g) \rightleftharpoons C(g)$에 대한 정방향과 역방향의 속도 상수는 각각 3.6×10^{-3} /M·s과 $8.7 \times 10^{-4}\ s^{-1}$이다. $P_A = 1.6$ atm, $P_B = 0.44$ atm으로 시작해서 모든 종의 평형 압력을 계산하시오.

14.116 127°C에서 반응 $PCl_3(g) + Cl_2(g) \rightleftharpoons PCl_5(g)$의 평형 상수($K_P$)는 2.93이다. 처음에 PCl_3은 2.00 mol, Cl_2는 1.00 mol이 있었다. 전체 압력이 2.00 atm이라면 평형에서 기체들의 부분 압력을 계산하시오.

14.117 밀폐된 용기에서 NO_2와 N_2O_4의 반응을 생각해 보자.

$$N_2O_4(g) \rightleftharpoons 2NO_2(g)$$

초기에 N_2O_4 1 mol이 존재한다. 평형에서 N_2O_4 α mol이 분해되어 NO_2를 생성했다. (a) K_P를 α와 전체 압력 P에 관한 식으로 쓰시오. (b) (a)의 식으로부터 P를 증가시킬 때 평형이 어떻게 이동될지 예측하시오. 이 예측이 르샤틀리에 원리와 일치하는가?

14.118 어떤 반응의 평형 상수의 온도 의존성은 반트호프 식으

로 다음과 같이 주어진다.

$$\ln K = -\frac{\Delta H^\circ}{RT} + C$$

여기서 C는 상수이다. 다음 표는 여러 온도에서의 평형 상수(K_P)이다. 그래프를 그려서 반응의 ΔH°를 구하시오.

$$2NO(g) + O_2(g) \rightleftharpoons 2NO_2(g)$$

K_P	138	5.12	0.436	0.0626	0.0130
T(K)	600	700	800	900	1000

14.119 (a) 연습 문제 14.118의 반트호프 식을 이용하여 다음과 같은 두 다른 온도에서의 평형 상수 사이의 관계식을 유도하시오.

$$\ln \frac{K_1}{K_2} = \frac{\Delta H^\circ}{R}\left(\frac{1}{T_2} - \frac{1}{T_1}\right)$$

이 식은 르샤틀리에 원리에서 예측되는 온도에 따른 평형의 이동을 설명할 수 있는가? (b) 30°C에서 물의 증기압은 31.82 mmHg이며 50°C에서는 92.51 mmHg이다. 물의 몰 증발열을 계산하시오.

14.120 다음 반응의 K_P는 648 K에서 2.05이다.

$$SO_2Cl_2(g) \rightleftharpoons SO_2(g) + Cl_2(g)$$

용기 속의 SO_2Cl_2 시료를 전체 압력이 9.00 atm에서 일정하게 유지되도록 하면서 648 K로 가열하였다. 평형에서 기체의 부분 압력을 계산하시오.

• 14.121 사이클로헥세인(C_6H_{12})의 보트 형태와 의자 형태는 다음과 같이 상호 전환된다.

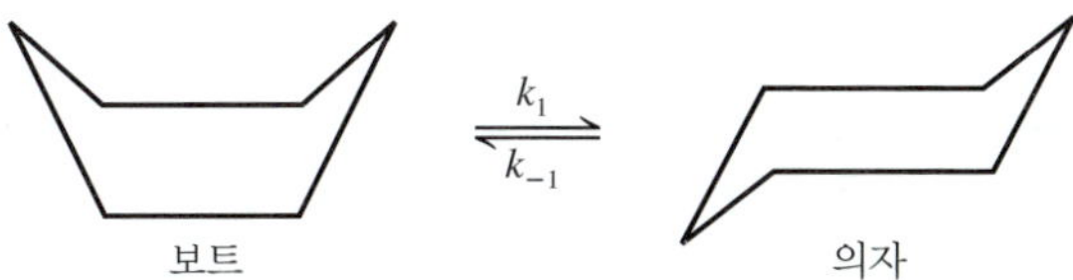

이 그림에는 H 원자가 빠져 있으며, C 원자가 두 선(결합)의 각 교차점에 있다고 가정한다. 전환은 각 방향에서 모두 1차이다. 의자 → 보트 전환에서의 활성화 에너지는 41 kJ/mol이다. 빈도 인자가 1.0×10^{12} s^{-1}이라면, 298 K에서 k_1은 얼마인가? 298 K에서 반응에 대한 평형 상수 K_c는 9.83×10^3이다.

14.122 특정 온도에서 다음 반응을 생각해 보자.

$$A_2 + B_2 \rightleftharpoons 2AB$$

A_2 1 mol과 B_2 3 mol을 섞으면, 평형에서 AB x mol이 얻어진다. A_2 2 mol을 더 가하면 x mol의 AB를 더 얻게 된다. 반응의 평형 상수는 얼마인가?

14.123 아이오딘은 물에 거의 녹지 않지만 사염화 탄소(CCl_4)에는 훨씬 더 잘 녹는다. 두 상 사이에서의 I_2 분포에 대한 평형 상수는 분배계수라고도 하는데, 20°C에서 83이다.

$$I_2(aq) \rightleftharpoons I_2(CCl_4)$$

(a) 어떤 학생이 I_2 0.032 g을 포함한 수용액 0.200 L에 CCl_4 0.030 L을 가하였다. 혼합물을 흔들어 두 상이 분리되도록 하였다. 수용액에 남아 있는 I_2의 분율을 계산하시오. (b) 그 학생이 다른 CCl_4 0.030 L로 I_2를 다시 추출하였다. 수용액 상에 남아 있는 처음 용액으로부터 I_2의 분율을 계산하시오. (c) CCl_4 0.060 L로 1회 추출한 것과 (b)의 결과를 비교하시오. 차이를 설명하시오.

14.124 다음 평형에 대해 생각해 보자.

$$N_2O_4(g) \rightleftharpoons 2NO_2(g) \quad \Delta H^\circ = 58.0\ \text{kJ/mol}$$

(a) 반응계의 부피가 일정 온도에서 변한다면, P 대 $1/V$의 도시가 어떻게 될지 기술하시오. (*힌트:* 그림 5.7 참조.) (b) 반응계의 온도가 일정 압력에서 변한다면, V 대 T의 도시가 어떻게 될지 기술하시오. (*힌트:* 그림 5.9 참조.)

14.125 1200°C에서 반응 $I_2(g) \rightleftharpoons 2I(g)$의 평형 상수($K_c$)는 2.59×10^{-3}이다. 마개를 열고 같은 온도에서 계의 평형을 재설정한 후 I_2와 I의 농도를 계산하시오.

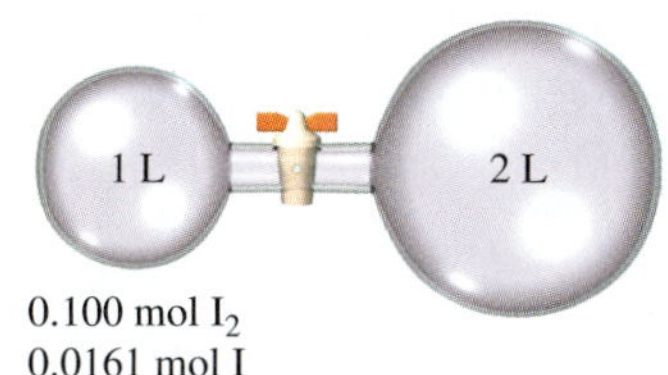

설명, 모형화 및 추정 문제 *Interpreting, Modeling & Estimating*

14.126 60°C에서 물의 증기압을 추정하시오(연습 문제 14.119 참조).

14.127 화합물 $XY_2(s)$는 다음 화학 반응식에 따라 $X(g)$와 $Y(g)$로 분해된다.

$$XY_2(s) \longrightarrow X(g) + 2Y(g)$$

$XY_2(s)$ 시료 0.01 mol을 1-L 들이 용기에 넣고 밀봉하고 500°C로 가열한다. 반응이 평형에 도달하도록 하면 용기 안에 약간의 $XY_2(s)$가 남게 된다. 이번에는 2-L 들이 용기를 사용하여 실험을 반복한다. 그리고 평형에 도달한 후에 용기에 약간의 $XY_2(s)$가 다시 남는다. 매번 용기의 부피를 두 배로 하여 16-L 들이 용기를 사용할 때까지 이 과정을 반복한다. 이 시점에 용기와 내용물을 500°C로 가열하면 위 반응에 대한 $XY_2(s)$이 모두 0.01 mol 분해된다. 500°C에서 이 반응의 K_c와 K_P를 추정하

시오.

14.128 해수면 위 2 km의 고도에서 움직일 때 해수면에서 생활할 때와 같은 농도의 HbO_2를 가지려면 혈액 중 헤모글로빈(Hb)의 농도를 얼마나 증가시켜야 하겠는가? 이 장 본문 끝에 나오는 "생활 속의 화학"에서 주어진 단순화된 화학 평형을 사용하시오.

14.129 반응 $I_2(g) \longrightarrow 2I(g)$의 평형 상수($K_P$)는 872 K에서 1.8×10^{-4}이고, 1173 K에서는 0.048이다. 이들 자료로부터 I_2의 결합 엔탈피 값을 추정하시오. (힌트: 연습 문제 14.119에 있는 반트호프 식 참조.)

실전 연습의 답 *Answers to Practice Exercises*

14.1 $K_c = \frac{[NO_2]^4[O_2]}{[N_2O_5]^2}$; $K_P = \frac{P_{NO_2}^4 P_{O_2}}{P_{N_2O_5}^2}$ **14.2** 2.2×10^2

14.3 347 atm **14.4** 1.2

14.5 $K_c = \frac{[Ni(CO)_4]}{[CO]^4}$; $K_P = \frac{P_{Ni(CO)_4}}{P_{CO}^4}$

14.6 $K_P = 0.0702$; $K_c = 6.68 \times 10^{-5}$

14.7 (a) $K_a = \frac{[O_3]^2}{[O_2]^3}$, (b) $K_b = \frac{[O_3]^{\frac{2}{3}}}{[O_2]}$; $K_a = K_b^3$

14.8 오른쪽에서 왼쪽으로.

14.9 $[HI] = 0.031\ M$, $[H_2] = 4.3 \times 10^{-3}\ M$, $[I_2] = 4.3 \times 10^{-3}\ M$

14.10 $[Br_2] = 0.065\ M$, $[Br] = 8.4 \times 10^{-3}\ M$

14.11 $Q_P = 4.0 \times 10^5$; 알짜 반응은 오른쪽에서 왼쪽으로 일어날 것이다.

14.12 왼쪽에서 오른쪽으로.

14.13 평형은 다음과 같이 이동한다. (a) 왼쪽에서 오른쪽으로, (b) 왼쪽에서 오른쪽으로, (c) 오른쪽에서 왼쪽으로 이동할 것이다. (d) 촉매는 평형에 아무런 영향도 주지 않는다.

제 15 장

산과 염기

Acids and Bases

▲ 유기산은 식물계에서 많이 발견된다. 레몬, 오렌지, 토마토는 비타민 C로 알려진 아스코브산($C_6H_8O_6$)과 시트르산($C_6H_8O_7$)을 포함하며, 대황과 시금치는 옥살산($H_2C_2O_4$)을 포함한다.

이 장의 차례

들여다보기

- 4장에서 배운 산과 염기에 대한 브뢴스테드 정의를 짝산-짝염기 쌍이라는 용어로 다시 살펴보고 확장함으로써 시작한다(15.1절).
- 다음으로 물의 산-염기 성질을 검토하고 H^+와 OH^- 이온을 생성하는 물의 자체이온화에 대한 이온곱 상수를 정의한다(15.2절).
- 산도의 척도로 pH를 정의하고 pOH 척도도 도입한다. 용액의 산도는 H^+와 OH^- 이온의 상대 농도에 의존함을 배운다(15.3절).
- 산과 염기는 용액에서의 이온화 정도에 따라 강한 것과 약한 것으로 분류할 수 있다(15.4절).
- 농도와 이온화 상수로부터 약산 용액의 pH 계산과 약염기에 대한 비슷한 계산을 배운다(15.5절과 15.6절).
- 짝산-짝염기 쌍에 대해 이온화 상수 사이의 중요한 관계를 유도한다(15.7절).
- 이양성자산과 다양성자산을 공부한다(15.8절).
- 산의 세기와 분자 구조 사이의 관계를 살펴본다(15.9절).
- 염과 물 사이의 반응은 염을 구성하는 각 양이온과 음이온의 산-염기 이온화로 연구할 수 있다(15.10절).
- 산화물과 수산화물은 산성, 염기성, 양쪽성으로 분류할 수 있다(15.11절).
- 루이스 산과 루이스 염기에 대한 논의로 이 장을 마무리한다. 루이스 산은 전자 받개이고 루이스 염기는 전자 주개이다(15.12절).

화학 및 생물계에서 가장 중요한 과정 중 하나는 수용액에서의 산-염기 반응이다. 산과 염기의 특성을 다룬 두 장 중 이번 첫 장에서는 산과 염기의 정의, pH 척도, 약산과 약염기의 이온화 상수, 산의 세기와 분자 구조 사이의 관계를 공부할 것이다. 또한 산과 염기로 작용할 수 있는 산화물에 대해서도 살펴볼 것이다.

15.1 브뢴스테드 산과 염기

4장에서 브뢴스테드 산은 양성자를 줄 수 있는 물질이고, 브뢴스테드 염기는 양성자를 받을 수 있는 물질로 정의하였다. 이러한 정의는 산과 염기의 성질과 반응을 논의할 때에 일반적으로 적절하다.

짝(conjugate)이란 "맞붙이다(join together)"라는 뜻이다.

짝산-짝염기 쌍(conjugate acid-base pair)은 *산과 그 짝염기 또는 염기와 그 짝산*으로 정의할 수 있는데, 이는 산과 염기의 브뢴스테드 정의를 확장한 개념이다. 브뢴스테드 산의 짝염기는 산으로부터 양성자 하나가 제거될 때에 남아 있는 화학종이다. 반대로, 짝산은 브뢴스테드 염기에 양성자가 첨가됨으로써 생성된다.

양성자는 항상 수용액에서 물 분자들과 결합하고 있다. H_3O^+ 이온은 수화된 양성자의 가장 간단한 화학식이다.

모든 브뢴스테드 산은 짝염기를 가지며, 모든 브뢴스테드 염기는 짝산을 가진다. 예를 들면, 염화 이온(Cl^-)은 산 HCl로부터 생성된 짝염기이며, H_3O^+(하이드로늄 이온)는 염기 H_2O의 짝산이다.

$$HCl + H_2O \longrightarrow H_3O^+ + Cl^-$$

마찬가지로 아세트산의 이온화는 다음과 같이 나타낼 수 있다.

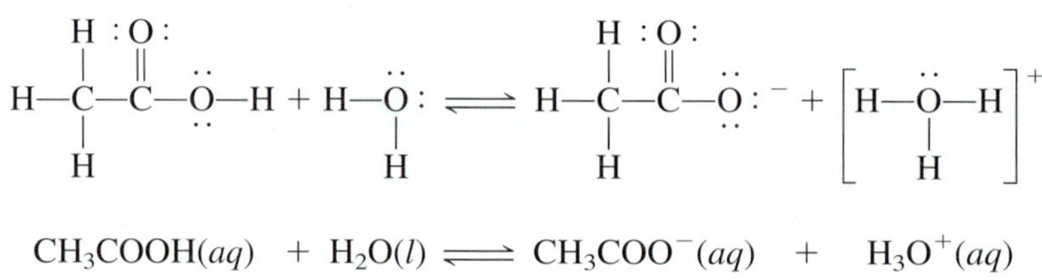

$$\underset{\text{산}_1}{CH_3COOH(aq)} + \underset{\text{염기}_2}{H_2O(l)} \rightleftharpoons \underset{\text{염기}_1}{CH_3COO^-(aq)} + \underset{\text{산}_2}{H_3O^+(aq)}$$

여기서 아래첨사 1과 2는 두 개의 짝산-짝염기 쌍을 나타낸다. 따라서 아세트산 이온(CH_3COO^-)은 CH_3COOH의 짝염기이다. HCl의 이온화(4.3절 참조)와 CH_3COOH의 이온화는 모두 브뢴스테드 산-염기 반응의 예이다.

브뢴스테드의 정의에 의하면 암모니아는 양성자를 받는 능력 때문에 염기로 분류된다.

$$\text{H—}\ddot{\text{N}}\text{—H} + \text{H—}\ddot{\text{O}}\text{:} \rightleftharpoons \left[\text{H—N—H}\right]^+ + \text{H—}\ddot{\text{O}}\text{:}^-$$

$$\underset{\text{염기}_1}{NH_3(aq)} + \underset{\text{산}_2}{H_2O(l)} \rightleftharpoons \underset{\text{산}_1}{NH_4^+(aq)} + \underset{\text{염기}_2}{OH^-(aq)}$$

이 경우 NH_4^+는 염기 NH_3의 짝산이며, 수산화 이온(OH^-)은 산 H_2O의 짝염기이다. H^+ 이온을 받는 브뢴스테드 염기의 원자는 고립 전자쌍을 갖는다는 것을 기억하라.

예제 15.1에서 산-염기 반응에서의 짝 쌍을 찾아 보기로 하자.

예제 15.1

수용액에서 암모니아와 플루오린화 수소산 사이의 반응에서 짝산-짝염기 쌍을 찾으시오.

$$NH_3(aq) + HF(aq) \rightleftharpoons NH_4^+(aq) + F^-(aq)$$

(계속)

전략 짝염기는 항상 대응하는 산의 화학식보다 H 원자가 하나 더 적고, 음전하가 하나 더 많음(또는 양전하 하나가 더 적음)을 기억하라.

풀이 NH_3는 NH_4^+보다 H 원자가 하나 더 적고, 양전하가 하나 더 적다. F^-는 HF보다 H 원자가 하나 더 적고, 음전하가 하나 더 많다. 따라서 짝산-짝염기 쌍은 (1) NH_4^+와 NH_3이고, (2) HF와 F^-이다.

비슷한 문제 : 15.5.

실전 연습 다음 반응에서 짝산-짝염기 쌍을 찾으시오.

$$CN^- + H_2O \rightleftharpoons HCN + OH^-$$

개념 복습하기

다음 중 어느 것이 짝산-짝염기 쌍을 구성하지 않는가?
(a) $HNO_2-NO_2^-$, (b) $H_2CO_3-CO_3^{2-}$, (c) $CH_3NH_3^+-CH_3NH_2$.

수용액에서 양성자는 H^+로도 H_3O^+로도 나타낼 수 있다. 화학식 H^+는 수소 이온 농도를 포함하는 계산이나 평형 상수를 포함하는 계산에서 유리한 반면, H_3O^+는 브뢴스테드 산-염기 성질을 논의할 때 더 유용하다.

15.2 물의 산-염기 성질

우리가 잘 알고 있는 것과 같이 물은 매우 독특한 용매이다. 물의 특별한 성질 중 하나는 산과 염기 모두로 작용할 수 있다는 것이다. 물은 HCl이나 CH_3COOH와 같은 산과 반응할 때는 염기로서 행동하고, NH_3와 같은 염기와 반응할 때에는 산으로서 행동한다. 물은 매우 약한 전해질이므로 약한 전기 전도체이지만, 조금은 이온화한다.

수돗물과 지하수는 많은 이온이 녹아 있기 때문에 전기를 전도한다.

$$H_2O(l) \rightleftharpoons H^+(aq) + OH^-(aq)$$

이 반응을 때로 물의 *자체이온화*(autoionization)라고 부른다. 브뢴스테드 개념에서 물의 산-염기 성질을 설명하기 위하여 자체이온화를 다음과 같이 나타낼 수 있다(그림 15.1 참조).

$$\text{H}-\ddot{\text{O}}\text{:}(\text{H}) + \text{H}-\ddot{\text{O}}\text{:}(\text{H}) \rightleftharpoons \left[\text{H}-\ddot{\text{O}}(\text{H})-\text{H}\right]^+ + \text{H}-\ddot{\underset{..}{\text{O}}}\text{:}^-$$

또는

$$\underset{\text{산}_1}{H_2O} + \underset{\text{염기}_2}{H_2O} \rightleftharpoons \underset{\text{산}_2}{H_3O^+} + \underset{\text{염기}_1}{OH^-} \qquad (15.1)$$

짝산-짝염기 쌍은 (1) H_2O(산)과 OH^-(염기), (2) H_3O^+(산)과 H_2O(염기)이다.

물의 이온곱

산-염기 반응의 연구에서는 수소 이온 농도가 열쇠이다. 그 값이 용액의 산도 또는 염기도를 나타낸다. 물 분자들 중 극히 일부분만 이온화되므로 물의 농도 $[H_2O]$는 사실상 변하지 않은 채로 있다. 그러므로 식 (15.1)에 따라 물의 자체이온화에 대한 평형 상수는 다음과 같이 나타낼 수 있다.

순수한 물에서 $[H_2O]$ = 55.5 *M*임을 기억하라.

$$K_c = [H_3O^+][OH^-]$$

수화된 양성자를 나타내는 데 $H^+(aq)$와 $H_3O^+(aq)$를 같이 사용할 수 있기 때문에, 평형

그림 15.1 물 분자 두 개가 반응하여 하이드로늄 이온과 수산화 이온 형성.

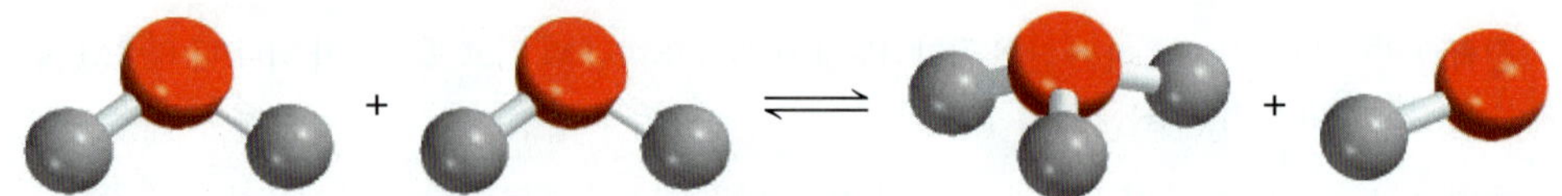

물 1 L로부터 입자들(H_2O, H^+, OH^-)을 1초당 10개씩 무작위로 추출하여 조사한다면, 쉬지 않고 작업했을 때 H^+ 이온 하나를 발견하는 데 2년이 걸릴 것이다!

상수를 다음과 같이 나타낼 수도 있다.

$$K_c = [H^+][OH^-]$$

물의 자체이온화를 나타내기 위하여 평형 상수를 K_c 대신 K_w로 바꾸어 쓴다.

$$K_w = [H_3O^+][OH^-] = [H^+][OH^-] \quad (15.2)$$

평형 상수 K_w는 **이온곱 상수**(ion-product constant)라고 하며, 이것은 *특정 온도에서 H^+와 OH^- 이온의 몰농도의 곱*이다.

25°C의 순수한 물에서 H^+와 OH^- 이온의 농도는 같으며, $[H^+] = 1.0 \times 10^{-7}$ M이고, $[OH^-] = 1.0 \times 10^{-7}$ M이다. 그러므로 식 (15.2)로부터 25°C에서

$$K_w = (1.0 \times 10^{-7})(1.0 \times 10^{-7}) = 1.0 \times 10^{-14}$$

순수한 물이거나 용해된 화학종이 있는 수용액이거나에 관계없이, 다음 관계는 25°C에서 *항상* 성립된다.

$$K_w = [H^+][OH^-] = 1.0 \times 10^{-14} \quad (15.3)$$

$[H^+] = [OH^-]$이면 수용액은 중성이라고 말한다. 산성 용액에서는 H^+ 이온이 과량 존재하며 $[H^+] > [OH^-]$이다. 염기성 용액에서는 OH^- 이온이 과량 존재하며, 따라서 $[H^+] < [OH^-]$이다. 실제로 용액에서 H^+나 OH^-의 농도 중 하나는 변화시킬 수 있으나, 둘 다를 독립적으로 변화시킬 수는 없다. $[H^+] = 1.0 \times 10^{-6}$ M이 되도록 용액을 조절하면, OH^-의 농도는 *반드시* 다음과 같이 변하게 된다.

$$[OH^-] = \frac{K_w}{[H^+]} = \frac{1.0 \times 10^{-14}}{1.0 \times 10^{-6}} = 1.0 \times 10^{-8} M$$

예제 15.2에 식 (15.3)의 응용 예를 나타내었다.

예제 15.2

어떤 가정용 암모니아 세척 용액의 OH^- 이온의 농도는 0.0025 M이다. H^+ 이온의 농도를 계산하시오.

전략 OH^- 이온의 농도를 주고 $[H^+]$를 계산하라는 문제이다. 물이나 수용액에서 $[H^+]$와 $[OH^-]$ 사이의 관계는 물의 이온곱 K_w[식 (15.3)]으로 주어진다.

풀이 식 (15.3)을 재정리하면 다음과 같이 쓸 수 있다.

$$[H^+] = \frac{K_w}{[OH^-]} = \frac{1.0 \times 10^{-14}}{0.0025} = 4.0 \times 10^{-12} M$$

검산 앞에서 논의한 암모니아와 물의 반응에서 보았듯이 $[H^+] < [OH^-]$이므로 용액은 염기성이다.

비슷한 문제: 15.15, 15.16.

실전 연습 수소 이온 농도가 1.3 M인 HCl 용액에서 OH^- 이온의 농도를 계산하시오.

개념 복습하기

어떤 수용액에서 H^+ 이온의 농도가 0.0010 *M*이라면, OH^- 이온의 농도는 왜 1.0×10^{-10} *M*이 될 수 없는가?

15.3 pH — 산도의 측정

수용액에서 H^+나 OH^- 이온의 농도는 흔히 너무 작은 값이어서 이 값을 그대로 나타내기가 불편하므로, 1909년 소렌센(Soren Sorensen)[†]은 **pH**라고 하는 더 실용적인 방법을 제안하였다. 용액의 pH는 수소 *이온 농도*(mol/L)*의 음의 로그*로 정의한다.

$$\text{pH} = -\log [\text{H}_3\text{O}^+] \quad \text{또는} \quad \text{pH} = -\log [\text{H}^+] \qquad (15.4)$$

진한 산 용액의 pH는 음의 값을 가질 수 있다. 예를 들어, 2.0 *M* HCl 용액의 pH는 −0.30이다.

식 (15.4)는 단지 다루기 편한 숫자로 나타내기 위해 고안된 정의임을 명심하라. $[H^+]$가 작은 값이기 때문에 음의 로그를 취하면 pH 값은 양수가 된다. 또한 식 (15.4)의 $[H^+]$ 항에 대해서는 단위에 대한 로그는 취할 수 없기 때문에 수소 이온 농도에 대한 표현 중 숫자 부분만 로그를 취한다. 그러므로 평형 상수처럼 용액의 pH는 단위가 없는 양이다.

pH는 수소 이온 농도만을 나타내는 방법이므로 25°C에서 산성과 염기성 용액은 pH 값에 따라 다음과 같이 구분할 수 있다.

산성 용액: $[H^+] > 1.0 \times 10^{-7}$ *M*, pH < 7.00
염기성 용액: $[H^+] < 1.0 \times 10^{-7}$ *M*, pH > 7.00
중성 용액: $[H^+] = 1.0 \times 10^{-7}$ *M*, pH = 7.00

$[H^+]$가 감소함에 따라 pH는 증가함을 주목하라.

때로는 용액의 pH 값을 주고 H^+ 이온 농도를 계산하라고 하는 경우도 있다. 그러한 경우에는 다음과 같이 식 (15.4)의 역로그를 취해야 한다.

$$[\text{H}_3\text{O}^+] = 10^{-\text{pH}} \quad \text{또는} \quad [\text{H}^+] = 10^{-\text{pH}} \qquad (15.5)$$

pH의 정의와 앞 장들에서 논의한 용액 농도(몰농도나 몰랄농도)를 포함하는 모든 계산은 암묵적으로 이상적 거동을 가정하기 때문에 오차를 수반한다는 것을 알아야 한다. 실제로는 이온쌍 형성과 다른 형태의 분자간 상호작용들이 용액 중 화학종의 실제 농도에 영향을 줄 수 있다. 이러한 상황은 5장에서 다룬 이상 기체 거동과 실제 기체 거동 사이의 관계와 유사하다. 온도, 부피, 존재하는 기체의 양과 종류에 따라 측정된 기체 압력은 이상 기체 식을 이용하여 구한 값들과 다를 수 있다. 마찬가지로 용액에서의 용질의 실제 즉, "유효" 농도는 용액에 원래 넣어준 물질의 양으로 알고 있는 우리가 생각하는 것과 다를 수도 있다. 반 데르 발스(van der Waals) 식 등에서 이상 기체와 비이상적 기체 거동과의 불일치를 고려하듯이 용액에서도 비이상적 거동을 설명할 수 있다.

한 가지 방법은 농도를 유효 농도인 *활동도*(activity)로 바꾸어 쓰는 것이다. 엄밀히 말해서 용액의 pH는 다음과 같이 정의해야 한다.

$$\text{pH} = -\log a_{\text{H}^+} \qquad (15.6)$$

[†] 소렌센(Soren Peer Lauritz Sorensen, 1868~1939)은 네덜란드의 생화학자이다. 그는 원래 pH라고 썼으며, pH를 "수소 이온 지수"(*Wasserstoffionexponent*)라고 불렀다. 이것은 *Potenz*(독일어), *puissance*(프랑스어), *power*(영어)의 첫 글자이다. 지금은 pH라고 쓴다.

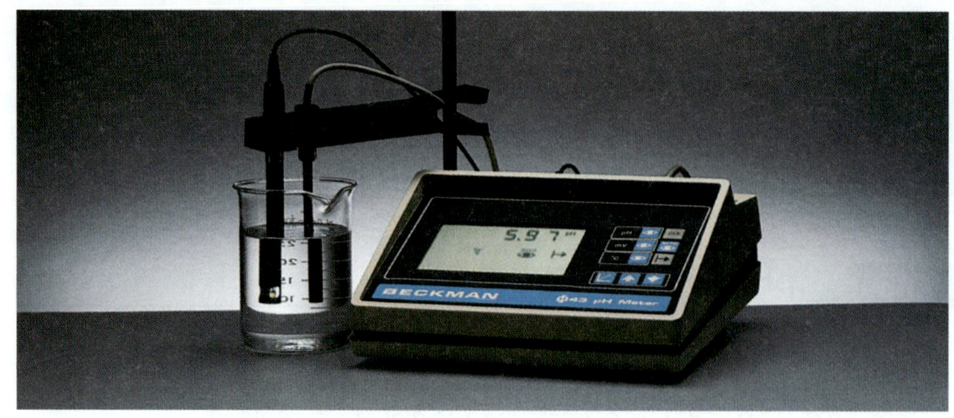

그림 15.2 pH 미터는 실험실에서 용액의 pH를 측정하는 데 사용된다. 많은 pH 미터가 1~14의 영역을 측정하도록 표시되어 있지만, pH 값은 1보다 작거나 14보다 클 수 있다.

여기서 a_{H^+}는 이온의 활동도이다. 14장에서 언급한 바와 같이 이상 용액의 활동도는 농도와 같다. 실제 용액에서는 활동도는 대개 농도와 다르며 때로는 상당히 다르다. 용질 농도를 알면 열역학에 기초하여 활동도를 추정할 믿을 만한 방법이 있지만, 상세한 것은 이 책의 범위를 벗어나므로 다루지 않기로 한다. 따라서 묽은 용액을 제외하면 H^+이온의 몰농도가 활동도 값과 같지 않으므로, 측정한 pH는 대개 식 (15.4)로 계산한 것과 같지 않음을 명심하라. 앞으로의 논의에서 계속 농도를 사용한다 해도 이러한 접근은 용액 상에서 실제로 일어나는 화학적 과정의 근사치일 뿐이라는 것을 아는 것이 중요하다.

실험실에서는 용액의 pH를 pH 미터로 측정한다(그림 15.2). 표 15.1은 몇 가지 일상에서 보는 액체들의 pH를 나타낸 것이다. 이 표에서 보듯 체액의 pH는 위치와 기능에 따라 크게 변화한다. 소화액의 낮은 pH(높은 산도)는 소화를 촉진하는 반면, 혈액의 높은 pH는 산소 운반에 필요하다. 이와 같은 pH 의존 작용은 이 장과 16장의 "생활 속의 화학"에서 소개될 것이다.

표 15.1

몇 가지 일상적인 액체들의 pH

시료	pH 값
위산	1.0~2.0
레몬 주스	2.4
식초	3.0
자몽 주스	3.2
오렌지 주스	3.5
소변	4.8~7.5
대기 중에 노출된 물*	5.5
타액	6.4~6.9
우유	6.5
순수한 물	7.0
혈액	7.35~7.45
눈물	7.4
마그네시아유	10.6
가정용 암모니아	11.5

*장시간 대기 중에 노출된 물은 공기 중의 CO_2를 흡수하여 탄산 H_2CO_3을 생성한다.

용액의 수산화 이온 농도의 음의 로그를 사용하여 pH 척도와 비슷한 pOH 척도를 고안할 수 있다. 따라서 pOH는 다음과 같이 정의된다.

$$\text{pOH} = -\log [\text{OH}^-] \qquad (15.7)$$

용액의 pOH 값을 주고 OH^- 이온 농도를 계산하라고 한다면, 다음과 같이 식 (15.7)의 역로그를 취할 수 있다.

$$[\text{OH}^-] = 10^{-\text{pOH}} \qquad (15.8)$$

이제 25°C에서의 물의 이온곱 상수를 다시 생각해 보자.

$$[\text{H}^+][\text{OH}^-] = K_w = 1.0 \times 10^{-14}$$

양변에 음의 로그를 취하면, 다음과 같이 된다.

$$-(\log [\text{H}^+] + \log [\text{OH}^-]) = -\log (1.0 \times 10^{-14})$$
$$-\log [\text{H}^+] - \log [\text{OH}^-] = 14.00$$

pH와 pOH의 정의로부터 이 식은 다음과 같이 나타낼 수 있다.

$$\text{pH} + \text{pOH} = 14.00 \qquad (15.9)$$

식 (15.9)는 H^+ 이온 농도와 OH^- 이온 농도 사이의 관계를 나타내는 또 다른 방법이다.

예제 15.3, 15.4, 15.5는 pH를 포함하는 계산의 예이다.

예제 15.3

뚜껑을 연 직후 포도주 병 속 H^+ 이온의 농도가 3.2×10^{-4} *M*이었다. 포도주를 반만 마시고, 나머지 반은 한 달 동안 뚜껑을 연 채로 공기 중에 방치하였더니, 한 달 후 수소 이온 농도는 1.0×10^{-3} *M*이었다. 두 경우에 포도주의 pH를 각각 구하시오.

전략 H^+ 이온 농도를 주고 용액의 pH를 계산하라는 문제이다. pH의 정의는 무엇인가?

풀이 식 (15.4)에 따르면 $pH = -\log[H^+]$이다. 병 뚜껑을 처음 열었을 때 $[H^+] = 3.2 \times 10^{-4}$ *M*이었으며, 식 (15.4)에 이 값을 넣으면

$$\begin{aligned} pH &= -\log [H^+] \\ &= -\log (3.2 \times 10^{-4}) = 3.49 \end{aligned}$$

두 번째 경우에 $[H^+] = 1.0 \times 10^{-3}$ *M*이므로

$$pH = -\log(1.0 \times 10^{-3}) = 3.00$$

해설 수소 이온 농도의 증가(또는 pH의 감소)는 대부분 알코올(에탄올)의 일부가 아세트산으로 변한 결과이다. 이 반응은 산소 분자 존재 하에 일어나는 반응이다.

실전 연습 질산(HNO_3)은 비료, 염료, 의약품, 폭발물 제조에 이용된다. 수소 이온 농도가 0.76 *M*인 질산 용액의 pH를 구하시오.

각각의 경우에 pH는 유효 숫자 두 개만을 가진다. 3.49에서 소수점 오른쪽에 있는 두 개의 자릿수는 본래의 숫자에서 유효 숫자가 두 개라는 것을 말한다(부록 4 참조).

비슷한 문제: 15.17, 15.18.

예제 15.4

어떤 날 특정 지역의 빗물을 모아 pH를 측정하였더니 4.82였다. 빗물의 H^+ 이온 농도를 구하시오.

전략 용액의 pH를 주고 $[H^+]$를 구하라는 문제이다. $pH = -\log [H^+]$로 정의되기 때문에 식 (15.5)에서 보듯이 pH의 역로그를 취하여 즉, $[H^+] = 10^{-pH}$로부터 $[H^+]$를 구할 수 있다.

풀이 식 (15.4)로부터

$$pH = -\log[H^+] = 4.82$$

그러므로

$$\log[H^+] = -4.82$$

$[H^+]$를 계산하기 위하여 -4.82의 역로그를 취하면

$$[H^+] = 10^{-4.82} = 1.5 \times 10^{-5}\ M$$

검산 pH가 4와 5 사이이므로 $[H^+]$는 1×10^{-4} *M*과 1×10^{-5} *M* 사이임을 예상할 수 있다. 그러므로 답은 타당하다.

실전 연습 어떤 오렌지 주스의 pH가 3.33이다. H^+ 이온 농도를 구하시오.

공학용 계산기에는 때로 INV log 또는 10^x로 표시된 역로그 기능이 있다.

비슷한 문제: 15.19.

예제 15.5

어떤 NaOH 용액의 $[OH^-]$가 2.9×10^{-4} *M*이다. 이 용액의 pH를 구하시오.

전략 이 문제를 풀기 위해서는 두 단계가 필요하다. 첫 번째는 식 (15.7)를 이용하여 pOH를 구하고, 다음에 식 (15.9)을 이용하여 용액의 pH를 구한다.

풀이 식 (15.7)를 이용하면

$$\begin{aligned} pOH &= -\log [OH^-] \\ &= -\log (2.9 \times 10^{-4}) \\ &= 3.54 \end{aligned}$$

(계속)

이제 식 (15.9)을 이용하자.

$$\begin{aligned} pH + pOH &= 14.00 \\ pH &= 14.00 - pOH \\ &= 14.00 - 3.54 = 10.46 \end{aligned}$$

다른 방법으로 물의 이온화곱 상수 $K_w = [H^+][OH^-]$를 이용하여 $[H^+]$를 구한 후, $[H^+]$로부터 pH를 계산할 수 있다.

비슷한 문제: 15.18.

검산 답이 염기성 용액임을 나타내므로(pH > 7), NaOH 용액임을 만족한다.

실전 연습 어떤 혈액 시료의 OH^- 이온 농도가 2.5×10^{-7} *M*이다. 이것의 pH는 얼마인가?

개념 복습하기

$[H^+] = 2.5 \times 10^{-3}$ *M*인 용액과 pOH = 11.6인 용액 중 어느 것이 더 산성인가?

15.4 산-염기의 세기

엄밀하게 물에서 완전히 이온화되는 산은 없다.

동영상 자료
▶ 강산과 약산의 해리.

강산(strong acid)은 *물에서 완전히 이온화*한다고 가정할 수 있는 *강전해질*(strong electrolyte)이다(그림 15.3). 염산(HCl), 질산(HNO_3), 과염소산($HClO_4$), 황산(H_2SO_4) 등 대부분의 강산은 무기산이다.

$$\begin{aligned} HCl(aq) + H_2O(l) &\longrightarrow H_3O^+(aq) + Cl^-(aq) \\ HNO_3(aq) + H_2O(l) &\longrightarrow H_3O^+(aq) + NO_3^-(aq) \\ HClO_4(aq) + H_2O(l) &\longrightarrow H_3O^+(aq) + ClO_4^-(aq) \\ H_2SO_4(aq) + H_2O(l) &\longrightarrow H_3O^+(aq) + HSO_4^-(aq) \end{aligned}$$

H_2SO_4은 이양성자산임을 주목하라. 여기서는 이온화의 첫 번째 단계만은 나타내었다. 평형 상태에서 이들 산 용액은 이온화되지 않는 산 분자는 포함하지 않는다.

대부분의 산은 *물에서 일정 부분만 이온화*하는 **약산**(weak acid)이다. 평형 상태에서 약산의 수용액은 이온화되지 않는 분자, H_3O^+ 이온, 짝염기의 혼합물을 포함한다. 약산의 예로는 플루오린화 수소산(HF), 아세트산(CH_3COOH), 암모늄 이온(NH_4^+) 등이 있다. 산의 세기는 다음 장에서 공부할 이온화의 평형 상수와 관련이 있다.

Zn은 같은 농도에서 H^+ 이온이 더 많이 존재하기 때문에 CH_3COOH(오른쪽)와 같은 약산보다 HCl(왼쪽)과 같은 강산과 더욱 격렬하게 반응한다.

강산과 마찬가지로 **강염기**(strong base)는 *물에서 완전히 이온화하는 강전해질*이다. 알칼리 금속 및 알칼리 토금속의 수산화물은 강염기이다. [모든 알칼리 금속의 수산화물은 가용성이다. 알칼리 토금속의 수산화물 중에서 $Be(OH)_2$와 $Mg(OH)_2$는 불용성이고, $Ca(OH)_2$와 $Sr(OH)_2$는 미용성(약간 녹음)이며, $Ba(OH)_2$는 가용성이다.] 강염기의 몇 가지 예는 다음과 같다.

$$\begin{aligned} NaOH(s) &\xrightarrow{H_2O} Na^+(aq) + OH^-(aq) \\ KOH(s) &\xrightarrow{H_2O} K^+(aq) + OH^-(aq) \\ Ba(OH)_2(s) &\xrightarrow{H_2O} Ba^{2+}(aq) + 2OH^-(aq) \end{aligned}$$

엄밀히 말하면 이들 금속 수산화물은 수소 이온을 받을 수 없으므로 브뢴스테드 염기가 아니다. 그러나 이들이 이온화할 때 생성되는 수산화 이온(OH^-)은 수소 이온을 받을 수 있으므로 브뢴스테드 염기이다.

$$H_3O^+(aq) + OH^-(aq) \longrightarrow 2H_2O(l)$$

따라서 우리가 NaOH나 다른 금속 수산화물을 염기라고 부르는 것은 수산화물로부터 생성되는 OH^- 때문이다.

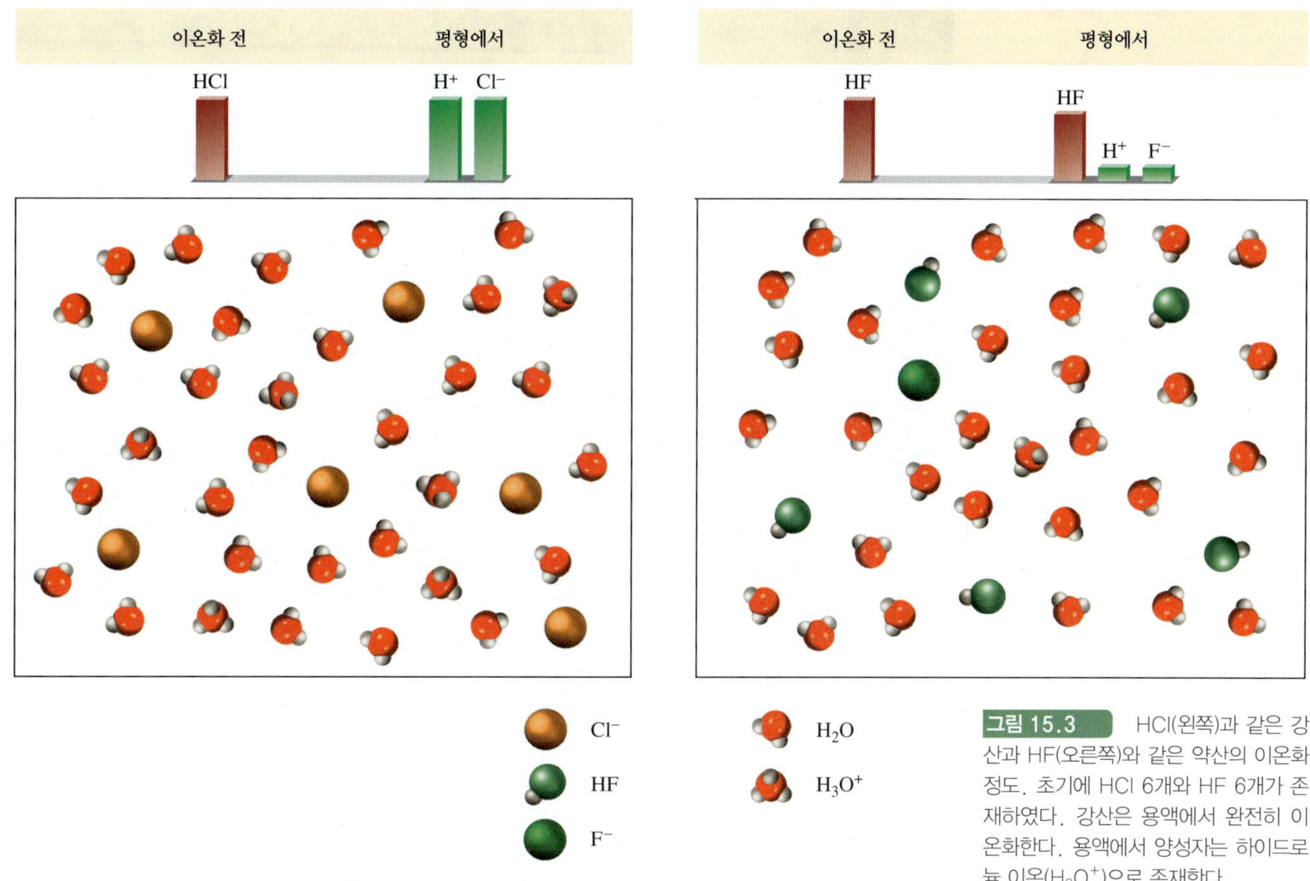

그림 15.3 HCl(왼쪽)과 같은 강산과 HF(오른쪽)와 같은 약산의 이온화 정도. 초기에 HCl 6개와 HF 6개가 존재하였다. 강산은 용액에서 완전히 이온화한다. 용액에서 양성자는 하이드로늄 이온(H_3O^+)으로 존재한다.

약산과 마찬가지로 **약염기**(weak base)는 *약전해질*(weak electrolyte)이다. 암모니아는 약염기이다. 물에서 일부만이 이온화한다.

$$NH_3(aq) + H_2O(l) \rightleftharpoons NH_4^+(aq) + OH^-(aq)$$

NH_3는 산처럼 수소를 제공하지 않는다. 반대로 물에서 수소를 받아 NH_4^+과 OH^- 이온 형태로 존재하는 염기이다.

표 15.2에 몇 가지 중요한 짝산-짝염기 쌍들을 상대적 세기 순서로 나열하였다. 짝산-짝염기 쌍은 다음과 같은 성질을 갖는다.

1. 산이 강하면, 그 짝염기의 세기는 매우 약하다. 예를 들면, 강산 HCl의 짝염기인 Cl^-은 매우 약한 염기이다.

2. H_3O^+은 수용액에서 존재할 수 있는 가장 강한 산이다. H_3O^+보다 더 강한 산은 물과 반응하여 H_3O^+와 그것의 짝염기를 생성한다. 따라서 H_3O^+보다 더 강한 산인 HCl은 물과 완전히 반응하여 H_3O^+과 Cl^-을 생성한다.

$$HCl(aq) + H_2O(l) \longrightarrow H_3O^+(aq) + Cl^-(aq)$$

H_3O^+보다 더 약한 산들은 물과 조금만 반응하여 H_3O^+과 그들의 짝염기를 생성한다. 예를 들면, 다음 평형은 거의 왼쪽으로 치우쳐 있다.

$$HF(aq) + H_2O(l) \rightleftharpoons H_3O^+(aq) + F^-(aq)$$

3. OH^- 이온은 수용액에서 존재할 수 있는 가장 강한 염기이다. OH^-보다 더 강한 염기는 물과 반응하여 OH^-와 짝산을 생성한다. 예를 들면 O^{2-} 이온은 OH^-보다 더 강한

표 15.2 짝산-짝염기의 상대적 세기

		산	짝염기	
산의 세기 증가 ↑	강산	$HClO_4$ (과염소산)	ClO_4^- (과염소산 이온)	염기의 세기 증가 ↓
		HI (아이오딘화 수소산)	I^- (아이오딘화 이온)	
		HBr (브로민화 수소산)	Br^- (브로민화 이온)	
		HCl (염산)	Cl^- (염화 이온)	
		H_2SO_4 (황산)	HSO_4^- (황산 수소 이온)	
		HNO_3 (질산)	NO_3^- (질산 이온)	
		H_3O^+ (하이드로늄 이온)	H_2O (물)	
	약산	HSO_4^- (황산 수소 이온)	SO_4^{2-} (황산 이온)	
		HF (플루오린화 수소산)	F^- (플루오린화 이온)	
		HNO_2 (아질산)	NO_2^- (아질산 이온)	
		HCOOH (폼산)	$HCOO^-$ (폼산)	
		CH_3COOH (아세트산)	CH_3COO^- (아세트산 이온)	
		NH_4^+ (암모늄 이온)	NH_3 (암모니아)	
		HCN (사이안화 수소산)	CN^- (사이안화 이온)	
		H_2O (물)	OH^- (수산화 이온)	
		NH_3 (암모니아)	NH_2^- (아마이드화 이온)	

염기이므로 다음과 같이 물과 완전히 반응한다.

$$O^{2-}(aq) + H_2O(l) \longrightarrow 2OH^-(aq)$$

따라서 O^{2-} 이온은 수용액에서 존재하지 않는다.

예제 15.6에서는 강산 용액과 강염기 용액에 대한 pH 계산법을 나타내었다.

예제 15.6

(a) 1.0×10^{-3} *M* HCl 용액, (b) 0.020 *M* $Ba(OH)_2$ 용액의 pH를 계산하시오.

전략 HCl은 강산이고, $Ba(OH)_2$는 강염기임을 명심하라. 따라서 이들은 완전히 이온화하여 HCl과 $Ba(OH)_2$는 용액 중에 존재하지 않는다.

$H_3O^+(aq)$와 $H^+(aq)$는 같다는 것을 명심하라.

평형 농도를 풀기 위해 14.4절에서 본 ICE법을 사용한다.

풀이 (a) HCl 의 이온화

$$HCl(aq) \longrightarrow H^+(aq) + Cl^-(aq)$$

이온화 전과 후의 모든 화학종(HCl, H^+, Cl^-)의 농도는 다음과 같다.

	$HCl(aq)$	$\longrightarrow$	$H^+(aq)$	+	$Cl^-(aq)$
초기(*M*):	1.0×10^{-3}		0.0		0.0
변화(*M*):	-1.0×10^{-3}		$+1.0 \times 10^{-3}$		$+1.0 \times 10^{-3}$
최종(*M*):	0.0		1.0×10^{-3}		1.0×10^{-3}

양(+)의 변화는 증가, 음(−)의 변화는 감소를 나타낸다. 따라서

$$[H^+] = 1.0 \times 10^{-3}\ M$$
$$pH = -\log(1.0 \times 10^{-3})$$
$$= 3.00$$

(계속)

(b) $Ba(OH)_2$는 강염기이다. 각각의 $Ba(OH)_2$는 두 개의 OH^- 이온을 만든다.

$$Ba(OH)_2(aq) \rightleftharpoons Ba^{2+}(aq) + 2OH^-(aq)$$

모든 화학종의 농도 변화는 다음과 같다.

	$Ba(OH)_2(aq)$	$\longrightarrow$	$Ba^{2+}(aq)$	+	$2OH^-(aq)$
초기(M):	0.020		0.00		0.00
변화(M):	−0.020		+0.020		+2(0.020)
최종(M):	0.00		0.020		0.040

따라서

$$[OH^-] = 0.040\,M$$
$$pOH = -\log 0.040 = 1.40$$

식 (15.8)으로부터

$$\begin{aligned} pH &= 14.00 - pOH \\ &= 14.00 - 1.40 \\ &= 12.60 \end{aligned}$$

검산 (a)와 (b)에서 물의 자체 이온화에 의하여 생성된 H^+와 OH^-의 농도는 $1.0 \times 10^{-7}\,M$로 $1.0 \times 10^{-3}\,M$과 $0.040\,M$에 비해 아주 작은 값이기 때문에 고려하지 않았음을 주의하라.

비슷한 문제: 15.18.

실전 연습 $1.8 \times 10^{-2}\,M$ $Ba(OH)_2$ 용액의 pH를 계산하시오.

예제 15.7에서 볼 수 있듯이 두 가지 산의 상대적 세기를 알면, 이들 중 한 가지 산과 다른 산의 짝염기 사이의 평형 상태를 예측할 수 있다.

예제 15.7

수용액에서 다음 반응의 방향을 예측하시오.

$$HNO_2(aq) + CN^-(aq) \rightleftharpoons HCN(aq) + NO_2^-(aq)$$

전략 문제는 평형에서 반응이 오른쪽(HCN과 NO_2^-가 많이 생성되는 쪽)으로, 또는 왼쪽(HNO_2와 CN^-가 많이 생성되는 쪽)으로 이동할 것인가이다. HCN과 HNO_2 둘 중 어느 것이 더 강한 산이며, 따라서 더 센 양성자 주개인가? CN^-과 NO_2^- 둘 중 어느 것이 더 강한 염기이며, 따라서 더 센 양성자 받개인가? 강산일수록 그것의 짝염기는 약하다는 것을 기억하라.

풀이 표 15.2에서 HNO_2는 HCN보다 더 강한 산임을 알 수 있다. 따라서 CN^-이 NO_2^-보다 더 강한 염기이다. 알짜 반응은 HNO_2가 HCN보다 더 좋은 양성자 주개이기 때문에 왼쪽에서 오른쪽으로 진행된다(그리고 CN^-은 NO_2^-보다 더 좋은 양성자 받개이다).

비슷한 문제: 15.37.

실전 연습 다음 반응의 평형 상수가 1보다 더 큰지, 작은지를 예측하시오.

$$CH_3COOH(aq) + HCOO^-(aq) \rightleftharpoons CH_3COO^-(aq) + HCOOH(aq)$$

개념 복습하기

(a) 다음 산 용액에서 모든 이온과 분자 화학종을 감소하는 농도 순서대로 나열하시오. (i) HNO_3, (ii) HF.

(b) 다음 염기 용액에서 모든 이온과 분자 화학종을 감소하는 농도 순서대로 나열하시오. (i) NH_3, (ii) KOH.

15.5 약산과 산 이온화 상수

앞에서 본 바와 같이 강산의 수는 얼마 되지 않으며, 대부분의 산들은 약산이다. 약한 일양성자산 HA는 물에서 다음과 같이 이온화한다.

$$HA(aq) + H_2O(l) \rightleftharpoons H_3O^+(aq) + A^-(aq)$$

또는 간단히

$$HA(aq) \rightleftharpoons H^+(aq) + A^-(aq)$$

이와 같은 산 이온화에 대한 평형을 다음과 같이 나타낼 수 있다.

이 식에서 모든 농도는 평형 농도이다.

$$K_a = \frac{[H_3O^+][A^-]}{[HA]} \quad 또는 \quad K_a = \frac{[H^+][A^-]}{[HA]} \tag{15.10}$$

동영상 자료
▶ 산의 이온화.

여기서 K_a는 *산 이온화에 대한 평형 상수*이며, **산 이온화 상수**(acid ionization constant)라고 부른다. 주어진 온도에서 산 HA의 세기는 K_a의 크기에 의해 결정되며, 산의 K_a가 크면 클수록 그 산은 더욱 더 강산이 된다. 다시 말해서 산이 더 많이 이온화하여 평형 상태에서 H^+ 이온의 농도가 커진다. 약산들만 K_a 값을 가진다.

마지막 페이지에는 본문에 있는 유용한 모든 표와 그림에 대한 찾아보기가 주어져 있다.

표 15.3에 25°C에서의 약산과 그 산의 K_a 값을 큰 것부터 순서대로 수록하였다. 표 15.3에 수록된 화합물들은 모두 약산이지만, 그 산의 세기에 있어서 커다란 차이가 있다. 예를 들면, HF의 K_a 값(7.1×10^{-4})은 HCN의 K_a 값(4.9×10^{-10})의 약 150만 배이다.

일반적으로 산의 주어진 초기 농도와 K_a를 이용하여 산 용액의 수소 이온의 평형 농도 또는 pH를 구할 수 있다. 반대로, 약산 용액의 pH나 초기 농도를 안다면 K_a를 구할 수 있다. 이 평형 농도를 계산하는 문제를 풀기 위한 접근법은 14장에서 보여준 과정과 같다. 그러나 산 이온화는 수용액에서 화학 평형의 중요한 부분으로 표현할 수 있으므로, 이러한 유형의 문제를 풀기 위해 체계적 단계를 거쳐 전개할 수 있다. 또한 이 문제는 관련된 화학적 성질을 이해하는 데 도움을 준다.

예를 들면, 25°C에서 0.50 *M* HF 용액의 pH를 구하는 경우를 생각해 보자. HF의 이온화는 다음과 같이 나타낼 수 있다.

$$HF(aq) \rightleftharpoons H^+(aq) + F^-(aq)$$

표 15.3을 이용하면

$$K_a = \frac{[H^+][F^-]}{[HF]} = 7.1 \times 10^{-4}$$

첫 번째 단계는 pH에 영향을 줄 수 있는 모든 화학종을 가려내는 것이다. 약산은 아주 조금만 이온화하므로 평형 상태에서의 중요한 화학종은 HF이며, 약간의 H^+와 F^-이 존재한다. 또 다른 중요한 화학종으로 H_2O를 둘 수 있으나, H_2O는 매우 작은 K_w 값(1.0×10^{-14})을 가지므로 H^+ 이온의 농도에 별로 영향을 주지 못한다. 따라서 별도의 언급이 없으면 물의 자체 이온화에 의해서 생기는 H^+은 무시한다. 용액 중에 존재하는 OH^- 이온 또한 고려하지 않아도 된다는 것을 유의하라. OH^- 농도는 우선 $[H^+]$을 계산한 후에 식 (15.3)을 이용하여 구할 수 있다.

HF, H^+, F^-의 농도 변화는 예제 14.9에서 보인 단계에 따라 다음과 같이 정리할 수 있다.

표 15.3 25°C에서 몇 가지 약산과 그 짝염기의 이온화 상수

산 이름	화학식	구조	K_a	짝염기	K_b†
플루오린화 수소산	HF	H—F	7.1×10^{-4}	F^-	1.4×10^{-11}
아질산	HNO_2	O═N—O—H	4.5×10^{-4}	NO_2^-	2.2×10^{-11}
아세틸살리실산 (아스피린)	$C_9H_8O_4$	(벤젠 고리)—C(═O)—O—H, —O—C(═O)—CH$_3$	3.0×10^{-4}	$C_9H_7O_4^-$	3.3×10^{-11}
폼산	$HCOOH$	H—C(═O)—O—H	1.7×10^{-4}	$HCOO^-$	5.9×10^{-11}
아스코브산*	$C_6H_8O_6$	H—O, OH, C═C, H, C, C═O, CHOH, O, CH$_2$OH	8.0×10^{-5}	$C_6H_7O_6^-$	1.3×10^{-10}
벤조산	C_6H_5COOH	(벤젠 고리)—C(═O)—O—H	6.5×10^{-5}	$C_6H_5COO^-$	1.5×10^{-10}
아세트산	CH_3COOH	CH$_3$—C(═O)—O—H	1.8×10^{-5}	CH_3COO^-	5.6×10^{-10}
사이안화 수소산	HCN	H—C≡N	4.9×10^{-10}	CN^-	2.0×10^{-5}
페놀	C_6H_5OH	(벤젠 고리)—O—H	1.3×10^{-10}	$C_6H_5O^-$	7.7×10^{-5}

* 아스코브산에서는 왼쪽 위에 있는 수산기가 이온화된다.

† 염기 이온화 상수 K_b는 15.6절에 논의되었다.

$$
\begin{array}{lccc}
 & HF(aq) & \rightleftharpoons H^+(aq) & + \; F^-(aq) \\
\text{초기}(M): & 0.50 & 0.00 & 0.00 \\
\text{변화}(M): & -x & +x & +x \\
\hline
\text{최종}(M): & 0.50 - x & x & x
\end{array}
$$

평형 상태에서의 농도를 x로 나타낸 농도의 변화량을 이용하여 이온화 상수 식에 대입한다.

$$K_a = \frac{(x)(x)}{0.50 - x} = 7.1 \times 10^{-4}$$

이 식을 다시 정리하면, 다음과 같이 쓸 수 있다.

$$x^2 + 7.1 \times 10^{-4}x - 3.6 \times 10^{-4} = 0$$

이 식에서는 이차 방정식을 푸는 근의 공식(부록 4 참조)에 의해서 구할 수 있다. 이러한 형태의 문제를 간단히 풀기 위해서 근사값을 적용할 수도 있다. HF는 약산이기 때문에 HF의 이온화 정도는 매우 작을 것이다. 따라서 x는 0.50과 비교하면 매우 작다. 그러므로 다음과 같이 가정할 수 있다.

$$0.50 - x \approx 0.50$$

부호 ≈는 "거의 같다"는 의미이다. 이러한 근사의 유사성은 석탄을 실은 트럭과 같다. 운반 도중 소량의 석탄 덩어리의 손실은 적재된 총 질량의 변화에 별다른 영향을 주지 않는다.

따라서 이온화 상수는 다음과 같이 쓸 수 있다.

$$\frac{x^2}{0.50 - x} \approx \frac{x^2}{0.50} = 7.1 \times 10^{-4}$$

이 식을 다시 정리하면,

$$x^2 = (0.50)(7.1 \times 10^{-4}) = 3.55 \times 10^{-4}$$
$$x = \sqrt{3.55 \times 10^{-4}} = 0.019\ M$$

따라서 이차 방정식을 풀지 않고 x 값을 구할 수 있다. 평형 상태에서 각 화학종의 농도는 다음과 같이 된다.

$$[\mathrm{HF}] = (0.50 - 0.019)\ M = 0.48\ M$$
$$[\mathrm{H^+}] = 0.019\ M$$
$$[\mathrm{F^-}] = 0.019\ M$$

용액의 pH는 다음과 같이 구한다.

$$\mathrm{pH} = -\log(0.019) = 1.72$$

이 근사값은 타당한 값인가? 일반적으로 약산의 K_a 값은 일반적으로 ±5%만의 정확도로 알려져 있기 때문에 x 값이 0.50의 5% 미만이어야 한다. 다시 말하면 다음 계산 값이 5% 이하이면 이 가정이 타당하다고 할 수 있다.

$$\frac{0.019\ M}{0.50\ M} \times 100\% = 3.8\%$$

따라서 이 경우에 근사값이 유효하다.

이제 이와는 다른 경우를 생각해 보자. HF의 초기 농도가 0.050 M이라면 위의 과정을 이용하여 x를 구하면 $6.0 \times 10^{-3}\ M$이 얻어진다. 그러나 다음 식에서 볼 수 있듯이 이 값은 0.050 M의 5%보다 더 큰 값을 가지므로, 이 가정은 더 이상 타당하지 않음을 알 수 있다.

$$\frac{6.0 \times 10^{-3}\ M}{0.050\ M} \times 100\% = 12\%$$

이러한 경우에는 이차 방정식을 풀어서 정확한 x의 값을 구한다.

이차 방정식

미지의 x를 포함한 이온화 상수를 다음과 같이 쓸 수 있다.

$$\frac{x^2}{0.050 - x} = 7.1 \times 10^{-4}$$
$$x^2 + 7.1 \times 10^{-4}x - 3.6 \times 10^{-5} = 0$$

이 식은 이차 방정식 $ax^2 + bx + c = 0$의 형태가 된다. 이차 방정식을 푸는 공식을 이용하면 x 값을 다음과 같이 구할 수 있다.

$$\begin{aligned} x &= \frac{-b \pm \sqrt{b^2 - 4ac}}{2a} \\ &= \frac{-7.1 \times 10^{-4} \pm \sqrt{(7.1 \times 10^{-4})^2 - 4(1)(-3.6 \times 10^{-5})}}{2(1)} \\ &= \frac{-7.1 \times 10^{-4} \pm 0.012}{2} \\ &= 5.6 \times 10^{-3}\ M \text{ 또는 } -6.4 \times 10^{-3}\ M \end{aligned}$$

두 번째 답($x = -6.4 \times 10^{-3}\ M$)은 이온의 농도가 음의 값을 가질 수 없으므로 타당한 값이 될 수 없다. 따라서 $x = 5.6 \times 10^{-3}\ M$을 이용하면 각 화학종의 농도는 다음과 같이 구할 수 있다.

$$[HF] = (0.050 - 5.6 \times 10^{-3})\ M = 0.044\ M$$
$$[H^+] = 5.6 \times 10^{-3}\ M$$
$$[F^-] = 5.6 \times 10^{-3}\ M$$

용액의 pH는 다음과 같다.

$$pH = -\log(5.6 \times 10^{-3}) = 2.25$$

약산의 이온화에 관한 문제를 풀기 위한 과정을 정리하면 다음과 같다.

1. 용액의 pH에 영향을 주는 모든 화학종을 찾아낸다. 대부분의 경우 물의 이온화에 의해 생기는 이온은 무시한다. 수산화 이온의 농도는 H^+ 이온의 농도에 의해 결정되므로 H^+를 구하는 식에 포함하지 않는다.
2. 이들 화학종들의 평형 상태에서의 농도를 산의 초기 농도와 농도의 변화를 나타내는 미지수 x를 이용하여 나타낸다.
3. 산 이온화 상수(K_a)를 평형 농도를 이용하여 나타낸다. 먼저 근사법으로 x를 구한다. 만약 x의 근사값이 타당하지 않으면 이차 방정식을 이용하거나 연속 근사법을 이용하여 x를 구한다.
4. 일단 x 값을 구한 후에 다른 화학종들의 평형 농도와 용액의 pH를 구한다.

예제 15.8에서 위 단계들을 이용한 예를 볼 수 있다.

예제 15.8

0.036 M 아질산(HNO_2) 용액의 pH를 계산하시오.

$$HNO_2(aq) \rightleftharpoons H^+(aq) + NO_2^-(aq)$$

HNO_2

전략 약산은 물에서 소량만 이온화된다는 점을 생각하자. 이 문제에서는 약산의 초기 농도가 주어지고 평형에서 용액의 pH를 계산하는 것이다. 타당한 화학종을 추적하기 위해 그림을 그려 보는 것도 도움이 된다.

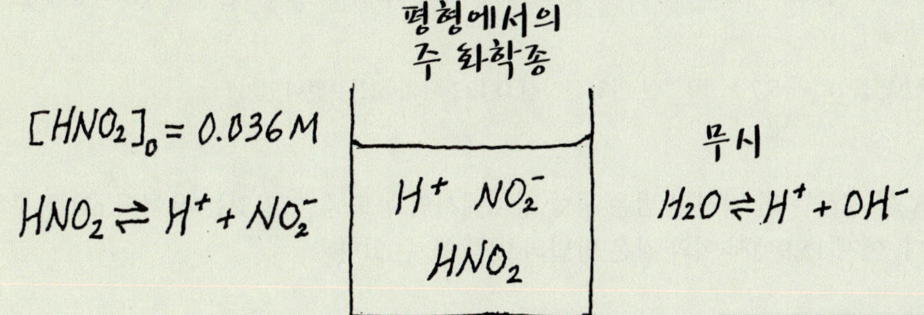

예제 15.6에서와 같이 물의 이온화는 무시할 수 있기 때문에 생성된 H^+은 산으로부터 나온다고 생각할 수 있다. 산성 용액이므로 OH^-의 농도는 매우 작다고 예측할 수 있고 따라서 OH^-는 무시할 수 있다.

풀이 위에 정리한 과정을 따른다.

단계 1: 용액의 pH에 영향을 미치는 화학종들은 HNO_2, H^+, 짝염기인 NO_2^-이다. 물의 이온화로 생기는 $[H^+]$는 무시한다.

단계 2: 평형에서 H^+와 NO^{2-} 이온의 농도(mol/L)를 x라 하면

(계속)

	$HNO_2(aq)$	$\rightleftharpoons$	$H^+(aq)$	+	$NO_2^-(aq)$
초기(M):	0.036		0.00		0.00
변화(M):	$-x$		$+x$		$+x$
최종(M):	$0.036 - x$		x		x

단계 3: 표 15.3으로부터 다시 쓰면

$$K_a = \frac{[H^+][NO_2^-]}{[HNO_2]}$$

$$4.5 \times 10^{-4} = \frac{x^2}{0.036 - x}$$

근사법을 사용하여 $0.036 - x \approx 0.036$라 하면

$$4.5 \times 10^{-4} = \frac{x^2}{0.036 - x} \approx \frac{x^2}{0.036}$$

$$x^2 = 1.62 \times 10^{-5}$$

$$x = 4.0 \times 10^{-3}\,M$$

근사법의 결과를 조사하면

$$\frac{4.0 \times 10^{-3}\,M}{0.036\,M} \times 100\% = 11\%$$

x 값이 산의 초기 농도의 5%보다 크다. 이런 경우에는 근사법이 타당하지 않기 때문에 다음 이차 방정식을 푼다.

$$x^2 + 4.5 \times 10^{-4}x - 1.62 \times 10^{-5} = 0$$

$$x = \frac{-4.5 \times 10^{-4} \pm \sqrt{(4.5 \times 10^{-4})^2 - 4(1)(-1.62 \times 10^{-5})}}{2(1)}$$

$$= 3.8 \times 10^{-3}\,M \quad \text{또는} \quad -4.3 \times 10^{-3}\,M$$

이온화 결과 이온의 농도는 음수가 될 수 없기 때문에 두 번째 값은 물리적으로 불가능한 값이다. 따라서 양의 값 $x = 3.8 \times 10^{-3}\,M$이 답이 된다.

단계 4: 평형에서

$$[H^+] = 3.8 \times 10^{-3}\,M$$

$$pH = -\log(3.8 \times 10^{-3})$$

$$= 2.42$$

검산 계산된 pH는 용액이 산성임을 나타내고, 이로부터 약산성임을 예측할 수 있다. 강산인 HCl 0.036 M의 pH를 확인해보고 여기서 구한 값과 비교해보면 강산과 약산의 차이를 확실히 알 수 있다.

비슷한 문제: 15.43.

실전 연습 K_a가 5.7×10^{-4}인 일양성자산 0.122 M의 pH는 얼마인가?

K_a를 구하는 한 가지 방법은 평형 상태에서의 농도를 알고 있는 용액의 pH를 구하는 것이다. 예제 15.9에서 이와 같은 방법의 예를 볼 수 있다.

예제 15.9

0.10 M 폼산(HCOOH) 용액의 pH가 2.39이다. 이 산의 K_a는 얼마인가?

전략 폼산은 약산이므로 물에서 소량만 이온화한다. 주어진 폼산의 농도가 이온화가 시작되기 전 폼산의 초기 농도에 해당한다. 반면에 pH는 평형에서의 값이다. 따라서 K_a를 계산하기 위해서는 평형에서 세 화학종의 농도 $[H^+]$, $[HCOO^-]$, [HCOOH]를 알아야 한다. 앞에서도 그랬듯이 물의 이온화는 무시한다. 다음 그림은 위 상황을 나타낸 것이다.

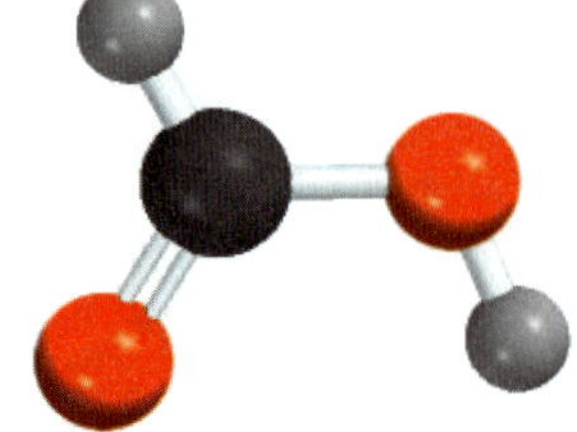

HCOOH

(계속)

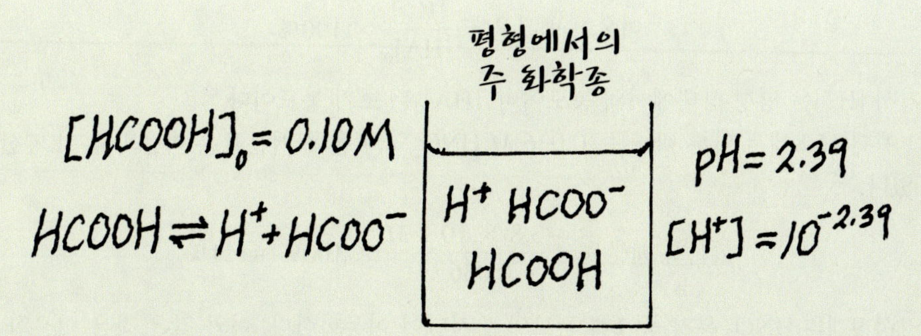

풀이 다음과 같이 진행한다.

단계 1: 용액에서 주 화학종은 HCOOH, H^+, 짝염기 $HCOO^-$이다.

단계 2: pH 값으로부터 수소 이온 농도를 계산한다.

$$\text{pH} = -\log[\text{H}^+]$$
$$2.39 = -\log[\text{H}^+]$$

양변에 역로그를 취하면

$$[\text{H}^+] = 10^{-2.39} = 4.1 \times 10^{-3}\ M$$

다음으로 농도 변화를 정리한다.

	$HCOOH(aq)$	$\rightleftharpoons$	$H^+(aq)$	+	$HCOO^-(aq)$
초기(M):	0.10		0.00		0.00
변화(M):	-4.1×10^{-3}		$+4.1 \times 10^{-3}$		$+4.1 \times 10^{-3}$
최종(M):	$(0.10 - 4.1 \times 10^{-3})$		4.1×10^{-3}		4.1×10^{-3}

pH와 이로부터 구한 H^+의 농도를 알고 있으므로 평형에서의 HCOOH와 $HCOO^-$의 농도를 구할 수 있다.

단계 3: 폼산의 이온화 상수를 구한다.

$$K_a = \frac{[\text{H}^+][\text{HCOO}^-]}{[\text{HCOOH}]}$$
$$= \frac{(4.1 \times 10^{-3})(4.1 \times 10^{-3})}{(0.10 - 4.1 \times 10^{-3})}$$
$$= 1.8 \times 10^{-4}$$

검산 계산된 K_a 값이 표 15.3의 값과 약간 차이가 있는데, 이것은 계산 과정에서 반올림했기 때문이다.

비슷한 문제: 15.45.

실전 연습 어떤 약산인 일양성자산 0.060 M의 pH가 3.44이다. 이 산의 K_a를 계산하시오.

이온화 백분율

K_a의 크기는 산의 세기를 나타낸다. 산의 세기를 알아보는 또 다른 방법은 산의 **이온화 백분율**(percent ionization)을 측정하는 것이다. 이온화 백분율은 다음과 같이 정의한다.

$$\text{이온화 백분율} = \frac{\text{평형에서 이온화된 산의 농도}}{\text{산의 초기 농도}} \times 100\% \qquad (15.11)$$

산의 농도가 같다면 이온화 백분율로 산의 세기를 비교할 수 있다.

산의 세기가 셀수록 이온화 백분율은 커진다. HA와 같은 일양성자산에서 이온화되는 산의 농도는 평형 상태에서 H^+ 이온 농도나 짝염기(A^-)의 농도와 같으므로 이온화 백분율은 다음과 같이 나타낼 수 있다.

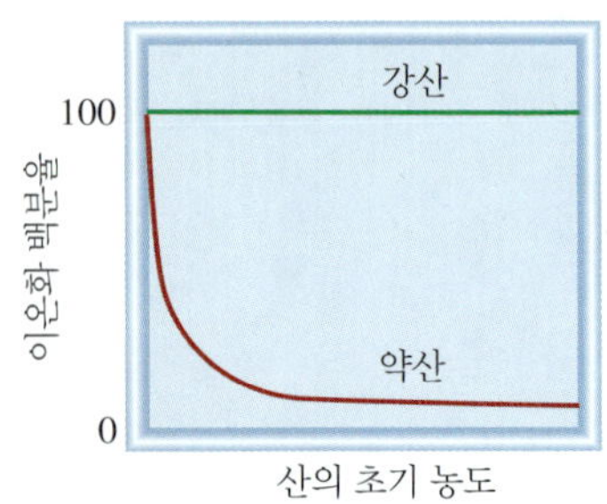

그림 15.4 이온화 백분율은 산의 초기 농도에 좌우된다. 매우 낮은 농도에서는 산의 세기와 관계없이 거의 다 이온화된다.

$$\text{이온화 백분율} = \frac{[H^+]}{[HA]_0} \times 100\%$$

여기서 $[H^+]$는 평형 상태에서의 농도이며, $[HA]_0$는 초기 농도이다.

예제 15.8에서 다룬 바 있는 0.036 *M* HNO_2의 이온화 백분율은 다음과 같이 계산할 수 있다.

$$\text{이온화 백분율} = \frac{3.8 \times 10^{-3}\ M}{0.036\ M} \times 100\% = 11\%$$

따라서 9개의 HNO_2 분자 중 1개 정도의 분자만이 이온화한다. 이와 같은 작은 이온화 백분율 값은 HNO_2가 약한 산임을 증명해 준다.

약산이 이온화하는 정도는 산의 초기 농도에 의존한다. 산의 농도가 묽을수록 이온화 백분율 값은 커진다(그림 15.4 참조). 정성적으로 설명하자면, 산을 묽힐 때 용액 내 "입자"의 농도가 감소한다. 르샤틀리에 원리(14.5절 참조)에 따르면 이러한 입자 농도의 감소는 반작용으로 더 많은 입자(이온)를 가지는 쪽으로 반응이 옮겨지게 된다. 즉, 이온화되지 않는 산(입자 하나)으로부터 H^+ 이온과 짝염기(입자 두 개) 쪽으로 평형이 이동한다. 다시 말하면, $HA \rightleftharpoons H^+ + A^-$의 평형에서 이온화되지 않은 HA로부터 H^+와 A^-의 두 입자를 포함하는 오른쪽으로 평형이 이동한다. 그 결과 용액 속에 들어 있는 "입자"의 농도는 증가한다.

초기 농도에 대한 이온화 백분율의 의존성은 앞에서 언급한 HF의 경우에서 볼 수 있다.

0.50 *M* HF

$$\text{이온화 백분율} = \frac{0.019\ M}{0.50\ M} \times 100\% = 3.8\%$$

0.050 *M* HF

$$\text{이온화 백분율} = \frac{5.6 \times 10^{-3}\ M}{0.050\ M} \times 100\% = 11\%$$

이 두 가지 경우에서 HF 용액이 묽으면 이온화 백분율 값은 커짐을 알 수 있다.

개념 복습하기

물의 "농도"는 55.5 *M*이다. 물의 이온화 백분율을 계산하시오.

15.6 약염기와 염기 이온화 상수

질소의 비공유 전자쌍(빨간색) 때문에 암모니아는 염기성을 띤다.

동영상 자료
▶ 염기 이온화.

약염기는 약산과 같은 방법으로 다룰 수 있다. 암모니아가 물에 녹을 때 다음과 같은 반응이 진행된다.

$$NH_3(aq) + H_2O(l) \rightleftharpoons NH_4^+(aq) + OH^-(aq)$$

평형 상수는 다음과 같이 주어진다.

$$K = \frac{[NH_4^+][OH^-]}{[NH_3][H_2O]}$$

물의 전체 농도와 비교해 보면 이 반응에 의해서 소모된 물 분자의 수는 매우 작기 때문에 $[H_2O]$는 상수로 간주한다. 따라서 이 *이온화 반응의 평형 상수*인 **염기 이온화 상수**(base ionization constant, K_b)는 다음과 같다.

$$K_b = K[H_2O] = \frac{[NH_4^+][OH^-]}{[NH_3]}$$
$$= 1.8 \times 10^{-5}$$

표 15.4에 일반적인 약염기와 그 이온화 상수를 수록하였다. 이들 화합물의 염기도는 질소 원자에 있는 비공유 전자쌍 때문이다. 비공유 전자쌍이 H^+ 이온을 받을 수 있기 때문에 이 화합물들은 브뢴스테드 염기가 된다.

약염기와 관련된 문제를 풀 때에는 약산의 경우와 같은 과정을 따른다. 차이점은 $[H^+]$ 대신에 $[OH^-]$를 먼저 계산하는 것이다. 예제 15.10에 이 경우를 나타내었다.

예제 15.10

0.40 *M* 암모니아 용액의 pH를 계산하시오.

전략 약산과 같은 과정으로 답을 구한다(예제 15.8 참조). 암모니아의 이온화로부터 평형에서 존재하는 주 화학종은 NH_3, NH_4^+, OH^-임을 알 수 있다. 염기성 용액이기 때문에 수소 이온의 농도는 아주 작아서 이 화학종은 무시할 수 있다. 앞에서와 같이 물의 이온화는 무시한다. 다음과 같이 평형에서 주 화학종을 그린다.

(계속)

표 15.4 25°C에서 몇 가지 약염기와 그 짝산의 이온화 상수

염기 이름	화학식	구조	K_b*	짝산	K_a
에틸아민	$C_2H_5NH_2$	$CH_3-CH_2-\ddot{N}-H$ (N에 H 결합)	5.6×10^{-4}	$C_2H_5\overset{+}{N}H_3$	1.8×10^{-11}
메틸아민	CH_3NH_2	$CH_3-\ddot{N}-H$ (N에 H 결합)	4.4×10^{-4}	$CH_3\overset{+}{N}H_3$	2.3×10^{-11}
암모니아	NH_3	$H-\ddot{N}-H$ (N에 H 결합)	1.8×10^{-5}	NH_4^+	5.6×10^{-10}
피리딘	C_5H_5N	N:	1.7×10^{-9}	$C_5H_5\overset{+}{N}H$	5.9×10^{-6}
아닐린	$C_6H_5NH_2$	$-\ddot{N}-H$, H	3.8×10^{-10}	$C_6H_5\overset{+}{N}H_3$	2.6×10^{-5}
카페인	$C_8H_{10}N_4O_2$	O, H_3C, CH_3, C, N, C—H, O, N, CH_3	5.3×10^{-14}	$C_8H_{11}\overset{+}{N}_4O_2$	0.19
요소	$(NH_2)_2CO$	$H-\ddot{N}-C(=O)-\ddot{N}-H$ (각 N에 H 결합)	1.5×10^{-14}	$H_2NCO\overset{+}{N}H_3$	0.67

*각 화합물의 염기도는 고립 전자쌍이 있는 질소 원자의 염기도를 의미한다. 요소의 경우 K_b 값은 두 질소 원자가 작용한 것이다.

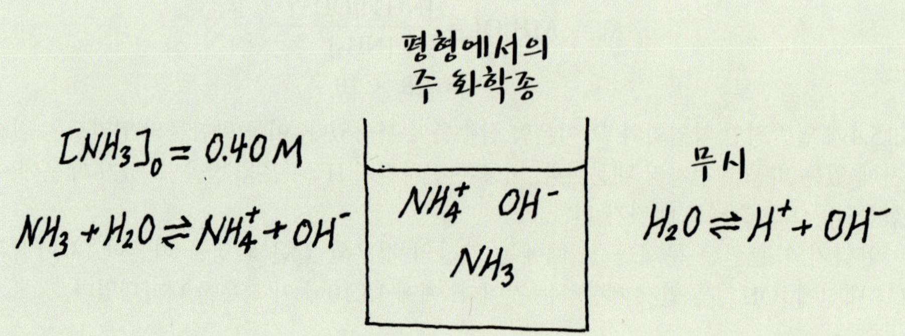

풀이 다음과 같이 진행한다.

단계 1: 암모니아 용액에서 주 화학종은 NH_3, NH_4^+, OH^-이다. 물의 이온화로 생기는 OH^-농도는 무시한다.

단계 2: 평형에서 NH_4^+와 OH^- 이온 농도(mol/L)를 x라 하고, 요약하면

	$NH_3(aq)$ + $H_2O(l)$ ⇌	$NH_4^+(aq)$ +	$OH^-(aq)$
초기(M):	0.40	0.00	0.00
변화(M):	$-x$	$+x$	$+x$
최종(M):	$0.40 - x$	x	x

단계 3: 표 15.4로부터 K_b는 다음과 같다.

$$K_b = \frac{[NH_4^+][OH^-]}{[NH_3]}$$

$$1.8 \times 10^{-5} = \frac{x^2}{0.40 - x}$$

근사법을 사용하여 $0.40 - x \approx 0.40$이라 하면

$$1.8 \times 10^{-5} = \frac{x^2}{0.40 - x} \approx \frac{x^2}{0.40}$$

$$x^2 = 7.2 \times 10^{-6}$$

$$x = 2.7 \times 10^{-3}\,M$$

5% 규칙은 염기에도 해당된다.

근사법의 타당성을 확인해 보자.

$$\frac{2.7 \times 10^{-3}\,M}{0.40\,M} \times 100\% = 0.68\%$$

따라서, 근사법을 적용할 수 있다.

단계 4: 평형에서 $[OH^-] = 2.7 \times 10^{-3}\,M$이므로

$$\begin{aligned} pOH &= -\log(2.7 \times 10^{-3}) \\ &= 2.57 \\ pH &= 14.00 - 2.57 \\ &= 11.43 \end{aligned}$$

검산 계산된 pH로부터 용액이 염기성임을 알 수 있고, 이는 약염기 용액이므로 예측된 결과이다. 강염기인 KOH 용액의 농도가 0.40 M인 경우에 pH를 계산해 보고, 구한 결과와 비교해 보면 강염기와 약염기의 차이를 확실히 알 수 있다.

비슷한 문제: 15.55.

실전 연습 0.26 M 메틸아민 용액의 pH를 계산하시오(표 15.4 참조).

개념 복습하기

농도가 같은 다음 세 용액을 생각해 보자. 표 15.4를 이용하여 세 용액을 가장 염기성인 것부터 약해지는 순서로 나열하시오. (a) 아닐린, (b) 메틸아민, (c) 카페인.

15.7 산과 그 짝염기의 이온화 상수 사이의 관계

산 이온화 상수와 그 짝염기의 이온화 상수 사이의 관계를 아세트산을 예로 들어 살펴보자.

$$CH_3COOH(aq) \rightleftharpoons H^+(aq) + CH_3COO^-(aq)$$
$$K_a = \frac{[H^+][CH_3COO^-]}{[CH_3COOH]}$$

아세트산 소듐(CH_3COONa) 용액에서 공급된 짝염기 CH_3COO^-는 다음과 같이 물과 반응한다.

$$CH_3COO^-(aq) + H_2O(l) \rightleftharpoons CH_3COOH(aq) + OH^-(aq)$$

염기 이온화 상수는 다음과 같이 나타낼 수 있다.

$$K_b = \frac{[CH_3COOH][OH^-]}{[CH_3COO^-]}$$

두 이온화 상수의 곱은 다음과 같이 주어진다.

$$\begin{aligned} K_aK_b &= \frac{[H^+][\cancel{CH_3COO^-}]}{[\cancel{CH_3COOH}]} \times \frac{[\cancel{CH_3COOH}][OH^-]}{[\cancel{CH_3COO^-}]} \\ &= [H^+][OH^-] \\ &= K_w \end{aligned}$$

이 결과는 이상하게 보일지 몰라도 아래의 (1) 식과 (2) 식을 합하면 단순히 물의 자체이온화 반응임을 알 수 있다.

$$\begin{array}{llr} (1) & CH_3COOH(aq) \rightleftharpoons H^+(aq) + CH_3COO^-(aq) & K_a \\ (2) & CH_3COO^-(aq) + H_2O(l) \rightleftharpoons CH_3COOH(aq) + OH^-(aq) & K_b \\ \hline (3) & H_2O(l) \rightleftharpoons H^+(aq) + OH^-(aq) & K_w \end{array}$$

위의 예는 화학 평형에 대해 우리가 알고 있는 규칙 중 하나를 설명하고 있다. 즉, 두 반응을 합하여 세 번째 반응이 생기면, 세 번째 반응에 대한 평형 상수는 두 반응의 평형 상수의 곱과 같다(14.2절 참조). 따라서, 짝산-짝염기쌍에 대해 다음 관계는 항상 성립한다.

$$K_aK_b = K_w \qquad (15.12)$$

식 (15.12)를 고쳐 쓰면

$$K_a = \frac{K_w}{K_b} \qquad K_b = \frac{K_w}{K_a}$$

다음과 같은 중요한 결론을 얻을 수 있다. 즉, 산이 셀수록(K_a 값이 클수록) 그 산의 짝염기는 더욱 약한 염기이다(K_b 값은 더욱 작아진다). 그리고 산이 약할수록 그 산의 짝염기는 더욱 강한 염기가 된다(표 15.3과 표 15.4 참조).

식 (15.12)를 이용해서 CH_3COOH의 짝염기(CH_3COO^-)의 K_b를 다음과 같이 구할 수 있다. 표 15.3에서 CH_3COOH의 K_a 값을 찾을 수 있으므로

$$\begin{aligned} K_b &= \frac{K_w}{K_a} \\ &= \frac{1.0 \times 10^{-14}}{1.8 \times 10^{-5}} \\ &= 5.6 \times 10^{-10} \end{aligned}$$

개념 복습하기

다음 두 산과 그들의 이온화 상수에 대해 생각해보자.

$$\begin{array}{rl} \mathrm{HCOOH} & K_a = 1.7 \times 10^{-4} \\ \mathrm{HCN} & K_a = 4.9 \times 10^{-10} \end{array}$$

어느 짝염기($HCOO^-$ 또는 CN^-)가 더 센가?

15.8 이양성자산과 다양성자산

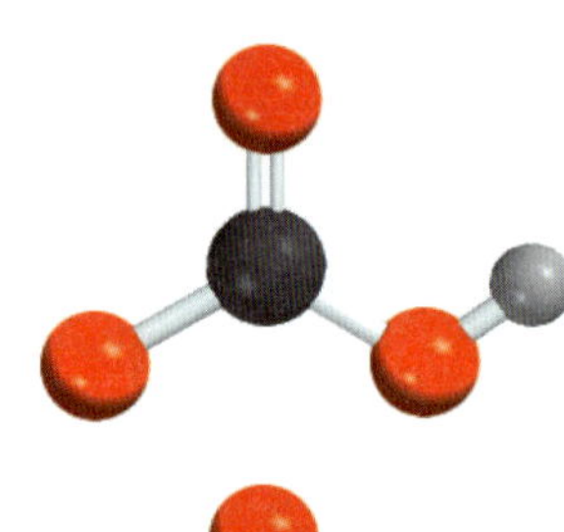

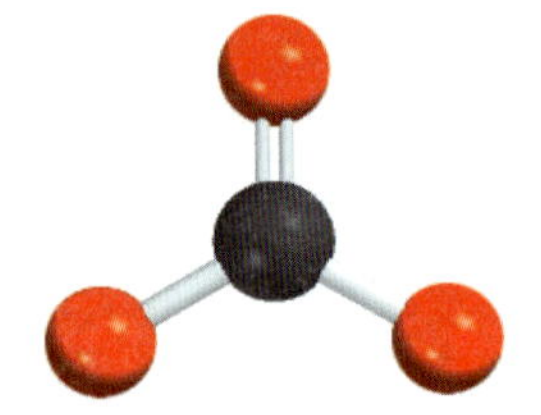

위에서 아래로: H_2CO_3, HCO_3^-, CO_3^{2-}.

이양성자산과 다양성자산은 분자당 두 개 이상의 수소 이온을 생성하기 때문에 일양성자산보다 다루기가 더 복잡하다. 이 산들은 단계적으로 이온화한다. 즉, 한 단계에 하나의 양성자를 잃게 된다. 각 단계마다 이온화 상수를 표현할 수 있으며, 산 용액에 있는 화학종의 농도를 계산하기 위해서는 가끔 두 개 이상의 평형 상수식이 이용된다. 예를 들면, 탄산(H_2CO_3)의 경우에 다음과 같이 두 단계의 이온화 반응식을 쓸 수 있다.

$$H_2CO_3(aq) \rightleftharpoons H^+(aq) + HCO_3^-(aq) \qquad K_{a_1} = \frac{[H^+][HCO_3^-]}{[H_2CO_3]}$$

$$HCO_3^-(aq) \rightleftharpoons H^+(aq) + CO_3^{2-}(aq) \qquad K_{a_2} = \frac{[H^+][CO_3^{2-}]}{[HCO_3^-]}$$

첫 번째 이온화 단계에서의 짝염기는 두 번째 단계에서는 산이 된다.

표 15.5에 몇 가지 이양성자산과 하나의 다양성자산의 이온화 상수를 나타내었다. 특정 산에 대해서 일차 이온화 상수는 이차 이온화 상수보다 훨씬 크고 그 다음도 같은 관계이다. 이와 같은 경향은 중성 분자에서 H^+ 이온을 제거하는 것이 분자로부터 생성된 음으로 하전된 이온에서 또 다른 하나의 H^+를 제거하는 것보다 쉽기 때문이다.

예제 15.11에서는 이양성자산 수용액에서 모든 화학종의 평형 농도를 구해본다.

예제 15.11

$H_2C_2O_4$

옥살산($H_2C_2O_4$)은 주로 표백제나 세척제(욕조의 물때 제거)로 사용되는 독성 물질이다. 0.10 *M* 옥살산 용액의 평형에서 존재하는 모든 물질의 농도를 계산하시오.

전략 이양성자산 수용액의 화학종 평형 농도를 정하는 것은 일양성자산의 경우보다 복잡하다. 각 단계에서 예제 15.8에서처럼 일양성자산에 대해 적용했던 것과 같은 순서를 따른다. 첫 번째 이온화 단계에서의 짝염기가 두 번째 이온화 단계에서는 산이 됨을 유의하라.

풀이 다음 단계 순서로 풀어간다.

단계 1: 이 단계에서 용액 상태의 주요 성분은 이온화하지 않은 산, H^+ 이온, 짝염기 $HC_2O_4^-$이다.

단계 2: H^+와 $HC_2O_4^-$ 이온의 평형 농도(mol/L)를 x라 놓고, 다음과 같이 요약하면

	$H_2C_2O_4(aq)$	$\rightleftharpoons$	$H^+(aq)$	+	$HC_2O_4^-(aq)$
초기(*M*):	0.10		0.00		0.00
변화(*M*):	$-x$		$+x$		$+x$
최종(*M*):	$0.10 - x$		x		x

단계 3: 표 15.5에서

$$K_a = \frac{[H^+][HC_2O_4^-]}{[H_2C_2O_4]}$$

$$6.5 \times 10^{-2} = \frac{x^2}{0.10 - x}$$

(계속)

근사법으로 $0.10 - x \approx 0.10$을 적용하면

$$6.5 \times 10^{-2} = \frac{x^2}{0.10 - x} \approx \frac{x^2}{0.10}$$
$$x^2 = 6.5 \times 10^{-3}$$
$$x = 8.1 \times 10^{-2}\,M$$

근사법을 검증해보자.

$$\frac{8.1 \times 10^{-2}\,M}{0.10\,M} \times 100\% = 81\%$$

근사법이 정확하지 않으므로 이차 방정식을 풀어야 한다.

$$x^2 + 6.5 \times 10^{-2}x - 6.5 \times 10^{-3} = 0$$

결과로 $x = 0.054\,M$을 얻는다.

단계 4: 첫 번째 단계의 이온화가 평형에 도달했을 때의 농도는

$$[H^+] = 0.054\,M$$
$$[HC_2O_4^-] = 0.054\,M$$
$$[H_2C_2O_4] = (0.10 - 0.054)\,M = 0.046\,M$$

다음으로 두 번째 단계의 이온화를 생각해 보자.

단계 1: 이 단계에서 주요 물질은 두 번째 단계에서 산으로 작용하는 $HC_2O_4^-$, H^+, 짝염기 $C_2O_4^{2-}$이다.

단계 2: H^+와 $C_2O_4^{2-}$의 평형 농도(mol/L)를 y라 놓고 다음과 같이 정리한다.

	$HC_2O_4^-(aq)$	$\rightleftharpoons$	$H^+(aq)$	+	$C_2O_4^{2-}(aq)$
초기(M):	0.054		0.054		0.00
변화(M):	$-y$		$+y$		$+y$
최종(M):	$0.054 - y$		$0.054 + y$		y

단계 3: 표 15.5에서

$$K_a = \frac{[H^+][C_2O_4^{2-}]}{[HC_2O_4^-]}$$
$$6.1 \times 10^{-5} = \frac{(0.054 + y)(y)}{(0.054 - y)}$$

근사, $0.054 + y \approx 0.054$와 $0.054 - y \approx 0.054$를 적용하여

$$\frac{(0.054)(y)}{(0.054)} = y = 6.1 \times 10^{-5}\,M$$

근사법을 검증해 보자.

$$\frac{6.1 \times 10^{-5}\,M}{0.054\,M} \times 100\% = 0.11\%$$

따라서 근사법은 타당하다.

단계 4: 평형에서는

$$[H_2C_2O_4] = 0.046\,M$$
$$[HC_2O_4^-] = (0.054 - 6.1 \times 10^{-5})\,M = 0.054\,M$$
$$[H^+] = (0.054 + 6.1 \times 10^{-5})\,M = 0.054\,M$$
$$[C_2O_4^{2-}] = 6.1 \times 10^{-5}\,M$$
$$[OH^-] = 1.0 \times 10^{-14}/0.054 = 1.9 \times 10^{-13}\,M$$

비슷한 문제 : 15.66.

실전 연습 0.20 M 옥살산 용액에서 $H_2C_2O_4$, $HC_2O_4^-$, $C_2O_4^{2-}$, H^+ 이온의 농도를 계산하시오.

표 15.5 몇 가지 이양성자산 및 다양성자산과 그 짝염기의 25°C에서 이온화 상수

산 이름	화학식	구조	K_a	짝염기	K_b
황산	H_2SO_4	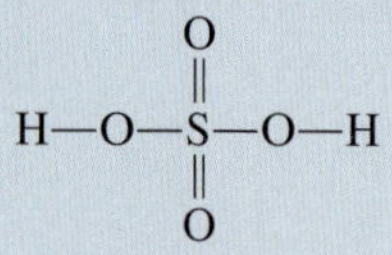 O ‖ H—O—S—O—H ‖ O	매우 큼	HSO_4^-	매우 작음
황산 수소 이온	HSO_4^-	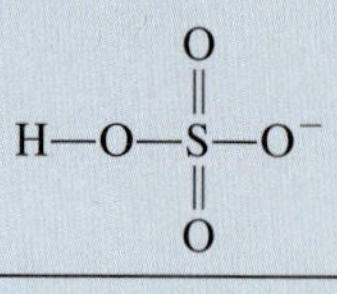 O ‖ H—O—S—O$^-$ ‖ O	1.3×10^{-2}	SO_4^{2-}	7.7×10^{-13}
옥살산	$H_2C_2O_4$	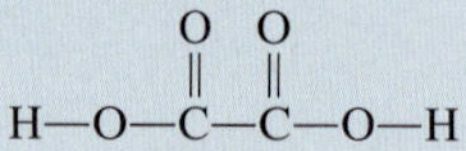 O O ‖ ‖ H—O—C—C—O—H	6.5×10^{-2}	$HC_2O_4^-$	1.5×10^{-13}
옥살산 수소 이온	$HC_2O_4^-$	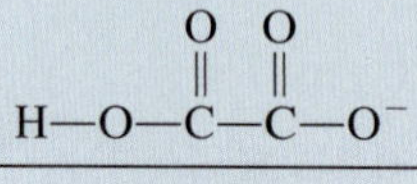 O O ‖ ‖ H—O—C—C—O$^-$	6.1×10^{-5}	$C_2O_4^{2-}$	1.6×10^{-10}
아황산*	H_2SO_3	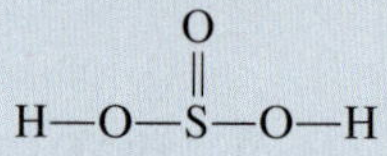 O ‖ H—O—S—O—H	1.3×10^{-2}	HSO_3^-	7.7×10^{-13}
아황산 수소 이온	HSO_3^-	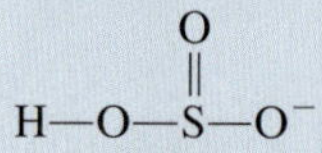 O ‖ H—O—S—O$^-$	6.3×10^{-8}	SO_3^{2-}	1.6×10^{-7}
탄산	H_2CO_3	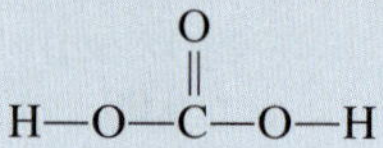 O ‖ H—O—C—O—H	4.2×10^{-7}	HCO_3^-	2.4×10^{-8}
탄산 수소 이온	HCO_3^-	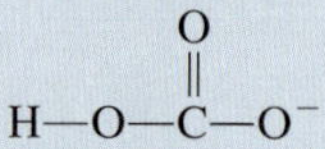 O ‖ H—O—C—O$^-$	4.8×10^{-11}	CO_3^{2-}	2.1×10^{-4}
황화 수소산	H_2S	H—S—H	9.5×10^{-8}	HS^-	1.1×10^{-7}
황화 수소 이온†	HS^-	H—S$^-$	1×10^{-19}	S^{2-}	1×10^{5}
인산	H_3PO_4	O ‖ H—O—P—O—H | O | H	7.5×10^{-3}	$H_2PO_4^-$	1.3×10^{-12}
인산 이수소 이온	$H_2PO_4^-$	O ‖ H—O—P—O$^-$ | O | H	6.2×10^{-8}	HPO_4^{2-}	1.6×10^{-7}
인산 일수소 이온	HPO_4^{2-}	O ‖ H—O—P—O$^-$ | O$^-$	4.8×10^{-13}	PO_4^{3-}	2.1×10^{-2}

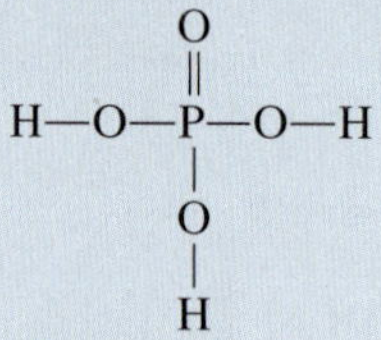

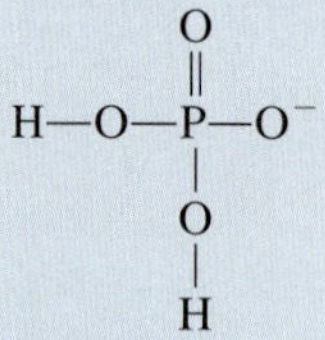

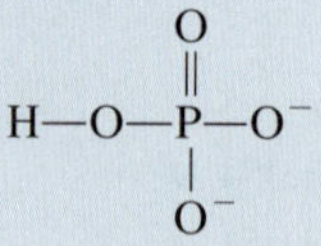

*H_2SO_3는 분리할 수 없으며, SO_2의 수용액에서 아주 적은 농도로 존재한다. 이 K_a 값은 $SO_2(g) + H_2O(l) \rightleftharpoons H^+(aq) + HSO_3^-(aq)$의 평형에 대한 것이다.

†HS^-의 이온화 상수는 아주 작아서 측정하기 어렵다. 이것은 대략적인 값이다.

개념 복습하기

다음 그림 중 황산 용액을 올바르게 나타낸 것은 어떤 것인가? 혼동을 피하기 위해 물 분자는 나타내지 않았다.

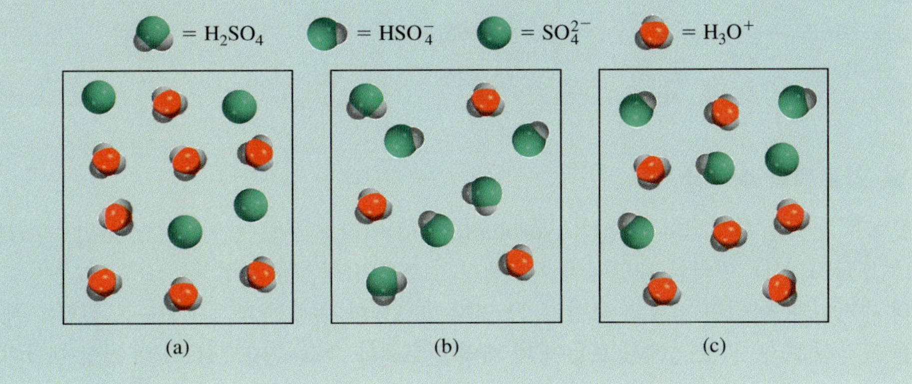

예제 15.11은 이양성자산의 경우 만일 $K_{a_1} \gg K_{a_2}$이면, H^+ 이온의 농도는 첫 번째 이온화 단계에 의해 결정됨을 보여준다. 또한 두 번째 이온화 단계에서의 짝염기의 농도는 K_{a_2}와 같은 숫자임을 보여준다.

인산(H_3PO_4)은 세 개의 이온화할 수 있는 수소 원자를 갖는 다양성자산이다.

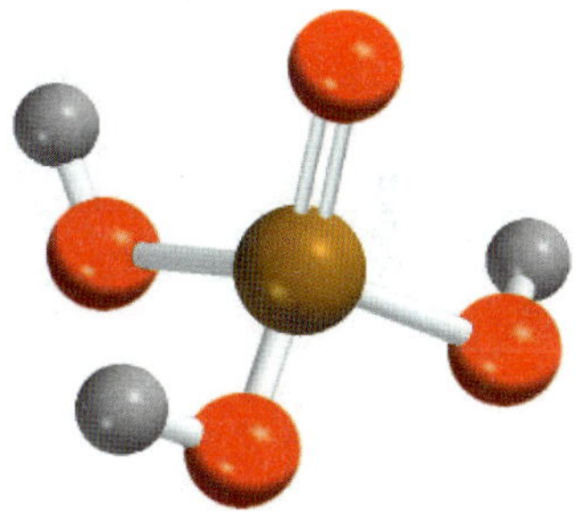

H_3PO_4

$$H_3PO_4(aq) \rightleftharpoons H^+(aq) + H_2PO_4^-(aq) \quad K_{a_1} = \frac{[H^+][H_2PO_4^-]}{[H_3PO_4]} = 7.5 \times 10^{-3}$$

$$H_2PO_4^-(aq) \rightleftharpoons H^+(aq) + HPO_4^{2-}(aq) \quad K_{a_2} = \frac{[H^+][HPO_4^{2-}]}{[H_2PO_4^-]} = 6.2 \times 10^{-8}$$

$$HPO_4^{2-}(aq) \rightleftharpoons H^+(aq) + PO_4^{3-}(aq) \quad K_{a_3} = \frac{[H^+][PO_4^{3-}]}{[HPO_4^{2-}]} = 4.8 \times 10^{-13}$$

인산은 약한 다양성자산이며, 이온화 상수는 두 번째와 세 번째 단계에서 크게 감소함을 볼 수 있다. 따라서 인산 용액에서는 이온화되지 않는 산의 농도가 높으며, 그 외 H^+와 $H_2PO_4^-$ 이온만이 얼마간 존재할 것으로 예측할 수 있다.

15.9 분자 구조와 산의 세기

산의 세기는 용매의 성질, 온도, 산의 분자 구조와 같은 많은 인자에 의존하다. 같은 용매, 같은 온도, 같은 농도에서 두 산의 세기를 비교하면 이들 변수의 영향이 제거되고, 산의 구조에 따른 산의 세기 변화에만 초점을 맞출 수 있다.

어떤 산 HX를 생각해 보자. 산의 세기는 산이 이온화되는 정도로 측정된다.

$$HX \longrightarrow H^+ + X^-$$

두 가지 인자가 산이 이온화되는 정도에 영향을 미친다. 하나는 H—X 결합의 세기이다. 이 결합이 강할수록 HX 분자가 깨어지기 어렵고, 따라서 산은 *약산*이 된다. 또 다른 인자는 H—X 결합의 극성이다. H와 X의 전기음성도 차이로 다음과 같은 극성 결합이 만들어진다.

$$\overset{\delta+}{H}—\overset{\delta-}{X}$$

결합이 크게 편극되어 있으면, 즉, H와 X 원자 각각에 양전하와 음전하가 크게 밀집되어 있으면, HX는 H^+와 X^- 이온으로 깨어진다. 따라서 극성의 정도가 클수록 *강산*이 된다. 결합의 강도나 결합의 극성이 산의 세기를 결정하는 데 큰 영향을 미치는 몇 가지 예를 살펴보기로 하자.

표 15.6 할로젠화 수소의 결합 엔탈피와 할로젠화 수소산의 세기

결합	결합 엔탈피(kJ/mol)	산의 세기
H—F	568.2	약함
H—Cl	431.9	강함
H—Br	366.1	강함
H—I	298.3	강함

할로젠화 수소산

할로젠 원소는 할로젠화 수소산(hydrohalic acid)이라고 부르는 이성분산을 만든다(HF, HCl, HBr, HI). 이러한 계열에서 할로젠화 수소산의 세기를 결정하는 주요 요인은 결합의 세기인가, 아니면 결합의 극성인가? 먼저 할로젠화 수소산 각각의 H—X 결합의 세기를 생각해 보자. 표 15.6에서 보듯이 네 개의 할로젠화 수소 중에서 H—F의 결합 엔탈피가 가장 크며, H—I의 결합 엔탈피가 가장 작다. H—F 결합을 끊기 위해서는 568.2 kJ/mol가 필요하며 H—I는 단지 298.3 kJ/mol이면 된다. 결합 엔탈피에 기초하여 H—I의 결합 에너지가 가장 작기 때문에 H^+와 I^-를 쉽게 생성하므로 HI는 할로젠화 수소산 계열에서 가장 강산이다. 둘째로, H—X 결합의 극성의 크기를 생각해 보자. 이 산의 계열에서 F는 할로젠 중에서 전기음성도가 가장 크므로(그림 9.5 참조), 결합의 극성은 HF로부터 HI로 갈수록 감소한다. 이런 성질은 다른 할로젠화 수소산에 비하여 HF의 산도를 증가시켜야 하지만, 극성의 크기는 결합 에너지에 의한 경향을 깨뜨릴 만큼 크지는 않다.

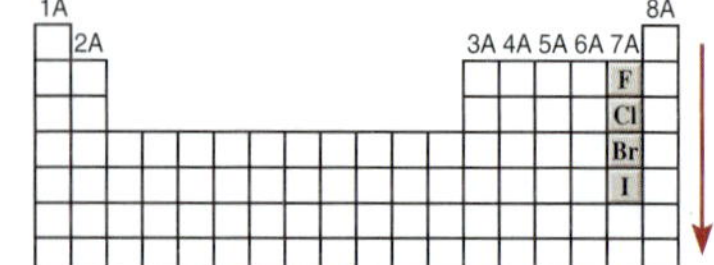

HF에서 HI로 갈수록 할로젠화 수소산의 세기는 증가한다.

$$HF \ll HCl < HBr < HI$$

산소산

무기산의 명명법은 2.8절 참조.

이제 산소산(oxoacid)을 생각해 보자. 2장에서 배운 것과 같이 산소산은 수소, 산소와 중심 위치를 점유하는 하나의 다른 원소 Z를 포함한다. 그림 15.5는 몇 가지 일반적인 산소산의 루이스 구조를 나타낸 것이다. 이 그림에서 볼 수 있듯이 이런 산들은 한 개 이상의 O—H 결합을 가지는 특징이 있다. 중심 원자 Z에는 여러 가지 다른 작용기들이 결합될 수 있다.

$$\diagdown\!\!-\!Z\!-\!O\!-\!H$$

원자의 산화수가 클수록 결합 전자를 자기쪽으로 끌어당기는 능력도 증가한다.

Z가 전기음성인 원소 즉, 높은 산화 상태에 있으면 전자를 잡아당겨 Z—O 결합을 더 공유성으로 만들고, O—H 결합을 더 극성으로 만든다. 결과적으로, H가 H^+ 이온으로 되기가 쉬워진다.

$$-Z-\overset{\delta-}{O}-\overset{\delta+}{H} \longrightarrow -Z-O^- + H^+$$

산소산의 세기를 비교하기 위하여 산소산을 두 부류로 나누면 편리하다.

할로젠 원소를 포함하는 산소산에서 산소 원자의 개수가 동일할 때 산의 세기는 아래에서 위로 갈수록 증가한다.

1. *주기율표의 같은 족에 속해 있고 같은 산화 상태를 가지지만, 다른 중심 원자를 갖는 산소산.* 이 경우에서의 산의 세기는 다음 예에서 볼 수 있듯이 중심 원자의 전기음성도가 증가함에 따라 증가한다.

$$H-\ddot{\underset{..}{O}}-\overset{\overset{..}{:O:}\,|}{Cl}-\ddot{\underset{..}{O}}: \qquad H-\ddot{\underset{..}{O}}-\overset{\overset{..}{:O:}\,|}{Br}-\ddot{\underset{..}{O}}:$$

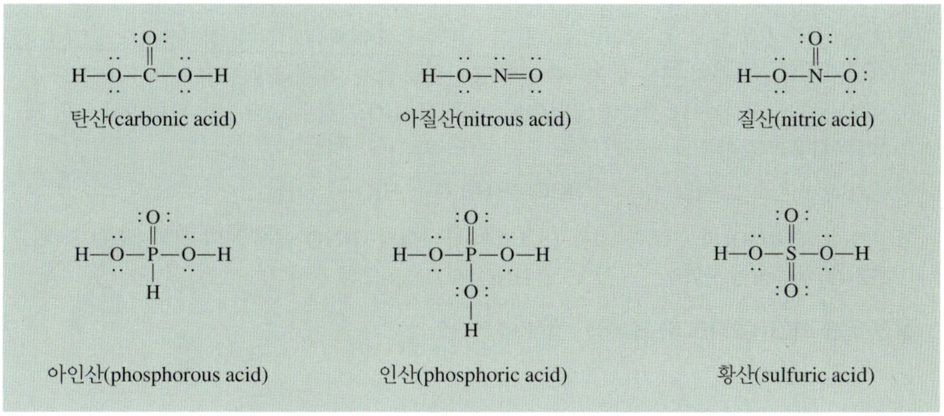

탄산(carbonic acid) 아질산(nitrous acid) 질산(nitric acid)

아인산(phosphorous acid) 인산(phosphoric acid) 황산(sulfuric acid)

그림 15.5 몇 가지 산소산의 루이스 구조식. 형식 전하는 편의상 생략하였다.

Cl과 Br의 산화수는 +5로 같다. 그러나 Cl은 Br보다 더 전기음성(electronegative)이므로 Br보다 더 세게 산소와 공유하고 있는(Cl—O—H기 내에서) 전자쌍을 잡아당긴다. 결과적으로 O—H 결합은 염소산의 경우가 브로민산의 경우보다 더 극성이고, 더 쉽게 이온화한다. 따라서 상대적인 산의 세기는 다음과 같다.

$$HClO_3 > HBrO_3$$

2. *중심 원자가 같지만, 중심 원자에 결합한 기(group)의 개수가 다른 산소산.* 이 경우에는 중심 원자의 산화수가 증가함에 따라 산의 세기는 증가한다. 그림 15.6에 나타낸 염소의 산소산을 생각해 보자. 이 계열에서 OH기로부터 전자를 잡아당기는(따라서 O—H 결합을 더 극성으로 하는) 염소의 능력은 Cl에 결합한 전기음성인 O 원자의 수가 많을수록 증가한다. 따라서 $HClO_4$는 Cl에 붙은 O 원자를 가장 많이 가지고 있으므로 가장 강한 산이 되고, 산의 세기는 다음과 같이 감소한다.

$$HClO_4 > HClO_3 > HClO_2 > HClO$$

예제 15.12에서는 분자 구조에 근거하여 산의 세기를 비교하였다.

예제 15.12

다음 각 화합물 중 산소산의 상대적 세기를 예측하시오. (a) HClO, HBrO, HIO, (b) HNO_3, HNO_2.

전략 분자의 구조를 따져 본다. (a)에서 산들은 유사한 구조를 갖고 있으나, 중심 원자(Cl, Br, I)가 다르다. (b)에서는 산들이 중심 원자(N)는 같으나, O 원자의 개수가 다르다. 두 산에서 N 원자의 산화수는 얼마인가?

(계속)

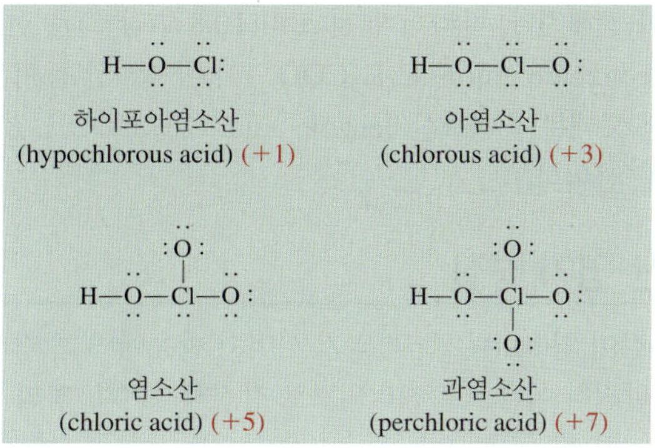

하이포아염소산 (hypochlorous acid) (+1) 아염소산 (chlorous acid) (+3)

염소산 (chloric acid) (+5) 과염소산 (perchloric acid) (+7)

그림 15.6 염소의 산소산의 루이스 구조식. 괄호 속의 숫자는 Cl 원자의 산화수이다. 형식 전하는 편의상 생략하였다. 하이포아염소산은 HClO로 쓰여져 있지만, H 원자는 O 원자와 결합하고 있음을 유의하라.

풀이 (a) 이들 산들은 모두 구조가 같으며, 할로젠의 산화수(+1)도 같다. 전기음성도가 Cl에서 I로 갈수록 감소하기 때문에, X—O 결합(X는 할로젠 원자)의 극성은 HClO에서 HIO로 갈수록 증가하고, O—H 결합의 극성은 HClO에서 HIO로 갈수록 감소한다. 따라서 산의 세기는 다음과 같이 감소한다.

$$HClO > HBrO > HIO$$

(b) HNO_3와 HNO_2의 구조를 그림 15.5에 나타내었다. HNO_3에서 N의 산화수는 +5이고 HNO_2에서 N의 산화수는 +3이므로 HNO_3가 HNO_2보다 강산이다.

비슷한 문제: 15.70

실전 연습 $HClO_2$와 $HClO_3$ 중 어느 것이 더 약산인가?

카복실산

지금까지는 무기산에 대해 주로 논의하였다. 대표적인 유기산으로는 카복실산이 있는데, 루이스 구조는 다음과 같다.

$$R-\overset{\overset{\displaystyle :O:}{\|}}{C}-\ddot{\underset{\cdot\cdot}{O}}-H$$

여기서 R은 산 분자의 한 부분이고, 음영 처리된 부분은 *카복실기*(carboxyl group, —COOH)이다. 카복실산의 세기는 R의 성질과 관계가 있다. 예를 들어, 아세트산(acetic acid)과 클로로아세트산(chloracetic acid)을 생각해 보자.

$$H-\underset{\underset{\displaystyle H}{|}}{\overset{\overset{\displaystyle H}{|}}{C}}-\overset{\overset{\displaystyle :O:}{\|}}{C}-\ddot{\underset{\cdot\cdot}{O}}-H \qquad H-\underset{\underset{\displaystyle H}{|}}{\overset{\overset{\displaystyle Cl}{|}}{C}}-\overset{\overset{\displaystyle :O:}{\|}}{C}-\ddot{\underset{\cdot\cdot}{O}}-H$$

아세트산($K_a = 1.8 \times 10^{-5}$) 클로로아세트산($K_a = 1.4 \times 10^{-3}$)

클로로아세트산에 있는 전기음성적인 Cl 원자는 전자 밀도를 R기 쪽으로 이동시키므로 O—H 결합이 보다 극성을 띠게 한다. 따라서 산이 이온화하려는 경향이 강하게 된다.

$$CH_2ClCOOH(aq) \rightleftharpoons CH_2ClCOO^-(aq) + H^+(aq)$$

카복실산의 짝염기를 카복실산 음이온(carboxylate anion, $RCOO^-$)이라 하며, 구조는 공명 구조를 갖는다.

$$R-\overset{\overset{\displaystyle :O:}{\|}}{C}-\ddot{\underset{\cdot\cdot}{O}}:^- \longleftrightarrow R-\overset{\overset{\displaystyle :\ddot{O}:^-}{|}}{C}=\ddot{\underset{\cdot\cdot}{O}}$$

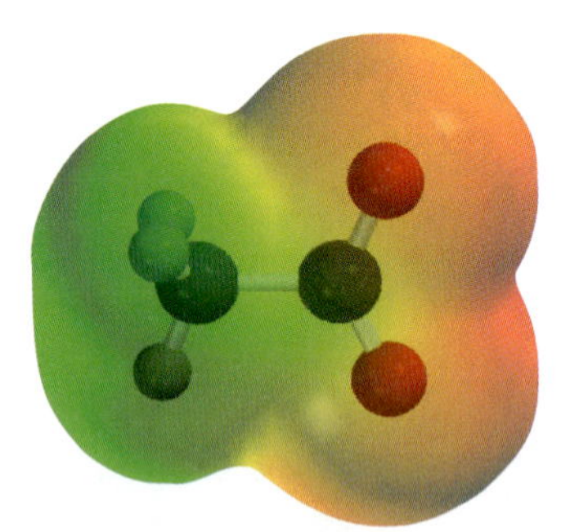
아세트산 음이온의 정전기 퍼텐셜 지도. 전자 밀도는 두 O 원자 사이에 고르게 분포되어 있다.

분자 궤도함수 이론에 따르면 전자 밀도를 여러 원자에 분산시키거나 분포시키는 정도에 따라 음이온의 안정성이 결정된다. 전자 분포 영역이 넓을수록 음이온은 더 안정되고, 산은 이온화하려는 경향이 강해진다. 따라서 벤젠 고리(10.8절 참조)는 전자가 분산되기 쉬우므로 벤조산 음이온(benzoate anion, $C_6H_5COO^-$)이 아세트산 음이온(acetate anion, CH_3COO^-)보다 안정하기 때문에 벤조산(benzoic acid, C_6H_5COOH, $K_a = 6.5 \times 10^{-5}$)은 아세트산보다 더 강한 산이다.

15.10 염의 산-염기 성질

"가수분해(hydrolysis)"라는 용어는 그리스어의 "*hydro*(물)"와 "*lysis*(서로 떼어놓는 것)"로부터 유래되었다.

4.3절에서 정의한 바와 같이 염(salt)은 산과 염기 사이의 반응에 의해 형성된 이온 결합 화합물이다. 염은 물에서 완전히 이온으로 해리되므로 강전해질이다. **염의 가수분해**(salt hydrolysis)란 *염의 양이온 또는 음이온이 물과 반응하거나 이 두 이온 모두가 물과 반응하는 것*이다. 염의 가수분해는 용액의 pH에 영향을 준다.

중성 용액을 만드는 염

일반적으로 알칼리 금속 이온이나 알칼리 토금속 이온(Be^{2+}는 제외)을 포함하는 염이나 강산의 짝염기(예, Cl^-, Br^-, NO_3^-)는 측정할 수 있을 만큼 가수분해하지 않으므로, 그들 용액은 중성이 된다. 예를 들면, NaOH와 HNO_3의 반응으로 생성된 $NaNO_3$는 물에 녹았을 때 다음과 같이 완전히 해리한다.

실제로 모든 양이온들은 물에서 산성 용액을 이룬다.

$$NaNO_3(s) \xrightarrow{H_2O} Na^+(aq) + NO_3^-(aq)$$

수화된 Na^+ 이온은 H^+ 이온을 주지도 않고, 받아들이지도 않는다. NO_3^- 이온은 강산 HNO_3의 짝염기이며, H^+ 이온에 대해 친화력이 없다. 따라서 Na^+와 NO_3^- 이온을 포함한 용액은 pH = 7인 중성 용액이다.

염기성 용액을 만드는 염

강염기와 약산으로 된 염의 용액은 염기성이다. 예를 들면, CH_3COONa는 물에서 다음과 같이 해리한다.

$$CH_3COONa(s) \xrightarrow{H_2O} Na^+(aq) + CH_3COO^-(aq)$$

수화된 Na^+ 이온은 산성이나 염기의 성질을 갖지 않는다. 그러나 CH_3COO^-은 약산 CH_3COOH의 짝염기이며, H^+ 이온에 대해 친화력을 가지고 있다. 따라서, 가수분해 반응은 다음과 같다.

금속 이온이 산성 용액을 만드는 메커니즘은 다음 항에서 다룬다.

$$CH_3COO^-(aq) + H_2O(l) \rightleftharpoons CH_3COOH(aq) + OH^-(aq)$$

이 반응은 OH^- 이온을 생성하기 때문에 CH_3COONa 용액은 염기성을 나타낼 것이다. 이 가수분해 반응에 대한 평형 상수는 CH_3COO^-의 염기 이온화 상수이며, 다음과 같이 나타낸다(15.7절 참조).

$$K_b = \frac{[CH_3COOH][OH^-]}{[CH_3COO^-]} = 5.6 \times 10^{-10}$$

가수분해된 CH_3COO^- 이온은 한 개의 OH^- 이온을 생성하기 때문에, 평형 상태에서의 OH^- 이온 농도는 가수분해된 CH_3COO^- 이온의 농도와 같다. 따라서 *가수분해 백분율*(percent hydrolysis)은 다음과 같이 정의할 수 있다.

$$\text{가수분해 백분율} = \frac{[CH_3COO^-]_{\text{가수분해}}}{[CH_3COO^-]_{\text{초기}}} \times 100\%$$
$$= \frac{[OH^-]_{\text{평형}}}{[CH_3COO^-]_{\text{초기}}} \times 100\%$$

예제 15.13은 CH_3COONa의 가수분해에 대한 가수분해 백분율을 계산한 예이다. 염의 가수분해 문제 풀이는 약산과 약염기에서와 동일한 과정으로 해를 구한다.

예제 15.13

0.15 *M* 아세트산 소듐(CH_3COONa)의 pH를 계산하시오. 몇 % 가수분해되었는가?

전략 염이란 무엇인가? 수용액에서 CH_3COONa는 Na^+와 CH_3COO^- 이온으로 완전히 해리된다. 앞서 배웠듯이 Na^+ 이온은 물과 반응하지 않으므로 용액의 pH에 영향을 주지 않는다.

(계속)

CH_3COO^-는 약산인 CH_3COOH의 짝염기이다. 따라서 이것이 물과 반응하여 CH_3COOH와 OH^-를 생성하고, 용액은 염기성이 된다.

풀이

단계 1: 0.15 *M* 아세트산 소듐 용액에서 시작하였으므로, 해리된 후의 이온 농도는 0.15 *M*이 된다.

	$CH_3COONa(aq) \longrightarrow$	$Na^+(aq)$	$+\ CH_3COO^-(aq)$
초기(*M*):	0.15	0	0
변화(*M*):	−0.15	+0.15	+0.15
최종(*M*):	0	0.15	0.15

위 이온 중에서 아세트산 이온만이 물과 반응한다.

$$CH_3COO^-(aq) + H_2O(l) \rightleftharpoons CH_3COOH(aq) + OH^-(aq)$$

평형에서 수용액에서의 주 화학종은 CH_3COOH, CH_3COO^-, OH^-이다. 염기성 용액이라 예상되므로 H^+ 이온의 농도는 매우 작다. 물의 이온화는 무시한다.

단계 2: CH_3COOH와 OH^- 이온의 평형 농도(mol/L)를 x라고 놓고, 다음과 같이 정리한다.

	$CH_3COO^-(aq) + H_2O(l) \rightleftharpoons$	$CH_3COOH(aq)$	$+\ OH^-(aq)$
초기(*M*):	0.15	0.00	0.00
변화(*M*):	$-x$	$+x$	$+x$
최종(*M*):	$0.15 - x$	x	x

단계 3: 앞서 언급한 것과 표 15.3으로부터 가수분해의 평형 상수 또는 염기 이온화 상수를 다음과 같이 쓸 수 있다.

$$K_b = \frac{[CH_3COOH][OH^-]}{[CH_3COO^-]}$$

$$5.6 \times 10^{-10} = \frac{x^2}{0.15 - x}$$

K_b 값은 매우 작고 초기 염기의 농도는 매우 크기 때문에 $0.15 - x \approx 0.15$로 근사법을 적용할 수 있다.

$$5.6 \times 10^{-10} = \frac{x^2}{0.15 - x} \approx \frac{x^2}{0.15}$$

$$x = 9.2 \times 10^{-6}\ M$$

단계 4: 평형에서

$$\begin{aligned} [OH^-] &= 9.2 \times 10^{-6}\ M \\ pOH &= -\log(9.2 \times 10^{-6}) \\ &= 5.04 \\ pH &= 14.00 - 5.04 \\ &= 8.96 \end{aligned}$$

따라서 예상했던 것처럼 용액은 염기성이다. 가수분해 백분율은 다음과 같다.

$$\begin{aligned} \text{가수분해 백분율} &= \frac{9.2 \times 10^{-6}\ M}{0.15\ M} \times 100\% \\ &= 0.0061\% \end{aligned}$$

검산 아주 적은 양의 음이온만이 가수분해됨을 알 수 있다. 가수분해 백분율을 계산하는 데 있어서도 근사법을 검증할 때와 동일한 형태를 취하는 것을 유의하라.

비슷한 문제: 15.81.

실전 연습 0.24 *M* 폼산 소듐(sodium formate, HCOONa) 용액의 pH를 계산하시오.

산성 용액을 만드는 염

HCl과 같은 강산과 NH_3와 같은 약염기에서 생성된 염이 물에 녹으면 용액은 산성이 된다. 예를 들면, 다음 반응에서

$$NH_4Cl(s) \xrightarrow{H_2O} NH_4^+(aq) + Cl^-(aq)$$

Cl^- 이온은 강산의 짝염기이므로 H^+ 이온에 대해 친화력을 갖지 않으며, 가수분해하지 않는다. NH_4^+ 이온은 약염기인 NH_3의 약한 짝산이며, 다음과 같이 이온화한다.

$$NH_4^+(aq) + H_2O(l) \rightleftharpoons NH_3(aq) + H_3O^+(aq)$$

또는 간단하게 다음과 같이 나타낼 수 있다.

$$NH_4^+(aq) \rightleftharpoons NH_3(aq) + H^+(aq)$$

이 반응식도 NH_4^+ 이온의 가수분해 반응을 나타낸다. 여기서 H^+ 이온이 생성되기 때문에 용액의 pH는 감소한다. 이 반응에 대한 평형 상수(또는 이온화 상수)는 다음과 같다.

$$K_a = \frac{[NH_3][H^+]}{[NH_4^+]} = \frac{K_w}{K_b} = \frac{1.0 \times 10^{-14}}{1.8 \times 10^{-5}} = 5.6 \times 10^{-10}$$

우연히도 NH_4^+의 K_a와 CH_3COO^-의 K_b는 같은 값이다.

염화 암모늄 용액의 pH는 예제 15.13에서 사용한 방법을 이용하여 구할 수 있다.

원칙적으로 모든 금속 이온은 물과 반응하여 산성 용액을 만든다. 그러나 크기가 작고, 높게 하전된 금속 양이온(예, Al^{3+}, Cr^{3+}, Fe^{3+}, Bi^{3+}, Be^{2+})들만 가수분해가 잘 일어나기 때문에 알칼리 금속이나 알칼리 토금속과 물의 비교적 작은 상호작용은 일반적으로 무시한다. 염화 알루미늄($AlCl_3$)이 물에 녹으면, Al^{3+} 이온은 수화된 형태인 $Al(H_2O)_6^{3+}$로 존재한다(그림 15.7). $Al(H_2O)_6^{3+}$를 이루는 금속 이온과 여섯 개의 물 분자 중 한 분자에 있는 산소 원자 사이의 결합을 살펴보기로 하자.

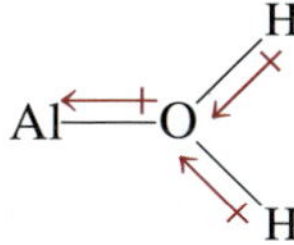

양으로 하전된 Al^{3+} 이온은 자신 쪽으로 전자 밀도를 끌어당기며, O—H 결합을 더 극성으로 만든다. 이 결과 H 원자는 수화에 참여하지 않는 물 분자의 수소 원자보다 이온화하려는 경향이 더 커진다. 결과적으로 이온화는 다음과 같다.

$$Al(H_2O)_6^{3+}(aq) + H_2O(l) \rightleftharpoons Al(OH)(H_2O)_5^{2+}(aq) + H_3O^+(aq)$$

또는 간단히 $$Al(H_2O)_6^{3+}(aq) \rightleftharpoons Al(OH)(H_2O)_5^{2+}(aq) + H^+(aq)$$

수화된 Al^{3+}는 양성자 주개의 역할을 하므로 이 반응에서 브뢴스테드 산이다.

이 금속 양이온의 가수분해에 대한 평형 상수는 다음과 같다.

$$K_a = \frac{[Al(OH)(H_2O)_5^{2+}][H^+]}{[Al(H_2O)_6^{3+}]} = 1.3 \times 10^{-5}$$

$Al(H_2O)_6^{3+}$는 CH_3COOH만큼 산성임에 유의하라.

$Al(OH)(H_2O)_5^{2+}$는 다음처럼 더 이온화될 수 있다.

$$Al(OH)(H_2O)_5^{2+}(aq) \rightleftharpoons Al(OH)_2(H_2O)_4^+(aq) + H^+(aq)$$

추가적인 이온화도 같은 방식으로 더 진행될 수 있다. 하지만 대개는 가수분해의 첫 단계만 고려하면 충분하다.

가수분해의 정도는 크기가 작고 전하가 많은 이온일수록 커진다. 이런 이온들은 O—H 결합을 많이 편극시켜서 이온화를 촉진하기 때문이다. 이는 Na^+나 K^+와 같이 비교적 크고 전하가 작은 이온이 눈에 띌 정도로 가수분해를 하지 않는 이유이기도 하다.

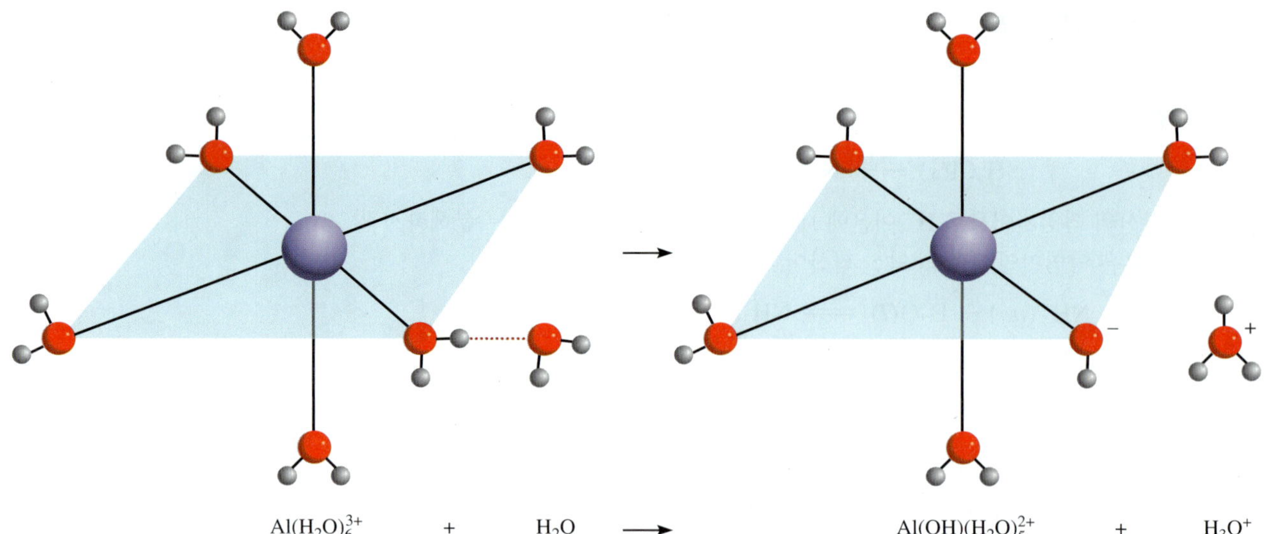

그림 15.7 여섯 개의 H_2O 분자가 Al^{3+} 이온을 팔면체 모양으로 둘러싸고 있다. 크기가 작은 Al^{3+} 이온이 산소 원자의 고립 전자쌍을 강하게 잡아 당겨서 금속 양이온에 결합된 H_2O 분자의 O—H 결합을 약화시켜, 가까이 접근하는 H_2O에 양성자(H^+)를 넘겨주게 한다. 이런 금속 양이온의 가수분해 반응에 의해 용액은 산성화된다.

양이온과 음이온 모두 가수분해에 참여하는 염

지금까지는 한 가지 이온만 가수분해를 하는 염들에 대해 살펴보았다. 약산과 약염기에서 만들어지는 염은 양이온과 음이온이 모두 가수분해한다. 하지만 그런 염을 가진 용액이 산성, 염기성, 중성 가운데 어느 것이 될 것인지는 약산과 약염기의 상대적 세기에 달려 있다. 이런 계에 대한 수학적 논의는 좀 복잡하므로 여기서는 다음과 같은 기준을 사용하여 정성적으로 예측하는 데 중점을 둔다.

- $\boldsymbol{K_b > K_a}$**.** 음이온의 K_b가 양이온의 K_a보다 크면 음이온이 양이온보다 가수분해를 더 많이 하므로 용액은 염기성이 되며, 평형에서 OH^- 이온이 H^+ 이온보다 더 많다.
- $\boldsymbol{K_b < K_a}$**.** 음이온의 K_b가 양이온의 K_a보다 작으면 양이온이 음이온보다 가수분해를 더 많이 하므로 용액은 산성이 된다.
- $\boldsymbol{K_b \approx K_a}$**.** K_b와 K_a가 대략 비슷하면 용액은 거의 중성이다.

표 15.7에는 이 절에서 논의한 염들의 수용액에 대한 내용을 요약하였다.
예제 15.14는 염 용액들의 산-염기 성질을 예측하는 예이다.

표 15.7 염의 산-염기 성질

염의 종류	예	가수분해에 참여하는 이온	용액의 pH
강염기의 양이온; 강산의 음이온	NaCl, KI, KNO_3, RbBr, $BaCl_2$	없음	≈ 7
강염기의 양이온; 약산의 음이온	CH_3COONa, KNO_2	음이온	> 7
약염기의 양이온; 강산의 음이온	NH_4Cl, NH_4NO_3	양이온	< 7
약염기의 양이온; 약산의 음이온	NH_4NO_2, CH_3COONH_4, NH_4CN	음이온과 양이온	$K_b < K_a$이면 < 7 $K_b \approx K_a$이면 ≈ 7 $K_b > K_a$이면 > 7
높이 하전된 작은 양이온; 강산의 음이온	$AlCl_3$, $Fe(NO_3)_3$	수화된 양이온	< 7

예제 15.14

다음 용액이 산성, 염기성, 거의 중성 가운데 어느 것인지 예측하시오. (a) NH_4I, (b) $NaNO_2$, (c) $FeCl_3$, (d) NH_4F.

전략 염의 가수분해를 예측할 때는 다음 물음을 자문해 보라. 양이온이 많이 하전된 금속 이온이거나 암모늄 이온인가? 음이온이 약산의 짝염기인가? 이에 대한 답이 '그렇다'이면 가수분해가 일어난다. 양이온과 음이온이 모두 물과 반응하면 용액의 pH는 양이온의 K_a와 음이온의 K_b의 상대적 크기에 따라 달라진다(표 15.7 참조).

풀이 먼저 염을 양이온과 음이온으로 나눈 뒤, 각 이온과 물 사이에 일어날 반응을 검토한다.

(a) 양이온은 NH_4^+로 가수분해하여 NH_3와 H^+를 생성한다. I^- 음이온은 강산인 HI의 짝염기이다. 따라서 I^-은 가수분해하지 않으며 용액은 산성이다.

(b) Na^+ 양이온은 가수분해하지 않는다. NO_2^-는 약산인 HNO_2의 짝염기이므로 가수분해하여 HNO_2와 OH^-를 생성한다. 용액은 염기성이다.

(c) Fe^{3+} 이온은 높게 하전된 작은 금속 이온으로 가수분해하여 H^+ 이온을 생성한다. Cl^- 이온은 가수분해하지 않는다. 따라서 용액은 산성이다.

(d) NH_4^+와 F^- 이온 모두 가수분해한다. 표 15.3과 15.4로부터 NH_4^+의 $K_a(5.6 \times 10^{-10})$가 F^-의 $K_b(1.4 \times 10^{-11})$보다 크다는 것을 알 수 있다. 따라서 용액은 산성이다.

비슷한 문제: 15.77, 15.78.

실전 연습 다음 용액이 산성, 염기성, 거의 중성 중 어느 것인지 예측하시오. (a) $LiClO_4$, (b) Na_3PO_4, (c) $Bi(NO_3)_3$, (d) NH_4CN.

개념 복습하기

다음 그림은 세 염 NaX(X = A, B, C)의 용액을 나타낸다. Na^+ 이온과 물 분자는 생략하였다. (a) 어떤 X^-가 가장 약한 짝산을 가지는가? (b) 세 음이온 X^-를 염기의 세기가 증가하는 순서로 나열하시오.

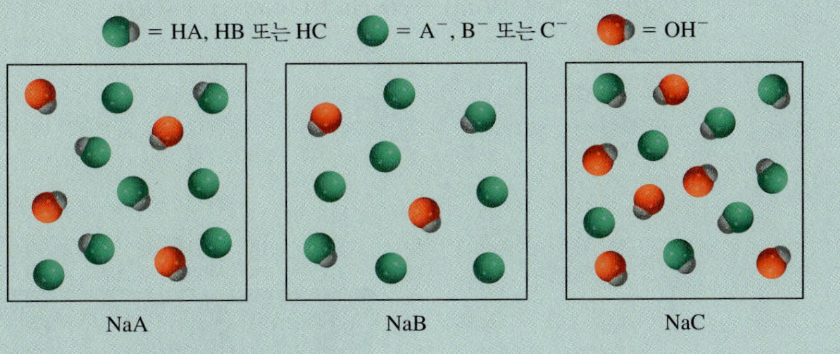

끝으로 어떤 음이온들은 산이나 염기로 모두 작용할 수 있다는 사실을 알아두자. 예를 들어 중탄산 이온(HCO_3^-)은 다음과 같이 이온화하거나 가수분해한다(표 15.5 참조).

$$HCO_3^-(aq) + H_2O(l) \rightleftharpoons H_3O^+(aq) + CO_3^{2-}(aq) \qquad K_a = 4.8 \times 10^{-11}$$
$$HCO_3^-(aq) + H_2O(l) \rightleftharpoons H_2CO_3(aq) + OH^-(aq) \qquad K_b = 2.4 \times 10^{-8}$$

$K_b > K_a$이므로 가수분해가 이온화보다 우세하다. 따라서 중탄산 소듐($NaHCO_3$) 용액은 염기성이다.

15.11 산화물과 수산화물의 산-염기 성질

8장에서 본 바와 같이 산화물은 산성, 염기성, 양쪽성으로 나뉜다. 여기서는 이 화합물들의 산-염기 반응을 살펴보자.

그림 15.8은 가장 높은 산화 상태에 있는 주족 원소들의 산화물들을 보여준다. 모든 알칼리 금속 산화물과 BeO를 제외한 모든 알칼리 토금속 산화물은 염기성이다. 산화 베릴륨과 3A및 4A족 일부 원소들의 금속 산화물은 양쪽성이다. 예를 들어, N_2O_5, SO_3, Cl_2O_7과 같이 높은 산화 상태에 있는 주족 원소의 비금속 산화물은 산성이다. 하지만 CO나 NO와 같이 낮은 산화 상태에 있는 주족 원소의 산화물은 측정할 수 있는 정도의 산성을 나타내지 않는다. 염기성을 보이는 비금속 산화물은 알려져 있지 않다.

염기성 금속 산화물은 물과 반응하여 금속 수산화물이 된다.

$$Na_2O(s) \xrightarrow{H_2O} 2NaOH(aq)$$
$$BaO(s) \xrightarrow{H_2O} Ba(OH)_2(aq)$$

산성 산화물과 물과의 반응은 다음과 같다.

$$CO_2(g) + H_2O(l) \rightleftharpoons H_2CO_3(aq)$$
$$SO_3(g) + H_2O(l) \rightleftharpoons H_2SO_4(aq)$$
$$N_2O_5(g) + H_2O(l) \rightleftharpoons 2HNO_3(aq)$$
$$P_4O_{10}(s) + 6H_2O(l) \rightleftharpoons 4H_3PO_4(aq)$$
$$Cl_2O_7(l) + H_2O(l) \rightleftharpoons 2HClO_4(aq)$$

산성비의 원인과 영향에 대해서는 20장에서 살펴본다.

CO_2와 H_2O의 반응은 순수한 물이 CO_2를 포함하는 공기에 노출될 때 pH가 서서히 변하여 5.5 정도가 되는 이유를 설명해준다(그림 15.9). SO_3와 H_2O의 반응은 산성비의 주된 원인이다(그림 15.10).

산성 산화물과 염기의 반응 및 염기성 산화물과 산의 반응은 염과 물을 생성하는 일반적인 산-염기 반응과 비슷하다.

$$\underset{\text{산성 산화물}}{CO_2(g)} + \underset{\text{염기}}{2NaOH(aq)} \longrightarrow \underset{\text{염}}{Na_2CO_3(aq)} + \underset{\text{물}}{H_2O(l)}$$

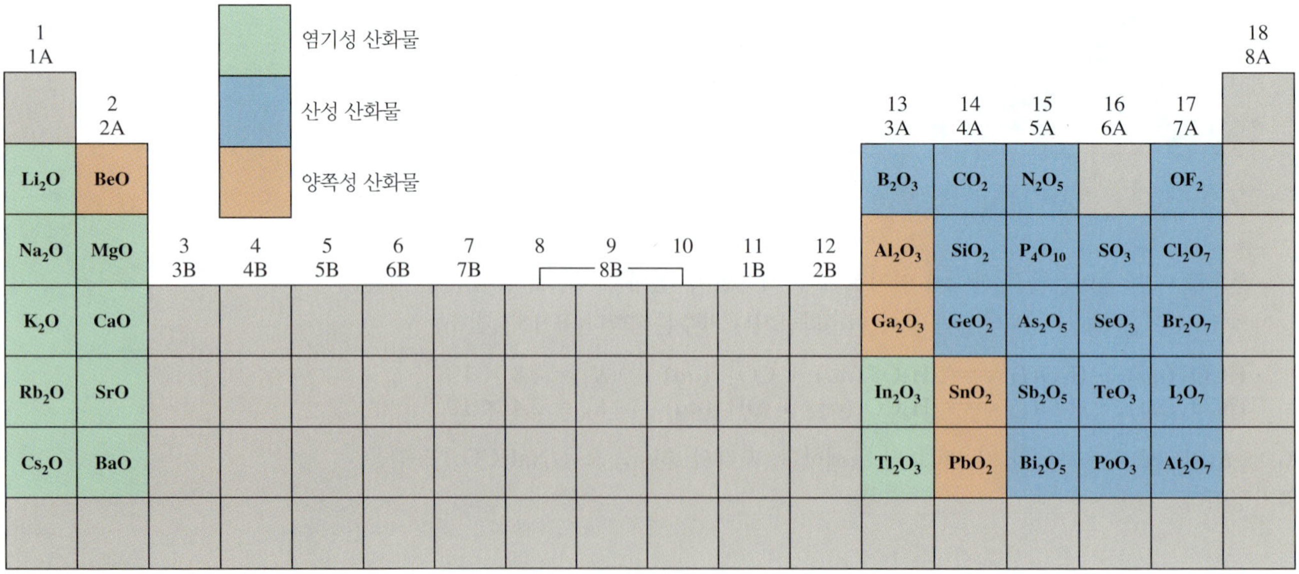

염기성 산화물: Li2O, Na2O, K2O, Rb2O, Cs2O, MgO, CaO, SrO, BaO, In2O3, Tl2O3
산성 산화물: B2O3, CO2, SiO2, N2O5, P4O10, As2O5, Sb2O5, Bi2O5, SO3, SeO3, TeO3, PoO3, OF2, Cl2O7, Br2O7, I2O7, At2O7
양쪽성 산화물: BeO, Al2O3, Ga2O3, SnO2, PbO2

1 1A	2 2A	3 3B	4 4B	5 5B	6 6B	7 7B	8 8B	9 8B	10 8B	11 1B	12 2B	13 3A	14 4A	15 5A	16 6A	17 7A	18 8A
Li_2O	BeO											B_2O_3	CO_2	N_2O_5		OF_2	
Na_2O	MgO											Al_2O_3	SiO_2	P_4O_{10}	SO_3	Cl_2O_7	
K_2O	CaO											Ga_2O_3	GeO_2	As_2O_5	SeO_3	Br_2O_7	
Rb_2O	SrO											In_2O_3	SnO_2	Sb_2O_5	TeO_3	I_2O_7	
Cs_2O	BaO											Tl_2O_3	PbO_2	Bi_2O_5	PoO_3	At_2O_7	

그림 15.8 가장 높은 산화 상태에 있는 주족 원소들의 산화물.

그림 15.9 (왼쪽) 물이 담긴 비커에 몇 방울의 브로모티몰 블루 지시약을 떨어뜨린다. (오른쪽) 드라이아이스를 넣으면 탄산이 생성되어 용액은 산성이 되고 색깔은 파란색에서 노란색으로 변한다.

그림 15.10 산성비에 의해 손상된 숲.

$$\underset{\text{염기성 산화물}}{BaO(s)} + \underset{\text{산}}{2HNO_3(aq)} \longrightarrow \underset{\text{염}}{Ba(NO_3)_2(aq)} + \underset{\text{물}}{H_2O(l)}$$

그림 15.8에서 나타낸 것처럼 산화 알루미늄(Al_2O_3)은 양쪽성이어서 상황에 따라 산성 또는 염기성 산화물로 작용한다. 예를 들어, 염산과 반응할 때는 염기로 작용하여 염($AlCl_3$)과 물을 생성한다.

$$Al_2O_3(s) + 6HCl(aq) \longrightarrow 2AlCl_3(aq) + 3H_2O(l)$$

또한 수산화 소듐과 반응할 때는 산으로 작용한다.

$$Al_2O_3(s) + 2NaOH(aq) \longrightarrow 2NaAlO_2(aq) + H_2O(l)$$

높은 산화 상태에 있는 전이금속을 가진 금속 산화물은 산성 산화물로 행동한다. 낯익은 두 가지 예는 산화 망가니즈(VII)(Mn_2O_7)과 산화 크로뮴(VI)(CrO_3)인데 모두 물과 반응하여 산을 생성한다.

금속의 산화수가 높을수록 화합물은 공유 결합성이 커지고 산화수가 낮을수록 이온성이 커진다.

$$Mn_2O_7(l) + H_2O(l) \longrightarrow \underset{\text{과망가니즈산}}{2HMnO_4(aq)}$$

$$CrO_3(s) + H_2O(l) \longrightarrow \underset{\text{크로뮴산}}{H_2CrO_4(aq)}$$

염기성 및 양쪽성 수산화물

알칼리 금속과 알칼리 토금속의 수산화물[$Be(OH)_2$ 제외]들은 염기성을 나타내는 것을 보았다. $Be(OH)_2$, $Al(OH)_3$, $Sn(OH)_2$, $Pb(OH)_2$, $Cr(OH)_3$, $Cu(OH)_2$, $Zn(OH)_2$, $Cd(OH)_2$는 양쪽성이다. 예를 들어, 수산화 알루미늄은 다음과 같이 산, 염기와 모두 반응한다.

$$Al(OH)_3(s) + 3H^+(aq) \longrightarrow Al^{3+}(aq) + 3H_2O(l)$$
$$Al(OH)_3(s) + OH^-(aq) \rightleftharpoons Al(OH)_4^-(aq)$$

양쪽성 수산화물은 모두 불용성이다.

수산화 베릴륨도 수산화 알루미늄과 같이 양쪽성을 나타낸다는 점은 흥미롭다.

$$Be(OH)_2(s) + 2H^+(aq) \longrightarrow Be^{2+}(aq) + 2H_2O(l)$$
$$Be(OH)_2(s) + 2OH^-(aq) \rightleftharpoons Be(OH)_4^{2-}(aq)$$

이것은 베릴륨과 알루미늄의 대각 관계에 대한 또 다른 예이다(8.6절 참조).

개념 복습하기

다음 산화물을 염기도가 증가하는 순서로 나열하시오. K_2O, Al_2O_3, BaO.

15.12 루이스 산과 염기

지금까지는 산과 염기의 성질을 브뢴스테드의 이론에 따라 살펴보았다. 예를 들어, 브뢴스테드 염기로 작용하려면 양성자를 받아들일 수 있어야 한다. 이 정의에 따르면 수산화 이온과 암모니아는 모두 염기이다.

$$H^+ + {}^-:\ddot{\underset{..}{O}}-H \longrightarrow H-\ddot{\underset{..}{O}}-H$$

$$H^+ + :NH_3 \longrightarrow [NH_4]^+$$

위 두 경우 모두 양성자가 결합되는 원자에는 적어도 하나의 비공유 전자쌍이 있다. OH^-와 NH_3와 같은 브뢴스테드 염기는 산과 염기에 대한 더욱 일반적인 정의를 내릴 수 있게 해준다.

루이스 산은 양이온처럼 전자가 부족한 물질이거나 최외각 궤도가 비어 있는 원자를 중심 원자로 가진 물질이다.

1932년 미국의 화학자 루이스(G. N. Lewis)는 이러한 정의를 제시하였다. 이에 따르면 **루이스 염기**(Lewis base)는 *전자쌍을 줄 수 있는 물질*이고 **루이스 산**(Lewis acid)은 *전자쌍을 받을 수 있는 물질*이다. 예를 들어, 암모니아의 양성자화 반응에서는 양성자에게 전자쌍을 주므로 루이스 염기이고 양성자는 전자쌍을 받아들이므로 루이스 산이다. 루이스 산-염기 반응은 한 화합물에서 다른 화합물로 전자쌍이 옮겨지는 반응도 포함하는데, 이런 반응에서는 염과 물이 생성되지 않는다.

그림 15.11 BF_3와 NH_3 사이에 일어난 루이스 산-염기 반응.

산과 염기에 대한 루이스 정의는 다른 정의들보다 더 일반적이란 점에서 중요하다. 따라서 루이스 산-염기 반응은 브뢴스테드 산-염기 반응으로 볼 수 없는 반응도 설명해준다. 다음 삼플루오린화 붕소(BF_3)와 암모니아 사이의 반응은 그 한 예이다(그림 15.11).

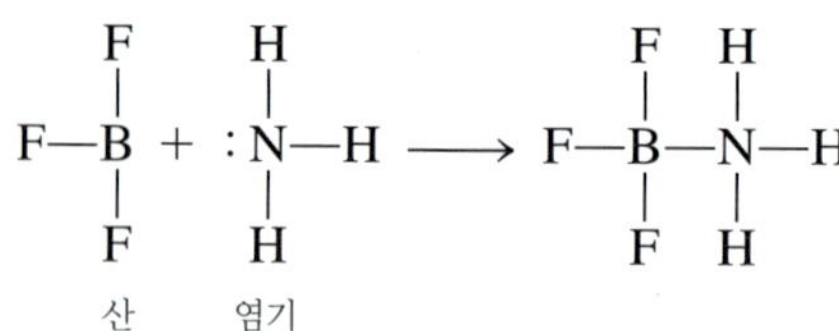

모든 루이스 산-염기 반응에서 배위 공유 결합(9.9절 참조)이 생긴다.

10.4절에서 BF_3에 들어 있는 B 원자는 sp^2 혼성 궤도함수를 가진다고 배웠다. 혼성에 참여하지 않고 비어 있는 $2p_z$ 궤도함수가 NH_3로부터 전자쌍을 받아들인다. 따라서 BF_3는 이온화할 수 있는 양성자가 없으므로 브뢴스테드 산은 아니지만 루이스의 정의에 따르면 산이 된다. 여기서 다른 모든 루이스 산-염기 반응에서와 마찬가지로 B와 N 사이에 배위 공유 결합이 생긴다는 점을 주목하라.

붕소를 가진 또 다른 루이스 산은 붕산(boric acid)이다. 붕산은 눈을 씻는 데 사용하는 약산으로 다음과 같은 구조를 가진 산소산이다.

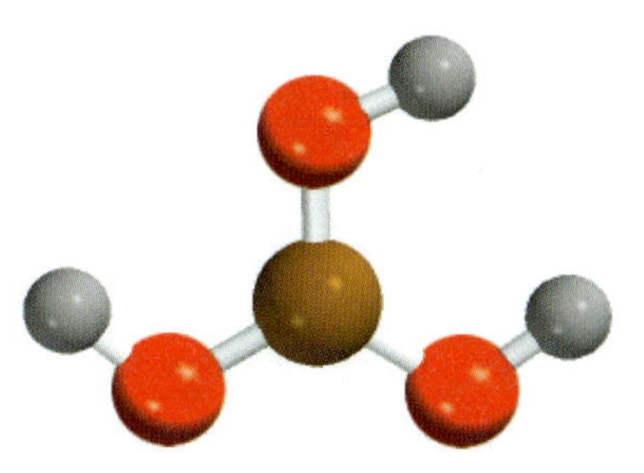

H_3BO_3

$$
\begin{array}{c}
\mathrm{H} \\
| \\
:\ddot{\mathrm{O}}: \\
| \\
\mathrm{H{-}\ddot{\underset{..}{O}}{-}B{-}\ddot{\underset{..}{O}}{-}H}
\end{array}
$$

붕산은 물 속에서 이온화되어 H^+ 이온을 생성하지 않는다. 물과의 반응은 다음과 같다.

$$B(OH)_3(aq) + H_2O(l) \rightleftharpoons B(OH)_4^-(aq) + H^+(aq)$$

이 루이스 산-염기 반응에서 붕산은 H_2O 분자로부터 생긴 수산화 이온으로부터 전자쌍을 받는다.

이산화 탄소의 수화에 의해 탄산이 생성되는 반응은 다음과 같다.

$$CO_2(g) + H_2O(l) \rightleftharpoons H_2CO_3(aq)$$

루이스 개념으로 다음과 같이 설명할 수 있다. 우선 H_2O의 산소 원자의 고립 전자쌍이 CO_2의 탄소 원자에 제공된다. 이 고립 전자쌍은 C—O 파이 결합의 전자쌍이 제거되면서 비워지는 C 원자의 궤도함수에 채워진다. 전자의 이러한 이동을 화살표로 나타내었다.

$$\mathrm{H_2\ddot{O}:} + \mathrm{O{=}C{=}O} \longrightarrow \mathrm{H{-}\overset{+}{\ddot{O}}(H){-}C(O^-){=}O}$$

따라서 H_2O는 루이스 염기가 되고, CO_2는 루이스 산이 된다. 다음으로 음전하를 갖고 있는 O 원자로 양성자가 이동하여 H_2CO_3를 생성한다.

$$\mathrm{H{-}\overset{+}{\ddot{O}}(H){-}C(O^-){=}O} \longrightarrow \mathrm{(HO)C(\ddot{O}H){=}O}$$

루이스 산-염기 반응의 다른 예들을 다음에 나타내었다.

$$\underset{\text{산}}{Ag^+(aq)} + \underset{\text{염기}}{2NH_3(aq)} \rightleftharpoons Ag(NH_3)_2^+(aq)$$

$$\underset{\text{산}}{Cd^{2+}(aq)} + \underset{\text{염기}}{4I^-(aq)} \rightleftharpoons CdI_4^{2-}(aq)$$

$$\underset{\text{산}}{Ni(s)} + \underset{\text{염기}}{4CO(g)} \rightleftharpoons Ni(CO)_4(g)$$

용액 내에서 일어나는 금속 이온의 수화도 루이스 산-염기 반응으로 볼 수 있다(그림 15.7 참조). 따라서 황산 구리(II)($CuSO_4$)가 물에 녹을 때, 각 Cu^{2+} 이온은 여섯 개의 물 분자와 결합하여 $Cu(H_2O)_6^{2+}$로 존재한다. 이 경우에 Cu^{2+} 이온은 산으로 작용하고, H_2O 분자는 염기로 작용한다.

산과 염기의 루이스 정의는 광범위하게 적용할 수 있기 때문에 상당히 의미있는 개념이지만, 보통 "산"과 "염기"는 브뢴스테드 정의의 의미로 사용된다. "루이스 산"이라는 용어는 이온화될 수 있는 수소 원자는 포함하고 있지 않지만, 전자쌍을 받을 수 있는 물질에 대하여 사용한다.

예제 15.15는 루이스 산과 염기의 분류에 관한 것이다.

예제 15.15

다음 각 반응에서 루이스 산과 루이스 염기를 찾으시오.

(a) $C_2H_5OC_2H_5 + AlCl_3 \rightleftharpoons (C_2H_5)_2OAlCl_3$

(b) $Hg^{2+}(aq) + 4CN^-(aq) \rightleftharpoons Hg(CN)_4^{2-}(aq)$

전략 루이스 산-염기 반응에서 산은 보통 양이온이거나 전자가 부족한 분자이며, 염기는 음이온이거나 고립 전자쌍을 가지고 있는 분자이다. (a) $C_2H_5OC_2H_5$의 분자식을 그린다. $AlCl_3$에서 Al의 혼성화 상태는 무엇인가? (b) 어느 이온이 전자 받개이고, 전자 주개인가?

풀이 (a) $AlCl_3$에서 Al은 sp^2 혼성화되어 있고 $2p_z$ 궤도함수는 비어 있으며, 여섯 개의 전자만이 채워져 있으므로 전자가 부족하다. 따라서 Al 원자는 두 개의 전자를 더 받아서 완전한 팔전자계를 이루려는 경향이 있다. 이런 성질 때문에 $AlCl_3$는 루이스 산이다. 반면에, $C_2H_5OC_2H_5$의 산소 원자에 고립 전자쌍이 있으므로 이 화합물은 루이스 염기이다.

생성물에서 Al과 O의 형식 전하를 쓸 수 있는가?

(b) 여기서 Hg^{2+} 이온은 CN^- 이온들로부터 네 쌍의 전자를 받는다. 따라서 Hg^{2+}는 루이스 산이고, CN^-는 루이스 염기이다.

비슷한 문제 : 15.94.

실전 연습 다음 반응에서 루이스 산과 루이스 염기를 찾으시오.

$$Co^{3+}(aq) + 6NH_3(aq) \rightleftharpoons Co(NH_3)_6^{3+}(aq)$$

개념 복습하기

다음 중 어느 것이 루이스 염기로 작용할 수 없는가? (a) NH_3, (b) OF_2, (c) CH_4, (d) OH^-, (e) Fe^{3+}

생활 속의 화학

제산제와 위 속의 pH 균형

성인은 보통 하루에 2~3 L의 위액이 나온다. 위액은 위 속을 감싸고 있는 점막에서 분비되는 그다지 끈끈하지 않은 산성의 소화액으로 염산을 비롯한 여러 화합물들이 들어 있다. 위액의 pH는 1.5로 0.03 *M* 염산의 농도에 해당하는데, 이는 아연을 녹일 정도로 강한 농도이다. 이토록 높은 산성이 왜 필요한가? H^+ 이온은 어디에서 오는가? 위 속에 이 H^+ 이온이 과량으로 존재할 경우 어떤 일이 일어날까?

오른쪽 그림은 위를 간단히 나타낸 것이다. 위의 안쪽 면은 벽세포(parietal cell)로 덮여 있는데, 이 세포들은 서로 치밀하게 결합되어 있으며, 그 내부는 세포막에 의해 보호된다. 이 세포막은 물과 중성의 물질들은 통과시키지만 H^+, Na^+, K^+, Cl^-와 같은 이온들의 이동은 차단한다. H^+ 이온은 CO_2의 수화와 신진대사의 최종 산물로 생성되는 탄산(H_2CO_3)으로부터 나온다.

$$CO_2(g) + H_2O(l) \rightleftharpoons H_2CO_3(aq)$$
$$H_2CO_2(aq) \rightleftharpoons H^+(aq) + HCO_3^-(aq)$$

이 반응은 점막 세포들에 가득 차 있는 혈장에서 일어난다. 이렇게 생성된 H^+ 이온은 효소의 도움을 받아 일어나는 능동 수송(active transport)이라는 과정에 의해 세포막을 통과하여 위 속으로 들어가는데, 전기적 중성을 유지하기 위해 같은 수의 Cl^- 이온도 혈장에서 위 속으로 이동한다. 이처럼 위 속으로 들어온 이온들의 대부분은 세포막 때문에 다시 혈장으로 확산되어 들어가지 못한다.

위의 내부를 강한 산성으로 유지하는 이유는 음식을 소화하고 어떤 소화효소들을 활성화시키기 위해서이다. 음식을 먹으면 H^+ 이온의 분비가 자극되는데, 그 일부가 점막으로 다시 흡수되면서 수많은 작은 출혈을 일으킨다. 위의 내벽에서 1분에 50만 개의 세포가 떨어져 나오며 대략 3일마다 내벽은 모두 새롭게 바뀐다. 하지만 산의 함량이 지나치면 H^+ 이온이 꾸준히 세포막을 지나 혈장으로 들어가서 세포를 붓게 하고 근육을 수축시키면서 통증과 염증과 출혈을 일으킬 수 있다.

위 속에 있는 H^+ 이온의 농도를 일시적으로 낮추는 한 방법은 제산제를 먹는 것이며, 과량의 HCl을 중화시키는 것이 주요 기능이다. 오른쪽 표에는 흔히 쓰는 제산제들의 활성 성분들을 실었는데, 이 제산제들이 위산을 중화시키는 반응은 다음과 같다.

$$NaHCO_3(aq) + HCl(aq) \longrightarrow NaCl(aq) + H_2O(l) + CO_2(g)$$
$$CaCO_3(s) + 2HCl(aq) \longrightarrow CaCl_2(aq) + H_2O(l) + CO_2(g)$$
$$MgCO_3(s) + 2HCl(aq) \longrightarrow MgCl_2(aq) + H_2O(l) + CO_2(g)$$
$$Mg(OH)_2(s) + 2HCl(aq) \longrightarrow MgCl_2(aq) + 2H_2O(l)$$
$$Al(OH)_2NaCO_3(s) + 4HCl(aq) \longrightarrow AlCl_3(aq) + NaCl(aq) + 3H_2O(l) + CO_2(g)$$

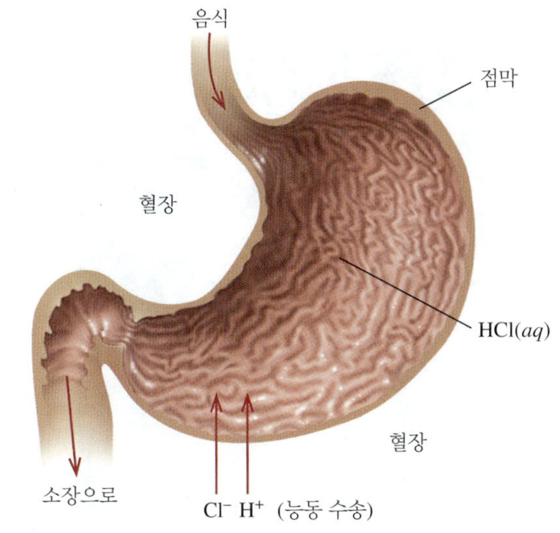

사람 위를 간단히 나타낸 그림.

몇 가지 흔한 상용 제산제의 제조법

상품명	활성 성분
Alka-2	탄산 칼슘
Alka-Seltzer	아스피린, 중탄산 칼슘, 시트르산
Bufferin	아스피린, 탄산 마그네슘, 글리신산 알루미늄
Buffered aspirin	아스피린, 탄산 마그네슘, 수산화 알루미늄-글리신
Milk of magnesia	수산화 마그네슘
Rolaids	이수산화 탄산 소듐 알루미늄
Tums	탄산 칼슘

이 반응의 대부분에서 발생하는 이산화 탄소는 위 속의 압력을 높여 트림을 일으킨다. 알카-셀처(Alka-Seltzer) 알약을 물에 녹일 때 발생하는 거품은 시트르산과 중탄산 소듐 사이의 반응에서 나오는 이산화 탄소 때문이다.

$$\underset{\text{시트르산}}{C_4H_7O_5(COOH)(aq)} + NaHCO_3(aq) \longrightarrow \underset{\text{시트르산 소듐}}{C_4H_7O_5COONa(aq)} + H_2O(l) + CO_2(g)$$

이 현상은 약의 성분을 확산시키는 데 도움을 줄 뿐만 아니라 용액의 맛을 좋게 하기도 한다.

(계속)

(계속)

알카-셀처(Alka-Seltzer) 알약을 물에 녹이면 약 속의 중탄산 이온과 산성 성분이 반응하여 이산화 탄소 거품이 발생한다.

위 점막은 정식 화학 명칭이 아세틸살리실산인 아스피린의 작용에 의해서도 훼손된다. 아스피린 자체는 비교적 약산이다.

$$\text{아세틸살리실산} \rightleftharpoons \text{아세틸살리실산 이온} + H^+$$

위 내부에서 H^+ 이온의 농도가 높을 때 이 산은 대부분 이온화되지 않은 상태로 있다. 비교적 비극성 분자인 아세틸살리실산은 역시 비극성 분자로 만들어져 있는 막을 통과할 능력이 있다. 그러나 막 내부는 물로 채워진 작은 주머니가 많이 있어서, 여기에 아세틸살리실산이 들어오게 되면 H^+와 아세틸살리실산 이온으로 이온화된다. 이 이온 종들은 막의 내부에 갇히게 된다. 이런 식으로 갇힌 이온의 수가 증가하게 되면 막의 구조가 약화되어 결국 출혈이 일어난다. 아스피린 한 알 당 대개 약 2 mL의 혈액이 손실되는데, 이 정도는 해로운 수준은 아니라고 생각되고 있다. 그러나 특정인에게는 이러한 아스피린의 작용이 심각한 출혈을 일으킬 수도 있다. 알코올과 함께 있으면 아세틸살리실산이 점막에 더욱 잘 녹게 되는데, 이 때문에 더욱 심한 출혈이 일어난다는 사실은 흥미롭다.

주요 식 정리하기 *Key Equations*

$K_w = [H^+][OH^-]$ (15.3)	물의 이온곱 상수.
$pH = -\log [H^+]$ (15.4)	용액의 pH 정의.
$[H^+] = 10^{-pH}$ (15.5)	pH로부터 H^+ 이온 농도 계산.
$pOH = -\log [OH^-]$ (15.7)	용액의 pOH 정의.
$[OH^-] = 10^{-pOH}$ (15.8)	pOH로부터 OH^- 이온 농도 계산.
$pH + pOH = 14.00$ (15.9)	식 (15.3)의 다른 표현식.
$\text{이온화 백분율} = \dfrac{\text{평형에서 이온화된 산의 농도}}{\text{산의 초기 농도}} \times 100\%$ (15.11)	
$K_aK_b = K_w$ (15.12)	짝산-짝염기쌍에서 산 이온화 상수와 염기 이온화 상수 사이의 관계.

사실과 개념 요약하기 Summary of Facts & Concepts

1. 브뢴스테드 산은 양성자를 제공하고, 브뢴스테드 염기는 양성자를 받는다. 일반적으로 산과 염기를 이 정의에 따라 구분한다.
2. 수용액의 산도는 pH로 나타내며, 이것은 수소 이온 농도(mol/L)의 음의 대수로서 정의된다.
3. 25°C에서 산성 용액은 pH $<$ 7이고, 염기성 용액은 pH $>$ 7이며, 중성 용액은 pH = 7 이다.
4. 수용액에서 $HClO_4$, HI, HBr, HCl, H_2SO_4(일차 이온화 단계) 및 HNO_3은 강산으로 구분한다. 수용액에서 알칼리 금속과 알칼리 토금속(예외 Be)의 수산화물은 강염기로 구분한다.
5. 산 이온화 상수(K_a)는 산의 세기가 클수록 증가한다. 마찬가지로 K_b는 염기의 세기의 척도가 된다.
6. 이온화 백분율은 산의 세기를 결정하는 또 다른 척도이다. 약산 용액이 묽을수록 산의 이온화 백분율은 증가한다.
7. 산의 이온화 상수와 그 짝염기의 이온화 상수의 곱은 물의 이온곱과 같다.
8. 산의 상대적인 세기는 그들의 분자 구조와 관계가 있다.
9. 대부분의 염은 물에서 완전히 이온화하는 강전해질이다. 염의 가수분해라고 하는 이들 이온의 반응은 용액을 산성 혹은 염기성으로 만든다. 약산의 짝염기는 염기성 용액을 만들고, 약염기의 짝산은 산성 용액을 만든다.
10. Al^{3+}나 Fe^{3+}와 같이 작고 전하가 큰 금속 이온들은 가수분해되어 산성 용액을 만든다.
11. 대부분의 산화물은 산성, 염기성, 양쪽성으로 분류할 수 있다. 금속의 수산화물은 염기성이거나 양쪽성이다.
12. 루이스 산은 전자쌍을 받고, 루이스 염기는 전자쌍을 준다. 루이스 산이란 용어는 일반적으로 전자쌍을 받아들일 수 있으나, 이온화할 수 있는 수소 원자를 포함하지 않는 물질에 대하여 사용된다.

주요 용어 정리하기 Key Words

pH	루이스 염기	염기 이온화 상수(K_b)	짝산-짝염기쌍
강산	산 이온화 상수(K_a)	염의 가수분해	
강염기	약산	이온곱 상수	
루이스 산	약염기	이온화 백분율	

연습 문제 Questions & Problems†

• 표시는 Connect Plus에서 유용한 문제,
붉은색 번호의 문제는 학생용 문제풀이집에 풀어 놓았다.

브뢴스테드 산과 염기

▶ 복습 질문

15.1 브뢴스테드 산과 염기를 정의하고, 산-염기 반응에서 짝산 짝염기를 예로 들어보시오.

15.2 어떤 화학종이 브뢴스테드 염기로 작용하기 위해서는 화학종의 원자 한 개가 비공유 전자쌍을 갖고 있어야 한다. 이유를 설명하시오.

▶ 문제

• 15.3 다음 화학종들을 브뢴스테드 산, 염기 또는 두 가지 모두 될 수 있는 것으로 구분하시오. (a) H_2O, (b) OH^-, (c) H_3O^+, (d) NH_3, (e) NH_4^+, (f) NH_2^-, (g) NO_3^-, (h) CO_3^{2-}, (i) HBr, (j) HCN.

• **15.4** 다음 산의 짝염기의 화학식을 쓰시오. (a) HNO_2, (b) H_2SO_4, (c) H_2S, (d) HCN, (e) HCOOH(폼산).

• 15.5 다음 반응에서 산-염기를 짝지으시오.
(a) $CH_3COO^- + HCN \rightleftharpoons CH_3COOH + CN^-$
(b) $HCO_3^- + HCO_3^- \rightleftharpoons H_2CO_3 + CO_3^{2-}$
(c) $H_2PO_4^- + NH_3 \rightleftharpoons HPO_4^{2-} + NH_4^+$
(d) $HClO + CH_3NH_2 \rightleftharpoons CH_3NH_3^+ + ClO^-$
(e) $CO_3^{2-} + H_2O \rightleftharpoons HCO_3^- + OH^-$

• **15.6** 다음 염기의 짝산의 화학식을 쓰시오. (a) HS^-, (b) HCO_3^-, (c) CO_3^{2-}, (d) $H_2PO_4^-$, (e) HPO_4^{2-}, (f) PO_4^{3-}, (g) HSO_4^-, (h) SO_4^{2-}, (i) SO_3^{2-}

• 15.7 옥살산($C_2H_2O_4$)의 구조는 다음과 같다.

† 다른 말이 없으면 온도는 25°C로 가정한다.

$$\begin{array}{l} O{=}C{-}OH \\ \quad\ | \\ O{=}C{-}OH \end{array}$$

옥살산 용액은 화학종 $H_2C_2O_4$, $HC_2O_4^-$, $C_2O_4^{2-}$, H^+가 서로 다른 농도로 존재한다. (a) $HC_2O_4^-$와 $C_2O_4^{2-}$의 루이스 구조를 그리시오. (b) 위의 네 가지 화학종 중 어느 것이 산으로만, 어느 것이 염기로만, 또 어느 것이 산-염기로 모두 작용하겠는가?

● **15.8** 다음 산의 짝염기의 화학식을 쓰시오. (a) CH_2Cl $COOH$, (b) HIO_4, (C) H_3PO_4, (d) $H_2PO_4^-$, (e) HPO_4^{2-}, (f) H_2SO_4, (g) HSO_4^-, (h) HIO_3, (i) HSO_3^-, (j) NH_4^+, (k) H_2S, (l) HS^-, (m) HClO.

물의 산-염기 성질

▶ 복습 질문

15.9 물의 이온곱 상수는 얼마인가?

15.10 25°C에서 용액 내 $[H^+]$와 $[OH^-]$의 관계를 식으로 나타내시오.

15.11 물의 이온곱 상수는 25°C에서 1.0×10^{-14}이지만, 40°C에서는 3.8×10^{-14}이다. 다음 과정은 흡열 과정 또는 발열 과정 중 어느 것인가?

$$H_2O(l) \rightleftharpoons H^+(aq) + OH^-(aq)$$

pH—산도의 측정

▶ 복습 질문

15.12 pH를 정의하시오. 화학자들이 용액의 산도를 논의할 때에 수소 이온 농도 $[H^+]$보다 pH를 주로 사용하는 이유는 무엇인가?

15.13 어떤 용액의 pH가 6.7이다. 이 내용만 가지고 이 용액이 산성이라고 할 수 있는가? 아니라면, 이를 판단하기 위해서는 어떤 정보가 필요하겠는가? 어떤 용액의 pH가 0이나 음수가 될 수 있겠는가? 그렇다면 이 값이 나올 수 있는 예를 들어보시오.

15.14 pOH를 정의하시오. pH와 pOH를 연관시키는 식을 쓰시오.

▶ 문제

● 15.15 1.4×10^{-3} M 염산 용액에서 OH^- 이온의 농도를 구하시오.

● **15.16** 0.62 M NaOH 용액의 H^+ 이온의 농도를 계산하시오.

● 15.17 다음 용액의 pH를 계산하시오. (a) 0.0010 M HCl, (b) 0.76 M KOH.

● **15.18** 다음 용액의 pH를 계산하시오. (a) 2.8×10^{-4} M $Ba(OH)_2$, (b) 5.2×10^{-4} M HNO_3.

● 15.19 다음 pH 값을 갖는 용액에서 수소 이온의 농도를 구하시오. (a) 2.42, (b) 11.21, (c) 6.96, (d) 15.00.

15.20 다음 용액의 수소 이온 농도를 mol/L 단위로 계산하시오. (a) pH가 5.20인 용액, (b) pH가 16.00인 용액, (c) 수산화 이온의 농도가 3.7×10^{-9} M인 용액.

● 15.21 다음 표를 완성하시오.

pH	$[H^+]$	용액
<7		
	$< 1.0 \times 10^{-7}$ M	
		중성

● **15.22** 다음 빈 칸에 산성, 염기성, 중성 중에서 한 가지를 골라서 쓰시오.

(a) pOH > 7: 용액은 ________

(b) pOH = 7: 용액은 ________

(c) pOH < 7: 용액은 ________

● 15.23 25°C에서 한 강염기 용액의 pOH가 1.88이다. 그 염기가 다음 물질이라면 염기의 농도를 계산하시오. (a) KOH, (b) $Ba(OH)_2$.

● **15.24** 0.360 M KOH 용액 5.50 mL 안에 있는 KOH의 몰수를 계산하시오. 용액의 pOH는 얼마인가?

● 15.25 pH 10.00인 용액 546 mL를 제조하는 데 필요한 NaOH 양은 몇 g인가?

15.26 HCl 18.4 g을 물 662 mL에 녹여 용액을 만들었다. 용액의 pH를 계산하시오. (용액의 부피는 662 mL라고 가정한다.)

산-염기 세기

▶ 복습 질문

15.27 어떤 산의 세기란 무엇을 의미하는지 설명하시오.

15.28 책을 참고하지 말고, 강산 네 개와 약산 네 개의 화학식을 쓰시오.

● 15.29 물 속에 존재할 수 있는 가장 강한 산과 가장 강한 염기는 어떤 것인가?

15.30 H_2SO_4은 강산이지만 HSO_4^-는 약산이다. 이들 두 화학종의 세기가 차이가 나는 이유를 설명하시오.

▶ 문제

● 15.31 HCl과 같은 강산이 물에 녹아 있는 모습을 가장 잘 나타낸 그림은 어느 것인가? 어느 것이 약산을 나타내고 있는가? 또 어느 것이 아주 약한 산을 나타내고 있는가? (수화된 양성자는 하이드로늄 이온으로 나타냈으며, 물 분자는 생략하였다.)

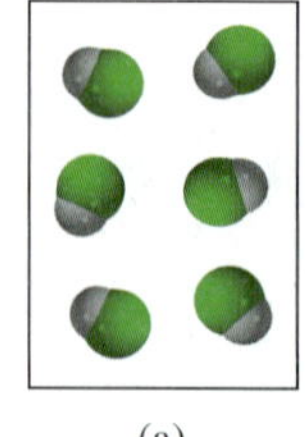
(a)

(b)

(c)

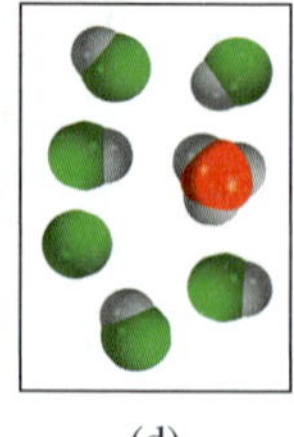
(d)

● **15.32** (1) 다음 그림 중 어떤 것이 약한 이양성자산(diprotic acid) 용액을 나타내고 있는가? (2) 다음 그림 중 어떤 것들이 화학적으로 불가능한 상태를 나타내고 있는가?

단, 수화된 수소 이온은 하이드로늄 이온으로 표시하였으며, 물 분자는 생략하였다.

(a)

(b)

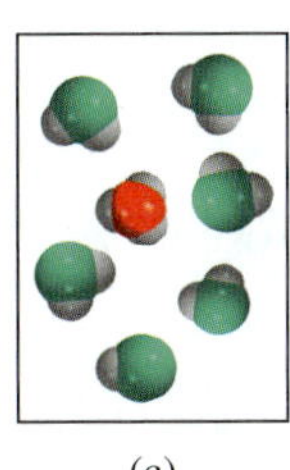
(c)

(d)

● 15.33 다음 화학종들을 약산과 강산으로 구분하시오. (a) HNO_3, (b) HF, (c) H_2SO_4, (d) HSO_4^-, (e) H_2CO_3, (f) HCO_3^-, (g) HCl, (h) HCN, (i) HNO_2.

15.34 다음 화학종들을 강염기와 약염기로 구분하시오. (a) LiOH, (b) CN^-, (C) H_2O, (d) ClO_4^-, (e) NH_2^-.

● 15.35 약산 HA 0.10 *M* 용액을 설명한 것 중 맞는 것은 어느 것인가?
(a) pH는 1.00이다.
(b) $[H^+] \gg [A^-]$
(c) $[H^+] = [A^-]$
(d) pH는 1보다 작다.

● **15.36** 강산 1.0 *M* HA에 대하여 다음 중 맞는 것은 어느 것인가?
(a) $[A^-] > [H^+]$
(b) pH = 0.00
(c) $[H^+] = 1.0\ M$
(d) $[HA] = 1.0\ M$

● 15.37 다음 반응은 어느 방향으로 잘 일어나겠는가?

$$F^-(aq) + H_2O(l) \rightleftharpoons HF(aq) + OH^-(aq)$$

15.38 다음 반응이 왼쪽으로부터 오른쪽으로 어느 정도로 진행될 것인가를 예측하시오.

$$CH_3COOH(aq) + Cl^-(aq) \longrightarrow$$

약산과 산 이온화 상수

▶ 복습 질문

15.39 이온화 상수는 산의 세기와 어떤 관계가 있는가?

15.40 약산의 K_a에 영향을 주는 인자들을 나열하시오.

15.41 일반적으로 HCl 또는 HNO_3와 같은 강산의 K_a 값은 중요하게 취급하지 않는다. 이유는 무엇인가? 또 K_a 값을 제시할 때 온도를 같이 제시하여야 하는 이유는 무엇인가?

● 15.42 다음 용액 중 pH가 가장 큰 것은 무엇인가? (a) 0.40 *M* HCOOH, (b) 0.40 *M* $HClO_4$, (c) 0.40 *M* CH_3COOH.

▶ 문제

● 15.43 벤조산의 K_a 값은 6.5×10^{-5}이다. 0.10 *M* 벤조산 용액의 pH를 계산하시오.

15.44 아세트산 0.0560 g을 충분한 양의 물에 녹여서 50.0 mL 용액을 만들었다. 평형 상태에서 H^+, CH_3COO^-, CH_3COOH의 농도를 계산하시오. (아세트산의 K_a는 1.8×10^{-5}이다.)

● 15.45 어떤 산의 초기 농도는 0.010 *M*이고, 이때 용액의 pH가 6.20이라면 이 용액의 K_a 값을 계산하시오.

15.46 평형 상태에서의 pH가 3.26인 폼산(HCOOH) 용액의 초기 몰농도는 얼마인가?

● 15.47 벤조산 용액의 농도가 다음과 같을 때 이온화 백분율을 구하시오. (a) 0.20 *M*, (b) 0.00020 *M*.

15.48 다음 농도에서 플루오린화 수소산(HF)의 이온화 백분율을 계산하시오. 계산 결과에서 경향성을 찾아보시오. (a) 0.60 *M*, (b) 0.0046 *M*, (c) 0.00028 *M*.

● 15.49 어떤 일양성자산 0.040 *M*의 이온화 백분율이 14%였다. 이 산의 이온화 상수를 구하시오.

● **15.50** (a) 일양성자산인 0.20 *M* 아세틸살리실산(아스피린)의 이온화 백분율을 계산하시오($K_a = 3.0 \times 10^{-4}$). (b) 위액의 pH가 1.00인 어떤 사람이 아스피린 몇 정을 복용하였더니 위에 있는 아세틸살리실산의 농도가 0.20 *M*이 되었다. 이 조건에서 산의 이온화 백분율을 계산하시오. 이온화되지 않은 산은 위의 점막에 어떤 영향을 줄 것인가? (힌트: 15장 끝에 있는 "생활 속의 화학" 참조)

약염기와 염기 이온화 상수

▶ 복습 질문

15.51 NH_3를 이용하여 염기의 세기는 무엇을 의미하는지 기술하시오.

15.52 다음 중 어느 것이 pH가 더 높은가? (a) 0.20 *M* NH_3, (b) 0.20 *M* NaOH.

▶ 문제

15.53 K_b 값이 3.5×10^{-6}인 0.24 *M* 약염기 용액의 pH를 구하시오.

15.54 다음 그림은 같은 농도의 세 가지 다른 약염기 용액을 나타낸다. 염기를 K_b 값이 증가하는 순서로 배열하시오. (물 분자는 생략하였다.)

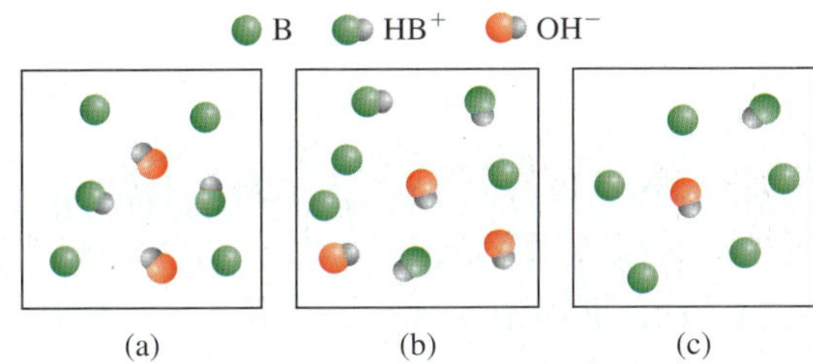

● 15.55 다음 용액의 pH를 구하시오. (a) 0.10 *M* NH_3, (b) 0.050 *M* C_5H_5N(피리딘).

● **15.56** 한 약염기 0.30 *M* 용액의 pH는 10.66이다. 이 염기의 K_b는 얼마인가?

● 15.57 pH 11.22인 암모니아 용액의 초기 농도는?

● **15.58** 0.080 *M* NH_3 용액에서 몇 %의 NH_3가 NH_4^+로 존재하

는가?

산 이온화 상수와 그 짝염기의 이온화 상수 사이의 관계

▶ 복습 질문

15.59 약산의 K_a와 짝염기의 K_b 사이의 관계식을 쓰시오. NH_3와 이의 짝산인 NH_4^+를 이용하여 K_a와 K_b의 관계를 유도하시오.

15.60 $K_aK_b = K_w$의 관계를 이용하여 약산과 그 짝염기의 상대적 세기를 설명하시오.

이양성자산과 다양성자산

▶ 복습 질문

15.61 탄산은 이양성자산이다. 의미를 설명하시오.

15.62 인산 용액에 존재하는 물을 제외한 모든 화학종을 쓰시오. 이들 중 브뢴스테드 산으로, 브뢴스테드 염기로, 그리고 브뢴스테드 산과 브뢴스테드 염기 양쪽으로 작용하는 화학종을 나타내시오.

▶ 문제

• 15.63 어떤 온도에서 이양성자산, H_2A의 첫 번째와 두 번째 이온화 상수는 K_{a_1}과 K_{a_2}이다. 어떤 조건하에서 $[A^{2-}] = K_{a_2}$가 될까?

15.64 0.040 M HCl 용액의 pH와 0.040 M H_2SO_4 용액의 pH를 비교하시오. (*힌트*: H_2SO_4는 강산이며, HSO_4^-의 K_a는 1.3×10^{-2}이다.)

• 15.65 0.20 M $KHSO_4$ 용액에서 HSO_4^-, SO_4^{2-}, H^+의 농도를 계산하시오.

• **15.66** 0.025 M H_2CO_3 용액에 있는 H^+, HCO_3^-, CO_3^{2-}의 농도를 계산하시오.

산의 분자 구조와 세기

▶ 복습 질문

15.67 산의 세기에 영향을 미치는 네 가지 요인을 기술하시오

15.68 산소산의 세기에 미치는 중심 원자의 전기음성도와 산화수의 영향을 설명하시오.

▶ 문제

• 15.69 다음 화합물의 산의 세기를 예측하시오. H_2O, H_2S, H_2Se.

• **15.70** 다음 산의 세기를 비교하시오. (a) H_2SO_4와 H_2SeO_4, (b) H_3PO_4와 H_3AsO_4.

• 15.71 $CH_2ClCOOH$와 $CHCl_2COOH$ 중 어느 화합물이 더 강한 산인지 설명하시오.

15.72 다음 두 화합물을 생각해 보자.

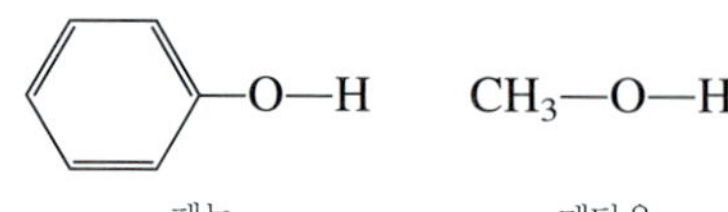

실험적으로 페놀이 메탄올보다 더 강산임을 알았다. 이들의 짝염기의 분자 구조를 이용하여 그 이유를 설명하시오. (*힌트*: 짝염기가 안정하면 이온화가 더 잘 일어난다. 이들 짝염기 중 하나가 공명에 의해 안정화될 수 있다.)

염의 산-염기 성질

▶ 복습 질문

15.73 염 가수분해를 정의하시오. 용액의 pH에 미치는 영향을 기준으로 염을 분리해보시오.

15.74 크기가 작고, 높게 하전된 금속 이온이 왜 가수분해를 하는가에 대해 설명하시오.

15.75 Al^{3+}는 브뢴스테드 산이 아니지만, $Al(H_2O)_6^{3+}$는 브뢴스테드 산이다. 이를 설명하시오.

• 15.76 다음 염 중 가수분해를 하는 염을 고르시오. KF, $NaNO_3$, NH_4NO_2, $MgSO_4$, KCN, C_6H_5COONa, RbI, Na_2CO_3, $CaCl_2$, HCOOK.

▶ 문제

• 15.77 다음 염을 포함하는 수용액의 pH(> 7, < 7, 또는 ≈ 7)를 예측하시오.
(a) KBr, (b) $Al(NO_3)_3$, (c) $BaCl_2$, (d) $Bi(NO_3)_3$.

• **15.78** 다음 용액이 산성인지, 염기성인지, 중성인지 예측하시오. (a) NaBr, (b) K_2SO_3, (c) NH_4NO_2, (d) $Cr(NO_3)_3$.

15.79 M^+와 X^-로 이루어진 염 MX는 물에 녹으며 만들어진 용액의 pH는 7.0이다. 염으로부터 생성된 산과 염기의 세기에 대해 언급할 수 있는가?

• **15.80** 한 학생이 실험으로 0.10 M인 세 포타슘염(KX, KY, KZ) 용액의 pH가 각각 7.0, 9.0, 11.0임을 알았다. 산 HX, HY, HZ를 산의 세기가 증가하는 순으로 배열하시오.

• 15.81 0.36 M CH_3COONa 용액의 pH를 계산하시오.

15.82 0.42 M NH_4Cl 용액의 pH를 구하시오.

• 15.83 $NaHCO_3$ 용액의 pH를 예측하시오(> 7, < 7, 또는 ≈ 7).

• **15.84** 염 K_2HPO_4를 포함하는 용액은 산성, 중성, 염기성 중 어느 것에 해당하는지를 예측하시오.

산화물과 수산화물의 산-염기 성질

▶ 복습 질문

• 15.85 다음 산화물을 산성, 염기성, 양쪽성, 중성으로 분리하시오. (a) CO_2, (b) K_2O, (c) CaO, (d) N_2O_5 (e) CO, (f) NO, (g) SnO_2, (h) SO_3, (i) Al_2O_3, (j) BaO.

• 15.86 다음 화합물 사이의 반응식을 쓰시오. (a) CO_2와 $NaOH(aq)$, (b) Na_2O와 $HNO_3(aq)$.

▶ 문제

15.87 금속의 산화수가 낮은 금속 산화물은 염기성이 되기 쉬우며, 금속의 산화수가 높으면 산성이 되는 이유를 설명

하시오. (*힌트*: 금속의 산화수가 낮은 금속 화합물은 금속의 산화수가 높은 화합물들보다 더 이온성이다.)

15.88 다음 각 그룹의 산화물을 염기성이 증가하는 순으로 나열하시오. (a) K_2O, Al_2O_3, BaO, (b) CrO_3, CrO, Cr_2O_3.

15.89 $Zn(OH)_2$는 양쪽성 수산화물이다. 다음 물질과 반응할 때 균형 잡힌 이온 반응식을 쓰시오. (a) HCl, (b) NaOH[생성물은 $Zn(OH)_4^{2-}$].

15.90 $Al(OH)_3$는 불용성 화합물이다. 이 화합물은 과량의 NaOH 용액에는 녹는다. 이 반응의 균형 반응식을 쓰시오. 이는 어떤 종류의 화학 반응인가?

루이스 산과 염기

▶ 복습 질문

15.91 산과 염기에 대한 루이스의 정의는 무엇인가? 어떤 면에서 이것이 브뢴스테드의 정의보다 더 일반적인가?

15.92 궤도함수와 전자 배열의 관점에서 루이스 산(예, H^+와 BF_3 사용)으로 행동하려면 분자나 이온에 무엇이 있어야 하는가? 루이스 염기(예, OH^-와 NH_3 사용)로 행동하려면 분자나 이온에 무엇이 있어야 하는가?

▶ 문제

15.93 다음 화학종을 루이스 산 또는 루이스 염기로 구분하시오. (a) CO_2, (b) H_2O, (c) I^-, (d) SO_2, (e) NH_3, (f) OH^-, (g) H^+, (h) BCl_3.

15.94 루이스 산-염기 이론으로 다음 반응식을 설명하시오.

$$AlCl_3(s) + Cl^-(aq) \longrightarrow AlCl_4^-(aq)$$

15.95 다음 각 쌍에 대해 더 강한 루이스 산을 선택하고, 그 이유를 설명하시오. (a) BF_3 또는 BCl_3, (b) Fe^{2+} 또는 Fe^{3+}.

15.96 모든 브뢴스테드 산은 루이스 산이나 그 역은 성립하지 않는다. 브뢴스테드 산이 아니면서 루이스 산인 두 개의 예를 드시오.

추가 문제

15.97 pH 8.22인 $NaNO_2$ 용액의 농도를 예측하시오.

15.98 pH 5.64인 NH_4Cl 용액의 농도를 예측하시오.

15.99 다음 그림은 용액에서 3개의 약산 HA(A = X, Y, Z)를 나타낸다. (a) 산을 K_a가 증가하는 순서로 나열하시오. (b) 짝염기를 K_b가 증가하는 순서로 나열하시오. (c) 각 산의 이온화 백분율을 계산하시오. (d) 어떤 0.1 *M* 염 용액(NaX, NaY, NaZ)이 가장 낮은 pH 값을 갖는가? (수화된 양성자는 하이드로늄 이온으로 나타내었다. 단순화하기 위하여 물 분자는 생략하였다.)

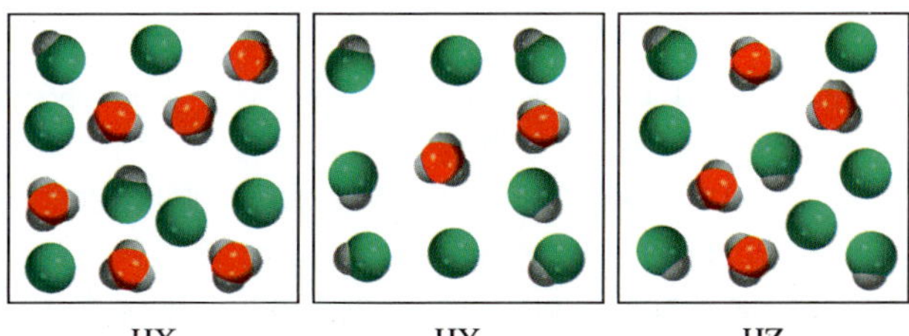

15.100 위액에서 제산제 성분인 탄산 수소 소듐과 염산의 반응은 다음과 같다.

$$NaHCO_3(s) + HCl(aq) \rightleftharpoons NaCl(aq) + H_2O(l) + CO_2(g)$$

1.00 atm, 37.0°C에서 $NaHCO_3$ 0.350 g과 과량의 위액으로부터 생성된 CO_2의 부피(L)를 계산하시오.

15.101 다음 중 같은 부피의 0.60 *M* NaOH 용액을 더했을 때, pH가 낮아지는 것은 어느 것인가? (a) 물, (b) 0.30 *M* HCl, (c) 0.70 *M* KOH, (d) 0.40 *M* $NaNO_3$.

15.102 0.0642 *M* 일양성자산의 pH는 3.86이다. 이 산은 강산인가?

15.103 물처럼 액체 암모니아도 다음과 같이 자체이온화한다.

$$NH_3 + NH_3 \rightleftharpoons NH_4^+ + NH_2^-$$

(a) 이 반응에서 브뢴스테드 산과 브뢴스테드 염기를 지적하시오. (b) H^+와 OH^-에 해당하는 화학종은 각각 무엇이고, 중성 용액이 되기 위한 조건은 무엇인가?

15.104 HA와 HB는 모두 약산이며, 이 중에서 HB가 더 세다. 0.10 *M* NaOH 용액으로 중화시킬 때, 0.10 *M* HA 50.0 mL보다 0.10 *M* HB 50.0 mL를 중화시키는 데 더 많은 부피가 들어가겠는가?

15.105 어떤 용액이 약산인 일양성자산 HA와 그것의 소듐염 NaA를 각각 0.1 *M* 농도로 포함한다. 이 때, $[OH^-] = K_w/K_a$임을 보이시오.

15.106 크로뮴의 산화물에는 CrO, Cr_2O_3, CrO_3가 있다. Cr_2O_3가 양쪽성이라면, CrO와 CrO_3의 산-염기 성질은 어떠할까?

15.107 표 15.3의 자료를 사용하여 다음 반응의 평형 상수를 계산하시오.

$$HCOOH(aq) + OH^-(aq) \rightleftharpoons HCOO^-(aq) + H_2O(l)$$

15.108 표 15.3의 자료를 이용하여 다음 반응의 평형 상수를 계산하시오.

$$CH_3COOH(aq) + NO_2^-(aq) \rightleftharpoons CH_3COO^-(aq) + HNO_2(aq)$$

15.109 1A와 2A족 금속 대부분의 수소화물은 이온성이다. (공유 화합물인 BeH_2와 MgH_2는 예외이다.) (a) 브뢴스테드 산-염기 반응으로 수소화 이온(H^-)과 물의 반응을 설명하시오. (b) 이 반응은 산화-환원 반응으로 간주할 수도 있다. 산화제와 환원제를 지적하시오.

● **15.110** 0.20 M CH_3COONH_4 용액의 pH를 구하시오.

15.111 치과 의사들이 국소 마취제로 사용하는 노보카인(novocaine)은 약염기이다($K_b = 8.91 \times 10^{-6}$). 환자의 혈장(pH = 7.40) 내에서 이 물질의 농도에 대한 염기 농도의 비율은 얼마인가?

15.112 NF_3와 NH_3 중 어느 것이 더 강한 염기인가? (*힌트*: F는 H보다 전기음성도가 더 크다.)

15.113 NH_3와 PH_3 중 어느 것이 더 강한 염기인가? (*힌트*: N—H 결합이 P—H 결합보다 더 강하다.)

● **15.114** 25°C에서 D_2O의 이온곱은 1.35×10^{-15}이다. (a) 순수한 D_2O의 pD를 계산하시오. (pD $= -\log[D^+]$) (b) D_2O 용액 내에서 pD 값이 얼마이면 산성인가? (c) pD와 pOD 사이의 관계식을 유도하시오.

15.115 다음 예를 드시오. (a) 산소 원자를 포함한 약산, (b) 산소 원자를 포함하지 않는 약산, (c) 루이스 산 역할을 하는 중성 분자, (d) 루이스 염기 역할을 하는 중성 분자, (e) 이온화가 가능한 두 개의 수소 원자를 갖고 있는 약산, (f) HCl과 반응하여 CO_2 기체가 얻어지는 짝산-짝염기쌍.

● **15.116** 강산 CF_3SO_3H 0.616 g을 포함하는 수용액 250.0 mL의 pH는 얼마인가?

15.117 (a) VSEPR를 이용하여 옥소늄 이온(H_3O^+)의 기하구조를 예측하시오. (b) 물의 산소 원자는 두 개의 고립 전자쌍을 가지고 있기 때문에 원칙적으로 두 개의 H^+ 이온을 받을 수 있다. 그럼에도 불구하고 H_4O^{2+}종이 존재하지 않는 이유를 설명하시오. 만약 이런 구조가 존재한다면 그 기하 구조는 무엇일까?

15.118 HF는 약산이나 산의 세기는 농도에 따라 증가한다. 그 이유를 설명하시오. (*힌트*: F^-는 HF와 반응하여 HF_2^-를 생성한다. 이 반응의 평형 상수는 25°C에서 5.2이다.)

15.119 물과 염소가 반응할 때 결과적으로 용액은 약산성이 되고, $AgNO_3$와 반응하면 흰색 침전이 생긴다. 이 반응을 나타내는 균형 반응식을 쓰시오. 가정용 표백제 제조업자들이 표백 효과를 증대하기 위해 제품에 NaOH와 같은 염기를 첨가하는 이유를 설명하시오.

● **15.120** 강산의 농도가 1.0×10^{-7} M보다 아주 높지 않을 때는 물의 이온화를 용액의 pH 계산에 고려해야 한다. (a) 물의 이온화로 생성된 $[H^+]$를 포함하여 강산의 pH를 계산하는 식을 유도하시오. (b) 1.0×10^{-7} M HCl 용액의 pH를 계산하시오.

● 15.121 2.00 M NH_4CN 용액의 pH를 계산하시오.

● **15.122** 0.100 M H_3PO_4 용액 중 모든 화학종의 농도를 계산하시오.

15.123 다음 화학종을 형성하게 하는 루이스 산과 루이스 염기를 쓰시오. (a) $AlCl_4^-$, (b) $Cd(CN)_4^{2-}$, (c) HCO_3^-, (d) H_2SO_4.

15.124 아주 진한 NaOH 용액은 유리 기구에 보관해서는 안 된다. 왜 그럴까? (*힌트*: 11.7절 참조)

● 15.125 증기상에서 아세트산 분자는 다음과 같이 어느 정도 회합하여 이합체를 형성한다.

$$2CH_3COOH(g) \rightleftharpoons (CH_3COOH)_2(g)$$

51°C에서 360-mL 들이 플라스크 안의 아세트산 증기 계의 압력은 0.0342 atm이다. 이 증기는 0.0568 M NaOH 13.8 mL와 반응하여 응축, 중화한다. (a) 이 조건에서 이합체의 해리도(α)를 계산하시오.

$$(CH_3COOH)_2 \rightleftharpoons 2CH_3COOH$$

(*힌트*: 일반적 풀이 과정은 연습 문제 14.117 참조.)
(b) (a)에서의 반응에 대한 평형 상수 K_p 값을 계산하시오.

● **15.126** 0.100 M Na_2CO_3 용액 중 모든 화학종의 농도를 계산하시오.

● 15.127 CO_2의 헨리 상수는 38°C에서 2.28×10^{-3} mol/L·atm이다. 38°C에서 부분 압력이 3.20 atm인 CO_2와 평형 상태에 있는 CO_2 수용액의 pH를 계산하시오.

15.128 HCN(사이안화 수소산, hydrocyanic acid)은 약산이며, 매우 유독한 물질이다. 사이안화 수소(hydrogen cyanide) 기체는 가스실에 사용되고 있다. 적절한 환기 장치 없이 NaCN을 HCl과 같은 산으로 처리하는 것이 매우 위험한 이유를 설명하시오.

● 15.129 pH 10.00인 수용액 정확히 250 mL를 만들기 위하여 NaCN는 몇 그램이 필요한가?

● **15.130** 폼산(HCOOH) 용액의 pH가 2.53일 때, 이 용액 100.0 mL에는 HCOOH 몇 g이 존재하는가?

● 15.131 CH_3COOH 0.150 mol과 HCl 0.100 mol을 포함하고 있는 1-L수용액의 pH를 계산하시오.

● **15.132** Mg 시료 1.87 g을 pH −0.544인 HCl 용액 80.0 mL와 반응하였다. 모든 Mg가 반응한 후 용액의 pH는 얼마인가? 부피의 변화는 없다고 가정한다.

15.133 비커 두 개가 주어져 있다. 한 비커에는 강산(HA) 수용액, 다른 비커에는 같은 농도의 약산(HB) 수용액이 들어 있다. 두 산의 세기를 다음 방법에 의하여 어떻게 비교할지 설명하시오. (a) pH 측정, (b) 전기적 전도성 측정, (c) 이들 수용액이 Mg나 Zn과 같은 금속에 반응할 때 방출되는 수소 기체의 방출 속도.

15.134 다음 변화를 가할 때 아질산 소듐($NaNO_2$) 용액의 가수분해 정도가 어떻게 변할지 르샤틀리에 원리를 이용하여 설명하시오. (a) HCl 첨가, (b) NaOH 첨가, (c) NaCl 첨가, (d) 용액을 묽힘.

15.135 SO_2의 수화 작용을 루이스 산-염기 반응으로 그리시오. (*힌트*: 15.12절의 CO_2의 수화 참조.)

15.136 물고기의 비린내는 주로 아미노기(—NH_2)를 포함하는 유기 화합물(RNH_2, 여기서 R은 분자의 나머지) 때문이다. 아민은 암모니아처럼 염기이다. 물고기 위에 레몬 주스를 뿌리면 냄새가 상당히 줄어드는 이유를 설명하시오.

● 15.137 pH가 10.64인 메틸아민(CH_3NH_2) 용액 100.0 mL에는 메틸아민이 몇 그램 있는가?

15.138 0.400 *M* 폼산(HCOOH) 용액의 어는점은 −0.758°C이다. 이 온도에서의 K_a를 계산하시오. (*힌트*: 몰농도와 몰랄 농도가 같다고 가정한다. 세 개의 유효 숫자로 계산하고, K_a는 반올림하여 두 자리까지 나타낸다.)

15.139 아마이드 이온(NH_2^-)과 질소화 이온(N^{3-})은 수산화 이온보다 강염기이므로 수용액 상태로는 존재하지 않는다. (a) 위 이온들이 물과 반응하는 반응식을 쓰고, 각 경우에서 브뢴스테드 산-염기를 정의하시오. (b) 둘 중에서 강염기는 어느 것인가?

15.140 어떤 지역의 대기 중의 SO_2 농도가 0.12 ppm(부피 기준)일 때, 이 지역 산성비의 pH를 계산하시오. SO_2의 용해는 압력에 영향을 주지 않는다고 가정한다.

15.141 하이포아염소산 칼슘[$Ca(OCl)_2$]은 수영장의 소독제로 쓰이는 물질로 물에 녹아 다음과 같이 하이포아염소산을 만든다.

$$Ca(OCl)_2(s) + 2H_2O(l) \rightleftharpoons 2HClO(aq) + Ca(OH)_2(s)$$

이는 다음과 같이 이온화된다.

$$HClO(aq) \rightleftharpoons H^+(aq) + ClO^-(aq) \qquad K_a = 3.0 \times 10^{-8}$$

HClO와 ClO^-는 강산화제로 박테리아의 세포를 파괴함으로써 살균 작용을 한다. 그러나 HClO의 농도가 너무 진해지면 눈병을 일으키고, ClO^- 농도가 너무 진하면 이온들이 분해된다. 따라서 수영장의 적정 pH는 7.8이다. 이 pH에서의 각 성분의 백분율을 구하시오.

15.142 탄산 암모늄[$(NH_4)_2CO_3$]으로 되어 있는 스멜링 솔트(smelling salt: 냄새맡는 피로 회복제)의 작용을 설명하시오. (*힌트*: 코 내벽에 도포되어 있는 수용액 막은 약염기성이다.)

15.143 미국에서 생산되는 염산의 절반 정도는 금속 세척에 쓰인다. 이 과정 중에는 금속 표면에서 금속 산화물 층을 제거하여 코팅이 가능하게 하는 과정이 있다. (a) 산화철(III) 사이에서 일어나는 전체 반응과 알짜 반응식을 쓰고, 브뢴스테드 산-염기를 판별하시오. (b) 염산은 수도관의 물때(scale, 대부분 $CaCO_3$, 4.2절 끝에 "생활 속의 화학" 참조) 제거에도 사용된다. 염산은 중탄산 칼슘과 두 단계로 반응하는데, 첫 단계에서 중탄산 이온(bicarbonate ion)을 만들고, 계속 반응하여 이산화 탄소를 생성한다. 두 단계와 전체 반응식을 쓰시오. (c) 염산은 땅에서 석유를 찾는 데에도 사용된다. 염산은 암석(주로 $CaCO_3$)을 녹여 석유 채취가 용이하도록 한다. 15%(무게로) HCl 용액을 유정(oil well)에 넣어 암석을 녹였다고 하자. 산의 밀도가 1.073 g/mL라면 용액의 pH는 얼마인가?

● **15.144** 다음 중 루이스 산-염기 반응이 아닌 것은?

(a) $H_2O + H^+ \longrightarrow H_3O^+$
(b) $NH_3 + BF_3 \longrightarrow H_3NBF_3$
(c) $PF_3 + F_2 \longrightarrow PF_5$
(d) $Al(OH)_3 + OH^- \longrightarrow Al(OH)_4^-$

15.145 다음 내용은 참인가, 거짓인가? 거짓이라면 내용이 왜 거짓인가를 설명하시오. (a) 모든 루이스 산은 브뢴스테드 산이다. (b) 산의 짝염기는 항상 음전하를 띤다. (c) 용액의 농도가 증가함에 따라 염기의 이온화 백분율은 증가한다. (d) 플루오린화 바륨 용액은 산성이다.

15.146 pH 5.76인 일양성자성 강산 수용액 528 mL에 같은 산이 녹아 있는 pH 4.12인 수용액을 더하여 pH 5.34로 만들려면, 얼마만큼의 양(mL)을 첨가하여야 하는가?

● 15.147 0.80 *M* HNO_2 용액의 pH와 이온화 백분율 값을 계산하시오.

15.148 두 가지 약산 HX(몰질량 = 180 g/mol)와 약산 HY(몰질량 = 78.0 g/mol)가 있다고 가정하자. 만일 HX 16.9 g/L 용액의 pH가 9.05 g/L 용액의 HY와 같다면, 이 농도들에서 어떤 것이 더 강산인가?

15.149 헤모글로빈(Hb)은 산소 운반 역할을 하는 혈액 단백질이다. 이것은 양성자화된 형태인 HbH^+로 존재할 수 있다. 산소와의 결합은 간단한 반응식으로 나타낼 수 있다.

$$HbH^+ + O_2 \rightleftharpoons HbO_2 + H^+$$

(a) 산소 농도가 가장 높은 폐에서 유리한 헤모글로빈의 형태는 무엇인가? (b) 물질대사에 의해 생산된 CO_2를 방출하는 신체 조직의 세포에서 혈액은 탄산 형성으로 인해 조금 산성화된다. 이 조건하에서는 어떤 헤모글로빈 형태가 유리한가? (c) 사람이 과호흡할 때, 혈액 속 CO_2의 농도가 감소한다. 이 반응이 위 평형에 어떤 영향을 미치는가? 과호흡하는 사람은 종이 봉지 안에서 호흡하라고 조언한다. 왜 이러한 행동이 도움이 되는가?

15.150 금속의 탄산염(MCO_3) 시료 1.294 g을 0.100 *M* HCl 용액 500 mL와 반응시켰다. 과량의 산 HCl은 0.588 *M* NaOH 32.80 mL로 중화시켰다. M은 무엇인가?

15.151 약산 HA의 농도가 10배 감소하면, 이것의 이온화 정도는 $\sqrt{10}$배 증가하는 것을 증명하시오. 가정을 말하시오.

15.152 1.00 *M* HCN과 1.00 *M* HF로 구성된 용액의 pH를 계산하시오. 이 용액의 CN^- 이온의 몰농도와 1.00 *M* HCN 용액의 몰농도를 비교하시오. 차이점을 말하시오.

15.153 치아 에나멜은 하이드록시아파타이트[hydroxyapatite, $Ca_5(PO_4)_3OH$]이다. 이것이 물에 녹을 때에는[이 과정을 광물제거(demineralization)라 한다] 다음과 같이 해리된다.

$$Ca_5(PO_4)_3OH \longrightarrow 5Ca^{2+} + 3PO_4^{3-} + OH^-$$

재광물화(remineralization)라 하는 역과정은 충치에 대항하는 인간의 자연적인 방어이다. 음식에서 나오는 산은 OH^- 이온을 제거하여 에나멜 층을 약하게 한다. 대

부분의 치약은 NaF나 SnF_2 등과 같이 플루오린을 포함하고 있다. 충치를 예방하는 이 화합물들의 기능은 무엇인가?

15.154 반트 호프 식(van't Hoff equation)(연습 문제 14.119 참조)과 부록 3의 자료를 이용하여 정상 끓는점에서 물의 pH를 계산하시오.

15.155 28°C, 0.982 atm에서 기체 상태의 화합물 HA는 밀도가 1.16 g/L이다. 이 화합물 2.03 g을 물에 녹여 정확히 1 L로 희석하였다. 25°C에서 이 용액의 pH가 5.22(HA가 이온화되었기 때문)이었다면, 이 산의 K_a 값을 계산하시오.

15.156 백린(white phosphorus) 시료 10.0 g을 과량의 산소로 연소시켰다. 생성물은 충분한 양의 물로 녹여 500 mL 용액을 만들었다. 25°C에서 이 용액의 pH를 계산하시오.

15.157 0.20 *M* $NaHCO_3$ 용액의 pH를 계산하시오. (힌트: 먼저 가수분해와 이온화를 따로따로, 그리고 이어서 부분 중화를 대략 계산해본다.)

15.158 (a) 아래 그림은 수산화 이온과 하이드로늄 이온을 포함하는 용액을 나타낸 것이다. 용액의 pH는 얼마인가? (b) 용액의 pH가 5.0이라면 각 OH^- 이온에 대해 H_3O^+ 이온을 얼마나 많이 그려야 하는가? OH^- 이온과 H_3O^+ 이온은 각각 녹색과 빨간색으로 표시하였다. 편의상 물 분자와 반대 이온은 생략하였다.

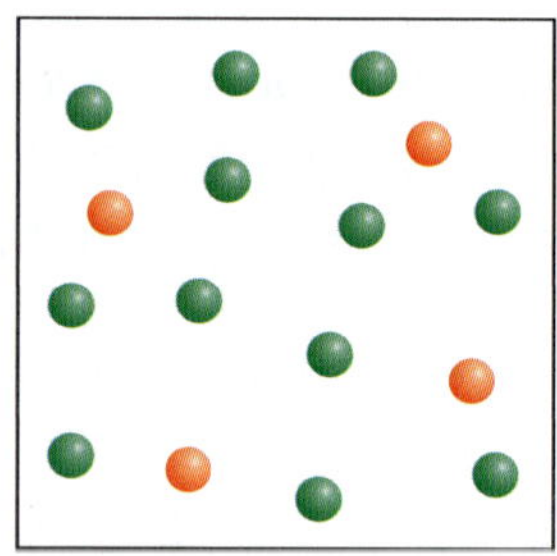

15.159 이 장에서 HCl, HBr, HI는 모두 물 속에서 완전히 이온화하므로 강산이라고 하였다. 하지만 물보다 약한 브뢴스테드 염기인 아세트산 같은 용매를 택하면 산도의 세기를 HCl < HBr < HI의 순서로 쓸 수 있다. (a) 이 산들과 CH_3COOH 사이의 양성자 이동에 대한 반응식을 쓰시오. 이 용액에서 이 산들의 세기를 실험으로 비교할 방법을 설명하시오. (b) 짝산 $CH_3COOH_2^+$의 루이스 구조를 그리시오.

15.160 부록 3의 자료를 이용하여 다음 반응의 $\Delta H°_{반응}$을 계산하시오. (a) $NaOH(aq) + HCl(aq) \longrightarrow NaCl(aq) + H_2O(l)$, (b) $KOH(aq) + HNO_3(aq) \longrightarrow KNO_3(aq) + H_2O(l)$. 결과에 대해 논하시오.

설명, 모형화 및 추정 문제 *Interpreting, Modeling & Estimating*

15.161 말론산$[CH_2(COOH)_2]$은 이양성자산이다. 이 산의 두 K_a와 아세트산(CH_3COOH)의 K_a를 비교하시오. 또한 이 세 K_a가 차이가 나는 이유를 설명하시오.

15.162 제산제인 텀스정(Tums tablet)의 성분을 살펴보고, 위산의 pH를 1.2에서 1.5로 높이려면 몇 개를 먹어야 하는지 계산하시오.

15.163 이양성자산인 인산 $H_3PO_3(aq)$의 K_{a_1}은 3×10^{-2}이다. (a) 표 15.5의 K_a 값들을 보고 $H_3PO_3(aq)$의 K_{a_2}를 계산하시오. $Na_2HPO_3(aq)$의 pH는 얼마인가? (b) H_3PO_3의 구조는 그림 15.5에 주어져 있다. 왜 $H_3PO_4(aq)$는 삼양성자산이지만 $H_3PO_3(aq)$는 이양성자산인지 설명하시오.

15.164 달걀 껍질의 주성분은 탄산 칼슘($CaCO_3$)이다. 화학과 생물 수업의 전형적인 실험에서 날달걀의 껍질을 제거하는 데 식초를 쓴다. 그러면 겉껍질은 제거되지만 반투막인 안쪽 껍질은 남아 달걀은 본래 모양을 유지할 수 있다. 16장 끝부분의 "화학 세계의 미스터리"에 달걀의 개략적 구조가 나와 있다. 달걀 껍질을 모두 제거하는 데 필요한 식초의 최소량을 구하시오.

실전 연습의 답 *Answers to Practice Exercises*

15.1 (1) H_2O(산)과 OH^-(염기) (2) HCN(산)과 CN^-(염기). **15.2** 7.7×10^{-15} *M*. **15.3** 0.12. **15.4** 4.7×10^{-4} *M*. **15.5** 7.40. **15.6** 12.56. **15.7** 1 미만. **15.8** 2.09. **15.9** 2.2×10^{-6}. **15.10** 12.03. **15.11** $[H_2C_2O_4] = 0.11$ *M*, $[HC_2O_4^-] = 0.086$ *M*, $[C_2O_4^{2-}] = 6.1 \times 10^{-5}$ *M*, $[H^+] = 0.086$ *M*. **15.12** $HClO_2$. **15.13** 8.58. **15.14** (a) pH ≈ 7, (b) pH > 7, (c) pH < 7,(d) pH > 7. **15.15** 루이스 산: Co^{3+}; 루이스 염기: NH_3.

화학 세계의 미스터리

종이의 부식

도서관에 소장된 많은 고서들은 오래될수록 종이가 부스러지기 쉽기 때문에 이들을 잘 보관하는 것이 여간 걱정스러운 일이 아니다. 실제로 미국 국회 도서관이 보유한 책들 중 1/3은 이런 이유 때문에 대출을 못하고 있다. 그러면 이렇게 종이가 부식되는 이유는 무엇인가?

18세기 후반까지 서구에서 만들어진 모든 종이는 대부분이 셀룰로스(cellulose)로 구성된 아마포(linen)나 무명의 폐기물로 만들었다. 셀룰로스는 글루코스(glucose, 포도당)가 특정한 형태로 결합되어 있는 고분자이다.

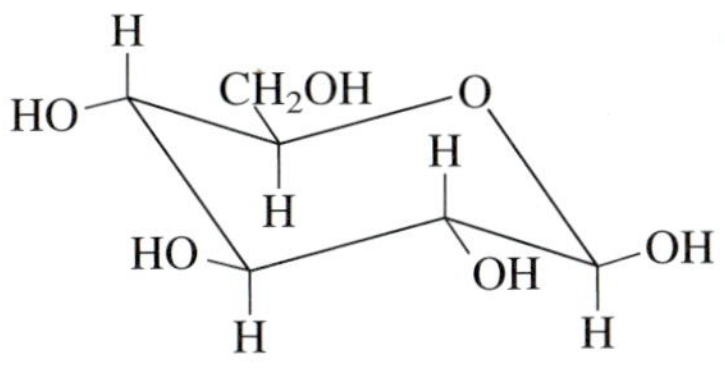

글루코스

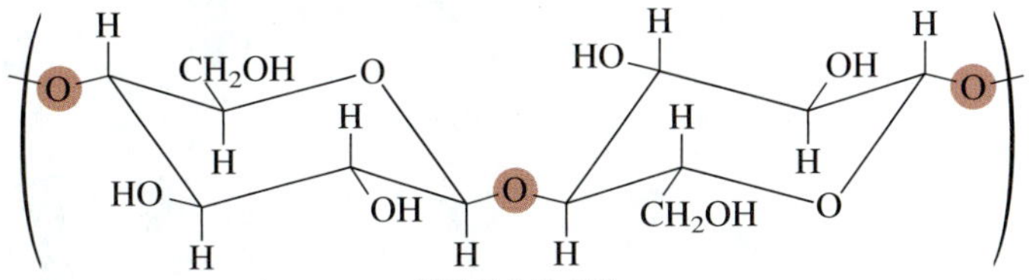

셀룰로스의 일부

종이의 수요가 증가하면서 목재 펄프로 종이를 만들게 되었다. 목재 펄프는 종이를 단단하게 만드는 리그닌(lignin)이라는 고분자를 포함하고 있다. 리그닌은 쉽게 산화되어 종이를 탈색시킨다. 리그닌을 제거하지 않은 목재 펄프는 주로 오랫동안 보관할 필요가 없는 책이나 신문을 만드는 종이의 제조에 사용된다.

목재 펄프로 만든 종이의 또 다른 문제는 종이의 다공성이다. 종이의 표면에 존재하는 미세한 구멍은 인쇄 과정에서 잉크를 넓게 퍼지게 한다. 이와 같은 현상을 방지하기 위해 황산 알루미늄[$Al_2(SO_4)_3$]이나 로진(rosin)을 종이 표면에 바른다. 이와 같은 과정을 사이징(sizing)이라고 하는데, 사이징한 종이 표면은 매우 부드럽다. 이 책과 신문지의 표면을 만져보면 그 차이를 쉽게 느낄 수 있다(또는 사인펜으로 글자를 써 보자). 황산 알루미늄은 무색이고, 값이 싸기 때문에 사이징에 사용되었다. 사이징을 하지 않는 종이는 잘 부식되지 않으므로 황산 알루미늄이 느리게 진행되는 부식의 한 원인이다. 그런데 어떻게 진행될까?

화학적인 단서

1. 사이징한 종이로 만든 책을 습한 장소에 두면, 황산 알루미늄이 물을 흡수하여 H^+ 이온을 생성한다. 이 H^+ 이온이 셀룰로스에 있는 음영으로 나타낸 O 원자에 결합하여 셀룰로스의 가수분해 반응에서 촉매 작용을 한다. 글루코스 단위의 긴 사슬이 끊어지게 되어 종이가 부스러지게 되는 것이다. $Al_2(SO_4)_3$로부터 H^+ 이온이 생성되는 반응식을 쓰시오.
2. 종이가 부식되는 것을 막기 위한 한 가지 방법은 종이를 염기로 처리하는 것이다. 그러나 NaOH(강염기)와 NH_3(약염기)는 모두 만족할 만한 선택이 아니다. 종이의 산성을 중화하기 위해 이들 물질을 어떻게 사용할 것인지를 제시하고 방법과 그 단점을 설명하시오.

(계속)

산에 손상된 종이.

3. 오랜 시험 끝에 화학자들은 종이를 안정하게 만들 화합물로 다이에틸아연[$Zn(C_2H_5)_2$]을 개발하였다. 이 물질은 휘발성이기 때문에 책에 분무할 수 있다. 이 화합물은 물과 반응하여 산화 아연(ZnO)과 에테인(C_2H_6) 기체를 생성한다. (a) 이 반응식을 쓰시오. (b) ZnO는 양쪽성 산화물이다. H^+ 이온과는 어떻게 반응하는가?

4. $Zn(C_2H_5)_2$의 단점은 대기 중에서 매우 잘 탄다는 것이다. 따라서 이 물질을 사용할 때에는 산소를 차단시켜야 한다. 이 물질을 책에다 뿌릴 때 주위의 산소를 어떻게 제거할 수 있겠는가?

5. 최근에는 ZnO처럼 독성이 없고, 흰색 분말인 산화 타이타늄(TiO_2)을 사이징 원료로 사용하고 있다. ZnO 보다 TiO_2가 유리한 점은 무엇인가?

제 16 장

산-염기 평형 및 용해도 평형

Acid-Base Equilibria and Solubility Equilibria

▲ 아래로 자라는 고드름처럼 생긴 종유석과 위쪽으로 자라는 석순. 주로 탄산 칼슘으로 되어 있는 이들 구조가 형성되는 데는 수천 년이 걸린다.

이 장의 차례

들여다보기

- 산의 이온화와 그에 따른 용액의 pH 범위 내에서의 공통 이온 효과를 고려함으로써 15장에 이어 산-염기의 성질과 반응에 대해 계속 공부한다(16.2절).
- 그 다음, 소량의 산이나 염기를 가하여도 pH가 크게 변하지 않고 유지되는 완충 용액에 대하여 논의한다(16.3절).
- 산-염기 적정을 더 자세히 알아봄으로써 산-염기 화학에 대한 공부를 마친다. 강산과 약산 그리고 강염기와 약염기를 포함하는 적정 반응의 여러 적정 단계에서 pH를 계산하는 방법을 배운다. 또한 산-염기 지시약을 사용하여 적정 종말점을 찾는 방법을 알아본다(16.4절과 16.5절).
- 다음으로 불균일 평형의 유형에 대해 탐구한다. 불균일 평형은 난용성 물질의 용해도를 계산하는 데 사용된다. 난용성 물질의 용해도를 용해도곱의 형태로 나타내는 방법을 배운다. 용해도곱이 서로 다른 점을 이용하여 다른 종류의 금속 이온을 효과적으로 분리하는 방법을 알게 된다(16.6절과 16.7절).
- 그 다음, 르샤틀리에 원리를 이용하여 용해도에 대한 공통 이온 효과와 pH의 영향을 설명할 수 있음을 알게 된다(16.8절과 16.9절).
- 루이스 산-염기 반응의 한 유형인 착이온 형성이 어떻게 불용성 화합물의 용해도를 증가시킬 수 있는지 배운다(16.10절).
- 끝으로 용해도곱 원리를 정성 분석에 적용하고, 용액의 이온을 확인해 본다(16.11절).

이 장에서는 완충 작용 및 적정과 더불어 산-염기 반응에 대하여 계속 공부할 것이다. 다른 종류의 수용액 평형 즉, 수용액 중에서 난용성 화합물과 그 이온 사이의 평형에 대하여도 공부할 것이다.

16.1 균일 및 불균일 용액 평형

15장에서 약산과 약염기는 물에서 완전히 이온화되지 않음을 알았다. 따라서 약산 용액의 평형에는 H^+ 이온과 짝염기는 물론 이온화되지 않은 산이 포함되어 있다. 그럼에도 불구하고 이들 화학종 모두는 녹아 있으므로 계는 균일 평형의 한 예이다(14장 참조).

이 장의 중간에서부터 설명할 다른 형태의 평형은 난용성 물질의 용해와 침전을 포함한다. 이들 과정은 불균일 평형 즉, 반응에 관여하는 성분들이 둘 이상의 상을 가질 때의 평형이다.

16.2 공통 이온 효과

15장에서 논의한 산-염기의 이온화와 염의 가수분해는 한 용질이 들어 있는 용액으로 제한하였다. 이 절에서는 동일한 이온(양이온 또는 음이온)이 포함되어 있는 2개의 용질이 녹아 있는 용액의 산-염기 성질을 설명한다. 여기서 동일한 이온을 *공통 이온*(common ion)이라고 부른다.

공통 이온 효과는 단순히 르샤틀리에 원리의 응용이다.

공통 이온이 존재하면 약산이나 약염기의 이온화가 억제된다. 예를 들어, 아세트산 소듐과 아세트산이 같은 용액에 녹아 있으면 두 화합물 모두 해리되고 이온화하여 CH_3COO^- 이온을 생성한다.

$$CH_3COONa(s) \xrightarrow{H_2O} CH_3COO^-(aq) + Na^+(aq)$$
$$CH_3COOH(aq) \rightleftharpoons CH_3COO^-(aq) + H^+(aq)$$

CH_3COONa는 강전해질이므로 용액에서 완전히 해리하지만, 약산인 CH_3COOH는 약간만 이온화한다. 르샤틀리에(Le Châtelier) 원리에 따라 CH_3COOH 용액에 CH_3COONa로부터 나온 CH_3COO^- 이온이 첨가되어 CH_3COOH의 이온화를 억제(즉, 평형을 오른쪽에서 왼쪽으로 이동시킴)하므로 수소 이온 농도를 감소시킨다. 따라서 CH_3COOH와 CH_3COONa를 모두 포함하는 용액은 같은 농도의 CH_3COOH만을 포함하는 용액보다도 덜 산성이 된다. 아세트산 이온화의 평형 이동은 염으로부터 생긴 아세트산 음이온 때문에 일어난다. CH_3COO^-은 CH_3COOH와 CH_3COONa 양쪽에 의하여 공급되므로 공통 이온이다.

공통 이온 효과(common ion effect)는 *용해된 물질과 공통인 하나의 이온을 가진 화합물을 첨가함으로써 일어나는 평형의 이동*이다. 공통 이온 효과는 용액의 pH와 난용성 염의 용해도(이 장의 뒷부분에서 논의)를 결정하는 데 중요한 역할을 한다. 여기에서는 용액의 pH와 관련되는 공통 이온 효과를 설명하기로 한다.

약산 HA와 NaA 같은 약산의 가용성 염을 포함하는 용액의 pH를 생각해 보자.

$$HA(aq) + H_2O(l) \rightleftharpoons H_3O^+(aq) + A^-(aq)$$

또는 간단히 표시하면 다음과 같다.

$$HA(aq) \rightleftharpoons H^+(aq) + A^-(aq)$$

이온화 상수 K_a는 다음과 같이 표시한다.

$$K_a = \frac{[H^+][A^-]}{[HA]} \tag{16.1}$$

식 (16.1)을 다시 정리하면 다음과 같이 된다.

$$[H^+] = \frac{K_a[HA]}{[A^-]}$$

양변에 음의 상용 로그를 취하면 다음과 같이 된다.

$$-\log [H^+] = -\log K_a - \log \frac{[HA]}{[A^-]}$$

또는

$$-\log [H^+] = -\log K_a + \log \frac{[A^-]}{[HA]}$$

그러므로

$$pH = pK_a + \log \frac{[A^-]}{[HA]} \tag{16.2}$$

여기서

$$pK_a = -\log K_a \tag{16.3}$$

pH와 $[H^+]$의 관계와 pK_a와 K_a의 관계는 서로 같다. 강산일수록(K_a가 더 클수록) pK_a 값은 작아진다.

식 (16.2)을 *헨더슨-하셀발흐 식*(Henderson-Hasselbalch equation)이라고 부른다. 이 식의 보다 일반적인 형태는 다음과 같다.

$$pH = pK_a + \log \frac{[\text{짝염기}]}{[\text{산}]} \tag{16.4}$$

pK_a는 상수이지만, 식 (16.4)의 두 농도비는 용액에 따라 달라진다는 것을 명심하라.

여기서 HA는 산이고, A^-는 짝염기이다. 따라서 K_a와 산과 산의 염에 대한 농도를 알면 용액의 pH를 계산할 수 있다.

헨더슨-하셀발흐 식은 평형 상수 식으로부터 유도된다는 것을 기억하라. 이 식은 짝염기의 원천과 무관하다. 즉, 짝염기는 용액에 산만 들어 있어도 생기며, 산과 산의 염이 모두 들어 있어도 생긴다.

공통 이온 효과와 관련되는 문제에서 보통 약산(HA)과 약산의 염(NaA)의 초기 농도가 주어진다. 이들 화학종의 농도가 제법 높다면($\geq 0.1\ M$), 산의 이온화 및 염의 가수분해는 무시할 수 있다. HA가 약산이고, A^- 이온의 가수분해 정도가 일반적으로 매우 작기 때문에 이 근사법은 성립한다. 더욱이 A^-(NaA로부터 생성)가 존재하여 HA의 이온화를 더 억제하고, HA가 존재하여 A^-의 가수분해를 더 억제한다. 따라서 식 (16.1) 또는 식 (16.4)에 있는 평형 농도를 초기 농도로 사용할 수 있다.

다음 예제 16.1에서 공통 이온을 포함하는 용액의 pH를 계산해 보자.

예제 16.1

(a) 0.20 M CH_3COOH 용액의 pH를 계산하시오. (b) 0.20 M CH_3COOH와 0.30 M CH_3COONa를 모두 포함하는 용액의 pH는 얼마인가? CH_3COOH의 K_a는 1.8×10^{-5}이다.

전략 (a) 예제 15.8의 과정을 따라서 $[H^+]$를 구하고, 그 다음 용액의 pH를 계산한다. (b) CH_3COOH는 약산($CH_3COOH \rightleftharpoons CH_3COO^- + H^+$)이고, CH_3COONa는 용액 중에서 완전히 해리하는 염($CH_3COONa \longrightarrow Na^+ + CH_3COO^-$)이다. 여기서 공통 이온은 아세트산 음이온(CH_3COO^-)이다. 평형에서 용액 중에 존재하는 주 화학종은 CH_3COOH, CH_3COO^-, Na^+, H^+, H_2O이다. Na^+ 이온은 산과 염기의 성질을 갖지 않는다. 또한 물의 이온화는 무시한다. K_a는 평형 상수이기 때문에 용액 중에 산만 존재하거나 산과 그의 염이 함께 존재하는 경우에도 그 값은 변하지 않는다. 그러므로 평형 상태에서 $[H^+]$ 값을 계산하고, 평형에서의 $[CH_3COOH]$와 $[CH_3COO^-]$를 둘 다 안다면 그에 따라 pH를 계산할 수 있다.

(계속)

풀이 (a) 이 경우 변화는

	$CH_3COOH(aq) \rightleftharpoons$	$H^+(aq)$ +	$CH_3COO^-(aq)$
초기(M):	0.20	0	0
변화(M):	$-x$	$+x$	$+x$
평형(M):	$0.20 - x$	x	x

$$K_a = \frac{[H^+][CH_3COO^-]}{[CH_3COOH]}$$

$$1.8 \times 10^{-5} = \frac{x^2}{0.20 - x}$$

$0.20 - x \approx 0.20$으로 가정하면 다음 식을 얻는다.

$$1.8 \times 10^{-5} = \frac{x^2}{0.20 - x} \approx \frac{x^2}{0.20}$$

또는 $$x = [H^+] = 1.9 \times 10^{-3}\ M$$

따라서 $$pH = -\log(1.9 \times 10^{-3}) = 2.72$$

(b) 아세트산 소듐은 강전해질이므로 용액에서 완전히 이온화한다.

$$\underset{}{CH_3COONa(aq)} \longrightarrow \underset{0.30\ M}{Na^+(aq)} + \underset{0.30\ M}{CH_3COO^-(aq)}$$

평형에 관여된 화학종들의 초기 농도, 변화량, 최종 농도는 다음과 같다.

	$CH_3COOH(aq) \rightleftharpoons$	$H^+(aq)$ +	$CH_3COO^-(aq)$
초기(M):	0.20	0	0.30
변화(M):	$-x$	$+x$	$+x$
평형(M):	$0.20 - x$	x	$0.30 + x$

식 (16.1)로부터

$$K_a = \frac{[H^+][CH_3COO^-]}{[CH_3COOH]}$$

$$1.8 \times 10^{-5} = \frac{(x)(0.30 + x)}{0.20 - x}$$

$0.30 + x \approx 0.30$이고, $0.20 - x \approx 0.20$으로 가정하면 다음 식이 얻어진다.

$$1.8 \times 10^{-5} = \frac{(x)(0.30 + x)}{0.20 - x} \approx \frac{(x)(0.30)}{0.20}$$

이것을 계산하면 $$x = [H^+] = 1.2 \times 10^{-5}\ M$$

따라서
$$pH = -\log[H^+]$$
$$= -\log(1.2 \times 10^{-5}) = 4.92$$

검산 (a)와 (b)를 비교해 보면 공통 이온(CH_3COO^-)이 존재하므로 르샤틀리에 원리에 따라 평형이 오른쪽에서 왼쪽으로 이동하는 것을 알 수 있다. 이와 같은 작용으로 약산의 이온화가 감소된다. 결과적으로 (b)에서 H^+ 이온이 더 적게 생성되고, 용액의 pH가 (a)의 것보다 높다. 항상 가정의 타당성을 점검해야 한다.

비슷한 문제: 16.5.

실전 연습 0.30 M HCOOH와 0.52 M HCOOK가 들어 있는 용액의 pH를 계산하시오. 계산 결과를 0.30 M HCOOH 용액의 pH와 비교해 보시오.

공통 이온 효과는 약염기(예, NH_3)와 그 염기의 염(예, NH_4Cl)을 포함하는 용액에도 적용된다. 평형에서

$$NH_4^+(aq) \rightleftharpoons NH_3(aq) + H^+(aq)$$

$$K_a = \frac{[NH_3][H^+]}{[NH_4^+]}$$

이 계에 대한 헨더슨-하셀발흐 식은 다음과 같이 유도할 수 있다. 위의 식을 변형시키면

$$[H^+] = \frac{K_a[NH_4^+]}{[NH_3]}$$

양변에 음의 상용 로그를 취하면 다음과 같이 된다.

$$-\log [H^+] = -\log K_a - \log \frac{[NH_4^+]}{[NH_3]}$$

$$-\log [H^+] = -\log K_a + \log \frac{[NH_3]}{[NH_4^+]}$$

이것을 다시 쓰면,

$$pH = pK_a + \log \frac{[NH_3]}{[NH_4^+]}$$

NH_3와 그 염 NH_4Cl이 들어 있는 용액은 같은 농도의 NH_3만을 포함하는 용액보다도 덜 염기성이다. 공통 이온 NH_4^+이 염기와 그 염 모두를 포함하는 용액에서 NH_3의 이온화를 억제시키기 때문이다.

16.3 완충 용액

완충 용액(buffer solution)은 *(1) 약산과 그 약산의 염, (2) 약염기와 약염기의 염을 포함하는 용액이며, 소량의 산이나 염기를 첨가하여도 pH 변화를 억제하는 능력을 가진 용액*이다. 완충제(buffer)는 화학적 및 생물학적으로 매우 중요하다. 인체에서 pH는 체액에 따라서 다양하게 변한다. 예를 들면, 혈액의 pH는 약 7.4이고, 위액의 pH는 약 1.5이다. 효소의 적절한 기능과 삼투압의 균형에 중요한 pH 값은 대부분 완충 용액에 의하여 유지한다.

▶▶▶ 동영상 자료
▶ 완충 용액.

▶▶▶ 동영상 자료
▶ 완충 용액의 성질.

완충 용액은 첨가한 OH^- 이온과 반응할 수 있도록 비교적 큰 농도의 산을 포함하고 있어야 하며, 또한 첨가한 H^+ 이온과도 반응하도록 충분한 농도의 염기를 포함하고 있어야 한다. 더욱이 완충제의 산과 염기 성분들은 중화 반응에서 서로 소비되지 않아야 한다. 이들 요건은 산-염기쌍, 즉 약산과 그 짝염기 또는 약염기와 그 짝산(짝염기와 짝산은 염으로서 공급)에 의하여 충족된다.

몰 단위의 아세트산(CH_3COOH)과 그 염인 아세트산 소듐(CH_3COONa)을 물에 가하여 간단한 완충 용액을 만들 수 있다. 산과 짝염기(CH_3COONa로부터 나옴) 각각의 평형 농도는 초기 농도와 같다고 가정할 수 있다. 이들 두 물질을 포함하는 용액은 첨가한 산이나 염기를 중화할 수 있는 능력을 가지고 있다. 아세트산 소듐은 강전해질로서 물에서 완전히 이온화된다.

$$CH_3COONa(s) \xrightarrow{H_2O} CH_3COO^-(aq) + Na^+(aq)$$

산을 가하면, 완충제 중 짝염기 CH_3COO^-에 의해 다음 식에 따라 H^+ 이온이 소비된다.

$$CH_3COO^-(aq) + H^+(aq) \longrightarrow CH_3COOH(aq)$$

염기를 완충계에 가하면, 완충제 중 산에 의해 OH^- 이온이 중화된다.

$$CH_3COOH(aq) + OH^-(aq) \longrightarrow CH_3COO^-(aq) + H_2O(l)$$

이 완충계를 특징짓는 위의 두 반응은 16.1절에서 설명한 공통 이온 효과와 동일함을 알

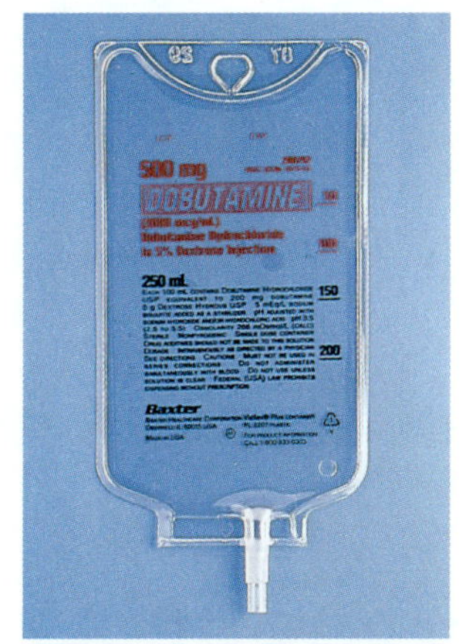

정맥 주사액은 혈액의 적정 pH 유지를 위해 반드시 완충계가 포함되어야 한다.

그림 16.1 산-염기 지시약 브로모페놀 블루(모든 용액에 첨가)가 완충 작용을 설명하는 데 사용되었다. 지시약의 색은 pH 4.6 이상에서는 보라색이고, pH 3.0 이하에서는 노란색이다. (a) 0.1 M CH_3COOH 50 mL와 0.1 M CH_3COONa 50 mL로 완충 용액을 만들었다. 이 용액은 pH 4.7로 지시약을 보라색으로 만든다. (b) (a) 용액에 0.1 M HCl 40 mL를 가한 후, (c) pH 4.7인 CH_3COOH 100 mL를 가한 후, (d) 0.1 M HCl 용액 6방울(0.3 mL)을 가하면 색이 노란색으로 변한다. 완충 작용이 없는 용액에 0.1 M HCl을 가하면 pH가 3.0 이하로 급격하게 감소한다.

(a) (b) (c) (d)

수 있다. *완충 용량*(buffer capacity) 즉, 완충 용액의 능력은 완충 용액을 만든 산과 짝염기의 양에 의존한다. 약산과 짝염기의 양이 많을수록 완충 용량은 커진다.

일반적으로 완충계는 염-산 또는 짝염기-산으로 나타낼 수 있다. 따라서 위에서 설명한 아세트산 소듐-아세트산 완충계는 CH_3COONa/CH_3COOH 또는 간단히 CH_3COO^-/CH_3COOH로 나타낼 수 있다. 그림 16.1에는 이 완충계가 작용하는 것을 보여주고 있다.

다음 예제 16.2는 완충제로 작용하지 않는 산-염 조합을 완충계와 구별하는 것이다.

예제 16.2

다음 용액 중 어느 것이 완충계인가? 그 이유를 설명하시오. (a) KH_2PO_4/H_3PO_4, (b) $NaClO_4/HClO_4$, (c) C_5H_5N/C_5H_5NHCl(C_5H_5N은 피리딘이고, K_b는 표 15.4에 있다).

전략 완충계는 무엇으로 구성되어 있는가? 어느 용액이 약산과 그의 짝염기(약한 짝염기 포함)를 포함하고 있는가? 어느 용액이 약염기와 그의 짝산(약한 짝산 포함)을 포함하고 있는가? 강산의 짝염기는 가해진 산을 중화시키지 못하는 이유는 무엇인가?

풀이 완충계의 판단 기준은 약산과 그 염(약한 짝염기 포함) 또는 약염기와 그 염(약한 짝산 포함)을 포함하고 있어야 한다는 것이다.

(a) H_3PO_4는 약산이고, 그 짝염기 $H_2PO_4^-$는 약염기이다(표 15.5 참조). 따라서 이것은 완충계이다.

(b) $HClO_4$가 강산이기 때문에 그 짝염기 ClO_4^-는 매우 약염기이다. 이것은 ClO_4^- 이온이 용액 중에서 H^+와 결합하여 $HClO_4$를 형성하지 못한다는 의미이다. 따라서 이 계는 완충계로서 작용할 수 없다.

(c) 표 15.4에 나타낸 것처럼 C_5H_5N는 약염기이고, 그 짝산 $C_5H_5\overset{+}{N}H$(염 C_5H_5NHCl의 양이온)은 약산이므로 이것은 완충계이다.

비슷한 문제: 16.9, 16.10.

실전 연습 다음 중 어느 것이 완충계인가? (a) KF/HF, (b) KBr/HBr, (c) $Na_2CO_3/NaHCO_3$.

pH에 미치는 완충 용액의 영향은 다음 예제 16.3에서 볼 수 있다.

예제 16.3

(a) 1.0 M CH_3COOH와 1.0 M CH_3COONa를 포함하는 완충계의 pH를 계산하시오. (b) 이 용액 1.0 L에 HCl 기체 0.10 mol을 넣은 후에 완충계의 pH는 얼마가 되겠는가? HCl 기체를

(계속)

첨가하더라도 용액의 부피는 변하지 않는다고 가정한다.

전략 (a) HCl을 첨가하기 전 완충계의 pH는 예제 16.1에 설명한 방법에 따라서 계산할 수 있다. 왜냐하면 공통 이온 문제와 비슷하기 때문이다. CH_3COOH의 K_a는 1.8×10^{-5}이다(표 15.3 참조). (b) 이 경우에 일어나는 변화를 그려보는 것은 유익하다.

HCl

H^+ Cl^-

완충 용액
$[CH_3COOH] = 1.0\,M$
$[CH_3COO^-] = 1.0\,M$

(b)에서 완충 용액

$CH_3COO^- + H^+ \rightarrow CH_3COOH$

풀이 (a) 평형 상태에서 화학종들의 농도를 다음과 같이 정리한다.

	$CH_3COOH(aq)$	$\rightleftharpoons$ $H^+(aq)$	+ $CH_3COO^-(aq)$
초기(M):	1.0	0	1.0
변화(M):	$-x$	$+x$	$+x$
평형(M):	$1.0 - x$	x	$1.0 + x$

$$K_a = \frac{[H^+][CH_3COO^-]}{[CH_3COOH]}$$

$$1.8 \times 10^{-5} = \frac{(x)(1.0 + x)}{(1.0 - x)}$$

$1.0 + x \approx 1.0$과 $1.0 - x \approx 1.0$을 가정하면 다음이 얻어진다.

$$1.8 \times 10^{-5} = \frac{(x)(1.0 + x)}{(1.0 - x)} \approx \frac{x(1.0)}{1.0}$$

또는 $$x = [H^+] = 1.8 \times 10^{-5}\,M$$

따라서 $$pH = -\log(1.8 \times 10^{-5}) = 4.74$$

산과 짝염기의 농도가 같으면 완충 용액의 pH는 산의 pK_a 값과 같다.

(b) HCl을 용액에 가하면 초기 변화는 다음과 같다.

	$HCl(aq)$	$\longrightarrow$ $H^+(aq)$	+ $Cl^-(aq)$
초기(mol):	0.10	0	0
변화(mol):	−0.10	+0.10	+0.10
평형(mol):	0	0.10	0.10

Cl^- 이온은 강산의 짝염기이기 때문에 용액 중에서 구경꾼 이온이다.

강산인 HCl에 의해 생성된 H^+ 이온은 짝염기인 CH_3COO^- 이온과 완전히 반응한다. 여기서 몰농도보다 몰수를 사용하는 것이 편리하다. 왜냐하면 어떤 경우 물질이 가해지면 용액의 부피가 변하기 때문이다. 부피가 변하더라도 몰농도는 변하지만 몰수는 변하지 않는다. 중화 반응은 다음에 요약하였다.

	$CH_3COO^-(aq)$	+ $H^+(aq)$	$\longrightarrow$ $CH_3COOH(aq)$
초기(mol):	1.0	0.10	1.0
변화(mol):	−0.10	−0.10	+0.10
평형(mol):	0.90	0	1.1

마지막으로 산을 중화시킨 후에 완충 용액의 pH를 계산하기 위해 용액 1.0 L의 몰수로 나누어 줌으로써 몰농도로 돌아간다.

	$CH_3COOH(aq)$	$\rightleftharpoons$ $H^+(aq)$	+ $CH_3COO^-(aq)$
초기(M):	1.1	0	0.90
변화(M):	$-x$	$+x$	$+x$
평형(M):	$1.1 - x$	x	$0.90 + x$

(계속)

$$K_a = \frac{[H^+][CH_3COO^-]}{[CH_3COOH]}$$

$$1.8 \times 10^{-5} = \frac{(x)(0.90 + x)}{1.1 - x}$$

$0.90 + x \approx 0.90$이고 $1.1 - x \approx 1.1$이라고 가정하면, 다음과 같이 된다.

$$1.8 \times 10^{-5} = \frac{(x)(0.90 + x)}{1.1 - x} \approx \frac{x(0.90)}{1.1}$$

또는 $$x = [H^+] = 2.2 \times 10^{-5}\ M$$

따라서 $$pH = -\log(2.2 \times 10^{-5}) = 4.66$$

비슷한 문제: 16.17.

검산 HCl을 첨가하더라도 pH는 조금만 감소한다. 이것은 완충 용액의 작용과 일치한다.

실전 연습 0.30 M NH_3/0.36 M NH_4Cl 완충계의 pH를 계산하시오. 완충 용액 80.0 mL에 0.050 M NaOH 20.0 mL를 첨가하였을 때의 pH는 얼마인가?

예제 16.3에서 조사한 완충 용액에서는 HCl을 첨가한 결과 pH가 감소하였다. 다음과 같이 H^+ 이온 농도의 변화를 비교할 수도 있다.

HCl을 넣기 전: $[H^+] = 1.8 \times 10^{-5}\ M$
HCl을 넣은 후: $[H^+] = 2.2 \times 10^{-5}\ M$

따라서 H^+ 이온 농도는 다음의 배수만큼 증가한다.

$$\frac{2.2 \times 10^{-5}\ M}{1.8 \times 10^{-5}\ M} = 1.2$$

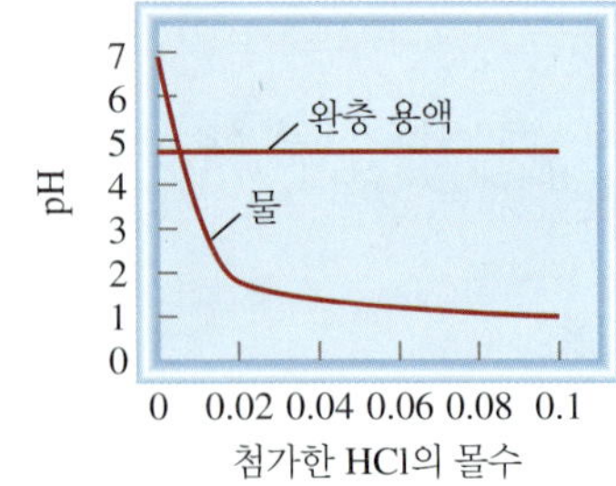

그림 16.2 HCl 0.10 mol을 순수한 물 1 L에 가할 때와 예제 16.3에서 설명한 아세트산 완충 용액에 가했을 때의 pH 변화 비교.

CH_3COONa/CH_3COOH 완충제의 능력을 알아보기 위하여 물 1 L에 HCl 0.10 mol을 첨가한다면 어떤 변화가 일어나는가를 알아보고, H^+ 이온 농도의 증가를 비교해 보자.

HCl을 넣기 전 : $[H^+] = 1.0 \times 10^{-7}\ M$
HCl을 넣은 후 : $[H^+] = 0.10\ M$

HCl 첨가의 결과로 H^+ 이온 농도는 다음의 배수만큼 증가한다.

$$\frac{0.10\ M}{1.0 \times 10^{-7}\ M} = 1.0 \times 10^{6}$$

즉, 1,000,000배 증가한다. 이러한 비교는 적절하게 선택한 완충 용액이 H^+ 이온 농도 또는 pH를 상당히 일정하게 유지시켜 준다는 것을 나타내고 있다(그림 16.2).

개념 복습하기

다음 모형은 약산 HA와 HA의 소듐 염 NaA를 포함하는 용액을 나타낸 것이다. 어떤 용액이 완충제로 작용할 수 있는가? 어떤 용액이 완충 용량이 가장 큰가? 간략하게 하기 위해 Na^+ 이온과 물 분자는 생략되었다.

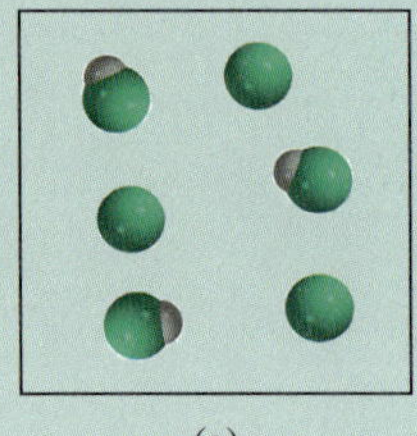
(a)

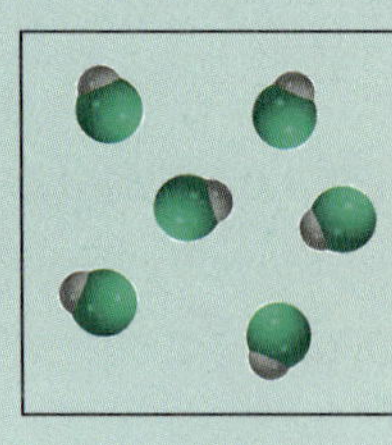
(b)

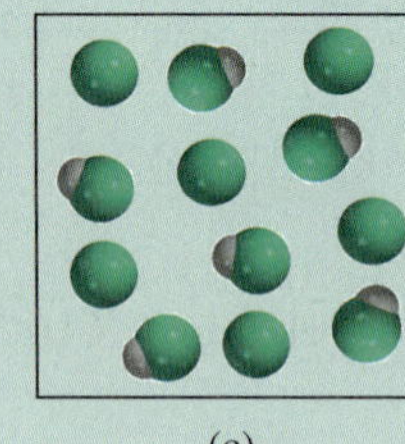
(c)

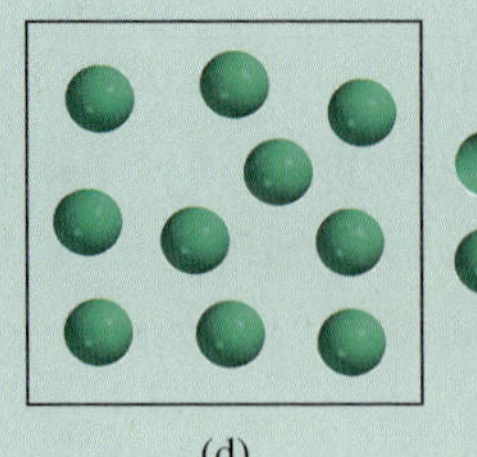

(d)

특정 pH의 완충 용액 제조

특정 pH의 완충 용액을 만든다고 하자. 어떻게 할 것인가? 식 (16.4)가 나타내는 것은 만약 산과 그 짝염기 염의 몰농도가 거의 같다면 [산] ≈ [짝염기]라면 다음 식이 성립한다.

$$\log = \frac{[\text{짝염기}]}{[\text{산}]} \approx 0$$

또는

$$\text{pH} \approx \text{p}K_\text{a}$$

따라서 완충 용액을 만들려면 첫째, $\text{p}K_\text{a}$가 원하는 pH와 비슷한 약산을 선택한다. 그 다음, [짝염기]/[산]의 비를 구하기 위하여 식 (16.4)에 pH와 $\text{p}K_\text{a}$를 대입한다. 이 비는 완충 용액을 만들 때에 몰량으로 바꿀 수 있다. 예제 16.4는 이 방법을 보여준다.

예제 16.4

pH 7.40인 인산 완충 용액(phosphate buffer)을 만드는 방법을 기술하시오.

전략 완충 용액이 효과적으로 작용하기 위해서 산의 농도는 대략적으로 짝염기의 농도와 같아야 한다. 식 (16.4)에 의하면 원하는 pH가 산의 $\text{p}K_\text{a}$ 값에 근접하면, 즉 pH ≈ $\text{p}K_\text{a}$이 된다.

$$\log \frac{[\text{짝염기}]}{[\text{산}]} \approx 0$$

또는

$$\frac{[\text{짝염기}]}{[\text{산}]} \approx 1$$

풀이 인산은 삼양성자산이기 때문에 인산의 세 단계 이온화는 다음과 같이 쓸 수 있다. K_a 값은 표 15.5로부터 얻었고, 식 (16.3)을 사용하여 $\text{p}K_\text{a}$를 계산한다.

$$\begin{aligned}
&H_3PO_4(aq) \rightleftharpoons H^+(aq) + H_2PO_4^-(aq) \quad K_{a_1} = 7.5 \times 10^{-3}; \text{p}K_{a_1} = 2.12 \\
&H_2PO_4^-(aq) \rightleftharpoons H^+(aq) + HPO_4^{2-}(aq) \quad K_{a_2} = 6.2 \times 10^{-8}; \text{p}K_{a_2} = 7.21 \\
&HPO_4^{2-}(aq) \rightleftharpoons H^+(aq) + PO_4^{3-}(aq) \quad K_{a_3} = 4.8 \times 10^{-13}; \text{p}K_{a_3} = 12.32
\end{aligned}$$

세 완충계 중에서 산 $H_2PO_4^-$의 $\text{p}K_\text{a}$가 원하는 pH에 가깝기 때문에 가장 적당한 것은 $HPO_4^{2-}/H_2PO_4^-$이다. 헨더슨-하셀발흐 식으로부터

$$\text{pH} = \text{p}K_\text{a} + \log \frac{[\text{짝염기}]}{[\text{산}]}$$

$$7.40 = 7.21 + \log \frac{[HPO_4^{2-}]}{[H_2PO_4^-]}$$

$$\log \frac{[HPO_4^{2-}]}{[H_2PO_4^-]} = 0.19$$

역로그를 취하면

$$\frac{[HPO_4^{2-}]}{[H_2PO_4^-]} = 10^{0.19} = 1.5$$

따라서 pH 7.40인 인산염 완충 용액을 만드는 하나의 방법은 물에 인산 수소 소듐(Na_2HPO_4)과 인산 이수소 소듐(NaH_2PO_4)을 1.5:1.0의 몰비로 녹이는 것이다. 예를 들면, Na_2HPO_4 1.5 mol NaH_2PO_4 1.0 mol을 충분한 물에 녹여서 1 L 용액으로 만드는 것이다.

비슷한 문제: 16.19, 16.20.

실전 연습 pH 10.10의 탄산염 완충 용액 1 L를 어떻게 만들 것인가? 탄산(H_2CO_3), 탄산 수소 소듐($NaHCO_3$), 탄산 소듐(Na_2CO_3)은 준비되어 있다. K_a 값은 표 15.5 참조.

다음에 나오는 "생활 속의 화학"은 인체에서 완충계의 중요성을 나타낸 것이다.

16.4 산-염기 적정

▶▶▶ 동영상 자료
▶ 산-염기 적정.

완충 용액에 대하여 설명하였고, 이제 4.6절에서 간략하게 설명한 산-염기 적정의 정량적인 면에 대하여 좀 더 상세하게 살펴보자. 다음 세 종류의 반응을 생각해 보기로 한다. (1) 강산과 강염기를 포함하는 적정, (2) 약산과 강염기를 포함하는 적정, (3) 강산과 약염기를 포함하는 적정. 약산과 약염기를 포함하는 적정은 형성된 염의 양이온과 음이온 양쪽의 가수분해 때문에 복잡하다. 이러한 경우 당량점 결정이 어렵다. 따라서 여기서는 이러한 적정을 다루지 않기로 한다. 그림 16.3은 적정하는 과정 중에 pH를 관찰할 때 사용하는 장치를 나타낸 것이다.

강산-강염기 적정

강산인 HCl과 강염기인 NaOH 사이의 반응은 다음과 같이 나타낼 수 있다.

$$NaOH(aq) + HCl(aq) \longrightarrow NaCl(aq) + H_2O(l)$$

위 반응식을 알짜 이온식으로 나타내면 다음과 같다.

$$H^+(aq) + OH^-(aq) \longrightarrow H_2O(l)$$

0.100 M HCl 25.0 mL가 들어 있는 삼각 플라스크에 0.100 M NaOH 용액을 첨가(뷰렛으로부터)하는 것을 생각해 보자. 편의상 부피와 농도는 세 개의 유효 숫자를 사용하고, pH는 두 개의 유효 숫자로 나타낸다. 그림 16.4에는 적정에서의 pH 곡선(적정 곡선, titration curve)을 나타내었다. NaOH를 첨가하기 전에 산 용액의 pH는 −log (0.100) 즉, 1.000이다. NaOH를 첨가함에 따라 용액의 pH가 처음에는 서서히 증가한다. 당량점 근처에서 pH는 가파르게 올라가며, 당량점(같은 당량의 산과 염기가 반응한 점)에서는 곡선이 거의 수직적으로 올라간다. 강산-강염기 적정에서 수소 이온 농도와 수산화 이온 농도가 모두 당량점에서는 매우 작다(1×10^{-7} M). 결과적으로 한 방울의 염기를 첨가하면 용액의 $[OH^-]$와 pH가 크게 증가한다. 당량점 이후에서는 NaOH를 첨가함에 따라서 pH가 다시 서서히 커진다.

적정의 각 단계에서 용액의 pH를 계산할 수 있다. 여기서는 세 가지 계산만 해 본다.

1. *0.100 M HCl 25.0 mL에 0.100 M NaOH 10.0 mL를 첨가한 후.* 용액의 전체 부피는 35.0 mL이다. 10.0 mL 중 NaOH의 몰수는 다음과 같다.

NaOH 몰수를 빠르게 계산하는 식은 $10.0\text{ mL} \times \frac{0.100\text{ mol}}{1000\text{ mL}} = 1.0 \times 10^{-3}\text{ mol}$ 이다.

$$10.0\text{ mL} \times \frac{0.100\text{ mol NaOH}}{1\text{ L NaOH}} \times \frac{1\text{ L}}{1000\text{ mL}} = 1.00 \times 10^{-3}\text{ mol}$$

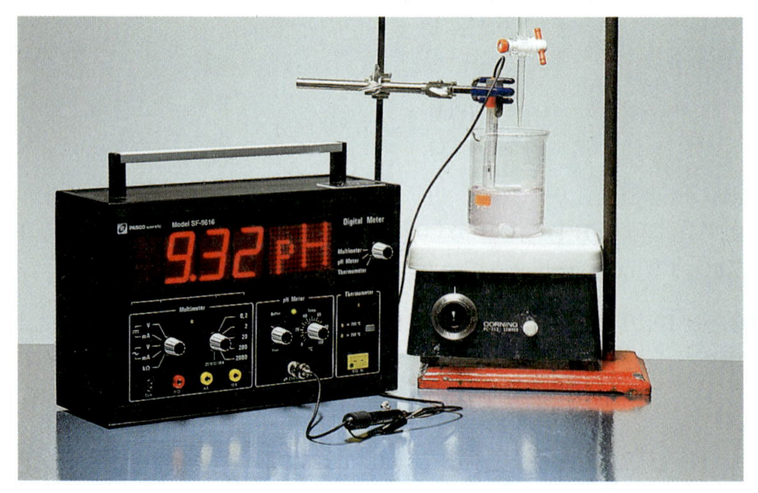

그림 16.3 pH 미터는 산-염기 적정을 모니터하는 데 사용한다.

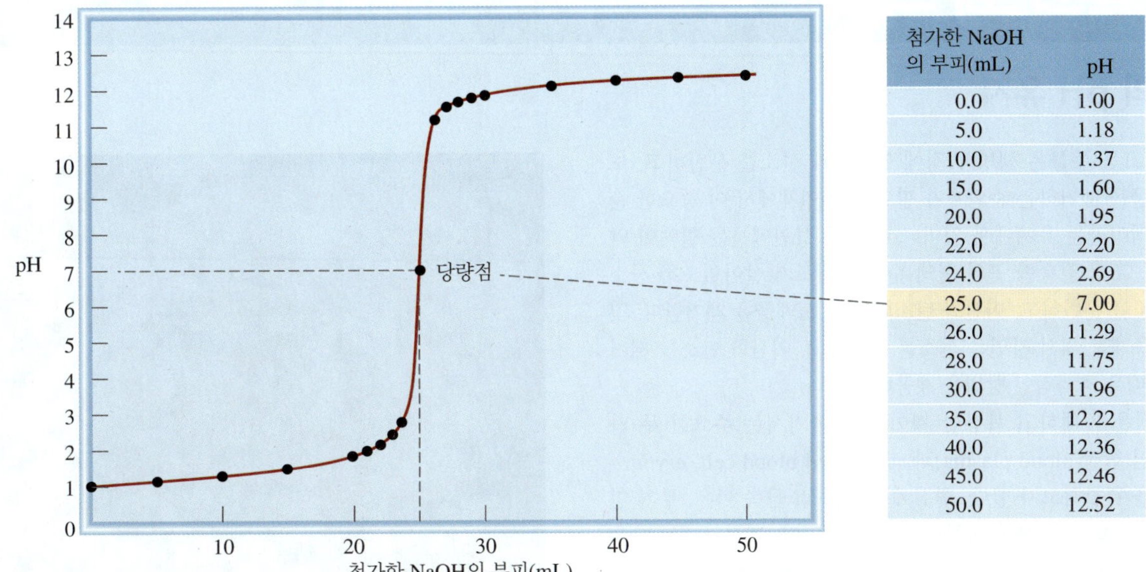

첨가한 NaOH의 부피(mL)	pH
0.0	1.00
5.0	1.18
10.0	1.37
15.0	1.60
20.0	1.95
22.0	2.20
24.0	2.69
25.0	7.00
26.0	11.29
28.0	11.75
30.0	11.96
35.0	12.22
40.0	12.36
45.0	12.46
50.0	12.52

그림 16.4 강산-강염기 적정의 pH 변화. 0.100 *M* HCl 25.0 mL에 0.100 *M* NaOH 용액을 뷰렛으로 가한다(그림 4.21 참조). 이 곡선을 적정 곡선이라고 한다.

용액 25.0 mL에 처음부터 있었던 HCl의 몰수는

$$25.0\text{ mL} \times \frac{0.100\text{ mol HCl}}{1\text{ L HCl}} \times \frac{1\text{ L}}{1000\text{ mL}} = 2.50 \times 10^{-3}\text{ mol}$$

따라서 일부 중화된 후에 남아 있는 HCl의 양은 $(2.50 \times 10^{-3}) - (1.00 \times 10^{-3})$ 또는 1.50×10^{-3} mol이다. 또한, 용액 35.0 mL 중 H^+ 이온의 농도는 다음과 같다.

1 mol NaOH ≏ 1 mol HCl이라는 것을 기억하라.

$$\frac{1.50 \times 10^{-3}\text{ mol HCl}}{35.0\text{ mL}} \times \frac{1000\text{ mL}}{1\text{ L}} = 0.0429\text{ mol HCl/L}$$
$$= 0.0429\ M\text{ HCl}$$

따라서 $[H^+] = 0.0429\ M$이고, 용액의 pH는 다음과 같다.

$$\text{pH} = -\log 0.0429 = 1.37$$

2. *0.100 M HCl 25.0 mL에 0.100 M NaOH 25.0 mL를 첨가한 후.* 이때에는 반응이 완전히 중화되었고, 염(NaCl)은 가수분해되지 않으므로 계산이 간단하다. 당량점에서는 $[H^+] = [OH^-] = 1.00 \times 10^{-7}\ M$이고, 용액의 pH는 7.00이다.

Na^+와 Cl^-는 가수분해되지 않는다.

3. *0.100 M HCl 25.0 mL에 0.100 M NaOH 35.0 mL를 첨가한 후.* 용액의 전체 부피는 60.0 mL이다. 첨가한 NaOH의 몰수는

$$35.0\text{ mL} \times \frac{0.100\text{ mol NaOH}}{1\text{ L NaOH}} \times \frac{1\text{ L}}{1000\text{ mL}} = 3.50 \times 10^{-3}\text{ mol}$$

용액 25.0 mL 중 HCl의 몰수는 2.50×10^{-3} mol이다. HCl이 완전히 중화한 후에 남아 있는 NaOH의 양은 $(3.50 \times 10^{-3}) - (2.50 \times 10^{-3}) = 1.00 \times 10^{-3}$ mol이다. 용액 60.0 mL 중 NaOH의 농도는 다음과 같다.

$$\frac{1.00 \times 10^{-3}\text{ mol NaOH}}{60.0\text{ mL}} \times \frac{1000\text{ mL}}{1\text{ L}} = 0.0167\text{ mol NaOH/L}$$
$$= 0.0167\ M\text{ NaOH}$$

따라서 $[OH^-] = 0.0167\ M$이고, $\text{pOH} = -\log 0.0167 = 1.78$이다. 따라서 용액의 pH는 다음과 같다.

생활 속의 화학

혈액의 pH 유지

모든 고등 동물은 생명 과정에 영양분과 산소를 운반하고, 노폐물을 제거하는 순환계가 필요하다. 인체에서 이 중요한 순환은 혈액이라는 유체에서 일어나며, 보통 성인에서는 혈액이 약 5 L이다. 조직 깊숙한 곳의 혈액 순환은 세포가 살아있도록 산소와 영양소를 운반하고, 이산화 탄소와 다른 노폐물을 제거한다. 몇 가지 완충제를 써서 자연은 산소를 운반하고, 이산화 탄소를 제거하는 데 매우 효과적인 방법을 제공하고 있다.

혈액은 거대하고 복잡한 계이지만, 여기서는 주요한 두 가지 성분인 혈장(blood plasma)과 *적혈구*(red blood cell, *erythrocyte*)만을 관찰하고자 한다. 혈장에는 단백질, 금속 이온, 무기 인산염을 포함하는 많은 화합물이 포함되어 있다. 적혈구에는 다음과 같은 탄산(H_2CO_3)의 형성과 분해 양쪽에 촉매 작용을 하는 *탄산 탈수효소*(carbonic anhydrase)는 물론 헤모글로빈 분자를 포함하고 있다.

$$CO_2(aq) + H_2O(l) \rightleftharpoons H_2CO_3(aq)$$

적혈구 내부에 있는 물질은 어떤 분자만이 그것을 통하여 확산할 수 있는 세포막에 의하여 외세포 유체(혈장)로부터 보호되고 있다.

혈장의 pH는 몇 가지 완충계(가장 중요한 완충계는 HCO_3^-/H_2CO_3계)에 의해 약 7.40으로 유지된다. 적혈구 속의 pH는 7.25이며, 주요한 완충계는 HCO_3^-/H_2CO_3와 헤모글로빈이다. 헤모글로빈 분자는 이온화할 수 있는 많은 양성자를 포함하는 복잡한 단백질 분자(몰질량 65,000 g)이다. 매우 근사적으로 보면, 그 분자는 HHb 형태의 일양성자성산으로 취급할 수 있다.

$$HHb(aq) \rightleftharpoons H^+(aq) + Hb^-(aq)$$

여기서 HHb는 헤모글로빈 분자, Hb^-는 HHb의 짝염기를 나타낸다. 헤모글로빈과 산소가 결합하여 형성된 옥시헤모글로빈($HHbO_2$)은 HHb보다 더 강산이다.

$$HHbO_2(aq) \rightleftharpoons H^+(aq) + HbO_2^-(aq)$$

다음 페이지 그림에 나타낸 것처럼 대사 과정에서 형성된 이산화 탄소는 적혈구 속으로 확산하며, 적혈구에서 CO_2는 탄산 탈수효소에 의하여 H_2CO_3로 빠르게 바뀐다.

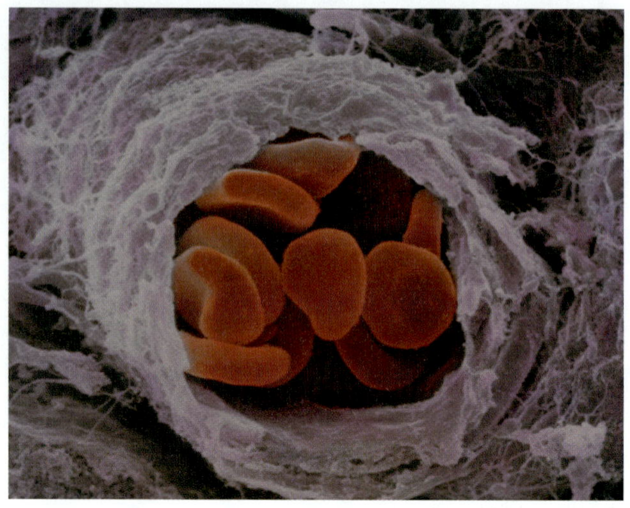

동맥의 작은 가지 내에 있는 적혈구에 대한 전자 현미경 사진.

$$CO_2(aq) + H_2O(l) \rightleftharpoons H_2CO_3(aq)$$

다음과 같은 탄산의 이온화는

$$H_2CO_3(aq) \rightleftharpoons H^+(aq) + HCO_3^-(aq)$$

두 가지 중요한 결과를 가져온다. 첫째, 중탄산 이온이 적혈구로부터 확산하여 나가며, 혈장에 의하여 허파로 운반된다. 이것이 이산화 탄소를 제거하는 주요한 메커니즘이다. 둘째, H^+ 이온은 이온화하지 않은 옥시헤모글로빈 분자가 생기는 방향으로 평형을 이동시킨다.

$$H^+(aq) + HbO_2^-(aq) \rightleftharpoons HHbO_2(aq)$$

$HHbO_2$는 그 짝염기(HbO_2^-)보다도 쉽게 산소를 방출하기 때문에 산이 형성되면 다음 반응을 왼쪽에서 오른쪽으로 촉진시킨다.

$$HHbO_2(aq) \rightleftharpoons HHb(aq) + O_2(aq)$$

$$\begin{aligned} pH &= 14.00 - pOH \\ &= 14.00 - 1.78 \\ &= 12.22 \end{aligned}$$

약산-강염기 적정

아세트산(약산)과 수산화 소듐(강염기) 사이의 다음과 같은 중화 반응을 생각해 보자.

$$CH_3COOH(aq) + NaOH(aq) \longrightarrow CH_3COONa(aq) + H_2O(l)$$

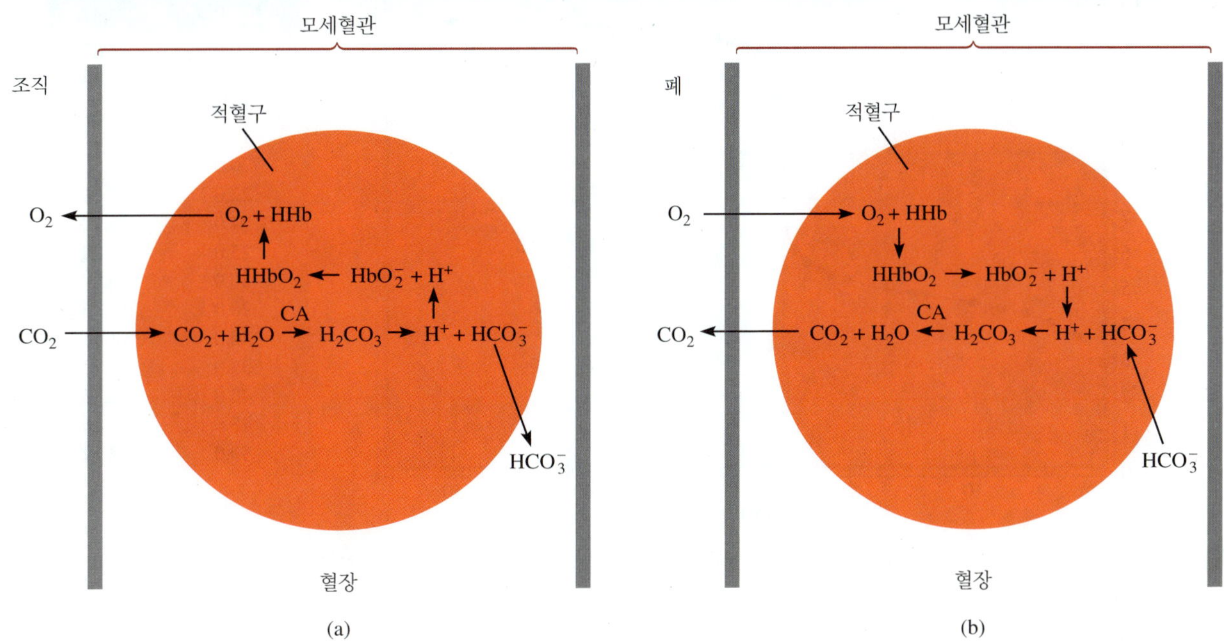

혈액에 의한 산소-이산화 탄소의 운반과 방출. (a) CO_2의 부분 압력은 혈장보다 대사가 일어나는 조직에서 더 높다. 따라서 이산화 탄소는 모세혈관으로 확산된 다음 적혈구 속으로 들어간다. 적혈구 내에서 탄산 탈수소 효소(CA)에 의해 탄산으로 전환된다. 탄산에 의해서 생성된 양성자들은 HbO_2^-와 결합하여 $HHbO_2$를 형성하는데, 이것은 결국 HHb와 O_2로 분해된다. O_2의 부분 압력은 조직에서보다 적혈구 중에서 높기 때문에 산소 분자는 적혈구에서 조직으로 확산된다. 중탄산 이온도 마찬가지로 적혈구에서 확산되어 혈장에서 운반되어 허파에 이르게 된다. (b) 폐 속에서는 이들 과정이 반대로 일어난다. 산소 분자는 높은 압력을 유지하고 있는 허파로부터 적혈구 속으로 확산된다. 산소 분자는 HHb의 결합하여 $HHbO_2$를 형성한다. $HHbO_2$에 의해서 제공되는 양성자는 혈장으로부터 적혈구 속으로 확산되는 중탄산 이온과 결합하여 탄산으로 형성한다. 탄산 탈수효소 존재하에 탄산은 H_2O와 CO_2로 변환된다. CO_2는 적혈구로부터 허파 속으로 확산되고, 숨을 내쉬게 된다.

O_2 분자는 적혈구로부터 확산하여 나와서 대사를 수행하는 다른 세포에 잡힌다.

정맥의 혈액이 허파로 되돌아가면 위의 과정이 반대로 된다. 중탄산 이온은 이제 적혈구 속으로 확산하여 들어가며, 적혈구에서 중탄산 이온이 다음과 같이 헤모글로빈과 반응하여 탄산을 형성하게 된다.

$$HHb(aq) + HCO_3^-(aq) \rightleftharpoons Hb^-(aq) + H_2CO_3(aq)$$

대부분의 산은 다음과 같이 탄산 탈수효소에 의하여 CO_2로 바뀐다.

$$H_2CO_3(aq) \rightleftharpoons H_2O(l) + CO_2(aq)$$

이산화 탄소는 허파로 확산하여서 마침내 발산한다. Hb^- 이온의 형성(위에 나타낸 HHb와 HCO_3^- 사이의 반응 때문에)도 허파에서 산소를 흡수하기 쉽도록 한다.

$$Hb^-(aq) + O_2(aq) \rightleftharpoons HbO_2^-(aq)$$

HHb보다도 Hb^-가 산소에 대한 친화력이 더 크기 때문이다.

동맥혈이 신체 조직으로 되돌아가며, 전체 과정이 반복된다.

이 식은 다음과 같이 간단하게 나타낼 수 있다.

$$CH_3COOH(aq) + OH^-(aq) \longrightarrow CH_3COO^-(aq) + H_2O(l)$$

아세트산 이온은 다음과 같이 가수분해된다.

$$CH_3COO^-(aq) + H_2O(l) \rightleftharpoons CH_3COOH(aq) + OH^-(aq)$$

따라서 당량점에서는 아세트산 소듐만이 있으므로, 형성된 과량의 OH^- 때문에 pH는 7보

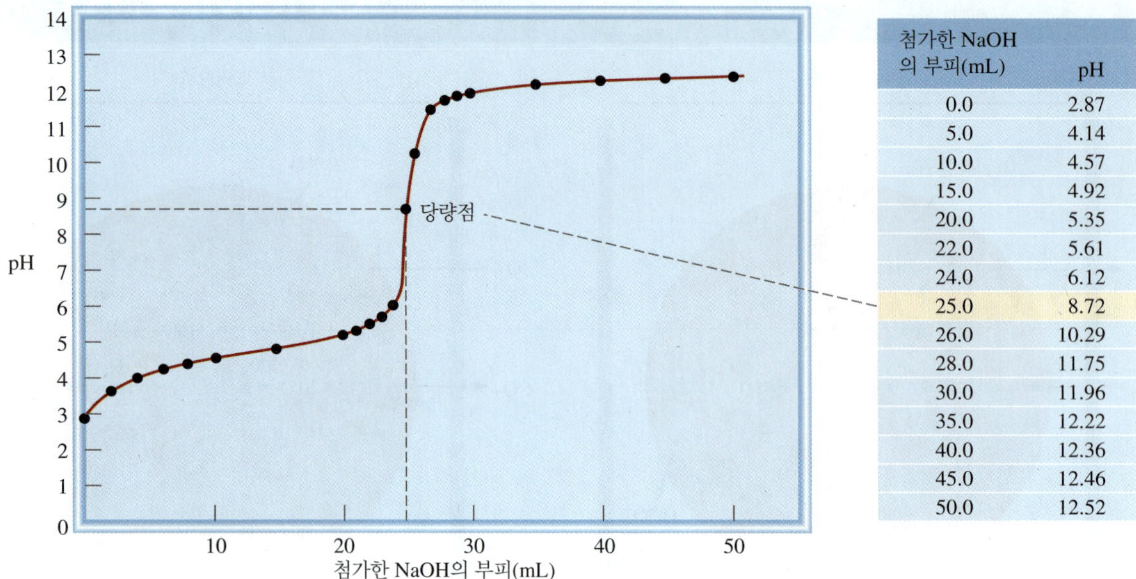

첨가한 NaOH의 부피(mL)	pH
0.0	2.87
5.0	4.14
10.0	4.57
15.0	4.92
20.0	5.35
22.0	5.61
24.0	6.12
25.0	8.72
26.0	10.29
28.0	11.75
30.0	11.96
35.0	12.22
40.0	12.36
45.0	12.46
50.0	12.52

그림 16.5 약산을 강염기로 적정할 때의 pH 변화. 0.100 *M* CH_3COOH 25.0 mL에 0.100 *M* NaOH 용액을 뷰렛으로 가한다. 형성된 염의 가수분해 반응에 의해서 당량점에서의 pH는 7보다 크다.

다 *더 커질* 것이다(그림 16.5). 이 상황은 아세트산 소듐(CH_3COONa)의 가수분해와 비슷함에 유의하라(15.10절 참조).

다음 예제 16.5에서는 약산을 강염기로 적정하는 것을 다룬다.

예제 16.5

0.100 *M* 아세트산 25.0 mL를 수산화 소듐으로 적정할 때의 pH를 계산하시오. (a) 0.100 *M* NaOH 10.0 mL를 가했을 때, (b) 0.100 *M* NaOH 25.0 mL를 가했을 때, (c) 0.100 *M* NaOH 35.0 mL를 가했을 때.

전략 CH_3COOH와 NaOH 사이의 반응은 다음과 같다.

$$CH_3COOH(aq) + NaOH(aq) \longrightarrow CH_3COONa(aq) + H_2O(l)$$

1 mol CH_3COOH ≏ 1 mol NaOH임을 안다. 그러므로 각 적정 단계에서 산과 반응하는 염기의 몰수를 계산할 수 있고, 과량의 산이나 남아 있는 염기로서 pH를 결정할 수 있다. 그러나 당량점에서는 중화 반응이 완전히 일어난다. 따라서 용액의 pH는 중화 반응에서 형성된 염인 CH_3COONa의 가수분해 반응 정도에 따라 달라진다.

풀이 (a) 10.0 mL에 들어 있는 NaOH의 몰수는 다음과 같다.

$$10.0 \text{ mL} \times \frac{0.100 \text{ mol NaOH}}{1 \text{ L NaOH 용액}} \times \frac{1 \text{ L}}{1000 \text{ mL}} = 1.00 \times 10^{-3} \text{ mol}$$

적정하기 전 용액 25.0 mL에 들어 있는 CH_3COOH의 몰수는 다음과 같다.

$$25.0 \text{ mL} \times \frac{0.100 \text{ mol } CH_3COOH}{1 \text{ L } CH_3COOH \text{ 용액}} \times \frac{1 \text{ L}}{1000 \text{ mL}} = 2.50 \times 10^{-3} \text{ mol}$$

두 용액을 혼합하면 부피가 증가하므로 여기서는 몰수를 사용한다. 부피가 증가하면 몰농도는 변하지만 몰수는 변하지 않는다. 몰수의 변화를 다음에서 정리하였다.

(계속)

	$CH_3COOH(aq)$ +	$NaOH(aq)$ ⟶	$CH_3COONa(aq)$ + $H_2O(l)$
초기(mol):	2.50×10^{-3}	1.00×10^{-3}	0
변화(mol):	-1.00×10^{-3}	-1.00×10^{-3}	$+1.00 \times 10^{-3}$
최종(mol):	1.50×10^{-3}	0	1.00×10^{-3}

이 단계에서 CH_3COOH와 CH_3COO^-(CH_3COONa 염으로부터)의 완충계가 만들어진다. 이 용액의 pH를 계산하면 다음과 같다.

$$K_a = \frac{[H^+][CH_3COO^-]}{[CH_3COOH]}$$

$$[H^+] = \frac{[CH_3COOH]K_a}{[CH_3COO^-]}$$

$$= \frac{(1.50 \times 10^{-3})(1.8 \times 10^{-5})}{1.00 \times 10^{-3}} = 2.7 \times 10^{-5}\,M$$

따라서 $\quad pH = -\log(2.7 \times 10^{-5}) = 4.57$

용액의 부피(35 mL)가 CH_3COOH와 CH_3COO^-에 대해서 같기 때문에 존재하는 몰수의 비는 몰농도의 비와 같다.

(b) 이 양(즉, 0.100 M NaOH 25.0 mL와 0.100 M CH_3COOH 25.0 mL가 반응)은 당량점에 해당한다. 따라서 용액 25.0 mL에 있는 NaOH의 몰수는 다음과 같다.

$$25.0\text{ mL} \times \frac{0.100\text{ mol NaOH}}{1\text{ L NaOH 용액}} \times \frac{1\text{ L}}{1000\text{ mL}} = 2.50 \times 10^{-3}\text{ mol}$$

몰수의 변화를 간단하게 요약하면 다음과 같다.

	$CH_3COOH(aq)$ +	$NaOH(aq)$ ⟶	$CH_3COONa(aq)$ + $H_2O(l)$
초기(mol):	2.50×10^{-3}	2.50×10^{-3}	0
변화(mol):	-2.50×10^{-3}	-2.50×10^{-3}	$+2.50 \times 10^{-3}$
최종(mol):	0	0	2.50×10^{-3}

당량점에서 산과 염기의 농도는 모두 0이다. 이때, 전체 부피는 (25.0 + 25.0) mL = 50.0 mL이고, 따라서 염의 농도는 다음과 같다.

$$[CH_3COONa] = \frac{2.50 \times 10^{-3}\text{ mol}}{50.0\text{ mL}} \times \frac{1000\text{ mL}}{1\text{ L}}$$

$$= 0.0500\text{ mol/L} = 0.0500\,M$$

다음 단계는 CH_3COO^- 이온이 가수분해한 용액의 pH를 계산하는 것이다. 예제 15.13과 표 15.3의 CH_3COO^-의 이온화 상수(K_b)를 사용하여 계산하면 다음과 같이 된다.

$$K_b = 5.6 \times 10^{-10} = \frac{[CH_3COOH][OH^-]}{[CH_3COO^-]} = \frac{x^2}{0.0500 - x}$$

$$x = [OH^-] = 5.3 \times 10^{-6}\,M,\ pH = 8.72$$

(c) NaOH 35.0 mL를 가하면 당량점을 넘어서게 된다. 적정하기 전 NaOH의 몰수는 다음과 같다.

$$35.0\text{ mL} \times \frac{0.100\text{ mol NaOH}}{1\text{ L NaOH 용액}} \times \frac{1\text{ L}}{1000\text{ mL}} = 3.50 \times 10^{-3}\text{ mol}$$

몰수의 변화를 간단하게 요약하면 다음과 같다.

	$CH_3COOH(aq)$ +	$NaOH(aq)$ ⟶	$CH_3COONa(aq)$ + $H_2O(l)$
초기(mol):	2.50×10^{-3}	3.50×10^{-3}	0
변화(mol):	-2.50×10^{-3}	-2.50×10^{-3}	$+2.50 \times 10^{-3}$
최종(mol):	0	1.00×10^{-3}	2.50×10^{-3}

이 단계에서는 용액을 염기성으로 만드는 두 화학종 CH_3COO^-와 OH^-가 용액에 존재한다. 그런데 OH^-가 CH_3COO^-보다 훨씬 더 강한 염기이므로, 용액의 pH 계산에는 CH_3COO^- 이온의 가수분해는 무시하고 OH^- 이온의 농도만 고려한다. 이 용액의 전체 부피는 (25.0 + 35.0) mL = 60.0 mL이고, OH^-의 농도는 다음과 같이 계산된다.

$$[OH^-] = \frac{1.00 \times 10^{-3}\ mol}{60.0\ mL} \times \frac{1000\ mL}{1\ L}$$
$$= 0.0167\ mol/L = 0.0167\ M$$
$$pOH = -\log [OH^-] = -\log 0.0167 = 1.78$$
$$pH = 14.00 - 1.78 = 12.22$$

비슷한 문제: 16.35.

실전 연습 0.10 *M* 아질산(HNO_2) 정확히 100 mL를 0.10 *M* NaOH로 적정하였다. 다음의 pH를 계산하시오. (a) 초기 용액, (b) 염기 80 mL를 가한 용액, (c) 당량점, (d) 염기 105 mL를 가한 용액.

강산-약염기 적정

강산인 HCl로 약염기인 NH_3를 적정할 때를 생각해 보자.

$$HCl(aq) + NH_3(aq) \longrightarrow NH_4Cl(aq)$$

또는 간단히

$$H^+(aq) + NH_3(aq) \longrightarrow NH_4^+(aq)$$

NH_4^+ 이온의 가수분해 때문에 당량점에서 pH는 7보다도 *작다*.

$$NH_4^+(aq) + H_2O(l) \rightleftharpoons NH_3(aq) + H_3O^+(aq)$$

또는 간단히

$$NH_4^+(aq) \rightleftharpoons NH_3(aq) + H^+(aq)$$

암모니아 수용액은 휘발성이 있으므로 암모니아 용액에 염산을 뷰렛으로 가하는 것이 더 편리하다. 그림 16.6에 이 실험의 적정 곡선을 나타내었다.

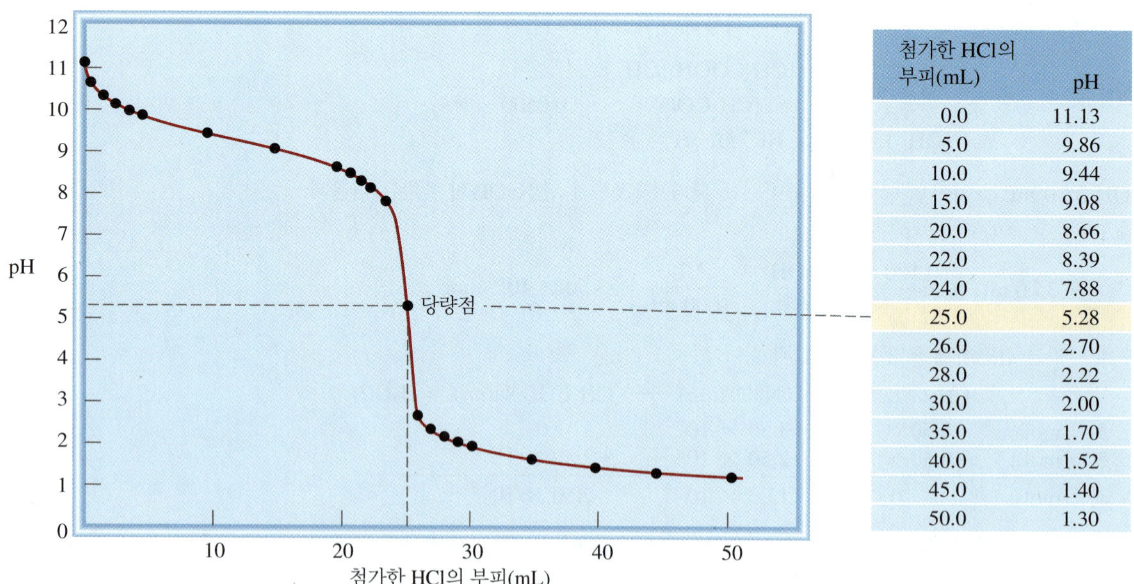

첨가한 HCl의 부피(mL)	pH
0.0	11.13
5.0	9.86
10.0	9.44
15.0	9.08
20.0	8.66
22.0	8.39
24.0	7.88
25.0	5.28
26.0	2.70
28.0	2.22
30.0	2.00
35.0	1.70
40.0	1.52
45.0	1.40
50.0	1.30

그림 16.6 강산-약염기 적정의 pH 변화. 삼각 플라스크에 들어 있는 0.100 *M* NH_3 용액 25.0 mL에 뷰렛에 들어 있는 0.100 *M* HCl 용액을 가한다. 염의 가수분해가 일어나서 당량점의 pH는 7보다 낮다.

예제 16.6

0.100 *M* NH_3 25.0 mL를 0.100 *M* HCl 용액으로 적정할 때 당량점에서의 pH를 계산하시오.

전략 NH_3와 HCl 사이의 반응은

$$NH_3(aq) + HCl(aq) \longrightarrow NH_4Cl(aq)$$

1 mol NH_3 ≏ 1 mol HCl임을 안다. 당량점에서 주화학종은 염(NH_4Cl, 해리되어 NH_4^+와 Cl^-을 생성)과 H_2O이다. 먼저 형성된 NH_4Cl의 농도를 결정한다. 그 다음 NH_4^+ 이온의 가수분해 반응의 결과로 pH를 계산한다. 강산 HCl의 짝염기인 Cl^- 이온은 물과 반응하지 않는다. 보통 물의 이온화는 무시한다.

풀이 0.100 *M* NH_3 용액 25.0 mL에 있는 NH_3의 몰수는 다음과 같다.

$$25.0\ \text{mL} \times \frac{0.100\ \text{mol NH}_3}{1\ \text{L NH}_3} \times \frac{1\ \text{L}}{1000\ \text{mL}} = 2.50 \times 10^{-3}\ \text{mol}$$

당량점에서 가한 HCl의 몰수는 NH_3의 몰수와 같다. 변화된 몰수를 정리하면 다음과 같다.

	$NH_3(aq)$	+	$HCl(aq)$	⟶	$NH_4Cl(aq)$
초기(mol):	2.50×10^{-3}		2.50×10^{-3}		0
변화(mol):	-2.50×10^{-3}		-2.50×10^{-3}		$+2.50 \times 10^{-3}$
최종(mol):	0		0		2.50×10^{-3}

당량점에서 산과 염기의 농도는 둘 다 0이다. 전체 부피는 (25.0 + 25.0) mL = 50.0 mL가 되고, 염(NH_4Cl)의 농도는 다음과 같다.

$$[NH_4Cl] = \frac{2.50 \times 10^{-3}\ \text{mol}}{50.0\ \text{mL}} \times \frac{1000\ \text{mL}}{1\ \text{L}}$$
$$= 0.0500\ \text{mol/L} = 0.0500\ M$$

당량점에서 이 용액의 pH는 NH_4^+ 이온의 가수분해에 의해 결정된다(15.10절 참조).

단계 1: NH_3와 H^+의 평형 농도를 *x* mol/L이라고 하고, 양이온 NH_4^+의 가수분해를 나타내면 다음과 같다.

	$NH_4^+(aq)$	⇌	$NH_3(aq)$	+	$H^+(aq)$
초기(*M*):	0.0500		0.000		0.000
변화(*M*):	$-x$		$+x$		$+x$
평형(*M*):	$(0.0500 - x)$		x		x

단계 2: 표 15.4에서 NH_4^+의 K_a 값을 얻는다.

$$K_a = \frac{[NH_3][H^+]}{[NH_4^+]}$$
$$5.6 \times 10^{-10} = \frac{x^2}{0.0500 - x}$$

근사법을 이용하여 $0.0500 - x \approx 0.0500$으로 하면

근사 처리의 타당성을 항상 점검하라.

$$5.6 \times 10^{-10} = \frac{x^2}{0.0500 - x} \approx \frac{x^2}{0.0500}$$
$$x = 5.3 \times 10^{-6}\ M$$

따라서 pH는 다음과 같다.

$$pH = -\log(5.3 \times 10^{-6})$$
$$= 5.28$$

검산 용액의 pH는 산성임에 유의하라. 이것은 암모늄 이온의 가수분해 반응으로부터 예상할 수 있다.

비슷한 문제: 16.33.

실전 연습 0.10 *M* 메틸아민(표 15.4 참조) 50 mL를 0.20 *M* HCl 용액으로 적정할 때 당량점에서의 pH를 계산하시오.

개념 복습하기

다음 적정 중 어느 것이 당량점에서의 pH가 중성이 아닌가? (a) NaOH를 HNO_2로, (b) KOH를 $HClO_4$로, (c) KOH를 HCOOH로, (d) CH_3NH_2를 HNO_3로.

16.5 산-염기 지시약

중화 적정에서 당량점은 용액에 첨가한 OH^- 이온의 몰수가 처음에 존재하던 H^+ 이온의 몰수와 같아지는 점이다. 적정에서 당량점을 구하기 위하여 플라스크 안에 있는 산에 첨가되는 염기의 부피가 얼마인가를 정확하게 알아야 한다. 이를 위한 하나의 방법은 적정을 시작할 때 산 용액에 산-염기 지시약을 몇 방울 첨가하는 것이다. 4장에서 공부한 것처럼 지시약은 보통 이온화한 형태와 이온화하지 않은 형태가 매우 다른 색을 가지는 약한 유기 산이거나 유기 염기이다. 이들 두 형태는 지시약이 녹아 있는 용액의 pH와 관련된다. 적정의 **종말점**(end point)은 *지시약의 색이 변하는 점*이다. 그러나 모든 지시약이 같은 pH에서 변색하지 않으므로 적정에서 지시약의 선택은 적정에 사용한 산과 염기의 성질(즉, 산과 염기의 세기)에 의존된다. 적정에 알맞은 지시약을 선택함으로써 아래에서 설명하는 것처럼 종말점을 사용하여 당량점을 결정할 수 있다.

종말점은 지시약의 색이 변하는 점이다. 당량점은 중화 반응이 완결되는 점이다. 실험적으로 당량점을 판단하는 데 종말점을 사용할 수 있다

일양성자성 약산 HIn을 생각해 보자. 효과적인 지시약이 되기 위해서는 HIn과 그 짝염기 In^-는 매우 다른 색을 가져야 한다. 용액에서 산이 일부분 이온화하면 다음과 같이 된다.

$$HIn(aq) \rightleftharpoons H^+(aq) + In^-(aq)$$

지시약이 충분히 산성인 매질에 있다면 르샤틀리에 원리에 따라서 평형은 왼쪽으로 이동하며, 지시약의 우세한 색은 이온화하지 않은 형태(HIn)의 색이다. 반면에 염기성 매질에서 평형은 오른쪽으로 이동하고, 용액의 색깔은 주로 짝염기(In^-)의 색으로 될 것이다. 대략적으로 말한다면, 지시약의 색을 예측하는 데 다음 농도비를 쓸 수 있다.

$$\frac{[HIn]}{[In^-]} \geq 10 \quad \text{산(HIn)의 색이 우세하다.}$$

$$\frac{[HIn]}{[In^-]} \leq 0.1 \quad \text{짝염기(In}^-\text{)의 색이 우세하다.}$$

$[HIn] \approx [In^-]$이라면, 지시약의 색은 HIn과 In^-의 색을 섞은 색이 된다.

전형적인 지시약은 pH = pK_a ± 1로 주어지는 pH 범위에 걸쳐 색이 변하며, 여기서 K_a는 산 이온화 상수이다.

지시약의 종말점은 한 특정 pH에서 일어나지 않으며, 종말점이 나타나는 특정 pH 범위가 있다. 실제로 종말점이 적정 곡선의 가파른 부분 사이에 있는 지시약을 선택한다. 왜냐하면 당량점도 적정 곡선의 가파른 부분 사이에 있으므로, 이렇게 지시약을 선택하면 지시약이 변색하는 범위 안에 당량점의 pH가 들어오도록 할 수 있기 때문이다. 4.6절에서 페놀프탈레인은 NaOH와 HCl의 적정에 적당한 지시약이라고 하였다. 페놀프탈레인은 산성과 중성 용액에서 무색이며, 염기성 용액에서는 붉은 분홍빛이다. 페놀프탈레인으로 측정하여 보면 pH < 8.3에서 지시약은 무색이지만, pH가 8.3을 지날 때에는 붉은 분홍빛으로 바뀌기 시작함을 알 수 있다. 그림 16.4에 나타낸 것처럼 당량점 근처에서 pH 곡선이 가파른 것은 매우 소량의 NaOH(즉, 0.05 mL, 대략 뷰렛으로부터 떨어지는 용액 한 방울의 부피)를 첨가하여도 용액의 pH는 크게 증가함을 뜻한다. 그러나 중요한 것은 pH 곡선의 가파른 부분에는 페놀프탈레인이 무색으로부터 붉은 분홍빛으로 바뀌는 범위가 포함된다는 사실이다. 이렇게 일치될 때마다 지시약은 적정의 당량점을 찾는 데에 쓸 수 있다(그림 16.7).

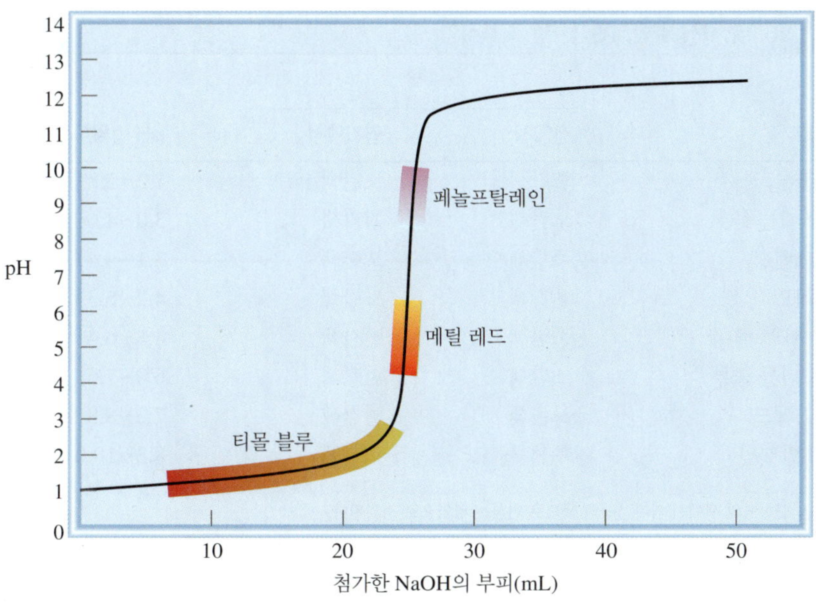

그림 16.7 강산을 강염기로 적정한 적정 곡선. 지시약 메틸 레드와 페놀프탈레인이 변색되는 부분이 곡선의 급변 범위내에 걸쳐 있기 때문에 이들은 적정의 당량점을 찾아내는 데 사용될 수 있다. 한편으로 티몰 블루는 색깔의 변화가 적정 곡선의 급변 부분과 일치하지 않기 때문에 같은 목적으로 사용될 수 없다.

많은 식물 색소는 산-염기 지시약이다. 예를 들어, 잘게 썬 붉은 양배추를 물에 넣고 끓이면 여러 pH에서 많은 다른 색을 나타내는 색소를 추출할 수 있다(그림 16.8). 표 16.1에는 산-염기 적정에 흔히 쓰이는 지시약 몇 가지를 나타내었다. 적정하려는 산과 염기의 세기에 따라서 특정 지시약을 선택한다. 예제 16.7은 이것을 예시한 것이다.

예제 16.7

표 16.1에 있는 지시약 중에서 (a) 그림 16.4, (b) 그림 16.5, (c) 그림 16.6에 나타낸 산-염기 적정에 쓸 수 있는 것을 선택하시오.

전략 어떤 지시약의 색이 변하는 pH 범위가 적정 곡선의 가파른 부분 안에 들어갈 때에만 그 지시약을 쓸 수 있다.

(계속)

그림 16.8 붉은 양배추 추출물이 들어 있는 용액(양배추를 물에 넣고 끓이면 얻어짐)에 산 또는 염기 용액을 첨가하면 여러 가지 색이 얻어진다. 용액의 pH는 왼쪽에서 오른쪽으로 갈수록 증가한다.

표 16.1 몇 가지 일반적인 산-염기 지시약

지시약	색: 산에서	색: 염기에서	pH 범위*
티몰 블루	빨간색	노란색	1.2~2.8
브로모페놀 블루	노란색	청자색	3.0~4.6
메틸 오렌지	주황색	노란색	3.1~4.4
메틸 레드	빨간색	노란색	4.2~6.3
클로로페놀 블루	노란색	빨간색	4.8~6.4
브로모티몰 블루	노란색	파란색	6.0~7.6
크레솔 레드	노란색	빨간색	7.2~8.8
페놀프탈레인	무색	적자색	8.3~10.0

*pH 범위는 산성형의 색에서 염기성형의 색으로 변하는 영역으로 정의된다.

풀이

(a) 당량점 근처에서 용액의 pH는 4에서 10까지 가파르게 변한다. 따라서 티몰 블루, 브로모페놀 블루, 메틸 오렌지를 제외한 모든 지시약은 적정에 쓰기에 적당하다.

(b) 가파른 부분이 pH 범위 7~10에 있으므로 적당한 지시약은 크레솔 레드와 페놀프탈레인이다.

(c) pH 곡선의 가파른 부분이 pH 범위 3~7에 있으므로 적당한 지시약은 브로모페놀 블루, 메틸 오렌지, 메틸 레드, 클로로페놀 블루이다.

비슷한 문제: 16.43.

실전 연습 표 16.1을 참조하여 다음 적정에 쓰일 수 있는 지시약을 찾으시오. (a) HBr을 CH_3NH_2로, (b) HNO_3를 NaOH로, (c) HNO_2를 KOH로.

개념 복습하기

어떤 조건 하에서 산-염기 적정의 종말점이 정확하게 당량점을 나타내는가?

16.6 용해도 평형

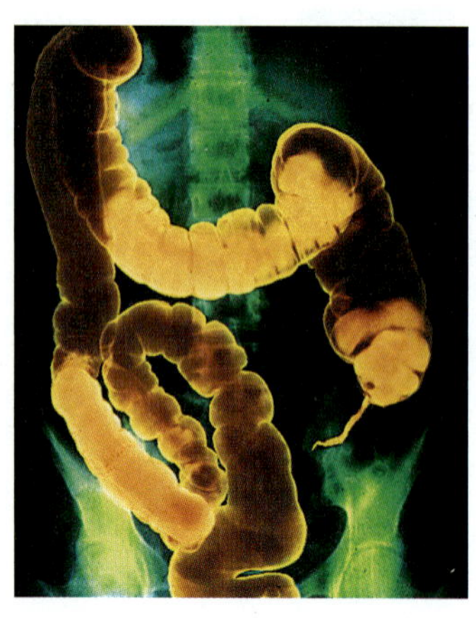
인간 대장의 $BaSO_4$ 영상.

침전 반응은 산업, 의학, 일상생활에 있어서 중요하다. 예를 들면, 탄산 소듐(Na_2CO_3)과 같이 산업에 필수적인 많은 화학 약품의 제조는 침전 반응에 기초를 두고 있다. 주로 하이드록시인회석[$Ca_5(PO_4)_3OH$]으로 이루어져 있는 치아 에나멜은 산성 매질에서 녹아 치아 침식이 일어난다. X선을 통과시키지 않는 불용성 화합물인 황산 바륨($BaSO_4$)은 소화기관의 질병을 진단하는 데에 쓰인다. 탄산 칼슘($CaCO_3$)으로 이루어져 있는 종유석과 석순은 침전 반응으로 형성되며, 물렁한 캔디(fudge) 같은 많은 식품도 침전 반응으로 만든다.

물 속에서 이온성 화합물의 용해도를 예측하는 일반적인 규칙은 4.2절에서 소개하였다. 이들 용해도 규칙이 유용하기는 하지만, 어떤 이온 화합물이 얼마나 물에 녹는가에 대한 정량적인 예측은 할 수 없다. 정량적인 예측을 하기 위하여 이미 알고 있는 화학 평형으로부터 시작하자. 특별한 설명이 없다면 다음 설명에서 용매는 물이고, 온도는 25°C이다.

▶ 용해도곱

고체 염화 은과 접촉하고 있는 염화 은의 포화 수용액을 생각해 보자. 용해도 평형은 다음과 같이 나타낼 수 있다.

$$AgCl(s) \rightleftharpoons Ag^+(aq) + Cl^-(aq)$$

염화 은은 불용성 염이다(표 4.2 참조). 그러나 물에 녹은 소량의 AgCl은 모두 Ag^+과 Cl^- 이온으로 완전히 해리한다고 가정한다. 불균일 반응에서 고체의 농도는 일정하다는 것을 14장에서 배웠다. 따라서 AgCl의 용해에 대한 평형 상수(예제 14.5 참조)는 다음과 같이 쓸 수 있다.

고체의 활동도는 1임을 기억하라(14.2절).

$$K_{sp} = [Ag^+][Cl^-]$$

여기서 K_{sp}를 용해도곱 상수 또는 간단히 *용해도곱*이라고 부른다. 일반적으로 어떤 화합물의 **용해도곱**(solubility product)은 *구성 이온들의 몰농도의 곱이며, 각 농도는 평형식에 있는 화학량론적 계수의 멱급수로 표시한다.*

각 AgCl 단위가 하나의 Ag^+과 Cl^- 이온만을 포함하고 있으므로, 그 용해도곱의 표현식은 특히 쓰기에 간단하다. 그러나 다음 경우는 보다 복잡하다.

- MgF_2

$$MgF_2(s) \rightleftharpoons Mg^{2+}(aq) + 2F^-(aq) \qquad K_{sp} = [Mg^{2+}][F^-]^2$$

- $AgCO_3$

$$Ag_2CO_3(s) \rightleftharpoons 2Ag^+(aq) + CO_3^{2-}(aq) \qquad K_{sp} = [Ag^+]^2[CO_3^{2-}]$$

- $Ca_3(PO_4)_2$

$$Ca_3(PO_4)_2(s) \rightleftharpoons 3Ca^{2+}(aq) + 2PO_4^{3-}(aq) \qquad K_{sp} = [Ca^{2+}]^3[PO_4^{3-}]^2$$

표 16.2 25°C에서 난용성 이온 화합물들의 용해도곱

화합물	K_{sp}	화합물	K_{sp}
브로민화 구리(I) (CuBr)	4.2×10^{-8}	탄산 스트론튬($SrCO_3$)	1.6×10^{-9}
브로민화 은(AgBr)	7.7×10^{-13}	탄산 은(Ag_2CO_3)	8.1×10^{-12}
수산화 구리(II) [$Cu(OH)_2$]	2.2×10^{-20}	탄산 칼슘($CaCO_3$)	8.7×10^{-9}
수산화 마그네슘[$Mg(OH)_2$]	1.2×10^{-11}	플루오린화 납(II) (PbF_2)	4.1×10^{-8}
수산화 아연[$Zn(OH)_2$]	1.8×10^{-14}	플루오린화 바륨(BaF_2)	1.7×10^{-6}
수산화 알루미늄[$Al(OH)_3$]	1.8×10^{-33}	플루오린화 칼슘(CaF_2)	4.0×10^{-11}
수산화 철(II) [$Fe(OH)_2$]	1.6×10^{-14}	황산 바륨($BaSO_4$)	1.1×10^{-10}
수산화 철(III) [$Fe(OH)_3$]	1.1×10^{-36}	황산 스트론튬($SrSO_4$)	3.8×10^{-7}
수산화 칼슘[$Ca(OH)_2$]	8.0×10^{-6}	황산 은(Ag_2SO_4)	1.4×10^{-5}
수산화 크로뮴(III) [$Cr(OH)_3$]	3.0×10^{-29}	황화 구리(II) (CuS)	6.0×10^{-37}
염화 납(II) ($PbCl_2$)	2.4×10^{-4}	황화 납(II) (PbS)	3.4×10^{-28}
염화 수은(I) (Hg_2Cl_2)	3.5×10^{-18}	황화 니켈(II) (NiS)	1.4×10^{-24}
염화 은(AgCl)	1.6×10^{-10}	황화 망가니즈(II) (MnS)	3.0×10^{-14}
아이오딘화 구리(I) (CuI)	5.1×10^{-12}	황화 비스무트(Bi_2S_3)	1.6×10^{-72}
아이오딘화 납(II) (PbI_2)	1.4×10^{-8}	황화 수은(II) (HgS)	4.0×10^{-54}
아이오딘화 은(AgI)	8.3×10^{-17}	황화 아연(ZnS)	3.0×10^{-23}
인산 칼슘[$Ca_3(PO_4)_2$]	1.2×10^{-26}	황화 은(Ag_2S)	6.0×10^{-51}
크로뮴산 납(II) ($PbCrO_4$)	2.0×10^{-14}	황화 주석(II) (SnS)	1.0×10^{-26}
탄산 납(II) ($PbCO_3$)	3.3×10^{-14}	황화 철(II) (FeS)	6.0×10^{-19}
탄산 마그네슘($MgCO_3$)	4.0×10^{-5}	황화 카드뮴(CdS)	8.0×10^{-28}
탄산 바륨($BaCO_3$)	8.1×10^{-9}	황화 코발트(II) (CoS)	4.0×10^{-21}

표 16.2에는 용해도가 낮은 많은 염에 대한 용해도곱을 나타내었다. 표 15.3에서 강산의 K_a 값을 포함시키지 않은 것과 같은 이유로, K_{sp} 값이 매우 큰 NaCl과 KNO_3와 같은 가용성 염은 표 16.2에 나타내지 않았다. K_{sp} 값은 이온 화합물의 용해도를 나타낸다. 즉, 그 값이 작을수록 물에 그 화합물은 적게 녹는다. 그러나 용해도를 비교하기 위하여 K_{sp} 값을 쓸 때는 AgCl과 ZnS 및 CaF_2와 $Fe(OH)_2$와 같이 화학식이 비슷한 형태인 화합물을 선택하여야 한다.

주의 사항: 15장에서 용해한 물질은 용액 농도를 포함하는 계산에서 이상적인 거동을 나타낸다고 가정하였지만, 이 가정이 항상 성립하는 것은 아니다. 예를 들면, 플루오린화 바륨(BaF_2) 용액은 Ba^{2+}와 F^- 이외에도 BaF_2 및 BaF^+와 같은 중성 화학종과 전하를 띤 이온쌍을 포함하고 있다. 더욱이 표 16.2에 있는 이온 화합물의 많은 음이온은 약산의 짝염기이다. 황화 구리(CuS)를 생각해 보자. S^{2-} 이온은 다음과 같이 가수분해될 수 있다.

$$S^{2-}(aq) + H_2O(l) \rightleftharpoons HS^-(aq) + OH^-(aq)$$
$$HS^-(aq) + H_2O(l) \rightleftharpoons H_2S(aq) + OH^-(aq)$$

Al^{3+}나 Bi^{3+}와 같이 전하가 크고 크기가 작은 금속 이온은 15.10절에서 설명한 것처럼 가수분해된다. 이온쌍이 형성되거나 염이 가수분해되면, K_{sp} 식에 나타낸 이온의 농도를 감소시킨다. 그러나 여기서는 이상적 거동으로부터 벗어나는 것을 고려할 필요가 없다.

수용액에서 이온성 고체의 용해는 다음 조건 중 하나에 해당한다. (1) 용액이 불포화, (2) 용액이 포화, (3) 용액이 과포화되어 있을 때이다. 이온의 농도가 평형 조건과 일치하지 않을 때는 반응 지수(14.4절 참조)를 사용한다. 이 경우 반응 지수는 *이온곱*(ion product, Q)이라 부르며, 침전이 형성될지 아닐지 예측하는 데 사용한다. 이온 농도가 평형 농도가 *아닌* 경우를 제외하면 Q는 K_{sp}와 같은 형태를 가지고 있음에 주의하라. 예를 들면, Ag^+ 이온을 포함하는 용액을 Cl^- 이온을 포함하는 용액과 섞으면, 이온곱은 다음과 같이 된다.

$$Q = [Ag^+]_0[Cl^-]_0$$

아래첨자 0은 이들이 초기 농도이라는 뜻이며, 평형에서 이들과 일치할 필요는 없다. Q와 K_{sp} 사이의 가능한 관계는 다음과 같다.

용액이 어떻게 만들어지느냐에 따라 $[Ag^+]$는 $[Cl^-]$와 같을 수도 있고 다를 수도 있다.

$Q < K_{sp}$ 불포화 용액(침전 안 됨)
$[Ag^+]_0[Cl^-]_0 < 1.6 \times 10^{-10}$

$Q = K_{sp}$ 포화 용액(침전 안 됨)
$[Ag^+][Cl^-] = 1.6 \times 10^{-10}$

$Q > K_{sp}$ 과포화 용액(이온 농도의 곱이 1.6×10^{-10}과
$[Ag^+]_0[Cl^-]_0 > 1.6 \times 10^{-10}$ 같아질 때까지 AgCl은 침전될 것이다.)

개념 복습하기

다음 그림은 AgCl 용액을 나타내며, AgCl의 용해도에 영향을 미치지 않는 Na^+와 NO_3^-(그림에는 나타내지 않았음)와 같은 이온들을 포함할 수 있다. (a)가 AgCl의 포화 용액을 나타낼 때 다른 용액을 불포화, 포화, 과포화 용액으로 분류하시오.

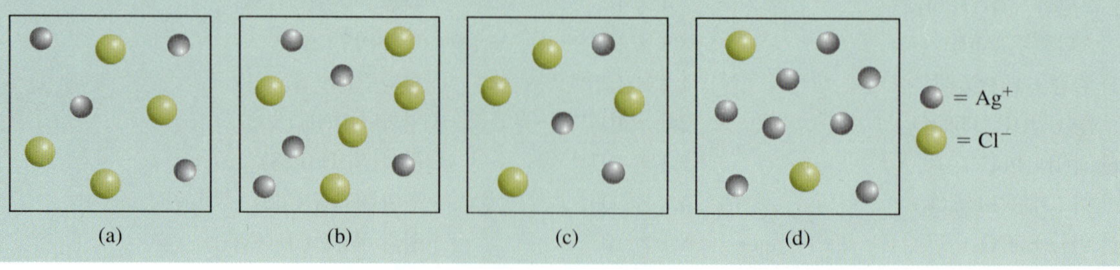

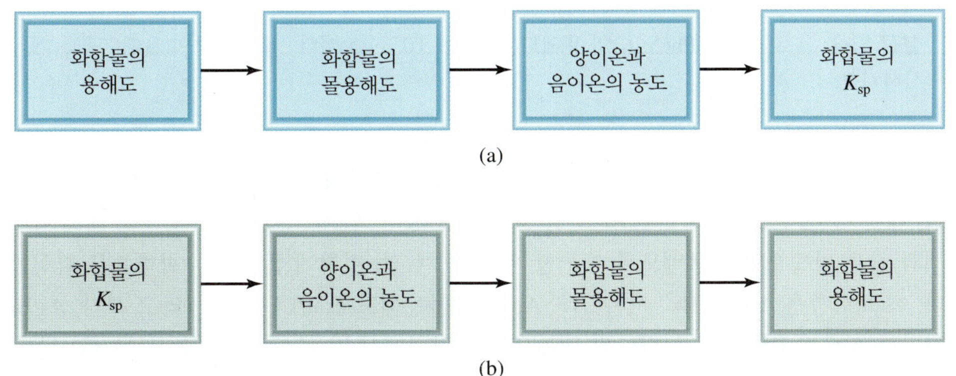

그림 16.9 (a) 용해도 자료로부터 K_{sp}를 계산하는 과정과 (b) K_{sp} 자료로부터 용해도를 계산하는 과정.

몰용해도 및 용해도

어떤 물질의 용해도를 나타내는 데는 두 가지 다른 방법이 있다. 하나는 *포화 용액 1 L 안에 들어 있는 용질의 몰수(mol/L)*인 **몰용해도**(molar solubility)이고, 다른 하나는 *포화 용액 1 L안에 있는 용질의 g수(g/L)*인 **용해도**(solubility)이다. 이들 두 표현은 어떤 주어진 온도(보통 25°C)에서 포화 용액의 농도를 언급하고 있음에 주의하라.

몰용해도와 용해도 모두 실험실에서 쓰기에 편리하다. 이들을 사용하여 그림 16.9(a)에 개략적으로 나타낸 순서에 따라 K_{sp}를 결정한다. 예제 16.8은 이 과정을 나타내고 있다.

예제 16.8

황산 칼슘($CaSO_4$)의 용해도를 측정한 결과 0.67 g/L이었다. 황산 칼슘의 K_{sp}를 계산하시오.

전략 $CaSO_4$의 용해도를 주고, K_{sp} 값을 묻는다. 그림 16.9(a)에 따라 전환 단계는 다음과 같다.

$$\begin{matrix} CaSO_4\text{의} \\ \text{용해도(g/L)} \end{matrix} \longrightarrow \begin{matrix} CaSO_4\text{의} \\ \text{몰용해도} \end{matrix} \longrightarrow \begin{matrix} [Ca^{2+}]\text{와} \\ [SO_4^{2-}] \end{matrix} \longrightarrow \begin{matrix} CaSO_4\text{의} \\ K_{sp} \end{matrix}$$

풀이 물 속에서 $CaSO_4$의 해리를 생각해 보자. $CaSO_4$의 몰용해도(mol/L)를 s라 하자.

	$CaSO_4(s) \rightleftharpoons$	$Ca^{2+}(aq)$ +	$SO_4^{2-}(aq)$
초기(M):		0	0
변화(M):	$-s$	$+s$	$+s$
평형(M):		s	s

$CaSO_4$의 용해도곱은 다음과 같다.

$$K_{sp} = [Ca^{2+}][SO_4^{2-}] = s^2$$

먼저 1 L 용액에 녹아 있는 $CaSO_4$의 몰수를 계산하면 다음과 같다.

$$\frac{0.67\ \text{g CaSO}_4}{1\ \text{L 용액}} \times \frac{1\ \text{mol CaSO}_4}{136.2\ \text{g CaSO}_4} = 4.9 \times 10^{-3}\ \text{mol/L} = s$$

용해도 평형으로부터 용해된 $CaSO_4$는 SO_4^{2-} 1 mol과 Ca^{2+} 이온 1 mol을 생성하는 것을 알 수 있다. 그러므로 평형 상태에서

$$[Ca^{2+}] = 4.9 \times 10^{-3}\ M \text{ 이고} \qquad [SO_4^{2-}] = 4.9 \times 10^{-3}\ M$$

이제 K_{sp}를 계산하면

$$\begin{aligned} K_{sp} &= [Ca^{2+}][SO_4^{2-}] \\ &= (4.9 \times 10^{-3})(4.9 \times 10^{-3}) \\ &= 2.4 \times 10^{-5} \end{aligned}$$

(계속)

황산 칼슘은 건조제로 사용된다. 페인트, 도자기, 종이를 제조하는 데에도 사용되고 있다. 수화된 황산 칼슘은 소석고라고 부르며, 부러진 뼈를 지지하는 데 사용된다.

비슷한 문제: 16.56.

실전 연습 크로뮴산 납($PbCrO_4$)의 용해도는 4.5×10^{-5} g/L이다. 이 화합물의 용해도곱을 계산하시오.

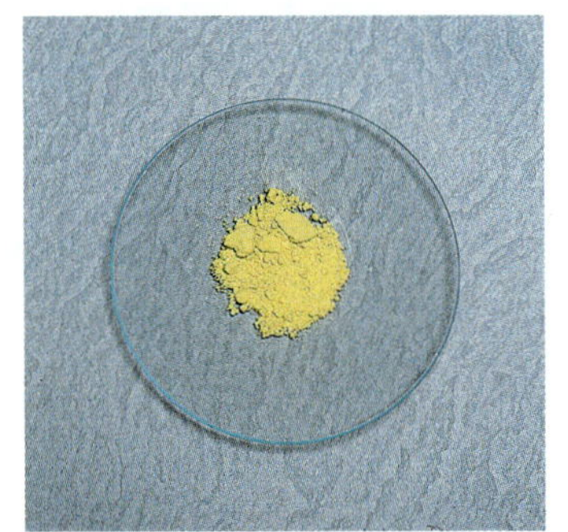
브로민화 은(AgBr)은 사진 유제(photographic emulsion)으로 사용된다.

때로는 어떤 화합물의 K_{sp} 값을 주고, 그 화합물의 몰용해도를 계산하라는 문제가 있다. 예를 들면, 브로민화 은(AgBr)의 K_{sp}가 7.7×10^{-13}일 때, 산 이온화 상수에 대해 했던 것과 같은 방법으로 몰용해도를 계산할 수 있다. 우선, 평형에 존재하는 화학종을 확인한다. 이 화학종은 Ag^+과 Br^- 이온이다. AgBr의 몰용해도(mol/L단위)를 s라고 하자. AgBr 하나는 Ag^+과 Br^- 이온을 하나씩 내놓으므로 평형에서 $[Ag^+]$과 $[Br^-]$는 모두 s와 같다. 농도 변화를 요약하면 다음과 같다.

	$AgBr(s) \rightleftharpoons$	$Ag^+(aq)$ +	$Br^-(aq)$
초기(M):		0.00	0.00
변화(M):	$-s$	$+s$	$+s$
평형(M):		s	s

표 16.2로부터 다음과 같이 쓸 수 있다.

$$K_{sp} = [Ag^+][Br^-]$$
$$7.7 \times 10^{-13} = (s)(s)$$
$$s = \sqrt{7.7 \times 10^{-13}} = 8.8 \times 10^{-7}\,M$$

따라서 평형 농도는 다음과 같다.

$$[Ag^+] = 8.8 \times 10^{-7}\,M$$
$$[Br^-] = 8.8 \times 10^{-7}\,M$$

따라서 AgBr의 몰용해도 역시 $8.8 \times 10^{-7}\,M$이다.

예제 16.9는 이러한 접근법을 사용한 것이다.

예제 16.9

수산화 구리(II)는 씨앗 소독과 살충제로 사용된다.

표 16.2의 자료를 이용하여 수산화 구리(II)[$Cu(OH)_2$]의 용해도(g/L)를 계산하시오.

전략 $Cu(OH)_2$의 K_{sp}를 주고, 용해도(g/L)를 묻는다. 그림 16.9(b)에 의해서 전환 단계는 다음과 같다.

$Cu(OH)_2$의 K_{sp} ⟶ $[Cu^{2+}]$와 $[OH^-]$ ⟶ $Cu(OH)_2$의 몰용해도 ⟶ $Cu(OH)_2$의 g/L 단위의 용해도

풀이 물 속에서 $Cu(OH)_2$의 해리를 고려하면 다음과 같이 요약된다.

	$Cu(OH)_2(s) \rightleftharpoons$	$Cu^{2+}(aq)$ +	$2OH^-(aq)$
초기(M):		0	0
변화(M):	$-s$	$+s$	$+2s$
평형(M):		s	$2s$

OH^-의 몰농도는 Cu^{2+} 몰농도의 두 배임을 유의하라. $Cu(OH)_2$의 용해도곱은 다음과 같다.

$$K_{sp} = [Cu^{2+}][OH^-]^2$$
$$= (s)(2s)^2 = 4s^3$$

표 16.2의 K_{sp} 값으로부터 $Cu(OH)_2$의 몰용해도를 구하면 다음과 같다.

(계속)

$$2.2 \times 10^{-20} = 4s^3$$

$$s^3 = \frac{2.2 \times 10^{-20}}{4} = 5.5 \times 10^{-21}$$

따라서

$$s = 1.8 \times 10^{-7}\ M$$

마지막으로 $Cu(OH)_2$의 몰질량과 몰용해도로부터 용해도(g/L)는 다음과 같이 계산할 수 있다.

$$Cu(OH)_2\text{의 용해도} = \frac{1.8 \times 10^{-7}\ \text{mol } Cu(OH)_2}{1\ \text{L 용액}} \times \frac{97.57\ \text{g } Cu(OH)_2}{1\ \text{mol } Cu(OH)_2}$$

$$= 1.8 \times 10^{-5}\ \text{g/L}$$

실전 연습 염화 은(AgCl)의 용해도를 g/L 단위로 계산하시오.

비슷한 문제: 16.58.

예제 16.8과 16.9에서 보여주는 것과 같이 용해도와 용해도곱은 서로 관련이 있다. 한 가지를 안다면 다른 것을 계산할 수 있지만, 각 양은 다른 정보를 제공한다. 표 16.3에는 몇 가지 이온 결합 화합물의 몰용해도와 용해도곱 사이의 관계를 나타내었다.

용해도나 용해도곱을 계산할 때 다음의 중요한 점을 기억하라.

1. 용해도는 어떤 양의 물에 녹아 포화 용액을 만드는 물질의 양이다. 용해도 평형의 계산에서 그 단위는 용액 1 L당 용질의 *g*수로 보통 표시한다. 몰용해도는 용액 1 L당 용질의 몰수로 나타낸다.
2. 용해도곱은 평형 상수이다.
3. 몰용해도, 용해도, 용해도곱은 모두 *포화 용액*에 적용되는 값이다.

침전 반응의 예측

용해도 규칙(4.2절 참조)과 표 16.2에 나타낸 용해도곱으로부터 두 용액을 섞거나 가용성 화합물을 어떤 용액에 첨가할 때, 침전이 형성되는가의 여부를 예측할 수 있다. 이 예측은 실생활에 자주 적용된다. 산업 공정이나 실험적으로 어떤 화합물(침전의 형태로서)을 얻기 위하여 이온곱이 K_{sp}보다도 커질 때까지 이온 농도를 조절할 수 있다. 침전 반응을 예측하는 일은 의학적으로도 유용하다. 예를 들면, 매우 통증이 심한 신장 결석은 주로 옥살산 칼슘(CaC_2O_4, $K_{sp} = 2.3 \times 10^{-9}$)으로 이루어져 있다. 혈장 중에서 칼슘 이온의 정상적인 생리학적 농도는 약 5 m*M*(1 m*M* = 1×10^{-3} *M*)이다. 장군풀이나 시금치와 같은 많은 야채에

신장 결석.

표 16.3 K_{sp}와 몰용해도(s) 사이의 관계

화합물	K_{sp} 식	양이온	음이온	K_{sp}와 s와의 관계
AgCl	$[Ag^+][Cl^-]$	s	s	$K_{sp} = s^2;\ s = (K_{sp})^{\frac{1}{2}}$
$BaSO_4$	$[Ba^{2+}][SO_4^{2-}]$	s	s	$K_{sp} = s^2;\ s = (K_{sp})^{\frac{1}{2}}$
Ag_2CO_3	$[Ag^+]^2[CO_3^{2-}]$	$2s$	s	$K_{sp} = 4s^3;\ s = \left(\frac{K_{sp}}{4}\right)^{\frac{1}{3}}$
PbF_2	$[Pb^{2+}][F^-]^2$	s	$2s$	$K_{sp} = 4s^3;\ s = \left(\frac{K_{sp}}{4}\right)^{\frac{1}{3}}$
$Al(OH)_3$	$[Al^{3+}][OH^-]^3$	s	$3s$	$K_{sp} = 27s^4;\ s = \left(\frac{K_{sp}}{27}\right)^{\frac{1}{4}}$
$Ca_3(PO_4)_2$	$[Ca^{2+}]^3[PO_4^{3-}]^2$	$3s$	$2s$	$K_{sp} = 108s^5;\ s = \left(\frac{K_{sp}}{108}\right)^{\frac{1}{5}}$

들어 있는 옥살산에서 유래하는 옥살산 이온($C_2O_4^{2-}$)은 칼슘 이온과 반응하여 불용성 옥살산 칼슘이 형성되고, 이는 점차 신장 속에서 축적될 수 있다. 환자의 식단을 적당히 조절하면 침전 형성을 감소시킬 수 있다. 예제 16.10은 침전 반응을 예측하는 단계를 예시하였다.

예제 16.10

0.0040 M $BaCl_2$ 용액 정확히 200 mL를 0.0080 M K_2SO_4 용액 정확히 600 mL와 섞었을 때 침전이 형성될 것인지 말하시오.

전략 어떤 조건하에서 이온성 화합물이 용액으로부터 석출되겠는가? 용액 중에는 Ba^{2+}, Cl^-, K^+, SO_4^{2-} 이온이 존재한다. 표 4.2에 수록된 용해도 규칙에 의하면 침전이 형성될 수 있는 것은 $BaSO_4$뿐이다. 주어진 정보에 의해서 원래 용액 중에 존재하는 이온의 몰수와 전체 용액의 부피를 알기 때문에 $[Ba^{2+}]$와 $[SO_4^{2-}]$를 계산할 수 있다. 그 다음에 반응비 $Q(Q = [Ba^{2+}]_0[SO_4^{2-}]_0)$를 계산하고, Q 값과 $BaSO_4$의 K_{sp} 값을 비교하여 침전이 형성되는지 즉, 용액이 과포화되는지를 알아본다.

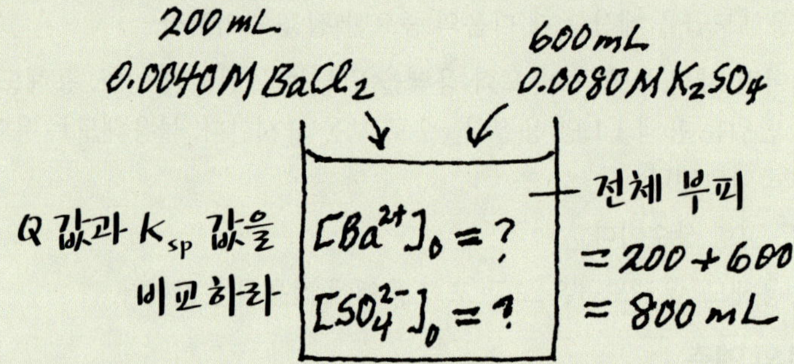

풀이 처음 용액 200 mL에 존재하는 Ba^{2+}의 몰수는

$$200\text{ mL} \times \frac{0.0040\text{ mol Ba}^{2+}}{1\text{ L 용액}} \times \frac{1\text{ L}}{1000\text{ mL}} = 8.0 \times 10^{-4}\text{ mol Ba}^{2+}$$

부피는 더하기가 성립하는 것으로 가정한다.

두 용액을 혼합한 후 전체 부피는 800 mL이다. 800 mL에서 Ba^{2+} 농도는 다음과 같다.

$$[Ba^{2+}] = \frac{8.0 \times 10^{-4}\text{ mol}}{800\text{ mL}} \times \frac{1000\text{ mL}}{1\text{ L 용액}} = 1.0 \times 10^{-3}\,M$$

처음 용액 600 mL에 존재하는 SO_4^{2-}의 몰수는 다음과 같다.

$$600\text{ mL} \times \frac{0.0080\text{ mol SO}_4^{2-}}{1\text{ L 용액}} \times \frac{1\text{ L}}{1000\text{ mL}} = 4.8 \times 10^{-3}\text{ mol SO}_4^{2-}$$

두 용액을 합한 800 mL 용액에서 SO_4^{2-}의 농도는 다음과 같다.

$$[SO_4^{2-}] = \frac{4.8 \times 10^{-3}\text{ mol}}{800\text{ mL}} \times \frac{1000\text{ mL}}{1\text{ L 용액}} = 6.0 \times 10^{-3}\,M$$

표 16.2로부터 Q와 K_{sp}를 비교해 보자.

$$BaSO_4(s) \rightleftharpoons Ba^{2+}(aq) + SO_4^{2-}(aq) \qquad K_{sp} = 1.1 \times 10^{-10}$$

이고, Q를 구하면 다음과 같다.

$$Q = [Ba^{2+}]_0[SO_4^{2-}]_0 = (1.0 \times 10^{-3})(6.0 \times 10^{-3}) = 6.0 \times 10^{-6}$$

따라서

(계속)

$$Q > K_{sp}$$

Q 값이 이온들의 농도가 지나치게 크다는 것을 나타내므로 이 용액은 과포화 용액이다. 따라서 다음에 도달할 때까지 어느 정도의 $BaSO_4$가 침전된다.

$$[Ba^{2+}][SO_4^{2-}] = 1.1 \times 10^{-10}$$

비슷한 문제: 16.61.

실전 연습 0.200 M NaOH 2.00 mL를 0.100 M $CaCl_2$ 용액 1.00 L에 가하면 침전이 형성되겠는가?

16.7 분별 침전에 의한 이온의 분리

화학 분석에서는 용액 안에 있는 다른 이온을 남겨둔 채 용액으로부터 한 종류의 이온을 침전으로 제거하는 것이 바람직할 때가 있다. 예를 들면, 포타슘 이온과 바륨 이온을 포함하는 용액에 황산 이온을 첨가하면 $BaSO_4$가 침전되므로 용액으로부터 대부분의 Ba^{2+}이 제거된다. 다른 생성물인 K_2SO_4는 가용성이므로 용액에 남아 있을 것이다. $BaSO_4$ 침전은 걸러서 용액으로부터 분리할 수 있다.

두 생성물이 모두 불용성이더라도 침전시키는 적절한 시약을 선택함으로써 어느 정도는 분리할 수 있다. Cl^-, Br^-, I^-을 포함하는 용액을 생각해 보자. 이들 이온을 분리하는 한 가지 방법은 이들을 불용성의 할로젠화 은으로 바꾸는 것이다. 옆에 있는 표에서 K_{sp} 값으로부터 알 수 있듯이 AgCl로부터 AgI 쪽으로 갈수록 할로젠화물의 용해도는 감소한다. 따라서 질산 은과 같은 가용성 화합물을 이 용액에 천천히 가하면 AgI가 처음에 침전하기 시작하고, 다음에 AgBr, 그 다음에 AgCl이 침전하기 시작한다.

화합물	K_{sp}
AgCl	1.6×10^{-10}
AgBr	7.7×10^{-13}
AgI	8.3×10^{-17}

예제 16.11은 두 이온(Cl^-과 Br^-)만의 분리를 설명하지만, 용해도가 다른 침전이 형성된다면 더 많은 다른 종류의 이온을 포함하는 용액에도 이 방법은 적용할 수 있다.

예제 16.11

Cl^- 이온 0.020 M과 Br^- 이온 0.020 M을 포함하는 용액이 있다. Cl^- 이온을 Br^- 이온과 분리하기 위해 고체 $AgNO_3$를 용액에 천천히 첨가한다(고체 $AgNO_3$를 첨가하면 용액의 부피 변화는 거의 없다). AgCl은 침전하지 않고 최대한 많은 AgBr을 침전시키는 데 필요한 Ag^+ 이온의 농도(mol/L단위)를 계산하시오.

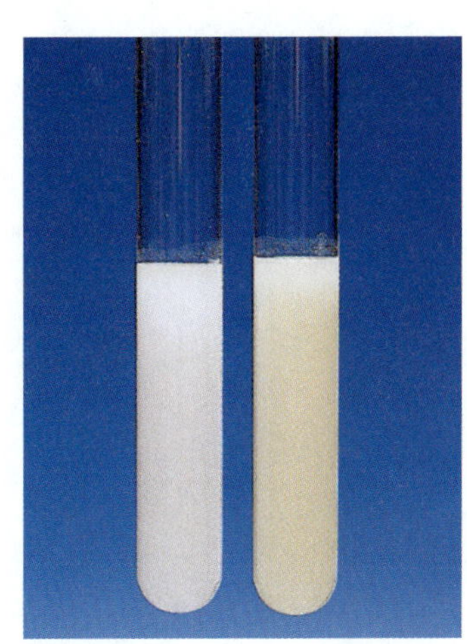

AgCl 침전(왼쪽)과 AgBr 침전(오른쪽)의 현탁액.

전략 용액에서 $AgNO_3$는 녹아 Ag^+와 NO_3^- 이온으로 된다. 그런 다음 Ag^+는 Cl^- 이온 및 Br^- 이온과 결합하여 AgCl 침전과 AgBr 침전을 형성한다. AgBr이 덜 녹으므로(K_{sp} 값이 AgCl보다 작다) 먼저 침전이 일어난다. 그러므로 이 문제는 분별 침전 문제이다. Cl^- 이온과 Br^- 이온의 농도를 알고 있으므로 K_{sp} 값으로부터 $[Ag^+]$를 계산할 수 있다. K_{sp} 값은 포화 용액에 대한 것임을 명심하라. 침전이 시작되기 위해서는 각 경우에 있어서 $[Ag^+]$가 포화 용액 중의 농도보다 커야 한다.

풀이 AgBr의 용해도 평형을 계산하면

$$AgBr(s) \rightleftharpoons Ag^+(aq) + Br^-(aq) \qquad K_{sp} = [Ag^+][Br^-]$$

$[Br^-] = 0.020\ M$이므로 Ag^+의 농도는 AgBr이 침전하기 시작하는 다음의 농도보다 커야 한다.

$$[Ag^+] = \frac{K_{sp}}{[Br^-]} = \frac{7.7 \times 10^{-13}}{0.020} = 3.9 \times 10^{-11}\ M$$

(계속)

따라서 AgBr이 침전되기 시작하려면 $[Ag^+] > 3.9 \times 10^{-11}$ M이어야 한다. AgCl의 용해도 평형은

$$AgCl(s) \rightleftharpoons Ag^+(aq) + Cl^-(aq) \qquad K_{sp} = [Ag^+][Cl^-]$$

그러므로

$$[Ag^+] = \frac{K_{sp}}{[Cl^-]} = \frac{1.6 \times 10^{-10}}{0.020} = 8.0 \times 10^{-9}\ M$$

따라서 AgCl이 침전되기 시작하려면 $[Ag^+] > 8.0 \times 10^{-9}$ M이어야 한다.

Cl^- 이온이 AgCl로 침전하지 않고 Br^- 이온이 AgBr로 침전되려면, $[Ag^+]$는 3.9×10^{-11} M보다는 커야 하고, 8.0×10^{-9} M보다는 작아야 한다.

비슷한 문제: 16.63, 16.64.

실전 연습 AgCl과 Ag_3PO_4의 용해도곱은 각각 1.6×10^{-10}과 1.8×10^{-18}이다. Cl^- 0.10 mol과 PO_4^{3-} 0.10 mol을 포함하는 용액 1.00 L에 부피의 변화 없이 Ag^+을 넣는다면, (a) AgCl 침전과 Ag_3PO_4 침전이 생기기 시작하는 데 필요한 Ag^+ 이온의 농도(mol/L단위)를 계산하시오.

예제 16.11에서 하나의 의문이 생긴다. AgCl이 침전하기 바로 직전 용액에 남아 있는 Br^- 이온의 농도는 얼마일까? 이 문제에 답하기 위하여 $[Ag^+] = 8.0 \times 10^{-9}$ M이라고 두면

$$[Br^-] = \frac{K_{sp}}{[Ag^+]} = \frac{7.7 \times 10^{-13}}{8.0 \times 10^{-9}} = 9.6 \times 10^{-5}\ M$$

Ag^+의 임계 농도에서 용액에 남아 있는 Br^-(*침전되지 않은* Br^-)의 백분율은 다음과 같다.

$$\%\ Br^- = \frac{[Br^-]_{\text{침전되지 않음}}}{[Br^-]_{\text{원래}}} \times 100\% = \frac{9.6 \times 10^{-5}\ M}{0.020\ M} \times 100\% = 0.48\%\ \text{침전되지 않음}$$

따라서 Br^-의 $(100 - 0.48)\% = 99.52\%$가 AgCl이 침전이 시작되기 바로 전에 AgBr로 침전할 것이다. 이 방법에 의하여 Br^- 이온을 Cl^- 이온으로부터 정량적으로 분리할 수 있다.

개념 복습하기

Br^-, CO_3^{2-}, SO_4^{2-} 이온을 각각 0.1 M씩 포함하는 용액에 $AgNO_3$를 천천히 가한다. 어느 화합물이 제일 먼저 침전하고 어느 화합물이 제일 나중에 침전할까? (각 화합물의 K_{sp} 값을 사용하여 포화 용액이 되는 데 필요한 $[Ag^+]$를 계산한다.)

16.8 공통 이온 효과 및 용해도

16.2절에서 산과 염기의 이온화에 대한 공통 이온 효과를 설명하였다. 여기에서는 공통 이온 효과와 용해도 사이의 관계를 검토해 보자.

이미 설명한 것처럼 용해도곱은 평형 상수이며, 용액으로부터 이온 결합 화합물이 침

전하는 것은 그 물질에 대한 이온곱이 K_{sp}보다 클 때이다. 예를 들면, AgCl의 포화 용액에서 이온곱 $[Ag^+][Cl^-]$은 물론 K_{sp}와 같다. 화학량론으로 간단히 표시하면 $[Ag^+] = [Cl^-]$이다. 그러나 이 양적 관계가 모든 경우에 성립하는 것은 아니다.

공통 이온을 가지는 두 물질 AgCl과 $AgNO_3$이 용해된 용액을 생각해 보자. AgCl의 해리 이외에 다음 과정도 용액 속에 있는 공통 이온인 Ag^+의 전체 농도에 기여한다.

$$AgNO_3(s) \xrightarrow{H_2O} Ag^+(aq) + NO_3^-(aq)$$

따라서 AgCl의 용해도 평형은 다음과 같다.

$$AgCl(s) \rightleftharpoons Ag^+(aq) + Cl^-(aq)$$

$AgNO_3$를 포화 AgCl 용액에 첨가하면 $[Ag^+]$가 증가하여 이온곱이 용해도곱보다 커지게 된다.

$$Q = [Ag^+]_0[Cl^-]_0 > K_{sp}$$

새로운 평형이 이루어지기 위해서는 르샤틀리에 원리에 따라서 이온곱이 다시 K_{sp}와 같아질 때까지 용액으로부터 AgCl이 일부 침전할 것이다. 따라서 공통 이온 첨가의 효과는 용액 중 염(AgCl)의 용해도 *감소*이다. 이 경우에 평형에서는 $[Ag^+]$가 더 이상 $[Cl^-]$와 같지 않고, $[Ag^+] > [Cl^-]$임에 주의하라.

예제 16.12는 용해도에 미치는 공통 이온의 효과를 나타낸 것이다.

어떤 주어진 온도에서 공통 이온 효과는 화합물의 용해도만을 변화시킬 수 있다(감소시킨다). 평형 상수인 용해도곱은 용액 중에 다른 물질이 있든지 없든지 간에 변하지 않고 일정하다.

예제 16.12

6.5×10^{-3} M 질산 은 용액에서 염화 은의 용해도(g/L)를 계산하시오.

전략 이것은 공통 이온 효과에 대한 문제이다. 여기서 공통 이온은 Ag^+이며, AgCl과 $AgNO_3$ 모두에 의해 공급된다. 공통 이온(Ag^+)의 존재는 AgCl의 용해도(g/L)에만 영향을 미치고, 평형 상수인 K_{sp}에는 영향을 주지 않는다는 것에 주의하면서 풀이 과정을 보라.

풀이 *단계 1:* 용액에 존재하는 화학종은 Ag^+ 이온(AgCl과 $AgNO_3$ 모두로부터)과 Cl^- 이온이다. NO_3^- 이온은 구경꾼 이온이다.

단계 2: $AgNO_3$는 가용성 강전해질이므로 완전히 해리된다.

$$\begin{array}{lccc} AgNO_3(s) \xrightarrow{H_2O} & Ag^+(aq) & + & NO_3^-(aq) \\ & 6.5 \times 10^{-3}\ M & & 6.5 \times 10^{-3}\ M \end{array}$$

$AgNO_3$ 용액에서 AgCl의 몰용해도를 s라 하면, 농도 변화는 다음과 같이 요약된다.

	$AgCl(s)$ $\rightleftharpoons$	$Ag^+(aq)$ +	$Cl^-(aq)$
초기(M):		6.5×10^{-3}	0.00
변화(M):	$-s$	$+s$	$+s$
평형(M):		$(6.5 \times 10^{-3} + s)$	s

단계 3:

$$K_{sp} = [Ag^+][Cl^-]$$
$$1.6 \times 10^{-10} = (6.5 \times 10^{-3} + s)(s)$$

AgCl은 상당히 불용성인데다가 $AgNO_3$로부터 생성된 Ag^+ 이온에 의해 AgCl의 용해도는 더 낮아지기 때문에, s는 6.5×10^{-3}에 비해 매우 작은 값이 된다. 따라서 근사법을 사용하면 $6.5 \times 10^{-3} + s \approx 6.5 \times 10^{-3}$이 되어 다음 식을 얻을 수 있다.

$$1.6 \times 10^{-10} = (6.5 \times 10^{-3})s$$
$$s = 2.5 \times 10^{-8}\ M$$

(계속)

단계 4: 평형에서

$$[Ag^+] = (6.5 \times 10^{-3} + 2.5 \times 10^{-8})\ M \approx 6.5 \times 10^{-3}\ M$$
$$[Cl^-] = 2.5 \times 10^{-8}\ M$$

이므로 단계 3에서 $(6.5 \times 10^{-3} + 2.5 \times 10^{-8})\ M \approx 6.5 \times 10^{-3}\ M$이라고 한 근사법은 타당하다. Cl^- 이온은 AgCl로부터 생성되므로 $AgNO_3$ 용액에 AgCl이 용해되는 양은 마찬가지로 $2.5 \times 10^{-8}\ M$이 된다. 한편 AgCl의 몰질량(143.4 g)을 알면, AgCl의 용해도를 다음과 같이 계산할 수 있다.

$$AgNO_3\text{ 용액 내에서 AgCl의 용해도} = \frac{2.5 \times 10^{-8}\text{ mol AgCl}}{1\text{ L 용액}} \times \frac{143.4\text{ g AgCl}}{1\text{ mol AgCl}}$$
$$= 3.6 \times 10^{-6}\text{ g/L}$$

검산 순수한 물에 대한 AgCl의 용해도는 1.9×10^{-3} g/L이다(예제 16.9의 연습 문제 참조). 따라서 $AgNO_3$ 존재하에서의 AgCl의 낮은 용해도(3.6×10^{-6} g/L)는 타당하다. 또한 르샤틀리에 원리를 이용하여 용해도가 낮아지는 것을 예측할 수 있다. Ag^+를 가하면 평형이 왼쪽으로 이동하여 AgCl 용해도가 감소한다.

비슷한 문제: 16.68.

실전 연습 다음 용액에 대한 AgBr의 용해도(g/L)를 계산하시오. (a) 순수한 물, (b) 0.0010 *M* NaBr.

개념 복습하기

다음 두 용액 중 $PbI_2(s)$가 더 잘 녹는 용액을 예측하시오. (a) $NaClO_3(aq)$ 또는 $NaI(aq)$, (b) $Pb(NO_3)_2(aq)$ 또는 $Ba(NO_3)_2(aq)$.

16.9 pH 및 용해도

많은 물질의 용해도는 용액의 pH에도 의존한다. 수산화 마그네슘의 용해도 평형을 생각해 보자.

$$Mg(OH)_2(s) \rightleftharpoons Mg^{2+}(aq) + 2OH^-(aq)$$

OH^- 이온을 첨가하면(pH가 증가), 평형은 오른쪽에서 왼쪽으로 이동하고 $Mg(OH)_2$의 용해도가 줄어든다(이것은 공통 이온 효과의 또 다른 예이다). 반면에 H^+를 첨가하면(pH 감소), 평형은 왼쪽에서 오른쪽으로 이동하며, $Mg(OH)_2$의 용해도가 커진다. 따라서 불용성 염기는 산성 용액에 녹는 경향이 있다. 마찬가지로 불용성 산은 염기성 용액에 녹는다.

$Mg(OH)_2$의 용해도에 미치는 pH의 정량적인 영향을 조사하기 위하여 포화 $Mg(OH)_2$ 용액의 pH를 먼저 계산해 보자.

$$K_{sp} = [Mg^{2+}][OH^-]^2 = 1.2 \times 10^{-11}$$

$Mg(OH)_2$의 몰용해도를 s라고 두고, 예제 16.9의 방법에 따라서 계산한다.

$$K_{sp} = (s)(2s)^2 = 4s^3$$
$$4s^3 = 1.2 \times 10^{-11}$$
$$s^3 = 3.0 \times 10^{-12}$$
$$s = 1.4 \times 10^{-4}\ M$$

따라서 평형에서는

$$[OH^-] = 2 \times 1.4 \times 10^{-4}\,M = 2.8 \times 10^{-4}\,M$$
$$pOH = -\log(2.8 \times 10^{-4}) = 3.55$$
$$pH = 14.00 - 3.55 = 10.45$$

매질의 pH가 10.45보다 낮다면 $Mg(OH)_2$의 용해도는 증가할 것이다. $K_w = [H^+][OH^-]$로부터 예측할 수 있는 것처럼 pH를 낮추면 $[H^+]$가 커지고 따라서 $[OH^-]$는 작아진다는 사실로부터 알 수 있다. 평형 조건을 유지시키기 위하여 $[Mg^{2+}]$는 커지고, $Mg(OH)_2$는 더 녹게 된다. 해리 과정과 여분의 H^+의 영향은 다음과 같이 요약할 수 있다.

마그네시아 유액은 $Mg(OH)_2$로 구성되어 있는데, 위산 과다 치료에 사용된다.

$$\begin{aligned} Mg(OH)_2(s) &\rightleftharpoons Mg^{2+}(aq) + 2OH^-(aq) \\ 2H^+(aq) + 2OH^-(aq) &\rightleftharpoons 2H_2O(l) \\ \hline \text{전체 반응:}\quad Mg(OH)_2(s) + 2H^+(aq) &\rightleftharpoons Mg^{2+}(aq) + 2H_2O(l) \end{aligned}$$

매질의 pH가 10.45보다도 높다면 $[OH^-]$가 커지고, $Mg(OH)_2$의 용해도는 공통 이온 (OH^-)의 효과 때문에 작아질 것이다.

pH는 염기성 음이온을 포함하는 염의 용해도에도 영향을 미친다. 예를 들면, BaF_2의 용해도 평형은 다음과 같다.

$$BaF_2(s) \rightleftharpoons Ba^{2+}(aq) + 2F^-(aq)$$

그리고

$$K_{sp} = [Ba^{2+}][F^-]^2$$

산성 매질에서는 높은 $[H^+]$가 다음의 평형을 왼쪽에서 오른쪽으로 이동시킬 것이다.

$$H^+(aq) + F^-(aq) \rightleftharpoons HF(aq)$$

HF는 약산이기 때문에 HF의 짝염기인 F^-는 H^+에 대하여 친화력을 가진다.

$[F^-]$가 감소함에 따라서 평형 조건을 유지하기 위하여 $[Ba^{2+}]$는 증가되어야 한다. 따라서 더 많은 BaF_2가 녹는다. 이러한 용해 과정과 BaF_2의 용해도에 미치는 pH의 영향을 요약하면 다음과 같다.

$$\begin{aligned} BaF_2(s) &\rightleftharpoons Ba^{2+}(aq) + 2F^-(aq) \\ 2H^+(aq) + 2F^-(aq) &\rightleftharpoons 2HF(aq) \\ \hline \text{전체 반응:}\quad BaF_2(s) + 2H^+(aq) &\rightleftharpoons Ba^{2+}(aq) + 2HF(aq) \end{aligned}$$

가수분해하지 않는 음이온을 포함하는 염의 용해도는 pH의 영향을 받지 않는다. 그러한 음이온의 예는 Cl^-, Br^-, I^-이다.

예제 16.13과 16.14는 용해도에 미치는 pH의 영향을 다룬다.

예제 16.13

다음 화합물 중 물에서보다 산성 용액에 더 잘 녹는 것은 어느 것인가? (a) CuS, (b) AgCl, (c) $PbSO_4$.

전략 각 경우에 염이 양이온과 음이온으로 해리되는 반응을 적는다. 양이온은 양전하를 띠기 때문에 H^+와 반응하지 않는다. 음이온은 약산의 짝염기일 경우에만 양성자 받개로 작용한다. 음이온을 제거해 주면 염의 용해도에 어떻게 영향을 미치는가?

풀이 (a) CuS의 용해도 평형은 다음과 같다.

$$CuS(s) \rightleftharpoons Cu^{2+}(aq) + S^{2-}(aq)$$

황화 이온은 약산 HS^-의 짝염기이다. 그러므로 S^{2-} 이온은 다음과 같이 H^+와 반응한다.

$$S^{2-}(aq) + H^+(aq) \longrightarrow HS^-(aq)$$

(계속)

이 반응에 의해 S^{2-} 이온이 용액으로부터 제거된다. 르샤틀리에 원리에 따라 제거되는 얼마간의 S^{2-} 이온을 대치하기 위해 평형이 오른쪽으로 이동하고, 따라서 CuS의 용해도가 증가한다.

(b) AgCl의 용해도 평형은 다음과 같다.

$$AgCl(s) \rightleftharpoons Ag^+(aq) + Cl^-(aq)$$

Cl^-이 강산(HCl)의 짝염기이므로 AgCl의 용해도는 산 용액의 영향을 받지 않는다.

(c) $PbSO_4$의 용해도 평형은 다음과 같다.

$$PbSO_4(s) \rightleftharpoons Pb^{2+}(aq) + SO_4^{2-}(aq)$$

황산 이온은 약산 HSO_4^-의 짝염기이므로 약염기이다. 그러므로 SO_4^{2-} 이온은 다음과 같이 H^+와 반응한다.

$$SO_4^{2-}(aq) + H^+(aq) \longrightarrow HSO_4^-(aq)$$

이 반응에 의해서 SO_4^{2-} 이온이 용액으로부터 제거된다. 르샤틀리에 원리에 따라 제거되는 얼마간의 SO_4^{2-} 이온을 대치하기 위해 평형이 오른쪽으로 이동하고, 따라서 $PbSO_4$의 용해도는 증가한다.

비슷한 문제: 16.72.

실전 연습 다음 화합물들의 용해도는 산성 용액에서 증가할 것인가? (a) $Ca(OH)_2$, (b) $Mg_3(PO_4)_2$, (c) $PbBr_2$.

예제 16.14

0.0030 *M* $FeCl_2$ 용액으로부터 수산화 철(II)를 침전시키는 데 필요한 수용성 암모니아의 농도를 계산하시오.

전략 수산화 철(II)가 용액으로부터 침전되기 위해서는 곱 $[Fe^{2+}][OH^-]^2$이 K_{sp}보다 커야 한다. 먼저, 알고 있는 $[Fe^{2+}]$와 표 16.2에 수록된 K_{sp} 값으로부터 $[OH^-]$를 계산한다. 이것은 $Fe(OH)_2$ 포화 용액의 OH^- 농도이다. 그 다음 이와 같은 OH^- 이온의 농도를 제공하는 NH_3의 농도를 계산한다. 마지막으로, NH_3의 농도가 계산된 값보다 크다면 용액이 과포화 상태로 되기 때문에 $Fe(OH)_2$의 침전을 유발할 것이다

풀이 암모니아는 물과 반응하여 OH^- 이온을 만들며, 이는 Fe^{2+}과 반응하여 $Fe(OH)_2$를 형성한다. 문제의 평형은 다음과 같다.

$$NH_3(aq) + H_2O(l) \rightleftharpoons NH_4^+(aq) + OH^-(aq)$$
$$Fe^{2+}(aq) + 2OH^-(aq) \rightleftharpoons Fe(OH)_2(s)$$

먼저, $FeCl_2$가 침전하기 시작하는 OH^- 농도를 찾는다. $Fe(OH)_2$의 K_{sp}는 다음과 같다.

$$K_{sp} = [Fe^{2+}][OH^-]^2 = 1.6 \times 10^{-14}$$

$FeCl_2$는 강전해질이므로 $[Fe^{2+}] = 0.0030\ M$이고,

$$[OH^-]^2 = \frac{1.6 \times 10^{-14}}{0.0030} = 5.3 \times 10^{-12}$$
$$[OH^-] = 2.3 \times 10^{-6}\ M$$

NH_3의 초기 농도를 mol/L 단위로 x라 하자. 그 다음, $2.3 \times 10^{-6}\ M$ OH^- 이온을 낼 수 있는 NH_3의 농도를 계산한다. NH_3의 이온화로부터 생기는 농도 변화를 요약하면 다음과 같다.

	$NH_3(aq)$	$+\ H_2O(l) \rightleftharpoons$	$NH_4^+(aq)$	$+$	$OH^-(aq)$
초기(*M*):	x		0.00		0.00
변화(*M*):	-2.3×10^{-6}		$+2.3 \times 10^{-6}$		$+2.3 \times 10^{-6}$
평형(*M*):	$(x - 2.3 \times 10^{-6})$		2.3×10^{-6}		2.3×10^{-6}

(계속)

평형 농도를 K_b 식(표 15.4 참조)에 대입하면

$$K_b = \frac{[NH_4^+][OH^-]}{[NH_3]}$$

$$1.8 \times 10^{-5} = \frac{(2.3 \times 10^{-6})(2.3 \times 10^{-6})}{(x - 2.3 \times 10^{-6})}$$

x에 대하여 풀면, 다음과 같다.

$$x = 2.6 \times 10^{-6}\ M$$

따라서 $Fe(OH)_2$가 침전하기 시작하려면 NH_3의 농도는 $2.6 \times 10^{-6}\ M$보다 약간 더 커야 한다.

비슷한 문제: 16.76.

실전 연습 0.60 *M* NH_3 2.0 mL를 1.0×10^{-3} *M* $ZnSO_4$ 1.0 L에 가할 때, 침전이 생길지 여부를 계산하시오.

16.10 착이온 평형 및 용해도

금속 양이온이 루이스 염기와 결합하는 루이스 산-염기 반응은 착이온을 형성한다. **착이온**(complex ion)이란 *중심 금속 양이온에 하나 이상의 분자나 이온이 결합하여 형성된 이온*이라고 정의할 수 있다. 착이온은 화학적 및 생물학적으로 중요한 역할을 한다. 여기서는 착이온 형성이 용해도에 미치는 영향을 설명한다. 23장에서 착이온의 화학을 좀 더 상세히 설명할 것이다.

루이스 산과 염기는 15.12절에서 논의하였다.

전이 금속은 완전히 채워지지 않은 *d* 부껍질을 가지고 있으므로 착이온을 형성하려는 특별한 경향성을 가지고 있다. 따라서 전이 금속은 전자 주개 즉, 루이스 염기로 작용하는 많은 분자나 이온과 반응할 때 루이스 산으로 작용하게 된다. 예를 들면, 염화 코발트(II) 수용액은 $Co(H_2O)_6^{2+}$ 이온이 존재하기 때문에 분홍빛을 띤다(그림 16.10). HCl을 첨가하였을 때, 용액은 착이온 $CoCl_4^{2-}$을 형성하기 때문에 푸른색으로 변한다.

정의에 의하면 $Co(H_2O)_6^{2+}$ 자체가 착이온이다. $Co(H_2O)_6^{2+}$로 쓸 때는 수화된 Co^{2+} 이온을 의미한다.

$$Co^{2+}(aq) + 4Cl^-(aq) \rightleftharpoons CoCl_4^{2-}(aq)$$

황산 구리(II)($CuSO_4$)는 물에 녹아 푸른 용액이 된다. 수화된 구리(II) 이온 때문에 이 색이 나타난다. 많은 다른 황산염(예를 들면, Na_2SO_4)은 무색이다. $CuSO_4$ 용액에 진한 암모니아 용액 *몇 방울*을 첨가하면 밝은 푸른색 침전인 수산화 구리(II)가 형성된다.

$$Cu^{2+}(aq) + 2OH^-(aq) \longrightarrow Cu(OH)_2(s)$$

OH^- 이온은 암모니아 용액에 의하여 공급된다. 더 많은 양의 NH_3를 첨가하면 푸른 침전은 다시 용해되어서 아름다운 짙푸른 용액으로 바뀌며, 이때는 착이온 $Cu(NH_3)_4^{2+}$을 형성하기 때문이다(그림 16.11).

그림 16.10 *(왼쪽)* 염화 코발트(II) 수용액. 분홍색 $Co(H_2O)_6^{2+}$ 이온이 존재하기 때문이다. *(오른쪽)* HCl을 넣은 후 $CoCl_4^{2-}$ 착이온이 생성되어 푸른색으로 변한다.

그림 16.11 *(왼쪽)* 황산 구리(II) 수용액. *(가운데)* 진한 암모니아 수용액을 몇 방울 가하면 밝은 푸른색의 $Cu(OH)_2$ 침전이 생성된다. *(오른쪽)* 진한 암모니아 수용액을 더 가하면 $Cu(OH)_2$ 침전이 녹아서 짙은 푸른색 착이온 $Cu(NH_3)_4^{2+}$이 형성된다.

$$Cu(OH)_2(s) + 4NH_3(aq) \rightleftharpoons Cu(NH_3)_4^{2+}(aq) + 2OH^-(aq)$$

그러므로 착이온 $Cu(NH_3)_4^{2+}$이 형성되면 $Cu(OH)_2$의 용해도는 커진다.

금속 이온의 특정 착이온을 형성하는 경향의 척도는 *착이온 형성에 대한 평형 상수*인 **형성 상수**(formation constant) $\boldsymbol{K_f}$(*안정도 상수*, stability constant라고도 부름)로 나타낸다. K_f가 클수록 착이온은 더 안정하다. 표 16.4에는 몇 가지 착이온의 형성 상수를 나타내었다. $Cu(NH_3)_4^{2+}$ 이온의 형성은 다음과 같이 나타낼 수 있다.

$$Cu^{2+}(aq) + 4NH_3(aq) \rightleftharpoons Cu(NH_3)_4^{2+}(aq)$$

형성 상수는 다음과 같다

$$K_f = \frac{[Cu(NH_3)_4^{2+}]}{[Cu^{2+}][NH_3]^4} = 5.0 \times 10^{13}$$

이 경우 K_f가 큰 것은 착이온이 용액에서 꽤 안정하다는 것과 평형에서 구리(II) 이온의 농도가 매우 낮다는 것을 나타낸다.

예제 16.15

$CuSO_4$ 0.20 mol을 1.20 *M* NH_3 용액 1 L에 가하였다. 평형에서 Cu^{2+} 이온의 농도는 얼마인가?

전략 NH_3 용액에 $CuSO_4$를 가하면 착이온이 형성된다.

(계속)

표 16.4 25°C에서 몇 가지 착이온들의 형성 상수

착이온	평형식	형성 상수(K_f)
$Ag(NH_3)_2^+$	$Ag^+ + 2NH_3 \rightleftharpoons Ag(NH_3)_2^+$	1.5×10^7
$Ag(CN)_2^-$	$Ag^+ + 2CN^- \rightleftharpoons Ag(CN)_2^-$	1.0×10^{21}
$Cu(CN)_4^{2-}$	$Cu^{2+} + 4CN^- \rightleftharpoons Cu(CN)_4^{2-}$	1.0×10^{25}
$Cu(NH_3)_4^{2+}$	$Cu^{2+} + 4NH_3 \rightleftharpoons Cu(NH_3)_4^{2+}$	5.0×10^{13}
$Cd(CN)_4^{2-}$	$Cd^{2+} + 4CN^- \rightleftharpoons Cd(CN)_4^{2-}$	7.1×10^{16}
CdI_4^{2-}	$Cd^{2+} + 4I^- \rightleftharpoons CdI_4^{2-}$	2.0×10^6
$HgCl_4^{2-}$	$Hg^{2+} + 4Cl^- \rightleftharpoons HgCl_4^{2-}$	1.7×10^{16}
HgI_4^{2-}	$Hg^{2+} + 4I^- \rightleftharpoons HgI_4^{2-}$	2.0×10^{30}
$Hg(CN)_4^{2-}$	$Hg^{2+} + 4CN^- \rightleftharpoons Hg(CN)_4^{2-}$	2.5×10^{41}
$Co(NH_3)_6^{3+}$	$Co^{3+} + 6NH_3 \rightleftharpoons Co(NH_3)_6^{3+}$	5.0×10^{31}
$Zn(NH_3)_4^{2+}$	$Zn^{2+} + 4NH_3 \rightleftharpoons Zn(NH_3)_4^{2+}$	2.9×10^9

$$Cu^{2+}(aq) + 4NH_3(aq) \rightleftharpoons Cu(NH_3)_4^{2+}(aq)$$

표 16.4로부터 이 반응의 형성 상수(K_f)가 매우 크다는 것을 알 수 있다. 따라서 반응은 대부분 오른쪽으로 기울어져 있다. 평형에서 Cu^{2+}의 농도는 매우 작을 것이다. 근사적으로 녹아 있는 모든 Cu^{2+} 이온이 $Cu(NH_3)_4^{2+}$ 이온을 형성한다고 가정할 수 있다. Cu^{2+} 0.20 mol과 반응하는 NH_3의 몰수는 얼마일까? 몇 mol의 $Cu(NH_3)_4^{2+}$가 생성될까? 평형 상태에서 아주 소량의 Cu^{2+}만 존재할 것이다. $[Cu^{2+}]$를 풀기 위해 위의 평형을 K_f로 나타내는 식을 세워보자.

풀이 착이온의 형성에 소비되는 NH_3의 양은 $4 \times 0.20 = 0.80$ mol이다. (Cu^{2+} 0.20 mol은 처음 용액 속에 존재하였고, Cu^{2+} 이온 하나와 착물을 형성하는 데 NH_3 분자 4개가 필요하다는 것에 주의하라.) 따라서 평형에서 NH_3의 농도는 $(1.20 - 0.80)$ mol/L 용액 $= 0.40\ M$이며, $Cu(NH_3)_4^{2+}$의 농도는 Cu^{2+}의 처음 농도와 같은 값인 0.20 mol/L 용액 $= 0.20\ M$이다[Cu^{2+}와 $Cu(NH_3)_4^{2+}$의 몰비는 1:1이다]. $Cu(NH_3)_4^{2+}$은 아주 조금만 해리하므로 평형에서 Cu^{2+} 이온의 농도를 x라고 두면, 다음과 같이 쓸 수 있다.

$$K_f = \frac{[Cu(NH_3)_4^{2+}]}{[Cu^{2+}][NH_3]^4}$$

$$5.0 \times 10^{13} = \frac{0.20}{x(0.40)^4}$$

x에 대하여 풀고, 용액의 부피가 1 L라는 것을 고려하면 다음과 같이 된다.

$$x = [Cu^{2+}] = 1.6 \times 10^{-13}\ M$$

검산 평형에서 $[Cu^{2+}]$ 값이 $0.20\ M$에 비하여 작은 것은 앞의 근사법을 확실하게 정당화시켜 준다.

비슷한 문제: 16.79.

실전 연습 $CuSO_4$ 2.50 g을 $0.30\ M$ NH_3 9.0×10^2 mL에 녹이면, 평형에서 Cu^{2+}, $Cu(NH_3)_4^{2+}$, NH_3의 농도는 얼마인가?

착이온 형성의 효과는 일반적으로 다음 예제 16.16에 나타낸 것처럼 물질의 용해도를 증가시키는 것이다.

예제 16.16

$1.0\ M$ NH_3 용액에 대한 AgCl의 몰용해도를 계산하시오.

전략 AgCl은 물에 소량만 녹는다.

$$AgCl(s) \rightleftharpoons Ag^+(aq) + Cl^-(aq)$$

Ag^+는 NH_3와 착이온을 형성한다(표 16.4 참조).

$$Ag^+(aq) + 2NH_3(aq) \rightleftharpoons Ag(NH_3)_2^+$$

이들 두 평형을 결합하면 전체적인 평형이 된다.

풀이 *단계 1:* 처음 용액 중에 있는 화학종은 Ag^+, Cl^- 이온과 NH_3이다. Ag^+과 NH_3가 반응하여 착이온 $Ag(NH_3)_2^+$을 생성한다.

단계 2: 평형 반응은 다음과 같다.

$$AgCl(s) \rightleftharpoons Ag^+(aq) + Cl^-(aq)$$
$$K_{sp} = [Ag^+][Cl^-] = 1.6 \times 10^{-10}$$

(계속)

$$Ag^+(aq) + 2NH_3(aq) \rightleftharpoons Ag(NH_3)_2^+(aq)$$

$$K_f = \frac{[Ag(NH_3)_2^+]}{[Ag^+][NH_3]^2} = 1.5 \times 10^7$$

전체 식: $AgCl(s) + 2NH_3(aq) \rightleftharpoons Ag(NH_3)_2^+(aq) + Cl^-(aq)$

전체 반응에 대한 평형 상수 K는 각 반응의 평형 상수의 곱이다(14.2절 참조).

$$K = K_{sp}K_f = \frac{[Ag(NH_3)_2^+][Cl^-]}{[NH_3]^2}$$
$$= (1.6 \times 10^{-10})(1.5 \times 10^7)$$
$$= 2.4 \times 10^{-3}$$

AgCl의 몰용해도(mol/L)를 s라고 하자. 착이온 형성으로부터 기인하는 농도 변화는 다음과 같이 요약할 수 있다.

	$AgCl(s)$ +	$2NH_3(aq)$ ⇌	$Ag(NH_3)_2^+(aq)$ +	$Cl^-(aq)$
초기(M):		1.0	0.0	0.0
변화(M):	$-s$	$-2s$	$+s$	$+s$
평형(M):		$(1.0 - 2s)$	s	s

$Ag(NH_3)_2^+$의 형성 상수는 매우 크므로 대부분의 Ag^+ 이온은 착이온 형태로 존재한다. 암모니아가 없을 때에는 평형에서 $[Ag^+] = [Cl^-]$이다. 그러나 착이온 형성의 결과로 $[Ag(NH_3)_2^+] = [Cl^-]$라고 쓸 수 있다.

단계 3:

$$K = \frac{(s)(s)}{(1.0 - 2s)^2}$$

$$2.4 \times 10^{-3} = \frac{s^2}{(1.0 - 2s)^2}$$

양변에 제곱근을 취하면 다음과 같다.

$$0.049 = \frac{s}{1.0 - 2s}$$

$$s = 0.045\ M$$

단계 4: 평형에서 AgCl 0.045 mol이 1.0 M NH_3 용액 1 L에 녹는다.

검산 순수한 물에 녹는 AgCl의 몰용해도는 1.3×10^{-5} M이다. 따라서 착이온 $Ag(NH_3)_2^+$이 형성되면 AgCl의 용해도가 커진다(그림 16.12).

비슷한 문제: 16.82.

실전 연습 1.0 M NH_3 용액에 대한 AgBr의 몰용해도를 계산하시오.

개념 복습하기

다음에 나타낸 화합물 중 물에 첨가하였을 때 CdS의 용해도를 증가시키는 것은 어느 것인가? (a) $LiNO_3$, (b) Na_2SO_4, (c) KCN, (d) $NaClO_3$.

모든 양쪽성 수산화물은 불용성 화합물이다.

마지막으로 산과 염기 모두와 반응할 수 있는 *양쪽성 수산화물*(amphoteric hydroxide)이라는 한 부류의 수산화물이 있음을 주목하라. 예로, $Al(OH)_3$, $Pb(OH)_2$, $Cr(OH)_3$, $Zn(OH)_2$, $Cd(OH)_2$이 있다. 따라서 $Al(OH)_3$는 다음과 같이 산 및 염기와 반응한다.

$$Al(OH)_3(s) + 3H^+(aq) \longrightarrow Al^{3+}(aq) + 3H_2O(l)$$
$$Al(OH)_3(s) + OH^-(aq) \rightleftharpoons Al(OH)_4^-(aq)$$

염기성 매질에서 $Al(OH)_3$의 용해도가 커지는 것은 $Al(OH)_3$가 루이스 산으로 작용하고,

생활 속의 화학 CHEMISTRY in Action

달걀 껍질은 어떻게 형성되는가?

달걀의 껍질 형성은 자연적인 침전 과정의 매혹적인 보기이다. 달걀 껍질의 평균 무게는 약 5 g이며, 40%가 칼슘이다. 달걀 껍질 속 칼슘의 대부분은 16시간 주기로 만들어진다. 이것은 칼슘이 시간 당 약 125 mg의 속도로 만들어진다는 뜻이다. 어떤 암탉도 이 요구를 충족시킬 만큼 충분히 빠르게 칼슘을 먹을 수는 없다. 대신 칼슘은 닭의 장골(long bone) 속의 특수한 뼈 덩어리에 의하여 공급되며, 여기에는 달걀 껍질 형성을 위하여 많은 예비량의 칼슘이 축적되어 있다[뼈의 무기 칼슘 성분은 불용성 화합물인 인산 칼슘 $Ca_3(PO_4)_2$이다]. 닭이 저칼슘 모이를 먹으면, 그 달걀 껍질은 점차적으로 얇아지게 된다. 닭은 단 한 개의 알을 낳는 데 뼈 속 전체 칼슘량의 10%를 옮겨와야 한다! 칼슘이 낮은 모이가 계속 공급되면, 계란을 낳는 것도 마침내 중지된다.

달걀 껍질은 탄산 칼슘($CaCO_3$)의 결정성 형태인 방해석으로 주로 이루어져 있다. 보통 원료 물질인 Ca^{2+}와 CO_3^{2-}는 혈액에 의하여 껍질 샘(shell gland)으로 운반된다. 석회화 과정은 다음과 같은 침전 반응이다.

$$Ca^{2+}(aq) + CO_3^{2-}(aq) \rightleftharpoons CaCO_3(s)$$

혈액에서 자유(free) Ca^{2+} 이온은 단백질에 결합된 칼슘 이온과 평형에 있다. 자유 이온이 껍질 선에 의하여 잡힘에 따라 단백질에 결합된 칼슘이 해리되어 공급된다.

달걀 껍질 형성에 필요한 탄산 이온은 물질대사의 부산물이다. 물질대사 중 생성된 이산화 탄소는 다음과 같이 탄산 탈수효소[carbonic anhydrase (CA)]에 의하여 탄산(H_2CO_3)으로 바뀐다.

$$CO_2(g) + H_2O(l) \overset{CA}{\rightleftharpoons} H_2CO_3(aq)$$

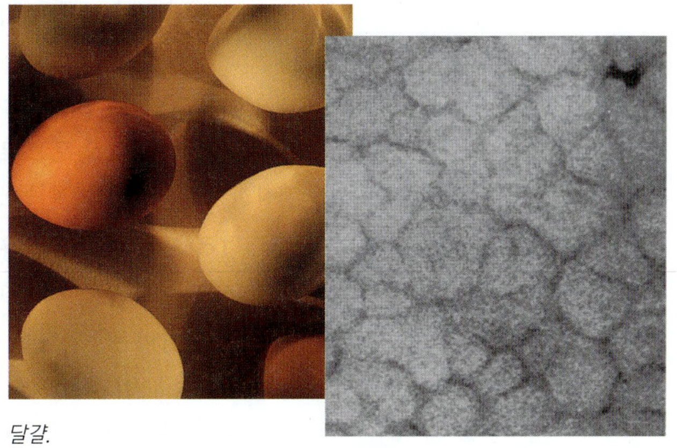

달걀.

탄산 칼슘의 기둥을 보이는 달걀 껍질의 X선 사진.

탄산은 단계적으로 이온화하여 탄산 이온이 만들어진다.

$$H_2CO_3(aq) \rightleftharpoons H^+(aq) + HCO_3^-(aq)$$
$$HCO_3^-(aq) \rightleftharpoons H^+(aq) + CO_3^{2-}(aq)$$

닭은 땀을 흘리지 않으므로 몸을 식히려면 헐떡거려야 한다. 헐떡거리면 정상적인 호흡에서보다도 많은 CO_2가 닭의 몸으로부터 방출된다. 헐떡거리면 르샤틀리에 원리에 따라 위에 나타낸 CO_2–H_2CO_3 평형이 오른쪽에서 왼쪽으로 이동하며, 따라서 용액 중 CO_3^{2-} 이온의 농도가 낮아져 얇은 계란 껍질이 생긴다. 이 문제에 대한 한 치료법은 더운 날씨에 탄산수를 닭에게 주는 것이다. 물에 녹아 있는 CO_2가 닭의 체액에 CO_2를 공급하여 CO_2–H_2CO_3 평형을 오른쪽으로 이동시켜 준다.

OH^-가 루이스 염기로 작용하여 착이온 $Al(OH)_4^-$를 형성하기 때문이다. 다른 양쪽성 수산화물도 마찬가지 방법으로 작용한다.

그림 16.12 왼쪽에서 오른쪽으로: $AgNO_3$ 용액을 NaCl 용액에 첨가하면 AgCl 침전이 생성된다. NH_3 용액을 가함에 따라 AgCl 침전은 Ag^+ 이온으로 용해되어 $Ag(NH_3)_2^+$ 이온으로 바뀐다.

16.11 정성 분석에서 용해도곱 원리의 응용

미지 시료 중 이온의 양을 측정하는 무게 분석법의 원리를 4.6절에서 설명하였다. 여기에서는 *용액 중에 존재하는 이온의 종류를 결정*하는 **정성 분석**(qualitative analysis)을 간단히 설명하기로 한다. 양이온에 주로 초점을 맞추어 설명한다.

표 16.5의 족은 용해도곱을 기준으로 배열한 것으로, 원소의 전자 배치에 따른 주기율표의 족과 혼동하지 말아야 한다.

수용액 중에서 쉽게 분석할 수 있는 양이온은 약 20개가 있다. 이들 양이온을 불용성 염의 용해도곱에 따라 5개의 족으로 나눌 수 있다(표 16.5). 미지 용액은 1~20개의 양이온을 포함할 수 있으므로, 1족부터 5족까지 계통적으로 분석하여야 한다. 미지의 용액에 침전제를 첨가하여 이들 20개의 이온을 분리하는 일반적인 과정을 생각하여 보자.

- **1족 양이온.** 미지 용액에 묽은 HCl을 첨가하면, Ag^+, Hg_2^{2+}, Pb^{2+} 이온만이 불용성 염화물로 침전된다. 다른 이온은 그 염화물이 가용성이어서 용액에 남는다.
- **2족 양이온.** 염화물 침전을 여과하여 제거한 후 산성의 미지 용액과 황화 수소를 반응시킨다. 이 조건에서 용액 중 S^{2-} 이온의 농도는 거의 무시할 수 있다. 따라서 금속 황화물의 침전은 다음과 같이 나타낼 수 있다.

$$M^{2+}(aq) + H_2S(aq) \rightleftharpoons MS(s) + 2H^+(aq)$$

  용액에 산을 첨가하면 이 평형은 왼쪽으로 이동하므로 용해도가 제일 작은(즉, K_{sp} 값이 작은) 금속 황화물만이 용액으로부터 침전된다. 이들 황화물은 Bi_2S_3, CdS, CuS, HgS, SnS이다(표 16.5).
- **3족 양이온.** 이 단계에서 용액이 염기성이 될 때까지 수산화 소듐을 첨가한다. 염기성 용액에서 위의 평형은 오른쪽으로 이동한다. 따라서 이제는 더 가용성인 황화물(CoS,

표 16.5 여러 가지 시약과의 침전 반응에 따라 양이온을 족으로 분류

족	양이온	침전 시약	불용성 화합물	K_{sp}
1	Ag^+	HCl	AgCl	1.6×10^{-10}
	Hg_2^{2+}	↓	Hg_2Cl_2	3.5×10^{-18}
	Pb^{2+}		$PbCl_2$	2.4×10^{-4}
2	Bi^{3+}	H_2S	Bi_2S_3	1.6×10^{-72}
	Cd^{2+}	산성 용액에서		$\times 10^{-28}$
	Cu^{2+}	↓		$\times 10^{-37}$
	Hg^{2+}		HgS	4.0×10^{-54}
	Sn^{2+}		SnS	1.0×10^{-26}
3	Al^{3+}	H_2S	$Al(OH)_3$	1.8×10^{-33}
	Co^{2+}	염기성 용액에서		$\times 10^{-21}$
	Cr^{3+}	↓	3	3.0×10^{-29}
	Fe^{2+}		FeS	6.0×10^{-19}
	Mn^{2+}		MnS	3.0×10^{-14}
	Ni^{2+}		NiS	1.4×10^{-24}
	Zn^{2+}		ZnS	3.0×10^{-23}
4	Ba^{2+}	Na_2CO_3	$BaCO_3$	8.1×10^{-9}
	Ca^{2+}	↓	$CaCO_3$	8.7×10^{-9}
	Sr^{2+}		$SrCO_3$	1.6×10^{-9}
5	K^+	침전 시약 없음	없음	
	Na^+		없음	
	NH_4^+		없음	

FeS, MnS, NiS, ZnS)이 용액으로부터 침전할 것이다. Al^{3+}과 Cr^{3+} 이온은 실제로는 황화물이 아니라 수산화물[$Al(OH)_3$와 $Cr(OH)_3$]로 침전하는 것에 유의하라. 이는 수산화물의 용해성이 작기 때문이다. 그 다음, 용액을 여과하여 불용성 황화물과 수산화물을 제거한다.

- **4족 양이온.** 모든 1, 2, 3족 양이온을 용액으로부터 제거한 후, 염기성 용액에 탄산 소듐을 첨가하여 Ba^{2+}, Ca^{2+}, Sr^{2+} 이온을 $BaCO_3$, $CaCO_3$, $SrCO_3$로 침전시킨다. 이들 침전도 여과하여 용액으로부터 제거한다.
- **5족 양이온.** 이 단계에서 용액에 남아 있을 수 있는 양이온은 Na^+, K^+, NH_4^+뿐이다. NH_4^+의 존재는 수산화 소듐을 첨가하면 확인할 수 있다.

$$NaOH(aq) + NH_4^+(aq) \longrightarrow Na^+(aq) + H_2O(l) + NH_3(g)$$

암모니아 기체는 특징적인 냄새나 용액 위에(접촉시키지 않고) 둔 젖은 붉은 리트머스 시험지 조각이 푸르게 변하는 것을 보고 알 수 있다. Na^+과 K^+ 이온의 존재를 확인하기 위해서는 다음과 같은 불꽃 시험법을 쓴다. 백금선 조각(백금이 비활성이므로 선택됨)에 용액을 적시고, 다음에 분젠 버너(Bunsen burner) 불꽃으로 가열한다. 이때 각 금속 이온은 특징적인 색을 나타낸다. 예를 들면, Na^+가 방출하는 색은 노란색이고, K^+는 보라색, Cu^{2+}는 초록색이다(그림 16.13).

3족의 분석에 NaOH를 가하고, 4족의 분석에 Na_2CO_3를 가하기 때문에 Na^+ 이온의 불꽃 실험은 원래 용액으로 시험한다.

그림 16.14는 금속 이온을 분리하는 개요를 요약한 것이다.

정성 분석에 있어서 두 가지 점을 꼭 언급하고자 한다. 첫째, 양이온을 족으로 분리하는 것은 가능한 한 선택적이어야 한다. 즉, 시약으로 첨가하는 음이온은 가장 적은 종류의 양이온을 침전시키는 것이어야 한다. 예를 들면, 1족의 모든 양이온은 불용성 황화물을 형성한다. 따라서 처음부터 용액에 H_2S를 첨가하면, 최대 7개의 다른 황화물이 용액으로 침전하므로(1족과 2족의 황화물) 바람직하지 않은 결과가 나올 것이다. 둘째, 각 단계에서 양이온을 분리하기 위하여 미지 용액에 충분한 양의 HCl을 첨가하지 않는다면, 불용성 황화물로서 2족 양이온과 함께 침전되어 다음의 화학 분석을 방해할 것이며, 잘못된 결론에 도달하게 될 것이다.

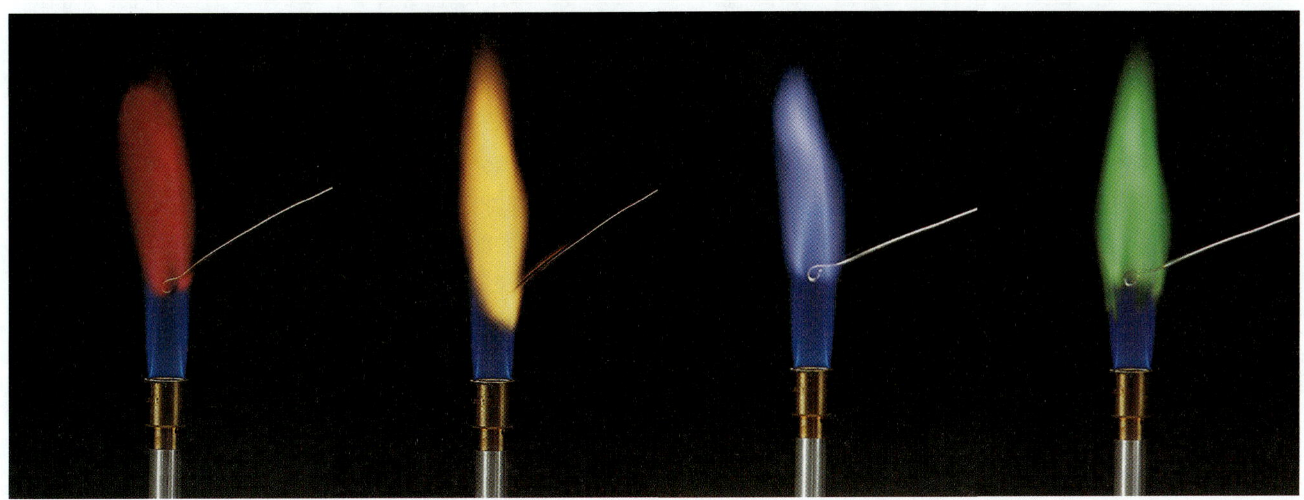

그림 16.13 *(왼쪽에서 오른쪽)* 리튬, 소듐, 포타슘, 구리의 불꽃 색깔.

그림 16.14 정성 분석에서 양이온을 분리하는 계통도.

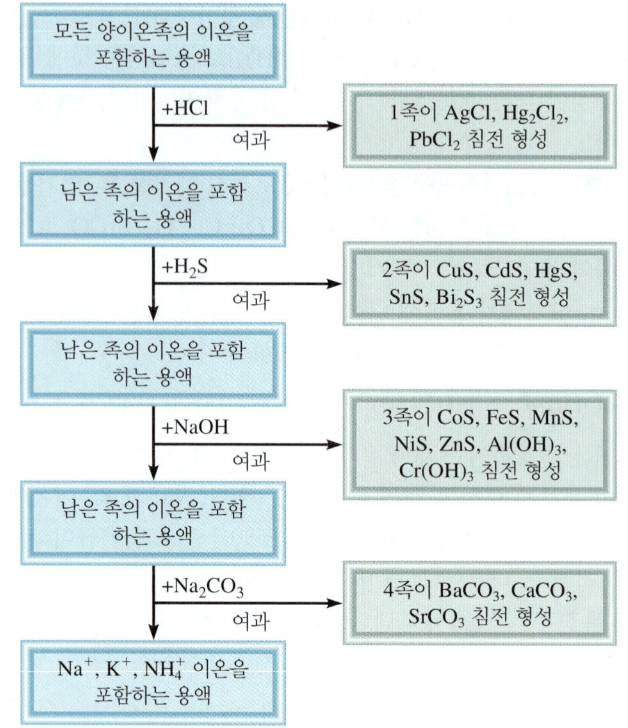

주요 식 정리하기 Key Equations

$pK_a = -\log K_a$ (16.3) — pK_a의 정의.

$pH = pK_a + \log \frac{[\text{짝염기}]}{[\text{산}]}$ (16.4) — 헨더슨-하셀발흐 식.

사실과 개념 요약하기 Summary of Facts & Concepts

1. 공통 이온 효과는 약산과 약염기의 이온화를 억제하는 경향이 있다. 이 현상은 르샤틀리에 원리로 설명할 수 있다.
2. 완충 용액은 약산과 그 산의 약한 짝염기(염으로부터 공급됨) 또는 약염기와 그의 약한 짝산(염으로부터 공급됨)의 혼합물이다. 완충 용액에 소량의 산이나 염기를 첨가해도 pH의 변화가 거의 없다. 완충계는 체액의 pH를 유지하는 데 중요한 역할을 한다.
3. 산-염기 적정에서 당량점의 pH는 중화 반응에서 생성된 염의 가수분해 결과에 의존한다. 강산과 강염기의 적정에서 당량점의 pH는 7이며, 약산과 강염기의 적정에 대한 당량점에서의 pH는 7보다 크고, 강산과 약염기의 적정에 있어서 당량점에서의 pH는 7보다 작다.
4. 산-염기 지시약은 약한 유기산 또는 염기이며, 산-염기 중화 반응에 있어서 당량점 근처에서 색이 변한다.
5. 용해도곱 K_{sp}는 용액에서 고체와 그 이온 사이의 평형을 나타낸다. K_{sp} 값으로부터 용해도를 구할 수 있으며, 역으로 용해도로부터 K_{sp} 값도 계산할 수 있다.
6. 공통 이온의 존재는 난용성 염의 용해도를 감소시킨다.
7. 염기성 음이온을 포함하는 난용성 염의 용해도는 수소 이온의 농도가 증가함에 따라 증가한다. 강산의 음이온을 포함하는 염의 용해도는 pH에 의해 영향을 받지 않는다.
8. 착이온은 금속 양이온과 루이스 염기의 결합에 의해 용액 중에서 생성된다. 형성 상수 K_f는 특정한 착이온이 형성되는 경향을 나타낸다. 착이온의 생성은 불용성 물질의 용해도를 증가시킬 수 있다.
9. 정성 분석이란 용액 중에 양이온과 음이온이 들어있는지를 확인하는 것이다.

주요 용어 정리하기 Key Words

공통 이온 효과	용해도	종말점
몰용해도	용해도곱(K_{sp})	착이온
완충 용액	정성 분석	형성 상수(K_f)

연습 문제 Questions & Problems†

● 표시는 Connect Plus에서 유용한 문제, 붉은색 번호의 문제는 학생용 문제풀이집에 풀어 놓았다.

공통 이온 효과

▶ 복습 질문

16.1 공통 이온 효과가 용액의 pH에 어떤 영향을 미치는지 르샤틀리에 원리를 이용하여 설명하시오.

● 16.2 다음과 같이 첨가하였을 때에 생기는 pH(증가, 감소, 변화 없음)의 영향을 설명하시오. (a) 아세트산 용액에 아세트산 포타슘, (b) 암모니아 용액에 질산 암모늄, (c) 폼산(HCOOH) 용액에 폼산 소듐(HCOONa), (d) 염산 용액에 염화 포타슘, (e) 아이오딘화 수소산 용액에 아이오딘화 바륨.

16.3 약산의 pK_a에 대하여 정의하시오. pK_a 값과 산의 세기가 어떤 상관관계가 있는가? 약염기에 대해서도 같은 설명을 하시오.

16.4 일양성자산 HA와 HB의 pK_a 값이 각각 5.9와 8.1이다. 어느 산이 더 강한 산인가?

▶ 문제

● 16.5 (a) 0.40 M CH_3COOH 용액의 pH, (b) 0.40 M CH_3COOH와 0.20 M CH_3COONa을 포함하는 용액의 pH를 결정하시오.

● **16.6** (a) 0.20 M NH_3 용액과 (b) 0.20 M NH_3와 0.30 M NH_4Cl의 혼합 용액의 pH를 구하시오.

완충 용액

▶ 복습 질문

16.7 완충 용액이란 무엇인가? 완충 용액은 무엇으로 이루어져 있는가?

● 16.8 다음 중 어떤 것이 가장 큰 완충 용량을 가지는가? (a) 0.40 M CH_3COONa/0.20 M CH_3COOH, (b) 0.40 M CH_3COONa/0.60 M CH_3COOH, (c) 0.30 M CH_3COONa/0.60 M CH_3COOH.

▶ 문제

16.9 다음 용액 중 완충 작용을 하는 것은 어느 것인가? (a) KCl/HCl, (b) $KHSO_4/H_2SO_4$, (c) Na_2HPO_4/NaH_2PO_4, (d) KNO_2/HNO_2.

● **16.10** 다음 용액 중 완충 작용을 하는 것은 어느 것인가? (a) KCN/HCN, (b) $Na_2SO_4/NaHSO_4$, (c) NH_3/ NH_4NO_3, (d) NaI/HI.

● 16.11 0.15 M NH_3/ 0.35 M NH_4Cl로 이루어진 완충계의 pH를 계산하시오.

● **16.12** 다음 두 완충 용액의 pH를 계산하시오. (a) 2.0 M CH_3COONa/2.0 M CH_3COOH, (b) 0.20 M CH_3COONa/0.20 M CH_3COOH.어느 것이 더 좋은 완충제인가? 그 이유는 무엇인가?

● 16.13 중탄산-탄산(bicarbonate-carbonic acid) 완충 용액의 pH는 8.00이다. 중탄산 이온(HCO_3^-)에 대한 탄산(H_2CO_3)의 농도비를 계산하시오.

● **16.14** 0.10 M Na_2HPO_4/0.15 M KH_2PO_4로 이루어진 완충 용액의 pH는 얼마인가?

● 16.15 아세트산 소듐-아세트산 완충 용액의 pH는 4.50이다. $[CH_3COO^-]/[CH_3COOH]$의 비를 계산하시오.

16.16 혈장의 pH는 7.40이다. 주요 완충계가 HCO_3^-/H_2CO_3라고 가정하여 $[HCO_3^-]/[H_2CO_3]$ 비를 계산하시오. 이 완충계는 첨가한 산에 대하여 더 효과적인가? 아니면, 첨가한 염기에 대하여 더 효과적인가?

● 16.17 0.20 M NH_3/0.20 M NH_4Cl 완충 용액의 pH를 계산하시오. 이 완충 용액 65.0 mL에 0.10 M HCl 10.0 mL를 가할 경우 완충 용액의 pH는 얼마인가?

● **16.18** 1.00 M CH_3COONa/1.00 M CH_3COOH로 만든 완충 용액 1.00 L에 (a) NaOH 0.080 mol, (b) HCl 0.12 mol을 첨가하기 전후의 pH를 계산하시오. (부피의 변화는 없다고 가정한다.)

16.19 이양성자산 H_2A의 이온화 상수는 $K_{a_1} = 1.1 \times 10^{-3}$, $K_{a_2} = 2.5 \times 10^{-6}$이다. pH = 5.80인 완충 용액을 만들려고 한다. $NaHA/H_2A$ 또는 $Na_2A/NaHA$ 중 어느 것을 선택해야 되는가?

† 모든 문제에서 온도는 25°C로 가정한다.

16.20 다음 약산 중 하나를 써서 pH = 8.60인 완충 용액을 만들려고 한다. HA(K_a = 2.7 × 10^{-3}), HB(K_a = 4.4 × 10^{-6}), HCl(K_a = 2.6 × 10^{-9}) 중 어느 산을 선택하여야 할까? 왜 그런가?

● 16.21 다음 모형은 H_2A, NaHA, Na_2A 중 하나 이상의 화합물을 포함하고 있다. 여기서 H_2A는 약한 이가산이다. (1) 어떤 용액이 완충 용액으로 작용할 수 있는가? (2) 어떤 용액이 가장 효과적인 완충 용액인가? 물 분자와 Na^+ 이온은 모형을 간단히 하기 위해 생략하였다.

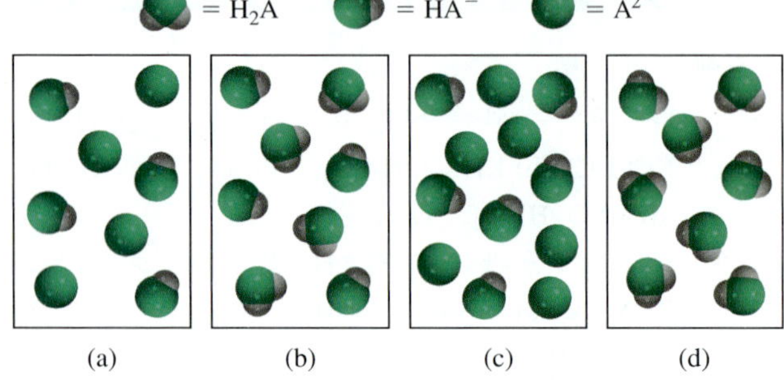

16.22 다음 모형은 약산 HA(pK_a = 5.00)와 그 소듐염인 NaA를 포함하는 용액을 나타낸다. (1) 용액의 pH를 계산하시오. (2) H^+ 이온 0.1 mol을 용액 (a)에 가한 후 pH는 얼마가 되는가? (3) OH^- 이온 0.1 mol을 용액 (d)에 가한 후 pH는 얼마가 되는가? 각 구를 0.1 mol로 가정한다.

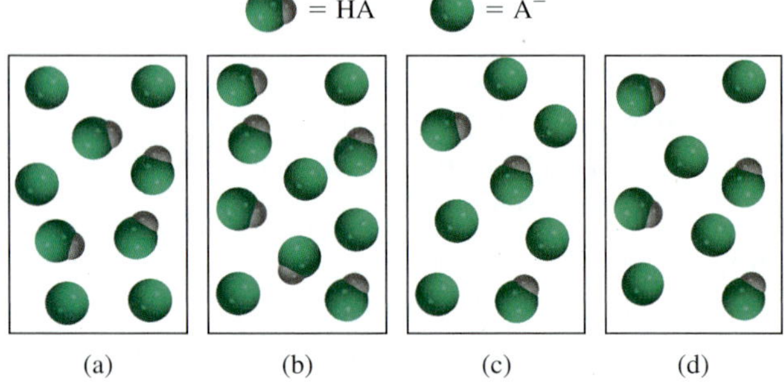

16.23 아세트산 1.8 M과 아세트산 소듐 1.2 M로 된 완충 용액의 pH를 5.22로 하기 위해서는 완충 용액 1 L에 NaOH를 얼마나(mol 단위로) 가하여야 하는가? 부피는 일정하게 남아있다고 가정한다.

16.24 암모니아 0.84 M과 염화 암모늄 0.96 M로 된 완충 용액의 pH를 8.56으로 하기 위해서는 완충 용액 1 L에 HCl을 얼마나(mol 단위로) 가하여야 하는가? 부피는 일정하게 남아 있다고 가정한다.

산-염기 적정

▶ 복습 질문

16.25 산-염기 적정 중에 무엇이 일어나는지 간단히 설명하시오.

16.26 다음 산-염기 적정에 대한 적정 곡선을 그리시오. (a) HCl 대 NaOH, (b) HCl 대 CH_3NH_2, (c) CH_3COOH 대 NaOH. 각 경우에 삼각 플라스크 안에 있는 산에 염기를 첨가한다. 그림의 y축에는 pH를, x축에는 첨가한 염기의 부피를 나타내어야 한다.

▶ 문제

● 16.27 일양성자산 시료 0.2688 g을 중화시키는 데 0.08133 M KOH 용액 16.4 mL가 필요하였다. 산의 몰질량을 계산하시오.

● **16.28** 이양성자산 5.00 g을 물에 녹여 정확하게 250 mL로 만들었다. 1.00 M KOH 11.1 mL를 중화하는 데 이 용액 25.0 mL가 필요하였다면, 산의 몰질량은 얼마인가? 산의 두 양성자가 적정된다고 가정한다.

● 16.29 적정 실험에서 0.500 M H_2SO_4 12.5 mL로 NaOH 용액 50.0 mL를 중화시켰다면 NaOH의 농도는 얼마인가?

● **16.30** 적정 실험에서 0.883 M HCOOH 20.4 mL로 $Ba(OH)_2$ 용액 19.3 mL를 중화하였다면 $Ba(OH)_2$의 농도는 얼마인가?

● 16.31 어떤 일가산 시료 0.1276 g을 물 25.0 mL에 녹인 용액을 0.0633 M NaOH 용액으로 적정하였다. 당량점에 도달하도록 가해진 염기의 부피는 18.4 mL였다. (a) 산의 몰질량을 계산하시오. (b) 염기 10.0 mL를 가한 후 pH가 5.87이었다면, 이 산의 K_a 값은 얼마인가?

● **16.32** 0.167 M NaOH 5.00 × 10^2 mL와 0.100 M CH_3COOH 5.00 × 10^2 mL를 정확하게 혼합한 용액이 있다. H^+, CH_3COOH, CH_3COO^-, OH^-, Na^+의 평형 농도를 계산하시오.

● 16.33 0.20 M HCl과 0.20 M 메틸아민(CH_3NH_2)의 적정에서 당량점의 pH를 계산하시오(표 15.4 참조).

16.34 0.10 M HCOOH과 0.10 M NaOH의 적정에서 당량점에서의 pH를 계산하시오.

● 16.35 0.100 M CH_3COOH 25.0 mL를 0.200 M KOH 용액으로 적정하였다. 다음과 같이 KOH 용액을 첨가했을 때 pH를 계산하시오 (a) 0.0 mL, (b) 5.0 mL, (c) 10.0 mL, (d) 12.5 mL, (e) 15.0 mL.

● **16.36** 0.100 M HCl 용액으로 0.300 M NH_3 용액 10.0 mL를 적정하였다. HCl 용액을 다음과 같이 첨가했을 때의 pH를 계산하시오. (a) 0.0 mL, (b) 10.0 mL, (c) 20.0 mL, (d) 30.0 mL, (e) 40.0 mL.

● 16.37 다음 모형은 NaOH로 약산 HA를 적정할 때 각각 다른 단계에서의 용액을 보여준다. (1) NaOH를 첨가하기 전 초기 단계, (2) 당량점의 반에 도달했을 때, (3) 당량점, (4) 당량점을 넘어섰을 때, 각각에 대응하는 용액을 확인하시오. 당량점에서 pH는 7보다 큰가, 작은가, 같은가? 물 분자와 Na^+ 이온은 모형을 간단히 하기 위해 생략되었다.

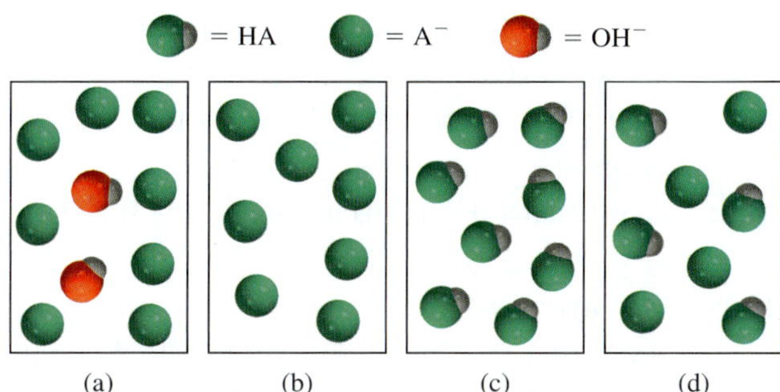

16.38 다음 모형은 HCl로 약염기 B(예를 들어, NH_3와 같은)를 적정하는 여러 단계의 용액 상태를 보여준다. (1) HCl을 첨가하기 전 초기 단계, (2) 당량점의 반에 도달했을 때, (3) 당량점, (4) 당량점을 넘어섰을 때, 각각에 대응하는 용액을 확인하시오. 당량점에서 pH는 7보다 큰가, 작은가, 같은가? 물 분자와 Cl^-이온은 모형의 명료성을 위해 생략되었다.

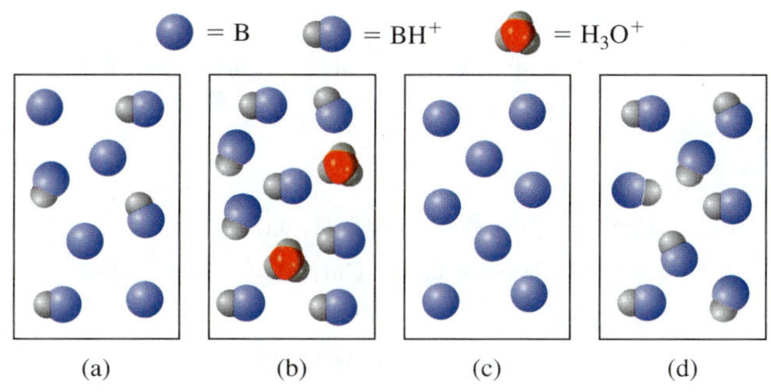

16.39 0.054 *M* HNO_2 용액을 KOH 용액으로 적정하였다. 당량점 중간에서 $[H^+]$는?

16.40 한 학생이 뷰렛을 써서 미지의 일양성자산을 NaOH 용액으로 적정한다. NaOH 12.35 mL를 첨가한 후 용액의 pH는 5.22이다. NaOH 24.70 mL를 가하였을 때 당량점에 다다른다. 이 산의 K_a는 얼마인가?

산-염기 지시약

▶ 복습 질문

16.41 적정 중에 지시약이 어떻게 작용하는지 설명하시오. 특정한 산-염기 적정 중에서 지시약을 선택하는 기준이 무엇인가?

16.42 산-염기 적정에 쓰는 지시약의 양은 적어야 한다. 왜 그런가?

▶ 문제

16.43 표 16.1을 참고하여 다음 적정에서 사용할 수 있는 지시약을 선택하시오. (a) HCOOH 대 NaOH, (b) HCl 대 KOH, (c) HNO_3 대 CH_3NH_2.

16.44 페놀프탈레인을 지시약으로 사용하여 HCl 용액을 포함하는 삼각 플라스크에 뷰렛으로부터 NaOH 용액을 떨어뜨려 산-염기 적정을 하였다. 당량점에서 연분홍색을 관찰하였다. 그러나 몇 분 후 용액은 점점 무색으로 바뀌었다. 무슨 일이 일어난 것일까?

16.45 지시약 HIn의 해리 상수 K_a는 1.0×10^{-6}이다. 이온화되지 않은 지시약의 색깔은 붉은색이고, 이온화된 지시약의 색은 노란색이다. pH 4.00인 용액의 색은 무슨 색인가?

• **16.46** 어떤 지시약의 K_a는 2.0×10^{-6}이다. HIn의 색은 초록색이고, In^-의 색은 빨간색이다. 지시약 몇 방울을 HCl 용액에 넣고, NaOH 용액으로 적정하였다. 어떤 pH에서 지시약이 변색할까?

용해도 평형

▶ 복습 질문

16.47 $BaSO_4$를 사용하여 용해도, 몰용해도, 용해도곱을 설명하시오.

16.48 가용성 이온 결합 화합물에 대하여는 보통 K_{sp} 값을 쓰지 않는 이유는 무엇인가?

• 16.49 다음 화합물의 용해도 평형에서 균형 반응식과 용해도곱을 쓰시오. (a) CuBr, (b) ZnC_2O_4, (c) Ag_2CrO_4, (d) Hg_2Cl_2, (e) $AuCl_3$, (f) $Mn_3(PO_4)_2$.

• 16.50 이온성 화합물 A_xB_y에 대한 용해도곱을 나타내는 식을 쓰시오.

16.51 두 용액을 혼합하였을 때, 침전이 일어나는지 여부를 어떻게 알 수 있는가?

16.52 염화 은(AgCl)은 탄산 은(Ag_2CO_3)보다도 K_{sp}가 크다 (표 16.2 참조). 그렇다고 AgCl이 Ag_2CO_3보다 몰용해도가 크다고 할 수 있겠는가?

▶ 문제

• 16.53 다음 포화 용액 중에 존재하는 이온의 농도를 계산하시오. (a) $[Ag^+] = 9.1 \times 10^{-9}$ *M*인 AgI 용액 중 $[I^-]$, (b) $[OH^-] = 2.9 \times 10^{-9}$ *M*인 $Al(OH)_3$ 용액 중 $[Al^{3+}]$.

• **16.54** 용해도 자료로부터 다음 화합물의 용해도곱을 계산하시오. (a) SrF_2, 7.3×10^{-2} g/L, (b) Ag_3PO_4, 6.7×10^{-3} g/L.

• 16.55 $MnCO_3$의 몰용해도는 4.2×10^{-6} *M*이다. 이 화합물의 K_{sp}는 얼마인가?

• **16.56** 이온 결합 화합물 MX(몰질량 346 g)의 용해도가 4.63×10^{-3} g/L이다. 이 화합물의 K_{sp}는 얼마인가?

• 16.57 이온 결합 화합물 M_2X_3(몰질량 288 g)의 용해도는 3.6×10^{-17} g/L이다. 이 화합물의 K_{sp}는 얼마인가?

16.58 표 16.2의 자료를 사용하여 CaF_2의 몰용해도를 계산하시오.

• 16.59 수산화 아연 포화 용액의 pH는 얼마인가?

• **16.60** 금속 수산화물 MOH의 포화 용액의 pH가 9.68이다. 이 화합물의 K_{sp}를 계산하시오.

• 16.61 0.10 *M* $Ba(NO_3)_2$ 20.0 mL를 0.10 *M* Na_2CO_3 50.0 mL에 첨가한다면 $BaCO_3$ 침전이 생기겠는가?

● **16.62** 0.060 *M* NaF 75 mL를 0.15 *M* $Sr(NO_3)_2$ 25 mL와 혼합하였다. 최종 용액에 들어 있는 NO_3^-, Na^+, Sr^{2+}, F^-의 농도를 계산하시오. (K_{sp}의 $SrF_2 = 2.0 \times 10^{-10}$)

분별 침전

▶ 문제

● 16.63 0.010 *M* Cu^+과 0.010 *M* Ag^+ 이온이 존재하는 용액에 고체 NaI를 서서히 가했을 때, (a) 먼저 침전하는 화합물은 어느 것인가 (b) CuI가 침전이 되기 시작할 때의 $[Ag^+]$를 계산하시오. (c) 이때, 남아 있는 Ag^+의 %는 얼마인가?

16.64 0.010 *M* Fe^{3+}와 0.010 *M* Zn^{2+}가 들어 있는 용액이 있다. $Fe(OH)_3$를 침전시켜서 Fe^{3+}과 Zn^{2+}을 분리하려고 한다. 대략적인 pH 범위를 찾으시오.

공통 이온 효과와 용해도

▶ 복습 질문

16.65 공통 이온 효과가 용해도 평형에 어떻게 영향을 미치는가? Na_2CO_3 용액에서 $CaCO_3$의 용해도가 감소하는 이유를 르샤틀리에 원리를 이용하여 설명하시오.

● 16.66 6.5×10^{-3} *M* $AgNO_3$에서 AgCl의 몰용해도는 2.5×10^{-8} *M*이다. 이 자료로부터 K_{sp}를 계산하는 데 다음 가정 중 어느 것이 합당한가?
(a) K_{sp}는 용해도와 같다.
(b) AgCl의 K_{sp}는 순수한 물에서와 같이 6.5×10^{-3} *M* $AgNO_3$에서도 동일하다.
(c) AgCl의 용해도는 $AgNO_3$의 농도와는 무관하다.
(d) 용액 중 $[Ag^+]$는 6.5×10^{-3} *M* $AgNO_3$에 AgCl을 첨가하여도 별로 변하지 않는다.
(e) 6.5×10^{-3} *M* $AgNO_3$에 AgCl을 첨가한 후 용액 중 $[Ag^+]$은 순수한 물에 있을 때와 같다.

▶ 문제

● 16.67 0.050 *M* $Ca(NO_3)_2$ 용액 3.0×10^2 mL에 몇 g의 $CaCO_3$가 녹겠는가?

16.68 $PbBr_2$의 용해도곱은 8.9×10^{-6}이다. (a) 순수한 물에서, (b) 0.20 *M* KBr 용액에서, (c) 0.20 *M* $Pb(NO_3)_2$ 용액에서 몰용해도를 구하시오.

● 16.69 $CaCl_2$ 10.0 g이 녹아 있는 용액 1.00 L 중에 녹을 수 있는 AgCl의 몰용해도를 계산하시오.

● **16.70** (a) 순수한 물에서, (b) 1.0 *M* SO_4^{2-} 이온을 포함하는 용액에서 $BaSO_4$의 몰용해도를 계산하시오.

pH와 용해도

▶ 문제

● 16.71 다음 이온성 화합물 중 물보다 산성 용액에서 용해도가 좋은 것은 어느 것인가? (a) $BaSO_4$, (b) $PbCl_2$, (c) $Fe(OH)_3$, (d) $CaCO_3$.

16.72 다음 중 어느 것이 순수한 물에서보다도 산성 용액에서 더 잘 녹겠는가? (a) CuI, (b) Ag_2SO_4, (c) $Zn(OH)_2$, (d) BaC_2O_4, (e) $Ca_3(PO_4)_2$.

● 16.73 pH 9.0인 완충 용액과 물 중에서 $Mg(OH)_2$에 대한 몰용해도를 비교하시오.

● **16.74** (a) pH 8.00과 (b) pH 10.00의 완충 용액에서 $Fe(OH)_2$의 몰용해도를 계산하시오.

● 16.75 $Mg(OH)_2$의 용해도곱은 1.2×10^{-11}이다. $Mg(NO_3)_2$ 용액 중에서 Mg^{2+} 이온의 농도를 1.0×10^{-10} *M* 미만으로 감소시키기 위해 필요한 OH^-의 최소 농도(예를 들어, NaOH를 가함)는 얼마인가?

16.76 0.60 *M* NH_3 2.00 mL를 1.0×10^{-3} *M* $FeSO_4$ 1.0 L에 첨가하면 침전이 생길 것인가 계산하시오.

착이온 평형과 용해도

▶ 복습 질문

16.77 루이스 산-염기 이론을 근거로 표 16.4의 착물 형성을 설명하시오.

16.78 착이온 형성이 용해도에 미치는 일반적인 영향을 나타내는 예를 드시오.

▶ 문제

● 16.79 $CuSO_4$ 2.50 g을 0.30 *M* NH_3 9.0×10^2 mL에 녹인다면 평형 상태에서 Cu^{2+}, $Cu(NH_3)_4^{2+}$, NH_3의 농도는 각각 얼마인가?

16.80 $Cd(NO_3)_2$ 0.50 g을 0.50 *M* NaCN 5.0×10^2 mL에 녹일 때, 평형에서 Cd^{2+}, $Cd(CN)_4^{2-}$, CN_2의 농도를 계산하시오.

● 16.81 0.010 *M* Al^{3+}에 NaOH를 가하면, 평형 상태에서 우세한 화학종은 $Al(OH)_3$인가 아니면 $Al(OH)_4^-$인가? 용액의 pH는 14.00이다[$Al(OH)_4^-$의 $K_f = 2.0 \times 10^{33}$].

● **16.82** 1.0 *M* NH_3 용액에서 AgI의 몰용해도를 계산하시오.

16.83 Ag^+와 Zn^{2+}는 똑같이 NH_3와 착물을 형성한다. 이 반응에 대해 균형 반응식을 쓰시오. 그러나 $Zn(OH)_2$는 6 *M* NaOH 용액 중에서 녹지만 AgOH는 그렇지 않다. 이를 설명하시오.

● **16.84** 균형 이온 반응식을 사용하여 (a) 암모니아 용액에 CuI_2가 녹고, (b) NaCN 용액에 AgBr이 녹으며, (c) KCl 용액에 $HgCl_2$가 녹는 이유를 설명하시오.

정성 분석

▶ 복습 질문

16.85 정성 분석의 일반적인 과정을 개괄적으로 기술하시오.

16.86 정성 분석의 계통도 그림에서 각 족(1~5족)에 있는 금속 이온의 예를 2개씩 드시오.

▶ 문제

● 16.87 1족을 분석하면서 한 학생이 AgCl와 $PbCl_2$를 포함하고 있는 침전을 얻었다. $PbCl_2(s)$로부터 $AgCl(s)$를 분리할

수 있는 시약은 무엇인가?

16.88 1족 분석에서 한 학생이 미지 용액에 HCl 산을 $[Cl^-]$ = 0.15 M가 되도록 첨가하였더니, $PbCl_2$의 일부가 침전하였다. 용액에 남아 있는 Pb^{2+}의 농도를 계산하시오.

16.89 KCl과 NH_4Cl은 흰색 고체이다. 두 화합물을 구별할 수 있는 시약은 무엇인가?

16.90 $AgNO_3(s)$와 $Cu(NO_3)_2(s)$를 구별할 수 있는 간단한 시험 방법을 설명하시오.

추가 문제

16.91 효과적인 완충 용액으로 작용하기 위해서 산과 짝염기의 농도는 범위 10에서 벗어나서는 안된다. 즉,

$$10 \geq \frac{[\text{짝염기}]}{[\text{산}]} \geq 0.1$$

(a) *완충 범위*, 즉 완충이 효과적인 농도 비의 범위는 pH = pK_a ± 1로 주어짐을 보이시오. (b) 다음 완충계의 pH 범위를 계산하시오. (a) 아세트산, (b) 아질산, (c) 중탄산, (d) 인산.

16.92 지시약 메틸 오렌지의 pK_a는 3.46이다. 이 지시약이 HIn 90%에서 In^- 90%로 변화하는 pH 범위를 구하시오.

16.93 금속 질산염 4.50 g 시료에 있는 아이오딘화 불순물은 아이오딘화 은으로 침전된다. 침전을 위해 0.186 M $AgNO_3$용액 5.54 mL가 필요하다면, 이 시료 중 아이오딘의 질량 백분율을 계산하시오.

16.94 0.020 M HCl 용액을 0.020 M CH_3COONa 500 mL에 가하여 아세트산 소듐-아세트산 완충 용액을 만들어 혼합 용액을 1.0 L로 묽혔다. pH 5.00인 완충 용액을 만들기 위해 필요한 HCl 용액의 원래 부피를 계산하시오.

16.95 그림 16.5에 보인 바와 같이 약산을 강염기로 적정할 경우의 적정 곡선을 그리시오. 그래프에 당량점에서 사용된 염기의 부피를 표시하시오. 또한 산의 $\frac{1}{2}$이 중화된 점, 즉 당량점의 $\frac{1}{2}$ 지점을 사용된 염기의 부피로 표시하시오. 당량점 $\frac{1}{2}$ 지점의 pH를 어떻게 구할 수 있는지 기술하시오. 식 (16.4)를 이용하여 이 방법으로 산에 대한 pK_a 값을 어떻게 구할 수 있는지 설명하시오.

16.96 NaOH 용액 200 mL을 2.00 M HNO_2 용액 400 mL에 첨가하였다. 혼합 용액의 pH가 처음 산 용액의 pH보다도 1.50 단위 크다. NaOH 용액의 몰농도를 계산하시오.

● 16.97 뷰티르산(HBut)의 pK_a 값은 4.7이다. 뷰티르산 이온(But^-)의 K_b 값을 계산하시오.

16.98 0.167 M NaOH 5.00×10^2 mL를 0.100 M HCOOH 5.00×10^2 mL와 혼합한 용액이 있다. H^+, HCOOH, $HCOO^-$, OH^-, Na^+의 평형 농도를 계산하시오.

16.99 $Cd(OH)_2$는 불용성 화합물이다. $Cd(OH)_2$가 들어 있는 용액에 NaOH를 과량으로 넣을 경우는 녹는다. 이 반응에 대한 균형 이온식을 쓰시오. 이 반응은 어떤 형태의 반응인가?

● **16.100** 1.00 M $Ba(OH)_2$ 50.0 mL와 0.494 M H_2SO_4 86.4 mL를 혼합한 용액이 있다. 생성된 $BaSO_4$의 질량과 혼합 용액의 pH를 계산하시오.

● 16.101 다음 반응 중 어떤 반응이 평형 상수를 용해도곱 상수로 적을 수 있는가?

(a) $Zn(OH)_2(s) + 2OH^-(aq) \rightleftharpoons Zn(OH)_4^{2-}(aq)$

(b) $3Ca^{2+}(aq) + 2PO_4^{3-}(aq) \rightleftharpoons Ca_3(PO_4)_2(s)$

(c) $CaCO_3(s) + 2H^+(aq) \rightleftharpoons Ca^{2+}(aq) + H_2O(l) + CO_2(g)$

(d) $PbI_2(s) \rightleftharpoons Pb^{2+}(aq) + 2I^-(aq)$

16.102 2.0-L들이 주전자에 116 g의 스케일링($CaCO_3$)이 붙어 있다. 25°C에서 모든 스케일링을 제거하려면 몇 번이나 주전자에 증류수를 완전히 채워두어야 할까?

● 16.103 0.12 M $AgNO_3$와 0.14 M $ZnCl_2$를 같은 부피로 섞었다. Ag^+, Cl^-, Zn^{2+}, NO_3^-의 평형 농도를 구하시오.

● **16.104** Ag_2CO_3의 용해도(g/L 단위)를 계산하시오.

16.105 0.010 M의 Mg^{2+}, Zn^{2+} 이온이 포함된 용액으로부터 $Zn(OH)_2$를 침전시켜 Mg^{2+}와 Zn^{2+}을 분리하기 위한 대략적인 pH는 얼마인가?

● **16.106** 0.100 M HCl 25.0 mL에 뷰렛으로부터 0.100 M CH_3NH_2 용액을 떨어뜨려서 적정하였다. (a) CH_3NH_2 용액 10.0 mL를 가한 후, (b) CH_3NH_2 용액 25.0 mL를 가한 후, (c) CH_3NH_2 용액 35.0 mL를 가한 후 용액의 pH를 계산하시오.

● 16.107 0.10 M $NaIO_3$ 용액 중에서 $Pb(IO_3)_2$의 몰용해도는 2.4×10^{-11} mol/L이다. $Pb(IO_3)_2$에 대한 K_{sp}는 얼마인가?

16.108 KI 용액을 염화 수은(II) 용액에 첨가하였더니 침전[아이오딘화 수은(II)]이 형성되었다. 침전의 질량 대 첨가한 KI용액의 부피에 대한 그래프를 도시하였더니 다음과 같은 그림을 얻었다. 그림의 모양을 설명하시오.

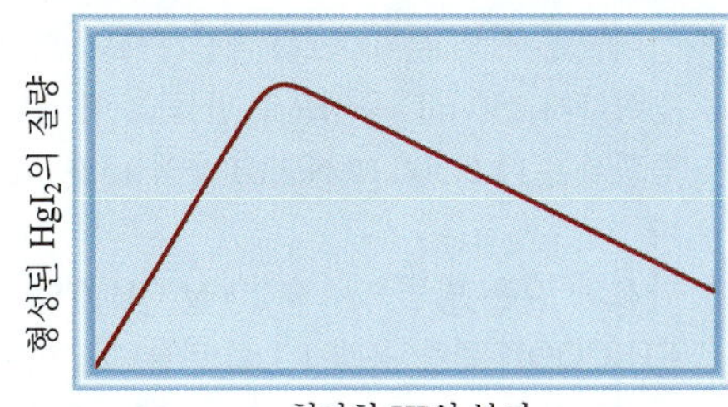

16.109 바륨은 심장 기능을 심각하게 저하시키는 독성 물질이다. 위장을 X선으로 찍기 위해서 환자는 $BaSO_4$ 수용성 현탁액 20 g을 마신다. 만약 이 물질이 환자의 몸 속에 있는 5.0 L의 혈액과 평형이 이루어진다면 $[Ba^{2+}]$는 얼마가 되겠는가? 또한 온도는 25°C로 가정하여 계산하시오. 왜 $Ba(NO_3)_2$는 사용할 수 없는가?

16.110 페놀프탈레인의 pK_a는 9.10이다. 이 지시약은 어떤 pH 범위에서 95% HIn로부터 95% In^-로 변할까?

● 16.111 고체 NaBr을 0.010 M Ag^+, 0.010 M Cu^+ 이온이 포함된 용액에 서서히 첨가한다. (a) 어떤 화합물이 먼저 침

전될 것인가? (b) CuBr이 침전되기 시작할 때의 $[Ag^+]$를 계산하시오. (c) 이때, 몇 %의 Ag^+이 남아 있겠는가?

● **16.112** 카코딜산은 $(CH_3)_2AsO_2H$이다. 이것의 이온화 상수는 6.4×10^{-7}이다. (a) 0.10 M 산 용액 50.0 mL의 pH를 계산하시오. (b) 0.15 M $(CH_3)_2AsO_2Na$ 25.0 mL의 pH를 계산하시오. (c) 용액 (a)와 (b)를 혼합한 용액의 pH를 계산하시오.

● 16.113 방사 화학은 많은 화합물의 용해도곱을 구하는 데 유용하게 사용된다. 1 mL당 74,025 카운트(count) 방사능을 가진 은 동위원소를 포함하는 0.010 M $AgNO_3$ 50.0 mL를 0.030 M $NaIO_3$ 용액 100 mL에 혼합하였다. 혼합 용액을 500 mL로 묽히고 모든 $AgIO_3$ 침전물을 여과하여 제거하였다. 남아 있는 용액의 방사능이 mL당 44.4 카운트(count)로 측정되었다. $AgIO_3$의 K_{sp}는 얼마인가?

16.114 어떤 금속의 탄산염(MCO_3)의 몰질량은 모든 탄산염과 반응하는 이상의 HCl 산을 넣고, 남아 있는 산을 NaOH로 역적정하여 구할 수 있다. (a) 이들 반응에 대한 식을 쓰시오. (b) 어떤 실험에서 5.653 M HCl 18.68 mL를 MCO_3 시료 3.542 g에 첨가하였다. 과량의 HCl을 중화하는 데 1.789 M NaOH 12.06 mL가 필요하였다. 탄산염의 몰질량을 계산하고, M을 확인하시오.

16.115 산-염기 반응은 보통 완결된다. 다음 각 경우에 해당하는 평형 상수값을 계산하여 앞에 언급한 말을 확인하시오. (a) 강산과 강염기의 반응, (b) 강산과 약염기(NH_3)와의 반응, (c) 약산(CH_3COOH)과 강염기와의 반응, (d) 약산(CH_3COOH)과 약염기(NH_3)와의 반응. (*힌트:* 용액 중에서 강산은 H^+로 존재하고 강염기는 OH^-로 존재한다. K_a, K_b, K_w가 필요하다.)

16.116 다음 자료로부터 옥살산 수화물($H_2C_2O_4 \cdot xH_2O$) 중에 들어 있는 물의 분자수 x를 계산하시오. 화합물 5.00 g을 정확하게 250 mL 용액으로 만들고, 이 용액 25.0 mL를 중화하는 데 0.500 M NaOH 용액 15.9 mL가 필요하였다.

16.117 다음과 같은 방법으로 0.20 M CH_3COONa/0.20 M CH_3COOH 완충 용액 1 L를 만들려고 한다. 그 방법을 설명하시오. (a) CH_3COONa 용액과 CH_3COOH 용액을 혼합한다. (b) CH_3COOH 용액과 NaOH 용액을 반응시킨다. (c) CH_3COONa 용액과 HCl 용액을 반응시킨다.

16.118 페놀프탈레인은 강산을 강염기로 적정할 때의 지시약으로 흔히 쓰인다. (a) 페놀프탈레인의 pK_a가 9.10이라면, pH 8.00에서 이온화하지 않은 형태의 지시약(무색)과 이온화한 형태(불그스름한 연분홍)의 비는 얼마인가? (b) 적정 용액 50.0 mL에 0.060 M 페놀프탈레인 2 방울을 떨어뜨리면, pH 8.00에서 이온화한 형태의 농도는 얼마인가? (1 방울 = 0.050 mL라고 가정)

16.119 그림 물감의 성분으로 납(II) 화합물을 포함하고 있는 유화는 해가 지날수록 짙어진다. 변색되는 이유를 화학적으로 설명하시오.

16.120 용액 중에서 다음 쌍의 이온을 분리하기 위하여 어떤 시약을 쓸 것인가? (a) Na^+와 Ba^{2+}, (b) K^+와 Pb^{2+}, (c) Zn^{2+}와 Hg^{2+}.

16.121 표 16.2에 수록된 $BaSO_4$와 $SrSO_4$의 K_{sp}를 이용하여 이 두 화합물로 포화된 용액 중에 존재하는 Ba^{2+}, Sr^{2+}, SO_4^{2-}의 농도를 계산하시오.

16.122 원리적으로 Al_2O_3및 BeO와 같은 양쪽성 산화물은 산성과 염기성을 모두 가지고 있기 때문에(15.11절 참조), 완충 용액을 만드는 데 쓸 수 있다. 이들 화합물이 완충제 성분으로 실제 거의 쓰이지 않는 이유를 설명하시오.

16.123 $CaSO_4$(K_{sp} = 2.4×10^{-5})는 Ag_2SO_4(K_{sp} = 1.4×10^{-5})보다 더 큰 K_{sp} 값을 갖는다. 그 이유로, $CaSO_4$의 용해도(g/L)가 더 큰가?

16.124 레몬 주스를 홍차 안에 짜 넣으면 색깔이 보다 밝아진다. 부분적으로는 색깔 변화가 묽어지기 때문이지만, 변색의 주 원인은 산-염기 반응이다. 어떤 반응인가? (*힌트:* 홍차에는 약산인 "폴리페놀류"가 들어 있고, 레몬 주스에는 시트르산이 들어 있다.)

● 16.125 pH 7.50인 완충 용액을 만들려면 0.10 M NaH_2PO_4 200 mL에 1.0 M NaOH 몇 mL를 넣으면 되는가?

● **16.126** 음료수 중에 있는 Pb^{2+} 이온의 최대 허용 농도는 0.05 ppm이다(즉, 물 1,000,000 g 중 Pb^{2+} 0.05 g). 지하수 공급원이 황산 납광($PbSO_4$, K_{sp} = 1.6×10^{-8})과 평형에 있다면, 이 지침을 능가하는가?

16.127 가장 일반적인 항생제 중의 하나가 페니실린 G(벤질페니실린산)이며 그 구조는 다음과 같다.

```
                 O
                 ‖
         H       C—OH
          \     /     O
  H3C      C  /       ‖
     \    /  \        ‖    H
      \  /    N —— C       |
       C       |     |     |
      /  \     |     |     |
  H3C      S — C  —  C  —  N — C — CH2 — ⟨benzene⟩
               |     |         ‖
               H     H         O
```

페니실린 G는 약한 일양성자산이다.

$$HP \rightleftharpoons H^+ + P^- \qquad K_a = 1.64 \times 10^{-3}$$

여기서 HP는 모체 산(parent acid)을 나타내고 P^-는 짝염기를 나타낸다. 페니실린 G는 25°C와 pH 4.5~5.0의 발효조에서 곰팡이를 배양하여 얻는다. 정제되지 않은 항생제는 발효액을 산을 녹일 수 있는 유기 용매로 추출하여 얻을 수 있다. (a) 산성 수소 원자를 밝히시오. (b) 정제의 한 과정에서 정제되지 않은 유기 추출물 페니실린 G를 pH 6.50인 완충 용액으로 처리한다. 이 pH에서 페니실린 G의 짝염기와 산의 비는 어떻게 되는가? (c) 페니실린 G는 경구 복용하기에 적합하지 않지만 소듐염(NaP)은 용해가 되므로 경구 복용할 수 있다. 소듐염을 포함하는 정제가 물 컵에서 녹아 형성된 0.12 M NaP 용액의 pH를 계산하시오.

16.128 다음 용액 중 어느 것이 $[H^+]$가 가장 높은가? (a) 0.10 M HF, (b) 0.10 M NaF 중 0.10 M HF, (c) 0.10 M SbF_5 중 0.10 M HF. (*힌트:* SbF_5는 F^-와 반응하여 착이온 SbF_6^-를 형성한다.)

16.129 분포 곡선은 매질의 pH 변화에 따라 이온화되지 않은 산과 그 짝염기에 대한 분율의 변화를 보여 준다. 용액 중에서 CH_3COOH와 그의 짝염기 CH_3COO^-의 분포 곡선을 그리시오. 분율을 y축에, pH는 x축에 나타내시오. 두 곡선이 만나는 지점의 분율과 pH는 얼마인가?

16.130 Ca^{2+}과 Mg^{2+} 이온을 포함하는 물은 센물(hard water)이라고 부르며, 이들 이온이 비누와 반응하여 불용성 염이나 엉겨 굳어진 덩어리를 형성하기 때문에 일부 가정과 공업용으로 부적당하다. 센물로부터 Ca^{2+}을 제거하는 한 가지 방법은 세탁용 소다($Na_2CO_3 \cdot 10H_2O$)를 첨가하는 것이다. (a) $CaCO_3$의 몰용해도는 9.3×10^{-5} M이다. 0.050 M Na_2CO_3 용액에서 몰용해도는 얼마인가? (b) 이 과정에서 Mg^{2+}은 왜 제거되지 않는가? (c) Mg^{2+}은 물에 소석회[$Ca(OH)_2$]를 첨가하여 포화 용액을 만들면 $Mg(OH)_2$로 제거된다. 포화 $Ca(OH)_2$ 용액의 pH를 계산하시오. (d) 이 pH에서 Mg^{2+}의 농도는 얼마인가? (e) 일반적으로 어느 이온(Ca^{2+}또는 Mg^{2+})이 먼저 제거되는가? 왜 그런가?

16.131 다음 산-염기 지시약의 이온화를 생각해 보자.

$$HIn(aq) \rightleftharpoons H^+(aq) + In^-(aq)$$

지시약은 산과 그의 짝염기의 농도비에 따라 색이 변한다(16.5절 참조). 지시약이 산성 색에서 염기성 색로 변하는 pH 범위가 pH = pK_a ± 1임을 밝히시오. 여기서 K_a는 산의 이온화 상수이다.

16.132 아미노산은 단백질을 이루는 벽돌과 같다. 이 화합물은 적어도 한 개의 아미노기(—NH_2)와 한 개의 카복실기(—COOH)를 가지고 있다. 글라이신(NH_2CH_2COOH)을 생각해 보자. 용액의 pH에 따라 글라이신은 다음 세 가지 가능한 형태 중 하나로 존재한다.

완전히 양성자화된 형태: $\overset{+}{N}H_3$—CH_2—COOH
쌍극자 이온: $\overset{+}{N}H_3$—CH_2—COO^-
완전히 이온화된 형태: NH_2—CH_2—COO^-

pH 1.0, 7.0, 12.0에서 존재하는 글라이신의 우세한 화학종을 예측하시오. 카복실기의 pK_a는 2.3이고, 암모늄기(—NH_3^+)의 pK_a는 9.6이다.

16.133 (a) 그림 16.6을 참고하여 염기의 pK_b를 어떻게 결정할 수 있는지 설명하시오. (b) pOH를 약염기 B와 그의 짝산 HB^+의 pK_b에 연관지어 유사 헨더슨-하셀발호 식을 유도하시오. 뷰렛으로부터 가하는 강산의 부피에 대해 염기 용액의 pOH 변화를 보여주는 적정 곡선을 그리시오. 이 곡선에서 pK_b를 결정하는 방법을 설명하시오. (*힌트:* pK_b = −log K_b)

16.134 0.20 M HF 용액 25.0 mL를 0.20 M NaOH 용액으로 적정하였다. 용액의 pH가 (a) 2.85, (b) 3.15, (c) 11.89일 때 가해진 NaOH 용액의 부피를 계산하시오. 염의 가수분해는 무시한다.

16.135 탄산 수용액에 대한 분포곡선을 그리시오. 도표에는 pH를 x축, 화학종의 분율을 y축에 나타낸다. 어느 pH에서라도 세 가지 종(H_2CO_3, HCO_3^-, CO_3^{2-}) 중 두 종만이 상당한 양 존재함에 주의하고, 표 15.5의 pK_a 값을 사용한다.

16.136 완충 용액과 산성 용액을 구별할 수 있는 한 가지 방법은 희석이다. (a) 0.500 M CH_3COOH와 0.500 M CH_3COONa로 만든 완충 용액을 생각해보자. 이 완충 용액의 pH및 이를 10배 희석한 이후의 pH를 계산하시오. (b) 이 계산 결과를 0.500 M CH_3COOH를 10배 희석하기 전후의 pH와 비교하시오.

16.137 히스티딘(histidine)은 단백질에서 발견되는 20가지 아미노산 중 하나이다. 다음 그림은 완전히 양성자화된 히스티딘 분자이며, 숫자는 산성기의 pK_a 값을 나타낸다.

9.17 (H₃N⁺—), 1.82 (—C(=O)—OH), 6.00 (HN⁺ 고리)

$$\overset{+}{H_3N}—CH(CH_2\text{-imidazolium})—C(=O)—OH$$

(a) 용액에서 히스티딘의 단계적 이온화를 나타내시오. (*힌트:* 가장 산성인 기로부터 H^+ 이온이 제일 먼저 떨어지고, 그 다음 센 순서로 계속될 것이다.) (b) 쌍극자 이온이란 같은 수의 양전하와 음전하를 가지는 화학종이다. (a)에서 쌍극자 이온을 찾아내시오. (c) 쌍극자 이온이 우세한 pH를 등전점(isoelectic point)이라 하며, pI라고 나타낸다. 등전점은 pK_a 값의 평균으로 쌍극성 이온이 형성된다. 히스티딘의 pI를 계산하시오. (d) 히스티딘 기는 혈액의 완충에 중요한 작용을 한다(16.4절 "생활 속의 화학" 참조). 어떠한 짝산-염기 쌍이 이러한 역할에 관계하는가?

16.138 372 mmHg, 22°C에서 0.96 L를 차지하는 HCl 시료를 0.57 M 암모니아 0.034 L에 부글부글 불어넣었다. 그 결과 생기는 용액의 pH는 얼마인가? 용액의 부피의 변화는 없으며, HCl은 용액에 완전히 녹았다고 가정한다

16.139 (a) 완전히 해리되어 이온쌍 형성이 없다고 가정하고 0.50 m NaI 용액의 어는점을 계산하시오. (b) 불용성 화합물인 HgI_2를 충분한 양 가하여 용액 중 유리된 I^- 이온이 모두 반응한 후 어는점은 얼마인가? 부피는 일정하게 유지된다고 가정한다.

16.140 침전을 형성하는 것을 제외하고, 0.100 M $MgCl_2$ 200 mL를 첨가할 수 있는 다음 가용성 염들의 최대 질량(g

단위)을 각각 계산하시오. (a) Na_2CO_3, (b) $AgNO_3$, (c) KOH. 부피는 일정하게 유지된다고 가정한다.

16.141 5°C에서 포화 탄산 은(Ag_2CO_3) 용액 1.0 L를 분해시키기 위해 충분한 양의 염산으로 처리하였다. 생성된 이산화 탄소는 19-mL 들이 유리병에 포집되었으며, 25°C에서 114 mmHg의 압력을 발생하였다. 5°C에서 Ag_2CO_3의 K_{sp}는 얼마인가?

16.142 다음 두 곡선은 NaOH와 같은 강염기에서 두 개의 같은 농도의 약산의 적정을 도시한 것이다. 세 가지 견해를 사용하여 두 산 중 어느 것이 더 강한지 결정하시오.

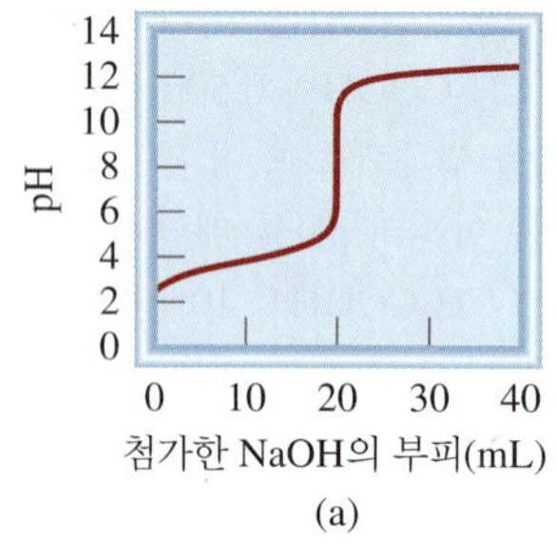

(a)

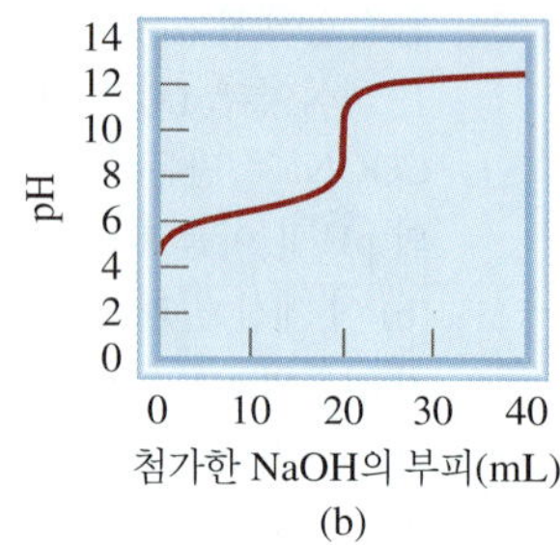

(b)

16.143 다음 두 곡선은 HCl과 같은 강산에서 두 개의 같은 농도의 약염기의 적정을 도시한 것이다. 세 가지 견해를 사용하여 두 염기 중 어느 것이 더 강한지 결정하시오.

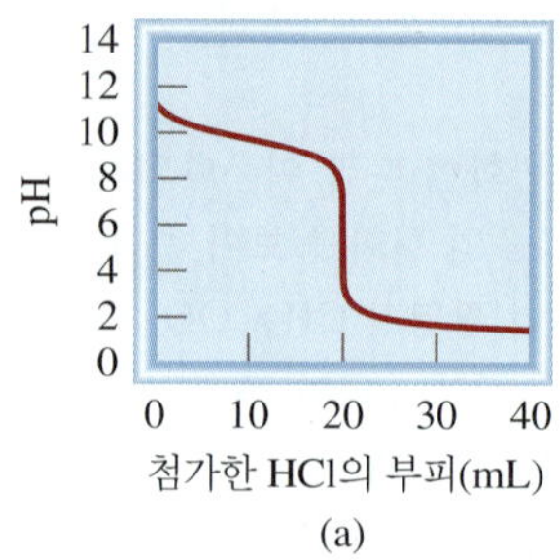

(a)

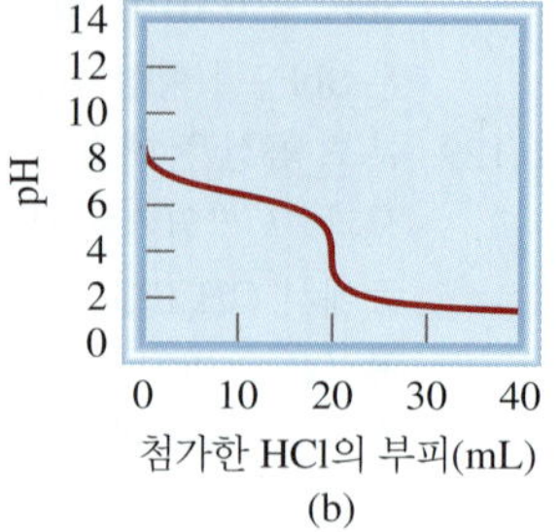

(b)

16.144 0.100 *M* $CuSO_4$ 용액 100 mL를 0.100 *M* $Ba(OH)_2$ 용액 100 mL와 혼합하였다. 용액에 포함된 이온들의 농도를 계산하시오.

설명, 모형화 및 추정 문제 *Interpreting, Modeling & Estimating*

16.145 다음 적정 곡선은 약한 이양성자성산(H_2A)대 NaOH의 적정을 나타낸 것이다. 표시된 점들에 존재하는 주된 화학종에 대해 표시하고 산의 pK_{a_1}과 pK_{a_2} 값을 추정하시오.

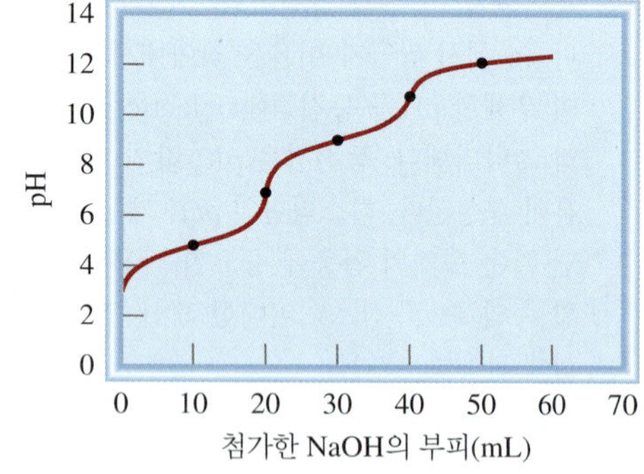

16.146 다음 적정 곡선은 약한 이염기성 염기(예를 들면, —NH_2기 두 개를 포함하는 화합물) 대 HCl의 적정을 나타낸 것이다. 표시된 점들에 존재하는 주된 화학종에 대해 표시하고 염기의 pK_{b_1}과 pK_{b_2} 값을 추정하시오.

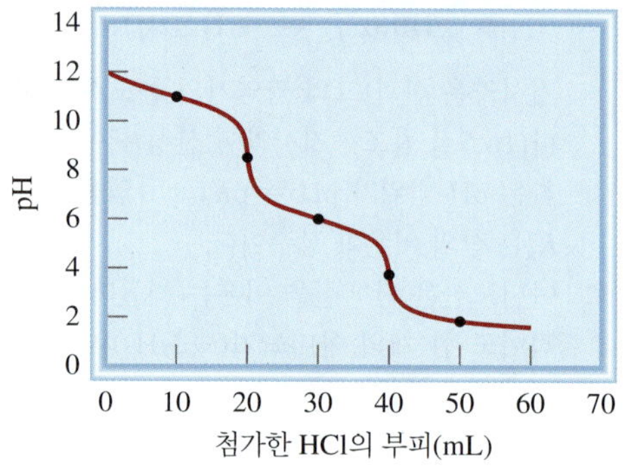

16.147 적절한 식을 이용하여 낮은 pH와 높은 pH에서 양쪽성인 수산화 알루미늄[$Al(OH)_3$]의 용해도를 설명하시오.

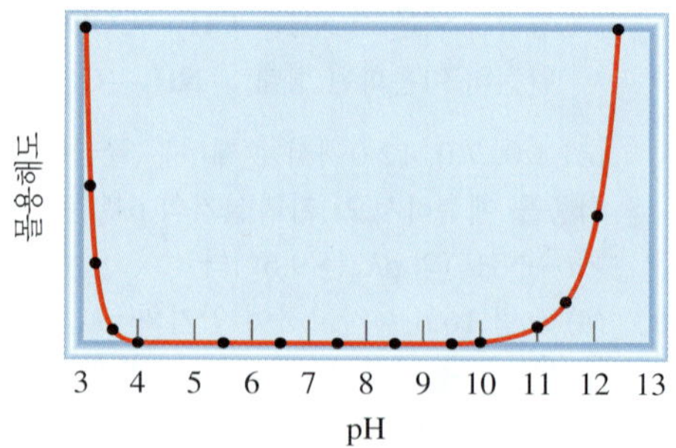

16.148 표 16.2로부터 브로민화 은(AgBr)은 수산화 철(II) [$Fe(OH)_2$]보다 용해도곱이 더 크다는 것을 알 수 있다. 이것은 AgBr이 $Fe(OH)_2$보다 더 잘 녹는다는 뜻인가?

16.149 아스피린은 $pK_a = 3.5$인 약산이다. 다음 체액 중에서 중성(양성자화 된) 아스피린 대 탈양성자화 된 아스피린의 비는 무엇인가? (a) 타액, (b) 위 속의 위액, (c) 혈액.

실전 연습의 답 *Answers to Practice Exercises*

16.1 4.01; 2.15. **16.2** (a)와 (c). **16.3** 9.17; 9.20. **16.4** Na_2CO_3와 $NaHCO_3$를 0.60 대 1.0의 몰비로 무게를 단다. 충분한 물에 용해시켜 1 L의 용액이 되도록 한다. **16.5** (a) 2.19, (b) 3.95, (c) 8.02, (d) 11.39. **16.6** 5.92. **16.7** (a) 브로모페놀 블루, 메틸 오렌지, 메틸 레드, 클로로페놀 블루; (b) 티몰 블루를 제외한 전부, 브로모페놀 블루, 메틸 오렌지; (c) 크레졸 레드, 페놀프탈레인. **16.8** 2.0×10^{-14}. **16.9** 1.9×10^{-3} g/L. **16.10** 아니오. **16.11** (a) $> 1.6 \times 10^{-9}$ M, (b) $> 2.6 \times 10^{-6}$ M. **16.12** (a) 1.7×10^{-4} g/L, (b) 1.4×10^{-7} g/L. **16.13** (a) 산 용액에 더 잘 녹음, (b) 산 용액에 더 잘 녹음, (c) 거의 같음. **16.14** $Zn(OH)_2$ 침전이 생성될 것이다. **16.15** $[Cu^{2+}] = 1.2 \times 10^{-13}$ M, $[Cu(NH_3)_4^{2+}] = 0.017$ M, $[NH_3] = 0.23$ M. **16.16** 3.5×10^{-3} mol/L.

화학 세계의 미스터리

완숙으로 삶은 스낵

우리는 대부분 완숙으로 삶은 달걀을 먹어 왔다. 이것은 요리하기 쉽고, 영양도 많다. 그러나 달걀을 삶는 과정에 대해 숙고하거나 단단하게 삶은 달걀을 주의 깊게 관찰한 것은 언제인가? 달걀을 요리하는 동안에 많은 재미있는 화학적, 물리적 변화가 일어난다.

암탉이 낳은 달걀은 복잡한 생화학적 계이지만, 여기서는 달걀을 깰 때 보이는 3가지 주요한 부분인 껍질, 흰자, 노른자에 초점을 맞추기로 한다. 껍질은 바깥 환경으로부터 내부 성분을 보호하지만, 공기가 통과할 수 있는 많은 매우 작은 구멍이 있다. 흰자는 약 88%가 물이고, 12%가 단백질이다. 노른자에는 물 50%, 지방 34%, 단백질 16% 그리고 소량의 철분인 Fe^{2+} 이온이 포함되어 있다.

단백질은 아미노산으로 이루어져 있는 중합체이다. 용액에서 단백질 분자의 각 긴 사슬은 소수성 부분이 안쪽에 묻혀 있고, 친수성 부분이 외부에 있어서 용액과 접촉하고 있는 방식으로 접혀 있다. 이것이 정상적인 생리적 기능을 수행할 수 있도록 하는 단백질의 안정한 상태 즉, *자연* 상태이다. 가열하면 단백질 분자가 풀리거나 변성된다. 산이나 염(NaCl)과 같은 화학 약품 또한 단백질을 변성시킨다. 물과의 접촉하는 것을 피하기 위하여 변성 단백질의 소수성 부분은 함께 덩어리져 반쯤 굳어진 불투명한 흰 고체를 형성한다. 가열하면 단백질이 일부 분해되어 단백질 중의 황이 수소와 결합하여 황화 수소(H_2S)를 형성한다. 삶은 달걀 껍질을 깰 때 종종 검출할 수 있는 불쾌한 냄새의 기체가 바로 황화 수소이다.

다음 완숙 달걀의 사진은 약 12분 동안 삶은 달걀과 너무 삶은 달걀이다. 너무 삶은 달걀은 노른자 바깥이 초록색이다.

달걀을 삶을 때에 일어나는 변화에 대한 화학적 근거는 무엇일까?

화학적인 단서

1. 완숙된 달걀에서 자주 마주치는 한 가지 문제는 물 속에서 껍질에 금이 가는 것이다. 계란을 삶을 때에 추천하는 방법은 달걀을 찬물에 넣고, 그 다음에 물이 끓도록 하는 것이다. 이 경우에 무엇이 껍질에 금이 가게 하는가? 껍질에 금이 가지 않도록 바늘로 구멍을 뚫는다면 어떻게 바늘 구멍을 낼 것인가? 달걀을 삶을 때에 별로 좋지 않은 방법은 실온에 둔

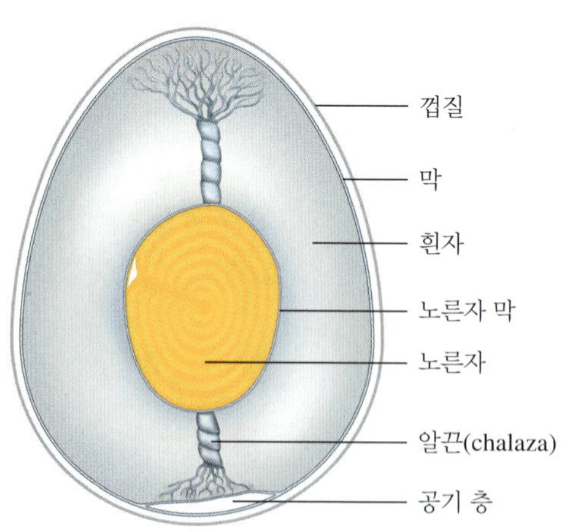

달걀의 도식도. 알끈(chalaza)은 노른자를 껍질에 고정시키고 중앙에 위치하도록 유지하는 끈(cord)이다.

달걀이나 또는 냉장고에서 꺼낸 차가운 달걀을 끓는 물에 바로 넣는 것이다. 껍질에 금이 가도록 하는 다른 어떤 메커니즘이 있는가?

2. 요리를 하는 중에 달걀 껍질에 금이 가면, 달걀 흰자위 일부가 뜨거운 물 속으로 흘러나와서 보기 싫은 띠를 만든다. 경험 많은 요리사는 달걀이 터져 나오는 것을 최소화시키기 위하여 달걀을 삶기 전에 물에 소금이나 식초를 첨가한다.
3. 너무 삶은 달걀의 노른자의 바깥층에 있는 초록색 물질이 무엇인지 확인하고, 이 물질이 형성되는 것을 나타내는 식을 쓰시오. 눈에 거슬리는 초록색 노른자 생성을 없애거나 최소화하려면 끓는 물에서 달걀을 꺼내는 즉시 찬물로 헹구면 된다. 이러한 과정은 초록색 물질을 어떻게 제거시키는가?
4. 달걀을 깨지 않고 완숙한 달걀과 날 달걀을 구별하는 방법은 달걀을 회전시키는 것이다. 이 방법으로 구별하는 원리는 무엇인가?

12분간 삶은 달걀(왼쪽)과 더 오래 삶은 달걀(오른쪽).

황화 철(II).

제 17 장

엔트로피, 자유 에너지 및 평형

Entropy, Free Energy, and Equilibrium

▲ 열역학 법칙들은 증기기관차의 경우에서와 같이 얼마나 많은 열을 일로 전환할 수 있는지에 대한 상한선을 설정한다.

이 장의 차례

들여다보기

- 이 장에서는 열역학의 세 가지 법칙과 자발적 과정에 대해 토의한다(17.1절과 17.2절).
- 엔트로피는 반응의 자발성을 예측하기 위한 열역학적 함수이다. 분자 수준에서는 계와 관련된 미세 상태(microstate)의 총 개수로부터 계의 엔트로피를 계산할 수 있고, 실제로는 열용량 측정법을 통해 엔트로피 값을 측정하며, 많은 물질들의 표준 엔트로피 값이 알려져 있다(17.3절).
- 우주(universe)의 엔트로피는 자발적인 과정에서 증가하며 평형 과정에서는 변하지 않는다(열역학 제2법칙). 계와 주위의 엔트로피 변화를 계산하는 방법을 배우게 된다. 계(system)와 주위(surroundings) 엔트로피 변화의 합은 우주의 엔트로피 변화와 일치한다. 열역학 제3법칙을 통해서 물질이 지닌 엔트로피의 절대값을 결정할 수 있다(17.4절).
- 계의 특성을 설명하기 위해서는 깁스 자유 에너지라는 새로운 열역학적 함수의 사용이 요구된다. 깁스 자유 에너지 변화를 통해서 계의 자발성과 평형을 예측할 수 있다. 표준 상태에서 진행이 되는 과정에 대해 깁스 자유 에너지의 변화량과 반응의 평형 상수 사이에는 밀접한 관련이 있다(17.5절과 17.6절).
- 이 장의 마지막 부분에서 열역학이 생명계에 어떻게 적용이 되는지를 논의한다. 많은 생물학적 과정에서는 짝지은 반응(coupled reaction)의 원리가 중요한 역할을 한다(17.7절).

열역학은 열과 다른 형태의 에너지 간의 상호변환을 취급하는 광범위한 과학 분야이다. 열역학적 지식을 통하면 특정 조건의 실험으로부터 얻은 계에 대한 정보만 가지고도 더 이상의 실험 없이 같은 계의 다른 측면에 대한 결론을 도출해 낼 수 있다. 예를 들어, 6장에서 반응물과 생성물 분자의 표준 생성 엔탈피로부터 반응 엔탈피를 계산할 수 있음을 배웠다. 이 장에서는 열역학 제2법칙과 깁스 자유 에너지 함수를 소개하고, 깁스 자유 에너지와 화학 평형 사이의 관계에 대해서 논의할 것이다.

17.1 열역학의 세 가지 법칙

6장에서 에너지는 한 형태에서 다른 형태로 바꿀 수 있지만, 창조되거나 소멸될 수는 없다고 하는 열역학 제1법칙을 다루었다. 이들 변화는 등압 조건에 있는 계로부터 방출되거나 흡수된 열의 양을 측정함으로써 정량화할 수 있다. 이를 화학자는 엔탈피 변화(ΔH)로 정의하였다.

열역학 제2법칙은 화학적 과정이 왜 한쪽 방향을 선호하는지 설명한다. 제3법칙은 제2법칙의 연장으로서 17.4절에서 간략하게 기술하기로 한다.

17.2 자발적 과정

화학에서 열역학을 공부하는 주된 목표 중 하나는 반응 물질들이 주어진 조건(예를 들어, 특정 온도, 압력, 농도) 하에 놓일 때 반응이 일어날 것인지 아닌지를 예측하는 데 있다. 이런 지식은 연구 실험실에서 화합물을 합성하는 경우나 공장 규모로 화합물을 생산하는 경우 또는 세포 안에서 일어나는 복잡한 생물학적 과정의 이해를 위해서 매우 중요하다. 주어진 조건에서 일어나는 반응을 *자발적 반응*(spontaneous reaction)이라고 하며, 반대로 주어진 조건에서 일어나지 않는 반응을 비자발적 반응(nonspontaneous reaction)이라고 부른다. 다음 예들을 포함하여 자발적인 물리 과정이나 화학 과정은 일상생활에서 무수히 관찰할 수 있다.

자발적 과정은 순간적인 반응을 뜻하는 것이 아니다.

- 폭포수는 아래로 떨어지지만 자발적으로 거슬러 올라가지 않는다.
- 커피잔에 있는 설탕 덩어리는 자발적으로 녹지만, 이미 녹은 설탕은 결코 자발적 과정을 통해 원래 덩어리의 모습을 형성하지 않는다.
- 1 atm에서 0°C 이하의 물은 자발적으로 얼고, 0°C 이상에서 얼음은 자발적으로 녹는다.
- 열은 뜨거운 물체에서 차가운 물체를 향해서 흐르지만, 그 역과정은 자발적으로 진행되지 않는다.
- 빈 용기로의 기체의 팽창은 자발적인 과정이다[그림 17.1(a)]. 하지만 모든 분자들이 한 플라스크로 모이는 그 역과정은 비자발적이다[그림 17.1(b)].
- 소듐 금속 조각은 물과 격렬히 반응하여 수산화 소듐과 수소 기체를 생성한다. 그러나 수소 기체는 수산화 소듐과 반응하여 물과 소듐을 생성하지 않는다.
- 물과 산소에 노출이 된 철은 녹이 슬지만, 녹이 자발적으로 원래 형태인 철로 변화하지는 않는다.

위의 예들은 특정 조건에서 한 방향을 향해 자발적으로 일어난 반응은 같은 조건에서 역방향으로 일어나지 않는다는 것을 보여주고 있다.

자발적인 과정이 계의 에너지를 감소시키기 위해서 일어난다고 가정한다면, 공이 아래로 굴러가고 시계 태엽은 풀리는 방향으로 일어나는 이유를 설명할 수 있다. 마찬가지로 많은 발열 반응들이 자발적인 반응인 것도 설명이 가능하다. 메테인의 연소는 그 한 예이다.

활성화 에너지 장벽으로 인해 반응이 일어나기 위해서는 외부로부터 에너지의 공급이 필요하다.

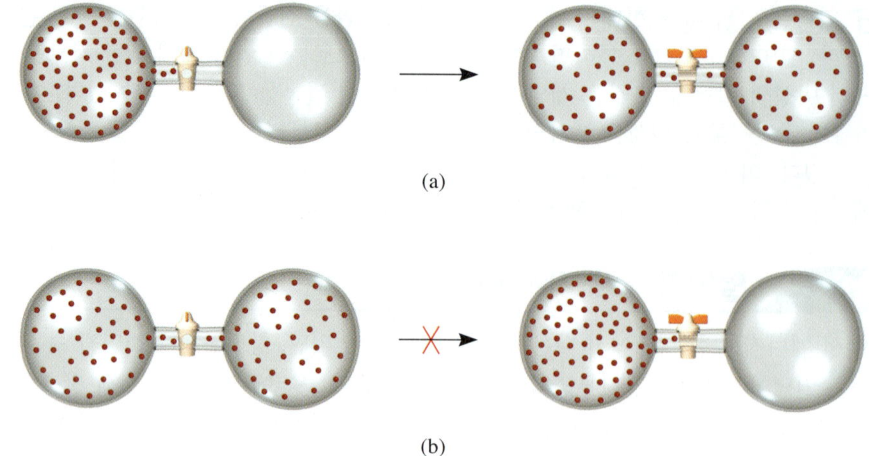

그림 17.1 (a) 자발적 과정. 밸브가 열린 후 두 용기에 기체 분자가 골고루 분포하게 된다. (b) 비자발적 과정. 밸브가 열린 후 기체 분자가 한 용기에만 모이게 된다.

$$CH_4(g) + 2O_2(g) \longrightarrow CO_2(g) + 2H_2O(l) \quad \Delta H^\circ = -890.4 \text{ kJ/mol}$$

또 다른 예로 산-염기 중화 반응을 들 수 있다.

$$H^+(aq) + OH^-(aq) \longrightarrow H_2O(l) \quad \Delta H^\circ = -56.2 \text{ kJ/mol}$$

그러나 다음과 같은 고체에서 액체로의 상 전이를 생각해 보자.

$$H_2O(s) \longrightarrow H_2O(l) \quad \Delta H^\circ = 6.01 \text{ kJ/mol}$$

이 경우 자발적인 과정이 계의 에너지를 감소시킨다는 가정은 들어맞지 않는다. 경험을 통해 볼 때, 그 과정이 흡열 반응임에도 불구하고 0°C 이상에서 얼음은 녹는다. 앞의 가정과 모순이 되는 또 다른 예로 질산 암모늄의 물에 대한 용해 과정을 들 수 있다.

$$NH_4NO_3(s) \xrightarrow{H_2O} NH_4^+(aq) + NO_3^-(aq) \quad \Delta H^\circ = 25 \text{ kJ/mol}$$

이 과정은 자발적이나 흡열 반응이다. 산화 수은(II)의 분해는 흡열 과정인데, 실온에서는 비자발적 과정이지만 온도를 올리면 자발적인 과정으로 바뀐다.

$$2HgO(s) \longrightarrow 2Hg(l) + O_2(g) \quad \Delta H^\circ = 90.7 \text{ kJ/mol}$$

가열하면, HgO는 분해되어 Hg와 O_2를 만든다.

위에서 언급한 예와 다른 많은 경우를 통해서 다음 결론에 도달할 수 있다. 발열성은 반응의 자발성을 유리하게 하지만, 자발성 자체를 보장하지는 않는다. 흡열 반응이 자발적으로 되는 것이 가능한 것과 마찬가지로 발열 반응이 비자발적으로 되는 것도 가능하다. 달리 말하자면 에너지 변화만을 가지고는 자발성 또는 비자발성을 예측하는 데 충분하지 않다. 이와 같이 반응에 대한 예측이 가능토록 하기 위해서 또 다른 열역학적 양이 필요한데, 이것이 바로 *엔트로피*(entropy)이다.

17.3 엔트로피

한 과정의 자발성을 예측하기 위해서는 엔트로피라는 새로운 열역학적인 양이 요구된다. **엔트로피**(entropy, *S*)는 *흔히 계가 에너지를 가질 수 있는 가능한 방법들 중 현재 계의 에너지가 얼마나 분산되어 존재하는지를 나타내는 척도*이다. 계가 가진 에너지의 분산된 정도가 크면 클수록 엔트로피는 커진다. 대부분의 열역학적 과정은 엔트로피의 변화를 수반한다. 물 분자는 다양한 에너지 상태를 가질 수 있고(예를 들면, 물 분자는 병진, 회전 및 진동 에너지와 관련된 에너지 상태를 갖는다) 컵에 담겨진 뜨거운 물은 이들 에너지의 다중성에 상응하는 특정한 양의 엔트로피를 갖는다. 물은 테이블에 가만히 놓아 두면 주변으로 열을 잃는다. 결과적으로, 주위 환경으로의 에너지 발산이 공기 분자로 하여금 더욱 다

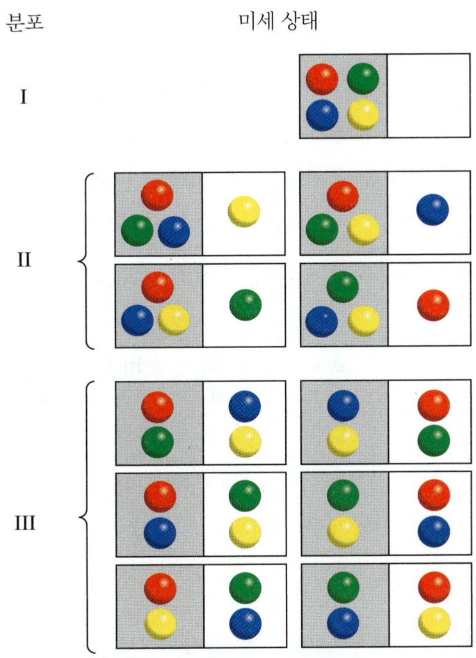

그림 17.2 네 개의 분자를 두 개의 동일한 칸에 분포시키는 가능한 방법들. 분포 I은 한 가지 방법(네 개의 분자가 모두 왼쪽 칸에 들어간다)에 의해서만 구현이 된다. 분포 II는 네 가지 방법으로 구현이 되며 네 개의 미세 상태를 갖는다. 분포 III은 여섯 가지 방법으로 얻어질 수 있고, 여섯 개의 미세 상태를 갖는다.

양한 에너지 상태를 가지게 함으로써 전체적인 엔트로피는 증가한다.

또 다른 예로 그림 17.1의 상황을 생각해 보자. 용기의 밸브를 열기 전, 계는 특정한 양의 엔트로피를 가지고 있다. 그러나 밸브를 열면 기체 분자는 결합된 두 용기 전체로 팽창한다. 더욱 확장된 부피로 운동이 가능하게 되어 분자의 병진 에너지 준위 사이의 간극은 좁아지게 된다. 세밀하게 배열이 된 에너지 준위는 에너지의 분산을 증가시키기 때문에 계의 엔트로피는 증가한다.

양자역학적 해석에 따르면 병진 에너지 준위 사이의 간격은 용기의 부피 및 기체 분자의 질량에 반비례한다.

미세 상태와 엔트로피

엔트로피의 증가를 자발적 과정과 연관지을 수 있는 열역학 제2법칙을 소개하기 전에, 엔트로피에 대한 올바른 정의를 내리는 것이 유용하다. 이를 위해서 그림 17.2와 같이 두 개의 동일한 칸막이 사이에 분포하는 네 개의 분자를 생각해 보자. 네 분자 모두를 왼쪽 칸막이에 배열할 수 있는 방법은 오직 한 가지, 세 분자를 왼쪽에 한 분자를 오른쪽에 배열할 수 있는 방법은 네 가지, 그리고 왼쪽 오른쪽에 각각 분자를 두 개씩 배열할 수 있는 방법이 여섯 가지가 있다. 분자를 분포시킬 수 있는 총 11가지 방법을 미세 상태(microstate)라고 부르며, 각각의 비슷한 미세 상태를 분포(distribution)[†]라고 부른다. 그림에서 보는 바와 같이 분포 III은 총 6개의 미세 상태로 이루어져 있기 때문에 일어날 가능성이 가장 높으며, 분포 I은 오직 한 개의 미세 상태로 구성되어 있기 때문에 일어날 가능성이 가장 적다. 이와 같은 분석에 기초하여 어떤 특정한 분포(상태)가 일어날 확률은 그 분포를 얻을 수 있는 경우(미세 상태)의 수에 의존한다고 결론내릴 수 있다. 분자의 수가 거시적 척도에 가까워지면, 분자들은 두 칸에 균등하게 분포할 것이라는 것을 쉽게 예상할 수가 있다. 왜냐하면 다른 어떤 분포보다 그 경우의 미세 상태가 더 많기 때문이다.

1868년에 볼츠만은 계의 엔트로피가 미세 상태의 수(W)의 자연 로그와 연관이 있다는 것을 보였다.

[†] 실제로는 두 개의 칸에 네 개의 분자들을 분배하는 다른 경우도 있다. 네 개의 분자들이 모두 오른쪽 칸에 들어가는 경우(한 가지)와 세 개의 분자들이 오른쪽 칸에 들어가는 경우(네 가지)가 있을 것이다. 그러나 그림 17.2에서 보는 분포들은 논의를 진행시키기에 충분하다.

비엔나에 있는 볼츠만(Ludwig Boltzmann)의 묘비에는 그의 유명한 수식이 새겨져 있다. 여기서 "log"는 자연 로그 "$\log_e$" 즉, ln을 뜻한다.

$$S = k \ln W \tag{17.1}$$

이때, k는 볼츠만 상수(1.38×10^{-23} J/K)이다. 따라서 W가 크면 클수록 계의 엔트로피는 커진다. 엔탈피와 마찬가지로 엔트로피는 상태 함수이다. 계가 초기 상태에서 최종 상태로 변화하는 임의의 과정에 대해 엔트로피의 변화 ΔS는 다음과 같이 쓸 수 있다.

$$\Delta S = S_f - S_i \tag{17.2}$$

여기서 S_i와 S_f는 각각 초기와 최종 상태에서 계의 엔트로피이다. 식 (17.1)을 이용하면 다음과 같이 쓸 수 있다.

$$\begin{aligned}\Delta S &= k \ln W_f - k \ln W_i \\ &= k \ln \frac{W_f}{W_i}\end{aligned} \tag{17.3}$$

W_i와 W_f는 각각 초기와 최종 상태에 상응하는 미세 상태의 총 개수이다. 따라서 $W_f > W_i$이면 $\Delta S > 0$이고, 계의 엔트로피는 증가한다.

개념 복습하기

앞 페이지의 각주를 참고하여 그림 17.2에 없는 분포를 완성하시오.

엔트로피 변화

앞서 계의 엔트로피 증가를 에너지 상태가 갖는 다중성 증가의 결과물로 설명하였다. 에너지 상태의 다중성을 통한 엔트로피의 대략적인 기술과 식 (17.1)에서 주어진 미세 상태를 통한 엔트로피의 정량적인 기술 사이에는 연관이 있다.

- 에너지 상태를 배열할 수 있는 미세 상태의 수가 적은(분산도가 작은) 계는 낮은 엔트로피를 갖는다.
- 에너지 상태를 배열할 수 있는 미세 상태의 수가 큰(분산도가 큰) 계는 높은 엔트로피를 갖는다.

다음으로, 계의 미세 상태 수의 변화를 통해서 계의 엔트로피 변화를 일으킬 수 있는 여러 과정에 대해서 공부한다.

그림 17.3에 제시된 상황을 고려해 보자. 고체 상태에서는 원자나 분자가 정해진 위치에 고정되어 있고 미세 상태의 수가 적다. 고체가 녹으면 이들 원자나 분자는 격자점에서 벗어날 수 있어 더 많은 위치를 점유할 수 있게 된다. 결과적으로 입자들을 배열할 수 있는 가지 수가 증가하게 되고 미세 상태의 수 또한 증가한다. 따라서 "질서 ⟶ 무질서"의 상 전이는 미세 상태의 수를 증가시킴으로써 엔트로피를 증가시킨다. 이와 유사하게 증발 과정 또한 엔트로피의 증가를 일으키게 된다. 그러나 증발 과정의 엔트로피 변화는 녹는 과정의 엔트로피의 변화에 비해 월등히 크다. 왜냐하면 기체 분자가 점유할 수 있는 공간은 액체 상태에서 분자가 차지할 수 있는 공간에 비해 훨씬 크고, 따라서 미세 상태의 수도 훨씬 크기 때문이다. 용해 과정은 보통 엔트로피의 증가를 수반한다. 설탕 결정이 물에 녹으면, 잘 정렬된 고체 구조와 정렬되어 있는 물 구조의 일부분이 깨진다. 따라서 용액은 순수한 용질과 순수한 용매가 가질 수 있는 미세 상태의 수를 합한 것보다 훨씬 더 많은 수의 미세 상태를 가진다. 염화 소듐과 같은 이온성 고체가 물에 녹을 때, 이온 결합 화합물의 해리와 용해 과정(용매와 용질의 혼합) 두 가지가 엔트로피를 증가시키는 데 기여한다.

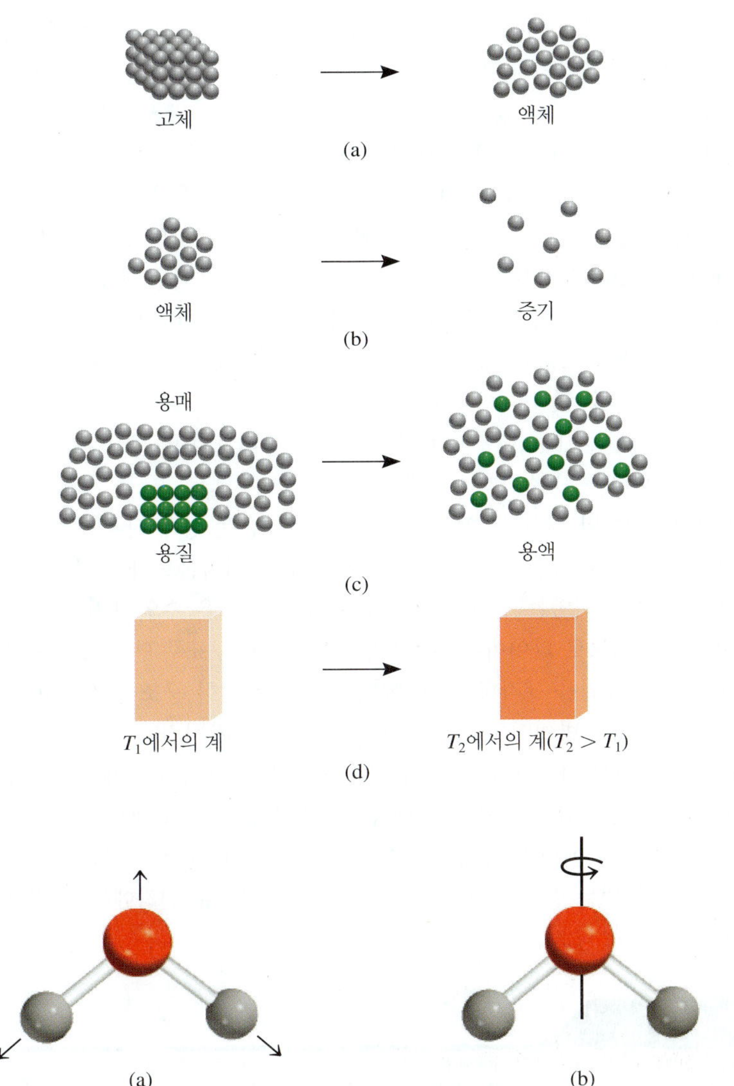

그림 17.3 계의 엔트로피를 증가시키는 과정. (a) 녹음: $S_{액체} > S_{고체}$, (b) 증발: $S_{기체} > S_{액체}$, (c) 용해: $S_{용액} > S_{용질} + S_{용매}$, (d) 가열: $S_{T_2} > S_{T_1}$.

그림 17.4 (a) 물 분자의 진동 운동. 화살표로 표시된 바와 같이 원자들의 위치가 움직인다. (b) 산소 원자의 축을 중심으로 이루어지는 물 분자의 회전 운동. 그림에서와 다른 방식으로도 진동/회전 운동이 이루어질 수 있다.

$$\mathrm{NaCl}(s) \xrightarrow{\mathrm{H_2O}} \mathrm{Na^+}(aq) + \mathrm{Cl^-}(aq)$$

입자의 수가 늘어나면 미세 상태의 수는 증가한다. 그러나 이온 주위를 더욱 질서있게 둘러싸고 있는 물 분자가 일으키는 수화(hydration)를 고려해야 한다. 이 과정은 미세 상태의 수를 감소시키기 때문에 엔트로피를 감소시킨다. Al^{3+}나 Fe^{3+}과 같이 작으면서도 전하가 큰 이온의 경우, 수화 때문에 일어나는 엔트로피의 감소가 혼합과 해리 때문에 일어나는 엔트로피의 증가보다 더 크다. 따라서 전체적인 반응에서의 엔트로피 변화는 음의 값이 된다. 가열 또한 반응계의 엔트로피를 증가시킨다. 병진 운동(한 점에서 다른 점으로 이동) 외에도 분자들은 회전 운동과 진동 운동을 할 수 있다(그림 17.4). 온도가 증가하면 모든 형태의 분자 운동과 관련된 에너지가 증가한다. 이와 같이 증가된 에너지는 양자화된 에너지 준위들 위에 분산되어서 분포하게 된다. 결과적으로, 더 높은 온도에서 더 많은 미세 상태가 존재할 수 있다. 따라서 계의 엔트로피는 온도가 증가하면 항상 증가한다.

표준 엔트로피

식 (17.1)은 엔트로피에 대한 분자 단위에서의 유용한 해석을 제공한다. 그러나 많은 분자들로 구성된 거시적 계에 대해서는 미세 상태의 수를 결정하기가 어렵기 때문에, 이 식은

표 17.1

25°C에서 몇 가지 물질에 대한 표준 엔트로피($S°$)

물질	$S°$ (J/K·mol)
$H_2O(l)$	69.9
$H_2O(g)$	188.7
$Br_2(l)$	152.3
$Br_2(g)$	245.3
$I_2(s)$	116.7
$I_2(g)$	260.6
C(다이아몬드)	2.4
C(흑연)	5.69
CH_4(메테인)	186.2
C_2H_6(에테인)	229.5
He(g)	126.1
Ne(g)	146.2

엔트로피를 직접 계산하는 데는 잘 쓰이지 않는다. 대신 엔트로피는 열량계 방법으로 얻는다. 곧 알게 되겠지만 에너지나 엔탈피와 달리 엔트로피는 임의의 물질에 대해 그 절대 값(절대 엔트로피)을 결정할 수 있다. *표준 엔트로피*(standard entropy)는 1 atm, 25°C에서 측정되는 절대 엔트로피이다(표준 상태는 1 atm에만 적용됨을 기억하라. 많은 과정들이 상온에서 진행되기 때문에 25°C를 선택한다). 표 17.1은 몇 가지 물질들의 표준 엔트로피를 수록하였다. 부록 3에 더 많은 값들이 나와 있다.[†] 엔트로피의 단위는 J/K이며, 물질 1 mol에 대해서는 J/K·mol이다(엔트로피 값은 보통 아주 작기 때문에 kJ 대신에 J를 사용한다). 원소와 화합물의 엔트로피는 양의 값을 갖는다(즉, $S° > 0$). 이와는 대조적으로 안정한 상태의 원소에 대한 표준 생성 엔탈피($\Delta H_f°$)는 임의로 0으로 정하였고, 화합물에 대해서는 양 또는 음이 될 수 있다.

표 17.1에 의하면 물 1 mol은 기체 상태가 액체 상태보다 더 큰 표준 엔트로피를 가진다. 마찬가지로 브로민 증기는 액체 브로민보다 더욱 큰 엔트로피를 가지며, 아이오딘 증기는 고체 아이오딘보다 더욱 큰 엔트로피를 갖는다. 같은 상의 다른 물질들에 대해서는 복잡한 분자일수록 더욱 높은 엔트로피 값을 갖는다. 다이아몬드와 흑연은 모두 고체이지만 다이아몬드가 더 질서있는 구조를 가지고, 따라서 더 적은 수의 미세 상태를 갖는다(그림 11.28 참조). 그러므로 다이아몬드는 흑연보다 더 작은 표준 엔트로피를 갖는다. 천연가스인 메테인과 에테인을 생각해 보자. 에테인은 더 복잡한 구조를 가지고 있고, 따라서 분자 운동을 할 수 있는 방법이 더 많아서 미세 상태를 증가시킨다. 따라서 에테인은 메테인보다 표준 엔트로피가 더 크다. 헬륨과 네온은 단원자 기체이기 때문에 회전 운동이나 진동 운동을 할 수 없다. 그러나 네온은 헬륨보다 몰질량이 크기 때문에 더 큰 엔트로피를 갖는다. 무거운 원자는 에너지 준위 간격이 더 좁아지기 때문에 원자의 에너지를 에너지 준위들에 분배할 수 있는 방법이 더 많아진다. 그 결과 무거운 원자에는 더 많은 미세 상태가 존재한다.

원자 자신의 축에 대한 스핀 운동은 핵의 위치를 변화시키지 않기 때문에 회전 운동에 포함시키지 않는다.

상온에서 브로민은 연기를 내는 액체이다.

예제 17.1

다음 과정에 대해 엔트로피 변화가 0보다 큰지, 작은지, 같은지 예측하시오. (a) 에탄올이 언다. (b) 비커에 담긴 브로민이 상온에서 증발한다. (c) 포도당이 물에 녹는다. (d) 질소 기체를 80°C에서 20°C로 온도를 낮춘다.

전략 이 경우 엔트로피 변화를 결정하기 위해서는 미세 상태의 수가 증가하는지 감소하는지를 보아야 한다. 만약 미세 상태의 수가 증가하면 ΔS의 부호는 양이 될 것이고, 미세 상태의 수가 감소하면 ΔS의 부호는 음이 될 것이다.

풀이

(a) 에탄올 분자는 얼면서 그 위치가 고정된다. 따라서 상 전이에 따라 미세 상태의 수가 줄어들고, 엔트로피도 감소한다. 즉, $\Delta S < 0$.

(계속)

[†]각 이온에 대한 엔트로피는 실험적으로 결정될 수 없기 때문에 화학자들은 임의로 용액에 들어 있는 수소 이온에 대한 엔트로피 값을 임의로 0으로 할당하였다. 이 척도로 HCl의 측정값으로부터 염소 이온의 엔트로피 값을 결정할 수 있다. 이어서 NaCl의 측정값으로부터 소듐 이온의 엔트로피 값을 구할 수 있으며, 같은 방법으로 다른 이온의 엔트로피 값을 구할 수 있다. 부록 3을 보면 몇 가지 이온은 양의 엔트로피 값을 가지는 반면, 다른 몇 가지는 음의 엔트로피 값을 가진다. 부호는 수소 이온에 대한 수화 정도로 결정된다. 만일 어떤 이온이 수소 이온보다 더 크게 수화되면 그 이온의 엔트로피는 음의 값을 가진다. 어떤 이온이 이와 반대의 성질을 나타내면 양의 엔트로피를 갖는다.

(b) 브로민이 증발하면서 그 브로민 분자가 거의 비어 있는 공간에서 더 많은 자리를 차지할 수 있기 때문에, 미세 상태의 수가 증가한다. 따라서 $\Delta S > 0$.

(c) 포도당은 비전해질이다. 용해 과정에서 포도당 분자와 물 분자가 섞이기 때문에 물질의 분산이 증가한다. 따라서 $\Delta S > 0$이라고 예측할 수 있다.

(d) 냉각 과정은 분자의 여러 운동을 감소시킨다. 따라서 미세 상태의 개수가 줄어들고 $\Delta S < 0$이다.

실전 연습 다음 과정에 대해 계의 엔트로피는 어떻게 변하는가? (a) 수증기의 응결. (b) 과포화 용액에서 설탕 결정이 만들어지는 경우. (c) 수소 기체를 60°C에서 80°C로 가열. (d) 드라이아이스의 승화.

비슷한 문제: 17.5.

17.4 열역학 제2법칙

엔트로피와 반응의 자발성 사이의 연관성은 *우주의 엔트로피는 자발적인 과정인 경우 증가하고 평형과정인 경우에는 변하지 않고 일정한 값을 갖는다는* **열역학 제2법칙**(second law of thermodynamics)으로 나타낸다. 우주는 계와 주위로 구성되어 있기 때문에 임의의 과정에 대한 우주의 엔트로피 변화($\Delta S_{우주}$)는 계의 엔트로피 변화($\Delta S_{계}$)와 주위의 엔트로피 변화($\Delta S_{주위}$)의 합이다. 수학적으로 열역학 제2법칙은 다음과 같이 표현된다.

엔트로피에 대해서 얘기하는 행위 또한 우주의 엔트로피를 증가시킨다.

자발적 과정: $$\Delta S_{우주} = \Delta S_{계} + \Delta S_{주위} > 0 \quad (17.4)$$

평형 과정: $$\Delta S_{우주} = \Delta S_{계} + \Delta S_{주위} = 0 \quad (17.5)$$

제2법칙에 따르면 자발적 과정에 대해 $\Delta S_{우주}$는 0보다 크지만, $\Delta S_{계}$나 $\Delta S_{주위}$에 대해서는 두 양의 합이 0보다 크기만 하면 특별한 제한을 두지 않는다. 평형 과정인 경우에 있어서는 $S_{우주}$는 0이다. 이 경우에는 $\Delta S_{계}$와 $\Delta S_{주위}$의 크기는 같고 부호는 반대이다. 만약 어떤 특별한 과정에 대해서 $\Delta S_{우주}$가 음의 값을 가지면 어떻게 될 것인가? 이것이 의미하는 바는 그 과정이 진행 방향에 대해 자발적이지 않음을 뜻한다. 돌려서 말하면 *반대* 방향으로의 과정은 자발적이게 된다.

계의 엔트로피 변화

$\Delta S_{우주}$를 얻기 위해서는 $\Delta S_{계}$와 $\Delta S_{주위}$ 모두를 알아야 한다. 먼저 $\Delta S_{계}$에 초점을 맞추어 다음과 같은 반응으로 나타낼 수 있는 계를 가정하자.

$$a\text{A} + b\text{B} \longrightarrow c\text{C} + d\text{D}$$

반응 엔탈피의 경우[식 (6.18)]와 같이 **표준 반응 엔트로피**(standard entropy of reaction, $\Delta S^\circ_{반응}$)는 *반응물과 생성물의 표준 엔트로피 차이*로 주어진다.

$$\Delta S^\circ_{반응} = [cS^\circ(\text{C}) + dS^\circ(\text{D})] - [aS^\circ(\text{A}) + bS^\circ(\text{B})] \quad (17.6)$$

또는 일반적으로 합을 표현하는 Σ 기호와 반응의 화학량론 계수(stoichiometric coefficient) m과 n을 사용하여 나타낸다.

$$\Delta S^\circ_{반응} = -\Sigma nS^\circ(생성물) - \Sigma mS^\circ(반응물) \quad (17.7)$$

많은 화합물의 표준 엔트로피 값은 J/K · mol 단위로 측정된다. $\Delta S^\circ_{반응}$을 계산하기 위해서는 부록 3에서 그 값들을 찾아 다음 예제 17.2에서와 같이 사용한다.

예제 17.2

부록 3에 있는 표준 엔트로피 값으로부터 25°C에서 다음 반응의 표준 엔트로피 변화를 계산하시오.

(a) $CaCO_3(s) \longrightarrow CaO(s) + CO_2(g)$
(b) $N_2(g) + 3H_2(g) \longrightarrow 2NH_3(g)$
(c) $H_2(g) + Cl_2(g) \longrightarrow 2HCl(g)$

전략 표준 반응 엔트로피를 계산하려면 부록 3에서 반응물과 생성물의 표준 엔트로피를 찾아내고 식 (17.7)에 적용을 해야 한다. 반응 엔탈피 계산[식 (6.18) 참조]에서와 같이 화학량론 계수는 단위가 없기 때문에 $\Delta S°_{반응}$은 J/K·mol 단위로 표시된다.

풀이

(a) $\Delta S°_{반응} = [S°(CaO) + S°(CO_2)] - [S°(CaCO_3)]$
$= [(39.8\text{ J/K} \cdot \text{mol}) + (213.6\text{ J/K} \cdot \text{mol})] - (92.9\text{ J/K} \cdot \text{mol})$
$= 160.5\text{ J/K} \cdot \text{mol}$

따라서 $CaCO_3$ 1 mol이 분해되면 CaO 1 mol과 기체 CO_2 1 mol이 발생하고 160.5 J/K · mol에 해당하는 엔트로피가 증가한다.

(b) $\Delta S°_{반응} = [2S°(NH_3)] - [S°(N_2) + 3S°(H_2)]$
$= (2)(193\text{ J/K} \cdot \text{mol}) - [(192\text{ J/K} \cdot \text{mol}) + (3)(131\text{ J/K} \cdot \text{mol})]$
$= -199\text{ J/K} \cdot \text{mol}$

이 결과는 질소 기체 1 mol과 수소 기체 3 mol과 반응하여 암모니아 기체 2 mol을 만들 때, −199 J/K·mol에 해당하는 엔트로피가 감소한다는 것을 보여준다.

(c) $\Delta S°_{반응} = [2S°(HCl)] - [S°(H_2) + S°(Cl_2)]$
$= (2)(187\text{ J/K} \cdot \text{mol}) - [(131\text{ J/K} \cdot \text{mol}) + (223\text{ J/K} \cdot \text{mol})]$
$= 20\text{ J/K} \cdot \text{mol}$

따라서 H_2 기체 1 mol과 Cl_2 기체 1 mol로부터 HCl 기체 2 mol이 만들어지면 20 J/K · mol에 해당되는 만큼 약간의 엔트로피 증가가 수반된다.

비슷한 문제: 17.11, 17.12.

해설 $\Delta S°_{반응}$ 값은 모두 계의 값이다.

실전 연습 25°C에서 다음 반응의 표준 엔트로피 변화를 계산하시오.

(a) $2CO(g) + O_2(g) \longrightarrow 2CO_2(g)$
(b) $3O_2(g) \longrightarrow 2O_3(g)$
(c) $2NaHCO_3(s) \longrightarrow Na_2CO_3(s) + H_2O(l) + CO_2(g)$

예제 17.2의 결과는 다른 많은 반응에서 관찰된 결과와 일치한다. 종합해 보면 그 결과들은 다음과 같은 일반적인 규칙으로 요약할 수 있다.

간단히 하기 위하여 아래첨자 "반응"을 생략한다.

- 반응에서 소비된 것보다 더 많은 기체 분자를 생성한다면[예제 17.2(a)] $\Delta S°$는 양의 값이다.
- 전체 기체 분자의 수가 감소한다면[예제 17.2(b)] $\Delta S°$는 음의 값이다.
- 전체 기체 분자의 수가 변하지 않는다면[예제 17.2(c)] $\Delta S°$는 음이나 양이 될 수 있지만, 비교적 작은 수치가 될 것이다.

기체가 액체나 고체보다 항상 더 큰 엔트로피를 갖는다고 가정할 때 위의 결론은 타당하다. 액체나 고체만을 포함하는 반응에 대하여 $\Delta S°$의 부호를 예측하는 일은 더욱 어렵지만, 대부분의 경우에 분자나 이온 수가 늘어나면 엔트로피도 같이 증가한다.

예제 17.3은 반응물과 생성물의 성질에 대해 알면 어떻게 엔트로피 변화를 예측할 수 있는지를 보여준다.

예제 17.3

다음 각 반응에 대해 계의 엔트로피 변화가 양인지 음인지 예측하시오.

(a) $2H_2(g) + O_2(g) \longrightarrow 2H_2O(l)$

(b) $NH_4Cl(s) \longrightarrow NH_3(g) + HCl(g)$

(c) $H_2(g) + Br_2(g) \longrightarrow 2HBr(g)$

전략 각 반응에 대해서 엔트로피 변화의 부호를 계산하지 말고 예측하라는 문제이다. 엔트로피를 증가시키는 요소들은 (1) 응축상에서 기체 상태로 상 변화, (2) 같은 상인 경우에는 반응물 분자보다 더 많은 생성물 분자가 만들어지는 반응이다. 반응물과 생성물 분자의 상대적인 복잡도를 비교하는 것도 중요하다. 일반적으로 분자 구조가 복잡할수록 그 화합물의 엔트로피는 커진다.

풀이

(a) 두 반응물 분자가 결합하여 하나의 생성물 분자를 만든다. 비록 H_2O는 H_2나 O_2보다는 더 복잡한 구조를 가지고 있지만, 전체적으로 분자 한 개씩 줄어드는 셈이고, 기체가 액체로 바뀐다는 점에서 미세 상태의 숫자는 감소할 것이다. 따라서 $\Delta S°$는 음수이다.

(b) 고체 분자 한 개가 기체 분자 두 개로 바뀐다. 따라서 $\Delta S°$는 양수이다.

(c) 생성물과 반응물에 분자의 수가 같다. 더욱이 모든 분자들이 이원자 분자이므로 복잡도도 비슷하다. 따라서 $\Delta S°$의 부호를 예측할 수 없지만 그 크기는 매우 작을 것이다.

비슷한 문제: 17.13, 17.14.

실전 연습 다음 각 과정에 대해 엔트로피 변화의 부호를 정성적으로 논하시오.

(a) $I_2(s) \longrightarrow 2I(g)$

(b) $2Zn(s) + O_2(g) \longrightarrow 2ZnO(s)$

(c) $N_2(g) + O_2(g) \longrightarrow 2NO(g)$

개념 복습하기

A_2(파란색)와 B_2(주황색)이 반응하여 AB_3가 되는 기체상 반응을 생각해 보자.

(a) 화학 반응식을 쓰시오.

(b) 이 반응에 관련된 ΔS의 부호는 무엇인가?

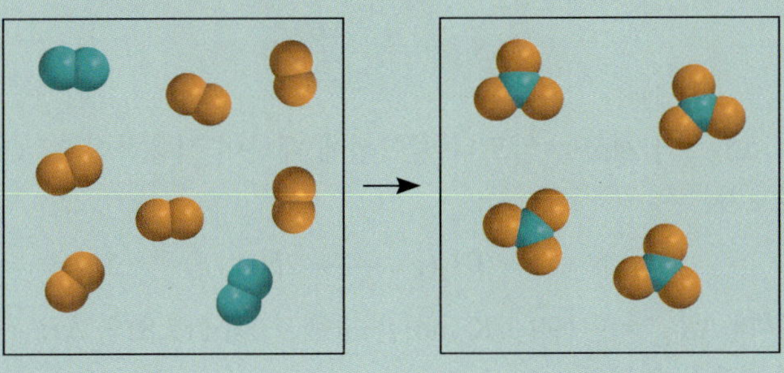

▶ 주위의 엔트로피 변화

이제 $\Delta S_{주위}$가 어떻게 계산되는지를 알아보자. 발열 과정이 계에서 일어날 때 주위로 전달되는 열은 주위의 분자 운동을 활발하게 한다. 결과적으로 분자 수준에서 미세 상태의 수가 증가하며, 주위의 엔트로피는 증가한다. 역으로, 계의 흡열 과정은 주위로부터 열을 흡수하고, 주위의 분자 운동은 축소되므로 주위의 엔트로피는 감소한다(그림 17.5). 등압 과정에서 열 변화는 계의 엔탈피 변화($\Delta H_{계}$)와 같다. 따라서 주위의 엔트로피 변화($\Delta S_{주위}$)는 $\Delta H_{계}$에 비례한다.

$$\Delta S_{주위} \propto -\Delta H_{계}$$

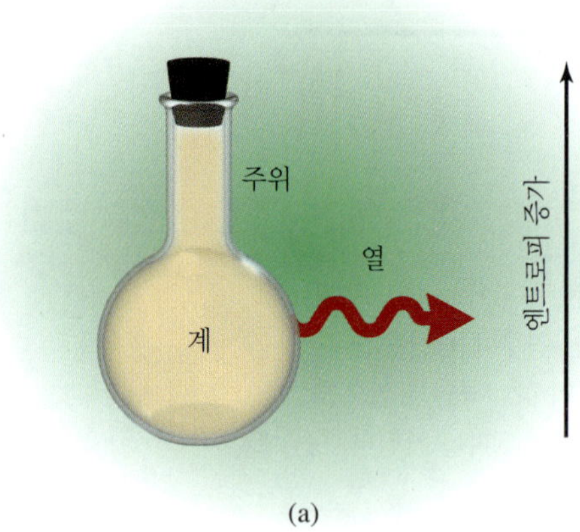

(a)

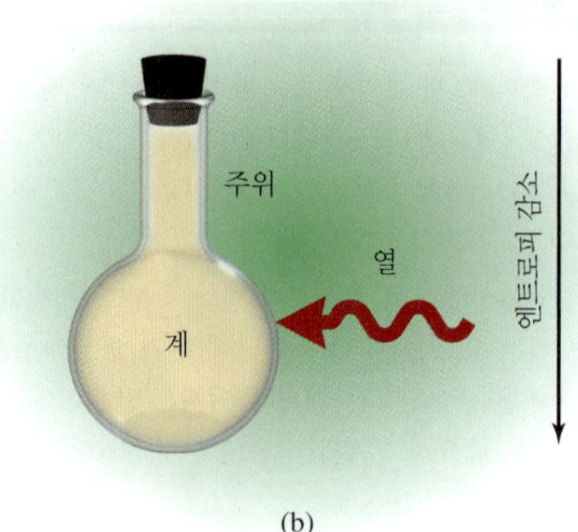

(b)

그림 17.5 (a) 발열 과정은 계에서 주위로 열을 전달하고, 그 결과 주위의 엔트로피가 증가한다. (b) 흡열 과정은 주위에서 열을 흡수하고, 그 결과 주위의 엔트로피는 감소한다.

음의 부호가 사용된 것은 그 과정이 발열 과정이라면 $\Delta H_{계}$는 음이고, $\Delta S_{주위}$는 엔트로피 증가에 해당하는 양의 값이기 때문이다. 반면 흡열 과정에서 $\Delta H_{계}$는 양이고, 음의 부호는 주위의 엔트로피가 감소됨을 나타낸다.

주어진 열의 양에 대하여 엔트로피의 변화는 온도에도 의존한다. 만일 주위가 높은 온도라면 분자 운동은 이미 매우 활발한 상태이다. 그러므로 계의 발열 과정으로부터 흡수한 열은 분자 운동에 비교적 작은 영향을 미칠 것이며, 결과적으로 나타나는 엔트로피의 증가량은 적을 것이다. 그러나 주위의 온도가 낮다면 같은 양의 열 증가는 분자 운동을 훨씬 더 크게 증가시킬 것이고, 엔트로피도 크게 증가될 것이다. 비유하자면, 많은 사람들로 붐비는 식당에서 한 사람이 기침하는 것은 많은 사람에서 그다지 큰 방해가 되지 않지만, 도서관에서 한 사람이 기침하는 것은 확실히 방해가 되는 것과 마찬가지이다. $\Delta S_{주위}$와 절대 온도 T(켈빈 단위, K로 표시) 사이의 반비례 관계, 즉 온도가 높아지면 높아질수록 $\Delta S_{주위}$는 더욱 작아지며, 그 역도 성립한다는 것으로부터 다음 식을 표시할 수 있다.

이 식은 계와 주위가 일정 온도 T에 있다는 가정하에 열역학 법칙에서 유도할 수 있다.

$$\Delta S_{주위} = \frac{-\Delta H_{계}}{T} \tag{17.8}$$

이제 $\Delta S_{계}$와 $\Delta S_{주위}$의 계산을 암모니아 합성에 대하여 적용하여 25°C에서 이 반응이 자발적인지 살펴보자.

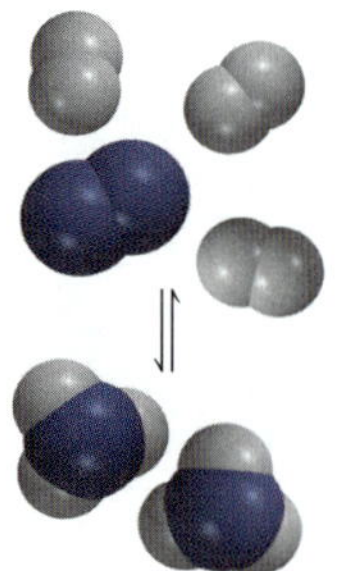

수소와 질소로부터 암모니아 합성.

$$N_2(g) + 3H_2(g) \longrightarrow 2NH_3(g) \qquad \Delta H^\circ_{반응} = -92.6\text{ kJ/mol}$$

예제 17.2(b)로부터 $\Delta S_{계} = -199$ J/K·mol을 구했고, 식 (17.8)의 $\Delta H_{계}$(-92.6 kJ/mol)에 대입함으로써 다음을 얻는다.

$$\Delta S_{주위} = \frac{-(-92.6 \times 1000)\text{ J/mol}}{298\text{ K}} = 311\text{ J/K}\cdot\text{mol}$$

우주의 엔트로피 변화는 다음과 같다.

$$\begin{aligned}\Delta S_{우주} &= \Delta S_{계} + \Delta S_{주위}\\ &= -199\text{ J/K}\cdot\text{mol} + 311\text{ J/K}\cdot\text{mol}\\ &= 112\text{ J/K}\cdot\text{mol}\end{aligned}$$

$\Delta S_{우주}$가 양의 값이기 때문에 25°C에서 이 반응이 자발적이라는 것을 예측할 수 있다. 반응이 자발적이라고 꼭 그 반응이 관찰할 수 있는 속도로 일어날 것임을 의미하는 것은 아니라는 것을 명심하라. 사실 암모니아 합성은 상온에서 매우 느리게 일어난다. 열역학은

반응이 어떤 특정한 조건에 자발적으로 일어날 수 있는가를 제시할 수 있지만, 그 반응이 얼마나 빨리 일어날지를 나타내지는 못한다. 반응 속도는 화학 반응 속도론의 주제이다 (13장 참조).

열역학 제3법칙과 절대 엔트로피

마지막으로, 엔트로피 값의 결정과 관련된 *열역학 제3법칙*(third law of thermodynamics)에 대해 생각해 보자. 지금까지 엔트로피를 분자의 미세 상태와 관련지었다. 즉, 계에서 원자 또는 분자 운동의 미세 상태의 수가 크면 클수록 계의 엔트로피는 커진다는 것이다. 절대 영도(0 K)에서 완전 결정성 물질을 가정해 보자. 이 조건에서 분자 운동은 최소이고, 미세 상태의 수(W)는 한 개이다. (원자나 분자를 완전한 결정으로 배치하는 방법은 단 한 가지뿐이다.) 식 (17.1)로부터

$$\begin{aligned} S &= k \ln W \\ &= k \ln 1 = 0 \end{aligned}$$

열역학 제3법칙(third law of thermodynamics)에 따르면, *완전 결정성 물질의 엔트로피는 절대 영도에서 0이다.* 온도가 상승함에 따라 운동의 자유도는 증가하고, 미세 상태의 수도 증가한다. 그러므로 0 K 이상의 온도에서 모든 물질의 엔트로피는 0보다 크다. 만약 결정이 순수하지 못하거나 결함(defect)을 가지고 있다면 그 결정이 완전히 질서있게 되지 않기 때문에 미세 상태의 수가 1보다 커서 그 엔트로피는 0 K에서 0보다 크다.

열역학 제3법칙에서 중요한 점은 물질의 *절대*(absolute) 엔트로피를 결정할 수 있도록 해준다는 것이다. 순수한 결정성 물질의 엔트로피가 절대 영도에서 0이라는 사실로부터 시작하여, 가령 25°C(298 K)로 가열되었을 때 물질의 엔트로피 증가를 측정할 수 있다. 엔트로피 변화 ΔS는 S_i가 0이기 때문에, 다음과 같이 나타낸다.

$$\begin{aligned} \Delta S &= S_f - S_i \\ &= S_f \end{aligned}$$

298 K에서 어떤 물질의 엔트로피 ΔS 또는 S_f는 *실제* 값이며, 표준 생성 엔탈피처럼 임의의 기준점을 이용하여 산출된 값이 아니기 때문에 절대 엔트로피라 한다. 따라서 사용되는 모든 엔트로피 값과 부록 3에 나와 있는 엔트로피 값은 모두 절대 엔트로피이다. 모든 측정이 1 atm에서 행해지기 때문에 절대 엔트로피를 표준 엔트로피(standard entropy)라고 한다. 이와 대조적으로 에너지나 엔탈피에 대한 0의 값이 정의되지 않기 때문에, 어떤 물질의 절대 에너지 또는 절대 엔탈피 값을 정할 수 없다. 그림 17.6은 온도에 따른 엔트로피 변화(증가)를 보여준다. 완전 결정성 물질의 엔트로피는 절대 영도에서 0이다. 열을 가하면 분자의 운동이 커져 엔트로피는 서서히 증가한다. 녹는점에서 고체가 무질서도가 큰 액체로 되면 엔트로피는 크게 증가한다. 계속 가열하면 분자 운동이 계속 활발해져 액체의 엔트로피는 증가되며, 끓는점에서는 액체가 기체로 변하여 엔트로피가 크게 증가한다. 끓는점 이상에서도 온도가 증가하면 기체의 엔트로피는 증가한다.

엔트로피의 증가는 온도 변화, 물질의 열용량, 상 변화에 대한 지식으로부터 계산할 수 있다.

17.5 깁스 자유 에너지

열역학 제2법칙에 따르면 자발적인 반응은 우주의 엔트로피를 증가시킨다. 즉 $\Delta S_{우주} > 0$이다. 하지만 반응에 대한 $\Delta S_{우주}$의 부호를 결정하기 위해서는 $\Delta S_{계}$와 $\Delta S_{주위}$ 모두를 계산해야 한다. 일반적으로는 특정한 계에서 무엇이 일어나는가에만 관심이 있다. 따라서 계 자체만을 고려해서 반응이 자발적으로 일어날 것인지를 결정할 수 있게 하는 또 다른 열역학적 함수가 요구된다.

식 (17.4)로부터 자발적인 과정은 다음과 같이 주어지는 것을 알 수 있다.

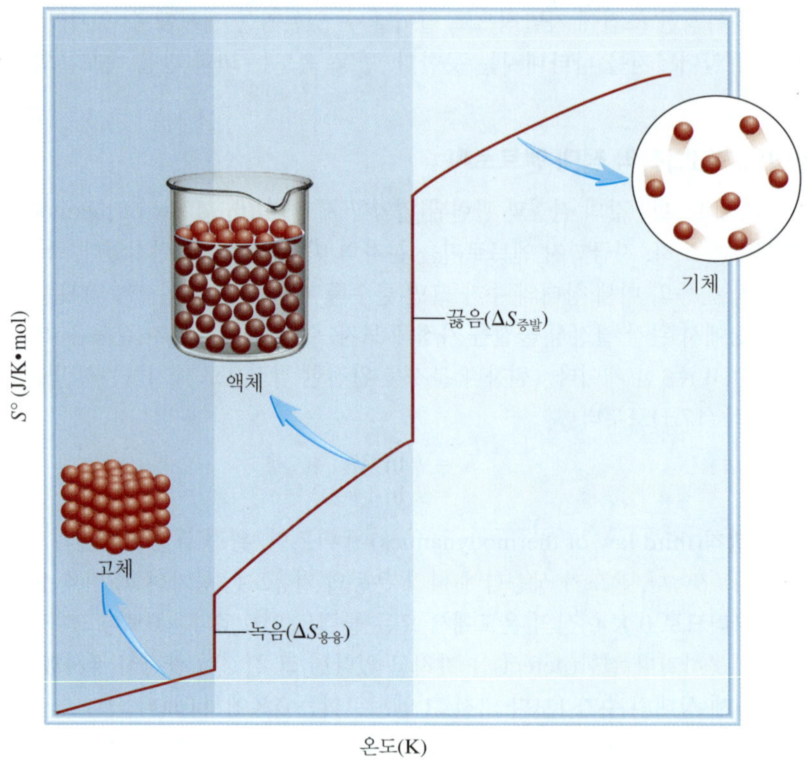

그림 17.6 절대 0도로부터 온도를 상승함에 따라 측정된 어떤 물질의 엔트로피 증가.

$$\Delta S_{우주} = \Delta S_{계} + \Delta S_{주위} > 0$$

이 식에서 $\Delta S_{주위}$에 $-\Delta H_{계}/T$를 대입하면 다음과 같이 쓸 수 있다.

$$\Delta S_{우주} = \Delta S_{계} - \frac{\Delta H_{계}}{T} > 0$$

위 식의 양변에 T를 곱하면 다음 식이 된다.

$$T\Delta S_{우주} = -\Delta H_{계} + T\Delta S_{계} > 0$$

이제 더 이상 주위에 대해 고려할 필요없이 계의 성질 ($\Delta H_{계}$와 $\Delta S_{계}$)로만 표시되는 자발적 반응에 대한 기준을 갖게 되었다. 위의 식을 보다 간편한 식으로 재배열하기 위하여 전체적으로 -1을 곱하고, $>$ 부호를 $<$로 바꾸면 다음과 같다.

식에 -1을 곱할 때 부등호가 바뀐 것은 $1 > 0$이고, $-1 < 0$이기 때문이다.

$$-T\Delta S_{우주} = \Delta H_{계} - T\Delta S_{계} < 0$$

온도 T에서 일정 압력 조건으로 일어나는 과정에 대해 계의 엔탈피 변화와 엔트로피의 변화들이 $\Delta H_{계} - T\Delta S_{계}$를 0보다 작게 하면 그 과정은 자발적이어야 한다는 것을 나타낸다.

반응의 자발성을 좀 더 직접적으로 표시하기 위하여 **깁스**[†] **자유 에너지**(Gibbs free energy, G) 또는 간단히 **자유 에너지**(free energy)라고 하는 새로운 열역학 함수를 도입한다.

$$G = H - TS \tag{17.9}$$

식 (17.9)에서 모든 양들은 계와 관계되며, T는 계의 온도이다. 이와 같이 H와 TS도 모두 에너지 단위를 가지므로 G는 에너지 단위를 가진다. 또한 H 또는 S와 마찬가지로 상태 함

[†] 깁스(Josiah Willard Gibbs, 1893~1903)는 미국 물리학자로, 열역학의 창시자 중 한 사람이며 학자로서의 인생 대부분을 예일 대학에서 보낸 겸손한 은둔자였다. 자신의 연구 결과 대부분을 세상에 널리 알려지지 않은 학술지에 발표했기 때문에 동시대 사람들에게 자신이 존경했던 맥스웰(James Maxwell)처럼 잘 알려지지 않았다. 오늘날에도 화학과 물리학 분야 밖에서는 깁스를 아는 사람은 드물다.

수임을 알 수 있다.

일정 온도(constant temperature)에서 한 과정에 대한 계의 자유 에너지 변화는 다음과 같이 쓸 수 있다.

$$\Delta G = \Delta H - T\Delta S \qquad (17.10)$$

여기서 말하는 자유 에너지는 *일을 하는 데 쓸 수 있는 에너지*를 말한다. 따라서 어떤 반응이 쓸 수 있는 에너지를 방출하면서 일어나면(즉, $\Delta G < 0$이면), 이 사실 자체만으로 계 이외의 우주에서 어떤 일이 일어났는지 걱정할 필요 없이 그 반응이 자발적이다.

"자유 에너지"에서 "자유"는 대가 없이 얻는다는 것을 의미하는 것은 아니다.

이상에서 우리는 계의 변화에 대해서만 초점을 맞출 수 있도록 $-T\Delta S_{우주}$를 계의 자유 에너지 변화(ΔG)와 같다고 함으로써 우주의 엔트로피 변화에 대한 식을 재구성하였다는 것을 기억하라. 일정 온도와 압력 하에서 자발성과 평형의 조건은 다음과 같이 ΔG를 통해서 요약할 수 있다.

$\Delta G < 0$ 정반응은 자발적이다.
$\Delta G > 0$ 정반응은 비자발적이지만 역반응은 자발적이다.
$\Delta G = 0$ 계는 평형 상태에 있다. 알짜 변화가 없다.

표준 자유 에너지 변화

*표준 상태의 조건에서 진행되는 반응, 즉 표준 상태의 반응물들이 표준 상태의 생성물들로 변화할 때의 자유 에너지 변화*를 **표준 반응 자유 에너지**(standard free-energy of reaction, $\Delta G^\circ_{반응}$)라고 한다. 순수한 물질들뿐만 아니라 용액의 표준 상태를 정의하기 위하여 화학자들이 사용하는 규칙을 표 17.2에 요약하였다. $\Delta G^\circ_{반응}$의 계산을 다음 반응식으로 시작해 보자.

$$a\text{A} + b\text{B} \longrightarrow c\text{C} + d\text{D}$$

위 반응의 표준 자유 에너지 변화는 다음과 같다.

$$\Delta G^\circ_{반응} = [c\Delta G^\circ_f(\text{C}) + d\Delta G^\circ_f(\text{D})] - [a\Delta G^\circ_f(\text{A}) + b\Delta G^\circ_f(\text{B})] \qquad (17.11)$$

또는 일반적으로

$$\Delta G^\circ_{반응} = -\Sigma n\Delta G^\circ_f(생성물) - \Sigma m\Delta G^\circ_f(반응물) \qquad (17.12)$$

여기서 m과 n은 화학량론적 계수이다. ΔG°_f는 화합물의 **표준 생성 자유 에너지**(standard free-energy of formation)이고, *화합물 1 mol이 표준 상태로 존재하는 원소들로부터 합성될 때 발생하는 자유 에너지 변화*이다. 흑연의 연소를 보자.

$$\text{C}(흑연) + O_2(g) \longrightarrow CO_2(g)$$

표준 자유 에너지 변화는 식 (17.12)로부터 다음과 같이 된다.

$$\Delta G^\circ_{반응} = \Delta G^\circ_f(CO_2) - [\Delta G^\circ_f(\text{C}, 흑연) + \Delta G^\circ_f(O_2)]$$

표준 생성 엔탈피의 경우와 같이(6.6절 참조) 1 atm, 25°C에서 모든 원소의 안정한 동소체에 대한 표준 생성 자유 에너지는 0으로 정의한다. 따라서

$$\Delta G^\circ_f(\text{C}, 흑연) = 0 \text{ 이고} \qquad \Delta G^\circ_f(O_2) = 0$$

이다. 그러므로 이 경우 반응의 표준 자유 에너지 변화는 CO_2의 표준 생성 자유 에너지와 같다.

$$\Delta G^\circ_{반응} = \Delta G^\circ_f(CO_2)$$

표 17.2

표준 상태에 대한 규칙

물질의 상태	표준 상태
기체	1 atm 압력
액체	순수한 액체
고체	순수한 고체
원소*	$\Delta G^\circ_f = 0$
용액	1 M

*25°C, 1 atm에서 가장 안정한 동소체에 대해서.

생활 속의 화학

열기관의 효율?

엔진은 에너지를 일로 바꾸는 기계이다. *열기관*(heat engine)은 *열 에너지*(thermal energy)를 일로 바꾸는 기계이다. 열기관은 우리 기술 사회에서 중요한 역할을 한다. 열기관에는 자동차 엔진부터 발전기를 돌려 전기를 만들어내는 거대한 수증기 터빈까지 다양하다. 열기관의 종류에 상관없이 그 효율의 수준은 매우 중요하다. 즉, 일정량의 열을 주었을 때, 얼마나 많은 유효한 일을 그 엔진에서 얻을 수 있는가 하는 문제이다. 열역학 제2법칙은 이 질문에 대한 답을 얻는 데 도움을 준다.

오른쪽 그림은 열기관의 단순한 형태이다. 무게가 없는 피스톤으로 닫혀 있는 실린더는 처음에 온도가 T_1이다. 그 다음 실린더는 가열되고 온도가 T_2가 된다. 실린더 안의 기체는 팽창하여 피스톤을 밀어 올린다. 마지막으로 실린더가 온도 T_1으로 냉각되어 초기 상태로 돌아간다. 이 주기를 반복함으로써 피스톤의 상하 운동은 기계적 일을 할 수 있게 된다.

열기관의 독특한 특징은 일을 할 때 약간의 열을 주변에 내주어야만 한다는 점이다. 위쪽으로 피스톤이 올라간 상태에서 실린더를 T_1으로 냉각시키지 않으면 더 이상의 일을 할 수 없다. 이 냉각 과정에서 일로 바뀔 수 있는 에너지의 일부를 열 에너지 형태로 쓰게 되고, 그 결과 열기관의 효율에 제한을 가하게 된다.

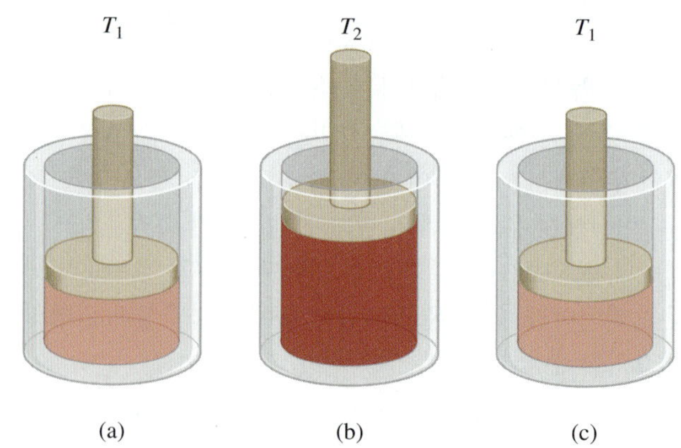

단순한 열기관. (a) 기관의 온도가 처음에는 T_1이다. (b) T_2로 가열되면 기체가 팽창하여 피스톤이 위로 올라간다. (c) T_1으로 냉각되면, 피스톤이 처음 위치로 돌아간다.

다음 페이지의 그림은 열기관에서 열의 전달 과정을 보여준다. 먼저 열원(heat reservoir, 온도 T_h)에서 기관으로 일정량의 열이 흘러 들어간다. 기관이 일을 하면 그 열의 일부는 주변 즉, 열

부록 3에 많은 화합물의 ΔG_f° 값이 수록되어 있다.

예제 17.4에서는 표준 자유 에너지 변화를 계산하는 것을 보여준다.

예제 17.4

25°C에서 일어나는 다음 반응의 표준 자유 에너지 변화를 계산하시오.

(a) $CH_4(g) + 2O_2(g) \longrightarrow CO_2(g) + 2H_2O(l)$

(b) $2MgO(s) \longrightarrow 2Mg(s) + O_2(g)$

전략 어떤 반응의 표준 자유 에너지 변화를 계산하기 위해서 부록 3에 있는 반응물과 생성물에 대한 표준 생성 자유 에너지를 참조하고, 식 (17.12)를 이용한다. 모든 화학량론 계수들은 단위가 없기 때문에 $\Delta G^\circ_{반응}$은 kJ/mol 단위로 표현된다. O_2에 대한 ΔG_f°는 그 분자가 1 atm, 25°C에서 안정된 동소체 원소이기 때문에 0이다.

풀이 (a) 식 (17.12)에 따르면

$$\Delta G^\circ_{반응} = [\Delta G_f^\circ(CO_2) + 2\Delta G_f^\circ(H_2O)] - [\Delta G_f^\circ(CH_4) + 2\Delta G_f^\circ(O_2)]$$

부록 3에서 적절한 값을 찾아 대입하면, 다음과 같다.

(계속)

CHEMISTRY *in Action*

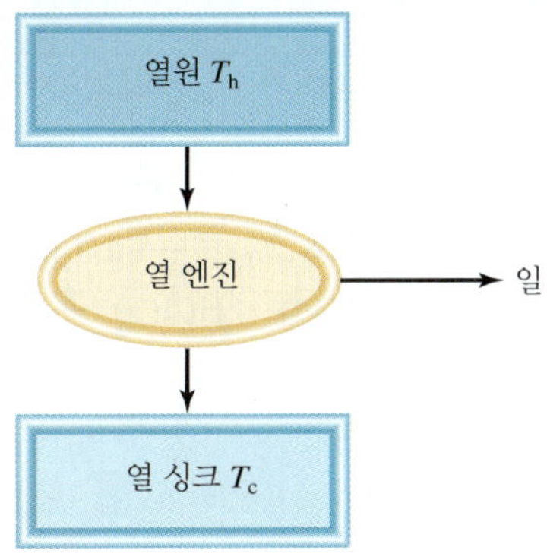

열 엔진이 작동하는 동안의 열 전달.

싱크(heat sink, 온도 T_c)로 흩어진다. 정의에 의하면 열기관의 효율은 다음과 같다.

$$\text{효율} = \frac{\text{효율적인 일 방출}}{\text{에너지 흡수}} \times 100\%$$

열역학 제2법칙에 기반을 둔 분석에 따르면 열효율은 다음과 같이도 표현할 수 있다.

$$\text{효율} = \left(1 - \frac{T_c}{T_h}\right) \times 100\%$$
$$= \frac{T_h - T_c}{T_h} \times 100\%$$

따라서 열기관의 효율은 열원과 싱크의 온도(둘 다 절대 온도로 표시했을 때) 차이를 열원의 온도로 나누어 표시한다. 실제적으로 $(T_h - T_c)$를 가능한 한 크게 만들 수 있지만, T_c는 0이 될 수 없고, T_h는 무한대가 될 수 없으므로, 열기관의 효율은 결코 100%가 될 수 없다.

발전소에서 약 560°C (833K)로 가열된 수증기는 전기를 생산하는 터빈을 돌리는 데 사용된다. 열 싱크의 온도는 약 38°C (311K)이다. 효율은 다음과 같다.

$$\text{효율} = \frac{833\text{ K} - 311\text{ K}}{833\text{ K}} \times 100\%$$
$$= 63\%$$

실제적으로는 마찰, 열 손실, 다른 복잡한 이유로 수증기 터빈의 최대 효율은 약 40% 정도밖에 얻지 못한다. 따라서 발전소에서 석탄 1 t을 사용할 때마다 0.40 t은 전기를 생산하는 데 쓰이고, 나머지는 결국 주변을 데우는 데 쓰이고 마는 것이다.

$$\Delta G^\circ_{\text{반응}} = [(-394.4\text{ kJ/mol}) + (2)(-237.2\text{ kJ/mol})] - [(-50.8\text{ kJ/mol}) + (2)(0\text{ kJ/mol})]$$
$$= -818.0\text{ kJ/mol}$$

(b) 식은 다음과 같다.

$$\Delta G^\circ_{\text{반응}} = [2\Delta G^\circ_f(\text{Mg}) + \Delta G^\circ_f(\text{O}_2)] - [2\Delta G^\circ_f(\text{MgO})]$$

부록 3의 자료를 이용하면, 다음과 같다.

$$\Delta G^\circ_{\text{반응}} = [(2)(0\text{ kJ/mol}) + (0\text{ kJ/mol})] - [(2)(-569.6\text{ kJ/mol})]$$
$$= 1139\text{ kJ/mol}$$

비슷한 문제: 17.17, 17.18.

실전 연습 25°C에서 일어나는 다음 반응의 표준 자유 에너지 변화를 계산하시오.
(a) $H_2(g) + Br_2(l) \longrightarrow 2HBr(g)$
(b) $2C_2H_6(g) + 7O_2(g) \longrightarrow 4CO_2(g) + 6H_2O(l)$

식 (17.10)의 응용

식 (17.10)에 따르면, ΔG의 부호를 예측하기 위하여 ΔH와 ΔS 값을 모두 알아야 한다. 음의 ΔH(발열 반응)와 양의 ΔS(계의 미세 상태 수가 증가되는 반응)는 ΔG가 음이 되게 하는 경향이 있지만, 온도도 자발적 반응의 방향에 영향을 미칠 수 있다. 이런 관계의 네 가

표 17.3 $\Delta G = \Delta H - T\Delta S$에서 ΔG의 부호에 영향을 미치는 요인

ΔH	ΔS	ΔG	예
+	+	높은 온도에서 반응이 자발적으로 일어난다. 낮은 온도에서는 역반응이 자발적이다.	$2HgO(s) \longrightarrow 2Hg(l) + O_2(g)$
+	−	ΔG은 항상 양의 값이다. 반응은 모든 온도에서 역방향으로 자발적이다.	$3O_2(g) \longrightarrow 2O_3(g)$
−	+	ΔG은 항상 음의 값이다. 반응은 모든 온도에서 자발적으로 일어난다.	$2H_2O_2(aq) \longrightarrow 2H_2O(l) + O_2(g)$
−	−	낮은 온도에서 반응이 자발적으로 일어난다. 높은 온도에서는 역반응이 자발적이다.	$NH_3(g) + HCl(g) \longrightarrow NH_4Cl(s)$

지 가능한 경우는 다음과 같다.

- ΔH와 ΔS가 모두 양이면, $T\Delta S$가 ΔH보다 더 클 때만 ΔG는 음이 될 것이다. 이 경우는 T가 클 때에 나타난다.
- ΔH가 양이고 ΔS가 음이면, 온도와 관계없이 ΔG는 언제나 양이다.
- ΔH가 음이고 ΔS가 양이면, 온도와 관계없이 ΔG는 언제나 음이다.
- ΔH와 ΔS가 모두 음이면, $T\Delta S$가 ΔH보다 더 작을 때만 ΔG는 음이 될 것이다. 이 경우는 T가 작을 때에 나타난다.

처음과 마지막의 경우 ΔG를 음이 되게 하는 온도는 계의 ΔH와 ΔS의 실제 값에 의해 결정된다. 표 17.3에 앞에서 설명한 경우들의 효과를 요약하였다.

개념 복습하기

(a) 어떤 조건에서 흡열 반응이 자발적으로 일어날까?

(b) 298 K에서 반응물과 생성물이 모두 용액 상태에서 진행되는 많은 반응들은 ΔH 값이 반응의 자발성을 판단하는 데 좋은 힌트가 되는 경우가 많다. 그 이유를 설명하시오.

반응의 자발성을 예측하기 위해서 자유 에너지 변화를 사용하기 전에 ΔG와 $\Delta G°$를 구별하는 것이 편리하다. 모든 반응물이 표준 상태에 있는 용액(모든 반응물이 1 M 농도인 경우)에서 반응이 일어난다고 가정하자. 반응이 시작되자마자 농도가 1 M에서 달라지기 때문에 반응물이나 생성물은 더 이상 표준 상태로 존재하지 않는다. 비표준 상태에서 일어나는 반응의 방향을 예측하기 위해서는 $\Delta G°$ 대신에 ΔG의 부호를 사용해야 한다. 한편, $\Delta G°$의 부호는 반응계가 평형에 도달했을 때, 반응물과 생성물 중 어떤 쪽에 더 치우치는가를 말해 준다. 그 결과, $\Delta G°$가 음수이면 반응은 생성물 형성을 선호하고, $\Delta G°$가 양수이면 평형에 도달했을 때 반응물이 생성물보다 많을 것을 알려준다.

17.6절에서 $\Delta G°$와 평형 상수 K와의 관계식을 배울 것이다.

이제 식 (17.10)을 두 가지 구체적 상황에 적용해 보기로 한다.

➤ 온도와 화학 반응

생석회라고 하는 산화 칼슘(CaO)은 제강, 칼슘 금속의 생산, 종이 공업, 물 처리, 환경 오염 제어 등에 쓰이는 매우 유용한 무기물이다. CaO는 높은 온도의 가마에서 석회석($CaCO_3$)을 분해시켜 제조한다.

$$CaCO_3(s) \rightleftharpoons CaO(s) + CO_2(g)$$

이 반응은 가역 반응으로, CaO는 CO_2와 쉽게 결합하여 $CaCO_3$을 생성한다. $CaCO_3$, CaO

와 평형 관계에 있는 CO_2의 압력은 온도가 상승함에 따라 증가한다. 생석회를 산업적으로 생산할 때에는 이 계가 결코 평형으로 유지되지 않는다. 오히려 일정한 속도로 CO_2를 가마에서 제거함으로써 평형을 왼쪽에서 오른쪽으로 이동하여 CaO의 생성을 촉진한다.

회전 가마에서 석회암($CaCO_3$)으로부터 생석회(CaO) 제조.

화학자에게 중요한 실질적인 정보는 $CaCO_3$의 분해가 시작되는 온도이다(즉, 어느 온도에서 그 반응이 자발적으로 진행되는가 하는 것이다). 그 온도는 다음과 같이 계산하여 신뢰성 있게 추정할 수 있다. 우선 부록 3의 자료를 이용하여 25°C에서 그 반응에 대한 $\Delta H°$와 $\Delta S°$를 계산한다. 식 (6.18)을 사용하여 $\Delta H°$을 결정한다.

$$\begin{aligned}\Delta H° &= [\Delta H_f°(\text{CaO}) + \Delta H_f°(\text{CO}_2)] - [\Delta H_f°(\text{CaCO}_3)]\\ &= [(-635.6\text{ kJ/mol}) + (-393.5\text{ kJ/mol})] - (-1206.9\text{ kJ/mol})\\ &= 177.8\text{ kJ/mol}\end{aligned}$$

다음에 식 (17.6)를 사용하여 $\Delta S°$를 구한다.

$$\begin{aligned}\Delta S° &= [S°(\text{CaO}) + S°(\text{CO}_2)] - S°(\text{CaCO}_3)\\ &= [(39.8\text{ J/K}\cdot\text{mol}) + (213.6\text{ J/K}\cdot\text{mol})] - (92.9\text{ J/K}\cdot\text{mol})\\ &= 160.5\text{ J/K}\cdot\text{mol}\end{aligned}$$

식 (17.10)에서

$$\Delta G° = \Delta H° - T\Delta S°$$

이므로 다음이 성립한다.

$$\begin{aligned}\Delta G° &= 177.8\text{ kJ/mol} - (298\text{ K})(160.5\text{ J/K}\cdot\text{mol})\left(\frac{1\text{ kJ}}{1000\text{ J}}\right)\\ &= 130.0\text{ kJ/mol}\end{aligned}$$

$\Delta G°$가 큰 양의 값이므로 25°C(298 K)에서 그 반응은 유리하지 않다고 판단된다. 실제로 상온에서 CO_2의 압력이 너무 낮아 측정이 불가능하다. $\Delta G°$가 음이 되게 하기 위해 우선 $\Delta G°$가 0이 되는 온도를 구해야 한다. 즉,

$$0 = \Delta H° - T\Delta S°$$

따라서

$$\begin{aligned}T &= \frac{\Delta H°}{\Delta S°}\\ &= \frac{(177.8\text{ kJ/mol})(1000\text{ J/1 kJ})}{160.5\text{ J/K}\cdot\text{mol}}\\ &= 1108\text{ K 즉, }835°\text{C}\end{aligned}$$

835°C보다 높은 온도에서 $\Delta G°$는 음이 되고, 이것은 그 반응이 CaO와 CO_2를 만드는 것이 유리해진다는 것을 나타낸다. 예를 들면, 840°C (1113 K)에서 다음과 같이 된다.

$$\begin{aligned}\Delta G° &= \Delta H° - T\Delta S°\\ &= 177.8\text{ kJ/mol} - (1113\text{ K})(160.5\text{ J/K}\cdot\text{mol})\left(\frac{1\text{ kJ}}{1000\text{ J}}\right)\\ &= -0.8\text{ kJ/mol}\end{aligned}$$

위의 계산에서 두 가지 점에 주의해야 한다. 첫째는 매우 높은 온도에서 일어나는 변화를 계산하기 위하여 25°C에서의 $\Delta H°$와 $\Delta S°$ 값을 사용하였다는 점이다. $\Delta H°$와 $\Delta G°$는 온도에 따라 변하므로 이 방법은 정확한 $\Delta G°$ 값을 주지 못하지만, 근사값 계산을 위해서는 충분히 유용하다. 둘째는 835°C 이하에서는 아무 반응도 일어나지 않고 835°C부터 갑자기 $CaCO_3$가 분해하기 시작한다는 생각으로 오해하지 말아야 한다는 것이다. 그런 일은 결코 일어날 수 없다. 835°C 이하의 어떤 온도에서 $\Delta G°$가 양의 값이라는 사실이 CO_2가 전혀 생성하지 않는다는 것을 뜻하지는 않는다. 그 온도에서 생성된 CO_2 기체의 압력이 표준 상태인 1 atm보다 낮을 것임을 나타낼 뿐이다(표 17.2 참조). 그림 17.7에서 보는 것

이 반응의 평형 상수는 $K_p = P_{CO_2}$이다.

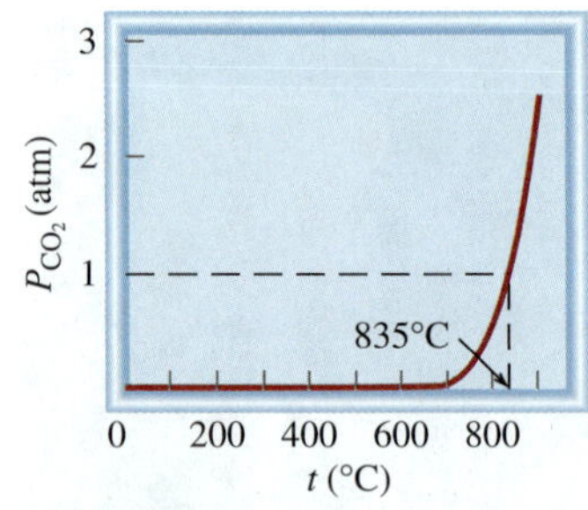

그림 17.7 온도의 함수로 표현한 $CaCO_3$ 분해로 생성된 CO_2의 평형 압력. 이 곡선은 $\Delta H°$와 $\Delta S°$가 반응 도중에 온도에 따라 바뀌지 않는다고 가정하고 계산된 것이다.

처럼 처음에는 CO_2 압력이 온도에 따라 매우 느리게 증가하다가 700°C 이상에서는 쉽게 측정할 수 있게 된다. 835°C의 의미는 생성되는 CO_2의 평형 압력이 1 atm에 도달하는 온도라는 것이다. 835°C 이상에서는 CO_2의 평형 압력이 1 atm을 넘는다.

➤ 상 전이

상 전이가 일어나는 온도(녹는점 또는 끓는점)에서 계는 평형을 이루므로($\Delta G = 0$) 식 (17.10)은 다음과 같이 된다.

$$\Delta G = \Delta H - T\Delta S$$
$$0 = \Delta H - T\Delta S$$

따라서

$$\Delta S = \frac{\Delta H}{T}$$

우선 얼음-물의 평형을 생각해 보자. 얼음 → 물의 전이에서 ΔH는 몰 용융열(표 11.8 참조)이며, T는 녹는점의 온도이다. 따라서 엔트로피 변화는 다음과 같다.

얼음이 녹는 과정은 흡열 과정($\Delta H > 0$)이고, 물이 어는 과정은 발열 과정($\Delta H < 0$)이다.

$$\Delta S_{\text{얼음} \rightarrow \text{물}} = \frac{6010 \text{ J/mol}}{273 \text{ K}} = 22.0 \text{ J/K} \cdot \text{mol}$$

이와 같이 얼음 1 mol이 0°C에서 녹을 때 22.0 J/K·mol의 엔트로피가 증가한다. 엔트로피의 증가는 고체가 액체로 되면서 미세 상태가 증가하는 것과 일치한다. 반대로, 물 → 얼음의 전이에 대한 엔트로피 감소는 다음과 같이 주어진다.

$$\Delta S_{\text{물} \rightarrow \text{얼음}} = \frac{-6010 \text{ J/mol}}{273 \text{ K}} = -22.0 \text{ J/K} \cdot \text{mol}$$

실험실에서 보통은 한 방향으로의 변화 즉, 얼음에서 물 또는 물에서 얼음으로의 변화만 진행된다. 온도가 0°C로 유지되는 경우에만 각 경우에 대하여 식 $\Delta S = \Delta H/T$를 사용하여 엔트로피 변화를 계산할 수 있다. 동일한 방법을 물 → 수증기 상 전이에도 적용할 수 있다. 이 경우 ΔH는 증발열이고, T는 물의 끓는점이다. 예제 17.5에서 벤젠의 상 전이에 대하여 알아보자.

예제 17.5

벤젠의 몰 용융열과 몰 증발열은 각각 10.9 kJ/mol과 31.0 kJ/mol이다. 벤젠의 고체 → 액체, 액체 → 기체 상 전이에 대한 엔트로피의 변화를 계산하시오. 1 atm에서 벤젠은 5.5°C에서 녹고, 80.1°C에서 끓는다.

5.5°C에서 평형에 있는 벤젠 액체와 고체.

전략 녹는점에서 액체 벤젠과 고체 벤젠은 평형이고, $\Delta G = 0$이다. 식 (17.10)에서 $\Delta G = 0 = \Delta H - T\Delta S$, 따라서 $\Delta S = \Delta H/T$이다. 고체 벤젠 → 액체 벤젠 상 전이에 대한 엔트로피 변화를 계산하기 위해서 $\Delta S_{\text{용융}} = \Delta H_{\text{용융}}/T_f$를 사용한다. 여기서 $\Delta H_{\text{용융}}$은 흡열 과정에 대해서는 양수이기 때문에 고체에서 액체로의 상 전이에 대해서 기대되는 대로 양의 $\Delta S_{\text{용융}}$을 얻는다. 마찬가지 방법이 액체 벤젠 → 증기 벤젠 상 전이에 적용된다. 어떤 온도 단위를 사용해야 하는가?

풀이 5.5°C에서 벤젠 1 mol을 녹일 때의 엔트로피 변화는

$$\Delta S_{\text{용융}} = \frac{\Delta H_{\text{용융}}}{T_f} = \frac{(10.9 \text{ kJ/mol})(1000 \text{ J/1 kJ})}{(5.5 + 273) \text{ K}} = 39.1 \text{ J/K} \cdot \text{mol}$$

(계속)

마찬가지로 80.1°C에서 벤젠 1 mol이 끓을 때의 엔트로피 변화는

$$\begin{aligned}\Delta S_{\text{증발}} &= \frac{\Delta H_{\text{증발}}}{T_b}\\ &= \frac{(31.0\ \text{kJ/mol})(1000\ \text{J/1 kJ})}{(80.1 + 273)\ \text{K}}\\ &= 87.8\ \text{J/K}\cdot\text{mol}\end{aligned}$$

검산 증발 과정이 용해 과정보다 더 많은 미세 상태를 만들어내므로 $\Delta S_{\text{증발}} > \Delta S_{\text{용융}}$이다.

비슷한 문제: 17.64.

실전 연습 아르곤의 몰 용융열과 몰 증발열은 각각 1.3 kJ/mol과 6.3 kJ/mol이고, 녹는점과 끓는점은 각각 −190°C와 −186°C이다. 아르곤의 용융과 증발에 대한 엔트로피 변화를 계산하시오.

개념 복습하기

그림은 45°C의 밀폐된 플라스크에서 아이오딘(I_2)이 승화되는 과정을 보여준다. 승화 엔탈피가 62.4 kJ/mol이라면, 승화와 관련된 ΔS는 얼마인가?

17.6 자유 에너지와 화학 평형

앞서 말한 것처럼 반응이 시작되면 모든 반응물과 생성물에 대하여 표준 상태가 지속되는 않는다. 이 조건에서 열역학적으로 유도되는 ΔG와 $\Delta G°$ 사이의 관계는 다음과 같다.

$$\Delta G = \Delta G° + RT \ln Q \tag{17.13}$$

ΔG와 $\Delta G°$의 단위는 kJ/mol임을 주의하라. 여기에서 "몰 당" 단위는 R의 "몰 당" 단위와 상쇄된다.

여기서 R(8.314 J/K·mol)은 기체 상수, T는 반응의 절대 온도, Q는 반응 지수(14.4절 참조)이다. ΔG는 $\Delta G°$와 $RT \ln Q$ 두 가지 양에 의존한다는 것을 알 수 있다. 온도 T에서 주어진 반응에 대해 $\Delta G°$ 값은 고정되지만 ΔG와 $RT \ln Q$는 그렇지 않다. 왜냐하면 반응 혼합물의 조성에 따라 Q 값은 변하기 때문이다. 두 가지 특별한 경우를 생각해 보자.

경우 1: $\Delta G°$가 큰 음의 값이면, ΔG도 음이 되는 경향이 있다. 따라서 상당한 양의 생성물이 만들어질 때까지 알짜 반응은 왼쪽에서 오른쪽으로 진행될 것이다. 그 때, $RT \ln Q$ 항은 음의 값인 $\Delta G°$ 항에 견줄 만한 양의 값이 될 것이다.

경우 2: $\Delta G°$가 큰 양의 값이면, ΔG도 양이 되는 경향이 있다. 따라서 상당한 양의 반응물이 만들어질 때까지 알짜 반응은 오른쪽에서 왼쪽으로 진행될 것이다. 그 때, $RT \ln Q$ 항은 양의 값인 $\Delta G°$ 항에 견줄 만한 음의 값이 될 것이다.

정의에 의해 평형 상태에서 $\Delta G = 0$이고, $Q = K$이다. 여기서 K는 평형 상수이다. 따라서

가역 반응은 언젠가는 평형에 도달하게 된다.

$$0 = \Delta G° + RT \ln K$$

즉,

$$\Delta G° = -RT \ln K \qquad (17.14)$$

이 식에서 K_P는 기체일 때 사용하고, K_c는 용액에서 반응이 일어날 때 사용한다. K가 크면 클수록 $\Delta G°$는 큰 음수 값을 갖는다. 반응의 표준 자유 에너지의 변화를 알면 평형 상수를 알 수 있고, 그 반대도 가능하기 때문에 식 (17.14)는 화학자들에게 열역학에서 가장 중요한 식 중 하나이다.

식 (17.14)는 *실제* 자유 에너지 변화 ΔG가 아닌 표준 자유 에너지 $\Delta G°$와 평형 상수와의 관계를 나타낸다. 계의 *실제* 자유 에너지 변화는 반응이 진행됨에 따라 변하고, 평형 상태에서는 0이 된다. 한편 주어진 온도에서 특정한 반응의 $\Delta G°$와 K는 상수이다. 그림 17.8은 두 가지 형태의 반응에 대하여 반응계의 자유 에너지와 반응의 진행 정도 사이의 관계를 그린 것이다. 아는 바와 같이 $\Delta G° < 0$이면 평형에서 생성물이 반응물보다 유리하게 된다. 반대로 $\Delta G° > 0$이면 평형에서 반응물이 생성물보다 더 많아질 것이다. 표 17.4에는 식 (17.14)에 의해 예측되는 $\Delta G°$와 K 사이의 가능한 관계 세 가지가 요약되어 있다. 다음의 중요한 특징을 기억하라. 자발적 반응의 방향을 결정하는 것은 $\Delta G°$가 아닌 ΔG의 부호이다. $\Delta G°$의 부호는 알짜 반응의 방향이 아니라 평형의 조건에서의 반응물과 생성물의 상대적인 양을 말해 줄 뿐이다.

매우 크거나 작은 평형 상수를 갖는 반응에 대해 모든 반응물의 농도를 측정하여 K 값을 측정하는 것은 항상 불가능하지는 않지만, 일반적으로 매우 어렵다. 예를 들어, 질소 분자와 산소 분자로부터 산화 질소가 생성되는 것을 생각해 보자.

$$N_2(g) + O_2(g) \rightleftharpoons 2NO(g)$$

25°C에서 평형 상수 K_P는 다음과 같다.

$$K_P = \frac{P_{NO}^2}{P_{N_2}P_{O_2}} = 4.0 \times 10^{-31}$$

매우 작은 K_P 값은 평형 상태에서의 NO의 농도가 대단히 낮다는 것을 의미한다. 그러한

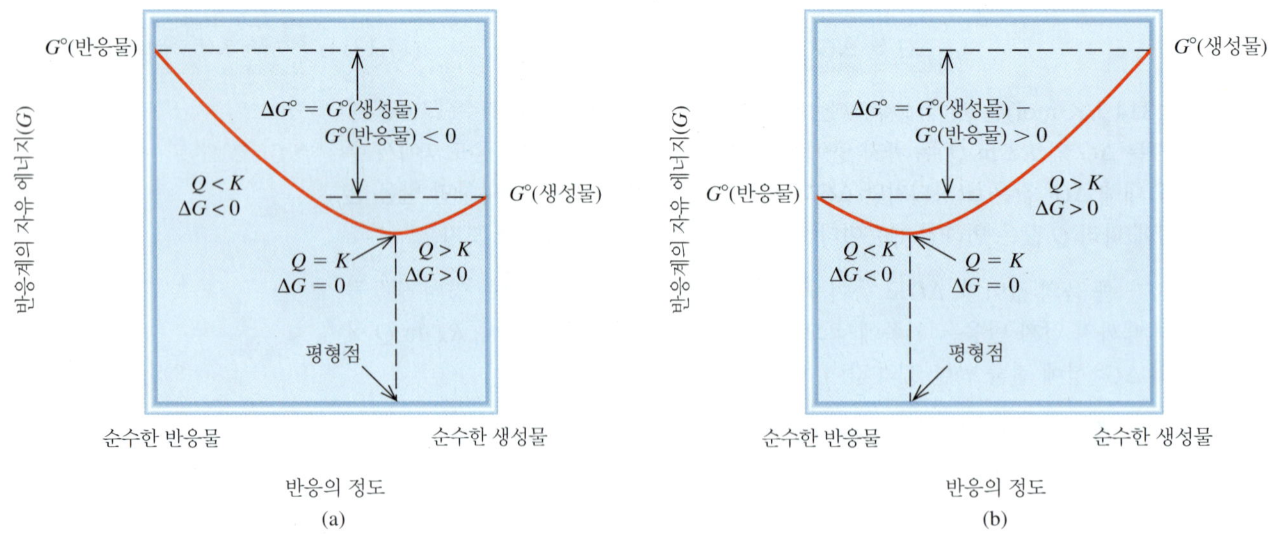

그림 17.8 (a) $\Delta G° < 0$. 평형이 되면, 반응물이 생성물로 상당히 전환된다. (b) $\Delta G° > 0$. 평형이 되면, 반응물이 생성물보다 더 많다. 양쪽 경우 모두 평형에 이르는 알짜 반응은 왼쪽에서 오른쪽으로(반응물에서 생성물로) 이동한다. $Q < K$이면 왼쪽에서 오른쪽(반응물에서 생성물로)으로 이동하며, $Q > K$이면 오른쪽에서 왼쪽(생성물에서 반응물로)으로 이동한다. $Q = K$이면 평형이다.

표 17.4 식 $\Delta G° = -RT \ln K$으로부터 예측되는 $\Delta G°$와 K 사이의 관계

K	$\ln K$	$\Delta G°$	설명
>1	양의 값	음의 값	평형에서 생성물이 반응물보다 우세하다
$=1$	0	0	평형에서 반응물과 생성물의 비가 같다
<1	음의 값	양의 값	평형에서 반응물이 생성물보다 우세하다

경우에 평형 상수는 그 반응의 $\Delta G°$로부터 용이하게 얻는다(알고 있듯이 $\Delta G°$는 $\Delta H°$와 $\Delta S°$ 값으로부터 계산할 수 있다). 반면에 수소 분자와 아이오딘 분자로부터 아이오딘화 수소가 생성되는 반응에 대한 평형 상수는 실온에서 거의 1이다.

$$H_2(g) + I_2(g) \rightleftharpoons 2HI(g)$$

이 반응에서 K_P를 직접 측정한 다음 식 (17.14)를 이용하여 $\Delta G°$를 계산하는 것이 $\Delta H°$와 $\Delta S°$를 측정하여 식 (17.10)을 사용하는 것보다 용이하다.

예제 17.6~17.8은 식 (17.13)과 식 (17.14)를 사용하는 것을 보여준다.

예제 17.6

부록 3에 수록된 자료를 이용하여 25°C에서 다음 반응에 대한 평형 상수(K_P)를 계산하시오.

$$2H_2O(l) \rightleftharpoons 2H_2(g) + O_2(g)$$

전략 식 (17.14)에 따르면 반응의 평형 상수는 표준 자유 에너지 변화와 관계가 있다. 즉, $\Delta G° = -RT \ln K$. 따라서 예제 17.4에서와 마찬가지 방법으로 $\Delta G°$를 먼저 계산한다. 그 후 K_P를 계산한다. 어떤 온도 단위를 사용하여야 하는가?

풀이 식 (17.12)에 따르면

$$\begin{aligned}\Delta G°_{반응} &= [2\Delta G°_f(H_2) + \Delta G°_f(O_2)] - [2\Delta G°_f(H_2O)] \\ &= [(2)(0\ \text{kJ/mol}) + (0\ \text{kJ/mol})] - [(2)(-237.2\ \text{kJ/mol})] \\ &= 474.4\ \text{kJ/mol}\end{aligned}$$

식 (17.14)를 이용하면 다음과 같다.

$$\begin{aligned}\Delta G°_{반응} &= -RT \ln K_P \\ 474.4\ \text{kJ/mol} \times \frac{1000\ \text{J}}{1\ \text{kJ}} &= -(8.314\ \text{J/K}\cdot\text{mol})(298\ \text{K}) \ln K_P \\ \ln K_P &= -191.5 \\ K_P &= e^{-191.5} = 7 \times 10^{-84}\end{aligned}$$

계산기로 K_P를 계산하려면 −191.5를 입력한 후 "e" 또는 "inv(erse) ln x"키를 누른다.

해설 이처럼 평형 상수가 매우 작은 것은 25°C에서 물이 수소와 산소로 분해되지 않는 사실과 부합된다. 따라서 큰 양수의 $\Delta G°$ 값은 평형 상태에서 생성물보다 반응물이 더 많음을 뜻한다.

비슷한 문제: 17.23, 17.26.

실전 연습 25°C에서 다음 반응의 평형 상수(K_P)를 계산하시오.

$$2O_3(g) \longrightarrow 3O_2(g)$$

예제 17.7

16장에서 난용성 염에 대한 용해도곱을 논의하였다. 25°C에서 염화 은의 용해도곱 상수(1.6×10^{-10})를 이용하여 다음 과정의 $\Delta G°$를 계산하시오.

$$AgCl(s) \rightleftharpoons Ag^+(aq) + Cl^-(aq)$$

(계속)

전략 식 (17.14)에 따르면 반응의 평형 상수는 표준 자유 에너지 변화와 관계가 있다. 즉, $\Delta G^\circ = -RT \ln K$. 불균일 평형인 경우이므로 용해도곱($K_{sp}$)이 평형 상수이다. AgCl의 K_{sp}로부터 표준 자유 에너지 변화를 계산한다. 어떤 온도 단위를 사용하여야 하는가?

풀이 AgCl의 용해도 평형은

$$AgCl(s) \rightleftharpoons Ag^+(aq) + Cl^-(aq)$$
$$K_{sp} = [Ag^+][Cl^-] = 1.6 \times 10^{-10}$$

식 (17.14)를 이용하여 다음과 같은 결과를 얻는다.

$$\begin{aligned}\Delta G^\circ &= -(8.314\ \text{J/K}\cdot\text{mol})(298\ \text{K})\ln(1.6 \times 10^{-10}) \\ &= 5.6 \times 10^4\ \text{J/mol} \\ &= 56\ \text{kJ/mol}\end{aligned}$$

검산 ΔG° 값이 큰 양수인 것은 AgCl이 물에 잘 녹지 않으며, 평형이 거의 왼쪽에 치우쳐져 있다는 것을 의미한다.

비슷한 문제: 17.25.

실전 연습 25°C에서 다음 과정의 ΔG°를 계산하시오. BaF_2의 K_{sp}는 1.7×10^{-6}이다.

$$BaF_2(s) \rightleftharpoons Ba^{2+}(aq) + 2F^-(aq)$$

예제 17.8

298 K에서 다음 반응의 평형 상수(K_P)는 0.113으로 표준 자유 에너지 변화 5.40 kJ/mol에 해당된다.

$$N_2O_4(g) \rightleftharpoons 2NO_2(g)$$

어떤 실험에서 초기 압력은 $P_{NO_2} = 0.122$ atm, $P_{N_2O_4} = 0.453$ atm이다. 이 압력 조건에서 반응의 ΔG를 계산하고, 알짜 반응의 방향을 예측하시오.

전략 주어진 정보에서 반응물과 생성물이 모두 표준 상태인 1 atm이 아닌 것을 알 수 있다. 알짜 반응의 방향을 결정하기 위해서 식 (17.13)과 주어진 ΔG° 값을 이용하여 비표준 상태 조건에서 자유 에너지 변화를 계산할 필요가 있다. 반응 지수 Q_P에서 부분 압력은 차원이 없는 양으로 표현된다는 데 주의하라(14.2절과 표 17.2 참조).

풀이 식 (17.13)은 다음과 같이 쓸 수 있다.

$$\begin{aligned}\Delta G &= \Delta G^\circ + RT\ln Q_P \\ &= \Delta G^\circ + RT\ln\frac{P^2_{NO_2}}{P_{N_2O_4}} \\ &= 5.40 \times 10^3\ \text{J/mol} + (8.314\ \text{J/K}\cdot\text{mol})(298\ \text{K}) \times \ln\frac{(0.122)^2}{0.453} \\ &= 5.40 \times 10^3\ \text{J/mol} - 8.46 \times 10^3\ \text{J/mol} \\ &= -3.06 \times 10^3\ \text{J/mol} = -3.06\ \text{kJ/mol}\end{aligned}$$

$\Delta G < 0$이므로 알짜 반응은 왼쪽에서 오른쪽으로 진행되어 평형에 도달한다.

검산 비록 $\Delta G^\circ > 0$이지만 초기에 반응물에 비해 생성물의 농도(압력)가 작으면, 생성물이 만들어지는 방향으로 반응이 진행된다는 것을 명심하라. $Q_P < K_P$임을 보여 이 예측을 확인한다.

비슷한 문제: 17.27, 17.28.

실전 연습 다음 반응의 K_P는 375°C에서 4.3×10^{-4} kJ/mol이다.

$$N_2(g) + 3H_2(g) \rightleftharpoons 2NH_3(g)$$

한 실험에서 초기 압력이 $P_{H_2} = 0.40$ atm, $P_{N_2} = 0.86$ atm, $P_{NH_3} = 4.4 \times 10^{-3}$ atm이다. 이 반응의 ΔG를 계산하고, 알짜 반응의 방향을 예측하시오.

개념 복습하기

어떤 반응의 $\Delta H°$는 양이고 $\Delta S°$는 음이다. 이 반응의 평형 상수(K)는 1보다 클지, 같을지, 작을지 예측하시오.

17.7 생명계의 열역학

많은 생화학 반응은 생명을 유지하는 데 필수적이지만 양의 $\Delta G°$ 값을 갖는다. 따라서 생체 내에서 이 반응들은 에너지적으로 유리한 과정 즉, 음의 $\Delta G°$ 값을 갖는 반응들과 짝지어 있다. *짝지은 반응*(coupled reaction)의 원리는 간단한 개념에 기초하고 있다. 열역학적으로 불리한 반응을 일으키기 위해 열역학적으로 유리한 반응을 사용하는 것이다. 산업 공정을 생각해 보자. 섬아연광(ZnS)으로부터 아연을 추출하려고 한다고 하자. 다음 반응은 $\Delta G°$ 값이 큰 양수이어서 반응이 일어나지 않는다.

$$ZnS(s) \longrightarrow Zn(s) + S(s) \qquad \Delta G° = 198.3 \text{ kJ/mol}$$

반면에 황을 태워 SO_2를 만드는 과정은 $\Delta G°$ 값이 큰 음의 값이므로 반응이 일어난다.

$$S(s) + O_2(g) \longrightarrow SO_2(g) \qquad \Delta G° = -300.1 \text{ kJ/mol}$$

두 과정을 짝지으면, 황화 아연에서 아연을 분리해 낼 수 있다. 실제로 이 짝지음은 공기 중에서 ZnS를 가열하면, SO_2를 형성하려는 S의 경향성 때문에 ZnS의 분해가 촉진되는 것을 뜻한다.

$$\begin{array}{rlr} ZnS(s) \longrightarrow Zn(s) + S(s) & & \Delta G° = 198.3 \text{ kJ/mol} \\ S(s) + O_2(g) \longrightarrow SO_2(g) & & \Delta G° = -300.1 \text{ kJ/mol} \\ \hline ZnS(s) + O_2(g) \longrightarrow Zn(s) + SO_2(g) & & \Delta G° = -101.8 \text{ kJ/mol} \end{array}$$

짝지은 반응은 우리의 생존에 매우 중요한 역할을 한다. 생체 내에서 효소는 여러 가지 비자발적인 반응을 촉진시킨다. 예를 들면, 글루코스(포도당, $C_6H_{12}O_6$)로 표현되는 음식 분자들은 인체 내에서의 대사 과정 중에 많은 양의 자유 에너지를 내놓으면서 이산화탄소(CO_2)와 물로 전환된다.

$$C_6H_{12}O_6(s) + 6O_2(g) \longrightarrow 6CO_2(g) + 6H_2O(l) \quad \Delta G° = -2880 \text{ kJ/mol}$$

살아있는 세포에서 이 반응은 불꽃 속에서 포도당이 연소되는 것과 같이 단일 단계로 일어나지 않는다. 대신 포도당 분자는 효소의 도움으로 일련의 단계들을 거쳐 분해된다. 그 과정에서 방출되는 에너지의 대부분은 아데노신 이인산(adenosine diphosphate, ADP)과 인산으로부터 아데노신 삼인산(adenosine triphosphate, ATP)을 만드는 데 사용된다(그림 17.9).

$$ADP + H_3PO_4 \longrightarrow ATP + H_2O \qquad \Delta G° = +31 \text{ kJ/mol}$$

ATP의 역할은 세포가 필요로 할 때까지 자유 에너지를 저장하는 것이다. 적절한 조건하에서 ATP는 가수분해되어 ADP와 인산이 되며, 31 kJ/mol의 자유 에너지를 방출하게 된다. 이 에너지는 단백질 합성처럼 에너지적으로 불리한 반응을 일어나게 하는 데 사용될 수 있다.

짝지은 반응에 대한 기계적 비유. 가벼운 추를 위쪽으로 움직이는 것(비자발적 과정)은 더 무거운 추를 아래로 떨어뜨리는 것과 짝지어주면 가능하다.

단백질은 아미노산으로 만들어진 중합체이다. 단백질 분자가 단계적으로 합성될 때, 각 아미노산들을 연결하는 과정이 포함된다. 알라닌과 글라이신으로부터 다이펩타이드(2개의 아미노산으로 이루어진 중합체)인 알라닐글라이신이 형성되는 과정을 고찰해 보자.

생활 속의 화학 CHEMISTRY in Action

고무밴드의 열역학

우리는 모두 고무밴드가 얼마나 유용한가 잘 알고 있다. 그러나 고무밴드가 그 분자 구조 때문에 아주 흥미로운 열역학적 성질을 가지고 있다는 것을 아는 사람은 많지 않다.

최소 폭이 0.5 cm 이상 되는 고무밴드가 있다면 다음 실험을 쉽게 해볼 수 있다. 고무밴드를 재빨리 늘려 입술에 대보자. 약간 따뜻해진 효과를 느낄 수 있을 것이다. 그 다음 이 과정을 거꾸로 해보자. 고무밴드를 늘린 상태에서 몇 초 동안 기다린다. 그리고 나서 재빨리 고무밴드의 팽팽함을 없애버리고 다시 입술에 대보자. 이 두 실험에 대한 열역학적 분석은 고무의 분자 구조에 관해 중요한 사실을 알려줄 수 있다.

식 (17.10) ($\Delta G = \Delta H - T\Delta S$)을 재배치하면 다음과 같다.

$$T\Delta S = \Delta H - \Delta G$$

고무밴드를 당기면 따뜻해지는 효과(발열 과정)는 $\Delta H < 0$을 뜻하고, 고무밴드를 당긴 것이 비자발적이므로 $\Delta G > 0$이다. 그 결과 $-\Delta G < 0$이고, $T\Delta S$는 음이어야 한다. 절대 온도 T는 항상 양이므로 고무밴드를 잡아당기면 ΔS가 음이어야 한다고 결론 내릴 수 있다. 따라서 고무는 자연스런 상태가 팽팽히 당긴 상태보다 더 무질서하다.

팽팽함이 없어지면 늘어난 고무밴드는 저절로 처음 모양으로 돌아간다. 즉, ΔG는 음이고, $-\Delta G$는 양이다. 냉각 효과는 흡열 과정($\Delta H > 0$)을 뜻하는 것이고, 그 결과 $T\Delta S$는 양이다. 따라서 고무밴드가 늘어난 상태에서 자연스러운 상태로 돌아가면 고무밴드의 엔트로피는 증가한다.

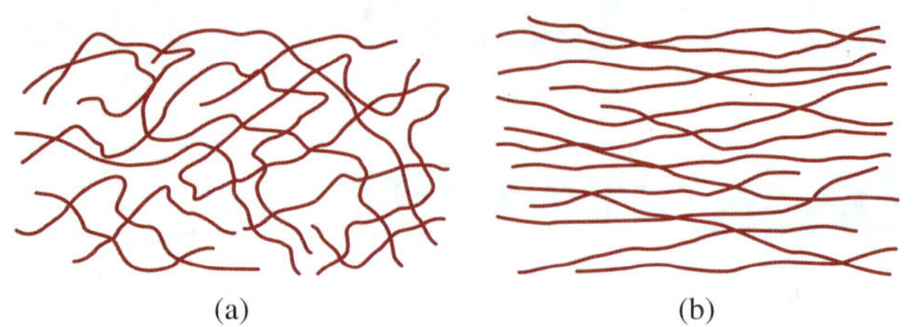

(a) 일반 상태에서의 고무 분자들. 상당히 엉켜 있다(즉, 미세 상태의 수가 많고 엔트로피가 크다). (b) 팽창력을 받았을 때의 분자들. 일렬로 늘어서게 되고, 배열이 더 규칙적으로 된다(미세 상태의 수가 적고, 엔트로피가 작다).

그림 17.9 이온화된 형태의 ATP와 ADP 구조. 아데닌기는 파랑, 라이보스기는 검정색, 인산기는 빨강색으로 나타내었다. ADP는 ATP보다 인산기가 하나 적다는 데 주목하라.

아데노신 삼인산 (ATP)

아데노신 이인산 (ADP)

이 반응은 단백질 분자 합성에서 첫 단계에 해당된다.

$$\text{알라닌} + \text{글라이신} \longrightarrow \text{알라닐글라이신} \qquad \Delta G^\circ = +29\ \text{kJ/mol}$$

보다시피 이 반응은 생성물을 형성하는 것을 선호하지 않기 때문에 평형에 도달해서도 매우 적은 양의 다이펩타이드만이 형성될 것이다. 그러나 효소의 도움으로 이 반응은 다음과 같이 ATP의 가수분해 반응과 짝지어진다.

$$\text{ATP} + H_2O + \text{알라닌} + \text{글라이신} \longrightarrow \text{ADP} + H_3PO_4 + \text{알라닐글라이신}$$

전체 자유 에너지 변화는 $\Delta G^\circ = -31\ \text{kJ/mol} + 29\ \text{kJ/mol} = -2\ \text{kJ/mol}$로 주어지며 이

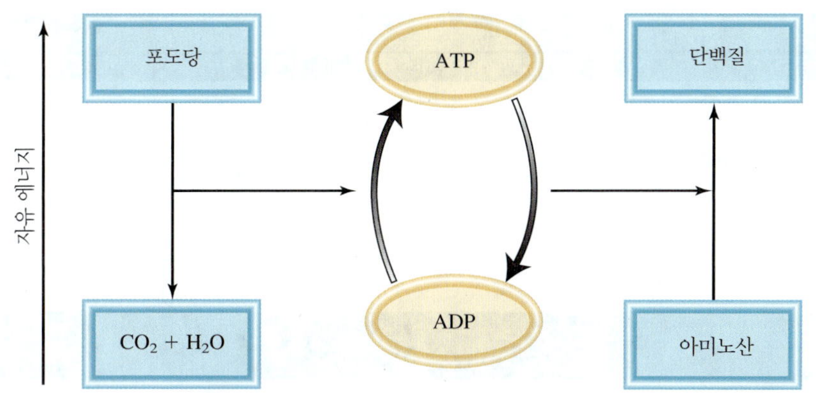

그림 17.10 생체 내에서 ATP 합성과 짝지은 반응에 대한 개요도. 신진대사 동안 포도당은 자유 에너지를 방출하면서 이산화 탄소와 물로 바뀐다. 방출된 자유 에너지는 ADP를 ATP로 바꾸는 데 사용된다. ATP 분자들은 아미노산으로부터 단백질을 합성하는 것과 같은 비자발적 반응을 일으키기 위한 에너지원으로 사용된다.

는 짝지은 반응이 자발적이게 되어 상당한 양의 알라닐글라이신이 이 조건 하에서 형성될 것임을 의미한다. 그림 17.10은 (대사 과정에서) 에너지 창고로 쓰이고, 필수 반응들을 일으키기 위해서 (ATP를 가수분해하여) 자유 에너지를 방출하는 ATP-ADP 상호변환 과정을 보여준다.

주요 식 정리하기 *Key Equations*

$S = k \ln W$ (17.1)	미세 상태의 수와 엔트로피의 관계.
$\Delta S_{우주} = \Delta S_{계} + \Delta S_{주위} > 0$ (17.4)	열역학 제2법칙(자발적 과정).
$\Delta S_{우주} = S_{계} + \Delta S_{주위} = 0$ (17.5)	열역학 제2법칙(평형 과정).
$\Delta S^\circ_{반응} = \Sigma nS^\circ(생성물) - \Sigma mS^\circ(반응물)$ (17.7)	표준 반응 엔트로피 변화.
$G = H - TS$ (17.9)	깁스 자유 에너지의 정의.
$\Delta G = \Delta H - T\Delta S$ (17.10)	일정 온도에서 자유 에너지의 변화.
$\Delta G^\circ_{반응} = \Sigma n\Delta G^\circ_f(생성물) - \Sigma m\Delta G^\circ_f(반응물)$ (17.12)	표준 반응 자유 에너지 변화.
$\Delta G = \Delta G^\circ + RT \ln Q$ (17.13)	자유 에너지 변화와 표준 자유 에너지 변화와의 관계.
$\Delta G^\circ = -RT \ln K$ (17.14)	표준 자유 에너지 변화와 평형 상수의 관계.

사실과 개념 요약하기 *Summary of Facts & Concepts*

1. 엔트로피는 계가 에너지를 분산시킬 수 있는 다양한 방법의 수에 대한 척도이다. 자발적인 과정은 필연적으로 전체 우주의 엔트로피를 증가시킨다(열역학 제2법칙).
2. 화학 반응의 표준 엔트로피를 반응물과 생성물의 절대 엔트로피로부터 계산해 낼 수 있다.
3. 열역학 제3법칙은 절대 영도에서 완전 결정성 물질의 엔트로피가 0이라는 사실이다. 이 법칙으로부터 물질의 절대 엔트로피를 측정할 수 있다.
4. 일정한 온도와 압력의 조건하에서 자유 에너지 변화 ΔG는 자발적인 과정에서 0보다 작고, 비자발적인 과정에서는 0보다 크다. 평형 과정에 대해서 $\Delta G = 0$이다.
5. 일정한 온도와 압력의 조건하에서 화학적 또는 물리적 과정에 대하여 $\Delta G = \Delta H - T\Delta S$이다. 이 식은 어떤 과정에 대한 자발적 변화를 예측하는 데 사용할 수 있다.
6. 반응에 대한 표준 자유 에너지 변화 ΔG°는 반응물과 생성물의 표준 생성 자유 에너지로부터 계산해 낼 수 있다.
7. 반응의 평형 상수와 그 반응의 표준 자유 에너지 변화는 식 $\Delta G^\circ = -RT \ln K$의 관계가 성립한다.
8. 대부분의 생물학적 반응은 비자발적이다. 이들은 ΔG° 값이 음인 ATP의 가수분해 반응에 의해 이루어진다.

주요 용어 정리하기 Key Words

깁스 자유 에너지(G)
엔트로피(S)
열역학 제2법칙
열역학 제3법칙
표준 반응 엔트로피($\Delta S^\circ_{반응}$)
표준 반응 자유 에너지($\Delta G^\circ_{반응}$)
표준 생성 자유 에너지(ΔG°_f)

연습 문제 Questions & Problems

● 표시는 Connect Plus에서 유용한 문제, 붉은색 번호의 문제는 학생용 문제풀이집에 풀어 놓았다.

자발적 과정과 엔트로피

▶ 복습 질문

17.1 자발적인 과정은 무엇을 의미하는가를 설명하시오. 자발적 과정과 비자발적 과정에 대한 예를 각각 두 개씩 들어보시오.

17.2 다음 과정 중 어떤 과정이 자발적이고, 어떤 과정이 비자발적인가?
(a) 뜨거운 수프에 소금을 녹이는 것. (b) 산에 오르는 것. (c) 향수병 마개를 열어 방안에 향기가 퍼지는 것. (d) 기체 혼합물로부터 헬륨과 네온을 분리하는 것.

17.3 주어진 온도에서 다음 중 어떤 것이 자발적이고, 어떤 것이 비자발적인가를 설명하시오.

(a) $NaNO_3(s) \xrightarrow{H_2O} NaNO_3(aq)$ 포화 용액
(b) $NaNO_3(s) \xrightarrow{H_2O} NaNO_3(aq)$ 불포화 용액
(c) $NaNO_3(s) \xrightarrow{H_2O} NaNO_3(aq)$ 과포화 용액

17.4 엔트로피를 정의하시오. 엔트로피의 단위는 무엇인가?

▶ 문제

17.5 다음 각 과정에 대해 계의 엔트로피 변화가 어떻게 될지 설명하시오.
(a) 고체가 녹는다.
(b) 액체가 언다.
(c) 액체가 끓는다.
(d) 기체가 고체로 변한다.
(e) 기체가 고체로 응축한다.
(f) 고체가 승화된다.
(g) 요소가 물에 용해된다.

17.6 그림 17.1(a)의 배열을 생각해 보자. 두 플라스크의 부피가 같으므로 한 분자가 어느 한 플라스크에서 발견될 확률은 $\frac{1}{2}$로 같다. 분자수가 (a) 2개, (b) 100개, (c) 6×10^{23}개일 때 한 플라스크에서 모든 분자가 발견될 확률을 계산하시오. 본인의 답을 바탕으로 그림 17.1(b)와 같은 상황이 관찰되지 않는 이유를 설명해 보자.

열역학 제2법칙

▶ 복습 질문

17.7 열역학 제2법칙을 글로 서술하고, 수학적으로 표시하시오.

17.8 열역학 제3법칙을 서술하고, 이것이 엔트로피 값을 계산하는 데 유용하지 못한 점에 대해 설명하시오.

▶ 문제

● 17.9 다음 각 쌍에 대하여 25°C에서 같은 몰수의 양에 대해 표준 엔트로피 값이 더 큰 것을 택하시오. (a) $Li(s)$과 $Li(l)$, (b) $C_2H_5OH(l)$과 $CH_3OCH_3(l)$ (*힌트:* 어떤 분자가 수소 결합을 하는가?), (c) $Ar(g)$와 $Xe(g)$, (d) $CO(g)$와 $CO_2(g)$, (e) $O_2(g)$와 $O_3(g)$, (f) $NO_2(g)$와 $N_2O_4(g)$.

17.10 25°C에서 엔트로피가 증가하는 순서대로 다음 물질(각각 1 mol)을 배열하고, 그렇게 배열한 이유를 제시하시오. (a) $Ne(g)$, (b) $SO_2(g)$, (c) $Na(s)$, (d) $NaCl(s)$, (e) $H_2(g)$.

● 17.11 부록 3의 자료를 이용하여 25°C에서 다음 반응의 표준 엔트로피 변화를 계산하시오.
(a) $S(s) + O_2(g) \longrightarrow SO_2(g)$
(b) $MgCO_3(s) \longrightarrow MgO(s) + CO_2(g)$

● **17.12** 부록 3의 자료를 이용하여 25°C에서 다음 반응의 표준 엔트로피 변화를 계산하시오.
(a) $H_2(g) + CuO(s) \longrightarrow Cu(s) + H_2O(g)$
(b) $2Al(s) + 3ZnO(s) \longrightarrow Al_2O_3(s) + 3Zn(s)$
(c) $CH_4(g) + 2O_2(g) \longrightarrow CO_2(g) + 2H_2O(l)$

● 17.13 부록 3의 자료를 참조하지 않고 다음 반응의 엔트로피 변화가 양인지 음인지를 예측하고, 그렇게 예측한 이유를 설명하시오.
(a) $2KClO_4(s) \longrightarrow 2KClO_3(s) + O_2(g)$
(b) $H_2O(g) \longrightarrow H_2O(l)$
(c) $2Na(s) + 2H_2O(l) \longrightarrow 2NaOH(aq) + H_2(g)$
(d) $N_2(g) \longrightarrow 2N(g)$

17.14 다음 각 과정에서 예상되는 엔트로피 변화의 부호가 양인지 음인지 말하고, 그렇게 예측한 이유를 설명하시오.
(a) $PCl_3(l) + Cl_2(g) \longrightarrow PCl_5(s)$
(b) $2HgO(s) \longrightarrow 2Hg(l) + O_2(g)$

(c) $H_2(g) \longrightarrow 2H(g)$
(d) $U(s) + 3F_2(g) \longrightarrow UF_6(s)$

깁스 자유 에너지

▶ 복습 질문

17.15 자유 에너지를 정의하시오. 단위는 어떻게 되는가?

17.16 반응의 방향을 예상하는 데 $\Delta S_{우주}$ 대신 $\Delta G_{계}$를 사용하는 것이 편리한 이유는 무엇인가? 어떤 조건 하에서 $\Delta G_{계}$가 반응의 자발성을 예상하는 데 사용되는가?

▶ 문제

17.17 25°C에서 다음 반응의 $\Delta G°$를 계산하시오.
(a) $N_2(g) + O_2(g) \longrightarrow 2NO(g)$
(b) $H_2O(l) \longrightarrow H_2O(g)$
(c) $2C_2H_2(g) + 5O_2(g) \longrightarrow 4CO_2(g) + 2H_2O(l)$
(*힌트:* 부록 3에 실린 반응물과 생성물의 표준 생성 자유 에너지 참조)

17.18 25°C에서 다음 반응의 $\Delta G°$를 구하시오.
(a) $2Mg(s) + O_2(g) \longrightarrow 2MgO(s)$
(b) $2SO_2(g) + O_2(g) \longrightarrow 2SO_3(g)$
(c) $2C_2H_6(g) + 7O_2(g) \longrightarrow 4CO_2(g) + 6H_2O(l)$

17.19 ΔH와 ΔS 값으로부터 다음 각 반응이 25°C에서 자발적인가를 예측하시오. 반응 A: ΔH = 10.5 kJ/mol, ΔS = 30 J/K · mol, 반응 B: ΔH = 1.8 kJ/mol, ΔS = −113 J/K · mol.

17.20 다음 ΔH와 ΔS를 이용해서 자발적인 반응이 일어나는 온도를 구하시오. (a) ΔH = −126 kJ/mol, ΔS = 84 J/K · mol (b) ΔH = −11.7 kJ/mol, ΔS = −105 J/K · mol

자유 에너지와 화학 평형

▶ 복습 질문

17.21 ΔG와 $\Delta G°$의 차이를 설명하시오.

17.22 식 (17.14)가 화학에서 매우 중요한 이유를 설명하시오.

▶ 문제

17.23 25°C에서 다음 반응의 K_P를 계산하시오.

$$H_2(g) + I_2(g) \rightleftharpoons 2HI(g) \qquad \Delta G° = 2.60 \text{ kJ/mol}$$

17.24 25°C에서 물의 자체이온화(autoionization) 과정(K_w = 1.0×10^{-14})에서 $\Delta G°$를 구하시오.

$$H_2O(l) \rightleftharpoons H^+(aq) + OH^-(aq)$$

17.25 25°C에서 다음 반응을 생각해 보자.

$$Fe(OH)_2(s) \rightleftharpoons Fe^{2+}(aq) + 2OH^-(aq)$$

이 반응에 대한 $\Delta G°$는 얼마인가? $Fe(OH)_2$의 K_{sp}는 1.6×10^{-14}이다.

17.26 25°C에서 다음 반응의 $\Delta G°$와 K_P를 계산하시오.

$$2H_2O(g) \rightleftharpoons 2H_2(g) + O_2(g)$$

17.27 (a) 25°C에서 다음 반응의 $\Delta G°$와 K_P를 계산하시오. $Cl_2(g)$, $PCl_3(g)$, $PCl_5(g)$의 $\Delta G_f°$는 각각 0, −286 kJ/mol, −325 kJ/mol이다.

$$PCl_5(g) \rightleftharpoons PCl_3(g) + Cl_2(g)$$

(b) 초기 혼합물의 분압이 P_{PCl_5} = 0.0029 atm, P_{PCl_3} = 0.27 atm, P_{Cl_2} = 0.40 atm일 때, 반응의 ΔG를 계산하시오.

17.28 다음 반응의 2000 K에서 평형 상수(K_P)는 4.40이다.

$$H_2(g) + CO_2(g) \rightleftharpoons H_2O(g) + CO(g)$$

(a) 위 반응에서 $\Delta G°$를 구하시오. (b) 부분 압력이 다음과 같을 때 ΔG를 구하시오. P_{H_2} = 0.25 atm, P_{CO_2} = 0.78 atm, P_{H_2O} = 0.66 atm, P_{CO} = 1.20 atm.

17.29 탄산 칼슘의 분해 반응을 생각해 보자.

$$CaCO_3(s) \rightleftharpoons CaO(s) + CO_2(g)$$

평형에서 (a) 25°C일 때, (b) 800°C일 때의 CO_2의 부분 압력을 atm 단위로 계산하시오. 이 온도 범위에서 $\Delta H°$ = 177.8 kJ/mol, $\Delta S°$ = 160.5 J/K · mol로 가정한다.

17.30 다음 반응에 대한 평형 상수 K_P는 25°C에서 5.62×10^{35}이다.

$$CO(g) + Cl_2(g) \rightleftharpoons COCl_2(g)$$

25°C에서 $COCl_2$의 $\Delta G_f°$를 구하시오.

17.31 25°C에서 다음 반응의 $\Delta G°$는 8.6 kJ/mol이다.

$$H_2O(l) \rightleftharpoons H_2O(g)$$

같은 온도에서 물의 증기압을 계산하시오.

17.32 다음 반응 과정의 $\Delta G°$를 구하시오.

C(다이아몬드) ⟶ C(흑연)

25°C에서 다이아몬드가 흑연으로 바뀌는 반응은 유리한가? 만약 그렇다면 왜 다이아몬드가 흑연으로 바뀌는 반응이 쉽게 일어나지 않을까?

생명계의 열역학

▶ 복습 질문

17.33 짝지은 반응이란 무엇인가? 생체계 반응에서 이 반응이 중요한 이유는 무엇인가?

17.34 생물학적 반응에서 ATP의 역할을 쓰시오.

▶ 문제

17.35 글루코스의 대사 과정을 참조하여(17.7절) 글루코스 1 mol이 분해될 때 최대 몇 mol의 ATP가 ADP로부터 생성될 수 있는가를 계산하시오.

17.36 글루코스의 물질 대사에서 첫 단계는 글루코스를 글루코스 6-인산으로 바꾸는 것이다.

글루코스 + H_3PO_4 ⟶ 글루코스 6-인산 + H_2O
$\Delta G°$ = 13.4 kJ/mol

$\Delta G°$가 양이기 때문에 위 반응은 자발적으로 일어나지

않는다. ATP의 가수분해와 짝지으면 이 반응이 어떻게 일어날 수 있게 되는지를 설명하시오. 또한 짝지은 반응식을 쓰고, 그 평형 상수를 추정하시오.

추가 문제

17.37 다음 동요 리듬을 열역학 제2법칙의 관점에서 설명하시오.

Humpty Dumpty sat on a wall;
Humpty Dumpty had a great fall.
All the King's horses and all the King's men
Couldn't put Humpty together again.

• **17.38** 25°C에서 다음 조건을 따를 때 아래 반응의 $\Delta G°$를 계산하시오.

$$H_2O(l) \rightleftharpoons H^+(aq) + OH^-(aq)$$

(a) $[H^+] = 1.0 \times 10^{-7}\,M$, $[OH^-] = 1.0 \times 10^{-7}\,M$
(b) $[H^+] = 1.0 \times 10^{-3}\,M$, $[OH^-] = 1.0 \times 10^{-4}\,M$
(c) $[H^+] = 1.0 \times 10^{-12}\,M$, $[OH^-] = 2.0 \times 10^{-8}\,M$
(d) $[H^+] = 3.5\,M$, $[OH^-] = 4.8 \times 10^{-4}\,M$

17.39 다음 과정에 대한 $\Delta S°_{용액}$을 계산하시오.
(a) $NH_4NO_3(s) \longrightarrow NH_4^+(aq) + NO_3^-(aq)$
(b) $FeCl_3(s) \longrightarrow Fe^{3+}(aq) + 3Cl^-(aq)$.
부호에 대해 정성적 설명을 하시오.

17.40 다음 반응은 특정 온도 T에서 자발적이다. 이 반응의 $\Delta S_{주위}$를 예측하시오.

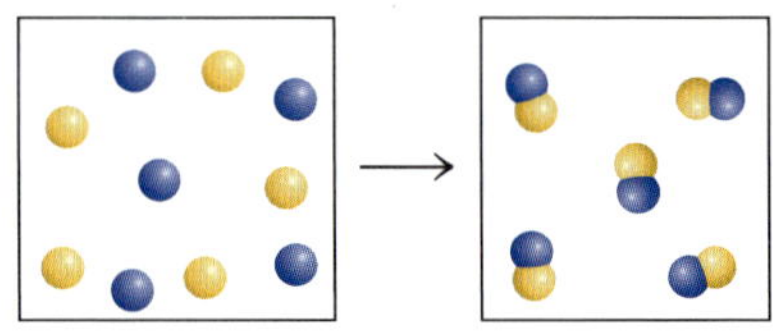

17.41 열역학 함수 S, U, G, H 중 열역학 제1법칙에만 관련된 것은 어떤 것인가?

17.42 한 학생이 세 가지 화합물 A, B, C를 각각 1 g씩 한 용기에 담았다. 1주일이 지나도 어떤 변화가 일어나지 않았다. 아무런 반응도 일어나지 않은 사실을 설명할 수 있는 가능한 이유를 제시하시오. A, B, C는 완벽하게 혼합할 수 있는 액체라고 가정한다.

17.43 부록 3의 자료를 이용해서 25°C에서 다음 반응의 평형 상수를 계산하시오. $AgI(s) \rightleftharpoons Ag^+(aq) + I^-(aq)$. 계산 결과를 표 16.2의 K_{sp} 값과 비교해 보시오.

17.44 1 atm에서 다음 과정을 따를 때 계의 ΔH, ΔS, ΔG를 예상하시오. (a) 암모니아가 −60°C에서 녹음, (b) 암모니아가 −77.7°C에서 녹음, (c) 암모니아가 −100°C에서 녹음(암모니아의 정상 녹는점은 −77.7°C이다).

17.45 물은 −5°C, 1 atm에서 자발적으로 얼며, 얼음이 물보다 더 질서정연하다는 사실을 생각해 보자. 어떻게 자발적인 과정에서 엔트로피가 감소하는지를 설명하시오.

17.46 질산 암모늄(NH_4NO_3)은 물에서 자발적인 흡열 반응을 일으키며 녹는다. 용액이 되는 과정에서 ΔS의 부호는 무엇이라고 추론할 수 있는가?

• 17.47 탄산 바륨($BaCO_3$)이 25°C에서 분해할 때, CO_2의 평형 압력을 계산하시오.

17.48 (a) 트로턴(Trouton) 법칙은 끓는점(절대 온도)에 대한 몰증발열($\Delta H_{증발}$)의 비율이 대략 90 J/K · mol이라는 것이다. 다음 자료를 사용하여 트로턴 법칙이 잘 성립됨을 보이고, 그 이유를 설명하시오.

	t_{bp}(°C)	$\Delta H_{증발}$(kJ/mol)
벤젠	80.1	31.0
헥세인	68.7	30.8
수은	357	59.0
톨루엔	110.6	35.2

(b) 표 11.6을 이용하여 에탄올과 물에 대해서 트로턴 법칙에서 사용되는 비율을 계산하시오. 다른 액체와 달리 이 두 액체에는 트로턴 법칙이 적용되지 않는 이유를 설명하시오.

17.49 연습 문제 17.48을 참조하여 이 비율이 액체 HF에서 90 J/K · mol보다 훨씬 작은지 설명하시오.

• **17.50** 일산화 탄소(CO)와 산화 질소(NO)는 자동차 배기가스에 포함되어 있는 오염 기체이다. 적절한 조건에서 이 기체들은 질소(N_2) 형태와 덜 해로운 물질인 이산화 탄소(CO_2) 형태로 변환될 수 있다. (a) 이 반응에 대한 반응식을 쓰시오. (b) 이 반응에서 산화제와 환원제를 지적하시오. (c) 25°C에서 반응에 대한 K_p 값을 계산하시오. (d) 정상 대기압 조건에서 부분 압력은 $P_{N_2} = 0.80$ atm, $P_{CO_2} = 3.0 \times 10^{-4}$ atm, $P_{CO} = 5.0 \times 10^{-5}$ atm, $P_{NO} = 5.0 \times 10^{-7}$ atm이다. Q_P 값을 계산하고, 반응의 방향을 예측하시오. (e) 온도의 증가가 N_2와 CO_2를 생성을 선호하는 요인이 되는가?

• 17.51 표준 상태 조건하에서 일어나는 반응에 대하여 식 (17.10)은 $\Delta G° = \Delta H° - T\Delta S°$ 형태가 된다. (a) $\Delta H°$와 $\Delta S°$가 온도와 무관하다고 가정하고 다음 식을 유도하시오.

$$\ln \frac{K_2}{K_1} = \frac{\Delta H°}{R}\left(\frac{T_2 - T_1}{T_1 T_2}\right)$$

여기서 K_1과 K_2는 각각 온도가 T_1과 T_2일 때의 평형 상수이다. (b) 25°C에서 다음 반응의 K_c가 4.63×10^{-3}이라고 할 때 65°C에서의 평형 상수를 계산하시오.

$$N_2O_4(g) \rightleftharpoons 2NO_2(g) \quad \Delta H° = 58.0\ \text{kJ/mol}$$

17.52 부록 3의 열역학적 자료를 사용하여 AgCl의 K_{sp}를 계산하시오.

17.53 298 K에서 반응 $A \longrightarrow B + C$를 생각해보자. 주어진 정반응 속도(k_f)는 0.46 s^{-1}이고, 역반응 속도(k_r)은 $1.5 \times 10^{-2}/M \cdot s$일 때, 이 반응의 $\Delta G°$을 계산하시오.

17.54 AgCl의 K_{sp}는 표 16.2에 주어져 있다. 60°C에서의 K_{sp} 값은 얼마인가? [*힌트:* $\Delta H°$를 계산하기 위해서는 부록 3의 자료와 연습 문제 17.51(a)의 답이 필요하다.]

17.55 어떤 조건에서 물질의 표준 엔트로피가 0이 되는가? 물질의 엔트로피가 음이 될 수 있는가?

• **17.56** H_2와 CO가 혼합된 수성 가스는 붉게 뜨거워진 코크(석탄 분별 증류의 부산물)와 수증기의 반응에 의해 만들어진 연료이다. 부록 3의 자료를 통해 반응의 생성물을 선호하기 시작하는 온도를 추정하시오.

$$H_2O(g) + C(s) \rightleftharpoons CO(g) + H_2(g)$$

• 17.57 25°C에서 브뢴스테드 산-염기 반응을 생각해 보자.

$$HF(aq) + Cl^-(aq) \rightleftharpoons HCl(aq) + F^-(aq)$$

(a) K 값이 1보다 작은지, 큰지 예측하시오. (b) $\Delta H°$와 $\Delta S°$ 중 어느 것이 $\Delta G°$에 더 많이 기여하는가? (c) $\Delta H°$ 값이 양인가, 음인가?

• **17.58** 과포화 용액으로부터 아세트산 소듐(CH_3COONa)의 결정화가 자발적으로 일어난다(12.1절 참조). ΔS와 ΔH의 부호는 무엇이라고 추론해 낼 수 있는가?

• 17.59 $CaCO_3$의 열분해 반응을 생각해 보자.

$$CaCO_3(s) \rightleftharpoons CaO(s) + CO_2(g)$$

CO_2의 부분 압력은 700°C에서 22.6 mmHg이고, 950°C에서 1829 mmHg이다. 반응의 표준 엔탈피를 계산하시오. [*힌트:* 연습 문제 17.51(a) 참조.]

• **17.60** 어떤 반응이 72°C에서 자발적으로 일어난다. 이 반응의 엔탈피 변화가 19 kJ/mol이라면 이 반응의 ΔS의 *최소값* (J/K · mol)은 얼마인가?

• 17.61 다음 각 반응에 대하여 엔트로피 변화가 음인지, 양인지 예측하시오.

(a) $Zn(s) + 2HCl(aq) \longrightarrow ZnCl_2(aq) + H_2(g)$
(b) $O(g) + O(g) \longrightarrow O_2(g)$
(c) $NH_4NO_3(s) \longrightarrow N_2O(g) + 2H_2O(g)$
(d) $2H_2O_2(l) \longrightarrow 2H_2O(l) + O_2(g)$

17.62 반응 $NH_3(g) + HCl(g) \longrightarrow NH_4Cl(s)$은 25°C에서 계의 무질서도가 감소했음에도 불구하고(기체가 고체로 변화) 반응이 자발적으로 진행된다. 이 현상에 대해 설명하시오.

• 17.63 다음 자료를 사용하여 수은의 정상 끓는점을 켈빈(Kelvin) 단위로 계산하시오. 계산할 때 필요한 가정들은 무엇인가?

Hg(l): $\Delta H_f° = 0$ (정의에 의해)
$S° = 77.4$ J/K · mol

Hg(g): $\Delta H_f° = 60.78$ kJ/mol
$S° = 174.7$ J/K · mol

• **17.64** 에탄올의 몰 증발열이 39.3 kJ/mol이고, 끓는점이 78.3°C이다. 에탄올 0.50 mol이 증발할 때, ΔS 값을 계산하시오.

17.65 어떤 반응에 대한 $\Delta G°$의 값이 −122 kJ/mol로 알려져 있다. 반응물들을 서로 혼합할 때 반드시 반응이 일어날까?

• **17.66** Ni을 정제하는 몬트(Mond) 공정에서 일산화 탄소와 가열된 Ni가 반응하여 $Ni(CO)_4$를 생성한다.

$$Ni(s) + 4CO(g) \rightleftharpoons Ni(CO)_4(g)$$

CO(g)와 $Ni(CO)_4(g)$의 표준 생성 자유 에너지($\Delta G_f°$)가 각각 −137.3 kJ/mol, −587.4 kJ/mol로 주어져 있다. 80°C에서 반응의 평형 상수를 계산하시오. $\Delta G_f°$는 온도에 무관하다고 가정한다.

• 17.67 25°C에서 다음 반응의 $\Delta G°$와 K_P를 계산하시오.

(a) $H_2(g) + Br_2(l) \rightleftharpoons 2HBr(g)$
(b) $\frac{1}{2}H_2(g) + \frac{1}{2}Br_2(l) \rightleftharpoons HBr(g)$

(a)와 (b)에서 얻어지는 $\Delta G°$와 K_P의 차이점을 설명하시오.

• **17.68** 25°C에서 다음 반응의 $\Delta G° = 212$ kJ/mol이라면 NiO에 대한 O_2의 압력(atm 단위로)을 계산하시오.

$$NiO(s) \rightleftharpoons Ni(s) + \tfrac{1}{2}O_2(g)$$

17.69 "엔트로피에 관해 말하는 것조차 우주의 엔트로피를 증가시킨다"는 명제에 대해 언급하시오.

17.70 $\Delta G°$가 음인 반응에 대한 다음 설명 중 잘못된 것은? (a) 평형 상수 K는 1보다 크다. (b) 반응물과 생성물이 모두 표준 상태에 있을 때 반응은 자발적으로 일어난다. (c) 반응은 항상 발열 반응이다.

17.71 다음 반응을 생각해 보자.

$$N_2(g) + O_2(g) \rightleftharpoons 2NO(g)$$

25°C에서 반응의 $\Delta G° = 173.4$ kJ/mol일 때, (a) NO의 표준 생성 자유 에너지와 (b) 반응에 대한 K_P를 계산하시오. (c) 스모그 생성의 출발 물질 중 하나는 NO이다. 운행 중인 자동차 엔진의 온도를 1100°C라고 가정할 때 반응에 대한 K_P를 계산하시오. (d) 농부들에 따르면 번개는 농작물 생산에 도움이 된다고 한다. 그 이유는 무엇인가?

• **17.72** CuO를 400°C에서 가열해도 관찰할 수 있는 양만큼의 Cu가 생성되지 않는다.

$$CuO(s) \rightleftharpoons Cu(s) + \tfrac{1}{2}O_2(g) \quad \Delta G° = 127.2 \text{ kJ/mol}$$

하지만 이 반응이 흑연이 일산화 탄소로 변화하는 반응과 같이 일어나면 자발적으로 일어나게 된다. 짝지은 반응 과정의 화학 반응식을 쓰고, 짝지은 반응의 평형 상수를 계산하시오.

17.73 무게 1200 kg인 자동차의 내연 기관은 연소 엔탈피가 5510 kJ/mol인 옥테인(C_8H_{18})을 사용하도록 설계되어 있다. 자동차가 경사를 따라 올라갈 때 연료 1.0갤런을 사용하여 올라갈 수 있는 최대 높이를 미터 단위로 계산하라. 엔진 실린더의 온도는 2200°C이고, 배출 온도는

760°C라고 가정하고, 모든 마찰은 무시한다. 연료 + 갤런의 질량은 3.1 kg이다. [*힌트:* 17.5절에 있는 "생활 속의 화학" 참조. 자동차의 수직 상승에 대한 일은 mgh이다. 여기서 m은 자동차의 질량(kg 단위), g는 중력 가속도(9.81 m/s^2), h는 높이(m 단위)이다.]

17.74 $MgCO_3$의 분해 반응을 생각해 보자.

$$MgCO_3(s) \rightleftharpoons MgO(s) + CO_2(g)$$

생성물 생성이 유리해지는 쪽으로 반응이 시작되는 온도를 계산하시오. $\Delta H°$와 $\Delta S°$는 온도에 무관하다고 가정한다.

17.75 (a) 수 년에 걸쳐서 공급하는 에너지가 없어도 유용한 일을 할 수 있는 "영구 기관"을 만들었다는 주장이 제기되었다. 제1법칙으로 이와 같은 기관이 있을 수 없는지를 설명하시오. (b) 때로 "제2 영구기관"이라고 하는 또 다른 기관은 다음과 같은 작동을 한다. 어떤 항해선이 바다에서 물을 끌어올려 물 속에서 열을 뽑아내고, 이 열로 전기를 만들어 배를 운행하고, 물은 다시 바다로 버린다. 이 과정은 에너지를 창조하지 않으므로 열역학 제1법칙을 위배하지 않는다. 단지 바다의 에너지를 전기 에너지로 변환할 뿐이다. 열역학 제2법칙으로 이와 같은 기관의 존재 가능성이 배제됨을 보이시오.

17.76 4.4절의 활동도 순서(activity series)는 25°C에서 반응 (a)는 자발적으로 일어나지만, 반응 (b)는 비자발적임을 보여준다.

(a) $Fe(s) + 2H^+ \longrightarrow Fe^{2+}(aq) + H_2(g)$
(b) $Cu(s) + 2H^+ \longrightarrow Cu^{2+}(aq) + H_2(g)$

부록 3의 자료를 이용하여 이 반응의 평형 상수를 구하고 활동도 순서가 옳음을 확인하시오.

● 17.77 25°C에서 다음의 기본 반응에 대한 속도 상수가 $7.1 \times 10^9/M^2 \cdot s$이다.

$$2NO(g) + O_2(g) \longrightarrow 2NO_2(g)$$

같은 온도에서 역반응의 속도 상수는 어떻게 되겠는가?

17.78 다음 반응은 화산에서 황이 퇴적되는 이유를 설명하는 반응이다(20.4절 참조).

$$2H_2S(g) + SO_2(g) \rightleftharpoons 3S(s) + 2H_2O(g)$$

이 반응은 발전소에서 발생하는 배출되는 가스로부터 SO_2를 제거하는 데에도 사용될 수 있다. (a) 산화-환원 반응의 유형을 결정하시오. (b) 25°C에서 평형 상수(K_P)를 계산하고, 이 반응이 SO_2의 제거 반응으로 적절한지 말하시오. (c) 이 반응에서 온도를 높이면 더 효율적으로 일어날까, 아니면 비효율적으로 일어날까?

17.79 반응에 대한 $\Delta G°$를 측정할 수 있는 두 가지 방법을 제시하시오.

17.80 다음 반응은 성층권에서 오존의 제거 반응을 표현한 것이다.

$$2O_3(g) \rightleftharpoons 3O_2(g)$$

이 반응의 평형 상수(K_P)를 계산하시오. 평형 상수의 크기로 판단해 볼 때 이 반응이 사람이 만든 산화 질소나 CFC와 같은 오염물이 없을 때 오존 제거 반응의 주요 원인으로 고려되지 않는 이유를 설명하시오. 성층권의 온도는 −30°C이고, $\Delta G_f°$는 온도에 무관하다고 가정한다.

● 17.81 74.6 g의 얼음 덩어리가 북극해에 있다. 계와 주위의 압력과 온도가 1 atm, 0°C이다. 이 얼음 덩어리가 녹는 과정에 대해서 $\Delta S_{계}$, $\Delta S_{주위}$, $\Delta S_{우주}$를 구하시오. $\Delta S_{우주}$로부터 이 과정의 현상에 대한 어떤 결론을 내릴 수 있는가? 물의 몰 용융열은 6.01 kJ/mol이다.

● **17.82** 가열을 통해서 동광석(Cu_2S)으로부터 구리를 추출하는 다음 반응의 가능성을 설명하시오.

$$Cu_2S(s) \longrightarrow 2Cu(s) + S(s)$$

위 반응이 황에서 이산화 황으로 전환되는 반응과 짝지을 때 전체 반응의 $\Delta G°$를 계산하시오. $\Delta G_f°(Cu_2S) = -86.1$ kJ/mol로 주어진다.

17.83 능동적 수송이란 물질이 낮은 농도에서 높은 농도로 이동하는 과정을 말한다. 이 과정은 비자발적이며, ATP의 가수분해 반응 등의 자발적인 반응과 짝지어야 한다. 혈장과 신경 세포 내 K^+ 이온의 농도는 각각 15 mM과 400 mM이다(1 mM = 1×10^{-3} M). 식 (17.13)을 사용하여 생리학적 온도인 37°C에서 이 과정에 대한 ΔG를 계산하시오.

$$K^+(15\ mM) \longrightarrow K^+(400\ mM)$$

계산할 때 $\Delta G°$는 0으로 할 수 있다. 그렇게 할 수 있는 정당성을 설명하시오.

● **17.84** 암모니아를 합성할 때 많은 양의 수소가 필요하다. 수소를 만드는 한 가지 방법으로는 300°C에서 구리-아연 촉매에 일산화 탄소와 수증기를 반응시키는 것이다.

$$CO(g) + H_2O(g) \rightleftharpoons CO_2(g) + H_2(g)$$

이 반응의 평형 상수(K_P)와 일산화 탄소와 수증기의 형성을 촉진하는 온도를 계산하시오. 같은 온도에서 더 효과적인 촉매가 사용하면 더 큰 평형 상수(K_P)를 얻겠는가?

17.85 다음 표는 에탄올의 열역학적 자료이다.

	$\Delta H_f°$(kJ/mol)	$S°$(J/K · mol)
액체	−276.98	161.0
증기	−235.1	282.7

25°C에서 에탄올의 증기압을 계산하시오. 열역학적 값은 온도와 무관하다고 가정한다.

17.86 다음 반응은 특정 온도 T에서 자발적이다. 이 반응의 $\Delta S_{주위}$를 계산하시오.

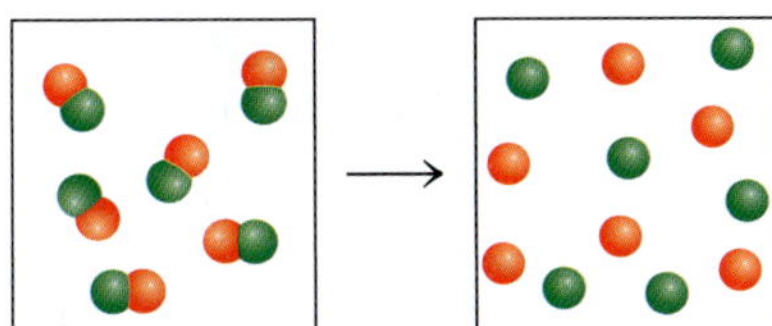

17.87 다음 두 카복실산(COOH 기를 가지는 산) CH_3COOH(아세트산, $K_a = 1.8 \times 10^{-5}$)과 $CH_2ClCOOH$(클로로아세트산, $K_a = 1.4 \times 10^{-3}$)을 생각해 보자. (a) 25°C에서 이들 산의 이온화 반응에 대한 $\Delta G°$를 구하시오. (b) 식 $\Delta G° = \Delta H° - T\Delta S°$은 엔탈피 항($\Delta H°$)과 온도 곱하기 엔트로피 항($T\Delta S°$)으로 되어 있음을 볼 수 있다.

	ΔH°(kJ/mol)	**TΔS°(kJ/mol)**
CH_3COOH	−0.57	−27.6
$CH_2ClCOOH$	−4.7	−21.1

어떤 항이 $\Delta G°$(및 산의 K_a)를 결정하는 데 주된 역할을 하는가? (c) $\Delta H°$에는 어떤 과정이 기여를 하는가? (브뢴스테드 산-염기 반응에서 산의 이온화 과정을 생각해 보라.) (d) CH_3COOH에 대한 $T\Delta S°$가 더 음인 이유를 설명하시오.

17.88 많은 탄화수소는 분자식은 같으나 분자 구조가 다른 구조 이성질체로 존재한다. 예를 들어, 뷰테인과 아이소뷰테인은 분자식이 C_4H_{10}으로 같다(연습 문제 11.19 참조). 25°C의 평형 혼합물에서 이 분자의 몰 백분율을 계산하시오. 단, 뷰테인의 표준 생성 자유 에너지는 −15.9 kJ/mol이고, 아이소뷰테인의 표준 생성 자유 에너지는 −18.0 kJ/mol이다. 계산 결과, 곧은 사슬 탄화수소(C 원자들이 일직선으로 연결된 탄화수소)가 가지난 탄화수소들보다 덜 안정하다는 생각을 지지하는가?

17.89 부록 3의 열역학적 자료를 사용하여 브로민 용액의 정상 끓는점을 예측하시오. 열역학적 값들은 온도에 무관하다고 가정하자.

17.90 다음 각 반응에서 부록 3에 표준 엔트로피가 기재되지 않은 것들이 있다. 이들의 $S°$를 예측하시오. (a) 반응 $Na(s) \longrightarrow Na(l)$의 $\Delta S°_{반응}$은 48.64 J/K · mol이다. (b) 반응 $2S$(단사) $+ Cl_2(g) \longrightarrow S_2Cl_2(g)$의 $\Delta S°_{반응}$은 43.4 J/K · mol이다. (c) 반응 $FeCl_2(s) \longrightarrow Fe^{2+}(aq) + 2Cl^-(aq)$의 $\Delta S°_{반응}$은 −118.3 J/K · mol이다.

17.91 고무 밴드의 한쪽 끝을 고정시키고 다른 쪽을 손으로 잡고 수직으로 늘인다. 뜨거운 공기 송풍기(hot-air blower)로 고무 밴드를 가열하면 길이가 약간 움츠러드는 것이 관찰된다. 이 현상을 열역학적으로 분석하시오. (*힌트:* 17.7절에 있는 "생활 속의 화학" 참조)

17.92 철광(FeO)에서 철을 뽑아내는 단계 중 하나는 일산화 탄소(CO)를 이용하여 900°C에서 산화 철(II)를 환원시키는 것이다.

$$FeO(s) + CO(g) \rightleftharpoons Fe(s) + CO_2(g)$$

CO가 과량의 산화 철(II)와 반응할 때, 평형에서 CO와 CO_2의 몰분율을 계산하시오. 계산 과정에서 필요한 가정이 있다면 무엇인가?

17.93 다음 식을 유도하시오.

$$\Delta G = RT \ln (Q/K)$$

여기서 Q는 반응 지수이다. 이 식을 사용하면 어떻게 반응의 자발성을 예측할 수 있는가를 설명하시오.

17.94 이산화 탄소는 −78°C에서 다음과 같이 승화(sublimation)한다.

$$CO_2(s) \longrightarrow CO_2(g) \qquad \Delta H_{승화} = 62.4 \text{ kJ/mol}$$

이 온도에서 CO_2 84.8 g이 승화할 때, $\Delta S_{승화}$를 계산하시오.

17.95 엔트로피는 시간의 정방향(forward direction)을 결정하는 성질을 가지고 있기 때문에 "시간의 화살(time's arrow)"로 묘사되어 왔다. 설명하시오.

17.96 그림 17.1을 보면 100개의 분자가 모두 같은 플라스크에서 발견될 확률은 8×10^{-31}이다. 우주의 나이가 13억 년이라고 가정하고, 이런 일이 관찰될 수 있는 시간을 계산하시오.

17.97 한 학생이 부록 3에서 CO_2의 $\Delta G°_f$, $\Delta H°_f$, $S°$ 값을 찾았다. 이 값들을 식 (17.10)에 넣어서 298 K에서 $\Delta G°_f \neq \Delta H°_f - TS°$라는 가설을 세웠다. 어디가 잘못되었는가?

17.98 다음 반응이 298 K에서 일어난다.

$$2H_2(g) + O_2(g) \longrightarrow 2H_2O(l) \qquad \Delta H° = -571.6 \text{ kJ/mol}$$

이 반응에 대해서 $\Delta S_{계}$, $\Delta S_{주위}$, $\Delta S_{우주}$를 계산하시오.

17.99 대략적으로 단백질은 고유 상태(native state, 생리적인 기능을 하는 상태)에 있거나 변성 상태(denatured state)에 있을 수 있다.

$$\text{고유 상태} \rightleftharpoons \text{변성 상태}$$

어떤 변성된 단백질의 표준 몰 엔탈피와 엔트로피가 각각 512 kJ/mol과 1.60 kJ/K · mol이다. 이 값들의 부호와 크기에 대해서 설명하고, 어떤 온도에서 변성 상태가 선호되는지 계산하시오.

17.100 S, H, q, w, T 중 상태 함수가 아닌 것은?

17.101 다음 중 어느 것이 계의 엔트로피 증가를 가져오지 않는가? (a) 같은 온도, 압력에서 2개의 기체를 섞는 것, (b) 에탄올과 물을 섞는 것, (c) 배터리를 방전하는 것, (d) 팽창된 기체를 원래의 온도, 압력, 부피로 압축하는 것.

17.102 수소화 반응(예를 들면, 식품 산업에서 C=C 결합을 C—C 결합으로 바꾸는 공정)은 Ni, Pt과 같은 전이 금속 촉매를 사용하여 행해진다. 처음 단계는 수소 기체가 금속 표면에 흡착 즉, 결합하는 과정이다. 수소 기체가 Ni 금속 표면에 흡착될 때 ΔH, ΔS, ΔG의 부호를 예측하시오.

17.103 다음에 나열된 열역학적 과정의 구체적인 예를 들고 설

명하시오. (a) 열역학적으로 자발적인 과정, (b) 열역학 제1법칙에 위배되는 과정, (c) 열역학 제2법칙에 위배되는 과정, (d) 비가역 과정, (e) 평형 과정.

17.104 절대 온도 0도에서 일산화 탄소 결정의 엔트로피는 0이 아니고 4.2 J/K · mol이다. 이를 잔여 엔트로피라고 부른다. 열역학 제3법칙에 따르면 이는 일산화 탄소의 결정이 완벽하게 배열을 하지 못함을 의미한다. (a) 결정의 배열이 완전히 무작위적인 경우 잔여 엔트로피의 값은 얼마인가? (b) (a)의 답과 4.2 J/K · mol의 차이에 대해 설명하시오. [*힌트:* 각 일산화 탄소 분자가 두 가지 방향으로만 배열할 수 있다고 가정하고 식 (17.1)을 이용하여 잔여 엔트로피를 계산하시오.]

17.105 학생 기숙사가 점점 지저분해지는 현상을 엔트로피의 증가와 연관지어 설명하는 경우가 많은데 이의 타당성에 대해 논하시오.

● **17.106** 기체 벤젠의 표준 생성 엔탈피와 표준 생성 엔트로피는 각각 82.93 kJ/mol, 269.2 J/K · mol이다. 25°C에서 다음 반응이 일어날 때 $\Delta H°$, $\Delta S°$, $\Delta G°$ 값을 구하고 답에 대해 설명하시오.

$$C_6H_6(l) \longrightarrow C_6H_6(g)$$

17.107 화학에서 용액의 표준 상태는 1 M이다(표 17.2 참조). 이는 각 용질의 몰농도가 1 M로 되어 있음을 의미한다. 반면에 생물계에서는 생체 pH 조건이 7이기 때문에 수소 이온의 표준 상태를 1×10^{-7} M로 정의한다. 결과적으로 수소 이온의 반응과 관련된 반응에서는 두 규약에 따른 표준 깁스 자유 에너지 변화가 어느 규약을 준수하느냐에 따라서 다를 것이다. 따라서 생물계의 반응에서는 $\Delta G°$ 대신 $\Delta G°'$를 사용한다. (a) 다음 반응을 생각해 보자(x는 반응 계수).

$$A + B \longrightarrow C + xH^+$$

$\Delta G°$는 어떤 규약을 사용하는지에 상관없이 같음을 명심하고, 식 (17.13)을 이용하여$\Delta G°$와 $\Delta G°'$사이의 관계를 유도하시오. 역반응에 대해서도 유도 과정을 반복하시오.

$$C + xH^+ \longrightarrow A + B$$

(b) NAD^+와 NADH는 니코틴아마이드 아데닌 다이뉴클레오타이드(nicotinamide adenine dinucleotide)가 각각 산화와 환원된 형태로서 신진대사에서 매우 중요한 두 화합물이다. NADH의 산화 반응은 다음과 같다.

$$NADH + H^+ \longrightarrow NAD^+ + H_2$$

$\Delta G°$는 298 K에서 −21.8 kJ/mol 이다. $\Delta G°'$를 계산하시오. 또한 화학과 생물학의 규약을 이용하여 ΔG를 계산하시오. [NADH] = 1.5×10^{-2} M, [H^+] = 3.0×10^{-5} M, [NAD] = 4.6×10^{-3} M, PH_2 = 0.010 atm이다.

17.108 다음 그림은 반응 $I_2(g) \rightleftharpoons 2I(g)$의 온도에 따른 평형 상수 변화를 나타낸다. 872 K에서 $\Delta G°$, $\Delta H°$, $\Delta S°$를 계산하시오. (*힌트:* 연습 문제 17.51 참조)

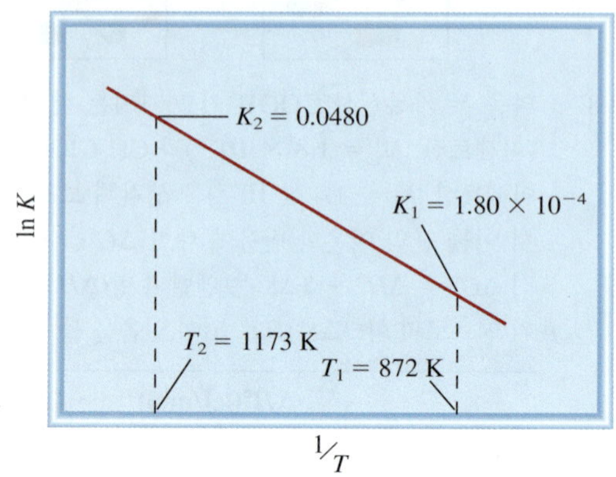

● 17.109 기체 상태인 A_2(녹색 구)와 B_2(빨간색 구)가 반응해서 298 K에서 AB를 형성하는 반응을 생각해 보자.

$$A_2(g) + B_2(g) \rightleftharpoons 2AB(g) \quad \Delta G° = -3.4 \text{ kJ/mol}$$

(1) 어느 반응 혼합물이 평형 상태에 존재하겠는가?
(2) 어느 반응 혼합물의 ΔG가 음의 값을 갖겠는가?
(3) 어느 반응 혼합물의 ΔG가 양의 값을 갖겠는가?
각 그림에서 기체 부분 압력은 A_2, B_2, AB 분자의 개수에 0.10 atm을 곱한 것과 같다. 유효 숫자 두 자리를 이용해서 답을 쓰시오.

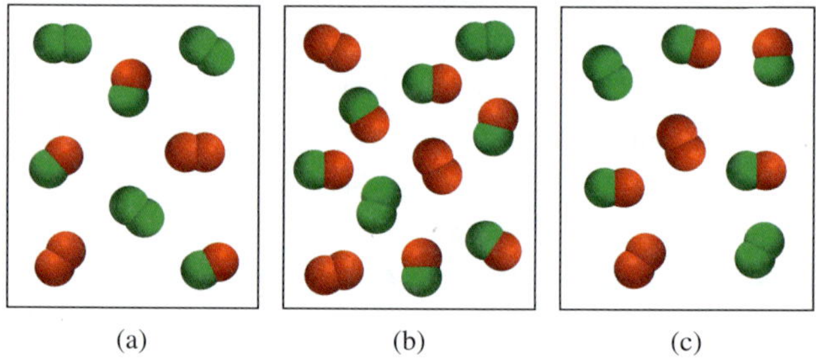

17.110 720°C에서 다음 반응의 K_P는 2.4×10^{-3}이다.

$$N_2 + 3H_2 \rightleftharpoons 2NH_3$$

H_2와 NH_3의 부분 압력이 각각 1.52 atm과 2.1×10^{-2} atm이라면 반응이 정반응 쪽으로 자발적으로 일어나는 데 필요한 N_2의 최소 부분 압력은 얼마인가?

17.111 다음 표는 여러 온도에서 물의 이온곱 상수(K_w)를 나타낸 것이다. 물의 이온화에 대한 $\Delta H°$를 그래프로 나타내시오.

K_w	0.113×10^{-14}	0.292×10^{-14}	1.008×10^{-14}	2.917×10^{-14}	5.474×10^{-14}
t(°C)	0	10	25	40	50

(*힌트:* 연습 문제 14.118 참조)

설명, 모형화 및 추정 문제 Interpreting, Modeling & Estimating

17.112 반응 $NH_3(g) + HCl(g) \longrightarrow NH_4Cl(s)$은 실온에서 자발적이다(그림 5.20 참조). 표준 상태에서 이 반응이 더 이상 자발적이 아닐 온도를 추정하시오.

17.113 다이에틸 에터의 끓는점은 34.6°C이다. 다음을 추정하시오. (a) 몰 증발열, (b) 20°C에서의 증기압. (*힌트:* 연습 문제 17.48과 17.51)

17.114 니코틴(nicotine)은 흡연 중독을 일으키는 담배에 있는 화합물이다. 담배에 있는 대부분의 니코틴은 중성 형태로 존재하는 반면, 혈류 중 니코틴의 약 90%는 다음 화학 반응식으로 나타낸 것과 같이 양성자화되어 있다. 이 반응의 $\Delta G°$를 추정하시오.

(니코틴 구조식) + H^+ $\rightleftharpoons$ (양성자화된 니코틴 구조식: $\overset{+}{N}$, CH_3, H)

17.115 그림 17.1(a)에 나타낸 과정에 대한 ΔS를 추정하시오. 이 장치가 초기 분포에서 왼쪽 플라스크 안에 분자 20개를 포함하였고 최종 분포에서는 각 플라스크에 분자 10개씩을 포함하였다. *유용한 정보:* 한 통에 r개의 입자가 들어가도록 두 통 사이에 n개의 물체를 분포하는 방법의 수는 조합(combination, C)이라고 하며 다음과 같다.

$$C(n, r) = \frac{n!}{r!(n-r)!}$$

여기서 $n! = 1 \times 2 \times 3 \times \cdots \times n$이고, $0! = 1$이다.

17.116 $H—O_n—H(g)$ 계열($n = 1, 2, 3, \ldots$)에서 원소 $H_2(g)$와 $O_2(g)$로부터 이 화합물의 형성이 비자발적이 되는 것은 어느 점에서인가?

실전 연습의 답 Answers to Practice Exercises

17.1 (a) 엔트로피 감소, (b) 엔트로피 감소, (c) 엔트로피 증가, (d) 엔트로피 증가. **17.2** (a) −173.6 J/K · mol, (b) −139.8 J/K · mol, (c) 215.3 J/K · mol. **17.3** (a) $\Delta S > 0$, (b) $\Delta S < 0$, (c) $\Delta S \approx 0$. **17.4** (a) −106.4 kJ/mol, (b) −2935.0 kJ/mol. **17.5** $\Delta S_{용융}$ = 16 J/K · mol, $\Delta S_{증발}$ = 72 J/K · mol. **17.6** 2×10^{57}. **17.7** 33 kJ/mol. **17.8** $\Delta G = -1.0$ kJ/mol; 방향은 왼쪽에서 오른쪽으로 이동한다.

제 18 장

전기화학

Electrochemistry

▲ 마이클 패러데이(Michael Faraday)가 그의 실험실에서 실험하는 모습. 패러데이는 19세기 최고의 실험 과학자로 여겨진다.

이 장의 차례

들여다보기

- 산화-환원 반응을 복습한다. 그리고 이들 과정을 나타내는 반응식의 균형 맞추는 방법을 학습한다(18.1절).
- 다음에는 갈바니 전지의 필수 사항을 조사한다(18.2절).
- 표준 수소 전극을 기준으로 하는 표준 환원 전위를 측정하는 방법을 배운다. 그리고 표준 환원 전위를 사용하여 전지의 기전력을 계산하고 전지 반응의 자발성을 학습한다. 전지의 기전력, 표준 깁스 자유 에너지 변화, 전지 반응의 평형 상수는 서로 관련이 있다(18.3절과 18.4절).
- 비표준 상태 조건에서 전지의 기전력은 네른스트 방정식을 이용하여 계산할 수 있다(18.5절).
- 여러 공통적인 전지의 유형과 연료 전지의 작동을 조사한다(18.6절).
- 자발적 전기화학 과정인 부식에 대하여 공부하고, 부식을 방지하는 방법을 학습한다(18.7절).
- 끝으로 비자발적 전기화학 과정인 전기분해를 배우고, 전기분해 과정의 정량적인 측면을 학습한다(18.8절).

전기 에너지는 일상생활에서 매우 중요한 에너지의 한 형태이다. 기술 사회에서 전기가 없는 날은 상상할 수 없다. 전기 에너지와 화학 에너지의 상호 전환을 다루는 화학 분야가 전기화학이다.

전기화학 과정은 자발적 반응에 의해 방출된 에너지를 전기 에너지로 전환하는 산화-환원 반응이거나, 전기 에너지를 사용하여 비자발적인 화학 반응을 일으키는 산화-환원 반응이다. 후자를 전기분해라 한다.

이 장에서는 갈바니 전지의 기본 원리와 응용, 전기화학 반응의 열역학, 전기화학 수단에 의한 부식의 원인과 방지에 대해 설명할 것이다. 또한 간단한 전기분해 과정과 그 정량적인 측면도 논의하고자 한다.

18.1 산화-환원 반응

전기화학(electrochemistry)은 *전기 에너지와 화학 에너지의 상호 전환 과정을 설명하는 화학의 한 분야*이다. 전기화학 과정은 산화-환원 반응으로 자발적인 화학 반응에 의해 생성된 에너지가 전기로 변환되거나, 전기 에너지를 사용하여 비자발적인 화학 반응을 일으키는 과정이다. 4장에서 산화-환원 반응에 대하여 공부한 것을 기본으로 하여 이 장에서 다시 산화-환원 반응의 기초를 요약해 보는 것이 도움이 될 것이다.

산화-환원 반응은 한 물질로부터 다른 물질로 전자들의 이동을 수반한다. 마그네슘 금속과 염산의 산화-환원 반응을 예로 들어 보면,

$$\overset{0}{\text{Mg}}(s) + 2\overset{+1}{\text{H}}\text{Cl}(aq) \longrightarrow \overset{+2}{\text{Mg}}\text{Cl}_2(aq) + \overset{0}{\text{H}}_2(g)$$

산화수를 부여하는 규칙은 4.4절에 있다.

원소 위에 쓰인 숫자는 원소의 산화수이다. 산화 과정에서는 전자를 잃어 원소의 산화수가 증가하며, 환원 과정에서는 전자를 얻어 원소의 산화수가 감소한다. 따라서 위 반응에서 금속 마그네슘은 산화되었고, 수소 이온은 환원되었다. 이때, 염화 이온은 구경꾼 이온이다.

▶ 산화-환원 반응식의 균형

위와 같은 간단한 산화-환원 반응식의 균형을 맞추는 일은 어렵지 않다. 그러나 크로뮴산(CrO_4^{2-}), 다이크로뮴산($Cr_2O_7^{2-}$), 과망가니즈산(MnO_4^-), 질산(NO_3^-), 황산(SO_4^{2-}) 이온과 같은 복잡한 산소산 음이온이 포함된 복잡한 산화-환원 반응도 있다. 반응식의 균형을 맞추는 원리는 3.7절에서 설명한 바와 같으나 여기서는 보다 쉽게 산화-환원 반응식의 균형을 맞추는 방법을 설명하려고 한다. 이 방법은 *이온-전자법*(ion-electron method)이라고 하며, 각 화학종의 전자 이동에 중점을 주는 방법이다. 먼저, 전체 반응을 산화 반쪽 반응과 환원 반쪽 반응으로 나눈다. 그리고 각 반쪽 반응식의 균형을 맞춘 후 두 식을 더하여 전체 균형 반응식을 완성한다.

산성 매질에서 다이크로뮴산 이온($Cr_2O_7^{2-}$)을 사용하여 Fe^{2+} 이온을 Fe^{3+} 이온으로 산화시키는 산화-환원 반응식의 균형을 맞추어 보자. 이 반응에서 $Cr_2O_7^{2-}$ 이온은 Cr^{3+} 이온으로 환원된다. 다음에는 단계별로 균형 반응식을 맞추는 것을 보여준다.

단계 1: 이온식으로 불균형 반응을 적는다.

$$Fe^{2+} + Cr_2O_7^{2-} \longrightarrow Fe^{3+} + Cr^{3+}$$

단계 2: 위 반응을 두 개의 반쪽 반응으로 나눈다.

$$\text{산화:} \quad \overset{+2}{\text{Fe}}{}^{2+} \longrightarrow \overset{+3}{\text{Fe}}{}^{3+}$$

$$\text{환원:} \quad \overset{+6}{\text{Cr}}{}_2\text{O}_7^{2-} \longrightarrow \overset{+3}{\text{Cr}}{}^{3+}$$

단계 3: 각 반쪽 반응에서 원소의 종류와 수 및 전하수를 같게 한다. 산성 매질에서는 H_2O를 더하여 산소 원자의 균형을 맞추고, H^+ 이온을 더하여 수소 원자의 균형을 맞춘다.

산화 반쪽 반응에서 전자는 생산물로서 나타난다. 환원 반쪽 반응에서 전자는 반응물로서 나타난다.

산화 반쪽 반응: 원자수는 이미 균형이 맞았다. 전하의 균형을 맞추기 위하여 화살표의 오른쪽에 전자를 한 개 더한다.

$$Fe^{2+} \longrightarrow Fe^{3+} + e^-$$

환원 반쪽 반응: 반응이 산성 매질에서 일어나므로 산소의 개수를 같게 하기 위하여 화살표의 오른쪽에 H_2O 분자 7개를 더한다.

$$Cr_2O_7^{2-} \longrightarrow 2Cr^{3+} + 7H_2O$$

또한 H 원자의 개수를 같게 하기 위하여 화살표의 왼쪽에 14 H^+을 더한다.

$$14H^+ + Cr_2O_7^{2-} \longrightarrow 2Cr^{3+} + 7H_2O$$

반쪽 반응의 왼쪽에는 +12, 오른쪽에는 +6의 전하가 있으므로 왼쪽에 전자 여섯 개를 더한다.

$$14H^+ + Cr_2O_7^{2-} + 6e^- \longrightarrow 2Cr^{3+} + 7H_2O$$

단계 4: 두 반쪽 반응을 더하고 최종 반응식의 균형을 맞춘다. 양쪽의 전자는 모두 제거되어야 한다. 만약 산화 환원 반응의 전자수가 서로 다르다면 각 반쪽 반응의 전자수가 같아지도록 한쪽 또는 양쪽의 반쪽 반응에 적당한 정수를 곱하여 두 반쪽 반응의 전자수를 같게 한다.

여기서 산화 반쪽 반응에는 한 개의 전자가 환원 반쪽 반응에는 여섯 개의 전자가 있으므로 산화 반쪽 반응에 6을 곱하여 식을 쓰면 다음과 같다.

$$\begin{array}{r} 6(Fe^{2+} \longrightarrow Fe^{3+} + e^-) \\ 14H^+ + Cr_2O_7^{2-} + 6e^- \longrightarrow 2Cr^{3+} + 7H_2O \\ \hline 6Fe^{2+} + 14H^+ + Cr_2O_7^{2-} + \cancel{6e^-} \longrightarrow 6Fe^{3+} + 2Cr^{3+} + 7H_2O + \cancel{6e^-} \end{array}$$

양쪽에서 여섯 개의 전자가 소거되므로 균형 맞춘 이온 반응식은 다음과 같이 된다.

$$6Fe^{2+} + 14H^+ + Cr_2O_7^{2-} \longrightarrow 6Fe^{3+} + 2Cr^{3+} + 7H_2O$$

단계 5: 반응식의 왼쪽과 오른쪽에서 원자의 종류와 수, 전하의 수가 같은지 확인한다.

최종 반응식은 항상 "원자적인" 측면과 "전기적인" 측면에서 균형이 잡혔는지를 점검해야 한다.

염기성 매질에서 일어나는 반응의 경우 단계 4까지 산성 매질에서 반응이 일어난 것처럼 절차를 진행하고, 다만 H^+를 더한 만큼 식의 양변에 OH^-를 더한다. 그리고 H^+와 OH^-가 동시에 식에 존재하면, 이를 H_2O로 대치한다. 예제 18.1은 이 과정을 설명해 준다.

예제 18.1

염기성 매질에서 아이오딘화 이온(I^-)이 과망가니즈산 이온(MnO_4^-)에 의해 산화되어 I_2와 산화망가니즈(IV)(MnO_2)를 생성하는 것을 나타내는 균형 이온 반응식을 쓰시오.

전략 앞에서 한 과정과 같이 균형 잡힌 산화-환원 반응식을 만든다. 반응이 염기성 매질에서 일어나는 것을 유의한다.

풀이 *단계 1:* 불균형 반응식을 적는다.

(계속)

$$MnO_4^- + I^- \longrightarrow MnO_2 + I_2$$

단계 2: 두 개의 반쪽 반응으로 나눈다.

$$\text{산화 반응:} \quad \overset{-1}{I^-} \longrightarrow \overset{0}{I_2}$$

$$\text{환원 반응:} \quad \overset{+7}{MnO_4^-} \longrightarrow \overset{+4}{MnO_2}$$

단계 3: 각 반응의 원자와 전하의 형태와 수 그리고 전하의 균형을 맞춘다.

산화 반쪽 반응: 우선 아이오딘 원자의 수를 같게 한다.

$$2I^- \longrightarrow I_2$$

전하의 균형을 맞추기 위하여 반응식의 오른쪽에 전자 두 개를 더한다.

$$2I^- \longrightarrow I_2 + 2e^-$$

환원 반쪽 반응: 산소 원자의 개수를 맞추기 위해 오른쪽에 H_2O 두 개를 더한다.

$$MnO_4^- \longrightarrow MnO_2 + 2H_2O$$

수소 원자의 개수를 같게 하기 위하여 반응식 왼쪽에 H^+이온을 더한다.

$$MnO_4^- + 4H^+ \longrightarrow MnO_2 + 2H_2O$$

반응식의 왼쪽은 총 전하가 +3이므로 전하 균형을 맞추기 위해 왼쪽에 전자 세 개를 더한다.

$$MnO_4^- + 4H^+ + 3e^- \longrightarrow MnO_2 + 2H_2O$$

단계 4: 두 반쪽 반응을 더해 전체 반응식을 얻는다. 이때 전자수를 같게 하기 위하여 산화 반쪽 반응에는 3을, 환원 반쪽 반응에는 2를 각각 곱한다.

$$\begin{array}{r} 3(2I^- \longrightarrow I_2 + 2e^-) \\ 2(MnO_4^- + 4H^+ + 3e^- \longrightarrow MnO_2 + 2H_2O) \\ \hline 6I^- + 2MnO_4^- + 8H^+ + \cancel{6e^-} \longrightarrow 3I_2 + 2MnO_2 + 4H_2O + \cancel{6e^-} \end{array}$$

반응식의 양쪽에서 전자를 소거하면 균형 잡힌 전체 반응식을 얻게 된다.

$$6I^- + 2MnO_4^- + 8H^+ \longrightarrow 3I_2 + 2MnO_2 + 4H_2O$$

이 반응은 산성 매질에서의 반응이다. 그런데 실제 반응은 염기성 매질에서 일어나기 때문에 H^+ 개수만큼 반응식 양쪽에 OH^-를 더할 필요가 있다.

$$6I^- + 2MnO_4^- + 8H^+ + 8OH^- \longrightarrow 3I_2 + 2MnO_2 + 4H_2O + 8OH^-$$

결국 H^+ 와 OH^-가 결합하면 H_2O가 되므로 다음과 같은 반응식을 얻는다.

$$6I^- + 2MnO_4^- + 4H_2O \longrightarrow 3I_2 + 2MnO_2 + 8OH^-$$

단계 5: 마지막으로 반응 전후의 원자수와 전하수를 확인한다.

비슷한 문제: 18.1, 18.2.

실전 연습 이온-전자법을 이용하여 산성 매질 속에서 다음 반응의 균형을 맞추시오.

$$Fe^{2+} + MnO_4^- \longrightarrow Fe^{3+} + Mn^{2+}$$

개념 복습하기

산성 용액에서 일어나는 다음 반응에 대한 균형 반응식에서 NO_2의 계수는 무엇인가?

$$Sn + NO_3^- \longrightarrow SnO_2 + NO_2$$

18.2 갈바니 전지

4.4절에서 설명한 바와 같이 아연 금속을 $CuSO_4$ 수용액에 넣으면, 아연 금속은 Zn^{2+} 이온으로 산화되고, Cu^{2+} 이온은 구리 금속으로 환원됨을 알 수 있다(그림 4.10 참조).

$$Zn(s) + Cu^{2+}(aq) \longrightarrow Zn^{2+}(aq) + Cu(s)$$

전자는 환원제인 Zn으로부터 나와 산화제인 Cu^{2+} 이온으로 이동한다. 그러나 만일 산화제와 환원제가 분리되어 있다면, 전자는 외부 전도체인 금속선을 통하여 이동한다. 반응이 진행함에 따라 일정한 수의 전자가 이동하며, 결과적으로 전류가 흐르게 된다(이 전류는 전기 모터를 작동시킬 수 있는 전기적 일을 한다).

▶▶▶ 동영상 자료
▶ 갈바니 전지.

▶▶▶ 동영상 자료
▶ 볼타 전지로부터 전류의 발생.

▶▶▶ 동영상 자료
▶ Cu/Zn 볼타 전지.

알파벳으로 보면 anode의 a가 cathode의 c보다 앞서고, oxidation의 o가 reduction의 r보다 앞선다. 그러므로 anode는 oxidation(산화)가 일어나는 곳이고, cathode는 reduction(환원)이 일어나는 곳이다.

자발적인 산화-환원 반응을 이용하여 전기를 발생시키는 실험 장치를 **갈바니 전지**(Galvanic cell) 또는 *볼타 전지*(voltaic cell)라 부른다. 이 이름은 갈바니(Luigi Galvani)와 볼타(Alessandro Volta)가 처음 조립하여 붙여졌다. 그림 18.1은 갈바니 전지의 구성 요소들을 보여준다. 아연 금속 막대는 $ZnSO_4$ 용액에 담겨 있고, 구리 막대는 $CuSO_4$ 용액에 담겨 있다. 각 용기에서 Zn은 Zn^{2+}으로 산화되고, Cu^{2+}는 Cu로 환원되는 반응이 자발적으로 일어남에 따라 외부 도선을 통해 전자가 이동하는 원리에 의해 전지가 작동한다. 여기에서 아연 막대와 구리 막대를 *전극*(electrode)이라 부른다. 아연과 구리 전극 그리고 $ZnSO_4$와 $CuSO_4$ 용액으로 이루어진 전지를 다니엘(Daniell) 전지라 한다. 정의에 따라 *산화가 일어나는 전극*을 **산화전극**(anode), *환원이 일어나는 전극*을 **환원전극**(cathode)이라

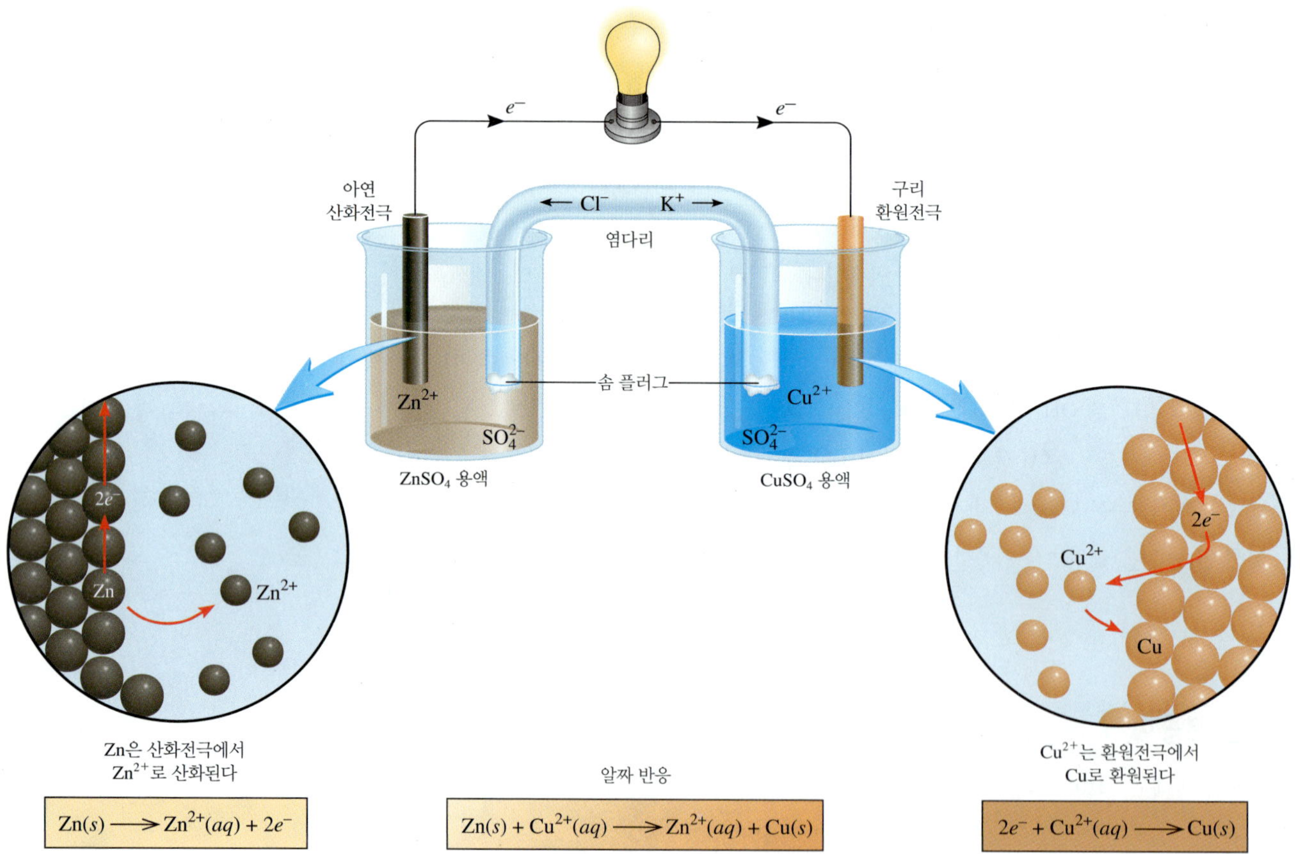

그림 18.1 갈바니 전지. KCl 용액이 들어 있는 염다리(거꾸로 U자관)는 두 용액을 전기적으로 연결하는 매질로 쓰인다. U자관의 입구는 솜 플러그로 느슨하게 막아놓는데, 양이온과 음이온은 이동할 수 있지만 KCl 용액이 흘러나오는 것을 막기 위해서이다. 전구의 불은 전자가 외부 도선을 통하여 Zn 전극(산화전극)에서 Cu 전극(환원전극)으로 흐를 때 들어온다.

한다.

다니엘 전지에서, *전극에서 일어나는 산화와 환원 반응*인 **반쪽 전지 반응**(half-cell reaction)은 다음과 같다.

$$\text{Zn 전극(산화전극):} \qquad Zn(s) \longrightarrow Zn^{2+}(aq) + 2e^-$$
$$\text{Cu 전극(환원전극):} \qquad Cu^{2+}(aq) + 2e^- \longrightarrow Cu(s)$$

반쪽 전지 반응(half-cell reaction)은 앞서 설명한 반쪽 반응(half-reaction)과 유사하다.

두 용액을 각각 분리해 놓지 않으면 Cu^{2+} 이온은 아연 막대와 다음과 같이 직접 반응할 것이다.

$$Cu^{2+}(aq) + Zn(s) \longrightarrow Cu(s) + Zn^{2+}(aq)$$

이렇게 되면 유용한 전기적 일은 얻을 수 없다.

전기 회로를 완성하려면 용액은 양이온과 음이온이 한 전극의 칸막이에서 다른 전극의 칸막이로 이동할 수 있는 전도 매질과 연결되어 있어야 한다. 이를 위하여 *염다리*(salt bridge)를 사용한다. 염다리의 간단한 형태는 KCl이나 NH_4NO_3와 같은 비활성 전해질을 넣은 거꾸로 세운 U자관(inverted U tube)으로 만든다. 이때 사용한 비활성 전해질의 이온들은 용액 속에서 다른 이온이나 전극과 반응하지 않는다(그림 18.1 참조). 전체 산화-환원 반응 과정에서 전자들은 외부 도선을 통하여 산화전극(Zn 전극)으로부터 환원전극(Cu 전극)으로 흐른다. 용액 속에서 음이온(SO_4^{2-}와 Cl^-)이 산화전극으로 이동하는 동안 양이온(Zn^{2+}, Cu^{2+}, K^+)은 환원전극으로 이동한다. 그러나 두 용액 사이에 염다리를 연결하지 않으면, 산화전극 부근에서는 Zn^{2+} 이온의 생성으로 양전하가 쌓이고 환원전극 부근에서는 Cu^{2+} 이온이 환원되어 Cu로 됨으로써 음전하가 쌓여 전지의 작동이 정지될 것이다.

▶▶▶ 동영상 자료
▶ 볼타 전지의 작동.

산화전극에서 환원전극으로 전류가 흐르는 이유는 두 전극 간의 전압 차이 때문이다. 이러한 전기 흐름의 원리는 퍼텐셜 에너지의 차에 의하여 폭포에서 물이 아래로 흐르는 것이나 고압 상태에 있는 기체가 저압 영역으로 이동하는 것과 유사하다. *산화전극과 환원전극의 전압차*는 전압계(그림 18.2)로 측정한다. 갈바니 전지의 전극 사이의 전압차를 **전지 전압**(cell voltage) 또는 *전지 전위*(cell potential)라 부른다. 그러나 전지 전압은 흔히 **기전력**[electromotive force, emf (***E***)]이라 부른다. 기전력이라는 용어에 힘(force)이라는 단어가 있지만 이것은 힘이 아니라 전압의 척도이다. 전지의 기전력은 전극과 이온들의 성질뿐만 아니라 전지가 작동하는 온도 및 이온들의 농도에 따라 달라진다는 것을 알게 될 것이다.

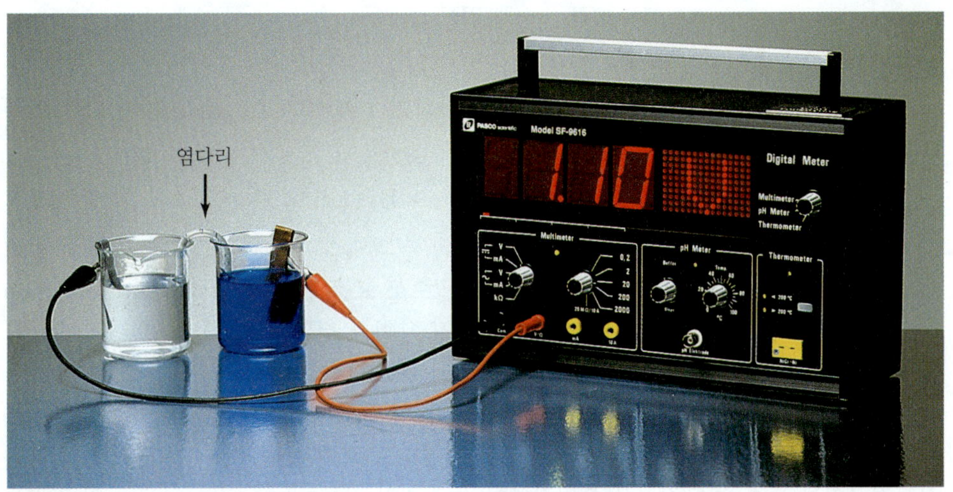

그림 18.2 그림 18.1에서 설명한 갈바니 전지의 설치 모양. U자관(염다리)은 두 비커에 연결되어 있음에 유의하라. 25°C에서 $ZnSO_4$와 $CuSO_4$가 모두 1 *M* 농도일 때 전지 전압은 1.10 V이다. 전압을 측정하는 동안 전극 사이에는 전류가 흐르지 않는다.

갈바니 전지를 나타내는 편리한 관습적 표현법은 *전지 도식*(cell diagram)이다. 그림 18.1에 나타낸 다니엘 전지에서 Cu^{2+}와 Zn^{2+}의 농도가 1 *M*로 되어 있을 때, 전지를 전지 표시법으로 나타내면 다음과 같이 된다.

$$Zn(s)|Zn^{2+}(1\ M)\|Cu^{2+}(1\ M)|Cu(s)$$

여기서 단일 수직선은 상의 경계를 나타낸다. 예를 들면, 아연 전극은 고체이고, Zn^{2+} 이온($ZnSO_4$에서 나옴)들은 용액 속에 있다. 그러므로 Zn과 Zn^{2+} 사이의 상의 경계를 나타내기 위하여 선을 긋는다. 두 개의 수직선은 염다리를 나타낸다. 규약에 따르면 산화전극은 겹수직선의 왼쪽 제일 앞 쪽에 쓰고, 다른 성분들은 산화전극에서 환원전극으로 이동할 때 마주치는 순서대로 나타낸다.

개념 복습하기

다음 산화-환원 반응에 대한 전지 도식을 쓰시오. 여기서 Fe^{2+}와 Al^{3+} 이온의 농도는 모두 1 *M*이다.

$$3Fe^{2+}(aq) + 2Al(s) \longrightarrow 3Fe(s) + 2Al^{3+}(aq)$$

18.3 표준 환원 전위

전극 전위를 측정할 때 임의의 기준을 설정하는 것은 고도를 측정하는 데 해수면을 기준으로 삼은 것과 비슷하다. 즉, 해수면을 0 m로 설정하고, 지구상의 어떤 높이든지 해수면보다 몇 m 위 또는 아래로 표시한다.

Cu^{2+}와 Zn^{2+} 이온의 농도가 모두 1.0 *M*일 때, 그림 18.1에서 나타낸 다니엘 전지의 기전력은 25°C에서 1.10 V이다(그림 18.2 참조). 이 전압은 산화-환원 반응에 직접 관련되어 있다. 하지만 어떻게 관련되어 있을까? 전체 전지 반응이 두 반쪽 전지 반응의 합으로 생각했던 것과 같이 전지 전위는 Zn과 Cu 전극에서 측정한 각 전극 전위의 합으로 나타낼 수 있다. 이들 전극 전위 중 하나를 알면, 다른 것은 1.10 V에서 알고 있는 전위를 빼주면 된다. 단일 전극의 전위 측정은 불가능하지만 만일 임의로 특정 전극의 전위 값을 0으로 정하면, 이를 다른 전극의 상대 전위를 결정하는 데 사용할 수 있다. 그림 18.3에서 나타낸 수소 전극을 이 목적을 위한 기준으로 삼는다. 수소 기체를 25°C에서 염산 용액 속으로 불어 넣는다. 백금 전극은 두 가지 기능을 한다. 첫째, 수소 분자의 해리가 일어나는 표면을 제공한다.

$$H_2 \longrightarrow 2H^+ + 2e^-$$

둘째, 외부 회로에 전기 전도체로 작용한다.

표준 상태(H_2의 압력이 1 atm이고, HCl 농도가 1 *M*; 표 17.2 참조)일 때 25°C에서 H^+이온의 환원 전위를 정확하게 0으로 놓는다.

$$2H^+(1\ M) + 2e^- \longrightarrow H_2\ (1\ atm) \qquad E° = 0\ V$$

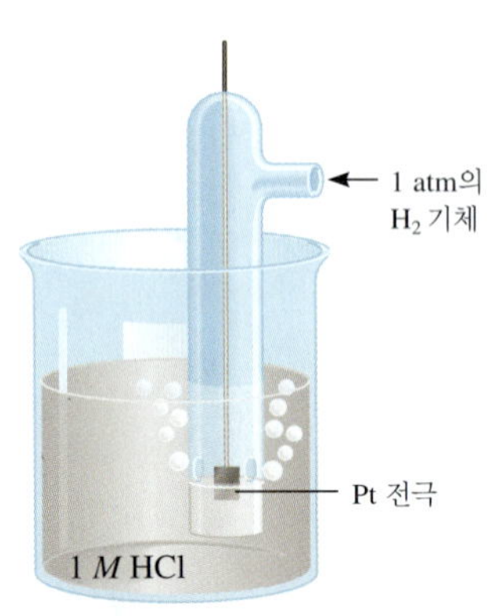

그림 18.3 표준 상태하에서 작동중인 수소 전극. 1 atm의 수소 기체를 1 *M* HCl 용액을 통해 흘려주고 있다. 백금 전극은 수소 전극의 일부이다.

위첨자 "°"은 표준 상태를 나타내고, *E°는 모든 용질의 농도가 1 M이고 모든 기체의 압력이 1 atm일 때, 전극에서 환원 반응에 대한 전압*으로 **표준 환원 전위**(standard reduction potential)라 부른다. 따라서 수소 전극에 대한 표준 환원 전위는 0으로 정의한다. 이 전극을 *표준 수소 전극*(standard hydrogen electrode, *SHE*)이라 부른다.

여러 종류의 전극 전위를 측정하기 위하여 표준 수소 전극을 사용한다. 그림 18.4(a)는 아연 전극과 표준 수소 전극으로 된 갈바니 전지를 보여 준다. 이 경우에 아연 전극은 산화전극이고 표준 수소 전극은 환원전극이다. 전지가 작동하는 동안 아연 전극의 질량은 감소한다. 이를 통해 산화반응에 의해 아연이 용해되어 아연 이온이 된다는 사실을 추측할 수 있다.

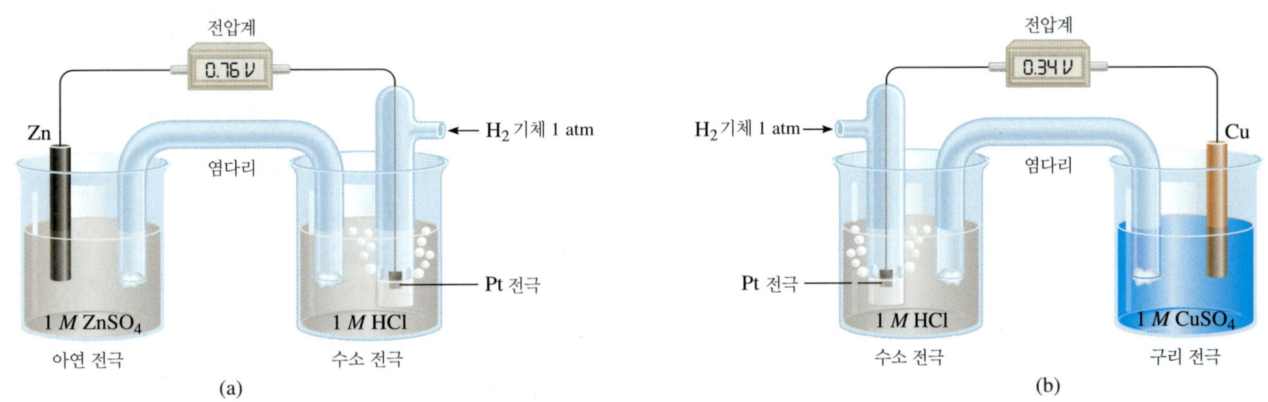

그림 18.4 (a) 아연 전극과 수소 전극으로 이루어진 전지. (b) 구리 전극과 수소 전극으로 이루어진 전극. 두 전지 모두 표준 상태에서 작동한다. SHE는 (a)에서는 환원전극으로 작용하며, (b)에서는 산화전극으로 작용한다. 그림 18.2에서 언급한 바와 같이 전압을 측정하는 동안에는 전류가 흐르지 않는다.

$$Zn(s) \longrightarrow Zn^{2+}(aq) + 2e^-$$

전지 도식은 다음과 같다.

$$Zn(s)|Zn^{2+}(1\ M)||H^+(1\ M)|H_2(1\ atm)|Pt(s)$$

앞에서 언급한 바와 같이 백금 전극 표면은 환원이 일어날 수 있는 표면을 제공한다. 모든 반응 물질이 표준 상태(즉, H_2는 1 atm, H^+과 Zn^{2+} 이온은 1 M)에 있을 때 전지의 기전력은 25°C에서 0.76 V이다. 반쪽 전지 반응은 다음과 같이 쓸 수 있다.

$$\begin{array}{lrl} \text{산화전극(산화 반응):} & Zn(s) & \longrightarrow Zn^{2+}(1\ M) + 2e^- \\ \text{환원전극(환원 반응):} & 2H^+(1\ M) + 2e^- & \longrightarrow H_2(1\ atm) \\ \hline \text{전체:} & Zn(s) + 2H^+(1\ M) & \longrightarrow Zn^{2+}(1\ M) + H_2(1\ atm) \end{array}$$

규약에 의하면 전지의 **표준 기전력**(standard emf), $E^\circ_{\text{전지}}$는 음극의 표준 전위와 양극의 표준 전위의 차이로 정의한다.

$$E^\circ_{\text{전지}} = E^\circ_{\text{환원전극}} - E^\circ_{\text{산화전극}} \tag{18.1}$$

여기에서 $E^\circ_{\text{환원전극}}$과 $E^\circ_{\text{산화전극}}$은 모두 각 전극의 표준 환원 전위이다. Zn-SHE 전지에 대해서는 다음과 같이 쓸 수 있다.

$$E^\circ_{\text{전지}} = E^\circ_{H^+/H_2} - E^\circ_{Zn^{2+}/Zn}$$
$$0.76\ V = 0 - E^\circ_{Zn^{2+}/Zn}$$

여기에서 아래첨자로 표시한 H^+/H_2는 $2H^+ + 2e^- \rightarrow H_2$의 반응을 뜻하고, Zn^{2+}/Zn는 $Zn^{2+} + 2e^- \rightarrow Zn$ 반응을 뜻한다. 따라서 Zn의 표준 환원 전위 $E^\circ_{Zn^{2+}/Zn}$는 −0.76 V이다.

구리의 표준 전극 전위는 구리 전극과 표준 수소 전극[그림 18.4(b)]으로 이루어진 갈바니 전지를 사용하여 위와 같은 방법으로 얻어질 수 있다. 이 경우에 전지가 작동하는 동안 구리 전극의 질량은 증가한다. 이 때문에 구리 전극은 환원전극이고, 이는 다음 환원 반응에서 보여주는 바와 같이 잘 일치한다.

$$Cu^{2+}(aq) + 2e^- \longrightarrow Cu(s)$$

전지의 도식은 다음과 같다.

$$Pt(s)|H_2(1\ atm)|H^+(1\ M)||Cu^{2+}(1\ M)|Cu(s)$$

두 반쪽 전지 반응은 다음과 같다.

$$\begin{array}{rl} \text{산화전극(산화 반응):} & H_2(1\ atm) \longrightarrow 2H^+(1\ M) + 2e^- \\ \text{환원전극(환원 반응):} & Cu^{2+}(1\ M) + 2e^- \longrightarrow Cu(s) \\ \hline \text{전체:} & H_2(1\ atm) + Cu^{2+}(1\ M) \longrightarrow 2H^+(1\ M) + Cu(s) \end{array}$$

표준 상태와 25°C에서 전지의 emf는 0.34 V이다. 이것을 쓰면

$$\begin{aligned} E^\circ_{\text{전지}} &= E^\circ_{\text{환원전극}} - E^\circ_{\text{산화전극}} \\ 0.34\ V &= E^\circ_{Cu^{2+}/Cu} - E^\circ_{H^+/H_2} \\ &= E^\circ_{Cu^{2+}/Cu} - 0 \end{aligned}$$

이 경우에 구리의 표준 환원 전위, $E^\circ_{Cu^{2+}/Cu}$는 0.34 V이다. 그리고 아래첨자로 나타낸 Cu^{2+}/Cu는 $Cu^{2+} + 2e^- \rightarrow Cu$의 반응을 나타낸다.

그림 18.1에 나타낸 다니엘 전지는 다음과 같이 쓸 수 있다.

$$\begin{array}{rl} \text{산화전극(산화 반응):} & Zn(s) \longrightarrow Zn^{2+}(1\ M) + 2e^- \\ \text{환원전극(환원 반응):} & Cu^{2+}(1\ M) + 2e^- \longrightarrow Cu(s) \\ \hline \text{전체:} & Zn(s) + Cu^{2+}(1\ M) \longrightarrow Zn^{2+}(1\ M) + Cu(s) \end{array}$$

전지의 emf은 다음과 같다.

$$\begin{aligned} E^\circ_{\text{전지}} &= E^\circ_{\text{환원전극}} - E^\circ_{\text{산화전극}} \\ &= E^\circ_{Cu^{2+}/Cu} - E^\circ_{Zn^{2+}/Zn} \\ &= 0.34\ V - (-0.76\ V) \\ &= 1.10\ V \end{aligned}$$

17.5절의 ΔG°의 경우처럼 E°의 부호를 통해 산화-환원 반응의 정도를 예측할 수 있다. 양의 E° 값은 평형에서 생성물을 선호한다는 것을 의미한다. 반대로, 음의 E° 값은 평형에서 반응물을 더 선호한다는 것을 의미한다. 이 장의 뒷부분에서 $E^\circ_{\text{전지}}$, ΔG°, K 사이의 관계를 알게 될 것이다.

그림 4.16의 활동도 계열은 표 18.1에 주어진 자료에 근거한 것이다.

표 18.1에는 많은 반쪽 전지 반응의 표준 환원 전위를 나타내었다. 정의에 따라 표준 수소 전극의 표준 환원 전위는 0.00 V이다. 표 18.1에서 SHE 아래쪽으로는 표준 환원 전위가 음의 값으로 증가하고, SHE 위로는 표준 환원 전위가 양의 값으로 증가한다. 이 표로부터 다음에 관한 것을 이해하는 것이 중요하다.

1. 표준 전위(E°)는 반응식에서 나타낸 대로 정반응에 대한 반쪽 전지 반응의 전위이다.
2. E°가 큰 양의 값일수록 그 물질은 환원될 경향성이 커진다. 예를 들어, 다음 반쪽 전지 반응은

$$F_2(1\ atm) + 2e^- \longrightarrow 2F^-(1\ M) \qquad E^\circ = 2.87\ V$$

   모든 반쪽 전지 반응 중에서 가장 높은 양의 표준 환원 전위를 갖는다. 따라서 F_2는 환원하는 경향이 *가장 크므로* 가장 센 산화제이다. 다음은 다른 극단적인 반응의 예이다.

$$Li^+(1\ M) + e^- \longrightarrow Li(s) \qquad E^\circ = -3.05\ V$$

   이 반응은 가장 큰 음의 E° 값을 가진다. 따라서 Li^+는 환원되기에 가장 어려운 화학종이기 때문에 가장 *약한* 산화제가 된다. 반대로 F^-는 *가장 약한* 환원제이고, Li 금속은 센 환원제가 된다. 표준 상태에서 표 18.1에서 반쪽 반응 왼쪽에 있는 화학종은 아래에서 위쪽으로 갈수록 센 산화제가 되고, 반쪽 반응 오른쪽의 화학종은 위에서 아래쪽으로 갈수록 센 환원제가 된다.
3. 반쪽 전지 반응들은 가역적이다. 조건에 따라 전극은 산화전극으로 또는 환원전극으로 작용할 수 있다. 표준 수소 전극은 아연 전지와 짝지으면 환원전극(H^+가 H_2로 환

표 18.1 25°C에서 표준 환원 전위*

반쪽 반응	$E°$(V)
$F_2(g) + 2e^- \longrightarrow 2F^-(aq)$	+2.87
$O_3(g) + 2H^+(aq) + 2e^- \longrightarrow O_2(g) + H_2O$	+2.07
$Co^{3+}(aq) + e^- \longrightarrow Co^{2+}(aq)$	+1.82
$H_2O_2(aq) + 2H^+(aq) + 2e^- \longrightarrow 2H_2O$	+1.77
$PbO_2(s) + 4H^+(aq) + SO_4^{2-}(aq) + 2e^- \longrightarrow PbSO_4(s) + 2H_2O$	+1.70
$Ce^{4+}(aq) + e^- \longrightarrow Ce^{3+}(aq)$	+1.61
$MnO_4^-(aq) + 8H^+(aq) + 5e^- \longrightarrow Mn^{2+}(aq) + 4H_2O$	+1.51
$Au^{3+}(aq) + 3e^- \longrightarrow Au(s)$	+1.50
$Cl_2(g) + 2e^- \longrightarrow 2Cl^-(aq)$	+1.36
$Cr_2O_7^{2-}(aq) + 14H^+(aq) + 6e^- \longrightarrow 2Cr^{3+}(aq) + 7H_2O$	+1.33
$MnO_2(s) + 4H^+(aq) + 2e^- \longrightarrow Mn^{2+}(aq) + 2H_2O$	+1.23
$O_2(g) + 4H^+(aq) + 4e^- \longrightarrow 2H_2O$	+1.23
$Br_2(l) + 2e^- \longrightarrow 2Br^-(aq)$	+1.07
$NO_3^-(aq) + 4H^+(aq) + 3e^- \longrightarrow NO(g) + 2H_2O$	+0.96
$2Hg^{2+}(aq) + 2e^- \longrightarrow Hg_2^{2+}(aq)$	+0.92
$Hg_2^{2+}(aq) + 2e^- \longrightarrow 2Hg(l)$	+0.85
$Ag^+(aq) + e^- \longrightarrow Ag(s)$	+0.80
$Fe^{3+}(aq) + e^- \longrightarrow Fe^{2+}(aq)$	+0.77
$O_2(g) + 2H^+(aq) + 2e^- \longrightarrow H_2O_2(aq)$	+0.68
$MnO_4^-(aq) + 2H_2O + 3e^- \longrightarrow MnO_2(s) + 4OH^-(aq)$	+0.59
$I_2(s) + 2e^- \longrightarrow 2I^-(aq)$	+0.53
$O_2(g) + 2H_2O + 4e^- \longrightarrow 4OH^-(aq)$	+0.40
$Cu^{2+}(aq) + 2e^- \longrightarrow Cu(s)$	+0.34
$AgCl(s) + e^- \longrightarrow Ag(s) + Cl^-(aq)$	+0.22
$SO_4^{2-}(aq) + 4H^+(aq) + 2e^- \longrightarrow SO_2(g) + 2H_2O$	+0.20
$Cu^{2+}(aq) + e^- \longrightarrow Cu^+(aq)$	+0.15
$Sn^{4+}(aq) + 2e^- \longrightarrow Sn^{2+}(aq)$	+0.13
$2H^+(aq) + 2e^- \longrightarrow H_2(g)$	0.00
$Pb^{2+}(aq) + 2e^- \longrightarrow Pb(s)$	−0.13
$Sn^{2+}(aq) + 2e^- \longrightarrow Sn(s)$	−0.14
$Ni^{2+}(aq) + 2e^- \longrightarrow Ni(s)$	−0.25
$Co^{2+}(aq) + 2e^- \longrightarrow Co(s)$	−0.28
$PbSO_4(s) + 2e^- \longrightarrow Pb(s) + SO_4^{2-}(aq)$	−0.31
$Cd^{2+}(aq) + 2e^- \longrightarrow Cd(s)$	−0.40
$Fe^{2+}(aq) + 2e^- \longrightarrow Fe(s)$	−0.44
$Cr^{3+}(aq) + 3e^- \longrightarrow Cr(s)$	−0.74
$Zn^{2+}(aq) + 2e^- \longrightarrow Zn(s)$	−0.76
$2H_2O + 2e^- \longrightarrow H_2(g) + 2OH^-(aq)$	−0.83
$Mn^{2+}(aq) + 2e^- \longrightarrow Mn(s)$	−1.18
$Al^{3+}(aq) + 3e^- \longrightarrow Al(s)$	−1.66
$Be^{2+}(aq) + 2e^- \longrightarrow Be(s)$	−1.85
$Mg^{2+}(aq) + 2e^- \longrightarrow Mg(s)$	−2.37
$Na^+(aq) + e^- \longrightarrow Na(s)$	−2.71
$Ca^{2+}(aq) + 2e^- \longrightarrow Ca(s)$	−2.87
$Sr^{2+}(aq) + 2e^- \longrightarrow Sr(s)$	−2.89
$Ba^{2+}(aq) + 2e^- \longrightarrow Ba(s)$	−2.90
$K^+(aq) + e^- \longrightarrow K(s)$	−2.93
$Li^+(aq) + e^- \longrightarrow Li(s)$	−3.05

산화제로서의 세기 증가 (↑)

환원제로서의 세기 증가 (↓)

*모든 반쪽 반응에서 용해된 화학종의 농도는 1 M이며, 기체의 압력은 1 atm이다. 이들 값은 표준 상태에서의 값이다.

원된다)으로 작용하고, 구리 전지와 짝지으면 산화전극(H^+가 H_2로 산화한다)으로 작용한다.

4. 표준 상태에서 주어진 반쪽 전지 반응의 왼쪽에 있는 화학종은 표 18.1에서 자기보다 *아래*에 있는 어떤 반쪽 전지 반응의 오른쪽에 나타낸 화학종과 자발적으로 반응할 것이다. 이것을 *대각선 규칙*(diagonal rule)이라 한다. 다니엘 전지에 이 규칙을 적용해 보면,

대각선의 붉은 선은 Cu^{2+}가 산화제이고 Zn이 환원제인 것을 나타낸다.

$$Cu^{2+}(1\ M) + 2e^- \longrightarrow Cu(s) \qquad E° = 0.34\ V$$

$$Zn^{2+}(1\ M) + 2e^- \longrightarrow Zn(s) \qquad E° = -0.76\ V$$

첫 번째 반쪽 전지 반응의 왼쪽 물질은 Cu^{2+}이고 두 번째 반쪽 전지 반응의 오른쪽 물질은 Zn이다. 따라서 Zn은 자발적으로 Cu^{2+}을 환원시켜 Zn^{2+}와 Cu를 생성한다.

5. 전극 전위는 세기 성질이기 때문에 반쪽 전지 반응에서 화학량론적인 계수 변화는 표준 환원 전위에 영향을 주지 *않는다*. 이것은 전극의 크기나 용액의 양에 따라 $E°$ 값이 변하지 않는다는 뜻이다. 예를 들면,

$$I_2(s) + 2e^- \longrightarrow 2I^-(1\ M) \qquad E° = 0.53\ V$$

그러나 위 반응의 양변에 2를 곱해도 $E°$에는 아무런 변화가 없다.

$$2I_2(s) + 4e^- \longrightarrow 4I^-(1\ M) \qquad E° = 0.53\ V$$

6. ΔH, ΔG, ΔS와 같이 $E°$는 반쪽 전지 반응이 역으로 일어날 때, 그 값은 변하지 않고 부호만 바뀐다.

예제 18.2나 18.3에서 알 수 있듯이 표 18.1을 이용하면 표준 상태에서 산화제와 환원제가 분리되어 있든, 함께 섞여 있든 간에 산화–환원 반응이 어느 쪽으로 일어날지를 예측할 수 있다.

예제 18.2

브로민 분자(Br_2)를 25°C에서 NaCl과 NaI가 들어 있는 용액에 넣으면 무슨 일이 일어날지 예측하시오. 단 모든 화학종은 표준 상태에 있다고 가정한다.

전략 어떤 산화–환원 반응이 일어날 것인지 예측하기 위해서 Cl_2, Br_2, I_2의 표준 환원 전위를 비교하여 대각선 규칙을 적용한다.

풀이 표 18.1로부터 다음 반쪽 반응에 대한 표준 환원 전위를 쓸 수 있다.

$$Cl_2(1\ atm) + 2e^- \longrightarrow 2Cl^-(1\ M) \qquad E° = 1.36\ V$$
$$Br_2(l) + 2e^- \longrightarrow 2Br^-(1\ M) \qquad E° = 1.07\ V$$
$$I_2(s) + 2e^- \longrightarrow 2I^-(1\ M) \qquad E° = 0.53\ V$$

대각선 규칙을 적용하면 Br_2는 I^-를 산화시키지만 Cl^-는 산화시키지 못할 것이다. 따라서 표준 상태에서 다음과 같은 산화–환원 반응만이 일어날 것이다.

산화 반응: $2I^-(1\ M) \longrightarrow I_2(s) + 2e^-$

환원 반응: $Br_2(l) + 2e^- \longrightarrow 2Br^-(1\ M)$

전체: $2I^-(1\ M) + Br_2(l) \longrightarrow I_2(s) + 2Br^-(1\ M)$

검산 전지의 표준 전위 $E°_{전지}$을 계산함으로써 결론이 타당함을 알 수 있다. Na^+ 이온은 비활성이므로 산화–환원 반응에 관여하지 않는다.

비슷한 문제: 18.14, 18.17.

실전 연습 표준 상태에서 Sn이 $Zn^{2+}(aq)$을 환원시킬 수 있을까?

예제 18.3

1.0 M $Mg(NO_3)_2$ 용액에 있는 마그네슘 전극과 1.0 M $AgNO_3$ 용액에 있는 Ag 전극으로 구성된 갈바니 전지가 있다. 25°C에서 이 갈바니 전지의 표준 emf를 계산하시오.

전략 처음에는 갈바니 전지에서 각 전극을 할당하는 것이 분명하지 않을 수도 있다. 표 18.1로부터 Ag와 Mg의 표준 환원 전위를 쓸 수 있고, 대각선 규칙을 적용하여 어느 것이 산화전극이고 어느 것이 환원전극인지 결정할 수 있다.

풀이 두 전극의 표준 환원 전위는 다음과 같다.

$$Ag^{+}(1.0\,M) + e^{-} \longrightarrow Ag(s) \qquad E° = 0.80\text{ V}$$
$$Mg^{2+}(1.0\,M) + 2e^{-} \longrightarrow Mg(s) \qquad E° = -2.37\text{ V}$$

대각선 규칙을 적용하면 Ag^+가 Mg를 산화시킬 것이다.

$$\begin{aligned}
&\text{산화전극(산화 반응):} & Mg(s) &\longrightarrow Mg^{2+}(1.0\,M) + 2e^{-}\\
&\text{환원전극(환원 반응):} & 2Ag^{+}(1.0\,M) + 2e^{-} &\longrightarrow 2Ag(s)\\
\hline
&\text{전체:} & Mg(s) + 2Ag^{+}(1.0\,M) &\longrightarrow Mg^{2+}(1.0\,M) + 2Ag(s)
\end{aligned}$$

전체 전극 반응의 균형을 맞추기 위해서 Ag^+의 환원 반응식에 2를 곱했다는 것을 주의하라. $E°$는 세기 성질로서 이 과정에 의해 영향을 받지 않는다. 따라서 전지의 emf는 식 (18.1)과 표 18.1을 이용하여 다음과 같이 구할 수 있다.

$$\begin{aligned}
E°_{\text{전지}} &= E°_{\text{환원전극}} - E°_{\text{산화전극}}\\
&= E°_{Ag^{+}/Ag} - E°_{Mg^{2+}/Mg}\\
&= 0.80\text{ V} - (-2.37\text{ V})\\
&= 3.17\text{ V}
\end{aligned}$$

검산 $E°$ 값이 양의 값이므로 정반응이 자발적이다.

실전 연습 25°C, 1.0 M $Cd(NO_3)_2$ 용액에 들어 있는 Cd 전극과 1.0 M $Cr(NO_3)_3$에 있는 Cr 전극으로 만들어진 갈바니 전지의 표준 emf는 얼마인가?

비슷한 문제: 18.11, 18.12.

개념 복습하기

금속 Cu, Zn, Ag 중에서 HCl과 반응하지 않지만 HNO_3와는 반응(산화)하는 것은?

18.4 산환-환원 반응의 열역학

이제 $E°_{\text{전지}}$가 $\Delta G°$ 또는 K와 같은 열역학적 양과 어떠한 관계가 있는지를 알아보자. 갈바니 전지에서 화학 에너지는 전지 에너지로 전환된다. 이 경우에 전기 에너지는 전지의 emf와 전지를 통해서 지나가는 전체 전하량(쿨롱)의 곱으로 나타낸다.

$$\begin{aligned}
\text{전기 에너지} &= \text{쿨롱(coulomb)} \times \text{볼트(volt)}\\
&= \text{줄(joule)}
\end{aligned}$$

이것은 다음과 같이 쓸 수 있다.

$$1\text{ J} = 1\text{ C} \times 1\text{ V}$$

총 전하량은 회로를 통해 지나가는 전자의 몰수로 결정되는데, 이것을 정리하면

$$\text{총 전하량} = \text{전자 개수} \times e^{-}\text{ 한 개의 전하량}$$

일반적으로 몰량으로 총 전하를 표현하는 것이 좀 더 편리하다. 전자 1 mol의 전하는 영

국의 화학자이며 물리학자인 패러데이(Michael Faraday)[†]의 이름을 따라 **패러데이 상수**(Faraday constant, $\boldsymbol{F}$)라고 부른다. 여기서

대부분의 계산에서 패러데이 상수 값은 대략 96,500 C/mol e^-로 반올림하여 사용한다.

$$\begin{aligned} 1\,F &= 6.022 \times 10^{23}\ e^-/\text{mol } e^- \times 1.602 \times 10^{-19}\ \text{C}/e^- \\ &= 9.647 \times 10^{4}\ \text{C/mol } e^- \end{aligned}$$

그러므로 총 전하량은 nF로 나타낼 수 있고, 여기서 n은 전자의 몰수인데 이것은 전기화학 과정의 전체 산화-환원 반응식에서 산화제와 환원제 간의 교환되는 몰수를 의미한다.

측정한 emf($E_{\text{전지}}$)는 전지가 얻을 수 있는 *최대* 전압이다. 그러므로 전기가 한 일은 $w_{\text{전기}}$이고, 이것이 할 수 있는 최대 일($w_{\text{최대}}$)은 전지의 emf와 총 전하량의 곱으로 표현된다.

$$w_{\text{최대}} = w_{\text{전기}} = -nFE_{\text{전지}}$$

전기적인 일에서의 부호 규약은 6.3절에서 설명한 P-V 일에 대한 부호 규약과 같다.

전기적 일의 값이 음인 것은 전기적 일이 계(갈바니 전지)로부터 주위에 가해진다는 의미이다. 17장에서 일을 할 수 있는 에너지로 자유 에너지를 정의하였다. 따라서 자유 에너지 변화(ΔG)는 전지 반응에 의하여 얻을 수 있는 최대의 일로 나타낼 수 있다.

$$\Delta G = w_{\text{최대}} = w_{\text{전기}}$$

그러므로 다음과 같이 표현된다.

$$\Delta G = -nFE_{\text{전지}} \tag{18.2}$$

자발적 과정에서 ΔG 값은 음이다. n과 F는 양의 값이고 따라서 $E^\circ_{\text{전지}}$는 양이 된다. 반응물과 생성물이 표준 상태(1 M 또는 1 atm)에 있는 반응에 대해 식 (18.2)는 다음과 같이 나타낸다.

$$\Delta G^\circ = -nFE^\circ_{\text{전지}} \tag{18.3}$$

이제 $E^\circ_{\text{전지}}$와 산화-환원 반응의 평형 상수(K)와의 관계를 알아보자. 17.5절에서 반응의 표준 자유 에너지 변화 ΔG°는 다음과 같이 평형 상수와 관련되어 있음을 설명한 바 있다[식 (17.14) 참조].

$$\Delta G^\circ = -RT \ln K$$

그러므로 식 (17.14)와 식 (18.3)을 결합하면 다음 식을 얻을 수 있다.

$$-nFE^\circ_{\text{전지}} = -RT \ln K$$

이 식을 $E^\circ_{\text{전지}}$에 대해 풀면

$$E^\circ_{\text{전지}} = \frac{RT}{nF} \ln K \tag{18.4}$$

T = 298 K일 때, 식 (18.4)에 R과 F을 대입하면 다음과 같이 간단하게 된다.

F를 포함하는 계산에서 표시 e^-는 가끔 생략된다.

$$E^\circ_{\text{전지}} = \frac{(8.314\ \text{J/K} \cdot \text{mol})(298\ \text{K})}{n(96{,}500\ \text{J/V} \cdot \text{mol})} \ln K$$

또는

$$E^\circ_{\text{전지}} = \frac{0.0257\ \text{V}}{n} \ln K \tag{18.5}$$

[†] 패러데이(Michael Faraday, 1791~1867)는 영국의 화학자이며 물리학자로, 19세기의 위대한 실험 과학자로 잘 알려져 있다. 그는 13세에 제본업자의 수습공으로 출발하였으나 화학책을 읽고 과학에 흥미를 가지게 되었다. 패러데이는 전기 모터를 발명하였고, 전기 발전기의 원리를 증명한 첫 번째 사람이다. 그 밖에 전기장과 자기장에 대해서도 크게 공헌하였고, 또한 광학적 활성에 관한 연구를 수행하였으며, 벤젠을 명명하기도 하였다.

표 18.2 $\Delta G°$, K, $E°_{전지}$의 상관 관계

$\Delta G°$	K	$E°_{전지}$	표준 상태에서의 반응
음	>1	양	생성물 형성을 선호
0	$=1$	0	반응물과 생성물 형성을 동등하게 선호
양	<1	음	반응물 형성을 선호

그림 18.5 $\Delta G°$, K, $E°_{전지}$의 상관관계.

다른 방법으로 식 (18.5)에서 자연 로그를 상용 로그로 바꾸면

$$E°_{전지} = \frac{0.0592\ \text{V}}{n}\log K \tag{18.6}$$

그러므로 $\Delta G°$ K, $E°_{전지}$ 중 하나만 알면 다른 두 값은 식 (17.14), (18.3), (18.4)로부터 계산할 수 있다(그림 18.5 참조). $\Delta G°$, K, $E°_{전지}$의 관계와 산화-환원 반응의 자발성과의 관계를 표 18.2에 요약해 놓았다.

예제 18.4와 18.5는 식 (18.3)과 식 (18.5)를 적용하는 예를 보여준다.

예제 18.4

25°C에서 다음 반응의 평형 상수를 계산하시오.

$$\text{Sn}(s) + 2\text{Cu}^{2+}(aq) \rightleftharpoons \text{Sn}^{2+}(aq) + 2\text{Cu}^{+}(aq)$$

전략 평형 상수 K와 표준 emf 사이의 관계는 식 (18.5) 즉, $E°_{전지} = (0.0257\ \text{V}/n)\ln K$로 주어진다. 따라서 평형 상수 K를 계산하기 위해서는 표준 emf를 결정하여야 한다. 가상적인 두 개의 전극, Sn^{2+}/Sn과 Cu^{2+}/Cu^{+} 짝으로 된 갈바니 전지의 $E°_{전지}$는 표 18.1의 표준 환원 전위로부터 결정할 수 있다.

풀이 두 반쪽전지 반응은 다음과 같다

산화전극(산화 반응): $\text{Sn}(s) \longrightarrow \text{Sn}^{2+}(aq) + 2e^-$

환원전극(환원 반응): $2\text{Cu}^{2+}(aq) + 2e^- \longrightarrow 2\text{Cu}^{+}(aq)$

$$\begin{aligned} E°_{전지} &= E°_{환원전극} - E°_{산화전극} \\ &= E°_{Cu^{2+}/Cu^{+}} - E°_{Sn^{2+}/Sn} \\ &= 0.15\ \text{V} - (-0.14\ \text{V}) \\ &= 0.29\ \text{V} \end{aligned}$$

식 (18.5)는 아래처럼 다시 쓸 수 있으며

$$\ln K = \frac{nE°}{0.0257\ \text{V}}$$

전체 반응에 대해 $n = 2$이므로

$$\ln K = \frac{(2)(0.29\ \text{V})}{0.0257\ \text{V}} = 22.6$$

$$K = e^{22.6} = 7 \times 10^{9}$$

비슷한 문제: 18.23, 18.24.

실전 연습 25°C에서 다음 반응에 대한 평형 상수를 계산하시오.

$$\text{Fe}^{2+}(aq) + 2\text{Ag}(s) \rightleftharpoons \text{Fe}(s) + 2\text{Ag}^{+}(aq)$$

예제 18.5

25°C에서 다음 반응의 표준 자유 에너지 변화를 계산하시오.

$$2Au(s) + 3Ca^{2+}(1.0\,M) \longrightarrow 2Au^{3+}(1.0\,M) + 3Ca(s)$$

전략 전지의 표준 자유 에너지 변화와 표준 emf와의 관계는 식 (18.3) 즉, $\Delta G° = -nFE°_{전지}$로 주어진다. 따라서 $E°_{전지}$를 결정할 수 있다면 $\Delta G°$를 계산할 수 있다. 두 개의 전극 (Au^{3+}/Au와 Ca^{2+}/Ca) 짝으로 된 가상적인 갈바니 전지의 $E°_{전지}$는 표 18.1의 표준 환원 전위로부터 결정할 수 있다.

풀이 두 반쪽 전지 반응은 다음과 같다.

산화전극(산화 반응): $2Au(s) \longrightarrow 2Au^{3+}(1.0\,M) + 6e^-$

환원전극(환원 반응): $3Ca^{2+}(1.0\,M) + 6e^- \longrightarrow 3Ca(s)$

$$\begin{aligned} E°_{전지} &= E°_{환원전극} - E°_{산화전극} \\ &= E°_{Ca^{2+}/Ca} - E°_{Au^{3+}/Au} \\ &= -2.87\text{ V} - 1.50\text{ V} \\ &= -4.37\text{ V} \end{aligned}$$

이제 식 (18.3)을 이용하면

$$\Delta G° = -nFE°$$

전체 반응에서 $n = 6$이므로

$$\begin{aligned} \Delta G° &= -(6)(96{,}500\text{ J/V}\cdot\text{mol})(-4.37\text{ V}) \\ &= 2.53 \times 10^6\text{ J/mol} \\ &= 2.53 \times 10^3\text{ kJ/mol} \end{aligned}$$

검산 $\Delta G°$ 값이 상당히 큰 양의 값을 갖는 것은 반응이 평형 상태에서 반응물을 선호한다는 것을 의미한다. 이것은 갈바니 전지의 $E°$ 값이 음이라는 사실과 일치한다.

비슷한 문제: 18.26.

실전 연습 25°C에서 다음 반응에 대한 $\Delta G°$를 계산하시오.

$$2Al^{3+}(aq) + 3Mg(s) \rightleftharpoons 2Al(s) + 3Mg^{2+}(aq)$$

개념 복습하기

일반적인 화학적 방법으로 평형 상수를 측정하는 것과 전기화학적 방법으로 평형 상수를 측정하는 것 중 어느 것이 더 쉬운지 비교해 보자[식 (17.14) 참조].

18.5 전지의 emf에 대한 농도 효과

지금까지는 반응물과 생성물이 표준 상태에 있는 산화-환원 반응에 대하여 논의하였다. 그러나 실제 표준 상태란 유지하기가 매우 힘들고, 때로는 불가능하다. 따라서 비표준 상태에서 산화-환원 반응에 관여하는 반응물과 생성물의 농도와 갈바니 전지의 emf와의 관계를 나타내는 수학적인 식을 유도할 필요가 있다. 이 식을 유도해 보자.

▶ 네른스트 식

다음과 같은 형태의 일반적인 산화-환원 반응을 생각해 보자.

$$aA + bB \longrightarrow cC + dD$$

식 (17.13)으로부터

$$\Delta G = \Delta G^\circ + RT \ln Q$$

그런데 $\Delta G = -nFE$이고, $\Delta G = -nFE^\circ$이므로, 위 식은 다음과 같이 쓸 수 있다.

$$-nFE = -nFE^\circ + RT \ln Q$$

식의 양변을 $-nF$로 나누면,

$$E = E^\circ - \frac{RT}{nF} \ln Q \tag{18.7}$$

여기서 Q는 반응 지수이다(14.4절 참조). 식 (18.7)을 **네른스트[†] 식**(Nernst equation)이라 한다. 298 K에서 식 (18.7)을 다시 쓰면

네른스트 식은 비표준 상태 조건에서 전지 전압을 계산하는 데 이용된다.

$$E = E^\circ - \frac{0.0257\ \text{V}}{n} \ln Q \tag{18.8}$$

또한 식 (18.8)의 자연 로그를 상용 로그로 바꾸면 다음과 같다.

$$E = E^\circ - \frac{0.0592\ \text{V}}{n} \log Q \tag{18.9}$$

갈바니 전지가 작동하는 동안에 전자는 산화전극에서 환원전극으로 흐르며, 그 결과 생성물의 양은 증가하고, 반응물의 농도는 감소하게 된다. 그러므로 Q는 증가하게 되고 이는 E의 감소를 나타낸다. 결국 전지는 평형에 이르게 된다. 평형 상태에서는 전자의 알짜 이동이 없으므로 $E = 0$이고, $Q = K$이다. 여기서 K는 평형 상수이다.

산화-환원 반응에서 반응물과 생성물의 농도를 알면 네른스트 식을 사용하여 E를 계산할 수 있다. 예로, 그림 18.1의 다니엘 전지에 대하여 이 식을 적용해 보면

$$\text{Zn}(s) + \text{Cu}^{2+}(aq) \longrightarrow \text{Zn}^{2+}(aq) + \text{Cu}(s)$$

25°C에서 이 전지에 대한 네른스트 방정식은 다음과 같이 쓸 수 있다.

$$E = 1.10\ \text{V} - \frac{0.0257\ \text{V}}{2} \ln \frac{[\text{Zn}^{2+}]}{[\text{Cu}^{2+}]}$$

순수한 고체(그리고 순수한 액체)의 농도는 Q의 표현에 나타내지 않음을 기억하라.

$[Zn^{2+}]/[Cu^{2+}]$ 비가 1보다 작으면, ln $[Zn^{2+}]/[Cu^{2+}]$가 음이므로 앞의 식에서 오른쪽 두 번째 항은 양일 것이다. 이 조건에서 E는 표준 emf E°보다 더 크다. 만일 그 비가 1보다 크다면 E는 E°보다 작다.

예제 18.6은 네른스트 식의 이용법을 설명해 준다.

예제 18.6

다음 반응이 298 K에서 자발적으로 진행할 것인지 예상해 보시오.

$$\text{Co}(s) + \text{Fe}^{2+}(aq) \longrightarrow \text{Co}^{2+}(aq) + \text{Fe}(s)$$

$[Co^{2+}] = 0.15\ M$이고, $[Fe^{2+}] = 0.68\ M$이다.

전략 반응은 표준 상태 하에서 일어나는 것이 아니기 때문에(농도가 1 M이 아니다) 가상적인 갈바니 전지의 emf와 반응의 자발성 여부를 알기 위해서는 네른스트 식[식 (18.8)]을 이용하여

(계속)

[†] 네른스트(Water Hermann Nernst, 1864~1941)는 독일의 화학자이며 물리학자로, 주로 전해질 용액과 열역학에 관해 연구하였다. 그는 전기 피아노를 발명하기도 하였으며, 열역학에 기여한 공로로 1920년 노벨 화학상을 수상하였다.

야 한다. 표준 emf(E°)는 표 18.1의 표준 환원 전위를 이용하여 구할 수 있다. 네른스트 식의 사용에서 고체는 반응 지수(Q) 항에 나타내지 않는다는 것을 기억하라. 반응 1몰당 전자 2 mol이 이동하였으므로 $n = 2$이다.

풀이 반쪽 반응을 나타내면, 다음과 같다.

산화전극(산화 반응): $Co(s) \longrightarrow Co^{2+}(aq) + 2e^-$
환원전극(환원 반응): $Fe^{2+}(aq) + 2e^- \longrightarrow Fe(s)$

$$\begin{aligned} E^\circ_{\text{전지}} &= E^\circ_{\text{환원전극}} - E^\circ_{\text{산화전극}} \\ &= E^\circ_{Fe^{2+}/Fe} - E^\circ_{Co^{2+}/Co} \\ &= -0.44 \text{ V} - (-0.28 \text{ V}) \\ &= -0.16 \text{ V} \end{aligned}$$

식 (18.8)로부터 E는 아래와 같이 쓸 수 있다.

$$\begin{aligned} E &= E^\circ - \frac{0.0257 \text{ V}}{n} \ln Q \\ &= E^\circ - \frac{0.0257 \text{ V}}{n} \ln \frac{[Co^{2+}]}{[Fe^{2+}]} \\ &= -0.16 \text{ V} - \frac{0.0257 \text{ V}}{2} \ln \frac{0.15}{0.68} \\ &= -0.16 \text{ V} + 0.019 \text{ V} \\ &= -0.14 \text{ V} \end{aligned}$$

비슷한 문제: 18.31, 18.32.

E가 음의 값이기 때문에 반응은 쓰여진 방향으로 자발적으로 일어나지 않는다.

실전 연습 25°C에서 $[Fe^{2+}] = 0.60\ M$이고, $[Cd^{2+}] = 0.010\ M$로 주어졌을 때 다음 반응이 자발적으로 일어나는가?

$$Cd(s) + Fe^{2+}(aq) \longrightarrow Cd^{2+}(aq) + Fe(s)$$

이제 예제 18.6의 반응이 자발적으로 일어나게 하기 위해서 $[Co^{2+}]$와 $[Fe^{2+}]$의 비가 어떻게 되어야 하는지 알아보자. 식 (18.8)을 다음과 같이 쓸 수 있다.

$$E = E^\circ - \frac{0.0257 \text{ V}}{n} \ln Q$$

$E = 0$일 때 $Q = K$

평형 상태에서 E는 0이므로

$$0 = -0.16 \text{ V} - \frac{0.0257 \text{ V}}{2} \ln \frac{[Co^{2+}]}{[Fe^{2+}]}$$

$$\ln \frac{[Co^{2+}]}{[Fe^{2+}]} = -12.5$$

$$\frac{[Co^{2+}]}{[Fe^{2+}]} = e^{-12.5} = K$$

또는

$$K = 4 \times 10^{-6}$$

따라서 자발적인 반응이 일어나려면, $[Co^{2+}]/[Fe^{2+}]$ 비는 4×10^{-6}보다 작아야 하며, E 값은 양의 값이 된다.

예제 18.7에서 보여주는 것처럼 전지 반응에 기체가 포함된다면, 기체의 농도는 압력으로 나타내어야 한다.

예제 18.7

그림 18.4(a)에서 나타낸 갈바니 전지를 생각해 보자. 어떤 실험에서 전지의 기전력 emf(E)는 25°C에서 0.54 V였다. $[Zn^{2+}] = 1.0\ M$, $P_{H_2} = 1.0$ atm이라 가정하고, H^+ 이온의 몰농도를 구하시오.

전략 전지의 표준 emf와 비표준 emf와의 관계는 네른스트 식으로 주어진다. 전체 전지 반응은 다음과 같다.

$$Zn(s) + 2H^+(?\ M) \longrightarrow Zn^{2+}(1.0\ M) + H_2(1.0\ \text{atm})$$

전지의 emf(E)는 주어져 있다. $[H^+]$에 대해서 네른스트 식을 풀면 된다. 반응물 1 mol당 전자가 2 mol 이동하였으므로 $n = 2$이다.

풀이 18.3절에서 본 것처럼 전지의 표준 emf ($E°$)는 0.76 V이다. 식 (18.8)로부터

$$E = E° - \frac{0.0257\ \text{V}}{n} \ln Q$$

$$= E° - \frac{0.0257\ \text{V}}{n} \ln \frac{[Zn^{2+}]P_{H_2}}{[H^+]^2}$$

$$0.54\ \text{V} = 0.76\ \text{V} - \frac{0.0257\ \text{V}}{2} \ln \frac{(1.0)(1.0)}{[H^+]^2}$$

$$-0.22\ \text{V} = -\frac{0.0257\ \text{V}}{2} \ln \frac{1}{[H^+]^2}$$

$$17.1 = \ln \frac{1}{[H^+]^2}$$

$$e^{17.1} = \frac{1}{[H^+]^2}$$

$$[H^+] = \sqrt{\frac{1}{3 \times 10^7}} = 2 \times 10^{-4}\ M$$

Q의 농도 값은 표준 상태의 농도 값(1 M)으로 나누고 압력 값은 1 atm으로 나눈다.

검산 문제에서 비표준 상태의 emf(E)가 주어졌다는 사실은 모든 반응물이 표준 농도가 아니라는 것을 의미한다. 따라서 Zn^{2+} 이온과 H_2 기체는 모두 표준 상태에 있기 때문에 H^+ 이온의 농도는 1 M이 아니어야 한다.

비슷한 문제: 18.34.

실전 연습 $[Cd^{2+}] = 0.20\ M$, $[H^+] = 0.16\ M$이고 $P_{H_2}=0.80$ atm이라면, Cd^{2+}/Cd 반쪽 전지와 $Pt/H^+/H_2$ 반쪽 전지로 구성된 전지의 기전력은 얼마인가?

개념 복습하기

다음 전지 도식을 생각해 보자.

$$Mg(s)|MgSO_4(0.40\ M)||NiSO_4(0.60\ M)|Ni(s)$$

(a) $[Mg^{2+}]$를 4배만큼 감소시킬 때, (b) $[Ni^{2+}]$를 3배 감소시킬 때 25°C에서 전지 전압을 계산하시오.

예제 18.7에서는 전지 반응이 H^+ 이온을 포함하는 갈바니 전지를 이용하면 $[H^+]$나 pH를 측정할 수 있음을 보여 준다. 15.3절에서 설명한 pH 미터는 이 원리에 기초한 것이다. 그러나 수소 전극(그림 18.3)은 실제 사용하기가 불편하기 때문에 실험실에서는 사용하지 않는다. 대신에 그림 18.6과 같은 *유리 전극*(glass electrode)을 사용한다. 전극은 H^+ 이온이 투과할 수 있는 매우 얇은 유리막으로 구성되어 있다. 염화 은으로 코팅한 은선이 묽은 염산 용액에 잠겨 있다. 전극이 내부와는 다른 pH의 용액에 놓이게 되면, 두 막

그림 18.6 pH 미터에서 기준 전극과 짝지어 사용하는 유리 전극.

의 양편에 발생하는 전위차를 기준 전극(reference electrode)을 이용하여 측정할 수 있다. 유리 전극과 기준 전극으로 구성된 전지의 emf는 pH 단위로 보정해 놓은 전압계로 측정한다.

농도차 전지

전극 전위는 이온 농도에 의존하므로, *동일한* 물질이지만 이온의 농도를 다르게 하여 구성한 두 반쪽 전지로 갈바니 전지를 만들 수 있다. 이런 전지를 *농도차 전지*(concentration cell)라고 부른다.

두 아연 전극을 각각 0.10 *M*과 1.0 *M* 황산 아연 수용액에 놓았을 경우를 생각해보자. 두 용액을 염다리로 연결하고, 그림 18.1에 나타낸 것과 같이 전극을 도선으로 연결한다. 르샤틀리에 원리에 따라 환원 반응은 Zn^{2+} 이온의 농도가 증가할수록 잘 일어날 것이다.

$$Zn^{2+}(aq) + 2e^- \longrightarrow Zn(s)$$

그러므로 환원은 농도가 더 진한 영역에서 일어나고, 한편 산화는 농도가 더 묽은 영역에서 일어난다. 전지 도식은 다음과 같다.

$$Zn(s)\,|\,Zn^{2+}(0.10\,M)\,\|\,Zn^{2+}(1.0\,M)\,|\,Zn(s)$$

그리고 반쪽 반응은

$$\begin{array}{rrcl} \text{산화 반응:} & Zn(s) & \longrightarrow & Zn^{2+}(0.10\,M) + 2e^- \\ \text{환원 반응:} & Zn^{2+}(1.0\,M) + 2e^- & \longrightarrow & Zn(s) \\ \hline \text{전체:} & Zn^{2+}(1.0\,M) & \longrightarrow & Zn^{2+}(0.10\,M) \end{array}$$

전지의 emf는 다음과 같이 된다.

$$E = E^\circ - \frac{0.0257\text{ V}}{2}\ln\frac{[Zn^{2+}]_{\text{묽은}}}{[Zn^{2+}]_{\text{진한}}}$$

여기서 아래첨자 “묽은”과 “진한”은 각각 0.10 *M*과 1.0 *M* 농도이다. 이 전지의 표준 기전력 E°는 0이다(동일 전극과 동일 형태의 이온이 포함되었으므로). 따라서 전지의 기전력은

$$\begin{aligned} E &= 0 - \frac{0.0257\text{ V}}{2}\ln\frac{0.10}{1.0} \\ &= 0.0296\text{ V} \end{aligned}$$

일반적으로 농도차 전지의 emf는 작은 값이며, 전지가 작동함에 따라 두 반쪽 전지의 이온 농도는 점점 비슷한 값으로 접근하게 되고, 기전력의 값은 점차로 줄어든다. 마침내 농도가 같아지게 되면, 기전력은 0이 되고 더 이상 전류는 흐르지 않는다.

농도차 전지와 유사한 방법으로 생물학적 전지의 *막 전위*(membrane potential)를 계산할 수 있다. 막 전위는 근육세포나 신경세포와 같은 여러 가지 종류의 세포막에 존재하는 전기적인 전위이다. 이런 전기적인 전위에 의하여 심장이 움직이고 뇌파를 전달한다. 막 전위는 전지의 안과 밖에 있는 같은 이온의 농도 차에 의하여 생긴다. 예를 들어, 뇌세포의 안과 밖에 있는 K^+ 이온의 농도를 각각 400 m*M*과 15 m*M*이라고 하자. 이 농도차 전지의 기전력은 네른스트 식을 사용하여 다음과 같이 구할 수 있다.

1 m*M* = 1 × 10^{-3} *M*.

$$\begin{aligned} E &= E^\circ - \frac{0.0257\text{ V}}{1}\ln\frac{[K^+]_{\text{바깥}}}{[K^+]_{\text{안쪽}}} \\ &= -(0.0257\text{ V})\ln\frac{15}{400} \\ &= 0.084\text{ V 또는 84 mV} \end{aligned}$$

여기서 아래첨자로 나타낸 "바깥"과 "안쪽"은 세포의 바깥과 안쪽을 나타낸 것이다. $E° = 0$인 것은 막 양쪽에 동일한 이온이 있기 때문이다. 위의 계산 결과에서 알 수 있듯이 막 전위 84 mV는 막 양쪽에 있는 K^+ 이온들의 농도차 때문에 생긴 전기적 전위이다.

18.6 배터리

배터리(battery)는 *일정한 전압의 직류 전류원으로 사용할 수 있는 한 개의 갈바니 전지나 몇 개의 갈바니 전지들을 직렬로 연결한 것*이다. 배터리의 작동은 원리상 18.2절에서 기술한 갈바니 전지와 유사하지만, 전지는 완전히 자체 용기를 가지며 염다리와 같은 보조 성분을 필요로 하지 않는 큰 장점이 있다. 이 절에서는 널리 사용되는 여러 전지에 대하여 공부할 것이다.

건전지

일반적으로 널리 사용하고 있는 건전지는 유동 성분이 없는 전지로서 회중 전등이나 트랜지스터 라디오에 사용되는 *건전지*(Leclanché cell)이다. 전지의 산화전극은 이산화 망가니즈(MnO_2) 및 전해질과 접촉하고 있는 아연통 즉, 용기로 이루어졌다. 전해질은 물에 용해한 염화 암모늄이나 염화 아연으로 구성되어 있고, 전분으로 균일하게 반죽하여 용액을 두껍게 쌓아 흐르지 않도록 한다(그림 18.7). 탄소 막대는 전해질 중앙에 놓여 있으며 환원전극으로 작용한다. 전지 반응은 다음과 같다.

$$\begin{aligned}
&\text{산화전극:} \quad && Zn(s) \longrightarrow Zn^{2+}(aq) + 2e^- \\
&\text{환원전극:} \quad && 2NH_4^+(aq) + 2MnO_2(s) + 2e^- \longrightarrow Mn_2O_3(s) + 2NH_3(aq) + H_2O(l) \\
&\text{전체:} \quad && Zn(s) + 2NH_4^+(aq) + 2MnO_2(s) \longrightarrow Zn^{2+}(aq) + 2NH_3(aq) + H_2O(l) + Mn_2O_3(s)
\end{aligned}$$

사실 건전지에서 일어나는 반응들은 아주 복잡하다. 여기서는 반응식을 간단하게 나타냈다. 건전지에 의해 생성된 전압은 약 1.5 V이다.

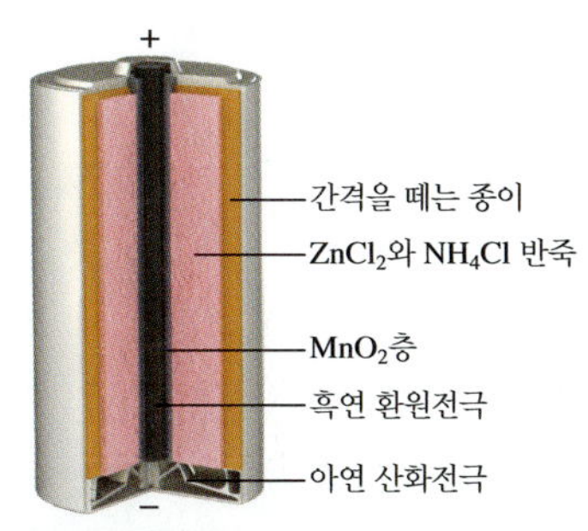

그림 18.7 회중 전등이나 트랜지스터 라디오에 사용되는 건전지의 단면. 실제로 전지는 완전히 건조하지 않고 축축한 전해질 반죽으로 되어 있다.

수은 전지

수은 전지는 의학과 전자 산업에서 광범위하게 사용되며 상용 건전지보다 가격이 훨씬 비싸다. 녹슬지 않는 스테인리스로 만든 통 안에 들어 있는 수은 전지는 산화 아연과 산화 수은(II), 센 알칼리성 전해질과 아연 산화전극(아연 아말감)으로 이루어졌다(그림 18.8). 수은 전지의 반응은 다음과 같다.

$$\begin{aligned}
&\text{산화전극:} \quad && Zn(Hg) + 2OH^-(aq) \longrightarrow ZnO(s) + H_2O(l) + 2e^- \\
&\text{환원전극:} \quad && HgO(s) + H_2O(l) + 2e^- \longrightarrow Hg(l) + 2OH^-(aq) \\
&\text{전체:} \quad && Zn(Hg) + HgO(s) \longrightarrow ZnO(s) + Hg(l)
\end{aligned}$$

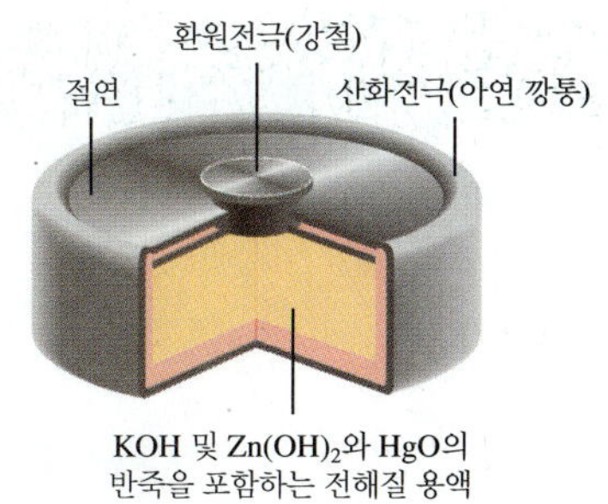

그림 18.8 수은 전지의 내부 단면.

전지가 작동하는 동안 전해질의 조성이 변하지 않기 때문에(즉, 전체 전지 반응은 고체 물질만 포함하고 있으므로) 수은 전지는 일반 건전지보다 훨씬 더 일정한 전압(1.35 V)을 제공한다. 또한 수은 전지는 상당히 큰 용량과 긴 수명을 가지고 있다. 이런 성질들이 있기 때문에 수은 전지는 맥박 조작기, 보청기, 전자시계, 광도계 등에 널리 사용된다.

납 축전지

일반적으로 자동차에 사용하는 납 축전지(lead storage battery)는 여섯 개의 동일한 전지들을 직렬로 연결한 것이다. 각 전지는 납 산화전극과 금속판 위에 이산화 납(PbO_2)을 입힌 환원전극으로 구성되어 있다(그림 18.9). 환원전극과 산화전극은 전해질로 작용하는 황

그림 18.9 납 축전지의 내부 단면. 정상적인 작동 조건에서 황산 용액의 농도는 질량으로 대략 38%이다.

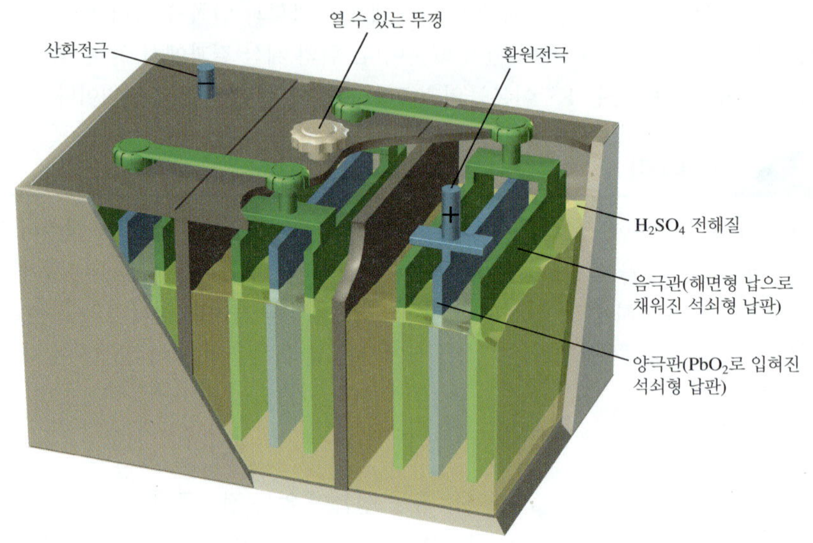

산 수용액에 들어 있다. 전지 반응은 다음과 같다.

$$\begin{aligned}
&\text{산화전극:} && Pb(s) + SO_4^{2-}(aq) \longrightarrow PbSO_4(s) + 2e^- \\
&\text{환원전극:} && PbO_2(s) + 4H^+(aq) + SO_4^{2-}(aq) + 2e^- \longrightarrow PbSO_4(s) + 2H_2O(l) \\
&\text{전체:} && Pb(s) + PbO_2(s) + 4H^+(aq) + 2SO_4^{2-}(aq) \longrightarrow 2PbSO_4(s) + 2H_2O(l)
\end{aligned}$$

정상적인 작동으로 각 전지는 2 V의 전기를 생성하고, 여섯 개의 전지를 직렬로 연결하면 12 V의 전지가 된다. 이 납 축전지는 자동차나 다른 전기적 시스템의 점화 회로에 동력을 공급하는 데 사용된다. 납 축전지는 짧은 시간에 많은 양이 전류를 운반하여 엔진을 시동시킨다.

건전지나 수은 전지와는 달리 납 축전지는 재충전할 수 있다. 재충전하는 전지의 음극과 양극에 외부 전압을 걸어주면 전기화학 반응은 방전할 때의 반응과 반대 방향으로 일어난다(이 과정을 *전기분해*라고 한다, 18.8절 참조). 이 반응은 다음과 같다.

$$\begin{aligned}
&PbSO_4(s) + 2e^- \longrightarrow Pb(s) + SO_4^{2-}(aq) \\
&PbSO_4(s) + 2H_2O(l) \longrightarrow PbO_2(s) + 4H^+(aq) + SO_4^{2-}(aq) + 2e^- \\
&\text{전체:}\ 2PbSO_4(s) + 2H_2O(l) \longrightarrow Pb(s) + PbO_2(s) + 4H^+(aq) + 2SO_4^{2-}(aq)
\end{aligned}$$

전체 반응은 정상적인 전지 반응과는 정반대로 일어난다.

납 축전지 사용에 있어서 다음 두 가지를 기억할 필요가 있다. 첫째, 전기화학 반응에 의하여 황산이 소모되기 때문에 전지가 방전되는 정도는 주유소에서 흔히 사용하는 것처럼 액체 비중계로 전해질의 밀도를 측정함으로 알 수 있다. 충분히 충전된 전지에서 액체의 밀도는 1.2 g/mL 정도가 된다. 둘째, 추운 지방에 살고 있는 사람들이 흔히 경험하는 것으로서 겨울철에 자동차의 시동이 잘 걸리지 않는 일이 생긴다. 이는 전지가 “죽은 상태”에 있기 때문이다. 열역학적인 계산에 의하면 갈바니 전지의 기전력은 온도가 떨어지면 감소한다. 납 축전지에 대한 온도 계수는 약 1.5×10^{-4} V/°C이다. 따라서 온도가 내려가면 전압은 1.5×10^{-4} V 감소한다. 그러므로 온도가 40°C 내려가면, 온도 감소에 따른 전압의 손실이 6×10^{-3} V로서 이 값은 작동 전압의 0.05%에 불과하다.

$$\frac{6 \times 10^{-3}\ \text{V}}{12\ \text{V}} \times 100\% = 0.05\%$$

따라서 전지가 고장나는 실질적인 이유는 온도가 내려감에 따라 전해질의 점도가 증가하기 때문이다. 정상적인 기능을 할 때 전지에서 전해질은 확실히 도체로 작동한다. 그러나

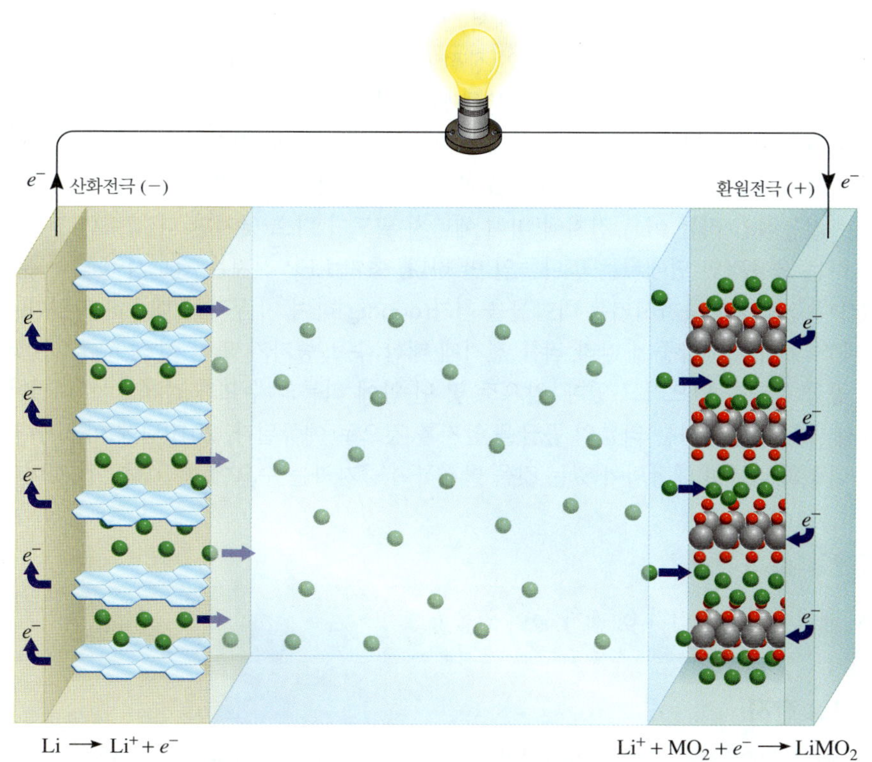

그림 18.10 리튬 이온 전지. 흑연으로 싸여 있는 리튬 원자(녹색 구로 표시)는 산화전극으로 작용하는 그래핀(흑연의 한 층) 판 사이에 들어 있다. 금속 산화물(회색 및 빨간 구로 표시)은 환원전극으로 작용한다. 배터리가 작동하는 동안 Li^+ 이온은 비수용성 전해질을 통해 산화전극에서 환원전극으로 이동하는 반면 전자는 외부 도선을 통해 산화전극에서 환원전극으로 흘러 회로가 완성된다.

점성이 있는 전해질에서는 이온들이 더욱 천천히 이동하므로 액체의 저항이 증가하게 되고, 결국 전지의 출력은 감소한다. 그러나 낮은 온도 때문에 완전히 "죽은" 전지라 할지라도 실내 온도에 가깝게 날씨가 따뜻해지면 정상적인 출력을 내는 능력을 회복한다.

리튬 이온 전지

그림 18.10은 리튬 이온 전지(lithium-ion battery)를 도식으로 나타낸 것이다. 산화전극은 전도성 탄소 물질인 흑연이 일반적으로 사용되고, 이것은 Li 원자와 Li^+ 이온을 잡을 수 있는 작은 공간 구조로 되어 있다. 환원전극은 CoO_2와 같은 전이 금속 산화물로 구성되고, 이것은 Li^+ 이온을 잡을 수 있다. 금속의 높은 반응성 때문에 비수용성 전해질(유기 용매에 용해된 염이 포함됨)이 사용되어야 한다. 전지가 방전하는 동안에 반쪽 전지 반응은 다음과 같다.

$$\begin{aligned} &\text{산화전극(산화 반응):} & \mathrm{Li}(s) &\longrightarrow \mathrm{Li}^+ + e^- \\ &\text{환원전극(환원 반응):} & \mathrm{Li}^+ + \mathrm{CoO_2} + e^- &\longrightarrow \mathrm{LiCoO_2}(s) \\ \hline &\text{전체:} & \mathrm{Li}(s) + \mathrm{CoO_2} &\longrightarrow \mathrm{LiCoO_2}(s) \qquad E_{\text{전지}} = 3.4\ \mathrm{V} \end{aligned}$$

이 전지의 장점은 리튬이 가장 큰 음의 표준 환원전위 값을 가지며(표 18.1 참조), 따라서 환원력이 가장 크다는 것이다. 더욱이 리튬은 가장 가벼운 금속이므로 Li 6.941 g(몰질량)만 있으면 전자 1 mol을 낼 수가 있다. 리튬 이온 전지는 수백 번 재충전해도 노후화되지 않는다. 이러한 특징으로 인해 휴대폰, 디지털 카메라, 노트북 컴퓨터 등에 사용하기에 적합하다.

최근 전기 자동차와 하이브리드 자동차 제조 과정과 이들 차량의 수요가 증가하여 리튬 이온 전지의 수요가 급증하게 되었다. 이 배터리는 대부분 고속주행 전기 자동차에 쓰이며, 일부 동력원은 인산 철 리튬(lithium iron phosphate, LFP) 전지이다. LFP 전지의 설계는 기능적으로 그림 18.10에 나타낸 것과 같으나 음극이 $FePO_4$이며, 전지가 방전되면서 양극에서 $LiFePO_4$가 형성된다는 것만 다르다. 이들 전지들은 다른 리튬 이온 전지와 마찬가지로 여러 장점(가볍고 양극에서 산화되는 금속이 더 좋음)이 있지만 화학적으로 및 열적으로 매우 안정하다는 추가적인 장점이 있다. 이와 같이 LFP 전지는 여러 번 재충전할 수 있고 높은 온도에서도 커다란 분해 없이 견딜 수 있으며, 초기 전기 자동차 모델에 사용된 리튬 이온 전지에 의한 화재 문제를 피할 수 있다. LFP 전지의 또 다른 장점은 환경 오염 부담이 적고 다른 전지와 비교했을 때 전하를 유지하는 능력이 크다는 것이다. LFP 전지는 전통적인 리튬 이온 전지에 비해 에너지 밀도가 다소 낮지만 더 강력한 전지를 필요로 하는 응용적인 면에서는 받아들일 만 하다. 초기 LFP 전지는 전도성이 낮아 문제가 되었으나 전도성을 증가시키는 화합물을 첨가(doping)하여 이 문제에 대응하고 있다.

배터리 시장의 급증에 따라 리튬 전지에 대한 수요 증가가 또한 이 중요한 알칼리 금속의 공급 문제를 일으키고 있다. 앞으로 몇 년 안에 리튬의 수요가 칠레, 아르헨티나, 중국에서 대부분 공급하는 리튬의 공급을 앞지를 것으로 예상된다. 2010년에 아프가니스탄에서 대량의 리튬이 매장되어 있는 것을 발견하여 증가하는 수요에 해결법이 될 것이다.

개념 복습하기

9 V 배터리에는 건전지 몇 개가 들어 있을까?

연료 전지

화석 연료는 에너지의 주요 자원이지만 전기 에너지로의 전환 효율은 크지 않다. 메테인의 연소 반응은 다음과 같다.

$$CH_4(g) + 2O_2(g) \longrightarrow CO_2(g) + 2H_2O(l) + \text{에너지}$$

전기를 발생시키기 위하여 반응에서 생성된 열은 우선 물을 증기로 바꾸는 데 사용되며 이때 증기가 발전기의 터빈을 돌린다. 열의 형태로 방출한 에너지의 상당 부분은 각 단계에서 주위로 잃게 된다. 오늘날 가장 효율적인 발전기의 경우에도 화학 에너지의 약 40%만이 전기 에너지로 전환된다. 연소 반응은 산화-환원 반응이므로, 이 반응을 직접적으로 전기화학적 수단으로 활용한다면 전력의 생산 효율을 크게 증가시킬 수 있을 것이다. 이러한 목적으로 만들어진 전지가 바로 *반응 물질을 계속 공급해서 멈추지 않고 작동하는 갈바니 전지*인 **연료 전지**(fuel cell)이다.

제너럴 모터스에서 만든 수소 연료 전지 자동차.

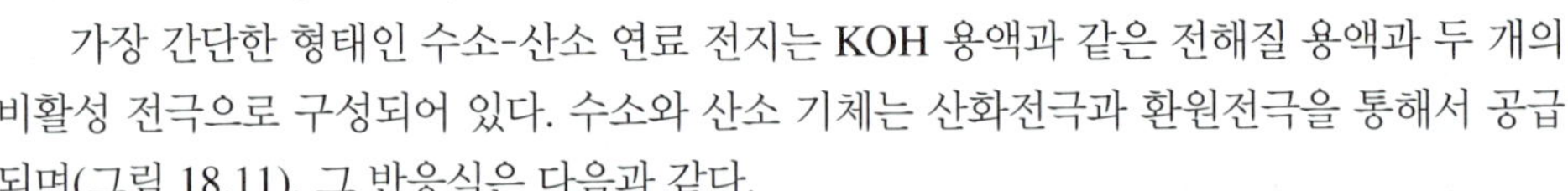

가장 간단한 형태인 수소-산소 연료 전지는 KOH 용액과 같은 전해질 용액과 두 개의 비활성 전극으로 구성되어 있다. 수소와 산소 기체는 산화전극과 환원전극을 통해서 공급되며(그림 18.11), 그 반응식은 다음과 같다.

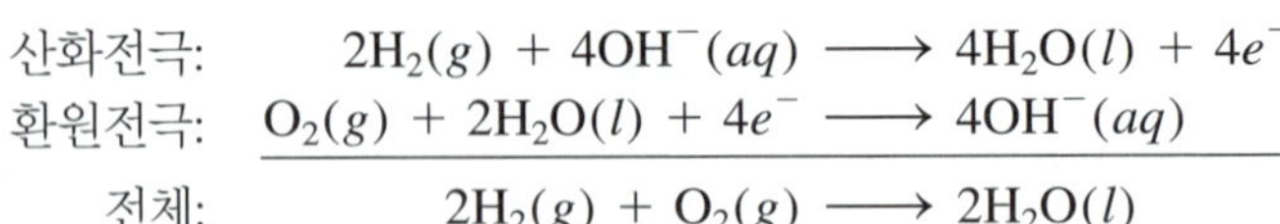

$$\begin{array}{rl} \text{산화전극:} & 2H_2(g) + 4OH^-(aq) \longrightarrow 4H_2O(l) + 4e^- \\ \text{환원전극:} & \underline{O_2(g) + 2H_2O(l) + 4e^- \longrightarrow 4OH^-(aq)} \\ \text{전체:} & 2H_2(g) + O_2(g) \longrightarrow 2H_2O(l) \end{array}$$

표 18.1을 이용하여 전지의 표준 emf를 다음과 같이 계산할 수 있다.

$$\begin{aligned} E^\circ_{\text{전지}} &= E^\circ_{\text{환원전극}} - E^\circ_{\text{산화전극}} \\ &= 0.40\text{ V} - (-0.83\text{ V}) \\ &= 1.23\text{ V} \end{aligned}$$

따라서 이 전지 반응은 표준 상태에서 자발적이다. 전지 반응은 수소의 연소 반응과 같지만, 산화-환원은 양극과 음극에서 분리하여 일어난다는 것을 명심하여야 한다. 백금 전극과 같이 표준 수소 전극은 두 가지 기능을 한다. 전극은 전기 도체로 작용하고, 또 전자를 주고받기 전에 분자들이 원자로 해리하는 데 필요한 표면을 제공한다. 즉, *전극 촉매*(elec-

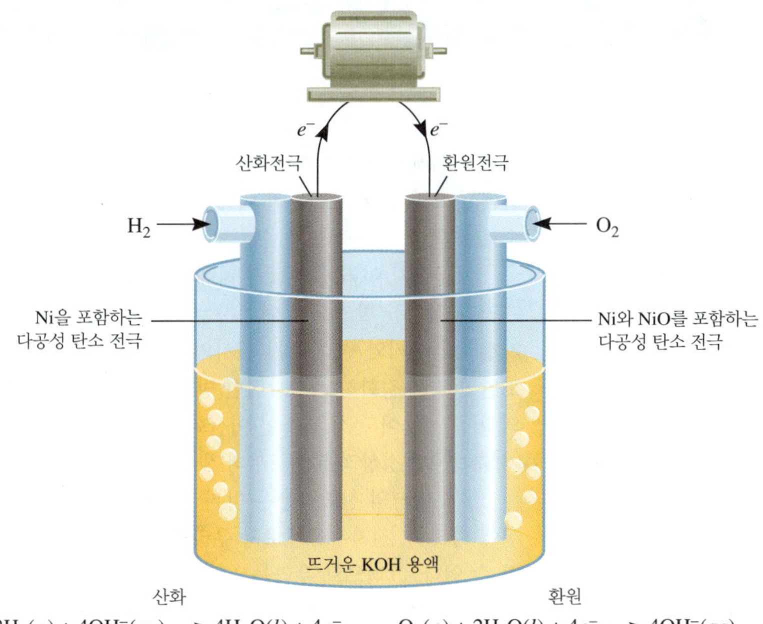

그림 18.11 수소-산소 연료 전지. 다공성 탄소 전극에 묻힌 Ni와 NiO는 전극 촉매이다.

trocatalyst)로 작용한다. 백금, 니켈, 로듐과 같은 금속들은 좋은 전극 촉매이다.

H_2-O_2 계 이외의 다른 연료 전지들이 개발되었다. 이들 중에 프로페인-산소 연료 전지가 있으며, 이 전지의 반쪽 전지 반응은 다음과 같다.

$$\begin{array}{lr} \text{산화전극:} & C_3H_8(g) + 6H_2O(l) \longrightarrow 3CO_2(g) + 20H^+(aq) + 20e^- \\ \text{환원전극:} & 5O_2(g) + 20H^+(aq) + 20e^- \longrightarrow 10H_2O(l) \\ \hline \text{전체:} & C_3H_8(g) + 5O_2(g) \longrightarrow 3CO_2(g) + 4H_2O(l) \end{array}$$

전체 반응은 프로페인이 산소와 연소하는 과정과 동일하다.

배터리와는 달리 연료 전지는 화학 에너지를 저장하지 못한다. 즉, 반응 물질은 일정하게 공급되고, 생성물들은 연료 전지로부터 일정하게 제거되어야 한다. 이런 관점에서 연료 전지는 전지라기보다는 엔진과 비슷하다. 그러나 연료 전지는 열기관처럼 작동하지 않으므로 에너지 전환에서 열역학적 제한을 받지 않는다(17.5절의 "생활 속의 화학" 참조).

잘 만들어진 좋은 성능을 갖는 연료 전지는 70%의 에너지 전환 효율을 갖는다. 따라서 내연기관에 비하여 약 두 배 정도의 효율을 갖고 있다. 연료 전지 발전기는 소음, 진동, 열전이, 열 공해가 없으며, 그 외에 전통적인 발전소에서 일어날 수 있는 많은 문제점들이 없다. 그러나 현재 연료 전지들이 광범위하게 사용되지는 못하고 있는데, 중요한 원인은 오염없이 오랜 시간 동안 기능을 효과적으로 발휘할 수 있는 경제적인 전극 촉매를 개발하지 못하는 데 있다. 오늘날 연료 전지의 가장 성공적인 응용은 우주선 안에서 볼 수 있다 (그림 18.12).

그림 18.12 우주 계획에 사용되는 수소-산소 연료 전지. 전지에 의해 만들어진 순수한 물은 우주 비행사가 사용한다.

18.7 부식

부식(corrosion)은 *전기화학 과정에 의해서 금속이 변질되는 것*을 의미한다. 부식의 예는 우리 주변에서 많이 볼 수 있다. 철이 녹스는 것, 은의 변색, 구리와 놋쇠 위에 형성되는 푸른 녹 등이 있다(그림 18.13). 이런 부식으로 인하여 빌딩, 다리, 배, 자동차 등에 막대한 손해를 입히고 있다. 통계에 의하면 미국은 금속 부식으로 인하여 약 1천억 달러에 상당하는 경제적인 손실을 입는다고 한다. 이 절에서는 부식이 일어나는 기본 과정과 금속의 부식을 방지하는 방법들을 설명한다.

생활 속의 화학 CHEMISTRY in Action

박테리아 전력

박테리아로부터 사용 가능한 전기를 생산할 수 있을까? 그렇다. 가능한 일이다. 1987년 이래 미국 애머스트(Amherst)에 있는 매사추세츠대학교 화학자들은 *지오박터*(*Geobacter*) 종으로 알려진 유기체가 정확하게 전기를 생산할 수 있다는 것을 발견하였다. 보통 *지오박터* 박테리아는 강이나 호수의 바닥에서 생장한다. 박테리아는 산화작용에 의하여 유기 물질로 분해되면서 이산화 탄소가 발생되는데 이때 에너지가 얻어진다. 박테리아는 자신의 크기의 10배에 달하는 촉수(tentacle)를 가지고 있는데 이것은 전자 수용체[대부분 철(III)산화물]에 도달하며 전체는 혐기성 산화-환원 과정이다.

매사추세츠 대학교 과학자들은 박테리아 연료 전지를 사용하여 흑연 전극을 구축하였다. *지오박터*는 자연적으로 전극 표면에서 생장하며 안정한 "생필름"을 형성한다. 전체 반응식은 다음과 같다.

$$CH_3COO^- + 2O_2 + H^+ \longrightarrow 2CO_2 + 2H_2O$$

여기서 아세트산 음이온은 유기 물질을 나타낸다. 전자는 *지오박터*에서 흑연 음극으로 직접 이동한다. 그리고 외부에서 흑연 음극으로 흐른다. 여기서 전자 수용체는 산소이다.

지금까지 이러한 연료 전지에서 생성된 전류는 작은 양이다. 그러나 적당한 발전으로 언젠가는 요리와 빛, 전기 제품의 전력, 가정의 컴퓨터와 원격 감지 센서의 전력에 사용될 것이다. 이것은 또한 환경을 정화하는 바람직한 방법의 하나이다. 산화-환원 과정의 최종 산물이 온실 가스인 이산화 탄소이지만 같은 생성물이 유기 폐기물의 정상적 분해로부터 생성된다.

*지오박터*의 산화작용은 다른 유익한 효과를 지니고 있다. 실험에 따르면, 전자수용체로서 우라늄 염이 철(III) 산화물을 대신할 수 있다. 그러므로 우라늄으로 오염된 지하수에 아세트산 이온과 박테리아를 첨가하면 물에 녹는 우라늄(VI) 염을 물에 녹지 않는 우라늄(IV) 염으로 환원시키는 것이 가능하다. 이를 통해 물에 녹지 않는 염은 가정과 농장에서 물을 최종 처리하기 전에 쉽게 제거할 수 있다.

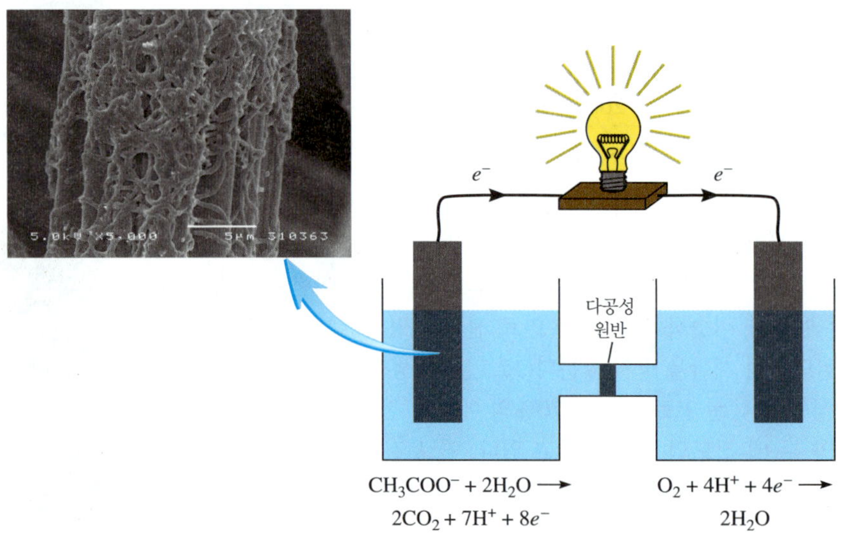

박테리아 연료 전지. 확대 사진은 흑연 산화전극에서 생장하는 박테리아의 주사 전자 현미경 그림을 나타낸다. 다공성 원반은 작은 구멍 사이로 이온이 통과하도록 해준다.

가장 잘 알려진 부식의 예는 철이 녹스는 것이다. 산소 기체와 물이 철을 녹슬게 한다. 반응이 복잡하여 완전히 이해하기는 어렵지만, 중요한 단계는 다음과 같다. 금속 표면의 일부가 산화가 일어나는 산화전극으로 작용한다. 산화 과정은 다음과 같이 일어난다.

$$Fe(s) \longrightarrow Fe^{2+}(aq) + 2e^-$$

(a)

(b)

(c)

그림 18.13 부식의 예. (a) 녹슨 다리, (b) 반쪽만 녹슨 은 접시, (c) 1986년 재건되기 전의 녹청으로 덮인 자유의 여신상.

철이 내놓은 전자들은 같은 금속 표면의 다른 영역인 환원전극에서 대기 중의 산소를 물로 환원시킨다.

$$O_2(g) + 4H^+(aq) + 4e^- \longrightarrow 2H_2O(l)$$

전체 산화-환원 반응은 다음과 같다.

$$2Fe(s) + O_2(g) + 4H^+(aq) \longrightarrow 2Fe^{2+}(aq) + 2H_2O(l)$$

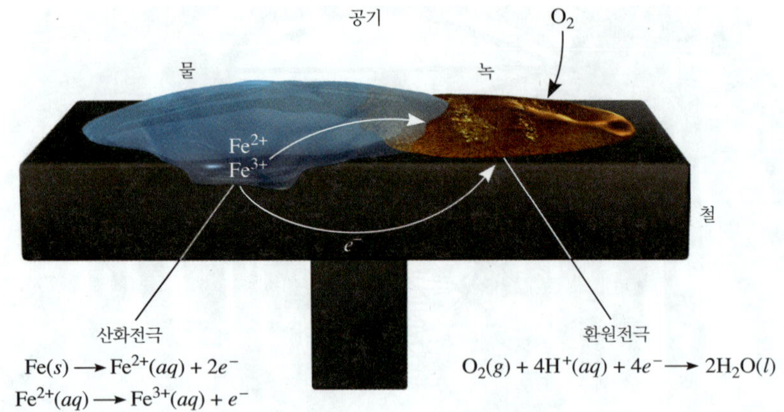

그림 18.14 녹이 만들어지는 전기화학적인 과정. H^+ 이온은 CO_2가 물에 녹아 만들어진 H_2CO_3로부터 나온다.

표 18.1의 자료로부터 이 과정에 대한 표준 emf를 계산해 보면,

양의 표준 emf는 반응이 자발적으로 일어난다는 것을 의미한다.

$$\begin{aligned} E^\circ_{\text{전지}} &= E^\circ_{\text{환원전극}} - E^\circ_{\text{산화전극}} \\ &= 1.23\text{ V} - (-0.44\text{ V}) \\ &= 1.67\text{ V} \end{aligned}$$

이 반응은 산성 매질에서 일어난다는 것을 기억해야 한다. 즉, H^+ 이온은 대기 중 이산화탄소와 물이 반응하여 생성한 H_2CO_3로부터 제공된다.

산화전극에서 생성된 Fe^{2+} 이온은 다음과 같이 산소에 의하여 더 산화한다.

$$4Fe^{2+}(aq) + O_2(g) + (4 + 2x)H_2O(l) \longrightarrow 2Fe_2O_3 \cdot xH_2O(s) + 8H^+(aq)$$

수화된 산화 철(III)을 녹이라 한다. 산화 철과 결합한 물의 양은 변하므로 $2Fe_2O_3 \cdot xH_2O$의 형태로 표시한다.

그림 18.14는 철이 녹스는 과정을 나타낸 것이다. 전기 회로는 전자들과 이온들의 이동으로 이루어진다. 이것으로 소금물에서 철이 빠르게 녹스는 이유를 설명할 수 있다. 추운 날씨에 얼음과 눈을 녹이기 위하여 뿌린 염(NaCl이나 $CaCl_2$)은 자동차를 빠르게 녹슬게 하는 주요 원인이 된다.

금속의 부식은 철에만 국한되는 것은 아니다. 알루미늄 금속은 비행기와 음료수 통을 포함하여 많은 유용한 것을 만드는 데 사용한다. 알루미늄은 철보다 더 큰 음의 표준 환원 전위를 가진다. 이런 사실만을 기초로 추측해 보면 폭우 속에서 비행기가 서서히 녹아 없어지고, 음료수 통은 쉽게 부식하여 알루미늄은 더미로 변할 것을 상상할 수 있다. 그러나 이런 현상은 일어나지 않는다. 왜냐하면 알루미늄 금속이 공기 중에 노출될 때 부식하기 어려운 불용성의 Al_2O_3 층이 생겨서 산화층 아래의 알루미늄이 더 이상 부식되는 것을 방지하기 때문이다. 알루미늄 산화층과는 달리 철 표면에 형성된 녹은 다공성이어서 원래의 금속을 보호할 수 없다.

구리나 은으로 만든 금속 화폐도 매우 느리게 녹이 슨다.

$$\begin{aligned} Cu(s) &\longrightarrow Cu^{2+}(aq) + 2e^- \\ Ag(s) &\longrightarrow Ag^+(aq) + e^- \end{aligned}$$

대기 중에 노출된 구리는 녹청이라고 하는 녹색 물질인 탄산 구리($CuCO_3$) 층을 형성하는데 이것은 금속이 더 이상 부식하지 않도록 보호하는 역할을 한다. 이와 유사한 예로 식품을 담아둔 은 그릇의 경우도 황화 은(Ag_2S) 층을 만들어 그릇을 보호한다.

부식으로부터 금속을 보호하는 많은 방법들이 있다. 가장 간단한 방법은 금속 표면에 페인트를 칠하는 것이다. 그러나 페인트가 금속의 일부분에서라도 긁히거나 패이면, 손상된 부분에 녹이 생기게 된다. 철의 표면은 *부동화*(passivation)라는 과정을 통하여 비활성

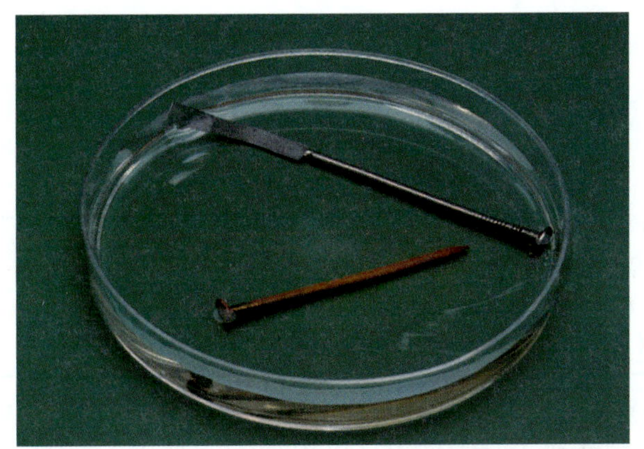

그림 18.15 작은 아연 조각에 의해 음극 보호된 쇠못은 물에서 녹슬지 않는다. 이러한 보호가 없으면 쇠못은 쉽게 녹슨다.

(inactive)이 될 수도 있다. 금속을 진한 질산 같은 센 산화제로 처리하면 얇은 산화물 층이 표면에 형성된다. 녹 방지를 위해 크로뮴산 소듐 용액을 냉각기와 라디에이터에 첨가하는 것도 같은 이유이다.

철이 산화하는 경향이 감소하는 경우가 있는데, 철이 다른 금속과 합금을 만들 때이다. 예를 들어, 철과 크로뮴의 합금인 스테인리스에서는 표면에 산화 크로뮴 층이 형성됨으로써 부식으로부터 철을 보호할 수 있다.

철 용기는 주석이나 아연 같은 다른 금속의 층으로 덮을 수 있다. "주석" 통은 철 위에 얇은 주석 층을 입혀 만든다. 주석 층이 그대로 남아 있는 한 녹의 생성을 막을 수 있다. 그러나 표면이 긁히면 빠르게 녹슬게 된다. 만일 표준 환원 전위를 참고한다면, 부식 과정에서 철은 양극으로 작용하고 주석은 음극으로 작용함을 알 수 있다.

$$Sn^{2+}(aq) + 2e^- \longrightarrow Sn(s) \qquad E° = -0.14\text{ V}$$
$$Fe^{2+}(aq) + 2e^- \longrightarrow Fe(s) \qquad E° = -0.44\text{ V}$$

아연 판을 입힌 철의 경우는 위에서 설명한 주석 판의 보호 과정과는 매우 다르다. 아연은 철보다 더 쉽게 산화한다(표 18.1 참조).

$$Zn^{2+}(aq) + 2e^- \longrightarrow Zn(s) \qquad E° = -0.76\text{ V}$$

따라서 긁혀서 철이 노출되더라도 아연이 먼저 산화한다. 이 경우 아연 금속은 산화전극으로 철은 환원전극으로 작용한다.

음극 보호(cathodic protection)는 금속이 갈바니 전지의 환원전극으로 작용함으로써 부식으로부터 보호받는 과정이다. 그림 18.15는 쇠 못을 아연 조각에 연결함으로써 녹스는 것을 방지할 수 있다는 것을 보여준다. 이러한 보호가 없다면 쇠 못은 물에서 빨리 녹슬 것이다. 땅 속에 있는 철 파이프나 철 저장탱크가 녹스는 것을 방지하기 위해서 철보다 더 쉽게 산화되는 아연이나 마그네슘 같은 금속을 연결해 준다(그림 18.16).

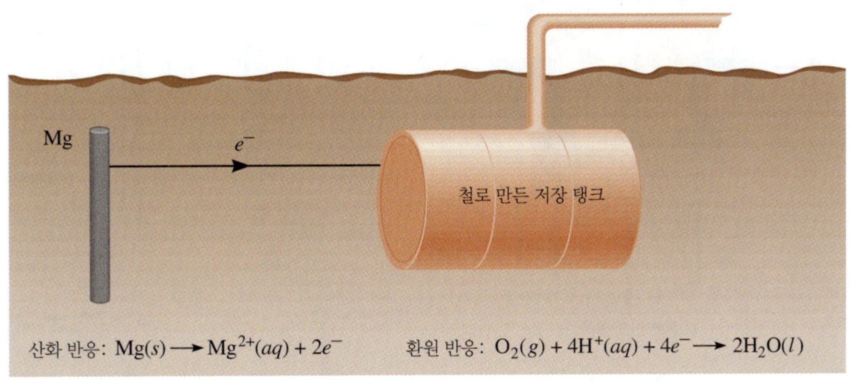

그림 18.16 마그네슘에 의한 철 저장 탱크(환원전극)의 음극 보호. 이때 마그네슘은 더 전기 양성이기 때문에 산화전극이다. 전기화학 과정에서 오직 마그네슘 금속만 소모되기 때문에 가끔 마그네슘 전극을 희생 양극이라 부른다.

개념 복습하기

이 중 어느 금속이 철을 보호하기 위한 희생 양극으로 사용될 수 있는가? Sr, Ni, Pb, Co.

18.8절의 “생활 속의 화학”에 나오는 이야기는 치아 충전재로 인한 불쾌감이 전기화학적 현상의 결과임을 보여준다.

18.8 전기분해

자발적인 산화-환원 반응은 화학 에너지를 전기 에너지로 변환시킨다. 이와는 달리 **전기분해**(electrolysis)는 *전기 에너지를 사용하여 비자발적인 화학 반응이 일어날 수 있도록 하는 과정*이다. **전해 전지**(electrolytic cell)는 *전기분해를 하는 장치*이다. 갈바니 전지에서 일어나는 과정과 전기분해는 같은 원리로 설명할 수 있다. 이런 원리를 기초로 세 종류의 전기분해의 예를 설명할 것이다. 그런 다음 전기분해의 정량적인 면을 고찰하고자 한다.

용융 염화 소듐의 전기분해

용융된 상태에서 이온 결합 화합물인 염화 소듐을 전기분해하여 소듐 금속과 염소 기체를 제조할 수 있다. 그림 18.17(a)는 *다운스 전지*(Downs cell)의 그림으로 대규모의 NaCl을 전기분해하는 데 사용한다. 용융 NaCl에서 양이온과 음이온은 각각 Na^+ 이온과 Cl^- 이온이다. 그림 18.17(b)는 전극에서 일어나는 반응을 간단한 도식으로 나타내었다. 전해 전지는 배터리와 연결되어 있는 한 쌍의 전극으로 구성되어 있다. 배터리는 산화가 일어나는 산화전극으로부터 전자가 나와서 환원이 일어나는 환원전극으로 전자가 이동되는 “전자 펌프”로 작동한다. 전극 반응은 다음과 같다.

$$\begin{aligned} &\text{산화전극(산화 반응):} && 2Cl^-(l) \longrightarrow Cl_2(g) + 2e^- \\ &\text{환원전극(환원 반응):} && 2Na^+(l) + 2e^- \longrightarrow 2Na(l) \\ \hline &\text{전체:} && 2Na^+(l) + 2Cl^-(l) \longrightarrow 2Na(l) + Cl_2(g) \end{aligned}$$

주로 이 과정을 이용하여 순수한 소듐 금속과 염소 기체를 제조한다.

전체 과정의 이론적 $E°$ 값은 약 -4 V이다. 이 값은 위 전지 반응이 비자발적임을 의미한다. 따라서 *최소한* 4 V의 전압을 걸어주어야 위 반응을 진행시킬 수 있다. 그러나 실제로는 이보다 더 큰 전압을 걸어야 된다. 그 이유는 실제 전기분해 과정이 효율적으로 일

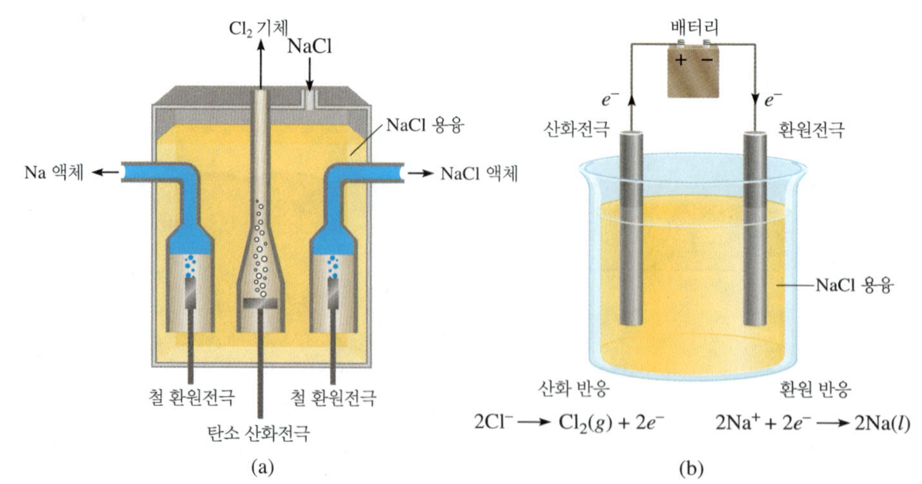

그림 18.17 (a) 용융 NaCl(녹는점 = 801°C)의 전기분해에 대한 다운스 전지의 실제 배치도. 환원 전극에서 만들어진 소듐 금속은 액체 상태이다. 액체 소듐 금속은 용융 NaCl보다 덜 조밀하기 때문에 소듐은 그림에 보인 것처럼 표면으로 떠오르며, 이를 수집하면 된다. 염소 기체는 산화전극에서 만들어지며, 위쪽에서 수집하면 된다. (b) 용융 NaCl의 전기분해 동안 전극반응을 보여주는 개략도. 배터리는 비자발적인 반응을 일으키는 데 필요하다.

어나기 힘들며, 또한 과전압이 존재하기 때문에 실제로 전해가 일어나기 위하여 이론적인 전압보다 더 높은 전압을 걸어주어야 한다. 과전압은 다음에 간단하게 논의할 것이다.

▶ 물의 전기분해

1 atm, 25°C에서 다음 반응의 표준 자유 에너지 변화는 큰 양의 값을 갖기 때문에 비커에 들어 있는 물이 자발적으로 산소와 수소 기체로 분해되지는 않을 것이다.

$$2H_2O(l) \longrightarrow 2H_2(g) + O_2(g) \qquad \Delta G° = 474.4 \text{ kJ/mol}$$

그러나 이 반응은 그림 18.18에서 보여준 전지에서는 일어날 수 있다. 전해 전지는 물에 담근 백금 같은 비활성 금속으로 만들어진 한 쌍의 전극으로 이루어져 있다. 순수한 물에서는 전극들을 배터리에 연결하더라도 전류를 운반할 충분한 이온들이 없기 때문에 아무 반응도 일어나지 않는다. (25°C의 순수한 물은 1×10^{-7} M OH^- 이온과 1×10^{-7} M H^+ 이온만을 가지고 있다는 것을 기억하라.) 반면 이 반응은 0.1 M H_2SO_4 용액에서는 잘 일어나는데, 이는 전기를 전도할 충분한 양의 이온들이 존재하기 때문이다. 곧, 두 전극에서는 기체 방울이 발생하기 시작할 것이다.

그림 18.18 물을 전기분해하는 소형 장치. 환원전극에서 발생한 수소 기체의 부피는 산화전극에서 발생한 산소 기체 부피의 두 배이다.

그림 18.19는 전극 반응을 보여준다. 산화전극에서의 과정은 아래와 같다.

$$2H_2O(l) \longrightarrow O_2(g) + 4H^+(aq) + 4e^-$$

반면 환원전극에서의 과정은 아래와 같다.

$$2H^+(aq) + 2e^- \longrightarrow H_2(g)$$

따라서 전체 반응은 다음과 같다.

$$\begin{array}{lrl} \text{산화전극(산화 반응):} & 2H_2O(l) & \longrightarrow O_2(g) + 4H^+(aq) + 4e^- \\ \text{환원전극(환원 반응):} & 2[2H^+(aq) + 2e^- & \longrightarrow H_2(g)] \\ \hline \text{전체:} & 2H_2O(l) & \longrightarrow 2H_2(g) + O_2(g) \end{array}$$

전지 반응에서 H_2SO_4의 알짜 소모가 없다는 것을 주목하라.

개념 복습하기

위에 보인 전해 과정에서 필요한 최소 전압은 얼마인가?

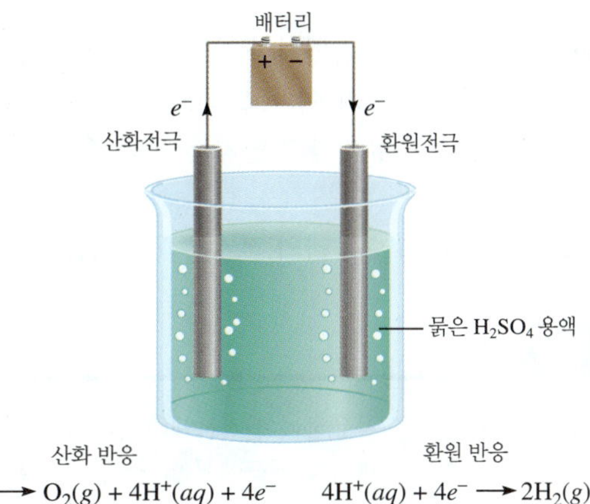

그림 18.19 물의 전기분해 시 전극 반응을 보여주는 개략도. 전극의 부호가 갈바니 전지와 반대인 것에 유의하라. 갈바니 전지에서 산화전극은 외부회로로 전자를 제공하기 때문에 −극이 된다. 전해 전지에서 산화전극은 배터리에 의해 전자가 공급되므로 +극이 된다.

염화 소듐 수용액의 전기분해

염화 소듐 수용액의 전기분해는 여기서 설명하는 전기분해의 세 가지 예 중 가장 복잡하다. 그 이유는 염화 소듐 수용액에 산화나 환원될 수 있는 여러 개의 화학종들이 포함되어 있기 때문이다. 산화전극에서 일어나는 산화 반응은 다음과 같이 두 가지가 있다.

$$(1)\quad 2Cl^-(aq) \longrightarrow Cl_2(g) + 2e^-$$
$$(2)\quad 2H_2O(l) \longrightarrow O_2(g) + 4H^+(aq) + 4e^-$$

표 18.1을 참조하면

$$Cl_2(g) + 2e^- \longrightarrow 2Cl^-(aq) \qquad E° = 1.36\ V$$
$$O_2(g) + 4H^+(aq) + 4e^- \longrightarrow 2H_2O(l) \qquad E° = 1.23\ V$$

Cl_2는 O_2보다 더 쉽게 환원되므로 산화전극에서 H_2O보다 Cl^-를 산화시키는 것이 더 어렵다.

(1)과 (2)의 표준 환원 전위는 크게 다르지 않지만, 그 값들을 비교해 보면 산화전극에서 물이 먼저 산화되는 것을 알 수 있다. 그러나 실험에 의하면 산화전극에서 발생하는 기체는 O_2가 아니고 Cl_2이다. 전기분해 과정의 연구에서 때로 전기분해 반응에 필요한 전압이 이론적인 전위값보다 상당히 더 높다는 것을 알 수 있다. 이와 같이 *전기분해를 일으키는데 필요한 이론적인 전위값과 실제 더 걸어주어야 하는 전압의 차이*를 **과전압**(overvoltage)이라 부른다. 특히 O_2 생성에 대한 과전압은 매우 높다. 따라서 보통의 전기분해 조건에서는 예상과는 달리 O_2 대신에 Cl_2 기체가 산화전극에서 생성된다.

한편 환원전극에서 일어날 수 있는 환원 반응은 다음과 같다.

$$(3)\quad 2H^+(aq) + 2e^- \longrightarrow H_2(g) \qquad E° = 0.00\ V$$
$$(4)\quad 2H_2O(l) + 2e^- \longrightarrow H_2(g) + 2OH^-(aq) \qquad E° = -0.83\ V$$
$$(5)\quad Na^+(aq) + e^- \longrightarrow Na(s) \qquad E° = -2.71\ V$$

이 중에서 반응 (5)는 매우 큰 음의 표준 환원 전위를 갖기 때문에 불가능할 것이다. 표준 환원 전위의 값만으로 보면, 표준 상태에서 반응 (3)은 반응 (4)보다 훨씬 잘 일어날 것이다. 그러나 pH 7(약 $1 \times 10^{-7}\ M$)에서는 두 반응이 일어날 확률이 거의 비슷하다. 실제로 환원전극에서의 반응은 H^+ 이온의 농도가 매우 낮으므로 반응 (3)이 일어나지 않고 반응 (4)에 의하여 H_2가 생성된다.

그러므로 NaCl 수용액의 전기분해 반응식은 다음과 같다.

$$\text{산화전극(산화 반응):}\quad 2Cl^-(aq) \longrightarrow Cl_2(g) + 2e^-$$
$$\text{환원전극(환원 반응):}\quad 2H_2O(l) + 2e^- \longrightarrow H_2(g) + 2OH^-(aq)$$
$$\text{전체:}\quad 2H_2O(l) + 2Cl^-(aq) \longrightarrow H_2(g) + Cl_2(g) + 2OH^-(aq)$$

전체 반응에서 보인 것처럼 Cl^- 이온 농도는 전기분해하는 동안 감소하고, OH^- 이온 농도는 증가한다. 그러므로 생성물인 H_2와 Cl_2 이외에도 유용한 부산물인 NaOH를 전기분해한 후 수용액을 증발시켜 얻을 수 있다.

전기분해의 분석에서 다음 사실을 기억하자. 양이온은 환원전극에서 환원이 쉽게 일어나고, 음이온은 산화전극에서 산화하기 쉽다. 그리고 수용액에서는 용매인 물이 산화하거나 환원할 수도 있다. 어떤 반응이 유리할 것인지는 용액 중에 들어 있는 화학종에 의하여 결정된다.

예제 18.8은 황산 소듐(Na_2SO_4) 수용액의 전기분해를 취급한 예이다.

예제 18.8

Na_2SO_4 수용액을 그림 18.18의 장치를 사용하여 전기분해하였다. 산화전극과 환원전극에서 생성한 생성물이 각각 산소 기체와 수소 기체일 때 전극에서 일어나는 전기분해 반응을 나타내시오.

(계속)

전략 전극 반응을 찾기 전에 먼저 다음 사실을 알아야 한다. (1) Na_2SO_4가 물 속에서 가수분해되지 않기 때문에 용매의 pH는 7에 가깝다. (2) Na^+ 이온이 환원전극에서 환원되지 않고 SO_4^{2-} 이온은 산화전극에서 산화되지 않는다. 이러한 결론은 앞에서 설명한 황산 수용액과 염화 소듐 수용액의 전기분해의 결과로부터 추측할 수 있다. 그러므로 산화와 환원 두 반응 모두 물 분자만 관여한다.

SO_4^{2-} 이온은 약산인 HSO_4^-($K_a = 1.3 \times 10^{-2}$)의 짝염기이다. SO_4^{2-}의 가수분해되는 양은 무시할 수 있다. 또한 SO_4^{2-} 이온은 산화전극에서 산화되지 않는다.

풀이 전극 반응은 다음과 같이 쓸 수 있다.

$$\text{산화전극:} \quad 2H_2O(l) \longrightarrow O_2(g) + 4H^+(aq) + 4e^-$$
$$\text{환원전극:} \quad 2H_2O(l) + 2e^- \longrightarrow H_2(g) + 2OH^-(aq)$$

전체 반응은 환원전극 반응 계수를 두 배로 하고, 여기에 산화전극 반응의 결과를 더해서 얻는다.

$$6H_2O(l) \longrightarrow 2H_2(g) + O_2(g) + 4H^+(aq) + 4OH^-(aq)$$

H^+ 이온과 OH^- 이온들이 혼합되었으므로

$$4H^+(aq) + 4OH^-(aq) \longrightarrow 4H_2O(l)$$

전체 반응은 다음과 같다.

$$2H_2O(l) \longrightarrow 2H_2(g) + O_2(g)$$

비슷한 문제: 18.46.

실전 연습 $Mg(NO_3)_2$ 수용액을 전기분해하였다. 산화전극과 환원전극에서 발생하는 기체는 무엇인가?

개념 복습하기

전극에 표지를 하여 다음 전해질 전지를 완결하고, 반쪽 전지 반응을 나타내시오. 산화전극과 환원전극의 부호가 갈바니 전지와 왜 반대인지 설명하시오.

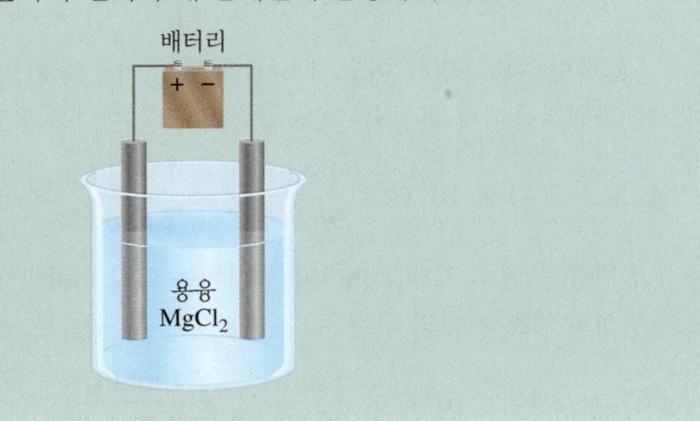

전기분해는 산업에서 주로 금속의 추출 및 정제에 많이 응용하고 있다. 이러한 응용은 21장에서 설명할 것이다.

전기분해의 정량적 측면

전기분해에 대한 정량적 논의는 패러데이(Faraday)에 의해 발전되었다. 패러데이는 전극에서 생성된 생성물(또는 소모된 반응물)의 질량은 통해 준 전기량에 비례한다는 사실을 발견하였다. 예를 들면, 용융 염화 소듐을 전기분해할 경우 환원전극 반응에서는 하나의 Na^+ 이온이 전극으로부터 한 개의 전자를 받아 Na가 된다. Na^+ 이온 1 mol을 환원시키려면 환원전극에 아보가드로 수(6.02×10^{23})만큼의 전자를 제공해야 한다. 반면에, 산화전극 반응에서는 두 개의 Cl^- 이온이 산화되어 하나의 Cl_2 분자가 얻어진다. 그러므로 Cl_2 1 mol이 생성되려면 Cl^- 이온으로부터 2 mol의 전자가 산화전극으로 이동하여야 함을 알

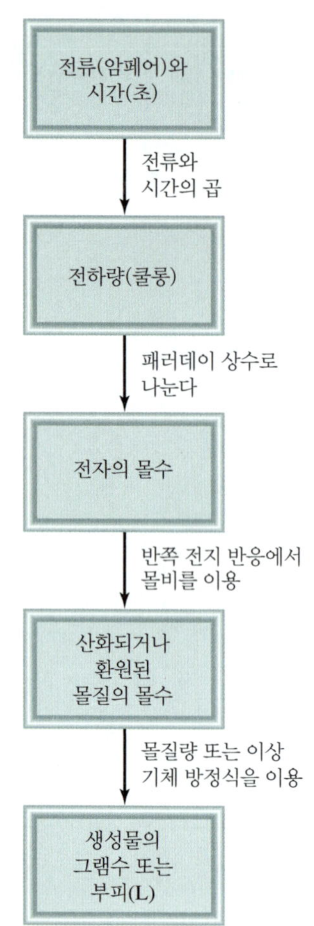

그림 18.20 전기분해 과정에서 산화되거나 환원되는 물질의 양을 계산하는 단계.

수 있다. 이와 비슷하게 Mg^{2+} 이온 1 mol을 환원하는 데는 전자 2 mol, Al^{3+} 이온 1 mol을 환원하는 데는 전자 3 mol이 필요하다.

$$Mg^{2+} + 2e^- \longrightarrow Mg$$
$$Al^{3+} + 3e^- \longrightarrow Al$$

일반적으로 전기분해 실험에서는 주어진 시간 동안에 전해 전지를 통해 흐르는 전류(암페어, A)를 측정한다. 전하량[쿨롱(C)으로]와 전류 사이의 관계는 다음과 같다.

$$1\ \text{C} = 1\ \text{A} \times 1\ \text{s}$$

여기서 1쿨롱은 1암페어의 전류가 1초 동안에 회로의 어떤 점을 통과할 때의 전하량이다.

그림 18.20은 전기분해 과정에서 생성된 물질의 양을 계산하는 단계를 보여준다. 이 그림을 참고로 하여 용융 $CaCl_2$가 포함된 전해 전지에서의 정량적인 관계를 설명해 보자. 용융 $CaCl_2$가 포함된 전해 전지에 0.452 A의 전류를 1.50시간 동안 통과시켰다고 가정하고, 산화전극과 환원전극에서 생성된 생성물의 양을 구해 보자. 이 문제를 풀기 위한 첫 번째 단계로서 산화전극에서 어떤 물질이 산화되고, 환원전극에서는 어떤 물질이 환원되는지를 알아야 한다. 용융 $CaCl_2$ 속에 존재하는 이온들은 Ca^{2+} 이온과 Cl^- 이온이기 때문에 반쪽 전지 반응과 전체 전지 반응은 다음과 같다.

$$\begin{aligned}
&\text{산화전극:} && 2Cl^-(l) \longrightarrow Cl_2(g) + 2e^- \\
&\text{환원전극:} && Ca^{2+}(l) + 2e^- \longrightarrow Ca(l) \\
&\text{전체:} && Ca^{2+}(l) + 2Cl^-(l) \longrightarrow Ca(l) + Cl_2(g)
\end{aligned}$$

생성된 칼슘 금속과 염소 기체의 양은 전해 전지를 통과한 전자수에 의존한다. 즉, 전류와 시간을 곱한 전기량에 의존한다.

$$?\ \text{C} = 0.452\ \cancel{\text{A}} \times 1.50\ \cancel{\text{h}} \times \frac{3600\ \cancel{\text{s}}}{1\ \cancel{\text{h}}} \times \frac{1\ \text{C}}{1\ \cancel{\text{A}} \cdot \cancel{\text{s}}} = 2.44 \times 10^3\ \text{C}$$

1 mol의 전하량은 96,500 C이고, 1 mol의 Ca^{2+} 이온을 환원시키는 데 2 mol의 전자가 필요하므로 환원전극에서 생성되는 Ca 금속의 질량은 다음과 같이 계산한다.

$$?\ \text{g Ca} = 2.44 \times 10^3\ \cancel{\text{C}} \times \frac{1\ \cancel{\text{mol}\ e^-}}{96{,}500\ \cancel{\text{C}}} \times \frac{1\ \cancel{\text{mol Ca}}}{2\ \cancel{\text{mol}\ e^-}} \times \frac{40.08\ \text{g Ca}}{1\ \cancel{\text{mol Ca}}} = 0.507\ \text{g Ca}$$

산화전극 반응은 염소 기체 1 mol이 생성되는 데 2 mol의 전자가 필요함을 나타낸다. 그러므로 생성된 염소 기체의 질량은 다음과 같이 계산한다.

$$?\ \text{g}\ Cl_2 = 2.44 \times 10^3\ \cancel{\text{C}} \times \frac{1\ \cancel{\text{mol}\ e^-}}{96{,}500\ \cancel{\text{C}}} \times \frac{1\ \cancel{\text{mol}\ Cl_2}}{2\ \cancel{\text{mol}\ e^-}} \times \frac{70.90\ \text{g}\ Cl_2}{1\ \cancel{\text{mol}\ Cl_2}} = 0.896\ \text{g}\ Cl_2$$

예제 18.9는 수용액 중에서 전기분해에 대한 응용을 보여주고 있다.

예제 18.9

묽은 황산 수용액이 들어 있는 전해 전지에 1.26 A의 전류를 7.44시간 동안 통과시켰다. 반쪽 전지 반응을 쓰고, STP에서 발생된 기체의 부피를 계산하시오.

전략 이 반응에 대한 반쪽 전지 반응은 다음과 같다(18.8절 물의 전기분해 참조).

$$\begin{aligned}
&\text{산화전극(산화 반응):} && 2H_2O(l) \longrightarrow O_2(g) + 4H^+(aq) + 4e^- \\
&\text{환원전극(환원 반응):} && 2[2H^+(aq) + 2e^- \longrightarrow H_2(g)] \\
&\text{전체:} && 2H_2O(l) \longrightarrow 2H_2(g) + O_2(g)
\end{aligned}$$

그림 18.20에 따라 산소의 양을 몰의 단위로 계산하는 변환 단계는 다음과 같다.

(계속)

생활 속의 화학 CHEMISTRY *in Action*

치아 충전재 불쾌감

현대 치과학에서 충치 충전을 위해 가장 널리 사용되는 물질 중 하나는 *치아 아말감*(dental amalgam)이다. [아말감은 수은과 다른 금속(들)을 결합시켜 만든 물질이다.] 치아 아말감은 화학량론적으로 대략 Ag_2Hg_3, Ag_3Sn, Sn_8Hg에 해당하는 세 고체 상으로 이루어져 있다. 이들 고체 상의 표준 환원 퍼텐셜은 Hg_2^{2+}/Ag_2Hg_3, 0.85 V; Sn^{2+}/Ag_3Sn, −0.05 V; Sn^{2+}/Sn_8Hg, −0.13 V이다.

치아 충전재에 압력이 가해지도록 알루미늄 포일(사탕 포장에 사용) 조각을 씹는 사람은 누구나 순간적으로 극심한 고통을 경험해 보았을 것이다. 실제로는 입 안에 전기화학 전지가 만들어진 것이다. 알루미늄($E° = -1.66$ V)이 양극, 충전재가 음극, 침이 전해질로 작용한다. 알루미늄 포일과 충전재가 닿으면 전지 회로가 합선되어 두 전극 사이에 약한 전류가 흐르게 된다. 이 전류가 치아의 민감한 신경을 자극하여 불쾌한 느낌을 주는 것이다.

덜 전기양성적인 금속이 치아 안에 있는 금 인레이(inlay)에 닿으면 충전재의 부식이 발생한다. 이 경우에 치아 충전재는 양극으로 금 인레이가 음극으로 작용한다. 세 상의 $E°$ 값을 보면 Sn_8Hg 상이 가장 잘 부식될 것임을 알 수 있다. 이런 일이 일어나면 입 안에 주석(II) 이온이 방출되어 불쾌한 금속 맛을 내게 된다. 부식이 지속되면 결국 치과의사를 다시 찾아가 충전을 새로 해야 할 것이다.

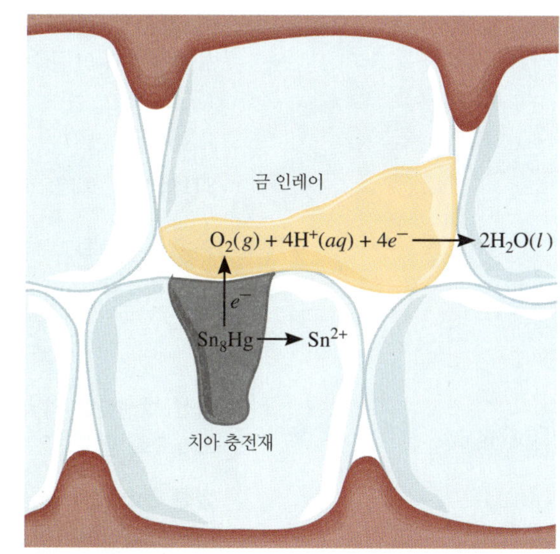

금 인레이와 접촉하게 되면 치아 충전재의 부식이 일어난다.

$$\text{전류} \times \text{시간} \rightarrow \text{쿨롱} \rightarrow \text{전자의 몰수} \rightarrow O_2\text{의 몰수}$$

그 다음, 이상 기체 방정식을 사용하여 STP 상태에서 산소 기체의 부피(L 단위)를 계산할 수 있다. H_2에 대해서도 같은 방법을 적용한다.

풀이 먼저 전해 전지에 통해진 전하량(C)을 계산하면 다음과 같다.

$$? \text{ C} = 1.26 \text{ A} \times 7.44 \text{ h} \times \frac{3600 \text{ s}}{1 \text{ h}} \times \frac{1 \text{ C}}{1 \text{ A} \cdot \text{s}} = 3.37 \times 10^4 \text{ C}$$

그 다음으로 전하량을 전자의 몰수로 변환시킨다.

$$3.37 \times 10^4 \text{ C} \times \frac{1 \text{ mol } e^-}{96{,}500 \text{ C}} = 0.349 \text{ mol } e^-$$

산화 반쪽 반응식에서 1 mol O_2 ≏ 4 mol e^-임을 알고 있다. 그러므로 발생된 산소의 몰수는 다음과 같다.

$$0.349 \text{ mol } e^- \times \frac{1 \text{ mol } O_2}{4 \text{ mol } e^-} = 0.0873 \text{ mol } O_2$$

STP에서 O_2 0.0873 mol의 부피는 다음과 같다.

(계속)

$$V = \frac{nRT}{P}$$
$$= \frac{(0.0873\ \text{mol})(0.0821\ \text{L}\cdot\text{atm/K}\cdot\text{mol})(273\ \text{K})}{1\ \text{atm}} = 1.96\ \text{L}$$

같은 방법으로 수소 기체에 대해서도 풀 수 있다. 간단히 하기 위해 첫 번째 두 단계를 묶어서 발생된 H_2의 몰수를 계산하면 다음과 같다.

$$3.37 \times 10^4\ \cancel{C} \times \frac{1\ \cancel{\text{mol}\ e^-}}{96{,}500\ \cancel{C}} \times \frac{1\ \text{mol}\ H_2}{2\ \cancel{\text{mol}\ e^-}} = 0.175\ \text{mol}\ H_2$$

STP에서 H_2 0.175 mol의 부피는 다음과 같다.

$$V = \frac{nRT}{P}$$
$$= \frac{(0.175\ \text{mol})(0.0821\ \text{L}\cdot\text{atm/K}\cdot\text{mol})(273\ \text{K})}{1\ \text{atm}}$$
$$= 3.92\ \text{L}$$

비슷한 문제: 18.51.

검산 발생한 H_2의 부피는 O_2 부피의 두 배(그림 18.18 참조)임을 주목하라. 이러한 결과는 아보가드로 법칙(같은 온도와 압력 하에서 기체의 부피는 몰수에 비례함)에서 예상할 수 있다.

실전 연습 용융 $MgCl_2$가 들어 있는 전해 전지에 일정한 전류를 18시간 통하여 Cl_2 4.8×10^5 g을 얻으려 한다. 걸어 주어야 할 전류(A)는 얼마인가?

개념 복습하기

용융 $CaCl_2$의 전기분해에서 전지를 통해 1.24 A의 전류를 2.0시간 동안 흘려보냈다. 환원전극에서 얻어지는 Ca의 질량은 얼마나 될까?

주요 식 정리하기 Key Equations

$E^\circ_{\text{전지}} = E^\circ_{\text{환원전극}} - E^\circ_{\text{산화전극}}$ (18.1) — 갈바니 전지의 표준 emf 계산식.

$\Delta G = -nFE_{\text{전지}}$ (18.2) — 자유 에너지 변화와 전지의 emf와의 관계식.

$\Delta G^\circ = -nFE^\circ_{\text{전지}}$ (18.3) — 표준 자유 에너지 변화와 전지의 표준 emf와의 관계식.

$E^\circ_{\text{전지}} = \dfrac{0.0257\ \text{V}}{n}\ln K$ (18.5) — 전지의 표준 emf와 평형 상수와의 관계식.

$E^\circ_{\text{전지}} = \dfrac{0.0592\ \text{V}}{n}\log K$ (18.6) — 전지의 표준 emf와 평형 상수와의 관계식.

$E = E^\circ - \dfrac{0.0257\ \text{V}}{n}\ln Q$ (18.8) — 비표준 상태 조건에서 전지의 emf와 농도와의 관계식.

$E = E^\circ - \dfrac{0.0592\ \text{V}}{n}\log Q$ (18.9) — 비표준 상태 조건에서 전지의 emf와 농도와의 관계식.

사실과 개념 요약하기 Summary of Facts & Concepts

1. 모든 산화-환원 반응은 전자의 이동을 수반한다. 산화-환원 반응식은 이온-전자법으로 균형을 맞춘다.
2. 모든 전기화학 반응은 전자의 이동을 수반한다. 따라서 전기화학 반응은 산화-환원 반응이다.
3. 갈바니 전지에서 전기는 자발적인 화학 반응에 의해 얻어진다. 산화전극에서는 산화, 환원전극에서는 환원이 일어나고, 전자들은 외부 회로를 통해 흐른다.
4. 갈바니 전지는 두 개의 반쪽 전지로 이루어졌으며, 각 전극에서의 반응은 반쪽 전지 반응이다. 염다리는 반쪽 전지 사이를 연결한다.
5. 전지의 기력은 두 전극 사이의 전압차이다. 갈바니 전지에서는 외부 회로를 통하여 전자들이 산화전극에서 환원전극으로 흐른다. 반면에 용액에서는 음이온이 산화전극을 향해 이동하고 양이온은 환원전극을 향해 이동한다.
6. 전자 1 mol에 의해 운반되는 전기량을 1 패러데이라고 하는데, 이것은 96,500 쿨롱이다.
7. 표준 환원 전위는 반쪽전지 환원 반응의 상대성을 나타내고, 이 값은 산화-환원 반응의 생성물과 반응의 방향을 예측할 수 있으며, 또한 여러 물질 중에서 자발적으로 일어날 수 있는 산화-환원 반응을 예측하는 데 사용할 수 있다.
8. 자발적인 산화-환원 반응에서 계의 자유 에너지의 감소는 계가 주위에 하는 전기적 일과 같다. 즉, $\Delta G = -nFE$로 나타낼 수 있다.
9. 산화-환원 반응에 대한 평형 상수는 전지의 표준 기전력으로부터 구할 수 있다.
10. 네른스트 식은 비표준 상태에서 반응물과 생성물의 농도와 전지의 기전력 사이의 관계를 나타낸다.
11. 하나 이상의 갈바니 전지들로 구성된 전지는 독립된 전력원으로 널리 사용된다. 잘 알려진 전지로는 건전지, 수은 전지, 자동차에 쓰이는 납 축전지 등이 있다. 연료 전지는 반응물을 계속해서 공급하여야 전기 에너지를 얻을 수 있다.
12. 철이 녹스는 것과 같은 금속의 부식도 전기화학 현상이다.
13. 외부에서 전류를 흘려보내줌으로써 전해 전지에서 비자발적인 화학 반응이 일어나게 할 수 있다. 전해 과정에서 만들어진 생성물이나 소비된 반응물의 총 양은 전극에 전달된 전기량에 의존한다.

주요 용어 정리하기 Key Words

갈바니 전지	배터리	전기화학	표준 환원 전위
과전압	부식	전지 전압	환원전극
기전력(emf, E)	산화전극	전해 전지	
네른스트 식	연료 전지	패러데이 상수(F)	
반쪽 전지 반응	전기분해	표준 emf ($E^\circ_{전지}$)	

연습 문제 Questions & Problems

● 표시는 Connect Plus에서 유용한 문제, 붉은색 번호의 문제는 학생용 문제풀이집에 풀어 놓았다.

산화-환원 반응식

▶ 문제

● 18.1 이온-전자법으로 다음 산화-환원 반응의 균형을 맞추시오.
(a) $H_2O_2 + Fe^{2+} \longrightarrow Fe^{3+} + H_2O$ (산성 용액)
(b) $Cu + HNO_3 \longrightarrow Cu^{2+} + NO + H_2O$ (산성 용액)
(c) $CN^- + MnO_4^- \longrightarrow CNO^- + MnO_2$ (염기성 용액)
(d) $Br_2 \longrightarrow BrO_3^- + Br^-$ (염기성 용액)
(e) $S_2O_3^{2-} + I_2 \longrightarrow I^- + S_4O_6^{2-}$ (산성 용액)

18.2 이온-전자법으로 다음 산화-환원 반응의 균형을 맞추시오.
(a) $Mn^{2+} + H_2O_2 \longrightarrow MnO_2 + H_2O$ (염기성 용액)
(b) $Bi(OH)_3 + SnO_2^{2-} \longrightarrow SnO_3^{2-} + Bi$ (염기성 용액)
(c) $Cr_2O_7^{2-} + C_2O_4^{2-} \longrightarrow Cr^{3+} + CO_2$ (산성 용액)
(d) $ClO_3^- + Cl^- \longrightarrow Cl_2 + ClO_2$ (산성 용액)

갈바니 전지와 표준 기전력

▶ 복습 질문

18.3 다음 용어를 정의하시오. 산화전극, 환원전극, 전압, 기전력, 표준 환원 전위.

18.4 갈바니 전지의 기본적 특성을 설명하시오. 갈바니 전지를 구성하는 두 부분은 왜 서로 분리되어 있는가?

18.5 염다리의 기능은 무엇인가? 염다리에서 어떤 종류의 전해질을 사용하여야 하는가?

18.6 전지 도식(cell diagram)이란 무엇인가? 1 *M* $Al(NO_3)_3$ 용액에 Al 금속이 들어 있는 전극과 1 *M* $AgNO_3$ 용액에 Ag 금속이 들어 있는 전지의 도식을 나타내시오.

18.7 4장에서 논의한 산화-환원 과정에서의 반쪽 반응과 18.2절에서 설명한 반쪽 전지 반응의 차이점을 설명하시오.

18.8 다니엘 전지(그림 18.1 참조)를 수 분간 사용하면 전지의 기전력이 갑자기 떨어진다. 그 이유를 쓰시오.

18.9 표 2.1의 정보를 사용하여 패러데이 상수를 계산하시오.

18.10 전기화학 반응의 자발성 여부를 표준 기전력 $E^\circ_{전지}$의 값으로 판정하시오.

▶ 문제

● 18.11 Mg/Mg^{2+}와 Cu/Cu^{2+}의 반쪽 전지 반응을 이용하여 25°C에서 전지의 표준 기전력을 계산하고, 표준 상태에서 일어나는 전지 반응을 쓰시오.

18.12 Ag/Ag^+과 Al/Al^{3+}의 반쪽 전지 반응을 사용하는 전지의 표준 기전력을 계산하시오. 표준 상태에서 일어나는 전지 반응을 쓰시오.

18.13 표준 상태에서 Fe^{3+}가 I^-를 I_2로 산화시킬 수 있을지 예측하시오.

18.14 표준 상태에서 H_2O를 $O_2(g)$로 산화시킬 수 있는 것은 다음 시약 중 어느 것인가? $H^+(aq)$, $Cl^-(aq)$, $Cl_2(g)$, $Cu^{2+}(aq)$, $Pb^{2+}(aq)$, $MnO_4^-(aq)$(산성에서).

● 18.15 다음 반쪽 반응을 고려하여 표준 상태에서 NO_3^-는 Mn^{2+}를 MnO_4^-로 산화시킬 수 있을지 예측하시오.

$$MnO_4^-(aq) + 8H^+(aq) + 5e^- \longrightarrow Mn^{2+}(aq) + 4H_2O(l)$$

$$NO_3^-(aq) + 4H^+(aq) + 3e^- \longrightarrow NO(g) + 2H_2O(l)$$

18.16 25°C의 수용액에서 다음 반응이 자발적으로 일어날 수 있는가? 용해한 화학종들의 처음 농도는 모두 1.0 *M*이다.

(a) $Ca(s) + Cd^{2+}(aq) \longrightarrow Ca^{2+}(aq) + Cd(s)$
(b) $2Br^-(aq) + Sn^{2+}(aq) \longrightarrow Br_2(l) + Sn(s)$
(c) $2Ag(s) + Ni^{2+}(aq) \longrightarrow 2Ag^+(aq) + Ni(s)$
(d) $Cu^+(aq) + Fe^{3+}(aq) \longrightarrow Cu^{2+}(aq) + Fe^{2+}(aq)$

● 18.17 다음 화학종 중 어느 것이 표준 상태에서 더 좋은 산화제인가? (a) Br_2 또는 Au^{3+}, (b) H_2 또는 Ag^+, (c) Cd^{2+} 또는 Cr^{3+}, (d) O_2(산성 매질) 또는 O_2(염기성 매질).

18.18 다음 화학종 중 어떤 것이 표준 상태에서 더 좋은 환원제인가? (a) Na와 Li, (b) H_2와 I_2, (c) Fe^{2+}와 Ag, (d) Br^-와 Co^{2+}.

18.19 전기화학 반응 $Sn^{2+} + X \rightarrow Sn + X^{2+}$을 생각해보자. $E^\circ_{전지} = 0.14$ V로 주어졌을 때, X^{2+}/X 반쪽 반응에 대한 E°는 무엇인가?

18.20 다음 전지에서 $E^\circ_{전지}$는 25°C에서 1.54 V이다.

$$U(s)\,|\,U^{3+}(aq)\,||\,Ni^{2+}(aq)\,|\,Ni(s)$$

U^{3+}/U 반쪽 전지에 대한 표준 환원 전위를 계산하시오.

산화-환원 반응의 자발성

▶ 복습 질문

18.21 전지의 표준 기전력과 ΔG° 및 *K*와의 관계식을 쓰고, 모든 항을 정의하시오.

18.22 한 전지 반응의 E° 값은 양의 값이고, 다른 전지 반응의 E°값은 음의 값이다. 어떤 전지 반응이 평형에서 더 많은 생성물을 만드는 반응을 진행하겠는가?

▶ 문제

● 18.23 25°C에서 다음 반응에 대한 평형 상수는 얼마인가?

$$Mg(s) + Zn^{2+}(aq) \rightleftharpoons Mg^{2+}(aq) + Zn(s)$$

● **18.24** 다음 반응의 평형 상수는 25°C에서 2.69×10^{12}이다.

$$Sr(s) + Mg^{2+}(aq) \rightleftharpoons Sr^{2+}(aq) + Mg(s)$$

Sr/Sr^{2+}와 Mg/Mg^{2+}의 반쪽 전지로 만들어진 전지의 E°를 계산하시오.

● 18.25 25°C에서 다음 각 반응에 대해 표준 환원 기전력을 사용하여 평형 상수를 계산하시오.

(a) $Br_2(l) + 2I^-(aq) \rightleftharpoons 2Br^-(aq) + I_2(s)$
(b) $2Ce^{4+}(aq) + 2Cl^-(aq) \rightleftharpoons Cl_2(g) + 2Ce^{3+}(aq)$
(c) $5Fe^{2+}(aq) + MnO_4^-(aq) + 8H^+(aq) \rightleftharpoons Mn^{2+}(aq) + 4H_2O(l) + 5Fe^{3+}(aq)$

● **18.26** 25°C에서 다음 반응에 대해 ΔG°와 K_c를 계산하시오.

(a) $Mg(s) + Pb^{2+}(aq) \rightleftharpoons Mg^{2+}(aq) + Pb(s)$
(b) $Br_2(l) + 2I^-(aq) \rightleftharpoons 2Br^-(aq) + I_2(s)$
(c) $O_2(g) + 4H^+(aq) + 4Fe^{2+}(aq) \rightleftharpoons 2H_2O(l) + 4Fe^{3+}(aq)$
(d) $2Al(s) + 3I_2(s) \rightleftharpoons 2Al^{3+}(aq) + 6I^-(aq)$

● 18.27 표준 상태에서 Ce^{4+}, Ce^{3+}, Fe^{3+}, Fe^{2+}가 존재하는 수용액에서 어떤 자발적인 반응이 일어날까? 그 반응에 대한 ΔG° 및 K_c를 계산하시오.

● **18.28** 환원 반응 $Cu^+(aq) + e^- \rightarrow Cu(s)$의 $E^\circ = 0.52$ V이다. 25°C에서 다음 반응에 대한 E°, ΔG°, *K*를 계산하시오.

$$2Cu^+(aq) \longrightarrow Cu^{2+}(aq) + Cu(s)$$

전지 기전력에 대한 농도 효과

▶ 복습 질문

18.29 네른스트 식을 쓰고, 각 항을 설명하시오.

18.30 특정 온도 T에서 다음 반응에 대한 네른스트 식을 쓰시오.

(a) $Mg(s) + Sn^{2+}(aq) \longrightarrow Mg^{2+}(aq) + Sn(s)$
(b) $2Cr(s) + 3Pb^{2+}(aq) \longrightarrow 2Cr^{3+}(aq) + 3Pb(s)$

▶ 문제

• 18.31 $[Zn^{2+}] = 0.25\ M$이고, $[Cu^{2+}] = 0.15\ M$이라면 25°C에서 Zn/Zn^{2+} 반쪽 전지와 Cu/Cu^{2+} 반쪽 전지로 이루어진 전지의 기전력은 얼마인가?

• **18.32** 다음 전지 반응의 $E°$, E, ΔG를 계산하시오.

(a) $Mg(s) + Sn^{2+}(aq) \longrightarrow Mg^{2+}(aq) + Sn(s)$
$[Mg^{2+}] = 0.045\ M$, $[Sn^{2+}] = 0.035\ M$
(b) $3Zn(s) + 2Cr^{3+}(aq) \longrightarrow 3Zn^{2+}(aq) + 2Cr(s)$
$[Cr^{3+}] = 0.010\ M$, $[Zn^{2+}] = 0.0085\ M$

• 18.33 Zn/Zn^{2+}와 SHE의 반쪽 전지로 구성된 전지의 표준 기전력을 계산하시오. $[Zn^{2+}] = 0.45\ M$, $P_{H_2} = 2.0$ atm이고, $[H^+] = 1.8\ M$이라면 전지의 기전력은 얼마가 될까?

• **18.34** 만일 $[Pb^{2+}] = 0.10\ M$, $[H^+] = 0.050\ M$이고, $P_{H_2} = 1.0$ atm이라면 Pb^{2+}/Pb 반쪽 전지와 $Pt/H^+/H_2$ 반쪽 전지로 구성된 전지의 기전력은 얼마인가?

• 18.35 그림 18.1을 참조하여 25°C에서 다음 반응이 자발적으로 일어날 수 있는 $[Cu^{2+}]/[Zn^{2+}]$의 비를 구하시오.

$$Cu(s) + Zn^{2+}(aq) \longrightarrow Cu^{2+}(aq) + Zn(s)$$

• **18.36** 다음 농도차 전지의 기전력을 계산하시오.

$$Mg(s)|Mg^{2+}(0.24\ M)||Mg^{2+}(0.53\ M)|Mg(s)$$

전지와 연료 전지

▶ 복습 질문

18.37 일차 갈바니 전지(재충전할 수 없는)와 충전이 가능한 축전지(예를 들면, 납 축전지)의 차이점을 설명하시오.

18.38 재래형 발전과 비교하여 전기를 생산할 때 연료 전지가 가지는 장점과 단점을 기술하시오.

▶ 문제

• 18.39 수소-산소 연료 전지에 대해 18.6절에서 설명하였다. (a) 8.5 A의 전류를 생산하는 전기 모터를 3.0시간 동안 작동하기 위하여 필요한 $H_2(g)$의 부피는 25°C, 155 atm에서 얼마나 되어야 하는가? (b) 같은 모터를 작동하는 데 필요한 25°C, 1.00 atm 공기의 부피(L)는 얼마인가? 단, 공기 부피의 20%가 O_2이며, 공기의 다른 성분은 연료 전지 반응에 영향을 미치지 않는다. 그리고 이상 기체로 간주한다.

18.40 프로페인의 $\Delta G_f°$가 −23.5 kJ/mol이다. 프로페인 연료 전지의 25°C에서의 표준 기전력을 계산하시오(18.6절 중 연료 전지).

부식

▶ 복습 질문

18.41 못이나 볼트와 같은 강철로 만들어진 공구는 가끔 얇은 Cd 판으로 코팅된다. 여기서 Cd 층의 역할은 무엇인가?

18.42 아연 도금 철판은 아연으로 코팅한 강철 조각이다. 주석 깡통은 주석으로 코팅된 강철 조각으로 만든다. 코팅의 기능과 그리고 만일 전해질이 아연으로 도금한 철판이나 주석으로 도금한 철판의 긁힌 표면에 접촉되어 부식 반응이 일어난다고 할 때의 전기화학적 과정을 검토하시오.

18.43 녹슨 은은 Ag_2S를 포함한다. NaCl과 같은 비활성 전해질 용액을 포함하는 알루미늄 팬에 녹슨 은 제품을 놓아두면 이 녹은 사라진다. 이 과정에 대한 전기화학적 원리를 설명하시오. $[Ag_2S(s) + 2e^- \rightarrow 2Ag(s) + S^{2-}(aq)$. 반쪽 전지 반응에 대한 표준 환원 전위는 −0.71 V].

18.44 철이 녹스는 것이 용액의 pH에 어떻게 의존하는가?

전기분해

▶ 복습 질문

18.45 (다니엘 전지와 같은) 갈바니 전지와 전해 전지의 차이점은 무엇인가?

18.46 KNO_3 수용액의 전해 과정을 묘사해보시오.

▶ 문제

• 18.47 어떤 전극에서의 반쪽 반응은 다음과 같다.

$$Mg^{2+}(\text{용융}) + 2e^- \longrightarrow Mg(s)$$

전극에 1.00 F의 전기량을 공급할 때 얻어지는 Mg의 g 수는 얼마인가?

• **18.48** 용융 $BaCl_2$의 전기분해에 대하여 다음 물음에 답하시오. (a) 반쪽 반응을 쓰시오. (b) 30분 동안 0.50 A의 전기를 통하면 Ba 금속을 얼마나 얻을 수 있는가?

18.49 전기 비용을 고려할 때 소듐 1 t과 알루미늄 1 t을 생산하는 것 중 어느 것이 더 경제적일까?

• **18.50** 용융 염화 마그네슘을 전기분해하여 마그네슘 금속 1 t을 생산하는 데 155달러가 소비된다면, 다음 금속들을 전기분해로 얻는 데 필요한 돈(달러)은 얼마인가? (a) 알루미늄 10.0 t, (b) 소듐 30.0 t, (c) 칼슘 50.0 t.

• 18.51 물의 전기분해에 대한 반쪽 반응 중 하나는 다음과 같다.

$$2H_2O\ (l) \longrightarrow O_2(g) + 4H^+(aq) + 4e^-$$

25°C에서 755 mmHg의 산소를 0.076 L 수집하고 싶다면 용액에 몇 패러데이의 전기량을 통과시켜야 하는가?

• **18.52** 다음에 나타낸 물질을 얻는 데 필요한 전자는 몇 mol인가? (a) H_2SO_4 수용액으로부터 O_2 0.84 L(25°C, 1 atm에서), (b) 용융 NaCl로부터 Cl_2 1.50 L(20°C, 750 mmHg에서) (c) 용융 $SnCl_2$로부터 Sn 6.0 g.

• 18.53 $CuBr_2$ 수용액에서 4.50 A의 전류에 의해 1.0시간 동안 비활성 전극에서 만들어지는 Cu와 Br_2의 양을 계산하시오.

● **18.54** $AgNO_3$ 수용액을 전기분해해서 Ag 0.67 g이 일정 시간 후에 침전한다. (a) Ag^+의 환원에 대한 반쪽 반응을 쓰시오. (b) 적절한 산화 반쪽 반응은 무엇인가? (c) 사용한 전기량을 쿨롱 단위로 계산하시오.

● 18.55 용융된 $CoSO_4$에 정상 전류를 흘려주었더니 금속 코발트 2.35 g이 석출되었다. 사용한 전기량을 쿨롱 단위로 계산하시오.

● **18.56** 두 개의 전해 전지를 직렬로 연결하여 3.75시간 동안 일정한 전류를 흘렸다. 하나는 $AgNO_3$ 용액을 포함하고, 두 번째는 $CuCl_2$ 용액을 포함한다. 처음 전지에서 Ag 2.00 g이 침전된다. (a) 두 번째 전지에서 몇 g의 Cu가 침전할까? (b) 몇 암페어의 전류가 흘렀겠는가?

● 18.57 NaCl 전해질과 1.500×10^3 A의 전류를 사용한 전해 전지에서 시간 당 얻을 수 있는 염소 기체의 양(kg으로)은 얼마인가? Cl^-의 산화에 대한 양극 효율은 93.0%이다.

18.58 어떤 물체를 다이크로뮴산 용액에 넣어 크로뮴 도금을 할 때 음극에서 일어나는 반쪽 반응(균형이 맞춰지지 않은)은 다음과 같다.

$$Cr_2O_7^{2-}(aq) + e^- + H^+(aq) \longrightarrow Cr(s) + H_2O(l)$$

표면적이 0.25 m^2인 자동차 범퍼에 1.0×10^{-2} mm 두께의 크로뮴 도금을 하는 데 25.0 A의 전류를 몇 시간 통해야 하는가? (크로뮴의 밀도는 7.19 g/cm^3)

● 18.59 $CuSO_4$ 수용액에 25.0분 동안 0.750 A의 전류를 흘려주었을 때 0.369 g의 구리가 석출되었다. 이 자료로부터 구리의 몰질량을 계산하라.

18.60 $CuSO_4$ 수용액에 3.00 A의 전기를 304초 동안 통했을 때 0.300 g의 구리가 석출되었다. 이 실험 결과로부터 패러데이 상수를 구하라.

● 18.61 어떤 전기분해 실험에서 $AgNO_3$ 용액을 포함하는 한 전지에서 Ag가 1.44 g 석출되었다. 반면 $AgNO_3$ 전지와 직렬로 연결한 다른 전지(XCl_3 수용액을 포함하는 용액)에서는 미지 금속 X가 0.120 g 석출되었다. 미지의 금속 X의 몰질량을 계산하시오.

● **18.62** 물의 전기분해에서 반쪽 반응 중 하나는 다음과 같다.

$$2H^+(aq) + 2e^- \longrightarrow H_2(g)$$

25°C, 782 mmHg에서 H_2 0.845 L가 모았다면 용액을 통과한 전자의 몰수는 얼마인가?

18.63 10.0 A의 정상 전류를 10.0분간 3개의 전해 전지에 통과시켰다. 용액이 0.10 *M* $AgNO_3$, 0.10 *M* $Cu(NO_3)_2$, 0.10 *M* $Au(NO_3)_3$이라면 형성된 금속의 질량을 계산하시오.

18.64 공업적으로 구리 금속은 다음 배열에 따라 전기분해적으로 정제할 수 있다. 양극은 불순한 Cu 전극으로 만들어졌고, 음극은 순수한 Cu 전극이다. 전극은 $CuSO_4$ 용액에 잠겨 있다. (a) 전극에서 반쪽 전지 반응을 쓰시오. (b) 10시간 동안 20 A의 전류를 통과시킨 후에 정제된 Cu의 질량(g 단위)을 계산하시오. (c) Zn, Fe, Au, Ag와 같은 불순물들은 전극에서 침전이 왜 일어나지 않는지 설명하시오.

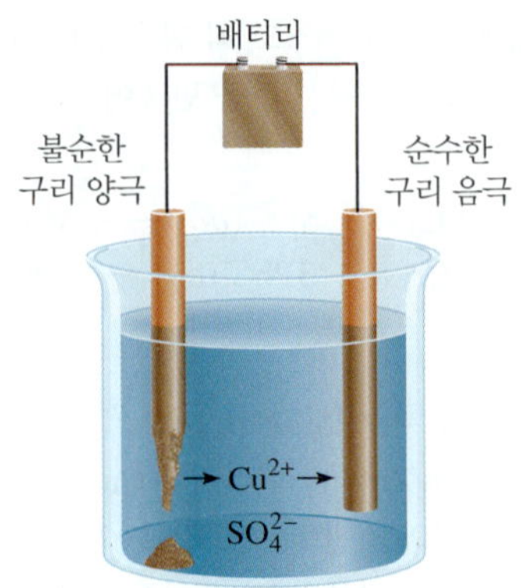

추가 문제

18.65 25°C에서 1.00 *M* $ZnSO_4$ 1.00 L에 있는 아연 전극과 1.00 *M* $CuSO_4$ 1.00 L에 있는 Cu 전극을 포함하고 있는 다니엘 전지가 있다. 전지로부터 10.0 A의 정상 전류가 얻어졌다. 1.00시간 이후 $E_{전지}$를 계산하시오. 부피는 일정하게 유지된다고 가정하자.

18.66 두 개의 $CuSO_4$ 용액 A, B 안에 Cu 전극으로 이루어져 있는 농도차 전지가 있다. 25°C에서 두 용액의 삼투압이 각각 48.9 atm과 4.89 atm이다. 이온쌍 형성이 없다고 가정하고 $E_{전지}$를 계산하시오.

● 18.67 다음 각 산화-환원 반응에 대해서 (i) 반쪽 반응들을 쓰시오. (ii) 전체 반응에 대한 균형 반응식을 쓰시오. (iii) 표준 상태 하에서 자발적인 반응이 일어나는 방향을 결정하시오.

(a) $H_2(g) + Ni^{2+}(aq) \longrightarrow H^+(aq) + Ni(s)$

(b) $MnO_4^-(aq) + Cl^-(aq) \longrightarrow Mn^{2+}(aq) + Cl_2(g)$ (산성 용액)

(c) $Cr(s) + Zn^{2+}(aq) \longrightarrow Cr^{3+}(aq) + Zn(s)$

● **18.68** 산성 용액 중에서 Fe^{2+} 이온을 포함하는 용액 25.0 mL를 산화시키는 데 0.0250 *M* $K_2Cr_2O_7$ 26.0 mL가 소비되었다. 다음 반응을 완성하고 Fe^{2+}의 몰농도를 구하시오.

$$Cr_2O_7^{2-} + Fe^{2+} + H^+ \longrightarrow Cr^{3+} + Fe^{3+}$$

● 18.69 공기 중에 존재하는 SO_2는 산성비의 원인 물질 중 하나이다. SO_2의 농도는 다음 반응처럼 과망가니즈산 표준 용액으로 적정함으로써 결정할 수 있다.

$$5SO_2 + 2MnO_4^- + 2H_2O \longrightarrow 5SO_4^{2-} + 2Mn^{2+} + 4H^+$$

적정에서 0.00800 *M* $KMnO_4$ 표준 용액 7.37 mL가 소모되었다고 할 때 공기 시료 중 SO_2의 양을 g으로 계산하시오.

● **18.70** 철광석 시료 0.2792 g을 과량의 묽은 산에 녹여 모든 Fe을 우선 Fe(II) 이온으로 전환시켰다. 이 시료 용액을

Fe(III) 이온으로 산화시키는 데 0.0194 M $KMnO_4$ 용액 23.30 mL가 소비되었다. 이 실험 자료로부터 철광석 중 철의 질량 백분율을 구하시오.

● 18.71 과산화 수소 용액의 농도는 일반적으로 다음 반응(불균형 반응)처럼 산성 용액에서 과망가니즈산 표준 용액으로 적정하여 결정할 수 있다.

$$MnO_4^- + H_2O_2 \longrightarrow O_2 + Mn^{2+}$$

(a) 위 반응식을 균형 반응식으로 쓰시오. (b) H_2O_2 용액 25.00 mL를 완전하게 산화시키는 데 0.01652 M $KMnO_4$ 표준 용액 36.44 mL가 소모되었다. H_2O_2 용액의 몰농도를 결정하시오.

● **18.72** 많은 식물과 야채 속에는 옥살산($H_2C_2O_4$)이 들어 있다. (a) 산성 용액에서 다음 반응의 균형을 맞추시오.

$$MnO_4^- + C_2O_4^{2-} \longrightarrow Mn^{2+} + CO_2$$

(b) 시료 1.00 g 속에 있는 옥살산을 정량하는 데 0.0100 M $KMnO_4$ 표준 용액 24.0 mL가 소비되었다면, 시료 속에 포함된 옥살산의 질량 백분율은 얼마인가?

18.73 다음 표를 완성하고 전지 반응이 자발적인지, 비자발적인지, 평형에 있는지 설명하시오.

E	ΔG	전지 반응
>0		
	>0	
$=0$		

18.74 옥살산 칼슘(CaC_2O_4)은 물에 녹지 않는다. 이런 성질을 이용하여 혈액 중의 Ca^{2+} 이온을 정량할 수 있다. 혈액 시료로부터 분리한 옥살산 칼슘을 산에 녹인 후 연습문제 18.72에서 설명한 산화-환원 적정법으로 정량하였다. 혈액 시료 10.0 mL에서 분리한 옥살산 칼슘을 적정하는데, 9.56×10^{-4} M $KMnO_4$ 표준 용액 24.2 mL가 소비되었다. 이 실험 결과로부터 혈액 1 mL 속에 포함된 칼슘의 양(mg)을 구하시오.

18.75 다음 자료로부터 AgBr의 용해도곱을 구하시오.

$$Ag^+(aq) + e^- \longrightarrow Ag(s) \qquad E° = 0.80\text{ V}$$
$$AgBr(s) + e^- \longrightarrow Ag(s) + Br^-(aq) \qquad E° = 0.07\text{ V}$$

● **18.76** SHE와 Ag 전극[반쪽 전지 반응: $Ag^+(aq) + e^- \rightarrow Ag(s)$]으로 구성된 갈바니 전지가 있다. 다음 물음에 답하시오. (a) 표준 전지 전위를 계산하시오. (b) 표준 상태에서 전지 반응은 자발적으로 일어나는가? (c) 수소 전극의 $[H^+]$가 1.0×10^{-2} M일 때와 1.0×10^{-5} M일 때의 전지의 전위를 구하시오(단, 전지를 구성하는 다른 물질의 활동도는 1로 한다). (d) 이 전지 구성을 기초로 하여 pH 미터에 대한 구조를 제시하시오.

● 18.77 0.100 M $AgNO_3$ 용액 346 mL에 담겨 있는 Ag 전극과 0.100 M $Mg(NO_3)_2$ 용액 288 mL에 담겨 있는 Mg 전극으로 구성된 갈바니 전지가 있다. (a) 25°C에서 전지에 대한 E를 계산하시오. (b) Ag 1.20 g이 은 전극에 석출될 때까지 전지로부터 전류가 흘렀다. 이 상태에서의 emf를 계산하시오.

18.78 NaCl 수용액을 전기분해하여 염소 기체를 얻을 수 있다. 그러나 NaF 수용액을 전기분해하여 플루오린 기체를 얻을 수는 없다. 그 이유를 설명하시오.

● 18.79 25°C에서 다음 농도차 전지의 기전력을 계산하시오.

$$Cu(s)\,|\,Cu^{2+}(0.080\ M)\,\|\,Cu^{2+}(1.2\ M)\,|\,Cu(s)$$

● **18.80** 건전지 환원전극의 반응은 다음과 같다.

$$2MnO_2(s) + Zn^{2+}(aq) + 2e^- \longrightarrow ZnMn_2O_4(s)$$

이 건전지가 0.0050 A의 전류를 만들려면 최소 어느 정도의 시간이 필요할까? 단, 처음에 이 전지에는 MnO_2 4.0 g이 있었으며, Zn^{2+} 이온은 충분한 양이 존재한다고 가정한다.

18.81 예제 18.8에 보여 준 전극 반응을 실험적으로 증명하라는 제안을 받았다고 가정해 보자. 실험 기구와 용액 외에 빨간색과 파란색 리트머스 종이가 더 주어졌다고 한다면, 이 실험에서 행해야 하는 과정은 무엇인가?

18.82 수년간 Hg(I) 이온이 수용액에서 Hg^+로 존재하는지, Hg_2^{2+}로 존재하는지 밝혀지지 않았다. 이 문제를 해결하기 위하여 다음과 같은 전지를 구성하였다.

$$Hg(l)\,|\,\text{용액 A}\,\|\,\text{용액 B}\,|\,Hg(l)$$

A 용액 1 L에는 질산 수은(I) 0.263 g이 들어 있고, B 용액 1 L에는 질산 수은(I) 2.63 g이 들어 있다. 18°C에서 이 전지의 기전력을 측정하니 0.0289 V였다. 이상의 실험 결과로부터 Hg(I) 이온이 어떤 형태로 존재하는지 설명하시오.

18.83 페놀프탈레인 용액 2~3방울을 떨어뜨린 KI 수용액을 다음과 같은 실험기구를 사용하여 전기분해하였다.

양극과 음극에서 관찰한 사항을 설명하시오. (*힌트:* I_2 분자는 물에 대량 녹으나, I^- 이온이 존재하면 I_2 분자는 갈색의 I_3^- 이온을 형성한다. 연습 문제 12.102 참조)

18.84 Mg 금속 1.56 g이 25°C에서 0.100 M $AgNO_3$ 100.0 mL에 들어 있다. 평형 상태에서 용액 중 $[Mg^{2+}]$와 $[Ag^+]$를 구하시오. 남아 있는 Mg 질량은? 부피는 일정하게 유지된다.

18.85 구리와 아연 전극을 사용한 갈바니 전지에서 어느 것이

양극이고, 어느 것이 음극인지 결정할 수 있는 실험 방법을 제시하시오.

18.86 구리 전극을 사용하여 산성 용액을 전기분해하였다. 1.18 A의 전류를 1.52×10^3 s 동안 흘렸더니 양극의 무게가 0.584 g 감소하였다. (a) 음극에서 발생하는 기체는 무엇이며, 표준 상태에서 발생한 기체의 부피(mL)는 얼마인가? (b) 전자의 전하량은 1.6022×10^{-19} C이다. 아보가드로 수를 구하시오. (단, 산화전극에서는 Cu 금속이 Cu^{2+} 이온으로 산화한다고 가정한다.)

• 18.87 Al^{3+} 이온을 포함하는 전기분해 실험에서 0.352 A의 전류를 사용했을 때 알루미늄 60.2 g이 석출되었다. 전기분해는 몇 분 동안 진행되었는가?

18.88 다음과 같은 암모니아의 산화 반응을 생각해 보자.

$$4NH_3(g) + 3O_2(g) \longrightarrow 2N_2(g) + 6H_2O(l)$$

(a) 위 반응의 $\Delta G°$를 구하시오. (b) 이 반응을 연료 전지에 사용한다면 표준 전지 전위는 얼마인가?

• 18.89 금(III) 염을 포함하는 수용액의 전기분해 과정에서 환원전극에서 금 이온이 석출되고, 산화전극에서 산소 이온이 발생하였다. (a) 23°C, 747 mmHg에서 금 9.26 g이 석출되었다면, 발생한 산소 기체의 부피 (mL)는 얼마인가? (b) 2.00시간 동안 반응이 진행되었다면 사용된 전류는 얼마인가?

18.90 전기분해 실험에서 은 염과 금 염들을 포함하고 있는 용액에 전기를 일정하게 통하였다. 일정 시간이 지난 후 Ag 2.64 g과 Au 1.61 g이 환원전극에서 Au가 석출되었다. 금 염에서 금의 산화 상태는 얼마인가?

18.91 눈이 많은 추운 기후에 살고 있는 사람들은 겨울철 차고는 난방을 하지 않아도 된다고 조언을 듣는다. 이 조언의 전기화학적 원리는 무엇인가?

• **18.92** 다음 식이 주어졌을 때

$$2Hg^{2+}(aq) + 2e^- \longrightarrow Hg_2^{2+}(aq) \qquad E° = 0.92\ V$$
$$Hg_2^{2+}(aq) + 2e^- \longrightarrow 2Hg(l) \qquad E° = 0.85\ V$$

25°C에서 다음 반응의 $\Delta G°$와 K를 계산하시오.

$$Hg_2^{2+}(aq) \longrightarrow Hg^{2+}(aq) + Hg(l)$$

(위 과정은 한 산화 상태에서 원소의 산화와 환원이 동시에 일어난 *불균등화 반응*의 한 예이다.)

18.93 1.0 M $Fe(NO_3)_2$ 용액 안에 Fe 전극을 사용하여 $E°_{전지}$ = 0.30 V인 갈바니 전지를 구성될 수 있으며, Sn^{2+}/Sn과 Cr^{3+}/Cr이 표준 환원 전위가 다르지만 1.0 M $Sn(NO_3)_2$ 용액 안에 Sn 전극, 1.0 M $Cr(NO_3)_3$ 용액 안에 Cr 전극을 사용하여 구성할 수도 있다. 설명하시오.

18.94 아래 나타낸 그림은 전해 전지가 연결된 갈바니 전지이다. 전극(양극과 음극)에 표시하고 전선을 따라 전자의 이동과 용액 중에 양이온과 음이온을 나타내시오. 단순히 하기 위해 갈바니 전지에서 염다리는 나타내지 않았다.

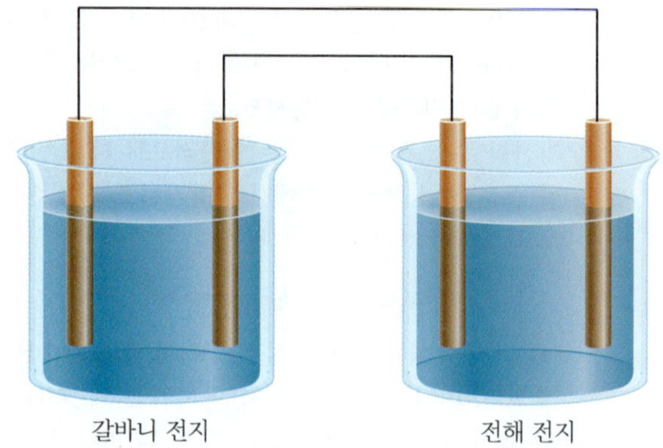

• 18.95 플루오린(F_2)은 플루오린화 포타슘(KF)을 포함하는 액체 플루오린화 수소(HF)의 전기분해로부터 얻어진다. (a) 위 과정에 대한 반쪽 반응들과 전체 반응식을 쓰시오. (b) KF는 무슨 용도로 사용되었는가? (c) 502 A의 전류로 15시간 동안 전기분해한 후 24.0°C, 1.2 atm에서 얻어진 F_2의 부피는 몇 L인가?

• **18.96** NaCl 용액 300 mL를 6.00분 동안 전기분해시켰다. 최종 용액의 pH가 12.24일 때 사용된 평균 전류를 계산하시오.

18.97 상업적으로 구리는 전기분해에 의해 정제된다. 불순한 구리는 산화전극으로 작용하고, 환원전극은 순수한 구리로 한다. $CuSO_4$ 용액 속에 전극을 담그고, 전기분해하는 동안에 산화전극에 있는 구리는 Cu^{2+}의 형태로 용액에 흘러들어가고, 반면 Cu^{2+} 이온은 환원전극에서 환원된다. (a) 반쪽 전지 반응을 쓰고 전기분해 과정에 대한 전지 반응을 쓰시오. (b) 양극이 Zn과 Ag로 오염되었다고 가정하고, 전기분해하는 동안에 이들 불순물에 의해 어떤 일이 일어나는지를 예측하시오. (c) 18.9 A의 전류로 Cu 1.00 kg을 얻으려면 몇 시간이나 전기분해를 하여야 하는가?

18.98 Pt 염의 수용액을 2.00시간 동안 2.50 A의 전류를 통하여 전기분해하였다. 그 결과 금속 Pt 9.09 g이 환원전극에서 생성되었다. 이 용액에서 Pt 이온의 산화수를 계산하시오.

18.99 1.0 M $Mg(NO_3)_2$에 담긴 Mg 전극과 1.0 M $Cd(NO_3)_2$에 담긴 Cd 전극으로 구성된 갈바니 전지의 표준 전위 $E°$를 계산하고, 산화전극, 환원전극, 전자의 흐름을 나타내는 개략도를 그리시오.

18.100 묽은 황산 용액이 들어 있는 전해 전지에 6.00 A의 전류를 3.40시간 흘렸다. 산화전극에서 산소 4.26 L가 발생했다(표준 상태에서). 이 실험 결과로부터 전자의 전하량(C)을 구하시오.

18.101 금은 진한 질산이나 진한 염산에는 녹지 않으나 왕수라고 하는 이들 산의 혼합액(질산 1 부피와 염산 3 부피)에는 녹을 것이다. (a) 이 반응에 대한 균형 반응식을 쓰시오. (힌트: 생성물 중에는 $HAuCl_4$와 NO_2가 있다.) (b) 여기서 HCl은 어떤 작용을 하는가?

18.102 대부분의 갈바니 전지는 1.5~2.5 V 정도의 기전력을 갖는다. 그 이유를 설명하고, 5 V 이상의 기전력을 갖는 갈바니 전지가 개발될 수 있을지를 예상하시오.

18.103 다음 표는 여러 반쪽 반응의 표준 환원 전위이다.

반쪽 반응	$E°$ **(V)**
$A^{2+} + 2e^- \longrightarrow A$	−1.46
$B_2 + 2e^- \longrightarrow 2B^-$	0.33
$C^{3+} + 3e^- \longrightarrow C$	1.13
$D^+ + e^- \longrightarrow D$	−0.87

(a) 어떤 것이 가장 강한 산화제이며, 어느 것이 가장 강한 환원제인가? (b) 어떤 물질이 B_2에 의해 산화될 수 있는가? (c) 어떤 물질이 B^-에 의해 환원될 수 있는가? (d) 표준 상태 조건에서 2.59 V의 전압을 나타내는 전지의 전체 반응식을 쓰시오.

18.104 다음 두 칸으로 된 농도차 전지를 생각해 보자. Cl_2(0.20 atm) | Cl^-(1.0 M)과 Cl_2(2.0 atm) | Cl^-(1.0 M). 백금이 비활성 전극으로 사용된다. 이 전지의 전지 그림을 그리고 25°C에서 전지의 emf를 계산하시오.

• 18.105 은 막대와 SHE가 25°C에서 포화 옥살산 은($Ag_2C_2O_4$) 수용액에 담겨져 있다. 은 막대와 SHE 사이에 측정된 전위차는 0.589 V이며, 은 막대의 무게는 증가하였다. 옥살산 은에 대한 용해도곱 상수를 계산하시오.

• **18.106** Zn은 양쪽성 금속이다. 즉, 산과 염기의 성질을 모두 갖고 있다. 다음 반응의 표준 환원 전위가 −1.36 V일 때

$$Zn(OH)_4^{2-}(aq) + 2e^- \longrightarrow Zn(s) + 4OH^-(aq)$$

다음 반응의 형성 상수(K_f)를 구하시오.

$$Zn^{2+}(aq) + 4OH^-(aq) \rightleftharpoons Zn(OH)_4^{2-}(aq)$$

18.107 표 18.1에 있는 자료를 이용하여 산성 용액에서 과산화수소의 불균등화 해리 반응이 진행될지 여부를 판단하시오. $2H_2O_2 \longrightarrow 2H_2O + O_2$

18.108 두 금속 X와 Y의 표준 환원 전위가(부호와 관계없이) 다음과 같다.

$$Y^{2+} + 2e^- \longrightarrow Y \qquad |E°| = 0.34\text{ V}$$
$$X^{2+} + 2e^- \longrightarrow X \qquad |E°| = 0.25\text{ V}$$

여기서 || 표시는 $E°$ 값의 크기(부호와 관계없이)만을 나타낸다는 것이다. X와 Y의 반쪽 전지가 연결되어 있을 때, 전자들은 X에서 Y로 흐른다. X가 표준 수소 전극과 연결되었을 때 전자들은 X에서 표준 수소 전극으로 흐른다. (a) 각 반쪽 반응에서 $E°$의 부호는? (b) X와 Y로 만든 전지의 표준 기전력은?

• 18.109 다음과 같이 구성된 갈바니 전지가 있다. 한 반쪽 전지는 1.0 M Sn^{2+}와 1.0 M Sn^{4+}를 포함한 용액에 담겨진 백금으로 되어 있으며, 다른 한 반쪽 전지는 1.0 M Tl^+ 용액에 담긴 탈륨 막대로 구성되어 있다. (a) 각 반쪽 전지 반응과 전체 반응식을 써라. (b) 25°C에서 평형 상수는 얼마인가? (c) 만약 Tl^+의 농도가 10배 증가한다면 전지의 기전력은 얼마가 되겠느냐? ($E°_{Tl^+/Tl} = -0.34$ V.)

18.110 표 18.1에 있는 Au^{3+}의 표준 환원 전위와 다음 반응의 표준 환원 전위를 참조하여 물음에 답하시오.

$$Au^+(aq) + e^- \longrightarrow Au(s) \quad E° = 1.69\text{ V}$$

(a) 금이 공기 중에서 녹슬지 않는 이유는 무엇인가? (b) 다음 불균등화 반응은 자발적으로 일어나는가?

$$3Au^+(aq) \longrightarrow Au^{3+}(aq) + 2Au(s)$$

(c) 금과 F_2 기체 사이의 반응을 예상하시오.

18.111 극소량의 수은을 섭취하는 것은 위에 그렇게 위험하지 않다고 한다. 만약 위에 있는 위액이 염산 대신 질산으로 되어 있다면, 위의 주장이 그대로 받아들여질 수 있을까?

18.112 Fe^{2+}와 Fe^{3+} 이온이 포함된 묽은 황산 용액 25.0 mL에 0.0200 M $KMnO_4$ 용액 23.0 mL를 넣어 모든 Fe^{2+} 이온을 Fe^{3+} 이온으로 산화시켰다. 다음으로 이 용액에 Zn 금속을 넣어 모든 Fe^{3+} 이온을 Fe^{2+} 이온으로 전환시켰다. 마지막으로 Fe^{2+} 이온을 Fe^{3+} 이온으로 산화시키기 위하여 같은 농도의 $KMnO_4$ 용액 40.0 mL를 넣었다. 이 실험 결과로부터 초기 시료 용액 중에 있는 Fe^{3+}와 Fe^{2+} 이온의 몰농도를 구하시오.

18.113 그림 18.1의 다니엘 전지에서 산화전극은 음극이고 환원전극은 양극이 된다(전자는 양극에서 음극으로 흐른다). 그러나 용액에서는 양이온이 양극을 향해서 흐르는데, 이것은 양극은 양이온에 의해 양으로 하전됨을 의미한다. 양극은 양과 음으로 동시에 하전될 수 없다. 분명히 대조되는 이 현상을 어떻게 설명할 수 있을까?

18.114 표 18.1의 자료를 이용하여 25°C에서 H_2O_2의 분해 반응(불균등화 반응)이 자발적으로 일어남을 보이시오.

$$2H_2O_2(aq) \longrightarrow 2H_2O(l) + O_2(g)$$

18.115 두 전해 전지 A와 B를 생각해 보자. 전지 A는 0.20 M $CoSO_4$ 용액과 백금 전극으로 이루어져 있다. 전지 B는 전극으로 코발트 금속이 사용되었다는 것만 전지 A와 다르다. 각 경우에 0.20 A의 전류가 1시간 동안 전지를 통하였다. (a) 이들 전지에 대해 반쪽 전지와 전체 전지 반응의 반응식을 쓰시오. (b) 각 경우에 양극과 음극에서 형성된 생성물을 g 단위로 계산하시오.

18.116 1 M $Mg(NO_3)_2$ 용액 안의 Mg 전극과 1 M $X(NO_3)_2$ 용액 안의 다른 금속 전극 X로 이루어진 갈바니 전지가 있다. 여기에 이러한 네 갈바니 전지의 $E°_{전지}$ 값을 나타내었다. 표 18.1로부터 각 경우에 X를 확인하시오. (a) $E°_{전지} = 2.12$ V, (b) $E°_{전지} = 2.24$ V, (c) $E°_{전지} = 1.61$ V, (d) $E°_{전지} = 1.93$ V.

• 18.117 자동차의 납 축전지에 있는 황산의 농도는 일정 기간에 걸쳐 질량으로 38.0%(밀도 = 1.29 g/mL)에서 26.0%(1.19 g/mL)까지 감소한다. 남아 있는 산의 부피

는 724 mL로 일정하게 유지된다고 할 때, (a) 전지에 의해 공급되는 전하량을 쿨롱으로 계산하시오. (b) 22.4 A의 전류를 사용하여 축전지를 원래의 황산 농도로 재충전하는 데 얼마나(시간 단위로) 걸리겠는가?

18.118 다니엘 전지가 표준 상태가 아닌 조건에 있다. 전지 반응에 2를 곱했다고 가정할 때, 네른스트 식에 나오는 다음 값들에 어떤 영향을 미칠까? (a) E, (b) $E°$, (c) Q, (d) ln Q, (e) n.

18.119 전해질 용액이 0.1 M $MgCl_2(aq)$인 것만 제외하고 그림 18.18에 보인 것처럼 비슷하게 전해 전지를 구성하였다. 이 조건에서 한쪽 전극에서는 무색의 기체가 발생하고 또 다른 전극에서는 대략 같은 부피의 연한 녹색 기체가 발생하였다. (a) 각 전극에서 어떤 기체가 발생하는가? (b) 각 전극에서 반쪽 반응의 균형을 맞추고 일반적으로 예상되는 결과와 차이가 나는 것을 설명하시오.

18.120 H^+ 이온의 농도가 증가할수록 F_2의 산화력이 보다 증가할 것인지를 설명하시오.

18.121 최근에 매우 흥미를 끄는 전기 자동차가 선을 보이고 있다. 전기 자동차의 장점과 단점을 내연 엔진을 갖는 자동차와 비교하여 설명하시오.

18.122 25°C에서 다음 반응의 평형 상태를 유지하기 위하여 필요한 H_2의 압력(atm)을 구하시오.

$$Pb(s) + 2H^+(aq) \rightleftharpoons Pb^{2+}(aq) + H_2(g)$$

용액 중 $[Pb^{2+}]$는 0.035 M이고, 용액의 pH = 1.60이다.

18.123 마그네슘 리본 조각과 구리선이 0.1 M HCl 용액이 있는 비커에 부분적으로 담겨 있다. 이때 두 금속을 다른 금속 선으로 연결하면 Mg와 Cu 표면에서 거품을 보게 될 것이다. (a) 금속에서 일어나는 과정을 나타내는 반응식을 써라. (b) Cu가 Cu^{2+}로 산화되지 않는다는 것을 나타내는 눈에 보이는 증거는 무엇인가? (c) 어떤 단계에서 HCl 용액을 중화하기 위해 NaOH 용액을 첨가하였다고 하자. NaOH의 첨가 후에 확실하게 침전이 생성되었다면 그 이유는 무엇인가?

18.124 Zn-공기 전지는 가볍고, 재충전이 가능하므로 전기 자동차에 널리 사용한다.

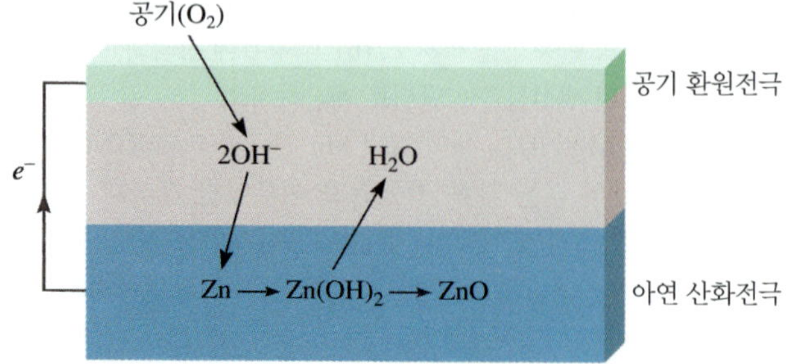

이 전지의 알짜 변환 반응은 다음과 같다.

$Zn(s) + \frac{1}{2}O_2(g) \rightarrow ZnO(s)$

(a) Zn-공기 전지의 전극 반응을 반쪽 반응으로 쓰고, 25°C에서 이 전지의 표준 기전력을 구하시오. (b) 산소의 분압이 0.21 atm일 때, 실제 작동 조건에서의 기전력은 얼마인가? (c) 아연 전극의 에너지 밀도를 구하시오. (에너지 밀도는 금속 1 kg으로 얻을 수 있는 에너지량, kJ으로 나타낸다.) (d) 이 전지에서 2.1×10^5 A의 전류를 사용했다면, 초당 전지에 공급된 공기의 부피(L)는 얼마인가? (단, 온도는 25°C이고, 산소의 부분 압력은 0.21 atm이었다.)

18.125 (a) 1 M HCl, (b) 1 M HNO_3와 Hg와의 반응에 대한 $E°$를 계산하시오. 표준 상태에서 어느 산 이온이 Hg를 Hg_2^{2+}로 산화시키겠는가? 어느 시험관이 HNO_3과 Hg으로 되었는지 또는 HCl과 Hg로 되어 있는지 구별하는 방법은 무엇인가?

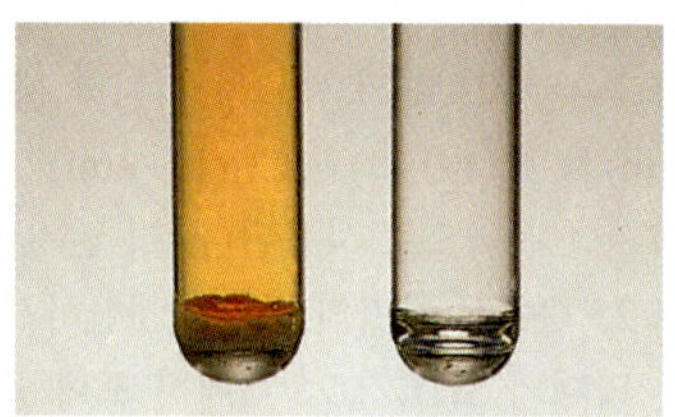

18.126 모든 알칼리 금속은 물과 쉽게 반응한다. 따라서 이들 금속의 표준 환원 전위를 아연 금속의 경우처럼 직접적으로 추정하기는 어렵다. 다음의 가상적인 반응의 $E°$ 값을 구하기 위해서는 간접적인 방법을 사용하여야 한다.

$$Li^+(aq) + \tfrac{1}{2}H_2(g) \longrightarrow Li(s) + H^+(aq)$$

18장에 있는 적절한 몇 가지 반응식과 부록 3의 열역학적 값들을 사용하여 298 K에서 $Li^+(aq) + e^- \rightarrow Li(s)$ 반응에 대한 $E°$ 값을 구하시오. 계산한 값을 표 18.1에 나타낸 Li^+ 이온의 $E°$ 값과 비교하시오.

● 18.127 Mg/Mg^{2+}와 Cu/Cu^{2+}의 반쪽 전지로 구성된 갈바니 전지가 25°C 표준 상태에서 작동하고 있다. 각 반쪽 전지의 부피는 218 mL이다. 이 전지에 0.22 A의 전류가 31.6시간 동안 공급되었다. (a) 몇 그램의 Cu가 석출되겠는가? (b) 남아 있는 $[Cu^{2+}]$는 얼마인가?

18.128 다음에 주어진 표준 환원 전위로부터 25°C에서 물에 대한 용해도곱 K_w를 계산하시오.

$$2H^+(aq) + 2e^- \longrightarrow H_2(g) \qquad E° = 0.00\ V$$
$$2H_2O(l) + 2e^- \longrightarrow H_2(g) + 2OH^-(aq) \qquad E° = -0.83\ V$$

18.129 전기를 생산하는 데 수소-산소 연료 전지와 석탄 화력 발전소와 같이 연료 전지의 이해득실을 비교하시오.

18.130 납 축전지는 암페어시 단위로 계산된다. 즉, 시간당 전달된 전류이다. (a) 1 A · h = 3600 C임을 보이시오. (b) 어떤 납 축전지의 납 산화전극은 총 질량이 406 g이다. 암페어시 단위로 최대 이론 용량을 계산하시오. 실제로는 전지에서 이만한 양의 에너지를 얻을 수 없는 이유를 설명하시오. [*힌트:* 모든 납은 전기화학 반응에 사용

되는 것을 가정하고 납 축전지의 전극 반응을 참고할 것 (18.6절).] (c) 전지의 $E^\circ_{전지}$와 ΔG°를 계산하시오.

18.131 식 (17.10)과 (18.3)을 이용하여 25°C와 80°C에서 다니엘 전지 기전력 값을 계산하시오. 유도하는 데 어떤 가정이 필요했는가? (*힌트:* 부록 3의 열역학적 자료가 필요함.)

• **18.132** 어느 건축 회사가 길이 40.0 m, 반지름 0.900 m의 철로 된 전선용 매설구(기다란 원통형 관)를 설치한다. 부식을 방지하기 위하여 매설구는 갈바니화 되어야 한다. 이 과정은 환원전극으로 얇은 철판, 산화전극으로 흑연을 사용하며, 먼저 Zn^{2+} 이온이 들어 있는 전해 전지를 통하여 적당한 두께의 얇은 철판을 통과시킨다. 전압이 3.26 V라면, 0.200 mm 두께의 층을 도금하는 데 드는 전기 요금은 얼마가 되겠는가? 단, 과정의 효율은 95%이다. 전기 요금은 킬로와트시(kilowatt hour, kWh) 당 0.12달러이다. 여기서 1 W = 1 J/s이고, Zn의 밀도는 7.14 g/cm^{3}이다.

• 18.133 0.200 *M* MgI_2 9.00 × 10^2 mL를 전기분해하였다. 결과적으로 환원전극에서 수소 기체가 생성되고 산화전극에서 아이오딘이 생성되었다. 26°C, 779 mmHg에서 포집하였더니 수소 부피는 1.22 × 10^3 mL였다. (a) 과정에서 소비된 전하량을 계산하시오. (b) 7.55 A의 전류가 사용되었다고 하면 몇 분 동안 전기분해가 계속된 것인지 쓰시오. (c) 흰색 침전이 과정 중에서 생성되었다. 이것은 무엇인지 쓰시오. 그것의 질량은 몇 g일까? 용액의 부피는 일정하다고 가정한다.

• **18.134** 다음 표준 환원 전위에 근거로 하여

$$Fe^{2+}(aq) + 2e^- \longrightarrow Fe(s) \qquad E^\circ_1 = -0.44\ V$$
$$Fe^{3+}(aq) + e^- \longrightarrow Fe^{2+}(aq) \qquad E^\circ_2 = \ \ 0.77\ V$$

다음 반쪽 반응의 표준 환원 전위를 계산하시오.

$$Fe^{3+}(aq) + 3e^- \longrightarrow Fe(s) \qquad E^\circ_3 = ?$$

18.135 구리선 한 조각을 0.20 *M* 황산 구리 용액 25.0 mL에, 벗겨진 아연을 0.20 *M* $ZnSO_4$ 25.0 mL 용액에 담가 갈바니 전지를 구축했다. (a) 25°C에서 전지의 기전력을 계산하시오. 소량의 농축 NH_3 용액을 (i) $CuSO_4$ 용액과 (ii) $ZnSO_4$ 용액에 첨가하였을 때에 무슨 일이 일어나는지 예측하시오. 각 공간에서 부피가 25.0 mL 유지된다고 가정한다. (b) 다른 실험에서 3.00 *M* NH_3 25.0 mL가 $CuSO_4$ 용액에 첨가되었다. 전지의 기전력이 0.68 V라면 $Cu(NH_3)_4^{2+}$의 형성 상수(K_f)를 계산하시오.

18.136 298 K에서 다음 반응의 평형 상수를 계산하시오.

$$Zn(s) + Cu^{2+}(aq) \longrightarrow Zn^{2+}(aq) + Cu(s)$$

18.137 은 수저에 쌓인 녹(Ag_2S)을 제거하기 위하여 학생은 다음과 같은 단계를 수행하였다. 첫째, 수저를 물로 채운 큰 팬에 넣고 수저가 충분히 담기도록 하였다. 다음 베이킹 파우더(sodium bicarbonate)를 약 한 티스푼 정도 첨가하였다. 이것은 물에 쉽게 녹는다. 마지막에 약간의 알루미늄 포일을 팬 바닥에 깔고 수저와 접촉하도록 하고 용액을 80°C로 가열하였다. 몇 분 후에 수저를 꺼내어 찬물로 씻었다. 은수저의 변색은 없어졌고 수저는 본래대로 깨끗하게 되었다. (a) 이 과정을 전기화학에 입각하여 반응식을 포함하여 묘사하시오. (b) 두 화합물은 모두 센 전해질이므로 $NaHCO_3$ 대신에 NaCl을 첨가하여도 깨끗해진다. $NaHCO_3$ 염을 사용하면 어떤 이점이 있을까? (*힌트:* 용액의 pH를 고려하시오.) (c) 용액을 가열하는 이유는? (d) 몇 가지 시판되는 용액(또는 고형제)의 녹 제거제는 묽은 염산 용액이다. 수저를 용액으로 문지르면 녹은 제거된다. 위의 과정($NaHCO_3$)과 비교했을 때 이 과정이 가지는 단점 2개를 말해보시오.

18.138 토양의 아질산 이온(NO_2^-)은 산소 존재 하에서 *니트로박터 아길리스*(*Nitrobacter agilis*) 박테리아에 의하여 질산 이온(NO_3^-)으로 산화된다. 반쪽 반응식은 다음과 같다.

$$NO_3^- + 2H^+ + 2e^- \longrightarrow NO_2^- + H_2O \quad E^\circ = 0.42\ V$$
$$O_2 + 4H^+ + 4e^- \longrightarrow 2H_2O \quad E^\circ = 1.23\ V$$

산화된 아질산 이온 1 mol 당 합성된 ATP의 양을 계산하시오. (*힌트:* 17.7절 참조)

18.139 다음 그림은 2.0 *M* $Co(NO_3)_2$ 용액에 담근 Co 전극과 2.0 *M* $Mg(NO_3)_2$ 용액에 담근 Mg 전극으로 구성된 전해 전지이다. (a) 산화전극과 환원전극을 표시하고, 각 반쪽반응을 쓰시오. 전극 단자의 부호(+, −)도 표시하시오. (b) 반응이 일어나게 하는 최소 전위는 얼마인가? (c) 10.0 A의 전류가 2.00시간 동안 흐른 후 배터리를 전위계(voltmeter)로 바꾸면 전해 전지는 갈바니 전지로 바뀐다. $E_{전지}$를 계산하시오. 각 용액의 부피가 1.00 L로 변하지 않는다고 가정한다.

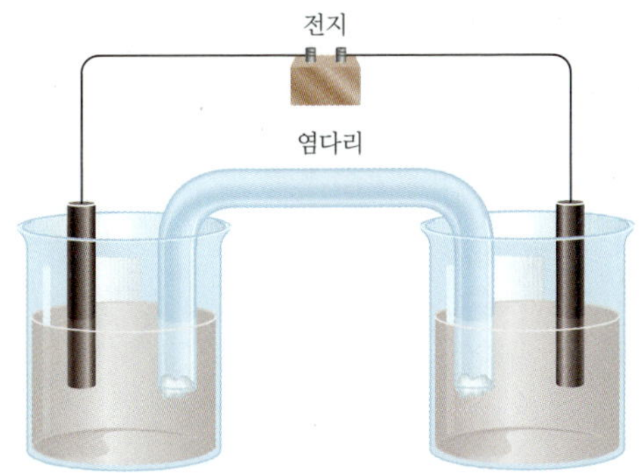

18.140 플루오린은 반응성이 높은 기체여서 물과 반응하여 HF를 형성하고 여러 가지 생성물을 만든다. 연습 문제 18.126과 같은 간접적인 방법을 이용해서 F_2의 표준 환원 전위 값을 구하고, 표 18.1에 있는 값과 비교하시오.

18.141 갈바니 농도차 전지에 대한 그림을 그리시오. 각 칸은 $Co(NO_3)_2$ 용액 중의 Co 전극으로 되어 있다. 칸 안의 농도는 각각 2.0 *M*과 0.10 *M*이다. 환원전극 칸과 산화전

극 칸을 표시하시오. 전자가 흐르는 방향을 나타내시오. (a) 25°C에서 $E_{전지}$를 계산하시오. (b) $E_{전지}$가 0.020 V로 떨어졌을 때 칸 안의 농도는 얼마인가? 각 칸의 부피는 1.00 L로 일정하다고 가정한다.

설명, 모형화 및 추정 문제 Interpreting, Modeling & Estimating

18.142 갈바니 전지의 기전력은 온도에 따라 변한다(올라가든 내려가든). 식 (18.3)에서 시작해서 $E°_{전지}$를 $\Delta H°$와 $\Delta S°$로 나타낸 식을 유도하시오. 다니엘 전지의 온도가 올라가면 $E°_{전지}$가 증가할지 감소할지 예측하시오. $\Delta H°$와 $\Delta S°$는 모두 온도에 무관하다고 가정한다.

18.143 농도차 전지는 두 칸의 농도가 같아질 때 작동을 멈춘다. 이 단계에서 농도의 변화 없이 다른 요소를 맞추어 전지로부터 기전력을 만드는 것이 가능할까? 설명하시오.

18.144 다음 식과 같이 잿물(수산화 소듐)과 알루미늄 음료수 캔을 반응시켜 만들어진 수소로부터 자동차 동력을 얻을 수 있다고 제안되었다.

$$2Al(s) + 2OH^-(aq) + 6H_2O(l) \longrightarrow 2\,Al(OH)_4^-(aq) + 3H_2(g)$$

휘발유 통 하나에 포함된 화학 에너지와 같은 양을 만들려면 알루미늄 캔 몇 개가 필요할까? 21장의 "생활 속의 화학" 알루미늄 재활용을 읽고 알루미늄 캔으로 자동차 동력을 얻을 때 가격과 환경에 미치는 영향을 설명하시오.

18.145 2 A의 일정한 전류를 가정하고 $AgNO_3$ 용액으로부터 차숟가락을 은으로 도금하는 데 얼마나 걸릴지 추정하시오.

18.146 표준 수소 전극과 다음 반쪽 반응을 기초로 하여 전지의 퍼텐셜을 $M^{n+}(aq)$의 여러 농도에서 측정하여 다음 그림을 얻었다. 반쪽 반응에서 n 값은 얼마인가?

$$M^{n+}(aq) + ne^- \longrightarrow M(s)$$

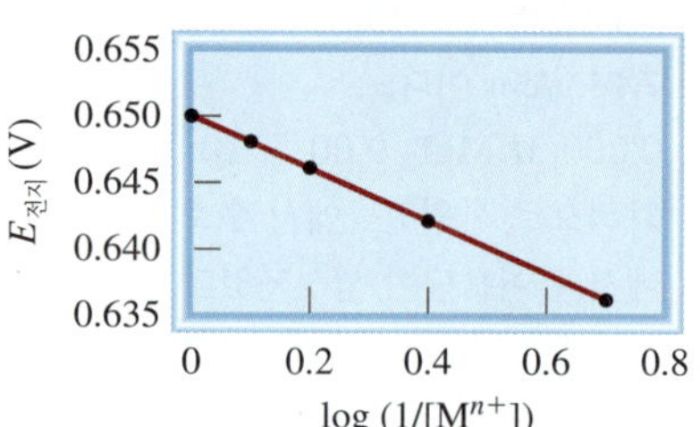

실전 연습의 답 Answers to Practice Exercises

18.1 $5Fe^{2+} + MnO_4^- + 8H^+ \longrightarrow 5Fe^{3+} + Mn^{2+} + 4H_2O$. **18.2** 아니다. **18.3** 0.34 V. **18.4** 1×10^{-42}. **18.5** $\Delta G° = -4.1 \times 10^2$ kJ/mol. **18.6** 그렇다, $E = +0.01$ V. **18.7** 0.38 V. **18.8** 산화전극, O_2; 환원전극, H_2. **18.9** 2.0×10^4 A.

화학 세계의 미스터리

오염된 물[†]

판매원은 설득력도 있고 끈기도 대단하였다.

"여러분은 음료수 속에 무엇이 들어 있는지 아십니까?"라고 탐(Tom)에게 물었다.

탐이 미처 대답하기도 전에 판매원은 계속하여 다음과 같이 말을 계속하였다. "내가 증명해 보이겠습니다." 그는 부엌에 있는 수도꼭지로부터 물 한 잔을 받아 그가 가져온 한 쌍의 전극과 전구로 구성한 전기 장치에 부었다. 그 장치는 표준 전도도 시험기와 같았다. 그는 수돗물에 이들 전극을 넣었다. 이때, 즉시 전구는 밝게 불이 켜졌다. 그런 후에 그는 같은 전극을 미리 준비한 증류수가 담긴 용기에 넣었다. 그러나 이번에는 전구에 불이 켜지지 않았다.

판매원은 탐을 의기양양한 눈으로 쳐다보면서 이렇게 물었다. "자, 그 차이를 설명하실 수 있으십니까?" "물론이죠." 하면서 탐은 고등학교 때 해 보았던 실험 내용을 생각하면서 이렇게 말했다. "수돗물에는 많은 무기 물질들이 들어 있어서 . . ." 채 말이 끝나기도 전에 판매원은 이렇게 말하였다.

"옳습니다." "그러나 당신은 우리가 먹고 있는 수돗물에 얼마나 많은 해로운 물질이 있는지 잘 모를 것입니다." 그리고 탐에게 "*증류수의 기적*"이라는 제목의 소책자를 건네주었다. 책 중의 한 대목 "심장의 건강 상태는 무기물 축적에 있다"를 읽고서 탐에게 이렇게 말했다. "수돗물에는 사람들의 눈에는 보이지 않지만 우리 몸에 해로운 많은 물질들이 들어 있다는 것을 느

[†] Joseph J. Hesse, "오염된 물", CHEM MATTERS, 1988, 2월호, p. 13. 저작권은 미국화학회 소유, 허가하에 채택.

두 전극이 수돗물에 잠겨 있는 침전기. 왼쪽: 전기분해가 일어나기 전, 오른쪽: 전기분해가 시작된 지 15분 경과 후.

(계속)

끼지 못하고 있습니다."

"나를 보십시오."하면서 판매원은 또 다른 실험을 해 보였다. 이번에는 검은 통 속에 두 개의 큰 전극이 들어 있는 "침전기"라는 장치를 가져와서 거기에 수돗물을 넣은 후에 이렇게 외쳤다. "제가 수돗물 속에 무엇이 있는지 보여 드리겠습니다." 수돗물은 깨끗하며, 아무 것도 없는 순수한 물이었다.

판매원은 수돗물이 들어있는 침전기를 교류 전원에 연결하였다. 수 초가 지난 후에 두 전극에서는 기체가 발생하기 시작하였고, 수돗물은 노란색으로 변했다. 수 분이 지난 후에는 물 표면에 갈색의 찌꺼기가 보이기 시작했다. 15분이 경과했을 때에는 물이 든 유리컵은 온통 짙은 갈색의 침전물로 가득 찼다. 이런 후에, 그리고 증류수를 침전기에 넣고 같은 실험을 해 보았다. 그러나 증류수에서는 아무런 침전도 생기지 않았다.

탐은 도저히 믿을 수 없다는 듯 물었다. "이 모든 찌꺼기가 우리가 먹는 수돗물에서 나왔단 말입니까?" 판매원은 미소를 지으면서 "그것뿐이 아닙니다. 시범에서 보신 그 침전은 중금속들이며, 우리 몸에 해로운 물질들이라는 것이 밝혀졌습니다. 그러나 염려하실 필요는 없습니다. 이 문제를 해결할 방법이 있습니다. 우리 회사에서는 수돗물을 먹을 수 있는 안전한 증류수로 바꿔주는 증류 장치를 개발했습니다. 여러분들은 슈퍼에서 80센트로 물 1갤런을 살 수 있겠습니다만, 같은 양의 증류수를 푼돈으로 만들 수 있는 증류기를 600달러로 구입하실 수 있습니다."

탐은 그 기계를 사고 싶었지만 조금만 기다리기로 하였다. 탐이 잠깐 본 그 기계를 600달러를 주고 사기는 그에게 부담이었다. 그는 그 기계를 구입하기 전에 고등학교 화학 교사로 근무하고 있는 친구 사라(Sarah)에게 자문을 구하기로 하였다. 판매원은 수 일 내에 다시 오겠다고 하면서 침전기를 탐에게 맡겼다. 탐은 이 기계의 성능을 다시 한 번 시험해 볼 작정이다.

화학적인 단서

1. 사라는 그 기계를 시험해 본 후 다음과 같은 생각을 하게 되었다. 이 전기분해 장치는 알루미늄 전극과 철 전극으로 되어 있고, 또 이 장치는 교류를 직류로 전환시키는 정류기가 포함되었을 것이라고 생각했다. 왜냐하면, 교류 전원에서는 전기분해가 되지 않기 때문이다. 왜 교류 전원에서는 전기분해가 되지 않을까? 또한, 전기분해를 하는 동안에 물이 왜 그렇게 빨리 뜨거워질까?
2. 전해 생성물이 갈색이라는 사실로부터 어떤 금속이 환원전극으로 작용했는지, 어느 전극이 산화전극으로 작용했는지 말하시오.
3. 산화전극과 환원전극에서 일어나는 모든 가능한 반응식을 쓰시오. 또 전극에서 일어나는 반응이 한 가지 이상인 이유를 설명하시오
4. 실험한 용액을 조사한 결과, 사라는 알루미늄이 있음을 확인하였다. 알루미늄을 포함하는 이온의 가능한 구조를 제안하시오. 또한 알루미늄의 어떤 성질로 인하여 그 물질이 용액에 녹게 되는지 설명해 보시오.
5. 두 번의 실험을 통하여 얻은 사라의 결론은 전기분해에서 생성한 침전은 수돗물에서 생성된 것이 아니고, 전극 물질로부터 생성된 것이라는 것이다. 두 가지 실험을 제안하시오.

제 19 장

핵 화학

Nuclear Chemistry

▲ 대형 강입자 충돌기(Large Hadron Collider, LHC)는 세계 최대 규모의 입자 가속기이다. 거의 빛의 속도로 움직이는 양성자를 충돌시킴으로써 과학자들은 빅뱅 직후에 존재했던 조건을 만들기를 희망하고 있다.

이 장의 차례

들여다보기

- 먼저 핵 반응과 보통 화학 반응을 비교하며 시작한다. 전자, 양성자, 중성자 및 알파 입자와 같은 기본 입자에 대하여 핵 반응식의 균형을 맞추는 것을 학습한다(19.1절),
- 다음으로 중성자 대 양성자의 비와 관련하여 핵의 안정성을 조사한다. 아인슈타인의 질량-에너지 식을 사용하여 핵의 결합 에너지를 계산한다(19.2절).
- 그런 다음 천연 방사능의 예로 ^{238}U의 붕괴를 학습한다. 모두 일차 반응 속도 과정인 방사능 붕괴가 어떻게 대상물의 연대 측정을 하는지 다룬다(19.3절).
- 핵 변환은 중성자, 알파 입자 또는 다른 소립자와 같은 입자에 의한 핵의 충격에 의하여 유도된 핵 반응이다. 초우라늄 원소는 모두 입자 가속기에서 이 방법으로 만든다(19.4절).
- 핵 분열에서 무거운 핵은 중성자와 충돌할 때 두 개의 더 작은 핵으로 분열된다. 임계 질량이 존재한다면, 이 과정은 연쇄 반응으로 될 수 있는 많은 양의 에너지와 추가된 중성자가 방출된다. 핵 분열 반응은 원자 폭탄과 핵 반응로에 사용된다(19.5절).
- 핵 융합에서 두 개의 작은 핵은 많은 열을 발산하며 하나의 더 큰 핵을 형성하면서 융합된다. 핵 융합 반응은 수소 또는 열핵 폭탄에 이용되나 에너지 생산을 위해서는 아직 상용화되지 못하고 있다 (19.6절).
- 동위원소, 특히 방사성 동위원소는 구조 결정과 의학 및 공학적 연구에 많이 응용된다(19.7절).
- 방사선의 생물학적 영향에 대한 논의로 이 장을 마친다(19.8절).

핵 화학은 원자 핵의 변화가 일어나는 반응을 연구하는 분야이다. 이 분야의 화학은 베크렐(Antoine Becquerel)이 천연 방사능을 발견함으로써 시작되었으며, 퀴리 부부(Pierre Curie와 Marie Curie)와 많은 사람들이 계속 연구한 결과 더욱 발전하게 되었다. 핵 화학은 오늘날 뉴스에 많이 등장한다. 원자 폭탄, 수소 폭탄, 중성자 탄 제조에 이용하는 것뿐만 아니라 핵 에너지를 평화적으로 이용하는 것에도 논쟁의 대상이 되곤 한다. 그 이유는 핵 발전소의 안전성 문제와 방사능 폐기물 처리 문제 때문이다. 이 장에서는 핵 반응, 원자 핵의 안정성, 방사능 그리고 생물학적 계에 미치는 방사선 효과에 대해 공부할 것이다.

19.1 핵 반응의 본질

수소(^1_1H)를 제외한 모든 핵에는 *양성자*(proton)와 *중성자*(neutron)라는 두 종류의 기본 입자가 있다. 몇 가지 핵은 불안정하여 스스로 입자 또는 전자기 복사선을 방출한다(2.2절 참조). 이 현상을 *방사성*(radioactivity)이라 한다. 원자 번호가 83보다 큰 모든 원소는 방사성이다. 예를 들면, 폴로늄의 동위원소인 폴로늄-210($^{210}_{84}Po$)이 α 입자를 방출하고 $^{206}_{82}Pb$로 스스로 붕괴한다.

방사능의 또 다른 형태인 **핵 변환**(nuclear transmutation)은 *핵을 중성자나 양성자 또는 다른 핵으로 충돌시킨 결과*로 생긴다. 핵 변환의 예는 대기 중에 있는 $^{14}_{7}N$가 $^{14}_{6}C$와 ^1_1H으로 변환하는 것인데, 이것은 질소의 동위원소인 $^{14}_{7}N$가 중성자(태양으로부터 옴)를 포획한 결과로 생긴다. 가벼운 원소로부터 무거운 원소를 합성하는 다른 예들도 있다. 이런 종류의 핵 변환은 대기권 밖 우주 공간에서 자연스럽게 일어나고 있지만 19.4절에서 보게 될 것과 같이 인공적으로도 만들 수 있다.

방사능 붕괴와 핵 변환은 일반적인 화학 반응과는 크게 다른 *핵 반응*(nuclear reaction)이다. 표 19.1에 그 차이점을 요약하였다.

핵 반응식의 균형 맞추기

핵 반응식을 좀 더 깊이 있게 논하기 위해서는 그 반응식을 어떻게 기술하고 균형 맞추는가를 이해해야 한다. 핵 반응식을 쓰는 것은 일반적인 화학 반응식을 쓰는 것과는 다소 차이가 있다. 여러 가지 화학 원소의 기호뿐만 아니라 양성자, 중성자, 전자를 반드시 표시해야 한다. 실제로, 반응식에 있는 모든 화학종에 포함된 양성자 수와 중성자 수를 반드시 나타내야 한다.

기본 입자의 기호는 다음과 같다.

^1_1p 또는 ^1_1H	^1_0n	$^{\ 0}_{-1}e$ 또는 $^{\ 0}_{-1}\beta$	$^{\ 0}_{+1}e$ 또는 $^{\ 0}_{+1}\beta$	^4_2He 또는 $^4_2\alpha$
양성자	중성자	전자	양전자	α 입자

표 19.1 화학 반응과 핵 반응의 비교

화학 반응	핵 반응
1. 원자는 화학 결합의 형성과 파괴에 의해 재배열된다.	1. 원소(또는 같은 원소의 동위원소)가 한 원소에서 다른 원소로 변환된다.
2. 결합의 형성과 파괴에서 원자 또는 분자 궤도함수에 있는 전자들만 관여한다.	2. 양성자, 중성자, 전자와 다른 기본 입자들이 포함될 수 있다.
3. 반응은 비교적 작은 에너지의 흡수와 방출을 동반한다.	3. 반응은 대단히 큰 에너지의 흡수와 방출을 동반한다.
4. 반응 속도는 온도, 압력, 농도, 촉매에 의해 영향을 받는다.	4. 반응 속도는 일반적으로 온도, 압력, 촉매에 영향을 받지 않는다.

2.3절에서 사용한 표시법에 따라 위첨자는 질량수(양성자 수와 중성자 수의 합), 아래첨자는 원자 번호(양성자 수)를 나타낸다. 따라서 양성자의 "원자 번호"는 양성자가 하나이기 때문에 1이고, 중성자는 없고 양성자가 하나뿐이기 때문에 질량수도 1이다. 중성자의 "질량수"는 1이지만 양성자가 없기 때문에 "원자 번호"는 0이다. 전자는 "질량수"가 0(양성자도 중성자도 없기 때문)이나 한 단위의 음전하를 갖고 있기 때문에 원자 번호는 −1이다.

$_{-1}^{0}e$라는 기호는 원자 궤도함수에 있는 전자 하나를 나타낸다. 기호 $_{-1}^{0}\beta$는 물리학적으로는 전자와 동일하지만 핵으로부터 나온 전자(중성자가 양성자와 전자로 변환되는 붕괴 과정에서)를 나타낸다. **양전자**(positron)는 *전자와 같은 질량을 가졌으나 +1의 전하를 가지고 있다.* α 입자는 양성자 2개와 중성자 2개를 가지고 있어서 원자 번호는 2이고 질량수는 4이다.

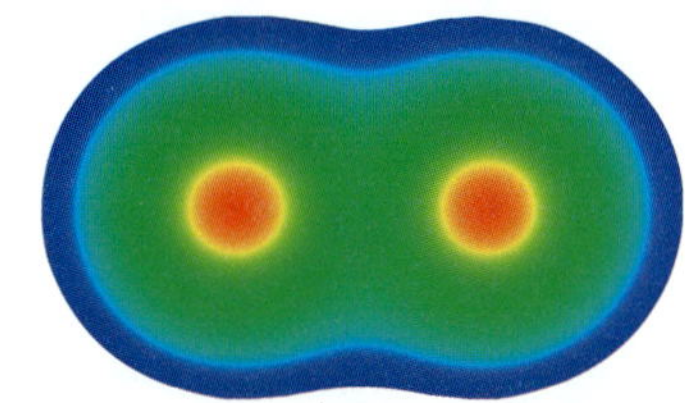

양전자는 전자의 반입자(antiparticle)이다. 2007년 물리학자들은 전자와 양전자만으로 구성된 다이포지트로늄(dipositronium, Ps_2)을 제조하였다. 이 그림은 전자(녹색)로 둘러싸여 있는 양전자(붉은색)들을 포함하여 중심의 핵의 위치를 보여주고 있다. Ps_2 화학종은 전자와 양전자가 γ선 방출로 서로 소멸되기 전에 나노초보다 더 짧게 존재한다.

핵 반응을 균형 맞출 때는 다음 규칙을 따른다.

- 생성물에 있는 양성자와 중성자의 합은 반응물에 있는 양성자와 중성자의 합과 반드시 같아야 한다(질량수 보존).
- 생성물에 있는 핵 전하의 합은 반응물에 있는 핵 전하의 합과 반드시 같아야 한다(원자 번호 보존).

핵 반응에서 하나를 제외한 다른 모든 핵종의 질량수와 원자 번호를 알고 있다면, 이들의 규칙을 적용하여 미지의 핵종을 식별할 수 있다. 다음 예제 19.1은 핵 붕괴 식의 균형을 맞추는 방법을 보여준다.

예제 19.1

다음 핵 반응식의 균형을 맞추시오(생성물 X를 식별하시오).

(a) $_{84}^{212}\text{Po} \longrightarrow {}_{82}^{208}\text{Pb} + \text{X}$
(b) $_{55}^{137}\text{Cs} \longrightarrow {}_{56}^{137}\text{Ba} + \text{X}$

전략 핵 반응식을 균형 맞출 때 원자 번호의 합과 질량수의 합은 화살표 양쪽이 모두 같아야 한다는 점을 유의하라.

핵 반응식은 흔히 전기적으로 균형이 맞추어지지 않는다는 것을 기억하라.

풀이

(a) 질량수와 원자 번호가 화살표의 왼쪽은 212와 84이고, 오른쪽은 208과 82이다. 따라서 X는 질량수 4와 원자 번호 2를 가져야 하며, 이는 α 입자이다. 균형 맞춘 식은 다음과 같다.

$$_{84}^{212}\text{Po} \longrightarrow {}_{82}^{208}\text{Pb} + {}_{2}^{4}\alpha$$

(b) 이 경우는 질량수가 양쪽 모두 같다. 그러나 생성물의 원자 번호는 반응물의 원자 번호보다 1 크다. 유일한 방법은 Cs 핵 속의 중성자 하나가 양성자와 전자로 변환하는 것이다. 즉, $_{0}^{1}\text{n} \longrightarrow {}_{1}^{1}\text{p} + {}_{-1}^{0}\beta$ (이 과정은 질량수가 바뀌지 않는 점을 유의). 따라서 균형 맞춘 식은 다음과 같다.

$$_{55}^{137}\text{Cs} \longrightarrow {}_{56}^{137}\text{Ba} + {}_{-1}^{0}\beta$$

전자는 핵으로부터 나오기 때문에 여기에서 $_{-1}^{0}\beta$ 표기를 사용한다.

검산 (a)와 (b)에 있는 식은 핵 입자에 대해서는 균형이 맞추어져 있으나 전하에 대해서는 그렇지 않은 점에 유의하라. 전하의 균형을 맞추기 위해서는 (a)의 오른쪽에 전자 2개를 더해야 하고, (b)에서는 Ba을 양이온(Ba^+)으로 나타내야 할 것이다.

비슷한 문제: 19.7, 19.8.

실전 연습 다음 핵 반응에서 X는 무엇인가?

$$_{33}^{78}\text{As} \longrightarrow {}_{-1}^{0}\beta + \text{X}$$

개념 복습하기

양성자로부터 양전자가 형성되는 핵 반응식을 쓰시오.

19.2 핵의 안정성

핵은 원자의 전체 부피 중에서 아주 작은 부분만 차지하고 있지만 양성자와 중성자가 그 속에 있기 때문에 원자 질량의 대부분을 갖고 있다. 원자 핵의 안정성을 공부하는 데 그 밀도에 대해 아는 것이 도움이 된다. 왜냐하면 밀도는 입자들이 얼마나 조밀하게 채워져 있는가를 말해주기 때문이다. 예를 들어, 어떤 핵의 반지름이 5×10^{-3} pm이고 질량이 1×10^{-22} g이라고 가정하자. 이 값은 양성자 30개와 중성자 30개를 가진 핵에 해당된다. 밀도는 질량/부피이고, 반지름으로부터 그 부피를 계산할 수 있다(구의 부피는 $\frac{4}{3}\pi r^3$으로 여기서 r은 구의 반지름이다). 먼저 pm 단위를 cm으로 환산하고 g/cm^3 단위의 밀도를 계산한다.

$$r = 5 \times 10^{-3}\text{ pm} \times \frac{1 \times 10^{-12}\text{ m}}{1\text{ pm}} \times \frac{100\text{ cm}}{1\text{ m}} = 5 \times 10^{-13}\text{ cm}$$

$$\text{밀도} = \frac{\text{질량}}{\text{부피}} = \frac{1 \times 10^{-22}\text{ g}}{\frac{4}{3}\pi r^3} = \frac{1 \times 10^{-22}\text{ g}}{\frac{4}{3}\pi(5 \times 10^{-13}\text{ cm})^3}$$
$$= 2 \times 10^{14}\text{ g/cm}^3$$

고밀도를 거의 무한대로 과장하여 표현한다면, 한 개의 골무에 전 세계의 모든 자동차를 넣는 것과 같다고 표현된다.

이것은 엄청나게 큰 밀도이다. 원소 중에서 알려진 가장 큰 밀도는 오스뮴(Os)의 22.6 g/cm^{3}이다. 따라서 평균 원자 핵의 밀도는 우리가 알고 있는 가장 조밀한 원소의 9×10^{12}배(9조 배)나 된다.

엄청나게 큰 핵의 밀도는 무엇이 이들 입자들을 그렇게 단단하게 묶어 두는지 의아한 생각이 들게 한다. *쿨롱 법칙*(Coulomb's law)에 의하면 같은 전하는 밀어내고 다른 전하는 서로 끌어당긴다. 따라서 양성자들은 서로 강하게 밀어낼 것이다. 그들이 아주 가까이 있을 때는 특히 더 강하게 밀어낼 것이다. 실제로 그렇다. 그러나 반발력뿐만 아니라 양성자와 양성자, 양성자와 중성자, 중성자와 중성자 사이엔 또한 짧은 거리 인력도 있다. 핵의 안정성은 쿨롱의 반발력과 짧은 거리 인력 사이의 차이에 의해 결정된다. 반발력이 인력을 능가하면, 그 핵은 붕괴하여 입자나 방사선을 방출하게 된다. 인력이 우세하면, 그 핵은 안정하다.

핵이 안정한지 안정하지 않는지를 결정하는 주된 요인은 *중성자 대 양성자 비*(neutron-to-proton ratio, n/p)이다. 원자 번호가 작은 안정한 원소의 원자는 n/p 값이 1에 가깝다. 원자 번호가 증가함에 따라 안정한 핵의 중성자 대 양성자의 비는 1보다 커진다. 양성자 사이의 반발력을 이겨내고 핵을 안정화시키기 위해 많은 수의 중성자가 필요하기 때문이다. 다음 규칙은 핵의 안정성을 예측하는 데 유용하다.

1. 양성자나 중성자의 수가 2, 8, 20, 50, 82, 126인 핵은 그렇지 않은 핵보다 안정하다. 예를 들면, 원자 번호 50인 주석(Sn)은 안정한 동위원소가 10개 있으나 원자 번호 51인 안티모니(Sb)은 안정한 동위원소가 2개뿐이다. 이 숫자 2, 8, 20, 50, 82, 126을 *마법수*(magic number)라 부른다. 핵 안정성에 대한 이들 수의 의미는 안정한 영족 기체의 전자수(2, 10, 18, 36, 54, 86개의 전자)의 의미와 같다.
2. 양성자와 중성자의 수가 짝수인 핵은 홀수인 핵보다 일반적으로 더 안정하다(표 19.2).
3. 원자 번호가 83보다 큰 원소의 동위원소는 모두 방사성이다. 테크네튬(Tc, $Z = 43$)과 프로메튬(Pm, $Z = 61$)의 모든 동위원소는 방사성이다.

표 19.2 양성자와 중성자가 짝수와 홀수인 안정한 동위원소의 수

양성자	중성자	안정한 동위원소의 수
홀수	홀수	4
홀수	짝수	50
짝수	홀수	53
짝수	짝수	164

그림 19.1은 여러 동위원소 내의 양성자 수에 대한 중성자 수의 그림을 나타낸다. 안정한 핵들은 *안정도 띠*(belt of stability)라 부르는 영역 내에 들어 있다. 대부분의 방사성 핵은 이 띠 밖에 놓여 있다. 안정도 띠 위에 있는 핵은 중성자 대 양성자의 비가 띠 안에 있는 핵보다 큰 핵들이다(같은 수의 양성자에 대해). 이 비를 낮추기 위해서(따라서 안정도 띠 쪽으로 내려오기 위해서) 이들 핵은 *β 입자 방출*(β-particle emission)이라는 다음 과정을 수행한다.

$$^{1}_{0}\text{n} \longrightarrow {}^{1}_{1}\text{p} + {}^{0}_{-1}\beta$$

β 입자 방출은 핵 내의 양성자 수를 증가시키고 동시에 중성자의 수를 감소시킨다. 다음에 몇 가지 예를 들었다.

$$^{14}_{6}\text{C} \longrightarrow {}^{14}_{7}\text{N} + {}^{0}_{-1}\beta$$
$$^{40}_{19}\text{K} \longrightarrow {}^{40}_{20}\text{Ca} + {}^{0}_{-1}\beta$$
$$^{97}_{40}\text{Zr} \longrightarrow {}^{97}_{41}\text{Nb} + {}^{0}_{-1}\beta$$

안정도 띠 아래에 있는 핵은 띠 안에 있는 핵보다 중성자 대 양성자 비가 낮다(같은 양성자

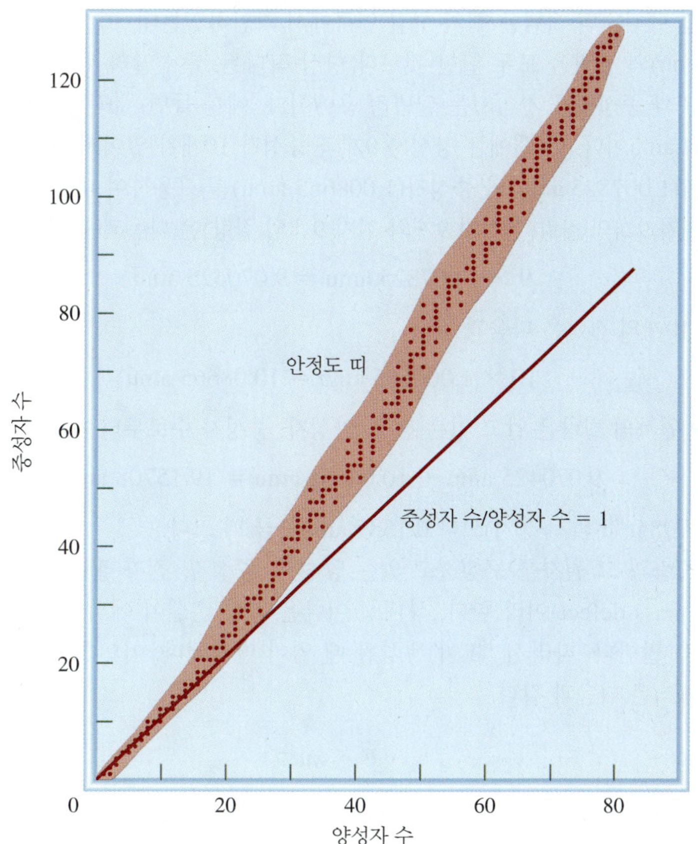

그림 19.1 여러 종류의 안정한 동위원소의 양성자 대 중성자를 점으로 나타낸 도표. 직선은 중성자 대 양성자 비가 1인 점을 나타낸다. 그림자 영역은 안정한 영역을 나타낸다.

수에 대해). 이 비를 증가시키기 위해(따라서 안정도 띠 쪽으로 움직이기 위해) 이들 핵은 양전자(positron)를 방출하거나

$$ {}_{1}^{1}\mathrm{p} \longrightarrow {}_{0}^{1}\mathrm{n} + {}_{+1}^{0}\beta $$

또는 전자 포획을 한다. 양전자 방출의 예는 다음과 같다.

$$ {}_{19}^{38}\mathrm{K} \longrightarrow {}_{18}^{38}\mathrm{Ar} + {}_{+1}^{0}\beta $$

전자 포획(electron capture)은 핵이 전자 하나(주로 1s 전자 하나)를 포획하는 것이다. 포획된 전자는 양성자와 합쳐져서 중성자를 형성하고, 따라서 원자 번호 하나가 줄어드는 반면 질량은 그대로 유지된다. 이 과정은 양전자 방출과 결과적으로 같다.

전자는 핵으로부터가 아니라 원자 궤도함수로부터 온 것이기 때문에 ${}_{-1}^{0}\beta$ 대신 ${}_{-1}^{0}e$라고 하였다.

$$ {}_{18}^{37}\mathrm{Ar} + {}_{-1}^{0}e \longrightarrow {}_{17}^{37}\mathrm{Cl} $$
$$ {}_{26}^{55}\mathrm{Fe} + {}_{-1}^{0}e \longrightarrow {}_{25}^{55}\mathrm{Mn} $$

개념 복습하기

다음 동위원소는 불안정하다. 그림 19.1을 사용하여 이 동위원소들이 베타 붕괴나 양전자 방출을 할 것인지 여부를 예상하시오. (a) ^{13}B. (b) ^{188}Au. 각 경우에 대한 핵 반응식을 쓰시오.

핵 결합 에너지

핵 안정성을 정량적으로 측정한 것이 **핵 결합 에너지**(nuclear binding energy)이다. 이것은 *핵 구성 입자인 양성자와 중성자를 쪼개는 데 필요한 에너지*이다. 이 양은 발열의 핵 반응이 일어나는 동안 질량이 에너지로 변한 양을 나타낸다.

핵 결합 에너지의 개념은 핵의 성질 연구에서 착안하였는데, 이 연구에서 핵의 질량은 **핵자**(nucleon)의 질량을 모두 합한 것보다 항상 작다는 것이 알려졌다. 핵자란 *핵에 들어 있는 양성자와 중성자를 가리키는 일반적 용어*이다. 예를 들면, ${}_{9}^{19}$F 동위원소의 원자 질량은 18.9984 amu이다. 이 핵에는 양성자 9개와 중성자 10개가 있어서 핵자는 모두 19개이다. ${}_{1}^{1}$H 원자(1.007825 amu)와 중성자(1.008665 amu)를 사용하여 다음과 같이 계산할 수 있다. ${}_{1}^{1}$H 원자 9개의 질량(양성자 9개와 전자 9개의 질량)은 다음과 같다.

$$ 9 \times 1.007825 \text{ amu} = 9.070425 \text{ amu} $$

또 중성자 10개의 질량은 다음과 같다.

$$ 10 \times 1.008665 \text{ amu} = 10.08665 \text{ amu} $$

따라서 ${}_{9}^{19}$F 원자의 질량은 알고 있는 전자, 양성자, 중성자 수로부터 계산할 수 있다.

$$ 9.070425 \text{ amu} + 10.08665 \text{ amu} = 19.15708 \text{ amu} $$

핵이 아니므로 전자의 질량은 변하지 않는다.

이것은 18.9984(${}_{9}^{19}$F의 측정치)보다 0.1587 amu만큼 더 크다.

*원자 질량과 그 원자를 구성하고 있는 양성자, 중성자, 전자 질량의 총합과의 차이*를 **질량 결손**(mass defect)이라 한다. 상대성 이론은 질량 손실이 에너지(열)로서 주위에 발산된 것임을 말한다. 따라서 ${}_{9}^{19}$F이 생성될 때 열이 발생된다. 아인슈타인의 *질량-에너지 동등성 관계식*은 다음과 같다.

이 식은 바틀렛 인용(Bartlett's Familiar Quotations)에서 나열된 유일한 식이다.

$$ E = mc^2 \qquad (19.1) $$

여기서 E는 에너지, m은 질량이고 c는 빛의 속도이다. 따라서 다음 식을 이용하여 방출된

에너지의 양을 계산할 수 있다.

$$\Delta E = (\Delta m)c^2 \tag{19.2}$$

여기서 ΔE와 Δm은 다음과 같이 정의한다.

$$\Delta E = \text{생성물의 에너지} - \text{반응물의 에너지}$$
$$\Delta m = \text{생성물의 질량} - \text{반응물의 질량}$$

따라서 질량의 변화는 다음과 같다.

$$\begin{aligned}\Delta m &= 18.9984 \text{ amu} - 19.15708 \text{ amu} \\ &= -0.1587 \text{ amu}\end{aligned}$$

${}^{19}_{9}F$는 전자와 핵자의 수에서 계산한 질량보다 작기 때문에 Δm은 음의 양(quantity)이다. 결과적으로 ΔE도 음의 양이다. 즉, 플루오린-19 핵이 형성되면 에너지가 주위로 방출된다. 따라서 ΔE의 계산은 다음과 같다.

$$\begin{aligned}\Delta E &= (-0.1587 \text{ amu})(3.00 \times 10^8 \text{ m/s})^2 \\ &= -1.43 \times 10^{16} \text{ amu m}^2/\text{s}^2\end{aligned}$$

다음 환산 인자를 적용하면,

$$\begin{aligned}1 \text{ kg} &= 6.022 \times 10^{26} \text{ amu} \\ 1 \text{ J} &= 1 \text{ kg m}^2/\text{s}^2\end{aligned}$$

이 값을 위의 식에 대입하면 다음 식이 된다.

$$\begin{aligned}\Delta E &= \left(-1.43 \times 10^{16} \frac{\text{amu} \cdot \text{m}^2}{\text{s}^2}\right) \times \left(\frac{1.00 \text{ kg}}{6.022 \times 10^{26} \text{ amu}}\right) \times \left(\frac{1 \text{ J}}{1 \text{ kg} \cdot \text{m}^2/\text{s}^2}\right) \\ &= -2.37 \times 10^{-11} \text{ J}\end{aligned}$$

식 (19.2)를 적용할 때, $1 \text{ J} = 1 \text{ kg m}^2/\text{s}^2$이기 때문에 킬로그램으로 질량 결손을 나타내야 한다는 것을 기억하라.

이것이 양성자 9개와 중성자 10개로부터 플루오린-19 핵 한 개가 형성될 때 방출하는 에너지의 양이다. 핵의 핵 결합 에너지는 2.37×10^{-11} J이며 이는 핵을 양성자와 중성자로 분해할 때 필요로 하는 에너지의 양이다. 예를 들면, 플루오린 핵 1 mol이 형성될 때 발생하는 에너지는 다음과 같다.

핵 결합 에너지는 양의 값을 가진다.

$$\begin{aligned}\Delta E &= (-2.37 \times 10^{-11} \text{ J})(6.022 \times 10^{23}/\text{mol}) \\ &= -1.43 \times 10^{13} \text{ J/mol} \\ &= -1.43 \times 10^{10} \text{ kJ/mol}\end{aligned}$$

따라서 플루오린-19 핵 1 mol의 핵 결합 에너지는 1.43×10^{10} kJ이며, 보통의 화학 반응에 대한 엔탈피가 200 kJ 정도임을 생각하면 이는 엄청나게 큰 양이다. 위의 방법은 다른 어떤 핵의 핵 결합 에너지 계산에도 사용할 수 있다.

이미 지적한 바와 같이 핵 결합 에너지는 핵의 안정성에 대한 지표이다. 그러나 어떤 두 핵의 안정성을 비교할 때는 그들이 서로 다른 핵자의 수를 갖고 있다는 사실을 명심해야 한다. 이러한 이유 때문에 다음과 같이 정의되는 *핵자 당 핵 결합 에너지*(nuclear binding energy per nucleon)를 사용하는 것이 더 유용하다.

$$\text{핵자 당 핵 결합 에너지} = \frac{\text{핵 결합 에너지}}{\text{핵자수}}$$

플루오린-19 핵에 대한 핵자 당 핵 결합 에너지는 다음과 같다.

$$\begin{aligned}\text{핵자 당 핵 결합 에너지} &= \frac{2.37 \times 10^{-11} \text{ J}}{19 \text{ 핵자}} \\ &= 1.25 \times 10^{-12} \text{ J/핵자}\end{aligned}$$

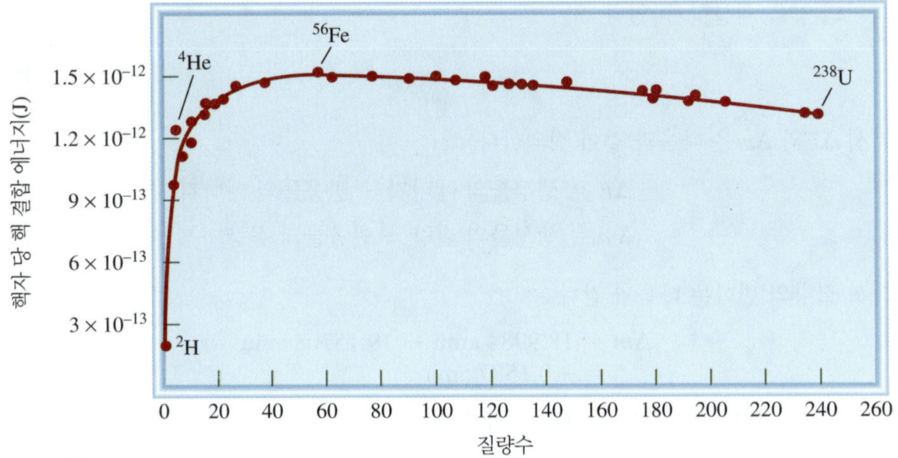

그림 19.2 질량수 대 핵자 당 핵 결합 에너지를 나타낸 그림.

핵자 당 핵 결합 에너지를 이용하여 모든 핵의 안정성을 비교할 수 있다. 그림 19.2는 질량수에 대한 핵자 당 핵 결합 에너지의 변화를 나타낸 것이다. 그림에서 보는 바와 같이 곡선은 상당히 급히 올라간다. 핵자 당 결합 에너지가 큰 것은 중간 정도의 질량수를 가진 원소(40~100)이며, 주기율표 상에서 철, 코발트, 니켈(8B족 원소) 부근이 가장 크다. 이것은 입자들(양성자와 중성자) 가운데 철, 코발트, 니켈 원소가 핵에 대한 알짜 인력이 가장 크다는 것을 의미한다.

예제 19.2에서는 아이오딘 핵에 대한 핵 결합 에너지와 핵자 당 핵 결합 에너지를 계산한다.

예제 19.2

$^{127}_{53}$I의 원자 질량은 126.9004 amu이다. 이 핵의 핵 결합 에너지와 핵자 당 핵 결합 에너지를 계산하시오.

전략 핵 결합 에너지를 계산하기 위하여 먼저 핵의 질량과 모든 중성자와 양성자 질량 합과의 차이 즉, 질량 결손을 계산해야 한다. 그 다음에 식 (19.2) [$\Delta E = (\Delta m)c^2$]를 적용한다.

풀이 아이오딘 핵에는 양성자 53개와 중성자 74개가 있다. $^{1}_{1}$H 원자 53개의 질량은 다음과 같다.

$$53 \times 1.007825 \text{ amu} = 53.41473 \text{ amu}$$

또한 중성자 74개의 질량은 다음과 같다.

$$74 \times 1.008665 \text{ amu} = 74.64121 \text{ amu}$$

따라서 $^{127}_{53}$I의 예상 질량은 53.41473 + 74.64121 = 128.05594 amu이며, 질량 결손은

$$\begin{aligned}\Delta m &= 126.9004 \text{ amu} - 128.05594 \text{ amu} \\ &= -1.1555 \text{ amu}\end{aligned}$$

이다. 방출된 에너지는

$$\begin{aligned}\Delta E &= (\Delta m)c^2 \\ &= (-1.1555 \text{ amu})(3.00 \times 10^8 \text{ m/s})^2 \\ &= -1.04 \times 10^{17} \text{ amu} \cdot \text{m}^2/\text{s}^2\end{aligned}$$

좀 더 친숙한 에너지 단위인 줄(J)로 변환해 보자. 이때, 1 J = 1 kg · m^2/s^{2}을 이용한다. 또한 amu를 kg으로 변환해야 하는데, 그 과정은 다음과 같다.

(계속)

$$\Delta E = -1.04 \times 10^{17} \frac{\text{amu} \cdot \text{m}^2}{\text{s}^2} \times \frac{1.00 \text{ g}}{6.022 \times 10^{23} \text{ amu}} \times \frac{1 \text{ kg}}{1000 \text{ g}}$$
$$= -1.73 \times 10^{-10} \frac{\text{kg} \cdot \text{m}^2}{\text{s}^2} = -1.73 \times 10^{-10} \text{ J}$$

따라서 핵 결합 에너지는 1.73×10^{-10} J 이다. 핵자 당 핵 결합 에너지는 다음과 같다.

$$\frac{1.73 \times 10^{-10} \text{ J}}{127 \text{ 핵자}} = 1.36 \times 10^{-12} \text{ J/핵자}$$

실전 연습 $^{209}_{83}Bi$ (208.9804 amu)의 핵 결합 에너지(J 단위로)와 핵자 당 핵 결합 에너지를 계산하시오.

중성자 대 양성자의 비가 1.4인 것은 안정도 띠에서 아이오딘-127에 해당한다.

비슷한 문제: 19.21, 19.22.

개념 복습하기

다음 반응에서 질량의 변화는 kg 단위로 얼마인가?

$$CH_4(g) + 2O_2(g) \longrightarrow CO_2(g) + 2H_2O(l) \qquad \Delta H° = -890.4 \text{ kJ/mol}$$

19.3 천연 방사능

양성자 수가 83보다 큰 핵이나 안정도 띠 바깥에 있는 핵은 불안정하다. 불안정한 핵이 입자나 전자기 복사선을 방출하는 것을 방사능이라 한다. 주요 방사선 형태는 α 입자(+2의 전하를 가진 헬륨의 핵, He^{2+}), β 입자(또는 전자), γ선(파장이 매우 짧은 0.1~10^{-4} nm인 전자기 복사선), 양전자 방출, 전자 포획이 있다.

방사성 핵의 분해는 **방사성 붕괴 계열**(radioactive decay series)의 시작이며 *방사성 붕괴 계열은 안정한 동위원소를 형성하면서 끝나는 일련의 핵 반응*이다. 표 19.3은 자연에 존재하는 우라늄-238이 14단계로 붕괴하는 과정을 보여준다. *우라늄 붕괴 계열*(uranium decay series)이라고 알려진 이 붕괴 도식에 모든 생성물의 반감기를 보여 주고 있다.

동영상 자료
▶ 방사성 붕괴.

방사성 붕괴 계열에 속해 있는 각 단계의 핵 반응이 균형 맞출 줄 아는 것이 중요하다. 예를 들어, 우라늄 붕괴 계열의 첫 단계는 우라늄-238이 α 입자를 방출하면서 토륨-234가 된다. 따라서 반응은

$$^{238}_{92}U \longrightarrow ^{234}_{90}Th + ^{4}_{2}\alpha$$

이다. 다음 단계는

$$^{234}_{90}Th \longrightarrow ^{234}_{91}Pa + ^{0}_{-1}\beta$$

로 나타낼 수 있다. 방사성 붕괴 단계에서 붕괴를 시작하는 방사성 동위원소를 *어미*(parent) 동위 원소라 부르고, 그 생성물을 *딸*(daughter) 동위원소라 부른다.

➤ 방사성 붕괴의 반응 속도론

모든 방사성 붕괴는 일차 반응 속도식을 따른다. 따라서 어떤 시간 t에서 방사성 붕괴의 속도는 다음 식으로 주어진다.

$$\text{시간 } t\text{에서의 붕괴 속도} = \lambda N \qquad (19.3)$$

여기서 λ는 일차 반응 속도 상수이고 N은 시간 t에서 존재하는 방사성 핵의 수이다.(핵 과학자들이 사용하는 표기법에 따라 속도 상수를 k 대신에 λ로 쓴다.) 식 (13.3)에 따라서 시간 0일 때 핵의 수(N_0)와 시간 t일 때 핵의 수(N_t)는 다음 식과 같이 쓸 수 있으며,

표 19.3 우라늄 붕괴 과정*

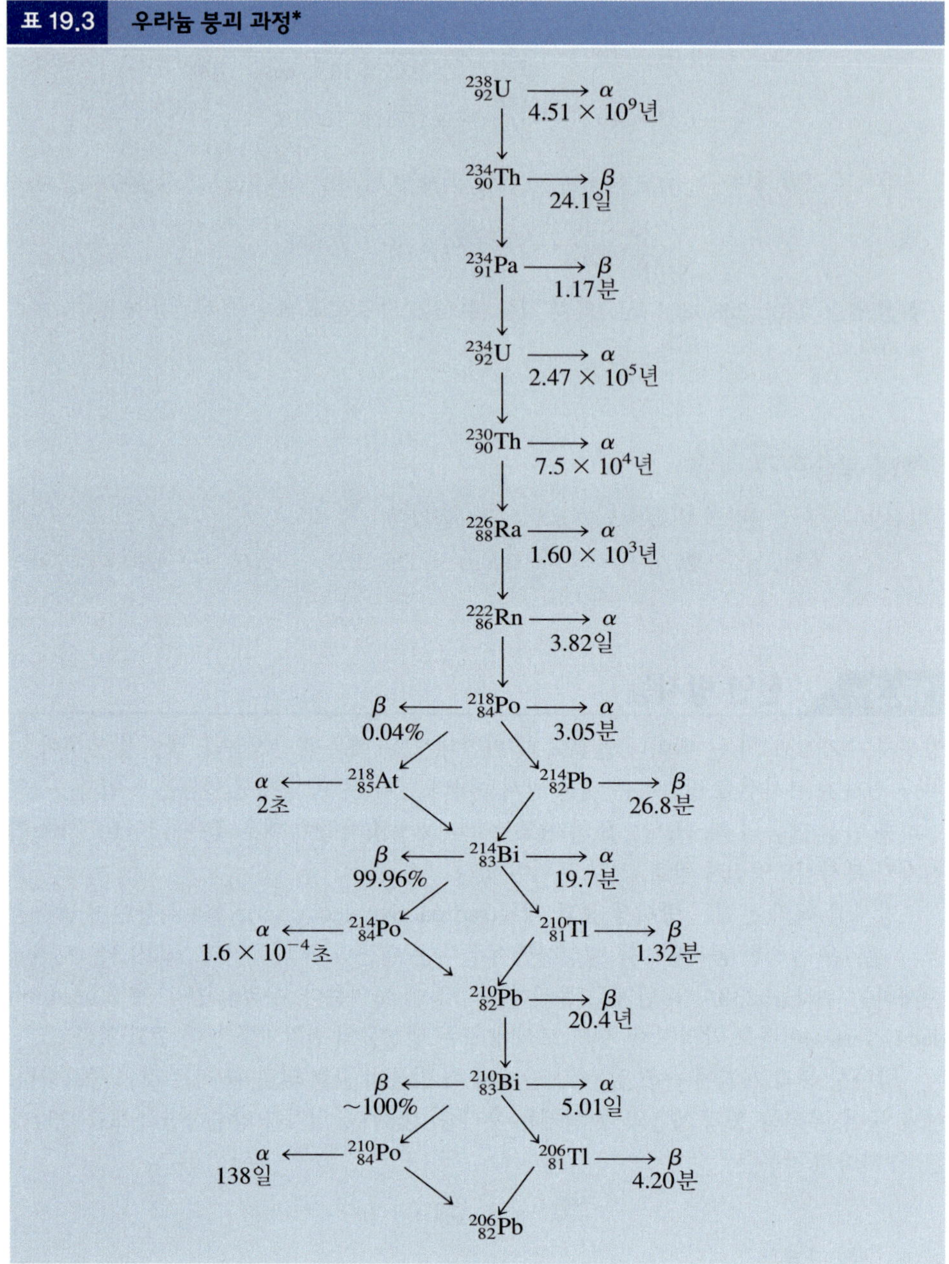

*시간은 반감기를 나타낸다.

$$\ln \frac{N_t}{N_0} = -\lambda t$$

반응의 반감기는 식 (13.5)에 의해 다음과 같이 주어진다.

$$t_{\frac{1}{2}} = \frac{0.693}{\lambda}$$

방사성 동위원소의 반감기(따라서 속도 상수)는 핵에 따라 크게 변한다. 예를 들면, 표 19.3에서 두 개의 극단적인 예를 찾아볼 수 있다.

우라늄-238의 반감기 측정을 위해서 4.51 × 10⁹년을 기다릴 수 없다. 반감기는 식 (13.5)의 속도 상수로부터 계산할 수 있다.

$$^{238}_{92}\text{U} \longrightarrow {}^{234}_{90}\text{Th} + {}^{4}_{2}\alpha \qquad t_{\frac{1}{2}} = 4.51 \times 10^{9}\text{년}$$
$$^{214}_{84}\text{Po} \longrightarrow {}^{210}_{82}\text{Pb} + {}^{4}_{2}\alpha \qquad t_{\frac{1}{2}} = 1.6 \times 10^{-4}\text{초}$$

이들 두 속도 상수의 비를 동일한 시간 단위로 환산하여 보면 1×10^{21}로 엄청나게 큰 수이다. 더욱이 이 속도 상수는 온도나 압력 같은 외부 환경 조건 변화에 대해 아무런 영향을 받지 않는다. 이와 같은 특이한 현상은 보통의 화학 반응에서는 볼 수 없는 현상이다(표 19.1 참조).

개념 복습하기

철-59(노란색 구)는 45.1일의 반감기로 베타 붕괴를 하여 코발트(파란색 구)로 변환된다. (a) 이 과정에 대하여 균형 맞춘 핵 반응식을 쓰시오. (b) 다음 그림으로부터 몇 번의 반감기가 경과되었는지 결정하시오.

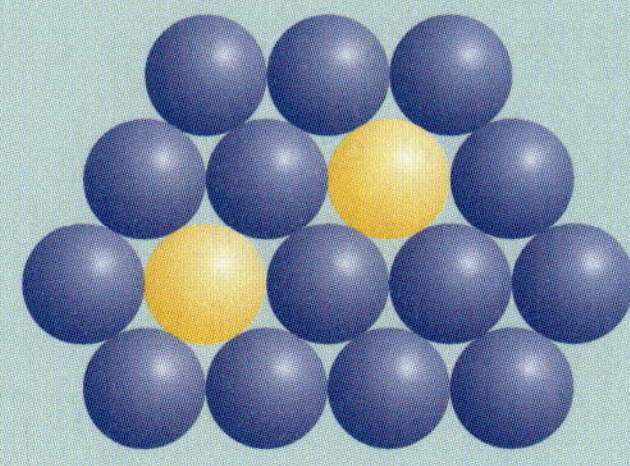

방사성 붕괴를 이용한 연대 측정

방사성 동위원소의 반감기를 "원자 시계"처럼 사용하여 어떤 물체의 연대를 측정할 수 있다. 방사성 붕괴에 의한 연대 측정 예를 다음에 설명한다.

방사성 탄소 연대 측정

탄소-14 동위원소는 대기 중의 질소가 우주 복사선과의 충돌로 생성된다.

$$^{14}_{7}\text{N} + ^{1}_{0}\text{n} \longrightarrow ^{14}_{6}\text{C} + ^{1}_{1}\text{H}$$

방사성 동위원소인 탄소-14는 다음 식과 같이 붕괴한다.

$$^{14}_{6}\text{C} \longrightarrow ^{14}_{7}\text{N} + ^{0}_{-1}\beta$$

이 붕괴 계열은 앞에서 설명한 방사성 탄소 연대 측정 기술의 기초가 된다. 2009년 스웨덴 과학자들은 심장 근육 재생에 관한 논쟁을 해결하기 위해 이 기술을 적용하였다. 오랫동안 심장은 새로운 근육 세포를 만들 수 없어 사람들은 자기가 가지고 태어난 것과 같은 심장을 가지고 죽는다고 믿어 왔다. 심장마비 후에 심장 근육의 일부를 잃게 되면 심장은 주로 반흔 조직(scar tissue)의 형성을 통해 치유한다. 대기 중 탄소-14의 농도는 1955년까지 비교적 안정적으로 유지되다가, 1963년에 지상에서의 핵폭탄 실험 금지 조약이 체결될 때까지 핵폭탄 실험으로 인해 급격히 증가하였으며 그 이후에는 점차 감소하였다. 핵폭발로 새로 생성된 탄소-14 동위원소는 식물과 동물에 흡수되었다. 음식물을 통해 이들 동위원소는 결국 우리 몸의 새로운 세포의 DNA에 나타나며 세포가 살아있는 동안 변화하지 않는다. 1955년 이전에 태어난 사람들의 심장 근육 세포에 있는 탄소-14의 농도가 자신의 출생시 탄소-14의 대기 농도를 초과한 것으로 나타났다. 이 발견은 대기 중 탄소-14 농도가 증가한 1955년 이후 새로운 심장 근육 세포를 계속해서 만들어낸 것을 시사한다. 대기 내에서의 실험 도중 또는 실험이 중단된 후에 태어난 사람들은 대기 중 탄소-14의 꾸준한 감소로 인해 낮은 농도를 나타냈다. 대기 중 탄소-14의 수준이 매년 하락하고 있기 때문에 DNA 중 탄소-14의 양이 세포의 출생 날짜를 표시하는 역할을 할 수 있다. 이 결과는 25세에서 심장 근육 세포의 약 1%가 매년 대체되는 것을 보여주고, 이 속도는 점차적으로 75세가 될 때까지 매년 0.5%씩 감소한다. 심장 근육 세포가 재생된다는 것을 알게

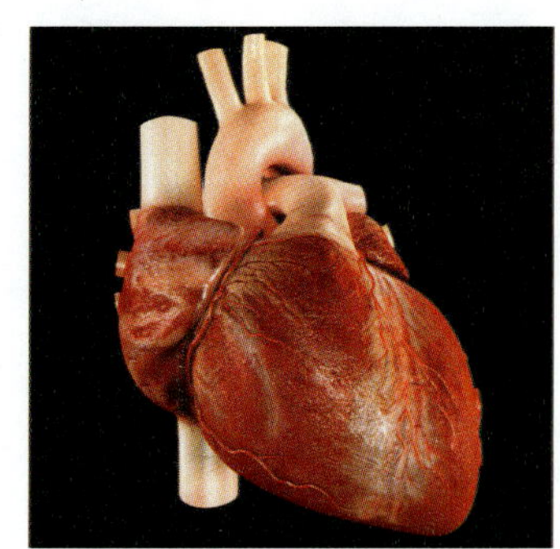

인간의 심장.

되어 그 과정을 제어할 수 있는 가능성이 열렸다. 언젠가는 심장마비 환자에게 심장 근육 세포를 증가시키는 약이 개발될 것이다.

➤ 우라늄-238 동위원소를 이용한 연대 측정

전체 과정에서 첫 단계를 속도 결정 단계로 간주한다.

우라늄 계열에 속해 있는 몇몇 중간물질은 반감기가 대단히 길기 때문에(표 19.3 참조), 이 계열은 지구상의 바위나 우주 물체의 연대를 측정하는 데 아주 유용하다. 첫 단계($^{238}_{92}$U이 $^{234}_{90}$Th으로 되는 단계)의 반감기는 4.51 × 10^{9}년이다. 이것은 $^{234}_{92}$U가 $^{230}_{90}$Th으로 바뀌는 두 번째로 긴 반감기(2.47 × 10^{5}년)보다 20,000배나 더 크다. 따라서 전 과정($^{238}_{92}$U이 $^{206}_{82}$Pb으로 되는 과정)의 반감기가 첫 번째 단계에 의해 결정된다고 가정하더라도 좋은 근사값이 된다.

$$^{238}_{92}\text{U} \longrightarrow {}^{206}_{82}\text{Pb} + 8\,^{4}_{2}\alpha + 6\,^{0}_{-1}\beta \qquad t_{\frac{1}{2}} = 4.51 \times 10^9\text{년}$$

천연 우라늄 광석에서 방사성 붕괴에 의해 형성된 납-206을 발견할 수 있다. 광석이 처음 생성될 때는 납이 전혀 없었다고 가정하면, 또 어미 우라늄-238에 납-206이 섞일 수 있는 화학 변화를 하지 않았다고 가정하면 $^{238}_{92}$U에 대한 $^{206}_{82}$Pb의 질량비로부터 그 암석의 연대를 예측할 수 있다. 위의 식으로부터 우라늄 1 mol인 238 g이 완전히 붕괴하면 납 1 mol인 206 g이 형성됨을 알 수 있다. 우라늄-238 1/2 mol이 붕괴하면 ^{206}Pb/^{238}U의 질량비는 다음과 같다.

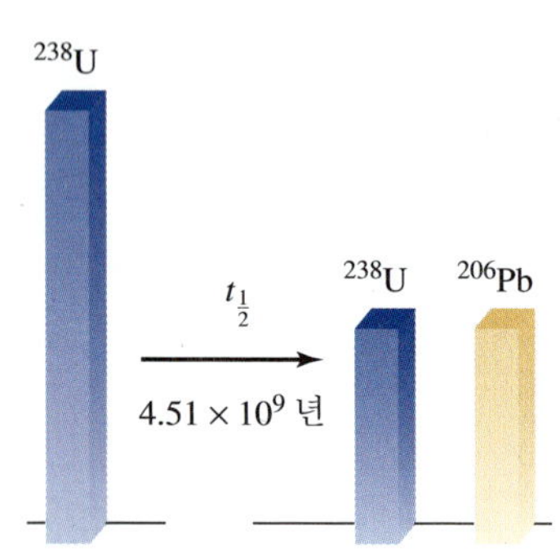

그림 19.3 반감기가 지나면 원래 우라늄-238의 반이 납-206으로 변환된다.

$$\frac{206\ \text{g}/2}{238\ \text{g}/2} = 0.866$$

그 과정의 반감기는 4.51 × 10^{9}년이 될 것이다(그림 19.3). 비가 0.866보다 적은 것은 암석이 4.51 × 10^{9}년보다 젊다는 의미일 것이고 더 큰 값은 더 오래되었다는 것을 뜻할 것이다. 흥미롭게도 우라늄 계열이나 다른 붕괴 계열을 이용한 가장 오래된 암석의 나이를 보면 아마도 지구의 나이는 4.5 × 10^9 즉, 45억 년이나 된다.

➤ 포타슘-40 동위원소를 이용한 연대 측정

이것은 지구화학(geochemistry)을 연구하는 데 있어서 가장 중요한 기술 중의 하나이다. 방사성 포타슘-40 동위원소는 몇 가지 형태로 붕괴한다. 그러나 연대 측정에 관한 가장 적절한 형태는 전자 포획이다.

$$^{40}_{19}\text{K} + {}^{0}_{-1}e \longrightarrow {}^{40}_{18}\text{Ar} \qquad t_{\frac{1}{2}} = 1.2 \times 10^9\text{년}$$

기체 아르곤-40의 축적은 어떤 시료의 연대에 대한 척도가 된다. 광물 속에서 포타슘-40이 붕괴할 때, 광물 격자 내에 아르곤-40이 갇히게 되고, 그 광물이 녹으면 밖으로 빠져 나오게 된다. 따라서 실험실에서 광물 시료를 분석하려면 녹여야 한다. 들어 있는 아르곤-40의 양은 질량 분석기로 쉽게 측정할 수 있다(3.4절 참조). 광물 속에 들어 있는 포타슘-40 대 아르곤-40의 비와 반감기를 알면 암석의 나이를 백만 년에서부터 몇 십억 년 범위 내까지 측정할 수 있다.

19.4 핵 변환

핵 화학의 범위를 천연 방사성 원소에만 국한시키면 아주 좁아진다. 그러나 1919년에 러더퍼드가 행한 실험은 인공적으로 방사능을 생산할 수 있는 가능성을 보여주었다. 질소를 α 입자로 충돌시켰을 때 다음 반응이 일어났다.

$$^{14}_{7}\text{N} + {}^{4}_{2}\alpha \longrightarrow {}^{17}_{8}\text{O} + {}^{1}_{1}\text{p}$$

동위원소 ^{17}O는 방사성이 아닌 것에 주의하라.

양성자의 방출과 함께 산소-17 동위원소가 생성되었다. 이 반응은 핵 변환 과정에 의해 한 원소를 다른 원소로 변환시킬 수 있는 가능성을 처음으로 보여주었다. 핵 변환(nuclear transmutation)은 두 개의 입자가 충돌하여 일어난다는 점에 있어서 방사성 붕괴와는 다르다.

위의 반응은 $^{14}_{7}N(\alpha,p)^{17}_{8}O$로 축약하여 표시할 수 있다. 괄호 안에는 충돌시키는 입자를 먼저 쓰고 방출되는 입자를 나중에 쓴다는 데 주의하라. 예제 19.3은 이 표시법을 사용하여 핵 변환을 나타낸다.

예제 19.3

핵 반응 $^{56}_{26}Fe(d,\alpha)^{54}_{25}Mn$에 대한 균형식을 쓰시오. 여기서 d는 중수소 핵($^{2}_{1}H$)을 나타낸다.

전략 핵 반응식의 계수 맞추기를 위해 기억해야 할 점은 다음과 같다. $^{56}_{26}Fe$는 반응물이고, $^{54}_{25}Mn$은 생성물이다. 괄호 속 d는 충돌시키는 입자를, 괄호 속 α는 핵 변환에 의해 방출된 입자를 의미한다.

풀이 축약 표현은 철-56을 중수소 핵과 충돌시키면, 망가니즈-54핵과 α 입자가 생성된다는 것을 의미한다. 따라서 이 반응에 대한 식은 다음과 같다.

$$^{56}_{26}Fe + ^{2}_{1}H \longrightarrow ^{4}_{2}\alpha + ^{54}_{25}Mn$$

검산 질량수의 합과 원자 번호의 합이 반응식의 양변에서 동일한지 확인하시오.

실전 연습 $^{106}_{46}Pd(\alpha,p)^{109}_{47}Ag$에 대한 균형식을 쓰시오.

비슷한 문제: 19.37, 19.38.

가벼운 원소는 일반적으로 방사성이 아니지만 이들 핵을 적당한 입자와 충돌시킴으로써 방사성으로 만들 수 있다. 앞에서 본 바와 같이 방사성 탄소-14 동위원소는 질소-14를 중성자와 충돌시켜 만들 수 있다. 삼중수소($^{3}_{1}H$)는 다음 충돌에 의해 만들어진다.

$$^{6}_{3}Li + ^{1}_{0}n \longrightarrow ^{3}_{1}H + ^{4}_{2}\alpha$$

삼중수소는 붕괴하여 다음과 같이 β 입자를 방출한다.

$$^{3}_{1}H \longrightarrow ^{3}_{2}He + ^{0}_{-1}\beta \qquad t_{\frac{1}{2}} = 12.5\text{년}$$

▶ 입자 가속기

많은 합성 동위원소들은 중성자를 충돌 입자로 사용하여 만든다. 이 방법은 전하가 없는 중성자를 사용하므로 표적인 핵으로부터 반발을 받지 않기 때문에 특히 편리하다. 반면에 충돌하는 입자가 양전하를 가진 입자(예를 들면, 양성자나 α 입자)이면 충돌 입자와 표적 핵과의 정전기적 반발력을 이길 수 있는 상당히 큰 운동 에너지를 가져야 한다. 알루미늄에서 인을 합성하는 것이 한 예이다.

$$^{27}_{13}Al + ^{4}_{2}\alpha \longrightarrow ^{30}_{15}P + ^{1}_{0}n$$

입자 가속기(particle accelerator)는 자기장과 전기장을 이용하여 전하 입자의 운동 에너지를 증가시켜 반응이 일어나도록 한다(그림 19.4). 특별히 제작된 판에 극성(+와 −)을 교대로 바꾸어 주면, 입자들이 나선을 따라 움직이면서 가속된다. 원하는 핵 반응을 일으키기에 충분한 에너지를 가지면, 입자를 가속기 밖으로 유도하여 표적 물질에 충돌시킨다.

입자 가속기는 여러 디자인이 개발되어 있다. 프랑스와 스위스 국경 사이에 지하 300피트에 위치한 세계 최대 규모의 입자 가속기가 있다. 이 장 맨 앞에서 볼 수 있는 강입자 충돌기(LHC)는 17마일의 원형 터널 안에 설치되어 있다. 이 장치에서 빛에 가까운 속도로 입자를 가속하는 것이 가능하다. [아인슈타인의 상대성 원리에 의하면 입자가 빛의 속도로 움직이는 것은 불가능하다. 정지 질량(rest mass)이 0인 광자는 예외이다.] 가속기에서 만들어 낸 극히 큰 에너지를 가진 입자는 물리학자들이 원자 핵을 여러 조각으로 부수는 데 사용한다. 이와 같은 붕괴의 파편들을 연구함으로써 핵의 구조와 결합력에 대한 중

그림 19.4 사이클로트론 입자 가속기(cyclotron particle accelerator)의 모형도. 가속된 입자(이온)는 중심에서 시작해서 전기장과 자기장의 영향으로 나선 궤도를 따라 가속되어 빠른 속도로 빠져나온다. 자기장은 속이 비어 있는 D자 모양의 전극에 수직이다.

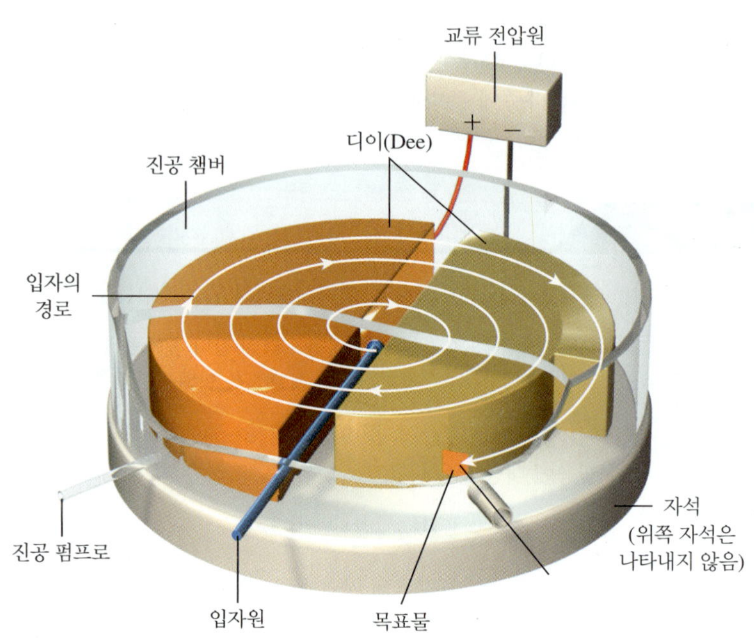

요한 자료를 얻을 수 있다.

초우라늄 원소

입자 가속기는 *원자 번호가 92보다 큰 원소*인 **초우라늄 원소**(transuranium element)의 합성을 가능하게 하였다. 1940년에 넵투늄(Z = 93)이 처음으로 만들어졌다. 그 이후 25개의 초우라늄 원소가 만들어졌다. 이들 원소의 동위원소는 모두가 방사성이다. 표 19.4에 코페르니큠(copernicium, Z = 112)까지의 초우라늄 원소과 또 이들이 만들어진 반응식을 나타내었다.

안정성의 섬

2010년에 117번 원소가 합성되어 기존에 만들어진 118번 원소까지 마련되어 있는 주기율표를 채웠다. 핵 과학자들은 몇 가지 무거운 원소는 원자들이 긴 반감기를 가지고 있는 "안정성의 섬"을 차지하고 있다고 생각한다(그림 19.5). 원자의 전자 구조와 비슷하게 원자 핵이 양성자와 중성자로 이루어진 같은 중심을 갖는 껍질(shell)로 생각할 수 있다. 원자 핵은 최외각이 가득 찰 때 가장 안정하다. 어떤 이론에 의하면 이러한 안정성은 184개의 중성자와 114, 120, 126개의 양성자에 의해 일어날 것이라 예측되고 이들이 안정성의 섬 중심으로 추정된다. 많은 기술적 어려움에도 불구하고 과학자들은 119번, 120번 또는 그 이후의 원소들이 언젠가 합성될 것으로 희망한다. 이러한 원소의 동위원소들은 초, 일, 년 단위의 반감기를 가질지도 모른다. (대조적으로 지금까지 만들어진 매우 무거운 원소는 1초에 미달하는 반감기를 가진다.) 그들은 산업과 의학에서 응용할 수 있을 가능성이 높다. 과학자들에게 흥미로운 질문이 있다. 주기율표에 끝이 있을까? 만약 있다면 어디가 끝일까?

개념 복습하기

IUPAC 체계명이 우눈옥튬(ununoctium, Uuo)이라 알려진 118번 원소가 2006년 러시아 두브나(Dubna)에서 처음 만들어졌다. 이 원소를 만드는 데 사용된 핵반응은 $^{249}_{98}Cf(^{48}_{20}Ca, X)^{294}_{118}Uuo$이다. X를 구하고, 이 핵 반응식을 완성하시오.

표 19.4 초우라늄 원소들

원자 번호	이름	기호	합성법
93	넵투늄(Neptunium)	Np	$^{238}_{92}U + ^{1}_{0}n \longrightarrow ^{239}_{93}Np + ^{0}_{-1}\beta$
94	플루토늄(Plutonium)	Pu	$^{239}_{93}Np \longrightarrow ^{239}_{94}Pu + ^{0}_{-1}\beta$
95	아메리슘(Americium)	Am	$^{239}_{94}Pu + ^{1}_{0}n \longrightarrow ^{240}_{95}Am + ^{0}_{-1}\beta$
96	퀴륨(Curium)	Cm	$^{239}_{94}Pu + ^{4}_{2}\alpha \longrightarrow ^{242}_{96}Cm + ^{1}_{0}n$
97	버클륨(Berkelium)	Bk	$^{241}_{95}Am + ^{4}_{2}\alpha \longrightarrow ^{243}_{97}Bk + 2^{1}_{0}n$
98	캘리포늄(Californium)	Cf	$^{242}_{96}Cm + ^{4}_{2}\alpha \longrightarrow ^{245}_{98}Cf + ^{1}_{0}n$
99	아인슈타이늄(Einsteinium)	Es	$^{238}_{92}U + 15^{1}_{0}n \longrightarrow ^{253}_{99}Es + 7^{0}_{-1}\beta$
100	페르뮴(Fermium)	Fm	$^{238}_{92}U + 17^{1}_{0}n \longrightarrow ^{255}_{100}Fm + 8^{0}_{-1}\beta$
101	멘델레븀(Mendelevium)	Md	$^{253}_{99}Es + ^{4}_{2}\alpha \longrightarrow ^{256}_{101}Md + ^{1}_{0}n$
102	노벨륨(Nobelium)	No	$^{246}_{96}Cm + ^{12}_{6}C \longrightarrow ^{254}_{102}No + 4^{1}_{0}n$
103	로렌슘(Lawrencium)	Lr	$^{252}_{98}Cf + ^{10}_{5}B \longrightarrow ^{257}_{103}Lr + 5^{1}_{0}n$
104	러더퍼듐(Rutherfordium)	Rf	$^{249}_{98}Cf + ^{12}_{6}C \longrightarrow ^{257}_{104}Rf + 4^{1}_{0}n$
105	더브늄(Dubnium)	Db	$^{249}_{98}Cf + ^{15}_{7}N \longrightarrow ^{260}_{105}Db + 4^{1}_{0}n$
106	시보귬(Seaborgium)	Sg	$^{249}_{98}Cf + ^{18}_{8}O \longrightarrow ^{263}_{106}Sg + 4^{1}_{0}n$
107	보륨(Bohrium)	Bh	$^{209}_{83}Bi + ^{54}_{24}Cr \longrightarrow ^{262}_{107}Bh + ^{1}_{0}n$
108	하슘(Hassium)	Hs	$^{208}_{82}Pb + ^{58}_{26}Fe \longrightarrow ^{265}_{108}Hs + ^{1}_{0}n$
109	마이트너륨(Meitnerium)	Mt	$^{209}_{83}Bi + ^{58}_{26}Fe \longrightarrow ^{266}_{109}Mt + ^{1}_{0}n$
110	다름슈타튬(Darmstadtium)	Ds	$^{208}_{82}Pb + ^{62}_{28}Ni \longrightarrow ^{269}_{110}Ds + ^{1}_{0}n$
111	뢴트게늄(Roentgenium)	Rg	$^{209}_{83}Bi + ^{64}_{28}Ni \longrightarrow ^{272}_{111}Rg + ^{1}_{0}n$
112	코페르니큠(Copernicium)	Cn	$^{208}_{82}Pb + ^{70}_{30}Zn \longrightarrow ^{277}_{112}Cn + ^{1}_{0}n$
114	플레로븀(Flerovium)	Fl	$^{244}_{94}Pu + ^{48}_{20}Ca \longrightarrow ^{289}_{114}Fl + 3^{1}_{0}n$
116	리버모륨(Livermorium)	Lv	$^{248}_{96}Cm + ^{48}_{20}Ca \longrightarrow ^{293}_{116}Lv + 3^{1}_{0}n$

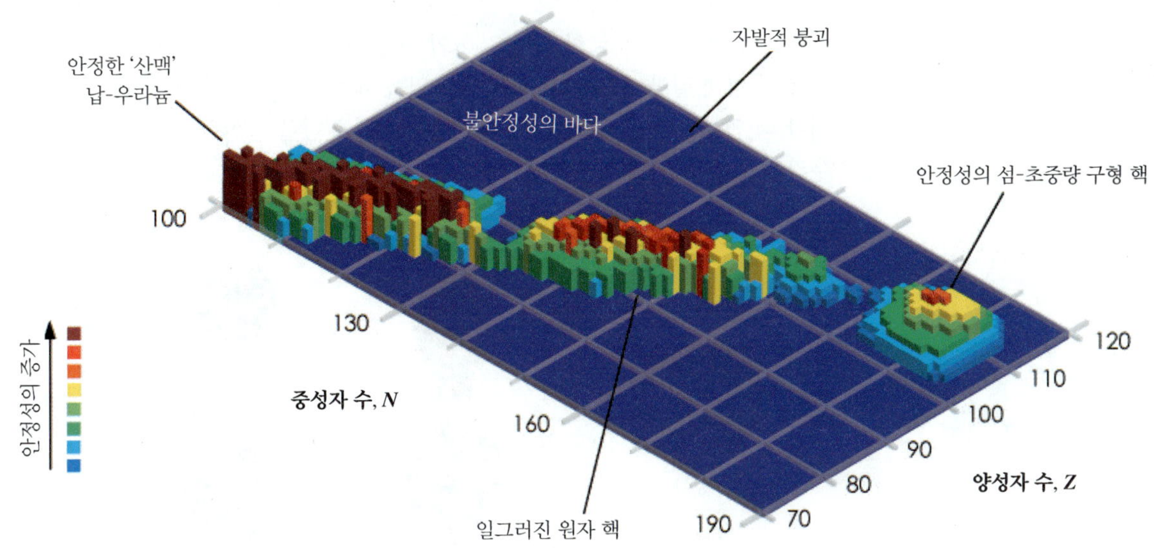

그림 19.5 안정성의 섬.

19.5 핵 분열

▶▶▶ 동영상 자료
▶ 핵 분열.

핵 분열(nuclear fission)은 *무거운 핵(질량수 > 200)이 중간 정도 질량의 작은 핵과 1~2개의 중성자로 쪼개지는 과정*을 말한다. 무거운 핵은 붕괴에 의해 생성된 핵보다 불안정하기 때문에(그림 19.2 참조), 핵 분열 과정에서는 항상 많은 양의 에너지가 발생한다.

첫 번째로 연구된 핵 분열 반응은 우라늄-235를 실온의 공기 분자 속도와 유사한 속도를 가진 중성자와 충돌시킨 반응이다. 이들 조건에서 우라늄-235는 그림 19.6처럼 분열한다. 실제로는 이 반응은 매우 복잡하며, 30개 이상의 다른 원소들이 핵 분열 생성물로 발견되었다(그림 19.7). 다음 반응이 대표적인 반응이다.

$$^{235}_{92}\text{U} + ^{1}_{0}\text{n} \longrightarrow ^{90}_{38}\text{Sr} + ^{143}_{54}\text{Xe} + 3^{1}_{0}\text{n}$$

많은 무거운 핵들을 분열시킬 수 있지만 실질적으로 중요한 반응은 천연 우라늄-235와 사람이 만든 동위원소인 플루토늄-239의 분열 반응뿐이다. 표 19.5에 우라늄-235와 분열 생성물의 핵 결합 에너지를 나타내었다. 표에서 볼 수 있는 바와 같이 우라늄-235의 핵자 당 결합 에너지는 스트론튬-90과 제논-143의 결합 에너지를 합한 것보다 작다. 따라서 우라늄-235가 두 개의 작은 핵으로 갈라질 때는 일정량의 에너지가 방출된다. 이 에너지의 크기를 계산해 보자. 우라늄-235 핵 하나에 대해 반응 핵과 생성 핵의 핵 결합 에너지 차이는 $(1.23 \times 10^{-10} + 1.92 \times 10^{-10})$ J − (2.82×10^{-10}) J 즉, U-235 핵 당 3.3×10^{-11} J이다. U-235 1 mol에 대해 방출된 에너지는 $(3.3 \times 10^{-11}) \times (6.02 \times 10^{23}) = 2.0 \times 10^{13}$ J이다. 석탄 1 t이 연소할 때 약 5×10^{7} J의 열이 방출되는 것을 생각하면 이것은 대단히 큰 발열 반응이다.

표 19.5
^{235}U의 핵 결합 에너지와 분열 생성물

	핵 결합 에너지
^{235}U	2.82×10^{-10} J
^{90}Sr	1.23×10^{-10} J
^{143}Xe	1.92×10^{-10} J

중요한 사실은 U-235가 분열할 때 엄청나게 큰 에너지가 방출될 뿐만 아니라 이 과정에서 포획된 중성자보다 더 많은 중성자가 방출되는 것이다. 이 성질 때문에 *연속적으로 일어나는 핵 분열 반응*인 **핵 연쇄 반응**(nuclear chain reaction)이 가능하다. 핵 분열 초기 단계에서 생성된 중성자는 다른 우라늄-235의 분열을 유발시키고 계속해서 점점 더 많은 중성자가 생성된다. 1초보다 더 짧은 시간 내에 반응은 통제 불능으로 되며 엄청난 양의 에너지를 주위에 방출하게 된다.

연쇄 반응이 일어나기 위해서는 중성자를 포획할 수 있을 만큼 충분한 양의 우라늄-235가 있어야 한다. 그렇지 않으면 많은 중성자가 시료 밖으로 달아나서 연쇄 반응은 일어나지 않는다. 이 경우 시료의 질량은 *미임계*(subcritical)라 한다. 그림 19.8은 분열할 수 있는 물질이 **임계 질량**(critical mass) 이상 있을 때 일어날 수 있는 현상을 보여준다. 임계 질량이란 *핵 연쇄 반응을 일으킬 수 있는 최소한의 질량*을 말한다. 이 경우 대부분의 중성자는 우라늄-235 핵에 의해 포획되어 연쇄 반응이 일어난다.

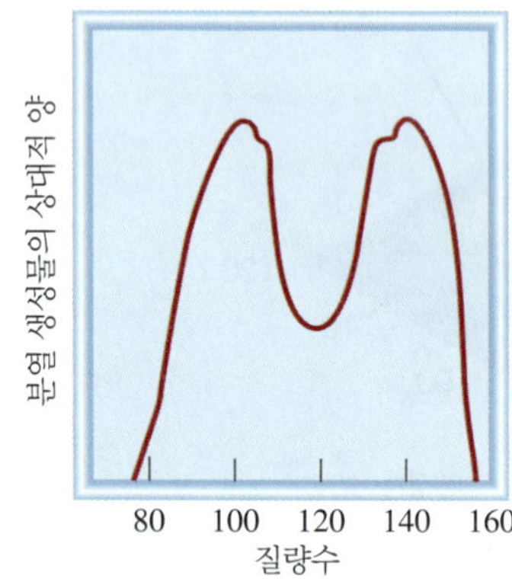

그림 19.7 질량수 변화에 따른 ^{235}U의 분열로부터 생성된 생성물의 상대 수득률.

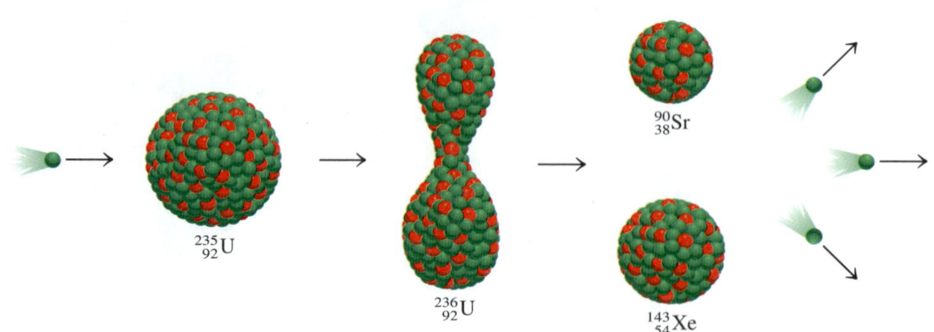

그림 19.6 ^{235}U의 핵 분열. ^{235}U 핵이 중성자(초록색 구)를 포획하여 분열하면, 더 작은 핵 두 개가 생성된다. 평균적으로 쪼개지는 ^{235}U 핵 당 2.4개의 중성자가 방출된다.

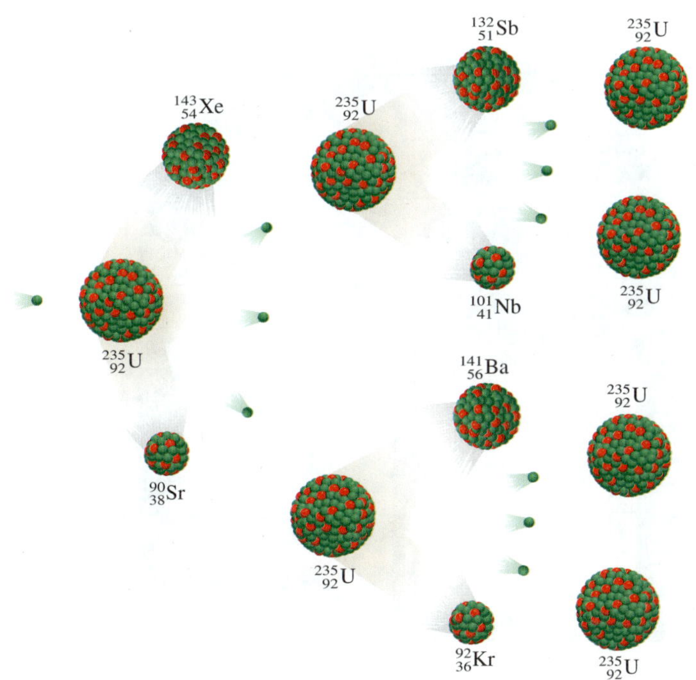

그림 19.8 임계 질량이 존재하면 핵 분열 과정에서 방출되는 많은 중성자들은 다른 ^{235}U 핵에 의하여 포획되고 연쇄 반응이 일어나게 된다.

원자 폭탄

핵 분열을 처음 이용한 것이 원자 폭탄 개발이었다. 원자 폭탄은 어떻게 만들어졌으며 어떻게 폭발되는가? 원자 폭탄 디자인의 중요한 인자는 임계 질량을 결정하는 것이다. 조그마한 원자 폭탄 하나는 TNT 20,000 t에 해당한다. TNT 1 t은 약 4×10^9 J의 에너지를 방출하므로 20,000 t은 8×10^{13} J의 에너지를 생성할 것이다. 앞에서 우라늄-235 1 mol 즉, 235 g이 핵 분열할 때 2.0×10^{13} J의 에너지를 방출한다는 것을 알았다. 따라서 조그마한 원자 폭탄 하나에 들어 있는 동위원소의 질량은 적어도 다음과 같은 양이 되어야 한다.

$$235\ \text{g} \times \frac{8 \times 10^{13}\ \text{J}}{2.0 \times 10^{13}\ \text{J}} \approx 1\ \text{kg}$$

핵 분열이 일어날 수 있기 때문에 원자 폭탄은 임계 질량으로 조립하지는 않는다. 그 대신 그림 19.9에서 보여주는 것처럼 TNT와 같은 재래식 폭약을 사용하여 핵 분열 부분이 임계 질량에 도달하도록 해준다. 장치의 중앙에 놓여 있는 중성자 원(neutron source)이 핵 연쇄 반응을 유발시킨다. 1945년 8월 6일, 일본 히로시마에 투하된 핵 폭탄은 우라늄-235였다. 플루토늄-239는 3일 후 나가사키에서 폭발한 원자 폭탄에 사용되었다. 핵 분열 반응은 두 경우 거의 유사했으며 파괴 정도도 거의 같았다.

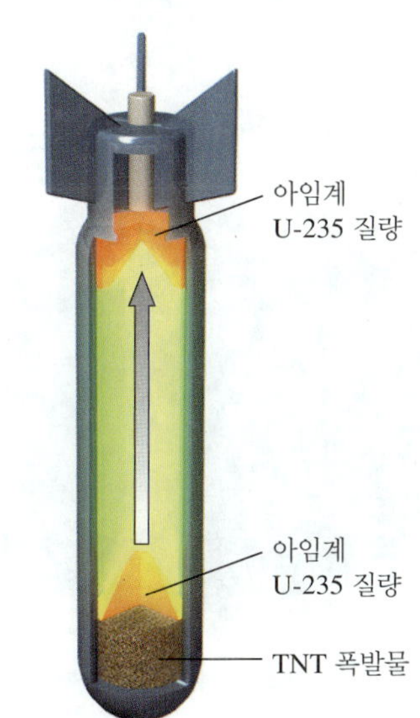

그림 19.9 원자 폭탄의 단면도. 먼저 TNT의 폭발이 시작된다. 폭발은 분열될 물질의 부분들이 합쳐져서 임계 질량보다 상당히 더 큰 양이 형성되도록 한다.

원자로

원자로에서 연쇄 반응을 조절하여 얻은 열을 이용하여 전기를 생산하는 것은 핵 분열을 평화적으로 응용한 것이지만 말썽도 많다. 현재 미국에서 쓰는 전기의 20%를 원자로가 공급한다. 이것은 적지만 무시할 수 있는 양은 아니다. 여러 가지 다른 유형의 원자로가 운용되고 있다. 이들 원자로들 중에서 세 가지 유형의 주요 특징 및 장점과 단점에 대해 논의하기로 한다.

경수 원자로

미국에 있는 대부분의 원자로는 *경수 원자로*(light water reactor)이다. 그림 19.10은 이 원자로의 모형이고 그림 19.11은 이 원자로의 중심에서 연료 재충전 과정(refueling pro-

그림 19.10 핵 분열 반응로의 모식도. 분열 과정은 카드뮴 또는 붕소 막대에 의해 조절된다. 핵 분열 과정에서 발생되는 열은 열 교환기를 통하여 발전용 증기를 생산하는 데 사용된다.

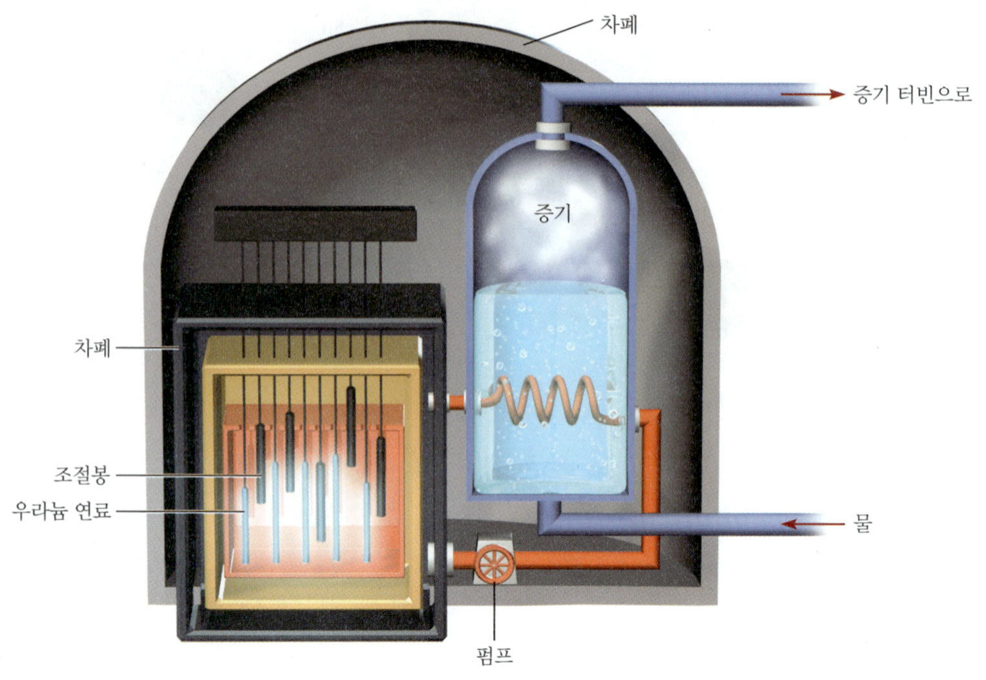

그림 19.11 핵 반응기의 핵심 재충전.

그림 19.12 산화 우라늄(U_3O_8).

cess)을 보여준다.

분열 과정에서 중요한 양상은 중성자의 속도이다. 느린 중성자는 빠른 중성자보다 우라늄-235를 더 효과적으로 분열시킨다. 분열 반응은 큰 발열 반응이기 때문에, 분열에서 처음 생성된 중성자는 일반적으로 빠른 속도로 움직인다. 핵 붕괴를 유발시키는 데 더 효과적으로 이용하기 위해서 사전에 이들의 속도를 늦추어야 한다. 그러기 위해서 과학자들은 *중성자의 운동 에너지를 감소시킬 수 있는 물질*인 **감속재**(moderator)를 사용한다. 좋은 감속재는 몇 가지 요구 조건을 충족시켜야 한다. 즉, 유독하지 않고 값이 싸야 하고(대단히 많은 양을 사용하기 때문), 중성자와 충돌하여도 방사성 동위원소로 바뀌어서는 안 된다. 더욱이 감속재가 냉각제로 사용할 수 있는 액체이면 더욱 좋다. 물이 고려 대상인 다른 어떤 물질보다는 좋지만, 이들 요구 조건을 모두 만족시킬 수 있는 감속재는 없다. ${}^1_1H$는 수소 원소의 가장 가벼운 동위 원소이기 때문에, 감속재로서 경수(H_2O)를 사용하는 원자로를 경수 원자로라 부른다.

핵 연료는 우라늄, 보통 우라늄 산화물 U_3O_8 형태(그림 19.12)로 구성되어 있다. 천연 우라늄은 0.7%의 우라늄-235를 함유하고 있으며, 이 양은 너무 적어서 소규모 연쇄 반응도 유지할 수 없다. 경수 원자로를 효과적으로 작동시키기 위해서는 우라늄-235를 3~4% 정도로 농축시켜야 한다. 이론상으로 원자로와 원자 폭탄의 주된 차이는 원자로 내에서 일어나는 연쇄 반응을 항상 조절하는 것이다. 반응 속도를 제한시키는 요인은 중성자의 수이다. 이것은 카드뮴이나 붕소 막대를 연료 사이로 집어넣어 조절한다. 이들 막대(봉)는 다음 식에 따라 중성자를 포획한다.

$$ {}^{113}_{48}Cd + {}^1_0n \longrightarrow {}^{114}_{48}Cd + \gamma $$
$$ {}^{10}_{5}B + {}^1_0n \longrightarrow {}^{7}_{3}Li + {}^4_2\alpha $$

여기서 γ는 감마선을 나타낸다. 조절봉이 없으면 원자로 핵심부는 발생한 열에 의해 녹아버릴 것이며, 방사성 동위원소를 주위 환경으로 방출할 것이다.

원자로는 핵 반응에 의해 발생한 열을 흡수하여 원자로 중심부 밖으로 옮겨주고 여기서 발전기를 돌리는 데 충분한 증기를 발생하게 하는 정교한 냉각 시스템을 갖추고 있다.

이 점에서는 원자력 발전소가 화석 연료를 태워 발전을 하는 재래식 발전소와 유사하다. 두 개 모두 재사용을 위해 수증기 응축에 많은 양의 냉각수가 필요하다. 따라서 대부분의 원자력 발전소는 강이나 호수 가까이에 있다. 불행하게도 이러한 냉각 방법이 열 공해의 원인이 된다(12.4절 참조).

중수 원자로

또 다른 형태의 원자로는 H_2O 대신에 중수인 D_2O를 감속재로 사용한다. 중수소는 일반 수소보다 중성자를 효과적으로 흡수하지 못한다. 보다 적은 수의 중성자가 흡수되기 때문에 원자로는 더 효율적이며 농축 우라늄을 필요로 하지 않는다. 중수소가 효율적이지 못한 감속재라는 사실은 더 많은 중성자가 원자로 밖으로 누출되기 때문에 원자로 운용에 부정적인 영향을 미친다. 그러나 이것은 심각한 단점은 아니다.

중수 원자로의 주된 장점은 값비싼 우라늄 농축 시설을 하지 않아도 된다는 점이다. 그러나 D_2O는 일반 물을 분별 증류하거나 전기분해하여야 하며 원자로에 사용하는 물의 양을 고려하면 대단히 값비싼 방법들이다. 수력발전 양이 많은 나라에서는 전기분해로 D_2O를 생산하는 비용은 비교적 적게 든다. 현재 캐나다만이 중수 원자로를 성공적으로 이용하고 있다. 중수 원자로는 농축 우라늄을 필요로 하지 않기 때문에 무기 생산 기술과 밀접한 관련이 있는 일을 하지 않으면서 원자력 발전의 장점을 누릴 수 있게 한다.

증식형 원자로

증식형 원자로(breeder reactor)는 우라늄을 연료로 사용하나 재래식 원자로와는 달리 *사용한 양보다 더 많은 양의 핵 분열이 가능한 물질을 생산*한다.

우라늄-238을 빠른 중성자와 충돌시키면 다음 반응이 일어난다.

$$
\begin{aligned}
{}^{238}_{92}\text{U} + {}^{1}_{0}\text{n} &\longrightarrow {}^{239}_{92}\text{U} \\
{}^{239}_{92}\text{U} &\longrightarrow {}^{239}_{93}\text{Np} + {}^{0}_{-1}\beta \qquad t_{\frac{1}{2}} = 23.4\text{분} \\
{}^{239}_{93}\text{Np} &\longrightarrow {}^{239}_{94}\text{Pu} + {}^{0}_{-1}\beta \qquad t_{\frac{1}{2}} = 2.35\text{일}
\end{aligned}
$$

플루토늄-239는 실제로 우라늄으로부터 분리될 수 있는 산화 플루토늄을 형성한다.

이 방법에서는 핵 분열이 불가능한 우라늄-238이 핵 분열이 가능한 플루토늄-239로 변환된다(그림 19.13).

전형적인 증식형 원자로에서는 우라늄-235나 플루토늄-239를 우라늄-238과 섞인 핵 연료를 사용하기 때문에 원자로 중심부에서 증식이 일어난다. 우라늄-235(또는 플루토늄-239)가 핵 분열을 할 때마다 우라늄-238이 하나 이상의 중성자를 포획하여 플루토늄-239를 생성한다. 따라서 처음 출발한 핵 연료가 소비되면서 핵 분열 가능한 물질이 쌓여간다. 원래의 원자로를 재충전하고 그와 비슷한 크기의 또 하나의 원자로 연료로 사용하기에 충분한 양을 생산하는 데 7~10년이 소요된다. 이 기간을 *배증 시간*(doubling time)이라 한다.

또 다른 증식 가능한 동위원소는 ${}^{232}_{90}\text{Th}$이다. 느린 중성자를 포획하면 토륨은 우라늄-235처럼 핵 분열 동위원소인 우라늄-233으로 변한다.

$$
\begin{aligned}
{}^{232}_{90}\text{Th} + {}^{1}_{0}\text{n} &\longrightarrow {}^{233}_{90}\text{Th} \\
{}^{233}_{90}\text{Th} &\longrightarrow {}^{233}_{91}\text{Pa} + {}^{0}_{-1}\beta \qquad t_{\frac{1}{2}} = 22\text{분} \\
{}^{233}_{91}\text{Pa} &\longrightarrow {}^{233}_{92}\text{U} + {}^{0}_{-1}\beta \qquad t_{\frac{1}{2}} = 27.4\text{일}
\end{aligned}
$$

우라늄-233 ($t_{\frac{1}{2}} = 1.6 \times 10^5$년)은 안정하며 오랜 기간 저장할 수 있다.

지각에 우라늄-238과 토륨-232가 제법 많은 양이 있긴 하지만(질량으로 각각 4 ppm과 12 ppm), 증식형 원자로의 발전은 상당히 느리다. 현재까지 미국에는 단 하나의 증식형 원자로도 가동되고 있지 않으며, 프랑스와 러시아 같은 몇몇 나라에만 몇 기가 건설되었

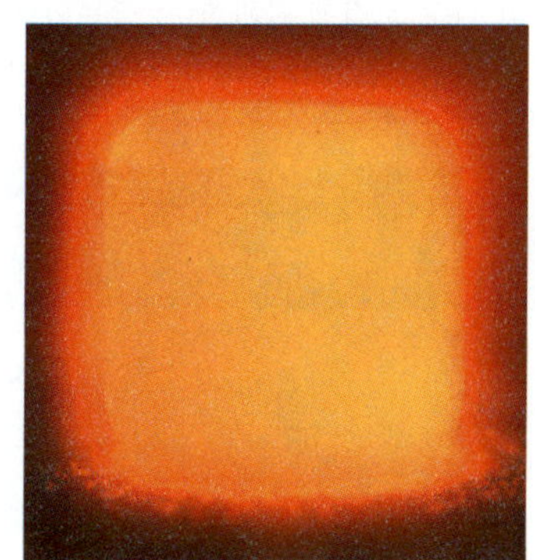

그림 19.13 방사성 산화 플루토늄(PuO_2)의 붉은 빛.

생활 속의 화학 CHEMISTRY in Action

천연 핵 분열 원자로

프랑스 피에르라트(Pierrelatte)에 있는 핵 연료 처리 공장에서 1972년 5월 늘 하던 분석을 하던 중 발견된 사실이다. 한 직원이 우라늄광에 들어 있는 U-235와 U-238 동위원소의 비를 조사하던 중 놀라운 결과를 얻었다. 오래 전부터 천연 U-235와 U-238의 존재비는 0.7202%와 99.2798%으로 알려져 있다. 그런데 이 경우는 U-235의 존재비가 0.7171%였다. 이것은 아주 조그만 차이 같으나 측정이 정밀하였기 때문에 이 차이는 아주 큰 의미를 갖는다. 광석은 아프리카 서해안에 있는 가봉 공화국의 오클로(Oklo) 광산에서 채광한 것이었다. 또 U-235의 양이 더 적은 시료도 있었으나 어떤 것은 0.44%밖에 안 되는 시료도 있었다.

U-235의 양이 적은 사실에 대한 합리적인 설명은 광산에서 핵 분열이 일어나면서 U-235가 소비되었다는 것이다. 그러나 어떻게 이런 핵 분열이 일어날 수 있었을까? 그와 같은 핵 분열이 일어나기 위해서는 몇 가지 조건이 필요하다. 예를 들면, 중수가 있으면 농축되지 않은 우라늄이 연쇄 반응을 일으킬 수도 있다. 중수가 없을 경우 우라늄 광과 감속재가 특별한 기하학적 위치에 놓여 있으면 연쇄 반응이 일어날 수도 있다. 그러나 이 두 가지 가능성은 있을 수 없는 것 같다. 가장 그럴듯한 설명은 광산에 있는 원래의 우라늄광에 U-235가 농축되어 있어서 물과 함께 이 농축된 우라늄이 재래식 원자로 내에서처럼 핵 분열을 일으켰다고 보는 것이다.

앞서 언급한 것처럼 천연의 U-235 존재비는 0.7202%이나 항상 그렇게 낮은 것은 아니었다. U-235와 U-238의 반감기는 각각 7억 년과 45.1억 년이다. U-235가 반감기가 짧기 때문에 원래는 더 많이 존재했었다는 것을 의미한다. 사실, 지구가 처음 형성될 때는 U-235의 천연 존재비는 17%나 되었다. 핵 분열 원자로가 운용되기 위한 U-235의 농도는 1%이기 때문에 4억 년 전에 벌써 핵 연쇄 반응이 일어날 수 있었다. 광석에 남아 있는 방사성 핵분열 생성물을 분석한 결과 과학자들은 가봉 "원자로"는 20억 년 전부터 가동되었다고 결론지었다.

농축 우라늄 시료의 존재는 조절 연쇄 반응을 시작하는 하나의 필수 조건에 불과하다. 충분한 광석도 있어야 하고, 또 적당한 감속재도 있어야 연쇄 반응의 조절이 가능하다. 지각 변동의 결과, 우라늄광이 계속 오클로 지역으로 흘러들어 농축 침전물이 되었다. 핵 분열 과정에 필요한 감속재는 주로 물이었으며, 이 물은 침전물이 형성한 광석 내의 결정수였을 것이다.

가봉 공화국에 있는 오클로 우라늄 광산의 노천 채굴 현장 사진. 이 광산에서는 12개 이상의 구역에서 핵 분열이 일어났음이 밝혀졌다.

따라서 연속적인 일련의 특수한 사건으로 인해 이 지구상에 생명체가 처음 나타나기 시작했을 때부터 자연의 핵 분열 원자로는 가동되었다. 과학적인 사건에서 흔히 있듯이 인간은 발명가일 뿐 아니라 단순히 자연의 모방자이기도 하다.

다. 경제 사정이 큰 문제다. 증식형 원자로는 재래식 원자로보다 건설비용이 많이 든다. 더 많은 기술적인 문제가 증식형 원자로를 건설하는 데 따르기도 한다. 그 결과, 적어도 미국에 있어서 증식형 원자로의 미래는 불확실하다.

➤ 핵 에너지의 위험성

환경 운동가를 포함한 많은 사람들은 핵 분열은 에너지 생산을 위한 아주 바람직하지 못한 방법이라고 생각한다. 스트론튬-90과 같은 많은 핵 분열 생성물은 반감기가 아주 긴 위험한 방사성 동위원소들이다. 원자로 연료로 사용되고 증식형 원자로에서 생산되는 플루토륨-239는 알려진 가장 유독한 물질이다. 이것은 반감기가 24,400년이나 되는 α 입자 방출체이다.

플루토늄은 방사성과 함께 화학적으로 독성이 있다.

또한 사고가 나면 많은 위험이 뒤따른다. 1979년 미국 펜실베이니아의 스리마일(Three Mile) 섬 원자로 사고가 일반 대중에게 처음으로 원자력 발전소의 위험성을 인식시켰다. 이 사고 때 아주 적은 양의 방사선이 원자로 밖으로 배출되었지만 발전소를 수리하고 안정성 문제가 발표될 때까지 10년 이상 폐쇄되었다. 몇 년 후인 1986년 4월 26일 우크라이나의 체르노빌에 있는 한 원자력 발전소가 통제 불능이 되었다. 뒤따른 화재와 폭발로 많은 방사성 물질이 주위 환경으로 배출되었다. 발전소 가까운 주변에서 일하던 사람들은 강한 방사선에 노출되어 수주일 내에 사망했다. 30년 후인 지금도 여전히 얼마나 많은 사람들이 방사선에 의해 유발한 암으로 사망하였는지 알 수 없다. 수천에서 수십만 명으로 상황에 따라 다르게 추정되고 있다. 최근 2011년 3월 11일에 일본 후쿠시마에서 대규모의 원자력 발전소 사고가 발생했다. 강력한 지진으로 발생한 파괴적인 지진 해일로 인해 발전소의 원자로에 심각한 피해를 입혔다. 방사선 누출이 자연환경에 미친 장기적인 피해 영향은 아직 완전히 파악되지 않았지만 체르노빌 사고에 필적할 것으로 추정된다.

비록 안전하게 운용되는 발전소라 하더라도 사고 위험뿐 아니라 방사능 폐기물 문제도 만족스럽게 해결하지 못하고 있다. 핵 폐기물 저장이나 처리에 대해서 지하나 바다 밑 또는 깊은 지질층에 묻는 것을 포함하여 많은 제안들이 있다. 그러나 그 어느 것도 장기적으로 절대 안정하다는 것이 증명된 바는 없다. 예를 들어, 방사능 폐기물이 지하수에 누출되면 가까운 지역 주민들에게 큰 위험이 된다. 가장 이상적인 폐기 장소는 태양인데 태양은 방사능이 좀더 보태진다 해도 크게 달라질 것이 없으니, 이것은 전적으로 우주 기술 개발에 달려 있는 것이다.

매립 전에 녹은 유리로 핵 폐기물을 덮는다.

위험성 때문에 원자로의 장래는 먹구름이 끼여 있다. 한때 21세기 에너지 공급 문제의 절대적인 해결사로 환영받았던 것이 지금은 과학자들뿐 아니라 일반인들에 의해서도 의문시되고 또 논란이 되고 있다. 이 논란은 당분간 계속될 듯하다.

개념 복습하기

일본 후쿠시마 현 원전과 같은 심하게 손상된 원자로에 왜 종종 붕소 화합물을 가하는가?

19.6 핵 융합

핵 분열 과정과는 달리 *작은 핵이 결합하여 큰 핵으로 바뀌는* **핵 융합**(nuclear fusion)은 폐기물 처리 문제가 없다.

그림 19.2는 가벼운 원소들은 질량수가 커질수록 핵 안정도가 증가한다는 것을 보여주고 있다. 이 경향은 두 개의 가벼운 핵이 결합 즉, 융합하여 더 커지고 더 안정한 핵을 형성할 때 상당한 양의 에너지를 방출할 것임을 뜻한다. 이것이 핵 융합을 에너지 생산에 이용하는 기본이다.

핵 융합은 약 1500만°C의 태양 내부 온도를 유지한다.

태양에서는 핵 융합이 계속 일어나고 있다. 태양은 주로 수소와 헬륨으로 구성되어 있다. 온도가 1500만°C인 내부에서 다음과 같은 핵 융합 반응이 일어나고 있다.

$$^1_1H + ^2_1H \longrightarrow ^3_2He$$
$$^3_2He + ^3_2He \longrightarrow ^4_2He + 2^1_1H$$
$$^1_1H + ^1_1H \longrightarrow ^2_1H + ^{\ 0}_{+1}\beta$$

핵 융합은 매우 높은 온도에서만 일어날 수 있기 때문에 **열핵 반응**(thermonuclear reaction)이라 부르기도 한다.

핵 융합 원자로

에너지 생산을 위한 핵 융합 반응에서 주로 고려해야 하는 것은 그 반응을 일으키는 데 필요한 온도이다. 기대되는 몇 가지 반응들은 다음과 같다.

반응	방출되는 에너지
$^2_1H + ^2_1H \longrightarrow ^3_1H + ^1_1H$	4.9×10^{-13} J
$^2_1H + ^3_1H \longrightarrow ^4_2He + ^1_0n$	2.8×10^{-12} J
$^6_3Li + ^2_1H \longrightarrow 2^4_2He$	3.6×10^{-12} J

이들 반응은 핵과 핵 사이의 반발력을 이기기 위해 1억°C 정도의 높은 온도에서 일어난다. 첫 번째 반응이 무한정의 중수소를 지구상에서 공급할 수 있기 때문에 특히 매력적이다. 지구의 전체 물의 양은 1.5×10^{21} L이다. 자연에 존재하는 중수소의 비는 1.5×10^{-2}%이기 때문에 중수소의 전체 양은 대략 4.5×10^{21} g 즉, 5.0×10^{15} t이나 된다. 중수소 생산비는 이 반응이 방출하는 에너지 값에 비하면 아주 작은 값이다.

핵 분열 반응과는 달리 핵 융합 반응은 적어도 "이론상"으로는 아주 유망한 에너지원이다. 열 공해 문제가 있긴 하지만 핵 융합은 (1) 연료의 값이 싸고 무한정이며, (2) 방사성 폐기물을 거의 배출하지 않는다는 장점이 있다. 핵 융합 장비 가동을 중단해야 한다면 장비의 용융 문제를 걱정하지 않고 완전히 또 즉시 중단할 수 있다.

핵 융합이 그렇게 좋다면 왜 에너지를 생산하는 핵 융합 원자로가 하나도 없는가? 핵 융합 원자로를 디자인하는 지식을 이론적으로는 극복했지만, 기술적인 어려움을 아직 해결하지 못하고 있다. 기초적인 문제는 핵 융합 반응이 일어날 수 있도록 적당한 온도에서 오랫동안 두 핵을 붙들고 있는 기술이다. 1억°C에서는 분자가 존재할 수 없고, 거의 모든 원자도 그들의 전자를 다 잃게 된다. 이런 물질 상태 즉, *기체 상태의 양이온과 전자의 혼합물인 물질 상태*를 **플라스마**(plasma)라 부른다. 이 플라스마를 담고 있다는 것은 가공할 일이다. 어떤 고체 용기가 그와 같은 높은 온도를 견딜 수 있겠는가? 플라스마의 양이 적지 않으면 아무 것도 그렇게 높은 온도를 견딜 수 있는 물질은 없다. 고체의 표면이 시료(플라스마)의 온도를 낮출 것이고 곧 융합 반응은 중단될 것이다. 이런 문제를 해결할 수 있는 한 가지 방법은 *자기 가둠*(magnetic confinement)을 이용하는 것이다. 플라스마는 빨리 움직이는 전하 입자로 구성되어 있기 때문에 자기장은 이들에게 힘을 가할 수 있다. 그림 19.14에서처럼 플라스마는 복잡한 자기장에 의해 도넛형 터널 내에 억제되어 움직일 것이다. 따라서 플라스마는 용기 벽에 접촉하지 않게 된다.

또 다른 디자인은 레이저를 사용해서 핵 반응을 일으키는 것이다. 한 가지 접근법은 중수소와 삼중수소를 포함하는 작은 연료 펠렛에 192개의 고출력 레이저 광선을 집중시킨다(그림 19.15). 레이저에서 나오는 에너지가 펠렛을 극고온으로 가열하여 파열되게 하는데, 모든 방향으로부터 안쪽으로 작은 부피 내에서 붕괴시킨다. 이러한 조건에서 융합 과정이 개시된다. 미국 국립점화시설(U.S. National Ignition Facility, NIF)은 2014년 2월 점화에 필요한 에너지의 양을 두 배로 한 실험을 포함하여 실험실에서 융합으로 얻어진 에너지가 처음으로 이 과정을 유발하는 데 쓰이는 양을 초과했다고 발표했다. 핵융합이 대규모로 실용화되기 전에 해결되어야 할 기술적 어려움이 아직 많지만 과학자들은 수년간의

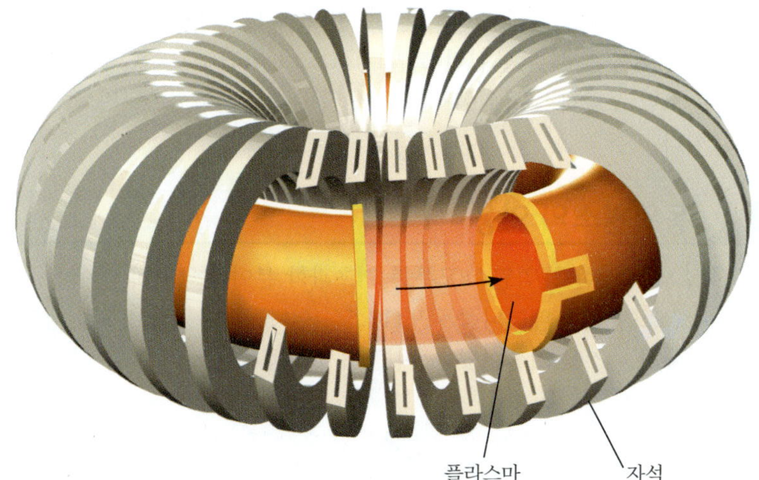

그림 19.14 토카막(tokamak)이라고 하는 자기 플라스마 가둠 장치.

그림 19.15 중수소와 삼중수소의 작은 펠렛 안에서 핵융합을 개시하는 데 192개의 레이저를 사용하는 국립점화시설(NIF)에 있는 반응 챔버.

노력 후 첫 번째 긍정적 결과에 흥분하고 있다.

수소 폭탄

핵 융합 원자로 디자인에서는 고유한 기술적인 문제들이 있지만 열핵 폭탄이라 부르는 수소 폭탄 제조에는 이러한 문제들이 아무런 영향을 끼치지 못한다. 수소 폭탄 제조의 경우에 필요한 것은 힘이지 통제가 아니다. 수소 폭탄은 수소 기체나 중수소 기체를 포함하지 않고, 아주 단단하게 충전할 수 있는 중수소화 리튬(LiD)으로 되어 있다. 수소 폭탄은 두 단계로 폭발하는데, 먼저 핵 분열 반응이 일어나고 그 다음에 핵 융합 반응이 일어난다. 핵융합에 필요한 온도는 원자 폭탄을 터트려 얻는다. 원자 폭탄이 폭발한 직후 다음 반응이 일어나면서 거대한 양의 에너지가 방출된다(그림 19.16).

$$^{6}_{3}\text{Li} + ^{2}_{1}\text{H} \longrightarrow 2^{4}_{2}\alpha$$
$$^{2}_{1}\text{H} + ^{2}_{1}\text{H} \longrightarrow ^{3}_{1}\text{H} + ^{1}_{1}\text{H}$$

핵 융합 폭탄은 임계 질량이 필요 없으며, 폭발력은 반응물의 양에 따라서만 결정된다. 열핵 폭탄은 원자 폭탄보다 깨끗하다고 한다. 폭발로 인해 생기는 것들은 오직 방사성 동위원소로 약한 β 입자 방출체($t_{\frac{1}{2}}$ = 12.5년)인 삼중수소와 핵 분열 출발 물질(fission starter)의 생성물들이기 때문이다. 그러나 코발트와 같은 핵 분열이 불가능한 물질을 만

그림 19.16 열핵 폭탄의 폭발.

들기 때문에 환경에 미치는 피해는 더 커질 수 있다. 코발트-59가 중성자와 충돌하면 반감기가 5.2년인 강한 γ선 배출 물질인 코발트-60으로 바뀐다. 열핵 폭탄이 터진 폐허나 낙진 속에 있는 코발트 방사성 동위원소는 초기 폭발에서 살아남은 사람들에게 치명적인 피해를 줄 수 있다.

19.7 동위원소의 이용

방사성 동위원소와 안정한 동위원소 모두를 기초과학 분야나 약학 분야에서 많이 응용한다. 앞에서 동위원소를 반응 메커니즘 규명(13.5절)이나 연대 측정(13.3절 생활 속의 화학과 19.3절)에 이용하는 것을 기술하였다. 이 절에서는 동위원소 이용의 예를 몇 가지 더 논의할 것이다.

구조 결정

싸이오황산 이온(thiosulfate ion)의 화학식은 $S_2O_3^{2-}$이다. 화학자들은 수년 간 황 원자 두 개가 이온에서 동일한 위치를 차지하고 있는지 또는 그렇지 않는지에 대해 확실히 알지 못했다. 싸이오황산 이온은 아황산 이온을 황 원소와 반응시켜 만든다.

$$SO_3^{2-}(aq) + S(s) \longrightarrow S_2O_3^{2-}(aq)$$

싸이오황산 이온을 묽은 산으로 처리하면 역반응이 일어나 아황산 이온이 재생되고 황 원소가 침전된다.

$$S_2O_3^{2-}(aq) \xrightarrow{H^+} SO_3^{2-}(aq) + S(s) \qquad (19.4)$$

방사성 동위원소 황-35가 농축된 황 원소로 일련의 실험을 행하면, 황 동위원소는 "표지"된 황으로 작용한다. 모든 표지된 황은 식 (19.4)의 침전한 황에서 발견되고, 아황산 이온에서는 하나도 발견되지 않았다. 따라서 $S_2O_3^{2-}$에 있는 두 개의 황 원자는 구조적으로 동등하지 않음이 분명하다. 만일 그 구조가 다음과 같다면 두 황 원자는 같아야 될 것이다.

$$\left[:\ddot{\underset{..}{O}}-\ddot{\underset{..}{S}}-\ddot{\underset{..}{O}}-\ddot{\underset{..}{S}}-\ddot{\underset{..}{O}}:\right]^{2-}$$

두 개의 황 원자가 구조상 같다면 방사성 동위원소는 침전한 황 원소와 아황산 이온 모두에 존재해야 할 것이다. 오늘날에는 분광학적 연구에 근거하여 싸이오황산 이온 구조가 다음과 같음을 알고 있다.

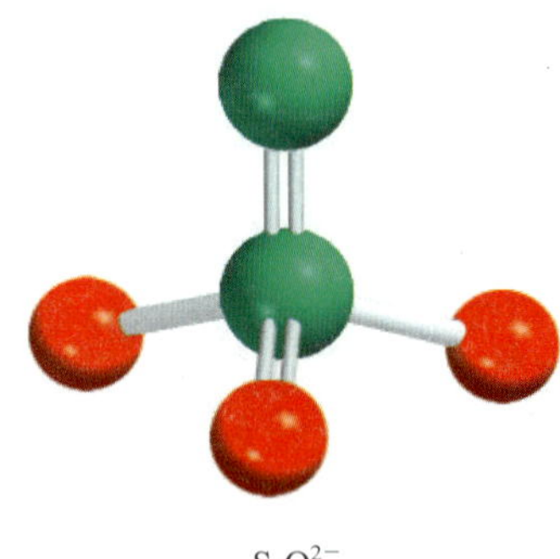
$S_2O_3^{2-}$

$$\left[\begin{array}{ccccc} & & :S: & & \\ & & \| & & \\ :\ddot{\underset{..}{O}} & - & S & - & \ddot{\underset{..}{O}}: \\ & & \| & & \\ & & :O: & & \end{array}\right]^{2-}$$

광합성의 연구

동위원소는 광합성(photosynthesis) 연구에 많이 이용된다. 전체 광합성 반응은 다음과 같이 쓸 수 있다.

$$6CO_2 + 6H_2O \longrightarrow C_6H_{12}O_6 + 6O_2$$

13.5절에서 O_2의 근원을 결정하는 데 ^{18}O 동위원소를 이용하였다. ^{14}C 동위원소의 도움으로 광합성에서 탄소의 경로를 결정할 수 있었다. $^{14}CO_2$로 출발하면 광합성의 중간체를 분리하여 탄소를 포함하고 있는 화합물의 방사능 양을 측정할 수 있었다. 이런 방법으로 CO_2가 여러 가지 중간체를 거쳐 탄수화물까지 가는 경로를 분명하게 그릴 수 있었다. *화학적 또는 생화학적 과정에서 어떤 한 원소의 원자가 어떤 경로로 이동하는가를 추적하는 데 사용되는 동위원소 특히 방사성 동위원소를* **추적자**(tracer)라 부른다.

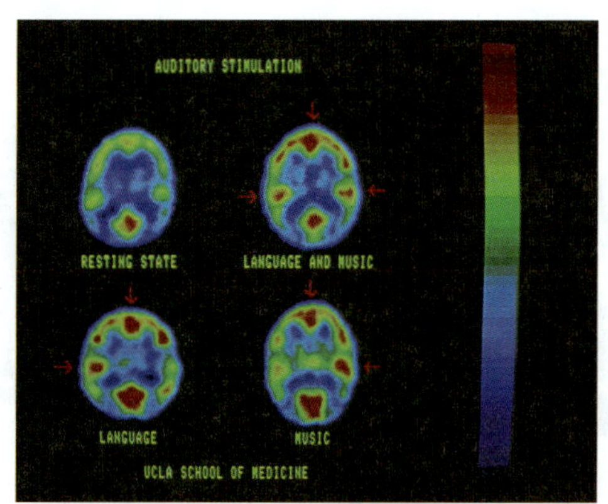

그림 19.17 혈액 중 포도당 분자의 결합하는 방사성 추적자 소량을 이 환자에게 주사하였다. 포도당이 뇌에서 더 활성을 띠는 부위에 집중되면 감마선 방출(그림에서 빨간색으로 표시)로 식별할 수 있는데, 이로써 뇌에서 어느 부분이 다른 활동과 관련되어 있는지 결정할 수 있다.

의학에 이용되는 동위원소

추적자는 또한 의학에서 사용된다. 소듐-24(반감기 14.8시간인 β 방출체)를 염 용액 상태로 혈관에 주사하면 피의 흐름을 추적할 수 있어서 순환기 계통 내에서 막힘과 방해받는 곳이 어디인지 찾아낼 수 있다. 아이오딘-131(반감기 8일인 β 방출체)은 갑상선의 기능을 검사하는 데 이용된다. 갑상선 기능이 좋지 않은 환자에게 일정량의 $Na^{131}I$ 용액을 마시게 한 후 갑상선상의 방사능을 측정함으로써 갑상선이 정상 속도로 아이오딘을 흡수하는지 그렇지 않은지를 찾아낼 수 있다. 물론 사용한 방사성 동위원소의 양은 인체 내에서 최소량을 유지해야 한다. 그렇지 않으면 환자는 높은 방사능 때문에 영구적인 손상을 입을 우려가 있다. 또 다른 아이오딘 동위원소인 아이오딘-125(γ선 방출체)는 갑상선 영상을 찍는 데 이용된다(그림 19.17). 표 19.6은 의학에서 이용되는 몇 가지 방사성 동위원소들을 나타내었다.

핵 의학에서 테크네튬(Tc)은 가장 유용한 원소 중 하나이다. 테크네튬은 전이 금속이지만 테크네튬의 모든 동위원소는 방사성이다. 실험실에서 테크네튬은 다음 핵 반응에 의해 합성된다.

$$^{98}_{42}\text{Mo} + ^{1}_{0}\text{n} \longrightarrow ^{99}_{42}\text{Mo}$$
$$^{99}_{42}\text{Mo} \longrightarrow ^{99m}_{43}\text{Tc} + ^{0}_{-1}\beta$$

여기서 위첨자 m은 테크네튬-99 동위원소가 들뜬 핵 상태로 합성되었음을 의미한다. 이 동위원소는 반감기가 6시간으로 γ선을 방출하면서 붕괴하여 바닥 상태의 테크네튬-99가

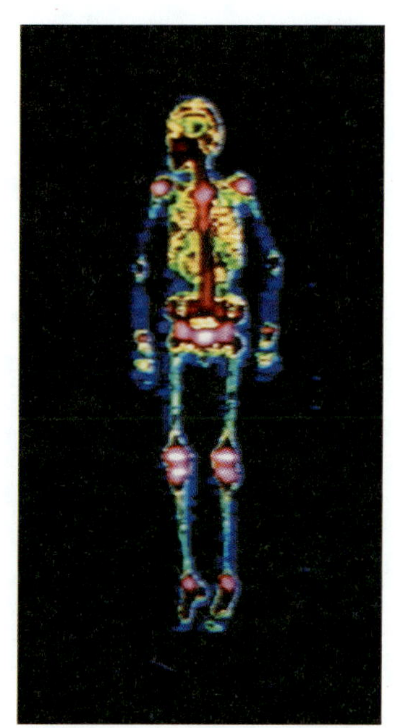

$^{99m}_{43}$Tc을 사용하여 얻은 사람의 골격 영상.

표 19.6 의학에 사용되는 동위원소들

동위원소	반감기	용도
^{18}F	1.8시간	뇌 촬영, 골격 스캔
^{24}Na	15시간	혈액 순환 모니터링
^{32}P	14.3일	눈, 뇌와 피부암의 위치 선정
^{43}K	22.4시간	심근 스캔
^{47}Ca	4.5일	칼슘 대사 연구
^{51}Cr	27.8일	적혈구 세포의 부피 결정, 비장 촬영, 태반 위치 측정
^{60}Co	5.3년	의료 장비 살균, 암 치료
^{99m}Tc	6시간	다양한 장기, 뼈, 태반 위치의 촬영
^{125}I	60일	췌장 기능, 갑상선 촬영, 간 기능 연구
^{131}I	8일	뇌 촬영, 간 기능, 갑상선 활동도

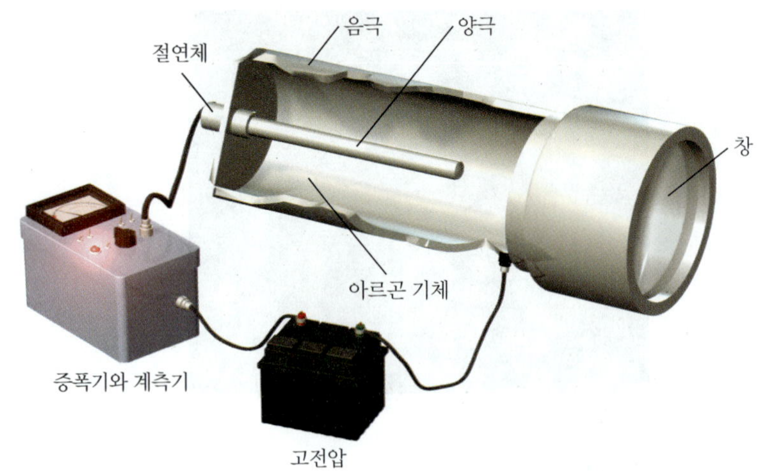

그림 19.18 가이거 계측기의 도식도. 창을 통과한 방사선(α, β, γ선)은 전극 사이에 작은 전류 흐름이 발생하도록 아르곤 기체를 이온화한다. 이 전류는 증폭되고 찰칵 소리와 함께 계측기가 작동 또는 발광하도록 되어 있다.

된다. 따라서 ^{99m}Tc은 진단용으로 아주 유용하다. ^{99m}Tc이 방출하는 γ선을 측정함으로써 의사는 심장, 간, 허파와 같은 인체 기관의 영상을 얻을 수 있다.

추적자로 방사성 동위원소를 이용하는 주된 장점은 이들을 검출하기가 쉽다는 것이다. 비록 아주 적은 양이라 할지라도 사진 기술이나 계측기 같은 것으로 쉽게 측정할 수 있다. 그림 19.18는 과학 실험이나 의학 실험실에서 방사능을 측정하는 데 많이 사용되는 기구인 가이거(Geiger) 계측기이다.

19.8 방사선의 생물학적 영향

이 절에서는 방사선이 생물계에 미치는 영향을 간단히 살펴보고자 한다. 먼저 방사선 측정량에 대한 정의가 필요하다. 방사능의 기본 단위는 *퀴리*(curie, Ci)이다. 1 Ci는 정확히 1초 동안에 3.70×10^{10}개의 핵이 붕괴하는 것에 해당된다. 이 붕괴 속도는 라듐 1 g이 붕괴하는 속도와 같다. 1 *밀리퀴리*(mCi)는 1 퀴리의 천분의 일이다. 따라서 탄소-14 시료 10 mCi는

$$(10 \times 10^{-3})(3.70 \times 10^{10}) = 3.70 \times 10^{8}$$

의 핵이 1초 동안에 붕괴하는 양이다.

방사능의 세기는 붕괴수에 의존할 뿐만 아니라 방출되는 방사선의 에너지와 종류에 따라 달라진다. 흡수된 방사선 투여량의 일반적인 단위는 *라드*(rad, *r*adiation *a*bsorbed *d*ose, 흡수된 방사선 투여량)이다. 이 투여량은 쪼인(irradiated) 물질 1 kg이 1×10^{-2} J을 흡수한 방사선 양이다. 방사선의 생물학적 영향은 노출된 기관과 방사선의 종류에 따라 다르다. 이런 이유로 라드는 *RBE*(*r*elative *b*iological *e*ffectiveness, 상대적인 생물학적 영향)라는 인자를 곱해야 한다. RBE는 β선과 γ선에 대해 1 정도이고 α선에 대해서는 10 정도이다. 생물학적 피해는 조사되는 속도, 총 방사선의 양 그리고 영향을 받는 조직에 따라 달라지기 때문에 이를 측정하기 위해 렘(*rem*, *r*oentagen *e*quivalent for *m*an, 인체에 대한 뢴트겐 당량)을 도입하여 사용한다.

$$\text{rem 수} = (\text{rad 수}) \times (\text{RBE}) \qquad (19.5)$$

세 종류의 방사선 중 α 입자가 투과력이 제일 작다. β 입자는 α 입자보다 투과력이 더 크지만 γ선보다는 작다. γ선은 에너지가 높고 파장이 짧다. 또한 γ선은 전하를 갖지 않기 때문에 차폐 물질이 α선이나 β선처럼 쉽게 차단하지 못한다. 그러나 α나 β 방출체를 흡수하면 기관이 아주 가까운 거리에서 방사능 피해를 계속적으로 받아야 하기 때문에 그 피해

표 19.7 미국인의 연평균 방사선 조사량

근원	조사량(mrem/년)*
우주선	20~50
땅과 주위	25
인체[†]	26
병원과 치과 X선	50~75
항공 여행	5
무기 실험에서 낙진	5
핵 폐기물	2
합계	133~188

*1 mrem = 1 millirem = 1×10^{-3} rem.

[†] 신체의 방사능은 식품과 공기로부터 온다.

는 아주 커진다. 예를 들어, β 방출체인 스트론튬-90은 뼈 속 칼슘 자리에 들어갈 수 있어서 그 피해는 최대가 된다.

표 19.7에 미국인 한 사람이 매년 받는 방사선의 평균량을 나타내었다. 짧은 기간 내에 50~200 rem을 쪼이면 백혈구의 수가 감소되어 다른 합병증을 일으키게 되고, 500 rem 이상을 쪼이면 수주 이내에 죽는다. 핵 관련 일에 종사하는 사람들은 안전을 위해 일년에 5 rem 이상의 방사선량에 노출되지 않도록 하고 있으며, 일반 대중은, 인공 방사선을 1년에 최대 0.5 rem까지 허용하고 있다.

방사선에 의한 손상의 화학적 근거는 방사선의 이온화 성질 때문이다. α 입자나 β 입자 또는 γ선은 물질을 통과할 때 원자나 분자 내의 전자를 떼어내어 이온이나 라디칼을 형성하게 할 수 있다. **라디칼**(radical, *자유 라디칼*이라고도 함)은 *하나 이상의 짝짓지 않은 전자를 가진 분자의 조각을 말하며, 이들은 보통 수명이 짧고 반응성이 아주 크다.* 예를 들면, 물에 γ선을 쪼이면, 다음 반응이 일어난다.

$$H_2O \xrightarrow{\text{빛}} H_2O^+ + e^-$$
$$H_2O^+ + H_2O \longrightarrow H_3O^+ + \underset{\text{하이드록시 라디칼}}{\cdot OH}$$

전자(수화된 형태)는 물이나 수소 이온과 반응하여 수소 원자를 만들고, 산소와 반응하여 초과산화 이온 라디칼($\cdot\, O_2^-$)을 만든다.

$$e^- + O_2 \longrightarrow \cdot\, O_2^-$$

조직 내에서 초과산화 이온이나 다른 라디칼은 세포막이나 효소와 DNA 분자 같은 조직 내 유기 화합물을 공격한다. 유기 화합물은 이온화되고, 또 높은 에너지를 가진 방사선에 의해 파괴된다.

높은 에너지의 방사선이 인간이나 동물의 암을 유발한다는 사실은 오래 전부터 알려져 있다. 세포 증식을 조절할 수 없는 것이 암의 특징이다. 한편, 방사선 치료를 적당히 하면 암세포를 파괴할 수 있다는 것도 잘 알려져 있다. 방사선 치료법에서는 절충점을 찾아야 한다. 즉, 환자에게 조사하는 방사선은 많은 정상 세포를 죽이지 않고 또 다른 암을 유발하지 않으면서 암세포를 죽이기에 충분한 양이라야 한다.

생물계에 미친 방사선의 손상은 일반적으로 *체세포 손상*(somatic damage)과 *유전적 손상*(genetic damage)으로 분류한다. 체세포 손상은 당대에만 영향을 주는 피해를 말한다. 햇볕에 타는 것, 피부 발진, 암, 백내장 같은 것이 체세포 손상의 예이다. 유전적 손상은

식품 방사선 조사

가공 식품을 먹을 때 방사선에 노출된 음식을 먹었을 수도 있다. 미국에서는 허브나 향신료의 10% 정도는 곰팡이를 죽이기 위해 6천만 번의 가슴 X선에 해당하는 방사선을 쪼인다. 식품에 방사선을 쪼이는 것은 몇 가지 이유로 50년 동안 해왔지만, 앞으로의 미래는 불확실하다.

1953년 미 육군은 식품에 방사선을 쪼여 냉장고에 저장하지 않고도 신선한 음식을 먹을 수 있는 실험을 시작했다. 방법은 간단하다. 해충이나 해로운 박테리아를 죽이기 위해 식품에 높은 에너지의 방사선을 쪼이는 것이다. 그런 다음 오랫동안 저장하여도 썩지 않게 공기가 새나가지 않는 용기에 단단히 포장한다. 음식물 보관용 방사선 물질은 코발트-60과 세슘-137로, 이들은 모두 γ 방출체이다. 물론 식품의 방사선 조사에 X선이나 전자 빔을 사용할 수 있다.

식품에 방사선을 쪼이는 것은 분명 몇 가지 장점을 갖는다(냉장고에 저장해야 하는 수고를 없앨 수 있고, 많은 식품의 저장 기간을 길게 할 수 있다). 이것은 가난한 나라에서는 절대 필요한 것이다. 그러나 조사된 식품 그 자체가 방사성으로 바뀔 위험이 있지만 그런 증거는 아직은 발견되지는 않았다. 그보다 더 심각한 문제는 방사선 조사가 비타민이나 아미노산을 파괴할 수 있다는 것이다. 더욱이 하이드록실 라디칼과 같은 반응성이 아주 큰 화학종을 만들 수 있어서 이들이 다른 유기 화합물과 반응하여 인체에 해로운 물질을 만들 가능성이 있다는 것이다. 그러나 열로 음식을 요리할 때도 이와 같은 위험성이 있는 것은 흥미롭다.

오른쪽 사진은 딸기에 200 kilorad의 방사선을 쪼이고 나서 4°C에서 저장했을 때 15일이 지나도 여전히 싱싱한 모습을 보인다. 그러나 방사선 처리를 하지 않은(왼쪽) 딸기는 곰팡이가 핀다.

식품의 조사량과 그 영향*

조사량	효과
낮은 조사량(100 kilorad까지)	감자, 양파, 마늘이 싹트지 못하게 함. 돼지고기 내의 선모충을 죽임. 수확 후 곡물, 과일, 채소류 내의 벌레가 번식하지 못하게 하거나 죽임.
중간 정도 조사량(100~1000 kilorad)	육류, 가금류, 물고기 내 미생물을 죽여 부패를 방지함. 육류, 가금류, 물고기 내 살모넬라균이나 병원균을 감소시킴. 딸기나 과일 내에서 곰팡이 번식을 방지하여 저장 기간을 길게 함.
높은 조사량(1,000~10,000 kilorad)	육류, 가금류, 물고기, 다른 식품 내의 세균을 모두 죽임. 양념류 내의 미생물과 벌레를 모두 죽임.

*출처: *Chemical & Engineering News*, 5월 5일(1986).

염색체는 유전 물질(DNA)을 포함하고 있는 세포 구조의 부분이다.

유전자가 피해를 입어 유전되는 것을 말한다. 예를 들면, 염색체가 손상을 입거나 또는 변형을 일으켜 기형아를 낳는 사람이 그 예이다.

생활 속의 화학 CHEMISTRY in Action

붕소 중성자 포획 치료법

세계에서 매년 50만 명 이상이 뇌종양에 걸리고 약 2000명이 질병으로 죽는다. 뇌종양 치료는 수술로 제거하는 것이 어렵고 대부분 치료가 불가능한 악성이므로 암 중에서 가장 난제 중 하나이다. 머리 외부에서 X선 또는 γ선을 이용하는 전통적 방사선 치료법은 거의 효과가 없다.

이 문제에 대한 뛰어난 해결책은 붕소 중성자 포획 치료(boron neutron capture therapy, BNCT)이다. 이 기술은 두 가지 요소를 함께 적용시키는데, 각 요소는 세포에 최소한의 유해한 영향을 미치도록 한다. 첫 번째 요소는 암 세포에서 농축될 수 있는 안정한 붕소의 동위원소(^{10}B)를 포함하는 화합물을 사용한다. 두 번째 요소는 낮은 에너지를 갖는 중성자 빔(beam)이다. 붕소는 중성자를 포획하여 다음 핵 반응을 일으킨다.

$$^{10}_{5}B + ^{1}_{0}n \longrightarrow ^{7}_{3}Li + ^{4}_{2}\alpha$$

방출되는 α 입자와 리튬 핵의 에너지를 합치면 약 3.8×10^{-13} J이 된다. 이러한 높은 에너지 입자들은 바로 몇 μm(대략 세포의 지름)까지 제한할 수 있기 때문에, 주위 세포막에 피해 없이 암세포를 선택적으로 파괴할 수 있다. ^{10}B는 중성자 흡수 단면적이 커서 특별히 이 치료법에 적합하다. X선과 같은 이온화 방사선은 생물학적 효과를 증대시키기 위하여 반응성이 큰 하이드록실과 초과산화 라디칼을 만들어야 하는데 이때 산소가 필요하게 된다. 그러나 빠르게 확장하는 암은 혈액을 소모하므로 산소를 결국 고갈시킨다. BNCT는 산소를 필요로 하지 않으므로 이러한 제약에서 자유롭다. BNCT는 현재 화학자, 핵물리학자와 의사가 협력하여 활발히 연구하는 분야이다.

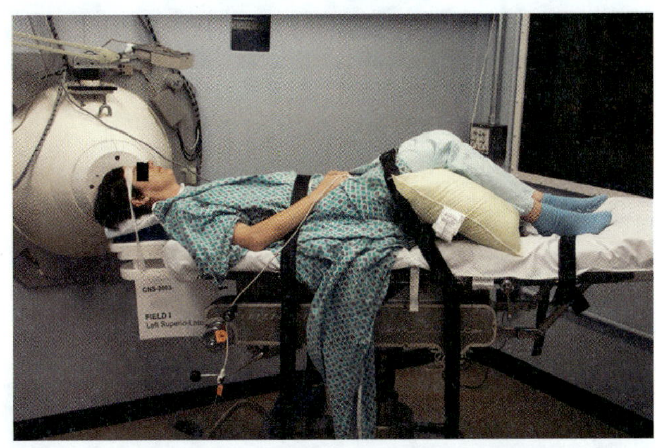

미국 매사추세츠 기술 연구소(Massachusetts Institute of Technology)에 있는 12 cm 구경의 핵 분열 변환기 기반의 초온도 중성자 빔을 사용하는 측면 BNCT 뇌 방사선 치료를 위한 장치.

주요 식 정리하기 Key Equations

$E = mc^2$ (19.1) 아인슈타인의 질량-에너지 등가성 관계식.

$\Delta E = (\Delta m)c^2$ (19.2) 질량 결손과 방출된 에너지와의 관계식.

사실과 개념 요약하기 Summary of Facts & Concepts

1. 원자 번호가 낮은 안정한 핵의 중성자 대 양성자의 비는 1이다. 원자 번호가 큰 안정한 핵의 이 비는 1보다 크다. 84개 이상의 양성자를 가진 모든 핵들은 불안정하며 방사성이다. 짝수 원자 번호를 가진 핵들은 홀수 원자 번호를 가진 핵들보다 안정한 동위 원소가 더 많은 경향이 있다.
2. 핵 결합 에너지는 핵의 안정도를 보여주는 정량적인 척도이다. 핵의 질량 손실을 알면 핵 결합 에너지를 계산할 수 있다.
3. 방사성 핵은 α 입자, β 입자, 양전자, γ선을 방출한다. 핵 반응식은 방출된 입자를 포함하고 있고 또 질량수와 원자 번호가 모두 균형 맞추어져 있어야 한다.
4. 우라늄-238은 천연 방사선 붕괴 계열의 모핵이며 광석의 연대 측정에 이용할 수 있다.
5. 인공 방사성 원소는 다른 원소를 가속된 중성자, 양성자 또는 α 입자와 충돌시켜 만든다.

6. 핵 분열은 큰 핵이 두 개의 작은 핵과 하나 이상의 중성자로 쪼개지는 것이다. 자유 중성자가 다른 핵에 효과적으로 포획되면 연쇄 반응이 일어날 수 있다.
7. 원자로는 핵 분열 반응을 잘 조절하여 얻은 열로 전기를 만들어낸다. 세 가지의 중요한 원자로에는 경수 원자로, 중수 원자로, 증식형 원자로가 있다.
8. 핵 융합은 태양에서 일어나는 반응으로 두 개의 가벼운 핵을 하나의 큰 핵으로 결합시키는 것이다. 융합은 아주 높은 온도에서만 일어나기 때문에 대규모의 통제된 핵 융합 반응은 아직까지 성공하지 못하고 있다.
9. 방사성 동위원소는 검출하기가 쉬워서 화학 반응과 의학적 진단에 추적자로 이용되고 있다.
10. 높은 에너지의 방사선은 화합물을 이온화시켜 자유 라디칼을 형성함으로써 생물계를 손상시킨다.

주요 용어 정리하기 *Key Words*

감속재
라디칼
방사성 붕괴 계열
양전자
열핵 반응
임계 질량
증식형 원자로
질량 결손
초우라늄 원소
추적자
플라스마
핵 결합 에너지
핵 변환
핵 분열
핵 연쇄 반응
핵 융합
핵자

연습 문제 *Questions & Problems*

● 표시는 *Connect Plus*에서 유용한 문제, 붉은색 번호의 문제는 학생용 문제풀이집에 풀어 놓았다.

핵 반응

▶ 복습 질문

19.1 핵 반응은 보통의 화학 반응과 어떻게 다른가?

19.2 핵 반응을 균형 맞추는 단계들을 설명하시오.

19.3 ${}^{0}_{-1}e$와 ${}^{0}_{-1}\beta$의 차이점은 무엇인가?

19.4 전자와 양전자의 차이점은 무엇인가?

19.5 다음 중 어느 핵 붕괴에서 원자 번호가 더 높은 딸핵이 생성되는가? γ, ${}^{0}_{+1}\beta$, ${}^{0}_{-1}\beta$, α.

19.6 다음 표는 다양한 핵 붕괴 형태를 요약한 것이다. 각 경우에 원자 번호(Z), 중성자 수(N), 질량수(A)의 변화를 기입하시오. 증가는 "+", 감소는 "−" 부호, 변화가 없을 때는 "0"을 사용하시오.

붕괴 형태	변화		
	Z	N	A
α 붕괴			
${}^{0}_{-1}\beta$ 붕괴			
${}^{0}_{+1}\beta$ 붕괴			
e^- 포획			

▶ 문제

● 19.7 다음 핵 반응을 완성하고, 각 경우에 X가 무엇인지 확인하시오.

(a) ${}^{26}_{12}\mathrm{Mg} + {}^{1}_{1}\mathrm{p} \longrightarrow {}^{4}_{2}\alpha + \mathrm{X}$
(b) ${}^{59}_{27}\mathrm{Co} + {}^{2}_{1}\mathrm{H} \longrightarrow {}^{60}_{27}\mathrm{Co} + \mathrm{X}$
(c) ${}^{235}_{92}\mathrm{U} + {}^{1}_{0}\mathrm{n} \longrightarrow {}^{94}_{36}\mathrm{Kr} + {}^{139}_{56}\mathrm{Ba} + 3\mathrm{X}$
(d) ${}^{53}_{24}\mathrm{Cr} + {}^{4}_{2}\alpha \longrightarrow {}^{1}_{0}\mathrm{n} + \mathrm{X}$
(e) ${}^{20}_{8}\mathrm{O} \longrightarrow {}^{20}_{9}\mathrm{F} + \mathrm{X}$

● **19.8** 다음 핵 반응을 완성하고 각 경우에 X가 무엇인지 확인하시오.

(a) ${}^{135}_{53}\mathrm{I} \longrightarrow {}^{135}_{54}\mathrm{Xe} + \mathrm{X}$
(b) ${}^{40}_{19}\mathrm{K} \longrightarrow {}^{0}_{-1}\beta + \mathrm{X}$
(c) ${}^{59}_{27}\mathrm{Co} + {}^{1}_{0}\mathrm{n} \longrightarrow {}^{56}_{25}\mathrm{Mn} + \mathrm{X}$
(d) ${}^{235}_{92}\mathrm{U} + {}^{1}_{0}\mathrm{n} \longrightarrow {}^{99}_{40}\mathrm{Zr} + {}^{135}_{52}\mathrm{Te} + 2\mathrm{X}$

핵의 안정성

▶ 복습 질문

19.9 핵 안정도를 예측하기 위한 일반적인 규칙을 서술하시오.

19.10 안정도 띠란 무엇인가?

19.11 동위원소 ${}^{2}_{2}\mathrm{He}$이 존재하는 것은 왜 불가능한가?

19.12 핵 결합 에너지, 질량 결손, 핵자를 정의하시오.

19.13 아인슈타인 식($E = mc^2$)으로 핵 결합 에너지를 계산하는 것이 어떻게 가능한가?

19.14 서로 다른 두 핵의 안정도를 비교하는데 핵자 당 결합 에너지가 더 유용한 이유는 무엇인가?

▶ 문제

● 19.15 우라늄-235 핵의 반지름은 대략 7.0×10^{-3} pm이다.

핵의 밀도를 g/cm^3 단위로 계산하시오(원자 질량이 235 amu라고 가정한다).

● **19.16** 다음 각 쌍의 동위원소 중 어느 것이 더 불안정한가? (a) ${}^{6}_{3}Li$ 또는 ${}^{9}_{3}Li$, (b) ${}^{23}_{11}Na$ 또는 ${}^{25}_{11}Na$, (c) ${}^{48}_{20}Ca$ 또는 ${}^{48}_{21}Sc$.

● 19.17 다음 각 원소 쌍에서 어느 것이 더 안정한 동위원소를 가지는지 예측하시오. (a) Co 또는 Ni, (b) F 또는 Se, (c) Ag 또는 Cd.

● **19.18** 다음 각 쌍의 동위원소 중 어느 것이 방사성 동위원소인지 표시하시오. (a) ${}^{20}_{10}Ne$과 ${}^{17}_{10}Ne$, (b) ${}^{40}_{20}Ca$과 ${}^{45}_{20}Ca$, (c) ${}^{95}_{42}Mo$과 ${}^{92}_{43}Tc$, (d) ${}^{195}_{80}Hg$과 ${}^{196}_{80}Hg$, (e) ${}^{209}_{83}Bi$과 ${}^{242}_{96}Cm$.

● 19.19 다음 식을 이용하여 형성된 H_2의 몰 당 질량 변화(kg)를 계산하시오.

$$H(g) + H(g) \longrightarrow H_2(g) \quad \Delta H° = -436.4 \text{ kJ/mol}$$

● **19.20** 태양이 방출하는 에너지는 대략 5×10^{26} J/s로 예측된다. 여기에 해당하는 태양의 질량 손실을 kg/s 단위로 계산하시오.

● 19.21 다음 동위원소의 핵자 당 결합 에너지와 핵 결합 에너지를 J 단위로 계산하시오. (a) ${}^{7}_{3}Li$ (7.01600 amu), (b) ${}^{35}_{17}Cl$ (34.95952 amu).

● **19.22** 다음 동위원소의 핵자 당 결합 에너지와 핵 결합 에너지를 J 단위로 계산하시오. (a) ${}^{4}_{2}He$(4.0026 amu), (b) ${}^{184}_{74}W$(183.9510 amu).

천연 방사능

▶ 복습 질문

19.23 핵 붕괴가 일어나게 하는 요인을 논하시오.

19.24 방사성 동위원소를 이용한 연대 측정의 원리를 설명하시오.

▶ 문제

● 19.25 다음 방사성 붕괴 계열에 밑줄 친 빈칸을 채우시오.

(a) ${}^{232}Th \xrightarrow{\alpha}$ ___ $\xrightarrow{\beta}$ ___ $\xrightarrow{\beta} {}^{228}Th$
(b) ${}^{235}U \xrightarrow{\alpha}$ ___ $\xrightarrow{\beta}$ ___ $\xrightarrow{\alpha} {}^{227}Ac$
(c) ___ $\xrightarrow{\alpha} {}^{233}Pa \xrightarrow{\beta}$ ___ $\xrightarrow{\alpha}$ ___

● **19.26** 어떤 방사성 물질이 다음과 같이 붕괴한다.

시간(일)	질량(g)
0	500
1	389
2	303
3	236
4	184
5	143
6	112

이 반응의 일차 붕괴 상수와 반감기를 계산하시오.

● 19.27 Tl-206에서 Pb-206로 방사성 붕괴의 반감기는 4.20분이다. Tl-206 원자 5.00×10^{22}개에서 시작하여 42.0분 후에 남는 원자의 수를 계산하시오.

● **19.28** 2003년 12월 3일 오후 1시 정각에 새로 분리한 ${}^{90}Y$이 분당 9.8×10^5의 속도로 붕괴한다. 2003년 12월 17일 오후 2시 15분에 다시 측정하였더니 분 당 2.6×10^4의 속도로 붕괴한다는 것을 알았다. ${}^{90}Y$의 반감기를 계산하시오.

19.29 방사성 붕괴 계열은 일차 반응 속도식에 따른다. 그 이유를 설명하시오.

● **19.30** 토륨 붕괴 계열에서 토륨-232는 10단계 과정에서 전체 6개의 α 입자와 4개의 β 입자를 방출한다. 생성된 최종 동위원소는 무엇인가?

● 19.31 스트론튬-90은 우라늄-235의 핵 분열 생성물들 중의 하나이다. 이 스트론튬 동위원소는 방사성이며, 반감기는 28.1년이다. 붕괴에 의해 동위원소 1.00 g이 0.200 g까지 감소하는 데 걸리는 시간을 연 단위로 계산하시오.

● **19.32** 다음 붕괴 계열을 생각해 보자.

$$A \longrightarrow B \longrightarrow C \longrightarrow D$$

여기서 A, B, C는 방사성 동위원소이며 반감기가 각각 4.50초, 15.0일, 1.00초이다. D는 방사성 동위원소가 아니다. B, C, D는 하나도 없고 A만 1.00 mol에서 출발하여 30일 후 생성될 A, B, C, D의 몰수를 계산하시오.

19.33 두 개의 방사성 동위 원소 X와 Y는 $t = 0$에서 같은 몰수가 존재한다. 일주일 후 Y가 X의 4배 존재한다. X의 반감기가 2.0일(day)일 때 Y의 반감기를 일 단위로 계산하시오.

19.34 α 붕괴하였을 때 ${}^{220}_{85}At$의 ${}^{0}_{-1}\beta$ 붕괴와 같은 딸 분자를 생산하는 모체 핵의 ${}^{A}_{Z}X$를 결정하시오.

핵 변환

▶ 복습 질문

19.35 방사성 붕괴와 핵 변환 사이의 차이점은 무엇인가?

19.36 실제로 핵 변환은 어떻게 이루어질 수 있는가?

▶ 문제

● 19.37 다음 반응에 대한 균형 핵 반응식을 쓰고, X가 무엇인지 확인하시오.

(a) X(p,α)${}^{12}_{6}C$, (b) ${}^{27}_{13}Al$(d,α)X, (c) ${}^{55}_{25}Mn$(n,γ)X

● **19.38** 다음 반응에 대한 균형 핵 반응식을 쓰고, X가 무엇인지 확인하시오.

(a) ${}^{80}_{34}Se$(d,p)X, (b) X(d,2p)${}^{9}_{3}Li$, (c) ${}^{10}_{5}B$(n,α)X

19.39 비스무트-209으로부터 아스타틴-211을 만드는 방법을 설명하시오.

● **19.40** 연금술사들은 값싸고 풍부한 원소로부터 금을 만드는 것을 오랫동안 꿈꾸어 왔다. 이 꿈은 ${}^{198}_{80}Hg$을 중성자로 충격하여 금으로 변환시킴으로써 실현되었다. 이 반응에 대한 균형식을 쓰시오.

핵 분열

▶ 복습 질문

19.41 핵 분열, 핵 연쇄 반응, 임계 질량을 정의하시오.

19.42 어떤 동위원소가 핵 분열을 일으킬 수 있는가?

19.43 원자 폭탄이 어떻게 작동하는지를 설명하시오.

19.44 원자로에서 감속재와 조절봉의 기능을 설명하시오.

19.45 경수와 중수 원자로의 차이점을 논하시오. 전통적인 핵 분열 반응로에 비해 증식형 원자로의 장점은 무엇인가?

19.46 에너지 생산에는 항상 위험성이 따른다. 석탄을 연료로 한 일반적인 발전소가 사회에 끼치는 위험성을 열거하고 이들을 핵 분열 원자력 발전소가 갖는 위험성과 비교하여 보시오.

핵 융합

▶ 복습 질문

19.47 핵 융합, 열핵 반응, 플라스마를 정의하시오.

19.48 가벼운 원소인 수소와 리튬은 핵 융합을 하는 반면, 왜 우라늄 같은 무거운 원소는 핵 분열을 일으키는가?

19.49 수소 폭탄은 어떻게 작동하는가?

19.50 핵 융합 원자로가 핵 분열 원자로보다 더 유익한 장점은 무엇인가? 대규모의 핵 융합 원자로를 운용하는 데 따르는 실제적인 문제점이 무엇인지 말하시오.

동위원소의 이용

▶ 문제

19.51 방사성 아이오딘 동위 원소를 사용하여 다음 과정이 동적 평형에 있는 것을 어떻게 증명할 수 있는지 설명하시오.

$$PbI_2(s) \rightleftharpoons Pb^{2+}(aq) + 2I^-(aq)$$

19.52 다음 산화-환원 반응을 생각해 보자.

$$IO_4^-(aq) + 2I^-(aq) + H_2O(l) \longrightarrow I_2(s) + IO_3^-(aq) + 2OH^-(aq)$$

KIO_4를 방사성 아이오딘-128로 표지된 아이오딘화 이온 용액에 첨가했을 때, 모든 방사능은 I_2에만 나타났고 IO_3^-에는 방사능이 전혀 없었다. 이 산화-환원 반응의 메커니즘을 추론해 보시오.

19.53 방사성 추적자를 사용하여 이온이 결정체 내에서 완전히 움직임이 없지 않은 것을 어떻게 보일 수 있는지 설명하시오.

19.54 혈액 내 산소 운반체인 각 헤모글로빈 분자에는 Fe 원자가 4개 있다. 방사성 $^{59}_{26}Fe(t_{\frac{1}{2}} = 46$일)을 이용하여 어떤 음식물 내의 철이 헤모글로빈으로 변환되는 것을 어떻게 보일 수 있는지 설명하시오.

추가 문제

19.55 이 장에서 퀴리 단위는 라듐 1 g이 초당 정확히 3.70×10^{10} 핵 붕괴에 해당한다고 배웠다. $^{226}_{88}Ra$의 반감기는 1.6×10^3년으로 주어졌다. 이 단위를 유도하시오.

19.56 망가니즈-50(빨간색 구)은 $^{0}_{+1}\beta$ 입자 방출을 통해 반감기 0.282 s인 붕괴를 한다. (a) 이 과정에 대한 균형 핵 반응식을 작성하시오. (b) 여기 나타낸 그림으로부터 얼마나 많은 반감기가 경과하는지 결정하시오(녹색 구는 붕괴 생성물을 나타낸다).

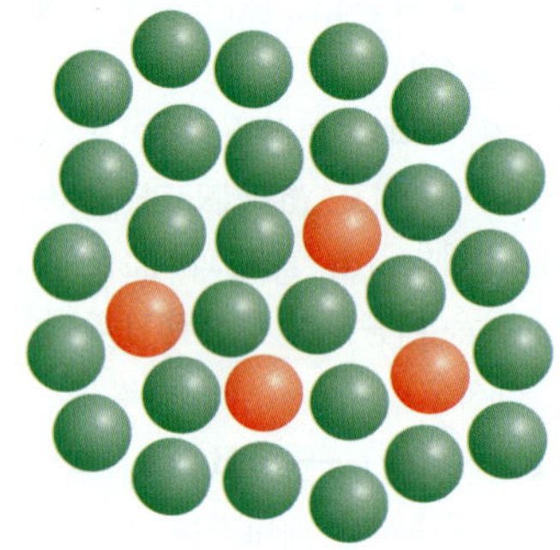

19.57 가이거 계수기의 작동법을 설명하시오.

19.58 짝수의 양성자와 짝수의 중성자를 가진 핵은 홀수의 양성자 또는 홀수의 중성자를 가진 핵보다 더 안정하다. 이 경우 짝수의 양성자와 짝수의 중성자의 중요성은 무엇인가?

19.59 삼중수소(^3H)는 방사성이고, 전자 방출에 의해 감소한다. ^3H의 반감기는 12.5년이다. 보통 물에는 ^1H 원자 대 ^3H 원자의 비율이 1.0×10^{17} 대 1이다. (a) 삼중수소의 붕괴에 대한 핵 반응식을 쓰시오. (b) 물 시료 1.00 kg에서 분당 얼마나 많은 붕괴가 관찰되는가?

19.60 (a) $^{237}_{93}Np$ 시료 0.500 g은 몇 밀리퀴리(mCi)의 방사능을 가졌는가? (이 동위원소는 α 입자를 방출하면서 붕괴하며 반감기는 2.20×10^6년이다.) (b) $^{237}_{93}Np$의 붕괴에 대한 균형 핵 반응식을 쓰시오.

19.61 다음 반응식은 원자 폭탄의 폭발에 일어나는 핵 반응이다. X를 확인하시오.

(a) $^{235}_{92}U + ^{1}_{0}n \longrightarrow ^{140}_{56}Ba + 3^{1}_{0}n + X$
(b) $^{235}_{92}U + ^{1}_{0}n \longrightarrow ^{144}_{55}Cs + ^{90}_{37}Rb + 2X$
(c) $^{235}_{92}U + ^{1}_{0}n \longrightarrow ^{87}_{35}Br + 3^{1}_{0}n + X$
(d) $^{235}_{92}U + ^{1}_{0}n \longrightarrow ^{160}_{62}Sm + ^{72}_{30}Zn + 4X$

19.62 다음 화학종에 대한 핵 결합 에너지를 핵자 당 J의 단위로 계산하시오. (a) ^{10}B (10.0129 amu), (b) ^{11}B (11.00931 amu), (c) ^{14}N (14.00307 amu), (d) ^{56}Fe (55.9349 amu).

19.63 다음 과정에 대한 완전한 핵 반응식을 쓰시오. (a) 삼중수소(^3H)가 β 붕괴한다. (b) ^{242}Pu가 α 입자를 방출한다. (c) ^{131}I가 β 붕괴한다. (d) ^{251}Cf가 α 입자를 방출한다.

19.64 질소-18은 안정도 띠 바깥 위쪽에 있다. 질소-18이 안정한 핵이 되는 과정의 핵 반응식을 쓰시오.

19.65 스트론튬-90은 특히 사람들에게 위험한 동위원소이다. 그 이유는 무엇인가?

19.66 과학자들은 화석의 연대를 어떻게 측정하는가?

19.67 체르노빌(Chernobyl) 사고 후에 원자로 근처에 사는 사람들은 예방책으로 많은 양의 아이오딘화 포타슘을 섭취하도록 요구받았다. 이 작용에 대한 화학적 근거는 무엇인가?

19.68 7A족의 마지막 원소인 아스타틴은 비스무트-209를 α 입자와 충돌시켜 만들 수 있다. (a) 이 반응식을 쓰시오. (b) 19.4절에서 배운 바와 같은 축약 형태로 쓰시오.

19.69 비행기에 몰래 가지고 들어올 수 있는 폭발물을 찾기 위하여 미국연방항공청(Federal Aviation Administration, FAA)은 미국의 모든 주요 공항에 열 중성자 측정기를 설치하도록 요구하려 한다. 열 중성자 분석기(thermal neutron analyzer)는 저에너지의 중성자들(일부 질소-15를 질소-14 핵으로 변환시킴)과 함께 γ선을 동시에 방출해서 가방을 쪼인다. 보통 폭발물에는 질소 함유량이 많이 들어있기 때문에, γ선의 사용량이 높다는 것은 폭발물이 존재할 가능성이 있다는 것을 암시한다. (a) 핵 과정을 반응식으로 나타내시오. (b) 전통적인 X선 검출 방법과 이 기술을 비교하시오.

19.70 실험실에서 핵 융합을 시키려면 태양 내부의 온도인 1500만°C보다 높은 1억°C의 온도가 필요하다. 그 이유를 설명하시오.

19.71 삼중수소는 양성자 한 개와 중성자 두 개를 가지고 있다. 핵 내에는 양성자 간의 반발이 존재하지 않는다. 그렇다면 삼중수소는 왜 방사성인가?

● **19.72** 어린 나무 시료 1 g의 탄소-14 붕괴 속도는 초 당 0.260 (0.260/g · s)이다. 어떤 유적지에서 발굴된 다른 나무 시료 1 g의 붕괴 속도는 1초 당 0.186 (0.186/g · s)이었다. 이 발굴된 나무 시료의 나이는 얼마인가?

● 19.73 방사성 탄소 연대 측정법의 유용함은 50,000년보다 더 오래되지 않은 대상물에 제한된다. 이 기간 후에 탄소-14는 몇 % 남아 있는가?

● **19.74** 포타슘-40 방사성 동위원소는 붕괴하여 반감기가 1.2×10^9년인 아르곤-40으로 붕괴한다. (a) 이 반응의 균형 반응식을 쓰시오. (b) 달 암석 시료가 질량으로 18%의 포타슘-40과 82%의 아르곤을 포함하고 있다. 이 암석의 연대를 년 단위로 계산하시오.

19.75 바륨(Ba)과 라듐(Ra)은 2A족 원소들로 비슷한 화학적 특성을 나타낼 것이다. 그러나 라듐은 바륨 광석에서는 발견되지 않고 우라늄 광석에서 발견된다. 설명하시오.

● **19.76** 핵 폐기물 처리는 핵 관련 산업의 중요한 관심사이다. 핵 폐기물을 안정하게 저장할 수 있는 곳을 선택할 때는 핵 붕괴시 방출되는 열을 고려해야 한다. 예로 ^{90}Sr (89.907738 amu)의 β 붕괴를 생각해 보자.

$$^{90}_{38}\text{Sr} \longrightarrow {}^{90}_{39}\text{Y} + {}^{0}_{-1}\beta \qquad t_{\frac{1}{2}} = 28.1\text{년}$$

^{90}Y (89.907152 amu)는 다음과 같이 더 붕괴한다.

$$^{90}_{39}\text{Y} \longrightarrow {}^{90}_{40}\text{Zr} + {}^{0}_{-1}\beta \qquad t_{\frac{1}{2}} = 64\text{시간}$$

지르코늄-90 (89.904703 amu)은 안정한 동위원소이다. (a) 질량 결손을 이용하여 위의 두 붕괴 과정에서 발생하는 열(J 단위로)을 계산하시오. (전자의 질량은 5.4857×10^{-4} amu이다.) (b) ^{90}Sr 1 mol에서 출발하면, 1년에 ^{90}Sr 몇 mol이 붕괴하겠는가? (c) 문제 (b)에서 ^{90}Zr으로 붕괴된 ^{90}Sr의 몰수에 해당하는 방출된 열의 양을 kJ 단위로 계산하시오.

19.77 다음과 같은 핵 융합 반응에서 방출되는 에너지를 J 단위로 계산하시오.

$$^{2}_{1}\text{H} + {}^{3}_{1}\text{H} \longrightarrow {}^{4}_{2}\text{He} + {}^{1}_{0}\text{n}$$

각 원자 질량은 $^{2}_{1}$H = 2.0140 amu, $^{3}_{1}$H = 3.01603 amu, $^{4}_{2}$He = 4.00260 amu, $^{1}_{0}$n = 1.008665 amu이다.

● **19.78** 체르노빌 핵 사고 결과, 아이오딘-131 동위원소로부터 인체가 받은 조사량은 7.4 mCi($1\text{ mCi} = 1 \times 10^{-3}$ Ci)이다. 관계식 속도 = λN을 이용하여 이 방사능 조사량에 해당하는 아이오딘-131의 원자수를 계산하시오. (^{131}I의 반감기는 8.1일이다.)

19.79 "생활 속의 화학"(식품 방사선 조사)에서와 같이 방사선을 쪼인 식품에 방사능이 있을 가능성이 왜 높지 않은가?

● **19.80** 퀴리(Curie)의 정의를 이용하여 아보가드로 수를 계산해 보시오. ^{226}Ra의 몰질량은 226.03 g/mol이며, 반감기는 1.6×10^3년이다.

● 19.81 2011년에 이르러 113~118번 원소들이 모두 합성되었다. 113번 원소(Uut)는 115번 원소(Uup)의 알파 붕괴에 의해 형성되었다. 114번 원소(Uuq)는 ^{48}Ca를 ^{224}Pu에 충돌시켜 만들었다. 115번 원소(Uup)는 ^{48}Ca를 ^{243}Am에 충돌시켜 만들었다. 116번 원소(Uuh)는 ^{48}Ca를 ^{248}Cm에 충돌시켜 만들었다. 117번 원소(Uus)는 ^{48}Ca를 ^{249}Bk에 충돌시켜 만들었다. 118번 원소(Uuo)는 ^{48}Ca를 ^{249}Cf에 충돌시켜 만들었다. 각 합성의 반응식을 쓰시오. 이 원소들의 화학적 성질을 예측하시오. (초우라늄 원소가 적절한 이름이 정해지기 전, 이들 원소들은 일시적으로 U로 시작하는 세 글자의 기호로 정하였다.)

19.82 지구의 에너지원은 화석 연료, 지열, 중력, 수력 전기, 핵분열, 핵 융합, 태양, 바람 등이다. 이 중 어느 것이 직접 또는 간접적으로 "핵에 그 기원"을 두고 있는가?

19.83 한 사람이 그의 책상 위에 올려 놓는 장식용 상자로 된 어떤 선물을 받았다. 몇 개월 후 그는 병들었고, 곧 죽게 되었다. 사건을 조사한 후에 그의 죽음의 원인은 상자에 관련되어 있음을 알았다. 상자는 밀폐되어 있었고, 속에는 독성 화학 물질들이 들어 있지 않았다. 무엇이 사람을 죽였는가?

19.84 지구상에 가장 많이 존재하는 방사성 원소 두 가지는 무엇인가? 어째서 그 원소는 아직도 존재하는지 그 이유를 설명하시오. [화학 편람(Chemical Handbook)을 참조하시오.]

● 19.85 (a) U-238 동위원소가 Th-234로 붕괴할 때 방출된 에너지를 계산하시오. 원자 질량은 다음과 같다. U-238 = 238.0508 amu, Th-234 = 234.0436 amu, He-4 = 4.0026 amu. (b) (a)에서 방출된 에너지는 생성되는 Th-234 핵과 α 입자의 운동 에너지로 변환된다. 둘 중 어느 것이 더 빨리 움직이는지 설명하시오.

● **19.86** 코발트-60은 의학 진단과 암 치료에 사용되는 방사성 동위원소다. 이것은 γ선을 방출하며 붕괴된다. γ선의 에너지가 2.4×10^{-13} J/광자라면 그 방사선의 파장을 나노미터(nanometer) 단위로 계산하시오.

19.87 반감기가 길고(458년), 방출된 α 입자가 공기 분자들을 이온화할 정도로 큰 에너지를 가진 아메리슘-241은 연기 탐지기(smoke detectors)에 사용된다. 다음에 주어진 연기 탐지기의 개략도를 보고, 작동 원리를 설명하시오.

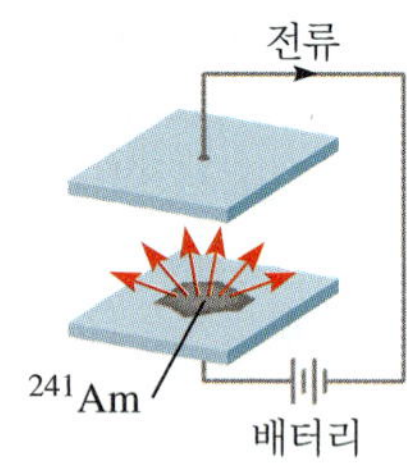

19.88 포도주의 성분은 다른 것도 있겠지만 주로 탄소, 수소, 산소 원자로 되어 있다. 포도주 한 병을 6년 전에 밀봉했다. 포도주의 연수를 방사성 동위원소 연대 측정법을 이용하여 확인하려면 어느 원소를 선택하는 것이 좋겠는가? 동위원소의 반감기는 ^{13}C 5730년, ^{15}O 124초, ^{3}H 12.5년이다. 병을 밀봉하던 당시 방사성 동위원소의 방사능은 알고 있다고 가정하시오.

19.89 재래형 잠수함에 비해 원자력 잠수함의 장점을 두 가지 말하시오.

19.90 1997년 구 소련 원자력 연구소에 근무하던 한 과학자가 고농축 우라늄-235 구(sphere)를 얇은 구리 막으로 둘러쌌다. 갑자기 큰 방사성 폭발이 일어났고 3일 후 그 과학자는 방사선 피해로 사망했다. 사고의 원인을 설명하시오. (*힌트:* 구리는 중성자를 효과적으로 잘 반사하는 금속이다.)

● 19.91 구리의 방사성 동위원소는 다음과 같이 붕괴된다.

$$^{64}\text{Cu} \longrightarrow {}^{64}\text{Zn} + {}^{0}_{-1}\beta \qquad t_{\frac{1}{2}} = 12.8 \text{ 시간}$$

^{64}Cu 84.0 g으로 시작하여 18.4시간 후에 만들어지는 ^{64}Zn의 양을 계산하시오.

● **19.92** 반감기가 1.3×10^{9}년인 가진 어떤 방사성 동위원소 시료 0.0100 g이 2.9×10^{4} dpm의 속도로 붕괴된다. 동위원소의 몰질량을 계산하시오.

19.93 다음에 표시된 각 그림에서 동위원소 붕괴 과정의 유형과 포함된 동위원소를 식별하시오. 각 동위원소는 $^{A}_{Z}X$ 기호를 사용하여 표시하시오.

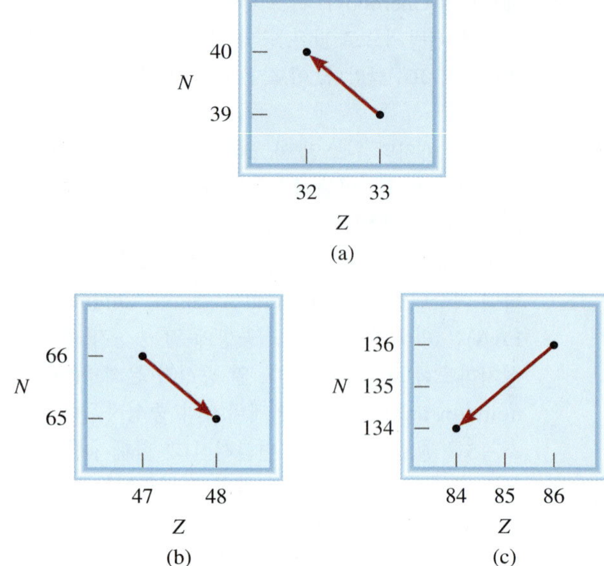

19.94 다음 그림은 토륨 붕괴 계열의 일부를 나타낸 것이다. 붕괴의 각 단계에 대한 핵 반응식을 작성하시오. 각 동위원소는 $^{A}_{Z}X$ 기호를 사용하여 표시하시오.

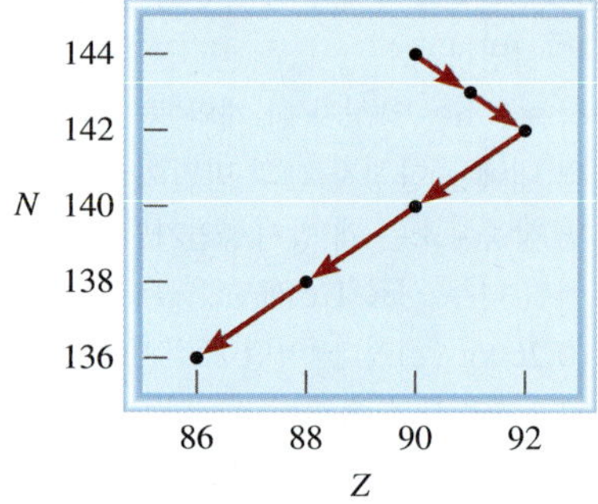

● 19.95 ^{27}Mg의 반감기는 9.50분이다. (a) 처음에 ^{27}Mg 핵 4.20×10^{12}개가 있었다. 30.0분 후에는 ^{27}Mg 핵이 얼마나 존재하는가? (b) $t = 0$과 $t = 30.0$분에 ^{27}Mg 방사능을 계산하시오(Ci 단위로). (c) 한 ^{27}Mg 핵이 1초 동안에 붕괴될 확률은 얼마인가? 이 계산에서 어떤 가정이 필요한가?

19.96 심장 박동 조절장치(pacemaker)에서 사용되는 방사성 동위원소 ^{238}Pu의 반감기는 86년으로 α 입자를 방출하며 붕괴된다. (a) 붕괴 과정에 대한 식을 쓰시오. (b) 방출되는 α 입자의 에너지 즉, 붕괴 당 에너지는 9.0×10^{-13} J이다. 모든 α 입자는 에너지가 심장 박동 조절장치의 작동을 위하여 사용된다 가정하고, $t = 0$과 $t = 10$년에 출력(power output)을 계산하시오. 처음에 ^{238}Pu 1.0 mg이 심장 박동 조절장치에 있다. [*힌트:* 10년 후에 동위원소의 방사능은 8.0% 감소한다. 출력은 와트(W) 또는 J/s로 측정된다.]

● 19.97 (a) 핵이 구형이라고 가정하고 반지름(r)이 질량수(A)의 세제곱근에 비례한다는 것을 보이시오. (b) 일반적으로 핵의 반지름은 $r = r_0A^{\frac{1}{3}}$이다. 여기서 비례상수 r_o는 1.2×10^{-15} m이다. ^{238}U 핵의 부피를 계산하시오.

● **19.98** 방사성 물질의 양은 질량이 아니라 흔히 방사능(퀴리 또는 밀리퀴리)으로 측정된다. 뇌 스캔 과정에서 6.0시간의 반감기로 γ선 광자를 방출하면서 붕괴되는 ^{99m}Tc의 20.0 mCi를 70 kg 환자에게 투여하였다. 이 광자의 RBE가 0.98이고 광자의 2/3만 흡수된다면, 환자가 받은 rem 양을 계산하시오. 신체에서 모든 ^{99m}Tc 핵이 붕괴된다고 가정한다. 감마 광자의 에너지 단위는 2.29×10^{-14} J이다.

● 19.99 비활성 기체 He, Ne, Ar, Kr, Xe, Rn이 형성되는 핵 반응 과정을 적절한 식으로 표현하시오. (*힌트:* 헬륨은 방사성 붕괴에 의하여 형성되고, 네온은 ^{22}Na의 양성자 방출에 의하여 형성된다. 또한, Ar, Xe, Rn의 형성은 이 장에서 논의되었고, Kr은 ^{235}U의 분열에서 생성된다.)

19.100 새롭게 설계된 원자 폭탄은 폭발력을 증가시키기 위하여 우라늄과 플루토늄 외에도 소량의 삼중수소와 중수소를 포함한다. 이 폭탄에서 삼중수소와 중수소의 역할은 무엇인가?

19.101 지구에서 화산 활동이 일어나는 열원은 무엇인가?

● **19.102** 방사성 붕괴에서 생성된 α 입자는 결국 주위에서 전자를 얻어서 헬륨 원자를 형성한다. 순수한 ^{226}Ra 1.00 g을 100년 동안 밀폐된 용기에 저장할 때, 표준 상태에서 포집된 He의 부피(mL)를 계산하시오. (*힌트:* 100년에 비하여 짧은 반감기에 초점을 맞추고 표 19.3에서 중요하지 않은 붕괴 도표를 무시하면서, ^{226}Ra의 ^{206}Pb로의 붕괴당 α 입자 5개가 생성되는 것을 우선 나타내시오.)

● 19.103 2006년에 전 KGB요원이 런던에서 살해되었다. 이 사건의 조사 결과 음료와 음식에 넣은 방사성 동위원소 ^{210}Po에 의한 독살로 밝혀졌다. (a) ^{210}Po는 ^{209}Bi를 중성자로 충격을 주어 얻는다. 반응식을 쓰시오. (b) 누가 폴로늄 원소를 발견했는가? (*힌트:* 부록 1 참조.) (c) ^{210}Po의 반감기는 138일이다. α 입자가 방출되면서 붕괴된다. 붕괴 과정의 식을 쓰시오. (d) 방출된 α 입자의 에너지를 계산하시오. 어미핵과 딸핵들의 운동 에너지는 0이라고 가정한다. 원자 질량은 다음과 같다. ^{210}Po(209.98285 amu), ^{206}Pb(205.97444 amu), $^4_2\alpha$(4.00150 amu). (e) ^{210}Po 1 μg을 섭취하면 치명적임이 입증되었다. ^{210}Po 1 μg에서 방출되는 전체 에너지는 얼마인가?

19.104 전자와 양전자는 입자 가속기에서 충돌하기 전에 거의 광속까지 가속된다. 연속적인 충돌은 양성자의 몇 배 되는 질량을 가진 새로운 입자를 생산한다. 이 결과는 질량 보존 법칙에 어긋나는가?

19.105 어떤 원자 핵의 부피는 1.33×10^{-42} m^{3}이다. 이 핵은 중성자 110개를 포함하고 있다. 원자를 식별하고 ^A_ZX 기호를 사용하여 표시하시오. (*힌트:* 연습 문제 19.97 참조)

19.106 이 장에서 특정 핵의 안정성에 관련된 핵 결합 에너지 계산을 배웠다. 또한 핵의 나머지 부분에 대해 단일 핵자(중성자 또는 양성자)의 결합 에너지 추정도 가능하다. (a) 다음 핵 반응식과 핵의 질량으로부터 중성자 하나의 결합 에너지를 계산하시오.

$$^{14}_{7}N \longrightarrow ^{13}_{7}N + ^{1}_{0}n$$

(*유용한 정보:* $^{14}_{7}N$: 14.003074 amu; $^{13}_{7}N$: 13.005738 amu; $^{1}_{0}n$: 1.00866 amu.)
(b) 비슷한 방법으로 양성자 하나의 결합 에너지를 다음 반응식을 통해 계산할 수 있다.

$$^{14}_{7}N \longrightarrow ^{13}_{6}C + ^{1}_{1}p$$

(*유용한 정보:* $^{13}_{6}C$: 13.003355 amu; $^{1}_{1}p$: 1.00794 amu.) 결과에 대해 의견을 제시하시오.

설명, 모형화 및 추정 문제 *Interpreting, Modeling & Estimating*

19.107 반감기가 긴 방사성 동위원소와 반감기가 짧은 방사성 동위원소 중 건강을 더 많이 위협하는 것은 어느 것인가? 같은 몰수와 동일한 유형의 방사선과 방출 입자 당 같은 에너지를 가정하시오.

19.108 중수소-중수소 핵 융합 반응을 시작하기 위해 각 핵은 약 4×10^{-14} J의 초기 운동 에너지가 필요하다고 추정된다. 이 과정에 해당하는 온도가 얼마인가? 왜 이 온도 값이 과대 추정되는가?

19.109 공상과학 소설에서 핵 공학자가 중수소-중수소 융합에 의해 구동되는 자동차를 설계하였다. 이 자동차가 특정 기간 동안에 중수소 연료 0.2 g을 소비하였다. 이 중수소 연료와 동일한 에너지를 내려면 휘발유 몇 갤런이 드는가? (휘발유의 에너지 함량에 대한 유용한 정보는 연습 문제 17.73 참조.)

19.110 2011년 일본 후쿠시마에서 발생한 것처럼 핵 반응로의 노심이 오작동하여 방사선 물질의 누출이 발생할 때 수소 기체로 인한 핵 발전소의 폭발이 상황을 더 악화시킨다. 수소 기체 폭발의 원인을 설명하시오. (*유용한 정보:* 핵 연료봉은 지르코늄 합금 튜브에 의해 고정되어 있다.)

실전 연습의 답 *Answers to Practice Exercises*

19.1 $^{78}_{34}Se$. **19.2** 2.63×10^{-10} J; 1.26×10^{-12} J/핵자. **19.3** $^{106}_{46}Pd + ^{4}_{2}\alpha \longrightarrow ^{109}_{47}Ag + ^{1}_{1}p$.

화학 세계의 미스터리

세기의 미술 모조품

반 메헤렌(Han van Meegeren)은 자기 작품을 검사해 보라고 내놓은 몇 안 되는 모조품 제조가 중 한 사람이다. 그는 1945년에 네덜란드 화가인 베르메르(Vermeer, 1632~1675)의 작품을 독일 나치에 넘겼다는 죄목으로 네덜란드 경찰에 붙들렸다. 이것은 사형 선고를 받을 만한 죄였다. 반 메헤렌은 문제의 작품인 "간통죄를 범한 여인"은 가짜일 뿐만 아니라 그 자신이 베르메르의 작품을 더 제작했다고 주장했다.

자기의 무죄를 증명하기 위해 반 메헤렌은 네덜란드 명화를 모방하는 자신의 기술을 보여 주기 위해 다른 베르메르의 작품을 모작해 보여 주었다. 따라서 적과 내통하여 도와준 죄는 면할 수 있었으나 명화를 위조한 죄로 유죄 선고를 받았다. 1년의 실형을 살기 전 심장마비로 그는 사망했다. 반 메헤렌의 사후 20년 뒤에 그가 제조했다고 주장한 "엠마오의 예수와 그 제자들"이란 작품이 진짜인지 가짜인지가 문제가 되었다. 이 의문은 1968년 방사화학 기술로 완전히 해결되었다.

납 성분을 포함한 흰색 물감[$Pb_3(OH)_2(CO_3)_2$]은 화가들이 수세기 동안 사용해온 물감이다. 이 화합물에 들어 있는 금속은 방연광(galena, PbS)에서 추출한 것이다. 방연광은 우라늄과 그 딸 생성물이 방사성 평형을 이루고 있는 광물이다. 여기서 방사성 평형이란 붕괴 계열에서 그 어미핵이 붕괴를 시작하자마자 생성된 특별한 동위원소가 시간이 지나면서도 그 농도(그 방사성)가 줄어들지 않고 항상 일정하게 유지하는 것을 의미한다. 이 방사성 평형은 광석으로부터 납을 화학적으로 추출할 때 깨어진다. 우라늄 붕괴 계열에서 특별히 관심이 가는 두 가지 동위원소는 ^{226}Ra($t_{\frac{1}{2}}$ = 1600년)과 ^{210}Pb($t_{\frac{1}{2}}$ = 21년)이다(표 19.3 참조). 대부분의 ^{226}Ra는 광석으로부터 납을 추출할 때 제거된다. 그러나 ^{210}Pb은 안정한 납 동위원소(^{206}Pb)와 함께 흰색의 납이 남게 된다. 비교적 수명이 긴 어미핵으로부터 재공급이 끊어지면서 ^{226}Ra과 ^{210}Pb은 붕괴를 시작한다. 추출할 때 조금 섞여 들어온 소량의 ^{226}Ra과 ^{210}Pb이 다시 방사성 평형을 형성할 때까지 붕괴는 계속된다. 추출 후 ^{210}Pb 대 ^{226}Ra의 비가 100:1로 시작하면 ^{210}Pb이 다시 방사성 평형을 형성하기까지는 270년이 소요된다.

만약 베르메르가 *엠마오* 그림을 17세기 중엽에 그렸다면 1960년에야 흰색의 납 물감에서 방사성 평형이 형성될 것이다. 그러나 그렇지가 않았다. 방사화학 분석 결과, 그 그림은 100년이 되지 않은 것으로 나타났다. 따라서 그 그림은 베르메르가 그릴 수 없었던 것이다.

화학적인 단서

1. ^{226}Ra과 ^{210}Pb의 붕괴식을 쓰시오.
2. 다음의 연속적인 붕괴를 생각하자.

$$A \longrightarrow B \longrightarrow C$$

반 메헤렌(Han van Meegeren)이 모조한 "엠마오(Em-maus)의 예수와 그 제자들".

A와 B는 방사성 동위원소이고 C는 안정한 동위원소이다. A의 반감기가 B의 반감기의 100배라고 할 때 시간에 대한 세 화학종의 농도를 같은 그래프 상에 그리시오. 만약 초기에 A만 존재한다면 어느 화학종이 방사성 평형에 도달하겠는가?

3. 1968년 엠마오 그림에서 취한 흰색 납 물감 내의 ^{210}Pb과 ^{226}Ra의 방사성 붕괴 속도가 각각 납 1 g당 분당(dpm/g) 8.5와 0.8이라면 (a) ^{210}Pb은 1660~1968년에 몇 배의 반감기가 지났겠는가? (b) 베르메르가 엠마오 그림을 그렸다면 1660년에 ^{210}Pb의 붕괴 속도는 얼마이어야 되겠는가? 이 붕괴 속도 값의 합당성을 설명하시오.

4. 이 가짜 그림을 진짜처럼 보이게 하기 위해 반 메헤렌은 오래된 그림의 캔버스를 다시 사용했다. 그는 오래된 그림처럼 보이게 하기 위해 그림을 둘둘 말아서 금이 가게 했다. X선 조사로 밑에 깔려있는 그림을 찾을 수 있을 뿐만 아니라 그 깨어진 금도 찾아낼 수 있다. 위에 그린 그림이 더 최근에 그려졌다는 것을 어떻게 과학자들은 알아낼 수 있을까?

제 20 장

대기화학

Chemistry in the Atmosphere

▲ 번개에 의해 대기 중의 질소와 산소가 반응하여 산화 질소로 만드는데, 이는 최종적으로 질산염으로 변한다.

이 장의 차례

들여다보기

- 지구 대기권의 각 구역과 화학적 조성에 대해 알아본다(20.1절).
- 북극의 오로라와 같이 대기권 상층에서 일어나는 자연 현상과 우주왕복선의 광채와 같이 인간에 의해 만들어진 현상에 대해 공부한다(20.2절).
- 성층권에서의 오존 감소와 이로 인한 해로운 영향 및 오존 감소의 진행을 늦추는 방법들에 대해 알아본다(20.3절).
- 대류권에서 일어나는 현상에 초점을 맞추어, 먼저 화산 폭발에 관해 살펴본다(20.4절).
- 온실 기체의 발생 원인과 그 영향에 대해 알아보고, 이산화 탄소 및 기타 해로운 다른 기체 배출량을 줄이는 방법에 대해 논의한다(20.5절).
- 산성비는 금속 황화물을 태우거나, 화석 연료의 사용과 같은 인간의 활동으로 인해 발생된다는 것을 알아본다. 질소 산화물이나 이산화 황의 배출을 최소화시키는 방법에 대해 논의한다(20.6절).
- 인간에 의한 오염의 또 다른 형태는 스모그로, 이는 자동차를 과도하게 이용한 결과이다. 스모그 형성의 메커니즘과 스모그를 감소시키는 방법에 대해 논의한다(20.7절).
- 끝으로, 라돈, 이산화 탄소, 일산화 탄소, 폼알데하이드와 같은 실내 오염원들에 대해 살펴본다(20.8절).

앞에서 화학의 기본 정의와 기체, 액체, 고체 및 용액의 성질에 대해 공부한 바 있다. 또한 화학 결합과 분자간 힘에 대하여 논의하면서 화학 반응 속도론과 화학 평형의 개념이 화학 반응의 성질을 이해하는 데 어떻게 도움이 되는지 살펴보았다. 이 장에서는 그 동안 배운 지식을 대기에 대한 연구에 적용하기로 한다. 지구 대기의 조성은 비교적 단순하지만 대기의 화학은 매우 복잡할 뿐만 아니라 아직 완전히 이해된 단계가 아니다. 대기에서 일어나는 화학적 과정들은 태양 복사 에너지에 의해 일어나는 것이지만, 지표에서 행하는 인간의 활동 및 자연 현상과도 불가분의 관계에 있다.

이 장에서는 대기의 구조와 조성 및 대기에서 일어나는 여러 화학적 과정에 대하여 논할 것이다. 더불어 주요 공기 오염원과 이들을 어떻게 통제해야 하는지 알아보도록 한다.

20.1 지구의 대기

지구는 태양계의 행성들 중 유일하게 화학적으로 활동적이며, 산소가 풍부한 대기를 가지고 있다. 화성의 경우 아주 얇은 대기층이 있지만 약 90%가 이산화 탄소로 이루어져 있다. 반면 목성은 견고한 표면층이 없이 90%의 수소, 9%의 헬륨과 1%의 기타 원소로 이루어져 있다.

30~40억 년 전 지구의 대기는 주로 암모니아, 메테인, 물로 이루어져 있었다고 알려져 있다. 원소 상태의 산소는 거의 존재하지 않았다. 태양으로부터 자외선(UV)이 대기를 뚫고 들어와 지표를 불모지로 만들었을 것으로 추측되는데, 이 자외선이 다른 한편으로는 화학 반응(아마도 지표 아래에서)을 일으켜서 결국 지구에 생명체를 만들어내었을 것이다. 원시 생명체는 태양 에너지를 이용하여 화산 활동으로 생성된 이산화 탄소를 탄소로 분해하고, 이렇게 하여 얻어진 탄소를 자신의 세포를 만드는 데 이용하였다. *광합성*(photosynthesis)이라고 하는 이 과정의 주요 부산물이 바로 산소이다. 산소는 또한 자외선에 의한 수증기의 *광분해*(photodecomposition)에 의해서도 생성되었다. 시간이 지남에 따라 암모니아나 메테인과 같은 반응성이 큰 기체들은 대부분 사라지고, 주로 산소와 질소 같은 기체들이 현재의 대기를 이루게 되었다. 이러한 대기의 조성(매우 반응성이 큰 산소와 반응성이 비교적 작은 질소)은 주로 생물학적 활동에 의해서 이루어진 것이다.

표 20.1에 해수면에서 건조 공기의 조성을 나타내었다. 대기의 전체 질량은 약 5.3×10^{18} kg이다. 이 표는 수증기를 제외한 조성비를 나타낸 것인데, 이것은 지역에 따라 수증기가 심한 농도 차이를 나타내기 때문이다.

그림 20.1은 자연에서의 질소 순환 과정을 보여준다. 질소 분자는 삼중 결합을 가지고 있는 매우 안정한 분자이다. 그러나 생물학적 및 공업적 **질소 고정**(nitrogen fixation, *질소 분자를 질소 화합물로 변환시키는 과정*)을 통하여 대기 중의 질소 기체는 식물과 녹조류가 섭취하기에 적합한 질산염 등의 질소 화합물로 바뀌게 된다. 질소 기체로부터 질산염을 생성하는 주요 과정 중 다른 하나는 번개에 의한 것인데, 그 과정은 다음과 같다.

$$N_2(g) + O_2(g) \xrightarrow[\text{에너지}]{\text{전기}} 2NO(g)$$
$$2NO(g) + O_2(g) \longrightarrow 2NO_2(g)$$
$$2NO_2(g) + H_2O(l) \longrightarrow HNO_2(aq) + HNO_3(aq)$$

매년 약 3천만 t의 질산(HNO_3)이 위와 같은 방식으로 생성된다. 질산은 흙에서 질산염으로 바뀐다. 이들 영양분을 식물이 섭취한 후 동물에 의해서 소화된다. 동물은 식물로부터 얻은 이 영양소를 이용해 단백질 및 다른 기본적인 생체 분자를 만든다. 탈질소화(denitrification)는 질소 고정의 역과정으로서 질소 순환 과정을 완성한다. 예를 들면, 어떤 혐기성 미생물은 동물의 분비물뿐만 아니라 식물과 동물의 사체를 분해하여 질산염으로부터 질소 기체 분자를 공기 중으로 방출한다.

표 20.1

해수면 높이에서 건조 공기의 조성

기체	조성(부피%)
N_2	78.09
O_2	20.95
Ar	0.93
CO_2	0.040
Ne	0.0018
He	0.000524
Kr	0.00011
Xe	0.000006

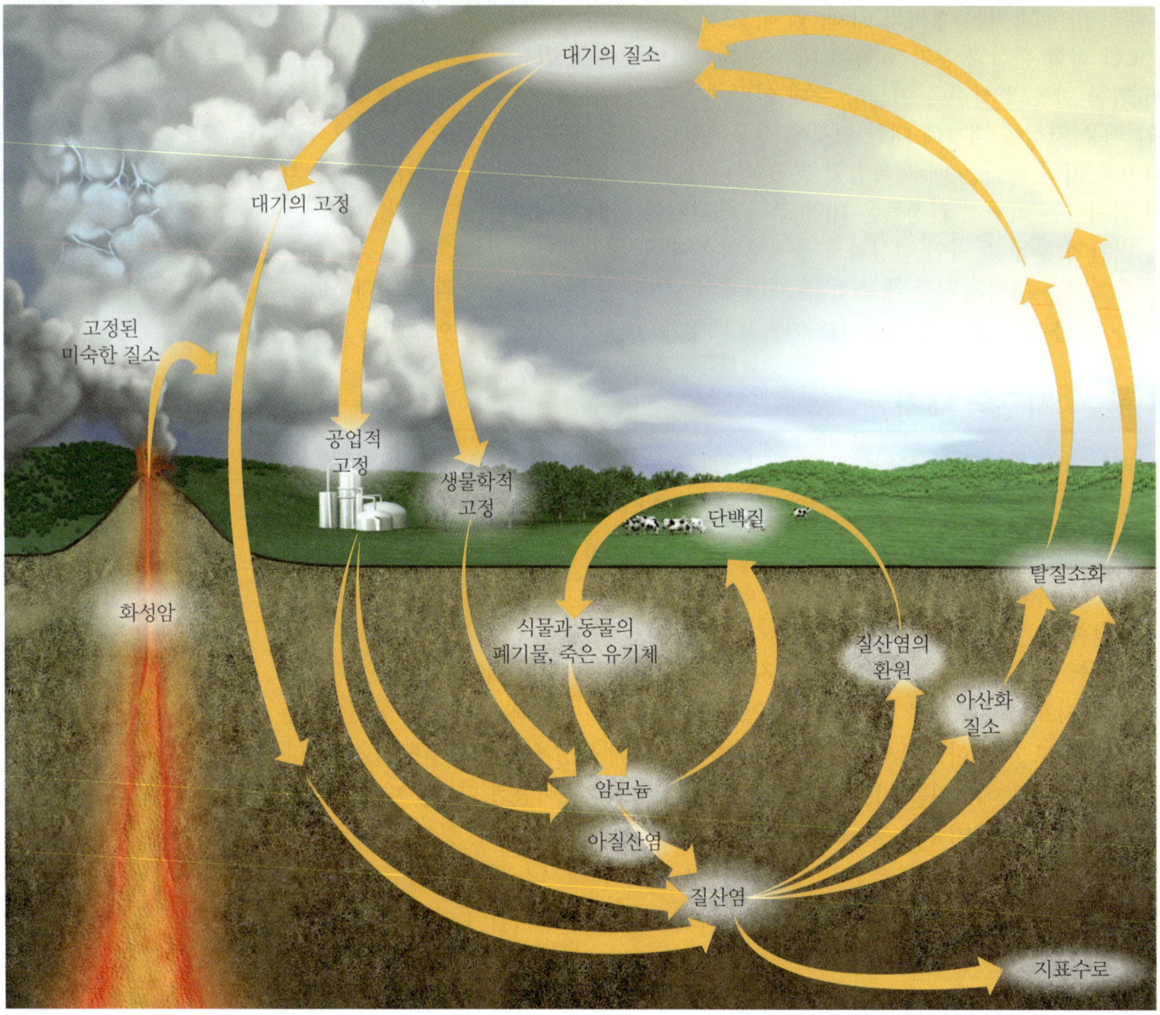

그림 20.1 질소 순환. 대기로부터 질소가 비록 무한정으로 공급된다 하더라도 고등 식물에서 질소 고정이 일어나기 위해서는 질소가 수소나 산소와 결합해야 한다. 이렇게 고정된 질소를 동물이 섭취하게 된다. 미숙한 질소(juvenile nitrogen)란 이전에 질소 순환에 참여하지 않았던 질소를 뜻한다.

그림 20.2은 산소 순환의 주요 과정을 나타낸 것이다. 산소는 매우 다양한 화학적 형태로 존재하기 때문에 그 순환 과정이 매우 복잡하다. 대기 중의 산소는 호흡이나 기타 여러 공업적 과정(주로 연소 과정)을 통해 소모되며, 그 결과 이산화 탄소를 생성한다. 이산화 탄소나 물로부터 산소 분자를 재생산하는 주 메커니즘이 바로 광합성이다.

과학자들은 온도나 화학적 성분의 조성에 따라 대기를 몇 개의 층으로 구분한다(그림 20.3). 우리 눈에 보이는 현상과 관련하여 가장 활발한 활동을 보이는 층은 **대류권**(troposphere)으로 *대기 전체 질량의 80%와 대기 중에 존재하는 수증기의 대부분을 포함한다*. 대류권은 그 두께가 10 km로 가장 얇은 층이지만 비, 번개, 태풍 등과 같은 모든 기상 현상들이 이 영역에서 일어난다. 또한 이 영역에서는 고도가 증가함에 따라 비례적으로 온도가 감소한다.

대류권의 위쪽 영역은 **성층권**(stratosphere)으로 *질소, 산소, 오존으로 구성*되어 있다. 성층권에서는 고도가 *높아짐*에 따라 기온이 *증가*하는데, 이러한 현상은 태양으로부터의 자외선에 의해 유발된 발열 반응에 의한 것이다(20.3절에서 논의). 뒤에서 바로 논의하겠지만 이 반응에 의한 생성물 중 하나인 오존(O_3)은 해로운 자외선이 지표면에 도달하는 것을 막는 역할을 한다.

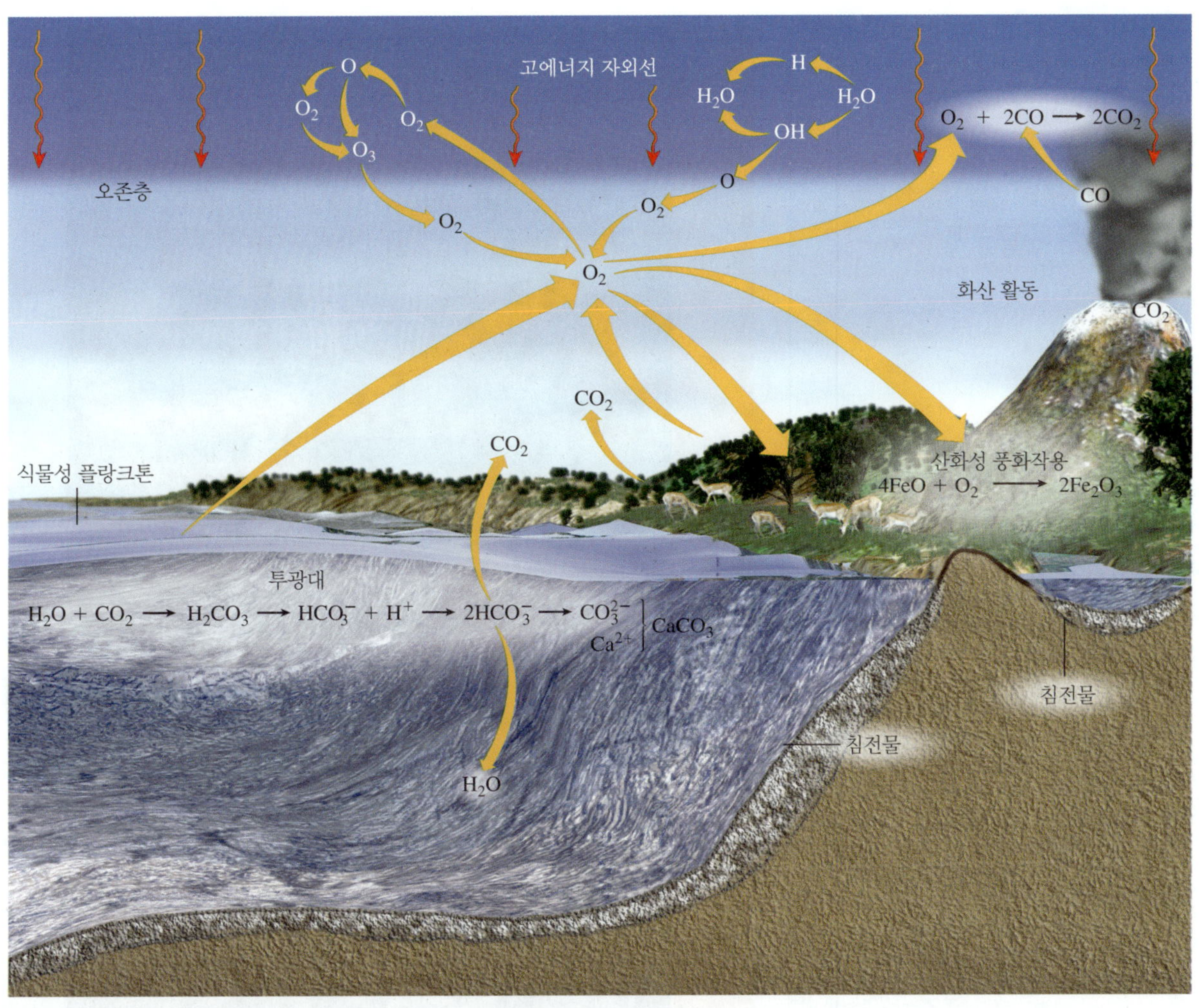

그림 20.2 산소 순환. 산소는 산소 분자, 물 분자, 유기·무기 화합물 등 매우 다양한 화학적 형태의 조합으로 존재하기 때문에 그 순환 과정이 복잡하다.

성층권 위에 있는 **중간권**(mesosphere)에서는 오존이나 다른 기체들의 농도가 낮으며, 고도가 증가함에 따라 온도가 감소한다. *대기의 최상층은* **열권**(thermosphere) 또는 **이온층**(ionosphere)이라고 부른다. 이 영역에서는 태양으로부터 오는 전자나 양성자와 같은 고에너지 입자들에 의해 질소, 산소 분자 및 원자와 충돌하기 때문에 온도가 올라간다. 다음은 그 전형적인 반응들이다.

$$N_2 \longrightarrow 2N \qquad \Delta H° = 941.4\ \text{kJ/mol}$$
$$N \longrightarrow N^+ + e^- \qquad \Delta H° = 1400\ \text{kJ/mol}$$
$$O_2 \longrightarrow O_2^+ + e^- \qquad \Delta H° = 1176\ \text{kJ/mol}$$

위 반응의 역반응에서는 정반응에서와 같은 크기의 에너지를 대부분 열의 형태로 방출한다. 또한 전리층의 이온화된 입자들은 라디오파를 지구 표면으로 반사시키는 역할을 한다.

20.2 대기권 밖에서 일어나는 현상

이 절에서는 대기권 밖에서 일어나는 두 가지 현란한 현상에 대하여 논의한다. 하나는 자연적인 현상이고, 다른 하나는 인간의 우주여행에 의해 부수적으로 나타나는 신기한 현상이다.

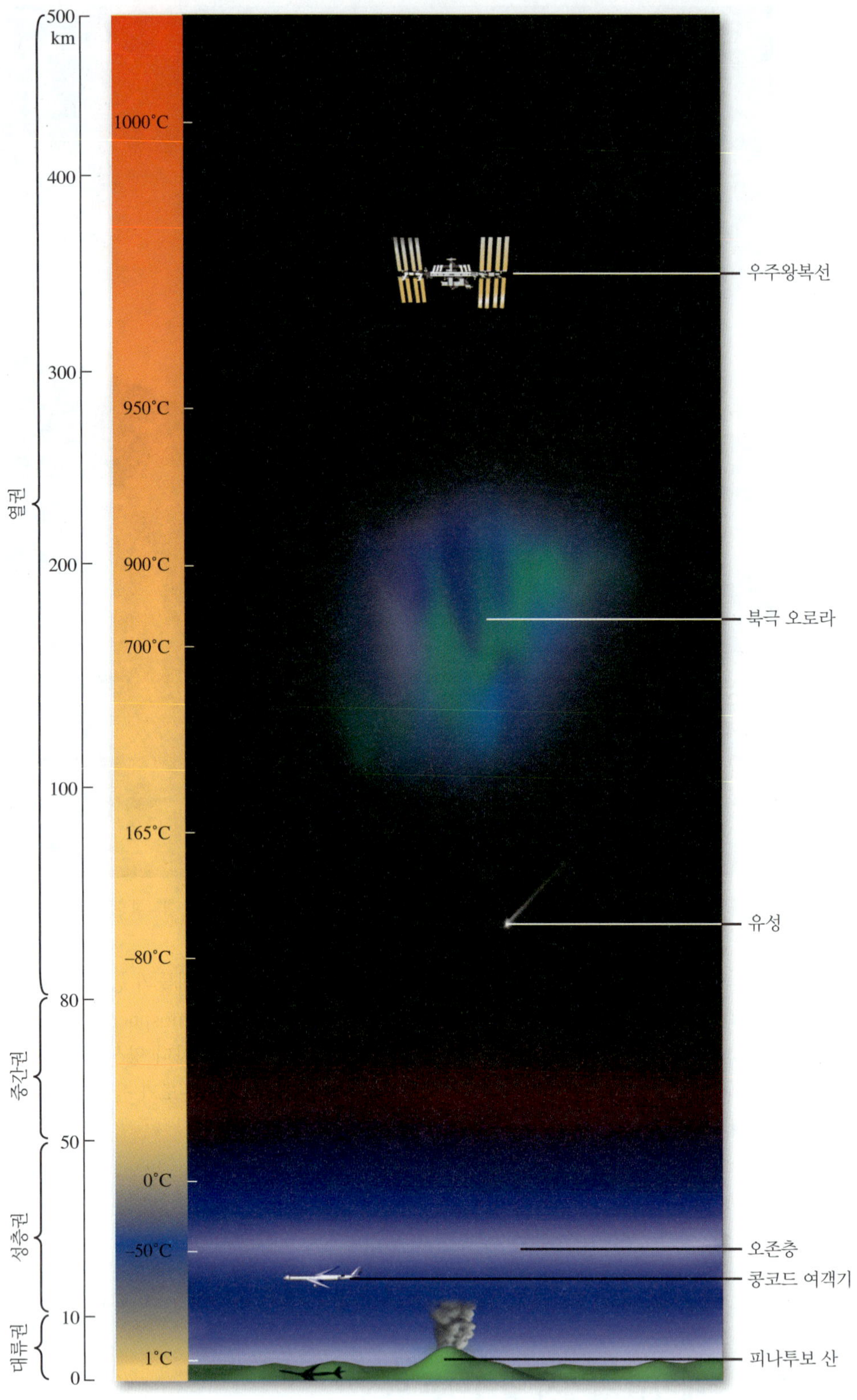

그림 20.3 지구 대기의 구분. 고도에 따른 온도 변화에 주목하라. 여기에 나타난 각 현상들은 본문에 언급되어 있다.

그림 20.4 북극광이라고도 부르는 북극 오로라.

북극 오로라와 남극 오로라

태양 흑점 폭발(solar flares)이라 부르는 태양에서의 격렬한 분출의 결과로 셀 수 없이 많은 전자와 양성자들이 우주로 뿜어져 나오는데, 이들은 라디오파의 통신을 방해하고 또한 *오로라*(auroras)로 알려진 멋진 우주 쇼를 보여준다(그림 20.4). 이들 전자와 양성자들은 지구 대기의 상층부에 있는 분자 및 원자들과 충돌하여 이들을 이온화시키거나 전자적으로 들뜬 상태로 만들게 되는데, 이들은 빛을 방출하면서 바닥 상태로 되돌아오게 된다. 예를 들어, 들뜬 상태의 산소 원자는 파장이 558 nm(녹색)인 빛과 파장이 630~636 nm(빨간색)인 빛을 방출한다.

$$O^* \longrightarrow O + h\nu$$

위 식에서 *는 전자가 들뜬 상태를 표시하고, $h\nu$는 방출된 광자를 나타낸다(7.2절 참조). 이와 비슷하게 이온화된 질소 분자가 바닥 상태로 전이하는 과정에서 형성되는 오로라는 흔히 파란색과 보라색 빛이 관찰된다.

$$N_2^{+*} \longrightarrow N_2^+ + h\nu$$

이때 방출되는 빛의 파장은 391~470 nm이다.

지구로 들어오는 태양의 양성자와 전자의 흐름은 지구 자기장의 영향이 있기 때문에 나타나는 결과로, 이 때문에 대부분의 오로라 현상은 북극과 남극을 중심으로 지름이 약 2000 km되는 도넛 모양의 영역에서 나타난다. 이러한 현상이 북반구에서 일어나는 것을 *북극 오로라*(aurora borealis)라고 하고, 남반구에서는 *남극 오로라*(aurora australis)라고 부른다. 때때로 태양에서 방출되는 입자의 수가 매우 많을 때에는 극지방뿐만 아니라 지구의 다른 곳에서도 오로라를 볼 수 있다.

예제 20.1

O_2의 결합 엔탈피는 498.7 kJ/mol이다. O_2 한 분자를 해리할 수 있는 광자의 최대 파장(nm)을 계산하시오

(계속)

전략 O=O 결합을 깰 수 있는 광자의 파장을 구하는 것이 목적이다. 그러므로 이 결합의 에너지의 양을 알아야 한다. O_2의 결합 엔탈피는 kJ/mol 단위로 주어져 있다. 한 분자의 결합 에너지를 구하기 위하여 필요한 단위는 J/분자이다. 일단 결합 하나의 에너지를 알면 O_2 한 분자를 해리하는 데 필요한 최소한의 진동수와 최대 파장을 계산할 수 있다. 변환 과정은 다음과 같다.

$$\text{kJ/mol} \longrightarrow \text{J/분자} \longrightarrow \text{광자의 진동수} \longrightarrow \text{광자의 파장}$$

풀이 우선, O=O 결합 하나를 끊는 데 필요한 에너지를 계산한다.

$$\frac{498.7 \times 10^3\ \text{J}}{1\ \cancel{\text{mol}}} \times \frac{1\ \cancel{\text{mol}}}{6.022 \times 10^{23}\text{분자}} = 8.281 \times 10^{-19}\ \frac{\text{J}}{\text{분자}}$$

광자의 에너지는 $E = h\nu$로 주어진다[식 (7.2)]. 그러므로

$$\nu = \frac{E}{h} = \frac{8.281 \times 10^{-19}\ \text{J}}{6.63 \times 10^{-34}\ \text{J} \cdot \text{s}}$$
$$= 1.25 \times 10^{15}\ \text{s}^{-1}$$

마지막으로, $\lambda = c/\nu$ [식 (7.1)]로 주어지는 광자의 파장을 계산한다.

$$\lambda = \frac{3.00 \times 10^8\ \text{m/s}}{1.25 \times 10^{15}\ \text{s}^{-1}}$$
$$= 2.40 \times 10^{-7}\ \text{m} = 240\ \text{nm}$$

비슷한 문제: 20.11.

해설 이론적으로 240 nm *이하*인 광자는 O_2 분자를 해리할 수 있다.

실전 연습 O_3 분자 한 개를 해리하는 데 필요한 광자의 파장(nm)을 계산하시오.

$$O_3 \longrightarrow O + O_2 \qquad \Delta H° = 107.2\ \text{kJ/mol}$$

▶ 우주왕복선의 신비로운 광채

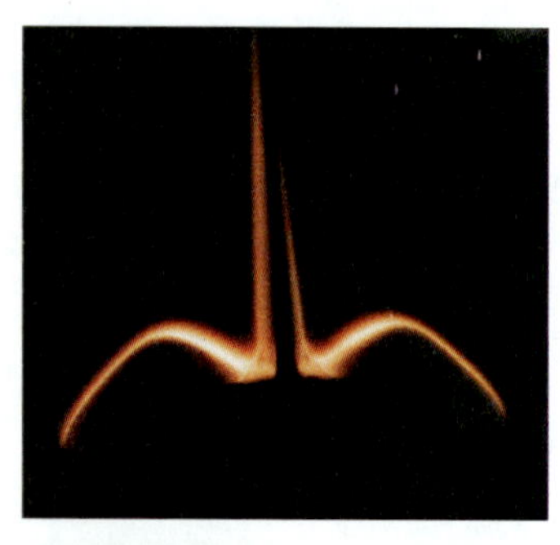

그림 20.5 우주왕복선의 내부에서 관찰할 수 있는 우주왕복선 후미의 광채.

지구를 선회하는 우주왕복선에 의해 만들어진, 인간에 의한 빛의 쇼는 몇 년간 과학자들을 당혹스럽게 하였다. 1983년에 우주 비행사들은 지구 위 약 300 km 고도에서 그들이 탄 우주왕복선의 바깥 표면에 이상한 주황색 빛이 생겨나는 것을 처음 발견하였다(그림 20.5). 이 빛은 방열 실리카 타일과 다른 표면 물질로부터 10 cm 정도 떨어진 거리에서 퍼지는데, 진행 방향의 반대쪽 선체 부분에서 가장 강하게 나타난다. 과학자들은 대기 중의 산소 원자가 매우 빠른 속도로 움직이는 우주왕복선과 충돌하여 주황색 빛을 내는 것이라고 추측하였다. 이 발광에 대한 분광학적 측정과 다른 여러 가지 실험 결과들은 산화 질소(nitric oxide, NO)와 이산화 질소(nitrogen dioxide, NO_2)가 중요한 역할을 한다는 것을 강하게 뒷받침하였다. 산소 원자는 우주왕복선 표면에 흡착된 NO와 상호작용하여 들뜬 상태 전자를 가지는 NO_2를 생성한다고 여겨진다.

$$O + NO \longrightarrow NO_2^*$$

NO_2^*가 우주왕복선 표면을 떠나면서 파장이 680 nm(주황색)인 광자를 방출한다.

$$NO_2^* \longrightarrow NO_2 + h\nu$$

1991년, 예기치 않게 위의 주장을 뒷받침하는 사건이 발생하였다. *디스커버리호*에 승선한 우주 비행사들이 위와는 무관한 실험을 하는 과정에서 우주왕복선의 화물칸에서 CO_2, Ne, Xe, NO 등 여러 기체를 배출하게 되었다. 이 기체들은 한 번에 하나씩 우주왕복선 후미의 표면으로 흩뿌려졌는데, 다른 기체를 배출할 때와는 달리 NO를 배출할 때에는 우주왕복선의 광채가 더욱 밝아졌던 것이다.

우주왕복선 외부에 있는 NO는 어디에서 오는 것일까? 과학자들은 일부는 우주왕복선 로켓에서 배출되는 기체로부터 나오고, 다른 일부는 대기 중에 존재하는 것으로 믿고

있다. 우주왕복선의 발광은 우주왕복선에 해를 끼치지는 않으나, 우주왕복선으로부터 멀리 떨어진 물질들을 분광학적으로 측정하는 데 방해가 된다.

20.3 성층권에서 오존의 감소

앞서 언급한 바와 같이 성층권의 오존은 태양으로부터 오는 자외선이 지구 표면에 도달하는 것을 막아준다. 성층권의 오존 생성은 파장이 240 nm 이하인 태양 광선에 의해 산소 분자가 *광분해*(photodissociation)되면서 시작한다.

광분해란 복사 에너지에 의하여 화학 결합을 깨는 것을 말한다.

$$O_2 \xrightarrow[< 240\text{ nm}]{\text{UV}} O + O \tag{20.1}$$

반응성이 매우 큰 산소 원자는 산소 분자와 결합하여 다음과 같이 오존을 생성한다.

$$O + O_2 + M \longrightarrow O_3 + M \tag{20.2}$$

여기서 M은 N_2와 같이 반응성이 작은 화합물을 말한다. 위의 반응은 발열 반응으로 M은 여기에서 방출된 과량의 에너지를 흡수하고 오존 분자의 자발적 분해를 방지하는 역할을 한다. M이 흡수하지 못한 에너지는 열의 형태로 방출된다(들뜬 M 분자들이 바닥 상태로 내려올 때에는 주위에 많은 에너지를 방출한다). 또한 오존 자체는 200~300 nm 사이의 자외선을 흡수하여 다음과 같이 분해되기도 한다.

$$O_3 \xrightarrow{\text{UV}} O + O_2 \tag{20.3}$$

위의 과정은 식 (20.2)에서처럼 O와 O_2가 재결합하며 O_3를 형성하는 방향으로 연속되기 때문에 성층권의 온도는 더욱 상승하게 된다.

성층권의 모든 오존을 모아서 표준 온도와 압력(STP)에서 단일 층으로 압축시킨다면, 그 두께는 약 3 mm 정도밖에 되지 않는다. 성층권의 오존 농도는 매우 희박하지만 그 양은 200~300 nm 범위의 태양 복사선을 흡수하여 차단하기에는 충분하다[식 (20.3) 참조]. 성층권에서 오존층은 자외선을 차단해 주는 방패와 같은 보호막 역할을 하는데, 자외선은 피부암을 유발하고, 유전자 변이를 일으키며, 농작물과 식물에 큰 피해를 입히는 원인이기 때문이다.

오존이 형성되고 파괴되는 자연 과정은 성층권의 오존 농도를 일정하게 유지하는 동적 평형이다. 1970년대 중반 이후 과학자들은 클로로플루오로탄소(chlorofluorocarbon, CFC)가 오존층에 미치는 유해성에 관심을 두기 시작했다. 일반적으로 프레온(Freon)이라는 상품명으로 잘 알려진 CFC들은 1930년대에 처음 합성되었으며, 흔히 알려진 것들로는 $CFCl_3$(프레온 11), CF_2Cl_2(프레온 12), $C_2F_3Cl_3$(프레온 113), $C_2F_4Cl_2$(프레온 114) 등이 있다. 이 화합물들은 쉽게 액화되고, 반응성이 작으며, 무독성, 불연성, 휘발성 같은 성질을 갖기 때문에 독성이 강한 이산화 황(SO_2)이나 암모니아(NH_3)를 대체하여 냉장고나 에어컨의 냉각제로 사용되어 왔다. 또한 많은 양의 CFC들이 컵이나 접시와 같은 발포성 일회용품 제조나 스프레이 캔의 에어로솔 추진제, 전기 회로판 세척 용매로도 사용된다(그림 20.6). 1977년에 CFC 생산은 절정에 이르러 미국에서만 1.5×10^6 t에 육박하는 CFC가 생산되었다. 이렇게 상업용과 공업용으로 생산된 CFC는 대부분 결국 대기로 방출되었다.

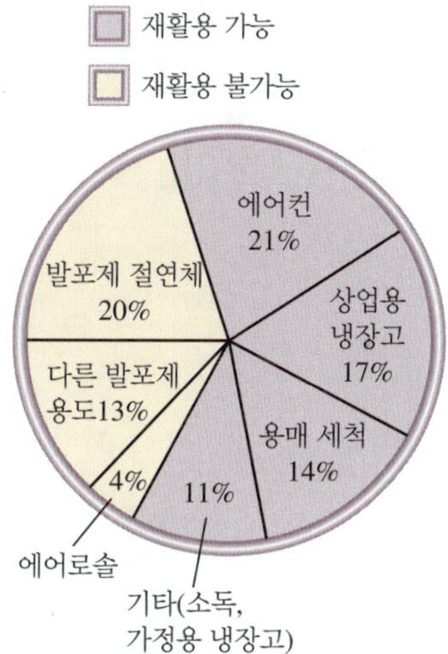

그림 20.6 CFC의 용도. 1978년 이후 미국에서는 에어로솔의 사용이 금지되었다.

CFC는 상대적으로 반응성이 낮기 때문에 분해되지 않고 성층권까지 확산되는데, 성층권에 도달해서는 파장이 175~220 nm인 자외선에 의해 다음과 같이 분해된다.

CFC가 성층권에 도달하기까지는 수 년이 걸린다.

$$CFCl_3 \longrightarrow CFCl_2 + Cl$$
$$CF_2Cl_2 \longrightarrow CF_2Cl + Cl$$

위 반응으로 생성된 반응성이 큰 염소 원자는 다음과 같은 반응을 거친다.

$$Cl + O_3 \longrightarrow ClO + O_2 \tag{20.4}$$

Cl은 균일 촉매이다.

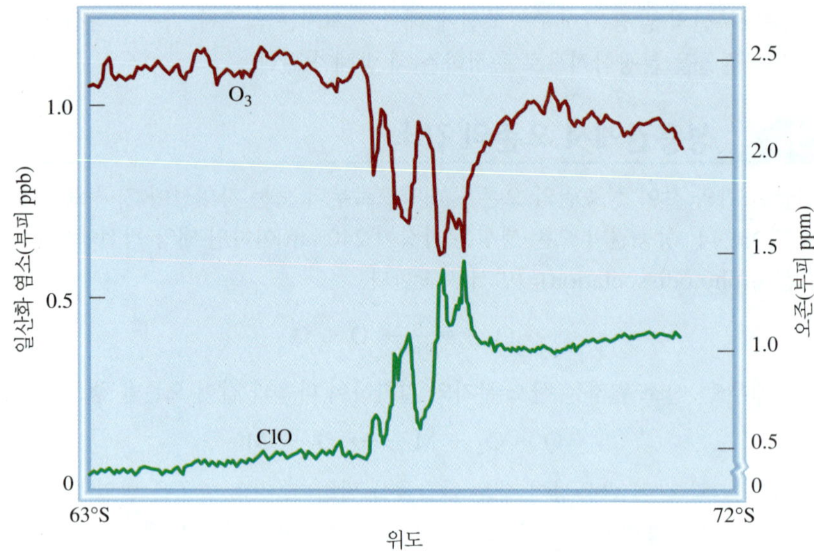

그림 20.7 위도에 따라 변하는 ClO와 O_3의 농도.

$$ClO + O \longrightarrow Cl + O_2 \quad (20.5)$$

식 (20.4)와 식 (20.5)를 합하면, 실질적으로는 성층권에서 오존을 제거하는 결과가 된다.

$$O_3 + O \longrightarrow 2O_2 \quad (20.6)$$

식 (20.5)의 산소 원자는 앞서 언급한 바와 같이 산소 분자와 오존의 광화학적 분해 과정에 의해 공급된다. 염소 원자는 식 (20.4)와 식 (20.5)에서 볼 수 있듯이 반응 과정에서 소모되지 않는 촉매로 작용하므로, 반복적으로 반응에 참여할 수 있다는 점에 주목할 필요가 있다. 염소 원자 하나가 다른 반응에 의해 소멸되기 전까지 오존 분자를 무려 십만 개까지 파괴할 수 있다. 일산화 염소(chlorine monoxide, ClO)는 반응의 첫 번째 단계[식 (20.4)]에서 나타났다가 두 번째 단계[식 (20.5)]에서 사라지는 중간체인데, 최근 성층권에서 발견되는 ClO(그림 20.7)는 위의 반응 메커니즘을 뒷받침하고 있다.

대기의 오존층을 파괴시키는 또 다른 종류의 화합물은 산화 질소(NO_x, 예로 NO, NO_2)이다. 이 화합물들은 비행기로부터 발생하고, 또 지구상에서 인간의 활동 및 다른 동식물들로부터 생겨날 수 있다. 햇빛은 상당한 양의 산화 질소를 NO_2에서 NO로 분해한다. 이들 물질이 오존을 파괴시키는 반응은 다음과 같다.

$$\begin{aligned} O_3 &\longrightarrow O_2 + O \\ NO + O_3 &\longrightarrow NO_2 + O_2 \\ \underline{NO_2 + O} &\underline{\longrightarrow NO + O_2} \\ \text{전체:}\quad 2O_3 &\longrightarrow 3O_2 \end{aligned}$$

이 경우 NO는 촉매이고, NO_2는 반응 중간체이다. NO_2는 또한 다음과 같이 일산화 염소와 반응하여 질산 염소($ClONO_2$)를 형성한다.

$$ClO + NO_2 \longrightarrow ClONO_2$$

질산 염소는 비교적 안정하며 "염소의 저장소"로 작용하여 북극과 남극의 오존층을 없애는 작용을 한다.

▶ 극지방의 오존 구멍

1980년대 중반부터 늦겨울에 "남극 오존 구멍(Antarctic ozone hole)"이 형성되어 커지면서 성층권의 오존층이 50%까지 감소되었다는 증거들이 점차 나타나기 시작했다(그림 20.8). 성층권에서 극지방의 소용돌이(polar vortex)라고 알려진 공기의 흐름이 겨울에

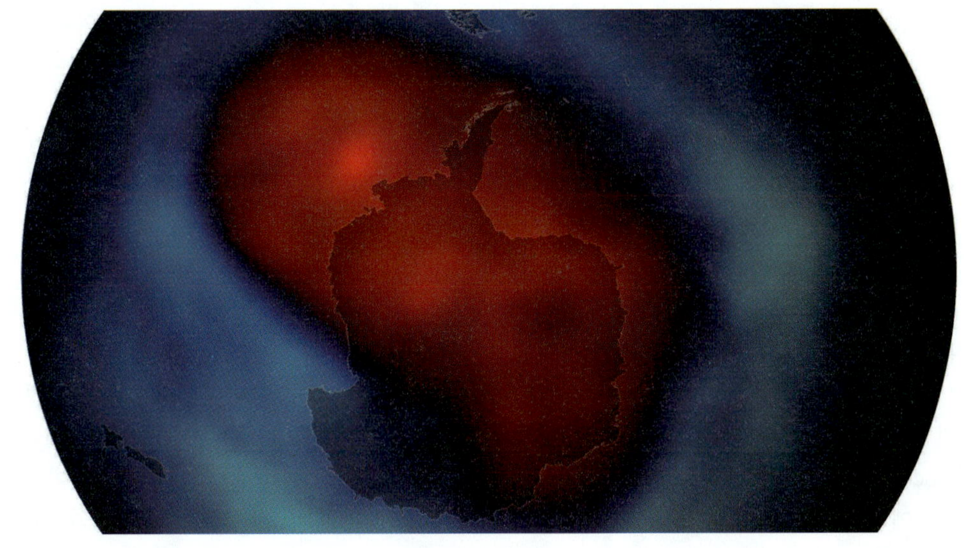

그림 20.8 최근 들어 과학자들은 남극의 성층권에 존재하는 오존층이 얇아지고 있다는 것을 발견하였다. 수년에 걸쳐 수집된 자료를 바탕으로 얻어진 이 지도를 통해 자주색의 오존이 감소하고 있음을 알 수 있다.
(출처: NASA/ Goddard Space Flight Center)

남극을 에워싸기 때문에, 극지방에서 이 소용돌이에 갇힌 공기는 밤 동안 아주 차가워지게 된다. 이러한 조건에서 극 성층 구름(polar stratospheric clouds, PSCs)이라고 하는 얼음 입자가 형성된다(그림 20.9). 이 PSC는 불균일 촉매로 작용하여 지구로부터 발생하는 HCl과 $ClONO_2$와 반응하여 더욱 반응성이 큰 염소 분자를 형성한다.

$$HCl + ClONO_2 \longrightarrow Cl_2 + HNO_3$$

이른 봄까지 햇빛이 염소 분자를 염소 원자로 쪼갠다.

$$Cl_2 + h\nu \longrightarrow 2Cl$$

이 염소 원자는 앞에서 나타낸 것과 같이 오존을 공격한다.

북극 근처의 상황은 이만큼 심각하지는 않은데, 이는 남극처럼 극지방 소용돌이가 상당기간 지속되지 않고, 북극 성층권이 남극보다 더 따뜻하기 때문이다. 연구 결과에 의하면 이 지역의 오존 수치는 지난 10년 동안 4~8% 정도 감소해왔다. 1991년 필리핀의 피나투보(Pinatubo) 산의 화산 폭발과 같은 사건에서 먼지 크기의 작은 입자들과 황산 에어로솔(12.8절 참조)이 대기로 대거 방출되었다. 이들 입자는 남극에서의 얼음 결정들처럼 촉매 역할을 할 수 있다. 이 때문에 북극의 오존 구멍은 다음 몇 년 내에 계속해서 커질 것으로 예상된다.

그림 20.9 얼음 입자를 포함하는 극 성층 구름(PSC)은 촉매 역할을 하여 Cl 원자의 형성을 촉진하고, 나아가 오존 파괴를 일으킨다.

성층권의 오존 감소로 인한 사태의 심각성을 인식하게 된 후 세계 각국은 CFC의 생산을 크게 줄이거나 완전히 중단할 필요성을 깨닫게 되었다. 1978년 미국은 헤어스프레이와 여러 에어로솔에 CFC의 사용을 금지시킨 몇 안 되는 나라 중 하나였다. 대부분의 공업 선진국들은 1987년에 국제 협약인 몬트리올 의정서(Montreal Protocol)를 체결하여 CFC의 생산을 줄이고, 2000년까지는 이들의 사용을 완전히 금지하기로 하였다. 이로 인해 CFC를 줄이는 데 어느 정도의 진전이 있었으나, 여전히 상당수 많은 나라들은 경제에서 CFC가 차지하는 중요성 때문에 협약을 따르지 않고 있다. 이미 사용된 CFC가 대기 중으로 방출되는 것을 막는 중요한 방법은 바로 재활용을 하는 것이다. 그림 20.6에서 보듯 사용되는 CFC의 절반 이상이 회수 가능한 양이다.

오존층을 파괴하지 않으면서 효율적인 냉각제로 이용할 수 있는 CFC 대체 물질을 찾기 위한 노력이 강력하게 이루어지고 있다. 가장 유망한 물질 중 하나는 HCFC-134a(hydrochlorofluorocarbon 134a, CH_2FCF_3)이다. 이 물질은 수소 원자가 있어서 대기의 아래 부분에서 산화되기 쉬우므로 성층권까지 도달하지 못한다. 특히, 이 물질은 대류권의 OH 라디칼에 의한 공격으로 다음과 같이 분해되기 쉽다.

OH 라디칼은 대류권 내에서는 태양 빛에 의하여 시작되는 일련의 복합적 반응에 의해 생성된다.

$$CH_2FCF_3 + OH \longrightarrow CHFCF_3 + H_2O$$

$CHFCF_3$은 산소와 반응하여 궁극적으로 CO_2와 물, 플루오린화 수소로 분해되어 빗물에 의해 씻겨 제거된다.

이미 대기 중으로 방출된 CFC가 궁극적으로 지구의 생명체에 심각한 손상을 입힐지는 명확하지 않지만, 반응에 이용되는 Cl 원자를 감소시킴으로써 오존의 파괴 속도를 느리게 만들 수 있다는 것은 분명하다. 실제로 어떤 화학자들은 오존층의 구멍을 메우기 위한 방편으로 남극 상공에 비행기 선단을 보내 50,000 t의 에테인(C_2H_6)이나 프로페인(C_3H_8)을 분사하자는 제안을 하기도 하였다. 반응성이 매우 큰 염소 원자는 탄화수소와 다음과 같은 반응을 일으킨다.

$$Cl + C_2H_6 \longrightarrow HCl + C_2H_5$$
$$Cl + C_3H_8 \longrightarrow HCl + C_3H_7$$

이 반응의 결과로 생성된 물질들은 오존의 농도에 아무런 영향을 미치지 않는다. 다소 현실성이 떨어지는 계획이지만, 많은 양의 오존을 생성하여 비행기에서 성층권으로 오존을 방출함으로써 오존층을 복원하자는 주장도 있다. 기술적으로는 이것이 가능할지 모르나 이 계획이 성공하기 위해서는 막대한 비용이 들 것이며, 또한 많은 국가의 참여가 필요할 것이다.

지금까지는 지구 대기 외부 영역에서의 화학 반응에 대해 논의하였다. 20.4~20.8절에서는 보다 가까이에 있는 대류권에서 일어나는 현상에 대해 논의하기로 한다.

20.4 화산

화산 폭발은 지구의 에너지를 보여주는 가장 흥미로운 장관으로 지각의 많은 부분을 형성하는 데 기여한다. 지각 바로 아래에 있는 지구의 맨틀 상부는 거의 녹아 있는 상태로서 지각 변동과 같은 활동에 의해 발생하는 열에 의해 암석들을 녹인다. *마그마*(magma)라고 하는 용융된 암석은 지구 표면으로 올라와서 화산 폭발을 일으킨다(그림 20.10).

화산 부근에서 황이 침전되어 쌓인다.

활화산(활동하는 화산)은 기체, 액체, 고체를 분출한다. 분출하는 기체는 주로 N_2, CO_2, HCl, HF, H_2S와 수증기인데, 대기 중으로 방출되는 황의 약 2/3는 화산 폭발로부터 공급된다고 한다. 1980년에 폭발한 세인트 헬레나(St. Helens) 산의 경사면에 있는 분화구 근처에 황이 쌓여 있는 것을 볼 수 있다. 화산에서 뿜어져 나오는 황화 수소 기체는 고온에

그림 20.10 하와이 섬의 화산 폭발.

서 공기에 의해 다음과 같이 산화된다.

$$2H_2S(g) + 3O_2(g) \longrightarrow 2SO_2(g) + 2H_2O(g)$$

SO_2 중 일부는 다시 H_2S에 의해 환원되어 원소 형태의 황과 물을 생성한다.

$$2H_2S(g) + SO_2(g) \longrightarrow 3S(s) + 2H_2O(g)$$

나머지 SO_2는 대기 중으로 방출되어 물과 반응하여 산성비가 된다(20.6절 참조).

화산 폭발은 엄청난 힘으로 매우 많은 양의 기체를 성층권까지 운반하는데, 이 과정에서 SO_2는 SO_3로 산화된 후 다시 일련의 복잡한 메커니즘을 거쳐 결과적으로는 황산 에어로솔로 변환된다. 황산 에어로솔은 성층권에 있는 오존을 파괴할 뿐만 아니라(20.3절 참조) 기후에도 영향을 미친다. 성층권은 기상 현상이 일어나는 대기 부분 상부에 위치하기 때문에 황산 에어로솔 구름은 성층권에 일 년 이상 머물기도 하는데, 이것이 태양 복사선을 흡수하여 지표면의 온도를 떨어뜨리는 역할을 하기도 한다. 그러나 이러한 냉각 효과는 화산 폭발이 일어나는 장소와 그 빈도에 의존하여 나타나는 것이기 때문에, 전 세계적인 현상이라기보다는 국지적인 현상이라고 할 수 있다.

20.5 온실 효과

이산화 탄소는 지구 대기에 미량 존재하는 기체로 대기 중 부피가 0.033%에 지나지 않지만(표 20.1 참조), 기후 변화를 조절하는 데 결정적으로 중요한 역할을 한다. *대기 중에 있는 기체들(특히 이산화 탄소)에 의해 지구 표면의 열이 가두어지는 현상*을 소위 **온실 효과**(greenhouse effect)라고 한다. 온실의 유리 지붕은 밖에서 들어오는 가시광선은 통과시키고, 밖으로 나가려는 적외선의 일부를 흡수함으로써 열을 가두게 된다. 이산화 탄소는 온실의 유리 지붕과 같은 역할을 한다고 볼 수 있다. 다만, 온실 내부의 온도 상승은 주로 공기 순환의 제한 때문에 생긴다는 점이 다르다. 만약 대기 중에 이산화 탄소가 존재하지 않는다면, 지구의 온도는 30°C 낮아질 것이라는 계산 결과도 있다.

온실 효과의 극단적인 예는 금성에서 찾아볼 수 있다. 금성은 대기압이 9×10^6 Pa(89 atm와 같음), 대기의 97%가 CO_2이다. 그 결과 금성의 표면 온도는 약 730 K이다!

그림 20.11은 지구 생태계에서의 탄소 순환 과정을 보여준다. 탄소 순환에서 가장 중요한 것은 대기 중에서 이산화 탄소의 이동이다. 이산화 탄소는 탄소나 탄소를 포함하고 있는 화합물을 과량의 산소를 가하여 연소시킬 때 생성된다. 많은 탄산염들은 열을 가하면 이산화 탄소를 발생하며, 모든 탄산염들은 산으로 처리하면 이산화 탄소를 발생한다.

$$CaCO_3(s) \longrightarrow CaO(s) + CO_2(g)$$

$$CaCO_3(s) + 2HCl(aq) \longrightarrow CaCl_2(aq) + H_2O(l) + CO_2(g)$$

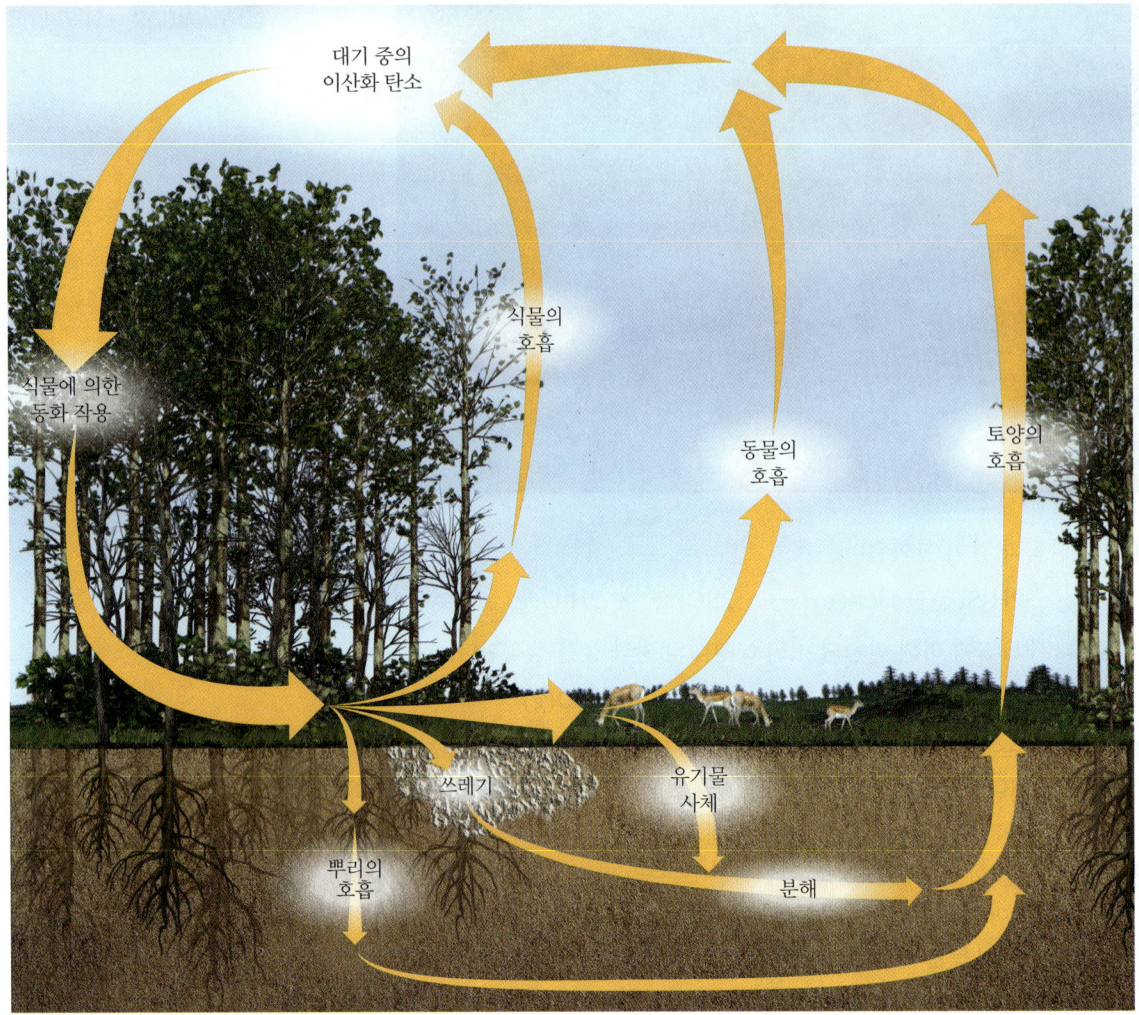

그림 20.11 탄소 순환.

CO_2는 당의 발효 시에도 부산물로 다음과 같이 생성된다.

$$\underset{\text{포도당}}{C_6H_{12}O_6(aq)} \xrightarrow{\text{효모}} \underset{\text{에탄올}}{2C_2H_5OH(aq)} + 2CO_2(g)$$

탄수화물이나 그 밖에 탄소를 포함하는 복잡한 화합물은 동물에 의해 섭취되어 대사에 이용되고, 최종 생성물로 CO_2를 배출한다.

$$C_6H_{12}O_6(aq) + 6O_2(g) \longrightarrow 6CO_2(g) + 6H_2O(l)$$

앞에서 언급한 바와 같이 CO_2의 또 다른 주요 공급원은 화산이다.

CO_2는 광합성 식물과 특정 미생물들의 작용에 의해 대기 중으로부터 제거된다.

이 반응은 빛 에너지(가시광선)를 필요로 한다.

$$6CO_2(g) + 6H_2O(l) \longrightarrow C_6H_{12}O_6(aq) + 6O_2(g)$$

식물과 동물이 죽으면 그 조직 내에 있는 탄소는 CO_2로 산화되어 대기 중으로 되돌아간다. 그리고 공기 중 CO_2와 바다나 호수에 있는 탄산 이온 사이에는 동적 평형 상태가 유지된다.

지구가 받아들이는 태양 복사 에너지의 파장은 100~5000 nm의 넓은 범위에 걸쳐 분포하는데, 특히 파장이 400~700 nm인 가시광선 영역에 집중되어 있다(그림 20.12). 반면, 지표면에서 발산되는 열 복사선의 경우는 지표면의 평균 온도가 태양의 온도보다 훨씬

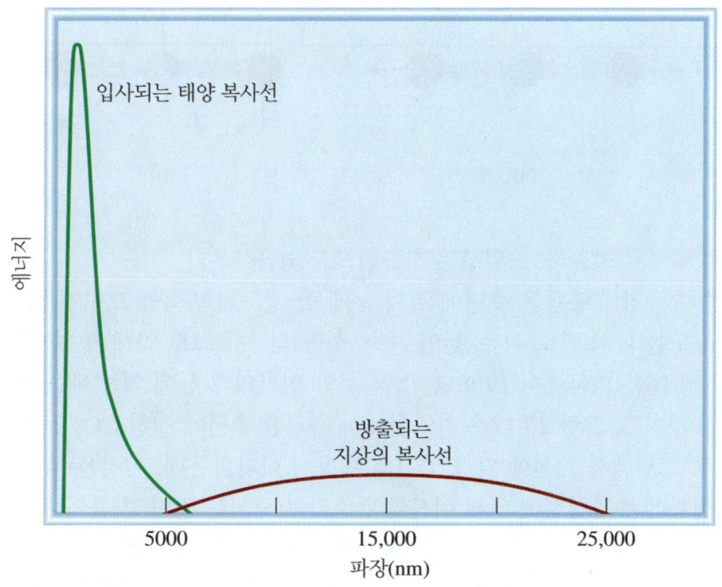

그림 20.12 태양으로부터 들어오는 복사선과 지구 표면으로부터 방출되는 빛.

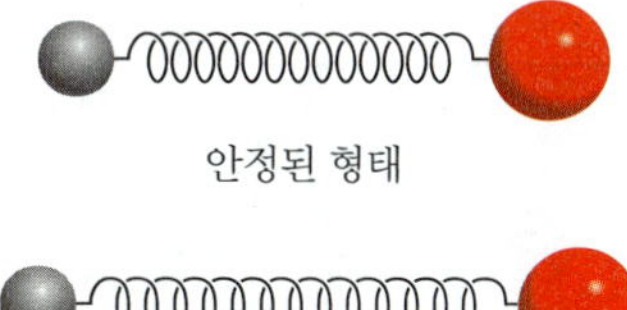

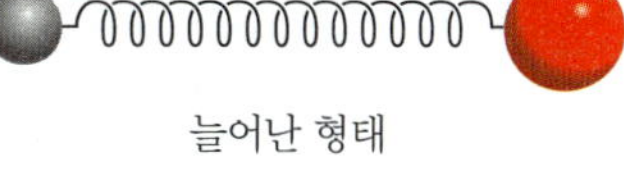

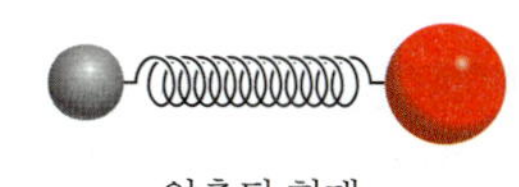

그림 20.13 이원자 분자의 진동 운동 모형. 화학 결합들은 용수철처럼 수축과 이완이 가능하다.

낮기 때문에 그 파장이 4000 nm(적외선 영역)보다 긴 특성을 갖는다. 방출되는 적외선은 물이나 이산화 탄소에 의해 흡수되며, 질소나 산소는 적외선을 흡수하지 않는다.

모든 분자는 가장 낮은 온도에서조차 진동 운동을 하는데, 원자나 분자의 전자가 나타내는 에너지처럼 분자 자체의 진동 에너지도 양자화되어 있다. 분자가 보다 활발하게 진동하기 위해서는 적외선 영역의 특정한 파장을 갖는 광자를 흡수해야 한다. 그런데 이를 위해서는 그 분자가 진동하는 동안에 쌍극자 모멘트의 크기에 변화가 있어야만 한다. [분자의 쌍극자 모멘트는 두 전하 사이의 거리에 전하량을 곱한 값이다[식 (10.1) 참조]. 그림 20.13은 이원자 분자의 진동 형태를 보여준다. N_2나 O_2와 같은 동핵 분자(homonuclear molecule)에서는 쌍극자 모멘트의 변화가 있을 수 없다. 즉, 두 원자가 아무리 멀리 떨어져 있거나 서로 가까워지더라도 쌍극자 모멘트의 값은 계속해서 0이다. 이러한 분자들은 적외선 형태의 복사선을 흡수할 수 *없으므로* 적외선 비활성(IR-inactive)이라 한다. 반면에 모든 이핵(heteronuclear) 이원자 분자들은 진동 운동을 할 때 결합 길이의 변화에 의해 연속적으로 쌍극자 모멘트가 변화하기 때문에 적외선을 흡수할 수 있으며, 따라서 적외선 활성(IR-active)을 갖는다.

다원자(polyatomic) 분자는 다양한 형태로 진동 운동을 한다. 예를 들어, 물 분자의 경우 그림 20.14에서 보는 바와 같이 세 가지 형태로 진동할 수 있다. 극성 분자인 물은 진동할 때 결합 길이의 변화에 의한 쌍극자 모멘트의 변화가 있으므로 적외선 활성을 나타낸다. 직선 형태의 이산화 탄소 분자는 비극성 분자로서 네 가지 진동 형태 중 두 가지가 그림 20.15에 나타나 있다. 그림 20.15(a)의 진동은 무게 중심으로부터 대칭을 이루며 신축하므로 쌍극자 모멘트에 변화가 생기지 않는다. 그러나 그림 20.15(b)의 진동은 정지해 있을 때는 쌍극자 모멘트 값이 0이나, 최대 진동일 때는 쌍극자 모멘트가 최대값을 가지므로 진동을 하면서 쌍극자 모멘트 값에 변화가 생기며, 적외선 활성을 나타낸다.

H_2O나, CO_2 분자는 적외선 영역의 광자를 흡수하여 더 높은 준위의 진동 에너지를 갖게 된다.

$$H_2O + h\nu \longrightarrow H_2O^*$$
$$CO_2 + h\nu \longrightarrow CO_2^*$$

이 반응식에서 *는 들뜬 진동 상태를 나타낸다. 이렇게 들뜬 분자들은 다른 분자들과 충돌하거나 스스로 복사선을 방출함으로써 여분의 에너지를 곧 잃어버리게 되는데, 복사선의

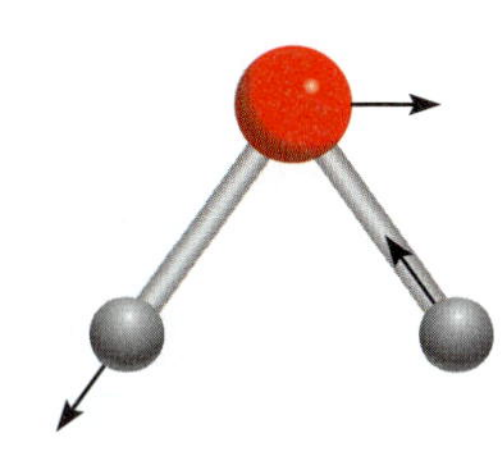

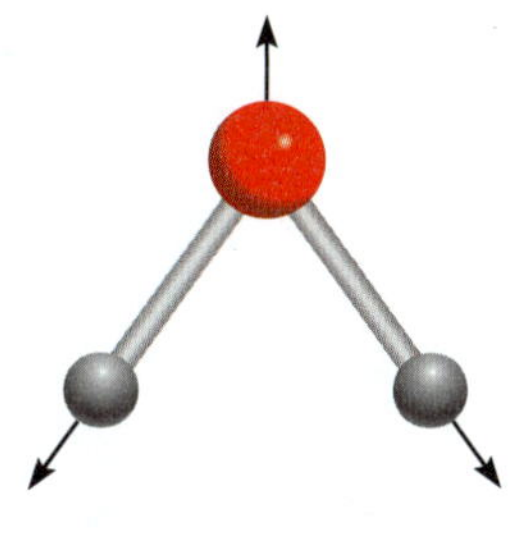

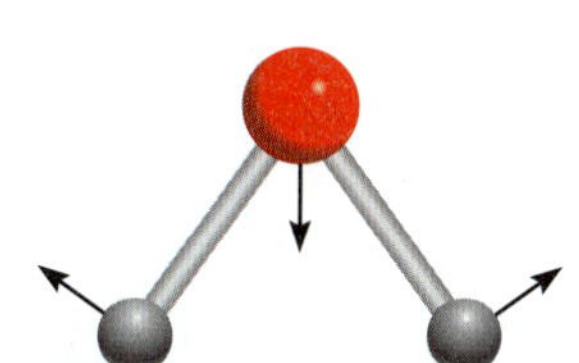

그림 20.14 물 분자의 세 가지 서로 다른 진동 모형. 각 진동 형태는 화살표 방향으로 원자들이 움직인 후 그 반대로 되돌아가는 형태로 나타낼 수 있다.

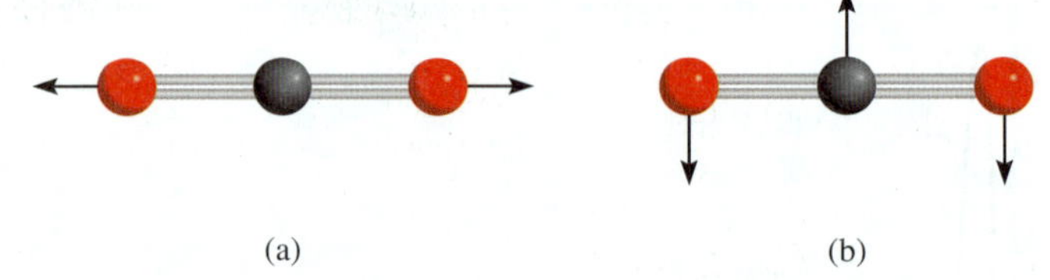

그림 20.15 CO_2는 두 가지 형태로 진동 운동을 할 수 있다. (a)의 경우는 쌍극자 모멘트가 변하지 않지만, (b)의 경우에는 적외선 활성이 나타난다.

일부는 우주 밖으로 방출하고, 일부는 지표면으로 되돌아온다.

대기 중 수증기의 총량은 수년에 걸쳐 눈에 띌 정도의 변화를 보이지 않는 반면, 이산화 탄소의 농도는 화석 연료(석유, 천연 가스, 석탄)의 사용으로 인해 계속적으로 증가하고 있다. 그림 20.16은 미국에서 1998년 한 해 동안 인간의 활동에 의해 배출된 CO_2의 백분율을 나타낸 것이고, 그림 20.17은 하와이에서 측정한 수년에 걸친 CO_2 농도의 변화를 나타내고 있다. 그림에서 계절에 따라 약간의 변동이 나타나는데, 이것은 식물이 자라는 계절인 봄과 여름에는 광합성에 의해 이산화 탄소가 소모되는 반면, 가을이나 겨울 동안에는 CO_2가 축적되기 때문이다. 그러나 전반적으로 CO_2가 증가하는 추세라는 것은 명백하다. 현재의 증가 속도는 매년 부피로 약 1 ppm(공기 백만 부분 당 CO_2 하나)으로서, 이는 9×10^9 t의 CO_2에 해당하는 양이다. 과학자들은 2014년에는 CO_2의 농도가 산업화되기 이전 농도를 40% 가량 초과할 것으로 추정한다.

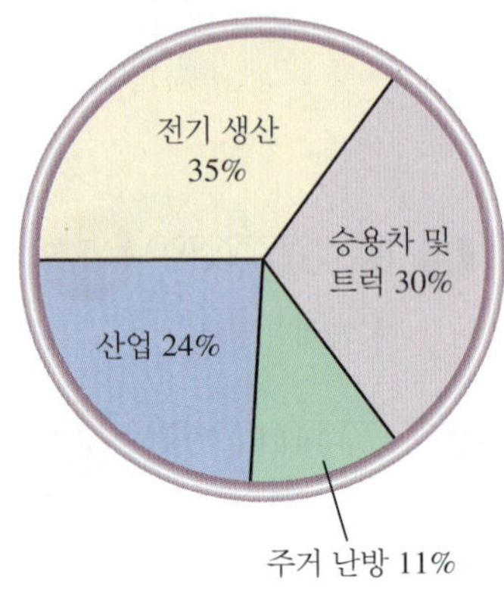

그림 20.16 미국에서 CO_2 방출원. 여기에 기록된 것이 방출된 후 모두 대기로 들어가는 것은 아니다. 일부는 바다와 같은 곳에 가라앉기도 한다.

CO_2나 H_2O 외에도 CFC, CH_4, NO_x, N_2O와 같은 기타 온실 기체들 역시 대기의 온난화에 상당히 기여하고 있다. 그림 20.18은 매년 온도가 상승함을 보여주고 있으며, 그림 20.19는 지구 온난화에 끼치는 온실 기체의 상대적 영향을 나타내고 있다.

현재와 빙하기 사이의 지구 온도의 차이는 겨우 4~5°C 이다.

기상학자들은 온실 기체의 증가가 현재의 속도만 유지하더라도 금세기 안에 지구의 평균 온도는 1~3°C 상승할 것이라고 예측한다. 고작 몇 도가 오른다고 하여 큰 문제가 되지 않을 것 같지만, 이것은 실제로 지구상의 복잡한 열적 균형을 깨뜨리고, 빙하나 빙산을 녹일 수 있을 만큼 커다란 영향을 초래한다. 그 결과 해수면이 높아지고 해안 지역은 바다 속으로 잠기게 될 것이다.

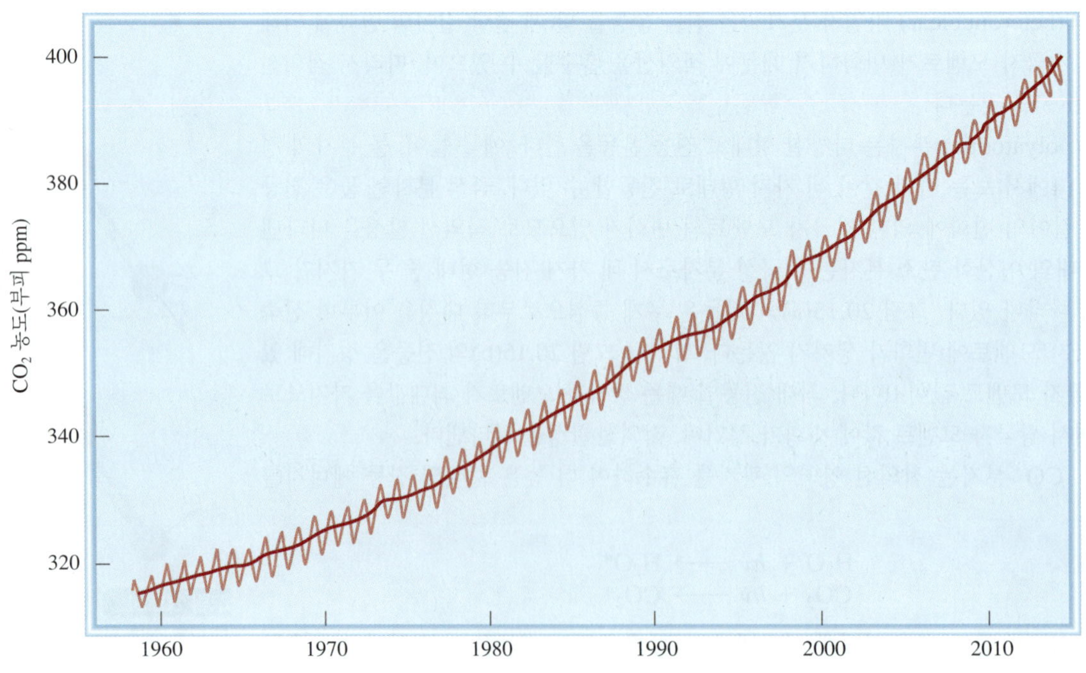

그림 20.17 하와이 마우나 로아(Mauna Loa)에서 연도별 CO_2 농도의 변화. 전반적으로 대기 중의 CO_2가 증가하고 있다는 것이 명백하다.

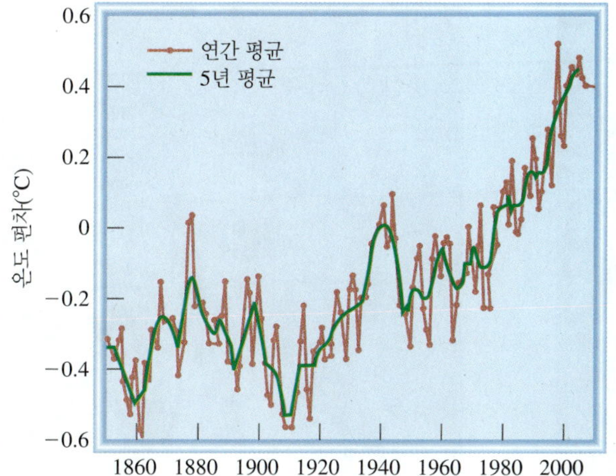

그림 20.18 1850년부터 2008년까지 지표 온도의 변화. (출처: NASA Goddard Institute for Space Studies)

온실 효과를 극복하기 위해서는 이산화 탄소의 배출량을 줄여야만 한다. 이를 위해 자동차 및 가정용 난방 장치와 조명에 사용되는 에너지의 효율을 높이고, 태양 전지와 같은 화석 연료가 아닌 대체 에너지원을 개발해야 한다. 핵 에너지 역시 가능성 있는 대체 에너지원이지만, 방사성 폐기물을 처리해야 하는 어려움과 핵 발전소 사고의 위험성 때문에 많은 논란의 여지가 있다(19장 참조). 가장 강력한 온실 가스인 CFC를 제거하는 것은 온난화 속도를 늦추는 데 일조할 것이며, 쓰레기 매립지에서 생성되는 메테인 기체를 회수하고, 천연 가스의 누출을 막는 것 또한 결과적으로 CO_2 방출량을 조절할 수 있는 방법이 될 수 있다. 끝으로 아마존 정글이나 동남아시아의 열대우림, 또 그 외 세계 곳곳의 숲을 보존하는 것이야말로 대기 중 이산화 탄소의 농도를 일정하게 유지하기 위해 절대적으로 필요한 일이다. 숲을 농지나 목축지로 개간하게 되면, 섬세하며 복잡한 생태계에 치유할 수 없는 손상을 입히게 될 것이며, 지구의 기후를 영원히 바꾸어 놓게 될 것이다.

더 많은 국가에서 산업화가 진행되면 될수록 그에 따른 CO_2 방출량은 증가할 것이다.

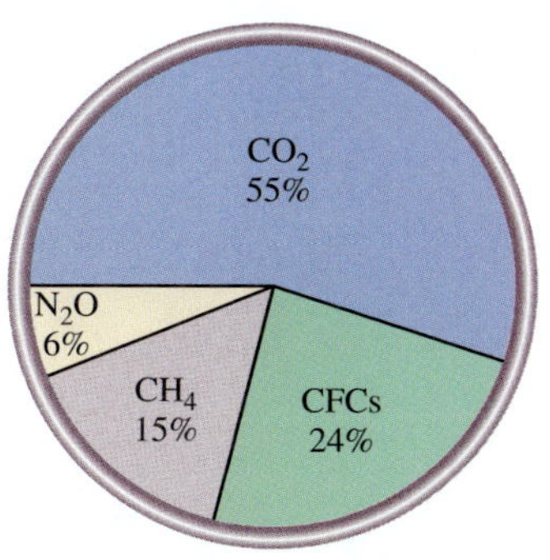

그림 20.19 지구 온난화에 기여하는 여러 가지 온실 기체들. CFC와 메테인의 농도는 CO_2의 농도에 비해 상당히 낮다. 그러나 CFC와 메테인의 IR 흡수 정도가 CO_2보다 더 효과적이기 때문에 전체 온실 효과를 일으키는 데 기여하는 정도가 상당히 크다.

예제 20.2

CO, NO, NO_2, Cl_2, H_2, Ne 중 온실 기체는 어느 것인가?

전략 온실 기체로 작용하기 위해서는 분자가 쌍극자 모멘트를 가지거나, 진동 운동을 할 때에 순간적인 쌍극자 모멘트를 만들어야 한다. 동핵 이원자 분자나 원자는 이 조건을 만족시키지 못한다.

풀이 극성 분자인 CO, NO, NO_2만이 온실 기체이다. Cl_2, H_2는 동핵 이원자 분자이며, Ne는 원자이므로 이들은 모두 적외선 비활성을 나타낸다.

실전 연습 CO와 H_2O 중 어느 것이 보다 효과적인 온실 기체인가?

비슷한 문제: 20.36

20.6 산성비

산성비로 인해 전 세계의 석조 건물과 조각상에 가해지는 손상은 돈으로 환산했을 때 매년 수억 달러에 달한다. 몇몇 환경 화학자들은 산성비에 의해 돌이 부식되는 것을 "나병에 걸린 돌"이라고 표현하기도 한다(그림 20.20). 산성비는 식물이나 수중 생물에게도 유독하다. 이것은 산성비가 농경지와 산림을 황폐화시키고, 바다의 생물체를 죽이고 있다는 여러 사례들에 의해 뒷받침되고 있다(그림 15.10 참조).

과학자들은 19세기 후반에 이미 산성비에 대해 알고 있었으나, 이것이 사회적으로 이슈가 된 것은 30년이 채 되지 않았다.

미국 북동부 지역의 빗물은 그 pH 값이 평균 4.3을 나타낸다(그림 20.21). 대기 중의

그림 20.20 미국 뉴욕의 워싱턴 스퀘어(Washington Square)에 있는 조지 워싱턴의 대리석 조각상이 산성비에 의해 부식된 모습. 두 번째 사진은 첫 번째 사진보다 50년 뒤에 찍은 것이다(1944~1994).

CO_2는 빗물에 녹아 평형 상태를 이루더라도 pH가 5.5 이하일 수 없기 때문에 이산화 황(SO_2)과 자동차에서 배출되는 질소 산화물(비록 적은 양이지만)이 빗물을 센 산성으로 만드는 주요한 요소라고 할 수 있다. 이렇게 SO_2와 같은 산성 산화물은 물과 반응하여 산을 형성한다. 대기 중의 SO_2의 공급원으로는 여러 가지가 있다. 일부는 자연적으로 발생하는데, 화산이 폭발할 때 많은 SO_2가 발생한다. 또한 자연 상태에서 많은 금속들이 황과 결합된 상태로 존재하고 있다. 금속을 추출하는 과정으로 흔히 광석을 *제련*(smelting) 또는 *가열*(roasting)한다. 즉, 금속 황화물을 공기 중에서 가열하면 금속 산화물과 SO_2가 형성된다. 이러한 반응의 예는 다음과 같다.

$$2ZnS(s) + 3O_2(g) \longrightarrow 2ZnO(s) + 2SO_2(g)$$

금속 산화물은 황화물에 비해(반응성이 더 큰 금속에 의해, 또는 어떤 경우에는 탄소에 의해) 보다 쉽게 금속으로 환원될 수 있다.

금속의 제련 과정이 SO_2 생성의 주요 원인이기는 하지만, 실제 대기 중으로 방출되는 대부분의 SO_2는 공장과 발전소 및 가정에서 사용하는 화석 연료의 연소로 인해 생성되는

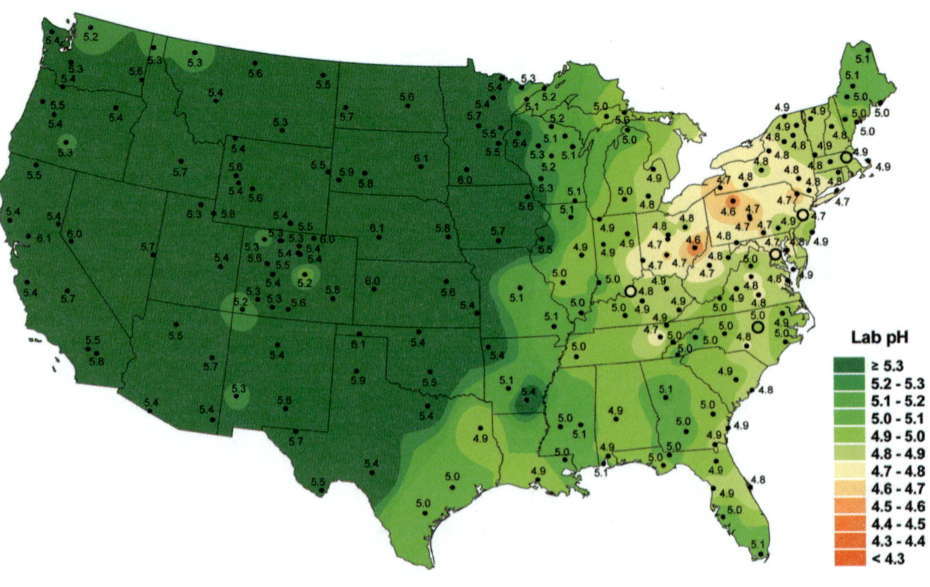

그림 20.21 2009년 미국에 내린 비의 평균 pH 값. 대부분의 SO_2는 중서부 지방에 있는 주로부터 왔다. 편서풍이 북동부 지역에 걸쳐 형성된 산성 물방울들을 운반한다. 질소 산화물들 역시 산성비 형성에 기여한다.

그림 20.22 화석 연료 연소로부터 SO_2를 제거하는 일반적인 과정. 분말로 만든 석회석이 CaO로 분해되고, SO_2와 반응하여 $CaSO_3$를 형성한다. 남아 있는 SO_2는 CaO의 수성 현탁액과 반응하여 $CaSO_3$를 형성한다.

것이다(그림 20.22). 생산지에 따른 차이는 있으나 석탄에는 보통 무게비로 0.5~5%의 황이 포함되어 있다. 다른 화석 연료들의 황 함유량도 다양한데, 예를 들어 중동산 석유는 황 함유율이 낮은 반면, 베네수엘라 산 석유는 황 함유량이 높다. 심한 정도는 아니지만 석유나 석탄에 함유된 질소 화합물도 산성비의 원인 물질인 산화 질소로 변환된다.

매년 약 5~6천만 t의 SO_2가 대기 중으로 방출되는데, 이들 중 일부는 산화하여 황산이 되며 이것이 바로 산성비의 주범이다. SO_2가 H_2SO_4로 변환되는 과정은 상당히 복잡하며 명확하게 밝혀지지는 않았지만, OH 라디칼에 의하여 반응이 시작된다고 여겨진다.

$$OH + SO_2 \longrightarrow HOSO_2$$

$HOSO_2$ 라디칼은 더 산화되어 SO_3를 형성한다.

$$HOSO_2 + O_2 \longrightarrow HO_2 + SO_3$$

형성된 대기 중의 SO_3는 물과 빠르게 반응하여 황산이 된다.

$$SO_3 + H_2O \longrightarrow H_2SO_4$$

SO_2 역시 SO_3로 산화되고, 촉매의 도움을 받아 황산을 형성한다. 이렇게 하여 궁극적으로 산성비는 석회석과 대리석($CaCO_3$)을 부식시킨다. 전형적인 반응은 다음과 같다.

$$CaCO_3(s) + H_2SO_4(aq) \longrightarrow CaSO_4(s) + H_2O(l) + CO_2(g)$$

이산화 황도 다음과 같이 탄산 칼슘과 직접 반응할 수도 있다.

$$2CaCO_3(s) + 2SO_2(g) + O_2(g) \longrightarrow 2CaSO_4(s) + 2CO_2(g)$$

SO_2에 의한 오염을 줄일 수 있는 두 가지 방법이 존재한다. 가장 직접적인 방법은 화석 연료를 연소시키기 전에 황 성분을 제거하는 것이다. 그러나 여기에는 기술적인 어려움이 따른다. 값은 싸지만 앞의 방법보다 덜 효과적인 방법은 형성된 SO_2를 제거하는 것이다. 예를 들어, 발전소의 보일러에 석탄과 함께 가루 형태의 석회석을 넣어 연소시킨다(그림 20.22). 고온에서의 분해 반응은 다음과 같다.

$$\underset{\text{석회석}}{CaCO_3(s)} \longrightarrow \underset{\text{생석회}}{CaO(s)} + CO_2(g)$$

생석회는 SO_2와 반응하여 $CaSO_3$와 $CaSO_4$를 형성한다.

$$CaO(s) + SO_2(g) \longrightarrow CaSO_3(s)$$
$$2CaO(s) + 2SO_2(g) + O_2(g) \longrightarrow 2CaSO_4(s)$$

그림 20.23 CaO를 산성화된 토양에 뿌리는 장면. 이것을 중화 과정(liming)이라고 한다.

굴뚝 바로 앞에 생석회의 수성 현탁액을 설치한 정제실을 통과시킴으로써 남아 있는 SO_2를 제거할 수 있다. 또한 생석회를 저수지나 토양에 살포하여 그 산성도를 감소시키기도 하며, 이를 *중화 과정*(liming)이라고 부른다(그림 20.23).

금속 황화물의 야금 과정에서 발생하는 SO_2를 황산 합성에 사용할 수 있기 때문에 광석 제련소 근처에 황산 공장을 건설하는 것도 SO_2의 방출을 줄이는 효과적인 방법이다. 이것은 한 과정에서의 오염 물질을 또 다른 공정의 출발 물질로 전환할 수 있는 매우 효과적인 방법이다.

20.7 광화학 스모그

자동차의 과도한 이용은 광화학 스모그 발생의 원인이 된다.

"스모그(smog)"라는 단어는 1950년대 런던에 만연하던 연기(smoke)와 안개(fog)를 더불어 표현하기 위해 만들어졌다. 이러한 주요한 원인은 이산화 황이었다. 그러나 오늘날에는 **광화학 스모그**(photochemical smog)에 더 익숙한데, 이것은 *태양빛 존재 하에서 자동차 배기가스가 일으키는 반응에 의해 나타나는 현상*이다.

자동차 배기가스는 주로 NO, CO와 여러 불완전 연소된 탄화수소들로 구성되어 있다. 이들은 *1차 오염 물질*(primary pollutant)이라 하는데, 이런 1차 오염 물질로부터 광화학적 반응에 의해 *2차 오염 물질*(secondary pollutant)을 만들기 때문에 그렇게 부른다. 주로 NO_2, O_3인 2차 오염 물질들이 스모그 생성의 원인이 된다.

일산화 질소는 높은 온도의 자동차 엔진 속에서 공기 중의 질소와 산소 사이의 반응으로 생성된다.

$$N_2(g) + O_2(g) \longrightarrow 2NO(g)$$

일산화 질소가 대기 중으로 방출되면, 다음과 같이 빠르게 이산화 질소로 산화한다.

$$2NO(g) + O_2(g) \longrightarrow 2NO_2(g)$$

파장 400 nm 이하인 태양 빛이 NO와 O로 NO_2의 광화학 분해를 일으킨다.

$$NO_2(g) + h\nu \longrightarrow NO(g) + O(g)$$

산소 원자는 반응성이 매우 큰 화학종으로 상당수의 많은 중요 반응을 일으키는데, 그 중 하나는 바로 오존을 생성하는 것이다.

$$O(g) + O_2(g) + M \longrightarrow O_3(g) + M$$

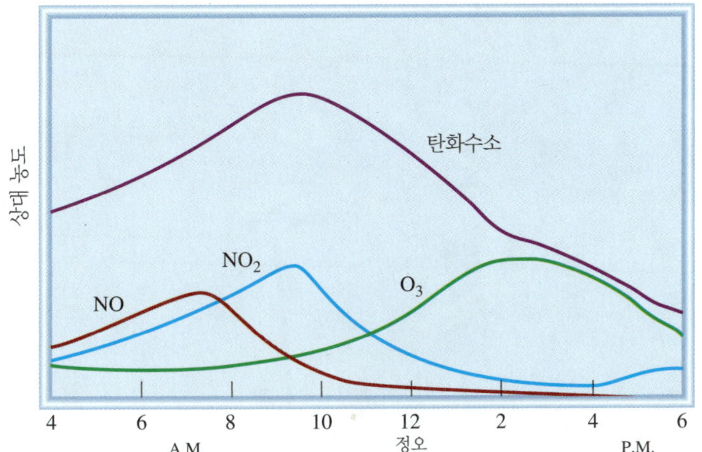

그림 20.24 스모그가 낀 날에 전형적으로 나타나는 공기 오염 물질의 농도와 시간과의 관계.

여기서 M은 N_2와 같이 반응성이 거의 없는 물질이다. 오존은 고무에 있는 탄소의 이중 결합을 공격한다.

오존은 대기에서 두 가지 다른 역할을 한다. 즉 성층권에서는 지킬 박사로 대류권에서는 하이드와 같은 역할이다.

$$R_2C{=}CR_2 + O_3 \longrightarrow \text{(ozonide: } R_2C\text{—O—}CR_2 \text{ ring with O—O)} \xrightarrow{H_2O} R_2C{=}O + O{=}CR_2 + H_2O_2$$

여기서 R은 탄소와 수소가 다양하게 결합된 상태를 나타낸다. 스모그가 심하게 나타나는 지역에서는 이러한 반응에 의해 자동차 타이어에 균열이 생겨 망가지게 되고, 또한 폐 조직 및 다른 생체 물질들도 손상을 입는다.

오존은 불완전 연소된 탄화수소나 질소 산화물, 산소 등에 의해 일어나는 매우 복잡한 반응에 의해서 생성되기도 한다. 이들 반응에 의한 생성물 중 하나는 다음과 같은 질산 과산화아세틸(peroxyacetyl nitrate, PAN)이다.

$$CH_3\text{—}\underset{\underset{O}{\|}}{C}\text{—O—O—}NO_2$$

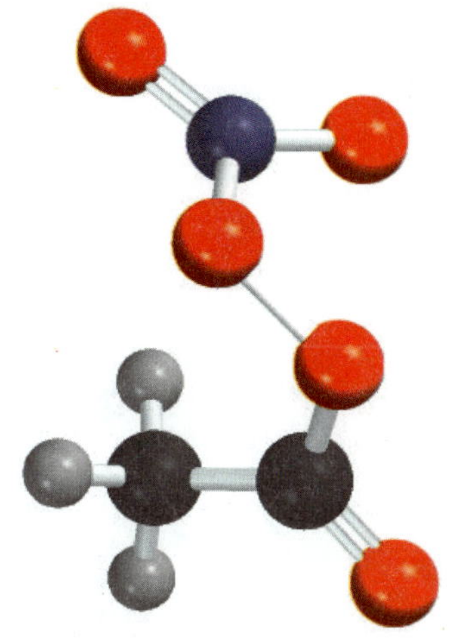

PAN

PAN은 강력한 최루 기체(눈물이 나오게 하는 물질)로서 호흡 곤란의 원인이 되는 물질이다.

그림 20.24는 시간에 따른 1차 오염 물질과 2차 오염 물질의 전형적인 농도 변화 추이를 나타낸다. 초기에 NO_2의 농도는 상당히 낮다. 그러나 태양 복사선이 대기를 통해 들어오면서부터 NO와 O_2로부터 더 많은 NO_2가 생성된다. 이른 아침에는 오존의 농도가 상당히 낮게 유지된다는 사실에 주목하자. 그런데 공기 중에 탄화수소와 알데하이드가 증가함에 따라 NO_2와 O_3의 농도 역시 급증한다. 물론 이들의 실제적인 양은 지역, 교통량 및 기후 조건에 따라 달라지지만, 이들의 존재는 항상 스모그를 동반한다는 것을 알 수 있다(그림 20.25). 탄화수소의 산화 반응으로 인해 알코올이나 카복실산과 같은 다양한 유기물들이 생성되는데, 이들은 탄화수소보다는 휘발성이 작기 때문에 결국은 작은 액체 방울로 응축된다. 이들 액체 방울이 여기저기 분산된 상태를 *에어로솔*(aerosol)이라고 부르는데, 이것은 태양빛을 분산시켜 시야를 흐리게 한다. 이로 인해 대기는 안개가 낀 것처럼 뿌옇게 된다.

스모키(Smoky) 산맥을 덮는 안개는 소나무로부터 방출되는 탄화수소가 산화되어 생성된 에어로솔에 의해 유발되는 것이다.

광화학 스모그가 형성되는 메커니즘이 보다 잘 알려짐에 따라 대기 중의 1차 오염 물질을 줄이기 위해 많은 노력이 행해지고 있다. 현재 대부분의 자동차에는 촉매 변환 장치(catalytic converter)가 장착되어 있어서 CO나 탄화수소를 CO_2와 H_2O로 전환하고, NO나 NO_2를 N_2와 O_2로 환원시키는 역할을 한다(13.6절 참조). 보다 효율적인 자동차 엔진을

그림 20.25 스모그가 심하게 낀 날 베이징 시의 모습.

개발하거나 더 나은 공공 교통수단을 확보하는 것 또한 대도시의 스모그에 의한 오염을 줄이는 데 많은 도움을 줄 것이다. 최근에 개발된 새로운 기술은 자동차의 라디에이터와 에어컨 압축기를 백금 촉매로 코팅하는 것이다. 이렇게 하면 달리는 자동차가 오존이나 일산화 탄소를 산소나 이산화 탄소로 전환함으로써 공기를 정화할 수 있게 된다.

$$O_3(g) + CO(g) \xrightarrow{Pt} O_2(g) + CO_2(g)$$

하루에 자동차를 운전하는 거리가 거의 3억 마일에 이르는 로스엔젤레스와 같은 도시에서는 위와 같은 다양한 접근들이 대기의 질을 현저히 향상시키고 거주민들에게 종종 발령되는 "고농도 오존" 경보의 횟수를 감소시킬 수 있을 것이다. 그도 그럴 것이 고속도로를 달리는 것만으로도 공기를 깨끗하게 할 수 있지 않는가!

20.8 실내 오염

실외에서 대기 오염을 피할 수 없는 것처럼 실내에서도 공기의 오염을 피하기 어렵다. 가정이나 사무실의 공기의 질은 인간의 활동, 건축 자재, 인접한 환경의 여러 요소에 의한 영향을 받는다. 흔한 실내 오염 물질로는 라돈, 일산화 탄소, 폼알데하이드가 있다.

라돈의 위험성

1980년대 중반에 언론에 대서 특필된 사건으로 미국 펜실베이니아(Pennsylvania) 핵 발전소의 한 근로자가 출근하던 중에 방사선 탐지기에 그가 방사선에 오염되었다는 사실이 감지되었다. 놀랍게도 그 오염원은 핵 발전소의 라돈이 아니라 그 근로자의 집에 존재하는 라돈이었다.

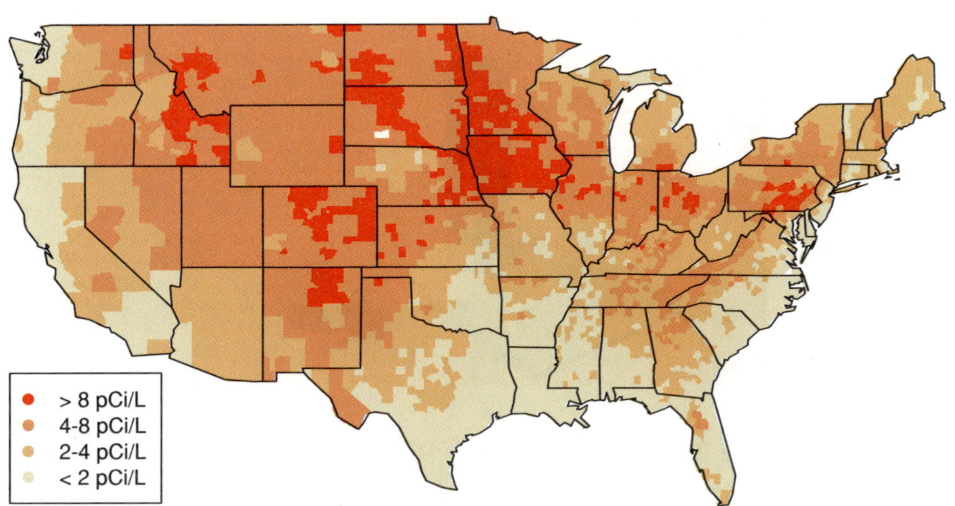

그림 20.26 공기 1리터 당 피코퀴리 단위로 측정된 미국 라돈 방출 지도.

공기 오염 물질로서 라돈의 잠재적인 위험성에 대해 많은 논의가 이루어지고 있다. 라돈은 도대체 무엇인가? 이것은 어디에서 나오며, 또 우리 건강에 어떤 영향을 미치는가?

라돈은 8A족(비활성 기체)에 속하는 원소로서 우라늄-238의 방사성 붕괴 시에 생성되는 중간 생성물이다. 라돈의 모든 동위원소들은 방사능을 가지는데, 라돈-222는 3.8일의 가장 긴 반감기를 가지고 있기 때문에 몹시 해롭다. 지구의 천연 방사능의 반 이상은 라돈에 의해 생성되는데, 이런 라돈은 대부분 우라늄의 인산염 광석으로부터 나온다(그림 20.26).

우라늄 붕괴에 대해서는 19장에서 다룬다.

1970년대 이래로 우라늄 제련소에서 나온 쓰레기를 묻은 매립지 위에 지어진 집에서 높은 수치의 라돈이 측정되었다. 무색, 무취, 무미의 라돈 기체는 마룻바닥의 작은 틈새를 통해 건물 안으로 들어온다(그림 20.27). 라돈은 물에 약간 녹기 때문에 다른 매질로 이동할 수 있다. 라돈-222는 α 선을 방출하면서 방사성의 폴로늄-214와 폴로늄-218로 전환되고, 이들은 밀폐된 공간에 대량으로 누적될 수 있다. 이러한 방사성 입자는 공기 중의 먼지와 연기에 흡착하여 허파로 흡입될 경우에 호흡 기관에 흡착하게 된다. 오랜 시간이 지나면 폴로늄으로부터 방출된 α 입자와 방사능을 띠는 폴로늄의 분해 생성물이 형성되며, 이들은 폐암의 원인이 될 수 있다.

라돈은 흡연 다음으로 폐암을 일으키는 가장 큰 원인으로 미국에서 매년 2만 명의 사망을 유발한다.

라돈으로 인한 실내 오염을 극복하기 위해 할 수 있는 일은 무엇일까? 첫째는 믿을 만한 측정 기구로 라돈의 실내 수치를 측정하는 것이다. 장기간 측정용과 단기간 측정용 기구를 시판하고 있다(그림 20.28). 단기간 측정용은 활성탄(열처리된 숯)을 이용하여 며칠 동안에 걸친 라돈의 붕괴 생성물을 포집한다. 포집한 용기를 실험실로 보내어 라돈 분해 물질인 납-214와 비스무트-214의 방사능을 측정한 뒤, 노출 기간을 이용하여 라돈의 농도를 역산출할 수 있다. 장기간 측정 도구는 α 입자가 남기는 흔적을 특수 고분자 필름을 사용하여 포착한다. 몇 달 동안 노출 후에 필름을 수산화 소듐 용액으로 부식시켜 남겨진 흔적의 수를 측정하고, 이미 알고 있는 노출 기간을 이용하여 라돈의 농도를 계산할 수 있다. 라돈의 농도가 너무 높을 때에는 집을 정기적으로 환기시켜야 한다. 최근에 지어진 단열이 잘 되는 집일수록 이러한 예방 조치는 특히 중요하다. 라돈 오염을 방지하는 보다 효과적인 방법은 기체가 집으로 들어오기 이전에 미리 우회시키는 것이다. 지하층 아래의 공기를 바깥쪽으로 내보내는 환기 통로를 설치하는 것이 그 예이다.

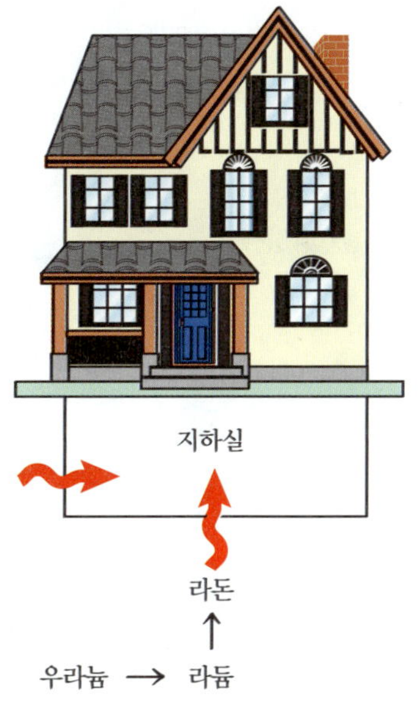

그림 20.27 라돈은 주택의 기초나 지하실 벽을 통해 집 안으로 들어온다.

라돈이 건강에 미치는 영향에 대해서는 아직까지 상당히 많은 논란이 있다. 라돈이 건강에 미치는 영향에 대한 자세한 연구가 처음 진행된 것은 1950년대였다. 우라늄 광산의 광부들의 폐암 발병률이 비정상적으로 높은 것을 인식하고 진행된 연구였으나, 이 광부들 대부분

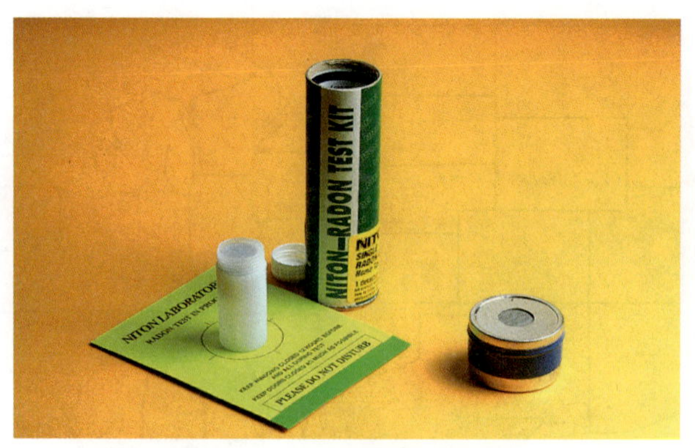

그림 20.28 실내 라돈 측정기. 장기간 측정을 위한 트랙 에치(track etch) *(왼쪽)*, 단기간 측정용 활성탄 통 *(오른쪽)*.

은 흡연자였기 때문에 몇몇 과학자들은 이 연구의 유효성에 이의를 제기하기도 하였다. 사실, 라돈과 흡연이 폐암 발병에 서로 협동적인 작용(synergistic effect)을 나타내는 것으로 보인다. 라돈의 분해 생성물은 폐 속에 침착되어 있는 담배의 타르 성분에 흡착되기도 하고, 담배 연기 입자에 흡착되어 흡연자와 비흡연자 모두에게 흡입되기도 한다. 라돈이 환경에 미치는 영향에 대해서는 보다 체계적인 연구가 필요하다. 현재 미국 환경청(Environmental Protection Agency, EPA)은 라돈에 의한 방사능 수치가 공기 1 L 당 4 pCi(피코퀴리)를 초과할 경우 적절한 조치를 취할 것을 권하고 있다. (1퀴리는 초 당 3.70×10^{10}번의 방사성 핵 붕괴를 나타내는 단위이며, 1 pCi는 이것의 $1/10^{12}$로 초 당 3.70×10^{-2}번의 붕괴에 해당한다.)

예제 20.3

Rn-222의 반감기는 3.8일이다. Rn-222 1.0 g이 반감기 10회를 지나면 남아 있는 양은 얼마가 되겠는가? 방사성 붕괴는 1차 반응속도론을 따른다.

전략 모든 방사능 물질은 1차 속도식에 따라 붕괴한다. 따라서 반감기는 처음의 농도와 무관하다.

풀이 첫 반감기 이후에 남아 있는 Rn의 양은 $0.5 \times 1.0\text{ g} = 0.5\text{ g}$이다. 두 번째 반감기가 지난 후 0.25 g의 Rn이 남게 된다. n번의 반감기 이후 남은 양은 $(1/2)^n$으로 계산할 수 있다. 여기에서 $n = 10$이다.

$$\text{남아 있는 Rn-222의 양} = 1.0\text{ g} \times \left(\frac{1}{2}\right)^{10}$$
$$= 9.8 \times 10^{-4}\text{ g}$$

다른 풀이 방법으로는 반감기로부터 1차 반응 속도 상수를 구한다. 그 다음 식 (13.3)을 이용하여 10번의 반감기 후 라돈 농도를 구할 수 있다. 시도해 보라.

실전 연습 어느 집 지하실의 Rn-222 농도가 1.8×10^{-6} mol/L이다. 공기는 안정적이라고 가정할 때 2.4일 이후 라돈의 농도를 계산하시오.

비슷한 문제: 20.73.

➤ 이산화 탄소와 일산화 탄소

이산화 탄소(CO_2)와 일산화 탄소(CO)는 모두 연소에 의한 생성물이다. 충분한 양의 산소가 공급될 때 CO_2가 생성되고, 산소 공급이 충분치 않을 때에는 CO와 CO_2가 함께 생성된다. 실내에서 이들 기체는 가스레인지, 장작 난로, 히터, 흡연, 인간의 호흡, 차고 안에서 발생하는 자동차의 배기가스 등에 의해 발생한다. 이산화 탄소는 유독한 기체는 아니지만 인간을 질식에 이르게 할 수 있다(12.5절의 "생활 속의 화학" 참조). 환기가 잘 되지 않는 건물에서는 CO_2의 농도가 부피로 2000 ppm까지 증가하기도 한다(실외에서의 CO_2 농도가

300 ppm인 것과 비교). 고층 빌딩이나 기타 밀폐된 환경에서 근무하는 근로자는 고농도의 CO_2에 노출되기 때문에 쉽게 피로해지고 집중력이 떨어지는데, 이를 해결하기 위해서는 적당한 환기가 꼭 필요하다.

CO_2와 마찬가지로 CO 또한 무색, 무취의 기체이지만 CO_2와는 달리 매우 유독하다. 이것은 CO가 산소 운반체인 헤모글로빈에 매우 강하게 결합하기 때문에 나타나는 독성 때문이다. O_2와 CO는 모두 헤모글로빈의 Fe(II) 이온과 결합하는데, 이때 헤모글로빈에 대한 결합력은 CO가 O_2의 결합력에 비해 200배 더 크다(25장 참조). 따라서 CO와 견고하게 결합을 형성한 헤모글로빈(카복시헤모글로빈)은 체내의 신진 대사에 필요한 산소를 운반할 수 없게 된다. 매우 적은 양의 CO라도 일단 들이마시게 되면 어지럼증과 두통의 원인이 되며, 우리 몸 속의 헤모글로빈의 절반 가량이 CO와 결합하면 죽음에 이를 수 있다. CO에 중독된 환자는 즉시 산소 공급이 충분한 곳으로 옮기거나, 인공호흡과 같은 응급 조치를 취해야 한다.

폼알데하이드

폼알데하이드(CH_2O)는 실험실에서 죽은 동물을 보존하는 데 사용하는 액체로서 불쾌한 냄새가 나는 물질이다. 폼알데하이드 수지는 공업적으로 건물이나 합판 같은 가구 제작 물질을 제조할 때 접착제로 사용한다. 또한, 요소-폼알데하이드 절연성 발포제는 벽 사이의 공간을 채우는 충전제로 널리 이용된다. 수지와 발포제는 서서히 분해되면서 폼알데하이드를 방출하는데, 이것은 특히 산성도나 습도가 높은 환경에서 더 잘 일어난다. 공기 중 낮은 농도의 폼알데하이드는 사람에게 현기증, 구역질, 두통 및 여러 호흡기 질환을 야기한다. 고농도의 폼알데하이드를 흡입하게 되면 실험 동물의 경우에는 암이 발병되기도 하나, 인간에게도 비슷한 영향을 미치는지는 아직 명백하지 않다. 실내에서 폼알데하이드의 안전 기준치는 부피로 0.1 ppm으로 규정되어 있다.

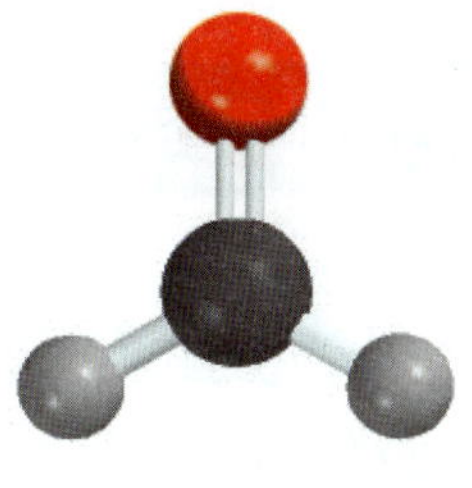

CH_2O

폼알데하이드는 환원제이기 때문에 산화-환원 반응을 이용하여 이 물질을 제거하는 장치가 개발되었다. $Al_2O_3/KMnO_4$와 같은 산화제를 포함하는 공기 정화기를 통해 실내 공기를 순환시키게 되면, 공기 중의 폼알데하이드가 산화되어 덜 유해하며 휘발성이 적은 폼산(HCOOH)으로 변환된다. 실내의 폼알데하이드를 제거하기 위한 최상의 방법은 적당한 환기를 하는 것이지만, 공기의 재충전 없이 실내의 공기를 너무 빠르게 제거할 때 압력 감소로 인해 폼알데하이드 수지의 분해가 촉진되어 더 많은 양이 방출될 수도 있으므로 주의를 요한다.

사실과 개념 요약하기 *Summary of Facts & Concepts*

1. 지구의 대기는 주로 질소와 산소로 이루어져 있고 기타 여러 미량의 기체들로 이루어져 있다. 대기 중에서 진행되는 일련의 화학적 과정들은 태양 복사선, 화산 폭발 및 인간의 활동에 의해 영향을 받는다.
2. 대기의 외부 영역에서는 태양으로부터 오는 입자들과 원자, 분자들간에 일어나는 충돌로 인하여 오로라 현상이 나타난다. 우주왕복선의 후미에 나타나는 빛은 왕복선 표면에 흡수되는 분자들이 들뜨기 때문에 일어나는 현상이다.
3. 성층권의 오존은 파장 200~300 nm의 유해한 자외선을 흡수하고, 따라서 성층권 아래에 있는 생명체를 이러한 자외선으로부터 보호하는 역할을 한다. 수십 년에 걸쳐 CFC는 오존층을 파괴하여 왔다.
4. 화산 폭발은 공기 오염을 야기할 수 있으며, 성층권의 오존 결핍을 유발하기도 하며, 기후에 영향을 미친다.
5. 이산화 탄소는 적외선을 흡수하는 성질을 갖기 때문에 지구로부터 방출되는 열의 일부를 붙잡아 가둠으로써 지구의 온

난화를 야기한다. CFC나 메테인과 같은 기타 온실 기체 또한 지구 온난화에 기여한다.

6. 이산화 황이나, 이보다는 작은 역할이긴 하나 질소 산화물들은 주로 화석 연료의 연소를 통해서 또는 금속 황화물을 제련할 때 발생하며 산성비를 만드는 원인 물질이다.
7. 광화학 스모그는 자동차 배기가스가 햇빛 존재 하에서 광화학 반응을 일으켜서 생성되는데, 이 반응은 질소 산화물, 오존, 탄화수소가 관여하는 복잡한 반응이다.
8. 실내 공기 오염원으로는 라돈(방사성 기체로서 우라늄의 붕괴 과정에서 생성), 일산화 탄소와 이산화 탄소(연소 생성물로서 발생), 폼알데하이드(건축 재료에 사용되는 합성수지로부터 발생하는 휘발성 유기 물질)가 있다.

주요 용어 정리하기 *Key Words*

광화학 스모그	성층권	온실 효과	중간권
대류권	열권	이온층	질소 고정

연습 문제 *Questions & Problems*

● *표시는 Connect Plus에서 유용한 문제,*
붉은색 번호의 문제는 학생용 문제풀이집에 풀어 놓았다.

지구의 대기

▶ 복습 질문

● 20.1 지구 대기권을 영역별로 나누어 설명하시오.

20.2 질소와 산소의 순환 과정을 간단히 설명하시오.

20.3 초음속 제트기가 그 최고 속도를 내기 위해서는 상당히 높은 고도인 성층권에서 비행하는 이유를 설명하시오.

20.4 목성의 대기는 주로 수소(90%)와 헬륨(9%)으로 구성되어 있다. 이것은 지구의 대기와 비교할 때 어떻게 다르며, 서로 그 구성이 다른 이유는 무엇이라고 생각하는가?

▶ *문제*

● 20.5 표 20.1을 참고하여 CO_2의 몰분율을 계산하고, 이를 ppm 부피 단위로 계산하시오.

● **20.6** 대기압이 754 mmHg인 경우 건조 공기 중 CO_2의 부분 압력(atm 단위)을 계산하시오.

20.7 성층권에서 온난화 현상이 일어나는 과정에 대해 설명하시오.

● **20.8** 대기 중 질소, 산소, 이산화 탄소 기체의 질량을 kg 단위로 나타내시오. (연습 문제 5.106과 표 20.1 참조, 공기 1 mol의 질량은 29.0 g/mol이다.)

대기권 밖에서 일어나는 현상

▶ 복습 질문

20.9 북극 오로라와 남극 오로라 현상이 일어나는 과정에 대해 설명하시오.

20.10 우주왕복선의 발광 현상의 메커니즘에 관한 시험을 할 때 우주인들이 산소 원자를 방출하지 못하는 이유는 무엇인가?

▶ *문제*

● 20.11 반응성이 매우 높은 수산화 라디칼은 대기에서 나타나는 현상에 관여한다고 여겨진다. 표 9.4를 보면 OH에서 산소와 수소의 결합 엔탈피는 460 kJ/mol이다. 이때 다음 반응을 일으킬 수 있는 복사선의 최대 파장(nm)을 계산하시오.

$$OH(g) \longrightarrow O(g) + H(g)$$

● **20.12** 북극 오로라가 녹색으로 보이는 것은 들뜬 상태의 산소 원자로부터 방출되는 광자에 의해 558 nm의 빛이 보이기 때문이다. 이러한 방출 과정에 관계된 에너지 준위의 차이를 계산하시오.

성층권에서 오존의 감소

▶ 복습 질문

20.13 성층권에서 O_2와 O_3 분자가 태양 복사선을 흡수하는 과정에 대하여 간단히 설명하시오.

20.14 성층권에서의 온도 증가 효과를 일으키는 과정에 대하여 설명하시오.

20.15 CFC의 성질에 관하여 나열하고, 이 화합물들의 주된 용도 4가지를 서술하시오.

20.16 CFC와 질소 산화물들이 성층권에 있는 오존을 어떻게 파괴하는지 설명하시오.

20.17 극지방에 오존 구멍이 생기게 되는 이유는 무엇인가?

20.18 화산 폭발은 성층권에 있는 오존 파괴와 어떤 관련이 있는가?

20.19 성층권에 있는 오존이 파괴되는 것을 억제할 수 있는 방법들에 대해 설명하시오.

20.20 몇 가지 CFC 대체물들의 장점에 대해 설명하시오.

▶ *문제*

• 20.21 성층권에 분포하는 오존의 양이 STP 상태에서 지구 위의 오존이 3.0 mm 두께로 있는 것과 같다고 할 때, 성층권에 있는 오존 분자의 수와 그 질량을 kg 단위로 계산하시오. (*힌트*: 지구의 반지름은 6371 km이고, 반지름이 r일 때 표면적은 $4\pi r^2$이다.)

• **20.22** 연습 문제 20.21의 답을 이용하여 성층권의 오존량의 6.0%가 이미 소실되었다고 가정할 때, 오존량을 100년 안에 다시 정상치로 되돌리기 위해서 매일 만들어져야 할 오존의 양을 kg 단위로 계산하시오. 또한 오존이 $3O_2(g) \longrightarrow 2O_3(g)$와 같은 과정을 거쳐 생성된다고 할 때 몇 kJ의 에너지가 필요하겠는가?

20.23 프레온-11과 프레온-12은 모두 사염화 탄소(CCl_4)와 플루오린화 수소의 반응으로 만들어진다. 이 반응을 반응식으로 나타내시오.

20.24 대류권에서 CFC가 자외선 복사선에 의해서는 분해되지 않는 이유는 무엇인가?

20.25 C—Cl 결합과 C—F 결합의 평균 결합 엔탈피는 각각 340 kJ/mol과 485 kJ/mol이다. 이것에 근거하여 이 CFC 분자에 있는 C—Cl 결합이 250 nm의 태양 복사 에너지에 의해 쉽게 끊어지는 이유는 설명하시오.

• **20.26** CFC와 마찬가지로 CF_3Br처럼 Br을 포함하고 있는 어떤 화합물은 Br 원자로 시작하는 비슷한 메커니즘에 의해 오존 또한 파괴시킬 수 있다.

$$CF_3Br \longrightarrow CF_3 + Br$$

C—Br 결합의 평균 엔탈피가 276 kJ/mol이라고 할 때, 이 결합을 끊을 수 있는 파장 중 가장 긴 것은 얼마인가? 또, 이 화합물은 대류권에서만 파괴되겠는가? 또는 대류권과 성층권 모두에서 파괴되는가?

• 20.27 $ClONO_2$와 ClO의 루이스 구조식을 그리시오.

• **20.28** HCFC-123(CF_3CHCl_2)과 CF_3CFH_2의 루이스 구조식을 그리시오.

화산

▶ 복습 질문

20.29 화산 폭발이 기후에 미치는 영향을 설명하시오.

20.30 화산 폭발이 일어나는 지점에서 H_2S와 SO_2가 반응하여 황이 생성되는 반응에 대하여 그 반응식을 쓰시오.

온실 효과

▶ 복습 질문

20.31 온실 효과란 무엇인가? 어떤 기체가 온실 기체인지 아닌지를 판단하는 기준은 무엇인가?

20.32 물보다 이산화 탄소가 온실 효과를 일으키는 데 더 큰 역할을 하는 이유는 무엇인가?

20.33 이산화 탄소를 생성하는 인간의 활동 3가지를 나열하고, 이산화 탄소를 다시 흡수하는 주된 메커니즘 두 가지를 서술하시오.

20.34 벌목은 두 가지 방식으로 지구 온난화에 기여한다. 이 두 가지에 대해 서술하시오.

20.35 전 세계 인구의 증가가 온실 효과를 증가시키는 이유는 무엇인가?

20.36 오존은 온실 기체인가? 그렇다면 오존 분자가 진동 운동을 하는 세 가지 방식을 도시하시오.

20.37 CFC와 기타 대체 물질들이 지구의 온도에 미치는 영향은 무엇인가?

20.38 CFC가 메테인이나 이산화 탄소보다 온실 효과를 일으키는 더 강력한 효과를 갖는 이유는 무엇인가?

▶ *문제*

• 20.39 황화 아연(ZnS)의 연간 생성량은 4.0×10^4 t이다. 이것을 높은 온도에서 가열하여 아연 금속을 얻을 때, 생성되는 SO_2는 몇 t인가?

• **20.40** 산화 칼슘 즉, 생석회(CaO)는 제철, 시멘트 제조 및 오염 방지에 이용된다. 이것은 탄산 칼슘을 열분해하여 얻는다.

$$CaCO_3(s) \longrightarrow CaO(s) + CO_2(g)$$

미국에서 CaO의 연간 생산량이 1.7×10^{10} kg이라고 할 때 매년 대기 중으로 방출되는 CO_2의 질량은 몇 kg인가?

• 20.41 어떤 이원자 분자의 몰 열용량은 29.1 J/K · mol이다. 대기가 질소 기체로만 이루어져 있고, 열손실이 전혀 없다고 가정하면 다음 50년 동안 온도가 3°C 증가할 때 총 열흡수량(kJ)은 얼마인가? 또한 이원자 분자가 1.8×10^{20} mol 있다고 한다면, 이 열량으로 남극과 북극에 있는 0°C의 얼음을 몇 kg이나 녹이겠는가? (얼음의 몰 융해열은 6.01 kJ/mol이다.)

20.42 이 장에서 언급된 것과 같이 에테인, 프로페인과 같은 탄화수소를 성층권에 뿌려서 Cl 원자를 제거할 수 있다. 오랜 시간 동안 많은 양이 사용되었다면, 이 과정에서 나타나는 불리한 점은 무엇이 있겠는가?

산성비

▶ 복습 질문

20.43 산성비 현상을 일으키는 주된 기체는 무엇인가?

20.44 산성비가 치명적인 영향을 끼치는 세 가지 측면에 대하여 설명하시오.

20.45 산성비를 야기하는 산업적인 과정을 두 가지만 들고 간단히 설명하시오.

20.46 산성비를 억제하는 방법에 대해 설명하시오.

20.47 물과 이산화 황은 모두 극성 분자이고, 3차원 분자 구조도 비슷하다. 그런데도 SO_2가 주된 온실 기체로 간주되지 않는 이유는 무엇인가?

20.48 CaO으로부터 $CaSO_3$를 형성시켜 SO_2를 제거하는 과정에 대하여 루이스 산-염기 반응의 측면에서 설명하시오.

▶ 문제

● 20.49 한 화력 발전소에서 매년 2.4%(질량비)의 황을 포함하고 있는 석탄을 3.1×10^7 kg 태운다. 이때 방출되는 SO_2의 부피는 STP 상태에서 얼마인가?

● **20.50** 어떤 지역의 대류권에서 SO_2 농도가 0.16 ppm(부피)이다. 이 기체는 다음과 같은 반응에 의해 빗물에 용해된다.

$$SO_2(g) + H_2O(l) \rightleftharpoons H^+(aq) + HSO_3^-(aq)$$

이 반응의 평형 상수가 1.3×10^{-2}라고 할 때 산성비의 pH는 얼마인가? 단, 이 반응은 SO_2의 부분 압력에 의한 영향을 받지 않는다고 가정한다.

광화학 스모그

▶ 복습 질문

20.51 광화학 스모그란 무엇인가? 또한 광화학 스모그가 생성되는 데 유리한 조건들을 나열하시오.

20.52 1차 오염 물질이란 무엇이며, 2차 오염 물질이란 무엇인가?

20.53 광화학 스모그가 갈색을 띠게 하는 기체는 무엇인가?

20.54 오존과 일산화 탄소의 안전 한계량은 부피로 각각 120 ppb와 9 ppm이다. 오존이 더 낮은 한계치를 갖는 이유는 무엇인가?

20.55 광화학 스모그의 생성을 최소화 할 수 있는 방법들에 대해 설명하시오.

● 20.56 오존은 대기의 어느 구역에서 유용한 역할을 하며, 어느 구역에서 나쁜 영향을 주는가?

▶ 문제

● 20.57 이산화 질소가 다음과 같은 단일 단계 반응을 통해 생성된다고 하자.

$$2NO(g) + O_2(g) \longrightarrow 2NO_2(g)$$

(a) 이 반응에 대한 반응 속도 법칙을 쓰시오. (b) 어떤 온도에서 공기 시료는 2.0 ppm(부피)의 NO로 오염되어 있다. 이런 조건하에서 속도 법칙을 간단히 나타낼 수 있는가? 만약 가능하다면 속도 법칙을 좀 더 간단히 나타내시오. (c) (b)에서 설명한 조건하에서 이 반응의 반감기가 6.4×10^3분이라고 하자. NO의 초기 농도가 10 ppm일 때 반감기는 어떻게 변하겠는가?

● **20.58** 질산 과산화아세틸(peroxyacetyl nitrate, PAN)은 기체 상태에서 분해될 때 1차 속도 법칙을 따른다.

$$CH_3COOONO_2 \longrightarrow CH_3COOO + NO_2$$

이 반응의 속도 상수는 4.9×10^{-4} s^{-1}이다. PAN의 농도가 0.55 ppm(부피)일 때 분해 속도를 M/s 단위로 계산하시오. 단, 이 반응은 STP 조건하에서 일어난다.

● 20.59 어느 도시에 스모그가 발생하여 그 날의 오존 농도는 0.42 ppm(부피)였다. 온도와 압력이 각각 20.0°C와 748 mmHg일 때, 오존의 부분 압력(atm)과 오존의 부피 1 L 당 들어 있는 오존의 분자수를 계산하시오.

20.60 광화학 스모그가 생성되는 데 가장 적당한 환경은 다음 중 어느 것인가? 그 이유를 설명하시오. (a) 6월 중 고비 사막의 정오. (b) 7월 중 뉴욕의 오후 1시. (c) 1월 중 보스턴의 정오.

실내 오염

▶ 복습 질문

20.61 주된 실내 오염 물질과 그 원인에 대해 쓰시오.

20.62 실내 오염을 제거하는 데 있어서 가장 좋은 방안은 무엇인가?

20.63 차고와 같이 환기가 잘 안 되는 공간에서 시동을 켜 놓고 있는 것은 왜 위험한가?

20.64 라돈이 실내 오염 물질로 작용하는 이유를 설명하시오. ^{222}Rn의 반감기가 더 길어질 경우 라돈은 더욱 위험한가?

▶ 문제

● 20.65 CO의 농도가 8.00×10^2 ppm(부피) 이상이 되면 사람에게 치사량이 된다. 길이 17.6 m, 너비 8.80 m, 높이 2.64 m인 닫힌 공간에서 치사량에 이르기 위한 CO의 최대 질량(g)을 계산하시오. 단, 온도와 압력은 각각 20.0°C, 756 mmHg이다.

● **20.66** 18.0°C , 747 mmHg에서 부피 5.0 L인 오염된 공기를 석회수[$Ca(OH)_2$의 수성 현탁액]에 통과시켜서 존재하는 모든 CO_2를 $CaCO_3$로 만들어 침전시키려고 한다. $CaCO_3$의 침전량이 0.026 g이라고 한다면, 공기 시료 중에 들어 있는 CO_2의 부피는 몇 %인가?

추가 문제

20.67 다음 물질의 해로운 효과에 대해 간단히 설명하시오. O_3, SO_2, NO_2, CO, $CH_3COOONO_2$(PAN), Rn.

● **20.68** 다음 반응의 평형 상수(K_p)는 25°C에서 4.0×10^{-31}이고, 달리는 자동차의 엔진 온도인 1100°C에서는 2.6×10^{-6}이다.

$$N_2(g) + O_2(g) \rightleftharpoons 2NO(g)$$

이 반응은 발열 반응인가, 흡열 반응인가?

● 20.69 이 장에서 언급한 것과 같이 일산화 탄소는 산소보다 헤모글로빈에 대해 친화력이 더 크다. (a) 다음 반응에 대

한 평형 상수 식을 쓰시오. 이 반응에서 HbO_2와 HbCO는 각각 산소와 결합된 헤모글로빈과 CO가 결합된 헤모글로빈을 나타낸다.

$$CO(g) + HbO_2(aq) \rightleftharpoons O_2(g) + HbCO(aq)$$

(b) 담배를 피우고 있는 사람이 한 번 들이마신 공기에는 1.9×10^{-6} mol/L의 CO과 8.6×10^{-3} mol/L의 O_2가 들어 있다. 37°C 에서 K_c가 212라고 한다면, [HbCO]/[HbO_2]는 얼마인가?

20.70 대기 중에서 CO_2의 농도가 꾸준히 증가한다는 사실을 입증하기 위해 과학자가 이산화 탄소 농도를 측정하는 대신에 다른 어떤 기체의 농도를 측정할 수 있겠는가?

● 20.71 1991년에 나일론 합성 과정에서 산화 이질소(N_2O)가 생성된다는 것을 알았다. 이 화합물이 대기 중으로 방출되면 성층권의 오존을 고갈시키며, 온실 효과를 야기하기도 한다. (a) 성층권에서 N_2O와 산소 원자가 반응하여 산화 질소(NO)를 만드는 과정에 대한 반응식을 쓰시오. (이 반응 후에 산화 질소는 오존과 반응하여 이산화 질소를 만든다.) (b) N_2O는 이산화 탄소보다 더 효과적인 온실 가스인가? 이에 대해 설명하시오. (c) 나일론 제조 과정의 중간체 중 하나로 아디프산 [$HOOC(CH_2)_4COOH$]이 있다. 아디프산은 매년 약 2.2×10^9 kg이 소비된다. 생성된 아디프산 1 mol 당 N_2O 1 mol이 생성된다고 할 때 매년 이 과정이 일어난 결과로 파괴될 수 있는 O_3의 최대 몰수는 얼마인가?

● **20.72** 처음에 pH 7.0인 물 한 잔을 해수면 높이의 20°C 건조 공기 조건 하에 두었다. 공기 중의 CO_2와 물에 용해된 CO_2가 평형에 달하였을 때의 물의 pH를 계산하시오. 단, 20°C에서 CO_2의 헨리 상수는 0.032 mol/L·atm이다. (*힌트*: 증발에 의해 물은 손실되지 않았다고 하자. 표 20.1을 이용하여 CO_2의 부분 압력을 계산한다. 물의 pH는 대략 산성비의 pH와 비슷할 것이다.)

● 20.73 길이, 너비, 높이가 각각 14 m, 10 m, 3.0 m인 지하실에서 측정한 라돈의 농도는 매우 높게 나타났다. 주위로부터 이 공간이 완전히 밀폐되어 있어서 환기가 전혀 일어나지 않는다고 할 때, 지하실에서 ^{222}Rn의 부분 압력은 1.2×10^{-6} mmHg였다. 처음과 31일이 지난 후 ^{222}Rn 동위원소($t_{\frac{1}{2}}$ = 3.8일)의 수를 계산하시오. 단, 지하실은 STP 상태라고 가정한다.

● **20.74** 대류권에서 오존은 다음 단계를 거쳐서 생성된다.

$$NO_2 \longrightarrow NO + O \quad (1)$$
$$O + O_2 \longrightarrow O_3 \quad (2)$$

첫 단계는 가시광선의 복사선을 흡수함으로써 일어나기 시작한다(NO_2는 갈색 기체이다). 25°C에서 단계 (1)의 반응을 일으키는 데 필요한 빛이 가질 수 있는 최대의 파장을 계산하시오. [*힌트*: 먼저 ΔH를 계산하고, 단계 (1)의 ΔU를 계산한다. 그 후 ΔU로부터 NO_2를 분해하기 위한 파장을 계산한다.]

20.75 하이드록시 라디칼(OH)은 대류권에 비록 극미량 존재하지만, 그 역할은 매우 중요하다. 이 물질은 센 산화제이므로 몇 가지 CFC 대체 물질뿐 아니라 많은 오염 물질과도 반응할 수 있기 때문이다(20.3절). 하이드록시 라디칼은 다음과 같은 반응에 의해 생성된다.

$$O_3 \xrightarrow{\lambda < 320\text{ nm}} O^* + O_2$$
$$O + H_2O \longrightarrow 2OH$$

여기에서 O*는 전자적으로 들뜬 원자를 나타낸다. (a) 대류권에 있는 O_3와 H_2O의 농도가 매우 큼에도 불구하고 OH의 농도가 매우 적은 이유를 설명하시오. (b) OH가 강력한 산화제로 작용하는 이유는 무엇인가? (c) OH와 NO_2 사이의 반응으로 생성된 물질이 산성비를 내리게 하는 원인이 된다. 이 과정에 대한 반응식을 쓰시오. (d) 하이드록시 라디칼은 SO_2를 H_2SO_4로 산화시킬 수 있다. 첫 단계에서는 중성 HSO_3와 같은 화학종을 생성하고, 그 다음에 O_2와 H_2O와도 반응하여 H_2SO_4와 하이드로퍼옥시 라디칼(HO_2)을 생성한다. 이 과정에 대한 반응식을 쓰시오.

● **20.76** 다음 반응의 평형 상수(K_p)는 25°C에서 1.4×10^{90}이다.

$$2CO(g) + O_2(g) \rightleftharpoons 2CO_2(g)$$

평형 상수 값이 매우 큼에도 불구하고 대류권에 있는 CO가 모두 CO_2로 변화하지 않는 이유는 무엇인가?

20.77 완전히 밀폐된 공간에서 일산화 탄소 중독으로 인해 죽은 사람이 발견되었다. 조사 결과, 뷰테인 가스버너 위에서 물을 데우기 위해 까맣게 그을린 물통을 사용하였다는 사실을 알게 되었다. 버너에는 뷰테인 가스가 새지 않도록 하는 안전장치가 되어 있었다. 이 사람의 사망 원인을 적절한 반응식을 사용하여 설명하시오.

20.78 오늘날 대류권의 이산화 탄소 농도는 흔히 산업혁명 이전의 것과 비교되곤 한다. 과학자들이 나무의 나이테나 극지방의 얼음 속에 들어 있는 공기를 이용하여 이산화 탄소의 농도를 어떻게 비교하는지 설명하시오.

20.79 다음 그림에서 말하고자 하는 교훈은 무엇인가?

● **20.80** 다음의 결합 엔탈피를 이용하여 ClO의 표준 생성 엔탈피(ΔH_f°)를 계산하시오. Cl_2: 242.7 kJ/mol; O_2: 498.7 kJ/mol; ClO: 206 kJ/mol.

20.81 브로민화 메틸(CH_3Br, bp 3.6)은 곤충과 잡초 제거용 토양 살충제로 이용되며, 바다에서 얻어지는 부산물이기도 하다. C—Br 결합이 광분해되어 생성되는 Br 원자는 반응의 효율성에서만 차이가 나타나고 Cl과 비슷하게 오존과 반응을 일으킨다. C—Br 결합의 결합 엔탈피가 293 kJ/mol 일 때 CH_3Br는 대류권에서 광분해된다고 생각하는가?

● **20.82** 지구의 단위 표면당 들어오는 유효 태양 복사에너지는 342 W/m^{2}이다. 이 복사에너지 중 6.7 W/m^{2}는 14,993 nm의 파장으로 CO_2에 의해 대기 중에서 흡수된다. 이때 이 파장에서 CO_2에 의해서 초당 1 m^{2}에 흡수되는 광자의 수는 몇 개인가? (1 W = 1 J/s)

● 20.83 이 장에서 언급한 것과 같이 매년 5천만 t의 SO_2가 공기 중으로 방출된다. (a) SO_2의 20%가 궁극적으로 H_2SO_4로 전환된다고 하면, 이로 인한 산성비에 의해 손상을 입을 수 있는 1000 lb의 대리석 조각상의 수를 계산하시오. 산성비는 각 조각상의 전체 질량의 5%를 차지하는 표면층만을 부식시킨다고 가정하자. (b) 산성비로 인해 야기되는 또 다른 악영향에는 어떤 것이 있는가?

● **20.84** 질산 과산화아세틸(peroxyacetyl nitrate, PAN)은 다음과 같은 열분해 과정을 거친다.

$$CH_3(CO)OONO_2 \longrightarrow CH_3(CO)OO + NO_2$$

25°C에서 속도 상수는 $3.0 \times 10^{-4}\ s^{-1}$이다. 기온이 약 −40°C인 대류권과 성층권의 경계에서 속도 상수는 $2.6 \times 10^{-7}\ s^{-1}$로 감소한다. (a) PAN의 열분해를 위한 활성화 에너지를 계산하시오. (b) 이 반응의 반감기는 25°C에서 몇 분인가?

20.85 남극과 북극의 얼음으로부터 과거의 온도를 추정하는 방법을 설명하시오. (*힌트*: 수소와 산소의 안정한 동위원소를 이용한다. 서로 다른 동위원소로 이루어진 H_2O 분자의 질량에 따라 증발열이 어떻게 달라지는가? 이로부터 얼음의 연대를 어떻게 추정하겠는가?)

● **20.86** SO_2와 SO_3 사이의 평형은 대류권에서 비 형성을 이해하는 데 매우 중요한 개념이다. 25°C에서 다음과 같은 반응이 일어난다고 한다.

$$S(s) + O_2(g) \rightleftharpoons SO_2(g) \qquad K_1 = 4.2 \times 10^{52}$$
$$2S(s) + 3O_2(g) \rightleftharpoons 2SO_3(g) \qquad K_2 = 9.8 \times 10^{128}$$

이를 이용하여 다음 반응식에 대한 평형 상수를 계산하시오.

$$2SO_2(g) + O_2(g) \rightleftharpoons 2SO_3(g)$$

20.87 SO_2가 H_2SO_4로 변환되는 과정에 관여하는 모든 화학종에 대한 루이스 구조를 그리고, 그 과정에 대해 설명하시오(20.6절 참조).

20.88 HO_3 라디칼은 한때 대기 중 OH 라디칼의 임시 저장소로 생각했었다. 이 종의 루이스 구조를 그리시오.

20.89 기상(weather)과 기후(climate)의 차이는 무엇인가? 2010년 겨울철에 워싱턴 D.C.로부터 딥 사우스(Deep South)까지 미국 동부 해안 지역에 기록적인 폭설이 내렸다. 이것이 지구 온난화의 증거가 될 수 있는가? 지구 온난화가 실제로 어떤 일 때문에 일어나는지 한 가지 제시할 수 있는가?

설명, 모형화 및 추정 문제 *Interpreting, Modeling & Estimating*

20.90 미국에서 일반 승용차에 의해 연간 생성되는 이산화 탄소의 양(kg)을 추정하시오.

20.91 다음 반응은 성층권에서 일반적으로 일어나는 반응이다.

(a) $NO_2(g) \longrightarrow NO(g) + O(g)$
(b) $N_2O(g) \longrightarrow N_2(g) + O(g)$
(c) $H_2(g) + O(g) \longrightarrow OH(g) + H(g)$
(d) $CH_4(g) + O(g) \longrightarrow OH(g) + CH_3(g)$

먼저 계산을 하지 않고 각 반응이 흡열 반응인지 발열 반응인지 예측하시오. 그런 다음 각 반응의 ΔH°를 추정하고 그렇게 예측하고 추정한 이유를 설명하시오.

실전 연습의 답 *Answers to Practice Exercises*

20.1 1.12×10^3 nm. **20.2** H_2O. **20.3** 1.2×10^{-6} mol/L.

제 21 장

야금술과 금속의 화학

Metallurgy and the Chemistry of Metals

▲ 크라운 에테라는 유기 화합물과 소듐 양이온의 착물과 소듐 음이온으로 구성된 염의 결정들.

이 장의 차례

들여다보기

- 먼저 여러 금속이 들어 있는 광석의 출처를 조사한다(21.1절).
- 그 다음, 광석을 금속 제품으로 만드는 일련의 단계를 공부한다. 주로 철의 야금과 강철을 만드는 것에 중점을 둔다. 또한 금속을 순수하게 정제하는 방법에 대해서도 조사한다(21.2절).
- 다음으로 고체의 성질을 공부하고 띠 이론이 전도체(금속)와 절연체 사이의 차이점을 어떻게 설명하는가를 알게 된다. 반도체의 특별한 성질을 배운다(21.3절).
- 금속성의 주기적 경향성을 간단하게 조사한다(21.4절).
- 알칼리 금속에서 소듐과 포타슘을 논의하고 이들의 제법, 성질, 이들 금속이 만드는 화합물 및 용도에 중점을 둔다(21.5절).
- 알칼리 토금속에서 마그네슘과 칼슘을 논의하고, 이들의 제법, 성질, 이들 금속이 만드는 화합물 및 용도에 중점을 둔다(21.6절).
- 마지막으로 3A족 금속인 알루미늄에 대한 제법, 성질, 알루미늄 화합물 및 용도에 대하여 공부한다(21.7절).

지금까지 화학 결합 이론, 분자간 인력, 화학 반응의 속도와 메커니즘, 화학 평형, 열역학 법칙, 전기화학과 같은 화학의 기본 원리에 대하여 논하였다. 이런 원리들은 금속 원소와 금속 화합물의 성질을 배우는 데 필수적이다.

금속의 사용과 정제는 역사적으로 오래되었다. 예를 들어, 고고학자들은 A.D. 10세기경에 스리랑카 원주민들이 몬순 바람을 이용하여 용광로에서 철을 녹여 고탄소강을 생산하였다는 증거를 발견하였다. 여러 해에 걸쳐 이들 용광로는 예리하고 내구성이 있는 것으로 전해지는 다마스커스(Damascus) 검을 만드는 강철의 원료를 만들어냈다.

이 장에서는 금속을 추출, 정제하는 방법과 주족 원소에 속하는 금속들의 성질을 공부하고자 한다. 여기에서는 (1) 금속의 출처와 제법, (2) 몇 가지 금속 화합물의 물리적, 화학적 성질, (3) 현재 사회에서 금속의 용도 및 생물계에서 금속의 역할 등을 강조하고자 한다.

21.1 금속의 원천

대부분의 금속은 광물질로부터 얻는다. **광물질**(mineral)은 *천연에 존재하는 다양한 화학 조성을 갖는 물질*이다. *원하는 금속의 광물질이 많이 함유되어 경제성이 있는 물질을* **광석**(ore)이라 한다. 대표적인 광물질을 표 21.1에 요약하였고, 광물질에 따른 금속의 분류를 그림 21.1에 나타내었다.

지각에 광물로 존재하는 가장 풍부한 금속은 알루미늄, 철, 칼슘, 마그네슘, 소듐, 포타슘, 타이타늄, 망가니즈 등이다(2.4절 생활 속의 화학 참조). 바닷물에는 Na^+, Mg^{2+}, Ca^{2+}를 포함하여 몇 가지 금속이 풍부하게 들어 있다. 더욱이 광대한 바다 밑바닥에는 주로 망가니즈로 구성된 *망가니즈 단괴*(manganese nodules)가 덮여 있으며, 철, 니켈, 구리, 코발트 등이 화학적으로 결합된 상태로 존재한다(그림 21.2).

21.2 야금 공정

야금술(metallurgy)이란 *광석으로부터 금속을 분리 추출하고 합금하는 과학과 기술*을 말한다. **합금**(alloy)은 *두 가지 이상의 금속이 섞인 고체 용액이나 금속에 하나 이상의 비금속이 섞인 고용체*를 말한다.

표 21.1 광물의 주요 유형

유형	광물
결합되지 않은 금속	Ag, Au, Bi, Cu, Pd, Pt
탄산염	$BaCO_3$(독중석), $CaCO_3$(방해석, 석회석), $MgCO_3$(고토석), $CaCO_3 \cdot MgCO_3$(백운암), $PbCO_3$(백연석), $ZnCO_3$(능아연광)
할로젠화물	CaF_2(형석), NaCl(암염), KCl(칼리암염), Na_3AlF_6(빙정석)
산화물	$Al_2O_3 \cdot 2H_2O$(보크사이트), Al_2O_3(강옥), Fe_2O_3(적철광), Fe_3O_4(자철광), Cu_2O(적동광), MnO_2(연망간석), SnO_2(석석), TiO_2(금홍석), ZnO(홍아연광)
인산염	$Ca_3(PO_4)_2$(인회암), $Ca_5(PO_4)_3OH$(칼슘염 결정체)
규산염	$Be_3Al_2Si_6O_{18}$(녹주석), $ZrSiO_4$(지르콘), $NaAlSi_3O_8$(조장석), $Mg_3(Si_4O_{10})(OH)_2$(활석)
황화물	Ag_2S(휘은광), CdS(그리노카이트), Cu_2S(휘동광), FeS_2(황철광), HgS(진사), PbS(방연광), ZnS(섬아연광)
황산염	$BaSO_4$(중정석), $CaSO_4$(경석고), $PbSO_4$(황산납광), $SrSO_4$(천청석), $MgSO_4 \cdot 7H_2O$(사리염)

황화물 / 염화물 / 산화물 / 결합하지 않음 / 다른 화합물; 그림 설명 참조

1 1A	2 2A	3 3B	4 4B	5 5B	6 6B	7 7B	8 8B	9 8B	10 8B	11 1B	12 2B	13 3A	14 4A	15 5A	16 6A	17 7A	18 8A
Li	Be																
Na	Mg											Al					
K	Ca	Sc	Ti	V	Cr	Mn	Fe	Co	Ni	Cu	Zn	Ga					
Rb	Sr	Y	Zr	Nb	Mo	Tc	Ru	Rh	Pd	Ag	Cd	In	Sn				
Cs	Ba	La	Hf	Ta	W	Re	Os	Ir	Pt	Au	Hg	Tl	Pb	Bi			

그림 21.1 금속과 그들의 잘 알려진 광물질. Li은 리티아 휘석($LiAlSi_2O_6$), Be는 녹주석 형태로 발견된다(표 21.1 참조). 나머지 알칼리 금속은 탄산염과 황산염, Sc, Y, La는 인산염의 형태로 발견되고, 몇 가지 금속들은 주 광물질이 둘 이상의 형태로 존재한다. 예를 들어, 철은 황화물 이외에도 산화물인 적철광(Fe_2O_3)과 자철광(Fe_3O_4)으로 발견되며, 알루미늄은 산화물 외에 녹주석($Be_3Al_2Si_6O_{18}$)으로 발견된다. 테크네튬(Tc)은 합성 원소이다.

광석으로부터 금속을 추출하는 세 가지 주요 단계는 (1) 광석의 채광, (2) 금속의 생성, (3) 금속의 정제이다.

그림 21.2 바다 밑바닥에 있는 망가니즈 단괴.

광석의 제법

광석의 전처리(preliminary treatment)에서는 원하는 광물을 보통 진흙이나 규산염 광물로 이루어진 폐석[*맥석*(gangue)이라고 부름]과 분리한다. 이러한 분리를 수행하는 한 가지 매우 유용한 방법을 *부유 선광법*(flotation)이라고 부른다. 이 과정에서는 광석을 잘게 부순 다음, 기름과 세제가 들어 있는 물에 넣어 준다. 액체 혼합물을 거품이 나도록 세게 휘저어 준다. 기름층에 달라붙는 광물질 입자는 표면으로 거품이 되어 올라오고, 맥석은 가라앉는다. 떠오른 거품을 모아서 건조하면 광물 입자가 얻어진다.

다른 물리적 분리 방법으로 어떤 광물질의 자성을 이용하는 것이 있다. **강자성**(ferromagnetic) 금속은 *자석에 강하게 끌린다*. 특히 자철광(Fe_3O_4)은 강한 전자석을 이용하여 맥석으로부터 분리할 수 있다. 코발트도 강자성 금속이다.

수은(mercury)은 여러 금속과 아말감을 형성한다. **아말감**(amalgam)은 *금속과 수은의 합금*이다. 따라서 수은을 사용하여 광석으로부터 금속을 추출할 수 있다. 광석 속의 금(gold)이나 은(silver)은 수은에 녹아 액체 아말감을 형성하여 다른 광물질과 쉽게 분리된다. 분리한 액체 아말감을 가열하여 수은을 증발시키면 금과 은을 얻을 수 있다.

금이나 은같이 반응성이 없는 금속은 사이안화 이온(CN^-)을 사용하면 광석으로부터 분리할 수 있다(22.3절 참조).

금속의 생성

금속은 광물질에서 항상 양의 산화수를 갖기 때문에 금속을 얻기 위하여 환원 과정이 필수적이다. 먼저 광물질을 쉽게 환원할 수 있는 화학종으로 바꾸어야 한다. 예를 들면, 광석을 *배소*(roast)하면 휘발성 불순물이 제거되고, 동시에 황화물과 탄산염이 각각 해당하는 산화물로 변환된다. 이 과정에서 생성된 산화물은 보다 쉽게 환원되어 순수한 금속을 얻을 수 있다.

$$CaCO_3(s) \longrightarrow CaO(s) + CO_2(g)$$
$$2PbS(s) + 3O_2(g) \longrightarrow 2PbO(s) + 2SO_2(g)$$

표 21.2 몇 가지 흔히 볼 수 있는 금속의 환원 과정

	금속	환원 과정
금속의 활성 감소 ↓	리튬, 소듐, 마그네슘, 칼슘	용융 염화물을 전기 환원
	알루미늄	무수 산화물(용융 빙정석 중)을 전기 환원
	크로뮴, 망가니즈, 타이타늄, 바나듐, 철, 아연	더 전기 양성인 금속으로 금속 산화물을 환원시키거나 코크스와 일산화 탄소로 환원
	수은, 은, 백금, 구리, 금	이들 금속은 결합되지 않은 원소 상태로 존재한다. 또는 황화물을 배소하여 얻을 수 있다.

위의 두 번째 반응식에서와 같이 황화물을 산화물로 바꿀 때 생성되는 SO_2는 대기를 심하게 오염시킨다(20.6절 참조).

순수한 금속이 광물질로부터 어떻게 환원에 의해 얻어지는가는 금속의 표준 환원 전위에 달려있다(표 18.1 참조). 표 21.2는 금속들의 환원 과정을 요약하였다. 대부분의 야금 과정은 **건식 야금술**(pyrometallurgy)이라고 하는 *고온에서 이루어지는 과정*으로 한다. 이러한 환원 과정은 화학적 또는 전기적으로 이루어진다.

➤ 화학적 환원

양이온이 되기 쉬운 금속은 더 큰 음의 표준 환원 전위를 갖는다(표 18.1 참조).

고온에서 덜 전기양성적인 금속의 화합물로부터 금속을 환원하려면 더 전기양성적인 금속을 환원제로 사용한다.

$$V_2O_5(s) + 5Ca(l) \longrightarrow 2V(l) + 5CaO(s)$$
$$TiCl_4(g) + 2Mg(l) \longrightarrow Ti(s) + 2MgCl_2(l)$$
$$Cr_2O_3(s) + 2Al(s) \longrightarrow 2Cr(l) + Al_2O_3(s)$$
$$3Mn_3O_4(s) + 8Al(s) \longrightarrow 9Mn(l) + 4Al_2O_3(s)$$

어떤 경우 수소 기체가 환원제로 사용될 수 있는데, 산화 텅스텐(VI)으로부터 텅스텐 금속(전구의 필라멘트로 사용됨)으로 환원할 때가 그 예이다.

$$WO_3(s) + 3H_2(g) \longrightarrow W(s) + 3H_2O(g)$$

➤ 전기분해에 의한 환원

매우 전기양성인 Na, Mg, Al 등은 전기분해에 의한 환원에 적합하다. 이 과정은 무수 용융된 금속 산화물 또는 금속 할로젠화물을 사용하여 금속을 얻을 수 있다.

$$2MO(l) \longrightarrow 2M\ (\text{환원전극에서}) + O_2\ (\text{산화전극에서})$$
$$2MCl(l) \longrightarrow 2M\ (\text{환원전극에서}) + Cl_2\ (\text{산화전극에서})$$

상세한 과정은 이 장의 뒷부분에 서술되어 있다.

➤ 철의 야금

황철광(FeS_2)으로부터 철을 추출하는 과정은 SO_2 생성과 산성비를 초래한다(20.6절 참조).

지각에서 철은 황철광(FeS_2), 능철광($FeCO_3$), 적철광(Fe_2O_3), 자철광(Fe_3O_4, 흔히 FeO · Fe_2O_3로 나타냄) 등 다양한 형태로 존재한다. 이 광석들 중 철을 추출해서 얻는 데는 적철광과 자철광이 특히 적합하다. 철의 야금 과정은 용광로(그림 21.3)에서 철광석을 탄소(코크스 형태로)로 환원시키는 과정이 수반된다. 선광된 철광석, 석회석($CaCO_3$), 코크스를 *용광로*(blast furnace) 위쪽에서 넣어 주고, 밑에서 뜨거운 공기를 주입한다. 산소는 코크스의 탄소와 반응하여 일산화 탄소와 약간의 이산화 탄소를 생성한다. 이 반응은 큰 발열 과정이며, 뜨거운 CO와 CO_2 기체가 발생된다. CO와 CO_2 기체는 여러 다른 온도 영역에서 철 산화물과 반응한다. 철이 추출되는 과정을 그림 21.3에 나타내었다. 철 추출 과정

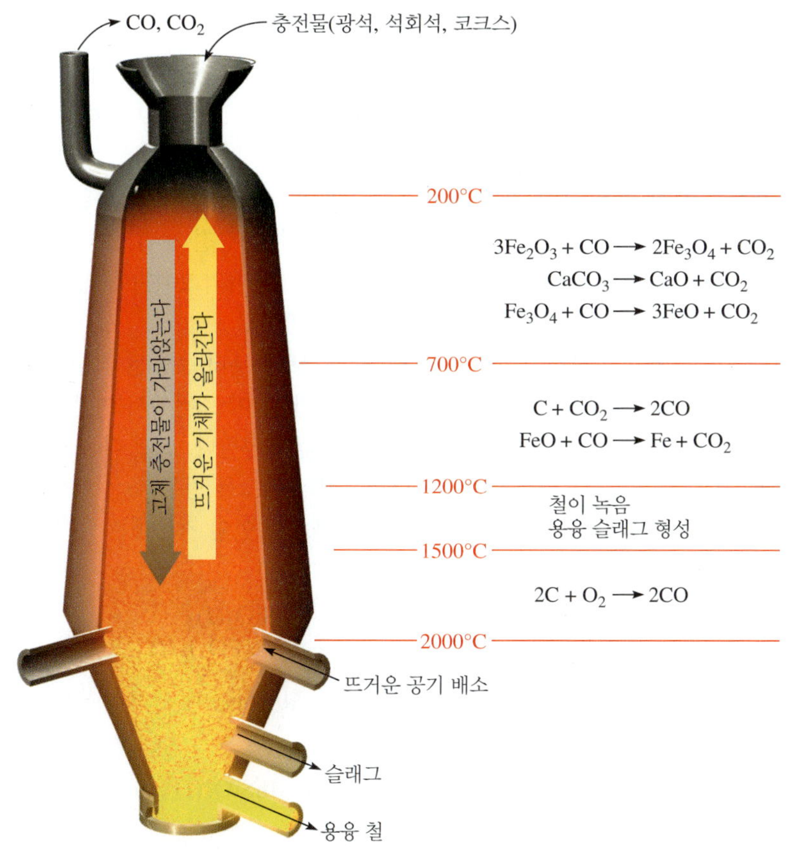

그림 21.3 용광로. 철광석, 석회석, 코크스를 용광로 위쪽에서 넣어준다. 광석으로부터 탄소에 의해 환원되어 철이 얻어진다.

의 주요 단계는 다음과 같다.

$$3Fe_2O_3(s) + CO(g) \longrightarrow 2Fe_3O_4(s) + CO_2(g)$$
$$Fe_3O_4(s) + CO(g) \longrightarrow 3FeO(s) + CO_2(g)$$
$$FeO(s) + CO(g) \longrightarrow Fe(l) + CO_2(g)$$

석회석은 용광로 내에서 다음과 같이 분해한다.

$$CaCO_3(s) \longrightarrow CaO(s) + CO_2(g)$$

광석의 불순물을 쉽게 제거하고, 용융된 혼합물을 형성하는 데 사용되는 $CaCO_3$와 기타 화합물을 *용제*(flux)라고 부른다.

그 다음, 산화 칼슘은 철광석의 주요 불순물인 모래(SiO_2) 및 산화 알루미늄(Al_2O_3)과 반응한다.

$$CaO(s) + SiO_2(s) \longrightarrow CaSiO_3(l)$$
$$CaO(s) + Al_2O_3(s) \longrightarrow Ca(AlO_2)_2(l)$$

$CaSiO_3$(규산 칼슘), $Ca(AlO_2)_2$(알루미늄산 칼슘)의 혼합물은 높은 용광로의 온도에서 용융된 상태로 남아 있는데, 이것을 *슬래그*(slag)라 부른다.

이러한 과정을 통해 용광로의 하단부에 도달한 대부분은 이미 철로 환원된 상태로 존재한다. 용광로의 최하단부는 불순한 철의 녹는점보다 높고, 슬래그의 밀도는 용융된 철보다 작기 때문에 철의 표면에 뜨게 되어 그림 21.3에서 볼 수 있듯이 슬래그와 융해된 철을 분리할 수 있다.

이 방법으로 얻어진 철은 탄소 등과 같은 많은 불순물이 포함되어 불순한 상태인데, 이를 *선철*(pig iron)이라 한다. 이 선철은 5% 이상의 탄소, 약간의 규소, 인, 황, 망가니즈 등이 포함되어 있어 부서지기 쉬운 덩어리 형태이다. 선철은 상대적으로 녹는점이 낮은데(약 1180°C), 이를 녹이고 주형에 부어 냉각시키면 *주철*(cast iron)이 얻어진다.

강철 제조

강철 제조는 가장 중요한 금속 산업 중 하나이다. 강철은 미국에서 연간 1억 t 이상이 소비된다. 강철은 0.03~1.4%의 탄소와 여러 다른 원소를 소량 포함하고 있다. 강철의 기계적 특성은 화학적 성분과 열처리 방법에 의하여 결정된다.

철 생산은 산화 철을 금속 철로 환원하는 과정인 반면, 철로부터 강철의 전환은 불순물을 제거하기 위하여 산소와 반응시키는 산화 과정이다. 강철 제법 중 하나는 *염기성 산소 공정*(basic oxygen process)이다. 이 제법은 짧은 시간(약 20분)에 많은 양(수백 t)의 강철을 제조할 수 있어서 오늘날 가장 널리 이용하고 있다.

그림 21.4는 염기성 산소 공정을 나타낸다. 용광로로부터 용융된 철을 수직로에 부어 넣는다. 용융 철에 수냉관을 통해 가압 산소를 주입한다. 이 조건에서 여분의 탄소뿐만 아니라 망가니즈, 인, 규소는 산소와 반응하여 산화물을 형성한다. 그런 다음 이 산화물을 적당한 융제(예를 들면, CaO 또는 SiO_2)와 반응시켜 슬래그를 만든다. 선택하는 용제의 형태는 철의 조성에 따라 달라진다. 주요 불순물이 규소와 인인 경우에는 철에 CaO와 같은 염기성 용제(basic flux)를 가한다.

$$SiO_2(s) + CaO(s) \longrightarrow CaSiO_3(l)$$
$$P_4O_{10}(l) + 6CaO(s) \longrightarrow 2Ca_3(PO_4)_2(l)$$

반면, 망가니즈가 주요 불순물인 경우에는 슬래그를 형성하는 데 필요한 SiO_2와 같은 산성 용제를 사용한다.

$$MnO(s) + SiO_2(s) \longrightarrow MnSiO_3(l)$$

수직로 속에서 제조 중인 용융 강철을 시간별로 채취 분석하여 적당량의 탄소와 다른 불순물의 양에 도달한 것을 확인 후 로를 수평으로 돌려서 용융 강철을 부어낸다(그림 21.5).

강철의 성질은 화학 조성뿐만 아니라 열처리 방법에 영향을 받는다. 고온에서 철과 탄소가 반응하여 *시멘타이트*(cementite)라고 하는 탄화 철(iron carbide, Fe_3C)을 생성한다.

$$3Fe(s) + C(s) \rightleftharpoons Fe_3C(s)$$

정반응은 흡열 반응이어서 고온에서 Fe_3C가 잘 생성된다. Fe_3C를 포함한 강철을 천천히 식히면 평형이 왼쪽으로 이동하여 탄소는 흑연으로 분리되고, 강철은 회색을 띤다. (Fe_3C

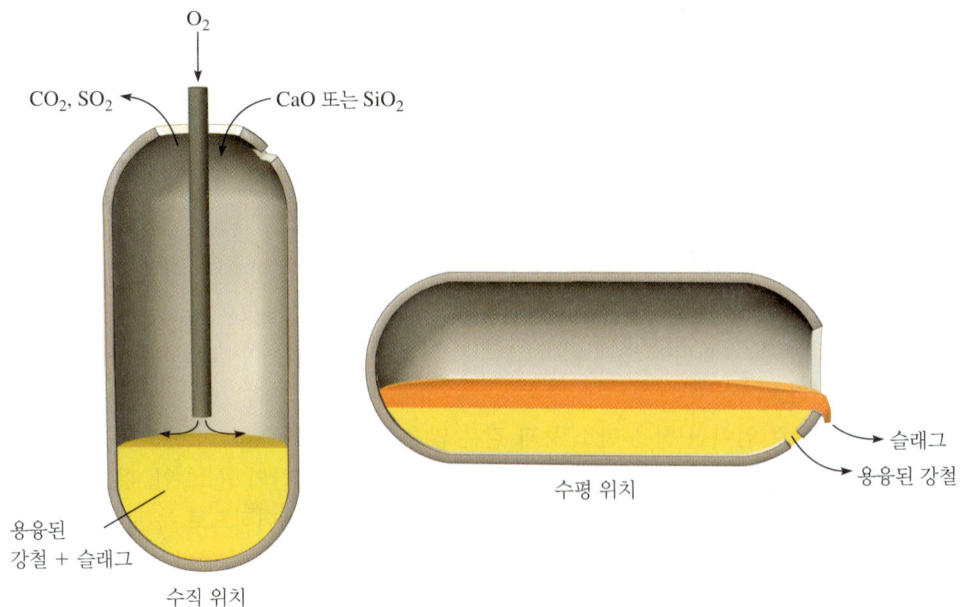

그림 21.4 강철 제조를 위한 염기성 산소 공정. 전형적인 용기의 용량은 100 t의 주철을 생산할 수 있다.

그림 21.5 강철 제조 장면.

표 21.3 강철의 형태

형태	조성(질량 백분율)*								용도
	C	Mn	P	S	Si	Ni	Cr	기타	
일반	1.35	1.65	0.04	0.05	0.06	–	–	Cu (0.2~0.6)	강판, 도구
고강도	0.25	1.65	0.04	0.05	0.15~0.9	0.4~1.0	0.3~1.3	Cu (0.01~0.08)	건축, 증기 터빈
스테인리스	0.03~1.2	1.0~10	0.04~0.06	0.03	1~3	1~22	4.0~27	–	주방용품, 면도기 날

*한 개의 값만 표시한 것은 존재하는 그 물질의 최대 양을 나타낸다.

는 실온에서도 아주 서서히 분해한다.) 강철이 급속히 냉각되면 평형에 도달하지 못하고 탄소가 시멘타이트(Fe_3C) 형태로 많이 남아 있게 된다. 시멘타이트를 포함하는 강철은 색이 밝고 흑연을 포함하는 것보다 더 단단하고 더 빛난다.

기계적 특성이 좋은 강철을 얻기 위해 강철을 적당한 온도로 급히 가열 후 급히 냉각하는 과정을 "담금질(tempering)"이라 한다. 이렇게 하여 흑연이나 시멘타이트 형태로 탄소의 함량을 조절할 수 있다. 표 21.3에 여러 형태의 강철에 대한 조성, 성질, 용도를 나타내었다.

금속의 정제

금속을 환원으로 얻으려면 불순물을 제거하기 위한 처리 과정이 필요하다. 물론 정제의 정도는 용도에 따라 결정된다. 보통 세 가지의 정제 과정으로 증류, 전기분해, 띠 정제법 등이 있다.

증류

수은, 마그네슘, 아연과 같이 끓는점이 낮은 금속은 분별 증류로 정제할 수 있다. 잘 알려진 분별 증류법은 니켈 정제에 이용되는 몬트[†] *공정*(Mond process)이다. 약 70°C에서 일산화탄소 기체를 정제할 금속 위로 통과시키면 맹독성 물질로 휘발성인 $Ni(CO)_4$(b.p. 43°C)가

[†]몬트(Ludwig Mond, 1839~1809)는 독일 태생의 영국 화학자로, 공업 화학에 중요한 업적을 많이 남겼다. 휘발성 $Ni(CO)_4$로 전환시켜 니켈 금속을 정제하는 그의 방법은 금속에 "날개"를 달아준 것과 같다.

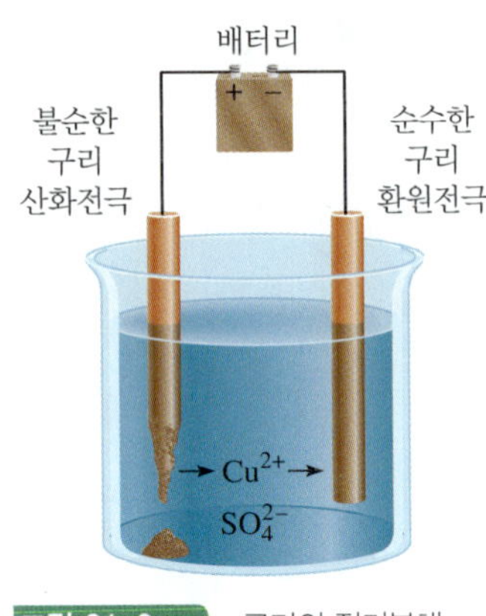

그림 21.6 구리의 전기분해.

생성된다. $Ni(CO)_4$는 휘발성이 작은 물질에서 증류하면 분리된다.

$$Ni(s) + 4CO(g) \longrightarrow Ni(CO)_4(g)$$

200°C에서 기체를 가열하면 $Ni(CO)_4$로부터 순수한 니켈 금속이 얻어진다.

$$Ni(CO)_4(g) \longrightarrow Ni(s) + 4CO(g)$$

이 과정에서 방출된 일산화 탄소는 재순환된다.

전기분해

전기분해는 또 다른 중요한 정제 기술이다. 황화 구리(CuS)를 배소(roasting)하여 얻은 구리 금속은 아연, 철, 은, 금과 같은 불순물을 포함하고 있다. 더 전기양성인 금속은 이 과정에서 제거된다. 이 과정은 불순한 구리를 산화전극으로 작용하고, Cu^{2+} 이온이 들어 있는 황산 용액에서 *순수한* 구리는 환원전극으로 작용한다(그림 21.6). 전기분해 반응은 다음과 같다.

$$\text{산화전극(산화 반응):} \quad Cu(s) \longrightarrow Cu^{2+}(aq) + 2e^-$$
$$\text{환원전극(환원 반응):} \quad Cu^{2+}(aq) + 2e^- \longrightarrow Cu(s)$$

구리 산화전극에 포함되어 있는 철이나 아연과 같은 반응성이 큰 금속은 산화되어 Fe^{2+}나 Zn^{2+} 이온으로 용액 속에 녹아 들어간다. 그러나 Fe^{2+}나 Zn^{2+} 이온은 환원전극에서 환원되지 않는다. 금이나 은과 같은 활성이 작은 금속은 산화전극에서 산화되지 않고, 구리 산화전극이 녹음에 따라 이들 금속은 산화전극 밑에 쌓이게 된다. 따라서 전기분해 결과 산화전극(불순한 구리)에서 환원전극(순수한 구리)으로 구리가 이동되어 99.5% 순도의 구리로 정제된다(그림 21.7).

구리 산화전극에서 석출된 금속 불순물은 가치 있는 부산물로서 때로는 전기분해에 필요한 전기 비용을 충당할 수 있다.

띠 정제법

초고순도의 금속을 얻기 위해 띠 정제법(zone refining)을 사용한다. 소량의 불순물을 포함한 금속을 막대 모양으로 만들고, 일정 부분만 가열 코일로 가열하며, 한쪽 끝에서 다른 쪽 끝으로 천천히 이동시키면 막대가 차례로 녹고, 냉각되어 불순물은 용융 금속에 남고 순수한 금속은 결정화된다(그림 21.8). 이런 과정이 진행되면 한쪽 끝에는 순수한 금속이 모이고, 반대쪽은 불순물이 모인다. (이것은 바닷물이 얼 때와 비슷한데 고체는 대부분 순수한 용매인 물과 분리된다. 띠 정제법에서는 용융 금속이 용매이고 불순물이 용질이다.) 불순

그림 21.7 전기분해에 의한 정제 과정에 사용된 구리 환원전극.

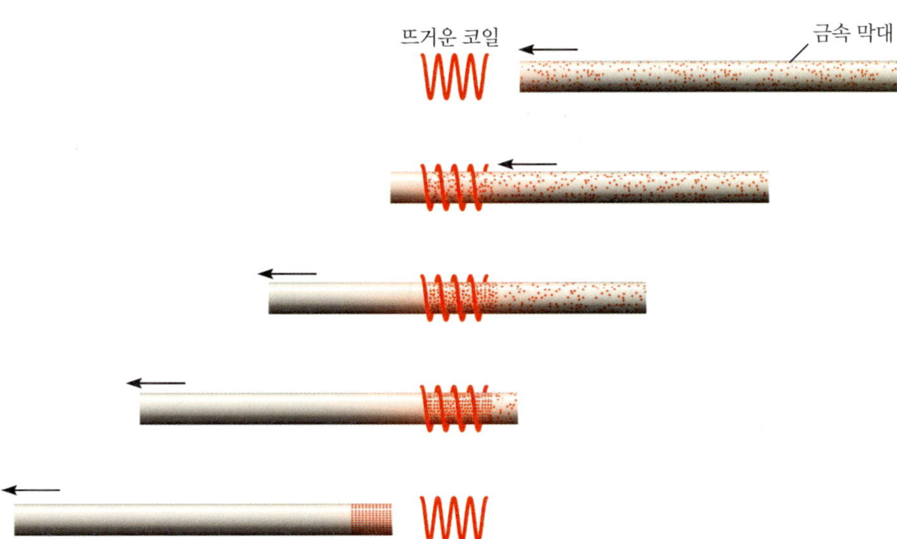

그림 21.8 금속 정제를 위한 띠 정제법. *위로부터 아래로*: 불순한 금속 막대가 가열된 코일 사이로 천천히 이동한다. 금속이 오른쪽에서 왼쪽으로 이동됨에 따라 불순물은 용융 금속에 남고, 앞쪽은 순수한 금속이 결정화되어 석출된다.

물의 농도가 높아진 한쪽 끝을 식혀서 잘라낸다. 이런 과정을 반복하면 99.99% 이상의 고순도 금속으로 정제된다.

21.3 전도성 띠 이론

11.6절에서 본 것과 같이 금속의 열전도성과 전기전도성은 분자 궤도함수 이론으로 설명할 수 있다. 금속의 전도성을 쉽게 이해하기 위하여 양자역학의 지식을 응용해야 한다. 금속 결합을 설명하기 위한 모형은 **띠 이론**(band theory)이다. 이것은 *분자 궤도함수의 중첩에 의해 형성된 띠*(band)*를 통하여 비편재된 전자들이 자유로이 움직인다*는 것이다. 띠 이론을 반도체 물질에 적용해 보자.

➤ 전도체

금속은 전기전도성이 높은 것이 특징이다. 예로 마그네슘을 생각해보자. Mg의 전자 배치는 [Ne]$3s^2$이고, 각 원자는 $3s$에 원자가 전자가 두 개 있다. 금속 결정에서 마그네슘 원자는 서로 가까이 정렬되어 있어 각 마그네슘 원자의 에너지 준위는 근접한 이웃의 원자로부터 영향을 받아 분자 궤도함수와 중첩된다. 10장에서 두 개의 원자 궤도함수가 상호 작용하여 결합성 분자 궤도함수와 반결합성 분자 궤도함수를 형성한다는 것을 배웠다. 작은 마그네슘 조각이라도 매우 많은 원자가 있기 때문에(10^{20}개의 원자) 이들이 형성하는 분자 궤도함수의 수도 매우 많다. 이들 분자성 분자 궤도함수는 에너지적으로 아주 비슷하여 "띠(band)"라 부른다(그림 21.9). 전자로 *채워진* 에너지 준위의 띠를 *원자가 띠*(valence band, $3s$ 원자 궤도함수의 묶음)라 한다. 에너지 준위의 위쪽 절반은 $3p$ 궤도함수의 겹침에 의해 형성된 비어 있는 비편재화된 분자 궤도함수에 해당된다. 이렇게 일련의 간격이 가까운 *비어 있는* 준위를 *전도 띠*(conduction band)라 한다.

금속 결정은 비편재된 원자가 전자의 바다에 양이온이 골고루 분포되어 있다고 생각할 수 있다(그림 11.30 참조). 비편재성의 결과로 생긴 큰 응집력(cohesive force)은 금속의 강도에 부분적으로 관련된다. 원자가 띠와 전도 띠가 서로 접촉되어 있기 때문에 원자가 전자가 전도 띠로 이동될 때 에너지가 필요치 않다. 따라서 전도 띠에는 전자가 없어 금속을 통하여 전자가 자유로이 이동할 수 있다. 금속이 *전기를 잘 통하는 성질* 즉, 좋은 **전도체**(conductor)인 것은 전자의 자유로운 이동 때문이다.

나무나 유리는 왜 금속처럼 전기 전도체가 아닐까? 그림 21.10이 이 질문의 답을 제공

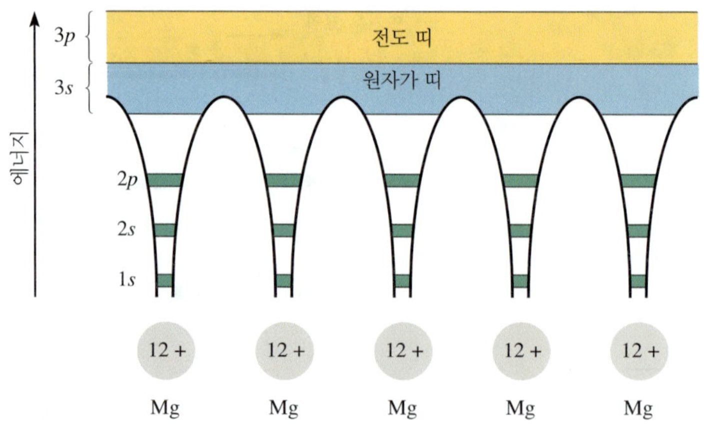

그림 21.9 마그네슘의 전도 띠 형성. 1*s*, 2*s*, 2*p* 궤도함수의 전자들은 각 Mg 원자에 위치한다. 그러나 3*s*, 3*p* 궤도함수들은 중첩되어 비편재된 궤도들을 형성한다. 이 궤도함수의 전자들은 금속들을 통해 이동될 수 있고, 이 현상에 의해 금속들은 전기 전도성을 나타낸다.

하고 있다. 기본적으로 고체의 전기 전도성은 에너지 띠의 간격과 전자 상태에 의존한다. 마그네슘이나 다른 금속의 원자가 띠와 전도 띠는 접촉되어 있다. 따라서 이들 금속은 전도체이다. 한편 나무나 유리의 원자가 띠와 전도 띠 사이의 전자 이동에는 많은 에너지가 요구된다. 에너지 없이는 전자가 자유로이 이동할 수 없다. 따라서 유리나 나무는 **부도체**(insulator) 즉, *전기를 통하지 못한다.*

반도체

많은 원소는 **반도체**(semiconductor) 즉, *평상 상태에서는 전도체가 아니지만 높은 온도나 또는 소량의 다른 원소를 혼입시키면 도체가 된다.* 4A족 원소인 Si와 Ge은 반도체이다. 트랜지스터와 광전지에 반도체를 사용하므로, 최근에 전자 공업의 혁명기를 가져 왔고, 전자 제품의 소형화를 이룰 수 있었다.

반도체의 원자가 띠와 전도 띠의 에너지 간격은 부도체보다 훨씬 더 작다(그림 21.10 참조). 원자가 띠에서 전도 띠로 전자를 들뜨게 할 수 있는 에너지를 가해 주면 반도체는 전도체가 된다. 일반 금속은 반대의 현상이 나타난다는 것을 주목하라. 금속의 전기전도도는 온도를 올리면 *감소*한다. 고온에서 원자의 진동이 증가되어 전자의 흐름을 방해하기 때문이다.

반도체의 전기전도도는 극소량의 다른 원소를 가해 주면 증가하는데, 이러한 과정을 *혼입*(doping)이라 한다. 고체 규소에 극미량의 붕소나 인을 가하였을 때 무슨 일이 일어나는지 생각해 보자(Si 원자 100만 개 당 다섯 개 정도의 B 또는 P 원자가 치환). 고체 Si의 구조는 다이아몬드와 유사하다. 각 Si 원자는 네 개의 다른 Si 원자와 공유 결합을 한다. P([Ne]$3s^23p^3$)의 원자가 전자는 Si([Ne]$3s^23p^2$)보다 한 개 더 많다. 따라서 Si과 공유결합을 하는 데 네 개가 사용되고 원자가 전자가 하나 남는다(그림 21.11). 이 여분의 전자는 고체에 전압을 걸어주어 P 원자로부터 제거할 수 있다. 이 자유 전자는 전도 전자로서 이 구조와 작용기를 통해 이동할 수 있다. 이러한 형태의 불순물은 *전도 전자를 제공*하

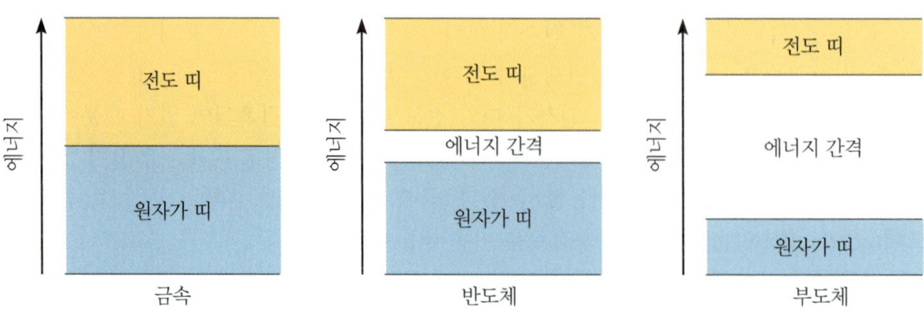

그림 21.10 금속, 반도체, 부도체에서 원자가 띠와 전도 띠 사이의 에너지 간격 비교. 금속에서는 에너지 간격이 존재하지 않고, 반도체에서는 에너지 간격이 작으나 부도체에서는 매우 크다. 그 결과 원자가 띠로부터 전도 띠로의 전자 이동이 매우 어렵다.

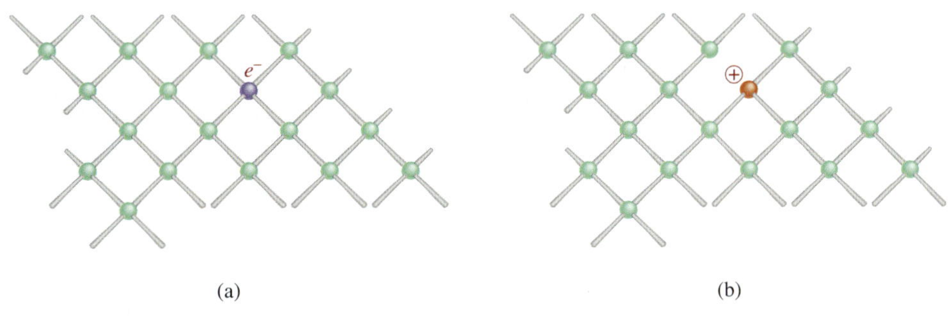

그림 21.11 (a) 인이 혼입된 규소 결정. (b) 붕소가 혼입된 규소 결정. (a)에서는 음의 중심이, (b)에서는 양의 중심이 형성됨을 주목하라.

기 때문에 **주개 혼입제**(donor impurity)라 한다. *주개 혼입제를 갖는 반도체를* ***n*형 반도체**(*n*-type semiconductor)라 하는데, *n*은 음(negative, "여분의" 전자 전하)을 뜻한다.

B가 Si에 혼입되면 반대 현상이 나타난다. B 원자에는 원자가 전자가 3개 있다($1s^22s^22p^1$). Si 내에 존재하는 각 B 원자는 하나의 비어 있는(vacancy) 결합 궤도함수를 갖게 된다. 이 비어 있는 결합 궤도함수로 인접한 Si의 원자가 전자가 들뜰 수 있다. 이 Si 원자의 비어 있는 궤도함수는 또 다른 Si 원자로부터 채워진다. 빈 궤도함수 즉, 양전하 구멍(positive hole)은 전자가 움직이는 반대 방향으로 이동하므로 전기 도체가 된다. *전자가 부족한 혼입제를* **받개 혼입제**(acceptor impurity)라 한다. *받개 혼입제를 포함*하는 반도체를 ***p*형 반도체**(*p*-type semiconductor)라 하는데, *p*는 양(positive)을 표시한다.

*p*형과 *n*형 반도체는 모두 원자가 띠와 전도 띠 사이의 에너지 간격을 효과적으로 줄일 수 있어 적은 에너지로 전자를 들뜨게 할 수 있다. 이렇게 소량의 다른 원소를 혼입하면 100,000배 정도 반도체의 전도도를 증가시킨다.

반도체 산업은 1960년대 초부터 눈에 띄게 성장하기 시작했다. 오늘날 반도체는 라디오, TV, 전자 계산기, 컴퓨터 등 전자 제품의 필수 부품이 되었다. 연필에 달린 지우개보다 작은 반도체 칩을 사용하여 전자 제품을 만들면 진공관 제품에 비해 아주 소형으로 만들 수 있다. 그 결과 우주 여행에 필요한 기계뿐만 아니라 소형 계산기나 소형 컴퓨터 등에 매우 중요하게 이용된다.

21.4 금속성의 주기적 경향

금속은 광택이 있고, 상온에서 고체이며(수은 제외), 열과 전기의 좋은 도체이며, 전성(펴짐성)과 연성(뽑힘성)이 있다. 그림 21.12은 주기율표에서 주족 금속과 2B족 금속의 위치를 나타낸 것이다(전이 금속은 23장에서 논의). 그림 9.5에서 보았듯이 원소의 전기음성도는 왼쪽에서 오른쪽으로 갈수록 아래에서 위로 갈수록 증가한다. 원소의 금속성은 반대의 경향을 갖고 있다. 금속은 전기음성도가 낮기 때문에 양이온을 형성하고, 화합물에서 산화수가 양(+)이다. 그러나 2A족의 Be과 Mg, 3A족의 금속은 공유 결합을 갖는 경우도 있다.

21.5, 21.6, 21.7절에서는 1A족(알칼리 금속), 2A족(알칼리 토금속), 3A족(알루미늄)의 몇 가지 금속에 대한 화학을 논의한다.

21.5 알칼리 금속

족(group)으로 볼 때, 알칼리 금속(1A족 원소)이 가장 큰 전기 양성(가장 작은 전기 음성)이다. 알칼리 금속들은 비슷한 성질을 갖고 있는데, 그 중 몇 가지를 표 21.4에 나타내었다. 전자 배치로 볼 때 알칼리 금속의 양이온은 비활성 기체와 동일한 전자 배치를 갖기 때문에 산화수가 +1이다.

알칼리 금속은 녹는점이 낮고, 칼로 자를 수 있을 만큼 연한 금속이다(그림 8.14 참

1 1A	2 2A	3 3B	4 4B	5 5B	6 6B	7 7B	8	9 8B	10	11 1B	12 2B	13 3A	14 4A	15 5A	16 6A	17 7A	18 8A
H																	**He**
Li	**Be**											**B**	**C**	**N**	**O**	**F**	**Ne**
Na	**Mg**											**Al**	**Si**	**P**	**S**	**Cl**	**Ar**
K	**Ca**	**Sc**	**Ti**	**V**	**Cr**	**Mn**	**Fe**	**Co**	**Ni**	**Cu**	**Zn**	**Ga**	**Ge**	**As**	**Se**	**Br**	**Kr**
Rb	**Sr**	**Y**	**Zr**	**Nb**	**Mo**	**Tc**	**Ru**	**Rh**	**Pd**	**Ag**	**Cd**	**In**	**Sn**	**Sb**	**Te**	**I**	**Xe**
Cs	**Ba**	**La**	**Hf**	**Ta**	**W**	**Re**	**Os**	**Ir**	**Pt**	**Au**	**Hg**	**Tl**	**Pb**	**Bi**	**Po**	**At**	**Rn**
Fr	**Ra**	**Ac**	**Rf**	**Db**	**Sg**	**Bh**	**Hs**	**Mt**	**Ds**	**Rg**	**Cn**						

그림 21.12 주족 금속과 2B족 금속을 나타낸 주기율표.

그림 21.13 암염(NaCl).

조). 이들 금속은 효율이 낮은 쌓임 형태인 체심 결정 구조를 갖는다(그림 11.29 참조). 이것으로 금속 중에서 밀도가 낮은 이유를 설명할 수 있다. 실제로 리튬은 가장 가벼운 금속이다. 알칼리 금속의 반응성은 매우 커서 원소 형태로는 자연에 존재하지 않고, 할로젠화물, 황산염, 탄산염, 규산염 등으로 존재한다. 이 절에서는 1A족 중 소듐(Na)과 포타슘(K)의 화학을 논의하고, 리튬, 루비듐, 세슘의 화학은 취급하지 않는다. 1A족의 마지막 원소인 프랑슘(Fr)의 모든 동위원소들은 방사성 원소이다.

소듐과 포타슘은 거의 비슷한 양이 자연에 존재하며, 주로 조장석(albite, $NaAlSi_3O_8$)이나 정장석(orthoclase, $KAlSi_3O_8$)과 같은 규산염으로 발견된다. 오랜 기간 동안(지질연대) 규산염은 비바람에 분해되어 Na^+이나 K^+ 이온은 잘 녹는 화합물로 변형되고, 비에 용해되어 토양으로부터 용출되어 바다로 흘러간다. 바닷물에는 소듐과 포타슘이 28:1의 비율로 존재한다. 이는 포타슘은 식물에 의해 흡수되지만, 소듐은 대부분이 바다로 흘러가기 때문이다. 소듐과 포타슘을 포함하는 다른 광물은 그림 21.13에 나타낸 암염(NaCl), 칠레초석($NaNO_3$), 알칼리암염(KCl)이 있다. NaCl은 또한 암염에서도 얻는다(9.3절 "생활 속의 화학" 참조).

Ca^{2+}이 Na^+보다 환원하기가 더 어렵다는 것을 기억하라.

금속 소듐은 다운(Down) 전지(18.8절)에서 전기분해로 용융된 NaCl에서 가장 쉽게 얻을 수 있다. 염화 소듐은 녹는점이 높고(801°C), 많은 양을 녹이기 위하여 많은 에너지가 소비된다. $CaCl_2$를 섞어서 가열하면 600°C에서 녹으므로 더 경제적으로 전기분해할 수 있다.

금속 포타슘은 용융 KCl의 전기분해로는 쉽게 얻을 수 없다. 왜냐하면 포타슘 금속은 용융 KCl에 잘 용해되어 표면으로 떠올라오기 때문이다. 뿐만 아니라 작동 온도에서는 포타슘 금속이 기화되어 위험한 상황에 이르게 된다. 따라서 892°C에서 소듐 증기 존재 하에 용융 KCl을 증류하여 포타슘 금속을 얻는다. 이 온도에서 일어나는 반응은 다음과 같다.

이것은 전기적 환원 반응이라기보다는 화학 반응이다.

$$Na(g) + KCl(l) \rightleftharpoons NaCl(l) + K(g)$$

포타슘이 소듐보다 더 강한 환원제이므로 위 반응이 이상하게 보일 수 있다(표 21.4 참조). 그러나 포타슘의 끓는점(770°C)은 소듐의 끓는점(892°C)보다 낮아서 892°C에서 휘발성

표 21.4 알칼리 금속의 성질

	Li	Na	K	Rb	Cs
원자가 전자 배치	$2s^1$	$3s^1$	$4s^1$	$5s^1$	$6s^1$
밀도(g/cm^3)	0.534	0.97	0.86	1.53	1.87
녹는점(°C)	179	97.6	63	39	28
끓는점(°C)	1317	892	770	688	678
원자 반지름(pm)	152	186	227	248	265
이온 반지름(pm)*	78	98	133	148	165
이온화 에너지(kJ/mol)	521	496	418	403	375
전기음성도	1.0	0.9	0.8	0.8	0.7
표준 환원 전위(V)†	−3.05	−2.71	−2.93	−2.93	−2.92

*양이온 M^+에 해당된다. 여기에서 M은 알칼리 금속 원자를 나타낸다.
†반쪽 반응 $M^+(aq) + e^- \longrightarrow M(s)$.

이 더 크므로 쉽게 증류된다. 평형 이동의 원리에 따라 포타슘 증기를 계속 제거하면 평형이 오른쪽으로 이동되기 때문에 포타슘 금속을 얻을 수 있다.

소듐과 포타슘은 모두 반응성이 매우 크지만 포타슘의 반응성이 더 크다. 두 금속 모두 물과 반응하여 수산화물을 생성한다. 소듐 금속은 소량의 산소와 반응하면 산화 소듐(sodium oxide, Na_2O)이 형성된다. 그러나 과량의 산소와 반응하면 연한 노란색의 과산화 소듐(sodium peroxide, Na_2O_2)이 생성된다.

$$2Na(s) + O_2(g) \longrightarrow Na_2O_2(s)$$

Na_2O_2는 물과 반응하여 NaOH와 H_2O_2를 생성한다.

$$Na_2O_2(s) + 2H_2O(l) \longrightarrow 2NaOH(aq) + H_2O_2(aq)$$

소듐과 같이 포타슘도 과산화물(peroxide)을 생성하는데, 포타슘은 공기 중에서 초과산화물(superoxide)을 생성한다.

$$K(s) + O_2(g) \longrightarrow KO_2(s)$$

초과산화 포타슘(potassium superoxide, KO_2)은 물과 반응하면 산소를 발생한다.

$$2KO_2(s) + 2H_2O(l) \longrightarrow 2KOH(aq) + O_2(g) + H_2O_2(aq)$$

이 반응은 호흡 장치에 사용된다(그림 21.14). 내쉬는 숨에는 이산화 탄소와 수분이 포함되어있다. 수분은 KO_2와 반응하여 산소를 발생시키고, 이산화 탄소도 KO_2와 반응하여 산소를 발생한다.

$$4KO_2(s) + 2CO_2(g) \longrightarrow 2K_2CO_3(s) + 3O_2(g)$$

따라서 유독 기체가 있는 곳에서 호흡 장치를 착용하면 산소를 호흡할 수 있다.

소듐과 포타슘 금속은 액체 암모니아에 녹아 아름다운 파란색 용액이 된다.

$$Na \xrightarrow{NH_3} Na^+ + e^-$$
$$K \xrightarrow{NH_3} K^+ + e^-$$

양이온과 전자가 용매화되고, 용매화된 전자에 의하여 용액은 파란색을 띤다. 금속-암모니아 용액은 센 환원제이며(자유 전자를 포함하고 있기 때문) 유기 화합물과 무기 화합물 합성에 모두 유용하다. 지금까지 잘 알려지지 않았던 알칼리 금속 음이온 M^-이 암모니아와 같은 용액에서 발견되었다. 알칼리 금속의 암모니아 용액에는 Na^+Na^-와 K^+K^-인 이

그림 21.14 자가 호흡 장치.

온쌍으로 존재한다[양이온과 강한 친화력을 갖는 *크라운 에터*(crown ether)와 착이온을 형성]. 이들 "염"은 안정하여 결정화되어 분리된다(21장 첫 페이지 참조). 이런 현상은 이론적 관심거리인데, 알칼리 금속이 산화수가 분명히 −1이기 때문이다(일반 화합물에서는 −1의 산화수가 발견되지 않음).

소듐과 포타슘은 생명체의 필수 원소이다. 이들 이온은 세포 내외에 존재하여 삼투압 조절과 효소 작용에 관여한다. 소듐과 포타슘의 중요한 화합물의 제법과 용도에 대하여 알아보자.

염화 소듐

NaCl의 출처, 성질 및 용도는 9장에서 논의하였다.

탄산 소듐

탄산 소듐(Na_2CO_3, 소다회라고 부름)는 수처리(water treatment)와 비누, 세제, 의약품 제조와 음식 첨가제 등과 같이 공업적으로 많이 사용되고 있다. 오늘날 Na_2CO_3 생산량의 절반이 유리 공업에 사용된다(소다-석회 유리, 11.7절 참조). Na_2CO_3는 미국에서 화합물 중 11번째로 많이 생산된다(2010년에 1,100만 t 생산). 여러 해 동안 Na_2CO_3는 솔베이[†](Solvay) 법으로 생산되었는데, 먼저 포화 NaCl 용액에 암모니아를 녹이고 이산화 탄소를 주입하여 다음과 같이 중탄산 소듐($NaHCO_3$)을 침전시킨다.

$$NH_3(aq) + NaCl(aq) + H_2CO_3(aq) \longrightarrow NaHCO_3(s) + NH_4Cl(aq)$$

$NaHCO_3$를 용액에서 분리하고 가열하면 탄산 소듐이 생성된다.

$$2NaHCO_3(s) \longrightarrow Na_2CO_3(s) + CO_2(g) + H_2O(g)$$

미국에서 솔베이 법을 사용하는 공장은 1986년 폐쇄되었다.

하지만 이 제법은 암모니아 가격이 상승하고 부산물에 의한 대기 오염 문제로 화학자들이 새로운 Na_2CO_3 제법을 고안하게 되었다. 그 중 하나로 미국 와이오밍(Wyoming) 주에 대량 매장되어 있는 *트로나*(trona) 광석[$Na_5(CO_3)_2(HCO_3) \cdot 2H_2O$]을 분쇄하고 열분해하여 탄산 소듐을 얻는다.

[†]솔베이(Ernest Solvay, 1838~1822)는 벨기에의 화학자로, 그의 화학 공업에서의 주된 공헌은 탄산 소듐 제법의 개발이다.

$$2Na_5(CO_3)_2(HCO_3) \cdot 2H_2O(s) \longrightarrow 5Na_2CO_3(s) + CO_2(g) + 3H_2O(g)$$

이렇게 얻은 불순한 Na_2CO_3를 물에 녹이고 여과하여 불용성 불순물을 제거한 후 결정화시키면 $Na_2CO_3 \cdot 10H_2O$를 얻는다. 이 수화물을 가열하면 순수한 무수 탄산 소듐이 얻어진다.

▶ 수산화 소듐과 수산화 포타슘

수산화 소듐과 수산화 포타슘의 성질은 매우 유사하다. 이들 수산화물은 NaCl과 KCl 수용액을 전기분해하여 얻을 수 있으며(18.8절 참조), 모두 강한 염기성으로서 물에 아주 잘 녹는다. 수산화 소듐은 비누 제조와 많은 유기 및 무기 화합물 합성에 사용된다. 수산화 포타슘은 몇몇 충전 전지에서 전해질로 사용하고, 수용액은 공기에서 이산화 탄소나 이산화 황을 제거하는 데 사용한다.

▶ 질산 소듐과 질산 포타슘

질산 소듐(칠레 초석)은 칠레에 대량 매장되어 있다. 이것은 약 500°C에서 산소를 방출하며 분해한다.

$$2NaNO_3(s) \longrightarrow 2NaNO_2(s) + O_2(g)$$

질산 포타슘(초석)은 다음 "반응"으로 얻을 수 있다.

$$KCl(aq) + NaNO_3(aq) \longrightarrow KNO_3(aq) + NaCl(aq)$$

이 반응은 100°C 이하에서 진행된다. 상온에서 KNO_3는 용해도가 작아 분별 결정으로 분리된다. KNO_3처럼 $NaNO_3$도 열에 의해 분해한다.

흑색 화약은 KNO_3, 활성탄, 황이 6:1:1(질량비)로 만들어진다. 흑색 화약이 가열될 때 일어나는 반응은 다음과 같다.

$$2KNO_3(s) + S(l) + 3C(s) \longrightarrow K_2S(s) + N_2(g) + 3CO_2(g)$$

뜨겁게 팽창하는 기체가 순간적으로 형성되어 폭발을 일으킨다.

21.6 알칼리 토금속

알칼리 토금속은 알칼리 금속보다 반응성이 작고 덜 전기양성적이다. 몇 가지 면에서 Al(3A족 금속)과 비슷한 Be를 제외하고, 모든 알칼리 토금속은 화학적 성질이 매우 비슷하다. 알칼리 토금속의 M^{2+} 이온은 비활성 기체와 같은 전자 배치를 갖고 있어서 알칼리 토금속의 산화수도 거의 예외 없이 +2이다. 표 21.5에 이들 금속의 일반적 성질을 나열하였다. 라듐은 방사성 원소이기 때문에 2A족 원소의 화학을 연구하는 데 어렵고 비싸므로 표에서 제외하였다.

▶ 마그네슘

마그네슘(Mg, 그림 8.15 참조)은 지각에 6번째로 많이 존재하는 원소이다(질량비로 약 2.5%). 주된 마그네슘 광석은 수활석[brucite, $Mg(OH)_2$], 백운암[dolomite, $CaCO_3 \cdot MgCO_3$(그림 21.15)], 사리염(epsomite, $MgSO_4 \cdot 7H_2O$) 등이 있다. 마그네슘은 바닷물에 많이 존재한다. 바닷물 1 kg 당 약 1.3 g의 마그네슘이 들어 있다. 대부분의 알칼리 금속이나 알칼리 토금속과 마찬가지로 금속 마그네슘은 용융 염화물인 $MgCl_2$를 전기분해하여 얻는다($MgCl_2$는 바닷물에서 얻음, 4.8절 생활 속의 화학 참조).

그림 21.15 백운암 ($CaCO_3 \cdot MgCO_3$).

마그네슘의 화학적 성질은 베릴륨과 더 무거운 2A족 원소의 중간이다. 마그네슘은 찬 물과는 반응하지 않지만 수증기와는 느리게 반응한다.

$$Mg(s) + H_2O(g) \longrightarrow MgO(s) + H_2(g)$$

표 21.5 알칼리 토금속의 성질

	Be	Mg	Ca	Sr	Ba
원자가 전자 배치	$2s^2$	$3s^2$	$4s^2$	$5s^2$	$6s^2$
밀도(g/cm^3)	1.86	1.74	1.55	2.6	3.5
녹는점(°C)	1280	650	838	770	714
끓는점(°C)	2770	1107	1484	1380	1640
원자 반지름(pm)	112	160	197	215	222
이온 반지름(pm)*	34	78	106	127	143
1차 및 2차 이온화 에너지(kJ/mol)	899 1757	738 1450	590 1145	548 1058	502 958
전기음성도	1.5	1.2	1.0	1.0	0.9
표준 환원 전위(V)†	−1.85	−2.37	−2.87	−2.89	−2.90

*양이온 M^{2+}에 해당된다. 여기에서 M은 알칼리 토금속 원자를 나타낸다.
†반쪽 반응 $M^{2+}(aq) + 2e^- \longrightarrow M(s)$.

마그네슘은 공기 중에서 연소하면 MgO와 Mg_3N_2를 생성하며 밝은 빛을 낸다(그림 4.9 참조).

$$2Mg(s) + O_2(g) \longrightarrow 2MgO(s)$$
$$3Mg(s) + N_2(g) \longrightarrow Mg_3N_2(s)$$

이러한 성질 때문에 마그네슘은 (얇은 리본이나 섬유 형태로) 사진을 찍을 때 섬광이나 조명탄에 이용한다.

산화 마그네슘(MgO)은 물과 매우 느리게 반응하며 *마그네시아유*(milk of magnesia, 15.12절 생활 속의 화학)라는 흰색 현탁액인 수산화 마그네슘[$Mg(OH)_2$]을 생성하는데, 산성 소화불량증 치료에 사용된다.

$$MgO(s) + H_2O(l) \longrightarrow Mg(OH)_2(s)$$

마그네슘은 전형적인 알칼리 토금속이며, 수산화물은 센 염기성이다. [알칼리 토금속의 수산화물 중 염기성이 아닌 것은 $Be(OH)_2$ 뿐이다. 이것은 양쪽성이다.]

마그네슘의 주된 용도는 가벼운 구조물을 위한 합금, 음극 보호(18.7절 참조), 유기 합성, 전지 제조 등이다. 마그네슘은 식물과 동물에 필수 원소이고, Mg^{2+}는 독성이 없다. 보통 성인은 매일 약 0.3 g의 Mg^{2+} 이온을 섭취한다. 마그네슘은 중요한 생물학적 기능을 가지며, 주로 세포 내외의 액체에 존재한다. Mg^{2+} 이온은 수많은 효소 작용에 필수적이다. 마그네슘은 광합성에 중요한 역할을 하는 녹색 식물의 클로로필에도 포함되어 있다.

칼슘

지각에는 질량 기준으로 약 3.4%의 칼슘(Ca)이 존재한다(그림 8.15 참조). 칼슘은 석회석, 방해석, 분필, 대리석에 $CaCO_3$로 존재하고, 백운암에 $CaCO_3 \cdot MgCO_3$(그림 21.15 참조), 석고에 $CaSO_4 \cdot 2H_2O$, 형석에 CaF_2(그림 21.16 참조)로 존재한다. 칼슘 금속은 용융 $CaCl_2$를 전기분해하여 얻는다.

베릴륨에서 바륨으로 2A족을 따라 내려가면서 금속성이 증가한다. 베릴륨, 마그네슘과는 달리 칼슘은 (스트론튬과 바륨처럼) 찬물과 반응하여 수산화물을 생성한다. 물론 알칼리 금속보다는 훨씬 느리게 반응한다(그림 4.14 참조).

$$Ca(s) + 2H_2O(l) \longrightarrow Ca(OH)_2(aq) + H_2(g)$$

그림 21.16 형석(CaF_2).

수산화 칼슘[$Ca(OH)_2$]은 소석회 또는 수화된 석회라 부른다.

생석회로 불리는 석회(CaO)는 인류에게 알려진 가장 오래된 물질 중 하나이다. 생석회는 $CaCO_3$를 열분해하여 얻을 수 있다(17.5절 참조).

$$CaCO_3(s) \longrightarrow CaO(s) + CO_2(g)$$

소석회[$Ca(OH)_2$]는 생석회와 물의 반응으로 얻을 수 있다.

$$CaO(s) + H_2O(l) \longrightarrow Ca(OH)_2(aq)$$

생석회는 야금술(21.2절 참조)과 화석 연료가 연소될 때 생기는 SO_2를 제거할 때 사용한다(20.6절 참조). 소석회는 수처리(water treatment)에 사용된다.

오래 전부터 생석회는 토양의 산성도를 낮추는 데 이용되어 왔다[*라이밍*(liming)이라는 과정]. 오늘날에는 산성비로 오염된 호수를 정화하는 데 사용된다(20.6절 참조).

칼슘 금속은 용도가 많이 제한되어 있다. 알루미늄이나 구리와 같은 금속의 합금 재료로 이용되고, 베릴륨 금속을 환원하는 데 사용하며, 또한 유기 용매의 건조제로 사용한다.

칼슘은 생명체의 필수 원소로 뼈와 이빨의 주성분이고, 칼슘 이온은 복잡한 인산염인 하이드록시아파타이트[hydroxyapatite, $Ca_5(PO_4)_3OH$]에 존재한다. 생명체에서 Ca^{2+}이온의 역할은 여러 대사 과정을 활성화시킨다. 칼슘은 심장의 맥박, 피의 응고, 근육 수축, 신경의 신호 전달에 관여한다.

21.7 알루미늄

알루미늄(그림 8.16 참조)은 가장 많이 사용되는 금속 중의 하나이며, 지각에 존재하는 원소 중 세 번째로 풍부하다(질량 기준 7.5%). 원소 상태로는 존재하지 않으며, 주요 광석은 보크사이트(bauxite, $Al_2O_3 \cdot 2H_2O$)이다. 알루미늄이 들어 있는 다른 광석으로는 정장석($KAlSi_3O_8$), 녹주석($Be_3Al_2Si_6O_{18}$), 빙정석(Na_3AlF_6), 강옥(Al_2O_3) 등이 있다(그림 21.17).

그림 21.17 강옥(Al_2O_3).

알루미늄은 주로 보크사이트로부터 생산되며, 보크사이트에는 실리카(SiO_2), 철 산화물, 타이타늄(IV) 산화물 등 불순물이 포함되어 있다. 이 광석을 먼저 NaOH 용액에서 가열하여 SiO_2를 규산염으로 변환시킨다.

$$SiO_2(s) + 2OH^-(aq) \longrightarrow SiO_3^{2-}(aq) + H_2O(l)$$

동시에 Al_2O_3는 AlO_2^-(알루미늄산 이온)으로 변환된다.

$$Al_2O_3(s) + 2OH^-(aq) \longrightarrow 2AlO_2^-(aq) + H_2O(l)$$

철 산화물과 타이타늄 산화물은 이 처리 과정에서 아무런 변화가 없으므로 여과시켜 제거한다. 다음으로 이 용액을 산으로 처리하면 불용성 수산화 알루미늄[$Al(OH)_3$]이 침전된다.

$$AlO_2^-(aq) + H_3O^+(aq) \longrightarrow Al(OH)_3(s)$$

여과하여 모은 $Al(OH)_3$를 가열하면 Al_2O_3가 얻어진다.

$$2Al(OH)_3(s) \longrightarrow Al_2O_3(s) + 3H_2O(g)$$

무수 산화 알루미늄인 *강옥*(corundum)은 홀[†] *공정*(Hall process)으로 환원시켜 알루미늄 금속을 생산한다. 그림 21.18은 여러 개의 탄소 산화전극이 달린 홀 전기분해 장치를 보여준다. 홀 공정의 핵심은 Al_2O_3(녹는점 2045°C)을 녹이는 용매로 빙정석(Na_3AlF_6, 녹는점

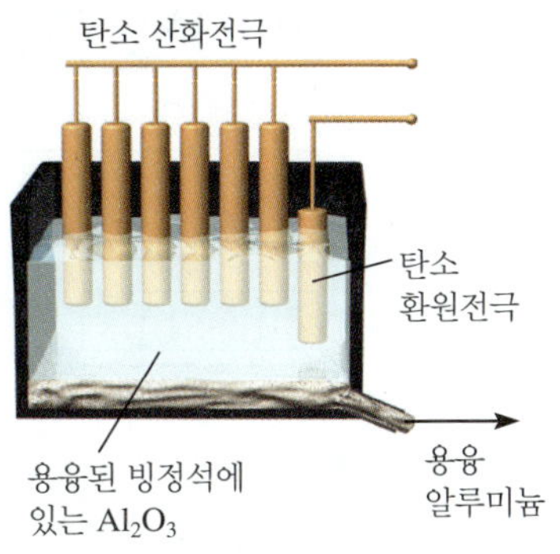

그림 21.18 홀 제법에 의한 알루미늄의 전기적 생성.

[†] 홀(Charles Martin Hall, 1863~1814)은 미국 발명가로 오벌린 대학(Oberlin College)의 학생 시절 알루미늄을 값싼 방법으로 환원하는 방법에 관심을 가졌다. 졸업 후 22살의 나이에 뒷마당 목재 헛간에서 Al_2O_3로부터 알루미늄 금속을 얻는 데 성공하였다. 놀랍게도 또 다른 22살인 프랑스 발명가 에루(Paul Hérault)에 의하여 같은 방법이 동시에 실험실에서 수행되었다

용융 빙정석은 전기분해에 좋은 전도 매질(conducting medium)을 제공한다.

1000°C)을 사용하는 것이다. 혼합물을 전기분해하면 알루미늄 금속과 산소가 생성된다.

$$\text{산화전극(산화 반응):} \quad 3[2O^{2-} \longrightarrow O_2(g) + 4e^-]$$
$$\text{환원전극(환원 반응):} \quad 4[Al^{3+} + 3e^- \longrightarrow Al(l)]$$
$$\text{전체:} \quad 2Al_2O_3 \longrightarrow 4Al(l) + 3O_2(g)$$

산소는 고온에서 탄소와 산화전극과 반응하여 일산화 탄소가 발생되고, 공기 중으로 날아간다. 액체 알루미늄 금속(녹는점 660.2°C)은 용기 바닥으로 가라앉아 배출구를 통하여 수집한다.

동영상 자료
▶ 알루미늄의 생산.

알루미늄은 용도가 가장 다양한 금속 중 하나로 밀도가 낮고(2.7 g/cm^3), 높은 인장력을 가진다. 알루미늄은 퍼짐성이 좋아서 박막을 만들 수 있고, 우수한 전도체이다. 알루미늄의 전도도는 구리의 65% 정도이지만, 값이 싸고 가벼워서 고압 전기 송전에 사용된다. 순수한 알루미늄은 연하고 약해서 약간의 Cu, Mg, Mn, Si 등을 섞어 합금을 만들어 항공기 재료로 많이 사용된다. 알루미늄은 생명체에는 사용되지 않지만 무독성이다.

주기율표에서 같은 주기 중 왼쪽에서 오른쪽으로 갈수록 금속성이 감소한다. 따라서 알루미늄은 활성이 있는 금속으로 생각되지만, 소듐이나 칼슘과는 달리 물과 반응하지 않는다. 알루미늄은 HCl이나 센 염기와 반응한다.

$$2Al(s) + 6HCl(aq) \longrightarrow 2AlCl_3(aq) + 3H_2(g)$$
$$2Al(s) + 2NaOH(aq) + 2H_2O(l) \longrightarrow 2NaAlO_2(aq) + 3H_2(g)$$

알루미늄이 공기 중에 노출되면 Al_2O_3가 생성된다.

$$4Al(s) + 3O_2(g) \longrightarrow 2Al_2O_3(s)$$

치밀한 필름 형태의 산화물은 알루미늄 금속을 더 이상의 부식으로부터 보호하여 예측하지 못한 알루미늄의 내구성을 보인다.

그림 21.19 테르밋 반응의 온도는 3000°C까지 도달한다.

산화 알루미늄은 아주 큰 발열 생성 엔탈피($\Delta H_f^\circ = -1670$ kJ/mol)를 갖는다. 이런 열적 성질 때문에 콜롬비아 우주선과 같은 로켓의 고체 연료로 적당하다. 알루미늄과 과염소산 암모늄(NH_4ClO_4)의 혼합물을 점화시키면 알루미늄이 Al_2O_3로 산화되며, 이 반응에서 발생된 열은 이 과정에서 발생되는 기체를 크게 팽창시킨다. 이 팽창된 기체의 힘이 로켓을 추진시킨다.

산소에 대한 알루미늄의 높은 친화력 때문에 여러 금속 산화물, 특히 전이 금속 산화물은 알루미늄 분말과 반응하여 해당 금속으로 환원된다.

$$2Al(s) + Fe_2O_3(s) \longrightarrow Al_2O_3(s) + 2Fe(l) \qquad \Delta H^\circ = -822.8 \text{ kJ/mol}$$

위의 전형적인 반응에서 온도가 3000°C까지 올라간다. 강철이나 철을 용접하는 데 활용되는 이 반응을 *테르밋 반응*(thermite reaction)이라 부른다(그림 21.19).

염화 알루미늄($AlCl_3$)은 다음과 같은 이합체로 존재한다.

Cl Cl Cl
 Al Al
Cl Cl Cl

각 다리 염소 원자는 두 개의 알루미늄 원자와 정상적인 공유 결합을 형성하며, 한 개의 배위 공유 결합(→로 표시)을 한다. 각 알루미늄 원자는 sp^3 혼성을 하고, 하나의 비어 있는 sp^3 혼성 궤도함수는 염소 원자의 고립 전자쌍과 결합한다(그림 21.20). $AlCl_3$는 다음과 같이 가수분해한다.

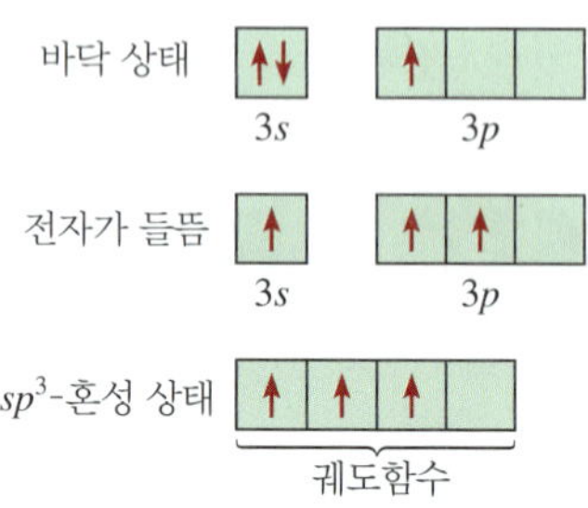

그림 21.20 Al_2Cl_6에 있는 Al 원자의 sp^3 혼성. 각 Al 원자는 Cl 원자로부터 전자쌍을 받을 수 있는 빈 sp^3 혼성 궤도함수가 있다.

$$AlCl_3(s) + 3H_2O(l) \longrightarrow Al(OH)_3(s) + 3HCl(aq)$$

$Be(OH)_2$처럼 $Al(OH)_3$도 양쪽성이다.

생활 속의 화학 CHEMISTRY in Action

알루미늄 재활용

알루미늄 음료 캔은 1960년까지는 사용되지 않았으나 1970년대 초에 13억 파운드의 알루미늄이 캔 제조에 사용되었다. 음료 산업에서 알루미늄이 많이 사용되는 이유는 독성, 냄새, 맛이 없고, 가볍기 때문이다. 또한 열전도성이 커서 캔 속 음료수가 쉽게 냉각될 수 있다.

알루미늄 소비의 이런 엄청난 증가는 사용 후 폐기되었기 때문이다. 미국에서 연간 30억 파운드 이상의 알루미늄 캔과 포일이 버려졌다. 버려진 알루미늄은 쓰레기 매립지와 야외 여기저기에 내버려졌다. 이러한 환경적인 문제의 좋은 해결 방법과 한정적 자원의 급속한 고갈을 막기 위한 유일한 방법은 재활용이다.

알루미늄을 재활용하는 것이 경제적으로 얼마나 이익이 되는가? 알루미늄을 재활용할 때 소비되는 에너지와 보크사이트로부터 알루미늄을 생산할 때 소비되는 에너지를 비교해 보자. 홀 공정에서 전체 반응은 다음과 같다.

$$Al_2O_3 \text{ (용융된 빙정석에서)} + 3C(s) \longrightarrow 2Al(l) + 3CO(g)$$

여기에서 $\Delta H° = 1340$ kJ/mol이고, $\Delta S° = 586$ J/K · mol이다. 반응 온도인 1000°C 에서 표준 자유 에너지 변화량은 아래와 같다.

$$\begin{aligned}\Delta G° &= \Delta H° - T\Delta S° \\ &= 1340 \text{ kJ/mol} - (1273 \text{ K})\left(\frac{586 \text{ J}}{\text{K} \cdot \text{mol}}\right)\left(\frac{1 \text{ kJ}}{1000 \text{ J}}\right) \\ &= 594 \text{ kJ/mol}\end{aligned}$$

식 (18.3)은 $\Delta G° = -nFE°$이다. 따라서 보크사이트로부터 알루미늄 1 mol을 생산하는 데 필요한 전기 에너지는 594 kJ/2 즉, 297 kJ이다.

재활용할 때는 알루미늄의 녹는점(660°C)까지 올리는 에너지와 용융열(10.7 kJ/mol)만 필요하다. 알루미늄 1 mol을 25°C에서 660°C로 가열할 때 열 변화는 다음과 같다.

$$\begin{aligned}\text{투입된 열} &= \mathcal{M}s\Delta t \\ &= (27.0 \text{ g})(0.900 \text{ J/g} \cdot °\text{C})(660 - 25)°\text{C} \\ &= 15.4 \text{ kJ}\end{aligned}$$

여기서 $\mathcal{M}$은 몰질량이고, s는 알루미늄의 비열, Δt는 온도 변화량이다. 따라서 알루미늄 1 mol을 재활용하기 위한 총 소비 에너지는 26.1 kJ이다.

$$\begin{aligned}\text{전체 에너지} &= 15.4 \text{ kJ} + 10.7 \text{ kJ} \\ &= 26.1 \text{ kJ}\end{aligned}$$

두 방법에서 필요한 소비 에너지는 다음과 같이 나타낼 수 있다.

$$\frac{\text{Al 1 mol의 재활용에 필요한 에너지}}{\text{전기분해로 Al 1 mol을 만드는 데 필요한 에너지}} = \frac{26.1 \text{ kJ}}{297 \text{ kJ}} \times 100\% = 8.8\%$$

따라서 알루미늄을 재활용함으로써 보크사이트로부터 알루미늄을 얻을 때보다 91%의 에너지를 절약할 수 있다. 버려지는 알루미늄 캔을 재활용하면 210억 kWh의 전기(미국에서 연간 소비 전력의 1%)를 절약할 수 있다(1 W = 1 J/s).

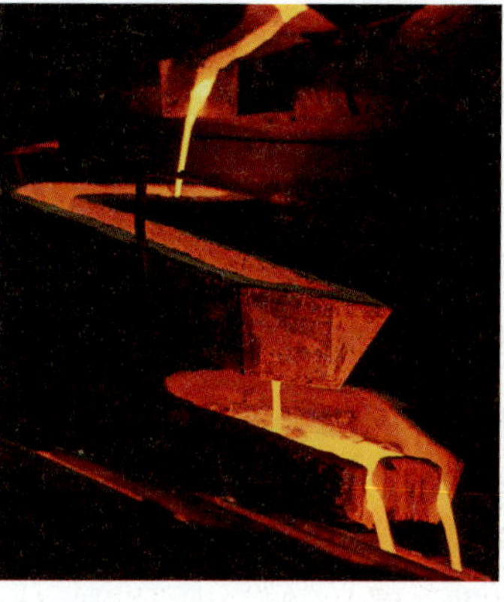

왼쪽: 재활용을 위한 알루미늄 캔 수집.
오른쪽: 재활용 알루미늄의 용해와 정제.

$$Al(OH)_3(s) + 3H^+(aq) \longrightarrow Al^{3+}(aq) + 3H_2O(l)$$
$$Al(OH)_3(s) + OH^-(aq) \longrightarrow Al(OH)_4^-(aq)$$

2002년에 화학자들이 B_2H_6와 같은 이합체 구조를 가진 수소화 알루미늄의 첫 번째 화합물인 Al_2H_6를 합성하였다.

잘 알려진 수소화 붕소와는 달리 수소화 알루미늄은 고분자이며, 알루미늄 원자는 다리 수소에 의해 팔면체 구조를 갖는다(그림 21.21).

황산 알루미늄과 황산 포타슘 혼합 수용액을 천천히 증발시키면 $KAl(SO_4)_2 \cdot 12H_2O$의 결정이 얻어진다. K^+대신 Na^+이나 NH_4^+, Al^{3+}대신 Cr^{3+}이나 Fe^{3+}을 사용해도 이와 비슷한 결정을 얻을 수 있다. *명반*(alum)이라는 이들 화합물의 일반적인 화학식은 다음과 같다.

$$M^+M^{3+}(SO_4)_2 \cdot 12H_2O \qquad \begin{array}{l} M^+: K^+, Na^+, NH_4^+ \\ M^{3+}: Al^{3+}, Cr^{3+}, Fe^{3+} \end{array}$$

명반은 복염 중 하나이며, 두 개의 다른 양이온을 갖고 있는 염이다.

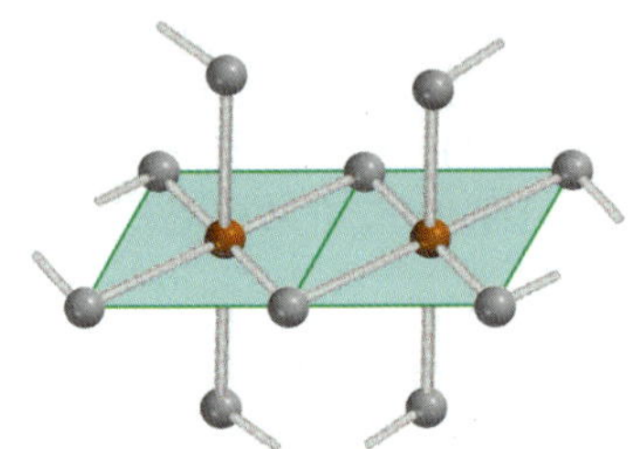

그림 21.21 수소화 알루미늄(Al_2H_6)의 구조. 이 화합물은 고분자임을 주목하라. 각 Al은 6개의 다리 수소 원자에 의해 팔면체로 둘러싸여 있다.

사실과 개념 요약하기 *Summary of Facts & Concepts*

1. 반응성에 따라 금속은 천연에 화합물이나 환원된 금속 상태로 존재한다.
2. 광석으로부터 금속을 얻기 위해서는 세 단계 즉, 채광, 금속으로 환원, 정제 과정이 필요하다.
3. 금속의 정제 방법은 주로 증류, 전기분해, 띠 정제 등이다.
4. 금속 결합은 자유 전자의 바다에 골고루 분포된 양이온 사이에 작용하는 힘으로 생각할 수 있다. 띠 이론에 의하면 수많은 원자 궤도함수가 에너지 띠를 형성한다. 전도 띠로 전자가 자유롭게 움직이는 물체가 전기 전도체이다.
5. 원자 띠와 전도 띠의 에너지 간격이 커서 전도 띠로 전자가 들뜨지 못하는 물체는 절연체이다. 또한 높은 온도에서 전자가 전도 띠로 들뜰 수 있고, 온도가 더욱 높아지면 많은 전자가 들뜨게 되어 전도도가 증가되는 물체는 반도체이다.
6. *n*형 반도체는 주개 혼입제를 가지고 있어 여분의 전자가 있고, *p*형 반도체는 받개 혼입제를 포함하고 있어 "양전하 구멍"을 가진다.
7. 알칼리 금속은 모든 금속 원소 중 가장 반응성이 크며, +1의 산화수를 갖는다. 특수한 조건에서 알칼리 금속은 −1의 산화수를 가질 때도 있다.
8. 알칼리 토금속은 알칼리 금속보다 반응성이 낮고, 항상 +2의 산화수를 갖는다. 알칼리 토금속의 금속성은 족 아래로 내려갈수록 증가한다.
9. 알루미늄은 보호 산화막을 형성하기 때문에 물과 반응하지 않으며, 수산화물은 양쪽성이다.

주요 용어 정리하기 *Key Words*

강자성	띠 이론	아말감	합금
건식 야금술	반도체	야금술	*n*형 반도체
광물	받개 혼입제	전도체	*p*형 반도체
광석	부도체	주개 혼입제	

연습 문제 Questions & Problems

• 표시는 Connect Plus에서 유용한 문제,
붉은색 번호의 문제는 학생용 문제풀이집에 풀어 놓았다.

금속의 원천

▶ 복습 질문

21.1 광물질(mineral), 광석(ore), 야금술(metallurgy)을 정의하시오.

21.2 환원된 금속 상태로 자연에 존재하는 금속 세 가지를 열거하시오.

• 21.3 다음 광물질의 화학식을 쓰시오 (a) 방해석, (b) 백운암, (c) 형석, (d) 암염, (e) 강옥, (f) 자철광, (g) 녹주석, (h) 방연광, (i) 사리염, (j) 경석고.

• 21.4 다음 광물질의 이름을 쓰시오. (a) $MgCO_3$, (b) Na_3AlF_6, (c) Al_2O_3, (d) Ag_2S, (e) HgS, (f) ZnS, (g) $SrSO_4$, (h) $PbCO_3$, (i) MnO_2, (j) TiO_2.

야금 과정

▶ 복습 질문

21.5 광석의 정제에 사용된 주요한 과정에 대하여 쓰시오

21.6 야금술에서 배소(roasting)란 무엇인가? 왜 배소 과정이 대기 오염과 산성비의 원인이 되는가?

21.7 금속의 생성에 사용되는 화학적 환원이나 전해 환원법을 예를 들어 설명하시오.

21.8 금속을 정제하는 데 사용되는 방법을 쓰시오.

21.9 용광로에서 철의 야금 방법에 대하여 쓰시오.

21.10 강철이 만들어지는 과정을 간단히 정리하시오.

▶ 문제

• 21.11 니켈 정제에 이용되는 몬트 공정에서 니켈 금속에 CO를 통과시키면 $Ni(CO)_4$가 생성된다.

$$Ni(s) + 4CO(g) \rightleftharpoons Ni(CO)_4(g)$$

CO(g)와 $Ni(CO)_4(g)$의 자유 에너지가 각각 −137.3 kJ/mol과 −587.4 kJ/mol이라면 80°C에서 반응 평형 상수를 구하시오. (단, ΔG_f°은 온도 변화에 의존하지 않는다고 가정한다.)

• **21.12** 구리는 전기분해로 정제한다(그림 21.6). 37.8 A의 전류를 5.00 kg의 산화전극으로 흘려보낸다. 환원전극 판에 이 산화전극이 모두 용해되어 전기 도금하는 데 걸리는 시간(시간 단위로)은 얼마인가?

• 21.13 그림 21.6에서 서술된 구리 정제를 위해 전기분해법을 생각하자. 구리 시료에는 Fe, Ag, Zn, Au, Co, Pt, Pb의 불순물이 포함되어 있다고 가정하자. 산화되어 용액에 녹는 금속은 어느 것인가? 전기분해되지 않고, 바닥에 석출되는 것은 어느 것인가?

21.14 섬아연광(ZnS)으로부터 아연을 어떻게 얻을 수 있을까?

21.15 금홍석(TiO_2)으로부터 순수한 Ti 금속을 얻는 방법을 설명하시오. (힌트: 먼저, TiO_2를 $TiCl_4$로 변환시킨다. Mg로 $TiCl_4$를 환원시킨다. 화학편람에서 $TiCl_4$, Mg, $MgCl_2$의 물리적 성질을 찾는다.)

• **21.16** 어느 광산에서 매년 황동광($CuFeS_2$)을 사용하여 2.0×10^8 kg의 구리를 생산한다. 광석은 질량으로 0.80%의 구리 성분을 포함하고 있다. (a) 광석의 밀도가 2.8 g/cm^3이면 매년 캐는 광석의 부피는 몇 cm^3인가? (b) 배소하여 생성되는 SO_2의 질량은 몇 kg인가? (황동광이 황의 유일한 원천이라 가정한다.)

21.17 다음 물질 중 순수한 금속을 얻기 위해 전기분해를 이용할 수 있는 것은 무엇인가? Ag_2S, $CaCl_2$, NaCl, Fe_2O_3, Al_2O_3, $TiCl_4$.

21.18 지각에 철의 매장량은 알루미늄의 2/3에 해당하지만, 철의 질량비에 의한 생산 가격은 알루미늄의 1/4이다. 그 이유는 무엇인가?

전도성의 띠 이론

▶ 복습 질문

21.19 다음 용어를 정의하시오. 전도체, 부도체, 반도체, 주개 혼입제(donor impurities), 받개 혼입제(acceptor impurities), *n*형 반도체, *p*형 반도체.

21.20 금속, 절연체, 반도체의 결합 특성을 설명하시오.

21.21 *n*형 또는 *p*형 반도체의 일반적 특성에 대하여 기술하시오.

• 21.22 Si에 다음 원소를 혼입하면 *n*형이나 *p*형 반도체가 되는가? Ga, Sb, Al, As.

알칼리 금속

▶ 복습 질문

21.23 상업적으로 Na를 얻는 방법에 대하여 쓰시오.

21.24 포타슘은 용융염을 전기분해로 얻을 수 없다. 그 이유는 무엇인가?

21.25 다음 화합물의 용도에 대하여 쓰시오. NaCl, Na_2CO_3, NaOH, KOH, KO_2.

21.26 소듐과 포타슘으로부터 Na^-과 K^- 이온이 형성되는 조건은 무엇인가?

▶ 문제

• 21.27 다음 반응식을 균형을 맞추어 완성하시오.

(a) $K(s) + H_2O(l) \longrightarrow$

(b) $NaH(s) + H_2O(l) \longrightarrow$

(c) $Na(s) + O_2(g) \longrightarrow$

(d) $K(s) + O_2(g) \longrightarrow$

21.28 다음 반응의 균형 맞춘 화학 반응식을 쓰시오. (a) 소듐과 물의 반응, (b) NaOH 수용액과 CO_2의 반응, (c) 고체 Na_2CO_3와 HCl 용액의 반응, (d) 고체 $NaHCO_3$와 HCl 용액의 반응, (e) 고체 $NaHCO_3$ 가열, (f) 고체 Na_2CO_3 가열.

21.29 수소화 소듐(NaH)은 많은 유기 용매 건조에 이용된다. 어떻게 작용하는지 설명하시오.

• **21.30** Na_2CO_3 25.0 g을 과량의 염산과 반응시켰을 때 10.0°C 746 mmHg에서 생성된 CO_2의 부피는 얼마인가?

알칼리 토금속

▶ 복습 질문

21.31 마그네슘과 칼슘을 포함하는 일반적인 광석에 대해 쓰시오.

21.32 마그네슘과 칼슘 금속은 상업적으로 어떻게 생산되는가?

▶ 문제

• 21.33 부록 3에 있는 열역학 자료를 이용하여 다음 분해 반응의 $\Delta H°$ 값을 계산하시오.

(a) $MgCO_3(s) \longrightarrow MgO(s) + CO_2(g)$

(b) $CaCO_3(s) \longrightarrow CaO(s) + CO_2(g)$

• **21.34** 마그네슘 금속과 진한 질산을 사용하여 MgO를 얻을 수 있는 방법을 쓰시오. [*힌트*: Mg은 $Mg(NO_3)_2$로 변환되고, $Mg(NO_3)_2$를 가열하면 MgO이 얻어진다.]

21.35 염화 마그네슘($MgCl_2$)을 얻을 수 있는 두 가지 방법을 쓰시오.

21.36 마그네슘의 2차 이온화 에너지는 1차 이온화 에너지의 2배 정도이다. 그러나 3차 이온화 에너지는 10배나 된다. 세 번째 전자를 제거하는 데 많은 에너지가 필요한 이유는 무엇인가?

21.37 2A족 금속의 황산염들이 물에서의 용해도가 증가하는 순서로 나열하시오. 그 경향성을 설명하시오. (*힌트*: 화학 편람을 참고한다.)

21.38 헬륨과 알칼리 토금속의 원자가 전자수는 같다. 그러나 헬륨과 달리 2A족 원소는 안정하지 않는 이유는 무엇인가?

• 21.39 칼슘은 공기 중에서 산화 칼슘(CaO)을 거쳐 수산화 칼슘[$Ca(OH)_2$], 탄산 칼슘($CaCO_3$)으로 변화된다. 각 과정의 화학 반응식을 쓰시오.

21.40 다음 물질의 화학식을 쓰시오. (a) 생석회, (b) 소석회, (c) 석회수.

알루미늄

▶ 복습 질문

21.41 알루미늄 정제에 사용되는 홀 공정에 대하여 쓰시오.

21.42 어떤 작용이 알루미늄을 안정하게 하는가?

▶ 문제

21.43 홀 공정이 고안되기 전에는 다른 활성 금속을 사용하여 $AlCl_3$를 환원시켜 Al을 얻을 수 있었다. 이와 같은 방법에 사용될 수 있는 금속들은 무엇인가?

• **21.44** 홀 공정에서 32.6 A의 전류로 알루미늄 664 g을 생산하려면 몇 시간이 걸릴까?

21.45 Al은 $AlCl_4^-$와 AlF_6^{3-} 등과 같은 착이온을 형성한다. 이 이온들의 모양에 대해 기술하시오. 그리고 $AlCl_6^{3-}$와 같은 착이온은 형성되지 않는 이유를 쓰시오. (*힌트*: Al^{3+}, F^-, Cl^-의 상대적 크기를 고려한다.)

• **21.46** 홀 공정으로 알루미늄이 생산되는 전체 반응식은 다음과 같다.

$$Al_2O_3(s) + 3C(s) \longrightarrow 2Al(l) + 3CO(g)$$

1000°C에서 이 과정의 표준 자유 에너지 변화량은 594 kJ/mol이다. (a) 이 온도에서 알루미늄 1 mol을 얻기 위한 최소 전압을 계산하시오. (b) 이상적인 전압의 정확히 3배의 전압을 실제로 가하였다면, 알루미늄 1.00 kg을 생산하는 데 필요한 에너지를 계산하시오.

• 21.47 염기성 용액에서 알루미늄 금속은 센 환원제로 작용하여 AlO_2^-로 산화된다. 염기성 용액에서 Al이 다음 화합물과 반응할 경우 균형 맞춘 화학 반응식을 쓰시오. (a) $NaNO_3$와 반응하여 NH_3 생성, (b) 물과 반응하여 수소 생성, (c) Na_2SnO_3와 반응하여 금속 Sn 생성.

• **21.48** $Al(NO_3)_3$을 열분해하여 Al_2O_3, NO_2, O_2 기체가 생성되는 반응에 대한 균형 반응식을 쓰시오.

21.49 알루미늄은 용도가 아주 다양한 것으로 알려진 금속 중 하나로 알려져 있다. Al의 어떤 성질 때문에 용도가 다양하게 되는가?

21.50 Al_2Cl_6 기체가 이상 기체와 동일한 거동을 할지라도 이 기체의 압력이 온도에 따른 증가가 이상 기체 방정식으로 예상되는 값보다 빠르게 증가한다. 그 이유는 무엇인가?

21.51 알루미늄으로부터 다음 화합물을 생성하는 반응식을 쓰시오. (a) Al_2Cl_6, (b) Al_2O_3, (c) $Al_2(SO_4)_3$, (d) $NH_4Al(SO_4)_2 \cdot 12H_2O$.

21.52 기체 상에서 Al_2Cl_6가 해리하여 $AlCl_3$을 형성할 때 결합의 변화를 설명하시오.

추가 문제

21.53 강철을 만들 때 P, S, Si와 같은 비금속 불순물은 산화되어 제거된다. 즉, 용광로의 안쪽에 위치한 $CaCO_3$와 $MgCO_3$는 고온에서 CaO와 MgO를 형성한다. CaO와 MgO가 비금속 산화물을 제거하는 데 어떻게 도움을 주는지 설명하시오.

• **21.54** 어떤 금속 황화물 1.164 g을 공기 중에서 배소시키면, 0.972 g의 금속 산화물이 형성된다. 금속의 산화수가

+2일 경우 금속의 물질량을 계산하시오.

21.55 금속 결합에 대한 초기 이론을 보면 두 금속 원자 간 편재된 전자들을 공유하는 것으로 생각했다. 이러한 관점을 바꿀 수 있는 증거를 쓰시오.

21.56 그림 21.6을 참조하면 환원전극(cathode)에서 H_2O과 H^+이 환원되고 산화전극(anode)에서 H_2O이 산화될 수 있을까?

• 21.57 0.450 g의 강철 시료가 Mn 불순물을 포함하고 있다. 시료를 산성 용액에 녹이면 Mn은 MnO_4^-로 산화된다. 그 후 MnO_4^-을 0.0800 *M* $FeSO_4$ 용액 50.0 mL을 써서 Mn^{2+}으로 환원시키고, 과량의 Fe^{2+} 이온은 0.0100 *M* $K_2Cr_2O_7$ 용액 22.4 mL을 써서 Fe^{3+}로 산화하였다. 시료 속 Mn의 질량 백분율을 구하시오.

• **21.58** $\Delta G_f^\circ(Fe_2O_3) = -741.0$ kJ/mol이고, $\Delta G_f^\circ(Al_2O_3) = -1576.4$ kJ/mol이다. 25°C에서 다음 반응에 대한 ΔG°를 계산하시오.

(a) $2Fe_2O_3(s) \longrightarrow 4Fe(s) + 3O_2(g)$

(b) $2Al_2O_3(s) \longrightarrow 4Al(s) + 3O_2(g)$

21.59 알루미늄의 화합물을 예로 들어 양쪽성을 설명하시오.

21.60 야금 과정에 비활성 환경이 필요할 때 질소 기체가 사용한다. 하지만 마그네슘으로 $TiCl_4$를 환원시킬 때는 헬륨이 사용된다. 이 과정에서는 질소가 적당하지 못한 이유를 설명하시오.

21.61 증기 상태에서는 Na_2와 같은 화학종이 존재하는 것으로 알려졌다. 분자 궤도함수 에너지 도표를 이용하여 "이소듐 분자"의 형성을 기술하시오. 알칼리 토금속도 비슷한 속성을 나타내리라고 예상할 수 있겠는가?

21.62 다음 사항을 설명하시오. (a) $AlCl_3$의 수용액은 산성이다. (b) $Al(OH)_3$는 NaOH 용액에는 녹지만 NH_3 수용액에서는 녹지 않는다.

• 21.63 다음 반응의 균형 반응식을 쓰시오. (a) 탄산 알루미늄의 가열, (b) $AlCl_3$와 K의 반응, (c) Na_2CO_3와 $Ca(OH)_2$ 용액 사이의 반응.

21.64 CaO와 묽은 염산의 반응에 대한 균형 맞춘 화학 반응식을 쓰시오.

• 21.65 마그네슘을 얻기 위한 다음 과정 중 잘못된 것은 무엇인가?

$$MgCO_3 \longrightarrow MgO(s) + CO_2(g)$$
$$MgO(s) + CO(g) \longrightarrow Mg(s) + CO_2(g)$$

• **21.66** 대부분의 금속은 광택이 있다. 그 이유를 설명하시오.

21.67 1A족의 마지막 원소인 Fr의 화학적 성질을 예측하시오.

21.68 다음 화합물에 대한 의학적 또는 건강에 관계되는 응용을 서술하시오. NaF, Li_2CO_3, $Mg(OH)_2$, $CaCO_3$, $BaSO_4$, $Al(OH)_2NaCO_3$. (몇 가지 이들 화합물에 대하여 Web을 이용할 필요가 있다.)

21.69 마그네슘을 수반하는 다음 두 반응 전략이 있다. *전략 1*. 마그네슘을 산소에서 태웠을 때 하얀 고체(A)가 생성되었다. A를 1 *M* HCl에 녹이면 무색의 B 용액이 만들어진다. Na_2CO_3를 B 용액에 넣으면 흰 침전물 C가 생성된다. 가열을 하면 C는 D로 분해되면서 기체 E가 생성된다. 기체 E를 석회수 $Ca(OH)_2$ 수용액에 통과시키면 흰 침전물 F가 생성된다. *전략 2*. 마그네슘을 1 *M* H_2SO_4와 반응시키면 무색의 용액 G가 만들어진다. G를 과량의 NaOH로 처리하면 흰 침전물 H가 형성된다. H는 1 *M* HNO_3에 녹이면 무색의 용액이 만들어지고, 용매를 증발시키면 흰 고체 I가 생성되며, I를 가열하면 갈색 기체가 발생한다. A~I를 확인하시오. 그리고 관련 반응에 대한 반응식을 쓰시오.

21.70 리튬과 마그네슘은 몇 가지 화학적 성질에 있어 대각선 관계(diagonal relationship)을 나타낸다. 리튬은 산소와 질소에 대한 반응에서 마그네슘과 어떻게 비슷한가? 화학 편람을 참조하여 두 금속의 탄산염, 플루오린화물, 인산염의 용해도를 비교하시오.

• 21.71 산화물(oxide), 과산화물(peroxide), 초과산화물(superoxide)의 생성을 막기 위해 때로는 알칼리 금속을 비활성 기체에 보관한다. 다음 중 Li의 보관을 위해 사용할 수 없는 기체는 무엇이며, 그 이유를 설명하시오. Ne, Ar, N_2, Kr.

21.72 다음 금속 중 자연에서 순수한 상태로 존재할 수 없는 것은 무엇인가? Ag, Cu, Zn, Au, Pt.

21.73 가열 후 금속 표면(가령 프라이팬의 표면)은 수면에 뜬 기름과 같은 색깔의 문양(color pattern)이 만들어진다. 설명하시오.

• **21.74** A, B, C, D의 4가지 금속에 대하여 화학적 시험을 한 결과는 다음과 같았다.

(a) B, C만이 0.5 *M* HCl과 반응하여 H_2 기체를 발생한다.

(b) B를 다른 금속 이온이 들어 있는 용액에 첨가하였더니 금속 A, C, D가 형성되었다.

(c) A는 6 *M* HNO_3와 반응하지만 D는 반응하지 않는다.

환원제로서의 성질이 큰 순서로 금속을 나열하시오. 이런 화학적 성질을 가지는 4개의 금속들을 제시하시오.

21.75 구리 금속은 온도가 증가함에 따라 전기 전도도가 감소하나 $CuSO_4$ 용액은 온도가 증가함에 따라 전기 전도도가 증가한다. 그 이유를 설명하시오.

• **21.76** KO_2는 호흡 장치에 사용되는 중요한 산소 공급원이다. 20°C에서 저장한 산소 기체가 KO_2에 의하여 공급한 산소 기체와 같은 밀도를 갖는 압력을 계산하시오. 20°C에서 KO_2의 밀도는 2.15 g/cm^{3}이다.

• 21.77 Na 시료 10.00 g을 산소와 반응시켰더니 13.83 g의 산화 소듐(Na_2O)과 과산화 소듐(Na_2O_2)이 생성되었다. 혼합물의 조성 백분율을 계산하시오.

제 22 장

비금속 원소와 화합물

Nonmetallic Elements and Their Compounds

▲ 우주 왕복선의 노즈콘(nose cone, 단두원뿔)은 흑연과 탄화 규소(silicon carbide)로 만들어져서 우주선이 대기권에 진입할 때 발생하는 엄청난 열에도 견딜 수 있다.

이 장의 차례

들여다보기

- 이 장은 비금속의 일반적 성질을 조사하는 것으로 시작한다(22.1절).
- 수소는 주기율표에서 유일한 위치를 갖지 않는다는 것을 알게 된다. 수소를 만드는 방법과 수소를 포함하는 여러 다른 유형의 예를 공부한다. 수소화 반응을 논의하고, 에너지 생산에서 수소가 하는 역할을 논의한다(22.2절).
- 다음으로 탄화물, 사이안화물과 일산화 탄소 및 이산화 탄소 등 탄소의 무기 화합물들을 다룬다(22.3절).
- 질소는 대기에서 가장 풍부한 원소이다. 질소의 주요 화합물은 암모니아, 하이드라진 및 여러 산화물이 있다. 센 산화제인 질산은 주요 공업제품이다. 인(phosphorus)은 5A족에서 또 다른 중요한 원소이다. 인은 치아, 뼈, DNA(데옥시리보핵산, deoxyribonucleic acid)와 RNA(리보핵산, ribonucleic acid)의 유전 물질(genetic material)에서 주요 성분이다. 인 화합물은 수소화물과 산화물이 있다. 인산은 많은 상업적인 응용 분야를 가지고 있다(22.4절).
- 산소는 지각에서 가장 풍부한 원소이다. 산소는 대부분의 다른 원소들과 반응하여 산화물, 과산화물, 초과산화물을 형성한다. 산소 원자의 동소체인 오존은 센 산화제이다. 6A족의 두 번째 원소인 황 역시 금속 및 비금속 원소들과 반응하여 많은 화합물을 만든다. 황산은 세계에서 가장 중요한 공업 화학 제품이다(22.5절).
- 할로젠은 전기음성도가 가장 크며, 비금속 원소 중에서 반응성이 가장 크다. 할로젠 화합물들의 제법과 성질, 반응, 활용에 대해서 알아본다(22.6절).

알려진 118개 원소 중에서 25개 원소만이 비금속 원소이다. 금속과는 다르게 이들 비금속 원소들의 화학은 다양하다. 상대적으로 적은 수에도 불구하고 생체계 내에 있는 주요 원소들은 대부분 비금속 원소(H, C, N, P, O, S, Cl, I)이다. 이들 비금속 원소에는 반응성이 없는 원소인 비활성 기체(noble gas)도 있다. 수소는 그 독특한 성질로 인하여 주기율표에 있는 나머지 원소들과 구분된다. 화학의 중요한 분야인 유기화학은 탄소 화합물을 기초로 하고 있다.

이 장에서는 비금속을 중심으로 원소에 관한 탐구를 계속하고자 한다. 공업적, 화학적, 생물학적 과정에서 나타나는 비금속과 비금속 화합물의 역할과 중요한 화학적 역할에 대하여 주로 강조하고자 한다.

22.1 비금속의 일반적 성질

비금속의 성질은 금속의 성질보다 더욱 다양하다. 수소, 산소, 질소, 염소, 비활성 기체 등 많은 비금속 원소들은 원소 상태에서 기체로 존재한다. 브로민은 유일하게 액체이다. 그리고 나머지 모든 비금속은 실온에서 고체이다. 금속과는 다르게 비금속 원소는 열 전도성과 전기 전도성이 좋지 못하며, 양과 음의 산화수를 모두 갖는다.

일부 원소들은 금속과 비금속의 특성을 모두 가지고 있는 준금속이다. 준금속성인 붕소, 규소, 저마늄, 비소는 반도체성 원소들이다(21.3절 참조).

비금속은 금속보다 전기음성도가 더 크다. 원소의 전기음성도는 주기율표의 같은 주기에서는 왼쪽에서 오른쪽으로 갈수록 그리고 같은 족에서는 아래에서 위로 갈수록 증가한다(그림 9.5 참조). 수소는 예외이지만, 비금속들은 주기율표에서 오른쪽 상단에 위치하고 있다(그림 22.1). 금속과 비금속으로 이루어진 화합물은 금속 양이온과 비금속 음이온으로 이루어진 이온성 화합물이 되려는 경향이 있다.

주기율표에서 수소에 완전하게 적합한 위치가 없음을 기억하라.

이 장에서는 흔하면서도 중요한 몇 가지 비금속 원소인 수소, 탄소(4A족), 질소 및 인(5A족), 산소와 황(6A족) 그리고 플루오린, 염소, 브로민, 아이오딘(7A족)의 화학에 관하여 논의하기로 한다.

1 1A	2 2A	3 3B	4 4B	5 5B	6 6B	7 7B	8	9 8B	10	11 1B	12 2B	13 3A	14 4A	15 5A	16 6A	17 7A	18 8A
1 **H**																	2 **He**
3 **Li**	4 **Be**											5 **B**	6 **C**	7 **N**	8 **O**	9 **F**	10 **Ne**
11 **Na**	12 **Mg**											13 **Al**	14 **Si**	15 **P**	16 **S**	17 **Cl**	18 **Ar**
19 **K**	20 **Ca**	21 **Sc**	22 **Ti**	23 **V**	24 **Cr**	25 **Mn**	26 **Fe**	27 **Co**	28 **Ni**	29 **Cu**	30 **Zn**	31 **Ga**	32 **Ge**	33 **As**	34 **Se**	35 **Br**	36 **Kr**
37 **Rb**	38 **Sr**	39 **Y**	40 **Zr**	41 **Nb**	42 **Mo**	43 **Tc**	44 **Ru**	45 **Rh**	46 **Pd**	47 **Ag**	48 **Cd**	49 **In**	50 **Sn**	51 **Sb**	52 **Te**	53 **I**	54 **Xe**
55 **Cs**	56 **Ba**	57 **La**	72 **Hf**	73 **Ta**	74 **W**	75 **Re**	76 **Os**	77 **Ir**	78 **Pt**	79 **Au**	80 **Hg**	81 **Tl**	82 **Pb**	83 **Bi**	84 **Po**	85 **At**	86 **Rn**
87 **Fr**	88 **Ra**	89 **Ac**	104 **Rf**	105 **Db**	106 **Sg**	107 **Bh**	108 **Hs**	109 **Mt**	110 **Ds**	111 **Rg**	112 **Cn**	113	114 **Fl**	115	116 **Lv**	117	118

그림 22.1 대표적인 비금속 원소(파란색)들과 준금속(회색).

22.2 수소

수소는 알려진 원소 중 가장 간단한 원소로 일반적인 원자 상태에서 양성자 한 개와 전자 한 개만을 갖고 있다. 그러나 원자 형태의 수소는 매우 높은 온도에서만 존재한다. 원소 상태의 수소는 수소 원자 사이의 발열 반응으로 얻어진 생성물인 이원자 분자이다.

$$H(g) + H(g) \longrightarrow H_2(g) \qquad \Delta H^\circ = -436.4 \text{ kJ/mol}$$

수소 분자는 무색, 무취, 무독성 기체이다. 1 atm에서 액체 수소의 끓는점은 −252.9°C (20.3 K)이다.

수소는 우주에서 가장 풍부한 원소로 우주 총 질량의 약 70%를 차지한다. 지각에서는 열 번째로 풍부한 원소이며, 여기서 수소는 다른 원소와 결합된 상태로 발견된다. 목성이나 토성과는 다르게 지구는 가벼운 수소 분자를 가질 만큼 중력이 크지 않기 때문에 대기에서는 수소 분자가 발견되지 않는다.

수소는 보통 화합물을 이룰 때 산화수가 +1이지만, 음이온 형태로 존재할 때는 산화수가 −1이다.

바닥 상태에서 H의 전자 배치는 $1s^1$이다. 수소는 H^+ 이온으로 산화될 수 있는 점에서 알칼리 금속과 비슷하다. 그리고 H^+ 이온은 수용액 속에서 수화된 형태로 존재한다. 한편 수소는 수소 음이온(H^-)을 형성할 수 있는 점에서 할로젠과 비슷하며, 수소 음이온은 헬륨($1s^2$)과 같은 전자 배치를 가진다. 수소는 많은 공유 결합 화합물에서 발견된다. 또한 수소는 수소 결합 형성을 할 수 있는 독특한 능력을 갖고 있다(11.2절 참조).

수소 기체는 산업에서 중요한 역할을 한다. 생산된 수소의 95% 정도가 산업에 이용된다. 따라서 암모니아 합성과 같은 산업 과정에 수소를 사용하고 있는 공장 인근에서 수소가 생산되고 있다. 보통 고온(900°C) 및 촉매 존재 하에서 프로페인(천연 가스나 석유의 정제 과정에서 얻어지는)과 수증기를 반응시켜 공업적으로 대량 생산한다.

$$C_3H_8(g) + 3H_2O(g) \longrightarrow 3CO(g) + 7H_2(g)$$

또 다른 방법으로는 빨갛게 가열한 코크스 층 위에 수증기를 통과시킨다.

$$C(s) + H_2O(g) \longrightarrow CO(g) + H_2(g)$$

이 반응에서 생성된 일산화 탄소와 수소 기체 혼합물을 *수성 가스*(water gas)라 부른다. CO와 H_2는 공기 중에서 잘 연소되기 때문에 수성 가스는 오랫동안 연료로 사용되었다. 그러나 CO가 독성이 있기 때문에 수성 가스 대신 메테인이나 프로페인과 같은 천연 가스로

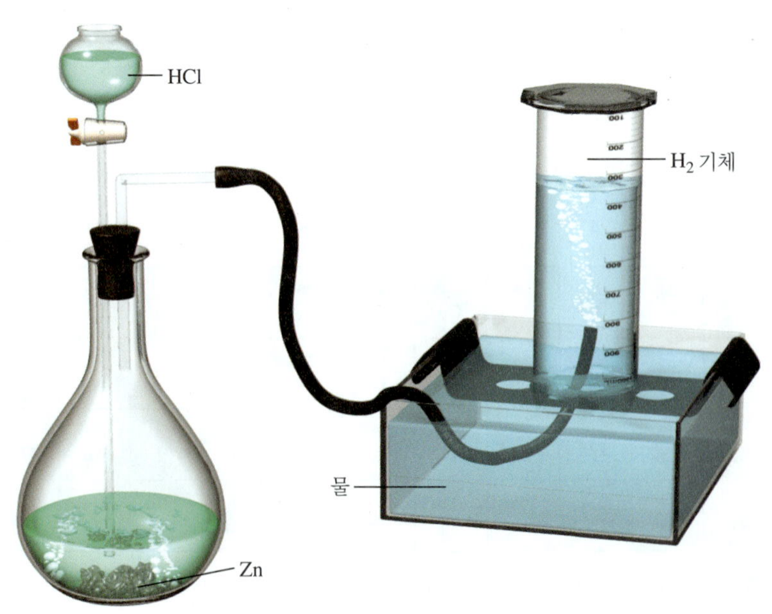

그림 22.2 수소 기체 실험실 제법 장치. 산소 기체와 마찬가지로 수소 기체도 수상 포집한다(그림 5.12 참조).

대체되었다.

소량의 수소 기체는 실험실에서 아연을 묽은 염산과 반응시켜 다음과 같이 간편하게 제조할 수 있다(그림 22.2).

$$Zn(s) + 2HCl(aq) \longrightarrow ZnCl_2(aq) + H_2(g)$$

알칼리 금속이나 알칼리 토금속(Ca 또는 Ba)과 물의 반응으로 수소 기체를 얻을 수도 있다(4.4절 참조). 그러나 이 반응들은 너무 격렬하게 일어나기 때문에 실험실에서의 수소 기체 제조법으로 적당하지 않다. 물의 전기분해로 매우 순수한 수소 기체를 얻을 수 있으나, 이 방법은 실용적인 목적으로 대량 생산하기에는 너무 많은 에너지를 소모한다.

이성분 수소화물

이성분 수소화물(binary hydride)은 수소가 금속이든 비금속이든 다른 원소와 결합하고 있는 화합물이다. 구조와 성질에 따라 이들 화합물은 크게 (1) 이온 결합 수소화물, (2) 공유 결합 수소화물, (3) 틈새형 수소화물의 세 가지 유형으로 나누어진다.

이온 결합 수소화물

이온 결합 수소화물(ionic hydride)은 수소 분자가 직접 알칼리 금속 또는 알칼리 토금속(Ca, Sr, Ba)과 반응하여 형성된다.

$$2Li(s) + H_2(g) \longrightarrow 2LiH(s)$$
$$Ca(s) + H_2(g) \longrightarrow CaH_2(s)$$

모든 이온 결합 수소화물은 이온 결합 화합물처럼 녹는점이 높은 고체이다. 이들 화합물에서 음이온은 수소화 이온(H^-)으로 매우 센 브뢴스테드 염기이다. H^-는 물과 같은 양성자 주개로부터 양성자를 쉽게 받는다.

$$H^-(aq) + H_2O(l) \longrightarrow OH^-(aq) + H_2(g)$$

물과의 높은 반응성 때문에 이온 결합 수소화물들은 유기 용매에 있는 미량의 물을 제거하는 데 자주 사용한다.

공유 결합 수소화물

공유 결합 수소화물(covalent hydride)에서 수소 원자는 다른 원소의 원자와 공유 결합을 하고 있다. 공유 결합 수소화물에는 두 가지 종류가 있다. CH_4와 NH_3와 같은 별개의 분자 단위로 된 것과 $(BeH_2)_x$와 $(AlH_3)_x$와 같은 복잡한 중합 구조로 된 것이 있다(여기서 x는 매우 큰 수).

이것은 Be과 Al의 대각선 관계(diagonal relationship)를 보여주는 예이다(그림 8.13 참조).

그림 22.3은 주족 원소들의 이성분 이온 결합 및 공유 결합 수소화물을 나타낸 것이다. 이들 화합물의 물리적, 화학적 성질은 주어진 한 주기에서 오른쪽으로 갈수록 이온 결합에서 공유 결합으로 변하고 있다. 예를 들면, 2주기 원소들의 수소화물인 LiH, BeH_2, B_2H_6, CH_4, NH_3, H_2O, HF를 생각해 보자. LiH는 녹는점(680°C)이 높은 이온 결합 수소화물이다. BeH_2(고체 상태)는 중합체 구조를 가지며, 공유 결합 수소화물이다. B_2H_6와 CH_4 분자는 비극성이다. 이와는 달리 NH_3, H_2O, HF는 모두 극성이며, 이들 화합물은 수소 원자가 양전하를 띠는 극성 결합을 한다. NH_3, H_2O, HF 중에서 HF만이 물 속에서 산성을 나타낸다.

그림 22.3에서 같은 족에서 아래로 내려감에 따라 수소화물은 공유 결합에서 이온 결합으로 변한다. 예를 들면, 2A족에서 BeH_2와 MgH_2는 공유 결합이지만 CaH_2, SrH_2, BaH_2는 이온 결합이다.

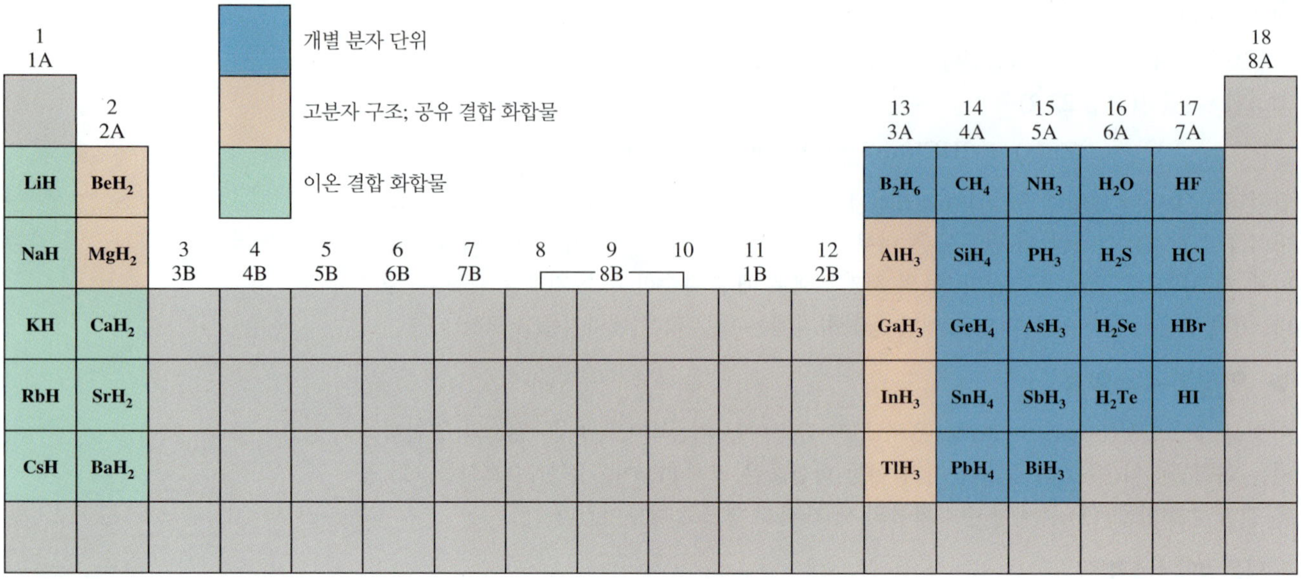

개별 분자 단위

고분자 구조; 공유 결합 화합물

이온 결합 화합물

1 1A	2 2A	3 3B	4 4B	5 5B	6 6B	7 7B	8	9 8B	10	11 1B	12 2B	13 3A	14 4A	15 5A	16 6A	17 7A	18 8A
LiH	BeH_2											B_2H_6	CH_4	NH_3	H_2O	HF	
NaH	MgH_2											AlH_3	SiH_4	PH_3	H_2S	HCl	
KH	CaH_2											GaH_3	GeH_4	AsH_3	H_2Se	HBr	
RbH	SrH_2											InH_3	SnH_4	SbH_3	H_2Te	HI	
CsH	BaH_2											TlH_3	PbH_4	BiH_3			

그림 22.3 주족 원소들의 이성분 수소화물. 수소가 같은 원소와 둘 이상의 화합물을 만드는 경우 가장 간단한 수소화물만 표시하였다. 많은 전이 금속 수소화물의 성질은 잘 알려지지 않았다.

틈새형 화합물은 비화학량론적 화합물이라고도 한다. 이들은 특정 비를 갖지 않는다(2.1절).

➤ 틈새형 수소화물

수소 분자는 전이 금속과 많은 수소화물을 이룬다. 이들 화합물 중 몇 가지는 금속 원자에 대한 수소 원자의 비가 일정하지 않다. 그러한 화합물을 *틈새형 수소화물*(interstitial hydride)이라 한다. 예를 들면, 조건에 따라 타이타늄의 수소화물의 분자식은 $TiH_{1.8}$과 TiH_2 사이에서 바뀔 수 있다.

많은 틈새형 수소화물은 전기 전도성과 같은 금속의 성질을 갖고 있다. 이 화합물에서 수소가 분명히 금속에 결합되어 있다고 알려져 있으나, 그 결합의 정확한 성질은 아직 확실하지 않다.

수소 분자는 독특한 방식으로 팔라듐(Pd)과 상호작용한다. 수소 기체는 쉽게 팔라듐 금속 표면 위에 흡착되며, 여기서 수소 원자로 해리된다. 그 수소 원자는 금속 내부로 "용해"된다. 금속의 한쪽 표면을 수소 기체 압력하에서 가열하면 이들 수소 원자들이 금속을 통해 확산하여 수소 분자 형태로 재결합하여 금속 반대 표면에서 수소 기체가 나오게 된다. 팔라듐 금속과 이렇게 작용하는 기체는 없기 때문에, 다른 기체로부터 소량의 수소 기체를 분리하는 데 이 과정을 이용한다.

➤ 수소의 동위원소

^1_1H 동위원소는 경수소라고 부르기도 한다. 수소는 동위원소가 다른 이름을 가지고 있는 유일한 원소이다.

수소의 세 가지 동위원소는 ^1_1H(수소), ^2_1H(중수소, 기호 D), ^3_1H(삼중수소, 기호 T)이다. 안정한 수소 동위원소 중 수소(^1_1H)의 자연 존재량은 99.985%이고, 중수소는 0.015%이다. 삼중수소는 반감기가 12.5년인 방사성 동위원소이다.

표 22.1에서 H_2O와 D_2O의 일반적인 성질을 비교하였다. 흔히 중수라 부르는 산화 중수소(deuterium oxide)는 원자로에서 냉각제로 사용하며, 핵 반응에서 감속제로 사용하고 있다(19장 참조). 표 22.1에서 본 바와 같이 H_2O는 D_2O보다 끓는점이 낮기 때문에 분별 증류법으로 H_2O로부터 D_2O를 분리할 수 있다. 분리할 수 있는 다른 방법으로는 물의 전기분해법이 있다. 전기분해 동안 D_2보다 H_2가 여덟 배나 빨리 생성되기 때문에 전해 용기 안에 있는 물은 점차적으로 D_2O가 풍부해진다. 흥미롭게도 증발 이외에는 다른 곳으로 흘러나갈 곳도 없이 수천 년간 갇혀 있는 사해의 물은 다른 어느 곳의 물보다 $[D_2O]/[H_2O]$

표 22.1 H_2O와 D_2O의 성질

성질	H_2O	D_2O
몰질량(g/mol)	18.02	21.03
녹는점(°C)	0	3.8
끓는점(°C)	100	101.4
4°C에서의 밀도(g/cm^3)	1.000	1.108

비가 크다.

D_2O는 화학적으로 많은 점에서 H_2O와 비슷하나 독성 물질이다. 중수소는 수소보다 더 무겁기 때문에 중수소로 된 화합물은 가벼운 동위원소로 된 화합물보다 더 천천히 반응한다. H_2O 대신 D_2O로 된 일반 음료는 치명적일 수 있다. 왜냐하면 효소 반응이 일어나는 산-염기 반응에서 D^+의 이동 속도가 H^+의 이동 속도보다 더 느리기 때문이다. 또한 산 이온화 상수에서 *속도론적 동위원소 효과*(kinetic isotope effect)가 나타난다. 예를 들면, 아세트산의 해리 상수는 중수소화된 아세트산의 해리 상수보다 약 세 배 정도 더 크다.

$$CH_3COOH(aq) \rightleftharpoons CH_3COO^-(aq) + H^+(aq) \quad K_a = 1.8 \times 10^{-5}$$
$$CH_3COOD(aq) \rightleftharpoons CH_3COO^-(aq) + D^+(aq) \quad K_a = 6 \times 10^{-6}$$

수소화 반응

수소화 반응(hydrogenation)은 *C═C, C≡C와 같은 다중 결합 화합물에 수소가 첨가되는 반응*이다. 간단한 수소화 반응의 예로, 에틸렌을 에테인으로 전환하는 것이 있다.

$$H_2 + \underset{\text{에틸렌}}{H_2C{=}CH_2} \longrightarrow \underset{\text{에테인}}{H{-}\overset{H}{\underset{H}{C}}{-}\overset{H}{\underset{H}{C}}{-}H}$$

알루미나(Al_2O_3)에 입힌 백금 촉매가 수소화 반응에 사용된다.

이 반응은 정상 조건하에서는 매우 느리지만 니켈이나 백금 같은 촉매 존재 하에서는 반응 속도가 크게 증가한다. 하버 암모니아 합성법(13.6절 참조)에서와 같이 이들 촉매의 주된 역할은 H—H 결합을 약화시켜 반응을 촉진시켜 주는 것이다.

수소화 반응은 식품 산업에서 중요하다. 식물성 기름은 상당한 영양학적 가치가 있으나 어떤 식물성 기름은 좋지 못한 냄새와 부적당한 분자 구조(즉, C═C 결합이 너무 많이 존재) 때문에 사용하기 이전에 반드시 수소화시켜야 한다. 이와 같이 *고도로 불포화된*(polyunsaturated) 분자(C═C 결합을 많이 가지고 있는 분자)가 공기에 노출되면 산화되어 불쾌한 맛이 나는 물질(산화된 기름을 산패유라 함)이 된다. 수소화 과정에서 소량(질량으로 약 0.1%)의 니켈을 식물성 기름에 첨가하고, 그 혼합물을 고온과 고압의 수소 기체 속으로 노출시킨다. 그 후 여과법으로 니켈을 제거한다. 수소화 반응은 식물성 기름 분자 내에 있는 이중 결합의 수를 많이 감소시키지만, 완전히 없애지는 못한다. 만약 이중 결합이 완전하게 제거되었다면, 이 기름은 딱딱하고 깨지기 쉽게 된다. 목화씨, 옥수수, 콩 등으로부터 추출한 식물성 기름을 적당한 조건하에서 수소화하여 요리용 기름과 마가린을 제조할 수 있다.

수소 경제

세계적으로 화석 연료의 매장량은 매우 빠르게 고갈되고 있다. 이런 문제에 직면하여 최근에 과학자들은 대체 에너지원으로 수소를 얻는 방법을 개발하기 위해 집중적인 노력을 하

생활 속의 화학 CHEMISTRY in Action

금속성 수소

과학자들은 수소를 포함한 비금속 물질들이 엄청나게 높은 압력에서 어떻게 행동하는가에 오랫동안 관심을 가져왔다. 원자나 분자가 압축되면 그들의 결합 전자들이 비편재화(delocalized)되어 금속 상태를 만들 것이라 예측되었다. 1996년 로렌츠 리버모어(Lawrence Livermore) 실험실의 물리학자들은 60피트 길이의 총을 사용하여 얇은(0.5 mm) 액체 수소층에 순간적으로 압축을 가하였다. 90~140만 atm의 압력에서 그들은 일순간 수소 시료의 전기 전도도를 측정할 수 있었고, 그것이 2100 K에서 세슘 금속이 가지는 전기 전도도와 비슷하다는 것을 알았다(수소 시료는 분자 상태로 남아 있으나 압축시킨 결과 그 온도는 올라갔다). 압력을 빨리 감소시켰을 때 수소의 금속성은 사라졌다.

리버모어 실험은 금속성 수소를 안정한 상태로 보관할 수 있다면 금속성 수소가 실온에서 초전도체의 기능을 가질 수 있다고 제안하였다. 수소가 과거에 생각했던 것보다 더 낮은 압력에서 금속성이 될 수 있다는 사실은 행성 과학에도 새로운 식견을 주었다. 오랫동안 과학자들은 목성의 큰 자기장(지구의 자기장보다 21배나 더 큼)에 대해 이상하게 생각했었다. 행성의 자기장은 그 행성 내부에 있는 전기 전도성 유체의 대류 운동의 결과로부터 생긴다(지구의 자기장은 지구 중심핵 내에 있는 액체 철의 열에 의한 운동 때문임). 목성은 바깥층이 비금속성 분자 수소로 구성되어 있으며, 중심 핵 내의 수소들을 계속하여 금속성 유체 수소로 바꾸고 있다. 이제는 이 금속성 층이 표면에 더 가까이 있다는 것을 믿게 되고(분자성 수소를 금속성으로 변화시키는 데 필요한 압력이 전에 생각했던 것만큼 크지 않기 때문에), 그러한 것으로 목성의 비정상적으로 큰 자기장을 설명할 수 있다.

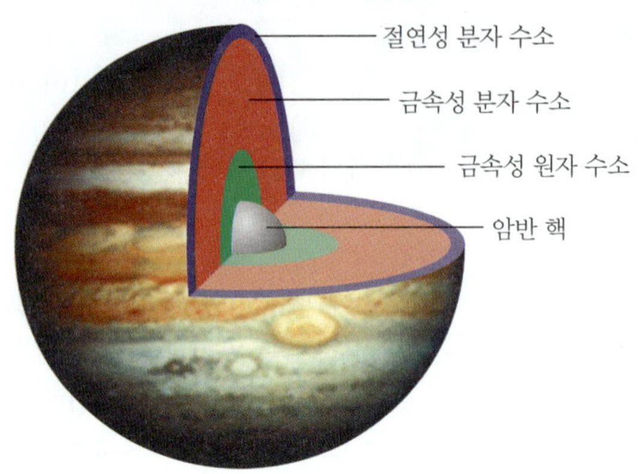

목성의 내부 구성.

고 있다. 수소 기체는 자동차(물론 자동차 엔진을 상당히 변형시킨 후)가 움직이는 데 필요한 휘발유를 대신할 수 있으며, 또한 전기를 생산하는 연료 전지 내에서 산소와 함께 사용되기도 한다(18.6절 연료 전지 참조). 이러한 방식으로 수소를 사용할 때의 큰 장점은 오염 물질이 생성되지 않는 것이다. 수소를 동력으로 하는 엔진이나 연료 전지 내에서 생성되는 최종 생성물은 바로 공기 속에서 수소를 태울 때 생성되는 물이다.

$$2H_2(g) + O_2(g) \longrightarrow 2H_2O(l)$$

물론 수소 산업의 성공은 수소 기체를 얼마나 값싸게 생산할 수 있고, 또한 얼마나 쉽게 저장할 수 있는가에 달려 있다.

물의 전기분해법이 대량으로 수소를 생산하는 데 너무 많은 에너지를 소비하기는 하지만, 만약 과학자가 물을 "쪼갤 수" 있는 더 실용적인 방법을 고안할 수 있다면 바닷물로부터 막대한 양의 수소를 얻을 수 있다. 현재 개발의 초기 단계에 있는 한 방법은 태양 에너지를 이용하는 것이다. 이 방법에서 촉매(루테늄과 같은 전이 금속 원자를 한 개 이상 가지는 착물 분자)는 태양 복사선으로부터 광자를 흡수하여 에너지적으로 들뜬 상태로 된다. 이와 같은 들뜬 상태의 촉매는 물을 수소 분자로 환원시킬 수 있다.

바닷물의 전체 부피는 약 1×10^{21} L이다. 따라서 바다는 거의 무한대의 수소 공급원이다.

논의하였던 일부 틈새형 수소화물은 수소를 저장하는 화합물로 적합하다. 이런 수소화물을 형성하는 반응은 보통 가역적으로 일어나므로 금속 위의 수소 기체 압력을 감소시킴으로써 간단히 수소 기체를 얻을 수 있다. 틈새형 수소화물을 사용할 때 장점은 다음과 같다. (1) 많은 금속들이 수소 기체를 흡수할 큰 용량을 가지고 있다(가끔 금속 원자수의 세 배 정도까지 수소 원자를 흡수할 수 있음). (2) 이러한 수소화물이 고체이기 때문에 기체나 액체보다 더 쉽게 저장 및 운송할 수 있다.

"생활 속의 화학"에서는 고압하에서 수소의 행동을 설명하고 있다.

22.3 탄소

탄소는 지각 질량의 0.09% 정도만 차지하고 있지만, 생명체의 필수 원소이다. 탄소는 다이아몬드와 흑연 형태로 발견되고 있으며(그림 8.17 참조), 천연가스, 석유, 석탄의 주성분이다. (석탄은 연료로 사용되는 흑갈색 또는 흑색 고체이다. 석탄은 화석화된 식물로부터 형성되었으며, 여러 가지 유기 및 무기 화합물로 된 비결정성 탄소로 구성되어 있다.) 탄소는 대기 중에서 산소와 결합하여 이산화 탄소가 되며, 석회석과 분필에서는 탄산 이온의 형태로 존재하고 있다.

탄소 순환은 20.5절에 설명하였다.

다이아몬드와 흑연은 탄소의 동소체이다. 그림 22.4는 탄소의 상 평형을 보여준다. 흑연이 1 atm, 25°C에서 탄소의 안정한 형태이지만, 다이아몬드 보석을 가진 사람이 놀랄 필요는 없다. 왜냐하면 이 자발적인 과정의 속도가 매우 느리기 때문이다.

그림 11.28에 다이아몬드와 흑연의 구조를 나타내었다.

$$\text{C(다이아몬드)} \longrightarrow \text{C(흑연)} \qquad \Delta G^\circ = -2.87\ \text{kJ/mol}$$

다이아몬드가 흑연으로 변화하려면 수백만 년이 걸릴 수 있다.

흑연에 매우 높은 압력과 온도를 가하여 인조 다이아몬드를 제조할 수 있다. 그림 22.5는 인조 다이아몬드와 그의 출발 물질인 흑연을 보여주고 있다. 인조 다이아몬드는 천연 다이아몬드보다 광학적 성질이 부족하다. 그러나 인조 다이아몬드는 연마제나 금속과 합금을 포함한 여러 가지 단단한 물질을 자르는 도구로 유용하게 쓰인다. 흑연의 용도는 11.6절에 기술되어 있다.

탄소는 긴 사슬(50개 이상의 탄소 원자로 구성)을 형성하거나, 오원자 또는 육원자의 안정한 고리형을 형성할 수 있는 독특한 능력을 가지고 있다. 이와 같이 *같은 원자들 간에 서로 연결되는 것*을 **사슬화**(catenation)라 부른다. 지구상에 수많은 유기 화합물(탄소와 수소, 산소, 질소, 할로젠과 같은 다른 원소로 구성)이 있는 것은 탄소 결합의 다양성 때문이다. 유기 화합물의 화학은 24장에서 논의할 것이다.

➤ 탄화물과 사이안화물

*탄소가 금속과 결합하여 형성된 이온 결합 화합물*을 **탄화물**(carbide)이라 부르는데(예를 들면, CaC_2와 Be_2C), 여기서 탄소는 C_2^{2-} 또는 C^{4-} 이온 상태에 있다. 이들 이온은 강한 브뢴스테드 염기로 다음과 같이 물과 반응한다.

$$C_2^{2-}(aq) + 2H_2O(l) \longrightarrow 2OH^-(aq) + C_2H_2(g)$$
$$C^{4-}(aq) + 4H_2O(l) \longrightarrow 4OH^-(aq) + CH_4(g)$$

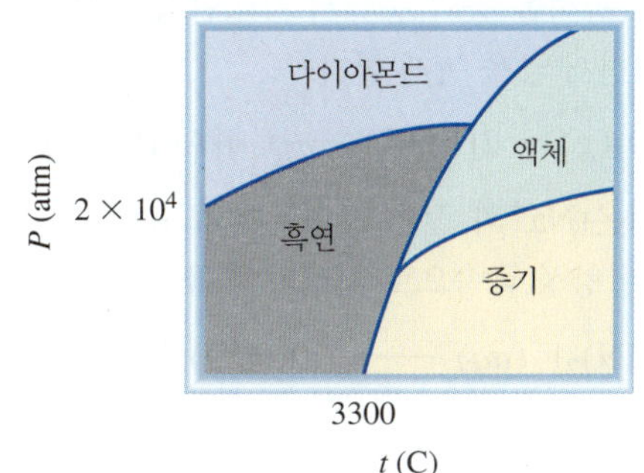

그림 22.4 탄소의 상 평형 그림. 대기압 하에서 탄소의 안정한 형태는 흑연임을 기억하라.

그림 22.5 흑연으로부터 합성한 다이아몬드의 모습.

또한 탄소는 규소와 공유 결합 화합물을 형성한다. 탄화 규소(SiC)를 *카보런덤*(carborundum)이라 부르며, 다음과 같이 제조한다.

$$SiO_2(s) + 3C(s) \longrightarrow SiC(s) + 2CO(g)$$

카보런덤은 또한 규소와 탄소를 1500°C로 가열하여 만들기도 한다. 카보런덤은 거의 다이아몬드만큼 단단하며, 다이아몬드 구조를 갖고 있다. 각 탄소 원자는 네 개의 Si 원자와 사면체로 연결되어 있으며, 또한 Si 원자도 탄소와 같은 방법으로 연결되어 있다. 카보런덤은 주로 금속과 유리를 자르거나, 갈거나, 광택을 내는 데 사용한다.

또 다른 종류의 중요한 탄소 화합물로는 $:C{\equiv}N:^-$ *음이온기를 포함*하고 있는 **사이안화물**(cyanide)이 있다. 사이안화 이온은 독성이 강하다. 그 이유는 대사 과정에서 중요한 효소인 사이토크로뮴 산화 효소(cytochrome oxidase)에 있는 Fe(III) 이온과 거의 비가역적으로 결합하기 때문이다. 쓴맛의 아몬드 향을 가진 사이안화 수소는 휘발성(끓는점 26°C) 때문에 더 위험하다. 공기 속에 부피로 수십 분의 1%의 HCN이 있어도 수분 내에 죽음에 이른다. 사이안화 수소는 사이안화 소듐이나 사이안화 포타슘을 산과 반응시켜 만든다.

HCN은 사형 집행실에서 사용하는 가스이다.

$$NaCN(s) + HCl(aq) \longrightarrow NaCl(aq) + HCN(aq)$$

HCN(용액인 경우 사이안산이라 부름)은 매우 약한 산($K_a = 4.9 \times 10^{-10}$)이기 때문에 이 반응에서 생성된 대부분의 HCN은 이온화되지 않은 형태로 있으며, 용액에서 HCN 기체로 날아간다. 따라서 적절한 환기 장치 없이는 실험실에서 금속 사이안화물과 산을 절대로 섞지 말아야 한다.

사이안화 이온은 금과 은을 추출하는 데 사용한다. 대개 금과 은은 자연에서는 순수한 상태로 존재하지만, 광석 속에 함께 존재하는 다른 금속에 비해 양이 많지 않고 추출하기가 쉽지 않다. 잘 부순 금 광석을 공기 중에서 사이안화 수용액으로 처리하면 가용성 $[Au(CN)_2]^-$ 착이온이 생성되면서 금을 녹게 한다.

$$4Au(s) + 8CN^-(aq) + O_2(g) + 2H_2O(l) \longrightarrow 4[Au(CN)_2]^-(aq) + 4OH^-(aq)$$

여과법으로 $[Au(CN)_2]^-$ 착이온(Na^+과 같은 양이온이 포함)을 녹지 않는 다른 물질로부터 분리한 후 아연과 같은 전기 양성 금속으로 처리하여 금을 회수한다.

$$Zn(s) + 2[Au(CN)_2]^-(aq) \longrightarrow [Zn(CN)_4]^{2-}(aq) + 2Au(s)$$

그림 22.6 금속 광석에서 금을 추출하기 위한 사이안화물 연못.

그림 22.6은 금을 추출하기 위해 사용하고 있는 "사이안화물 연못"을 공중에서 바라본 모습이다.

탄소의 산화물

탄소의 여러 산화물 중 가장 중요한 것은 일산화 탄소(CO)와 이산화 탄소(CO_2)이다. 일산화 탄소는 탄소나 탄소를 포함하고 있는 화합물이 불완전 연소되었을 때 생성되는 무색, 무취의 기체이다.

$$2C(s) + O_2(g) \longrightarrow 2CO(g)$$

일산화 탄소는 니켈을 추출하는 야금 과정(21.2절 참조), 유기 합성, 수소와 반응하여 탄화수소 연료를 제조하는 과정 등에 사용된다. 산업적으로 일산화 탄소는 가열된 코크스 위에 수증기를 통과시켜 제조한다. 일산화 탄소는 산소 속에서 쉽게 연소되어 이산화 탄소로 된다.

실내 공기 오염원으로서 CO의 역할은 20.8절에서 설명하였다.

$$2CO(g) + O_2(g) \longrightarrow 2CO_2(g) \qquad \Delta H° = -566 \text{ kJ/mol}$$

일산화 탄소는 산성 산화물이 아니며(이런 점에서 이산화 탄소와는 다르다), 물에 약간만 녹는다.

이산화 탄소는 무색, 무취의 기체로, 일산화 탄소와는 달리 무독성이며 산성 산화물이다(15.11절 참조). 이산화 탄소는 음료, 소화기 및 탄산 수소 소듐($NaHCO_3$), 탄산 소듐(Na_2CO_3) 등의 제조에 사용된다. 고체 이산화 탄소는 *드라이 아이스*(dry ice)라 부르며, 냉각용(그림 11.42 참조)으로 사용한다.

이산화 탄소는 주요 온실가스이다(20.5절 참조).

22.4 질소와 인

질소

공기의 78%(부피)는 질소이다. 질소의 중요한 광물원으로는 초석(KNO_3)과 칠레 초석($NaNO_3$)이 있다. 질소는 생명에 절대적으로 필요한 원소로 단백질과 핵산의 구성 원소이다.

질소의 순환은 20.1절에서 설명하였다.

질소 분자는 공기를 분별 증류하여 얻는다(액체 질소와 액체 산소의 끓는점은 각각 −196°C와 −183°C이다). 실험실에서는 아질산 암모늄(NH_4NO_2)을 열분해하여 매우 순수한 질소를 제조할 수 있다.

액체 공기를 분별 증류할 때 액체 질소는 액체 산소보다 먼저 끓는다.

$$NH_4NO_2(s) \longrightarrow 2H_2O(g) + N_2(g)$$

석탄으로부터 합성한 기체

우리의 기술 사회가 존속하려면 풍부한 에너지 공급이 있어야 한다. 미국의 인구는 세계 인구의 단지 5% 정도이지만, 세계 에너지의 20%를 소비하고 있다. 현재 두 개의 주요 에너지 공급원은 핵분열과 화석 연료이다(19장과 24장에서 각각 논의). 석탄, 기름(석유로 알려져 있음), 천연가스(대부분은 메테인)를 통틀어 화석 연료라 부른다. 그 이유는 이들 연료가 수천만 또는 수억 년 이상 동식물이 분해되어 나온 최종 화합물이기 때문이다. 기름과 천연가스는 깨끗하게 연소하며 석탄보다 효율적인 연료이기 때문에 더 선호되고 있다. 그러나 기름과 천연가스의 공급원은 놀랄 만하게 빨리 고갈되고 있다. 따라서 석탄을 보다 다양한 에너지 공급원으로 할 수 있는 연구가 진행 중에 있다.

석탄은 몰질량이 매우 큰 탄소 화합물로 구성되어 있으며, 이 탄소 화합물은 산소, 수소와 소량의 질소 및 황을 포함한다. 석탄은 세계 화석 연료 매장량의 90% 정도이다. 수세기 동안 석탄은 집과 공장에서 연료로 사용되어 왔다. 그러나 지하에서 석탄을 캐는 작업은 돈도 많이 들고 위험한 일이며, 노천 석탄 광산은 환경에 매우 나쁜 영향을 끼친다. 석탄을 태우는 과정에서 발생하는 또 다른 문제는 황을 포함한 화합물로부터 이산화 황(SO_2)이 생성된다는 것이다. 이 과정은 20.6절에서 설명한 것과 같이 "산성비"의 원인이 된다.

석탄을 더 효율적이고 깨끗한 연료로 만들 수 있는 가장 유망한 방법 중 하나는 석탄을 기체 형태["*합성 기체*(syngas)"라 부름]로 바꾸는 것이다. 이 과정을 *석탄 기체화*(coal gasification)라 부른다. 아주 뜨거운 수증기와 공기 하에서 석탄은 다음과 같이 반응하여 분해된다.

$$C(s) + H_2O(g) \longrightarrow CO(g) + H_2(g)$$
$$C(s) + 2H_2(g) \longrightarrow CH_4(g)$$

합성 기체의 주요 성분은 메테인이다. 첫 번째 반응에서 수소와 일산화 탄소 기체 외에 다른 유용한 부산물이 생긴다. 적절한 조건에서 CO와 H_2를 반응시켜 메탄올을 만든다.

$$CO(g) + 2H_2(g) \longrightarrow CH_3OH(l)$$

메탄올은 용매와 플라스틱을 만드는 출발 물질로 사용되는 등 용도가 많다. 석탄에 비해 합성 기체는 저장과 운반하기가 쉽다. 더 중요한 것은 가스화 과정에서 이미 황을 제거하였기 때문에 공기 오염의 주원인이 되지 않는다는 것이다.

지하 석탄광.

표 22.2 일반적인 질소의 화합물

산화수	화합물	화학식	구조
−3	암모니아	NH_3	H—N̈—H (N에 H 하나 더 결합)
−2	하이드라진	N_2H_4	H—N̈—N̈—H (각 N에 H 결합)
−1	하이드록실아민	NH_2OH	H—N̈—Ö—H (N에 H 결합)
0	질소*(이질소)	N_2	:N≡N:
+1	아산화 질소(일산화 이질소)	N_2O	:N≡N—Ö:
+2	산화 질소(일산화 질소)	NO	:Ṅ=Ö
+3	아질산	HNO_2	Ö=N̈—Ö—H
+4	이산화 질소	NO_2	:Ö—Ṅ=Ö
+5	질산	HNO_3	Ö=N—Ö—H (N에 :Ö: 결합)

*원소를 기준으로 하여 나열한다.

질소 분자는 삼중 결합을 가지고 있으며, 매우 안정하여 원자 화학종으로 잘 해리되지 않는다. 그러나 질소는 수소 및 산소와 많은 화합물을 형성하며, 여기서 질소의 산화수는 −3에서 +5까지 다양하다(표 22.2). 질소 화합물은 대부분 공유 결합 화합물이다. 그러나 어떤 금속과 함께 가열하면 질소는 N^{3-} 이온을 포함하는 이온 결합 질소화물(nitride)을 형성한다.

$$6Li(s) + N_2(g) \longrightarrow 2Li_3N(s)$$

질소화 이온(nitride ion)은 센 브뢴스테드 염기이며, 물과 반응하여 암모니아와 수산화 이온을 생성한다.

$$N^{3-}(aq) + 3H_2O(l) \longrightarrow NH_3(g) + 3OH^-(aq)$$

➤ 암모니아

암모니아는 아주 잘 알려진 질소 화합물 중 하나이다. 공업적으로 암모니아는 질소와 수소로부터 하버 공정으로 제조된다(13.6절 참조). 실험실에서는 염화 암모늄과 수산화 소듐을 반응시켜 암모니아를 만들 수 있다.

$$NH_4Cl(aq) + NaOH(aq) \longrightarrow NaCl(aq) + H_2O(l) + NH_3(g)$$

암모니아는 자극성 냄새를 가진 무색 기체(끓는점 −33.4°C)이다. 미국에서 2010년에 생산된 암모니아 양의 4분의 3을 약 1천 8백만 t의 비료를 제조하는 데 사용하였다.

액체 암모니아도 물처럼 자체이온화가 일어난다.

$$2NH_3(l) \rightleftharpoons NH_4^+ + NH_2^-$$

간단하게 쓰면 다음과 같다.

$$NH_3(l) \rightleftharpoons H^+ + NH_2^-$$

여기서 NH_2^-는 *아마이드 이온*(amide ion)이라 한다. H^+와 NH_2^- 모두가 NH_3 분자에 의해

아마이드 이온은 센 브뢴스테드 염기이며, 물에서는 존재하지 않는다.

용매화되어 있는 것을 유념하라. (이것은 이온-쌍극자 상호작용의 한 예이다.) $-50°C$에서 이온곱 $[H^+][NH_2^-]$은 약 1×10^{-33}인데, 이 값은 25°C에서 물의 이온곱(1×10^{-14})보다 매우 작다. 그러나 특히 더 염기성인 매질이 필요한 경우나 용질이 물과 반응하는 경우에 액체 암모니아가 여러 가지 전해질을 녹이는 적당한 용매로 사용된다. 알칼리 금속을 녹이는 액체 암모니아의 능력에 관해 21.5절에서 논의하였다.

하이드라진

또 다른 중요한 질소의 수소화물로는 하이드라진(hydrazine)이 있다.

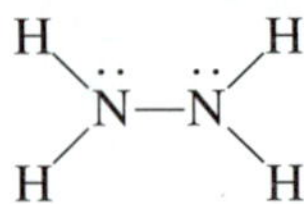

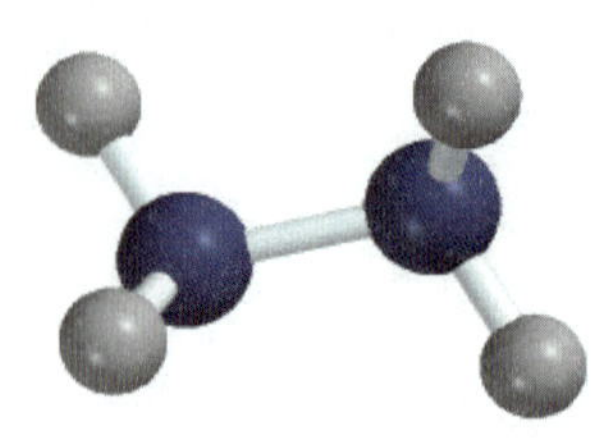

N_2H_4

하이드라진의 각 N 원자는 sp^3-혼성 궤도함수를 가진다. 하이드라진은 암모니아와 같은 냄새가 나는 무색 액체로서 2°C에서 녹고, 114°C에서 끓는다.

하이드라진은 염기이며, 양성자화되어 $N_2H_5^+$와 $N_2H_6^{2+}$ 이온이 된다. 하이드라진은 환원제로서 Fe^{3+}을 Fe^{2+}로, MnO_4^-을 Mn^{2+}로, I_2를 I^-로 각각 환원시킨다. 산소와의 반응은 매우 큰 발열 반응이다.

$$N_2H_4(l) + O_2(g) \longrightarrow N_2(g) + 2H_2O(l) \qquad \Delta H° = -666.6 \text{ kJ/mol}$$

하이드라진과 그 유도체인 메틸하이드라진$[N_2H_3(CH_3)]$은 산화제인 사산화 이질소(N_2O_4)와 함께 로켓의 연료로 쓰인다. 하이드라진은 고분자 합성과 살충제 제조에도 중요한 역할을 한다.

질소의 산화물과 산소산

질소 산화물이 많이 있으나 일산화 이질소(nitrous oxide), 일산화 질소(nitric oxide), 이산화 질소(nitrogen dioxide) 등 세 가지는 특히 중요한 질소 산화물이다.

일산화 이질소(N_2O)는 기분 좋은 냄새와 단맛을 가진 무색 기체이다. 이것은 질산 암모늄을 약 270°C로 가열하여 제조한다.

$$NH_4NO_3(s) \longrightarrow N_2O(g) + 2H_2O(g)$$

일산화 이질소는 연소를 도와주는 점에서 산소 분자와 비슷하다. 이 물질을 가열하면, 분해하여 질소 분자와 산소 분자를 생성하기 때문이다.

$$2N_2O(g) \longrightarrow 2N_2(g) + O_2(g)$$

이것은 주로 치과 치료와 기타 간단한 수술의 마취제로 사용된다. 일산화 이질소를 "웃음 가스"라고 부른다. 사람이 이 기체를 흡입하면 다소 아찔해지는 느낌을 받기 때문이다. 이와 같은 특이한 생리적인 감응에 대해 아직 만족할 만한 설명이 제안된 바는 없다. 일산화 질소는 생크림을 거품낸 크림(whipped cream) 혼합물에 잘 녹기 때문에 생크림을 거품낸 크림 캔의 추진체로 사용된다.

일산화 질소(NO)는 무색 기체이다. 대기 중에서 N_2와 O_2의 반응은 질소 고정의 한 형태이다(20.1절 참조).

$$N_2(g) + O_2(g) \rightleftharpoons 2NO(g) \qquad \Delta G° = 173.4 \text{ kJ/mol}$$

가열하면 르샤틀리에 원리에 의하여 흡열 반응인 정반응이 유리해진다.

실온(25°C)에서 위 반응의 평형 상수는 매우 작아서 K_P는 4.0×10^{-31} 정도밖에 되지 않는다. 따라서 실온에서는 매우 적은 양의 NO가 생성될 것이다. 그러나 달리는 자동차의 엔진 내부에서와 같이 온도가 올라가면 평형 상수는 급격하게 증가한다. 번개에 의해 대기 중에서 상당한 양의 일산화 질소가 생성된다. 실험실에서는 묽은 질산을 구리로 환원시켜

NO를 제조할 수 있다.

$$3Cu(s) + 8HNO_3(aq) \longrightarrow 3Cu(NO_3)_2(aq) + 4H_2O(l) + 2NO(g)$$

일산화 질소 분자는 홀전자 한 개를 가지고 있어 상자기성이며, 다음과 같은 공명 구조로 표시할 수 있다.

$$\dot{N}{=}\ddot{O} \longleftrightarrow {}^{-}\ddot{N}{=}\dot{O}^{+}$$

9장에서 언급된 바와 같이 이 분자는 팔전자 규칙(octet rule)을 만족하지 못한다. 일산화 질소의 성질들은 9.9절에 있는 "생활 속의 화학"에서 논의되었다.

그림 22.7 구리와 진한 질산의 반응으로 생성되는 NO_2 기체.

이산화 질소(NO_2)는 일산화 이질소와 일산화 질소와는 달리 숨막히게 하는 냄새를 가진 독성이 매우 강한 황갈색 기체이다. 실험실에서 구리를 진한 질산과 반응시키면 이산화 질소를 제조할 수 있다(그림 22.7).

$$Cu(s) + 4HNO_3(aq) \longrightarrow Cu(NO_3)_2(aq) + 2H_2O(l) + 2NO_2(g)$$

스모그 형성에서 NO_2의 역할은 20.7절에서 설명하였다.

이산화 질소는 상자기성이다. 이것은 반자성체인 사산화 이질소로 이합체화 되는 경향이 크다.

$$2NO_2 \rightleftharpoons N_2O_4$$

이 반응은 기체상과 액체상 모두에서 일어난다.

이산화 질소는 산성 산화물이다. 이산화 질소는 찬물과 빨리 반응하여 다음과 같이 아질산(HNO_2)과 질산을 형성한다.

$$2NO_2(g) + H_2O(l) \longrightarrow HNO_2(aq) + HNO_3(aq)$$

N_2O나 NO 모두 물과 반응하지 않는다.

이 반응은 질소의 산화수가 +4(NO_2)에서 +3(HNO_2) 및 +5(HNO_3)로 변하고 있는 불균등화 반응(4.4절 참조)이다. 이 반응은 한 가지 산(탄산)만을 생성하는 CO_2와 H_2O 사이의 반응과는 전혀 다르다는 것에 유의하라.

질산은 가장 중요한 무기산 중 하나이다. 질산은 액체(끓는점 82.6°C)이지만, 순수한 액체 상태로 존재하지 않는다. 그 이유는 질산은 다음과 같이 자발적으로 어느 정도 분해하기 때문이다.

$$4HNO_3(l) \longrightarrow 4NO_2(g) + 2H_2O(l) + O_2(g)$$

진한 질산 용액이 연노란색으로 변하는 것은 NO_2가 생성된 결과이다.

질산을 생성하는 주요한 공업적인 방법으로는 13.6절에 논의한 오스트발트 공정이 있다. 실험실에서 사용하는 진한 질산은 질량으로 68% HNO_3이며(밀도 1.42 g/cm^3) 15.7 *M*에 해당한다.

질산은 강력한 산화제이다. HNO_3에서 N의 산화수는 +5이다. 질산의 가장 흔한 환원 생성물은 NO_2(N의 산화수 +4), NO(N의 산화수 +2), NH_4^+(N의 산화수 −3)이다. 질산은 활동도 서열(activity series, 그림 4.16 참조)에서 수소 아래와 위에 있는 금속을 산화시킬 수 있다. 예를 들면, 앞에서 논의된 바와 같이 구리는 진한 질산에 의해 산화된다.

아연 금속과 같은 센 환원제 존재 하에서 질산은 암모늄 이온으로 환원될 수 있다.

$$4Zn(s) + 10H^+(aq) + NO_3^-(aq) \longrightarrow 4Zn^{2+}(aq) + NH_4^+(aq) + 3H_2O(l)$$

진한 질산은 금을 산화시키지는 못한다. 그러나 진한 질산과 진한 염산을 부피 비 1:3으로 섞었을 때 이를 *왕수*(aqua regia)라 부르며, 왕수는 다음과 같이 금을 산화시킬 수 있다.

$$Au(s) + 3HNO_3(aq) + 4HCl(aq) \longrightarrow HAuCl_4(aq) + 3H_2O(l) + 3NO_2(g)$$

Au의 산화는 $AuCl_4^-$ 이온으로 되는 Cl^- 이온의 착물화 능력에 의해 촉진된다.

또한 진한 질산은 여러 비금속을 산소산으로 산화시킨다.

그림 22.8 인산염 암석의 채광.

$$P_4(s) + 20HNO_3(aq) \longrightarrow 4H_3PO_4(aq) + 20NO_2(g) + 4H_2O(l)$$
$$S(s) + 6HNO_3(aq) \longrightarrow H_2SO_4(aq) + 6NO_2(g) + 2H_2O(l)$$

질산은 비료, 염료, 의약품, 폭발물 생산에 사용된다. 이 절의 "생활 속의 화학"에서는 매우 폭발성이 있는 질소 비료에 관하여 설명하고 있다.

인

인은 질소처럼 5A족에 속한다. 어떤 점에서는 인 화학은 질소 화학과 비슷하다. 인은 인산 칼슘[$Ca_3(PO_4)_2$]과 플루오린화 인회석[$Ca_5(PO_4)_3F$]으로 구성된 *인산염 암석*(phosphate rock)에 주로 존재한다(그림 22.8). 인 원소는 인산 칼슘을 코크스와 실리카 모래로 가열하여 얻는다.

$$2Ca_3(PO_4)_2(s) + 10C(s) + 6SiO_2(s) \longrightarrow 6CaSiO_3(s) + 10CO(g) + P_4(s)$$

몇 가지 인 동소체가 있으나, 흰인(백린)과 붉은 인(적린)만이 중요하다(그림 8.18 참조). 흰인은 정사면체의 P_4 분자로(그림 22.9) 구성되어 있다. 고체인 흰인(녹는점 44.2°C)은 물에는 녹지 않으나, 이황화 탄소(CS_2)와 클로로폼($CHCl_3$)과 같은 유기 용매에는 잘 녹는다. 흰인은 아주 독성이 강한 물질이다. 이것은 공기에 노출되면 저절로 갑자기 발화한다. 따라서 소이탄과 수류탄에 쓰인다.

$$P_4(s) + 5O_2(g) \longrightarrow P_4O_{10}(s)$$

흰인의 높은 반응성은 구조적 뒤틀림에서 기인한다. P—P 결합은 정사면체인 P_4 분자에 압축되어 있다. 한때 흰인을 성냥으로 사용하였으나 독성 때문에 삼황화 사인(P_4S_3)으로 대체하였다.

공기가 없는 조건에서 가열하면 약 300°C에서 흰인은 천천히 붉은 인으로 바뀐다.

$$nP_4(\text{흰인}) \longrightarrow (P_4)_n(\text{붉은 인})$$

붉은 인은 고분자성 구조(그림 22.9 참조)를 가지며, 흰인보다는 더 안정하고 덜 휘발성이다.

인의 수소화물

가장 중요한 인의 수소화물은 포스핀(phosphine, PH_3)이다. 흰인을 진한 수산화 소듐 수

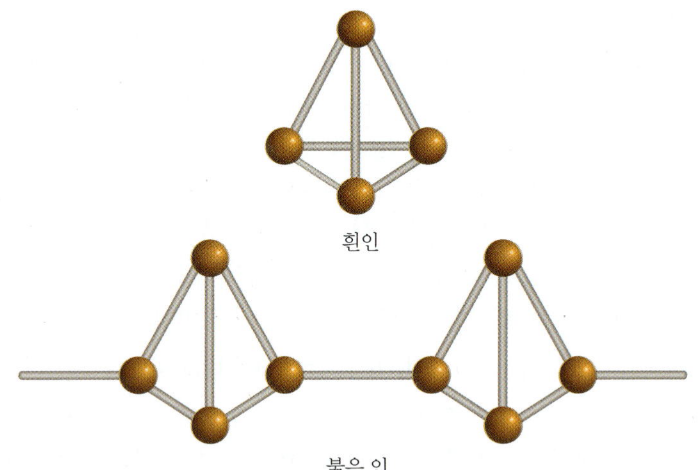

그림 22.9 흰인과 붉은 인의 구조. 붉은 인은 그림과 같이 사슬 구조를 갖는 것으로 알려져 있다.

용액 속에서 가열하면 무색의 매우 독성이 있는 포스핀 기체가 생성된다.

$$P_4(s) + 3NaOH(aq) + 3H_2O(l) \longrightarrow 3NaH_2PO_2(aq) + PH_3(g)$$

포스핀은 물에 적당히 녹으며, 이황화 탄소와 유기 용매에는 더 잘 녹는다. 포스핀 수용액은 암모니아와는 달리 중성이다. 액체 암모니아 속에서 포스핀은 녹으면서 $NH_4^+PH_2^-$을 생성한다. 포스핀은 센 환원제로 많은 금속염을 해당하는 금속으로 환원시킨다. 포스핀 기체는 다음과 같이 공기 중에서 탄다.

$$PH_3(g) + 2O_2(g) \longrightarrow H_3PO_4(s)$$

➤ 인의 할로젠화물

인은 할로젠과 삼할로젠화 인(PX_3)과 오할로젠화 인(PX_5)의 이성분 화합물을 형성한다(여기서 X는 할로젠 원자를 나타냄). 반면에 질소는 삼할로젠화물(NX_3)만을 형성한다. 질소와 달리 인은 $3d$ 부껍질을 가진다. $3d$ 부껍질은 원자가 껍질(valence-shell)의 확장에 사용될 수 있다. 인의 $3s$, $3p$, $3d$ 궤도함수가 sp^3d 혼성화를 한다고 가정하면(예제 10.4 참조), PCl_5 분자 내에 있는 결합을 설명할 수 있다. 또한 다섯 개의 sp^3d 혼성 궤도함수로 PCl_5 분자의 삼각쌍뿔(trigonal bipyramidal) 기하 구조를 설명할 수 있다(표 10.4 참조).

흰인을 염소 속에서 가열하여 삼염화 인이 만들어진다.

$$P_4(l) + 6Cl_2(g) \longrightarrow 4PCl_3(g)$$

무색 액체(끓는점 76°C)인 PCl_3은 다음 식과 같이 가수분해된다.

$$PCl_3(l) + 3H_2O(l) \longrightarrow H_3PO_3(aq) + 3HCl(g)$$

과량의 염소 기체 존재하에서 PCl_3은 연노란색 고체인 오염화 인으로 변한다.

$$PCl_3(l) + Cl_2(g) \longrightarrow PCl_5(s)$$

X선 연구로부터 고체 오염화 인은 $[PCl_4^+][PCl_6^-]$로 존재한다는 것이 밝혀졌다. 여기서 PCl_4^+ 이온은 사면체 기하 구조를 가지고, PCl_6^- 이온은 팔면체 기하 구조를 가진다. 기체상에서 PCl_5(삼각쌍뿔 기하 구조를 가짐)는 PCl_3 및 Cl_2와 평형 상태에 있다.

$$PCl_5(g) \rightleftharpoons PCl_3(g) + Cl_2(g)$$

오염화 인과 물의 반응은 다음과 같다.

$$PCl_5(s) + 4H_2O(l) \longrightarrow H_3PO_4(aq) + 5HCl(aq)$$

➤ 인의 산화물과 산소산

인의 중요한 산화물로는 육산화 사인(P_4O_6, tetraphosphorus hexoxide)과 십산화 사인(P_4O_{10}, tetraphosphorus decoxide)의 두 가지가 있다(그림 22.10). 인의 산화물은 일정량의 흰인을 과량의 산소 기체로 연소시켜 만들 수 있다.

$$P_4(s) + 3O_2(s) \longrightarrow P_4O_6(s)$$
$$P_4(s) + 5O_2(g) \longrightarrow P_4O_{10}(s)$$

두 산화물은 모두 산성이다. 즉, 이들 산화물이 물 속에서 산으로 바뀌게 된다. P_4O_{10} 화합물은 솜털 모양의 흰색 가루(녹는점 420°C)이며, 물과 큰 친화력을 갖는다.

$$P_4O_{10}(s) + 6H_2O(l) \longrightarrow 4H_3PO_4(aq)$$

이러한 이유 때문에 기체를 건조하거나 용매에 있는 물을 제거하는 데 자주 사용한다.

인산은 인을 포함하는 산소산 중에 가장 중요하다.

인을 포함하는 산소산이 많이 있다. 몇 가지 예로 아인산(H_3PO_3), 인산(H_3PO_4), 하이포아인산(H_3PO_2, hypophosphorous acid), 삼인산($H_5P_3O_{10}$, triphosphoric acid) 등이 있다(그림 22.11). 오쏘인산(orthophosphoric acid)이라 부르는 인산은 약한 삼양성자산이다(15.8절 참조). 인산은 인산 칼슘을 황산과 반응시켜 공업적으로 제조한다.

$$Ca_3(PO_4)_2(s) + 3H_2SO_4(aq) \longrightarrow 2H_3PO_4(aq) + 3CaSO_4(s)$$

순수한 인산의 형태는 무색 고체(녹는점 42.2°C)이다. 실험실에서 사용하고 있는 인산은 보통 82% H_3PO_4 용액(질량으로)이다. 인산과 인산염은 합성 세제, 비료, 내화성제, 치약, 탄산음료의 완충제로서 상업적 가치가 있다.

질소처럼 인 역시 우리 생명에 필수적인 원소이다. 인은 인체 질량의 약 1% 정도만

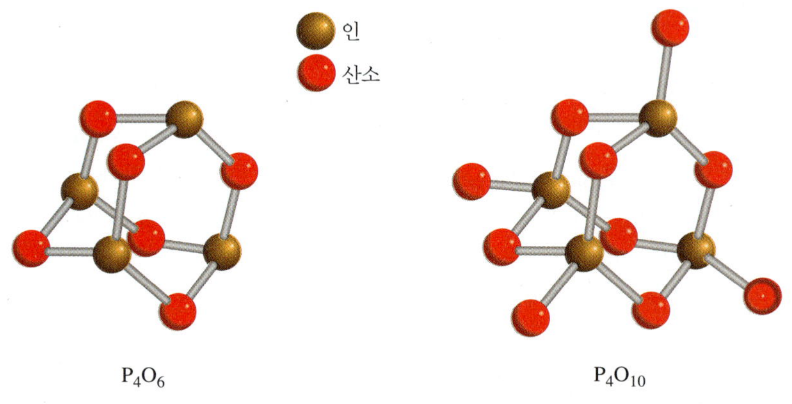

그림 22.10 P_4O_6와 P_4O_{10}의 구조. P_4O_{10}의 P 원자는 사면체 배열을 가짐.

그림 22.11 인을 포함하고 있는 몇 가지 중요한 산소산의 구조.

아인산(H_3PO_3)

하이포아인산(H_3PO_2)

인산(H_3PO_4)

삼인산($H_5P_3O_{10}$)

질산 암모늄 — 폭발성 비료

질산 암모늄은 세계에서 가장 중요한 비료이다(3장의 끝에 있는 "생활 속의 화학" 참조). 질산 암모늄은 2009년에 미국에서 생산된 화학 제품 중 열다섯 번째로 많이 생산된 물질이다(8백만 t). 불행하게도 질산 암모늄은 또한 강력한 폭발물이기도 하다. 1947년 텍사스에서 이 비료를 적재한 배 위에서 폭발이 일어났다. 그 비료는 종이 부대에 있었고, 선원이 배에 난 불을 끄기 위해 해치를 닫자 내부에서 폭발에 필요한 압축과 열이 생겨 폭발하였다. 그 사고로 600명 이상의 사람이 죽었다. 질산 암모늄 때문에 일어난 최근의 재난이 1993년 뉴욕 시에 있는 세계무역센터와 1995년 오클라호마 시에 있는 머레이(Alfred P. Murray) 연방 건물에서 일어났다.

강력한 산화제인 질산 암모늄은 실온에서는 안정하다. 250°C에서 다음과 같이 분해하기 시작한다.

$$NH_4NO_3(g) \longrightarrow N_2O(g) + 2H_2O(g)$$

300°C에서는 다른 기체가 생성되고, 더 많은 열이 발생한다.

$$2NH_4NO_3(g) \longrightarrow 2N_2(g) + 4H_2O(g) + O_2(g)$$

분해되는 화합물 그램 당 약 1.46 kJ의 열이 발생한다. 이 화합물을 화석 연료와 같은 연소될 수 있는 물질과 섞어 반응시키면 방출되는 에너지는 거의 세 배로 증가한다. 질산 암모늄과 숯, 밀가루, 설탕, 황, 송진, 파라핀을 섞으면 폭발물을 만들 수 있다. 폭발되면서 발생하는 열이 생성된 기체를 매우 빠르게 팽창시켜서 대부분 물체를 파괴하는 충격파가 생긴다.

미국 연방법은 폭발성인 질산 암모늄 판매를 규제하고 있다. 이것은 도로 건설이나 채광에 사용되는 모든 상업용 폭파에 95%나 사용되고 있다. 그러나 대량의 질산 암모늄과 폭발력을 증가시켜 주는 다른 물질을 다양하게 이용하면 원하는 사람은 누구나 폭탄을 제조할 수 있다. 오클라호마 시 연방 건물에서 폭발한 폭탄은 4000 파운드의 질산 암모늄과 연료 기름을 가진 것으로 추정되며, 그것은 작은 폭발 장치에 의해 폭발하였다.

어떻게 하면 테러리스트의 질산 암모늄 사용을 방지할 것인가? 가장 논리적인 접근 방법은 이 화합물의 폭발력을 크게 완화시켜 주는 것이다. 그러나 그것이 비료로서의 가치가 없어지지 않으면서 성공적인 방법은 현재까지도 알려지지 않고 있다. 소극적인 방법으로는 그 비료에다 법 집행부가 폭발성이 있는 질산 암모늄의 출처를 추적할 수 있도록 하는 *추적 장치*(taggant)를 첨가하는 것이다. 미국 의회는 아직 법을 통과시키지 않았으나, 현재 다수의 유럽 국가들은 추적 장치 없는 질산 암모늄의 판매를 금지하고 있다.

질산 암모늄 폭탄에 의한 참혹한 폭발 후 머레이(Alfred P. Murray) 빌딩의 모습.

폭발성이라는 표시가 붙어 있는 질산 암모늄 비료 포대.

을 차지하고 있으나, 그 1%는 매우 중요하다. 인간 골격의 약 23%가 광물질이다. 이 인산 칼슘[$Ca_3(PO_4)_2$] 광물질 속의 인 함량은 20%이다. 치아는 기본적으로 $Ca_3(PO_4)_2$와 $Ca_5(PO_4)_3OH$이다. 인산염은 또한 유전 물질인 데옥시리보핵산(DNA)과 리보핵산(RNA)의 중요한 구성 성분이다.

22.5 산소와 황

산소

산소 순환은 20.1절에서 논의하였다.

산소는 지각에서 가장 풍부한 원소이며, 지각 질량의 46% 정도를 구성하고 있다. 그 이외에 대기 중에는 부피로 21% 정도의 산소 분자가 있다(질량으로는 23%). 질소처럼 자유 상태(free state)에 있는 산소는 이원자 분자(O_2)이다. 실험실에서는 염소산 포타슘을 가열하여 산소를 제조할 수 있다(그림 5.15 참조).

$$2KClO_3(s) \longrightarrow 2KCl(s) + 3O_2(g)$$

이 반응은 일반적으로 이산화 망가니즈(MnO_2) 촉매에 의해 일어난다. 순수한 산소 기체는 물을 전기분해하여 만들 수 있다(18.8절). 공업적으로는 액화 공기를 분별 증류하여(12.6절) 산소를 제조하고 있다. 산소 기체는 무색, 무취이다.

산소는 실제로 모든 생체 분자의 구성 단위(building block)이며, 생체 내에 있는 원자들의 약 4분의 1을 차지하고 있다. 산소 분자는 식품 분자들의 분해 대사 과정에서 필수적인 산화제이다. 인간은 산소가 없으면 몇 분도 살 수 없다.

이원자 산소의 성질

산소는 두 개의 동소체(O_2와 O_3)가 있지만, 산소 분자를 말할 때는 일반적으로 O_2를 의미한다. 오존(O_3)은 O_2보다 덜 안정하다. O_2 분자는 두 개의 홀전자(10.7절 참조)를 가지고 있기 때문에 상자기성이다.

센 산화제인 산소 분자는 가장 널리 사용되고 있는 공업적인 화학 제품 중 하나이다. 산소가 주로 사용되는 곳은 철강 산업(21.2절 참조)과 하수 처리이다. 또한 산소는 펄프와 종이에 필요한 표백제, 호흡 곤란을 완화시켜 주는 의약품, 산소 아세틸렌 토치, 여러 무기 및 유기 반응에서 산화제 등으로 사용되고 있다.

산화물, 과산화물, 초과산화물

산소는 세 가지 종류의 산화물을 형성하는데, O^{2-} 이온을 포함한 정상적인 산화물(간단하게 산화물이라고 함), O_2^{2-} 이온을 포함한 과산화물, O_2^- 이온을 포함한 초과산화물 등이다.

$:\ddot{\underset{..}{O}}:^{2-}$	$:\ddot{\underset{..}{O}}:\ddot{\underset{..}{O}}:^{2-}$	$:\ddot{\underset{..}{O}}:\dot{\underset{..}{O}}:^{-}$
산화물	과산화물	초과산화물

그 이온들은 모두 센 브뢴스테드 염기이며, 물과는 다음과 같이 반응한다.

$$\begin{aligned}
&\text{산화물:} && O^{2-}(aq) + H_2O(l) \longrightarrow 2OH^-(aq)\\
&\text{과산화물:} && 2O_2^{2-}(aq) + 2H_2O(l) \longrightarrow O_2(g) + 4OH^-(aq)\\
&\text{초과산화물:} && 4O_2^-(aq) + 2H_2O(l) \longrightarrow 3O_2(g) + 4OH^-(aq)
\end{aligned}$$

O^{2-} 이온과 물의 반응은 가수분해 반응이지만, O_2^{2-}와 O_2^- 이온과의 반응은 산화-환원 과정임을 유의하라.

산화물의 결합 성질은 주기율표의 주기의 오른쪽으로 감에 따라 변한다(그림 15.8 참조). 즉, 알칼리 금속 및 알칼리 토금속의 산화물처럼 주기율표에서 왼쪽에 있는 원소와의 산화물은 일반적으로 녹는점이 높은 이온성 고체들이다. 주기율표에서 중간에 있는 준금속 원소의 산화물 역시 고체이나 이들은 이온 결합이 많이 약화되어 있다. 비금속 원소들의 산화물은 공유 결합 화합물이며, 실온에서 액체 또는 기체로 존재한다. 산화물들의 산성 성질은 왼쪽에서 오른쪽으로 갈수록 증가한다.

3주기 원소들의 산화물을 생각해 보자(표 8.4 참조).

$$\underbrace{Na_2O \quad MgO}_{\text{염기성}} \quad \underbrace{Al_2O_3}_{\text{양쪽성}} \quad \underbrace{SiO_2 \quad P_4O_{10} \quad SO_3 \quad Cl_2O_7}_{\text{산성}}$$

산화물의 염기성은 족에서 아래로 내려갈수록 증가한다. MgO는 물과 반응하지 않으나 산과는 다음과 같이 반응한다.

$$MgO(s) + 2H^+(aq) \longrightarrow Mg^{2+}(aq) + H_2O(l)$$

반면에 BaO는 더 염기성이며, 가수분해되어 이에 해당하는 수산화물이 생긴다.

$$BaO(s) + H_2O(l) \longrightarrow Ba(OH)_2(aq)$$

과산화 수소(H_2O_2)는 가장 잘 알려진 과산화물이다. 이것은 무색으로 시럽과 같은 액체(녹는점 −0.9°C)이며, 실험실에서 과산화 바륨 팔수화물을 차가운 묽은 황산과 반응시키면 생성된다.

$$BaO_2 \cdot 8H_2O(s) + H_2SO_4(aq) \longrightarrow BaSO_4(s) + H_2O_2(aq) + 8H_2O(l)$$

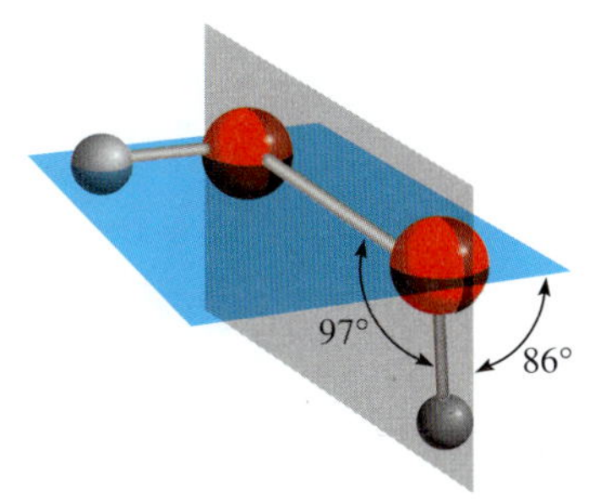

그림 22.12 H_2O_2의 구조.

과산화 수소의 구조는 그림 22.12와 같다. VSEPR 이론으로부터 과산화 수소의 H—O 결합과 O—O 결합은 물의 구조와 비슷하게 각 산소 원자를 중심으로 굽은 상태에 있는 것을 알 수 있다. H_2O보다는 H_2O_2에서 고립 전자쌍-결합 전자쌍 반발이 더 크므로 HOO의 결합각이 97°로 줄어든다(H_2O에서 HOH 각도는 104.5°이다). 과산화 수소는 극성 분자(μ = 2.16 D)이다.

과산화 수소는 가열하거나 햇빛에 노출되면 쉽게 분해된다. 심지어는 먼지 입자 또는 철과 구리를 비롯한 어떤 금속의 존재 하에서도 쉽게 분해한다.

$$2H_2O_2(l) \longrightarrow 2H_2O(l) + O_2(g) \qquad \Delta H° = -196.4 \text{ kJ/mol}$$

이 반응은 불균등화 반응이란 것을 유념하라. 산소의 산화수가 −1에서 −2와 0으로 변하고 있다.

과산화 수소는 물과 수소 결합을 형성할 수 있는 능력 때문에 어떠한 비율로도 물과 잘 섞인다. 약국에서 팔고 있는 묽은 과산화 수소 용액(질량으로 3%)은 온화한 살균제로 사용되며, 더 진한 H_2O_2 용액은 직물, 모피, 털의 표백제로 사용된다. 과산화 수소의 높은 분해열 때문에 로켓 연료의 적절한 성분이 된다.

과산화 수소는 센 산화제로 산성 용액에서 Fe^{2+} 이온을 Fe^{3+} 이온으로 산화시킬 수 있다.

$$H_2O_2(aq) + 2Fe^{2+}(aq) + 2H^+(aq) \longrightarrow 2Fe^{3+}(aq) + 2H_2O(l)$$

또한 과산화 수소는 SO_3^{2-} 이온을 SO_4^{2-} 이온으로 산화시킨다.

$$H_2O_2(aq) + SO_3^{2-}(aq) \longrightarrow SO_4^{2-}(aq) + H_2O(l)$$

그 이외에도 과산화 수소는 자기 자신보다 더 센 산화제 물질에 대해서 환원제 역할을 할 수 있다. 예를 들면, 과산화 수소는 산화 은을 금속 은으로 환원시킨다.

$$H_2O_2(aq) + Ag_2O(s) \longrightarrow 2Ag(s) + H_2O(l) + O_2(g)$$

그리고 산성 용액 내에서 과망가니즈산 이온(MnO_4^-)을 망가니즈(II) 이온으로 환원시킨다.

$$5H_2O_2(aq) + 2MnO_4^-(aq) + 6H^+(aq) \longrightarrow 2Mn^{2+}(aq) + 5O_2(g) + 8H_2O(l)$$

과산화 수소의 농도를 결정하려면 표준 과망가니즈산염 용액을 사용하는 산화-환원 적정법으로 구할 수 있다.

O_2^- 이온을 가지는 초과산화물은 비교적 잘 알려져 있지 않다. 일반적으로 아주 반응성이 좋은 알칼리 금속(K, Rb, Cs)만이 초과산화물을 형성한다.

과산화 이온과 초과산화 이온이 대사과정의 부산물이란 것을 기억해야 한다. 이들 이온은 반응성이 매우 좋기 때문에 살아있는 세포에 큰 손상을 줄 수 있다. 다행스럽게도 우리 몸에는 카탈라제(catalase) 효소, 과산화 효소, 초과산화 불균등화 효소 등이 있으므로 이런 독성 물질들을 물과 산소 분자로 전환시킨다.

➤ 오존

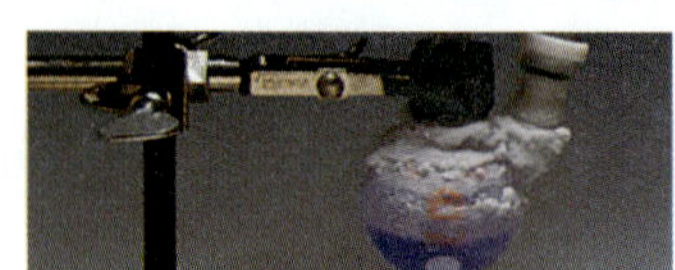

액체 오존.

오존은 약간 독성이 있는 연푸른색 기체이다(끓는점 −111.3°C). 주위에 큰 전기 방전(지하철과 같은)이 있는 곳에서 오존의 코를 찌르는 듯한 냄새가 난다. 오존은 산소 분자를 광화학적으로 또는 전기 방전시켜 제조한다(그림 22.13).

$$3O_2(g) \longrightarrow 2O_3(g) \qquad \Delta G^\circ = 326.8 \text{ kJ/mol}$$

오존의 표준 생성 자유 에너지는 큰 양의 값[ΔG_f° = (326.8/2) kJ/mol = 163.4 kJ/mol]을 가지므로 오존은 산소 분자보다 덜 안정하다. 오존 분자는 굽은 구조이며 결합각은 116.5°이다.

$$:\ddot{O}{-}\ddot{O}{=}\ddot{O}: \longleftrightarrow :\ddot{O}{=}\ddot{O}{-}\ddot{O}:$$

오존은 식수의 정화, 공기와 하수도 가스의 냄새 제거, 왁스, 기름, 직물을 표백하는 일에 주로 사용된다.

오존은 매우 강력한 산화제로 오존보다 산화력이 더 큰 것은 플루오린 분자뿐이다(표 18.1 참조). 예를 들면, 오존은 많은 금속 황화물들을 상응하는 황산염으로 산화시킬 수 있다.

$$4O_3(g) + PbS(s) \longrightarrow PbSO_4(s) + 4O_2(g)$$

오존은 금과 백금을 제외한 모든 일반적인 금속을 산화시킨다. 실제로 간단한 오존 확인법은 수은과 오존의 반응에 기초를 두고 있다. 수은을 오존에 노출시키면 금속 광택성을 잃게 되고, 유리관에 들러붙게 된다(유리관을 통해 자유롭게 흐르는 대신). 이런 행동은 산화수은(II)가 형성되어 표면 장력이 변하였기 때문이다.

$$O_3(g) + 3Hg(l) \longrightarrow 3HgO(s)$$

성층권에서 오존의 유익한 점과 스모그 형성에서 해로운 점은 20장에서 논의되었다.

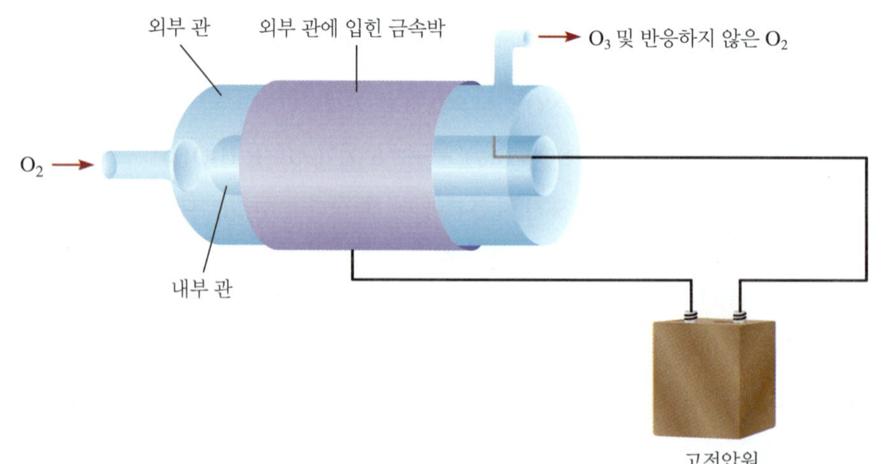

그림 22.13 전기 방전을 통한 O_2로부터 O_3의 제조법. 외부 관의 바깥쪽과 내부 관의 안쪽은 고전압원과 연결된 금속박으로 코팅되어 있다(내부 관의 안쪽에 있는 금속박은 표시하지 않았다). 전기 방전 동안에 O_2 기체가 관을 통하여 지나간다. 만들어진 O_3 기체는 반응하지 않은 일부 O_2 기체와 함께 오른쪽 위의 관으로 나온다.

황

황은 매우 풍부한 원소는 아니지만(지각 질량의 약 0.06% 정도만을 차지하고 있음), 흔히 원소 상태로 자연에 존재하기 때문에 쉽게 얻을 수 있다. 황이 가장 많이 저장된 곳은 퇴적 광상에서 발견된다. 또한 황은 석고[$CaSO_4 \cdot 2H_2O$]와 황철석(FeS_2)(그림 22.14)과 같은 여러 가지 종류의 황을 포함한 광물질에 널리 존재한다. 황은 H_2S, SO_2 및 황을 포함한 다른 화합물의 형태로 천연가스 속에도 존재한다.

그림 22.15에 나와 있는 *프라시*[†] *공정*(Frasch process)을 이용하여 지하 퇴적물로부터 황을 추출할 수 있다. 이 과정에서 초가열된(superheated) 물(끓는 것을 방지하기 위해 고압하에서 약 160°C 정도로 가열시킨 물)을 가장 바깥쪽 관을 통하여 내려보내 황을 녹게 한다. 그 다음 압축된 공기를 가장 안쪽 관으로 내려보낸다. 공기와 혼합된 액체 황은 에멀션 상태이며, 물보다 진하지 않다. 따라서 이것은 중간관 쪽으로 밀어 올려져 표면 위로 나온다. 이러한 방법으로 생산된 황은 연간 천만 t이나 되며, 순도는 약 99.5%이다.

그림 22.14 금 광택 때문에 "바보의 금"이라 불리는 황철석(FeS_2).

황의 동소체는 여러 가지가 있으며, 가장 중요한 것은 사방정계(rhombic)와 단사정계(monoclinic) 형태이다. 사방정계 황은 열역학으로 가장 안정한 형태인데, 주름잡힌 S_8 고리 구조이다.

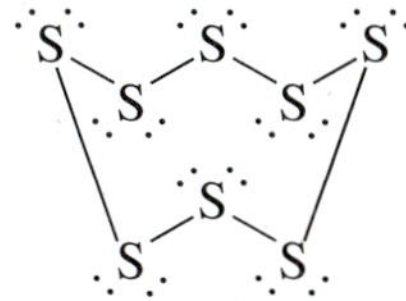

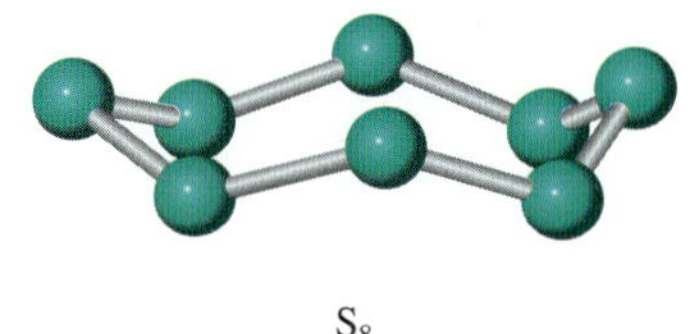

S_8

사방정계 황은 노란색의 무미, 무취의 고체(녹는점 112°C, 그림 8.19 참조)이며, 물에는 녹지 않으나, 이황화 탄소에는 녹는다. 가열하면 이것은 천천히 단사정계 황(녹는점 119°C)으로 변하며, 물론 단사정계 황도 S_8 단위로 구성되어 있다. 액체 황을 150°C 이상

[†] 프라시(Herman Frasch, 1851~1914)는 독일의 화학 기술자로, 순수한 황을 얻는 공정을 고안하였으며, 석유를 정제하는 공정도 개발하였다.

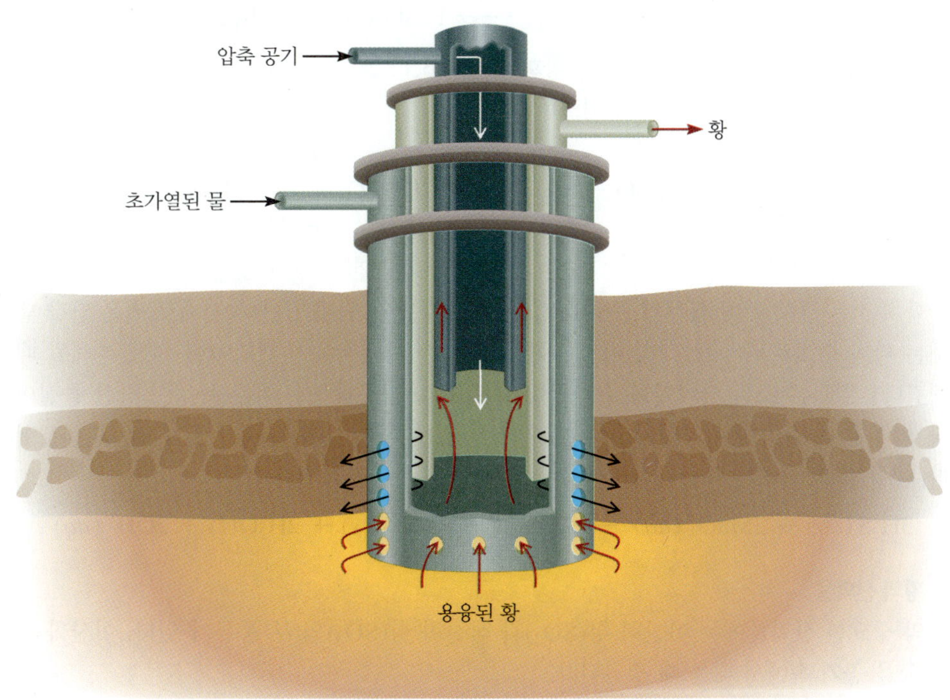

그림 22.15 프라시 공정. 중심이 같은 세 개의 관을 황 퇴적층의 뚫린 구멍으로 넣는다. 초가열된 물을 황이 녹을 수 있도록 외부 관을 통하여 황으로 내려보낸다. 그리고 용융된 황은 압축 공기에 의해 중간의 관을 통하여 위로 올라간다.

표 22.3 일반적인 황의 화합물

산화수	화합물	화학식	구조
−2	황화 수소	H_2S	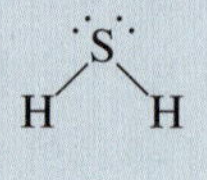
0	황*	S_8	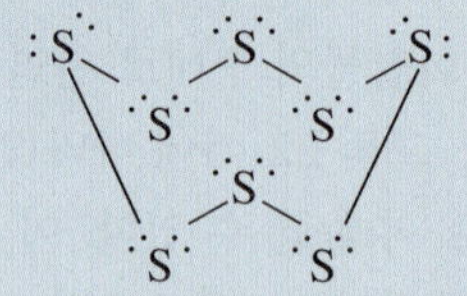
+1	이염화 이황	S_2Cl_2	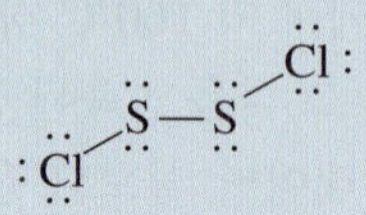
+2	이염화 황	SCl_2	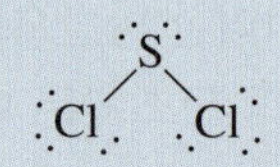
+4	이산화 황	SO_2	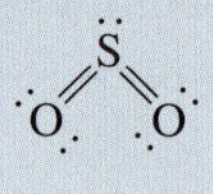
+6	삼산화 황	SO_3	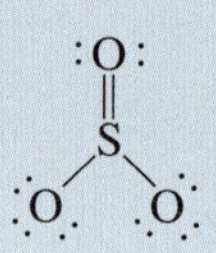

*원소를 기준으로 하여 나열한다.

으로 가열하면 고리 구조가 깨지며 황 사슬이 얽히게 되어 액체의 점성이 갑자기 증가한다. 더 가열하면 황 사슬이 깨지게 되며, 점성이 감소한다.

질소처럼 황도 화합물에서 다양한 산화수를 갖는다(표 22.3 참조). 가장 잘 알려진 황의 수소 화합물은 황화 수소인데, 황화물에 산을 처리하면 만들어진다. 예를 들면, 다음과 같다.

$$FeS(s) + H_2SO_4(aq) \longrightarrow FeSO_4(aq) + H_2S(g)$$

오늘날 정성 분석에 많이 사용되는 황화 수소(16.11절 참조)는 싸이오아세트아마이드(thioacetamide)를 가수분해하여 제조한다.

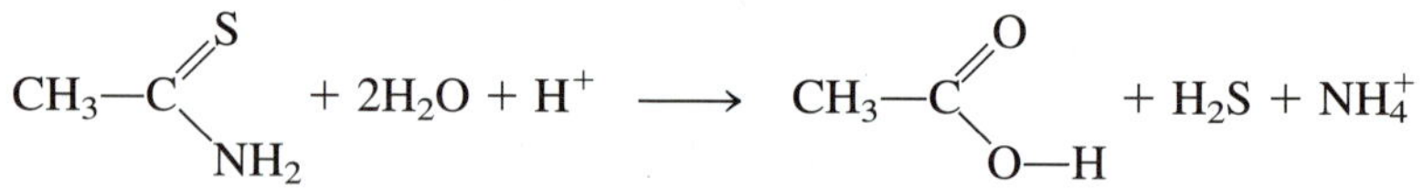

$$CH_3-C(=S)-NH_2 + 2H_2O + H^+ \longrightarrow CH_3-C(=O)-O-H + H_2S + NH_4^+$$

싸이오아세트아마이드 → 아세트산

황화 수소는 무색 기체(끓는점 −60.2°C)이며 썩은 달걀 냄새가 난다(실제로 썩은 달걀 냄새는 황화 수소로부터 왔으며, 이것은 황을 포함한 단백질이 박테리아에 의해 분해될 때 생긴다). 황화 수소는 사이안화 수소처럼 호흡 효소를 공격하는 아주 독성이 강한 물질이다. 이것은 매우 약한 이양성자산이다(표 15.5 참조). 염기성 용액 내에서 H_2S는 환원제이다. 예를 들면, H_2S는 과망가니즈산염에 의해 황 원소로 산화된다.

$$3H_2S(aq) + 2MnO_4^-(aq) \longrightarrow 3S(s) + 2MnO_2(s) + 2H_2O(l) + 2OH^-(aq)$$

황의 산화물

황의 중요한 산화물에는 이산화 황(SO_2)과 삼산화 황(SO_3)의 두 종류가 있다. 이산화 황은 황을 공기 속에서 태울 때 생성된다.

$$S(s) + O_2(g) \longrightarrow SO_2(g)$$

실험실에서는 아황산염을 산으로 처리하여 이산화 황을 만든다. 예를 들면, 다음과 같다.

$$2HCl(aq) + Na_2SO_3(aq) \longrightarrow 2NaCl(aq) + H_2O(l) + SO_2(g)$$

또는 구리를 진한 황산으로 처리하여서도 만들 수 있다.

$$Cu(s) + 2H_2SO_4(aq) \longrightarrow CuSO_4(aq) + 2H_2O(l) + SO_2(g)$$

이산화 황(끓는점 −10°C)은 코를 찌르는 듯한 냄새와 독성이 있는 무색 기체이다. 산성 산화물인 이산화 황은 물과 다음과 같이 반응한다.

$$SO_2(g) + H_2O(l) \rightleftharpoons H^+(aq) + HSO_3^-(aq)$$

물 속에서 아황산(H_2SO_3)이 형성된다는 증거는 없다.

이산화 황은 천천히 삼산화 황으로 산화되지만, 백금 또는 산화 바나듐 촉매에 의해 반응 속도가 크게 빨라질 수 있다(13.6절 참조).

$$2SO_2(g) + O_2(g) \longrightarrow 2SO_3(g)$$

삼산화 황은 물에 녹아 황산이 된다.

$$SO_3(g) + H_2O(l) \longrightarrow H_2SO_4(aq)$$

산성비에서 이산화 황의 역할이 20.6절에 논의되어 있다.

➤ 황산

황산은 세계에서 가장 중요한 공업용 화학 제품이다. 공업적으로 황산을 제조할 때 먼저 공기 속에서 황을 태워 이산화 황을 만든다.

미국에서 연간 대략 5,000만 t의 황산이 만들어진다.

$$S(s) + O_2(g) \longrightarrow SO_2(g)$$

다음으로 이산화 황을 삼산화 황으로 변화시키는데, 이 단계가 핵심 단계이다.

$$2SO_2(g) + O_2(g) \longrightarrow 2SO_3(g)$$

두 번째 단계에서 사용하는 촉매는 산화 바나듐(V)(V_2O_5)이다. 이산화 황과 산소 분자가 고체 V_2O_5의 표면과 접촉하면서 반응이 일어나기 때문에 이 과정을 *접촉 공정*(contact process)이라 부른다.

삼산화 황은 물과 반응하여 황산을 만들지만, 곧 수증기와 함께 아주 작은 H_2SO_4 알갱이의 안개를 형성하여 응결하기가 어렵다. 대신에 삼산화 황을 먼저 98%의 황산에 녹여 *발연 황산*(oleum, $H_2S_2O_7$)을 만든다.

$$SO_3(g) + H_2SO_4(aq) \longrightarrow H_2S_2O_7(aq)$$

이것을 물로 처리하면 진한 황산을 얻을 수 있다.

$$H_2S_2O_7(aq) + H_2O(l) \longrightarrow 2H_2SO_4(aq)$$

알루미나(Al_2O_3)로 입힌 산화 바나듐.

황산은 이양성자산(표 15.5 참조)으로서 무색이며, 점성이 있는 액체(녹는점 10.4°C)이다. 실험실에서 사용하는 진한 황산은 질량으로는 98% H_2SO_4이며(밀도 1.84 g/cm^3), 농도는 18 *M*이다. 황산의 산화력은 온도와 농도에 의존한다. 차가운 묽은 황산은 활동도 서열(그림 4.15 참조)에서 수소보다 위에 있는 금속과 치환 반응을 하여 수소 기체를 발생한다.

$$Mg(s) + H_2SO_4(aq) \longrightarrow MgSO_4(aq) + H_2(g)$$

이 반응은 활성 금속과 산 사이의 전형적인 반응이다. 산화제로서의 세기는 황산이 뜨겁고 진할 때 크게 증가한다. 이러한 용액 속에서 실제로 산화제는 수화된 양성자 $H^+(aq)$가 아니라 황산 이온이다. 따라서 구리는 진한 황산과 다음과 같은 반응을 한다.

$$Cu(s) + 2H_2SO_4(aq) \longrightarrow CuSO_4(aq) + SO_2(g) + 2H_2O(l)$$

환원제의 성질에 따라 황산 이온은 황이나 황화 이온으로 더 환원된다. 예를 들면, H_2SO_4은 HI와 반응하여 H_2S와 I_2를 생성한다.

$$8HI(aq) + H_2SO_4(aq) \longrightarrow H_2S(aq) + 4I_2(s) + 4H_2O(l)$$

진한 황산은 비금속을 산화시킨다. 예를 들면, 탄소를 이산화 탄소로, 황을 이산화 황으로 산화시킨다.

$$C(s) + 2H_2SO_4(aq) \longrightarrow CO_2(g) + 2SO_2(g) + 2H_2O(l)$$
$$S(s) + 2H_2SO_4(aq) \longrightarrow 3SO_2(g) + 2H_2O(l)$$

황의 다른 화합물

무색의 인화성 액체(끓는점 46°C)인 이황화 탄소는 탄소와 황을 높은 온도에서 가열하여 제조한다.

$$C(s) + 2S(l) \longrightarrow CS_2(l)$$

이것은 물에 약간만 녹는다. 이황화 탄소는 황, 인, 아이오딘, 왁스, 고무와 같은 비극성 물질을 잘 녹이는 용매이다.

다른 흥미로운 황 화합물로 육플루오린화 황(SF_6)이 있다. 이것은 대기압의 플루오린 기체와 황을 가열하여 제조한다.

$$S(l) + 3F_2(g) \longrightarrow SF_6(g)$$

육플루오린화 황은 무독성의 무색 기체(끓는점 −63.8°C)이다. 이것은 모든 황 화합물 중에서 가장 비활성이어서 용융된 KOH에도 견딘다. SF_6의 구조와 결합은 9장과 10장에서 논의하였으며, 임계 현상은 11장에서 설명하였다(그림 11.37 참조).

22.6 할로젠

할로젠(플루오린, 염소, 브로민, 아이오딘)은 반응성이 큰 비금속이다(그림 8.20 참조). 표 22.4에 이들 원소의 몇 가지 성질들을 수록하였다. 모든 할로젠은 반응성이 크고 독성이 있으나, 반응성과 독성의 크기는 일반적으로 플루오린에서 아이오딘으로 갈수록 감소한다. 플루오린의 화학은 다음과 같은 점에서 나머지 할로젠의 화학과 다르다.

보통 한 족의 첫 번째 원소는 같은 족의 나머지 원소들과 성질이 다름을 주목하라(8.6절 참조).

1. 플루오린은 모든 할로젠 중에서 반응성이 가장 크다. 플루오린과 염소의 반응성 차이는 염소와 브로민의 차이보다 더 크다. 표 22.4에서 F—F 결합이 Cl—Cl 결합보다 더 약한 것을 보여주고 있다. F_2의 약한 결합은 F 원자에 있는 고립 전자쌍 때문으로 설명할 수 있다.

   $$:\ddot{\underset{..}{F}}—\ddot{\underset{..}{F}}:$$

   F 원자의 크기가 작으므로(표 22.4 참조) F 원자에 있는 고립 전자쌍들이 서로 가까이 접근해 있다. 따라서 이들 간의 반발력은 큰 원자로 구성된 Cl_2에서보다 F_2에서 더 크다.

2. 플루오린화 수소는 분자간의 강한 수소 결합 때문에 끓는점(19.5°C)이 높은 반면, 다른 할로젠화 수소는 끓는점이 훨씬 더 낮다(그림 11.6 참조).
3. 플루오린화 수소산(hydrofluoric acid)은 약산인 반면, 다른 모든 할로젠화 수소산(HCl, HBr, HI)은 강산이다.
4. 플루오린은 차가운 수산화 소듐 용액과 반응하여 다음과 같이 이플루오린화 산소를 만든다.

표 22.4 할로젠의 성질

성질	F	Cl	Br	I
원자가 전자 배열	$2s^22p^5$	$3s^23p^5$	$4s^24p^5$	$5s^25p^5$
녹는점(°C)	−223	−212	−7	114
끓는점(°C)	−187	−35	59	183
외양*	연노란색 기체	황록색 기체	적갈색 액체	진한 보라색 증기 금속처럼 보이는 고체
원자 반지름(pm)	72	99	114	133
이온 반지름(pm)†	133	181	195	220
이온화 에너지(kJ/mol)	1680	1251	1139	1003
전기음성도	4.0	3.0	2.8	2.5
표준 환원 전위(V)*	2.87	1.36	1.07	0.53
결합 엔탈피(kJ/mol)*	150.6	242.7	192.5	151.0

*이 값과 설명들은 이원자 종인 X_2에 적용된다. 여기서 X는 할로젠이다. 반쪽 반응은 $X_2(g) + 2e^- \longrightarrow 2X^-(aq)$이다.
†음이온 X^-에 대한 것이다.

$$2F_2(g) + 2NaOH(aq) \longrightarrow 2NaF(aq) + H_2O(l) + OF_2(g)$$

반면에 염소와 브로민이 위와 같은 반응을 할 때는 할로젠화물과 하이포아할로젠산염(hypohalite)이 생성된다.

$$X_2(g) + 2NaOH(aq) \longrightarrow NaX(aq) + NaXO(aq) + H_2O(l)$$

여기서 X는 Cl 또는 Br이다. 같은 조건에서 아이오딘은 반응하지 않는다.

5. 플루오린화 은(AgF)은 물에 녹지만, 다른 모든 할로젠화 은(AgCl, AgBr, AgI)은 녹지 않는다(표 4.2 참조)

아스타틴(astatine) 원소(At) 역시 7A족에 속한다. 모든 아스타틴 동위원소는 방사성 원소로 가장 수명이 긴 원소는 아스타틴-210이며, 반감기는 8.3시간이다. 따라서 실험실에서 아스타틴을 연구하는 것은 어렵고 또한 돈이 많이 든다.

할로젠은 많은 화합물을 형성한다. 원소 상태의 할로젠은 이원자 분자(X_2)를 형성한다. 그러나 천연에서는 높은 반응성 때문에 할로젠은 항상 다른 원소와 결합한 상태로 발견된다. 염소, 브로민, 아이오딘은 바닷물 속에서 할로젠화물로 존재하며, 플루오린은 형석(fluorite, CaF_2, 그림 21.16 참조)과 빙정석(cryolite, Na_3AlF_6)에 존재한다.

할로젠의 제조와 일반적 성질

플루오린과 염소는 센 산화제이기 때문에 플루오린화 이온과 염화 이온을 산화시켜 얻는 화학적 산화법보다는 전기분해법으로 제조해야 한다. 그러나 플루오린화물 수용액을 전기분해하면 플루오린을 생성하지는 않는다. 왜냐하면 플루오린이 산소보다 더 센 산화제이기 때문이다. 표 18.1에서 다음을 알 수 있다.

$$F_2(g) + 2e^- \longrightarrow 2F^-(aq) \qquad E^\circ = 2.87\text{ V}$$
$$O_2(g) + 4H^+(aq) + 4e^- \longrightarrow 2H_2O(l) \qquad E^\circ = 1.23\text{ V}$$

플루오린화물 수용액을 전기분해하여 F_2가 생성되면 그것은 즉시 물을 산소로 산화시킬 것이다. 이러한 이유로 전도도를 증가시켜 주는 플루오린화 포타슘이 포함된 액체 플루오린화 수소를 약 70°C에서 전기분해하여 플루오린을 제조하고 있다(그림 22.16).

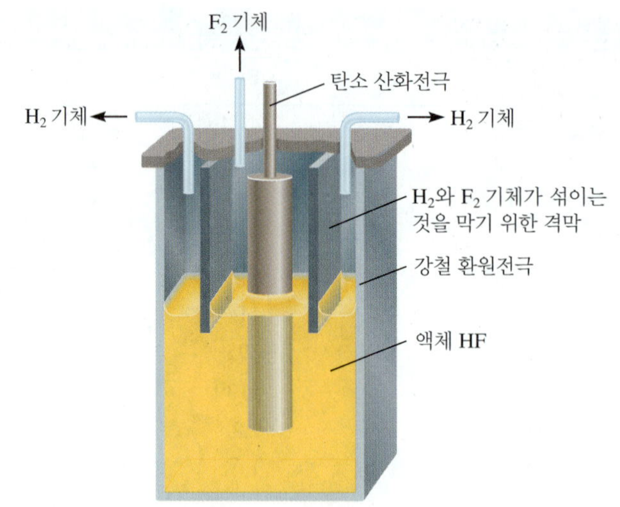

그림 22.16 플루오린 기체를 만들기 위한 전기분해 장치. H_2와 F_2는 폭발성 혼합물을 만들 수 있으므로 서로 분리하여야 한다.

$$\begin{array}{rrcl} \text{산화전극(산화):} & 2F^- & \longrightarrow & F_2(g) + 2e^- \\ \text{환원전극(환원):} & 2H^+ + 2e^- & \longrightarrow & H_2(g) \\ \hline \text{전체 반응:} & 2HF(l) & \longrightarrow & H_2(g) + F_2(g) \end{array}$$

염소 기체(Cl_2)는 공업적으로 용융된 NaCl을 전기분해(18.8절 참조)하거나 *진한 NaCl 수용액(소금물)을 전기분해*하는 ***염소-알칼리 공정***(chlor-alkali process)으로 제조한다. (*Chlor*는 염소를 나타내며, *alkali*는 포타슘과 같은 알칼리 금속을 나타냄.) 염소-알칼리 공정에서 사용하는 두 개의 전지는 수은 전지와 격막(diaphragm) 전지이다. 이 두 전지에서 일어나는 전체 반응은 다음과 같다.

$$2NaCl(aq) + 2H_2O(l) \xrightarrow{\text{전기분해}} 2NaOH(aq) + H_2(g) + Cl_2(g)$$

이 반응에서 보는 바와 같이 두 개의 유용한 부산물(NaOH와 H_2)이 생긴다. 전기분해 장치는 생성된 염소 분자가 수산화 포타슘 수용액, 수소 분자와 분리되도록 고안되었는데 이는 다음과 같은 부반응을 방지하기 위한 것이다.

$$2NaOH(aq) + Cl_2(g) \longrightarrow NaOCl(aq) + NaCl(aq) + H_2O(l)$$
$$H_2(g) + Cl_2(g) \longrightarrow 2HCl(g)$$

이 반응들은 원하는 생성물을 소모하고 있으며, H_2와 Cl_2의 혼합물은 폭발성이 있으므로 위험하다.

그림 22.17은 염소-알칼리 공정에서 사용하고 있는 수은 전지를 보여준다. 환원전극은 전지 밑바닥에 있는 액체 수은이며, 산화전극은 백금을 입힌 흑연 또는 타이타늄이다. 그림에서 보는 바와 같이 소금물은 전지를 계속해서 통과하고 있다. 전극 반응은 아래와 같다.

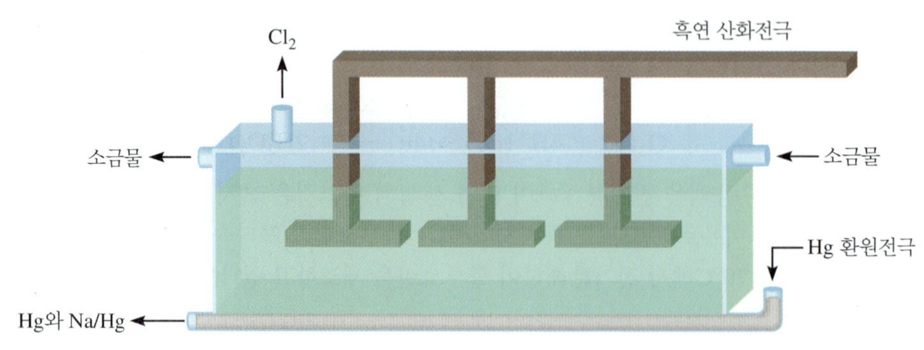

그림 22.17 염소-알칼리 공정에 사용되는 수은 전지. 환원전극에 수은이 들어 있다. 소듐-수은 아말감이 전지 외부의 물과 반응하여 수산화 소듐과 수소 기체를 만든다.

그림 22.18 염소 기체의 공업적 제조 공장.

$$\begin{array}{lrcl} \text{산화전극(산화):} & 2Cl^-(aq) & \longrightarrow & Cl_2(g) + 2e^- \\ \text{환원전극(환원):} & 2Na^+(aq) + 2e^- & \xrightarrow{Hg(l)} & 2Na/Hg \\ \hline \text{전체 반응:} & 2NaCl(aq) & \longrightarrow & 2Na/Hg + Cl_2(g) \end{array}$$

여기서 Na/Hg는 소듐 아말감의 형성을 나타낸다. 이런 방법으로 생성된 염소 기체는 매우 순수하다. 소듐 아말감은 소금물과는 반응하지 않으나 전지 바깥쪽에 있는 순수한 물과 반응하여 다음과 같이 분해된다.

$$2Na/Hg + 2H_2O(l) \longrightarrow 2NaOH(aq) + H_2(g) + 2Hg(l)$$

이 반응에서 수산화 소듐과 수소 기체가 부산물이다. 여기서 생성된 수은은 전지 속으로 다시 들어가 재사용하고 있으나, 어느 정도의 수은은 항상 폐기 용액과 함께 자연 환경으로 방출되어 수은 오염을 일으킨다. 이것이 수은 전지의 큰 결점이다. 그림 22.18는 염소 기체의 공업적 제조 공장을 보여 주고 있다.

격막 전지에서 일어나고 있는 반쪽 전지 반응들이 그림 22.19에 나와 있다. 석면 격막은 이온들은 통과시키지만, 수소와 염소 기체는 통과시키지 않아서 이 두 기체가 섞이는 것을 막는다. 전기분해가 일어나는 동안 환원전극으로부터 OH^- 이온이 이동하는 것을 방지하기 위해 산화전극에 전압을 가해준다. 주기적으로 새로운 소금물을 전지에 가하고 수산화 소듐 수용액이 흘러나온다. 격막 전지는 오염 문제가 없다. 이 전지의 주된 단점은 수산화 소듐 수용액이 반응성이 없는 염화 소듐으로 오염되는 것이다.

바닷물을 염소로 산화시켜 브로민과 아이오딘 분자를 제조하는 것을 4.4절에서 논의하였다. 실험실에서 염소, 브로민, 아이오딘은 산화 망가니즈(IV)가 있는 진한 황산 내에서 할

표 18.1을 보면 산화력이 Cl_2에서 Br_2, I_2로 가면서 감소하는 것을 알 수 있다.

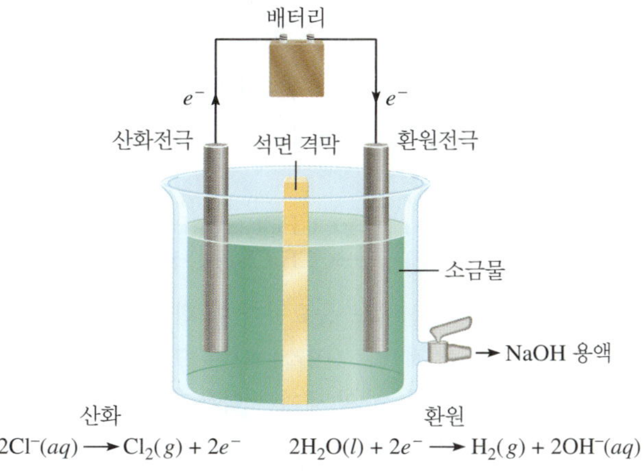

그림 22.19 염소-알칼리 공정에 사용되는 격막 전지.

로젠화 알칼리염(NaCl, KBr, KI)을 가열하여 제조한다. 대표적인 반응은 다음과 같다.

$$MnO_2(s) + 2H_2SO_4(aq) + 2NaCl(aq) \longrightarrow MnSO_4(aq) + Na_2SO_4(aq) + 2H_2O(l) + Cl_2(g)$$

할로젠의 화합물

대부분의 할로젠화물은 두 종류로 분류할 수 있다. 많은 금속 원소, 특히 알칼리 금속과 알칼리 토금속(베릴륨은 제외) 원소들의 플루오린화물과 염화물들은 이온 결합 화합물이다. 황이나 인과 같은 비금속의 할로젠화물은 대부분 공유 결합 화합물이다. 그림 4.10에서 설명한 바와 같이 할로젠의 산화수는 -1에서 $+7$까지 다양하다. 유일하게 플루오린만이 예외이다. 플루오린은 전기음성도가 가장 큰 원소이므로 0(F_2에서)과 -1(플루오린 화합물에서)의 두 종류 산화수만을 갖는다.

할로젠화 수소

할로젠 화합물 중 중요한 화합물인 할로젠화 수소는 원소들을 직접 결합시켜 만들 수 있다.

$$H_2(g) + X_2(g) \rightleftharpoons 2HX(g)$$

여기서 X는 할로젠 원자를 나타낸다. 이런 반응(특히 F_2와 Cl_2가 관여하고 있는)은 폭발적으로 일어날 수 있다. 공업적으로 HCl은 염소화된 탄화수소 화합물을 제조할 때 부산물로 생성된다.

$$C_2H_6(g) + Cl_2(g) \longrightarrow C_2H_5Cl(g) + HCl(g)$$

실험실에서 HF와 HCl는 할로젠화 금속 화합물을 진한 황산과 반응시켜 제조한다.

$$CaF_2(s) + H_2SO_4(aq) \longrightarrow 2HF(g) + CaSO_4(s)$$
$$2NaCl(s) + H_2SO_4(aq) \longrightarrow 2HCl(g) + Na_2SO_4(aq)$$

HBr과 HI는 이런 방법으로 제조할 수 없다. 그 이유는 HBr과 HI가 브로민과 아이오딘 원소로 산화되기 때문이다. 예를 들면, NaBr을 H_2SO_4과 반응시키면 다음 반응이 일어난다.

$$2NaBr(s) + 2H_2SO_4(aq) \longrightarrow Br_2(l) + SO_2(g) + Na_2SO_4(aq) + 2H_2O(l)$$

HBr의 제법은 다음과 같다. 먼저 브로민과 인을 반응시켜 삼브로민화 인을 만든다.

$$P_4(s) + 6Br_2(l) \longrightarrow 4PBr_3(l)$$

그 다음 이 PBr_3을 물과 반응시키면 HBr이 만들어진다.

$$PBr_3(l) + 3H_2O(l) \longrightarrow 3HBr(g) + H_3PO_3(aq)$$

HI도 비슷한 방법으로 제조한다.

실리카나 규산염과 잘 반응한다는 사실로부터 HF의 반응성이 높다는 것을 알 수 있다.

$$6HF(aq) + SiO_2(s) \longrightarrow H_2SiF_6(aq) + 2H_2O(l)$$

이러한 성질은 HF가 유리를 부식시키는 데 적합하며, HF를 반드시 플라스틱 또는 비활성 금속(예를 들면, Pt) 용기에 보관해야 하는 이유가 된다. 플루오린화 수소는 프레온(20장 참조) 제조에 사용된다.

$$CCl_4(l) + HF(g) \longrightarrow CFCl_3(g) + HCl(g)$$
$$CFCl_3(g) + HF(g) \longrightarrow CF_2Cl_2(g) + HCl(g)$$

또한 이것은 알루미늄(21.7절 참조) 생산에도 중요하다. 염화 수소는 염산, 무기 염화물 제조와 여러 야금 과정에 사용된다. 공업적으로 HBr과 HI는 크게 사용되지 않는다.

할로젠화 수소의 수용액은 산성이다. 산의 세기는 다음과 같이 증가한다.

$$HF \ll HCl < HBr < HI$$

표 22.5 일반적인 할로젠 화합물*

화합물	F	Cl	Br	I
할로젠화 수소	HF (−1)	HCl (−1)	HBr (−1)	HI (−1)
산화물	OF_2 (−1)	Cl_2O (+1) ClO_2 (+4) Cl_2O_7 (+7)	Br_2O (+1) BrO_2 (+4)	I_2O_5 (+5)
산소산	HFO (−1)	HClO (+1) $HClO_2$ (+3) $HClO_3$ (+5) $HClO_4$ (+7)	HBrO (+1) $HBrO_3$ (+5) $HBrO_4$ (+7)	HIO (+1) HIO_3 (+5) H_5IO_6 (+7)

*괄호 안의 숫자는 할로젠의 산화수를 나타낸다.

할로젠의 산소산

할로젠은 다음과 같이 일반적인 화학식으로 표현되는 일련의 산소산을 형성한다.

HXO	HXO_2	HXO_3	HXO_4
하이포아할로젠산	아할로젠산	할로젠산	과할로젠산

아염소산($HClO_2$)은 유일하게 알려진 아할로젠산이다. 플루오린을 제외한 모든 할로젠은 할로젠산과 과할로젠산을 형성한다. 염소의 산소산들의 루이스 구조는 다음과 같다.

$$\mathrm{H:\ddot{\underset{..}{O}}:\ddot{\underset{..}{Cl}}:} \qquad \mathrm{H:\ddot{\underset{..}{O}}:\ddot{\underset{..}{Cl}}:\ddot{\underset{..}{O}}:} \qquad \mathrm{H:\ddot{\underset{..}{O}}:\ddot{\underset{\underset{:\underset{..}{O}:}{..}}{Cl}}:\ddot{\underset{..}{O}}:} \qquad \mathrm{H:\ddot{\underset{..}{O}}:\overset{\overset{..}{:O:}}{\underset{\underset{:\underset{..}{O}:}{..}}{Cl}}:\ddot{\underset{..}{O}}:}$$

하이포아염소산 　 아염소산 　 염소산 　 과염소산

주어진 할로젠에 대해서 이런 산들의 세기는 과할로젠산에서 하이포아할로젠산으로 갈수록 감소한다. 이런 경향에 대한 설명은 15.9절에 논의하였다.

표 22.5에 몇 가지 할로젠 화합물을 수록하였다. 과아이오딘산(HIO_4)은 순수한 형태로 분리되지 않으므로 표에서 빠져 있다. 그 대신에 분자식이 H_5IO_6인 화합물이 과아이오딘산 대신에 자주 사용되고 있다.

할로젠의 용도

플루오린

할로젠과 이들의 화합물은 산업, 의료, 다른 분야에서 광범위하게 응용되고 있다. 한 예는 플루오린의 첨가인데, NaF와 같은 할로젠화물을 먹는 물에 소량(질량으로 약 1 ppm) 첨가하여 충치 예방에 사용한다.

가장 중요한 플루오린화 무기 화합물들 중 하나는 육플루오린화 우라늄(UF_6)으로 우라늄 동위원소(U-235과 U-238)를 분리하기 위한 기체 확산 과정에 극히 중요하다. 산업적으로 플루오린은 테트라플루오로에틸렌 고분자(polytetrafluoroethylene)를 제조하는 데 사용한다. 이 고분자는 테플론(Teflon)으로 더 잘 알려져 있다.

$$\text{+}\!(CF_2\text{—}CF_2)\!\text{+}_n$$

여기서 n은 큰 수이다. 테플론은 전기 절연체, 고온 플라스틱 제품, 요리 도구 등에 사용된다.

염소

염소는 인체 내에서 중요한 생물학적 역할을 하고 있으며, 여기서 염화 이온은 세포 내 액체와 세포 외 액체에 있는 중요한 음이온이다. 염소는 종이와 직물용 표백제로 공업적으로 널리 사용되고 있다. 통상적인 가정용 세탁 표백제에는 활성 성분인 하이포아염소산 소듐(sodium hypochlorite, 질량으로 약 5%)이 있으며, 이것은 염소 기체를 차가운 수산화 소듐 용액과 반응시켜 제조한다.

$$Cl_2(g) + 2NaOH(aq) \longrightarrow NaCl(aq) + NaClO(aq) + H_2O(l)$$

염소는 물을 정화하거나 수영장 소독에도 사용된다. 염소가 물에 녹으면 다음 반응이 일어난다.

$$Cl_2(g) + H_2O(l) \longrightarrow HCl(aq) + HClO(aq)$$

ClO^- 이온이 박테리아 내에 생명을 유지시켜 주는 물질을 산화시켜 박테리아를 죽인다고 알려져 있다.

사염화 탄소와 클로로폼같이 염소화된 메테인은 유용한 유기 용매이다. DDT같은 살충제 생산에 많은 양의 염소가 사용된다. 그러나 살충제가 환경에 나쁜 영향을 미치기 때문에 미국에서는 이들 화합물 중 다수의 사용이 완전 금지 또는 크게 제한되어 있다. 염소는 폴리(염화 비닐)과 같은 고분자 생산에도 사용된다.

➤ 브로민

브로민 화합물은 일부 해양 유기체에서만 자연적으로 존재한다. 바닷물의 Br^- 농도는 약 1×10^{-3} M로 브로민의 주요 원천이다. 브로민은 이브로민화 에틸렌($BrCH_2CH_2Br$) 제조에 쓰이며, 제조된 이 화합물은 살충제나 납 침전물이 엔진을 막지 못하도록 휘발유에 있는 납을 제거하는 물질(납과 결합)로 사용된다. 이브로민화 에틸렌이 아주 강한 발암 물질이라는 연구가 있다.

브로민은 은과 직접 결합하여 브로민화 은(AgBr)이 되며, 이는 사진용 필름에 사용된다.

➤ 아이오딘

아이오딘은 다른 할로젠만큼 다양하게 사용되지는 않는다. *아이오딘 팅크*(tincture of iodine)로 알려진 50%(질량으로) 아이오딘의 알코올 용액은 의약용 방부제로 사용된다. 아이오딘은 갑상선 호르몬인 타이록신(thyroxine)의 주요 성분이다.

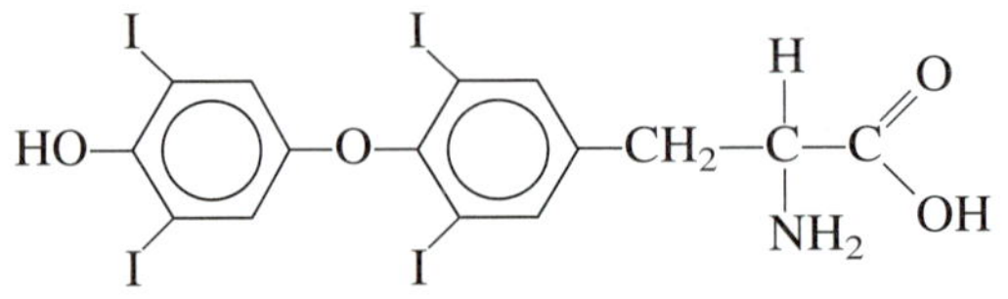

식이요법 중 아이오딘 결핍증은 갑상선 확장(갑상선종으로 알려져 있음)을 일으킨다. 미국에서 시판되는 아이오딘화된 식염은 KI이나 NaI를 보통 0.01% 포함하고 있으며, 이 양은 인체 내 타이록신 형성에 필요한 양인 1주 당 1 mg의 아이오딘을 충분히 만족하고도 남는다.

언급할 만한 가치가 있는 아이오딘 화합물은 아이오딘화 은(AgI)이다. 이것은 연노란색 고체로 빛에 노출되면 검게 변한다. 이 점에 있어서 브로민화 은과 비슷하다. 아이오딘화 은은 때로 구름 씨 뿌리기를 통해 소규모로 인공비를 내리게 하는 과정에 사용된다(그림 22.20). 아이오딘화 은 사용의 장점은 수많은 핵(아이오딘화 은의 작은 입자 위에 얼음 결정 형성)을 만들 수 있다는 것이다. 아이오딘화 은의 아세톤 용액을 불꽃으로 기화시켜 1 g의 AgI로 약 10^{15}개의 핵을 만든다. 이 핵을 비행기를 이용해 구름 속으로 분산시킨다.

그림 22.20 AgI 입자를 이용한 구름 씨.

사실과 개념 요약하기 Summary of Facts & Concepts

1. 수소 원자는 양성자 한 개와 전자 한 개를 가진다. 수소 원자는 가장 간단한 원소이다. 수소는 많은 금속 및 비금속과 결합하여 수소화물을 이룬다. 어떤 수소화물은 이온 결합을 하고 있으며, 어떤 수소화물은 공유 결합을 하고 있다.
2. 수소 동위원소에는 $^{1}_{1}H$(수소), $^{2}_{1}H$(중수소), $^{3}_{1}H$(삼중수소)의 세 가지가 있다. 중수는 중수소를 포함한다.
3. 중요한 탄소 무기 화합물로 탄화물(carbide)이 있다. 사이안화물(cyanide)은 대부분 독성이 매우 강하며, 일산화 탄소 또한 독성이 있으며, 공기 오염의 핵심 물질이다. 탄산염과 중탄산염, 이산화 탄소는 대사 과정의 최종 물질이며, 전체 탄소 순환의 구성 성분이다.
4. 질소(N_2)는 삼중 결합을 가지며, 매우 안정하다. 질소의 산화수가 −3에서 +5를 가진 화합물은 질소와 수소 또는 질소와 산소 사이에서 만들어진다. 암모니아(NH_3)는 비료 제조에 널리 사용되고 있다.
5. 흰인(P_4)은 독성이 강하고, 반응성이 좋으며, 가연성이 있다. 중합체로 존재하는 붉은 인$(P_4)_n$은 더 안정하다. 인은 산화수가 +3과 +5인 산화물과 할로젠화물을 형성하고, 몇 가지 산소산도 형성한다. 인산염은 가장 중요한 인 화합물이다.
6. 산소(O_2)는 상자기성이며, 두 개의 홀전자를 가진다. 산소는 오존(O_3), 산화물(O^{2-}), 과산화물(O_2^{2-}), 초과산화물(O_2^-)을 형성한다. 지각에서 가장 풍부한 원소인 산소는 지구상에서 살아가는 데 필수적인 원소이다.
7. 지각으로부터 프라시 공정으로 용융된 액체 상태의 황을 얻는다. 황은 몇 가지 동소체 형태로 존재하며, 황 화합물에서 황은 다양한 산화수를 갖고 있다.
8. 황산은 화학 산업에 기초가 되는 물질이다. 황산은 황에서 이산화 황과 접촉법으로 생성된 삼산화 황을 거쳐 제조한다.
9. 할로젠은 독성이 있으며, 반응성이 좋은 원소이다. 이들은 다른 원소와 결합한 화합물에서만 발견된다. 플루오린과 염소는 센 산화제이며, 전기분해로 제조한다.
10. 할로젠의 반응성, 독성, 산화력은 플루오린에서 아이오딘으로 갈수록 감소한다. 할로젠 모두가 이성분산(HX)과 일련의 산소산을 형성한다.

주요 용어 정리하기 Key Words

사슬화	수소화	탄화물
사이안화물	염소-알칼리 공정	

연습 문제 Questions & Problems

● 표시는 Connect Plus에서 유용한 문제,
붉은색 번호의 문제는 학생용 문제풀이집에 풀어 놓았다.

비금속의 일반적인 성질

▶ 복습 질문

● 22.1 그림 22.1을 참조하지 말고, 다음 원소들이 금속인지, 준금속인지, 비금속인지 기술하시오. (a) Cs, (b) Ge, (c) I, (d) Kr, (e) W, (f) Ga, (g) Te, (h) Bi.

22.2 금속과 비금속을 구분할 수 있는 화학적 성질과 물리적 성질을 각각 두 개를 쓰시오.

22.3 염소(Cl_2)와 마그네슘의 물리적, 화학적 성질에 대한 표를 작성하시오. 한 쪽은 금속이고 다른 한 쪽은 비금속이란 점에 있어서 둘 사이의 차이점을 지적하시오.

22.4 탄소는 일반적으로 비금속으로 분류한다. 그러나 연필심에 사용하는 흑연은 전기가 통한다. 연필을 보면서 흑연의 비금속성 성질 두 개를 쓰시오.

수소

▶ 복습 질문

22.5 주기율표에서 수소가 특별한 위치를 차지하는 이유를 설명하시오.

22.6 수소의 실험실용 제조법과 공업용 제조법을 각각 두 개씩 기술하시오.

22.7 수소는 화합물을 만들 때 세 가지 형태의 결합을 보인다. 각 결합의 종류를 예를 들어 서술하시오.

● 22.8 틈새형 수소화물은 어떤 것인가?

22.9 (a) 이온 결합성 수소화물과 (b) 공유 결합성 수소화물을 한 가지씩 말해 보시오. 각 화합물의 제법을 서술하고, 구조를 그리시오.

22.10 "수소 경제"가 의미하는 것을 말해보시오.

▶ 문제

● 22.11 원자 번호 17번과 21번 원소들은 수소와 반응하여 화합물을 만든다. 이 두 화합물의 화학식을 쓰고, 물 속에서의 화학적 거동을 비교하시오.

22.12 수소가 (a) 산화제로, (b) 환원제로 사용된 예를 쓰시오.

22.13 다음 원소들의 수소화물 각각의 물리적, 화학적 성질을 비교하시오. Na, Ca, C, N, O, Cl.

22.14 네온 기체로부터 수소 기체를 분리할 수 있는 물리적 방법을 제시하시오.

● 22.15 CaH_2와 H_2O의 반응에 관한 균형 반응식을 쓰시오. 20°C, 746 mmHg에서 H_2 26.4 L를 생성하기 위해서는 CaH_2 몇 그램이 필요한가?

● **22.16** 25°C, 0.90 atm에서 D_2 2.0 L를 얻으려면 물 몇 kg이 필요한가? 중수소 존재비는 0.015%이며 회수율은 80%임을 가정한다.

22.17 다음 반응의 생성물을 예측하시오.
(a) $CuO(s) + H_2(g) \longrightarrow$
(b) $Na_2O(s) + H_2(g) \longrightarrow$

22.18 H_2를 출발 물질로 하여 다음 화합물을 어떻게 제조하는가를 설명하시오.
(a) HCl, (b) NH_3, (c) LiOH.

탄소

▶ 복습 질문

22.19 탄화물과 사이안화물의 예를 드시오.

22.20 야금에서 사이안화 이온은 어떻게 사용되는가?

22.21 일산화 탄소와 이산화 탄소의 성질과 제법을 간략하게 기술하시오

22.22 석탄이란 무엇인가?

22.23 석탄 기체화가 무엇을 뜻하는지 설명하시오.

22.24 CO와 CO_2의 화학적 차이점 두 가지를 기술하시오.

▶ 문제

22.25 CO_2와 OH^- 간의 반응을 15.12절에 있는 것과 같은 루이스 산-염기 반응으로 기술하시오.

● **22.26** C_2^{2-} 이온의 루이스 구조를 그리시오.

● 22.27 다음 식을 균형 맞추시오.
(a) $Be_2C(s) + H_2O(l) \longrightarrow$
(b) $CaC_2(s) + H_2O(l) \longrightarrow$

● **22.28** $CaCO_3$와는 달리 Na_2CO_3는 가열했을 때 CO_2가 쉽게 생성되지 않는다. 반면 $NaHCO_3$는 열분해되어 CO_2와 Na_2CO_3를 형성한다. (a) 이 반응의 균형 반응식을 쓰시오. (b) CO_2가 발생했는지 어떻게 확인할 것인가? [*힌트*: 이 기체를 $Ca(OH)_2$ 수용액인 석회수에 통과시킨다.]

22.29 두 용액 A와 B가 있다. 용액 A는 Na_2CO_3이고, 용액 B는 $NaHCO_3$이다. $MgCl_2$ 용액이 주어진다면 그것으로 어떻게 두 용액을 분별할지 서술하시오. [*힌트*: $MgCO_3$와 $Mg(HCO_3)_2$의 용해도를 알 필요가 있다.]

22.30 염화 마그네슘은 중탄산 소듐을 포함한 용액에 녹는다. 가열하면 흰 침전이 생긴다. 무엇이 침전을 일어나게 하는지 설명하시오.

● 22.31 포화 암모니아 용액 몇 방울을 중탄산 칼슘 용액에 첨가하면 흰색 침전이 생긴다. 이 반응의 균형 반응식을 쓰시오.

22.32 수산화 소듐은 흡습성이 있어 대기에 노출되면 수분을 흡수한다. 한 학생이 시계접시 위에 NaOH 알갱이 한 개를 올려놓았다. 며칠 후 NaOH 알갱이(pellet) 위에 흰색 고체가 덮여 있는 것을 알았다. 흰색 고체는 무엇인가? (*힌트*: 공기 속에는 CO_2가 있다.)

22.33 빨갛게 달구어진 마그네슘 리본 조각은 CO_2가 연소를 돕지 않음에도 불구하고 CO_2 기류 속에서 계속 탄다. 그

이유를 설명하시오.

22.34 일산화 탄소는 질소(N_2)와 등전자인가?

질소와 인

▶ 복습 질문

22.35 실험실에서의 질소 기체 제조 방법과 공업용 제조 방법을 기술하시오.

22.36 질소 고정이란 무엇을 의미하는가? 산업적 규모로 하는 질소 고정의 과정을 설명하시오.

22.37 인의 공업용 제조 방법을 기술하시오.

22.38 P_4 분자는 왜 불안정한가?

▶ 문제

• 22.39 질소는 (a) 빨갛게 달구어진 산화 구리(II) 위로 암모니아를 통과시켜 얻거나, (b) 다이크로뮴산 암모늄을 가열하여 얻는다[이때 생성물 중 하나는 산화 크로뮴(III)임]. 각 제조 방법에 대해 균형 반응식을 쓰시오.

22.40 아질산 소듐이 생성되는 반응의 균형 반응식을 쓰시오. (a) 질산 소듐을 가열, (b) 질산 소듐을 탄소와 함께 가열.

• 22.41 아마이드화 소듐($NaNH_2$)은 물과 반응하여 수산화 소듐과 암모니아를 생성한다. 이 반응을 브뢴스테드 산-염기 반응으로 설명하시오.

• **22.42** 이산화 탄소와 암모니아로부터 요소[$(NH_2)_2CO$]를 생성하는 균형 반응식을 쓰시오. 수득률을 극대화하기 위한 온도와 압력 조건은?

22.43 어떤 농부들은 번개가 더 나은 농작물을 생산하는 데 도움이 된다고 느낀다. 이 믿음에 대한 과학적 근거는 무엇인가?

22.44 같은 조건의 온도와 압력에서 수소(H_2)에 대한 염화 암모늄의 증기 밀도는 620 K에서 14.5이나 화학식량에 따른다면 증기 밀도의 비는 26.8이어야 한다. 이 차이를 어떻게 설명할 것인가?

22.45 아질산이 환원제와 산화제의 역할을 모두 할 수 있는 이유를 각각의 예를 하나씩 들어 설명하시오.

22.46 질산이 산화하지 않고 환원하는 이유를 설명하시오.

22.47 다음 각 과정에 대한 균형 반응식을 쓰시오. (a) 질산 암모늄을 가열하면 아산화 질소(N_2O)가 발생한다. (b) 질산 포타슘을 가열하면 아질산 포타슘과 산소 기체가 발생한다. (c) 질산 납을 가열하면 산화 납(II), 이산화 질소(NO_2), 산소 기체가 발생한다.

22.48 정상 조건에서 아연과 질산과의 반응은 수소를 생성하지 않는다. 그 이유를 설명하시오.

• 22.49 아질산 포타슘은 질산 포타슘과 탄소의 혼합물을 가열하여 얻을 수 있다. 이 반응에 대한 균형 반응식을 쓰시오. KNO_3 57.0 g을 과량의 탄소와 함께 가열했을 때 얻어지는 KNO_2의 이론적 수득량을 계산하시오.

• **22.50** 아산화 질소(N_2O)의 기하 구조를 VSEPR 이론으로 예측하고, 그 공명 구조를 그리시오. (*힌트:* 원자들은 NNO로 배열되어 있다.)

• 22.51 다음 반응을 생각해 보자.

$$N_2(g) + O_2(g) \rightleftharpoons 2NO(g)$$

298 K에서 $\Delta G°$는 173.4 kJ/mol이다. (a) NO의 표준 형성 에너지와 반응의 (b) K_P, (c) K_c를 계산하시오.

• **22.52** 부록 3의 자료로부터 25°C에서 NO 합성(질산 생산에서 첫 단계)의 $\Delta H°$를 계산하시오.

$$4NH_3(g) + 5O_2(g) \longrightarrow 4NO(g) + 6H_2O(l)$$

22.53 두 인 원자가 보통 단일 결합만을 형성할 수 있는 데 반해, 두 질소 원자는 이중 결합 또는 삼중 결합을 형성할 수 있는 이유를 설명하시오.

22.54 흰인 1.645 g을 CS_2 75.5 g에 녹이면 이 용액은 46.709°C에서 끓는다. 순수한 CS_2는 46.300°C에서 끓는다. CS_2의 몰랄 끓는점 오름 상수는 2.34°C/*m*이다. 흰인의 몰질량을 계산하고, 분자식을 쓰시오.

22.55 인 원소(P_4)로부터 출발하여 인산을 제조할 수 있는 방법을 설명하시오.

• **22.56** 오산화 이질소(N_2O_5)는 P_4O_{10}과 HNO_3 반응의 생성물이다. 이 반응의 균형 반응식을 쓰시오. P_4O_{10} 79.4 g이 과량의 HNO_3와 반응했을 때 N_2O_5의 이론적 수득률을 계산하시오. (*힌트:* 생성물 중 하나는 HPO_3이다.)

22.57 다음 이유를 설명하시오. (a) NH_3는 PH_3보다 더 염기성이 강하다. (b) NH_3의 끓는점은 PH_3보다 높다. (c) PCl_5는 존재하나 NCl_5는 그렇지 않다. (d) N_2는 P_4보다 더 안정하다.

22.58 포스포늄 이온(phosphonium ion, PH_4^+)에 있는 인은 어떤 혼성화가 일어났는가?

산소와 황

▶ 복습 질문

22.59 O_2의 산업용 제법과 실험실용 제법을 한 가지씩 기술하시오.

22.60 다양한 종류의 산화물이 존재하는 이유를 설명하고, 각 종류마다 화합물의 예를 두 가지씩 쓰시오.

22.61 과산화 수소는 과산화 바륨과 황산을 반응시켜 만든다. 이 반응에 대한 균형 반응식을 쓰시오.

22.62 황을 얻는 프라시 공정을 기술하시오.

22.63 황산 제조에서 접촉 공정에 대해 기술하시오.

22.64 실험실에서는 황화 수소를 어떤 방법으로 생성하는가?

▶ 문제

22.65 O_2, O_2^-, O_2^{2-}의 분자 궤도함수 에너지 준위 도표를 그리시오.

22.66 성층권에서 일산화 질소(nitric oxide, NO)에 의해 오존 고갈이 일어나는 여러 단계 중 한 단계를 다음과 같이 나타내었다.

$$NO(g) + O_3(g) \longrightarrow NO_2(g) + O_2(g)$$

부록 3의 자료로부터 25°C에서 이 반응의 $\Delta G°$, K_P, K_c를 계산하시오.

● 22.67 과산화 수소는 불안정하여 쉽게 분해된다.

$$2H_2O_2(aq) \longrightarrow 2H_2O(l) + O_2(g)$$

이 반응은 빛, 열 또는 촉매에 의해 촉진된다. (a) 약국에서 파는 고체 과산화 수소가 검은색 병에 들어 있는 이유를 설명하시오. (b) 과산화 수소수의 농도는 보통 질량 백분율로 표현된다. 과산화 수소가 분해할 때 STP에서 7.50% 과산화 수소수 15.0 g으로부터 몇 리터의 산소 기체가 발생하겠는가?

● **22.68** HFO에 있는 O와 F의 산화수는 얼마인가?

22.69 O_2에서 산소 원자는 이중 결합을 형성하지만, S_8에서 황은 단일 결합을 한다. 설명하시오.

● **22.70** 2008년 미국에서 4800만 t의 황산이 생산되었다. 그 정도 양의 황산을 생산하는 데 필요한 황의 양(g과 몰수로)을 계산하시오.

22.71 황산은 탈수제이다. 황산과 다음 물질이 반응할 때 균형 반응식을 쓰시오. (a) HCOOH, (b) H_3PO_4, (c) HNO_3, (d) $HClO_3$. (*힌트:* 황산은 탈수 과정에서 분해되지 않는다.)

● **22.72** 발전소에서 방출하는 SO_2 50.6 g이 반응하는 데 필요한 $CaCO_3$의 양을 계산하시오(g으로).

22.73 SF_6는 존재하나 OF_6는 존재하지 않는다. 설명하시오.

22.74 SCl_6, SBr_6, SI_6가 제조될 수 없는 이유를 설명하시오.

22.75 H_2O와 H_2S의 물리적, 화학적 성질을 비교하시오.

● **22.76** 황화 수소를 포함한 물의 나쁜 냄새는 염소로 처리하여 제거할 수 있다. 그 반응은 다음과 같다.

$$H_2S(aq) + Cl_2(aq) \longrightarrow 2HCl(aq) + S(s)$$

오염된 물이 황화 수소를 질량으로 22 ppm 정도 포함하고 있다면, 물 2.0×10^2 갤런에 있는 H_2S를 모두 제거하는 데 필요한 Cl_2의 양(g으로)을 계산하시오. (1 갤런 = 3.785 L)

22.77 황산이 산화제로 쓰이는 두 가지 반응을 기술하시오.

22.78 진한 황산은 아이오딘화 소듐과 반응하여 아이오딘 분자, 황화 수소, $NaHSO_4$를 생성한다. 이 반응의 균형 반응식을 쓰시오.

할로젠

▶ 복습 질문

22.79 각 할로젠 원소들의 공업적 제법을 기술하시오.

22.80 할로젠의 주 용도는 무엇인가?

▶ 문제

22.81 금속 염화물(metal chloride)들은 다음 몇 가지 방법을 통해 제조된다. (a) 금속과 염소 분자와의 직접적 결합, (b) 금속과 염산과의 반응, (c) 산-염기 중화, (d) 금속 탄산염의 염산 처리, (e) 침전 반응. 각각의 제조법에 대한 예를 들어보시오.

22.82 황산은 염산보다 더 약한 산이다. 그러나 진한 황산을 염화 소듐에 첨가하면 염화 수소가 발생한다. 설명하시오.

22.83 다음 작용에 대한 기술을 통해 염소, 브로민, 아이오딘이 서로 매우 비슷하다는 것을 보이시오. (a) 수소와의 반응, (b) 은염의 생성, (c) 산화제로서의 반응, (d) 수산화 소듐과의 반응. (e) 어떤 점에서 플루오린은 다른 일반적인 할로젠 원소와 다른가?

● **22.84** 375 갤런 들이 탱크에 Br^- 이온 형태의 브로민을 167 g 포함한 물이 채워져 있다. 1.00 atm, 20°C에서 브로민화 이온 모두를 브로민 분자로 산화시키는 데 Cl_2 기체 몇 리터가 필요한가?

● 22.85 (a) $(HF)_2$와 (b) HF_2^-의 구조를 그리시오.

22.86 플루오린화 수소는 황산과 플루오린화 소듐을 반응시켜 제조한다. 그러나 브로민화 수소는 같은 산과 브로민화 소듐을 반응시켜서는 만들어지지 않는다. 그 이유를 설명하시오.

22.87 황산 구리(II) 수용액은 푸른색을 띤다. 플루오린화 포타슘 수용액을 $CuSO_4$ 용액에 첨가하면 녹색 침전물이 생성된다. 만약 플루오린화 포타슘 대신에 염화 포타슘이 첨가되면 밝은 녹색 용액이 생긴다. 각 경우에 어떤 일이 일어나는지 설명하시오.

● **22.88** 15°C, 760 mmHg에서 건조한 염소(Cl_2) 2.00 L가 브로민화 포타슘 용액에 의해 흡수되었다면 100°C, 700 mmHg에서 측정한 브로민(Br_2) 증기의 부피는 얼마인가?

● 22.89 VSEPR 이론을 사용하여 다음 화학종의 구조를 예측하시오. (a) I_3^-, (b) $SiCl_4$, (c) PF_5, (d) SF_4.

● **22.90** 오산화 이아이오딘(I_2O_5)은 때로 이산화 탄소와 아이오딘이 형성하면서 공기 중에서 일산화 탄소가 제거되는 데 사용된다. 이 반응의 균형 반응식을 쓰고, 산화 화학종과 환원 화학종이 무엇인지 말하시오.

추가 문제

22.91 다음 각 반응에 대한 균형 반응식을 쓰시오. (a) 아인산을 가열하면 인산과 포스핀(PH_3)이 생성된다. (b) 탄화 리튬은 염산과 반응하여 염화 리튬과 메테인을 생성한다. (c) HNO_2 수용액에 HI 기포를 뿜어주면 분자 상태의 아이오딘과 산화 질소를 생성한다. (d) 황화 수소는 염소와 반응하여 HCl과 SCl_2를 내며 산화된다.

● **22.92** (a) 다음 화합물 중 어느 것이 이온성이 가장 큰가? PCl_5, $SiCl_4$, CCl_4, BCl_3. (b) 다음 이온 중 어느 것이 이온 반지름이 가장 작은가? F^-, C^{4-}, N^{3-}, O^{2-}. (c) 다음 원자 중 어느 것이 이온화 에너지가 가장 큰가? F, Cl, Br, I. (d) 다음 산화물 중 어느 것이 산성이 가장 강한가? H_2O, SiO_2, CO_2.

22.93 N_2O와 O_2 모두 연소를 돕는다. 두 기체를 구별하기 위한 물리적, 화학적 시험법을 한 가지씩 제안하시오.

22.94 다음 반응에서 산화수 변화는 얼마인가?

$$3O_2 \longrightarrow 2O_3$$

22.95 분자 궤도함수 이론으로 C_2^{2-} 이온 내의 결합을 기술하시오.

22.96 산화 중수소(D_2O)를 출발 물질로 하여 다음 화합물을 어떻게 제조하는가를 기술하시오. (a) NaOD, (b) DCl, (c) ND_3, (d) C_2D_2, (e) CD_4, (f) D_2SO_4.

22.97 고체 PCl_5는 $[PCl_4^+][PCl_6^-]$ 형태로 존재한다. 이 이온들에 대한 루이스 구조를 그리시오. 인 원자의 혼성 상태에 관해 서술하시오.

22.98 프라시 공정을 생각해 보자. (a) 물을 수증기로 바꾸지 않으면서 어떻게 100°C 이상으로 물을 가열할 수 있는가? (b) 왜 그 물이 가장 바깥쪽 관 아래로 내려가게 되는가? (c) 원소를 얻기 위해 광산을 굴착하고 황을 캐는 일들이 왜 위험한 과정인가?

22.99 7A족의 마지막 원소이자 방사능 원소인 아스타틴의 물리적, 화학적 성질을 예측하시오.

22.100 일반적으로 시계에 사용하는 윤활제는 긴 사슬의 탄화수소로 구성되어 있다. 공기에 의해 산화되어 고체 고분자가 형성되며, 마침내 윤활제의 효능을 파괴한다. 예상되는 산화 반응의 개시 단계 중 하나는 수소 원자가 제거되는 반응이다(탈수소 반응). 반응성이 있는 자리의 수소 원자를 중수소 원자로 치환시키면 총괄 산화 속도가 상당히 느려진다. 그 이유는 무엇인가? (*힌트*: 속도론적 동위원소 효과를 고려하시오.)

22.101 어떻게 하면 전구에 서리가 내리게 할 수 있는가? [*힌트*: 이산화 규소로 이루어진 유리에 대한 플루오린화 수소산(hydrofluoric acid)의 작용을 상기한다.]

22.102 생명체는 환경에 적응하며 진화하였다. 이러한 관점에서 생명체들이 흔한 원소인 질소보다 산소를 생존을 위해 필요로 하는 이유를 설명해보시오.

22.103 3장에서 기술한 바와 같이 질산 암모늄은 지구상에서 가장 중요한 질소를 포함하는 비료이다. 공기와 물만을 초기 시작 물질로 하고 어떤 장치나 촉매를 사용하여 질산 암모늄을 만드는 방법을 기술하시오. 각 단계에서 수득률을 높일 수 있는 조건에 대하여 기술하시오.

22.104 21.2절에서 본 것과 같이 철 산화물의 환원은 환원제로 일산화 탄소를 사용하여 이루어진다. 강렬한 난로에 있는 코크스를 시작으로 다음 평형이 철의 추출에 중요한 역할을 한다.

$$C(s) + CO_2(g) \rightleftharpoons 2CO(g)$$

부록 3의 자료를 이용하여 25°C와 1000°C에서의 평형 상수를 계산하시오. $\Delta H°$와 $\Delta S°$는 온도에 독립적이라고 가정한다.

22.105 이상적으로 거동한다는 가정하에 표준 끓는점(19.5°C)에서 기체 HF의 밀도를 계산하시오. 같은 조건에서 실험적으로 측정한 밀도는 3.10 g/L이다. 계산값과 실험 결과의 불일치를 설명하시오.

22.106 흰인 10.0 g이 충분한 산소 하에서 연소되었다. 생성물을 충분한 물에 녹여서 500 mL 용액을 만들었다. 25°C에서 이 용액의 pH를 계산하시오.

제 23 장

전이 금속 화학과 배위 화합물

Transition Metals Chemistry and Coordination Compounds

▲ β 알루미나에 이식된 구리 이온들은 UV 빛에 의해 들뜨게 되면 가시광선을 방출한다. 소량의 다른 원소들을 추가함으로써 빛의 색깔이 바뀔 수 있다.

이 장의 차례

들여다보기

- 먼저 전이 금속의 전자 배열과 산화 상태에 초점을 맞추어 전이 금속의 일반적 성질을 살펴본다 (23.1절).
- 다음으로 두 개의 대표적인 전이 금속인 철과 구리의 화학에 대하여 학습한다(23.2절).
- 리간드의 본성에 따른 배위 화합물의 일반적 특성을 살펴보고 이 화합물들의 명명에 대하여 다룬다(23.3절).
- 배위 화합물의 구조가 기하 이성질체 및 광학 이성질체를 만든다는 것을 배운다. 광학 이성질체를 공부함으로써 편광계의 이용이 친숙해진다(23.4절).
- 결정장 이론으로 팔면체, 사면체, 사각 평면 착물의 색과 자기적 성질을 만족스럽게 설명할 수 있다(23.5절).
- 배위 화합물의 반응을 조사하고, 리간드 교환 반응과 관련하여 활성 또는 비활성으로 분류됨을 배운다(23.6절).
- 배위 화합물의 여러 가지 응용에 대한 논의로 이 장을 마친다(23.7절).

주기율표에서 d와 f 부껍질(subshell)에 전자가 부분적으로 채워진 원소 계열을 전이 원소(transition element)라 한다. 약 50개의 이들 전이 원소는 매우 다양하면서 흥미로운 성질들을 가진다. 그러나 각 전이 원소의 이런 성질을 모두 설명하는 것은 이 책의 범위 밖이다. 따라서 d 부껍질이 부분적으로 채워진 전이 원소와 이들 원소의 가장 보편적인 성질인 착이온을 형성하는 경향성만 논의하고자 한다.

23.1 전이 금속의 성질

전형적으로 전이 금속들은 부분적으로 채워진 d 부껍질을 가지거나, 쉽게 전자를 잃고 부분적으로 채워진 d 부껍질을 가진 이온을 만든다(그림 23.1). [2B족 금속인 Zn, Cd, Hg은 이와 같은 특징적인 전자 배열을 가지지 않는다. 따라서 2B족 금속은 때로 전이 금속이라 부르지만, 실제로는 전이 금속에 속하지 않는다.] 전이 금속의 d 부껍질의 전자는 독특한 색, 상자기성 화합물 형성, 촉매 활성, 특히 착이온을 형성하는 강한 경향성 등 여러 특성의 원인이 된다. 이 장에서는 가장 잘 알려진 전이 금속인 스칸듐에서 구리까지의 첫 번째 주기의 원소를 중심으로 설명하고자 한다. 표 23.1에 이들 금속의 몇 가지 성질이 수록되어 있다.

어떤 주기에서든지 왼쪽에서 오른쪽으로 갈수록 원자 번호는 증가하고 전자는 바깥 껍질에 채워지며, 양성자 수가 증가함에 따라 핵전하가 증가한다. 3주기 원소인 Na에서 Ar까지는 외각 전자가 핵 전하를 서로 약하게 차폐한다. 이런 결과로 원자 반지름은 급격히 감소하고 따라서 전기음성도와 이온화 에너지는 계속 증가한다(그림 8.5, 8.11, 9.5 참조).

전이 금속에서는 이들 경향성이 아주 다르다. 표 23.1을 보면 Sc에서 Cu까지 핵 전하는 계속 증가하지만 전자는 내부에 있는 $3d$ 부껍질에 채워진다. 최외각의 각 전자가 서로 차폐할 수 있는 것보다 이들 $3d$ 내부 부껍질에 있는 전자는 핵 전하의 증가로부터 $4s$ 전자를 좀 더 효과적으로 차폐시킨다. 따라서 이들 금속의 원자 반지름은 그렇게 가파르게 감소하지 않는다. 같은 이유 때문에 전기음성도와 이온화 에너지는 Na에서 Ar까지 증가하는 것에 비하여 Sc에서 Cu까지는 그렇게 크게 증가하지 않는다.

전이 금속은 알칼리 금속이나 알칼리 토금속보다 전기양성도가 떨어지나(즉, 전기음

1 1A	2 2A	3 3B	4 4B	5 5B	6 6B	7 7B	8	9 8B	10	11 1B	12 2B	13 3A	14 4A	15 5A	16 6A	17 7A	18 8A
1 **H**																	2 **He**
3 **Li**	4 **Be**											5 **B**	6 **C**	7 **N**	8 **O**	9 **F**	10 **Ne**
11 **Na**	12 **Mg**											13 **Al**	14 **Si**	15 **P**	16 **S**	17 **Cl**	18 **Ar**
19 **K**	20 **Ca**	21 **Sc**	22 **Ti**	23 **V**	24 **Cr**	25 **Mn**	26 **Fe**	27 **Co**	28 **Ni**	29 **Cu**	30 **Zn**	31 **Ga**	32 **Ge**	33 **As**	34 **Se**	35 **Br**	36 **Kr**
37 **Rb**	38 **Sr**	39 **Y**	40 **Zr**	41 **Nb**	42 **Mo**	43 **Tc**	44 **Ru**	45 **Rh**	46 **Pd**	47 **Ag**	48 **Cd**	49 **In**	50 **Sn**	51 **Sb**	52 **Te**	53 **I**	54 **Xe**
55 **Cs**	56 **Ba**	57 **La**	72 **Hf**	73 **Ta**	74 **W**	75 **Re**	76 **Os**	77 **Ir**	78 **Pt**	79 **Au**	80 **Hg**	81 **Tl**	82 **Pb**	83 **Bi**	84 **Po**	85 **At**	86 **Rn**
87 **Fr**	88 **Ra**	89 **Ac**	104 **Rf**	105 **Db**	106 **Sg**	107 **Bh**	108 **Hs**	109 **Mt**	110 **Ds**	111 **Rg**	112 **Cn**	113	114 **Fl**	115	116 **Lv**	117	118

그림 23.1 전이 금속(푸른색 부분). 일부 화학자들이 2B족 원소인 Zn, Cd, Hg을 전이 금속으로 구분하고 있지만, 이들 금속 및 그 이온들은 모두 덜 채워진 d 부껍질을 가지고 있지 않다는 것을 주목하라.

표 23.1 첫 번째 주기에 있는 전이 금속의 전자 배열 및 다른 특성

	Sc	Ti	V	Cr	Mn	Fe	Co	Ni	Cu
전자 배열									
M	$4s^23d^1$	$4s^23d^2$	$4s^23d^3$	$4s^13d^5$	$4s^23d^5$	$4s^23d^6$	$4s^23d^7$	$4s^23d^8$	$4s^13d^{10}$
M^{2+}	—	$3d^2$	$3d^3$	$3d^4$	$3d^5$	$3d^6$	$3d^7$	$3d^8$	$3d^9$
M^{3+}	[Ar]	$3d^1$	$3d^2$	$3d^3$	$3d^4$	$3d^5$	$3d^6$	$3d^7$	$3d^8$
전기음성도	1.3	1.5	1.6	1.6	1.5	1.8	1.9	1.9	1.9
이온화 에너지(kJ/mol)									
1차	631	658	650	652	717	759	760	736	745
2차	1235	1309	1413	1591	1509	1561	1645	1751	1958
3차	2389	2650	2828	2986	3250	2956	3231	3393	3578
반지름(pm)									
M	162	147	134	130	135	126	125	124	128
M^{2+}	—	90	88	85	91	82	82	78	72
M^{3+}	83	68	74	64	66	67	64	—	—
표준 환원 전위(V)*	−2.08	−1.63	−1.2	−0.74	−1.18	−0.44	−0.28	−0.25	0.34

*반쪽 반응은 $M^{2+}(aq) + 2e^- \longrightarrow M(s)$ (이온이 각각 Sc^{3+}와 Cr^{3+}인 Sc와 Cr은 제외한다).

성도가 증가), 이들의 표준 환원 전위를 보면 Cu를 제외한 다른 모든 금속은 염산과 같은 강산과 반응하여 수소 기체를 발생할 것으로 예상된다. 그러나 대부분의 전이 금속은 산화물의 보호막 때문에 산에 비활성이거나 천천히 반응한다. Cr 금속의 경우 표준 환원 전위가 음의 값을 가지나, 표면에 형성된 산화 크로뮴(III) (Cr_2O_3) 때문에 화학적으로 강한 비활성을 나타낸다. 이에 따라 Cr 금속은 다른 금속의 표면에 도금해서 보호막이나 부식 방지제로 사용되고 있다. 자동차 범퍼나 외장에 Cr 금속을 도금하는 것은 이런 기능성 이외에 장식 효과도 있다.

▶ 일반적인 물리적 성질

대부분의 전이 금속은 조밀 쌓임 구조(close-packed structure, 그림 11.29 참조)로 되어 있으며, 각 원자의 배위수는 12이다. 더욱이 이들 원소는 비교적 원자 반지름이 작다. 원자의 크기가 작고, 조밀 쌓임 구조를 갖기 때문에 강한 금속 결합을 형성할 수 있다. 따라서 전이 금속의 밀도, 녹는점, 끓는점, 녹음열, 기화열 등은 1A, 2A, 2B족 금속보다 더 높다(표 23.2).

▶ 전자 배열

첫 번째 주기(first-low) 전이 금속에 대한 전자 배열은 7.9절에서 논의한 바 있다. 칼슘의

표 23.2 원소 K에서 Zn까지 물리적 성질

	1A	2A	전이 금속									2B
	K	Ca	Sc	Ti	V	Cr	Mn	Fe	Co	Ni	Cu	Zn
원자 반지름(pm)	227	197	162	147	134	130	135	126	125	124	128	138
녹는점(°C)	63.7	838	1539	1668	1900	1875	1245	1536	1495	1453	1083	419.5
끓는점(°C)	760	1440	2730	3260	3450	2665	2150	3000	2900	2730	2595	906
밀도(g/cm^3)	0.86	1.54	3.0	4.51	6.1	7.19	7.43	7.86	8.9	8.9	8.96	7.14

전자 배열은 [Ar]$4s^2$이고, 다음 스칸듐에서 구리까지의 전자는 $3d$ 궤도함수에 채워진다. 이에 따라 스칸듐의 최외각 전자 배열은 $4s^23d^1$, Ti은 $4s^23d^2$ 등이다. 그러나 크로뮴과 구리는 예외적인데, 이들의 최외각 전자 배열은 각각 $4s^13d^5$와 $4s^13d^{10}$이다. 이러한 불규칙성은 $3d$ 부껍질에 전자가 반 또는 완전히 채워질 때 생기는 여분의 안정도(extra stability) 때문이다.

첫 번째 주기의 전이 금속이 양이온을 형성할 때는 먼저 $4s$ 궤도함수의 전자가 제거되고, 그 다음에 $3d$ 궤도함수의 전자가 제거된다(이것은 중성 원자에서 전자가 채워지는 순서와 반대이다). 예를 들면, Fe^{2+}의 최외각 전자 배열은 $4s^23d^4$가 아니라 $3d^6$이다.

개념 복습하기

전이 금속 원자와 이온들의 위치를 아래의 주기율표에 표시하시오. 원자: (1) [Kr]$5s^24d^5$. (2) [Xe]$6s^24f^{14}5d^4$. 이온: (3) [Ar]$3d^3$(+4가 이온). (4) [Xe]$4f^{14}5d^8$(+3가 이온). (표 7.3 참조)

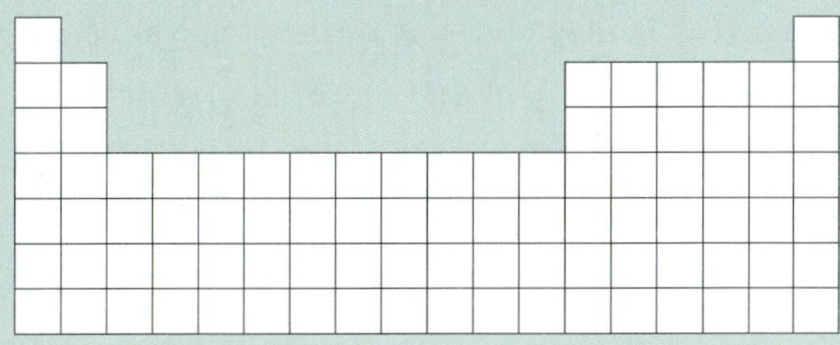

▶ 산화 상태

전이 금속은 화합물에서 다양한 산화 상태를 가진다. 그림 23.2에 스칸듐에서 구리까지의 산화 상태를 나타내고 있다. 각 원소의 일반적인 산화 상태는 +2 또는 +3이지만, 이들 두 상태가 모두 가능할 때도 있다는 것을 알아두자. 주기의 앞쪽에 있는 원소는 +3 상태가 안정하고, 오른쪽으로 갈수록 +2 상태가 더 안정하다. 이런 경향성은 그림 23.3에 있는 이온화 에너지를 살펴보면 이해할 수 있다. 일반적으로 이온화 에너지는 같은 주기에서 왼쪽

Sc	Ti	V	Cr	Mn	Fe	Co	Ni	Cu
				+7				
			+6	+6	+6			
		+5	+5	+5	+5			
	+4	+4	+4	+4	+4	+4		
+3	+3	+3	+3	+3	+3	+3	+3	+3
	+2	+2	+2	+2	+2	+2	+2	+2
								+1

그림 23.2 첫 번째 주기에 있는 전이 금속의 산화 상태. 가장 안정한 산화수들은 색으로 나타내었다. $Ni(CO)_4$와 $Fe(CO)_5$와 같은 몇 가지 화합물에서는 산화 상태가 0이다.

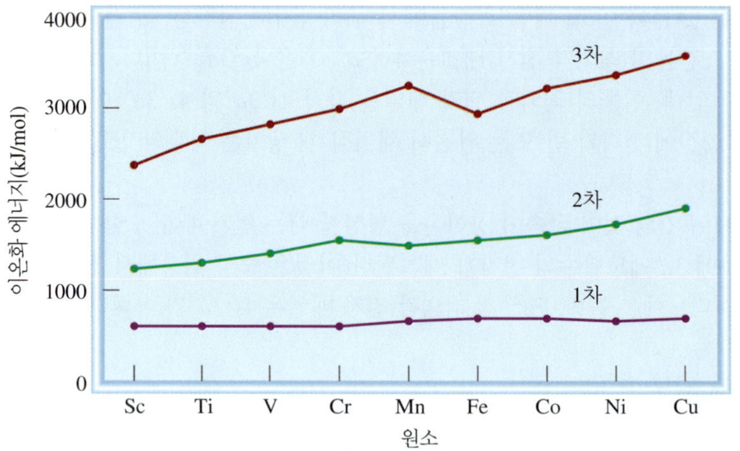

그림 23.3 첫 번째 주기에 있는 전이 금속의 1차, 2차, 3차 이온화 에너지의 변화.

에서 오른쪽으로 갈수록 점차 증가한다. 그러나 3차 이온화 에너지(3*d* 궤도함수의 전자 제거 에너지)는 1차나 2차 이온화 에너지보다 더 가파르게 증가한다. 주기의 왼쪽에서 오른쪽으로 갈수록 금속으로부터 세 번째 전자를 제거하는 데 필요한 에너지가 더 크기 때문에 주기의 오른쪽에 위치한 금속은 M^{3+}보다 M^{2+} 이온이 더 안정하다.

산화수가 높은 금속 산화물은 공유 결합성 및 산성이고, 산화수가 낮은 금속 산화물은 이온 결합성 및 염기성이라는 것을 상기하라(15.11절 참조).

전이 금속에서 가장 높은 산화 상태는 Mn의 +7이다($4s^23d^5$). Mn의 오른쪽에 있는 원소(Fe에서 Cu까지)의 산화수는 더 낮다. 전이 금속의 산화 상태는 전기음성도가 아주 큰 산소나 플루오린과의 화합물(V_2O_5, CrO_3, Mn_2O_7)에서 가장 높은 상태를 나타낸다.

23.2 철과 구리의 화학

그림 23.4은 첫 번째 주기의 전이 금속을 보여준다. 이 절에서는 이들 원소 중 철과 구리의 두 금속에 대한 화학을 간단하게 살펴보고자 한다(특히 이들 원소의 존재, 제조법, 용도 및 중요한 화합물 등에 관심을 기울인다).

철

지각에서 Al 다음으로 가장 풍부한 금속은 Fe이다(질량으로 6.2%). 철이 포함된 몇 가지 중요한 광석으로 *적철광*(hematite, Fe_2O_3), *능철광*(siderite, $FeCO_3$), *자철광*(magnetite, Fe_3O_4)이 있다(그림 23.5).

용광로에서 철과 강철을 만드는 방법은 21.2절에서 논의한 바 있다. 순수한 철은 회색 금속으로 특별히 단단한 금속이 아니다. 철은 생명계에서 필수 원소이다.

철은 염산과 반응하여 수소 기체를 발생한다.

$$Fe(s) + 2H^+(aq) \longrightarrow Fe^{2+}(aq) + H_2(g)$$

진한 황산은 철 금속을 Fe^{3+}로 산화시키지만, 진한 질산은 금속 표면에 얇은 Fe_3O_4 막을 형성시켜서 금속을 "부동태(passive state)"로 만든다. 철의 가장 잘 알려진 반응 중 하나는 녹이 형성되는 반응이다(18.7 참조). 철의 두 가지 산화 상태는 +2와 +3이다. Fe(II) 화합물에는 FeO(검은색), $FeSO_4 \cdot 7H_2O$(초록색), $FeCl_2$(노란색), FeS(검은색) 등이 있다. 산소 존재 하에 용액에 있는 Fe(II) 이온은 Fe(III) 이온으로 쉽게 산화된다. 산화 철(III)은 적갈색이고, 염화 철(III)은 흑갈색이다.

구리

희귀 원소(rare element, 지각에서 질량으로 6.8×10^{-3}%)인 Cu는 천연에서 순수한 원소의 형태로 발견되기도 하고, 황동광(chalcopyrite, $CuFeS_2$, 그림 23.6)의 형태로 발견되

스칸듐(scandium, Sc)

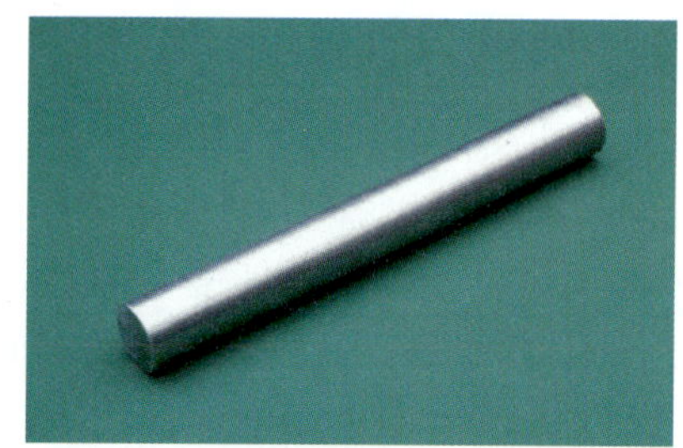

타이타늄(titanium, Ti)

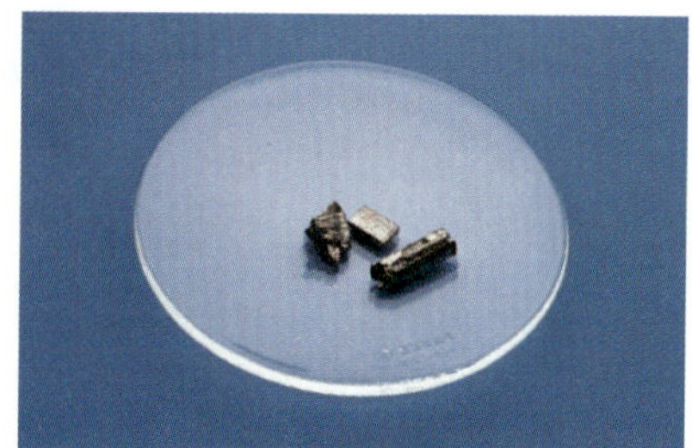

바나듐(vanadium, V)

크로뮴(chromium, Cr)

망가니즈(manganese, Mn)

철(iron, Fe)

코발트(cobalt, Co)

니켈(nickel, Ni)

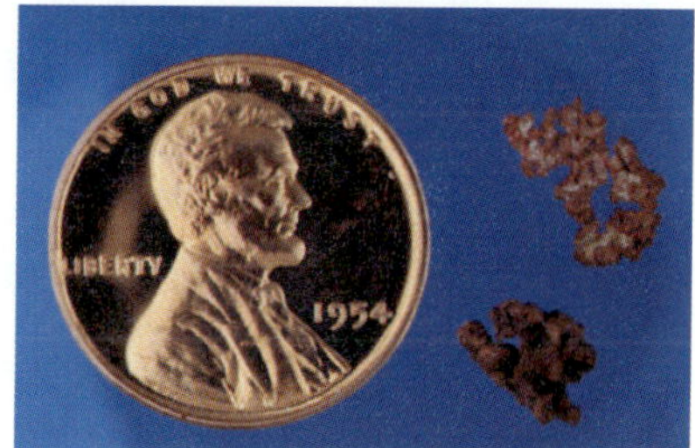

구리(copper, Cu)

그림 23.4 첫 번째 주기의 전이 금속.

기도 한다. 이 광석을 녹는점보다 낮게 가열하는 배소 과정을 거쳐 Cu_2S로 만든 후 다음과 같은 반응으로 적갈색의 Cu 금속을 얻는다.

$$2CuFeS_2(s) + 4O_2(g) \longrightarrow Cu_2S(s) + 2FeO(s) + 3SO_2(s)$$
$$Cu_2S(s) + O_2(g) \longrightarrow 2Cu(l) + SO_2(g)$$

불순물이 포함된 구리는 전기분해 반응으로 정제한다(21.2절 참조). 은(Ag)은 대량으로 사용하기에는 너무 비싼 금속이며, 구리는 은 다음으로 전기 전도도가 높다. 구리 금속은 또한 좋은 열전도체이며, 합금, 전기선, 배관(파이프), 동전에 사용하고 있다.

구리는 뜨거운 진한 황산이나 질산하고만 반응한다(그림 22.7 참조). 산화 상태는 +1과 +2이다. +1의 산화 상태가 덜 안정하며, 용액에서 다음과 같은 불균등화 반응이 일어난다.

$$2Cu^+(aq) \longrightarrow Cu(s) + Cu^{2+}(aq)$$

모든 Cu(I) 화합물은 반자기성이며, 적색인 Cu_2O를 제외하고 무색이다. Cu(II) 화합물은 모두 상자기성이며 색을 띤다. 수화된 Cu^{2+} 이온은 푸른색이며, 몇 가지 중요한 Cu(II) 화합물인 CuO, $CuSO_4 \cdot 5H_2O$, CuS는 각각 검은색, 푸른색, 검은색이다.

그림 23.5 철광석 자철광 (magnetite, Fe_3O_4).

그림 23.6 황동광 (chalcopyrite, $CuFeS_2$).

23.3 배위 화합물

착이온에는 하나 이상의 이온 또는 분자와 결합한 중심 금속이 있다는 것을 기억하라(16.10절 참조).

전이 금속은 착이온을 형성하려는 독특한 경향을 가진다(16.10절 참조). **배위 화합물**(coordination compound)은 *전형적으로 착이온과 그 상대 이온으로 구성*된다. [$Fe(CO)_5$와 같은 몇 가지 배위 화합물은 착이온을 갖지 않는다는 것을 주목하라.] 배위 화합물의 성질은 1893년 당시 26세였던 베르너†(Alfred Werner)의 고전적인 연구에 의하여 제안된 *베르너의 배위 이론*(Werner's coordination theory)으로 설명할 수 있다.

19세기 화학자들은 원자가 이론을 위배하는 이런 착물 형성 반응에 무척 혼란스러워하였다. 예로 염화 코발트(III)이나 암모니아와 같은 화합물에서 각 원소의 원자가는 거의 완전하게 이해될 수 있다. 그런데 이들 두 물질은 더 반응하여 안정한 물질 $CoCl_3 \cdot 6NH_3$을 형성한다. 이 현상을 설명하기 위하여 베르너는 대부분의 원소는 두 가지 원자가 즉, *1차 원자가*(primary valence)와 *2차 원자가*(secondary valence)를 가진다고 가정하였다. 현대의 용어로 나타내면 1차 원자가는 그 원소의 산화수, 2차 원자가는 원소의 배위수에 각각 해당한다. 베르너에 의하면 $CoCl_3 \cdot 6NH_3$에서 Co의 1차 원자가는 3, 2차 원자가는 6이다.

오늘날에는 NH_3 분자와 Co^{3+}가 형성한 착이온을 화학식 $[Co(NH_3)_6]Cl_3$로 나타낸다. 염화 이온은 착이온의 한 부분이 아니고 이온 결합력에 의하여 착이온에 결합되어 있다. 배위 화합물에 포함된 금속은 모두는 아니지만 대부분 전이 금속이다.

리간드는 루이스 산으로 작용하는 금속에 전자를 주어서 루이스 염기로 작용한다.

착이온에서 금속에 결합된 분자나 이온을 **리간드**(ligand)라 부른다(표 23.3). 금속 원자와 리간드 사이의 상호작용은 루이스 산-염기 작용으로 생각할 수 있다. 15.12절에서 설명한 것처럼 루이스 염기는 한 쌍 이상의 전자를 제공할 수 있는 물질이다. 모든 리간드는 다음 예에서 보는 바와 같이 적어도 한 개 이상의 비공유 전자쌍을 가진다.

$H_2\ddot{O}:$ $:NH_3$ $:\ddot{Cl}:^-$ $:C{\equiv}O:$

그러므로 리간드는 루이스 염기 역할을 한다. 반면에 전이 금속(중성 또는 양이온)은 루이스 염기로부터 전자를 받아서 공유하는 루이스 산으로 작용한다. 따라서 금속-리간드 결합은 보통 배위 공유 결합이다(9.9절 참조).

결정 격자에서 원자(또는 이온)의 배위수는 원자(또는 이온) 주위의 원자(또는 이온)의 수로 정의된다.

*금속 원자에 직접 결합한 리간드의 원자*를 **주개 원자**(donor atom)라 한다. 예를 들어, $[Cu(NH_3)_4]^{2+}$ 착이온에서는 질소가 주개 원자이다. 배위 화합물에서 **배위수**(coordination number)는 *착이온의 중심 금속 이온 주위에 결합한 주개 원자의 수*로 정의한다. $[Ag(NH_3)_2]^+$에서 Ag^+ 이온의 배위수는 2이고, $[Cu(NH_3)_4]^{2+}$에서 Cu^{2+} 이온의 배위수는 4, $[Fe(CN)_6]^{3-}$에서 Fe^{3+} 이온의 배위수는 6이다. 가장 많이 알려진 착물은 그 배위수가 4와 6이지만, 배위수가 2와 5인 착물도 있다.

주개 원자의 수에 따라 리간드는 *한 자리*(monodentate), *두 자리*(bidentate), *여러 자리*(polydentate) 리간드로 분류한다(표 23.3 참조). H_2O와 NH_3는 한 개의 주개 원자를 가진 한 자리 리간드이고, 아래에 나타낸 에틸렌다이아민(ethylenediamine, 종종 "en"으로 줄여서 나타내기도 함)은 두 자리 리간드이다.

$$H_2\ddot{N}—CH_2—CH_2—\ddot{N}H_2$$

그림 23.7에 나타낸 것과 같이 에틸렌다이아민의 두 질소 원자가 금속과 결합하고 있다.

† 베르너(Alfred Werner, 1866~1919)는 스위스 화학자로, 유기 화학자로 시작하였으나 배위 화학에 흥미를 갖게 되었다. 그는 배위 화합물에 관한 이론으로 1913년 노벨상을 수상하였다.

표 23.3 일반적인 리간드들

이름	구조
	한 자리 리간드
암모니아	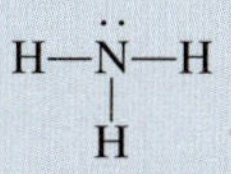 $H-\ddot{N}(H)-H$
일산화 탄소	$:C\equiv O:$
염화 이온	$:\ddot{Cl}:^-$
사이안화 이온	$[:C\equiv N:]^-$
싸이오사이아안산 이온	$[:\ddot{S}-C\equiv N:]^-$
물	$H-\ddot{O}-H$
	두 자리 리간드
에틸렌다이아민	$H_2\ddot{N}-CH_2-CH_2-\ddot{N}H_2$
옥살산 이온	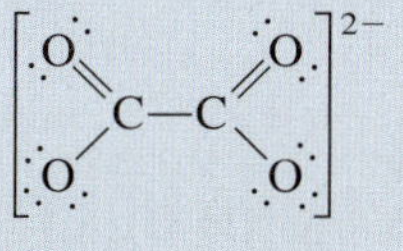 $[(O=)(O^-)C-C(=O)(O^-)]^{2-}$
	여러 자리 리간드
에틸렌다이아민테트라아세트산 이온 (EDTA)	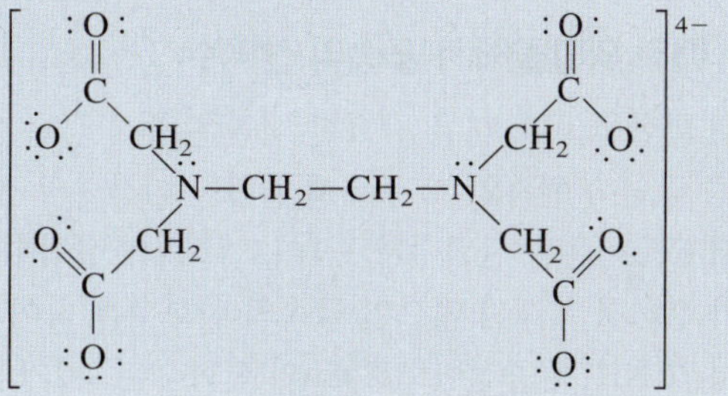 $[(^-OOCCH_2)_2\ddot{N}-CH_2-CH_2-\ddot{N}(CH_2COO^-)_2]^{4-}$

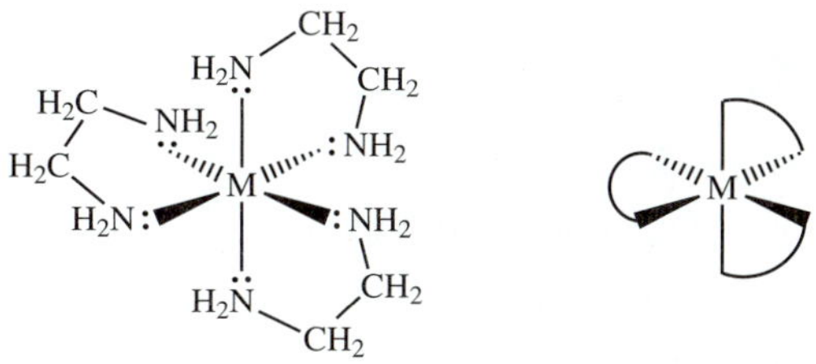

(a) (b)

그림 23.7 (a) $[Co(en)_3]^{2+}$과 같은 금속-에틸렌다이아민 착물 양이온의 구조. 각 에틸렌다이아민 분자는 N 주개 원자 두 개를 제공해 주는 두 자리 리간드이다. (b) 동일한 착물 양이온의 간략한 구조.

두 자리(bidentate) 및 *여러 자리*(polydentate) *리간드는 집게*(*claw*, *"집게"란 뜻의 그리스어 chele에서 유래*)*처럼 금속 원자를 꽉 잡을 수 있는 능력* 때문에 **킬레이트 시약**(chelating agent)이라고 부른다. 한 예로 독성이 있는 금속을 제거하는 데 이용되는 여러 자리 리간드인 에틸렌다이아민테트라아세트산 이온(ethylenediaminetetraacetate, EDTA)을 들 수 있다(그림 23.8). EDTA는 주개 원자 6개를 가지고 있어서 Pb와 대단히 안정한 착이온을 형성할 수 있다. 독성 금속은 이와 같이 착물을 형성하여 혈액과 조직으로부터 제거되면서 인체에서 배설된다. EDTA는 또한 방사능 금속 찌꺼기를 제거하는 데에도 사용한다.

그림 23.8 (a) 납의 EDTA 착물. O 주개 원자가 −1의 음전하를 가지고, 납 이온은 +2의 전하를 가지기 때문에 이 착물은 −2의 알짜 전하를 가지고 있다. 결합에 참여하는 고립 전자쌍만을 나타내었다. Pb^{2+} 이온 주위는 팔면체 기하 구조로 되어 있음을 주목하라. (b) Pb^{2+}−EDTA 착물의 분자 모형. 노란색 구는 Pb^{2+} 이온이다.

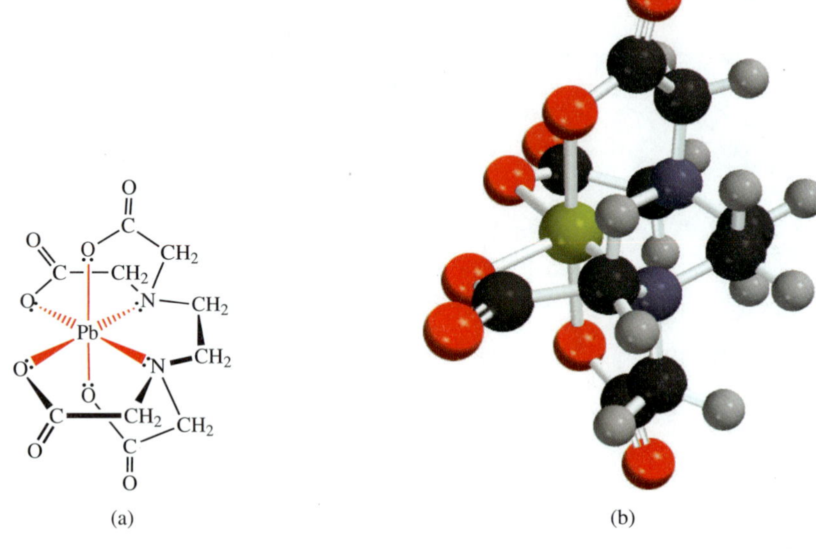

개념 복습하기

다음 두 화합물 $CrCl_3 \cdot 6H_2O$와 $[Cr(H_2O)_6]Cl_3$의 차이점은 무엇인가?

배위 화합물에서 금속의 산화수

배위 화합물에서 전이 금속의 산화수를 말할 때 "산화 상태(oxidation state)"라는 용어를 사용한다.

배위 화합물의 또 다른 중요한 성질은 중심 금속 원자의 산화수이다. 착이온의 알짜 전하는 중심 금속 원자와 그 주위에 결합한 리간드의 전하의 합이다. 예를 들면, $[PtCl_6]^{2-}$ 이온에서 Cl^- 이온은 산화수가 −1이므로 Pt의 산화수는 +4가 되어야 한다. 착이온에서 리간드가 전하를 가지지 않으면 금속의 산화수는 착이온의 전하와 같다. 따라서 $[Cu(NH_3)_4]^{2+}$에서 각 NH_3는 중성이므로 Cu의 산화수는 +2가 된다.

예제 23.1에서 배위 화합물에서 금속의 산화수를 다룬다.

예제 23.1

다음 각 화합물들에서 중심 금속 원자의 산화수를 결정하시오. (a) $[Ru(NH_3)_5(H_2O)]Cl_2$, (b) $[Cr(NH_3)_6](NO_3)_3$, (c) $[Fe(CO)_5]$, (d) $K_4[Fe(CN)_6]$.

전략 금속 원자의 산화수는 그 전하와 같다. 먼저, 전기적으로 착이온과 균형을 이루고 있는 음이온 또는 양이온을 조사한다. 이 단계에서 착이온의 알짜 전하를 알 수 있다. 다음으로 리간드의 본성(전하를 띠고 있거나 중성인 화학종)으로부터 금속의 알짜 전하를 추론하고, 그 산화수를 결정할 수 있다.

풀이 (a) NH_3와 H_2O는 둘 다 중성 화학종이다. Cl^- 이온은 −1의 전하를 가지며, Cl^- 이온 두 개가 있으므로 Ru의 산화수는 +2가 되어야 한다.

(b) 각 질산 이온의 전하는 −1이므로 양이온은 $[Cr(NH_3)_6]^{3+}$이 되어야 한다. NH_3는 중성이다. 따라서 Cr의 산화수는 +3이다.

(c) CO는 중성이므로 Fe의 산화수는 0이다.

(d) 각 K 이온의 산화수는 +1이다. 따라서 음이온은 $[Fe(CN)_6]^{4-}$이다. 각 CN 이온의 전하는 −1이므로 Fe의 산화수는 +2가 되어야 한다.

비슷한 문제: 23.13, 23.14.

실전 연습 $K[Au(OH)_4]$에서 금속의 산화수를 쓰시오.

표 23.4 배위 화합물에서 일반적 리간드의 이름

리간드	배위 화합물에서 리간드의 이름
브로민화(Bromide), Br^-	브로모(Bromo)
염화(Chloride), Cl^-	클로로(Chloro)
사이안화(Cyanide), CN^-	사이아노(Cyano)
수산화(Hydroxide), OH^-	하이드록소(Hydroxo)
산화(Oxide), O^{2-}	옥소(Oxo)
탄산(Carbonate), CO_3^{2-}	카보네이토(Carbonato)
아질산(Nitrite), NO_2^-	나이트로(Nitro)
옥살산(Oxalate), $C_2O_4^{2-}$	옥살레이토(Oxalato)
암모니아(Ammonia), NH_3	암민(Ammine)
일산화 탄소(Carbon monoxide), CO	카보닐(Carbonyl)
물(Water), H_2O	아쿠아(Aqua)
에틸렌다이아민(Ethylenediamine)	에틸렌다이아민(Ethylenediamine)
에틸렌다이아민테트라아세트산 (Ethylenediaminetetraacetate)	에틸렌다이아민테트라아세테이토 (Ethylenediaminetetraacetato)

배위 화합물의 명명

지금까지 여러 리간드의 종류와 금속의 산화수에 대하여 고찰하였다. 다음 단계로 배위 화합물을 명명하는 방법에 대하여 알아보려고 한다. 배위 화합물을 명명할 때 사용하는 몇 가지 규칙은 다음과 같다.

1. 우리말 명명에서는 다른 이온 결합 화합물처럼 음이온을 양이온보다 먼저 명명한다. 이 규칙은 착이온이 양이온이든 음이온이든 관계없이 적용된다. 예를 들면, $K_3[Fe(CN)_6]$와 $[Co(NH_3)_4Cl_2]Cl$ 화합물에서 양이온인 K^+, $[Co(NH_3)_4Cl_2]^+$ 이온을 나중에 부른다. (영어 명명에서는 양이온을 음이온 앞에 쓴다.)
2. 착이온에서는 먼저 리간드를 알파벳 순서로 부르고, 마지막으로 금속 이온을 명명한다.
3. 음이온성 리간드는 어미에 오(*o*)를 붙이는 반면, 중성 리간드는 일반적으로 분자 이름을 사용한다. 예외로 H_2O(aqua), CO(carbonyl), NH_3(ammine) 등이 있다. 흔히 사용하는 몇 가지 리간드가 표 23.4에 수록되어 있다.
4. 동일한 리간드가 여러 개 있을 때 해당 리간드 앞에 *다이*(*di-*), *트라이*(*tri-*), *테트라*(*tetra-*), *펜타*(*penta-*), *헥사*(*hexa-*) 등 그리스어 접두사를 붙여 부른다. 따라서 $[Co(NH_3)_4Cl_2]^+$ 양이온 리간드는 "테트라암민다이클로로(tetraamminedichloro)"이다. (리간드를 알파벳 순으로 정렬할 때 접두사는 무시한다.) 리간드 이름 자체가 이미 그리스어 접두사를 포함하고 있으면, 그 리간드 수를 나타내기 위하여 다른 접두사 *비스*(*bis,* 2), *트리스*(*tris,* 3), *테트라키스*(*tetrakis,* 4) 등을 사용한다. 예로, 리간드 에틸렌다이아민은 이미 *다이*(*di-*)를 포함하고 있으므로 이런 리간드가 착이온에 두 개 있으면 *비스*(*에틸렌다이아민*)[*bis*(*ethylenediamine*)]으로 명명한다.
5. 금속의 산화수는 금속 이름 다음에 로마 숫자로 표시한다. 예로 $[Cr(NH_3)_4Cl_2]^+$ 이온에서 크로뮴의 산화 상태는 +3이므로 로마 숫자 III을 사용하여 테트라암민다이클로로크로뮴(III)[tetraamminedichlorochromium(III)] 이온이라 명명한다.
6. 착물이 음이온이면 그 이름 어미에 -산(*-ate*)을 붙인다. 예를 들면, $K_4[Fe(CN)_6]$에서 $[Fe(CN)_6]^{4-}$ 음이온은 헥사사이아노철산(II)[hexacyanoferrate(II)] 이온이라 부른다.

표 23.5 금속 원자들을 포함한 음이온의 이름

금속	음이온 착물에서 금속의 이름
알루미늄(Aluminum)	알루미늄산(Aluminate)
크로뮴(Chromium)	크로뮴산(Chromate)
코발트(Cobalt)	코발트산(Cobaltate)
구리(Copper)	구리산(Cuprate)
금(Gold)	금산(Aurate)
철(Iron)	철산(Ferrate)
납(Lead)	납산(Plumbate)
망가니즈(Manganese)	망간니즈산(Manganate)
몰리브데넘(Molybdenum)	몰리브데넘산(Molybdate)
니켈(Nickel)	니켈산(Nickelate)
은(Silver)	은산(Argentate)
주석(Tin)	주석산(Stannate)
텅스텐(Tungsten)	텅스텐산(Tungstate)
아연(Zinc)	아연산(Zincate)

로마 문자 II는 Fe의 산화 상태를 나타낸다. 표 23.5에 몇 가지 음이온성 착이온의 이름을 적어 놓았다.

예제 23.2와 23.3은 배위 화합물의 명명법을 다룬다.

예제 23.2

다음 배위 화합물들의 체계적 이름을 쓰시오. (a) $Ni(CO)_4$, (b) $NaAuF_4$, (c) $K_3[Fe(CN)_6]$, (d) $[Cr(en)_3]Cl_3$.

전략 배위 화합물 명명법을 위한 앞의 과정을 따른다. 금속 원자를 포함하는 음이온과 리간드의 이름은 표 23.4와 표 23.5를 참고하라.

풀이 (a) CO 리간드는 중성 화학종이다. 그러므로 Ni 원자는 알짜 전하가 없다. 따라서 화합물의 이름은 테트라카보닐니켈(0)[tetracarbonylnickel(0)]이며, 관용명으로는 테트라카보닐 니켈(nickel tetracarbonyl)이다.

(b) 소듐 양이온의 전하는 +1이다. 그러므로 착물 음이온은 음전하(AuF_4^-)를 가진다. 각 플루오린화 이온의 전하가 −1이므로 금의 산화수는 +3(알짜 음전하를 가지려면)이 되어야 한다. 따라서 화합물의 이름은 테트라플루오로금(III)산 소듐[sodium tetrafluoroaurate(III)]이다.

(c) 각 포타슘 이온의 전하가 +1이기 때문에 착이온은 음이온으로 전하가 −3이다. $[Fe(CN)_6]^{3-}$에서 각 사이안화 이온의 전하가 −1이기 때문에(총 −6의 전하) Fe의 산화수는 +3이다. 따라서 이 화합물의 이름은 헥사사이아노철(III)산 포타슘[potassium hexacyanoferrate(III)]이다. 흔히 페리사이안화 포타슘(potassium ferricyanide)이라고 부른다.

(d) 앞서 언급한 것처럼 *en*은 에틸렌다이아민(ethylenediamine) 리간드의 약자이다. 전하가 −1인 염화 이온이 3개 있으므로 양이온은 $[Cr(en)_3]^{3+}$이다. *en* 리간드는 중성이므로 Cr의 산화수는 +3이 되어야 한다. 세 개의 *en*이 있고, 이미 리간드 이름에 다이(*di-*)가 포함되어 있으므로(규칙 4), 이 화합물의 이름은 염화 트리스(에틸렌다이아민)크로뮴(III) [*tris*(ethylenediamine)chromium(III) chloride]이다.

실전 연습 화합물 $[Cr(H_2O)_4Cl_2]Cl$을 명명하시오.

비슷한 문제: 23.15, 23.16.

예제 23.3

다음 화합물의 화학식을 쓰시오. (a) 염화 펜타암민클로로코발트(III)[pentaamminechlorocobalt(III) chloride] (b) 질산 다이클로로비스(에틸렌다이아민)백금(IV)[dichlorobis(ethylenediamine)platinum(IV) nitrate] (c) 헥사나이트로코발트(III)산 소듐[sodium hexanitrocobaltate(III)].

전략 앞의 과정을 따른다. 리간드와 금속 원자들을 포함한 음이온의 이름은 표 23.4와 표 23.5를 참조하라.

풀이 (a) 착물의 양이온은 NH_3 기 다섯 개, Cl^- 이온 한 개, 산화수 +3인 Co 이온을 포함하고 있다. 양이온의 알짜 전하는 +2로 $[Co(NH_3)_5Cl]^{2+}$가 되어야 한다. 양전하를 균형 맞추는 데 염화 음이온 두 개가 필요하다. 그러므로 이 화합물의 화학식은 $[Co(NH_3)_5Cl]Cl_2$이다.

(b) 염화 이온(각 −1의 전하) 두 개, *en* 기 두 개, 산화수 +4인 Pt 이온이 있다. 양이온의 알짜 전하는 +2 즉, $[Pt(en)_2Cl_2]^{2+}$이 되어야 한다. 착물 양이온의 +2 전하를 균형 맞추는 데 질산 이온 두 개가 필요하다. 그러므로 화합물의 화학식은 $[Pt(en)_2Cl_2](NO_3)_2$이다.

(c) 착물의 음이온은 나이트로기(각 −1의 전하) 여섯 개와 산화수 +3인 코발트 이온이 있다. 착물 음이온의 알짜 전하는 −3 즉, $[Co(NO_2)_6]^{3-}$가 되어야 한다. 착물 음이온의 −3 전하를 균형 맞추는 데 소듐 양이온 세 개가 필요하다. 그러므로 이 화합물은 $Na_3[Co(NO_2)_6]$이다.

비슷한 문제: 23.17, 23.18.

실전 연습 다음 화합물의 화학식을 쓰시오. 황산 트리스(에틸렌다이아민)코발트(III)[*tris*(ethylendiamine)cobalt(III) sulfate].

개념 복습하기

한 학생이 화합물 $[Cr(H_2O)_4Cl_2]Cl$의 이름을 염화 다이클로로테트라아쿠아크로뮴(dichlorotetraaquachromium chloride)이라고 하였다. 이것이 옳은가? 만약 옳지 않다면 적절한 체계적 이름을 제시하시오.

23.4 배위 화합물의 구조

배위 화합물의 기하 구조를 공부할 때, 흔히 중심 원자 주위에 리간드를 배열하는 방법이 둘 이상 있다는 것을 알게 된다. 이와 같이 중심 원자 주위의 리간드 배열이 다른 화합물은 물리적, 화학적 성질이 근본적으로 서로 다르다. 그림 23.9는 금속 주위에 한 자리 리간드를 배치할 수 있는 4가지 다른 기하 배열을 보여준다. 이 그림을 보면 금속 원자의 배위수와 구조는 다음과 같은 관계를 가짐을 알 수 있다.

배위수	구조
2	선
4	사면체 또는 사각 평면
6	팔면체

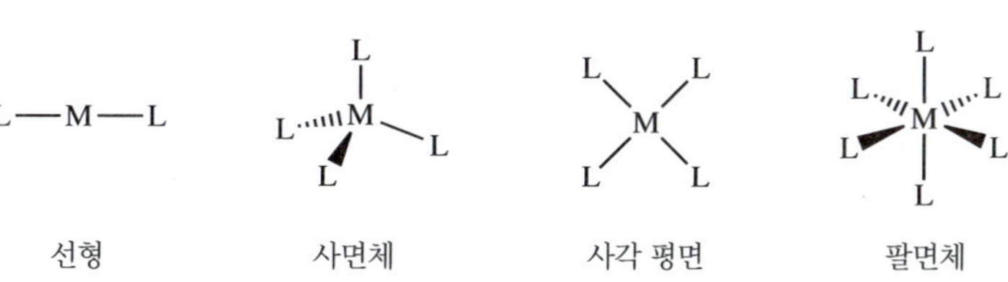

그림 23.9 착이온의 일반적 기하 구조. 각 경우에 M은 금속이고, L은 한 자리 리간드이다.

그림 23.10 다이암민다이클로로백금(II)의 (a) *시스*와 (b) *트랜스* 이성질체. *시스* 이성질체에서는 두 염소 원자들이 서로 인접해 있고, *트랜스* 이성질체에서는 서로 대각선에 있다는 것을 주목하라.

그림 23.11 테트라암민다이클로로코발트(III)[tetraamminedichlorocobalt(III)] 이온, $[CO(NH_3)_4Cl_2]^+$의 (a) *시스*와 (b) *트랜스* 구조. (c)는 (a) 구조를 회전해서 얻을 수 있고, 구조 (d)는 (b) 구조를 회전해서 얻을 수 있다. 이온은 두 기하 이성질체만 존재한다. 즉 (a)[또는 (c)]와 (b)[또는 (d)]의 두 종류만 있다.

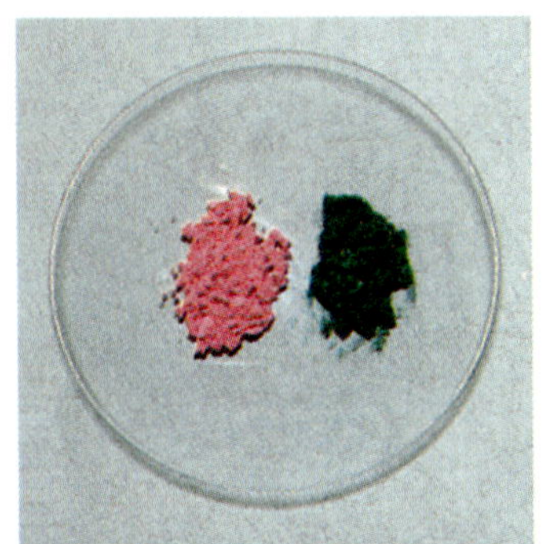

염화 시스-테트라암민다이클로로코발트(III)(왼쪽)과 염화 트랜스-테트라암민다이클로로코발트(III)(오른쪽).

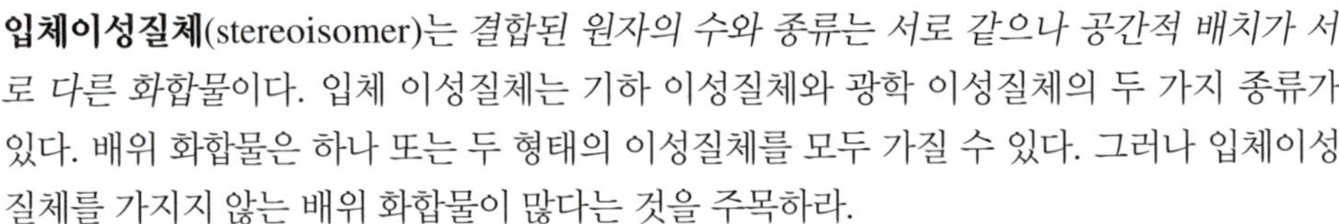

입체이성질체(stereoisomer)는 *결합된 원자의 수와 종류는 서로 같으나 공간적 배치가 서로 다른 화합물*이다. 입체 이성질체는 기하 이성질체와 광학 이성질체의 두 가지 종류가 있다. 배위 화합물은 하나 또는 두 형태의 이성질체를 모두 가질 수 있다. 그러나 입체이성질체를 가지지 않는 배위 화합물이 많다는 것을 주목하라.

기하 이성질체

기하 이성질체(geometric isomer)는 *화학 결합을 절단하지 않고는 서로 전환되지 않는 입체이성질체*이다. 기하 이성질체는 보통 한 쌍이 있다. 한 화합물을 다른 화합물과 서로 구별하기 위해 "*시스*(*cis*)"와 "*트랜스*(*trans*)"라는 용어를 사용한다. *시스*는 두 개의 특정 원자(또는 원자단)가 서로 인접하고 있음을 의미하며, 반면에 *트랜스*는 두 원자(또는 원자단)가 구조식의 서로 반대쪽에 위치함을 의미한다. 배위 화합물의 *시스*와 *트랜스* 이성질체는 일반적으로 색, 녹는점, 쌍극자 모멘트, 화학 반응성이 완전히 다르다. 그림 23.10은 다이암민다이클로로백금(II)[diamminedichloroplatinum(II)]의 *시스*와 *트랜스* 이성질체를 나타내고 있다. 두 이성질체에서 결합 유형은 동일하지만(두 개의 Pt—N 결합과 두 개의 Pt—Cl 결합), 공간 배열이 다르다는 점을 주목하라. 또 다른 기하 이성질체의 예로 그림 23.11에 나타낸 테트라암민다이클로로코발트(III)[tetraamminedichlorocobalt(III)] 이온이 있다.

광학 이성질체

광학 이성질체(optical isomer)는 *서로 포갤 수 없는 거울상*이다("포갤 수 있다는 것"은 한 구조가 다른 한 구조 위에 놓일 수 있게 모든 원자의 위치가 일치한다는 것을 의미한다). 기하 이성질체처럼 광학 이성질체는 한 쌍이 있다. 그러나 한 화합물의 광학 이성질체는 녹는점, 끓는점, 쌍극자 모멘트 및 화학 반응성과 같은 물리적 및 화학적 성질이 동일하다. 앞으로 알게 되겠지만 광학 이성질체는 평면 편광(plane-polarized light)과의 상호작용만이 서로 다르다.

두 광학 이성질체 사이의 구조적 관계는 오른손과 왼손과의 관계와 유사하다. 왼손을 거울 앞에 놓을 때 나타나는 거울상은 오른손처럼 보인다(그림 23.12). 따라서 왼손과 오른손은 서로 거울상이라고 말한다. 그러나 왼손을 오른손 위에 놓을 때 서로 일치하지 않기 때문에 양손은 서로 포갤 수 없다.

그림 23.12 왼손과, 오른손처럼 보이는 왼손의 거울상.

거울 (a) 거울 (b)

그림 23.13 다이클로로비스(에틸렌다이아민)코발트(Ⅲ) 이온의 (a) *시스*와 (b) *트랜스* 이성질체 및 그들의 거울상. 거울상 (b)를 수직 축에 대해 시계 방향으로 90도 회전시켜 *트랜스* 이성질체에 위치하면, 두 개가 포개질 수 있다는 것을 발견한다. 그렇지만 *시스* 이성질체와 그 거울상을 회전시키면 서로 포개지지 않는다.

그림 23.13은 다이클로로비스(에틸렌다이아민)코발트(III)[dichlorobis(ethylenediamine)cobalt(III)] 이온의 *시스*와 *트랜스* 이성질체 및 그들의 거울상을 보여준다. 주의 깊게 보면 *트랜스* 이성질체와 그 거울상은 서로 포갤 수 있으나, *시스* 이성질체와 그 거울상은 서로 포갤 수 없다. 그러므로 *시스* 이성질체와 그 거울상은 광학 이성질체이다.

광학 이성질체는 **카이랄**(chiral, 그리스어로서 "손"을 뜻함)이라고도 하는데, 이것은 왼손과 오른손처럼 카이랄 분자는 포갤 수 없기 때문이다. 거울상과 서로 포갤 수 있는 이성질체는 *비카이랄*(*achiral*)이라 한다. 카이랄 분자는 생물학계에서 효소 반응의 중요한 역할을 한다. 많은 약품 분자는 카이랄이다. 한 쌍의 카이랄 이성질체 중에서 흔히 하나만 생물학적 효능을 가진다는 것은 매우 흥미로운 현상이다.

동영상 자료
▶ 카이랄성.

카이랄 분자는 평면 편광이 이들 분자를 통과할 때 편광면을 회전시키는 능력을 가지기 때문에 광학 활성 물질이라 한다. 모든 방향으로 진동하는 보통 빛과는 다르게 *평면 편광*(plane-polarized light)은 단일 면으로 진동한다. *광학 이성질체가 편광을 회전시키는 것을 측정*하는 데 **편광계**(polarimeter)를 사용한다(그림 23.14). 비편광의 빛살이 편광판(Polaroid sheet) 즉, 편광체(polarizer)를 먼저 통과한 다음 광학 활성인 카이랄 화합물을

편광판은 편광 유리를 만드는 데 사용된다.

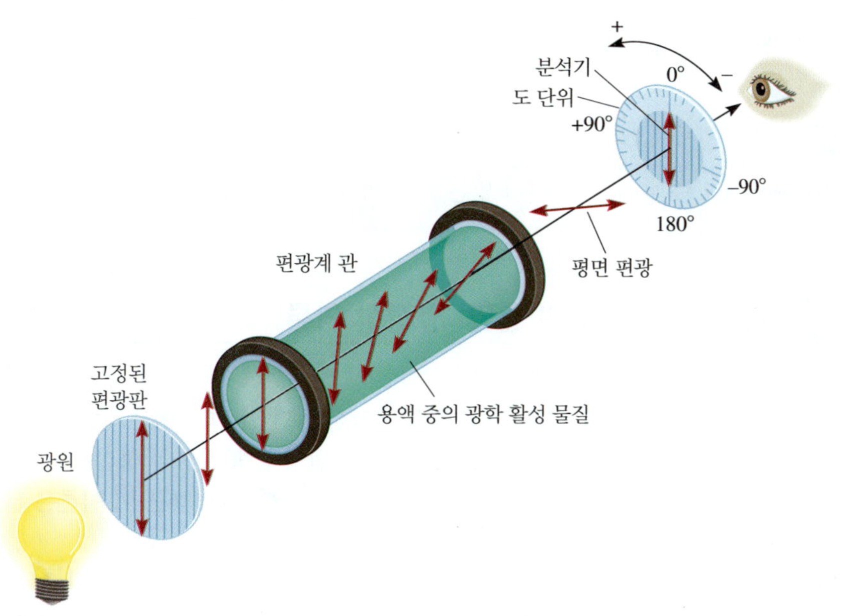

그림 23.14 편광계의 작동. 초기에 시료관은 비카이랄성 화합물로 채운다. 분석기는 편광면이 편광판의 면에 수직이 되도록 회전시킨다. 이 조건에서 관찰자는 아무런 빛도 보지 못한다. 다음으로 그림에 나타낸 것과 같은 관에 카이랄 화합물을 채운다. 빛이 시료관을 통과하면서 편광의 평면 편광을 회전시켜 빛의 일부가 관찰자에게 도달한다. 다시 관찰자가 빛을 볼 수 없도록 분석기를 회전시키면(왼쪽으로 또는 오른쪽으로) 광회전도를 측정할 수 있다.

그림 23.15 그림 위에 편광판 한 장을 놓으면 빛이 통과한다. 두 번째 편광판을 첫 번째 편광판의 편광축과 수직으로 겹치게 놓으면, 빛이 거의 또는 전혀 통과하지 않는다. 두 장의 편광축이 평행하게 놓이면 빛이 통과한다.

포함한 시료관을 지나도록 한다. 편광이 시료관을 지나면, 그 편광면이 오른쪽이나 왼쪽 방향으로 회전한다. 이 회전 각도는 최소량의 빛이 통과할 때까지 분석기를 회전시켜서 직접 측정할 수 있다(그림 23.15). 편광면이 오른쪽으로 회전되면, 그 이성질체는 *우회전성*(dextrorotatory, *d*)이라 하고, 왼쪽으로 회전되면 그 이성질체는 *좌회전성*(levorotatory, *l*)이라 한다. *카이랄 물질의 d와 l 이성질체*를 **거울상이성질체**(enantiomer)라 하며, 편광을 같은 각도이지만 반대 방향으로 회전시킨다. 따라서 *두 거울상이성질체의 같은 몰수의 혼합물*인 **라셈 혼합물**(racemic mixture)의 알짜 회전도는 0이다.

개념 복습하기

$[CoBr_2(en)(NH_3)_2]^+$ 이온은 얼마나 많은 기하 이성질체가 가능한가?

23.5 배위 화합물의 결합: 결정장 이론

배위 화합물에서 결합 이론은 입체화학이나 결합 세기와 함께 색깔이나 자기성과 같은 성질을 만족스럽게 설명할 수 있어야 한다. 그러나 아직 어떤 한 가지 이론으로도 이런 모든 성질을 설명하지 못한다. 오히려 여러 다른 이론으로 전이 금속 착물의 성질들을 설명하고 있다. 이 절에서는 결정장 이론에 대해서만 고찰하기로 한다. 왜냐하면 이 이론은 많은 배위 화합물의 색이나 자기 성질을 모두 설명할 수 있기 때문이다.

여기서는 여러 이론들 중에서 배위 화합물의 색과 자기적 성질을 설명해 줄 수 있는 결정장 이론에 대해서만 살펴보기로 한다. 결정장 이론은 가장 설명이 잘되는 팔면체 기하 구조를 갖는 착이온으로 논의를 시작하고자 한다. 그 다음 사면체와 사각 평면 착물에 이 이론이 어떻게 적용되는지 알아보고자 한다.

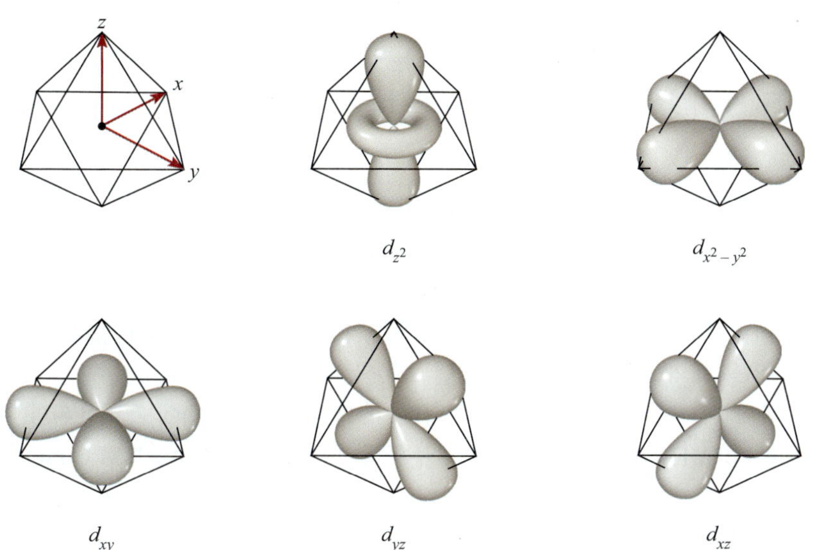

그림 23.16 팔면체의 5개 d 궤도함수. 금속 원자(또는 이온)는 팔면체의 중심에 있고, 리간드의 주개 원자에 있는 6개의 고립 전자쌍들은 각 모서리에 놓여 있다.

팔면체 착물에서의 결정장 갈라짐

결정장 이론은 착이온의 결합을 순수한 정전기적 힘으로 설명한다. 착이온에서는 두 종류의 정전기적 상호작용이 있다. 한 가지는 금속 양이온과 음으로 하전된 리간드(또는 극성 리간드의 음으로 하전된 말단) 간의 인력이다. 이 인력이 리간드와 금속을 결합시키는 힘이다. 두 번째 상호작용은 리간드의 고립 전자쌍과 금속의 d 궤도함수에 있는 전자 사이의 정전기적 반발력이다.

"결정장"이라는 이름은 이 이론이 고체, 결정성 물질의 성질을 설명하는 데 사용되기 때문에 붙여졌다. 같은 이론이 배위 화합물의 연구에 사용된다.

7장에서 보았듯이 d 궤도함수들은 다른 배향을 하고 있으나 외부 영향이 없을 때는 모두 같은 에너지를 가진다. 팔면체 착물에서 중심 금속 원자는 여섯 개의 고립 전자쌍(여섯 개 리간드에서 공급)으로 둘러싸여 있어서 금속 원자의 다섯 개의 d 궤도함수는 모두 정전기 반발력을 일으킨다. 이 반발력의 크기는 각 d 궤도함수의 배향에 따라 다르다. 예로 $d_{x^2-y^2}$ 궤도함수를 보자. 그림 23.16에서 이 궤도함수의 로브(lobe)는 x축과 y축을 따라 팔면체의 모서리 즉, 리간드의 고립 전자쌍이 위치한 쪽으로 향하고 있다. 따라서 이 궤도함수에 있는 전자는 d_{xy} 궤도함수에 있는 전자보다 리간드로부터 더 많은 반발력을 받는다. 이러한 이유 때문에 $d_{x^2-y^2}$ 궤도함수의 에너지는 d_{xy}, d_{yz}, d_{xz} 궤도함수의 에너지에 비해 증가한다. 궤도함수 d_{z^2}의 에너지도 더 큰데, 이 궤도함수도 z축에 위치한 리간드 쪽으로 향하고 있기 때문이다.

이와 같은 금속-리간드 상호작용의 결과로 팔면체 착물에서 d 궤도함수 다섯 개는 그림 23.17에 나타난 것처럼 같은 에너지를 갖는 높은 에너지 준위의 두 궤도함수($d_{x^2-y^2}$, d_{z^2})와 같은 에너지를 갖는 낮은 에너지 준위의 세 궤도함수(d_{xy}, d_{yz}, d_{xz})로 분리된다. **결정장**

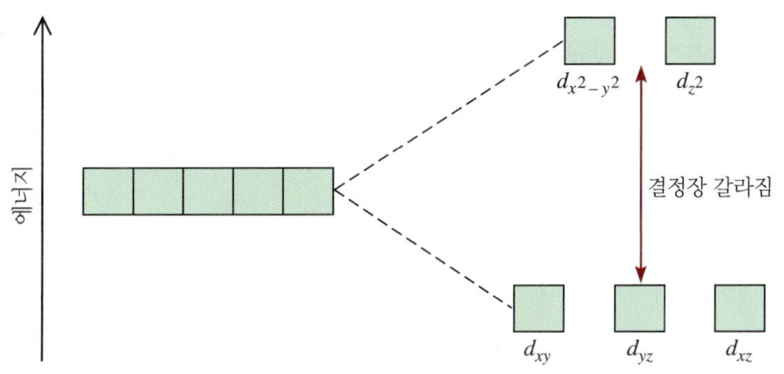

그림 23.17 팔면체 착물에서 d 궤도함수 사이의 결정장 갈라짐.

갈라짐(crystal field splitting, Δ)은 *리간드가 존재할 때 금속 원자에 있는 두 세트*(set)*의 d 궤도함수 사이의 에너지 차이*이다. Δ의 크기는 금속과 리간드의 종류에 따라 달라지며, 착이온의 색과 자기 성질에 직접적인 영향을 준다.

색

동영상 자료
▶ 색의 흡수.

7장에서 태양광과 같은 백색광은 모든 색이 혼합된 것이라는 것을 배웠다. 어떤 물질이 모든 가시광선을 흡수하면 검은색으로 보인다. 어떤 물질이 가시광선을 전혀 흡수하지 않으면 백색 또는 무색으로 보인다. 어떤 사물이 초록색 성분을 반사하고 나머지 모든 가시광선을 흡수하면 초록색을 띤다. 또한, 물체가 초록의 *보색*(complementary color)인 붉은색(그림 23.18)을 제외한 모든 색을 반사하면 초록색으로 보인다.

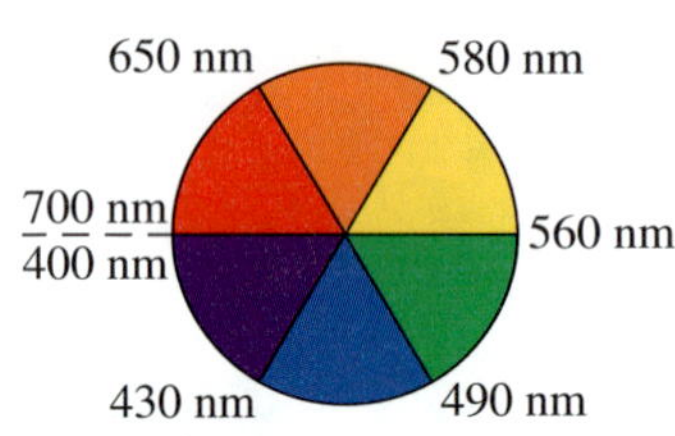

그림 23.18 고유 파장을 나타내는 색 원판. 초록색 영역을 흡수하는 화합물은 초록색의 보색인 붉은색으로 보인다.

반사광에 대하여 적용한 것은 투과광(예, 용액을 통과한 빛)에도 적용된다. 수화된 Cu(II) 이온, $[Cu(H_2O)_6]^{2+}$은 스펙트럼의 주황색 영역의 빛을 흡수하므로 $CuSO_4$의 수용액은 푸른색을 띤다. 바닥 상태와 들뜬 상태 간의 에너지 차에 해당하는 에너지의 광자를 원자(또는 이온이나 분자)에 쪼이면 그 광자를 흡수한 전자는 높은 에너지 상태로 들뜬다는 것도 7장에서 이미 배웠다. 이 과정에 의하여 전자 전이에 필요한 에너지를 계산할 수 있다. 광자의 에너지는 식 (7.2)에 주어진 것처럼 다음과 같다.

$$E = h\nu$$

여기서 h는 플랑크 상수(6.63×10^{-34} J · s), ν는 복사선의 진동수로 600 nm 파장의 진동수는 5.00×10^{14}/s이다. 여기서 $E = \Delta$이므로 다음 식이 성립한다.

$$\begin{aligned}\Delta &= h\nu \\ &= (6.63 \times 10^{-34}\ \text{J} \cdot \text{s})(5.00 \times 10^{14}/\text{s}) \\ &= 3.32 \times 10^{-19}\ \text{J}\end{aligned}$$

(이것은 한 개의 이온이 흡수된 에너지라는 것을 주의하라.) 어떤 이온이 흡수한 광자의 파장이 가시광선 영역이 아니라면 투과광은 입사광과 같이 백색으로 보이고 그 이온은 무색을 띤다.

전이 금속 착물이 색을 띠기 위해서는 d-d 전이(d 궤도함수에서 d 궤도함수로의 전자 전이)가 일어나야 한다. 따라서 d^0 또는 d^{10} 전자 배열을 가지는 이온들은 대개 무색이다.

결정장 갈라짐을 측정하기 위한 가장 좋은 방법은 흡수하는 빛의 파장을 측정할 수 있는 분광법을 이용하는 것이다. Ti^{3+} 이온을 포함한 $[Ti(H_2O)_6]^{3+}$ 이온은 $3d$ 전자가 한 개뿐이기 때문에 좋은 예가 된다(그림 23.19a). $[Ti(H_2O)_6]^{3+}$ 이온은 스펙트럼의 가시 영역에서 빛을 흡수한다(그림 23.20). 이 이온의 최대 흡수 파장은 498 nm이다(그림 23.19b). 이런 자료는 다음과 같이 결정장 갈라짐 에너지를 계산할 수 있도록 한다.
즉,

$$\Delta = h\nu \tag{23.1}$$

또는

$$\nu = \frac{c}{\lambda}$$

여기서 c는 빛의 속도, λ는 빛의 파장이다. 그러므로

식 (7.3)은 $E = hc/\lambda$임을 보여준다.

$$\begin{aligned}\Delta = \frac{hc}{\lambda} &= \frac{(6.63 \times 10^{-34}\ \text{J} \cdot \text{s})(3.00 \times 10^{8}\ \text{m/s})}{(498\ \text{nm})(1 \times 10^{-9}\ \text{m}/1\ \text{nm})} \\ &= 3.99 \times 10^{-19}\ \text{J}\end{aligned}$$

이 값은 $[Ti(H_2O)_6]^{3+}$ 이온 *하나*를 들뜨게 하는 데 필요한 에너지이다. 이 에너지 차를 더 편리한 단위인 kJ/mol로 나타내면 다음과 같다.

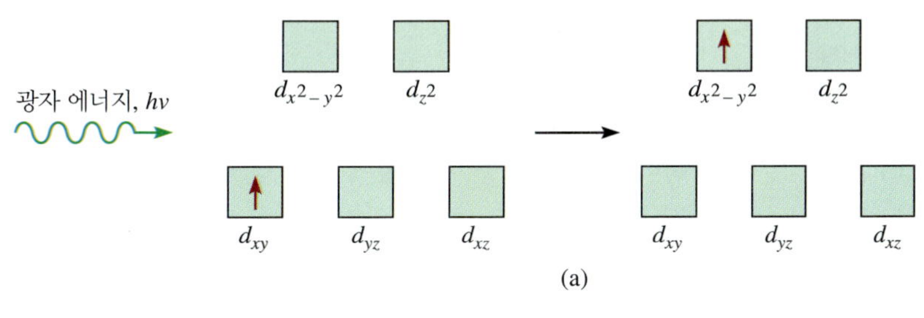

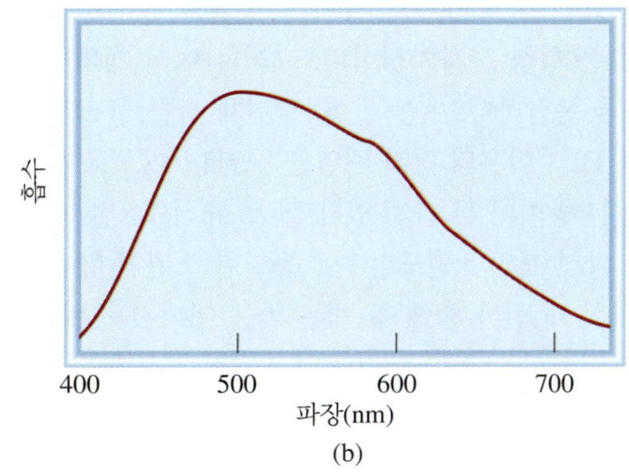

그림 23.19 (a) 광자 흡수 과정과 (b) $[Ti(H_2O)_6]^{3+}$의 흡수 스펙트럼의 그래프. 흡수한 광자의 에너지는 결정장 갈라짐과 같다. 가시 영역에서 최대 흡수 피크는 498 nm에서 일어난다.

그림 23.20 첫째 주기의 전이 금속 이온 용액의 색. 왼쪽부터 오른쪽으로 Ti^{3+}, Cr^{3+}, Mn^{2+}, Fe^{3+}, Co^{2+}, Ni^{2+}, Cu^{2+}. Sc^{3+}과 V^{5+} 이온은 무색이다.

$$\begin{aligned}\Delta &= (3.99 \times 10^{-19}\ \text{J/ion})(6.02 \times 10^{23}\ \text{ions/mol}) \\ &= 240{,}000\ \text{J/mol} \\ &= 240\ \text{kJ/mol}\end{aligned}$$

주어진 금속 이온에 리간드를 변화시키면서 얻은 많은 착물의 분광화학적 자료로부터 화학자들은 각 리간드에 따른 결정장 갈라짐의 세기를 계산하여 리간드의 **분광화학적 계열**(spectrochemical series)을 확립하였다. 분광화학적 계열은 *금속의 d 궤도함수의 에너지 준위를 분리시키는 리간드의 능력이 증가하는 순서로 나열한 것*이다.

$$I^- < Br^- < Cl^- < OH^- < F^- < H_2O < NH_3 < \text{en} < CN^- < CO$$

분광화학적 계열의 순서는 금속 원자(또는 이온)와는 상관없이 같다.

이들 리간드는 값이 증가하는 순으로 정렬되어 있다. CO와 CN^-는 *강한 장 리간드*(strong-field ligand)라고 하는데, 이들 리간드가 d 궤도함수 에너지 준위를 아주 크게 분리시킬 수 있기 때문이다. 할로젠화 이온과 수산화 이온은 d 궤도함수 에너지 준위를 훨씬 작게 분리시킬 수 있기 때문에 *약한 장 리간드*(weak-field ligand)라고 한다.

개념 복습하기

Cr^{3+} 이온이 X와 Y의 두 중성 리간드와 팔면체 착물을 형성한다. CrX_6^{3+}의 색은 푸른색인데, CrY_6^{3+}의 색은 노란색이다. X와 Y 중 어느 것이 강한 장 리간드인가?

➤ 자기적 성질

결정장 갈라짐의 크기는 착이온의 자기적 성질도 결정한다. 한 개의 d 전자를 가지는 $[Ti(H_2O)_6]^{3+}$ 이온은 항상 상자기성이다. 그러나 여러 개의 d 전자를 가진 금속 착이온의 자기적 성질은 조금 복잡하다. 예를 들어, 팔면체 착물, $[FeF_6]^{3-}$와 $[Fe(CN)_6]^{3-}$을 생각해 보자(그림 23.21). Fe^{3+} 이온의 전자 배열은 $[Ar]3d^5$이므로 분리된 d 궤도함수에 5개 전자를 분배시킬 수 있는 방법이 두 가지 있다. 훈트 규칙(7.8절 참조)에 따라 가장 안정한 전자 배열은 각 전자가 다섯 개의 d 궤도함수에 동일한 스핀 방향으로 하나씩 채워질 때이다. 그러나 이 배열은 다섯 개 전자 중에 두 개는 높은 에너지 준위의 $d_{x^2-y^2}$와 d_{z^2} 궤도함수에 채워져 들뜬 상태로 되면서 안정화 에너지의 손실을 수반한다. 그런데 5개 전자가 모두 d_{xy}, d_{yz}, d_{xz} 궤도함수에 들어가면 에너지의 손실은 없다. 이 경우 파울리 배타 원리(7.8절)에 따라 한 개의 홀전자만 존재한다.

그림 23.22는 저스핀(low-spin)과 고스핀(high-spin) 착물에서 d 궤도함수의 전자 분포를 나타낸다. 실제의 전자 배열은 높은 에너지의 d 궤도함수로 전자가 배치되면서 들뜨게 될 때 필요한 에너지와 최대 스핀 상태로 되면서 얻어지는 안정화 에너지의 크기에 따라 결정된다. F^-는 약한 장 리간드이기 때문에 다섯 개의 d 전자는 다섯 개의 d 궤도함수에 스핀 방향이 평행하도록 채워지면서 고스핀 착물을 만든다. 다른 한편 사이안화(cyanide) 이온은 강한 장 리간드이므로 d 전자 다섯 개가 모두 낮은 에너지의 궤도함수에 채워지는 것이 에너지적으로 유리하다. 따라서 저스핀 착물을 형성한다. 고스핀 착물은 저스핀 착물보다 더 강한 상자기성을 나타낸다.

착이온의 자기적 성질은 홀전자 수에 의존한다.

착이온에서 실제 홀전자(또는 스핀)의 수는 자기 성질 측정으로 알 수 있다. 일반적으로 실험치는 결정장 분리 과정을 근거로 하여 예상한 값과 대략 비슷하다. 그러나 저스핀과 고스핀 착물 사이의 이런 차이는 그림 23.22에 나타난 것처럼 금속 이온의 d 전자 수가 세 개보다 많고 여덟 개보다 적을 때만 생길 수 있다.

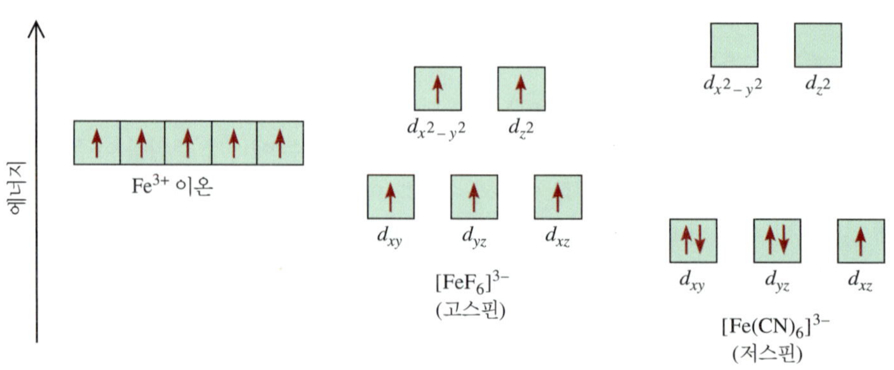

그림 23.21 Fe^{3+} 이온과 $[FeF_6]^{3-}$ 및 $[Fe(CN)_6]^{3-}$ 착이온들의 에너지 준위 도표.

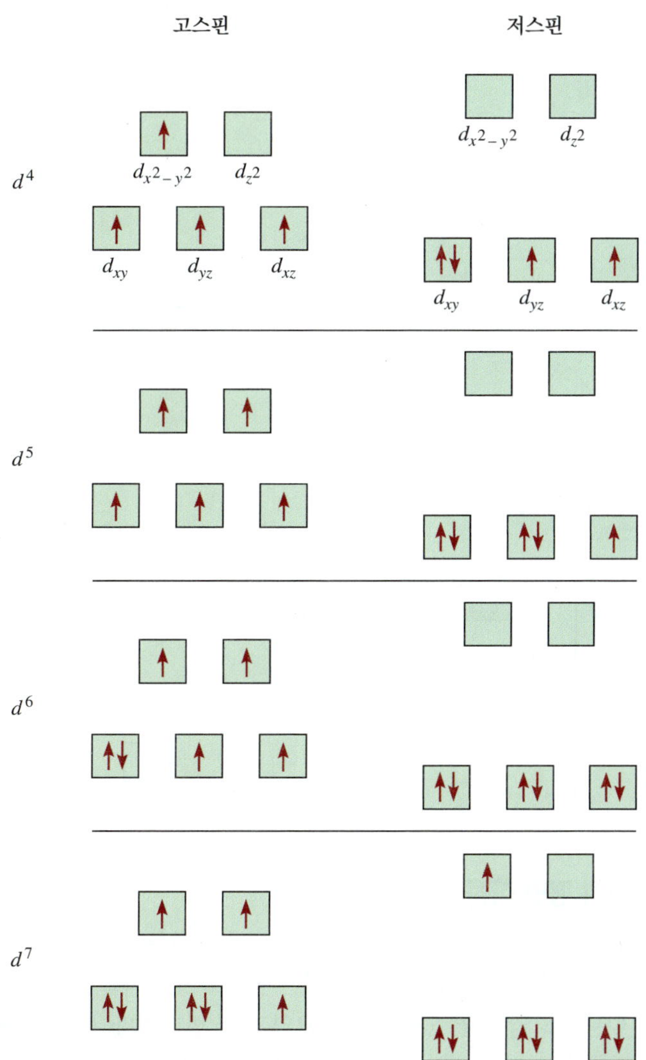

그림 23.22 전자 배열 d^4, d^5, d^6, d^7에 상당하는 고스핀과 저스핀 팔면체 착물의 궤도함수 도표. d^1, d^2, d^3, d^8, d^9, d^{10}에서는 차별이 없다.

예제 23.4

$[Cr(en)_3]^{2+}$ 이온에서 짝짓지 않은 스핀(unpaired spin)의 수를 예측하시오.

전략 착이온의 자기적 성질은 리간드의 강도에 의존한다. 강한 장 리간드는 *d* 궤도함수 에너지 준위를 높은 정도로 분리시키고, 저스핀 착물을 이룬다. 약한 장 리간드는 *d* 궤도함수 에너지 준위를 적게 분리시키고 고스핀 착물을 형성한다.

풀이 Cr^{2+}의 전자 배열은 $[Ar]3d^4$이다. *en*이 강한 장 리간드이므로 $[Cr(en)_3]^{2+}$는 저스핀 착물임을 예상할 수 있다. 그림 23.22에 따라 네 개의 모든 전자는 낮은 에너지의 *d* 궤도함수(d_{xy}, d_{yz}, d_{xz})에 채워지며, 총 두 개의 짝짓지 않은 스핀이 있게 된다.

비슷한 문제: 23.35.

실전 연습 $[Mn(H_2O)_6]^{2+}$의 짝짓지 않은 스핀의 수는 몇 개인가? (H_2O는 약한 장 리간드이다.)

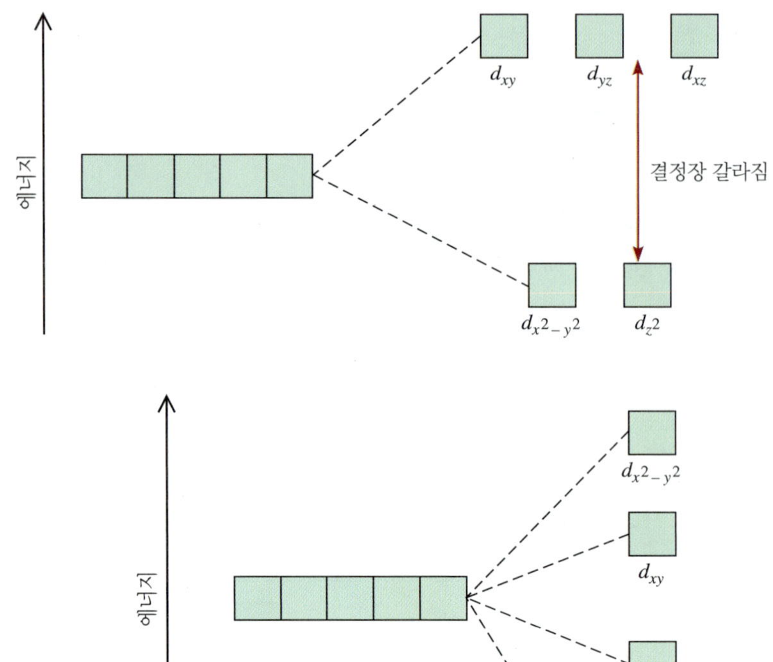

그림 23.23 사면체 착물에서 *d* 궤도함수 사이의 결정장 갈라짐.

그림 23.24 사각 평면 착물의 에너지 준위 도표. 두 개 이상의 에너지 준위가 있기 때문에 팔면체와 사면체 착물의 경우처럼 결정장 갈라짐을 정의할 수 없다.

➤ 사면체와 사각 평면 착물

지금까지 팔면체 착물을 중심으로 공부하였다. 두 가지 다른 종류인 사면체와 사각 평면 착물의 *d* 궤도함수 에너지 갈라짐도 결정장 이론에 의하여 만족스럽게 설명할 수 있다. 실제로는 사면체의 분리 모양은 팔면체 착물의 모양과 꼭 반대이다. 이 경우에 d_{xy}, d_{yz}, d_{xz} 궤도함수는 리간드 쪽으로 더 가까이 향하고 있어서 $d_{x^2-y^2}$와 d_{z^2} 궤도함수보다 더 높은 에너지를 가진다(그림 23.23). 대부분의 사면체 착물은 고스핀 착물이다. 아마도 리간드의 사면체 배열은 금속-리간드 상호작용을 약하게 하기 때문에 이에 따라 팔면체 착물에 비하여 Δ 값도 감소할 것이다. 사면체 착물의 리간드 수가 더 적은 것도 Δ 값이 작은 원인이 될 수 있다.

사각 평면 착물의 갈라짐 모양은 그림 23.24에 나타난 것처럼 팔면체 착물이나 사면체 착물에 비하여 가장 복잡하다. 분명히 $d_{x^2-y^2}$ 궤도함수가 팔면체에서처럼 가장 높은 에너지를 가지고, d_{xy}는 그 다음으로 높다. 그러나 d_{z^2}, d_{yz}, d_{xz} 궤도함수의 상대적인 에너지는 현 단계에서 간단히 결정할 수 없고, 계산해 보아야 한다.

23.6 배위 화합물의 반응

착이온은 용액에서 리간드 교환 반응(또는 치환 반응)을 일으킨다. 이들 반응의 속도는 금속 이온과 리간드의 성질에 의존하며, 그 변화 범위가 대단히 넓다.

리간드 교환 반응을 공부할 때 착이온의 안정도와 속도론적 *치환성*(kinetic lability)이라고 부르는 반응을 일으키는 경향성을 구별하는 것이 유용하다. 여기에서 안정도란 열역학적 성질로 착이온의 형성 상수(K_f, 16.10절 참조)로 측정한다. 예를 들어, 테트라사이아노니켈(II)산[tetracyanonickelate(II)] 이온은 큰 형성 상수($K_f \approx 1 \times 10^{30}$)를 가지기 때문에 안정하다.

$$Ni^{2+} + 4CN^- \rightleftharpoons [Ni(CN)_4]^{2-}$$

방사성 동위원소 C-14로 표지한 사이안화 이온(cyanide ion)을 이용하여 $[Ni(CN)_4]^{2-}$ 이온은 용액에서 아주 빠른 리간드 교환 반응을 일으킨다는 사실을 알게 되었다. 두 화학종을 섞으면 곧바로 다음과 같은 평형이 형성된다.

$$[Ni(CN)_4]^{2-} + 4{}^*CN^- \rightleftharpoons [Ni({}^*CN)_4]^{2-} + 4CN^-$$

평형 상태에서 착이온에 $^*CN^-$ 이온이 분포한다.

여기서 별표는 ^{14}C 원자를 나타낸다. 테트라사이아노니켈(II)산[tetracyanonickelate(II)] 이온 같은 착물은 *빠른 리간드 교환 반응*을 하기 때문에 **치환성 착물**(labile complex)이라 한다. 따라서 열역학적으로 안정한 화학종(즉, 형성 상수가 큰 화학종)이라도 반드시 반응성이 없지는 않다. (13.4절에서 활성화 에너지가 낮을수록 속도 상수는 더 커지며, 반응 속도는 더 빨라진다는 것을 보았다.)

산성 용액에서 열역학적으로 *불안정한* 착물은 $[Co(NH_3)_6]^{3+}$ 이온이다. 다음 반응에서 이 착이온의 평형 상수는 1×10^{20}이다.

$$[Co(NH_3)_6]^{3+} + 6H^+ + 6H_2O \rightleftharpoons [Co(H_2O)_6]^{3+} + 6NH_4^+$$

평형에 도달하면 $[Co(NH_3)_6]^{3+}$ 이온의 농도는 대단히 낮다. 그러나 $[Co(NH_3)_6]^{3+}$ 이온의 비활성(inertness) 때문에 이 반응이 평형 상태에 도달하려면 며칠이 걸린다. 이것은 *매우 느린(몇 시간 또는 여러 날) 교환 반응을 일으키는 착이온*인 **비활성 착물**(inert complex)의 한 예이다. 이 예는 열역학적으로 불안정한 화학종이 반드시 화학적으로 반응성이 크지는 않다는 것을 보여주고 있다. 반응 속도는 활성화 에너지에 의하여 결정되므로 이런 반응은 활성화 에너지가 높다.

Co^{3+}, Cr^{3+}, Pt^{2+} 이온을 포함하는 대부분의 착이온은 속도론적으로 비활성이다. 따라서 이들 착이온의 리간드 상호교환 반응은 대단히 느리므로 용액에서 이들의 연구가 비교적 용이하다. 그 결과, 이들 화합물의 연구로부터 배위 화합물의 결합, 구조 및 이성질체에 대한 지식이 대부분 얻어졌다.

23.7 배위 화합물의 응용

배위 화합물은 생명계에서 많이 발견되고, 가정이나 산업 및 의학에서 여러 용도가 있다. 이 절 끝에 있는 "생활 속의 화학"에서 이에 대한 몇 가지 예를 들고 기술하였다.

야금

사이안화 착물(cyanide complexes, 22.3절 참조) 형성으로 은과 금 추출과 금속을 기체 상태의 화합물인 $Ni(CO)_4$로 전환시켜서 이루어지는 니켈의 정제(21.2절) 등은 금속 야금 과정에서 배위 화합물의 용도 중에 전형적인 예들이다.

치료용 킬레이트 시약

이미 언급한 바와 같이 킬레이트 시약 EDTA는 납 중독 치료에 사용한다. 백금이 포함된 화합물은 암세포 성장을 효과적으로 억제한다. 구체적인 경우를 이 장 맨 끝에 있는 생활 속의 화학 "시스플라틴 – 항암 약품"에서 논의한다.

화학 분석

EDTA는 많은 금속 이온(특히 2+ 및 3+ 이온)과 큰 친화력을 가지고 있다. 그러나 다른 킬레이트 시약은 EDTA보다 금속 이온과 더 선택성을 가지고 결합한다. 예를 들면, 다이메틸글리옥심(dimethylglyoxime)은 Ni^{2+}과 붉은 벽돌색의 불용성 고체를, Pd^{2+}와 밝은 노란색의 불용성 고체를 형성한다.

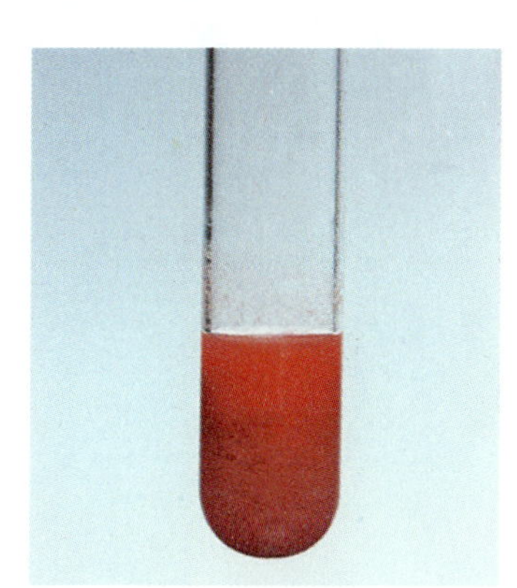

비스(다이메틸글리옥시메이토)니켈(II) [bis(dimethylglyoximato)nickel(II)]의 분산 수용액.

생활 속의 화학

생체에서의 배위 화합물

배위 화합물은 동물이나 식물에서 여러 가지 중요한 역할을 한다. 이들은 산소 저장과 수송 과정에서 전자 전달체나 촉매제로서 작용하며, 광합성 과정에서 중요한 화합물이다. 여기에서 논의는 철이나 마그네슘을 포함하는 배위 화합물에 초점을 맞추고자 한다.

헤모글로빈은 신진 대사 과정에서 산소 운반체로서 아주 중요한 기능을 하기 때문에 모든 단백질 중에 가장 많이 연구되어 있다. 이 분자는 *소단위체*(subunit)라고 하는 네 개의 접혀 있는 긴 사슬을 가지고 있다. 헤모글로빈은 혈액 속에 있는 산소를 폐에서 조직으로 전달하는데, 여기서 산소 분자를 미오글로빈에 운반한다. 한 개의 소단위체로만 구성되어 있는 미오글로빈은 근육의 신진 대사 과정에 필요한 산소를 저장한다.

포핀(porphine) 분자는 헤모글로빈에서 중요한 부분이다. 금속이 배위할 때 포핀 내의 네 개 질소 원자 중에 두 개 질소 원자에 결합된 수소 이온을 치환한다. 포핀으로부터 얻은 금속 착물을 *포피린*(porphyrin)이라 하고, 철-포피린 단위를 *헴*(heme)기라 한다. 헴기에서 Fe의 산화수는 +2이다. 철 이온은 포핀기의 질소 원자

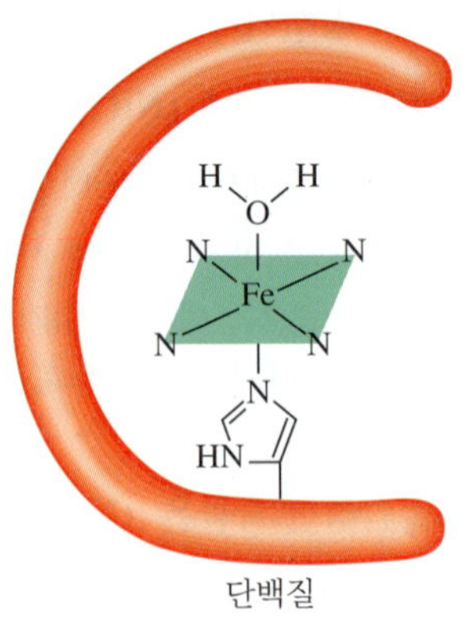

헤모글로빈의 헴(heme)기. Fe^{2+} 이온은 헴기의 질소 원자와 배위하고 있다. 포피린 아래의 리간드는 단백질에 붙은 히스티딘(histidine)기이다. 여섯 번째 리간드는 물 분자이다.

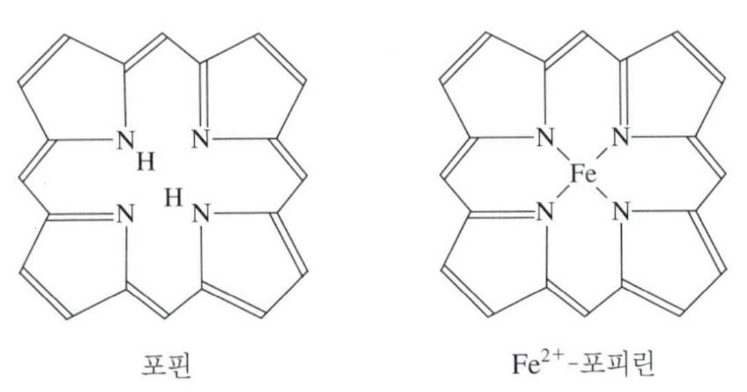

포핀(porphine) 분자와 Fe^{2+}-포피린(porphyrin) 착물의 간단한 구조.

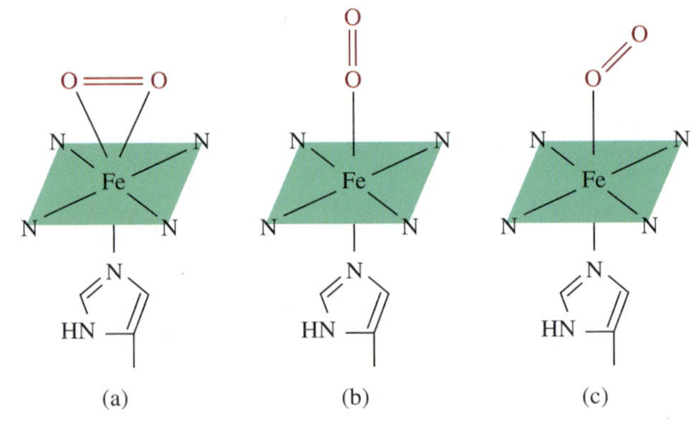

산소 분자가 헤모글로빈의 헴기와 결합할 수 있는 가능한 세 가지 방법. (a)에 나타낸 구조는 Fe(II) 착물에서 특이하게 7의 배위수를 가지고 있다. 말단 연결(end-on) 배열 (b)가 가장 논리적인 것 같지만, 구조 (c)가 올바른 구조라는 증거가 있다.

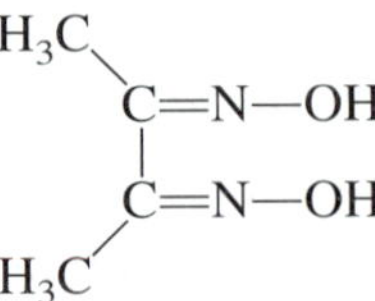

이런 특징적 색은 Ni^{2+}과 Pd^{2+}을 정성적으로 확인하는 데 사용한다. 더욱이 용액에 존재하는 이온의 양은 다음과 같은 무게 분석(4.6절 참조)에 의하여 결정할 수 있다. 즉, Ni^{2+} 이온을 포함한 용액에 다이메틸글리옥심 시약을 과량 가하면 붉은 벽돌색의 침전물이 형성된다. 그 다음 침전물을 여과한 다음 건조시켜서 무게를 단다. 형성된 착물의 화학식(그림 23.25)을 알면 처음 용액에 존재하는 Ni의 양을 쉽게 계산할 수 있다.

네 개와 단백질에 연결된 리간드의 질소 원자 한 개에 배위 결합되어 있다. 여섯 번째 리간드는 H_2O 분자이고, 이 분자는 사각 평면의 다른 쪽에서 Fe^{2+} 이온과 결합하여 팔면체 착물을 형성한다. 이 헤모글로빈 분자는 *데옥시헤모글로빈*(deoxyhemoglobin)이라 하고, 이 분자 때문에 정맥 혈관은 푸른색을 띤다. H_2O 리간드는 산소 분자에 의하여 쉽게 치환되어 동맥 혈관에 있는 붉은색의 옥시헤모글로빈을 형성한다. 각 소단위체는 헴기 하나를 포함하고, 따라서 네 개의 헴기를 가진 각 헤모글로빈은 네 개의 O_2 분자와 결합할 수 있다.

옥시헤모글로빈의 가능한 구조는 세 종류가 있다. 포피린에 결합한 산소 분자의 정확한 구조는 지난 수년 동안 연구되어 왔으나 분명하지 않다. 대부분 실험 자료는 헴기를 기준으로 철과 산소 사이의 결합이 굽어져 있다는 것을 제시하고 있다.

포피린기는 아주 효과적으로 킬레이트 결합을 하고 있으며, 생물학계의 여러 분야에서 발견되고 있다. 철-헴 착물은 *사이토크로뮴*(cytochrome)이라 부르는 또 다른 종류의 단백질에 존재한다. 이들 단백질에서 철은 팔면체 착물을 형성하지만, 히스티딘과 메티오닌기가 금속 이온에 아주 강하게 결합하고 있기 때문에 이들 리간드는 산소나 다른 리간드에 의하여 치환될 수 없다. 그 대신 사이토크로뮴은 신진 대사 과정에서 필수적인 전자 운반체의 기능을 가진다. 사이토크로뮴에서 철은 아주 빠른 가역적인 산화-환원 반응을 한다.

$$Fe^{3+} + e^- \rightleftharpoons Fe^{2+}$$

이 반응에 의하여 탄수화물(carbohydrate)과 같은 유기 분자의 산화 반응이 일어난다.

식물의 광합성 반응에서 필수인 클로로필(chlorophyll) 분자 또한 포피린 고리를 포함하는데, 이 때 금속 이온은 Fe^{2+} 대신에 Mg^{2+} 이온이다.

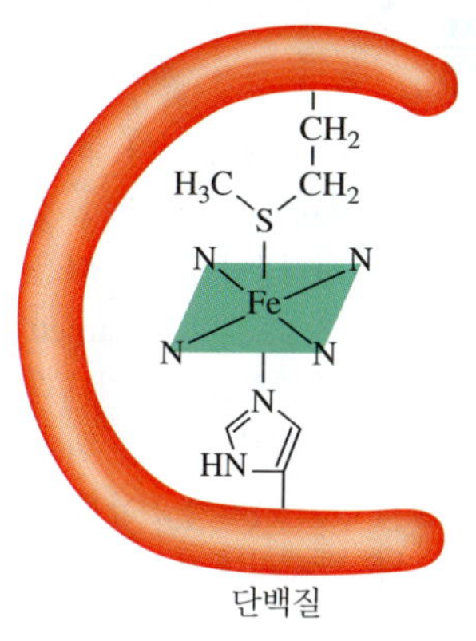

사이토크로뮴(cytochrome) c에서 헴기. 포피린의 위와 아래의 리간드는 각각 단백질의 메티오닌(methionine)기와 히스티딘기이다.

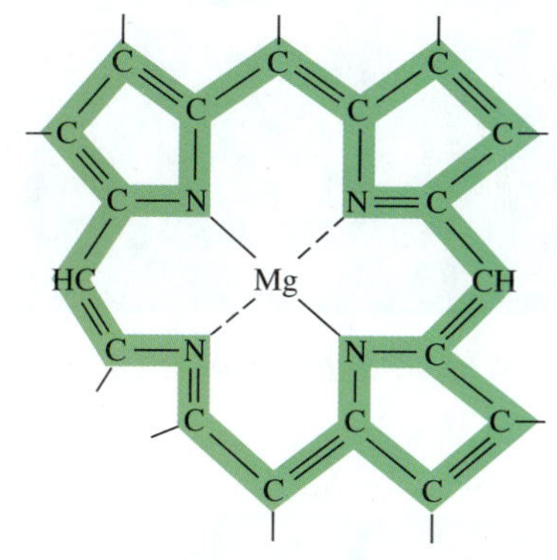

클로로필의 포피린 구조. 점선은 배위 공유 결합을 나타낸다. 분자에서 전자-비편재 부분은 색으로 나타내었다.

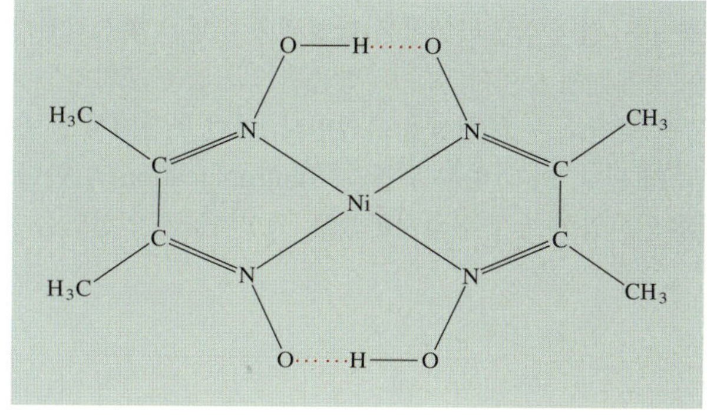

그림 23.25 다이메틸글리옥심 니켈(nickel dimethylglyoxime)의 구조. 전체 구조는 수소 결합에 의해 안정해진다는 것을 주목하라.

생활 속의 화학

시스플라틴 – 항암 약품

주요 과학 발전에서도 행운이 큰 역할을 할 때가 있다. 하지만 우연한 발견을 인식하고 그것을 이용하기 위해서는 그것을 알아차릴 수 있는 잘 훈련된 사람이 필요하다. 이런 예는 다음 경우를 보면 알 수 있다. 1964년 생물물리학자 로젠버그(Barnett Rosenberg)와 그의 연구팀은 미국 미시간 주립대학교에서 박테리아 성장에 미치는 전기장의 영향을 연구하고 있었다. 그들은 두 개의 백금 전극 사이에 박테리아균을 떠돌게 하고 거기에 전류를 통과시켰다. 놀랍게도 한 시간 정도 지난 다음 박테리아 세포는 분열을 중단하였다. 박테리아균으로부터 추출한 백금 금속을 함유하는 물질이 세포 분열을 중단시켰다는 것을 알아내는 데 그렇게 오랜 시간이 걸리지 않았다.

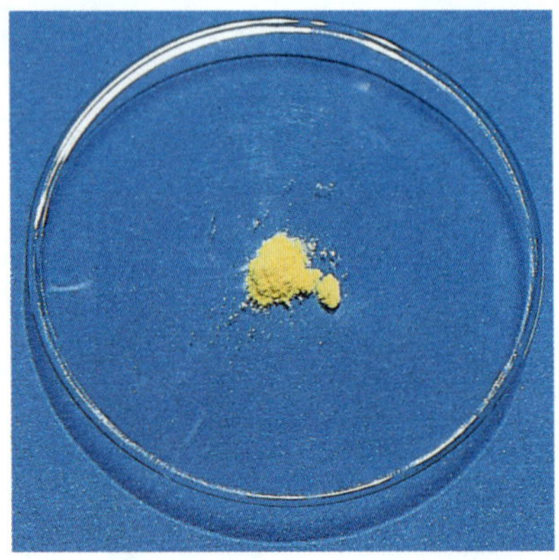

연노란색 화합물인 시스플라틴은 암 환자에게 정맥을 통해서 공급된다.

로젠버그는 암이라는 질병은 병에 걸린 세포의 분열 과정을 억제할 수 없는 병이기 때문에 백금 화합물이 항암제로 사용될 수도 있다고 생각했고, 곧바로 그 물질을 확인하기로 하였다. 전기분해 과정에서 암모니아와 염화 이온을 첨가하여 NH_3와 Cl을 포함하는 몇 가지 백금 화합물을 합성하였다. 세포 분열을 막는 데 가장 효과적인 화합물은 시스플라틴(cisplatin)이라는 *시스*-다이암민다이클로로백금(II) [*cis*-diamminedechloroplatinum(II)], $[Pt(NH_3)_2Cl_2]$이었다.

시스플라틴의 작용 메커니즘을 보면 시스플라틴이 유전 암호가 들어 있는 분자인 DNA(deoxyribonucleic acid)와 킬레이트 고리를 형성한다. 세포 분열 과정에서 이중으로 꼬여 있는 DNA는 두 개의 외가닥 줄로 분리되는데, 이 과정에서 새로운 세포는 이 세포의 모체와 정확히 동일하게 복제되어야 한다. X선 연구 결과에 의하면 시스플라틴에 있는 두 개의 Cl은 DNA에서 같은 줄에 인접한 두 염기 구아닌(guanine)의 질소 원자에 의하여 치환되며, 결과적으로 시스플라틴은 DNA와 교차 결합(cross-links)을 형성한다. 구아닌은 DNA에 있는 네 가지 염기 중 하나이다(그림 25.17 참조). DNA는 이중 나선 구조이므로 결합자리는 구부러진

▶ 합성 세제

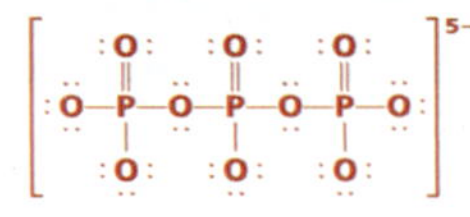

삼폴리인산 이온.

물에 존재하는 Ca^{2+} 이온과 비누 분자가 반응하여 불용성 염이나 응고물을 형성하기 때문에 비누의 세척 기능이 떨어진다. 1940년 후반에 이 문제를 해결하기 위하여 합성세제 산업체는 보조 성분인 삼폴리인산 소듐(sodium tripolyphosphate)을 도입하였다. 삼폴리인산(tripolyphosphate) 이온은 Ca^{2+} 이온과 안정하고 가용성인 착물을 형성하는 아주 효과적인 킬레이트 시약이다. 결국 삼폴리인산은 합성세제 산업을 혁신시켰다. 그러나 인산염은 식물의 영양분이기 때문에 강이나 호수로 방출된 인산염을 포함하는 폐수는 조류를 자라나게 하여 결과적으로 산소 부족 현상을 유발한다. 이런 조건에서 물 속에 사는 거의 모든 생명체는 결국 죽게 된다. 이 과정을 *부영양화*(eutrophication)라 한다. 결국 많은 국가들은 1970년대 이후 인산염의 합성을 금지하였고, 생산자들은 인산염을 제거한 상품을 다시 생산하였다.

모양을 가진다. 과학자들은 이런 구조적 찌그러짐이 복제를 어렵게 하는 주요 인자라고 믿고 있다. 손상된 세포는 생체의 면역체에 의하여 파괴된다. DNA에 시스플라틴이 결합할 때, 이 착물의 두 Cl 원자가 같은 쪽에 있어야 가능하므로 *트랜스* 이성질체는 항암제로 전혀 효과가 없다. 불행히도 시스플라틴은 신장의 심각한 손상 등 여러 가지 부작용을 나타내기도 한다. 따라서 이에 대한 연구는 건강한 조직의 손상 없이 암세포를 파괴할 수 있는 착물을 합성하는 방법을 찾아내는 쪽으로 이루어져야 한다.

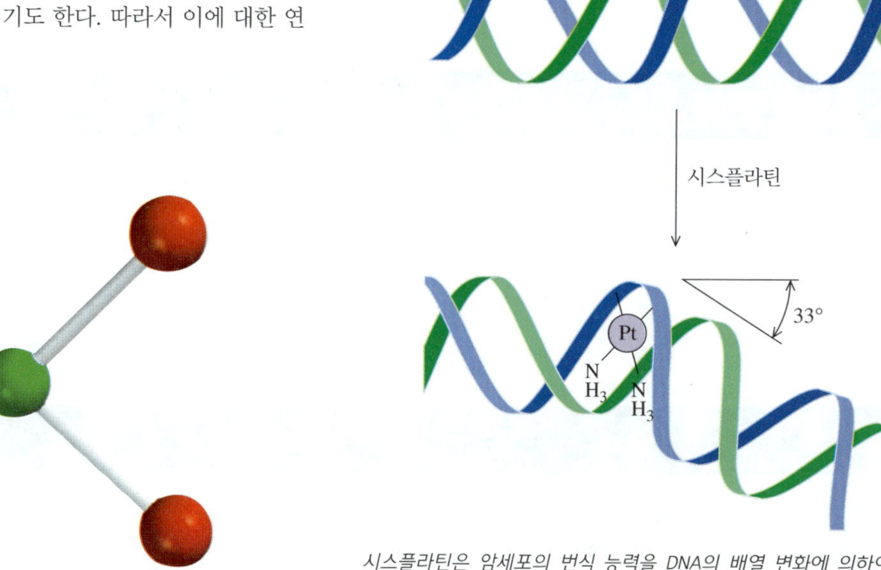

cis-$Pt(NH_3)_2Cl_2$

시스플라틴은 암세포의 번식 능력을 DNA의 배열 변화에 의하여 저지한다. DNA 가닥의 두 곳에 결합하여 가닥의 나머지에서 33° 휘어지도록 한다. 이 DNA 첨가 생성물의 구조는 미국 매사추세츠 공과대학의 리파드(Stephen Lippard) 교수팀이 밝혀냈다.

주요 식 정리하기 Key Equation

$\Delta = h\nu$ (23.1) 결정장 갈라짐

사실과 개념 요약하기 Summary of Facts & Concepts

1. 전이 금속은 거의 대부분 부분적으로 채워진 d 부껍질을 가지며, 착물을 형성하려는 경향성이 뚜렷하다. 착이온을 포함한 화합물을 배위 화합물이라 한다.
2. 첫 번째 주기의 전이 금속(Sc에서 Cu)은 모든 전이 금속 중 가장 잘 알려진 원소이며, 이들 금속의 화학은 다른 족의 원소들에 비해 여러 가지 독특한 성질을 나타낸다.
3. 착이온은 금속 이온과 이를 둘러싼 리간드로 구성되어 있다. 리간드의 주개 원자는 착이온의 중심 금속 이온에 전자쌍을 공급한다.
4. 배위 화합물은 기하 및 광학 이성질체를 가질 수 있다.
5. 결정장 이론은 정전기적 상호작용으로 착물의 결합 성질을 설명한다. 결정장 이론에 따라 d 궤도함수는 팔면체 착물에

서 높은 에너지의 두 개의 궤도함수와 낮은 에너지의 세 개의 궤도함수로 분리된다. 두 에너지 준위의 차이는 결정장 갈라짐 에너지이다.

6. 강한 장 리간드는 결정장 갈라짐의 크기를 크게 하고, 약한 장 리간드는 결정장 갈라짐의 크기를 작게 한다. 전자 스핀은 약한 장 리간드에서는 평행하고 강한 장 리간드에서는 짝을 이루는 경향이 있다. 강한 장 리간드에서는 전자를 높이 놓여 있는 *d* 궤도함수로 들뜨게 하는 데 더 많은 에너지가 필요하다.
7. 착이온은 용액에서 리간드 상호 교환 반응을 일으킨다.
8. 배위 화합물은 중금속 해독이나 화학 분석과 같은 여러 분야에서 그 응용성을 찾을 수 있다.

주요 용어 정리하기 *Key Words*

거울상이성질체	라셈 혼합물	분광화학적 계열	치환성 착물
결정장 갈라짐(Δ)	리간드	비활성 착물	카이랄
광학 이성질체	배위수	입체이성질체	킬레이트 시약
기하 이성질체	배위 화합물	주개 원자	편광계

연습 문제 *Questions & Problems*

● 표시는 Connect Plus에서 유용한 문제, 붉은색 번호의 문제는 학생용 문제풀이집에 풀어 놓았다.

전이 금속의 성질

▶ 복습 질문

23.1 주족 금속과 전이 금속은 무엇으로 구별하는가?

23.2 왜 Zn은 전이 금속이라 하지 않는가?

23.3 원자 반지름이 Sc로부터 Cu까지 매우 점진적으로 감소하는 이유를 설명하시오.

23.4 교과서를 참조하지 말고 첫 번째 주기 전이 금속에 대한 바닥 상태 전자 배열을 기술하시오. 불규칙성이 나타나는 이유를 설명하시오.

23.5 다음 이온의 전자 배열을 쓰시오. V^{5+}, Cr^{3+}, Mn^{2+}, Fe^{3+}, Cu^{2+}, Sc^{3+}, Ti^{4+}.

23.6 왜 전이 금속은 다른 원소에 비하여 더 많은 산화 상태를 가지는가?

23.7 Sc부터 Cu까지 원소 중 가장 높은 산화 상태는?

23.8 왜 Cr은 그 표준 환원 전위 값에서 예상되는 것보다 반응성이 낮은가?

배위 화합물

▶ 복습 질문

23.9 다음 용어를 정의하시오. 배위 화합물, 리간드, 주개 원자, 배위수, 킬레이트 시약.

23.10 주개 원자와 금속 원자 사이의 상호작용을 루이스 산-염기 반응으로 기술하시오.

▶ 문제

● 23.11 착이온 $[Co(en)_2(H_2O)CN]^{2+}$에 대하여 다음 설명을 완성하시오. (a) en은 ______ 의 약자이다. (b) Co의 산화수는 ______ 이다. (c) Co의 배위수는 ______ 이다. (d) ______ 는 두 자리 리간드이다.

23.12 착이온 $[Cr(C_2O_4)_2(H_2O)_2]^-$에 대하여 다음 설명을 완성하시오. (a) Cr의 산화수는 ______ 이다. (b) Cr의 배위수는 ______ 이다. (c) ______ 는 두 자리 리간드이다.

● 23.13 다음 화학종에서 금속의 산화수를 결정하시오. (a) $K_3[Fe(CN)_6]$, (b) $K_3[Cr(C_2O_4)_3]$, (c) $[Ni(CN)_4]^{2-}$.

● **23.14** 다음 화학종에서 금속의 산화수를 결정하시오. (a) Na_2MoO_4, (b) $MgWO_4$, (c) $Fe(CO)_5$.

● 23.15 다음 이온 및 화합물의 체계적인 이름을 쓰시오.
(a) $[Co(NH_3)_4Cl_2]^+$
(b) $Cr(NH_3)_3Cl_3$
(c) $[Co(en)_2Br_2]^+$
(d) $[Co(NH_3)_6]Cl_3$

● **23.16** 다음 화합물 및 이온의 이름을 쓰시오.
(a) [*cis*-$Co(en)_2Cl_2]^+$
(b) $[Pt(NH_3)_5Cl]Cl_3$
(c) $[Co(NH_3)_5Cl]Cl_2$

● 23.17 다음 각 화합물 및 이온의 화학식을 쓰시오. (a) tetrahydroxozincate(II), (b) pentaaquachlorochromium(III) chloride, (c) tetrabromocuprate(II), (d) ethylenediaminetetraacetatoferrate(II).

● **23.18** 다음 각 화합물과 이온의 화학식을 쓰시오. (a) bis(ethylenediamine)dichlorochromium(III), (b) pentacarbonyliron(0), (c) potassium tetracyanocuprate(II), (d) tetraammineaquochlorocobalt(III) chloride.

배위 화합물의 구조

▶ 복습 질문

23.19 다음 용어를 정의하시오. 입체이성질체, 기하 이성질체, 광학 이성질체, 평면 편광.

23.20 다음 구조 중 어느 것이 기하 이성질체를 가질 수 있는가? (a) 선형, (b) 사각 평면, (c) 사면체, (d) 팔면체.

23.21 분자의 카이랄성(chirality)을 결정하는 요인은 무엇인가? 어떻게 편광계는 분자의 카이랄성을 측정하는가?

23.22 다음 용어를 설명하시오.
(a) 거울상이성질체, (b) 라셈 혼합물.

▶ 문제

• 23.23 착이온 $[Ni(CN)_2Br_2]^{2-}$은 사각 평면 구조이다. 이 착화합물의 기하 이성질체를 그리시오.

• **23.24** 다음 화학종의 기하 이성질체는 몇 개인가?
(a) $[Co(NH_3)_2Cl_4]^-$, (b) $[Co(NH_3)_3Cl_3]$.

23.25 다음 코발트 착화합물의 모든 기하 이성질체들과 광학 이성질체들의 구조를 그리시오.
(a) $[Co(NH_3)_6]^{3+}$
(b) $[Co(NH_3)_5Cl]^{2+}$
(c) $[Co(C_2O_4)_3]^{3-}$

23.26 다음 각 Co 착물에서 모든 기하 이성질체와 광학 이성질체의 구조를 그리시오.
(a) $[Co(NH_3)_4Cl_2]^+$, (b) $[Co(en)_3]^{3+}$.

배위 화합물의 결합

▶ 복습 질문

23.27 결정장 이론을 간략하게 설명하시오.

23.28 다음 용어를 설명하시오. 결정장 갈라짐, 고스핀 착물, 저스핀 착물, 분광화학적 계열.

23.29 배위 화합물의 색은 무엇 때문인가?

23.30 Sc^{3+} 이온을 포함하는 화합물은 무색이고, Ti^{3+} 이온을 포함하는 화합물은 색을 띤다. 이를 설명하시오.

23.31 어떤 화합물이 반자기성인지 또는 상자기성인지를 결정하는 요인은 무엇인가?

23.32 같은 종류의 리간드에서 팔면체 착화합물의 결정장 갈라짐 에너지는 사면체 착화합물의 결정장 갈라짐 에너지보다 항상 크다. 그 이유를 설명하시오.

▶ 문제

23.33 사각 평면 구조를 가지는 $[Ni(CN)_4]^{2-}$ 이온은 반자기성인 반면, 사면체 구조를 가지는 $[NiCl_4]^{2-}$ 이온은 상자기성이다. 이들 두 착물의 결정장 분리 도표를 나타내시오.

23.34 CN^- 리간드를 포함하는 전이 금속 착물은 보통 노란색이고, H_2O를 포함하는 착물은 보통 녹색이나 푸른색이다. 설명하시오.

• 23.35 다음 착이온들의 홀전자 수를 예상하시오.
(a) $[Cr(CN)_6]^{4-}$, (b) $[Cr(H_2O)_6]^{2+}$.

• **23.36** 착이온 $[Co(NH_3)_6]^{3+}$의 최대 흡수는 470 nm에서 일어난다. (a) 착물의 색깔을 예측하시오. (b) 결정장 갈라짐 에너지를 kJ/mol로 나타내시오.

• 23.37 다음 각 쌍에서 더 긴 파장의 빛을 흡수하는 착물을 고르시오. (a) $[Co(NH_3)_6]^{2+}$, $[Co(H_2O)_6]^{2+}$; (b) $[FeF_6]^{3-}$, $[Fe(CN)_6]^{3-}$; (c) $[Cu(NH_3)_4]^{2+}$, $[CuCl_4]^{2-}$.

• **23.38** 물 25.0 g에 $Co(NH_3)_4Cl_3$ 0.875 g을 녹인 용액의 어는점은 -0.56°C이다. 물에 $Co(NH_3)_4Cl_3$ 1 mol을 녹일 때 생성되는 이온의 수를 계산하고, 이 화합물에 존재하는 착이온의 구조를 제안하시오.

배위 화합물의 반응

▶ 복습 질문

23.39 다음 용어를 정의하시오. (a) 치환성 착물(labile complex), (b) 비활성 착물(inert complex).

23.40 열역학적으로 안정한 화학종이 반응성이 높은 경우가 있고, 반대로 열역학적으로 불안정한 화학종이 반응성이 낮은 경우도 있다. 그 이유를 설명하시오.

▶ 문제

23.41 옥살산($H_2C_2O_4$)은 때로 개수대와 욕조의 녹을 제거하기 위하여 사용된다. 이 청정 작용의 기초가 되는 화학을 설명하시오.

23.42 $[Fe(CN)_6]^{3-}$ 착물은 $[Fe(CN)_6]^{4-}$ 착물보다 치환 반응성이 강하다. $[Fe(CN)_6]^{3-}$ 착물이 치환 반응성 착물이라는 것을 증명할 수 있는 실험을 제시하시오.

23.43 황산 구리(II) 수용액은 푸른색이다. 플루오린화 포타슘 수용액을 가하면 초록색 침전이 형성된다. 그러나 염화 포타슘 수용액을 가하면 밝은 초록색 용액이 생성된다. 이들 두 경우에 무엇이 일어났는지 설명하시오.

23.44 KCN 수용액을 $CuSO_4$ 용액에 가할 때 흰 침전물이 형성되는데, 이 침전은 KCN을 과량 넣으면 용해한다. 이 때, 용액에 H_2S 기체를 주입하면 어떤 침전물도 형성되지 않는다. 설명하시오.

23.45 진한 염화 구리(II) 수용액은 밝은 초록색이다. 물로 묽히면 용액은 연한 청색으로 변한다. 설명하시오.

• **23.46** 묽은 질산 용액에서 Fe^{3+}는 SCN^- 이온과 다음과 같이 반응하여 검붉은색 착물을 형성한다.

$$[Fe(H_2O)_6]^{3+} + SCN^- \rightleftharpoons H_2O + [Fe(H_2O)_5NCS]^{2+}$$

$[Fe(H_2O)_5NCS]^{2+}$ 이온의 평형 농도는 용액의 색이 어두워지는 정도로 결정할 수 있다(분광계로 측정). 이 실험에서 0.20 M $Fe(NO_3)_3$ 1.0 mL를 1.0×10^{-3} M KSCN 1.0 mL와 묽은 질산 8.0 mL와 함께 혼합하였다. 용액의 색으로부터 $[Fe(H_2O)_5NCS]^{2+}$ 이온의 농도가 7.3×10^{-5} M이라는 것을 정량적으로 알아내었다. $[Fe(H_2O)_5NCS]^{2+}$ 이온의 형성 상수를 계산하시오.

추가 문제

23.47 첫 주기의 전이 금속은 주기율표의 왼쪽에서 오른쪽으로 가면서 +2의 산화 상태가 +3의 산화 상태보다 더 안정하다. 이유를 설명하시오.

23.48 수용액에서 Mn^{3+}과 Cr^{3+} 이온 중 어느 것이 더 센 산화제인가? 이유를 설명하시오.

23.49 일산화 탄소는 헤모글로빈에 있는 철 원자와 산소보다 200배 더 강하게 결합한다. 이런 이유 때문에 CO는 독성 물질이다. 금속-리간드 시그마 결합은 주개 원자의 비공유 전자쌍을 철의 비어 있는 sp^3d^2 궤도함수에 줌으로써 형성된다. (a) 전기음성도에 근거하여 C 또는 O 원자가 철과 결합을 형성할 것인지 예상해 보시오. (b) 결합에 포함된 궤도함수들의 겹침을 설명하는 도형을 그리시오.

23.50 타이타늄철석(ilmenite, $FeTiO_3$) 광석에서 Fe와 Ti의 산화 상태는 얼마인가? (*힌트:* 표 23.1에서 Fe와 Ti의 이온화 에너지 참조. Ti의 4차 이온화 에너지는 4180 kJ/mol.)

23.51 한 학생이 세 가지 구조 $Co(NH_3)_6Cl_3$, $[Co(NH_3)_5Cl]Cl_2$, $[Co(NH_3)_4Cl_2]Cl$ 중 하나의 구조를 가지는 코발트 착물을 제조하였다. 전기 전도도 실험으로 가능한 구조를 어떻게 구별할 것인지 설명하시오. 비교를 위해 사용된 세 가지 센 전해질은 NaCl, $MgCl_2$, $FeCl_3$이다.

• **23.52** 화학 분석 결과 헤모글로빈에서 Fe은 0.34%(질량) 비율로 존재한다. 예상되는 헤모글로빈의 몰질량은 최소 얼마일까? 실제 헤모글로빈의 몰질량은 약 65,000 g이다. 예상 값과 실제 값의 차이를 어떻게 설명하겠는가?

23.53 다음 사실을 설명하시오. (a) 구리와 철은 여러 산화 상태를 가지는 반면 아연은 한 가지 산화 상태만을 가진다. (b) 구리와 철은 색이 있는 이온인 반면 아연은 색이 없다.

• **23.54** 1895년 어떤 학생이 Cr을 포함한 세 가지 배위 화합물을 합성하였고, 이들의 성질은 다음과 같았다.

화학식	색깔	화학식 단위 당 용액 중의 Cl^- 이온
(a) $CrCl_3 \cdot 6H_2O$	보라색	3
(b) $CrCl_3 \cdot 6H_2O$	연한 녹색	2
(c) $CrCl_3 \cdot 6H_2O$	진한 녹색	1

이들 화합물의 화학식을 나타내고, 각 화합물의 수용액에서 존재하는 Cl^- 이온의 수를 확인하는 방법을 제시하시오. (*힌트:* 어떤 화합물은 수화물로 존재할 수도 있다. 그리고 Cr의 배위수는 모든 화합물에서 6이다.)

• 23.55 25°C에서 $Ag^+ + 2NH_3 \rightleftharpoons [Ag(NH_3)_2]^+$의 형성 상수는 1.5×10^7이며, $Ag^+ + 2CN^- \rightleftharpoons [Ag(CN)_2]^-$의 형성 상수는 1.0×10^{21}이다(표 16.3 참조). 다음 반응에 대한 25°C에서의 평형 상수와 $\Delta G°$를 계산하시오.

$$[Ag(NH_3)_2]^+ + 2CN^- \rightleftharpoons [Ag(CN)_2]^- + 2NH_3$$

• **23.56** 표 18.1에 수록된 Zn/Zn^{2+}과 Cu^+/Cu^{2+}의 표준 환원 전위를 참고하여 다음 반응의 $\Delta G°$와 평형 상수를 계산하시오.

$$Zn(s) + 2Cu^{2+}(aq) \longrightarrow Zn^{2+}(aq) + 2Cu^+(aq)$$

23.57 표 18.1의 표준 환원 전위와 화학, 물리 관련 서적을 사용하여 다음 반응이 표준 상태 조건에서 순조롭게 진행되는 것을 증명하시오.

$$2Ag(s) + Pt^{2+}(aq) \longrightarrow 2Ag^+(aq) + Pt(s)$$

25°C에서 평형 상수는 얼마인가?

23.58 Co^{2+}-포피린 착물은 Fe^{2+}-포피린 착물보다 더 안정하다. 그러면 왜 헤모글로빈(또는 헴을 포함한 다른 단백질)에 있는 금속 이온은 철 이온인가?

23.59 기하 이성질체와 광학 이성질체의 차이는 무엇인가?

23.60 옥시헤모글로빈은 밝은 붉은색이고, 데옥시헤모글로빈은 자주색이다. 이 색깔의 차이를 고스핀 및 저스핀과 연관시켜 설명해 보시오. (*힌트:* O_2는 강한 장 리간드, 23.6절 끝에 있는 "생활 속의 화학" 참조.)

23.61 수화된 Mn^{2+} 이온은 다섯 개의 3*d* 전자를 가지고 있음에도 불구하고 실제로 무색이다(그림 23.20 참조). 설명하시오. (*힌트:* 홀전자의 수에 변화가 있는 전자 전이는 쉽게 일어나지 않는다.)

• **23.62** 다음 수화된 양이온들 중 어느 것이 무색을 띠는가? $Fe^{2+}(aq)$, $Zn^{2+}(aq)$, $Cu^+(aq)$, $Cu^{2+}(aq)$, $V^{5+}(aq)$, $Ca^{2+}(aq)$, $Co^{2+}(aq)$, $Sc^{3+}(aq)$, $Pb^{2+}(aq)$. 그 이유를 설명하시오.

23.63 $CoCl_2$의 수용액은 일반적으로 연분홍색이거나 푸른색이다. 고농도와 고온에서 푸른색을 나타내는 반면, 저농도와 저온에서는 분홍색을 나타낸다. $CoCl_2$의 분홍색 용액에 염산을 가하면 용액이 푸른색으로 변한다. 분홍색은 $HgCl_2$을 가해 주면 복원된다. 이 관찰을 설명하시오.

23.64 *cis*-$Pt(NH_3)_2Cl_2$와 *trans*-$Pt(NH_3)_2Cl_2$를 구별할 수 있는 방법을 제시하시오.

• 23.65 같은 농도의 $FeCl_2$와 $FeCl_3$을 포함하는 2가지 용액이 있다. 한 용액은 밝은 노란색을 띠고 다른 하나는 갈색을 띤다. 색깔의 차이만으로 용액들을 구분하시오.

23.66 마요네즈 상표에 종종 식품 보호제로 EDTA가 표시되어 있다. EDTA가 마요네즈의 부패를 어떻게 방지하는가?

23.67 화합물 1,1,1-트라이플루오로아세틸아세톤(1,1,1-trifluoroacetylacetone)은 두 자리 리간드이다.

$$CF_3\overset{O}{\overset{\|}{C}}CH_2\overset{O}{\overset{\|}{C}}CH_3$$

이것은 Be^{2+}와 사면체 착물을 형성하며, Cu^{2+}와 사각 평면 착물을 형성한다. 이들 착이온의 구조를 그리고, 이들 이온이 나타내는 이성질 현상의 형태를 나타내시오.

23.68 다음 사각 평면 착물은 얼마나 많은 기하 이성질체들을 가질 수 있는가?

$$\begin{matrix} a & & b \\ & Pt & \\ d & & c \end{matrix}$$

23.69 $[Pt(NH_3)Cl_2]$는 I과 II로 구분되는 두 개의 기하 이성질체로 존재하는 것으로 밝혀졌다. 그리고 이들은 다음과 같이 옥살산과 반응한다.

$$I + H_2C_2O_4 \longrightarrow [Pt(NH_3)_2C_2O_4]$$
$$II + H_2C_2O_4 \longrightarrow [Pt(NH_3)_2(HC_2O_4)_2]$$

I과 II의 구조에 대하여 설명하시오.

23.70 Pb^{2+}와 $EDTA^{4-}$의 착이온 형성에 대한 형성 상수(K_f)는 25°C에서 1.0×10^{18}이다.

$$Pb^{2+} + EDTA^{4-} \rightleftharpoons Pb(EDTA)^{2-}$$

평형 상태에서 1.0×10^{-3} M Pb^{2+}와 2.0×10^{-3} M $EDTA^{4-}$가 들어 있는 용액에서 $[Pb^{2+}]$ 농도를 계산하시오.

• 23.71 망가니즈는 CN^-와 결합하여 세 가지 저스핀 착이온 $[Mn(CN)_6]^{5-}$, $[Mn(CN)_6]^{4-}$, $[Mn(CN)_6]^{3-}$을 형성한다. 각 착이온에서 Mn의 산화수를 결정하고, d 궤도함수에 존재하는 홀전자의 수를 구하시오.

• **23.72** 상용화된 은 도금 공정은 $Ag(CN)_2^-$ 착이온을 포함한 용액을 종종 사용한다. 형성 상수(K_f)가 매우 크기 때문에 전해석출(eletrodeposition) 과정 동안 용액의 Ag^+ 농도가 낮게 유지된다. 한 공정에서 화학자는 0.20 M $AgNO_3$ 90.0 L에 5.0 M NaCN 9.0 L를 가하였다. 평형 상태에서 자유 Ag^+ 이온의 농도를 계산하시오. K_f 값은 표 16.4를 참조하시오.

23.73 (a) 선형 착이온 ML_2, (b) 삼각 평면형 착이온 ML_3 (c) 육면체 착이온 ML_5의 결정장 갈라짐 도표를 정성적으로 그리시오.

• **23.74** 유리된 Cu(I) 이온은 용액에서 불안정하고 불균등화되는 경향이 있다.

$$2Cu^+(aq) \rightleftharpoons Cu^{2+}(aq) + Cu(s)$$

(a) 표 18.1의 정보를 사용하여 반응의 평형 상수를 계산하시오. (b) (a)의 결과를 바탕으로 대부분의 Cu(I) 화합물이 불용성인 이유를 설명하시오.

• 23.75 다음 두 리간드 교환 반응에 대하여 생각해 보자.

$$[Co(H_2O)_6]^{3+} + 6NH_3 \rightleftharpoons [Co(NH_3)_6]^{3+} + 6H_2O$$
$$[Co(H_2O)_6]^{3+} + 3en \rightleftharpoons [Co(en)_3]^{3+} + 6H_2O$$

(a) 어느 반응의 $\Delta S°$가 더 큰가? (b) Co—N 결합 세기가 두 착물에서 대략적으로 같다면, 어느 반응이 더 큰 평형 상수를 갖겠는가? 설명하시오.

23.76 구리는 +3의 산화 상태로도 존재하는 것으로 알려져 있다. 이 상태는 어떤 생물학적 전자 전이 반응에 포함되어 있는 것으로 믿어진다. (a) 구리의 산화 상태는 안정한 것으로 기대되는가? 설명하시오. (b) 화합물 K_3CuF_6을 명명하고, 착물의 기하 구조와 자기적 성질을 예측하시오. (c) 알려진 대부분의 Cu(III) 화합물은 사각 평면 구조이다. 이 화합물은 반자기성일까, 상자기성일까?

실전 연습의 답 *Answers to Practice Exercises*

23.1 K: +1; Au: +3. **23.2** 염화 테트라아쿠아다이클로로크로뮴(III)[Tetraaquadichlorochromium(III) chloride]. **23.3** $[Co(en)_3]_2(SO_4)_3$. **23.4** 5.

제 24 장

유기 화학

Organic Chemistry

▲ 화학 공장. 아세트산, 벤젠, 에틸렌, 폼알데하이드, 메탄올과 같은 많은 작은 유기 화합물들은 수십억 달러의 의약품과 고분자 산업의 기초가 된다.

이 장의 차례

들여다보기

- 유기 화학의 범위와 본질에 대해 정의하는 것으로 시작한다(24.1절).
- 다음으로 지방족 탄화수소를 살펴본다. 먼저 알케인의 명명법과 반응을 학습한다. 치환된 알케인의 광학 이성질 현상과 사이클로알케인의 성질을 살펴본다. 다음으로 불포화 탄화수소, 탄소-탄소 이중 결합과 삼중 결합을 포함하는 분자들을 다룬다. 이 화합물들의 명명법, 성질, 기하 구조에 초점을 맞춘다(24.2절).
- 모든 방향족 화합물은 한 개 이상의 벤젠 고리를 포함한다. 방향족 화합물은 일반적으로 지방족 탄화수소보다 더 안정하다(24.3절).
- 마지막으로 유기 화합물의 반응성이 작용기에 따라 달라지는 것을 학습한다. 산소와 질소를 포함하는 작용기를 알코올, 에터, 알데하이드, 케톤, 카복실산, 에스터, 아민으로 분류한다(24.4절).

유기 화학은 탄소 화합물에 대한 학문이다. "유기"란 말은 원래 18세기의 화학자들이 생명체 즉, 식물과 동물로부터 얻은 물질을 묘사하기 위하여 사용하였는데, 이들은 생명력을 가진 생물만이 유기 물질을 생성할 수 있다고 생각하였다. 그러나 이러한 생각은 1828년 독일의 화학자 뵐러(Friedrich Wöhler)가 무기 화합물인 사이안산 납과 암모니아 수용액을 이용하여 유기 화합물인 요소를 합성함으로써 폐기되었다.

$$\mathrm{Pb(OCN)_2 + 2NH_3 + 2H_2O \longrightarrow \underset{\text{요소}}{2(NH_2)_2CO} + Pb(OH)_2}$$

오늘날 알려진 유기 화합물은 합성된 것과 천연에 존재하는 것을 합하여 2000만 개가 넘는다. 이 수치는 10만 개가 조금 넘는 무기 화합물과는 비교가 되지 않는다.

24.1 유기 화합물의 분류

탄소는 다른 어떤 원소보다도 많은 화합물을 형성할 수 있는데, 그것은 탄소 원자가 탄소-탄소 간에 단일, 이중 및 삼중 결합을 형성할 뿐만 아니라 서로 간에 사슬과 고리 구조로 연결될 수 있기 때문이다. *탄소 화합물을 다루는 화학의 영역을* **유기 화학**(organic chemistry)이라고 한다.

원자끼리 연결을 사슬화(catenation)라고 한다는 것을 기억하라. 탄소의 사슬화 능력은 22.3절에서 다루었다.

유기 화합물은 그들이 포함하는 작용기에 따라 분류한다. **작용기**(functional group)란 *어떤 분자의 화학적 성분을 나타내는 원자의 집단*을 말한다. 작용기가 같으면 다른 분자라도 비슷한 반응이 일어난다. 따라서 몇 개의 작용기의 특성을 배움으로써 많은 유기 화합물의 성질을 이해할 수 있다. 이 장의 뒷부분에서는 알코올, 에터, 알데하이드, 케톤, 카복실산 및 아민 작용기에 대해 설명하기로 한다.

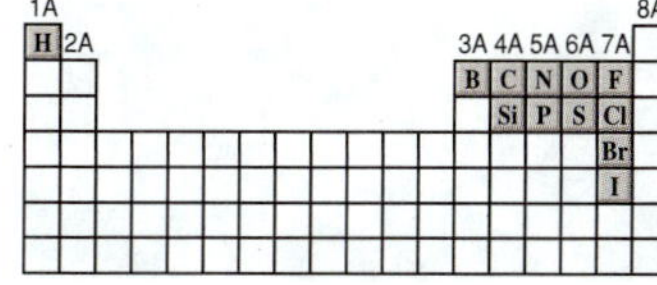

유기 화합물을 구성하는 일반적인 원소들.

모든 유기 화합물은 **탄화수소**(hydrocarbon)로 알려진 화합물들로부터 유도된다. 탄화수소는 *수소와 탄소로만 이루어진 것*이라서 붙여진 이름이다. 탄화수소는 구조에 기초하여 지방족과 방향족의 두 부류로 분류한다. **지방족 탄화수소**(aliphatic hydrocarbon)는 *벤젠기 즉, 벤젠 고리가 없는 것*이고, **방향족 탄화수소**(aromatic hydrocarbons)는 *한 개 이상의 벤젠 고리를 포함하는 것*이다.

모든 탄화수소는 팔전자 규칙을 만족한다는 점을 기억하라.

24.2 지방족 탄화수소

지방족 탄화수소는 알케인, 알켄, 알카인으로 분류된다(그림 24.1).

▶ 알케인

알케인(alkane)은 *일반식이 C_nH_{2n+2}(n = 1, 2, ...)*이다. 알케인 분자의 특징은 *단일 결합만이 존재한다*는 것이다. 알케인은 *존재하는 탄소가 결합할 수 있는 최대수의 수소와 결*

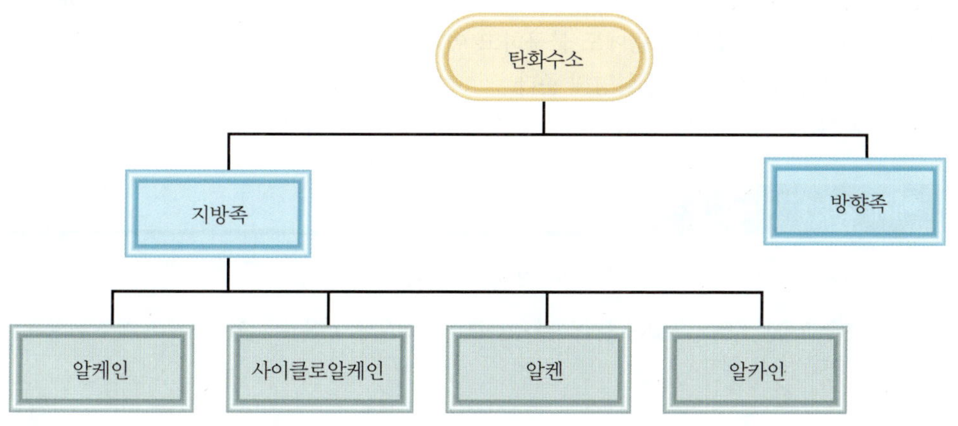

그림 24.1 탄화수소의 분류.

그림 24.2 처음 4개의 알케인의 구조. 뷰테인(butane)은 구조적으로 서로 다른 2개의 형태(구조 이성질체)로 존재할 수 있다.

메테인 (methane)

에테인 (ethane)

프로페인 (propane)

n-뷰테인 (*n*-butane)

아이소뷰테인 (isobutane)

흰개미는 메테인의 천연 원천이다.

합했기 때문에, **포화 탄화수소**(saturated hydrocarbon)라고 한다.

가장 단순한 알케인(즉, $n = 1$)은 메테인(CH_4)인데, 물 속에서 채소가 무산소성 박테리아에 의해 분해될 때 생성되는 물질이다. 늪에서 얻어졌다고 해서 "늪 가스(marsh gas)"로 알려져 있다. 믿어지지 않을지 모르지만 흰개미(termites)가 메테인의 원천이다. 이 게걸스러운 곤충이 나무를 갉아 먹을 때 그 곤충의 소화기에 있는 미생물들이 이 섬유질을 메테인, 이산화 탄소 및 다른 화합물로 분해시킨다. 대략, 연간 1억 7000만 t의 메테인이 흰개미에 의해 생성된다. 메테인은 상업적으로 천연 가스에서 얻는다. 이 절의 끝에 있는 생활 속의 화학 "타는 얼음"에서 메테인과 물 분자에서 형성되는 흥미로운 화합물에 대해 소개하고 있다.

그림 24.2는 4개의 간단한 알케인의 구조를 나타낸다($n = 1 \sim 4$). 천연 가스는 메테인, 에테인 및 소량의 프로페인의 혼합물이다. 10장에서 메테인의 결합 모양을 공부한 바와 같이 모든 알케인의 탄소 원자는 sp^3 혼성으로 가정할 수 있다. 에테인이나 프로페인의 구조는 이들 분자에서 탄소 원자끼리 결합할 수 있는 방법은 한 가지밖에 없기 때문에 곧은 사슬형이다. 그러나 뷰테인은 2가지 결합 방법을 가지기 때문에 *분자식은 같으나 구조가 다른 분자*들인 **구조 이성질체**(structural isomer)로 *n*-뷰테인과 아이소뷰테인이 있다. 뷰테인의 구조 이성질체와 같은 알케인은 곧은 사슬과 가지 달린 사슬 구조를 가진다. *n*-뷰테인은 탄소가 선형으로 연결되어 있으므로 곧은 사슬 알케인이며. 아이소뷰테인과 같은 가지 달린 알케인에서는 한 개 이상의 탄소가 적어도 3개의 다른 탄소 원자에 결합한다.

알케인 계열에서 탄소 원자의 수가 증가함에 따라 구조 이성질체의 수가 급격히 증가한다. 예를 들면, 뷰테인(C_4H_{10})은 2개, 데케인($C_{10}H_{22}$)은 75개, $C_{30}H_{62}$의 알케인은 4억 즉, 4×10^8개 이상의 이성질체가 가능하다. 분명히 이들의 대부분은 자연에 존재하지 않거나 합성되지도 않았다. 그럼에도 불구하고 이 숫자는 왜 탄소가 다른 어떤 원소보다 더 많은 화합물에서 발견되는지 설명해 준다.

예제 24.1은 알케인의 구조 이성질체 수를 다루는 문제이다.

n-펜테인

예제 24.1

펜테인(pentane, C_5H_{12})의 구조 이성질체는 몇 개인가?

전략 탄소 개수가 8개 이하인 탄화수소의 경우는 시행착오를 통해 구조 이성질체의 개수를 결정하기가 상대적으로 쉽다.

(계속)

풀이 첫 번째 단계는 곧은 사슬 구조를 그린다.

```
    H  H  H  H  H
    |  |  |  |  |
 H—C—C—C—C—C—H
    |  |  |  |  |
    H  H  H  H  H
```

n-펜테인
(끓는점 36.1°C)

다음으로 가지 달린 구조를 그린다.

```
    H  CH3  H  H
    |   |   |  |
 H—C—C———C—C—H
    |   |   |  |
    H   H   H  H
```

2-메틸뷰테인
(끓는점 27.9°C)

다른 모양의 가지 달린 구조도 존재한다.

```
    H  CH3  H
    |   |   |
 H—C—C———C—H
    |   |   |
    H  CH3  H
```

2,2-다이메틸프로페인
(끓는점 9.5°C)

C_5H_{12}의 분자식을 가지는 알케인은 더 이상 그릴 수 없다. 따라서 펜테인은 구조는 다르면서도 탄소나 수소의 개수가 변하지 않는 3개의 구조 이성질체를 가진다.

실전 연습 알케인 C_6H_{14}는 구조 이성질체가 몇 개 있는가?

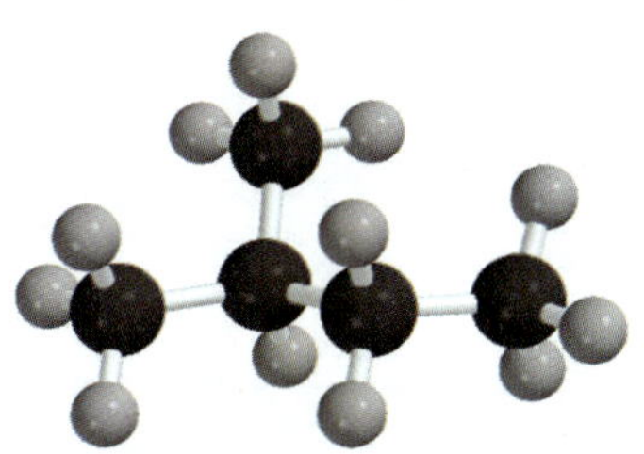
2-메틸뷰테인

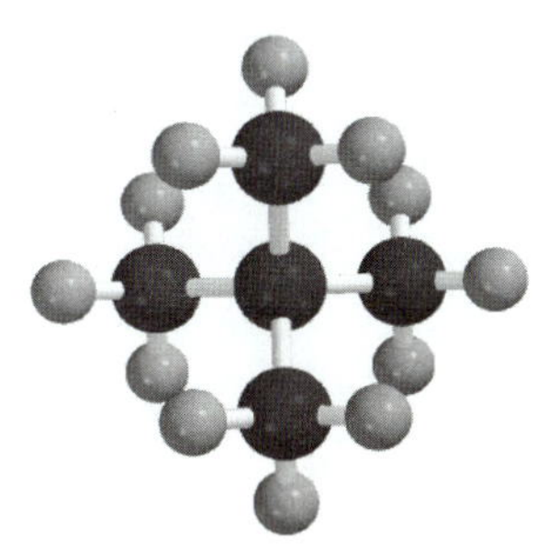
2,2-다이메틸프로페인

비슷한 문제: 24.11.

표 24.1에는 10개의 간단한 사슬형 알케인 화합물의 녹는점과 끓는점을 수록하였다. 처음 4개는 상온에서 기체이고, 펜테인부터 데케인(decane)까지는 액체이다. 분자의 크기가 증가하면 분산력(11.2절 참조)이 커지므로 끓는점도 증가한다.

알케인의 명명법

알케인과 모든 다른 유기 화합물 명명법은 국제 순수 및 응용 화학 연맹(international union of pure and applied chemistry, IUPAC)의 제안에 따른다. 처음 4개의 알케인(메테인, 에테인, 프로페인, 뷰테인)은 비체계적인 이름을 사용한다. 표 24.1에 제시된 바와 같

표 24.1 탄소 10개까지의 곧은 사슬 알케인

탄화수소 이름	분자식	탄소 원자의 수	녹는점(°C)	끓는점(°C)
메테인(methane)	CH_4	1	−182.5	−161.6
에테인(ethane)	$CH_3—CH_3$	2	−183.3	−88.6
프로페인(propane)	$CH_3—CH_2—CH_3$	3	−189.7	−42.1
뷰테인(butane)	$CH_3—(CH_2)_2—CH_3$	4	−138.3	−0.5
펜테인(pentane)	$CH_3—(CH_2)_3—CH_3$	5	−129.8	36.1
헥세인(hexane)	$CH_3—(CH_2)_4—CH_3$	6	−95.3	68.7
헵테인(heptane)	$CH_3—(CH_2)_5—CH_3$	7	−90.6	98.4
옥테인(octane)	$CH_3—(CH_2)_6—CH_3$	8	−56.8	125.7
노네인(nonane)	$CH_3—(CH_2)_7—CH_3$	9	−53.5	150.8
데케인(decane)	$CH_3—(CH_2)_8—CH_3$	10	−29.7	174.0

이 탄소 5~10개를 포함하는 알케인에 대해서는 탄소 원자수의 그리스어 접두사(prefix)가 반영되어 있다. 다음 예에 IUPAC 규칙을 적용해 보자.

1. 탄화수소의 모체(parent name)의 이름은 분자에서 가장 긴 탄소 사슬의 것이 된다. 다음 화합물의 주 골격 이름은 제일 긴 사슬이 탄소 원자 7개이므로 헵테인(heptane)이다.

$$\overset{1}{CH_3}-\overset{2}{CH_2}-\overset{3}{CH_2}-\overset{4}{\underset{}{CH}}(CH_3)-\overset{5}{CH_2}-\overset{6}{CH_2}-\overset{7}{CH_3}$$

2. 수소 원자가 한 개 적은 알케인을 *알킬*(alkyl)기라고 한다. 예를 들면, 메테인에서 수소 원자 1개를 제거하면 CH_3 조각이 남게 되는데, 이것을 *메틸*(methyl)기라고 한다. 마찬가지로 에테인 분자에서 수소 원자 1개를 제거하면 *에틸*(ethyl)기 C_2H_5가 된다. 표 24.2에 몇 가지 알킬기를 나타내었다. 가장 긴 사슬에서 가지가 생긴 곁사슬을 알킬기로 명명한다.

3. 1개 이상의 수소가 다른 기로 치환되었을 때 그 화합물의 이름에 치환된 위치를 나타내어야 한다. 그 과정은 모든 치환된 위치의 번호가 낮은 값을 가지는 방향으로 제일 긴 사슬의 각 탄소 원자에 번호를 붙인다. 같은 화합물을 다르게 명명한 예를 다음에 나타내었다.

$$\overset{1}{CH_3}-\overset{2}{CH}(CH_3)-\overset{3}{CH_2}-\overset{4}{CH_2}-\overset{5}{CH_3}$$

2-메틸펜테인
(2-methylpentane)

$$\overset{1}{CH_3}-\overset{2}{CH_2}-\overset{3}{CH_2}-\overset{4}{CH}(CH_3)-\overset{5}{CH_3}$$

4-메틸펜테인
(4-methylpentane)

왼쪽 화합물은 메틸기가 펜테인 사슬의 2번에 있으므로 올바르게 명명한 것이다. 오른쪽 화합물에서는 메틸기가 4번 탄소에 있는 것으로 번호가 붙어 있다. 따라서 이 화합물 이름은 2-메틸펜테인(2-methylpentane)이지 4-메틸펜테인(4-methylpentane)이 아니다. 가지 이름과 골격 이름을 함께 붙여 쓰고 숫자 다음에는 하이픈을 이용한다.

4. 같은 기가 2개 이상 있을 때 *다이*-(di-), *트라이*-(tri-), *테트라*-(tetra-)와 같은 접두사를 이용한다. 다음 예를 보자.

표 24.2 일반적인 알킬기

이름	식
메틸(methyl)	$-CH_3$
에틸(ethyl)	$-CH_2-CH_3$
n-프로필(*n*-propyl)	$-CH_2-CH_2-CH_3$
n-뷰틸(*n*-butyl)	$-CH_2-CH_2-CH_2-CH_3$
아이소프로필(isopropyl)	$-C(CH_3)_2-H$
t-뷰틸*(*t*-butyl)	$-C(CH_3)_2-CH_3$

**t*는 3차(tertiary)를 나타낸다.

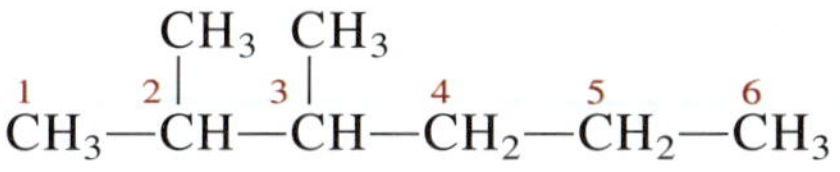

$$\underset{1}{CH_3}-\underset{2}{CH}(CH_3)-\underset{3}{CH}(CH_3)-\underset{4}{CH_2}-\underset{5}{CH_2}-\underset{6}{CH_3}$$

2,3-다이메틸헥세인
(2,3-dimethylhexane)

$$\underset{1}{CH_3}-\underset{2}{CH_2}-\underset{3}{C}(CH_3)_2-\underset{4}{CH_2}-\underset{5}{CH_2}-\underset{6}{CH_3}$$

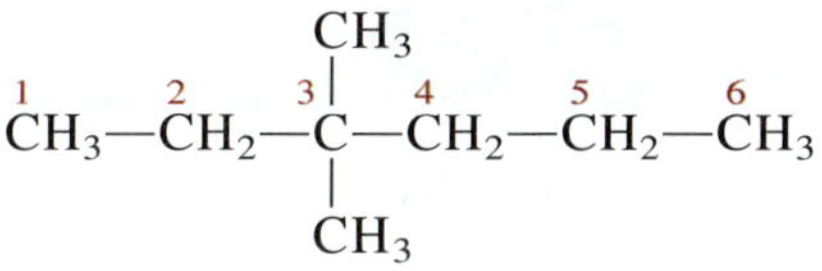

3,3-다이메틸헥세인
(3,3-dimethylhexane)

두 개 이상의 다른 알킬 가지(곁사슬)가 있을 때는 각 가지의 이름을 위치를 나타내는 번호와 함께 골격 이름의 앞에 붙인다. 예를 들면 다음과 같다.

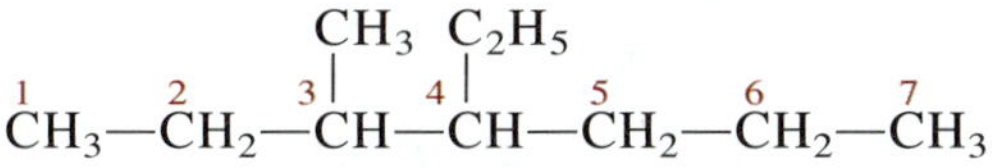

$$\underset{1}{CH_3}-\underset{2}{CH_2}-\underset{3}{CH}(CH_3)-\underset{4}{CH}(C_2H_5)-\underset{5}{CH_2}-\underset{6}{CH_2}-\underset{7}{CH_3}$$

4-에틸-3-메틸헵테인
(4-ethyl-3-methylheptane)

5. 알케인은 다른 많은 치환기가 있을 수 있다. 표 24.3은 나이트로(nitro), 브로모(bromo) 등이 포함된 몇 가지 치환기의 이름을 나타낸다. 따라서 다음 화합물은 3-브로모-2-나이트로헥세인(2-bromo-3-nitrohexane)이다.

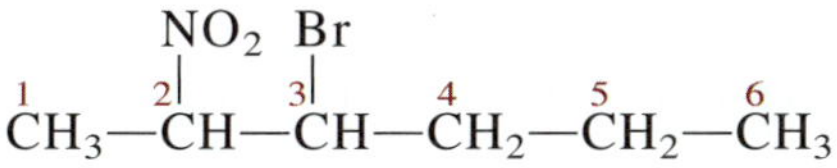

$$\underset{1}{CH_3}-\underset{2}{CH}(NO_2)-\underset{3}{CH}(Br)-\underset{4}{CH_2}-\underset{5}{CH_2}-\underset{6}{CH_3}$$

명명할 때에 치환기는 영문 알파벳 순서로 나열하며, 첫 번째 치환기가 가장 작은 숫자가 되는 방향으로 사슬에 번호를 붙인다.

표 24.3

몇 가지 흔히 볼 수 있는 치환기의 이름

작용기	이름
$-NH_2$	아미노 (amino)
$-F$	플루오로 (fluoro)
$-Cl$	클로로 (chloro)
$-Br$	브로모 (bromo)
$-I$	아이오도 (iodo)
$-NO_2$	나이트로 (nitro)
$-CH{=}CH_2$	바이닐 (vinyl)

예제 24.2

다음 화합물의 IUPAC 이름을 쓰시오.

$$CH_3-C(CH_3)_2-CH_2-CH(CH_3)-CH_2-CH_3$$

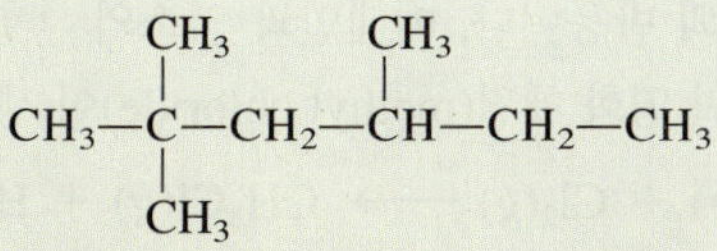

전략 IUPAC 규칙과 표 24.2에 있는 화합물의 이름을 이용하면 된다. 가장 긴 사슬의 탄소는 몇 개인가?

풀이 가장 긴 사슬은 6개의 탄소를 가지고 있으므로 모체 화합물은 헥세인(hexane)으로 명명하면 된다. 치환기는 2번 탄소에 2개의 메틸기와 4번 탄소에 1개의 메틸기가 붙어 있다.

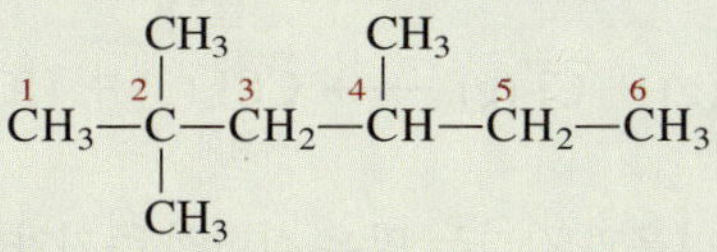

$$\underset{1}{CH_3}-\underset{2}{C}(CH_3)_2-\underset{3}{CH_2}-\underset{4}{CH}(CH_3)-\underset{5}{CH_2}-\underset{6}{CH_3}$$

따라서 이 화합물은 2,2,4-트라이메틸헥세인(2,2,4-trimethylhexane)으로 명명된다.

비슷한 문제 : 24.26.

실전 연습 다음 화합물의 IUPAC 이름을 쓰시오

$$CH_3-CH(CH_3)-CH_2-CH(C_2H_5)-CH_2-CH(C_2H_5)-CH_2-CH_3$$

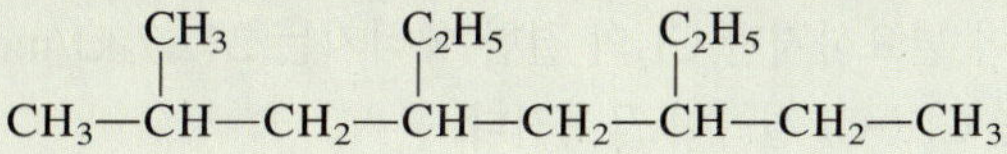

예제 24.3에서는 *di*-(다이-), *tri*-(트라이-), *tetra*-(테트라-)와 같은 접두사를 사용하는 예를 보여준다. 이들 접두사는 알파벳 순서를 정할 때는 무시한다.

예제 24.3

3-ethyl-2,2-dimethylpentane의 구조식을 쓰시오.

전략 화합물의 구조식을 쓸 때 사용했던 과정과 표 24.2의 정보를 이용하면 된다. 가장 긴 가지의 탄소는 몇 개인가?

풀이 모체 화합물은 pentane이므로 가장 긴 사슬은 5개의 탄소 원자를 가지고 있다. 2번 탄소에 2개의 메틸기가 붙어 있고, 3번 탄소에 1개의 에틸기가 붙어 있다. 따라서 이 화합물의 구조식은 다음과 같다.

$$\overset{1}{CH_3}-\overset{2}{\underset{\underset{CH_3}{|}}{\overset{\overset{CH_3}{|}}{C}}}-\overset{3}{\overset{\overset{C_2H_5}{|}}{CH}}-\overset{4}{CH_2}-\overset{5}{CH_3}$$

비슷한 문제: 24.27.

실전 연습 5-ethyl-2,4,6-trimethyloctane의 구조식을 쓰시오.

알케인의 반응

일반적으로 알케인은 반응성이 큰 화합물이 아니다. 그러나 적당한 조건에서는 반응이 일어난다. 예를 들면, 천연 가스, 휘발유, 연료용 석유 등도 매우 높은 열을 발생하는 알케인이다.

$$CH_4(g) + 2O_2(g) \longrightarrow CO_2(g) + 2H_2O(l) \qquad \Delta H° = -890.4\ \text{kJ/mol}$$
$$2C_2H_6(g) + 7O_2(g) \longrightarrow 4CO_2(g) + 6H_2O(l) \qquad \Delta H° = -3119\ \text{kJ/mol}$$

이 반응은 산업 공정과 가정의 난방과 취사 등에서 오랫동안 이용되어 왔다.

알케인의 *할로젠화 반응*(halogenation)은 1개 이상의 수소를 할로젠 원자로 치환하는 것으로 알케인의 다른 형태의 반응이다. 메테인과 염소의 혼합물을 100°C로 가열하거나 적합한 파장의 빛으로 쪼이면 염화 메틸(methyl chloride)이 생긴다.

염화 메틸, 염화 메틸렌, 클로로폼의 계통명은 모노클로로메테인(monochloromethane), 다이클로로메테인(dichloromethane), 트라이클로로메테인(trichloromethane)이다.

$$CH_4(g) + Cl_2(g) \longrightarrow \underset{\text{염화 메틸}}{CH_3Cl(g)} + HCl(g)$$

염소 기체를 과량 사용하면 반응은 더 진행된다.

$$CH_3Cl(g) + Cl_2(g) \longrightarrow \underset{\text{염화 메틸렌}}{CH_2Cl_2(g)} + HCl(g)$$
$$CH_2Cl_2(g) + Cl_2(g) \longrightarrow \underset{\text{클로로폼}}{CHCl_3(g)} + HCl(g)$$
$$CHCl_3(g) + Cl_2(g) \longrightarrow \underset{\text{사염화 탄소}}{CCl_4(g)} + HCl(g)$$

할로젠화 반응의 첫 단계는 다음과 같다는 많은 실험적 증거가 있다.

$$Cl_2 + \text{에너지} \longrightarrow Cl\cdot + Cl\cdot$$

따라서 Cl_2의 공유 결합이 파괴되어 두 개의 염소 원자가 된다. CH_4에서 C—H 결합을 끊는 데는 414 kJ/mol이 필요하지만 Cl_2의 결합 에너지는 242.7 kJ/mol밖에 안 되므로, 가열하거나 빛을 쪼이면 Cl—Cl 결합이 끊어진다.

염소 원자는 홀전자(점으로 표시)를 포함하는 *라디칼*(radical)이다. 염소 원자는 반응성이 커서 다음 식과 같이 메테인 분자를 공격한다.

$$CH_4 + Cl\cdot \longrightarrow \cdot CH_3 + HCl$$

이 반응은 염화 수소와 메틸 라디칼 · CH_3을 생성한다. 메틸 라디칼 반응성이 크기 때문에 염소 분자와 반응하여 염화 메틸(methyl chloride)과 염소 원자를 생성한다.

$$\cdot CH_3 + Cl_2 \longrightarrow CH_3Cl + Cl\cdot$$

염화 메틸에서 염화 메틸렌이 생성되는 반응과 그 이상의 반응도 위와 같은 방법으로 설명할 수 있다. 의도한 생성물 이외에 "부반응"이 일어나기 때문에 실제 반응 메커니즘은 제시한 것보다 더 복잡하다.

$$Cl\cdot + Cl\cdot \longrightarrow Cl_2$$
$$\cdot CH_3 + \cdot CH_3 \longrightarrow C_2H_6$$

알케인에서 수소 한 개 이상이 할로젠 원자로 치환된 것을 *할로젠화 알킬*(alkyl halide)이라고 한다. 할로젠화 알킬 중에서도 클로로폼(chloroform, $CHCl_3$), 사염화 탄소(carbon tetrachloride, CCl_4), 염화 메틸렌(methylene chloride, CH_2Cl_2), 클로로플루오로탄화수소(chlorofluorohydrocabon) 등이 잘 알려져 있다.

클로로폼은 휘발성이고 단맛이 있는 액체인데, 오랫동안 마취제로 사용되었다. 독성(간, 신장, 심장 손상) 때문에 지금은 다른 화합물로 대체되었다. 사염화 탄소도 독성 물질인데 옷감에 묻은 기름을 제거하는 클리닝 액체로 사용한다. 염화 메틸렌은 커피에서 카페인을 제거하는 용매와 페인트 제거제로 이용한다.

클로로플루오로탄소의 제조법과 이 화합물이 성층권의 오존에 미치는 영향에 대해서는 20장에서 논의하였다.

치환된 알케인의 광학 이성질 현상

광학 이성질체는 서로 거울상 관계에 있으면서 포개지지 않은 화합물이다. 그림 24.3은 치환된 메테인 CH_2ClBr과 $CHFClBr$의 투시도와 거울상을 보여준다. CH_2ClBr은 그 거울상과 포개지지만 $CHFClBr$은 아무리 회전시켜도 그 거울상과 포개지지 않는다. 따라서

광학 이성질 현상은 23.4절에서 다루었다.

동영상 자료
▶ 카이랄성.

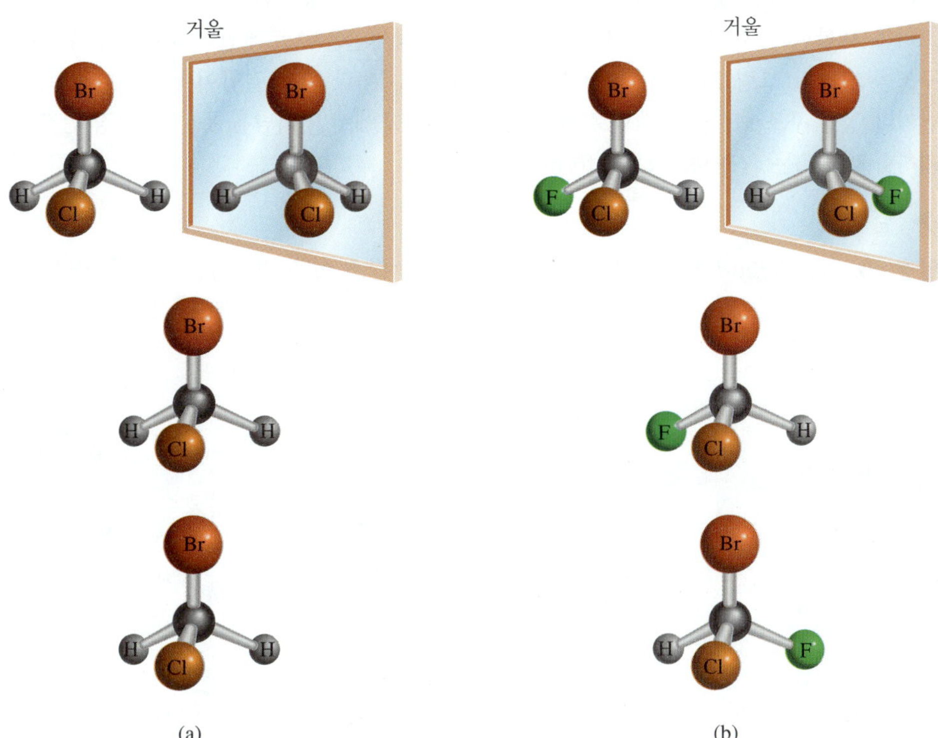

그림 24.3 (a) CH_2ClBr 분자와 이 분자의 거울상. 서로 겹쳐진다. (b) $CHFClBr$ 분자와 이 분자의 거울상. 각각을 아무리 회전시켜도 서로 겹쳐지지 않는다.

CHFClBr 분자는 카이랄(chiral) 분자이다(손대칭 관계). 대부분의 카이랄 분자는 한 탄소 원자에 네 개의 다른 원자나 원자의 기들이 결합한 *비대칭* 탄소 원자를 적어도 한 개 이상 가지고 있다.

예제 24.4

다음 분자는 카이랄성인가?

$$H-\underset{CH_3}{\overset{Cl}{\underset{|}{\overset{|}{C}}}}-CH_2-CH_3$$

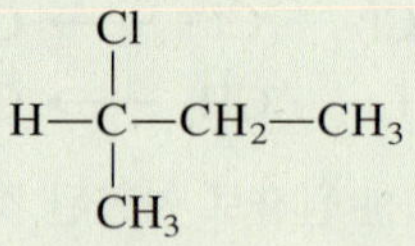

전략 카이랄성의 조건을 기억하라. 중심 탄소가 비대칭 즉, 4개의 서로 다른 원자 또는 원자단이 결합되어 있는가?

풀이 중심 탄소 원자가 수소 원자, 염소 원자, $-CH_3$ 기, $-CH_2-CH_3$ 기가 결합되어 있다. 따라서 중심 탄소 원자는 비대칭이며, 이 분자는 카이랄성이다.

비슷한 문제: 24.25.

실전 연습 다음 분자는 카이랄성인가?

$$I-\underset{Br}{\overset{Br}{\underset{|}{\overset{|}{C}}}}-CH_2-CH_3$$

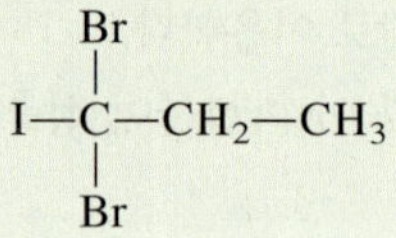

사이클로알케인

탄소 원자가 연결되어 고리를 형성한 알케인을 **사이클로알케인**(cycloalkane)이라고 한다. 일반식은 C_nH_{2n}(n = 3, 4, ...)이다. 제일 간단한 사이클로알케인은 사이클로프로페인(cyclopropane, C_3H_6)이다(그림 24.4). 콜레스테롤(cholesterol), 테스토스테론(testosterone), 프로제스테론(progesterone) 등과 같은 생물학적으로 중요한 물질들은 한 개 이상의 고리를 포함한다. 이론적 분석에 의하면 사이클로헥세인은 스트레인이 없는 2개의 기하 구조를 가진다(그림 24.5). 여기서 "스트레인(strain)"이라 함은 결합이 압축이나 신축을 받거나 정상 구조 즉, sp^3 혼성화로 예측되는 기하 구조에서 벗어남을 뜻한다. 가장 안정한 기하학적 구조는 *의자 형태*(chair form)이다.

알켄

알켄(alkene, *olefin*이라고도 함)은 *1개 이상의 탄소-탄소 이중 결합이 포함되어 있다. 알켄의 일반식은 C_nH_{2n}(n = 2, 3, ...)이다.* 가장 간단한 알켄은 에틸렌(ethylene, C_2H_4)인

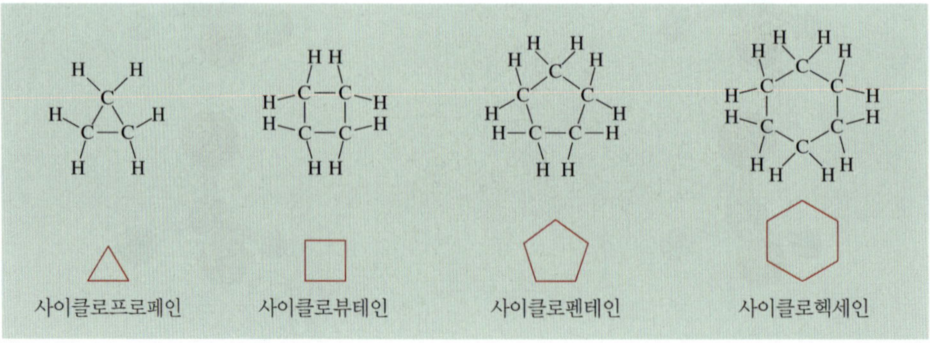

그림 24.4 사이클로알케인의 구조와 단순화한 모양.

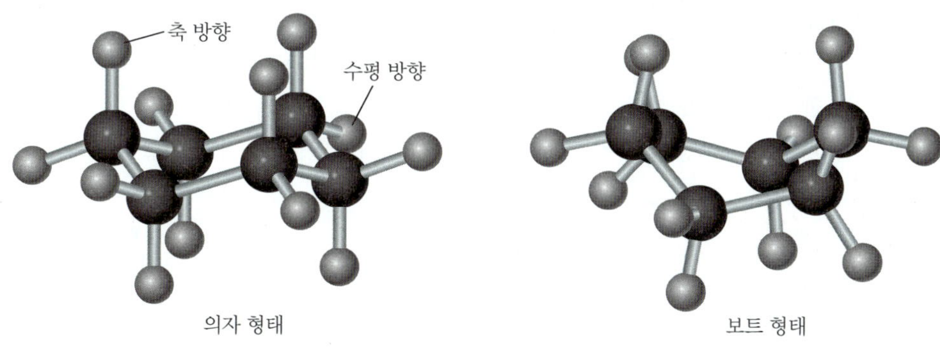

그림 24.5 사이클로헥세인은 다양한 모양으로 존재한다. 가장 안정한 모양은 의자 형태이며 보트 형태는 덜 안정하다. 두 종류의 수소 원자는 각각 축 방향과 수평 방향으로 구분한다.

데, 두 탄소가 sp^2 혼성화되어 있으며 그 이중 결합은 1개의 시그마(σ) 결합과 1개의 파이(π) 결합으로 되어 있다(10.5절 참조).

➤ 알켄의 명명법

알켄 명명에서는 이중 결합의 위치를 표시해야 한다. C═C 결합을 포함하는 화합물의 이름은 *엔*(-ene)으로 끝난다. 아래 예와 같이 알케인의 경우처럼 주 골격 화합물의 이름은 제일 긴 사슬의 탄소 원자수에 의해 결정한다(표 24.1 참조).

$$CH_2{=}CH{-}CH_2{-}CH_3 \qquad H_3C{-}CH{=}CH{-}CH_3$$

1-뷰텐 (1-butene)　　2-뷰텐 (2-butene)

위 알켄의 이름에서 숫자는 알켄의 C═C 결합을 포함하는 사슬에서 탄소 원자의 위치를 나타내는 탄소의 원자 번호(작은 수를 기준)이다. "뷰텐"은 제일 긴 사슬이 4개의 탄소 원자로 되어 있다는 의미이다. 알켄 명명에서는 다음과 같은 기하 이성질체가 있는 경우 다음과 같이 *시스*(*cis*)인지 *트랜스*(*trans*)인지를 나타내어야 한다.

$$\overset{1}{H_3C}\!-\!\overset{2}{C}H{=}\overset{3}{C}H\!-\!\overset{4}{C}H(CH_3)\!-\!\overset{5}{C}H_2\!-\!\overset{6}{C}H_3$$

4-메틸-*시스*-2-헥센 (4-methyl-*cis*-2-hexene)　　4-메틸-*트랜스*-2-헥센 (4-methyl-*trans*-2-hexene)

cis 이성질체에서는 2개의 수소 원자가 C═C 결합의 같은 쪽에 있고, *trans* 이성질체에서는 서로 반대쪽에 있다. 기하 이성질체는 23.4절에 소개되어 있다.

➤ 알켄의 성질과 반응

에틸렌(ethylene)은 25장에서 다룰 유기 고분자(organic polymer) 제조에 대량으로 사용되고 있으며, 많은 다른 유기 화합물 제조에 이용되기 때문에 매우 중요한 물질이다. 에틸렌은 공업적으로 *열분해*(cracking) 과정 즉, 큰 탄화수소를 작은 분자로 열분해하여 제조한다. 에테인을 800°C 정도로 가열할 때 다음 반응이 일어난다.

$$C_2H_6(g) \xrightarrow{\text{백금 촉매}} CH_2{=}CH_2(g) + H_2(g)$$

다른 알켄은 알케인 계열의 더 큰 분자를 열분해하여 얻을 수 있다.

알켄은 **불포화 탄화수소**(unsaturated hydrocarbon) 즉, *수소 원자가 첨가될 수 있는 탄소-탄소 이중 결합 또는 삼중 결합을 가지고 있는 화합물*로 분류한다. 불포화 탄화수소는 보통 *한 분자가 다른 분자에 첨가되어서 단일 생성물이 생성*되는 **첨가 반응**(addition reaction)이 일어난다. 수소화는 첨가 반응의 예이다(22.2절 참조). C═C 결합에 다른 첨가 반응의 예는 다음과 같다.

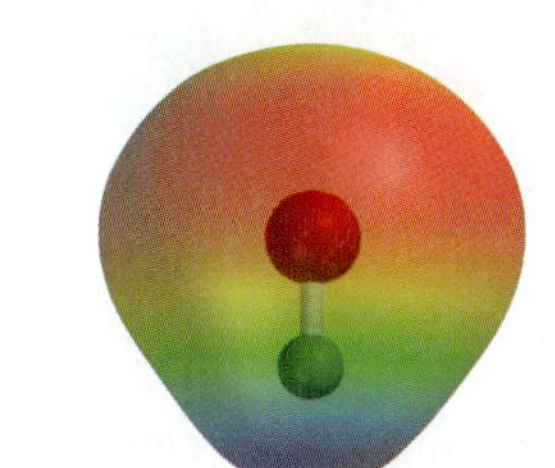

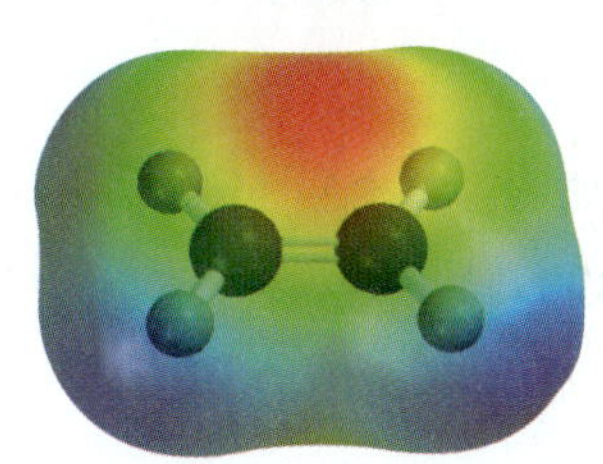

HCl과 에틸렌의 첨가 반응. HCl의 양전하를 띤 부분(파란색)과 C═C 이중 결합의 pi 전자들과 관련이 있는 에틸렌의 전자가 풍부한 부분(붉은색) 사이에서 초기의 상호작용이 일어난다.

$$C_2H_4(g) + HX(g) \longrightarrow CH_3\text{—}CH_2X(g)$$
$$C_2H_4(g) + X_2(g) \longrightarrow CH_2X\text{—}CH_2X(g)$$

여기서 X는 할로젠(Cl, Br, 또는 I)을 나타낸다.

프로펜과 같은 비대칭 알켄에 할로젠화 수소가 첨가되면 두 가지 생성물이 가능하기 때문에 더 복잡하다.

$$\underset{\text{프로펜}}{H_3C(H)C{=}CH_2} + HBr \longrightarrow \underset{\text{1-브로모프로페인}}{H_3C\text{—}CH_2\text{—}CH_2Br} \;\text{ 및 / 또는 }\; \underset{\text{2-브로모프로페인}}{H_3C\text{—}CHBr\text{—}CH_3}$$

프로펜에서 전자 밀도는 CH_2 기의 탄소 원자가 더 높다. 이곳이 할로젠화 수소가 첨가되는 부분이다.

그러나 실제로는 2-브로모프로페인(2-bromopropane)만 생성된다. 이와 같은 현상은 비대칭인 반응물과 알켄 사이의 반응에서 관찰되었다. 1871년 마르코프니코프(Vladimir Markovnikov)[†]는 이와 같은 첨가 반응에 대해 일반론을 제안하였다. *마르코프니코프 규칙*(Markovnikov's rule)으로 알려진 이 일반론에 의하면 알켄에 비대칭(극성)인 시약이 첨가될 때 시약의 양의 부분(보통은 수소)이 알켄에서 수소가 이미 많이 붙어 있는 탄소 원자에 첨가된다.

➤ 알켄의 기하 이성질체

에테인(C_2H_6)과 같은 화합물에서는 2개의 메틸기가 탄소-탄소 단일 결합(σ 결합)을 중심축으로 하여 자유롭게 회전할 수 있다. 에틸렌(C_2H_4)과 같이 탄소-탄소 사이에 이중 결합을 갖고 있는 분자에 대해서는 상황이 다르다. σ 결합 이외에 두 탄소 원자 사이에 파이(π) 결합도 존재한다. 탄소-탄소 결합 주위의 회전은 σ 결합에는 영향을 미치지 않지만, 2개의 $2p_z$ 궤도함수가 중첩되어 있는 π 결합의 경우에 탄소-탄소 결합축 주위의 회전을 하려면 부분적으로 또는 완전히 파괴되어야 한다(그림 10.16 참조). 이 과정은 270 kJ/mol 정도의 에너지가 소요되며, 탄소-탄소 이중 결합은 회전이 불가능한 것은 아니지만 상당히 제한을 받는다. 결과적으로 탄소-탄소 이중 결합을 갖는 분자(즉, 알켄)는 기하 이성질체가 존재하며, 그들 사이에는 화학 결합을 파괴하지 않고는 상호 전환될 수 없다.

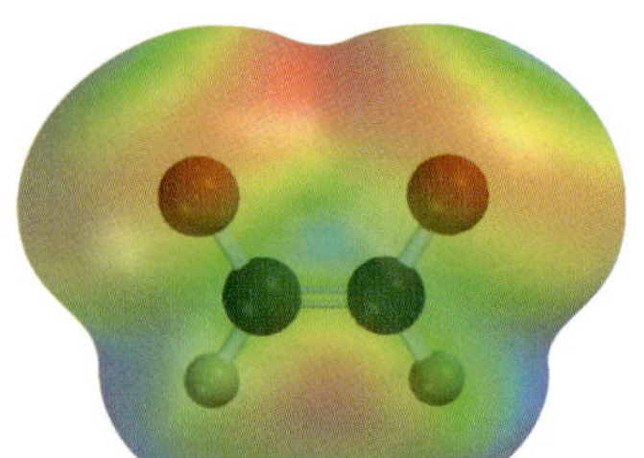

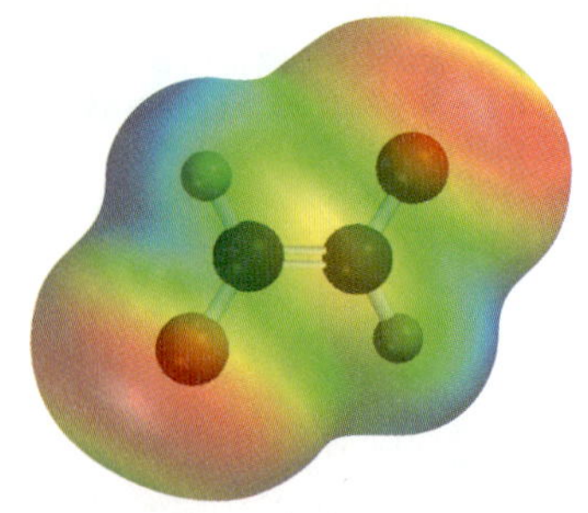

cis-다이클로로에틸렌(위)에서 결합 모멘트는 서로 강화되고, 분자는 극성이다. 반대쪽은 *trans*-다이클로로에틸렌이고 분자는 비극성이다.

다이클로로에틸렌(dichloroethylene, ClHC═CHCl) 분자는 *cis*-다이클로로에틸렌과 *trans*-다이클로로에틸렌이라고 부르는 두 개의 기하 이성질체가 존재한다.

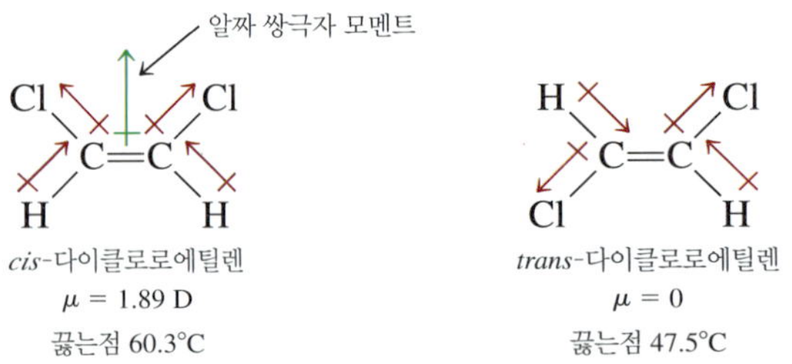

여기서 *cis*는 두 원자(또는 원자단)가 서로 이웃에 있고 *trans*는 두 원자(또는 원자단)가 서로 반대쪽에 있다는 뜻이다. 일반적으로 *cis*와 *trans* 화합물은 물리적 및 화학적 성질이 다르다. 한 이성질체에서 다른 이성질체로 전환하는 것을 *cis-trans 이성질화*(*cis-trans* isomerization) 또는 기하 이성질화 반응이라고 하는데, 열을 가하거나 빛을 쪼여주면 된다. 위 자료에서 보는 바와 같이 두 이성질체를 구분하는 데 쌍극자 모멘트(dipole moment) 측정이 이용될 수 있다. 일반적으로 *trans* 이성질체는 쌍극자 모멘트가 없으나 *cis*

[†]마르코프니코프(Vladimir W. Markovnikov, 1838~1904)는 러시아 화학자로, 알켄의 첨가 반응에 대한 관찰은 그가 죽고 난 뒤 1년 후에 출판되었다.

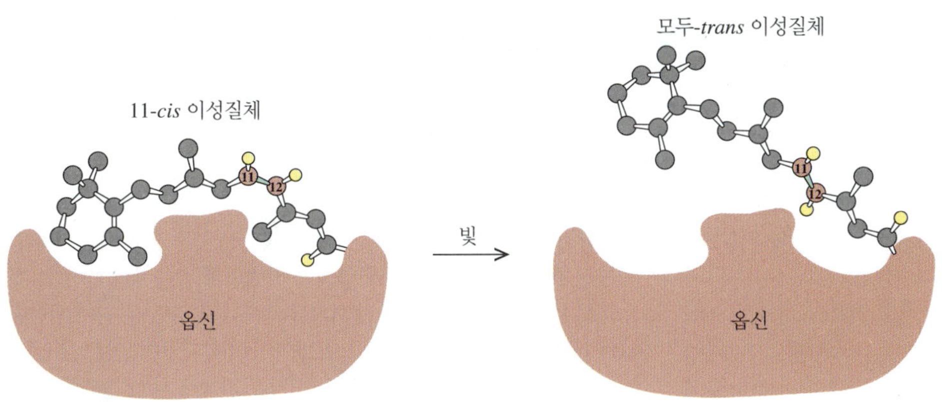

그림 24.6 시각 과정(vision process)에서 일차적인 작용은 11-*cis* 레티날이 로돕신의 모두-*trans* 이성질체로 변환되는 것이다. 이성질화가 일어나는 곳은 이중 결합의 11번 탄소와 12번 탄소 사이에서 일어난다. 단순화하기 위하여 대부분의 수소 원자는 생략하였다. 빛이 없으면 이 전환은 천 년에 한 번 일어난다

이성질체는 쌍극자 모멘트가 있다.

시각 과정에서의 *cis-trans* 이성질화. 망막에서 빛에 반응하는 분자는 11-*cis* 레티날(retinal)과 옵신(opsin)이라 부르는 두 부분을 가진 로돕신(rhodopsin)이다(그림 24.6). 레티날은 빛에 민감한 분자이며, 옵신은 단백질 분자이다. 가시 영역에서 광자를 받게 되면 11-*cis* 레티날은 탄소-탄소 파이 결합이 끊어지면서 모두-*trans* 레티날로 이성질화된다. 파이 결합이 끊어지면 남아 있는 탄소-탄소 시그마 결합은 자유롭게 회전하여 모두-*trans* 레티날로 전환된다. 이때 전기 신호가 생성되고 뇌로 전달하게 되어 시각적 이미지를 형성한다. 모두-*trans* 레티날은 옵신의 결합 부위에 맞지 않아 결과적으로 단백질로부터 분리된다. 오래되지 않아 *trans* 이성질체는 다시 (빛이 없는 곳에서) 효소에 의해 11-*cis* 레티날로 변환되고, *cis* 이성질체가 옵신에 접합됨으로써 로돕신이 다시 생성되어 시각 과정이 다시 시작된다.

망막에 있는 막대 모양의 세포(로돕신을 포함하고 있음)의 현미경 사진.

▶ 알카인

알카인(alkyne)은 *하나 이상의 탄소-탄소 삼중 결합을 가진다. 일반식은* C_nH_{2n-2} $(n = 2, 3, \ldots)$*이다.*

▶ 알카인의 명명법

C≡C 결합을 포함하는 화합물의 이름은 *-yne(-아인)*으로 끝난다. 모체 화합물의 이름은 제일 긴 사슬의 탄소 원자수로 결정된다. 다음 예와 같이 알카인의 이름에 탄소-탄소 삼중 결합의 위치를 나타낸다.

$$HC{\equiv}C{-}CH_2{-}CH_3 \qquad H_3C{-}C{\equiv}C{-}CH_3$$

1-뷰타인 (1-butyne)   2-뷰타인 (2-butyne)

▶ 알카인의 성질과 반응

가장 간단한 알카인은 에타인(ethyne)인데, 아세틸렌(acetylene, C_2H_2)으로 더 잘 알려져 있다. C_2H_2의 구조와 결합에 대해서는 10.5절에서 다루었다. 아세틸렌은 무색 기체(끓는점 −84°C)로, 탄화 칼슘(calcium carbide, CaC_2)과 물을 반응시켜 얻을 수 있다.

$$CaC_2(s) + 2H_2O(l) \longrightarrow C_2H_2(g) + Ca(OH)_2(aq)$$

아세틸렌은 공업적으로 매우 중요하다. 아세틸렌은 연소열이 높기 때문에 "산소-아세틸렌 용접기"에서 매우 고온의 불꽃(3000°C)을 만든다.

탄화칼슘과 물이 반응하면 가연성 기체인 아세틸렌이 생성된다.

생활 속의 화학 CHEMISTRY in Action

타는 얼음

타는 얼음? 그런 것이 있다. *메테인 수화물*(methane hydrate)이라는 것으로 몇 년간 미국의 에너지 수요를 감당할 만큼 자연에 충분히 있다. 그러나 과학자들은 환경 재앙 없이 어떻게 그것을 채광할 수 있을까를 연구하고 있다.

해양 퇴적물 속에서 박테리아가 유기 물질을 소비하고, 메테인 기체를 배출한다. 고압과 저온에서 메테인은 메테인 수화물을 형성하는데, 이것은 분자가 얼어서 형성된 바구니 안에 단일의 메테인 분자들이 갇혀 있는 것이다. 메테인 수화물은 회색의 얼음 입방체 같지만 불을 붙이면 탄다.

1930년 이래로 석유회사가 차가운 기후에서 천연 가스를 수송하기 위해 고압용 수송관을 이용할 때부터 메테인 수화물에 대해 알고 있었다. 수송관에 메테인 기체를 넣기 바로 전에 물을 조심하여 제거하지 않으면 메테인 수화물 덩어리가 수송관을 막는다.

전 세계 해양의 메테인 수화물의 매장량은 탄소 함량으로 계산해서 대략 10^{13} t이나 된다. 이것은 지구상의 석탄, 석유, 천연 가스에 있는 탄소 함량의 거의 두 배나 된다. 그러나 메테인 수화물에 저장된 에너지를 얻는 것은 굉장한 기술이 필요하다. 메테인 수화물이 해양의 퇴적층과 함께 있도록 시멘트와 같은 작용을 하는 것으로 믿고 있다. 이 수화물 덩어리를 건드리게 되면 물 밑에 산사태가 생기고 메테인이 대기중으로 날아가게 된다. 메테인은 온실 효과(20.5절 참조)가 있기 때문에 이 일은 환경에 대한 심각한 문제를 야기할 수 있다. 사실, 과학자들은 갑작스러운 메테인 수화물의 해빙이 대략 만 년 전에 시작된 마지막 빙하기의 종말을 재촉하였다고 생각한다. 대륙의 빙산이 녹게 되면 바다의 수면은 90 m나 더 높아지고 결국 메테인 수화물이 많이 매장되어 있는 북극 지역이 잠기게 될 것이다. 비교적 따뜻한 해양은 메테인 수화물을 녹이고 발생된 메테인은 다시 지구를 따뜻하게 할 것이다.

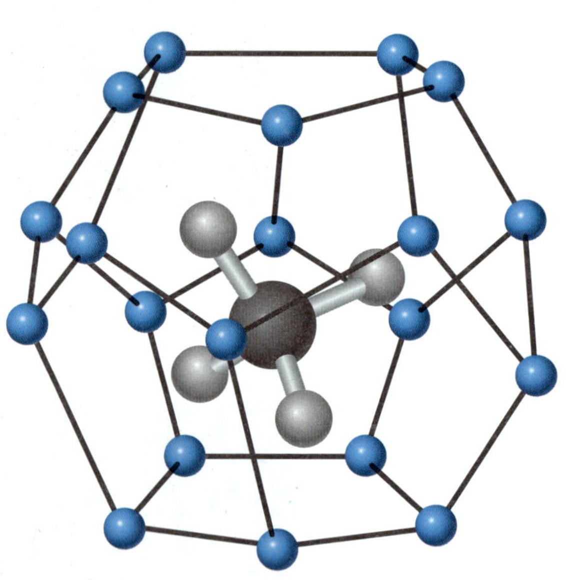

메테인 수화물. 메테인 분자가 수소 결합에 의해 얼어붙은 물 분자들(파란 공) 사이에 갇혀 있다.

공기 중에서 불타고 있는 메테인 수화물.

$$2C_2H_2(g) + 5O_2(g) \longrightarrow 4CO_2(g) + 2H_2O(l) \qquad \Delta H^\circ = -2599.2 \text{ kJ/mol}$$

따라서 금속을 녹이는 데 이 산소-아세틸렌 용접기를 사용한다(예제 6.9 참조).

알케인과 달리 아세틸렌의 표준 생성 자유 에너지는 양의 값(ΔG_f° = 209.2 kJ/mol)을 갖는다. 이것은 각 원소에 비해 이 분자가 불안정하여 분해되는 경향이 있음을 뜻한다.

$$C_2H_2(g) \longrightarrow 2C(s) + H_2(g)$$

적당한 촉매가 존재하거나 아세틸렌 기체를 압력 하에 놓으면 위 반응이 폭발적으로 일어날 수 있다. 안전하게 운반하려면 중간 정도의 압력에서 아세톤과 같은 비활성 유기 용매에 그 기체를 용해시켜야 한다. 액체 상태의 아세틸렌은 충격에 예민하고 폭발성이 매우 크다.

불포화 탄화수소인 아세틸렌은 수소화되어 에틸렌(ethylene)이 된다.

$$C_2H_2(g) + H_2(g) \longrightarrow C_2H_4(g)$$

아세틸렌은 다음과 같이 할로젠화 수소 및 할로젠과 반응한다.

$$C_2H_2(g) + HX(g) \longrightarrow CH_2{=}CHX(g)$$
$$C_2H_2(g) + X_2(g) \longrightarrow CHX{=}CHX(g)$$
$$C_2H_2(g) + 2X_2(g) \longrightarrow CHX_2{-}CHX_2(g)$$

메틸아세틸렌(프로파인, propyne, $CH_3{-}C{\equiv}C{-}H$)은 알카인 계열의 아세틸렌 다음의 화합물로서 아세틸렌과 비슷한 반응이 일어난다. 프로파인의 첨가 반응은 마르코프니코프 규칙에 따른다.

$$CH_3{-}C{\equiv}C{-}H + HBr \longrightarrow \underset{\text{Br}}{\overset{H_3C}{}}C{=}C\underset{\text{H}}{\overset{\text{H}}{}}$$

프로파인 2-브로모프로펜

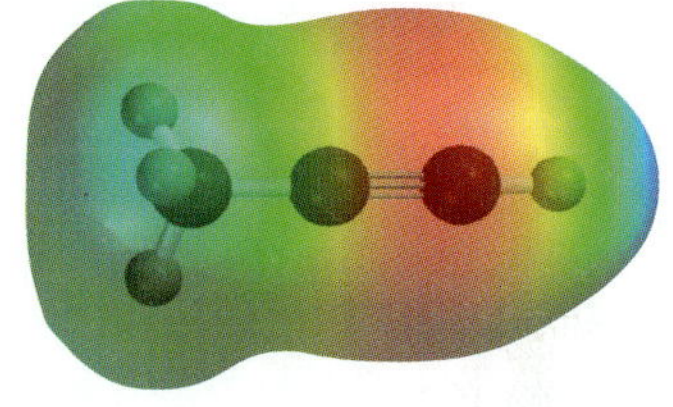

프로파인. 이 분자로 마르코프니코프 규칙을 설명할 수 있겠는가?

24.3 방향족 탄화수소

유기 물질의 다른 큰 집단에서 모체 화합물인 벤젠은 1826년 패러데이(Michael Faraday)에 의해 발견되었다. 화학자들은 이후 40여 년을 그 구조를 결정하는 일에 몰두하였다. 분자가 소수의 원자로 구성되어 있음에도 불구하고 탄소의 4가(tetravalency)에 위배되지 않으면서 벤젠의 구조를 나타내는 방법은 한두 가지뿐이었다. 그러나 대부분 제안된 구조는 채택되지 않았는데, 그것은 알려진 벤젠의 성질을 설명하지 못했기 때문이다. 결국 1865년 케큘레(August Kekulé)[†]가 벤젠 분자는 6개의 탄소 원자로 구성된 고리 화합물 즉, 고리 구조로 나타낼 수 있다고 추론하였다.

(벤젠의 두 케큘레 구조식) 또는

9.8절에서 보았듯이 벤젠의 성질은 위의 두 공명 구조에 의해 잘 나타난다. 달리 말해서 벤젠의 성질은 비편재화된 분자 궤도함수로 설명한다(10.8절 참조).

[†] 케큘레(August Kekulé, 1829~1896)는 독일 화학자로, 화학에 흥미를 갖기 전에는 건축학과 학생이었다. 춤추는 뱀이 자신의 꼬리를 무는 꿈을 꾼 후 벤젠 분자 구조의 수수께끼를 푼 것으로 추정된다. 그의 업적은 19세기 이론 유기 화학에서 가장 큰 업적으로 간주된다.

방향족 화합물의 명명법

벤젠의 수소 한 개가 다른 원자나 원자단으로 치환된 화합물의 명명법은 다음과 같이 매우 간단하다.

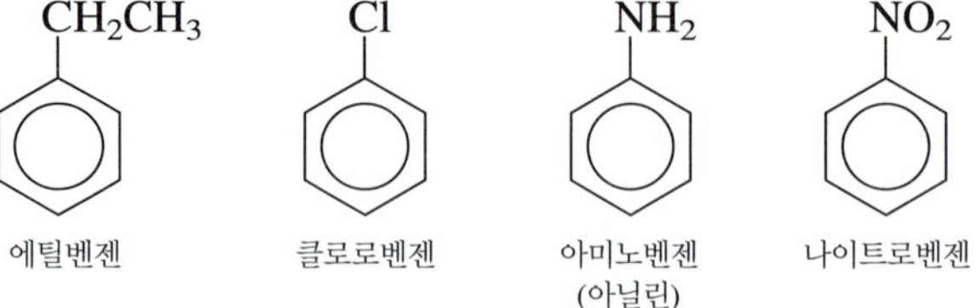

치환기가 2개 이상 있으면 처음 치환기에 대한 두 번째 기의 위치를 표시하여야 한다. 계통적 방법은 다음과 같이 탄소 원자에 번호를 부여하는 것이다.

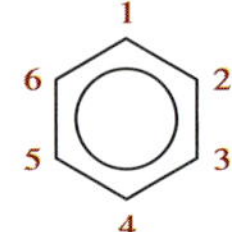

다이브로모벤젠(dibromobenzene)은 세 개의 다른 구조가 가능하다.

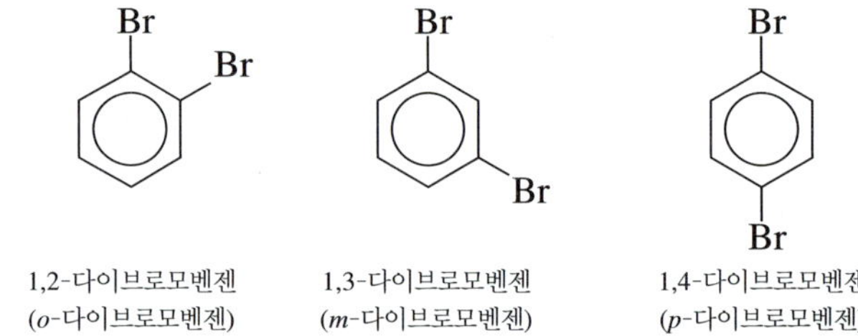

접두사 *o*-(오쏘-, *ortho*-), *m*-(메타-, *meta*-), *p*-(파라-, *para*-)는 위에서 보인 바와 같이 다이브로모벤젠에 대하여 두 치환기의 상대적 위치를 나타낸다. 두 개의 치환기들이 다른 화합물은 위에 따라 명명한다. 따라서 다음 화합물은 3-브로모나이트로벤젠 또는 *m*-브로모나이트로벤젠이라고 명명한다.

NO_2

Br

마지막으로 벤젠에서 수소 원자가 제거된 기(C_6H_5)를 *페닐*(phenyl) 기라고 부른다. 따라서 다음 분자는 2-페닐프로페인(2-phenylpropane)이다.

이 화합물은 아이소프로필벤젠이라고도 부른다(표 24.2 참조).

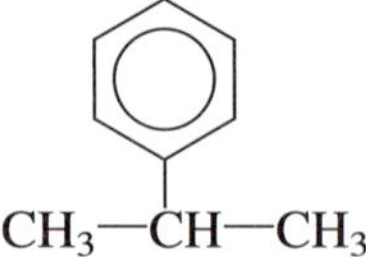

방향족 화합물의 성질과 반응

벤젠은 주로 원유와 콜타르에서 얻는 무색의 인화성 액체이다. 아마도 벤젠의 뚜렷한 화학적 성질은 상당히 반응성이 작다는 것이다. 벤젠은 아세틸렌과 같은 실험식(CH)을 가지며 불포화도가 높지만 아세틸렌이나 에틸렌보다 반응성이 매우 낮다. 벤젠의 안정성은 전자의 비편재화 때문이다. 사실 벤젠은 수소화할 수는 있지만 매우 힘들다. 다음 반응은 알켄의 비슷한 반응보다 상당히 고온과 고압에서만 일어난다.

$$C_6H_6 + 3H_2 \xrightarrow[\text{촉매}]{\text{Pt}} C_6H_{12}$$

사이클로헥세인

앞서 배운 바와 같이 C=C의 파이 결합이 쉽게 파괴되므로 알켄 등은 할로젠과 쉽게 첨가 생성물을 형성한다. 벤젠과 할로젠과의 반응은 대부분 **치환 반응**(substitution reaction)이다. 치환 반응이란 *한 분자의 한 원자나 원자단이 다른 분자의 한 원자나 원자단을 치환*하는 것을 말한다. 다음 예를 보자.

$$C_6H_6 + Br_2 \xrightarrow[\text{촉매}]{FeBr_3} C_6H_5Br + HBr$$

브로모벤젠

첨가 반응이 일어난다면 생성물에서 전자의 비편재화가 파괴되고 이 분자는 방향족의 특성인 화학적 비반응성(chemical unreactivity)이 나타나지 않을 것이다.

$$C_6H_6Br_2$$

촉매로 $AlCl_3$을 이용하여 벤젠에 할로젠화 알킬을 넣고 반응시키면 벤젠 고리에 알킬기를 도입할 수 있다.

$$C_6H_6 + CH_3CH_2Cl \xrightarrow[\text{촉매}]{AlCl_3} C_6H_5CH_2CH_3 + HCl$$

염화 에틸 에틸벤젠

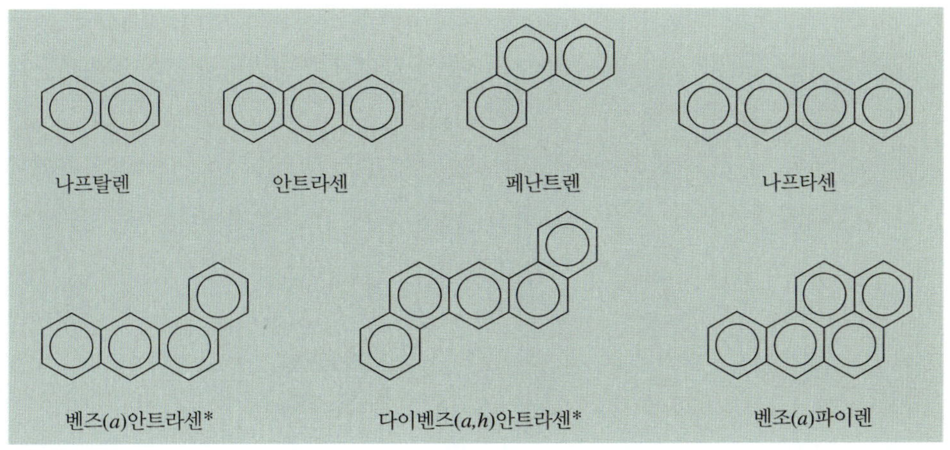

그림 24.7 여러 고리 방향족 탄화수소. *로 표시한 화합물은 발암성 물질이다. 자연에는 대단히 많은 수의 이러한 화합물들이 존재한다.

벤젠 고리가 서로 접합된 화합물이 매우 많이 있다. 그림 24.7에 몇 가지 *여러고리*(polycyclic) 방향족 탄화수소를 나타내었다. 그 중 잘 알려진 화합물은 좀약으로 이용되는 나프탈렌(naphthalene)이다. 이와 비슷한 화합물이 콜타르에 존재한다. 여러고리 화합물의 일부는 강력한 발암성을 나타낸다. 그 화합물은 인간이나 동물에게 암을 유발할 수 있다.

24.4 작용기의 화학

이 절에서는 유기 작용기 즉, 대부분의 모체 화합물(parent compound)의 반응에 관련이 있는 작용기에 대해 설명한다. 특히, 산소를 포함하는 화합물과 질소를 포함하는 화합물에 초점을 맞추도록 한다.

알코올

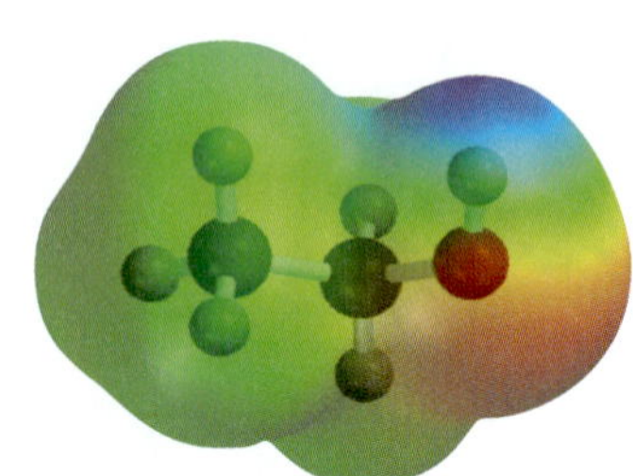

C_2H_5OH

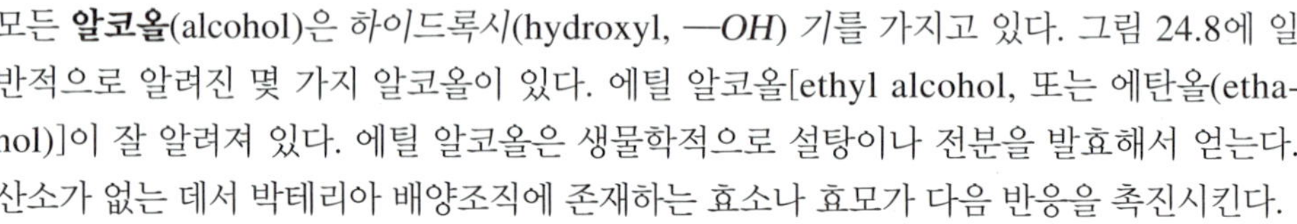

모든 **알코올**(alcohol)은 *하이드록시*(hydroxyl, *—OH*) *기*를 가지고 있다. 그림 24.8에 일반적으로 알려진 몇 가지 알코올이 있다. 에틸 알코올[ethyl alcohol, 또는 에탄올(ethanol)]이 잘 알려져 있다. 에틸 알코올은 생물학적으로 설탕이나 전분을 발효해서 얻는다. 산소가 없는 데서 박테리아 배양조직에 존재하는 효소나 효모가 다음 반응을 촉진시킨다.

$$C_6H_{12}O_6(aq) \xrightarrow{\text{효소}} \underset{\text{에탄올}}{2CH_3CH_2OH(aq)} + 2CO_2(g)$$

이 과정이 에너지를 내는데, 미생물이 성장하고 다른 기능을 하는 데 사용한다.

상업적으로 에탄올은 다음과 같이 280°C, 300 atm에서 에틸렌에 물을 첨가하여 제조한다.

$$CH_2{=}CH_2(g) + H_2O(g) \xrightarrow{H_2SO_4} CH_3CH_2OH(g)$$

에탄올은 유기 시약에 대한 용매로 이용하고 염료, 의약, 화장품, 폭약 제조의 출발 물질로 사용한다. 또한 이것은 알코올성 음료의 성분이다. 에탄올은 곧은 사슬 알코올 중 유일하게 무해(가장 덜 해로운)한 것이다. 인체에는 *알코올 탈수소효소*(alcohol dehydrogenase)라는 효소가 있어서 에탄올을 산화하여 아세트알데하이드(acetaldehyde)가 되는 신진대사를 돕는다.

$$CH_3CH_2OH \xrightarrow{\text{알코올 탈수소효소}} \underset{\text{아세트알데하이드}}{CH_3CHO} + H_2$$

이 반응식은 실제로 일어난 반응을 단순화한 것이다. 수소 원자는 다른 분자들에 결합되며 따라서 H_2는 생성되지 않는다.

4.4절 "생활 속의 화학" 참조.

에탄올은 산성화된 다이크로뮴산(dichromate)과 같은 무기 산화제에 의해 산화되어

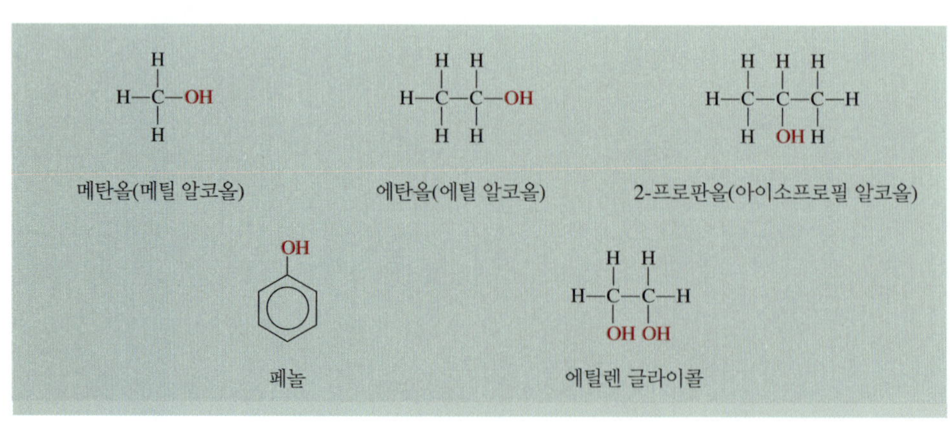

그림 24.8 일반적인 알코올. 모든 화합물이 —OH 기를 포함하고 있음을 주목하라. 페놀의 성질은 지방족 알코올과 조금 다르다.

아세트알데하이드가 되고 더 산화되어 아세트산(acetic acid)이 된다.

$$CH_3CH_2OH \xrightarrow[H^+]{Cr_2O_7^{2-}} CH_3CHO \xrightarrow[H^+]{Cr_2O_7^{2-}} CH_3COOH$$

에탄올은 알케인(에테인)에서 유도되기 때문에 지방족 알코올이라고 한다. 제일 간단한 지방족 알코올은 메탄올(CH_3OH)이다. 이것을 *목정*(wood alcohol)이라고도 부르는데, 한때 나무를 건류하여 제조하였다. 현재는 다음과 같이 공업적으로 일산화 탄소와 수소를 고온과 고압에서 반응시켜 합성한다.

$$CO(g) + 2H_2(g) \xrightarrow[\text{촉매}]{Fe_2O_3} \underset{\text{메탄올}}{CH_3OH(l)}$$

메탄올은 독성이 매우 커서 몇 밀리리터만 마셔도 메스껍고 눈이 멀게 된다. 공업용 에탄올에는 메탄올을 섞어서 사람들이 마시지 못하게 한다. 메탄올이나 다른 독성 물질이 함유된 에탄올을 *변성 알코올*(denatured alcohol)이라고 한다.

알코올은 매우 약한 산성을 나타낸다. 따라서 NaOH와 같은 센 염기와도 반응하지 않는다. 알코올은 알칼리 금속과 반응하여 수소를 생성한다.

$$2CH_3OH + 2Na \longrightarrow \underset{\text{메톡시화 소듐}}{2CH_3ONa} + H_2$$

그러나 이 반응은 Na와 물과의 반응보다는 상당히 덜 격렬하다.

$$2H_2O + 2Na \longrightarrow 2NaOH + H_2$$

알코올은 물보다 느리게 소듐 금속과 반응한다.

다른 지방족 알코올로 소독용으로 쓰이는 2-프로판올(2-propanol, isopropyl alcohol)과 부동액으로 사용되는 에틸렌 글라이콜(ethylene glycol)이 있다. 에틸렌 글라이콜은 —OH 기가 두 개 있어서 —OH 기가 1개 있는 것보다 더 효과적으로 물과 수소 결합을 할 수 있다(그림 24.8 참조). 대부분의 알코올, 특히 몰질량이 작은 것은 가연성이 매우 크다.

에터

에터(ether)는 *R—O—R' 결합을 포함한다. 여기서 R과 R'은 탄화수소기(지방족 또는 방향족)이다.* 에터는 알콕시화 음이온(RO^- 이온)과 할로젠화 알킬의 반응으로 생성된다.

$$\underset{\text{메톡시화 소듐}}{NaOCH_3} + \underset{\text{브로민화 메틸}}{CH_3Br} \longrightarrow \underset{\text{다이메틸 에터}}{CH_3OCH_3} + NaBr$$

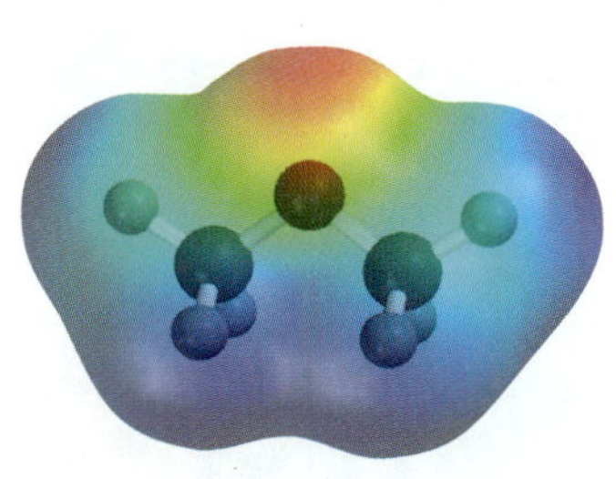

CH_3OCH_3

다이에틸 에터는 에탄올을 황산과 함께 140°C로 가열하여 공업적 규모로 얻는다.

$$C_2H_5OH + C_2H_5OH \longrightarrow C_2H_5OC_2H_5 + H_2O$$

이 반응은 *두 분자가 연결되어 작은 분자(보통 물 분자)가 제거*되는 **축합 반응**(condensation reaction)의 한 예라고 할 수 있다.

알코올처럼 에터는 연소성이 크다. 공기 중에 방치하면 에터는 서서히 산화되어 폭발성이 있는 과산화물이 된다.

$$\underset{\text{다이에틸 에터}}{C_2H_5OC_2H_5} + O_2 \longrightarrow \underset{\text{1-에톡시에틸 과산화수소}}{C_2H_5O—\overset{\displaystyle CH_3}{\underset{\displaystyle H}{C}}—O—O—H}$$

과산화물은 —O—O— 결합을 가지고 있다. 제일 간단한 과산화물은 과산화 수소(hydrogen peroxide, H_2O_2)이다. 보통 "에터(ether)"라고 부르는 다이에틸 에터(diethyl ether)는 여러 해 동안 마취제로 사용하였다. 이것은 중추신경계의 활성을 저하시켜 의식이 없게 한다. 이 다이에틸 에터의 결점은 호흡기관을 자극하고 마취가 끝난 후에 메스꺼움과 구토가 일어나는 것이다. 최근에는 "네오틸(Neothyl)" 즉, 메틸 프로필 에터(methyl propyl ether, $CH_3OCH_2CH_2CH_3$)가 상대적으로 부작용이 없기 때문에 마취제로 이용된다.

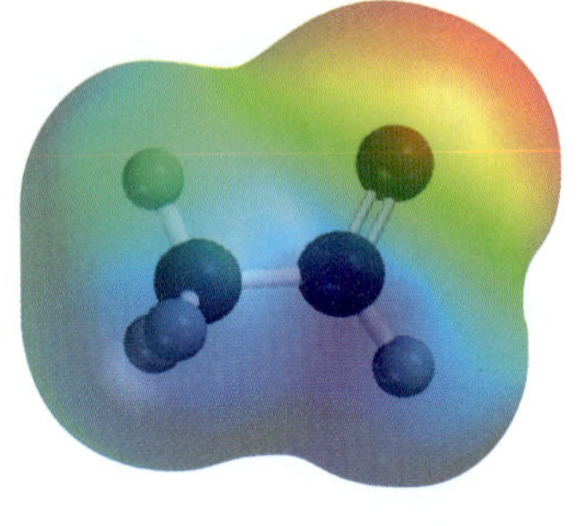

CH_3CHO

➤ 알데하이드와 케톤

온화한 산화 조건하에서 알코올을 알데하이드와 케톤으로 변환할 수 있다.

$$CH_3OH + \tfrac{1}{2}O_2 \longrightarrow \underset{\text{폼알데하이드}}{H_2C{=}O} + H_2O$$

$$C_2H_5OH + \tfrac{1}{2}O_2 \longrightarrow \underset{\text{아세트알데하이드}}{(H_3C)(H)C{=}O} + H_2O$$

$$CH_3{-}\underset{OH}{\overset{H}{C}}{-}CH_3 + \tfrac{1}{2}O_2 \longrightarrow \underset{\text{아세톤}}{(H_3C)_2C{=}O} + H_2O$$

이들 화합물의 작용기는 *카보닐기*(*carbonyl group*, $>C{=}O$)이다. **알데하이드**(aldehyde)에서는 *적어도 수소 1개가 카보닐기의 탄소에 결합*하고 있다. **케톤**(ketone)에서는 *카보닐기의 탄소 원자에 두 개의 탄화수소기가 결합*하고 있다.

가장 간단한 알데하이드인 폼알데하이드(formaldehyde, $H_2C{=}O$)는 *중합*(polymerize)되어 몰질량이 큰 화합물을 형성한다. 이 때 많은 열을 내고 폭발하는 경향이 있으므로 폼알데하이드는 수용액에서 제조하고 저장한다(농도를 감소시키기 위함). 불유쾌한 냄새가 나는 이 액체는 고분자 공업에서 출발 물질로 쓰이며(25장 참조), 실험실에서는 동물 표본(specimen)의 방부제로 이용한다. 흥미롭게도 신남 알데하이드(cinnamic aldehyde)와 같은 질량이 더 큰 알데하이드는 상쾌한 향기가 있어서 향수 제조에 이용된다.

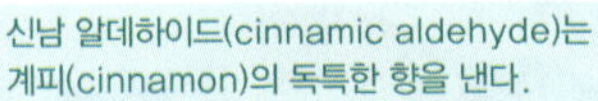

신남 알데하이드(cinnamic aldehyde)는 계피(cinnamon)의 독특한 향을 낸다.

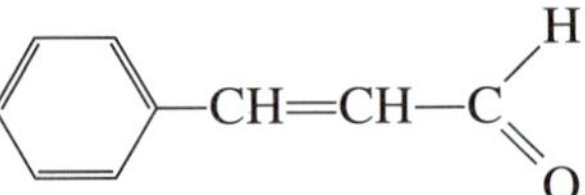

일반적으로 케톤은 알데하이드보다 반응성이 작다. 가장 간단한 케톤은 상쾌한 향이 있는 아세톤인데 주로 유기 화합물에 대한 용매와 손톱 메니큐어 제거제로 이용한다.

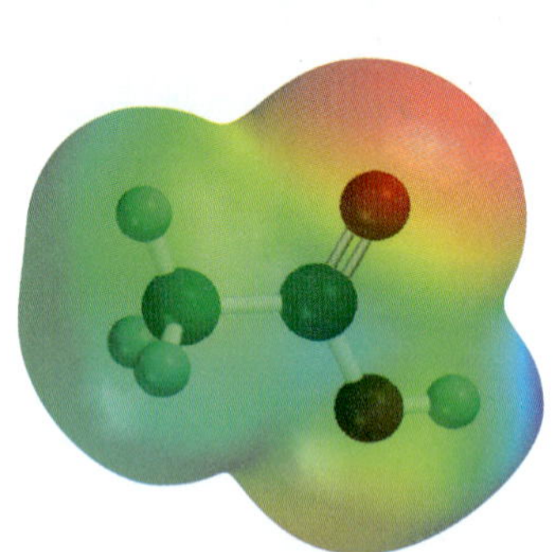

CH_3COOH

포도주 속에서 에탄올이 아세트산으로 산화되는 반응은 효소에 의해 촉진된다.

➤ 카복실산

적당한 조건하에서 알코올과 알데하이드는 *카복실기*(—COOH)를 포함하는 **카복실산**(carboxyic acid)으로 *산화*할 수 있다.

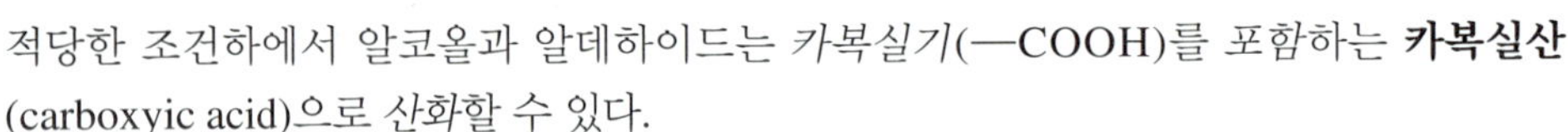

$$CH_3CH_2OH + O_2 \longrightarrow CH_3COOH + H_2O$$
$$CH_3CHO + \tfrac{1}{2}O_2 \longrightarrow CH_3COOH$$

이 반응은 쉽게 일어날 수 있으므로 포도주는 저장하는 동안 공기 중의 산소를 막아야 한다. 그렇지 않으면 곧 아세트산인 식초로 변한다. 그림 24.9에 몇 가지 카복실산의 구조를 보였다.

카복실산은 자연에 널리 존재하며 동물과 식물 모두에서 발견된다. 모든 단백질 분자는 아미노기($—NH_2$)와 카복실기(—COOH)를 가진 특별한 종류의 카복실산인 아미노산으로 만들어져 있다.

HCl, HNO_3, H_2SO_4와 같은 무기산과 달리 카복실산은 약산이다. 알코올과 반응하면 향긋한 에스터가 된다.

폼산　아세트산　뷰티르산　벤조산

글라이신　옥살산　시트르산

그림 24.9 일반적인 카복실산. 모두 $-COOH$ 기를 포함하고 있음에 주목하라. (글라이신은 단백질에서 발견되는 아미노산 중 하나이다.)

$$\underset{\text{아세트산}}{CH_3COOH} + \underset{\text{에탄올}}{HOCH_2CH_3} \longrightarrow \underset{\text{아세트산 에틸}}{CH_3{-}\overset{\overset{\displaystyle O}{\|}}{C}{-}O{-}CH_2CH_3} + H_2O$$

이 반응은 축합 반응이다.

카복실산의 다른 흔한 반응으로는 다음과 같은 중화 반응이 있다.

$$CH_3COOH + NaOH \longrightarrow CH_3COONa + H_2O$$

또한 염화 아세틸(acetyl chloride)과 같은 산 할로젠화물을 생성한다.

$$CH_3COOH + PCl_5 \longrightarrow \underset{\text{염화 아세틸}}{CH_3COCl} + HCl + \underset{\text{염화 포스포릴}}{POCl_3}$$

산 할로젠화물은 반응성이 커서 많은 다른 유기 화합물 제조에서 중간체(intermediate)로 이용한다. $SiCl_4$와 같은 비금속 할로젠화물이 가수분해하는 것과 같은 방법으로 산 할로젠화물도 가수분해한다.

$$CH_3COCl(l) + H_2O(l) \longrightarrow CH_3COOH(aq) + HCl(g)$$
$$SiCl_4(l) + 3H_2O(l) \longrightarrow \underset{\text{규산}}{H_2SiO_3(s)} + 4HCl(g)$$

에스터

에스터(ester)는 *R'COOR의 일반식을 가진다. 여기서 R'는 H 또는 탄화수소기이고, R은 탄화수소기이다.* 에스터는 향수 제조에 이용되며 제과와 청량음료 산업에서 독특한 풍미제로 사용된다. 많은 과일이 독특한 향기를 내는데, 이는 소량의 에스터가 들어 있기 때문이다. 예를 들면, 바나나는 아세트산 3-메틸뷰틸[3-methylbutyl acetate, $CH_3COOCH_2CH_2CH(CH_3)_2$], 오렌지는 아세트산 옥틸(octyl acetate, $CH_3COOCHCH_3C_6H_{13}$), 사과는 뷰티르산 메틸(methyl butyrate, $CH_3CH_2CH_2COOCH_3$)을 각각 함유한다.

에스터의 작용기는 $-COOR$ 기이다. 에스터는 HCl과 같은 산 촉매하에서 가수분해되어 카복실산과 알코올이 된다. 예를 들면, 아세트산 에틸(ethyl acetate)은 산성 용액에서 다음과 같이 가수분해한다.

$$\underset{\text{아세트산 에틸}}{CH_3COOC_2H_5} + H_2O \rightleftharpoons \underset{\text{아세트산}}{CH_3COOH} + \underset{\text{에탄올}}{C_2H_5OH}$$

그러나 이 반응은 가역 반응이어서 완전히 오른쪽으로 가지 않는다. 그 이유는 생성물인 알코올과 아세트산이 다시 반응하여 에스터를 형성하는 반응이 상당한 정도로 일어나기 때문이다. 반면 NaOH 용액을 가수분해에 사용하면 아세트산 소듐(sodium acetate)은 에탄올과 반응하지 않아 왼쪽에서 오른쪽으로 반응이 완전히 진행한다.

과일의 향은 주로 과일 속의 에스터 화합물 때문이다.

$$\underset{\text{아세트산 에틸}}{CH_3COOC_2H_5} + NaOH \longrightarrow \underset{\text{아세트산 소듐}}{CH_3COO^- Na^+} + \underset{\text{에탄올}}{C_2H_5OH}$$

이러한 이유 때문에 보통 에스터의 가수분해는 염기성 용액에서 수행한다. 이 반응에서 NaOH는 촉매로 작용하는 것이 아니고 반응에 의해 소모된다. **비누화**(saponification, *비누를 만든다*는 뜻)란 용어는 원래 지방산 에스터를 알칼리성 가수분해하여 비누 분자(스테아르산 소듐, sodium stearate)를 만드는 것을 일컫는 데 사용하였다.

$$\underset{\text{스테아르산 에틸}}{C_{17}H_{35}COOC_2H_5} + NaOH \longrightarrow \underset{\text{스테아르산 소듐}}{C_{17}H_{35}COO^- Na^+} + C_2H_5OH$$

이제 비누화는 *에스터의 알칼리성 가수분해*라는 일반적인 용어가 되었다.

아민

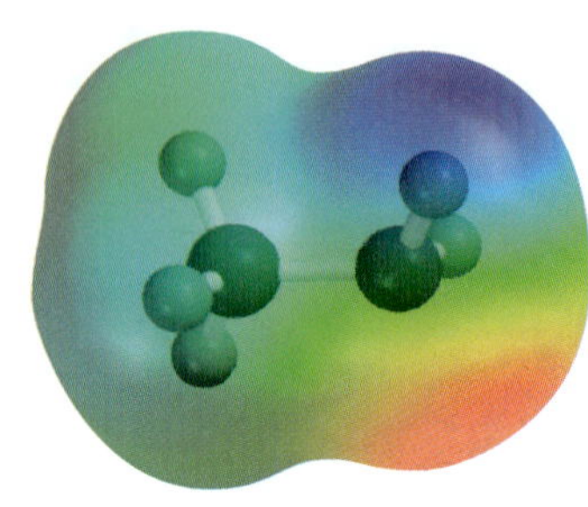

CH_3NH_2

아민(amine)은 *R_3N의 일반식을 갖는 유기 염기*이다. 여기서 R은 H 또는 탄화수소기이다. 암모니아에서처럼 물과 아민의 반응은 다음과 같다.

$$RNH_2 + H_2O \longrightarrow RNH_3^+ + OH^-$$

여기서 R은 탄화수소기를 나타낸다. 모든 염기와 마찬가지로 아민은 산과 반응하여 염을 형성한다.

$$\underset{\text{에틸아민}}{CH_3CH_2NH_2} + HCl \longrightarrow \underset{\text{염화 에틸암모늄}}{CH_3CH_2NH_3^+Cl^-}$$

이 염들은 보통 무색, 무취의 고체이다.

방향족 아민은 주로 염료의 제조에 사용한다. 가장 간단한 방향족 아민인 아닐린(aniline)은 독성이 있는 화합물이다. 2-나프틸아민(2-naphthylamine)과 벤지딘(benzidine)과 같은 방향족 아민은 강력한 발암성 물질이다.

NH_2 NH_2 H_2N— —NH_2

아닐린 2-나프틸아민 벤지딘

작용기 요약

표 24.4에는 C═C와 C≡C 기를 포함한 일반적인 작용기를 요약하였다. 유기 화합물은 보통 두 개 이상의 작용기를 갖는다. 일반적으로 화합물의 반응성은 구성된 작용기의 수와 유형에 의해 좌우된다.

예제 24.5는 작용기를 사용하여 반응을 예측하는 방법을 보여준다.

예제 24.5

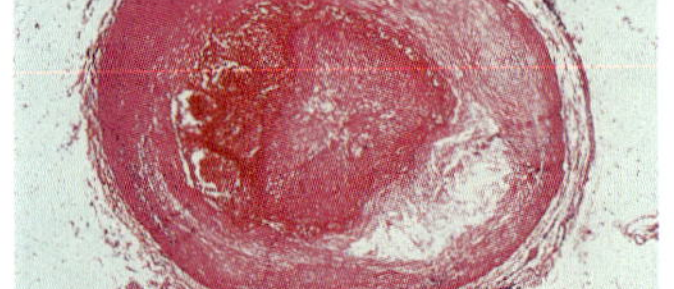

콜레스테롤에 의해 막힌 동맥.

콜레스테롤은 담석의 주성분으로 혈액 속의 콜레스테롤 수준은 몇몇의 심장 질환을 유발하는 요인이 된다. 다음 화합물의 구조로부터 (a) Br_2, (b) H_2(Pt 촉매 존재하에서), (c) CH_3COOH와의 반응을 예측하시오.

CH_3 C_8H_{17} CH_3 HO

(계속)

표 24.4 중요한 작용기들과 그들의 반응

작용기	이름	전형적인 반응
$>C=C<$	탄소-탄소 이중 결합	할로젠, 할로젠화 수소, 물의 첨가 반응, 수소 첨가 반응으로 알케인 생성
$-C\equiv C-$	탄소-탄소 삼중 결합	할로젠, 할로젠화 수소의 첨가 반응, 수소 첨가 반응으로 알켄과 알케인 생성
$-\ddot{\underset{..}{X}}:$ (X = F, Cl, Br, I)	할로젠	치환 반응: $CH_3CH_2Br + KI \longrightarrow CH_3CH_2I + KBr$
$-\ddot{\underset{..}{O}}-H$	하이드록시	카복실산과 에스터화 반응(에스터 생성), 알데하이드, 케톤, 카복실산으로 산화
$>C=\ddot{\underset{..}{O}}$	카보닐	환원되어 알코올 생성, 알데하이드가 산화되어 카복실산 생성
$-C(=\ddot{O}:)-\ddot{\underset{..}{O}}-H$	카복실	알코올과의 에스터화 반응, 오염화인과 반응하여 산 염화물 생성
$-C(=\ddot{O}:)-\ddot{\underset{..}{O}}-R$ (R = 탄화수소)	에스터	가수분해하여 산과 알코올 생성
$-\ddot{N}(R)R$ (R = H 또는 탄화수소)	아민	산과 반응하여 암모늄염 생성

전략 분자가 수행하는 반응의 유형을 예측하려면, 먼저 존재하는 작용기(표 24.4 참조)를 확인해야 한다.

풀이 콜레스테롤에는 2개의 작용기 즉, 하이드록시기와 탄소-탄소 이중 결합이 존재한다.

(a) 브로민과의 반응은 브로민이 이중 결합에 첨가되어 단일 결합을 만든다.

(b) 이것은 수소화 반응이다. 탄소-탄소 이중 결합이 탄소-탄소 단일 결합으로 변환된다.

(c) 아세트산과 하이드록시기와의 반응은 물과 에스터를 형성한다. 그림 24.10에 이 반응의 생성물들이 있다.

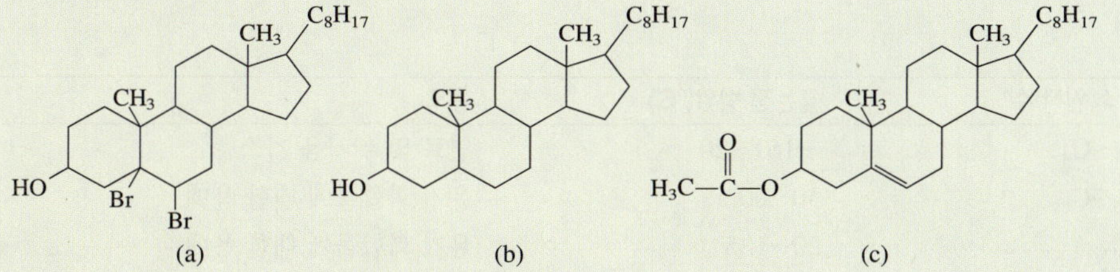

CH_3 C_8H_{17} CH_3 HO Br Br (a)

CH_3 C_8H_{17} CH_3 HO (b)

CH_3 C_8H_{17} CH_3 O H_3C-C-O (c)

그림 24.10 콜레스테롤을 다음 각 물질과 반응시켰을 때 생성된 화합물. (a) 브로민 분자. (b) 수소 분자 및 (c) 아세트산.

실전 연습 다음 반응의 생성물들을 예측하시오.

$$CH_3OH + CH_3CH_2COOH \longrightarrow ?$$

"생활 속의 화학"에서는 석유에 존재하는 주요 유기 화합물을 보여주고 있다.

생활 속의 화학

석유 산업

2010년 미국이 필요로 하는 에너지의 40% 정도가 기름(oil) 즉, 석유에서 공급되었다. 나머지 60%는 천연가스(대략 25%), 석탄(23%), 수력 발전(4%), 원자력(8%) 그리고 다른 원천(0.5%)에서 공급되었다. 에너지 이외에 석유는 의약품, 의류 및 많은 다른 제품 제조에 유기 화합물의 원료로 이용한다.

정제하기 전의 점성이 있고 진한 갈색의 석유를 흔히 원유(crude oil)라고 부른다. 알케인, 알켄, 사이클로알케인 및 방향족 화합물들이 섞여 있는 이 혼합물은 동물과 식물이 박테리아에 의해 무산소성 분해로 수백만 년 동안 지각에서 생성되었다.

석유는 전 세계에 분포되어 있지만 중동은 물론 북아메리카, 멕시코, 러시아, 중국, 베네수엘라에 주로 매장되어 있다. 석유의 성분은 지역에 따라 다르다. 예를 들면, 미국 내 펜실베이니아 원유는 주로 지방족 탄화수소이고, 서부의 원유 성분은 주로 방향족 탄화수소이다.

석유는 수천 가지의 탄화수소를 포함하지만 끓는점의 범위에 따라 성분을 분류할 수 있다. 이 탄화수소는 분별증류에 의해 몰질량에 따라서 분리된다. 원유를 약 400°C 정도로 가열하면, 점성있는 원유가 뜨거운 증기와 액체로 된다. 이 형태로 증류탑에 들어가게 된다. 뜨거운 증기가 증류탑 위로 올라가서 증기가 액화되는 온도에 따라서 여러 가지 수집관에 응축된다. 수집관에 액화된 성분은 다양하다. 어떤 기체는 증류관의 꼭대기에서 기체로 나가고 증

원유

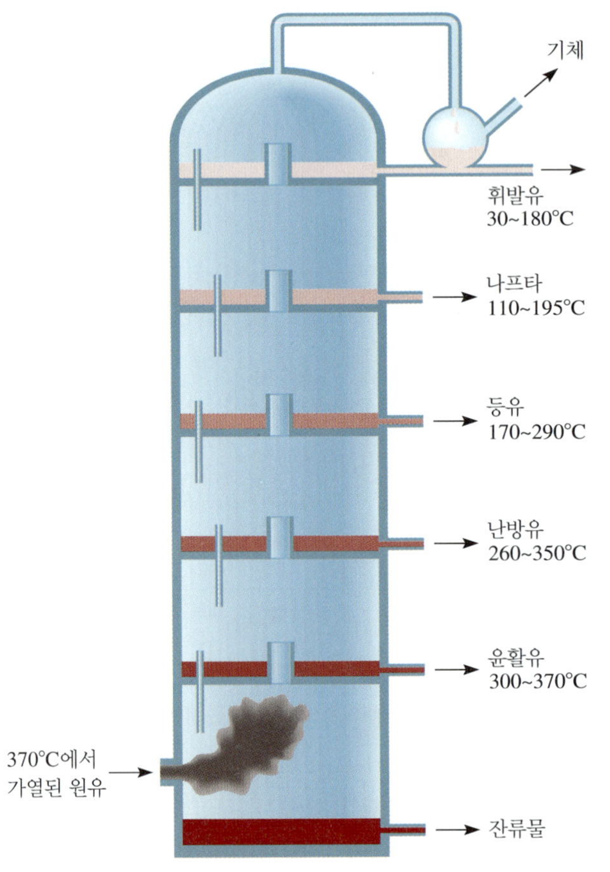

석유 원유의 성분을 분리하는 데 사용되는 분별 증류관. 뜨거운 증기가 위로 움직임에 따라 응축되어 원유의 여러 성분들이 끓는점에 따라 분리된다.

석유의 주요 성분

증류물	탄소 원자 수*	끓는점 범위(°C)	용도
천연가스	C_1~C_4	−161~20	연료 및 취사용 가스
석유 에터	C_5~C_6	30~60	유기 화합물에 대한 용매
리그로인(ligroin)	C_7	20~135	유기 화합물에 대한 용매
휘발유(gasoline)	C_6~C_{12}	30~180	자동차 연료
등유(kerosene)	C_{11}~C_{16}	170~290	로켓과 제트 엔진 연료, 가정용 난방
중유(heating fuel oil)	C_{14}~C_{18}	260~350	가정용 난방 및 발전용 연료
윤활유	C_{15}~C_{24}	300~370	자동차 및 기계용 윤활유

*두 번째 행에 있는 것은 포함된 화합물 속의 탄소 원자의 개수를 말한다. 예를 들어, C_1~C_4는 천연가스에는 1~4개의 탄소 원자를 포함하는 화합물이 들어 있다는 뜻이다.

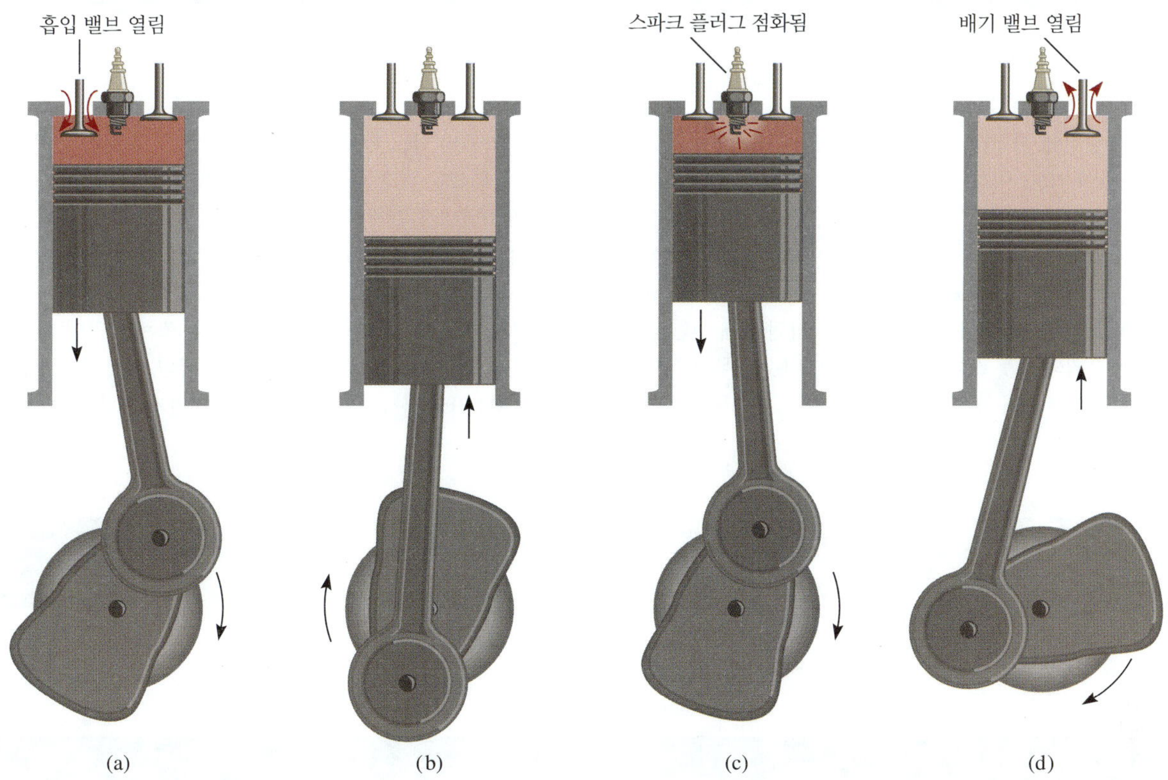

내부 연소 엔진 작동의 4단계. 이것은 모든 자동차가 실제로 사용하는 엔진의 형태이며, 기술적 용어로 4기통 오토 순환 공정 엔진이라고 부른다. (a) 흡입 밸브가 열리면 휘발유-공기 혼합물이 들어간다. (b) 압축 단계 동안에는 두 밸브가 닫힌다. (c) 스파크 플러그가 점화되고, 피스톤이 바깥쪽으로 당겨진다. (d) 마지막으로, 피스톤이 아래쪽으로 당겨짐에 따라 배기 밸브가 열리고, 배기가스가 배출된다.

기화되지 않는 잔류물은 맨 아래 부분에 모아진다.

휘발유(gasoline)는 가장 잘 알려진 석유 제품이다. 휘발성 탄화수소의 혼합물인 휘발유는 알케인, 사이클로알케인, 한두 가지의 방향족 탄화수소로 구성되어 있다. 이 화합물들 중 몇 가지는 다른 것들보다 자동차 엔진에 대한 연료로 더 적합하다. 따라서 이 휘발유를 더 가공하고 정제해야 하는 문제가 생긴다.

대부분의 자동차는 4행정(four-stroke)으로 작동되는 *오토 사이클*(Otto cycle) 엔진을 사용한다. 주요 공학적인 관심은 가스 혼합물을 부드럽게 팽창시키기 위해 각 실린더(cylinder) 내부에서 휘발유-공기 혼합물의 연소를 조절하는 것이다. 만약 그 혼합물이 너무 빨리 연소하면 피스톤이 부드러운 힘을 받기보다는 심하게 덜커덩거린다. 이 작용은 연소 에너지가 기계 에너지로 변환되는 과정의 효율을 감소시켜서 "노킹(knocking)" 즉, "펑"하는 소리를 낸다. 곧은 사슬 탄화수소는 노킹을 생성하는 경향이 가장 큰 반면, 가지 달린 탄화수소와 방향족 탄화수소는 부드럽게 미는 바람직한 동작을 하도록 한다.

휘발유는 대개 노킹을 일으키는 경향의 척도인 *옥탄값*(octane number)에 따라 등급이 매겨진다. 이러한 척도에서 가지 달린 C_8 화합물(2,2,4-트라이메틸펜테인 또는 아이소옥테인)의 옥탄값을 임의로 100으로 정하고, 곧은 사슬 화합물인 *n*-헵테인의 옥탄값을 0으로 정했다. 탄화수소의 옥탄값이 높을수록 내부 연소 엔진의 성능은 더 좋다. 벤젠 및 톨루엔과 같은 방향족 탄화수소는 가지 달린 지방족 탄화수소와 마찬가지로 옥탄값(각각 106와 120)이 높다.

탄화수소의 옥탄값은 *노킹 방지제*(antiknocking agent)라고 하는 화합물을 소량 첨가하여 향상시킬 수 있다. 가장 널리 사용되는 노킹 방지제는 다음과 같다.

$$\begin{array}{c} CH_3 \\ | \\ CH_3-Pb-CH_3 \\ | \\ CH_3 \end{array} \qquad \begin{array}{c} CH_3 \\ | \\ CH_2 \\ | \\ CH_3-CH_2-Pb-CH_2-CH_3 \\ | \\ CH_2 \\ | \\ CH_3 \end{array}$$

테트라메틸납　　　　테트라에틸납

(계속)

생활 속의 화학 CHEMISTRY *in Action*

휘발유 1갤런에 이 화합물 중에 어느 것이라도 2~4 g을 첨가하면 옥탄값이 10배 이상 증가한다. 그렇지만 납은 매우 유독한 금속이고, 자동차 배기가스가 공기 중으로 계속 방출되면 심각한 환경 문제가 야기된다. 미 연방 당국은 1974년 이후에 생산된 모든 자동차는 "무연(unleaded, 납이 없는)" 휘발유를 사용하도록 규제하고 있다. 나중에 생산된 자동차에 장착된 촉매 변환 장치는 납에 의해 오염되면 못 쓰게 될 수 있으며, 이것도 무연 휘발유를 사용하는 또 다른 이유가 된다. 무연 휘발유는 노킹을 최소화하고, 휘발유의 산소 함유량을 증가시키며, 연료가 더 깨끗하게 연소하도록 만드는 메틸 *tert*-뷰틸 에터(MTBE)를 함유한다. 불행하게도 1990년대 후반에 식수 공급원에서 MTBE가 발견되었는데, 주로 휘발유 저장 탱크에서 새어나오기 때문인 것으로 알려졌다. 이 물질은 물에서 냄새가 나게 하고, 불쾌한 맛이 나게 하며, 사람에게 암을 일으킬 가능성이 있다. 이 책을 쓰는 동안에 MTBE의 적당한 대체재가 없음에도 불구하고, 미국의 몇몇 주에서는 휘발유에서 MTBE의 사용을 단계적으로 폐지하기 시작했다.

사실과 개념 요약하기 *Summary of Facts & Concepts*

1. 탄소 원자는 다른 탄소 원자와 직선형 사슬과 가지 달린 사슬로 연결될 수 있기 때문에 다른 어떤 원소보다 더 많은 화합물을 형성할 수 있다.
2. 유기 화합물은 두 가지 탄화수소 즉, 지방족 탄화수소와 방향족 탄화수소에서 유도된다.
3. 메테인(CH_4)은 일반식이 C_nH_{2n+2}인 탄화수소 계열의 가장 간단한 알케인이고, 사이클로프로페인(C_3H_6)은 사이클로알케인 계열에서 가장 간단한 사이클로알케인이다. 사이클로알케인은 탄소 원자들이 연결되어 고리를 만든 것이다. 알케인과 사이클로알케인은 포화 탄화수소이다.
4. 에틸렌($CH_2{=}CH_2$)은 가장 간단한 올레핀(olefin) 즉, 알켄이다. 이 탄화수소는 탄소-탄소 이중 결합을 포함하고 일반식은 C_nH_{2n}이다.
5. 아세틸렌($CH{\equiv}CH$)은 가장 간단한 알카인이다. 알카인은 탄소-탄소 삼중 결합을 포함하며 일반식이 C_nH_{2n-2}이다.
6. 벤젠 고리를 한 개 이상 포함하는 화합물을 방향족 탄화수소라고 한다. 이들 화합물은 할로젠 및 알킬기와 치환 반응을 한다.
7. 작용기는 분자에 특이한 유형의 화학 반응성을 부여한다. 화합물은 그들의 작용기에 따라서 알코올, 에터, 알데하이드와 케톤, 카복실산과 에스터, 아민 등으로 분류한다.

주요 용어 정리하기 *Key Words*

구조 이성질체	알데하이드	에터	치환 반응
방향족 탄화수소	알카인	유기 화학	카복실산
불포화 탄화수소	알케인	작용기	케톤
비누화	알켄	지방족 탄화수소	탄화수소
사이클로알케인	알코올	첨가 반응	포화 탄화수소
아민	에스터	축합 반응	

연습 문제 *Questions & Problems*

● 표시는 *Connect Plus*에서 유용한 문제, *붉은색 번호의 문제는 학생용 문제풀이집에 풀어 놓았다.*

유기 화합물의 분류

▶ 복습 질문

24.1 탄소가 다른 원소에 비해 많은 화합물을 만드는 이유는 무엇인가?

24.2 지방족과 방향족 탄화수소의 차이는 무엇인가?

지방족 탄화수소

▶ 복습 질문

24.3 포화 탄화수소와 불포화 탄화수소에서 "포화"와 "불포화"가 뜻하는 것은 무엇인지 각각 예를 들어 설명하시오.

24.4 메테인의 3가지 원천에 대해 쓰시오.

24.5 알켄은 탄소-탄소 이중 결합의 회전이 어려워서 기하 이성질체가 만들어진다. 이 현상에 대하여 설명하시오.

24.6 알케인과 알카인은 알켄과 달리 기하 이성질체가 없는 이유는 무엇인가?

24.7 마르코프니코프 규칙을 설명하시오.

24.8 알케인, 알켄, 알카인의 특징적인 반응을 쓰시오.

24.9 화합물 속의 탄소 원자가 카이랄(chiral)인지 아닌지를 결정하는 요소는 무엇인가?

24.10 카이랄성(chiral)인 치환된 알케인과 비카이랄성(achiral)인 치환된 알케인의 예를 쓰시오.

▶ 문제

● 24.11 분자식이 C_7H_{16}인 알케인의 가능한 구조 이성질체를 모두 그리시오.

24.12 *n*-펜테인[$CH_3(CH_2)_3CH_3$]을 직접 염소화(chlorination)할 때 생성될 수 있는 클로로펜테인(chloropentane, $C_5H_{11}Cl$)은 몇 가지나 되겠는가? 각 분자의 구조를 그리시오.

● 24.13 뷰텐(C_4H_8)의 가능한 이성질체를 모두 그리시오.

● **24.14** 분자식 C_3H_5Br에 대한 가능한 이성질체의 구조를 모두 그리시오.

24.15 펜테인(C_5H_{12})의 구조 이성질체들은 끓는점의 차이가 매우 크다. 이들의 구조에 따른 끓는점의 변화를 설명하시오.

24.16 구조를 그리지 않고서 다음 화합물이 알케인, 사이클로알케인, 알켄, 알카인인지 어떻게 결정할 수 있겠는가? 설명하시오. (a) C_6H_{12}, (b) C_4H_6, (c) C_5H_{12}, (d) C_7H_{14}, (e) C_3H_4.

● 24.17 *cis*-2-뷰텐과 *trans*-2-뷰텐의 구조를 그리시오. 두 화합물 중 어느 것의 수소화열(heat of hydrogenation)이 더 큰가? 그 이유를 설명하시오.

24.18 사이클로뷰타다이엔(cyclobutadiene)은 안정한 분자일 것으로 예상하는가? 설명하시오.

24.19 에틸렌(ethylene)의 수소 두 개를 플루오린과 염소 원자로 치환할 때 만들어지는 서로 다른 이성질체의 개수는 몇 개인가? 그 화합물들의 구조를 그리고 명명하시오. 어느 것이 구조 이성질체이며, 어느 것이 기하 이성질체인지를 나타내시오.

24.20 다음 두 화합물을 구별할 수 있는 두 가지 화학 시험법을 제안하시오.

(a) $CH_3CH_2CH_2CH_2CH_3$

(b) $CH_3CH_2CH_2CH{=}CH_2$

● 24.21 황산은 알켄의 이중 결합에 H^+와 $^-OSO_3H$로 첨가한다. 황산이 (a) 에틸렌, (b) 프로펜과 반응할 때의 생성물을 예측하시오.

24.22 아세틸렌은 불안정한 화합물이다. 아세틸렌은 다음과 같이 벤젠이 되려는 경향이 있다. 25°C에서 이 반응의 표준 엔탈피 변화를 kJ로 계산하시오.

$$3C_2H_2(g) \longrightarrow C_6H_6(l)$$

● 24.23 브로민화 수소(HBr)가 (a) 1-뷰텐, (b) 2-뷰텐과 반응할 때의 생성물을 예측하시오.

24.24 기하 이성질체는 C=C 결합을 포함하는 화합물에만 한정되는 것은 아니다. 예를 들면, 치환기가 두 개인 어떤 사이클로알케인도 *시스*(*cis*) 형과 *트랜스*(*trans*) 형으로 존재할 수 있다. 다음 화합물을 *시스*와 *트랜스* 이성질체로 표시하시오.

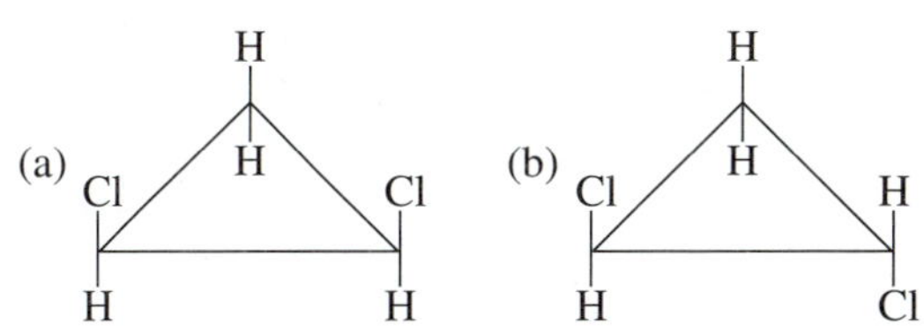

● 24.25 다음 아미노산 중 어떤 것이 카이랄성인가?

(a) $CH_3CH(NH_2)COOH$, (b) $CH_2(NH_2)COOH$, (c) $CH_2(OH)CH(NH_2)COOH$.

● **24.26** 다음 화합물을 명명하시오.

(a) $CH_3{-}CH(CH_3){-}CH_2{-}CH_2{-}CH_3$

(b) $CH_3{-}CH(C_2H_5){-}CH(CH_3){-}CH(CH_3){-}CH_3$

(c) 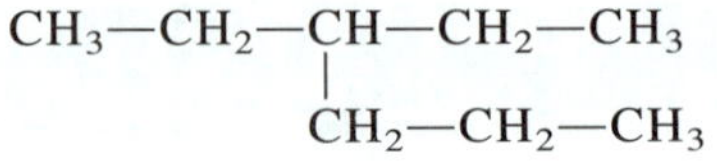 $CH_3—CH_2—CH(CH_2—CH_2—CH_3)—CH_2—CH_3$

(d) 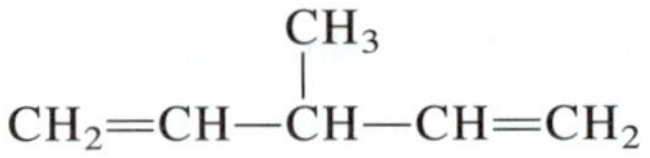 $CH_2=CH—CH(CH_3)—CH=CH_2$

(e) $CH_3—C\equiv C—CH_2—CH_3$

(f) 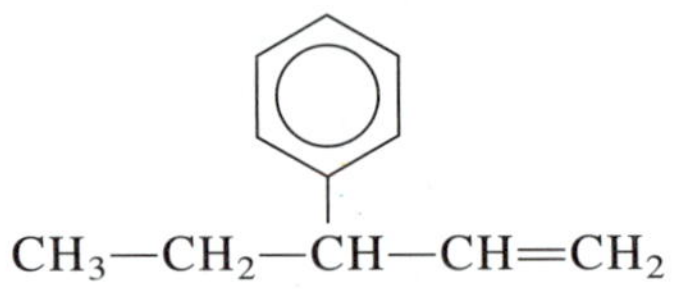 $CH_3—CH_2—CH(C_6H_5)—CH=CH_2$

● 24.27 다음 유기 화합물의 구조식을 그리시오. (a) 3-메틸헥세인, (b) 1,3,5-트라이클로로사이클로헥세인, (c) 2,3-다이메틸펜테인, (d) 2-브로모-4-페닐펜테인, (e) 3,4,5-트라이메틸옥테인.

24.28 다음 화합물의 구조식을 그리시오. (a) *트랜스*-2-펜텐, (b) 2-에틸-1-뷰텐, (c) 4-에틸-*트랜스*-2-헵텐, (d) 3-페닐-뷰타인.

방향족 탄화수소

▶ 복습 질문

24.29 에틸렌(ethylene)에 비해 벤젠(benzene)이 훨씬 안정한 이유를 설명하시오. 또한 벤젠은 주로 치환 반응을 하는 반면에 에틸렌은 주로 첨가 반응을 하는 이유는 무엇인가?

24.30 벤젠과 사이클로헥세인은 모두 6원자 고리를 가지고 있다. 벤젠은 평면형 분자인데 사이클로헥세인은 평면형이 아니다. 설명하시오.

▶ 문제

● 24.31 다음 화합물들의 구조를 그리시오. (a) 1-브로모-3-메틸벤젠, (b) 1-클로로-2-프로필벤젠, (c) 1,2,4,5-테트라메틸벤젠.

● **24.32** 다음 화합물을 명명하시오.

(a) 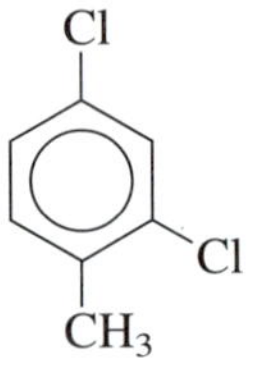 벤젠 고리에 Cl (1번), Cl (3번), CH_3 (4번)

(b) 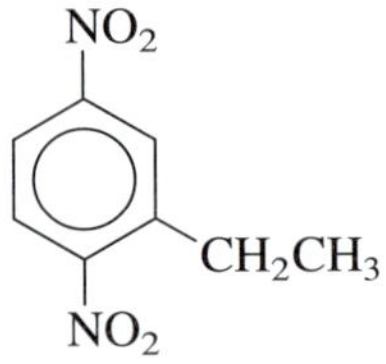 벤젠 고리에 NO_2 (1번), CH_2CH_3 (3번), NO_2 (4번)

(c) 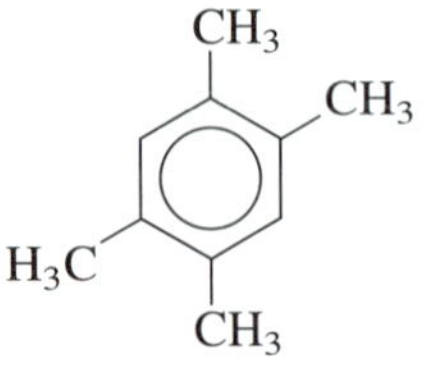 벤젠 고리에 CH_3, CH_3, H_3C, CH_3 (1,2,4,5번)

작용기의 화학

▶ 복습 질문

24.33 작용기란 무엇인가? 유기 화합물들을 그들의 작용기에 따라 구분하는 것이 합리적이고 유용한 이유는 무엇인가?

● 24.34 다음 각 작용기의 루이스 구조를 그리시오. 알코올, 에터, 알데하이드, 케톤, 카복실산, 에스터, 아민.

▶ 문제

● 24.35 다음과 같은 식을 갖는 분자의 구조를 그리시오.
(a) CH_4O, (b) C_2H_6O, (c) $C_3H_6O_2$, (d) C_3H_8O.

● **24.36** 다음 분자를 알코올, 알데하이드, 케톤, 카복실산, 아민, 에터로 분류하시오.

(a) $CH_3—O—CH_2—CH_3$

(b) $CH_3—CH_2—NH_2$

(c) 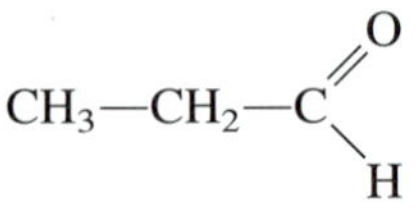 $CH_3—CH_2—C(=O)—H$

(d) 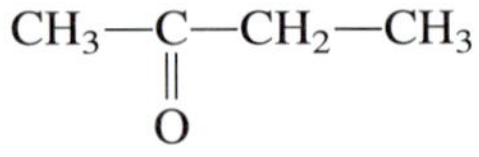 $CH_3—C(=O)—CH_2—CH_3$

(e) 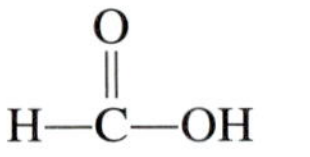 $H—C(=O)—OH$

(f) $CH_3—CH_2—CH_2—OH$

(g) 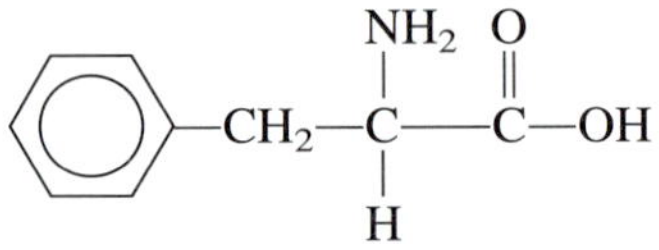 $C_6H_5—CH_2—CH(NH_2)—C(=O)—OH$

24.37 일반적으로 공기 중에서 알데하이드는 케톤보다 더 산화되기 쉽다. 케톤이 알데하이드보다 산화 반응에 대하여 더 안정한 이유는 무엇인가? 아세트알데하이드와 아세톤을 예로 설명하시오.

● **24.38** 다음 반응식을 완성하고 생성물을 확인하시오.

$$HCOOH + CH_3OH \longrightarrow$$

● 24.39 실험식이 $C_5H_{12}O$인 어떤 화합물을 산화시키면 실험식이 $C_5H_{10}O$인 화합물로 바뀌는데 이 물질은 케톤처럼 행동한다. 산화되기 전의 화합물과 산화된 후의 화합물에 대해 각각 가능한 구조를 그리시오.

● **24.40** 분자식 $C_4H_{10}O$인 화합물이 있다. 이 화합물은 금속 소듐(Na)과 반응하지 않는다. 빛의 존재하에서 이 화합물을 Cl_2와 반응시키면 분자식이 C_4H_9OCl인 세 가지 화합물이 생성된다. 이 정보와 일치하는 출발 물질과 생성 물질의 구조를 그리시오.

● 24.41 다음 각 반응의 생성물을 제시하시오.

(a) $CH_3CH_2OH + HCOOH \longrightarrow$

(b) $H—C\equiv C—CH_3 + H_2 \longrightarrow$

(c) 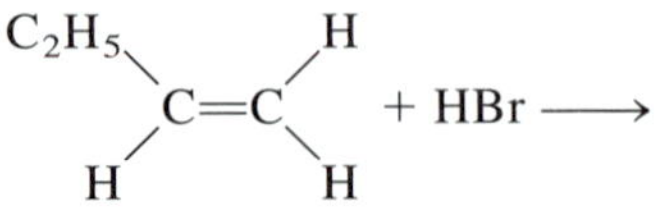 $(C_2H_5)(H)C=C(H)(H) + HBr \longrightarrow$

24.42 다음 각 분자의 작용기를 표시하시오.

(a) $CH_3CH_2COCH_2CH_2CH_3$

(b) $CH_3COOC_2H_5$

(c) $CH_3CH_2OCH_2CH_2CH_2CH_3$

추가 문제

• 24.43 분자식이 C_7H_7Cl인 어떤 화합물이 있다. 이 화합물의 가능한 구조 이성질체를 모두 그리시오. 이 분자는 한 개의 벤젠 고리를 가지고 있다.

• **24.44** 다음 자료가 주어져 있다.

$$C_2H_4(g) + 3O_2(g) \longrightarrow 2CO_2(g) + 2H_2O(l) \quad \Delta H^\circ = -1411 \text{ kJ/mol}$$

$$2C_2H_2(g) + 5O_2(g) \longrightarrow 4CO_2(g) + 2H_2O(l) \quad \Delta H^\circ = -2599 \text{ kJ/mol}$$

$$H_2(g) + \tfrac{1}{2}O_2(g) \longrightarrow H_2O(l) \quad \Delta H^\circ = -285.8 \text{ kJ/mol}$$

주어진 자료로부터 다음에 나타낸 아세틸렌의 수소화 반응열을 계산하시오.

$$C_2H_2(g) + H_2(g) \longrightarrow C_2H_4(g)$$

• 24.45 다음 각 쌍의 화합물 중 어느 것의 반응성이 더 큰지 말하고, 그 이유를 설명하시오. (a) 프로페인과 사이클로프로페인, (b) 에틸렌과 메테인, (c) 아세트알데하이드와 아세톤.

24.46 다음 화합물 중 물과 수소 결합을 형성할 수 있는 것은 어느 것인가? (a) 카복실산, (b) 알켄, (c) 에터, (d) 알데하이드, (e) 알케인, (f) 아민.

• 24.47 질량비가 탄소 37.5%, 수소 3.2%, 플루오린 59.3%로 이루어진 어떤 유기 화합물이 있다. 90°C에서 이 물질 1.00 g에 대한 압력과 부피의 변화는 다음 표와 같다. 또한 이 분자는 쌍극자 모멘트를 가지지 않는 것으로 알려졌다.

***P*(atm)**	***V*(L)**
2.00	0.332
1.50	0.409
1.00	0.564
0.50	1.028

(a) 이 물질의 실험식은 무엇인가?
(b) 이 물질은 이상 기체처럼 행동하는가?
(c) 이 물질의 분자식은 무엇인가?
(d) 이 분자의 루이스 구조를 그리고 분자의 모양(geometry)을 설명하시오.
(e) 이 화합물의 체계적(systematic) 이름은 무엇인가?

24.48 다음 화합물의 상업적 용도를 한 가지 이상씩 쓰시오. (a) 2-프로판올(아이소프로판올), (b) 아세트산, (c) 나프탈렌, (d) 메탄올, (e) 에탄올, (f) 에틸렌 글라이콜, (g) 메탄올, (h) 에틸렌.

• 24.49 20°C, 1.00 atm에서 옥테인(C_8H_{18}, 밀도 0.70 g/mL인 휘발유 성분) 1.0 L를 완전히 연소시키는 데 필요한 공기(부피로 78%의 질소와 22%의 산소로 구성)의 부피는 몇 L인가?

24.50 다음 각 분자는 탄소-탄소 시그마(sigma, σ) 결합이 몇 개 있는가? (a) 2-뷰타인, (b) 안트라센(그림 24.7 참조), (c) 2,3-다이메틸펜테인.

• 24.51 다음 분자 속에 포함된 탄소-탄소 사이에 있는 시그마 결합의 개수는 각각 몇 개인가? (a) 벤젠, (b) 사이클로뷰테인, (c) 3-에틸-2-메틸펜테인.

• **24.52** C, H, O를 포함하는 화합물 Y 20.63 mg을 충분한 산소로 연소시켰더니, CO_2 57.94 mg과 H_2O 11.85 mg이 생성되었다. (a) 원래의 시료 Y에는 C, H, O가 몇 mg씩 들어있는지 계산하시오. (b) Y의 실험식을 유도하시오. (c) 실험식이 분자식과 같다면 Y의 가능한 구조를 제안하시오.

• 24.53 분자식이 $C_4H_8Cl_2$인 화합물에 대해 가능한 구조 이성질체를 모두 그리고, 그 중 카이랄인 것만 골라 그 물질들의 체계명을 쓰시오.

24.54 C, H, O를 포함하는 액체 B 3.795 mg을 충분한 산소로 연소시켰더니 CO_2 9.708 mg과 H_2O 3.969 mg이 생성되었다. 몰질량 결정 실험에서 1.00 atm, 200.0°C에서 B 0.205 g을 기화시킨 다음 부피를 측정하였더니 89.8 mL가 되었다. B의 실험식, 몰질량, 분자식을 유도하고, 세 가지 가능한 구조를 그리시오.

24.55 3-메틸-1-뷰타인을 출발 물질로 하여 다음과 같은 화합물을 합성할 수 있는 방법을 각각 제시하시오.

(a) $CH_2{=}C(Br){-}CH(CH_3){-}CH_3$

(b) $CH_2Br{-}CBr_2{-}CH(CH_3){-}CH_3$

(c) $CH_3{-}CH(Br){-}CH(CH_3){-}CH_3$

• **24.56** 다음 화합물에서 비대칭 탄소 원자를 표시하시오.

(a) $CH_3{-}CH_2{-}CH(CH_3){-}CH(NH_2){-}C({=}O){-}NH_2$

(b)

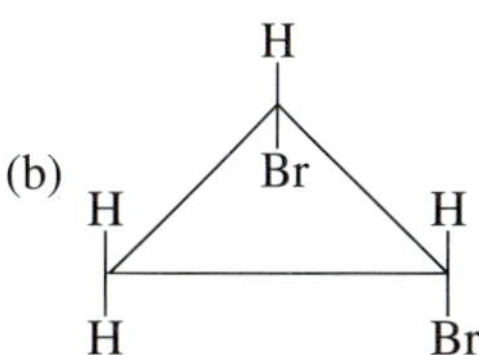

• 24.57 벤젠이 세 개의 단일 결합과 세 개의 이중 결합으로 이루어져 있다고 가정했을 때, 다이클로로벤젠($C_6H_4Cl_2$)이 가질 수 있는 서로 다른 이성질체는 몇 개인가? 가능한 이성질체의 구조를 모두 그리시오.

24.58 아세톤에 대한 구조 이성질체인 알데하이드의 구조식을 쓰시오.

• 24.59 다음 화합물들의 구조를 그리시오. (a) 사이클로펜테인,

(b) *cis*-2-뷰텐, (c) 2-헥산올, (d) 1,4-다이브로모벤젠, (e) 2-뷰타인.

24.60 다음 화합물이 속하는 종류의 이름을 쓰시오.

(a) C_4H_9OH

(b) $CH_3OC_2H_5$

(c) C_2H_5CHO

(d) C_6H_5COOH

(e) CH_3NH_2

24.61 에탄올(C_2H_5OH)과 다이메틸 에터(CH_3OCH_3)는 서로 구조 이성질체의 관계이다. 이들의 녹는점, 끓는점, 물에 대한 용해도를 비교하시오.

24.62 아민은 브뢴스테드 염기이다. 물고기의 불유쾌한 냄새는 아민의 존재 때문이다. 요리를 할 때 생선의 냄새를 억제하기 위하여 레몬 주스를 첨가하는 이유를 설명하시오(독특한 풍미를 향상시키는 것 외에).

24.63 무색의 액체가 들어 있는 두 개의 병이 있다. 하나는 사이클로헥세인이고, 다른 하나는 벤젠이다. 한 번의 화학적 검사로 이 두 물질을 구별할 수 있는 방법을 제시하시오.

24.64 다음 유기 화합물의 화학적 이름과 화학식을 쓰시오. 습지 가스, 곡식으로 제조한 알코올, 목정, 소독용 알코올, 부동액, 좀약, 식초의 주성분.

24.65 화합물 $CH_3—C≡C—CH_3$은 백금 촉매를 사용하여 수소화하면 알켄으로 된다. 생성물이 순수한 *트랜스*(*trans*) 이성질체와 순수한 *시스*(*cis*) 이성질체가 얻어지는지, 아니면 *시스*와 *트랜스* 이성질체의 혼합물이 얻어지는지를 예측하시오. 당신의 예측을 토대로 불균일 촉매 반응의 메커니즘을 설명하시오.

● **24.66** 다음 각 화합물에는 비대칭 탄소 원자가 몇 개가 있는가?

(a) H—C(H)(H)—C(H)(Cl)—C(H)(H)—Cl

(b) $H_3C—CH(OH)—CH(CH_3)—CH_2OH$

(c) (고리 구조: CH_2OH, O, OH, H, HO, OH 치환된 6원 고리)

● 24.67 아이소프로판올(isopropanol)은 프로필렌(propylene, CH_3CHCH_2)과 황산을 반응시킨 뒤 물로 처리하여 만든다. (a) 생성물에 이르는 일련의 단계를 쓰시오. 황산의 역할은 무엇인가? (b) 아이소프로판올의 이성질체인 알코올의 구조를 그리시오. (c) 아이소프로판올은 카이랄 분자인가? (d) 아이소프로판올의 어떤 성질이 소독용 알코올로 유용하게 하는가?

24.68 메테인과 브로민 증기의 혼합물에 빛을 쪼이면 다음 반응이 서서히 일어난다.

$$CH_4(g) + Br_2(g) \longrightarrow CH_3Br(g) + HBr(g)$$

이 반응의 메커니즘을 제안하시오. (*힌트* : 브로민 증기는 진한 붉은색이고, 메테인은 무색이다.)

24.69 산 촉매 조건하에서 알켄은 물과 반응하여 알코올을 형성한다. 할로젠화 수소에서와 같이 알코올을 형성하는 첨가반응 역시 마르코프니코프 규칙을 따른다. 몰질량이 대략 42 g인 어떤 알켄을 물 및 황산과 반응시켰다. 여기에서 생성된 생성물을 산성의 다이크로뮴산 포타슘 용액과 반응시켰더니 케톤이 형성되었다. 이 반응 과정에 포함된 모든 화합물의 구조를 그리시오.

● **24.70** 2-뷰탄온(2-butanone)은 수소화 알루미늄 리튬($LiAlH_4$) 존재하에 2-뷰탄올(2-butanol)로 환원된다. (a) 이 생성물의 분자식을 쓰고, 카이랄성인지 확인하시오. (b) 실제로 이 생성물은 광학활성을 보이지 않는다. 그 이유를 설명하시오.

● 24.71 수소화 반응시켰을 때 2-메틸뷰테인(2-methylbutane)을 만드는 3가지 알켄의 구조를 적으시오.

● **24.72** 어떤 알코올을 산성의 다이크로뮴산 포타슘 존재 하에서 카복실산으로 산화시켰다. 여기에서 생성된 카복실산 시료 4.46 g을 2.27 *M* 수산화 소듐 50.0 mL에 가하였다. 과량의 수산화 소듐을 중화시키는 데 1.86 *M* 염산 28.7 mL가 소요되었다. 알코올의 분자식은 무엇인가?

24.73 화학식 $C_6H_{13}O$인 알코올의 가능한 구조식을 모두 적고, 카이랄성인지를 나타내시오. 탄소 원자와 —OH 작용기만 표시하시오.

24.74 지방과 기름은 3개의 에스터기를 포함하는 트라이글리세라이드(triglyceride)라고 하는 같은 종류의 화합물이다. R, R′, R″은 긴 탄화수소의 사슬이다.

$CH_2—O—C(=O)—R$

$CH—O—C(=O)—R'$

$CH_2—O—C(=O)—R''$

지방 또는 기름

(a) 글리세롤과 카복실산을 출발 물질로 사용하여 트라이글리세라이드 분자가 생성되는 반응을 제안하시오(글리세롤의 구조는 11.3절 참조). (b) 과거에는 동물의 지방을 잿물(수산화 소듐 용액)로 가수분해하여 비누를 만들었다. 이 반응에 대한 반응식을 쓰시오. (c) 지방과 기름의 차이는 상온에서 지방은 고체이고, 기름은 액체라

는 것이다. 지방은 보통 동물에서 얻는 반면, 기름은 보통 식물에서 발견된다. 이들의 녹는점은 C═C 결합의 개수 즉, 불포화도에 따라 결정된다. C═C 결합이 많아지면 녹는점은 낮아지고, 상태는 액체에 가까워진다. 이에 대해 설명하시오. (d) 액체 기름을 고체 상태의 지방으로 바꾸는 한 가지 방법은 C═C 결합의 일부 또는 전부를 C—C 결합으로 바꾸는 것 즉, 수소화하는 것이다. 이 과정은 반응성이 큰 C═C 기를 제거하여 기름의 보존 기간을 늘리고, 포장을 쉽게 할 수 있도록 해준다. 이 과정을 수행하는 방법을 설명하시오. 즉, 사용한 시약과 촉매를 제시하시오. (e) 기름의 불포화도는 기름을 아이오딘과 반응시켜 결정할 수 있는데, 기름의 C═C 결합은 아이오딘과 다음과 같이 반응한다.

$$-\overset{|}{\underset{|}{C}}-\overset{|}{C}=\overset{|}{C}-\overset{|}{\underset{|}{C}}- + I_2 \longrightarrow -\overset{|}{\underset{|}{C}}-\overset{I}{\underset{|}{C}}-\overset{I}{\underset{|}{C}}-\overset{|}{\underset{|}{C}}-$$

이 과정은 알려진 양의 아이오딘을 기름에 넣어서 반응이 완전히 일어나도록 한다. 그 다음 반응하지 않고 남아 있는 과량의 아이오딘의 양은 싸이오황산 소듐(sodium thiosulfate, $Na_2S_2O_3$) 표준 용액으로 적정하여 결정할 수 있다.

$$I_2 + 2Na_2S_2O_3 \longrightarrow Na_2S_4O_6 + 2NaI$$

기름 100 g과 반응한 아이오딘의 질량은 아이오딘 값(iodine number)이라고 한다. I_2 43.8 g을 옥수수 기름 35.3 g과 반응시켰다. 과량의 아이오딘을 중화시키는 데 0.142 *M* $Na_2S_2O_3$ 20.6 mL가 필요하였다. 옥수수 기름의 아이오딘 값을 계산하시오.

실전 연습의 답 *Answers to Practice Exercises*

24.1 5.

24.2 4,6-다이에틸-2-메틸옥테인(4,6-diethyl-2-methyloctane).

24.3 $CH_3-\overset{CH_3}{\overset{|}{C}H}-CH_2-\overset{CH_3}{\overset{|}{C}H}-\overset{C_2H_5}{\overset{|}{C}H}-\overset{CH_3}{\overset{|}{C}H}-CH_2-CH_3$

24.4 아니오.

24.5 $CH_3CH_2COOCH_3$와 H_2O.

화학 세계의 미스터리

사라지는 지문†

1993년 한 어린 소녀가 집에서 유괴되어 차로 납치되었다. 나중에 이 소녀는 가까스로 도망쳐 지역 주민에 의해 구조되어 아무런 상해를 입지 않고 집까지 안전하게 돌아왔다. 며칠 뒤 경찰은 피의자를 체포하였고 자동차를 복구하였다. 법원에서 그 남자에 대한 심문이 진행되었는데, 법률가들은 결정적인 증거가 부족하다는 것을 알게 되었다. 그 소녀의 자세한 진술에 따르면 그녀는 자동차에 감금되어 있었음에 틀림없다. 그러나 자동차에서 그녀의 지문은 전혀 발견되지 않았다. 다행히도 경찰은 차에서 발견된 섬유가 그 소녀의 잠옷에 있는 것과 일치한다는 사실로부터 그 차와 차의 주인이 그 소녀와 관련 있다는 것을 알게 되었다.

지문이란 무엇인가? 우리의 손끝에는 수많은 땀구멍이 분포해 있다. 손가락으로 무언가를 만지면 땀구멍에서 땀이 나와 표면에 묻게 된다. 같은 지문을 가진 사람은 없다. 이 때문에 지문을 맞춰보는 것은 범죄 용의자를 분별할 때 강력한 수단이 된다.

그런데 경찰은 왜 자동차에서 소녀의 지문을 찾을 수 없었을까? 지문에 의해 남겨진 잔류물은 약 99%가 물이다. 나머지 1%는 기름과 지방산, 에스터, 아미노산, 소금이다. 성인의 지문 시료는 몰질량이 큰 기름과 에스터로 연결된 긴 탄소 사슬을 포함하고 있는 데 비해 어린이의 지문 시료는 대부분이 에스터화되지 않은, 몰질량이 작고 더 휘발성이 있는 짧은 지방 사슬을 포함하고 있다(간단하게 나타내기 위해 수소 원자는 생략하였다).

C—C—C—C—C—C—C—C—C—C—C—C—C(=O)—OH

어린이의 지문

C—C—C—C—C—C—C—C—C—C—C—C—C—C—C(=O)—O—C—C—C—C—C—C—C—C—C—C—C—C—C—C—C—C

성인의 지문

일반적으로 성인의 지문은 적어도 며칠 동안 남아 있지만 어린이의 지문은 흔히 24시간 이내에 없어진다. 그 때문에 어린이가 관련되는 경우 범죄 장소에 대한 조사는 매우 신속하게 이루어져야 한다.

† Deborah Noble이 집필하고 미국화학회에서 저작권을 가지고 있는 *CHEM MATTERS* 1997년 2월호 9쪽에 발표된 "사라지는 지문"이라는 글을 허락을 받고 게재한 것임.

화학적인 단서

손가락이 표면에 닿으면 숨어 있는 지문이라고 하는 보이지 않는 기름 무늬를 남긴다. 과학 수사팀은 숨어 있는 지문을 사진으로 남길 수 있도록 해야 한다. 다음 과정은 숨어 있는 지문을 보이게 하는 일반적인 방법이다.

1. 분말 살포법: 이 방법은 가장 전통적인 방법으로 미세한 가루(일반적으로 탄화수소를 열분해함으로써 얻을 수 있는 무정형의 검은 탄소)를 구멍이 없는 표면에 뿌리고 붓질을 하는 방법이다. 분말이 땀에 달라붙어서 등고선 모양이 눈에 보이게 된다. 이 방법을 발전시킨 것이 형광성 분말을 이용하는 것이다. 이러한 새로운 방법의 장점은 무엇일까?
2. 아이오딘 방법: 아이오딘을 가열하면 승화하고 승화된 증기는 지방이나 기름의 탄소-탄소 이중 결합과 반응하게 되어 지문이 황갈색으로 변하게 된다. 이 방법은 특히 종이나 마분지처럼 구멍이 있는 물체에 남겨진 지문에 적합하다. 지방이나 기름과 아이오딘의 반응을 나타내는 반응식을 쓰시오.
3. 닌하이드린 방법: 종이나 나무와 같이 구멍이 있고, 흡수성이 있는 표면에 남겨진 지문을 검출할 때 가장 일반적으로 사용되는 방법 중 하나이다. 이 방법은 가열하면 보라색으로 변하는 화합물을 생성하는 닌하이드린(ninhydrin)과 아미노산(표 25.2 참조)과의 복합적 반응에 기초한 것이다. 균형 맞추지 않은 반응식은 다음과 같다. 여기서 R은 치환기이다.

$$\text{닌하이드린} + H_3\overset{+}{N}\underset{R}{C}HCOO^- + OH^- \longrightarrow \text{루헤만 자색(Ruhemann's purple)}$$

닌하이드린 아미노산 루헤만 자색(Ruhemann's purple)

땀 속의 아미노산은 종이나 나무의 셀룰로스와 반응을 하지 않기 때문에 이 방법은 만들어진 지 몇 년 된 지문에도 이용할 수 있다. 굽은 화살표로 전자의 이동을 보여주는 루헤만 자색(Ruhemann's purple)의 공명 구조를 쓰시오.

제 25 장

합성 및 천연 유기 고분자

Synthetic and Natural Organic Polymers

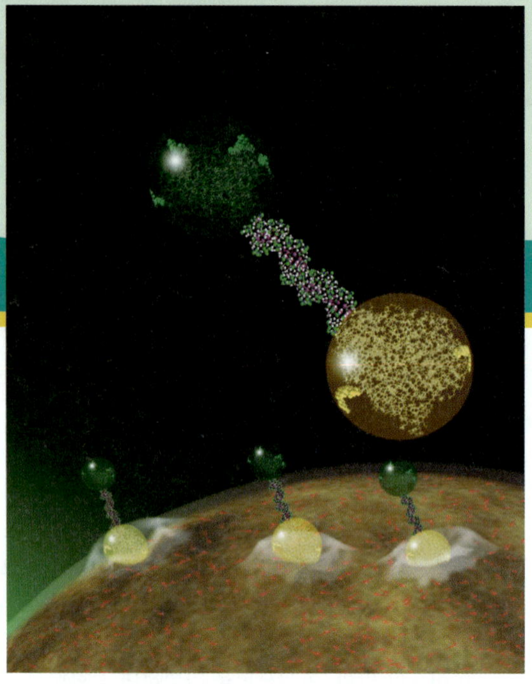

▲ 미국 미시건 대학교 연구자들은 DNA 분자들을 이용하여 입자들을 서로 결합시킴으로써 나노 입자 약 전달 체계를 생산하는 더 빠르고 효과적인 방법을 개발하였다.

이 장의 차례

들여다보기

- 유기 고분자의 일반적인 성질에 대한 논의로 시작한다(25.1절).
- 그런 다음 첨가 반응과 축합 반응에 의한 유기 고분자의 합성을 다룬다. 천연 및 합성 고무와 다른 합성 고분자를 조사한다(25.2절).
- 다음에 단백질이 아미노산의 고분자임을 배운다. 단백질 분자의 구조가 1차, 2차, 3차, 4차 구조로 되어 있음을 안다. 또한 단백질 분자의 안정성, 조합 영향 및 단백질 변성을 다룬다(25.3절).
- 이 장의 마지막으로 유전 물질(genetic material)인 데옥시리보핵산(DNA)과 리보핵산(RNA)의 구조와 구성에 대하여 간략하게 논의한다(25.4절).

고분자(polymer)는 수백~수천 개의 원자를 포함하는 대단히 큰 분자이다. 인류는 선사 시대 이래로 고분자를 사용해 왔으며, 화학자들은 지난 세기 동안 고분자를 합성하였다. 천연 고분자는 모든 생명 과정의 바탕이 되며, 우리 기술 사회는 합성 고분자에 크게 의존하고 있다.

이 장에서는 중요한 합성 유기 고분자의 제조와 성질에 대해서 설명한다. 또 생명계에 필수적인 자연에 존재하는 두 가지 고분자인 단백질과 핵산에 대해 토의한다.

25.1 고분자의 성질

고분자(polymer)는 *몰질량이 큰 수천~수백만 그램인 많은 반복 단위로 구성된 분자 화합물*이다. 거대 분자(macromolecule)라고 하는 이들의 물리적 성질은 일반적인 작은 분자의 성질과는 매우 다르며, 이들에 대한 연구도 특별한 기술이 요구된다.

자연에 존재하는 고분자에는 단백질(protein), 핵산(nucleic acid), 셀룰로스(cellulose, 다당류), 고무(폴리아이소프렌) 등이 있다. 대부분의 합성 고분자는 유기 화합물이다. 우리에게 친숙한 예로, 나일론[nylon, poly(hexamethylene adipamide)], 다크론[Dacron, poly(ethylene terephthalate), 루사이트(Lucite) 또는 플렉시글라스[Plexiglas, poly(methyl methacrylate)] 등이 있다.

고분자 화학은 1920년대에 목재, 젤라틴, 면, 고무 등을 포함하는 재료의 복잡한 성질을 연구하면서 발전하기 시작하였다. 예를 들면, 실험식 C_5H_8인 고무가 유기 용매에 용해될 때 이 용액은 점성도가 높고, 삼투압이 낮으며, 어는점 내림이 무시할 수 있을 정도인 것과 같은 몇 가지 이상한 성질을 나타내었다. 이러한 관찰은 몰질량이 매우 큰 기질이 존재할 것이라는 것을 암시하고 있지만, 당시 화학자들은 이러한 거대 분자가 존재한다는 개념을 받아들일 자세가 되어 있지 않았다. 대신, 그들은 고무와 같은 재료들이 C_5H_8 혹은 $C_{10}H_{16}$과 같은 작은 분자 단위가 분자가 작용하는 힘에 의해 응집체(aggregate)로 구성된다고 가정하였다. 이 잘못된 개념은 상당히 오래 지속되었다. 슈타우딩거[†](Hermann Staudinger)는 이 응집체가 실제로는 수천 개의 원자가 공유 결합에 의해 연결된 거대 분자임을 밝혔다.

이러한 거대 분자의 구조가 알려지자 고분자 제조의 문이 열려 우리 일상 생활 곳곳에 영향을 주었다. 오늘날 생화학자를 포함한 화학자의 90% 정도가 고분자 분야에서 일하고 있다.

25.2 합성 유기 고분자

고분자는 매우 큰 분자이기 때문에 수천 개의 탄소와 수소 원자를 포함하는 분자로 되어 있어서 수많은 구조 이성질체와 기하 이성질체(C═C 결합이 있다면)가 있을 것이라고 예측할 수 있다. 그러나 이들 분자는 **단위체**(monomer) 즉, *단순한 반복 단위*로 이루어지고, 이러한 구성이 결국 가능한 이성질체의 수를 크게 제한한다. 합성 고분자는 단위체를 첨가 반응과 축합 반응으로 한 번에 하나씩 연결되어 생성된다.

첨가 반응

첨가 반응은 이중 결합(C═C)이나 삼중 결합(C≡C)을 갖는 불포화 화합물에서 일어난다. 알켄과 알카인의 수소화 반응과 할로젠화 수소와의 반응은 첨가 반응의 예이다.

첨가 반응은 24장 알켄의 성질과 반응에서 설명하였다.

포장에 사용되는 매우 안정한 고분자인 폴리에틸렌(polyethylene)은 에틸렌 단위체가

[†] 슈타우딩거(Hermann Staudinger, 1881~1963)는 독일의 화학자로 고분자 화학의 창시자이며, 1953년 노벨 화학상을 수상하였다.

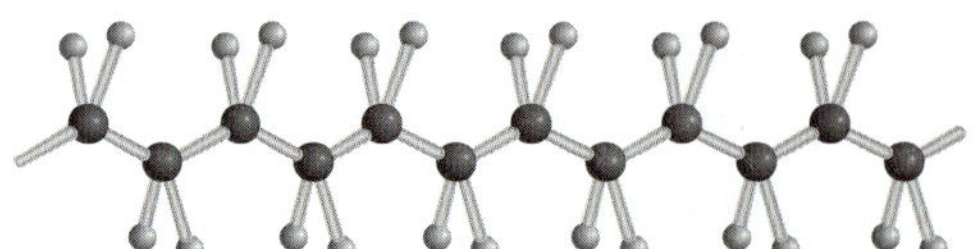

그림 25.1 폴리에틸렌(polyethylene)의 구조. 각 탄소 원자는 sp^3 혼성 궤도를 갖는다.

첨가 반응 메커니즘을 통하여 만들어진다. 먼저, *개시제*(initiator) 분자(R_2)를 가열하면 두 개의 라디칼이 생긴다.

$$R_2 \longrightarrow 2R\cdot$$

반응성이 큰 라디칼은 에틸렌 분자와 결합하여 새로운 라디칼을 생성한다.

$$R\cdot + CH_2{=}CH_2 \longrightarrow R{-}CH_2{-}CH_2\cdot$$

새로운 라디칼은 다른 에틸렌 분자와 반응하고, 연속적으로 같은 반응이 반복된다.

$$R{-}CH_2{-}CH_2\cdot + CH_2{=}CH_2 \longrightarrow R{-}CH_2{-}CH_2{-}CH_2{-}CH_2\cdot$$

결국, 긴 CH_2 기 사슬이 매우 빠르게 형성되고, 긴 사슬형 라디칼 두 개가 만나 고분자인 폴리에틸렌이 되면서 이 과정은 종결된다.

$$R{-}(CH_2{-}CH_2)_nCH_2CH_2\cdot + R{-}(CH_2{-}CH_2)_nCH_2CH_2\cdot \longrightarrow$$
$$R{-}(CH_2{-}CH_2)_nCH_2CH_2{-}CH_2CH_2{-}(CH_2{-}CH_2)_nR$$

미국의 이 우편 봉투는 타이벡(Tyvek)으로 만든 것이다.

여기서는 $(CH_2{-}CH_2)_n$는 고분자에서 반복되는 단위를 나타내는 편리하고 간결한 규약이다. n 값은 수백이 되는 큰 수이다.

폴리에틸렌의 각 사슬은 잘 쌓일 수 있는데, 사슬이 쌓이면 물질이 결정성을 갖도록 한다(그림 25.1 참조). 폴리에틸렌은 주로 냉동 음식의 포장과 다른 물질의 포장에 쓰인다. 타이벡(Tyvek)으로 알려진 특수 처리된 폴리에틸렌은 가정용 단열재로 사용된다.

폴리에틸렌은 *한 가지 형의 단위체로만 이루어진 고분자*인 **동종중합체**(homopolymer)의 한 예이다. 라디칼 메커니즘으로 합성된 다른 동종중합체로는 테플론(Teflon, polytetrafluoroethylene, 그림 25.2), 폴리(염화 바이닐)[poly(vinyl chloride), PVC]이 있다.

$$(CF_2{-}CF_2)_n \qquad (CH_2{-}\underset{\displaystyle Cl}{\underset{|}{CH}})_n$$

테플론 PVC

출발 단위체가 비대칭이면, 고분자 화학은 매우 복잡하다.

$$\begin{matrix} H_3C & & H \\ & C{=}C & \\ H & & H \end{matrix} \qquad \left(\begin{matrix} CH_3 & H \\ | & | \\ C & {-}C \\ | & | \\ H & H \end{matrix}\right)_n$$

프로펜 폴리프로펜

그림 25.2 실버스톤(Silverstone)으로 코팅된 이 요리 기구는 폴리테트라플루오로에틸렌(polytetrafluoroethylene)을 포함하고 있다.

프로펜(propene)이 첨가 반응을 하면 몇 가지 기하 이성질체가 생긴다(그림 25.3). 무질서하게 첨가 반응이 일어나면 *혼성배열*(atactic) 폴리프로펜이 되는데, 잘 쌓이지 않는다. 이 고분자는 고무와 비슷하며, 무정형이고, 비교적 약하다. 다른 두 가지 가능성은 비대칭 탄소에 붙은 R기가 전부 같은 쪽으로 배향하는 *동일배열*(isotactic) 구조와 비대칭 탄소에 붙은 R기가 오른쪽과 왼쪽으로 교대로 배향하는 *교대배열*(syndiotactic) 구조이다. 이 중 동일배열 이성질체가 녹는점이 가장 높고 결정성이 가장 크며, 기계적 성질이 우수하다.

초기 고분자 공업에 직면한 과제는 다른 생성물의 오염 없이 어떻게 동일배열과 교

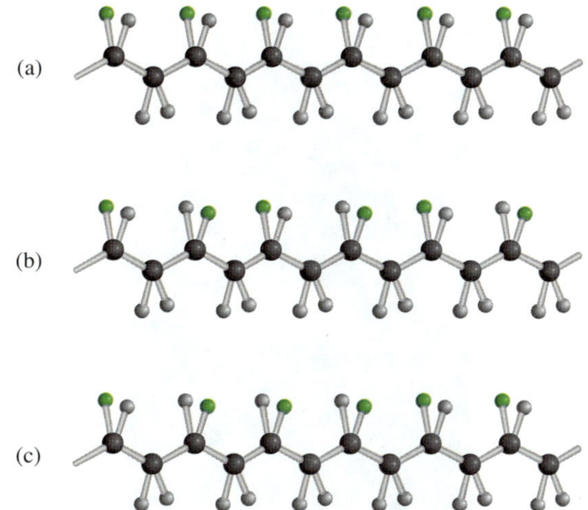

그림 25.3 고분자의 입체 이성질체. R기(초록색 구)가 CH_3인 고분자는 폴리프로필렌(polypropylene)이다. (a) R기가 모두 사슬의 한 방향에 있으면 동일배열(isotactic) 고분자이다. (b) R기가 사슬의 한쪽과 다른 쪽에 번갈아 있으면 교대배열(syndiotactic) 고분자이다. (c) R기가 무질서하게 배치되면 혼성배열(atactic) 고분자이다.

대배열 고분자를 선택적으로 합성하는가에 있었다. 나타[†](Giulio Natta)와 치글러[‡](Karl Ziegler)는 트라이에틸알루미늄[triethylaluminum, $Al(C_2H_5)_3$]과 삼염화 타이타늄[titanium trichloride, $TiCl_3$] 같은 촉매를 사용하면 특정 이성질체만 생성한다는 것을 입증하였다. 나타-치글러 촉매(Natta-Ziegler catalyst)를 사용하여 화학자들은 어떤 목적에 부합하는 고분자를 만들 수 있었다.

고무는 가장 잘 알려진 유기 고분자로 자연에 존재하는 유일한 탄화수소 고분자이다. 이 고분자는 아이소프렌(isoprene) 단위체를 라디칼 첨가 반응시켜 생성된다. 실제 중합에서는 반응 조건에 따라 폴리-*cis*-아이소프렌이나 폴리-*trans*-아이소프렌 혹은 두 가지의 혼합물이 생길 수 있다.

$$nCH_2{=}\underset{}{\overset{CH_3}{\overset{|}{C}}}{-}CH{=}CH_2 \longrightarrow \left(\begin{matrix} CH_3 & & H \\ & C{=}C & \\ -CH_2 & & CH_2- \end{matrix}\right)_n \quad \text{및/또는} \quad \left(\begin{matrix} -CH_2 & & H \\ & C{=}C & \\ CH_3 & & CH_2- \end{matrix}\right)_n$$

아이소프렌 폴리-*cis*-아이소프렌 폴리-*trans*-아이소프렌

cis 이성질체는 C═C 결합에 대해 두 개의 CH_2 기가 같은 쪽에 있으며, *trans* 이성질체는 그 기가 서로 반대쪽에 있다. 천연 고무는 폴리-*cis*-아이소프렌인데, *고무나무*(***Hevea brasiliensis***)에서 추출한다(그림 25.4).

고무의 특이하고 매우 유용한 성질은 탄성이다. 고무는 10배 길이로 늘어나고, 원래 상태로 돌아갈 수 있다. 이에 비해 구리 선은 수 퍼센트 정도만 늘어나며, 역시 원래 크기로 되돌아간다. 늘어나지 않은 고무는 규칙적인 X선 회절 형태가 나타나지 않으며, 무정형이다. 그러나 늘어난 고무는 상당히 결정성이고, 질서정연하다.

고무의 탄성은 고무의 긴 사슬형 분자의 유연성 때문이다. 그러나 움직임이 없는 고체 상태(bulk state)에서 고무는 고분자성 사슬이 뒤엉킨 상태이고, 외부의 힘이 충분히 크면

[†] 나타(Giulio Natta, 1903~1979)는 이탈리아의 화학자로, 1963년에 입체 선택성 고분자 촉매의 발견한 공로로 노벨 화학상을 수상하였다.

[‡] 치글러(Karl Ziegler, 1898~1976)는 독일 화학자로, 1963년 고분자 합성에 대한 공헌으로 나타와 노벨 화학상을 공동 수상하였다.

그림 25.4 고무나무로부터 채취되는 라텍스(고무 입자의 수용 현탁액).

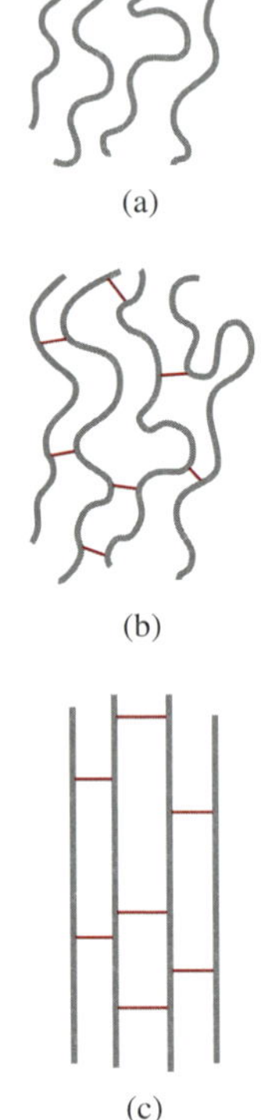

그림 25.5 고무 분자는 원래 구부러져 있고 말려 있다. (a)와 (b)는 가황 전과 후의 긴 사슬을 나타낸다. (c)는 늘어났을 때 분자의 배열을 나타낸다. 가황 과정이 없었다면 이들 분자는 빠르게 다른 쪽으로 이동하게 되어, 고무는 탄성을 잃게 된다.

각 사슬이 미끄러져 탄성이 없게 된다. 1839년 굿이어[†](Charles Goodyear)가 천연 고무에 황을 첨가하면 사슬 사이가 연결되어 사슬들의 미끄러짐을 막을 수 있음을 발견하였다(그림 25.5 참조). *가황*(vulcanization)으로 알려진 그의 과정은 자동차 타이어와 의치(denture)와 같이 고무를 실용적이고 상업적으로 이용할 수 있는 길을 닦았다.

제2차 세계대전 당시 미국에서는 천연 고무가 부족하게 되어 합성 고무 생산에 대한 집중적인 연구 계획을 마련하게 하였다. 대부분의 합성 고무(*탄성중합체*, elastomer라 부름)는 에틸렌, 프로펜, 뷰타다이엔과 같은 석유 생성물에서 만들었다. 예를 들면, 클로로프렌(chloroprene)은 쉽게 중합되어 *네오프렌*(neoprene)으로 알려진 폴리클로로프렌(polychloroprene)이 된다. 이것은 천연 고무와 대등하거나 더 나은 성질을 갖기도 한다.

$$H_2C{=}CCl{-}CH{=}CH_2 \qquad \left(\!-CH_2\!-\!C(Cl){=}C(H)\!-\!CH_2\!-\right)_n$$

클로로프렌 폴리클로로프렌

스타이렌에 뷰타다이엔을 1:3의 비로 첨가 반응시키면 다른 중요한 합성 고무인 스타이렌-뷰타다이엔 고무(SBR)가 합성된다. 스타이렌과 뷰타다이엔이 다른 단위체이기 때문에 SBR은 **공중합체**(copolymer)라고 부르는데, 이는 *두 개 이상의 다른 단위체가 포함된 중합체*를 말한다. 표 25.1에 첨가 반응에 의해 생성된 한 개의 공중합체와 동종중합체를 실어 놓았다.

축합 반응

축합 반응은 24.4절에서 정의하였다.

가장 잘 알려진 고분자 축합 과정 중 하나는 그림 25.6에서 보인 바와 같이 헥사메틸렌다이아민과 아디프산 사이의 축합 반응이다. 나일론 66(헥사메틸렌다이아민과 아디프산에 각각 탄소 원자 6개씩 있음)으로 알려진 생성물이 1931년 듀퐁(Du Pont)사의 캐러더스[‡](Wallace Carothers)에 의해 제조되었다. 나일론의 용도는 매우 다양하여 연간 수십억

[†]굿이어(Charles Goodyear, 1800~1860)는 미국의 화학자로 생고무를 실용화하였다. 그의 고온 유황 처리법은 여러 방면으로 고무의 용도를 확장시켰고, 자동차 산업의 발전을 가져 왔다.

[‡]캐러더스(Wallace H. Carothers, 1896~1937)는 미국 화학자로, 나일론에 관한 그의 연구 업적은 슈타우딩거(Staudinger)의 고분자 구조와 물성 연구에 필적한다. 그는 사업 실패와 여동생의 죽음을 비관하여 41세에 자살하였다.

$$H_2N-(CH_2)_6-NH_2 \quad + \quad HOOC-(CH_2)_4-COOH$$

헥사메틸렌다이아민 아디프산

↓ 축합 반응

$$H_2N-(CH_2)_6-\underset{\displaystyle H}{\underset{|}{N}}-\overset{\displaystyle O}{\overset{\|}{C}}-(CH_2)_4-COOH + H_2O$$

↓ 이어지는 축합 반응

$$-(CH_2)_4-\overset{\displaystyle O}{\overset{\|}{C}}-\underset{\displaystyle H}{\underset{|}{N}}-(CH_2)_6-\underset{\displaystyle H}{\underset{|}{N}}-\overset{\displaystyle O}{\overset{\|}{C}}-(CH_2)_4-\overset{\displaystyle O}{\overset{\|}{C}}-\underset{\displaystyle H}{\underset{|}{N}}-(CH_2)_6-$$

그림 25.6 헥사메틸렌다이아민과 아디프산의 축합 반응에 의한 나일론 합성.

그림 25.7 나일론 줄(rope) 뽑아내기. 사이클로헥세인에 염화 아디포일(adipoyl chloride, 아디프산에서 OH기를 Cl로 치환한 것)을 녹인 용액을 헥사메틸렌다이아민 수용액에 가하면, 두 용액은 섞이지 않고 분리된다. 두 용액의 경계면에서 나일론이 형성되는데, 이 나일론은 실로 뽑아내어 감을 수 있다.

파운드의 나일론과 이와 관련된 물질을 생산한다. 그림 25.7은 나일론 66이 실험실에서 어떻게 제조되는지를 보여준다.

축합 반응은 다크론(폴리에스터) 제조에도 이용된다.

$$n\text{HO}-\overset{\displaystyle O}{\overset{\|}{C}}-\text{C}_6\text{H}_4-\overset{\displaystyle O}{\overset{\|}{C}}-\text{OH} + n\text{HO}-(\text{CH}_2)_2-\text{OH} \longrightarrow \left(-\overset{\displaystyle O}{\overset{\|}{C}}-\text{C}_6\text{H}_4-\overset{\displaystyle O}{\overset{\|}{C}}-\text{O}-\text{CH}_2\text{CH}_2-\text{O}-\right)_n + n\text{H}_2\text{O}$$

테레프탈산 1,1-에틸렌글라이콜 다크론

폴리에스터는 섬유, 필름, 플라스틱 병 등의 원료로 쓰인다.

25.3 단백질

단백질(protein)은 *아미노산으로 이루어진 고분자*이다. 단백질은 거의 모든 생물학적 과정에서 중요한 역할을 한다. 생화학 반응의 촉매 역할을 하는 효소는 대부분 단백질이다. 단백질은 생명 유지에 필요한 물질의 수송과 저장, 둘 이상의 근육계를 사용할 수 있는 운동(coordinated motion), 기계적 지지대, 질병에 대한 방어 등과 같은 다른 광범한 기능을 용이하게 한다. 인체에는 약 십만 개의 다른 종류의 단백질이 있으며, 각각은 특정 생리 기능이 있다. 이 절에서는 복잡한 천연 고분자의 화학적 성분과 구조가 그들의 특이성에 근거가 됨을 알게 될 것이다.

아미노산

단백질은 대략 5000~1×10^7 g의 큰 몰질량을 가진다. 단백질 내 각 원소의 질량 조성백분율은 상당히 일정하여, 탄소 50~55%, 수소 7%, 산소 23%, 질소 16%, 황 1%이다.

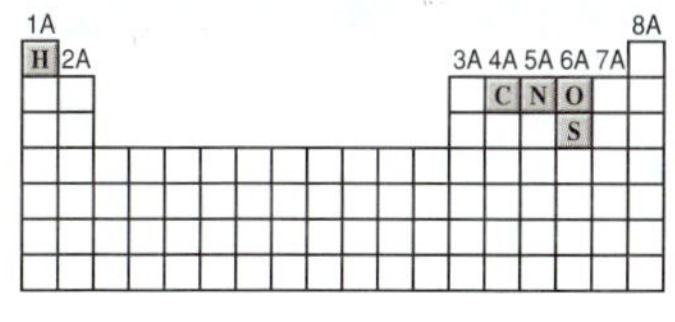

단백질에 있는 원소들.

단백질의 기본 구조 단위는 *아미노산*이다. **아미노산**(amino acid)은 *적어도 한 개의 아미노기*(amino group, $-NH_2$)*와 적어도 한 개의 카복실기*(carboxyl group, $-COOH$ 기)*를 포함하는 화합물*이다.

$$-N\begin{matrix}H\\ \\H\end{matrix} \qquad -C\begin{matrix}=O\\ \\-O-H\end{matrix}$$

아미노기 카복실기

표 25.1 몇 가지 단위체와 이들의 일반적인 합성 고분자

단위체		고분자	
화학식	이름	이름과 화학식	용도
$H_2C{=}CH_2$	에틸렌	폴리에틸렌 $\text{-(}CH_2{-}CH_2\text{)}_n$	플라스틱 관, 병, 전기 절연체, 장난감
$H_2C{=}C(H)(CH_3)$	프로필렌	폴리프로필렌 $\text{-(}CH(CH_3){-}CH_2{-}CH(CH_3){-}CH_2\text{)}_n$	포장필름, 카펫, 음료수병, 바구니, 실험기구, 장난감
$H_2C{=}C(H)(Cl)$	염화 바이닐	폴리(염화 바이닐, PVC) $\text{-(}CH_2{-}CH(Cl)\text{)}_n$	파이프, 판자벽, 홈통, 바닥 타일, 옷, 장난감
$H_2C{=}C(H)(CN)$	아크릴로 나이트릴	폴리아크릴로나이트릴(PAN) $\text{-(}CH_2{-}CH(CN)\text{)}_n$	카펫, 니트웨어
$F_2C{=}CF_2$	테트라플루오로에틸렌	폴리테트라플루오로에틸렌 (테플론) $\text{-(}CF_2{-}CF_2\text{)}_n$	요리 용구, 코팅, 전기 절연체, 베어링
$H_2C{=}C(COOCH_3)(CH_3)$	메타크릴산 메틸	폴리(메타크릴산 메틸) (플렉시글라스) $\text{-(}CH_2{-}C(COOCH_3)(CH_3)\text{)}_n$	광학 기구, 가정용 가구
$H_2C{=}C(H)(C_6H_5)$	스타이렌	폴리스타이렌 $\text{-(}CH_2{-}CH(C_6H_5)\text{)}_n$	용기, 열 절연체(얼음통, 아이스박스), 장난감
$H_2C{=}C(H){-}C(H){=}CH_2$	뷰타다이엔	폴리뷰타다이엔 $\text{-(}CH_2CH{=}CHCH_2\text{)}_n$	타이어 바닥, 코팅용 수지
위 구조 참조	뷰타다이엔과 스타이렌	스타이렌-뷰타다이엔 고무 (SBR) $\text{-(}CH(C_6H_5){-}CH_2{-}CH_2{-}CH{=}CH{-}CH_2\text{)}_n$	합성고무

합성 스타이렌-뷰타다이엔 고무가 포함되어 있는 풍선껌.

20개의 아미노산이 인체 내의 모든 단백질의 구성 요소이다. 표 25.2에 이 중요한 화합물의 구조를 약자와 함께 나타내었다.

중성 pH의 용액에서 아미노산은 카복실기에 있는 양성자가 아미노기로 이동하여 *쌍극자 이온*(dipolar ion)으로 존재한다. 가장 간단한 글라이신(glycine)에 대하여 생각해 보자. 글라이신의 이온화되지 않은 형태(form)와 쌍극자 이온을 다음에 나타낸다.

표 25.2 생명체에 필수적인 20개의 아미노산*

이름	약자	구조
글라이신	Gly	$H-CH(NH_3^+)-COO^-$
글루타민	Gln	$H_2N-C(=O)-CH_2-CH_2-CH(NH_3^+)-COO^-$
글루탐산	Glu	$HOOC-CH_2-CH_2-CH(NH_3^+)-COO^-$
라이신	Lys	$H_2N-CH_2-CH_2-CH_2-CH_2-CH(NH_3^+)-COO^-$
루신	Leu	$(H_3C)_2CH-CH_2-CH(NH_3^+)-COO^-$
메싸이오닌	Met	$H_3C-S-CH_2-CH_2-CH(NH_3^+)-COO^-$
발린	Val	$(H_3C)_2CH-CH(NH_3^+)-COO^-$
세린	Ser	$HO-CH_2-CH(NH_3^+)-COO^-$
시스테인	Cys	$HS-CH_2-CH(NH_3^+)-COO^-$
아르지닌	Arg	$H_2N-C(=NH)-NH-CH_2-CH_2-CH_2-CH(NH_3^+)-COO^-$
아스파라진	Asn	$H_2N-C(=O)-CH_2-CH(NH_3^+)-COO^-$
아스파트산	Asp	$HOOC-CH_2-CH(NH_3^+)-COO^-$

(계속)

*음영으로 처리한 부분이 아미노산의 R기이다.

표 25.2 생명체에 필수적인 20개의 아미노산* *(계속)*

이름	약자	구조
아이소루신	Ile	$H_3C-CH_2-CH(CH_3)-CH(NH_3^+)-COO^-$
알라닌	Ala	$H_3C-CH(NH_3^+)-COO^-$
타이로신	Tyr	$HO-C_6H_4-CH_2-CH(NH_3^+)-COO^-$
트레오닌	Thr	$H_3C-CH(OH)-CH(NH_3^+)-COO^-$
트립토판	Trp	(indole: C=CH, NH) $-CH_2-CH(NH_3^+)-COO^-$
페닐알라닌	Phe	$C_6H_5-CH_2-CH(NH_3^+)-COO^-$
프롤린	Pro	$H_2\overset{+}{N}-CH(COO^-)$, ring: $H_2C-CH_2-CH_2$
히스티딘	His	$HC{=}C(-N{=}CH-NH-)-CH_2-CH(NH_3^+)-COO^-$

*음영으로 처리한 부분이 아미노산의 R기이다.

$$H-\underset{H}{\overset{NH_2}{C}}-COOH \qquad H-\underset{H}{\overset{NH_3^+}{C}}-COO^-$$

이온화되지 않은 형태 　　 쌍극자 이온

단백질 분자의 합성에서 첫 단계는 한 아미노산의 아미노기와 다른 아미노산의 카복실기 사이의 축합 반응이다. 두 개의 아미노산 사이에 생긴 분자를 *다이펩타이드*(dipeptide)라 부르고, 이를 연결하는 결합이 *펩타이드 결합*(peptide bond)이다.

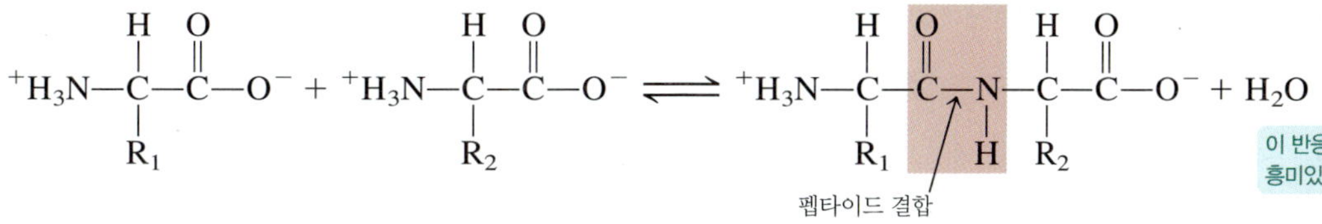

$$^{+}H_3N-\underset{\underset{R_1}{|}}{\overset{\overset{H}{|}}{C}}-\overset{\overset{O}{\|}}{C}-O^{-} + {}^{+}H_3N-\underset{\underset{R_2}{|}}{\overset{\overset{H}{|}}{C}}-\overset{\overset{O}{\|}}{C}-O^{-} \rightleftharpoons {}^{+}H_3N-\underset{\underset{R_1}{|}}{\overset{\overset{H}{|}}{C}}-\overset{\overset{O}{\|}}{C}-\underset{\underset{H}{|}}{N}-\underset{\underset{R_2}{|}}{\overset{\overset{H}{|}}{C}}-\overset{\overset{O}{\|}}{C}-O^{-} + H_2O$$

펩타이드 결합

이 반응을 그림 25.6에 나타낸 것과 비교하면 흥미있다.

여기서 R_1과 R_2는 H 원자나 다른 기를 나타내며, —CO—NH—를 *아마이드기*(amide group)라고 한다. 두 개의 아미노산이 연결되는 반응의 평형은 왼쪽으로 기울어져 있어서 이 과정은 ATP의 가수분해 반응과 짝지어져 있다(17.7절 참조).

다이펩타이드의 양 말단은 다른 아미노산과 축합 반응하여 *트라이펩타이드*(tripeptide), *테트라펩타이드*(tetrapeptide) 등이 된다. 최종 생성물인 단백질 분자는 폴리펩타이드(polypeptide)이며 아미노산의 고분자라고 생각할 수 있다.

폴리펩타이드 사슬에서 아미노산 단위를 *잔기*(residue)라고 한다. 전형적으로 폴리펩타이드 사슬은 아미노산 잔기 100개 이상을 포함한다. 폴리펩타이드 사슬에서 아미노산 서열은 규약에 의해 왼쪽에서 오른쪽으로 쓴다. 아미노 말단 잔기로 시작하여 카복실 말단 잔기로 끝난다. 글라이신과 알라닌이 결합하여 다이펩타이드가 되는 것을 생각해 보자. 알라닐글라이신(alanylglycine)과 글라이실알라닌(glycylalanine)은 서로 다른 분자이다(그림 25.8). 20개의 아미노산이 2개씩 결합하면 20^2 즉, 400개의 다이펩타이드가 생길 수 있다. 50개의 아미노산 잔기를 갖는 인슐린과 같은 아주 작은 단백질이라도 화학적으로 다른 구조가 20^{50} 즉, 10^{65}개나 된다. 우리 은하계의 전체 원자 개수가 10^{68}개 정도라는 것을 생각할 때 이 수는 믿어지지 않는 큰 수이다. 단백질 합성에서 그렇게 많은 가능성이 있는데, 세포가 세대를 이어서 특이한 생리적 기능을 하는 똑같은 단백질을 생성한다는 것은 경이로운 일이다.

단백질 구조

주어진 단백질에 있는 아미노산의 종류와 수뿐만 아니라 아미노산이 연결될 때의 순서가 단백질 구조를 결정한다. 1930년대 폴링(Linus Pauling)과 공동 연구자들은 단백질 구조에 대한 체계적 연구를 수행하였다. 처음에 그들은 기본 반복 단위체인 아마이드기의 기하 구조를 연구하였다. 아마이드기는 다음과 같은 공명 구조로 나타낸다.

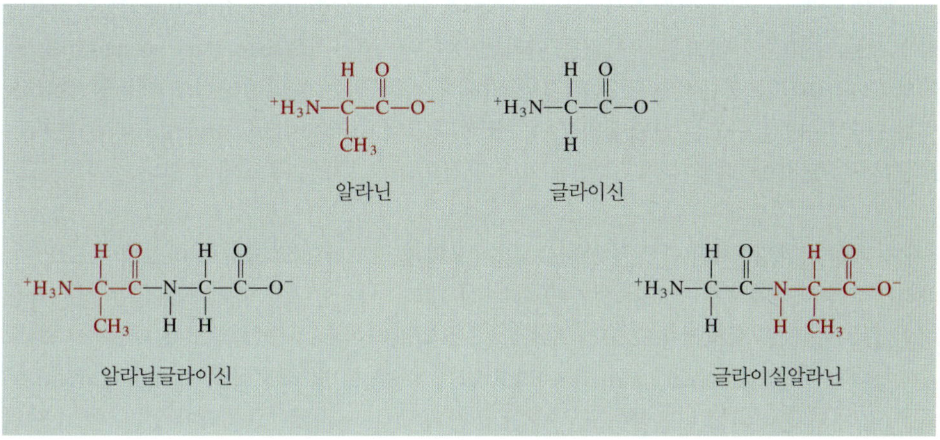

$$^{+}H_3N-\underset{\underset{CH_3}{|}}{\overset{\overset{H}{|}}{C}}-\overset{\overset{O}{\|}}{C}-O^{-} \qquad {}^{+}H_3N-\underset{\underset{H}{|}}{\overset{\overset{H}{|}}{C}}-\overset{\overset{O}{\|}}{C}-O^{-}$$

알라닌 글라이신

$$^{+}H_3N-\underset{\underset{CH_3}{|}}{\overset{\overset{H}{|}}{C}}-\overset{\overset{O}{\|}}{C}-\underset{\underset{H}{|}}{N}-\underset{\underset{H}{|}}{\overset{\overset{H}{|}}{C}}-\overset{\overset{O}{\|}}{C}-O^{-} \qquad {}^{+}H_3N-\underset{\underset{H}{|}}{\overset{\overset{H}{|}}{C}}-\overset{\overset{O}{\|}}{C}-\underset{\underset{H}{|}}{N}-\underset{\underset{CH_3}{|}}{\overset{\overset{H}{|}}{C}}-\overset{\overset{O}{\|}}{C}-O^{-}$$

알라닐글라이신 글라이실알라닌

그림 25.8 두 종류의 다른 아미노산으로부터 형성된 두 종류의 다이펩타이드. 알라닐글라이신과 글라이실알라닌은 서로 다른데, 알라닐글라이신에서는 아미노기와 메틸기가 같은 탄소 원자에 결합되어 있다.

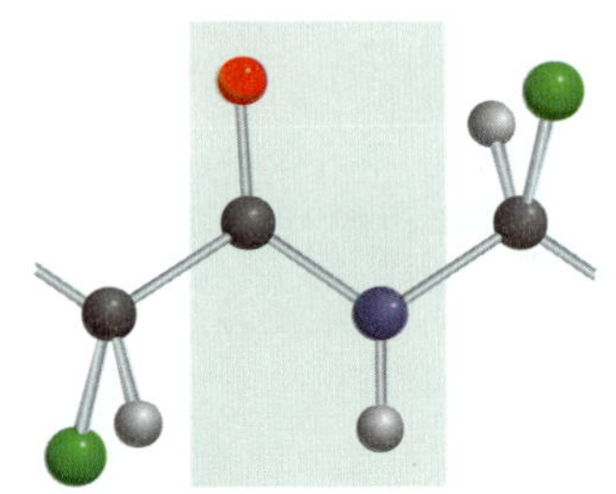

그림 25.9 단백질에서 평면 아마이드기. 아마이드기에서 펩타이드 결합은 이중 결합의 성격을 가지고 있어서 펩타이드 결합의 회전은 방해를 받는다. 검은색은 탄소, 푸른색은 질소, 붉은색은 산소, 녹색은 R기, 회색은 수소를 나타낸다.

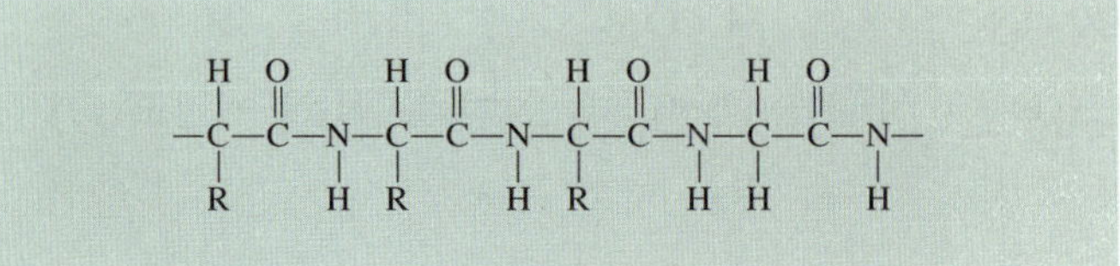

그림 25.10 폴리 펩타이드 사슬. 아미노기의 반복 단위를 주목하라. 기호 R은 각각의 다른 아미노산의 구조 특성 부분을 나타낸다. 즉, R이 H인 것은 글라이신이다.

$$-\overset{\overset{\Large ..}{:O:}}{\overset{\|}{C}}-\underset{\underset{H}{|}}{\ddot{N}}- \longleftrightarrow -\overset{\overset{\Large ..}{:O:^-}}{\overset{|}{C}}=\underset{\underset{H}{|}}{\overset{+}{N}}-$$

단일 결합보다 이중 결합은 뒤틀리기가 매우 어렵기 때문에(많은 에너지가 소요) 아마이드 결합에서 4개의 원자가 같은 평면에 고정된다(그림 25.9). 그림 25.10은 폴리펩타이드 사슬에서 반복되는 아미노기를 나타낸다.

분자 모형과 X선 회절 자료로부터 근거하여 폴링은 단백질 분자에 대한 두 가지 공통되는 구조인 *α 나선 구조*(α helix)와 *β 병풍 구조*(β-pleated sheet)라는 구조가 있다고 추론하였다. 폴리펩타이드 사슬의 α 나선 구조를 그림 25.11에 나타내었다. 이 나선 구조는 주사슬에 있는 NH와 CO기가 *분자내*(intramolecular) 수소 결합을 하여 안정화되고, 전체적으로 막대와 같은 모양이 된다. 각 아미노산의 CO기는 서열로 보아 네 번째 아미노산의 NH와 수소 결합을 한다. 이와 같은 방법으로 모든 주사슬의 CO와 NH가 수소 결합을 한다. X선 연구 결과, 마이오글로빈(myoglobin)과 헤모글로빈(hemoglobin)을 포함한 많은 단백질의 구조가 상당한 정도로 α 나선 구조임이 밝혀졌다.

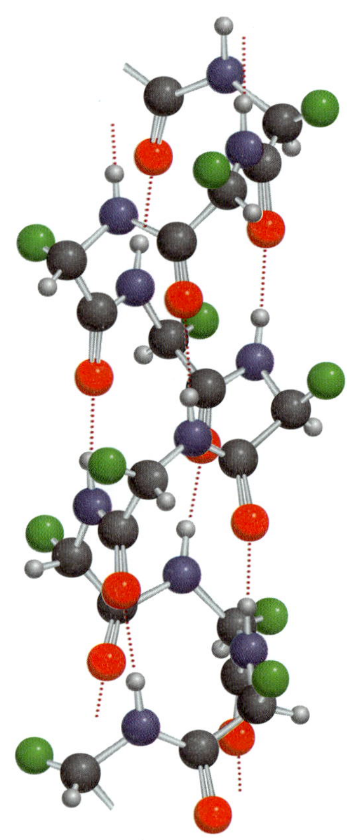

그림 25.11 폴리펩타이드 사슬의 α 나선 구조. 회색 구가 수소 원자이다. 분자간의 수소 결합에 의해 구조의 위치가 정해진다. 수소 결합은 점선으로 나타내며, 색 구별은 그림 25.9와 같다.

β 병풍 구조는 막대 구조보다는 접은 종이와 같다는 점에서 α 나선 구조와는 현저히 다르다. 폴리펩타이드 사슬이 거의 완전히 펼쳐져 있고, 각 사슬은 이웃한 사슬과 *분자간*(intermolecular) 수소 결합을 많이 한다. 그림 25.12는 두 가지 β 병풍 구조인 *평행*(parallel)과 *역평행*(antiparallel) β 병풍 구조를 나타낸다. 비단(silk) 분자는 β 구조로 존재한다. 비단 분자의 폴리펩타이드 사슬은 이미 펼쳐진 형으로 되어 있어서 탄력과 신축성이 없으나, 분자간 사이에 많은 수소 결합 때문에 매우 강하다.

보통 단백질 구조를 네 가지 정도로 나눈다. *1차 구조*(primary structure)는 폴리펩타이드 사슬의 특정 아미노산의 서열을 나타낸 것이다. *2차 구조*(secondary structure)는 골격의 CO와 NH가 정규적인 수소 결합에 의해 안정화 되는 폴리펩타이드 부분을 말한다. 예를 들어, α 나선 구조는 단백질의 2차 구조이다. *3차 구조*(tertiary structure)라는 용어는 분산력, 수소 결합, 다른 분자간 힘에 의해 안정화되는 3차원 구조에 붙인다. 3차 구조는 폴리펩타이드 사슬에서는 매우 멀리 떨어진 아미노산이 가까이서 상호작용한다는 점에서 2차 구조와 다르다. 어떤 단백질 분자는 둘 이상의 폴리펩타이드 사슬로 구성될 수도 있다. 따라서 2차 구조와 3차 구조가 생기게 하는 한 개의 사슬 *안에서* 일어나는 많은 상호작용 이외에, 사슬 간의 상호작용도 고려해야 한다. 폴리펩타이드 사슬들의 모든 배열을 나타낸 구조를 *4차 구조*(quaternary structure)라고 한다. 예를 들면, 헤모글로빈(hemoglobin) 분자는 네 개의 분리된 폴리펩타이드 사슬인 *소단위체*(subunit)로 구성되어 있다. 이 소단위체가 반 데르 발스(van der Waals) 힘과 이온 간의 힘에 의해 붙잡혀 있다(그림 25.13).

단백질의 2차, 3차, 4차 구조에서 분자간 힘은 중요한 역할을 한다.

폴링(Pauling)은 단백질 화학에서 큰 업적을 이루었다. 처음으로 기본 구성 요소인 아미노산의 기하 구조에 관한 지식만으로 하나의 단백질 구조를 어떻게 예측할 수 있는지를 보였다. 그러나 α 나선 구조나 β 병풍 구조가 아닌 단백질이 많다. 이와 같은 생체고분

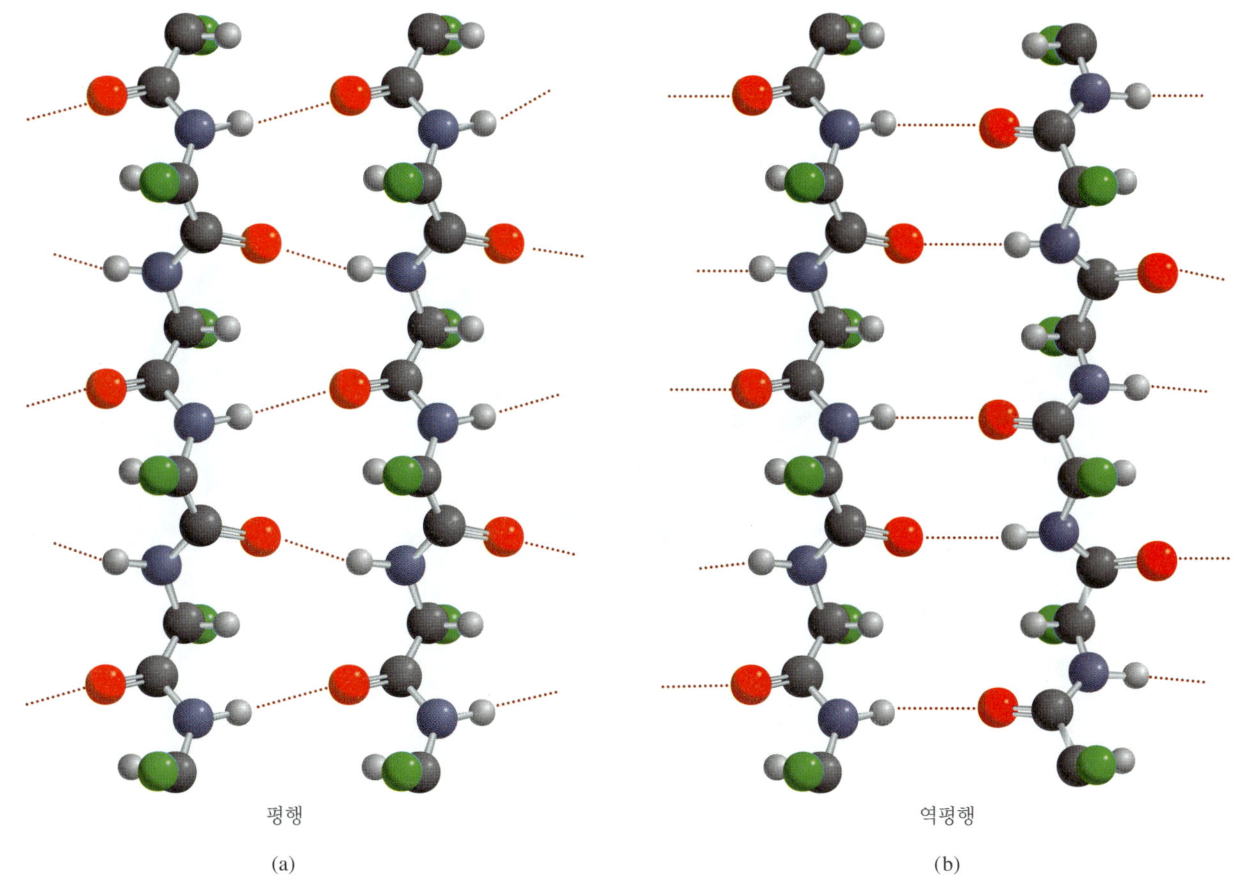

그림 25.12 수소 결합. (a) 모든 폴리펩타이드 사슬이 같은 방향으로 배열되어 있는 평행 β 병풍 구조. (b) 인접한 폴리펩타이드 사슬이 반대 방향으로 있는 역평행 β 병풍 구조의 색 구별은 그림 25.9와 같다.

자(biopolymer)의 3차원적 구조는 수소 결합 이외에 몇 가지 형태의 분자간 힘에 의해 유지되는 것을 알고 있다(그림 25.14). 다음 예를 보면, 여러 상호작용의 미묘한 조화를 이해할 수 있다. 헤모글로빈에서 네 개의 폴리펩타이드 사슬 중 두 사슬에 있는 아미노산 잔기들 중 글루탐산(glutamic acid) 하나가 발린(valine)으로 바뀌면 그 단백질 분자는 불용성의 고분자로 응집되고, 낫세포 빈혈증(sickle cell anemia)이라는 병이 유발된다(이 절 끝의 "생활 속의 화학" 참조).

단백질 구조에 안정성을 주는 여러 가지 힘에도 불구하고 대부분의 단백질은 상당히 유연하다. 예를 들면, 효소는 기질의 크기와 모양에 알맞도록 그 구조가 변할 만큼 유연하다. 단백질의 유연성을 보여주는 다른 흥미로운 예는 헤모글로빈이 산소와 결합할 때 볼 수 있다. 헤모글로빈의 네 개의 각 폴리펩타이드 사슬은 산소 분자 한 개와 결합할 수 있는 헴(heme)기를 갖는다(23.7절 참조). 산소가 결합되지 않은 헤모글로빈에는 산소에 대한 각각 헴기의 친화력은 대략 같다. 그러나 헴기 중 한 개가 산소와 결합하자마자 산소에 대한 다른 세 개 헴기의 친화력은 크게 증가한다. *협동성*(cooperativity)이라고 하는 이 현상은 헤모글로빈이 폐에서 산소를 잘 받아들이는 아주 적당한 물질로 만들어준다. 마찬가지로, 산소로 포화된 헤모글로빈 분자가 일단 산소 한 분자를 방출하면(조직 내에서는 마이오글로빈으로), 다른 세 개의 산소 분자도 더 쉽게 떠날 수 있다. 결합의 협동성이 산소 분자의 존재(혹은 무존재)에 대한 정보가 그 폴리펩타이드 사슬들을 따라 한 소단위체에서 다른 소단위체로 전달되며, 3차원적 구조의 유연성을 가능하게 한다(그림 25.15). 산소가 결합되지 않은 헤모글로빈에서 Fe^{2+} 이온이 포피린(pophyrin) 고리에 비해 너무 커서 그

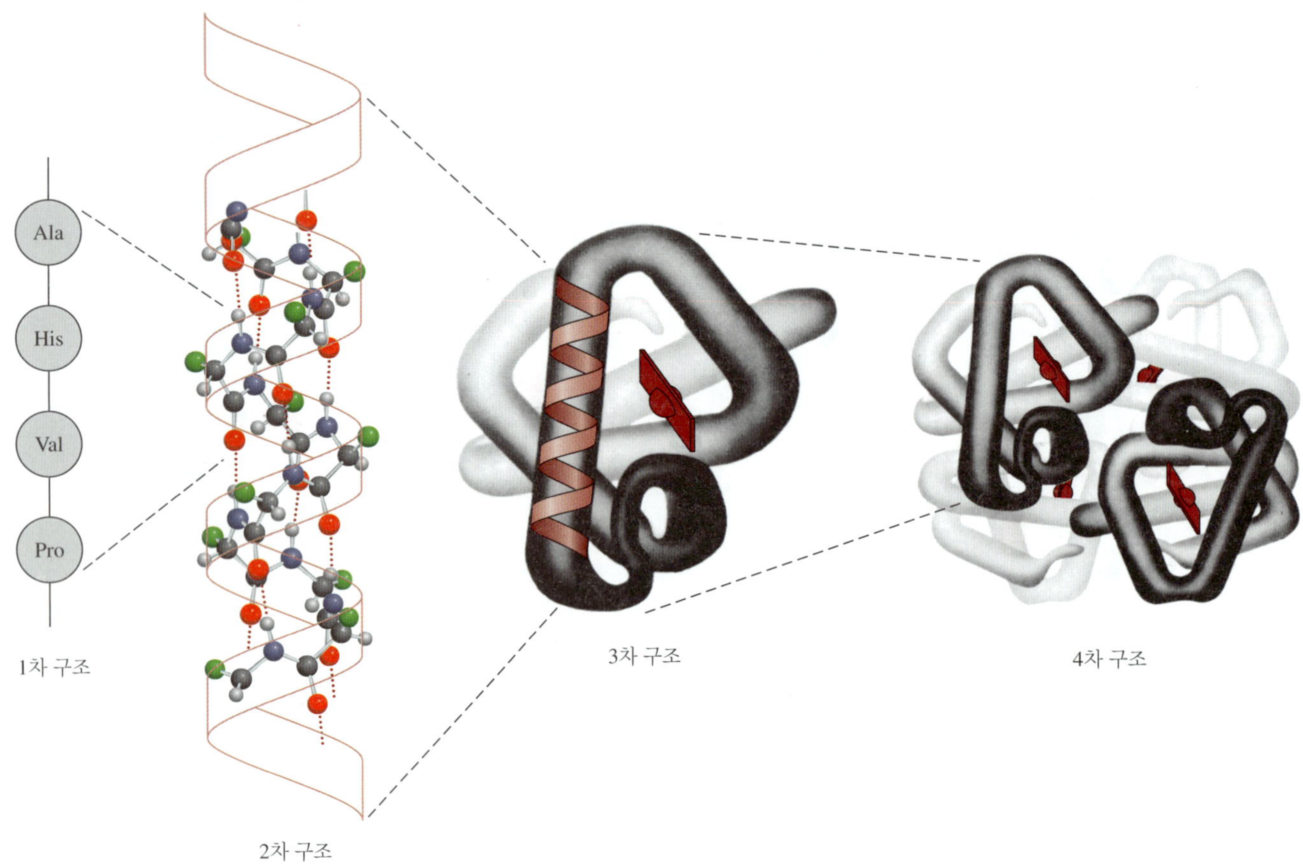

그림 25.13 헤모글로빈(hemoglobin) 분자의 1차, 2차, 3차, 4차 구조.

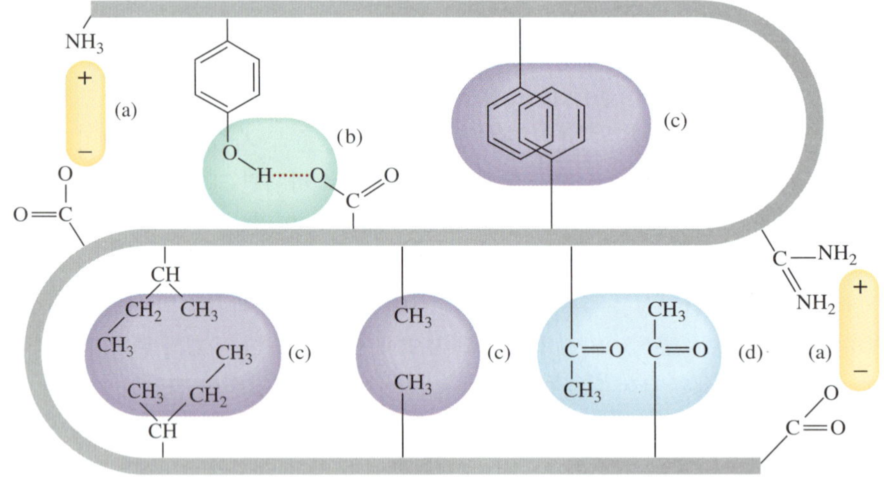

그림 25.14 단백질 분자에서의 분자간 힘: (a) 이온간 힘, (b) 수소 결합, (c) 분산력, (d) 극성-극성간 힘.

고리에 맞지 않다. 그러나 O_2가 Fe^{2+} 이온에 결합하면 그 이온이 수축하여 그 고리면에 알맞게 된다. 이온이 그 고리 안으로 들어감에 따라 그 이온이 히스티딘(histidine) 잔기를 고리 쪽으로 잡아당겨서 하나의 소단위체에서 다른 소단위체로 구조적 변화가 차례차례로 일어나게 된다. 그 변화에 대하여 상세히 알려져 있지는 않지만, 한 헴기에 산소 분자의 결합이 다른 헴기에 영향을 미친다. 그 구조 변화가 산소 분자에 대한 나머지 헴기와의 친화력에 크게 영향을 끼친다.

단백질을 체온 이상의 온도로 가열하거나, 특정한 산이나 염기 조건에 노출하거나, *변*

생활 속의 화학 CHEMISTRY in Action

낫세포 빈혈증 – 분자병

낫세포 빈혈증은 비정상인 모양의 적혈구 세포가 인체의 중요한 기관에서 혈액의 자유로운 흐름을 방해하는 유전병이다. 이 질병은 종기가 생기고, 심한 통증이 있고, 많은 경우 생명을 단축시킨다. 현재로서는 이 질병에 대한 치료 방법은 없으나, 이 통증의 증상이 헤모글로빈 결함 즉, 적혈구 세포 내에 산소 이동 단백질의 결함 때문이라고 알려져 있다.

헤모글로빈 분자는 몰질량이 65,000 g 정도 되는 커다란 단백질이다. 정상적인 인간의 헤모글로빈(HbA)은 각각 141개의 아미노산을 포함하는 두 개의 α 사슬과 각각 146개의 아미노산을 포함하는 두 개의 β 사슬로 구성되어 있다. 이 네 개의 폴리펩타이드 사슬 즉, 소단위체들이 이온 결합과 반 데르 발스 힘에 의해 연결되어 있다.

HbA의 서열과는 다른 아미노산 서열을 가지는 돌연변이 헤모글로빈 분자가 많이 있다. 대부분의 돌연변이 헤모글로빈은 무해하지만, 낫세포 헤모글로빈(HbS) 및 다른 것들은 심각한 질병을 유발한다고 알려져 있다. HbS는 HbA와는 아주 작은 부분만 다르다. 두 β 사슬 각각에 글루탐산(glutamic acid) 대신 발린(valine)으로 바뀌어 있다.

$$\mathrm{HOOC{-}CH_2{-}CH_2{-}\overset{\displaystyle H}{\underset{\displaystyle NH_3^+}{C}}{-}COO^-}$$

글루탐산

$$\mathrm{(H_3C)_2CH{-}\overset{\displaystyle H}{\underset{\displaystyle NH_3^+}{C}}{-}COO^-}$$

발린

하지만 이 작은(292개 아미노산 중 2개) 변화가 용액 중 HbS의 안정성에 큰 영향을 미친다. 발린기들은 각 β 사슬 위에 쑥 내민 "열쇠(key)"를 형성하여 그 분자의 밑부분 바깥쪽에 위치해 있다.

$$\mathrm{(H_3C)_2CH{-}}$$

발린의 비극성 부분이 이웃한 HbS의 α 사슬에 있는 다른 비극성 부분을 분산력으로 당길 수 있다. 이와 같은 비극성 부분 간의 인력을 소수성(hydrophobic) 상호작용이라고 한다(12장 참조). HbS 분자가 점점 많아지면 "초고분자(superpolymer)"를 형성하면서 응집된다.

물질의 용해도에 관한 일반 법칙은 분자가 점점 커지면 용해도는 점점 감소해 간다고 한다. 분자의 표면적이 증가함에 따라 용해 과정이 어렵기 때문이다. 이런 이유 때문에 일반적으로 단백질은 물에 잘 녹지 않는다. 따라서 응집된 HbS 분자는 결국 용액에서 침전한다. 이 침전이 정상 디스크 모양의 적혈 세포를 초생달 혹은 낫 모양이 되게 한다(7.5절 생활 속의 화학 그림 참조). 이 변형된 세포가 미세한 혈관을 막아 인체의 기관에 혈액의 흐름을 방해한다. 혈액의 흐름이 낮아지면 낫세포 빈혈의 증후가 나타난다. 일찍이 그 고통에 대한 중요한 연구를 한 바 있는 폴링(Linus Pauling)이 낫세포 빈혈증을 분자병(molecular disease)이라고 이름을 붙였다. 그 파괴적 행위가 분자 수준으로 일어나며, 그 병은 분자 결함(molecular defect)에 기인하기 때문이다.

$$\mathrm{H_2N{-}\underset{\displaystyle \overset{\|}{O}}{C}{-}NH_2} \qquad \mathrm{O{=}C{=}N^-}$$

요소 사이안산 이온

요소와 사이안산 이온과 같은 몇 가지 물질은 HbS 분자의 소수성 결합을 파괴할 수 있고, 적혈구 세포가 낫 모양으로 되는 것을 막는 데 이용되었다. 이러한 접근은 낫세포 빈혈 환자의 고통을 줄이지만, HbS가 더 만들어지는 것을 막을 수는 없다. 낫세포 빈혈을 치료하려면 HbS의 형성을 지시하는 유전 메커니즘을 변화시키는 방법을 찾아야 한다.

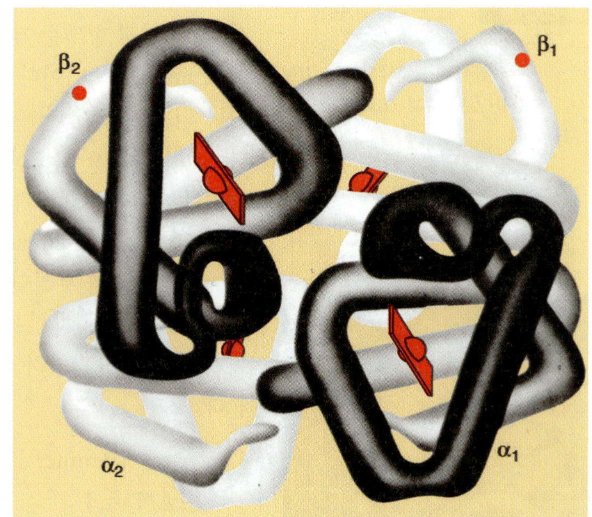

헤모글로빈의 전체 구조. 각 헤모글로빈 분자는 두 개의 α 사슬과 두 개의 β 사슬을 포함한다. 네 사슬의 각각의 마이오글로빈 분자와 구조적으로 비슷하고, 각각은 산소와 결합하는 헴기를 포함한다. 세포 헤모글로빈에서 불완전한 영역(발린기)은 점으로 표시되어 있는 β 사슬의 끝 부분에 위치한다.

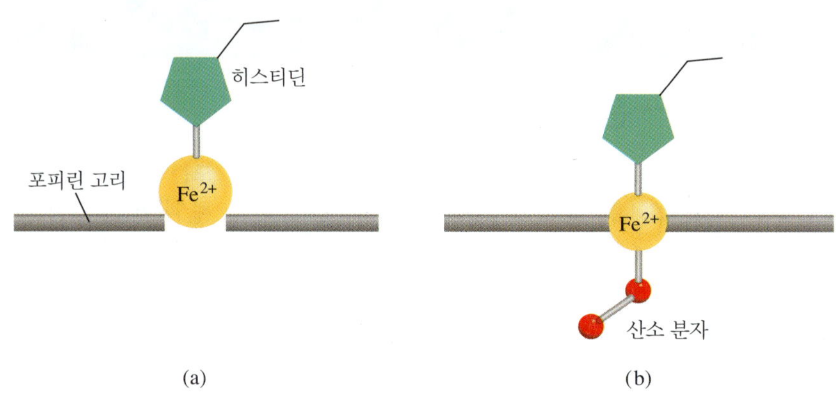

그림 25.15 헤모글로빈(hemoglobin)의 헴(heme)기가 산소 분자에 결합되었을 때 생기는 구조 변화. (a) 데옥시헤모글로빈(deoxyhemoglobin)에 있는 헴기. (b) 옥시헤모글로빈(oxyhemoglobin).

달걀은 세게 끓이면 달걀 흰자위의 단백질이 변성된다.

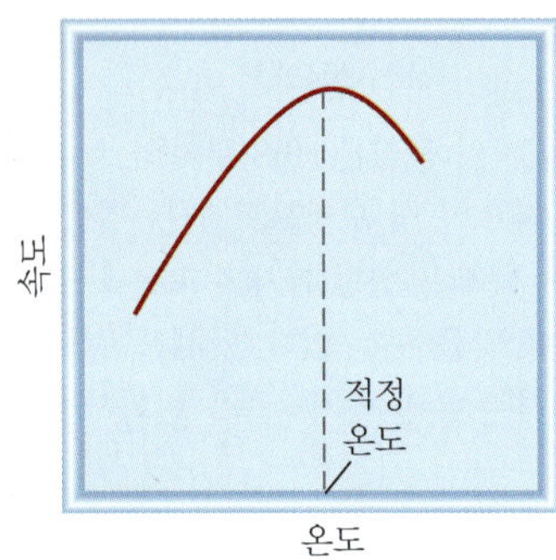

그림 25.16 효소 촉매화 반응 속도의 온도 의존성. 효소는 가장 효과적으로 촉매 작용을 하는 최적 온도 이상에서는 변성이 일어나서 효소의 활성도가 감소한다.

성제(denaturant)로 알려진 특별한 시약으로 처리하면, 단백질은 2차와 3차 구조의 일부나 전부가 파괴된다. **변성 단백질**(denatured protein)이라고 부르는 이 단백질은 *더 이상 정상적인 생물학적 활성을 나타내지 못한다.* 그림 25.16은 온도 변화에 따라 전형적인 효소 촉매 반응의 반응 속도가 어떻게 변하는지를 보여준다. 처음에는 기대하듯이 온도 증가에 따라 반응 속도가 증가한다. 그러나 최적 온도를 지나면 효소가 변성되기 시작하고, 속도가 급격히 감소한다. 온화한 조건에서 단백질이 변성되면 변성제를 제거하거나 온도를 정상 조건으로 원상 복귀하면 종종 그 단백질의 원래 구조로 재생될 수도 있다. 이 과정을 *가역 변성*(reversible denaturation)이라고 한다.

25.4 핵산

핵산(nucleic acid)은 *단백질 합성에서 필수적인 역할을 하는 몰질량이 큰 고분자이다. 핵산의 두 가지 형태는* **데옥시리보핵산**(deoxyribonucleic acid, **DNA**)과 **리보핵산**(ribonucleic acid, **RNA**)이다. DNA 분자는 알려진 가장 큰 분자 중 하나로 몰질량이 백억 그램이나 되는 것도 있다. 이에 비해 RNA는 크기가 다양하며, 어떤 것은 몰질량이 25,000 g이다. 20여 종의 아미노산으로 구성된 단백질과 비교하면 핵산은 조성이 꽤 단순하다. DNA나 RNA 분자는 단 4가지 형태의 조립 단위 즉, 퓨린(purine), 피리미딘(pyrimidine), 퓨라노스 당(furanose sugar), 인산(phosphate)기를 포함한다(그림 25.17). 퓨린이나 피리미딘을 *염기*(base)라 부른다.

1940년대에 차가프†(Erwin Chargaff)는 여러 원천에서 얻은 DNA 분자를 연구하여 어떤 규칙성을 관찰하였다. 그의 발견으로 알려진 *차가프 규칙*(Chargaff's rule)은 다음과 같다.

1. 아데닌(adenine, 퓨린)의 양은 타이민(thymine, 피리미딘)의 양과 같다. 즉, A = T 또는 A/T = 1.
2. 사이토신(cytosine, 피리미딘)의 양은 구아닌(guanine, 퓨린)의 양과 같다. 즉, C = G 또는 C/G = 1.
3. 퓨린 염기의 전체 개수는 피리미딘 염기의 전체 개수와 같다. 즉, A + G = C + T.

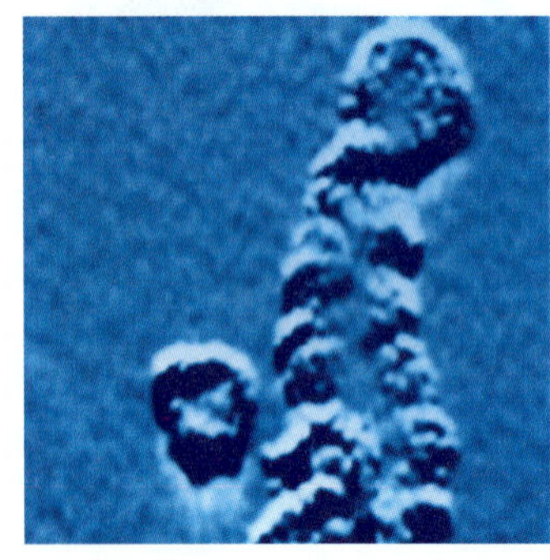

DNA 분자의 전자 현미경 사진. 이중 나선 구조가 명백하다. 만일 모든 인간 세포의 DNA 분자를 끝과 끝을 연결하여 늘여 놓으면 그 길이가 지구에서 태양까지의 거리에 100배 가량이 된다.

† 차가프(Erwin Chargaff, 1905~2002). 미국 생화학자로, 다른 생체에는 다른 종류의 DNA가 있다는 것을 처음 발견하였다.

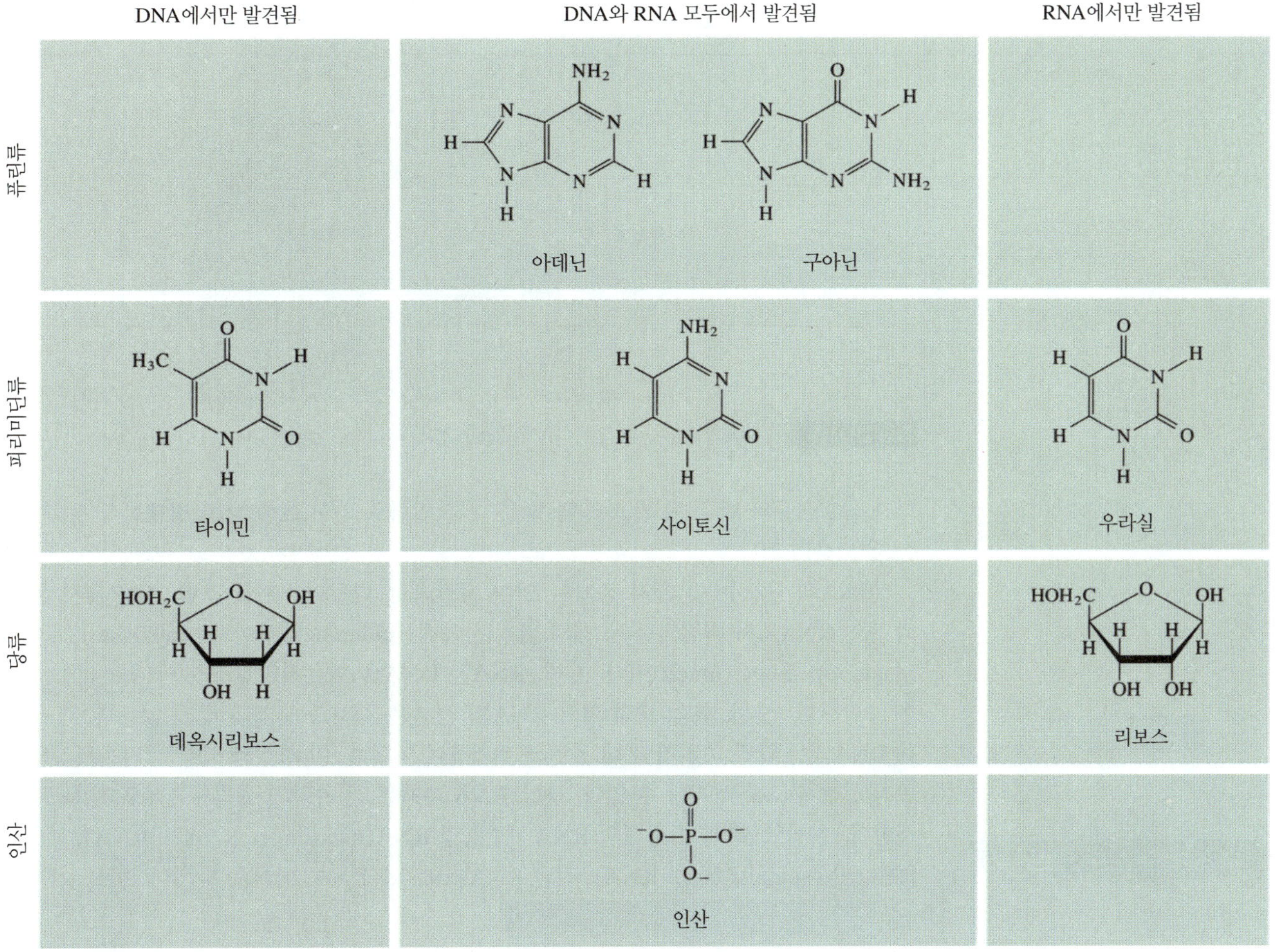

그림 25.17 핵산인 DNA와 RNA의 성분.

화학 분석과 X선 회절 측정으로 얻은 정보를 바탕으로 하여 1953년 왓슨[†](James Watson)과 크릭[‡](Francis Crick)은 DNA 분자에 대한 이중 나선형 구조를 제안하였다. 왓슨과 크릭은 DNA 분자가 두 개의 나선 가닥을 가지고 있음을 결정하였다. 각 가닥은 **뉴클레오타이드**(nucleotide)로 구성되어 있고, 뉴클레오타이드는 *염기, 데옥시리보스, 인산기가 서로 연결*되어 구성된다(그림 25.18).

DNA의 이중 나선형 구조에서 중요한 점은 한 분자의 두 가닥에 있는 염기들 사이에 수소 결합을 형성한다. *염기쌍*(base pair)이라 부르는 어떤 두 염기 사이에도 수소 결합이 형성될 수 있지만, 가장 좋은 쌍을 이루는 것은 아데닌(A)과 타이민(T), 사이토신(C)과 구아닌(G) 사이라는 것을 왓슨과 크릭이 발견하였다(그림 25.19). 이 구조는 차가프 규칙과도 일치한다. 왜냐하면 모든 퓨린(purine) 염기가 피리미딘(pyrimidine) 염기와 수소 결합하기 때문이며, 그 역도 성립하기 때문이다(A + G = C + T). 염기쌍 사이에 쌍극자-쌍

[†]왓슨(James Dewey Watson, 1928~). 미국의 생물학자. 왓슨은 20세기 생물학의 획기적 발전을 이룰 수 있었던 DNA의 구조를 밝힌 공로로, 크릭 및 윌킨스(Maurice Wilkins)와 함께 1962년에 노벨 생리학상을 공동 수상하였다.

[‡]크릭(Francis Harry Compton Crick, 1916~2004). 영국의 생물학자. 크릭은 물리학자였지만 슈뢰딩거(Erwin Schrödinger)의 "*생명이란 무엇인가?(What Is Life?)*"라는 책을 읽고 생물에 관심을 가졌다. DNA의 구조를 밝혀 분자 생물학의 발전에 공헌하였기에 1962년 노벨 생리학상을 공동 수상하였다.

그림 25.18 DNA의 반복 단위 중 하나인 뉴클레오타이드(nucleotide)의 구조.

극자 상호작용과 반 데르 발스 힘과 같은 다른 인력도 역시 이중 나선 형태를 안정화시키는 데 도움이 된다.

RNA의 구조는 몇 가지 점에서 DNA 구조와는 다르다. 첫째, 그림 25.17에서 본 바와 같이 RNA에서 발견되는 네 개의 염기는 아데닌(adenine), 사이토신(cytosine), 구아닌(guanine), 우라실(uracil)이다. 둘째, RNA는 DNA의 데옥시리보스가 아니고 리보스 당을 포함한다. 셋째, 화학 분석 결과 RNA의 성분은 차가프 규칙과 맞지 않는다. 다시 말해 DNA와는 달리 피리미딘 대 퓨린의 비가 1이 아니다. 이 사실과 다른 증거들로부터 이중 나선형 구조를 배제할 수 있다. 사실, RNA 분자는 한 가닥의 폴리뉴클레오타이드로 존재한다. 실제로 세 가지 형태의 RNA 즉, 전령 RNA(messenger RNA, *m*RNA), 리보솜 RNA(ribosomal RNA, *r*RNA), 전달 RNA(transfer RNA, *t*RNA)가 있다. 이들 RNA는

1980년대 화학자들은 어떤 RNA는 효소로서 기능을 할 수 있음을 발견하였다.

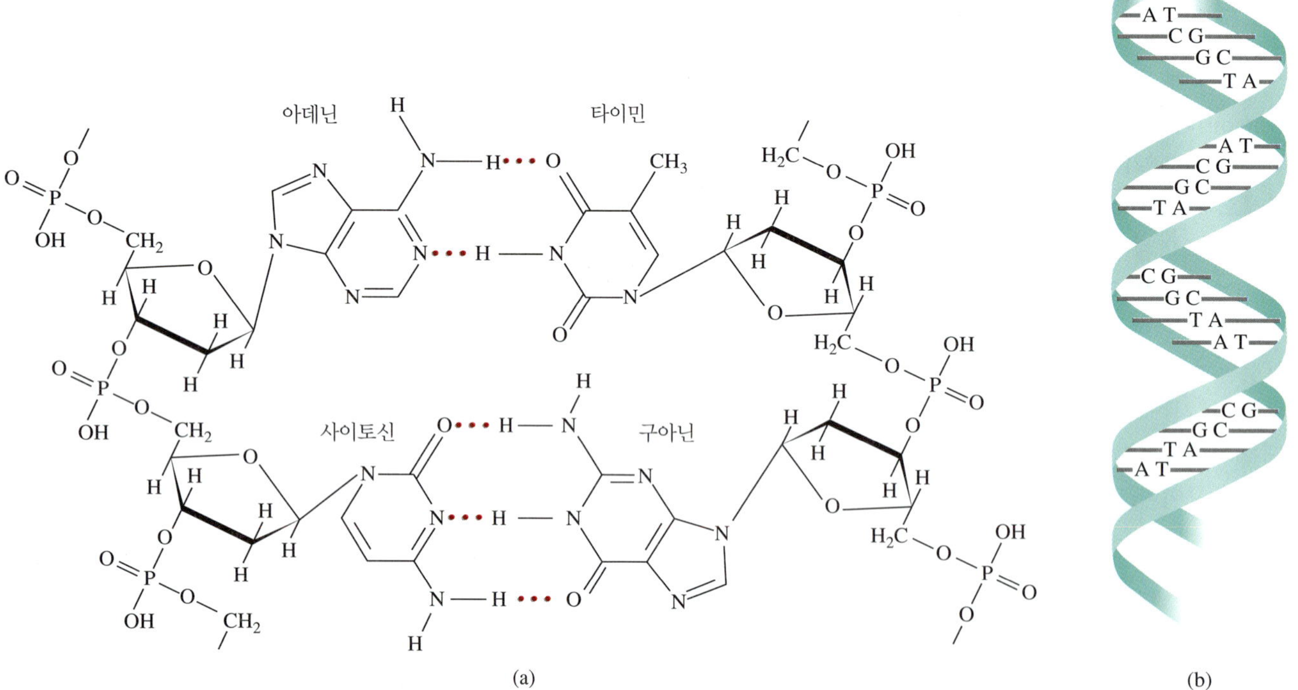

그림 25.19 (a) 아데닌(adenine)과 타이민(thymine) 사이와 사이토신(cytosine)과 구아닌(guanine) 사이에 형성된 염기쌍. (b) DNA 분자의 이중 나선축은 염기쌍 A-T와 C-G 사이의 수소 결합(그리고 다른 분자간 힘)에 의해서 결합되어 있다.

DNA 지문

인간의 유전체인 *게놈*(genome)은 대략 30억 개의 뉴클레오타이드로 구성되어 있다. 이 30억 단위는 23쌍의 염색체로 이루어져 있으며, 이 쌍들은 5천만에서 5억 개의 뉴클레오타이드를 갖는 DNA의 연속된 가닥이다. 단백질 합성에 대한 지시가 이 DNA에 암호화되어 있고, *유전자*(gene)라는 단위 안에 저장되어 있다. *초위성*(minisatelite)이라고 일컫는 이 서열이 특정 유전자에만 있는 것이 아니고 다른 곳에서도 자주 나타나기 때문에 흥미롭다. 더욱이 각 개인은 독특한 반복 수를 갖는다. 다만 똑같은 쌍둥이만 이 초위성 서열의 수가 같다.

1985년, 영국 화학자 제프리스(Alec Jeffreys)는 이 초위성 서열이 지문과 같이 확인하는 수단이 될 수 있다고 제안하였다. 법 집행관들에게는 *DNA 지문*(DNA fingerprinting)이 범죄 수사 방법에 탁월함이 인식되고 있다.

DNA 지문을 확인하기 위해서는 혈액이나 정액과 같은 어떤 조직을 시료로 채취하여야 한다. 심지어 머리카락과 타액에도 DNA가 존재한다. 세포핵으로부터 DNA을 추출하고, 제한 효소(restriction enzyme)를 첨가하여 DNA를 조각낸다. 음으로 하전된 이 조각을 젤 상태에서 전기장으로 분리한다. 큰 조각보다는 작은 조각일수록 빠르게 이동하여, 결국 띠(band)로 분리된다. DNA 조각의 띠가 젤에서 플라스틱 막으로 이동되며, 그 위치가 고정된다. DNA 탐침(probe) 즉, 방사성 동위원소로 표시된 DNA 조각을 넣으면 이것은 상보성 DNA 서열을 갖는 조각하고만 결합한다. 플라스틱판 위에 X선 필름을 둔다. 탐침에 의해 인식된 조각에 상당하는 위치에서 띠가 필름에 나타난다. 한 개인의 특이한 분석표를 얻기 위해서는 대략 4개의 다른 탐침이 필요하다. 무작위로 택한 두 사람의 DNA에서 동일한 패턴(pattern)을 발견할 확률은 100억분의 1 정도로 계산된다.

1987년 미국에서 처음 DNA 지문의 도움으로 한 범인을 기소한 예가 있다. 오늘날 많은 법정에서 DNA 지문을 증거로 채택하고 있다. 오늘날 DNA 지문은 법 집행에서 없어서는 안 될 방법이 되고 있다.

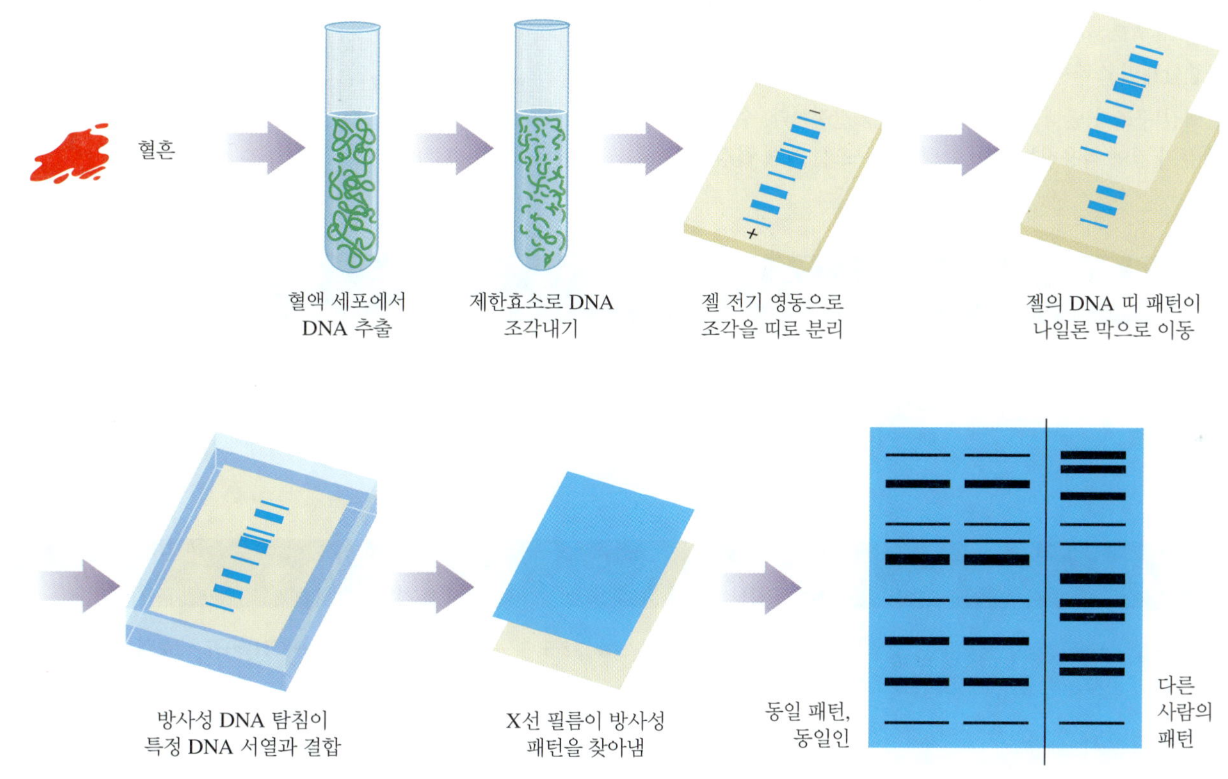

DNA 지문을 얻는 과정. 현상된 필름은 DNA 지문을 나타내며, 이미 알려진 것의 패턴과 비교된다.

유사한 뉴클레오타이드를 가지고 있으나, 몰질량, 전체적인 구조, 생물학적 기능이 서로 다르다.

DNA와 RNA 분자는 세포에서 단백질의 합성을 지시하는데, 이 내용은 이 책의 범위를 넘는다. 생화학 입문서와 분자생물학에서 이 과정을 다루고 있다.

앞 페이지에 수록한 "생활 속의 화학" DNA 지문은 DNA 서열의 지식을 근거로 한 범죄 수사의 기술을 설명하고 있다.

사실과 개념 요약하기 *Summary of Facts & Concepts*

1. 고분자(중합체)는 단위체라 부르는 작고 반복되는 단위로 만들어지는 거대한 분자이다.
2. 단백질, 핵산, 셀룰로스, 고무는 천연 고분자이다. 나일론(nylon), 다크론(dacron), 루시트(lucite)는 합성 고분자의 예이다.
3. 유기 고분자는 첨가 반응이나 축합 반응에 의해 합성될 수 있다.
4. 비대칭 단위체로 이루어진 고분자의 입체 이성질체들은 단위체들이 어떻게 연결되었는가에 따라 성질이 다르다.
5. 합성 고무로는 폴리클로로프렌, 스타이렌과 뷰타다이엔의 공중합체인 스타이렌-뷰타다이엔이 있다.
6. 단백질 구조가 단백질의 기능과 성질을 결정한다. 수소 결합과 분자 간에 작용하는 힘이 단백질의 구조를 크게 결정한다.
7. 단백질의 1차 구조는 그 단백질의 아미노산 서열이다. 2차 구조는 아미노산 골격의 CO와 NH기 간에 존재하는 수소 결합에 의해 생기는 모양이다. 3차 및 4차 구조는 수소 결합과 다른 분자간 힘에 의해 안정화되는 단백질의 3차원적으로 접힌 구조이다.
8. 핵산은 DNA와 RNA 세포에서 단백질 합성에 대한 유전자적 지시가 담겨 있고, 거대 몰질량을 갖는 고분자이다. 뉴클레오타이드는 DNA와 RNA를 이루는 구성 단위이다. DNA의 뉴클레오타이드는 퓨린이나 피리미딘 염기, 데옥시리보스 분자, 인산기가 포함되어 있다. RNA의 뉴클레오타이드는 DNA의 것과 유사하지만, 다른 염기와 데옥시리보스 대신에 리보스가 포함되어 있다.

주요 용어 정리하기 *Key Words*

고분자	단백질	동종중합체	아미노산
공중합체	단위체	리보핵산(RNA)	핵산
뉴클레오타이드	데옥시리보핵산(DNA)	변성 단백질	

연습 문제 *Questions & Problems*

• 표시는 *Connect Plus*에서 유용한 문제, 붉은색 번호의 문제는 학생용 문제풀이집에 풀어 놓았다.

합성 유기 고분자

▶ 복습 질문

• 25.1 다음 용어를 설명하시오. 단위체, 중합체, 단일 중합체, 공중합체

25.2 합성 유기 고분자를 포함하는 10가지 물체의 이름을 쓰시오.

• 25.3 폴리에틸렌[$-(CH_2-CH_2)_n-$] 시료의 몰질량을 계산하시오(단, $n = 4600$).

25.4 유기 고분자의 합성에 대한 두 가지 주요한 메커니즘을 쓰시오.

25.5 나타-치글러(Natta-Ziegler) 촉매와 고분자 합성에서 촉매의 역할을 설명하시오.

• 25.6 12장에서 용액의 총괄성에 대하여 공부하였다. 어떤 고분자의 몰질량을 결정하는 데 적합한 총괄성은 무엇인가? 이유는 무엇인가?

▶ 문제

● 25.7 테플론(Teflon)은 단위체 테트라플루오로에틸렌(tetrafluoroethylene)의 라디칼 첨가 중합으로 합성된다. 이 반응의 메커니즘을 쓰시오.

25.8 염화 바이닐($H_2C{=}CHCl$)과 1,1-다이클로로에틸렌($H_2C{=}CCl_2$)을 공중합시키면 사란(Saran)이라고 하는 상품명의 고분자가 된다. 단위체 단위가 반복되는 고분자의 구조를 그리시오.

25.9 케블라(Kevlar)는 방탄 조끼에 사용되는 공중합체이다. 이것은 다음과 같은 두 단위체 사이의 축합 중합으로 합성된다.

$H_2N{-}C_6H_4{-}NH_2$ $HO{-}C(=O){-}C_6H_4{-}C(=O){-}OH$

몇 개의 단위체를 보이는 고분자 사슬 구조의 일부분을 그리시오. 축합 반응에 대한 전체 반응식을 쓰시오.

25.10 폴리스타이렌 형성을 설명하시오.

● 25.11 다음 반복 단위를 갖는 고분자의 단위체를 추론하시오.

(a) $\text{+}CH_2{-}CF_2\text{+}_n$

(b) $\left(CO{-}C_6H_4{-}CONH{-}C_6H_4{-}NH\right)_n$

● **25.12** 다음 반복 단위를 갖는 고분자의 단위체를 추론하시오.

(a) $\text{+}CH_2{-}CH{=}CH{-}CH_2\text{+}_n$

(b) $\text{+}CO\text{+}CH_2\text{+}_6NH\text{+}_n$

단백질

▶ 복습 질문

25.13 아마이드기의 특성과 단백질 구조에서 아마이드기의 중요성을 설명하시오.

25.14 단백질 구조에서 α 나선 구조란 무엇인가?

25.15 몇몇 단백질에 존재하는 β 병풍 구조를 기술하시오.

25.16 생명계에서 단백질의 주요 기능은 무엇인가?

25.17 헤모글로빈 분자의 결합 산소에서 나타나는 협동성 현상을 간단히 설명하시오.

25.18 낫세포 빈혈을 분자 질병으로 부르는 이유는 무엇인가?

▶ 문제

● 25.19 아미노산인 글라이신과 알라닌 사이의 반응에서 생성되는 다이펩타이드의 구조를 그리시오.

25.20 아미노산인 글라이신과 라이신 사이의 반응에서 생성될 수 있는 다이펩타이드의 구조를 그리시오.

● 25.21 아미노산인 글라이신은 폴리글라이신 고분자로 축합될 수 있다. 반복 단위체를 그리시오.

25.22 다음 자료는 어떤 효소 촉매 반응에 의한 생성물 형성 속도이다.

온도(°C)	생성물의 생성 속도(M/s)
10	0.0025
20	0.0048
30	0.0090
35	0.0086
45	0.0012

온도 변화에 따른 속도 의존을 설명하시오. (계산은 필요하지 않다.)

핵산

▶ 복습 질문

● 25.23 뉴클레오타이드의 구조를 설명하시오.

25.24 리보스와 데옥시리보스의 차이는 무엇인가?

● 25.25 차가프 규칙이란 무엇인가?

25.26 DNA 이중 나선 구조를 유지하는 데 수소 결합의 역할에 대하여 설명하시오.

추가 문제

25.27 생물계에서 수소 결합의 중요성을 단백질과 핵산을 예를 들어 설명하시오.

● **25.28** 단백질의 구조는 다양한데, 핵산의 구조는 단순하다. 그 차이를 설명하시오.

25.29 104°F 이상의 열은 왜 뇌손상을 일으키는가?

● **25.30** DNA 분자의 "녹는점"은 이중 나선 가닥이 풀어지는 온도이다. 두 가지의 DNA 시료가 주어졌다고 가정하자. 하나는 45%의 C-G 염기쌍을 포함하고, 다른 하나는 64%의 C-G 염기쌍을 포함한다. 염기의 총 개수는 같다. 어느 것이 녹는점이 높겠는가? 이유는 무엇인가?

25.31 사과, 배와 같은 과일을 자르면 잘린 부분은 갈색으로 변한다. 이것은 과일에 존재하는 효소 촉매로 인산 산화 반응의 결과이다. 잘린 부분에 레몬주스 몇 방울을 첨가하면 갈변 반응이 지연되거나 없어진다. 이러한 작용의 화학적인 근거는 무엇인가?

● **25.32** 칠면조 고기는 "암갈색 고기"와 "흰색 고기"가 있다. 왜 다른 색이 생길까? (*힌트:* 활발한 근육일수록 신진 대사가 빠르고, 산소가 많이 요구된다.)

25.33 나일론은 강산에 쉽게 파괴된다. 파괴에 대한 화학적인 근거를 설명하시오. (*힌트:* 생성물은 중합 반응이 개시 물질이다.)

25.34 공상 소설을 읽거나 공포 영화를 본 일이 있겠지만, 곤충이 인간 크기로 성장하는 것은 불가능하다. 그 이유는 무엇인가? (*힌트:* 곤충 혈액에는 헤모글로빈이 없다.)

● 25.35 라이신과 알라닌에 의해서 얼마나 많은 다른 트라이펩타이드가 생성될 수 있는가?

25.36 화학 분석에 의하면 헤모글로빈에는 Fe이 0.34%(질량) 있다. 헤모글로빈의 가능한 최저 몰질량은 얼마인가? 실제 몰질량은 이 최저 몰질량의 4배이다. 이 자료에서 어

떤 결론을 얻을 수 있는가?

25.37 폴리펩타이드 사슬의 겹쳐짐은 아미노산 서열에 의존할 뿐만 아니라 용매의 성질에도 의존한다. 물 분자와 폴리펩타이드 사슬의 아미노산 사이에 일어날 수 있는 상호작용의 종류를 설명하라. 어떤 기가 물과 접하고 있는 단백질 표면에 노출되어 있고, 어떤 기가 단백질 내부에 감추어져 있는가?

● **25.38** 낫세포 빈혈증이 되게 하는 헤모글로빈의 회합에는 어떤 분자간 힘이 작용하는가? (*힌트:* 25.3절의 "생활 속의 화학" 참조)

● 25.39 다음 성분을 포함하는 뉴클레오타이드의 구조를 그리시오. (a) 데옥시리보스와 사이토신, (b) 리보스와 우라실.

25.40 쥐의 뇌에서 분리한 노나펩타이드(아미노산 9개의 잔기로 됨)를 가수분해하여 다음과 같은 작은 조각의 펩타이드를 얻었다. Gly-Ala-Phe, Ala-Leu-Val, Gly-Ala-Leu, Phe-Glu-His, His-Gly-Ala. 이 노나펩타이드의 아미노산 서열을 결정하시오. 그 이유를 쓰시오. (펩타이드를 나타내는 규칙을 기억하라.)

● 25.41 중성 pH에서 아미노산은 쌍극자 이온으로 존재한다. 글라이신을 예로 카복실기의 pK_a가 2.3이고, 암모늄기의 pK_a가 9.6일 때, pH 1, 7, 12에서 분자의 중요 모양을 예측하시오. 식 (16.4)를 이용하여 그 해답을 증명하시오.

25.42 캐롤(Lewis Carroll)의 우화 "거울을 통하여"에서 앨리스(Alice)는 거울의 반대쪽의 우유를 마실 수 있을까라고 생각해 보았다. 카이랄과 효소에 대한 지식으로 앨리스의 관심에 대하여 설명하시오.

● 25.43 나일론은 합성 비단으로 설계되었다. (a) 나일론 66의 평균 몰질량이 12,000 g/mol일 때, 얼마나 많은 단위체 단위가 이 시료에 있는가? (b) 나일론 구조의 어느 부분이 폴리펩타이드 구조와 같은가? (c) 얼마나 많은 서로 다른 트라이펩타이드가 비단에 있는 대부분의 아미노산으로 설명되는 아미노산 알라닌(Ala), 글라이신(Gly), 세린(Ser)으로부터 만들어질 수 있는가?

● **25.44** 어떤 단백질의 변성 엔탈피 변화는 125 kJ/mol이다. 만일 엔트로피 변화가 397 J/K · mol이라면, 단백질이 자발적으로 변성하게 될 최소 온도를 계산하시오.

25.45 데옥시헤모글로빈 결정체가 산소에 노출되면 파괴된다. 반면 데옥시마이오글로빈 결정체는 산소에 영향을 받지 않는다. 이것에 대하여 설명하시오(마이오글로빈은 헤모글로빈 속에 네 개의 소단위체 하나 또는 폴리펩타이드 사슬로 구성되어 있다.)

25.46 α 나선 구조와 β 병풍 구조는 단백질에서 일반적이다. 구조들이 이 규칙으로 그들을 안정화시킬 수 있는 공통적인 구조는 무엇일까?

25.47 단백질 합성에서 특별한 아미노산의 선택은 소위 말하여 유전코드 또는 DNA의 세 개의 염기 서열에 의하여 결정된다. 단지 두 개의 염기 서열이 단백질에서 발견되는 20개 아미노산의 선택을 명확하게 결정할 것인가를 설명하시오.

● **25.48** 완전히 양성자화된 아미노산 발린(valine)을 생각해 보자.

$$\begin{array}{ccccc} & CH_3 & \overset{+}{N}H_3 \ (9.62) & & \\ & | & | & & \\ H- & C- & C- & COOH \ (2.32) \\ & | & | & & \\ & CH_3 & H & & \end{array}$$

pK_a 값이 숫자로 나타내져 있다. (a) 두 작용기($-\overset{+}{N}H_3$ 또는 $-COOH$) 중 어느 것이 더 산성인가? (b) pH 1.0, 7.0, 12.0에서 발린(valine)의 주된 형태를 계산하시오. (c) 발린의 등전점을 계산하시오. (*힌트:* 연습 문제 16.137 참조.)

● 25.49 이합체 단백질의 생성을 생각해 보자.

$$2P \longrightarrow P_2$$

25°C에서 $\Delta H° = 17$ kJ/mol과 $\Delta S° = 65$ J/K · mol이다. 이 온도에서 이합체(dimerization) 반응이 잘 일어나겠는가? 온도를 낮출 때에 미치는 영향을 설명하시오. 어떤 효소는 차가운 온도 조건에서 효소의 활성도를 잃는다. 당신의 결과로 그 이유를 설명할 수 있겠는가?

25.50 몰질량 측정은 고분자 용액의 특성화에서 중요한 역할을 한다. 개수 평균 몰질량($\overline{M}_n$)은 전체 몰질량($\sum N_iM_i$로 주어짐)을 분자의 전체 개수로 나눈 것으로 정의한다.

$$\overline{M}_n = \frac{\sum N_iM_i}{\sum N_i}$$

여기서 N_i는 몰질량 M_i인 분자의 개수이다. 다른 중요한 정의는 다음과 같이 정의되는 가중 평균 몰질량($\overline{M}_w$)이다.

$$\overline{M}_w = \frac{\sum N_iM_i^2}{\sum N_iM_i}$$

이 두 정의의 차이는 $\overline{M}_w$가 분자 크기에 영향을 받는 실험적 측정에 근거한 것이라는 것이다. (a) 몰질량 1.0, 3.0, 4.0, 4.0, 6.0 kg/mol인 분자 5개를 포함하는 용액을 생각해 보자. $\overline{M}_n$과 $\overline{M}_w$를 모두 계산하시오. (b) 정의에서 제곱한 항 때문에 $\overline{M}_w$는 $\overline{M}_n$보다 항상 크다. 하지만 분자가 모두 몰질량이 같다면 $\overline{M}_n = \overline{M}_w$이다. 몰질량이 모두 5 kg/mol로 같은 분자 4개를 가지고 이 경우를 설명하시오. (c) 이 두 평균 몰질량을 비교하여 폴리에틸렌과 폴리(염화 바이닐) 같은 합성 고분자의 크기의 분포에 대해 어떤 정보를 줄 수 있는지 설명하시오. (d) 마이오글로빈이나 사이토크로뮴 c와 같은 단백질은 $\overline{M}_n$과 $\overline{M}_w$이 같은 반면 헤모글로빈은 그렇지 않다. 설명하시오.

25.51 아래의 왼쪽 그림은 효소 리보뉴클리아제(ribonuclease)의 고유 형태 구조를 나타낸다. 3차원 단백질 구조는 아미노산 사이의 이황화 결합(—S—S—)에 의하여 부분적으로 유지된다(색 있는 구는 S 원자를 나타낸다). 어떤

변성제를 사용하면 단단한 구조가 파괴되어 이황화물 결합이 화살표 오른쪽에 보인 것과 같이 —SH 기(sulfhydryl group)로 변화된다. (a) 혼성화에 의하여 이황화 결합에 있어서 결합 도식을 그리시오. (b) 표 25.2에서 어느 아미노산이 —SH 기를 포함하는가? (c) 변성 과정에 대한 ΔH와 ΔS의 부호를 예측하시오. 만일 변성이 온도 변화에 의해서 일어난다면, 왜 온도를 올리는 것이 변성이 유리하게 하는지를 설명하시오. (d) —SH 기는 산화되어(H 원자가 제거되어) 이황화 결합이 형성될 수 있다. 만일 이황화 결합의 형성이 어떤 두 —SH 기는 사이에서 전체적으로 무작위로 일어난다면, 원래 형태와 일치하는 새로 만들어진 단백질 구조의 분율은 얼마인가? (e) 스컹크에 의해 방사된 물질로 뒤덮어 쓴 개를 탈취시키는 효과적인 치료제는 과산화 수소 같은 산화제 용액으로 오염된 부분을 문지르는 것이다. 이 과정에 대한 화학적인 기본 원리는 무엇인가? [*힌트:* 스컹크 분비물의 냄새나는 물질은 2-뷰텐-1-싸이올(2-butene-1-thiol, $CH_3CH{=}CHCH_2SH$이다.]

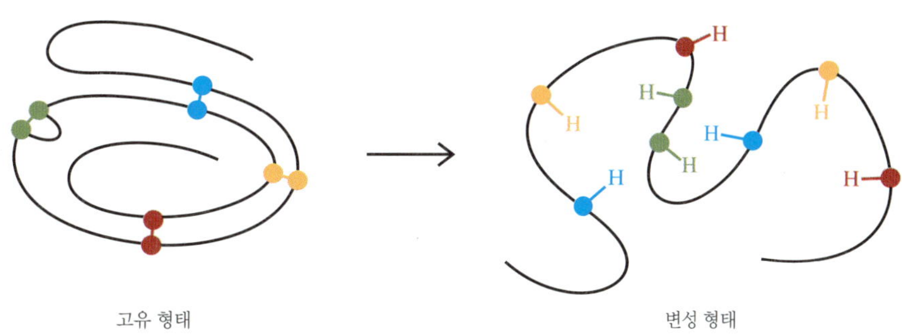

설명, 모형화 및 추정 문제 *Interpreting, Modeling & Estimating*

25.52 각 염기쌍의 수소 결합의 에너지가 10 kJ/mol이라고 가정하자. 각 10개의 염기쌍을 포함하는 두 가지 DNA의 상보가닥이 주어졌다. 300 K에서 용액 속에서 수소 결합된 두 개의 나선으로 분리된 두 가닥의 비율을 측정하시오. 단일 염기쌍의 비율은 식 $\exp(-\Delta E/RT)$로 주어지는데, 여기서 ΔE는 각 염기쌍에 대한 수소 결합의 에너지이고, R은 기체 상수, T는 켈빈 단위의 절대온도이다.

25.53 DNA의 분자의 축과 평행하게 측정된 염기쌍 간의 평균 거리는 3.4 Å이다(25.19절 참조). 뉴클레오타이드 한 쌍의 몰질량 평균은 650 g/mol이다. 몰질량 5.0×10^9 g/mol인 DNA 분자 하나의 길이를 센티미터 단위로 추정하시오.

화학 세계의 미스터리

머리카락 곱슬리기

옛날부터 사람들은 머리카락을 변화시키는 많은 방법을 실험하였다. 오늘날, 퍼머는 미장원에서나 집에서 할 수 있는 일상적인 일이다. 직선형 머리카락을 곱슬곱슬하게 하는 것은 단백질을 변성시키는 것이다.

머리카락은 *케라틴*(keratin)이라는 특수한 단백질이 포함되어 있다. 그것은 양모, 손톱, 발굽, 뿔에도 존재한다. X선 연구에 의하면 케라틴은 α 나선으로 꼬여 초나선(superhelix)이 된다. 머리카락 모양을 결정하는 데는 α 나선을 함께 연결시키는 이황화 결합(disulfide bond, —S—S—)이 중요하다. 다음 페이지의 그림은 퍼머 과정에서 기본이 되는 단계를 보인다. 곧은 머리카락에서 시작하여 이황화 결합이 환원되어 —SH가 된다.

$$2HS—CH_2COO^- + ●—S—S—● \longrightarrow {}^-OOCCH_2—S—S—CH_2COO^- + 2\ ●—SH$$

여기서 붉은 구는 이황화 결합으로 연결된 단백질 분자를 나타내고, 싸이오글리콜산 ($HS—CH_2COO^-$)이 일반적으로 사용하는 환원제이다. 이 환원된 머리를 컬 클립에 둘둘 말아서 원하는 모양으로 한다. 여기에 산화제를 발라서 이황화 결합을 만든다. 폴리펩타이드의 다른 위치에 이황화 결합이 형성되어 새로운 머리 형태가 된다.

이 과정은 케라틴의 변성과 재생 과정이다. 이황화 결합은 재생된 단백질의 다른 위치에서 형성되었지만, 머리카락의 케라틴은 특별한 기능이 없어서 아무런 문제가 없다. "퍼머(permanent)"라는 용어는 환원제와 산화제로 처리한 머리카락에 한정한 것이고, 머리카락의 웨이브는 새로운 케라틴과 처리되지 않은 케라틴이 변성된 케라틴으로 대체할 때까지 지속된다.

화학적인 단서

1. —S—S— 결합을 설명하시오.
2. —S—S— 결합과 —S—H에서 S의 산화수는 얼마인가?

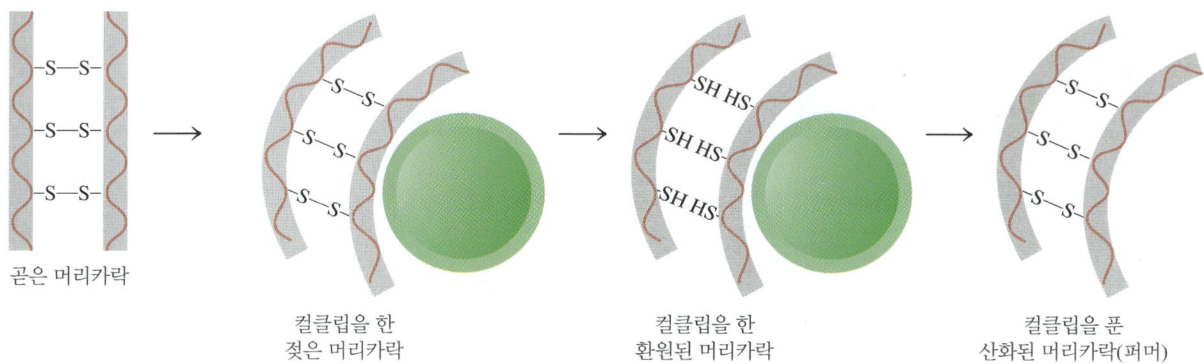

3. α 나선에서는 —S—S— 결합 외에 수소 결합이 있다. 이 정보에 근거하여 머리카락이 젖을 때, 왜 약간 팽창하는가?
4. 머리카락은 연간 6인치 자란다. α 나선 한 바퀴의 수직 길이는 5.4 Å이다(1 Å = 10^{-8} cm). 매 초당 몇 바퀴 회전하겠는가?
5. 1980년대에 한 영국 여인이 오랜 질병 끝에 죽었다. 검시 결과 사인은 비소 중독이었다. 경찰은 그녀의 남편이 독약을 주었을 것이라고 의심하였다. 죽기 일 년 전에 그녀는 한 달 간의 여행으로 미국에 있는 친구를 세 번 방문하였다. 그녀의 남편을 기소하기 위해서는 어떻게 법정 분석이 나와야 되겠는가? [*힌트:* 4장의 "화학 세계의 미스터리"에서 비소 중독에 대해 논의하였다. 삼산화 이비소(As_2O_3) 3 mg을 섭취하면 몇 시간 이내에 비소가 혈액에 들어가고, 성장하는 머리카락 모낭(follicles)에 들어간다. 그 여자가 죽었을 때 머리카락은 어깨까지 내려올 만큼 길었다.]

원소의 이름과 유래*

원소	기호	원자 번호	원자 질량†	발견 시기	발견자 및 국가‡	유래
가돌리늄	Gd	64	157.3	1880	J. C. 마리냐크(프)	요한 가돌린, 핀란드의 희토류 화학자
갈륨	Ga	31	69.72	1875	르코크 드 부아보드랑(프)	라틴어 *Gallia*, 프랑스
구리	Cu	29	63.55	고대		라틴어 *cuprum*, 구리, *cyprium* (고대 구리의 주산지인 키프러스 섬)에서 유래
규소	Si	14	28.09	1824	J. J. 베르셀리우스(스)	라틴어 *silex*, *silicis*, 부싯돌
금	Au	79	197.0	고대		라틴어 *aurum*, 빛나는 새벽
납	Pb	82	207.2	고대		기호 라틴어 *plumbum*, 납, 무겁다는 의미
네오디뮴	Nd	60	144.2	1885	C. A. 폰 벨스바흐(호)	그리스어 *neos*, 새로운, *didymos*, 쌍둥이
네온	Ne	10	20.18	1898	윌리암 램지 경(영) M. W. 트래버스(영)	그리스어 *neos*, 새로운
넵투늄	Np	93	(237)	1940	E. M. 맥밀란(미) P. H. 에이블슨(미)	혹성 해왕성
노벨륨	No	102	(253)	1958	A. 기오르소(미) T. 시클랜드(미) J. R. 월튼(미) G. T. 시보그(미)	알프레드 노벨
나이오븀	Nb	41	92.91	1801	찰스 해치트(영)	그리스어 *Niobe*, 탄탈루스의 딸 (나이오븀은 1884년까지 전에 *Tantalus*라고 하던 탄탈럼과 동일한 것으로 여겼다).
니켈	Ni	28	58.69	1751	A. F. 크론스테트(스)	스웨덴어 *kopparnickel*, 가짜 구리; 독일어 *nickel*, 니켈 광에서 구리의 추출을 방해하는 악마를 의미)
디스프로슘	Dy	66	162.5	1886	르코크 드 부아보드랑(프)	독일어 *dysprositos*, 확인하기 어려운

원전: "The Elements and Derivation of Their Names and Symbols", G. P. *Dinga, Chemistry* 41(2), 20−22(1968). 미국화학회 판권 소유.

*이 표를 만들 당시 103개 원소의 존재만이 알려졌었다.

† 여기에 주어진 원자 질량은 1961년 원자량 위원회의 값에 해당한다. 괄호 안에 나타낸 것은 가장 안정하거나 가장 흔한 동위원소의 질량이다.

‡ 약자는 다음과 같다. 그(그리스), 독(독일), 라(라틴), 러(러시아), 미(미국), 스(스웨덴), 아(아랍), 에(스페인), 영(영국), 이(이탈리아), 폴(폴란드), 프(프랑스), 헝(헝가리), 호(오스트레일리아).

(계속)

원소	기호	원자 번호	원자 질량†	발견 시기	발견자 및 국가†	유래
라돈	Rn	86	(222)	1900	F. E 도른(독)	라듐에서 비활성 기체의 공통 어미인 "on"을 붙임(한때 빛난다는 뜻인 기호 Nt인 니트론이라고 불림)
라듐	Ra	88	(226)	1898	피에르 퀴리와 마리 퀴리(프)	라틴어 *radius*, 선(線)
란타넘	La	57	138.9	1839	C. G. 모잔더(스)	독일어 *lanthanein*, 감추어진
레늄	Re	75	186.2	1925	W. 노닥(독) I. 타케(독) 오토 베르크(독)	라틴어 *Rhenus*, 라인
로듐	Rh	45	102.9	1804	W. H. 월러스턴(영)	그리스어 *rhodon*, 장미(약간의 염이 장미색임)
로렌슘	Lr	103	(257)	1961	A. 기오르소(미) T. 시클랜드(미) A. E. 라르시(미) R. M. 래티머(미)	사이클로트론 발명가인 E. O. 로렌스(미)
루비듐	Rb	37	85.47	1861	R. W. 분젠(독) G. 키르히호프(독)	라틴어 *rubidius*, 진홍색(분광기로 발견됨. 스펙트럼이 붉은 선을 나타냄)
루테늄	Ru	44	101.1	1844	K. K. 클라우스(러)	라틴어 *Ruthenia*, 러시아
루테튬	Lu	71	175.0	1907	G. 위르뱅(프) C. A. 폰 벨스바흐(호)	*Lutetia*, 파리의 옛 이름
리튬	Li	3	6.941	1817	A. 아르페드손(스)	그리스어 *lithos*, 바위(바위에서 산출됨)
마그네슘	Mg	12	24.31	1808	험프리 데이비 경(영)	*Magnesia*, 테살리아에 있는 지방명. 라틴어 *magnesia*에서 유래된 것으로 여겨짐.
망가니즈	Mn	25	54.94	1774	J. G. 간(스)	라틴어 *magnes*, 자석
멘델레븀	Md	101	(256)	1955	A. 기오르소(미) G. R. 초핀(미) G. T. 시보그(미) B. G. 하비(미) S. G. 톰슨(미)	멘델레예프, 주기율표를 작성하고 미발견 원소의 성질을 예언한 러시아 화학자
몰리브데넘	Mo	42	95.94	1778	G. W. 셸레(스)	라틴어 *molybdos*, 납
바나듐	V	23	50.94	1801 1830	A. M. 델 리오(에) N. G. 세프스트룀(스)	*Vanadis*, 노르웨이의 사랑과 미의 여신
바륨	Ba	56	137.3	1808	험프리 데이비 경(영)	barite, 무거운 섬광석, 무겁다는 뜻의 그리스어 *barys*에서 파생
백금	Pt	78	195.1	1735 1741	A. 데 울요아(에) 찰스 우드(영)	스페인어 *platina*, 은(Silver)
버클륨	Bk	97	(247)	1950	G. T. 시보그(미) S. G. 톰슨(미) A. 기오르소(미)	미국 캘리포니아주 버클리
베릴륨	Be	4	9.012	1828	F. 뵐러(독) A. A. B. 비시(프)	프랑스어, 라틴어 *beryl*, 달콤한

(계속)

원소	기호	원자 번호	원자 질량[†]	발견 시기	발견자 및 국가[‡]	유래
붕소	B	5	10.81	1808	험프리 데이비 경(영) J. L. 게이 뤼삭(프) L. J. 테나르(프)	아랍어로 희다는 뜻인 *buraq* 로부터 유래한 화합물 borax
브로민	Br	35	79.90	1826	A. J. 발라르(프)	독일어 *bromos*, 악취
비소	As	33	74.92	1250	알베르투스 마그누스(독)	그리스어 *aksenikon*, 노랑 안료; 라틴어 *arsenicum*, 웅황; 그리스인들은 한때 삼황화 비소를 안료로 사용함
비스무트	Bi	83	209.0	1753	클로드 조프레(프)	독일어 *bismuth*, 그것이 발견된 *weisse masse*(흰 덩어리)이 왜곡된 것 같음
사마륨	Sm	62	150.4	1879	르코크 드 브와보드랑(프)	러시아 기술자 Samarskite, 후에 Samarski
산소	O	8	16.00	1774	조지프 프리스틀리(영) C. W. 셸레(스)	그리스어 *oxys*(산)와 라틴어 *genes*(형성하는 것)에서 유래한 프랑스어 *oxygene*(산 생성원) (한때 산소가 모든 산의 부분이라고 생각한 적이 있음)
세륨	Ce	58	140.1	1803	J. J. 베르셀리우스(스) 빌헬름 히징거(스) M. H. 클라프로트(독)	소행성 세레스
세슘	Cs	55	132.9	1860	R. 분젠(독) G. R. 키르히호프(독)	라틴어 *caesium*, 청색 (세슘은 그 스펙트럼 선에 의해 발견되었는데, 그 색이 청색이었다)
셀레늄	Se	34	78.96	1817	J. J. 베르셀리우스(스)	그리스어 *selene*, 달(지구의 이름을 따라 명명한 텔루르와 유사하기 때문)
소듐 (나트륨)	Na	11	22.99	1807	험프리 데이비 경(영)	라틴어 *sodanum*, 두통 치료; 기호 라틴어 *natrium*, 소다
수소	H	1	1.008	1766	헨리 캐번디시 경(영)	그리스어 *hydro*, 물; *genes*, 형성하는 것(산소와 함께 타면 물을 생성하기 때문)
수은	Hg	80	200.6	고대		기호는 라틴어 *hydrargyrum*, 액체 은
스칸듐	Sc	21	44.96	1879	L. F. 닐손(스)	스칸디나비아
스트론튬	Sr	38	87.62	1808	험프리 데이비 경(영)	광물 strontionite에서 유래한 Strontian(스코틀랜드)
아르곤	Ar	18	39.95	1894	레일리 경(영) 윌리엄 램지 경(영)	그리스어 *argos*, 비활성
아메리슘	Am	95	(243)	1944	A. 기오르소(미) R. A. 제임스(미) G. T. 시보그(미) S. G. 톰슨(미)	미국

(계속)

원소	기호	원자 번호	원자 질량[†]	발견 시기	발견자 및 국가[†]	유래
아스타틴	At	85	(210)	1940	D. R. 코슨(미) K. R. 매켄지(미) E. 세그레(미)	그리스어 *astatos*, 불안정
아연	Zn	30	65.39	1746	A. S. 마르그라프(독)	독일어 *zink*, 분명치 않은 어원
아이오딘	I	53	126.9	1811	B. 쿠르투아(프)	그리스어 *iodes*, 보라색
아인슈타이늄	Es	99	(254)	1952	A. 기오르소(미)	알베르트 아인슈타인
악티늄	Ac	89	(227)	1899	A. 데비에른(프)	독일어 *aktis*, 광선
안티모니	Sb	51	121.8	고대		라틴어 *antimonium*(*anti*, 반대의, *monium*, 고립된 조건), 곧 결합하는 유형의(금속) 물질이므로 그렇게 명명함; 기호는 라틴어 *stibium*, 표시(표준)
알루미늄	Al	13	26.98	1827	F. 보흘러(독)	이것이 발견된 알루미늄 화합물인 명반(alum), 라틴어 *alumen* (아스트린젠트 맛)에서 파생
어븀	Er	68	167.3	1843	C. G. 모잔더(스)	많은 희토류가 발견된 스웨덴 이테르비(Ytterby)
염소	Cl	17	35.45	1774	K. W. 셸레(스)	그리스어 *chloros*, 밝은 초록색
오스뮴	Os	76	190.2	1803	S. 테난트(영)	그리스어 *osme*, 냄새
우라늄	U	92	238.0	1789 1841	M. H. 클라프로트(독) E. M. 펠리고(프)	행성 천왕성(Uranus)
유로퓸	Eu	63	152.0	1896	E. 데마르케이(프)	유럽
은	Ag	47	107.9	고대		기호 라틴어 *argentum*, 은
이리듐	Ir	77	192.2	1803	S. 테난트(영)	라틴어 *iris*, 무지개
이테르븀	Yb	70	173.0	1907	G. 위르뱅(프)	Ytterby, 스웨덴
이트륨	Y	39	88.91	1843	C. G. 모잔더(스)	Ytterby, 스웨덴
인	P	15	30.97	1669	H. 브란트(독)	그리스어 *phosphoros*, 빛을 포함하는
인듐	In	49	114.8	1863	F. 라이히(독) T. 리히터(독)	인디고, 스펙트럼에서 인디고 블루 선 때문에
저마늄	Ge	32	72.59	1886	클레멘즈 빙클러(독)	라틴어 *Germania*, 독일
주석	Sn	50	118.7	고대		기호 라틴어 *stannum*, 주석
지르코늄	Zr	40	91.22	1789	M. H. 클라프로트(독)	발견된 광석인 지르콘, 아랍어 *zargum*(금색)에서 파생
질소	N	7	14.01	1772	다니엘 러더퍼드(영)	프랑스어 *nitrogene*, 라틴어 *nitrum*, 천연 소다 또는 그리스어 *nitron* (천연 소다)에서 파생
철	Fe	26	55.85	고대		라틴어 *ferrum*, 철

(계속)

원소	기호	원자 번호	원자 질량[†]	발견 시기	발견자 및 국가[†]	유래
카드뮴	Cd	48	112.4	1817	프리드리히 스트로마이어(독)	그리스어 *kadmia*, 지구; 라틴어 *cadmia*, 능아연광 (능아연광과 함께 발견되었으므로)
포타슘 (칼륨)	K	19	39.10	1807	험프리 데이비 경(영)	기호 라틴어 *kalium*, 잿물
캘리포늄	Cf	98	(249)	1950	G. T. 시보그(미) S. G. 톰슨(미) A. 기오르소(미) K. 스트리트 2세(미)	미국 캘리포니아
칼슘	Ca	20	40.48	1808	험프리 데이비 경(영)	라틴어 *calx*, 석회
코발트	Co	27	58.93	1735	G. 브란트(독)	독일어 *Kobold*, 도깨비(광산에서 기대하던 금속인 구리 대신 코발트가 산출되었기 때문에 도깨비 때문이라고 함)
퀴륨	Cm	96	(247)	1944	G. T. 시보그(미) R. A. 제임스(미) A. 기오르소(미)	피에르와 마리 퀴리
크로뮴 (크롬)	Cr	24	52.00	1797	L. N. 보클랭(프)	그리스어 *chroma*, 색(염료에 사용되므로)
크립톤	Kr	36	83.80	1898	윌리엄 램지 경(영) M. W. 트래버스(영)	그리스어 *kryptos*, 감추어진
제논	Xe	54	131.3	1898	윌리엄 램지 경(영) M. W. 트래버스(영)	그리스어 *xenos*, 낯선 사람
탄소	C	6	12.01	고대		라틴어 *carbo*, 숯
탄탈럼	Ta	73	180.9	1802	A. G. 에케베리(스)	그리스 신화 *Tantalus*, 분리하기가 어렵기 때문(제우스의 아들인 탄탈루스는 마시려고 할 때마다 물이 물러가는 물 속에 턱까지 빠져 서 있는 벌을 받았다)
탈륨	Tl	81	204.4	1861	윌리엄 크룩스 경(영)	그리스어 *thallos*, 싹트기 시작한 작은 가지(스펙트럼이 밝은 초록색 선을 나타냄)
텅스텐	W	74	183.9	1783	후안 호세 F. 엘루이아르(에)	스웨덴어 *tung sten*, 무거운 돌, 기호 철망간중석(wolframite) 광석
터븀	Tb	65	158.9	1843	C. G. 모잔더(스)	Ytterby, 스웨덴
테크네튬	Tc	43	(99)	1937	C. 피에르(이)	그리스어 *technetos*, 인공의 (첫번 인공 원소임)
텔루륨	Te	52	127.6	1782	F. J. 뮐러(호)	라틴어 *tellus*, 지구

(계속)

원소	기호	원자 번호	원자 질량†	발견 시기	발견자 및 국가†	유래
토륨	Th	90	232.0	1828	J. J. 베르셀리우스(스)	암석 규토륨광(thorite), 노르웨이 전쟁의 신 토르(*Thor*)에서 유래
툴륨	Tm	69	168.9	1879	P. T. 클레베(스)	*Thule*, 스칸디나비아의 옛 이름
타이타늄	Ti	22	47.88	1791	W. 그레거(영)	그리스 신화의 거인 티탄, 라틴어 titans, 거대한 신
팔라듐	Pd	46	106.4	1803	W. H. 월러스턴(영)	소행성 팔라스(Pallas)
페르뮴	Fm	100	(253)	1953	A. 기오르소(미)	엔리코 페르미
폴로늄	Po	84	(210)	1898	마리 퀴리(폴)	폴란드
프라세오디뮴	Pr	59	140.9	1885	C. A. 폰 벨스바흐(호)	그리스어 *prasios*, 초록색; *didymos*, 쌍둥이
프랑슘	Fr	87	(223)	1939	마르게리트 페레이(프)	프랑스
프로메튬	Pm	61	(147)	1945	J. A. 마린스키(미) L. E. 글렌데닌(미) C. D. 코리엘(미)	그리스 신화 *Prometheus*, 하늘에서 불을 훔친 그리스 거인
프로트악티늄	Pa	91	(231)	1917	O. 한(독) L. 마이트너(호)	그리스어 *protos*, 첫 번; *actinium*(분해되어 악티늄으로 되기 때문)
플루오린	F	9	19.00	1886	H. 무아상(프)	광물 형석(fluorspar), 라틴어 *fluere*(흐르다)에서 유래(형석이 용매제로 사용되었기 때문)
플루토늄	Pu	94	(242)	1940	G. T. 시보그(미) E. M. 맥밀란(미) J. W. 케네디(미) A. C. 왈(미)	행성 명왕성(Pluto)
하프늄	Hf	72	178.5	1923	D. 코스터(네) G. 폰 헤베시(헝)	라틴어 *Hafnia*, 코펜하겐
헬륨	He	2	4.003	1868	P. 얀센(스펙트럼)(프) 윌리엄 램지 경(분리)(영)	그리스어 *helios*, 태양(태양의 스펙트럼에서 처음 발견됨)
홀뮴	Ho	67	164.9	1879	P. T. 클레베(스)	라틴어 *Holmia*, 스톡홀름
황	S	16	32.07	고대		라틴어 *sulphurium*(산스크리트어 *sulvere*)

부록 2
Appendix 2

기체 상수의 단위

본 부록에서는 기체 상수 R를 J/K · mol 단위로 어떻게 나타낼 수 있는가를 알게 될 것이다. 첫 단계는 atm(기압)과 Pa(파스칼) 사이의 관계를 아는 것이다. 다음 식에서 출발한다.

$$
\begin{aligned}
\text{압력} &= \frac{\text{힘}}{\text{면적}} \\
&= \frac{\text{질량} \times \text{가속도}}{\text{면적}} \\
&= \frac{\text{부피} \times \text{밀도} \times \text{가속도}}{\text{면적}} \\
&= \text{길이} \times \text{밀도} \times \text{가속도}
\end{aligned}
$$

정의에 의하면 표준 기압은 중력 가속도가 980.665 cm/s^{2}인 곳에서 밀도 13.5951 g/cm^{3}인 수은기둥 정확히 76 cm가 미치는 압력이다. 하지만 압력을 N/m^{2}으로 표현하기 위해서는 다음과 같이 써야 한다.

$$
\begin{aligned}
\text{수은의 밀도} &= 1.35951 \times 10^4 \text{ kg/m}^3 \\
\text{중력 가속도} &= 9.80665 \text{ m/s}^2
\end{aligned}
$$

표준 기압은 다음과 같이 주어진다.

$$
\begin{aligned}
1 \text{ atm} &= (0.76 \text{ m Hg})(1.35951 \times 10^4 \text{ kg/m}^3)(9.80665 \text{ m/s}^2) \\
&= 101{,}325 \text{ kg m/m}^2 \cdot \text{s}^2 \\
&= 101{,}325 \text{ N/m}^2 \\
&= 101{,}325 \text{ Pa}
\end{aligned}
$$

5.4절로부터 기체 상수 R가 0.082057 L · atm/K · mol이라는 것을 안다. 다음 환산 인자 1 L = 1 × 10^{-3} m^{3}이고 1 atm = 101,325 N/m^{2}를 이용하면 다음과 같이 쓸 수 있다.

$$
\begin{aligned}
R &= \left(0.082057 \frac{\text{L atm}}{\text{K mol}}\right)\left(\frac{1 \times 10^{-3} \text{ m}^3}{1 \text{ L}}\right)\left(\frac{101{,}325 \text{ N/m}^2}{1 \text{ atm}}\right) \\
&= 8.314 \frac{\text{N m}}{\text{K mol}} \\
&= 8.314 \frac{\text{J}}{\text{K mol}}
\end{aligned}
$$

$$
\begin{aligned}
1 \text{ L} \cdot \text{atm} &= (1 \times 10^{-3} \text{ m}^3)(101{,}325 \text{ N/m}^2) \\
&= 101.3 \text{ N m} \\
&= 101.3 \text{ J}
\end{aligned}
$$

1 기압, 25°C에서 몇 가지 열역학적 자료*

무기 물질

물질	ΔH_f° (kJ/mol)	ΔG_f° (kJ/mol)	S° (J/K · mol)
$Ag(s)$	0	0	42.7
$Ag^+(aq)$	105.9	77.1	73.9
$AgCl(s)$	−127.0	−109.7	96.1
$AgBr(s)$	−99.5	−95.9	107.1
$AgI(s)$	−62.4	−66.3	114.2
$AgNO_3(s)$	−123.1	−32.2	140.9
$Al(s)$	0	0	28.3
$Al^{3+}(aq)$	−524.7	−481.2	−313.38
$AlCl_3(s)$	−705.6	−630.0	109.3
$Al_2O_3(s)$	−1669.8	−1576.4	50.99
$As(s)$	0	0	35.15
$AsO_4^{3-}(aq)$	−870.3	−635.97	−144.77
$AsH_3(g)$	171.5		
$H_3AsO_4(s)$	−900.4		
$Au(s)$	0	0	47.7
$Au_2O_3(s)$	80.8	163.2	125.5
$AuCl(s)$	−35.2		
$AuCl_3(s)$	−118.4		
$B(s)$	0	0	6.5
$B_2O_3(s)$	−1263.6	−1184.1	54.0
$H_3BO_3(s)$	−1087.9	−963.16	89.58
$H_3BO_3(aq)$	−1067.8	−963.3	159.8
$Ba(s)$	0	0	66.9
$Ba^{2+}(aq)$	−538.4	−560.66	12.55
$BaO(s)$	−558.2	−528.4	70.3
$BaCl_2(s)$	−860.1	−810.66	125.5
$BaSO_4(s)$	−1464.4	−1353.1	132.2
$BaCO_3(s)$	−1218.8	−1138.9	112.1
$Be(s)$	0	0	9.5
$BeO(s)$	−610.9	−581.58	14.1
$Br_2(l)$	0	0	152.3
$Br_2(g)$	30.91	3.11	245.3
$Br^-(aq)$	−120.9	−102.8	80.7
$HBr(g)$	−36.2	−53.2	198.48
C(흑연)	0	0	5.69
C(다이아몬드)	1.90	2.87	2.4
$CO(g)$	−110.5	−137.3	197.9
$CO_2(g)$	−393.5	−394.4	213.6
$CO_2(aq)$	−412.9	−386.2	121.3

*이온의 열역학적 양은 다음 식의 상태를 기준으로 한다. $\Delta H_f^\circ[H^+(aq)] = 0$, $\Delta G_f^\circ[H^+(aq)] = 0$, $S^\circ[H^+(aq)] = 0$ (17.3절 참조).

(계속)

물질	ΔH_f° (kJ/mol)	ΔG_f° (kJ/mol)	S° (J/K · mol)
$CO_3^{2-}(aq)$	−676.3	−528.1	−53.1
$HCO_3^-(aq)$	−691.1	−587.1	94.98
$H_2CO_3(aq)$	−699.7	−623.2	187.4
$CS_2(g)$	115.3	65.1	237.8
$CS_2(l)$	87.3	63.6	151.0
$HCN(aq)$	105.4	112.1	128.9
$CN^-(aq)$	151.0	165.69	117.99
$(NH_2)_2CO(s)$	−333.19	−197.15	104.6
$(NH_2)_2CO(aq)$	−319.2	−203.84	173.85
$Ca(s)$	0	0	41.6
$Ca^{2+}(aq)$	−542.96	−553.0	−55.2
$CaO(s)$	−635.6	−604.2	39.8
$Ca(OH)_2(s)$	−986.6	−896.8	83.4
$CaF_2(s)$	−1214.6	−1161.9	68.87
$CaCl_2(s)$	−794.96	−750.19	113.8
$CaSO_4(s)$	−1432.69	−1320.3	106.69
$CaCO_3(s)$	−1206.9	−1128.8	92.9
$Cd(s)$	0	0	51.46
$Cd^{2+}(aq)$	−72.38	−77.7	−61.09
$CdO(s)$	−254.6	−225.06	54.8
$CdCl_2(s)$	−389.1	−342.59	118.4
$CdSO_4(s)$	−926.17	−820.2	137.2
$Cl_2(g)$	0	0	223.0
$Cl^-(aq)$	−167.2	−131.2	56.5
$HCl(g)$	−92.3	−95.27	187.0
$Co(s)$	0	0	28.45
$Co^{2+}(aq)$	−67.36	−51.46	155.2
$CoO(s)$	−239.3	−213.38	43.9
$Cr(s)$	0	0	23.77
$Cr^{2+}(aq)$	−138.9		
$Cr_2O_3(s)$	−1128.4	−1046.8	81.17
$CrO_4^{2-}(aq)$	−863.16	−706.26	38.49
$Cr_2O_7^{2-}(aq)$	−1460.6	−1257.29	213.8
$Cs(s)$	0	0	82.8
$Cs^+(aq)$	−247.69	−282.0	133.05
$Cu(s)$	0	0	33.3
$Cu^+(aq)$	51.88	50.2	−26.4
$Cu^{2+}(aq)$	64.39	64.98	−99.6
$CuO(s)$	−155.2	−127.2	43.5
$Cu_2O(s)$	−166.69	−146.36	100.8
$CuCl(s)$	−134.7	−118.8	91.6
$CuCl_2(s)$	−205.85	?	?
$CuS(s)$	−48.5	−49.0	66.5
$CuSO_4(s)$	−769.86	−661.9	113.39
$F_2(g)$	0	0	203.34
$F^-(aq)$	−329.1	−276.48	−9.6
$HF(g)$	−271.6	−270.7	173.5
$Fe(s)$	0	0	27.2

(계속)

물질	ΔH_f° (kJ/mol)	ΔG_f° (kJ/mol)	S° (J/K · mol)
$Fe^{2+}(aq)$	−87.86	−84.9	−113.39
$Fe^{3+}(aq)$	−47.7	−10.5	−293.3
$FeCl_3(s)$	−400	−334	142.3
$FeO(s)$	−272.0	−255.2	60.8
$Fe_2O_3(s)$	−822.2	−741.0	90.0
$Fe(OH)_2(s)$	−568.19	−483.55	79.5
$Fe(OH)_3(s)$	−824.25	?	?
$H(g)$	218.2	203.2	114.6
$H_2(g)$	0	0	131.0
$H^+(aq)$	0	0	0
$OH^-(aq)$	−229.94	−157.30	−10.5
$H_2O(l)$	−285.8	−237.2	69.9
$H_2O(g)$	−241.8	−228.6	188.7
$H_2O_2(l)$	−187.6	−118.1	?
$Hg(l)$	0	0	77.4
$Hg^{2+}(aq)$		−164.38	
$HgO(s)$	−90.7	−58.5	72.0
$HgCl_2(s)$	−230.1		
$Hg_2Cl_2(s)$	−264.9	−210.66	196.2
$HgS(s)$	−58.16	−48.8	77.8
$HgSO_4(s)$	−704.17		
$Hg_2SO_4(s)$	−741.99	−623.92	200.75
$I_2(s)$	0	0	116.7
$I_2(g)$	62.25	19.37	260.6
$I(g)$	106.6	70.16	180.7
$I^-(aq)$	−55.9	−51.67	109.37
$HI(g)$	25.9	1.30	206.3
$K(s)$	0	0	63.6
$K^+(aq)$	−251.2	−282.28	102.5
$KOH(s)$	−425.85		
$KCl(s)$	−435.87	−408.3	82.68
$KClO_3(s)$	−391.20	−289.9	142.97
$KClO_4(s)$	−433.46	−304.18	151.0
$KBr(s)$	−392.17	−379.2	96.4
$KI(s)$	−327.65	−322.29	104.35
$KNO_3(s)$	−492.7	−393.1	132.9
$Li(s)$	0	0	28.0
$Li^+(aq)$	−278.46	−293.8	14.2
$Li_2O(s)$	−595.8	?	?
$LiOH(s)$	−487.2	−443.9	50.2
$Mg(s)$	0	0	32.5
$Mg^{2+}(aq)$	−461.96	−456.0	−117.99
$MgO(s)$	−601.8	−569.6	26.78
$Mg(OH)_2(s)$	−924.66	−833.75	63.1
$MgCl_2(s)$	−641.8	−592.3	89.5
$MgSO_4(s)$	−1278.2	−1173.6	91.6
$MgCO_3(s)$	−1112.9	−1029.3	65.69
$Mn(s)$	0	0	31.76

(계속)

물질	ΔH_f° (kJ/mol)	ΔG_f° (kJ/mol)	S° (J/K · mol)
$Mn^{2+}(aq)$	−218.8	−223.4	−83.68
$MnO_2(s)$	−520.9	−466.1	53.1
$N_2(g)$	0	0	191.5
$N_3^-(aq)$	245.18	?	?
$NH_3(g)$	−46.3	−16.6	193.0
$NH_4^+(aq)$	−132.80	−79.5	112.8
$NH_4Cl(s)$	−315.39	−203.89	94.56
$NH_4NO_3(s)$	−365.6	−184.0	151
$NH_3(aq)$	−80.3	−26.5	111.3
$N_2H_4(l)$	50.4		
$NO(g)$	90.4	86.7	210.6
$NO_2(g)$	33.85	51.8	240.46
$N_2O_4(g)$	9.66	98.29	304.3
$N_2O(g)$	81.56	103.6	219.99
$HNO_2(aq)$	−118.8	−53.6	
$HNO_3(l)$	−173.2	−79.9	155.6
$NO_3^-(aq)$	−206.57	−110.5	146.4
$Na(s)$	0	0	51.05
$Na^+(aq)$	−239.66	−261.87	60.25
$Na_2O(s)$	−415.9	−376.56	72.8
$NaCl(s)$	−411.0	−384.0	72.38
$NaI(s)$	−288.0		
$Na_2SO_4(s)$	−1384.49	−1266.8	149.49
$NaNO_3(s)$	−466.68	−365.89	116.3
$Na_2CO_3(s)$	−1130.9	−1047.67	135.98
$NaHCO_3(s)$	−947.68	−851.86	102.09
$Ni(s)$	0	0	30.1
$Ni^{2+}(aq)$	−64.0	−46.4	−159.4
$NiO(s)$	−244.35	−216.3	38.58
$Ni(OH)_2(s)$	−538.06	−453.1	79.5
$O(g)$	249.4	230.1	160.95
$O_2(g)$	0	0	205.0
$O_3(aq)$	−12.09	16.3	110.88
$O_3(g)$	142.2	163.4	237.6
P(흰인)	0	0	44.0
P(붉은인)	−18.4	13.8	29.3
$PO_4^{3-}(aq)$	−1284.07	−1025.59	−217.57
$P_4O_{10}(s)$	−3012.48		
$PH_3(g)$	9.25	18.2	210.0
$HPO_4^{2-}(aq)$	−1298.7	−1094.1	−35.98
$H_2PO_4^-(aq)$	−1302.48	−1135.1	89.1
$Pb(s)$	0	0	64.89
$Pb^{2+}(aq)$	1.6	−24.3	21.3
$PbO(s)$	−217.86	−188.49	69.45
$PbO_2(s)$	−276.65	−218.99	76.57
$PbCl_2(s)$	−359.2	−313.97	136.4
$PbS(s)$	−94.3	−92.68	91.2
$PbSO_4(s)$	−918.4	−811.2	147.28

(계속)

물질	ΔH_f° (kJ/mol)	ΔG_f° (kJ/mol)	S° (J/K · mol)
Pt(*s*)	0	0	41.84
$PtCl_4^{2-}$(*aq*)	−516.3	−384.5	175.7
Rb(*s*)	0	0	69.45
Rb^+(*aq*)	−246.4	−282.2	124.27
S(사방정)	0	0	31.88
S(단사결정)	0.30	0.10	32.55
SO_2(*g*)	−296.4	−300.4	248.5
SO_3(*g*)	−395.2	−370.4	256.2
SO_3^{2-}(*aq*)	−624.25	−497.06	43.5
SO_4^{2-}(*aq*)	−907.5	−741.99	17.15
H_2S(*g*)	−20.15	−33.0	205.64
HSO_3^-(*aq*)	−627.98	−527.3	132.38
HSO_4^-(*aq*)	−885.75	−752.87	126.86
H_2SO_4(*l*)	−811.3	?	?
SF_6(*g*)	−1096.2	?	?
Si(*s*)	0	0	18.70
SiO_2(*s*)	−859.3	−805.0	41.84
Sr(*s*)	0	0	54.39
Sr^{2+}(*aq*)	−545.5	−557.3	−39.33
$SrCl_2$(*s*)	−828.4	−781.15	117.15
$SrSO_4$(*s*)	−1444.74	−1334.28	121.75
$SrCO_3$(*s*)	−1218.38	−1137.6	97.07
Zn(*s*)	0	0	41.6
Zn^{2+}(*aq*)	−152.4	−147.2	−106.48
ZnO(*s*)	−348.0	−318.2	43.9
$ZnCl_2$(*s*)	−415.89	−369.26	108.37
ZnS(*s*)	−202.9	−198.3	57.7
$ZnSO_4$(*s*)	−978.6	−871.6	124.7

유기 물질

물질	화학식	ΔH_f° (kJ/mol)	ΔG_f° (kJ/mol)	S° (J/K · mol)
Acetic acid(*l*)	CH_3COOH	−484.2	−389.45	159.8
Acetaldehyde(*g*)	CH_3CHO	−166.35	−139.08	264.2
Acetone(*l*)	CH_3COCH_3	−246.8	−153.55	198.7
Acetylene(*g*)	C_2H_2	226.6	209.2	200.8
Benzene(*l*)	C_6H_6	49.04	124.5	172.8
Butane(*g*)	C_4H_{10}	−124.7	−15.7	310.0
Ethanol(*l*)	C_2H_5OH	−276.98	−174.18	161.0
Ethanol(*g*)	C_2H_5OH	−235.1	−168.5	282.7
Ethane(*g*)	C_2H_6	−84.7	−32.89	229.5
Ethylene(*g*)	C_2H_4	52.3	68.1	219.5
Formic acid(*l*)	HCOOH	−409.2	−346.0	129.0
Glucose(*s*)	$C_6H_{12}O_6$	−1274.5	−910.56	212.1
Methane(*g*)	CH_4	−74.85	−50.8	186.2
Methanol(*l*)	CH_3OH	−238.7	−166.3	126.8
Propane(*g*)	C_3H_8	−103.9	−23.5	269.9
Sucrose(*s*)	$C_{12}H_{22}O_{11}$	−2221.7	−1544.3	360.2

수학적 연산

대수(로그)

상용 로그

로그의 개념은 1장에서 논의한 지수 개념을 확장한 것이다. 어떤 수의 상용 로그, 즉 밑이 10인 로그는 10을 같은 수로 제곱해 원래 수와 같아진 것이다. 다음 예는 이 관계를 나타내고 있다.

로그	지수
$\log 1 = 0$	$10^0 = 1$
$\log 10 = 1$	$10^1 = 10$
$\log 100 = 2$	$10^2 = 100$
$\log 10^{-1} = -1$	$10^{-1} = 0.1$
$\log 10^{-2} = -2$	$10^{-2} = 0.01$

각 경우에 그 수의 로그값은 검사하여 얻을 수 있다.

어떤 수의 로그값은 멱지수이므로 지수와 같은 성질을 지닌다. 따라서 다음과 같이 쓸 수 있다.

로그	지수
$\log AB = \log A + \log B$	$10^A \times 10^B = 10^{A+B}$
$\log \frac{A}{B} = \log A - \log B$	$\frac{10^A}{10^B} = 10^{A-B}$

또한 $\log A^n = n \log A$이다.

이제 6.7×10^{-4}의 상용 로그값을 구해보자. 대부분의 전자 계산기에는 숫자를 먼저 쓰고 log 키를 누르게 되어 있다. 이렇게 하면 다음과 같은 결과를 얻을 수 있다.

$$\log 6.7 \times 10^{-4} = -3.17$$

원래 숫자에 있는 유효 숫자와 같은 수의 자릿수가 소수점 다음에 있어야 함을 유의하라. 원래 숫자에 두 개의 유효 숫자가 있으므로 −3.17의 "17"은 이 로그값이 두 개의 유효 숫자를 가짐을 보여주고 있다. −3.17에서 "3"은 숫자 6.7×10^{-4}에서 소수점의 자리만을 나타낸다. 다른 예를 보기로 하자.

숫자	상용 로그
62	1.79
0.872	−0.0595
1.0×10^{-7}	−7.00

때로(pH 계산의 경우에서처럼) 로그값이 알려진 숫자를 가지고 있는 것이 필요하다. 이 과정은 역대수(逆對數)라는 것으로 단순히 한 숫자의 로그값을 취하는 역과정을 말한다. 어떤 계산에서 pH = 1.46일 때 $[H^+]$를 묻는다고 하자. pH의 정의($pH = -\log[H^+]$)

로부터 다음과 같이 쓸 수 있다.

$$[H^+] = 10^{-1.46}$$

많은 계산기에는 역대수를 계산할 수 있는 $\log^{-1}$이나 INV log라는 키가 있다. 다른 계산기에는 10^x이나 y^x 키가 있다(예에서 x는 -1.46에 해당하고 y는 밑이 10인 로그이므로 10에 해당한다). 따라서 $[H^+] = 0.035\ M$을 얻을 수 있다.

자연(로그)

밑을 10 대신 e로 취한 로그값을 자연 로그(ln 또는 $\log_e$로 나타낸다)라 한다. e는 2.7183과 같다. 상용 로그와 자연 로그와의 관계는 다음과 같다.

$$\log 10 = 1 \qquad 10^1 = 10$$
$$\ln 10 = 2.303 \qquad e^{2.303} = 10$$

따라서 $\ln x = 2.303 \log x$이다.

예를 들어 2.27의 자연 로그를 계산하기 위하여 먼저 전자 계산기의 숫자를 누르고 나서 ln 키를 누르면 다음과 같은 값을 얻는다.

$$\ln 2.27 = 0.820$$

ln 키가 없는 경우에는 다음과 같이 할 수 있다.

$$2.303 \log 2.27 = 2.303 \times 0.356$$
$$= 0.820$$

때로 자연 로그값을 주고 그것이 나타내는 수를 계산하라는 문제를 받을 때도 있다.
예를 들어 $\ln x = 59.7$을 보자.
많은 계산기에서 단순히 숫자를 누르고 e키를 누르면 된다.

$$x = e^{59.7} = 8 \times 10^{25}$$

이차 방정식

이차 방정식은 다음 형태를 하고 있다.

$$ax^2 + bx + c = 0$$

계수 a, b, c를 알면 다음과 같이 x를 구할 수 있다.

$$x = \frac{-b \pm \sqrt{b^2 - 4ac}}{2a}$$

다음 이차 방정식을 보자.

$$2x^2 + 5x - 12 = 0$$

x에 대해서 풀면 다음과 같이 쓸 수 있다.

$$x = \frac{-5 \pm \sqrt{(5)^2 - 4(2)(-12)}}{2(2)}$$
$$= \frac{-5 \pm \sqrt{25 + 96}}{4}$$

따라서

$$x = \frac{-5 + 11}{4} = \frac{3}{2}$$

그리고

$$x = \frac{-5 - 11}{4} = -4$$

찾아보기

Index

ㄱ

ㄴ

ㄷ

ㄹ

ㅁ

ㅂ

ㅅ

ㅇ

ㅈ

ㅊ

ㅋ

ㅌ

ㅍ

ㅎ

기타

옮긴이 소개

건국대학교 • 김상희, 임 찬
건양대학교 • 심원보
경일대학교 • 이동진
경희대학교 • 이영식, 이재열
계명대학교 • 변홍식
공주대학교 • 이석우
국민대학교 • 강태현, 김석찬, 김정훈, 김형민, 도영락, 박찬량, 유연규, 이석묵, 이찬우, 임상규, 전주원, 정용주, 정인환, 허 균,
군산대학교 • 이민재
단국대학교 • 홍인권
대구대학교 • 김보혜, 김은주, 김인환, 송종원, 차정호
대진대학교 • 박성호, 안범수, 채원석, 한만소
덕성여자대학교 • 김학준
동아대학교 • 김종식, 김효준, 박명기, 송현민, 이재욱, 정대일
동의대학교 • 오원태
삼육대학교 • 김남정, 박명환, 유구용, 최종완
서울과학기술대학교 • 이동국, 조은범
서울여자대학교 • 김종현, 남궁성건, 노동윤, 배선영, 이인숙, 한원식
세종대학교 • 채영기
숙명여대학교 • 정 혁
순천대학교 • 하동수, 신은주, 곽지훈, 표명호, 최대옥, 장효원, 송재희, 심상덕, 최원호, 신웅희
아주대학교 • 강 혁, 윤호섭, 장혜영
원광대학교 • 정동운
전남대학교 • 국성근, 오종훈, 이상권, 이종백, 조 성, 최현철
전북대학교 • 김도환, 이동헌
제주대학교 • 김덕수, 현창구
조선대학교 • 이범규, 이중헌, 조 훈, 고문주
중앙대학교 • 공광훈, 옥강민, 안상두, 함승욱
창원대학교 • 원태진
한림대학교 • 김상철
홍익대학교 • 이승희, 장기석, 황광진

(가나다순)

레이먼드 창의 수정판
일반화학 제12판
Chemistry 12th Edition

발 행 일	2020년 3월 1일 12판 수정 1쇄
	2022년 3월 1일 12판 수정 3쇄
지 은 이	Raymond Chang / Kenneth A. Goldsby
옮 긴 이	화학교재연구회
발 행 인	박 종 성
발 행 처	사이플러스 Science plus 
주 소	(우) 04003 서울특별시 마포구 잔다리로 101
전 화	332-6171
팩 스	332-6185
등 록	2005.10.20. 제 2005-00222호

ISBN 979-11-88731-11-4 93430 **값 53,000원**

연습 문제의 해답은 본사의 홈페이지 www.sciplus.co.kr을 참조하기 바랍니다

레이먼드 창의
수정판
일반화학
제12판
Chemistry
12th Edition

Fundamental Constants

Avogadro's number	6.0221413×10^{23}
Electron charge (e)	$1.60217653 \times 10^{-19}$ C
Electron mass	$9.1093826 \times 10^{-28}$ g
Faraday constant (F)	96,485.3383 C/mol e^-
Gas constant (R)	8.314472 J/K · mol (0.082057 L · atm/K · mol)
Neutron mass	$1.67492728 \times 10^{-24}$ g
Planck's constant (h)	$6.6260693 \times 10^{-34}$ J · s
Proton mass	1.672621×10^{-24} g
Rydberg constant (R_H)	2.179872×10^{-18} J
Speed of light in vacuum	2.99792458×10^{8} m/s

Useful Conversion Factors and Relationships

1 lb = 453.6 g
1 gal = 3.785 L = 4 quarts
1 in = 2.54 cm (exactly)
1 mi = 1.609 km
1 km = 0.6215 mi
1 pm = 1×10^{-12} m = 1×10^{-10} cm
1 atm = 760 mmHg = 760 torr = 101,325 N/m^2 = 101,325 Pa
1 cal = 4.184 J (exactly)
1 L atm = 101.325 J
1 J = 1 C × 1 V

$$?^\circ\text{C} = (^\circ\text{F} - 32^\circ\text{F}) \times \frac{5^\circ\text{C}}{9^\circ\text{F}}$$

$$?^\circ\text{F} = \frac{9^\circ\text{F}}{5^\circ\text{C}} \times (^\circ\text{C}) + 32^\circ\text{F}$$

$$?\text{K} = (^\circ\text{C} + 273.15^\circ\text{C})\left(\frac{1\text{ K}}{1^\circ\text{C}}\right)$$

Color Codes for Molecular Models

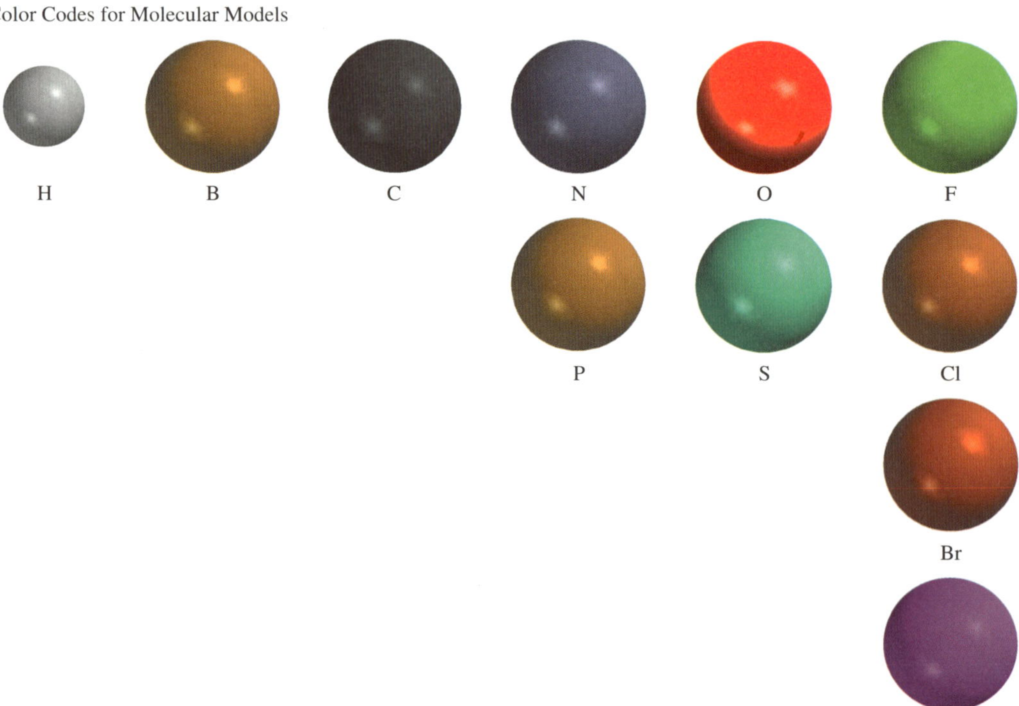

Some Prefixes Used with SI Units

tera (T)	10^{12}	centi (c)	10^{-2}
giga (G)	10^{9}	milli (m)	10^{-3}
mega (M)	10^{6}	micro (μ)	10^{-6}
kilo (k)	10^{3}	nano (n)	10^{-9}
deci (d)	10^{-1}	pico (p)	10^{-12}

Index of Important Figures and Tables